Bairlein · Dierschke · Dierschke · Salewski · Geiter · Hüppop · Köppen · Fiedler

Atlas des Vogelzugs

Franz Bairlein • Jochen Dierschke • Volker Dierschke • Volker Salewski •
Olaf Geiter • Kathrin Hüppop • Ulrich Köppen • Wolfgang Fiedler

Atlas des Vogelzugs

Ringfunde deutscher Brut- und Gastvögel

AULA-Verlag Wiebelsheim

Bibliografische Information der Deutschen Nationalbibliothek
Die Deutsche Nationalbibliothek verzeichnet diese Publikation in der Deutschen Nationalbibliografie; detaillierte bibliografische Daten sind im Internet über http://dnb.d-nb.de abrufbar.

1. Auflage 2014

www.aula-verlag.de

Druck und Verarbeitung: Himmer AG, Augsburg
Printed in Germany/Imprimé en Allemagne
ISBN 978-3-89104-770-5

Inhalt

Grußwort der Bundesministerin für Bildung und Forschung

Die Vogelzugforschung ist ein ergiebiges und vielfältiges Forschungsfeld. Viele heimische Vögel kommen nur im Sommer zur Brut nach Deutschland. Darüber hinaus gibt es Millionen von Vögeln, die durch Deutschland ziehen oder bei uns überwintern. Wohin fliegen die Brutvögel und woher kommen die zahlreichen Zug- und Wintergäste? Um Antworten auf diese Fragen zu finden, nutzen Vogelwarten seit über 100 Jahren die Methode der Vogelberingung. Allein in Deutschland wurden bis heute über 300 Arten mit mehr als 20 Millionen Vögeln beringt.

Der vorliegende „Atlas des Vogelzugs" führt erstmals die Daten der drei deutschen Beringungszentralen zusammen und wertet sie aus. Der Atlas stellt anschaulich die Zug- und Überwinterungsgebiete der brütenden Vogelarten und die Herkunftsgebiete der durchziehenden beziehungsweise überwinternden Arten dar. Die Aufschlüsselung regionaler Unterschiede macht den Atlas zu einer guten Grundlage, um Bestandsentwicklungen zu analysieren. Ich freue mich, dass auf diese Weise praktische Naturschutzarbeit möglich wird – dank der deutschlandweiten Kooperation von Forschung und Umweltinstitution.

Informationen über den Vogelzug dienen zudem als Indikatoren für Veränderungen der Ökosysteme, für den Klimawandel sowie die Ausbreitung von Krankheiten. Der neue Atlas ist damit auch ein wertvolles Instrument für die Forschung zu Themen des globalen Wandels.

Die Wissenschaftlerinnen und Wissenschaftler sind über die Jahre von unzähligen ehrenamtlichen Helfern unterstützt worden. Viele Bürgerinnen und Bürger haben mit unermüdlichem Einsatz Daten und Ergebnisse gesammelt. Ich danke den zahlreichen ehrenamtlichen Mitarbeiterinnen und Mitarbeitern sowie allen anderen Beteiligten für ihr großes Engagement für die Vogelzugforschung.

Den Leserinnen und Lesern wünsche ich eine informative Lektüre.

Prof. Dr. Johanna Wanka

Grußwort der Deutschen Wildtier Stiftung

Wenn Vögel reisen….

Der Vogelzug ist eines der faszinierendsten Geheimnisse der Natur. Ob einzeln oder in großen Zügen, ob elegantes Thermiksegeln oder anstrengendes Flügelschlagen, ob nach Südeuropa oder Südafrika – jede Vogelart hat ihre ganz spezifische Technik entwickelt, um zwischen Sommer- und Winterhabitaten zu pendeln.

Kräftezehrend ist die lange Reise allemal. Am Beispiel der Wiesenweihe konnte in einem von der Deutschen Wildtier Stiftung geförderten Projekt die große Bedeutung von „Tankstellen" auf dem Zugweg nachgewiesen werden. Die der Wiesenweihe liegen u.a. in Nordafrika. Verändert sich dort die Landnutzung verschwinden wichtige Beutetiere – der Zug wird lebensgefährlich. Lebensgefahr herrscht auch in Ländern wie der Türkei, Syrien oder dem Libanon. Von der Deutschen Wildtier Stiftung besenderte Schreiadler schweben dort durch schießwütige Wilderer in Lebensgefahr.

Nahrungsmangel und Wilderei sind sicher zwei der bedeutsamsten Gefahren für Vögel auf ihrer anstrengenden Reise von Nord nach Süd und Süd nach Nord.

Gleichzeitig unterstreicht der Vogelzug, wie wichtig es ist, im Arten- und Naturschutz international zusammen zu arbeiten. Denn was nutzt es, die letzten Brutvorkommen einer Art in Europa mit aller Kraft zu schützen, wenn die Tiere auf dem Zug gewildert werden oder sich ihre Winterlebensräume so verändert haben, dass sie dort keine ausreichenden Kräfte für den Flug nach Norden sammeln können.
Der vorliegende „Atlas des Vogelzuges" trägt eindrücklich das gesammelte Wissen zusammen. Die Deutsche Wildtier Stiftung hat dieses Werk mit großer Freude begleitet und voller Überzeugung finanziell unterstützt. Denn es ist kein Wissen als Selbstzweck, sondern ein notwendiges Handwerkszeug. Möge es unsere praktischen und politischen Bemühungen zum Schutz ziehender Vogelarten noch zielgerichteter, effizienter und damit auch erfolgreicher machen.

Hilmar Freiherr von Münchhausen

Grußwort der Heinz Sielmann-Stiftung

Geredet wurde von ihm seit Jahrzehnten – einem Atlas der in Deutschland beringten sowie bei uns registrierten anderswo gekennzeichneten Vögel – doch nun ist er wahr geworden! Das ist ein weiterer Meilenstein in der Geschichte der Vogelberingung in Deutschland, in dem sie 1903 – in Rossitten – institutionalisiert wurde. Dass andere Länder mit nationalen Atlanten vorgeprescht sind wie Großbritannien, Fennoskandien, Tschechien und Italien, tut ihm keinen Abbruch. Bei uns galt es, die aus etwa 20 Millionen beringter Vögel resultierenden Rückmeldungen zu bearbeiten, die sich inzwischen auf über eine Million belaufen! Und in Deutschland waren drei Beringungszentralen am Werk, deren Ergebnisse unter einen Hut gebracht werden mussten. Das ist den Autoren aller drei Institute, die sich erfreulicherweise zusammengetan haben, bestens gelungen. Natürlich können nur Kernfragen behandelt werden wie: Wohin wandern Vögel aus unserem Land ab; wo liegen ihre Ruheziele; wo kommen bei uns verweilende Vögel her, wo brüten sie; wo klaffen noch Wissenslücken? Und selbstverständlich können nur Fernfunde (mehr als 10 km Distanz) behandelt werden. Für Vogelfreunde sowie in Lehre, Forschung und im Naturschutz Tätige ist der Atlas eine unverzichtbare Informationsquelle und im Hinblick auf die immer stärker werdenden Veränderungen des Zugverhaltens unserer Vögel mit fortschreitendem Klimawandel sicher auch bald ein hochinteressantes „Geschichtsbuch"!

Prof. Dr. Peter Berthold

Grußwort der Deutschen Ornithologen-Gesellschaft

Das Phänomen des Vogelzuges fasziniert uns alle, seit wir uns mit der Vogelkunde beschäftigen. Auch heute noch, über 100 Jahre nachdem die ersten Vögel systematisch beringt wurden, sind viele Abläufe beim Vogelzug nur wenig bekannt. Während unser Wissen zum Zugverhalten bei einigen Vogelarten inzwischen sehr umfangreich geworden ist, gibt es bei vielen Arten nach wie vor erhebliche Lücken. Durch enorme Fortschritte bei der Entwicklung der Satellitentelemetrie und verschiedener Datenloggersysteme gab es in den letzten Jahrzehnten einen beachtlichen Informationszuwachs. Dieser ermöglicht inzwischen detaillierte Analysen des Zugverhaltens vieler Vogelarten. Trotzdem hat die klassische Beringung in keinster Weise ausgedient, sondern ergänzt sich hervorragend mit den modernen, elektronischen Methoden.

Im Namen der Deutschen Ornithologen-Gesellschaft gratuliere ich dem Autorenteam ganz herzlich zu diesem wichtigen, sehr umfangreichen und höchst interessanten Werk, das einen Meilenstein bei der Erforschung des Vogelzuges in Mitteleuropa setzt. Damit trägt das Werk nicht nur zur Klärung vieler Fragen des Vogelzuges bei, sondern bildet auch eine bedeutende Grundlage für Fragen des Natur- und Artenschutzes. Gerade die Zugvögel zeigen uns auf, wie die Länder und Kontinente unseres Planeten miteinander verwoben sind, und damit auch, wie wichtig die internationale Zusammenarbeit ist und bleibt.

Ich wünsche viel Freude beim Lesen.

Prof. Dr. Stefan Garthe

Grußwort von ProRing – Verein der Freunde und Förderer der wissenschaftlichen Vogelberingung

Seit über 100 Jahren markieren Beringer in Deutschland Vögel und erzielen, unterstützt von vielen naturinteressierten Menschen weltweit, Wiederfunde dieser Tiere. Sie alle mehren damit unser Wissen über die Lebensweise der faszinierenden, fliegenden Geschöpfe.

Über 10.000 Beringer und Hunderttausende Wiederfundmelder, getrennt über Raum und Zeit, arbeiten und arbeiten gemeinsam daran, verschiedene Geheimnisse der unterschiedlichen Arten zu lüften.

Das vorliegende Werk bietet nicht nur einen hervorragenden Überblick über die Wanderungsbewegungen der Vogelarten Deutschlands, sondern ist auch eine große Freude und Anerkennung für alle, die dazu beitragen konnten.

Die Arbeit der Autoren machte aus vielen winzigen Mosaiksteinchen ein beeindruckendes Bild. Und es stellt eine Motivation dar weiterzumachen, denn auch für die Zukunft stehen noch viele Fragen offen, die nur durch individuelle Markierung von Vögeln geklärt werden können.

So ist zu wünschen, dass der Atlas des Vogelzugs eine weite Verbreitung und große Resonanz findet, das Verständnis und Wissen vieler Menschen für und über Vögel erweitert, und so auch zu ihrem Schutz beiträgt.

Den Autoren herzlichen Dank und den Lesern viel Freude

Dr. Susanne Homma

Vorwort der Autoren

Als vor gut 100 Jahren in Deutschland die beiden weltweit ersten „Vogelwarten" gegründet wurden, 1901 die Vogelwarte Rossitten und 1910 die Vogelwarte Helgoland, war über Zugwege von Vögeln so gut wie nichts bekannt. Beide Vogelwarten begannen deshalb umgehend mit der systematischen Anwendung der wenige Jahre vorher vom Dänen Hans Christian Mortensen eingeführten Beringung. Nach dem zweiten Weltkrieg bestand die Vogelwarte Rossitten als Vogelwarte Radolfzell weiter und 1964 kam die Vogelwarte Hiddensee als Beringungszentrale für die DDR dazu. Sie wird seit der Wiedervereinigung als „Beringungszentrale Hiddensee" fortgeführt. Von den drei deutschen Vogelwarten wurden bisher in Deutschland etwa 18 Millionen Vögel beringt, die bisher knapp 1,5 Millionen Rückmeldungen (Funde) erbrachten. Auch wenn Wiederfunde beringter Vögel schon vielfach Eingang in wissenschaftliche Publikationen, Handbücher und Avifaunen gefunden haben, so fehlte bisher eine umfassende und kondensierte Aufarbeitung aller Funde von in Deutschland beringten oder hier mit einem ausländischen Ring gefundenen Vögeln. Dieses holen wir mit diesem Ringfundatlas nach. Für nahezu alle Arten mit mindestens einem Fund eines beringten Vogels zeigen wir, auf welchen Wegen sie in welche Überwinterungsgebiete oder Brutgebiete ziehen. Die Aufklärung dieser so genannten Konnektivität ist dabei heute von ganz hoher Aktualität, denn gerade viele nach Afrika ziehende Arten sind seit Jahren in ihren Brutbeständen rückläufig und sehr viel stärker betroffen als Zugvogelarten, die innerhalb Europas überwintern, oder als die ganzjährigen Standvögel. Zur Aufklärung der diesen Bestandsveränderungen zugrunde liegenden Faktoren wird Wissen darüber benötigt, wer wo und wohin zieht, und dazu wollen wir mit diesem „Atlas" beitragen.

Dabei verfolgt der „Atlas" nicht das Ziel einer vollständigen, umfassenden Darstellung aller Funde von Vögeln, die entweder in Deutschland beringt oder in Deutschland gefunden wurden. Gerade bei Arten mit sehr vielen Funden, wie Weißstorch, Silbermöwe oder Amsel, würde dies den Rahmen völlig sprengen. Vielmehr war es unsere Absicht, eine komprimierte Darstellung des Zuges von Vögeln von, nach und durch Deutschland vorzulegen, die „mit einem schnellen Blick" die Zugverhältnisse zusammenfasst und in ausgewählten Karten illustriert.

Grundlage waren die elektronischen Datenbanken der drei deutschen Beringungszentralen, die dafür zusammengeführt wurden, sowie die Funde in Deutschland von mit Ringen ausländischer Beringungszentralen beringten Vögeln aus der EURING-Datenbank. In einigen Fällen waren publizierte Ringfunde nicht in der Datenbank enthalten. Dies betrifft insbesondere solche aus den ersten Jahrzehnten der Beringung. Wo immer solche Funde eindeutig nachvollziehbar waren und verifiziert werden konnten, wurden sie in der Datenbank nachgetragen. Ergebnisse aus Farbberingungsvorhaben sind in der Datenbank berücksichtigt, sofern sie uns zugänglich gemacht wurden. Telemetrie- oder Geolokationsstudien wurden dann hinzugezogen, wenn sie die Ringfunde signifikant ergänzen.

Dieser „Atlas" kann die Vielzahl von Daten nur summarisch darstellen. Vertiefende Analysen waren nicht sein Ziel. Er soll damit aber zu solchen anregen. Die Beringungszentralen stellen ihre Daten gern zur Verfügung.

Mit diesem Ringfundatlas der Vögel Deutschlands reihen wir uns ein in die schon vorliegenden Atlanten aus Norwegen, Schweden, Finnland, Dänemark, Großbritannien, der Tschechischen Republik und der Slowakischen Republik, aus Ungarn, Kroatien und Italien.

Dieser „Atlas" wäre nie möglich geworden, ohne den großen Einsatz der Tausenden von ehrenamtlichen Beringern und Beringerinnen, die seit gut 100 Jahren ihre Freizeit und erhebliche eigene Mittel einbringen, um mit der Markierung von Vögeln der Wissenschaft zu dienen. Nur mit ihrer Hilfe war und ist es möglich, die Beringung „in der Fläche" durchzuführen. Gerade für Fragen nach den regionalen Mustern des Vogelzuges sind Beringungsergebnisse, die möglichst viele Teile Deutschlands abdecken, unabdingbar. Allen Beringern und Beringerinnen, aber auch ihren Familien, die diese Leidenschaft unterstützt oder zumindest toleriert haben, gilt an dieser Stelle unser ganz besonderer Dank!

Die Beringung von Vögeln würde weitgehend erfolglos bleiben ohne die unzähligen „Finder". Nur wenn ein tot gefundener, beringter Vogel oder eine Ringablesung am lebenden Vogel auch gemeldet werden, liefert er die Daten, die man sich von seiner Beringung erhoffte. Deshalb danken wir hiermit ausdrücklich auch den unzähligen Meldern von beringt gefundenen Vögeln.

Meldungen beringt gefundener Vögel erbringen aber auch nur dann einen Kenntnisgewinn, wenn sie in den Beringungszentralen mit den Beringungsdaten kombiniert, codiert und bearbeitet werden. Unser großer Dank gilt auch den ehemaligen und derzeitigen Mitarbeiterinnen und Mitarbeitern in den Beringungszentralen.

Insbesondere danken wir Hans-Günther Bauer für die Durchsicht der englischen Texte. Peter H. Becker, Klaus-Michael Exo, Stefan Garthe, Susanne Homma, Hermann Hötker, Ommo Hüppop, Gert Kleinstäuber, Günther Nowald und Andreas Zours sahen einige Arttexte durch. Katharina Denkinger half bei der Datenauswertung und Reno Lottmann beriet uns beim Layout. Eine Vielzahl von freiwilligen Helfern der Inselstation Helgoland unterstützte uns unermüdlich beim Korrekturlesen, ebenso Frau Elke Schmidt. Ihnen allen dafür vielen Dank! Auch bedanken wir uns bei allen Fotografen, die uns Bilder zur Verfügung gestellt haben.

Die Bestandszahlen für die Brutvögel Deutschlands hat uns dankenswerterweise der Dachverband Deutscher Avifaunisten (DDA) zur Verfügung gestellt.

Dem AULA-Verlag und hier besonders dem Verleger Gerhard Stahl sowie den Verlagsmitarbeitern Rolf Heisler, Georg Grothe und Sigrid Koppenhöfer danken wir für die tatkräftige Unterstützung bei der Erstellung eines ansprechenden Layouts.

Schließlich bedanken wir uns ganz herzlich bei unseren Sponsoren, der Deutschen Ornithologen-Gesellschaft e.V., der Deutschen Wildtier Stiftung, der Heinz-Sielmann Stiftung, ProRing e.V., Frau Waltraud Laich, Stuttgart, und einem weiteren, anonymen Spender, ohne deren finanzielle Unterstützung dieser „Atlas" nicht hätte entstehen können.

Die Autoren

Die wissenschaftliche Vogelberingung in Deutschland

Die Erforschung des Vogelzuges durch systematische Beringung von Vögeln begann in Deutschland und weltweit im Oktober 1903, als Johannes Thienemann auf der Kurischen Nehrung 151 als Durchzügler gefangene Nebelkrähen mit Aluminiumringen beringte, auf denen eine laufende Nummer und die Jahreszahl geprägt waren. Noch im gleichen Winter erhielt er Nachricht über fünf dieser Vögel, die in Pommern geschossen worden waren (Stresemann 1951).

Johannes Thienemann (1863 – 1938). – *Johannes Thienemann (1863 – 1938), who established bird ringing as an experiment* (aus/*from* Thienemann 1928).

Zwei Jahre nach der Gründung der „Vogelwarte Rossitten", der ersten Vogelwarte weltweit (Berthold 2001), hatte Thienemann eine Methode aufgegriffen, die der dänische Lehrer Hans Christian Cornelius Mortensen (1856 – 1921) im Herbst 1899 begründete. Dieser beringte damals in Viborg 165 Stare und zwei Haussperlinge mit Aluminiumringen, in die er „Viborg" (den Namen seines Heimatortes) und eine laufende Nummer geprägt hatte. Obwohl Mortensen im ersten Jahr keine Rückmeldung erhielt, setzte er seine Beringungen im Jahr 1900 mit weiteren 410 Staren und 4 Haussperlingen fort. Die Ringe bekamen zusätzlich die Inschrift „M. Danmark". Bereits im selben Jahr erfolgten die ersten beiden Wiederfundmeldungen: Ein Star war in Holland, ein anderer in Norwegen geschossen worden. Dieses Ereignis gilt als die Geburtsstunde der heutigen wissenschaftlichen Vogelberingung und damit einer Forschungsmethode, die auf individueller Markierung beruht.

Vorgeschichte

Eigentlich hat Mortensen nur eine Methode aufgegriffen, die schon viel länger bekannt war. In den Berichten über seine Asienreise (1271 – 1295) erwähnt bereits Marco Polo, dass die chinesischen Falkner ihre Vögel mit Fußringen mit dem Namen des Eigentümers kennzeichneten. In Europa ist dies aus dem 17. und 18. Jahrhundert bekannt (Stresemann 1951). 1722 machte Gottlieb Röhlichen den Vorschlag, „Störche durch einen am Fuß, Schnabel oder Flügel befestigten Ring kenntlich zu machen, um ihren Winteraufenthalt zu erforschen" (von Lucanus 1929). Zwei Jahre später versah Johann Leonhard Frisch Schwalben mit roten Fäden an den Füßen, um die allgemein verbreitete Ansicht zu prüfen, dass Schwalben in Teichen und Sümpfen einen Winterschlaf halten. Wenn dem so sei, sollte die rote Farbe durch die Einwirkung des Wassers verschwinden. Die Fäden der im nächsten Frühjahr zurückgekehrten Schwalben hatten ihre Farbe jedoch nicht verloren, woraus Frisch schloss, dass die Schwalben ebenso wie andere Vögel nach Süden gezogen waren (von Lucanus 1929).

Hans Christian Mortensen (1856 – 1921) – *founder of today's bird ringing* (http://de.wikipedia.org/wiki/Hans_Christian_Cornelius_Mortensen).

Anfang des 19. Jahrhunderts markierte Johann Andreas Naumann Mäusebussarde bei seinen Studien zur altersabhängigen Färbung mit kupfernen Ringen mit Inschrift, in der Hoffnung, sie einmal, „vielleicht in veränderter Kleidung, wieder zu fangen" (Naumann 1803). Im 19. Jahrhundert beringte man auch die ersten Weißstörche (von Lucanus 1919). Ein 1843 bei Alphen in Holland beringter Jungstorch wurde am 13. August desselben Jahres in S-Frankreich abgelesen (Ardea 4, 1915, S. 126) und ein im Juli 1890 bei Berka an der Werra beringter Jungstorch, der noch am 20. August im Brutgebiet war, war schon am 24. August in der Provinz Gerona, Spanien, erlegt worden (v. Lucanus 1919). Ebenfalls im

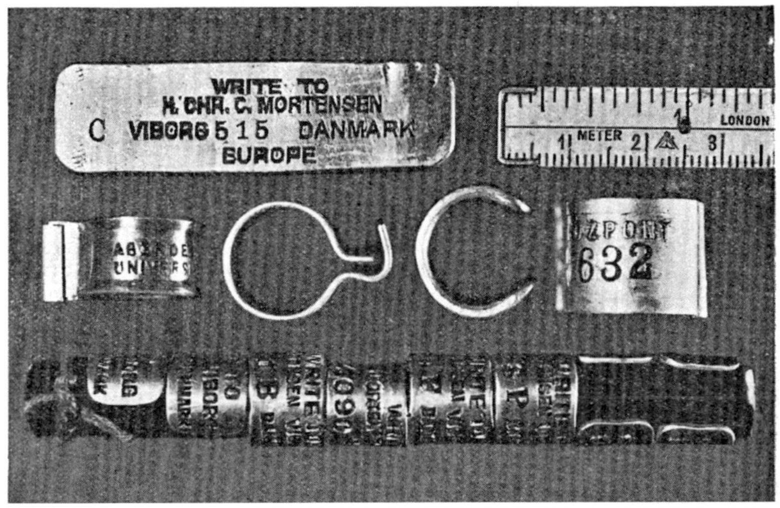

Von Hans Christian Mortensen verwendete Ringe. – *Rings used by Hans Christian Mortensen* (Mortensen 1912).

Jahr 1890 beringte der Lord von Northumberland in England junge Waldschnepfen mit Fußringen, um deren Zug zu erforschen. Und auch Mortensen hat bereits 1890 seine ersten Beringungsversuche durchgeführt. Angeregt durch einen Bericht über in Holland um etwa 1830 mit Halsbändern aus Messing markierte Gänsen und Enten, von denen ein Vogel aus der Gegend von Danzig zurückgemeldet worden war, hat Mortensen 1890 einige Stare mit dünnen Zinkstreifen mit der Aufschrift „Viborg 1890" markiert. Bereits 1888 beringte er mit einem Hühnerring einen Mittelsäger, der kurz danach geschossen wurde.
Einen ersten Beleg, dass heimische Vögel nach Afrika ziehen, lieferte die berühmte Pfeilstörchin, die 1822 bei Wismar mit einem Speer ostafrikanischer Herkunft im Hals geschossen wurde (Kinzelbach 2005). Und eine im Mai 1886

Vogelwarte Rossitten (vor 1930). – *Rossitten Bird Observatory (before 1930*; Archiv/*Archive* Max-Planck-Institut für Ornithologie, MPIO).

in Wexford in Irland tot aufgefundene Rauchschwalbe trug einen Papierring mit der Inschrift: „Mary Eslam Suakin, Aegypthen 10. III. 1885" (von Lucanus 1919).

Systematischer Einstieg in eine neue Forschungsmethode

Bereits beim ersten Internationalen Ornithologen Kongress in Wien (1884) wurde der Vorschlag diskutiert, solche Kennzeichnungen als „Experiment" in die Vogelzugforschung einzuführen (Stresemann 1951), doch dauerte es eben noch bis 1903, als Thienemann auf der Kurischen Nehrung begann, die individuelle Beringung von Vögeln als wissenschaftliche Methode, den sog. „Ringversuch", aufzugreifen und einzuführen. Trugen die ersten Ringe 1903 nur eine laufende Nummer und die Jahreszahl, so erhielten die Ringe bereits 1904 zusätzlich die Aufschrift „Vogelwarte Rossitten" und damit eine „Anschrift", an die ein Ringfund gemeldet werden konnte. Trotz schon damals heftiger Angriffe von „Tierschützlern" (Thienemann 1910) war der Siegeszug der Methode nicht mehr aufzuhalten. Sie eröffnete nämlich eine völlig neue Dimension in der Erforschung der bis dato unbekannten Wanderungen von Vögeln.

„Pfeilstörchin" von Wismar. – *The arrow, of African origin, in the female 'Arrow Stork' of Wismar supplied information on the probable wintering location of the bird* (R. Kinzelbach).

Auf Helgoland begann die Beringung 1909, als Hugo Weigold von der „Biologischen Anstalt Helgoland" die ersten Vögel beringte und sehr bald den ersten Fund erzielte: Eine auf Helgoland am 16.10.1909 beringte Singdrossel mit der Ringnummer „1111" war ebendort nach zwei Tagen geschossen worden (Hüppop & Hüppop 2009). Zunächst verwendete Weigold Ringe der Vogelwarte Rossitten (Bub 1990). Nach Gründung der „Vogelwarte Helgoland" im Jahr 1910, dem heutigen „Institut für Vogelforschung" in Wilhelmshaven, führte er eigene Ringe mit der Aufschrift „Zool. Stat. Helgoland". Dabei half der Zufall: *„Durch einen Zufall, veranlaßt durch unsere den Vogelfußringen gleichenden Makrelenschwanzringe, geschah es, dass 1000 Stück Drosselringe statt mit der Aufschrift „Vogelwarte Rossitten" mit „Helgoland" geliefert wurden. In der Not musste ich sie verwenden. Damit war aber nun einmal der Anfang mit eigenen Ringen gemacht, die die Direktion schon längst dringend gewünscht hatte. Da ein Nachteil überdies nicht einzusehen war, weil „Zool. Stat. Helgoland" im Auslande eher verständlicher ist als „Vogelwarte Rossitten", so wurden nach der Saison neue Ringe (Krähen-, Möwen-, Drossel- und Schwalbenringe) angeschafft, von denen die beiden größeren Sorten die Aufschrift tragen: „Return: Zool. Stat. Helgoland Nr.", die kleineren, mit Ausnahme jener leider nur mit „Helgoland Nr." bedruckten 1000 Stück, aber nur „Zool. Stat. Helgoland Nr.""* (Weigold 1910). Später trugen die Helgoland-Ringe die Inschrift „Biolog. Helgoland", nach dem 1. Weltkrieg „Helgoland Germania" bzw. „Vogelwarte Helgoland Germania".

Der Fang vieler Vögel ist Voraussetzung für den Erfolg der wissenschaftlichen Vogelberingung, da die Fundraten bei vielen Arten sehr gering sind. – *Since the recovery rate of many species is very low, the success of bird ringing is dependent on high numbers of captured birds* (W. Fiedler).

Auch anderswo fasste die Beringung rasch Fuß, so bereits 1903 in Ungarn, 1909 in Großbritannien und in den USA, 1911 in der Schweiz, 1912 in Schweden, 1914 in den Niederlanden und Frankreich sowie 1916 in Finnland (Bairlein 1999). Nach diesen Anfängen entwickelte sich die Beringung zu einer in aller Welt genutzten Standardmethode der ornithologischen Forschung. Insbesondere die Vogelzugforschung hat sie revolutioniert.

Erste Wiederfunde

Schon bald nach Einführung der Beringung gab es die ersten Aufsehen erregenden Wiederfunde beringter Vögel, so eine Lachmöwe von der Kurischen Nehrung in Oberitalien oder eine Sturmmöwe von der Nehrung auf den Färöer-Inseln (Thienemann 1906), und so dauerte es auch nicht lange, bis erste Zusammenfassungen der Ergebnisse der Vogelberingung erschienen. Bereits 1910 stellte Thienemann die ersten 35 Funde von beringten Weißstörchen zusammen, darunter die ersten aus der Kapregion S-Afrikas, 9600 km vom Beringungsort in Ost-

1919 leitete von Lucanus erstmalig auf der Basis von Funden beringter Vögel die wichtigsten Zugrouten ab. – *In 1919 von Lucanus sketched the major migration routes of marked birds* (von Lucanus 1919).

Fundmitteilungen beringter Vögel erreichen eine Beringungszentrale aus aller Welt, darunter auch kuriose. – *Often very curious recovery notes from all over the globe are reported to ringing centres* (Archiv/*Archive* Institut für Vogelforschung, IfV).

Jungen Lachmöwen werden Fußringe angelegt (nach Original von Karl Storch; vor 1930). – *Ringing of young Black-headed Gulls (After an original painting of Karl Storch; before 1930;* Archiv/*Archive* MPIO).

preußen entfernt. Sensationell war der erste Funde einer in England beringten Rauchschwalbe in S-Afrika (Witherby 1913).

„Der Versuch nimmt immer größere Dimensionen an", so Thienemann (1910) zum „Ringversuch" und so wuchs die Zahl von Rückmeldungen rasch an. 1919 folgte die erste umfangreichere Zusammenstellung von Funden beringter Vögel durch von Lucanus (1919), in der er bereits mehrere hundert Funde von 127 Arten analysierte und die wichtigsten Zugrouten erstmalig auf der Basis von Funden beringter Vögel darstellte.

Mit der Ausweitung der Beringung über das ganze Land, unterstützt von sog. Zweigberingungsstellen, nahm die Zahl der Beringungen weiterhin rasch zu. Nicht zuletzt aufgrund der Fülle von Ringfunden und der damit schnell ansteigenden Ergebnisse und Erkenntnisse zu den Wanderungen der Vögel gründeten die beiden Vogelwarten Helgoland und Rossitten in Gemeinschaft mit der Deutschen Ornithologischen Gesellschaft 1930 die Zeitschrift „Der Vogelzug – Berichte über Vogelzugforschung und Vogelberingung". Die Absicht war, Beiträge zum *„Vogelzug und die damit verknüpften Fragen"* zu veröffentlichen, ferner zur *„Vogelberingung, auch soweit sie nicht nur Vogelzuguntersuchungen betrifft, sondern eben als individuelle Kennzeichnung ein wichtiges Hilfsmittel geworden ist; also z. B. in der Oekologie"*. Weiterhin sollten *„die Beringer nicht nur über die Ergebnisse der Vogelzugsforschung und Beringungsarbeit, sondern auch über neue Methoden unterrichtet und theoretisch wie praktisch gefördert werden"* (Der Vogelzug 1, 1930, S. 1). So enthielt das 1. Heft schon gleich erste Kurzbeiträge zur Beringungstechnik und in Heft 4 begann Drost seine Reihe von Beiträgen zu „Kennzeichen für Geschlecht und Alter bei Zugvögeln" (Drost 1930). Ebenso 1930 begann die Vogelwarte Helgoland mit dem Beitrag von Weigold *„Der Vogelzug auf Helgoland graphisch dargestellt"* ihre „Abhandlungen aus dem Gebiet der Vogelzugforschung" herauszugeben.

Der erste „Atlas des Vogelzuges"

Der erste „Atlas des Vogelzuges" erschien 1931, zusammengestellt von Ernst Schüz und Hugo Weigold, in dem erstmalig für viele Arten und für ganz Europa auf 262 Einzelkarten rund 9200 Wiederfunde beringter Vögel dargestellt wurden. Für durch ihre Größe auffällige Arten (z. B. Weißstorch), für stark bejagte Arten (z. B. Enten) oder für häufige, leicht erreichbare Arten (z. B. Star, Rauchschwalbe) konnte schon damals ein recht gutes Bild der Zugverhältnisse gezeichnet werden.

Doch dies führte nicht zu einem Rückgang der Beringung, ganz im Gegenteil: Sie nahm weiter rasant zu. 1931 wurden von den Beringern der beiden Vogelwarten zum ersten mal mehr als 100.000 Vögel beringt, 1934 wurden die 200.000 überschritten und mit nahezu 280.000 war das Jahr 1936 „Spitzenreiter", bevor dann die jährlichen Beringungszahlen zurückgingen (Rost 1993, Foken 1994).

Mit dem großen Interesse an der Beringung wurde es aber auch notwendig, organisatorische Anpassungen vorzunehmen und weitere Qualitätsstandards einzuführen. So wurden 1933 die Zuständigkeiten der beiden Beringungszentralen Rossitten und Helgoland neu geregelt (Schüz 1934) und 1935 erschien

Abhandlungen aus dem Gebiete der Vogelzugsforschung Nr. 3
Herausgegeben von der Vogelwarte der Staatl. Biologischen Anstalt auf Helgoland

Aus der Vogelwarte Rossitten der Kaiser-Wilhelm-Gesellschaft zur Förderung der Wissenschaften.

ATLAS DES VOGELZUGS
nach den Beringungsergebnissen bei palaearktischen Vögeln.

Von Dr. Ernst Schüz Rossitten und Dr. Hugo Weigold Hannover.

Text mit 5 Abbildungen

Kommissions-Verlag: R. Friedländer & Sohn · Berlin 1931

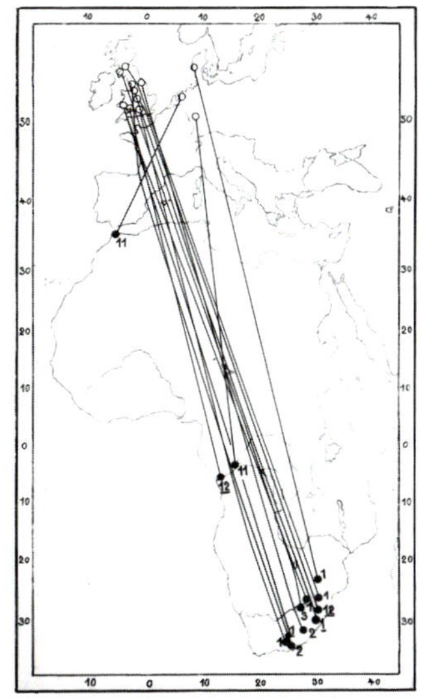

Titel des ersten Ringfundatlas, in dem bereits rund 9200 Funde beringter Vögel dargestellt wurden (links), so auch die Afrika-Funde von in Europa beringten Rauchschwalben (rechts). – *Cover page (left) oft he first European Bird Migration Atlas with some 9200 recoveries of ringed birds, among them the recoveries of European ringed Barn Swallows in Africa (right).*

das erste Merkblatt für die Beringer der Vogelwarten Helgoland und Rossitten. Diese Merkblätter *„sollen in erster Linie den Anfänger vor Fehlern bewahren, aber auch dem Bewährten Winke geben"* (Der Vogelzug 6, 1935, S. 85). Auch wurden die bereits von Thienemann 1912 eingeführten Lehrgänge für Vogelbeobachter und Beringer intensiviert (Schüz 1935a), und schließlich wurde 1937 vom damaligen Reichforstmeister und Reichsjägermeister Göring die erste *„Verordnung über die wissenschaftliche Vogelberingung (Vogelberingungsverordnung) vom 17. März 1937"* (Reichsgesetzblatt I Nr. 38 S. 331 – 333 vom 22. März 1937) erlassen (Der Vogelzug 8, 1937, S. 89). Erstmals wurde auch die räumliche Zuständigkeit der beiden deutschen Beringungszentralen gegeneinander abgegrenzt. Die Vogelwarte Helgoland wurde danach zuständig für die preußischen Provinzen Sachsen, Schleswig-Holstein, Hannover, Westfalen, Hessen-Nassau, Rheinprovinz (mit Ausnahme der hohenzollerschen Lande) sowie für die Länder Bayern (mit Ausnahme des Wirkungsbereichs der Regierungen der Pfalz sowie von Schwaben und Neuburg), Thüringen, Hessen, Braunschweig, Oldenburg, Anhalt, Schaumburg-Lippe, Lippe, Hamburg, Bremen, Lübeck und Saarland, die Vogelwarte Rossitten für die restlichen deutschen Gebiete.

Mit dieser Verordnung einher ging auch die *„Pflege eines ausgewählten, tüchtigen Mitarbeiterstabes. Diesem Zuge entsprechend schieden nunmehr viele Mitarbeiter aus, die derzeit nur in kleinem Maße tätig sein können oder aus anderen Gründen zu einer planvollen Mitarbeit nicht in der Lage sind."* (Schüz 1938). Schon 1934 schrieb Schüz dazu: *„… wir müssen vom wenig leistungsfähigen „Kleinberinger" mehr und mehr abrücken und dafür den „Großberinger" bevorzugen."* Die verstärkte „Planberingung", heute weit verbreitet, war geboren. Zusätzlich erweiterte die Beringung auch ihre Betätigungsfelder. In den ersten Jahrzehn-

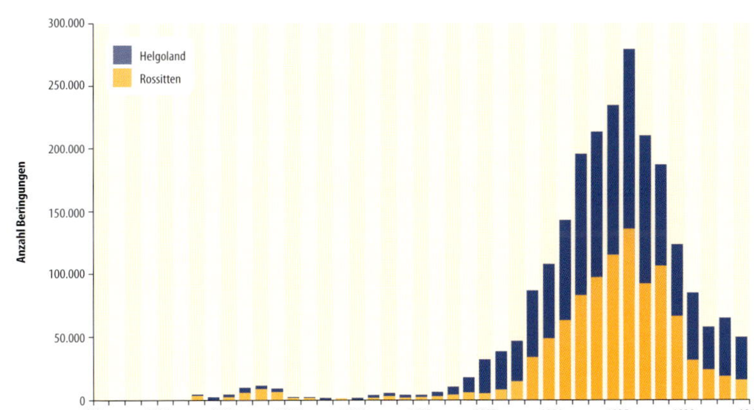

Jährliche Zahl beringter Vögel (Rossitten nach Rost 1993; Helgoland nach Foken 1994). – *Annual number of ringed birds (Rossitten after Rost 1993; Helgoland after Foken 1994).*

Teilnahmebescheinigung an einem Beringerlehrgang der Vogelwarte Rossitten. – *Certificate of participation at a ringers' training course of Rossitten Bird Observatory* (Archiv/*Archive* MPIO).

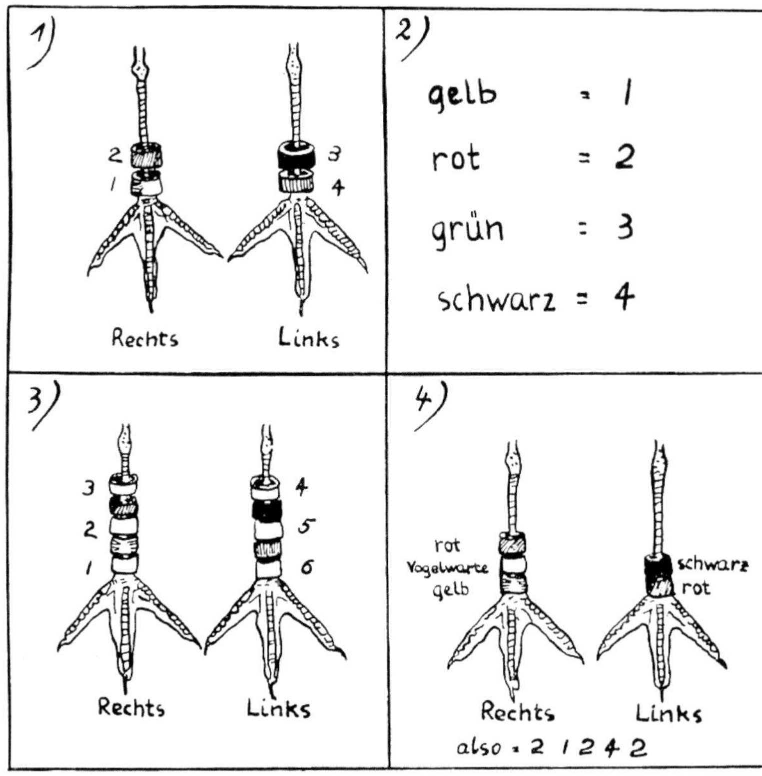

Aufruf zur Verwendung von „Buntringen". – *Call for marking birds with colour rings* (Vogelzug 1938).

ten nahezu ausschließlich im Dienst der Vogelzugforschung kamen nun Fragen vor allem der Populationsbiologie und der Verhaltensforschung hinzu. *„Je mehr die zufällige Fernrückmeldung beringter Vögel in den Hintergrund tritt, desto höher werden unsere Anforderungen an die Erkennbarkeit des freilebenden Ringvogels"* (Der Vogelzug 8, 1937, S. 85). „Buntringe" und verschiedene „Formringe" wurden eingeführt, um das individuelle Erkennen im Freiland ohne Wiederfang zu ermöglichen. Eines der ersten systematischen Farbberingungsprojekte war eine Populationsstudie von Drost (1948) an Gelbkopf-Schafstelzen, die er 1937 auf Helgoland begann.

Wiederbeginn nach dem 2. Weltkrieg

Der 2. Weltkrieg hat die Beringungsarbeit massiv eingeschränkt, aber nicht gänzlich unterbrochen. So wurden sogar 1943 – 1945 noch insgesamt etwa 100.000 Vögel beringt (Rost 1993, Foken 1994), und schon bald nach Kriegsende nahm die Vogelberingung in Deutschland wieder Fahrt auf.

Mit der Gründung der „Vogelwarte Radolfzell" innerhalb der Kaiser-Wilhelm-Gesellschaft zur Förderung der Wissenschaften, der heutigen Max-Planck-Gesellschaft, als Nachfolgeinstitut der ehemaligen „Vogelwarte Rossitten" im Jahr 1946 (Schüz & Kuhk 1948, Berthold 2001), und der Ansiedlung der Vogelwarte Helgoland als Institut für Vogelforschung in Wilhelmshaven (Drost 1948, Bairlein & Becker 2010) setzte sich die Beringung mit Ausnahme kriegsbedingter Rückgänge nahezu reibungslos fort. Bereits 1947 wurden schon wieder 36.540 Vögel beringt; 1951 wurde die 100.000er Marke überschritten (Rost 1993, Foken 1994). Einen großen Beitrag dazu lieferte die Einführung des sog. „Japannetzes" in den frühen 1950er Jahren. Diese führte zu einer „zweiten Revolution" der wissenschaftlichen Vogelberingung. Die Netze bestehen aus sehr dünnen Nylonfäden

Beringerlehrgang 1935 auf Helgoland. – *Training course for ringers on Helgoland 1935* (Archiv/*Archive* IfV).

9. Ornithologischer Lehrgang auf Hiddensee.

Die **„Vogelwarte Hiddensee"**, angeschlossen an die Biologische Forschungsanstalt in Kloster a. H., veranstaltet in der Zeit von

Freitag, 1. September bis Montag, 4. September 1939

einen ornithologischen Lehrgang.
Leitung: Dr. habil. RICHARD STADIE.

ARBEITSPLAN
(Änderungen bei unbestimmter Wetterlage vorbeh.)

Freitag, 1. September

15³⁰ Abfahrt mit dem Dampfer von Stralsund nach Kloster a. H.

18⁰⁰ Ankunft in Kloster a. H.

20⁰⁰ **Vortrag:** Der Lebensraum, die Ernährung, die Fortpflanzung und die Schutztriebe der schnepfen- und regenpfeiferartigen Durchzugsvögel von Hiddensee. (Mit Lichtbildern).

Sonnabend, 2. Septbr.

8¹⁵ **Vortrag:** Die stammesgeschichtliche Entwicklung der Vögel. (Mit Lichtbildern).

10⁰⁰ **Exkursion:** Zur „Sandbank" Hiddensee-Nord zum Kennenlernen der durchziehenden Strandläufer und Regenpfeifer.

14⁰⁰ Gemeinsames Mittagessen im „Hotel Klausner".

17⁰⁰ bis 19³⁰ **Vortrag:** Die Bedeutung der ornitholog. Filme für den Schulunterricht. (Vorführung mehrerer Filme).

Programm des Ornithologischen Lehrgangs auf Hiddensee 1939. – *Programme of the ornithological course on Hiddensee 1939* (aus/*from* Köppen 2008).

Beringerlehrgang 2004 in Radolfzell. – *Training course for ringers at Radolfzell Bird Observatory in 2004* (Archiv/*Archive* MPIO).

und sind billiger und sicherer beim Fang von Kleinvögeln als die früher verwendeten Baumwollnetze. „Japannetze" sind mobil und flexibel einsetzbar und so führte ihr Einsatz zu einer starken Zunahme der Beringungen kleiner Singvögel, auch solcher, die schwer erreichbar in Dickichten und Schilfflächen leben. Hinzu kamen eine bessere Schulung der Mitarbeiter und die Aufklärung der Bevölkerung in den Fundgebieten, wodurch sich die Zahl der Beringungen und Funde rasch erhöhte.

Mit der Fortführung der Vogelwarte Rossitten als Vogelwarte Radolfzell bekamen die Ringe ab 1947 die Inschrift „Radolfzell Germania", bei großen Ringen phasenweise auch ergänzt durch „Vogelwarte", „please inform" oder „urgent retour". Seit 2010 erhalten außerdem alle neu hergestellten Ringe, die ausreichend groß sind, zusätzlich die Internetadresse „www.ring.ac", unter der Ringfundmeldungen in vielen Sprachen und direkt über das Internet möglich sind. „Der Vogelzug", der 1943 sein Erscheinen einstellen musste, wurde 1948 als „Die Vogelwarte – Berichte aus dem Arbeitsgebiet der Vogelwarten" fortgeführt, herausgegeben vom Institut für Vogelforschung „Vogelwarte Helgoland" und der Vogelwarte Radolfzell der Kaiser-Wilhelm-Gesellschaft.

Rotkehlchen im Netz. – *Robin in a mist net* (Archiv/*Archive* MPIO).

Auch die 1936 gegründete Vogelwarte Hiddensee nahm 1948 ihre Arbeit als Zweigberingungsstelle der „Vogelwarte Helgoland" für das Land Mecklenburg wieder auf. Seit der Gründung der Bundesrepublik ist die Beringungszentrale Helgoland zuständig für die wissenschaftliche Vogelberingung in den nordwestdeutschen Bundesländern Schleswig-Holstein, Hamburg, Bremen, Niedersachsen, Nordrhein-Westfalen und Hessen, die Vogelwarte Radolfzell für die süddeutschen Bundesländer Bayern, Baden-Württemberg, Rheinland-Pfalz und Saarland sowie für Berlin.

Und auch in der DDR wurde noch bis 1963 mit Ringen der Vogelwarten Helgoland und Radolfzell beringt, obwohl es schon seit 1936 die Vogelwarte Hiddensee gab. 1948 wurde eine schriftliche Übereinkunft mit der Vogelwarte Helgoland geschlossen, dass Hiddensee die „Organisation und die Durchführung der wissenschaftlichen Vogelberingung in Mecklenburg" (mit Helgoland-Ringen) übernehmen sollte. Die DDR erließ 1956 die „Anordnung über die wissenschaftliche Vogelberingung", nach der die zentrale Leitung des Beringungswesens im Lande nun amtlich bei der Vogelwarte Hiddensee lag (Anonymus 1956). Das bedeutete jedoch nicht viel mehr als die Beschaffung behördlicher Zulassungen für die Beringer und die Vermittlung von Ringen und Beringungslisten der jeweils zuständigen Beringungszentrale im Westen. Neu war lediglich die nun offizielle Festlegung, dass in den ehemals Rossitten zugeordneten Gebieten der DDR Radolfzell-Ringe zu verwenden seien (Köppen 1997, 2006). Erst seit 1964 gibt die Vogelwarte Hiddensee eigene Ringe mit der Inschrift „Vogelwarte Hiddensee" aus. Sie fungierte zunächst als Beringungszentrale für das Gebiet der DDR inklusive Ostberlin, seit der Wiedervereinigung ist sie für die wissenschaftliche Beringung in den Bundesländern Mecklenburg-Vorpommern, Brandenburg, Sachsen-Anhalt, Sachsen und Thüringen zuständig. Mit der vom Landwirtschaftsrat der DDR im Februar 1964 herausgegebenen „Richtlinie über das wissenschaftliche Beringungswesen" gab es allerdings erstmals in Deutschland eine rechtlich verbindliche Anforderung an die fachliche Qualifikation von ehrenamtlichen Vogelberingern, die in Ausbildungskursen nachzuweisen und in einem Zeugnis zu dokumentieren war (Köppen 2006), ein heute in allen Beringungszentralen normaler Vorgang.

Die Einführung des „Japannetzes", hier bei der Beringung von Rauchschwalben am Bodensee, erleichtere den ortsungebundenen Vogelfang. – *The introduction of mist nets facilitated ubiquitous capturing of birds, for example ringing of Barn Swallows at Lake Constance* (Archiv/*Archive* MPIO).

Nach der institutionellen Abtrennung der „Arbeitsgruppe Beringungszentrale" von der Vogelwarte Hiddensee wird die Vogelberingung in Ostdeutschland seit 1994 von der „Beringungszentrale Hiddensee" auf der Grundlage eines Verwaltungsabkommens zwischen den fünf ostdeutschen Bundesländern als Mehrländereinrichtung unter dem Dach des Landesamtes für Umwelt und Naturschutz und Geologie (LUNG) Mecklenburg-Vorpommern fortgeführt (Köppen 2006).

Historisch bedingt sind es also in Deutschland derzeit drei Beringungszentralen, die sich die Betreuung der wissenschaftlichen Vogelberingung teilen: Das Institut für Vogelforschung „Vogelwarte Helgoland" in Wilhelmshaven, die Berin-

Die Leiter der Vogelwarte Radolfzell Ernst Schüz (l.) und Rudolf Kuhk (r.) vor Schloss Möggingen. – *The former directors of Radolfzell Bird Observatory Ernst Schüz (left) and Rudolf Kuhk (right) in front of Möggingen Castle* (1953; Archiv/*Archive* MPIO).

Nach dem Umzug von Helgoland Neubeginn der „Vogelwarte Helgoland" als Institut für Vogelforschung in Wilhelmshaven, 1947. – *Re-start of Helgoland Bird Observatory as Institute of Avian Research in 1947 after moving from the island of Helgoland to Wilhelmshaven* (Archiv/*Archive* IfV).

gungszentrale Hiddensee in Greifswald und das Max-Planck-Institut für Ornithologie (landläufig immer noch unter dem traditionellen Namen „Vogelwarte Radolfzell" bekannt) in Radolfzell. Von Radolfzell aus wird zudem die Beringung in Österreich betreut, wo derzeit keine eigene Zentrale besteht.

Der erste europäische Ringfundatlas

Die große Zahl an Beringungen führte zwangsläufig zu zahlreichen Rückmeldungen beringter Vögel. Schon bald waren die zahlreichen Ringfundberichte nicht mehr überschaubar und ein neues Kartenwerk war nur eine Frage der Zeit. Dieser immensen Aufgabe hat sich Gerhardt Zink von der Vogelwarte Radolfzell gestellt. Dabei galt es nicht nur, die Vielzahl an Funden zusammenzutragen, zu sichten und zu bewerten. Es war unverzichtbar auszuwählen, sowohl was die darzustellenden Arten als auch die Anzahl der Funde betraf. Die enorme Leis-

Fangreuse für Kleinvögel auf Hiddensee mit Richard Stadie, dem 1. Leiter der Vogelwarte Hiddensee Mitte der 1930er Jahre. – *Trap used for songbirds on Hiddensee, with Richard Stadie, the first director of Hiddensee Bird Observatory in the 1930s* (Archiv/*Archive* Beringungszentrale Hiddensee).

Die Vogelwarte Hiddensee, ca. 1960. – *Hiddensee Bird Observatory, ca. 1960* (Archiv/*Archive* Beringungszentrale Hiddensee).

tung von Zink kann dabei wirklich nur einschätzen, wer sich selbst schon einmal an eine Ringfundauswertung gewagt hat. Entstanden ist „Der Zug europäischer Singvögel. Ein Atlas der Wiederfunde beringter Vögel" (Zink 1973 – 1985, Zink & Bairlein 1995). Viele Funde beringter Vögel sind auch im „Handbuch der Vögel Mitteleuropas" (Glutz von Blotzheim & Bauer 1966-1997) verarbeitet; auch gibt es verschiedene regionale Auswertungen (z. B. Heinicke & Köppen 2007, 2013). Eine umfassende Auswertung aller Rückmeldungen von in Deutschland beringten oder in Deutschland beringt gefundenen Vögel fehlte jedoch bisher und diese Lücke soll mit diesem „Atlas" geschlossen werden.

Ohne Ehrenamt geht es nicht

Die flächendeckende Ausübung der Beringung, aber auch die vielen Beringungsprojekte und Beringungsprogramme der Vogelwarten und Zentralen wären ohne die aufopferungsvolle, entbehrungsreiche, aber dennoch begeisterte Mitarbeit der zahlreichen ehrenamtlichen Beringer nicht denkbar. Die Beringung beruht fast ausschließlich auf ehrenamtlicher Tätigkeit. In Deutschland sind es etwa 850 Personen, europaweit ca. 9000, die sich in ihrer Freizeit der wissenschaftlichen Vogelberingung zuwenden. Die meisten arbeiten heute in Programmen mit, in denen ganz spezielle Fragestellungen bearbeitet werden und die seitens der nationalen Zentralen oder gar europaweit koordiniert werden. Die hauptamtlichen Ornithologen in den Beringungszentralen halten die Beringer zur Mitarbeit in verschiedensten Forschungsprojekten an und sichern gleichzeitig, dass die Beringung höchsten Maßstäben von Technik beim Fang, bei der Beringung und in der Datenanalyse sowie der Sicherheit für den Vogel genügt. Die Beringer werden intensiv geschult bzw. müssen entsprechende Fachkenntnisse im Umgang mit Fanggeräten und vor allem mit den Vögeln nachweisen. Die Beringung von Vögeln zu wissenschaftlichen Zwecken ist gesetzlich geregelt, und die Beringer erhalten die entsprechende Genehmigung von ihren zuständigen Landesbehörden.

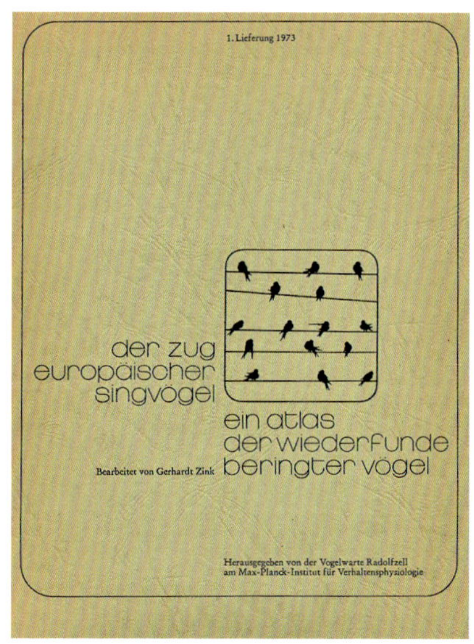

Titelblatt der 1. Lieferung des „Zink'schen" Vogelzugatlanten. – *Cover page of the first issue of Zink's Bird Migration Atlas.*

Reinhard Mache beim Beringen von jungen Schleiereulen. – *Reinhard Mache ringing young Barn Owls* (Archiv/*Archive* MPIO).

Martin Buchmann beim Steinschmätzerfang. – *Martin Buchmann ringing Northern Wheatears* (F. Bairlein).

Juliane Balmer bei der Waldkauz-Markierung. – *Juliane Balmer while ringing a Tawny Owl* (J. Blank).

Heringsmöwe mit Farbmarkierung und Datenlogger. – *Colour-marked Lesser Black-backed Gull carrying a data logger on the base of the tail* (J. Dierschke).

Beringung eines Trauerschnäppers. – *Ringing of a Pied Flycatcher* (Archiv/*Archive* IfV).

Mit codiertem Farbring markierte junge Heringsmöwe. – *Young Lesser Black-backed Gull marked with a coded colour-ring* (J. Dierschke).

Beringungszentrale Helgoland
am Institut für Vogelforschung
An der Vogelwarte 21
26386 Wilhelmshaven
ring@ifv-vogelwarte.de
www.ifv-vogelwarte.de

Zuständigkeitsbereiche der drei deutschen Beringungszentralen

Ringfunde und -ablesungen aus Berlin werden aus historischen Gründen durch die Vogelwarte Radolfzell bearbeitet.

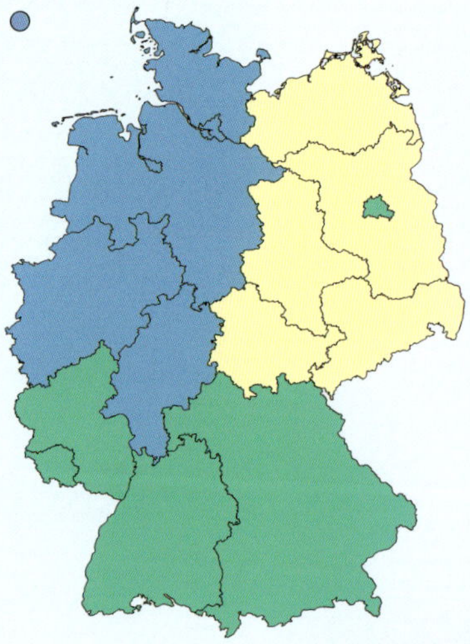

Landesamt für Umwelt, Naturschutz
und Geologie MV
Beringungszentrale Hiddensee
An der Mühle 4
17493 Greifswald-Eldena
beringungszentrale@lung.mv-regierung.de
www.beringungszentrale-hiddensee.de

Max-Planck-Institut für Ornithologie
Vogelwarte Radolfzell
Am Obstberg 1
78315 Radolfzell-Möggingen
ring@orn.mpg.de
www.orn.mpg.de

Die große Gemeinschaft der Beringer ist eine einmalige Erscheinung in der zoologischen Forschung nicht nur Europas, sondern der ganzen Welt!
In den letzten gut 100 Jahren wurden so allein in Deutschland mehr als 20 Millionen Vögel beringt, die bisher mehr als eine Million Rückmeldungen erbrachten. Gegenwärtig wird eine Vielzahl verschiedenster Ringe verwendet, die in Größe und Material optimal an die Anatomie und die Lebensweise der zu untersuchenden Vogelarten angepasst sind. Spezielle Markierungen wie Farbringe und Flügelmarken, aber auch gebleichte Schwungfedern bei Greifvögeln oder Farben auf dem Gefieder erlauben eine Identifizierung markierter Vögel auch aus der Ferne.

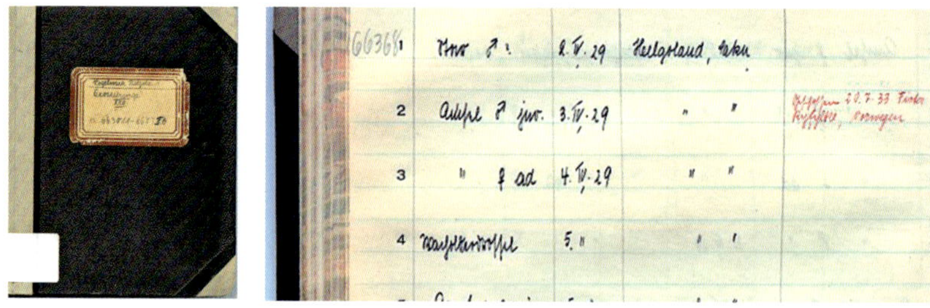

Beringungsbuch „Vogelwarte Helgoland", 1929/30 und Eintrag (in Rot) des Fundes einer auf Helgoland beringten Amsel in Norwegen. – *Helgoland Bird Observatory ringing log book from 1929/30 depicting the recovery note (in red) of a European Blackbird ringed on Helgoland and recovered in Norway* (Archiv/*Archive* IfV).

Vom Tagebuch zur elektronischen Datenbank

Thienemann, Weigold und Zeitgenossen archivierten ihre Beringungen in „Tagebüchern". Später wurden sog. Beringungslisten eingeführt, in die fortlaufend jeder beringte Vogel eingetragen wurde. Bei Meldung eines beringten Vogels an die Beringungszentrale wurde anfänglich eine Notiz in der Beringungsliste gemacht, später jedoch für jeden „Fund" eine Karteikarte mit den Beringungs- und Funddaten angelegt. Ein großer Fortschritt für die Auswertung von Ringfunden war die Einführung der Randlochkarte. Hier konnten im Randbereich der Karteikarte Aussparungen gestanzt werden, die anschließend ein erleichtertes Heraussuchen von Karten nach bestimmten Kriterien erlaubten.
Mit Einführung der elektronischen Datenverarbeitung veränderte sich die Bearbeitung und Auswertung von Beringungs- und Funddaten nochmals grundlegend. Die Randlochkarte wurde von maschinenlesbaren Lochkarten abgelöst, später von magnetischen und schließlich elektronischen Datenträgern. Hinzu kamen die ersten EDV-Programme zur Auswertung der Daten (de Vries 1967).
Doch noch immer mussten die Mitarbeiterinnen und Mitarbeiter der Beringungszentralen die Beringungs- und Funddaten manuell eingeben. Dies änderte sich im Arbeitsbereich der Beringungszentrale Hiddensee 1993, als den Beringern das PC-Programm BERIHIDD zur eigenen Eingabe von Beringungsdaten zur Verfügung gestellt wurde. Bereits 1994 wurden 50 % der Beringungsdaten elektronisch eingereicht. In den Beringungszentralen Helgoland und Radolfzell erfolgte dieser Schritt erst im Jahr 2000 mit Einführung der Software RING. Heute werden den Zentralen nahezu alle Beringungsdaten und Daten von eigenen Wiederfängen elektronisch eingereicht. Damit werden heute auch nicht mehr nur die Beringungen digitalisiert, die einen Fund erbrachten, sondern alle Beringungen, wodurch zukünftig auch Auswertungen möglich sind, die Beringungszahlen brauchen.

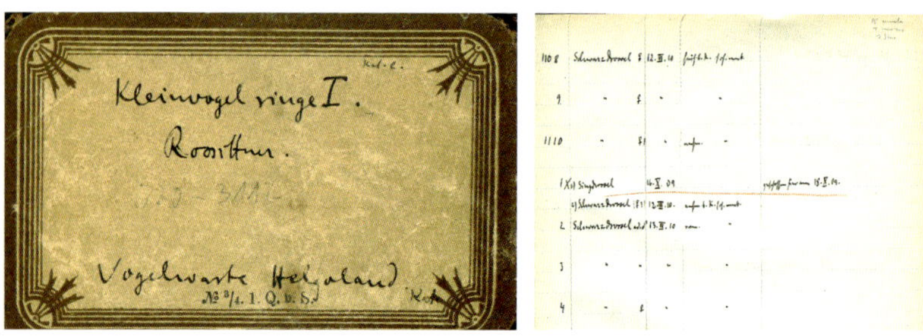

Deckel des Protokollheftes und Eintragungen der ersten Beringungen auf Helgoland von Weigold aus dem Jahr 1909. – *Front cover of Weigold's protocol notebook and the first entries of birds ringed on Helgoland in 1909* (Archiv/*Archive* IfV).

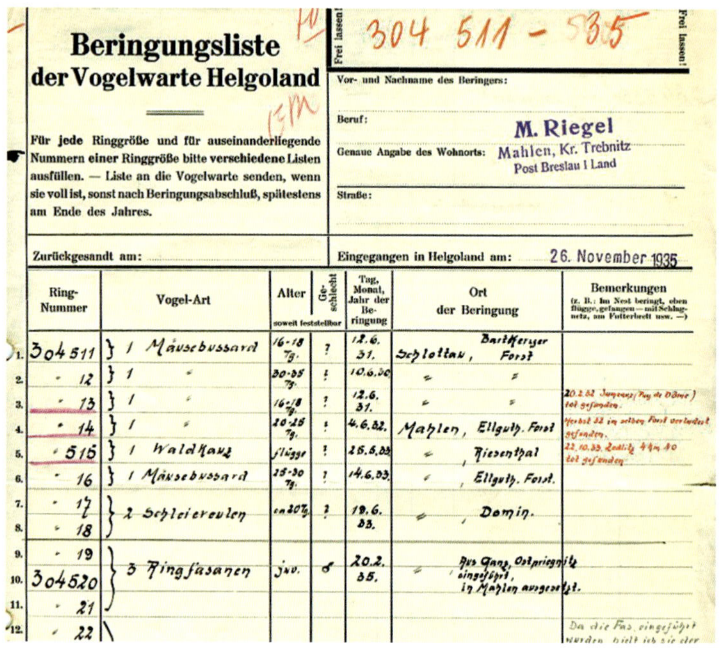

Beringungsliste der Vogelwarte Helgoland

304 511 – 535

Für jede Ringgröße und für auseinanderliegende Nummern einer Ringgröße bitte verschiedene Listen ausfüllen. — Liste an die Vogelwarte senden, wenn sie voll ist, sonst nach Beringungsabschluß, spätestens am Ende des Jahres.

Vor- und Nachname des Beringers:
Beruf:
Genaue Angabe des Wohnorts: M. Riegel, Mahlen, Kr. Trebnitz, Post Breslau I Land
Straße:

Zurückgesandt am:
Eingegangen in Helgoland am: 26. November 1935

	Ring-Nummer	Vogel-Art	Alter (soweit feststellbar)	Geschlecht	Tag, Monat, Jahr der Beringung	Ort der Beringung	Bemerkungen (z. B.: Im Nest beringt, eben flügge, gefangen — mit Schlagnetz, am Futterbrett usw. —)
1.	304511	1 Mäusebussard	16-18 Tg.	?	12.6.31.	Schlottau, Bartheryer Forst	
2.	" 12	1 "	30-35 Tg.	?	10.6.30	" "	
3.	" 13	1 "	16-18 Tg.	?	12.6.31.	" "	20.2.32 [illegible] tot gefunden.
4.	" 14	1 "	20-25 Tg.	?	4.6.32.	Mahlen, Ellguth. Forst	Herbst 32 im selben Forst verludert gefunden.
5.	" 515	1 Waldkauz	flügge	?	25.5.33	" , Riesenthal	22.10.33 [illegible] tot gefunden
6.	" 16	1 Mäusebussard	25-30 Tg.	?	14.6.33.	" , Ellguth. Forst.	
7.	" 17	2 Schleiereulen	ca 20 Tg.	?	19.6.33.	" , Domin.	
8.	" 18						
9.	" 19	3 Ringfasanen	juv.	♂	20.2.35.	" , Aus Ganz, Ostpriegnitz eingeführt, in Mahlen ausgesetzt.	
10.	304520						
11.	" 21						
12.	" 22						Da die Fas. eingeführt wurden, hielt ich sie der

Beringungsliste mit Eintrag von Funden (in Rot). – *Ringing list with note of recoveries (in red;* Archiv/*Archive* IfV).

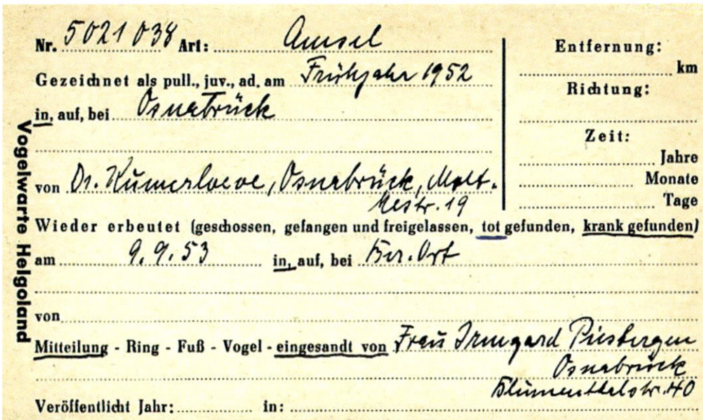

Der Eintrag der Funde in die Beringungslisten wurde von Karteikärtchen mit den Beringungs- und Fundangaben abgelöst. – *File cards with ringing and finding details replaced the notes in ringing lists* (Archiv/*Archive* IfV).

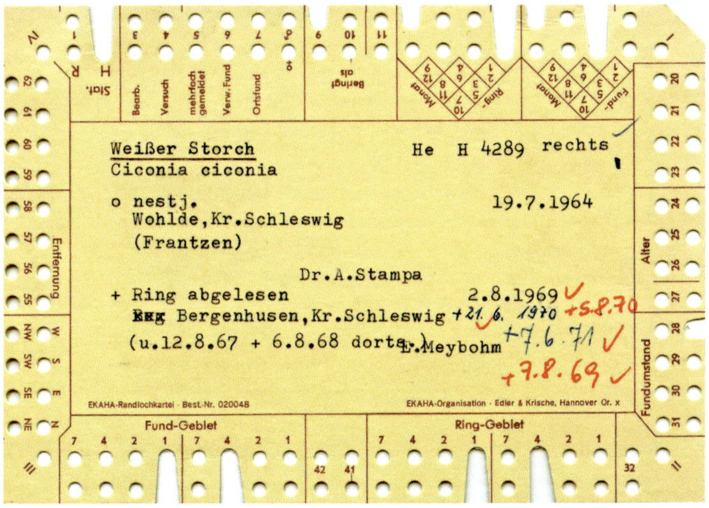

Den Karteikärtchen folgten die sog. Randlochkarten, wo die Eintragungen „codiert“ gestanzt wurden, so dass sie leichter sortiert werden konnten. – *Fringe punch-cards with coded ringing and finding details replaced the file cards* (Archiv/*Archive* IfV).

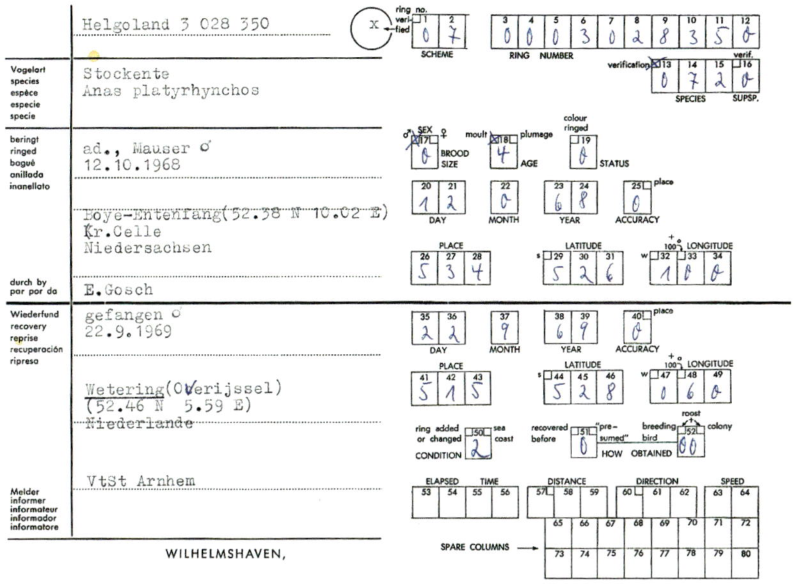

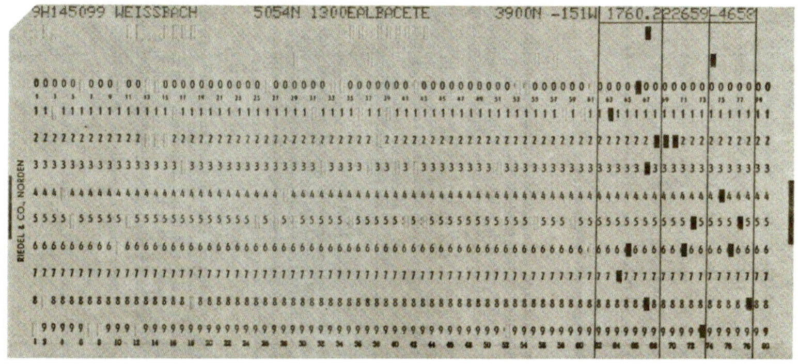

Mit der Codierung von Beringungs- und Funddaten und Übertragung auf einer maschinen-lesbaren Lochkarte zog ab Ende der 1960er Jahre die EDV in die Beringungszentralen ein. – *With the introduction of full coding of ringing and finding details and the use of machine-readable punch-cards in the late 1960s, electronic data processing facilitated the work of ringing schemes* (aus/*from* de Vries 1967).

Internationale Zusammenarbeit – EURING

Heute gibt es in Europa in nahezu jedem Land eine Beringungszentrale. Etwa ein Drittel wird von privaten Institutionen betrieben, so in der Schweiz und in Großbritannien, die Mehrzahl ist jedoch an staatliche Institutionen angeschlossen. In den meisten Ländern gibt es jeweils nur eine nationale Beringungszentrale.
Vögel ignorieren politische Grenzen. Für die Erforschung vieler Aspekte des Vogellebens ist deshalb eine Zusammenarbeit über Ländergrenzen hinweg unerlässlich. Deshalb haben sich schon 1963 die nationalen europäischen Beringungszentralen zur „European Union for Bird Ringing“ (EURING) zusammengeschlossen und sich darauf verständigt, einen einheitlichen Computercode für die Beringungs- und Funddaten zu verwenden und ihre Daten auch in eine zentrale europäische Datenbank einzubringen. Sie wurde 1977 eingerichtet und war bis 2005 beim Niederländischen Institut zu für Ökologie angesiedelt. Seither befindet sie sich heute beim British Trust for Ornithology (BTO) in Thetford, England (Näheres zu EURING s. Kestenholz et al. 2011 und http://www.euring.org).

Internationale Beringungsvorhaben

Dieser Verbund der europäischen Beringungszentralen bietet auch einzigartige Möglichkeiten für internationale Forschungsprogramme unter Mithilfe der zahlreichen Beringer in vielen europäischen Ländern (Bairlein 2003). Ein erstes Vorhaben, das den gesamten „Flyway“ einer Art abdeckte, war das zwischen 1952 und 1972 vom Institut für Vogelforschung organisierte Berghänfling-Programm (Bub 1965, Bub & de Vries 1965). In diesem Programm wurden an speziell eingerichteten Berghänfling-Fangplätzen von Norwegen bis Frankreich in den Wintern 1951/52 bis 1971/72 insgesamt 105.133 Berghänflinge beringt, von denen 7124 Individuen 13.352 Funde in mehr als 10 km Entfernung oder in einem Folgewinter am selben Ort erbrachten (Dierschke 2001). Weitere Beispiele für derartige europaweit organisierte Projekte sind die gemeinsamen Untersuchungen an den Rohrsängern. Die Rohrsänger brüten in ganz Europa, verbringen aber den Winter stets südlich der Sahara und teilweise in der Sahel-Zone, die in mehreren aufeinander folgenden Jahren von verheerenden Dürren betroffen war. Die Beringung brachte den Nachweis, dass besonders der Schilfrohrsänger sehr empfindlich auf die Bedingungen in seinem Winterquartier reagiert. In den Dürrejahren waren die Sterberaten bei ihm sehr hoch, und weniger Individuen kehrten im Frühjahr nach Europa zurück, um zu brüten (Peach et al. 1991).
Ein anderes Beispiel ist das EURING-Schwalbenprojekt (Spina 1998, 2011), in dem Populationsbiologie, Zugverhalten und Überwinterungsökologie der Rauchschwalbe großräumig untersucht werden. An ihm beteiligten sich europaweit hunderte von Beringern. So war es z. B. möglich zu zeigen, dass sich die Ankunftszeiten der Rauchschwalben im Frühjahr in ganz Europa in den letzten Jahrzehnten verfrüht haben, die Abzugszeiten dagegen sich in N- und Mitteleuropa verspätet haben, nicht aber so die Durchzugszeiten in S-Europa und Afrika (Ambrosini et al. 2014). Zudem zeigte sich, dass die verschiedenen Populationen europäischer Rauchschwalben sehr spezifische Winterquartiere in Afrika haben (Ambrosini et al. 2009).
Koordination und Standardisierung solcher großräumigen Vorhaben zur Erforschung des Zuges von Singvögeln waren maßgeblich bestimmt von den Erfolgen des „Mettnau-Reit-Illmitz-Programmes“ der Vogelwarte Radolfzell (Berthold

& Schlenker 1975). Sie gaben auch den Impuls zum „Europäisch-afrikanischen Singvogelzug-Projekt“ in den Jahren 1994-1996, für das erstmalig auch eine „europäische“ Finanzierung durch die Europäische Forschungsgemeinschaft (European Science Foundation ESF) erreicht werden konnte. Es war eine bisher einzigartige europaweite Initiative, die nachhaltig weiterwirkt. Mehr als 30 Forschergruppen aus 18 verschiedenen Ländern haben zusammengearbeitet und dabei auf mehr als 50 Beringungsstationen zwischen Skandinavien und Westafrika allein in den Jahren 1994-1996 mehr als 400.000 Vögel von 34 „Zielarten“ gefangen, vermessen und beringt. Das Projekt erbrachte detaillierten Aufschluss über die Zugstrategien vieler europäischer Singvogelarten. Darin eingebettet war auch ein anderes internationales Beringungsprojekt zum Vogelzug, das „Progetto Piccole Isole“, das die italienische Beringungszentrale seit 1988 im Mittelmeerraum durchführt und in dem etwa 30 Beringungsstationen im gesamten Mittelmeerraum eingebunden sind (Spina et al. 1993; http://www.ispra.tv/italian/articoli.php?idnews=65). Ein dem ESF-Netzwerk sehr ähnliches Vorhaben ging aus dem Projekt „Operation Baltic“ hervor, das seit 1960 den Kleinvogelzug an der polnischen Ostseeküste untersucht (Busse & Kania 1970). Es dehnte sich als „South Eastern European Network SEEN“ bis nach Ostafrika aus (Busse 2000).

Messung der Flügellänge. – *Measuring wing length* (J. Dierschke).

Beringung – nicht nur für die Vogelzugforschung

Anfängliches Ziel der Vogelberingung war es, die Wanderungen der Vögel aufzuklären. Dies war der klare Gründungsauftrag für die beiden Vogelwarten Rossitten und Helgoland. Doch wie schon die Herausgeber zum 1. Heft des „Der Vogelzug“ schrieben, ist die Vogelberingung schon bald auch *„ein wichtiges Hilfsmittel … z. B. in der Oekologie“* geworden.

Beim Fang für die Beringung werden verschiedenste Informationen der Vögel notiert. Das betrifft zunächst das Alter, das Geschlecht und spezielle Körpermaße der Vögel, die u. a. auf Zugehörigkeit zu bestimmten Populationen schließen lassen, aber auch die Körperfettreserven bei Zugvögeln, die Stadien der Mauser oder den Biotoptyp, in dem sie angetroffen werden. Informationen über die freigelassenen Ringvögel stammen zum einen von Beringern, die die Tiere gezielt oder zufällig wiederfangen, zum anderen aber von unbeteiligten Personen, die beringte Vögel beobachten oder einen verendeten Vogel zufällig, z. B. nach der Kollision mit einem Auto oder Abschuss fanden.

Damit sind vielfältige Aussagen zu Todesursachen, ihrer räumliche Verteilung und ihrer Veränderungen möglich (s. u.). Bei einer Kontrolle (Wiederfang) durch einen Beringer erlauben die wiederholbaren Messungen besonders gute Einblicke in den Jahreszyklus der Vögel, der sich u. a. durch Körpermassezunahmen vor dem Zug und Mauserzyklen wieder spiegelt. Selbstverständlich sind die gefundenen Werte nur dann brauchbar, wenn alle Beringer überall dieselbe standardisierte Messmethode anwenden. Deshalb werden Beringer auch im Messen von Vögeln trainiert, und Anleitungen stehen zur Verfügung (z. B. Bairlein 1994, Eck et al. 2011).

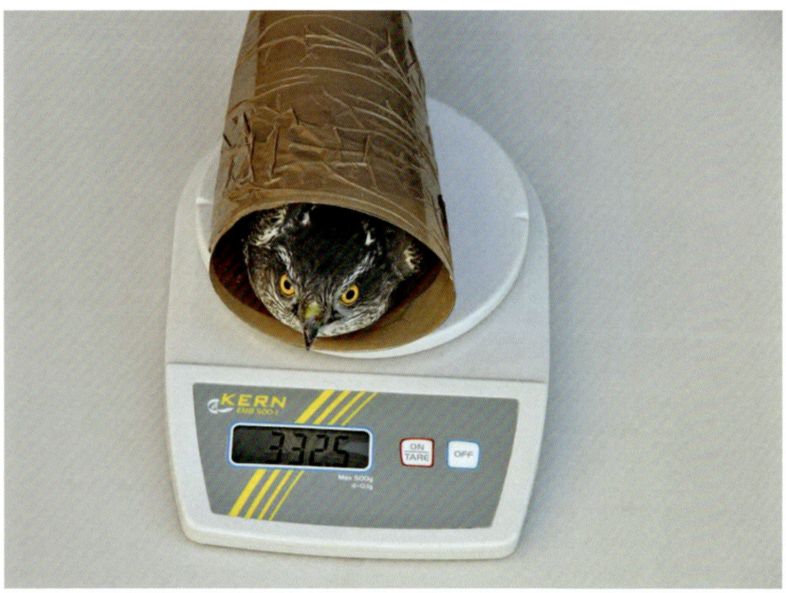

Wiegen eines zur Beringung gefangenen Sperbers. – *Weighing a Sparrow Hawk* (J. Dierschke).

Individuelle Kennzeichnung ist für zahlreiche verhaltensbiologische Untersuchungen unverzichtbar, ebenso in der Populationsbiologie. Nur mittels individueller Beringung können Überlebensrate, Zu- und Abwanderung oder die Altersstruktur in einer Population ermittelt werden. Damit hilft die Beringung auch, Ursachen für **Bestandsveränderungen** aufzuklären. Um Populationen wirksam zu schützen, ist es erforderlich zu wissen, in welchem Ausmaß und weshalb die Bestände abnehmen. Zur Aufdeckung von Gefährdungsfaktoren ist **Monitoring** unverzichtbar. Gemäß der „Europäischen Vogelschutzrichtlinie“ sind alle Mitgliedsstaaten verpflichtet, ihre Vogelbestände regelmäßig zu erfassen und dabei ist die wissenschaftliche Vogelberingung als Methode ausdrücklich genannt. Im Rahmen eines „Integrierten Monitorings“ leistet Beringung einen Beitrag, den die Bestandszählung allein nicht liefern kann.

Ausgehend von dem in Großbritannien bereits seit 1986 vom British Trust for Ornithology landesweit erfolgreich durchgeführten sog. „Constant Effort Site (CES)“-Projektes (Baillie et al. 1986) haben auch die drei deutschen Vogelwarten 1999 ein solches Projekt aufgelegt, das **„Intergrierte Monitoring von Singvogelpopulationen (IMS)“** (Bairlein et al. 2000, 2005). Vorläufer dazu war das ebenfalls von allen drei Vogelwarten von 1994 – 1998 durchgeführte „Heckenprogramm“.

CES wie IMS basieren auf dem konstanten, standardisierten Netzfang von Vögeln in regelmäßigen Abständen während der Brutzeit. Zwischen Mai und August werden an zwölf Tagen in immer gleicher Weise Vögel gefangen. Die Anzahl gefangener Jungvögel beschreibt den alljährlichen Bruterfolg, und Wiederfänge von beringten Vögeln in verschiedenen Jahren liefern Daten zur jährlichen Überlebensrate. Über das Land verteilt lassen sich mit solchen IMS-Fangplätzen Bestandsveränderungen von Brutvögeln großräumig untersuchen (Bairlein et al. 2007). Mittlerweile lässt sich dies sogar europaweit machen, denn auch viele andere Länder haben ein solches CES eingeführt und sich unter dem Dach von EURING zu

IMS-Fangplatz am Eich-Gimbsheimer Altrhein. – *Constant-Effort Ringing site at Eich-Gimbsheimer Althrhein* (A. Becker; www.ismega.de).

Fanggarten auf Helgoland, 1927 (links; Archiv IfV) und im Jahr 2008 (rechts; K. Hüppop). – *Helgoland „Trapping Garden" in 1927 (left; Archive IfV) and in 2008 (right; K. Hüppop).*

EURO-CES zusammengetan (http://www.euring.org/research/ces_in_europe/background.htm).

Nur wenn wir die einzelnen Vorgänge, die Bestandsveränderungen bei Vögeln bedingen, kennen und verstehen, wird es möglich sein, die Umweltfaktoren zu bestimmen, die für Bestandsveränderungen verantwortlich sind. Die Beringung leistet so einen unverzichtbaren Beitrag für den Schutz von Vogelarten. So war es nur mittels Beringung möglich aufzuzeigen, dass die drastischen Bestandsrückgänge von über die Sahara in das tropische Afrika ziehenden Arten wie Weißstorch, Purpurreiher und Schilfrohrsänger auch die Folge der ökologischen Bedingungen im afrikanischen Winterquartier sind.

Mit Hilfe der wissenschaftlichen Vogelberingung ist es auch möglich, zeitliche Veränderungen in Vogelpopulationen über einen großen geografischen Raum zu erfassen. Während das Brutvogelmonitoring lokale Bestände untersucht, werden durch standardisierten Fang mit konstantem Aufwand in Rastgebieten Vogelbestände über einen sehr viel größeren Einzugsbereich erfasst.

Auf der Insel Helgoland betreibt das Institut für Vogelforschung „Vogelwarte Helgoland" bereits seit 1911 den „Fanggarten". Darin werden mittels „Helgolandreusen" Vögel während ihrer zugzeitlichen Rast gefangen. Seit 1960 erfolgt dies ganzjährig in täglich immer gleicher Weise mit drei Reusen. Ringfunde von auf Helgoland beim Durchzug beringten Vögeln zeigen, dass diese überwiegend aus Brutgebieten in Norwegen, Schweden und Finnland stammen (Hüppop & Hüppop 2009, Dierschke et al. 2011). Seit 1960 haben sich die jährlichen Fangzahlen aller innerhalb Europa überwinternder Arten (sog. Kurz- und Mittelstreckenzieher) kaum verändert, die südlich der Sahara überwinternden Arten (Langstreckenzieher) haben jedoch signifikant abgenommen (Hüppop & Hüppop 2007).

Fanganlage auf der Halbinsel Mettnau im Bodensee. – *Ringing station of Mettnau Peninsula at Lake Constance* (links/*left*: Archiv/*Archive* MPIO, rechts/*right*: F. Bairlein).

Ähnliche Ergebnisse zeigen sich in dem langjährigen Fangprogramm der Vogelwarte Radolfzell auf der Halbinsel Mettnau im Bodensee. Hier wurden zwischen 1972 und 2008 alljährlich zwischen Ende Juni und Anfang November mittels einer standardisierten Netzfanganlage, die verschiedene Lebensräume durchzieht, rastende Kleinvögel gefangen. Sie kommen überwiegend aus dem zentralen und östlichen Mitteleuropa. Auch hier haben sich die Fangzahlen der Kurz- und Mittelstreckenzieher nur geringfügig und nicht signifikant verändert. Die Langstreckenzieher nahmen dagegen zwischen 1972 und 2003 um jährlich 1,1 % ab (Berthold & Fiedler 2005). Über die Jahre hat sich so auf beiden Fangstationen der relative Anteil der Langstreckenzieher signifikant verringert. Da die beiden Stationen unterschiedliche Einzugsgebiete haben, weisen diese Ergebnisse auf europaweite Veränderungen bei den in Afrika südlich der Sahara überwinternden Langstreckenziehern hin.

Neue Technologien – die individuelle Verfolgung von Zugvögeln

Die Kennzeichnung von Vögeln mit einem Ring liefert normalerweise nur einen Fund, da der Vogel tot gefunden wird. Im Rahmen intensiver Fang- und Beringungsvorhaben gelingen aber auch Wiederfänge von bereits beringten Vögeln. Bei großen Vögeln können Ringe auch am lebenden Vogel abgelesen werden, so dass von einem Vogel auch mehrere bis sogar viele Beobachtungen vorliegen können. Insbesondere ist dies der Fall bei individueller Markierung mit Farbringen. Über solche Ablesungen lassen sich bisweilen die Zugwege einzelner Vögel nachzeichnen. Die „Auflösung" ist dabei aber von der Verteilung und der Aktivität von Beobachtern abhängig.

Abhilfe schaffen hier neue Technologien, die die direkte Verfolgung des ziehenden Vogels ermöglichen (Bairlein et al. 2012, Exo et al. 2013).

Zunächst war dies die sog. Satelliten-Telemetrie, die sich Mitte der 1980er Jahre etablierte. Bei ihr wird ein Vogel mit einem permanenten leistungsstarken Sender ausgestattet, sog. PTTs (platform transmitter terminal), dessen Position über Satelliten erfasst wird. Damit kann der Vogel während seiner gesamten Reise direkt verfolgt werden. Dies erlaubt nicht nur eine Beobachtung seiner Zugrouten, sondern auch, was er unterwegs macht, wo er wie lange rastet, wo er überwintert und ob er im Wintergebiet eher ortsgebunden ist oder auch dort umherwandert, z. B. auf der Suche nach Nahrung und so möglicherweise nicht nur ein sondern mehrere „Winterquartiere" aufsucht. Die Einführung der Satellitentelemetrie ermöglichte also erstmals umfassende Analysen der Jahreslebensräume,

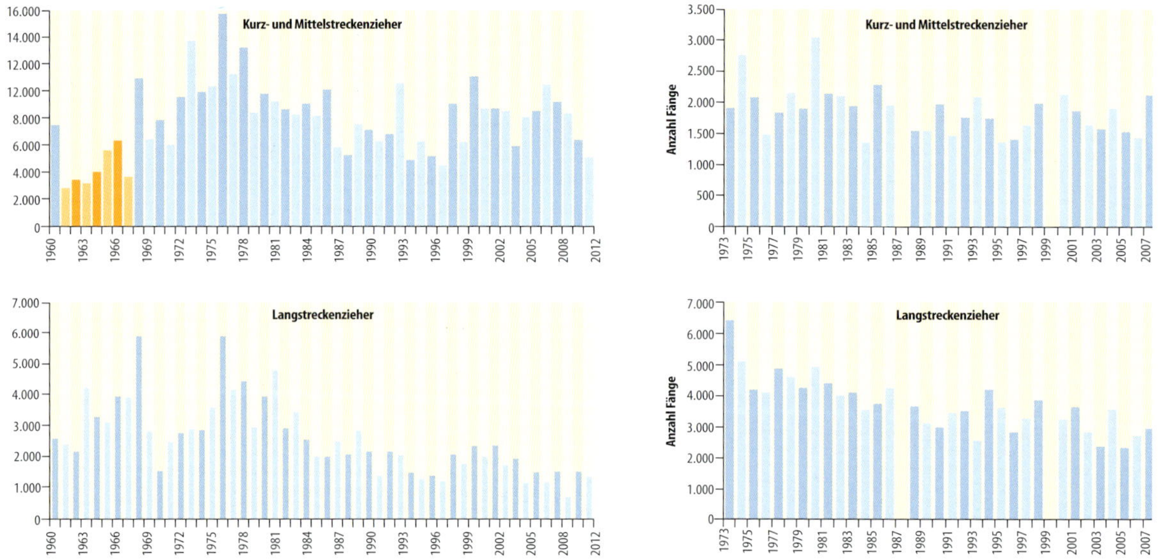

Jährliche Fangzahlen von Kurz- und Mittelstreckenziehern (oben) und Langstreckenziehern (unten) im Fanggarten auf Helgoland (links; aus Hüppop & Hüppop 2007, aktualisiert) und auf der Halbinsel Mettnau (rechts; nach: Berthold & Fiedler 2005, aktualisiert). Auf Helgoland waren zwischen 1961 und 1967 einige Kurzstreckenzieher von der Beringung ausgenommen (orange Säulen). – *Annual numbers of short- and medium distance migrants (above) and long-distance migrants (below) captured in the trapping garden on Helgoland (left; from Hüppop & Hüppop 2007, updated) and on Mettnau Peninsula (right; after Berthold & Fiedler 2005, updated). On Helgoland, several short-distance migrants were banned from ringing between 1961 and 1967 (orange bars; from Sudfeldt et al. 2012).*

oft auch über mehrere aufeinander folgende Jahre. Waren die Satellitensender in ihrer Anfangszeit noch recht groß und schwer und so nur von relativ großen Vögeln, wie Weißstörchen, großen Greifvögeln oder Gänsen zu tragen, so wiegen die leichtesten heute nur noch 3 g und sind damit auch von mittelgroßen Vögeln (schwerer als etwa 100 g) schadlos zu tragen. Herzstück der Satellitensender waren über lange Zeit in Satelliten installierte ARGOS-Empfänger. Die Ortungen erfolgen anhand des Doppler-Effekts und sind damit vergleichsweise ungenau, in der Regel nur auf mehrere Kilometer, zur umfassenden Analyse der im Laufe eines Jahres aufgesuchten Lebensräume aber vollkommen ausreichend.

Seit Anfang des 21. Jahrhunderts stehen nun auch GPS-gestützte Satellitensender zur Verfügung, die räumlich wesentlich höher aufgelöste Daten liefern (Si et al. 2011). Neuerdings können Satellitensender und ähnliche Systeme auch mit Beschleunigungsmessern, Höhenmessern, Thermometern oder auch physiologischen Messgeräten kombiniert werden, so dass eine völlig neue Qualität in der Beobachtung des Vogelzuges erschlossen wird (Robinson et al. 2010). Der große Vorteil der Satelliten-Telemetrie und ähnlicher Systeme ist, dass Daten in kurzer Zeit und auch von seltenen Arten gesammelt werden können, so dass auch unmittelbar für den Schutz relevante Ergebnisse rasch zur Verfügung stehen. Nachteile sind die recht hohen Kosten für die Sender und vor allem auch für die Übertragung der Daten.

In Zukunft werden preisgünstigere mikroprozessorkontrollierte GPS-Logger an Bedeutung gewinnen. Datenlogger, die mehrere 10.000 Ortungen speichern und mittels UHF/VHF-Empfängern bzw. des GSM-Mobilfunksystems aus der Ferne ausgelesen bzw. auch programmiert werden können. Die auf wenige Meter genauen Ortungen können zusammen mit verschiedenen Begleitparametern in Sekundentakt gespeichert werden (z. B. Shamoun-Baranes et al. 2011; Bouten 2013). Diese Systeme ermöglichen eine Datendichte, die vor wenigen Jahren noch unvorstellbar war, und erlauben Detailanalysen sowohl der Zugwege als auch der Aktionsräume einzelner Vögel über das gesamte Jahr hinweg. Für die große Zahl der ziehenden Kleinvögel wie Singvögel und die meisten

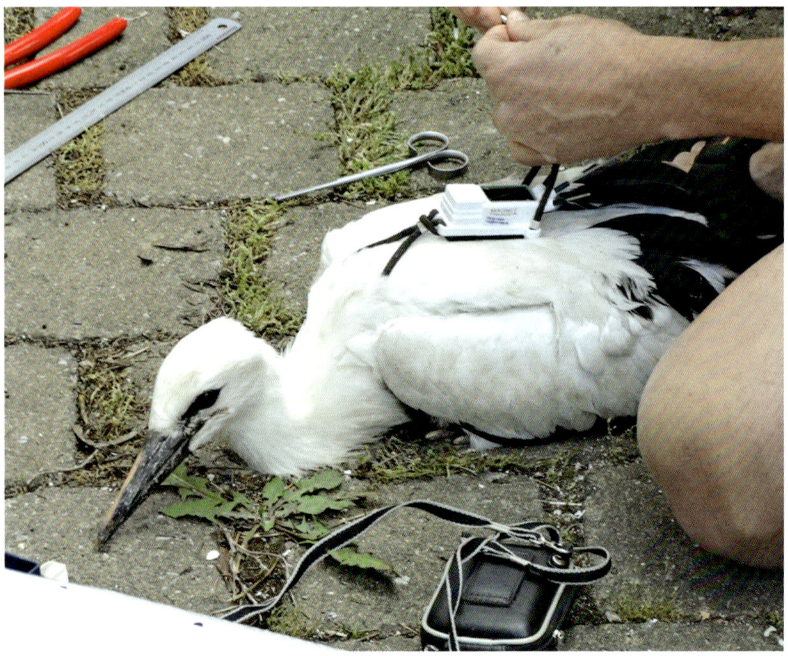

Besenderung eines jungen Weißstorchs. – *Deploying a GPS-tag to a young White Stork* (Archiv/*Archive* MPIO).

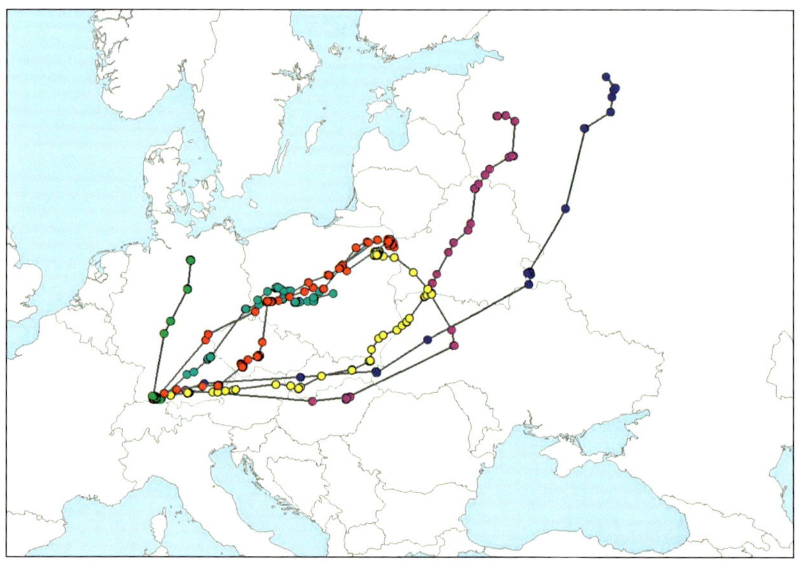

Mit Satellitentelemetrie ermittelte Bewegungen von sechs Stockenten, die im Herbst und Winter am Bodensee gefangen wurden. Zu sehen sind die Flüge in die Brutgebiete ab März und teilweise die Rückkehr zum Bodensee im Hochsommer. – *Satellite-telemetry fixes of six Mallards tagged at Lake Constance in autumn and winter. Shown are the fixes towards the breeding grounds and, partly, during return to Lake Constance in summer* (MPIO; www.movebank.org).

Hell-Dunkel-Geolokator (links) und auf dem Rücken eines Steinschmätzers kurz nach der Anbringung. Bereits wenige Stunden nach dem Freilassen ragt nur noch der Stift mit dem Lichtsensor aus dem Gefieder. – *Light-level geolocator (left) before and shortly after fitting on the back of a Northern Wheatear. A few hours after release only the spike with the light sensor is jutting out of the plumage.* (Archiv/*Archive* IfV und/*and* H. Schmaljohann).

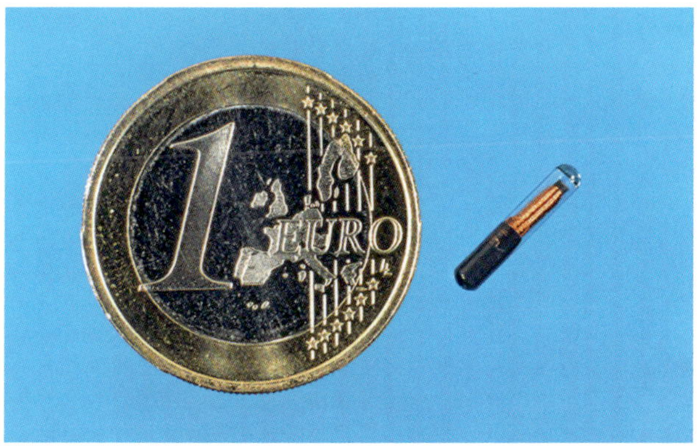

Der reiskorngroße Transponder kann unter die Haut eingepflanzt, an einen Fußring oder für kurzfristige Untersuchungen auf eine Feder geklebt werden. Mit einer Antenne kann der markierte Vogel am Nest oder an einer Sitzwarte ohne Wiederfang identifiziert werden. – *PIT tags the size of a rice corn can be inserted subcutaneously, glued to a leg-ring, or, for shorter time periods, onto feathers. PIT-tagged bird may be recorded without re-trapping by an antenna placed at the nest or on a perch* (Archiv/*Archive* IfV).

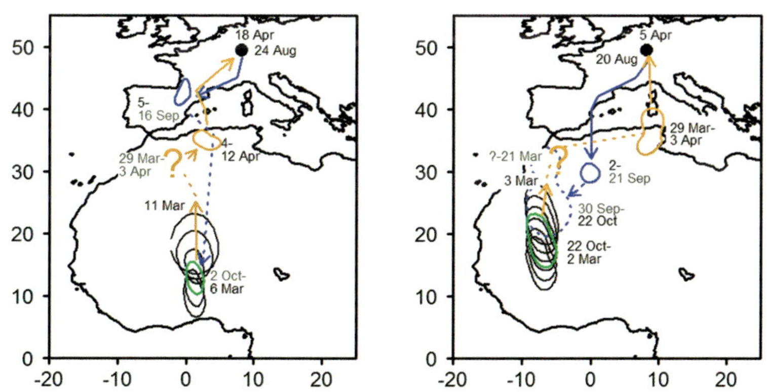

Mit Geolokatoren aufgezeichnete Zugrouten (blau: Herbstzug; orange: Frühjahrszug) und Winterquartiere zweier Steinschmätzer aus Rheinland-Pfalz. – *Routes recorded by geolocators of Northern Wheatears (blue: autumn migration; orange: spring migration) marked on their breeding grounds in SW Germany* (aus/*from* Schmaljohann et al. 2012).

Watvögel sind aber auch die leichtesten Satellitensender immer noch zu schwer. Doch hier etablierte sich jüngst die Hell-Dunkel-Geolokation als eine neue einfache Methode für „tracking". Hierbei wird ein Vogel mit einem „Fahrtenschreiber" (Logger) ausgestattet, der über eine Fotozelle die Helligkeit der unmittelbaren Umgebung des Vogels misst. Gleichzeitig wird der Zeitpunkt der Bestimmung der Helligkeit mittels einer internen Uhr gespeichert. Um an die Daten zu gelangen, muss der Vogel erneut gefangen werden. Diese kleinen und leichten Logger sind auf ein minimales Gewicht getrimmt. Dadurch wird es möglich, auch kleine Vögel zu markieren, doch – anders als bei der Satellitentelemetrie – werden die Messwerte nicht direkt auf den Rechner des Wissenschaftlers gesendet. Vielmehr werden die Daten nach dem Wiederfang herunter geladen. Aus dem Zeitpunkt von Mittag und Mitternacht lassen sich anschließend die geografische Länge und aus der Tageslichtdauer und der Nachtlänge die geografische Breite ableiten (Fox 2010). Die derzeit leichtesten Geolokatoren wiegen gerade noch 0,3 g, so dass damit Vögel mit einer Körpermasse von nur 10 g ausgerüstet werden können.

Die Verfolgung noch kleinerer Zugvögel könnte zukünftig durch das Projekt ICARUS (**I**nternational **C**ooperation of **A**nimal **R**esearch **U**sing **S**pace, s. www.icarusinitiative.org) möglich werden. ICARUS soll ein satellitengestütztes System zur permanenten Beobachtung selbst kleinster Tiere wie Insekten rund um den Globus werden. Die von ICARUS genutzten Sender können deutlich kleiner und leichter sein als bisherige Satellitensender, da der Empfänger auf der Internationalen Weltraumstation ISS angebracht wird, die die Erde in nur knapp 400 km Höhe umfliegt, während die Umlaufbahnen der von ARGOS genutzten Satelliten in ca. 850 km Höhe liegen. Damit benötigen Empfänger wie Sender deutlich weniger Energie zur Datenübertragung. Zudem wir der Empfänger unter Nutzung neuester digitaler Kommunikationsverfahren spezifisch für Minisender entwickelt und abgestimmt, was nochmals Gewicht spart und die Sender sehr klein werden lässt (Exo et al. 2013).

Doch nicht nur aus dem Weltraum haben sich neue Verfahren für die Untersuchung des individuellen Verhaltens von frei lebenden Vögeln etabliert. Radiotelemetrische Untersuchungen am Boden oder von Flugzeugen aus erlauben detaillierte und neuartige Einblicke in das räumliche und zeitliche Verhalten von Vögeln und ihren inner- und zwischenartlichen Interaktionen. Die Einführung von Microchips (Transponder), wie sie in der Kennzeichnung von Nutztieren oder im Tierhandel heute weit verbreitet sind, erlaubt es, Vögel ihr Leben lang individuell zu markieren und am Nistplatz oder an regelmäßigen Sitzplätzen automatisch ohne erneuten Fang zu identifizieren, wodurch Daten gewonnen werden können, wie sie auch bei noch so intensivem Fang nicht erreichbar wären (Becker & Wendeln 1997, Becker 1998).

Diese neuen „elektronischen" Markierungsmöglichkeiten für Vögel erweitern und verfeinern die Möglichkeiten der Vogelzugforschung und der Erforschung des räumlichen und zeitlichen Verhaltens frei lebender Vögel ungemein. Die Vogelberingung als Methode für die ornithologische Wissenschaft und den Naturschutz werden sie jedoch nicht ersetzen. Allerdings haben sich die Schwerpunkte der Vogelberingung verschoben. Für die klassischen Fragen der Vogelzugforschung, nämlich der Aufklärung der Zugwege und Winterquartiere, wird Beringung noch mehr an Bedeutung verlieren. Für populationsbiologische und verhaltensbiologische Studien aber ist sie ebenso wenig verzichtbar wie für das integrierte Bestandsmonitoring. Die wissenschaftliche Vogelberingung ist also so lebendig und erforderlich wie bisher.

Netze, Reusen, Fallen … Vielfältig und nicht selten sehr artspezifisch sind die Fangmethoden für die Beringung (s. auch Bub1966-1969, 1974). – *Nets and traps … Ringers' techniques to catch birds are manifold and diverse and often very species-specific (cf Bub 1966-1969, 1974).*
1: Entenreuse – *Duck trap* (Archiv(*Archive* MPI); 2: Austernfischerfang mit Kanonennetz – *Catching Oystercatchers by cannon-netting* (M. Exo); 3: Ansitzschlagfalle – *Perch trap* (F. Bairlein); 4: „Wichtel" zum Steinschmätzerfang am Nest – *Trap for catching Northern Wheatears at the nest* (F. Bairlein); 5: Bodenschlagfalle – *Spring-trap* (F. Bairlein); 6: Kastenfalle zum Amselfang – *Box-trap for catching European Blackbirds* (J. Dierschke); 7: Whoosh-Netz – *Whoosh-net* (J. Dierschke); 8: Nächtlicher Limikolenfang im Watt – *Nocturnal shorebird catching* (J. Dierschke); 9: R. Vohwinkel beim Fang einer Kanadagans mit einem Druckluftnetz – *R. Vohwinkel catching a Canada Goose using a compressed airnet* (R. Vohwinkel); 10: Hochnetz – *Highnet* (T. Gottschalk)

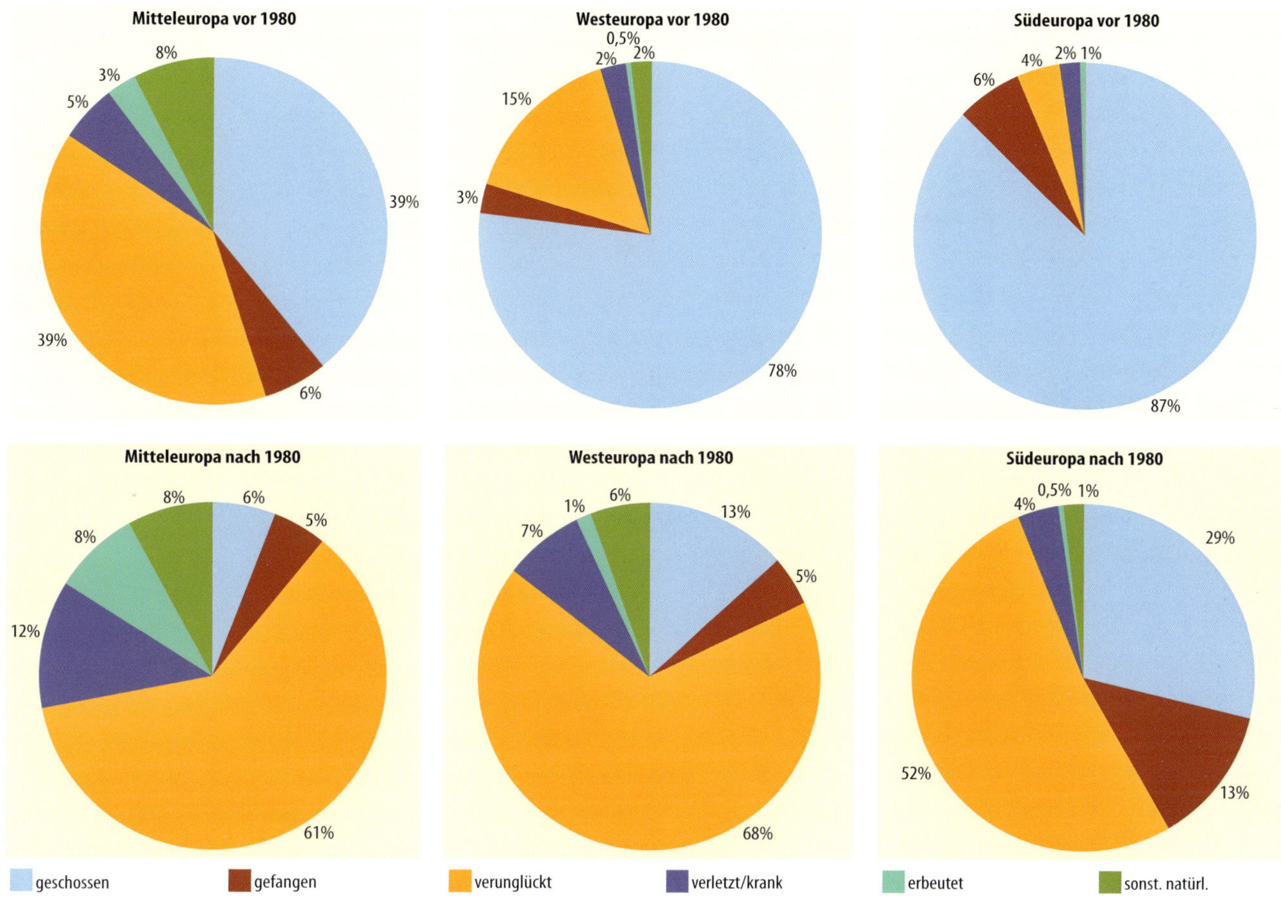

Todesursachen in Deutschland beringter Greifvögel in verschiedenen Fundregionen vor und nach 1980. – *Causes of death of birds of prey ringed in Germany recovered in different regions before (above) and after (below) 1980.*
Geschossen = *shot;* gefangen = *trapped;* verunglückt = *accident;* verletzt/krank = *injured/sick;* erbeutet = *predated;* sonst. natürl. = *other natural causes.*
Anzahl Funde/*number of recoveries:* Mitteleuropa/*Central Europe* 2843/6480; W-Europa/*W Europe* 829/618; S-Europa/*S Europe* 369/209.

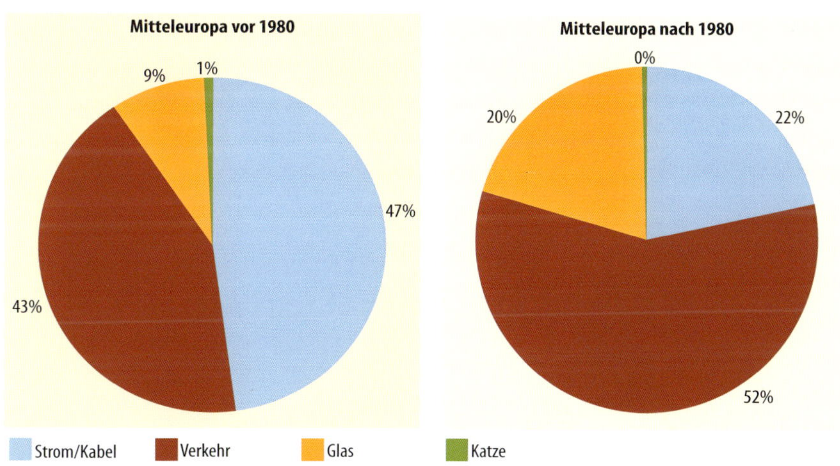

Todesursachen in Mitteleuropa verunglückter Greifvögel vor und nach 1980. – *Causes of death of birds of prey killed in Central Europe in accidents or by cat predation before (left) and after (right) 1980.*
Strom/Kabel = *electrocution;* Verkehr = *traffic;* Glas = *collision with glass panes;* Katze = *taken by cat.*
Anzahl Funde/*number of recoveries:* 876/3297.

sind die absoluten Werte der einzelnen gemeldeten Fundursachen in der Regel weniger aussagekräftig als die Vergleiche innerhalb von Arten oder Artengruppen zwischen Zeiträumen oder Regionen.
Entenvögel, aber auch Rabenvögel und Drosseln, werden sehr häufig als „geschossen“ gemeldet, Eulen oder der Weißstorch als „verunglückt“, während der Anteil von durch tierische Räuber erbeuteten Vögeln bei den Singvögeln (außer Rabenvögeln) und bei Limikolen am höchsten ist.

Betrachtet man die Gruppe der als „verunglückt“ Gemeldeten noch etwas genauer, zeigt sich, dass Stromtod inklusive Leitungsanflug beim Weißstorch am häufigsten auftritt, Eulen besonders häufig Verkehrsopfer (Straße und Schiene) werden und Glasanflüge bei den Singvögeln (mit Ausnahme der Rabenvögel) einen sehr viel höheren Anteil ausmachen als bei den anderen Vogelgruppen. Allerdings darf nicht unerwähnt bleiben, dass Glasopfer gerade bei Kleinvögeln auch eher gefunden werden als z. B. im Gebüsch verstorbene Vögel. Auch Greif-

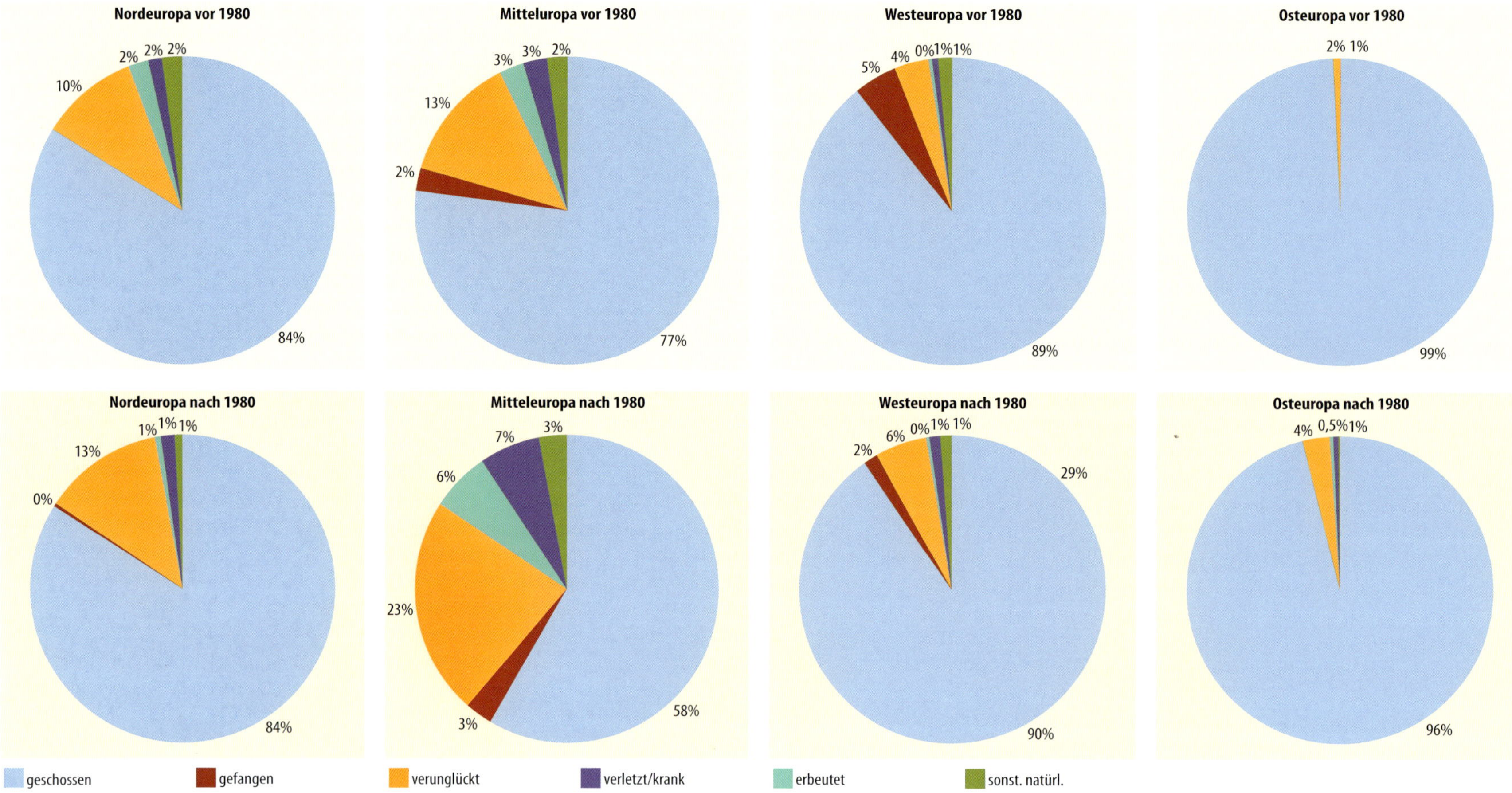

Todesursachen in Deutschland beringter Gänse- und Entenvögel in verschiedenen Fundregionen vor und nach 1980. – *Causes of death of geese and ducks ringed in Germany in different regions before (above) and after (below) 1980.*
Geschossen = *shot*; gefangen = *trapped*; verunglückt = *accident*; verletzt/krank = *injured/sick*; erbeutet = *predated*; sonst. natürl. = *other natural causes.*
Anzahl Funde/*number of recoveries*: N-Europa/*N Europe*: 279/620; Mitteleuropa/*Central Europe*: 3008/3416; W-Europa/*W Europe*: 819/1179; E-Europa/*E Europe*: 126/557.

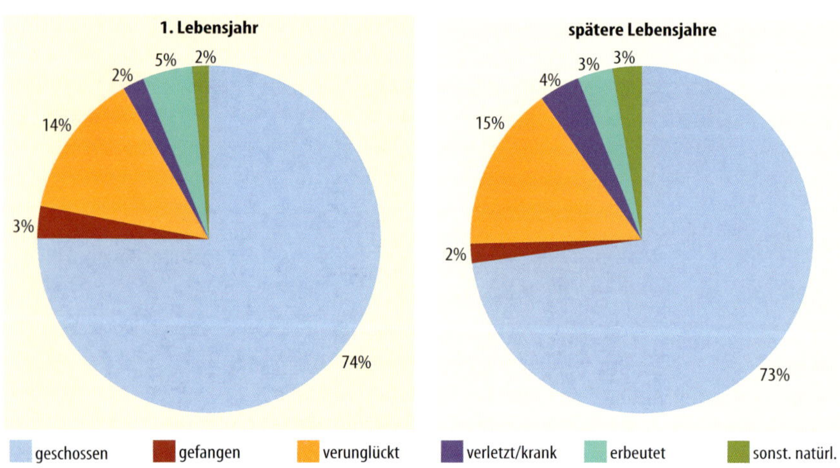

Todesursachen bei Gänsen und Enten im 1. und in späteren Lebensjahren. – *Causes of death of geese and ducks in their first (left) and subsequent (right) years of life.*
Geschossen = *shot*; gefangen = *trapped*; verunglückt = *accident*; verletzt/krank = *injured/sick*; erbeutet = *predated*; sonst. natürl. = *other natural causes.*
Anzahl Funde/*number of recoveries*: 835/879.

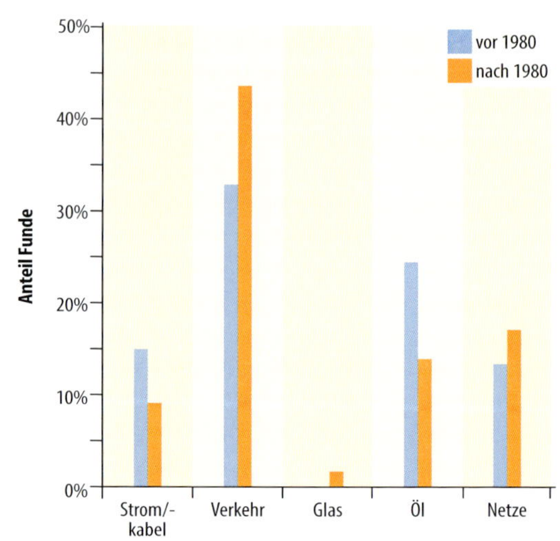

Todesursachen verunglückter Seevögel vor und nach 1980. – *Causes of death of seabirds killed by accident before (blue) and after (yellow) 1980.*
Strom/Kabel = *electrocution*; Verkehr = *traffic*; Glas = *collision with glass panes*; Öl = *oiled*; Netze = *fishing gear.*
Anzahl Funde/*number of recoveries*: 599/823.

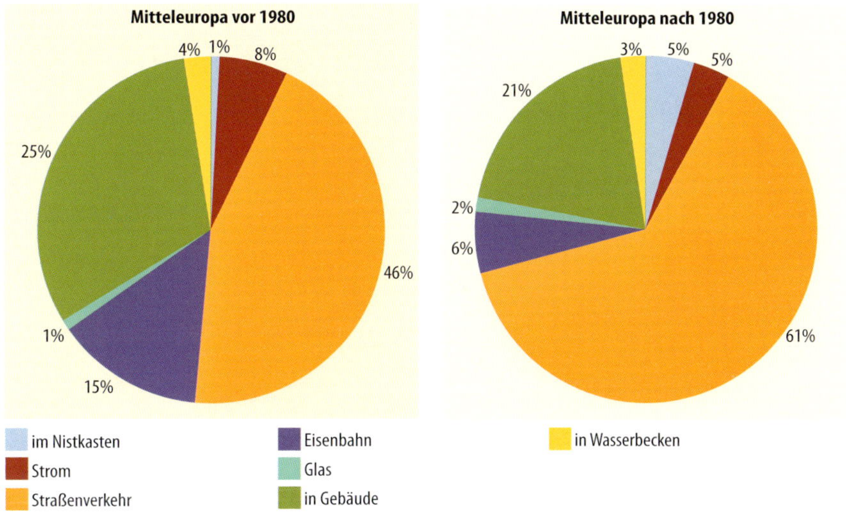

Todesursachen verunglückter Eulen in Mitteleuropa vor und nach 1980. – *Causes of death of owls killed by accident in Central Europe before (left) and after (right) 1980.*
Im Nistkasten = *in nest box*; Strom = *electrocuted*; Straßenverkehr = *road kills*; Eisenbahn = *railway kills*; Glas = *collision with glass panes*; in Gebäude = *within buildings*; in Wasserbecken = *drowned in water container*.
Anzahl Funde/*number of recoveries:* 526/1497.

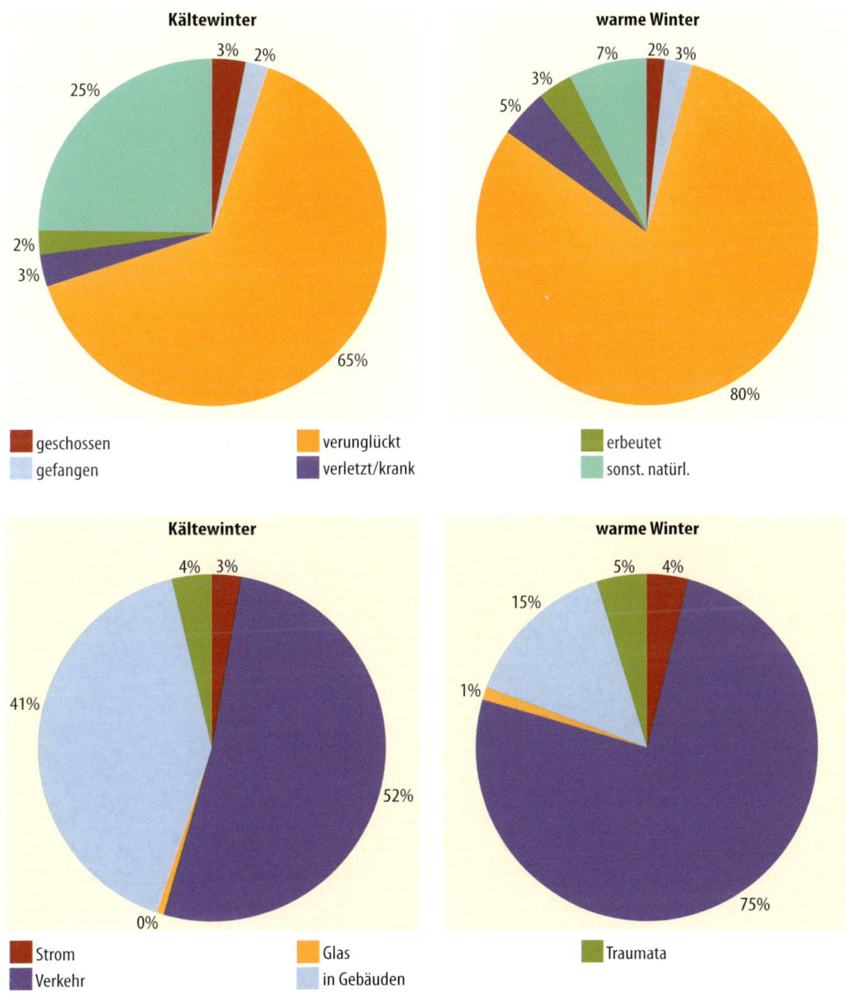

Todesursachen von Schleiereulen allgemein (oben) und von verunglückten Vögeln (unten) in kalten und warmen Wintern. – *Causes of death of Common Barn-owls (all cases, above) and killed by accident (below) in cold (left) and warm (right) winters.*
Geschossen = *shot*; gefangen = *trapped*; verunglückt = *accident*; verletzt/krank = *injured/sick*; erbeutet = *predated*; sonst. natürl. = *other natural causes*; Strom = *electrocution*; Verkehr = *traffic*; Glas = *collision with glass panes*; in Gebäuden = *within buildings*; Traumata = *general trauma*.
Anzahl Funde/*number of recoveries*: oben links/*upper left*: 1072; oben rechts/*upper right*: 2167; unten links/*lower left*: 694; unten rechts/*lower right*: 1723.

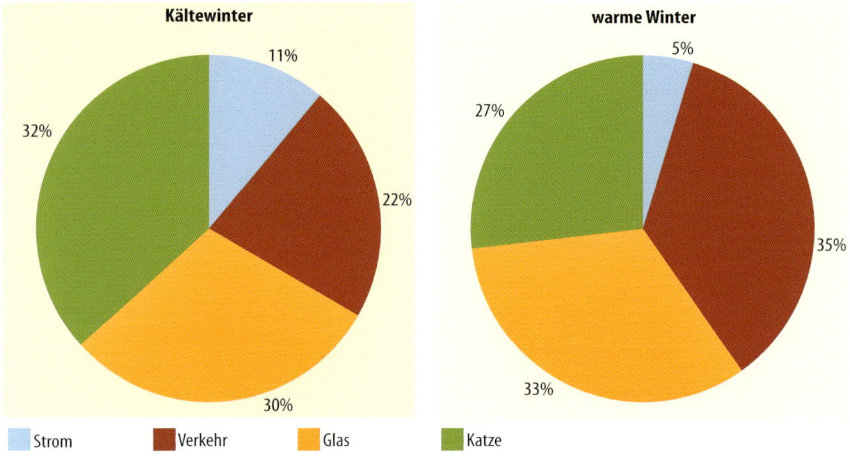

Todesursachen verunglückter Drosseln. – *Causes of death of thrushes killed in accidents or by cat predation in cold (left) and warm (right) winters.*
Strom = *electrocution*; Verkehr = *traffic*; Glas = *collision with glass panes*; Katze = *taken by cat.*
Anzahl Funde/*number of recoveries*: 90/149.

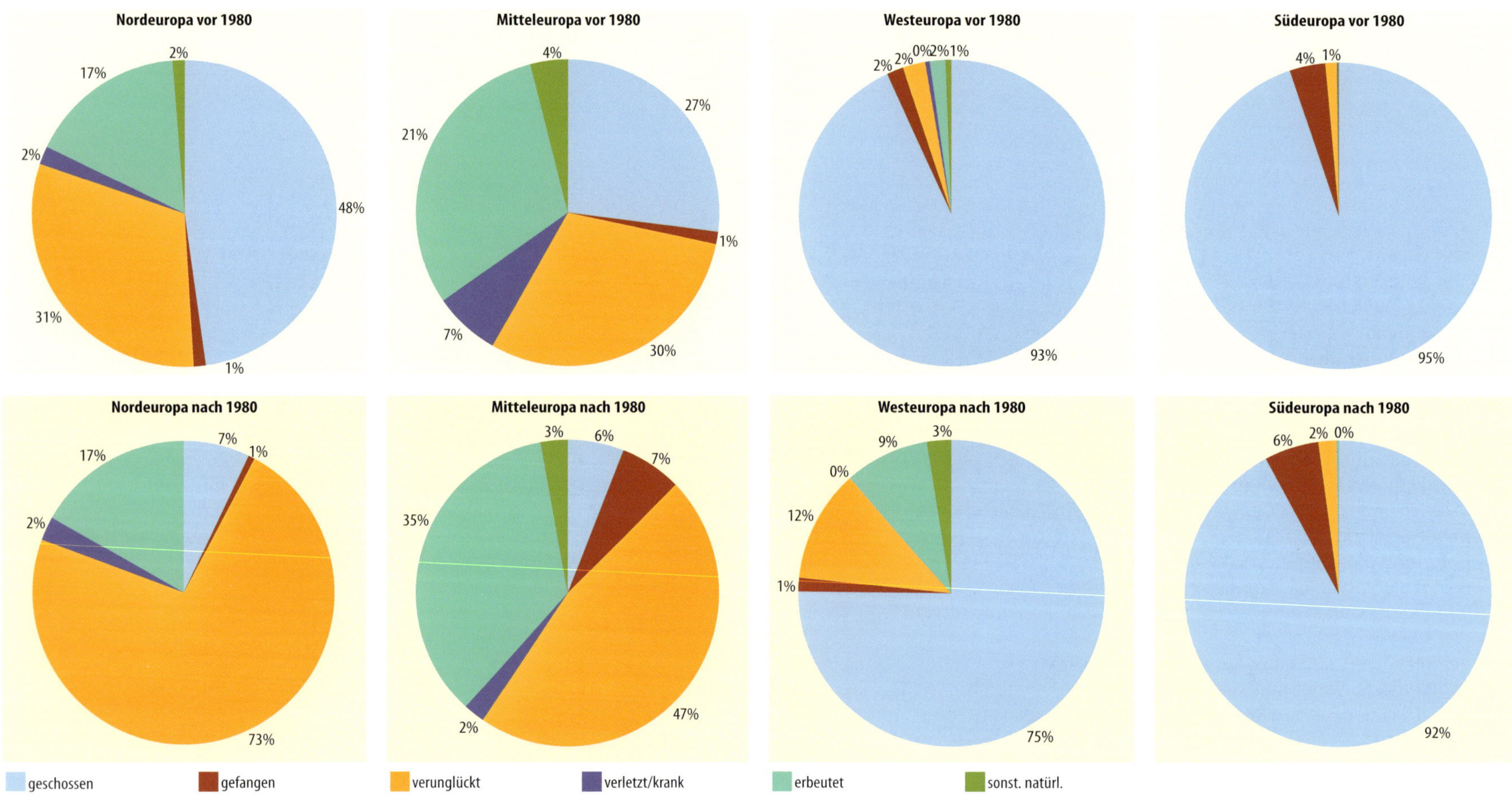

Fundumstände bei Drosseln in verschiedenen Fundregionen vor und nach 1980. – *Causes of death of thrushes in different regions before (above) and after (below) 1980.*
Geschossen = *shot*; gefangen = *trapped*; verunglückt = *accident*; verletzt/krank = *injured/sick*; erbeutet = *predated*; sonst. natürl. = *other natural causes*.
Anzahl Funde/*number of recoveries*: N-Europa/*N Europe*: 157/155; Mitteleuropa/*Central Europe*: 844/522; W-Europa/*W Europe*: 1838/676; S-Europa/*S Europe*: 908/421.

vögel zeigen einen recht hohen Anteil an Glasopfern, der aber insbesondere durch den Sperber bedingt ist, bei dem Glasanflüge z. B. in Mitteleuropa allein 35 % der gemeldeten Todesursachen ausmachen. Bei den Glasanflügen ist die bei allen Artengruppen sichtbare, enorme Zunahme nach 1980 auffällig, die sicherlich auch Ausdruck der insgesamt seither stark zunehmenden Glasflächen ist. Interessanterweise haben sich die relativen Anteile an Verkehrsopfern und Stromtod/Leitungsanflüge in jüngerer Zeit nicht stark verändert, obwohl sich sowohl z. B. in Deutschland die Leitungskilometer von Stromleitungen mehr als verdreifacht (Hofmann & Oswald 2010) und die Anzahl der Kraftfahrzeuge versechsfacht (http://www.kukuk.com/kukukinfo_aktuell/zulassung.htm) haben. Eine genauere Betrachtung der Fundumstände zeigt allerdings auch große regionale Unterschiede. Beim Weißstorch wurden vor 1980 außer in Mitteleuropa und teilweise in W-Europa die meisten Funde als „geschossen", nach 1980 als „verunglückt" gemeldet, während der Anteil als „geschossen" gemeldeter Vögel auch in S-Europa und Afrika stark zurückgegangen ist. Inwieweit dies der realen Situation entspricht und tatsächlich heute weniger Weißstörche erjagt werden als dies früher der Fall war, oder nur wiedergibt, dass heute nach Änderung der Jagdgesetze nur weniger der erjagten Vögel als solche gemeldet werden, muss hier allerdings offen bleiben. Auffällig ist, dass in SE-Europa wie Afrika die Anzahl insgesamt gemeldeter Funde stark zurückgegangen, in den anderen Regionen dagegen angestiegen ist. Betrachtet man die aus Mitteleuropa als verunglückt gemeldeten Vögel, waren sowohl vor als auch nach 1980 die allermeisten Strom-

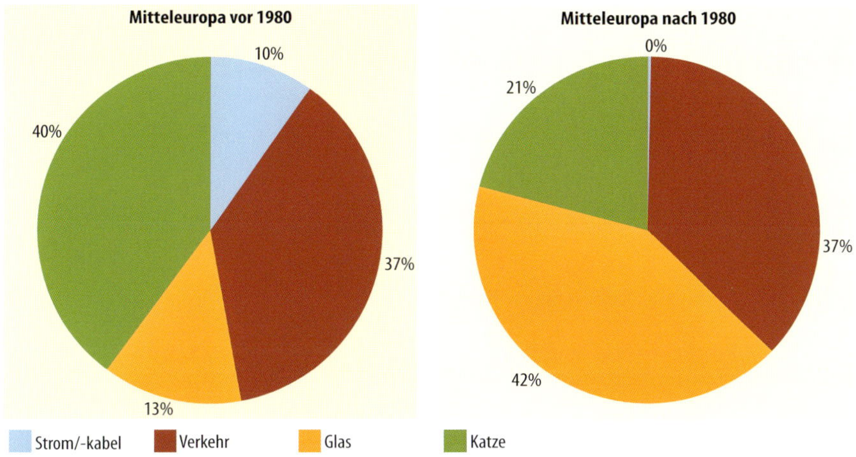

Fundumstände in Mitteleuropa verunglückter Drosseln vor und nach 1980. – *Causes of death of thrushes in Central Europe before (left) and after (right) 1980.*
Strom/Kabel = *electrocuted;* Verkehr = *traffic;* Glas = *collision with glass panes;* Katze = *taken by cat.*
Anzahl Funde/*number of recoveries:* 367/349.

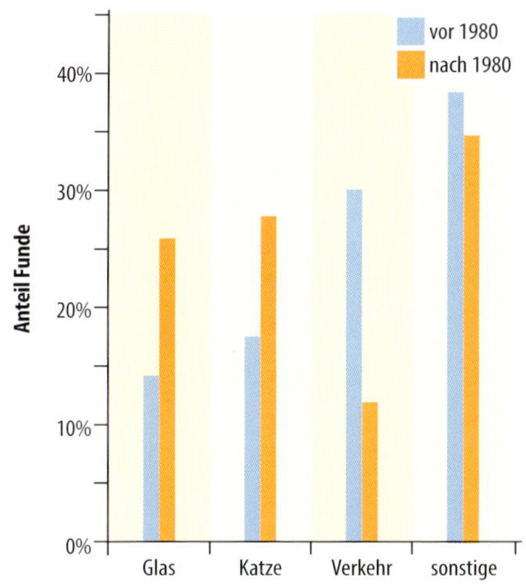

Fundumstände in Mitteleuropa verunglückter Rotkehlchen vor und nach 1980. – *Causes of death of European Robins killed in accidents or by cat predation in Central Europe before and after 1980.*
Glas = *collision with glass panes;* Katze = *taken by cat;* Verkehr = *traffic;* sonstige = *other.*
Anzahl Funde/*number of recoveries*: 120/260.

opfer, gefolgt von Verkehrsopfern. Der Anteil der Stromopfer ist bei jungen und älteren Weißstörchen sehr ähnlich, doch verunglücken junge Weißstörche in ihrem 1. Lebensjahr häufiger als ältere Vögel, die öfters als „geschossen" gemeldet wurden, was sicherlich daran liegt, dass sehr viele Jungstörche bereits im Brutgebiet verunglücken, wogegen die Altstörche zu einem höheren Anteil der Verfolgung in S-Europa und Afrika ausgesetzt waren bzw. noch sind.
Bei Greifvögeln findet sich nach 1980 ebenfalls und in allen Regionen ein starker Rückgang der als geschossen gemeldeten Funde beringter Vögel. Auch wenn es sogar in Mitteleuropa derzeit immer noch illegalen Abschuss von Greifvögeln gibt (Hegemann & Knüwer 2005; Hirschfeld 2011), dürfte der in den Fundumständen sichtbare Rückgang doch den verbesserten Schutz widerspiegeln. Nach 1980 überwiegen die als verunglückt berichteten Fälle, die in Mitteleuropa vor allem Verkehrsopfer ausmachen. Ihr Anteil ist gegenüber der Zeit vor 1980 deutlich angestiegen. Demgegenüber waren früher Strom- und Leitungstod die hauptsächlichen Todesursachen, die nach 1980 eine geringere Rolle spielen. Dafür sind Glasopfer nun sehr viel häufiger.
Bei Wasservögeln ist dagegen nach wie vor und nahezu überall jagdliche Verfolgung der dominierende Fundumstand, und Jung- und Altvögel sind davon in gleicher Weise betroffen.
Bei Seevögeln auffällige Fundumstände sind Ölopfer und in Fischereinetzen verunglückte Vögel, auf die in beiden Perioden durchschnittlich etwa 19 % bzw. 15 % der Fundmeldungen entfallen, mit einer Tendenz zu weniger Ölopfern, aber mehr Netzopfern nach 1980. Nach 1980 hat sich auch der Anteil an Verkehrsopfern unter den Seevögeln deutlich erhöht, möglicherweise weil sich mehr Möwen auf Müllkippen im Binnenland aufhielten. In Mitteleuropa sind Verkehrsopfer nach Jagd (31 %) und Fang (29 %) die dritthäufigste gemeldete Fundursache mit 5,6 % aller Funde mit bekanntem Umstand (n = 5184).
Einen nochmals höheren Anteil an Verkehrsopfern weisen die Eulen mit 48,9 % aller Funde mit bekanntem Umstand aus Mitteleuropa auf, wobei Straßenverkehrsopfer am häufigsten sind.
Dabei spielt die Härte des Winters eine Rolle. In überdurchschnittlich warmen Wintern (Durchschnittstemperatur Dezember – Februar ≥ +2,0 °C) verunglückten nicht nur mehr Schleiereulen, sondern es wurden auch wesentlich mehr Verkehrsopfer als in überdurchschnittlich kalten Wintern (Durchschnittstemperatur ≤ –2,0 °C) gemeldet. Ursache dafür dürfte sein, dass die Schleiereulen in sehr kalten Wintern weniger mobil sind und sich mehr an geschützten Orten, z. B. in Gebäuden, aufhalten, wo deshalb in solchen kalten Wintern mehr Vögel gefunden wurden als in warmen.
Auch bei den Drosseln (v. a. Amsel und Singdrossel) ist der Anteil der Verkehrsopfer in sehr kalten Wintern geringer. Geringere Mobilität in sehr kalten Wintern scheint also ein allgemeines Prinzip zu sein. Dies korrespondiert mit dem höheren Anteil an durch Katzen erbeuteten Drosseln in kalten Wintern, möglicherweise weil sie auf Grund ihrer geringeren Mobilität leichter Beute werden.
Dennoch ist bei Singvögeln menschliche Verfolgung gerade in den Durchzugs- und Überwinterungsgebieten der häufigste Fundumstand, hier exemplarisch dargestellt für die großen Drosseln. Während sich diese Situation in W- und S-Europa über die Zeit kaum verändert hat, hat in N- und Mitteleuropa die Verfolgung nach 1980 stark abgenommen, wohl Ausdruck des seit Erlass der EU-Vogelschutzrichtlinie verbesserten Schutzes, der offensichtlich in N- und Mitteleuropa besser greift als in W- und S-Europa. Dafür hat in Mitteleuropa der Anteil an Glasopfern stark zugenommen. Während bei den großen Drosseln der Anteil durch Katzen und andere Räuber erbeuteter Funde nach 1980 geringer wurde, nahm er beim Rotkehlchen als Siedlungsbewohner deutlich zu. Bei ihm geht heute jeder 4. Fund auf Katzen zurück.

Lebensalter – Höchstalter – Sterblichkeitsrate

Nur über die Beringung wird bekannt, wie alt Vögel im Freiland werden können. So werden faszinierende „Altersrekorde" berichtet (z. B. http://www.euring.org/data_and_codes/longevity-voous.htm) und auch wir geben bei jeder Art mit ausreichenden Daten das Höchstalter an. Allerdings dürfen uns solche Höchstalter nicht darüber hinwegtäuschen, dass die Mehrzahl der Individuen in sehr viel jüngerem Alter stirbt. Neben dem Höchstalter ist also besonders die Altersverteilung der Funde von großem Interesse. Sie lässt die mittlere Lebenszeit der Individuen einer Art errechnen und liefert die Grundlage für Bestimmungen der jährlichen Überlebensrate und ihrer Veränderungen. Bruterfolg und Überlebensrate sind die wichtigsten demographischen Kenngrößen und helfen uns, die Bestandsentwicklungen von Arten zu verstehen. So trägt die Beringung gerade in einer Zeit, in der viele Arten teilweise erhebliche Bestandsrückgänge zeigen, entscheidend zum Verständnis dieser Bestandsveränderungen und zur Entwicklung von Schutzmaßnahmen bei.
Alle Altersverteilungen von Vögeln sind „linksschief" mit den natürlicherweise meisten Individuen jeweils im 1. Lebensjahr, gefolgt von einem „Abfall", der artspezifisch unterschiedlich steil ist und die unterschiedliche jährliche Sterblichkeit ausdrückt. So sind die Kurvenverläufe bei Weißstorch und Mäusebussard als jeweils recht langlebige Arten sehr ähnlich, beim Kiebitz fällt die Kurve steiler ab und besonders steil ist der Abfall bei der recht kurzlebigen Amsel.

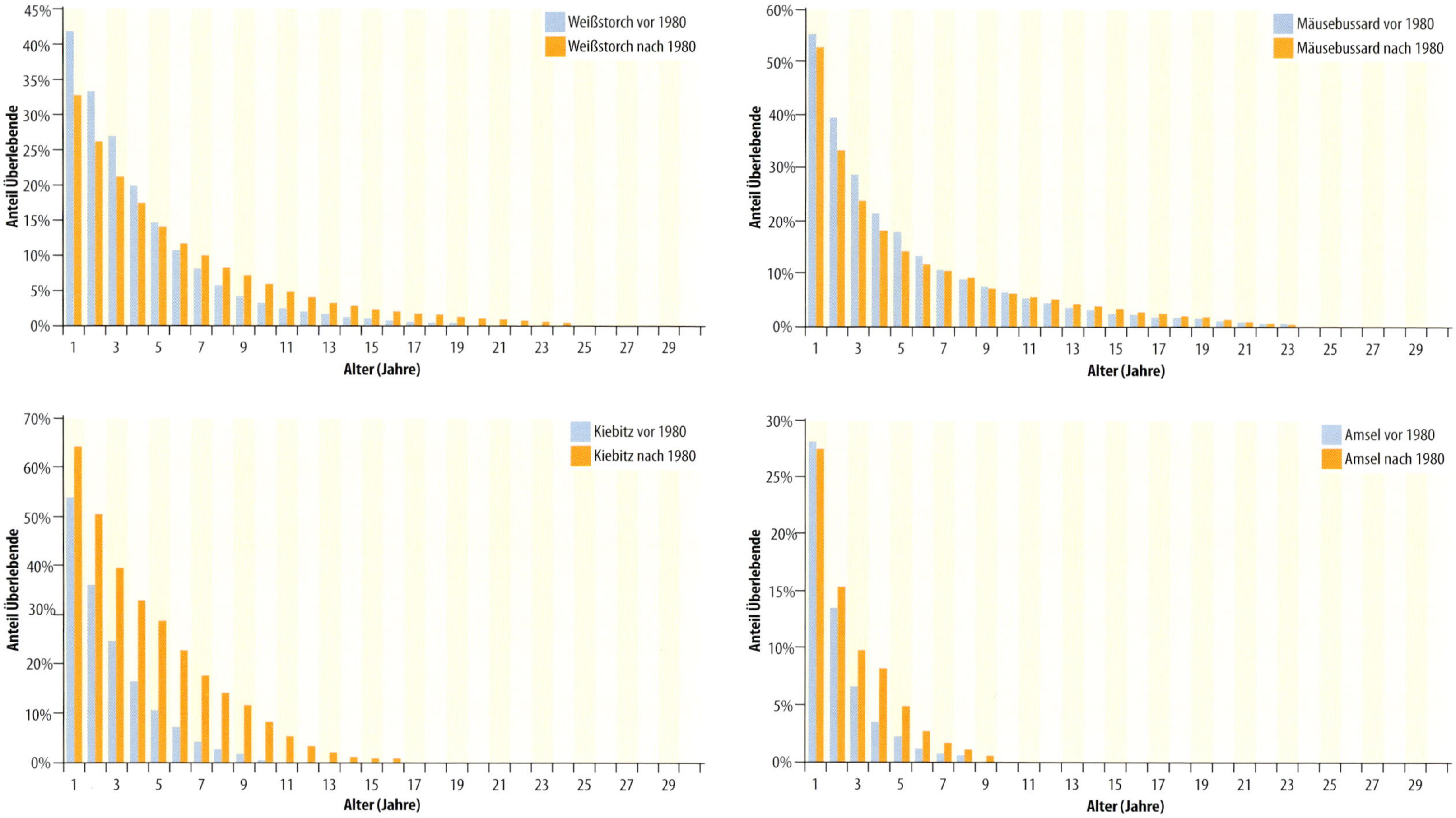

Überlebenskurven für in Deutschland nestjung beringte Weißstörche, Mäusebussarde, Kiebitze und Amseln vor und nach 1980 (Alter 0 = 1. Lebensjahr). – *Survival curves of European White Storks (top left), Eurasian Buzzards (top right), Northern Lapwings (bottom left) and Common Blackbirds (bottom right) ringed as nestlings in Germany before and after 1980 (Age 0 = 1st year).* Anzahl Funde/*number of recoveries*: Weißstorch/*European White Stork* 3731/4111; Mäusebussard/*Eurasian Buzzard* 2311/1871; Kiebitz/*Northern Lapwing* 831/315; Amsel/*Common Blackbird* 935/181.

Geben uns die Überlebenskurven einen ersten Eindruck von den Sterblichkeitsverhältnissen, so ist es aber erst die Analyse dieser „Sterbetafeln" mittels entsprechender Statistik, die die jährliche Sterblichkeit errechnen lässt. So zeigt sich beim Weißstorch, dass die Mortalität in Deutschland beringter Weißstörche im 1. Lebensjahr mit durchschnittlich etwa 63 % erheblich höher ist als die beim etwa gleich lang lebenden Mäusebussard, die mittlere Sterblichkeit in allen späteren Lebensjahren dagegen bei beiden Arten sehr ähnlich ist (Weißstorch: 26 %; Mäusebussard: 24 %). Während beim Mäusebussard die jährlichen Sterblichkeitsraten im 1. bzw. in allen späteren Jahren vor und nach 1980 nicht wesentlich verschieden sind, nahm beim Weißstorch die Erstjahressterblichkeit zu (67 % gegenüber 58 %), die in späteren Jahren dagegen ab (21 % gegenüber 31 %). Auffällige Unterschiede zeigen sich beim Kiebitz. Sowohl die Erstjahressterblichkeit als auch die Sterblichkeit in späteren Jahren sind nach 1980 erheblich niedriger als vorher (36 % gegenüber 46 % bzw. 22 % gegenüber 35 %), was andeuten könnte, dass sich der Jagddruck auf den Kiebitz in jüngerer Zeit reduziert hat. Sehr viel höhere Erstjahressterblichkeit weist die Amsel auf, bei der im 1. Lebensjahr bereits etwa 72 % sterben. Bei den danach noch Lebenden zeigen sich große Unterschiede zwischen den beiden Zeiträumen. Während vor 1980 durchschnittlich nur etwa 25 % jährlich starben und mehrere Vögel sogar über 10 Jahre alt wurden, errechnet sich für nach 1980 eine Altvogelsterblichkeit von 45 % und kein einziger Vogel wurde älter als neun Jahre. Ob dies etwas mit der zunehmenden Verstädterung der Amsel zu tun hat, muss hier offen bleiben.

Zugvögel im Klimawandel

Zahlreiche Arbeiten zeigen, dass der derzeitige globale Klimawandel vielfältige Auswirkungen und Konsequenzen für die Vogelwelt hat und haben kann (z. B. Walther et al. 2002, Møller et al. 2010, Wormworth & Sekercioglu 2011, Pearce-Higgins & Green 2014). Auswirkungen des Klimawandels auf Vögel lassen sich im Wesentlichen vier Bereichen zuordnen: Veränderungen in der Phänologie von Ziehen und Brüten, Veränderungen im Ausmaß des Zugverhaltens und – abseits der Vogelzugthematik – Veränderungen in der geografischen und altitudinalen Verbreitung und demographische Veränderungen.
Abgesehen von phänologischen Veränderungen im Zugverhalten, wie frühere Rückkehr von Zugvögeln im Frühjahr und späterer Abzug im Herbst (Lehikoinen & Sparks 2010), sind andere Veränderungen im Zugverhalten bisher nur wenig quantitativ untersucht. Von Verkürzungen der Zugstrecken bei Kurz- und Mittelstreckenziehern berichten z. B. Fiedler et al. (2004) und Visser et al. (2009). Vergleicht man die Entfernungen zwischen Beringungen zur Brutzeit und Wiederfunden während des Winters für die Zeit vor und nach 1980, so zeigt sich, dass beispielsweise in Deutschland brütende Vogelarten wie Kiebitz, Lachmöwe, Amsel und Star heute deutlich näher an den Brutgebieten überwintern als vor 1980. Dies allein auf Klimawandel zurückzuführen, ist allerdings mit Vorsicht zu sehen, denn auch andere Faktoren wie insbesondere Änderungen in Bejagungsintensitäten und in Rückmeldewahrscheinlichkeiten können für dieses Bild ebenso verantwortlich sein. Für Zugvögel, die südlich der Sahara überwintern, sind solche Veränderungen derzeit unbedeutend. Zwar scheinen bei mancher dieser Arten in jüngerer Zeit vermehrt einzelne Vögel auch nördlich der Sahara beispielsweise in Marokko oder Südspanien zu überwintern, von einer wirklichen nordwärtigen Verlagerung des Überwinterungsgebietes und damit einer Verkürzung der Zugwege ist bei diesen tropischen Überwinterern jedoch nicht

zu sprechen und angesichts der Unwirtlichkeit der Regionen dazwischen auch nicht zu erwarten (Coppack et al. 2008).
Erwartet wird auch eine fortschreitende Abnahme der Zugbereitschaft bei Kurz- und Mittelstreckenziehern sowie ein zukünftig höherer Anteil an Kurzstreckenziehern und Standvögeln, da das Zugverhalten von Langstreckenziehern stärker im genetischen Programm fixiert ist, im Gegensatz zu Standvögeln und Kurz- und Mittelstreckenziehern, die in ihrem Verhalten plastischer auf Witterungs- und Klimaveränderungen reagieren. Dadurch können sich Vogelgemeinschaften erheblich verändern. Beispielsweise hat auf Helgoland der Anteil durchziehender Langstreckenzieher ab-, der der Kurzstreckenzieher seit 1960 kontinuierlich zugenommen (Hüppop & Hüppop 2007). Zunehmende Sesshaftigkeit zeigt sich auch in den mittlerweile unzähligen Winternachweisen von Arten wie Hausrotschwanz oder Mönchsgrasmücke nördlich der Alpen. Zugwegverkürzungen und zunehmende Sesshaftigkeit spiegeln sich darüber hinaus in Veränderungen zugbezogener Morphometrie wider. Bei mehreren Arten zeigen sich Verringerungen der durchschnittlichen Flügellänge (Salewski et al. 2010, van Buskirk et al. 2010, Goodman et al. 2012), die ein Maß für Zugweglänge ist (Förschler & Bairlein 2011).

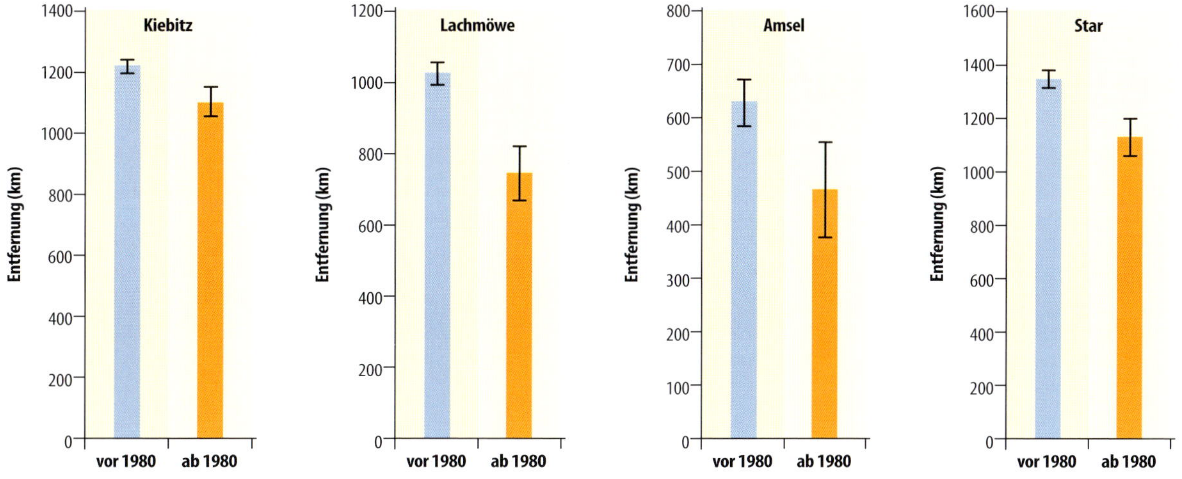

Mittlere Fundentfernungen (mit Standardfehlern) vor und nach 1980 von Kiebitzen, Lachmöwen, Amseln und Staren, die zur Brutzeit in Deutschland beringt und im Winter wiedergefunden wurden. Die Unterschiede zwischen den Perioden sind bei allen vier Arten statistisch signifikant. – *Mean recovery distances and standard error before and after 1980 of Northern Lapwings, Common Black-headed Gulls, Common Blackbirds and Common Starlings ringed in Germany during the breeding season and recovered during winter. The differences between the time periods are statistically significant in all four species.*
Anzahl Funde/*number of recoveries:* Kiebitz/*Northern Lapwing* (471/80), Lachmöwe/ *Common Black-headed Gull* (360/44), *Amsel/Common Blackbird* (151/31), Star/*Common Starling* (265/47).

Summary: *The spatial and temporal distribution of recoveries or ringed birds is biased by spatial and temporal variation in recovery probability. Therefore, the distributions of recoveries may not reflect the "true" pattern of migrations. For example, the distribution of recoveries could be affected by regional variation in hunting, as exemplified for Common Buzzard and Song Thrush. Consequently, changes in hunting regulation, but also an increase of traffic could affect the spatial and temporal distribution of recoveries considerably.*
Recoveries of ringed birds do not only hint on possible migration routes, they also provide information about causes of mortality. In our data set, some 45% of all recoveries are reported with detailed finding circumstances. Causes of mortality vary between species, geographic regions and temporal periods. Ducks, corvids and thrushes are often reported "shot", while other species, such as European White Stork or owls, are more frequently reported "killed by accident". Among accidentally killed birds, electrocution is the most important cause of death in European White Storks, while owls were more often killed by traffic. In smaller songbirds and Eurasian Sparrowhawks, collisions with glass are more frequent than in other species. The proportion of birds which collided with glass has increased since 1980, likely due to an increase in glass in buildings. Interestingly, the overall total proportion of road kills did not change, despite the fact that the number of vehicles increased extensively over the last decades. Besides temporal changes in the causes of death, pronounced regional variation is apparent, which is mostly due to regional variation in human bird persecution (e.g. hunting and changes in hunting rules after the enforcement of the European Birds Directive). For example, the proportion of diurnal raptors reported "shot" decreased throughout Europe after 1980, while in ducks hunting is still the major cause of death. However, the decrease in the proportion of raptors reported "shot" may not necessarily reflect a decrease in hunting pressure, as shot birds may be less frequently reported nowadays as compared to before 1980.
Recovery data are an outstanding source to evaluate mortality rates, and their changes over time. For example, first-year mortality increased in European White Storks after 1980, while it decreased in Lapwings. In both species, adult annual mortality decreased in the same time period. This is contrasted by European Blackbirds, in which adult mortality increased considerably after 1980. Although future studies will have to evaluate the driving factors, recoveries of ringed birds can contribute extensively to demographic studies.
Finally, the analysis of recovery data may also contribute to reveal effects of climate change on migratory birds. Climate change shows many fingerprints in migratory birds. For example, many migratory species are advancing their spring arrival. Moreover, several of the short- and medium distance migrant species reduce migration distance, and winter at higher latitudes than previously. In Lapwings, Black-headed Gulls, European Blackbirds and European Starlings ringed in Germany during the breeding season, the average distance between breeding and recovery site in winter decreased significantly after 1980, likely due to milder winter condition in Central Europe in the recent decades.

Material & Methode

Datengrundlage

Um eine möglichst breite Datenbasis zu haben, sollten für die Auswertungen in diesem Atlas alle Wiederfunde mit Bezug zu Deutschland innerhalb der heutigen politischen Grenzen zusammengeführt werden. Das heißt, die Beringungs- und Wiederfund-Datensätze von allen markierten Vögeln, die in Deutschland markiert und/oder wiedergefunden wurden, flossen in eine neu konzipierte, kohärente Datenbank ein. Dazu wurden die eigenständigen Datenbanken der drei deutschen Beringungszentralen mit Datenstand 31.12.2012 zusammengeführt. In Einzelfällen wurden jedoch auch besonders interessante Funde aus den Jahren 2013 und 2014 noch miteinbezogen.

Neben den Daten der eigenen Ringvögel, sind in diesen Datenbanken auch Beringungs- und Wiederfunddaten von Ringvögeln fremder Beringungszentralen enthalten, wenn diese in dem jeweiligen Gebiet der einzelnen deutschen Beringungszentralen wiedergefunden wurden. Das Gros der im Ausland Beringten stammt jedoch aus der EURING-Database (EDB). EURING (**European Union for Bird Ringing)** ist die Dachorganisation aller europäischen Beringungszentralen. EURING betreibt eine gemeinsame Datenbank (die EDB), in die alle Beringungszentralen ihre Daten von wiedergefundenen Vögeln in einem festgelegten Format, dem sogenannten EURING-Code, einspielen. Aus dieser wurden alle Datensätze, die Deutschland betreffen (Stand: 15.3.2011), integriert. Aufgrund unterschiedlicher Ausgangsbedingungen und Möglichkeiten haben einige Beringungszentralen bisher nur einen Teil ihrer Daten in die EDB einspielen können. Um solche Lücken zu schließen, wurde zusätzlich von den Beringungszentralen Islands, Israels, Russlands und der Ukraine die vollständige Datenbasis mit Bezug zu Deutschland abgefragt. Da die Wiederfunde vieler Farbberingungsprojekte trotz entsprechender EURING-Richtlinien oft nicht in den nationalen Datenbanken gespeichert sind, wurde zusätzlich eine Vielzahl von Koordinatoren dieser Projekte angeschrieben. Sofern diese uns Daten in verwertbarer Form zur Verfügung stellten, wurden sie ebenfalls in die Atlasdatenbank eingespeist.

Eine Reihe von in- und ausländischen Farbberingungsprogrammen stellten dankenswerterweise ihre Daten für diesen Atlas zur Verfügung. Stellvertretend seien hier die Programme genannt, die besonders umfangreiche Farbberingungsdaten beigesteuert haben:

Schwäne (V. Blüml, A. Degen, S. Homma, H. Kruckenberg), Gänse (S. Homma, S. Martens, B. Ebbinge, B. Voslamber, www.geese.org), Flamingos (S. Homma), Schwarzstorch (C. Rohde), Löffler (O. Overdijk), Blässhuhn (S. Martens), Säbelschnäbler (H. Hötker), Limikolen (K. Günther, T. Piersma), Möwen (A. Buchheim, V. Dierschke, R. Klein, S. Martens, K. Pedersen, A. Zours).

Entsprechend der Vorgehensweise bei den Metallringen, wurden bei im Ausland beringten Vögeln nicht die gesamten Lebensläufe übernommen, sondern lediglich die in Deutschland erfolgten Wiederfunde.

Daten aus Projekten mit Satellitensendern, GPS-Loggern und Geolokatoren wurden nicht in die Karten übernommen. Sofern die Daten öffentlich zugänglich (z.B. www.movebank.org oder Internetdarstellungen von Projekten) oder die Ergebnisse publiziert sind, flossen diese Daten jedoch in die Arttexte ein. Sofern keine Ringfunde, jedoch Daten aus der Satellitentelemetrie vorliegen, wurde keine Artbearbeitung erstellt; einziges Beispiel hierfür ist jedoch der Schelladler.

Die Datenbasis für die Auswertungen zu diesem Atlas enthält einige **Lücken, die auch im Laufe der Erstellung dieses Atlanten** zu Tage traten:

In den digitalen Datenbanken der deutschen Beringungszentralen fehlen einige Daten, die zum Teil andernorts publiziert sind. Für dieses Fehlen gibt es verschiedene Gründe. Einige Daten sind in den Beringungszentralen zwischenzeitlich verloren gegangen, vor allem solche der Vogelwarte Rossitten, die in der Kriegs- und Nachkriegszeit fast völlig vernichtet wurden. Ein Teil der Daten früherer Epochen, die offensichtlich bei der umfassenden Digitalisierung von „Altdaten" nicht vorlagen, konnten bisher nicht digitalisiert werden. Manche Funde wurden nie an die Beringungszentralen gemeldet, aber trotzdem in Publikationen erwähnt. Einige publizierte Daten (z. B. in Ringfundberichten und -auswertungen) erwiesen sich aus heutiger Sicht als nicht verifizierbar oder sogar fehlerhaft und sind deshalb mittlerweile aus den Datenbanken entfernt worden, andere erfüllten nicht die Auswahlkriterien für diesen Atlas. Sofern fehlende Daten recherchierbar waren, wurden sie nachträglich digitalisiert und dann auch berücksichtigt. In vielen Fällen war dieses aber wegen fehlender Angaben in den Originalpublikationen nicht möglich. Wo es notwendig ist, werden publizierte Funde aber in den Arttexten berücksichtigt. Es sei jedoch angemerkt, dass diese Daten nicht überprüft werden konnten und daher auch ungenau oder falsch sein können.

Ringfunde aus Farbberingungsprojekten werden in der Regel von Koordinatoren der Projekte selbst verwaltet. In vielen Fällen wurden die Daten nicht an die jeweils zuständige nationale Beringungszentrale übermittelt. Wir haben versucht, möglichst viele dieser Projekte anzuschreiben und Deutschland betreffende Funde in unsere Datenbank zu integrieren. Leider gelang es nicht, aus allen Projekten die Daten zu erhalten. Dies betrifft vor allem Enten, Greifvögel und Limikolen.

Von einigen ausländischen Beringungszentralen sind die Datenbestände in der EURING-Datenbank (EDB) unvollständig. So weisen deren nationale „Ringfundatlanten" Funde auf, die uns nicht zur Verfügung standen. Da es aus praktischen und zeitlichen Gründen nicht möglich war, bei all diese Zentralen zusätzlich anzufragen, ergeben sich bei einigen Arten geringfügige „Diskrepanzen" zwischen dem vorliegenden „Atlas" und den jeweiligen nationalen „Atlanten" der anderen Zentralen. In den Arttexten wird dies aber berücksichtigt.

Nach der Zusammenführung aller Daten zu einer Gesamtdatenbank wurden alle Daten einer **Plausibilitätsprüfung** unterzogen. Zunächst wurde mittels einer Punkt-in-Polygon-Analyse überprüft, ob sich die gespeicherten Koordinaten innerhalb der im Ortscode angegebenen Region befanden. Hierdurch fielen mehrere tausend Datensätze auf, bei denen dieses nicht der Fall war. Die meisten Fehler waren einfach zu korrigieren, denn es handelte sich um Koordinaten-Verwechslungen, z. B. ein bei einem Längengrad (seltener Breitengrad) vergessenes „Minus-Zeichen" als Codierung für „West". Da viele Orte nur auf eine Minute oder 0,1° genau abgespeichert sind, kann es insbesondere in Grenznähe dazu kommen, dass die Koordinaten in Deutschland beringter Vögel im Ausland zu liegen scheinen. Da dieses im Maßstab der für dieses Buch angefertigten Karten nicht sichtbar ist, wurden diese Koordinaten nicht verändert. Viele andere Fehler in den Koordinaten mussten im Originalschriftverkehr, der glücklicherweise auch für alte Funde in den Beringungszentralen erhalten ist, recherchiert werden. Zumeist handelte es sich um Tipp- und Übertragungsfehler.

Im Anschluss wurden die einzelnen für die Kartendarstellungen relevanten Parameter der Datenbank einer Überprüfung unterzogen. Dieses betraf vor allem Beringungen von Brutvögeln und Nestlingen zu ungewöhnlicher Jahreszeit und ungewöhnlich alte Vögel. Für jede Art wurden Arbeitskarten erstellt, insgesamt etwa 3500. Auf diesen wurden ungewöhnlich erscheinende Funde erneut einer Überprüfung unterzogen, zumeist anhand der Originalbelege („Fundbriefe"). Dabei erwiesen sich in einigen Fällen auch schon publizierte Funde als fehlerhaft.

Auswertung der Daten

Für die Darstellungen in diesem Buch wurden die vorliegenden Funde je nach Fragestellung nach verschiedenen Parametern gefiltert. Grundsätzlich wurden nur Funde berücksichtigt, wenn Beringung und/oder Wiederfund in Deutschland erfolgten und die Koordinaten auf mindestens 1° genau waren. Nicht berücksichtigt wurden verfrachtete Vögel, Handaufzuchten, Pfleglinge (mehr als 24 Stunden in Gefangenschaft) und andere manipulierte Vögel, da ein Einfluss auf das Migrationsverhalten dieser Vögel nicht auszuschließen ist. Nur bei der Großtrappe wurde eine Ausnahme gemacht, da nahezu alle Beringungen auf Vögel aus Handaufzuchten zurückgehen. Bei einigen weiteren Arten könnten in geringer Anzahl auch solche Ringvögel enthalten sein, da bei älteren Daten (vor 1950) in der Regel diese Zusatzinformationen nicht auf den Wiederfund-Karteikarten festgehalten wurden.

Beringungen nach 1945 / *ringings after 1945:*	139.868
Funde > 10 km nach 1945 / *recoveries > 10 km after 1945:*	1979/1650
Wiederfundquote (Funde > 10 km nach 1945) / *recovery rate (of recoveries > 10 km after 1945):*	1,2 %
Funde > 10 km seit 1901 / *recoveries >10 km after 1901:*	2062/1733
Funde fremder Beringungszentralen / *recoveries of foreign ringing centers:*	213/167
Höchstalter / *maximum age (only birds ringed in Germany):*	27 J
Weiteste Entfernung / *maximum distance:*	11.128 km

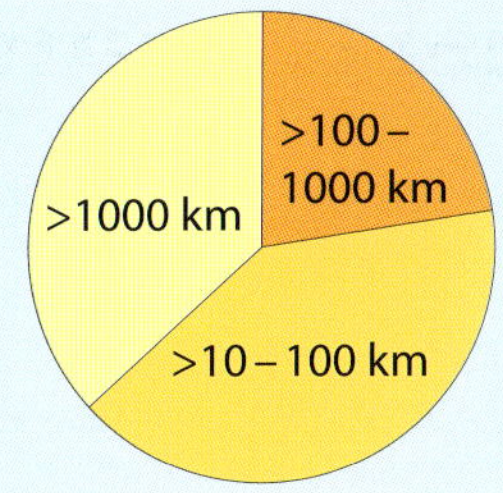

Für jede Art mit >10 Wiederfunden fasst eine Eingangstabelle Stichprobenzahl, Wiederfundquote, Höchstalter und die weiteste Entfernung zusammen. – *For each species with >10 recoveries, an introduction table summarizes data on number of ringed birds, recoveries, recovery rate, maximum age (for birds ringed in Germany) and maximum recovery distance.*

Für jede Art mit >10 Wiederfunden gibt ein Kreisdiagramm die prozentuale Verteilung der Funde auf drei Entfernungsklassen wieder. Die Stichprobenzahl ist der jeweils daneben stehenden Tabelle zu entnehmen. – *For each species with >10 recoveries, a pie chart shows the distribution of recoveries for three distance categories. The sample size is reported in the adjoining table.*

Insgesamt wurden so die Daten auf fast 1,5 Millionen Funde von etwa 975.000 Ind. für die Auswertungen der einzelnen Arten reduziert.

Für alle Arten mit Funden von mind. 10 Ind. stellen wir den Arttexten eine **Eingangstabelle** voraus. Darin befinden sich Angaben zu Datengrundlage, Fundquoten und Höchstwerte bei Alter und zurückgelegter Entfernung:

Beringungen nach 1945: Da die Anzahl der Beringungen vor 1945 nicht vollumfänglich und gebietsscharf für das heutige Deutschland ermittelt werden konnte, werden hier nur die Beringungszahlen nach 1945 angegeben und zwar als Summe der von den drei deutschen Beringungszentralen in Deutschland vorgenommenen Beringungen. Allerdings war bei nicht digitalisierten Altdaten bei manchen Arten nicht zwischen Beringungen im In- und Ausland zu trennen. Der dadurch entstandene „Fehler" ist aber gering und „verfälscht" die Angaben kaum.

Funde >10 km nach 1945: Hier wird stets die Anzahl der in der Datenbank vorhandenen Funde der drei deutschen Beringungszentralen in über 10 km Entfernung zwischen Beringungs- und Fundort getrennt nach der Anzahl von Funden und der Anzahl der Individuen dargestellt. Diese Zahlen können sehr unterschiedlich sein, da insbesondere bei farbberingten Vögeln oft Mehrfachfunde zum Teil von unterschiedlichen Orten vorliegen.

Wiederfundquote: Die Wiederfundquote gibt den auf 0,1 gerundeten Prozentsatz des Quotienten aus den Beringungszahlen und der Anzahl von Wiederfunden >10 km (ohne Mehrfachfunde) nach 1945 wieder. Berücksichtigt werden nur von deutschen Beringungszentralen markierte Vögel.

Funde >10 km seit 1901: Entsprechend den Funden nach 1945 ist hier die Gesamtzahl aller in der Datenbank vorhandenen Funde seit 1901 aufgeführt, erneut getrennt nach der Anzahl von Funden und der unterschiedlicher Individuen. Berücksichtigt werden nur von deutschen Beringungszentralen markierte Vögel.

Funde fremder Beringungszentralen: Hier ist die Anzahl der Funde bzw. Individuen mit Ringen ausländischer Beringungszentralen versehener Vögel aufgeführt. Die Beringungen erfolgten außerhalb von Deutschland, die Funde in Deutschland.

Höchstalter: Es wurden ausschließlich Vögel berücksichtigt, die in Deutschland mit Ringen der drei deutschen Beringungszentralen beringt wurden. Die Daten wurden anhand der Originaldaten überprüft. Dargestellt ist nicht das tatsächliche Alter des Vogels, sondern nur die Differenz zwischen Beringung und letztem Wiederfund, also sein minimales Höchstalter. Die Angabe erfolgt in Jahren und Monaten (ggf. gerundet). Mit einem Stern (*) versehene Angaben stammen von Vögeln, die bekanntermaßen nicht in ihrem Geburtsjahr beringt wurden, so dass ihr tatsächliches Alter auch deutlich höher sein kann als das angegebene. Auf europäischer Ebene gibt es bereits von EURING eine Liste der Höchstalter (http://www.euring.org/data_and_codes/longevity-voous.htm).

Weiteste Entfernung: In dieser Zeile steht die größte Distanz zwischen Beringungs- und Fundort. Im Gegensatz zum Höchstalter wurden hier auch die Funde in Deutschland von im Ausland beringten Vögeln berücksichtigt.

Bei allen Arten mit Funden von mind. 10 Ind. in mehr als 10 km Entfernung vom Beringungsort findet sich ein **Kreisdiagramm**, das die Verteilung der Individuen auf drei Entfernungsklassen (>10 – 100 km, >100 – 1000 km, >1000 km) wiedergibt. Hierbei sind sowohl die Funde der deutschen als auch die ausländischer Beringungszentralen mit Funden in Deutschland berücksichtigt. Für jedes Individuum wurde dabei nur der weiteste Fund gewertet, um Mehrfachfunde desselben Vogels zu eliminieren. Das Kreisdiagramm kann im Zusammenhang mit der Eingangstabelle auch als ein Maß für das Zugverhalten genommen werden: Wenige Fernfunde (>100 km) bei gleichzeitig hoher Zahl an Beringungen weisen eine Art als vergleichsweise standorttreu aus.

Karten

Für jede behandelte Art gibt es mindestens eine Karte. Arten mit nur wenigen Funden bekommen eine „Seltenheitenkarte", Arten mit vielen Funden mehrere thematische Karten. Alle Karten wurden in ArcGIS_Desktop10 mit darin enthaltenen Kartenvorlagen sowie zusätzlichen aus dem Internet (http://www.arcgis.com/home/group.html) erstellt. Der Kartenmaßstab wurde der jeweiligen maximalen Fundverbreitung angepasst, als kleinster Kartenausschnitt aber mit wenigen Ausnahmen eine Übersichtskarte von Deutschland gewählt. Um die Karten nicht zu überladen und die Fundsymbole in den Vordergrund zu stellen, wurde auf die Darstellung detailreicher Konturen der Staaten sowie auf innerstaatliche Verwaltungsgrenzen, Flüsse und kleinere Seen verzichtet. Gelegentlich scheint daher ein Fund „im Wasser" zu liegen, wenn eine Insel (z. B. Helgoland) oder eine Landzunge nicht dargestellt werden. Gelegentlich scheint ein grenznaher Fund in einem falschen Land zu liegen, da die Staatsgrenzen nicht detailliert gezeigt werden oder aber die Koordinaten nur auf die Minute genau in der Datenbank enthalten sind.

Naturräume Deutschlands

Zur Darstellung möglicher Unterschiede im Zugverhalten von Vögeln verschiedener Großregionen haben wir nicht „willkürlich" z. B. Bundesländer zusammengefasst, sondern nutzen die naturräumliche Großgliederung Deutschlands des Bundesamtes für Naturschutz (Ssymank 1994, BfN 2008). Diese Gliederung Deutschlands in Naturräume berücksichtigt in erster Linie geomorphologische, geologische, hydrologische und bodenkundliche Kriterien, um die Landschaft in größere einheitliche Gebiete aufzuteilen. Politische Grenzen innerhalb von Deutschland spielen dabei keine Rolle. Die ursprünglich neun naturräumlichen Großlandschaften wurden hier zu sechs Naturräumen Deutschlands zusammengefasst. Diesen sind sechs verschiedene Farben zugeordnet, wobei die blauen, roten und grauen Farbtöne Deutschland zusätzlich grob als die drei Großbereiche West-, Ost- und Süddeutschland kennzeichnen:

Die farbliche Differenzierung der Naturräume Deutschlands (s. Abb. Definition der Naturräume Deutschlands) erfolgte vor allem in den Karten, in denen die Überwinterungsgebiete deutscher Brutvögel und die Brutherkunft in Deutschland überwinternder Vögel gezeigt wird sowie ggf. auch in Karten des Wegzuges oder in Sonderkarten. Einsatzkarten verdeutlichen die Lage der jeweils berücksichtigten Naturräume Deutschlands.

Seltenheitenkarte

Eine „Seltenheitenkarte" erhalten Arten mit nur wenigen Funden, wobei die Arten aber nicht zwangsläufig in Deutschland selten sein müssen. Es werden alle Fundorte in Deutschland beringter Vögel und alle deutschen Fundorte fremder Vögel dargestellt, sofern sie mehr als 100 km zurückgelegt haben oder die Naturräume Deutschlands gewechselt haben. Bei sehr wenig wandernden Arten wurden allerdings auch Funde in einer Entfernung von mindestens 10 km oder 50 km vom Beringungsort dargestellt, um die wenigen überhaupt dokumentierten Ortswechsel darstellen zu können. In dieser „klassischen" Strichkarte sind alle Beringungs- (Anfang der Linie) und Fundorte (durch Punkt gekennzeichnet) mittels einer Linie miteinander verbunden. Dabei codieren schwarze Linien direkte Funde, d. h. Funde innerhalb der gleichen oder innerhalb einer in der Zugrichtung an die Beringungssaison anschließenden Saison. Graue Linien kennzeichnen Funde in späteren Jahren, also indirekte Funde.

Thematische Karten

Für Arten mit vielen Funden gibt es nicht nur eine Übersichtskarte, sondern auch weitere thematische Karten. Hierfür wurden einheitliche Filter benutzt, die aber hinsichtlich Brut-, Zug- und Überwinterungszeiten artspezifisch variiert wurden. Als **Brutvogel** wurde definiert, wer – durch eine entsprechende Codierung in der Datenbank gekennzeichnet – als Brutvogel beringt oder wiedergefunden bzw. nicht flügge beringt wurde. Bei vielen Arten wurde der Beringungs- oder

Definition der **Naturräume Deutschlands** / *definition of **nature regions** in Germany.* dunkelblau – *dark blue*: NW-deutsches Tiefland (mit Nordseebereichen) – *NW German lowlands (incl. North Sea)*; rot – *red*: NE-deutsches Tiefland (mit Ostseebereichen) – *NE German lowlands (incl. Baltic Sea)*; hellblau – *pale blue:* W-deutsche Mittelgebirge – *W German highlands*; orange – *orange*: E-deutsche Mittelgebirge – *E German highlands*; hellgrau – *pale grey*: SW-deutsche Mittelgebirge – *SW German highlands;* dunkelgrau – *dark grey*: Alpenvorland (mit deutschen Alpen) – *foreland of the Alps (incl. German Alps)*

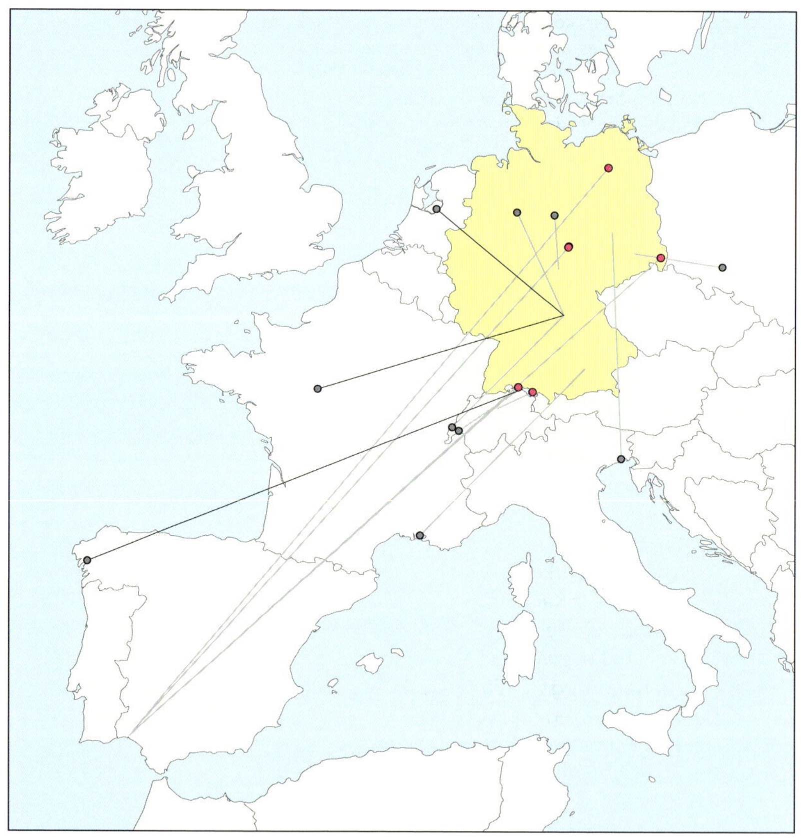

Arten mit wenigen Funden erhalten eine **„Seltenheitenkarte"**, in der alle Funde > 100 km dargestellt werden. Bei direkten Funden werden Beringungs- und Fundort mit einer schwarzen, indirekte mit einer grauen Linie verbunden. Der Beginn einer Linie zeigt den Beringungsort an, ein Symbol den Fundort. – *Species with few recoveries receive a **„rarity map"**, showing recoveries > 100 km. Ringing and recovery site are connected with a black (direct recovery) or grey line (indirect recovery). The start of the line indicates the ringing site, a symbol the recovery site.*

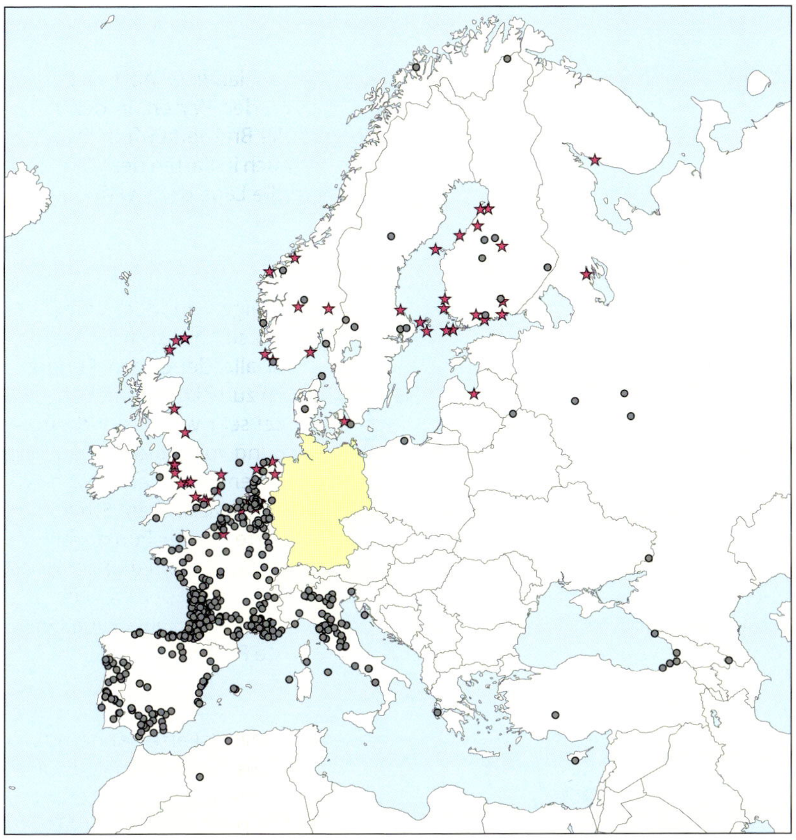

Für die meisten Arten zeigt eine **Übersichtskarte** alle Fundorte außerhalb Deutschlands deutscher Beringungen (Punkte) und alle ausländischen Beringungsorte von Funden in Deutschland (Sterne), bei Arten mit sehr vielen Funden in zwei getrennten Karten. Da Symbole sich überlagern können, sind oft weniger Orte zu sehen, als die Stichprobenzahl angibt. – *For most species, an **overview map** shows all recovery sites outside Germany of birds ringed in Germany (dots) and all foreign ringing sites of birds recovered in Germany (stars), for species with many recoveries in separate maps. As symbols may overlap, fewer sites are visible than the sample size suggests.*

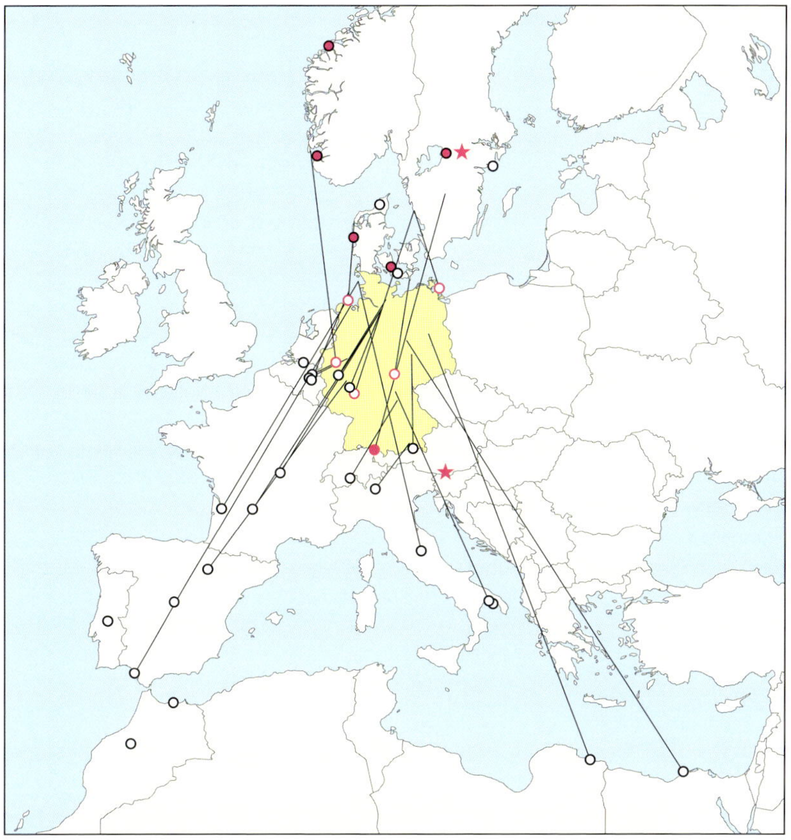

In den **Zugkarten** stehen Punkte für Fundorte und Sterne für Beringungsorte. Die Symbolfarben charakterisieren die Art des Fundes. Bei direkten Funden sind Beringungs- (Anfang der Linie) und Fundort (Punkte) mit einer Linie verbunden. Symbole ohne Linie zeigen Funde in einer späteren Zugsaison. – *In the **migration maps**, circles indicate recovery site and stars ringing sites. Symbol colours characterize the kind of recovery. For direct recoveries, the ringing (start of line) and recovery sites (dots) are connected by a black line. Symbols without a line show recoveries in later migration seasons.*

Fundmonat zusätzlich als **Brutzeit** definiert, sofern dieser in einer Jahreszeit liegt, in dem das Vorkommen von Durchzüglern sehr selten ist. In der Regel waren dieses die Monate Juni und Juli. Bei einigen Arten wurden diese „Brutmonate" ausgeweitet, bei anderen wiederum ist eine scharfe jahreszeitliche Trennung zwischen Brutvögeln und Durchzüglern nicht möglich (z. B. Enten). Auch nicht als solche gekennzeichnete Funde können deutsche Brutvögel betreffen, denn eine sichere Zuordnung zum Brutbestand ist nicht immer möglich. So wird z. B. ein im September in Deutschland beringter Teichrohrsänger als „nicht deutscher Brutvogel" eingestuft, er kann jedoch auch ein immer noch anwesender Brutvogel bzw. in Deutschland erbrüteter Vogel sein. Die Definitionen für die Zuordnung zu Brutbeständen wurden auch auf die **Brutherkunft** in Deutschland überwinternder Vögel angewandt.

Übersichtskarte: Bei Arten mit vielen Funden umreißt diese Karte das Areal, in dem in Deutschland vorkommende Vögel einer Art bisher beringt oder gefunden wurden. In diesem Kartentyp sind alle Beringungs- und Fundorte nur außerhalb Deutschlands dargestellt. Als einziger weiterer Filter wurde eine Mindestentfernung von 10 km zwischen Beringungs- und Fundort gesetzt.

Bei starker Überlagerung von Fund- und Beringungsorten gibt es zwei getrennte Karten. Bei einigen Arten markiert ein violetter Kreis einen sehr abseits gelegenen Fundort, der sonst leicht zu übersehen wäre.

Zugkarten: Die Zugkarten stellen die Fund- bzw. Beringungsorte in Deutschland brütender, erbrüteter, zur Brutzeit anwesender oder durch Deutschland ziehender Vögel mit Bezug zu einer Zugzeit dar. Hier werden auch Funde deutscher Vögel innerhalb Deutschlands dargestellt, wenn die Entfernung mindestens 100 km vom Beringungsort beträgt und ein Wechsel zwischen zwei Naturräumen Deutschlands stattgefunden hat. Bei ausreichender Datenbasis differenzieren zwei getrennte Karten den Zug der deutschen Brutvögel von denen aller übrigen Vögel. Bei sehr guter Datenbasis wird der Zug deutscher Brutvögel zusätzlich nach den oben definierten Naturräumen Deutschlands differenziert.

Eine farbige Symbolik unterscheidet zwischen deutschen und ausländischen Brut- und Zugvögeln (s. Abb. und Tab. „Symbole und Farben").

Bei direkten Funden (innerhalb der gleichen oder der direkt an die Brutsaison anschließenden Saison) sowohl eigener als auch fremder Ringvögel verbinden schwarze Linien den Beringungsort mit dem Fundort. Von späteren Funden deutscher Ringvögel wird nur der Wiederfundort als Punkt dargestellt. Eine Linie fehlt hier. Von späteren Funden fremder Ringvögel in Deutschland wird nur der Beringungsort mit einem Stern gekennzeichnet.

Zum **Herbstzug** wurden Vögel gerechnet, die zur artspezifisch definierten Herbstzugzeit im In- oder Ausland beringt oder gefunden wurden. Wiederfunde innerhalb Deutschlands wurden nur berücksichtigt, wenn der Vogel den Naturraum gewechselt und mindestens 100 km zurückgelegt hat.

Unter **Frühjahrszug** wurden Vögel einer Art zusammengefasst, die zur artspezifisch definierten Frühjahrszugzeit im In- oder Ausland beringt oder gefunden wurden. Wiederfunde innerhalb Deutschlands wurden nur berücksichtigt, wenn der Vogel den Naturraum gewechselt und mindestens 100 km zurückgelegt hat. Da zur Frühjahrszugzeit im In- und Ausland deutlich weniger Vögel beringt werden, ist die Datenbasis zum Frühjahrszug – insbesondere was direkte Funde angeht – sehr viel geringer als im Herbst, so dass bei vielen Arten eine Darstellung des Frühjahrszuges nicht möglich war.

Winterkarten: In zwei unterschiedlichen Winterkarten wird jeweils die Summe der verschiedenen Individuen (nicht der Funde) in einem 0,1° x 0,1° großen Koordinatenfeld dargestellt. Die Karte zur Winterverbreitung deutscher Brutvögel (Kartentyp 1) zeigt die Aufenthaltsorte deutscher Brutvögel (Definition s. o.) im Winter (i. d. R. Dezember bis Februar) bei Fund oder Beringung. Vögel, die mehrfach in einem Winter oder alljährlich im Winter im selben Gebiet festgestellt wurden, werden also nur einmal berücksichtigt. Eine weitere Winterkarte stellt die Brutherkunft in Deutschland überwinternder Vögel (Kartentyp 2) dar (Definition Brutherkunft s. o.).

Sowohl die Winterverbreitung als auch die Brutherkunft werden mit Dreiecken unterschiedlicher Farbe und Größe dargestellt. Eine Farbe steht jeweils für einen Naturraum Deutschlands, in dem das Brutgebiet (1) bzw. das Überwinterungsgebiet (Kartentyp 2) liegt. Vier verschiedene Dreiecksgrößen geben Auskunft über die Anzahl der Ringvögel in einem Quadranten (1 – 2, 3 – 10, 11 – 50 bzw. mehr als 50 Individuen). Arten mit guter Datenlage erhalten je eine Karte pro Naturraum Deutschlands.

Sonderkarten: Für besondere Fragestellungen wie Übersommerung, Winterortswechsel, Winterflucht oder Schleifenzug gibt es für wenige Arten Sonderdarstellungen unter Verwendung der vorgestellten Symbole. Bei einigen Möwen- und Greifvogelarten informieren Sonderkarten über die Winter- und Sommerverbreitung deutscher Brutvögel verschiedener Altersklassen. Dabei stehen vier Größenkategorien der Symbole (1 – 2, 3 – 10, 11 – 50 bzw. mehr als 50 Individuen) für die Anzahl der Ringvögel in einem Quadranten von 0,1° x 0,1°.

Kartenlegenden: In den zweisprachigen Legenden unter den Karten finden sich sowohl die Definitionen der Zugzeiten als auch die Stichprobenzahl der für die Karten verwendeten Funde bzw. Beringungen. In wenigen Ausnahmefällen wird auch auf spezielle Fundorte oder Besonderheiten verwiesen.

Bei den Übersichts- und Zugkarten ist als Stichprobenzahl die Gesamtzahl der für diese Karten benutzten Funde angegeben. Dies hat zur Folge, dass Mehrfachfunde desselben Individuums am selben Ort zwar aufgrund von Überlagerungen in den Karten nicht sichtbar sind, jedoch in die Stichprobenzahl mit einfließen. Bei den Winterkarten und bei denen zur Brutherkunft in Deutschland überwinternder Vögel gibt die Stichprobenzahl die Summen aller Individuen in einem Quadranten von 0,1° x 0,1° an.

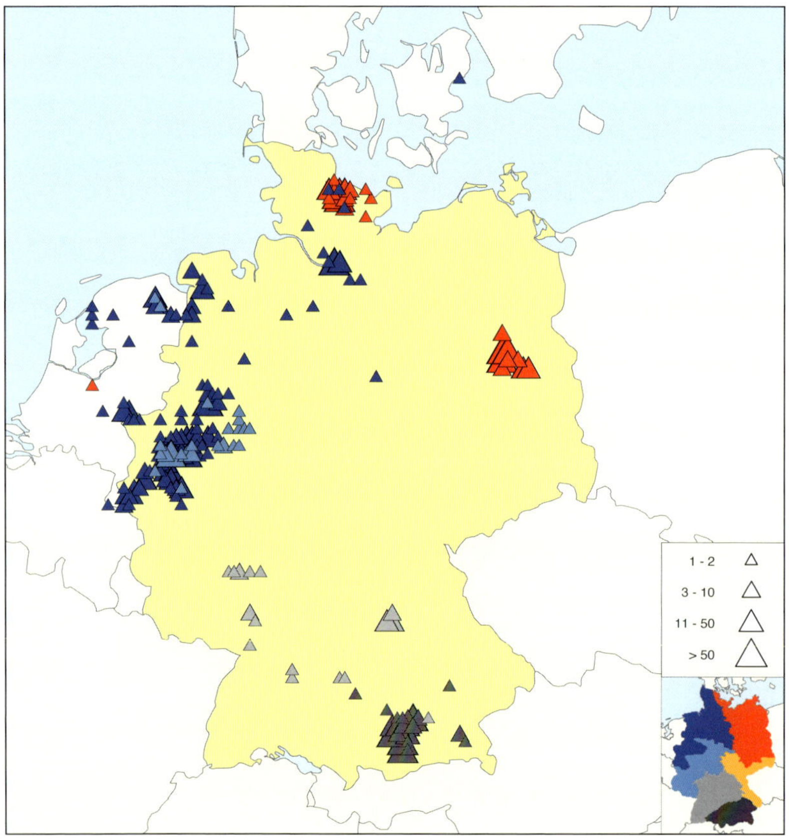

In den **Winterkarten** sind Winterfunde deutscher Brutvögel bzw. die Brutherkunft in Deutschland überwinternder Brutvögel dargestellt. Die Dreiecke zeigen den Fund- bzw. Beringungsort an (Koordinaten gerundet auf 0,1°), die Größe des Dreiecks steht für die Anzahl der dort festgestellten Individuen und die Farbe für den Naturraum Deutschlands, aus dem der Vogel stammt bzw. in dem er überwintert hat. Bei vielen Arten gibt es für jeden Naturraum eine eigene Karte. Mehrfachfunde desselben Individuums am selben Ort wurden ausgeschlossen. – *The* ***winter maps*** *show the winter distribution of birds breeding (or born) in Germany, or the breeding origin of birds wintering in Germany, respectively. Triangles represent the recovery or ringing site, respectively, their size the number of individuals (per 0,1° square) and their colour the origin in Germany (characterized in insert map). For many species this map is split by region. Multiple recoveries of the same bird at the same location are excluded.*

Texte

Die Reihenfolge der Arten richtet sich nach der deutschen Vogelartenliste (Barthel & Helbig 2005), ebenso die deutschen und wissenschaftlichen Namen. Ist eine Art dort nicht aufgeführt (v.a. Gefangenschaftsflüchtlinge), wurden die Namen dem „Kompendium der Vögel Mitteleuropas" (Bauer et al. 2005) entnommen. Die englische Namensgebung folgt dem „Handbook of the Birds of the World" (del Hoyo et al. 1993 – 2011).

Symbol, Farbe / *symbol, colour*	**Bedeutung / *meaning***
Punkt / *dot*	Fundort / *recovery site*
Stern / *star*	Beringungsort / *ringing site*
schwarzer Rand / *black edge*	in Deutschland beringt / *ringed in Germany*
rosa Rand / *pink edge*	im Ausland beringt / *ringed outside Germany*
schwarzer Kern / *black center*	deutscher Brutvogel / *German breeding bird*
rosa Kern / *pink center*	ausländischer Brutvogel / *foreign breeding bird*
weißer Kern / *white center*	Zugvogel / *migrant*

Bedeutung der verschiedenen in den Karten benutzen **Symbole und Farben**. – *Meaning of* **symbols and colours** *used in the maps.*

Übersichtskarte, Seltenheitskarte / *General Map, Rarity Map*

- ● Ausländische Fundorte in Deutschland beringter Vögel. – *Foreign recovery sites of birds ringed in Germany.*
- ● Deutsche Fundorte ausländischer Vögel. – *German recovery sites of foreign birds.*
- ★ Ausländische Beringungsorte in Deutschland gefundener Vögel. – *Foreign ringing sites of birds recovered in Germany.*

Zugkarten / *Migration Maps*

- ● Fundorte deutscher Brutvögel zur Zugzeit (sowie zur Brutzeit in Deutschland). – *Recovery sites of German breeding birds in the migration period (or during the breeding season in Germany).*
- ○ Fundorte deutscher Zugvögel zur Zugzeit. – *Recovery sites of German migrants in the migration period.*
- ● Fundorte deutscher Zugvögel zur Brutzeit im Ausland. – *Recovery sites of German migrants in the breeding season outside Germany.*
- ● Fundorte fremder Brutvögel zur Zugzeit in Deutschland, direkt (nur im Herbst möglich). – *Recovery sites of foreign breeding birds during migration in Germany (only autumn).*
- ○ Fundorte fremder Zugvögel zur Zugzeit in Deutschland, direkt. – *Recovery sites of foreign migrants on migration in Germany, directly.*
- ● Fundorte fremder Zugvögel zur Brutzeit in Deutschland, direkt (nur im Frühjahr möglich). – *Recovery sites of foreign migrants in Germany in the breeding season, directly (only spring).*
- ★ Beringungsorte fremder Brutvögel, später gefunden zur Zugzeit in Deutschland. – *Ringing sites of foreign breeding birds, later recovered in Germany on migration.*
- ☆ Beringungsorte fremder Zugvögel, später gefunden zur Zugzeit in Deutschland. – *Ringing sites of foreign migrants, later recovered in Germany on migration.*
- ★ Beringungsorte fremder Zugvögel, später gefunden zur Brutzeit in Deutschland. – *Ringing sites of foreign migrants, later recovered in Germany in the breeding season.*
- — direkte Funde / *direct recoveries*
- — spätere Funde / *later recoveries*

Winterkarten / Winter Maps

△ (1) Winterverbreitung deutscher Brutvögel: Winter-Fundort eines zur Brutzeit in Deutschland beringten ODER Winter-Beringungsort eines zur Brutzeit in Deutschland gefundenen Vogels. – *Wintering areas of German breeding birds: recovery site in winter of a bird ringed in Germany in the breeding season OR ringing site in winter of a bird later recovered as breeding bird in Germany.*
(2) Brutverbreitung (Herkunft) in Deutschland überwinternder Vögel: Brutzeit-Fundort eines im Winter in Deutschland beringten ODER Brutzeit-Beringungsort eines im Winter in Deutschland gefundenen Vogels. – *Breeding areas of birds wintering in Germany: Recovery site in the breeding season of a bird ringed in Germany in winter OR ringing site during the breeding season of a bird recovered in Germany in winter.*

In den Karten benutzte **Symbole und Farben.** – ***Symbols and colours*** *used in the maps.*

Artkapitel sind in die Abschnitte „Status und Verbreitung" und „Wanderungen" unterteilt. Im ersten Abschnitt werden die geographische Verbreitung weltweit, Zugsysteme sowie das Vorkommen in Deutschland kurz dargestellt (Quellen: Bauer & Glutz von Blotzheim 1966 – 1969, Glutz von Blotzheim et al. 1971 – 1977, Glutz von Blotzheim 1980, 1982, del Hoyo et al. 1993 – 2011, Hagemeijer & Blair 1997, Malling Olsen & Larsson 2003, Delany et al. 2009, Rödl et al. 2012, Gedeon et al. 2014, Koop & Berndt 2014, Krüger et al. 2014). Die deutschen Brutbestände und ihre Trends wurden uns freundlicherweise vor ihrer Veröffentlichung (Gedeon et al. 2014) vom Dachverband Deutscher Avifaunisten und der Stiftung Vogelmonitoring Deutschland zur Verfügung gestellt. Wenn nicht anders angegeben, stammen Daten zu Bestandsgrößen und -trends von Rastvögeln und Wintergästen aus Garthe et al. (2007), Mendel et al. (2008), Wahl et al. (2011), Hüppop et al. (2013) und Sudfeldt et al. (2014). Angaben zu Phänologie wurden, wenn nicht besonders zitiert, folgenden Grundlagenwerken entnommen: Heine et al. (1999), Arbeitsgemeinschaft Berlin-Brandenburgischer Ornithologen (2001), Hölzinger & Boschert (2001), Hölzinger & Mahler (2001), Bauer et al. (2005), Berndt et al. (2005), Dierschke & Helbig (2008), Dierschke et al. (2011) und Hölzinger & Bauer (2011).
Im Abschnitt „Wanderungen" werden die Karten der Deutschland betreffenden Ringfunde interpretiert und in das publizierte Wissen über Zugbewegungen der jeweiligen Art eingeordnet. Dabei wird zunächst die geographische Verbreitung der Ringfunde mit Bezug zu Deutschland dargestellt. Im Anschluss wird in der Regel der Wegzug nach und von Deutschland – ggf. getrennt nach deutschen Brutvögeln und Durchzüglern – diskutiert, dann die Winterverbreitung der deutschen Brutvögel und die Brutherkunft in Deutschland überwinternder Vögel sowie der Heimzug. Nur in Ausnahmefällen wurde von diesem Schema abgewichen. Bei Arten mit sehr wenigen Funden wird auf eine Untergliederung des kurzen Textes verzichtet.

Zusätzlich zu gängigen Einheiten wurden folgende Abkürzungen im Text verwendet:

N, NE, E, SE, S, SW, W, NW	Himmelsrichtungen
C	Central (in englischen Summaries)
Ind.	Individuen
BP/*bp*	Brutpaar/*breeding pairs*
J, M	Jahr(e), Monat(e)

Material & Methods

Data sources

The data of the three German ringing offices (Hiddensee, Radolfzell, Helgoland) were combined to one ***database****. Used were only data where ringing or recovery site was situated in today's Germany until 31 December 2012, although some more recent interesting recoveries were added. Data were also included from the EURING-database (delivery from 15 March 2011). Data not completely in the EURING-database were individually received from Iceland, Israel, Russia and Ukraine.*
As data from colour ring projects are often not stored in the databases of the relevant ringing center, we sent requests for data to many projects. Once we received sufficient data from these projects, we included them in the database. However, for birds ringed outside Germany, only the recoveries from Germany were included, but not the whole life histories of the birds.
Data from projects using satellite transmitters, GPS-loggers or geolocators were not included in the maps, but are mentioned in the species columns whenever data were published or elsewhere available. Species without recovery data by ringing were not included, even when satellite transmitter data were available (Greater Spotted Eagle being the only species).
There are some ***gaps in the data****. Some recoveries, especially those from earlier years, were either lost or for some reason not digitalized. Some of them are published and whenever interesting recoveries were discovered, these were checked in paper files and then digitalized. However, in many cases the data could not be checked or were proven to be erroneous (also in publications) and therefore could not be used.*
Recoveries from colour ringing projects are incomplete, as some projects did not respond to our requests. This concerns mainly ducks, raptors and waders.
Some foreign ringing centers have either not all data digitalized yet and/or did not deliver the full set of data to the EURING-database. For some countries, this caused discrepancies between published data and our database. It was not possible to solve this problem, but whenever necessary, these data are cited in the text.
When the data set was complete, we conducted a ***plausibility check****. This was mainly done by comparing coordinates and place codes by point-in-polygon analyses. Afterwards, the remaining data were checked for parameters used for analyses, e.g. unusual dates in ringing of chicks and breeding birds. A total of 3500 preliminary maps was created and searched for unusual recoveries. These were checked in the original paper files and – if necessary – corrected or deleted. This included also data published before.*

Data analyses

Only data were used where the ringing or recovery site is located within today's Germany. Hand-reared birds, those being in captivity for more than a day or otherwise being manipulated were excluded, the exception being the Great Bustard, where most of the ringed birds are hand-reared.
The database finally contained nearly 1.5 million recoveries of almost 975,000 individual birds.
All species with more than 10 recoveries receive a table and a circular chart in the beginning of the species coloumn. The ***circular chart*** *shows the distribution of recovery distances (longest distance per individual) in three classes (>10 – 100 km, >100 – 1000 km, >1000 km; see fig. for definition of colours). The* ***introduction table*** *contains the following data (compare table in the German text of this chapter):*
Row 1: number of birds ringed in Germany after 1945 (those before were not completely available).
Row 2: Recoveries >10 km after 1945, separated by the total of recoveries in the database and the number of individuals (numbers can differ considerably, especially in species with colourringing projects).
Row 3: Recovery rate, calculated as percentage of individuals recovered from the number of birds ringed after 1945.
Row 4: Recoveries >10 km since 1901, separated by the total of recoveries in the database and the number of individuals.
Row 5: Recoveries of birds ringed outside Germany and recovered within Germany, separated by the total of recoveries in the database and the number of individuals.
Row 6: Maximum age of birds ringed in Germany; data are given as distance between ringing and recovery in years (J) and months (M). An asterisk (*) indicates a bird ringed after its 1st calendar year.
Row 7: Longest distance covered between ringing and recovery site.

Maps

Each species covered receives at least one map. There are several types of maps, which are characterized below. Examples for the maps and characterizations of symbols with bilingual explanations are placed in the German text of this chapter.

Nature Regions in Germany

To display geographical differences in bird migration, we did not use political units, but regions defined by geomorphology, geology, hydrology and geopedology (Ssymank 1994, BfN 2008). Six regions were differentiated as shown in figure "Nature regions in Germany".

Rarity map

In species with few recoveries, all of them are shown, when they covered >100 km distance. However, in more resident species, this distance was reduced to 50 km or even 10 km. Ringing and recovery site are connected by a line, which is black in direct recoveries (within the same migration season or the following breeding/wintering season) and grey in indirect recoveries (recovery in a later season).

Thematic maps

Species with sufficient data receive more maps. Filters were generalized, although varied by the definition of breeding, wintering and migration seasons. Birds were defined as ***breeding birds*** *by being ringed as a chick or breeding bird, additionally in many species by the date of ringing. The latter was not possible e. g. in most ducks and some waders. The defined breeding season does not necessarily reflect the span in which breeding can occur, but is conservatively estimated to exclude migrants (most often June – July). However, birds classified as migrants may also include birds breeding in Germany still present in the migration season.*

General maps: *This map shows all ringing and recovery sites outside Germany which were recovered/ringed in Germany. In species with many recoveries and/or overlap of too many sites, ringing and recovery sites are shown in different maps.*

Migration maps: *The maps display ringing or recovery sites of birds breeding, born or present in the breeding period or migrating through Germany. Recoveries of birds ringed and recovered within Germany are shown, whenever the bird has covered at least 100 km and has changed the nature region defined in the figure "nature regions in Germany". If data allow, maps are separated between breeding birds and migrants, in some species also between different regions. Symbols define the recovery (see figure and table "symbols and colours").*

In direct recoveries (following the breeding season or within the same migration period), ringing and recovery site are connected by a black line. Recoveries in later seasons are indicated just by a symbol without line. They indicate, where German birds were recovered in a later migration period.

For autumn migration birds are included, which were ringed or recovered in a species specific season within or outside Germany. Inland recoveries were only used when they have covered at least 100 km distance and have changed the nature region. The same applies to spring migration. As there have been ringed much less birds on spring migration, information is rather scant in many species.

Winter maps: *In similar maps the wintering areas of German breeding birds and the breeding areas of birds wintering in Germany are displayed. In both, triangles in different sizes and colours are used. The colours indicate the nature region of Germany, where the bird originates (either breeding or wintering; depending on map type), size shows the number of individuals recorded at this site. Both are defined in small inserts.*

Other maps: *For special topics maps showing summering areas, change of wintering site between years, mid-winter migration or loop migration are presented. Symbols used are as defined for other map types. For some gull species winter and summer distribution is shown for different age classes. Number of individuals is indicated by symbol size (1 – 2, 3 – 10, 11 – 50, >50 birds per 0,1° square).*

Legends: *In the bilingual legend the definitions of the migration months as well as the sample size are given. In the general and migration maps, sample size is given as the number of recoveries used for the map. As symbols might overlap, multiple recoveries at the same site are not visible in the map. In the winter maps sample size is the total of the number of different individuals per 0,1° square.*

Texts

The systematic order, German and scientific names follow Barthel & Helbig (2005). For species missing there (mainly escapes), Bauer et al. (2005) is the reference. English names were taken from „Handbook of the Birds of the World" (del Hoyo et al. 1993 – 2011).

Species coloumns (in German) are divided – except in rare birds – in "Status and Distribution" and "Migration". In the first chapter the global distribution, migration systems and the occurrence in Germany (status, phenology) is described (sources are cited in the German text of this chapter). Breeding numbers were supplied by the "Dachverband Deutscher Avifaunisten" and "Stiftung Vogelmonitoring Deutschland" (Gedeon et al. 2014). In the migration chapter ringing recoveries concerning Germany are presented and discussed. Usually a description of the distribution of all recoveries is described, followed by autumn migration, wintering areas and spring migration. In the English texts the main parts of the coloumns are summarized.

Abbreviations in the texts are:

N, NE, E, SE, S, SW, W, NW	*cardinal direction*
C	*Central*
ind.	*individual(s)*
bp	*breeding pairs*
J, M	*year(s), month(s)*

Schwarzschwan *Cygnus atratus*
Black Swan

Beringungen nach 1945:	30
Funde > 10 km nach 1945:	276/21
Wiederfundquote (Fernfunde nach 1945):	70,0 %
Funde > 10 km seit 1901:	276/21
Funde fremder Beringungszentralen:	7/1
Höchstalter:	10 J, 3 M
Weiteste Entfernung:	488 km

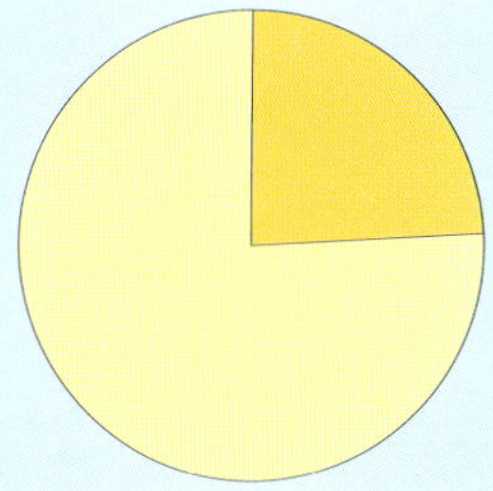

Der in Australien beheimatete Schwarzschwan ist in Deutschland ein gern gehaltener Parkvogel, der immer wieder auch ins Freiland ausweicht und seit den 1970er Jahren in bisher acht Bundesländern gelegentlich gebrütet hat (Bauer & Woog 2008). Für die Jahre 2005 – 2009 wird ein Brutbestand von 20 – 30 BP angenommen. Schwarzschwäne sind in ihrem autochthonen Verbreitungsgebiet hoch nomadisch. So könnten auch Funde von in Bayern und Nordrhein-Westfalen beringten Schwarzschwänen gedeutet werden. Sie weisen in verschiedene Richtungen über meist weniger als 200 km, darunter auch ein Brutortwechsel ein Paares von 100 km. Ein in den Niederlanden im Januar 2012 beringter Vogel erschien im September 2013 in 612 km Entfernung in Heiligenhafen an der deutschen Ostseeküste, befand sich aber bereits im folgenden Oktober und November am Enser See in Westfalen.

Summary: *Black Swans from Autralia are popular park birds in Germany. Since about 1970, breeding in the wild has been reported from eight federal states, the current breeding population is estimated at 20 – 30 bp. Black Swans ringed in Bavaria and Nordrhein-Westfalen showed undirected movements of mostly less than 200 km. A bird ringed in January 2012 in The Netherlands was observed 612 km NE at the German Baltic Sea coast in September 2013, but in the subsequent October and November was present in Westfalen.*

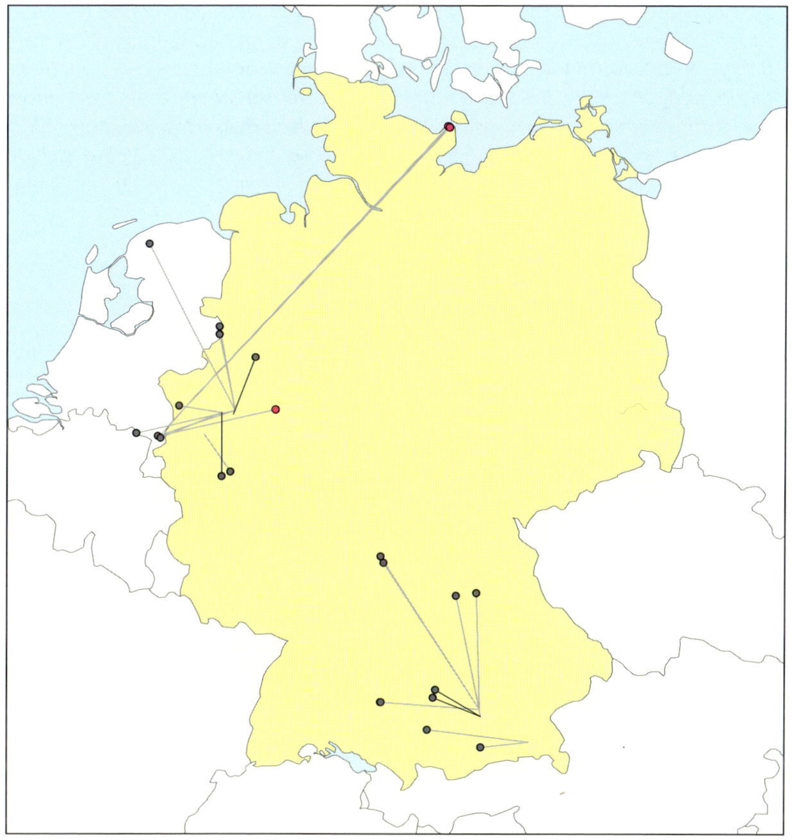

Abb. 1: Funde (> 50 km) von Schwarzschwänen mit Bezug zu Deutschland (92 Funde von 14 Ind.). Beide Funde von den Niederlanden nach Deutschland stammen von demselben Vogel. – *Recoveries (of > 50 km) of Black Swans related to Germany (92 recoveries of 14 individuals).*

Höckerschwan *Cygnus olor*
Mute Swan

Beringungen nach 1945:	36.589
Funde > 10 km nach 1945:	36.091/9572
Wiederfundquote (Fernfunde nach 1945):	26,2 %
Funde > 10 km seit 1901:	36.118/9587
Funde fremder Beringungszentralen:	7813/3421
Höchstalter:	38 J, 11 M*
Weiteste Entfernung:	1453 km

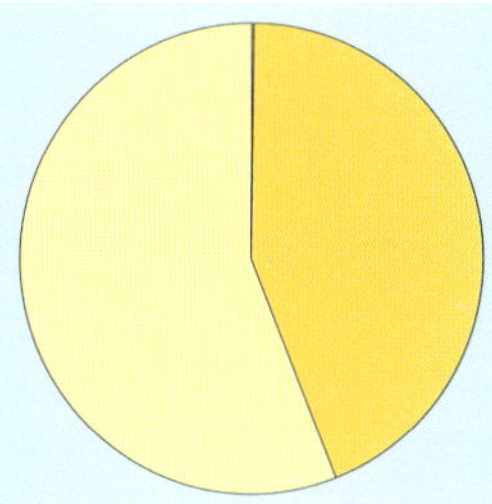

Verbreitung und Status: Höckerschwäne brüten von den Britischen Inseln und S-Skandinavien ostwärts bis E-China, doch gibt es vor allem in Asien große Verbreitungslücken. Darüber hinaus gibt es Brutbestände in Nordamerika, Südafrika, Japan, Australien und Neuseeland, die auf Einbürgerungen zurückgehen. Auch in Deutschland geht der zunehmende Brutbestand von 11.500 – 16.000 BP auf seit dem 16. Jahrhundert ausgesetzte und verwilderte Vögel zurück. Abgese-

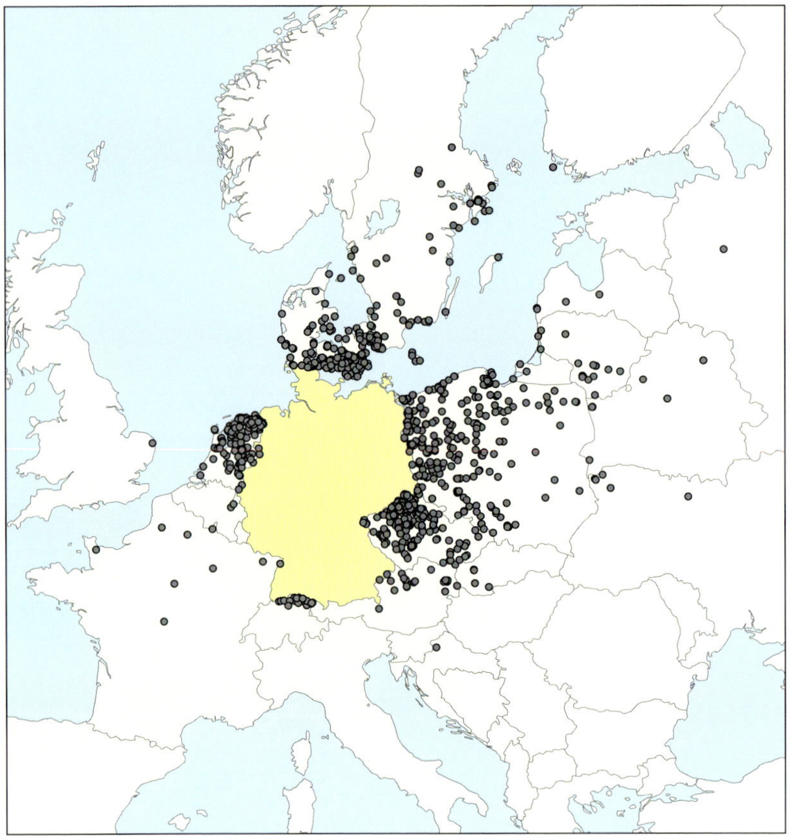

Abb. 1: Fundorte im Ausland von in Deutschland beringten Höckerschwänen (4181 Funde). – *Foreign recovery sites of Mute Swans ringed in Germany (4181 recoveries).*

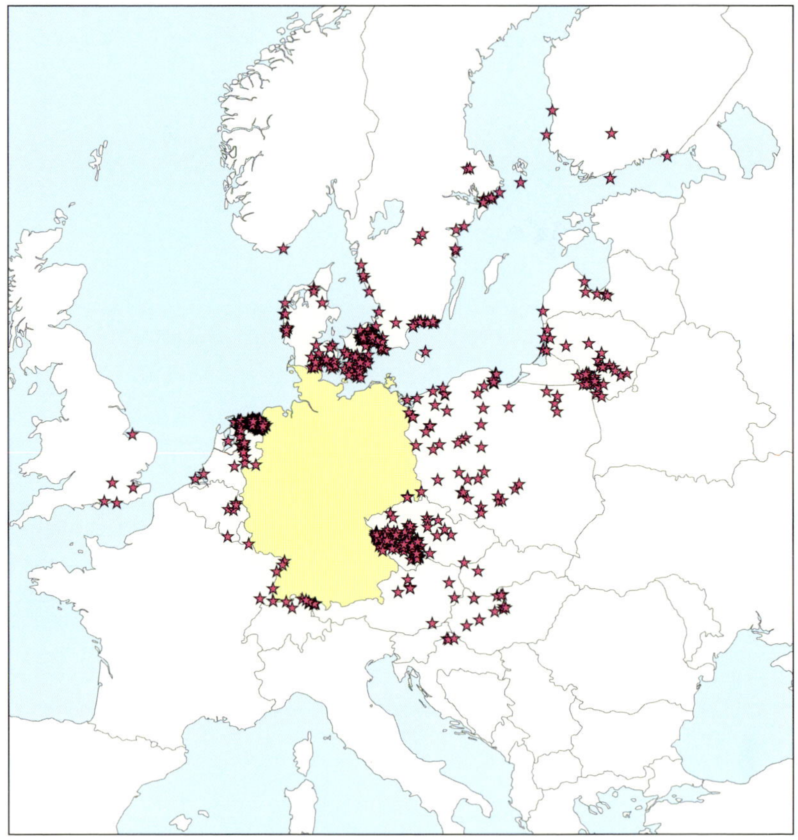

Abb. 2: Beringungsorte im Ausland von in Deutschland gefundenen Höckerschwänen (7813 Funde). – *Foreign ringing sites of Mute Swans recovered in Germany (7813 recoveries).*

hen von einigen Mittelgebirgsregionen sind Höckerschwäne über das gesamte Bundesgebiet verbreitet. Die deutschen Höckerschwäne sind Teilzieher, denn viele wechseln höchstens lokal zwischen Brutgewässern und Nahrungsplätzen. Längere Wanderungen werden oft von längeren Kälteperioden bzw. Vereisungen von Rastgewässern induziert, andererseits ermöglichen Fütterungen im städtischen Bereich und geänderte landwirtschaftliche Bewirtschaftung das Ausharren auch bei strenger Witterung. Davon abgesehen sind es vor allem Vögel in ihren ersten beiden Lebensjahren, die Distanzen von bis zu mehreren hundert Kilometern zurücklegen, vor allem im Herbst und im Rahmen eines Mauserzugs im Sommer (z. B. Blüml et al. 2012).

Wanderungen: Das Gebiet, aus dem Höckerschwäne nach Deutschland kommen bzw. in das deutsche Vögel wandern, umfasst vor allem die direkt benachbarten Länder Dänemark, die Niederlande, Polen, Tschechien und die Schweiz (Abb. 1, 2). Nach W und SE gibt es nur vereinzelte Ringfunde von und nach England und Frankreich, Österreich, die Slowakei, Ungarn und Kroatien. Im E reichen die Funde bis zur Ukraine, Litauen, Lettland und W-Russland, spärlicher sind die Bezüge zu S-Finnland und S-Schweden.
Funde aus den Monaten Juni bis August betreffen vor allem den Mauserzug von Nichtbrütern, wobei zum einen S-skandinavische, niederländische, tschechische und S-baltische Vögel nach Deutschland gelangen, zum anderen deutsche Vögel in dieselben Länder und nach W-Polen, nicht aber nach Schweden fliegen. Wichtige Mauserplätze für deutsche Schwäne stellen auch die Boddengewässer in Vorpommern und Flachwasserbereiche an der schleswig-holsteinischen Ostseeküste dar (Heinecke & Köppen 2007, Blüml et al. 2012), in S-Deutschland auch der Bodensee (Heine et al. 1999). Das Bild vom Herbstzug (September bis November) ist sehr ähnlich, eine etwas größere Zahl direkter Wiederfunde erhärtet zudem den Eindruck, dass es sich um ungerichtete Ortswechsel handelt (Abb. 3).
Die Winterfunde belegen die geringe Wanderneigung deutscher Höckerschwäne (Abb. 4). Insbesondere Vögel aus S-Deutschland und den W-deutschen Mittelgebirgen gelangen nur ausnahmsweise in andere Naturräume. Etwas weiter wandert ein Teil der Schwäne aus NW-Deutschland und den E-deut-

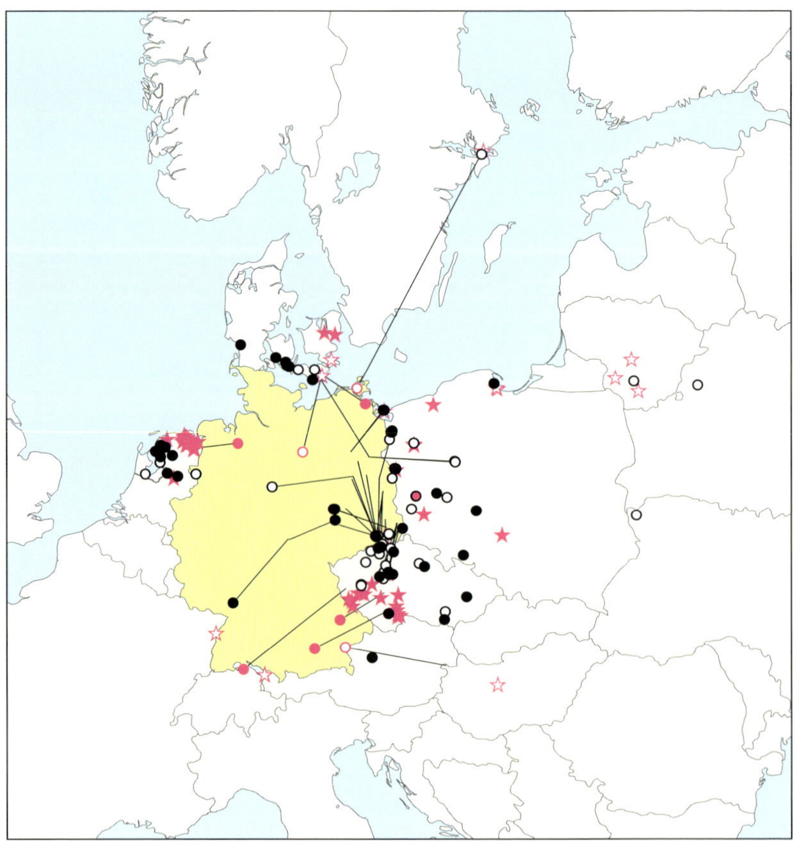

Abb. 3: Herbstzug (September – November) von in Deutschland zur Brutzeit (71 Funde) oder von September bis November anwesenden Höckerschwänen (263 Funde). – *Autumn migration (September – November) of Mute Swans present in Germany during the breeding season (71 recoveries) or from September to November (263 recoveries).*

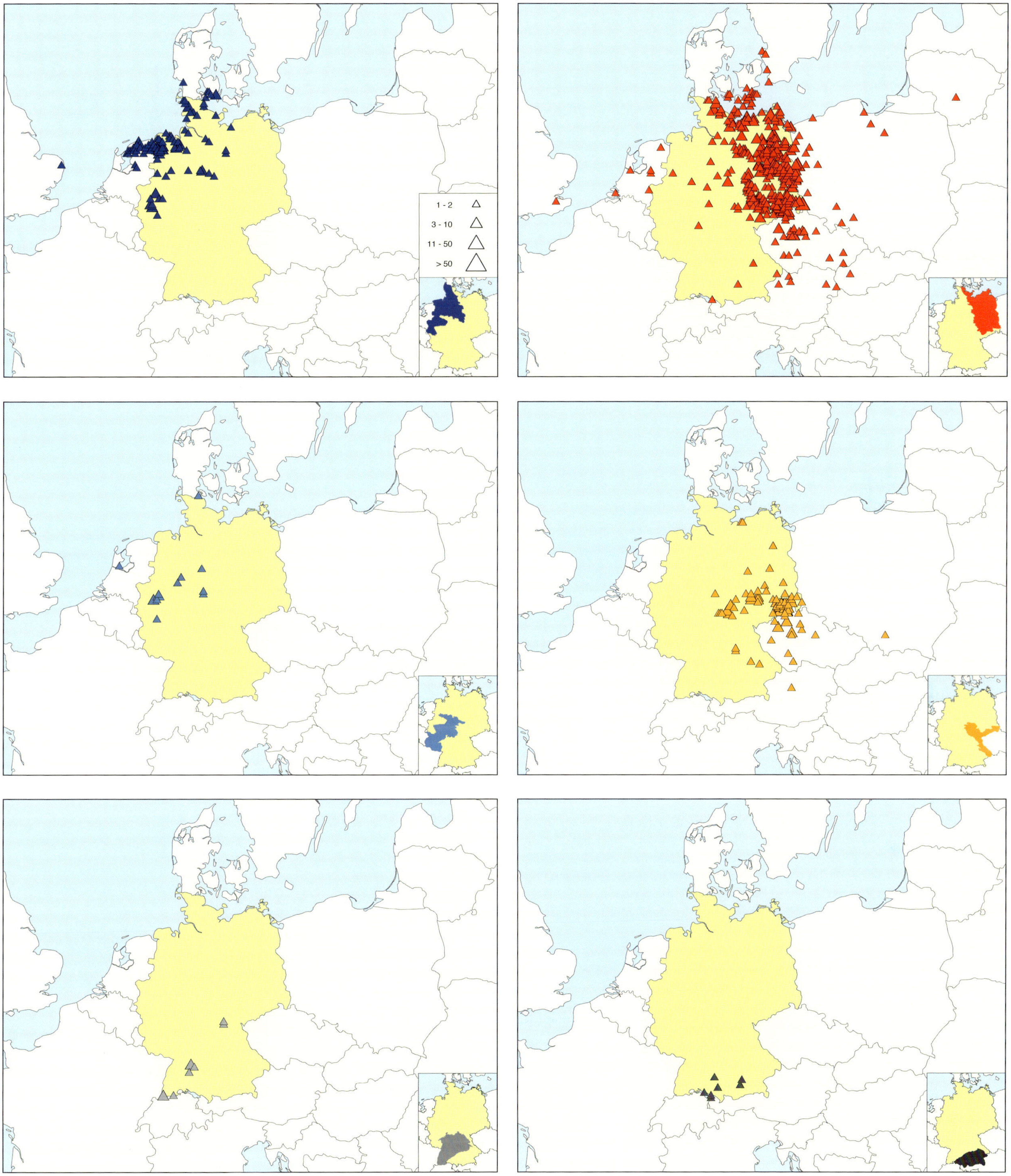

Abb. 4: Aufenthaltsorte im Winter (Dezember – Februar) von in Deutschland zur Brutzeit anwesenden Höckerschwänen (2028 Funde). – *Presence in winter (December – February) of Mute Swans present in Germany during the breeding season (2028 recoveries).*

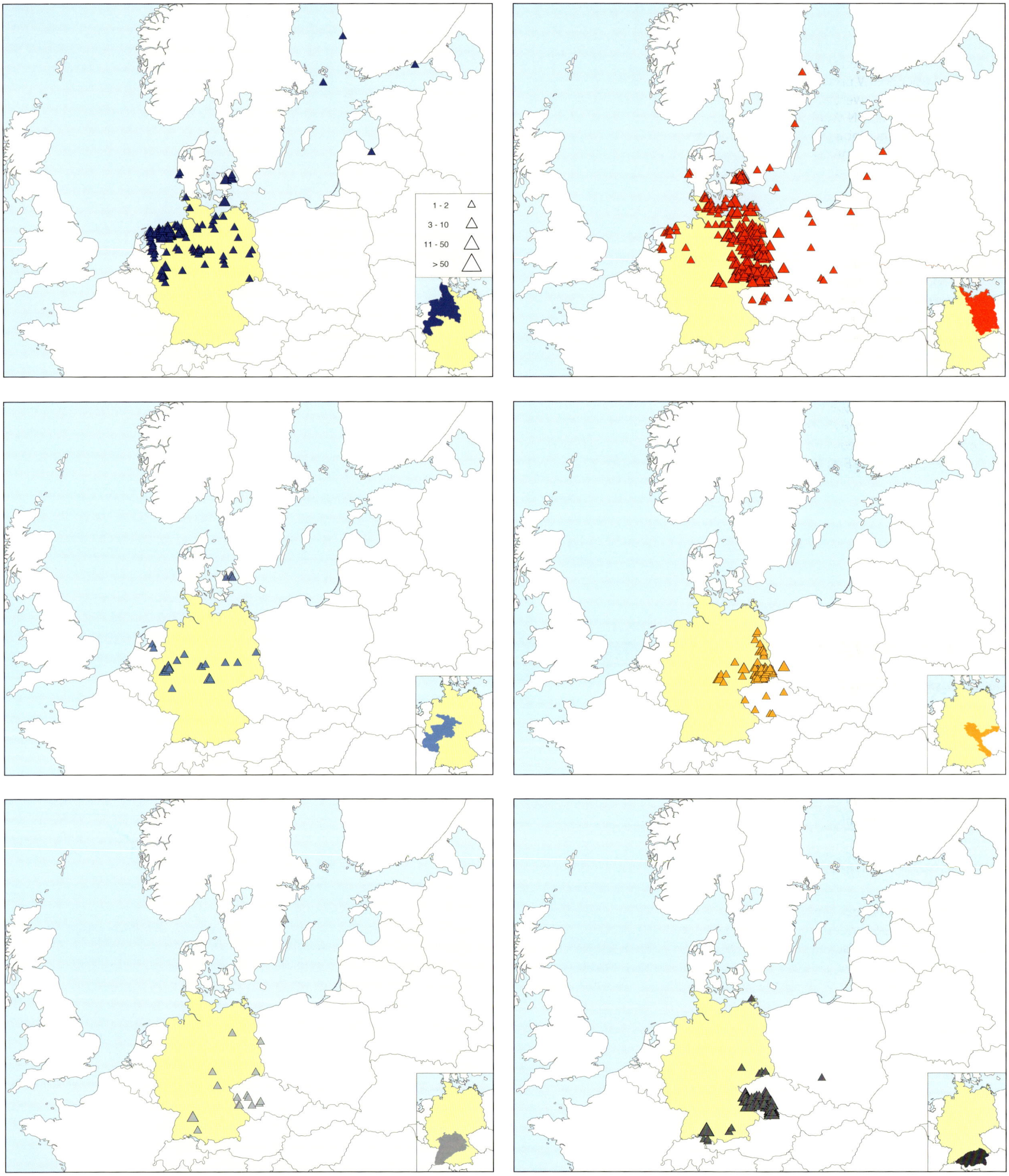

Abb. 5: Aufenthaltsorte zur Brutzeit von im Winter (Dezember – Februar) in Deutschland anwesenden Höckerschwänen (2199 Funde). – *Presence during the breeding season of Mute Swans present in Germany in winter (December – February, 2199 recoveries).*

schen Mittelgebirgen, doch die meisten winterlichen Fernfunde gibt es aus dem NE-deutschen Tiefland, die sich auf die verschiedensten Richtungen verteilen, häufig aber aus Dänemark und Tschechien kommen. Auch Ortswechsel innerhalb eines Winters können in verschiedener Richtung erfolgen (Abb. 6), führen aber oft nach W und SW und hängen daher wohl mit besonders kalten Wintern zusammen. Bemerkenswert ist aber eine Wanderung aus einem Münchner Park (Beringung 20.12.) nach N-Weißrussland (Fund am 15.1.).
Ähnlich ist das Bild im Hinblick auf die Herkunft von Wintergästen in Deutschland (Abb. 5). Mehrheitlich kommen sie aus der jeweiligen naturräumlichen Region, doch während im NW-deutschen Tiefland nur wenige Vögel aus E-Deutschland und dem Ostseeraum hinzutreten, sind im NE-deutschen Tiefland sowohl Vögel aus der Ostsee als auch aus Polen und Tschechien zu finden. Tschechische Schwäne werden im Winter häufig auch in Bayern gefunden.

Summary: *The increasing German breeding stock of Mute Swan of 11,500–16,000 bp is distributed all over the country and is mainly the result of introductions, which started as early as the 16th century. Being a partial migrant, the majority of individuals is sedentary, but especially immature birds disperse in autumn and conduct moult migrations in May/June, e.g. to the Baltic Sea coast and to Lake Constance. S German birds are less migratory than those from the N, where part of the movements were recorded in mid-winter. At the same time, breeding birds from adjacent countries are recorded at German wetlands during moult and for wintering. Most ring recoveries abroad stem from The Netherlands, Denmark, Poland and the Czech Republic. The range of recoveries to and from Germany is restricted towards the SW and S, but usually includes longer-distance movements towards the E and NE (N Ukraine, W Russia, S Finland).*

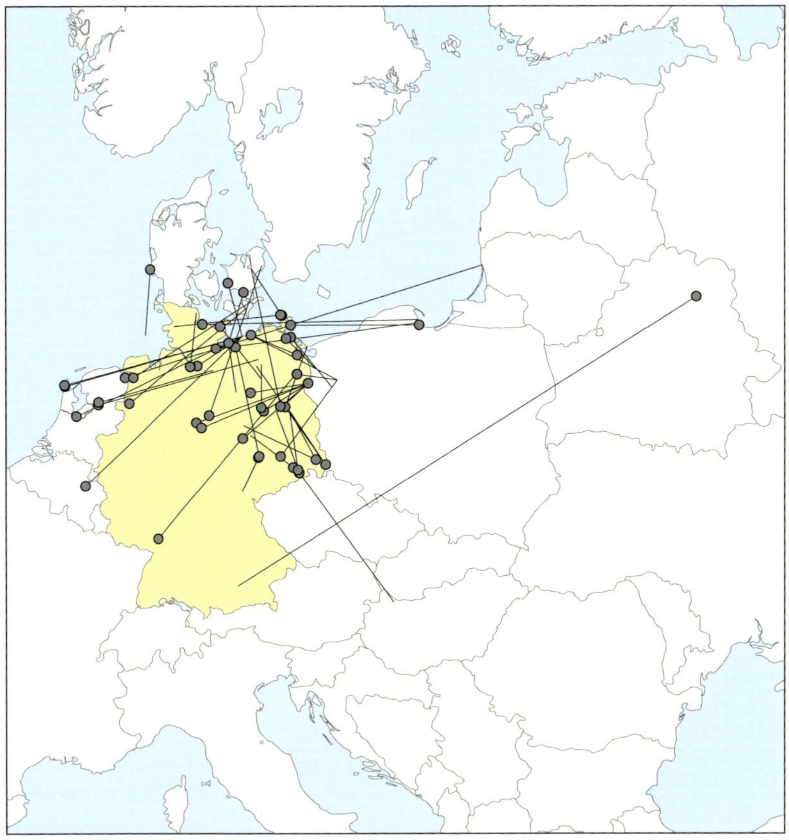

Abb. 6: Ortswechsel > 100 km von Höckerschwänen innerhalb desselben Winters (Dezember–Februar, 69 Funde). – *Movements of > 100 km of Mute Swans within the same winter (December–February, 69 recoveries).*

Singschwan *Cygnus cygnus*
Whooper Swan

Beringungen nach 1945:	424
Funde > 10 km nach 1945:	13.080/252
Wiederfundquote (Fernfunde nach 1945):	59,4 %
Funde > 10 km seit 1901:	13.081/253
Funde fremder Beringungszentralen:	25.130/1204
Höchstalter:	13 J
Weiteste Entfernung:	3657 km

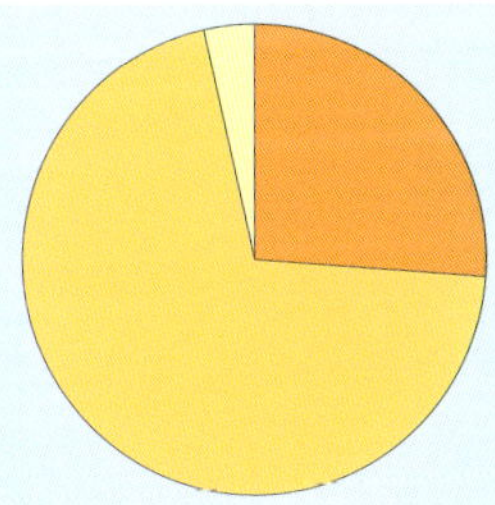

Verbreitung und Status: Singschwäne brüten in N-Eurasien von Island und Skandinavien bis E-Sibirien. Die Winterquartiere befinden sich in W-, Mittel- und S-Europa, am Kaspischen Meer sowie zwischen Japan und E-China. In Deutschland brüten Singschwäne seit einigen Jahren und mit zunehmendem Bestand. Die derzeit 30–40 BP verteilen sich zu gleichen Teilen auf Schleswig-Holstein und Hamburg bzw. Brandenburg und Sachsen. Darüber hinaus überwintern in Deutschland etwa 29.000 Singschwäne, besonders im N-deutschen Tiefland, aber auch am Bodensee (Wahl & Degen 2009). Die Zuwanderung erfolgt dabei von Ende September bis Dezember, der Abzug findet im Februar und März statt.

Wanderungen: Ringfunde weisen N- und E-Europa sowie W-Sibirien als Herkunftsgebiete in Deutschland rastender und überwinternder Singschwäne aus (Abb. 1 und 2). Zwei in Island im August beringte Altvögel weisen darauf hin, dass ein kleiner Teil der deutschen Wintergäste von dort stammt. Die meisten isländischen Singschwäne überwintern auf den Britischen Inseln, wo Vögel aus Kontinentaleuropa wiederum nur einen kleinen Teil des Winterbestandes ausmachen (Wernham et al. 2002). Passend zu dem geringen Kontakt zwischen den beiden Populationen gibt es nur einen Ringfund von den Britischen Inseln nach Deutschland und keinen in umgekehrter Richtung.
Funde in Deutschland erbrüteter Singschwäne gehen auf Beringungen in Brandenburg zurück. Sie weisen für diese Vögel ein ähnliches Raumnutzungsmuster auf, wie es Vögel aus N- und E-Europa zeigen. Im Herbst wandern sie nach SW und gelangen dadurch bis zum Bodensee, andere verweilen in der Nähe der brandenburgischen Brutplätze oder sind an der mittleren Elbe zu finden (Abb. 3 und 5). Herbstzugfunde in späteren Jahren erfolgten auch in Finnland, S-Schweden, Lettland und Polen (Abb. 3), ebenso gibt es eine Reihe von Brutzeitfunden in Finnland, Estland und Lettland, die einem Mauserzug zugeschrieben werden (Heinicke & Köppen 2007). Diese Wanderungen geben Anlass zur Vermutung, dass die Ansiedlung in E-Deutschland im Rahmen der Arealerweiterung ins Baltikum und nach Polen erfolgt ist (Heinicke & Köppen 2007). Offenbar stehen die in Deutschland erbrüteten Vögel in Kontakt zu Brutbeständen anderer Länder, ein Austausch von Individuen ist anzunehmen, zumal für finnische Vögel Ansiedlungen in mehreren hundert Kilometer nachgewiesen sind (Saurola et al. 2013).

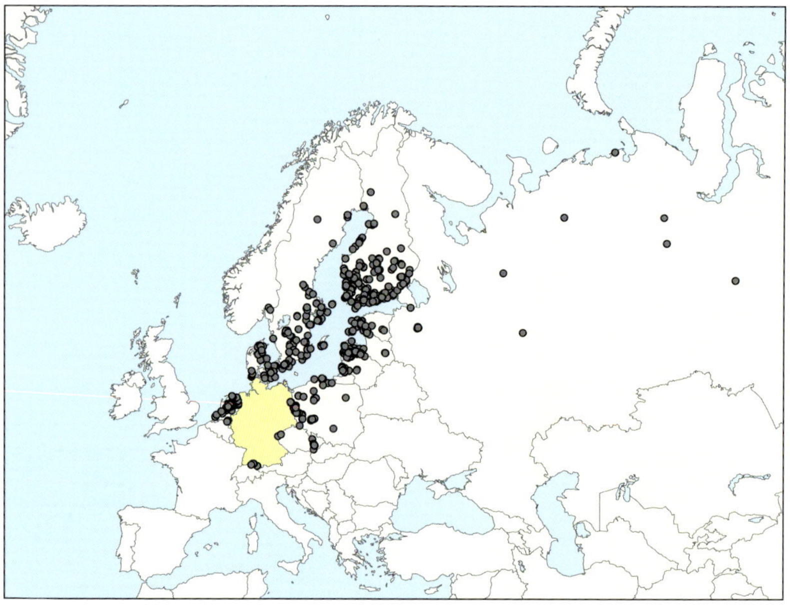

Abb. 1: Fundorte im Ausland von in Deutschland beringten Singschwänen (2409 Funde). – *Foreign recovery sites of Whooper Swans ringed in Germany (2409 recoveries).*

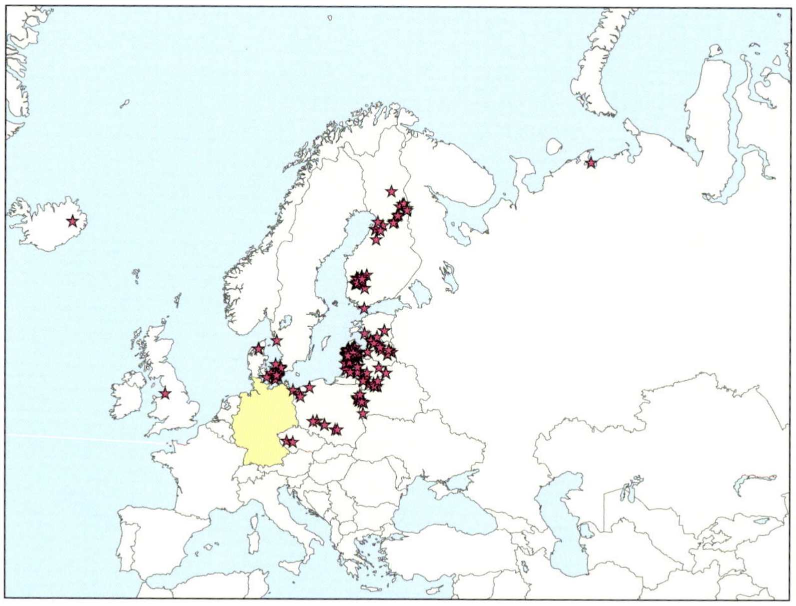

Abb. 2: Beringungsorte im Ausland von in Deutschland gefundenen Singschwänen (25.130 Funde). – *Foreign ringing sites of Whooper Swans recovered in Germany (25,130 recoveries).*

Drei in Nordfriesland als Geschwister beringte Jungvögel überwinterten in der näheren Umgebung ihres Geburtsortes (Abb. 5 und 6).

Im Herbst fliegen Singschwäne von NE bis E her nach N-Deutschland ein. Dies zeigen direkte Funde von vielen lettischen sowie einigen polnischen und finnischen Vögeln (Abb. 4). Auf welchen Wegen im Winter in Deutschland beringte und später aus dem europäischen Teil Russlands und aus W-Sibirien zurückgemeldete Vögel nach Deutschland gelangt sind, ist nicht genau erkennbar. Hinsichtlich der Herkunft der Wintergäste zeigen sich regionale Unterschiede. Singschwäne, die sich im Winter im N-deutschen Tiefland aufhalten, stammen aus dem Baltikum, aus Fennoskandien (vor allem Finnland) und N-Russland, wobei finnische Vögel eher im N-Teil dieses Gebietes auftreten und fast alle lettischen Vögel etwas tiefer im Binnenland ihr Winterquartier haben (Heinicke & Köppen 2007, Boiko & Kampe-Persson 2008). Darüber hinaus wird angenommen, dass E-deutsche Wintergäste vor allem aus Russland stammen (Heinicke & Köppen 2007). Im südlichen E-Deutschland stoßen Vögel aus den südlichsten Brutgebieten in Polen und Weißrussland hinzu (Abb. 5). In die Mittelgebirgsregionen und

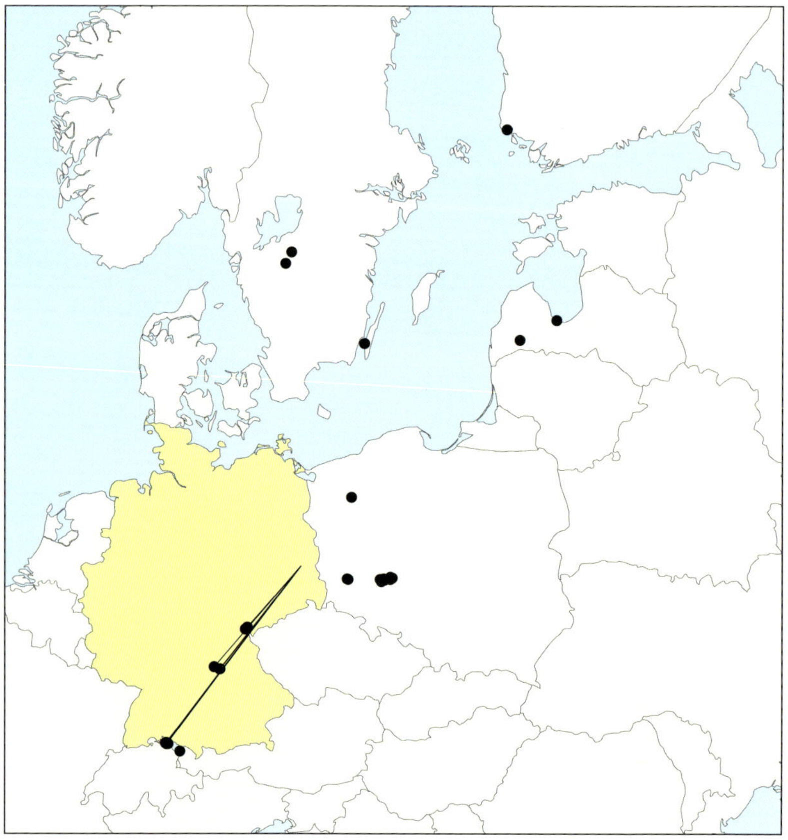

Abb. 3: Herbstzug (September – November) von in Deutschland zur Brutzeit anwesenden Singschwänen (343 Funde). – *Autumn migration (September – November) of Whooper Swans present in Germany during the breeding season (343 recoveries).*

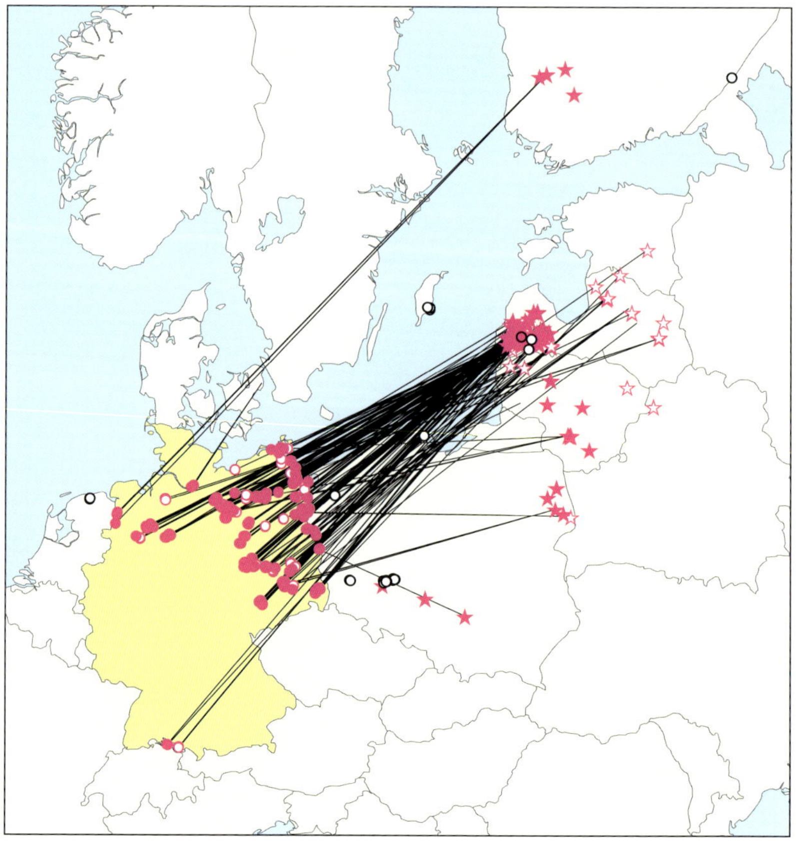

Abb. 4: Herbstzug (September – November) von in Deutschland von September bis November anwesenden Singschwänen (3020 Funde). – *Autumn migration (September – November) of Whooper Swans present in Germany from September to November (3020 recoveries).*

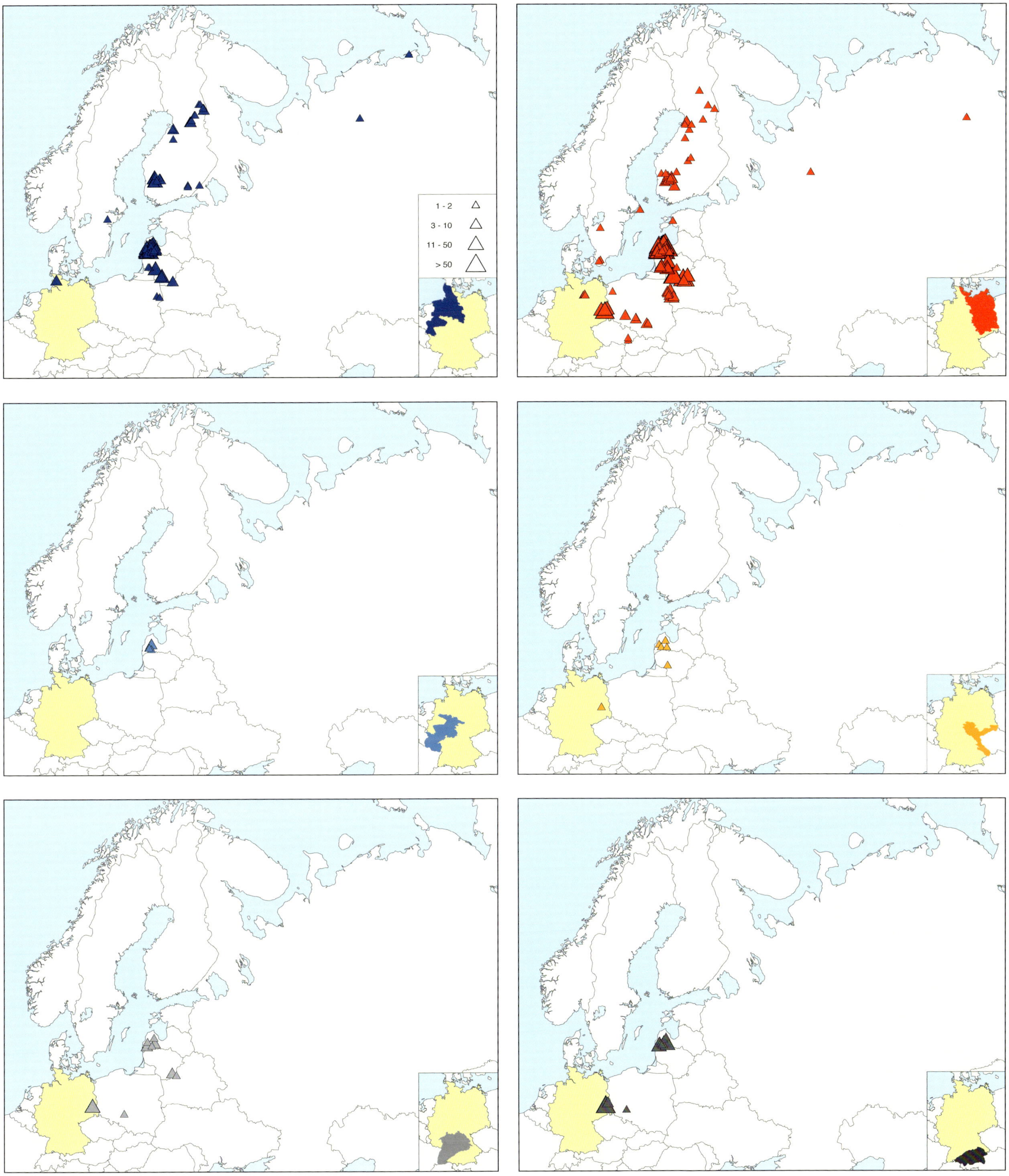

Abb. 5: Aufenthaltsorte zur Brutzeit von im Winter (Dezember – Februar) in Deutschland anwesenden Singschwänen (4335 Funde). – *Presence during the breeding season of Whooper Swans present in Germany in winter (December – February, 4335 recoveries).*

nach S-Deutschland kommen nur Vögel aus dem Baltikum und E-Deutschland, nicht aber aus Finnland. Die hier beschriebene Parallelverschiebung der Überwinterungsgebiete setzt sich auch nach N hin fort, denn während in N-Deutschland und den Niederlanden größtenteils Vögel aus S-Finnland zu finden sind, überwintern diejenigen aus N-Finnland weiter nördlich in Dänemark, S-Schweden und S-Norwegen (Saurola et al. 2013).

Summary: *Germany holds a small, but increasing breeding population of Whooper Swans (30–40 bp), which is found in the N and in the E of the country. Of much higher importance is the wintering population of some 29,000 birds, whose origin differs markedly between various parts of Germany. While breeders from N Finland mainly winter in S Scandinavia, those from S Finland move SW to N Germany, and the relatively small Baltic population can be found in the German interior. On the other hand the majority of E German winter visitors is thought to originate from Russia, including W Siberia. In S Germany, at Lake Constance and the Danube, ring recoveries point to the occurrence of Latvian breeders, but also part of the newly-established E German breeding population moves there for wintering. In summer and autumn, ringed individuals bred in E Germany were reported from the Baltic States and Fennoscandia, suggesting a moult migration to the NE in summer. Two birds ringed in Iceland give evidence for a probably very small proportion of the German winter population coming from the NW.*

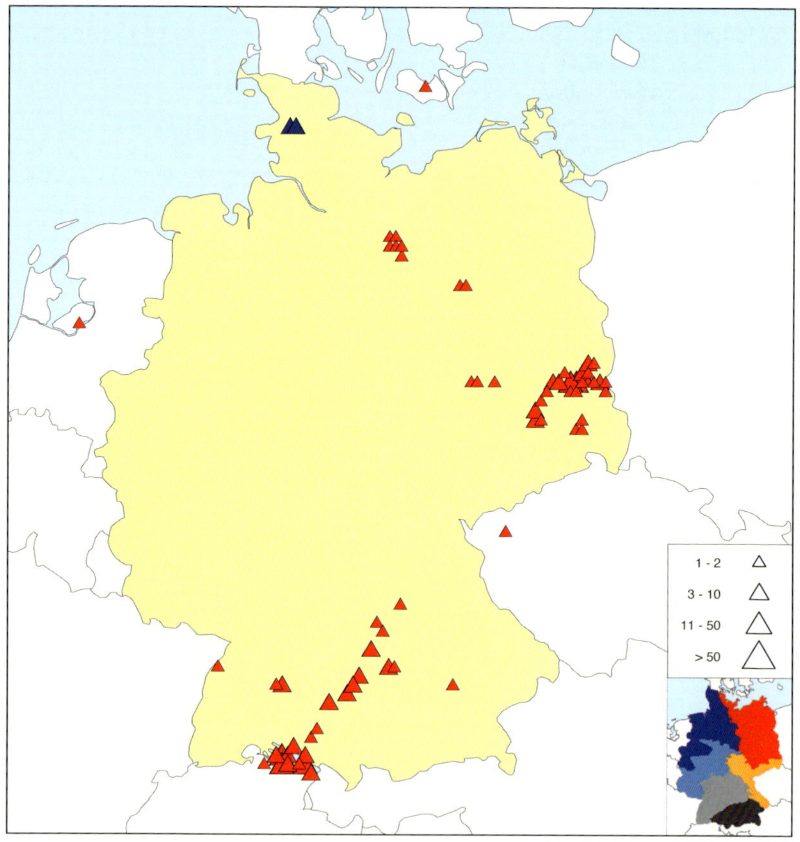

Abb. 6: Aufenthaltsorte im Winter (Dezember–Februar) von in Deutschland zur Brutzeit anwesenden Singschwänen (297 Funde). – *Presence in winter (December–February) of Whooper Swans present in Germany during the breeding season (297 recoveries).*

Zwergschwan *Cygnus bewickii*

Bewick's Swan

Beringungen nach 1945:	78
Funde > 10 km nach 1945:	123/33
Wiederfundquote (Fernfunde nach 1945):	42,3 %
Funde > 10 km seit 1901:	123/33
Funde fremder Beringungszentralen:	2657/280
Höchstalter:	14 J, 9 M*
Weiteste Entfernung:	3109 km

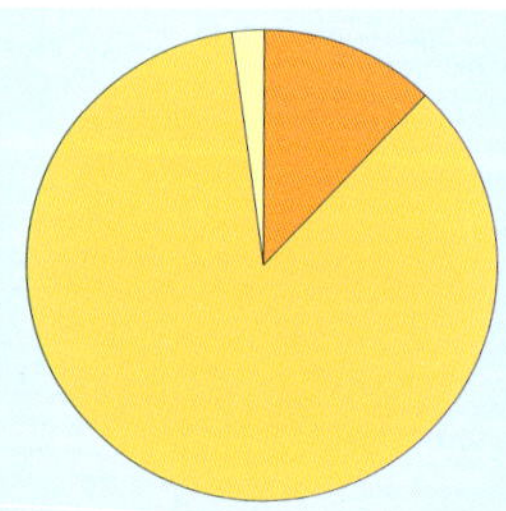

Verbreitung und Status: Das Brutgebiet des Zwergschwans beschränkt sich auf die Arktis N-Russlands (Kola-Halbinsel und Sibirien). Zum Überwintern ziehen Zwergschwäne vor allem nach N-Mitteleuropa und W-Europa sowie nach E-China. In Deutschland beschränkt sich das Wintervorkommen von etwa 3600 Ind. weitgehend auf das N-deutsche Tiefland, auf dem Frühjahrszug können dort bis zu 11.000 Ind. rasten (Wahl & Degen 2009). Der Durchzug erfolgt besonders in den Monaten Oktober/November und Februar bis April.

Wanderungen: Ringfunde mit Bezug zu Deutschland zeichnen die Zugwege in N-Russland brütender Zwergschwäne nach (Abb. 1). Viele Verbindungen bestehen zu den Brutplätzen im Bereich der Petschora-Mündung, ein im mecklenburgischen Elbtal beringter Vogel wurde noch weiter östlich auf der Insel Waigatsch erlegt. Je einen Fund gibt es vom Weißen Meer, einem wichtigen Rastgebiet auf dem Frühjahrszug (Beekman et al. 2002), am Ladogasee und in Polen. Ein in Deutschland beringtes Paar wurde zusammen in Lettland gesichtet. Die große Mehrheit der Ringfunde betrifft dagegen im Herbst und im Spätwinter/Frühjahr durch N-Deutschland zu den wichtigen Überwinterungsgebieten in England und den Niederlanden ziehende Schwäne.
Abweichend davon verbrachte ein im mecklenburgischen Elbtal beringtes Paar zwei aufeinanderfolgende Winter am Klingnauer Stausee in der Schweiz (Abb. 1). Ungewöhnlich südlich befand sich auch ein Vogel in S-Polen, der sich nach seiner Beringung im März 2006 im folgenden Winter im mecklenburgischen Elbtal aufhielt. Zwei in Großbritannien markierte und später in Deutschland beobachtete Zwergschwäne wurden in anderen Jahren in Island beobachtet, wo der Zwergschwan ein seltener Gast ist.

Summary: *From October to April, Bewick's Swans occur as migrants and winter visitors in N Germany, with about 3600 birds present in winter and up to 11,000 birds staging during spring migration. Some ring recoveries delineate the migratory route to N Russia (as far east as Vaigach Island), but most recoveries verify migrations between Germany and other important wintering sites in England and The Netherlands. A pair marked in NE Germany spent the two subsequent winters in Switzerland, and another connection to the southern edge of the range refers to a bird ringed in S Poland and resighted in Mecklenburg-Vorpommern.*

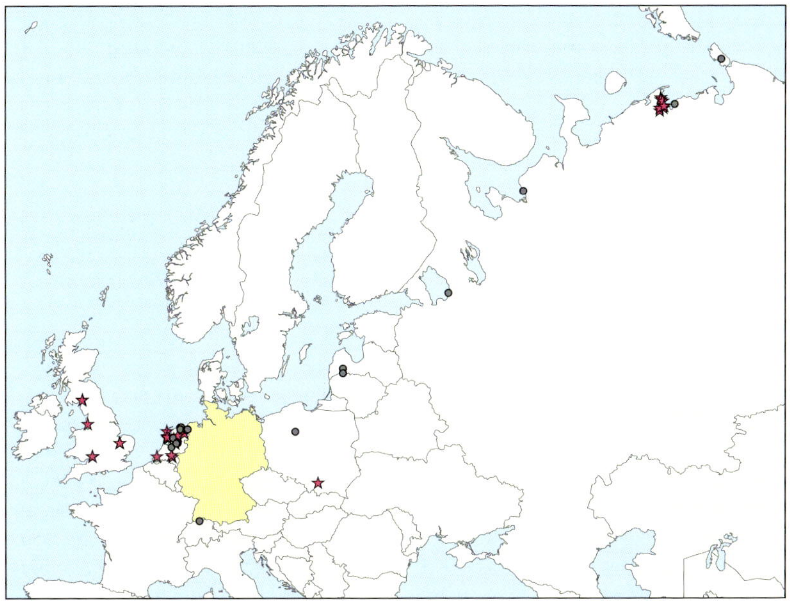

Abb. 1: Fundorte von in Deutschland beringten (35 Funde) und ausländische Beringungsorte von in Deutschland gefundenen (2657 Funde) Zwergschwänen. – *Foreign recovery sites of Bewick's Swans ringed in Germany (35 recoveries) and foreign ringing sites of birds recovered in Germany (2657 recoveries).*

Ringelgans *Branta bernicla*
Brent Goose

Beringungen nach 1945:	2460
Funde > 10 km nach 1945:	5253/638
Wiederfundquote (Fernfunde nach 1945):	25,9 %
Funde > 10 km seit 1901:	5253/638
Funde fremder Beringungszentralen:	15.259/1653
Höchstalter:	19 J, 5 M*
Weiteste Entfernung:	5164 km

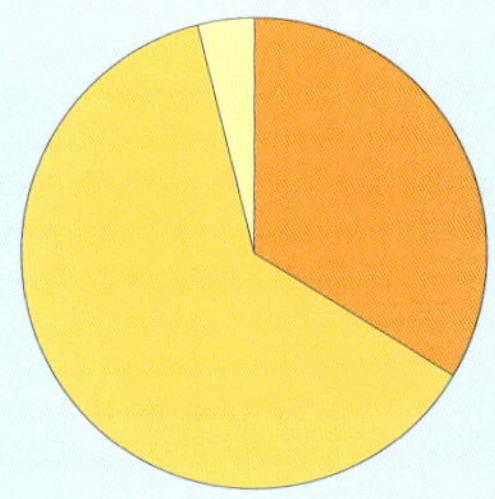

Verbreitung und Status: Die Ringelgans brütet in der Tundra von Nordamerika, Grönland, Spitzbergen und Sibirien. Als Wintergast erscheint sie an den Küsten von W- und E-Nordamerika, Mittel- und W-Europa sowie zwischen Japan und E-China. Auch in Deutschland beschränkt sich das Auftreten auf die Küsten. Es gibt ein Wintervorkommen von wenigen hundert Vögeln im Wattenmeer, doch ist dort die Rast auf dem Frühjahrszug mit bis zu 80.000 Ind. von viel größerer Bedeutung, insbesondere in Schleswig-Holstein (Prokosch 1984, Kruckenberg et al. 2011a). Während der Zugzeiten (Mitte September bis Anfang November, Anfang März bis Anfang Juni) ist die Art auch an der Ostseeküste häufig zu sehen. Die in Deutschland rastenden Ringelgänse gehören größtenteils zur Nominatform (Dunkelbäuchige Ringelgans), deren Bestandsgröße derzeit auf 245.900 Ind. geschätzt wird (Fox et al. 2010), in kleiner Zahl kommt auch die Hellbäuchige Ringelgans *B. b. hrota* vor. Die Pazifische Ringelgans *B. b. nigricans* erscheint dagegen nur mit wenigen Einzelindividuen.

Wanderungen: Die Vielzahl der Ringfunde von Ringelgänsen ist einer jahrzehntelang intensiv betriebenen Farbberingung zu verdanken (z. B. Ebbinge 2014). Dunkelbäuchige Ringelgänse brüten in der sibirischen Arktis von der Jamal- bis zur Taimyr-Halbinsel. Dort beringte Brut- und Jungvögel wurden vielfach in Deutschland abgelesen (Abb. 2), außerdem zeichnen in Deutschland im Wattenmeer und auf der Ostseeinsel Langenwerder beringte Vögel eindrucksvoll den Zug über die Ostsee zum Weißen Meer und entlang der Küsten von Barentssee und Karasee nach (Abb. 1). In anderer Richtung zeigen Ringfunde den Weiterzug zu den wichtigsten Winterquartieren in den Niederlanden, in S-England und in W-Frankreich (Abb. 1 und 2). Im deutschen Wattenmeer im Winter anwesende Ringelgänse stammen nachweislich aus N-Sibirien (Abb. 3). Funde vom Frühjahrszug zeigen erneut die vielen Kontakte zu den W und SW gelegenen Überwinterungsgebieten, aber auch die zeitliche Staffelung des Zugs mit Funden im europäischen Teil Russlands bis Mai und dem Eintreffen der Vögel in N-Sibirien ab Juni (Abb. 4).

Entsprechend ihrem viel selteneren Auftreten in Deutschland existieren von der Hellbäuchigen Ringelgans nur vier Wiederfunde. Die Spitzbergen-Population dieser Unterart überwintert normalerweise in Dänemark. Bei Kälteeinbrüchen weichen viele Individuen nach SW aus, wodurch sich seit dem Kältewinter 1995/96 ein neues Überwinterungsgebiet in NE-England herausbildete. Bei solchen Winterfluchten wird verstärkt auch das deutsche Wattenmeer aufgesucht (Dierschke 2010). Vier im Winter in Lindisfarne (NE-England) beringte Vögel konnten auf Baltrum (April), Helgoland (März), Hallig Langeneß (Mai) und Amrum (Februar–März) abgelesen werden.

Von der in NE-Sibirien und N-Kanada brütenden Pazifischen Ringelgans gibt es Ringfunde von drei Individuen: Ein im April 1979 auf der Hallig Nordstrandischmoor farbberingter Vogel wurde im folgenden Winter auf der niederländischen Wattenmeerinsel Schiermonnikoog beobachtet (Berndt & Busche 1991). Umgekehrt hielt sich ein im Mai 2009 auf Terschelling (Niederlande) gekennzeichneter Vogel auf dem Frühjahrszug 2011 (April–Juni) und 2012 (April–Mai) auf der Hallig Hooge auf. Ein Ende Juli 2008 auf der Taimyr-Halbinsel farbberingter Vogel wurde im Mai 2010 auf Juist abgelesen.

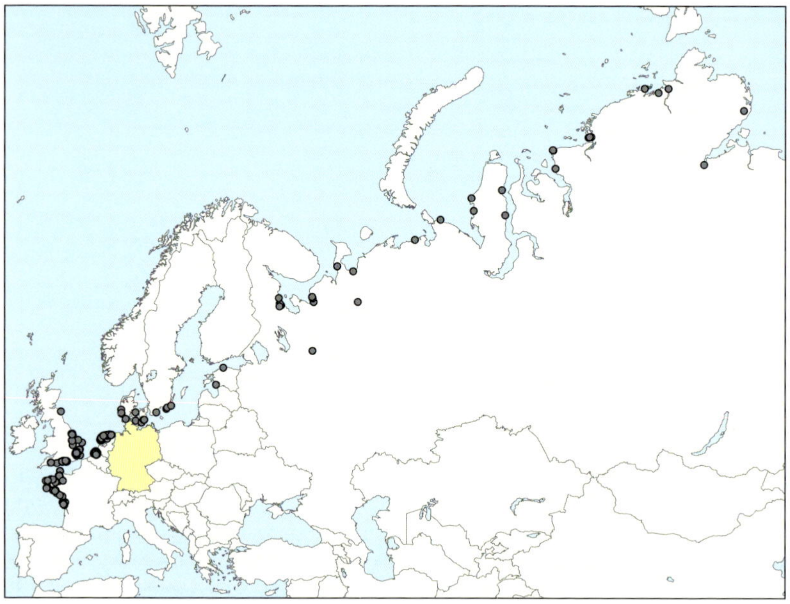

Abb. 1: Fundorte im Ausland von in Deutschland beringten Ringelgänsen (5253 Funde). – *Foreign recovery sites of Brent Geese ringed in Germany (5253 recoveries).*

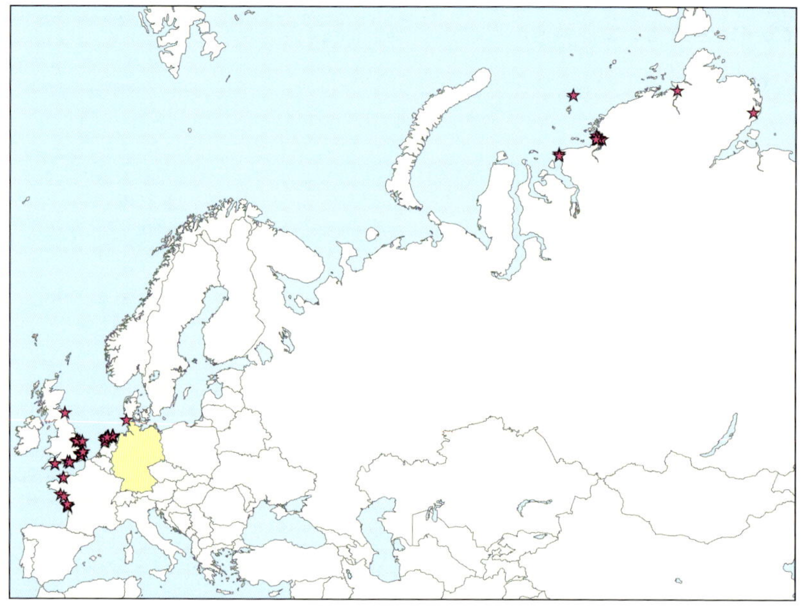

Abb. 2: Beringungsorte im Ausland von in Deutschland gefundenen Ringelgänsen (15.259 Funde). – *Foreign ringing sites of Brent Geese recovered in Germany (15,259 recoveries).*

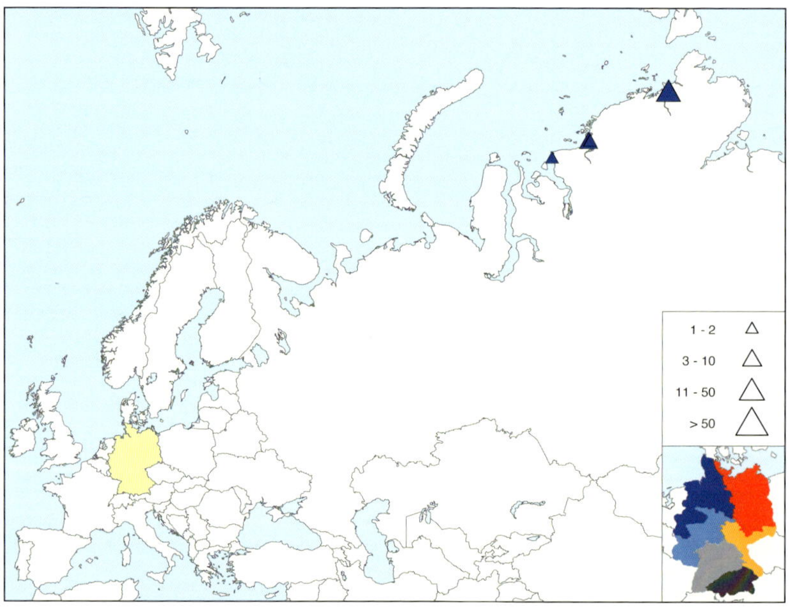

Abb. 3: Aufenthaltsorte zur Brutzeit von im Winter (Dezember – Februar) in Deutschland anwesenden Ringelgänsen (18 Funde). – *Presence during the breeding season of Brent Geese present in Germany in winter (December – February, 18 recoveries).*

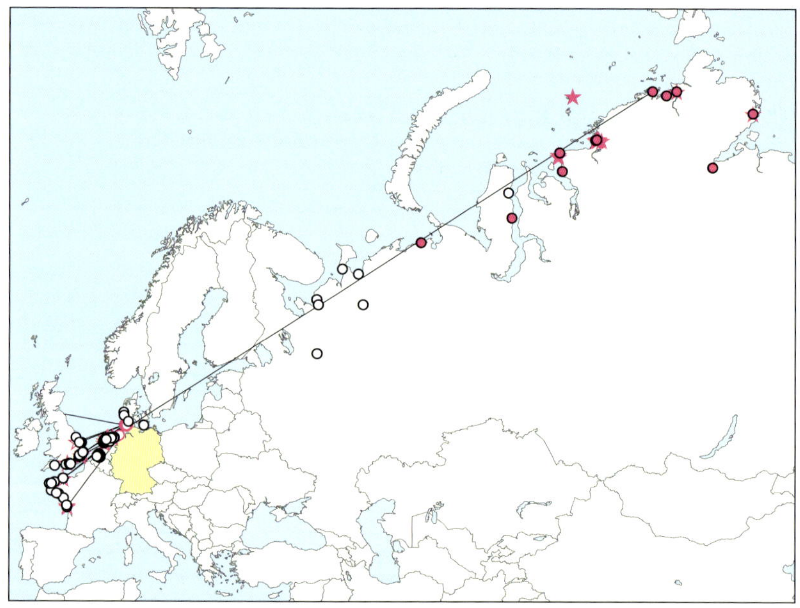

Abb. 4: Frühjahrszug (März – April) von in Deutschland von März bis April anwesenden Ringelgänsen (4737 Funde). – *Spring migration (March – April) of Brent Geese present in Germany from March to April (4737 recoveries).*

Summary: *Dark-bellied Brent Geese* B. b. bernicla *are abundant staging birds in the German Wadden Sea, where a lower number of birds also occurs in winter. During migration, this subspecies is common at the Baltic Sea coast as well. Ring recoveries show direct migration across the Baltic to the White Sea and further along this coast to the N Siberian breeding grounds. Even more recoveries connect German staging sites to wintering areas in The Netherlands, S England and W France. The Svalbard population of Light-bellied Brent Goose* B. b. hrota *is a scarce migrant at the German North Sea, with four recoveries connecting the wintering site at Lindisfarne with the islands of Baltrum, Helgoland, Langeness and Amrum. Though a rare visitor, three Black-bellied Brent Geese* B. b. nigricans *have yielded recoveries, as a bird ringed on Taimyr Peninsula turned up on the island of Juist and another two individuals marked in the Wadden Sea connect islands in The Netherlands with those in Schleswig-Holstein.*

Kanadagans *Branta canadensis*

Canada Goose

Beringungen nach 1945:	8028
Funde > 10 km nach 1945:	13.133/1046
Wiederfundquote (Fernfunde nach 1945):	13,0 %
Funde > 10 km seit 1901:	13.133/1046
Funde fremder Beringungszentralen:	579/245
Höchstalter:	18 J, 9 M
Weiteste Entfernung:	1726 km

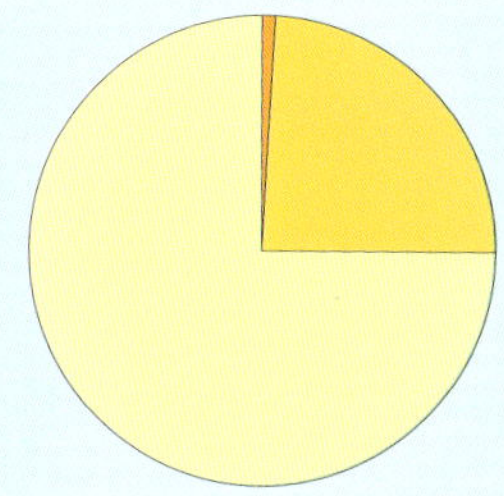

Verbreitung und Status: Die Kanadagans brütet in weiten Gebieten Nordamerikas. Sie zeigt dabei ein sehr variables Wanderungsverhalten vom Standvogel bis zum Langstreckenzieher. Im 20. Jahrhundert wurde die Art zunächst in Großbritannien und Schweden, später auch in anderen europäischen Ländern absichtlich oder unabsichtlich eingebürgert. In Deutschland gibt es nach vereinzelten Freibruten seit den 1920er Jahren ab 1954 (München) ein regelmäßiges Brutvorkommen. Die Brutverbreitung ist allerdings lückenhaft. Während es in E-Deutschland (außer im Berliner Raum) fast keine Bruten gibt, sind Konzentrationen in Ballungsgebieten wie Hamburg, in Nordrhein-Westfalen, im Rhein-Main-Gebiet und Bayern, aber auch in E-Schleswig-Holstein festzustellen. Dabei werden meist anthrpogen geprägte Gewässer im urbanen Raum besiedelt (Geiter et al. 2002). Der Bestand ist seitdem stark angestiegen und wird für den Zeitraum 2005 – 2009 mit 3600 – 5000 BP beziffert. Inzwischen gilt die Art als etabliertes Neozoon (Bauer & Woog 2008). Insbesondere in den Boddengewässern um Rügen und seltener auch an der schleswig-holsteinischen Ostseeküste treten zahlreiche Gastvögel aus Skandinavien auf, die ab Ende Juli zuwandern und bis Anfang März wieder abziehen.

Wanderungen: Die meisten in Deutschland brütenden Kanadagänse sind Standvögel und wechseln nur auf lokaler Ebene zwischen verschiedenen Gewässern und Nahrungsflächen (Geiter et al. 2002). Dies ist deutlich an der Verteilung der Winterfunde zu erkennen (Abb. 3). Vereinzelte Wanderungen gibt es allerdings zwischen W-Deutschland und den Beneluxländern, was sowohl Funde zur Mauserzeit, nach der Brutzeit und im Herbst, aber auch einige Winterfunde NW-deutscher Vögel in den Niederlanden betrifft (Abb. 1 – 3).
Im Verlauf der Einbürgerung der Kanadagans in Schweden (ab 1933) und Finnland (ab 1960) haben dortige Vögel ein Zugverhalten entwickelt, dass mehrere tausend von ihnen vor allem nach S-Schweden, Dänemark und an die deutsche Ostseeküste, seltener aber auch in andere Teile Deutschlands und bis nach Mittelitalien führt (Fransson & Pettersson 2001; Abb. 1, 2, 4). Abseits vom Ostseeraum bzw. dem N-deutschen Tiefland sind auch im Winter in der Regel nur Angehörige lokaler Bestände zu finden (Abb. 4).
Hinweise auf einen Mauserzug, der laut Madsen et al. (1999) eher die Ausnahme ist, geben gleich fünf Vögel. Vier davon wurden in Hamburg und Schleswig-Holstein während ihrer Mauser beringt und im Herbst in S-Schweden gefunden, ein

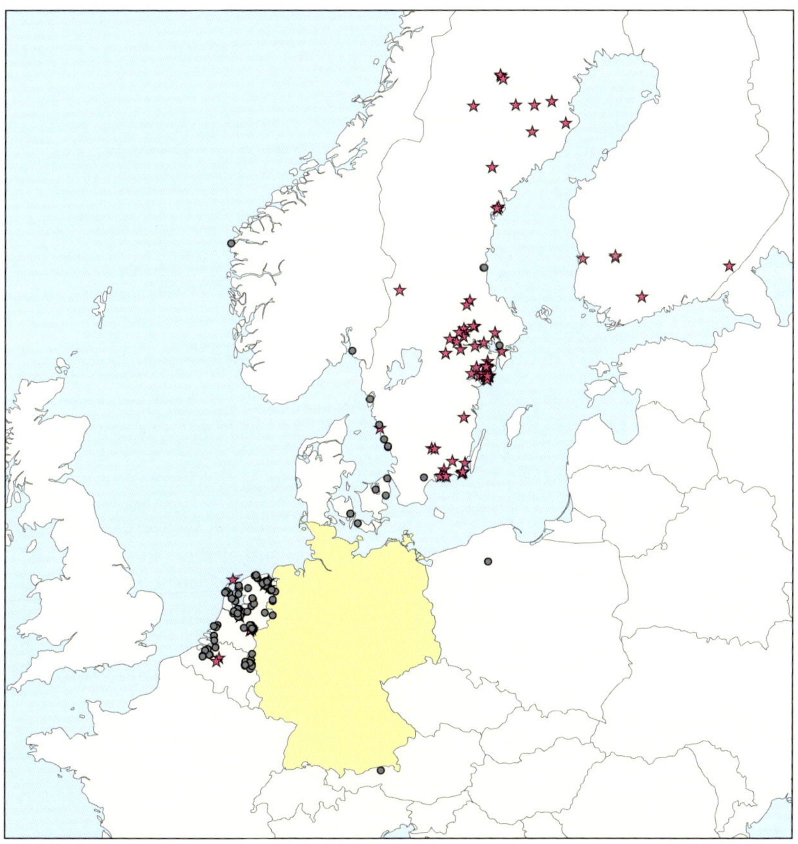

Abb. 1: Fundorte von in Deutschland beringten (990 Funde) und ausländische Beringungsorte von in Deutschland gefundenen (579 Funde) Kanadagänsen. – *Foreign recovery sites of Canada Geese ringed in Germany (990 recoveries) and foreign ringing sites of birds recovered in Germany (579 recoveries).*

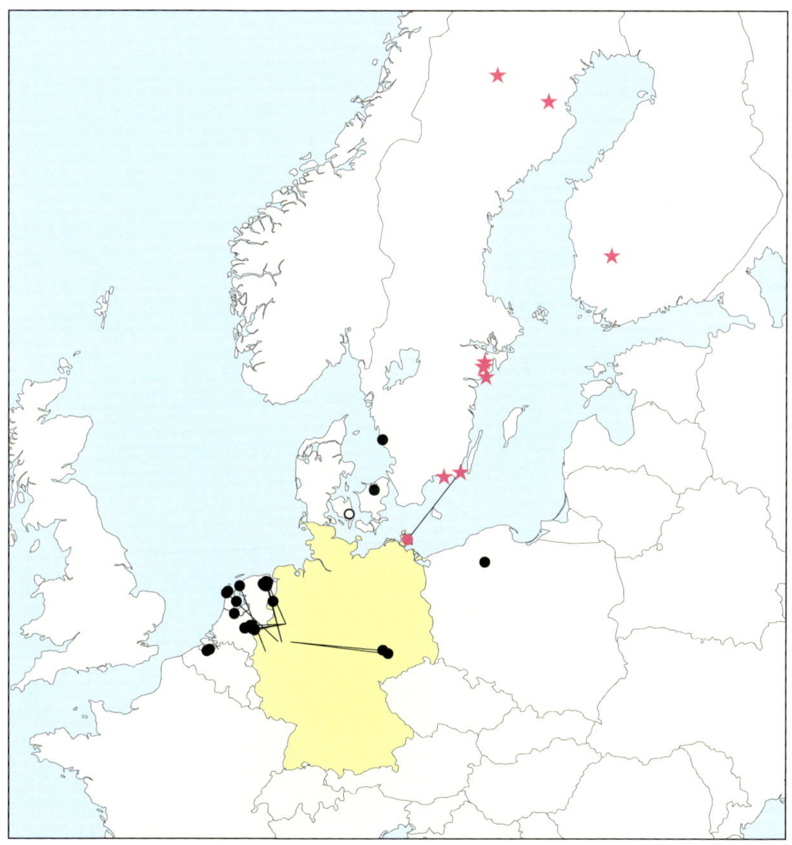

Abb. 2: Herbstzug (September – November) von in Deutschland zur Brutzeit (276 Funde) oder von September bis November anwesenden Kanadagänsen (12 Funde). – *Autumn migration (September – November) of Canada Geese present in Germany during the breeding season (276 recoveries) or from September to November (12 recoveries).*

Vogel gelangte von den Rieselfeldern Münster aus nach S-Norwegen. In allen Fällen erfolgte die Beringung im Juni/Juli und der Wiederfund im Herbst, allerdings nie im selben Jahr. Eine Gruppe von 13 Vögeln aus Nürnberg führte einen ungewöhnlichen Mauserzug nach N-Polen mit anschließender Rückkehr nach Nürnberg durch. Drei nicht flügge beringte Kanadagänse aus den Rieselfeldern Münster wurden ebenfalls in einem späteren Herbst in Norwegen (1) bzw. Schweden (2) gefunden. Der Fund in Österreich betrifft dagegen nur einen Ortswechsel eines bayerischen Vogels über 11 km.

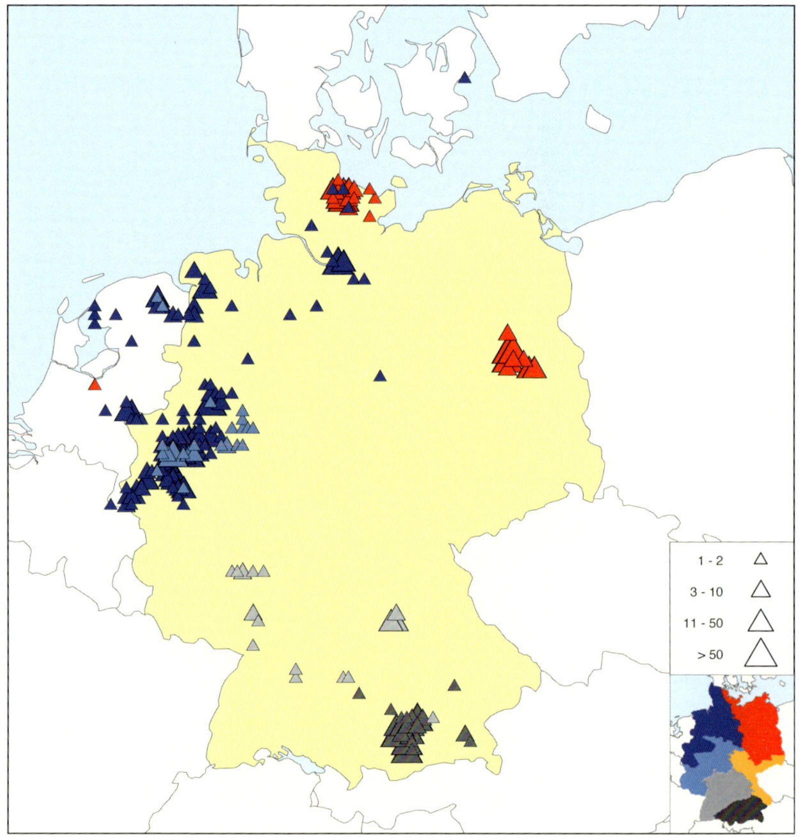

Abb. 3: Aufenthaltsorte im Winter (Dezember – Februar) von in Deutschland zur Brutzeit anwesenden Kanadagänsen (2121 Funde). – *Presence in winter (December – February) of Canada Geese present in Germany during the breeding season (2121 recoveries).*

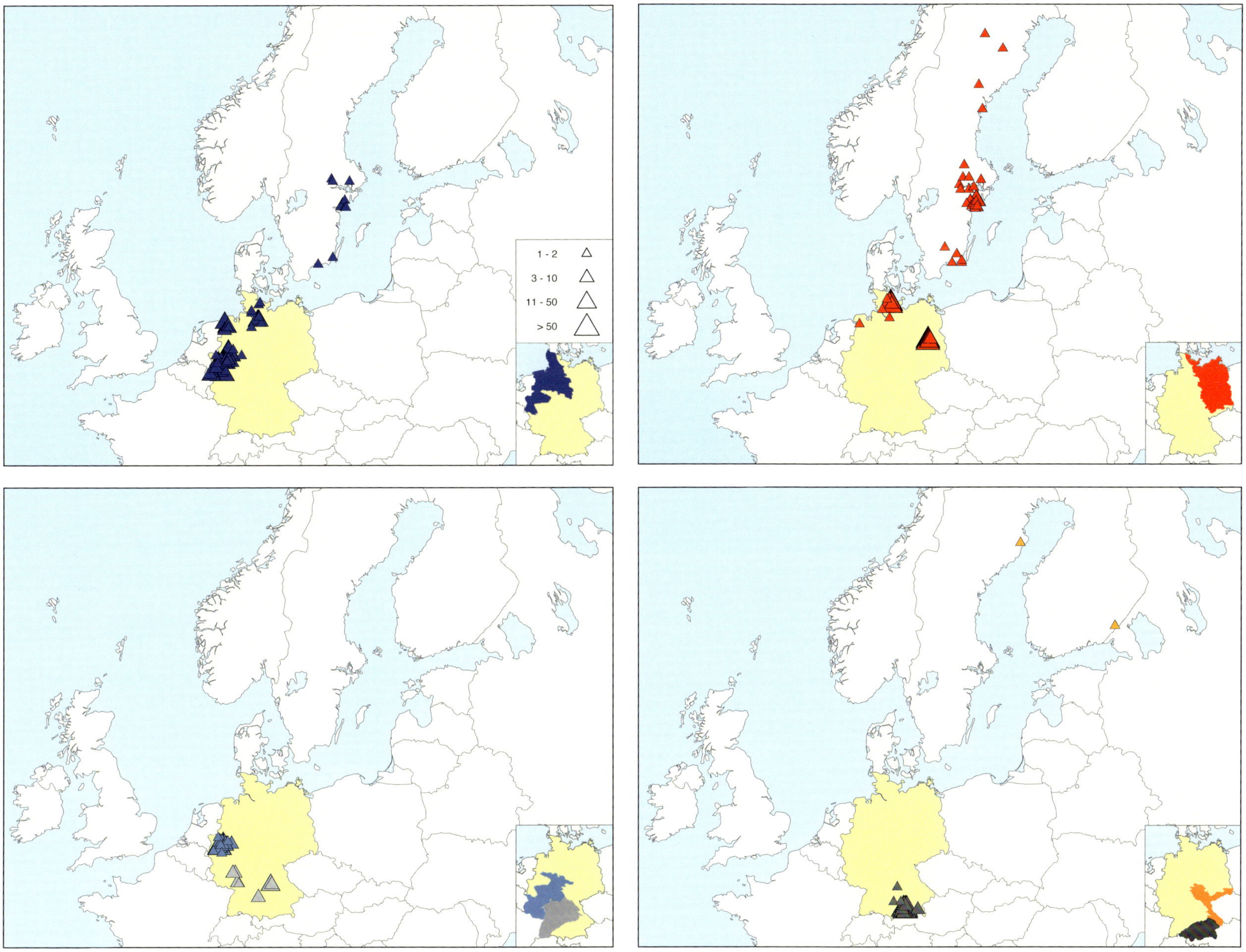

Abb. 4: Aufenthaltsorte zur Brutzeit von im Winter (Dezember – Februar) in Deutschland anwesenden Kanadagänsen (2073 Funde). – *Presence during the breeding season of Canada Geese present in Germany in winter (December – February, 2073 recoveries).*

Summary: *During the 20th century, Canada Goose was introduced in several European countries, and from 1980 onwards it was regularly breeding in Germany. Following a considerable increase, the species is now found in several parts of the country, and the population size currently comprises 3600 – 5000 bp. German breeders are mostly sedentary, but a few recoveries give evidence for flights to Poland, Norway and Sweden, whereas movements to and from the Low Countries are more common. Swedish and Finnish birds have established a migratory system, bringing thousands of them to the German Baltic Sea coast and some also to interior Germany. Five recoveries of birds, caught during moult in N and W Germany in June/July and recovered in Sweden and Norway in autumn, suggest moult migration.*

Weißwangengans *Branta leucopsis*
Barnacle Goose

Beringungen nach 1945:	503
Funde > 10 km nach 1945:	154/27
Wiederfundquote (Fernfunde nach 1945):	5,4 %
Funde > 10 km seit 1901:	154/27
Funde fremder Beringungszentralen:	2786/723
Höchstalter:	20 J*
Weiteste Entfernung:	2933 km

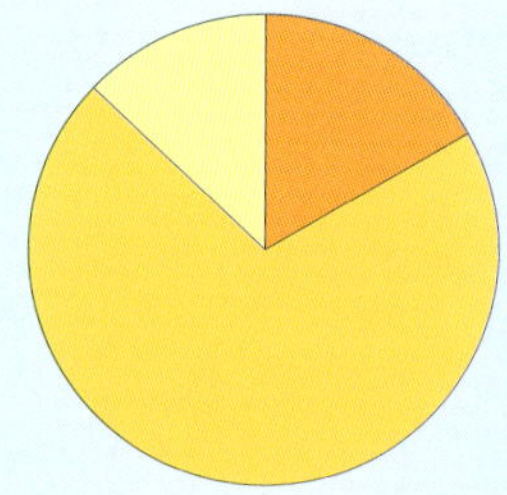

Verbreitung und Status: Die Weißwangengans kommt als Brutvogel in der Arktis von E-Grönland, Spitzbergen und NW-Russland vor, besiedelt aber seit Mitte der 1970er Jahre in stark zunehmendem Maße den Ostseeraum und seit den 1980er Jahren die Niederlande und Belgien. Die Winterquartiere befinden sich auf den Britischen Inseln, in den Niederlanden und in Deutschland. Ab 1988 hat sich die Weißwangengans in verschiedenen Teilen N- und W-Deutschlands auch als Brutvogel niedergelassen, der Bestand von 410–470 BP enthält auch eingebürgerte Vögel. Im Winter konzentriert sich das Vorkommen auf die Nordseeküste und angrenzende Bereiche. Das Wattenmeer ist insbesondere vor dem Zug in die Brutgebiete ein sehr wichtiges Rastgebiet, wenn sich dort bis zu 180.000–260.000 Ind. gleichzeitig aufhalten (Kruckenberg et al. 2011a). Von der Brutpopulation der Barentssee nutzen nahezu alle Vögel zeitweise Rastgebiete in Deutschland (Kruckenberg et al. 2011b). An der Ostsee sind Weißwangengänse vor allem während der Hauptzugzeiten zu sehen, im Herbst von Anfang Oktober bis Mitte November und im Frühjahr von Anfang April bis Mitte Mai. Im Frühjahr hat sich der Abzug aus dem Wattenmeer seit den 1990er Jahren um einen Monat nach hinten verschoben, dafür wird die zuvor gezeigte Zwischenrast an der Ostsee in Schweden und Estland häufig ausgelassen. Als Gründe dafür kommen sowohl gestiegener Konkurrenzdruck an diesen Rastplätzen als auch ein hohes Prädationsrisiko durch starke Zunahme von Seeadlern in Frage (Eichhorn et al. 2009, Jonker et al. 2010).

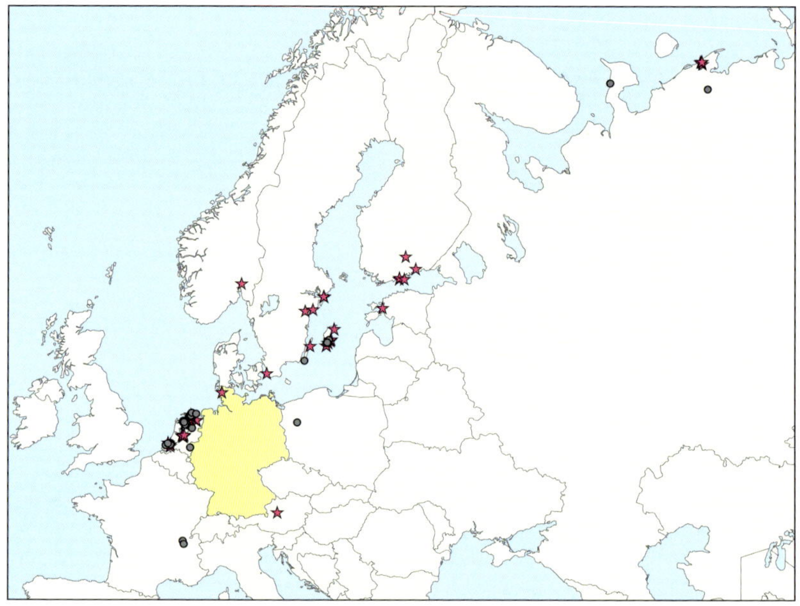

Abb. 1: Fundorte von in Deutschland beringten (114 Funde) und ausländische Beringungsorte von in Deutschland gefundenen (2786 Funde) Weißwangengänsen. – *Foreign recovery sites of Barnacle Geese ringed in Germany (114 recoveries) and foreign ringing sites of birds recovered in Germany (2786 recoveries).*

Wanderungen: Während es keinen Hinweis darauf gibt, dass Brutvögel aus Grönland und Spitzbergen, die im N der Britischen Inseln überwintern (Madsen et al. 1999), in Deutschland auftreten, zeigen Ringfunde deutlich die Lage Deutschlands im Zugsystem der russischen und baltischen Populationen (Abb. 1). Sie

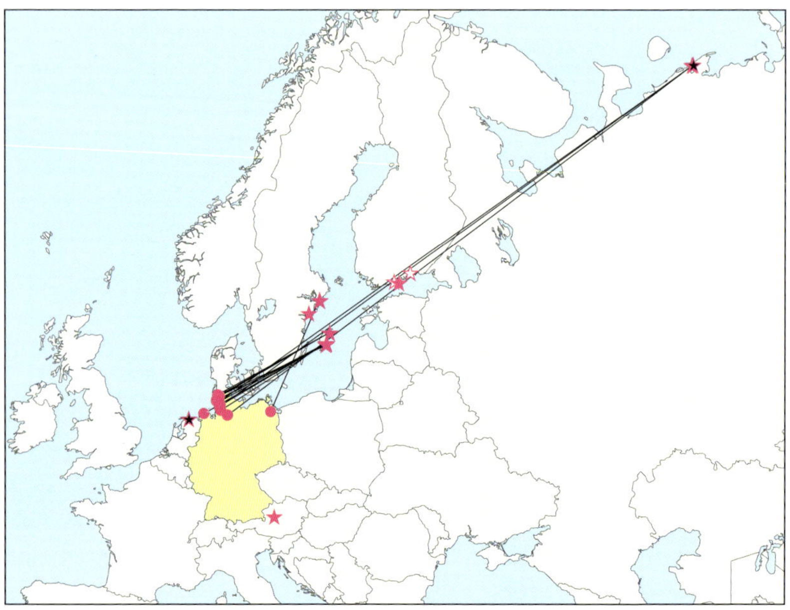

Abb. 2: Herbstzug (September–November) von in Deutschland zur Brutzeit (12 Funde) oder von September bis November anwesenden Weißwangengänsen (252 Funde). – *Autumn migration (September–November) of Barnacle Geese present in Germany during the breeding season (12 recoveries) or from September to November (252 recoveries).*

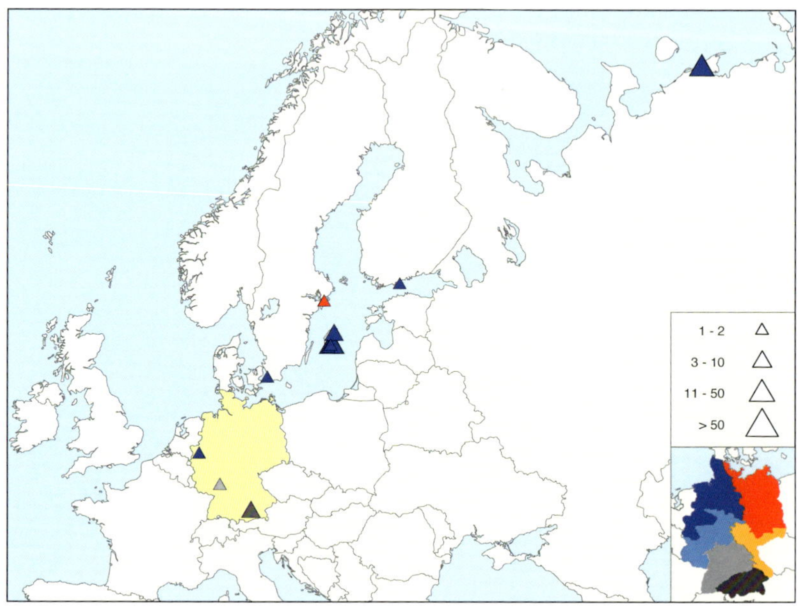

Abb. 3: Aufenthaltsorte zur Brutzeit von im Winter (Dezember–Februar) in Deutschland anwesenden Weißwangengänsen (84 Funde). – *Presence during the breeding season of Barnacle Geese present in Germany in winter (December–February, 84 recoveries).*

verbinden vor allem Brutgebiete in Schweden und Finnland, aber auch an der Barentssee, mit Rastgebieten im Wattenmeer (Abb. 2). Der genaue Zugweg lässt sich anhand von Ringfunden zwar nicht nachvollziehen, doch haben Feldbeobachtungen und eine Studie mit Geolokatoren gezeigt, dass der Zug eher über S-Schweden führt (Madsen et al. 1999, Eichhorn et al. 2006). Der geringe Anteil von Farbringträgern an der deutschen Ostseeküste weist darauf hin, dass es sich um N-russische Vögel handelt, da die baltische Population in viel größerem Ausmaß beringt worden ist (Heinicke & Köppen 2007).
Darüber hinaus gibt es zahlreiche Funde, welche die deutschen Rastgebiete mit den wichtigsten Brut- und Überwinterungsplätzen in den Niederlanden verbinden. In Deutschland überwinternde Weißwangengänse stammen ebenfalls sowohl aus den russischen und baltischen Populationen, in geringerem Umfang auch aus dem deutschen Bestand (Abb. 3). Die in Deutschland brütenden Weißwangengänse zeigen ein sehr unterschiedliches Wanderungsverhalten. Während die Überwinterungsgebiete der N-deutschen Vögel mangels Beringungen unbekannt sind, haben eingebürgerte Vögel in Hessen in den französischen Seealpen überwintert, die Weißwangengänse aus München bleiben dagegen ganzjährig im Bereich ihrer Brutplätze (Abb. 3).

Summary: *The German Wadden Sea is of high importance for staging and wintering Barnacle Geese, as nearly the total Russian population is present at some stage during the non-breeding season. Smaller numbers occur at the Baltic Sea coats and in interior N Germany. In addition, birds from the Baltic breeding population use these sites for staging and wintering. Ring recoveries connect to breeding sites in Sweden, Finland and N Russia as well as to the main wintering area in The Netherlands. The wintering sites of the small German breeding population (410–470 bp) is unknown, introduced birds in Hessen and Bavaria did not migrate at all or moved to SE France.*

Schneegans *Anser caerulescens*

Snow Goose

Beringungen nach 1945:	89
Funde > 10 km nach 1945:	734/35
Wiederfundquote (Fernfunde nach 1945):	39,3 %
Funde > 10 km seit 1901:	734/35
Funde fremder Beringungszentralen:	0/0
Höchstalter:	16 J, 4 M*
Weiteste Entfernung:	2570 km

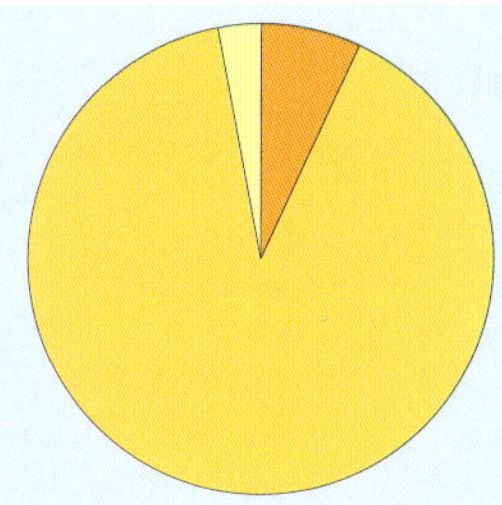

Verbreitung und Status: Das Vorkommen der Schneegans beschränkt sich weitgehend auf Nordamerika, wo die Art in der Arktis brütet und im S des Kontinents überwintert. Ein weiteres Brutvorkommen gibt es in NE-Sbirien. Obwohl Schneegänse nachweislich von Nordamerika aus nach W-Europa gelangen können, gehen die in verschiedenen europäischen Ländern beobachteten, oft sporadischen Brutvorkommen auf Freisetzungen zurück. Dies gilt auch für die 5–10

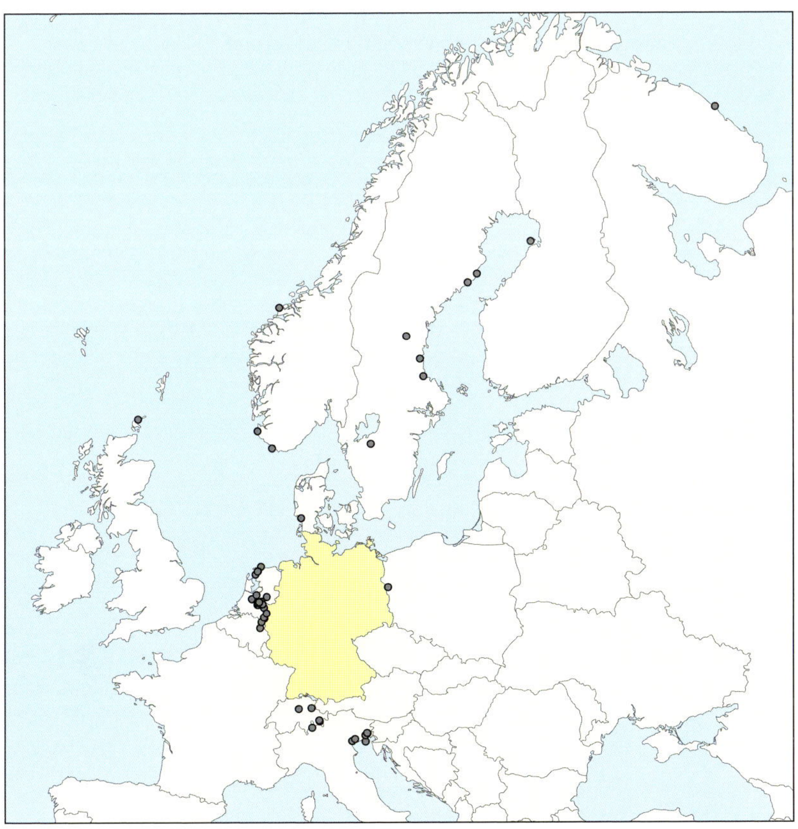

Abb. 1: Fundorte im Ausland von in Deutschland beringten Schneegänsen (575 Funde). – *Foreign recovery sites of Snow Geese ringed in Germany (575 recoveries).*

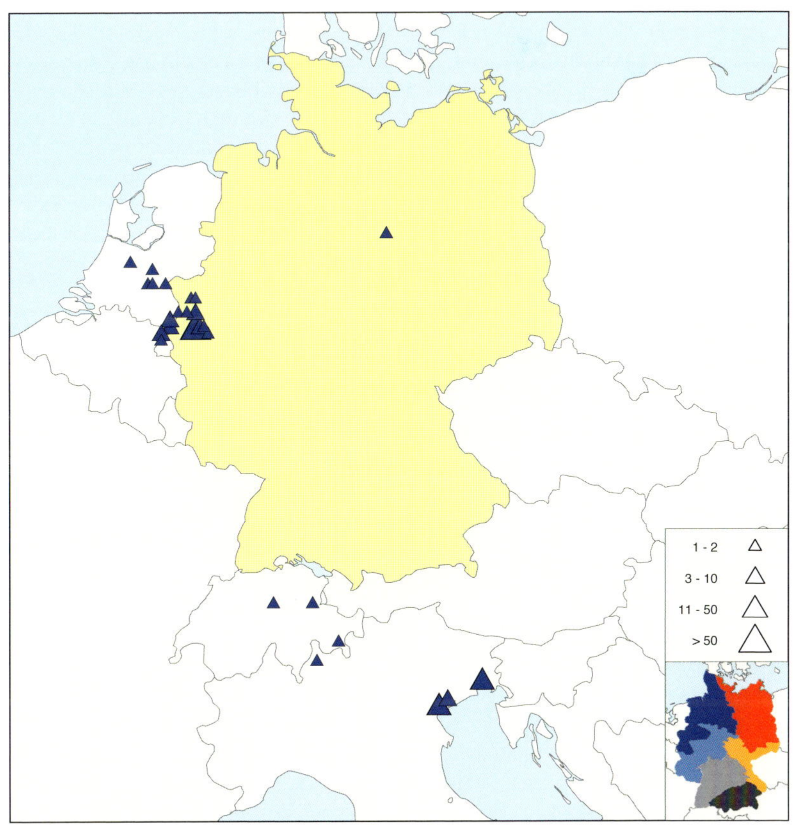

Abb. 2: Aufenthaltsorte im Winter (Dezember–Februar) von in Deutschland zur Brutzeit anwesenden Schneegänsen (214 Funde). – *Presence in winter (December–February) of Snow Geese present in Germany during the breeding season (214 recoveries).*

deutschen Brutpaare, die fast alle an einem Stadtgewässer in Neuss ansässig sind. Die dortige Gruppe geht auf Freisetzungen im Jahr 1987 zurück. Alle zu dieser Gruppe gehörenden Schneegänse (2012 maximal. 101 Ind.) sind im Rahmen des Neozoen-Farbberingungsprogramms markiert worden (Geiter et al. 2002, Grüneberg et al. 2013). Über diese Vögel hinaus sind unter den in N-Deutschland rastenden Gänsen gelegentlich einzelne oder wenige Schneegänse zu sehen, deren Herkunft oft unklar ist.

Wanderungen: Bis auf wenige Orts- und Nahfunde gehen alle Wiederfunde von Schneegänsen auf Beringungen der Neusser Gruppe zurück. Diese Vögel zeigten erstaunliche Wanderungen über teilweise große Distanzen und in verschiedene Richtungen (Abb. 1). Im Dezember 2005 brach fast die gesamte Gruppe nach S auf. Mindestens vier Gänse wurden von der Gruppe getrennt und blieben in den Alpen (Schweiz, N-Italien). Die anderen 38 Ind. überwinterten in Venetien. In den Jahren davor und danach geschah dies nicht, sondern Winterfunde stammten aus Nordrhein-Westfalen und den Niederlanden (Abb. 2). Eine Reihe von Meldungen kam aus Fennoskandien, wo Neusser Vögel vor allem von April bis September abgelesen wurden. Darunter waren auch wiederholte Mauserflüge nach S-Norwegen.

Spektakulär sind die Wanderungen eines Vogels, der drei Jahre nach der o. g. Überwinterung in Italien in Finnland auftauchte (Mai 2009), dann in Schweden (September 2009), im Folgejahr bei Murmansk (Juni 2010) und schließlich auf Rügen (Oktober 2011) und in den Niederlanden (November/Dezember 2011) abgelesen wurde. Die Winter verbrachte der Vogel am Stammgewässer in Neuss. Eine Schneegans wurde im April von den Orkney-Inseln zurückgemeldet. In Mitteleuropa reichen die Funde ostwärts bis W-Polen.

Summary: *The Nearctic Snow Goose has established a breeding population of 5 – 10 bp in a park in the city of Neuss (Nordrhein-Westfalen), where many birds have been ringed. They usually winter in W Germany and The Netherlands, but in December 2005 the whole group moved southwards, with four birds reported from the Alps (Switzerland, N Italy) and 38 individuals wintered in Venetia (N Italy). Further long-distance recoveries stem from N Europe in summer, including one as far north as Murmansk, but one each also from the Orkneys and W Poland.*

Streifengans *Anser indicus*

Bar-headed Goose

Beringungen nach 1945:	19
Funde > 10 km nach 1945:	147/10
Wiederfundquote (Fernfunde nach 1945):	52,6 %
Funde > 10 km seit 1901:	147/10
Funde fremder Beringungszentralen:	3/3
Höchstalter:	20 J, 11 M
Weiteste Entfernung:	1394 km

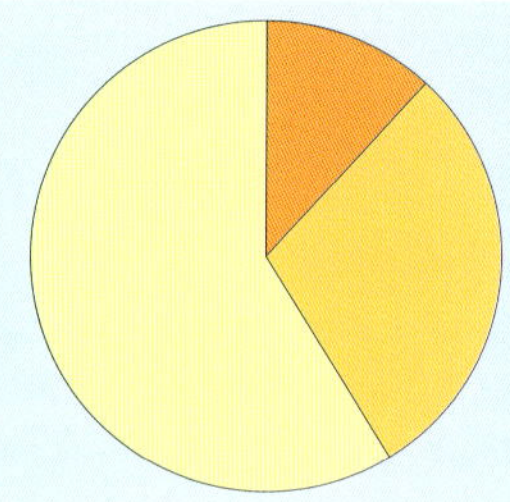

Die Streifengans brütet in Zentralasien und überquert auf dem Zug ins N-indische Winterquartier das Hochgebirge des Himalaya. Ausgehend von in S-Bayern freifliegend gehaltenen Vögeln gab es dort ab 1956 wenige im Freiland brütende Paare. Darüber hinaus gibt es kleinere Ansiedlungen im weiteren Bundesgebiet (Bauer & Woog 2008). Für den Zeitraum 2005 – 2009 wird der deutsche Bestand auf 5 – 20 BP geschätzt.

Die Beringungen der Streifengänse erbrachten vor allem Orts- und Nahfunde. Die deutschen Brutpopulationen sind als Standvögel zu betrachten. Vom Münchener Raum aus wanderten zwei Vögel weit nach Norden, einer an die Hamburger Außenalster und ein weiterer an den Niederrhein (zwei Funde dieses Vogels). Zwei in den Rieselfeldern Münster beringte Vögel wurden mehrfach am N-hessischen Twistestausee abgelesen. Die weiteste Wanderung unternahmen zwei im Juli 1986 in Mittel-Schweden markierte Individuen, die im November 1986 (und eines nochmals im Februar 1988) 1394 km entfernt in Frankfurt/Main beobachtet wurden. Außerdem erschien eine im April 2005 in Belgien beringte Streifengans in den vier nachfolgenden Jahren jeweils im Frühjahr in Bredstedt (Nordfriesland). Dieser Fund könnte ebenso wie mehrere Beobachtungen an Helgoland vorbei ziehender Vögel darauf hindeuten, dass der kleine Mauserbestand von Streifengänsen in W-Schleswig-Holstein mit dem Brutbestand von 100 BP in den Benelux-Ländern zusammenhängt (Voslamber et al. 2007, Dierschke et al. 2011).

Summary: *Starting from a free-flying population in Bavaria in 1956, a small number of breeding pairs established in that federal state, but breeding also occurred in Hessen and Niedersachsen. The German population size was recently estimated at 5 – 20 bp. From parks in Munich, three ringed birds moved to Hamburg, the lower River Rhine and The Netherlands, respectively. A bird ringed in Westfalen was observed in N Hessen. The longest movement so far recorded, of two birds together, was from C Sweden to Frankfurt/Main (1394 km). A recovery from the Low Countries to W Schleswig-Holstein nourishes speculations about moult migration taking place between The Netherlands and N Germany.*

Abb. 1: Funde von Streifengänsen mit Bezug zu Deutschland (8 Funde). Die Verbindungen von Schweden nach Deutschland und von Nordrhein-Westfalen nach N-Hessen betreffen jeweils 2 Ind. – *recoveries of Bar-headed Geese related to Germany (8 recoveries). The connections from Sweden to Germab´ny and from Northrine-Westphalia to N Hessen refer to 2 birds each.*

Saatgans *Anser fabalis*

Bean Goose

Beringungen nach 1945:	3390
Funde > 10 km nach 1945:	13.967/2175
Wiederfundquote (Fernfunde nach 1945):	64,2 %
Funde > 10 km seit 1901:	13.968/2176
Funde fremder Beringungszentralen:	6711/1228
Höchstalter:	31 J, 2 M*
Weiteste Entfernung:	3191 km

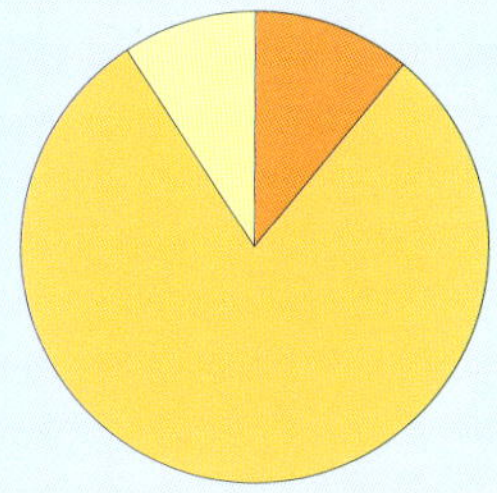

Verbreitung und Status: Die Saatgans besiedelt Taiga und Tundra N-Eurasiens von Norwegen bis E-Sibirien. Im Winter werden Gebiete in E- und Zentralasien sowie in Mittel-, W- und S-Europa aufgesucht. In Deutschland kommen zwei Unterarten als Gastvögel vor: die in der N-russischen Arktis brütende Tundrasaatgans *A. f. rossicus* sowie die etwas südlicher, von Fennoskandien bis W-Sibirien verbreitete Waldsaatgans *A. f. fabalis*. In der N-Hälfte Deutschlands rasten im Herbst etwa 75 % der 500.000 – 600.000 Ind. umfassenden Population der Tundrasaatgans, ein Drittel dieser Vögel überwintert auch in Deutschland. Von der stark im Bestand abnehmenden Waldsaatgans überwintern 70 % der Gesamtpopulation von 45.000 Ind. in NE-Deutschland (Kruckenberg et al. 2011a, 2011b). Durchzug (vor allem von Tundrasaatgänsen) findet in Deutschland in erster Linie im Oktober/November und Februar/März statt.

Wanderungen: Ringfunde mit Bezug zu Deutschland bilden nahezu das gesamte W-paläarktische Zugsystem der Saatgans ab (Abb. 1 und 2). Viele Verbindungen bestehen zu den Brutgebieten der beiden Unterarten in der Arktis von der Kola-Halbinsel bis Nowaja Semlja und Jamal (Tundrasaatgans) bzw. nach Finnland und in die Taiga des europäischen Teils von Russland; das Überwintern beider Unterarten in Deutschland ist durch Ringfunde gut belegt (Abb. 4). Die große Mehrheit der Funde betrifft jedoch Austauschbewegungen zwischen Rastgebieten in Deutschland und Benelux, Polen und dem Baltikum.

Die Funde aus der Herbstzugzeit deuten an, dass die arktischen Tundrasaatgänse über das Weiße Meer und das Baltikum nach N-Deutschland einfliegen. Die wenigen tiefer im E-europäischen Binnenland erfolgten Funde sind dagegen schwerer zu deuten, da sie zum einen nach Ungarn und SE-Europa ziehende Tundrasaatgänse, aber auch nach NE-Deutschland wandernde Waldsaatgänse betreffen. Allerdings führt der erste Abschnitt des Herbstzuges die meisten russischen Waldsaatgänse zunächst nach Schweden und erst von dort nach NE-Deutschland (Heinicke & Köppen 2007).

Abgesehen von den Vögeln, die in Deutschland den ganzen Winter hindurch verweilen, endet der Herbstzug für die meisten Saatgänse in den Niederlanden. Nur wenige Vögel setzen ihren Zug noch weiter nach SW fort und gelangen nach Frankreich, Spanien oder Italien. Funde vom Herbstzug in Ungarn (Abb. 3) zeigen, dass Tundrasaatgänse das Rastgebiet wechseln können, denn ein Teil der Population verbringt die kalte Jahreszeit im pannonischen Raum und auf dem Balkan (Madsen et al. 1999). Wechsel zwischen den mitteleuropäischen und SE-europäischen Überwinterungsgebieten (bis Albanien und Bulgarien) kommt in geringem Umfang vor. Selten geschieht dies auch innerhalb eines Winters (je einmal nach Bosnien-Herzogowina und Italien), häufiger sind aber – meist wohl

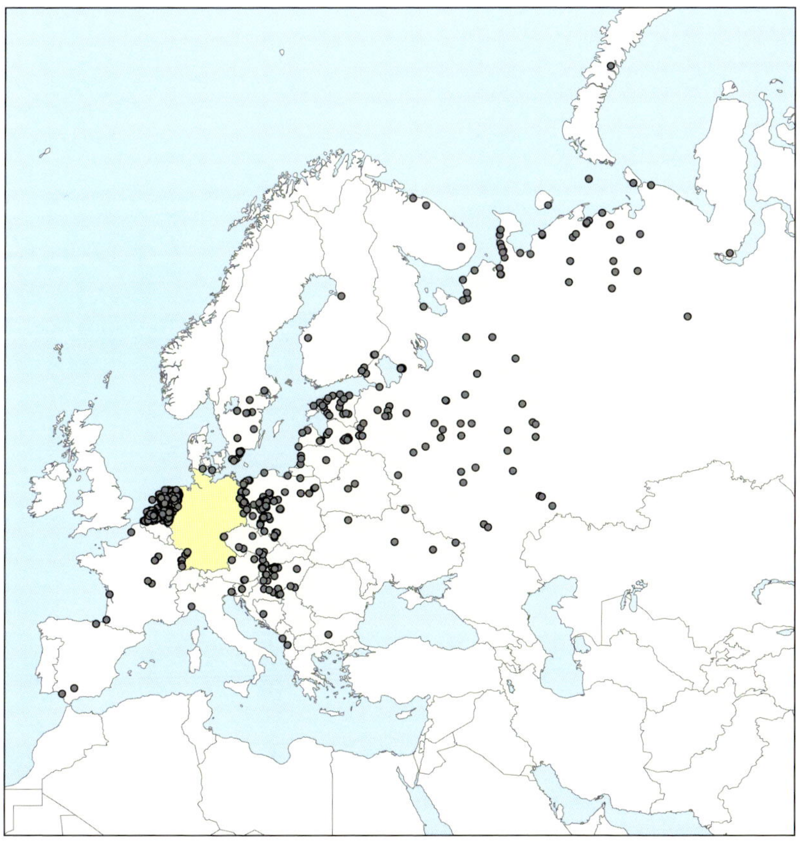

Abb. 1: Fundorte im Ausland von in Deutschland beringten Saatgänsen (5746 Funde). – *Foreign recovery sites of Bean Geese ringed in Germany (5746 recoveries).*

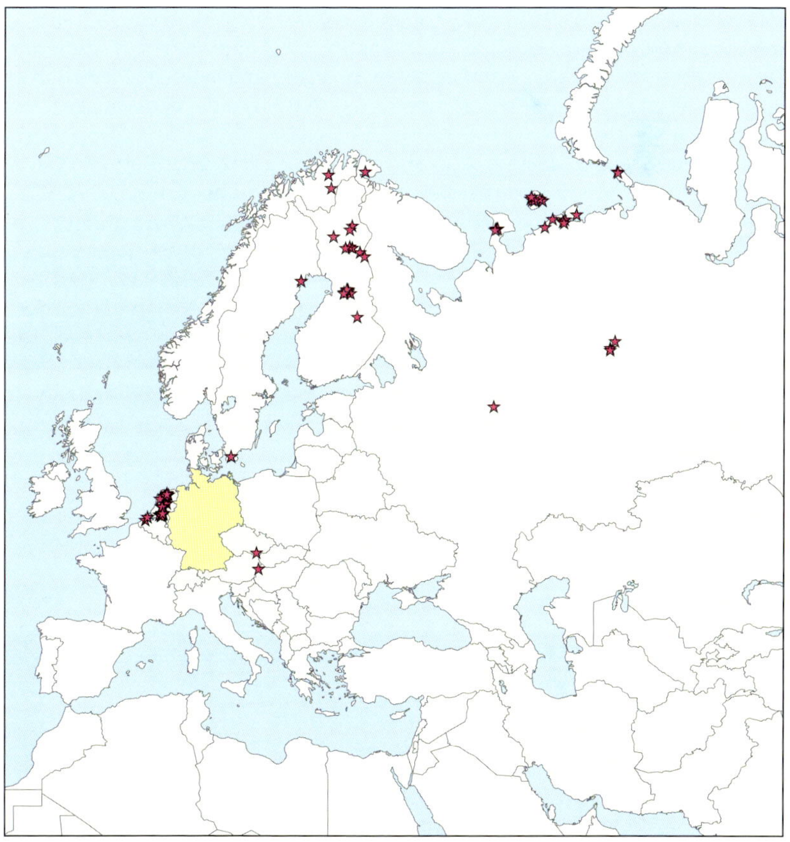

Abb. 2: Beringungsorte im Ausland von in Deutschland gefundenen Saatgänsen (6711 Funde). – *Foreign ringing sites of Bean Geese recovered in Germany (6711 recoveries).*

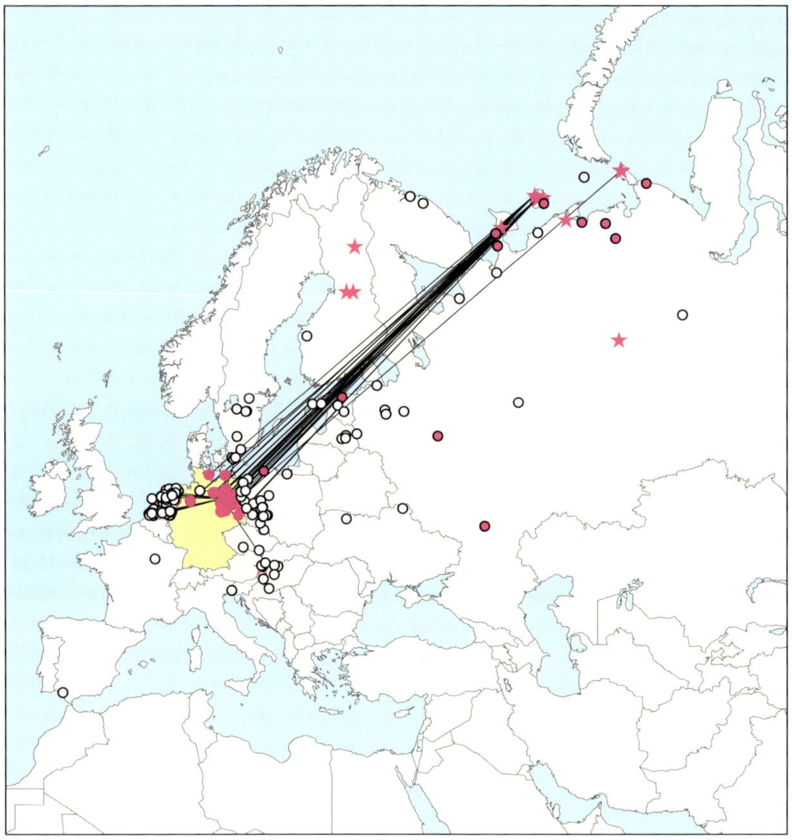

Abb. 3: Herbstzug (September – November) von in Deutschland von September bis November anwesenden Saatgänsen (785 Funde). – *Autumn migration (September – November) of Bean Geese present in Germany from September to November (785 recoveries).*

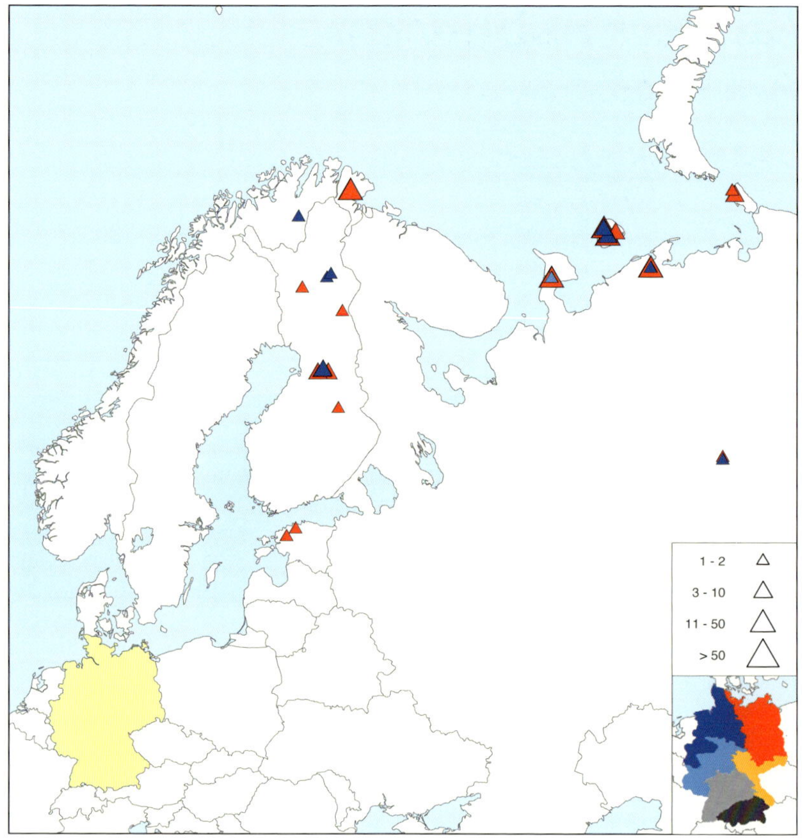

Abb. 4: Aufenthaltsorte zur Brutzeit von im Winter (Dezember – Februar) in Deutschland anwesenden Saatgänsen (184 Funde). – *Presence during the breeding season of Bean Geese present in Germany in winter (December – February, 184 recoveries).*

witterungsbedingte – Wechsel zwischen E-Deutschland und den Niederlanden (Abb. 5).

Die meisten Funde im E-europäischen Binnenland (Abb. 1) sind aus dem Frühjahr und weisen auf eine breitere geographische Streuung beim Zug in die Brutgebiete hin (vgl. Heinicke & Köppen 2007).

Summary: *Two subspecies of Bean Goose are present in Germany from October to March, both with high proportions of their total populations. Ring recoveries give evidence for the occurrence of breeders from Fennoscandia and C Russia (Taiga Bean Goose* A. f. fabalis*) as well as from N Russia (Tundra Bean Goose* A. f. rossicus*). Tundra Bean Geese reach N Germany by flying along the White Sea coast and across the Baltic States, and though one third of the population winters in Germany, the majority proceeds to The Netherlands. recoveries in Hungary point towards changes between wintering sites in C and SE Europe, both between and within winters. The few birds reported from the interior of E Europe refer either to Tundra Bean Geese heading for Hungary or to Taiga Bean Geese flying to NE Germany, but most records are from spring, indicating migration on a broader front than in autumn.*

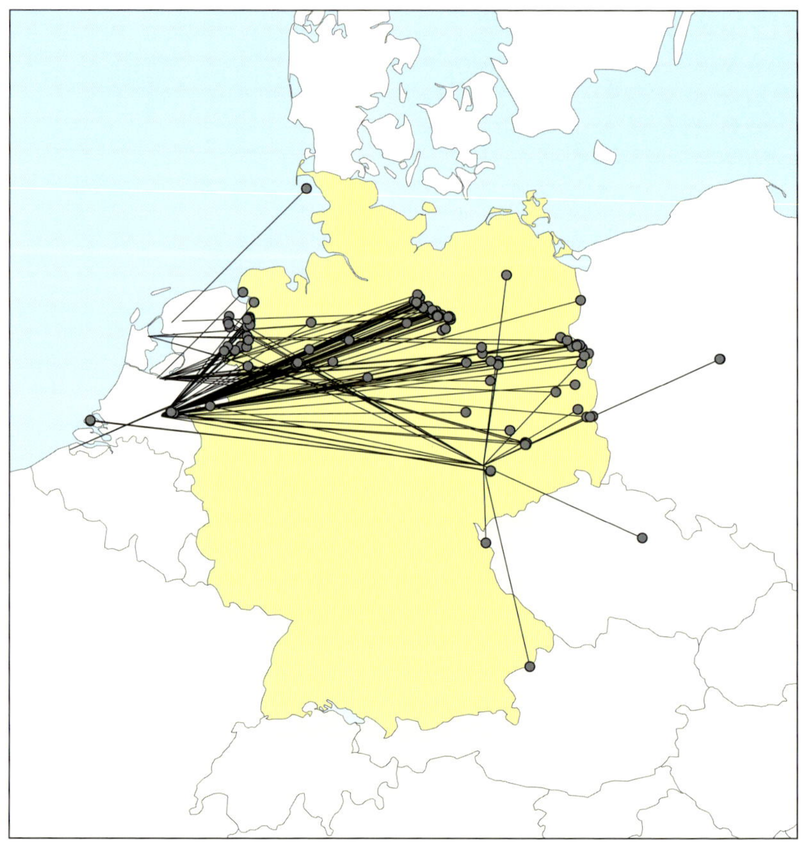

Abb. 5: Ortswechsel > 100 km von Saatgänsen innerhalb desselben Winters (Dezember – Februar, 245 Funde). – *Movements of > 100 km of Bean Geese within the same winter (December – February, 245 recoveries).*

Kurzschnabelgans *Anser brachyrhynchus*

Pink-footed Goose

Beringungen nach 1945:	47
Funde > 10 km nach 1945:	4/2
Wiederfundquote (Fernfunde nach 1945):	4,3 %
Funde > 10 km seit 1901:	4/2
Funde fremder Beringungszentralen:	495/215
Höchstalter:	5 J, 3 M
Weiteste Entfernung:	2974 km

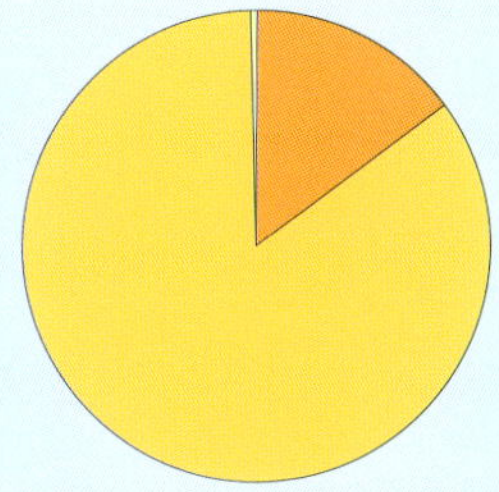

Verbreitung und Status: Das Brutareal der Kurzschnabelgans beschränkt sich auf E-Grönland, Island und Spitzbergen, die Überwinterungsgebiete befinden sich zwischen Großbritannien und Dänemark. Früher stark frequentierte Rastplätze an der deutschen Nordseeküste wurden nach deren Eindeichung zu Beginn der 1980er Jahre aufgegeben (Berndt & Busche 1991), doch streift die Art dieses Gebiet nach wie vor auf dem Herbst- (Ende September bis November) und Frühjahrszug (Februar/März). Bei wetterbedingtem Wechsel zwischen dänischen und niederländischen Rastgebieten quert im Winter fast die gesamte Brutpopulation Spitzbergens die Deutsche Bucht (Dierschke 2003). Davon abgesehen sind in N-Deutschland regelmäßig, aber nur in kleiner Zahl, Kurzschnabelgänse in den großen Rastbeständen anderer Gänsearten auszumachen.

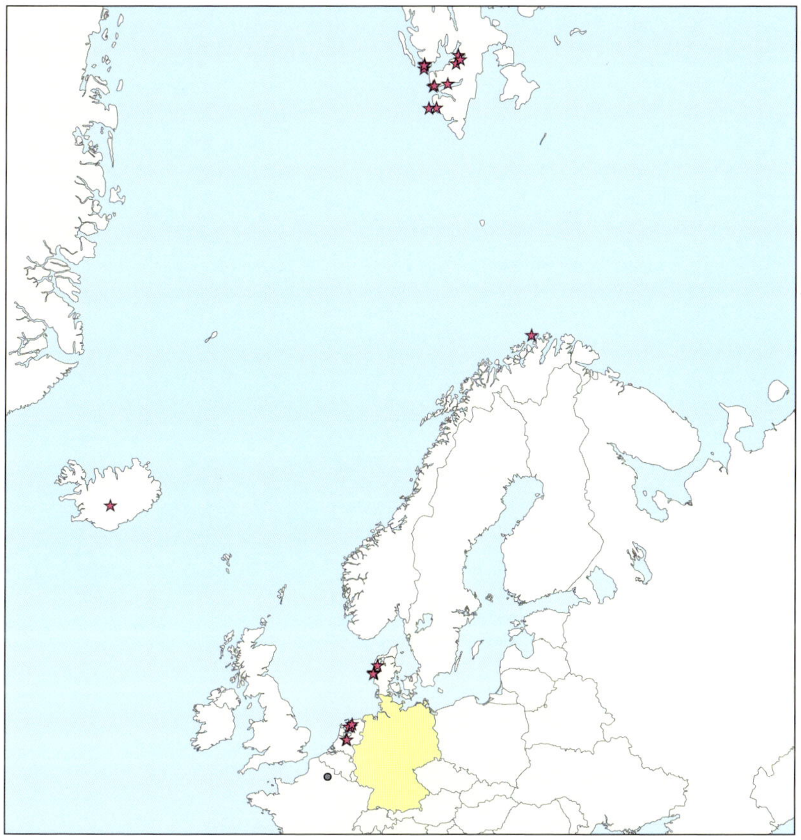

Abb. 1: Fundorte von in Deutschland beringten (1 Fund) und ausländische Beringungsorte von in Deutschland gefundenen (495 Funde) Kurzschnabelgänsen. – *Foreign recovery sites of Pink-footed Geese ringed in Germany (1 recovery) and foreign ringing sites of birds recovered in Germany (495 recoveries).*

Wanderungen: Unter den heute in Deutschland nur noch relativ wenigen Rastvögeln wurden in den letzten beiden Jahrzehnten verschiedentlich mit codierten Halsringen markierte Kurzschnabelgänse beobachtet, die sowohl im Brutgebiet in Spitzbergen als auch an den bekannten Rast- und Überwinterungsgebieten in N-Norwegen, in Dänemark und den Niederlanden gekennzeichnet worden waren (Abb. 1). Da Ablesungen dieser Vögel außerhalb von Deutschland nicht in der Atlasdatenbank vertreten sind, ist zu erwähnen, dass diese Vögel Rastgebiete in Mittel- und N-Norwegen aufsuchen und im Winter teilweise bis Belgien ziehen (Madsen et al. 1999).

Die Brutpopulation in Grönland und Island hat ein vollständig von der Spitzbergenpopulation separiertes Zugsystem mit Überwinterung ausschließlich in Schottland und England (Madsen et al. 1999). Ein einziger Ringfund, bei dem ein im Juli 1953 in Island beringter Altvogel Ende September 1954 auf der Wattenmeerinsel Föhr geschossen wurde, weist auf einen seltenen Kontakt zwischen den beiden Populationen hin.

Der einzige Fernfund einer in Deutschland beringten Kurzschnabelgans ging aus einer freifliegenden Gruppe in S-Hessen hervor, von der es sonst nur Ortsfunde gibt. Ein im Juni 2002 nicht flügge markierter Vogel wurde im Dezember 2004 in N-Frankreich erlegt.

Summary: *After large staging sites in the German Wadden Sea were abandoned in the early 1980s, only small numbers of Pink-footed Geese are still present within the flocks of other goose species in Germany. Nevertheless, nearly the whole Svalbard breeding population is migrating across the German section of the North Sea. Observations of neck-banded birds from Svalbard and staging sites in Norway, Denmark and The Netherlands trace the migration route of this population. An adult bird ringed in Iceland and shot on the Wadden Sea island of Föhr suggests little contact to the population breeding in E Greenland and Iceland and wintering exclusively in Britain. The only recovery of a German-ringed Pink-footed Goose refers to a bird bred in a free-flying group in S Hessen and bagged in N France.*

Zwerggans *Anser erythropus*
Lesser White-fronted Goose

Verbreitung und Status: Die Zwerggans brütet in (sub)arktischen Gebieten von N-Skandinavien bis E-Sibirien und überwintert hauptsächlich in SE-Europa, am Kaspischen Meer und in E-China. In Deutschland (zumeist im N-deutschen Tiefland) ist die Zwerggans seltener Gast mit etwa 60 Beobachtungen pro Jahr, doch hat es in den letzten 30 Jahren – auch im Zusammenhang mit Manipulationen des Zugweges im Rahmen skandinavischer Wiedereinbürgerungsprojekte – eine deutliche Zunahme gegeben (Mooij & Heinicke 2008). Der Herbstzug findet vornehmlich von Ende September bis Mitte November statt, der Heimzug tritt von Mitte Februar bis Anfang April in Erscheinung (Mooij & Heinicke 2008).

Abb. 1: Funde von Zwerggänsen mit Bezug zu Deutschland (3 Funde). – *recoveries of Lesser White-fronted Geese related to Germany (3 recoveries).*

Wanderungen: Im Rahmen von Wiedereinbürgerungsprojekten in Schweden und Finnland wurden viele Zwergänse mit farbigen Fuß- oder Halsringen markiert, von denen viele in N-Deutschland, vor allem an der W-Küste Schleswig-Holsteins und in Vorpommern abgelesen wurden (Mooij & Heinicke 2008). Einige Vögel wurden sogar mit Hilfe von Ultraleichtflugzeugen nach Deutschland geleitet (Mooij et al. 2008). Weil es sich bei diesen Gänsen um ausgesetzte Vögel handelte, sind diese Funde nicht in den Karten enthalten.
Lediglich zwei offenbar nicht manipulierte Vögel, die im August 2011 am N-norwegischen Rastplatz Valdak farbberingt wurden, erbrachten Wiederfunde in Deutschland. Während ein Vogel nur einmal im Dezember 2002 in Ostfriesland festgestellt wurde, gab es vom anderen mehrere Ablesungen am Niederrhein (Dezember 2012 und Januar 2013) und in Nordfriesland (Oktober 2013). Weitere Belege für das Auftreten von Zwerggänsen aus der kleinen N-skandinavischen Population lieferten drei mit Satellitensendern ausgerüstete Individuen, von denen zwei im E von Mecklenburg-Vorpommern und einer in Sachsen-Anhalt geortet wurden, nachdem sie zuvor Mausergebiete bei der N-russischen Kanin-Halbinsel besucht hatten. Einer dieser Vögel zog anschließend zum Überwintern nach Griechenland, die beiden anderen fielen vermutlich deutschen Jägern zum Opfer (Lorentsen et al. 1998, Aarvak & Øien 2003).

Summary: *Lesser White-fronted Goose is a rare visitor to N Germany with about 60 records annually, mostly in association with other geese. There are several recoveries of birds ringed and released during Swedish and Finnish re-introduction projects, but only two birds probably of wild origin were observed in N Germany (one in NW Niedersachsen, the other at the lower River Rhine and in Schleswig-Holstein). Three birds tracked by satellite telemetry give further evidence for the occurrence of birds from the N Scandinavian population on passage migration to the E Mediterranean.*

Blässgans *Anser albifrons*
Greater White-fronted Goose

Beringungen nach 1945:	866
Funde > 10 km nach 1945:	6466/530
Wiederfundquote (Fernfunde nach 1945):	61,2 %
Funde > 10 km seit 1901:	6466/530
Funde fremder Beringungszentralen:	53.852/7966
Höchstalter:	25 J, 11 M
Weiteste Entfernung:	5164 km

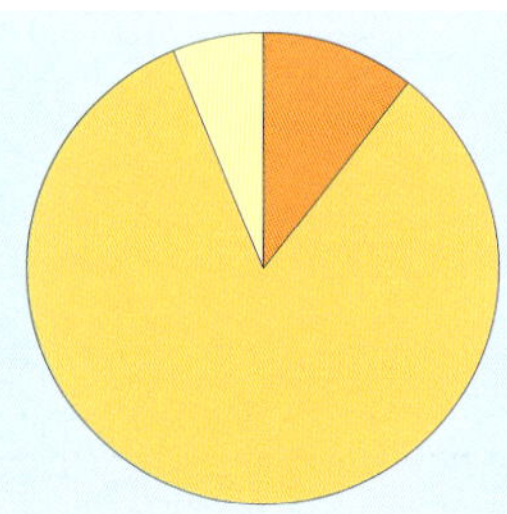

Verbreitung und Status: Blässgänse brüten im arktischen Sibirien, in W-Grönland sowie in N-Kanada und Alaska. Als Überwinterungsgebiete sind besonders Mittel-, W- und SE-Europa, E-China und S-Nordamerika zu nennen. Nach starker Zunahme in den letzten 50 Jahren ist die Art in Deutschland häufiger Wintergast im Tiefland, insbesondere in den Flussniederungen von Oder, Elbe, Weser, Ems und Niederrhein sowie um Rügen, in Mecklenburg und im E Schleswig-Holsteins (Kruckenberg et al. 2011a). Im Herbst und Winter halten sich 30 – 40 % der etwa 1.200.000 Ind. umfassenden W-europäischen Winterpopulation der Nominatform in Deutschland auf, und je nach Witterung überqueren 85 – 100 % der Vögel Deutschland in Richtung Niederlande, Belgien und Großbritannien (Kruckenberg et al. 2011b). Der Durchzug spielt sich weitgehend von Ende September bis November und im Februar/März ab, doch gibt es auch in den dazwischen liegenden Monaten Wanderungen innerhalb des Überwinterungsgebietes.

Wanderungen: Vor allem die umfangreiche Farbberingung hat eine sehr große Zahl von Rückmeldungen ergeben, allerdings stammen die meisten die-

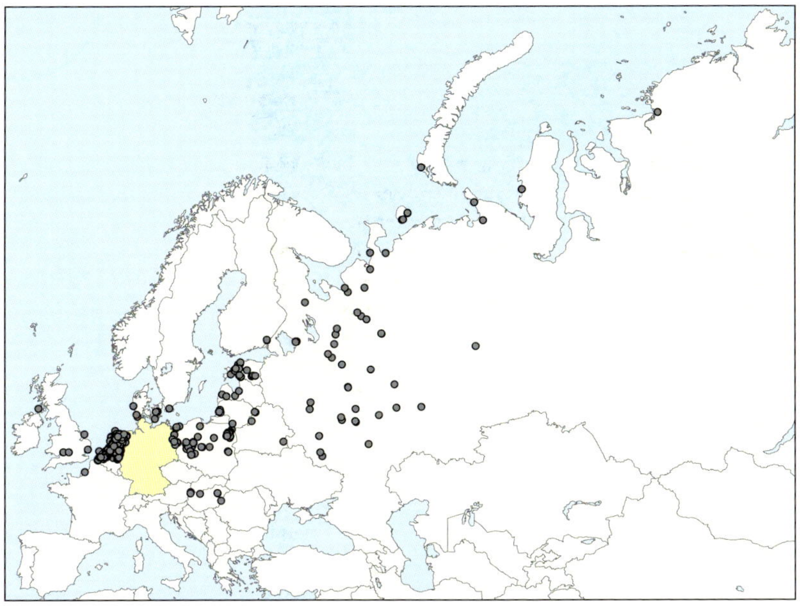

Abb. 1: Fundorte im Ausland von in Deutschland beringten Blässgänsen (3864 Funde). – *Foreign recovery sites of Greater White-fronted Geese ringed in Germany (3864 recoveries).*

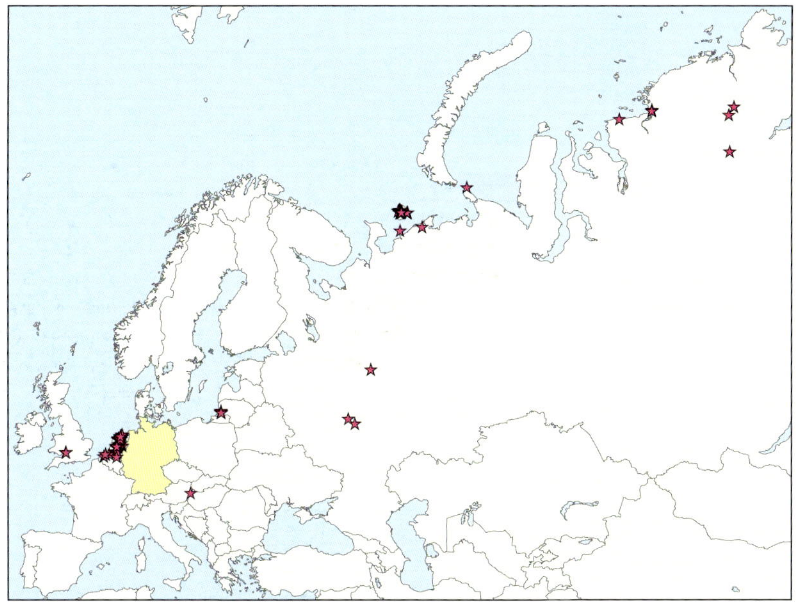

Abb. 2: Beringungsorte im Ausland von in Deutschland gefundenen Blässgänsen (53.852 Funde). – *Foreign ringing sites of Greater White-fronted Geese recovered in Germany (53,852 recoveries).*

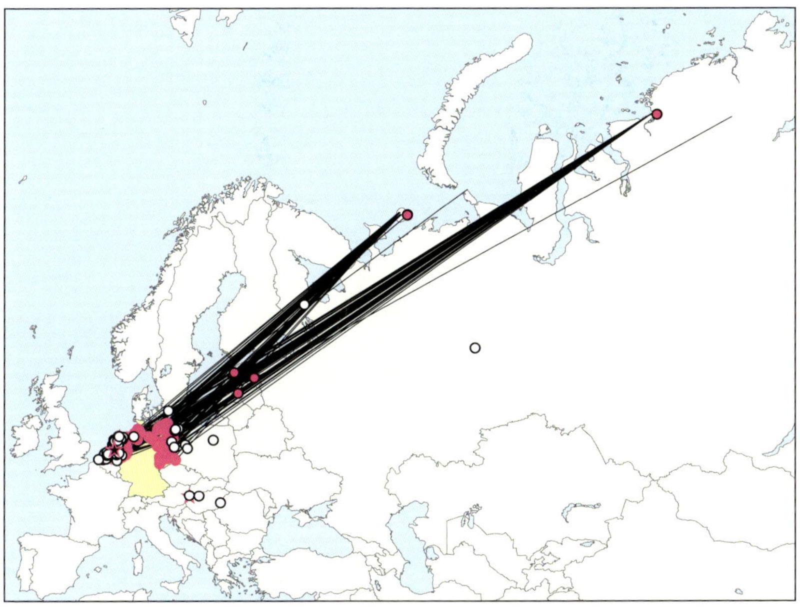

Abb. 3: Herbstzug (September – November) von in Deutschland zur Brutzeit (4 Funde) oder von September bis November anwesenden Blässgänsen (2267 Funde). – *Autumn migration (September – November) of White-fronted Geese present in Germany during the breeding season (4 recoveries) or from September to November (2267 recoveries).*

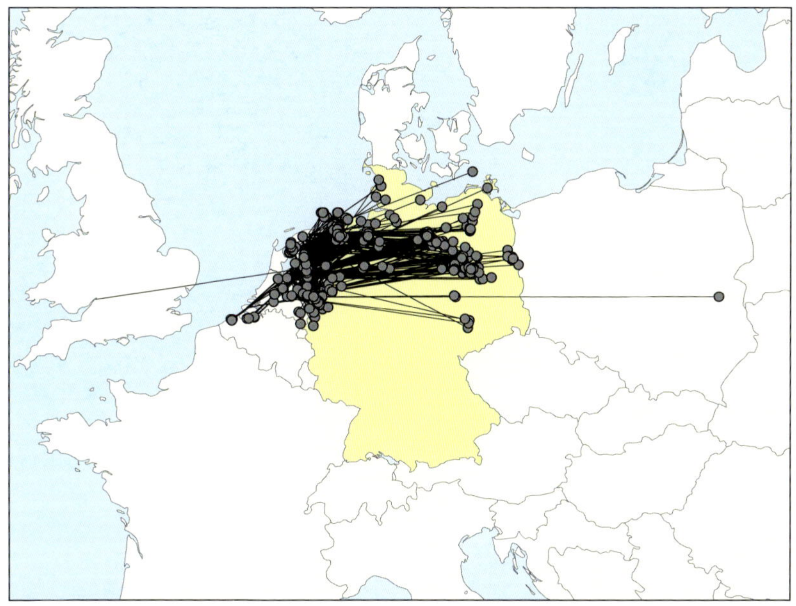

Abb. 5: Ortswechsel > 100 km der Blässgans innerhalb desselben Winters (Dezember – Februar, 1446 Funde). – *Movements of > 100 km of Greater White-fronted Goose within the same winter (December – February, 1446 recoveries).*

ser Funde aus dem Bereich des Überwinterungsgebietes. So wurden in Deutschland beringte Blässgänse vor allem aus den Niederlanden, aber auch aus Belgien und Großbritannien zurückgemeldet (Abb. 1). Umgekehrt wurden die meisten in Deutschland gefundenen oder beobachteten Vögel in den Niederlanden markiert (Abb. 2). Einige Funde entlang der N-russischen Küste sowie viele Ablesungen dort beringter Individuen stellen den Kontakt zu den N-eurasischen Brut- und Mausergebieten her (Abb. 1 und 2). Ostwärts reicht das Einzugsgebiet in Deutschland rastender Blässgänse bis fast 88 °E auf der Taimyr-Halbinsel. Aus Beringungen dort und auf der Insel Kolgujew resultierten in Deutschland viele Funde vom Herbstzug (Abb. 3) und aus dem Winter (Abb. 4). Herbstzugfunde deutscher Ringvögel in Ungarn weisen darauf hin, dass einige Vögel das Überwinterungsgebiet wechseln. Andererseits zeigen zahlreiche Wiederfunde innerhalb eines Winters häufige Ortswechsel, nicht nur zwischen benachbarten Gebieten in NW-Deutschland und den Niederlanden, sondern auch zwischen E-Deutschland und weiter westlich gelegenen Gebieten. Mitten im Winter gibt es dagegen kaum Flüge von und zu den Britischen Inseln. Für einen Winterquartierwechsel von England nach E-Deutschland in einem späteren Jahr gibt es nur fünf Belege.

Die Zugwege zwischen N-Russland bzw. Sibirien und Deutschland werden von den Ringfunden nur unzureichend wiedergegeben. In den Niederlanden mit Satellitensendern ausgestattete Vögel zogen im Frühjahr über N-Deutschland hinweg ostwärts, um dann entweder dieser Richtung zu folgen und erst im mittleren Russland oder in der N-Ukraine nach N abzubiegen oder bereits ab Polen nordostwärts zu fliegen und die Baltischen Staaten zu überqueren (Kruckenberg et al. 2007, 2008). Eine solche Auffächerung des Frühjahrszuges in E-Europa deuten auch die dort weit verteilten Ringfunde an (Abb. 1). Schließlich erreichten die telemetrierten Vögel Brutgebiete ostwärts bis zur Jamal-Halbinsel (Kruckenberg et al. 2007). Brutvögel von der noch weiter östlich gelegenen Taimyr-Halbinsel gelangen vermutlich nicht nach Deutschland. Die dort beringten und in Deutschland beobachteten Individuen wurden in Mausergebieten gefangen, die auch von vielen im europäischen Teil Russlands brütenden Blässgänsen aufgesucht werden (Heinicke & Köppen 2007, Kruckenberg et al. 2008). Auf dem Herbstzug

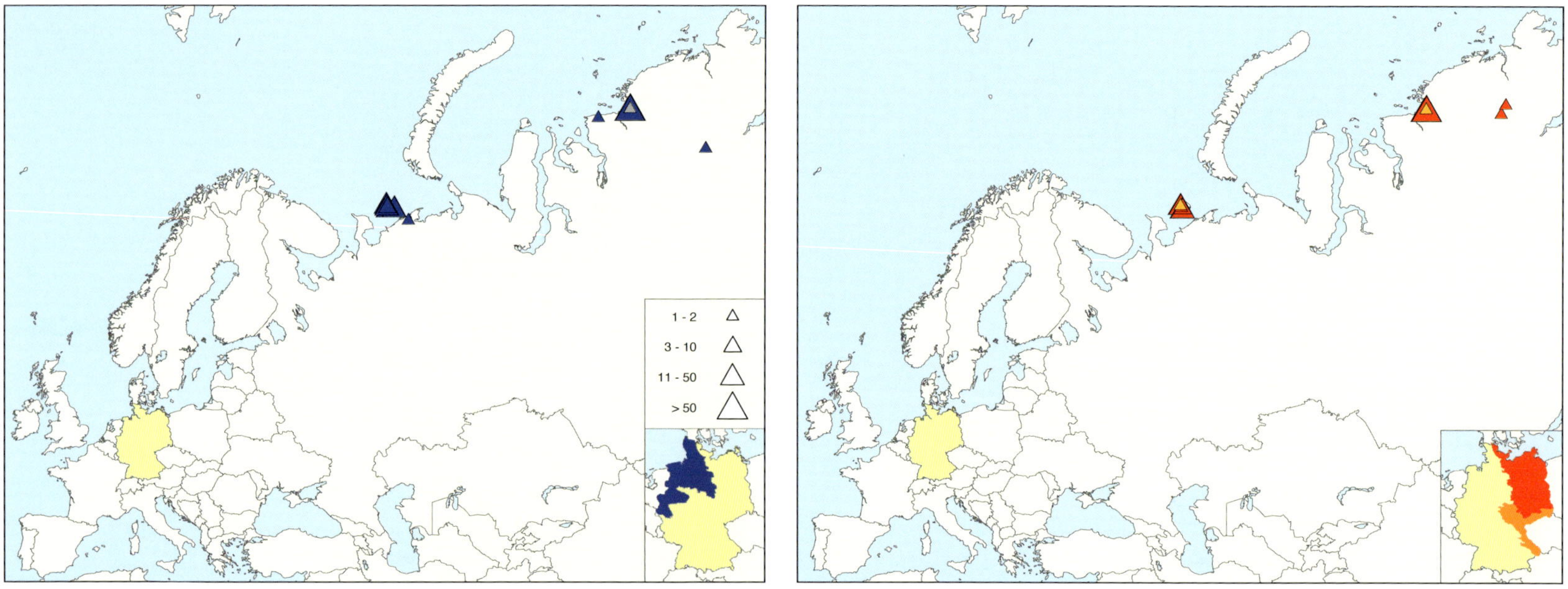

Abb. 4: Aufenthaltsorte zur Brutzeit von im Winter (Dezember – Februar) in Deutschland anwesenden Blässgänsen (1065 Funde von 436 Ind.). – *Presence during the breeding season of Greater White-fronted Geese present in Germany in winter (December – February, 1065 recoveries of 436 individuals).*

wird offenbar der Weg über das Weiße Meer und das Baltikum bevorzugt, doch kommt auch zu dieser Jahreszeit Zug durch das russische Binnenland vor. Frühjahrs- und Herbstzug müssen nicht zwangsläufig auf derselben Route erfolgen, so dass ein Schleifenzug nicht ungewöhnlich ist (Kruckenberg et al. 2008).

Summary: *Up to 100% of the W European winter population of nominate Greater White-fronted Geese passes through Germany during migration, and 30 – 40% of these are staging in autumn and winter. Ring recoveries connect German staging sites with breeding and moulting sites in N Russia, ranging eastward to the Taymyr Peninsula. A scatter of recoveries implies diverging migration routes in E Europe, which recently have received better understanding by the help of satellite telemetry. The majority of recoveries refer to connections between various staging sites in Germany, The Netherlands and Belgium, including movements back and forth in mid-winter. Only few birds moved as far as the British Isles. Some reports of German-ringed geese in Hungary indicate that switching between wintering sites can occur.*

Graugans *Anser anser*

Greylag Goose

Beringungen nach 1945:	11.785
Funde > 10 km nach 1945:	12.208/1806
Wiederfundquote (Fernfunde nach 1945):	15,3 %
Funde > 10 km seit 1901:	12.211/1809
Funde fremder Beringungszentralen:	7826/2148
Höchstalter:	26 J, 6 M
Weiteste Entfernung:	2473 km

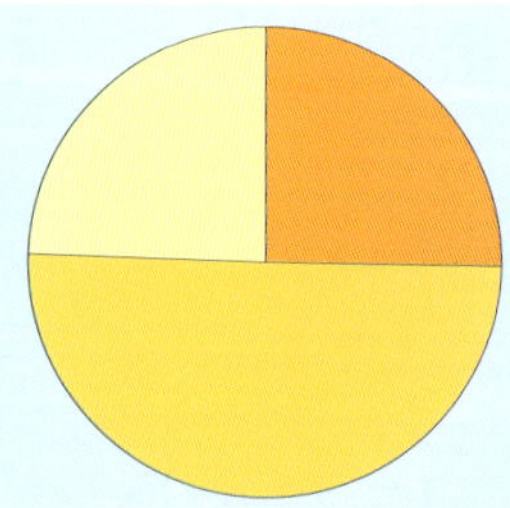

Verbreitung und Status: Das Brutareal der Graugans reicht von Island, W-Europa und Skandinavien aus quer durch Eurasien bis nach E-Sibirien. Überwinterungsgebiete befinden sich in W-, Mittel- und S-Europa, in N-Afrika sowie in der S-Hälfte Asiens. Die Graugans ist die einzige ursprünglich in Mitteleuropa brütende Gänseart. Die NW-europäische Population hat nach einem Bestandstief in den 1960er Jahren (30.000 Ind.) durch Schutz- und Ansiedlungsmaßnahmen rasant auf 610.000 Ind. zugenommen (Fox et al. 2010, Kruckenberg et al. 2011a), wobei einhergehend mit einer Ausbreitung über fast alle Landesteile auch der deutsche Brutbestand auf 26.000 – 37.000 BP angestiegen ist. In vielen Teilen Deutschlands sind Graugänse auch als Gastvögel anzutreffen, wobei das Bestandsmaximum mit 50.000 – 100.000 Ind. in der ersten Septemberhälfte zu beobachten ist und 30.000 – 50.000 Ind. überwintern (Kruckenberg et al. 2011a). Wanderungen sind bei Graugänsen fast ganzjährig zu beobachten und lassen sich wegen der Beteiligung von Vögeln unterschiedlicher Herkunft nicht immer eindeutig zuordnen. Wichtige Zugzeiten sind Mauserzug (ab Mai), Herbstzug (Juli bis Oktober) und Frühjahrszug (Mitte Januar bis April).

Wanderungen: Unter den in Deutschland brütenden Graugänsen bestehen deutliche Unterschiede im Zugverhalten. Während Vögel aus autochthonen Beständen in NE-Deutschland häufig ausgeprägte Wanderungen zu Mauser- und Überwinterungsgebieten unternehmen (Heinicke & Köppen 2007), sind auf Einbürgerungen zurückgehende Vögel meist Standvögel. Einige dieser Bestände haben aber auch ein ausgeprägtes Zugverhalten entwickelt. So fliegen die Graugänse des Altmühlsees nach der Brutzeit ins Stadtgebiet von München (Geiter & Homma 2006) oder Gänse aus dem Stadtgebiet von Hannover in die Schweiz. Wanderungen deutscher Brut- und Gastvögel umfassen ein großes Gebiet von S-Spanien und N-Afrika bis N-Norwegen (Abb. 1 und 2). Der östlichste Fund geht auf einen in der Ukraine beringten Jungvogel zurück, der im November des folgenden Jahres in Hamburg geschossen wurde. Von und zu den Britischen Inseln existiert kein einziger Ringfund.
Ab Mai begeben sich nicht oder erfolglos brütende Vögel des deutschen Bestandes zu Mausergebieten. Einige dieser Plätze liegen in Deutschland selbst, wobei dort u. a. auch Vögel aus Schweden, Polen und Tschechien das Großgefieder

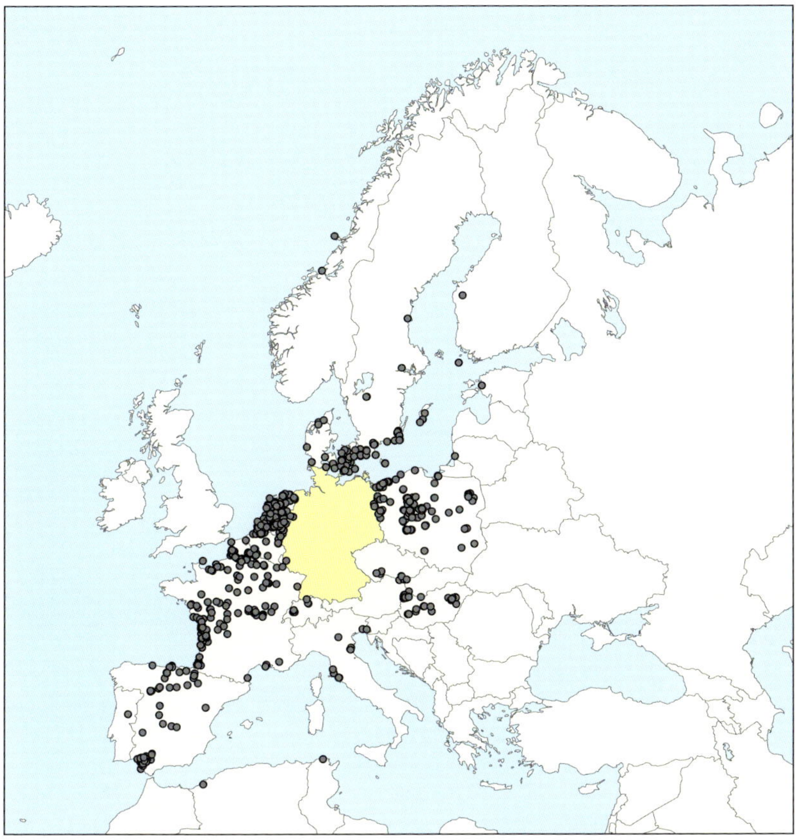

Abb. 1: Fundorte im Ausland von in Deutschland beringten Graugänsen (2227 Funde). – *Foreign recovery sites of Greylag Geese ringed in Germany (2227 recoveries).*

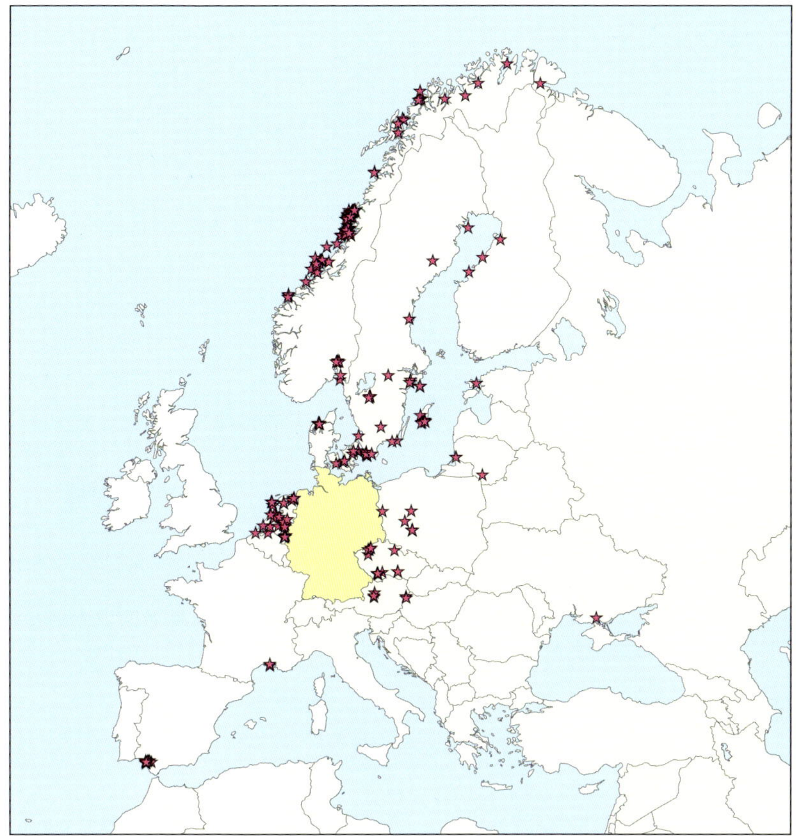

Abb. 2: Beringungsorte im Ausland von in Deutschland gefundenen Graugänsen (7826 Funde). – *Foreign ringing sites of Greylag Geese recovered in Germany (7826 recoveries).*

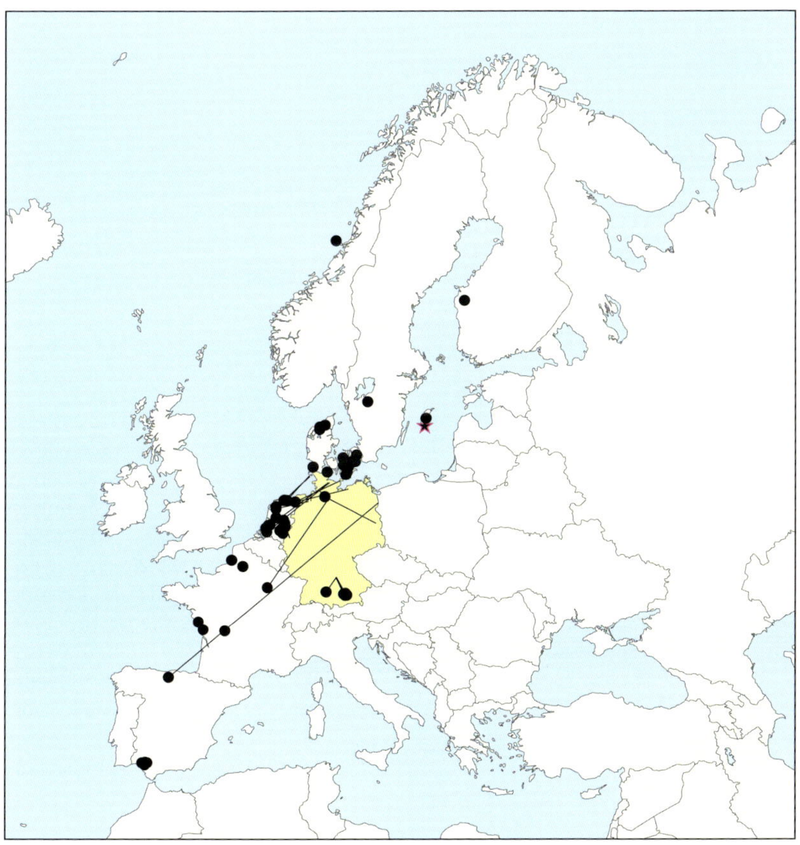

Abb. 3: Mauser- und Herbstzug (Juni – November) von in Deutschland zur Brutzeit anwesenden Graugänsen (257 Funde). – *Moult and autumn migration (June – November) of Greylag Geese present in Germany during the breeding season (257 recoveries).*

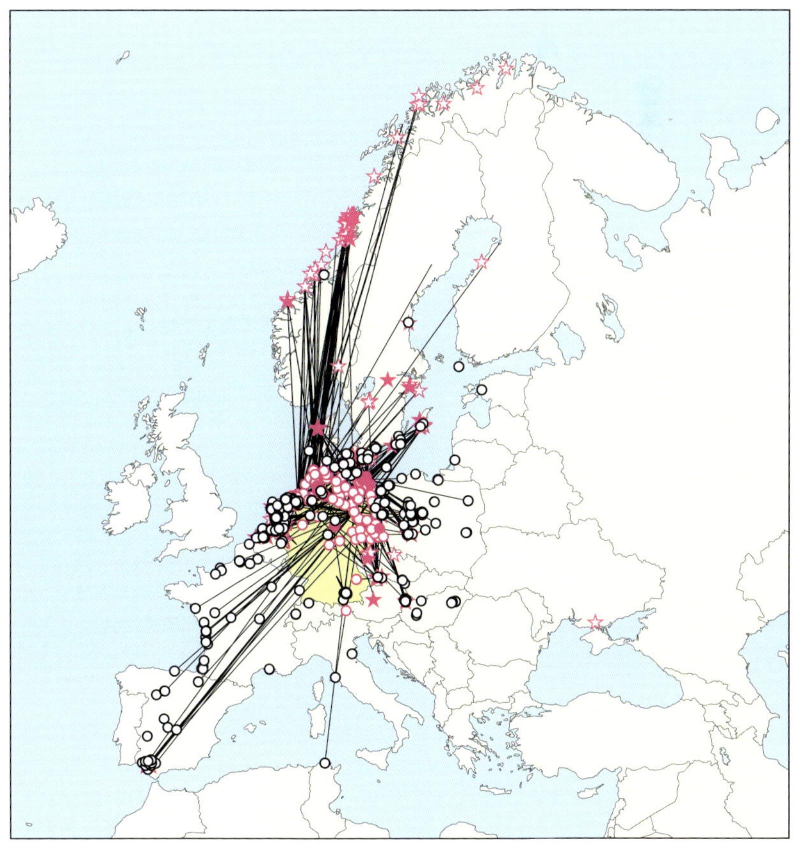

Abb. 4: Herbstzug (Juni – November) von in Deutschland von Juni bis November anwesenden Graugänsen (4313 Funde). – *Autumn migration (June – November) of Greylag Geese present in Germany from June to November (4313 recoveries).*

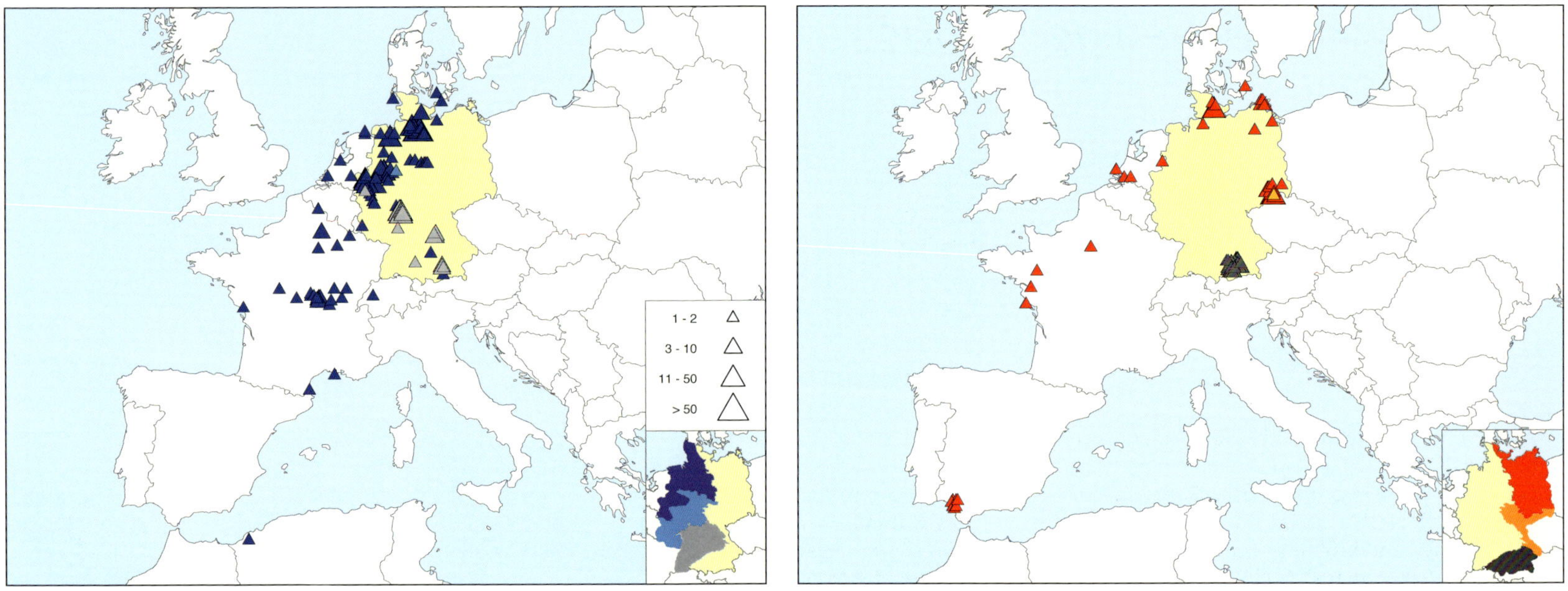

Abb. 5: Aufenthaltsorte im Winter (Dezember – Februar) von in Deutschland zur Brutzeit anwesenden Graugänsen (730 Funde). – *Presence in winter (December – February) of Greylag Geese present in Germany during the breeding season (730 recoveries).*

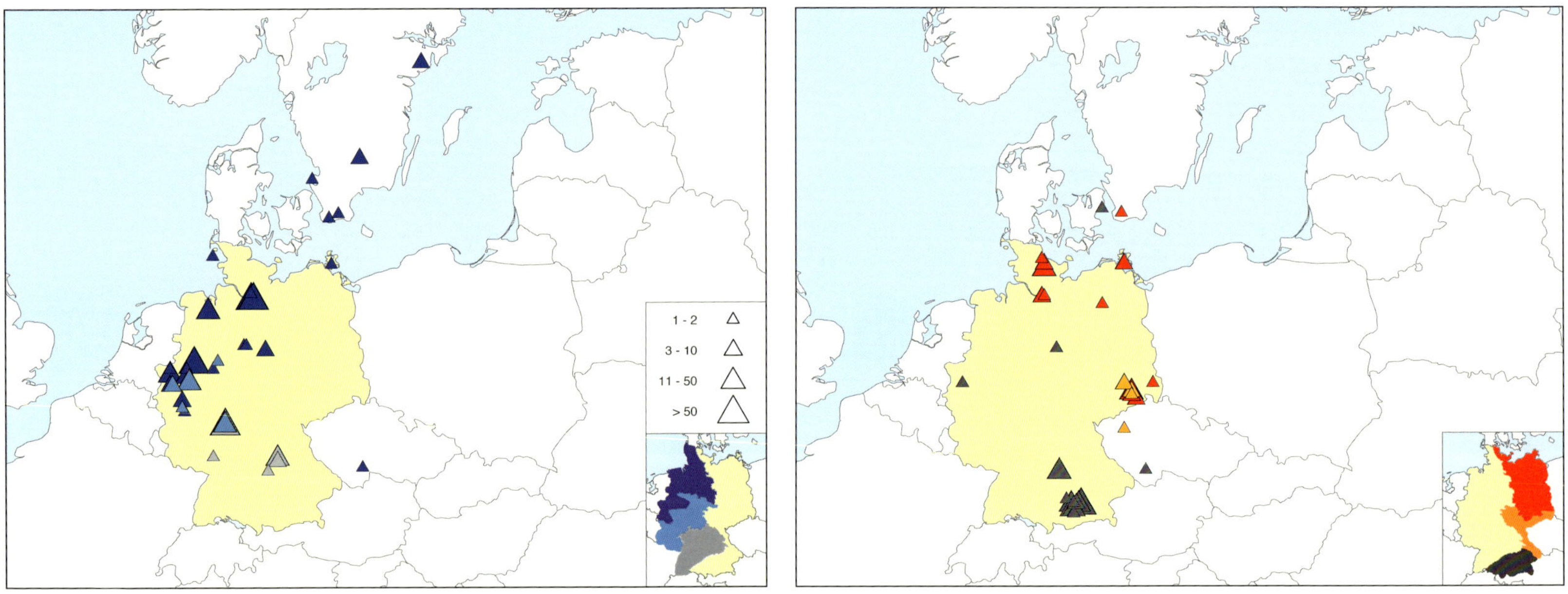

Abb. 6: Aufenthaltsorte zur Brutzeit von im Winter (Dezember – Februar) in Deutschland anwesenden Graugänsen (680 Funde). – *Presence during the breeding season of Greylag Geese present in Germany in winter (December – February, 680 recoveries).*

wechseln (Madsen et al. 1999, Heinicke & Köppen 2007, Cepák et al. 2008). Ein Teil der deutschen Vögel führt aber einen Mauserzug in die Niederlande durch, vor allem in das Gebiet Oostvaardersplassen (Abb. 3). Auch in Dänemark existieren viele Funde aus den Sommermonaten. Ab August kehren viele dieser Vögel vorübergehend nach Deutschland zurück, gleichzeitig erfolgt eine starke Zuwanderung, den Ringfunden zufolge vor allem von Norwegen aus nach NW-Deutschland und von Schweden aus nach NE-Deutschland (Abb. 4). Auch Graugänse aus Polen, Tschechien und dem Baltikum sind in den deutschen Rastbeständen vertreten. Viele dieser Vögel ziehen anschließend südwestwärts nach Frankreich und Spanien weiter (Abb. 3, 4). Einige Funde weisen auch in Richtung SE in den pannonischen Raum, noch weniger sind es in Richtung S nach Italien und in einem Fall nach Tunesien (Abb. 4).

Offenbar wandert der größte Teil ausländischer Herbstzuggäste zum Winter hin aus Deutschland ab, denn deutsche Wintergäste stammen lediglich zu kleinen Teilen aus Schweden und Dänemark, während der Großteil der im Dezember und Januar anwesenden Graugänse lokale, nicht ziehende Brutvögel betrifft (Abb. 6). Ein ähnliches Bild zeigen auch die Winterfunde von Vögeln des deutschen Brutbestandes, denn während viele in ihrer Heimatregion verweilen, ziehen andere nach Frankreich (Abb. 5). NE-deutsche Graugänse wurden auch aus S-Spanien gemeldet, wo der Nationalpark Coto Doñana als wichtiges Winterquartier für E-deutsche Graugänse gilt (Heinicke & Köppen 2007). Ein in Braunschweig erbrüteter Vogel wurde im Dezember desselben Jahres in Algerien geschossen.

Summary: *In parallel to a strong increase of the NW European population, the breeding population of Greylag Goose in Germany increased to 26,000 – 37,000 bp and spread over most of the country. Owing to a mixture of introduced birds and those of wild origin, the species exhibits multifaceted migration behavior in Germany. While many birds show only movements on a local scale, others migrate to moulting sites in Germany, The Netherlands and Denmark in summer, and subsequently to wintering sites in France and Spain (in extreme cases to Algeria). During autumn migration, many Greylag Geese from Norway and Sweden were reported from German staging sites, but only relatively few birds from Sweden and Denmark appear to spend the winter months there.*

Nilgans *Alopochen aegyptiaca*

Egyptian Goose

Beringungen nach 1945:	966
Funde > 10 km nach 1945:	729/158
Wiederfundquote (Fernfunde nach 1945):	16,4 %
Funde > 10 km seit 1901:	729/158
Funde fremder Beringungszentralen:	32/15
Höchstalter:	11 J, 9 M
Weiteste Entfernung:	468 km

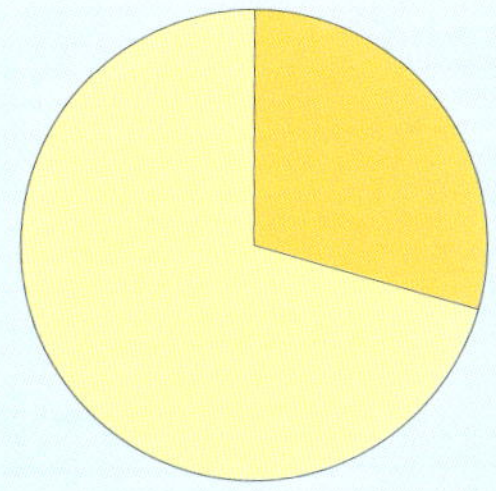

Die Nilgans ist Jahresvogel südlich der Sahara und im Niltal. Nach Einbürgerungen in Großbritannien und in den Niederlanden breitete sie sich über weitere Teile Europas aus und brütete ab 1985 regelmäßig auch in Deutschland (Bauer & Woog 2008). Nach rasantem Bestandsanstieg und einer Ausbreitung über fast das ganze Land brüteten hier im Zeitraum 2005 – 2009 schon 5000 – 7500 Paare. Bisher haben diese Vögel kein auffälliges Zugverhalten gezeigt. Die Wiederfunde beringter Nilgänse deuten eher Zerstreuungswanderungen an als Pendelzug (Abb. 1), auch wenn mehrfach eine spätere Rückkehr in die Geburtsregion belegt ist. Meist enden die Wanderungen in Entfernungen von weniger als 200 km, maximal über 468 km von Leipzig in die Niederlande. Es besteht ein intensiver Austausch zwischen Vögeln aus W-Deutschland und den Niederlanden. Am weitesten nach N gelangte ein Jungvogel aus NW-Niedersachsen, dessen Farbring im April des Folgejahres in N-Dänemark abgelesen wurde.

Summary: *Egyptian Goose has colonized Germany from 1985 onwards. The population increased steeply to 5000 – 7500 bp and is now spread over most of the country. Ring recoveries imply dispersive movements rather than migrations and indicate much contact between birds from W Germany and The Netherlands. The longest distance recorded so far was 468 km from Saxony to The Netherlands, and another bird moved from NW Germany to N Denmark.*

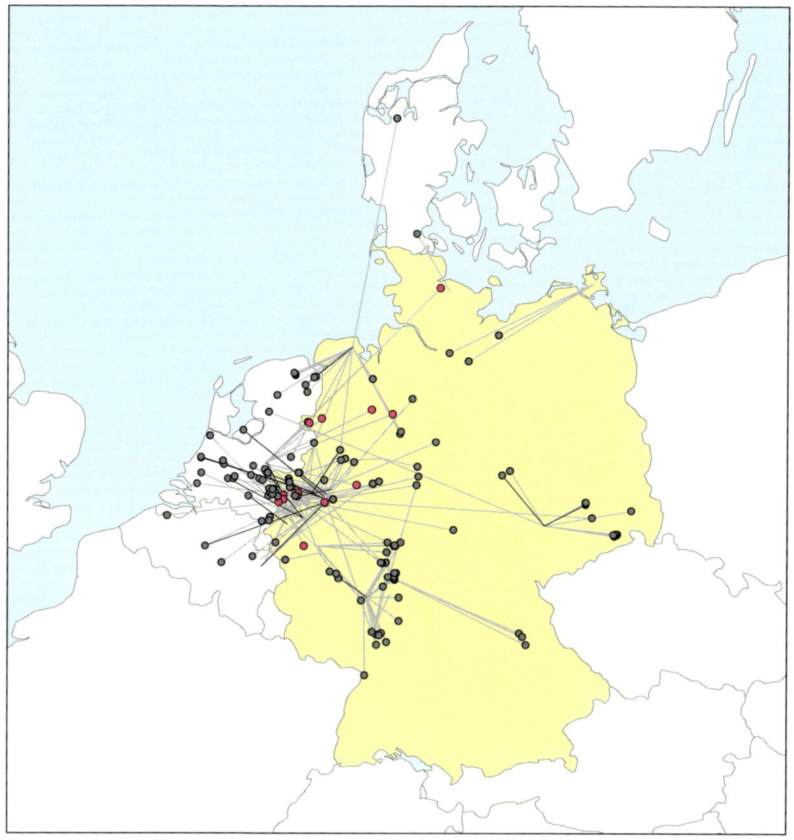

Abb. 1: Funde (> 50 km) von Nilgänsen mit Bezug zu Deutschland (402 Funde). – *recoveries (of > 50 km) of Egyptian Geese related to Germany (402 recoveries).*

Brandgans *Tadorna tadorna*
Common Shelduck

Beringungen nach 1945:	8132
Funde > 10 km nach 1945:	746/693
Wiederfundquote (Fernfunde nach 1945):	8,5 %
Funde > 10 km seit 1901:	754/701
Funde fremder Beringungszentralen:	247/240
Höchstalter:	23 J, 11 M
Weiteste Entfernung:	1394 km

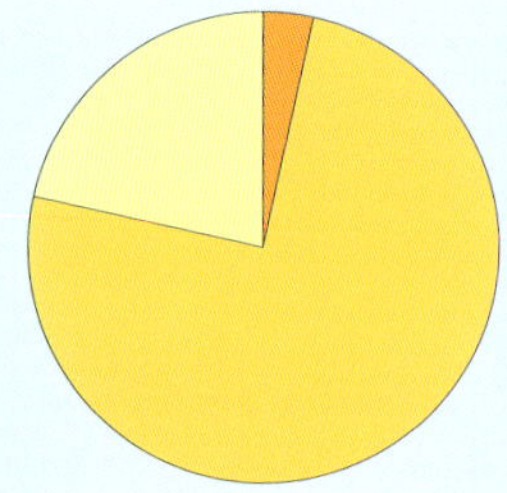

Verbreitung und Status: Die Brandgans brütet an den Küsten von W-, Mittel-, N- und S-Europa, aber auch im eurasischen Binnenland von der Türkei bis Mittelsibirien. Im Winter kommt die Art an den meisten Küsten Europas (außer Skandinavien) vor, aber auch am Kaspischen Meer, in N-Indien und in E-China. In Deutschland pflanzen sich die meisten der 6500–8000 BP an den Küsten fort, doch gibt es kleinere Brutvorkommen im Binnenland, auch in S-Deutschland und dort teilweise auf Freisetzungen zurückgehend (Bauer & Woog 2008). Zentrale Bedeutung hat das Wattenmeer im Bereich der Elbmündung, weil dort fast alle NW-europäischen Brandgänse mausern. Für deutlich weniger Vögel dient das Wattenmeer auch als Winterquartier. Der Frühjahrszug findet vor allem von Februar bis April statt, der Mauserzug im Juni/Juli. Nach dem Herbstzug (September/Oktober) kann es Winterfluchtbewegungen bei einsetzender Vereisung der Küstenbereiche geben.

Wanderungen: Die Bedeutung des Wattenmeers sowie weiterer deutscher Feuchtgebiete spiegelt sich in zahlreichen Ringfunden wieder, die vor allem aus den Küstenregionen der Nordsee, der südlichen Ostsee sowie von den Britischen Inseln und W-Frankreich stammen, vereinzelt auch aus Norwegen und der E-Ostsee (Abb. 1, 2). Dagegen gibt es nur wenige Bezüge zum Mittelmeer (s. u.).
Zur Mauserzeit (Juli/August) wurden im Wattenmeer Ringvögel von den Britischen Inseln (8), aus den Niederlanden (5) sowie aus Dänemark (7), Schweden (6) und Litauen (1), die den jeweiligen Brutbeständen zugeordnet werden können, gefunden. Wie weit der Einzugsbereich für das Mauservorkommen reicht, verdeutlichen mehrere hier nicht dargestellte Ablesungen im Wattenmeer von Vögeln, die in der S-französischen Camargue vor dem Flüggewerden mit Farbringen gekennzeichnet wurden (Walmsley 1981, 1987).
Die Herkunft von Brandgänsen in Deutschland aus dem Bereich von den Britischen Inseln bis in den östlichen Ostseeraum zeigen ferner Funde aus der Zeit des Herbstzugs (Abb. 3) und aus dem Winter (Abb. 5). Andererseits wandern Vögel aus dem deutschen Brutbestand von Nord- und Ostsee mehrheitlich nach SW ab, denn die meisten Winterfunde stammen aus den Niederlanden, S-England und W-Frankreich (Abb. 4). Sie verteilen sich damit in sehr ähnlicher Weise wie Brandgänse aus Dänemark und Schweden (Bønløkke et al. 2006, Fransson & Pettersson 2001). Ein von Spina & Volponi (2008a) mitgeteilter Fund eines in Italien im Winter beringten Vogels zur „Brutzeit" im Wattenmeer deutet an, dass einzelne deutsche Sommervögel auch das Mittelmeer erreichen. Auch ein Ende September auf der Ostseeinsel Langenwerder beringter Jungvogel unbekannter Herkunft, der im folgenden Winter in der Camargue gefunden wurde (Abb. 1), weist auf diese Möglichkeit hin. Dieser Fund erfolgte im Kältewinter 1978/79, so dass die weite Zugstrecke mit strenger Witterung zusammenhängen könnte.

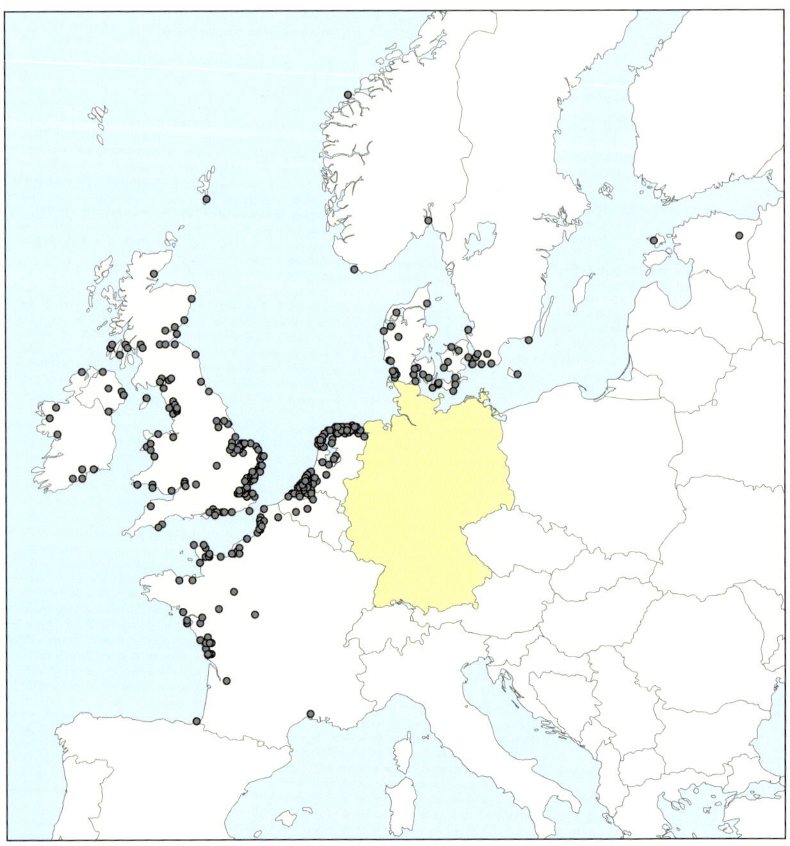

Abb. 1: Fundorte im Ausland von in Deutschland beringten Brandgänsen (477 Funde). – *Foreign recovery sites of Common Shelducks ringed in Germany (477 recoveries).*

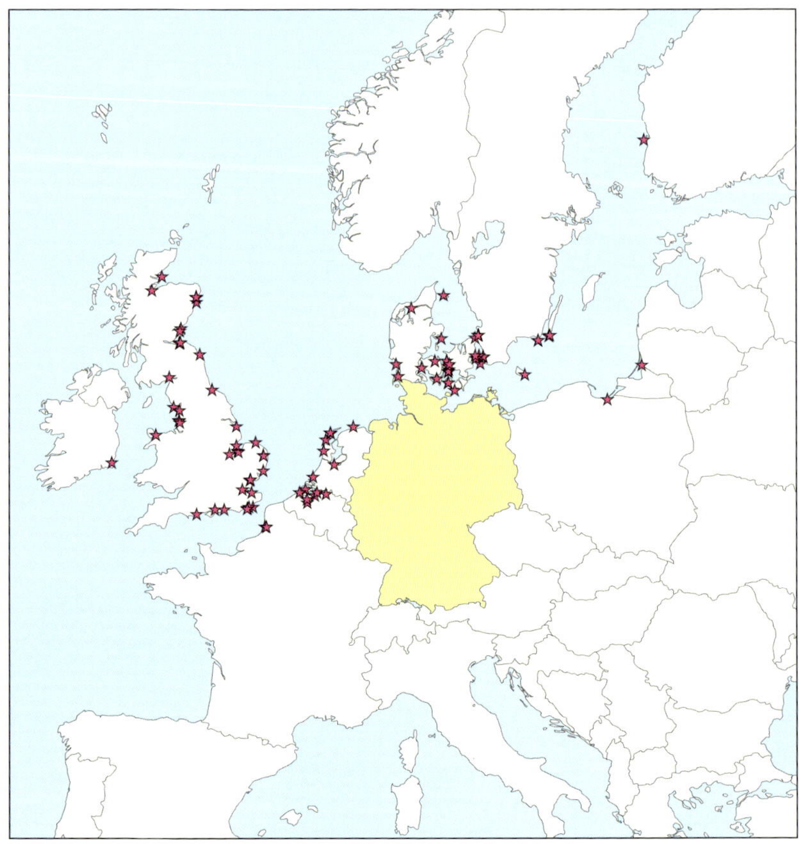

Abb. 2: Beringungsorte im Ausland von in Deutschland gefundenen Brandgänsen (247 Funde). – *Foreign ringing sites of Common Shelducks recovered in Germany (247 recoveries).*

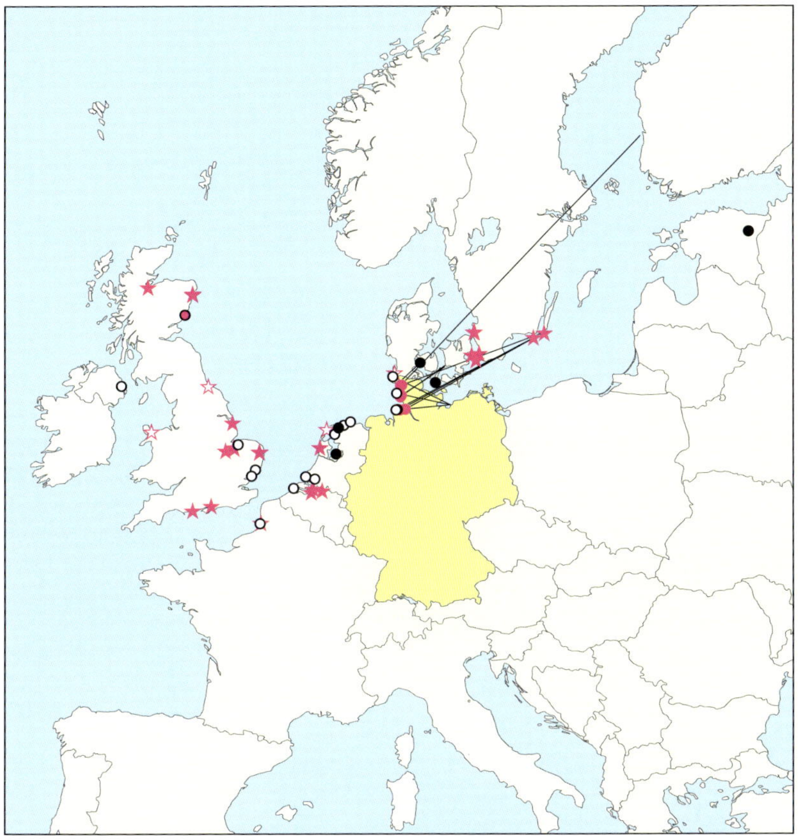

Abb. 3: Herbstzug (September – November) von in Deutschland zur Brutzeit (5 Funde) oder von September bis November anwesenden Brandgänsen (54 Funde). – *Autumn migration (September – November) of Common Shelducks present in Germany during the breeding season (5 recoveries) or from September to November (54 recoveries).*

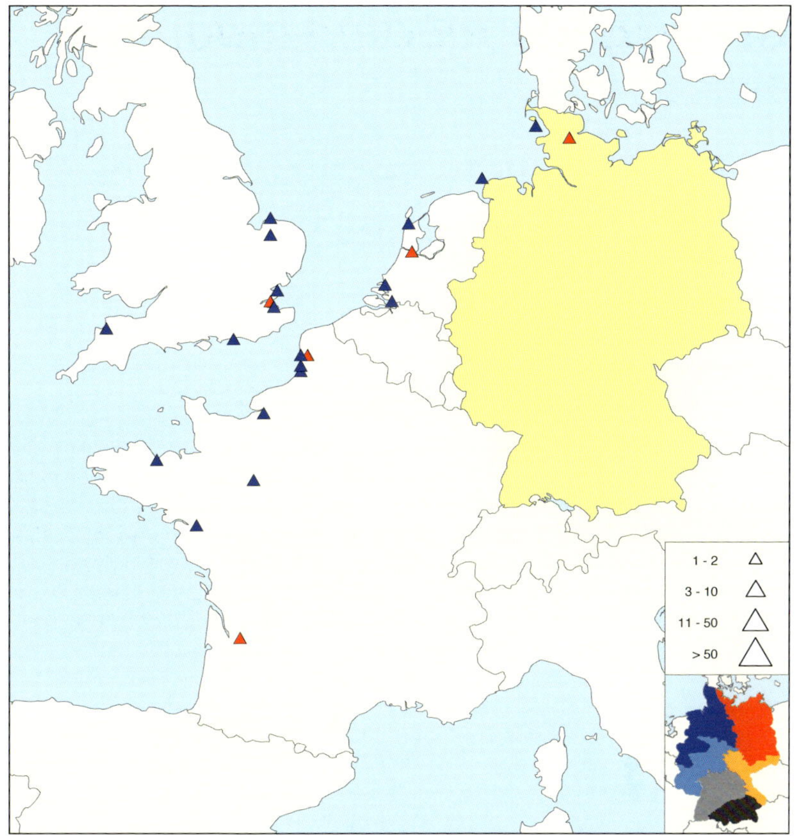

Abb. 4: Aufenthaltsorte im Winter (Dezember – Februar) von in Deutschland zur Brutzeit anwesenden Brandgänsen (24 Funde). – *Presence in winter (December – February) of Common Shelducks present in Germany during the breeding season (24 recoveries).*

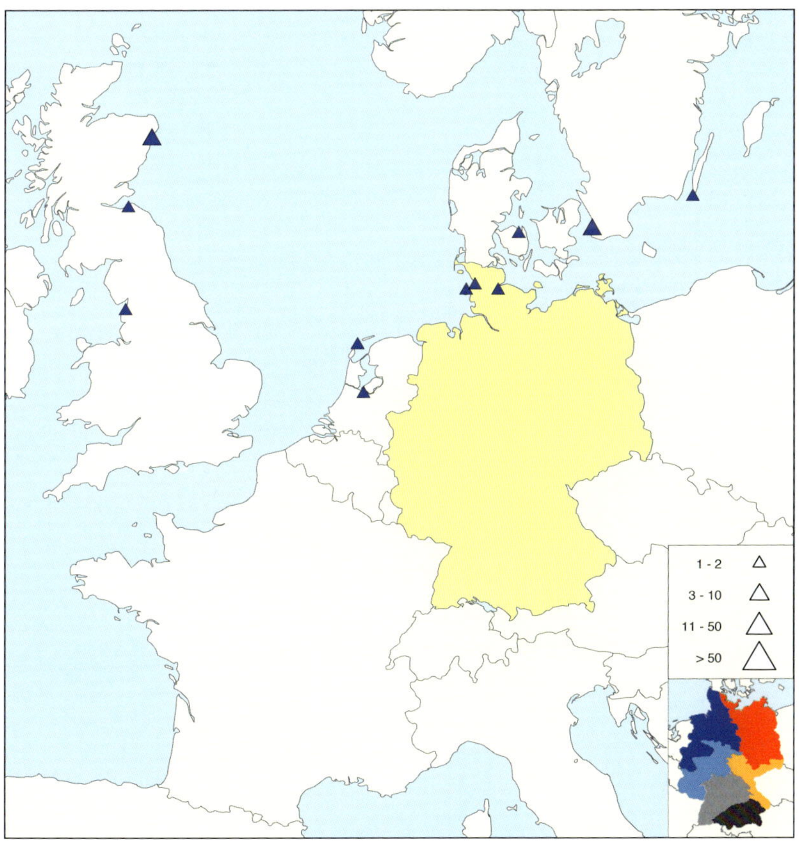

Abb. 5: Aufenthaltsorte zur Brutzeit von im Winter (Dezember – Februar) in Deutschland anwesenden Brandgänsen (16 Funde). – *Presence during the breeding season of Common Shelducks present in Germany in winter (December – February, 16 recoveries).*

Summary: *The German breeding population of Common Shelduck consists of 6500 – 8000 bp, which are mostly found in the Wadden Sea and to a smaller extent along the Baltic Sea coast and interior. The Wadden Sea is of outstanding importance as a moulting site for most of the N and W European Shelducks, but serves as a wintering site as well. The important role of the Wadden Sea and some other wetlands is reflected by numerous ring recoveries ranging from Ireland to Estonia and Finland, and from Norway to S France. Moulting birds evidently stem from the British Isles, The Netherlands, Denmark, Sweden and Lithuania, and published observations of colour-ringed birds from the Camargue (S France) show that also Mediterranean Shelducks are moulting in the Wadden Sea. Recoveries from autumn migration and winter again show provenance from the Baltic and North Sea regions, but most German birds appear to winter further SW in The Netherlands, S England and W France (and in a few cases, perhaps related to severe winters, at the Mediterranean).*

Mandarinente *Aix galericulata*
Mandarin Duck

Beringungen nach 1945:	425
Funde > 10 km nach 1945:	66/21
Wiederfundquote (Fernfunde nach 1945):	4,9 %
Funde > 10 km seit 1901:	66/21
Funde fremder Beringungszentralen:	0/0
Höchstalter:	9 J, 8 M
Weiteste Entfernung:	2242 km

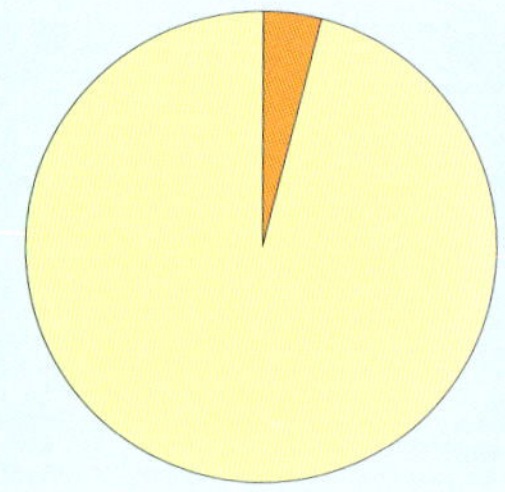

Mandarinenten brüten ursprünglich in SE-Sibirien, NE-China und Japan, die Überwinterungsgebiete dieser Vögel befinden sich in Japan und SE-China. Im Laufe des 20. Jahrhunderts wurde die Art zunächst auf den Britischen Inseln und dann in einigen weiteren Ländern Europas eingebürgert (Hagemeijer & Blair 1997), in Deutschland ab den 1920er Jahren (Witt 2003). Vor allem in und um Berlin, punktuell aber auch in vielen anderen Teilen des Landes brüten inzwischen 430–600 Paare. Seit etwa 1985 ist die Mandarinente als in Deutschland etabliertes Neozoon einzustufen (Bauer & Woog 2008).

Der aus dem E-asiatischen Ursprungsareal der Art bekannte Pendelzug ist bei den in Europa eingebürgerten Vögeln weitgehend verloren gegangen, denn festgestellt wurden fast nur Zerstreuungsbewegungen bzw. Ortswechsel auf lokaler Ebene (Wernham et al. 2002, Mädlow 2006). Dennoch zeigen einige Ringfunde, dass ein Potenzial zu weiten Wanderungen vorhanden ist. Neben Wiederfunden von England nach W-Russland und Ungarn (Wernham et al. 2002) sowie von zwei Vögeln von Norwegen nach England (Bakken et al. 2003) offenbart dies ein in Gefangenschaft im Tiergarten Nürnberg erbrüteter und dort im Juli 1951 beringter Vogel, der Ende April 1952 in einer Entfernung von 1926 km in Karelien (NW-Russland) erlegt wurde (Abb. 1). Der einzige andere Fund in einer Entfernung von über 50 km betrifft einen innerdeutschen Ortswechsel über 91 km von Thüringen nach N-Bayern (Abb. 1). Innerhalb des deutschen Vorkommensschwerpunkts im Großraum Berlin sind mit Hilfe von Ableseringen Wechsel zwischen Aufenthaltsgebieten von bis zu 32 km festgestellt geworden (Mädlow 2006).

Summary: *Following releases from the 1920s onwards, Mandarin Duck is now an established breeder in Germany with an increasing population size of 430–600 bp. Though in general only local movements are known, a bird grown up and ringed in the zoo of Nürnberg (N Bavaria) and recovered 1926 km NE in Karelia (NW Russia) indicates the potential of long-distance movements in this naturalized species.*

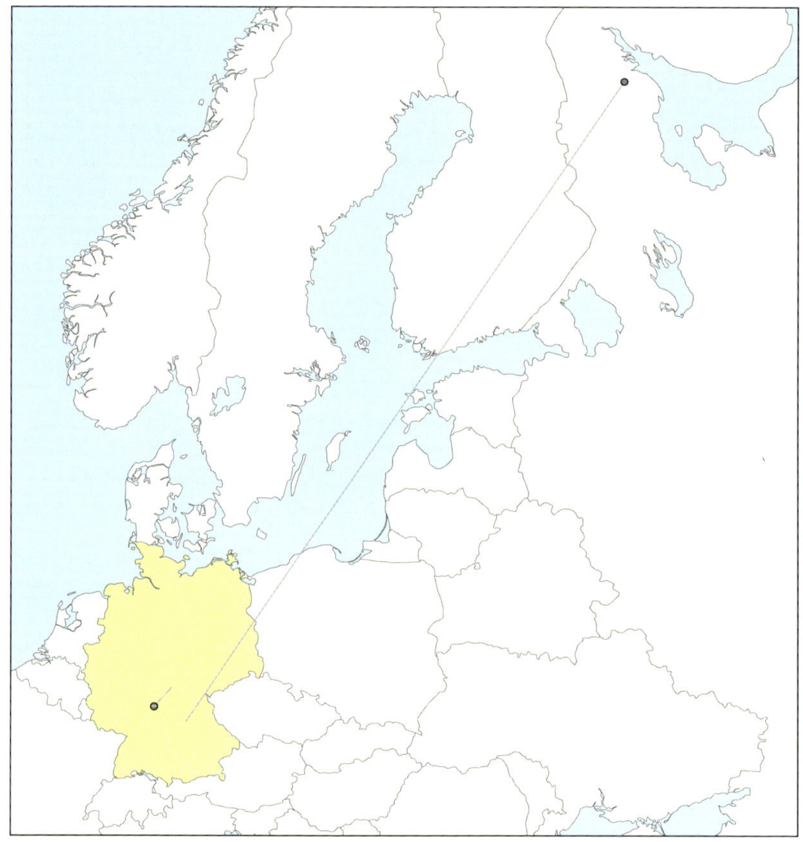

Abb. 1: Funde (> 50 km) von Mandarinenten mit Bezug zu Deutschland (2 Funde). – *Recoveries (of > 50 km) of Mandarin Ducks related to Germany (2 recoveries).*

Schnatterente *Anas strepera*
Gadwall

Beringungen nach 1945:	4931
Funde > 10 km nach 1945:	484/478
Wiederfundquote (Fernfunde nach 1945):	9,7 %
Funde > 10 km seit 1901:	484/478
Funde fremder Beringungszentralen:	19/19
Höchstalter:	8 J, 6 M
Weiteste Entfernung:	2651 km

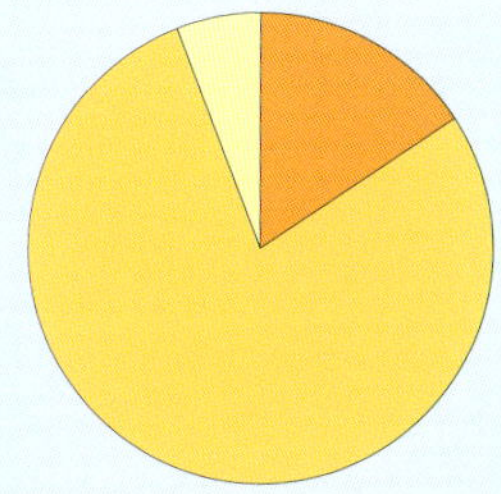

Verbreitung und Status: Die Schnatterente ist holarktisch verbreitet, fehlt aber jeweils im N der Kontinente. Während die Überwinterungsgebiete in E-Europa und Asien (Mittelmeer bis S-China) und Amerika (S-USA bis Mittelamerika) deutlich südlich der Brutgebiete liegen, sind in Mittel-, W- und S-Europa ganzjährige Vorkommen zu beobachten, die bis N-Afrika ausstrahlen. In Deutschland besiedelt die Art Gewässer in allen Landesteilen. Der Brutbestand befindet sich in Zunahme und umfasst 6500 – 8500 BP. Ab Juni sammeln sich Männchen an Mauserplätzen, ab Juli folgen auch die Weibchen (Köhler 1991). Der Zug in Richtung der Überwinterungsplätze findet besonders von September bis November statt, die Rückkehr in die Brutgebiete im März/April. Während aller Jahresabschnitte kommen Schnatterenten in ganz Deutschland an stehenden und größeren Fließgewässern vor. Die Rast- und Mauserbestände haben dabei in den vergangenen 25 Jahren stark zugenommen.

Wanderungen: Ringfunde, die Aufschluss über Wanderungen der Schnatterente geben, gehen überwiegend auf Beringungen in N-Deutschland und aus dem Alpenvorland zurück. Obwohl es in Deutschland zu einer weiträumigen Überschneidung kommt (Köhler 1994), gehören die Vögel aus diesen beiden Gebieten prinzipiell zwei unterschiedlichen Zugwegpopulationen an (Scott & Rose 1996). Schnatterenten aus dem norddeutschen Brutbestand gehören größtenteils zur NW-europäischen Population und ziehen im Herbst nach SW. Sie erreichen dabei vor allem das Gebiet von den Niederlanden bis N-Frankreich, aber auch S-Frankreich (Abb. 2). Die Winterverteilung ist ähnlich, doch gibt es auch Funde aus S- und E-Frankreich sowie England (Abb. 3).
Vögel aus dem süddeutschen Brutbestand dürften größtenteils der Mitteleuropa-Schwarzmeer-Mittelmeer-Population zuzurechnen sein (Scott & Rose 1996). Wenigen Funden zufolge führt ihr Herbstzug nach SW (nach S-Frankreich, Abb. 2), Winterfunde liegen aber auch aus Italien (2) und aus der Nähe des Brutgebietes (1) vor (Abb. 3).
Viele der in Abb. 1 dargestellten Ringfunde betreffen Schnatterenten, die während der Mauserzeit am Ismaninger Speichersee bei München markiert wurden. Sie zeigen, dass es sich dabei vor allem um bayerische und tschechische Brutvögel handelt, aber es gibt auch Kontakte zur NW-europäischen Population (Köhler 1994). Nach abgeschlossener Mauser führen Wanderungen teilweise wie der Herbstzug in Richtung der Winterquartiere (nach SW und S, Abb. 2), teilweise aber auch in ganz unterschiedliche Richtungen und damit möglicherweise

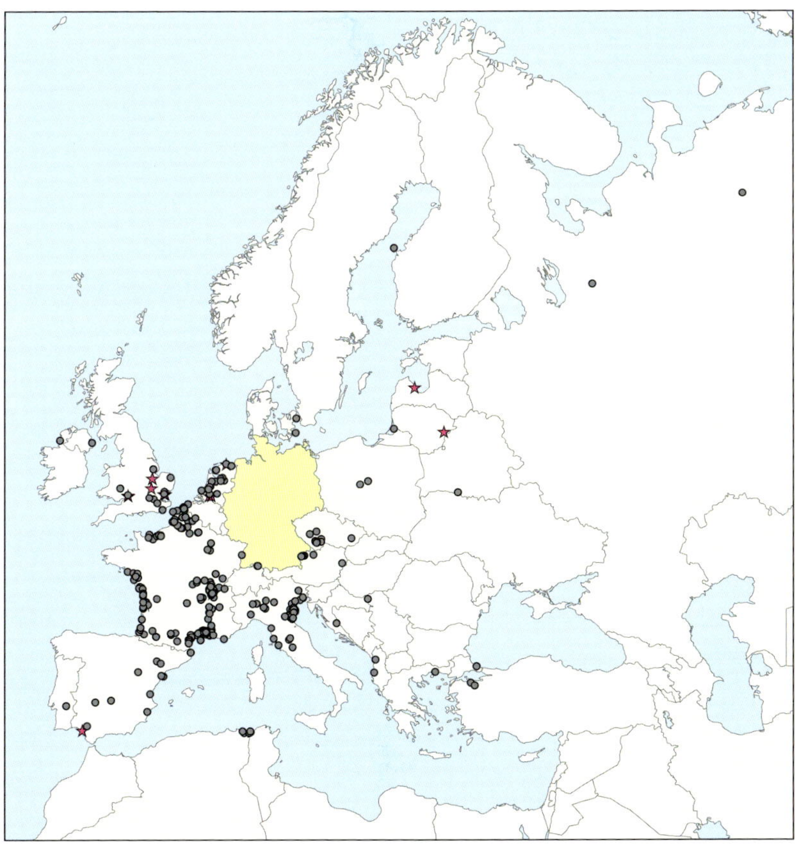

Abb. 1: Fundorte von in Deutschland beringten (443 Funde) und ausländische Beringungsorte von in Deutschland gefundenen (19 Funde) Schnatterenten. – *Foreign recovery sites of Gadwalls ringed in Germany (443 recoveries) and foreign ringing sites of birds recovered in Germany (19 recoveries).*

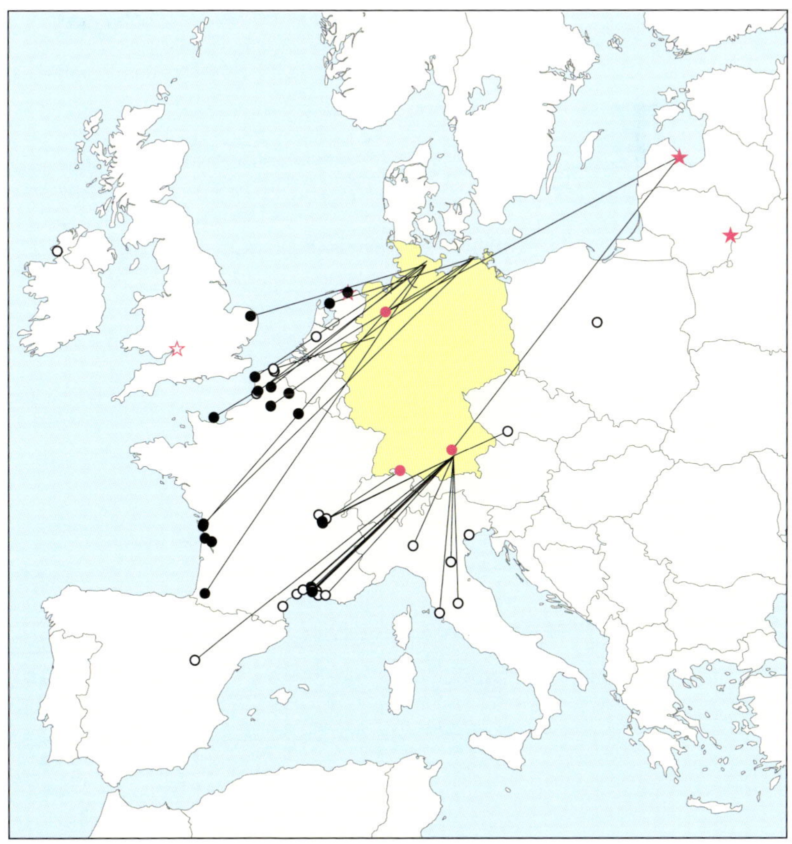

Abb. 2: Herbstzug (September bis November) von in Deutschland zur Brutzeit (18 Funde) oder von September bis November anwesenden Schnatterenten (39 Funde). – *Autumn migration (September – November) of Gadwalls present in Germany during the breeding season (18 recoveries) or from September to November (39 recoveries).*

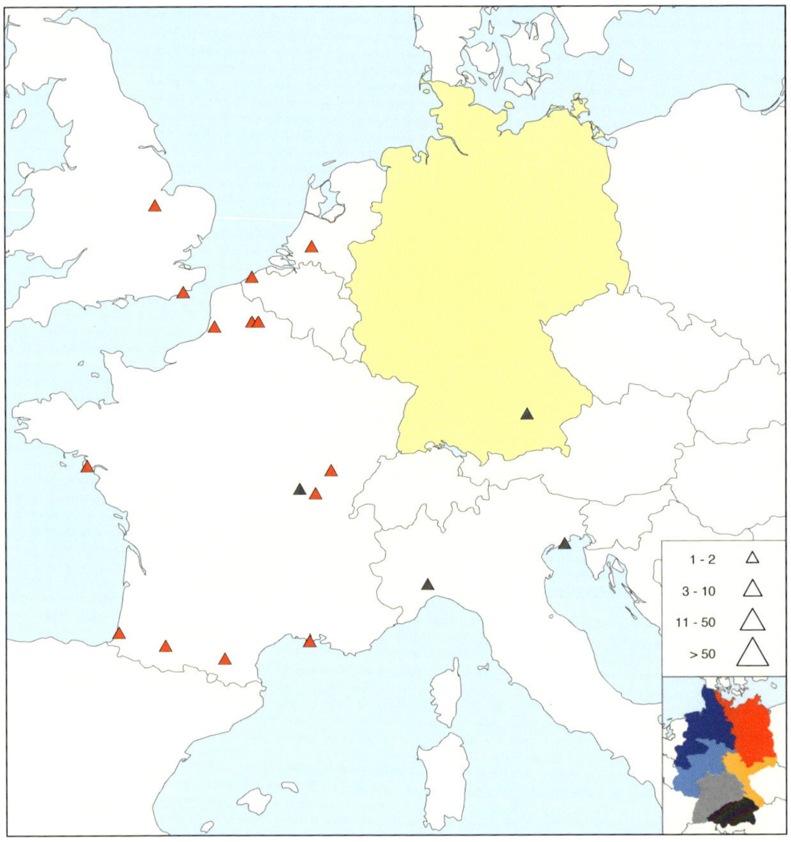

Abb. 3: Aufenthaltsorte im Winter (Dezember – Februar) von in Deutschland zur Brutzeit anwesenden Schnatterenten (18 Funde). – *Presence in winter (December – February) of Gadwalls present in Germany during the breeding season (18 recoveries).*

zunächst zurück in die Brutgebiete (Köhler 1994). Solche ungerichtet erscheinenden Bewegungen konnten jüngst mit Hilfe der Satellitentelemetrie bestätigt werden, denn einige besenderte Vögel suchten vor dem Erreichen des Überwinterungsgebietes ein in anderer Richtung gelegenes Zwischenrastgebiet auf (Gehrold et al. 2014).

Die Brutherkunft der Gastvögel lässt sich nur aus fünf Wiederfunden aus dem Herbst und Winter erschließen, die auf beringte Küken zurückgehen. Nach S-Deutschland gelangten demzufolge Jungvögel aus SE-Frankreich, Litauen und Lettland, während in N-Deutschland zweimal Nachwuchs aus Lettland nachgewiesen wurde. Auch hier zeigt sich somit eine Überlappung der Areale der beiden in Mitteleuropa aufeinandertreffenden Zugwegpopulationen. Noch deutlicher wird dies bei Betrachtung des großen Einzugsbereichs der in S-Deutschland zur Mauser- und Herbstzugzeit beringten Schnatterenten, die im Extrem von der Iberischen Halbinsel (12) sowie aus Algerien (8), der Türkei (3), Russland (1), Finnland (1) und N-Irland (1) zurückgemeldet wurden (Abb. 1), während Bezüge zu Beständen aus dem Kaspigebiet und SW-Sibirien, wie sie zu Italien bestehen (Veen et al. 2005, Gehrold et al. 2014), bisher fehlen. Wiederfunde in N-Deutschland beringter Gastvögel kommen dagegen viel häufiger von den Britischen Inseln (9), einmal aus N-Russland (nordöstlichster Fund in Abb. 1), aber nur einmal aus Spanien und bisher nie aus Italien.

Summary: *In Germany, breeding stocks (6500 – 8500 bp) as well as wintering and moulting populations of Gadwall have increased considerably during the past 25 years. Breeding birds of N and S Germany principally belong to different flyway populations (NW Europe vs. Central Europe/Black Sea/Mediterranean). N German birds migrated mainly to the SW reaching England and France, whereas S German Gadwalls were mainly found in SE France and Italy. However, there is overlap regarding the ring recoveries of birds trapped as migrants or moulting birds, most obvious in the large catchment area of S Germany, with birds subsequently found from Portugal and Algeria via Turkey and Russia up to Finland and N Ireland. The range of N German staging birds appears to be smaller, with more recoveries in the British Isles, but only one in Spain and none in Italy (where birds ringed in S Germany were reported in considerable numbers). As suggested by recoveries and shown by the help of satellite tracking adults disperse into various directions after their summer wing moult in Bavaria before heading towards the wintering area.*

Pfeifente *Anas penelope*
Eurasian Wigeon

Beringungen nach 1945:	576
Funde > 10 km nach 1945:	28/27
Wiederfundquote (Fernfunde nach 1945):	4,7 %
Funde > 10 km seit 1901:	29/28
Funde fremder Beringungszentralen:	112/104
Höchstalter:	8 J, 3 M
Weiteste Entfernung:	3164 km

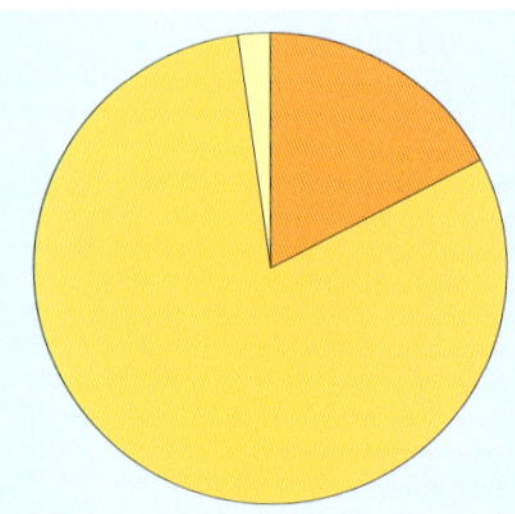

Verbreitung und Status: Pfeifenten brüten in der N-Paläarktis von Island, W- und N-Europa bis E-Asien. Im Herbst wird das Brutgebiet nahezu vollständig geräumt, um in W-Europa, im Mittelmeerraum, in Feuchtgebieten des afrikanischen Binnenlandes sowie in S-Asien zu überwintern. Seit Ende der 1960er Jahre pflanzen sich Pfeifenten auch in Deutschland regelmäßig fort. Seitdem hat der Bestand auf 40 – 45 BP zugenommen, die fast alle in offenen Feuchtgebieten an der schleswig-holsteinischen Nordseeküste ansässig sind. Mit weit über 100.000 Rastvögeln ist die Art zu den Zugzeiten bei weitem häufiger, zudem verbleiben viele Pfeifenten im Winter in Deutschland. Neben dem wichtigsten Rastgebiet, dem Wattenmeer, ist die Vorpommersche Boddenlandschaft von großer Bedeutung. Regelmäßig wird aber auch das Binnenland durchwandert. Hauptzugzeiten sind die Monate März/April und September/Oktober.

Wanderungen: Während über die Wanderungen der deutschen Brutvögel nichts bekannt ist, reicht das Areal, das hiesige Rastvögel im Laufe des Jahres bewohnen, den Ringfunden zufolge von W-Sibirien, S-Finnland und Island bis SW-Frankreich, Österreich und S-Russland (Abb. 1). Die meisten Ringfunde beziehen sich auf kurze Wanderungen innerhalb des von Herbst bis Frühjahr aufgesuchten Gebietes von England und N-Frankreich bis Dänemark. Besonders viele Funde betreffen auf den Britischen Inseln und in den Niederlanden im Winter beringte Vögel, die im Herbst (seltener im Winter und im Frühjahr) in Deutschland tot gefunden wurden (Abb. 1 und 2).

Die meisten Pfeifenten gelangen von NE und E her nach Deutschland (Abb. 1 und 2). Beringte Nestlinge und Brutvögel stammen nachweislich aus S-Finnland und N-Russland (Abb. 2), mehreren Funden aus den Monaten April bis

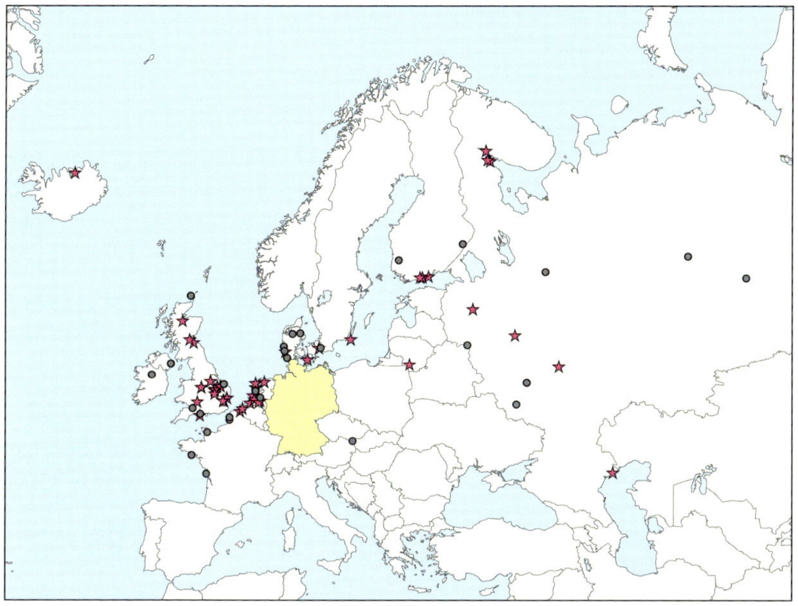

Abb. 1: Fundorte von in Deutschland beringten (28 Funde) und ausländische Beringungsorte von in Deutschland gefundenen (112 Funde) Pfeifenten. – *Foreign recovery sites of Eurasian Wigeons ringed in Germany (28 recoveries) and foreign ringing sites of birds recovered in Germany (112 recoveries).*

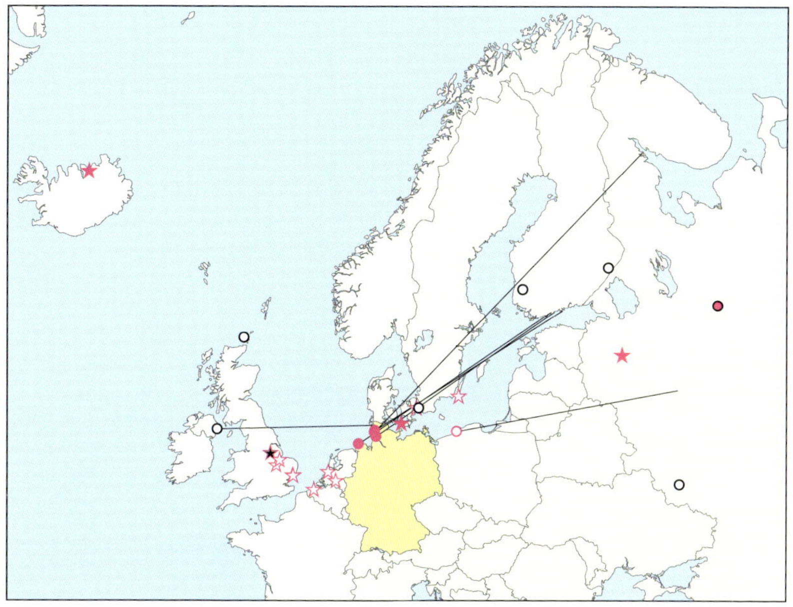

Abb. 2: Herbstzug (September – November) von in Deutschland zur Brutzeit (2 Funde) oder von September bis November anwesenden Pfeifenten (29 Funde). – *Autumn migration (September – November) of Eurasian Wigeons present in Germany during the breeding season (2 recoveries) or from September to November (29 recoveries).*

Juni zufolge aber sicherlich auch aus südlicheren Teilen Russlands einschließlich W-Sibiriens (Abb. 1). Dies entspricht einer viel größeren Zahl von Wiederfunden bei in Großbritannien und den Niederlanden beringten Pfeifenten, die größtenteils aus diesen Gebieten gemeldet wurden (Bianki & Dobrynina 1997, Wernham et al. 2002). Allerdings weist ein in Island als Küken beringter Vogel, der zwei Jahre später im September in Brandenburg geschossen wurde, darauf hin, dass auch von NW her Pfeifenten nach Deutschland ziehen. Da der dortige Bestand mit 500 – 2000 BP recht klein ist (BirdLife International 2004), dürfte auch deren Anteil an den deutschen Rastvögeln gering sein. Den meisten Ringfunden zufolge gehört N-Deutschland somit zum NW-europäischen Zugweg, doch gibt es im deutschen Binnenland eine Überschneidung mit dem Schwarzmeer-Mittelmeer-Zugweg (Scott & Rose 1996). Zu letzterem dürfte ein Vogel zu rechnen sein, der vom Bodensee aus (Beringung im Januar) den Frühjahrszug in Richtung E antrat (März-Fund in E-Österreich). Da es wie bei anderen Entenarten zu großräumigen Umsiedlungen von Brutvögeln kommen kann (Bianki & Dobrynina 1997), ist ein Austausch zwischen den beiden Zugwegpopulationen wahrscheinlich und für Deutschland belegt durch einen Mauservogel aus dem Wolga-Delta, der fünf Jahre später im Dezember in Vorpommern gefunden wurde (Abb. 1). Eine Reihe von indirekten Funden von Großbritannien und den Niederlanden aus nach Italien (Spina & Volponi 2008a) bestätigt dies ebenfalls.

Summary: *Eurasian Wigeons are rare, but increasing breeders in Germany with currently 40 – 45 bp. German wetlands are much more important for migrants (mainly in March/April and September/October, but also in winter), with highest numbers recorded in the Wadden Sea and in the lagoons of W Pomerania. Ringing data allow to allocate German migrants to the NW European flyway population, with provenance from Finland, European Russia and W Siberia (and in one case from Iceland) and onward movements to The Netherlands, Britain and France in the non-breeding season. However, there is an overlap of flyways in inland Germany, as birds from the Black Sea/Mediterranean flyway can also occur, at least in S Germany (a wintering bird from Lake Constance shot in March in E Austria probably belongs to that population). Indirect recoveries from Britain and The Netherlands to Italy suggest that individuals may switch between flyways, as indicated by a moulting bird from the Volga Delta recovered in NE Germany five years later.*

Gluckente *Anas formosa*
Baikal Teal

Gluckenten brüten in der Osthälfte Sibiriens, verlassen dieses Gebiet aber im Herbst, um in Südkorea, Japan und E-China zu überwintern. In Europa werden Gluckenten inzwischen alljährlich beobachtet, bei einigen dieser Vögel handelt es sich sicher oder vermutlich um Gefangenschaftsflüchtlinge, dementsprechend wird die Gluckente in Deutschland als ein solcher eingestuft (Barthel & Helbig 2005). Neue Untersuchungen von in Dänemark und Großbritannien geschossenen Vögeln zeigen jedoch anhand stabiler Isotope, dass auch Wildvögel in Europa erscheinen (Fox et al. 2007, Votier et al. 2009). Ob solches auch für den Vogel gilt, der den einzigen deutschen Ringfund lieferte, muss Spekulation bleiben. Die Gluckente wurde am 3.2.1993 als vorjähriges Männchen am Hemmelmarker See in Schleswig-Holstein beringt, am 13.2.1993 dort noch einmal wieder gefangen und am 15.11.1994 78 km entfernt in Dänemark geschossen.

Summary: *Though Baikal Teals are treated as escapes in Germany, stable isotope analyses have indicated that natural vagrancy also occurs in Europe. The status of the only ring recovery, a first-winter male ringed in Schleswig-Holstein in February 1993 and shot in Denmark in November 1994, has to remain open.*

Abb. 1: Fund einer Gluckente mit Bezug zu Deutschland. – *Recovery of a Baikal Teal related to Germany.*

Krickente *Anas crecca*
Eurasian Teal

Beringungen nach 1945:	7974
Funde > 10 km nach 1945:	745/739
Wiederfundquote (Fernfunde nach 1945):	9,3
Funde > 10 km seit 1901:	753/747
Funde fremder Beringungszentralen:	715/674
Höchstalter:	14 J, 8 M
Weiteste Entfernung:	3840 km

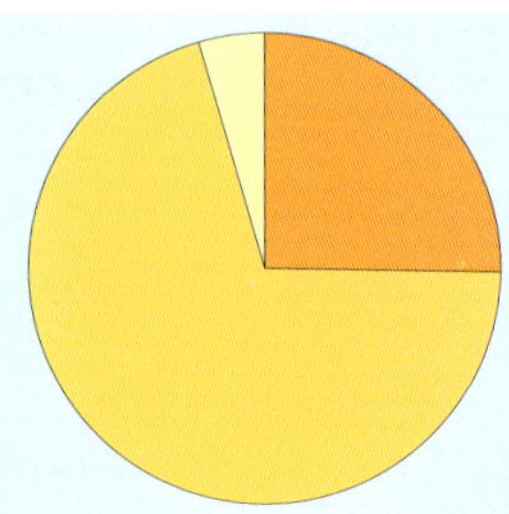

Verbreitung und Status: Das Brutgebiet der Krickente erstreckt sich von W- und N-Europa (einschließlich Island) über ganz Sibirien bis an das Ostende Eurasiens. In Sibirien und N-Europa ist die Art ausschließlich Sommervogel, in Mittel- und W-Europa Jahresvogel und im Mittelmeerraum (und stellenweise in der Nordhälfte Afrikas) Wintergast. Deutschland beherbergt einen derzeit stabilen Brutbestand von 4200–6500 BP, die in allen Landesteilen zu finden sind, am häufigsten aber in den nördlichen Bundesländern. Bei weitem mehr Krickenten halten sich in Deutschland außerhalb der Brutzeit an verschiedenen Gewässern auf, auch der Winterbestand ist stabil. Die Monate mit starkem Durchzug sind März und April sowie August bis November. Der frühsommerliche Mauserzug ist schwächer ausgeprägt als bei manchen anderen Entenarten.

Wanderungen: Nur ein kleiner Teil der Fernfunde geht auf Krickenten zurück, die als Küken im Brutgebiet beringt und später im Herbst und Winter in Deutschland gefunden wurden. Diese Vögel stammen aus verschiedenen Bereichen N-Europas (Island, Schweden, Finnland, Lettland, Russland), aber auch aus Dänemark und Belgien. Da die meisten Funde deutscher Ringvögel in Finnland und Russland vom Beginn des Herbstzugs (August und September) und aus dem späten Frühjahr (später Frühjahrszug und Brutzeit) sind, können auch sie Hinweise auf die Brutherkunft geben. Einer Analyse von stabilen Isotopen in Federn zufolge reicht das Brutgebiet der in S-Frankreich überwinternden (und zu einem großen Teil sicherlich durch Deutschland ziehenden) Krickenten ostwärts bis zum Ural (Guillemain et al. 2014).

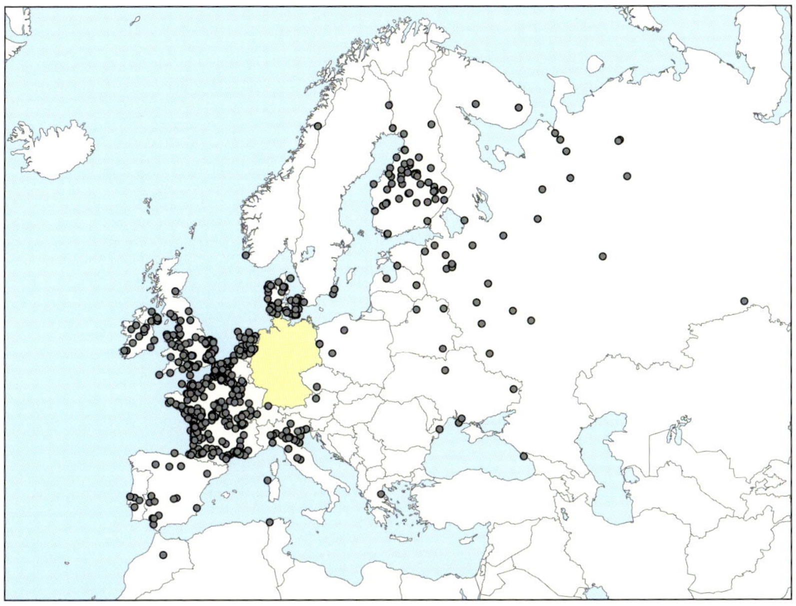

Abb. 1: Fundorte im Ausland von in Deutschland beringten Krickenten (719 Funde). – *Foreign recovery sites of Eurasian Teals ringed in Germany (719 recoveries).*

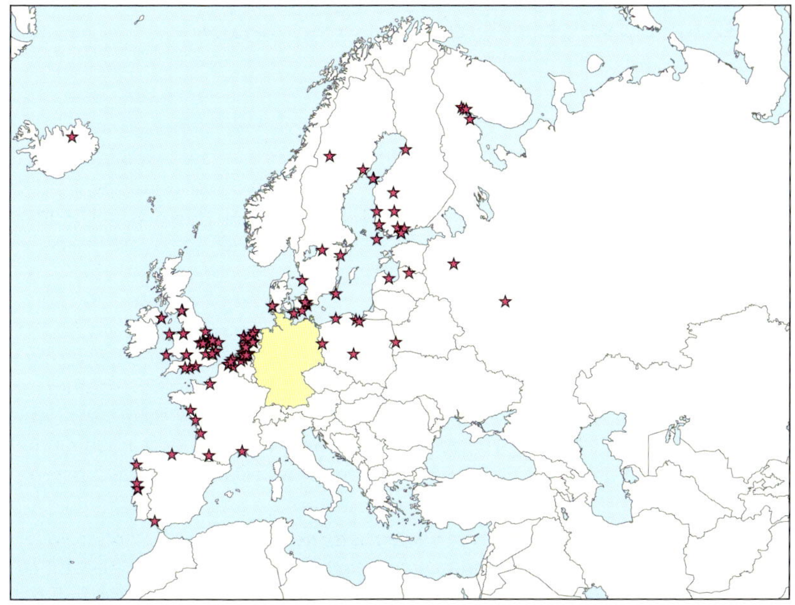

Abb. 2: Beringungsorte im Ausland von in Deutschland gefundenen Krickenten (715 Funde). – *Foreign ringing sites of Eurasian Teals recovered in Germany (715 recoveries).*

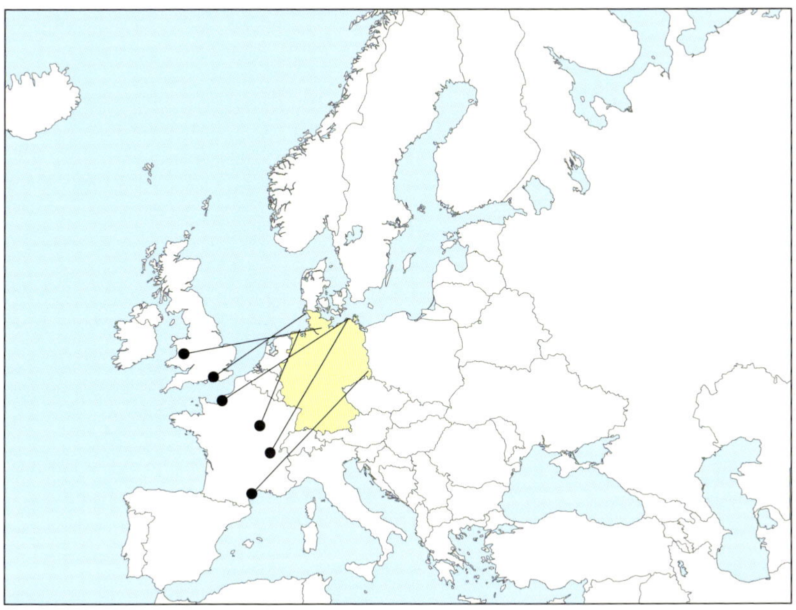

Abb. 3: Herbstzug (September – November) von in Deutschland zur Brutzeit anwesenden Krickenten (6 Funde). – *Autumn migration (September – November) of Eurasian Teals present in Germany during the breeding season (6 recoveries).*

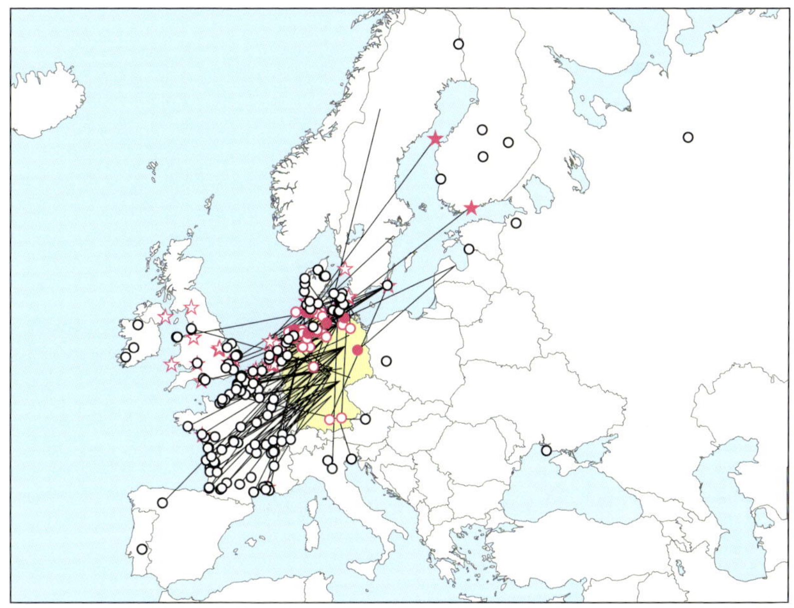

Abb. 4: Herbstzug (September – November) von in Deutschland von September bis November anwesenden Krickenten (341 Funde). – *Autumn migration (September – November) of Eurasian Teals present in Germany from September to November (341 recoveries).*

Die große Mehrheit der Ringfunde betrifft Fänglinge, die Wanderungen außerhalb der Brutzeit zeigen, vor allem zwischen Deutschland und Frankreich sowie zwischen Deutschland und den Britischen Inseln (Abb. 1). Während sie kaum Hinweise auf den Verlauf von Frühjahrs- und Mauserzug geben, bilden sie den Herbstzug gut ab. Dieser führt zu einem großen Teil von NE nach SW, d. h. von Finnland und N-Russland aus nach Deutschland und von dort weiter nach Frankreich, teilweise auch bis zur Iberischen Halbinsel (Abb. 1, 2 und 4). Dabei verlaufen die Zugwege vieler Individuen parallel zueinander, so dass weiter nördlich in Deutschland beringte Vögel eher nach N-Frankreich gelangen, während tiefer im Binnenland markierte Vögel häufiger S-Frankreich erreichen (Abb. 4, vgl. Heinicke & Köppen 2007).

Zahlreiche Kontakte zwischen den Britischen Inseln und Deutschland sowie Wiederfunde in mittleren Breitengraden Russlands weisen auf eine ebenfalls vorhandene E-W-Achse im Zugsystem hin, wobei vor allem an den deutschen Küsten beringte Vögel nach Großbritannien gelangen (Abb. 1 und 4). Da einige in Norwegen beringte Krickenten in Deutschland gefunden wurden (Bakken et al. 2003) und von Deutschland aus Italien erreicht wird (Abb. 1 und 4), kommt auch Zug in N-S-Richtung vor. Der Fund eines isländischen Vogels ist indirekt und könnte auf Abwanderung zurückzuführen sein, da in Großbritannien isländische und kontinentaleuropäische Krickenten gemeinsam überwintern (Wernham et al. 2002).

Nach Scott & Rose (1996) sind Zugweg-Populationen bei der Krickente schwach differenziert, so dass es in Deutschland zu starker Überschneidung von zwei einst postulierten Populationen, nämlich der NW-europäischen (zu dem sicherlich die meisten Vögel gehören) und der Schwarzmeer-Mittelmeer-Population, kommt. Auf das Vorkommen von Individuen aus letzterem Bestand weisen vier Funde von der Nordhälfte Deutschlands zum Schwarzen Meer und ein Fund von Bayern nach Griechenland hin (Abb. 1). Auch ein Teil der im W-Mittelmeerraum gefundenen Krickenten könnte dieser Population angehören, allerdings erfolgten 64 % der Funde von Deutschland aus nach Italien, zur Iberischen Halbinsel und nach N-Afrika innerhalb eines Winterhalbjahres. Dies untermauert den recht großen Überschneidungsbereich der beiden Populationen.

Zu den Wanderungen des deutschen Brutbestandes liegen kaum Informationen vor. Sechs als Küken beringte Vögel zogen im Herbst nach W bis SSW und wurden aus Wales, England und Frankreich gemeldet (Abb. 3). Aus dem Winter gibt es nur drei Wiederfunde aus S-England (1) und SW-Frankreich (2).

Summary: *Eurasian Teals breed in all parts of Germany, but the majority of the stable population (4200–6500 bp) is found in the northern parts of the country. The species is more common as a migrant and wintering bird. Recoveries of ringed ducklings show N Europe and Russia (and in one case Iceland) as the breeding origin of visitors to Germany; yet the majority of recoveries concerns fully-grown birds which show movements to and from France and the British Isles. Southwest is the predominating direction during autumn migration, with many birds reaching France and the Iberian Peninsula. Recoveries in Russia and Britain imply migration along an E-W axis, whereas Teals coming from Norway and those flying to Italy provide evidence of N-S migration. Birds reported from the W Mediterranean mark the southern limits of the wintering area, while the main concentrations are found in W and C Europe. Flyway populations are not well differentiated in the Teal, but birds recovered at the Black Sea and in Greece indicate a contact zone with a more southern migration system. Information regarding the migratory habits of the German breeding population is restricted to six recoveries during autumn migration and three recoveries in winter, which were all located between S Britain and SW France.*

Stockente *Anas platyrhynchos*
Mallard

Beringungen nach 1945:	53.879
Funde > 10 km nach 1945:	3304/3213
Wiederfundquote (Fernfunde nach 1945):	6,0 %
Funde > 10 km seit 1901:	3463/3365
Funde fremder Beringungszentralen:	2591/2465
Höchstalter:	19 J, 6 M
Weiteste Entfernung:	4195 km

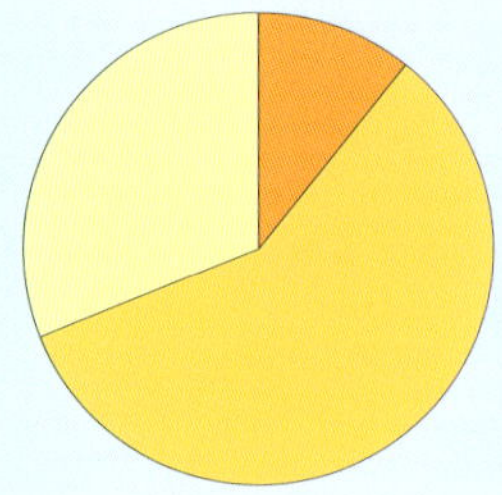

Verbreitung und Status: Die Stockente besiedelt den größten Teil der Holarktis, fehlt aber als Brutvogel in der Tundra. Eingebürgert wurde sie zudem in SE-Australien und Neuseeland. In fast ganz Europa sowie in der S-Hälfte Nordamerikas kommt die Art ganzjährig vor, besonders in Asien ist sie aber Sommervogel. Überwinterungsgebiete reichen südwärts bis N-Afrika, S- bzw. SE-Asien und Mittelamerika. In Deutschland ist die Stockente die bei weitem häufigste Entenart. Sie brütet in der Nähe unterschiedlichster Gewässer, der stabile Bestand von 190.000–345.000 BP verteilt sich über das gesamte Land. Außerhalb der Brutzeit bevölkern zudem zahlreiche Stockenten aus N- und E-Europa deutsche Küsten- und Binnengewässer, allerdings nehmen diese Rastbestände ab. Ab Ende Mai führen die Männchen einen Mauserzug durch, der Zug in die Winterquartiere findet von August bis November statt. Der Frühjahrszug ist besonders im März zu beobachten.

Wanderungen: Stockenten sind weltweit wenig genetisch differenziert, was auf starken Individuenaustausch und wenig strukturierte Populationen hinweist

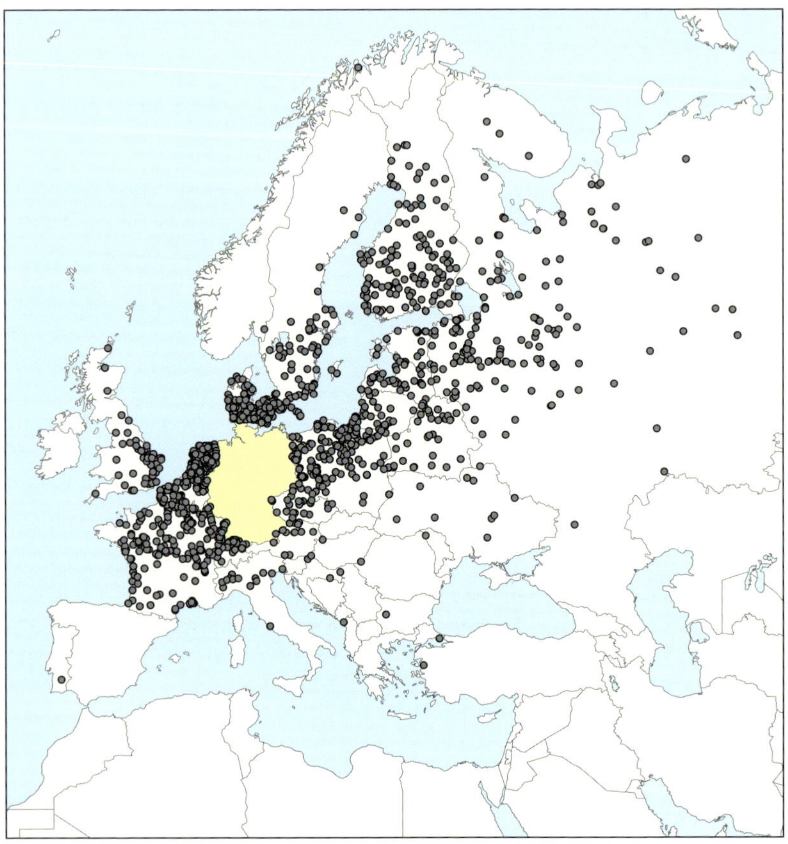

Abb. 1: Fundorte im Ausland von in Deutschland beringten Stockenten (1448 Funde). – *Foreign recovery sites of Mallards ringed in Germany (1448 recoveries).*

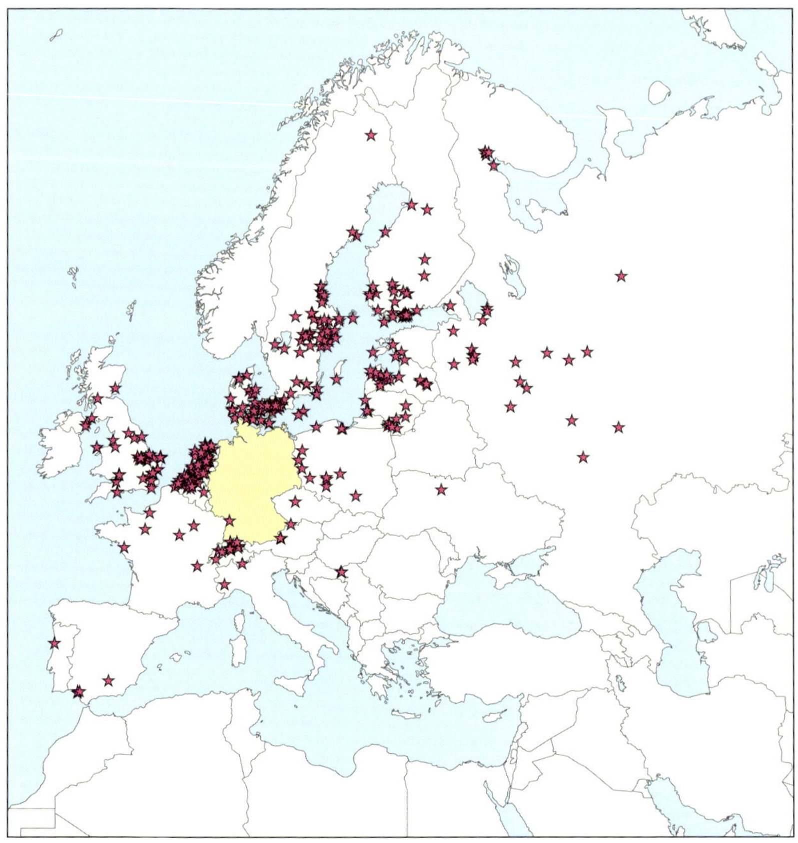

Abb. 2: Beringungsorte im Ausland von in Deutschland gefundenen Stockenten (2591 Funde). – *Foreign ringing sites of Mallards recovered in Germany (2591 recoveries).*

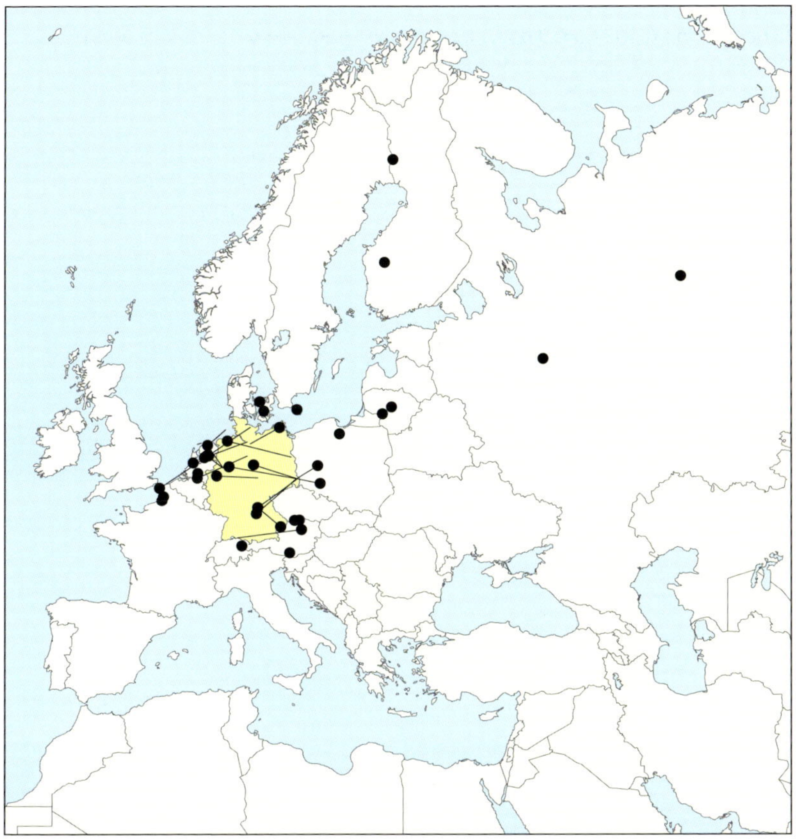

Abb. 3: Herbstzug (September – November) von in Deutschland zur Brutzeit anwesenden Stockenten (37 Funde). – *Autumn migration (September – November) of Mallards present in Germany during the breeding season (37 recoveries).*

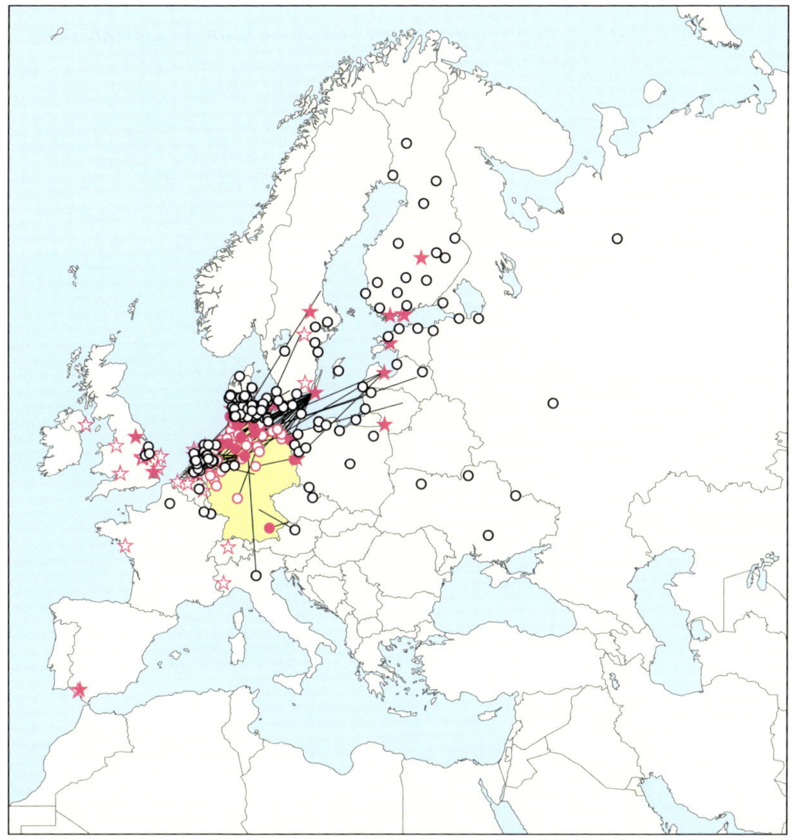

Abb. 4: Herbstzug (September – November) von in Deutschland von September bis November anwesenden Stockenten (452 Funde). – *Autumn migration (September – November) of Mallards present in Germany from September to November (452 recoveries).*

(Kraus et al. 2013). Entsprechend gibt es in Europa eine deutliche Überlappung der vier von Scott & Rose (1996) für die W-Paläarktis benannten Flywaypopulationen. Dennoch dürften die meisten in Deutschland vorkommenden Stockenten zur NW-europäischen Population gehören: Während die überwältigende Mehrheit der Ringfunde aus dem Bereich zwischen W- und NE-Europa stammt, ist die Anzahl der Kontakte zum Mittelmeerraum bzw. zum Schwarzen Meer und S-Russland gering (Abb. 1 und 2). Dies entspricht auch der Konzentration schwedischer, finnischer, baltischer und NW-russischer Ringfunde in N-Mitteleuropa und W-Europa (Bianki & Dobrynina 1997, Fransson & Pettersson 2001, Saurola et al. 2013) sowie den nur wenigen Ringfundbezügen zwischen Italien bzw. S-Russland und Mittel- bzw. N-Europa (Bianki & Dobrynina 1997, Spina & Volponi 2008a). Viele Wiederfunde bzw. Beringungsorte in den deutschen Nachbarländern (Abb. 1 und 2) deuten zudem an, dass Stockenten häufig kleinere Ortswechsel vornehmen oder sich in unterschiedlichen Zugperioden oder Wintern in benachbarten Gebieten aufhalten können.

Während zum Frühjahrszug und zum frühsommerlichen Mauserzug kaum verwertbares Ringfundmaterial vorliegt, betreffen Funde deutscher Brutvögel in den Monaten September bis November nur kurze Zugstrecken, meist in Richtung W bis SW (Abb. 3). Rückmeldungen aus Finnland und Russland gehen dabei vermutlich auf durch Auswanderung aus dem deutschen Brutbestand herausgelöste Individuen zurück. Die Winterquartiere werden offenbar erst im Dezember erreicht, denn aus den Wintermonaten gibt es Wiederfunde auch aus größerer Entfernung. Zwischen den deutschen Herkunftsregionen bestehen dabei deutliche Unterschiede. Stockenten aus NW-Deutschland erreichen vor allem den Bereich zwischen den Niederlanden, S-England und N-Frankreich, während Vögel aus dem NE-deutschen Tiefland südlicher überwintern und häufig zwischen SW-Deutschland und S-Frankreich gefunden wurden (Abb. 5). Auch innerhalb NE-Deutschlands gibt es eine Differenzierung, wobei nördlicher brütende Vögel auch weiter nördlich überwintern (Heinicke & Köppen 2007). Stockenten beider Regionen N-Deutschlands sind aber eindeutig als Teilzieher einzuordnen, da ein großer Teil der Vögel im Winter aus der Herkunftsregion gemeldet wurde. Der Anteil nicht ziehender Individuen ist tiefer im deutschen Binnenland offenbar noch größer, denn nur wenige Ringfunde weisen auf eine deutliche Entfernung zum Brutgebiet hin (Abb. 5) – bei allerdings weniger umfangreichem Datenmaterial.

Viele Funde aus der Herbstzugzeit zeigen, dass Gastvögel von E und NE her Deutschland erreichen (Abb. 4). In geringerem Ausmaß sind im Herbst aber auch Vögel in Deutschland vertreten, die aus W-Europa stammen und die möglicherweise im Rahmen des Mauserzugs oder durch Umsiedlung dorthin gelangt sind. Wichtigste Herkunftsländer sind aber sicherlich Schweden, Finnland, die baltischen Staaten und Russland (s. auch Abb. 2), während Vögel aus Norwegen nur selten Deutschland erreichen (vgl. Bakken et al. 2003). Hinsichtlich der Herkunft der deutschen Wintergäste ergeben die Ringfunde (Abb. 6) wohl ein unvollständiges Bild, da aufgrund der nahezu fehlenden Brut- und Jungvogelberingung in östlicheren Teilen Russlands von dort keine entsprechenden Nachweise zu erwarten sind. Die Herkunftskarten zeigen dennoch Unterschiede im Einzugsbereich für Wintergäste, denn aus der N-Hälfte Deutschlands liegen viel mehr Funde von Vögeln aus dem Ostseeraum vor als aus dem S (Abb. 5). Zugleich wird erneut deutlich, dass viele deutsche Brutvögel in ihrer Heimatregion überwintern. Wie das Zugverhalten einzelner Individuen aussehen kann, verdeutlichten die Ortungen von drei im Winter am Bodensee mit Satellitensendern ausgestatteten Erpeln. Sie verließen S-Deutschland Mitte März und hielten sich zur Brutzeit in NE-Polen, S-Litauen und W-Russland (Oblast Pskow) auf. Ein Vogel war bereits Mitte Juli und damit zu Beginn der Schwingenmauser wieder zurück am Bodensee (Daten Vogelwarte Radolfzell).

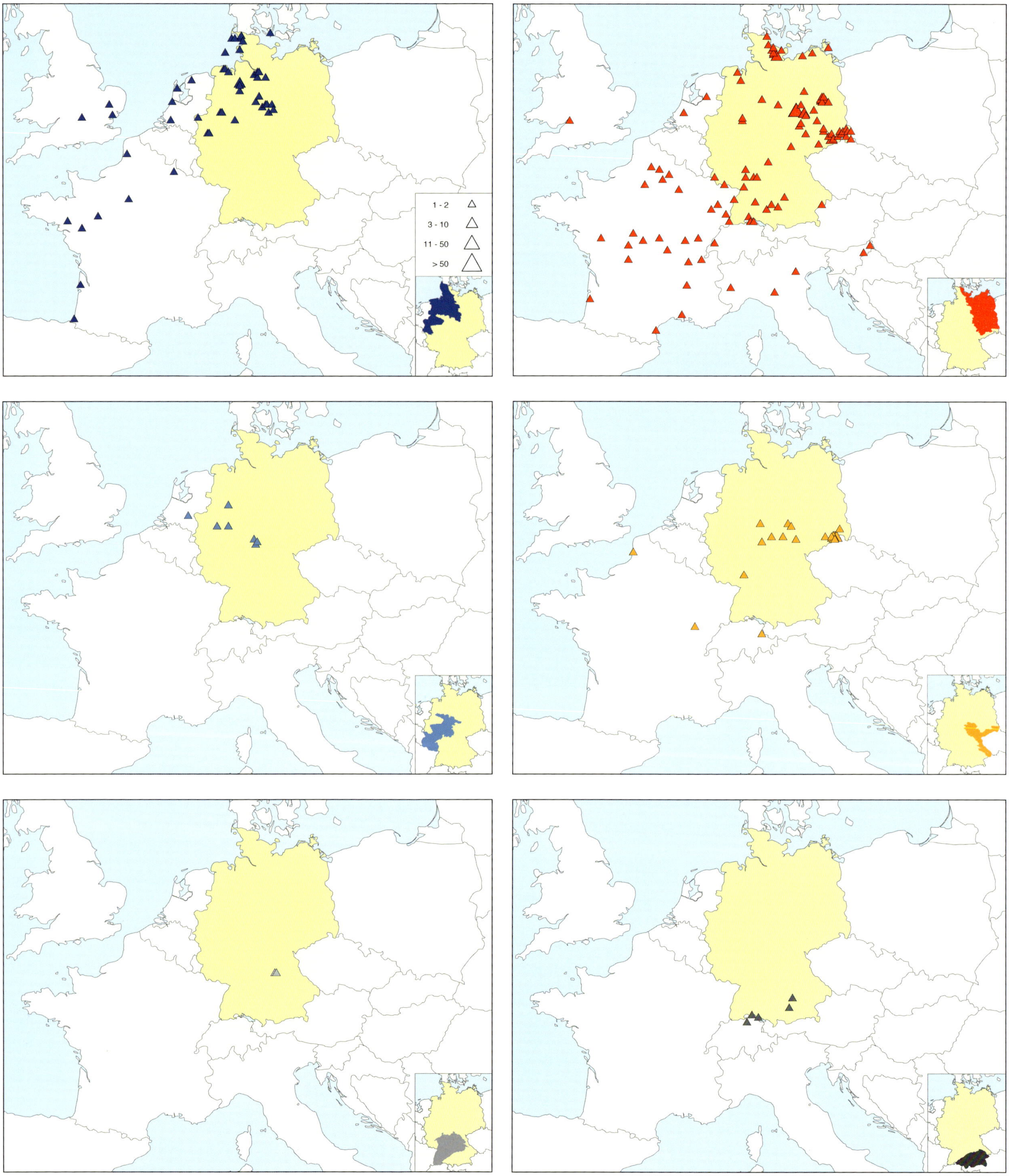

Abb. 5: Aufenthaltsorte im Winter (Dezember – Februar) von in Deutschland zur Brutzeit anwesenden Stockenten (247 Funde). – *Presence in winter (December – February) of Mallards present in Germany during the breeding season (247 recoveries).*

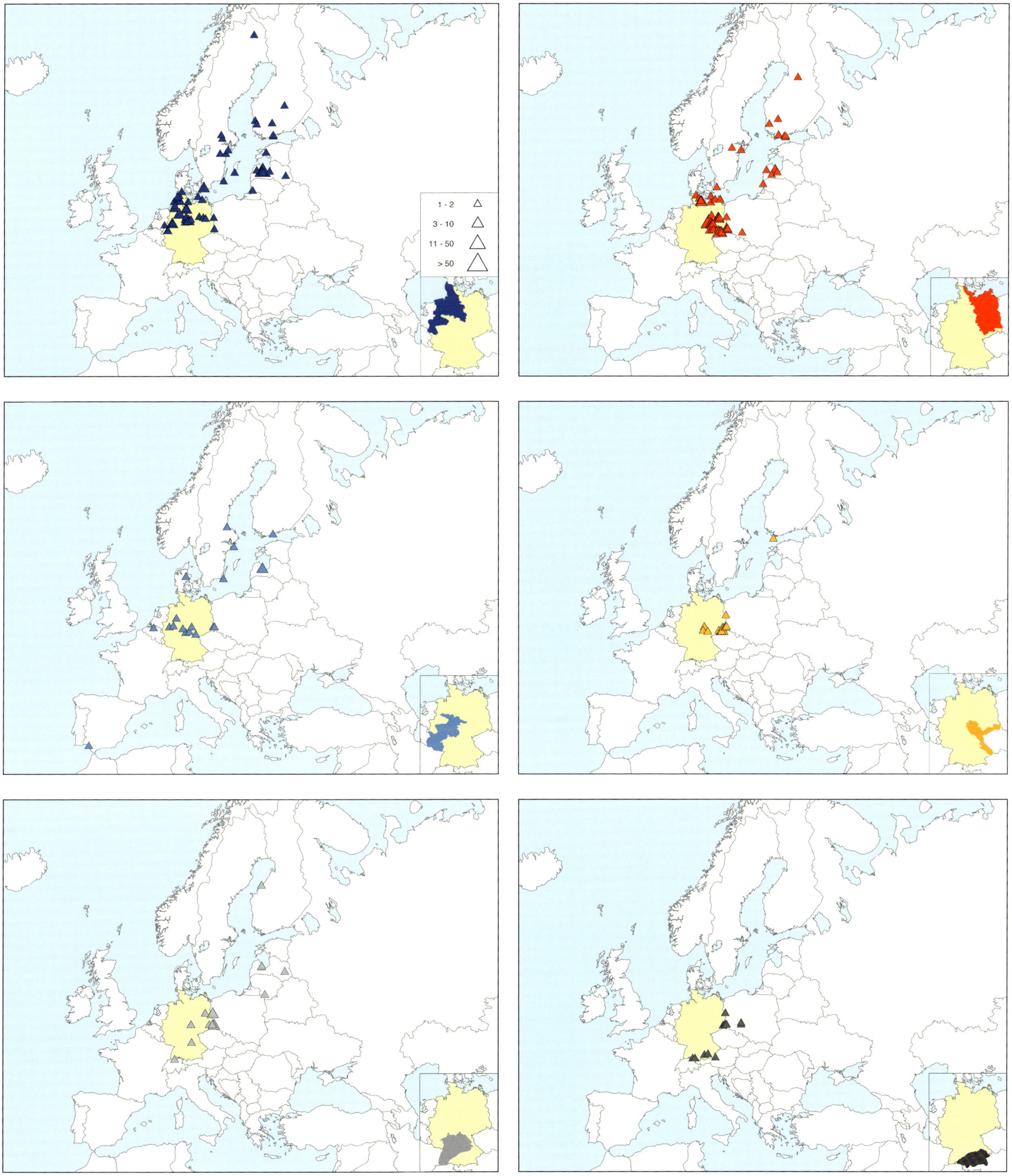

Abb. 6: Aufenthaltsorte zur Brutzeit von im Winter (Dezember – Februar) in Deutschland anwesenden Stockenten (291 Funde). – *Presence during the breeding season of Mallards present in Germany in winter (December – February, 291 recoveries).*

Summary: *In Germany, the Mallard is a breeding bird throughout the country with a stable population of 190,000–345,000 bp. Mallard is also very common during migration and in winter, though numbers are in steady decline. Birds occurring in Germany clearly belong to the NW European flyway population: Ring recoveries in the Mediterranean are scarce, while many come from W, E and NE Europe. German breeders are partial migrants: While many individuals spend the winter in or close to the breeding area, others depart towards the W and SW in autumn. Birds from NW Germany tend to fly to wintering areas ranging from The Netherlands and S England to N France, whereas those from NE Germany are mainly found between SW Germany and S France. It appears that birds from S Germany are more sedentary than their N German conspecifics. According to recoveries, migrants and winter visitors in Germany mainly originate from Sweden, Finland and N Russia, with records in the northern half of Germany clearly predominating. Satellite transmitter tracks of three drakes captured in winter at Lake Constance led to NE Poland, S Lithuania and W Russia during the breeding period.*

Spießente *Anas acuta*
Northern Pintail

Beringungen nach 1945:	461
Funde > 10 km nach 1945:	54/52
Wiederfundquote (Fernfunde nach 1945):	11,3 %
Funde > 10 km seit 1901:	58/56
Funde fremder Beringungszentralen:	122/111
Höchstalter:	11 J, 1 M
Weiteste Entfernung:	4788 km

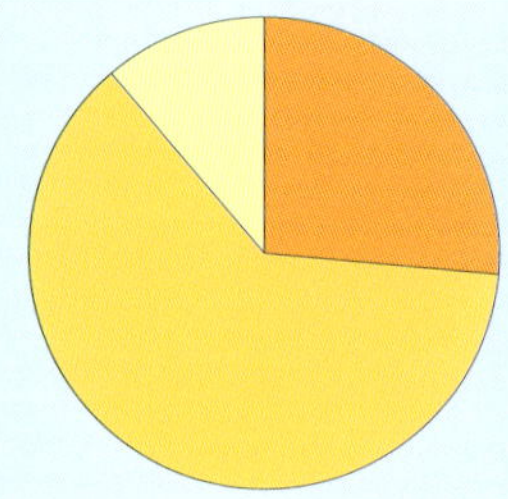

Verbreitung und Status: Das Brutareal der Spießente erstreckt sich über die N-Hälfte Eurasiens (von Mittel- und N-Europa bis E-Sibirien) sowie über den größten Teil Nordamerikas. Fast alle Brutgebiete werden zum Winter hin verlassen. Spießenten sind dann von Mitteleuropa bis zur Sahelzone, in S-Asien und von den S-USA bis Mittelamerika zu finden. Deutschland beherbergt nur einen sehr kleinen Brutbestand von 30–40 BP, der sich größtenteils auf weitläufige Feuchtgebiete an der Nordseeküste von Schleswig-Holstein beschränkt und in den letzten 25 Jahren leicht zugenommen hat. In quantitativ weitaus größerem Ausmaß werden insbesondere die deutschen Küstengebiete von Spießenten aus nördlicher gelegenen Brutgebieten auf dem Durchzug und zum Überwintern aufgesucht, regelmäßig kommt die Art aber auch an Binnengewässern vor. Auch für die Anzahl von Gastvögeln ist in Deutschland ein positiver Trend zu ver-

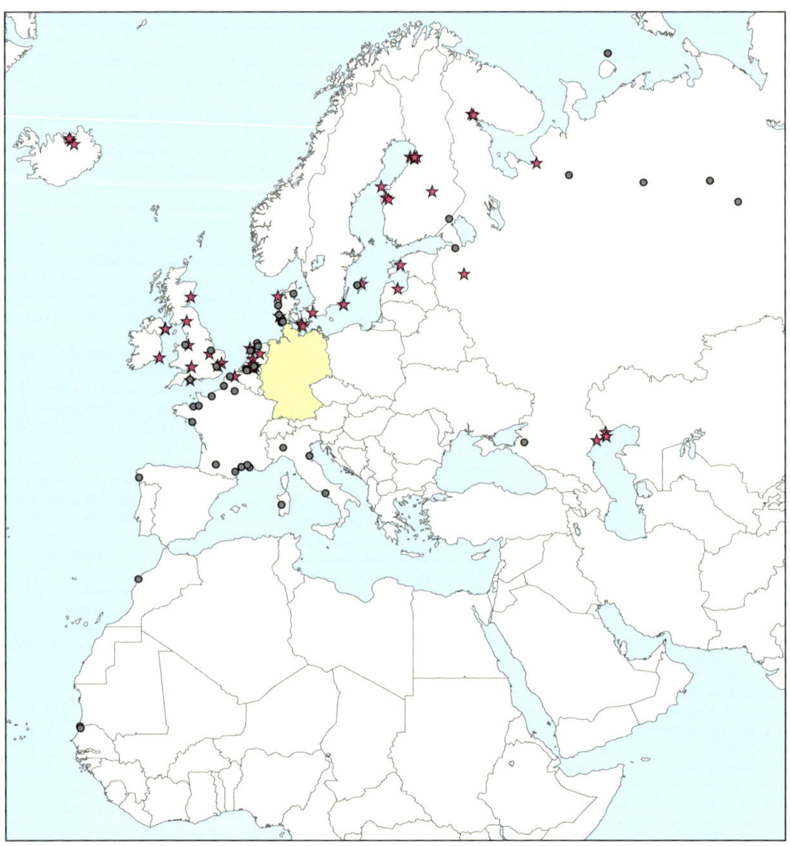

Abb. 1: Fundorte von in Deutschland beringten (47 Funde) und ausländische Beringungsorte von in Deutschland gefundenen (122 Funde) Spießenten. – *Foreign recovery sites of Northern Pintails ringed in Germany (47 recoveries) and foreign ringing sites of birds recovered in Germany (122 recoveries).*

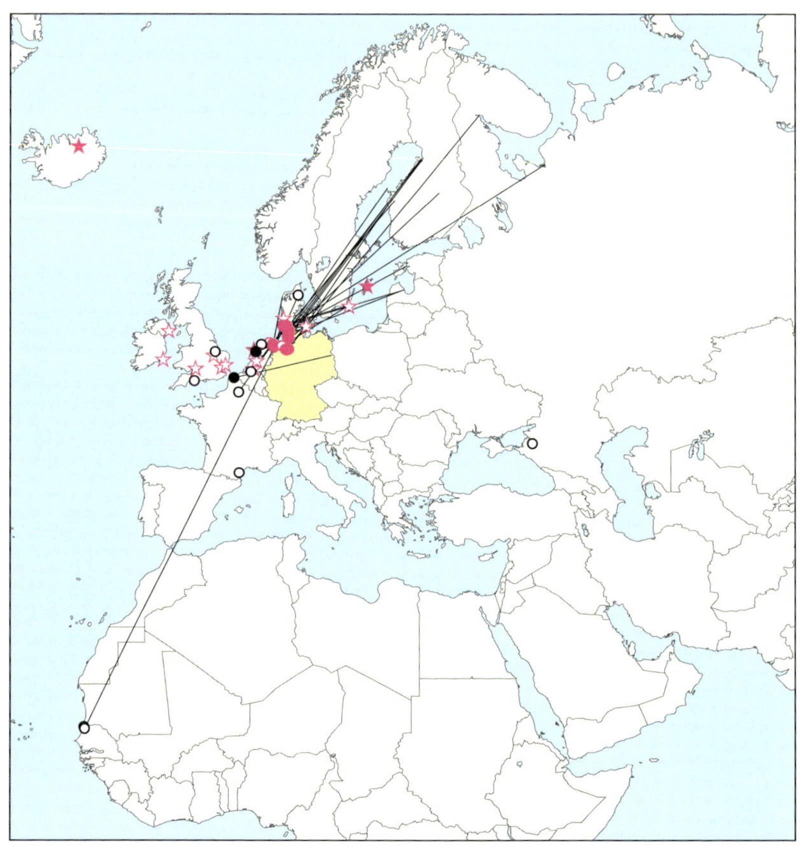

Abb. 2: Herbstzug (September – November) von in Deutschland zur Brutzeit (3 Funde) oder von September bis November anwesenden Spießenten (59 Funde). – *Autumn migration (September – November) of Northern Pintails present in Germany during the breeding season (3 recoveries) or from September to November (59 recoveries).*

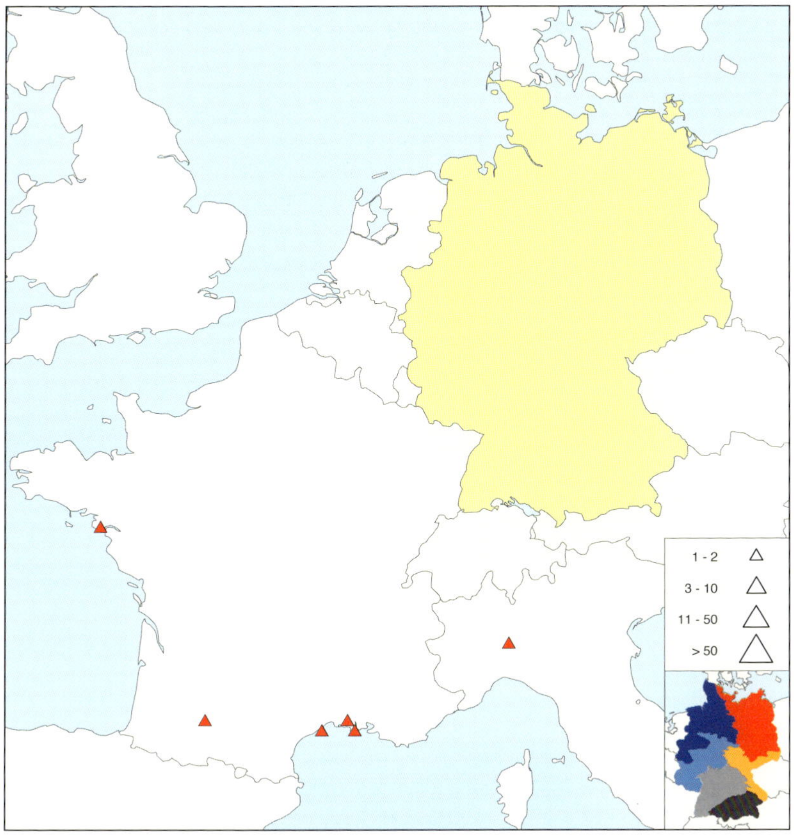

Abb. 3: Aufenthaltsorte im Winter (Dezember – Februar) von in Deutschland zur Brutzeit anwesenden Spießenten (6 Funde). – *Presence in winter (December – February) of Northern Pintails present in Germany during the breeding season (6 recoveries).*

zeichnen. Zugbewegungen sind vor allem im September/Oktober und im März/April zu beobachten.

Wanderungen: Über Ringfunde der Spießente steht Deutschland mit einem großen Gebiet, das von W-Sibirien, Fennoskandien und Island über W- und S-Europa bis W-Afrika und zum Kaspischen Meer reicht, in Kontakt (Abb. 1). Als Brutherkunft sind für Gastvögel Island, Schweden, Finnland, Lettland und NW-Russland belegt (Abb. 1 und 2). Wiederfunde in Deutschland beringter Gastvögel in N-Russland legen es nahe, dass der Einzugsbereich noch weiter nach NE reicht. Im Herbst werden die N-deutschen Rastgebiete von NE und NNE her angeflogen, in kleinerer Zahl aber auch von NW (Island; Abb. 2). Der Weiterzug erfolgt in Richtung W bis SW, wobei die meisten in Deutschland beringten Spießenten die Niederlande, England und N-Frankreich erreichten. Nur wenige Funde gehen über Frankreich hinaus. Ein direkter Fund nach NW-Spanien im Januar lässt eine dortige Überwinterung möglich erscheinen, gleiches gilt für einen direkten Fund nach Marokko im Dezember. Die wichtigsten Überwinterungsgebiete der Spießente liegen in W-Afrika (Scott & Rose 1996), zwei auf Föhr im September beringte Vögel wurden im Senegal gefunden. Da es sich in einem Fall um einen direkten Fund handelt, kommt nachweislich Zug von Deutschland aus nach W-Afrika vor. Es ist jedoch davon auszugehen, dass der Großteil der afrikanischen Überwinterer über E-Europa und das Mittelmeer dorthin gelangt – andernfalls müsste es viel mehr Ringfunde von Mittel- und W-Europa aus auf der Iberischen Halbinsel und in NW-/W-Afrika geben, was aber eher die Ausnahme ist (Abb. 1, Fransson & Pettersson 2001, Wernham et al. 2002, Bønløkke et al. 2006). Viele Ringfunde veranschaulichen Kontakte zwischen den in NW-Europa und den in Afrika überwinternden Populationsteilen, die Mittel-/W-Europa bzw. S-Russland mit Italien verbinden. Auffällige Wechsel der Zugroute demonstrieren aber auch ein junges Weibchen, das im September auf Föhr beringt und zwei Jahre später im Oktober am östlichen Schwarzen Meer geschossen wurde, sowie drei im Wolga-Delta während der Mauser markierte und in späteren Jahren im Oktober im W Schleswig-Holsteins gefundene Individuen (davon mindestens zwei Männchen).

Zu den Zugbewegungen des kleinen deutschen Brutbestands ist nur wenig bekannt. Zwei Ringfunde vom Herbstzug kommen aus den Niederlanden und N-Frankreich (Abb. 2). Im Winter wurden in Deutschland erbrütete Spießenten viermal aus S-Frankreich und je einmal aus W-Frankreich und N-Italien gemeldet (Abb. 3). Unklar ist daher, ob auch deutsche Brutvögel bis W-Afrika ziehen. Schwer einzuordnen ist ein nahe der Elbmündung in Niedersachsen beringtes Küken, das neun Wochen später im August in St. Petersburg (Russland) gefunden wurde – möglicherweise ein extremer Fall von Jungvogel-Dismigration. Über den Verlauf des Frühjahrszugs geben deutsche Ringfunde keine Auskunft.

Summary: *Northern Pintails are rare, but moderately increasing breeding birds in Germany. Nearly all of the 30 – 40 bp are found at the North Sea coast of Schleswig-Holstein. Pintails are much more numerous during migration and in winter, when they are concentrated in coastal wetlands, but also occurring inland. For German breeders, migration to S France and N Italy is documented by ring recoveries, but one bird ringed as a duckling in N Germany was found in Russian St. Petersburg nine weeks later. Visitors to Germany originate from Iceland, Sweden, Finland, Latvia and N Russia (including W Siberia) and proceed to The Netherlands, England and France. One direct recovery shows that migration can continue as far as W Africa, but as there are only few recoveries beyond France it appears that the majority of African winter visitors migrates through E Europe and the Mediterranean. Contact to the Black Sea/Mediterranean flyway is indicated by one recovery at the Black Sea and by three birds ringed in the moulting area in the River Volga Delta and found in N Germany in October a couple of years later.*

Knäkente *Anas querquedula*
Garganey

Beringungen nach 1945:	1134
Funde > 10 km nach 1945:	63/60
Wiederfundquote (Fernfunde nach 1945):	5,3 %
Funde > 10 km seit 1901:	63/60
Funde fremder Beringungszentralen:	25/23
Höchstalter:	12 J, 4 M
Weiteste Entfernung:	4639 km

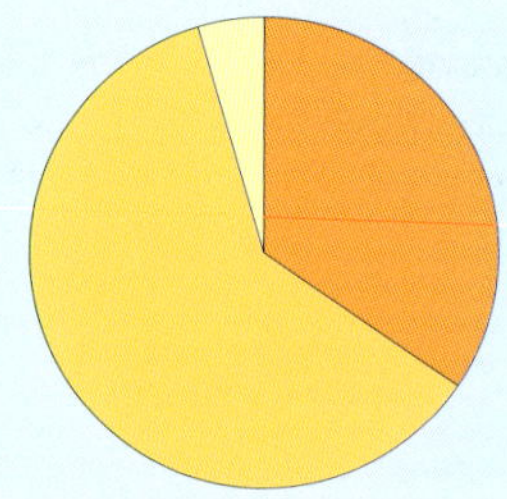

Verbreitung und Status: Die Knäkente ist Brutvogel in fast ganz Europa (außer Spanien und den meisten Bereichen Fennoskandiens) sowie in den mittleren Breiten Asiens (ostwärts bis Kamtschatka). Die Art ist ein Langstreckenzieher mit Winterquartieren in der afrikanischen Sahelzone, E-Afrika, S- und SE-Asien. Der deutsche Brutbestand befindet sich in Abnahme und umfasst derzeit 1400 – 1900 BP, die größtenteils in der N-Hälfte des Landes heimisch sind. Auch die Bestände von rastenden Durchzüglern, die vor allem im März/April und im August/September Deutschland besuchen, nehmen seit langem ab.

Wanderungen: Die Funde in Deutschland beringter Knäkenten reichen von W-Sibirien bis Irland und Frankreich, aber auch in den Mittelmeerraum und nach W-Afrika (Abb. 1). Auf dem Herbstzug weisen direkte Funde sowohl nach W bis WSW als auch nach SW und S (Abb. 2). Der Zug ins afrikanische Winterquartier verläuft demzufolge z. T. über W-Europa, aber auch über Italien und S-Frankreich. Von dort aus werden Mittelmeer und Sahara überquert, ohne dass es durch Ringfunde belegte Rastaufenthalte in N-Afrika gibt (vgl. Scott & Rose 1996). Funde auf dem Herbstzug aus der Ukraine und S-Russland (Abb. 2) erfolgten mehr als ein Jahr nach der Beringung in Deutschland. Sie weisen darauf hin, dass Brutvögel aus diesen Gebieten nach der Brutzeit durch Deutschland ziehen können, also zunächst eine westwärts gerichtete Wanderung ausführen. Darüber hinaus ist mit wechselnden Zugwegen (z. B. im Zusammenhang mit Abwanderung) zu rechnen. Ein Hinweis darauf ist ein im bedeutenden Mausergebiet im Wolgadelta beringtes Männchen, das drei Jahre später zur Brutzeit in Schleswig-Holstein gefunden wurde. Bislang fehlen Ringfunde, welche die genaue Brutherkunft der Gastvögel in Deutschland belegen. So gibt es auch bisher keinen Nachweis dafür, dass die kleinen Brutbestände Fennoskandiens durch Deutschland ziehen, obwohl dies aufgrund von Funden finnischer Ringvögel in N-Frankreich (Saurola et al. 2013) wahrscheinlich ist.

In den Monaten Dezember und Januar gibt es von in Deutschland beringten Knäkenten vier Funde in W-Afrika (drei in Mali, einer im Senegal), außerdem wurde ein im Januar in Mali beringtes Männchen im April des folgenden Jahres in E-Brandenburg gefunden (Abb. 1). Darüber hinaus gibt es aus diesen Monaten zwei Funde in S-Frankreich, einen in Jugoslawien und einen sehr ungewöhnlichen in Irland: Ein bei Braunschweig im August beringtes Männchen wurde im darauf folgenden Januar in S-Irland geschossen. Irland wird von Knäkenten nicht nur selten aufgesucht (Hutchinson 1989), sondern es befindet sich auch fern der regulären Überwinterungsgebiete.

Viele der zumeist von Juli bis September in Deutschland beringten Durchzügler wurden später auf dem Frühjahrszug aus Italien, vereinzelt auch aus Tunesien, S-Frankreich und Griechenland zurückgemeldet. Dies deutet darauf hin, dass der Zug im Frühjahr östlicher und vermutlich direkter erfolgt als im Herbst (vgl. Bauer & Glutz von Blotzheim 1968, Spina & Volponi 2008a). Im Gegensatz dazu zeigt ein Teil der russischen Brutvögel einen Schleifenzug im Uhrzeigersinn mit Frühjahrsrast in Belgien und den Niederlanden (Bianki & Dobrynina 1997).

Vom deutschen Brutbestand liegen insgesamt sechs Wiederfunde von als Küken beringten Knäkenten vor. Fünf davon betreffen Wiederfunde im August, also nur wenige Wochen nach der Beringung. Die Meldungen kamen dreimal aus den Niederlanden und je einmal aus N-Frankreich und Italien (Abb. 2). Sie streuen damit von der Abzugsrichtung her ebenso wie diejenigen von Gastvögeln. Ein weiterer Wiederfund stammt von einem im April in Italien geschossenen Vogel.

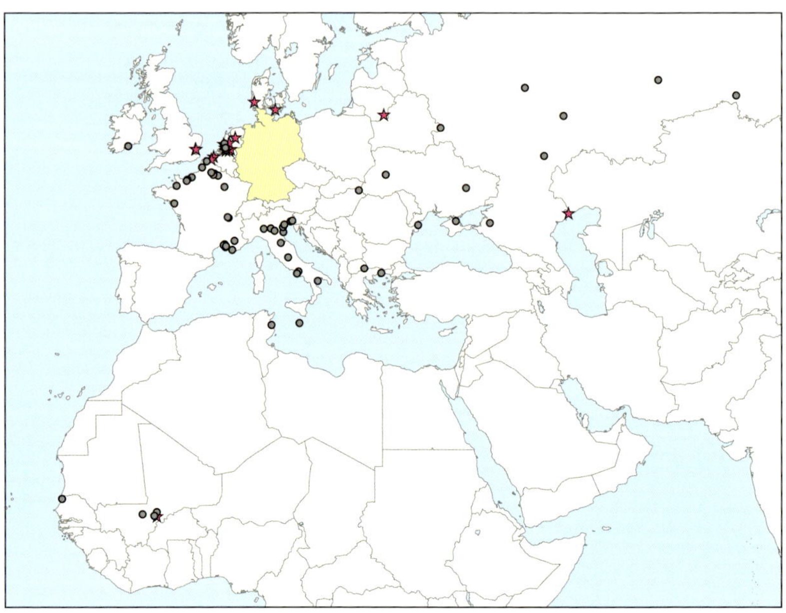

Abb. 1: Fundorte von in Deutschland beringten (59 Funde) und ausländische Beringungsorte von in Deutschland gefundenen (25 Funde) Knäkenten. – *Foreign recovery sites of Garganeys ringed in Germany (59 recoveries) and foreign ringing sites of birds recovered in Germany (25 recoveries).*

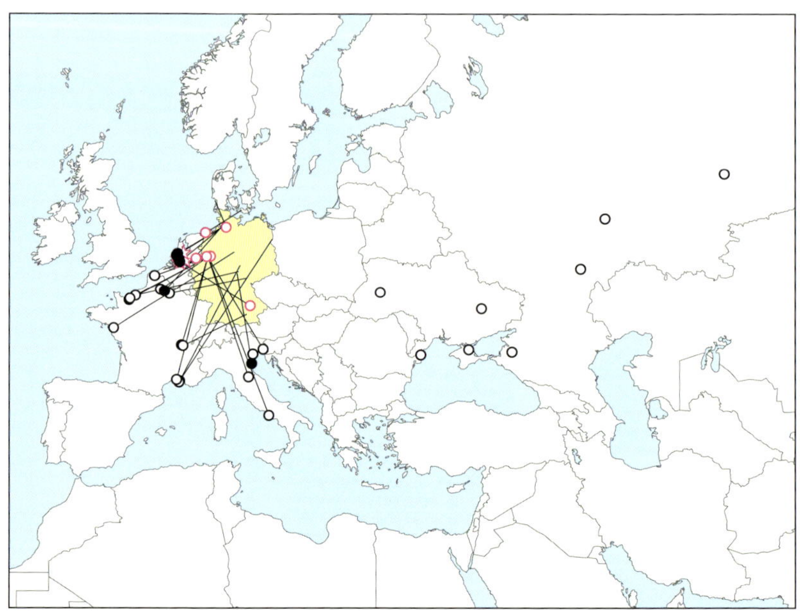

Abb. 2: Herbstzug (August – November) von in Deutschland zur Brutzeit (5 Funde) oder von August bis November anwesenden Knäkenten (35 Funde). – *Autumn migration (August – November) of Garganeys present in Germany during the breeding season (5 recoveries) or from August to November (35 recoveries).*

Summary: *Garganeys are breeding in most parts of Germany, though the majority of the decreasing population of 1400 – 1900 bp is found in N Germany. The numbers of birds staging in March/April and August/September also show a strong decline. So far there is no evidence of Fennoscandian Garganeys migrating through Germany, but it appears that birds from the E are visiting the country during autumn migration, as shown by a number of indirect recoveries in S Russia and Ukraine. From Germany, both breeders and visitors depart in directions between W and S, i.e. the Mediterranean is reached via W Europe as well as via S France and Italy. The apparent lack of recoveries in N Africa suggests that the Mediterranean and the Sahara are crossed without stopovers. Winter recoveries are from Mali (3) and Senegal (1), but also from S France (2) and Macedonia (1), and even more unusual, from Ireland (1). A drake ringed in Mali in January was recovered in E Brandenburg one year later in April. During spring migration, Garganeys ringed in Germany in late summer are often found in Italy and in low numbers also in Tunisia, S France and Greece, fitting well into an anti-clockwise loop migration pattern. A male ringed in the moulting area in the River Volga Delta and found in N Germany in the breeding season three years later demonstrates that switches between migration routes (e.g. due to abmigration) can occur.*

Löffelente *Anas clypeata*
Northern Shoveler

Beringungen nach 1945:	1933
Funde > 10 km nach 1945:	85/84
Wiederfundquote (Fernfunde nach 1945):	4,3 %
Funde > 10 km seit 1901:	86/85
Funde fremder Beringungszentralen:	62/62
Höchstalter:	17 J
Weiteste Entfernung:	3387 km

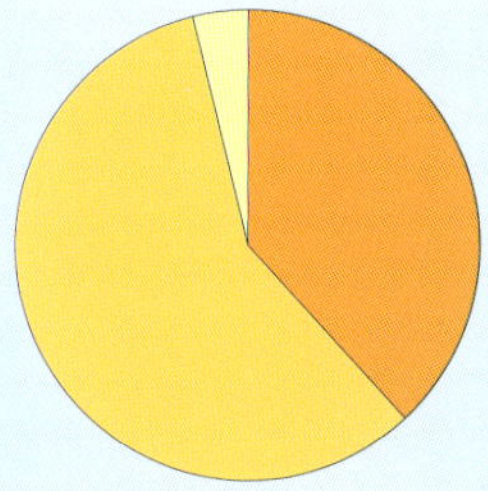

Verbreitung und Status: Löffelenten besiedeln fast die gesamte Holarktis und fehlen dort nur in der Tundra. Fast überall sind sie Zugvögel, nur in W- und Mitteleuropa gibt es ganzjährige Vorkommen. Die meisten Löffelenten überwintern aber deutlich südlich der Brutgebiete, nämlich im Mittelmeerraum, in der Sahelzone, in E-Afrika sowie in S- und SE-Asien. In Deutschland brütet ein stabiler Bestand von 2500 – 2900 BP, die fast alle in der N-Hälfte des Landes zu finden sind. Als Durchzügler hat die Löffelente in Deutschland deutlich zugenommen, besonders in Herbst und Winter. Möglicherweise wird dies begünstigt durch ein milderes Klima. Die Monate mit dem stärksten Durchzug sind August bis Oktober sowie März und April, auffällig ist mitunter auch der Mauserzug von Männchen im Juni.

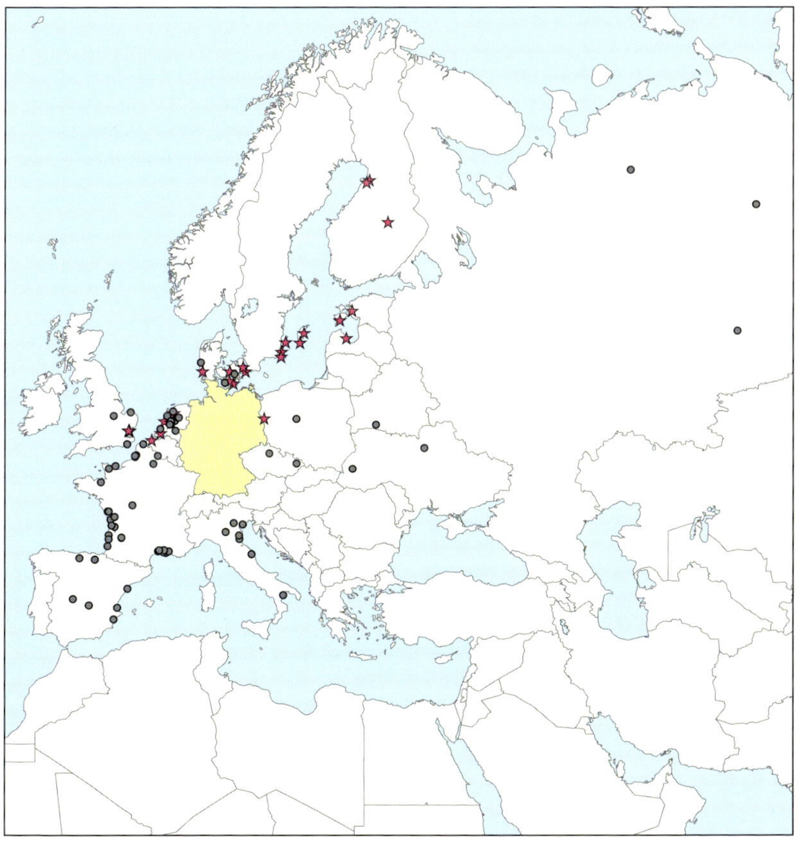

Abb. 1: Fundorte von in Deutschland beringten (77 Funde) und ausländische Beringungsorte von in Deutschland gefundenen (62 Funde) Löffelenten. – *Foreign recovery sites of Northern Shovelers ringed in Germany (77 recoveries) and foreign ringing sites of birds recovered in Germany (62 recoveries).*

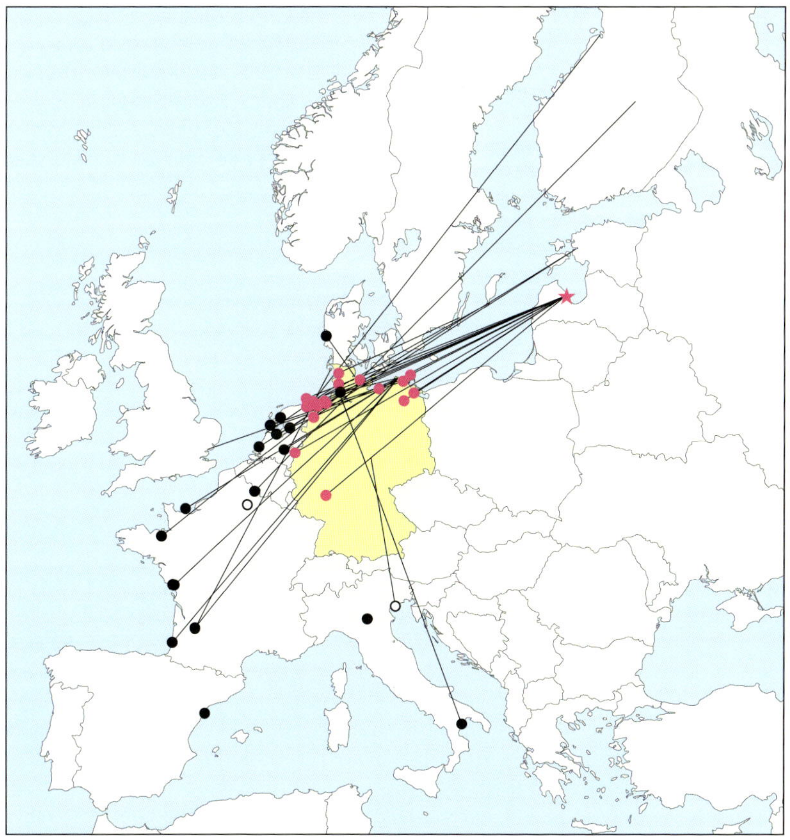

Abb. 2: Herbstzug (September– November) von in Deutschland zur Brutzeit (17 Funde) oder von September bis November anwesenden Löffelenten (32 Funde). – *Autumn migration (September – November) of Northern Shovelers present in Germany during the breeding season (17 recoveries) or from September to November (32 recoveries).*

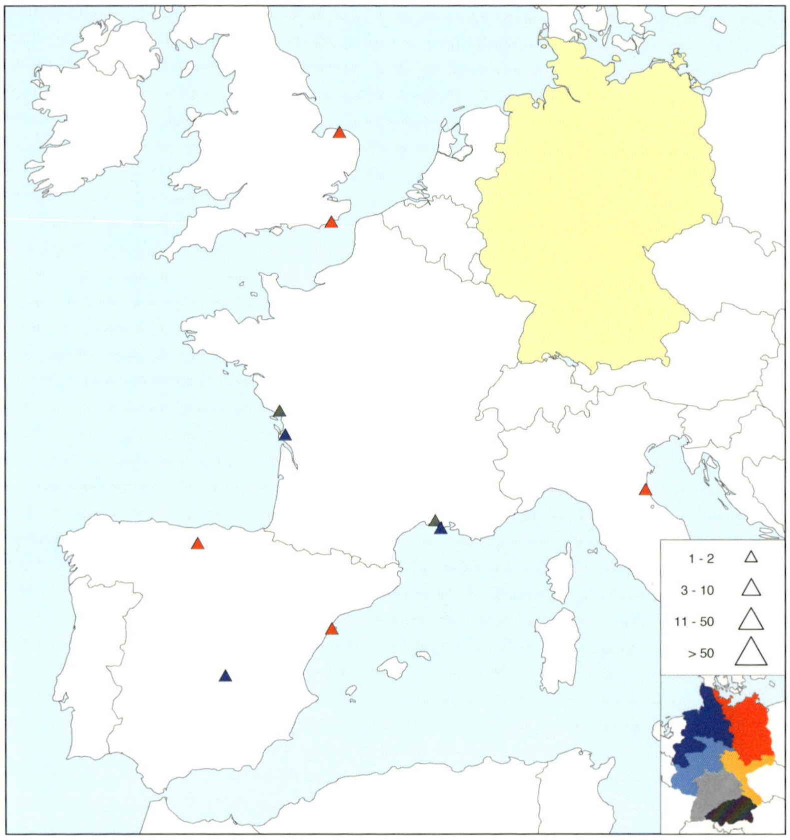

Abb. 3: Aufenthaltsorte im Winter (Dezember – Februar) von in Deutschland zur Brutzeit anwesenden Löffelenten (10 Funde). – *Presence in winter (December – February) of Northern Shovelers present in Germany during the breeding season (10 recoveries).*

Wanderungen: Deutschland betreffende Ringfunde erstrecken sich vom westlichsten Teil Sibiriens bis Spanien (Abb. 1). Allein 24 am lettischen Engure-See beringte Küken wurden aus Deutschland zurückgemeldet. Weitere Funde von als Küken beringten Löffelenten weisen auch Estland (3), Finnland (2), Schweden (4), Dänemark (1), die Niederlande (1) und England (2) als Herkunftsgebiete in Deutschland rastender Vögel aus. Drei von Deutschland aus nach Russland bzw. Sibirien geflogene Ringvögel deuten auf einen noch viel weiter nach E reichenden Einzugsbereich hin. Diesen Herkunftsgebieten entsprechend ist die herbstliche Zugrichtung zunächst SW bis WSW, englische und niederländische Vögel fliegen von W her ein (Abb. 2). Auch deutsche Jungvögel ziehen im Herbst überwiegend nach SW ab und gelangen nach Frankreich und Spanien (Abb. 2). Ein offenbar kleinerer Teil wandert aber auch nach S bis SSE ab und erreicht Italien. Dementsprechend stammen die Winterfunde aus diesen Ländern, aber auch aus England (Abb. 3). Es ist damit zu rechnen, dass auch NW-Afrika zum Winterareal deutscher Brutvögel und Durchzügler gehört (vgl. Bianki & Dobrynina 1997, Bønløkke et al. 2006, Cepák et al. 2008, Saurola et al. 2013), doch ist dies bisher nicht durch Ringfunde belegt. Ebenso fehlen Ringfunde aus dem wichtigen Überwinterungsgebiet in W-Afrika, für das eine Herkunft der Vögel aus Europa angenommen wird (Brown et al. 1982), wofür es aber nur sehr vereinzelte Belege gibt (Bønløkke et al. 2006). Die nur drei Wiederfunde von in Deutschland beringten Löffelenten im März (zwei in W-Frankreich, einer in Italien) geben keine Hinweise auf einen Schleifenzug, wie er aufgrund italienischer Beringungsergebnisse anzunehmen ist (Spina & Volponi 2008a).

Summary: *The stable German population of 2500 – 2900 bp of Northern Shoveler is mostly found in the N of the country, with some breeding in other regions as well. The number of staging birds has increased in the last decades, probably partly due to climatic reasons. Visitors to Germany come from NE Europe and W Siberia (with many recoveries of birds ringed as chicks in Latvia), but also from England and The Netherlands. Both visitors and breeders show autumn migration towards the WSW and SW, but some young birds from Germany flew S and SSE to Italy. German Shovelers were found to winter in England, France, Spain and Italy, whereas recoveries from the important wintering sites in NW and W Africa are lacking. The only three recoveries of German ringed birds in March do not give evidence for loop migration.*

Kolbenente *Netta rufina*
Red-crested Pochard

Beringungen nach 1945:	427
Funde > 10 km nach 1945:	70/70
Wiederfundquote (Fernfunde nach 1945):	16,4 %
Funde > 10 km seit 1901:	70/70
Funde fremder Beringungszentralen:	12/11
Höchstalter:	8 J*
Weiteste Entfernung:	1381 km

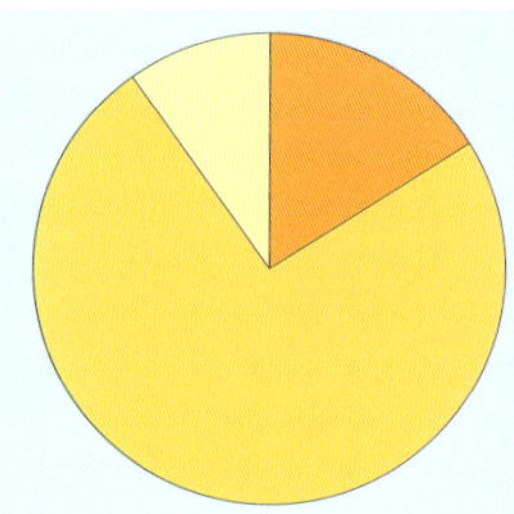

Verbreitung und Status: Das aufgesplitterte Brutareal der Kolbenente umfasst den S der Iberischen Halbinsel, Mitteleuropa sowie das Gebiet vom Schwarzen Meer bis NW-China. Zum Winterareal gehören der Nordrand des Mittelmeeres, Seen in den Alpen und im Alpenvorland, das Schwarze und Kaspische Meer sowie der Persische Golf und N-Indien. In der Population aus Mitteleuropa und dem W-Mittelmeerraum haben deutliche Verlagerungen der Überwinterungsgebiete stattgefunden. Bis in die 1980er Jahre hinein überwinterten die meisten dieser Vögel in E-Spanien und S-Frankreich, doch im Zusammenhang mit Trockenperioden in Spanien und verbessertem Nahrungsangebot an Seen im Alpenraum sind seit den 1990er Jahren nun diese Gewässer von größter Bedeutung für die Art (Keller 2000a, 2000b). Auch die Mausergebiete verlagerten sich von SW-Europa nach S-Deutschland (vor allem an Bodensee und Ismaninger Speichersee; Heine et al. 1999, Köhler et al. 2009). In Zunahme befindet sich auch der Bestand von Kolbenenten, die in Deutschland an Seen mit reicher Unterwasserflora brüten. Die meisten der derzeit 850 – 1100 BP sind in S-Bayern und am Bodensee zu finden, nennenswerte Brutvorkommen gibt es aber auch in Schleswig-Holstein, Mecklenburg-Vorpommern und Brandenburg. Bereits im Juni führen die Männchen einen Mauserzug durch, die Abwanderung in die Winterquartiere erfolgt vor allem im Oktober, die Rückkehr im Februar.

Wanderungen: Bei Betrachtung der Ringfunde sind die gravierenden räumlichen Verlagerungen der Mauser- und Winterbestände zu berücksichtigen. Die meisten Deutschland betreffenden Ringfunde gehen auf Vögel zurück, die noch vor diesen Veränderungen in den 1960er Jahren am Bodensee und in den 1980er Jahren am Ismaninger Speichersee beringt wurden – teils als Küken, teils als ausgewachsene Vögel (oft während der sommerlichen Mauser). Der Herbst-

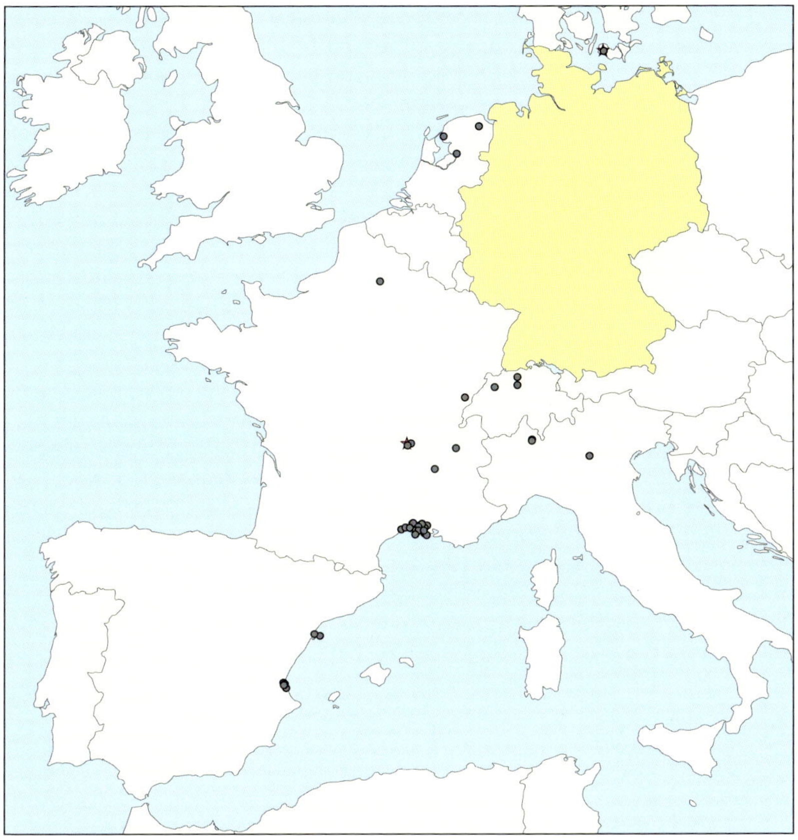

Abb. 1: Fundorte von in Deutschland beringten (70 Funde) und ausländische Beringungsorte von in Deutschland gefundenen (12 Funde) Kolbenenten. – *Foreign recovery sites of Red-crested Pochards ringed in Germany (70 recoveries) and foreign ringing sites of birds recovered in Germany (12 recoveries).*

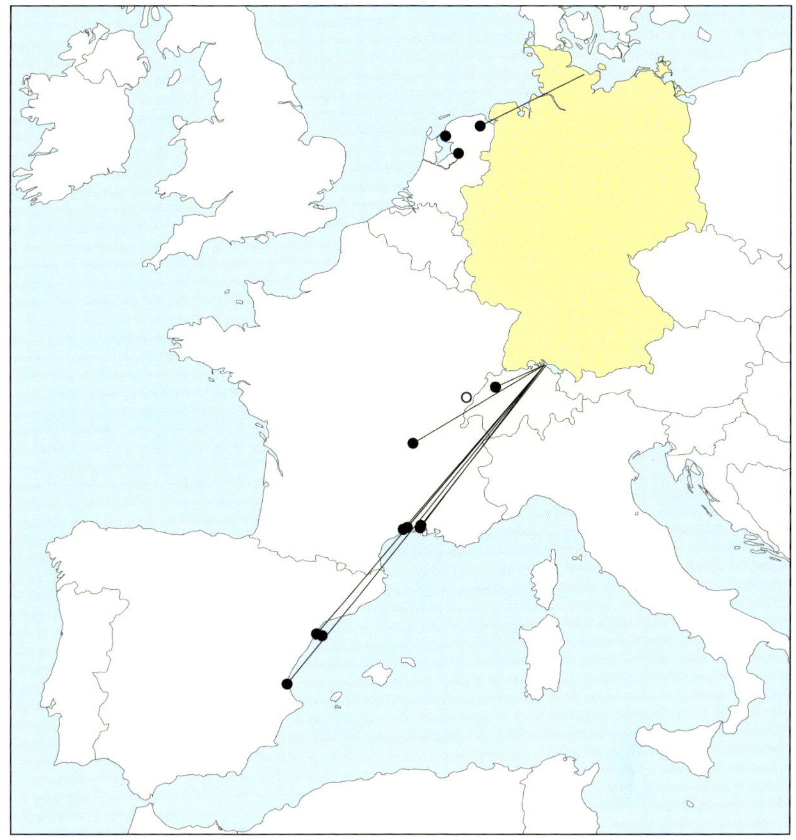

Abb. 2: Herbstzug (September – November) von in Deutschland zur Brutzeit (13 Funde) oder von September bis November anwesenden Kolbenenten (1 Fund). – *Autumn migration (September – November) of Red-crested Pochards present in Germany during the breeding season (13 recoveries) or from September to November (1 recovery).*

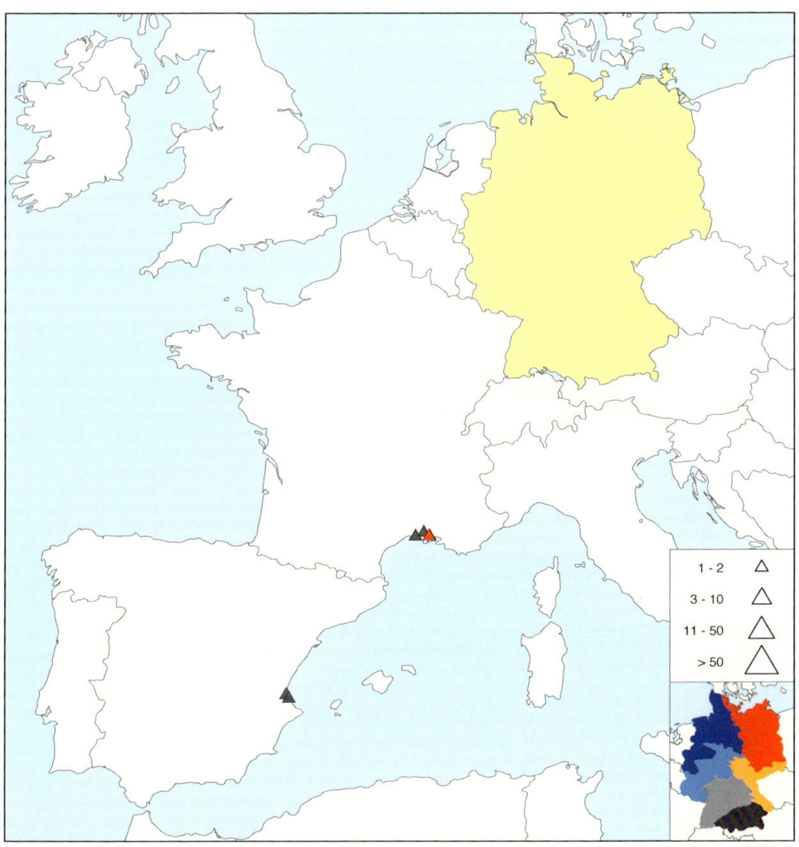

Abb. 3: Aufenthaltsorte im Winter (Dezember – Februar) von in Deutschland zur Brutzeit anwesenden Kolbenenten (5 Funde). – *Presence in winter (December – February) of Red-crested Pochards present in Germany during the breeding season (5 recoveries).*

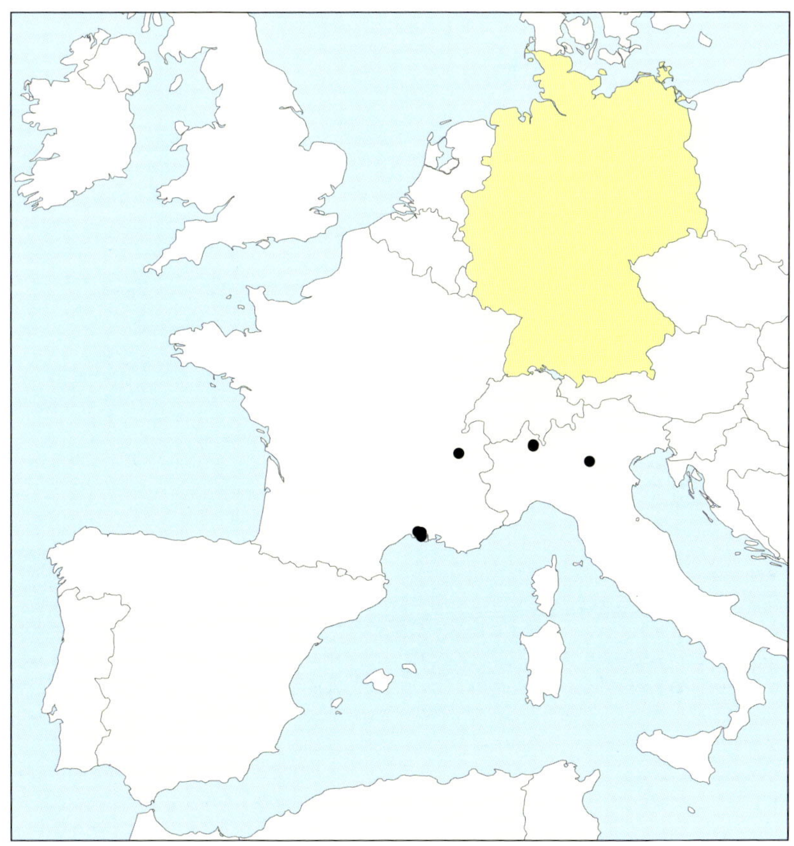

Abb. 4: Frühjahrszug (März – April) von in Deutschland zur Brutzeit anwesenden Kolbenenten (7 Funde). – *Spring migration (March – April) of Red-crested Pochards present in Germany during the breeding season (7 recoveries).*

zug führte damals offenbar ausnahmslos nach SW, denn die Rückmeldungen kamen größtenteils aus der französischen Camargue und aus E-Spanien, aber auch vom Weg dorthin aus dem SE-französischen Binnenland und der Schweiz (Abb. 2). Die süddeutschen Vögel überwinterten in S-Frankreich und E-Spanien (Abb. 3). Aus dem März gab es drei Funde in Italien (Abb. 4), so dass ein Teil der S-deutschen Kolbenenten möglicherweise auf einer etwas weiter östlich gelegenen Route ins Brutgebiet zurückkehrte. Norddeutsche Vögel schlagen nach drei Funden von 1990 beringten Vögeln im Herbst eine ähnliche Richtung ein und wurden aus den Niederlanden (2) und der Camargue (1) gemeldet (Abb. 2). Analog zu Vögeln, die von den 1940er bis 1960er Jahren in Dänemark brüteten und zahlreich beringt wurden (Bønløkke et al. 2006), dürften auch norddeutsche Kolbenenten zum Überwintern die Camargue und E-Spanien aufsuchen, doch kommen auch die Seen im Alpenraum als Winterquartier in Frage. Aus der derzeitigen Phase mit einem viel stärkeren Mauser- und Überwinterungsvorkommen in Mitteleuropa gibt es dagegen kaum Ringfunde. Nur drei im März/April in der Camargue mit Schnabelmarken versehene Vögel, die im Juli, November bzw. Januar am Bodensee abgelesen wurden, deuten an, dass Vögel aus SW-Europa am Bodensee mausern bzw. überwintern.

Zwei Ringfunde passen nicht genau in das Schema und deuten Flexibilität bei der Wahl von Zugrouten oder Aufenthaltsgebieten an. Ein am Bodensee als Küken beringter Vogel wurde drei Jahre später im September in den Niederlanden geschossen. Ebenfalls einem Jäger zum Opfer fiel ein Männchen, das im September am Bodensee als Altvogel beringt wurde und sich eineinhalb Jahre später im März in N-Frankreich befand. Kontakte nach SE-Europa und Zentralasien, von wo aus im 19. und frühen 20. Jahrhundert die Einwanderung nach Mitteleuropa erfolgte, sind für deutsche Kolbenenten nicht nachgewiesen, doch deutet ein Fund von Tschechien nach Russland eine solche Möglichkeit an (Cepák et al. 2008).

Summary: *Germany holds a moderately increasing breeding population of currently 850 – 1100 bp of Red-crested Pochards, most of them found at lakes in the foothills of the Alps, but some also in N Germany. Moreover, the lakes just north of the Alps hold significant numbers of moulting birds in summer as well as of wintering birds, with strong increase in the past 25 years. As ringing data nearly exclusively refer to the 1960s to 1980s, these recent developments are not reflected by recoveries. Earlier, German Red-crested Pochards migrated to the SW and wintered in the Camargue (S France) and in E Spain. Three recoveries from Italy in March suggest a more easterly route taken in spring for some individuals. Only three birds marked with nasal saddles in the Camargue in spring indicate that birds breeding in SW Europa today moult and winter at Lake Constance, where those birds were observed in summer and winter. There is no recovery linking birds occurring in Germany to SE Europe and central Asia, from where the species immigrated in the 19th and early 20th century.*

Moorente *Aythya nyroca*
Ferruginous Duck

Das lückenhafte Brutareal der Moorente erstreckt sich von Mittel- und S-Europa ostwärts bis S-Sibirien und NW-China. Die Überwinterungsgebiete sind im Mittelmeerraum, in der Nordhälfte Afrikas und in S-Asien zu finden. Moorenten waren in Deutschland nie häufig, doch ist der Bestand nach Abnahme am Rande des Erlöschens (ca. 2 – 9 BP). Auch als Gastvogel tritt die Art nur in kleiner Anzahl auf. Dennoch liegen immerhin drei Deutschland betreffende Ringfunde vor (Abb. 1): Ein Mitte August in Leipzig beringter Jungvogel wurde im Februar des Folgewinters bei Dresden kontrolliert. Ein in den Niederlanden im Winter beringtes Männchen wurde ungefähr sechs Wochen später 292 km entfernt in Niedersachsen gefunden und ein im Januar in der Schweiz beringtes Männchen befand sich im Oktober desselben Jahres in S-Baden-Württemberg. Diese Funde geben wenig Aufschluss über das Zugverhalten in Deutschland rastender Moorenten, passen aber doch zu den eher ungerichtet erscheinenden Bewegungen, wie sie Ringfunde von Vögeln aus der Schweiz, aus Tschechien und aus Italien zeigen (Maumary et al. 2007, Cepák et al. 2008, Spina & Volponi 2008a).

Summary: *Only very few Ferruginous Ducks breed or stage in Germany, and not surprisingly the number of ring recoveries is very limited. There is one recovery within E Germany (Saxony), and from the two others one connects The Netherlands with N Germany and the other Switzerland with S Germany. As in recoveries of Italian, Swiss and Czech birds, the movement pattern appears to be undirected.*

Abb. 1: Funde von Moorenten mit Bezug zu Deutschland (3 Funde). – *Recoveries of Ferruginous Duck related to Germany (3 recoveries).*

Tafelente *Aythya ferina*

Common Pochard

Beringungen nach 1945:	3605
Funde > 10 km nach 1945:	218/209
Wiederfundquote (Fernfunde nach 1945):	5,8 %
Funde > 10 km seit 1901:	218/209
Funde fremder Beringungszentralen:	272/265
Höchstalter:	10 J, 6 M
Weiteste Entfernung:	4338 km

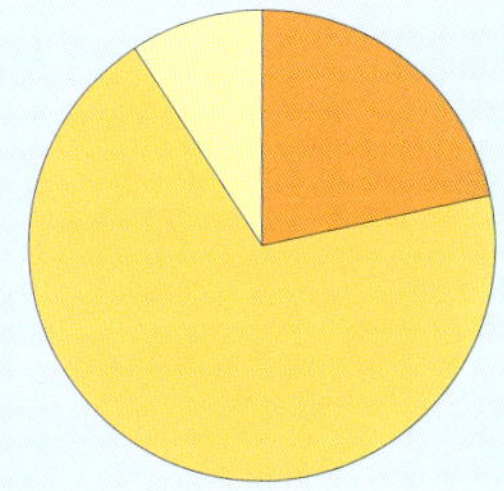

Verbreitung und Status: Das Brutareal der Tafelente erstreckt sich von W-Europa (einschließlich Island) bis in die sibirische Baikalregion. Während die Art in der W-Hälfte Europas ganzjährig vorkommt, werden N- und E-Europa sowie Sibirien im Herbst geräumt. Zum Überwinterungsgebiet gehören auch Feuchtgebiete im Mittelmeerraum, in der N-Hälfte Afrikas und in S-Asien. Die 4000–5500 BP Deutschlands verteilen sich über fast alle Teile des Landes, Schwerpunkte des Vorkommens sind Bayern, Brandenburg und Schleswig-Holstein. Bereits im Juni/Juli führen Männchen einen Mauserzug durch, wobei sich in Deutschland die kopfstärksten Mauserbestände in Schleswig-Holstein und Bayern befinden. Auf dem Herbstzug (besonders im Oktober) und zum Überwintern suchen Tafelenten viele Still- und Fließgewässer in ganz Deutschland auf, die Abwanderung erfolgt vor allem im Februar und März. In den letzten 25 Jahren haben sowohl der Brut- als auch der Winterbestand leicht abgenommen.

Wanderungen: Abgesehen von afrikanischen und asiatischen Winterquartieren belegen Ringfunde Verbindungen von Deutschland aus zum größten Teil des von der Art genutzten Areals (Abb. 1). Direkte Funde vom Herbstzug zeigen Wanderungen nach W, WSW und SW (seltener S oder NW), sowohl für zuwandernde Vögel aus Polen und Lettland als auch für Angehörige des deutschen Brutbestandes (Abb. 2). Letztere erreichen dadurch verschiedene Bereiche der W-Hälfte Europas von Dänemark, den Niederlanden, England und Irland südwärts bis Spanien, S-Frankreich und Italien. Mit Ausnahme von Dänemark weisen Ringfunde aus den Monaten Dezember bis Februar genau dieses Gebiet auch als Winterquartier für deutsche Brutvögel aus (Abb. 3). Nur wenige Hinweise liefern Ringfunde über die Herkunftsgebiete der deutschen Wintergäste. Nachweislich beteiligt sind demzufolge Brutvögel aus Deutschland und dem Baltikum, doch legen es Funde in Finnland, im europäischen Teil Russlands und in Sibirien (Abb. 1) nahe, dass auch von dort Tafelenten zum Überwintern zuwandern. Den hohen Beringungszahlen von Tafelenten in der Schweiz ist es zu verdanken, dass Russland und Sibirien als wichtigste Herkunftsgebiete mitteleuropäischer Wintergäste dokumentiert sind (Hofer et al. 2010). Wie bei einigen anderen Entenarten ist ein Teil der Funde deutscher Ringvögel in Russland und Sibirien auf die Auswanderung von Jungvögeln in ferne Brutgebiete, zurückzuführen. Andere Funde resultierten aus der Winterberingung ausgewachsener Vögel. Allerdings wurde auch ein am Ismaninger Speichersee (Bayern) als brütendes Weibchen beringter Vogel fast sieben Jahre später im März in W-Sibirien gefunden. Vom Frühjahrszug gibt es nur so wenige Ringfunde, dass keine Rückschlüsse auf den Ablauf des Zuges möglich sind.

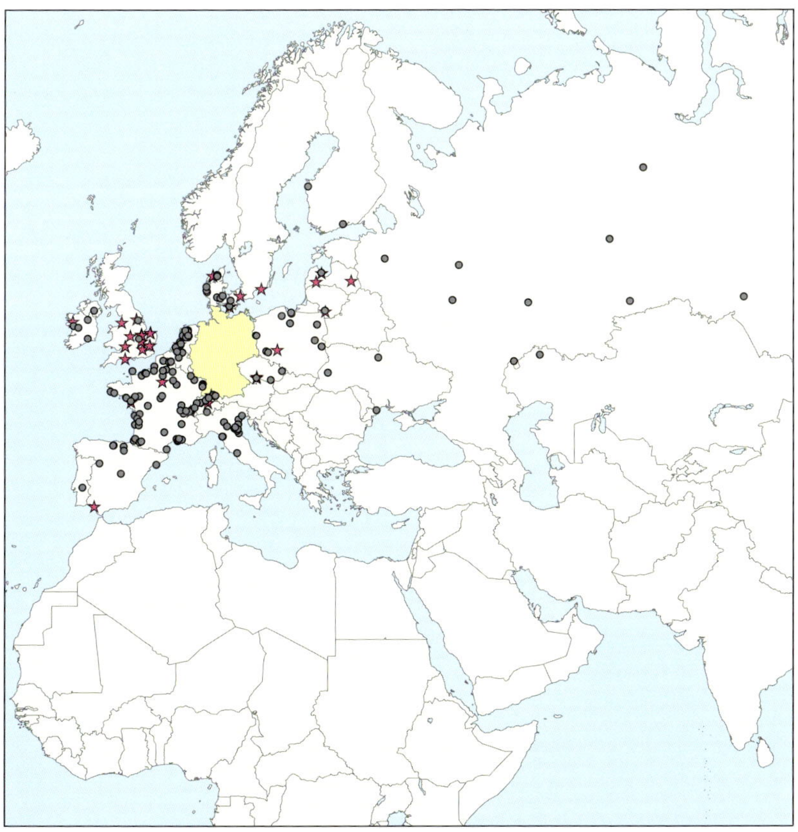

Abb. 1: Fundorte von in Deutschland beringten (166 Funde) und ausländische Beringungsorte von in Deutschland gefundenen (272 Funde) Tafelenten. – *Foreign recovery sites of Common Pochards ringed in Germany (166 recoveries) and foreign ringing sites of birds recovered in Germany (272 recoveries).*

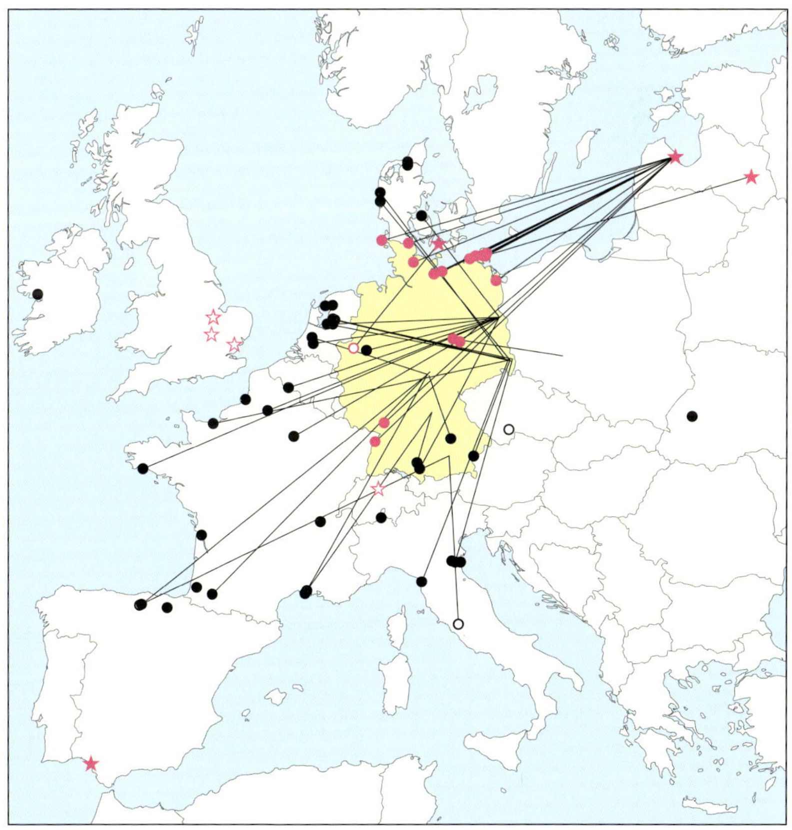

Abb. 2: Herbstzug (September–November) von in Deutschland zur Brutzeit (42 Funde) oder von September bis November anwesenden Tafelenten (33 Funde). – *Autumn migration (September–November) of Common Pochards present in Germany during the breeding season (42 recoveries) or from September to November (33 recoveries).*

Summary: *In Germany, Common Pochards breed in most parts of the country and gather for wintering at larger lakes and streams. Both breeding population (4000–5500 bp) and wintering numbers are slightly decreasing over the last 25 years. Autumn movements are mostly directed to W, WSW and SW, bringing German breeders to winter quarters in the western part of Europe between Ireland, Spain, Italy and NE Germany. On the other hand, migrants and wintering birds arrive from Finland, the Baltic States, European Russia and Siberia. Recoveries in Russia and Siberia refer to abmigration of German offspring, but also to birds ringed during winter in Germany. A breeding female from Bavaria was found in W Siberia in March nearly seven years later.*

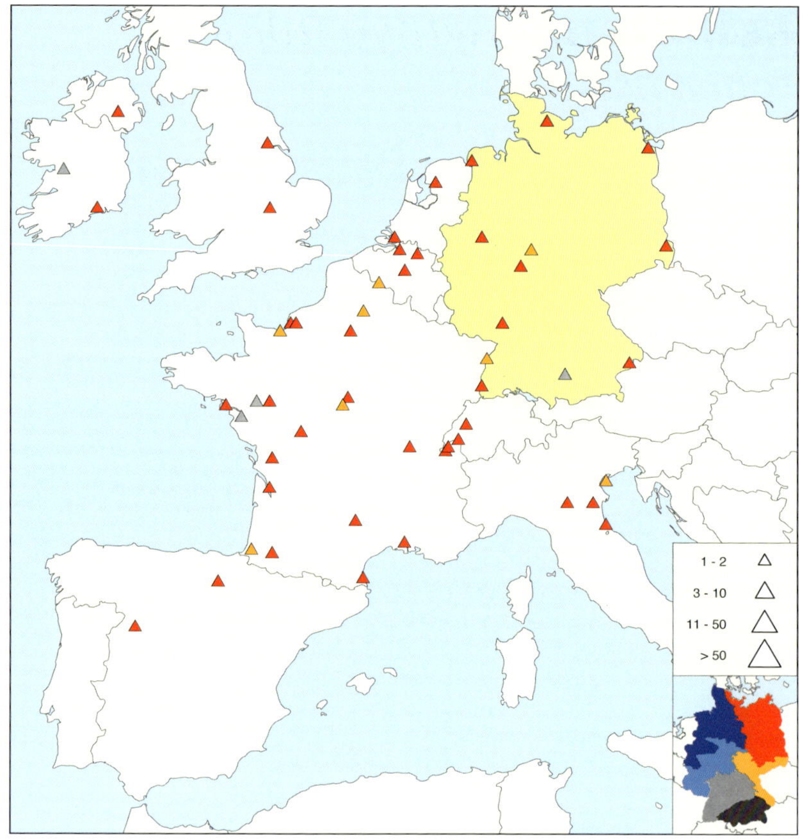

Abb. 3: Aufenthaltsorte im Winter (Dezember–Februar) von in Deutschland zur Brutzeit anwesenden Tafelenten (54 Funde). – *Presence in winter (December–February) of Common Pochards present in Germany during the breeding season (54 recoveries).*

Ringschnabelente *Aythya collaris*

Ring-necked Duck

Ringschnabelenten brüten in Nordamerika und überwintern südlich bis Panama. Alljährlich erscheinen einige Vögel in Europa. Aus Deutschland liegen seit 1976 insgesamt 45 Nachweise vor, einige dieser Individuen kehrten in mehreren aufeinander folgenden Jahren in ihr Überwinterungsgebiet zurück (Deutsche Avifaunistische Kommission 2012).

Ein am 26.10.2006 in W-Frankreich mit einer Schnabelmarke versehenes Männchen im 1. Kalenderjahr wurde danach mehrfach in Europa abgelesen. Der Vogel hielt sich im März 2007 in N-Frankreich auf, wurde dann im Februar 2008 in NE-Frankreich und im Herbst 2008 in E-Polen abgelesen. Im März 2009 und 2010 erschien er wieder in NE-Frankreich, bevor er sich vom 13.11.–1.12.2010 in N-Sachsen aufhielt (in Abb. 1 ist nur der Beringungsort in Frankreich und der Fundort in Deutschland dargestellt). Die Lebensgeschichte dieses Vogels zeigt, wie nearktische Irrgäste innerhalb Europas umherwandern können.

Summary: *A first-year male ringed in W France in October 2006 was subsequently seen at several sites in France and in Poland. In autumn 2010 the same bird stayed for 18 days in SE Germany (only this recovery is shown in the map). It again demonstrates migrations of trans-Atlantic vagrants within the European continent.*

Abb. 1: Fund einer Ringschnabelente mit Bezug zu Deutschland. – *Recovery of a Ring-necked Duck related to Germany.*

Reiherente *Aythya fuligula*
Tufted Duck

Beringungen nach 1945:	14.692
Funde > 10 km nach 1945:	1001/983
Wiederfundquote (Fernfunde nach 1945):	6,7 %
Funde > 10 km seit 1901:	1002/984
Funde fremder Beringungszentralen:	576/550
Höchstalter:	23 J, 2 M
Weiteste Entfernung:	4395 km

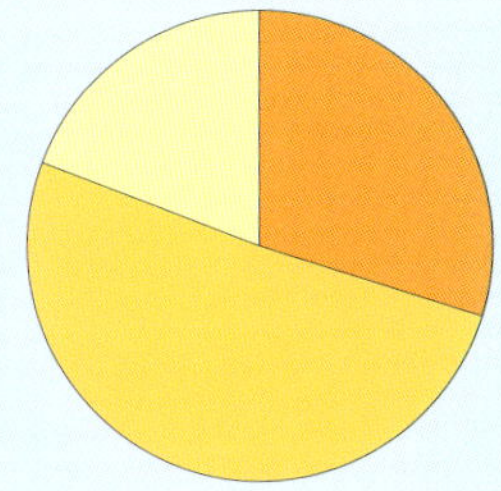

Verbreitung und Status: Reiherenten brüten in der N-Hälfte Eurasiens, von Island und den Britischen Inseln bis Kamtschatka. Ganzjährig kommt die Art nur in Mittel- und W-Europa vor, weitere Überwinterungsgebiete befinden sich im Mittelmeerraum, an Binnengewässern S der Sahara in Afrika und in S-Asien. Im 20. Jahrhundert ist die Art von E her als Brutvogel nach Deutschland eingewandert. Inzwischen sind alle Landesteile besiedelt, der Bestand von

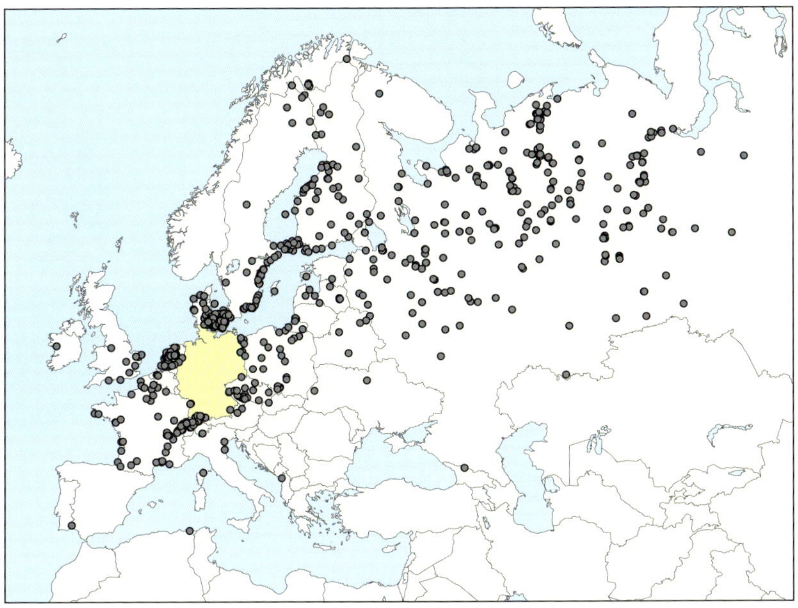

Abb. 1: Fundorte im Ausland von in Deutschland beringten Reiherenten (791 Funde). – *Foreign recovery sites of Tufted Ducks ringed in Germany (791 recoveries).*

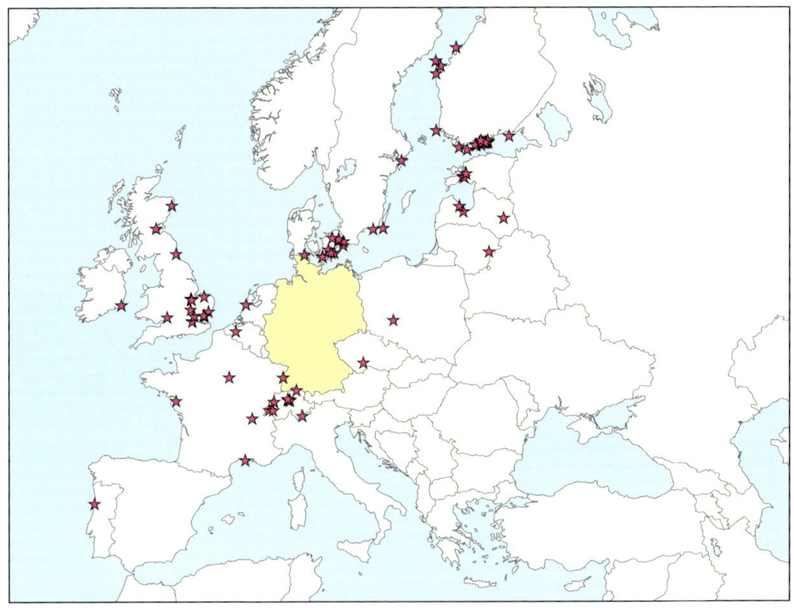

Abb. 2: Beringungsorte im Ausland von in Deutschland gefundenen Reiherenten (576 Funde). – *Foreign ringing sites of Tufted Ducks recovered in Germany (576 recoveries).*

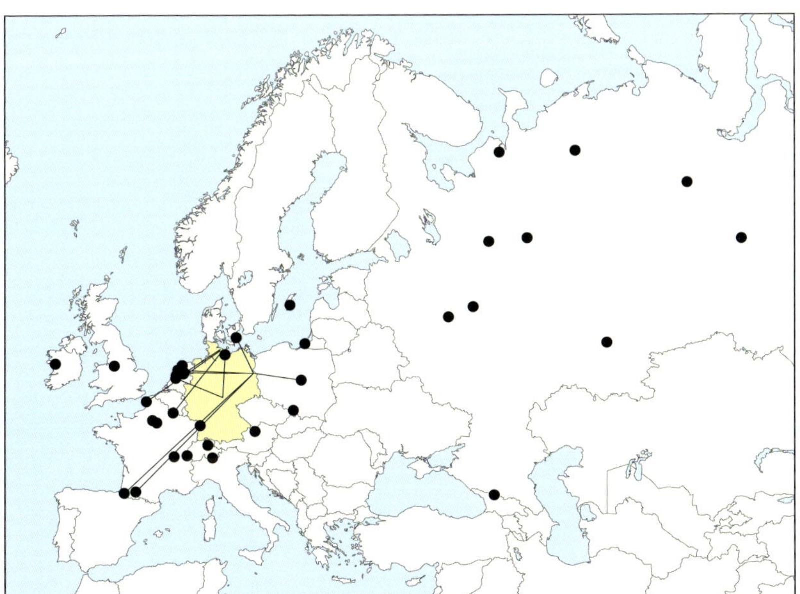

Abb. 3: Herbstzug (September – November) von in Deutschland zur Brutzeit anwesenden Reiherenten (40 Funde). – *Autumn migration (September – November) of Tufted Ducks present in Germany during the breeding season (40 recoveries).*

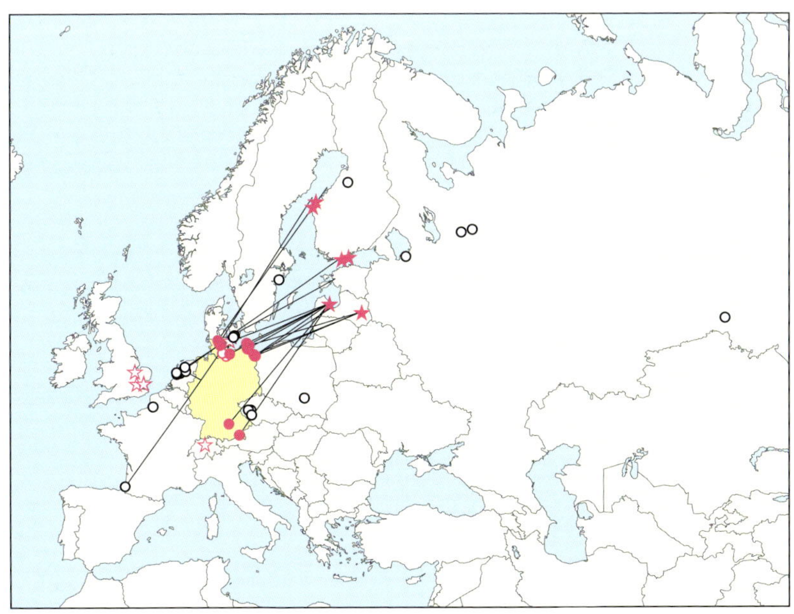

Abb. 4: Herbstzug (September – November) von in Deutschland von September bis November anwesenden Reiherenten (72 Funde). – *Autumn migration (September – November) of Tufted Ducks present in Germany from September to November (72 recoveries).*

20.000 – 30.000 BP ist weiter steigend. Daneben dienen fast alle eisfreien Gewässer Reiherenten aus anderen Brutgebieten als Winterquartier. Die Zuwanderung der Wintergäste findet von September bis November statt, deren Abwanderung vor allem im Februar und März. Der Frühjahrszug hält aber bis Mai an, bevor bereits im Juni und verstärkt im Juli/August Wanderungen zu Mausergebieten einsetzen.

Wanderungen: Das Einzugsgebiet, aus dem Reiherenten im Laufe des Jahres nach Deutschland gelangen, reicht von Mittelsibirien und N-Skandinavien bis Portugal und Algerien (Abb. 1 und 2). Einige direkte Wiederfunde zeigen für den Herbstzug einen Zug nach W bis SW an (Abb. 3 und 4). Dies gilt sowohl für Vögel des deutschen Brutbestands als auch für Reiherenten, die von Finnland und dem Baltikum nach Deutschland fliegen. Ein direkter Fund führt auch von N-Deutschland nach SW-Frankreich. Diese direkten Funde repräsentieren allerdings nur einen kleinen Ausschnitt des Herbstzuggeschehens, denn eine ganze Reihe von Funden zur Herbstzugzeit im europäischen Teil Russlands und in W-Sibirien deutet an, dass nach der Brutzeit auch von dort Vögel nach Deutschland fliegen. In den meisten Fällen handelt es sich um Männchen, die in Deutschland als Küken beringt wurden, sich vermutlich im Winterquartier mit aus Russland stammenden Weibchen verpaart haben und mit diesen in deren Heimatgebiet gezogen sind. Eine solche Abwanderung ist zudem in vielen anderen Fällen Grund für spätere Funde in Russland, wobei die Funde in Abb. 1 auch aus anderen Jahreszeiten als vom Herbstzug stammen. Wie groß der Anteil von Vögeln mit sibirischer Herkunft unter den mitteleuropäischen Wintergästen ist, zeigen eindrucksvoll die vielen Wiederfunde in der Schweiz beringter Reiherenten (bis über 8000 km entfernt in E-Sibirien, Hofer et al. 2010). Ein in Sachsen als Küken beringter Vogel, der neun Jahre später in Georgien geschossen wurde (Abb. 3), weist darauf hin, dass auch Austausch mit anderen Flywaypopulationen stattfinden kann, in diesem Fall wohl in Richtung eines Winterquartiers in SW-Asien. Obwohl brütende Weibchen überwiegend ortstreu sind, kommen auch bei ihnen weiträumige Umsiedlungen vor, z. B. von E-Deutschland nach Sibirien (Heinicke & Köppen 2007).

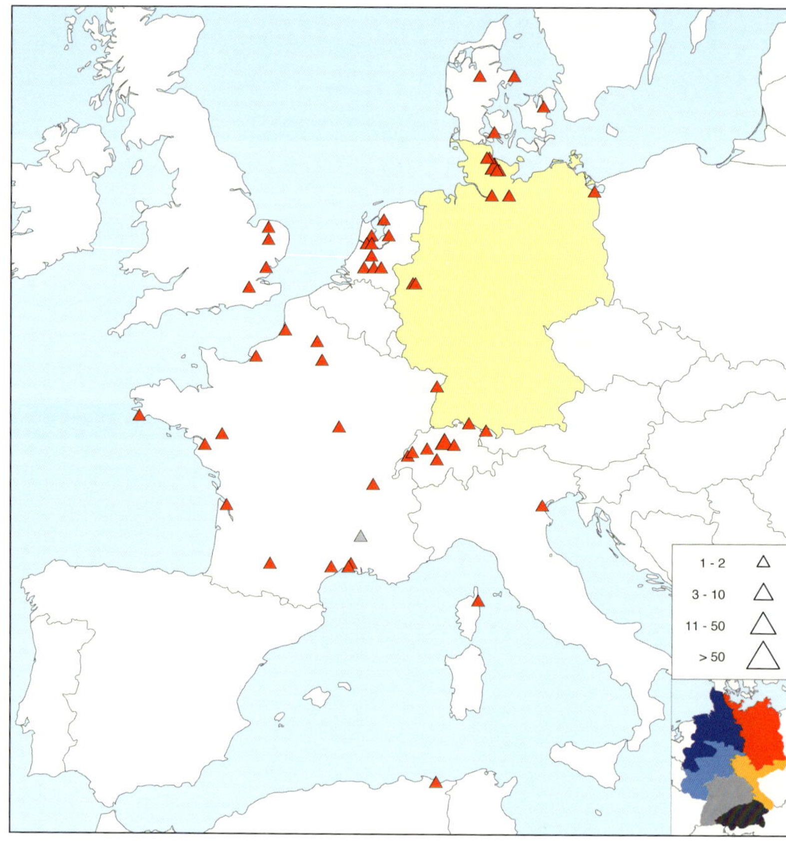

Abb. 5: Aufenthaltsorte im Winter (Dezember – Februar) von in Deutschland zur Brutzeit anwesenden Reiherenten (69 Funde). – *Presence in winter (December – February) of Tufted Ducks present in Germany during the breeding season (69 recoveries).*

Aus dem deutschen Brutbestand stammende Reiherenten wurden im Winter aus ganz verschiedenen Bereichen der W-Hälfte Europas gemeldet. Fast alle Funde gehen auf Vögel aus dem NE-deutschen Tiefland zurück, wobei Schwerpunkte in Schleswig-Holstein und Dänemark, den Niederlanden, SE-England und der Schweiz zu erkennen sind. Doch auch aus ganz Frankreich liegen Winterfunde vor, ferner je einer in N-Italien, auf Korsika und in Algerien (Abb. 5). Für in Deutschland überwinternde Reiherenten konnten durch beringte Brutvögel oder Küken Finnland und das Baltikum als Herkunftsgebiete belegt werden. Einzelne Nachweise zur Brutherkunft gibt es aus S-Schweden und den Niederlanden (Abb. 6). Russland bzw. Sibirien sind ebenfalls zum Brutgebiet deutscher Wintergäste zu rechnen, denn sehr viele der Funde dort gehen auf die Winterberingung von Reiherenten in Kiel zurück und betreffen im Mai oder Juni (zu Beginn der Brutzeit) erbeutete Vögel. Dagegen machen deutsche Brutvögel offenbar nur einen kleinen Teil der Überwinterer aus (vgl. Abb. 5), doch ist einschränkend festzustellen, dass aufgrund relativ geringer Beringungszahlen in vielen Regionen Deutschlands und der hierzulande geringen Bejagung der Art keine besonders hohen Wiederfundwahrscheinlichkeiten vorliegen.

Funde aus der Zeit des Frühjahrszugs passen gut in das Bild, dass Reiherenten nach der Überwinterung wieder nach NE und E abziehen (Abb. 7). Ein Fängling aus Schottland, der fast auf den Tag genau fünf Jahre nach seiner Beringung Anfang März in E-Schleswig-Holstein tot gefunden wurde, verkörpert mögli-

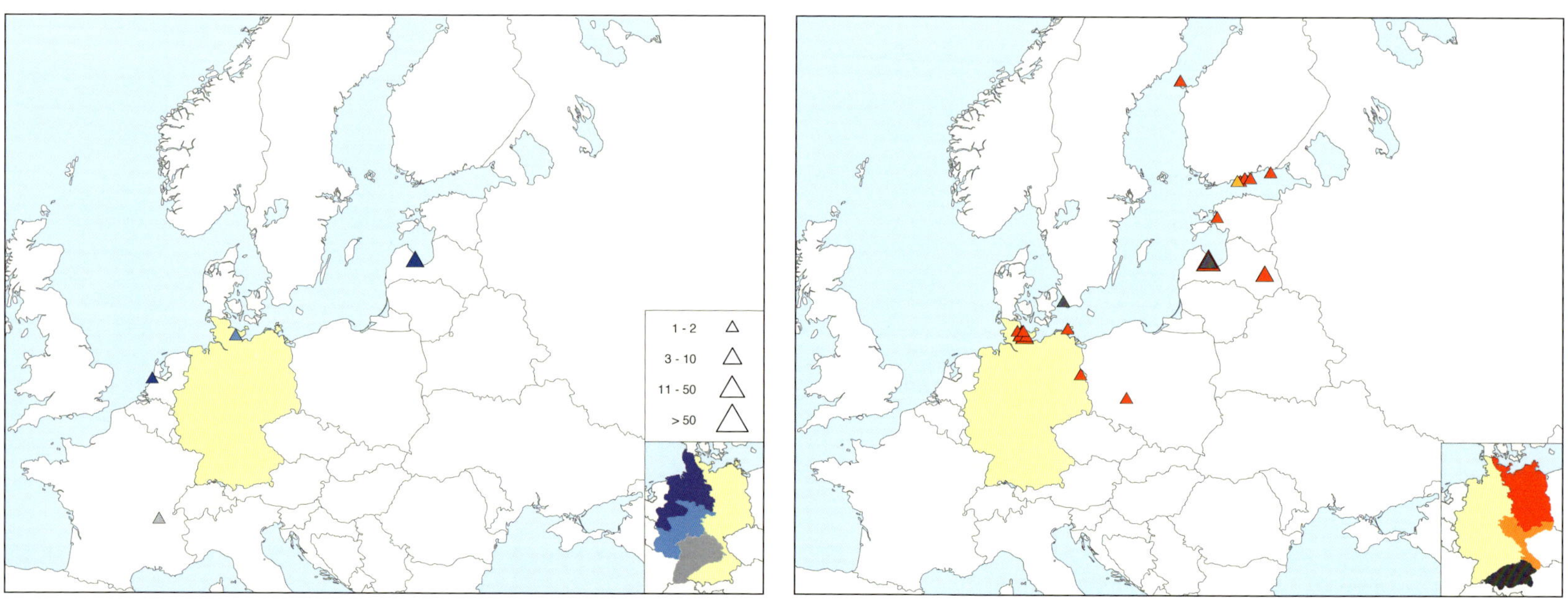

Abb. 6: Aufenthaltsorte zur Brutzeit von im Winter (Dezember – Februar) in Deutschland anwesenden Reiherenten (62 Funde). – *Presence during the breeding season of Tufted Ducks present in Germany in winter (December – February, 62 recoveries).*

cherweise einen Wechsel des Zugwegs, könnte aber auch ein Hinweis darauf sein, dass Reiherenten aus NW-Europa (Schottland, Island) nach Deutschland gelangen (vgl. zahlreiche Ringfundverbindungen zwischen Island und den Britischen Inseln, Wernham et al. 2002).

Summary: *Tufted Ducks have colonized all parts of Germany during the 20th century. The population size of currently 20,000–30,000 bp is still increasing. In addition, large numbers of wintering birds reach ice-free waters in Germany mainly from breeding areas in Finland, NE Europe and W Siberia, as shown by quite a number of recoveries. However, many rings reported from those areas refer to birds ringed as chicks in Germany, having moved far to the NE and E by abmigration. Winter quarters of German breeding birds and their offspring mainly comprise the western half of Europe from Denmark and S England to S France and N Italy (with one recovery in Algeria). Direct recoveries from autumn and spring indicate migration along NE-SW and E-W axes. A German ringed bird shot in Georgia and a Scottish ringed bird found in N Germany, both recovered after a couple of years, may indicate switches between flyways.*

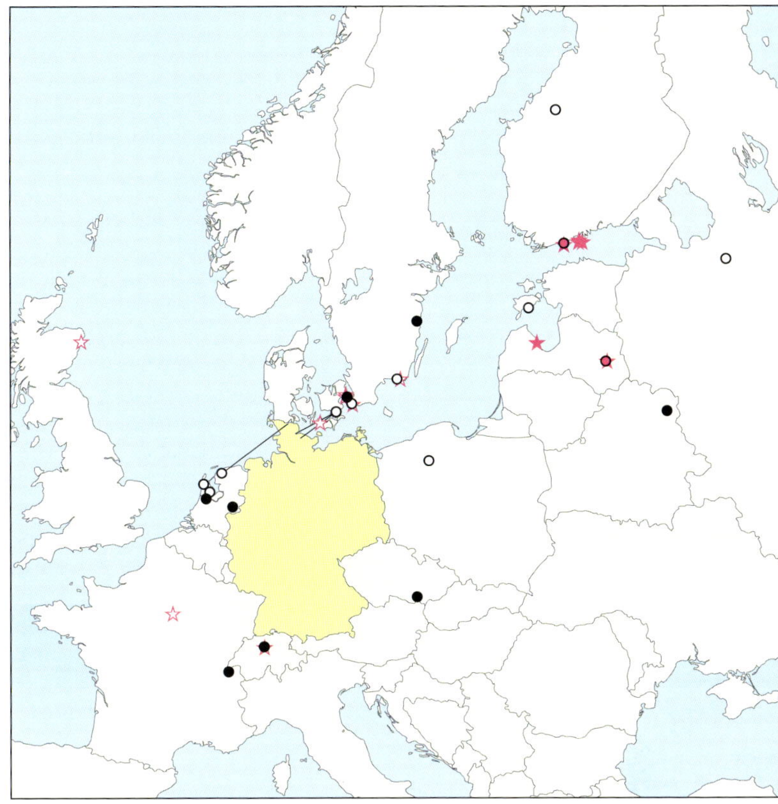

Abb. 7: Frühjahrszug (März–April) von in Deutschland zur Brutzeit (10 Funde) oder zwischen März und April anwesenden Reiherenten (42 Funde). – *Spring migration (March–April) of Tufted Ducks present in Germany during the breeding season (10 recoveries) or from March to April (42 recoveries).*

Bergente *Aythya marila*

Greater Scaup

Beringungen nach 1945:	242
Funde > 10 km nach 1945:	27/27
Wiederfundquote (Fernfunde nach 1945):	11,2 %
Funde > 10 km seit 1901:	27/27
Funde fremder Beringungszentralen:	17/17
Höchstalter:	8 J, 6 M*
Weiteste Entfernung:	4047 km

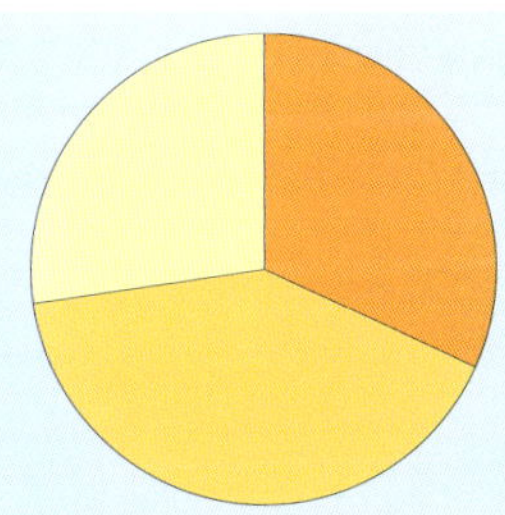

Verbreitung und Status: Die Bergente ist Brutvogel der eurasischen und nordamerikanischen Arktis, südwärts reicht das Vorkommen bis Skandinavien, Kamtschatka und SE-Kanada. Das Brutgebiet wird zum Winter hin vollständig geräumt, die kalte Jahreszeit verbringen Bergenten zumeist in verschiedenen Küstenmeeren Europas, E-Asiens und Nordamerikas, stellenweise auch auf größeren Seen. Als südlichster Ausläufer des Brutareals beherbergen die deutschen Küsten gelegentlich einzelne Brutpaare. Von viel größerer Bedeutung ist das Wintervorkommen. Nach einem Maximum von 110.000 Ind. Anfang der 1990er Jahre hat der deutsche Winterbestand, der sich fast ausschließlich an der Ostseeküste aufhält, auf etwa 66.000 Ind. abgenommen, was etwa einem Fünftel der in W-Europa überwinternden Zugwegpopulation entspricht. Die Ankunft dieser Vögel fällt größtenteils in die Monate September bis November, der Abzug findet von Februar bis April statt.

Wanderungen: Sämtliche Wiederfunde in anderen Ländern gehen auf Bergenten zurück, die als Wintergäste im E Schleswig-Holsteins beringt wurden. Während fünf Funde in den Niederlanden und zwei Funde in Dänemark Umverteilungen innerhalb des Winterquartiers betreffen, stammen Wiederfunde zwischen Estland und N-Sibirien aus der Zeit von Frühjahrszug (Mai, Juni) und Herbstzug (September, Oktober), dürften aber dennoch grob das Brutgebiet umreißen. Dieses reicht demzufolge bis mindestens 82 °E, wo ein Vogel am Jenissei geschossen wurde (Abb. 1). Der Fund in Norwegen betrifft ein Männchen im August, das sich nicht mehr im Brutgebiet aufgehalten haben muss, aber dennoch ein skandinavischer Brutvogel gewesen sein dürfte. Etliche Ringfunde von Finnland nach Dänemark und zu den Niederlanden (Saurola et al. 2013) legen zudem nahe, dass auch finnische Bergenten in Deutschland vorkommen. Zuwanderung erfolgt aber nicht nur von N und NE her, sondern auch aus dem NW. Dies belegen vier in Island als Küken bzw. Brutvögel markierte Vögel, die in drei Fällen an der deutschen Ostseeküste, einmal aber auch im Binnenland (am Rhein bei Mainz) gefunden wurden. Drei Funde von Großbritannien, acht Funde von Dänemark (Abb. 1) sowie zwei Funde von Gotland (Fransson & Pettersson 2001) zur deutschen Ostseeküste spiegeln wiederum Ortswechsel innerhalb eines Winters oder zwischen verschiedenen Jahren wider.

Summary: *Greater Scaup is an irregular breeder in German coastal wetlands, but a large proportion of the W European flyway population spends the winter at the German Baltic Sea coast, with arrivals from September to November and departures between February and April. A number of ring recoveries refer to changes of location within the wintering area both between and within seasons (birds to and from Britain, The Netherlands, Denmark and Sweden). Other recoveries outline the breeding origin of Greater Scaups wintering in Germany, which accordingly come from the NW (Iceland), N (Norway) and NE (Estonia to N Siberia up to 82 °E, probably also Finland).*

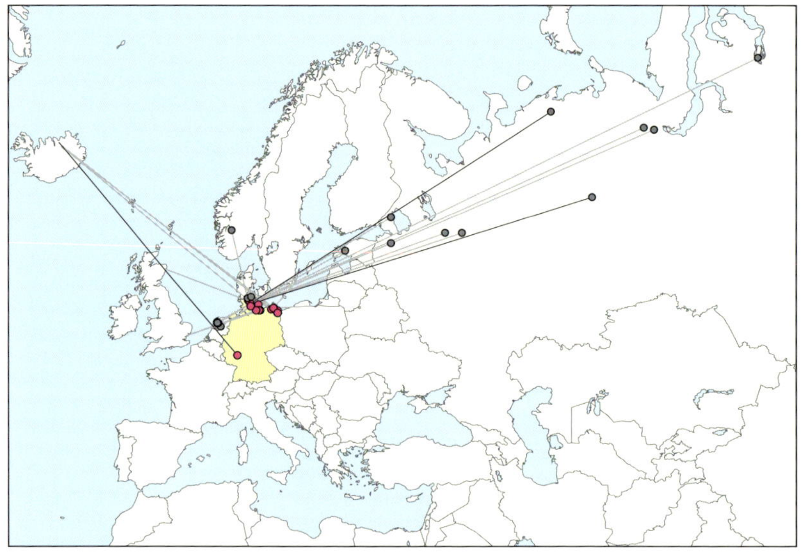

Abb. 1: Funde von Bergenten mit Bezug zu Deutschland (36 Funde). – *Recoveries of Greater Scaups related to Germany (36 recoveries).*

Eiderente *Somateria mollissima*

Common Eider

Beringungen nach 1945:	1511
Funde > 10 km nach 1945:	131/129
Wiederfundquote (Fernfunde nach 1945):	8,5 %
Funde > 10 km seit 1901:	131/129
Funde fremder Beringungszentralen:	783/774
Höchstalter:	18 J, 9 M*
Weiteste Entfernung:	1345 km

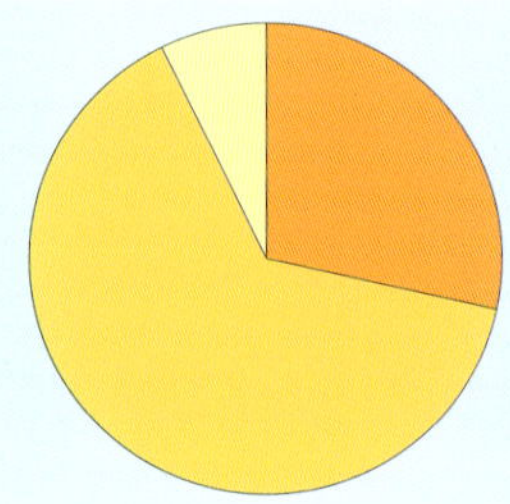

Verbreitung und Status: Das Brutgebiet der Eiderente erstreckt sich entlang der Küsten von N-Amerika (Alaska bis Neufundland), Grönland, W- und N-Europa (Island und NW-Frankreich bis NW-Russland) sowie E-Sibirien. Als Überwinterungsgebiete dienen eisfreie, den Brutgebieten vorgelagerte Küstenmeere. In Deutschland brüten Eiderenten größtenteils auf Inseln im Wattenmeer, in kleinerer Zahl auch auf Helgoland, Fehmarn, in der Wismar-Bucht und bei Rügen. Der Gesamtbestand von 1000 – 1400 BP ist derzeit stabil. Sehr viel häufiger ist die Art als Durchzügler, Winter- und Mausergast. Der deutsche Winterbestand beläuft sich auf 130.000 Ind. in der Nordsee und 190.000 Ind. in der Ostsee, wobei zuletzt eine starke Abnahme festgestellt worden ist. Ins Binnenland gelangen Eiderenten nur in kleiner Zahl.

Wanderungen: Fast alle Ringfunde weisen darauf hin, dass die in Deutschland vorkommenden Eiderenten zur Ostsee-Wattenmeer-Population gehören. Wie ein Band ziehen sich die Funde von Finnland (sowie Estland) über Schweden und Dänemark zur deutschen Nord- und Ostseeküste, von dort setzt sich die Reihe der Rückmeldungen bis zum niederländischen Wattenmeer und in einem Fall bis Belgien fort (Abb. 1 und 2). Nur ein Fund liegt deutlich außerhalb dieses Gebietes: Ein im August im niedersächsischen Wattenmeer beringter Vogel wurde mehr als zweieinhalb Jahre später Anfang April aus NE-England gemeldet (Abb. 1). Dieser Fund deutet einen Kontakt zur kaum ziehenden Population der Britischen Inseln an. Allerdings hat eine Reihe von Wiederfunden von Schottland nach Dänemark, Schweden und Finnland gezeigt, dass insbesondere britische Männchen in die Ostsee-Wattenmeer-Population wechseln können (Wernham et al. 2002). Zu einem Austausch mit der ebenfalls kaum ziehenden Population aus Norwegen existiert nur ein Ringfund (ein im Juli auf Sylt beringtes vorjähriges Weibchen wurde im darauf folgenden Mai in S-Norwegen gefunden), doch zeigen auch etliche Ringfunde von Norwegen nach Dänemark, wo die Wiederfundwahrscheinlichkeit wegen der starken Bejagung der Art hoch ist, sowie ein Fund in den Niederlanden (Bakken et al. 2003), dass auch in Deutschland mit Vögeln dieser Herkunft zu rechnen ist.

Für das Vorkommen finnischer und schwedischer Brutvögel gibt es dagegen viele Belege. Direkte Wiederfunde zeigen zudem, dass die Vögel via Schweden in die südwestliche Ostsee gelangen (Abb. 2), nicht aber entlang der S-Küste der Ostsee (fast keine Ringfunde finnischer Eiderenten in Polen, Saurola et al. 2013). Auch aus kürzerer Distanz wandern im Herbst Eiderenten in den deutschen Rastbestand ein, einerseits von N her aus Dänemark, andererseits von W her aus den Niederlanden. Die Herkunft der Wintergäste in den deutschen Teilen von Nord- und Ostsee unterscheidet sich nur wenig, denn in den verschiedenen Küstenabschnitten (Wattenmeer in Niedersachsen bzw. Schleswig-Holstein, Ostseeküste von Schleswig-Holstein bzw. Mecklenburg-Vorpommern) liegt bei den als Brutvogel oder Küken beringten Vögeln der Anteil Finnlands recht konstant bei 79 – 88 %. Niederländische Brutvögel wurden im Winter auch an der Ostsee gefunden (aber nur in Schleswig-Holstein). Funde aus dem Frühjahr geben einen im Vergleich zum Herbst identischen Zugverlauf wieder.

Zum Wanderverhalten der deutschen Brutvögel liegen kaum Informationen vor. Ein als Küken auf Mellum beringtes Individuum ertrank sieben Jahre später im September in einem Fischernetz in der dänischen Ostsee. Drei auf Amrum beringte Küken wurden später an der dänischen Ostseeküste (nach 18 Jahren im Oktober), an der dänischen Nordseeküste (nach zehn Jahren im März) und im niederländischen Wattenmeer (nach neun Monaten im April) gefunden. Ein weiterer, als Küken beringter Vogel von Amrum fiel sieben Jahre später im April einem Jäger in S-Finnland zum Opfer. Dieser Fund lässt vermuten, dass auch bei in Deutschland aufgewachsenen Eiderenten Umsiedlungen über große Distanzen stattfinden können.

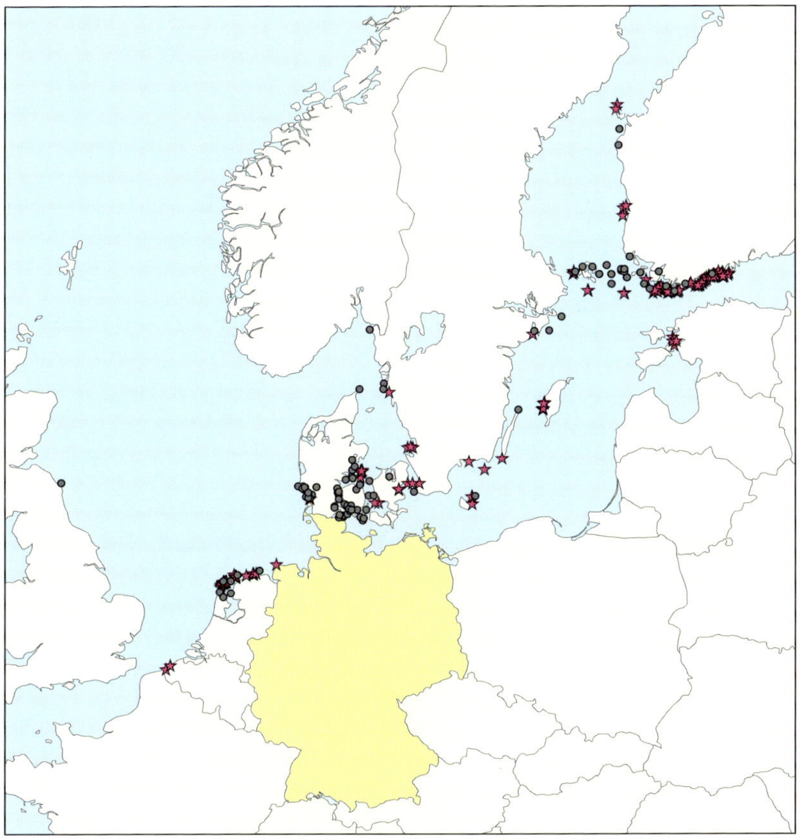

Abb. 1: Fundorte von in Deutschland beringten (97 Funde) und ausländische Beringungsorte von in Deutschland gefundenen (783 Funde) Eiderenten. – *Foreign recovery sites of Common Eiders ringed in Germany (97 recoveries) and foreign ringing sites of birds recovered in Germany (783 recoveries).*

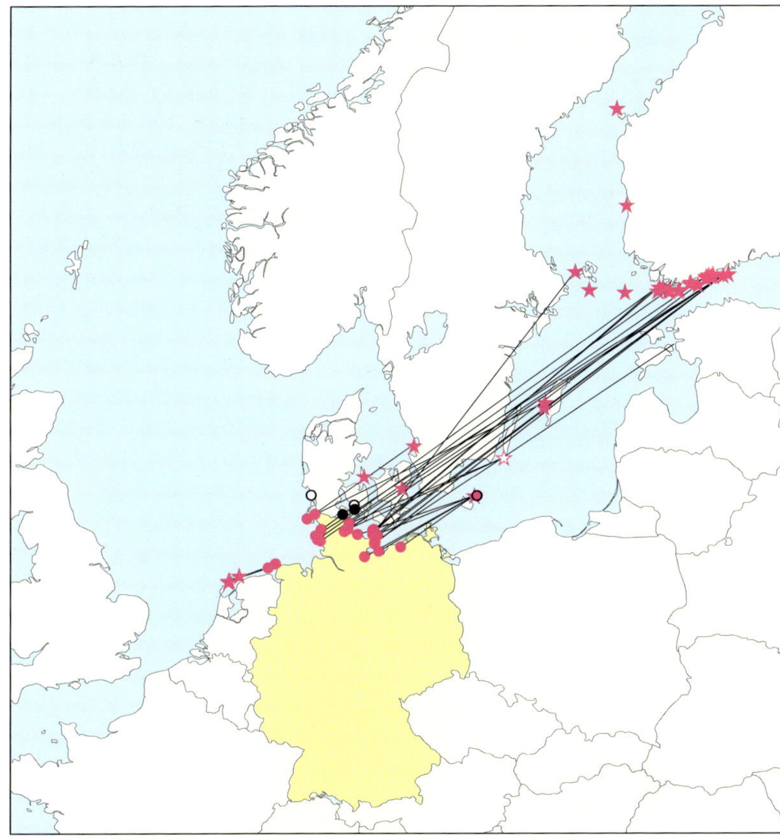

Abb. 2: Herbstzug (September – November) von in Deutschland zur Brutzeit (2 Funde) oder von September bis November anwesenden Eiderenten (102 Funde). – *Autumn migration (September – November) of Common Eiders present in Germany during the breeding season (2 recoveries) or from September to November (102 recoveries).*

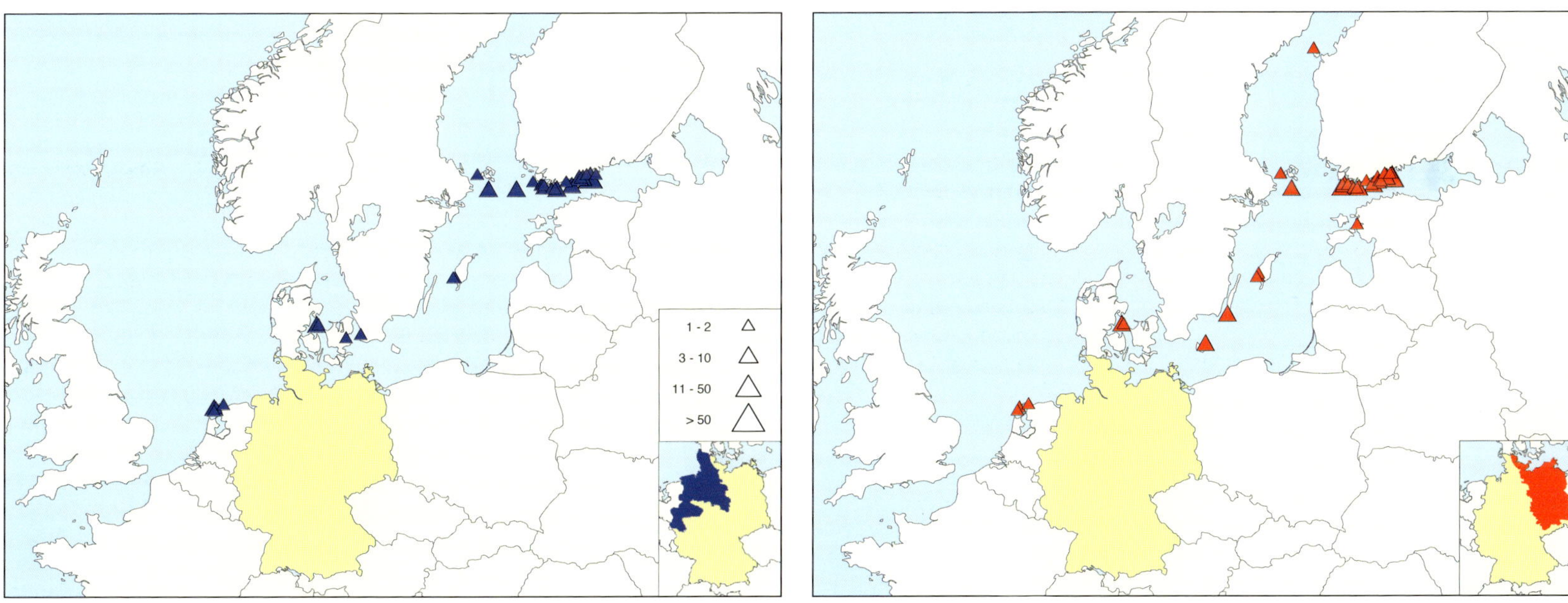

Abb. 3: Aufenthaltsorte zur Brutzeit von im Winter (Dezember – Februar) in Deutschland anwesenden Eiderenten (182 Funde). – *Presence during the breeding season of Common Eiders present in Germany in winter (December – February, 182 recoveries).*

Summary: *Common Eider is a common breeding bird at German coastlines, the great majority of them in the Wadden Sea, with a stable population of 1000 – 1400 bp. The species is much more abundant as a migrating, moulting and wintering bird. The winter population in the German sections of the Baltic Sea and North Sea is estimated at 320,000 birds, though strongly declining. Almost all ring recoveries relate visiting birds in Germany to the breeding populations of the Baltic and Wadden Sea, with most evidence from Finland, Sweden and Denmark (and to a smaller amount from Estonia and The Netherlands). Based on recovery data there is no hint of a separation of wintering areas between birds of different origin (even Eiders fledged in The Netherlands were found to winter in the Baltic). One connection each to NE England and S Norway indicate some exchange with the less migratory populations of those countries. Information about the migrations of the German breeding population is scant, as only five ringed chicks produced any recoveries in The Netherlands (1), Denmark (3) and Finland (1), with the latter indicating long-distance abmigration.*

Eisente *Clangula hyemalis*
Long-tailed Duck

Die Eisente brütet in der Arktis von Eurasien und Nordamerika, zum Überwintern werden südlicher gelegene Küstenmeere aufgesucht. In Europa halten sich Eisenten von Oktober bis Anfang Mai an den britischen und norwegischen Küsten, vor allem aber in der Ostsee auf. In der deutschen Ostsee überwintern etwa 315.000 Ind., doch nimmt dieser Bestand zurzeit stark ab (Bellebaum et al. 2014). Zwei Männchen, die 1933 bzw. 1934 jeweils im August an einem Mauserplatz auf der sibirischen Jamal-Halbinsel beringt worden waren, wurden jeweils im folgenden Winter bei der Greifswalder Oie (Mecklenburg-Vorpommern) und in der Lübecker Bucht (Schleswig-Holstein) erbeutet (Schüz 1935b, Abb. 1). Die Entfernungen zwischen Beringungs- und Fundort betrugen dabei 3393 bzw. 3546 km. Inzwischen konnte bei mit Satellitensendern ausgerüsteten Eisenten der Zug von der Ostsee bei Fehmarn zum Weißen Meer und entlang der sibirischen N-Küste bis zu Brutgebieten auf den Halbinseln Jamal, Gydan und Taimyr verfolgt werden (Kruckenberg et al. 2012). Darüber hinaus belegen viele weitere Ringfunde die Herkunft der in der Ostsee überwinternden Eisenten aus Sibirien (Bauer & Glutz von Blotzheim 1969, Saurola et al. 2013), doch gibt es auch einen Fund von W-Grönland aus zur dänischen Ostsee (Bønløkke et al. 2006) sowie mehrere Verbindungen zwischen Island und N-Europa (Viksne 1989, Bakken et al. 2003).

Summary: *A large aggregation of 315,000 Long-tailed Ducks is wintering in the German section of the Baltic Sea, which is linked to a Siberian moulting area on Yamal Peninsula by two ring recoveries. In addition to recoveries from other schemes, satellite tracking has shown the connection between the Siberian breeding area and the Baltic Sea, though migration from Iceland and Greenland to N Europe was revealed by ring recoveries as well.*

Abb. 1: Funde von Eisenten mit Bezug zu Deutschland (2 Funde). – *Recoveries of Long-tailed Ducks related to Germany (2 recoveries).*

Trauerente *Melanitta nigra*
Common Scoter

Beringungen nach 1945:	354
Funde > 10 km nach 1945:	6/6
Wiederfundquote (Fernfunde nach 1945):	1,7 %
Funde > 10 km seit 1901:	6/6
Funde fremder Beringungszentralen:	5/5
Höchstalter:	-
Weiteste Entfernung:	197 km

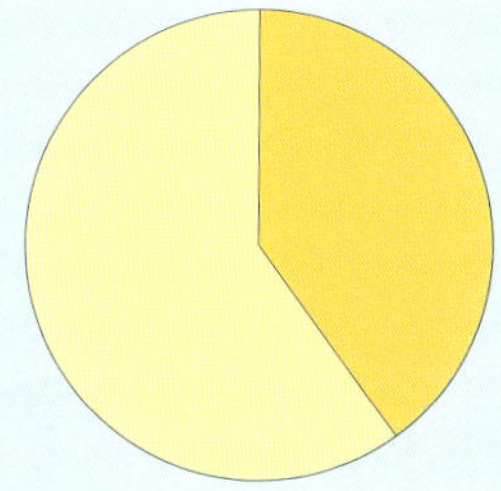

Trauerenten brüten in Island, Großbritannien und von Fennoskandien bis N-Sibirien. Die Überwinterung findet in eisfreien Küstengewässern von N-Norwegen bis W-Afrika statt. In Deutschland ist die Art ganzjährig in Ostsee und in dem Wattenmeer vorgelagerten Bereichen der Nordsee als Durchzügler, Mauser- und Wintergast präsent (Winterbestand: 365.000 Ind.). Im Binnenland treten dagegen vergleichsweise wenige Trauerenten auf, vor allem im Oktober/November. Der Durchzug ist an den Küsten im März/April und von Juli bis Oktober am stärksten. Wegen großräumiger Ortswechsel zwischen verschiedenen Rastgebieten sind aber in der deutschen Nord- und Ostsee ganzjährig Wanderungen zu beobachten (Nehls & Zöllick 1990, Dierschke & Helbig 2008, Hüppop et al. 2010). Solche wechselnden Aufenthaltsgebiete zeigen auch die wenigen vorliegenden Ringfunde der Trauerente (Abb. 1), während es durch die Vogelberingung aus Deutschland keine Belege für die Herkunft der Vögel gibt. Es ist sehr wahrscheinlich, dass sibirische und N-europäische Vögel nach Deutschland ziehen, zumal ein bei Fehmarn mit Satellitensender ausgestatteter Vogel zum Brüten in die Tundra im europäischen Teil Russlands zog und im folgenden Winter wieder nach Fehmarn zurückkehrte (www.movebank.org, 7.4.2014). Weitere Hinweise für eine solche Herkunft sind ein Ringfund vom Weißen Meer zum Kleinen Belt in Dänemark (Bønløkke et al. 2006) sowie zwei von Finnland aus südwestwärts gerichtete Ringfunde nach Schweden und Polen (Saurola et al. 2013).

Summary: *Common Scoters are abundant year-round visitors in the German section of the Baltic Sea and off the Wadden Sea coast, with largest concentrations during the moulting and wintering periods and the main migration periods in March/April and from July to October. The few ring recoveries available so far only imply site changes within the staging areas. The only evidence for breeding provenance comes from a satellite-tracked individual migrating from N Germany to N Russia.*

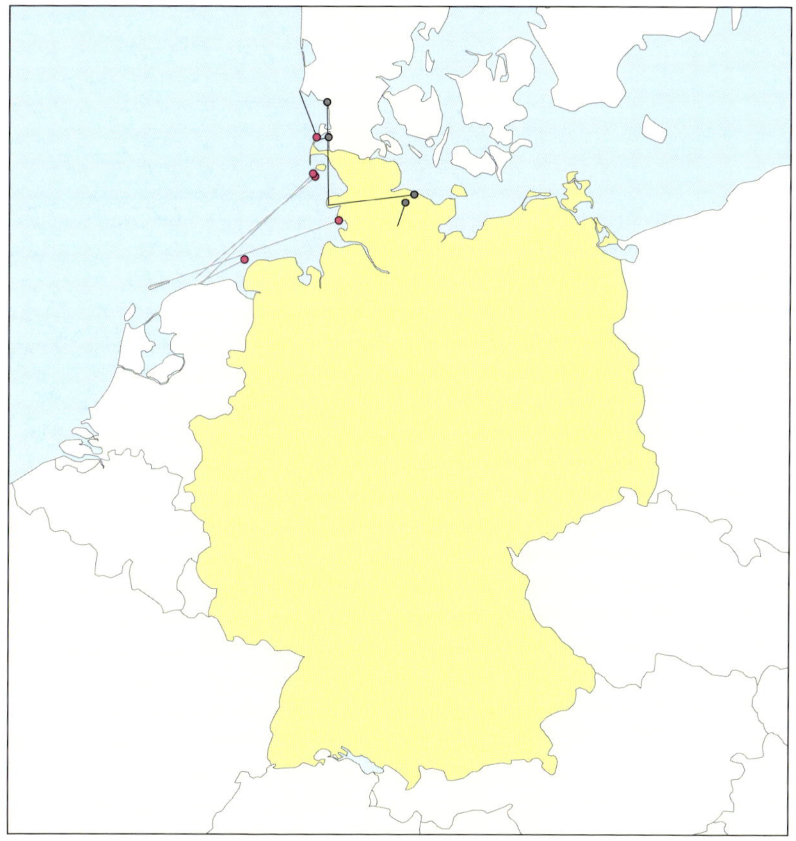

Abb. 1: Funde von Trauerenten mit Bezug zu Deutschland (9 Funde). – *Recoveries of Common Scoters related to Germany (9 recoveries).*

Samtente *Melanitta fusca*
Velvet Scoter

Beringungen nach 1945:	18
Funde > 10 km nach 1945:	1/1
Wiederfundquote (Fernfunde nach 1945):	5,6 %
Funde > 10 km seit 1901:	1/1
Funde fremder Beringungszentralen:	14/14
Höchstalter:	-
Weiteste Entfernung:	1754 km

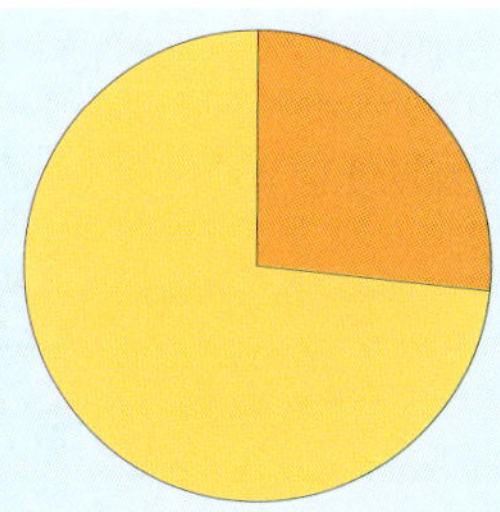

Verbreitung und Status: Als Brutvögel sind Samtenten von Fennoskandien bis Mittel-Sibirien verbreitet, ein isoliertes Brutvorkommen gibt es ferner im Kaukasus. Außerhalb der Brutzeit leben sie in der Ostsee und entlang der Nordseeküste. In Deutschland beschränkt sich das Vorkommen weitgehend auf die Ostsee und ist auf der Oderbank (Pommersche Bucht), wo sich auch ein kleiner sommerlicher Mauserbestand (bis 360 Ind., Sonntag et al. 2006) aufhält, am stärksten. An der

Nordseeküste sind Samtenten nur vereinzelt zwischen Trauerenten zu finden, auch im Binnenland ist das Vorkommen sehr spärlich. Der stark abnehmende Winterbestand umfasst in der deutschen Ostsee 38.000 Ind., aber in der deutschen Nordsee nur 210 Vögel. Durchzug findet vor allem im März/April und November statt.

Wanderungen: Eine Reihe von Ringfunden (Abb. 1) verdeutlicht, dass zumindest ein Teil der Gastvögel in der deutschen Ostsee aus dem Ostseeraum selbst stammt. Drei als brütende Weibchen beringte Samtenten aus Schweden und Finnland können dafür als Beleg gelten. Bei weiteren Funden aus Finnland und Estland ist aufgrund der Beringungszeit (Juni/Juli) anzunehmen, dass es sich ebenfalls um Brutvögel gehandelt hat. Ein als Küken auf Öland (SE-Schweden) beringter Vogel wurde im niedersächsischen Wattenmeer gefunden, ein Fängling aus Estland gelangte ins Binnenland nach Sachsen-Anhalt. Einziger Anhaltspunkt für eine Herkunft deutscher Gastvögel aus noch entfernteren Brutgebieten ist der Fund eines am Weißen Meer im August beringten Weibchens im Greifswalder Bodden (Abb. 1), der in mehreren Funden vom Weißen Meer nach E-Dänemark (Bønløkke et al. 2006) Parallelen findet. Der einzige Wiederfund einer in Deutschland beringten Samtente – ein im März auf Helgoland beringter Vogel wurde etwa ein Jahr später in E-Jütland tot gefunden (Abb. 1) – deutet allenfalls einen Wechsel von Winterrastgebieten an.

Summary: *Velvet Scoters are winter visitors in German marine areas, with large concentrations in the Baltic Sea (38,000 birds, strongly declining) and small aggregations in the North Sea (210 birds). In summer, the Pomeranian Bay holds up to 360 moulting birds. Ring recoveries show that breeding birds from Sweden and Finland are part of the German wintering population, and the same is probably true for birds from Estonia (five fully-growns ringed in June and July). One recovery shows that N Russian birds are involved as well. The only German recovery of a bird ringed on Helgoland was found in E Denmark after one year.*

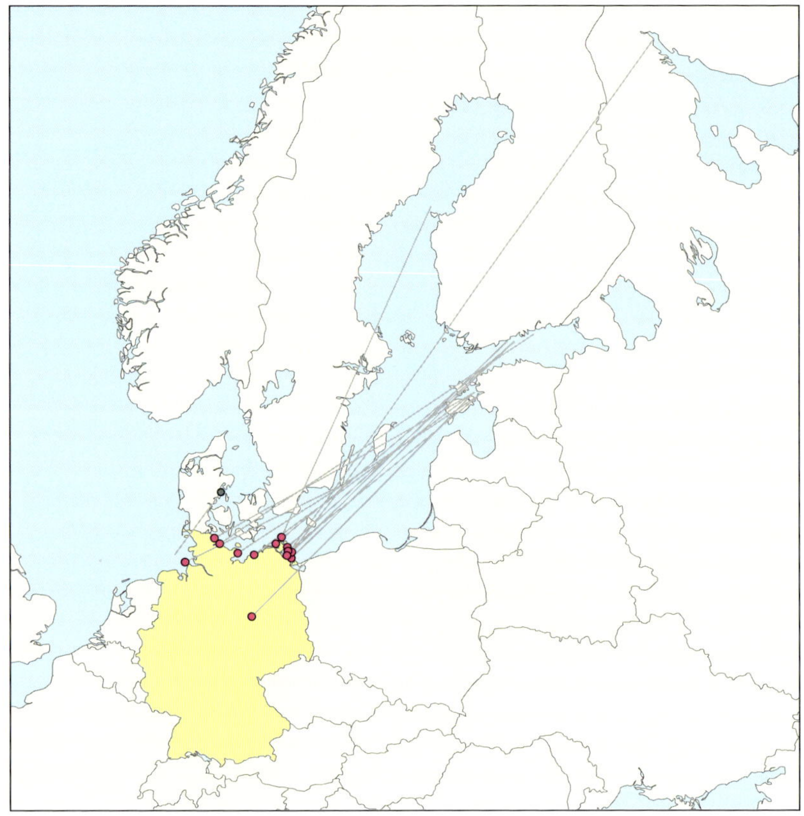

Abb. 1: Funde von Samtenten mit Bezug zu Deutschland (15 Funde). – *Recoveries of Velvet Scoters related to Germany (15 recoveries).*

Schellente *Bucephala clangula*
Common Goldeneye

Beringungen nach 1945:	4435
Funde > 10 km nach 1945:	28/28
Wiederfundquote (Fernfunde nach 1945):	0,6 %
Funde > 10 km seit 1901:	29/29
Funde fremder Beringungszentralen:	31/30
Höchstalter:	15 J*
Weiteste Entfernung:	2203 km

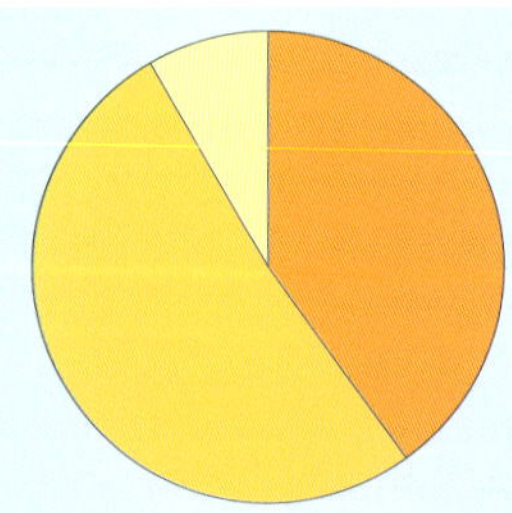

Verbreitung und Status: Als Brutvögel sind Schellenten holarktisch verbreitet und kommen dort vor, wo von Wald umgebene Gewässer zu finden sind. Im Winter lebt die Art in Binnen- und Küstengewässern etwas südlich des Brutgebietes in Mittel- und W-Europa, im E-Mittelmeer, an der asiatischen Pazifikküste sowie in S-Nordamerika. Deutschland beherbergt einen zunehmenden Bestand von 3300 – 4400 BP, der von wenigen kleineren Vorkommen abgesehen in E-Schleswig-Holstein und von Mecklenburg-Vorpommern bis E-Sachsen brütet. In allen Landesteilen sind dagegen Wintergäste anzutreffen, die größtenteils im November eintreffen und im März wieder abwandern.

Wanderungen: Die wenigen Ringfunde vom Herbstzug zeigen, dass der Nachwuchs deutscher Brutvögel in unterschiedliche Richtungen ziehen kann, denn Jungvögel aus einem Brutgebiet in E-Sachsen flogen nach Dänemark, nach Schleswig-Holstein, in die Niederlande und nach N-Frankreich. Ein Jungvogel aus E-Schleswig-Holstein zog nach NW und wurde in W-Dänemark geschossen (Abb. 2). Bis November gelangen auch schon Vögel aus Finnland und NW-Russland nach Deutschland, belegt u. a. durch einen direkten Wiederfund. Wie die Funde vom Herbstzug verteilen sich auch die Wiederfunde im Winter über ganz unterschiedliche Gebiete. Während ein Teil der Brutvögel in der Nähe des Brutgebietes bleibt, wurden andere in Dänemark, am Bodensee, in N-Frankreich und in N-Italien gefunden (Abb. 3). Ein Fund im März in S-England (Abb. 1) weist darauf hin, dass auch die britischen Inseln zum Überwinterungsgebiet deutscher Schellenten gehören. Andererseits setzt sich der deutsche Winterbestand nicht nur aus einheimischen Schellenten zusammen, sondern auch aus schwedischen und finnischen Vögeln (Abb. 4). Der von Viksne (1989) publizierte Fund einer Schellente aus W-Sibirien in Bayern und mehrere Ringfundverbindungen zwischen W- bzw. NW-Russland und der Schweiz (Maumary et al. 2007) zeigen aber, dass Vögel noch weiter aus dem E im Winter nach Deutschland kommen können, auch wenn die Mehrheit der Brutvögel dieser Gebiete zwischen Adria und Kaspischem Meer überwintert (Viksne 1989, Scott & Rose 1996).

Summary: *An increasing population of currently 3300 – 4400 bp is found in NE Germany between E Schleswig-Holstein and E Saxony, but the species is more widely distributed in winter. German-bred juveniles disperse into various directions during autumn migration and were found to winter from Denmark south to Italy (with most recoveries inside Germany and some close to the breeding sites). Foreign-bred wintering birds originate from Sweden, Finland and NW Russia, but most probably also from W Siberia.*

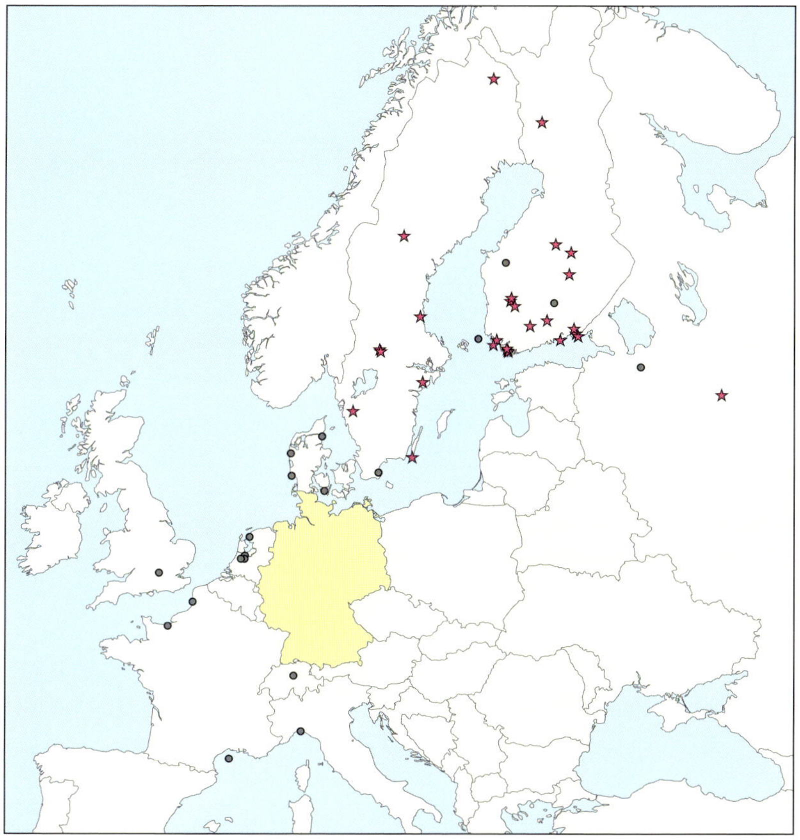

Abb. 1: Fundorte von in Deutschland beringten (19 Funde) und ausländische Beringungsorte von in Deutschland gefundenen (31 Funde) Schellenten. – *Foreign recovery sites of Common Goldeneyes ringed in Germany (19 recoveries) and foreign ringing sites of birds recovered in Germany (31 recoveries).*

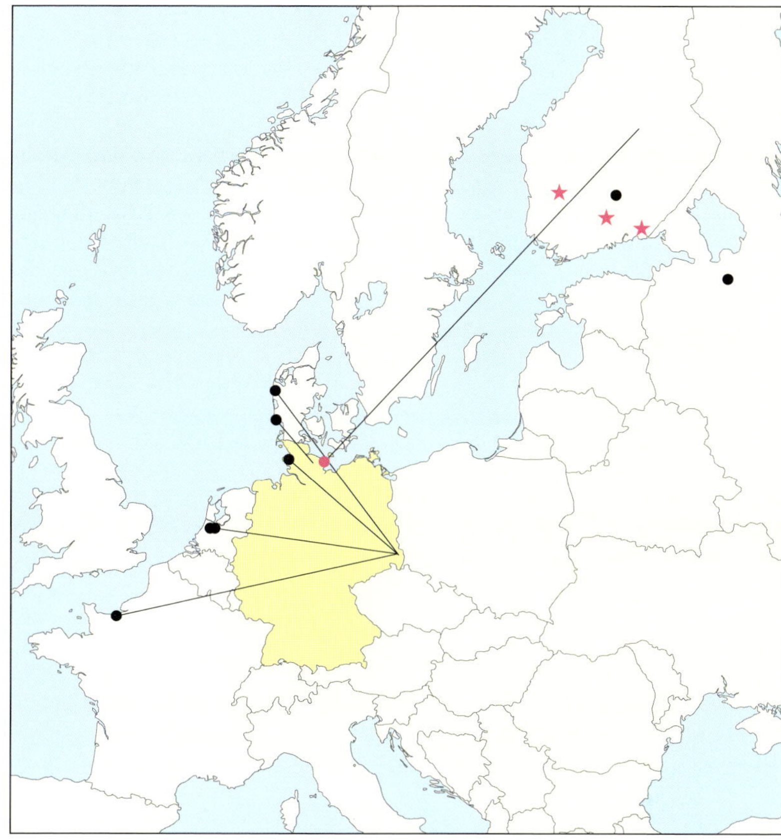

Abb. 2: Herbstzug (September – November) von in Deutschland zur Brutzeit (8 Funde) oder von September bis November anwesenden Schellenten (4 Funde). – *Autumn migration (September – November) of Common Goldeneyes present in Germany during the breeding season (8 recoveries) or from September to November (4 recoveries).*

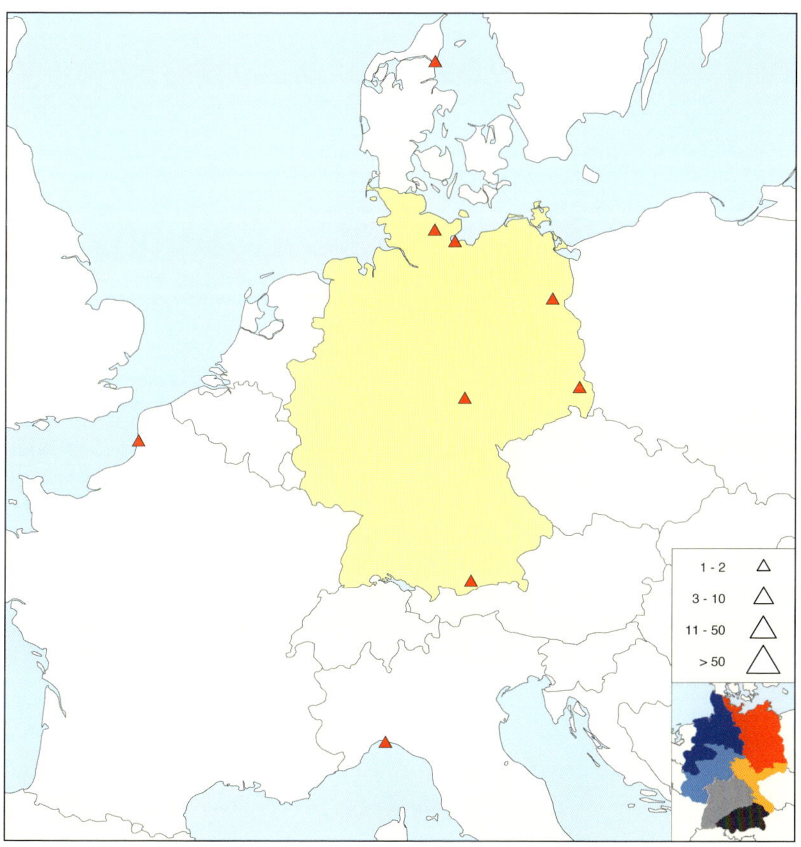

Abb. 3: Aufenthaltsorte im Winter (Dezember – Februar) von in Deutschland zur Brutzeit anwesenden Schellenten (9 Funde). – *Presence in winter (December – February) of Common Goldeneyes present in Germany during the breeding season (9 recoveries).*

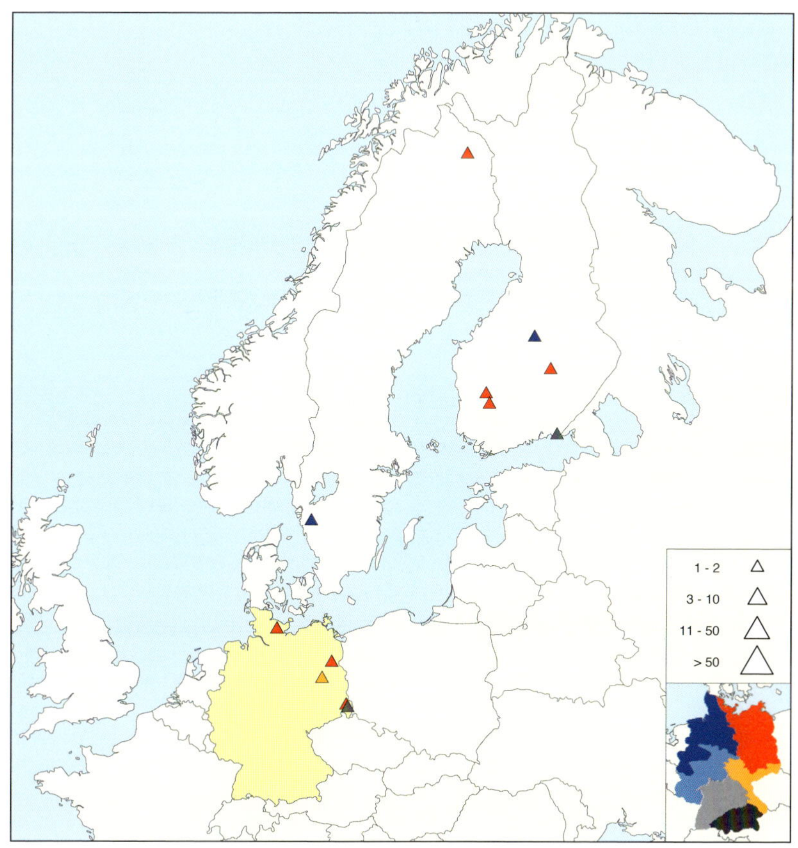

Abb. 4: Aufenthaltsorte zur Brutzeit von im Winter (Dezember – Februar) in Deutschland anwesenden Schellenten (14 Funde). – *Presence during the breeding season of Common Goldeneyes present in Germany in winter (December – February, 14 recoveries).*

Zwergsäger *Mergellus albellus*
Smew

Das Brutareal des Zwergsägers erstreckt sich über die Taiga von N-Schweden bis E-Sibirien. Zum Überwintern werden Küsten- und Binnengewässer vor allem in Mittel- und SE-Europa sowie in Mittel- und E-Asien aufgesucht. In Deutschland sind Zwergsäger hauptsächlich von November bis März anwesend. Zwei Ringfunde geben Aufschluss über die Herkunft dieser Wintergäste: Ein im Juni 1989 im finnischen Teil Lapplands als dortiger Brutvogel beringtes Weibchen wurde im Dezember desselben Jahres in Sachsen erlegt (Entfernung: 1926 km). Ein im November 1959 am Dümmer (W-Niedersachsen) beringtes Weibchen wurde im September 1961 nördlich von Moskau in Russland geschossen (Entfernung: 1917 km). Dieser Vogel befand sich offenbar schon auf dem Herbstzug, sein Fund passt aber zu mehreren weiteren Funden von den Niederlanden nach N-Sibirien, die belegen, dass in Mittel- und W-Europa überwinternde Zwergsäger aus Brutgebieten bis mindestens 70 °E stammen können, während bei ab 80 °E brütenden Vögeln schon südwärts gerichteter Zug durch Ringfunde belegt ist (Viksne 1989).

Summary: *As shown by ring recoveries, Smew spending the winter in Germany arrive from various parts of the N Eurasian breeding range. A breeding female from N Finland was found in Sachsen in December, whereas a female captured in W Niedersachsen in November was shot in September N of Moscow in September, probably during its autumn migration away from N Russian breeding areas.*

Abb. 1: Funde von Zwergsägern mit Bezug zu Deutschland (2 Funde). – *Recoveries of Smew related to Germany (2 recoveries).*

Gänsesäger *Mergus merganser*
Goosander

Beringungen nach 1945:	224
Funde > 10 km nach 1945:	9/9
Wiederfundquote (Fernfunde nach 1945):	4,0 %
Funde > 10 km seit 1901:	9/9
Funde fremder Beringungszentralen:	30/30
Höchstalter:	7 J, 8 M*
Weiteste Entfernung:	2255 km

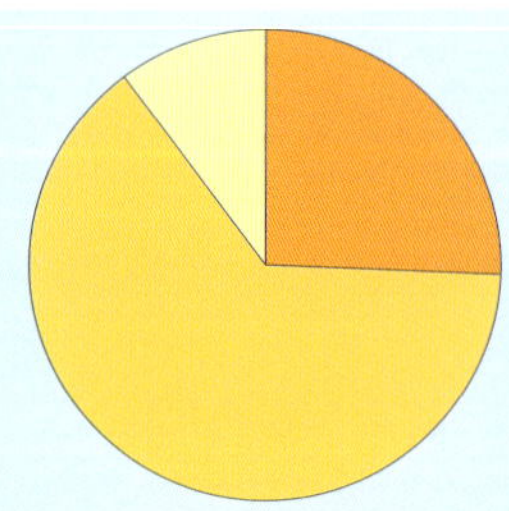

Verbreitung und Status: Gänsesäger brüten in den mittleren und nördlichen Breiten der Holarktis, fehlen aber in Ermangelung von Bäumen, in denen sie nisten können, in der Tundra. Die meisten Brutgebiete werden zum Winter hin verlassen, um die kalte Jahreszeit an etwas weiter südlich gelegenen Binnen- und Küstengewässern, in Europa südwärts bis Griechenland, zu verbringen. Abgesehen von einigen Einzelvorkommen weist die Brutverbreitung in Deutschland drei Zentren auf: die Alpen und ihr Vorland nordwärts bis zur Donau, das östliche Schleswig-Holstein sowie das Odertal entlang der deutschen Ostgrenze.

Der Brutbestand nimmt zu, weitet sein in Deutschland besiedeltes Areal aus und besteht derzeit aus 950 – 1100 BP. Still- und Fließgewässer im ganzen Land sowie die Ostseeküste dienen einer bei weitem größeren Zahl von Gänsesägern aus N-Europa als Überwinterungsgebiet, wobei das an der deutsch-polnischen Grenze gelegene Oderhaff von herausragender Bedeutung ist. Die meisten Gastvögel kommen im Oktober und November in Deutschland an und wandern vor allem im März wieder ab.

Wanderungen: Ringfunde mit Bezug zu Deutschland zeigen größtenteils Wanderungen von NE nach SW bzw. in umgekehrter Richtung (Abb. 1). Die meisten Funde betreffen als Brutvögel, nicht flügge Jungvögel oder zumindest in der Brutzeit markierte Gänsesäger aus Finnland und Schweden, die in den meisten Fällen zwischen November und März in Deutschland gefunden wurden (Abb. 1). Zusätzlich gibt es zwei Funde vom Baltikum (Beringung zur Brutzeit) nach Niedersachsen (März; Viksne 1989). Es wird deutlich, dass fennoskandische Vögel sowohl in N-Deutschland als auch im S des Landes überwintern. Elf Funde gehen auf am Sempachersee in der Schweiz beringte Wintergäste zurück, die in späteren Wintern aus dem deutschen Alpenvorland, aus Vorpommern oder aus Sachsen gemeldet wurden. Ebenso wie ein Wintervogel aus Schleswig-Holstein, der zwei Jahre später im Januar in Schweden gefunden wurde, weisen diese Funde darauf hin, dass Gänsesäger ihre winterlichen Aufenthaltsorte von Jahr zu Jahr deutlich verlagern können. Eine Wanderung von SE-England (Beringung im Dezember) zur mecklenburgischen Ostseeküste (Fund im folgenden April) zeigt, dass auf dem Frühjahrszug auch in W-Europa überwinternde Vögel in Deutschland auftreten. Weitere Wiederfunde von am Sempachersee (Hofer et al. 2010) und in Dänemark beringten Wintergästen (Bønløkke et al. 2006) legen es nahe, dass sich der Einzugsbereich für deutsche Gastvögel bis N-Russland (inklusive NW-Sibirien) erstreckt.

Über das Zugverhalten der deutschen Brutvögel ist nur wenig bekannt, alle Angaben stammen von vier im Jahr 1976 bei Bad Tölz in S-Bayern beringten Küken. Zwei dieser Vögel wurden als Wintergäste an Seen in der Schweiz wiedergefunden, die beiden anderen weisen auf eine Brutansiedlung fern des Geburtsortes hin: Ein im Oktober auf der polnischen Seite des Oderhaffs in Fischereigerät ertrunkener Vogel könnte schon einen Herbstzügler mit Brutgebiet in N-Europa betreffen, der andere wurde im Oktober in N-Finnland gefunden und dürfte daher höchstwahrscheinlich dem dortigen Brutbestand angehört haben. Die beiden letztgenannten Funde machen deutlich, dass der räumlich vom Rest der NW-europäischen Population isolierte Bestand des Alpenraums durchaus Kontakt zu anderen Teilen des Verbreitungsgebietes hat. Möglichkeiten zu großräumiger Umsiedlung bieten sich insbesondere durch Verpaarungen an Seen im Alpenraum, wo sowohl Brutvögel aus der Region als auch aus N-Europa überwintern (Hofer et al. 2010).

Summary: *The increasing German Goosander population comprises 950–1100 bp in three breeding areas, namely the pre-alpine lakes and rivers, the River Odra along the border to Poland, and E Schleswig-Holstein. The much larger wintering population is mainly concentrated at the Baltic Sea coast and on some clear inland stillwaters and rivers. Ring recoveries give evidence of a NE-SW migration from Fennoscandia to various parts of Germany, and data of birds ringed in Switzerland and Denmark suggest that N Russian birds complement the wintering population. A switch of wintering sites in different years between Swiss lakes and the Baltic Sea coast is suggested by a number of recoveries. The only four recoveries of chicks ringed in Germany (in S Bayern in 1976) were obtained in Switzerland (two birds in winter), Poland (backwater of the River Odra in October), and Finland (present in October). The latter two recoveries suggest abmigration to N Europe, which is likely to happen owing to pair formation on pre-alpine lakes, where alpine and N European birds congregate in winter.*

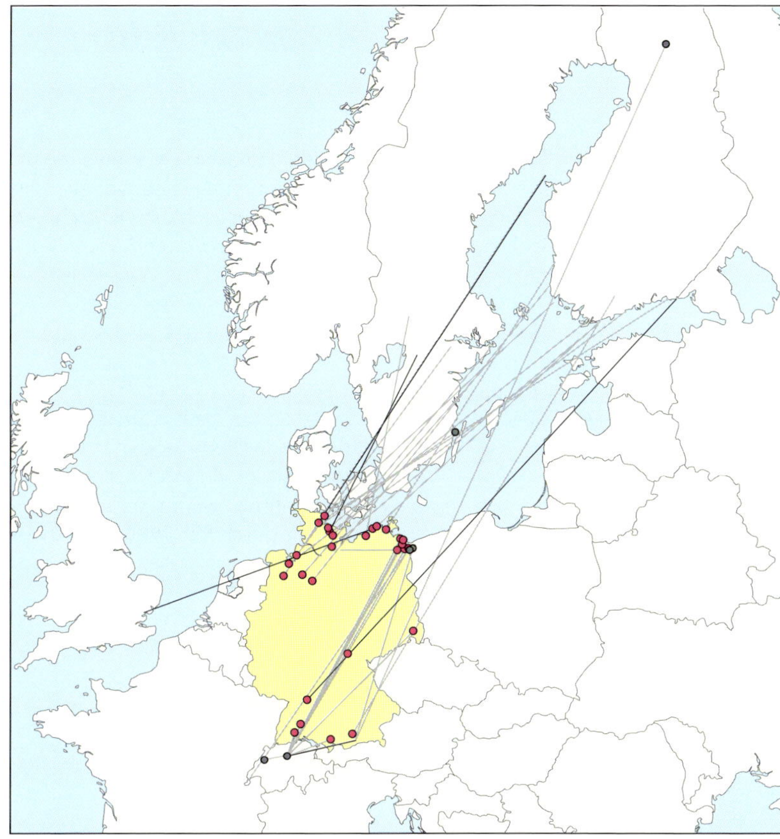

Abb. 1: Funde von Gänsesägern mit Bezug zu Deutschland (36 Funde). – *Recoveries of Goosanders related to Germany (36 recoveries).*

Mittelsäger *Mergus serrator*

Red-breasted Merganser

Beringungen nach 1945:	1527
Funde > 10 km nach 1945:	51/49
Wiederfundquote (Fernfunde nach 1945):	3,2 %
Funde > 10 km seit 1901:	52/50
Funde fremder Beringungszentralen:	6/6
Höchstalter:	11 J, 8 M
Weiteste Entfernung:	1993 km

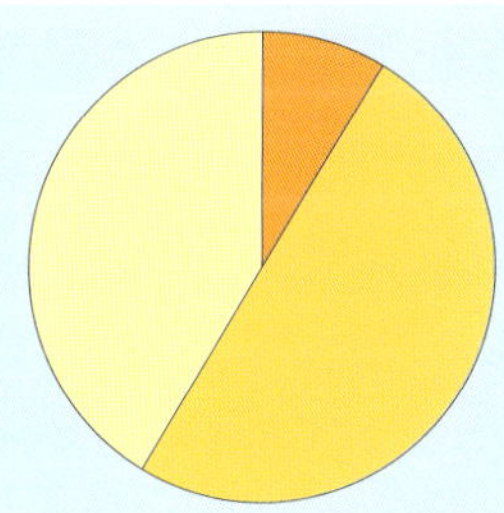

Verbreitung und Status: Mittelsäger sind holarktisch verbreitet, in Europa reicht das Brutvorkommen südwärts bis N-Deutschland und Großbritannien. Die Winterquartiere befinden sich in Küstengewässern von fast ganz Europa, dem Kaspischen Meer, E-Asien, S-Nordamerika sowie S-Grönland. Der deutsche Brutbestand von 370–410 BP gilt als stabil und ist vor allem an der Ostseeküste beheimatet. Nur wenige Paare sind an der Nordseeküste und in S-Niedersachsen zu finden. Auch das Wintervorkommen konzentriert sich stark auf die Ostseeküste, wo der Winterbestand auf 10.500 Ind. geschätzt wird. Zug von Mittelsägern ist besonders in den Monaten März/April und von September bis November zu beobachten.

Wanderungen: Fast alle in Deutschland beringten Mittelsäger, von denen Wiederfunde vorliegen, wurden in der Wismar-Bucht markiert, zumeist als brütende Weibchen (vgl. Brenning & Nehls 2013). Mittelsäger gelten als Teilzieher, doch wurde bisher im Winter nur ein in Deutschland beringter Vogel in der Nähe des Brutgebietes gefunden (Abb. 2). Vielmehr zeigen die Wiederfunde Abzug in verschiedene Richtungen an. Einige Individuen wurden nördlich von Deutschland im Bereich der dänischen Ostseeinseln und einmal sogar an der schwedischen Küste des Skagerrak gefunden. Eine ganze Reihe von Funden verdeutlicht dagegen einen Abzug nach W bis SW entlang der Nordsee- und Atlantikküste, mit einigen Funden in den Niederlanden und N-Frankreich sowie einem in NW-Spanien geschossenen Vogel. Zu dieser Kategorie von Vögeln gehört auch ein Individuum, das auf dem Frühjahrszug in Wales tot gefunden wurde. Eine dritte Zugrichtung führt nach SSW bis SSE, denn einige Mittelsäger von der deutschen Ostseeküste flogen durch das Binnenland und gelangten in die Schweiz, nach N-Italien (Abb. 1) und Österreich (Drost 1934). In N-Italien wurde auch ein Fängling von der Nordseeinsel Föhr erbeutet (Drost 1934). Folglich verteilen sich Mittelsäger des deutschen Brutbestands auf drei verschiedene Winterareale (Abb. 2): die Ostsee von der deutschen Küste bis zum Skagerrak, die Nordsee-/Atlantikküste von den Niederlanden bis Spanien und der nördliche Mittelmeerraum. Letztgenanntes Gebiet ist in Abb. 2 nicht erkennbar, weil alle Funde dort noch zur Herbstzugzeit erfolgten. Angesichts des nur kleinen italienischen Winterbestandes (1500 Ind., Spina & Volponi 2008a) dürfte dieses Gebiet nur von einem kleinen Teil der deutschen Mittelsäger aufgesucht werden. Finnische und schwedische Mittelsäger zeigen eine ähnliche Verteilung der Winterfunde wie die deutschen Vögel, doch erfolgt der Zug der finnischen Vögel über den

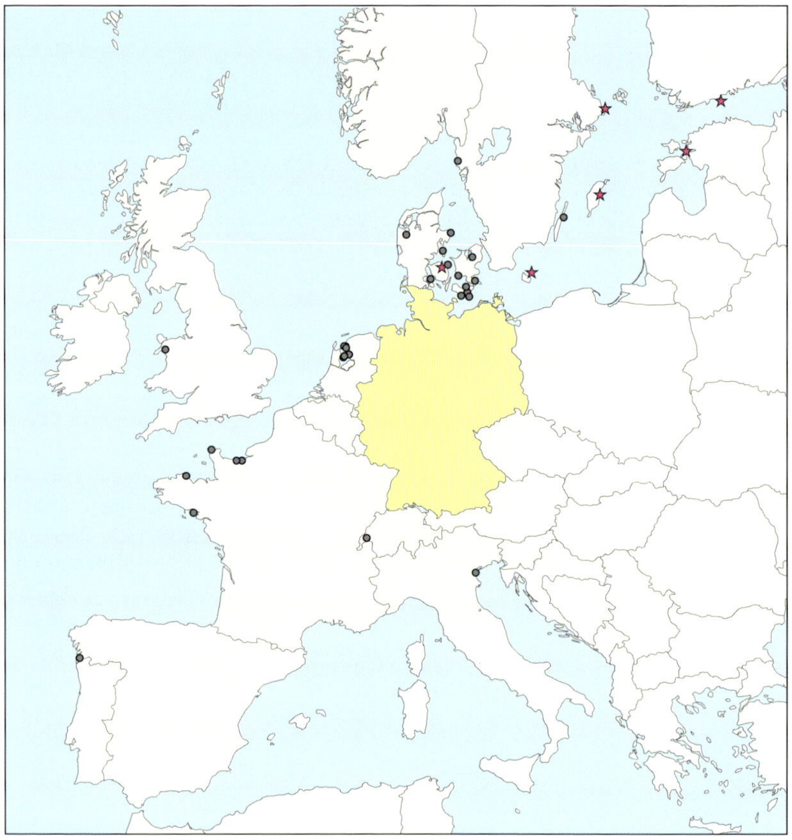

Abb. 1: Fundorte von in Deutschland beringten (31 Funde) und ausländische Beringungsorte von in Deutschland gefundenen (6 Funde) Mittelsägern. – *Foreign recovery sites of Red-breasted Mergansers ringed in Germany (31 recoveries) and foreign ringing sites of birds recovered in Germany (6 recoveries).*

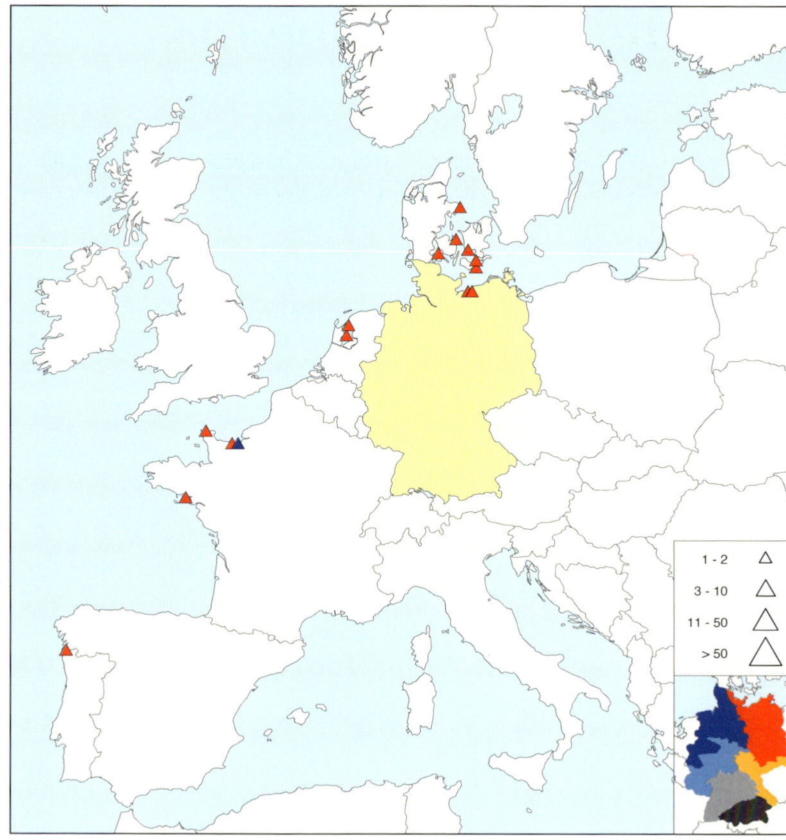

Abb. 2: Aufenthaltsorte im Winter (Dezember – Februar) von in Deutschland zur Brutzeit anwesenden Mittelsägern (18 Funde). – *Presence in winter (December – February) of Red-breasted Mergansers present in Germany during the breeding season (18 recoveries).*

Kontinent weiter östlich und führt ins östliche Mittelmeer und zum Schwarzen Meer (Fransson & Pettersson 2001, Saurola et al. 2013). Brutvögel aus Finnland und Schweden (sowie aus Estland und Dänemark) gelangen aber auch an die deutschen Küsten von Ostsee (vier Funde) und Nordsee (zwei Funde, Abb. 1). Ein Fund vom Weißen Meer nach Dänemark (Bønløkke et al. 2006) lässt auch das Auftreten von noch weiter aus dem NE stammenden Vögeln in Deutschland vermuten.

Summary: *About 370 – 410 bp of Red-breasted Merganser are found in Germany, mostly at the Baltic Sea coast, but a few also at the North Sea coast and on inland waters. As partial migrants, some individuals remain close to the breeding area in winter, although only one recovery provides evidence for this. Others spread into various directions, and the ring recoveries allow to identify three main wintering areas: the Baltic Sea from Germany to the Skagerrak, the North Sea and Atlantic coast from The Netherlands to NW Spain and the N Mediterranean. German winter visitors originate from Denmark, Sweden, Finland and Estonia.*

Wachtel *Coturnix coturnix*
Common Quail

Verbreitung und Status: Die Wachtel kommt von W-Europa und dem Mittelmeerraum ostwärts bis zum Baikalsee und N-Indien als Brutvogel vor, besiedelt aber auch E- bis S-Afrika. In Europa ist sie fast überall obligatorischer Zugvogel mit Überwinterungen am Mittelmeer und in der N-Hälfte Afrikas. Mit Ausnahme der Hochlagen der Gebirge und Mittelgebirge brüten Wachteln in allen Teilen Deutschlands. Obwohl es von Jahr zu Jahr deutliche Unterschiede in der Stärke des Brutvorkommens geben kann, ist für den Zeitraum 1990–2009 ein zunehmender Trend zu erkennen, mit einer aktuellen Bestandsschätzung von 26.000–49.000 BP. Der deutsche Brutbestand trifft in zwei Wellen im Mai bzw. im Juni/Juli ein, der Herbstzug findet überwiegend im September statt.

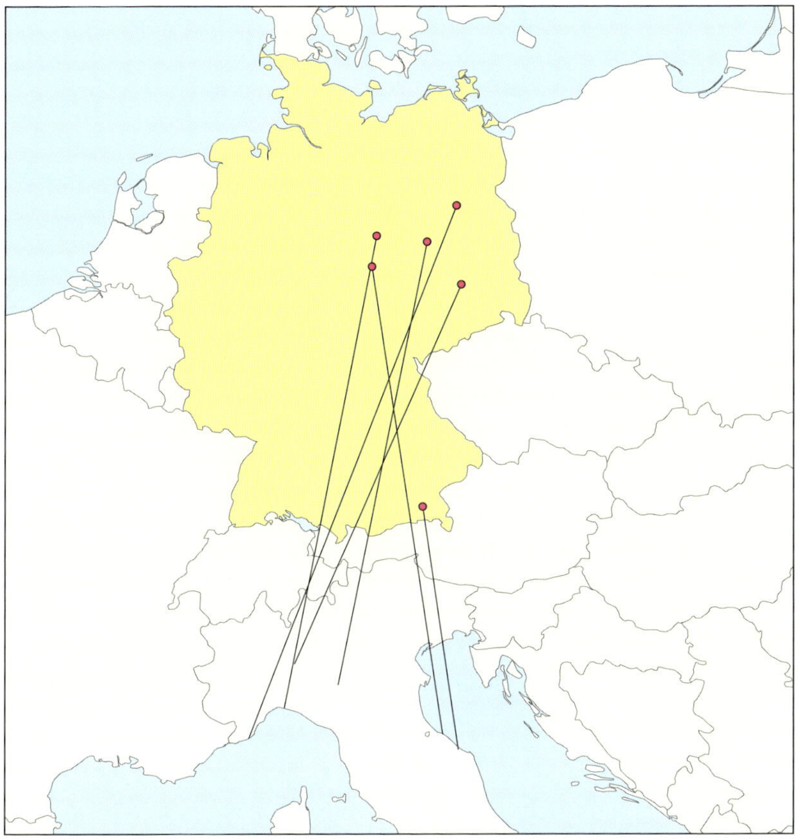

Abb. 1: Funde von Wachteln mit Bezug zu Deutschland (6 Funde). – *Recoveries of Common Quails related to Germany (6 recoveries).*

Wanderungen: Sechs Wiederfunde in Italien auf dem Frühjahrszug (April und Mai) beringter Vögel zeigen, dass Wachteln im Frühjahr Deutschland aus südlichen Richtungen anfliegen und dabei offenbar die Alpen überqueren (Abb. 1). Ein ähnliches Bild zeichnen über 40 weitere Fundmeldungen von Italien nach Deutschland aus den 1930er bis 1950er Jahren, bei denen es sich aber um innerhalb von Italien verfrachtete Vögel gehandelt hat (Glutz von Blotzheim et al. 1973). Auch die Schweiz und Tschechien werden von Italien her angesteuert (Maumary et al. 2007, Cepák et al. 2008). Informationen über den Verlauf des Herbstzugs liegen von deutschen Wachteln nicht vor. Angesichts zahlreicher Funde von der Schweiz und von den Niederlanden aus nach Frankreich (Maumary et al. 2007, Ebels et al. 2011) ist auch für deutsche Brutvögel anzunehmen, dass sie im Herbst eine solche westliche Route einschlagen und somit einen Schleifenzug gegen den Uhrzeigersinn durchführen (Glutz von Blotzheim et al. 1973).

Summary: *Common Quail is breeding in low densities all over Germany. Its fluctuating but altogether slightly increasing population is currently estimated at 26,000–49,000 bp. Six recoveries of birds ringed in Italy in April and May show northward migration in spring including the crossing of the Alps. There are no recoveries from autumn migration, but reports from France of Common Quails ringed in Switzerland and The Netherlands suggest that German birds also take a more westerly route, i.e. conduct an anti-clockwise loop migration.*

Rosaflamingo *Phoenicopterus roseus*
Greater Flamingo

Beringungen nach 1945:	13
Funde > 10 km nach 1945:	127/9
Wiederfundquote (Fernfunde nach 1945):	69,2 %
Funde > 10 km seit 1901:	127/9
Funde fremder Beringungszentralen:	37/1
Höchstalter:	9 J
Weiteste Entfernung:	889 km

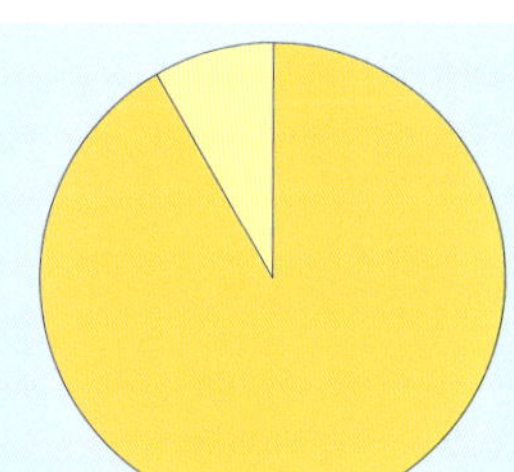

Verbreitung und Status: Der Rosaflamingo besiedelt über S-Europa, SW-Asien und Afrika verstreute, salzige oder alkalische Flachgewässer. In den meisten der z.T. weit voneinander entfernt liegenden Brutgebiete ist die Art Teilzieher, wobei auch nicht zur Fortpflanzung genutzte Gewässer aufgesucht werden. In SW-Europa beheimatete Vögel überwintern größtenteils in der S-französischen Camargue, Spanien und NW-Afrika. Im NSG Zwillbrocker Venn in Nordrhein-Westfalen hat sich 1993 ein kleiner Brutbestand von 2–3 BP Rosaflamingos in einer bereits einige Jahre vorher etablierten Brutkolonie von Chileflamingos angesiedelt. Obwohl eine Herkunft aus Gefangenschaft vermutet wird, kann eine Beteiligung von Wildvögeln aus SW-Europa nicht ausgeschlossen werden (Treep & Ikemeyer 2006). Immerhin ist durch Farbringablesungen das großräumige Pendeln eines Jungvogels aus der Camargue zwischen S-Frankreich, Tunesien und der Schweiz belegt (Maumary et al. 2007). Auch in einem Trupp von 17 Rosaflamingos im August 2011 in Vorarlberg/Österreich befanden sich drei Jungvögel, die in Italien farbberingt worden waren (Zinko 2013). Die Flamingokolonie im Zwillbrocker Venn ist meist ab Februar oder März besetzt, je nach Bruterfolg wandern die Vögel ab Mai wieder ab, können aber auch bis in den Herbst bleiben (Treep & Ikemeyer 2006). Ansonsten sind Rosaflamingos in Deutschland eine seltene Erscheinung und die Herkunft der vereinzelt gesichteten Vögel ist in der Regel nicht zu klären.

Wanderungen: Fast alle Wiederfunde gehen auf neun nestjung im Zwillbrocker Venn farbberingte Vögel zurück. Die Ablesungen stammen vor allem aus den Niederlanden, in einigen Fällen auch aus Frankreich (Abb. 1). Nach der Abwanderung aus dem Zwillbrocker Venn wird zunächst der Bereich des IJsselmeers aufgesucht. Von Dezember bis Februar ist das niederländische Deltagebiet das bevorzugte Aufenthaltsgebiet, doch gibt es weiterhin Beobachtungen am IJsselmeer, und bei mildem Winterwetter kann bereits im Februar eine Rückkehr ins Zwillbrocker Venn erfolgen (Treep & Ikemeyer 2006). Abweichend von diesem Aufenthaltsmuster zog ein Vogel in seinem ersten Lebensjahr (2003) nach Frankreich, wo er ab November im N und von Mitte Dezember bis Mai im W des Landes abgelesen wurde. Alle Frankreich-Funde in Abb. 1 betreffen dieses Individuum, das schließlich vier Jahre später wieder im Zwillbrocker Venn erschien und seitdem alljährlich im Sommer dort, im Februar 2009 am IJsselmeer und im Juli 2010 im SW der Niederlande festgestellt wurde.
Ein im Januar 2001 auf der niederländischen Insel Ameland beringter Rosaflamingo hielt sich von 2004–2008 in jedem Jahr in der Kolonie des Zwillbrocker Venns auf. Da dort zuvor alle jungen Rosaflamingos beringt worden waren, handelt es sich um einen Zuwanderer unbekannten Geburtsortes.

Summary: *In a mixed flamingo colony located at the German-Dutch border up to three pairs of Greater Flamingo are breeding since 1993. Their colour-ringed offspring produced recoveries in The Netherlands, where the IJsselmeer is visited in autumn and the delta area serves as the main winter quarter. Divergently, one bird moved to W France in its first winter, but was also found to winter in the IJsselmeer five years later. A flamingo ringed on the Dutch island Ameland in winter 2001 was present in the German breeding colony in the five breeding seasons from 2004 to 2008, but definitely stems from somewhere else.*

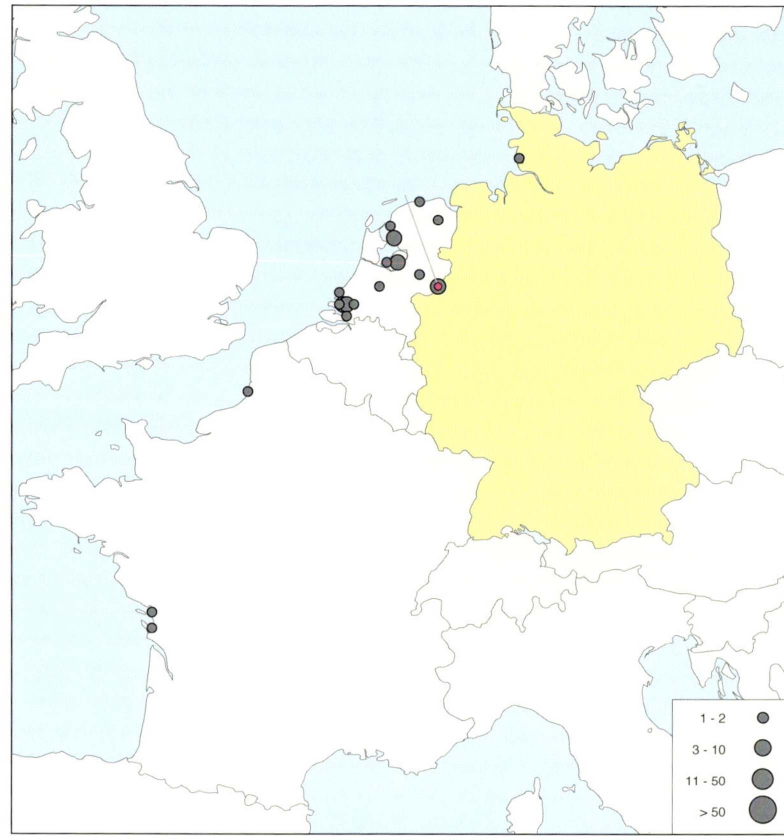

Abb. 1: Fundorte von in NSG Zwillbrocker Venn (W-Deutschland) beringten Rosaflamingos (43 Funde von 9 Individuen) und Funde im Ausland beringter Vögel in Deutschland (1 Fund). – *Recovery sites of Greater Flamingos ringed in the W German nature reserve Zwillbrocker Venn (43 recoveries of 9 individuals) and recoveries of foreign ringed birds in Germany (1 recovery).*

Chileflamingo *Phoenicopterus chilensis*
Chilean Flamingo

Beringungen nach 1945:	30
Funde > 10 km nach 1945:	715/28
Wiederfundquote (Fernfunde nach 1945):	93,3 %
Funde > 10 km seit 1901:	715/28
Funde fremder Beringungszentralen:	0/0
Höchstalter:	11 J
Weiteste Entfernung:	275 km

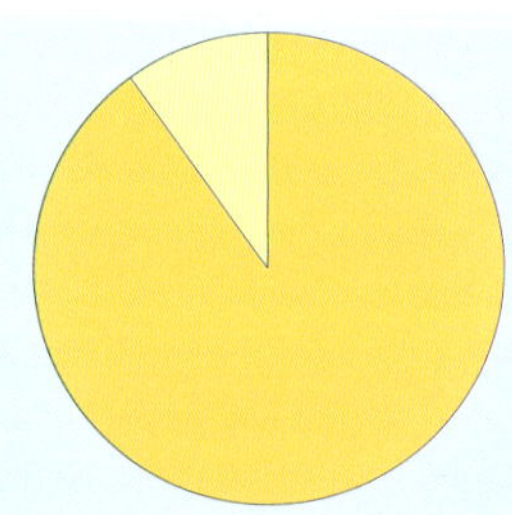

Chileflamingos brüten punktuell von Peru bis Feuerland, außerhalb der Brutzeit verteilen sie sich über die S-Hälfte Südamerikas. Nach einigen Beobachtungen in den Vorjahren siedelten sich 1982 zunächst sechs sicherlich aus Gefangenschaft entkommene oder freigelassene Chileflamingos im NSG Zwillbrocker Venn an der niederländischen Grenze an. Im Verlauf der folgenden Jahre brütete die Art dort nahezu alljährlich, es wurden bis zu 30 Ind. gezählt (Treep & Ikemeyer 2006). Aktuell wird der Bestand mit 5-8 BP angegeben. Die erbrüteten Jungvögel wurden systematisch mit farbigen Ableseringen markiert, die eine ganze Reihe von Wiederfunden erbrachten. Ab Mai, teilweise erst im Herbst, verteilen sich die Vögel fast über die gesamten Niederlande, schwerpunktmäßig aber im Bereich des IJsselmeeres (Abb. 1). Im Winter halten sich die Chileflamingos vor allem im S der Niederlande auf, bevor sie ab Ende Februar nach und nach in das Zwillbrocker Venn zurückkehren (Treep & Ikemeyer 2006). Einer dieser Vögel (Jahrgang 2007) wurde auch in Bremen (Mai 2010) und im Dithmarscher Speicherkoog (Juni 2012) festgestellt.

Summary: *In 1982, six Chilean Flamingos started to breed in the nature reserve Zwillbrocker Venn at the Dutch-German border. Owing to nearly annual breeding, the population size increased to 30 birds and is currently stable at 5–8 bp. The offspring was systematically colour-ringed. According to the resightings, these birds disperse all over The Netherlands outside the breeding season, with the most favoured sites shifting from the IJsselmeer region during the post-breeding season to the Durch delta area during winter.*

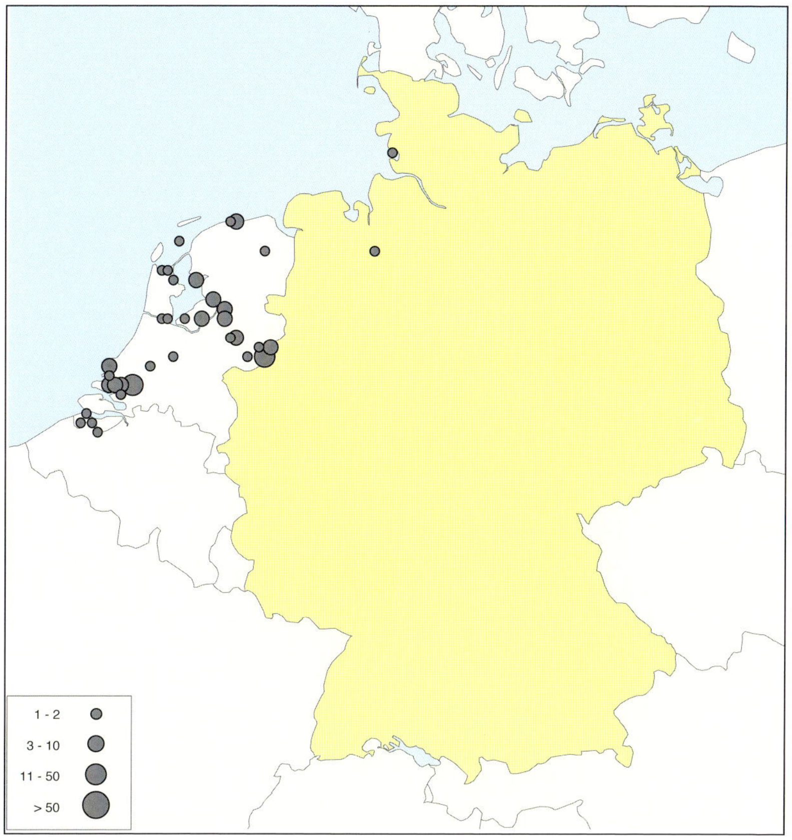

Abb. 1: Fundorte von in NSG Zwillbrocker Venn (W-Deutschland) beringten Chileflamingos (172 Funde von 19 Individuen). – *Recovery sites of Chilean Flamingos ringed in the W German nature reserve Zwillbrocker Venn (172 recoveries of 19 individuals).*

Zwergtaucher *Tachybaptus ruficollis*
Little Grebe

Beringungen nach 1945:	4403
Funde > 10 km nach 1945:	58/56
Wiederfundquote (Fernfunde nach 1945):	1,3 %
Funde > 10 km seit 1901:	62/60
Funde fremder Beringungszentralen:	14/13
Höchstalter:	5 J
Weiteste Entfernung:	2230 km

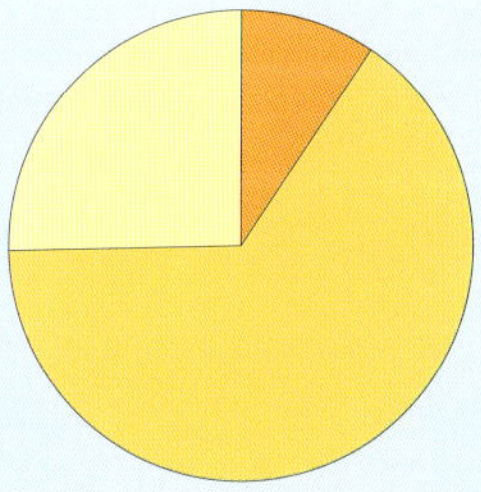

Verbreitung und Status: Zwergtaucher brüten in Europa (außer N-Skandinavien), in der S-Hälfte Asiens und in fast ganz Afrika (ohne Sahara). In den meisten Teilen des Brutareals kommt die Art ganzjährig vor, doch werden Brutgebiete im Inneren Asiens und in der E-Hälfte Europas im Winter verlassen. Auch in Deutschland ist der Zwergtaucher weit verbreitet, der Bestand von 12.000–19.000 BP gilt als stabil. Als Gastvögel treten Zwergtaucher vielerorts von August bis Oktober auf (oft zur Mauser). Der in dieser Periode einsetzende Herbstzug dauert bis mindestens November und geht an eisfreien Gewässern in ein Wintervorkommen über. Der Frühjahrszug findet im März und April statt.

Wanderungen: Die Verteilung der Ringfunde mit Bezug zu Deutschland zeigt ein größtenteils recht kleinräumiges Zuggeschehen (Abb. 1). In Deutschland beringte nicht flügge Jungvögel und Brutvögel wurden im Winter teilweise in der Nähe der Brutgebiete gefunden (Heinicke & Köppen 2007), aber auch einmal in den Niederlanden. Herbstfunde in den Niederlanden (1) und N-Frankreich (3), der Fund eines im November in SE-England beringten Vogels Ende April bei Münster und der Fund eines im Winter in den Niederlanden beringten Vogels im Mai im Rheinland deuten an, dass Teile des deutschen Brutbestands nur wenig westlich von Deutschland überwintern. Es kommt aber auch Zug in andere Richtungen und über viel größere Distanzen vor. Ein Ende Juni in Bayern nicht flügge beringter Zwergtaucher wurde bereits Ende August 1377 km entfernt in Bulgarien gefunden und war demzufolge nach SE abgewandert (Abb. 2). Aus viel größerer Entfernung (2230 km) wurde ein Anfang Oktober im Teichgebiet Petershain (E-Sachsen) gefangener Vogel gemeldet. Da der Abschuss an der türkischen Schwarzmeerküste im März desselben Winterhalbjahrs erfolgte (Abb. 1), dürfte auch dieser Vogel im Herbst nach SE gezogen sein.
In Deutschland außerhalb der Brutzeit beringte Zwergtaucher wurden zum einen östlich des Landes zwischen Ungarn und Lettland, zum anderen aber im W in den Beneluxstaaten und N-Frankreich gefunden (Abb. 1). Einige direkte Wiederfunde vom Herbstzug unterstreichen, dass der Zug vor allem in Richtung SW bis NW verläuft (Abb. 2). Gut in dieses Bild passen acht in der Schweiz als Wintergäste beringte Vögel, die aus Bayern (und in einem Fall aus Sachsen) zurückgemeldet wurden, allerdings nicht zur Brutzeit, sondern während des Herbst- oder Frühjahrszugs. Auch weitere Wiederfunde schweizerischer Wintergäste weisen nach ENE, vor allem nach Tschechien, aber auch nach S-Polen und Weißrussland (Maumary et al. 2007).

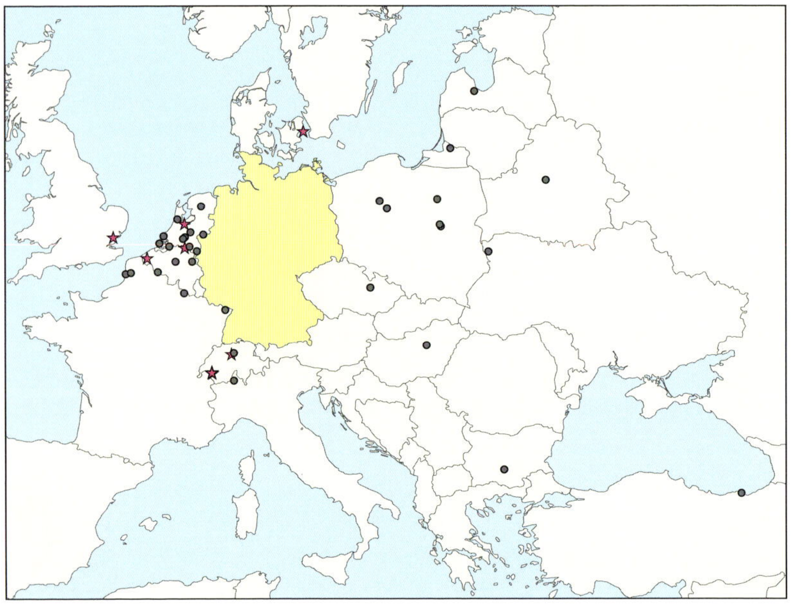

Abb. 1: Fundorte von in Deutschland beringten (34 Funde) und ausländische Beringungsorte von in Deutschland gefundenen (14 Funde) Zwergtauchern. – *Foreign recovery sites of Little Grebes ringed in Germany (34 recoveries) and foreign ringing sites of birds recovered in Germany (14 recoveries).*

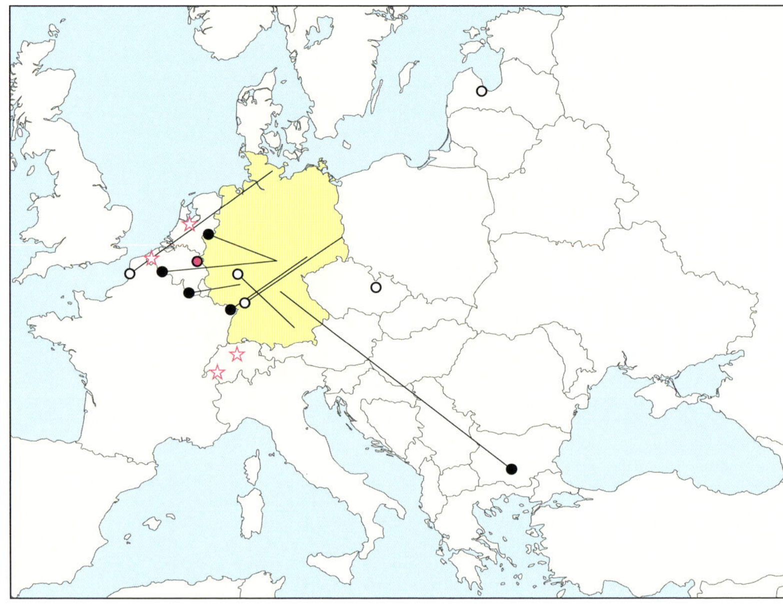

Abb. 2: Herbstzug (August – November) von in Deutschland zur Brutzeit (5 Funde) oder von August bis November anwesenden Zwergtauchern (11 Funde). – *Autumn migration (August – November) of Little Grebes present in Germany during the breeding season (5 recoveries) or from August to November (11 recoveries).*

Summary: *Little Grebes breed in most parts of Germany, with the current breeding population considered stable at 12,000 – 19,000 bp. The species is mainly sedentary, but birds often leave their breeding grounds for waterbodies that remain ice-free in winter. While part of the population winters within Germany, others migrate in directions between SW and NW reaching the Low Countries, N France and probably SE England. However, a recovery in Bulgaria of a bird ringed as a chick in Bavaria indicates migration also to the SE. A similar heading was shown by a bird ringed in October in Saxony and shot at the Turkish Black Sea coast the following March. Many birds ringed in Germany in the non-breeding season were found in countries further east, i.e. between Hungary and Latvia, suggesting that the regions of recovery correspond to the origin of migrants and winter visitors.*

Haubentaucher *Podiceps cristatus*

Great Crested Grebe

Beringungen nach 1945:	935
Funde > 10 km nach 1945:	30/29
Wiederfundquote (Fernfunde nach 1945):	3,1 %
Funde > 10 km seit 1901:	33/32
Funde fremder Beringungszentralen:	13/13
Höchstalter:	6 J, 6 M
Weiteste Entfernung:	1798 km

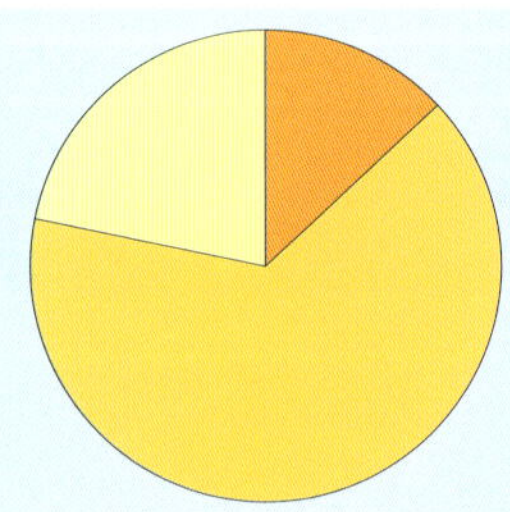

Verbreitung und Status: Das Brutareal des Haubentauchers reicht von W-Europa und N-Afrika ostwärts bis E-Asien, doch gibt es punktuelle Brutvorkommen auch im mittleren und südlichen Afrika sowie in Australien und Neuseeland. Im Winter räumen die meisten eurasischen Haubentaucher das Brutgebiet und überwintern in S-Asien, im Mittelmeerraum sowie in Mittel- und W-Europa. Je nach Winterhärte bzw. Eisfreiheit können Haubentaucher in ganz Deutschland im Winter anzutreffen sein (ca. 35.000 Ind. im Mittel der Jahre 2000 – 2005, Tendenz zunehmend). Als Brutvogel kommt die Art ebenfalls in allen Landesteilen vor, sofern geeignete Gewässer vorhanden sind. Der Bestand umfasst etwa 21.000 – 31.000 BP und ist stabil. Nach der Brutzeit werden zunächst Mausergebiete und später Winterquartiere aufgesucht. Zugbewegungen (auch Zu- und Abzug von Vögeln aus N- und E-Europa) finden offenbar vor allem in den Monaten August/September, November und März/April statt.

Wanderungen: Da nicht sehr viele Ringfunde von Haubentauchern existieren und diese von Deutschland aus in die verschiedensten Richtungen weisen, sind die Zugverhältnisse allenfalls ansatzweise zu erkennen. Ähnlich, wie viele (aber nicht alle) Vögel aus dem gesamten Ostseeraum (Kistchinski 1978, Fransson & Pettersson 2001, Bønløkke et al. 2006, Saurola et al. 2013), zogen einige Haubentaucher aus E-Deutschland nach E bis SE (Abb. 1), vermutlich mit dem Schwarzen Meer als Winterquartier. Auch nach SSE wanderten Vögel aus dem östlichsten Teil Deutschland, darunter ein im November in E-Sachsen beringtes Individuum, das schon im folgenden Januar in Albanien gefunden wurde.
Bei Vögeln aus dem N und der Mitte Deutschlands streuen die Ringfunde größtenteils in Richtungen SW bis NW, während von der S-Hälfte des Landes aus oft südliche Richtungen eingeschlagen wurden (Abb. 1). Winterquartiere dürften dabei die Bereiche von den Niederlanden bis zum Ärmelkanal und von S-Frankreich bis Italien, aber auch eisfreie Gewässer innerhalb Deutschlands und besonders die Seen im Alpenvorland sein. Nur sechs Ringfunde in S-Deutschland und der Schweiz sowie in Frankreich und Italien können andeuten, wo in Deutschland erbrütete bzw. brütende Haubentaucher überwintern (Abb. 2), die zum Schwarzen Meer ziehenden Vögel sind dabei bisher nicht repräsentiert.

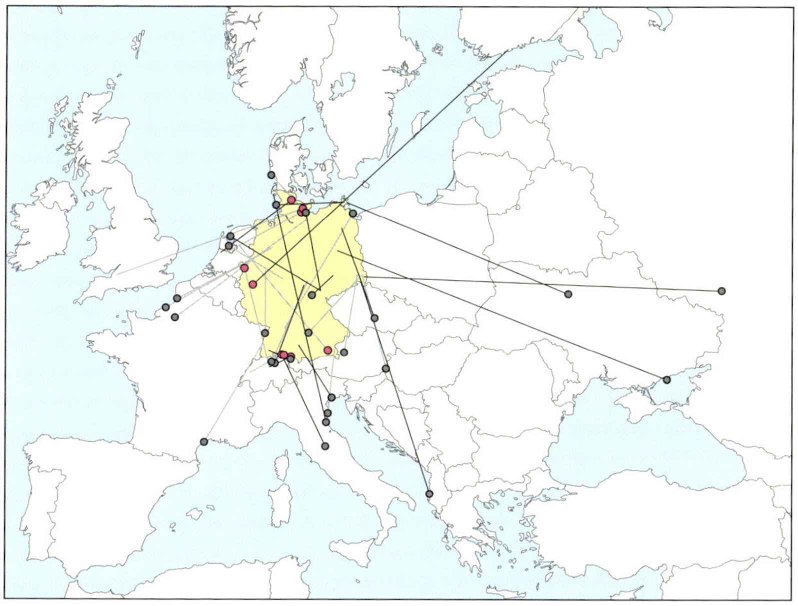

Abb. 1: Funde (> 100 km) von Haubentauchern mit Bezug zu Deutschland (36 Funde). – *Recoveries (of > 100 km) of Great Crested Grebes related to Germany (36 recoveries).*

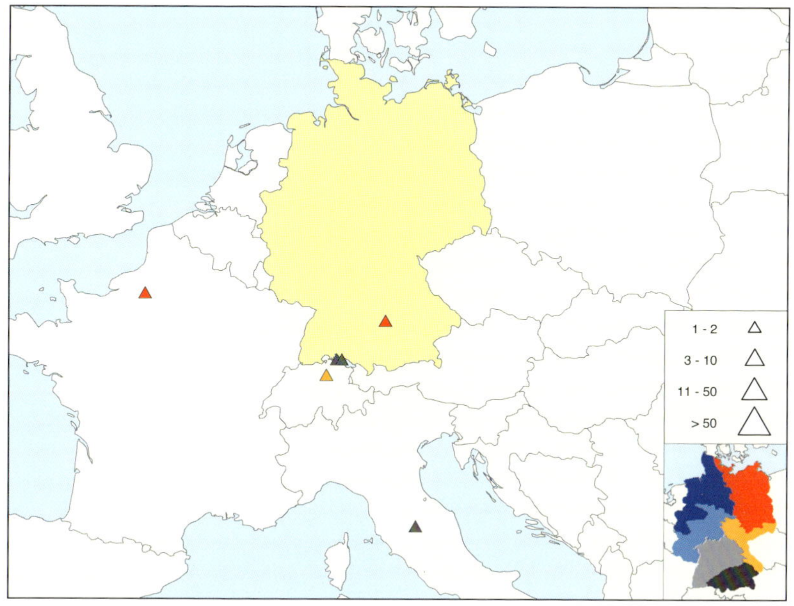

Abb. 2: Aufenthaltsorte im Winter (Dezember – Februar) von in Deutschland zur Brutzeit anwesenden Haubentauchern (6 Funde). – *Presence in winter (December – February) of Great Crested Grebes present in Germany during the breeding season (6 recoveries).*

Es erscheint möglich, dass durch E-Deutschland eine Zugscheide verläuft, die unter den mittellange Strecken ziehenden Haubentauchern solche mit Winterquartieren in W-Europa sowie dem zentralen Mittelmeerraum einerseits und solche mit Überwinterung in SE-Europa bzw. am Schwarzen Meer andererseits separiert (vgl. Heinicke & Köppen 2007). Diese Zugscheide ist aber wohl eher diffus, da sowohl von Tschechien als auch von N-Europa aus unterschiedliche Richtungen eingeschlagen wurden (Fransson & Pettersson 2001, Bønløkke et al. 2006, Saurola et al. 2013). So gelangte auch je ein Jungvogel von Rügen noch im selben Herbst in die Ukraine bzw. an die Nordseeküste Schleswig-Holsteins (Abb. 1).

Über die Herkunft von Gastvögeln in Deutschland ist ebenfalls wenig bekannt. Im Ausland erbrütete Jungvögel stammten aus der Schweiz (Fund in Bayern im April), den Niederlanden (Schleswig-Holstein im November) und Dänemark (Schleswig-Holstein im Juli). Die weiteste Strecke nach Deutschland legte ein im Oktober in Finnland beringter Haubentaucher zurück (Nordrhein-Westfalen im Februar).

Summary: *Great Crested Grebe breeds on lakes, oxbows and coastal sites all over Germany. Its stable population is etsimated at 21,000 – 31,000 bp. Ice-free water bodies serve as winter quarters for an increasing number of c. 35,000 birds. The origin of visitors is incompletely understood, but provenance from Switzerland, The Netherlands and Denmark (and probably Finland) is documented by ring recoveries. Movements of German birds were observed in a variety of directions. It appears that a weak migratory divide separates birds from easternmost Germany flying to the E and SE towards winter quarters at the Black Sea from the others, which either reach the S North Sea and English Channel or the N Mediterranean. However, many grebes probably remain in the country or spend the winter on pre-alpine lakes.*

Rothalstaucher *Podiceps grisegena*

Red-necked Grebe

Verbreitung und Status: Rothalstaucher brüten von E-Mitteleuropa bis W-Asien, in E-Asien und in NW-Nordamerika. Als Überwinterungsgebiete dienen Küstengewässer der südlichen Nord- und Ostsee, des Mittelmeeres, des N-Pazifiks und des NW-Atlantiks. Deutschland beherbergt einen leicht zunehmenden Bestand von 1800 – 2600 BP, die größtenteils in Schleswig-Holstein, Mecklenburg-Vorpommern und Brandenburg beheimatet sind. Nach der Brutzeit suchen Rothalstaucher Mausergewässer auf. Vor allem im Oktober/November erfolgt der Wechsel in das Winterquartier, und Vögel aus anderen Ländern erscheinen in Deutschland. Der deutsche Winterbestand von etwa 850 Ind. konzentriert sich in der Ostsee. Der Frühjahrszug findet besonders im März und April statt.

Wanderungen: Europaweit liegen vom Rothalstaucher nur sehr wenige Ringfunde vor, so dass Details zum Zugsystem oftmals noch im Dunkeln liegen. Ein im Mai bei Hamburg beringter Vogel wurde im Oktober desselben Jahres in Finnland gefunden (Abb. 1), was ebenso wie drei Ringfundverbindungen zwischen Dänemark und Finnland (Bønløkke et al. 2006) darauf hinweist, dass ein Teil der Rastvögel im Bereich der SE-Nordsee und SW-Ostsee aus Finnland stammt. Ein Fund von Wangerooge (September) in die Niederlande (folgender März) passt zu Beobachtungen, dass im Frühjahr und Herbst viele Rothalstaucher entlang der südlichen Nordseeküste ziehen (Platteeuw et al. 1994, Dierschke et al. 2011). Die Meldung eines im August in Bayern beringten Jungvogels im Februar an der dänischen Ostseeküste belegt aber, dass auch aus dem mitteleuropäischen Binnenland stammende Rothalstaucher in der südlichen Ostsee überwintern können, während ein nicht flügger Jungvogel aus Sachsen im übernächsten Winter an der N-französischen Kanalküste gefunden wurde. Einen ähnlichen Kontakt verdeutlicht der Zug eines in der Schweiz beringten Vogels in die Niederlande (Maumary et al. 2007). Schwerer einzuordnen ist der direkte Fund eines Ende Juli an der ukrainischen Schwarzmeerküste beringten Jungvogels in S-Bayern im Oktober (Entfernung 1433 km). Entlang einer sehr ähnlichen Achse zog ein im Winter in der Schweiz beringter Vogel, der im folgenden Juni in Ungarn gefunden wurde. Die beiden letztgenannten Ringfunde deuten an, dass die beiden in Europa unterschiedenen Zugwegpopulationen (NW-Europa bzw. Schwarzmeer/Mittelmeer, Wetlands International 2006) miteinander in Kontakt stehen. Sibirische Brutvögel wandern dagegen einigen Ringfunden zufolge zum Kaspischen Meer (Kistchinski 1978).

Abb. 1: Funde von Rothalstauchern mit Bezug zu Deutschland (5 Funde). – *Recoveries of Red-necked Grebes related to Germany (5 recoveries).*

Summary: *Germany is home of a moderately increasing population of 1800–2600 bp of Red-necked Grebes, which are mostly confined to the N and NE of the country. A winter population of on average 850 individuals is mainly concentrated in the German section of the Baltic Sea. Among the very few ring recoveries available, five refer to Germany. They suggest provenance from Finland, migration along the North Sea coast and wintering at the Channel coast of France. Exceptionally, movement to the Baltic Sea was recorded of a bird ringed in Bavaria. A juvenile marked in July at the coast of the Black Sea and found in Bavaria in October suggests contact between the NW European and the Black Sea/Mediterranean flyway.*

Ohrentaucher *Podiceps auritus*

Horned Grebe

Ohrentaucher brüten in Island, vom Ostseeraum bis Kamtschatka sowie in N-Nordamerika. Zum Überwintern suchen sie zumeist etwas südlich der Brutgebiete gelegene Küstengewässer auf. In Deutschland war die Art zeitweise sehr seltener Brutvogel (1–2 BP) in Schleswig-Holstein, derzeit gibt es allerdings keinen besetzten Brutplatz. Darüber hinaus ist der Ohrentaucher spärlicher Wintergast (mindestens 1000 Vögel) und Durchzügler zwischen September und Mai. Während die wenigen in Europa vorliegenden Ringfunde für den Wegzug eine SW-Richtung andeuten (Kistchinski 1978, Fransson & Pettersson 2001, Saurola et al. 2013), weist der einzige Deutschland betreffende Ringfund nach SE: Ein im Januar 1959 in Wilhelmshaven (Niedersachsen) gekennzeichneter Ohrentaucher wurde im Oktober desselben Jahres 325 km entfernt in Thüringen gefunden (Abb. 1). Da zwischen Beringung und Fund die Brutzeit liegt, ist dieser Vogel in den beiden Zugperioden offenbar unterschiedlichen Routen gefolgt. Über die Brutgebiete der Ohrentaucher, die in Deutschland auftreten, lässt sich bislang keine Aussage treffen, auch wenn aufgrund von Ringfunden schwedischer und finnischer Vögel in den Niederlanden bzw. in N-Frankreich und N-Polen (Fransson & Pettersson 2001, Saurola et al. 2013) eine Herkunft aus Fennoskandien wahrscheinlich ist.

Summary: *The only ring recovery of a Horned Grebe, a very rare former breeder and scarce visitor in Germany in the non-breeding season, refers to a bird ringed near the North Sea coast of Niedersachsen in January and found in October of the same year far inland in Thüringen. The origin of birds wintering in Germany is unknown, but a few recoveries in adjacent countries suggest a Fennoscandian provenance.*

Abb. 1: Fund eines Ohrentauchers mit Bezug zu Deutschland. – *Recovery of a Horned Grebe related to Germany.*

Schwarzhalstaucher *Podiceps nigricollis*

Black-necked Grebe

Beringungen nach 1945:	252
Funde > 10 km nach 1945:	9/9
Wiederfundquote (Fernfunde nach 1945):	3,6 %
Funde > 10 km seit 1901:	10/10
Funde fremder Beringungszentralen:	8/8
Höchstalter:	3 J, 5 M
Weiteste Entfernung:	2345 km

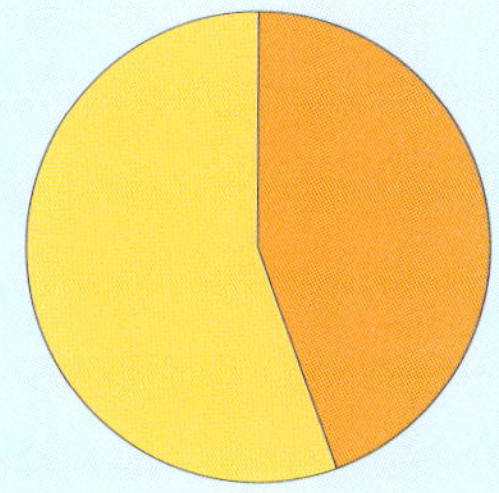

Verbreitung und Status: Das Brutgebiet des Schwarzhalstauchers reicht mit Unterbrechungen von W- und Mitteleuropa bis nach W-Mittelasien, umfasst aber auch E-Asien, SW-Nordamerika und Gebiete in E- und S-Afrika. Als Überwinterungsgebiete sind Binnen- und Küstengewässer in W- und S-Europa sowie die asiatische und nordamerikanische Pazifikküste bekannt. In Deutschland ist der Brutbestand mit 1700–2700 BP stabil, doch sind viele der vor allem in S- und E-Deutschland befindlichen Brutgewässer nur unregelmäßig besetzt. Im Herbst wird Deutschland weitgehend geräumt, doch überwintern am Bodensee bis zu 800 Schwarzhalstaucher (Hölzinger & Bauer 2011). Zugbewegungen gibt es vor allem im April (Frühjahrszug) und von August bis November (Mauser- und Herbstzug).

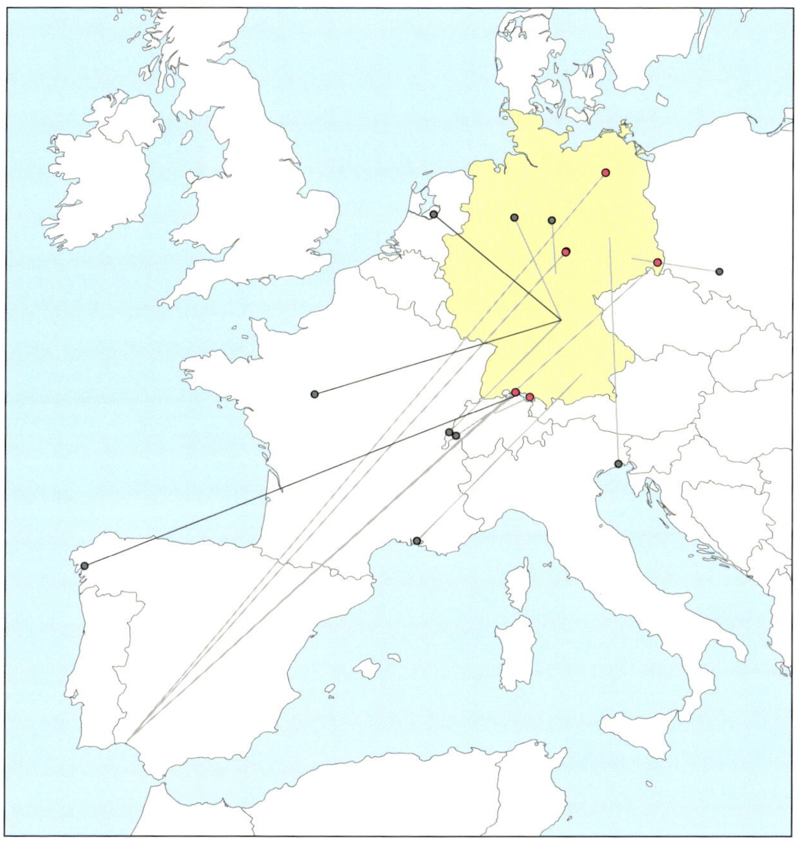

Abb. 1: Funde von Schwarzhalstauchern mit Bezug zu Deutschland (18 Funde). – *Recoveries of Black-necked Grebes related to Germany (18 recoveries).*

Wanderungen: Ein großer Teil der insgesamt nur wenigen Ringfunde weist auf Beziehungen zu südwestlich von Deutschland gelegenen Ländern hin (Abb. 1). Direkte Funde führen dabei von N-Bayern nach W-Frankreich und vom Bodensee nach NW-Spanien. Umgekehrt gibt es entlang dieser Achse gleich acht Wiederfunde von in Andalusien, S-Spanien, beringten Fänglingen in Deutschland. Allein fünf dieser Vögel fielen im Sommer 2007 am Helmestausee im südlichen Harzvorland einer Epidemie aviärer Influenza zum Opfer (Fiedler et al. 2008). Es gibt jedoch auch Wiederfunde in mehrere andere Richtungen, darunter ein direkter Fund eines in N-Bayern erbrüteten Jungvogels in den Niederlanden (Oktober). Abgesehen von einem Fund eines in Sachsen erbrüteten Vogels zwei Jahre später in Polen, der eine Brutumsiedlung bedeuten kann, fehlen Funde in Richtung E und SE. Dies verwundert, da bereits aus den Nachbarländern Polen und Tschechien mehrere Funde aus SE-Europa und in einem Fall sogar aus W-Sibirien vorliegen (Konter & Konter 2006, Cepák et al. 2008). Da gerade aus E-Deutschland zwei Funde nach Italien weisen (Abb. 1 und ein zusätzlicher Fund nach Heinicke & Köppen 2007), wo auch einige tschechische Vögel im Winter gefunden wurden, deutet sich eine durch Deutschland verlaufende, vermutlich aber schwach ausgeprägte Zugscheide an. Einschränkend ist anzumerken, dass die oft unsteten Brutvorkommen der Art mit vermutlich über weite Strecken vorkommenden Umsiedlungen (Konter & Konter 2006) die Interpretation von Ringfunden im Hinblick auf Zugwege erschweren. Zudem ist damit zu rechnen, dass das über kurze oder mittlere Distanzen führende Zugsystem mitteleuropäischer Schwarzhalstaucher von über längere Strecken führende Wanderungen E-europäischer und W-sibirischer Vögel überlagert wird, wie es der o. g. Fund eines tschechischen Vogels in W-Sibirien oder der Fund eines sibirischen Vogels in N-Frankreich (Kistchinski 1978) zeigen.

Summary: *Though the German breeding population of Black-necked Grebes is stable at 1700–2700 bp, many of the breeding sites are occupied only irregularly. Most birds leave Germany in autumn, but Lake Constance holds a winter population of some 800 individuals or more. Ring recoveries show contacts of German birds to France and Spain, i.e. to the SW, and no less than five individuals wearing Spanish rings fell victim to avian influenza at a reservoir in E Germany in summer 2007. There are recoveries leading into some other directions, but interpretation in many cases is impeded by the erratic breeding distribution paired with low site fidelity. However, there is an obvious lack of recoveries towards the E and SE, which is in sharp contrast to those found in adjacent countries such as Poland and Czech Republic. From there several birds were found to move into E and SE directions, which suggests a weak migratory divide running through Germany.*

Sterntaucher *Gavia stellata*
Red-throated Diver

Beringungen nach 1945:	29
Funde > 10 km nach 1945:	1/1
Wiederfundquote (Fernfunde nach 1945):	3,4 %
Funde > 10 km seit 1901:	1/1
Funde fremder Beringungszentralen:	13/13
Höchstalter:	–
Weiteste Entfernung:	1960 km

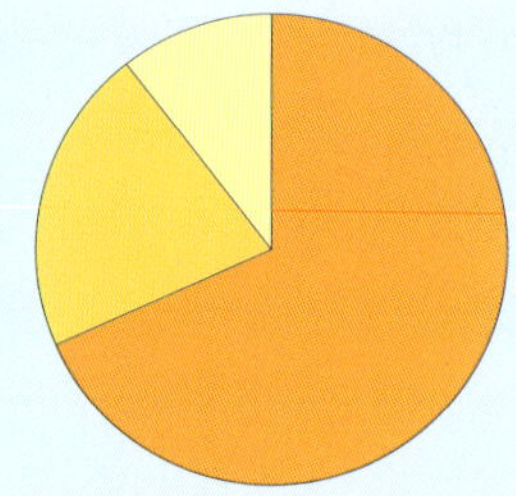

Verbreitung und Status: Als Brutvogel besiedelt der Sterntaucher die boreale und arktische Zone Eurasiens und Nordamerikas. In Europa befinden sich die südlichsten Brutplätze in S-Skandinavien und Schottland. Als Winterquartiere dienen überwiegend die Küstengewässer W- und NW-Europas, E-Asiens und Nordamerikas. In Deutschland kommen Sterntaucher nur außerhalb der Brutzeit vor, besonders von Oktober bis Anfang Mai. Am stärksten ist der Durchzug im November/Dezember bzw. im März/April. In der deutschen Nord- und Ostsee überwintern etwa 6800 Ind., während der Rastbestand auf dem Frühjahrszug mit 25.500 Ind. beziffert wird. Zurzeit befinden sich die Rastbestände in starker Abnahme. Im deutschen Binnenland erscheint die Art nur vereinzelt.

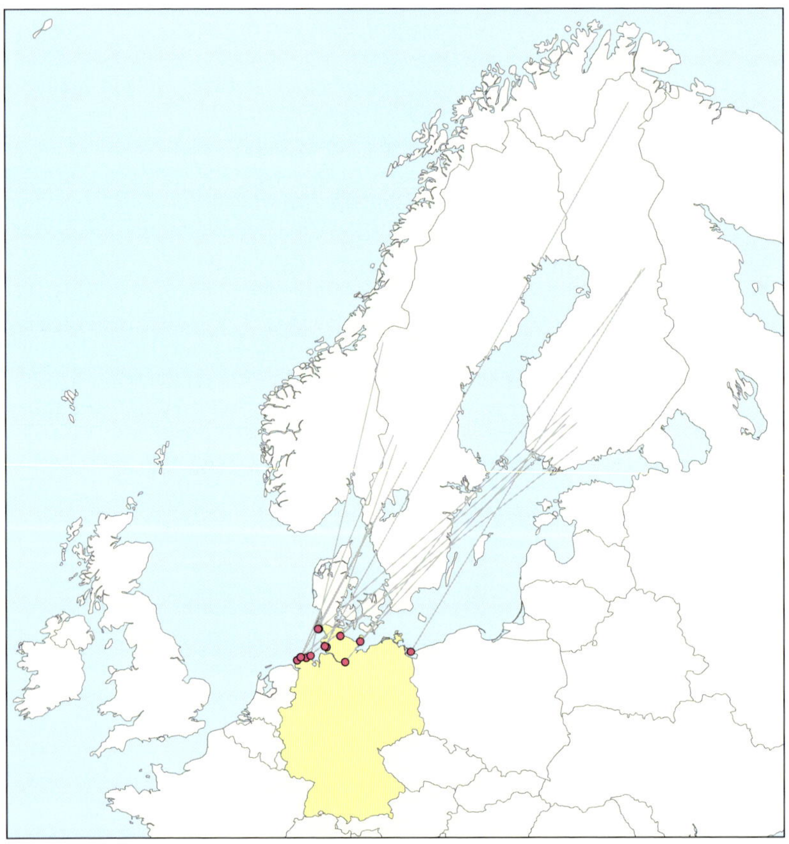

Abb. 1: Funde von Sterntauchern mit Bezug zu Deutschland (13 Funde). – *Recoveries of Red-throated Divers related to Germany (13 recoveries).*

Wanderungen: Insgesamt wurden 13 in Schweden und Finnland beringte Sterntaucher an oder nahe der deutschen Küsten gefunden (Abb. 1). Da zwölf dieser Vögel als Küken markiert und in verschiedenen Monaten zurückgemeldet wurden, wird deutlich, dass Brutvögel aus diesen Ländern zu beiden Zugperioden, aber auch im Winter an den deutschen Rastbeständen beteiligt sind. Dies passt gut ins Bild weiterer Ringfunde, die zeigen, dass fennoskandische Sterntaucher größtenteils an den Küsten Mittel- und W-Europas überwintern (Fransson & Pettersson 2001, Bakken et al. 2003, Saurola et al. 2013). Der Fund eines schottischen Brutvogels in den Niederlanden lässt vermuten, dass von Schottland aus gelegentlich auch die deutsche Nordsee erreicht wird, auch wenn diese Vögel sich zumeist nicht weit von den Brutplätzen entfernen oder aber südwärts abziehen (Wernham et al. 2002). Weil die Art aber nur in geringem Umfang und nur in wenigen Teilen des riesigen Brutgebietes beringt worden ist, sind weitere Angaben zum Zugsystem erst mit Hilfe moderner Telemetriemethoden möglich geworden. Während mit Geolokatoren ausgestattete Brutvögel Islands auch im Winter in ihrer Heimat blieben (Petersen et al. 2013), überwinterte ein grönländischer Vogel mit Satellitensender in SE-England und besuchte die deutsche Nordsee auf dem Frühjahrszug (Boertmann & Mosbech 2011). Eindrucksvolle Ergebnisse erbrachten vor der litauischen Küste mit Satellitensendern ausgerüstete Sterntaucher, von denen einer auf dem Zug nach NW-Frankreich, aber auch auf dem Frühjahrszug kurz in der deutschen Nordsee rastete, ein weiterer in der Lübecker Bucht überwinterte und sich ein dritter im April in der Pommerschen Bucht aufhielt. Alle drei Vögel überquerten anschließend die Landmasse zwischen Finnischem Meerbusen und Weißem Meer und zogen entlang der Küsten von Barents- und Karasee in Brutgebiete in der N-sibirischen Arktis (www.movebank.org, 14.2.2014). Es ist somit deutlich geworden, dass die Gastvögel deutscher Meeresgebiete aus einem sehr großen Einzugsbereich stammen.

Summary: *Red-throated Divers are visiting German marine areas during migration and for wintering, with an estimated spring occurrence of 25,500 birds. A total of 13 ring recoveries shows that birds from the Swedish and Finnish breeding populations are involved. However, modern telemetry has allowed to identify Greenland as well as N Siberia as breeding origins of Red-throated Divers wintering and staging in Germany.*

Prachttaucher *Gavia arctica*
Black-throated Diver

Verbreitung und Status: Das Brutareal des Prachttauchers erstreckt sich über die gesamte N-Paläarktis, in Europa reicht es südwärts bis zum Baltikum, S-Skandinavien und Schottland. Den Winter verbringen Prachttaucher in Mittelmeer, Schwarzem Meer und Kaspischem Meer sowie entlang der Küsten von NW-Europa und E-Asien. In Deutschland ist die Art Rastvogel in Nord- und Ostsee, in geringerem Umfang auch im Binnenland. Schwerpunkte des Vorkommens sind die Monate Oktober bis Mai mit einem Winterbestand von 2700 Ind. und einem Rastbestand im Frühjahr von 3900 Ind. in der deutschen Nord- und Ostsee.

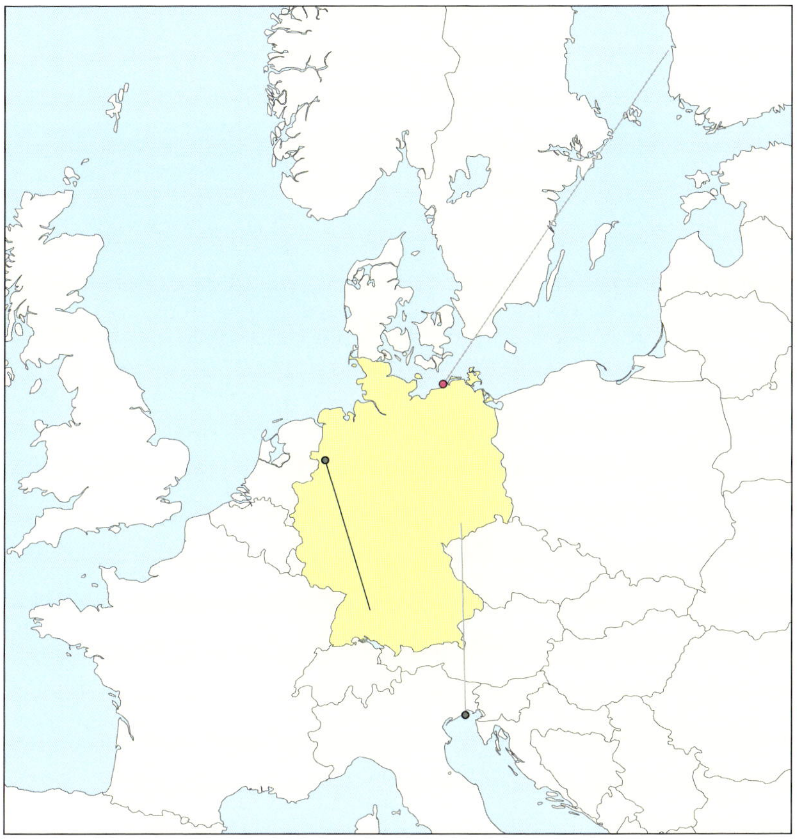

Abb. 1: Funde von Prachttauchern mit Bezug zu Deutschland (3 Funde). – *Recoveries of Black-throated Divers related to Germany (3 recoveries).*

Wanderungen: Der ausgeprägte Schleifenzug im Uhrzeigersinn, der sibirische Prachttaucher im Frühjahr vom Schwarzen Meer zur östlichen Ostsee und von dort über das Weiße Meer zurück in die Brutheimat führt, scheint Ringfunden zufolge Deutschland nicht zu berühren (Schüz 1974). Wie ein Fund von der Schweiz nach W-Sibirien zeigt (Maumary et al. 2007), ist eine Herkunft von dort dennoch nicht auszuschließen.
Nicht zuletzt wegen sehr kleiner Beringungszahlen ist über den Zugverlauf der N-europäischen Prachttaucher wenig bekannt. Ein kleinerer Teil dieses Brutbestands überwintert in der Ost- und Nordsee. Zu diesen Vögeln dürfte ein Individuum gehören, das im September in SW-Finnland beringt und im folgenden März 966 km entfernt an der Küste von Mecklenburg-Vorpommern gefunden wurde (Abb. 1). Der größere Teil N-europäischer Prachttaucher verbringt den Winter im Mittelmeer und im Schwarzen Meer (Fransson & Pettersson 2001, Saurola et al. 2013). Da der Zug dorthin über das europäische Binnenland führt, ist die Art an deutschen Binnengewässern häufiger zu sehen als der Sterntaucher. In diesem Zusammenhang ist ein in Sachsen auf dem Frühjahrszug beringter und knapp drei Jahre später an der italienischen Adriaküste gefundener Vogel zu sehen. Der dritte vorliegende Ringfund betrifft einen kurzfristigen Ortswechsel von SW- nach NW-Deutschland im Dezember, wobei der Vogel sich vor der Beringung an einem Angelhaken verfangen hatte (Schüz 1974).

***Summary:** Black-throated Divers are scarce migrants and winter visitors in Germany (3,900 staging birds in spring). Though the majority of birds is present in marine areas, the species is more often recorded inland than Red-throated Diver. This is due to the overland migration between N Europe and the Mediterranean as reflected by an indirect ring recovery from Saxony to N Italy. A direct recovery from Finland to the German Baltic Sea coast probably represents the small proportion of Fennoscandian breeders spending the winter in C and W Europe. A third recovery refers to a mid-winter movement from SW to NW Germany.*

Eissturmvogel *Fulmarus glacialis*
Northern Fulmar

Beringungen nach 1945:	1391
Funde > 10 km nach 1945:	4/4
Wiederfundquote (Fernfunde nach 1945):	0,3 %
Funde > 10 km seit 1901:	4/4
Funde fremder Beringungszentralen:	77/76
Höchstalter:	18 J, 9 M
Weiteste Entfernung:	1910 km

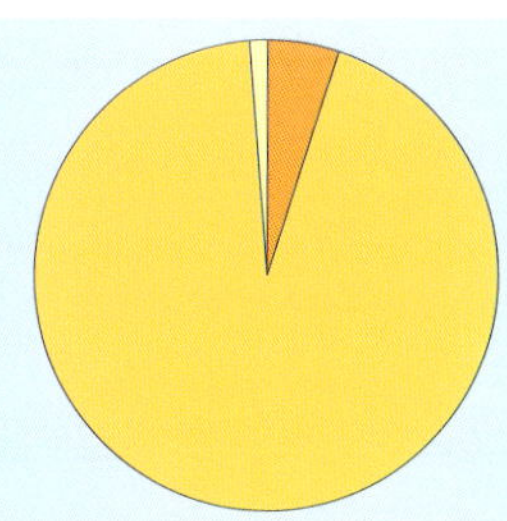

Verbreitung und Status: Die Brutplätze des Eissturmvogels befinden sich an den Küsten von N-Atlantik und N-Pazifik, in Europa von Spitzbergen bis zur Bretagne. Die dazwischen liegenden Meeresgebiete werden ganzjährig bevölkert. In Deutschland beschränkt sich das Brutvorkommen auf etwa 100 BP auf Helgoland. Dieser Bestand wurde nach Ansiedlung Ende der 1960er Jahre und anschließender Zunahme Ende der 1990er Jahre erreicht und ist seitdem weitgehend konstant. Zumeist fern der Küste leben im Gebiet der deutschen Nordsee (einschließlich der ausschließlichen Wirtschaftszone) durchschnittlich etwa 40.000 Ind. im Sommer und 10.500 Ind. im Winter. In die Ostsee und ins Binnenland werden Eissturmvögel dagegen nur selten verschlagen.

Wanderungen: Die wenigen in Deutschland beringten Eissturmvögel erbrachten bisher zwei Fernfunde (Abb. 1). Ein Mitte September 1975 auf Helgoland außerhalb der Brutkolonie gegriffener Vogel wurde fast auf den Tag genau fünf Jahre später in einer isländischen Brutkolonie von einem Beringer kontrolliert. Außerdem wurde ein im Mai 2009 in der deutschen Nordsee gekennzeichnetes

Individuum zwei Jahre später im April tot auf einem Schiff östlich der Nordseeküste NE-Englands gefunden. Über die Wanderungen der Helgoländer Brutvögel ist bislang nichts bekannt, doch ist zu vermuten, dass selbst zur Brutzeit weite Teile der Nordsee zur Nahrungssuche genutzt werden.

Demgegenüber zeigen 72 Funde von in Schottland beringten Alt- und Jungvögeln, dass Eissturmvögel von dort häufig die deutsche Nordsee erreichen (Abb. 1). Ein Teil dieser Nachweise geht auf Kontrollen auf See gefangener Vögel zurück, die meisten wurden jedoch tot in Spülsäumen an der Küste gefunden. Aus Norwegen, wo der Brutbestand sehr viel kleiner ist als auf den Britischen Inseln, gelangten dagegen nur zwei markierte Individuen nach Deutschland. Als weiteres Herkunftsgebiet ist Island belegt, denn aus derselben Brutkolonie, in welcher der o. g. auf Helgoland beringte Vogel kontrolliert wurde, stammte ein markierter Altvogel, der tot am Strand von Sylt angespült wurde. Ebenfalls auf Sylt wurde der einzige beringte Eissturmvogel aus E-England gefunden.

Aus den vorgenannten Ringfunden geht nicht hervor, wie weiträumig Eissturmvögel im N-Atlantik umherstreifen. Solche Wanderungen belegen nicht nur etliche Wiederfunde britischer und norwegischer Ringvögel an den Küsten von E-Kanada und Grönland (Wernham et al. 2002, Bakken et al. 2003), sondern auch ein vor der Küste Labradors auf einem deutschen Fischereiforschungsschiff gefangener Vogel, der mit einem Hiddensee-Ring markiert und zehn Monate später verölt an den Strand von Wangerooge gespült wurde (Nehls 1969). Per GPS-Logger wurde mittlerweile ein Nahrungsflug eines Brutvogels aus Schottland aufgezeichnet, der in 15 Tagen über 6200 km bis in die Mitte des Atlantiks führte (Edwards et al. 2013).

Nur zwei Funde in Deutschland stammen nicht von der Nordsee. Ein Ende August 1966 nestjung in Schottland beringter Vogel wurde nur 23 Tage später auf der Ostsee vor Kiel kontrolliert. Tief ins Binnenland nach N-Hessen gelangte im September 1985 ein im vorangegangenen Juli ebenfalls in Schottland als Nestling gekennzeichneter Vogel (Abb. 1).

Das hohe Alter, das Eissturmvögel bekanntlich erreichen können, wird in den deutschen Ringfunddaten durch ein Individuum repräsentiert, dass 1972 nestjung auf den Orkney-Inseln beringt und im Alter von fast 37 Jahren von einem Beringer in der deutschen Nordsee kontrolliert wurde.

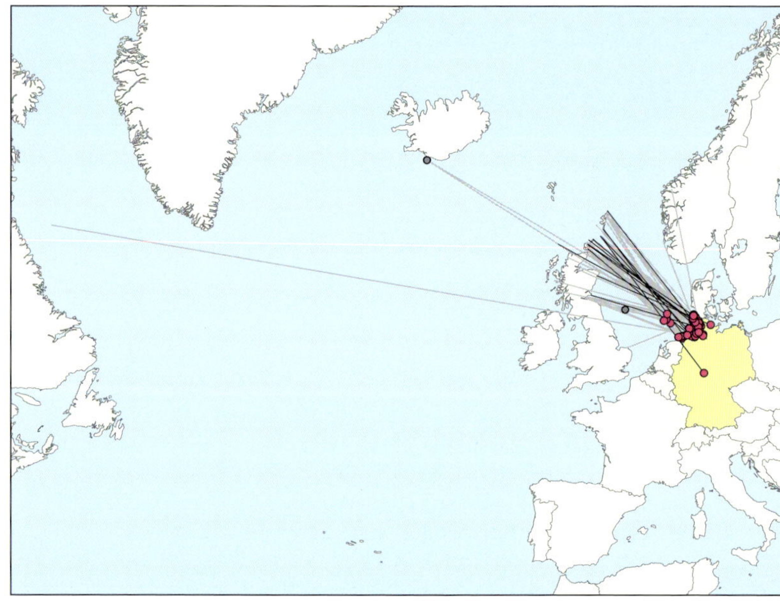

Abb. 1: Funde von Eissturmvögeln mit Bezug zu Deutschland (80 Funde). – *Recoveries of Northern Fulmars related to Germany (80 recoveries).*

Summary: *The only German breeding colony of Northern Fulmar is located on Helgoland and currently holds c. 100 bp. While the species is very rare in the Baltic Sea and inland, the German North Sea (including the Exclusive Economic Zone) on average hosts 40,000 birds in summer and 10,500 birds in winter. According to ring recoveries, these birds are mainly of Scottish origin, but some of the birds found in the German North Sea also derived from England, Norway and Iceland. Large-scale roaming, as known from birds tracked with transmitters or GPS loggers, is shown by a bird marked off Labrador that was found on the island of Wangerooge the same year. There are single records of Scottish birds on the Baltic Sea near Kiel and at an inland site in N Hessen.*

Basstölpel *Sula bassana*
Northern Gannet

Beringungen nach 1945:	104
Funde > 10 km nach 1945:	6/6
Wiederfundquote (Fernfunde nach 1945):	5,8 %
Funde > 10 km seit 1901:	6/6
Funde fremder Beringungszentralen:	154/103
Höchstalter:	2 J*
Weiteste Entfernung:	2115 km

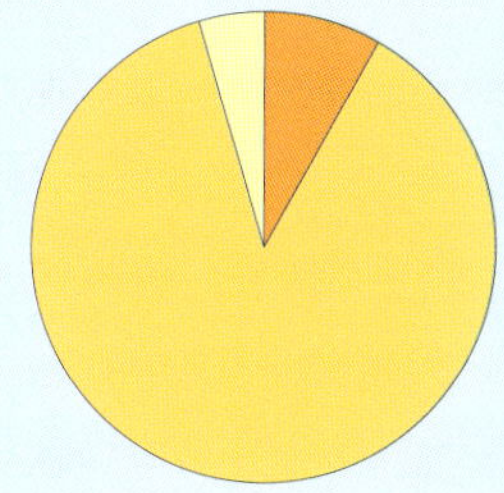

Verbreitung und Status: Basstölpel brüten in einigen großen Kolonien zwischen Norwegen und E-Kanada (in Europa südwärts bis zu den britischen Kanalinseln und zur Bretagne). Das marine Aufenthaltsgebiet erstreckt sich im Nordatlantik vom Golf von Mexiko bis zur Barentssee, zum E-Mittelmeer und W-Afrika, wobei sich die geographischen Vorkommensschwerpunkte zum Winter hin nach Süden verlagern. Am einzigen deutschen Brutplatz auf der Insel Helgoland, an dem die Vögel von Januar/Februar bis Oktober präsent sind, hat der Brutbestand seit der Ansiedlung im Jahr 1991 auf über 632 BP im Jahr 2013 zugenommen. Im Gebiet der deutschen Nordsee kommen Basstölpel ganzjährig vor, am größten ist der durchschnittliche Bestand mit 2700 Ind. im Herbst, doch wurden allein um Helgoland bis zu 3100 Vögel gleichzeitig gesehen (Dierschke et al. 2011). An der Nordseeküste sind Basstölpel nach stürmischem Wetter im September und Oktober am häufigsten, an der Ostsee ist die Art nur selten zu beobachten.

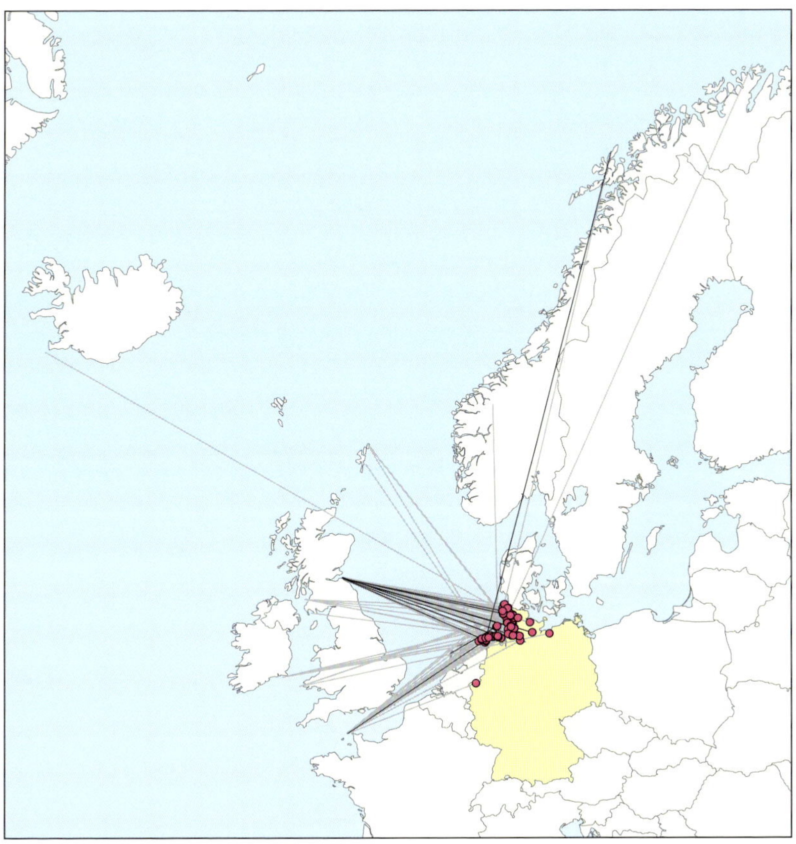

Abb. 1: Funde von Basstölpeln mit Bezug zu Deutschland (104 Funde). – *Recoveries of Northern Gannets related to Germany (104 recoveries).*

Wanderungen: Ringablesungen von Basstölpeln in der Helgoländer Brutkolonie haben gezeigt, dass eine Besiedlung durch Vögel erfolgte, die in mindestens drei anderen Brutkolonien erbrütet worden waren (zwei Kolonien auf den englischen Kanalinseln: 9 Ind.; Great Saltee im SE von Irland: 3 Ind.). Aufgrund weitgehend fehlender Beringungen auf Helgoland gibt es dagegen keine Ringfunde, die Aufschluss über das räumliche Aufenthaltsmuster des deutschen Brutbestandes geben. Von zwei mit Datenloggern ausgestatteten Brutvögeln ist jedoch bekannt, dass außerhalb der Brutzeit sehr unterschiedliche Gebiete aufgesucht werden können: Ein Vogel verbrachte den Winter im Englischen Kanal und in der Nordsee, während der andere bis vor die Küste des Senegal (W-Afrika) gelangte (Garthe 2010 und pers. Mitt.). Individuell unterschiedliche winterliche Aufenthaltsgebiete zeigten auch mit Datenloggern ausgestattete Basstölpel vom Bass Rock (Schottland), die sich über die Nordsee, die Biskaya, den Atlantik vor W-Afrika und das Mittelmeer verteilten (Kubetzki et al. 2009). Da sich die Basstölpel der verschiedenen Brutkolonien außerhalb der Brutzeit stark vermischen (Wernham et al. 2002), sind auch für die deutschen Brutvögel ähnlich unterschiedliche Winterquartiere anzunehmen. Funde beringter, zumeist verendeter Vögel entlang der deutschen Nordseeküste (und seltener an der Ostseeküste) belegen, dass Basstölpel aus den verschiedensten Brutkolonien zwischen Island, N-Norwegen, Irland und dem Englischen Kanal im deutschen Seegebiet auftreten (Abb. 1). Ungewöhnlich ist ein über 16 Jahre alter, von Alderney stammender Basstölpel, der Ende August 1985 tief im Binnenland bei Bocholt (Nordrhein-Westfalen) tot aufgefunden wurde.

Summary: *For the only German breeding colony of Northern Gannets on Helgoland (strongly increasing population, more than 632 bp in 2013), ring readings confirmed colonization from at least two colonies, namely Alderney, Channel Islands and Great Saltee, SE Ireland. Spatial patterns of German Gannets are available only from two individuals equipped with data loggers, which spent the non-breeding season in the North Sea and off W Africa, respectively. Gannets found along the shores of the German North Sea and Baltic Sea originated from colonies all over the NE Atlantic, i.e. between Iceland, N Norway, Ireland and the Channel Islands. Another chick marked on the Channel Islands was found far inland in W Germany at the age of 16 years.*

Kormoran *Phalacrocorax carbo*
Great Cormorant

Beringungen nach 1945:	11.760
Funde > 10 km nach 1945:	1026/871
Wiederfundquote (Fernfunde nach 1945):	7,4 %
Funde > 10 km seit 1901:	1026/871
Funde fremder Beringungszentralen:	2131/1826
Höchstalter:	20 J, 10 M
Weiteste Entfernung:	2718 km

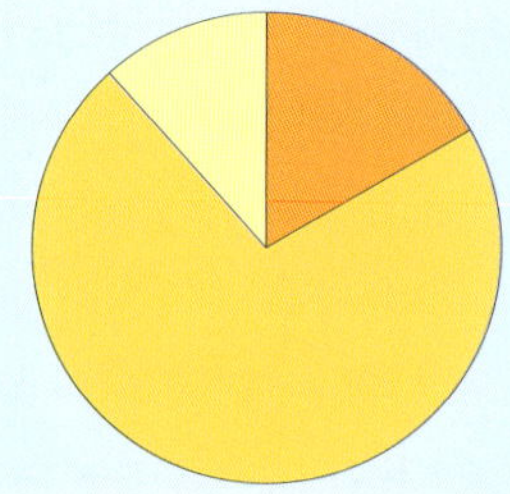

Verbreitung und Status: In der Alten Welt brüten Kormorane von Island bis Südafrika, E-Asien und Australien, außerdem gibt es ein Vorkommen in E-Nordamerika. Das Verbreitungsgebiet ist aber sehr lückenhaft und umfasst trotz vieler Binnenlandvorkommen vor allem die Küstenbereiche von N-Norwegen bis W-Frankreich, die südliche Ostsee und das Schwarze Meer. Das von menschlicher Verfolgung stark beeinflusste Bild der Verbreitung in Deutschland hat sich in den letzten 30 Jahren stark gewandelt, denn nach dem zwischenzeitlichen Rückzug auf wenige Kolonien in Mecklenburg-Vorpommern ist die Art seit den 1980er Jahren stark expandiert, hat auf 22.500 BP in 150 Kolonien im Jahr 2012 zugenommen und besiedelt inzwischen wieder alle Landesteile (Kieckbusch 2014). An allen größeren Gewässern sind Kormorane heute auch Wintergäste. Zugzeiten (auch von Vögeln aus anderen Ländern) sind besonders März/April und September/Oktober. Außer der inzwischen überall in Deutschland häufigen Unterart *Ph. c. sinensis* kommt vereinzelt, regelmäßig aber nur auf Helgoland, die auf den Britischen Inseln, in Norwegen und am Weißen Meer beheimatete Nominatform vor.

Wanderungen: Das hier ausgewertete Ringfundmaterial geht zu 98 % auf nestjung beringte Kormorane zurück, auch spielen Farbringablesungen eine große Rolle. Die Funde in Deutschland markierter Vögel verteilen sich über weite Teile Europas bis hin nach N-Afrika, doch fehlen sie in E-Europa, im größten Teil Fennoskandiens und auf den Britischen Inseln (Abb. 1). Allerdings führen Siefke & Berger (1979) drei Kormorane auf, die von Mecklenburg-Vorpommern nach S-England wanderten. Wichtige Herkunftsgebiete von Gastvögeln befinden sich vor allem im Ostseeraum und in den Niederlanden, doch gelangen auch Kormorane aus anderen Bereichen Mittel-, W- und sogar S-Europas nach Deutschland (Abb. 2).

Nach dem Ausfliegen zerstreuen sich die in Deutschland erbrüteten Kormorane zunächst in verschiedene Richtungen. So erreichen Jungvögel aus Mecklenburg-Vorpommern bis September Gebiete zwischen den Niederlanden, W-Polen und S-Schweden (Köppen & Helbig 1994). Auf dem Herbstzug (September bis November) fächern sich die Wiederfunde ebenfalls stark auf. Abgesehen von den Vögeln, die sich zunächst in der südwestlichen Ostsee aufhalten, fliegen sie in Richtungen zwischen SW und SSE, wobei sich die Funde zwischen der Biskaya, N-Afrika, Griechenland und Polen weit verteilen (Abb. 3). Entsprechend weit verstreut sind die Funde aus den Wintermonaten, die für den größten, im NE-deutschen Tiefland brütenden Teil der deutschen Vögel im S von S-Spanien über Tunesien bis zur Türkei reichen (Abb. 5). Recht viele Funde stammen von den Seen im Alpenvorland und aus Italien. Die bisher nur in viel kleinerer Zahl vorliegenden Rückmeldungen von an der deutschen Nordseeküste beringten

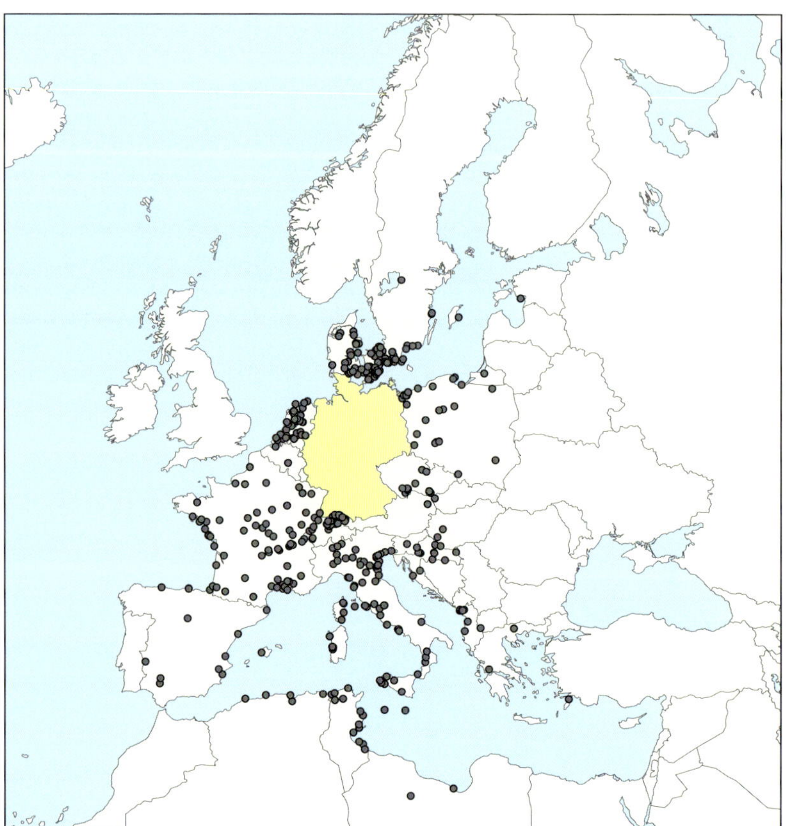

Abb. 1: Fundorte im Ausland von in Deutschland beringten Kormoranen (540 Funde). – *Foreign recovery sites of Great Cormorants ringed in Germany (540 recoveries).*

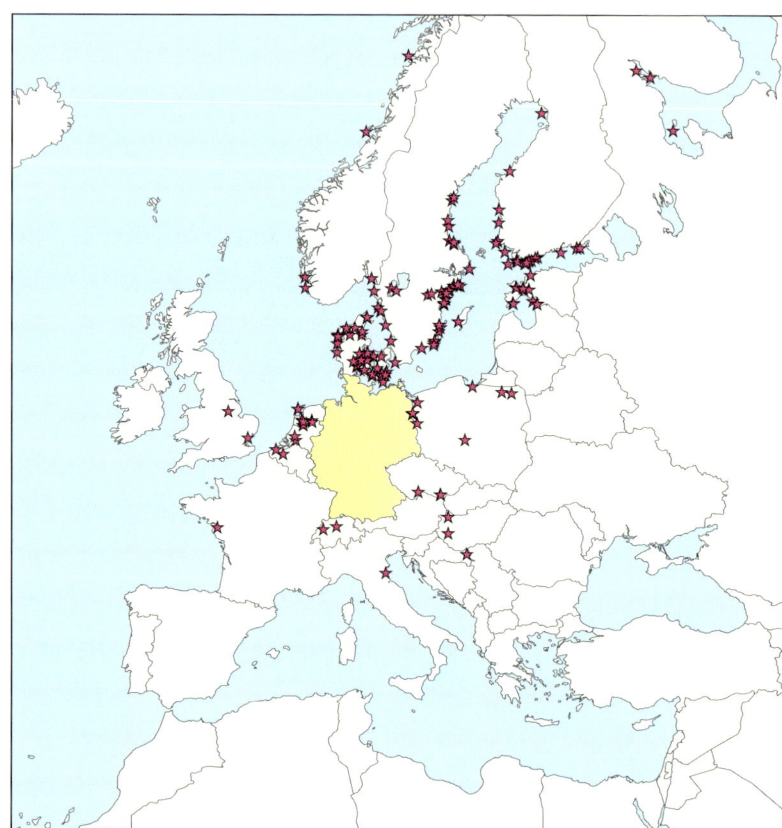

Abb. 2: Beringungsorte im Ausland von in Deutschland gefundenen Kormoranen (2131 Funde). – *Foreign ringing sites of Great Cormorants recovered in Germany (2131 recoveries).*

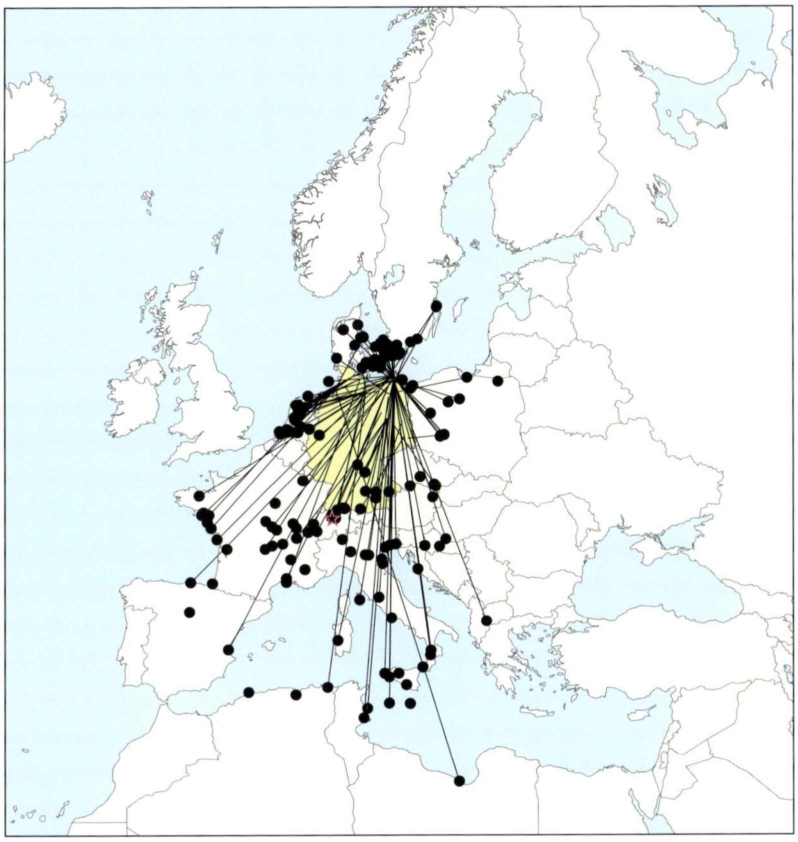

Abb. 3: Herbstzug (September – November) von in Deutschland zur Brutzeit anwesenden Kormoranen (197 Funde). – *Autumn migration (September – November) of Great Cormorants present in Germany during the breeding season (197 recoveries).*

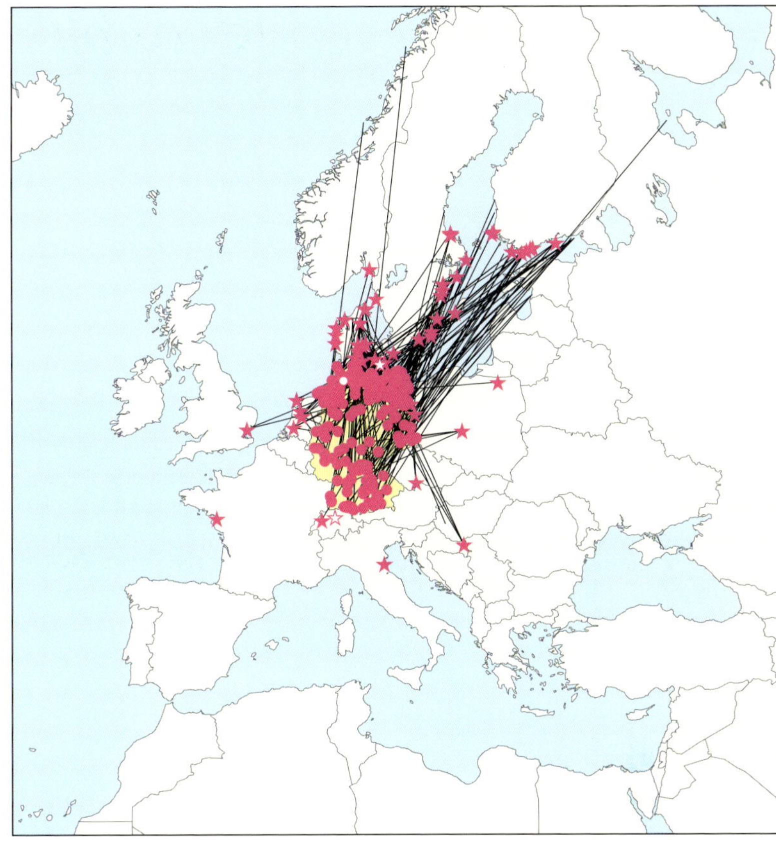

Abb. 4: Herbstzug (September – November) von in Deutschland von September – November anwesenden Kormoranen (747 Funde). – *Autumn migration (September – November) of Great Cormorants present in Germany from September to November (747 recoveries).*

Kormoranen kommen dagegen aus einem enger umrissenen Gebiet zwischen Sardinien, N-Spanien und den Niederlanden (Abb. 5).

Im Verlauf der letzten Jahrzehnte haben sich die Überwinterungsgebiete der NE-deutschen Kormorane deutlich verlagert. Während bis Mitte der 1970er Jahre die Winterfunde vor allem aus dem Mittelmeerraum und zu einem kleineren Teil von der französischen Atlantikküste stammten (Siefke & Berger 1979), kommen neuere Funde vielfach aus dem mitteleuropäischen Binnenland und von der südwestlichen Ostsee, so dass sich die mittlere Zugentfernung offensichtlich verkürzt hat (Köppen & Helbig 1994).

Im Herbst erfolgt von Finnland, Schweden, Dänemark und den Niederlanden her starke Zuwanderung nach Deutschland (Abb. 4). Neben Durchzüglern sind dabei auch viele Wintergäste, die sich in allen Landesteilen aufhalten. Passend zu den weit streuenden Wanderungen der Kormorane gibt es hinsichtlich der Herkunft der Wintergäste nur geringe Unterschiede zwischen den Naturräumen in Deutschland. Auffällig ist aber, dass niederländische Vögel fast ausschließlich in den NW und W Deutschlands gelangen und dass nur wenige Vögel aus NE-Deutschland im NW des Landes überwintern (Abb. 6). Und obwohl Kormorane aus S-Finnland in allen deutschen Naturräumen im Winter gefunden wurden, fehlen Vögel aus Estland in NW- und NE-Deutschland. Im Rahmen ihrer nachbrutzeitlichen Dispersion wird Deutschland auch von Kormoranen aus weiteren Ländern (z. B. England, Polen, Tschechien, aber auch Kroatien) erreicht, ohne dass diese Vögel in den Winterbestand eintreten (Köppen 2007).

Das Vorkommen der feldornithologisch schwer von *Ph. c. sinensis* zu unterscheidenden Nominatform wird durch sieben Wiederfunde in W-Norwegen beringter Kormorane in Deutschland untermauert. Vier dieser Vögel wurden auf Helgoland gefunden, dem einzigen Ort in Deutschland mit einem regelmäßigen Vorkommen von *Ph. c. carbo* (Dierschke et al. 2011). Drei weitere stammen aus dem Bereich der deutschen Ostseeküste. Auch Brutvögel am Weißen Meer in NW-Russland gehören zur Nominatform. Vier beringte Vögel gelangten von dort nach Helgoland (1), an die deutsche Ostseeküste (2) und nach Bayern (1). Von den in England beringten Kormoranen lässt sich dagegen keiner der 13 Funde in Deutschland der Nominatform zuordnen. Zwölf dieser Kormorane stammen aus der Kolonie am Abberton Reservoir, in der beide Unterarten zu gleichen Teilen brüten (Goostrey et al. 1998), der einzige weitere englische Ringvogel stammt aus einer Binnenlandkolonie von *Ph. carbo sinensis*.

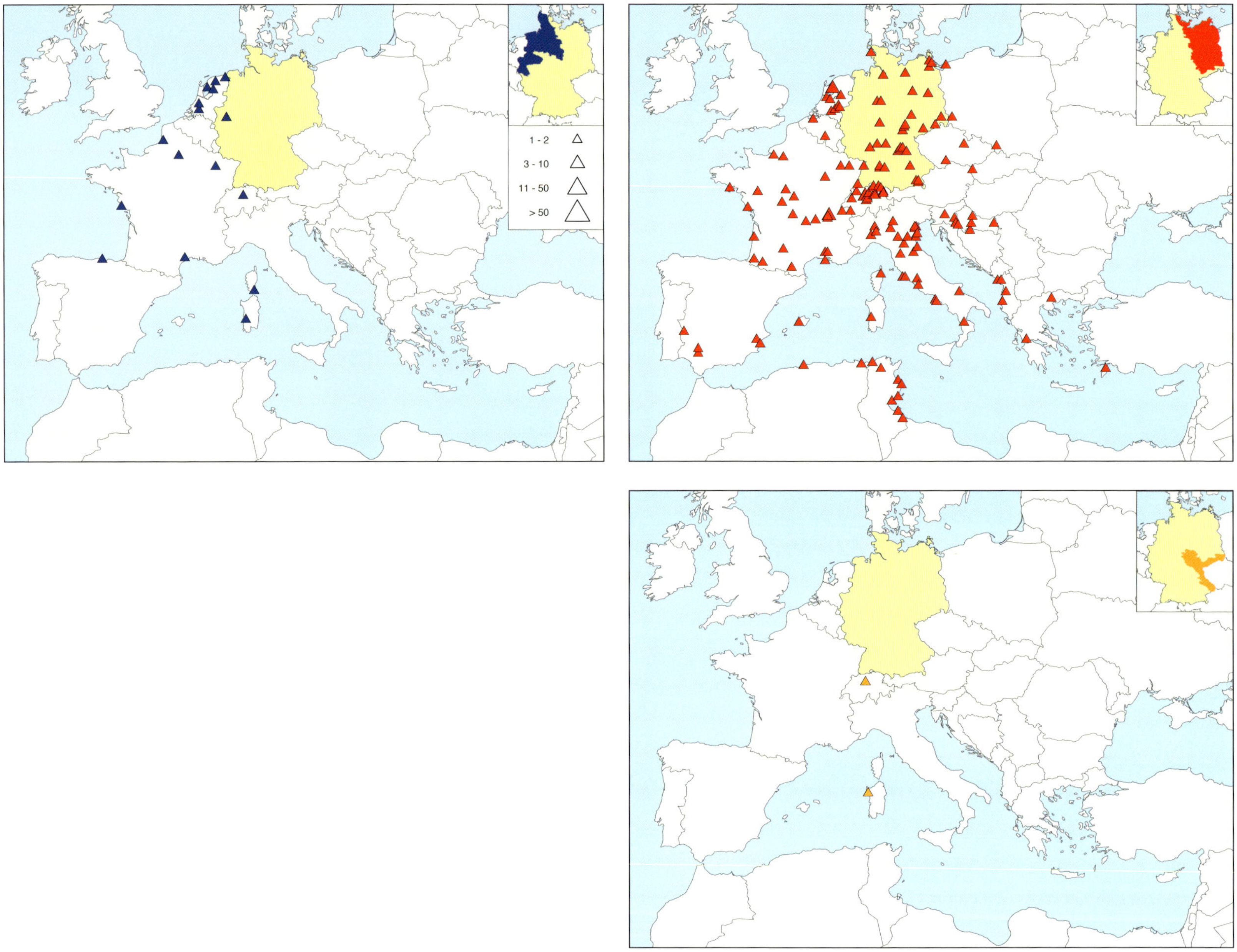

Abb. 5: Aufenthaltsorte im Winter (Dezember – Februar) von in Deutschland zur Brutzeit anwesenden Kormoranen (187 Funde). – *Presence in winter (December – February) of Great Cormorants present in Germany during the breeding season (187 recoveries).*

Summary: *During the last decades, Great Cormorant* Ph. c. sinensis *has spread from a few colonies in NE Germany over most of the country. In 2012, the German breeding population was estimated at 22,500 bp in 150 colonies. In parallel, the species has become a winter visitor at all larger water bodies, with increasing numbers at most sites. After post-breeding dispersal, autumn migration follows various directions between SW and SSE, leading NE German birds to winter within a very large area ranging from the W and C Mediterranean to The Netherlands and the SW Baltic Sea. The much lower number of NW German Cormorants was found to winter between the W Mediterranean and The Netherlands. Whereas up to the 1970s the majority of NE German birds spend the winter at the Mediterranean, the winter distribution now also includes W and C parts of continental Europe. In autumn, Cormorants from the Baltic and The Netherlands migrate through Germany, and nowadays many of them remain for wintering. Regarding the origin of winter visitors there are only slight regional differences in Germany. Most obviously, Dutch birds do not migrate to E and S Germany in substantial numbers. Furthermore, NE German birds are rarely found in the NW of the country. Though obscured by difficulties in field identification, the nominate subspecies is thought to be a rare visitor to Germany. Evidence of its occurrence is provided by recoveries of ringed birds from W Norway (7) and the White Sea (4).*

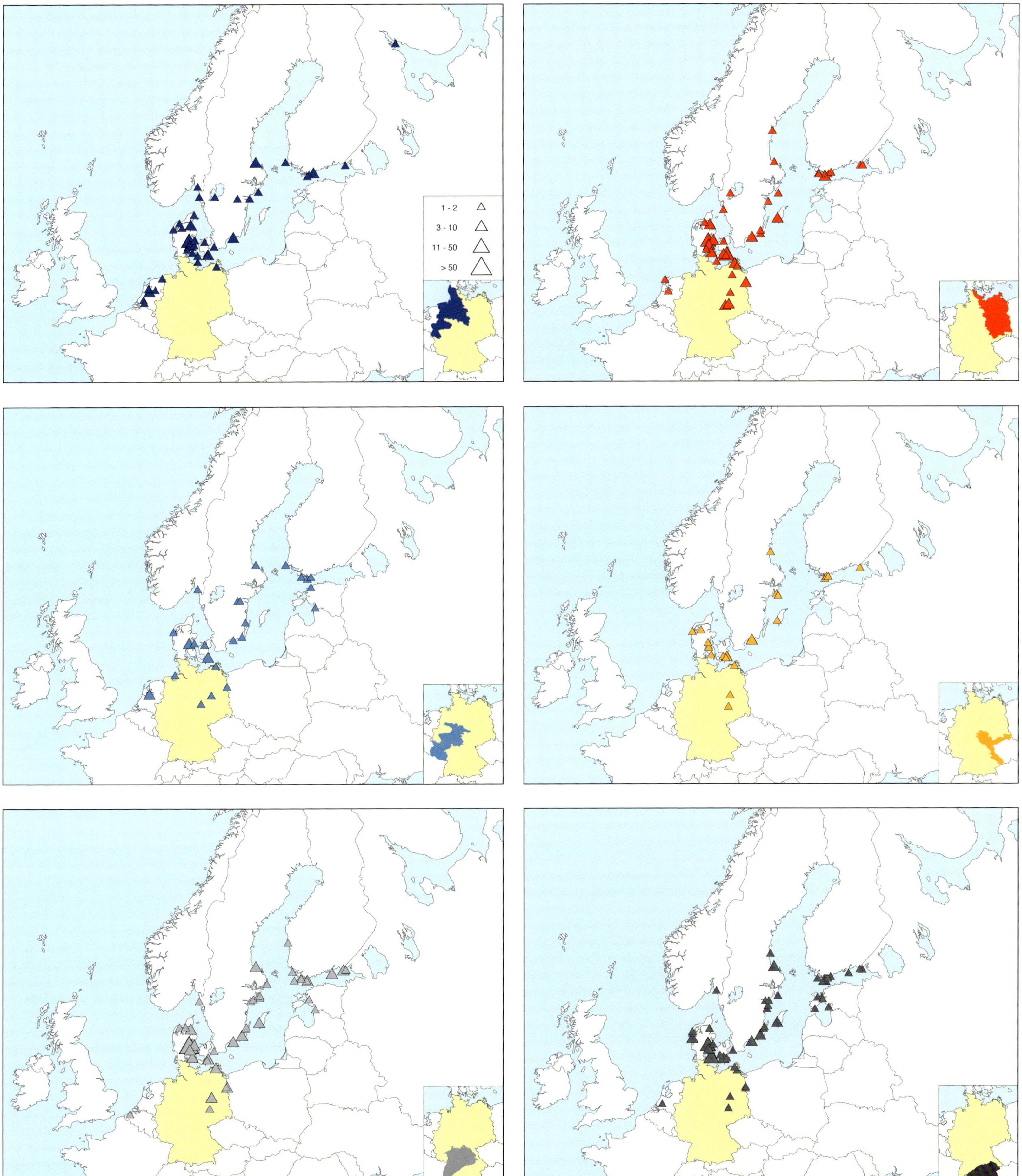

Abb. 6: Aufenthaltsorte zur Brutzeit von im Winter (Dezember – Februar) in Deutschland anwesenden Kormoranen (595 Funde). – *Presence during the breeding season of Great Cormorants present in Germany in winter (December – February, 595 recoveries).*

Krähenscharbe *Phalacrocorax aristotelis*
European Shag

Beringungen nach 1945:	10
Funde > 10 km nach 1945:	0/0
Wiederfundquote (Fernfunde nach 1945):	0,0 %
Funde > 10 km seit 1901:	0/0
Funde fremder Beringungszentralen:	15/12
Höchstalter:	-
Weiteste Entfernung:	927 km

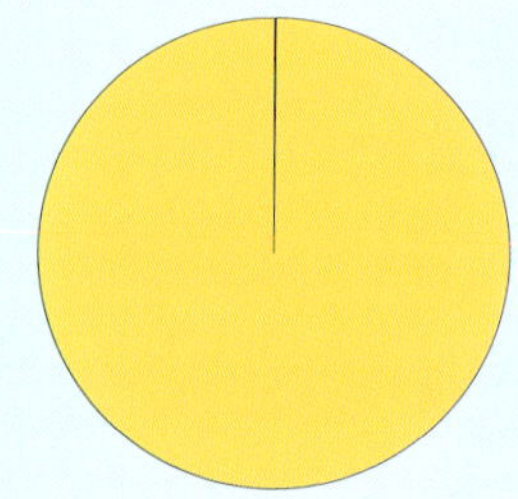

Verbreitung und Status: Krähenscharben brüten an den Felsküsten des NE-Atlantiks von N-Norwegen bis Marokko, auf Island und am Mittelmeer. Das Aufenthaltsgebiet außerhalb der Brutzeit umfasst die Meeresgebiete im Umfeld der Brutvorkommen. In Deutschland ist die Art alljährlicher Gast mit sehr wenigen Individuen, die vor allem auf Helgoland nahezu ganzjährig zu beobachten sind.

Wanderungen: Insgesamt wurden zwölf beringte Krähenscharben in Deutschland gefunden, davon zwei an der Ostsee. Fast alle waren nestjung in Schottland markiert worden, die meisten davon auf Fair Isle (Shetland-Inseln) und auf der Isle of May. Ein Vogel stammte dagegen von der britischen Kanalinsel Guernsey (Abb. 1).
Etwa 90 % der schottischen Jungvögel brüten später an ihrem Geburtsort, die übrigen siedeln sich im Mittel nur 61 km entfernt als Brutvogel an (Barlow et al. 2013). Davor unternehmen sie etwas weitere Wanderungen, doch nur wenige Krähenscharben erreichen dabei die südliche Nordseeküste von Belgien bis Deutschland (Wernham et al. 2002), wo Ansiedlungsversuche extrem selten sind (Nestbau in den Niederlanden, Newell & Lilipaly 2013; Balz auf Helgoland, Dierschke et al. 1994). Tatsächlich betreffen nahezu alle Funde Vögel in den ersten beiden Lebensjahren, ausnahmsweise wurde eine über 17 Jahre alte Krähenscharbe von Fair Isle an der deutschen Ostseeküste gefunden. Da norwegische Vögel den dortigen Küstenbereich fast nie verlassen (nur vier Fernfunde außerhalb des Landes, Bakken et al. 2003), ist deren Auftreten in Deutschland recht unwahrscheinlich – auch wenn Genfluss über die Nordsee hinweg nachgewiesen werden konnte (Barlow et al. 2011). Die Ringfunde in Deutschland weisen ebenfalls darauf hin, dass die Nordsee von Krähenscharben überquert werden kann, auch wenn eine Wanderung entlang der Küsten nicht auszuschließen ist.

Summary: *Shags are rare visitors at the German coast, and the majority of the few birds occurring annually is recorded on Helgoland. Nevertheless, there are ring recoveries of twelve Shags from Britain. Most of them have been marked in Scotland, but one recovery connects the Channel Islands with the German North Sea coast. Most recoveries refer to birds in their first and second year, but there was also an adult found dead at an age of more than 17 years.*

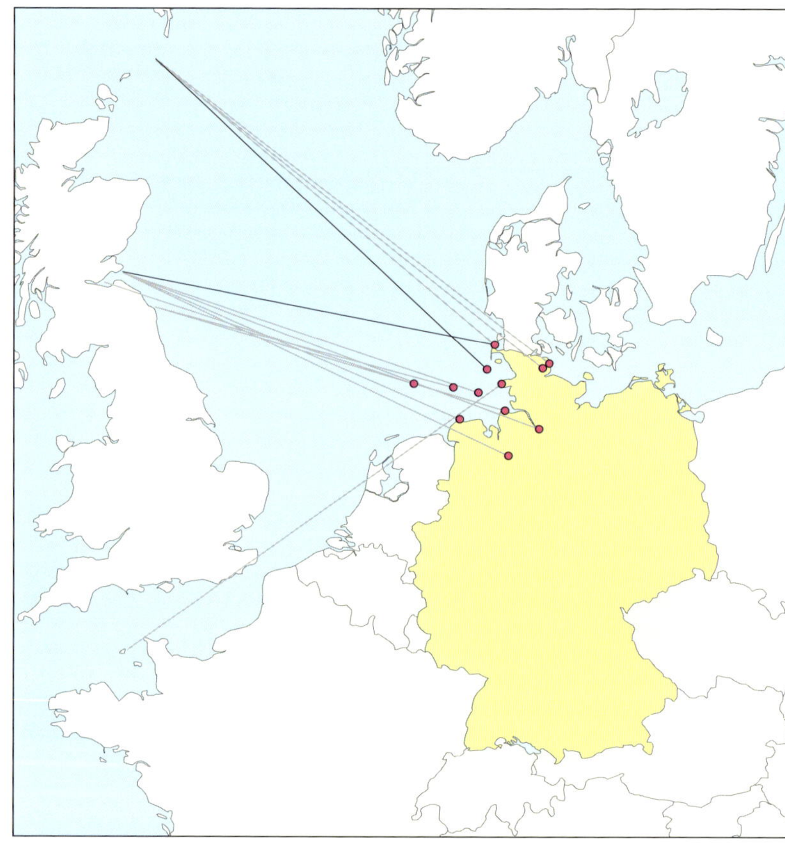

Abb. 1: Funde von Krähenscharben mit Bezug zu Deutschland (13 Funde). – *Recoveries of European Shags related to Germany (13 recoveries).*

Sichler *Plegadis falcinellus*
Glossy Ibis

Der Sichler weist eine weltumspannende, aber sehr lückige Brutverbreitung auf. Neben der Atlantikküste Nordamerikas, der Karibik, E- und S-Afrika, Madagaskar, S- und SE-Asien sowie Australien gibt es Ansiedlungen vom Mittelmeerraum bis Kasachstan. In der Paläarktis sind Sichler Zugvögel, die größtenteils in Afrika südlich der Sahara überwintern. Sichler zeigen ein großes Potenzial zum Nomadisieren und gelangen daher immer wieder auch in Gebiete, die deutlich N ihres europäischen Brutareals liegen. In Deutschland gelten bis 2012 insgesamt 87 Nachweise als ausreichend dokumentiert, wobei es sich teilweise um Trupps von bis zu 9 Ind. handelte (Stübing et al. 2011, Deutsche Avifaunistische Kommission 2013). Eine erhöhte Anzahl von Beobachtungen nach der Jahrtausendwende hängt offenbar mit der Ansiedlung und einer folgenden explosionsartigen Zunahme zunächst in Spanien (Santoro et al. 2010) und anschließend in S-Frankreich (Kayser et al. 2009) zusammen. Dies belegen Ablesungen von sechs Sichlern, die nestjung in Spanien (4) und S-Frankreich (2) farbberingt wurden. Drei Jungvögel von der Coto Doñana wurden in ihrem ersten Lebensjahr in Bayern (30.4.–30.6.2005), NW-Niedersachsen (7.–13.12.2009) und E-Niedersachsen (28.3.2012) festgestellt. Letztgenannter Vogel war noch zwei Tage zuvor in England und hielt sich vom 12.4.–1.5. in Brandenburg auf (Deutsche Avifaunistische Kommission 2013). Für einen Sichler aus dem Ebrodelta ist eine noch längere Rundreise durch Europa dokumentiert, die 2011 über S-Hessen (30.3.–9.4),

S-Niedersachsen (10.–11.4.) und Brandenburg (17.4.–1.5.) bis Litauen (19.–26.5.) führte, auf dem Rückweg die Niederlande berührte (10.7.–10.9.) und schließlich in N-Spanien endete (17.9.; Stübing et al. 2011, Deutsche Avifaunistische Kommission 2013). Aus der französischen Camargue gelangte ein Jungvogel im Alter von einigen Wochen nach E-Bayern (29.8.–3.9.2010), aus derselben Kolonie stammte ein fast drei Jahre alter Vogel in Sachsen (10.5.2013).

Summary: *Glossy Ibis is a rare visitor to Germany, but owing to the recent establishment of breeding colonies in Spain and S France, which are constantly growing, records have become more frequent after the turn of the millennium. This connection is demonstrated by colour-marked offspring from colonies in Spain (4 birds) and France (2 birds) resighted in different parts of Germany. One bird could be followed through Germany (S Hessen, S Niedersachsen, Brandenburg) to Lithuania and back to N Spain via The Netherlands. Another individual was seen in England two days before its appearance in E Niedersachsen, which was followed by a longer stay in Brandenburg.*

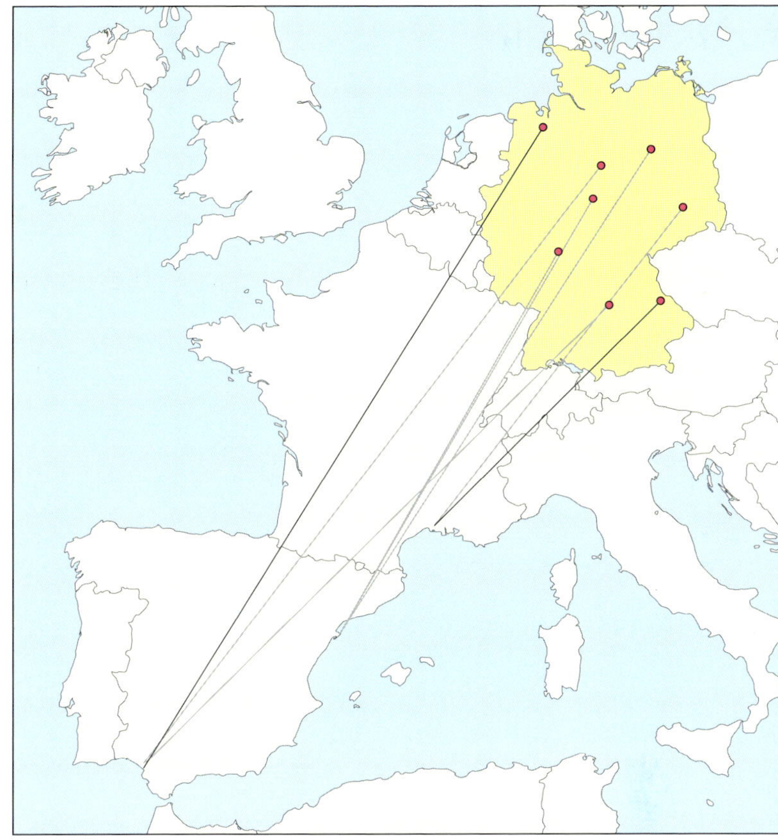

Abb. 1: Funde von Sichlern mit Bezug zu Deutschland (8 Funde). Die Funde mit Ursprung im Ebrodelta (NE-Spanien) gehen auf ein Individuum zurück. – *Recoveries of Glossy Ibis related to Germany (8 recoveries). Lines starting in River Ebro Delta (NE Spain) refer to one individual.*

Löffler *Platalea leucorodia*
Eurasian Spoonbill

Beringungen nach 1945:	1007
Funde > 10 km nach 1945:	4986/597
Wiederfundquote (Fernfunde nach 1945):	59,3 %
Funde > 10 km seit 1901:	4986/597
Funde fremder Beringungszentralen:	1304/154
Höchstalter:	9 J, 3 M
Weiteste Entfernung:	4928 km

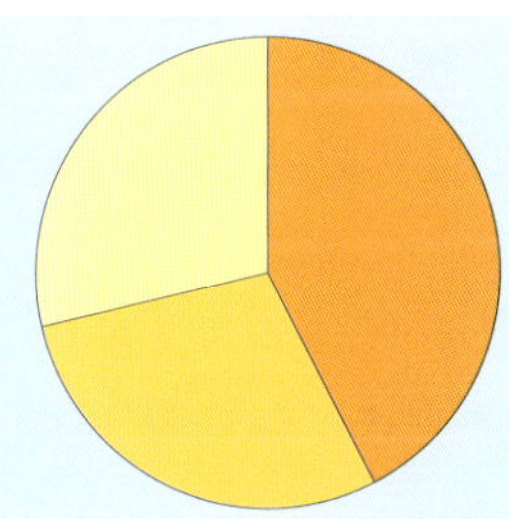

Verbreitung und Status: Die Brutplätze des Löfflers erstrecken sich von der südlichen Nordsee (Niederlande, Deutschland, Dänemark) bis Spanien und ostwärts bis nach NE-Afrika, Indien und China als Brutvogel. In den meisten Brutgebieten ist er Zugvogel, Überwinterungsgebiete sind in SW-Europa, in der N-Hälfte Afrikas sowie in S- und SE-Asien zu finden. In Deutschland, wo die Art zuvor nur seltener Gast war, siedelte sich der Löffler 1995 als Brutvogel im niedersächsischen Wattenmeer an. Es folgten eine deutliche Zunahme der Bestandsgröße, eine Ausbreitung über weitere Bereiche des Wattenmeers sowie der Aufbau eines individuenstarken Rastvorkommens im Umfeld der Brutgebiete (Krüger et al. 2010). Im Jahr 2009 nisteten im Wattenmeer bereits 320 BP (Krüger et al. 2010). Sie kehren im März aus dem Winterquartier zurück und ziehen vor allem im September wieder ab. Abseits der Nordseeküste sind Löffler weiterhin seltene Gäste.

Wanderungen: Das umfangreiche Ringfundmaterial basiert ausschließlich auf nestjung und größtenteils mit Farbringen markierten Löfflern. Beringungen in Deutschland fanden ausschließlich in Brutkolonien auf den Inseln bzw. Halligen Memmert, Baltrum, Mellum, Trischen, Südfall, Oland und Föhr statt. Die daraus hervorgegangenen Ablesungen stammen zumeist aus dem Küstenbereich von Nordsee und Atlantik von N-Dänemark bis W-Afrika, wobei nur wenige Fundorte auf den Britischen Inseln, in S-Frankreich und in Zentral-Spanien abseits davon liegen (Abb. 1). In Deutschland abgelesene Löffler kommen aus den Niederlanden, nur je ein Vogel war nestjung in N-Dänemark, in Tschechien und in N-Italien beringt worden (Abb. 2). Während der dänische Vogel im Zusammenhang mit der Wattenmeerpopulation zu sehen ist, weisen die beiden anderen Herkunftsorte darauf hin, dass im deutschen Binnenland auftretende Löffler zumindest teilweise zur SE-europäischen Population, die im mittleren und östlichen Mittelmeerraum sowie im zentralen Afrika überwintert (Bauer & Glutz von Blotzheim 1966), gehören können. Ein Vogel aus S-Böhmen wurde Ende Dezember im bayerischen Alpenvorland gefunden. Tautz & Krätzel (2014) nennen als Herkunftsorte der in Bayern abgelesenen Löffler zusätzlich Ungarn, Serbien und Italien. Auch ein Mitte Mai bei Duisburg im Rheinland abgelesener Vogel stammte aus Italien (Abb. 2). Kontakte zwischen den beiden Populationen sind selten, da es

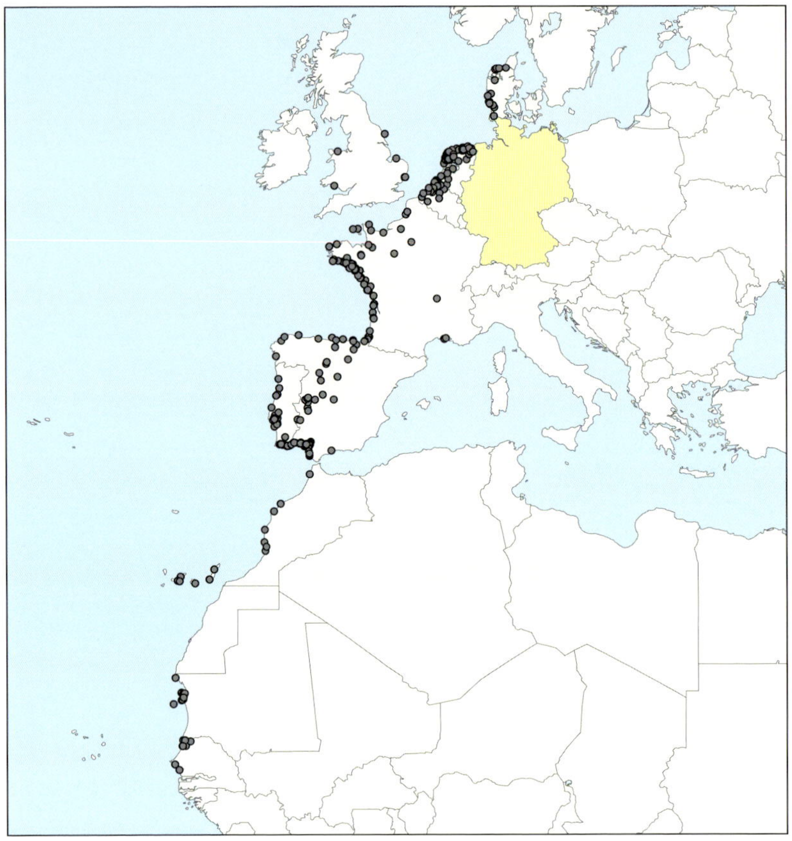

Abb. 1: Fundorte im Ausland von in Deutschland beringten Löfflern (1839 Funde). – *Foreign recovery sites of Eurasian Spoonbills ringed in Germany (1839 recoveries).*

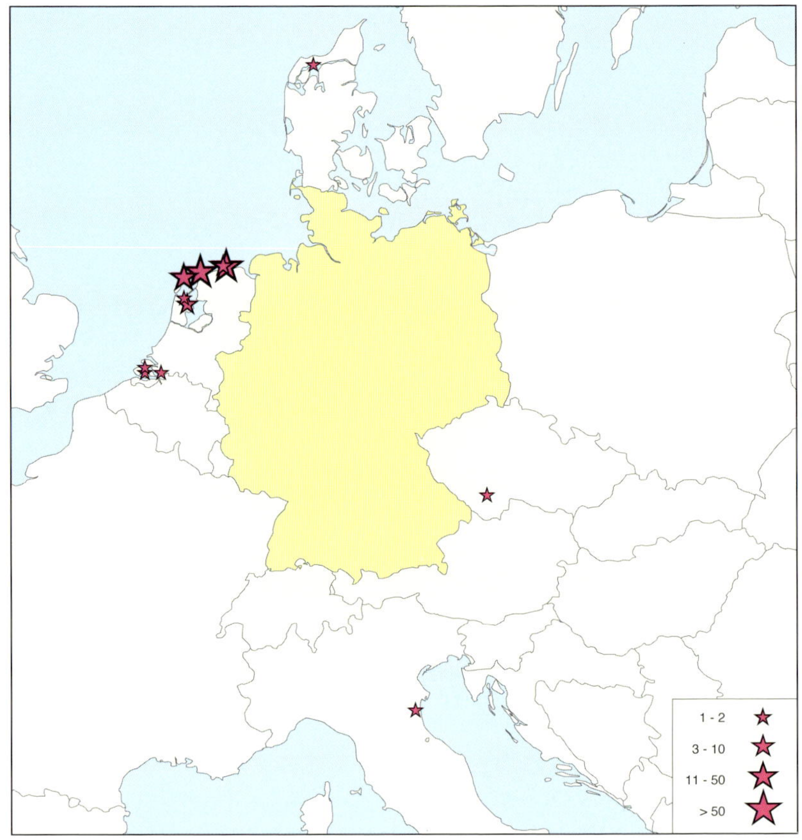

Abb. 2: Beringungsorte im Ausland von in Deutschland gefundenen Löfflern (229 Funde). Alle Vögel wurden nestjung beringt. – *Foreign ringing sites of Eurasian Spoonbills recovered in Germany (229 recoveries). All birds were ringed before fledging.*

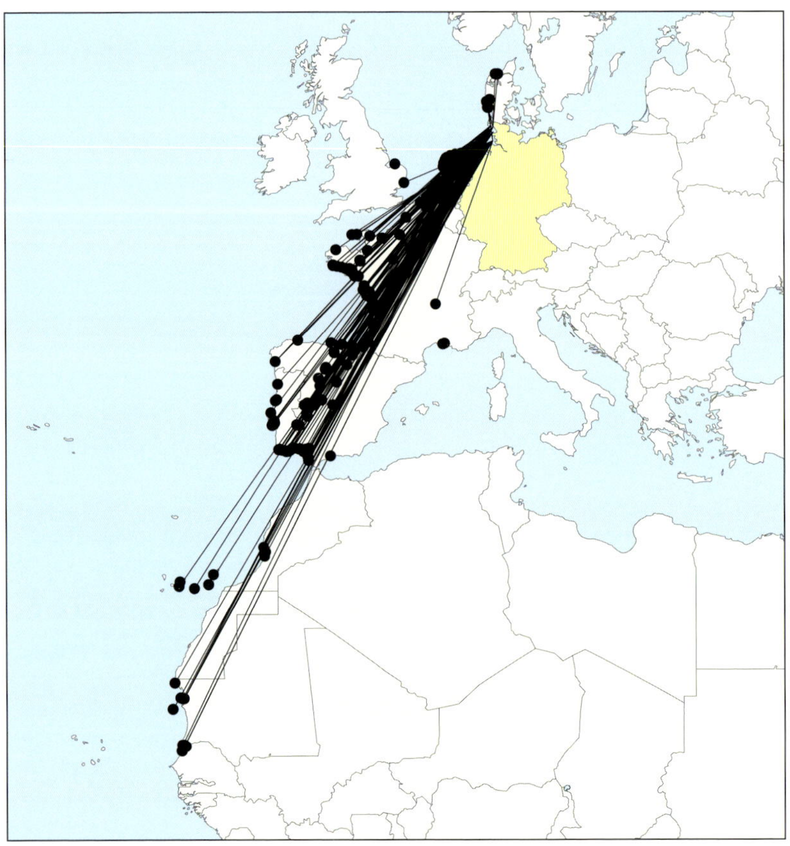

Abb. 3: Herbstzug (August – November) von in Deutschland zur Brutzeit anwesenden Löfflern (910 Funde). – *Autumn migration (August – November) of Eurasian Spoonbills present in Germany during the breeding season (910 recoveries).*

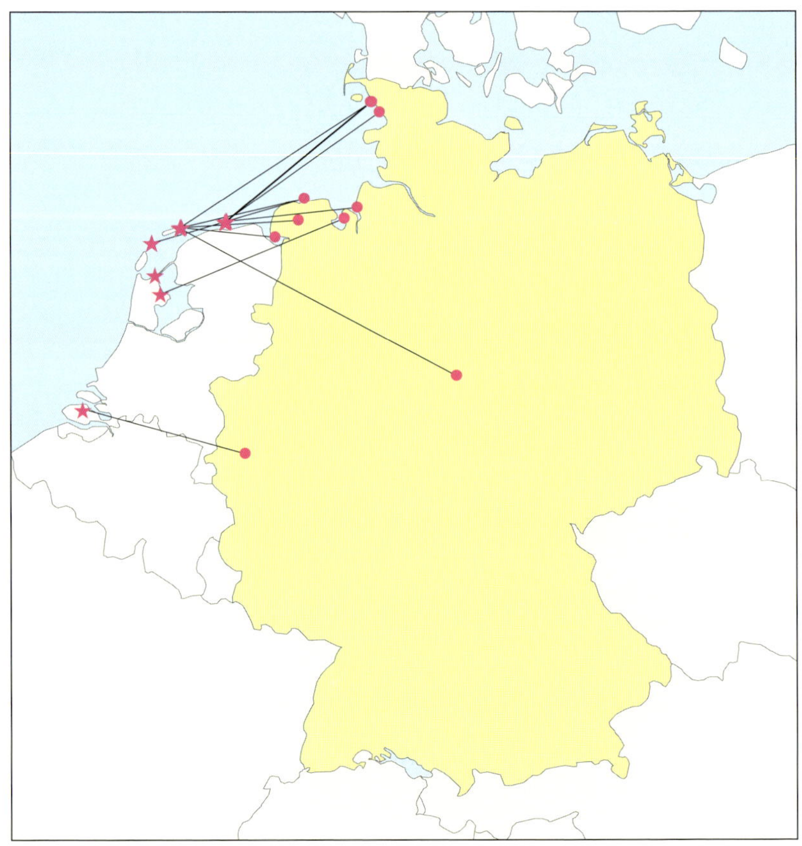

Abb. 4: Herbstzug (August – November) von in Deutschland von August – November anwesenden Löfflern (767 Funde). – *Autumn migration (August – November) of Eurasian Spoonbills present in Germany from August to November (767 recoveries).*

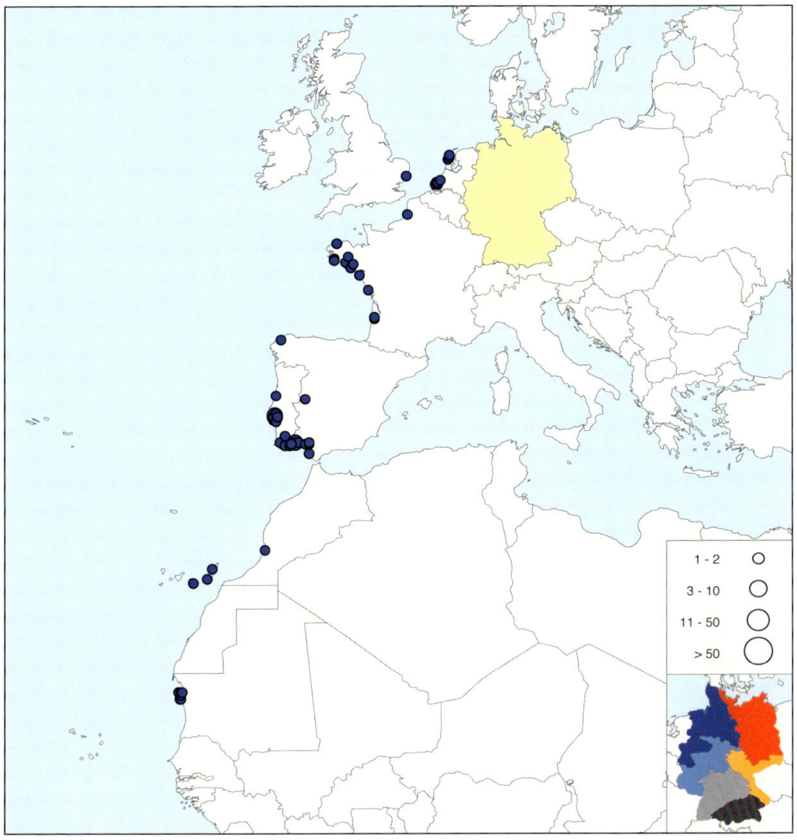

Abb. 5: Fundorte von in Deutschland nestjung beringten Löfflern im 1. Winter (Dezember – Januar, 80 Funde). – *Recovery sites of Eurasian Spoonbills ringed before fledging in Germany and recorded in their 1st winter (December – January, 80 recoveries).*

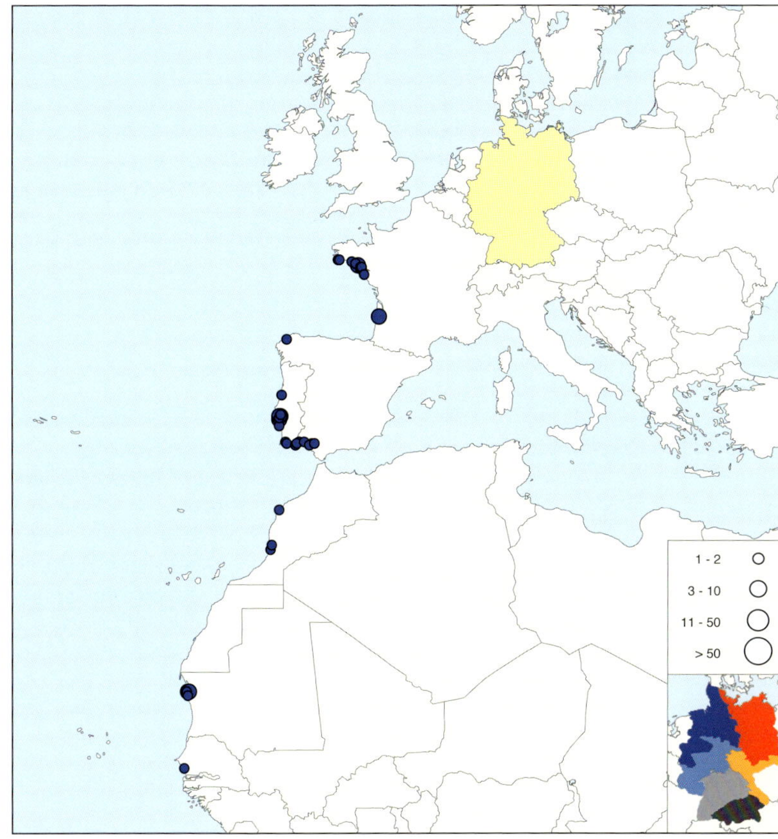

Abb. 6: Fundorte von in Deutschland nestjung beringten Löfflern im mindestens 5. Winter (Dezember – Januar, 71 Funde). – *Recovery sites of Eurasian Spoonbills ringed before fledging in Germany and recorded in at least the 5th winter (December – January, 71 recoveries).*

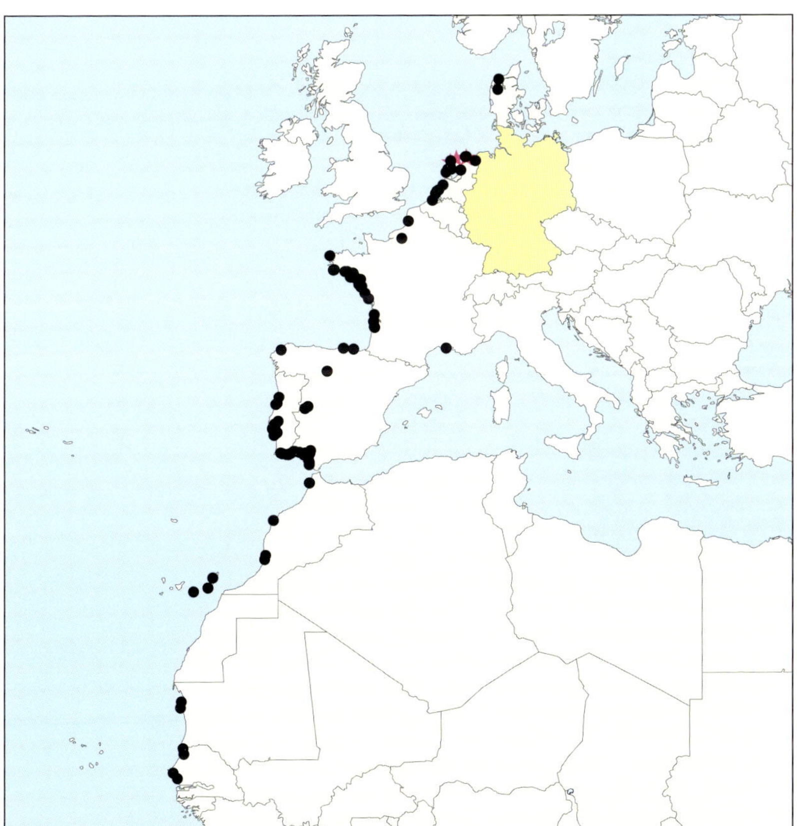

Abb. 7: Frühjahrszug (Februar – April) von in Deutschland zur Brutzeit (241 Funde) oder zwischen Februar und April anwesenden Löfflern (22 Funde). – *Spring migration (February – April) of Eurasian Spoonbills present in Germany during the breeding season (241 recoveries) or from February to April (22 recoveries).*

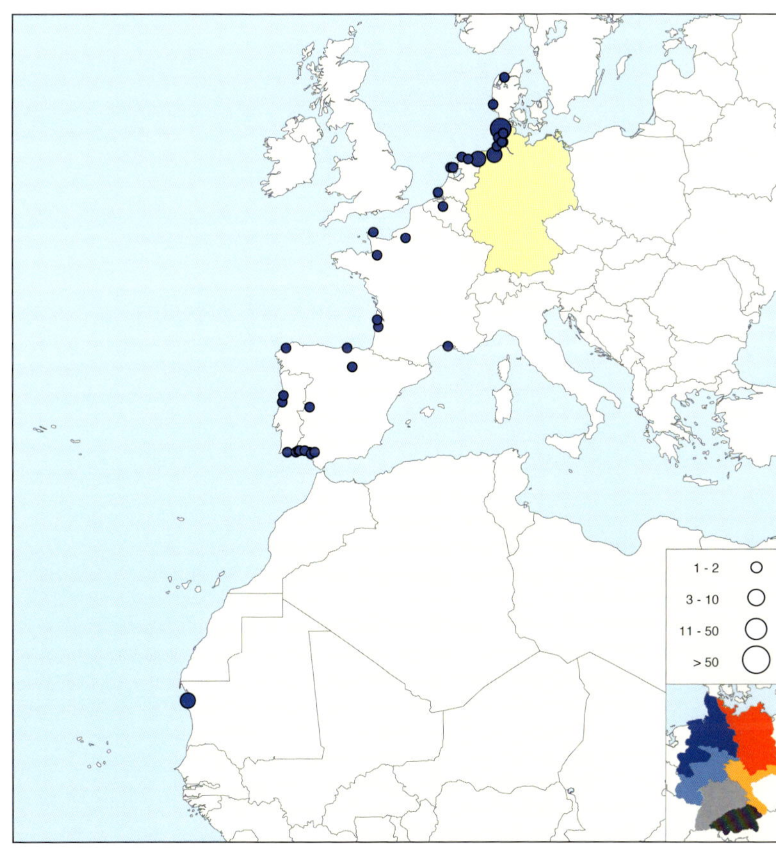

Abb. 8: Fundorte von in Deutschland nestjung beringten Löfflern im Sommer (Mai – Juli) des 2. Kalenderjahres (89 Funde). – *Recovery sites of Eurasian Spoonbills ringed before fledging in Germany and recorded in summer (May – July) of their 2nd calendar year (89 recoveries).*

nur wenige Ringfunde von den Niederlanden nach Italien gibt (Spina & Volponi 2008a).
Nach der Brutzeit halten sich viele deutsche Brutvögel bzw. gerade flügge gewordene Jungvögel in Rastgebieten am Wattenmeer auf (Krüger et al. 2010). Dabei gelangen viele Vögel in die Niederlande, einige wandern zunächst nordwärts nach Dänemark (Abb. 3). Gleichzeitig werden die Rastgebiete in Niedersachsen und Schleswig-Holstein von niederländischen Löfflern aufgesucht (Abb. 4). Wenige Vögel fliegen auch von den Niederlanden aus in das deutsche Binnenland.
Funde vom Herbstzug ziehen sich entlang der Küsten von südlicher Nordsee, Kanal, Biskaya und NE-Atlantik bis zum Senegal (Abb. 3). Nur wenige Vögel weichen von dieser Route ab und erreichen entweder England oder die französische Mittelmeerküste. Eine klare Aufspaltung des Zugwegs gibt es allerdings auf der Iberischen Halbinsel. Während ein Teil der Vögel der Atlantikküste folgt, überquert ein anderer Teil Zentral-Spanien. Auch die afrikanische Küste wird von einigen Vögeln verlassen, wodurch sie auf die Kanarischen Inseln gelangen.
Winterfunde von Altvögeln reichen von der Bretagne bis zum Senegal. Sie konzentrieren sich in der Banc d'Arguin in Mauretanien, sind aber auch im S der Iberischen Halbinsel zahlreich vertreten (Abb. 5). Vögel im ersten Lebensjahr verteilen sich dagegen über fast den gesamten Zugweg, mit besonders vielen Funden in Portugal und S-Spanien, aber auch in den Niederlanden und auf den Kanarischen Inseln (Abb. 6). Niederländische Brutvögel verteilen sich ähnlich, denn von den Altvögeln ziehen zwei Drittel nach W-Afrika, während nur ein kleiner Teil in Europa überwintert. Jungvögel erreichen dagegen nur zur Hälfte W-Afrika, zeigen aber noch eine geringe Ortstreue zu ihrem ersten Überwinterungsort und wechseln mit höherem Alter zu südlicheren Gebieten (Lok et al. 2011).
Auf dem Frühjahrszug wurden in Deutschland beringte Löffler entlang des gesamten Zugwegs abgelesen, auch der Weg quer über die Iberische Halbinsel ist für das Frühjahr durch einige Funde belegt (Abb. 7). Von den etwa ein Jahr alten Vögeln, die noch nicht zur Brut schreiten, gibt es bereits zahlreiche Rückmeldungen aus dem Wattenmeer selbst, viele Vögel bleiben aber in Mauretanien und im S der Iberischen Halbinsel, verweilen also weit südlich ihres Brutgebietes (Abb. 8).

Summary: *The Eurasian Spoonbill has colonized the German part of the Wadden Sea from 1995 onwards, and after a rapid increase population size has reached 320 bp in 2009. Many nestlings were colour-ringed and produced recoveries along the coasts from the S North Sea down to W Africa. Only few birds diverged from that route and were found on the British Isles and in S France. In Spain, the migration route splits with part of the birds following the coastline and others crossing the Iberian Peninsula. The main wintering areas are found in W Africa, S Portugal and W France, with first-winter birds scattered along the flyway and adults concentrated in the Banc d'Arguin, Mauritania. Spring migration follows exactly the same route as in autumn. In their first summer, many (non-breeding) Spoonbills return to the Wadden Sea, while others remain in the winter quarters, especially in Mauritania and S Portugal. Foreign-ringed birds mostly come from The Netherlands and, as well as one bird from Denmark, belong to the same population as the German birds. Outside the Wadden Sea area, Spoonbills are still rare visitors in Germany, with only two birds recorded from The Netherlands until recently, while two other inland recoveries connect to the SE European population (from Italy to W Germany and from S Bohemia to S Bavaria).*

Rohrdommel *Botaurus stellaris*

Eurasian Bittern

Beringungen nach 1945:	616
Funde > 10 km nach 1945:	50/48
Wiederfundquote (Fernfunde nach 1945):	7,8 %
Funde > 10 km seit 1901:	60/58
Funde fremder Beringungszentralen:	8/8
Höchstalter:	6 J, 6 M
Weiteste Entfernung:	1566 km

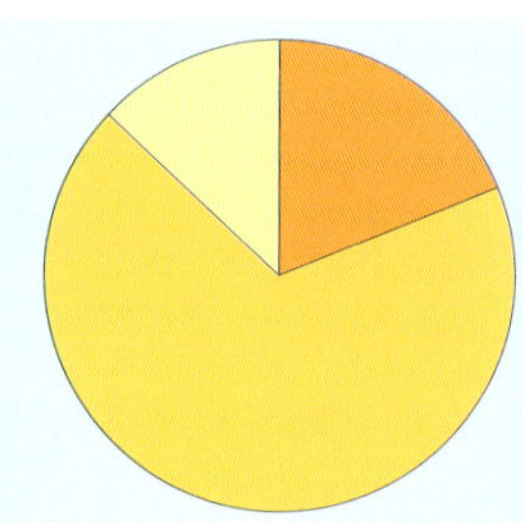

Verbreitung und Status: Rohrdommeln brüten von W-Europa bis E-Asien sowie punktuell in S-Afrika, doch weist die Verbreitung in Europa große Lücken auf (nördlichste Vorkommen: S-Schweden und S-Finnland). In W- und S-Europa (vereinzelt auch Mitteleuropa) kommt die Art ganzjährig vor, nordeuropäische Vögel verbringen den Winter größtenteils in W- und S-Europa. Auch in W-, NE- und Zentralafrika sowie in S-Asien sind Rohrdommeln im Winter zu finden. In Deutschland konzentriert sich das Vorkommen der 950 – 1100 BP auf den N und E des Landes, der Bestand gilt als stabil. Der Frühjahrszug beginnt Mitte Februar und erstreckt sich bis in den April hinein. Der Herbstzug dauert von August bis Oktober/November, sein Ende ist aber schwer von den Bewegungen überwinternder Vögel zu trennen.

Wanderungen: Von Deutschland aus ziehen Rohrdommeln zumeist nach W bis S ab, so dass die Wiederfunde sowohl auf dem Herbstzug als auch im Winter hinsichtlich der Zugrichtung stark streuen (Abb. 2 und 3). Auf diese Weise gelangen deutsche Rohrdommeln in ein Überwinterungsgebiet, das von England und den Niederlanden über Frankreich und N-Spanien bis nach Italien reicht (Abb. 3). Offenbar nur ein sehr kleiner Teil wandert nach SE ab, belegt nur durch einen Fund von Sachsen nach Griechenland (Abb. 3). Da die Art als Teilzieher gilt (Zink 1958), ist mit einem Verbleib eines Teils der Brutvögel in Deutschland zu rechnen, doch wird das nur durch sehr wenige Ringfunde belegt (Abb. 3, Heinicke & Köppen 2007). Im Winter und zu den Zugzeiten wurden in Deutschland in anderen Brutgebieten beringte Rohrdommeln gefunden, die im Herbst eine westliche (von Polen aus) bzw. eine südwestliche Zugrichtung (von Schweden und Finnland aus) eingeschlagen hatten (Abb. 1). Schwedische und finnische Rohrdommeln ziehen darüber hinaus auch nach S (Fransson & Pettersson 2001, Saurola et al. 2013), Zug nach SE wurde dagegen nur bei einem tschechischen Vogel festgestellt (Cepák et al. 2008).

Summary: *In autumn, Eurasian Bitterns of the stable German population (950 – 1100 bp) mainly depart into directions between W and S. Ring recoveries in winter range from England and The Netherlands through France to Italy, but one bird was reported from Greece. Visitors during migration and in winter come from the NE (Sweden, Finland) and E (Poland)*

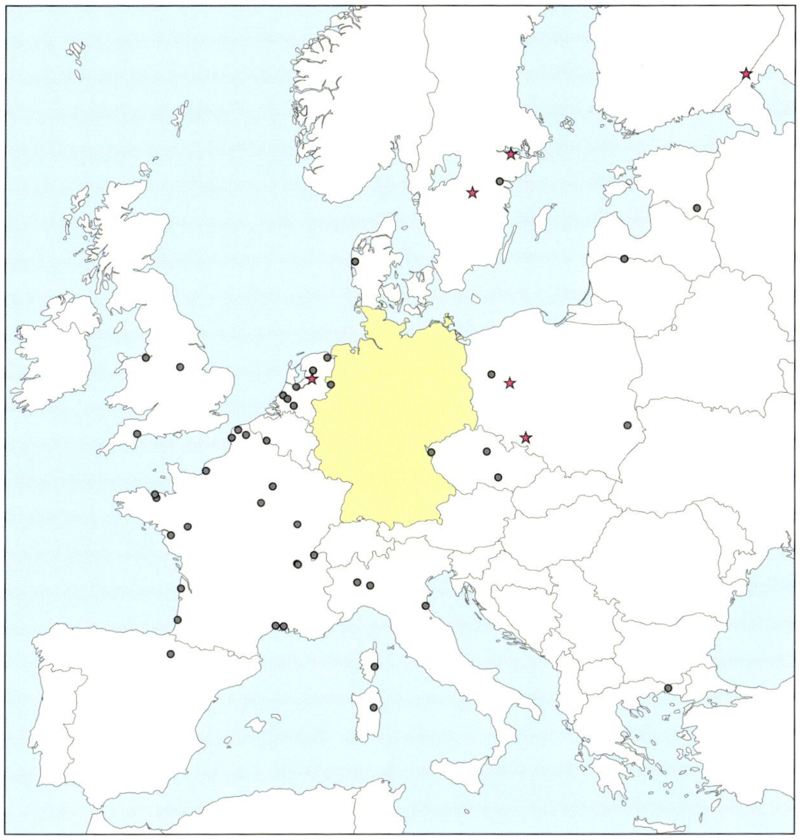

Abb. 1: Fundorte von in Deutschland beringten (46 Funde) und ausländische Beringungsorte von in Deutschland gefundenen (8 Funde) Rohrdommeln. – *Foreign recovery sites of Eurasian Bittern ringed in Germany (46 recoveries) and foreign ringing sites of birds recovered in Germany (8 recoveries).*

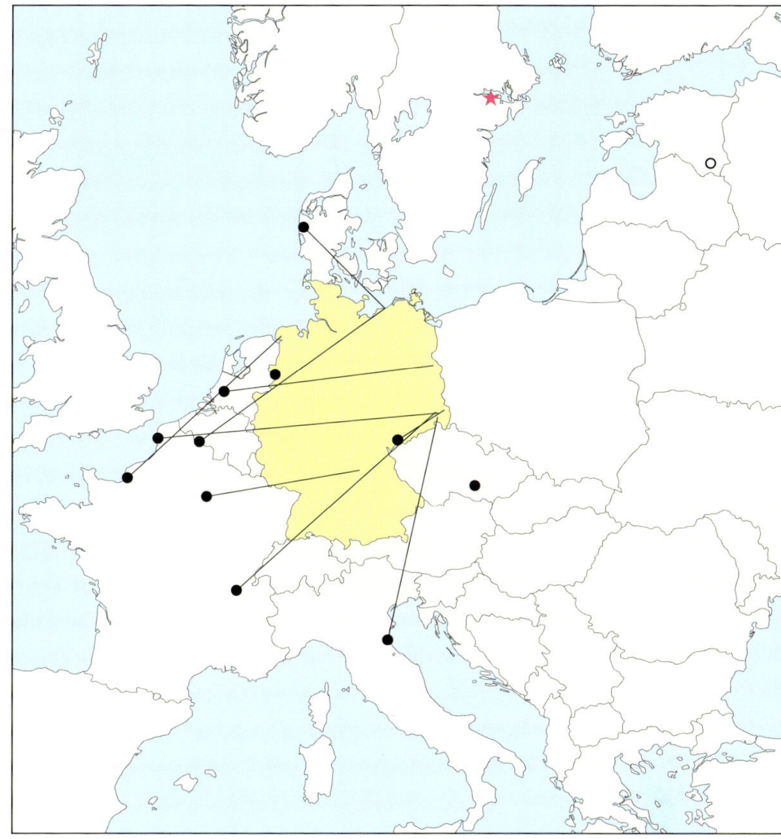

Abb. 2: Herbstzug (September – November) von in Deutschland zur Brutzeit (12 Funde) oder von September bis November anwesenden Rohrdommeln (2 Funde). – *Autumn migration (September – November) of Eurasian Bittern present in Germany during the breeding season (12 recoveries) or from September to November (2 recoveries).*

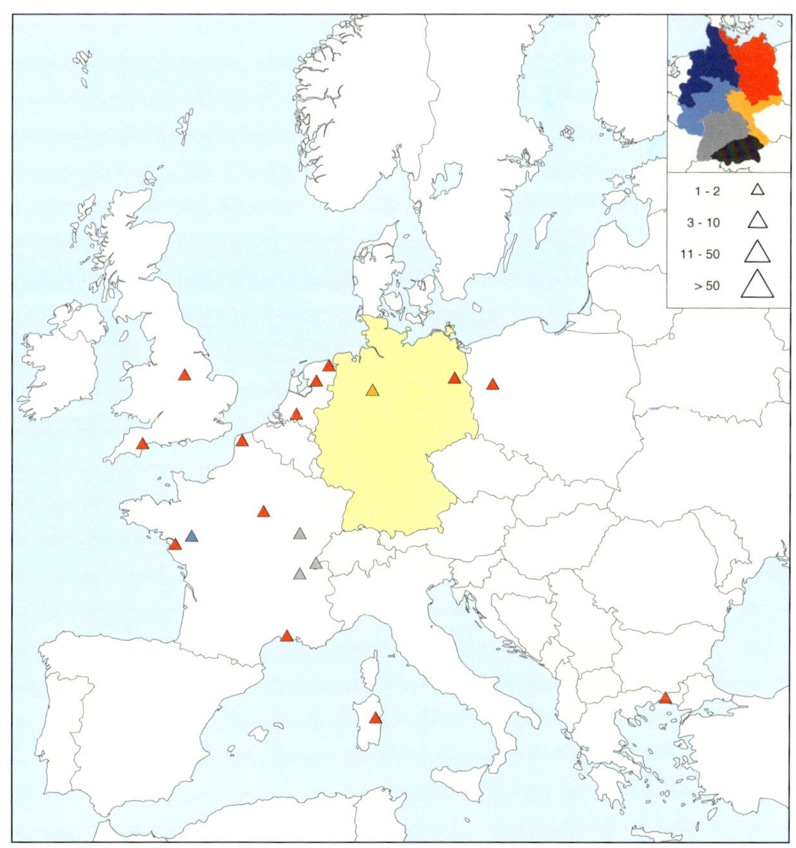

Abb. 3: Aufenthaltsorte im Winter (Dezember – Februar) von in Deutschland zur Brutzeit anwesenden Rohrdommeln (18 Funde). – *Presence in winter (December – February) of Eurasian Bittern present in Germany during the breeding season (18 recoveries).*

Zwergdommel *Ixobrychus minutus*
Little Bittern

Beringungen nach 1945:	1920
Funde > 10 km nach 1945:	28/27
Wiederfundquote (Fernfunde nach 1945):	1,4 %
Funde > 10 km seit 1901:	29/28
Funde fremder Beringungszentralen:	2/2
Höchstalter:	13 J, 2 M
Weiteste Entfernung:	2423 km

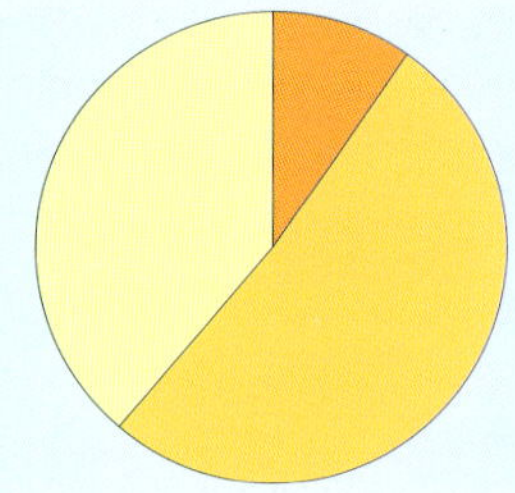

Verbreitung und Status: Das Brutareal umfasst große Teile Europas und Vorderasiens, Afrika südlich der Sahara sowie Bereiche in S-Asien und Australien. Westpaläarktische Brutvögel überwintern in Afrika. Obwohl eigentlich weit verbreitet, weist das Vorkommen der Zwergdommel in Deutschland heute große Lücken auf. Die meisten der 220 – 290 BP sind im E und S des Landes zu finden, nach vorangegangener starker Abnahme ist die Bestandsgröße heute stabil. Im Brutgebiet erscheinen deutsche Zwergdommeln meist ab Ende April, die Abwanderung erfolgt von August bis Oktober.

Wanderungen: Die meisten Wiederfunde von beringten Zwergdommeln erfolgten S bis SSE vom Beringungsort, doch weisen einige Funde auch nach SW (insbesondere jene von Schleswig-Holstein nach SW-Frankreich und von Sachsen-Anhalt nach Marokko) oder sogar nach W (von E-Bayern in die Schweiz, Abb. 1). Dabei betreffen die unterschiedlichen Richtungen sowohl Funde vom Herbst- als auch solche vom Frühjahrszug, so dass in beiden Zugperioden mehrere Routen benutzt werden. Im Einklang mit einer Auffächerung der Wiederfunde zwischen den Richtungen SW und SE, wie sie bei niederländischen Zwergdommeln festgestellt wurde (Zink 1961), weisen damit auch die Fernfunde deutscher Ringfunde darauf hin, dass das afrikanische Überwinterungsgebiet deutlich größer ist, als es die beiden selbst nach aktuellem Wissensstand einzigen Ringfunde in Afrika (von der Schweiz bzw. von Tschechien zur DR Kongo, Zink 1961) andeuten. Funde im Nahbereich, die in andere Richtungen weisen, betreffen wohl Brutumsiedlungen und nachbrutzeitliche Dispersionsbewegungen. Um eine Umsiedlung könnte es sich auch bei einem nestjung in N-Österreich beringten Vogel handeln, der 13 Jahre später im August in Brandenburg abgelesen wurde.

Summary: *After a strong decline, the German breeding population of Little Bittern is currently stable and consists of 220 – 290 bp. The few ring recoveries available mostly indicate migrations to the S and SSE, but there are also recoveries to the SW (France, Morocco) and W, implying that various routes can be taken both during autumn and spring migration. So far, no bird from Germany has been found in the sub-Saharan wintering areas.*

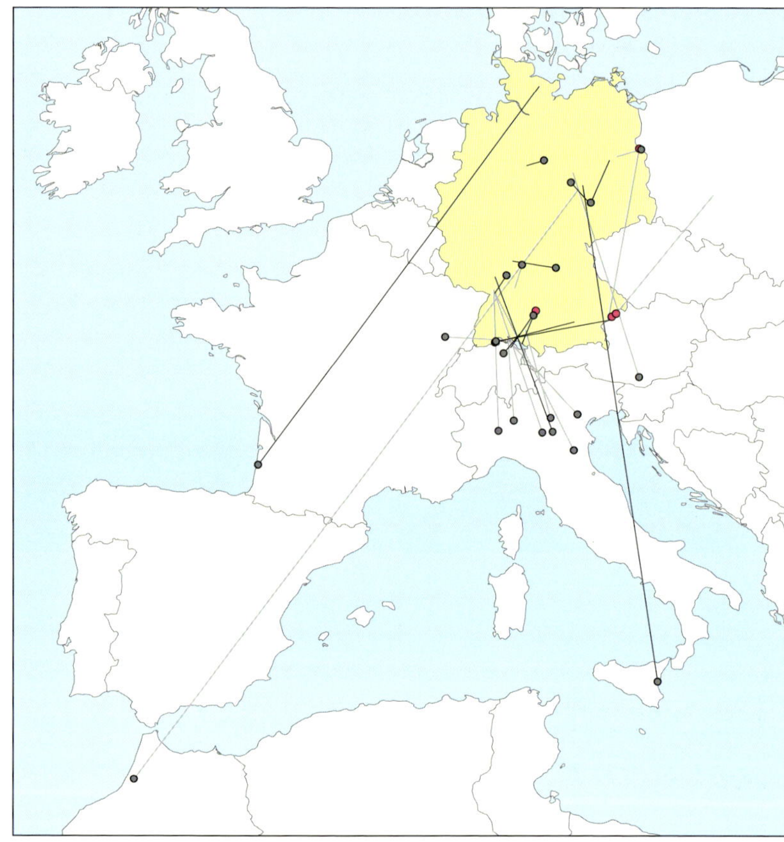

Abb. 1: Funde von Zwergdommeln mit Bezug zu Deutschland (27 Funde). – *Recoveries of Little Bittern related to Germany (27 recoveries).*

Nachtreiher *Nycticorax nycticorax*
Black-crowned Night-heron

Als Kosmopolit besiedelt der Nachtreiher weite Bereiche Nord- und Südamerikas, Afrikas und S-Asiens. Von der S-Hälfte Europas aus, wo die Art obligatorischer Zugvogel mit Winterquartieren S der Sahara in Afrika ist, reicht das Brutvorkommen bis nach S-Deutschland hinein. Aktuell nisten an mehreren Stellen in Bayern und Baden-Württemberg etwa 40 BP (Schmolz & Lachenmaier 2013, Hauska et al. 2014). Darüber hinaus ist die Art in Deutschland seltener Gast, im S häufiger als im N.

Neben zwei Nahfunden beringter Nachtreiher, bei denen nahe der deutschen Grenze auf der österreichischen Seite des Inns erbrütete Vögel noch im selben Sommer und Herbst neun bzw. 15 km entfernt auf bayerischer Seite geschossen wurden bzw. einem Beutegreifer zum Opfer fielen, gibt es zwei Ringfunde über größere Distanz. Ein Ende Juni 1965 in Hamburg unter nicht geklärten Umständen markiertes Männchen wurde im November desselben Jahres im Emsland tot gefunden (Abb. 1). Außerdem wurde ein Nachtreiher, der im Juni 1970 als Nestling in S-Tschechien beringt worden war, Mitte September 1971 in Sachsen verletzt aufgegriffen. Somit gibt es zwar Hinweise darauf, aus welchen Teilen des Brutgebiets in Deutschland auftretende Nachtreiher stammen können, nicht jedoch über den Verlauf des Zuges.

Summary: *Black-crowned Night-heron is a rare visitor in most parts of Germany, but breeds regularly in S Germany (currently c. 40 bp in Bavaria and Baden-Württemberg). In addition to two birds fledged in a nearby Austrian breeding colony and found in Bavaria several weeks later at distances of nine and 15 km, respectively. There are two recoveries over longer distances: A bird ringed in Hamburg in June was found in W Niedersachsen in November, and a bird ringed as a nestling in S Czech Republic was picked up in Saxony in the autumn of the following year.*

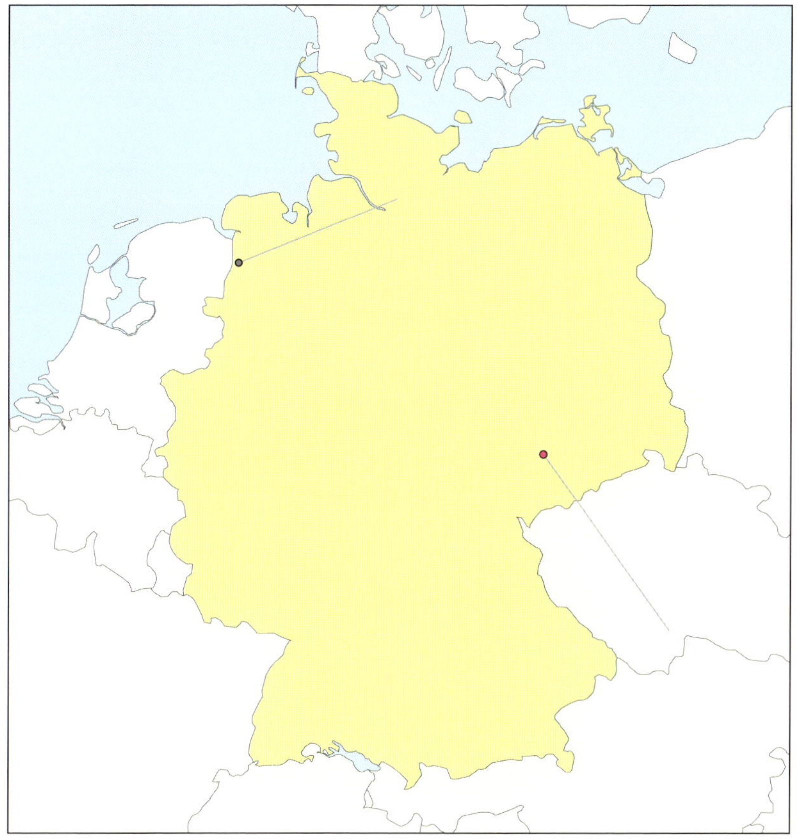

Abb. 1: Funde von Nachtreihern mit Bezug zu Deutschland (2 Funde). – *Recoveries of Black-crowned Night-herons related to Germany (2 recoveries).*

Silberreiher *Casmerodius albus*
Great White Egret

Beringungen nach 1945:	4
Funde > 10 km nach 1945:	4/2
Wiederfundquote (Fernfunde nach 1945):	50,0 %
Funde > 10 km seit 1901:	4/2
Funde fremder Beringungszentralen:	21/14
Höchstalter:	3 J, 11 M
Weiteste Entfernung:	1347 km

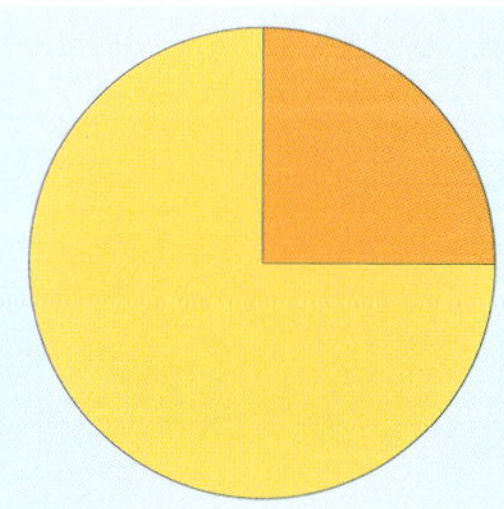

Verbreitung und Status: Das Brutgebiet des Silberreihers reicht von S-Europa bis E-Asien und Australien, zudem gibt es Vorkommen in Afrika südlich der Sahara sowie in Südamerika und S-Nordamerika. Die Überwinterungsgebiete sind zumeist identisch, nur aus dem Inneren Asiens zieht sich die Art nach der Brutzeit zurück. Seit etwa 1980 haben in Europa die Brutbestände stark zugenommen, gleichzeitig erweiterte sich das Brutareal nach N und W. Seit etwa 2000 treten Silberreiher vor allem außerhalb der Brutzeit (auch im Winter) immer häufiger nördlich der Brutgebiete auf, sehr zahlreich auch in Deutschland mit geschätzten 3000–8000 Ind. im Herbst (Ławicki 2014). Im Jahr 2012 gab es in Mecklenburg-Vorpommern den ersten deutschen Brutnachweis von gleich drei Paaren (Feige & Müller 2012).

Wanderungen: Der Zunahme in allen Ländern mit Brutvorkommen entsprechend, erreichen Silberreiher Deutschland aus verschiedenen Richtungen (Abb. 1). Mit Ausnahme eines Vogels, der 1950 vom Neusiedlersee aus nach S-Bayern flog, gehen alle Ringfunde auf Individuen zurück, die ab 2003 als Nestlinge beringt und in den meisten Fällen anhand von Farbringen identifiziert wurden. Aus mehreren ungarischen Brutkolonien gelangten Jungvögel in ihrem ersten Herbst nach Bayern, Hessen und Westfalen, zwei polnische Jungvögel erreichten nach wenigen Monaten Westfalen und Mecklenburg. Von W-Frankreich aus flogen Silberreiher in ganz verschiedene Teile Deutschlands zwischen N-Baden und Vorpommern (Abb. 1), wurden aber in den meisten Fällen erst nach mehr als einem Jahr gefunden. Weitere, nicht in die Datenbank für diesen

Atlas eingeflossene Funde gibt es von W-Frankreich nach Sachsen-Anhalt und Mecklenburg-Vorpommern (zweimal) sowie von Polen nach Sachsen und Sachsen-Anhalt (Heinicke & Köppen 2007, Todte et al. 2010). Genaueren Aufschluss über die Wanderungen gab ein in Sachsen-Anhalt aufgegriffenes Individuum, das vor seiner Freilassung mit einem Satellitensender ausgerüstet wurde. Dieser Vogel überwinterte dreimal in E-Deutschland, drang dabei bis NE-Niedersachsen vor und flog in jedem Frühjahr im April in die zentrale Ukraine, wo er vermutlich brütete (Todte et al. 2010). Die sich stark überschneidenden Linien zwischen Beringungs- und Fundorten sowie die Wanderungen des telemetrierten Vogels zeigen, dass sich die in Deutschland rastenden Silberreiher hinsichtlich ihrer Herkunft stark vermischen.

Summary: *In line with a strong increase and a northward expansion of breeding Great White Egrets in Europe, the species developed from a rare visitor to a year-round staging bird (3000–8000 ind.) in Germany since the 1980s, with first breeding in 2012 in the NE. Great White Egrets enter Germany from various directions, whereby mainly the readings of colour-rings point to France, Poland and Hungary as the main countries of origin. This knowledge has expanded by a bird equipped with a satellite transmitter, which spend most parts of the non-breeding season in E Germany, but moved to C Ukraine in spring in at least three years. The tracks of all these birds show much overlap, indicating a mixture of different origins in the German non-breeding populations.*

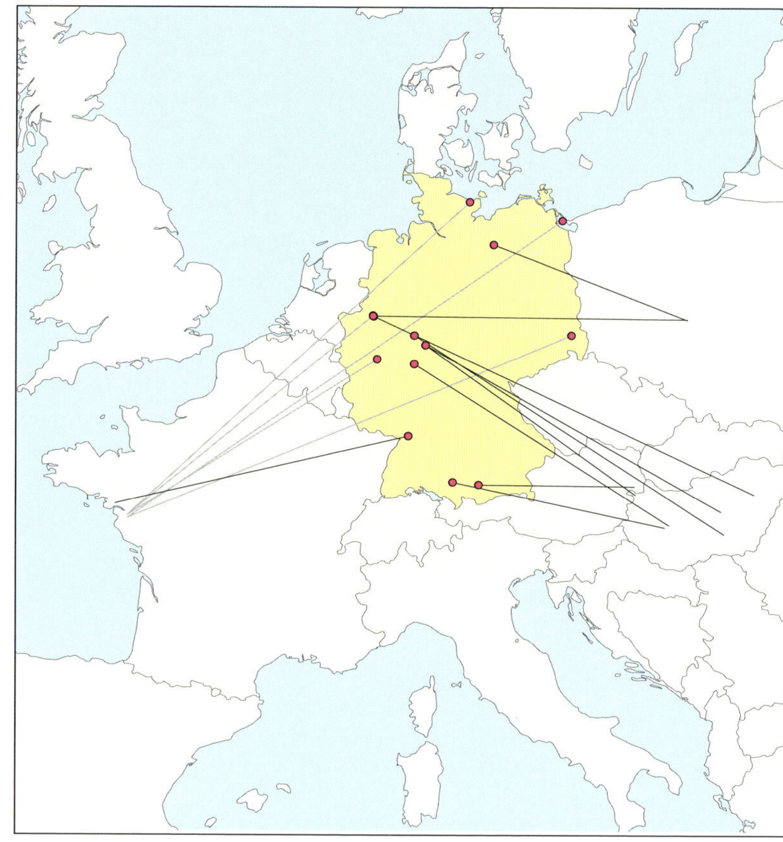

Abb. 1: Funde von Silberreihern mit Bezug zu Deutschland (15 Funde). – *Recoveries of Great White Egrets related to Germany (15 recoveries).*

Graureiher *Ardea cinerea*

Grey Heron

Beringungen nach 1945:	16.028
Funde > 10 km nach 1945:	1470/1315
Wiederfundquote (Fernfunde nach 1945):	8,2 %
Funde > 10 km seit 1901:	1880/1702
Funde fremder Beringungszentralen:	1067/1036
Höchstalter:	20 J, 9 M
Weiteste Entfernung:	5449 km

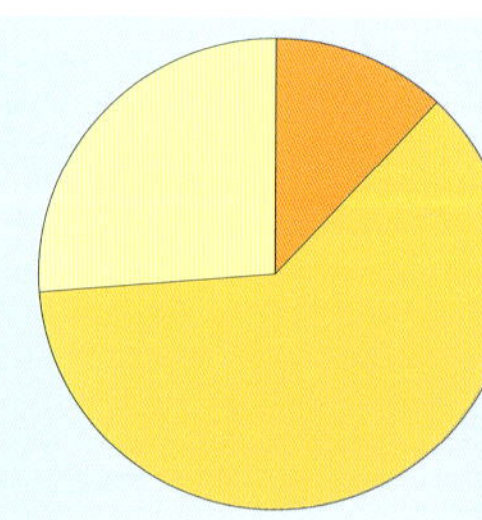

Verbreitung und Status: Abgesehen von arktischen Gebieten kommt der Graureiher in den meisten Bereichen Eurasiens als Brutvogel vor, ebenso in der S-Hälfte Afrikas und in W-Afrika. Im Winter werden W-Europa, S-Asien und fast ganz Afrika (außer der Sahara) aufgesucht. In Deutschland brütet die Art in allen Landesteilen, der Bestand von 24.000–30.000 BP befindet sich in Zunahme. Der Frühjahrszug erfolgt von Februar bis April, dem Zug in Richtung der Winterquartiere (Juli bis November) geht ein Frühsommerzug vor allem der flüggen Jungvögel (ab Juni) voraus.

Wanderungen: Deutsche Brutvögel und ihr Nachwuchs zeigen ein in seiner Gesamtheit sehr flexibles Zugverhalten, das sowohl Standvögel als auch Kurz-, Mittel- und Langstreckenzug beinhaltet (Abb. 1). Fast alle Ringfunde gehen dabei auf Vögel zurück, die als Nestlinge beringt wurden. Unmittelbar nach der Brutzeit verteilen sich junge Graureiher in den Monaten Juni bis August von ihren Kolonien aus in alle Himmelsrichtungen (Abb. 3). Im Extrem wurden im Mai beringte Nestjunge am 22.7. in Ungarn (664 km, Beringung in Brandenburg), am 9.8. in Portugal (2321 km, Brandenburg), am 10.8. in England (802 km, Sachsen-Anhalt) und am 20.8. in N-Dänemark (366 km, Mecklenburg-Vorpommern) gefunden. Sofern die Jungvögel dabei nach SW ziehen, ist dieser Zwischenzug schwer vom eigentlichen Herbstzug zu trennen, denn der weit überwiegende Teil der Funde aus letztgenannter Zugperiode führt in diese Richtung. Nur ein geringer Teil der Herbstzugfunde weist nach W, S oder SE (Abb. 4).

Die Hauptabzugsrichtung SW spiegelt sich auch in der Verteilung der Winterfunde wider, denn fast alle Vögel, die ihre Herkunftsregion verlassen haben, wurden südwestlich von dieser gefunden (Abb. 6). Über die Hälfte der Winterfunde stammt jedoch aus der jeweiligen Herkunftsregion, so dass ein großer Teil der deutschen Graureiher als Standvögel anzusehen ist. Viele überwintern auch von den Niederlanden bis Frankreich. Aus allen Regionen Deutschlands erreicht ein Teil der Vögel die Iberische Halbinsel, deutlich weniger fliegen bis NW-Afrika. Abweichend von allen anderen Regionen zieht ein kleiner Teil der Graureiher aus dem NE-deutschen Tiefland bis in das tropische W-Afrika von Senegal und Sierra Leone bis W-Nigeria (Abb. 6). Dies erweckt den Eindruck eines Übersprungzuges, doch ist ein solches System allenfalls schwach ausgeprägt. Zu diesem Bild passt zwar, dass die Britischen Inseln von den dortigen Graureihern kaum verlassen werden (Wernham et al. 2002), doch überwintern auch die meisten skandinavischen und finnischen Vögel überwiegend in Mittel- und W-Europa, während

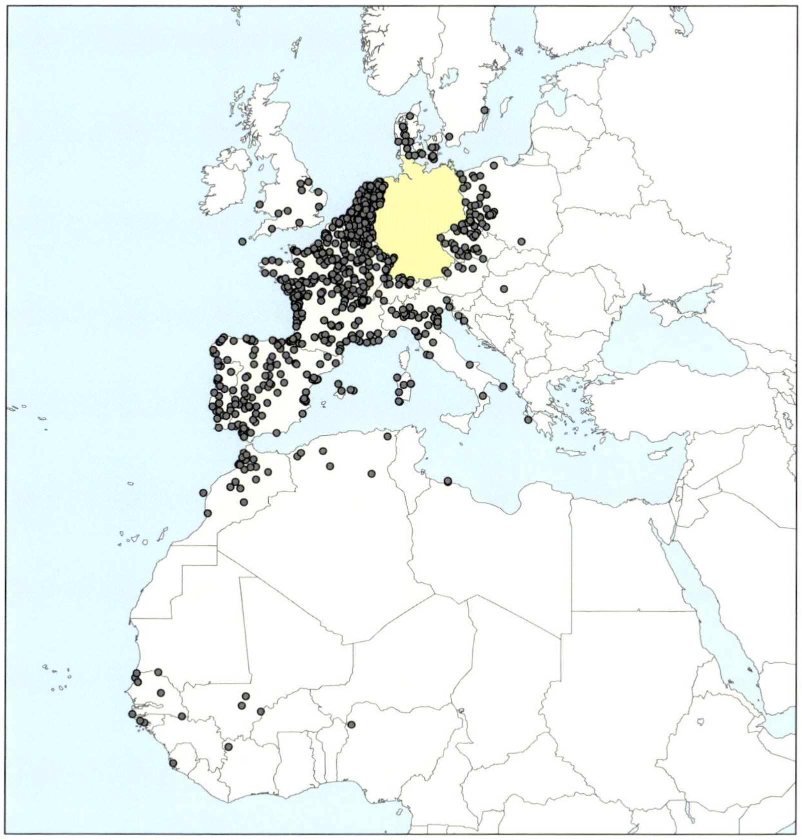

Abb. 1: Fundorte im Ausland von in Deutschland beringten Graureihern (904 Funde). – *Foreign recovery sites of Grey Herons ringed in Germany (904 recoveries).*

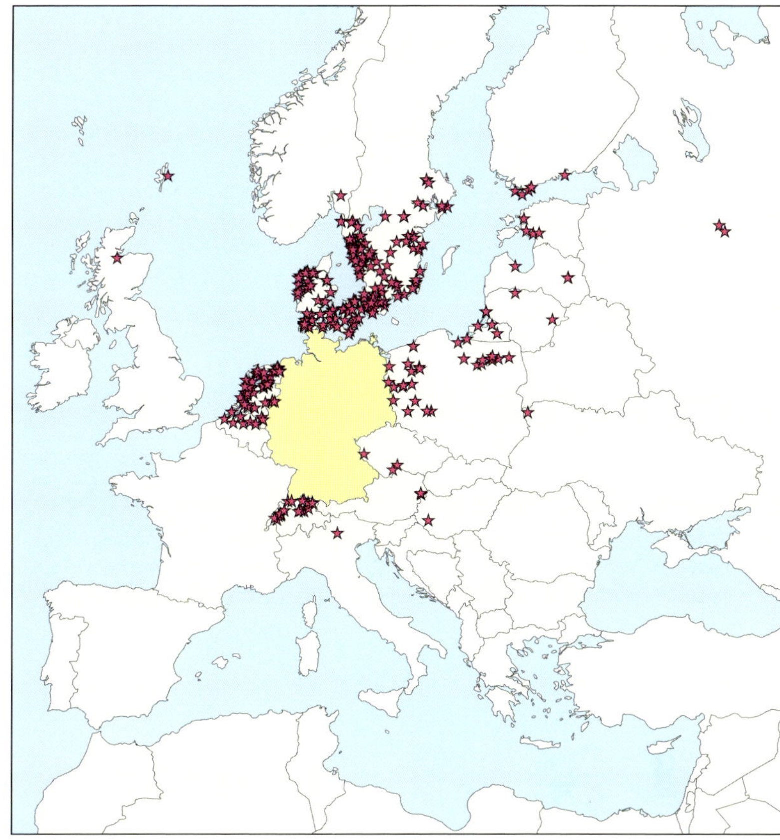

Abb. 2: Beringungsorte im Ausland von in Deutschland gefundenen Graureihern (1067 Funde). – *Foreign ringing sites of Grey Herons recovered in Germany (1067 recoveries).*

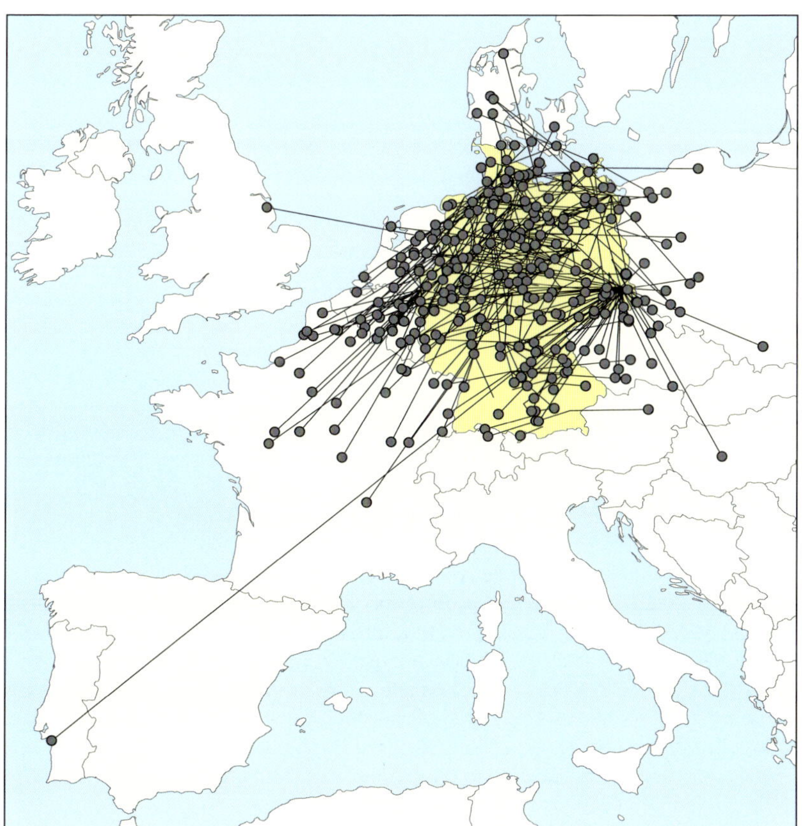

Abb. 3: Zerstreuungszug (>50 km; Juni – August) von in Deutschland erbrüteten Graureihern (326 Funde). – *Dismigration (>50 km; June – August) of Grey Herons raised in Germany (326 recoveries).*

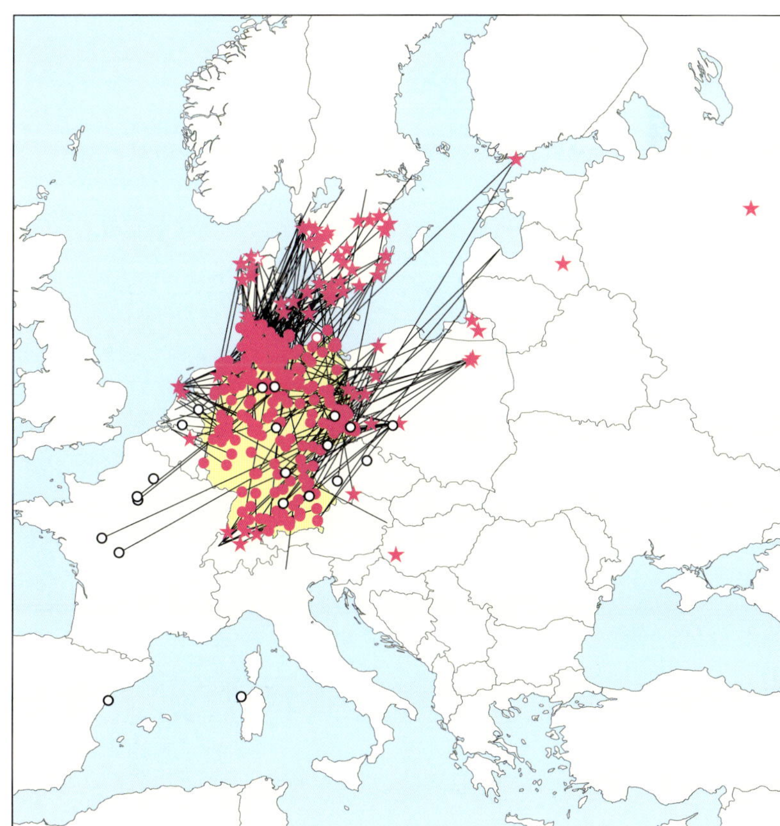

Abb. 5: Herbstzug (Juli – November) von in Deutschland von Juli bis November anwesenden Graureihern (379 Funde). – *Autumn migration (July – November) of Grey Herons present in Germany from July to November (379 recoveries).*

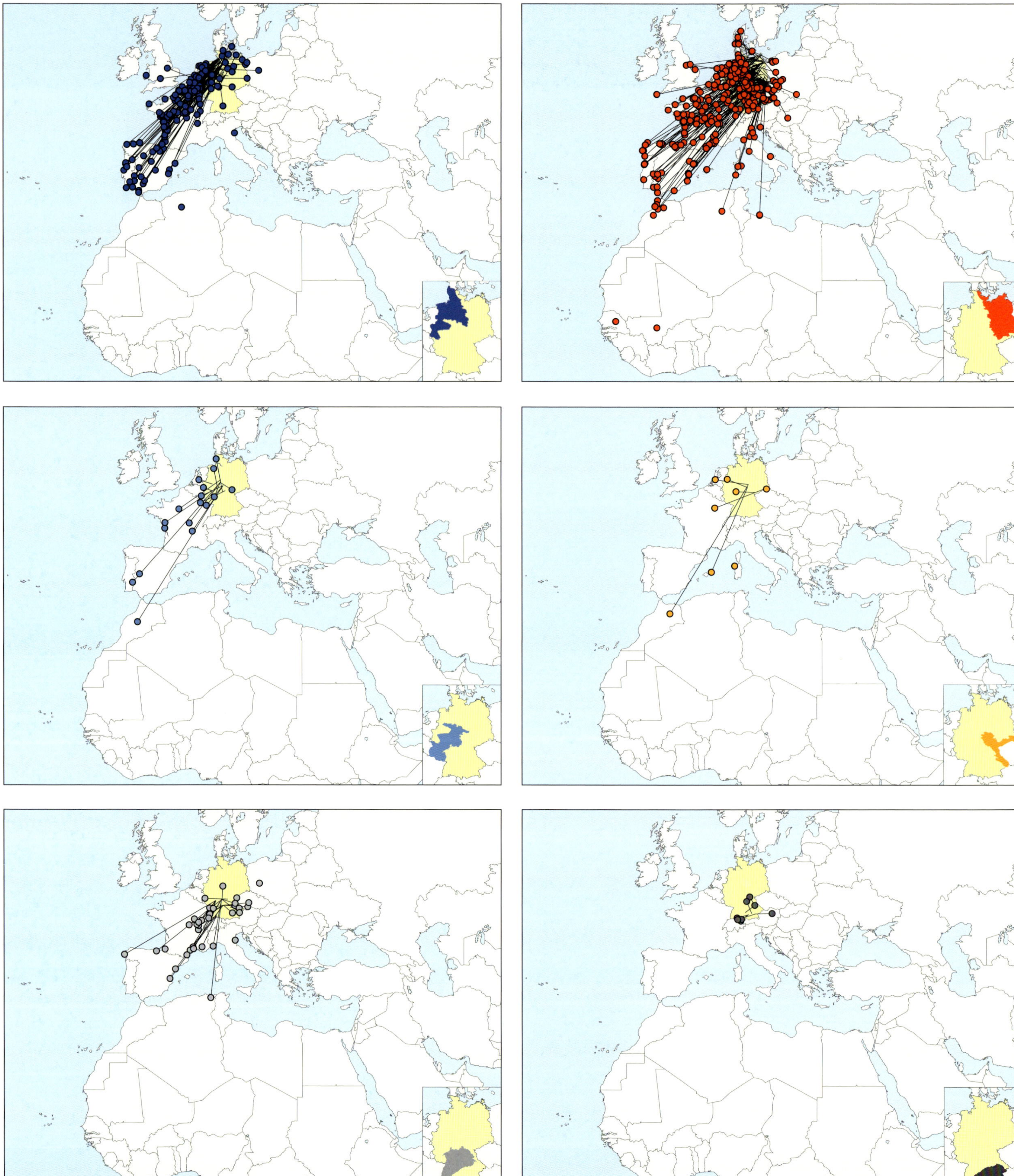

Abb. 4: Herbstzug (Juli – November) von in Deutschland zur Brutzeit anwesenden Graureihern (550 Funde). – *Autumn migration (July – November) of Grey Herons present in Germany during the breeding season (550 recoveries).*

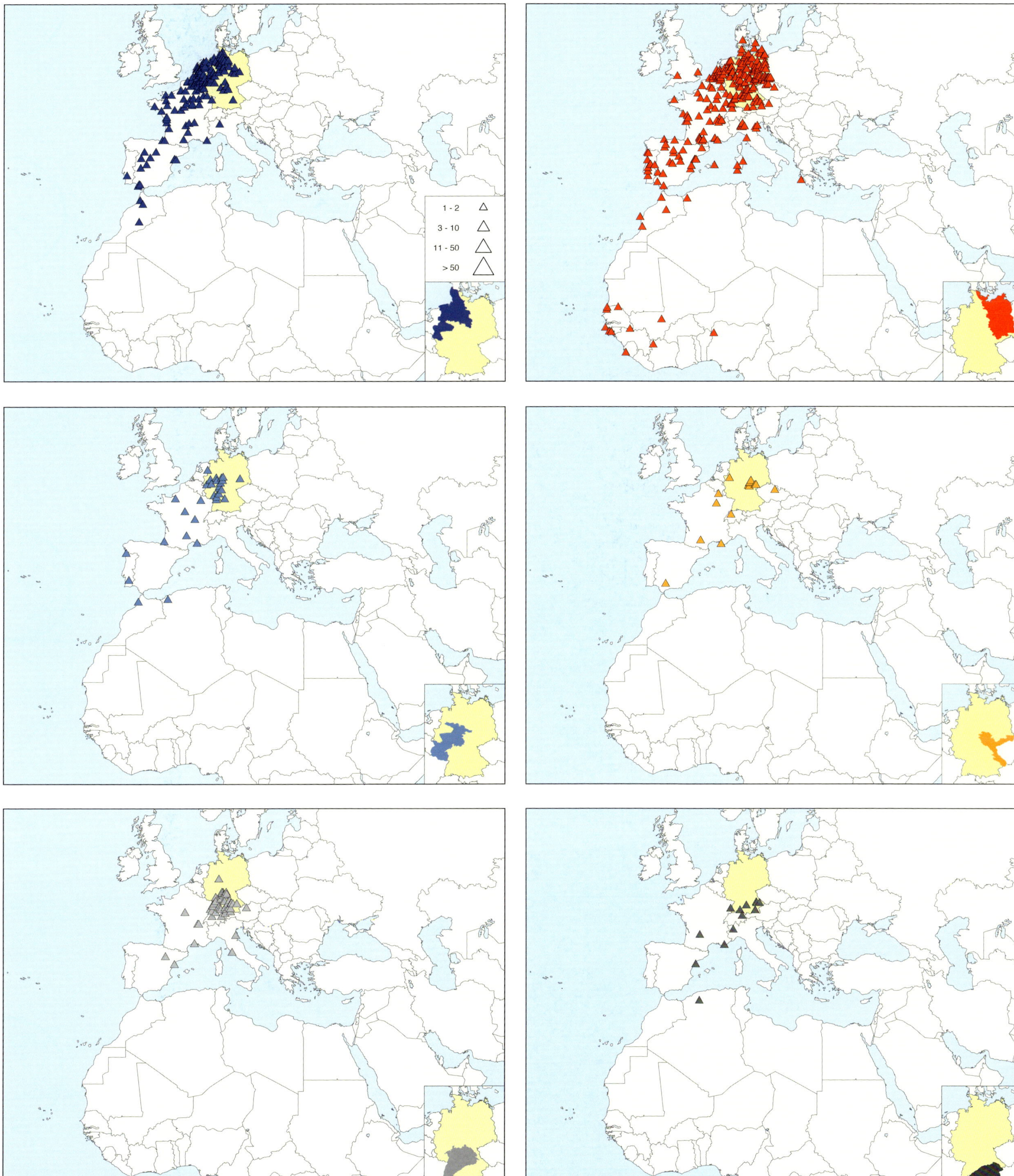

Abb. 6: Aufenthaltsorte im Winter (Dezember – Februar) von in Deutschland zur Brutzeit anwesenden Graureihern (557 Funde). – *Presence in winter (December – February) of Grey Herons present in Germany during the breeding season (557 recoveries).*

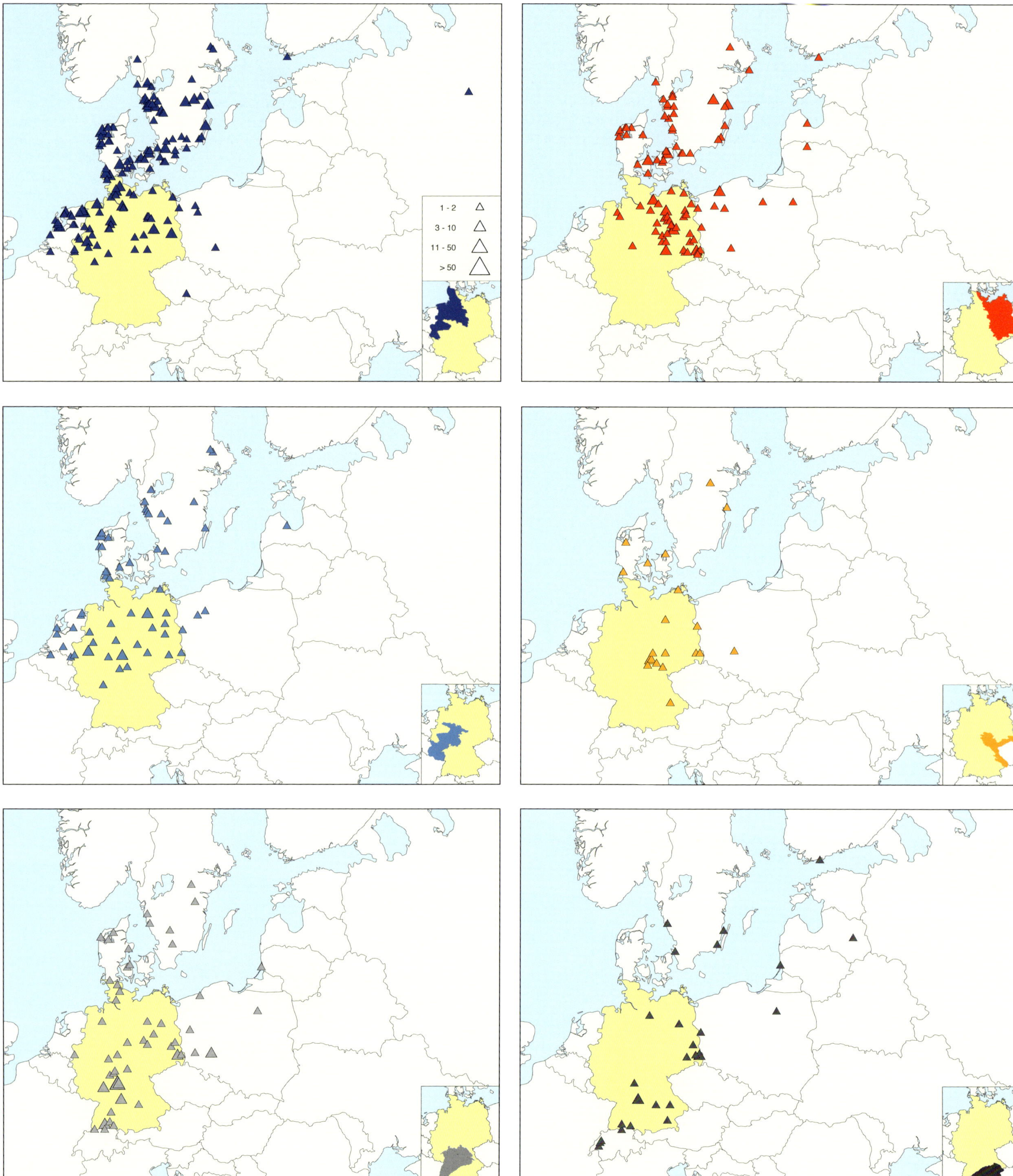

Abb. 7: Aufenthaltsorte zur Brutzeit von im Winter (Dezember – Februar) in Deutschland anwesenden Graureihern (651 Funde). – *Presence during the breeding season of Grey Herons present in Germany in winter (December – February, 651 recoveries).*

ebenfalls nur wenige Funde aus W-Afrika vorliegen (Fransson & Pettersson 2001, Bakken et al. 2003, Bønløkke et al. 2006, Saurola et al. 2013). Andererseits fliegen selbst Vögel aus Italien nach W-Afrika (Spina & Volponi 2008a). Möglicherweise wird der Zug nach W-Afrika unterschätzt, weil bei der herkömmlichen Metallberingung die Fund- und Meldewahrscheinlichkeit geringer ist als in Europa. Nach Ablesungen in E-Deutschland farbberingter Vögel könnte der Anteil im tropischen Afrika größer sein (www.ProRing.de, 9.12.2013). Alle Vögel aus N-, NE- und Mitteleuropa haben im Sommer und Herbst das Vorherrschen des Zugs nach SW gemeinsam, während westlich oder südlich abwandernde Vögel nur einen kleinen Anteil einnehmen. Noch weniger Vögel erreichen den östlichen Mittelmeerraum (Abb. 1). Erst die Brutvögel des östlichen Schwarzen und des Kaspischen Meeres ziehen vorwiegend nach S bzw. SE und überwintern teilweise in NE- und E-Afrika bzw. am Persischen Golf (Kistchinski 1978).

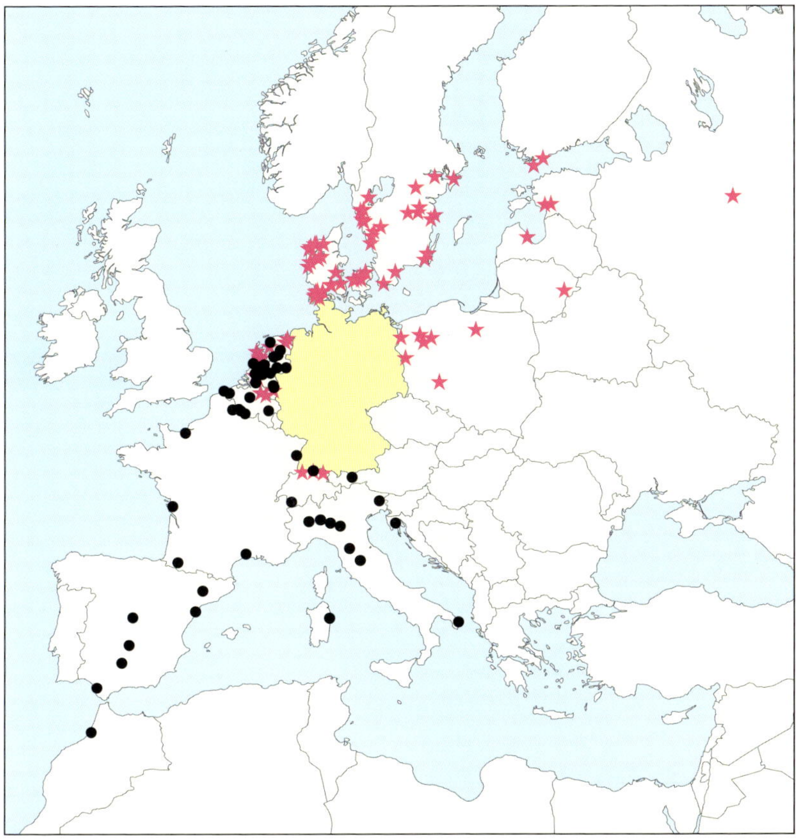

Abb. 8: Frühjahrszug (März) von in Deutschland zur Brutzeit (50 Funde) oder im März anwesenden Graureihern (103 Funde). – *Spring migration (March) of Grey Herons present in Germany during the breeding season (50 recoveries) or in March (103 recoveries).*

Neben dem o. g. großen Teil des deutschen Brutbestandes, der in der Nähe des Brutgebietes überwintert, werden alle Regionen Deutschlands auch von Graureihern aus anderen Ländern zum Überwintern aufgesucht. Erneut ist zu erkennen, dass eine vorwiegend südwestliche, aber auch eine nördliche Zugrichtung die Vögel nach Deutschland führt (Abb. 2, 5 und 7). Eine Ausnahme bilden dabei Vögel aus den Niederlanden, die über vergleichsweise kurze Strecken in die Westhälfte, aber nicht in die Osthälfte Deutschlands wandern (Abb. 7). Auch zur Zeit des Frühjahrszugs halten sich viele Graureiher aus den nördlich bis östlich angrenzenden Teilen des Brutareals in Deutschland auf (Abb. 8).

Verschiedentlich wurde über Änderungen im Zugverhalten bei europäischen Graureihern berichtet. Bei E-deutschen Vögeln verschob sich die Verteilung der Winterfunde ab 1970 nach N (vor allem von S- nach N-Deutschland, Heinicke & Köppen 2007), Gleiches gilt für dänische Vögel (Bønløkke et al. 2006). Der Anteil von E-Deutschland nach Afrika und SW-Europa ziehender Individuen veränderte sich allerdings kaum (Heinicke & Köppen 2007), während aus der Schweiz nach 1970 keine Ringvögel mehr aus Afrika gemeldet wurden (Maumary et al. 2007). Für schwedische Graureiher ist für die Zeit ab Mitte der 1980er Jahre eine Tendenz zu nördlicherem Überwintern überliefert (Fransson & Pettersson 2001). Als Gründe für geringere Zugstrecken werden in erster Linie günstigere klimatische und Ernährungsbedingungen in W- und Mitteleuropa vermutet (Heinicke & Köppen 2007).

***Summary:** Breeding colonies of Grey Heron are scattered all over Germany and hold an increasing number of 24,000–30,000 bp. From June to August, juveniles disperse in various directions and may in exceptional cases reach Portugal already in early August. Autumn migration is mostly directed to the SW, with relatively few birds flying to W, S or even SE, thus fitting well into the general pattern of southwestward migration in N and C Europe. A large proportion of the German population stays in the country during winter, most others are wintering from The Netherlands to France, with numerous birds also present on the Iberian Peninsula and in NW Africa. Only few ringed Grey Herons were found in tropical W Africa, all of them originating from NE Germany. However, evidence for leap-frogging is weak, as N European birds show a similar pattern of winter distribution, with also only few recoveries in Africa. As in other countries it was noted for German Grey Herons that the winter distribution has shifted northward during the last four decades.*

Purpurreiher *Aredea purpurea*
Purple Heron

Beringungen nach 1945:	136
Funde > 10 km nach 1945:	6/6
Wiederfundquote (Fernfunde nach 1945):	4,4 %
Funde > 10 km seit 1901:	6/6
Funde fremder Beringungszentralen:	20/20
Höchstalter:	3 J
Weiteste Entfernung:	4930 km

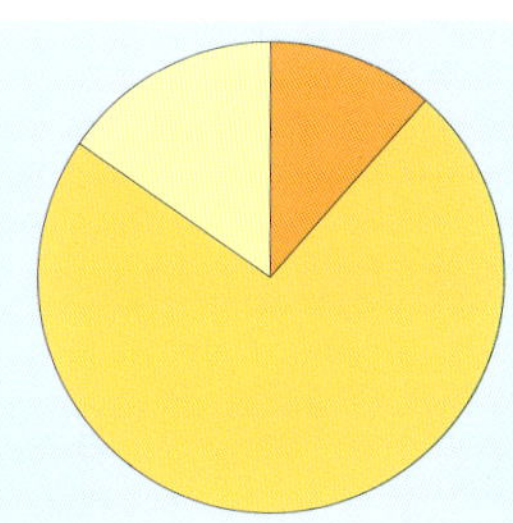

Verbreitung und Status: Das stark aufgesplitterte Brutareal des Purpurreihers umfasst die S-Hälfte Europas (nördlich bis zu den Niederlanden), Vorderasien, Indien, SE-Asien, die Kapverdischen Inseln sowie Teile des südlichen Afrikas. Die Überwinterungsgebiete befinden sich zumeist in Afrika südlich der Sahara, im unteren Niltal, am Persischen Golf sowie in S- und SE-Asien. Der deutsche Brutbestand ist mit 40–50 BP sehr klein, aber stabil. Außerhalb der Brutgebiete ist die Art in Deutschland selten und tritt besonders zu den Hauptzugzeiten (April bis Anfang Juni und Mitte Juli bis Oktober) auf.

Wanderungen: Die nur drei Ringfunde >100 km von in Deutschland beringten Purpurreihern passen zu dem Status des trans-Saharaziehers. Die in N-Baden markierten Nestlinge wurden in S-Spanien (Dezember), Sierra Leone (Februar) und Ghana (Juni) gefunden (Abb. 1). Sie ordnen sich gut in das räumliche Muster der Wanderungen von mit Satellitensender ausgestatteten Purpurreihern aus den Niederlanden (van der Winden et al. 2010) und S-Frankreich (Jourdain et al. 2008) ein. Ebenso wie diese dürften auch die beiden in W-Afrika gefundenen deutschen Ringvögel auf dem Zug die Sahara auf direktem Weg überquert haben. Ob deutsche Purpurreiher dabei über Italien und/oder Spanien wandern (beide Wege werden von niederländischen und schweizerischen Vögeln benutzt; Maumary et al. 2007, Spina & Volponi 2008a, van der Winden et al. 2010), ist bei nur einem Fund aus Spanien nicht eindeutig zu erkennen. Neben den drei Funden deutscher Ringvögel wurden in den Niederlanden und in der Schweiz beringte Purpurreiher in W- und SW-Deutschland gefunden (Abb. 1) – größtenteils wenige Wochen nach dem Ausfliegen und daher wohl als nachbrutzeitliche Dismigration einzuordnen.

***Summary:** The stable German breeding stock of the Purple Heron consists of only 40–50 bp. Three chicks ringed in SW Germany were recovered in Spain (December), Sierra Leone (February) and Ghana (June), respectively. Several Purple Herons from The Netherlands and Switzerland were found in W and SW Germany, mostly during post-natal dispersal.*

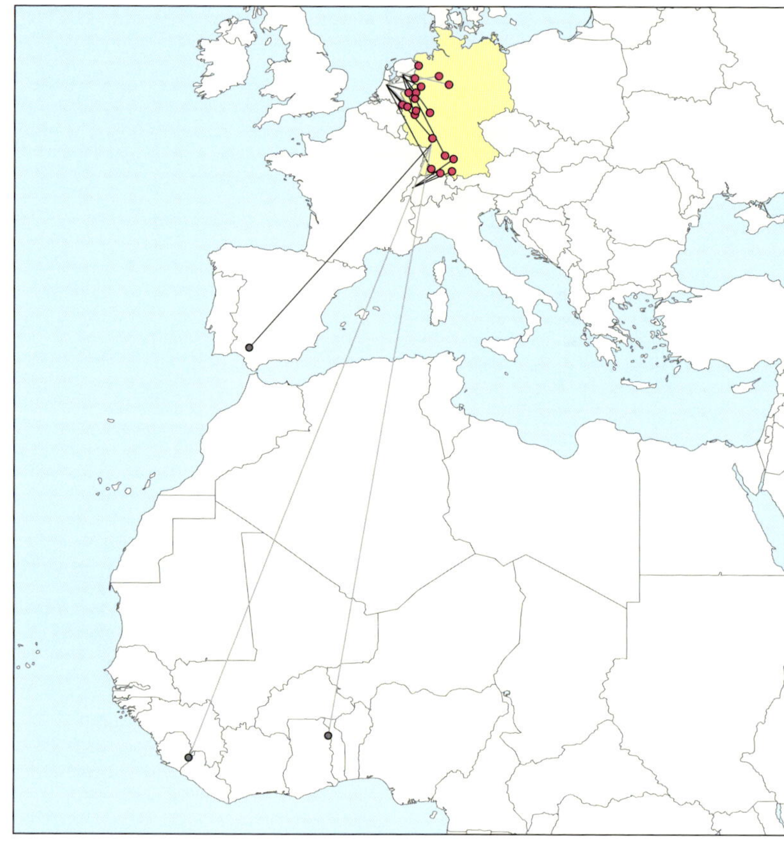

Abb. 1: Funde von Purpurreihern mit Bezug zu Deutschland (23 Funde). – *Recoveries of Purple Herons related to Germany (23 recoveries).*

Schwarzstorch *Ciconia nigra*
Black Stork

Beringungen nach 1945:	1192
Funde > 10 km nach 1945:	323/193
Wiederfundquote (Fernfunde nach 1945):	16,2 %
Funde > 10 km seit 1901:	323/193
Funde fremder Beringungszentralen:	48/39
Höchstalter:	14 J, 11 M
Weiteste Entfernung:	4679 km

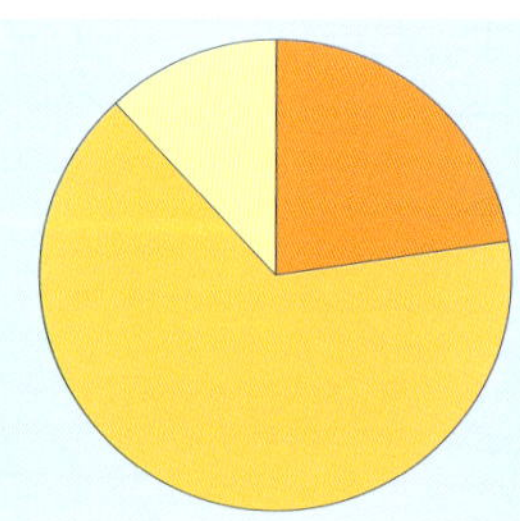

Verbreitung und Status: Schwarzstörche brüten in Waldgebieten von Mitteleuropa bis E-Asien, stellenweise auch in S-Afrika. Die Überwinterung findet in der Sahelzone und in S-Afrika sowie in S-Asien statt. In Deutschland kommt die Art zwar in allen Landesteilen vor, Schwerpunkte des zunehmenden Brutvorkommens von 650–750 BP sind in der E-Hälfte zu erkennen. Zugbewegungen finden von März bis Mai und von Juli bis Oktober statt.

Wanderungen: Mit Ausnahme von fünf bereits ausgewachsenen Vögeln gehen alle Ringfunde des Schwarzstorchs mit Bezug zu Deutschland auf Markierungen von Nestjungen zurück. Die Funde zeigen sehr deutlich, dass Schwarzstörche aus Deutschland hauptsächlich auf zwei Routen in ihre afrikanischen Winterquartiere ziehen (Abb. 1). Deutschland liegt im Bereich einer Zugscheide, die weiter östlich liegt als beim Weißstorch (Bauer & Glutz von Blotzheim 1966). Nach den anhand von Ringfunden erkennbaren herbstlichen Abzugsrichtungen gibt es aber offenbar einen großen Überlappungsbereich (Abb. 2). Dies wurde auch in Tschechien festgestellt, von wo aus mit Satellitensendern ausgestattete Vögel ebenfalls über beide Zugwege nach Afrika gelangten (Bobek et al. 2008). Im Bereich der Zugscheide können selbst Nestgeschwister unterschiedliche Routen nutzen (Bauer & Glutz von Blotzheim 1966). Mit Hilfe der Satellitentelemetrie wurde inzwischen gezeigt, dass die eher im Zentrum Afrikas gelegenen Winterquartiere sowohl über die West- als auch über die Ostroute erreicht werden können (Bobek et al. 2008, Cano & Tellería 2013).

Von der Westroute stammen unmittelbar nach der Brutzeit (Juli–August), aber auch vom Beginn des Herbstzugs, etliche Funde aus den Niederlanden und Belgien. Anschließend kamen die Meldungen vor allem aus Frankreich und Spanien (Abb. 2). Bereits am 29.9. wurde ein aus Sachsen-Anhalt stammender Vogel in Mali abgelesen. Das W-afrikanische Winterquartier wird ferner durch Funde im Januar (Mali, Senegal; Abb. 4) und Anfang April (Burkina Faso; Abb. 5) umrissen, zudem zog ein in Burkina Faso mit Satellitensender ausgestatteter Vogel 7737 km nach E-Deutschland (Chevallier et al. 2011). In den letzten zwei Jahrzehnten überwinterten Schwarzstörche zunehmend in Spanien (Cano et al. 2014), auch in Deutschland erbrütete Vögel sind an diesem Vorkommen beteiligt (Abb. 4). Ganz vereinzelt kommt es auch in Deutschland zu Überwinterungsversuchen (Janssen et al. 2004), einen solchen repräsentiert vermutlich ein Ringvogel aus Sachsen, der im Januar in Bayern gegriffen wurde (Abb. 4).

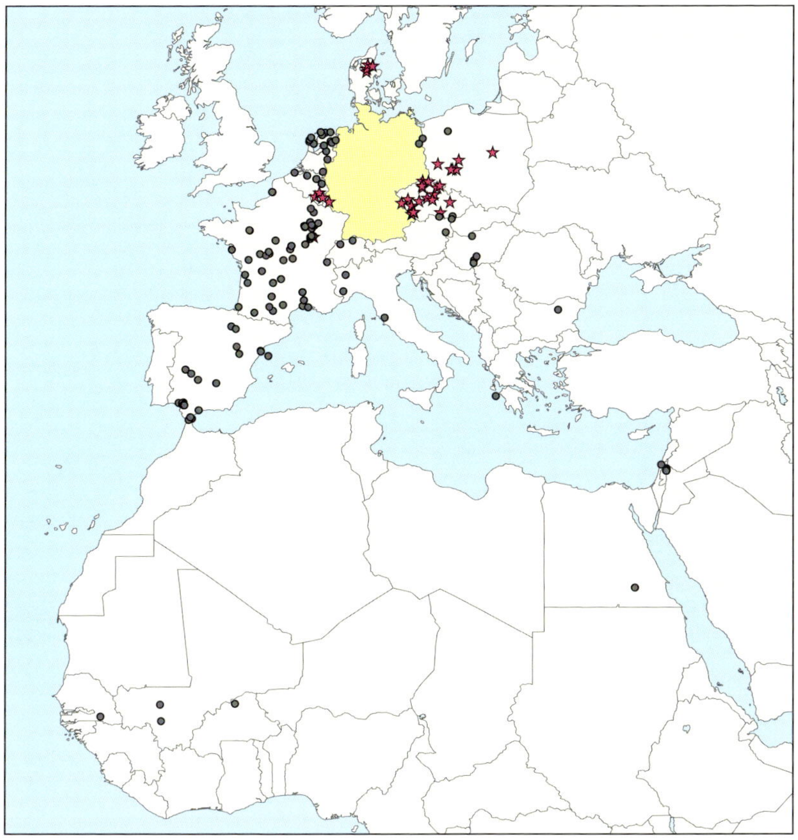

Abb. 1: Fundorte von in Deutschland beringten (178 Funde) und ausländische Beringungsorte von in Deutschland gefundenen (48 Funde) Schwarzstörchen. – *Foreign recovery sites of Black Storks ringed in Germany (178 recoveries) and foreign ringing sites of birds recovered in Germany (48 recoveries).*

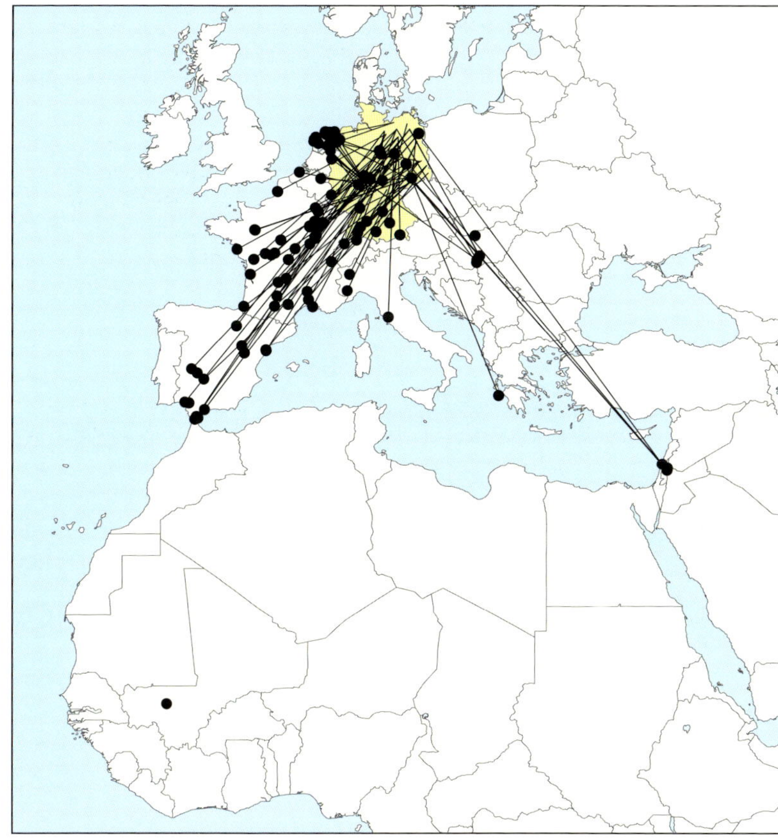

Abb. 2: Herbstzug (September – November) von in Deutschland zur Brutzeit anwesenden Schwarzstörchen (154 Funde). – *Autumn migration (September – November) of Black Storks present in Germany during the breeding season (154 recoveries).*

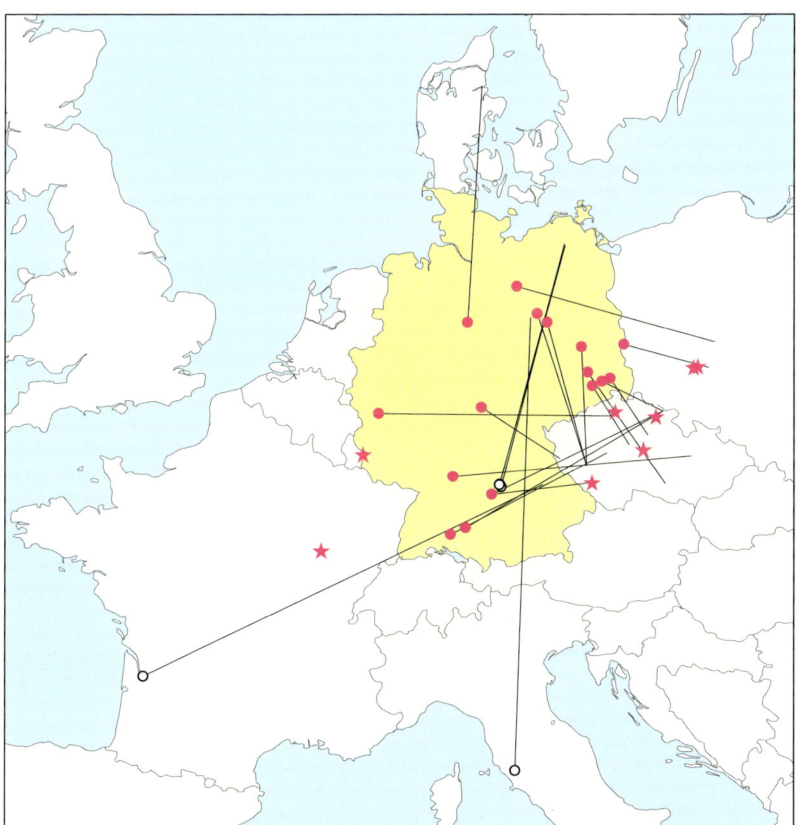

Abb. 3: Herbstzug (September – November) von in Deutschland von September – November anwesenden Schwarzstörchen (36 Funde). – *Autumn migration (September – November) of Black Storks present in Germany from September to November (36 recoveries).*

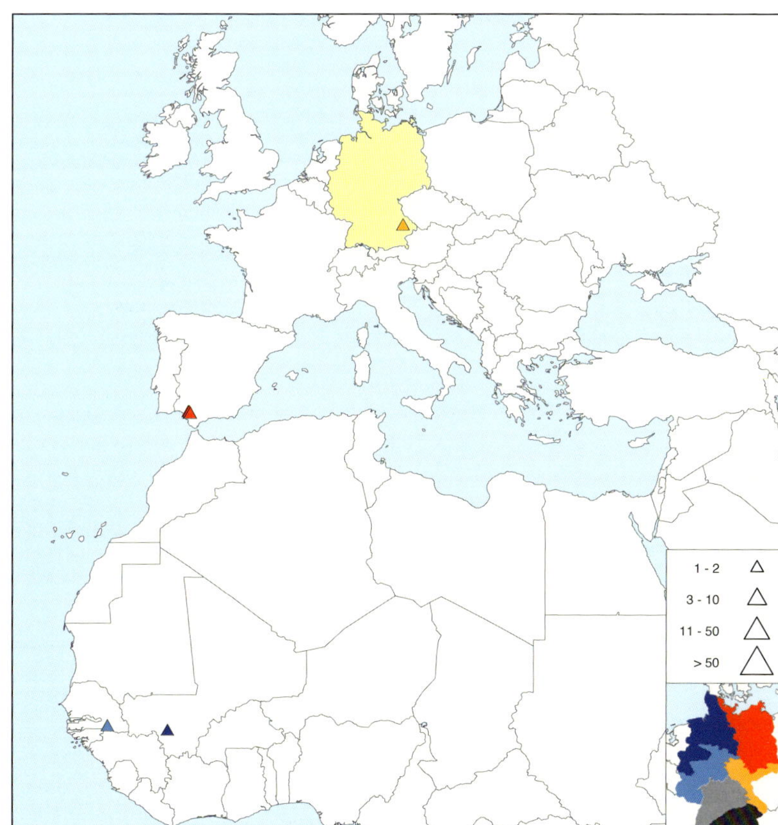

Abb. 4: Aufenthaltsorte im Winter (Dezember – Februar) von in Deutschland zur Brutzeit anwesenden Schwarzstörchen (12 Funde). – *Presence in winter (December – February) of Black Storks present in Germany during the breeding season (12 recoveries).*

Die von weniger Funden nachgezeichnete östliche Herbstzugroute führt über SE-Europa und die Levante (5 Funde in Israel und Jordanien; Abb. 2). Der einzige Afrikafund der Ostroute stammt aus S-Ägypten und ist wegen ungenauer Datumsangabe nur in Abb. 1 dargestellt. Mit Satellitensendern aufgezeichnete Zugwege von tschechischen Vögeln führen bis nach Äthiopien, in die Zentralafrikanische Republik und nach Nigeria (Bobek et al. 2008). Eine offenbar seltener gewählte dritte Herbstzugroute führt über Italien südwärts und wurde von einem deutschen Ringvogel (Abb. 2) sowie einem telemetrierten tschechischen Vogel (Bobek et al. 2008) eingeschlagen.
Nach der Brutzeit wird Deutschland von tschechischen und polnischen Schwarzstörchen erreicht (Abb. 3). Teilweise führen diese Flüge in nördliche Richtungen und können als Zerstreuungswanderungen aufgefasst werden, bei anderen wird offenbar schon der erste Zugabschnitt in Richtung W oder SW abgebildet. Auch die besenderten tschechischen Vögel, die der Westroute folgten, zogen zunächst über S-Deutschland (Bobek et al. 2008), möglicherweise, um eine Überquerung der Alpen zu vermeiden. Auch Vögel des ehemaligen dänischen Brutbestandes durchwanderten einst Deutschland (insgesamt 7 Funde von 1917 bis 1929).
Vom Frühjahrszug liegen nur sehr wenige Ringfunde vor, die einen Vergleich mit den Herbstzugwegen nicht zulassen (Abb. 5). Der in Burkina Faso besenderte Vogel benutzte auf dem Herbstzug bis zum Abbrechen des Kontakts zwischen Deutschland und Algerien eine sehr ähnliche Route wie auf dem vorangegangenen Frühjahrszug (Chevallier et al. 2011).

Summary: *Black Stork is a scarce breeder in Germany, but the 650–750 bp are distributed over most parts of the country. Autumn migration follows two main routes, of which the western one brings the birds, via France and Iberia (in some cases with preceding stopovers in the Low Countries), to wintering sites in W Africa and more recently also to S Spain. The rare winter occurrences in (SW) Germany are documented by one recovery. The eastern route is depicted by recoveries in SE Europe and the Levant, but except for one bird found in Egypt the final destinations in Africa are still obscure. A small minority of German birds may follow a third, southward route via Italy. After the breeding season, dispersal and the onset of migration brings Black Storks from Poland and the Czech Republic (and formerly also from Denmark) to Germany.*

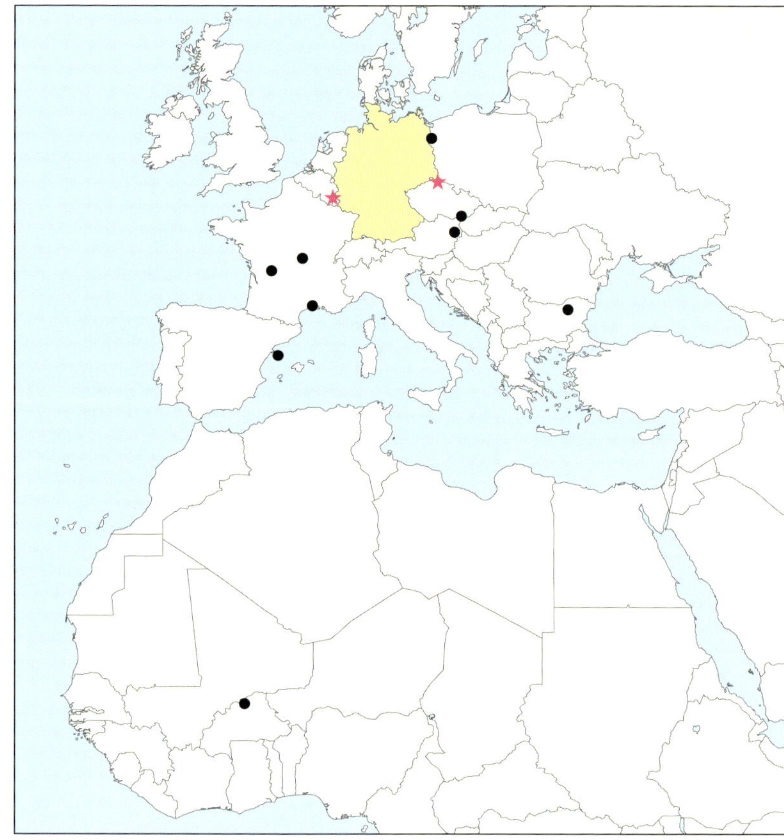

Abb. 5: Frühjahrszug (März–April) von in Deutschland zur Brutzeit (9 Funde) oder zwischen März und April (2 Funde) anwesenden Schwarzstörchen. – *Spring migration (March–April) of Black Storks present in Germany during the breeding season (9 recoveries) or from March to April (2 recoveries).*

Weißstorch *Ciconia ciconia*

European White Stork

Beringungen nach 1945:	144.684
Funde > 10 km nach 1945:	46.100/17.387
Wiederfundquote (Fernfunde nach 1945):	12,0 %
Funde > 10 km seit 1901:	46.592/17.830
Funde fremder Beringungszentralen:	3358/1541
Höchstalter:	32 J, 3 M
Weiteste Entfernung:	9831 km

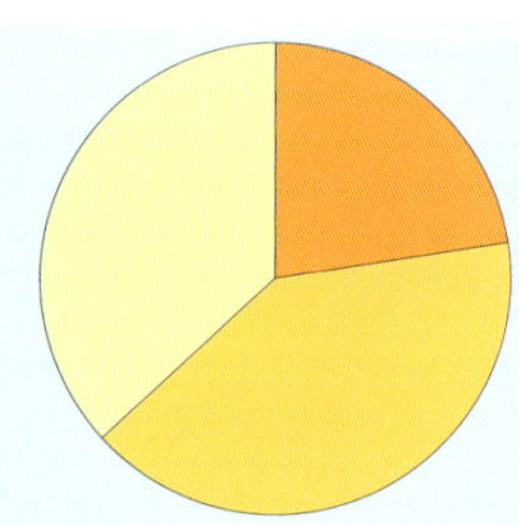

Verbreitung und Status: Der Weißstorch brütet von SW- und Mitteleuropa bis zum Baltikum bzw. zur Türkei, aber auch im Maghreb, in Zentralasien und in Südafrika. Die meisten Weißstörche sind ausgeprägte Zugvögel, die in Spanien, vor allem aber südlich der Sahara in Afrika überwintern. Vögel aus dem SE des Brutareals ziehen dagegen in das Gebiet vom Iran bis Indien. Nach lang anhaltendem Rückgang hat der Brutbestand Deutschlands in den letzten 25 Jahren wieder leicht zugenommen und umfasst jetzt 4200–4600 BP. Schwerpunkte des Brutvorkommens sind N- und E-Deutschland (besonders Gebiete entlang der Elbe), aber auch Niederungen in S-Deutschland, vor allem in den Fluss- und Seeniederungen. Hier hat der Brutbestand in den letzten Jahren kräftige Zuwächse zu verzeichnen. Weite Landstriche vor allem der Mittelgebirge sind derzeit aber unbesiedelt. An die deutschen Brutplätze kehren die Störche von Ende Februar bis Anfang April zurück, vor allem im August und September erfolgt der Abzug. Seit den 1980er Jahren kommt es besonders in S-Deutschland vermehrt zu Überwinterungsversuchen, häufig gestützt durch Zufütterungen.

Wanderungen: Durch massenhafte Nestlingsberingung, gepaart mit einer großen Zahl von Rückmeldungen, ist der Weißstorch sicherlich die Vogelart, bei der sich die Zugwege mit den Ergebnissen der Vogelberingung am besten nachzeichnen lassen. Bereits die Auftragung aller Wiederfunde lässt erkennen, dass deutsche Störche überwiegend zwei Zugrouten folgen, zum einen nach SW bis W-Afrika, zum anderen nach SE bis E- und S-Afrika (Abb. 1). Eine dritte, weniger beflogene Route führt über Italien nach Afrika. Bekanntlich meiden Störche als Gleitflieger die Überquerung von Meeresgebieten, was zu Konzentrationen an Meerengen führt. Dies machen auch die Ringfunde im Bereich von Gibraltar, Bosporus und Sinai deutlich, auch wenn Funde auf verschiedenen Inseln im Mittelmeer zeigen, dass in kleinerem Umfang andere Bereiche dieser großen Wasserfläche überflogen werden.
Die Wiederfunde vom Herbstzug lassen erkennen, dass die Nutzung unterschiedlicher Zugrouten mit der Herkunftsregion in Deutschland verknüpft ist. Schon lange ist bekannt, dass in Deutschland eine Zugscheide zwischen West-

und Ostziehern existiert, die etwa vom Allgäu nordwärts zum Harz und von dort nach WNW bis zum niederländischen IJsselmeer verläuft. Beiderseits dieser Linie gibt es ein Zugscheidenmischgebiet, in dem gleichermaßen West- und Ostzieher vorkommen. Nach diesen von Schüz (1953, 1962) basierend auf Beringungsergebnissen geschilderten Verhältnissen sind nur Vögel vom Oberrhein reine Westzieher, während lediglich der östlichste Teil Deutschlands (etwa Sachsen, E-Brandenburg, Vorpommern) ganz überwiegend Ostzieher beherbergt. Die nach Naturräumen aufgeteilten Wiederfunde in Abb. 3 lassen sich nicht genau den zuvor umrissenen Zugscheidengebieten zuordnen, doch ist erkennbar, dass Vögel aus den Naturräumen W- und SW-deutsche Mittelgebirge sowie aus dem Alpenvorland ganz überwiegend Westzieher sind. Die drei anderen Naturräume befinden sich im Zugscheidenmischgebiet, so dass Vögel von dort beide Zugrouten zu großen Anteilen befliegen. Die Satellitentelemetrie zahlreicher Weißstörche hat ergeben, dass mehr Ostzieher als zuvor angenommen südlich der Sahara weit nach W, d. h. über W-Sudan und Tschad bis Kamerun und Nigeria vordringen, so dass sich im zentralen Afrika die Winterareale von West- und Ostziehern überlappen (Berthold et al. 1997a, 2001). Insgesamt zeigen die von telemetrierten Individuen aufgezeichneten Zugrouten eine sehr gute Übereinstimmung mit dem aus Ringfunden gewonnenen Bild. Allerdings wurde auch deutlich, dass manche Individuen Jahr für Jahr unterschiedliche Winterquartiere aufsuchen, dass aber auch Rückkehr in dieselben Rastgebiete vorkommt (Berthold et al. 2002, 2004).

Die Unterschiede zwischen den Naturräumen werden bei Betrachtung der Winterfunde noch deutlicher (Abb. 4 und 5). Zugleich ist zu erkennen, dass die Zugscheide keine Konstante ist, sondern dass sich über die Jahre Veränderungen ergeben haben. Entsprechend der von Schüz (1953, 1962) gezeichneten Zugscheide wurden Störche aus dem NW-deutschen Tiefland vor 1980 ganz überwiegend auf der Ostroute gefunden. Die meisten Vögel überwinterten von Kenia bis Südafrika, vereinzelte Funde gab es aus W- und NW-Afrika, aus Spanien nur einen (Abb. 4). Nach 1990 stammen dagegen nur noch wenige Funde aus E- und S-Afrika, deutlich mehr dagegen aus Spanien und S-Frankreich, wiederum einzelne aus W- und NW-Afrika (Abb. 5). Dies lässt den Schluss zu, dass sich der Anteil der Westzieher im NW-deutschen Tiefland deutlich erhöht hat und sich daher die Zugscheide offenbar weiter nach E verschoben hat. Gleichzeitig hat sich die Zugdistanz verringert, denn ein größerer Anteil der Westzieher überwintert nun in Spanien anstatt bis NW- oder W-Afrika zu ziehen. Das vermehrte Überwintern in Spanien und S-Frankreich wird auf dort günstige Ernährungsmöglichkeiten in Reisfeldern und auf Mülldeponien zurückgeführt (Tortosa et al. 1995, Archaux et al. 2004). Allerdings kann dieses Bild auch durch zunehmend unterschiedliche Meldewahrscheinlichkeiten in Spanien gegenüber N- und W-Afrika begründet sein. SW-deutsche diesjährige Störche mit GPS-Loggern verbrachten zunächst den Spätherbst und teilweise Frühwinter in Spanien, zogen dann aber größtenteils nach N- und W-Afrika weiter (Daten Vogelwarte Radolfzell).

Bei den größtenteils auf der Ostroute ziehenden Störchen aus dem NE-deutschen Tiefland fällt auf, dass es nach 1990 im Gegensatz zur Zeit davor kaum noch Meldungen aus E-Afrika gibt (Abb. 4 und 5). Stattdessen konzentrieren sich die Funde aus neuerer Zeit in S-Afrika. Auch hier weisen Daten von Vögeln mit Satellitensendern oder GPS-Loggern, die die zweite Hälfte des Winters in E-Afrika verbringen, darauf hin, dass die Änderung von Meldewahrscheinlichkeiten zumindest ein Teil dieses Bildes erklärt.

Bei Vögeln aus dem Alpenvorland fehlen Winterfunde aus E- und S-Afrika nach 1990 dagegen ganz, auch sie überwintern nun in erster Linie in Spanien und Frankreich. Eine Verkürzung der Zugstrecke ist wegen des nach 1990 viel kleineren Anteils von aus W-Afrika zurückgemeldeten Vögeln auch für den Naturraum SW-deutsche Mittelgebirge anzunehmen. Es ist allerdings möglich, dass insbesondere in S-Deutschland die natürlichen Zugverhältnisse stark von Aussetzungen in Gefangenschaft nachgezüchteter Störche und Winterfütterungen beeinflusst worden sind (vgl. Hölzinger & Bauer 2011).

Beim Vergleich der Winterkarten von vor 1980 und nach 1990 fällt auch auf, dass Winterfunde in Deutschland häufiger geworden sind, ein weiteres Indiz für kürzere Zugstrecken oder sogar einen wachsenden Anteil von Standvögeln. Schließlich zeigen die Herkunftsorte der im Winter in Deutschland gefundenen Vögel, dass es sich größtenteils um Störche aus dem jeweiligen Naturraum handelt (Abb. 6).

Auf dem Frühjahrszug gelangen Weißstörche auf den gleichen Wegen, die sie im Herbst benutzt haben, nach Deutschland zurück (Abb. 7). Auffällig ist jedoch, dass im Frühjahr offenbar kein Zug über Italien stattfindet und eine noch stärkere Konzentration auf die o. g. Meerengen zu beobachten ist. Vor dem Errei-

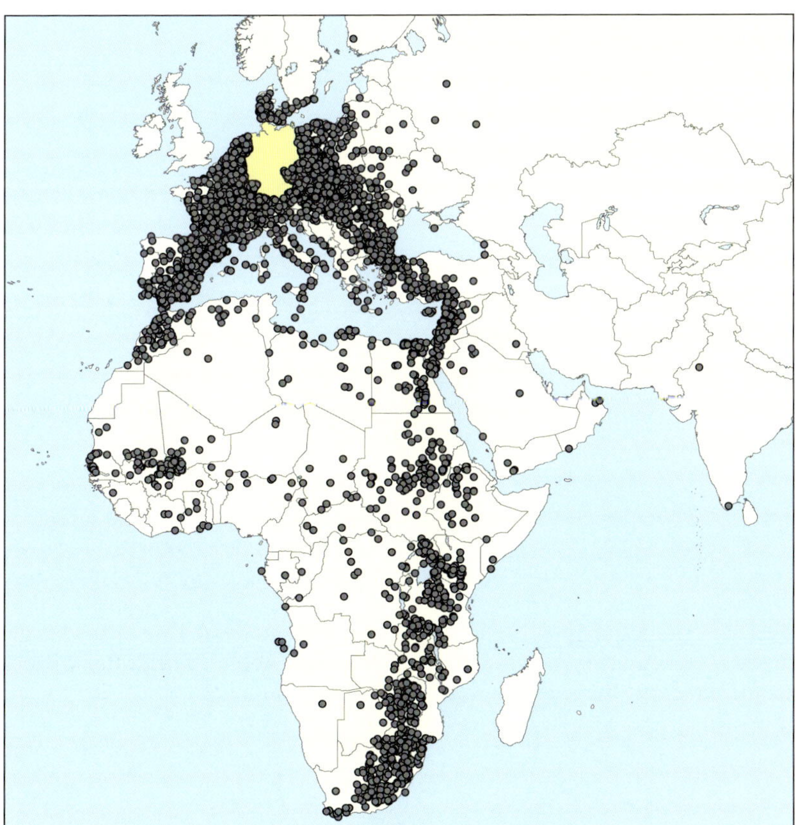

Abb. 1: Fundorte im Ausland von in Deutschland beringten Weißstörchen (12.713 Funde). – *Foreign recovery sites of European White Storks ringed in Germany (12,713 recoveries).*

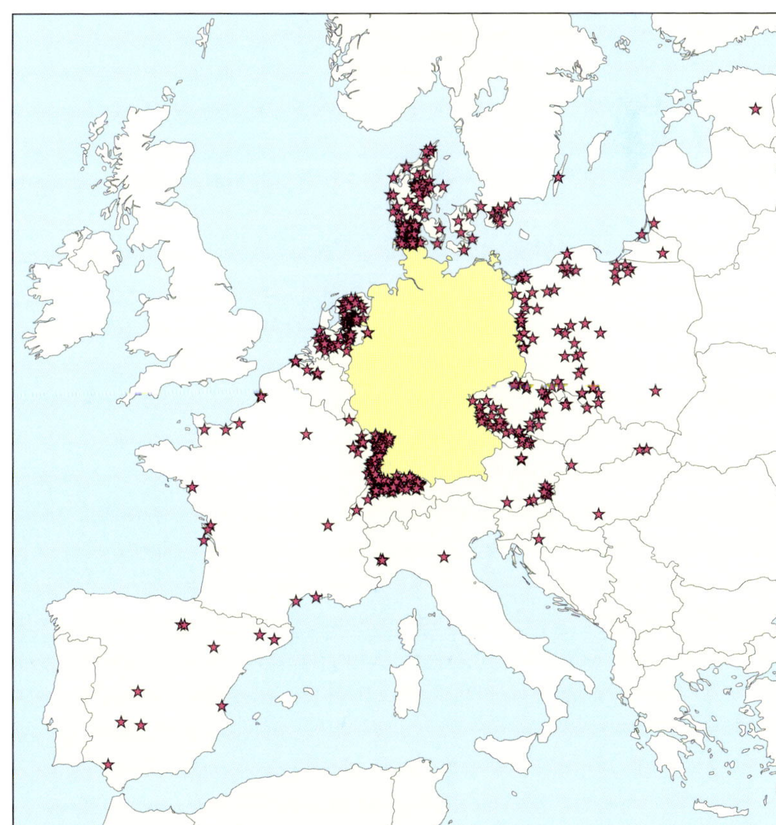

Abb. 2: Beringungsorte im Ausland von in Deutschland gefundenen Weißstörchen (3358 Funde). – *Foreign ringing sites of European White Storks recovered in Germany (3358 recoveries).*

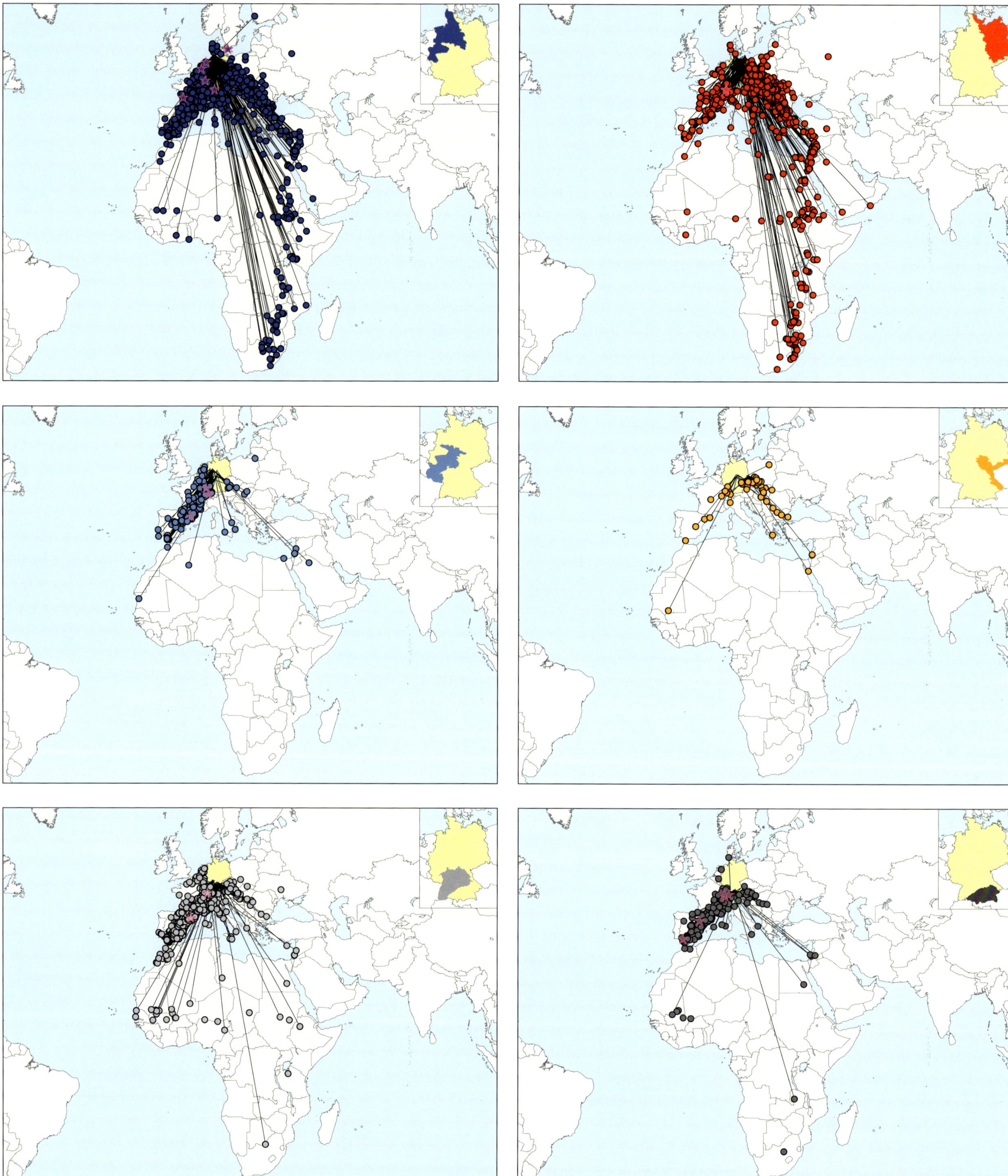

Abb. 3: Herbstzug (August – November) von in Deutschland zur Brutzeit anwesenden Weißstörchen (6835 Funde). – *Autumn migration (August – November) of European White Storks present in Germany during the breeding season (6835 recoveries).*

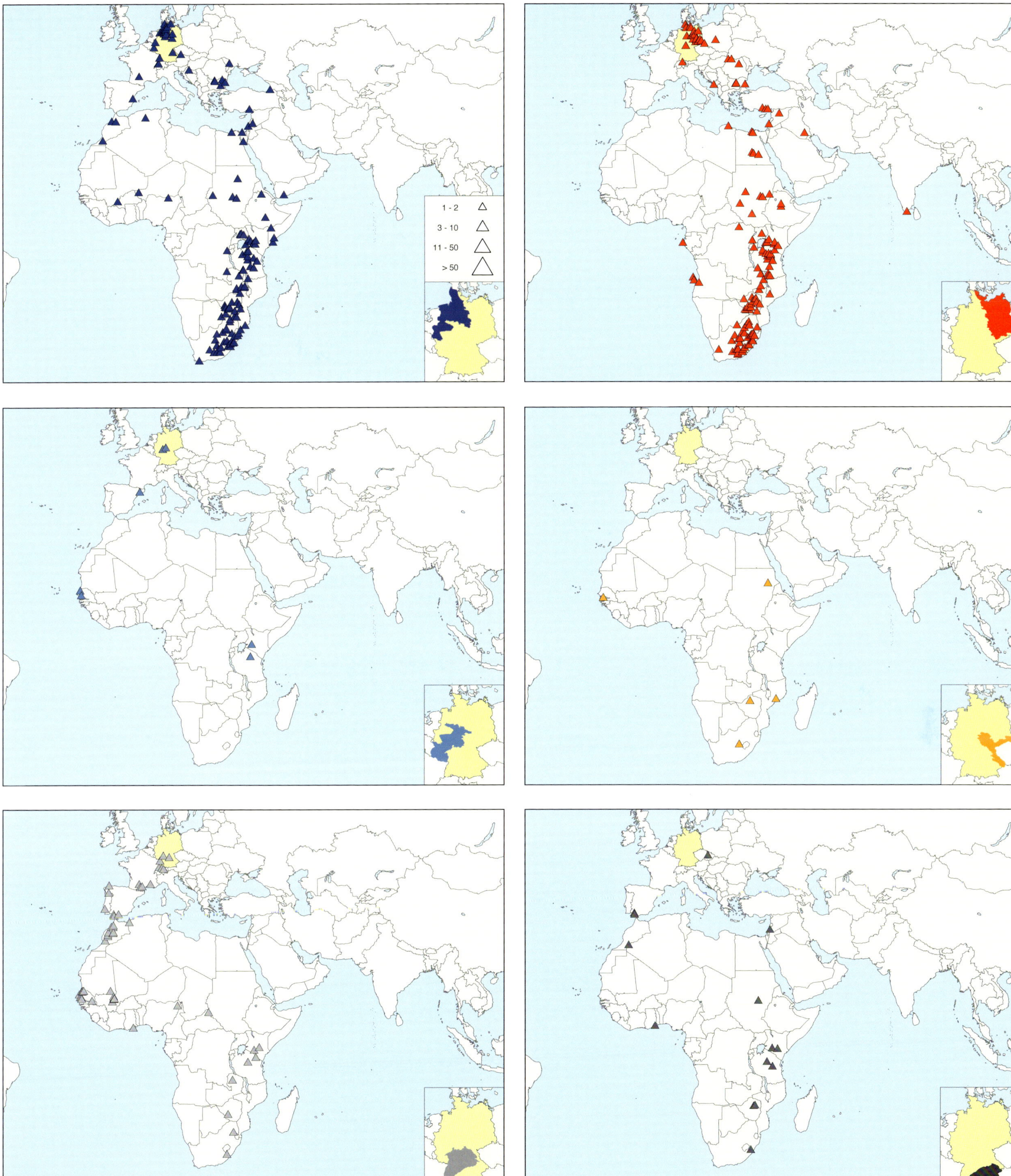

Abb. 4: Aufenthaltsorte im Winter (Dezember – Februar) von in Deutschland zur Brutzeit anwesenden Weißstörchen vor 1980 (368 Funde). – *Presence in winter (December – February) of European White Storks present in Germany during the breeding season before 1980 (368 recoveries).*

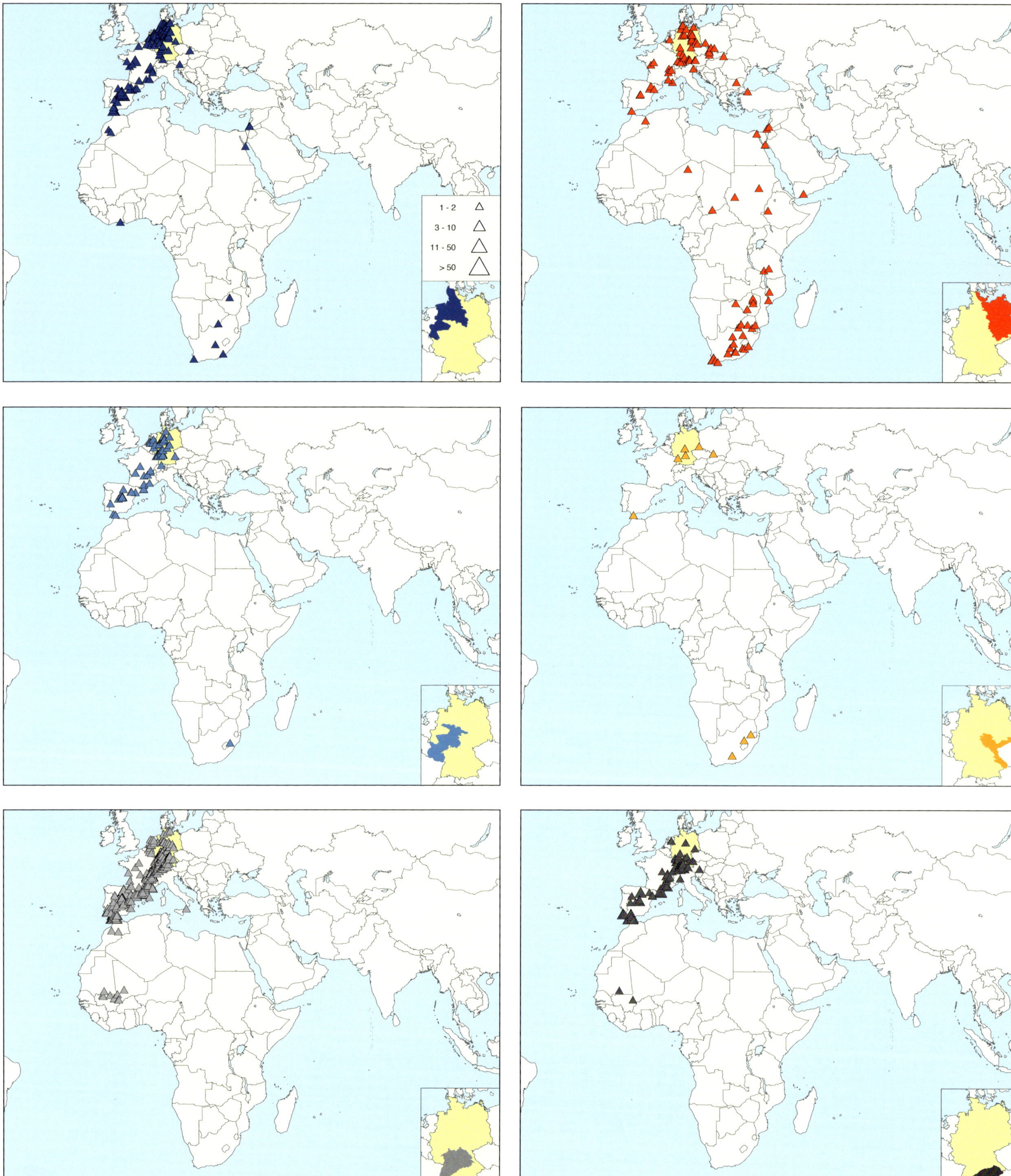

Abb. 5: Aufenthaltsorte im Winter (Dezember – Februar) von in Deutschland zur Brutzeit anwesenden Weißstörchen nach 1990 (1593 Funde). – *Presence in winter (December – February) of European White Storks present in Germany during the breeding season after 1990 (1593 recoveries).*

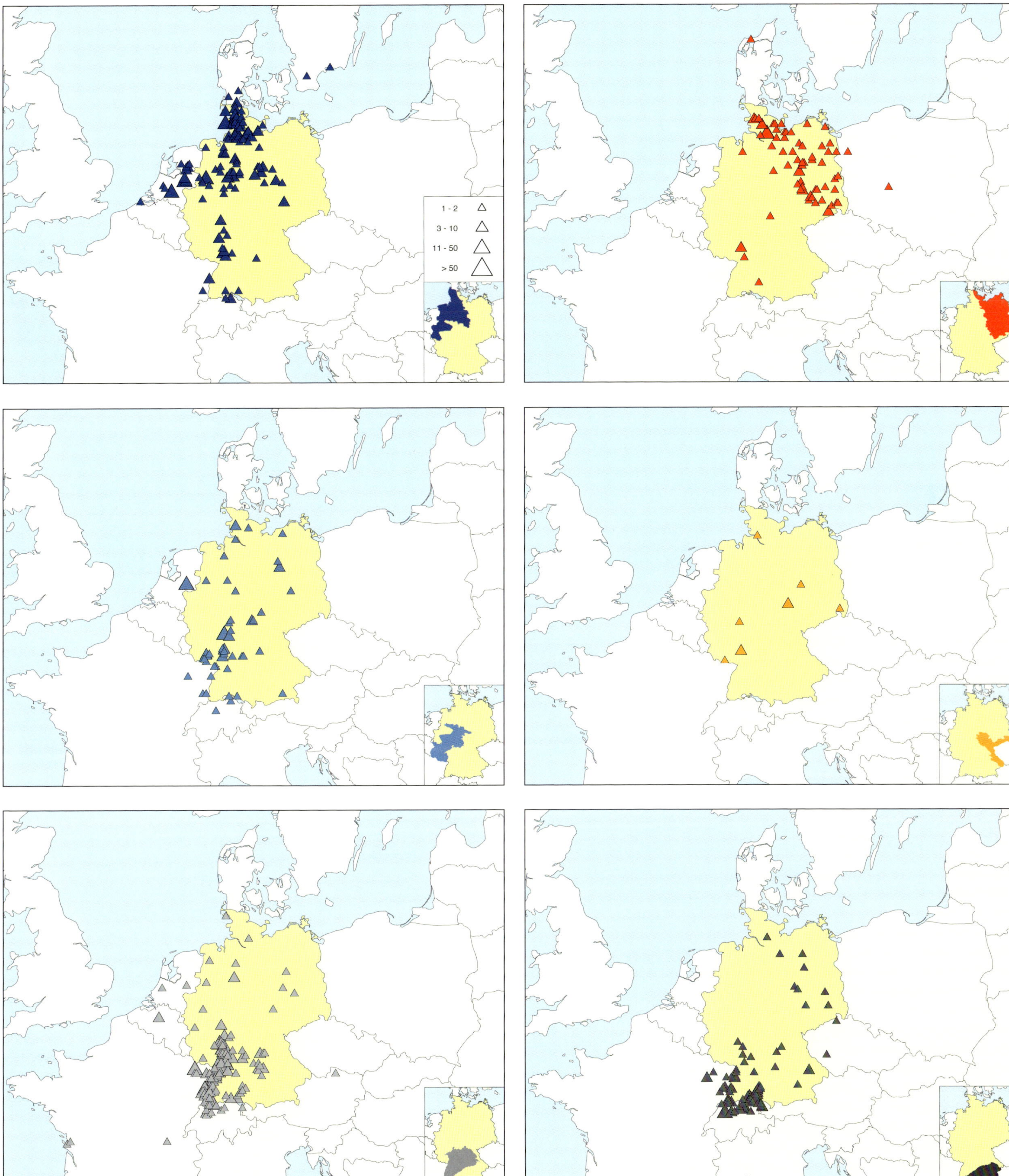

Abb. 6: Aufenthaltsorte zur Brutzeit von im Winter (Dezember – Februar) in Deutschland anwesenden Weißstörchen (1501 Funde). – *Presence during the breeding season of European White Storks present in Germany in winter (December – February, 1501 recoveries).*

chen der Geschlechtsreife im Alter von 3–4 Jahren kehren nicht alle Störche in ihre Ursprungsregion zurück. Im Alter von etwa einem Jahr stammen zwar die meisten Funde nestjung beringter Vögel aus Deutschland, doch auch aus fast allen Bereichen der Zugwege (Abb. 8). Auffällig ist dies besonders bei Ostziehern, die in der gesamten Osthälfte Afrikas vorkommen können. Westzieher räumen dagegen W-Afrika weitgehend und konzentrieren sich in SW-Europa.
Einige Ringfunde zeigen ein vom bisher beschriebenen Schema abweichendes Zugverhalten. So gelangen einige Ostzieher statt nach Afrika auf die Arabische Halbinsel (Abb. 1 und 3). Ein solcher Zug über die Türkei, Syrien und die SW-Flanke Saudi-Arabiens bis in den Jemen konnte an einem telemetrierten Weißstorch aus Brandenburg verfolgt werden (Berthold et al. 1997b). Noch viel weiter nach E gelangten zwei Vögel, die in Indien gefunden wurden. Ein 1930 in S-Niedersachsen beringter Jungvogel wurde noch im selben Jahr aus N-Indien zurückgemeldet (Abb. 1, Drost 1931), ein 1971 in NE-Sachsen-Anhalt nestjung markiertes Individuum wurde im Januar 1973 in S-Indien geschossen (Abb. 1 und 4).

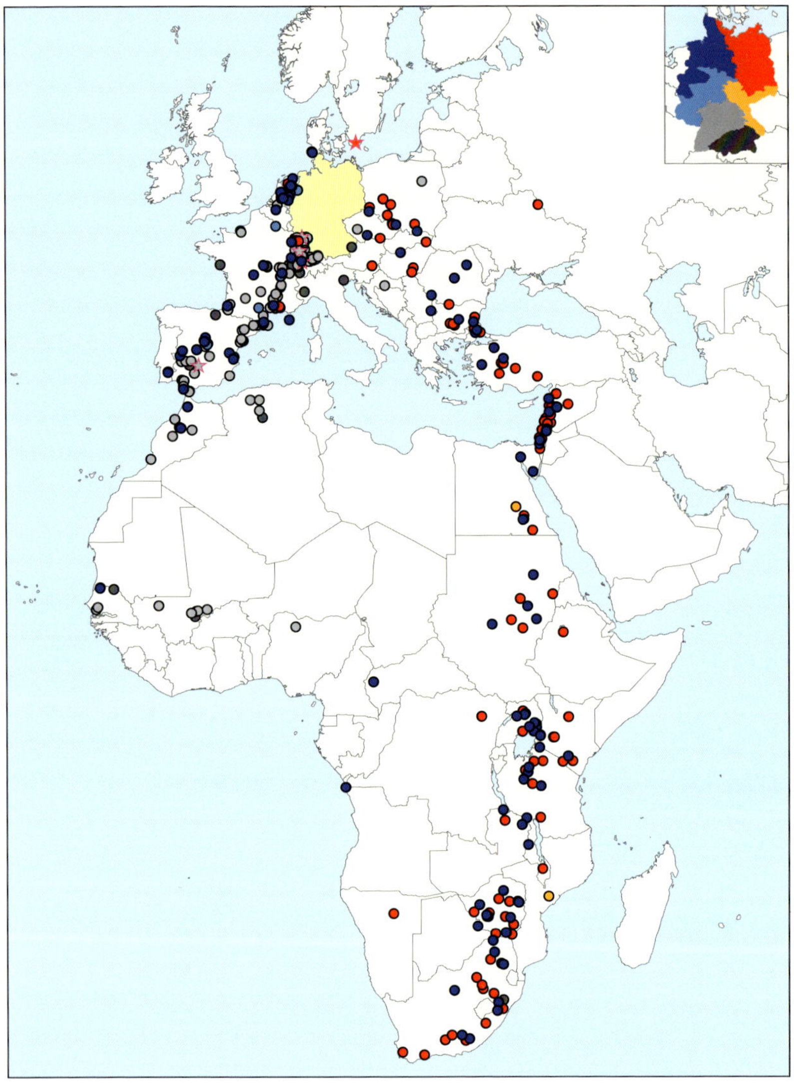

Abb. 7: Frühjahrszug (März) von in Deutschland zur Brutzeit anwesenden Weißstörchen (593 Funde). – *Spring migration (March) of European White Storks present in Germany during the breeding season (593 recoveries).*

Nur selten wurden deutsche Störche aus E-Europa zurückgemeldet. Es gibt z. B. nur vereinzelte Funde in den Baltischen Staaten (Abb. 1), was ebenso wie die wenigen von dort stammenden Vögel in Deutschland (Abb. 2) darauf hinweist, dass mit diesem Teil des Brutareals kaum Individuenaustausch stattfindet. Ganz ungewöhnlich verhielt sich ein Jungvogel aus SW-Schleswig-Holstein, der fälschlicherweise 1109 km nach NE zog und 56 Tage nach seiner Beringung in S-Finnland festgestellt wurde (Abb. 3). Acht Ringstörche gelangten nach S-Schweden, stets im Frühjahr (März bis Juni), wobei ein Vogel dort bis Dezember ausharrte. Nach W gibt es keine Ausreißer, denn keine einzige Meldung stammt von den Britischen Inseln.
Ausländische Herkunftsorte beringter Störche, die in Deutschland gefunden wurden, befinden sich ganz überwiegend in unmittelbarer Nachbarschaft und repräsentieren sowohl Umsiedlungen als auch Durchzug. Einige Vögel wurden auch als Durchzügler oder Wintergäste in Spanien und Frankreich beringt und später in Deutschland festgestellt. Ein Sonderfall ist dagegen ein in Zentral-Spanien nestjung beringter Vogel, der vier Jahre später in N-Baden auftauchte.

Summary: *Following a strong decline over several decades, European White Stork has increased slightly to 4200–4600 bp in the past 25 years. Despite of this trend reversal, many parts of the country are still not re-occupied. Major breeding areas are found in N, E and SW Germany. In autumn, birds use two main migration routes, one to the SW towards Spain and W Africa, the other to the SE to winter quarters mainly ranging from E to S Africa. Most parts of Germany lie in the transition zone of the migratory divide, but there is a trend towards the eastern flyway with increasing longitude. A small proportion of the German population reaches Africa via Italy, and some birds from the eastern flyway migrate to the Arabian Peninsula; two extreme recoveries even stem from India. Spring migration follows the same routes as in autumn, but some immature birds can be recorded along the flyway routes during their first summer.*
The migratory behaviour of German White Storks has shown some changes in the past decades. When comparing winter recoveries before 1980 and after 1990, an eastward shift of the migratory divide becomes obvious, indicating that an increasing proportion of the birds is now directed to the SW. Additionally, the distances covered on the western route have decreased with time, as many birds are now wintering in Spain rather than moving on to W Africa. Moreover, a considerable number of German birds remains resident, especially in S Germany, due to releases of aviary birds and to the increased provision of supplementary food. On the eastern flyway, the number of winter recoveries in E Africa has decreased after 1980, while concentrations in S Africa are increasing instead.

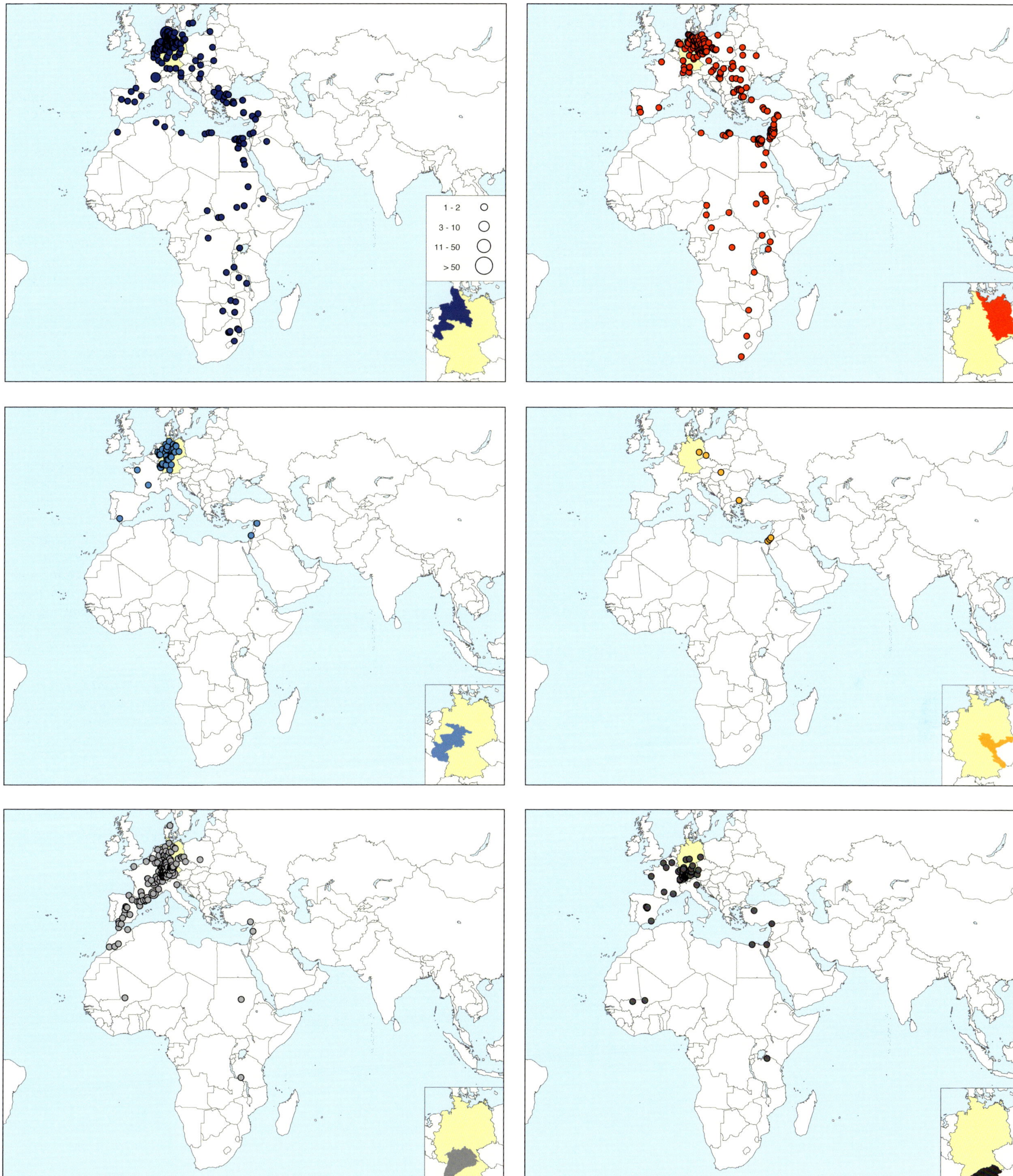

Abb. 8: Fundorte von in Deutschland nestjung beringten Weißstörchen im Sommer (Mai–Juli) des 2. Kalenderjahres (1101 Funde). – *Recovery sites of European White Storks ringed before fledging in Germany and recorded in summer (May–July) of their 2nd calendar year (1101 recoveries).*

Fischadler *Pandion haliaetus*

Osprey

Beringungen nach 1945:	11.337
Funde > 10 km nach 1945:	3659/1182
Wiederfundquote (Fernfunde nach 1945):	10,4 %
Funde > 10 km seit 1901:	3661/1184
Funde fremder Beringungszentralen:	18/17
Höchstalter:	19 J, 1 M
Weiteste Entfernung:	6332 km

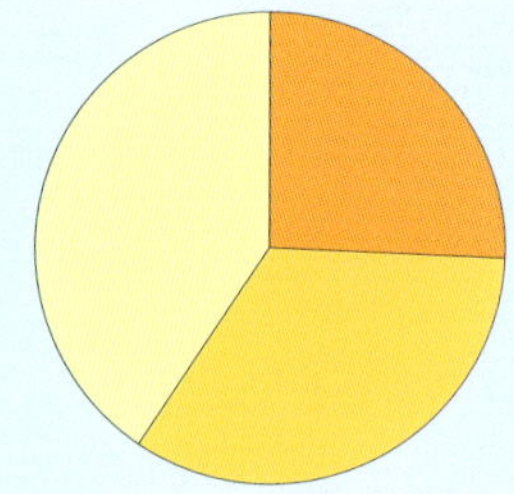

Verbreitung und Status: Der Fischadler brütet in fünf Kontinenten und ist damit eine der am weitesten verbreiteten Vogelarten. In der W-Paläarktis kommt er von Schottland über Fennoskandien, Deutschland und Polen bis nach Russland vor, stellenweise auch in Zentralfrankreich, im westlichen Mittelmeerraum sowie am Roten Meer. Die meisten europäischen Fischadler ziehen zum Überwintern ins tropische Afrika, nach NW-Afrika oder nach SW-Europa.

In Deutschland ist der Fischadler ein seltener Brutvogel, dessen Vorkommen sich weitgehend auf den NE des Landes beschränkt. Seit etwa 1990 hat der Bestand deutlich auf nun 550 BP zugenommen, einhergehend mit einer Arealausweitung und der Wiederbesiedlung westlicher und südlicher Landesteile. Neben den einheimischen Vögeln treten Durchzügler aus N-Europa auf. Im Herbst ist das stärkste Zuggeschehen von August bis Mitte Oktober zu beobachten, wobei die Weibchen vor den Männchen ziehen. Der Einzug in die Brutgebiete, bei dem jetzt die Männchen den Weibchen vorausgehen, sowie der Durchzug im Frühjahr finden vor allem in den Monaten März bis April statt.

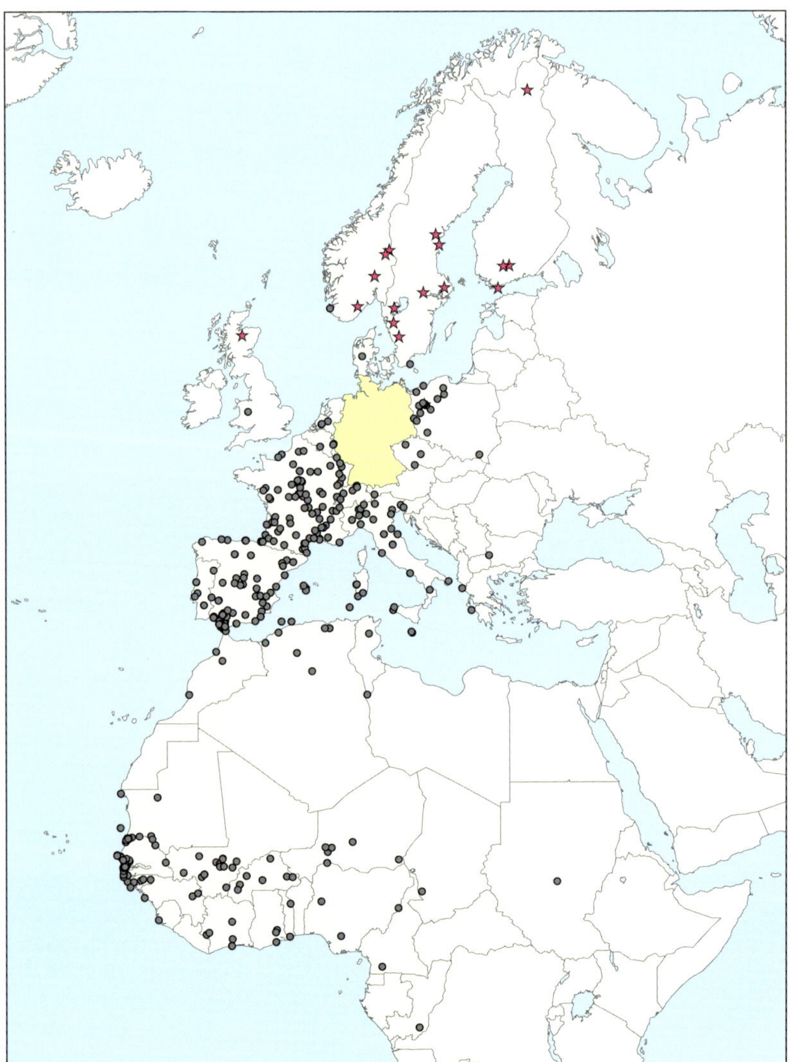

Abb. 1: Fundorte von in Deutschland beringten (615 Funde) und ausländische Beringungsorte von in Deutschland gefundenen (18 Funde) Fischadlern. – *Foreign recovery sites of Ospreys ringed in Germany (615 recoveries) and foreign ringing sites of birds recovered in Germany (18 recoveries).*

Wanderungen: Die Ringfunde mit Bezug zu Deutschland stammen mit nur wenigen Ausnahmen von nestjung in den Monaten Juni und Juli beringten Vögeln. Sie zeigen, dass sich das Areal, in dem sich in Deutschland brütende und durch Deutschland ziehende Fischadler im Jahresverlauf aufhalten, von N-Fennoskandien und Schottland bis nach N-Afrika erstreckt, bei wenigen Verbindungen nach E-Europa. Nach einer Fundlücke im Bereich der Sahara stammen dann wieder relativ viele Nachweise aus dem tropischen W-Afrika (Abb. 1). Bei einer Vielzahl neuerer Meldungen handelt es sich um Ringablesungen im Freiland, die durch ein intensives Farbringprogramm ermöglicht wurden (Schmidt 2009), so dass für eine Reihe von Vögeln das Zuggeschehen individuell über einen längeren Zeitraum nachvollzogen werden kann.

Im Herbst ist SW die vorherrschende Zugrichtung, wenige Abweichungen streuen von SE bis WSW (Abb. 2, 3). Durchzügler erreichen Deutschland vorwiegend aus Fennoskandien, in einem Fall ist auch der Zuzug eines polnischen Brutvogels belegt (Abb. 3). Sie ziehen demnach ähnlich wie einheimische Fischadler hauptsächlich über Frankreich und die Iberische Halbinsel nach Afrika (Abb. 2, 3). Einige Vögel fliegen auch über das zentrale Mittelmeergebiet, wie Funde etwa auf Sardinien, in S-Italien und in Griechenland belegen. Weiterhin ist ein Fischadler aus Schottland in seiner ersten Zugsaison nach SE gelangt und wurde, allerdings als schon länger tot, im April aus Schleswig-Holstein gemeldet (Abb. 1). Den Ringfunden entsprechend zogen auch mit Satellitensendern ausgerüstete deutsche und schwedische Brutvögel über das westliche oder zentrale Mittelmeergebiet nach Afrika (Hake et al. 2001, Meyburg et al. 2011b). Wie bei den deutschen Ringvögeln (Abb. 2) wanderte abweichend einer von 18 schwedischen Vögeln nach SE ab und gelangte nach einem Zugknick in Russland über den Kaukasus und die Arabische Halbinsel nach E-Afrika.

Einige einheimische Fischadler erreichen bereits im September, die meisten aber erst im Oktober und November, die afrikanischen Savannen südlich der Sahara. Auch zwei besenderte Vögel hielten sich bereits im September und Oktober südlich der Sahara auf (Schmidt & Meyburg 1998). Möglicherweise betrifft dies mehr Vögel, als sich aus den Ringfunden ergibt. Eine vergleichende Studie zeigte, dass mit Satellitensendern ausgestattete schwedische Fischadler bereits im Herbst (September – November) das tropische Afrika erreichten, während Ringfunde einen langsameren Zug nahe legten, mit sehr vielen Funden während dieses Zeitraums in Frankreich (Strandberg et al. 2009c). Ursache für diese Diskrepanz dürfte die geringere Fund- und Meldewahrscheinlichkeit in Afrika sein, weshalb Ringfunde die wirklichen Verhältnisse nur unvollständig widerspiegeln (Abb. 2).

In W-Afrika liegen zwischen Senegal und Guinea sowie Niger und Nigeria auch die Überwinterungsgebiete einer Vielzahl einheimischer Fischadler (Abb. 4). Dass es sich bei den Winterfunden fast ausschließlich um Vögel aus dem NE-deutschen Tiefland handelt, liegt an den noch immer spärlichen Brutpaarzahlen in anderen Landesteilen. Da aber auch hier erbrütete Nestlinge in ein intensives Farbberingungsprogramm eingebunden sind (Schmidt 2009), wird es in Zukunft möglich sein, auch detailliertere Aussagen zu möglichen naturräumlichen Unterschieden im Zugverhalten zu machen. Allerdings verteilen sich auch die Winternachweise der Ringvögel aus anderen mittel- und N-europäischen Län-

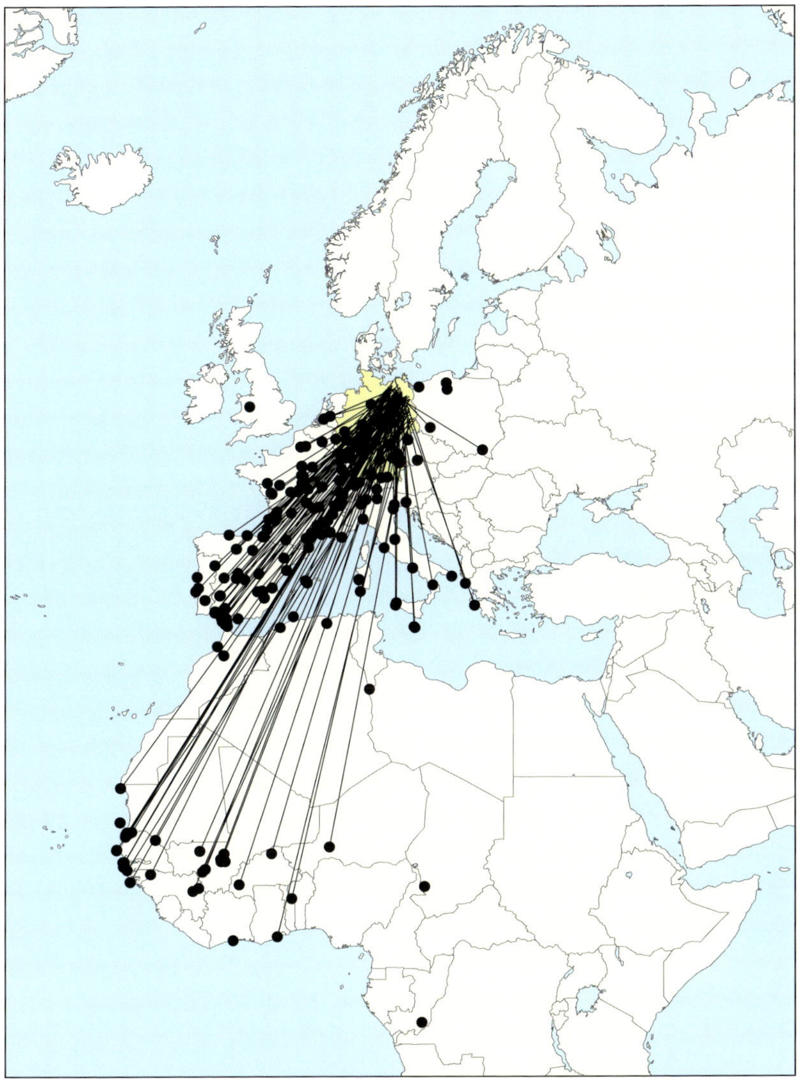

Abb. 2: Herbstzug (August – November) von in Deutschland zur Brutzeit anwesenden Fischadlern (271 Funde). – *Autumn migration (August – November) of Ospreys present in Germany during the breeding season (271 recoveries).*

Abb. 3: Herbstzug (August – November) von in Deutschland von August bis November anwesenden Fischadlern (6 Funde). – *Autumn migration (August – November) of Ospreys present in Germany from August to November (6 recoveries).*

dern über das gesamte tropische W-Afrika (Fransson & Pettersson 2001, Bakken et al. 2003, Saurola et al. 2013), ebenso wie die meisten mit Satellitensendern ausgestatteten deutschen und schwedischen Vögel (Schmidt & Meyburg 1998, Hake et al. 2001, Meyburg et al. 2011b). Der südlichste Nachweis eines deutschen Ringvogels stammt aus der Republik Kongo (Abb. 1), wo im Oktober 1995 ein über neun Jahre zuvor in Mecklenburg-Vorpommern nestjung beringter Fischadler geschossen wurde. Eine Reihe von Vögeln überwintert aber bereits im Mittelmeergebiet, vor allem auf der Iberischen Halbinsel, daneben in Frankreich, Italien und N-Afrika (Abb. 4), wobei es sich überwiegend um adulte Männchen handelt (Bai & Schmidt 2012). Die relativ hohe Zahl von Nachweisen im Vergleich zu den Überwinterern in W-Afrika könnte aber auch auf unterschiedliche Meldewahrscheinlichkeiten zurückzuführen sein und so den Anteil der in Europa überwinternden Vögel überschätzen. So zogen alle 18 in Schweden mit Satellitensender versehene Vögel, inklusive fünf adulter Männchen, ins tropische Afrika (Hake et al. 2001). Von 28 Satellitensender tragenden deutschen Brutvögeln überwinterten nur zwei Männchen in Portugal, die restlichen ebenfalls in W-Afrika (Meyburg et al. 2011b). Allerdings scheinen Überwinterungen in Frankreich zuzunehmen (Kabouche & Dhermain 2002), und es sind Fälle bekannt, in denen sich einzelne Individuen in mehreren Wintern in der gleichen Region, z. B. auf Sardinien (Italien), aufhielten (Schmidt 2009). Von schwedischen Fischadlern, die Satellitensender trugen, ist ebenfalls der wiederholte Aufenthalt in denselben Rastgebieten in aufeinanderfolgenden Jahren belegt (Alerstam et al. 2006). Vom Frühjahrszug liegen keine direkten Funde vor (Abb. 5). Dies liegt daran, dass die überwiegende Mehrheit der Vögel nestjung beringt wurde, dass Fischadler in der Regel erst im Alter von 3 – 4 Jahren zum ersten Mal zur Brut schreiten und bis dahin oft in Afrika oder im Mittelmeergebiet verbleiben. Eindrucksvolle Beispiele dafür sind die Sommeraufenthalte einjähriger Vögel in über 4000 km und bis zu annähernd 5600 km Entfernung vom Beringungsort in den W-afrikanischen Ländern Gambia, Elfenbeinküste und Kamerun (Abb. 6). Einige Jungvögel verbringen aber auch schon in ihrem zweiten Kalenderjahr den Sommer in der Nähe der Brutgebiete. Bei Fischadlern ab dem dritten Kalenderjahr ist dies die Regel und Nachweise von Übersommerungen in Afrika fehlen (Abb. 7). Längere Aufenthalte am gleichen Ort und in aufeinander folgenden Brutsaisons in 1060 km in Wales oder von zwei Vögeln in etwa 970 km in Zentralfrankreich belegen Fernumsiedlungen, die zur Ausbreitung der Art beitragen (s. auch Schmidt 2009). Wegen des längeren Verbleibs der Jungvögel in den Überwinterungs- oder Durchzugsgebieten können die indirekten Ringfunde nichts über Zugrouten aussagen, sondern lediglich den Jahreslebensraum von in Deutschland brütenden oder durch Deutschland ziehenden Vögeln umreißen. Auffällig sind im Frühjahr zwei weit im E gelegene Funde im Sudan und in Bulgarien (Abb. 5). Auch hier handelte es sich um ein- bzw. zweijährige Vögel, die beide im April evtl. nicht auf dem Weg in die Brutgebiete waren, sondern umherstreiften. Einige schwedische und finnische Vögel ziehen allerdings auch nach SE bzw. S, um in E- und S-Afrika zu überwintern (Fransson & Pettersson 2001, Saurola et al. 2013), so dass ein solcher Zug nach SE auch bei deutschen Brutvögeln vorkommen könnte.

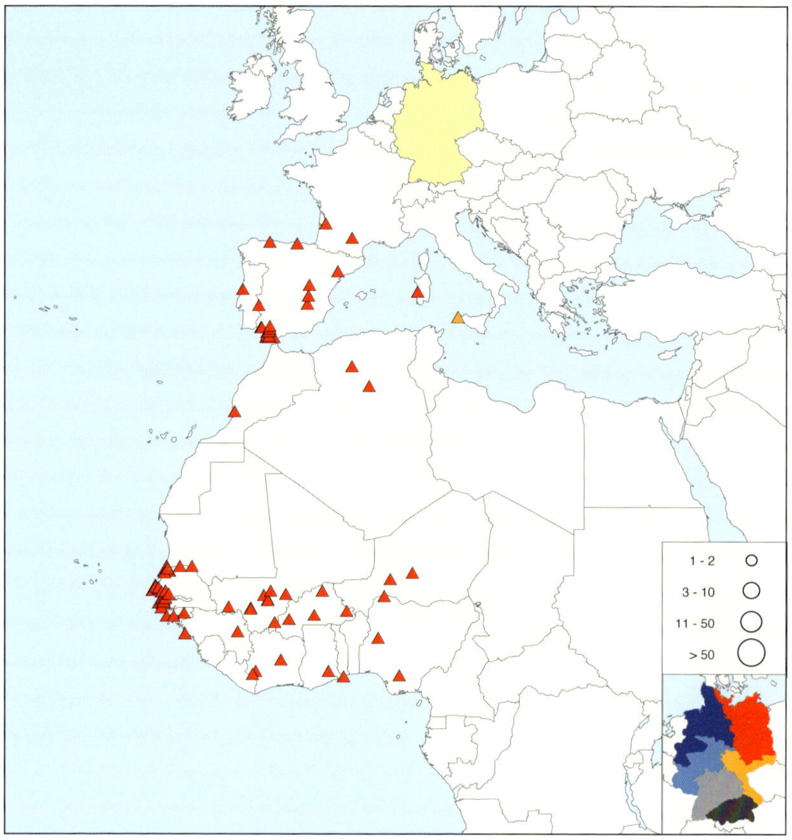

Abb. 4: Aufenthaltsorte im Winter (Dezember–Februar) von in Deutschland zur Brutzeit anwesenden Fischadlern (101 Funde). – *Presence in winter (December–February) of Ospreys present in Germany during the breeding season (101 recoveries).*

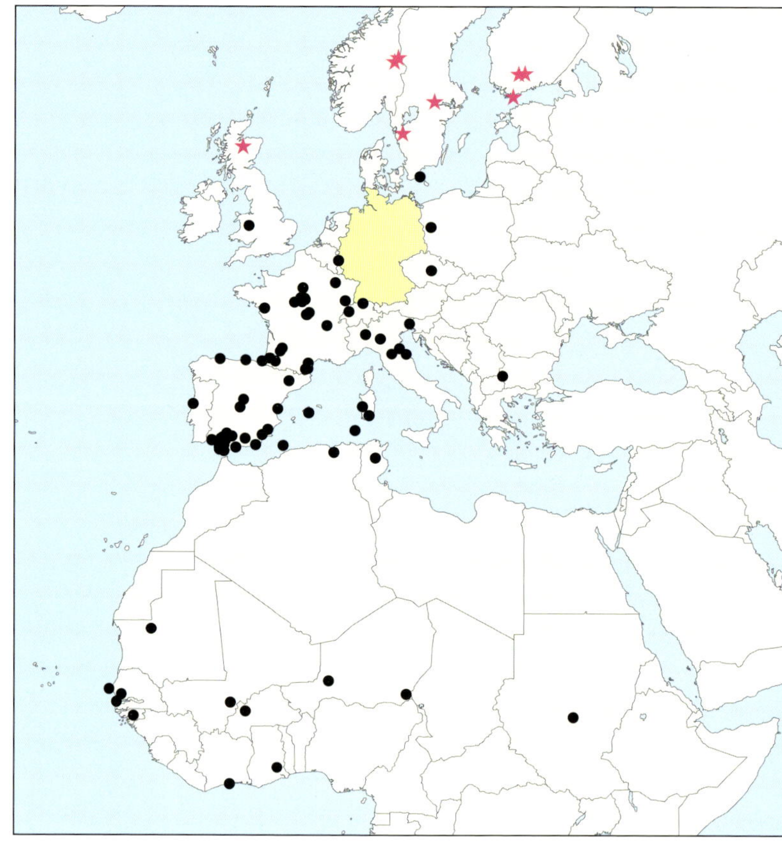

Abb. 5: Frühjahrszug (März–April) von in Deutschland zur Brutzeit (131 Funde) oder von März bis April anwesenden Fischadlern (8 Funde). – *Spring migration (March–April) of Ospreys present in Germany during the breeding season (131 recoveries) or from March to April (8 recoveries).*

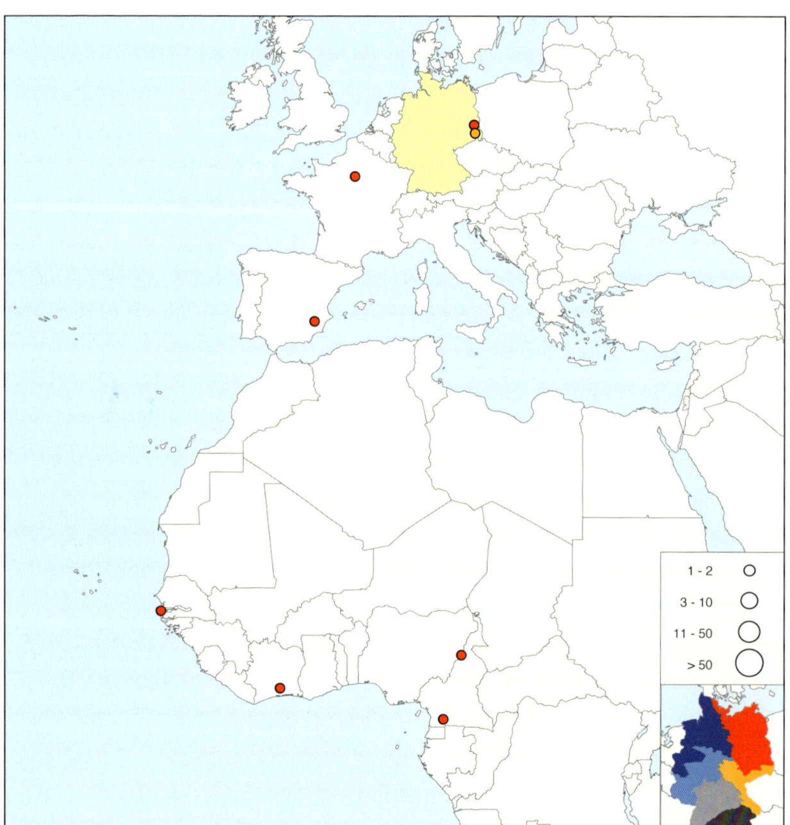

Abb. 6: Fundorte von in Deutschland nestjung beringten Fischadlern im Sommer (Juni–Juli) des 2. Kalenderjahres (8 Funde). – *Recovery sites of Ospreys ringed before fledging in Germany and recorded in summer (June–July) of their second calendar year (8 recoveries).*

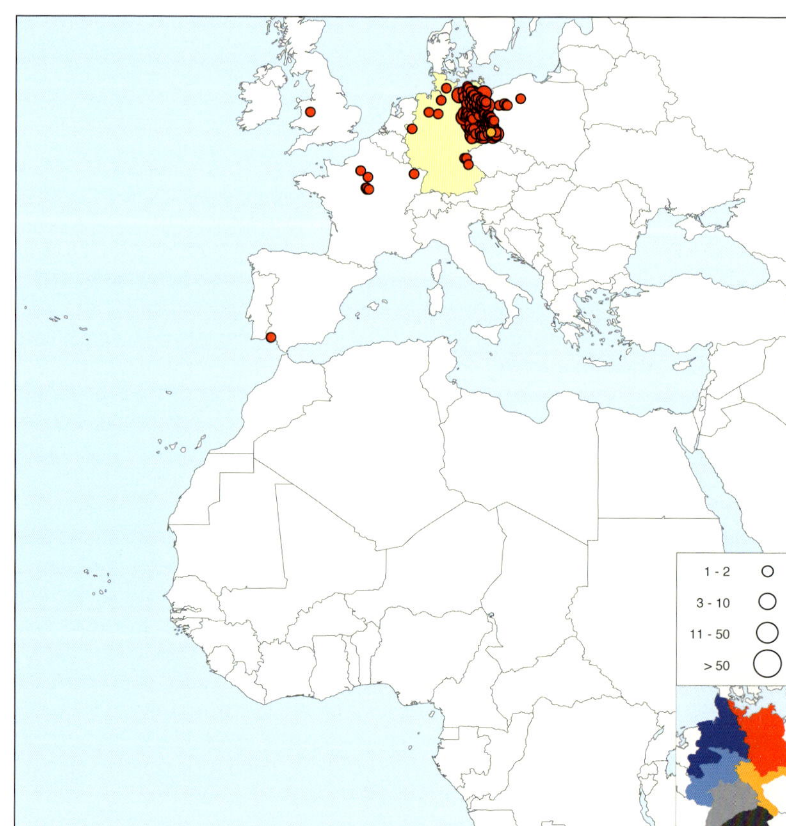

Abb. 7: Fundorte von in Deutschland nestjung beringten Fischadlern im Sommer (Juni–Juli) des 3. Kalenderjahres oder später (593 Funde). – *Recovery sites of Ospreys ringed before fledging in Germany and recorded in the summer (June–July) of their third calendar year or later (593 recoveries).*

Summary: *Osprey is a rare breeding bird in Germany, mainly confined to the NE, but numbers are increasing and the population of currently 550 bp is spreading to the W and SW. Ring recoveries and tracks of satellite-tagged birds show that the main migration routes lead towards the SW in autumn, with some birds also migrating via Italy and the C Mediterranean. Sub-Saharan W Africa is reached already in September and October, and the winter quarters of the majority of German Ospreys are also found in this region, between Senegal and Nigeria, with the southernmost record in the Republic of Congo. Some individuals, mostly adult males, spend the winter months in the W Mediterranean. Some Ospreys in their second calendar year spend the summer in Africa or in the Mediterranean. Adult birds are never recorded in Africa during the European summer. Some recoveries prove dispersal to new breeding sites e. g. in Wales and in C France.*

Wespenbussard *Pernis apivorus*
Western Honey-buzzard

Beringungen nach 1945:	2196
Funde > 10 km nach 1945:	77/73
Wiederfundquote (Fernfunde nach 1945):	3,3 %
Funde > 10 km seit 1901:	80/75
Funde fremder Beringungszentralen:	8/8
Höchstalter:	18 J, 4 M
Weiteste Entfernung:	5636 km

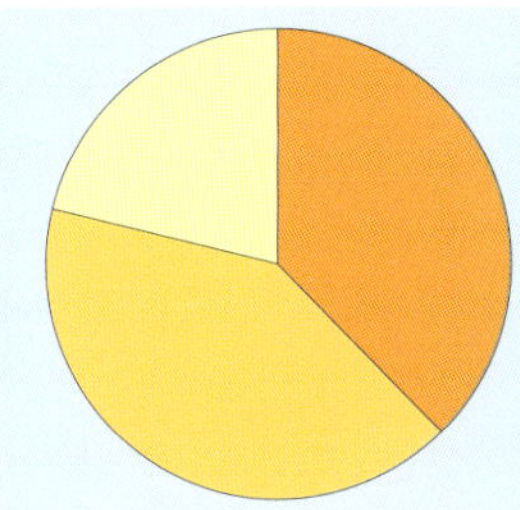

Verbreitung und Status: Der Wespenbussard kommt als Brutvogel von Großbritannien und Spanien bis nach SW-Sibirien und bis an das Kaspische Meer vor. In Europa sind der N Fennoskandiens und weite Teile der Britischen Inseln nicht besiedelt, im S ist er vorwiegend Durchzügler. Im gesamten Verbreitungsgebiet ist der Wespenbussard ein obligater trans-Saharazieher, der im tropischen Afrika in den feuchteren Baumsavannen und in den W-afrikanischen und äquatorialen Regenwaldgebieten überwintert.
In Deutschland ist die Art ein verbreiteter, wenn auch seltener Brutvogel in Waldungen und größeren Baumgruppen. Der langfristig stabile, aber fluktuierende Bestand beläuft sich auf 4300–6000 BP. Der Herbstzug findet vor allem in den Monaten August und September statt, Nachzügler treten bereits ab Mitte Oktober nur noch selten auf. Die ersten Vögel erscheinen ab der zweiten Aprilhälfte in den Brutgebieten, das Gros der Vögel erreicht Deutschland jedoch erst im Mai, und der Durchzug kann noch bis in den Juni anhalten.

Wanderungen: Funde von beringten Wespenbussarden mit Bezug zu Deutschland streuen zum einen von S-Finnland über Polen, Italien und Frankreich nach NW-Afrika, bei nur wenigen Verbindungen nach NE-Europa und dem Fehlen von Nachweisen auf den Britischen Inseln. Zum anderen reihen sich Funde in Deutschland beringter Vögel im südlichen W-Afrika in E-W-Richtung auf (Abb. 1). Der Fund eines nestjung im August in Dänemark beringten Vogels fast zwölf Jahre später bei Hamburg und etwa drei von Schweden nach Deutschland führende Ringfunde (Fransson & Pettersson 2001) sind die einzigen durch die Vogelberingung belegten Verbindungen zum skandinavischen Brutbestand. Möglicherweise trifft dies auch auf einen auf der Nordseeinsel Mellum (Niedersachsen) im Juli beringten Fängling zu, der fast genau ein Jahr später aus Schweden gemeldet wurde (Abb. 1). Ein in Schleswig-Holstein im Juli nestjung beringter Wespenbussard wurde über drei Jahre später im August aus Dänemark gemeldet und könnte sich hier angesiedelt haben (Abb. 1). Im Gegensatz zu der kleinen Zahl an Ringfunden mit Bezug zu Skandinavien, zeigen mit Satellitensendern ausgerüstete schwedische Wespenbussarde den regulären Zug dieser Vögel nach SW über Deutschland (Hake et al. 2003). Funde dänischer, schwedischer und norwegischer Ringvögel in Frankreich und Italien (Fransson & Pettersson 2001, Bakken et al. 2003, Bønløkke et al. 2006) legen dies ebenfalls nahe. Weiter im E Fennoskandiens brütende Wespenbussarde streifen bei ihren nach SSW führenden Wanderungen Deutschland kaum, sondern gelangen über E-Mitteleuropa nach Italien (Spina & Volponi 2008a). E-europäische Wespenbussarde berühren Deutschland auf dem Zug ebenfalls nicht, da sie wie viele finnische Vögel (Saurola et al. 2013) nach S ziehend über das östliche Mittelmeergebiet und über die Levante nach Afrika wandern. Zu diesen SE-Ziehern könnte ein E-deutscher Vogel gehört haben, der nach Brown et al. (1982) einen Wiederfund in Äthiopien ergab.
In Deutschland brütende Wespenbussarde sowie durchziehende Vögel aus Finnland wandern im Herbst nach S bis SW ab (Abb. 2). Häufungen von direkten Nachweisen in SW-Frankreich und in N-Italien stammen zu einem großen Teil von geschossenen Vögeln, doch zeigen sie auch an, dass Afrika zum einen über Spanien und die Straße von Gibraltar erreicht werden kann, dass aber auch eine Reihe von Vögeln über Italien und die zentralen Bereiche des Mittelmeers nach S zieht. Die Ringfunde lassen keine Bevorzugung bestimmter Zugrichtungen nach naturräumlicher Herkunft erkennen und, da die meisten der Vögel als Nestlinge beringt wurden, auch keine Differenzierung nach Alter oder Geschlecht. Durch eine Auswertung von Beobachtungen des Zuggeschehens an verschiedenen Konzentrationspunkten konnte Schmid (2000) jedoch zeigen, dass juvenile Wespenbussarde häufiger durch den zentralen Mittelmeerraum ziehen als adulte Vögel. In Übereinstimmung damit waren es bei in Schweden mit Satellitensendern ausgerüsteten Wespenbussarden die adulten, die ausschließlich über die Straße von Gibraltar zogen, während die Jungvögel das Mittelmeer an breiteren Stellen und in einem Fall über Italien ziehend überquerten (Hake et al. 2003, Strandberg et al. 2009c).
Im November halten sich die ersten von Deutschland kommenden Wespenbussarde im Bereich der W-afrikanischen Regenwaldzone auf (Abb. 2). Wiederfunde deutscher Ringvögel wurden von Liberia bis Kamerun gemeldet (Abb. 1, 3). Dass mittel- und N-europäische Wespenbussarde generell in dieser Region überwintern, zeigen z. B. Funde dänischer, schwedischer, finnischer und italienischer Ringvögel (Fransson & Pettersson 2001, Bønløkke et al. 2006, Spina & Volponi 2008a, Saurola et al. 2013). Mit Satellitensendern in Schweden, Österreich und Deutschland ausgerüstete Wespenbussarde ergänzen und bestätigen die aus der Beringung gewonnenen Befunde (Hake et al. 2003, Gamauf & Friedl 2011, Meyburg et al. 2011c), wobei ein Brutvogel aus N-Deutschland, der in der Republik Kongo überwinterte, den südlichsten Nachweis eines deutschen Wespenbussards darstellt (Meyburg et al. 2011c). Zwei Funde im Dezember in Algerien und Spanien (Abb. 3) stehen stellvertretend für die vereinzelten Überwinterungen nördlich der Sahara (Bauer et al. 2005).
Zum Wiedereinzug in die Brutgebiete gibt es nur wenige Informationen, die ausschließlich auf indirekten Funden beruhen (Abb. 4). Zwei Vögel im 2. und im 3. Kalenderjahr wurden im Mai in Ghana geschossen. Da einige Wespenbussarde bereits im 3. Kalenderjahr brüten, könnte sich der entsprechende Vogel, wenn auch spät, auf dem Rückflug nach Europa befunden haben. Der Vogel im 2. Kalenderjahr hat möglicherweise in Afrika übersommert, wie dies für österreichische Wespenbussarde in diesem Alter durch Satellitentelemetrie belegt ist (Gamauf & Friedl 2011). Weitere Nachweise im Frühjahr in N-Afrika, Italien und S-Frankreich zeigen, dass der Einzug nach Deutschland von S her erfolgt – ohne Hinweise auf einen Schleifenzug, wie ihn je ein österreichischer und ein N-deutscher Vogel mit einem Satellitensender durchführten (Gamauf & Friedl 2011, Meyburg et al. 2011c, s. auch Agostini et al. 2012).

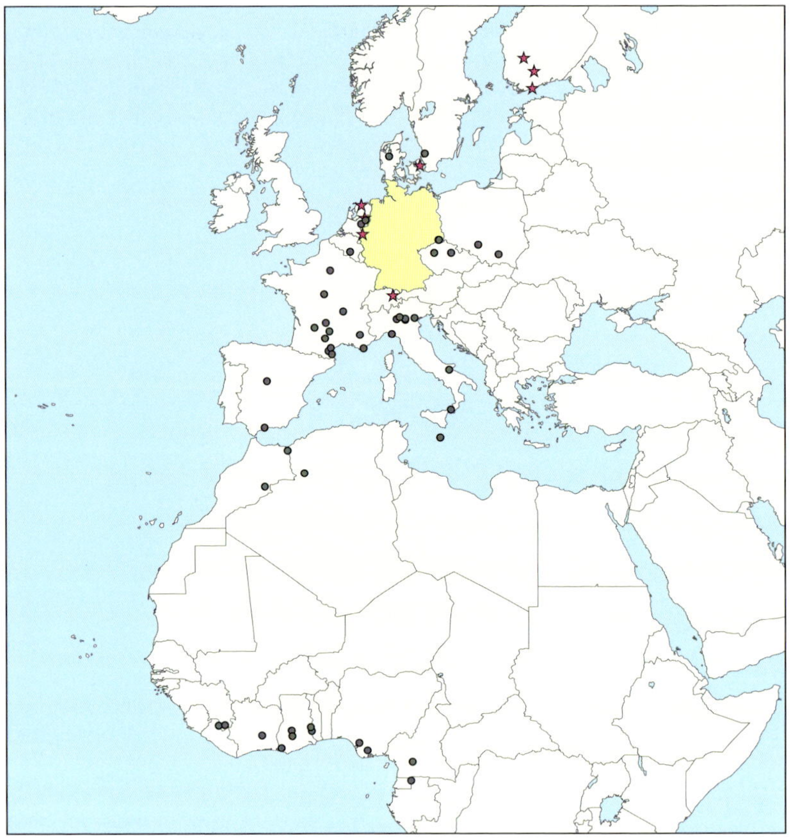

Abb. 1: Fundorte von in Deutschland beringten (51 Funde) und ausländische Beringungsorte von in Deutschland gefundenen (8 Funde) Wespenbussarden. – *Foreign recovery sites of Western Honey-buzzards ringed in Germany (51 recoveries) and foreign ringing sites of birds recovered in Germany (8 recoveries).*

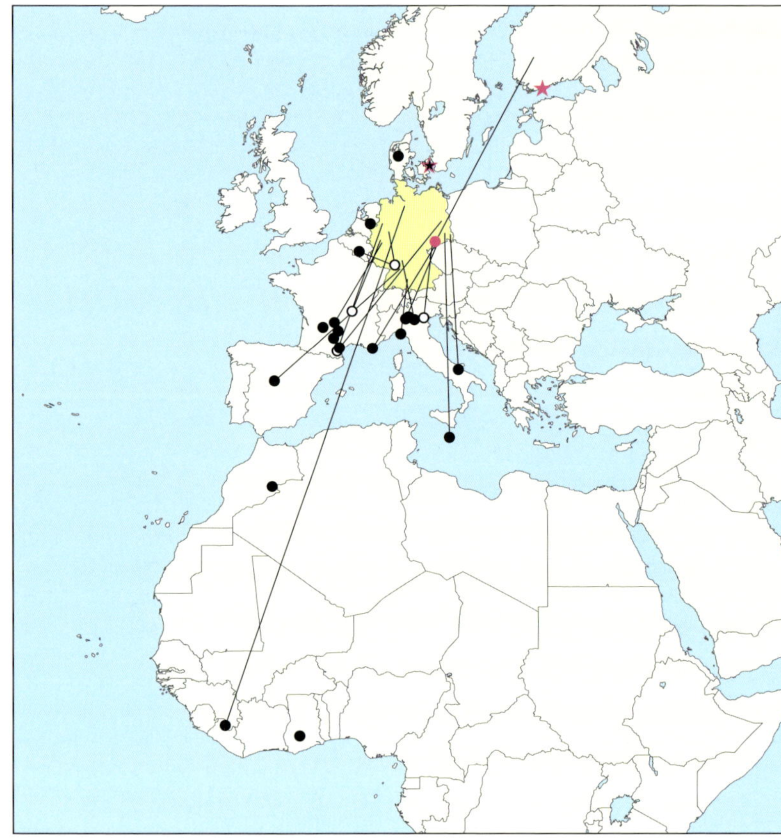

Abb. 2: Herbstzug (August – November) von in Deutschland zur Brutzeit (19 Funde) oder von August bis November anwesenden Wespenbussarden (6 Funde). – *Autumn migration (August – November) of Western Honey-buzzards present in Germany during the breeding season (19 recoveries) or from August to November (6 recoveries).*

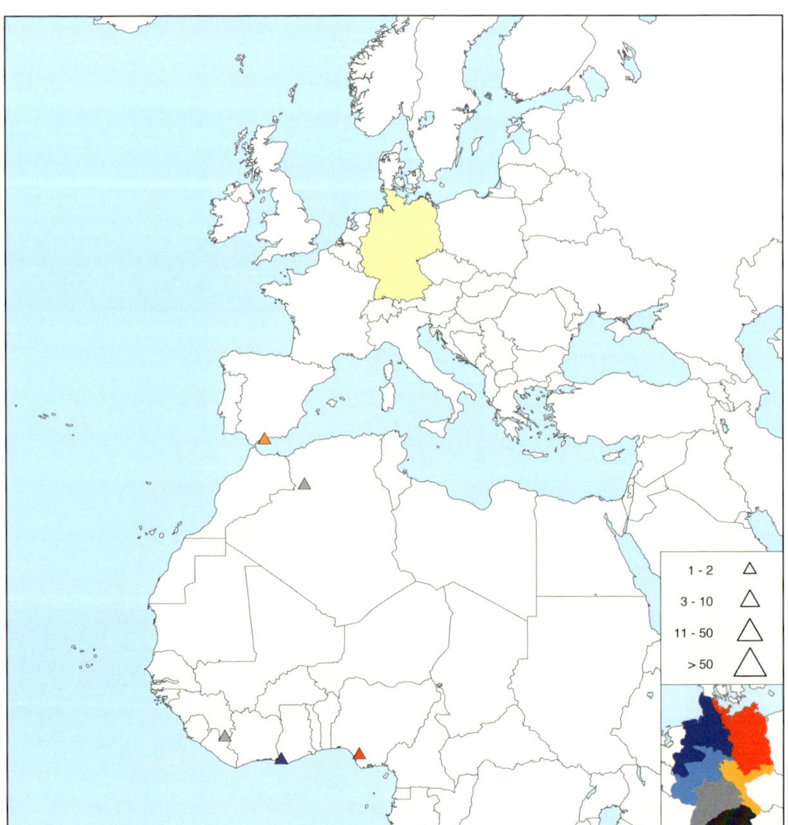

Abb. 3: Aufenthaltsorte im Winter (Dezember – Februar) von in Deutschland zur Brutzeit anwesenden Wespenbussarden (5 Funde). – *Presence in winter (December – February) of Western Honey-buzzards present in Germany during the breeding season (5 recoveries).*

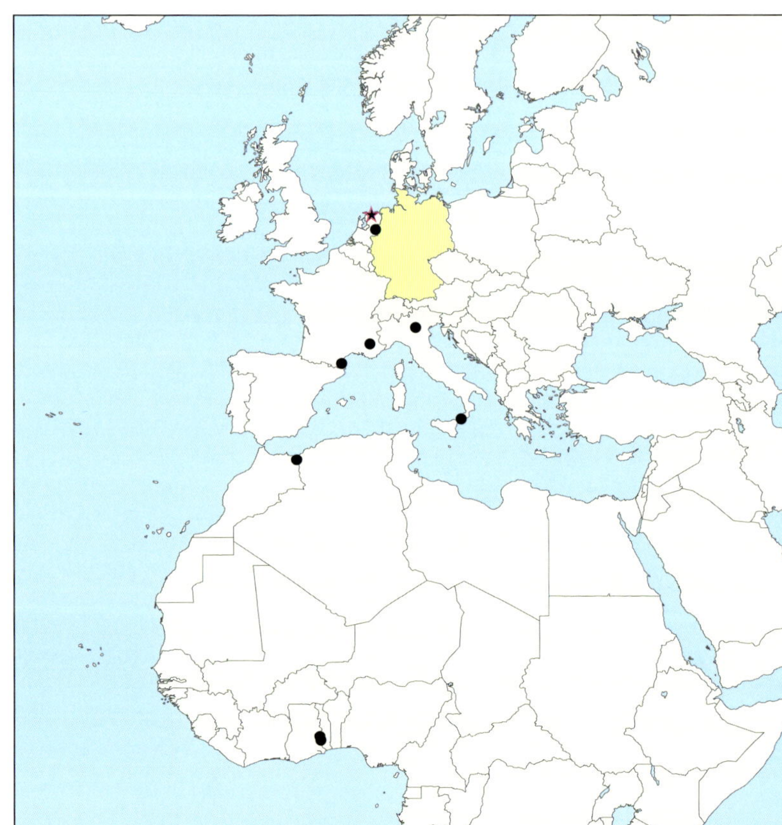

Abb. 4: Frühjahrszug (März – Mai) von in Deutschland zur Brutzeit (9 Funde) anwesenden Wespenbussarden. – *Spring migration (March – May) of Western Honey-buzzards present in Germany during the breeding season (9 recoveries).*

Summary: *Western Honey-buzzard is a widespread but scarce breeding bird in Germany with a fluctuating population of 4300 – 6000 bp. German breeding birds as well as passage migrants from Finland migrate to the SW to S in autumn to reach Africa via the Strait of Gibraltar (almost all adults) or via more central parts of the Mediterranean (many juveniles). The winter quarters are situated in the moist savannas or in the rain forest belts of W and C Africa between Liberia and Cameroon; one bird equipped with a satellite transmitter reached the Republic of Congo. Two birds spent the winter months in Algeria and Spain, respectively. A Honey-buzzard shot in its second calendar year in Ghana in May could have been a bird remaining in the winter quarters during its first year of life.*

Gänsegeier *Gyps fulvus*
Eurasian Griffon

Gänsegeier brüten in S-Europa, NW-Afrika, von der Türkei bis zum Himalaya sowie auf der Arabischen Halbinsel. Während unter den SW-europäischen Gänsegeiern die Altvögel Standvögel sind, führen die noch nicht brutreifen Vögel Wanderungen nach S (im Herbst nach S-Spanien und W-Afrika) und nach N (ab April) durch (Terrasse 2006). Nachdem Gänsegeier zuvor im nördlichen Mitteleuropa und damit in Deutschland über Jahrzehnte hinweg nur sehr selten festgestellt werden konnten, erschien die Art ab 1996 regelmäßiger. In den Jahren 2006 (ca. 130 – 150 Ind.) und 2007 (ca. 140 Ind.) kam es zu starken Einflügen, denen in den nachfolgenden Jahren erneutes, wenn auch nicht ganz so auffälliges, Auftreten folgte (Krüger & Krüger 2007, Deutsche Seltenheitenkommission 2009). Es wird vermutet, dass diese vor allem im Mai und Juni erfolgten Einflüge mit der starken Bestandszunahme (bei gleichzeitig verschlechterten Ernährungsbedingungen) in Spanien und erfolgreichen Wiederansiedlungsprojekten in Frankreich in Zusammenhang stehen (Krüger & Krüger 2007). Bekräftigt wird dieser Zusammenhang durch zwei im Juni 2012 bei Barcelona (NE-Spanien) farbberingte Gänsegeier, die sich im Juni 2013 mehrere Tage lang in W-Niedersachsen bzw. Hessen aufhielten (Abb. 1).

Summary: *Eurasian Griffon used to be a very rare visitor in Germany, but from 1996 onwards has been recorded more regularly, with pronounced influxes in the years 2006 and 2007. The increasing occurrence is thought to be connected to a population increase in Spain (in combination with temporary food shortage) and a successful reintroduction programme in France. Two birds colour-ringed in NE Spain in June 2012 were observed in Niedersachsen and Hessen in June 2013.*

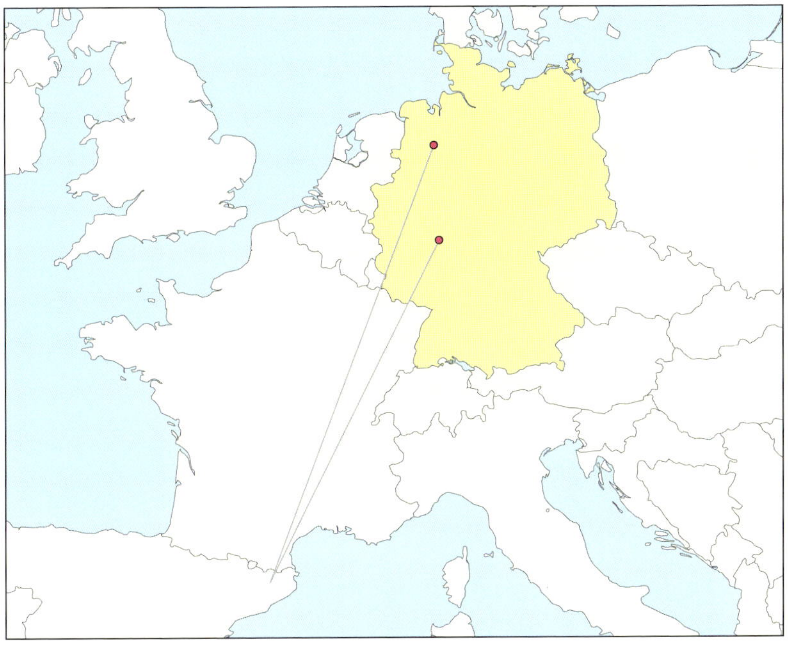

Abb. 1: Funde von Gänsegeiern mit Bezug zu Deutschland (2 Funde). – *Recoveries of Eurasian Griffon related to Germany (2 recoveries).*

Schreiadler *Aquila pomarina*
Lesser Spotted Eagle

Beringungen nach 1945:	633
Funde > 10 km nach 1945:	19/16
Wiederfundquote (Fernfunde nach 1945):	2,5 %
Funde > 10 km seit 1901:	19/16
Funde fremder Beringungszentralen:	0/0
Höchstalter:	8 J, 2 M
Weiteste Entfernung:	4533 km

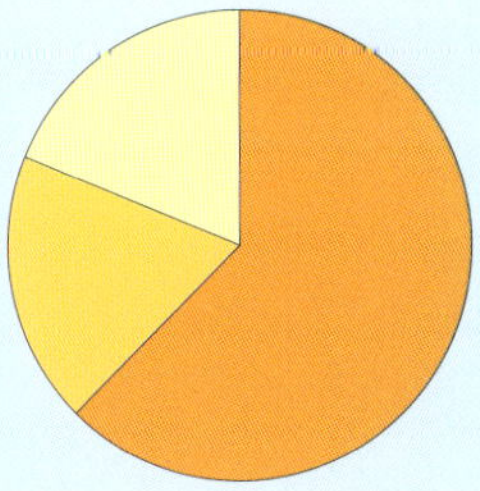

Verbreitung und Status: Der Schreiadler brütet in einem relativ kleinen Areal im östlichen Mittel-, E- und SE-Europa von der südlichen Ostseeküste bis nach Griechenland. Isolierte Vorkommen finden sich in der Türkei, im Kaukasus und im N-Iran. Neuerdings kam es auch zu Bruten eines Paares in Frankreich und zu Brutversuchen in NE-Spanien (Bosch & Meyburg 2012). Die Art ist ein obligater trans-Saharazieher, der im östlichen und südlichen Afrika überwintert.

Deutschland liegt am NW-Rand des Verbreitungsgebietes. Das Brutvorkommen von 104 – 111 BP ist weitgehend auf das NE-deutsche Tiefland beschränkt, westlich davon ist die Art eine Ausnahmeerscheinung. Der Brutbestand hat langfristig deutlich abgenommen, und obwohl sich dieser Trend in den letzten 25 Jahren verlangsamte, hält er weiterhin an. Der Wegzug aus den Brutgebieten erfolgt hauptsächlich im September, der Wiedereinzug in die Brutgebiete findet im April statt.

Wanderungen: Fast alle Schreiadler, die Fernfunde ergaben (Abb. 1), wurden nestjung im Juli (einmal August) beringt, nur ein Fund geht auf die Beringung eines bereits flüggen Jungvogels zurück. Alle Meldungen stammen aus den Monaten August bis November und sind damit dem Herbstzug zuzurechnen. Die meisten Schreiadler wandern über den östlichen Mittelmeerraum in die afrikanischen Winterquartiere. Vögel des deutschen Brutbestands ziehen daher, mit Funden in Polen, Tschechien, Griechenland, Libanon und Syrien, vor allem nach SE und über den Bosporus nach NE-Afrika. Der am südlichsten durch die Beringung nachgewiesene Schreiadler hielt sich im Oktober 4533 km vom Beringungsort entfernt im Sudan auf. Dieser Befund deckt sich mit den Ergebnissen, die durch Satellitentelemetrie gewonnen wurden. Mit Sendern ausgestattete Brutvögel aus NE-Deutschland zogen mit großer Konstanz über den Bosporus, durch die Levante und durch das Niltal ins südliche Afrika (Meyburg et al. 1995, 2004, 2012). Daneben deutet sich den Ringfunden zufolge eine weitere Zugroute über Italien und Malta an (Abb. 1). Mit Hilfe der Satellitentelemetrie konnten diese Route ebenso wie Wanderungen über Griechenland und von dort direkt nach Ägypten bestätigt werden (Meyburg et al. 2012). Zudem zeigte die Satellitentelemetrie eine Zugroute von jungen Schreiadlern nach SW durch Spanien und über Gibraltar nach Afrika und in einem Fall bis in die Elfenbeinküste auf (Onrubia et al. 2011, Bosch & Meyburg 2012), auf der es keine Ringfunde gibt. Aus den Überwinterungsgebieten im südlichen Afrika konnten bisher keine Ringfunde erbracht werden. Ein im November auf Sizilien geschossener deutscher Ringvogel wurde aber von Spina & Volponi (2008a) für einen möglichen Überwinterer gehalten, in Ausnahmefällen sind diese auch für den Mittelmeerraum belegt (Bauer et al. 2005). Mit Satellitensendern ausgestattete Schreiadler aus dem deutschen Brutbestand hielten sich von November bis Februar in Ländern wie Sambia, Simbabwe, Botswana, Südafrika und Mosambik auf (Meyburg et al. 1995, Meyburg & Meyburg 2009a). Ein Vogel überwinterte aber auch in der Region Sudan-Kenia-Äthiopien (Meyburg et al. 2012).

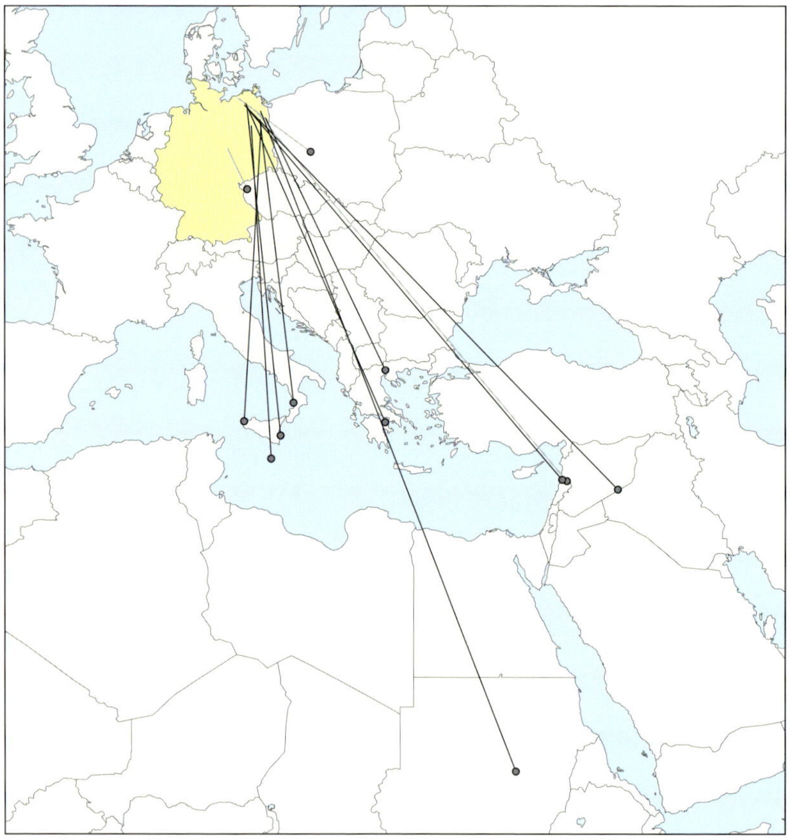

Abb. 1: Funde von Schreiadlern mit Bezug zu Deutschland (13 Funde). – *Recoveries of Lesser Spotted Eagles related to Germany (13 recoveries).*

***Summary:** In Germany, the still declining Lesser Spotted Eagle is a rare breeding species with a population of 104 – 111 bp, which is confined to the NE. All birds yielding recoveries were ringed as nestlings or, in one case, as a juvenile, and all were recovered between August and November. Main migratory direction in autumn is SE, towards the E Mediterranean, and the southernmost record stems from Sudan. This route is confirmed by birds equipped with satellite transmitters as well as an additional route via Italy, Malta and the C Mediterranean to Africa. A formerly unknown migration route to the SW via Spain and Gibraltar was recently discovered with the aid of satellite transmitters. A bird migrating on this route reached Ivory Coast in W Africa. There are no ring recoveries from the winter quarters in southern Africa, but German breeding birds with satellite transmitters wintered e.g. in Zambia, Zimbabwe, Botswana, South Africa and Mozambique.*

Steinadler *Aquila chrysaetos*
Golden Eagle

Der Steinadler brütet in weiten Teilen Nordamerikas sowie in der Paläarktis in Gebirgsregionen vom westlichen Mittelmeerraum bis nach China und von Schottland über Fennoskandien bis an den Pazifik. Nördliche Populationen sind Teilzieher, südlichere dagegen überwiegend Standvögel; Jungvögel können jedoch über weitere Strecken dismigrieren.

In Deutschland ist der Steinadler ein sehr seltener Brutvogel, dessen stabiler Bestand von 42 – 47 BP auf die Alpen beschränkt ist. Außerhalb dieses Gebirges ist der Steinadler regelmäßig im Schwarzwald zu sehen, in allen übrigen Gebieten ist er eine Ausnahmeerscheinung. Unregelmäßige Nachweise im Winterhalbjahr in N-Deutschland sind vermutlich auf wandernde Vögel N-europäischer Populationen zurückzuführen. Während norwegische und schwedische Steinadler (vor allem Jungvögel) innerhalb Fennoskandiens dismigrieren (Fransson & Pettersson 2001, Bakken et al. 2003), ziehen finnische Vögel regelmäßig bis zum Schwarzen Meer (Saurola et al. 2013).

Den einzigen Ringfund mit Bezug zu Deutschland stellt ein am 1.12.1967 in den bayerischen Alpen beringter Jungvogel dar, der zwei Monate später in 86 km Entfernung nordöstlich bei Obernberg am Inn (Österreich) frisch tot aufgefunden wurde. Auch in der Schweiz liegen überwiegend Ringfunde aus < 100 km (maximal 370 km) vor (Maumary et al. 2007).

***Summary:** The stable German breeding population (42 – 47 bp) of Golden Eagle is restricted to the Alps. The only ring recovery stems from a juvenile ringed there and found dead at a distance of 86 km to the NE in N Austria two months later.*

Abb. 1: Fund eines Steinadlers mit Bezug zu Deutschland. – *Recovery of a Golden Eagle related to Germany.*

Kornweihe *Circus cyaneus*
Hen Harrier

Beringungen nach 1945:	544
Funde > 10 km nach 1945:	28/27
Wiederfundquote (Fernfunde nach 1945):	5,0 %
Funde > 10 km seit 1901:	41/39
Funde fremder Beringungszentralen:	36/34
Höchstalter:	10 J
Weiteste Entfernung:	2151 km

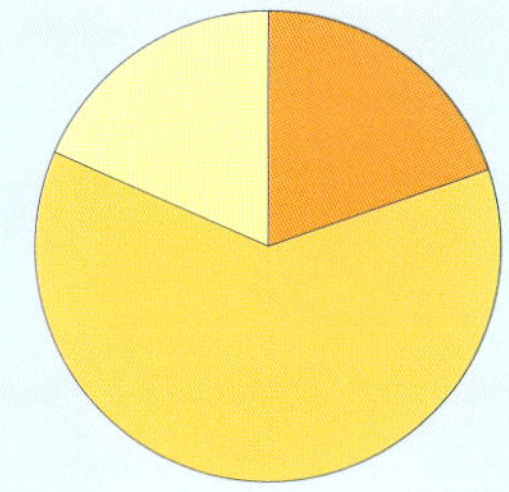

Verbreitung und Status: Neben der in weiten Teilen Nordamerikas verbreiteten Unterart *C. c. hudsonicus* brütet die Kornweihe mit ihrer Nominatform in Großbritannien und SW-Europa sowie von Mitteleuropa bis an den Pazifik. Im größten Teil des Brutareals ist die Kornweihe Zugvogel, der deutlich südlich der Brutgebiete von SW-, W- und Mitteleuropa bis nach SE-China überwintert. Brutvögel in Mittel- und W-Europa sind Teilzieher.

In Deutschland brütete die Kornweihe früher in den ausgedehnten Mooren des N-deutschen Tieflandes. Dieses Vorkommen ist lange erloschen, doch siedelten sich Kornweihen in der zweiten Hälfte des 19. Jahrhunderts in Dünentälern auf den Ostfriesischen sowie später auf den Nordfriesischen Inseln an. Das Vorkommen hat zunächst auf 40–60 BP zugenommen, jedoch seit der Jahrtausendwende deutlich abgenommen und umfasst derzeit nur noch wenige Paare. Außerhalb des Nordseeküstenbereichs sind nur sporadisch Bruten bis weit ins Binnenland hinein festzustellen. In ganz Deutschland ist die Kornweihe jedoch im Offenland ein regelmäßiger Durchzügler und Wintergast, der vor allem im Oktober zu- und bis April größtenteils wieder abwandert.

Wanderungen: Funde in Deutschland beringter bzw. gefundener Kornweihen reichen auf einer NE-SW-Achse von Zentral-Finnland und NW-Russland bis nach S-Frankreich. Abseits dieses Korridors gibt es je einen Fund in Schottland und Tschechien (Abb. 1).

Einigen Funden zufolge ziehen deutsche Brutvögel im Herbst vor allem nach W oder SW, nur ausnahmsweise nach S (Abb. 2). Mehrere Funde zeigen den Zusammenhang zwischen den niederländischen und deutschen Brutbeständen auf den Wattenmeerinseln, was jedoch vermutlich mehr auf Dispersion als auf saisonale Wanderungen zurückzuführen sein dürfte.

Winterfunde deutscher Brutvögel gehen vor allem auf die historischen Brutvorkommen zurück. Vögel aus dem NW-deutschen Tiefland wurden einst in N-Frankreich, in Nordrhein-Westfalen, aber auch einmal bei Magdeburg (Sachsen-Anhalt) festgestellt (Abb. 3). Die Funde vom Herbstzug legen jedoch nahe, dass damals ein unbekannter Anteil von Vögeln auch in Frankreich überwintert hat. Vögel aus dem früheren Brutvorkommen im NE-deutschen Tiefland wurden im Winter ausschließlich im selben Naturraum in einer Entfernung von bis zu 215 km Entfernung gefunden.

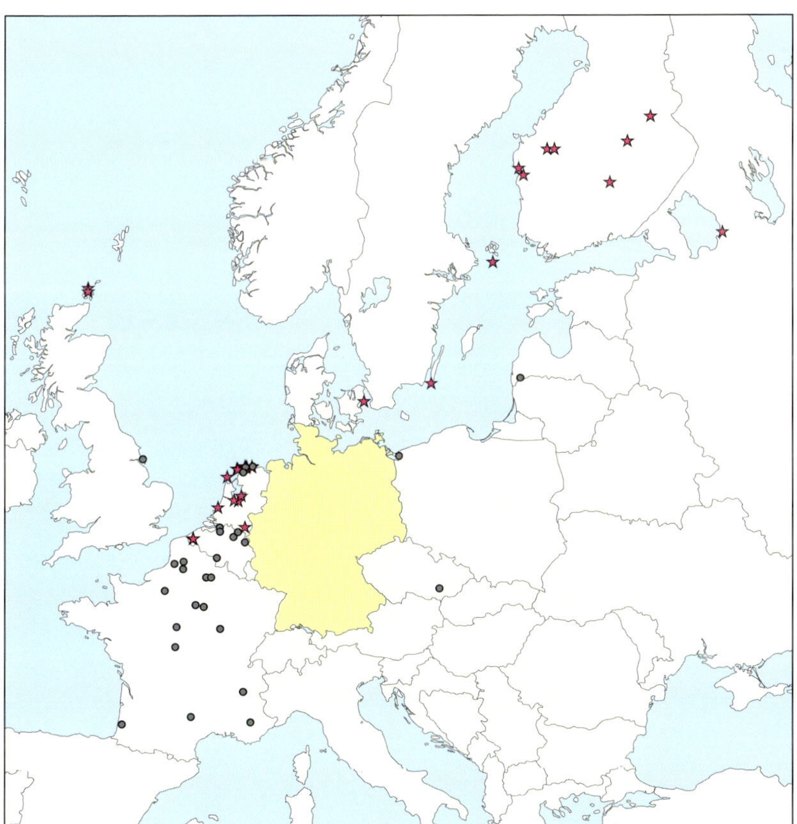

Abb. 1: Fundorte von in Deutschland beringten (28 Funde) und ausländische Beringungsorte von in Deutschland gefundenen (36 Funde) Kornweihen. – *Foreign recovery sites of Hen Harriers ringed in Germany (28 recoveries) and foreign ringing sites of birds recovered in Germany (36 recoveries).*

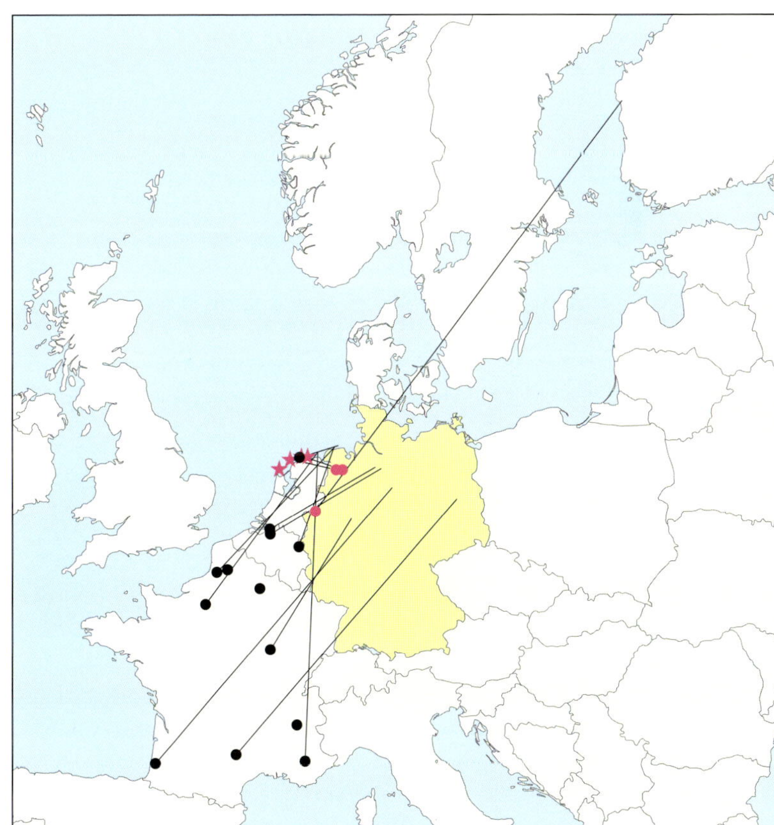

Abb. 2: Herbstzug (September – November) von in Deutschland zur Brutzeit (13 Funde) oder von September bis November anwesenden Kornweihen (7 Funde). – *Autumn migration (September – November) of Hen Harriers present in Germany during the breeding season (13 recoveries) or from September to November (7 recoveries).*

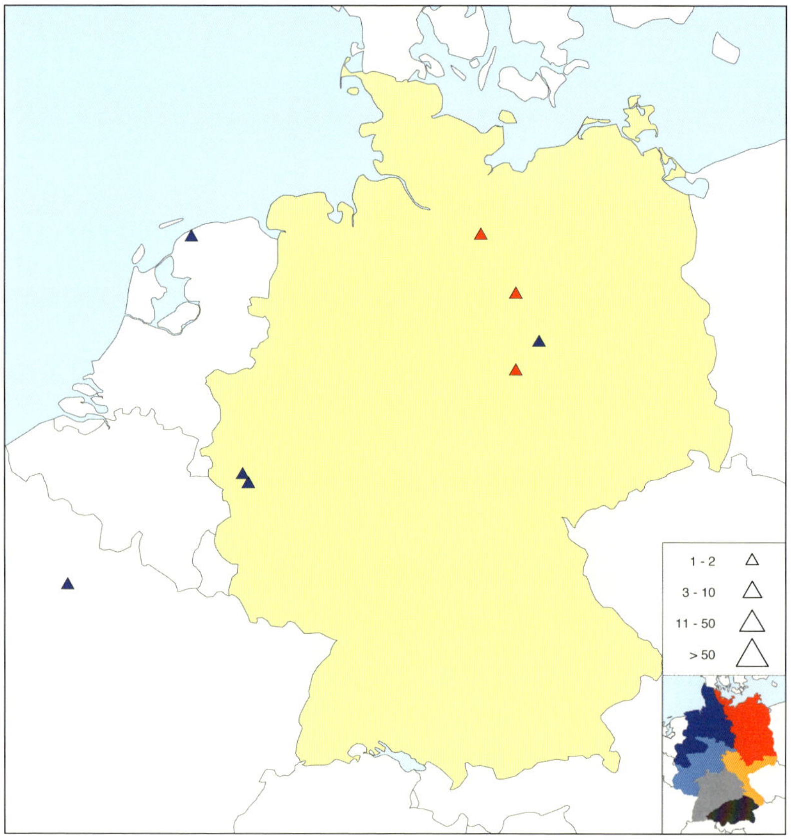

Abb. 3: Aufenthaltsorte im Winter (Dezember – Februar) von in Deutschland zur Brutzeit anwesenden Kornweihen (8 Funde). – *Presence in winter (December – February) of Hen Harriers present in Germany during the breeding season (8 recoveries).*

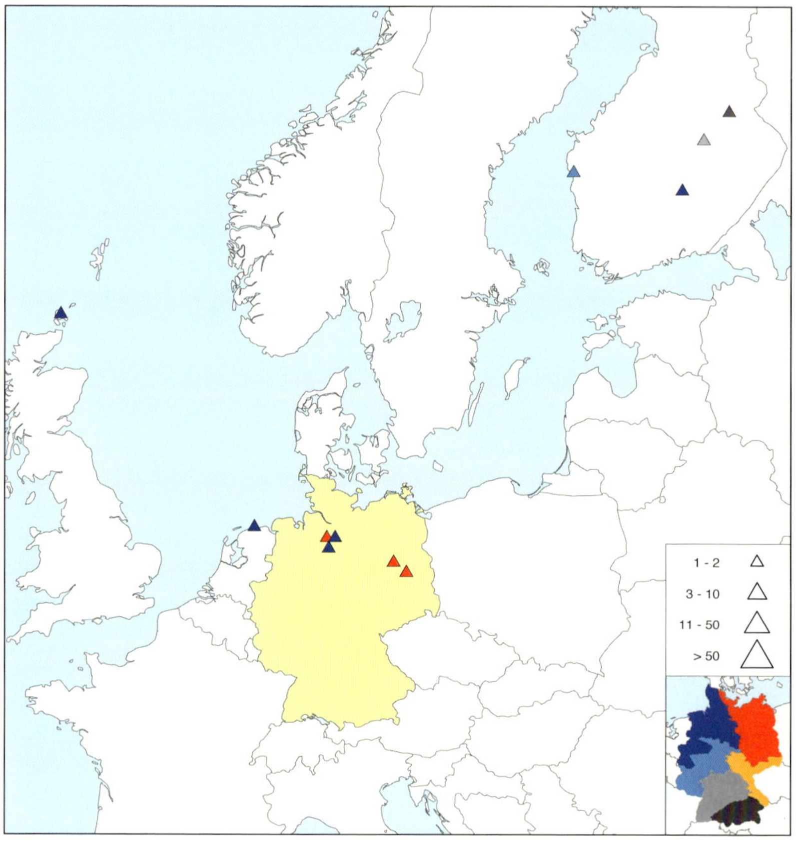

Abb. 4: Aufenthaltsorte zur Brutzeit von im Winter (Dezember – Februar) in Deutschland anwesenden Kornweihen (13 Funde). – *Presence during the breeding season of Hen Harriers present in Germany in winter (December – February, 13 recoveries).*

Die Überwinterungsgebiete der heutigen deutschen Brutvögel sind dagegen bisher weitgehend unbekannt. Ein Farbberingungsprojekt im Niedersächsischen Wattenmeer ergab bisher nur Winterfunde auf den Ostfriesischen Inseln (nur unvollständige Farbringablesungen, daher nicht in Abb. 3 enthalten) und an der niederländischen Wattenmeerküste. Ein Fund Ende November bei Maastricht (Niederlande, N. Knipping pers. Mitt.) deutet jedoch an, dass einzelne Vögel auch weiter im Binnenland überwintern können. Winterablesungen von auf den niederländischen Wattenmeerinseln nestjung beringten Kornweihen stammen ausschließlich aus den Niederlanden, und zwar vor allem von den dortigen Inseln, aber auch von der angrenzenden Küste, aus dem Binnenland und – als weitester Fund – aus Zeeland (de Boer et al. 2011). Insgesamt erscheint es jedoch fraglich, ob die bisherigen Funde das Überwinterungsgebiet der Brutvögel des Wattenmeeres ausreichend charakterisieren. Keine Funde liegen zum Verbleib der sporadisch abseits des NW-deutschen Tieflandes brütenden Vögel im Winter vor. Brutvögel aus Tschechien überwintern allerdings vor allem in Italien (Cepàk et al. 2008).

Zahlreiche Ringfunde fennoskandischer Brutvögel zeigen einen weitgehend parallel verlaufenden Abzug nach SSW in die Hauptüberwinterungsgebiete in W- und SW-Europa (Fransson & Pettersson 2001, Bakken et al. 2003, Saurola et al. 2013), so dass Deutschland von diesen Vögeln überquert werden dürfte. Nur ein direkter Fund belegt jedoch einen herbstlichen Zuzug aus N-Europa (Abb. 2). Dennoch stammen die in Deutschland überwinternden Kornweihen – neben den oben genannten deutschen Brutvögeln – vor allem aus Fennoskandien, was durch vier in Finnland nestjung beringte und in unterschiedlichen Naturräumen gefundene Vögel belegt ist (Abb. 4). Darüber führen Fransson & Pettersson (2001) mehrere Winterfunde schwedischer Kornweihen in N-Deutschland auf, die folglich ebenso zum deutschen Winterbestand zu rechnen sind. Vermutlich ist auch NW-Russland zum Einzugsbereich deutscher Überwinterer zu zählen. Erstaunlich ist dagegen der Winternachweis eines auf den Orkney-Inseln beringten Jungvogels an der Elbmündung. Die dortigen Brutvögel sind Teilzieher, doch liegen nur wenige Funde über den Ärmelkanal hinaus vor. Solche betreffen vor allem Jungvögel (Wernham et al. 2002), doch wurde der Vogel in Deutschland über sieben Jahre nach der Beringung gefunden.

Zum Frühjahrszug liegen keine aussagekräftigen Funde vor. Dass nicht alle im Wattenmeer erbrüteten Jungvögel sich dort wieder ansiedeln, zeigt ein 2009 in der Leybucht (NW-Niedersachsen) geschlüpftes Weibchen, das im Jahr 2011 weit abseits der Küste in Belgien zur Brut schritt (N. Knipping pers. Mitt.).

***Summary**: After drastic declines, Hen Harriers now breed in Germany mainly on islands of the Wadden Sea and only occasionally in the interior. The breeding population had stabilised at 40 – 60 bp, but has crashed again recently. Recoveries connected to Germany range from Finland and NW Russia to S France. Autumn migration brings NE European birds to Germany, and German breeders mainly leave towards the SW and W. Winter recoveries mainly refer to the historical population of German fens and mires, whereas recent breeders from the Wadden Sea may winter locally. Besides, Hen Harriers wintering in Germany mainly originate from Fennoscandia, but also a breeding bird from the Orkney Islands was found dead in N Germany more than seven years after ringing. A bird ringed as a chick at the Wadden Sea was found to breed in Belgium two years later.*

Wiesenweihe *Circus pygargus*

Montagu's Harrier

Beringungen nach 1945:	6579
Funde > 10 km nach 1945:	110/105
Wiederfundquote (Fernfunde nach 1945):	1,6 %
Funde > 10 km seit 1901:	113/107
Funde fremder Beringungszentralen:	24/23
Höchstalter:	14 J, 10 M
Weiteste Entfernung:	4916 km

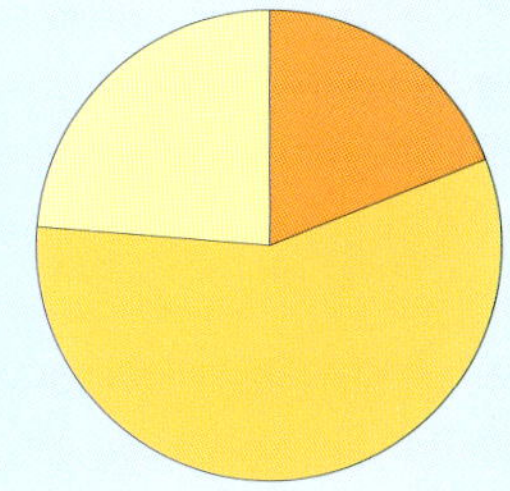

Verbreitung und Status: Die Wiesenweihe brütet von NW-Afrika, SW- und W-Europa bis nach Zentralsibirien. Isolierte Vorkommen finden sich in Griechenland und der Türkei. Die N-Grenze der Verbreitung zieht sich in Europa von S-Großbritannien über S-Schweden bis ins Baltikum und W-Russland. In allen Teilen des Brutgebietes ist die Wiesenweihe ein obligater Zugvogel, der europäische Bestand zieht ins tropische Afrika, die östlichsten Populationen nach Pakistan und Indien.

In Deutschland ist die Wiesenweihe ein seltener Brutvogel mit Verbreitungsschwerpunkten im N-deutschen Tiefland sowie in NW-Bayern. Der Bestand nimmt seit etwa den frühen 1990er Jahren deutlich zu und beläuft sich derzeit auf 470–550 BP. Die meisten Bruten finden in Getreidefeldern statt und benötigen spezielle Schutzmaßnahmen. Wiesenweihen verlassen ab Juli ihre Brutgebiete, wobei der Herbstzug zur Monatswende August/September am stärksten ausgeprägt ist. Im Frühjahr treffen die meisten Vögel im April und Mai ein.

Wanderungen: Fernfunde von in Deutschland beringten Wiesenweihen umreißen den von SW bis SE streuenden Zug mitteleuropäischer Brutvögel ins tropische Afrika (Abb. 1). Nach NE- und E-Europa gibt es keine Verbindungen, da die Zugrouten von dort mehr oder weniger direkt nach S und über die Balkanhalbinsel nach Afrika führen (Trierweiler 2010). Der östlichste Beringungsort einer nach Deutschland ziehenden Wiesenweihe stammt aus E-Polen, vom kleinen fennoskandischen Brutbestand fehlen mit Ausnahme einiger dänischer Vögel Nachweise in Deutschland.

Im Herbst streuen die Wegzugrichtungen stark, eine ausgeprägte Zugscheide, die SW- von SE-Ziehern trennt, wird nach den Ringfunden nicht deutlich (Abb. 2). Aus N-Deutschland ziehen Wiesenweihen sowohl nach SW als auch nach SE ab, von E-Deutschland nach S bis WSW und von S-Deutschland nach S bis SSW. Aus den nördlicheren Landesteilen schlagen ebenfalls eine Reihe von Wiesenweihen südliche Richtungen ein und gelangen nach Italien. Die breite Streuung der Wegzugrichtungen hat zur Folge, dass einheimische Wiesenweihen entweder über die Iberische Halbinsel oder über Italien nach Afrika ziehen. Die südlichsten Nachweise stammen im Herbst von der N-algerischen Küste und von Malta. Ob deutsche Brutvögel auch über die Balkanhalbinsel nach Afrika gelangen, wie es durch einen Fund in Kroatien angedeutet wird, muss offen bleiben. Fünf Satellitensender tragende NW-deutsche Wiesenweihen zogen alle über Spanien (Trierweiler 2010). Auffällig ist, dass im Herbst einige dänische wie auch nieder-

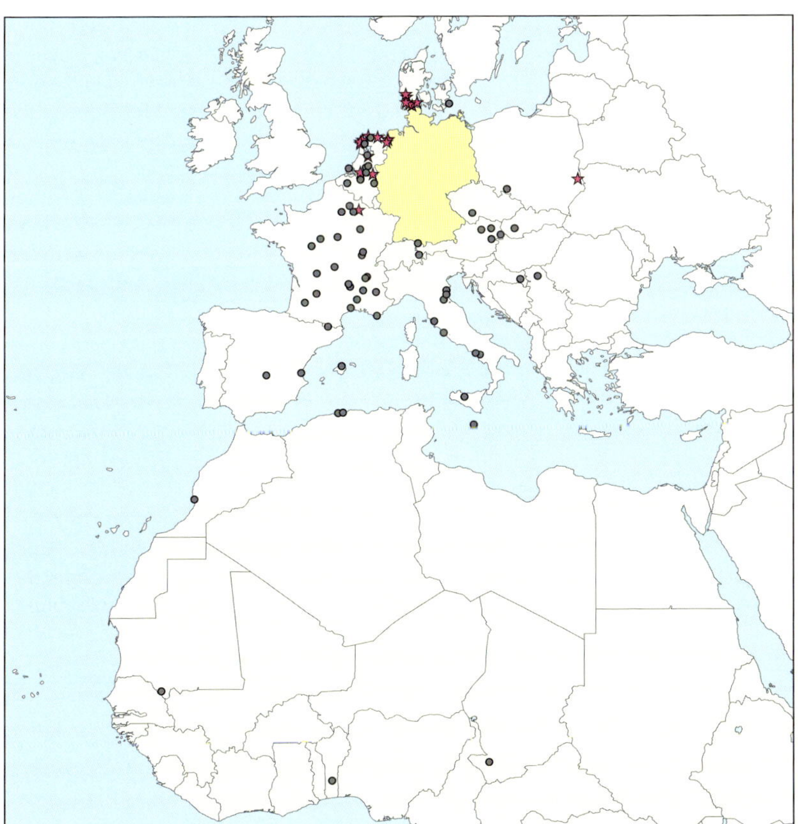

Abb. 1: Fundorte von in Deutschland beringten (64 Funde) und ausländische Beringungsorte von in Deutschland gefundenen (24 Funde) Wiesenweihen. – *Foreign recovery sites of Montagu's Harriers ringed in Germany (64 recoveries) and foreign ringing sites of birds recovered in Germany (24 recoveries).*

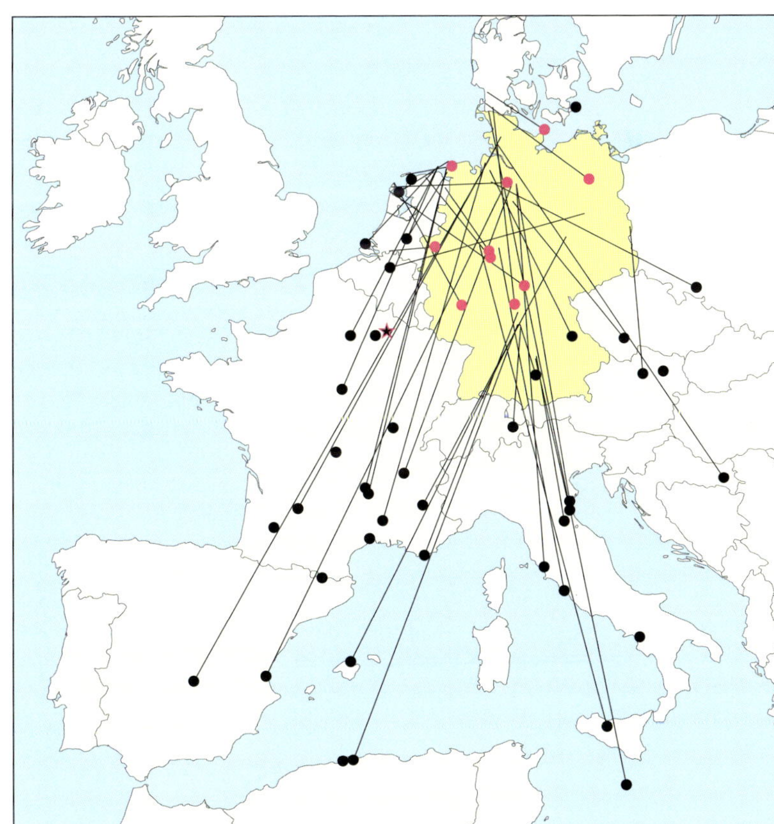

Abb. 2: Herbstzug (August–November) von in Deutschland zur Brutzeit (43 Funde) oder von August bis November anwesenden Wiesenweihen (10 Funde). – *Autumn migration (August–November) of Montagu's Harriers present in Germany during the breeding season (43 recoveries) or from August to November (10 recoveries).*

ländische Wiesenweihen E bis SE nach Deutschland ziehen, wobei es sich aber nicht um die Hauptabzugsrichtung der dortigen Vögel handelt (Bønløkke et al. 2006, Trierweiler 2010). Je eine in den Niederlanden und in Dänemark mit einem Satellitensender ausgestattete Wiesenweihe wanderte jedoch ebenfalls nach E ab und flog über Deutschland nach Tschechien bzw. Polen, wo beide einen Richtungswechsel durchführten und anschließend über Italien nach Afrika zogen (Trierweiler et al. 2007, Trierweiler 2010, siehe Trierweiler et al. 2014 für weitere Beispiele). Ein dänischer Ringvogel gelangte bis in die Ukraine (Bønløkke et al. 2006).

In den afrikanischen Überwinterungsgebieten wurden nestjung in Deutschland beringte Wiesenweihen je einmal im Januar in Mauretanien, im Februar in Benin und im März im Tschad nachgewiesen (Abb. 1). Die breite Streuung der Funde könnte damit die verschiedenen Zugrichtungen im Herbst widerspiegeln. Sie befinden sich in etwa auch in dem Gebiet, in dem mit Satellitensendern versehene Wiesenweihen, unter anderem aus Deutschland, die Wintermonate verbrachten (Trierweiler 2010).

Zum Ablauf des Frühjahrszugs ergab die Beringung kaum Hinweise. Ein sich im April in Marokko aufhaltender Vogel (Abb. 1) war vermutlich dabei, über Spanien von SW her nach Mitteleuropa zu ziehen, während drei weitere indirekte Funde in Serbien und Österreich den Zuzug von SE und S andeuten. Satellitentelemetrische Untersuchungen ergaben, dass NW-europäische Wiesenweihen im Frühjahr dieselben Routen benutzen, auf denen sie auch im Herbst wandern. Vögel, die im Herbst über Griechenland ziehen, kehren im Frühjahr allerdings über Italien zurück (Trierweiler 2010). Ob aber die im Frühjahr südlich von Deutschland nachgewiesenen Vögel solche sind, die im Herbst nach SE abzogen, muss spekulativ bleiben. Einige nestjung beringte Vögel hielten sich nach mehreren Jahren einige hundert Kilometer vom Beringungsort entfernt auf, was Ansiedlungen über diese Distanzen belegt, z. B. von den Niederlanden nach Schleswig-Holstein. Außer durch Ringfunde konnte dies auch durch Ablesungen von Flügelmarken bestätigt werden (M. Hoffmann, pers. Mitt.). Auch in Frankreich wurden durch die Anwendung von Flügelmarken Umsiedlungen über mehrere hundert Kilometer bekannt (Bourrioux 2002). Möglicherweise gehen diesen prospektive, ungerichtete Wanderungen bis über 1000 km nach der vorhergegangenen Brutsaison voraus (Trierweiler et al. 2007).

Summary: *The increasing German population of Montagu's Harriers currently consists of 470–550 bp. Migration directions in autumn scatter from SW to SE with some birds flying due S to Italy. The southernmost records in autumn are from N Algeria and Malta. Africa is most likely reached via Spain or Italy and one bird recovered SE may have migrated via Greece. Some birds from Denmark and The Netherlands also migrate to the SE through Germany in autumn, but studies using satellite tags have shown that these birds change their direction over E-C Europe to continue to migrate through Italy towards Africa. Three records of German breeding birds from the sub-Saharan African winter quarters are from Mauritania, Benin and Chad, in the area that is also depicted as the main winter quarters of C European Montagu's Harriers for birds carrying satellite tags. Few spring records are from Morocco, Serbia and Austria. Ring recoveries as well as observations of wing-tagged birds show dispersal over several hundred kilometers, e. g. of Dutch-bred birds to N Germany.*

Rohrweihe *Circus aeruginosus*

Western Marsh-harrier

Beringungen nach 1945:	38.390
Funde > 10 km nach 1945:	779/741
Wiederfundquote (Fernfunde nach 1945):	1,9 %
Funde > 10 km seit 1901:	786/747
Funde fremder Beringungszentralen:	44/44
Höchstalter:	20 J, 1 M
Weiteste Entfernung:	5420 km

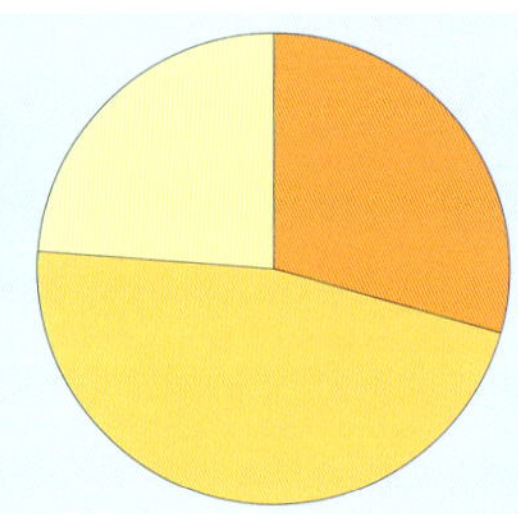

Verbreitung und Status: Das Brutgebiet der Rohrweihe erstreckt sich von NW-Afrika (*C. a. harterti*) und W-Europa über S- und Mitteleuropa bis nach Zentralsibirien (*C. a. aeruginosus*). In W-Frankreich brütende Rohrweihen ziehen nicht, auf den Britischen Inseln und in den Niederlanden überwintern sie bereits in größerer Zahl. Vögel aus N- und NE-Europa räumen die Brutgebiete weitgehend und ziehen nach W- und SW- Europa oder ins tropische Afrika. Überwinterungen im NW des Verbreitungsgebietes scheinen in den letzten Jahren zuzunehmen (Oliver 2005). Östlichere Populationen überwintern in S-Asien.

In Deutschland brütet die Rohrweihe vor allem in Schilfflächen, aber auch in Raps- und Getreidefeldern. Der Bestand gilt als stabil und beträgt derzeit 7500–10.000 BP. Auch wenn vereinzelt Rohrweihen in Deutschland überwintern können, verlässt der Großteil die Brutgebiete. Der Herbstzug findet von August bis Mitte Oktober statt, mit einem Gipfel im September. Wiederein- und Durchzug erfolgen im Frühjahr von März bis April und sind im Mai abgeschlossen, Nachzügler treten im N noch bis in den Juni hinein auf. In SW-Deutschland hat sich der Median des Herbstzugs zwischen 1970 und 1997 um etwa 7–8 Tage verfrüht (Gatter 2000).

Wanderungen: Der Jahreslebensraum in Deutschland beringter Rohrweihen umfasst ein Gebiet, das sich von Dänemark und E-Mitteleuropa nach SW über die Beneluxländer, Frankreich und Italien bis NW-Afrika erstreckt und sich ins tropische W-Afrika fortsetzt (Abb. 1). Vögel mit Ringen fremder Zentralen erreichen Deutschland in höherer Zahl aus den Niederlanden, Dänemark, Tschechien, Schweden und Finnland (Abb. 2, Fransson & Pettersson 2001). Der Durchzug S-schwedischer Vögel nach SW ist auch durch Satellitentelemetrie bestätigt (Strandberg et al. 2008, Klaassen et al. 2010). Zusätzlich zog nach Reihmanis (2005) eine lettische Rohrweihe nach Deutschland. Nach E-Europa gibt es sonst keine Verbindungen. Dortige Vögel ziehen über das östliche Mittelmeergebiet nach E-Afrika (Brown er al. 1982). Für lettische Rohrweihen konnte Reihmanis (2005) zeigen, dass sie nach SSW über Italien und Malta nach Afrika ziehen und Deutschland kaum streifen, wobei nicht klar ist, inwieweit der hohe Jagddruck auf Malta das Bild der Ringfundverteilung verfälscht. Eine Ausnahme stellte eine ukrainische Rohrweihe dar, für die der Aufenthalt in Italien belegt ist (Spina & Volponi 2008a).

Einheimische Brutvögel und zur Zugzeit in Deutschland beringte Rohrweihen wandern im Herbst in einem Breitfrontzug nach WSW bis S. Die Wiederfunde streuen dabei über den gesamten Bereich, in dem deutsche Ringvögel nachgewiesen wurden und schließen bei Konzentrationen in N-Italien, Frankreich und im westlichen Mittelmeerraum auch Gebiete südlich der Sahara mit ein (Abb. 3, 4). Im Gegensatz dazu zogen S-schwedische, Satellitensender tragende Vögel ausschließlich über das westliche Mittelmeergebiet, wobei auch größere Strecken über das Meer nicht gescheut wurden (Strandberg et al. 2008). Zur Herkunft von Zuzüglern gibt es nur wenige Hinweise, die zudem nur aus den grenznahen Bereichen stammen (Dänemark, Tschechien; Abb. 4). Aufenthalte mehrerer Ringvögel aus dem S-finnischen Brutbestand sowie aus Polen in Deutschland zeigen jedoch, dass sich der Einzugsbereich, aus dem Rohrweihen nach Deutschland ziehen, bis nach NE-Europa erstreckt.

Winterfunde einheimischer Rohrweihen zeigen das breite Spektrum des Zugverhaltens der Art. Einer Reihe von Überwinterungen in W-Europa und N-Afrika

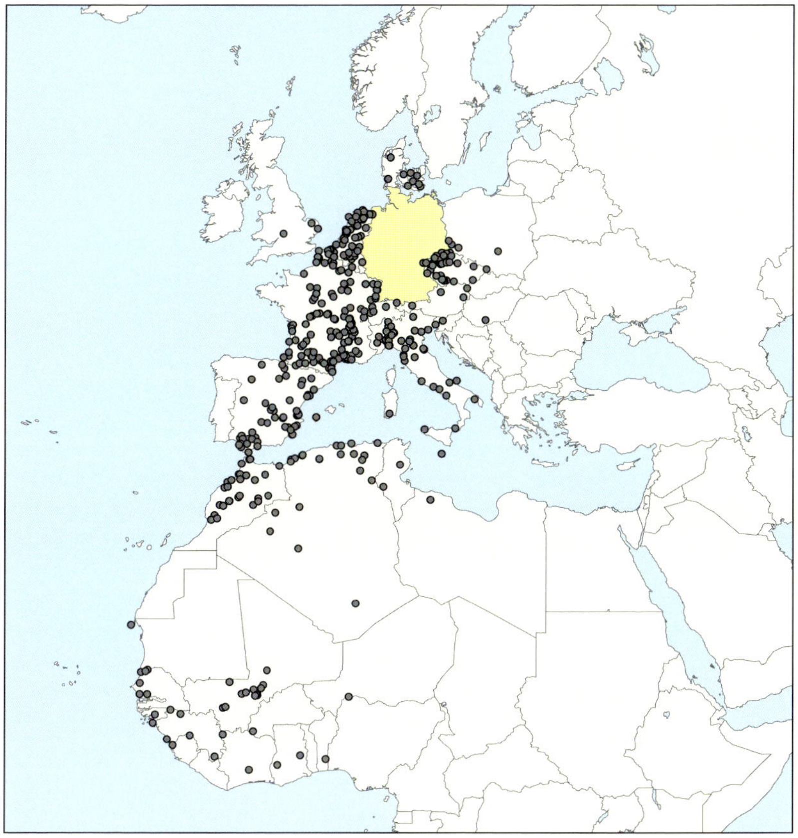

Abb. 1: Fundorte im Ausland von in Deutschland beringten Rohrweihen (470 Funde). – *Foreign recovery sites of Western Marsh-harriers ringed in Germany (470 recoveries).*

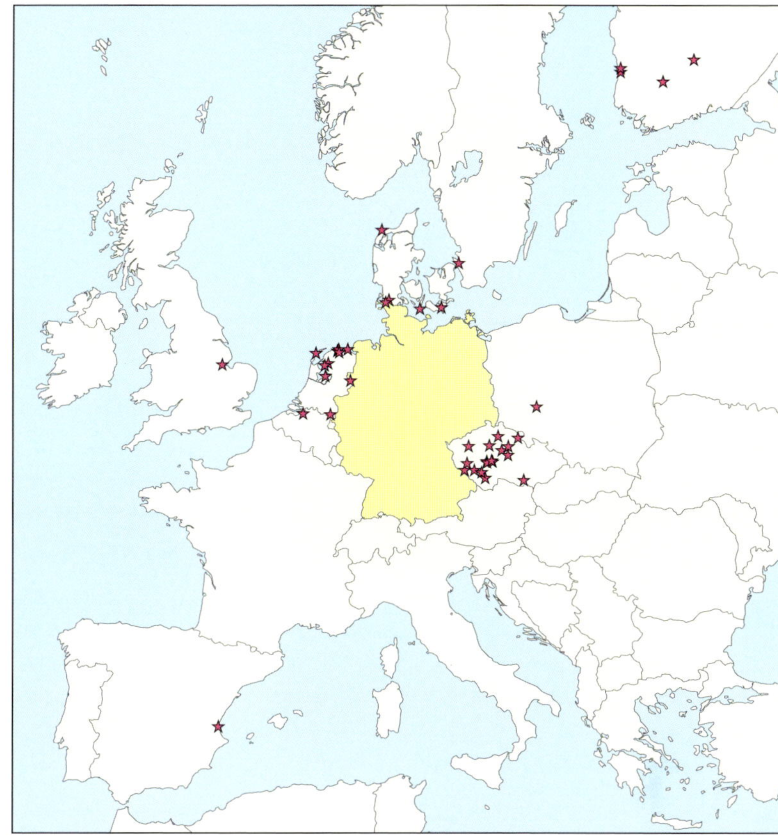

Abb. 2: Beringungsorte im Ausland von in Deutschland gefundenen Rohrweihen (44 Funde). – *Foreign ringing sites of Western Marsh-harriers recovered in Germany (44 recoveries).*

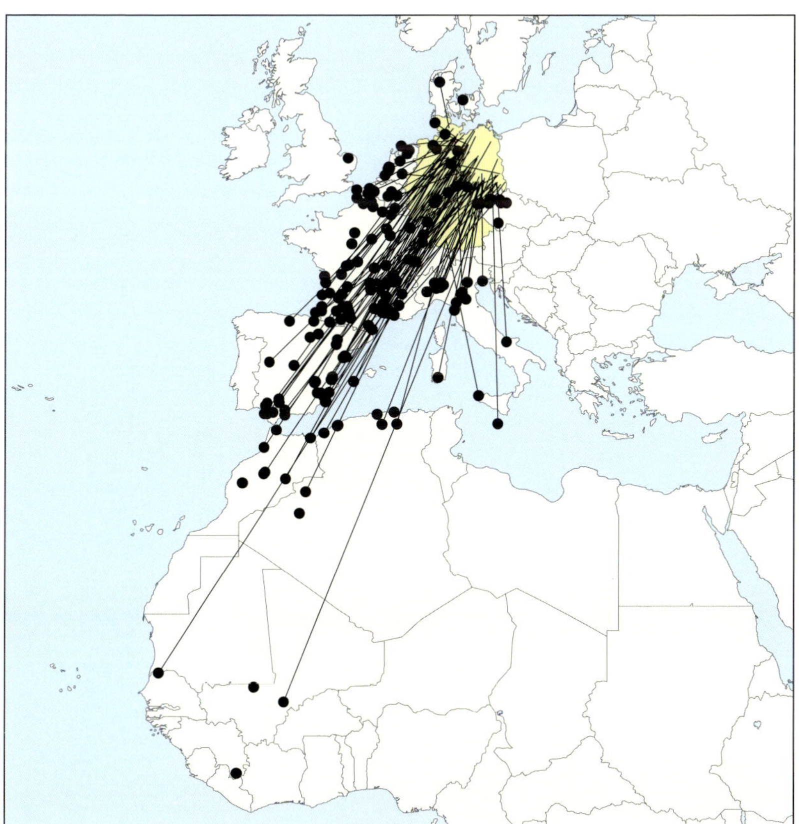

Abb. 3: Herbstzug (September – November) von in Deutschland zur Brutzeit anwesenden Rohrweihen (182 Funde). – *Autumn migration (September – November) of Western Marsh-harriers present in Germany during the breeding season (182 recoveries).*

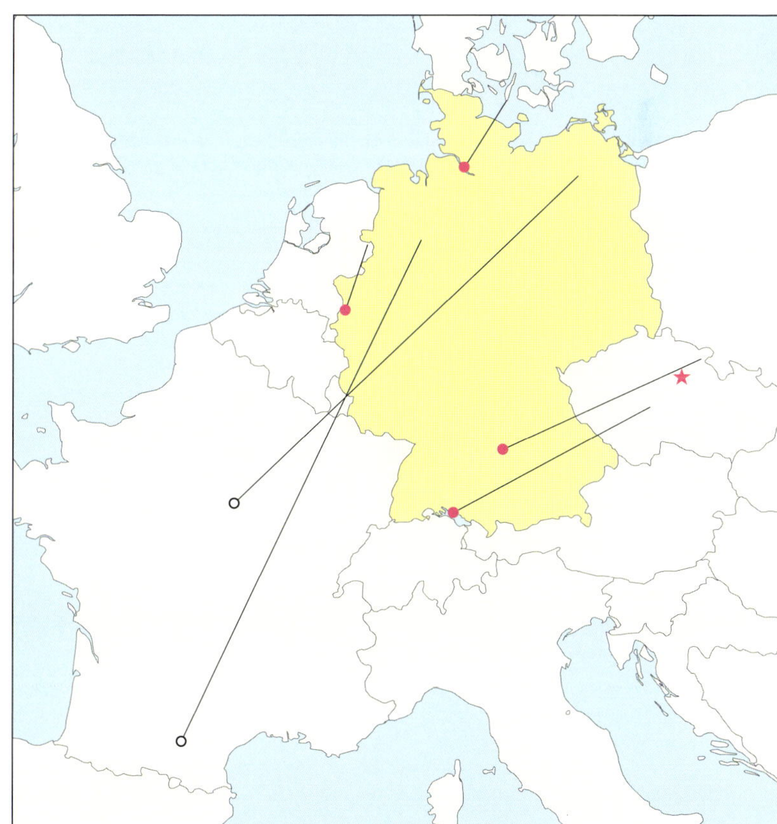

Abb. 4: Herbstzug (September – November) von in Deutschland von September bis November anwesenden Rohrweihen (7 Funde). – *Autumn migration (September – November) of Western Marsh-harriers present in Germany from September to November (7 recoveries).*

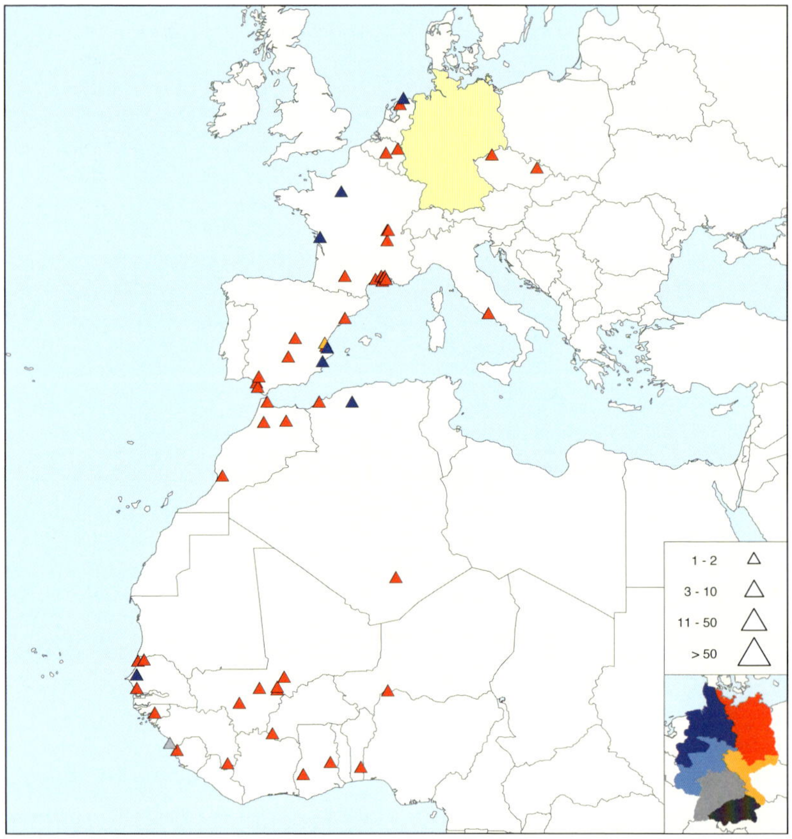

Abb. 5: Aufenthaltsorte im Winter (Dezember – Februar) von in Deutschland zur Brutzeit anwesenden Rohrweihen (56 Funde). – *Presence in winter (December – February) of Western Marsh-harriers present in Germany during the breeding season (56 recoveries).*

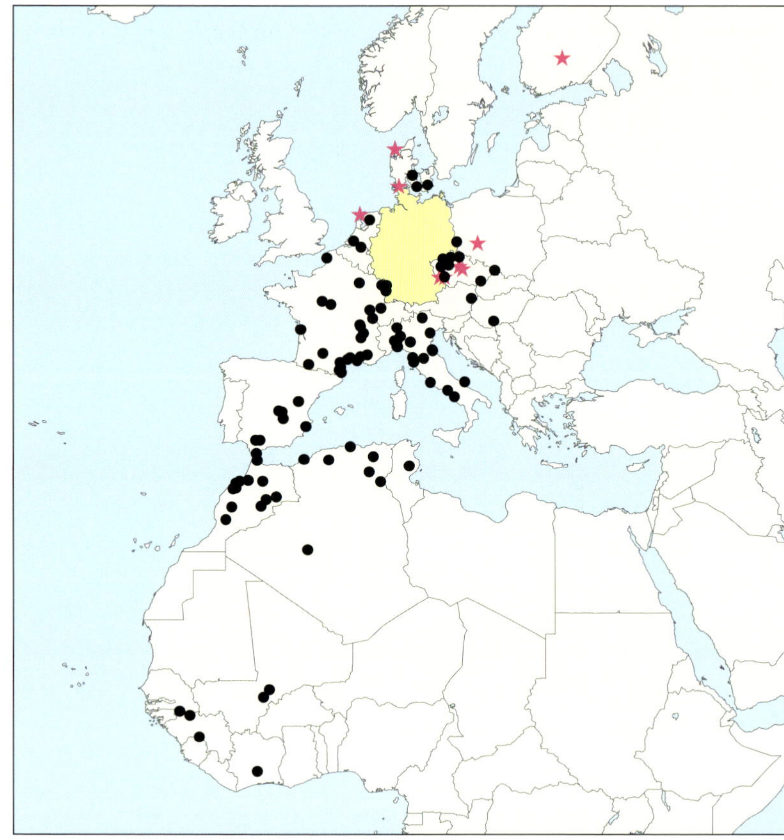

Abb. 6: Frühjahrszug (März – April) von in Deutschland zur Brutzeit (103 Funde) oder von März bis April anwesenden Rohrweihen (12 Funde). – *Spring migration (March – April) of Western Marsh-harriers present in Germany during the breeding season (103 recoveries) or from March to April (12 recoveries).*

steht eine relativ große Zahl an Rohrweihen gegenüber, die im tropischen W-Afrika überwintern (Abb. 5), wie es auch den Befunden andere Beringungszentralen entspricht (Bønløkke et al. 2006, Cepák et al. 2008). Die nördlichsten Funde stammen dabei aus den Niederlanden und Belgien, wo Rohrweihen regelmäßig überwintern (Castelijns & Castelijns 2008). Auch in Tschechien hielten sich zwei deutsche Ringvögel im Winter auf. Der Anteil der trans-Saharazieher könnte aufgrund der geringeren Fund- und Meldewahrscheinlichkeit aber unterschätzt werden. Da die weitaus meisten Rohrweihen als Nestlinge beringt wurden, können auch keine Angaben zu geschlechtsspezifischem Zugverhalten gemacht werden. Ein solches wurde aber auch bei einer Studie unter Anwendung von Satellitensendern nicht gefunden (Strandberg et al. 2008). Ebenso ergeben sich aus der Beringung keine Hinweise auf eine altersspezifische Wahl der Überwinterungsgebiete. Alle drei mit Satellitensendern versehenen schwedischen Jungvögel verbrachten jedoch den ersten Winter nördlich der Sahara, während 13 von 14 adulten Vögeln ins tropische W-Afrika zogen (Strandberg et al. 2008). Dies passt zu Beobachtungen, dass es sich bei den im Mittelmeerraum überwinternden Rohrweihen zu einem großen Teil um immature Vögel und um Weibchen handelt (Agostini & Panuccio 2010) und dass in den Niederlanden Überwinterungen von vor allem immaturen Rohrweihen zunehmen (Castelijns & Castelijns 2008). Auffällig ist der konzentrierte Aufenthalt deutscher Ringvögel in S-Mali, im Binnendelta des Nigers (Abb. 1, 5), wo Zwarts et al. (2009) die Zahl der Wintergäste auf 1000 – 2000 Ind. schätzen. Eine ähnliche Konzentration findet sich auch bei den Funden von Rohrweihen aus Tschechien und der Slowakei in Afrika (Cepák et al 2008), nicht aber bei den schwedischen Vögeln, die Satellitensender trugen (Strandberg et al. 2008, Klaassen et al. 2010). Zur Herkunft der gelegentlich in den Wintermonaten in Deutschland zu beobachteten Rohrweihen kann die Beringung keine Hinweise geben.

Zum Frühjahrszug gibt es keine direkten Funde, die indirekten Funde entsprechen dem schon bekannten Bild mit Nachweisen in W- und NW-Afrika, W-Europa und Italien, der Durchzug von dänischen, polnischen und finnischen Brutvögeln ist ebenfalls belegt (Abb. 6). Einige nestjung in Deutschland beringte Rohrweihen wurden in späteren Jahren zur Zeit des Frühjahrszugs im SE in Ungarn, Österreich und Tschechien nachgewiesen. Ob es sich dabei um den Einzug in die Brutgebiete aus SE handelt oder um Zug zu unbekannten Brutplätzen nach einer weiteren Umsiedlung, kann nicht geklärt werden. Den Schleifenzug mit einer westlicheren Route im Frühjahr in Afrika, den mit Satellitensendern ausgestattete schwedische Rohrweihen durchführten (Klaassen et al. 2010), zeigt sich nicht in den Ringfunden.

In ihrem ersten Sommer halten sich viele Rohrweihen bereits in der Nähe der Brutgebiete in Deutschland auf, obwohl sie erst im Alter von zwei bis drei Jahren selbst zur Fortpflanzung schreiten. Viele der Vögel verbleiben aber auch in W-Europa und im Mittelmeerraum, einige scheinen weiter in Mitteleuropa umherzustreifen, mit Funden z. B. in den Niederlanden, Tschechien oder Österreich. Der Fund eines Vogels im ersten Sommer in Guinea lässt, wie ein ähnlicher tschechischer Nachweis in Mali (Cepák et al. 2008), darauf schließen, dass Vögel im 2. Kalenderjahr zum Teil im tropischen Afrika übersommern.

Bei zumindest einigen Brutzeitfunden von dreijährigen und älteren Rohrweihen in größerer Entfernung vom Beringungsort in Deutschland und im angrenzenden Ausland ist davon auszugehen, dass es sich um Umsiedlungen handelt. Ein im Alter von über neun Jahren als frischtot im Juli aus Marokko gemeldeter Vogel war möglicherweise physisch nicht in der Lage, den Zug zurück nach Europa zu unternehmen.

Summary: *The German breeding population of Western Marsh-harrier is considered stable and comprises some 7500–10,000 bp. Although there are rare winter observations of Marsh Harriers in Germany most birds leave the breeding grounds from August onwards with the peak of migration in September and its termination in October. Spring migration is mainly from March to May. German breeding birds as well as passage migrants from as far NE as Finland move on a broad front WSW to S in autumn, with recoveries scattered over entire W Europe and including Italy, NW Africa and tropical W Africa. Marsh Harriers breeding in Germany spend the winter months either north of the Sahara at the W Mediterranean or S of the Sahara in W Africa. Of the latter there is a concentration of records in the Inner Niger Delta in Mali. There are no direct recoveries during spring migration, but indirect recoveries match the distribution of records during autumn migration with no hints for a loop migration as revealed by satellite-telemetry studies. There are indications that some birds spend their first summer in tropical Africa or the Mediterranean. There are also records of older birds quite distant from their own hatching localities which most likely indicate dispersal.*

Habicht *Accipiter gentilis*
Northern Goshawk

Beringungen nach 1945:	30.696
Funde > 10 km nach 1945:	1540/1427
Wiederfundquote (Fernfunde nach 1945):	4,6 %
Funde > 10 km seit 1901:	1752/1609
Funde fremder Beringungszentralen:	130/130
Höchstalter:	16 J, 10 M
Weiteste Entfernung:	1042 km

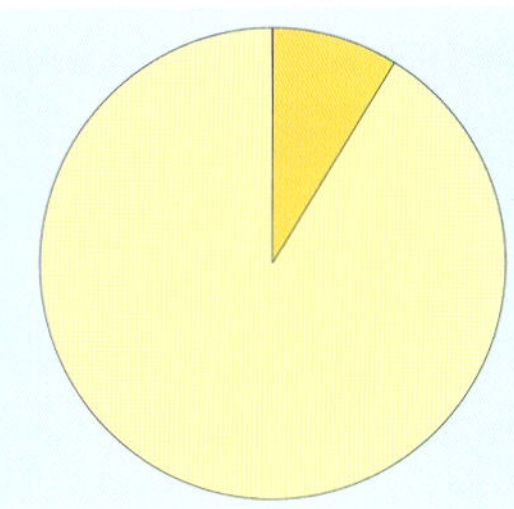

Verbreitung und Status: Das Verbreitungsgebiet des Habichts umfasst fast ganz Europa sowie große Teile N-Asiens und Nordamerikas. Die Art ist dort entweder Standvogel oder Teilzieher. In Deutschland kommt die Art bundesweit als Brutvogel vor. Der Bestand von 11.500–16.000 BP gilt als stabil. In Deutschland sind Habichte ausgeprägte Standvögel, aber nach der Brutzeit gibt es Zerstreuungsbewegungen von Jungvögeln. Durchzügler bzw. Gastvögel aus anderen Ländern treten kaum in Erscheinung. Selbst auf Fehmarn, dem „Brennpunkt" des Greifvogelzuges in Deutschland, sind nur wenige ziehende Habichte zu sehen (Berndt et al. 2005).

Wanderungen: Dass Habichte in Deutschland weitgehend Standvögel sind, ist an der kartographischen Darstellung aller Auslandsfunde deutlich zu erkennen

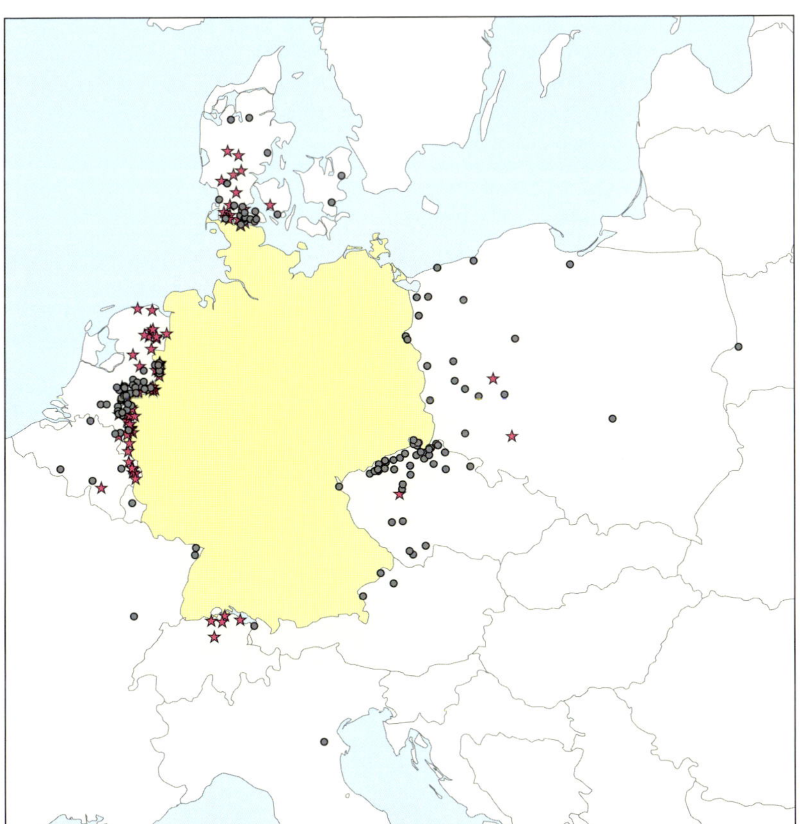

Abb. 1: Fundorte von in Deutschland beringten (151 Funde) und ausländische Beringungsorte von in Deutschland gefundenen (130 Funde) Habichten. – *Foreign recovery sites of Northern Goshawks ringed in Germany (151 recoveries) and foreign ringing sites of birds recovered in Germany (130 recoveries).*

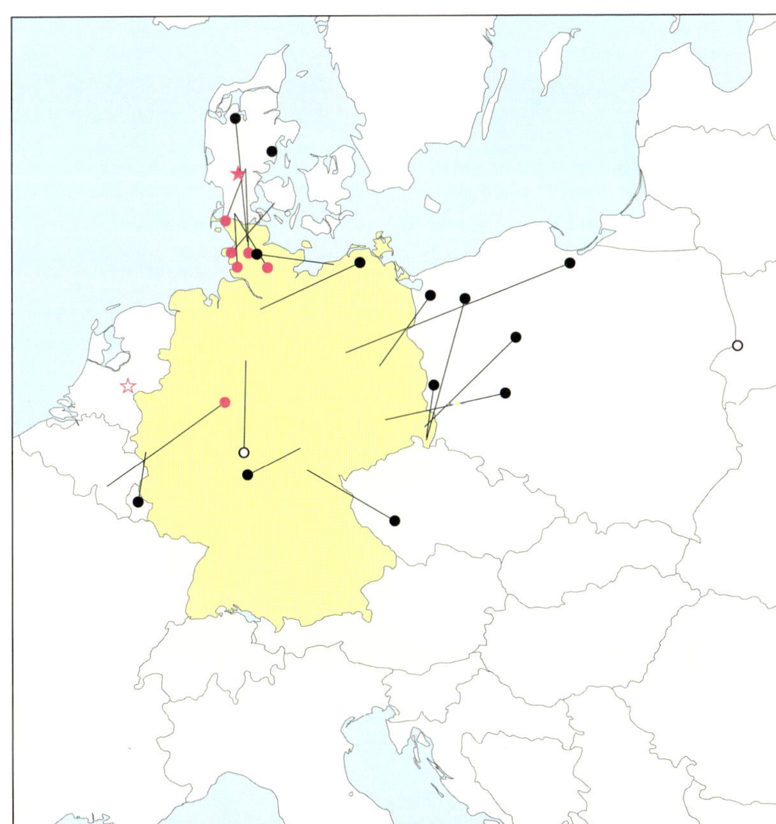

Abb. 2: Zerstreuungswanderungen (September–November) von in Deutschland zur Brutzeit (13 Funde) oder von September bis November anwesenden Habichten (10 Funde). – *Dispersal (September–November) of Northern Goshawks present in Germany during the breeding season (13 recoveries) or from September to November (10 recoveries).*

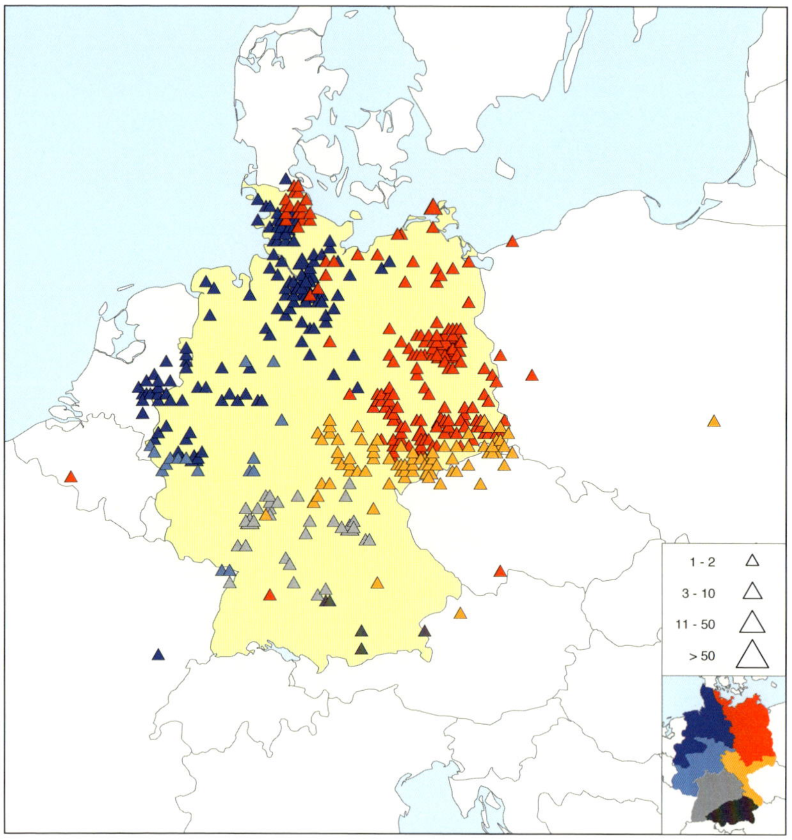

Abb. 3: Aufenthaltsorte im Winter (Dezember – Februar) von in Deutschland zur Brutzeit anwesenden Habichten (569 Funde). – *Presence in winter (December – February) of Northern Goshawks present in Germany during the breeding season (569 recoveries).*

(Abb. 1). Fast alle Funde liegen unmittelbar jenseits der deutschen Grenzen und geben daher sicherlich nur kleinräumige Ortswechsel und die nachbrutzeitliche Dispersion von Jungvögeln wieder. Ebenso kommen Funde im Ausland beringter Vögel in Deutschland fast immer aus den Grenzregionen. Auch die Winterfunde lassen an der Sesshaftigkeit keinen Zweifel, denn sie stammen fast ausschließlich aus der jeweiligen Heimatregion oder deren unmittelbarer Umgebung (Abb. 3). Relativ häufig wurden im Winter Habichte aus den E-deutschen Mittelgebirgen im N Tschechiens gefunden. Dennoch gibt es einige aus dem Rahmen fallende Ringfunde, die besonders weite Zerstreuungswanderungen von Jungvögeln betreffen (Abb. 2). Viele dieser Funde führen nach E, am weitesten von Brandenburg nach N-Polen (476 km). Zwei Funde sind wahrscheinlich auf echten Pendelzug über große Distanz zurückzuführen. Ein im November bei Rostock gefangener Jungvogel wurde fast ein Jahr später 791 km östlich in W-Weißrussland geschossen und befand sich möglicherweise auf dem Herbstzug. Ein weiterer Fängling im ersten Lebensjahr aus Rostock aus dem September 1976 wurde im Januar 1981 1002 km weiter südlich in N-Italien erlegt. Das Fehlen von Ringvögeln aus Schweden und Norwegen verwundert nicht, da diese ihre Heimatländer praktisch nicht verlassen (Fransson & Pettersson 2001, Bakken et al. 2003). Im S-schwedischen Falsterbo ziehen pro Jahr im Mittel nur 33 Ind. durch (Karlsson 2004). Nach NE hin nimmt die Zugneigung allerdings zu, denn von Finnland aus weist eine Reihe von Wiederfunden in Länder südwestlich bis -östlich des Landes (Saurola et al. 2013 zeigen zudem vier Wiederfunde finnischer Vögel in Deutschland).

Summary: *Northern Goshawk breeds in all parts of Germany, the stable population consists of 11,500 – 16,000 bp. German birds are strongly sedentary, and the great majority of ring recoveries of the breeding territories refer to juvenile dispersal, which in extreme covers several hundred kilometers eastwards to Poland. Few recoveries indicate true migration, the longest movement recorded is 1002 km from Mecklenburg-Vorpommern to N Italy. The scarcity of long-distance recoveries is in line with few observations of migrating Goshawks even at raptor migration hotspots.*

Sperber *Accipiter nisus*
Eurasian Sparrowhawk

Beringungen nach 1945:	52.269
Funde > 10 km nach 1945:	1987/1901
Wiederfundquote (Fernfunde nach 1945):	3,6 %
Funde > 10 km seit 1901:	2138/2050
Funde fremder Beringungszentralen:	1402/1394
Höchstalter:	12 J, 11 M*
Weiteste Entfernung:	2355 km

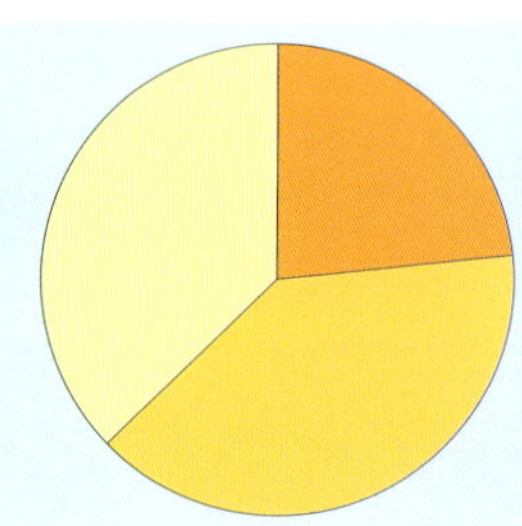

Verbreitung und Status: Der Sperber brütet in fast ganz Europa, von wo aus sich das Areal bis N-Afrika und über den bewaldeten Teil Sibiriens bis Kamtschatka und Japan erstreckt. Außer im N kommen Sperber in Europa ganzjährig vor, in Asien sind sie in der Regel Zugvögel und suchen die S-Hälfte des Kontinents und NE-Afrika zum Überwintern auf. In Deutschland sind alle Landesteile besiedelt, der zunehmende Bestand beläuft sich derzeit auf 22.000 – 34.000 BP. Außerhalb der Brutzeit treten zahlreiche Sperber aus N-Europa in Deutschland auf, Durchzug ist vor allem von Ende August bis Anfang November und von Ende März bis Ende Mai zu beobachten. Der Herbstzug hat sich auf Helgoland im Zeitraum 1960 – 2008 um 13 Tage verfrüht (Hüppop & Hüppop 2011), am Randecker Maar dagegen von 1970 – 1997 etwa drei Tage nach hinten verschoben (Gatter 2000).

Wanderungen: Wiederfunde von und nach Deutschland umfassen ein von NE nach SW ausgerichtetes Gebiet von Finnland bis Spanien, und nur wenige Funde liegen deutlich außerhalb dieses Bereichs (Abb. 1, 2). Die NE-SW-Achse wird eindrucksvoll von zahlreichen Funden während des Herbstzugs bestätigt. Zum einen fliegen Sperber aus Schweden, Finnland und NW-Russland weitgehend parallel zueinander nach Deutschland (Abb. 4). Auch ein Teil der norwegischen Vögel zieht in dieser Richtung und erreicht die Britischen Inseln, andere schlagen dagegen eine südliche Richtung ein und gelangen dadurch nach Deutschland (Bakken et al. 2003, Abb. 4). Ein auf Helgoland im Herbst beringter Sperber, der im folgenden Mai in N-Norwegen durch Scheibenanflug ums Leben kam, zeigt, wie weit nach N der Einzugsbereich durch Deutschland ziehender Vögel reicht. Sperber aus dem deutschen Brutbestand wandern ebenfalls nach SW ab, sofern sie überhaupt ziehen. Die Funde verteilen sich größtenteils über Frankreich und die Iberische Halbinsel (Abb. 3). Nur sehr wenige Ringfunde belegen einen Herbstzug nach S, d. h. nach Italien und Slowenien. Nach Großbritannien ziehen deutsche Brutvögel nicht; alle Funde dort sind indirekt und könnten auf in verschiedenen Jahren unterschiedliche Zugrichtungen skandinavischer Vögel zurückzuführen sein.
Aus der Verteilung der Winterfunde deutscher Brutvögel ist ersichtlich, dass die große Mehrheit der Sperber nicht zieht und stattdessen zumindest innerhalb

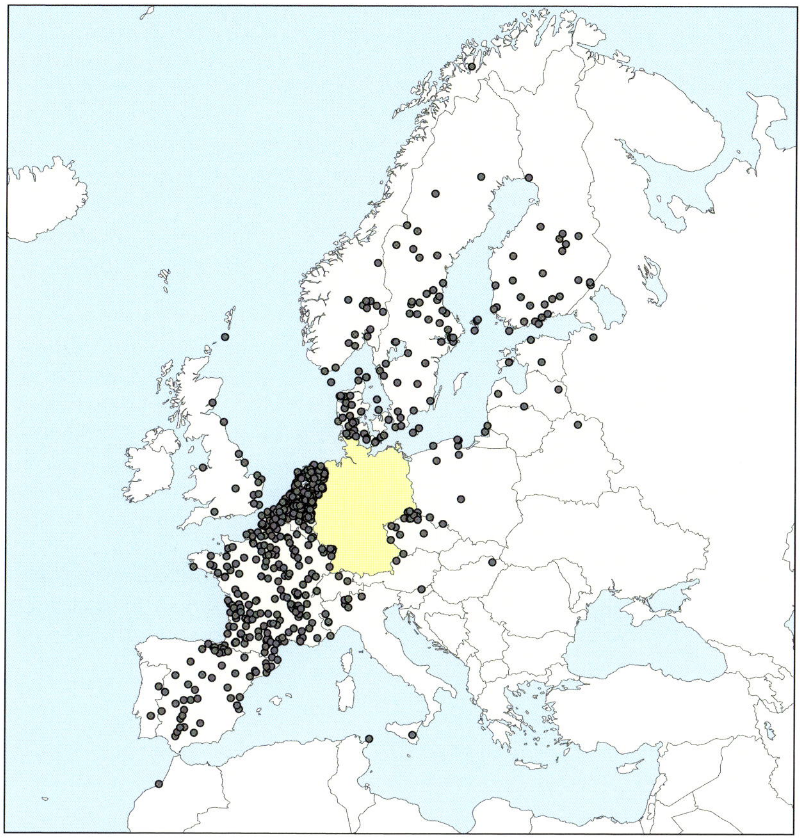

Abb. 1: Fundorte im Ausland von in Deutschland beringten Sperbern (743 Funde). – *Foreign recovery sites of Eurasian Sparrowhawks ringed in Germany (743 recoveries).*

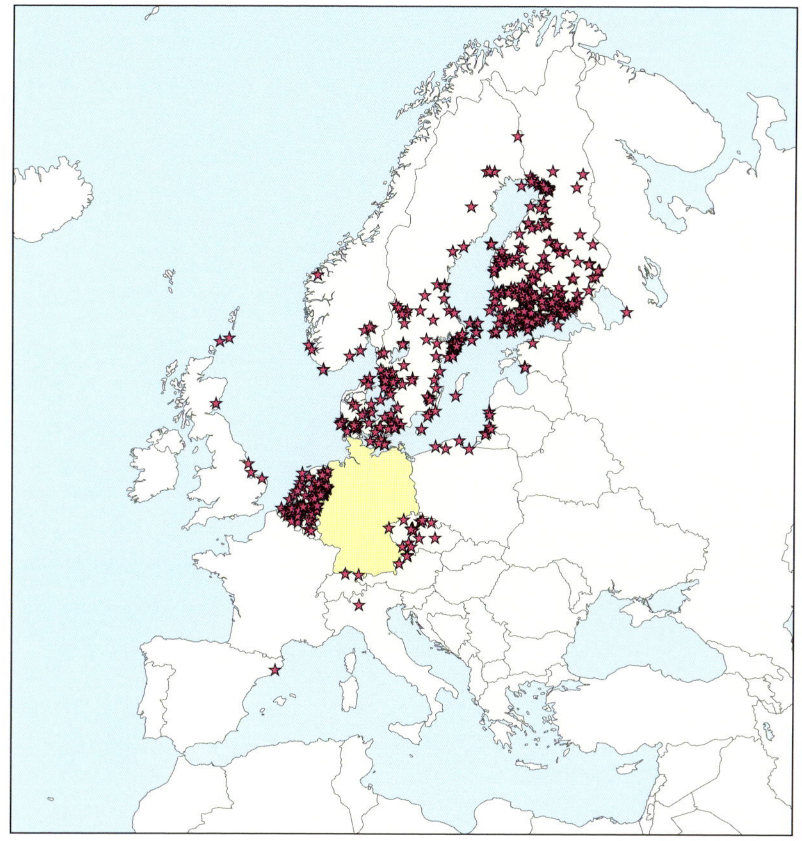

Abb. 2: Beringungsorte im Ausland von in Deutschland gefundenen Sperbern (1402 Funde). – *Foreign ringing sites of Eurasian Sparrowhawks recovered in Germany (1402 recoveries).*

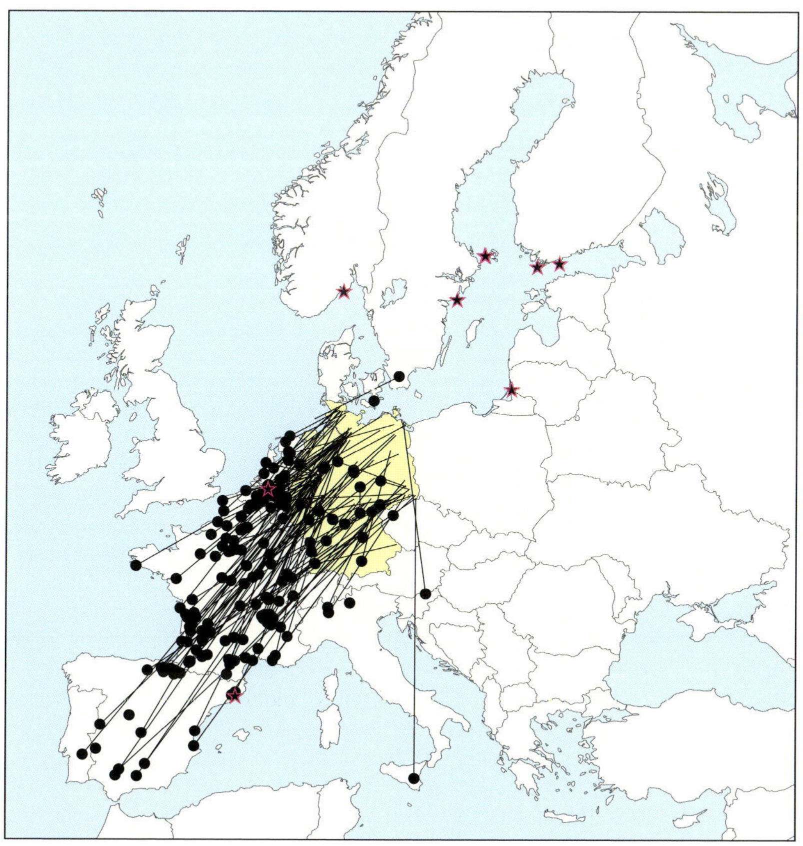

Abb. 3: Herbstzug (September – November) von in Deutschland zur Brutzeit anwesenden Sperbern (193 Funde). – *Autumn migration (September – November) of Eurasian Sparrowhawks present in Germany during the breeding season (193 recoveries).*

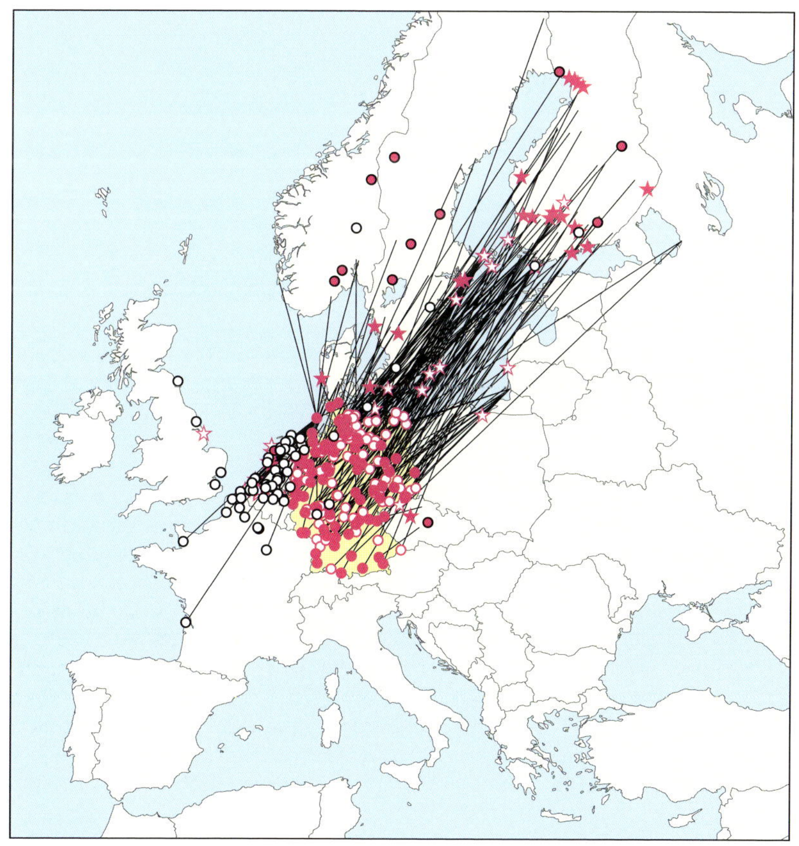

Abb. 4: Herbstzug (September – November) von in Deutschland von September bis November anwesenden Sperbern (305 Funde). – *Autumn migration (September – November) of Eurasian Sparrowhawks present in Germany from September to November (305 recoveries).*

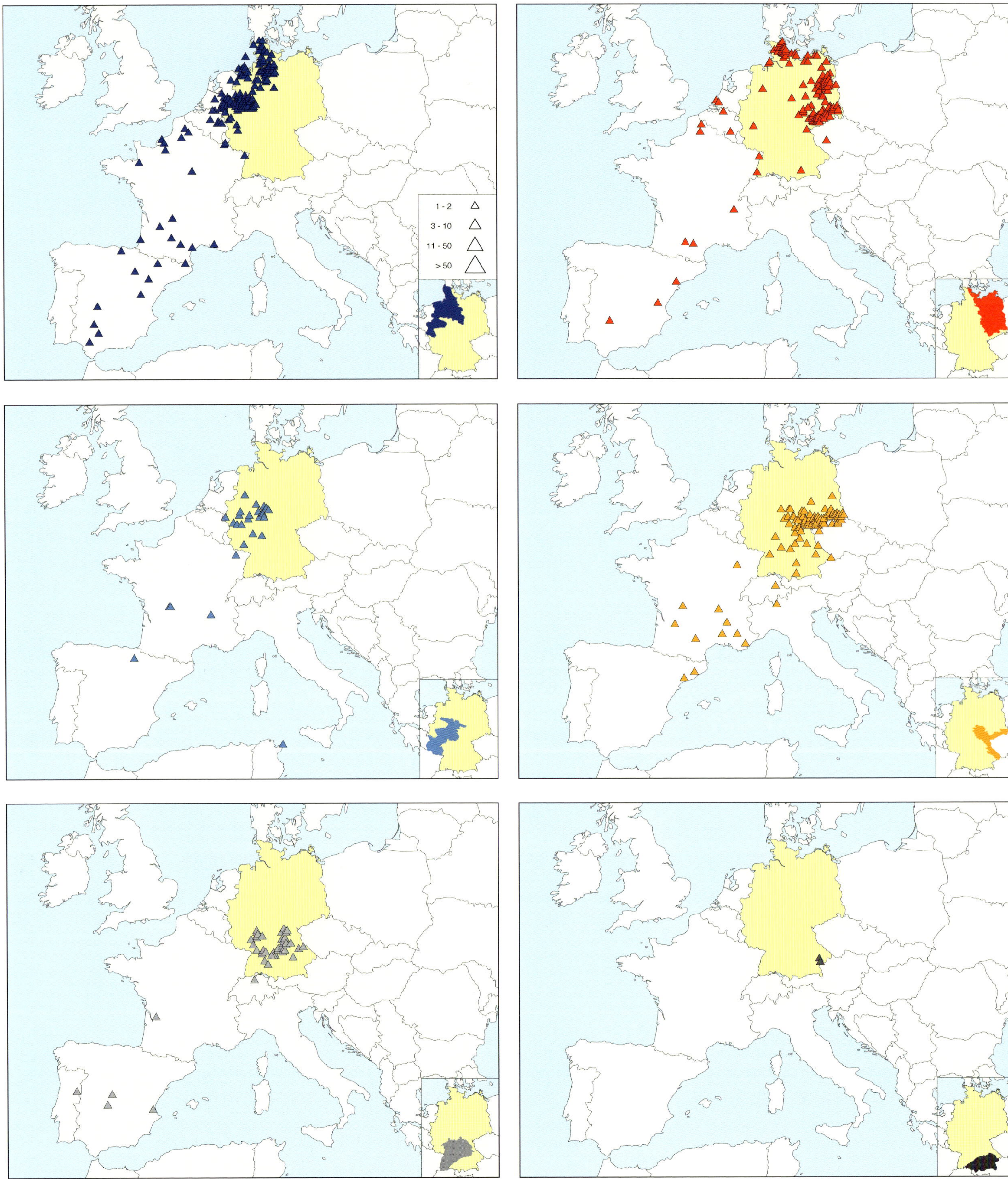

Abb. 6: Aufenthaltsorte im Winter (Dezember – Februar) von in Deutschland zur Brutzeit anwesenden Sperbern (687 Funde). – *Presence in winter (December – February) of Eurasian Sparrowhawks present in Germany during the breeding season (687 recoveries).*

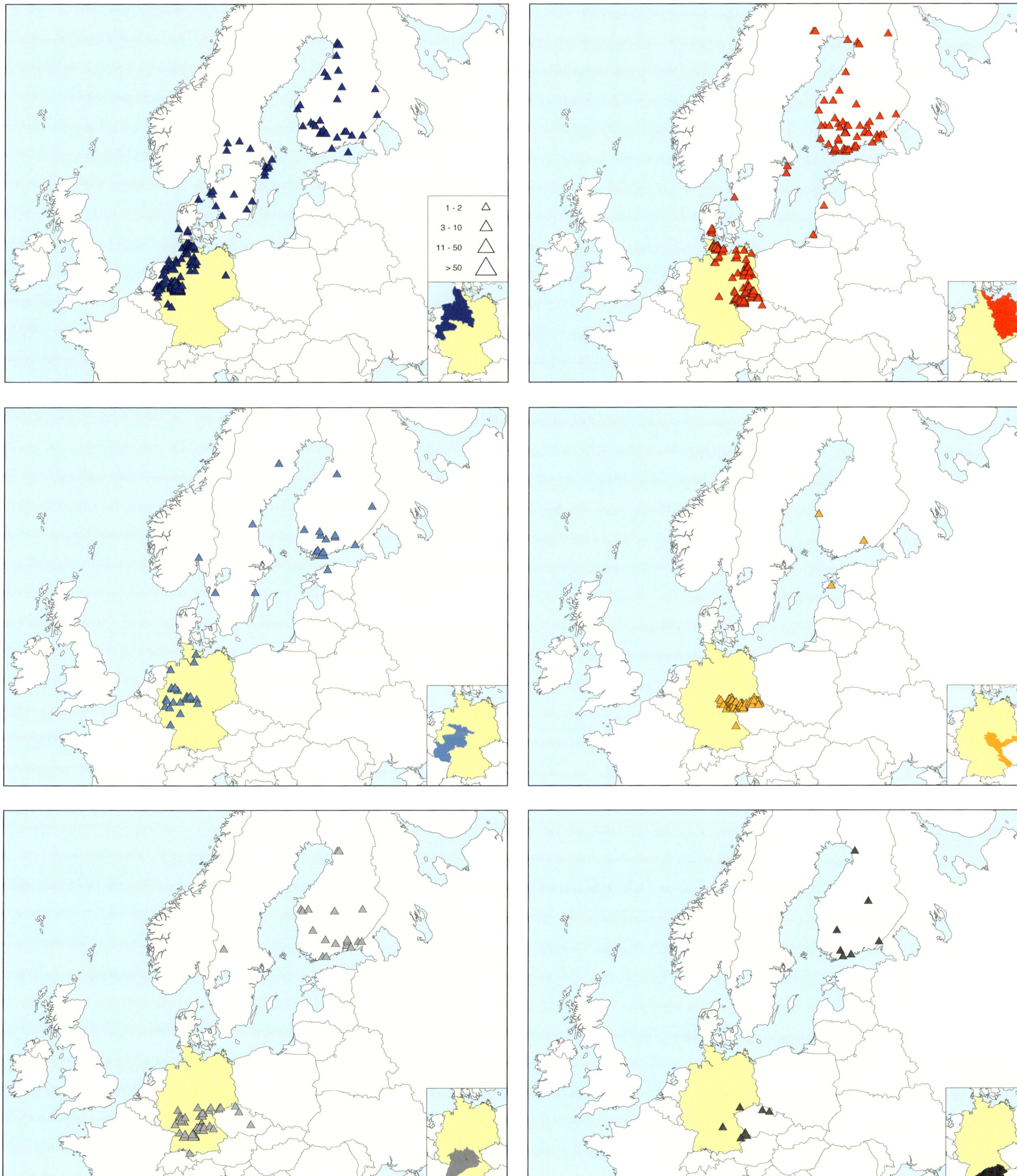

Abb. 7: Aufenthaltsorte zur Brutzeit von im Winter (Dezember – Februar) in Deutschland anwesenden Sperbern (781 Funde). – *Presence during the breeding season of Eurasian Sparrowhawks present in Germany in winter (December – February, 781 recoveries).*

des heimatlichen Naturraums bleibt (Abb. 6). Im Herbst abgezogene Vögel wurden im Winter aus den Beneluxländern, vor allem aber aus Frankreich und Spanien gemeldet. Wenige Individuen erreichen offenbar auch Afrika, wie es Funde in Tunesien (Januar) und Marokko (Datum nicht genau bekannt) zeigen. Für den Zeitraum von 1922–2002 hat eine Analyse von Ringfunden ergeben, dass sich in Deutschland der Anteil nicht ziehender Sperber erhöht hat und sich die von den ziehenden Vögeln zurückgelegten Distanzen signifikant verringert haben (Fiedler et al. 2004).

Entsprechend der Sesshaftigkeit heimischer Brutvögel stammen viele der im Winter in Deutschland festgestellten Sperber aus der eigenen Region (Abb. 7). Ergänzt werden diese Bestände durch Vögel aus Schweden und Finnland, die sich entsprechend des strikt nach SW führenden Herbstzugs unterschiedlich auf die deutschen Naturräume verteilen. So sind schwedische Vögel ganz überwiegend im NW-deutschen Tiefland zu finden, während Wintergäste aus Finnland in den anderen Landesteilen dominieren. Andere Herkunftsländer spielen kaum eine Rolle, zumal auch von der Kurischen Nehrung aus nach Deutschland gelangte Sperber finnische Brutvögel sein können (Payevsky 1971).

Auf dem Frühjahrszug benutzte Routen sind denen im Herbst sehr ähnlich, denn erneut bilden die Ringfunde ein breites, von SW nach NE führendes Band (Abb. 5). Einige wenige direkte Funde zeigen, dass der Zug an der deutschen Ostseeküste entweder der dortigen Topographie folgend nach E führen kann oder eine Überquerung der Ostsee einschließt.

Summary: *Distributed all over the country, the German breeding population of Eurasian Sparrowhawk consists of 22,000–34,000 bp and shows an increasing trend. Most birds are sedentary, but others migrate strictly to the SW and get to France, Iberia and in extreme N Africa. Only two recoveries from autumn migration point to the S (Italy, Slovenia), and Britain is not reached at all by German breeders. In winter, local Sparrowhawks are joined by conspecifics from Fennoscandia, which arrive by flying SW. Owing to more or less parallel tracks shown by the recoveries from autumn migration, Swedish birds occur mostly in NW Germany, while Finnish breeders are dominating in the other parts of the country.*

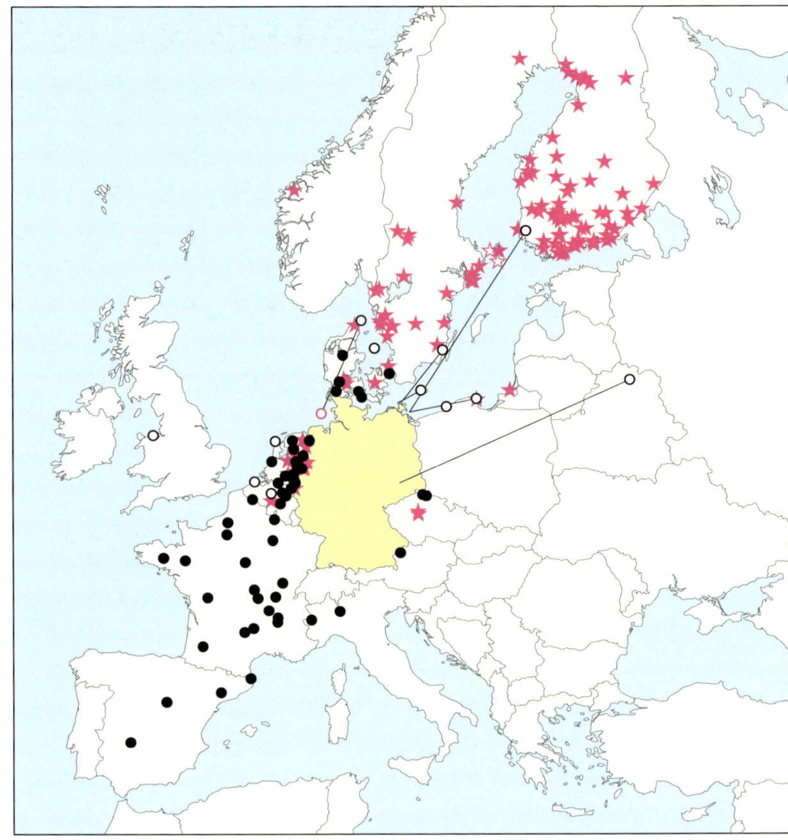

Abb. 5: Frühjahrszug (März–April) von in Deutschland zur Brutzeit (54 Funde) oder von März bis April anwesenden Sperbern (146 Funde). – *Spring migration (March–April) of Eurasian Sparrowhawks present in Germany during the breeding season (54 recoveries) or from March to April (146 recoveries).*

Rotmilan *Milvus milvus*
Red Kite

Beringungen nach 1945:	31.124
Funde > 10 km nach 1945:	1738/1540
Wiederfundquote (Fernfunde nach 1945):	4,9 %
Funde > 10 km seit 1901:	1759/1557
Funde fremder Beringungszentralen:	20/19
Höchstalter:	29 J, 10 M
Weiteste Entfernung:	4845 km

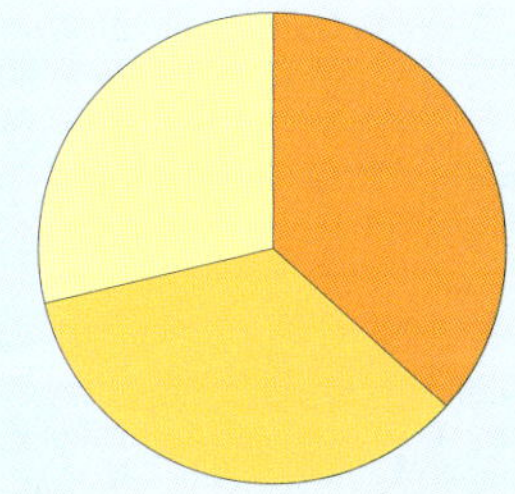

Verbreitung und Status: Das relativ kleine, lückenhafte Brutareal des Rotmilans reicht von N-Marokko und Spanien bis S-Schweden bzw. Georgien. In unterschiedlicher Zahl sind Rotmilane auch im Winter in den meisten Brutgebieten zu finden. Deutschland beherbergt über die Hälfte des Weltbestandes der Art. Die Anzahl der Brutpaare (derzeit 12.000 – 18.000 BP) nimmt zwar insgesamt ab, zeigt aber regional (z.B. am Bodensee) deutliche Zuwächse. Das Vorkommen erstreckt sich über fast das ganze Bundesgebiet, Verbreitungslücken bestehen in W-Niedersachen und E-Bayern. Obwohl einige Rotmilane in Deutschland überwintern, ziehen die meisten Vögel im Oktober ab, wobei sich der Durchzug am Randecker Maar im Zeitraum 1970 – 1997 um mehr als zehn Tage nach vorn verschoben hat (Gatter 2000). Von Februar bis April erfolgt die Rückkehr aus dem Winterquartier.

Wanderungen: Sofern sie nicht in Deutschland selbst überwintern (Abb. 5), ziehen deutsche Brutvögel im Herbst in einem breiten Band über Frankreich und Spanien nach SW (Abb. 3, 2), wo auch die meisten Rotmilane überwintern. Besonders solche aus dem NE-deutschen Tiefland verteilen sich über ein recht großes Überwinterungsgebiet, da auffallend viele Vögel bereits in Frankreich bleiben und aus keinem anderen deutschen Naturraum so viele Individuen nach SW-Spanien und S-Portugal gelangen (Abb. 5).
Nur wenige Individuen fliegen im Herbst nach S oder W und erreichen Italien bzw. England (Abb. 1, 2, 5). Ungewöhnlich ist der Flug eines in S-Schleswig-Holstein nestjung beringten Vogels, der Ende September 984 km entfernt in der NW-Ukraine gefunden wurde. Vom Schema weichen auch zwei weitere Funde ab: Ein Vogel aus Sachsen-Anhalt wurde vier Monate nach seiner Beringung im Nest 2602 km südwestlich in Marokko erbeutet. Sehr ungewöhnlich ist die Meldung eines aus Hessen stammenden Vogels im Januar an der W-afrikanischen Elfenbeinküste, 4845 km vom Beringungsort entfernt. Dies wäre der mit Abstand südlichste Nachweis eines Rotmilans in W-Afrika. Da bei diesem Fund lediglich die Nummer des Metallrings im Feld abgelesen wurde, sind Zweifel angebracht, auch wenn die Artbestimmung bei der Beringung durch die Original-Feldnotizen des Beringers bestätigt wird.
Der Frühjahrszug verläuft auf gleicher Route wie im Herbst (Abb. 4). Mehrere per Satellitentelemetrie verfolgte Vögel aus Thüringen zeigten zum einen den quer durch Frankreich verlaufenden Herbstzug durch Spanien und die Rückkehr auf fast identischem Weg im Frühjahr (Pfeiffer & Meyburg 2009).

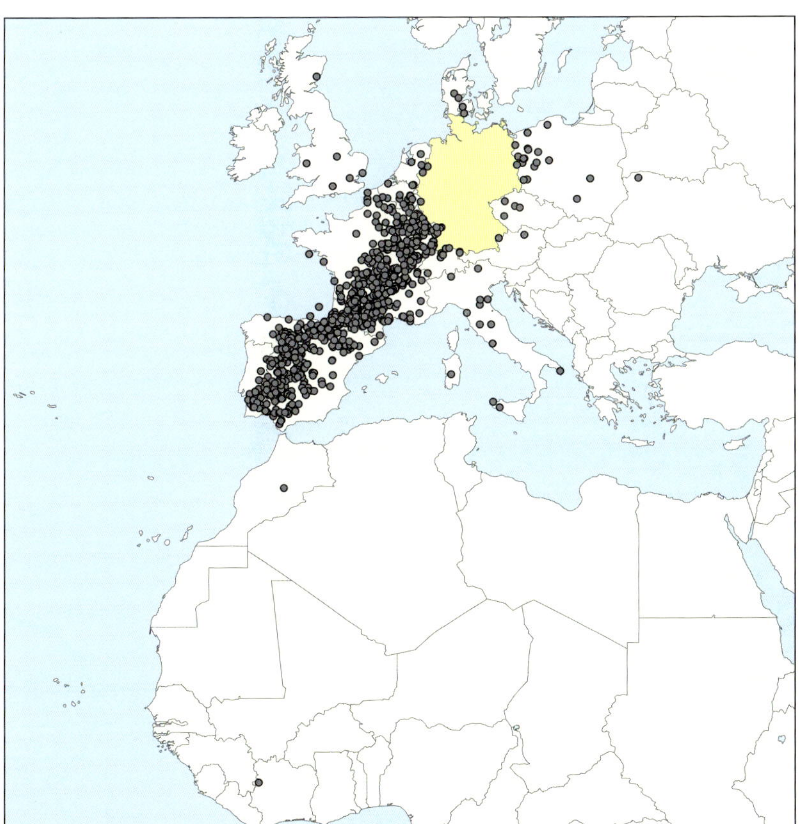

Abb. 1: Fundorte im Ausland von in Deutschland beringten Rotmilanen (968 Funde). Die Korrektheit des Fundes an der Elfenbeinküste ist fraglich. – *Foreign recovery sites of Red Kites ringed in Germany (968 recoveries). Correctness of the recovery at Ivory Coast is questionable.*

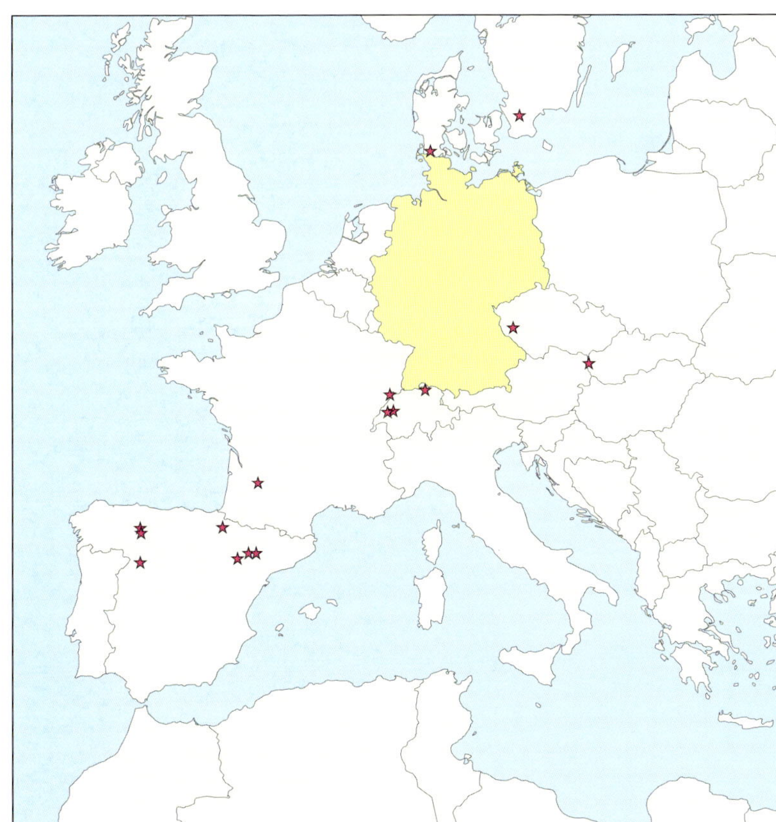

Abb. 2: Beringungsorte im Ausland von in Deutschland gefundenen Rotmilanen (20 Funde). – *Foreign ringing sites of Red Kites recovered in Germany (20 recoveries).*

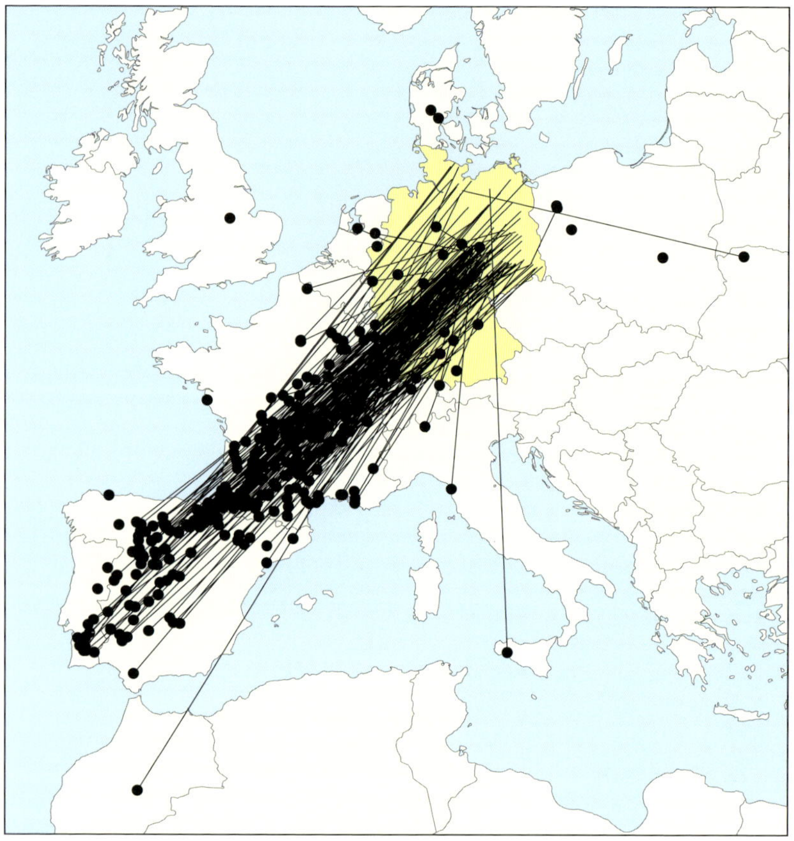

Abb. 3: Herbstzug (September – November) von in Deutschland zur Brutzeit anwesenden Rotmilanen (327 Funde). – *Autumn migration (September – November) of Red Kites present in Germany during the breeding season (327 recoveries).*

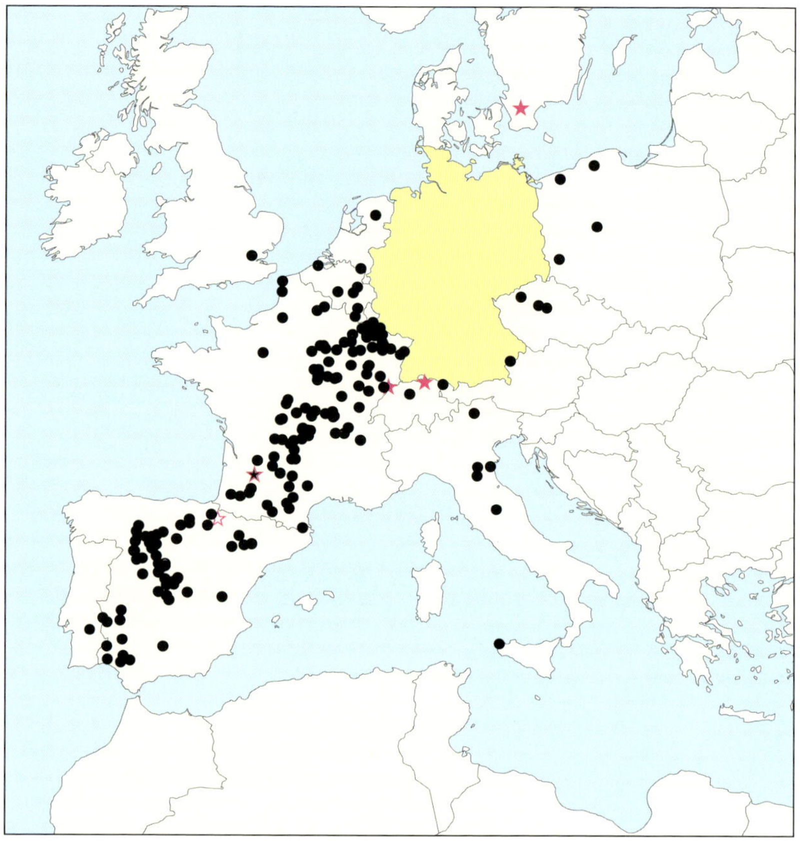

Abb. 4: Frühjahrszug (März – April) von in Deutschland zur Brutzeit (185 Funde) oder von März bis April anwesenden Rotmilanen (7 Funde). – *Spring migration (March – April) of Red Kites present in Germany during the breeding season (185 recoveries) or from March to April (7 recoveries).*

Obwohl fast der gesamte schwedische Brutbestand Deutschland im Herbst und Frühjahr durchwandert, liegt nur ein Ringfund eines in S-Schweden nestjung beringten Vogels im März in W-Westfalen vor (Abb. 2; zwei weitere Funde sind bei Fransson & Pettersson 2001 abgebildet). Rotmilane, die von Dänemark, Tschechien, der Slowakei und der Schweiz aus Wiederfunde in Deutschland erbrachten, haben sich teilweise – nicht fern von ihrem Geburtsort – in Deutschland angesiedelt oder aber dort den Winter verbracht (der slowakische Vogel und einer aus der Schweiz). Bei in Spanien und Frankreich beringten Vögeln, die später in Deutschland gefunden wurden (Abb. 2), handelt es sich ausnahmslos um Wintergäste oder Durchzügler, nicht aber um Umsiedlungen von Brutvögeln.

Summary: *Except for gaps in NW and SE Germany, Red Kite breeds all over the country. Though significantly decreasing in many areas, more than half of the world population is still breeding in Germany (currently 12,000 – 18,000 bp). Some birds remain in Germany for wintering, but the great majority migrates to the SW for areas in France and Iberia. Few birds even move S or W to Italy and England, respectively. Exceptional recoveries come from Morocco and the Ivory Coast, though the latter seems doubtful as it is based on the reading of the metal ring in the field. Though nearly all Swedish Red Kites have to pass Germany during migration, this is only confirmed by three recoveries.*

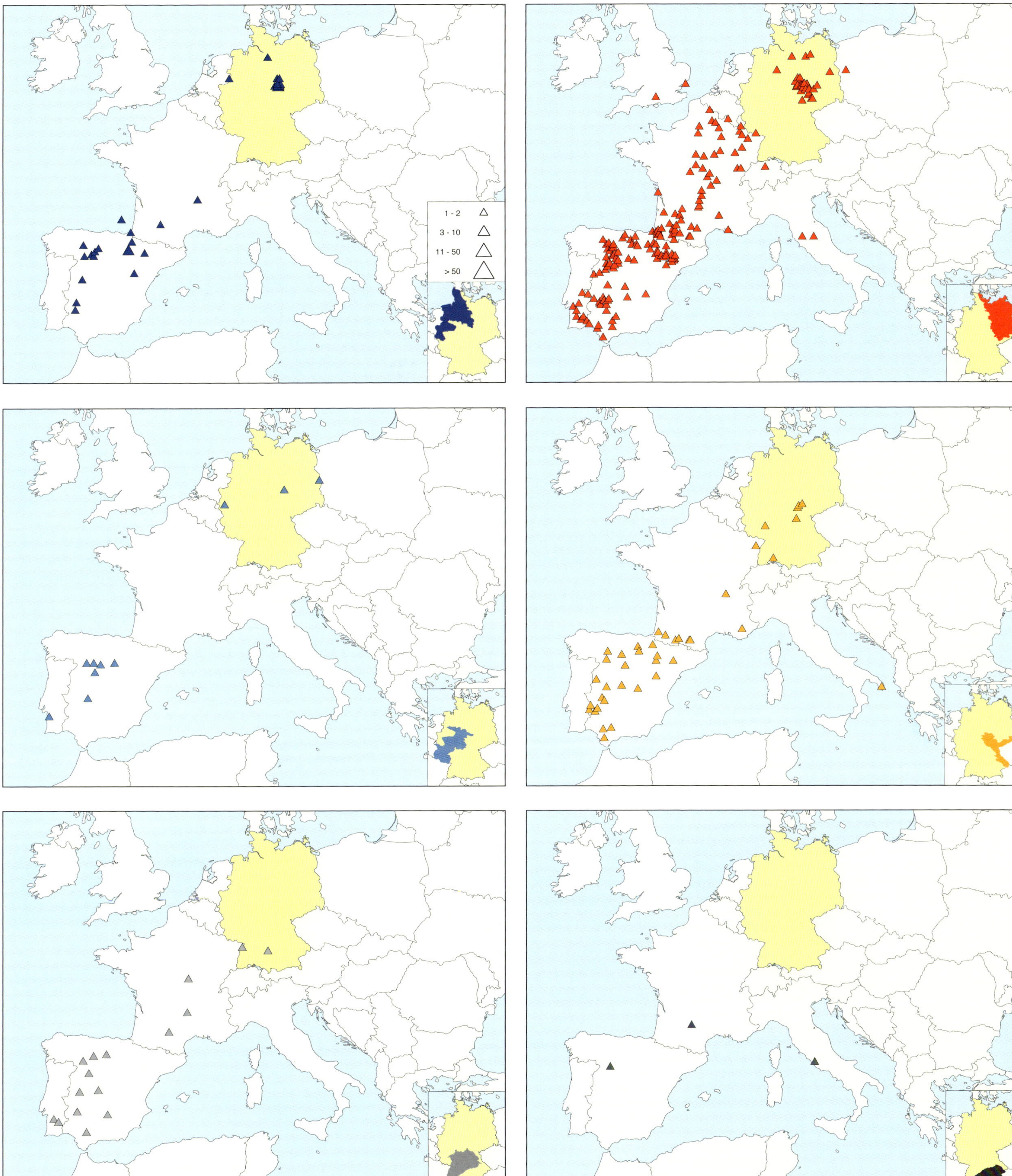

Abb. 5: Aufenthaltsorte im Winter (Dezember – Februar) von in Deutschland zur Brutzeit anwesenden Rotmilanen (332 Funde). Hier nicht dargestellt ist ein Fund in der Elfenbeinküste (s. Abb. 1). – *Presence in winter (December – February) of Red Kites present in Germany during the breeding season (332 recoveries). A recovery in Ivory Coast is not shown here (see Fig. 1).*

Schwarzmilan *Milvus migrans*
Black Kite

Beringungen nach 1945:	11.363
Funde > 10 km nach 1945:	350/330
Wiederfundquote (Fernfunde nach 1945):	2,9 %
Funde > 10 km seit 1901:	370/349
Funde fremder Beringungszentralen:	13/12
Höchstalter:	21 J, 1 M
Weiteste Entfernung:	5821 km

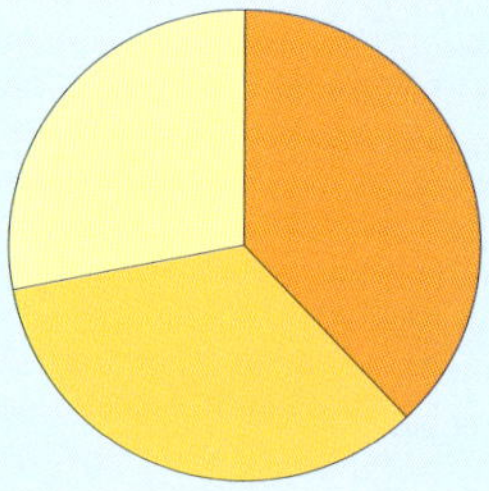

Verbreitung und Status: Der Schwarzmilan ist über fast die gesamte Alte Welt verbreitet und fehlt nur auf den Britischen Inseln, in N-Europa und N-Asien sowie in einigen Wüsten und Hochgebirgen. In S-Asien, Afrika und Australien ist die Art Jahresvogel, in der Paläarktis dagegen obligatorischer Zugvogel. Europäische Vögel sind zumeist trans-Saharazieher, doch kommen Überwinterungen auch im Mittelmeerraum und vereinzelt weiter nördlich vor. In Deutschland ist ein stark zunehmender Bestand von 6000 – 9000 BP beheimatet, doch fehlen Vorkommen in weiten Teilen NW-Deutschlands und in E-Bayern. Die Brutvögel verlassen Deutschland im August/September und kehren im März/April zurück.

Wanderungen: Die Zugwege deutscher Schwarzmilane werden von Ringfunden gut nachgezeichnet. Die meisten Funde weisen eine Route nach SW aus, die über E-Frankreich und Spanien nach Marokko und weiter nach W-Afrika führt (Abb. 1, 2). Eine Konzentration von Funden verdeutlicht die Mittelmeer-Überquerung über die Straße von Gibraltar, wie sie auch ein per Satellitentelemetrie beobachteter Vogel aus Brandenburg durchführte (Meyburg & Meyburg 2009b). Jeweils mehrere Wiederfunde verdeutlichen, dass ein Teil der Vögel auch über Italien und SE-Europa nach N-Afrika gelangt, von wo aus vermutlich die Sahara überquert wird. Aufgrund der wenigen Funde ist aber nur andeutungsweise zu erkennen, dass die Schwarzmilane dabei sowohl das Mittelmeer von Griechenland aus überqueren als auch den von vielen Greifvögeln genutzten Weg über den Bosporus und die Levante nehmen. Während Vögel aus W- und S-Deutschland ausschließlich auf der über Spanien führenden Herbstzugroute nachgewiesen wurden, flogen E-deutsche Ringvögel auf allen beschriebenen Wegen nach Afrika (Abb. 2) und leben daher vermutlich im Bereich einer Zugscheide. Passend dazu weisen wenige Ringfunde von der Slowakei aus auf einen Zug nach S und SE hin (Cepák et al. 2008), während Vögel aus der Schweiz fast ausschließlich die SW-Route benutzen und nur vereinzelt in Italien gefunden wurden (Maumary et al. 2007).
Entsprechend der Verteilung auf die verschiedenen Zugrouten gibt es viele Winterfunde aus dem südlichen W-Afrika von Senegal bis Kamerun, dagegen nur einen aus E-Afrika (Uganda, Abb. 3). Ein aus Sachsen-Anhalt stammender Vogel wurde im Winter im Tschad gefunden und könnte über einen der zentraleren Zugwege dorthin gelangt sein. Einige Vögel wurden im Winter aus Spanien oder sogar aus Frankreich zurückgemeldet. Wegen der in diesen Ländern höheren

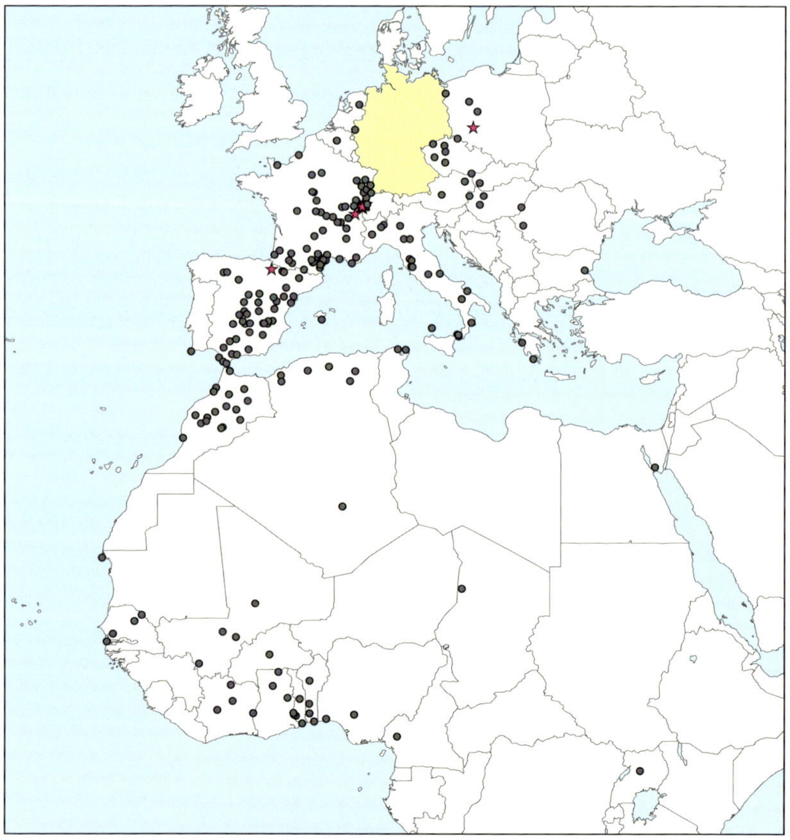

Abb. 1: Fundorte von in Deutschland beringten (209 Funde) und ausländische Beringungsorte von in Deutschland gefundenen (13 Funde) Schwarzmilanen. – *Foreign recovery sites of Black Kites ringed in Germany (209 recoveries) and foreign ringing sites of birds recovered in Germany (13 recoveries).*

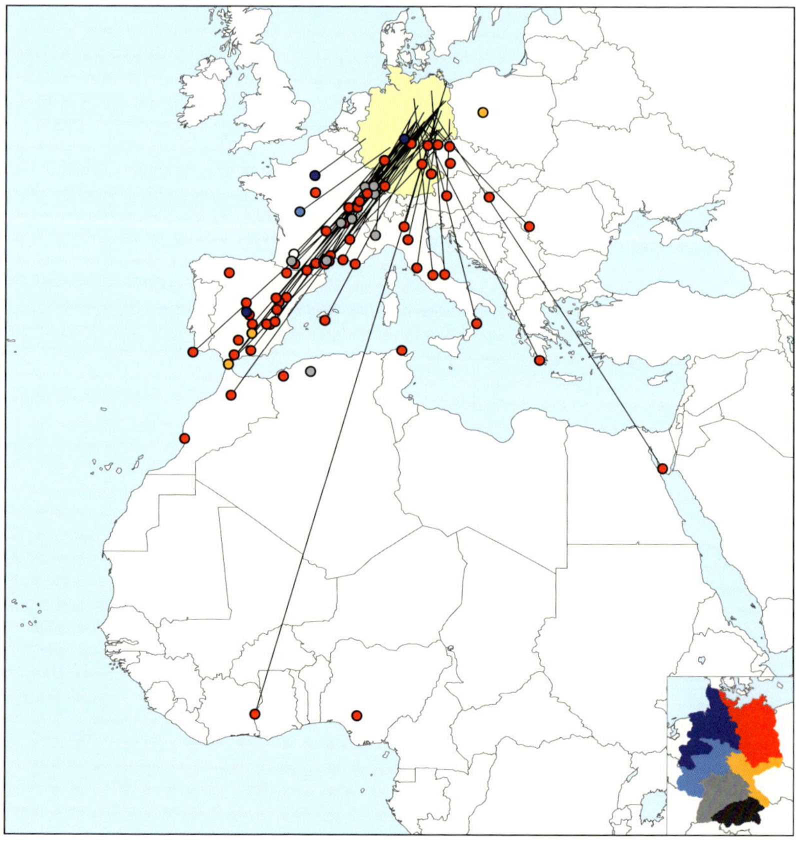

Abb. 2: Herbstzug (September – November) von in Deutschland zur Brutzeit (82 Funde) oder von September bis November anwesenden Schwarzmilanen (2 Funde). – *Autumn migration (September – November) of Black Kites present in Germany during the breeding season (82 recoveries) or from September to November (2 recoveries).*

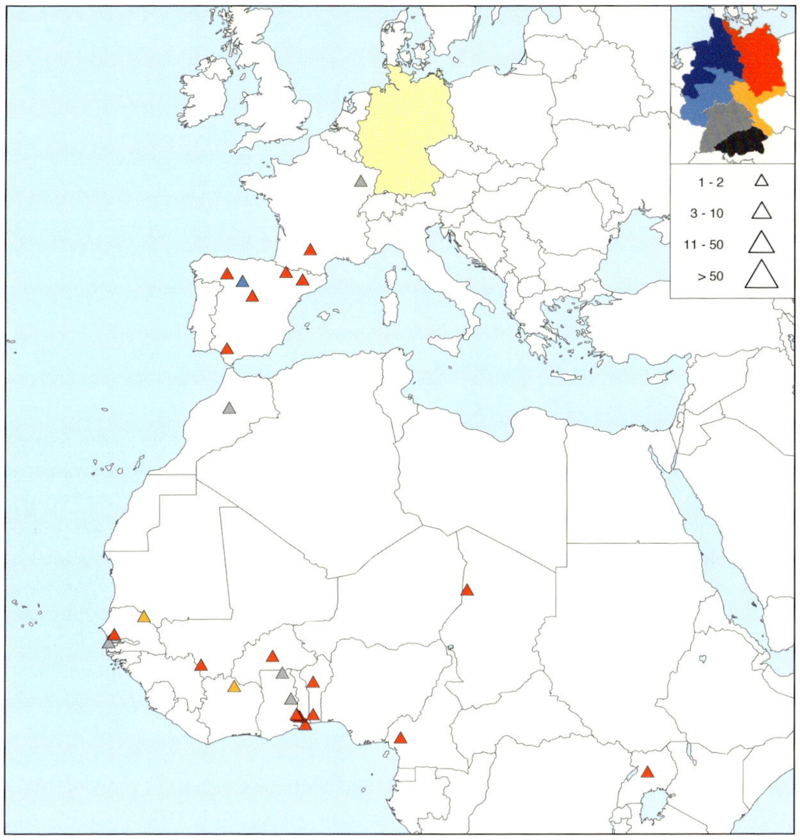

Abb. 3: Aufenthaltsorte im Winter (Dezember – Februar) von in Deutschland zur Brutzeit anwesenden Schwarzmilanen (26 Funde). – *Presence in winter (December – February) of Black Kites present in Germany during the breeding season (26 recoveries).*

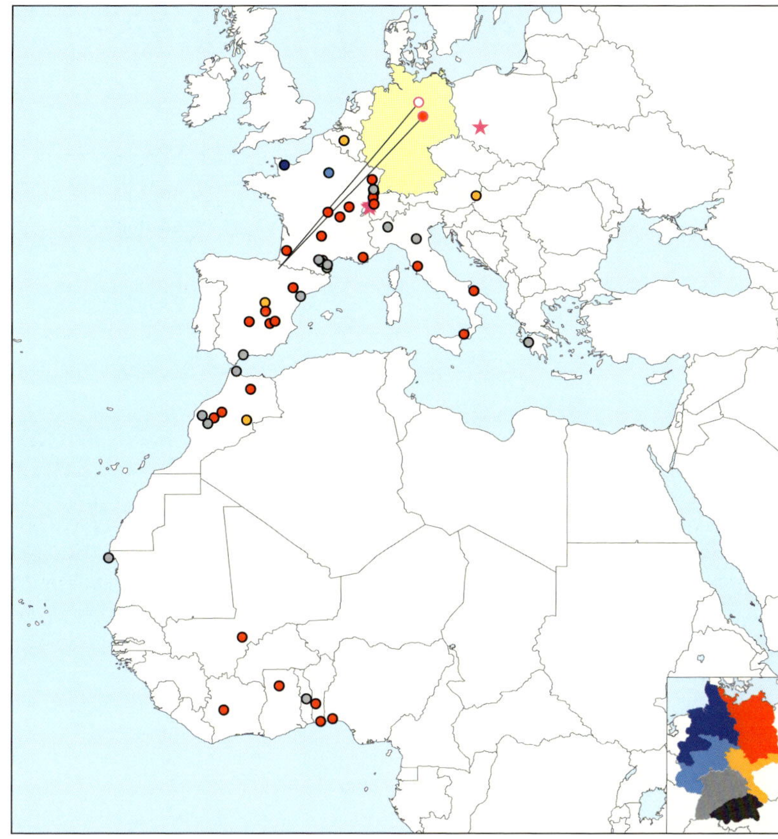

Abb. 4: Frühjahrszug (März – April) von in Deutschland zur Brutzeit (50 Funde) oder von März bis April anwesenden Schwarzmilanen (6 Funde). – *Spring migration (March – April) of Black Kites present in Germany during the breeding season (50 recoveries) or from March to April (6 recoveries).*

Wahrscheinlichkeit eines Wiederfundes ist der Anteil von Vögeln, die nicht bis Afrika ziehen, sicherlich überrepräsentiert.

Auf dem Weg zurück in die Brutgebiete wählen deutsche Schwarzmilane offenbar dieselben Routen wie im Herbst, denn erneut stammen die meisten Ringfunde aus dem Bereich um Gibraltar, aus E-Spanien und aus E-Frankreich (Abb. 4). Angesichts von Funden in Italien und Griechenland fliegt wiederum ein Teil der Vögel über zentralere Bereiche des Mittelmeers. Im Gegensatz zum Herbst sind dabei im Frühjahr auch SW-deutsche Vögel beteiligt (Funde in Italien und Griechenland), so dass ein ostwärts verlagerter Frühjahrszug möglich erscheint. Aufgrund von Ortswechseln innerhalb des W-afrikanischen Winterquartiers überquerte auch der o. g. satellitenbesenderte Vogel die Sahara im Frühjahr weiter östlich als im Herbst, folgte dann aber ab Gibraltar einer sehr ähnlichen Route heimwärts (Meyburg & Meyburg 2009b).

Summary: *Black Kite is a widespread breeding bird in Germany, but large distributional gaps exist in NW Germany and E Bavaria. The population is increasing and currently estimated at 6000 – 9000 bp. In autumn, most German Black Kites leave towards the SW and after crossing France, Spain and Morocco, reach winter quarters in southern W Africa. E Germany may be situated in a zone of migratory divide, as some breeding birds were recovered on routes suggesting the crossing of the Mediterranean via Italy and Greece or even via the Bosphorus and the Levant. Only two winter recoveries from Uganda and Chad fit to the latter routes, while a number of German Black Kites was found between Senegal and Cameroon in winter. Spring migration appears to follow mostly the same routes as in autumn, but SW German birds found in Italy and Greece indicate that compared to autumn homeward migration may be shifted to the E.*

Seeadler *Haliaeetus albicilla*

White-tailed Sea-eagle

Beringungen nach 1945:	3368
Funde > 10 km nach 1945:	882/582
Wiederfundquote (Fernfunde nach 1945):	17,3 %
Funde > 10 km seit 1901:	882/582
Funde fremder Beringungszentralen:	51/42
Höchstalter:	17 J, 4 M
Weiteste Entfernung:	220 km

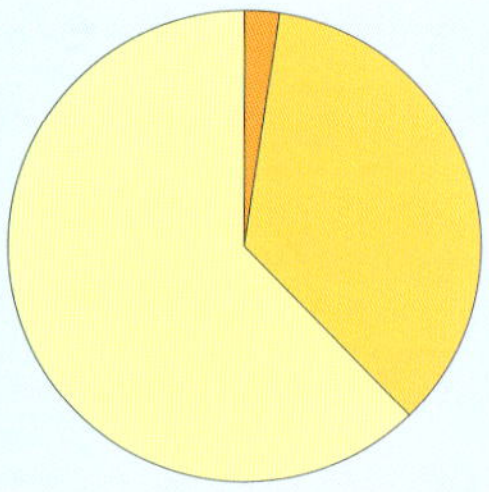

Verbreitung und Status: Das Brutareal des Seeadlers umfasst nahezu die gesamte N-Hälfte Eurasiens sowie Island und SW-Grönland. In Europa ist die Art meist ganzjährig anwesend, während asiatische Vögel zum Überwintern meist deutlich weiter südlich gelegene Küsten des Indischen und Pazifischen Ozeans, aber auch einige Binnengewässer, aufsuchen. In Deutschland gab es ab den 1980er Jahren eine starke Bestandszunahme auf inzwischen 628–643 BP, einhergehend mit einer deutlichen Arealerweiterung bis NW-Schleswig-Holstein, Mittel-Niedersachsen und E-Bayern. Mehr als zwei Drittel des Brutbestandes sind in Mecklenburg-Vorpommern und Brandenburg ansässig. Altvögel halten sich meist ganzjährig in ihrem Brutrevier auf, während jüngere Individuen umherstreifen und dabei west- und südwärts über die Brutverbreitungsgrenze hinaus vordringen können.

Wanderungen: In Deutschland beringte Seeadler wurden zumeist aus den angrenzenden Ländern zurückgemeldet, vor allem aus W-Polen, Dänemark und den Niederlanden, aber auch bis SW-Frankreich, W-Russland und S-Schweden sowie einmal aus SE-England (Abb. 1). Zuwanderung erfolgte Ringfunden zufolge vor allem aus Polen, Finnland und Schweden (fünf weitere Funde bei Fransson & Pettersson 2001), außerdem aus N-Russland, Litauen und Weißrussland. Ein farbberingter Vogel, der im Alter von wenigen Monaten auf Helgoland erschien (Hüppop 2011), belegt zudem die Herkunft aus Norwegen. Da die genaue Ringnummer nicht ermittelt werden konnte, ist dieser Fund nicht in den Abb. 1 und 2 dargestellt.

Einige direkte Wiederfunde aus dem Herbst machen die großen Strecken deutlich, die junge Seeadler zurücklegen können (Abb. 2). Weit von ihrem Geburtsort entfernen sich in der Regel nur sehr junge Vögel: Von zehn Funden nestjung beringter Vögel mit mehr als 500 km zurückgelegter Distanz befanden sich neun im ersten Lebensjahr. Lediglich der in SW-Frankreich überwinternde Vogel war bereits knapp drei Jahre alt. Auch die längste Wanderung mit Bezug zu Deutschland, 2200 km von der Kola-Halbinsel nach Sachsen, stammt von einem Vogel im dritten Lebensjahr.

Winterfunde von Vögeln aus dem NE-deutschen Tiefland und den E-deutschen Mittelgebirgen zeigen, dass diese ihre Heimatregion in der Regel nicht verlassen (Abb. 3). Hinzu stoßen Vögel aus dem NE und E (Abb. 4). Zu den Funden in Abb. 4 kommen noch Funde in anderen Monaten des Winterhalbjahres. So wurden fünf von insgesamt neun durch einen Ringfund in Deutschland festgestellte finnische

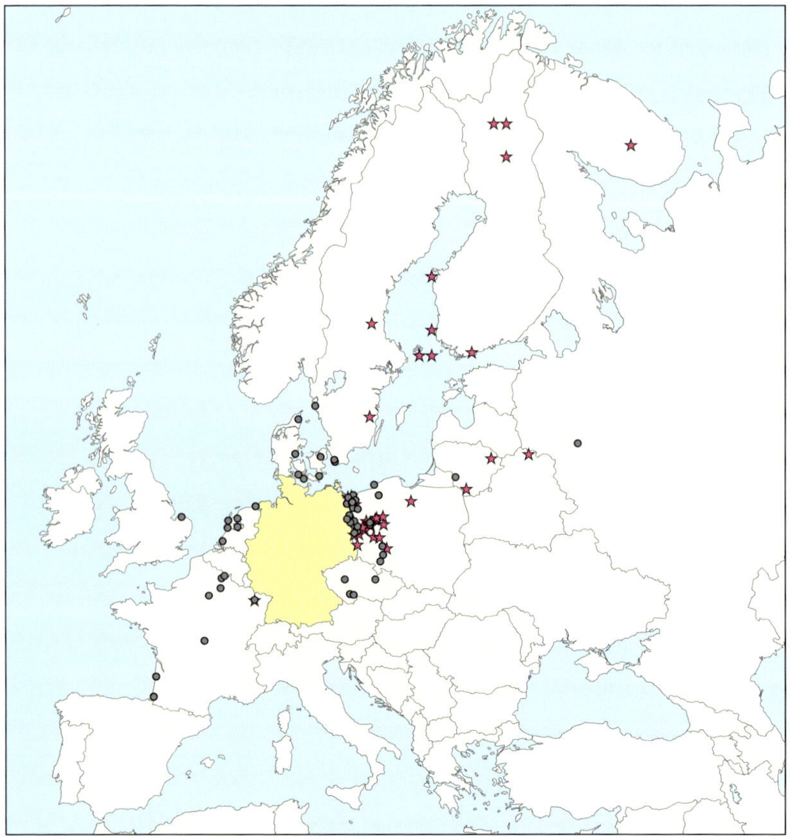

Abb. 1: Fundorte von in Deutschland beringten (82 Funde) und ausländische Beringungsorte von in Deutschland gefundenen (51 Funde) Seeadlern. – *Foreign recovery sites of White-tailed Sea-eagles ringed in Germany (82 recoveries) and foreign ringing sites of birds recovered in Germany (51 recoveries).*

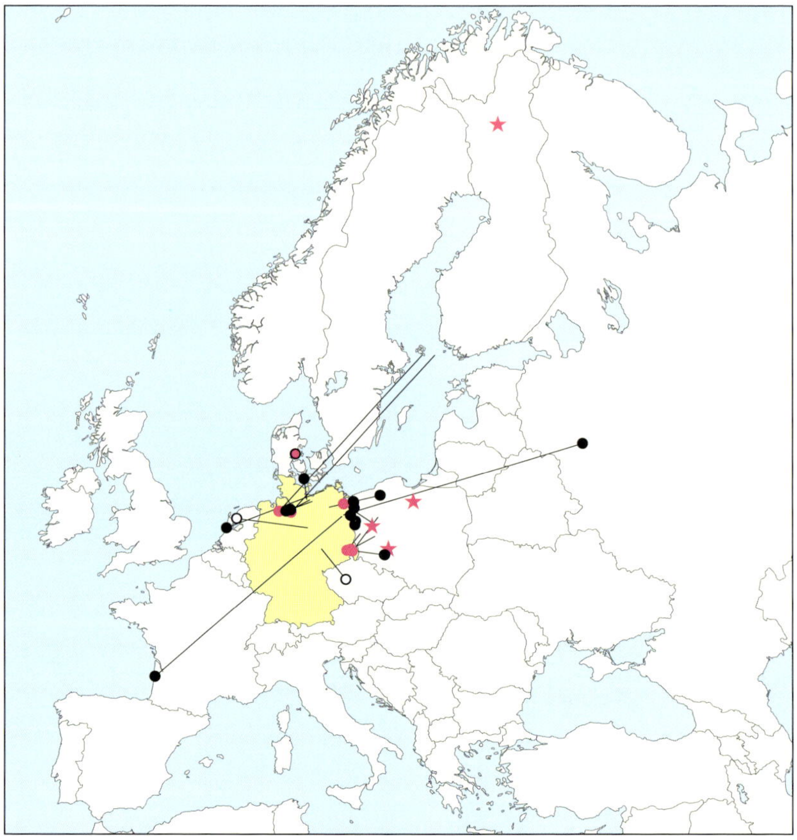

Abb. 2: Herbstzug (September–November) von in Deutschland zur Brutzeit (14 Funde) oder von September bis November anwesenden Seeadlern (17 Funde). – *Autumn migration (September–November) of White-tailed Sea-eagles present in Germany during the breeding season (14 recoveries) or from September to November (17 recoveries).*

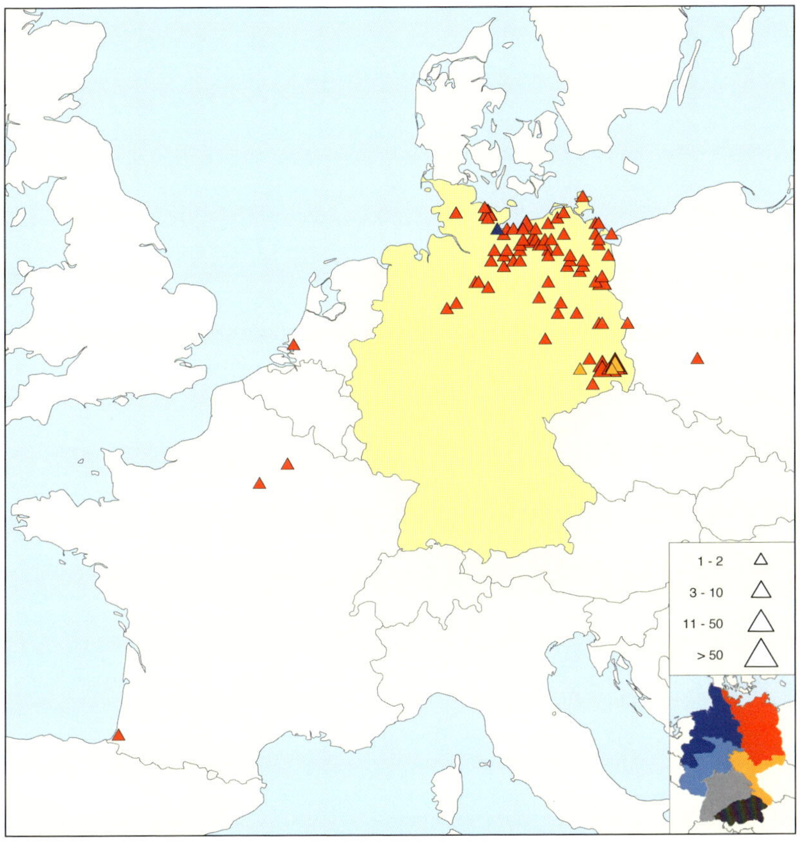

Abb. 3: Aufenthaltsorte im Winter (Dezember – Januar) von in Deutschland zur Brutzeit anwesenden Seeadlern (136 Funde). – *Presence in winter (December – January) of White-tailed Sea-eagles present in Germany during the breeding season (136 recoveries).*

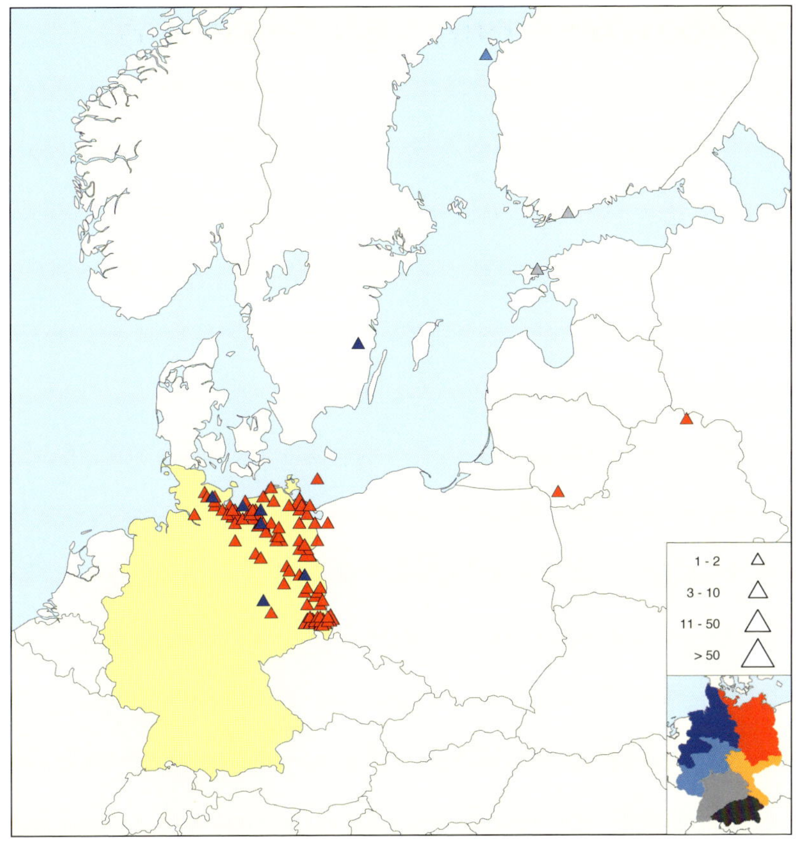

Abb. 4: Aufenthaltsorte zur Brutzeit von im Winter (Dezember – Januar) in Deutschland anwesenden Seeadlern (136 Funde). – *Presence during the breeding season of White-tailed Sea-eagles present in Germany in winter (December – January, 136 recoveries).*

Individuen im NE-deutschen Tiefland gefunden. Ein finnischer Vogel gelangte bis in die mittelhessische Wetterau und wurde dort – beginnend in seinem zweiten Lebensjahr – in vier aufeinander folgenden Wintern beobachtet. Auch ein weiterer Vogel aus Finnland überflog das winterliche Konzentrationsgebiet von Seeadlern in NE-Deutschland und „landete" im westfälischen Sauerland.

Summary: *The German population of White-tailed Sea-eagles is strongly increasing in numbers (currently 628 – 643 bp) and expanding its range to the W and S. Nearly 70% of the breeding pairs are found in Mecklenburg-Vorpommern and Brandenburg. In winter, especially juvenile birds fly beyond the breeding range. The respective recoveries come from adjacent countries (mainly W Poland, Denmark and The Netherlands), but also from SW France, S Sweden, W Russia and SE England. However, the majority of ring recoveries are from the hatching region, implying that most NE German birds remain in that region. These birds are joined by breeders from Fennoscandia (including one recovery from the N Russian Kola Peninsula), Poland and Lithuania.*

Raufußbussard *Buteo lagopus*

Rough-legged Buzzard

Beringungen nach 1945:	378
Funde > 10 km nach 1945:	11/11
Wiederfundquote (Fernfunde nach 1945):	2,9 %
Funde > 10 km seit 1901:	11/11
Funde fremder Beringungszentralen:	39/37
Höchstalter:	3 J, 10 M*
Weiteste Entfernung:	2455 km

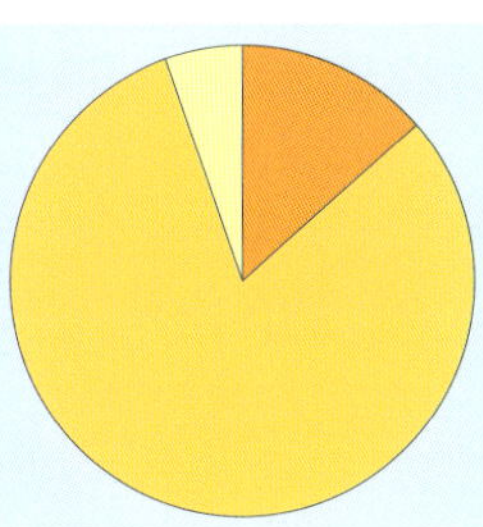

Verbreitung und Status: Als Brutgebiet dienen dem Raufußbussard die Tundren und die Nordränder der Taiga in Nordamerika und Eurasien. Die Überwinterungsgebiete liegen südlich des Brutareals, in Eurasien erstrecken sie sich von N-Mitteleuropa ostwärts quer durch Asien bis SE-Sibirien. Das Vorkommen im Überwinterungsgebiet variiert jahrweise deutlich in Abhängigkeit vom Nahrungsangebot im Brutgebiet und von der winterlichen Schneebedeckung. Auch in Deutschland wurden starke Fluktuationen in der Anzahl der Wintergäste festgestellt, besonders in S-Deutschland, wo die Art in manchen Jahren weitgehend fehlt, in anderen Jahren aber invasionsartig auftritt. Die meisten Raufußbussarde erreichen Deutschland im Oktober und November, der Monat mit dem stärksten Heimzug ist der April.

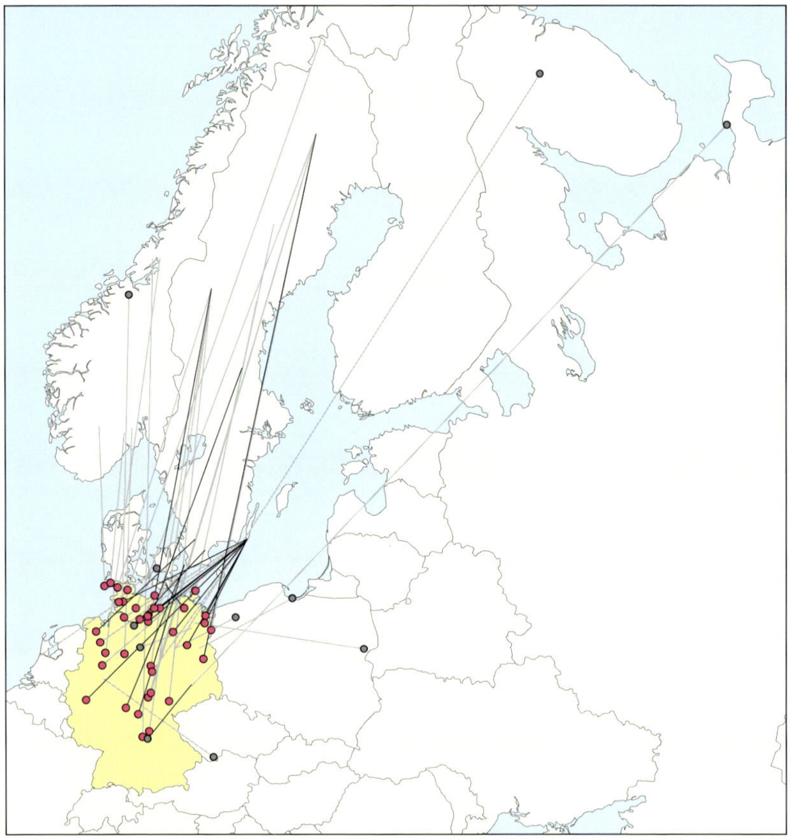

Abb. 1: Funde von Raufußbussarden mit Bezug zu Deutschland (50 Funde). – *Recoveries of Rough-legged Buzzards related to Germany (50 recoveries).*

Wanderungen: Die Ringfunde zeigen deutlich die Herkunft der im Winterhalbjahr in Deutschland (vor allem im NW- und NE-deutschen Tiefland) anwesenden Raufußbussarde aus Brutgebieten in Norwegen und Schweden (Abb. 1). Die meisten Vögel ziehen dabei entlang einer N-S-Achse. Dies steht im Einklang mit weiteren Ringfunden fennoskandischer Raufußbussarde, die größtenteils südlich des Brutgebietes gefunden wurden (Fransson & Pettersson 2001, Bakken et al. 2003, Saurola et al. 2013). Durch Zug nach S gelangen Vögel aus N-Norwegen und Finnland in Überwinterungsgebiete, die östlich von Deutschland liegen (Bakken et al. 2003, Saurola et al. 2013). Ein kleinerer Teil der deutschen Wintergäste kommt sicherlich auch aus N-Russland, was durch zwei Ringfunde belegt ist (Abb. 1). Diese Vögel haben offensichtlich eine SW-Route gewählt. Zug nach SW ist dagegen bei skandinavischen Raufußbussarden nur bei kurzen Distanzen zwischen Beringungs- und Wiederfundort zu erkennen und sicherlich durch die Topographie zu erklären, d. h. Zug entlang der „Vogelfluglinie" von S-Schweden nach Schleswig-Holstein anstelle einer Überquerung der offenen Ostsee.
Ringfunde erbrachten für viele Raufußbussarde den Nachweis von Winterortstreue (Glutz von Blotzheim et al. 1971, Bønløkke et al. 2006, Cepák et al. 2008). Dennoch wechseln manche Individuen auch in andere Teile des Winterareals. Dass dies über größere Distanzen geschehen kann, zeigen im Winter in Deutschland beringte Vögel, die in späteren Jahren im Winter weiter östlich in E-Polen und Tschechien gefunden wurden (auch zwei dänische Wintergäste fanden sich später in Tschechien, Bønløkke et al. 2006). Ein im September in N-Polen gefundener Ringvogel könnte noch auf dem Zug zum Beringungsort in Brandenburg gewesen sein, ein Fund in NW-Polen lässt sich keinem Zugabschnitt zuordnen.

Summary: *Rough-legged Buzzard is present winter visitor in Germany (mainly in the northern parts) from October through April. According to ring recoveries, most birds appear to be Norwegian and Swedish breeders, but there is evidence for N Russian origin as well. The German winter quarters are usually situated due south of the breeding sites, but short-distance recoveries reveal adaptations of migration routes to topography (avoidance of crossing the Baltic Sea). Though winter site fidelity was demonstrated many times, some Rough-legged Buzzards can also switch to other locations, as shown by ringed birds found in Poland or the Czech Republic in subsequent winters.*

Mäusebussard *Buteo buteo*
Eurasian Buzzard

Beringungen nach 1945:	71.749
Funde > 10 km nach 1945:	4607/4209
Wiederfundquote (Fernfunde nach 1945):	5,9 %
Funde > 10 km seit 1901:	4958/4528
Funde fremder Beringungszentralen:	780/771
Höchstalter:	26 J, 4 M
Weiteste Entfernung:	2046 km

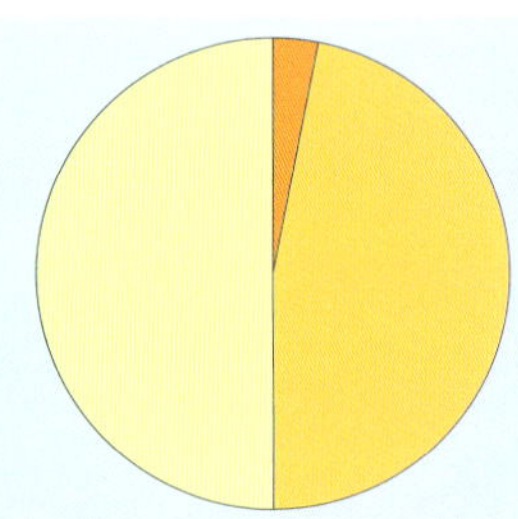

Verbreitung und Status: Mäusebussarde brüten in fast ganz Europa und fehlen nur in Island und N-Skandinavien. Ostwärts setzt sich das Vorkommen durch Zentralasien bis Japan fort. Besiedelt sind auch einige Inselgruppen im E-Atlantik. In den meisten Teilen Europas kommt die Art ganzjährig vor, dort lebt die Nominatform als Standvogel oder Teilzieher. Vom zentralen Finnland aus ostwärts gehören die Bussarde zur Unterart *B. b. vulpinus* („Falkenbussard"), die als Langstreckenzieher Wanderungen nach E- bis S-Afrika, Indien und SE-Asien unternimmt. In Deutschland ist der Mäusebussard flächendeckend und ganzjährig vertreten. Der Brutbestand von 80.000 – 135.000 BP nimmt zu. Durchzug von weiter nördlich und östlich brütenden Vögeln findet vor allem von August bis November und von März bis April statt.

Wanderungen: Von Deutschland aus zieht sich ein breites Band von Wiederfunden nach SSW, so dass Funde auf den Britischen Inseln und in NW-Frankreich ebenso fehlen wie (mit einer Ausnahme) in Italien. Die Iberische Halbinsel wird nur von wenigen deutschen Mäusebussarden erreicht. Abgesehen von den unmittelbar an Deutschland angrenzenden Gebieten gibt es kaum Funde nach E, NE und N. Diese Richtungen werden dafür durch zahlreiche Bussarde repräsentiert, die in Dänemark, S-Schweden und S-Finnland, aber auch in den Baltischen Staaten beringt wurden (Abb. 2). Die Ostgrenze des von diesen Beringungsorten gekennzeichneten Gebietes markiert gleichzeitig die Grenze zwischen der Nominatform und der Unterart *B. b. vulpinus*, die nur ausnahmsweise in Deutschland vorkommt. Aus dem Rahmen fallen die einzigen Bezüge zu Großbritannien und Italien: Ein Nestling aus Schottland wurde 1,5 Jahre später nördlich von Aachen tot aufgefunden, auch Wernham et al. (2002) zeigen lediglich einen Fund von den Britischen Inseln zum Kontinent (Frankreich). Ein bei Berlin erbrüteter Vogel wurde über acht Jahre später im Januar in Mittel-Italien erlegt.

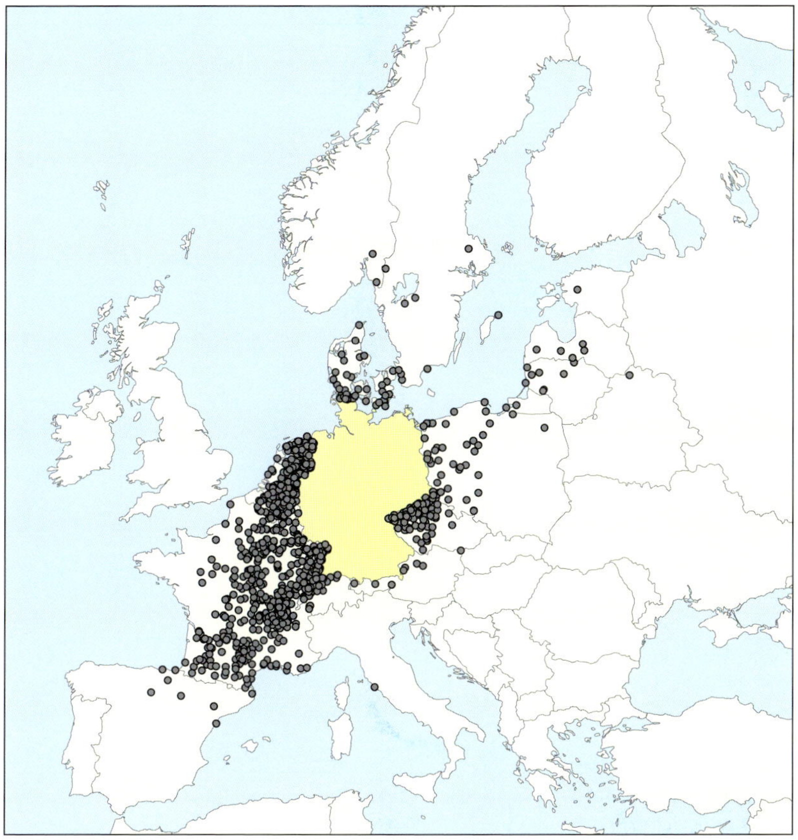

Abb. 1: Fundorte im Ausland von in Deutschland beringten Mäusebussarden (1000 Funde). – *Foreign recovery sites of Eurasian Buzzards ringed in Germany (1000 recoveries).*

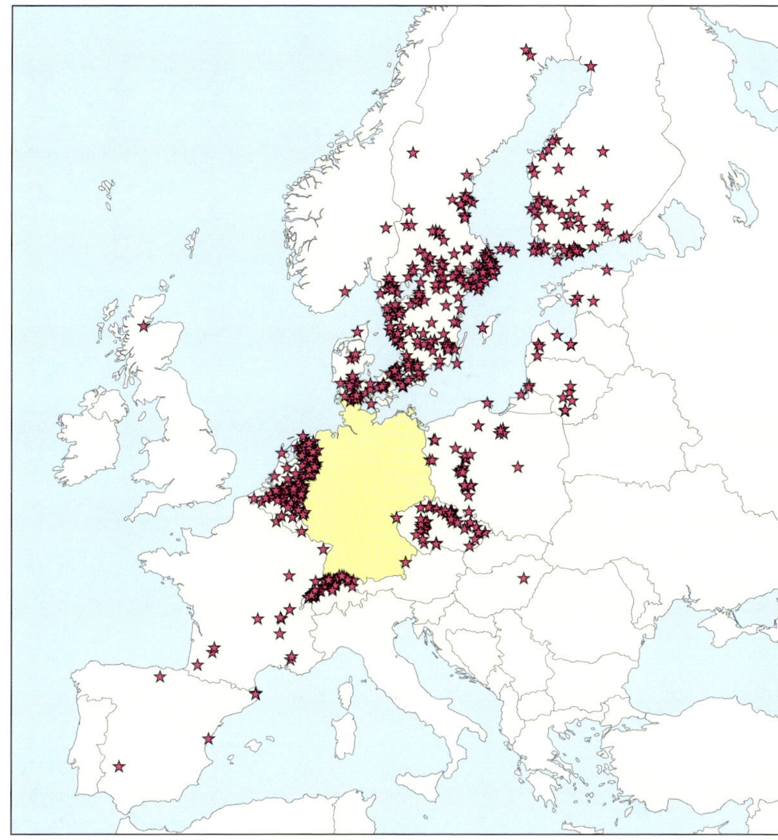

Abb. 2: Beringungsorte im Ausland von in Deutschland gefundenen Mäusebussarden (780 Funde). – *Foreign ringing sites of Eurasian Buzzards recovered in Germany (780 recoveries).*

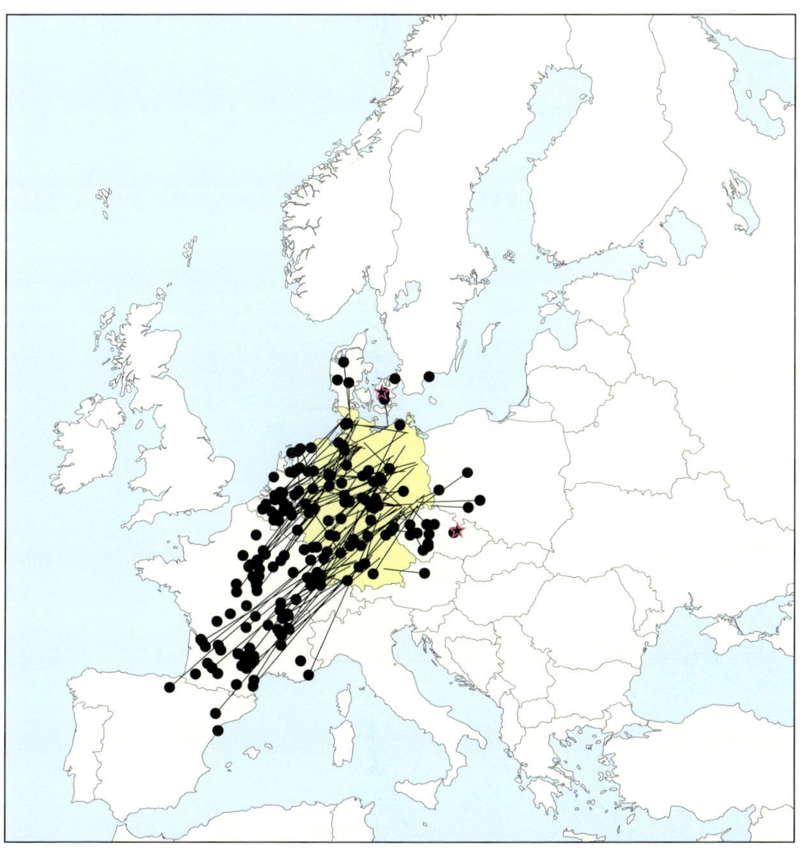

Abb. 3: Herbstzug (September – November) von in Deutschland zur Brutzeit anwesenden Mäusebussarden (192 Funde). – *Autumn migration (September – November) of Eurasian Buzzards present in Germany during the breeding season (192 recoveries).*

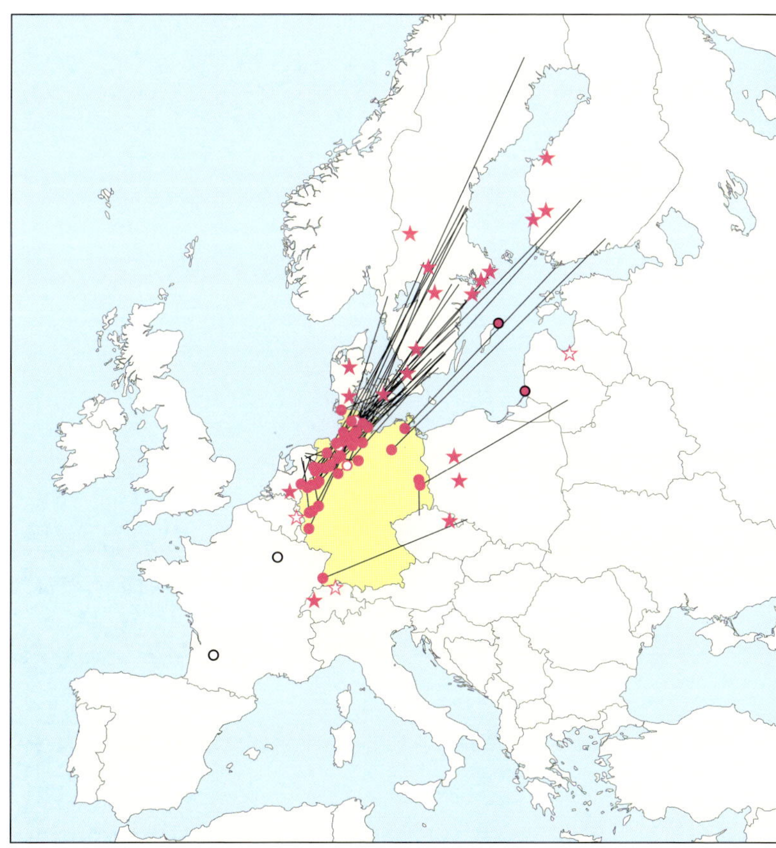

Abb. 4: Herbstzug (September – November) von in Deutschland von September bis November anwesenden Mäusebussarden (69 Funde). – *Autumn migration (September – November) of Eurasian Buzzards present in Germany from September to November (69 recoveries).*

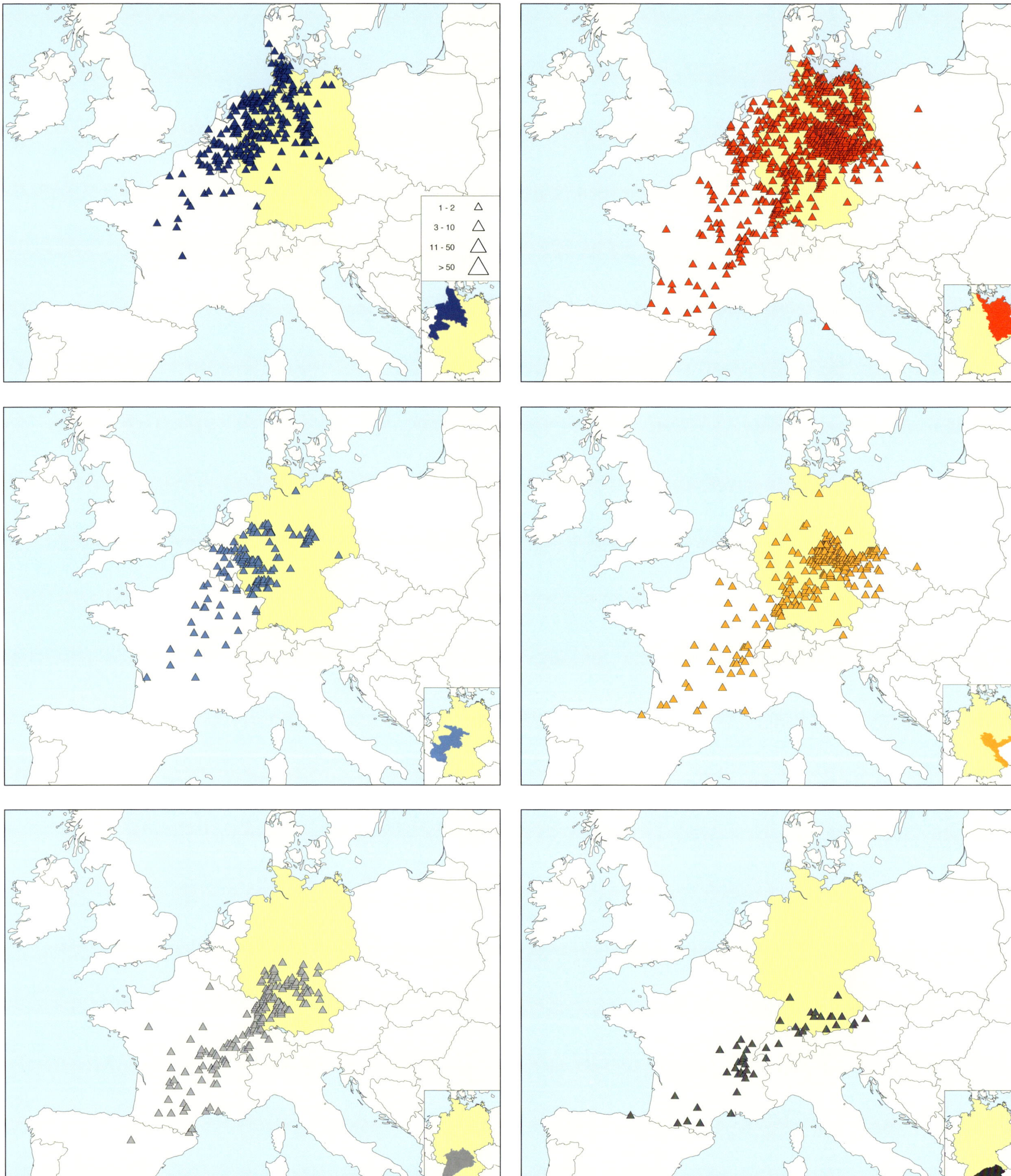

Abb. 5: Aufenthaltsorte im Winter (Dezember – Februar) von in Deutschland zur Brutzeit anwesenden Mäusebussarden (1984 Funde). – *Presence in winter (December – February) of Eurasian Buzzards present in Germany during the breeding season (1984 recoveries).*

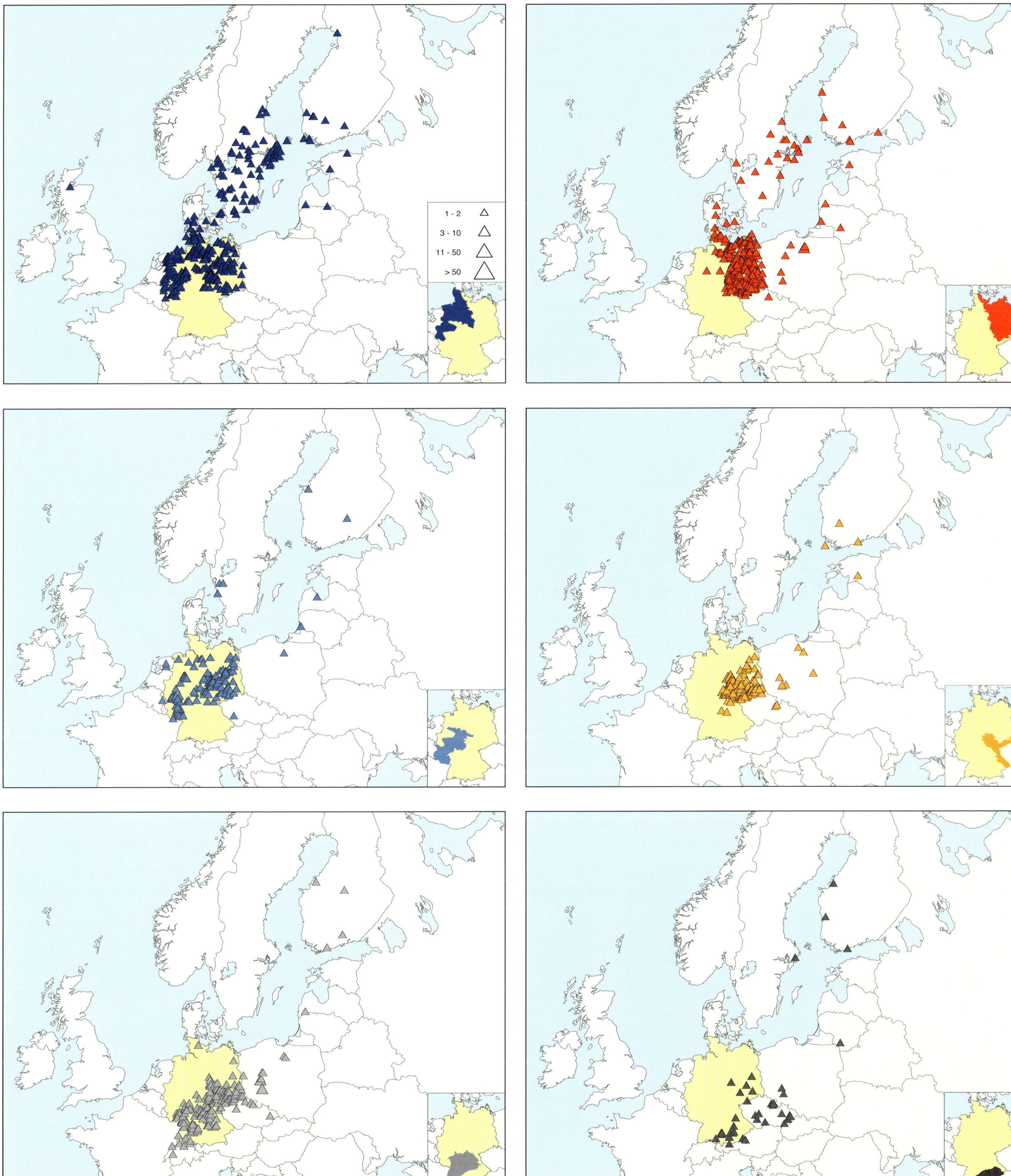

Abb. 6: Aufenthaltsorte zur Brutzeit von im Winter (Dezember – Februar) in Deutschland anwesenden Mäusebussarden (2070 Funde). – *Presence during the breeding season of Eurasian Buzzards present in Germany in winter (December – February, 2070 recoveries).*

Auf dem Herbstzug weisen die meisten Funde von Vögeln des deutschen Brutbestandes nach SW bis SSW (Abb. 3). Flüge in andere Richtungen kommen viel seltener und in der Regel nur über sehr kurze Strecken vor, sind also eher Zerstreuungswanderungen zuzurechnen. Entsprechend verteilen sich die Winterfunde aus den verschiedenen naturräumlichen Regionen heraus etwa südwestwärts (Abb. 5). Abgesehen davon, dass die große Mehrheit der Vögel in der Heimatregion bleibt, sind Unterschiede in den Zielgebieten zwischen Vögeln verschiedener Herkunft zu erkennen. Während Vögel aus dem NW-deutschen Tiefland vor allem in die Beneluxländer und nur zu einem kleinen Teil in die N-Hälfte Frankreichs gelangen, verschieben sich die Winterfunde von Vögeln aus den W- und SW-deutschen Mittelgebirgen entsprechend südwärts nach Zentral-Frankreich bzw. Zentral- und S-Frankreich. Nach E hin nehmen die Zugdistanzen etwas zu, denn sowohl Vögel aus den E-deutschen Mittelgebirgen als auch aus dem NE-deutschen Tiefland können bis zu den Pyrenäen ziehen. Dieses Gebirge wird ebenso wie die Alpen offenbar nur ausnahmsweise überquert. Das zeigen die Mäusebussarde aus dem Alpenvorland deutlich, die – sofern es sich nicht um Standvögel handelt – die Alpen im N und W umfliegen. Viele Bussarde verteilen sich im Winter auch innerhalb von Deutschland. Besonders auffällig ist, dass sich sehr viele Vögel aus dem S des NE-deutschen Tieflands über fast das ganze Bundesgebiet verteilen (Abb. 5, 6).

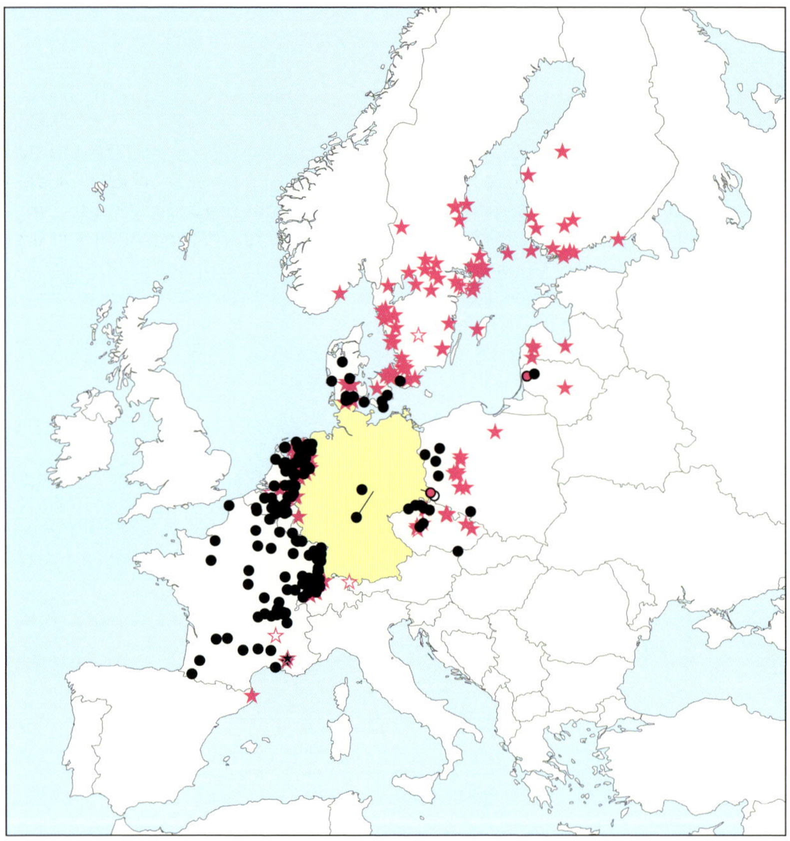

Abb. 7: Frühjahrszug (März – April) von in Deutschland zur Brutzeit (147 Funde) oder von März bis April anwesenden Mäusebussarden (153 Funde). – *Spring migration (March – April) of Eurasian Buzzards present in Germany during the breeding season (147 recoveries) or from March to April (153 recoveries).*

Im Herbst wandern den Ringfunden zufolge vor allem Bussarde aus Schweden nach Deutschland, wobei ein Großteil der Vögel den Weg über die „Vogelfluglinie" von der S-Spitze Schwedens über die E-dänischen Inseln und Fehmarn nimmt (Abb. 4) – eine nicht nur durch jahrzehntelange Feldbeobachtung (Kjellén & Roos 2000), sondern auch durch Ergebnisse der Satellitentelemetrie (Strandberg et al. 2009a) bekannte Route. Weniger Funde deuten einen Zug südlich der Ostsee von E her an. Im Winter befinden sich schwedische Vögel vor allem im NW-deutschen Tiefland, in kleinerer Zahl im NE-deutschen Tiefland und nur vereinzelt in den anderen Naturräumen Deutschlands (Abb. 6), was deren streng nach SW gerichteten Zug (Fransson & Pettersson 2001) widerspiegelt. Im Vergleich zum NW-deutschen sind im NE-deutschen Tiefland im Winter höhere Anteile finnischer, polnischer und baltischer Bussarde zu finden. Während in den Mittelgebirgen kaum Vögel aus anderen Ländern nachgewiesen sind, gibt es im Alpenvorland eine ganze Reihe von Winterfunden tschechischer Vögel.

Funde aus dem Frühjahr veranschaulichen einmal mehr die Herkunftsgebiete durch Deutschland ziehender Mäusebussarde (Abb. 7). Während Funde in Zentral- und S-Frankreich spät heimwärts ziehende Individuen betreffen dürften, sind solche aus der Nähe der deutschen Grenzen vermutlich eher auf Umsiedlungen zurückzuführen, da im März und April die meisten Brutreviere bereits besetzt sind. Ein in Abb. 7 als „Brutvogel" in NE-Spanien verzeichneter Bussard wurde dort Anfang Juni in unbekanntem Alter beringt und fast sieben Jahre später im April bei Heidenheim (Baden-Württemberg) gefunden. Dieser Fund könnte so gedeutet werden, dass deutsche Brutvögel selbst am Südrand ihres Winterareals übersommern können.

Summary: *Eurasian Buzzard is a widespread breeder in all parts of Germany. Its population size is increasing and currently estimated at 80,000 – 135,000 bp. Though the majority of German breeders are sedentary, others move towards the SW and SSW and spend the winter in the Low Countries, in France and in extreme cases in N Spain. Buzzards from E Germany tend to migrate over longer distances than those from W and S Germany. Birds from Bavaria obviously avoid crossing the Alps, passing by to the N and W. In autumn, birds from Fennoscandia, the Baltic States, Poland and the Czech Republic turn up in Germany. Most winter recoveries of Swedish breeders are from NW Germany, some from the NE, but only few from C and S Germany. In E Germany, the proportion of birds from Finland, Poland and the Baltic States is higher than further W, and Czech Buzzards are commonly found in Bavaria.*

Merlin *Falco columbarius*
Merlin

Beringungen nach 1945:	155
Funde > 10 km nach 1945:	7/7
Wiederfundquote (Fernfunde nach 1945):	4,5 %
Funde > 10 km seit 1901:	7/7
Funde fremder Beringungszentralen:	14/14
Höchstalter:	2 J*
Weiteste Entfernung:	2200 km

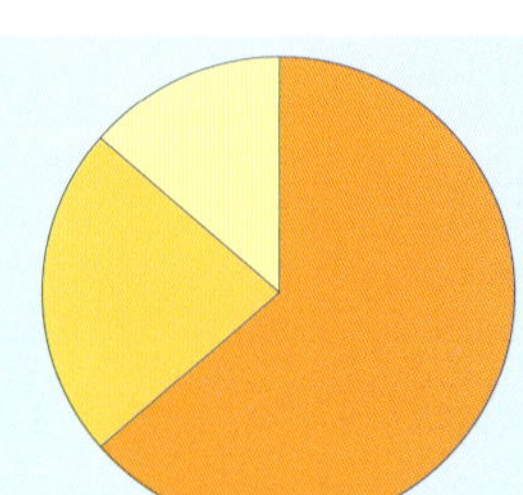

Verbreitung und Status: Als Brutvogel bewohnt der Merlin Tundra und Taiga von N-Eurasien und Nordamerika. Die Überwinterungsgebiete liegen fast ausschließlich südlich des Brutareals, südwärts bis N-Afrika, N-Indien, SE-Asien und N-Südamerika. In Europa brütet die Art vor allem in Island, Fennoskandien und Russland, aber in größerer Zahl auch auf den Britischen Inseln. In Deutschland sind Merline ausschließlich Durchzügler und Wintergäste, wobei das Vorkommen entlang der Nordseeküste am stärksten ist. Der Herbstzug konzentriert sich auf die Monate September und Oktober, der Frühjahrszug findet in erster Linie im April und Mai statt.

Wanderungen: Den Beringungsergebnissen zufolge gelangen vor allem Merline aus Finnland nach Deutschland (17 entsprechende Ringfunde, Abb. 1). Zu einer Herkunft aus Skandinavien liegt nur ein Fund von Niedersachsen nach Norwegen vor (Abb. 1), allerdings nennen Fransson & Pettersson (2001) und Bakken et al. (2003) jeweils drei zusätzliche Funde von Schweden bzw. Norwegen nach Deutschland. Die unterschiedlichen Fundzahlen sind verwunderlich, da in den drei N-europäischen Ländern etwa gleich viele Merline beringt worden sind (Fransson & Pettersson 2001, Ballen et al. 2003, Saurola et al. 2013) und der von Norwegen und Schweden nach SSW führende Herbstzug Deutschland ebenso berühren sollte wie der nach SW gerichtete Herbstzug finnischer Vögel. Die Überwinterungsgebiete der N-europäischen Merline befinden sich größtenteils in Frankreich und auf der Iberischen Halbinsel.

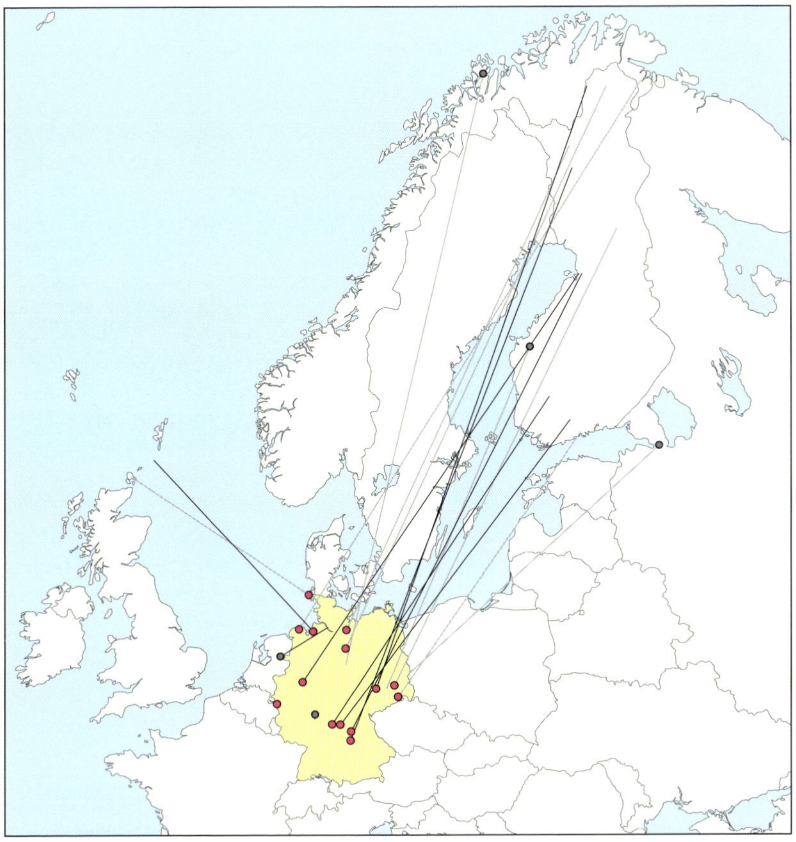

Abb. 1: Funde von Merlinen mit Bezug zu Deutschland (19 Funde). – *Recoveries of Merlins related to Germany (19 recoveries).*

Ein von Glutz von Blotzheim et al. (1971) aufgeführter Ringfund belegt das Vorkommen von Vögeln des kleinen lettischen Brutbestandes in Deutschland im Winter. Der Fund eines im Winter in Brandenburg beringten Vogels im folgenden Herbst bei St. Petersburg (Russland) deutet zudem an, dass auch eine Zuwanderung aus N-Russland in Erwägung zu ziehen ist.
Zwei Vögel gelangten nachweislich von Schottland aus, also von NW her, an die deutsche Nordseeküste. Bei einem Vogel handelt es sich um einen Nestling von den Orkney-Inseln, der im folgenden April auf Sylt tot gefunden wurde und sich zumindest auf ungewöhnlichem Weg in Richtung Heimat befand (die meisten britischen Merline wandern im Herbst nach S, Wernham et al. 2002). Ein als Jungvogel Anfang September auf Fair Isle gefangener und fünf Wochen später in Bremerhaven tot gefundener Vogel wird der nur auf Island brütenden Unterart *F. c. subaesalon* zugerechnet (Glutz von Blotzheim et al. 1971) und weist zusammen mit einem Belegexemplar von Helgoland (Bub 1988) auf das Erscheinen isländischer, zumeist auf den Britischen Inseln überwinternder Vögel in N-Deutschland hin.

Summary: *The Merlin is a migrant and winter visitor to Germany, predominantly in the N. Several ring recoveries imply a N European origin, with most birds coming from Finland (recoveries of birds ringed in Norway, Sweden and Latvia not shown). A Merlin captured in winter in E Germany and recovered in W Russia the subsequent autumn gives rise to speculation about N Russian birds migrating to Germany as well. Two recoveries connect NW Germany to Scotland (a nestling from Orkney and a juvenile from Fair Isle), indicating that birds from breeding populations in Britain and Iceland can visit the German North Sea coast in small numbers.*

Baumfalke *Falco subbuteo*
Eurasian Hobby

Beringungen nach 1945:	4543
Funde > 10 km nach 1945:	109/105
Wiederfundquote (Fernfunde nach 1945):	2,3 %
Funde > 10 km seit 1901:	118/114
Funde fremder Beringungszentralen:	13/13
Höchstalter:	14 J, 2 M
Weiteste Entfernung:	1860 km

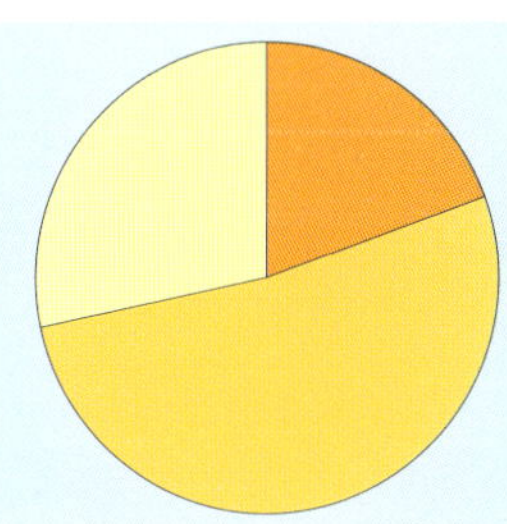

Verbreitung und Status: Abgesehen von der baumlosen Tundra erstreckt sich das Brutgebiet des Baumfalken über fast ganz Eurasien. Die Überwinterungsgebiete befinden sich in SE-Asien, Indien und südlich der Sahara in Afrika. Deutschland hält einen leicht zunehmenden Brutbestand von 5000–6500 BP, der sich über das gesamte Land verteilt. Darüber hinaus wird Deutschland von Brutvögeln weiter nördlich gelegener Länder auf dem Zug überquert, vor allem von Mitte April bis Anfang Juni sowie von Mitte August bis Mitte Oktober.

Wanderungen: Da es bisher keine Wiederfunde deutscher Baumfalken aus Afrika gibt, können die Ergebnisse der Vogelberingung lediglich über die in Europa zurückgelegten Zugstrecken Aufschluss geben. Demzufolge wandern Baumfalken im Herbst in Richtung SSW ab und erreichen vor allem in Italien und S-Frankreich das Mittelmeer (Abb. 2). Diese Zugrichtung stimmt mit derjenigen von Vögeln aus Schweden und Finnland überein (Fransson & Pettersson 2001, Saurola et al. 2013), die Deutschland auf dem Zug überfliegen. Dies wird belegt durch Wiederfunde eines Ringvogels aus Schweden (Fransson & Pettersson 2001) sowie von zwei Ringvögeln aus S-Finnland (Abb. 1), aber auch durch mit Satellitensendern aufgezeichnete Zugwege von Baumfalken aus S-Schweden (Strandberg et al. 2009b). Der weitere Verlauf des Zugs deutscher Vögel in Afrika konnte mit Hilfe von Satellitensendern für sechs Baumfalken aus dem Großraum Berlin verfolgt werden. Alle sechs Vögel überquerten Sahara und tropischen Regenwald, um schließlich in Angola und Nachbarländern zu überwintern bzw.

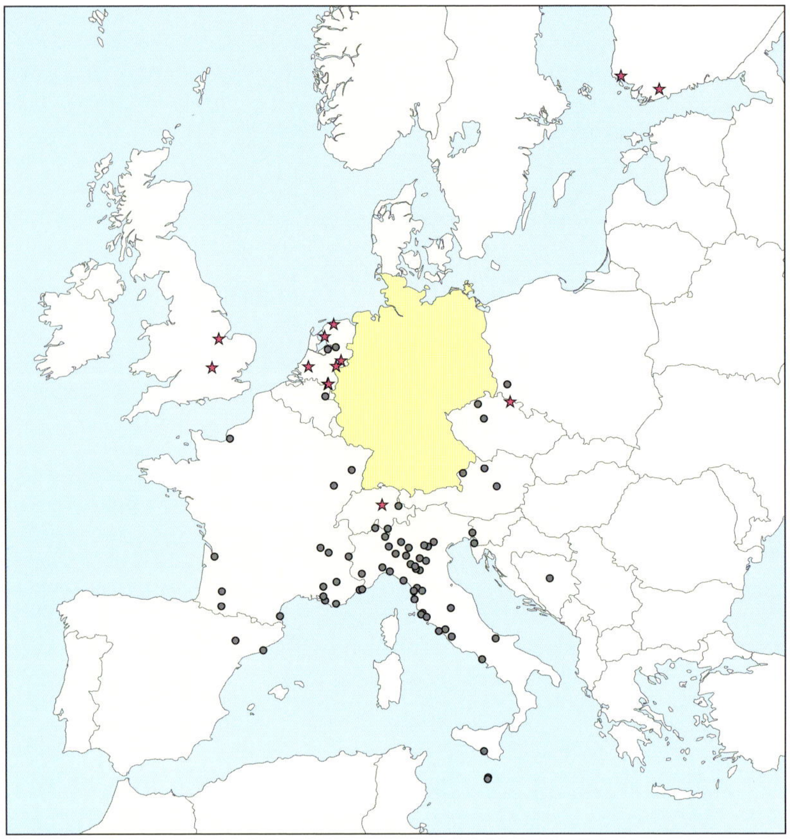

Abb. 1: Fundorte von in Deutschland beringten (71 Funde) und ausländische Beringungsorte von in Deutschland gefundenen (13 Funde) Baumfalken. – *Foreign recovery sites of Eurasian Hobbies ringed in Germany (71 recoveries) and foreign ringing sites of birds recovered in Germany (13 recoveries).*

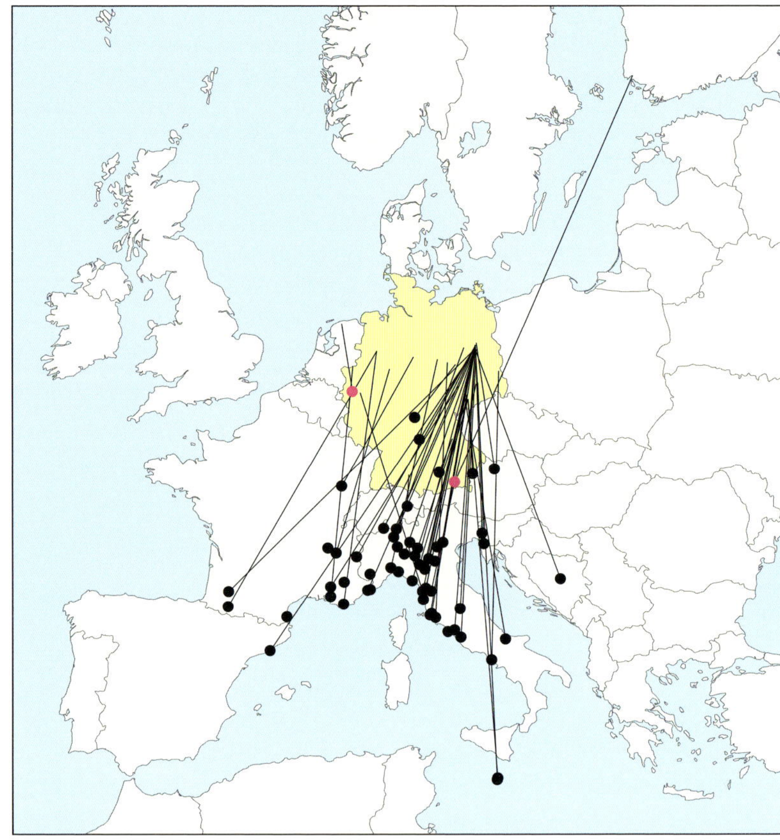

Abb. 2: Herbstzug (September – November) von in Deutschland zur Brutzeit (59 Funde) oder von September bis November anwesenden Baumfalken (4 Funde). – *Autumn migration (September – November) of Eurasian Hobbies present in Germany during the breeding season (59 recoveries) or from September to November (4 recoveries).*

dort großräumig umherzustreifen (Fiuczynski et al. 2010, Meyburg et al. 2011a). Bei einem adulten Weibchen konnten mit dieser Methode sogar zwei komplette Zugzyklen beobachtet werden. In beiden Jahren erfolgte ein Schleifenzug, bei dem die Sahara im Frühjahr deutlich (in einem Jahr über 2000 km) weiter westlich überquert wurde als auf dem Herbstzug (Meyburg et al. 2011a).

In Abb. 1 markierte Beringungsorte in den Niederlanden, der Schweiz und Tschechien betreffen Wiederfunde nach meist mehreren Jahren, so dass es sich um Ansiedlungen über die politischen Grenzen hinweg gehandelt haben könnte. Zwei in England als Nestling beringte Baumfalken wurden nach etwa einem Jahr in Brandenburg bzw. in Niedersachsen gefunden. Möglicherweise betreffen diese Funde umherstreifende Nichtbrüter.

***Summary:** A slightly increasing breeding stock of 5000 – 6500 bp of Eurasian Hobby is distributed all over Germany. With their main departure direction in autumn at SSW, the Mediterranean is reached in Italy or S France. As there are no ring recoveries from Africa so far, subsequent migration steps were tracked by the help of satellite telemetry only. It turned out that the birds spend the winter in Angola and adjacent countries and that the Sahara is crossed much further west in spring than in autumn. A few recoveries in Germany of birds ringed in Sweden and Finland (and other European countries) point to migration and natal or breeding dispersal, but also indicate movements of non-breeding sub-adults.*

Wanderfalke *Falco peregrinus*

Peregrine Falcon

Beringungen nach 1945:	14.372
Funde > 10 km nach 1945:	1176/808
Wiederfundquote (Fernfunde nach 1945):	5,4 %
Funde > 10 km seit 1901:	1189/821
Funde fremder Beringungszentralen:	40/40
Höchstalter:	17 J, 9 M
Weiteste Entfernung:	2305 km

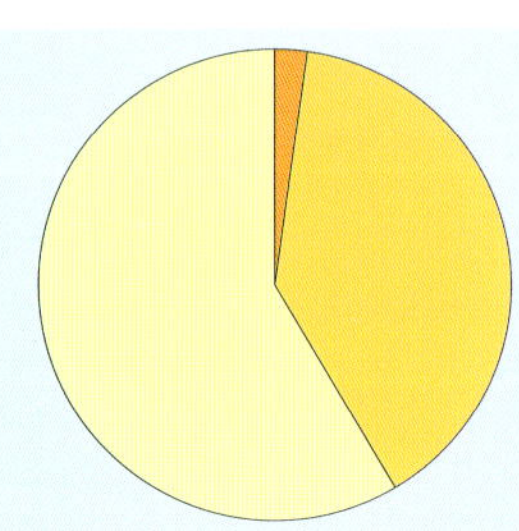

Verbreitung und Status: Der Wanderfalke gehört zu den weltweit am weitesten verbreiteten Vogelarten und kommt außer in einigen Wüstengebieten, tropischen Regenwäldern und vergletscherten Landstrichen nahezu überall als Brutvogel vor. Vögel in N-Eurasien und N-Nordamerika sind Zugvögel, in allen anderen Bereichen des Areals ist die Art Teilzieher oder Standvogel. Nachdem Wanderfalken in Deutschland in den 1960er und 1970er Jahren fast ausgestorben waren, haben Schutzprogramme zu einem deutlichen Anstieg des Brutbestands geführt. Inzwischen brüten 1000 – 1200 Paare in Deutschland,

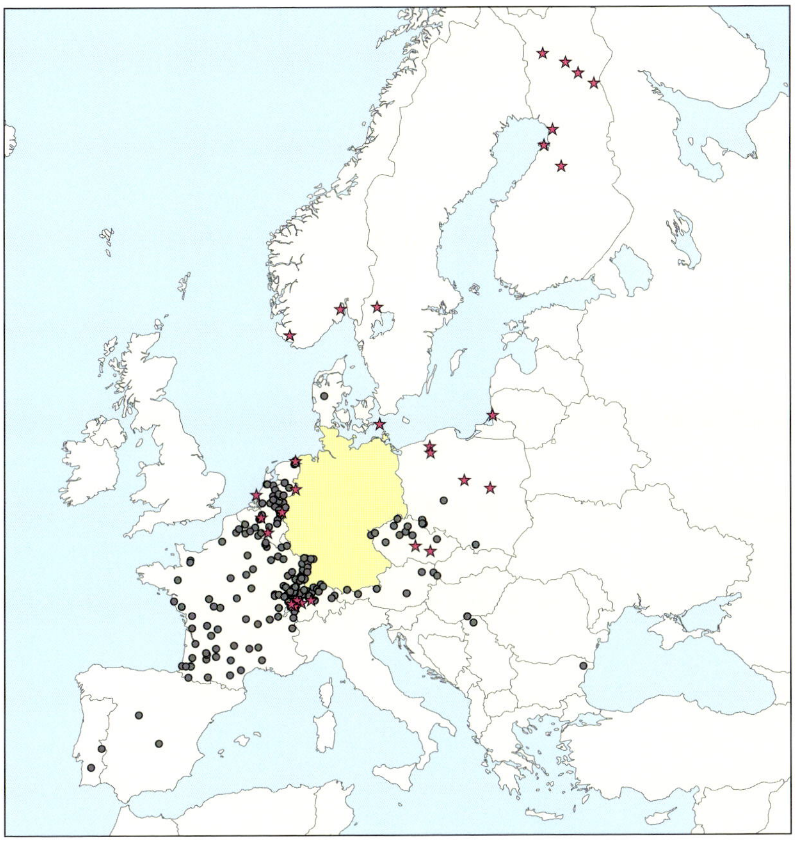

Abb. 1: Fundorte von in Deutschland beringten (255 Funde) und ausländische Beringungsorte von in Deutschland gefundenen (40 Funde) Wanderfalken. – *Foreign recovery sites of Peregrine Falcons ringed in Germany (255 recoveries) and foreign ringing sites of birds recovered in Germany (40 recoveries).*

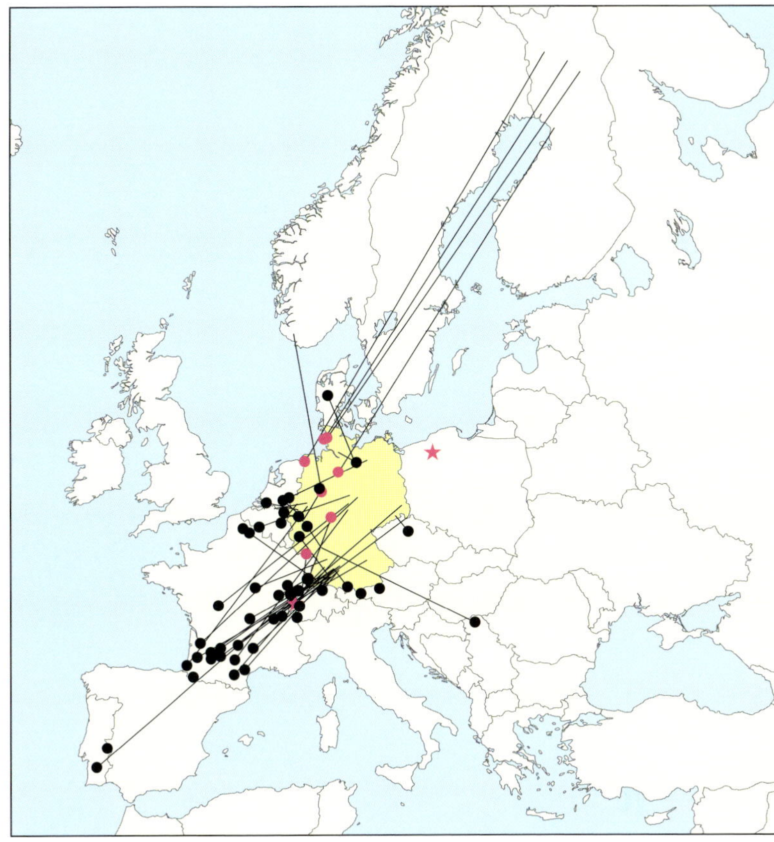

Abb. 2: Herbstzug (September – November) von in Deutschland zur Brutzeit (50 Funde) oder von September bis November anwesenden Wanderfalken (9 Funde). – *Autumn migration (September – November) of Peregrine Falcons present in Germany during the breeding season (50 recoveries) or from September to November (9 recoveries).*

mit weiterhin steigender Tendenz. Besiedelt sind vor allem die Mittelgebirge S- und W-Deutschlands sowie die Alpen, spärlicher ist das Vorkommen in N- und E-Deutschland. Im Winter anwesende Vögel stammen teilweise aus N-Europa, der stärkste Zug findet in Deutschland im April und Mai sowie von September bis November statt.

Wanderungen: Die meisten Wanderfalken aus dem deutschen Brutbestand sind entweder Standvögel oder verbringen den Winter in oder nahe der Region, in der sie auch brüten (Abb. 3). Diejenigen Vögel, die sich im Herbst weiter vom Brutgebiet entfernen, fliegen fast ausschließlich nach SW und überwintern zumeist in Frankreich, teilweise auch in Spanien (Abb. 3). Dies zeigen auch die direkten Verbindungen bei Wiederfunden auf dem Herbstzug im Jahr der Beringung, die allerdings ausnahmslos Jungvögel betreffen (Abb. 2). Jungvögel überwintern etwas weiter vom Geburtsort entfernt als ältere Vögel (Mediane der Funde von Dezember bis Februar: 1. Winter 215 km, n = 57, alle älteren Vögel 164 km, n = 50), doch ist dieser Unterschied biologisch sicherlich nicht signifikant. Nur sehr wenige Vögel zogen von Deutschland aus nach SE, maximal bis an die bulgarische Schwarzmeerküste (Abb. 1 und 2).
Im Herbst erscheinen den Ringfunden zufolge Wanderfalken aus Norwegen, Schweden und Finnland in Deutschland. Die meisten dieser Vögel überwintern aber wohl weiter südwestlich, denn zum einen gibt es aus den Wintermonaten nur einen Fund eines N-europäischen Vogels (aus Finnland) in Deutschland, zum anderen konzentrieren sich die Winterfunde der fennoskandischen Vögel in Frankreich, Großbritannien und auf der Iberischen Halbinsel (Fransson & Pettersson 2001, Bakken et al. 2003, Saurola et al. 2013). Auch mit Satellitensendern ausgestattete Wanderfalken von der N-russischen Kola-Halbinsel überquerten Deutschland lediglich auf dem Weg nach Frankreich bzw. Spanien (Ganusevich et al. 2004). Da nur wenige fennoskandische Vögel im Winter nah der Heimat bleiben, einige aber sogar N- und W-Afrika erreichen, gibt es unter Berücksichtigung der teilziehenden deutschen und der zu noch geringeren Anteilen wandernden britischen Vögel (Wernham et al. 2002) Anzeichen für einen Übersprungzug. Für ein solches Zugsystem sprechen auch Indizien aus Finnland, wo Wanderfalken aus dem N des Landes weiter entfernt gefunden wurden als Vögel aus dem S, wenngleich in unterschiedlichen Jahrzehnten (Saurola et al. 2013). Übersprungzug wurde auch bei nordamerikanischen Wanderfalken festgestellt (Schmutz et al. 1991).

Summary: *After a population crash in the 1960s and 1970s, the Peregrine Falcon has recovered in Germany and has now reached a breeding population of 1000 – 1200 bp, which are mainly found in the S and W of the country, with smaller numbers in N and E Germany. The majority of German Peregrine Falcons can be regarded as more or less sedentary, but some birds are heading SW in autumn to winter in France and Spain. Apparently, only very few birds fly to the SE. Fennoscandian birds occur on passage in Germany rather than as winter visitors, and as their wintering grounds are located further south than those of German birds, leap-frog migration is implied.*

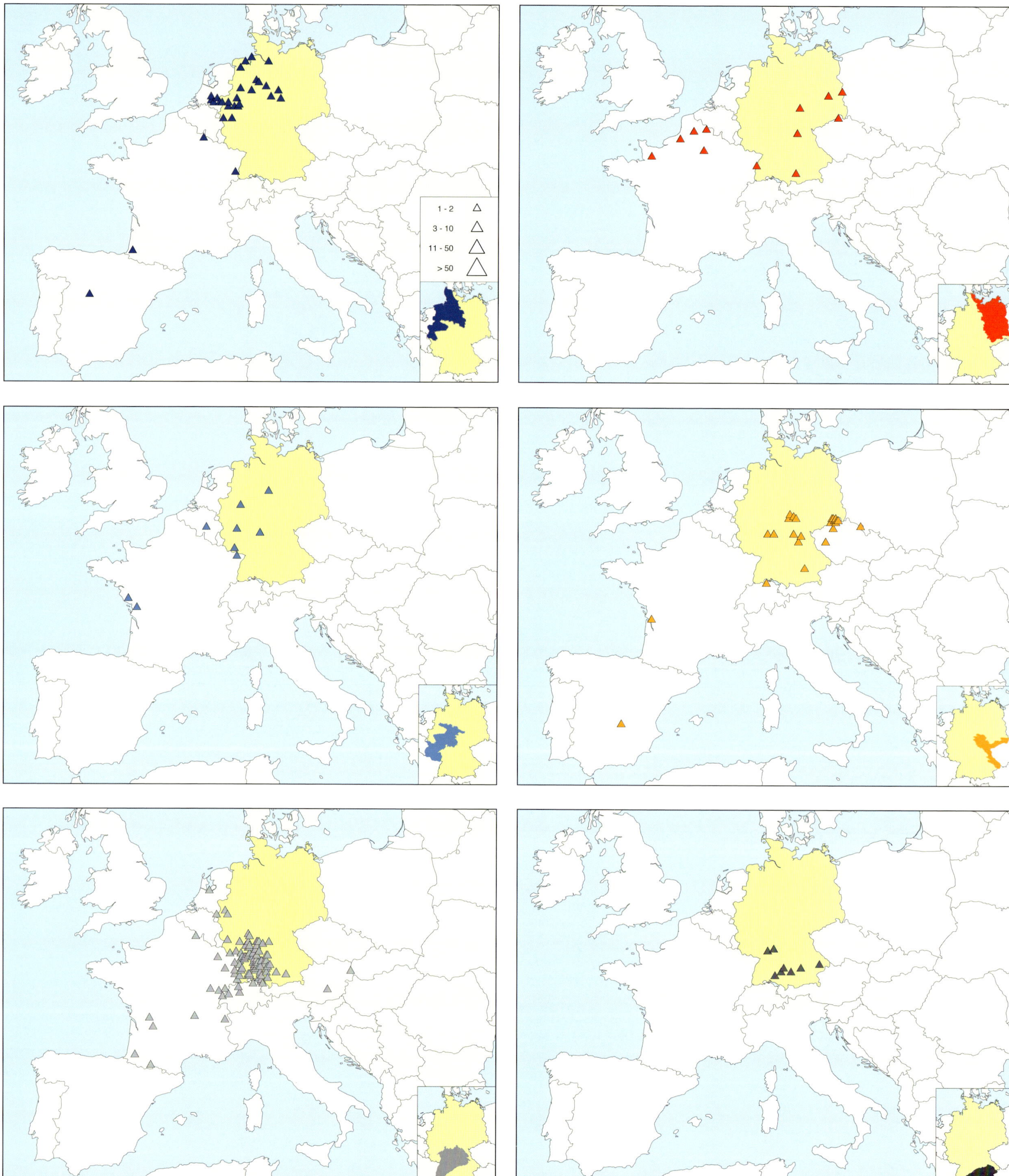

Abb. 3: Aufenthaltsorte im Winter (Dezember – Februar) von in Deutschland zur Brutzeit anwesenden Wanderfalken (206 Funde). – *Presence in winter (December – February) of Peregrine Falcons present in Germany during the breeding season (206 recoveries).*

Würgfalke *Falco cherrug*
Saker Falcon

Das Brutareal des Würgfalken reicht von Zentral-China bis SE-Europa, die westlichsten Ausläufer erreichen Ungarn und die Slowakei. Ein Paar brütete von 1997–2001 im Nationalpark Sächsische Schweiz und stellte damit das einzige rezente Brutvorkommen der Art in Deutschland dar (Augst 2001, Barthel 2011). Außerhalb der Brutzeit halten sich Würgfalken größtenteils südlich der Brutgebiete auf. Die Satellitenbesenderung von mehr als 50 Vögeln in der Slowakei, Ungarn, Rumänien und der Ukraine zeigte jedoch, dass die in SE-Europa beheimateten Individuen weit umherstreifen können und dabei vor allem Gebiete am Schwarzen Meer und im östlichen Mittelmeerraum aufsuchen, vereinzelt aber auch Zentral- oder W-Afrika erreichen (www.sakerlife2.mme.hu, 9.12.2013). Drei dieser besenderten Würgfalken flogen auch von Polen bzw. von Tschechien aus weite Schleifen durch E-Deutschland (nordwärts bis Mecklenburg-Vorpommern und E-Niedersachsen), wobei ein Vogel schließlich über Hessen und Rheinland-Pfalz nach S-Frankreich gelangte (s. auch Barthel 2011). Der einzige Deutschland betreffende Ringfund, ein im Juni 1983 in NE-Ungarn beringter Jungvogel, der etwa 4–5 Wochen später östlich von Hamburg verendete (Abb. 1), passt gut in dieses Bild. Allerdings ist festzuhalten, dass die Art in Deutschland nur sehr selten erscheint, denn seit 1980 ergaben Feldbeobachtungen pro Jahrzehnt nur etwa 5–20 Nachweise (Barthel 2011).

Summary: *Saker Falcon is currentlya very rare visitor to Germany with less than 20 records per decade, but one pair was breeding in Saxony from 1997 to 2001. One ringed juvenile from NE Hungary died E of Hamburg only a few weeks after fledging. The occurrence of birds from the westernmost part of its range is supported by three indviduals carrying satellite transmitters, which flew extensive loops from W Hungary (one bird) and Slovakia (two birds) across Germany.*

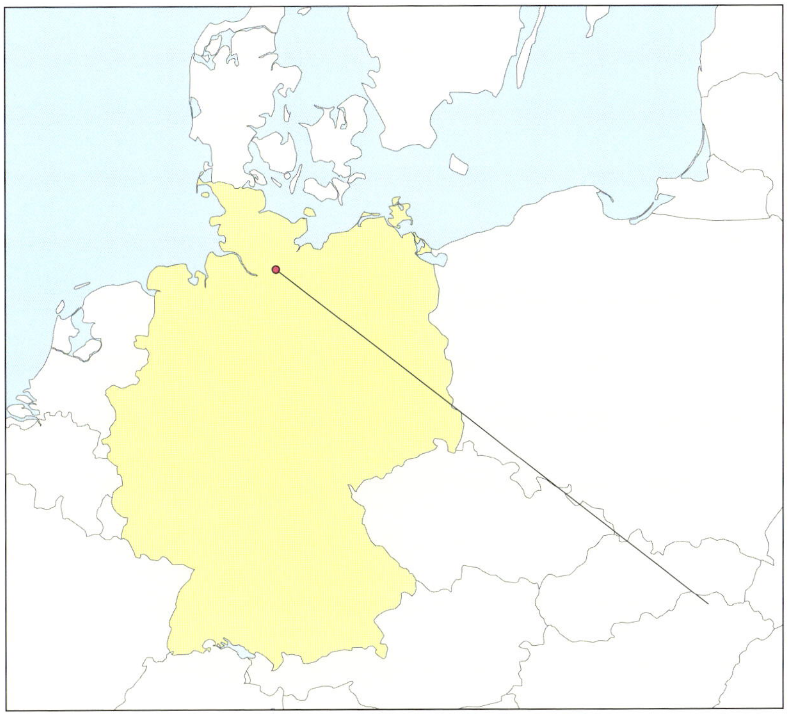

Abb. 1: Fund eines Würgfalken mit Bezug zu Deutschland. – *Recovery of a Saker Falcon related to Germany.*

Turmfalke *Falco tinnunculus*
Common Kestrel

Beringungen nach 1945:	174.240
Funde > 10 km nach 1945:	4483/4146
Wiederfundquote (Fernfunde nach 1945):	2,4 %
Funde > 10 km seit 1901:	4650/4310
Funde fremder Beringungszentralen:	1125/1107
Höchstalter:	21 J, 4 M
Weiteste Entfernung:	4913 km

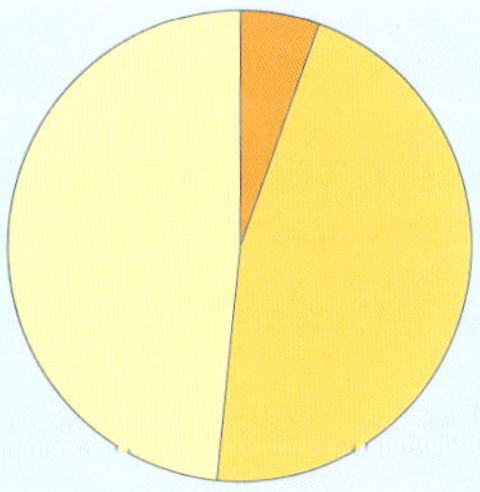

Verbreitung und Status: Turmfalken sind weit über die Alte Welt verbreitet. Außer in Island brüten sie in ganz Europa, aber auch in weiten Teilen Afrikas und Asiens. Vielerorts ist die Art ganzjährig anwesend, in N- und E-Europa sowie in Sibirien und China jedoch größtenteils Zugvogel. Turmfalken brüten in allen Teilen Deutschlands mit einem stabilen Bestand von 44.000–74.000 BP. Die deutschen Brutvögel gelten als Teilzieher. Darüber hinaus gelangen Turmfalken aus N-Europa als Durchzügler und Wintergäste nach Deutschland. April, September und Oktober sind die Monate mit dem stärksten Zug.

Wanderungen: Ein Teil der in Deutschland heimischen Turmfalken bleibt ganzjährig im Bereich des Brutgebiets, während andere unterschiedlich weite Wanderungen unternehmen. Die meisten der im Herbst abwandernden Vögel sind Kurzstreckenzieher, denn die große Mehrheit der Fernfunde stammt aus den angrenzenden Ländern, vor allem aus den Benelux-Staaten und Frankreich, aber auch aus Tschechien, der Schweiz und Italien (Abb. 1 & 2). Ringfunde gibt es jedoch auch aus dem westlichen Mittelmeerraum, so dass ein kleinerer Teil der deutschen Turmfalken als Mittelstreckenzieher gelten muss. Offenbar sind aber nur wenige aus Deutschland stammende Vögel Langstreckenzieher, denn es gibt nur zwei Wiederfunde in der Sahara und drei im tropischen W-Afrika (Abb. 1).
Fernfunde während des Herbstzuges deuten größtenteils in die Richtung SW bis S. Nach W werden höchstens kurze Strecken entlang der Nordseeküste zurückgelegt, denn Großbritannien wird von deutschen Turmfalken kaum erreicht (Abb. 3). Auch bei den Funden im Ausland beringter Vögel herrscht die Zugrichtung SW deutlich vor, denn von E her gelangen nahezu keine Turmfalken nach Deutschland (Abb. 4). Eher die Ausnahme sind auch Vögel, die von England und Schottland aus über die Nordsee nach Deutschland geflogen sind (Zugrichtung dabei SE). Von Deutschland aus wanderten nur wenige Vögel nach E und nur ein Ringvogel flog eine längere Strecke nach SE (Griechenland). Dies deckt sich mit den Beringungsergebnissen nord- und mitteleuropäischer Länder, in denen Zug nach SW bis S ebenfalls sehr deutlich überwiegt (Bakken et al. 2003, Maumary et al. 2007, Fransson & Pettersson 2001, Cepák et al. 2008, Saurola et al. 2013) und findet eine Parallele mit den in gleicher Weise ausgerichteten Ringfunden während des Frühjahrszugs (Abb. 7). Zu einem Teilzieher passend und den geschil-

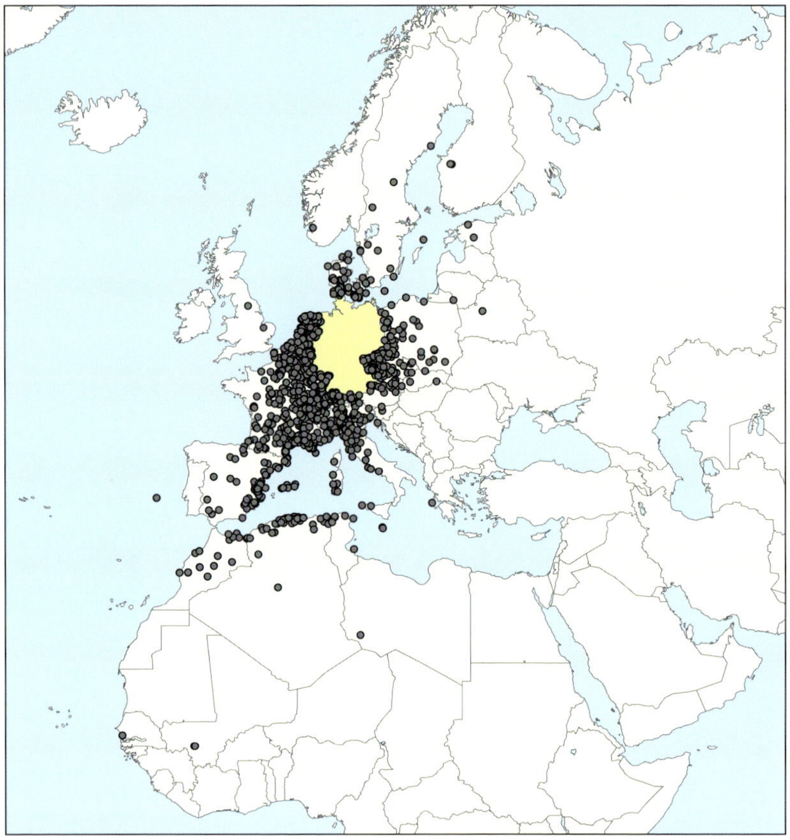

Abb. 1: Fundorte im Ausland von in Deutschland beringten Turmfalken (1068 Funde). In Mali wurden zwei Vögel am selben Ort gefunden. – *Foreign recovery sites of Common Kestrels ringed in Germany (1068 recoveries). Two birds were recovered at the same location in Mali*

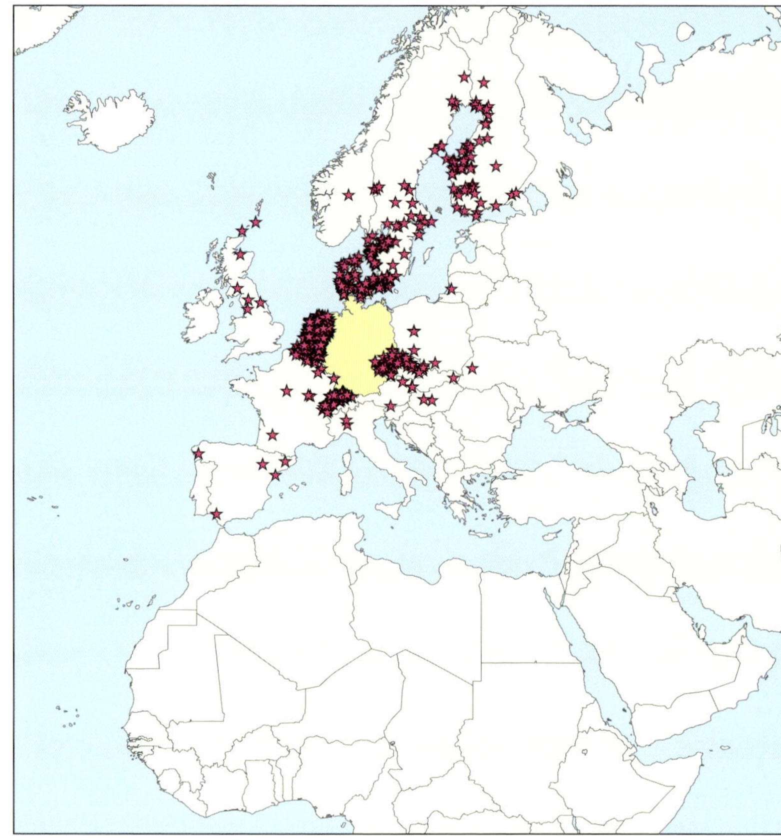

Abb. 2: Beringungsorte im Ausland von in Deutschland gefundenen Turmfalken (1125 Funde). – *Foreign ringing sites of Common Kestrels recovered in Germany (1125 recoveries).*

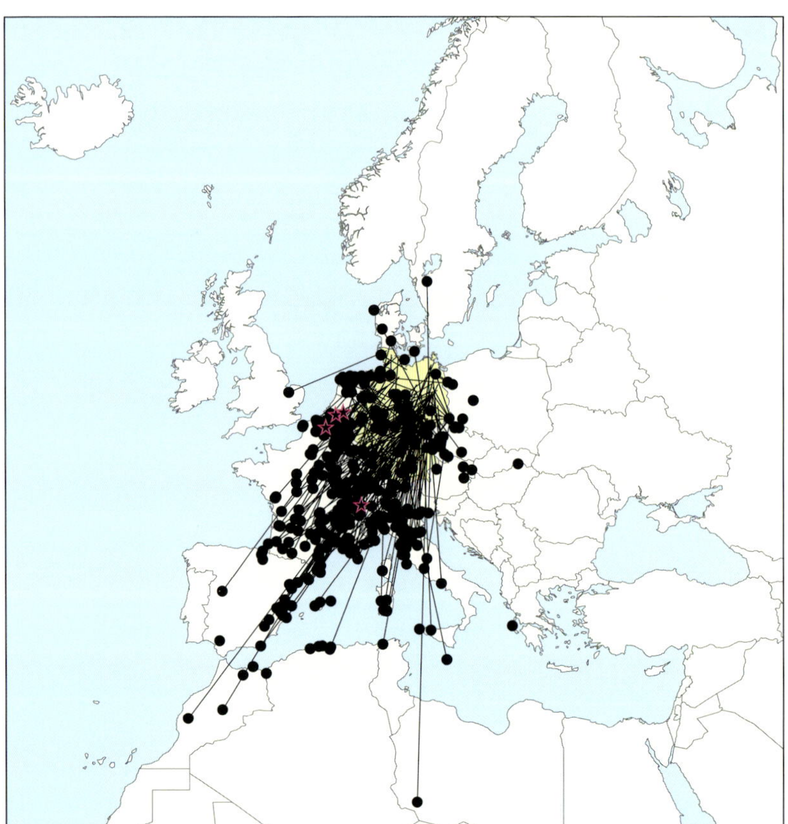

Abb. 3: Herbstzug (September – November) von in Deutschland zur Brutzeit anwesenden Turmfalken (393 Funde). – *Autumn migration (September – November) of Common Kestrels present in Germany during the breeding season (393 recoveries).*

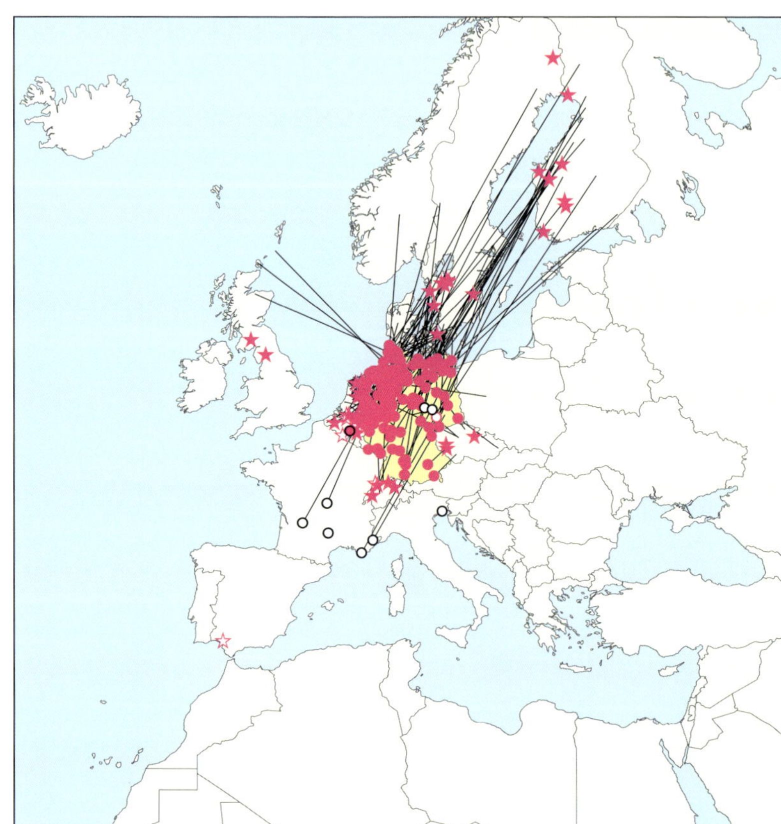

Abb. 4: Herbstzug (September – November) von in Deutschland von September bis November anwesenden Turmfalken (205 Funde). – *Autumn migration (September – November) of Common Kestrels present in Germany from September to November (205 recoveries).*

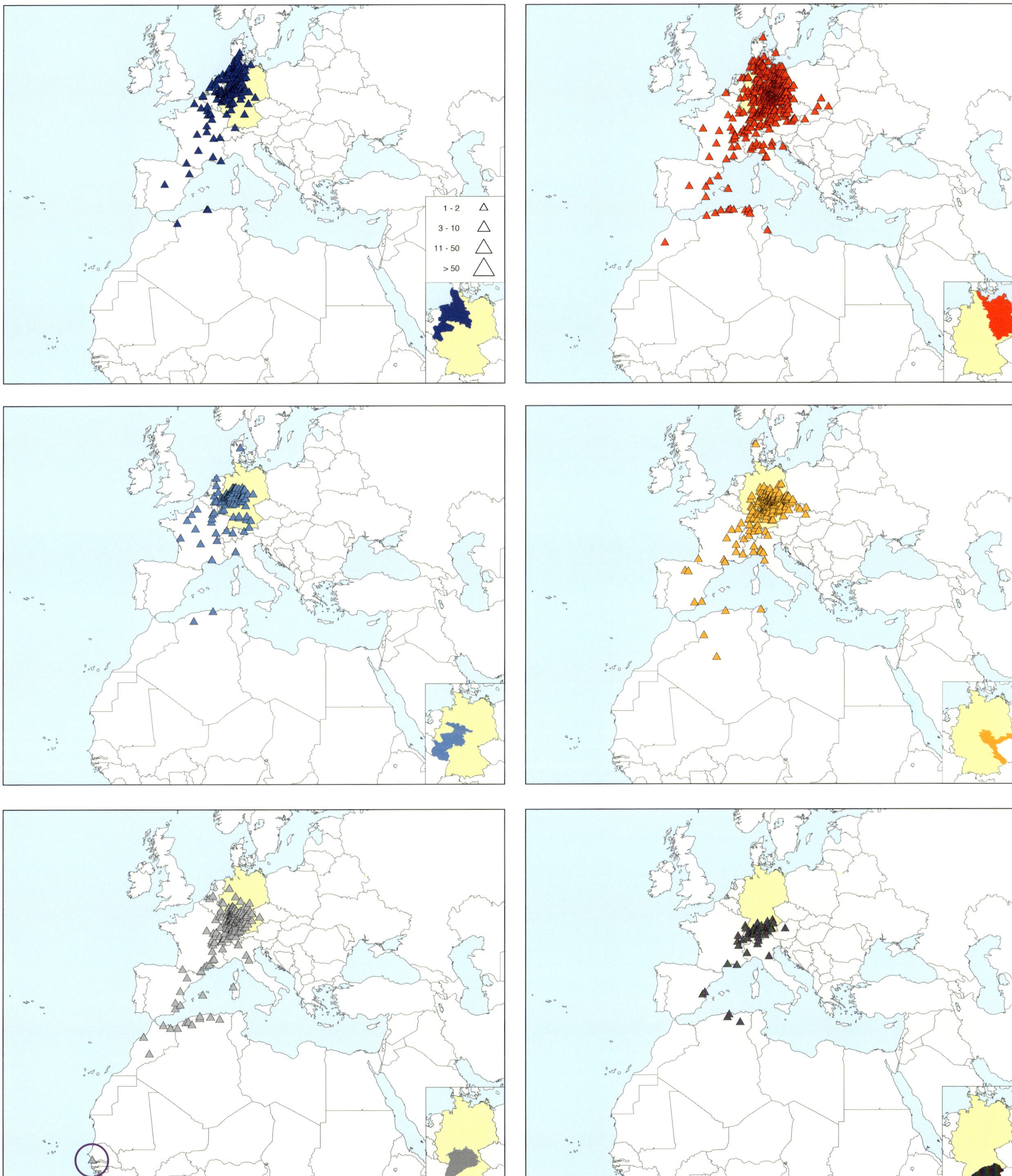

Abb. 5: Aufenthaltsorte im Winter (Dezember – Februar) von in Deutschland zur Brutzeit anwesenden Turmfalken (1936 Funde). – *Presence in winter (December – February) of Common Kestrels present in Germany during the breeding season (1936 recoveries).*

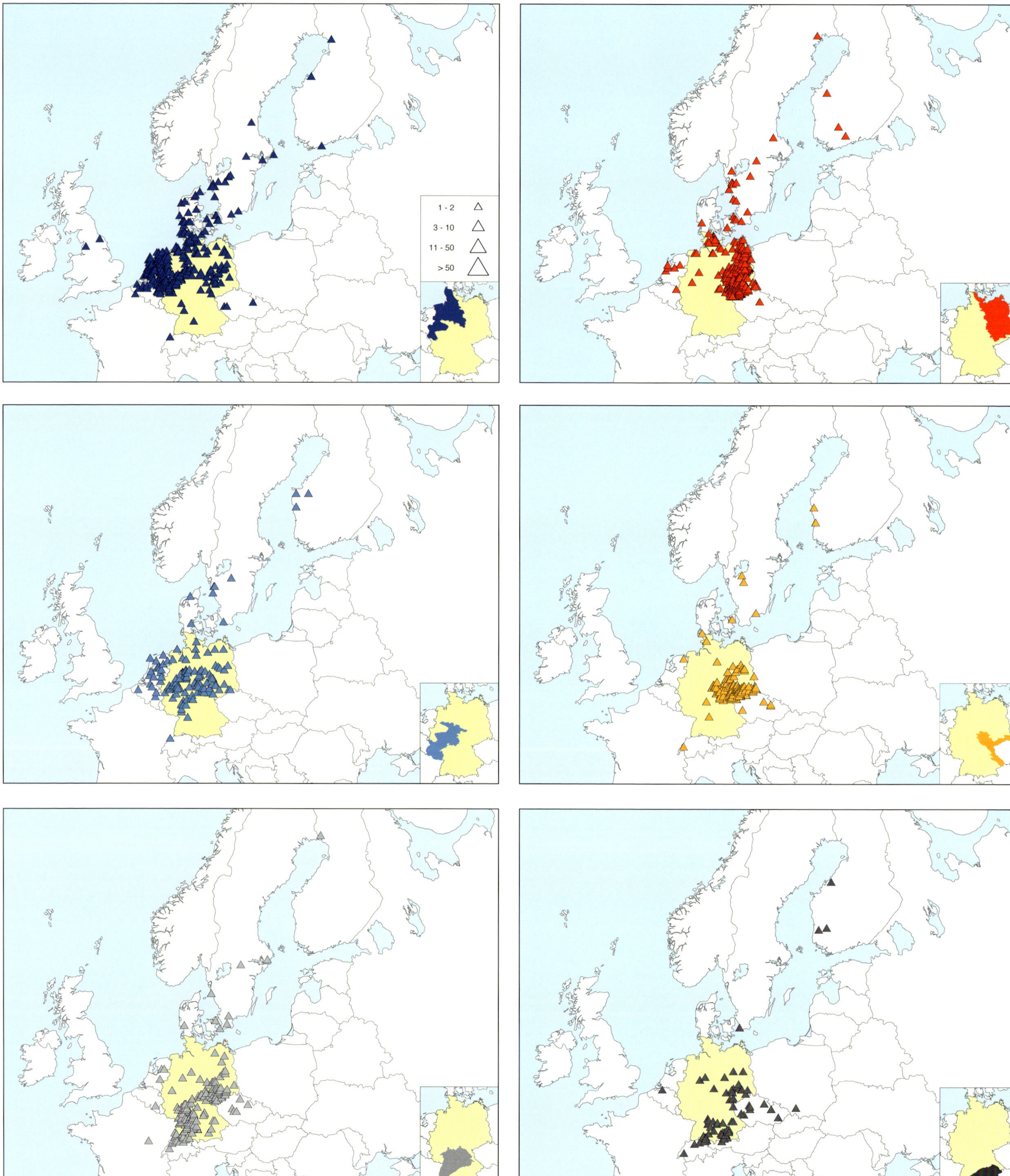

Abb. 6: Aufenthaltsorte zur Brutzeit von im Winter (Dezember – Februar) in Deutschland anwesenden Turmfalken (1976 Funde). – *Presence during the breeding season of Common Kestrels present in Germany in winter (December – February, 1976 recoveries).*

derten Herbstzugverhältnissen entsprechend überwintern viele deutsche Turmfalken in der Nähe des Brutgebietes, nicht selten aber auch etwas südlich oder südwestlich davon (Abb. 5). Der Anteil der Vögel, der sich deutlich weiter vom Brut- oder Geburtsort entfernt und den Mittelmeerraum aufsucht, ist allem Anschein nach sehr viel geringer. Anzeichen für ein stärker ausgeprägtes Zugverhalten der weiter nördlich beheimateten gegenüber den aus S-Deutschland stammenden Vögeln gibt es nicht: Die Mediane der Distanzen zwischen Beringungs- und winterlichem Wiederfundort zeigen zwischen den sechs naturräumlichen Regionen keinen geographischen Trend (Mediane der Winterfunde von Jungvögeln im ersten Lebensjahr: maximal 431 km für das SW-deutsche Mittelgebirge, minimal 171 km für die östlichen Mittelgebirge). Im Gegensatz dazu wurde in N-Europa ein Übersprungzug festgestellt, demzufolge N-schwedische und finnische Turmfalken südlicher überwintern als Vögel aus S-Schweden (Wallin et al. 1987, Saurola et al. 2013). Obwohl eine quantitative Einschätzung aufgrund geographischer Variation in der Meldewahrscheinlichkeit limitiert ist, erweckt die Verteilung der Winterfunde allerdings den Eindruck, dass deutsche Turmfalken zwar zu größeren Anteilen Mittel- oder Langstreckenzieher sind als belgische Vögel, bei denen fast nur die Jungvögel das Land verlassen (Adriaensen et al. 1997), dass aber auch ein größerer Anteil der Ringvögel sesshaft ist bzw. nur kurze Strecken zieht, als das bei N-europäischen Turmfalken der Fall ist (Fransson & Pettersson 2001, Bakken et al. 2003, Saurola et al. 2013).

Den oben geschilderten Zugverhältnissen entsprechend stammen ausländische Turmfalken, die in Deutschland überwintern, vor allem aus Schweden und Finnland. Über kürzere Distanzen gelangen aber auch niederländische und belgische Vögel in den N und W des Landes bzw. tschechische Vögel besonders nach W- und S-Deutschland (Abb. 6). In Polen und weiter östlich gelegenen europäischen Ländern beheimatete Turmfalken überwintern offenbar kaum in Deutschland.

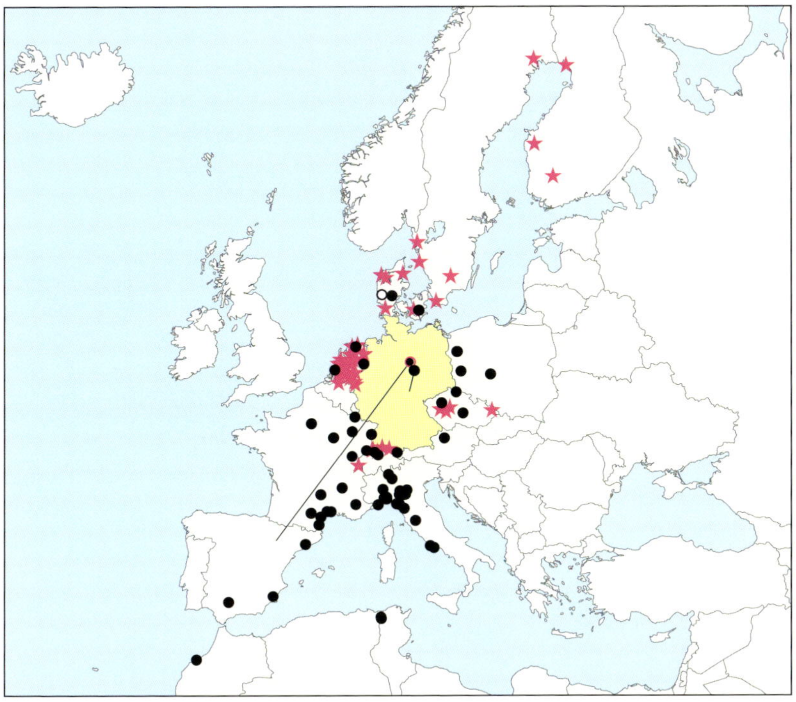

Abb. 7: Frühjahrszug (März) von in Deutschland zur Brutzeit (61 Funde) oder im März anwesenden Turmfalken (57 Funde). – *Spring migration (March) of Common Kestrels present in Germany during the breeding season (61 recoveries) or in March (57 recoveries).*

Summary: *Common Kestrels are breeding in all parts of Germany, the population of 44,000 – 74,000 bp is considered to be largely stable. As partial migrants, many birds of the German population remain close to the breeding sites or travel over short distances for wintering. However, others are visiting SW Europe and NW Africa, and three recoveries even demonstrate movements to tropical W Africa. Apparently, migration towards the SE is as rare as in NW European Kestrels, which reach Germany during the non-breeding season and in smaller numbers spend the winter there. Whereas very few German Kestrels have reached Britain, a number of birds ringed in England and Scotland has been found in Germany.*

Rötelfalke *Falco naumanni*
Lesser Kestrel

Das Brutgebiet des Rötelfalken umfasst den Mittelmeerraum und erstreckt sich von dort ostwärts über Zentralasien bis E-China. Obwohl Rötelfalken vor allem in N-Afrika auch ganzjährig vorkommen, sind die meisten Vögel Langstreckenzieher, die von der Sahelzone bis S-Afrika sowie im S der Arabischen Halbinsel überwintern. In Deutschland ist die Art extrem selten, Nachweise gab es nach 1968 nur 1996, 1997 und 2007 (Deutsche Seltenheitenkommission 2009). Der Nachweis von 1968 betrifft einen Anfang Mai in Mecklenburg im Verwesungszustand aufgefundenen Vogel, der im Vorjahr nestjung in SE-Österreich beringt worden war und vermutlich im Rahmen von Zugprolongation weit über den Nordrand seines Brutareals hinausflog (Abb. 1, Behrens 1968).

Summary: *Lesser Kestrel is extremely rare in Germany (four records since 1968), but there is one ring recovery probably refering to an individual showing prolonged spring migration. This bird, found dead in Mecklenburg in early May 1968, had been ringed as a chick in SE Austria the previous year.*

Abb. 1: Fund eines Rötelfalken mit Bezug zu Deutschland. – *Recovery of a Lesser Kestrel related to Germany.*

Kranich *Grus grus*
Eurasian Crane

Beringungen nach 1945:	1530
Funde > 10 km nach 1945:	1813/316
Wiederfundquote (Fernfunde nach 1945):	20,7 %
Funde > 10 km seit 1901:	1813/316
Funde fremder Beringungszentralen:	386/163
Höchstalter:	12 J, 7 M
Weiteste Entfernung:	2240 km

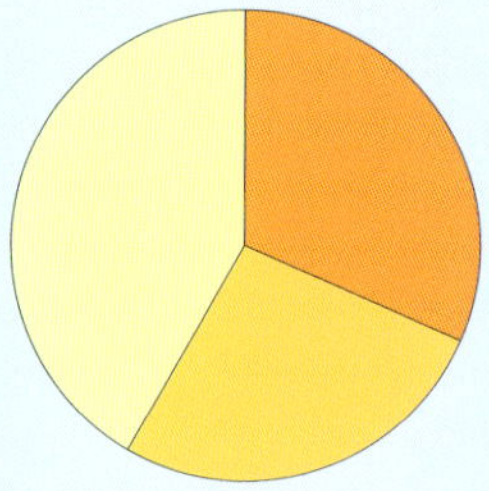

Verbreitung und Status: Das Brutgebiet des Kranichs erstreckt sich von Skandinavien und N-Deutschland aus ostwärts bis ins mittlere Sibirien. Überwinterungsgebiete befinden sich in SW-Europa, N- und NE-Afrika sowie S- und SE-Asien. In Deutschland besiedelt die Art verschiedene, oft kleine Feuchtgebiete, sogar in intensiv landwirtschaftlich genutzten Bereichen. In den letzten 30 Jahren hat es in Deutschland eine starke Bestandszunahme auf mittlerweile etwa 8000 BP gegeben, einhergehend mit einer westwärts gerichteten Ausbreitung über fast den ganzen N des Landes (Mewes 2010, Boldt 2014). Etwa drei Viertel des Brutbestandes sind in Mecklenburg-Vorpommern und Brandenburg zu finden, gut besiedelt sind auch Schleswig-Holstein und Niedersachsen, weiter im S gibt es bisher nur wenige Bruten. Deutschland ist darüber hinaus ein wichtiges Durchzugs- und Rastgebiet für fennoskandische Kraniche, deren Bestand ebenfalls seit Beginn der 1980er Jahre stark von 50.000 auf 365.000 Ind. zugenommen hat (Nowald 2014). Von großer Bedeutung sind dabei Sammel- und Rastplätze in der Rügen-Bock-Region, in der Müritzregion (Mecklenburg-Vorpommern), im Rhin-Havelluch (Brandenburg) und in der Diepholzer Moorniederung (Niedersachsen). Dort finden sich zunächst die Brutvögel der umliegenden Regionen ein und während der Hauptzugzeit von September bis November auch Durchzügler (Prange 2010). In zunehmender Zahl verbringen Kraniche auch den Winter in Teilen N-Deutschlands. Der Frühjahrszug findet überwiegend im März statt.

Wanderungen: Vor allem Ablesungen farbberingter Kraniche spiegeln den Verlauf des W-europäischen Zugwegs, der in relativ schmaler Front von Fennoskandien über N-Deutschland und Frankreich nach Spanien führt, wider (Abb. 1 – 3 und 5). Dabei gelangen norwegische und schwedische Brutvögel in südlicher Richtung fliegend nach Rügen, während finnische Brutvögel – anders als es die Verbindungslinien in Abb. 2 vermuten lassen – über das Baltikum und Polen nach NE-Deutschland einfliegen (z.B. Prange 1989, Saurola et al. 2013). Hinsichtlich der Herkunft der Vögel unterscheiden sich dabei die Rastgebiete, denn in der Rügen-Bock-Region halten sich vor allem schwedische und norwegische Vögel, in der Müritzregion und im Rhin-Havelluch dagegen – neben vielen einheimischen Kranichen – besonders Vögel aus Finnland, Estland und Polen auf (Abb. 2, Albrecht et al. 2010, Nowald et al. 2010, Nowald et al. 2014a). Von den deutschen Rastgebieten aus setzt sich der Zug über N- und W-Deutschland hinweg in Richtung Frankreich fort, von wo Ringfunde ein schmales Zugband

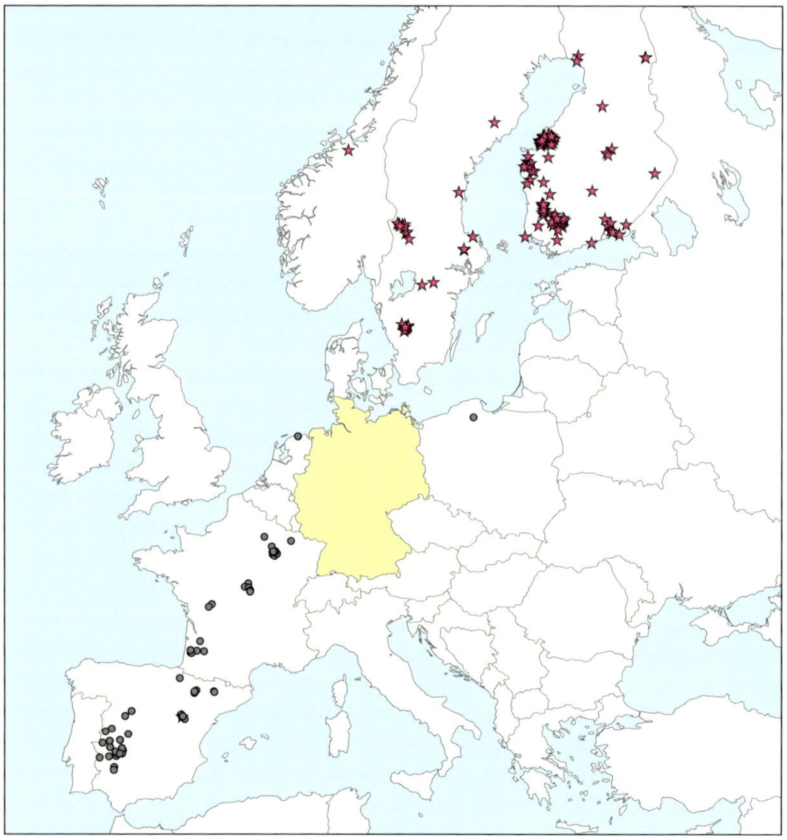

Abb. 1: Fundorte von in Deutschland beringten (161 Funde) und ausländische Beringungsorte von in Deutschland gefundenen (386 Funde) Kranichen. – *Foreign recovery sites of Eurasian Cranes ringed in Germany (161 recoveries) and foreign ringing sites of birds recovered in Germany (386 recoveries).*

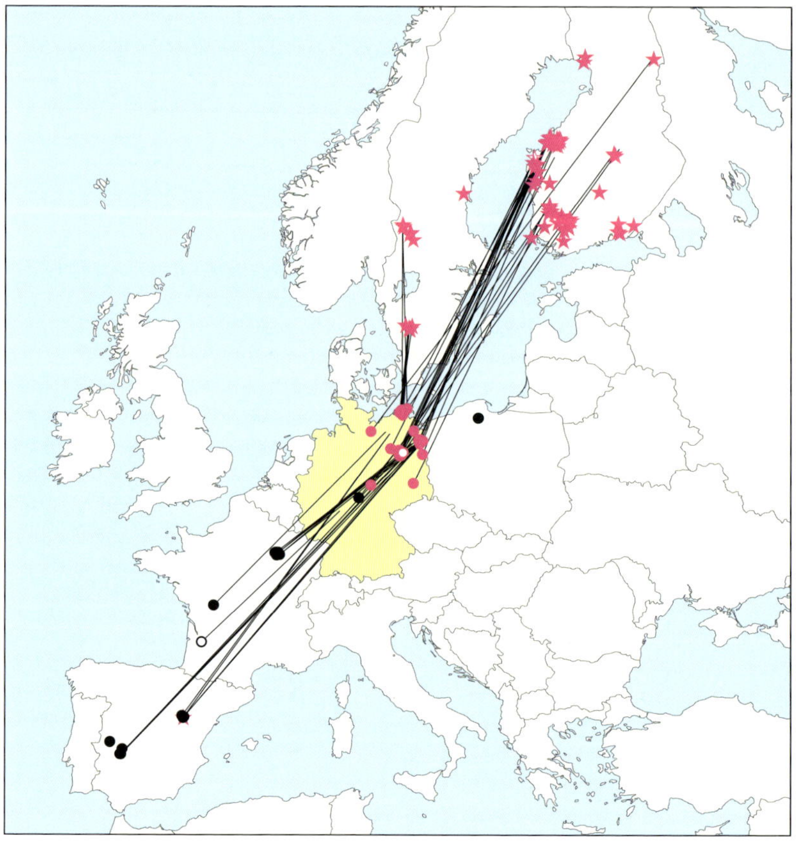

Abb. 2: Herbstzug (September – November) von in Deutschland zur Brutzeit (59 Funde) oder von September bis November anwesenden Kranichen (213 Funde). – *Autumn migration (September – November) of Eurasian Cranes present in Germany during the breeding season (59 recoveries) or from September to November (213 recoveries).*

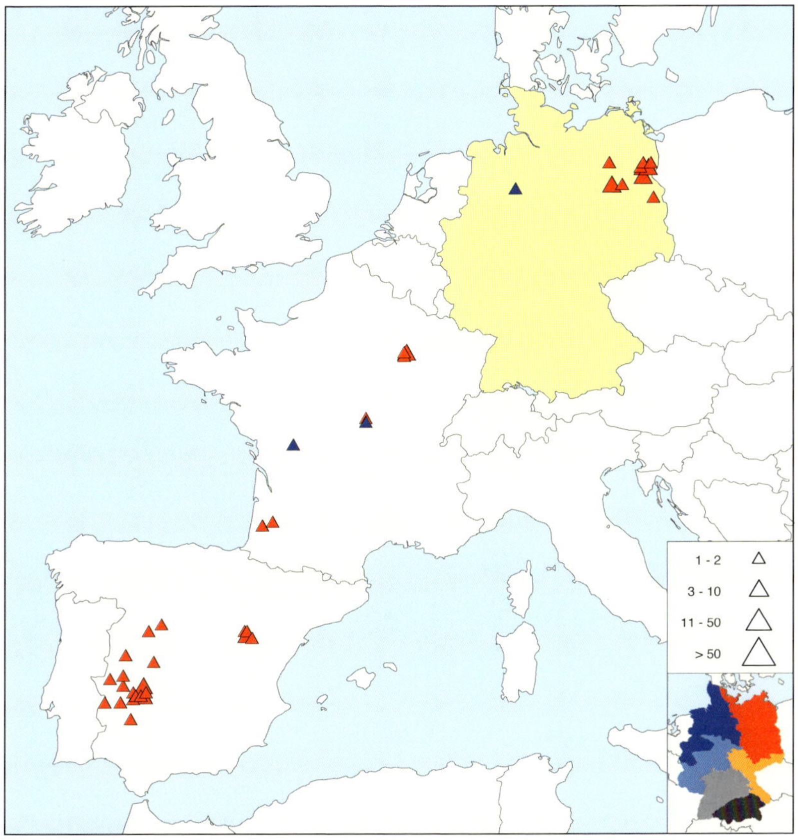

Abb. 3: Aufenthaltsorte im Winter (Dezember – Januar) von in Deutschland zur Brutzeit anwesenden Kranichen (77 Funde). – *Presence in winter (December – January) of Eurasian Cranes present in Germany during the breeding season (77 recoveries).*

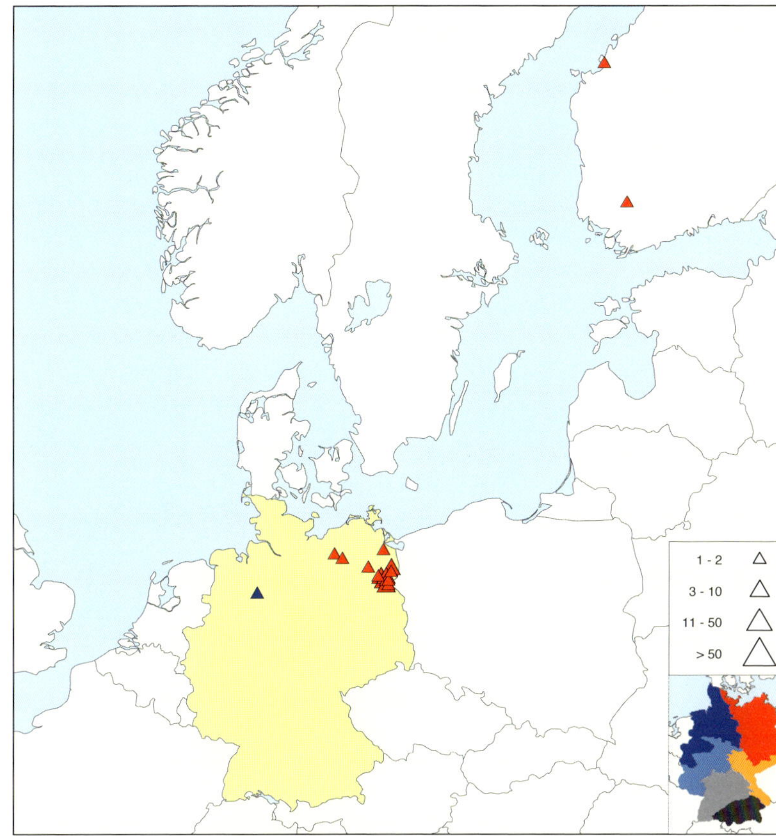

Abb. 4: Aufenthaltsorte zur Brutzeit von im Winter (Dezember – Januar) in Deutschland anwesenden Kranichen (38 Funde). – *Presence during the breeding season of Eurasian Cranes present in Germany in winter (December – January, 38 recoveries).*

quer durch das Land illustrieren (Abb. 1 und 2). Schließlich erreichen die Kraniche W- und Zentral-Spanien und überwintern größtenteils in der Extremadura. Das ebenfalls vorkommende Weiterziehen nach Marokko ist bisher nicht durch deutsche Ringvögel belegt. Stattdessen zeigen zahlreiche Ringfunde und -ablesungen, dass die Extremadura eines der wichtigsten Überwinterungsgebiete für in Deutschland brütende Kraniche ist. In den letzten zehn Jahren überwinterten aber immer mehr Vögel aus Mecklenburg-Vorpommern in Frankreich (Nowald et al. 2014b) und etliche Funde verdeutlichen, dass ein Teil der Brutvögel aus NE-Deutschland zumindest bei mildem Wetter sogar im Brutgebiet zu überwintern versucht. Am Wintervorkommen in Deutschland sind aber auch finnische Kraniche beteiligt (Abb. 4). Vom Frühjahrszug liegen weniger Ringfunde vor, die einen sehr ähnlichen Zugweg erahnen lassen (Abb. 5).

Insgesamt zeigen die Ringfunde mit Bezug zu Deutschland ein nahezu identisches Bild wie die Wiederfunde in Finnland beringter und mit Satellitensendern verfolgter Vögel (Saurola et al. 2013). Bisher können sie aber keine Hinweise darauf geben, dass der W-europäische Zugweg mit dem vor allem von finnischen und baltischen Kranichen benutzten baltisch-ungarischen Zugweg in Kontakt steht, auf dem diese Vögel bis N-Afrika gelangen. Denn zum einen vollführte ein finnischer Altvogel mit Satellitensender einen Schleifenzug über Ungarn nach Tunesien mit anschließenden Aufenthalten in Algerien, Marokko und S-Spanien sowie einen Frühjahrszug auf dem W-europäischen Zugweg (Saurola et al. 2013). Zum anderen wurden in den Jahren 2011 – 2013 im Herbst am N-Rand der Alpen in größerer Zahl westwärts ziehende Kraniche beobachtet, die offenbar von ungarischen Rastgebieten aus nach Frankreich zogen und somit den Zugweg wechselten (König et al. 2014).

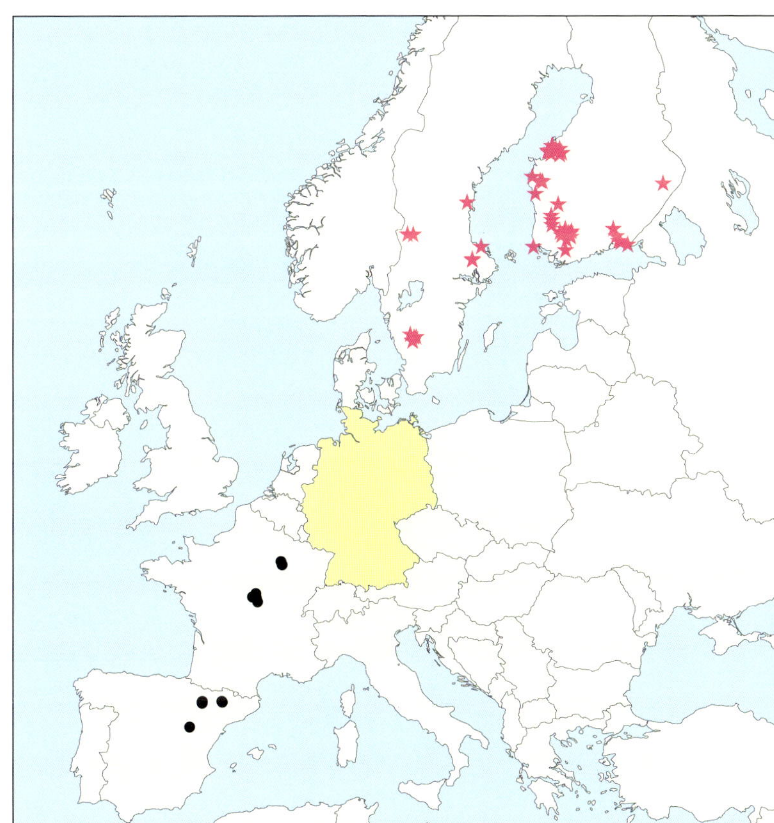

Abb. 5: Frühjahrszug (März – April) von in Deutschland zur Brutzeit (21 Funde) oder von März bis April anwesenden Kranichen (121 Funde). – *Spring migration (March – April) of Eurasian Cranes present in Germany during the breeding season (21 recoveries) or from March to April (121 recoveries).*

Summary: *Over the last few decades, the German population of Eurasian Cranes has increased considerably to c. 8000 bp, in line with a westward areal expansion over most of NW Germany. In parallel, migrating and staging birds have become much more numerous. The ring recoveries verify migration along the West European flyway, with birds coming from Norway and Sweden (from the N) as well as from Finland (from the NE via the Baltic States). After prolonged staging in NE Germany, they continue across N and W Germany and France to their main winter quarters in C and W Spain; recoveries in Morocco are still lacking. Return migration in spring follows more or less exactly the same route. German breeders also use this flyway and spend the winter mainly in the Extremadura, W Spain. During the last ten years, an increasing number of German Cranes spent the winter in France and some birds, weather permitting, will try to stay in NE Germany until December or even January. Winter recoveries in NE Germany also include birds from Finland. Recently, visual observations revealed an overlap with the Baltic-Hungarian flyway, as many Cranes were observed flying westwards along the N edge of the Alps in autumn, probably on the way from Hungary to France.*

Großtrappe *Otis tarda*
Great Bustard

Beringungen nach 1945:	964
Funde > 10 km nach 1945:	261/95
Wiederfundquote (Fernfunde nach 1945):	9,9 %
Funde > 10 km seit 1901:	261/95
Funde fremder Beringungszentralen:	0/0
Höchstalter:	13 J, 7 M
Weiteste Entfernung:	818 km

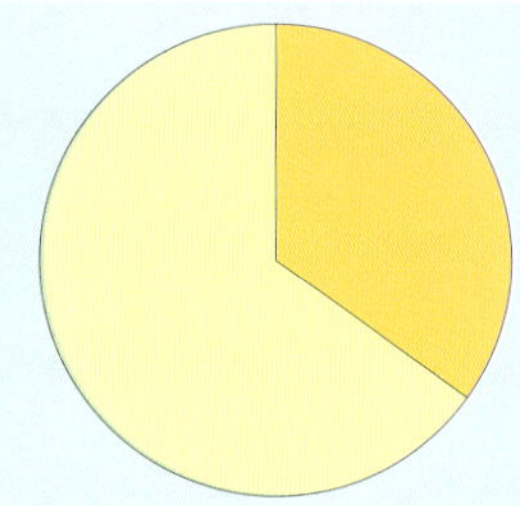

Verbreitung und Status: Das Brutareal der Großtrappe reicht von SW- und Mitteleuropa bis Kasachstan, umfasst aber auch die Mongolei und NE-China. In Europa gibt es heute aber nur noch wenige Vorkommen auf der Iberischen Halbinsel, in E-Deutschland, im Pannonischen Raum sowie vom Schwarzen Meer ostwärts. Die Großtrappen SW- und Mitteleuropas sind Standvögel, während die in Asien lebenden Populationen zum Überwintern südwärts ziehen. Der deutsche Brutbestand hat über Jahrzehnte stark abgenommen, befindet sich aber dank umfangreicher Schutzbemühungen seit 1998 wieder im Aufwind. Für das Jahr 2014 wird der Frühjahrsbestand in Brandenburg und Sachsen-Anhalt mit 165 Ind. beziffert (Datensammlung Staatliche Vogelschutzwarte Brandenburg und Förderverein Großtrappenschutz, briefl. Mitt. 10.9.2014). Wanderungen finden vor allem im Zusammenhang mit dem Ausweichen von Schneelagen im Winter statt.

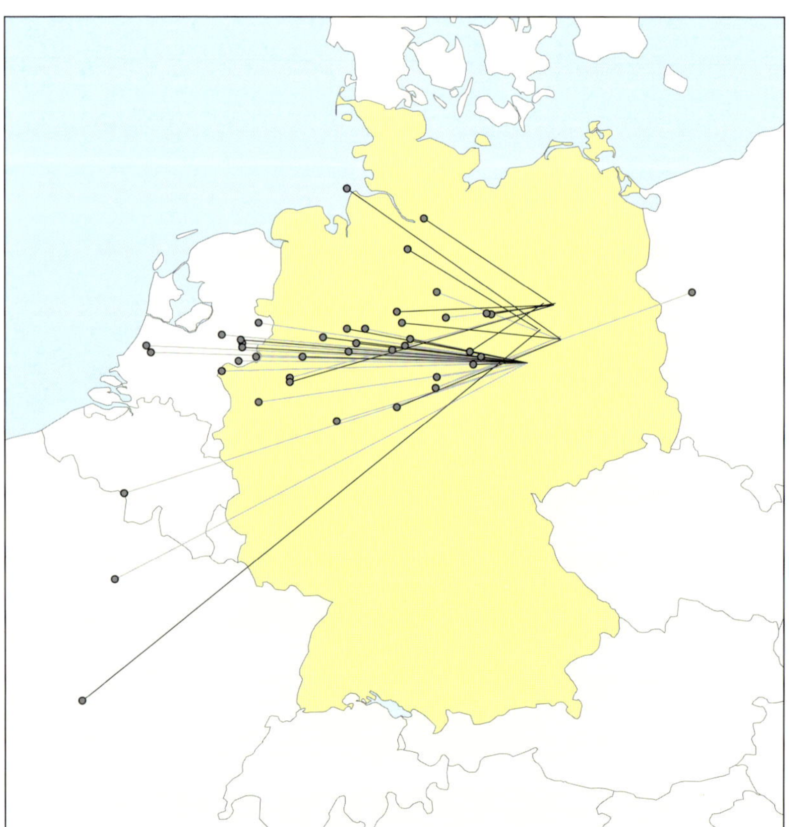

Abb. 1: Funde (> 50 km) von Großtrappen mit Bezug zu Deutschland (53 Funde). – *Recoveries (of > 50 km) of Great Bustards related to Germany (53 recoveries).*

Wanderungen: Die in Deutschland beheimateten Großtrappen bleiben in der Regel ganzjährig in ihren Brutgebieten. Insbesondere im Zusammenhang mit Kälte oder Schnee können im Winter Ausweichbewegungen vorkommen, die größtenteils nach W, gelegentlich auch in Richtung SW oder NW führen (z.B. Hummel & Berndt 1971). Dokumentiert sind solche Wanderungen durch Ringfunde von Vögeln, die in Volieren aufgezogen und anschließend in den Bestand zurückgesetzt wurden. Sie zeigen überwiegend westwärts gerichtete Bewegungen, bei denen vor allem Niedersachsen, Nordrhein-Westfalen und die Niederlande erreicht werden (Abb. 1). Am weitesten flog ein Vogel aus W-Brandenburg, der sich von Januar bis März 2005 in seinem ersten Winter 818 km entfernt bei Auxerre in NE-Frankreich aufhielt. Einige Individuen wurden in verschiedenen Wintern an unterschiedlichen Orten festgestellt, darunter der andere nach NE-Frankreich gezogene Vogel, der in drei späteren Wintern an jeweils unterschiedlichen Stellen in den Niederlanden gesichtet wurde. Der einzige Fund in eine andere Richtung betrifft einen Vogel, der im Alter von knapp einem Jahr im Mai in W-Polen aufgegriffen wurde.

Summary: *After a sharp decrease over several decades and an increase more recently, a relict population of 165 Great Bustards (spring 2014) survives in E Germany (Brandenburg, Sachsen-Anhalt). Those birds are generally non-migratory, but some individuals show larger movements to the W, especially in connection with cold spells and snow cover. Ring recoveries fit this pattern and are reported mostly from Niedersachsen, Nordrhein-Westfalen and The Netherlands, but in extreme cases also from NE France (818 km from the ringing site). One bird found in W Poland moved eastwards.*

Wasserralle *Rallus aquaticus*

Water Rail

Beringungen nach 1945:	15.016
Funde > 10 km nach 1945:	208/207
Wiederfundquote (Fernfunde nach 1945):	1,4 %
Funde > 10 km seit 1901:	213/212
Funde fremder Beringungszentralen:	15/15
Höchstalter:	7 J, 3 M
Weiteste Entfernung:	2214 km

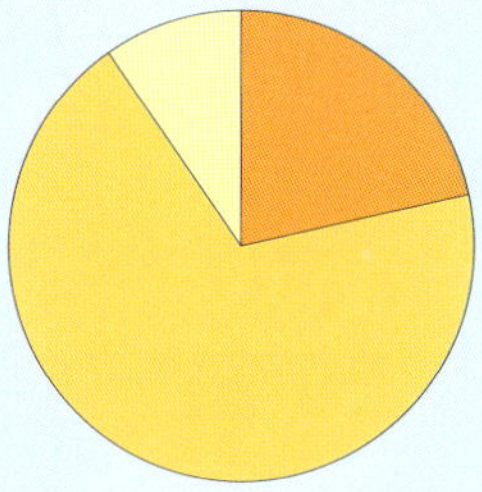

Verbreitung und Status: Mit Ausnahme von N-Fennoskandien besiedelt die Wasserralle fast ganz Europa (einschließlich Island), aber auch N-Afrika und die mittleren Breiten Asiens ostwärts bis Japan. In der W-Hälfte Europas und von N-Afrika bis zum Kaukasus kommt die Art ganzjährig vor, in E-Europa und Asien ist sie größtenteils obligatorischer Zugvogel mit Überwinterungsgebieten in N-Afrika, Mittel-, W- und S-Europa sowie SW-Asien. Wasserrallen brüten in allen Teilen Deutschlands an sehr unterschiedlichen, häufig mit Röhricht bestandenen Gewässern. Der Bestand von 12.500 – 18.500 BP gilt als stabil. Der Herbstzug erstreckt sich über einen relativ langen Zeitraum von August bis November; in bisher unbekannter Anzahl harren Wasserrallen den Winter hindurch in Deutschland aus. Der Frühjahrszug findet vor allem im März und April statt.

Wanderungen: In Deutschland beringte Wasserrallen wurden vor allem in den Niederlanden, England und Frankreich gefunden, in kleinerer Zahl auch in Italien sowie in nördlich und östlich angrenzenden Ländern (Abb. 1). Zwei Funde stammen aus Griechenland. Da es von der Iberischen Halbinsel nur eine Rückmeldung gibt, stellen möglicherweise die Pyrenäen eine Barriere für ziehende Wasserrallen dar, zumal auch die Alpen in Richtung Italien offenbar vergleichsweise selten überquert werden.

Der Wegzug führt in erster Linie nach SW und WSW, wobei Vögel aus der N-Hälfte Deutschlands eher nach N- und W-Frankreich sowie England gelangen, S-deutsche dagegen eher S-Frankreich und Italien erreichen (Abb. 2). Ungewöhnliche Zugrichtungen zeigten eine im November von Helgoland nach N-Dänemark gewanderte Wasserralle, ein im September auf Sylt beringter Vogel (Ende November in S-Norwegen gefunden) und ein Ende August ebenfalls auf Sylt markiertes, im November aber in Griechenland gefundenes Individuum. Nur wenige Ringfunde von und nach Skandinavien deuten an, dass die dort beheimateten Wasserrallen Deutschland auf dem Zug berühren. Zwar ziehen auch dänische, schwedische und finnische Vögel mit W- und SW-Kurs nach England und Frankreich (Bønløkke et al. 2006, Fransson et al. 2008, Saurola et al. 2013), doch ist die Fundwahrscheinlichkeit in Deutschland wegen kleiner Beringungszahlen (Dänemark, Schweden) oder Brutbestände (Finnland) eher gering. Überraschend wenige Ringfunde gibt es auch von und nach Polen und Tschechien, denn zumindest die zahlreich beringten tschechischen Vögel sollten auf ihrem Weg nach W- und S-Frankreich (Cepák et al. 2008) häufiger in S-Deutschland

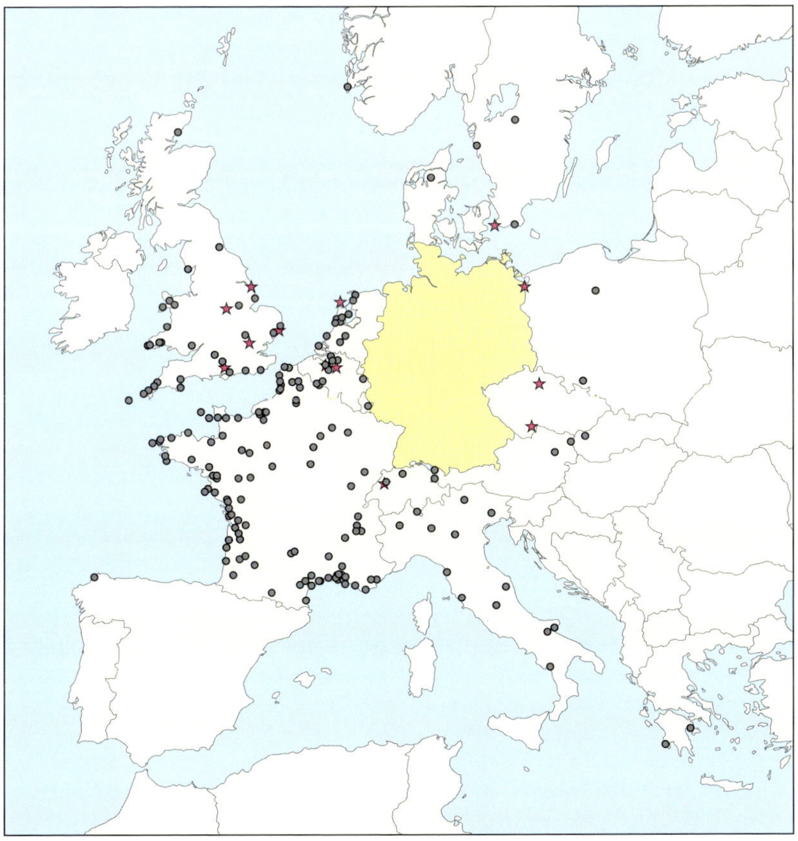

Abb. 1: Fundorte von in Deutschland beringten (183 Funde) und ausländische Beringungsorte von in Deutschland gefundenen (15 Funde) Wasserrallen. – *Foreign recovery sites of Water Rails ringed in Germany (183 recoveries) and foreign ringing sites of birds recovered in Germany (15 recoveries).*

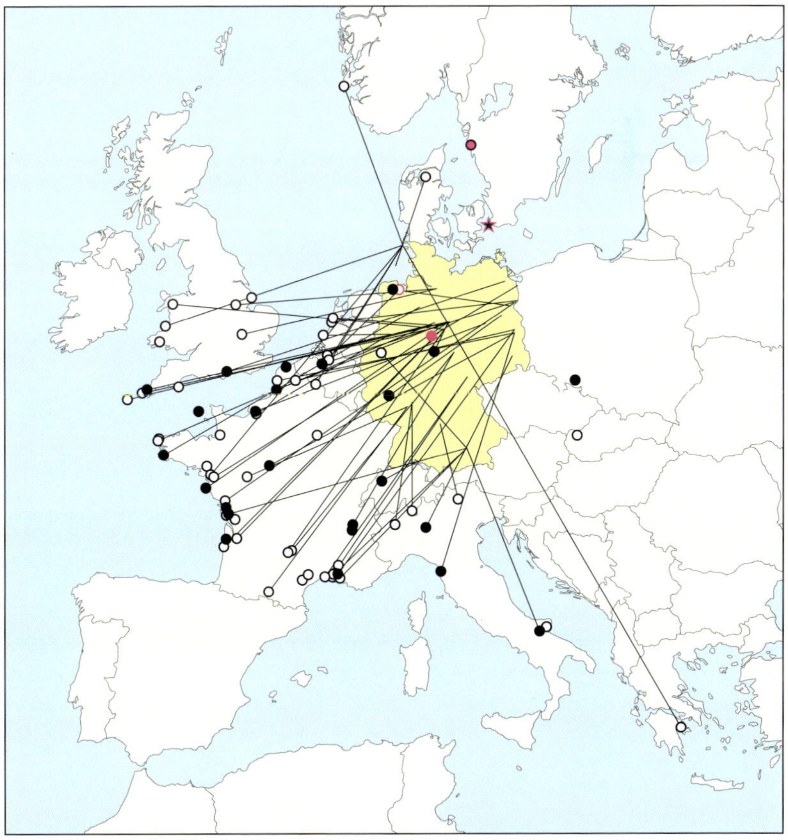

Abb. 2: Herbstzug (August – November) von in Deutschland zur Brutzeit (25 Funde) oder von August bis November anwesenden Wasserrallen (58 Funde). – *Autumn migration (August – November) of Water Rails present in Germany during the breeding season (25 recoveries) or from August to November (58 recoveries).*

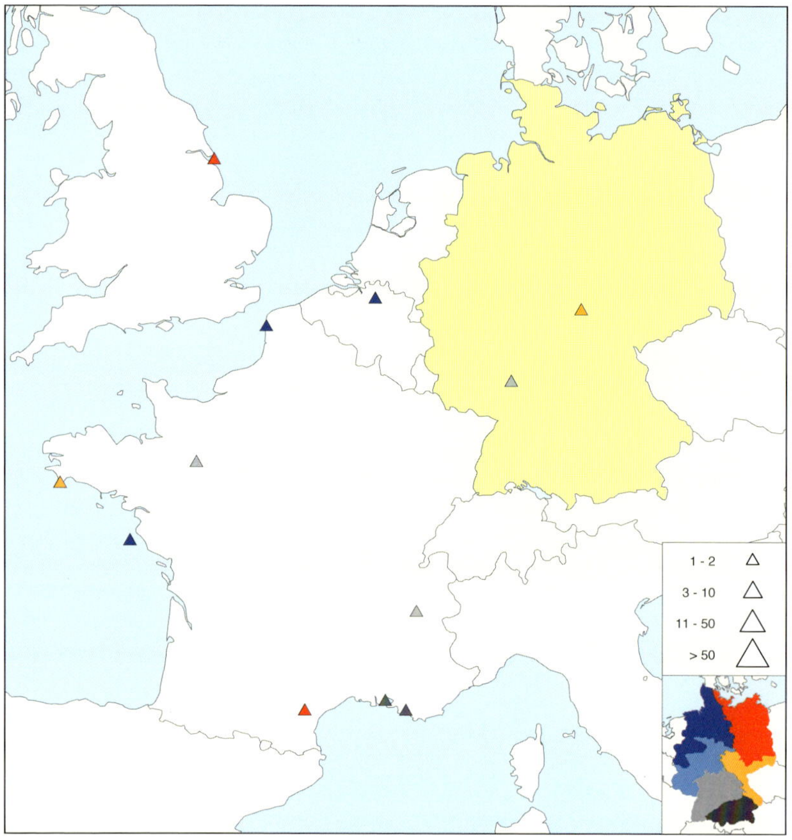

Abb. 3: Aufenthaltsorte im Winter (Dezember – Februar) von in Deutschland zur Brutzeit anwesenden Wasserrallen (12 Funde). – *Presence in winter (December – February) of Water Rails present in Germany during the breeding season (12 recoveries).*

festzustellen sein. Ein Teil der tschechischen und polnischen Wasserrallen zieht allerdings nach Italien (Cepák et al. 2008, Spina & Volponi 2008a) und gelangt daher nicht nach Deutschland.
Knapp 40 % der in Abb. 1 dargestellten Funde stammen aus dem Winter, doch lässt sich von diesen nur ein kleiner Teil sicher dem deutschen Brutbestand zuordnen. Die Winterfunde sind weit gestreut, so dass der Bereich von England bis S-Frankreich als Überwinterungsgebiet anzusehen ist (Abb. 3). Zwei Winterfunde in Deutschland selbst zeigen, dass deutsche Brutvögel Stand- oder Strichvögel sein können. Ein Fund in Griechenland ist zwar aus dem Dezember, geht aber auf einen im März desselben Jahres in der Pfalz beringten Vogel zurück. Zum Frühjahrszug liegen bisher kaum verwertbare Informationen aus dem Ringfundmaterial vor.

Summary: *Depending on the availability of breeding habitats, Water Rail can generally be found as a breeding bird in all parts of Germany. The mostly stable population is currently estimated at 12,500 – 18,500 bp. Ring recoveries show migration to WSW and SW (occasionally S and SE), bringing most German Water Rails to winter quarters between England and S France (and probably rarely to Greece). The only recovery in Spain suggests that the Pyrenees act as a barrier, and the same may apply to the Alps owing to the low number of ringed birds reported from Italy. Surprisingly few recoveries indicate the passage through Germany of Water Rails from Fennoscandia, Poland and the Czech Republic.*

Wachtelkönig *Crex crex*
Corncrake

Beringungen nach 1945:	2207
Funde > 10 km nach 1945:	9/8
Wiederfundquote (Fernfunde nach 1945):	0,4 %
Funde > 10 km seit 1901:	12/11
Funde fremder Beringungszentralen:	1/1
Höchstalter:	3 J, 1 M*
Weiteste Entfernung:	6880 km

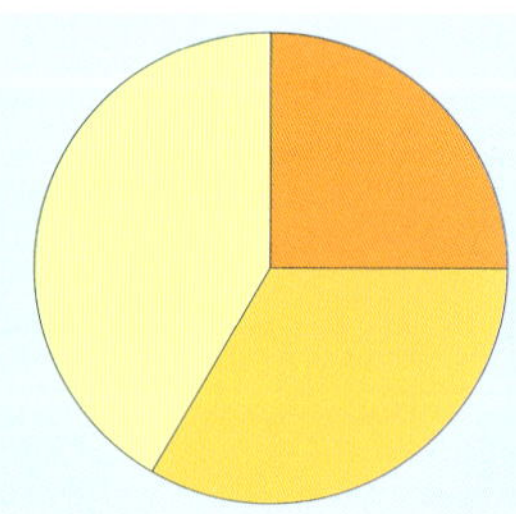

Verbreitung und Status: Als Brutvogel besiedelt der Wachtelkönig die gemäßigte Zone von den Britischen Inseln und Frankreich bis ins sibirische Baikalgebiet. Die Überwinterungsgebiete befinden sich südlich des Äquators in Afrika. Der deutsche Brutbestand schwankt jahrweise stark, ist aber insgesamt stabil und wird derzeit auf 2300 – 4100 BP geschätzt. Aufgrund der Vorliebe für feuchtes Grünland ist der größte Teil des Brutbestandes im N-deutschen Tiefland zu finden, doch kommt die Art auch in anderen Landesteilen mit geeigneten Lebensräumen vor. Aufgrund der sehr heimlichen Lebensweise ist über die Zugzeiten nicht viel bekannt. Der Einzug in die Brutgebiete erfolgt ab Mitte April, vor allem aber im Mai. Der Herbstzug findet vor allem im September statt, kann aber in den Oktober hinein reichen.

Wanderungen: Fernfunde liegen von Wachtelkönigen nur in sehr kleiner Zahl vor. Wiederfunde nördlich der Sahara zeigen, dass die Vögel im Herbst von Mittel- und Nordeuropa aus vor allem nach S und SE abwandern und über den östlichen Mittelmeerraum ziehen (Fransson et al. 2008, Saurola et al. 2013). Ein solcher Zugweg trifft auch für ein Männchen zu, das vom Unteren Odertal aus nach Zypern flog (Abb. 1), ebenso wie für drei im tschechischen Grenzgebiet zu E-Bayern mit Satellitensendern ausgestattete Individuen, die im Herbst Eritrea und den Sudan erreichten (Vlček & Schmidberger 2014). Andererseits zog ein im September auf Helgoland beringter Wachtelkönig innerhalb einer Woche südwestwärts nach SW-Frankreich. Wäre er dort nicht erlegt worden, hätte er wohl – wie auch für britische Brutvögel vermutet (Wernham et al. 2002) – das Winterquartier über NW-Afrika erreicht. Auch zwei tschechische Ringvögel begannen den Herbstzug in Richtung SW (nach Italien bzw. S-Frankreich; Cepák et al. 2008). Der einzige Wiederfund eines deutschen Ringvogels im Winter, der wegen der Beringung auf dem Herbstzug auf Helgoland aber einen skandinavischen Brutvogel betreffen dürfte, kommt aus der DR Kongo (Abb. 1). Auch alle anderen Winterfunde europäischer Wachtelkönige sind aus dieser Region (Angola, Republik und DR Kongo), also westlich des hauptsächlichen Winterquartiers zwischen Kenia und Südafrika (Walther et al. 2008, 2013). Demgegenüber überwinterte der einzige der drei satellitentelemetrierten Vögel aus W-Tschechien, der noch im Winter Signale sendete, in Kenia (M. Schmidberger pers. Mitt., 24.4.2014).
Vom Frühjahrszug gibt es nur einen indirekten Ringfund, bei dem ein auf Helgo-

Abb. 1: Funde von Wachtelkönigen mit Bezug zu Deutschland (7 Funde). – *Recoveries of Corncrakes related to Germany (7 recoveries).*

land markierter Vogel 364 Tage später in S-Norwegen erbeutet wurde (Abb. 1). Drei weitere Fernfunde sind auf die Umsiedlung von Brutvögeln (vom Unteren Odertal bzw. aus Niedersachsen in die Niederlande im Abstand von jeweils einem Jahr) und auf großräumiges Umherstreifen in der Brutzeit (von Tschechien nach Thüringen im selben Sommer) zurückzuführen (vgl. Heinicke & Köppen 2013).

Summary: *The German population of Corncrake currently amounts to 2300–4100 bp and is thought to be stable, though subject to marked fluctuations. It is mainly concentrated in lowlands of the northern half of the country. The very few ring recoveries show movements towards SW (to SW France) and SE (to Cyprus), suggesting two separate migratory directions adopted in autumn. Three birds equipped with satellite transmitters close to the Bavarian border in the Czech Republic took the eastern route. The only ringed bird found in winter was from the DR Congo, i.e. due west of the main wintering area between Kenya and South Africa, whereas a satellite-tracked individual from the Czech Republic (close to the Bavarian border) was located in Kenya in winter. A bird ringed on Helgoland in spring and recovered one year later in S Norway indicates stopovers of Scandinavian migrants. Another three recoveries refer to birds changing their breeding sites (towards The Netherlands) or to movements within one breeding season (from the Czech Republic to Thüringen).*

Tüpfelsumpfhuhn *Porzana porzana*
Spotted Crake

Beringungen nach 1945:	3837
Funde > 10 km nach 1945:	35/35
Wiederfundquote (Fernfunde nach 1945):	0,9 %
Funde > 10 km seit 1901:	36/36
Funde fremder Beringungszentralen:	3/3
Höchstalter:	2 J, 7 M
Weiteste Entfernung:	1753 km

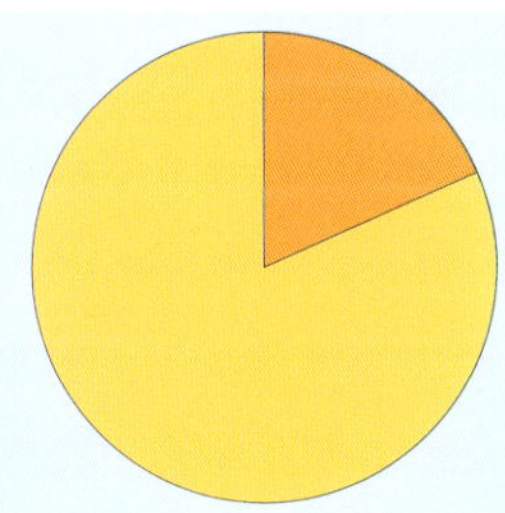

Verbreitung und Status: Das Brutareal des Tüpfelsumpfhuhns umfasst mit Ausnahme N-Fennoskandiens fast ganz Europa und setzt sich ostwärts bis NE-China fort. Die Art ist größtenteils Langstreckenzieher mit Überwinterungsgebieten in E-, W- und S-Afrika, S-Asien und stellenweise S-Europa. In Deutschland gibt es einen stabilen Brutbestand von 1000–1500 BP in nassem Grünland und in Verlandungszonen von meist kleineren Stillgewässern. Vorkommen sind in fast allen Bundesländern zu finden, Verbreitungsschwerpunkte sind Niedersachsen, Mecklenburg-Vorpommern und Brandenburg. Je nach Feuchtigkeit des Brutgebiets ziehen Tüpfelsumpfhühner schon ab Juli ab, Herbstzug findet ansonsten vor allem im September und Oktober statt. Der Frühjahrszug erfolgt besonders im April, aber noch bis Juni können sich Brutvögel in günstigen Lebensräumen niederlassen.

Wanderungen: Die Wiederfunde in Deutschland beringter Tüpfelsumpfhühner gehen fast ausschließlich auf Individuen zurück, die in den Monaten August und September und damit im Übergangsbereich von Brutzeit und Herbstzug markiert wurden. Alle Wiederfunde stammen aus Europa von Belgien bis Spanien und Italien sowie einmal aus Polen, wobei die meisten Vögel aus S-Frankreich und N-Italien gemeldet wurden (Abb. 1). Sowohl die Gesamtheit der Wiederfunde (Abb. 1) als auch die Funde vom Herbstzug (Abb. 2) zeigen Zugbewegungen, bei denen die Richtung zwischen WSW und SSE streut. Dies passt zu den unterschiedlichen Richtungen (SW bis SSE), aus denen Vögel nach Italien gelangen (Spina & Volponi 2008a). Dagegen stellen Wiederfunde von in Fennoskandien, im Baltikum, in Tschechien und in der Schweiz beringten Vögeln einen Zug nach SW dar (Viksne & Mihelson 1985, Bønløkke et al. 2006, Maumary et al. 2007, Cepák et al. 2008, Fransson et al. 2008, Saurola et al. 2013). Da Wiederfunde aus dem Winterareal fehlen, muss offen bleiben, bis wohin die in Deutschland brütenden Tüpfelsumpfhühner ziehen. Ein bei Braunschweig auf dem Herbstzug beringter und im folgenden Mai in Polen tot gefundener Vogel deutet an, dass weiter östlich beheimatete Vögel durch Deutschland wandern. Zwei Ringfunde zeigen schnellen Zug von Skandinavien nach Deutschland: Ein in Dänemark beringter Fängling wurde zehn Tage später bei Kaiserslautern in Rheinland-Pfalz gefunden. Ein Jungvogel brauchte nur drei Tage von SW-Schweden nach Sylt. Der einzige Fernfund eines in Deutschland als Küken beringten Tüpfelsumpfhuhns führt von S-Niedersachsen an die Oder in Brandenburg (Wiederfang ein Jahr später im Juli) und könnte eine Brutansiedlung fern des Geburtsortes betreffen.

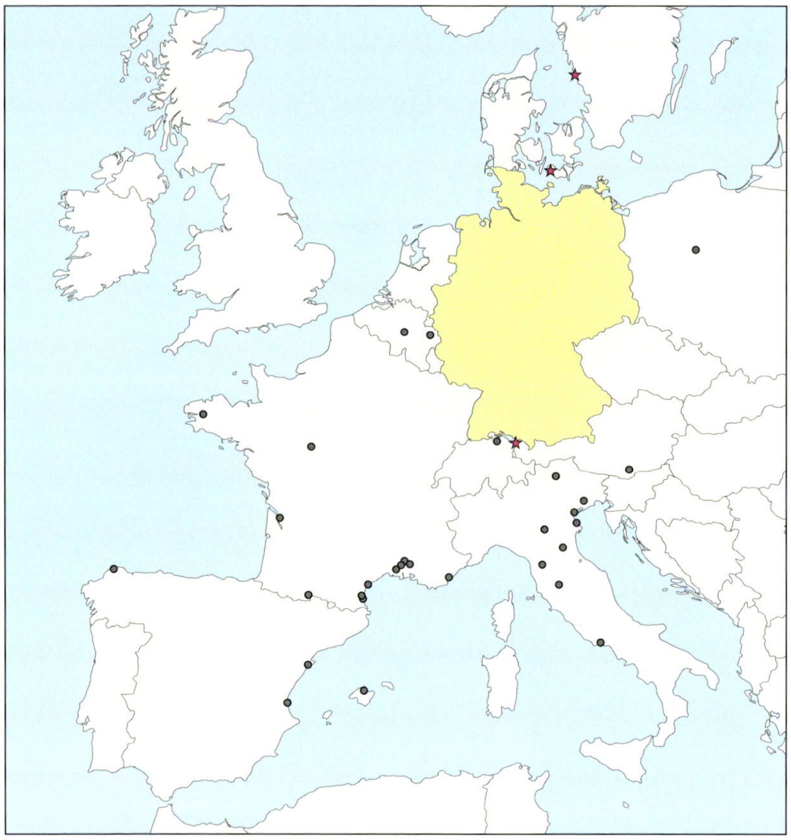

Abb. 1: Fundorte von in Deutschland beringten (31 Funde) und ausländische Beringungsorte von in Deutschland gefundenen (3 Funde) Tüpfelsumpfhühnern. – *Foreign recovery sites of Spotted Crakes ringed in Germany (31 recoveries) and foreign ringing sites of birds recovered in Germany (3 recoveries).*

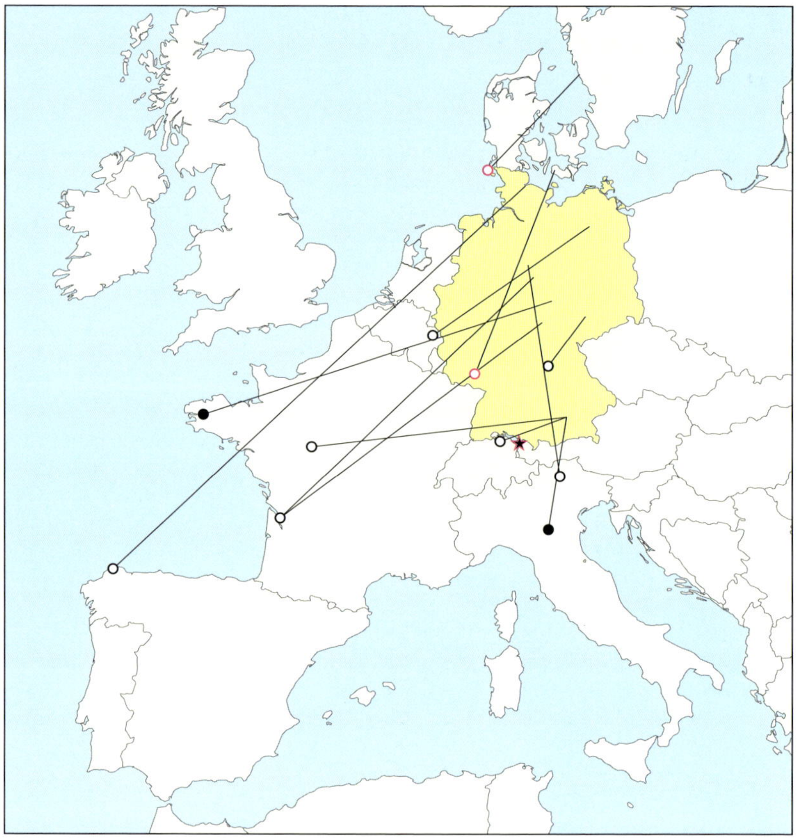

Abb. 2: Herbstzug (August – November) von in Deutschland zur Brutzeit (3 Funde) oder von August bis November anwesenden Tüpfelsumpfhühnern (10 Funde). – *Autumn migration (August – November) of Spotted Crakes present in Germany during the breeding season (3 recoveries) or from August to November (10 recoveries).*

Summary: *A stable population of 1000 – 1500 bp of Spotted Crake inhabits wet grasslands and other wetlands in Germany, mostly in Niedersachsen, Mecklenburg-Vorpommern and Brandenburg. Ringed birds were recovered from Belgium to Spain and Italy (with concentrations in S France and NW Italy), but there are no reports from the actual wintering area. Directions to places of recovery vary between WSW and SSE. Two birds from Sweden and Denmark showed fast autumn migration as they were recovered in the Wadden Sea after three days and in SW Germany after ten days, respectively. A bird ringed in Niedersachsen in autumn and found in Poland in May indicates passage of Spotted Crakes originating from areas E of Germany.*

Kleines Sumpfhuhn *Porzana parva*
Little Crake

Das Brutareal des Kleinen Sumpfhuhns erstreckt sich von SW-Europa über Mittel- und E-Europa bis NW-China. Im Winter wurde die Art in weit auseinanderliegenden Gebieten gefunden, zu denen SW-Europa, E- und W-Afrika, Arabien und Indien gehören. In Deutschland gibt es einen kleinen, leicht zunehmenden Brutbestand von 160 – 250 BP, der fast ausschließlich Verlandungszonen stehender Gewässer in Mecklenburg-Vorpommern und Brandenburg bewohnt. Auf dem Zug, d.h. vor allem in den Monaten April und August/September, kann die Art in allen Teilen Deutschlands auftreten, ist aber in der Regel recht selten.
Der einzige Deutschland betreffende Ringfund sagt wenig über den Zug der Art aus. Ein Mitte Juni 1966 am Steinhuder Meer bei Hannover beringtes Küken wurde im Mai des folgenden Jahres 188 km entfernt in Thüringen tot gefunden (Abb. 1) und könnte sich noch auf dem Frühjahrszug befunden haben. Die wenigen Wiederfunde von in Nachbarländern beringten Vögeln deuten einen Zug nach S bis SW an (Glutz von Blotzheim et al. 1973), so dass Überwinterungen in SW-Europa oder W-Afrika wahrscheinlich sind.

Summary: *A small, but increasing population of 160 – 250 bp of Little Crake inhabits mainly the NE of Germany, but during migration (April, August/September) the species may occur in all parts of the country. The only ring recovery refers to a chick marked near Hannover, which was found dead 188 km SSE in Thüringen nearly one year later. A handful of recoveries from adjacent countries suggest that the winter quarters are located in S to SW directions.*

Abb. 1: Fund eines Kleinen Sumpfhuhns mit Bezug zu Deutschland. – *Recovery of a Little Crake related to Germany.*

Teichhuhn *Gallinula chloropus*
Common Moorhen

Beringungen nach 1945:	14.233
Funde > 10 km nach 1945:	323/278
Wiederfundquote (Fernfunde nach 1945):	2,0 %
Funde > 10 km seit 1901:	341/296
Funde fremder Beringungszentralen:	98/95
Höchstalter:	10 J, 5 M
Weiteste Entfernung:	2108 km

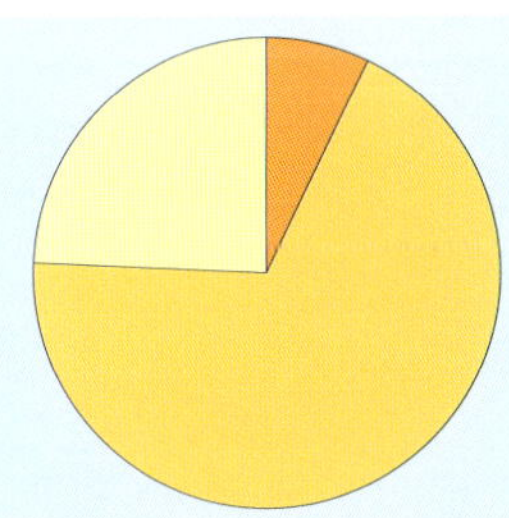

Verbreitung und Status: Das Teichhuhn ist Kosmopolit und brütet in weiten Teilen Eurasiens, fehlt aber in vielen Bereichen Sibiriens. Vorkommen gibt es auch in Afrika (außer in Wüsten und Regenwäldern) sowie vom südlichen Nordamerika bis Argentinien (auch hier nicht im Regenwaldgebiet). In den meisten Brutgebieten kommt die Art ganzjährig vor, doch werden E-Europa, W- und E-Asien sowie Teile Nordamerikas im Herbst geräumt. Auch in Deutschland sind Teichhühner weit verbreitet und fehlen lediglich in ausgedehnten Waldgebieten und im Hochgebirge. Bei leicht zunehmendem Trend wird der Bestand auf 34.000 – 59.000 BP taxiert. Da es keine großen Ansammlungen rastender Vögel gibt, verläuft der Zug unauffällig. Der Frühjahrszug findet im März und April statt, der Herbstzug vor allem von September bis November.

Wanderungen: In Deutschland beringte Teichhühner wurden vor allem aus dem Gebiet von den Niederlanden bis N-Frankreich zurückgemeldet, aber auch aus anderen Teilen Frankreichs, Englands und Dänemarks sowie seltener von der Iberischen Halbinsel, aus Italien, von der Balkanhalbinsel, aus östlich angrenzenden Ländern und aus S-Schweden (Abb. 1). Erweitert wird dieser Bereich durch den Fund eines in S-Finnland beringten Vogels in Niedersachsen. Vögel des deutschen Brutbestandes sind Teilzieher, daher wurde z.B. in E-Deutschland über die Hälfte der beringten Küken und zur Brutzeit beringten Altvögel im Winter in weniger als 100 km Entfernung wiedergefunden. Aufgrund der milderen Winter in jüngerer Zeit wird der Anteil der Stand- und Strichvögel heute sogar als noch viel höher eingeschätzt (Heinicke & Köppen 2013). Die im Herbst abwandernden Individuen

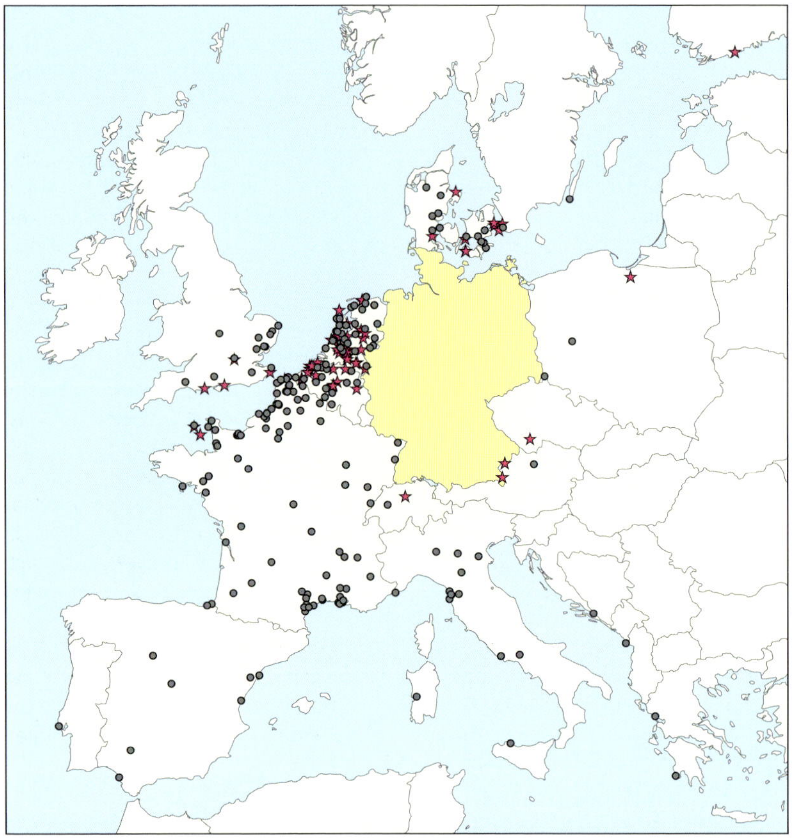

Abb. 1: Fundorte von in Deutschland beringten (221 Funde) und ausländische Beringungsorte von in Deutschland gefundenen (98 Funde) Teichhühnern. – Foreign recovery sites of Common Moorhens ringed in Germany (221 recoveries) and foreign ringing sites of birds recovered in Germany (98 recoveries).

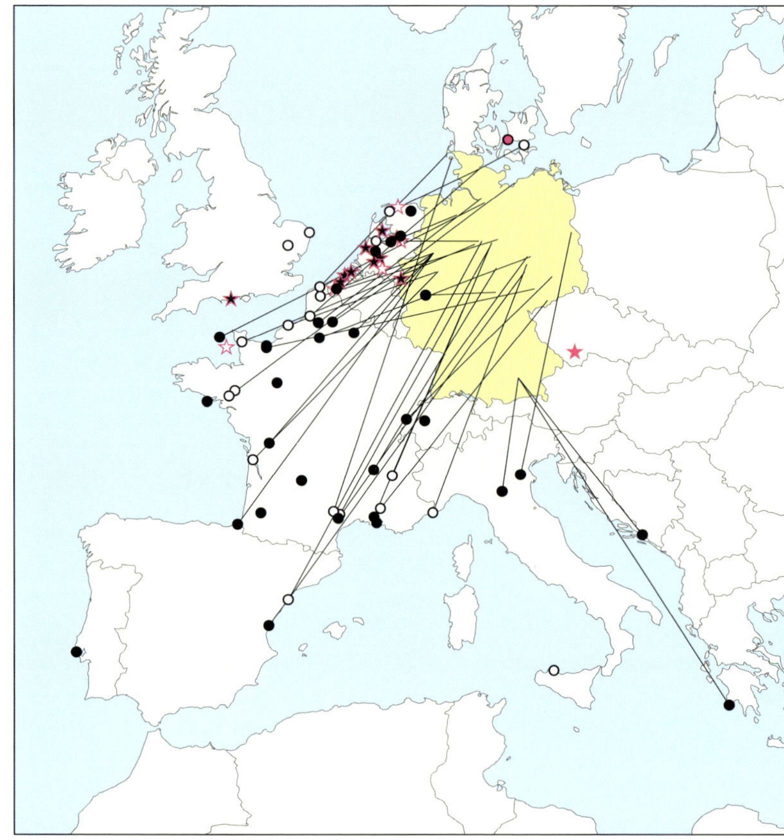

Abb. 2: Herbstzug (September – November) von in Deutschland zur Brutzeit (42 Funde) oder von September bis November anwesenden Teichhühnern (27 Funde). – *Autumn migration (September – November) of Common Moorhens present in Germany during the breeding season (42 recoveries) or from September to November (27 recoveries).*

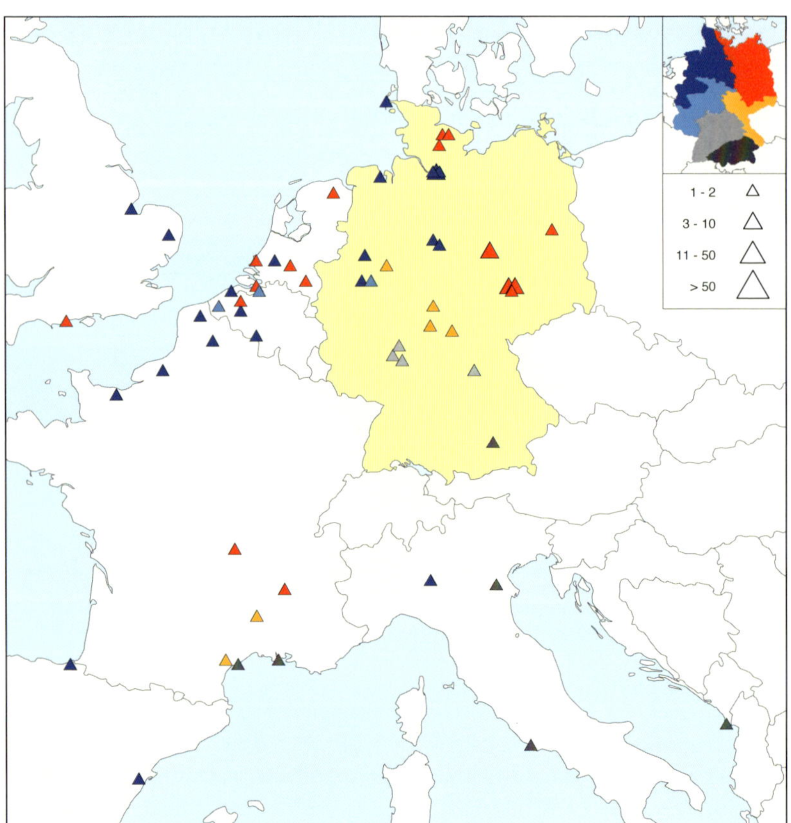

Abb. 3: Aufenthaltsorte im Winter (Dezember – Februar) von in Deutschland zur Brutzeit anwesenden Teichhühnern (79 Funde). – *Presence in winter (December – February) of Common Moorhens present in Germany during the breeding season (79 recoveries).*

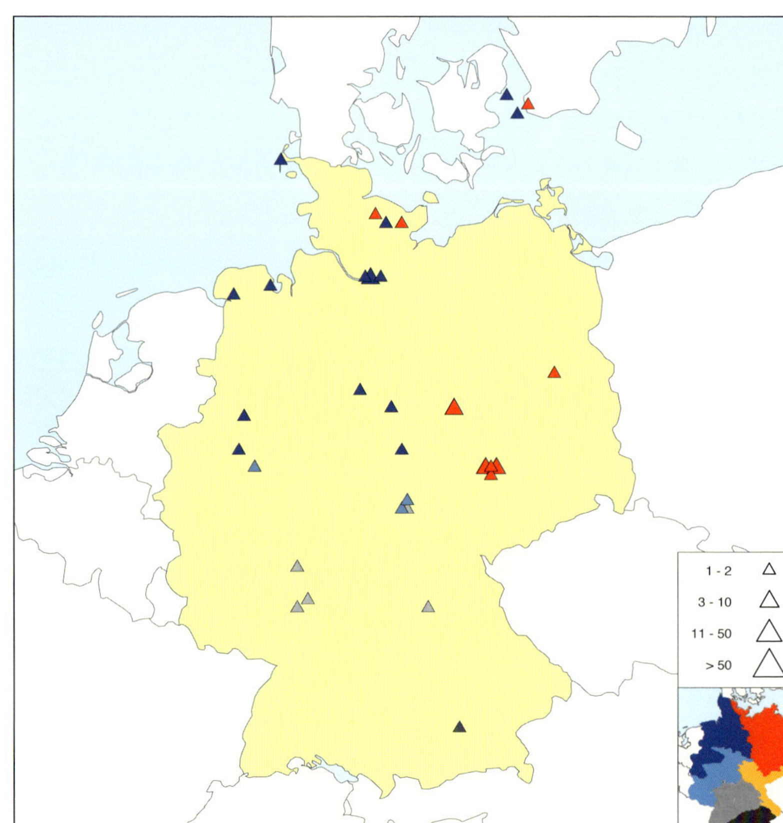

Abb. 4: Aufenthaltsorte zur Brutzeit von im Winter (Dezember – Februar) in Deutschland anwesenden Teichhühnern (50 Funde). – *Presence during the breeding season of Common Moorhens present in Germany in winter (December – February, 50 recoveries).*

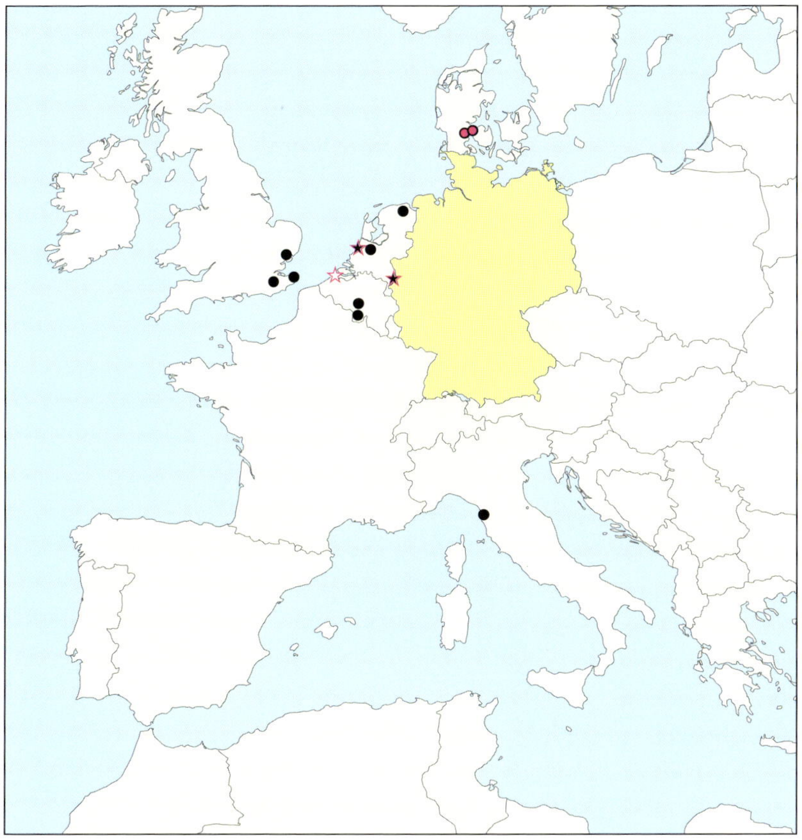

Abb. 5: Frühjahrszug (März) von in Deutschland zur Brutzeit (16 Funde) oder im März anwesenden Teichhühnern (3 Funde). – *Spring migration (March) of Common Moorhens present in Germany during the breeding season (16 recoveries) or in March (3 recoveries).*

– sowohl Vögel des Brutbestands als auch solche mit unsicherer Zuordnung – fliegen vom N-Drittel Deutschlands aus vor allem nach WSW und SW und gelangen dadurch vor allem in die Niederlande, nach Belgien und N-Frankreich, seltener bis W-Frankreich oder England (Abb. 2). Vögel aus der Mitte und dem S Deutschlands schlagen eher eine Richtung zwischen SW und S, mitunter sogar SE ein. Sie wenden sich damit eher dem Mittelmeerraum zu und wurden auf dem Herbstzug aus E- und S-Frankreich, E-Spanien, Italien, Montenegro und Griechenland gemeldet. Ein kleinerer Teil der mitteldeutschen Vögel fliegt aber auch westwärts und gelangt in das Gebiet von den Niederlanden bis N-Frankreich.

Die Verteilung der Winterfunde deutscher Brutvögel (Abb. 3) spiegelt sowohl die Präsenz der nicht ziehenden Individuen nahe dem Brutgebiet als auch das Muster der herbstlichen Wanderungen wider. Die Niederlande, Belgien und N-Frankreich sind als wichtige Überwinterungsgebiete auszumachen, doch gehören auch die an das NW-Mittelmeer angrenzenden Landstriche sowie in wohl geringem Umfang der Balkan zum Winterareal. Im Winter in Deutschland festgestellte Ringvögel stammten weit überwiegend aus Deutschland selbst und konnten nur in drei Fällen Brutbeständen in Dänemark und S-Schweden zugeordnet werden (Abb. 4). Da über Ringfunde auch insgesamt nur wenige Kontakte zu nördlich bis östlich von Deutschland gelegenen Gebieten zu erkennen sind (Abb. 1), dürfte die Anzahl von dort einfliegender Durchzügler und Wintergäste gering sein. Zwar müssten den beobachteten Zugrichtungen zufolge auch die meisten schwedischen und finnischen Teichhühner Deutschland passieren, doch sind die dortigen Brutbestände und folglich die Anzahl der Beringungen klein, und Winterfunde stammen vorwiegend aus den Niederlanden und N-Frankreich (Fransson et al. 2008, Saurola et al. 2013). Möglicherweise sind aber die Rastaufenthalte in N-Deutschland kurz, denn sonst müssten auch dänische Teichhühner, die ebenfalls von den Niederlanden bis Frankreich überwintern (Bønløkke et al. 2006), häufiger gefunden werden. Tschechische Vögel und vermutlich auch solche aus anderen Ländern E-Mitteleuropas ziehen dagegen überwiegend nach Italien und damit größtenteils an Deutschland vorbei (Cepák et al. 2008, Spina & Volponi 2008a).
Auch Funde vom Frühjahrszug betreffen kaum Brutvögel aus anderen Ländern, denn nur zwei dänische Ringvögel konnten zu dieser Jahreszeit in Deutschland nachgewiesen werden. Deutsche Brutvögel befinden sich im März und April schon nah am Brutgebiet, denn abgesehen von einer Meldung aus Italien fehlen Wiederfunde aus entfernteren Bereichen des Winterareals (Abb. 5).

Summary: *The slightly increasing population of 34,000 – 59,000 bp of Common Moorhen is distributed all over Germany with major gaps only in forest-covered and mountainous areas. The majority of these birds are residents, but migration is proven by a good number of ring recoveries. Birds from the northern third of the country move WSW to SW to winter primarily in an area from The Netherlands to N France and to a smaller extent also in England and W France. Moorhens from C and S Germany mostly fly SW and S (some also W) and mainly reach areas at the NW Mediterranean, but some were found to migrate SE to winter on the Balkan Peninsula. This pattern of migration and residency is well reflected in the map of winter recoveries. As recoveries of birds ringed in countries N and NE of Germany are scarce, it appears that stopovers in Germany are short and only very few birds spend the winter there. Birds from the Czech Republic (and probably other countries in E Central Europe) fly to Italy passing by E of Germany.*

Blässhuhn *Fulica atra*
Common Coot

Beringungen nach 1945:	38.744
Funde > 10 km nach 1945:	1933/1416
Wiederfundquote (Fernfunde nach 1945):	3,7 %
Funde > 10 km seit 1901:	1957/1436
Funde fremder Beringungszentralen:	569/542
Höchstalter:	12 J, 2 M
Weiteste Entfernung:	2370 km

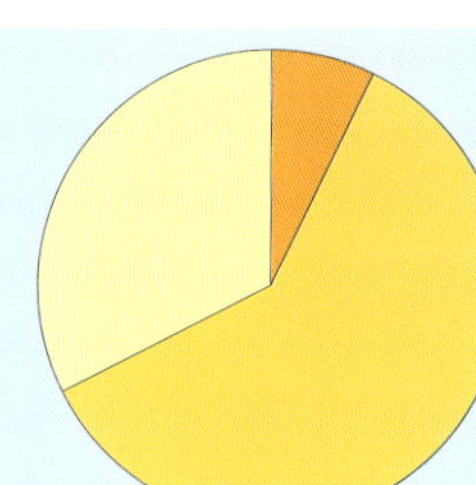

Verbreitung und Status: Blässhühner besiedeln fast die gesamte W-Paläarktis. Ostwärts reicht das Brutgebiet durch das zentrale Asien bis Japan, außerdem kommt die Art auf dem indischen Subkontinent und in Australien als Brutvogel vor. In den meisten dieser Gebiete sind Blässhühner Standvögel oder Teilzieher, doch von E-Europa bis E-Asien ist die Art obligatorischer Zugvogel mit Überwinterungsgebieten vom E-Mittelmeerraum bis SE-Asien. Der deutsche Brutbestand verteilt sich über das ganze Land, umfasst 66.000 – 115.000 BP und zeigt in den letzten 25 Jahren keine klare Zu- oder Abnahme. Blässhühner sind an vielen Gewässern ganzjährig anzutreffen und wandern oft erst bei deren Vereisung ab. Zugbewegungen finden darüber hinaus vor allem von September bis November und im März/April statt.

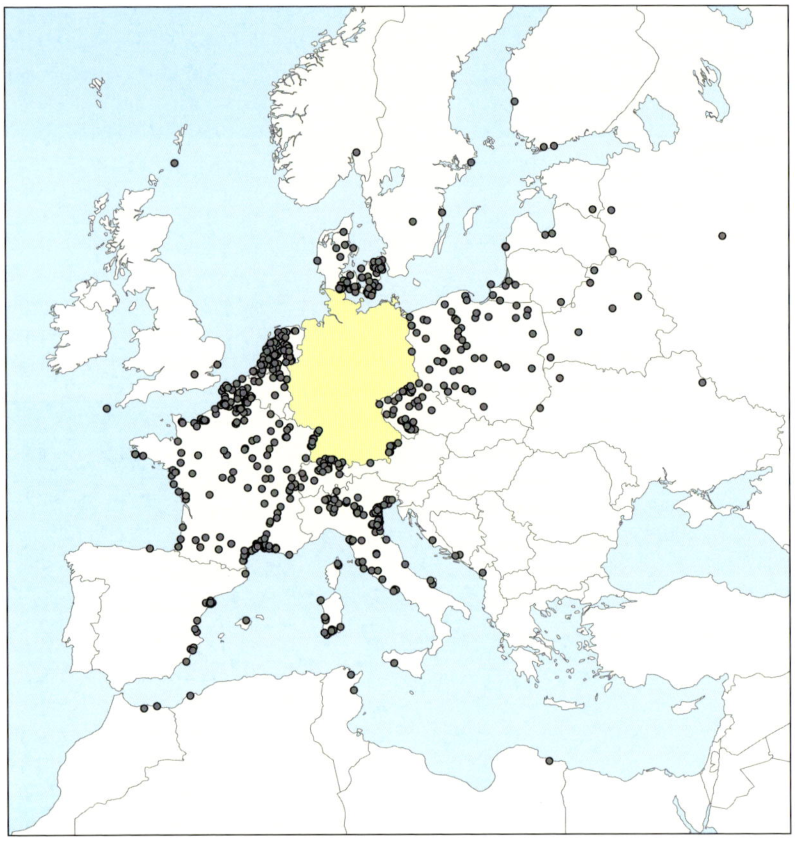

Abb. 1: Fundorte im Ausland von in Deutschland beringten Blässhühnern (718 Funde). – *Foreign recovery sites of Common Coots ringed in Germany (718 recoveries).*

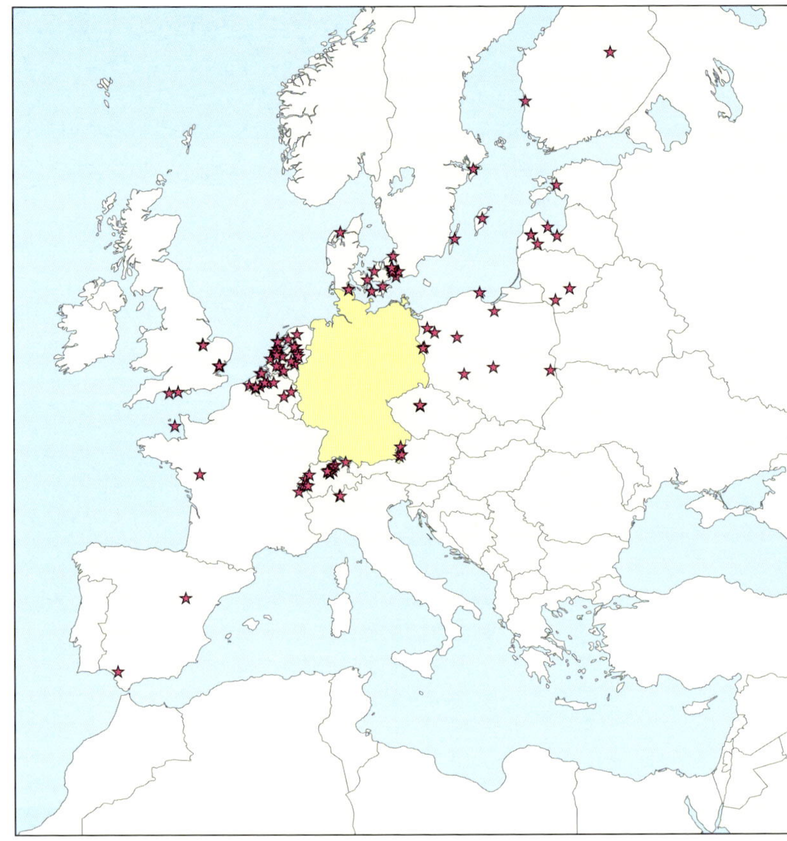

Abb. 2: Beringungsorte im Ausland von in Deutschland gefundenen Blässhühnern (569 Funde). – *Foreign ringing sites of Common Coots recovered in Germany (569 recoveries).*

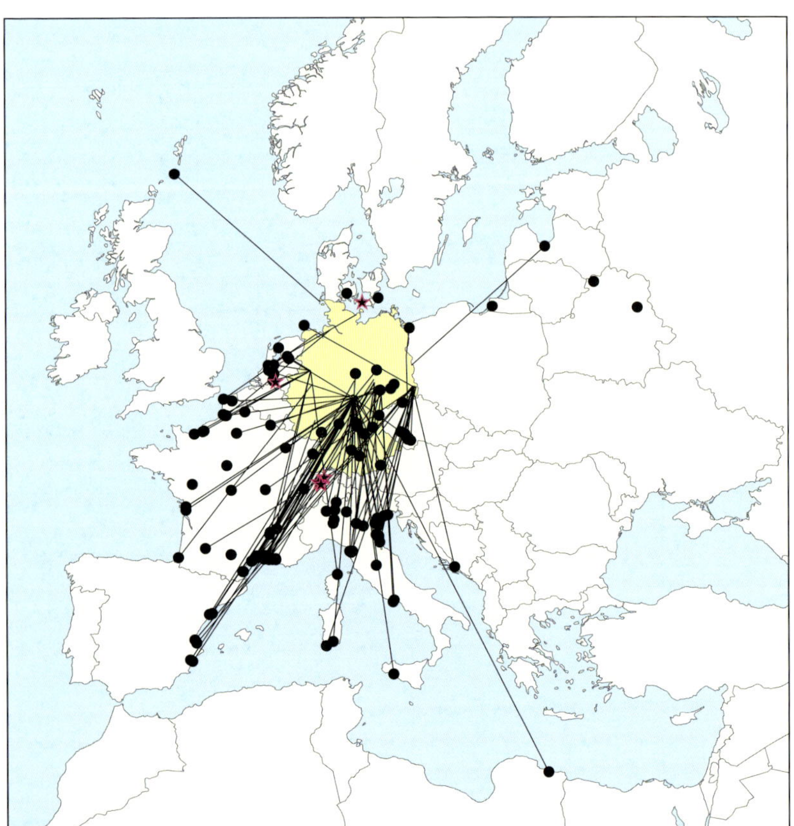

Abb. 3: Herbstzug (September – November) von in Deutschland zur Brutzeit anwesenden Blässhühnern (149 Funde). – *Autumn migration (September – November) of Common Coots present in Germany during the breeding season (149 recoveries).*

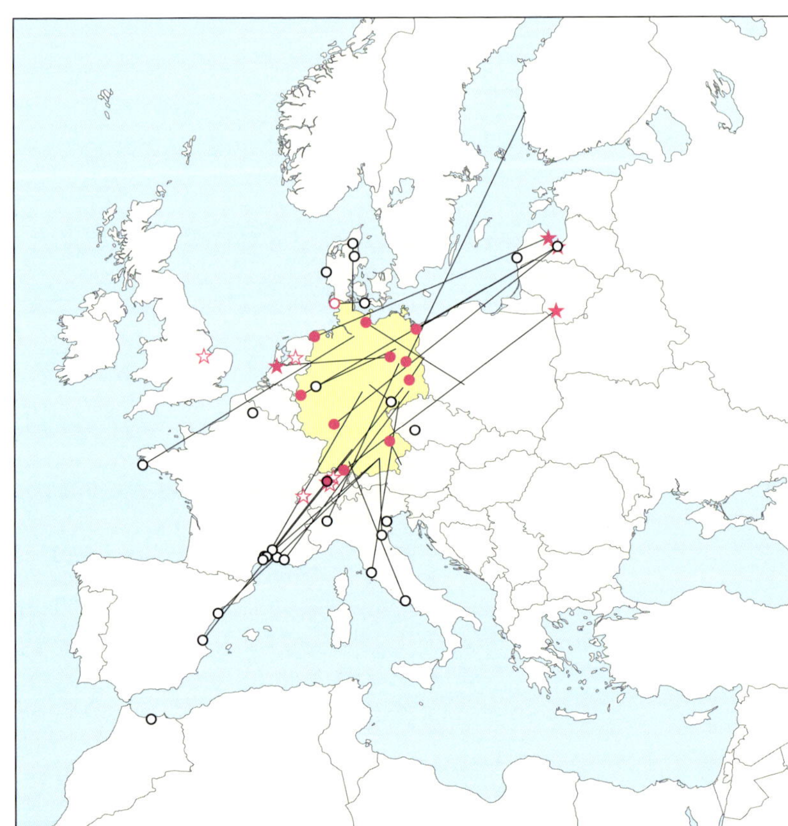

Abb. 4: Herbstzug (September – November) von in Deutschland von September bis November anwesenden Blässhühnern (60 Funde). – *Autumn migration (September – November) of Common Coots present in Germany from September to November (60 recoveries).*

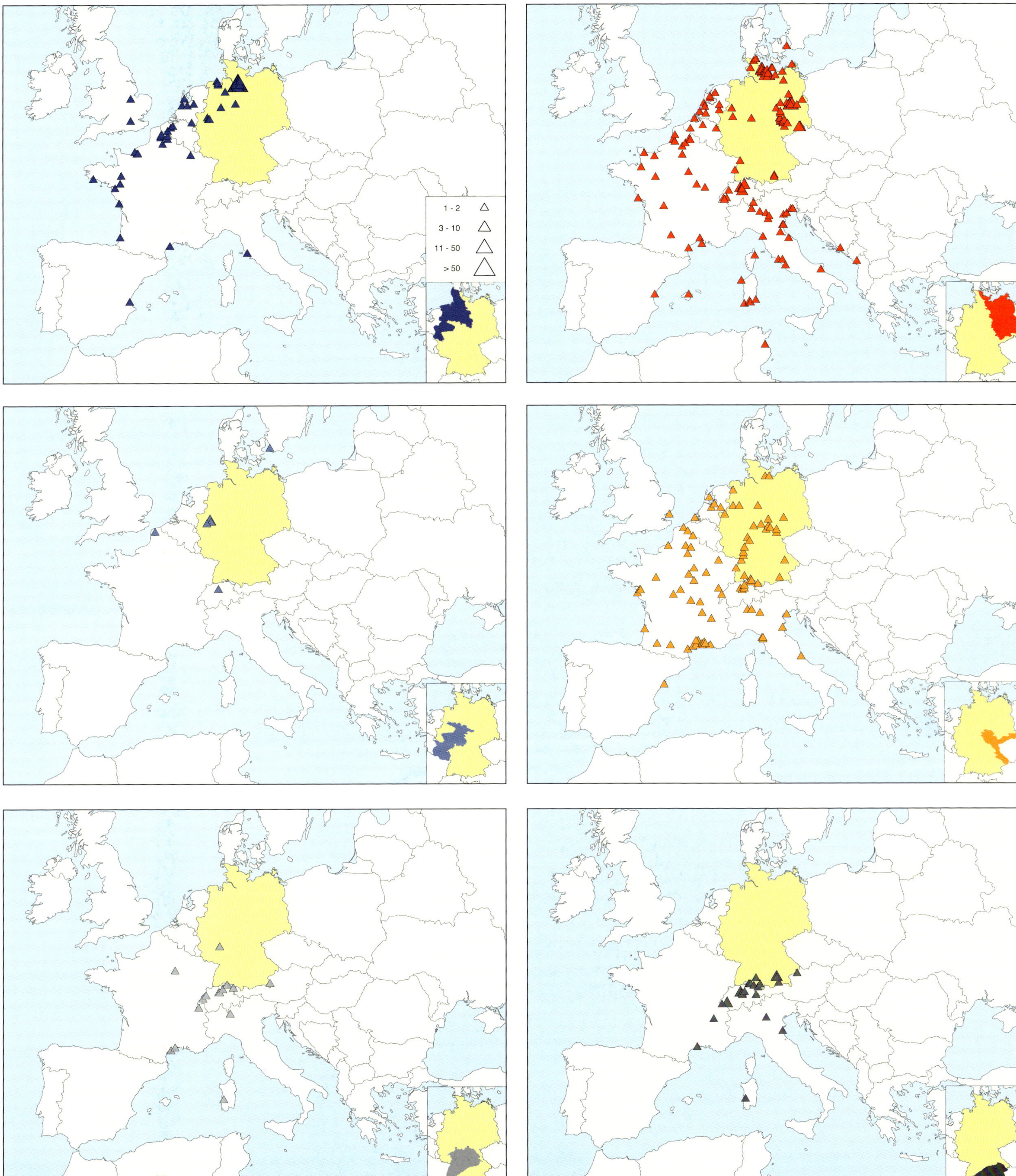

Abb. 5: Aufenthaltsorte im Winter (Dezember-Februar) von in Deutschland zur Brutzeit anwesenden Blässhühnern (649 Funde). – *Presence in winter (December – February) of Common Coots present in Germany during the breeding season (649 recoveries).*

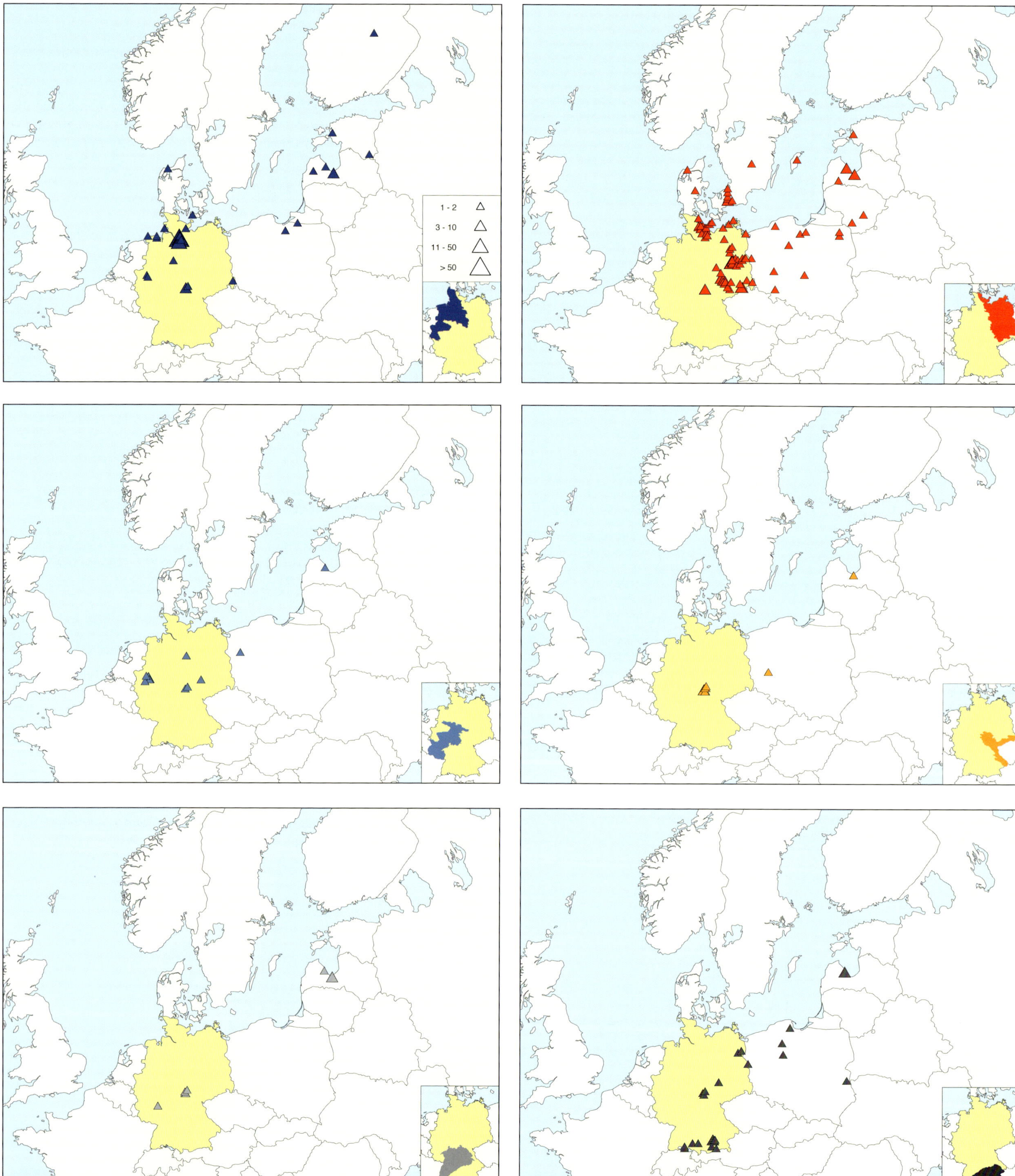

Abb. 6: Aufenthaltsorte zur Brutzeit von im Winter (Dezember – Februar) in Deutschland anwesenden Blässhühnern (494 Funde). – *Presence during the breeding season of Common Coots present in Germany in winter (December – February, 494 recoveries).*

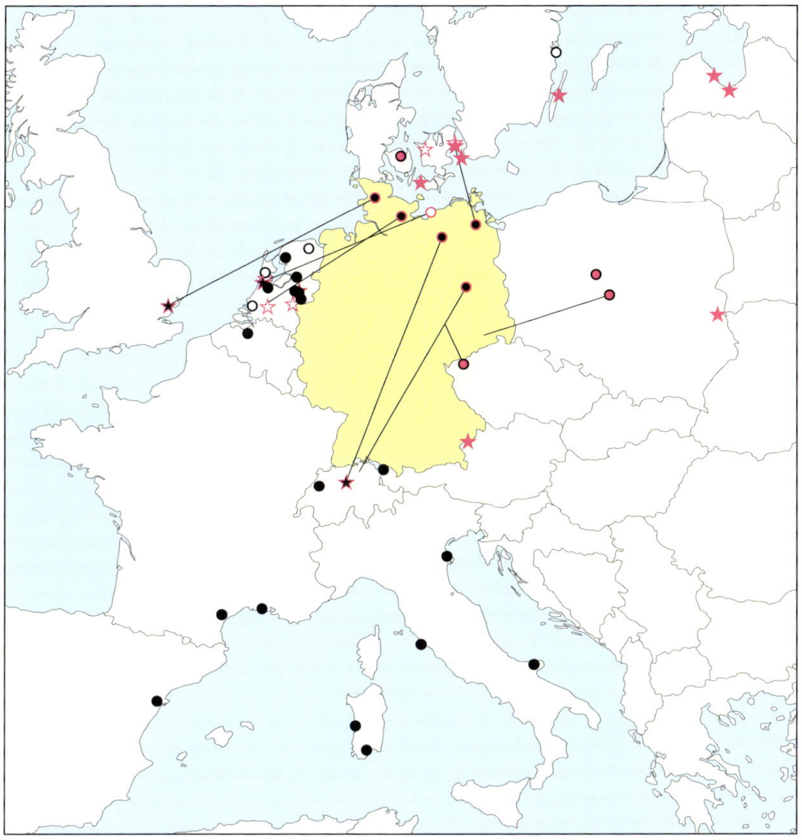

Abb. 7: Frühjahrszug (März) von in Deutschland zur Brutzeit (22 Funde) oder im März anwesenden Blässhühnern (34 Funde). – *Spring migration (March) of Common Coots present in Germany during the breeding season (22 recoveries) or in March (34 recoveries).*

Wanderungen: Das Herkunfts- und Zielgebiet in Deutschland auftretender Blässhühner umfasst große Teile Europas und reicht von Finnland, S-Skandinavien und Schottland im N bis Marokko und Libyen im S, von W-Russland und der Ukraine im E bis SE-England und Spanien im W (Abb. 1 und 2). In Deutschland ist die Art Teilzieher, denn trotz vieler per Ringfund erbrachter Nachweise für Wanderungen sind auch im Winter viele der zum Brutbestand gehörenden Vögel in ihrem Brutgebiet anzutreffen. Für E-Deutschland wurde festgestellt, dass der Anteil der abziehenden Vögel in neuerer Zeit immer weiter gesunken ist, vermutlich im Zusammenhang mit einer langen Folge milder Winter (Heinicke & Köppen 2013).

Direkte Wiederfunde vom Herbstzug (Abb. 3), besonders aber die Verteilung der Ringvögel im Winter (Abb. 5), zeigen deutliche regionale Unterschiede hinsichtlich Zugrichtung und zurückgelegter Distanz. Sofern sie nicht in der Nähe des Brutgebiets verweilen, ziehen Blässhühner aus dem NW-deutschen Tiefland in erster Linie südwestwärts und überwintern von den Niederlanden bis W-Frankreich. Nur einzelne Funde stammen aus England, Spanien und Italien, so dass generell kürzere Zugdistanzen vorherrschen (Abb. 5). Bei Vögeln aus dem NE-deutschen Tiefland ist zu unterscheiden zwischen denjenigen aus dem Bereich der Ostseeküste – diese ziehen wie Vögel aus dem NW-deutschen Tiefland nach SW und erreichen die Niederlande und W-Frankreich – und Vögeln aus dem E-deutschen Binnenland. Letztere ziehen nach SSW bis SSE und gelangen dadurch in Überwinterungsgebiete in S-Frankreich, Italien und dem ehemaligen Jugoslawien oder sogar bis N-Afrika (Abb. 3 und 5). Einige ziehen jedoch nach NW bis W (Niederlande, Frankreich) oder fliegen nur relativ kurze Strecken zu den Seen im Alpenvorland. Sehr ähnlich verhalten sich die Vögel der östlichen Mittelgebirge. Blässhühner aus W-, SW- und S-Deutschland legen dagegen fast immer nur kurze Strecken zurück und wurden – wenn überhaupt außerhalb der Herkunftsregion – vor allem an den Seen im Alpenvorland gefunden, aber nur selten aus anderen Gebieten zurückgemeldet (Abb. 3 und 5). Einige Wiederfunde von Blässhühnern stammen allerdings aus dem Mittelmeerraum, wo auch tschechische Vögel überwintern (Cepák et al. 2008). Insgesamt deuten die deutschen Wiederfunddaten eine Zugscheide bei etwa 52 – 53 °N an, die auch bei Betrachtung der Herkunft italienischer Wintergäste (Spina & Volponi 2008a) sehr deutlich wird. Innerhalb des beschriebenen Zugsystems hat es in den vergangenen Jahrzehnten nicht nur im Hinblick auf einen höheren Anteil von Standvögeln (s.o.), sondern auch einen Trend zu kürzeren Zugstrecken gegeben. In E-Deutschland beringte Vögel zogen in den 1960er und 1970er Jahren viel häufiger in den Mittelmeerraum als ab den 1980er Jahren, dagegen erhöhte sich der Anteil von Vögeln, die nahe der Nordseeküste und an den Seen im Alpenvorland überwinterten (Heinicke & Köppen 2013). Eine Analyse aller Winterfunde deutscher Blässhühner hat für den Zeitraum 1954 – 1991 einen fast signifikanten Trend zu verkürzten Zugstrecken ergeben (Fiedler et al. 2004).

Nicht sicher dem deutschen Brutbestand zuzurechnende, möglicherweise Durchzügler betreffende Ringfunde zeigen im Herbst ebenfalls Zug nach SW (von N-Deutschland aus) bzw. nach SW bis S (von S-Deutschland aus; Abb. 4). Nur wenige Wiederfunde vom Herbstzug geben über die Herkunft deutscher Gastvögel Auskunft; sie zeigen Zuwanderung aus NE (Baltikum) bzw. NNE (Finnland). Funde fremder Ringvögel in Deutschland im Winter zeigen ähnliche Herkunftsgebiete und zusätzlich Herkünfte aus Polen, Dänemark und S-Schweden (Abb. 6). Insgesamt dominieren in ihren deutschen Brutregionen überwinternde Standvögel. Nennenswerter Zuzug findet vor allem aus den baltischen Staaten und Polen statt, während aus Fennoskandien offenbar nur wenige Blässhühner zum Überwintern nach Deutschland kommen. Da finnische Vögel vor allem von Dänemark bis Frankreich überwintern (Saurola et al. 2013), ziehen sie möglicherweise rasch oder zumindest weitgehend unbemerkt über Deutschland hinweg. Ähnliches gilt wohl auch für Vögel aus Schweden und Dänemark, wobei schwedische Blässhühner teilweise und dänische größtenteils Standvögel sind, also Deutschland sicherlich nicht erreichen (Bønløkke et al. 2006, Fransson et al. 2008).

Ringfunde vom Frühjahrszug zeigen ein mit Herbstzug- und Winterfunden vergleichbares Muster (Abb. 7). Im März und April haben sich die nach SW ziehenden N-deutschen Vögel bereits vollständig aus Frankreich zurückgezogen, während vom Mittelmeer verhältnismäßig viele Funde vorliegen.

Summary: *Common Coot breeds all over Germany with a stable and fluctuating population of 66,000 – 115,000 bp. The species is a partial migrant recently showing an increasing tendency to stay in its breeding areas. Birds leaving in autumn are directed to the SW (N Germany) or from SSW to SSE (C and S Germany). There is a migratory divide at 52 – 53 °N, with birds from the N wintering from The Netherlands to W France and those from C and S Germany reaching S France, Italy, former Yugoslavia and also N Africa, but considerable numbers also congregate at pre-alpine lakes. However, migration to The Netherlands and W France can also occur in the southern group. In general, birds from the W, SW and S of Germany yielded very few recoveries far from their breeding areas. Migrants and winter visitors recorded in Germany mainly come from Poland and the Baltic states and to a lesser amount from Denmark, Sweden and Finland. The surprisingly low number of recoveries of Fennoscandian Coots suggest that Germany is crossed quickly on the way to winter quarters further west.*

Triel *Burhinus oedicnemus*
Stone-curlew

Das Brutareal des Triels umfasst Mittel-, W- und S-Europa, N-Afrika, SW- und S-Asien. Die nördlicheren Brutvögel Europas sowie diejenigen aus SW-Asien sind Zugvögel, deren Winterquartiere südwärts bis Arabien und den Südrand der Sahara reichen. Noch bis weit in das 20. Jahrhundert hinein hat der Triel in vielen Bereichen E- und S-Deutschlands gebrütet, dann aber dramatisch bis zum Erlöschen der letzten Brutvorkommen Mitte der 1980er Jahre abgenommen. Noch zu diesem ehemaligen Brutvorkommen gehören zwei Ringfunde, die einen herbstlichen Zug nach S zeigen: Ein bei Magdeburg (Sachsen-Anhalt) 1934 nicht flügge beringter Vogel wurde im März 1950 bei Parma (N-Italien) geschossen. Ebenfalls der Jagd fiel ein im August 1959 bei Riesa (Sachsen) markiertes adultes Weibchen drei Monate später und 1361 km entfernt auf Sardinien zum Opfer (Abb. 1). Abgesehen von einigen Brutnachweisen in SW-Baden-Württemberg seit 2011 (Deutsche Avifaunistische Kommission 2013) ist der Triel in den letzten Jahrzehnten in Deutschland ein sehr seltener Besucher. Die Herkunft dieser Gastvögel ist in den meisten Fällen zwar unbekannt, doch weisen zwei Funde nicht flügge beringter Vögel auf Helgoland bzw. in Bayern darauf hin, dass Individuen des durch Schutzmaßnahmen zunehmenden Bestandes in S-England Deutschland erreichen.

Summary: *Before the Stone-curlew became extinct in Germany in the 1980s, two recoveries of birds ringed in E Germany indicated migrations to the S (both birds were shot in Italy). Despite some recent breeding records in SW Baden-Württemberg, the occurrence in Germany has mostly been restricted to vagrancy during the last decades. Two recoveries of individuals ringed before fledging on Helgoland and in Bavaria provide evidence for connections with the increasing population of S England.*

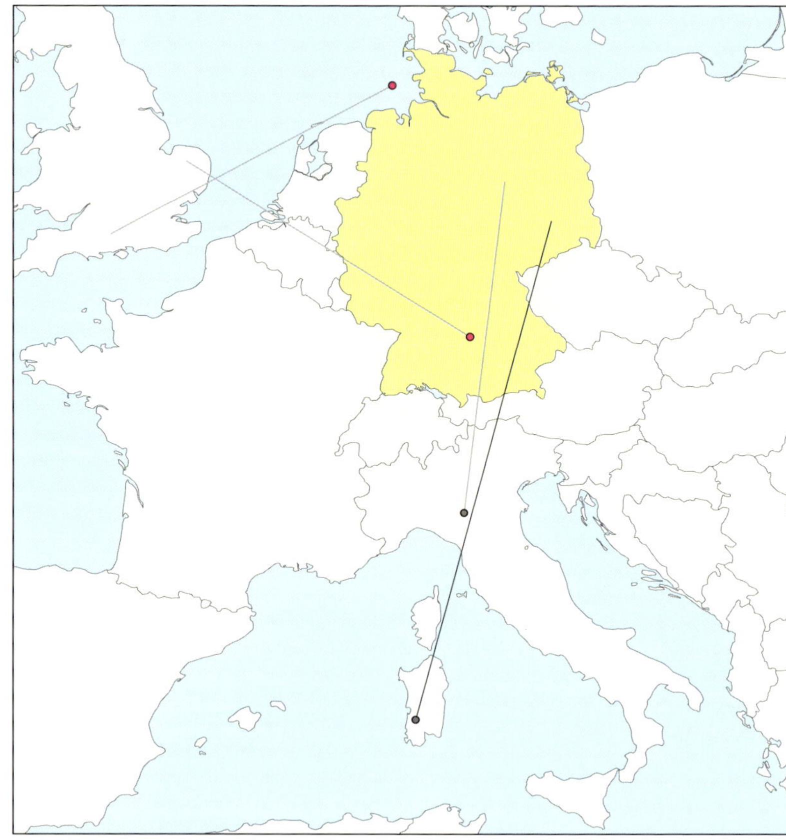

Abb. 1: Funde von Trielen mit Bezug zu Deutschland (4 Funde). – *Recoveries of Stone-curlews related to Germany (4 recoveries).*

Austernfischer *Haematopus ostralegus*
Eurasian Oystercatcher

Beringungen nach 1945:	21.273
Funde > 10 km nach 1945:	855/717
Wiederfundquote (Fernfunde nach 1945):	3,4 %
Funde > 10 km seit 1901:	887/744
Funde fremder Beringungszentralen:	236/221
Höchstalter:	43 J, 6 M
Weiteste Entfernung:	4328 km

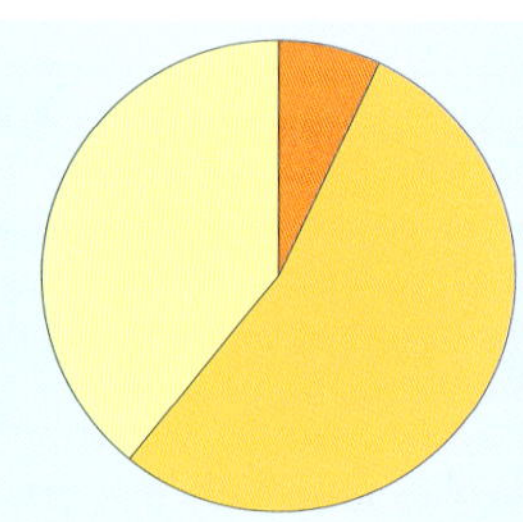

Verbreitung und Status: Austernfischer brüten in Europa entlang der meisten Küsten, doch reicht das Brutgebiet besonders entlang größerer Flüsse auch landeinwärts. Das Brutareal beinhaltet ferner das Binnenland E-Europas und W-Sibiriens sowie E-asiatische Landstriche zwischen Kamtschatka und NE-China. Als Winterquartiere dienen eisfreie Küsten in W-Europa (vom Wattenmeer aus südwärts), Afrikas (nördlich des Äquators) und Asiens (Arabien bis E-China). In Deutschland ist der Austernfischer in erster Linie Brutvogel im NW-deutschen Tiefland mit Schwerpunkt im Wattenmeer, doch reicht das Vorkommen südwärts bis zum Niederrhein und entlang der Elbe bis Sachsen-Anhalt. Besiedelt sind auch Bereiche entlang der Ostseeküste. Der deutsche Brutbestand von 25.000 – 33.000 BP gilt als stabil, doch ist im Wattenmeer eine Abnahme zu verzeichnen (Koffijberg et al. 2013). Der Durchzug von Austernfischern macht sich vor allem an den Küsten bemerkbar, wobei wiederum das Wattenmeer mit mehreren hunderttausend Rastvögeln von größter Bedeutung ist. Allerdings nehmen die Rastbestände dort lang anhaltend und stark ab (Blew et al. 2013). Zeiten mit besonders starkem Durchzug sind die Monate März/April und August/September. Im Winter halten sich etwa 200.000 – 300.000 Austernfischer im deutschen Teil des Wattenmeeres auf (Blew et al. 2005), bei Vereisung der Wattflächen kommt es zu fluchtartiger Abwanderung in Gebiete mit milderer Witterung.

Wanderungen: Der Einzugsbereich, aus dem Austernfischer nach Deutschland gelangen, erstreckt sich Ringfunden zufolge von N-Russland, N-Norwegen und Island bis Mauretanien (Abb. 1 und 2). Deutsche Brutvögel sind Teilzieher, die meisten Vögel des Wattenmeeres bleiben auch im Winter dort (Zang et al. 1995). Nur ein Teil der Vögel wandert im Herbst in Richtung SW ab und bleibt dabei weitgehend in Küstennähe (Abb. 3). Der einzige nach W weisende Direktfund

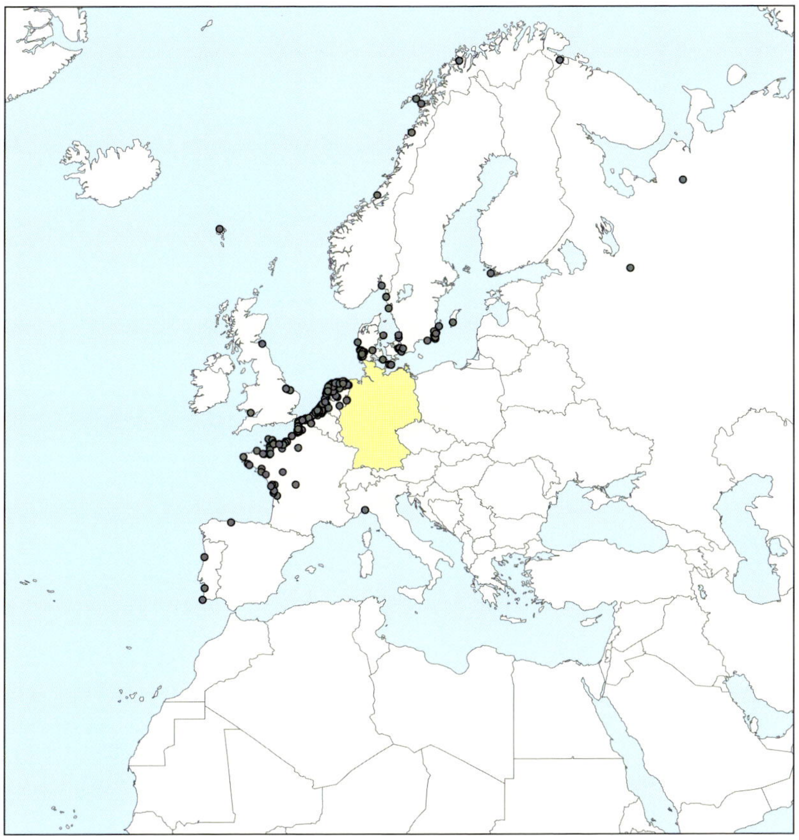

Abb. 1: Fundorte im Ausland von in Deutschland beringten Austernfischern (402 Funde). – *Foreign recovery sites of Eurasian Oystercatchers ringed in Germany (402 recoveries).*

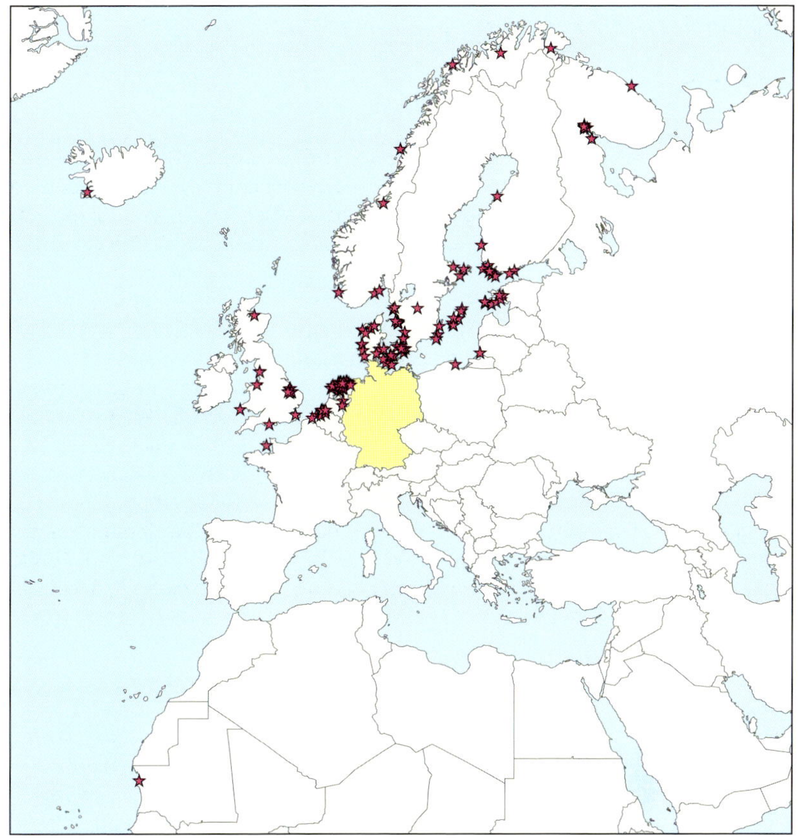

Abb. 2: Beringungsorte im Ausland von in Deutschland gefundenen Austernfischern (236 Funde). – *Foreign ringing sites of Eurasian Oystercatchers recovered in Germany (236 recoveries).*

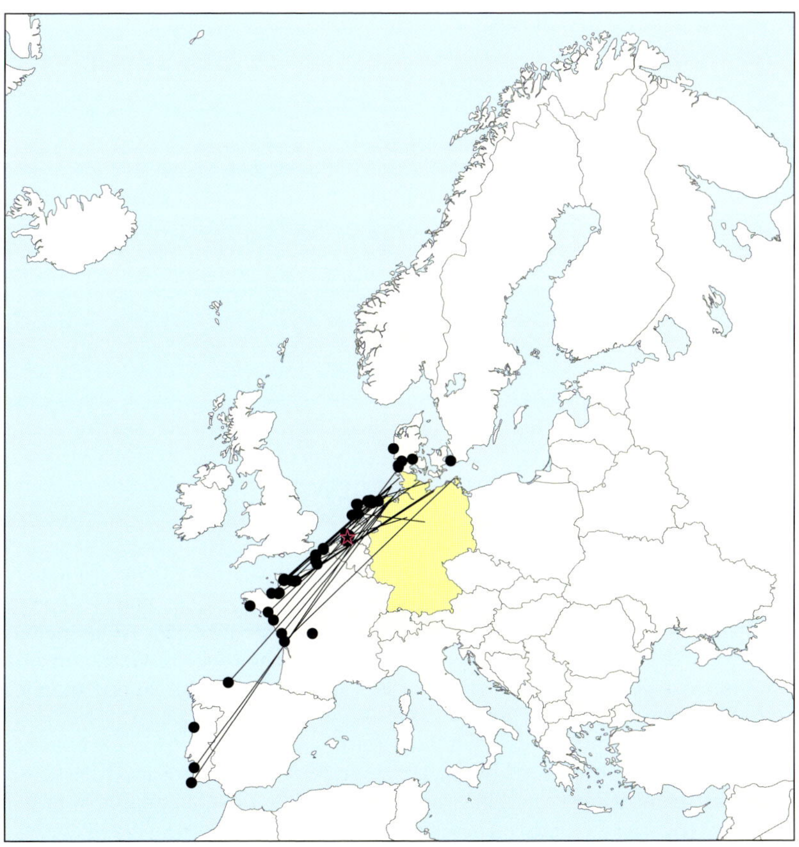

Abb. 3: Herbstzug (Juli – November) von in Deutschland zur Brutzeit anwesenden Austernfischern (53 Funde). – *Autumn migration (July – November) of Eurasian Oystercatchers present in Germany during the breeding season (53 recoveries).*

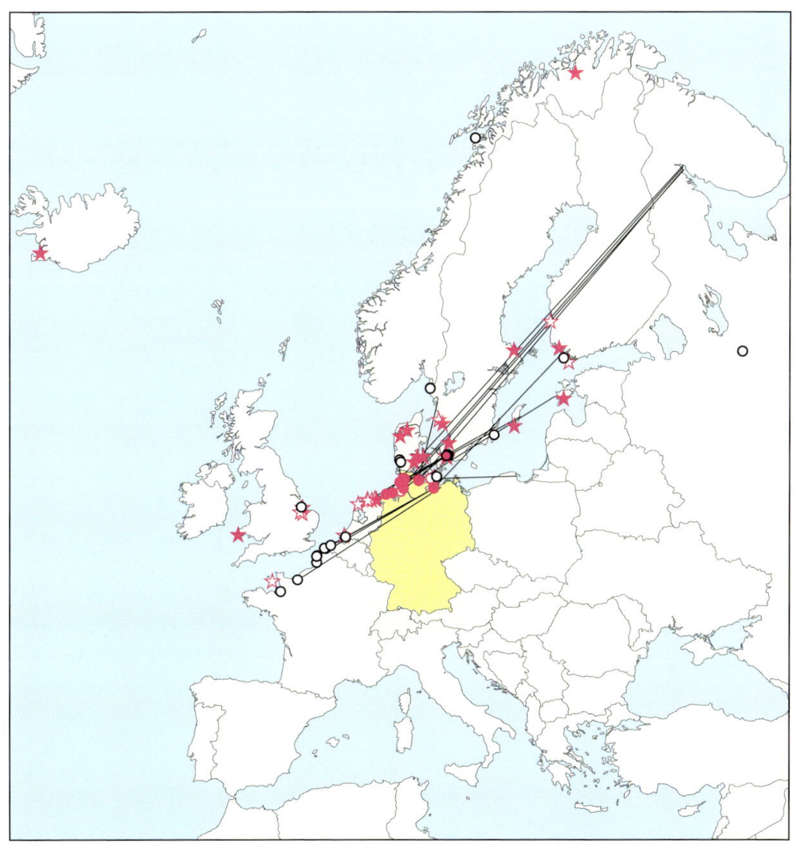

Abb. 4: Herbstzug (Juli – November) von in Deutschland von Juli bis November anwesenden Austernfischern (113 Funde). – *Autumn migration (July – November) of Eurasian Oystercatchers present in Germany from July to November (113 recoveries).*

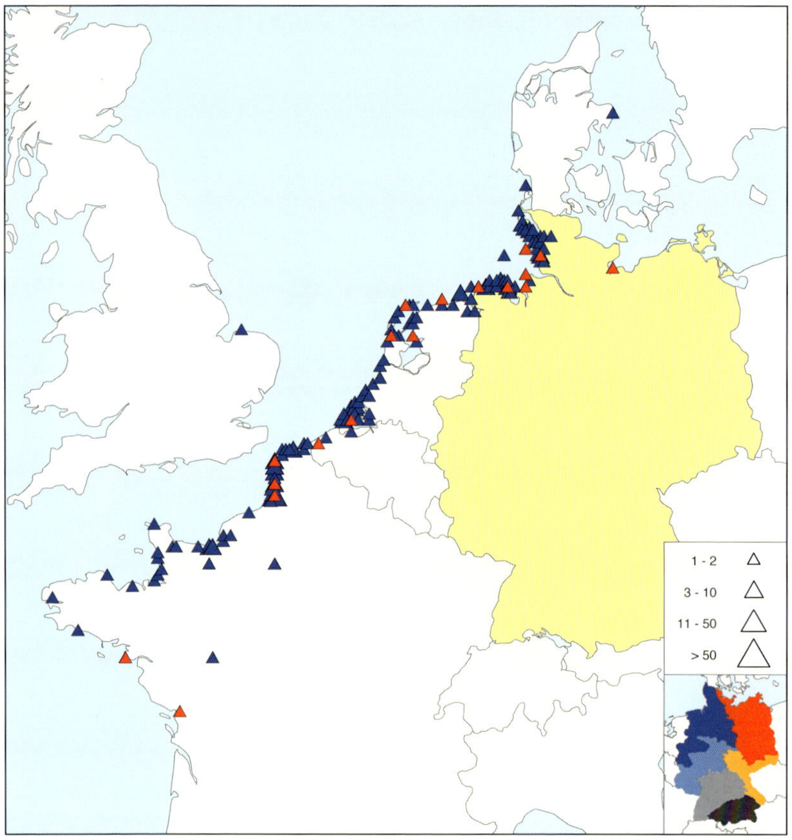

Abb. 5: Aufenthaltsorte im Winter (Dezember – Februar) von in Deutschland zur Brutzeit anwesenden Austernfischern (229 Funde). – *Presence in winter (December – February) of Eurasian Oystercatchers present in Germany during the breeding season (229 recoveries).*

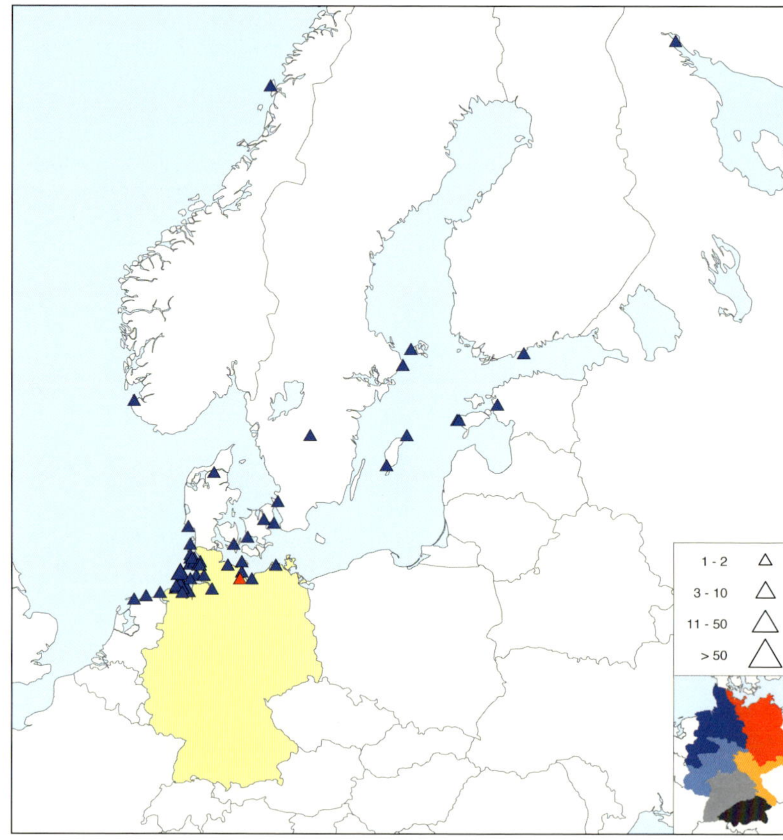

Abb. 6: Aufenthaltsorte zur Brutzeit von im Winter (Dezember – Februar) in Deutschland anwesenden Austernfischern (94 Funde). – *Presence during the breeding season of Eurasian Oystercatchers present in Germany in winter (December – February, 94 recoveries).*

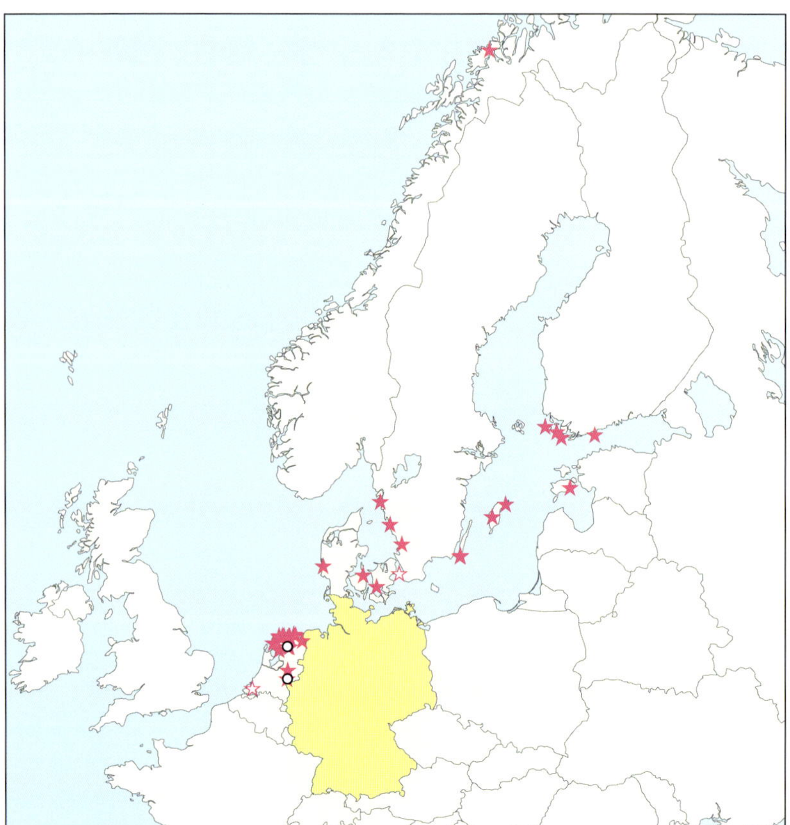

Abb. 7: Frühjahrszug (März – Mai) von in Deutschland von März bis Mai anwesenden Austernfischern (50 Funde, ohne deutsche Brutvögel). – *Spring migration (March – May) of Eurasian Oystercatchers present in Germany from March to May (50 recoveries, without German breeders).*

betrifft einen in E-Niedersachsen erbrüteten Jungvogel, der an die niederländische Nordseeküste zog. Die Wanderungen reichen bis an die französische Atlantikküste, nur vier Vögel (drei im ersten und einer im zweiten Lebensjahr) flogen bis zur W-Küste der Iberischen Halbinsel (Abb. 3).

Die zahlreichen Funde deutscher Austernfischer aus den Wintermonaten sind mit wenigen Ausnahmen entlang der kontinentalen Nordseeküste vom Wattenmeer bis zur Bretagne aufgereiht (Abb. 5). Überraschenderweise gibt es nur einen einzigen Winterfund in Großbritannien, obwohl dort in Kältewintern viele Individuen verhungern (Davidson & Evans 1982) und somit eine hohe Fundwahrscheinlichkeit besteht. Auch dänische, schwedische und finnische Austernfischer wurden nur ausnahmsweise auf den Britischen Inseln gefunden (Bønløkke et al. 2006, Fransson et al. 2008, Saurola et al. 2013), während es sehr viele Ringfundverbindungen zwischen Norwegen und Großbritannien gibt (Wernham et al. 2002, Bakken et al. 2003). Die Verteilung der Winterfunde von Vögeln aus NW- und NE-Deutschland zeigt keine gravierenden Unterschiede, auch wenn die beiden südlichsten Funde an der französischen Atlantikküste auf Vögel von der deutschen Ostseeküste zurückgehen (Abb. 5). Das bedeutet aber gleichzeitig, dass Ostseevögel ihr Brutgebiet nahezu vollständig räumen (nur ein einziges Individuum wurde während der Wintermonate dort gefunden), während die Masse der Nordseevögel dies nicht tut. Bei Kälteeinbrüchen weichen Austernfischer im Wattenmeer von der Festlandsküste zu den Inseln aus, ziehen aber auch nach SW ab, vor allem wohl ins niederländische Deltagebiet (Zang et al. 1995).

Der Frühjahrszug der in Deutschland heimischen Austernfischer ist durch Ringfunde schwer darstellbar. Die meisten Funde in den Monaten März bis Mai stammen aus den Nachbarländern Niederlanden und Dänemark und betreffen vermutlich um- bzw. fremd angesiedelte Brutvögel oder Nichtbrüter. Nicht ins beschriebene Zugmuster deutscher Austernfischer passt ein im Wattenmeer beringter flügger Jungvogel, der fast zwei Jahre später Ende April in N-Italien erlegt wurde (Abb. 1).

Der Herbstzug der in Deutschland als Gastvögel oder als nicht sichere Brutvögel beringten Austernfischer ähnelt dem der deutschen Brutvögel, denn Ringfunde wurden vor allem aus dem Küstenbereich von den Niederlanden bis Frankreich gemeldet (Abb. 4). Darüber hinaus sind aber die Herkunftsgebiete der in Deutsch-

land auf dem Herbstzug rastenden Vögel zu erkennen. Zum einen flogen diese aus N-Europa ein und wurden meistens im Ostseeraum markiert. Zu dieser Gruppe von Vögeln ist wohl auch ein im März in Mauretanien beringtes und im August im Wattenmeer kontrolliertes Individuum zu rechnen, denn nach Delany et al. (2009) sind es wohl Austernfischer vom Weißen Meer, die in W-Afrika überwintern. Zum anderen gibt es wenige Vögel, die von W und NW her ins deutsche Wattenmeer gelangt sind, darunter aber nur je ein nicht flügge beringter Vogel aus Island und Wales, die jeweils im niedersächsischen Wattenmeer von Beringern kontrolliert wurden. Sofern Großbritannien von den dortigen Brutvögeln überhaupt verlassen wird, ziehen diese südwärts nach W-Frankreich und zur Iberischen Halbinsel ab (Wernham et al. 2002). Außerdem kam ein im Winter im deutschen Wattenmeer beringter Austernfischer zur Brutzeit auf den Färöer ums Leben.
Stark unterrepräsentiert sind in Abb. 4 in Norwegen beringte Vögel, da Bakken et al. (2003) zahlreiche weitere Funde im Wattenmeer zeigen. Dies gilt auch für deutsche Wintergäste (vgl. Abb. 6), denn Bakken et al. (2003) gehen davon aus, dass nahezu alle norwegischen Austernfischer entweder in E-England oder im deutschen und niederländischen Wattenmeer überwintern. Vielfach stammen deutsche Wintergäste auch aus dem Ostseeraum und in einem Fall vom Weißen Meer, dem NE-Rand des europäischen Brutareals (Abb. 6). Auch viele zur Zeit des Frühjahrszugs in Deutschland gefundene Vögel wurden im Ostseeraum beringt (Abb. 7), zusätzliche Funde gibt es erneut von norwegischen Vögeln (vgl. Bakken et al. 2003).

Summary: *Eurasian Oystercatcher is a breeding bird in the lowlands of N Germany, with most of the stable population of 25,000–33,000 bp found in the Wadden Sea. This area also holds several hundred thousand staging birds almost year-round. German Oystercatchers are partial migrants, as most of the Wadden Sea birds remain in the area, while some migrate to the SW, reaching the Low Countries and W France (and Iberia, exceptionally). In cold winters, a larger proportion moves to areas further SW. Breeders from the Baltic Sea vacate their breeding areas completely and are also found from the Wadden Sea to W France in winter. Recoveries shown here indicate that staging and wintering birds mainly originate from the Baltic and NW Europe (Norwegian data are lacking in the data base). Few birds reach Germany also from W and NW Europe. There is one recovery of an Icelandic bird, and exchange with individuals from Britain is generally very low. The only connection to Africa refers to a bird ringed in Mauritania (March) and found in the Wadden Sea (August), perhaps concerning a migrant from NE Europe. Not fitting the general migration pattern is a recovery from Italy in April, coinciding with the only connection to the Mediterranean.*

Säbelschnäbler *Recurvirostra avosetta*
Pied Avocet

Beringungen nach 1945:	13.969
Funde > 10 km nach 1945:	1986/529
Wiederfundquote (Fernfunde nach 1945):	3,8 %
Funde > 10 km seit 1901:	1987/530
Funde fremder Beringungszentralen:	115/35
Höchstalter:	18 J, 2 M
Weiteste Entfernung:	4922 km

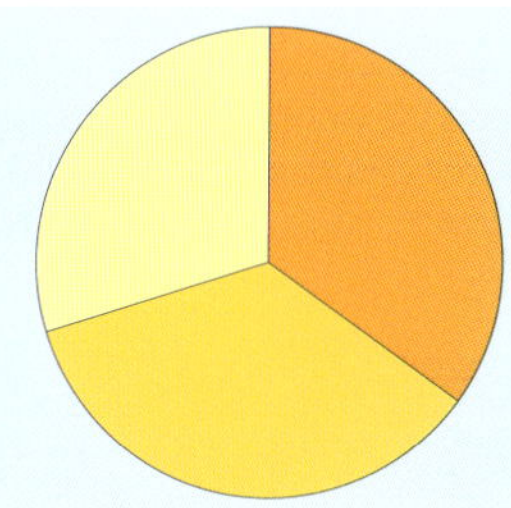

Verbreitung und Status: Der weit verbreitete Säbelschnäbler brütet von den Küsten W- und S-Europas ostwärts bis China sowie am Persischen Golf und von E- bis S-Afrika. In Europa und Asien ist er überwiegend Zugvogel, der an den Küsten SW-Europas, Afrikas und S-Asiens überwintert. Von E- bis S-Afrika kommt die Art ganzjährig vor. In Deutschland brüten derzeit 6000–7000 Paare, die zu 95 % im Wattenmeer beheimatet sind. An der Ostseeküste sind mehrere Brutplätze regelmäßig besetzt, im Binnenland gibt es nur sporadisch einzelne Bruten. Nach lang anhaltender Zunahme ist der Bestand in den letzten Jahren wieder rückläufig (H. Hötker pers. Mitt.). Da nördlich und östlich von Deutschland nur wenige Säbelschnäbler brüten, treten Durchzügler nur in geringem Umfang auf. Nach der Brutzeit sammeln sich viele Säbelschnäbler zur Mauser im Wattenmeer, aber auch in Windwatten bei Rügen (Dietrich & Hötker 1991, Kube & Graumann 1994). Im September und Oktober ziehen diese Vögel ab und kehren ab März zurück. Nur wenige Säbelschnäbler ziehen durch das deutsche Binnenland.

Wanderungen: In Deutschland beringte Säbelschnäbler wurden vor allem entlang der Küsten von Dänemark bis Marokko gefunden (Abb. 1). Wenige Meldungen stammen aus dem W-Mittelmeer, und Funde in S-Norwegen, S-Schweden, Polen und dem Senegal kennzeichnen die Randbereiche des Aufenthaltsgebietes. Mit fremden Ringen gekennzeichnete, in Deutschland gefundene Säbelschnäbler kamen aus dem Gebiet zwischen Belgien und Gotland, aus Spanien und in einem Fall vom österreichischen Neusiedlersee (Abb. 2). Ein dort 1982 als Küken beringter Vogel wurde neun Jahre später im Mai als Brutvogel im schleswig-holsteinischen Wattenmeer kontrolliert und ist der einzige Beleg für einen Austausch zwischen dem Bestand der Nordseeküste und der pannonischen Population, deren Vögel in der Regel zum Mittelmeer und zum Schwarzen Meer ziehen (Glutz von Blotzheim et al. 1977, Viksne & Mihelson 1985). Während der Herbstzugzeit wurden im Wattenmeer Brutvögel aus den Niederlanden, Dänemark und S-Schweden gefunden (Abb. 4), wobei es sich sehr wahrscheinlich um Mausergäste handelte. Ein auf Öland nicht flügge beringter Vogel, der im Oktober desselben Jahres bei Hannover gefunden wurde, ist einer von nur zwei Ringfundbelegen zum Zug durch das deutsche Binnenland. Der andere betrifft einen im Wattenmeer erbrüteten Jungvogel, der Ende Oktober bei der Überquerung der Alpen in N-Italien geschossen wurde (Abb. 3). Alle anderen Ringfunde vom Herbstzug verdeutlichen Wanderungen nach SW entlang der Küsten von Nordsee und Atlantik südwärts bis Marokko. Dieser Bereich stellt zugleich das Überwinterungsgebiet deutscher Säbelschnäbler dar, wobei besonders viele Winterfunde aus W-Frankreich, Portugal und S-Spanien gemeldet wurden (Abb. 5). Ein Teil der Vögel wurde aber auch weiter nördlich gefunden, einige sogar im Wattenmeer selbst. Anzunehmen ist, dass Säbelschnäbler von der Nord- und Ostsee auch bis W-Afrika ziehen, wo insbesondere die Feuchtgebiete im Senegal im Winter große Anzahlen von Säbelschnäblern beherbergen (vgl. Delaney et al. 2009). Beim einzigen Fund im Senegal handelt es sich um den Totfund eines ein Jahr alten, von der Ostseeküste stammenden Vogels im Juli, der einen Übersommerer betreffen könnte. Auch aus Dänemark gibt es nur einen Ringfund aus dem Senegal (Bønløkke et al. 2006), für britische und schwedische Vögel fehlen solche Nachweise ganz (Wernham et al. 2002, Fransson et al. 2008). Drei farbberingte niederländische Brutvögel konnten im Senegal und in Mauretanien abgelesen werden (Blomert et al. 1990). Da der Abzug aus W-Afrika größtenteils erst Mitte April erfolgt (Blomert et al. 1990), wenn in N-Deutschland bereits viele Brutvögel eingetroffen sind, ist nicht damit zu rechnen, dass sehr große Anteile dieses Brutbestandes bis W-Afrika ziehen (Heinicke & Köppen 2013).
Die Funde vom Frühjahrszug verteilen sich sehr ähnlich wie die vom Herbstzug, doch sind die Rastgebiete in Spanien und Portugal bereits weitgehend geräumt (Abb. 5). Je ein Vogel wurde im Frühjahr in Polen (nestjung beringt in Mecklenburg-Vorpommern) und in S-Norwegen (nestjung beringt im schleswig-holsteinischen Wattenmeer) gefunden.

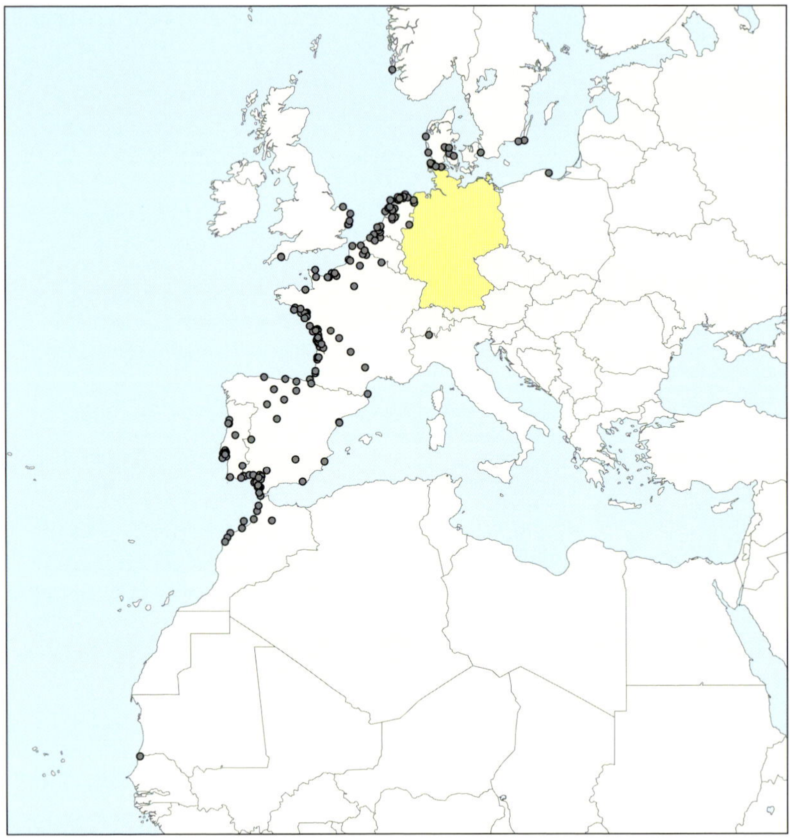

Abb. 1: Fundorte im Ausland von in Deutschland beringten Säbelschnäblern (787 Funde). – *Foreign recovery sites of Pied Avocets ringed in Germany (787 recoveries).*

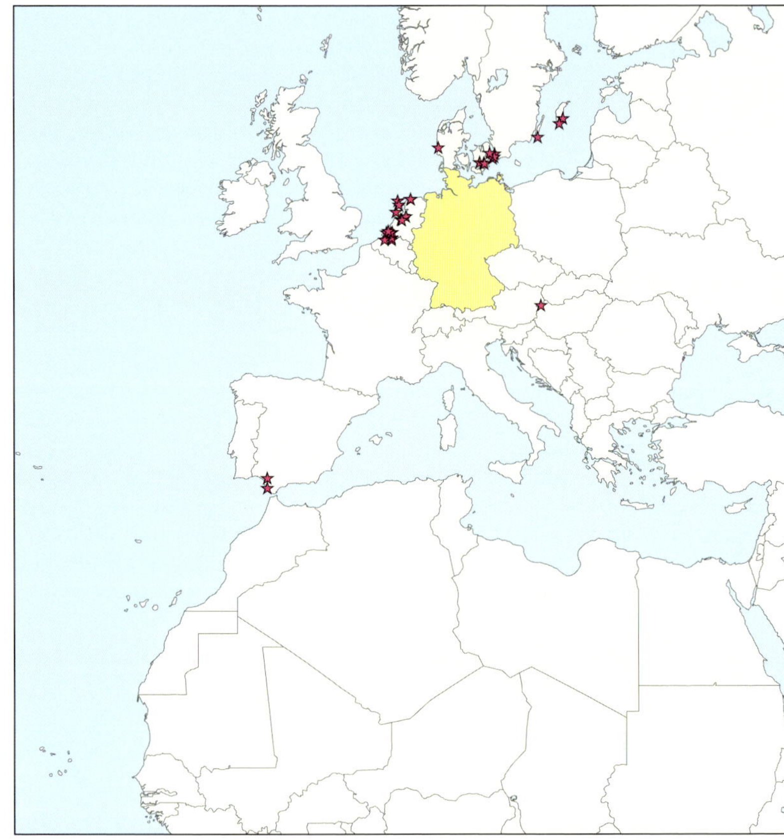

Abb. 2: Beringungsorte im Ausland von in Deutschland gefundenen Säbelschnäblern (115 Funde). – *Foreign ringing sites of Pied Avocets recovered in Germany (115 recoveries).*

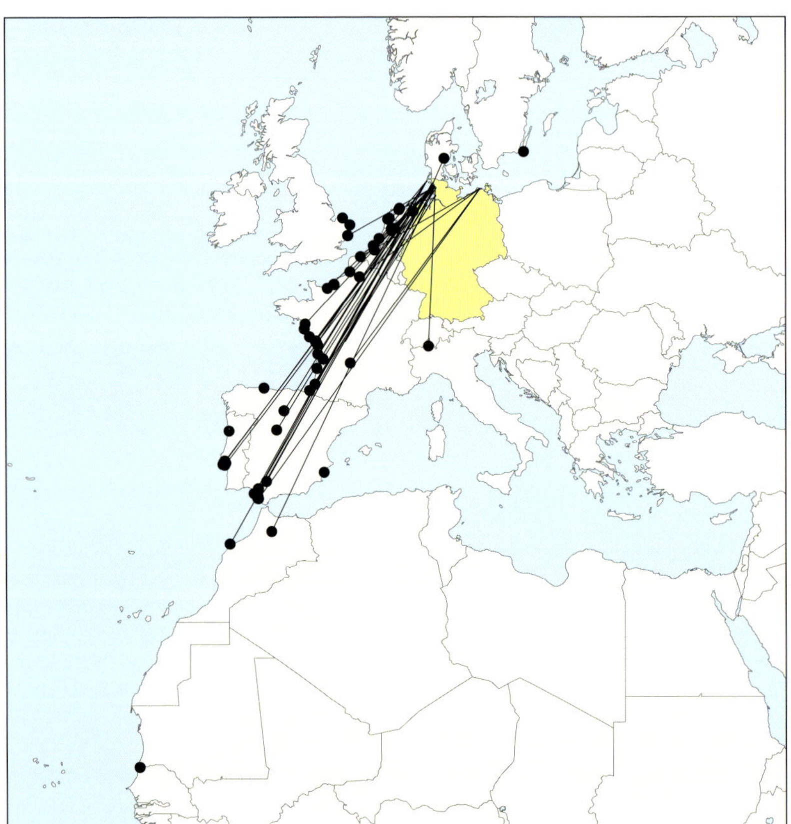

Abb. 3: Herbstzug (Juli – November) von in Deutschland zur Brutzeit anwesenden Säbelschnäblern (114 Funde). – *Autumn migration (July – November) of Pied Avocets present in Germany during the breeding season (114 recoveries).*

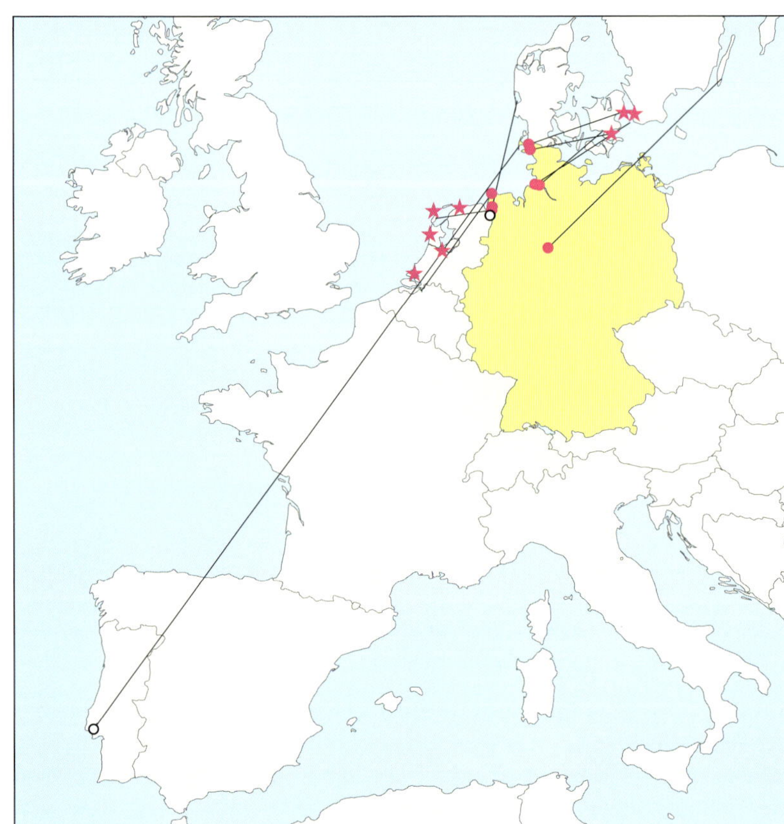

Abb. 4: Herbstzug (Juli – November) von in Deutschland von Juli bis November anwesenden Säbelschnäblern (38 Funde). – *Autumn migration (July – November) of Pied Avocets present in Germany from July to November (38 recoveries).*

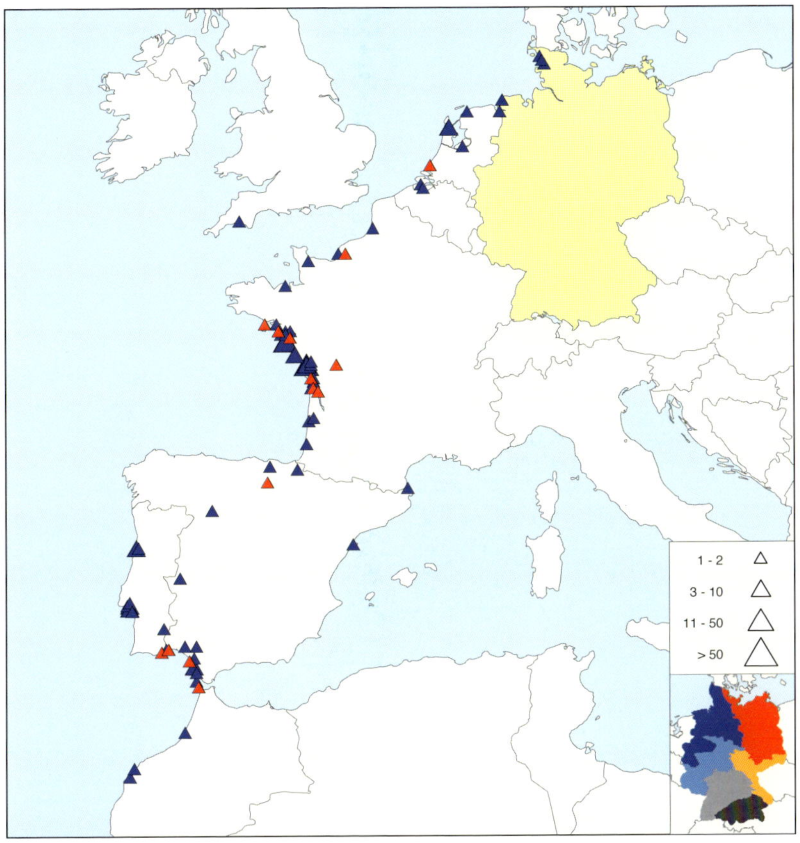

Abb. 5: Aufenthaltsorte im Winter (Dezember – Februar) von in Deutschland zur Brutzeit anwesenden Säbelschnäblern (143 Funde). – *Presence in winter (December – February) of Pied Avocets present in Germany during the breeding season (143 recoveries).*

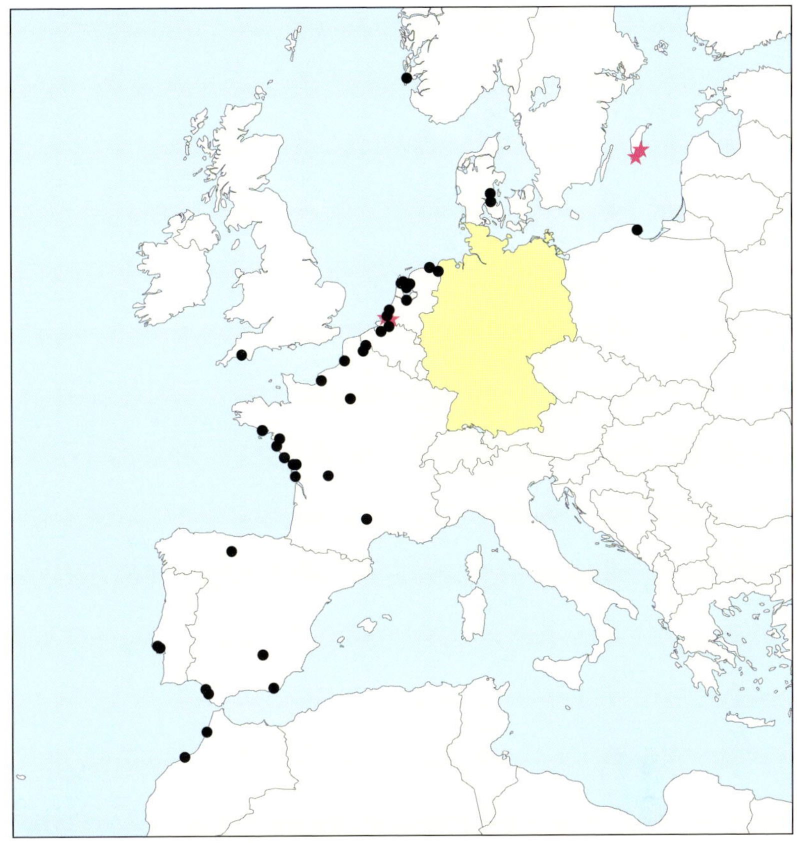

Abb. 6: Frühjahrszug (März – April) von in Deutschland zur Brutzeit (103 Funde) oder von März bis April anwesenden Säbelschnäblern (33 Funde). – *Spring migration (March – April) of Pied Avocets present in Germany during the breeding season (103 recoveries) or from March to April (33 recoveries).*

Summary: *The German population of Pied Avocet consists of 6000 – 7000 bp, of which 95 % are found in the Wadden Sea area and most of the others at the Baltic Sea, while inland breeding is scarce. Recoveries of Avocets ringed in Germany are scattered along the shores of North Sea and NE Atlantic down to Morocco, corresponding with the main direction of migration to the SW. These areas also serve as winter quarters, with most recoveries along the Atlantic coast from W France, Portugal and S Spain. There are only two recoveries manifesting migration through inland Germany (one bird from Sweden found near Hannover and one bird from the Wadden Sea shot in the Italian Alps), and recoveries from the W Mediterranean are generally scarce. A bird from the Baltic Sea coast found in Senegal in summer indicates that W Africa is also reached by German Avocets. However, since these birds depart from W Africa as late as mid-April, when breeding sites in Germany are already mostly occupied, the proportion of birds wintering this far south cannot be large. Spring migration appears to follow the same routes as in autumn, and two birds ringed as chicks in Germany prolonged their flights to Poland and Norway, respectively. The single recovery from Austria to the Wadden Sea suggests little exchange of individuals between the NW European and the Pannonic populations.*

Kiebitzregenpfeifer *Pluvialis squatarola*

Grey Plover

Beringungen nach 1945:	3283
Funde > 10 km nach 1945:	56/55
Wiederfundquote (Fernfunde nach 1945):	1,7 %
Funde > 10 km seit 1901:	56/55
Funde fremder Beringungszentralen:	15/15
Höchstalter:	19 J, 6 M*
Weiteste Entfernung:	5683 km

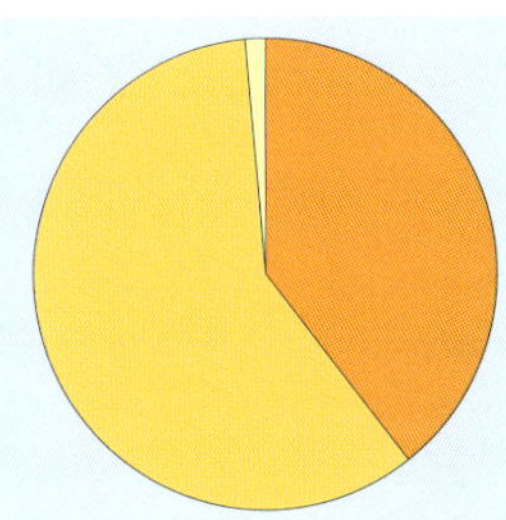

Verbreitung und Status: Kiebitzregenpfeifer brüten in der arktischen Tundra von Sibirien und Nordamerika. Die Überwinterungsgebiete befinden sich nahezu weltweit an den Küsten aller Kontinente mit Ausnahme der Antarktis, in der N-Hemisphäre nordwärts bis 55 °N. Auch im deutschen Wattenmeer überwintern einige Kiebitzregenpfeifer, deutlich häufiger ist die Art aber während des Frühjahrs- und Herbstzuges sowie direkt nach der Brutzeit als Mausergast. Auf dem Zug gibt es auch Rastvorkommen in Windwattgebieten an der deutschen Ostseeküste, vornehmlich von diesjährigen Vögeln auf ihrem ersten Herbstzug. Aus dem Binnenland liegen vergleichsweise wenige Beobachtungen vor. Auf dem Frühjahrszug sind Kiebitzregenpfeifer im Mai am häufigsten, während sich auf dem Herbstzug Maxima im August (Altvögel) und September/Oktober (Jungvögel) abzeichnen. Obwohl das Vorkommen im gesamten Wat-

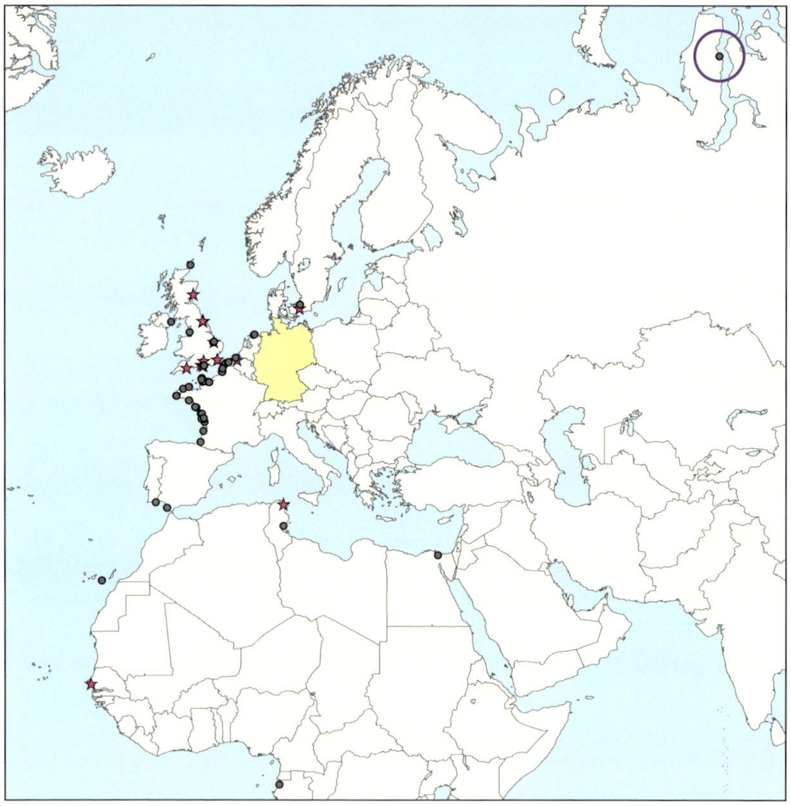

Abb. 1: Fundorte von in Deutschland beringten (51 Funde) und ausländische Beringungsorte von in Deutschland gefundenen (15 Funde) Kiebitzregenpfeifern. – *Foreign recovery sites of Grey Plovers ringed in Germany (51 recoveries) and foreign ringing sites of birds recovered in Germany (15 recoveries).*

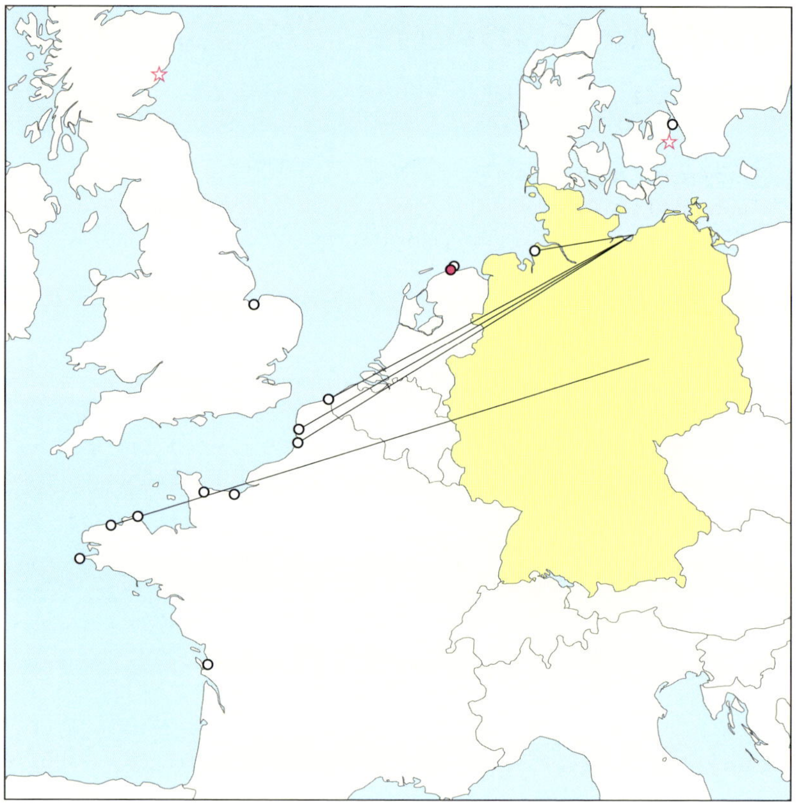

Abb. 2: Herbstzug (Juli – November) von in Deutschland von Juli bis November anwesenden Kiebitzregenpfeifern (17 Funde). – *Autumn migration (July – November) of Grey Plovers present in Germany from July to November (17 recoveries).*

tenmeer stabil ist, war in den vergangenen 25 Jahren im deutschen Teil des Wattenmeeres eine Bestandsabnahme festzustellen (Blew et al. 2013).

Wanderungen: Zwei auf der Jamal-Halbinsel beringte bzw. kontrollierte Brutvögel belegen, dass im deutschen Wattenmeer rastende Kiebitzregenpfeifer ihre Brutheimat in NW-Sibirien haben (Abb. 1). Über den Weg von den Brutgebieten nach Deutschland bieten Ringfunde keinen Aufschluss. Den wenigen Belegen zufolge erfolgt der weitere Herbstzug in Richtung W bis SW (Abb. 2). Wohin die herbstlichen Wanderungen führen, wird anhand der Funde aus den Wintermonaten (Dezember bis Februar) deutlicher. Inklusive im Winter im Ausland beringter Vögel sind als winterliche Aufenthaltsorte deutscher Rastvögel vor allem Großbritannien (11 Funde) und Frankreich (14 Funde) zu nennen, nur zwei Vögel wurden im Winter im SW der Iberischen Halbinsel gefunden. Ferner gelangte ein im Dezember in Tunesien markierter Vogel sieben Jahre später ins Wattenmeer. Ein großer Teil der Kiebitzregenpfeifer, die den E-atlantischen Zugweg benutzt, überwintert jedoch in W-Afrika. Vermutlich wegen der dort geringeren Fundwahrscheinlichkeit gibt es nur drei Ringfundverbindungen in diese Region: vom Langenwerder (Mecklenburg-Vorpommern) zu den Kanarischen Inseln und vom Helmestausee (Sachsen-Anhalt) nach Gabun sowie umgekehrt vom Senegal nach Ostholstein (Abb. 1). Dieser Zugablauf wird durch die Satellitentelemetrie von vierzehn im Wattenmeer gefangenen Kiebitzregenpfeifern eindrucksvoll bestätigt. Diese Vögel brüteten auf der Jamal- und der Taimyr-Halbinsel, folgten im Herbst der Küste und erreichten über die Ostsee das Wattenmeer, von wo aus sie sich auf Winterquartiere zwischen Großbritannien und W-Afrika (Guinea-Bissau) verteilten (ein Vogel überwinterte im Wattenmeer; Exo et al. 2014).
Angesichts der großen Bedeutung des Wattenmeeres als Frühjahrsrastgebiet (Prokosch 1988) ist damit zu rechnen, dass viele Kiebitzregenpfeifer auf ähnlichem Weg wie im Herbst nach Deutschland zurückkehren. Dafür gibt es Hinweise durch sechs Ringfunde zwischen Spanien und den Niederlanden. Auch die o. g. Vögel mit Satellitensendern bestätigten dies. Sie benutzten schließlich auf dem Zug nach Sibirien eine südlichere Route als im Herbst und überflogen ab der Ostsee das N-eurasische Binnenland (Exo et al. 2014). Wiederfunde anderer Beringungszentralen und biometrische Untersuchungen deuten darauf hin, dass ein Teil der W-afrikanischen Wintergäste im Frühjahr über das östliche Mittelmeer gen Sibirien zieht, also einen Schleifenzug durchführt (van Dijk et al. 1986, Delany et al. 2009). Dazu passend wurde ein im Wattenmeer im August beringter Altvogel im April in Tunesien gefunden (Abb. 1).
Im Bereich der Taimyr-Halbinsel überschneidet sich das Vorkommen von Kiebitzregenpfeifern, die über den E-atlantischen bzw. den E-mediterranen Zugweg nach W-Europa und W-Afrika gelangen mit denen, die in E- und S-Afrika überwintern. Unklar ist, ob ein auf seinem ersten Herbstzug auf dem Langenwerder beringter Jungvogel, der im Dezember des folgenden Jahres in Ägypten gefangen wurde (Abb. 1), den Zugweg gewechselt hat – was wegen der hohen Ortstreue zu Brut-, Rast- und Überwinterungsgebieten (Exo et al. 2014) unwahrscheinlich erscheint – oder schon im ersten Lebensjahr den E-afrikanischen Zugweg benutzt hatte. Möglicherweise liegt Deutschland am Westrand des Gebietes, das von den in E- und S-Afrika überwinternden Kiebitzregenpfeifern überquert wird. Auch der o. g. Vogel, der in Gabun gefunden wurde, könnte darauf hindeuten, denn er wurde im E-deutschen Binnenland beringt und etwas südlich des für Vögel des ostatlantischen Zugweges definierten Überwinterungsgebietes (vgl. Delany et al. 2009) gefunden. Ein italienischer Herbstzügler, der auf ähnlichem Längengrad gefangen wurde, trug sogar einen Ring aus Südafrika (Spina & Volponi 2008a).

***Summary:** Though some birds are wintering in the German Wadden Sea, Grey Plovers are mainly passage migrants there and at the German Baltic Sea coast, primarily during autumn migration, whereas inland occurrence is usually scanty. Ringing recoveries and satellite tracking have revealed the Yamal and Taymyr Peninsulas in the Siberian Arctic as the main breeding areas of Grey Plovers visiting Germany. The wintering areas of those birds include the Wadden Sea, and coastlines from Britain to Portugal, but evidently also NW Africa (Tunisia) and W Africa (Canary Islands, Gabon). A few ring recoveries and satellite-tracking records show that spring migration follows roughly the same routes as in autumn, but an April recovery from Tunisia suggests loop migration of some birds. A bird found in Egypt in December (in line with a connection between Italy and South Africa) may indicate that Grey Plovers migrating along the East African Flyway perhaps pass through Europe as far east as E Germany.*

Goldregenpfeifer *Pluvialis apricaria*
Eurasian Golden Plover

Beringungen nach 1945:	557
Funde > 10 km nach 1945:	8/8
Wiederfundquote (Fernfunde nach 1945):	1,4 %
Funde > 10 km seit 1901:	9/9
Funde fremder Beringungszentralen:	7/6
Höchstalter:	5 J, 5 M*
Weiteste Entfernung:	2120 km

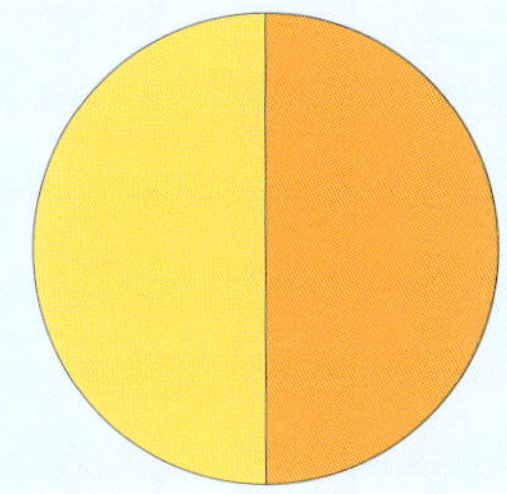

Verbreitung und Status: Das Brutgebiet des Goldregenpfeifers reicht von E-Grönland über Island und Fennoskandien bis ins mittlere N-Sibirien, schließt aber auch N-Mitteleuropa und Großbritannien ein. Als Überwinterungsgebiete sind W-Europa, der Mittelmeerraum und das Südkaspische Tiefland bekannt. In Niedersachsen existiert ein isoliertes Brutvorkommen der von Großbritannien bis zu den baltischen Staaten lebenden Nominatform, dessen Bestand durch Lebensraumverluste im 20. Jahrhundert dramatisch abgenommen hat (Exo 2005) und im Jahr 2007 nur elf Revierpaare umfasste (Degen 2008). Sehr viel häufiger ist die Art während der Zugzeiten, vor allem März/April und August bis Oktober, besonders in N-Deutschland. Bei einer Synchronzählung wurden im Oktober 2003 knapp 215.000 Individuen registriert (Hötker 2004). Von Mitte Dezember bis Mitte Februar sind die Rastbestände deutlich kleiner, Goldregenpfeifer können aber besonders in milden Wintern in N-Deutschland verweilen (Kowallik et al. 2010).

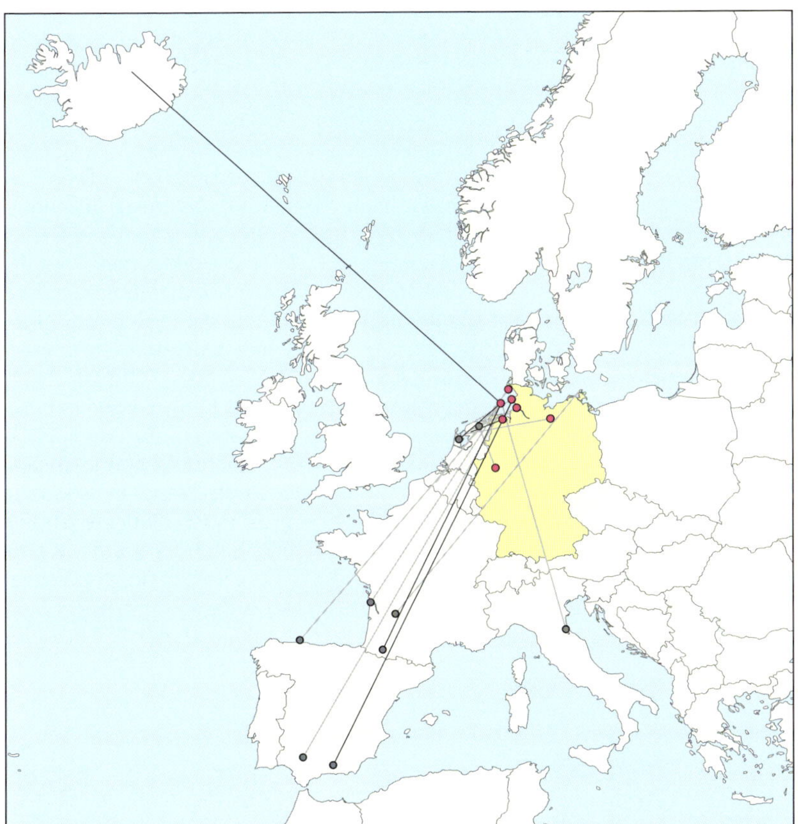

Abb. 1: Funde von Goldregenpfeifern mit Bezug zu Deutschland (16 Funde). – *Recoveries of Eurasian Golden Plovers related to Germany (16 recoveries).*

Wanderungen: Über den Zugverlauf des kleinen deutschen Brutbestandes ist nichts bekannt, als Winterquartier werden S-Europa und N-Afrika (Exo 2005) oder NW-Europa (Delany et al. 2009) vermutet.
Trotz der großen Zahl von Rastvögeln liegen zu deren Zugwegen ebenfalls nur wenige Kenntnisse vor. Den einzigen direkten Bezug zu einem Brutgebiet lieferte ein nicht flügge in Island beringter Goldregenpfeifer, der im Alter von etwa zwei Monaten auf Helgoland geschossen wurde (Abb. 1). Isländische Brutvögel überwintern allerdings vor allem auf den Britischen Inseln (Delany et al. 2009) und dürften unter den deutschen Rastvögeln nur einen kleinen Anteil einnehmen. Obwohl es keinen einzigen diesbezüglichen Ringfundnachweis aus Deutschland gibt (Abb. 1), ist eine Herkunft aus Fennoskandien und N-Russland sehr wahrscheinlich, weil zum einen eine Reihe von Ringfunden von dort aus nach SW weist (Viksne & Mihelson 1985, Bakken et al. 2003, Bønløkke et al. 2006, Fransson et al. 2008, Saurola et al. 2013) und zum anderen viele Wiederfunde in den Niederlanden beringter Rastvögel aus eben diesen Gebieten stammen (Jukema et al. 2001).
Fast alle der nur 16 Deutschland betreffenden Ringfunde zeigen einen Weiterzug nach SW zu Überwinterungsgebieten in SW-Frankreich und Spanien (im Januar und Februar insgesamt drei Rückmeldungen von dort). Einige niederländische Ringvögel gelangten auch nach Marokko (Jukema et al. 2001). Ein Teil der deutschen Rastvögel überwintert aber wohl schon weiter nördlich, denn ein im Dezember in den Niederlanden beringter Vogel wurde zwei Jahre später im August in SW-Schleswig-Holstein gefunden. Dass deutsche Rastvögel auch nach Italien gelangen können, zeigt ein auf Helgoland beringter Herbstzügler, der 1,5 Jahre später im März in Italien erbeutet wurde (Abb. 1). Da auch viele in den Niederlanden beringte Goldregenpfeifer im Frühjahr nach Italien gelangten (Jukema et al. 2001) und es von dort wiederum Ringfundverbindungen nach Norwegen, Finnland und N-Sibirien gibt (Spina & Volponi 2008a), ist für einen Teil der Population, vor allem für russische Brutvögel, ein Schleifenzug anzunehmen (vgl. Byrkjedal & Thompson 1998).

Summary: *Whereas the migration of the very small and severely threatened breeding population in NW Germany (2007: 11 territorial pairs) remains unknown, in line with results from Dutch bird ringing the majority of Golden Plovers staging in spring and autumn is thought to originate from Fennoscandia and NW Russia. However, not a single recovery gives evidence for this breeding origin. While the few connections available from ringing mostly point to the SW (The Netherlands, France, Spain), one bird ringed on Helgoland in autumn was shot in March in Italy. An individual hunted on Helgoland in September had been marked as a chick in Iceland only two months earlier, but probably represents a comparably small fraction among German staging birds of this origin.*

Kiebitz *Vanellus vanellus*
Northern Lapwing

Beringungen nach 1945:	88.045
Funde > 10 km nach 1945:	1253/1227
Wiederfundquote (Fernfunde nach 1945):	1,4 %
Funde > 10 km seit 1901:	1299/1273
Funde fremder Beringungszentralen:	77/76
Höchstalter:	17 J, 8 M
Weiteste Entfernung:	5182 km

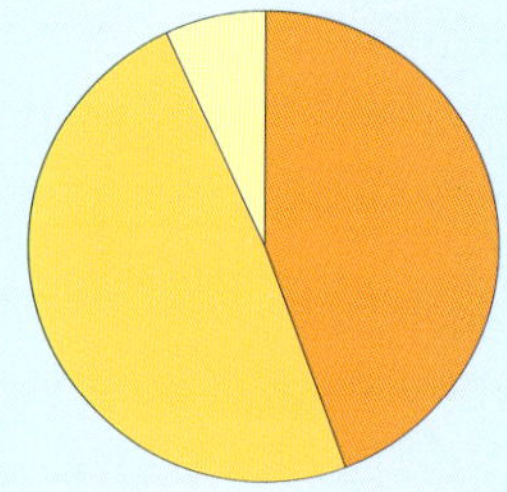

Verbreitung und Status: Kiebitze brüten nicht nur in nahezu ganz Europa, sondern auch über Zentralasien hinweg bis zur russischen Pazifikküste. Zum Überwintern ziehen sie nach W- und S-Europa, N-Afrika, Nahost, N-Indien und China. In W- und SW-Europa ist die Art Teilzieher, auch in Deutschland können in milden Wintern bzw. bis zu Schnee- und Kälteeinbrüchen viele Kiebitze ausharren. Je nach Witterung ist der Frühjahrszug vor allem im Februar oder März zu beobachten. Als Brutvogel kommt der Kiebitz prinzipiell in ganz Deutschland vor, infolge des vor allem durch Intensivierungen in der Landwirtschaft verursachten starken Bestandsrückgangs (um mehr als 75 % in den Jahren 1990 – 2009) entstehen jedoch immer mehr Verbreitungslücken. Noch während der Brutzeit der aktuell 63.000 – 100.000 BP setzt Mitte Mai der Frühwegzug ein, der ab August in den Herbstzug übergeht und bis zu Wintereinbrüchen für große Rastvorkommen sorgt. Maxima von Zug und Rast können sich regional unterscheiden, besonders viele rastende Kiebitze sind vielerorts im Oktober oder November zu sehen.

Wanderungen: Der größte Teil der Ringfunde geht beim Kiebitz auf Beringungen deutscher Brutvögel und ihres Nachwuchses zurück. Sie betreffen weit überwiegend Zug und Winterquartiere, beinhalten aber auch Ansiedlungen von Jungvögeln fern des Geburtsortes. Dies betrifft mindestens fünf Orte in Russland (Abb. 1), an denen in Deutschland erbrütete Individuen im Alter von mehreren Jahren während der dortigen Brutzeit (April bis Juni) gemeldet wurden. Darunter befindet sich ein im Mai 1957 auf Wangerooge beringtes Küken, gefunden im April 1959 in 5182 km Entfernung vom Geburtsort im Gebiet von Krasnojarsk in Mittel-Sibirien.
Der Frühwegzug in Deutschland beringter Kiebitze führt überwiegend nach W und SW, d.h. die meisten Auslandsfunde sind aus den Niederlanden und Frankreich. Viele Vögel verstreichen zu dieser Jahreszeit aber sicherlich auch innerhalb von Deutschland. Indirekte Funde aus der Zeit des Frühwegzugs sind vorsichtig zu interpretieren, da es beim Kiebitz zu Ansiedlungen weit vom Geburtsort entfernt kommen kann (s.o.) und daher einige in Abb. 3 gezeigte Funde auf umgesiedelte Brutvögel zurückgehen könnten. Gleiches gilt für einige Ringvögel aus den Niederlanden und aus Tschechien, die zur Zeit des Frühwegzugs in Deutschland gefunden wurden. Für eine Zuwanderung von Vögeln aus E- und N-Europa im Rahmen des Frühwegzugs (Imboden 1974) liefern Ringfunde keine Belege.
In den Monaten August bis November stammen die meisten Rückmeldungen aus N-Frankreich, teilweise aber auch aus Großbritannien, den Niederlanden und Spanien, aber nur selten aus Italien. Da sich die Zielgebiete ähneln, unterscheiden sich die Herbstzug-Richtungen zwischen den Regionen Deutschlands. Vögel aus NW-Deutschland wandern überwiegend nach SW, während Vögel aus S-Deutschland die Hauptzugrichtung W einschlagen. E-deutsche Kiebitze nehmen dabei eine Mittelstellung ein (Abb. 3). Ein ähnliches Bild zeigen in Deutschland zu den Zugzeiten beringte Individuen (Abb. 4). Allerdings können nur wenige Ringfunde andeuten, von wo aus Gastvögel Deutschland auf dem Herbstzug ansteuern. Die meisten diesbezüglichen Funde gehen auf Beringungen in S-Schweden zurück (Abb. 4).
Das Überwinterungsgebiet deutscher Kiebitze reicht von den Niederlanden, England und Irland über Frankreich, Spanien und Italien bis NW-Afrika. Dabei gibt es hinsichtlich der Verteilung der Winterfunde durchaus Unterschiede zwischen den Herkunftsregionen in Deutschland. Während Vögel aus dem NW-deutschen Tiefland auch auf den Britischen Inseln und in den Niederlanden zu finden sind, reicht das Wintervorkommen der Vögel aus dem NE-deutschen Tiefland nordwärts nur bis N-Frankreich. Gleiches gilt für Vögel aus den SW-deutschen Mittelgebirgen, die wiederum, wie Kiebitze aus dem Alpenvorland, vermehrt in N-Italien überwintern. Zudem gelangen Vögel aus dem Alpenvorland häufiger nach NW-Afrika als diejenigen aus anderen Naturräumen (Abb. 5). Entsprechend der Lage dieser Naturräume zueinander verschieben sich die mittleren Überwinterungsgebiete der dort brütenden Kiebitze, d.h. je weiter nördlich und östlich sich das Brutgebiet befindet, desto weiter nördlich bzw. östlich findet die Über-

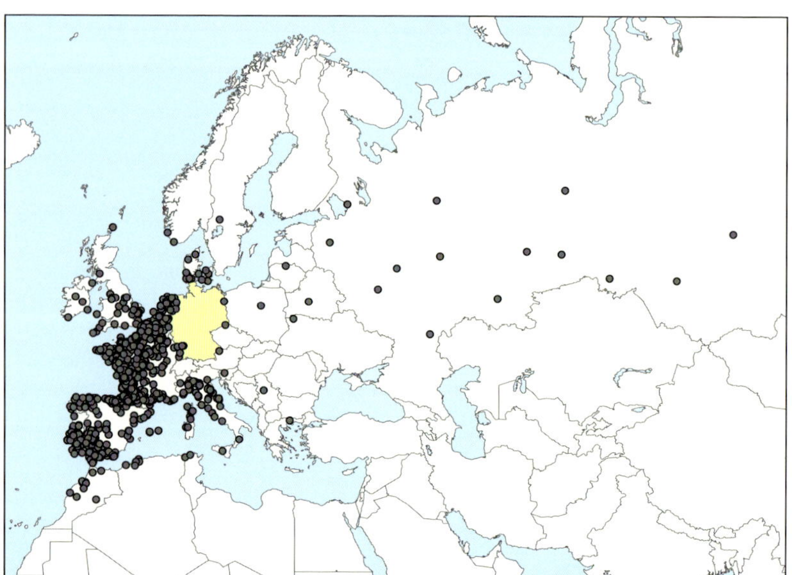

Abb. 1: Fundorte im Ausland von in Deutschland beringten Kiebitzen (1191 Funde). – *Foreign recovery sites of Northern Lapwings ringed in Germany (1191 recoveries).*

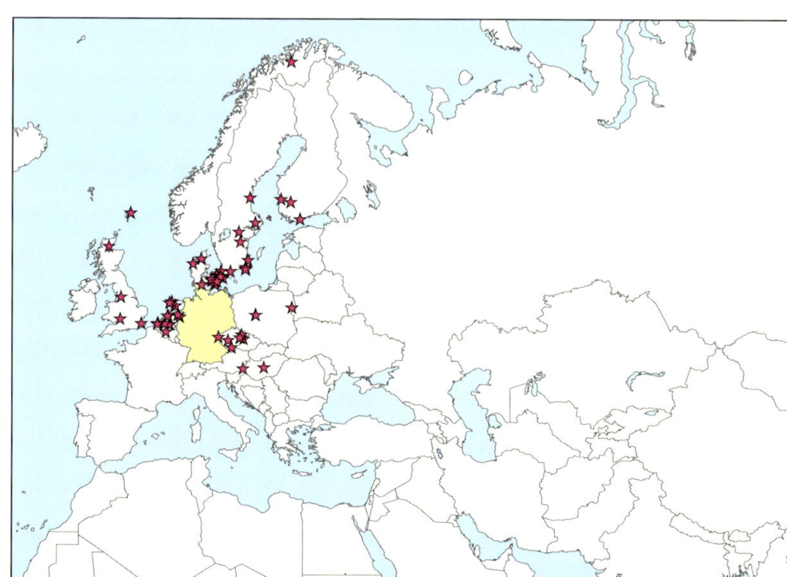

Abb. 2: Beringungsorte im Ausland von in Deutschland gefundenen Kiebitzen (77 Funde). – *Foreign ringing sites of Northern Lapwings recovered in Germany (77 recoveries).*

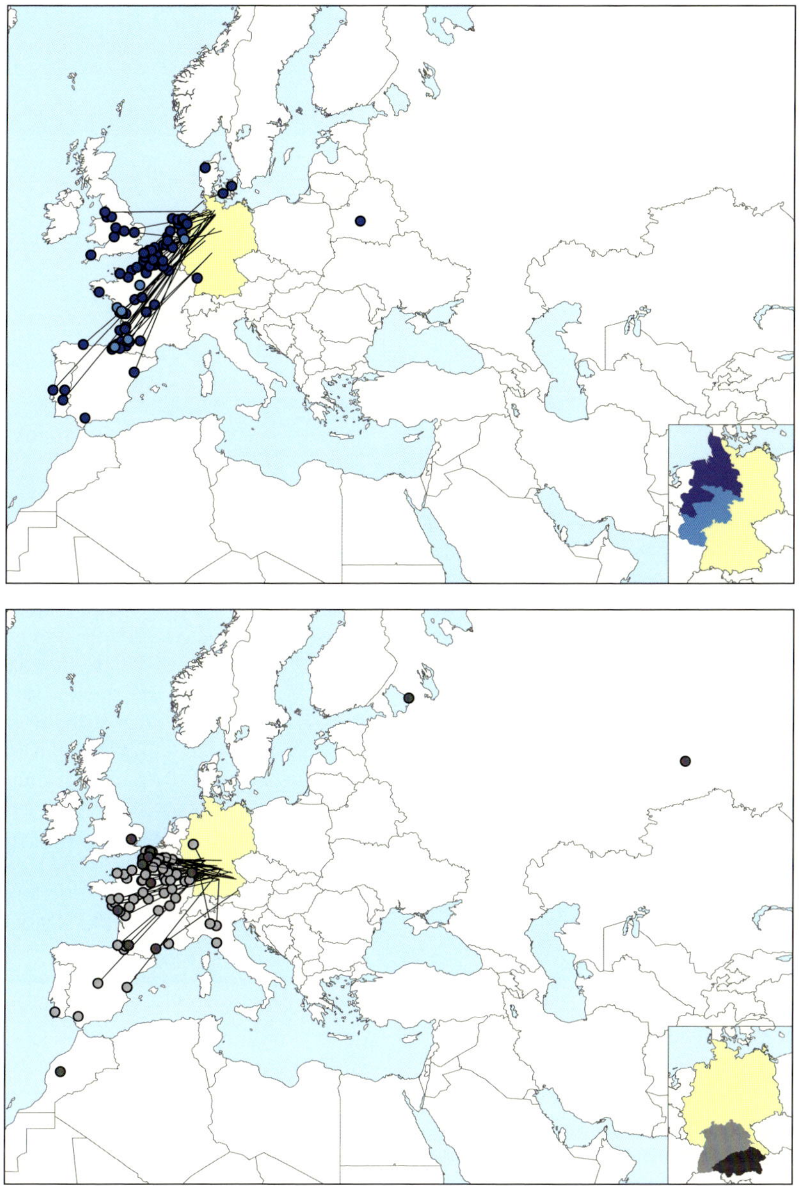

Abb. 3: Herbstzug (Juni – November) von in Deutschland zur Brutzeit anwesenden Kiebitzen (218 Funde*). – Autumn migration (June – November) of Northern Lapwings present in Germany during the breeding season (218 recoveries).*

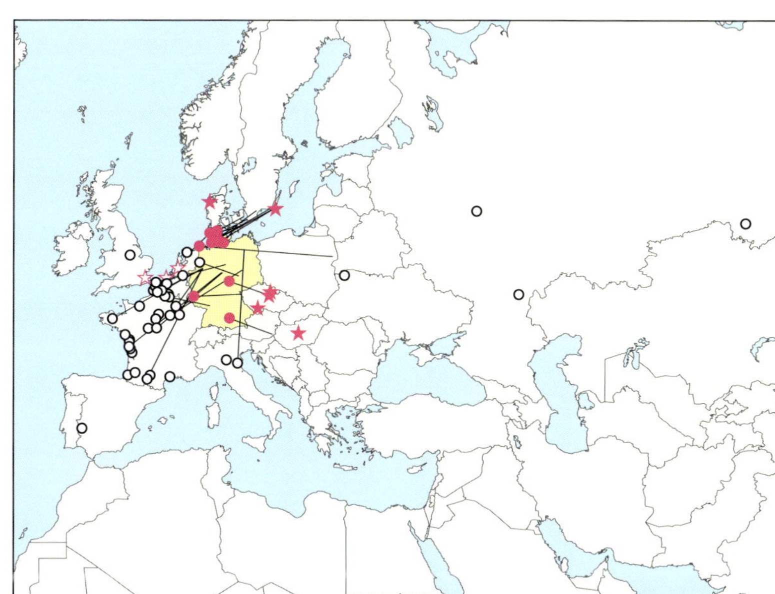

Abb. 4: Herbstzug (Juni – November) von in Deutschland von Juni bis November anwesenden Kiebitzen (76 Funde, ohne Brutvögel und nicht flügge Jungvögel). – *Autumn migration (June – November) of Northern Lapwings present in Germany from June to November (76 recoveries, without breeding and non-fledged birds).*

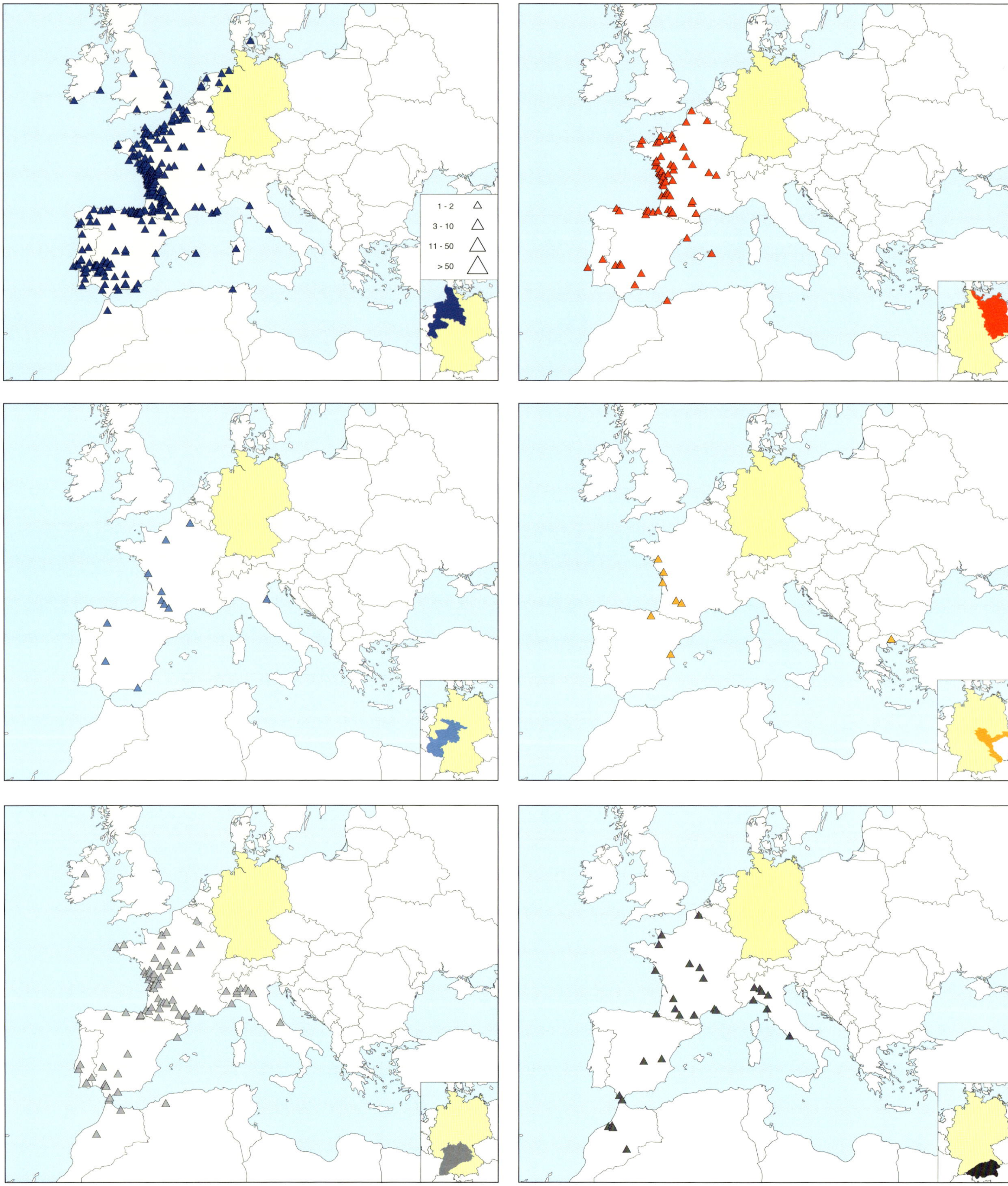

Abb. 5: Aufenthaltsorte im Winter (Dezember – Januar) von in Deutschland zur Brutzeit anwesenden Kiebitzen (474 Funde). – *Presence in winter (December – January) of Northern Lapwings present in Germany during the breeding season (474 recoveries).*

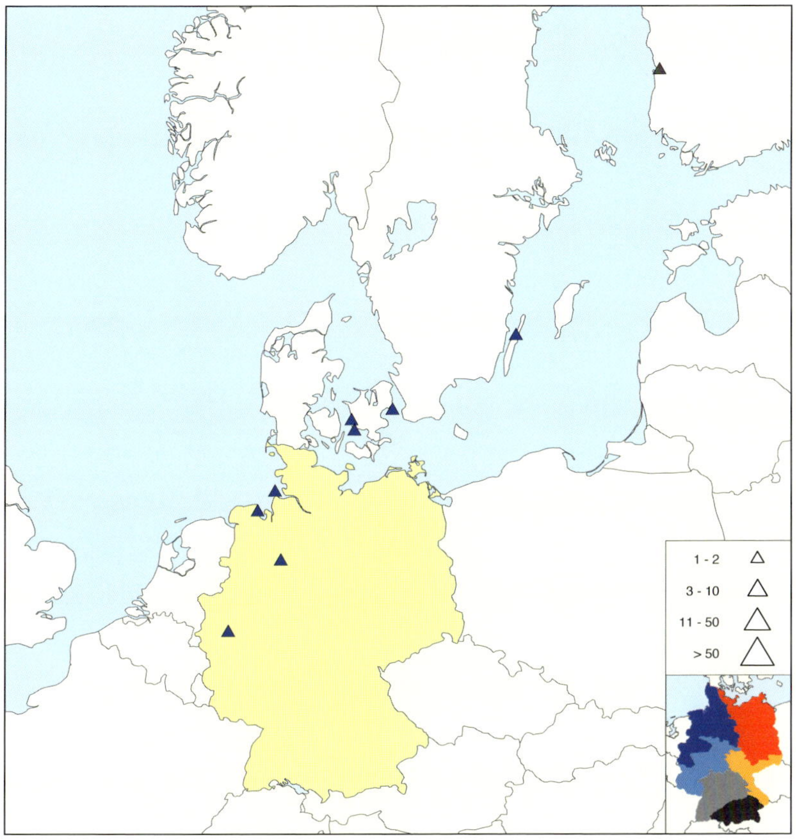

Abb. 6: Aufenthaltsorte zur Brutzeit von im Winter (Dezember – Januar) in Deutschland anwesenden Kiebitzen (10 Funde). – *Presence during the breeding season of Northern Lapwings present in Germany in winter (December – January, 10 recoveries).*

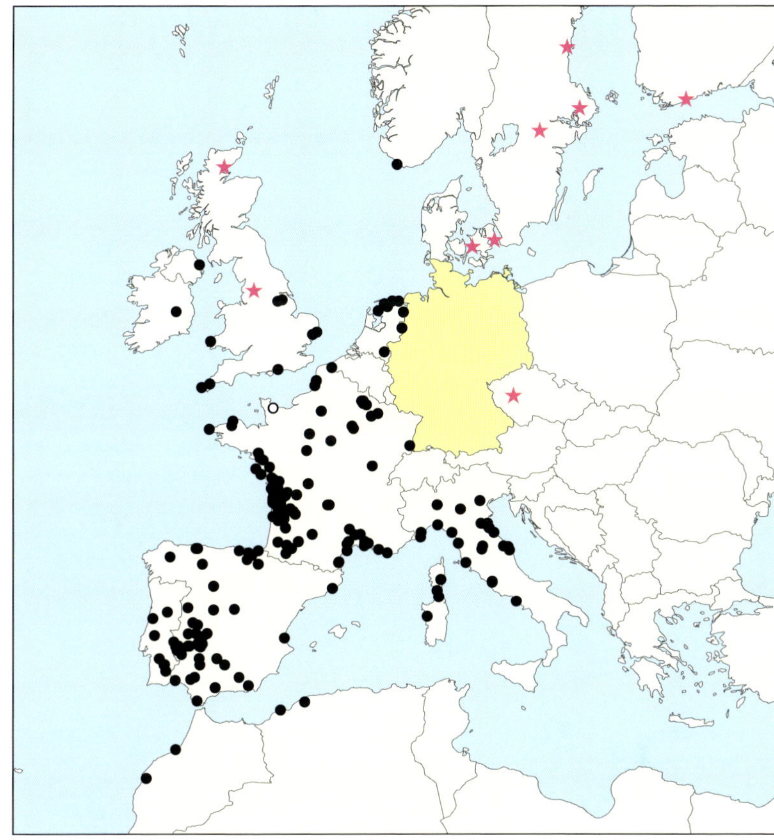

Abb. 7: Frühjahrszug (Februar – März) von in Deutschland zur Brutzeit (222 Funde) oder von Februar bis März anwesenden Kiebitzen (11 Funde). – *Spring migration (February – March) of Northern Lapwings present in Germany during the breeding season (222 recoveries) or from February to March (11 recoveries).*

winterung statt. Am südlichsten und östlichsten überwintern somit Vögel aus dem Alpenvorland. Zu beachten ist, dass sich – vermutlich im Zusammenhang mit der Klimaerwärmung – das Überwinterungsgebiet sowohl bei deutschen als auch bei schwedischen Kiebitzen im Laufe der letzten Jahrzehnte etwas nordwärts verlagert hat (Fiedler et al. 2004, Fransson et al. 2008). Dennoch gibt es in Deutschland bisher nur wenige Funde von beringten Kiebitzen im Winter, alle in NW-Deutschland und entweder dort oder in Dänemark, Schweden und Finnland markiert (Abb. 6).

Auf dem Frühjahrszug in Deutschland gefundene Vögel stammen auch aus Fennoskandien, doch wurden auch Vögel aus Großbritannien und Tschechien im Februar oder März in Deutschland registriert (Abb. 7). Dass sich auch im April noch Frühjahrszügler in Deutschland aufhalten können, belegt u.a. der Fund eines in N-Norwegen nicht flügge beringten Vogels in Schleswig-Holstein (Abb. 2). In den Monaten Februar und März können sich viele in Deutschland beringte Kiebitze noch in den Überwinterungsgebieten befinden (Abb. 7). Der höhere Anteil von Funden in Italien im Vergleich zum Winter deutet an, dass es in geringem Umfang einen Schleifenzug mit weiter östlich gelegener Frühjahrsroute gibt (vgl. Glutz von Blotzheim & Bauer 1975).

Summary: *Northern Lapwing is reproducing in all parts of Germany, but the breeding population has decreased by over 75 % from 1990 to 2009, and currently comprises only some 63,000 – 100,000 bp. Ring recoveries mainly refer to birds marked as chicks or breeding birds. Due to some very large distances covered by abmigration (up to 5182 km in a German chick found in C Siberia in the breeding season two years later), indirect recoveries have to be interpreted with caution. German Lapwings mainly migrate towards W and SW in summer and autumn, reaching winter quarters mainly in France and Iberia, but also in The Netherlands, Britain, NW Africa and Italy. Whereas Italy is mainly visited by breeders from S Germany, only birds from NW Germany were found in The Netherlands and Britain in January and February. Regional differences in winter distribution reflect the overall pattern of Lapwing migration in Europe. Overwintering of Lapwings (mainly in NW Germany) is dependent on the severity of winters, and the few ringed birds found during this time of the year either originate from NW Germany itself or from Denmark, Sweden and Finland. Fennoscandian and British origin is also shown for spring migrants stopping over in Germany. In February and March, many recoveries still come from the wintering area, but a relatively high number of records in Italy suggests some loop migration taking place.*

Flussregenpfeifer *Charadrius dubius*
Little Ringed Plover

Beringungen nach 1945:	19.812
Funde > 10 km nach 1945:	387/346
Wiederfundquote (Fernfunde nach 1945):	1,7 %
Funde > 10 km seit 1901:	389/348
Funde fremder Beringungszentralen:	14/14
Höchstalter:	11 J
Weiteste Entfernung:	5521 km

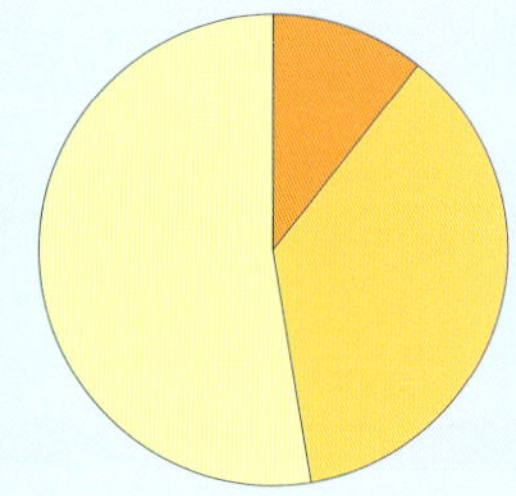

Verbreitung und Status: Flussregenpfeifer brüten in weiten Teilen Eurasiens, fehlen aber vor allem in N-Skandinavien und N-Sibirien. Als Winterquartiere fungieren vor allem Feuchtgebiete im afrikanischen Binnenland zwischen Sahara und Äquator und in S-Asien. Wenn auch lückenhaft verbreitet, so kommt die Art in Deutschland doch in allen Landesteilen mit einem stabilen Bestand von 5500–8000 BP als Brutvogel vor. Der Frühjahrszug findet hauptsächlich Ende März und im April statt, der Herbstzug besonders im Juli und August. Da nördlich und nordöstlich von Deutschland nicht mehr viele Flussregenpfeifer brüten, dürfte der Anteil reiner Zuggäste dabei unbedeutend sein.

Wanderungen: Im Einklang mit den Beringungsergebnissen aus anderen europäischen Ländern (z.B. Fransson et al. 2008, Saurola et al. 2013) ist bei den in Deutschland beringten Flussregenpfeifern eine breite Streuung der Herbstzugrichtung zwischen SW und SE festzustellen, und zwar sowohl bei deutschen Brutvögeln als auch bei Individuen, die auf dem Zug oder mit unklarem Status beringt wurden (Abb. 2 und 3). Einige Vögel fliegen anfangs sogar nach W, ohne in dieser Richtung ein Winterquartier erreichen zu können. Den vorliegenden Ringfunden zufolge schlagen die meisten Flussregenpfeifer eine südliche Richtung ein, denn aus Italien und S-Frankreich liegen mit Abstand die meisten Rückmeldungen aus dem Herbst vor. Allerdings ist schwer zu beurteilen, inwiefern unterschiedliche Fundwahrscheinlichkeiten dieses Bild beeinflussen. Eine Häufung von 19 Funden in der Camargue (S-Frankreich) im Juli und August weist dieses Gebiet als Mauserplatz aus (Glutz von Blotzheim et al. 1975).

Der starken Streuung der Herbstzugrichtung entsprechend verteilen sich die wenigen Funde aus Spätherbst und Winter (November bis Februar) sehr weiträumig. Abgesehen von Rückmeldungen aus S-Frankreich (November), Italien (zweimal November) und Griechenland (Januar) reichen sie in Afrika vom Senegal (Februar) über Nigeria (Februar) und Tschad (Dezember) bis S-Sudan (November). Ein Brutvogel aus E-Schleswig-Holstein wurde sogar am Südrand des Kaspischen Meeres im Iran erlegt (Dezember; Abb. 1). Noch weiter südöstlich, in S-Indien, wurde ein schwedischer Flussregenpfeifer gefunden (Fransson et al. 2008). Zu beachten ist, dass die initiale Zugrichtung nicht unbedingt auf die Lage der Winterquartiere hinweisen muss, denn schwedische Vögel mit Geolokatoren zogen zunächst nach SE, verteilten sich aber nach Rastaufenthalten im Nahen Osten auf Winterquartiere in Afrika und Indien (Hedenström et al. 2013).

Auf dem Frühjahrszug streuen die Ringfunde dagegen fast gar nicht, denn sie

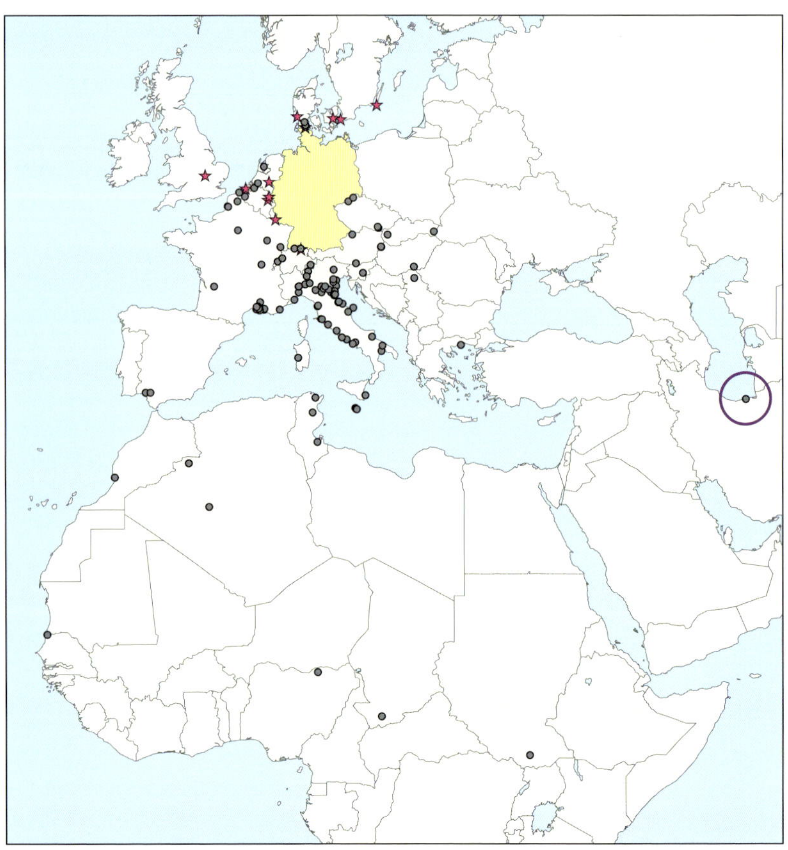

Abb. 1: Fundorte von in Deutschland beringten (134 Funde) und ausländische Beringungsorte von in Deutschland gefundenen (14 Funde) Flussregenpfeifern. – *Foreign recovery sites of Little Ringed Plovers ringed in Germany (134 recoveries) and foreign ringing sites of birds recovered in Germany (14 recoveries).*

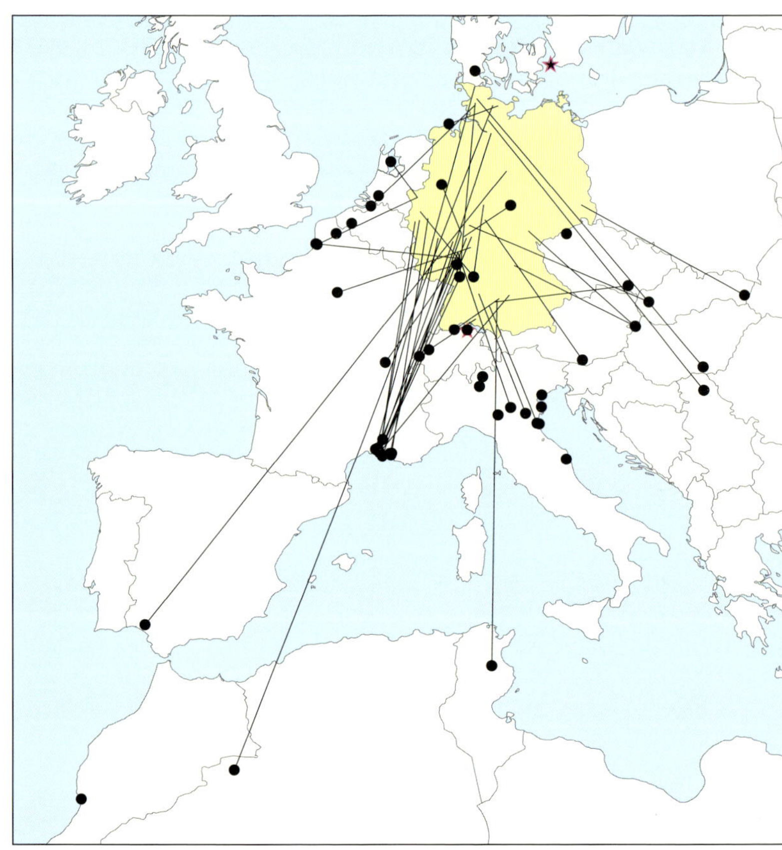

Abb. 2: Herbstzug (Juli–November) von in Deutschland zur Brutzeit anwesenden Flussregenpfeifern (66 Funde). – *Autumn migration (July–November) of Little Ringed Plovers present in Germany during the breeding season (66 recoveries).*

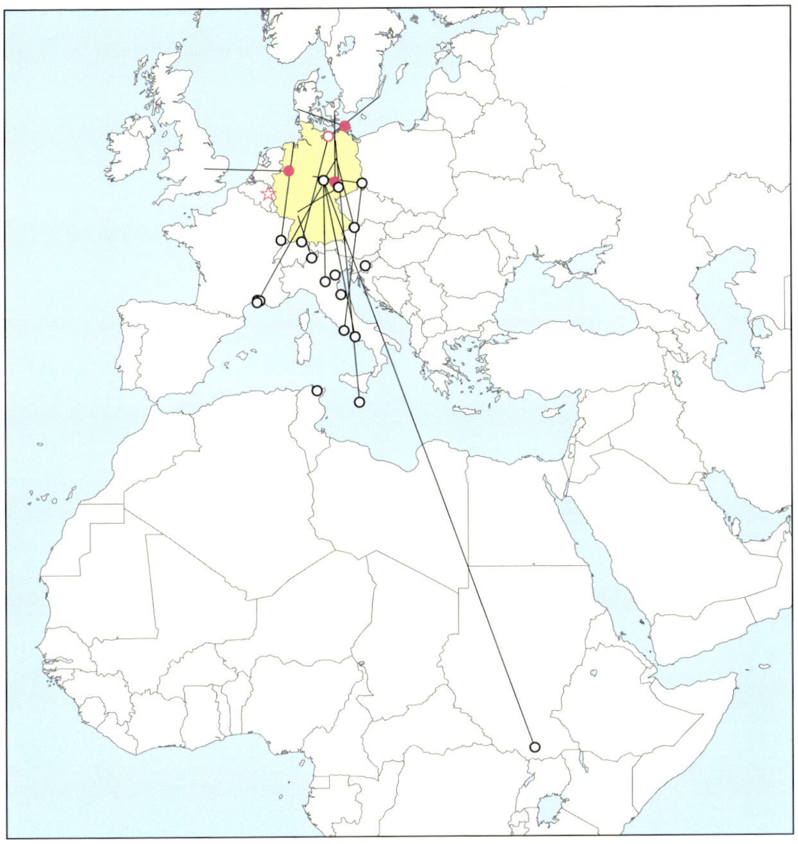

Abb. 3: Herbstzug (Juli – November) von in Deutschland von Juli bis November anwesenden Flussregenpfeifern (28 Funde). – *Autumn migration (July – November) of Little Ringed Plovers present in Germany from July to November (28 recoveries).*

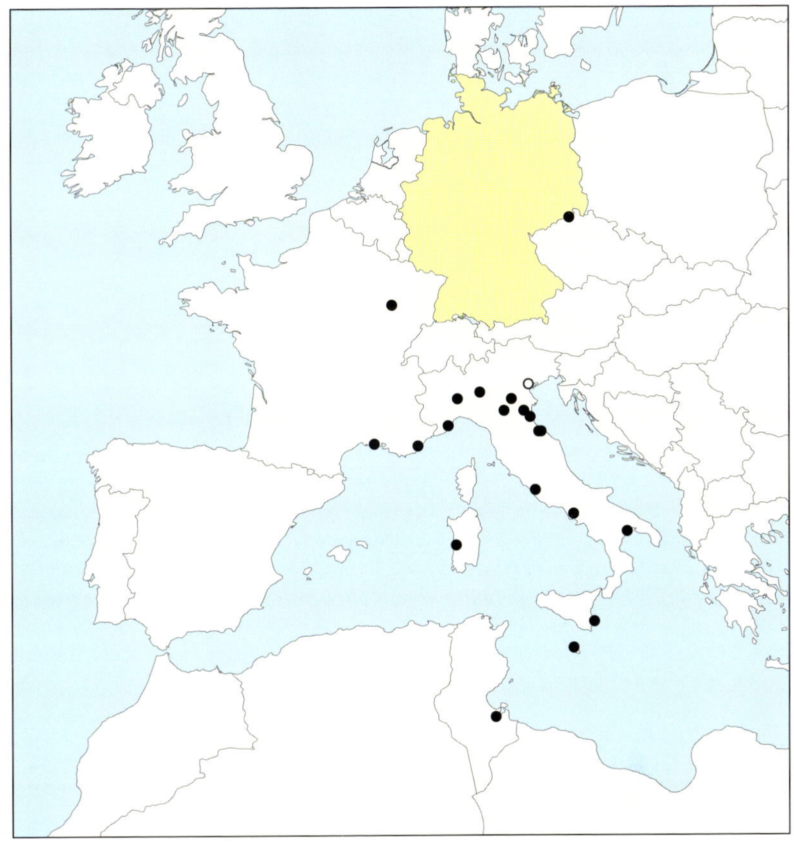

Abb. 4: Frühjahrszug (März – April) von in Deutschland zur Brutzeit (21 Funde) oder von März bis April anwesenden Flussregenpfeifern (1 Fund). – *Spring migration (March – April) of Little Ringed Plovers present in Germany during the breeding season (21 recoveries) or from March to April (1 recovery).*

stammen fast ausnahmslos aus Gebieten genau südlich von Deutschland, d.h. vor allem aus Italien (Abb. 4). Obwohl das Bild erneut durch unterschiedliche Fundwahrscheinlichkeiten beeinflusst sein kann, deutet sich bei gemeinsamer Betrachtung mit dem Wiederfundmuster des Herbstzugs an, dass deutsche Flussregenpfeifer vorwiegend entlang einer N-S-Achse wandern.

Summary: *Little Ringed Plovers are breeding in all parts of Germany; the population of 5500 – 8000 bp appears to be stable. Ring recoveries during autumn migration show considerable variation concerning the direction of flights ranging from W and SW to SE, but the majority of birds was reported from due south, with many from Italy and especially from the Camargue (S France), which also serves as a moulting site. Apart from a few cases in S Europe (including Greece) most of the scattered recoveries in late autumn and winter (November to February) stem from sub-Saharan Africa (ranging from Senegal in the W to S Sudan in the E) and even from Iran. The concentrations of recoveries due S of Germany during spring migration is consistent with the findings from autumn migration that N-S is the main migration axis used by German Little Ringed Plovers.*

Sandregenpfeifer *Charadrius hiaticula*

Common Ringed Plover

Beringungen nach 1945:	23.728
Funde > 10 km nach 1945:	518/434
Wiederfundquote (Fernfunde nach 1945):	1,8 %
Funde > 10 km seit 1901:	523/439
Funde fremder Beringungszentralen:	53/44
Höchstalter:	18 J, 1 M*
Weiteste Entfernung:	5437 km

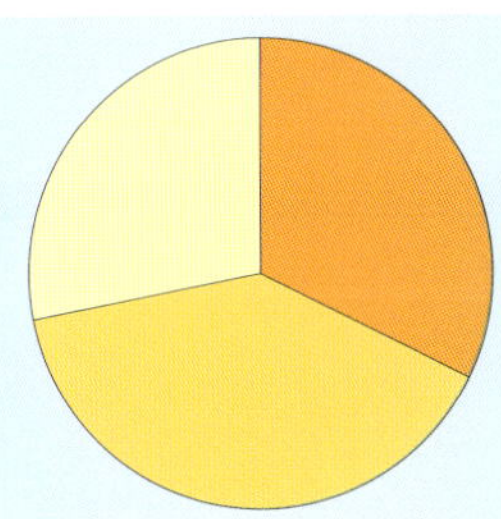

Verbreitung und Status: Von NE-Kanada und Grönland aus reicht das arktische Brutgebiet des Sandregenpfeifers über Spitzbergen und N-Skandinavien bis NE-Sibirien. Nur in Europa gibt es einen südlichen Ausläufer, der vor allem die Küstengebiete von Ost- und Nordsee (bis NW-Frankreich) umfasst. Das Überwinterungsgebiet schließt die südliche Nordsee, W-Europa, den Mittelmeerraum, Vorderasien sowie fast ganz Afrika ein. In Deutschland brüten Sandregenpfeifer größtenteils an Sandstränden, mitunter auch auf Salzwiesen der Nord- und Ostseeküste. Einige Brutplätze befinden sich darüber hinaus auf Spülfeldern und in Kiesgruben im küstennahen Binnenland. Der Bestand liegt heute bei 950–1100 BP und nimmt ab. Auch das Rastvorkommen von durchziehenden Sandregenpfeifern konzentriert sich auf die Küste, doch zieht die Art regelmäßig auch durch das deutsche Binnenland. Neben der auch in Deutschland brütenden Nominatform ist dabei auch die von N-Skandinavien bis Sibirien brütende Unterart *Ch. h. tundrae* beteiligt. Auf dem Wegzug (Juli bis Oktober) liegt das Maximum vielerorts im August oder September. Der Frühjahrszug erfolgt in zwei Wellen, denn nachdem die Brutvögel des Nord- und Ostseeraums vor allem im März wandern, folgen die nordeurasischen Brutvögel in erster Linie im Mai.

Wanderungen: In Deutschland wurden viele einheimische Brutvögel und Durchzügler beringt. Dies resultierte in Wiederfunden von NW-Russland und Kasachstan bis Ghana hervor (Abb. 1). Ein Teil der Wiederfunde in Dänemark, Schweden und Polen geht auf Umsiedlungen von Brutvögeln bzw. Fremdansiedlungen von Jungvögeln zurück (vgl. Heinicke & Köppen 2013).

Auf dem Herbstzug ähneln sich die Wiederfundmuster deutscher Brut- und Rastvögel insofern, als die meisten Rückmeldungen aus W- und SW-Europa kamen – zumeist aus dem unmittelbaren Küstenbereich (Abb. 2 und 3). Durchzügler wurden allerdings häufig auch im Binnenland beringt, von wo aus einige nach S weiterzogen und in Italien gefunden wurden (Abb. 3). Solche Wiederfunde fehlen bei den deutschen Brutvögeln ebenso wie die von Durchzüglern resultierenden Meldungen aus E-Europa und vom Schwarzen Meer aus späteren Herbstzugperioden, bei denen die betreffenden Individuen offenbar einer anderen Route gefolgt sind als bei ihrem Zug durch Deutschland. Zu erkennen ist, dass Deutschland sowohl über Finnland und Schweden als auch entlang der Südküste der Ostsee angeflogen wird, aber auch von N her aus Norwegen und von SE her aus dem mitteleuropäischen Binnenland (Abb. 3, Brenning & Nehls 2013).

Im Einklang mit den geographisch benachbart brütenden Vögeln aus Dänemark und Schweden (Bønløkke et al. 2006, Fransson et al. 2008) überwintern deutsche Sandregenpfeifer offenbar vor allem an den Küsten von Ärmelkanal und Atlantik, nur vereinzelte Funde kommen aus Nord- und Ostsee sowie aus Marokko (Abb. 4). Auffällig ist, dass vier von fünf Winterfunden südlich von Frankreich von der Ostseeküste stammen, während an der französischen Atlantikküste ganz

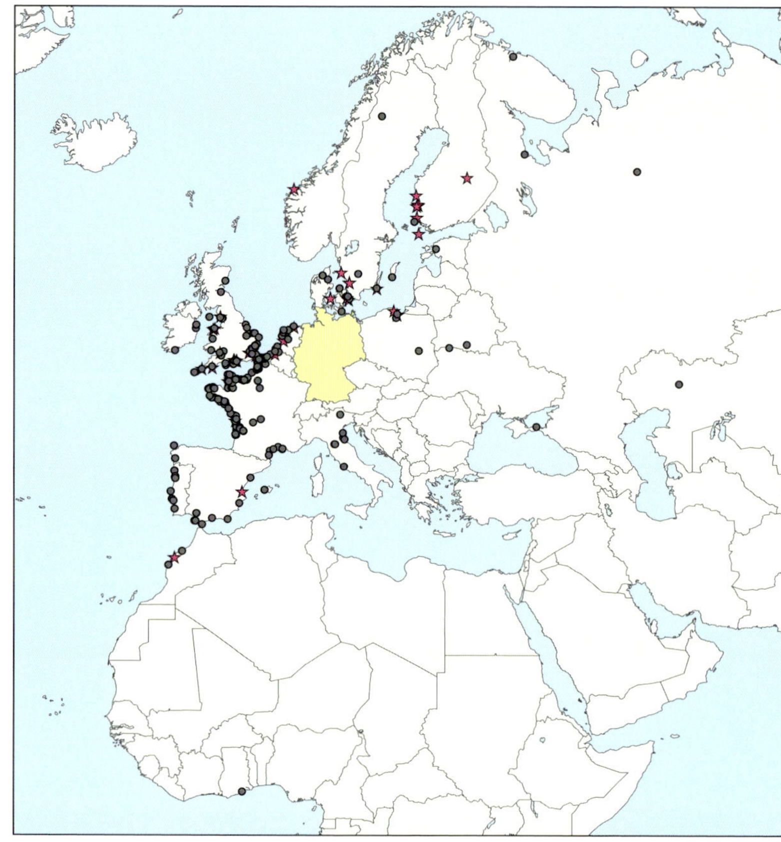

Abb. 1: Fundorte von in Deutschland beringten (311 Funde) und ausländische Beringungsorte von in Deutschland gefundenen (53 Funde) Sandregenpfeifern. – *Foreign recovery sites of Common Ringed Plovers ringed in Germany (311 recoveries) and foreign ringing sites of birds recovered in Germany (53 recoveries).*

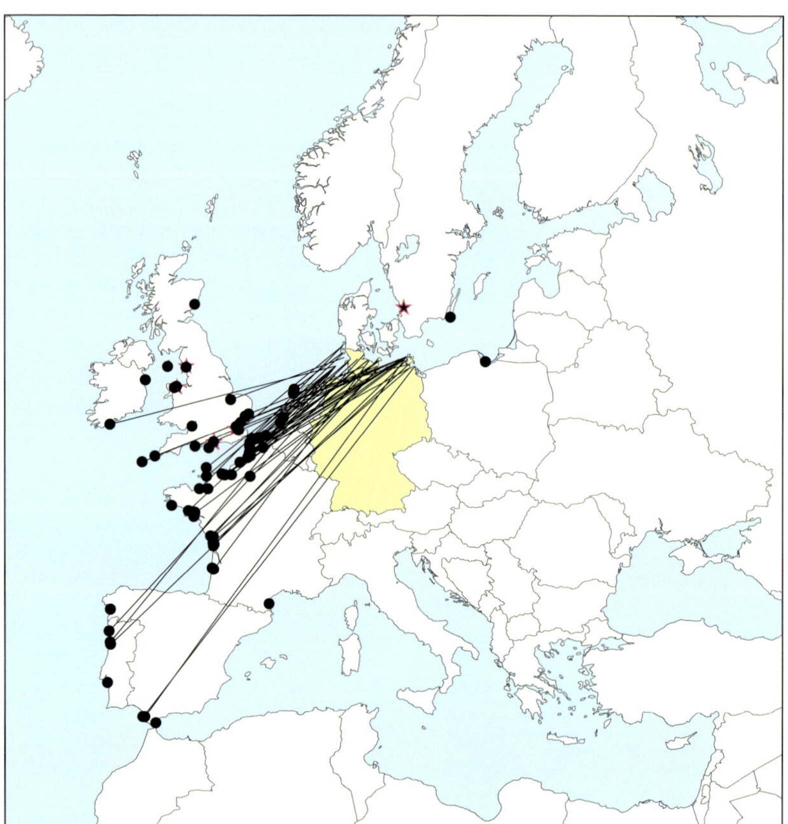

Abb. 2: Herbstzug (Juli–November) von in Deutschland zur Brutzeit anwesenden Sandregenpfeifern (103 Funde). – *Autumn migration (July–November) of Common Ringed Plovers present in Germany during the breeding season (103 recoveries).*

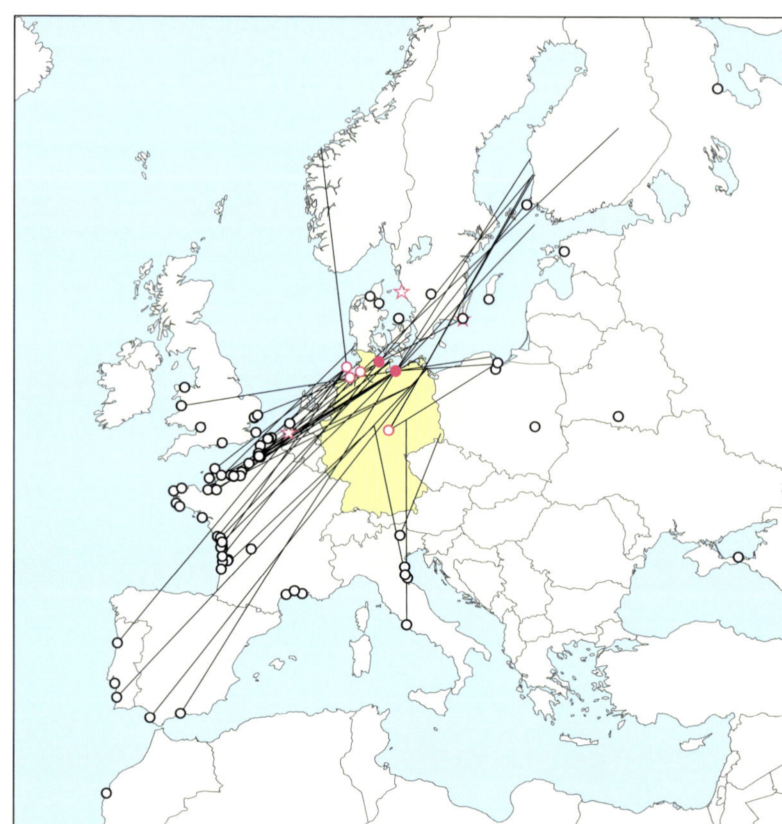

Abb. 3: Herbstzug (Juli–November) von in Deutschland von Juli bis November anwesenden Sandregenpfeifern (122 Funde). – *Autumn migration (July–November) of Common Ringed Plovers present in Germany from July to November (122 recoveries).*

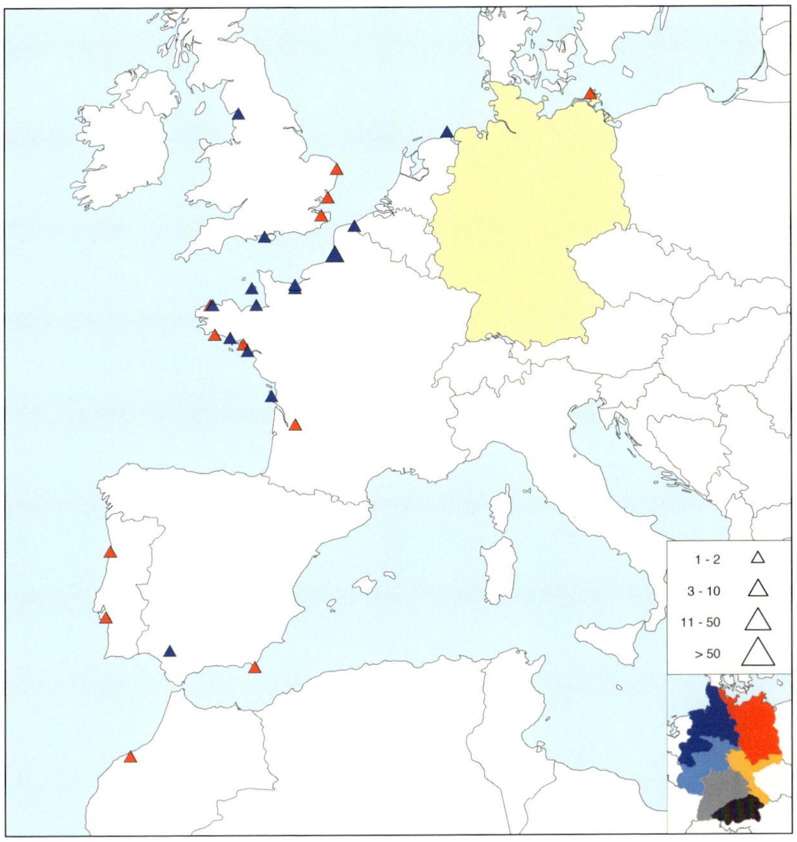

Abb. 4: Aufenthaltsorte im Winter (Dezember – Februar) von in Deutschland zur Brutzeit anwesenden Sandregenpfeifern (28 Funde). – *Presence in winter (December – February) of Common Ringed Plovers present in Germany during the breeding season (28 recoveries).*

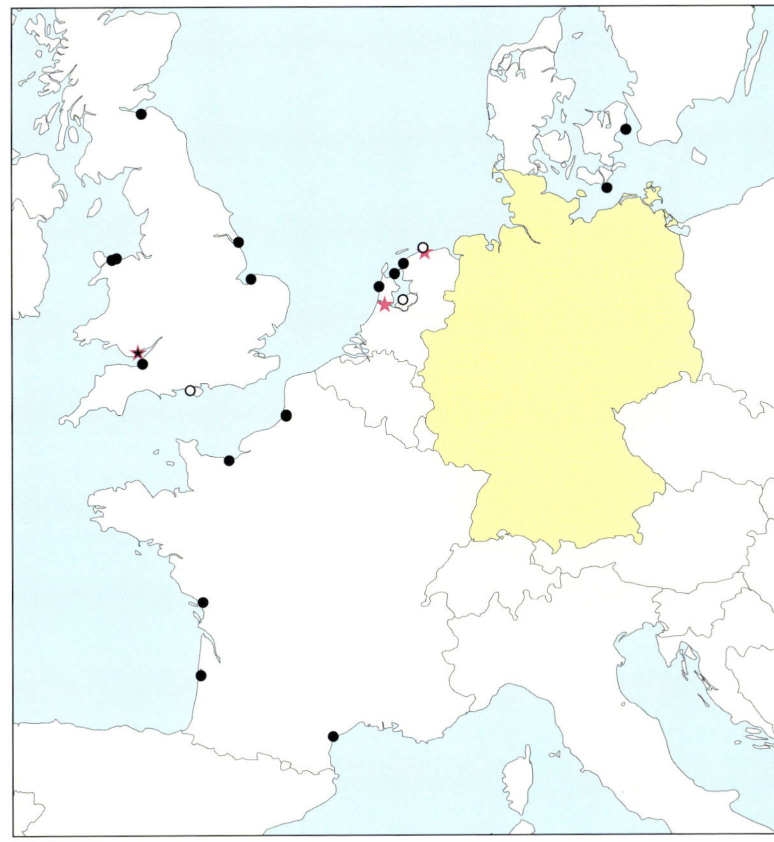

Abb. 5: Frühjahrszug (März – April) von in Deutschland zur Brutzeit (17 Funde) oder von März bis April anwesenden Sandregenpfeifern (7 Funde). – *Spring migration (March – April) of Common Ringed Plovers present in Germany during the breeding season (17 recoveries) or from March to April (7 recoveries).*

überwiegend Vögel von der deutschen Nordseeküste gefunden wurden. Dies könnten Anzeichen dafür sein, dass sich bereits innerhalb von Deutschland der vom Sandregenpfeifer bekannte Übersprungzug bemerkbar macht, bei dem britische Brutvögel kaum und nur kurze Strecken wandern, arktische Brüter und ein Teil der finnischen und norwegischen Vögel aber bis W-Afrika ziehen (Wernham et al. 2002, Bakken et al. 2003, Delany et al. 2009, Saurola et al. 2013). Der einzige W-Afrika-Fund eines in Deutschland beringten Sandregenpfeifers stammt aus Ghana (Dezember) und geht auf einen Ende August während des Herbstzuggipfels auf der Nordseeinsel Scharhörn markierten flüggen Jungvogel zurück, dessen Brutherkunft unbekannt ist (Abb. 1). Heinicke & Köppen (2013) erwähnen zudem einen auf den Kanarischen Inseln im November beringten Jungvogel, der Anfang Juni des folgenden Jahres in Vorpommern kontrolliert wurde.

Die Karte vom Frühjahrszug (Abb. 5) zeigt Funde, die räumlich dem Muster von Herbstzug und Winter entsprechen. Die deutschen Brutvögel scheinen also im Herbst und Frühjahr entlang sehr ähnlicher Routen zu ziehen. Stark von diesem Muster abweichend zog ein im September im bayerischen Alpenvorland beringter Jungvogel, der im Mai des folgenden Jahres 3150 km weiter östlich in Kasachstan gefunden wurde. Dies ist der einzige Hinweis darauf, dass auf dem Frühjahrszug eine östlichere bzw. direktere Route in Richtung potenzieller sibirischer Brutgebiete eingeschlagen werden kann. Ansonsten wurde nur für schwedische Ringvögel festgestellt, dass der Frühjahrszug etwas östlicher verläuft als der Herbstzug (Fransson et al. 2008), zudem gibt es in Italien vergleichsweise viele Funde im Frühjahr von in der N-Hälfte Europas beringten Sandregenpfeifern (Spina & Volponi 2008a).

Summary: *Apart from a few inland sites, breeding of Common Ringed Plovers in Germany is mostly restricted to coastal areas at the North Sea and Baltic Sea. The declining breeding stock is currently estimated at 950 – 1100 bp. Autumn migration of German breeders generally follows the coastlines of W and SW Europe, with winter recoveries not further south than Morocco. There is some indication that Baltic Sea breeders leap-frog those from the North Sea. Spring migration appears to follow the same route as in autumn. Most of the Ringed Plovers marked in Germany during migration fit the same spatial pattern of recoveries as the breeders, but in addition some birds trapped at inland stopover sites fly to the S (with recoveries in Italy). In autumn, migrants arriving in Germany come from various directions between N and SE. Evidence for loop migration with spring migration further east than in autumn is almost lacking, but a juvenile ringed in September in Bavaria was recovered 3,150 km further east in Kazakhstan in the subsequent May.*

Seeregenpfeifer *Charadrius alexandrinus*
Kentish Plover

Beringungen nach 1945:	9067
Funde > 10 km nach 1945:	131/123
Wiederfundquote (Fernfunde nach 1945):	1,4 %
Funde > 10 km seit 1901:	136/128
Funde fremder Beringungszentralen:	10/9
Höchstalter:	11 J*
Weiteste Entfernung:	2304 km

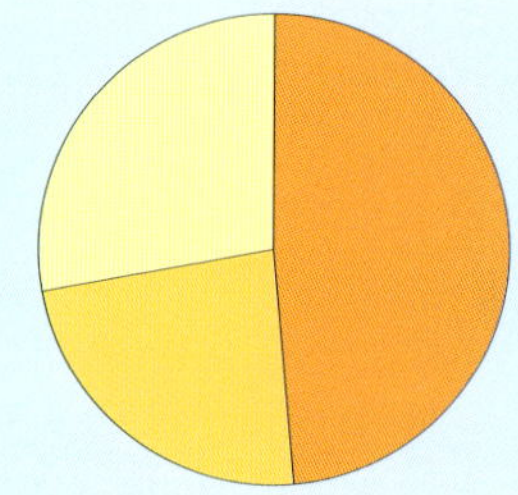

Verbreitung und Status: Seeregenpfeifer leben vorwiegend an Küsten, aber auch an brackigen oder salzigen Binnengewässern. Besiedelt sind neben Teilen Nord- und Südamerikas sowie S-, E- und Innerasiens auch die Küstengebiete des Mittelmeeres. Zum Brutareal gehören außerdem die europäische Atlantik- und Nordseeküste (nordwärts bis Dänemark) sowie die südwestlichsten Bereiche der Ostsee (bis S-Schweden). Das deutsche Brutvorkommen beschränkt sich dabei nach sehr starker Abnahme in den letzten 25 Jahren auf nur noch 174–200 BP im Wattenmeer, denn an der deutschen Ostseeküste brütet die Art nur noch sehr sporadisch (Herrmann & Junge 2013). Im Frühjahr wandern Seeregenpfeifer von Ende März bis Anfang Mai ins Wattenmeer ein, der Abzug erfolgt größtenteils bis Anfang Oktober. Da es weiter nördlich und östlich kaum Brutvorkommen gibt, ist das Auftreten von Durchzüglern gering. Das deutsche Binnenland wird von ziehenden Seeregenpfeifern nur in sehr kleiner Zahl aufgesucht.

Wanderungen: Fast alle Deutschland betreffenden Ringfunde gehen auf Vögel zurück, die als Brutvögel bzw. nicht flügge Jungvögel beringt wurden. Während des Herbstzugs wurden diese Vögel vor allem entlang der Atlantikküste von Frankreich, Spanien und Portugal gefunden, einige auch am Mittelmeer in S-Frankreich und Spanien (Abb. 2) sowie in Italien (ein Fund nach Spina & Volponi 2008a). Aus diesen Bereichen stammen auch die nur sieben Funde der Monate November bis Februar und kennzeichnen damit einen Teil des Überwinterungsgebiets des deutschen Brutbestandes. Als wichtigstes Winterquartier für W-europäische Seeregenpfeifer gilt allerdings W-Afrika (Delany et al. 2009), doch liefern deutsche Ringvögel dafür keine Belege (Abb. 1).

Der Durchzug der wenigen schwedischen und dänischen Brutvögel durch das deutsche Küstengebiet ist durch drei Ringfunde repräsentiert (Abb. 2, ein direkter Fund von E-Dänemark nach Mecklenburg wegen zu geringer Entfernung nicht dargestellt). Funde vom Frühjahrszug stammen größtenteils aus W-Frankreich, teilweise auch aus dem S und N des Landes sowie aus Belgien (Abb. 3). Daher gibt es keine Anzeichen dafür, dass im Frühjahr eine andere Route benutzt wird als im Herbst.

Mehrere Kontrollfänge aus der Brutzeit verdeutlichen Zuwanderung von in Belgien und den Niederlanden erbrüteten Seeregenpfeifern in den Brutbestand des deutschen Wattenmeeres, darüber hinaus wurde ein in S-Schweden beringtes brütendes Weibchen neun Jahre später als Brutvogel im schleswig-holstei-

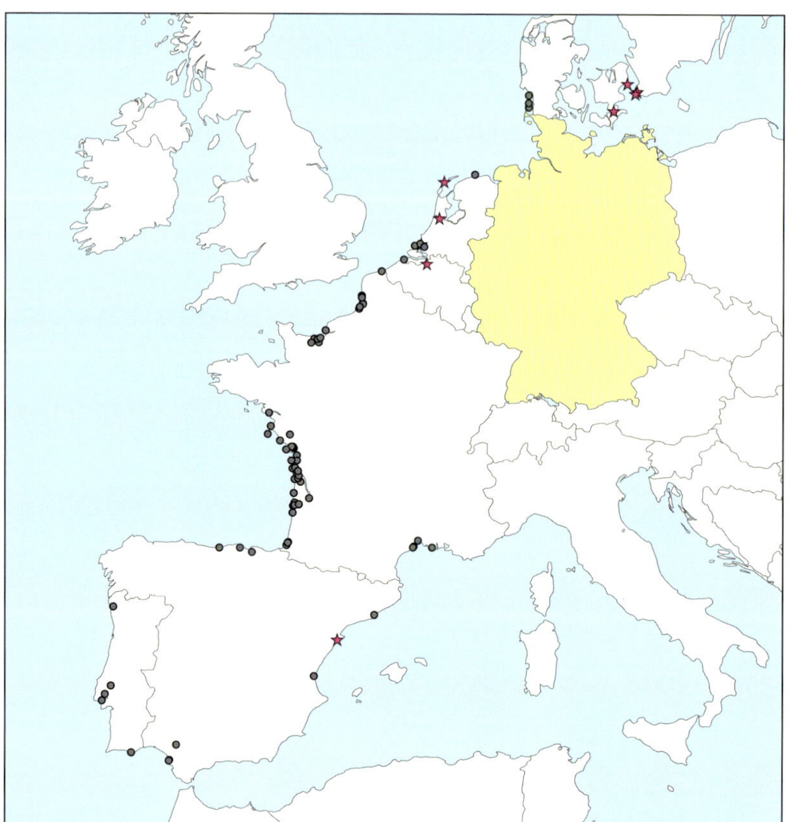

Abb. 1: Fundorte von in Deutschland beringten (93 Funde) und ausländische Beringungsorte von in Deutschland gefundenen (10 Funde) Seeregenpfeifern. – *Foreign recovery sites of Kentish Plovers ringed in Germany (93 recoveries) and foreign ringing sites of birds recovered in Germany (10 recoveries).*

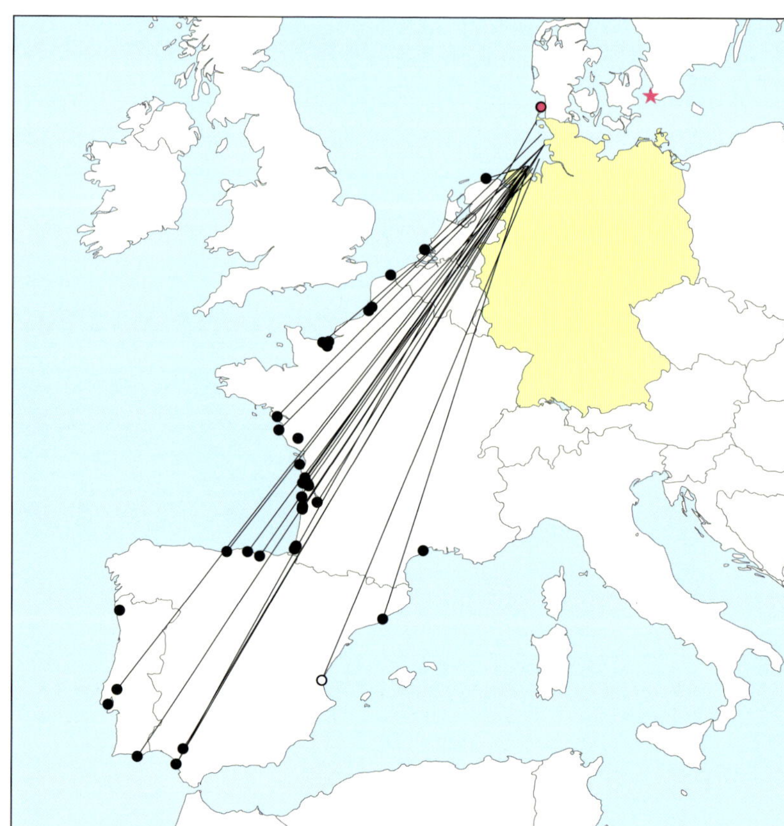

Abb. 2: Herbstzug (Juli–November) von in Deutschland zur Brutzeit (42 Funde) oder von Juli bis November anwesenden Seeregenpfeifern (12 Funde). – *Autumn migration (July–November) of Kentish Plovers present in Germany during the breeding season (42 recoveries) or from July to November (12 recoveries).*

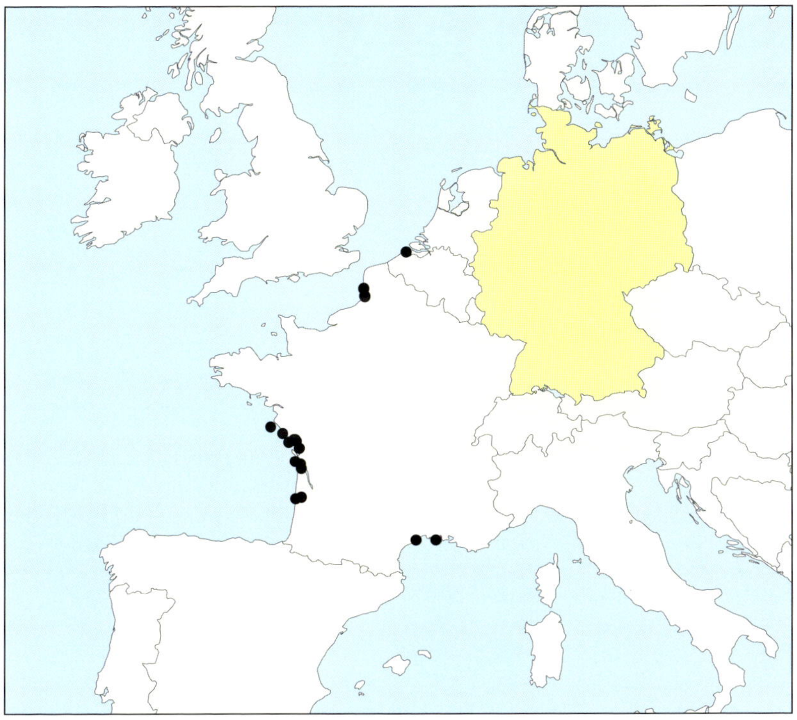

Abb. 3: Frühjahrszug (März – April) von in Deutschland zur Brutzeit anwesenden Seeregenpfeifern (23 Funde). – *Spring migration (March – April) of Kentish Plovers present in Germany during the breeding season (23 recoveries).*

nischen Wattenmeer kontrolliert. Deutsche Brut- oder Jungvögel haben sich umgekehrt ins niederländische Deltagebiet und ins dänische Wattenmeer umgesiedelt.

***Summary:** After a strong decline the current German breeding population of Kentish Plover comprises 174 – 200 bp in the Wadden Sea. Birds ringed there as chicks or breeding birds were recovered during both autumn and spring migration along the Atlantic coast of France, Spain and Portugal, with a few birds also found at the W Mediterranean. The seven recoveries so far obtained between November and February stem from the same areas, whereas evidence from the main wintering area of W European Kentish Plovers in W Africa is lacking. Several recoveries indicate that the few Danish and Swedish breeders stopover in NW Germany, and also that immigration to the breeding areas at the German Wadden Sea was performed by birds raised in Belgium and The Netherlands as well as by birds previously breeding in Sweden. On the other hand, Kentish Plovers of the German breeding population were later found to breed in the Dutch delta area and at the Danish Wadden Sea.*

Mornellregenpfeifer *Charadrius morinellus*
Eurasian Dotterel

Mornellregenpfeifer brüten in der Tundra Sibiriens sowie in von der Vegetationstruktur her ähnlichen Lebensräumen im Bergland und Gebirgen in Schottland, Fennoskandien, Mittel- und S-Europa (einschließlich der Alpen) sowie in S-Sibirien. Während die asiatischen Brutvögel in Vorderasien und NE-Afrika überwintern, ziehen europäische Brutvögel nach N-Afrika von Marokko bis Libyen (Delany et al. 2009). Im Frühjahr rasten nur wenige Mornellregenpfeifer in Deutschland, dagegen sind es auf dem Ende August gipfelnden Herbstzug mehrere hundert Individuen, vor allem auf Feldern im Bereich der Mittelgebirge, aber auch nahe der schleswig-holsteinischen Nordseeküste (Stübing et al. 2013). Ein Mitte August 1968 bei Bergkamen (Nordrhein-Westfalen) beringter Jungvogel wurde auf dem Weg nach N-Afrika sechs Wochen später in N-Italien geschossen (Abb. 1). Aus dem Winterquartier selbst stammt der Fund eines Vogels, der Anfang Mai 1988 während des Frühjahrszugs auf Helgoland beringt wurde und nach mehr als drei Jahren und 2789 km entfernt im November 1991 einem marokkanischen Jäger zum Opfer fiel. Beide Funde fügen sich gut in das Bild der fennoskandischen Brutvögel ein, deren herbstliche Zugrichtung zwischen SSW und SSE streut (Bakken et al. 2003, Fransson et al. 2008, Saurola et al 2013).

***Summary:** Only a few hundred Dotterels are known to stopover in Germany during autumn migration (and even less in spring). The only two recoveries fit into the pattern of autumnal migratory directions between SSW and SSE also shown by Fennoscandian breeders. A juvenile ringed in W Germany in mid-August was shot in NW Italy six weeks later, and more than three years after being ringed on Helgoland in May another bird fell victim to a hunter in Morocco in November.*

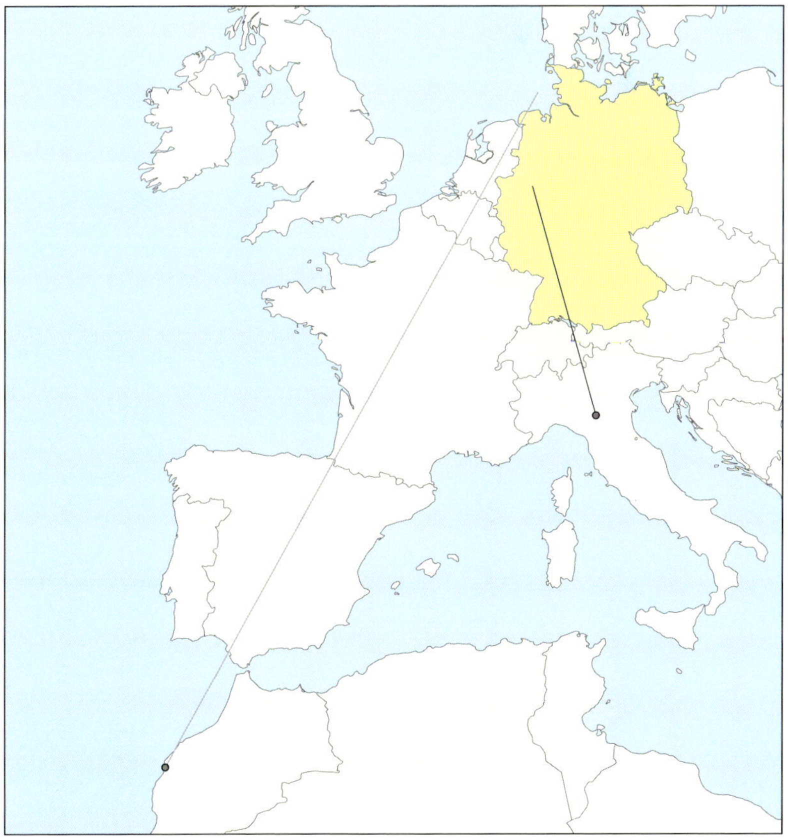

Abb. 1: Funde von Mornellregenpfeifern mit Bezug zu Deutschland (2 Funde). – *Recoveries of Eurasian Dotterels related to Germany (2 recoveries).*

Regenbrachvogel *Numenius phaeopus*
Whimbrel

Beringungen nach 1945:	284
Funde > 10 km nach 1945:	11/11
Wiederfundquote (Fernfunde nach 1945):	3,9 %
Funde > 10 km seit 1901:	11/11
Funde fremder Beringungszentralen:	1/1
Höchstalter:	12 J
Weiteste Entfernung:	1267 km

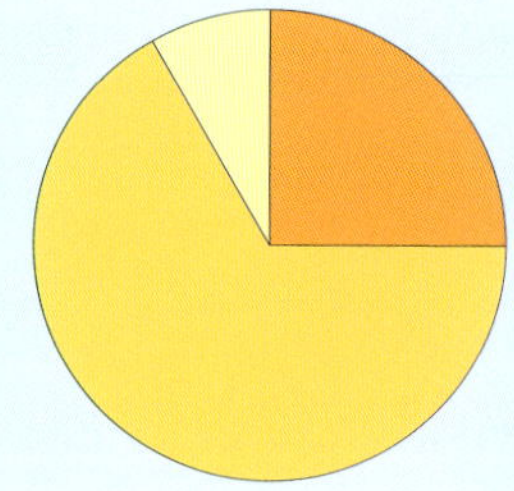

Verbreitung und Status: Das disjunkte Brutareal des Regenbrachvogels umfasst Teile von N-Nordamerika und N-Sibirien sowie in Europa N-Russland, Fennoskandien, Schottland und Island. Die Vögel werden im Winter an fast allen Küsten der Südhalbkugel sowie S-Nordamerikas, W- und NW-Afrikas und S-Asiens angetroffen. Deutschland wird von der Art auf dem Frühjahrs- und Herbstzug (vor allem im April bzw. Juli/August) berührt. Regenbrachvögel rasten in Heiden und Windwattgebieten an der Ostseeküste sowie im Wattenmeer, viel seltener aber im Binnenland.

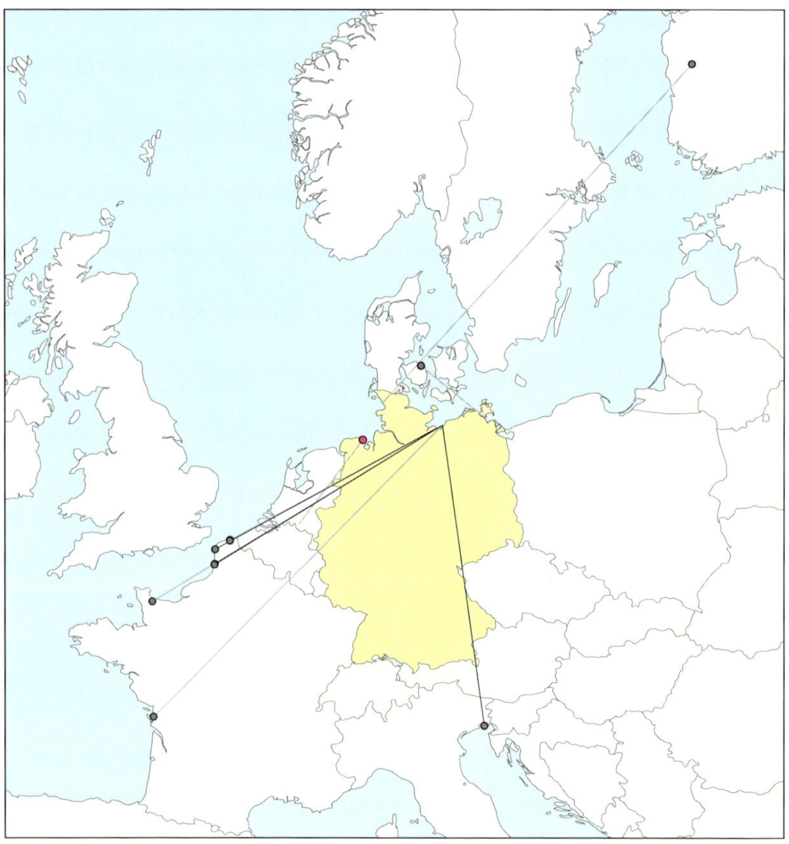

Abb. 1: Funde von Regenbrachvögeln mit Bezug zu Deutschland (11 Funde). – *Recoveries of Whimbrels related to Germany (11 recoveries).*

Wanderungen: Regenbrachvögel wurden in Deutschland, aber auch in anderen Ländern, nur wenig beringt. Acht von elf Ringfunden mit Bezug zu Deutschland gehen auf Fänge auf der Ostseeinsel Langenwerder zurück. Sieben dieser Vögel wurden von August bis Oktober, also auf dem Herbstzug, in NW- und W-Frankreich geschossen oder gefunden (Abb. 1). Auch für einige Brutvögel aus Norwegen, Schweden und Finnland endete dort der Zug (Bakken et al. 2003, Fransson et al. 2008, Saurola et al. 2013), der eigentlich ins Überwinterungsgebiet hätte führen sollen. Ringfunden von schottischen Brutvögeln und Rastvögeln in England zufolge dürfte dieses in W-Afrika, ostwärts bis zum Golf von Guinea, zu finden sein (Wernham et al. 2002). Ein direkter Fund vom Langenwerder (15.7.1986) nach NE-Italien (19.8.1986) zeigt, dass auch das deutsche Binnenland südwärts überflogen wird. Möglicherweise erreichen diese Vögel bei Überquerung der Sahara die afrikanische W-Küste auf direktem Wege (Delany et al. 2009), wie es auch ein direkter Fund von NE-Italien nach Nigeria nahelegt (Spina & Volponi 2008a). Die übrigen drei deutschen Ringfunde zeigen, dass über Finnland ziehende Regenbrachvögel ins deutsche Wattenmeer gelangen können (Beringung Juli 1987 an der Nordstrander Bucht, tot gefunden Juli 1994 in W-Finnland), dass in verschiedenen Jahren auf dem Herbstzug leicht unterschiedliche Routen beflogen werden können (Beringung August 1972 auf Rügen, geschossen September 1973 in E-Dänemark) und dass in verschiedenen Jahren die Rastgebiete auf dem Frühjahrszug nicht weit voneinander entfernt liegen (Beringung Mitte April 1981 in Nordbrabant/Niederlande, kontrolliert Ende März 1984 im Wattenmeer bei Wilhelmshaven).

Summary: *Whimbrels are passage migrants in Germany stopping over during spring and autumn migration, mainly along the coasts and scarcer inland. Out of a total of only eleven ring recoveries related to Germany, seven connect the small Baltic Sea island Langenwerder with autumn staging areas in NW and W France. Another bird from Langenwerder was found in Italy during autumn migration five weeks after ringing, indicating the potential of crossing the European continent. Two recoveries connect adjacent stopover sites (though in different years), and one bird reported from Finland points into the direction of a possible breeding site.*

Großer Brachvogel *Numenius arquata*
Eurasian Curlew

Beringungen nach 1945:	6405
Funde > 10 km nach 1945:	474/329
Wiederfundquote (Fernfunde nach 1945):	5,1 %
Funde > 10 km seit 1901:	480/335
Funde fremder Beringungszentralen:	75/58
Höchstalter:	32 J, 1 M
Weiteste Entfernung:	2592 km

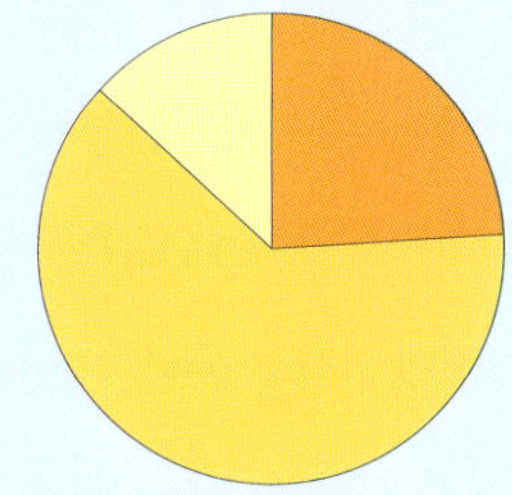

Verbreitung und Status: Große Brachvögel brüten in der N-Hälfte Europas sowie in Sibirien ostwärts bis zum Baikalsee. Das Überwinterungsgebiet umfasst nahezu alle Küstenregionen Europas (nordwärts in der Regel bis zum Wattenmeer), Afrikas und S-Asiens. Abgesehen von den Mittelgebirgen war der Große Brachvogel in Deutschland noch in den 1980er Jahren weit verbreitet, doch bei gleichzeitiger Bestandsabnahme (auf derzeit 3700–5000 BP) ist die Art aus vielen Bereichen insbesondere im Binnenland verschwunden. Das Vorkommen konzentriert sich auf feuchte Wiesen in Niederungen und Flussauen. Auch als Durchzugs- und Wintergast kommen Große Brachvögel in Deutschland vor, wobei das Wattenmeer mit bis zu 140.000 Ind. im Winter (Blew et al. 2005) eine herausragende Rolle spielt. Die Rastbestände sind dort in Niedersachsen stabil, nehmen aber in Schleswig-Holstein ab. Das größte Wintervorkommen im Binnenland befindet sich mit über 1000 Ind. am Bodensee. Durchzug von Großen Brachvögeln ist in Deutschland vor allem im April (Frühjahrszug), in der zweiten Junihälfte (Frühsommerzug) sowie von August bis Oktober (Herbstzug) zu beobachten.

Wanderungen: In Deutschland brütende Große Brachvögel sind zumeist Kurzstreckenzieher. Obwohl einige Vögel im Herbst nach W ziehen und die Britischen Inseln erreichen, ist die Hauptzugrichtung SW (Abb. 3). Dabei wandern die Brutvögel aus verschiedenen Teilen Deutschlands parallel zueinander ab, so dass N-deutsche Vögel vor allem aus Frankreich, S-deutsche dagegen fast ausnahmslos von der iberischen W-Küste und aus Marokko zurückgemeldet wurden. Entsprechend verteilen sich auch die vergleichsweise wenigen Funde aus dem Winter. Während NW-deutsche Brutvögel größtenteils an der französischen W-Küste und in S-England überwintern, stammen die drei vorliegenden Winterfunde SW-deutscher Vögel aus S-Spanien und Marokko. Je zwei Brachvögel aus dem NE-deutschen Tiefland und den W-deutschen Mittelgebirgen wurden im Winter ebenfalls an der französischen W-Küste gefunden, der einzige Winterfund eines Vogels aus dem Alpenvorland gelang in Zentral-Frankreich (Abb. 5). Da Funde in SW-Europa und N-Afrika auch bei fennoskandischen Brutvögeln selten sind (Bakken et al. 2003, Fransson et al. 2008, Saurola et al. 2013), gibt es bei dieser Art keinen Hinweis auf einen Übersprungzug. Allerdings ist noch ungeklärt, aus welchen Brutgebieten die in W-Afrika überwinternden Großen Brachvögel stammen (Delany et al. 2009).

Auf dem Frühjahrszug zeigen die Ringfunde ein ganz anderes Bild als im Herbst (Abb. 6). Im März und April sind die Überwinterungsgebiete in Frankreich und auf der Iberischen Halbinsel fast vollständig geräumt, denn viele Vögel halten sich zu dieser Zeit schon wieder in den Brutgebieten auf. Einige Funde gibt es in diesen Monaten noch in S-England und in den Niederlanden. Eine ganze Reihe von beringten Brachvögeln wurde dagegen im Frühjahr von der französischen

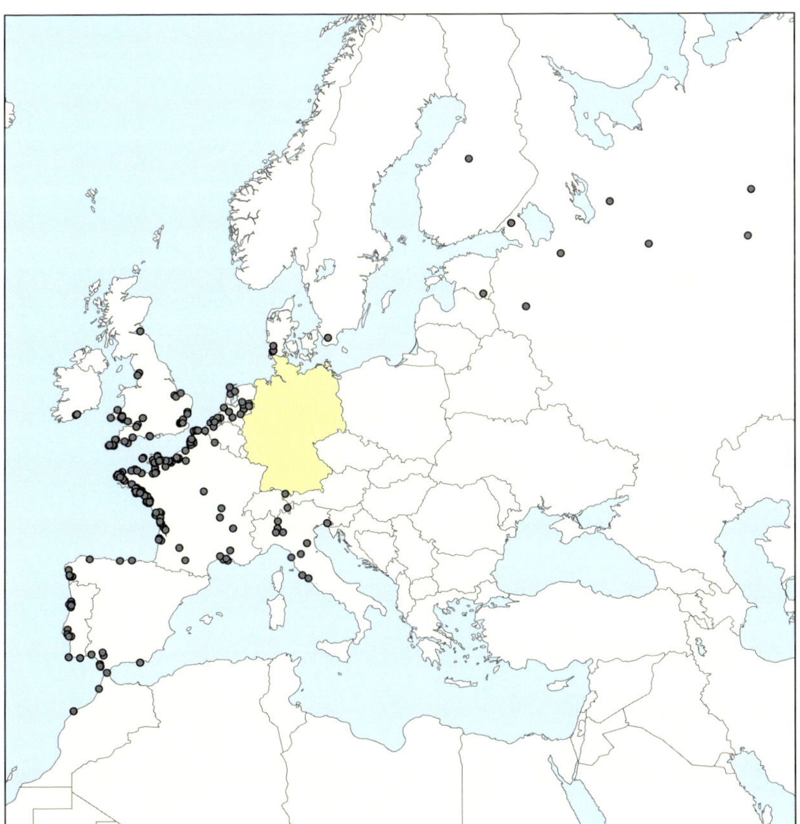

Abb. 1: Fundorte im Ausland von in Deutschland beringten Großen Brachvögeln (288 Funde). – *Foreign recovery sites of Eurasian Curlews ringed in Germany (288 recoveries).*

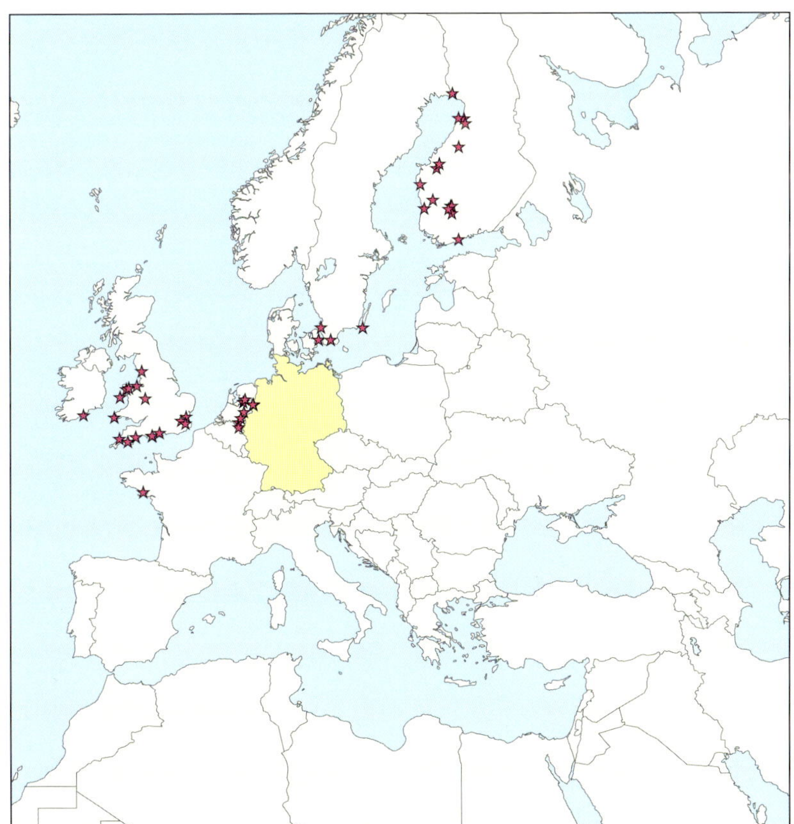

Abb. 2: Beringungsorte im Ausland von in Deutschland gefundenen Großen Brachvögeln (75 Funde). – *Foreign ringing sites of Eurasian Curlews recovered in Germany (75 recoveries).*

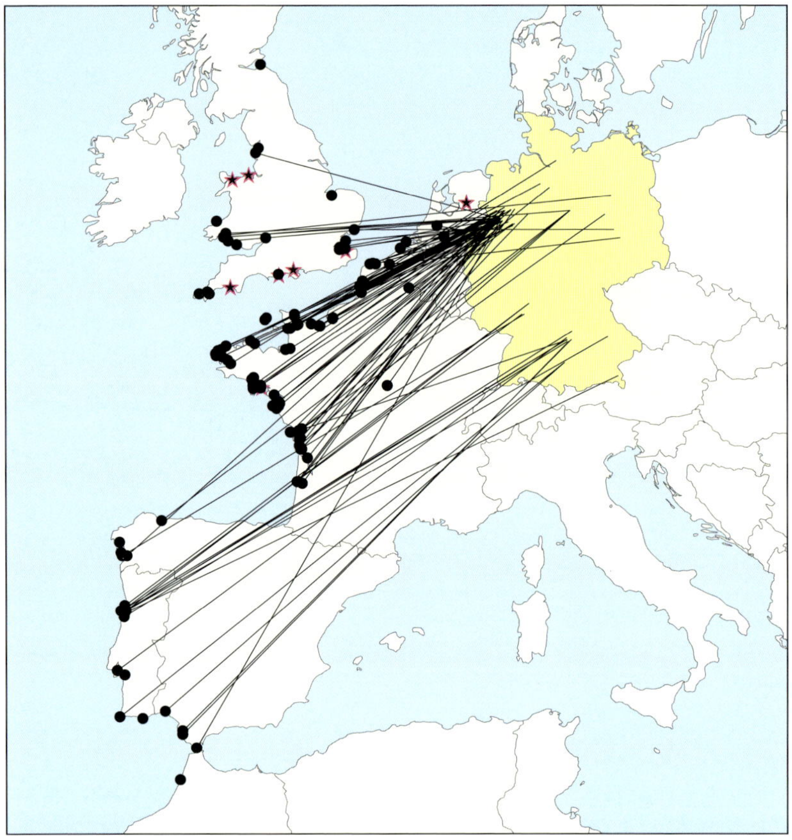

Abb. 3: Herbstzug (Juni – November) von in Deutschland zur Brutzeit anwesenden Großen Brachvögeln (158 Funde). – *Autumn migration (June – November) of Eurasian Curlews present in Germany during the breeding season (158 recoveries).*

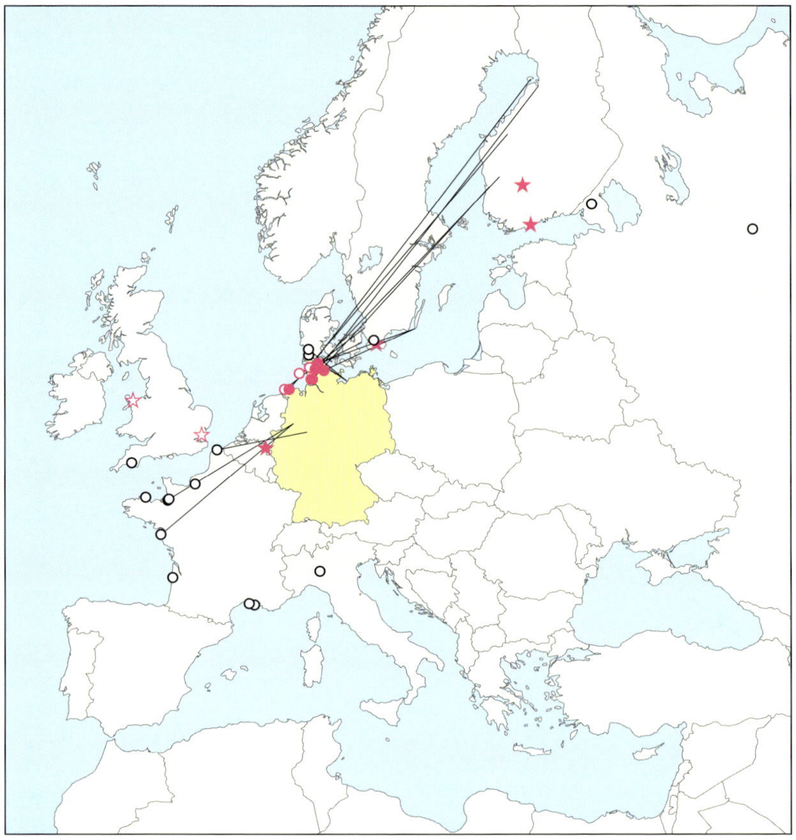

Abb. 4: Herbstzug (Juni – November) von in Deutschland von Juni bis November anwesenden Großen Brachvögeln (42 Funde). – *Autumn migration (June – November) of Eurasian Curlews present in Germany from June to November (42 recoveries).*

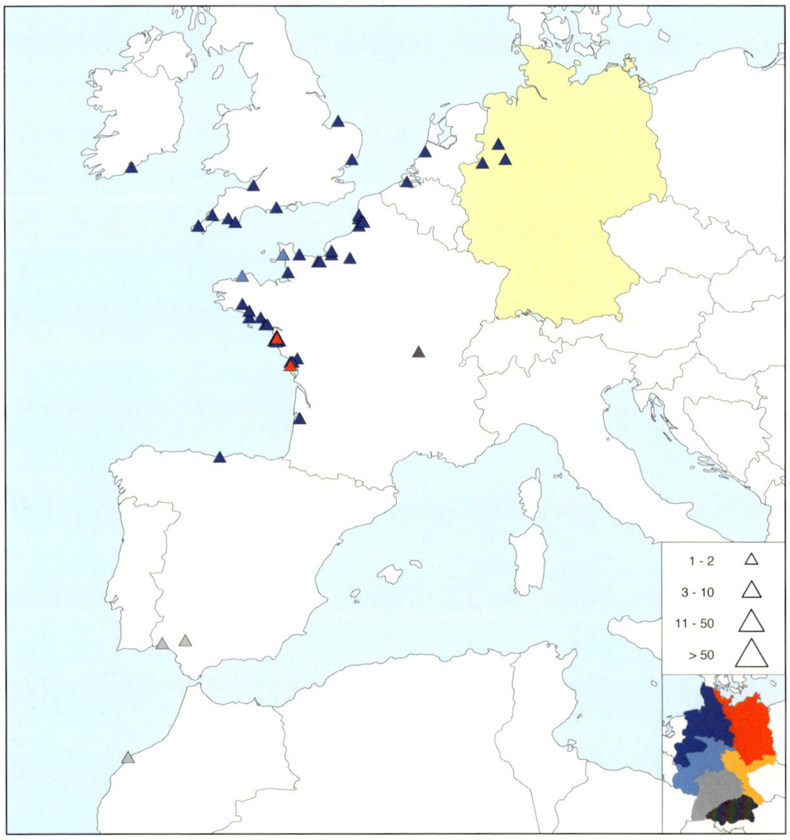

Abb. 5: Aufenthaltsorte im Winter (Dezember – Februar) von in Deutschland zur Brutzeit anwesenden Großen Brachvögeln (52 Funde). – *Presence in winter (December – February) of Eurasian Curlews present in Germany during the breeding season (52 recoveries).*

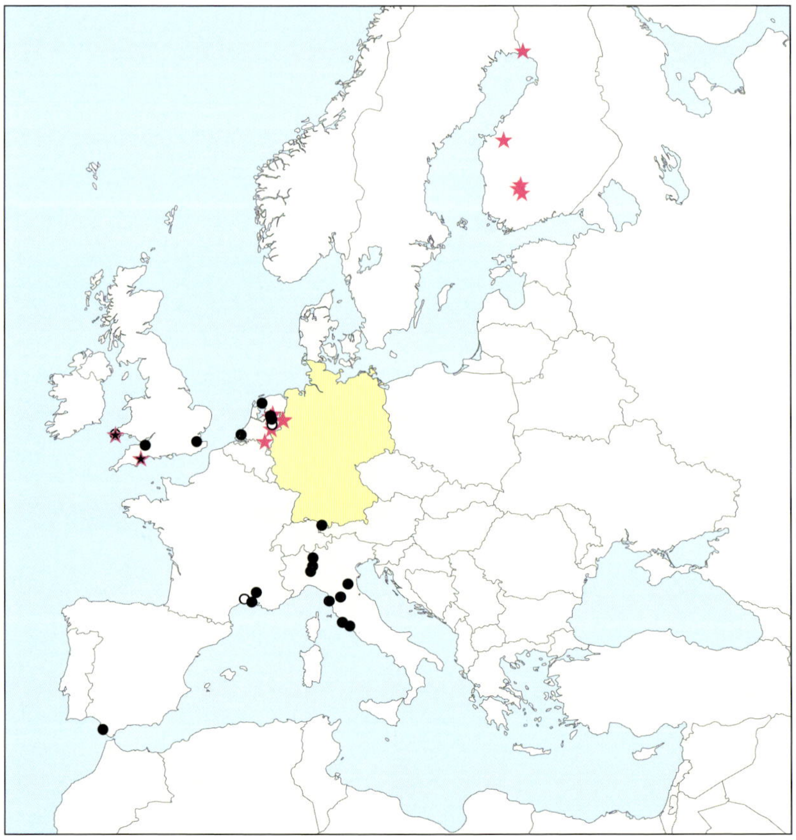

Abb. 6: Frühjahrszug (März – April) von in Deutschland zur Brutzeit (21 Funde) oder von März bis April anwesenden Großen Brachvögeln (17 Funde). – *Spring migration (March – April) of Eurasian Curlews present in Germany during the breeding season (21 recoveries) or from March to April (17 recoveries).*

Mittelmeerküste und aus Italien gemeldet, obwohl es von dort keinen Hinweis auf Aufenthalte im Herbst und Winter gibt. Die meisten dieser Funde gehen auf S-deutsche Brutvögel zurück, so dass diese von ihren SW-europäischen Winterquartieren aus offenbar einer östlicheren Route folgen als im Herbst (Schlenker 1982). Aber auch bei je einem Vogel aus Westfalen und Sachsen-Anhalt weist der Frühjahrsfund auf einen solchen Schleifenzug hin. Da Italienfunde bei fennoskandischen und N-russischen Vögeln fehlen (Viksne & Mihelson 1985, Bakken et al. 2003, Bønløkke et al. 2006, Fransson et al. 2008, Saurola et al. 2013), ist dieses Phänomen – anders als von Spina & Volponi (2008a) vermutet – auf Vögel des mitteleuropäischen Binnenlandes beschränkt.
Etliche Funde von größtenteils als Brutvögel oder nicht flügge Jungvögel in Finnland beringten Individuen weisen dieses Land als ein wichtiges Herkunftsgebiet in Deutschland rastender Großer Brachvögel aus (Abb. 2, 4 und 6). Einige direkte Funde zeigen dabei die gleiche SW-Zugrichtung wie bei deutschen Brutvögeln. Ein weiteres Herkunftsgebiet ist der N des europäischen Russlands, denn alle sechs in Abb. 1 dort verzeichnete Funde gehen auf Beringungen im Wattenmeer im Winter (2) bzw. im September (4) zurück. Norwegische Brachvögel scheinen dagegen kaum ins Wattenmeer zu gelangen (laut Bakken et al. 2003 nur ein Ringfund). Von Deutschland aus wandern Gastvögel offenbar nach SW weiter, doch gibt es dazu nur wenige Funde (Abb. 4). Drei nach S gerichtete Funde sind indirekt und betreffen Herbstzugfänge, die in einer späteren Herbstzugperiode in S-Frankreich (2) bzw. Italien (1) erlegt wurden.
Bisher liegen ausgesprochen wenige Ringfunde vor, die über die Herkunft deutscher Wintergäste Auskunft geben. Einige Brutvögel aus dem westfälischen Münsterland wurden dort auch im Winter angetroffen, scheinen demnach also Standvögel zu sein. Zwei Vögel aus dem finnischen Brutbestand wurden im Winter im schleswig-holsteinischen Wattenmeer gefunden. Auch die beiden o.g. Vögel, die nach Beringung im Wattenmeer im Dezember zur Brutzeit in N-Russland gefunden wurden, geben Hinweise zur Herkunft. Insgesamt ist aber festzustellen, dass aufgrund der vergleichsweise geringen Beringungsaktivität im Wattenmeer bei dieser Art diesbezüglich noch erhebliche Wissensdefizite bestehen.

***Summary:** During the last decades, the German breeding population of Eurasian Curlews has declined to 3700–5000 bp, in line with an abandonment of parts of its former breeding range. Outside the breeding season, the Wadden Sea is of outstanding importance as moulting, staging and wintering area, but more than 1000 birds are overwintering far inland at Lake Constance. Though some German breeders leave the country in autumn towards the W (reaching Britain), the predominant direction of autumn migration is SW. Birds from different parts of Germany migrate in parallel, leading to different winter quarters of breeders from N Germany (mainly France) and those from the S (mostly Iberia, Morocco, but based on only few recoveries). Breeders from inland Germany, particularly from the S, show loop migrations, as, in contrast to those in autumn and winter, the recoveries from spring migration were reported from S France and Italy. Curlews staging in N Germany originate mainly from Finland and N Russia and fit the same pattern of migration as N German breeders. However, hardly anything is known about the origin of birds wintering in the Wadden Sea (only four recoveries pointing to Finland and N Russia).*

Uferschnepfe *Limosa limosa*
Black-tailed Godwit

Beringungen nach 1945:	5271
Funde > 10 km nach 1945:	199/151
Wiederfundquote (Fernfunde nach 1945):	2,9 %
Funde > 10 km seit 1901:	199/151
Funde fremder Beringungszentralen:	18/15
Höchstalter:	26 J, 2 M*
Weiteste Entfernung:	5209 km

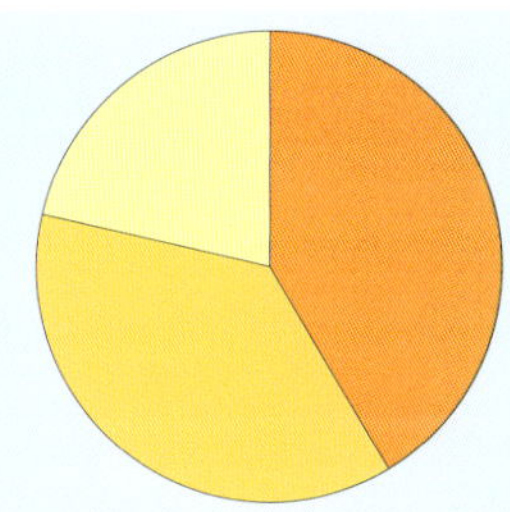

Verbreitung und Status: Das Brutareal der Uferschnepfe reicht von Island und W-Europa über Mitteleuropa und S-Skandinavien bis Mittelsibirien, auch einige Gebiete in E-Asien sind besiedelt. Winterquartiere befinden sich im Mittelmeerraum, in Afrika zwischen Sahara und Äquator, am Persischen Golf, in S- und SE-Asien sowie in Australien. In Deutschland kommt vor allem die Nominatform vor, die als Brutvogel weite Teile des ehemaligen Verbreitungsgebiets geräumt hat, weiterhin im Bestand abnimmt und derzeit mit etwa 3900–4400 BP Feuchtgrünland überwiegend in NW-Deutschland bewohnt. Die Brutvögel erreichen Deutschland größtenteils im März, bereits im Juni und Juli ziehen sie wieder ab. Ein ganz anderes zeitliches Aufenthaltsmuster zeigen Uferschnepfen der vor allem in Island brütenden Unterart *L. l. islandica*, die erst seit Ende der 1990er Jahre regelmäßig und seitdem zunehmend das Wattenmeer und Feuchtgebiete in NW-Deutschland besuchen. Die wenigen hundert Individuen von *L. l. islandica* erscheinen zwar im Frühjahr ebenfalls im März und April, treten aber auf dem Wegzug von Ende Juli bis Anfang Dezember auf (Krüger 2010).

Wanderungen: Die vorliegenden Ringfunde mit Bezug zu Deutschland betreffen größtenteils einheimische Brutvögel. Nach der Brutzeit ziehen diese vor allem nach SW (seltener nach S) ab, denn Funde vom Herbstzug kommen größtenteils aus dem westlichen Mittelmeerraum, der schon zum Überwinterungsgebiet gehört (Abb. 2). Dabei wird das mitteleuropäische Binnenland entweder kaum oder sehr schnell überquert, denn Rastvorkommen sind dort zu dieser Jahreszeit meist spärlich (z.B. Hölzinger & Boschert 2001). Zahlenmäßig stärkeres Auftreten ist im Sommer vor allem von den Niederlanden bis W-Frankreich festzustellen (Delany et al. 2009, Hooijmeijer et al. 2013), in W-Deutschland z.B. an den Rieselfeldern Münster (Harengerd et al. 1973). Ab September wird W-Afrika erreicht (frühester Altvogel: 2.9.; einziger Jungvogel am 16.9., jeweils im Senegal), von wo bis Mitte April insgesamt 12 Wiederfunde vorliegen. Ein August-Fund eines Vogels im zweiten Lebensjahr in Guinea könnte auf eine dortige Übersommerung zurückgehen (vgl. Delany et al. 2009). Aus den Monaten Dezember und Januar gibt es aus W-Afrika nur einen Fund, dagegen aber fünf aus Spanien und je einen aus Marokko und N-Frankreich (Abb. 3). Noch keinen Ringfundbeleg gibt es aus dem wichtigen Überwinterungsgebiet im Inneren W-Afrikas, dem Binnendelta des Niger (Delany et al. 2009). Die mittels Beringung gewonnenen Befunde passen sehr gut zu den an niederländischen Brutvögeln mit Hilfe von Satellitensendern und Geolokatoren erlangten Erkenntnissen, denen zufolge Uferschnepfen teilweise direkt nach W-Afrika fliegen (Ankunft dort schon ab Mitte Juni), teilweise auf dem Weg dorthin einen Zwischenstopp am Mittelmeer einlegen oder aber dort auch den Winter verbringen (Hooijmeijer et al. 2013).
Auch wenn im März und April noch Uferschnepfen aus W-Afrika gemeldet werden (vor allem aber Vögel im ersten Lebensjahr), so befinden sich schon im Februar viele Uferschnepfen auf dem Frühjahrszug, zumal bereits Ende dieses Monats einige Vögel in Deutschland erscheinen. Im Zeitraum Februar bis April stammen die meisten Ringfunde aus Spanien und Frankreich, doch gibt es auch 15 Funde aus Italien (gegenüber nur einem Fund vom Herbstzug, Abb. 2 und 4). Da auch Uferschnepfen aus anderen Brutgebieten (vor allem aus den Niederlanden) fast nur auf dem Frühjahrszug in Italien gefunden wurden (Spina & Volponi 2008a), zieht offenbar ein Teil der Vögel im Frühjahr weiter östlich als im Herbst.

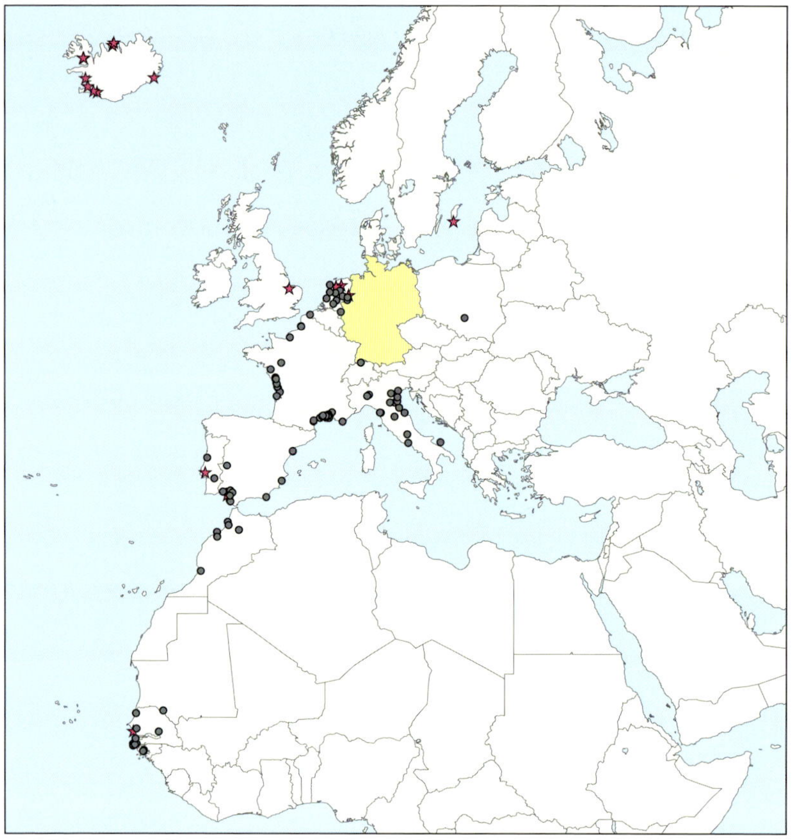

Abb. 1: Fundorte von in Deutschland beringten (120 Funde) und ausländische Beringungsorte von in Deutschland gefundenen (18 Funde) Uferschnepfen. – *Foreign recovery sites of Black-tailed Godwits ringed in Germany (120 recoveries) and foreign ringing sites of birds recovered in Germany (18 recoveries).*

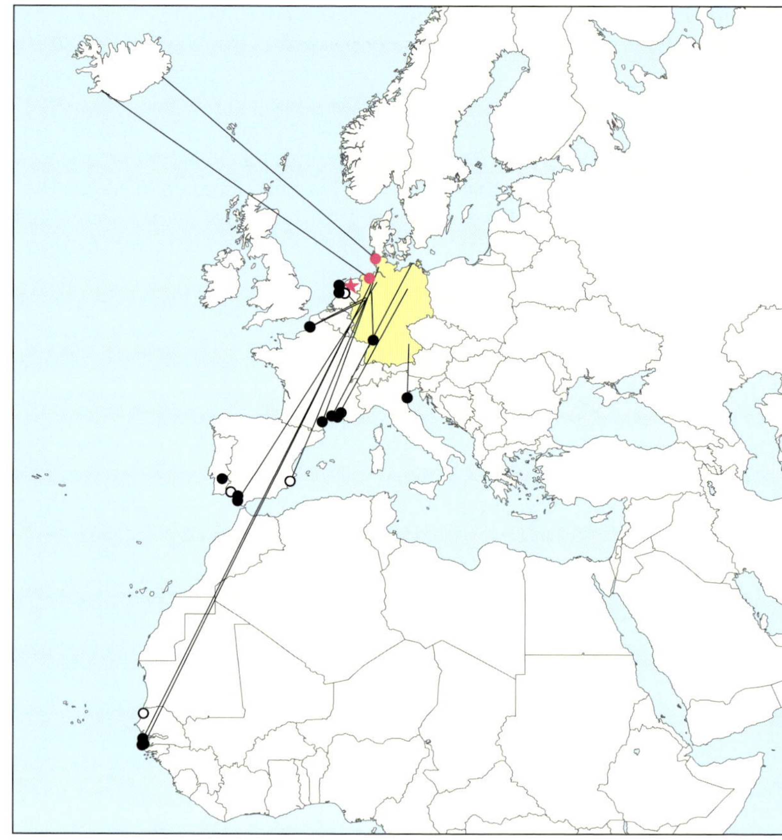

Abb. 2: Herbstzug (Juli – November) von in Deutschland zur Brutzeit (23 Funde) oder von Juli bis November anwesenden Uferschnepfen (8 Funde). – *Autumn migration (July – November) of Black-tailed Godwits present in Germany during the breeding season (23 recoveries) or from July to November (8 recoveries).*

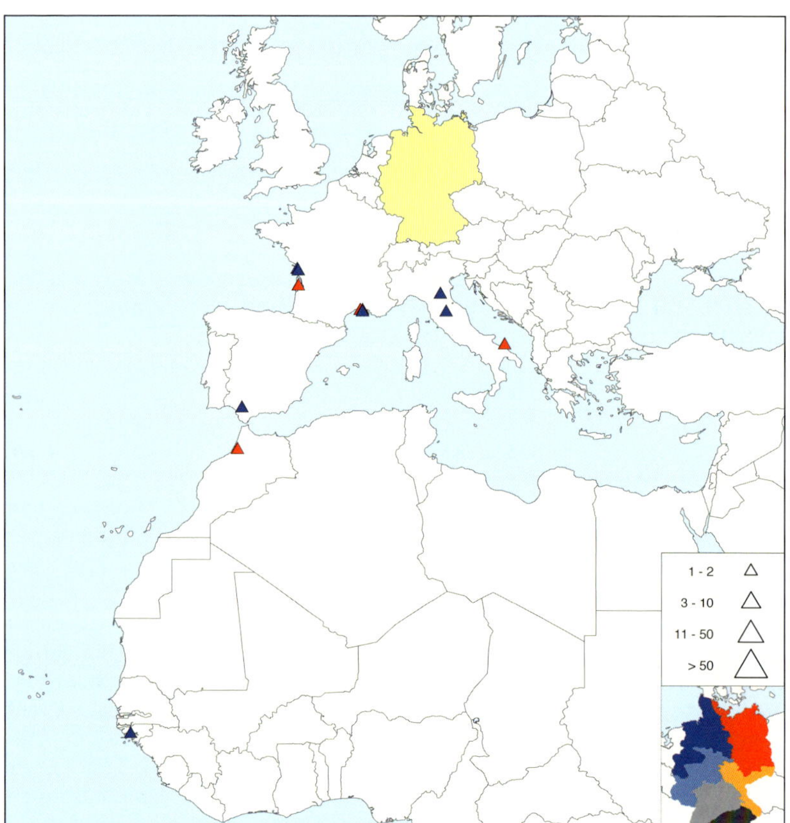

Abb. 3: Aufenthaltsorte im Winter (Dezember – Februar) von in Deutschland zur Brutzeit anwesenden Uferschnepfen (13 Funde). – *Presence in winter (December – February) of Black-tailed Godwits present in Germany during the breeding season (13 recoveries).*

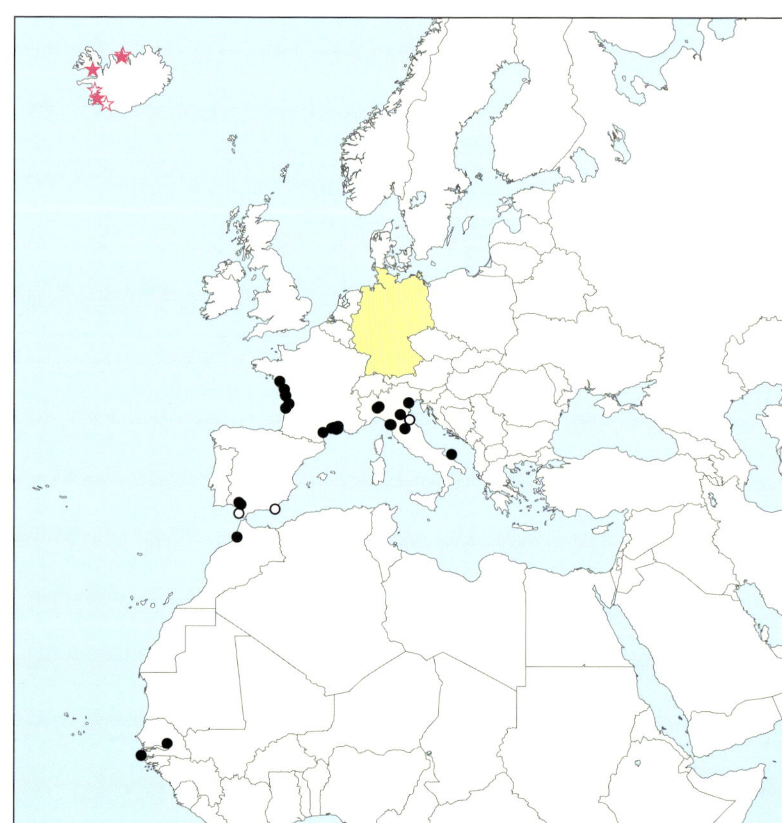

Abb. 4: Frühjahrszug (März – April) von in Deutschland zur Brutzeit (27 Funde) oder von März bis April anwesenden Uferschnepfen (13 Funde). – *Spring migration (March – April) of Black-tailed Godwits present in Germany during the breeding season (27 recoveries) or from March to April (13 recoveries).*

Möglicherweise handelt es sich um Vögel, die im Laufe des Winters von der W-afrikanischen Küste aus landeinwärts gewandert sind (vgl. Hooijmeijer et al. 2013). Der leicht östlich verlagerte Frühjahrszug könnte auch für das im Vergleich zum Herbstzug häufigere Auftreten im deutschen Binnenland (z.B. Hölzinger & Boschert 2001) mitverantwortlich sein. Auf dem Frühjahrszug befand sich offenbar auch ein Männchen, das als Brutvogel auf Gotland beringt worden war und Anfang Mai an der Niederelbe tot aufgefunden wurde – einer der wenigen Hinweise auf den Durchzug von Brutvögeln anderer Länder. Der Fund eines im Mai bei Münster beringten und im Mai des Folgejahres in Polen gefundenen Vogels (Abb. 1) ist ohne nähere Kenntnisse der Begleitumstände nicht zu deuten.
Die intensive Farbberingung von Uferschnepfen der Unterart *L. l. islandica* hat inzwischen zu einer Reihe von Wiederfunden auch in Deutschland geführt. Größtenteils handelt es sich um in Island als Brut- oder Jungvögel beringte Individuen, die vor allem im Küstenbereich von NW-Niedersachsen, aber auch an der schleswig-holsteinischen Nord- bzw. Ostseeküste abgelesen werden konnten. Weitere Beobachtungen dieser Vögel, aber auch Funde in Deutschland von im E-englischen Mausergebiet (Wash, Abb. 1) und im W-französischen Winterquartier beringten Isländischen Uferschnepfen (Krüger 2010) stellen Verbindungen zu anderen Aufenthaltsgebieten im Jahreszyklus dieser Form her.

Summary: *Black-tailed Godwits have strongly declined in recent decades, losing major parts of their breeding range and population size in Germany (which currently stands at 3900–4400 bp of the nominate subspecies). Ring recoveries are mostly from marked breeding birds and their offspring. In summer, German birds are heading to the SW, reaching stopover sites at the W Mediterranean. While some marked birds were present there also in winter, others resumed migration and were found in W Africa from early September onwards. Recoveries during spring migration stem from W France, W Mediterranean and also in Italy, which is hardly visited during autumn migration. This indicates that part of the German Black-tailed Godwits take a more easterly route in spring, in accordance with being much more numerous in inland Germany in spring as compared to summer. Owing to intensive colour-ringing, a number of Icelandic Godwits* L. l. island*ica, marked either in the Icelandic breeding areas or during moult (E England) and in winter (W France), was recorded mainly in coastal NW Niedersachsen and less often in Schleswig-Holstein.*

Pfuhlschnepfe *Limosa lapponica*
Bar-tailed Godwit

Beringungen nach 1945:	4116
Funde > 10 km nach 1945:	106/89
Wiederfundquote (Fernfunde nach 1945):	2,2 %
Funde > 10 km seit 1901:	106/89
Funde fremder Beringungszentralen:	133/108
Höchstalter:	19 J, 5 M*
Weiteste Entfernung:	5642 km

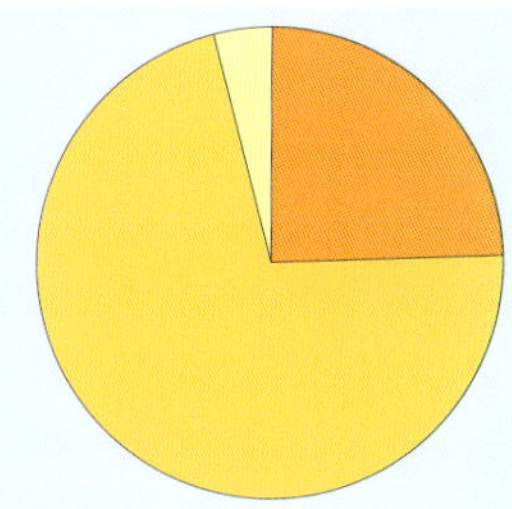

Verbreitung und Status: Pfuhlschnepfen brüten in der Arktis N-Europas, Sibiriens und Alaskas. Sie sind Langstreckenzieher, die an den Küsten vom Wattenmeer bis Südafrika, vom Roten Meer bis E-Afrika und Indien sowie von SE-Asien bis Australien und Neuseeland überwintern. In Europa kommen zwei Unterarten vor. Die in N-Europa brütende Nominatform überwintert in W-Europa, während die in N-Sibirien brütende Form *L. l. taimyrensis* zwar in Mitteleuropa rastet, größtenteils aber nach W-Afrika weiterzieht (Delany et al. 2009).
In Deutschland dient das Wattenmeer als wichtiges Rast- und Mausergebiet mit im Frühjahr über 150.000 anwesenden Vögeln (Blew et al. 2005), wobei in den vergangenen 25 Jahren eine deutliche Abnahme der Rastbestandszahlen festgestellt wurde. Eine kleinere Zahl von Pfuhlschnepfen nutzt das Wattenmeer auch als Winterquartier. An der Ostseeküste beschränkt sich das Vorkommen dagegen auf meist kurze Aufenthalte in einigen Windwattgebieten. Das deutsche Binnenland wird nur von wenigen Pfuhlschnepfen aufgesucht. Hauptzugzeiten sind die Monate April/Mai und Juli–Oktober.

Wanderungen: Der Einzugsbereich in Deutschland rastender Pfuhlschnepfen erstreckt sich Ringfunden zufolge von der sibirischen Taimyr-Halbinsel bis Guinea-Bissau und der Elfenbeinküste in W-Afrika und damit über 67 Breiten- und 122 Längengrade (Abb. 1 und 2). Diese Spanne ist auf die Brut- bzw. Überwinterungsgebiete von *L. l. taimyrensis* zurückzuführen, die gegenüber der Nominatform einen Übersprungzug zeigt. Dabei ist das Wattenmeer ein bedeutsames Rastgebiet, denn acht dort beringte Vögel wurden in W-Afrika gefunden. Umgekehrt konnten 15 in W-Afrika markierte Individuen später im Wattenmeer festgestellt werden. Zudem wurden drei im Wattenmeer beringte Pfuhlschnepfen im Juni/Juli im sibirischen Brutgebiet geschossen.
Das Vorkommen von *L. l. taimyrensis* als Durchzügler an der deutschen Ostseeküste ist ebenfalls durch mehrere Ringfunde belegt. Von der Insel Langenwerder aus gibt es zum einen einen Wiederfund in N-Sibirien (einen weiteren zeigen Brenning & Nehls 2013), zum anderen je eine Rückmeldung aus Spanien (Ende April, Frühjahrszug) und von der Elfenbeinküste (Ende November). Heinicke & Köppen (2013) nehmen sogar an, dass die meisten an der Ostsee rastenden Pfuhlschnepfen sibirischer Herkunft sind, da dieses Gebiet abseits der Strecke zwischen dem Rastgebiet Wattenmeer und dem N-europäischen Brutgebiet liegt und es keine Winterfunde von der Ostsee zu den Britischen Inseln, dem wichtigsten Überwinterungsgebiet der Nominatform, gibt. Für ein Vorkommen der Nominatform an der deutschen Ostseeküste sprechen allerdings einige Ringvögel vom Langenwerder, die im Winter in vier Fällen in Frankreich sowie einmal im niedersächsischen Wattenmeer gefunden wurden.
Im deutschen Wattenmeer halten sich auch viele Vögel der Nominatform auf, im April bereitet sich sogar fast die gesamte Population im N Schleswig-Holsteins und in S-Dänemark auf den Zug ins Brutgebiet vor. Dass diese Vögel dem Brutbestand N-Europas entstammen, lässt sich zum einen phänologisch begründen, denn diese Vögel ziehen bereits Anfang Mai ab, die sibirischen dagegen erst Ende Mai und Anfang Juni. Zum anderen verdeutlichen viele Ringfunde von und nach Großbritannien und Frankreich die Zugehörgkeit zur Nominatform (Abb. 1 und 2, Prokosch 1988, Scheiffahrt 2001). Es fehlt bisher jedoch ein Ringfund aus dem Brutgebiet dieser Unterart.
Auf dem Herbstzug bewegen sich Pfuhlschnepfen von der Ostsee kommend nach SW weiter, ein direkter Fund führt sogar vom Langenwerder zur Elfenbeinküste (Abb. 3). Von Interesse ist auch der Fund eines im schleswig-holsteinischen Wattenmeer Ende Juli beringten Altvogels, der zwölf Jahre später ebenfalls auf dem Herbstzug 3000 km weiter östlich in SE-Russland geschossen wurde. Dieser Fund stammt von der Zugroute derjenigen Pfuhlschnepfen, die vom E der Taimyr-Halbinsel zum Persischen Golf, nach E-Afrika oder S-Afrika wandern, so dass hier offenbar ein Wechsel der Zugrouten bei einem Altvogel vorliegt.
Zur Zeit des Frühjahrszugs kommen Ringfunde vor allem aus dem Bereich der südlichen Nordsee, d.h., sie betreffen meist Wechsel zwischen dem niederländischen und dem schleswig-holsteinischen Teil des Wattenmeeres. Die in Abb. 4 erkennbare Linie von der mauretanischen Banc d'Arguin zum Wattenmeer steht

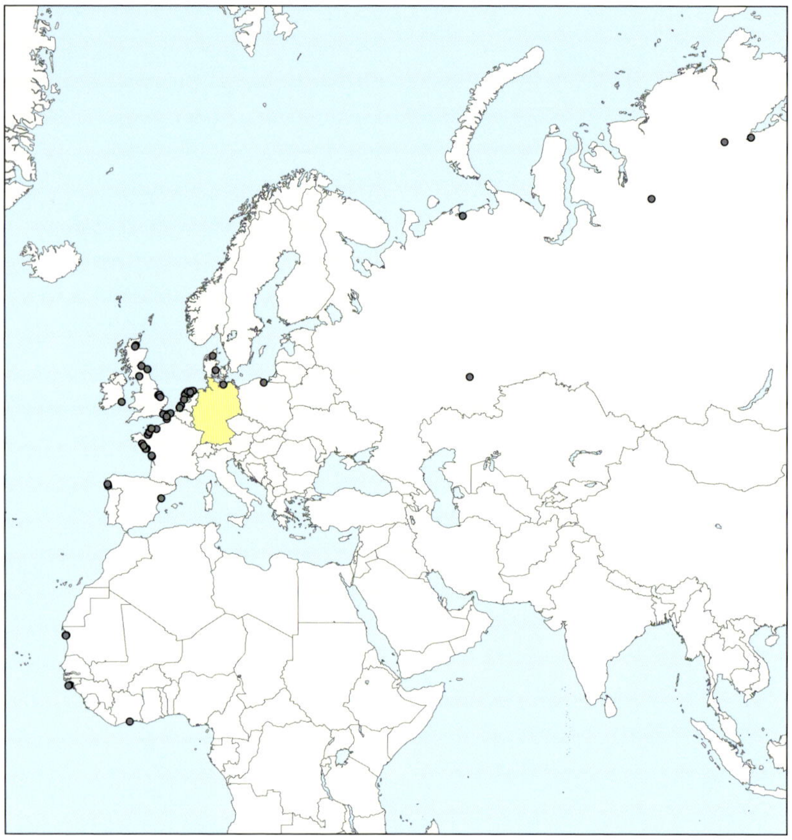

Abb. 1: Fundorte im Ausland von in Deutschland beringten Pfuhlschnepfen (94 Funde). – *Foreign recovery sites of Bar-tailed Godwits ringed in Germany (94 recoveries).*

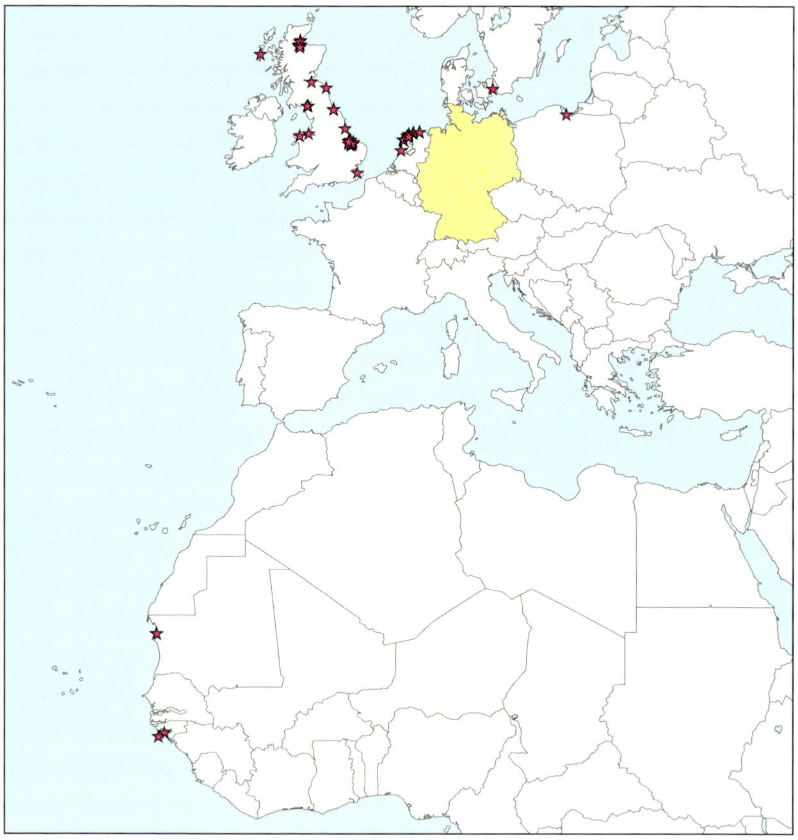

Abb. 2: Beringungsorte im Ausland von in Deutschland gefundenen Pfuhlschnepfen (133 Funde). – *Foreign ringing sites of Bar-tailed Godwits recovered in Germany (133 recoveries).*

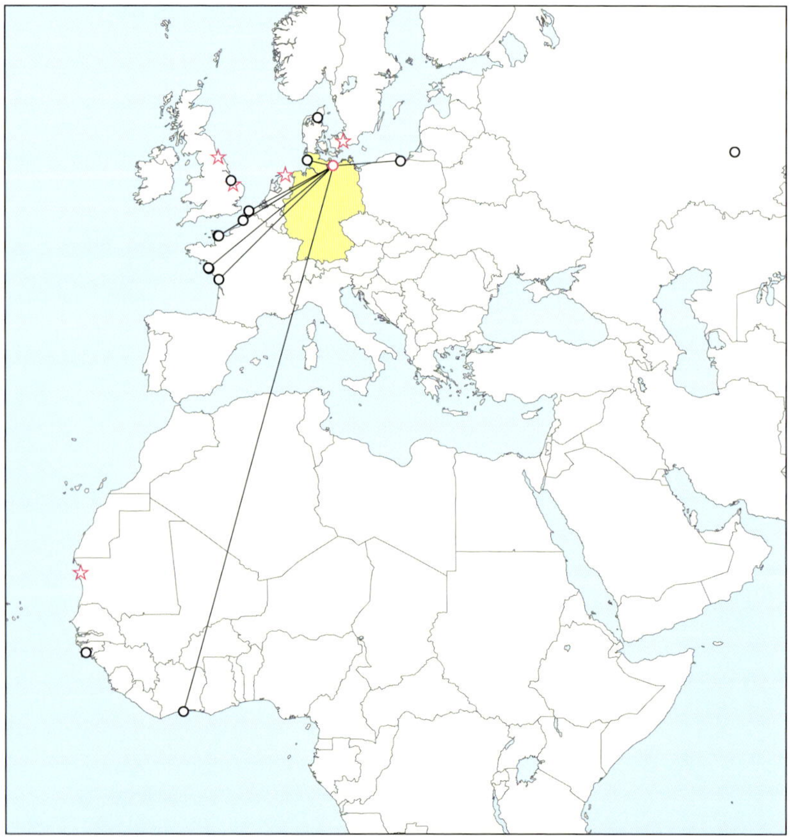

Abb. 3: Herbstzug (Juli – November) von in Deutschland von Juli bis November anwesenden Pfuhlschnepfen (26 Funde). – *Autumn migration (July – November) of Bar-tailed Godwits present in Germany from July to November (26 recoveries).*

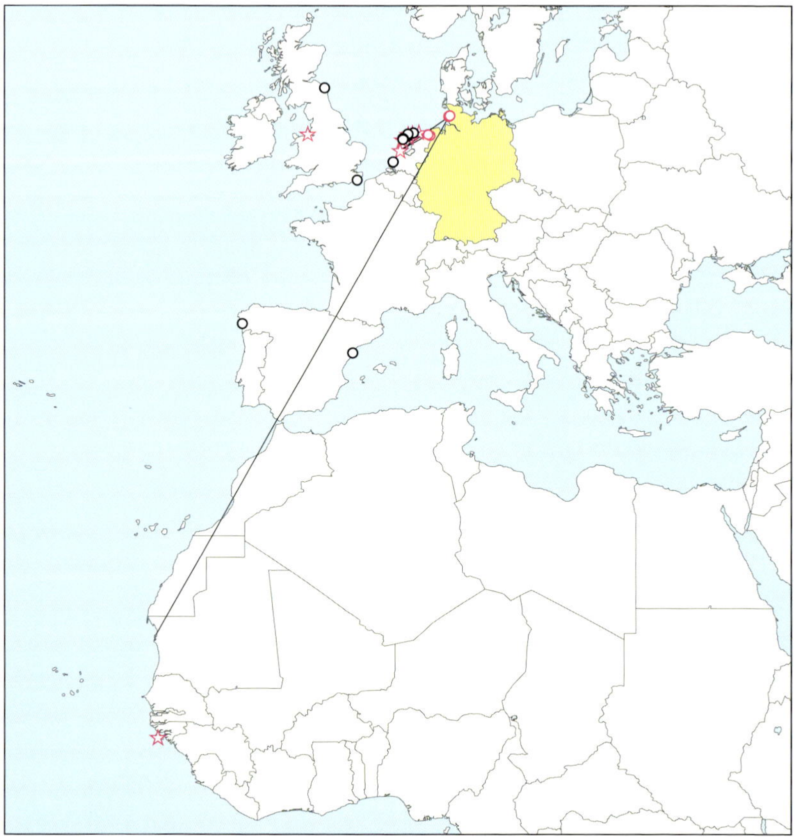

Abb. 4: Frühjahrszug (März – Mai) von in Deutschland von März bis Mai anwesenden Pfuhlschnepfen (66 Funde). – *Spring migration (March – May) of Bar-tailed Godwits present in Germany from March to May (66 recoveries).*

für drei farbberingte Individuen, die innerhalb derselben Zugperiode an der Eidermündung im W Schleswig-Holsteins abgelesen wurden. In der Banc d'Arguin sammeln sich im Frühjahr alle W-afrikanischen Überwinterer, um von dort zu einem Nonstop-Flug ins Wattenmeer aufzubrechen (Zwarts & Piersma 1990). Ob die beiden Frühjahrsfunde in Spanien unplanmäßige Zwischstopps oder dort überwinternde Vögel betreffen, muss offen bleiben.

Summary: *In Germany, the Wadden Sea is an extraordinarily important staging area for Bar-tailed Godwits in spring and summer, for both the NW European nominate subspecies and the NW Siberian breeders of subspecies* L. l. taimyrensis. *There are many connections to the wintering areas in both W Europe and W Africa. A couple of recoveries refer to birds captured on the island of Langenwerder in the SW Baltic Sea, including a direct connection to the Ivory Coast, the southernmost site recorded for German-ringed Bar-tailed Godwits. While recoveries in the breeding area of the nominate subspecies are still lacking, four reported birds show provenance from NW Siberia. In addition, an adult ringed in July in the Wadden Sea was shot twelve years later during autumn migration in SE Russia, i.e. on the migration route towards the Persian Gulf, E or S Africa and thus showing a switch of its flyway route.*

Waldschnepfe *Scolopax rusticola*

Eurasian Woodcock

Beringungen nach 1945:	2163
Funde > 10 km nach 1945:	181/178
Wiederfundquote (Fernfunde nach 1945):	8,2 %
Funde > 10 km seit 1901:	211/208
Funde fremder Beringungszentralen:	37/37
Höchstalter:	8 J, 3 M*
Weiteste Entfernung:	2632 km

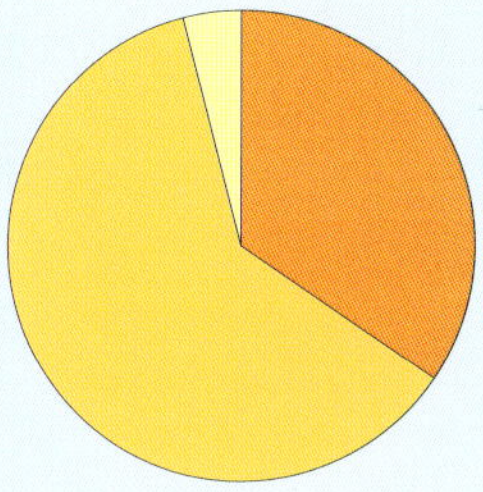

Verbreitung und Status: Das Brutareal der Waldschnepfe zieht sich von W-Europa durch Mittelasien bis zur E-asiatischen Pazifikküste. Die Überwinterungsgebiete befinden sich für W-paläarktische Vögel in W-Europa und im Mittelmeerraum, für E-paläarktische Vögel dagegen in S- und SE-Asien. In allen Teilen Deutschlands kommt die Art als Brutvogel in Wäldern vor, der Bestand von 20.000–39.000 BP gilt als stabil. Durchzug von weiter nördlich bis östlich beheimateten Waldschnepfen findet vor allem von Mitte Oktober bis Ende November und von Anfang März bis Anfang April statt. Dazwischen können Wintereinbrü-

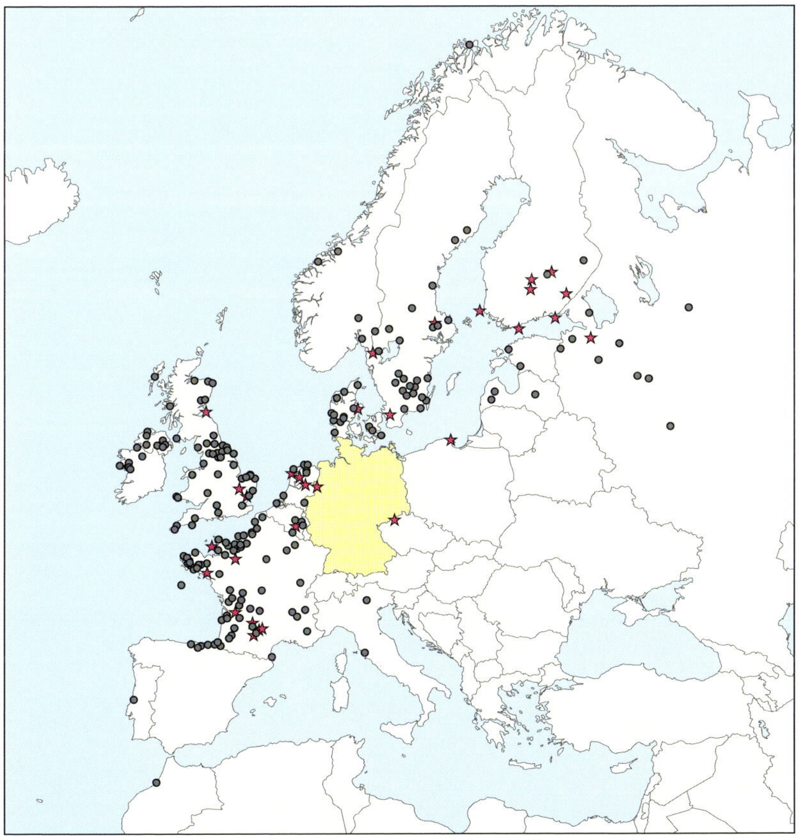

Abb. 1: Fundorte von in Deutschland beringten (201 Funde) und ausländische Beringungsorte von in Deutschland gefundenen (37 Funde) Waldschnepfen. – *Foreign recovery sites of Eurasian Woodcocks ringed in Germany (201 recoveries) and foreign ringing sites of birds recovered in Germany (37 recoveries).*

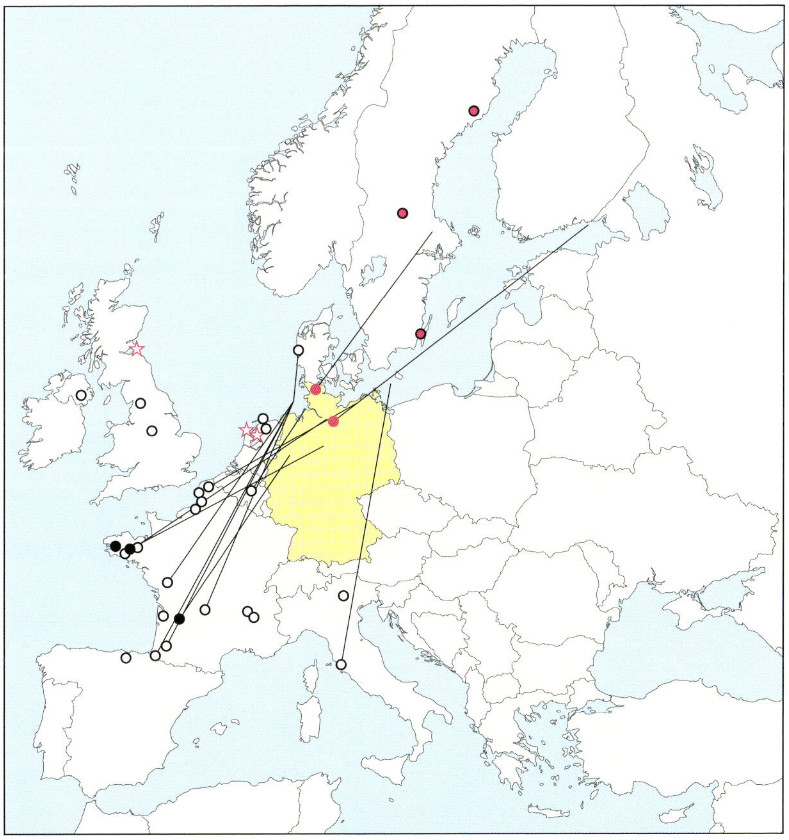

Abb. 2: Herbstzug (September–November) von in Deutschland zur Brutzeit (3 Funde) oder von September bis November anwesenden Waldschnepfen (32 Funde). – *Autumn migration (September–November) of Eurasian Woodcocks present in Germany during the breeding season (3 recoveries) or from September to November (32 recoveries).*

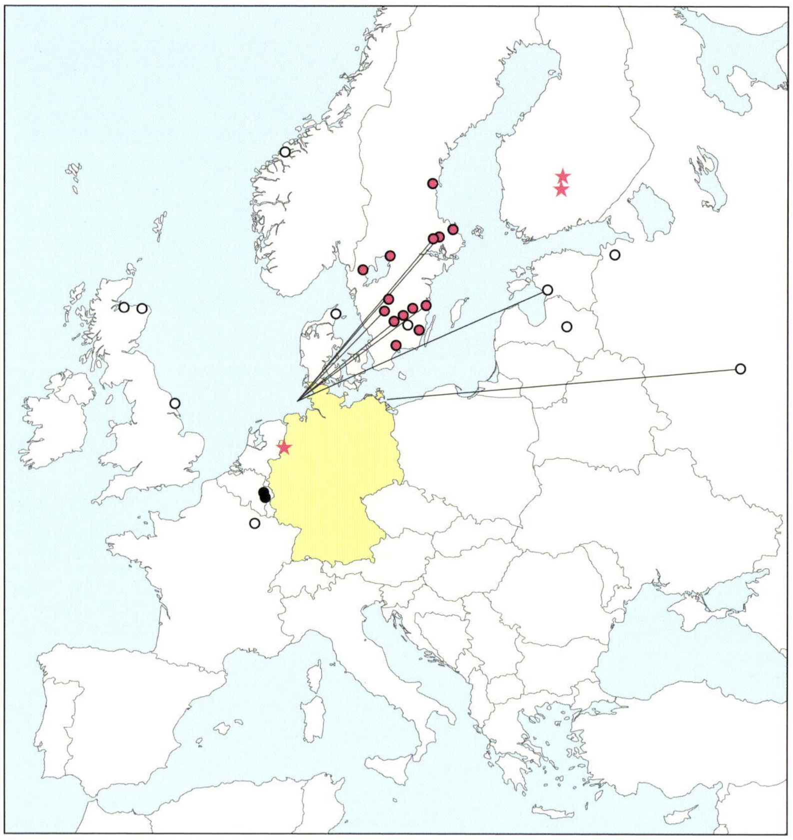

Abb. 3: Frühjahrszug (März – April) von in Deutschland zur Brutzeit (2 Funde) oder von März bis April anwesenden Waldschnepfen (28 Funde). – *Spring migration (March – April) of Eurasian Woodcocks present in Germany during the breeding season (2 recoveries) or from March to April (28 recoveries).*

che dazu führen, dass weiter nördlich ausharrende Vögel fluchtartige Wanderungen nach Deutschland durchführen. Gemessen am mittleren Zeitpunkt des Frühjahrszugs hat sich dieser auf Helgoland von 1960 – 2008 um 16 Tage nach vorn verschoben, während die Phänologie des Herbstzugs unverändert blieb (Hüppop & Hüppop 2011).

Wanderungen: Den Ringfunden zufolge – 80 % davon gehen auf im Fanggarten auf Helgoland beringte Individuen zurück – erstreckt sich das Aufenthaltsgebiet der durch Deutschland ziehenden Waldschnepfen von W-Russland und S-Fennoskandien bis zu den Britischen Inseln und Frankreich (Abb. 1). Einzige Ausnahmen sind je ein Fund in N-Norwegen, Portugal, Marokko, Mittel- und N-Italien. Für den deutschen Brutbestand liegen dagegen kaum Beringungsergebnisse vor. Zwei als Küken in Mecklenburg-Vorpommern und Niedersachsen markierte Vögel wurden im November in Frankreich geschossen, das gleiche Schicksal erlitt ein Küken aus dem Sauerland auf den Äußeren Hebriden (Schottland). Ein E von Berlin beringtes Küken wurde in 2632 km Entfernung aus Marokko gemeldet und repräsentiert die weiteste herbstliche Wanderung eines deutschen Ringvogels. Demzufolge können deutsche Brutvögel offenbar sowohl in Frankreich als auch in Großbritannien überwintern, aber auch weit nach SW vordringen. Es ist aber auch damit zu rechnen, dass ein Teil der deutschen Brutvögel in der Nähe ihres Brutgebietes verbleibt (Kalchreuter 1974), doch verhindert die geringe Zahl in Deutschland beringter Küken weiterführende Aussagen. Der einzige weitere Fund, der sicher dem einheimischen Bestand zuzurechnen ist, betrifft eine im Rheinland erbrütete Waldschnepfe, die zwei Jahre später Anfang April nur 102 km entfernt in Belgien erlegt wurde und sich vermutlich auf dem Frühjahrszug befand.

Die wenigen direkten Wiederfunde vom Herbstzug zeigen Zugrichtungen von SW bis SSW (Abb. 2), die Hälfte aller Rückmeldungen stammt allerdings erst aus den Wintermonaten und weist Großbritannien und Frankreich als wichtigste Überwinterungsgebiete aus. Die Verteilung dieser Wiederfunde entspricht etwa dem Muster in Schweden beringter Waldschnepfen (Fransson et al. 2008), während norwegische Vögel zu größeren Anteilen in Großbritannien landen (Bakken et al. 2003) und von finnischen Ringvögeln ein größerer Anteil der Funde aus Italien stammt (Saurola et al. 2013), wo deutsche Ringvögel nur ausnahmsweise gefunden wurden (Abb. 1). Dieses Muster mit der Hauptzugrichtung SW (Kalchreuter 1974) schließt auch E- und S-Europa ein, denn von Russland aus fliegen die meisten Vögel offenbar ebenfalls in diese Richtung und erreichen Frankreich, Italien und SE-Europa (Viksne & Mihelson 1985, Iljinsky et al. 2000, Spina & Volponi 2008a). Dennoch gibt es im Zugsystem eine W-Komponente – erkennbar an Wiederfunden von Deutschland (Abb. 1) und Russland aus nach Großbritannien (Iljinsky et al. 2000). Außerdem existiert eine S-Komponente, denn etliche finnische Ringvögel wurden in SE-Europa (besonders Griechenland) gefunden (Saurola et al. 2013), und aus dem mittleren Russland zogen Ringvögel zum Schwarzen Meer (Viksne & Mihelson 1985). Von Deutschland aus sind Flüge nach S allerdings selten, und nur zwei Funde aus Italien lassen vermuten, dass die Alpen in der Regel nicht überquert werden.

Ebenso wie die Verteilung der in Deutschland beringten Waldschnepfen im Winter sprechen relativ viele Wiederfunde zur Brutzeit in Schweden dafür, dass ein großer Teil der deutschen Durchzügler von dort stammt (Abb. 3). Eine solche Herkunft ist zudem durch drei in Schweden beringte Küken, die in Deutschland gefunden wurden, belegt. Auch aus Finnland gelangten drei beringte Küken nach Deutschland. Eine Reihe von Funden in W-Russland, darunter ein direkter Fund nach E (Abb. 3), deutet an, dass auch in diesem Gebiet beheimatete Waldschnepfen Deutschland anfliegen. Dagegen ist mit Vögeln aus N-Russland und N-Fennoskandien kaum zu rechnen, weil diese nach einer Analyse von stabilen Isotopen in Federn in Frankreich erlegter Individuen kaum von dort nach Frankreich ziehen (Hobson et al. 2013) und daher vermutlich auf dem Zug auch nicht Deutschland berühren. So gibt es nur einen Ringfund im N Skandinaviens: ein Helgoländer Frühjahrszügler wurde im September desselben Jahres in N-Norwegen geschossen (Abb. 1).

Summary: *Eurasian Woodcocks are forest breeders in all parts of Germany, the population size of 20,000 – 39,000 bp is assumed to be stable. Most recoveries are produced by birds marked during migration, and no less than 80 % of them refer to birds captured on Helgoland. Rings were reported mostly from France and the British Isles, indicating the wintering area of German migrants (three birds ringed as chicks in Germany were also recovered there in winter). However, one bird ringed before fledging near Berlin flew as far as Morocco. While SW is the main migratory direction and movements to the W do also occur, flights to the S appear to be exceptional. Spring recoveries in directions between NE and E, recoveries of foreign-ringed chicks in Germany and recoveries of German migrants in the breeding and post-breeding seasons revealed Sweden, Finland and W Russia as the main breeding areas of Woodcocks occurring in Germany.*

Zwergschnepfe *Lymnocryptes minimus*

Jack Snipe

Beringungen nach 1945:	4393
Funde > 10 km nach 1945:	130/123
Wiederfundquote (Fernfunde nach 1945):	2,8 %
Funde > 10 km seit 1901:	131/124
Funde fremder Beringungszentralen:	0/0
Höchstalter:	12 J
Weiteste Entfernung:	4245 km

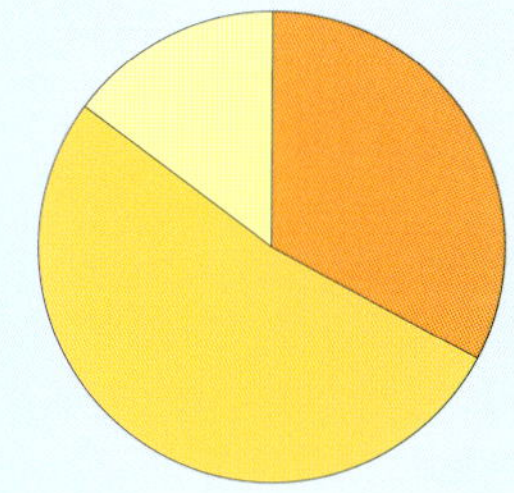

Verbreitung und Status: In der Brutzeit bewohnen Zwergschnepfen Moore in der Waldtundra und Taiga von Skandinavien bis E-Sibirien. Zum Überwintern ziehen sie in südlicher gelegene Gebiete von Mitteleuropa und den Britischen Inseln südwärts bis W- und E-Afrika, in Asien auch in den S des Kontinents. In Deutschland kommt die sehr heimlich lebende Art vor allem auf dem Herbstzug (September bis November) und dem Frühjahrszug (März/April) vor. Eine unbekannte Anzahl von Zwergschnepfen verbringt hier auch den Winter.

Wanderungen: Die Wiederfunde in Deutschland beringter Zwergschnepfen gehen zu 80 % auf Fänglinge aus der Herbstzugzeit zurück und stammen größtenteils auch aus dieser Zugperiode. Dabei zeigt sich ein größtenteils nach S und SW führender Zug mit Rückmeldungen vor allem aus Frankreich (Abb. 2), wo die Art stark bejagt wird (97 der insgesamt 108 Ringfunde gehen auf geschossene Vögel zurück). Zwei Funde weisen in Richtung SSE, denn ein sächsischer Herbstzügler wurde zwölf Jahre später ebenfalls vom Herbstzug aus Kroatien gemeldet, während ein in Brandenburg im September markierter Vogel noch im selben Jahr im Dezember in Griechenland geschossen wurde (Abb. 1). Auch Zug nach W kommt vor, denn eine im Oktober in Niedersachsen beringte Zwergschnepfe fiel im Dezember desselben Jahres einem Jäger in Nordirland zum Opfer. Knapp zwei Drittel der 49 Winterfunde stammen jedoch aus Frankreich, das damit als wichtiges Winterquartier für deutsche Durchzügler anzusehen ist, zumal Beringungen in Fennoskandien ein ganz ähnliches Bild zeichnen (Bakken et al. 2003, Fransson et al. 2008, Saurola et al. 2013). Neben den bereits erwähnten Fällen gibt es weitere Winterfunde in England (1), Belgien (1), Italien (3), Spanien (4), Portugal (2), Algerien und Marokko (je 1). Der einzige Fund im Senegal deutet an, dass auch W-Afrika zum Winterareal deutscher Zuggäste gehört. Völlig aus dem Rahmen fällt der Fund eines Mitte Oktober in Sachsen-Anhalt beringten Vogels, der im darauf folgenden Januar 2064 km östlich in Russland erbeutet wurde.

Neun Wiederfunde vom Frühjahrszug (März) stammen aus Frankreich und Italien und geben keine Hinweise auf vom Herbstzug abweichende Routen. Kein einziger Ringfund weist von Deutschland aus in Richtung potenzieller Brutgebiete, zumal bisher auch keine im Ausland beringte Zwergschnepfe in Deutschland gefunden wurde. Sicherlich weisen die von Norwegen, Schweden und Finnland aus zumeist nach Frankreich führenden Ringfundverbindungen auf einen Zug über Deutschland hin, doch wurden selbst in Fennoskandien fast ausschließlich ziehende Vögel beringt (Bakken et al. 2003, Fransson et al. 2008, Saurola et al. 2013). Es ist zu vermuten, dass zudem Brutvögel aus dem europäischen Teil N-Russlands nach Deutschland gelangen, während für W-sibirische Vögel ein Zug nach SW-Asien und NE-Afrika angenommen wird (Delany et al. 2009).

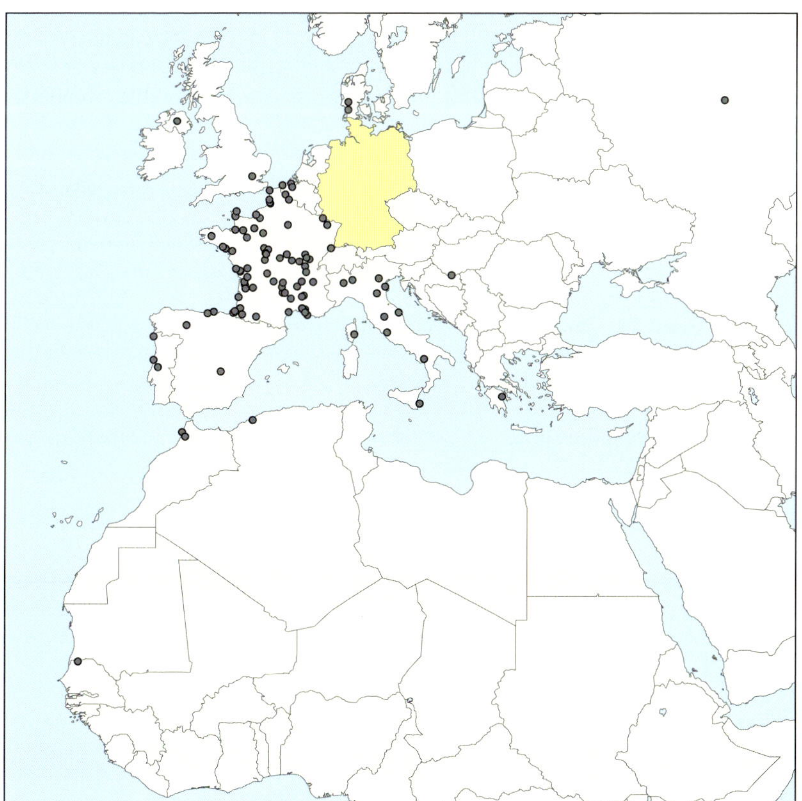

Abb. 1: Fundorte im Ausland von in Deutschland beringten Zwergschnepfen (108 Funde). – *Foreign recovery sites of Jack Snipes ringed in Germany (108 recoveries).*

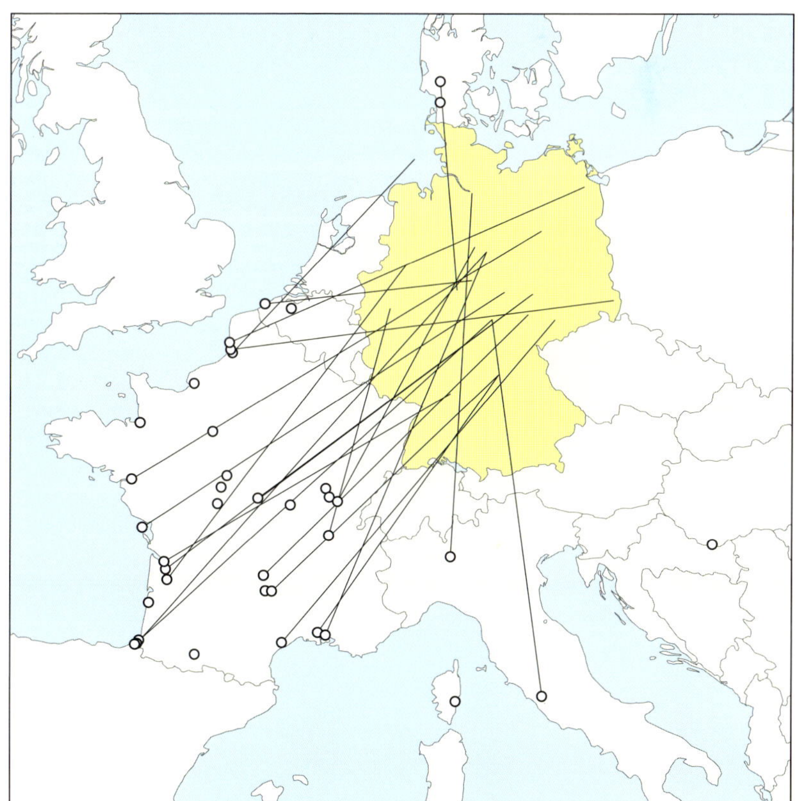

Abb. 2: Herbstzug (September – November) von in Deutschland von September bis November anwesenden Zwergschnepfen (40 Funde). – *Autumn migration (September – November) of Jack Snipes present in Germany from September to November (40 recoveries).*

Summary: Jack Snipes are passing through Germany during autumn and spring migration, but an unknown number is also overwintering. Autumn migration is mainly directed to the S and SW, with most ring recoveries coming from France due to a high hunting activity. Few birds were found to fly to the W (N Ireland) and SSE (Greece). Winter recoveries again are mainly from France, but the wintering area also includes S and SW Europe as well as NW and W Africa (one recovery in Senegal). Exceptionally, a German-ringed autumn migrant (October) was shot 2064 km further east in Russia only three months later. Spring recoveries were reported from France and Italy, but there is not a single record verifying the provenance from Fennoscandia and NW Russia.

Bekassine *Gallinago gallinago*
Common Snipe

Beringungen nach 1945:	28.556
Funde > 10 km nach 1945:	1252/1245
Wiederfundquote (Fernfunde nach 1945):	4,4 %
Funde > 10 km seit 1901:	1260/1253
Funde fremder Beringungszentralen:	36/35
Höchstalter:	11 J, 6 M
Weiteste Entfernung:	4490 km

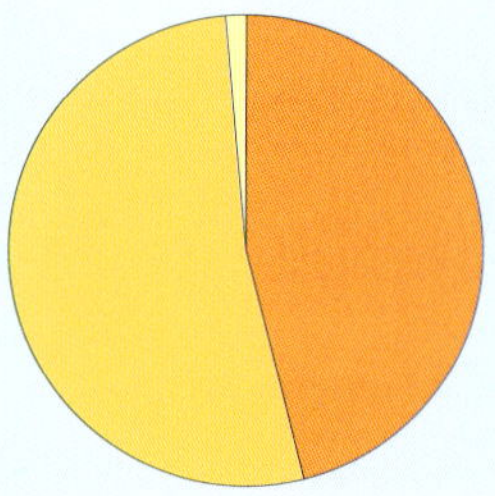

Verbreitung und Status: Abgesehen vom Mittelmeerraum brütet die Bekassine in fast ganz Europa sowie in der gesamten N-Hälfte Asiens. Die Überwinterungsgebiete liegen in W-, Mittel- und S-Europa, Afrika südwärts bis zur Sahara und S- und SE-Asien. Bei stark abnehmendem Bestandstrend ist Deutschland derzeit von 5500–8500 BP besiedelt. Das prinzipiell landesweite Vorkommen konzentriert sich dabei auf verbliebene Gebiete mit Feuchtgrünland. Zusätzlich erscheinen zu den Zugzeiten (vor allem März/April und August bis November) viele Bekassinen aus nördlicheren Brutgebieten, in kleinerer Zahl ist die Art auch im Winter präsent. Bei den Gastvögeln ist ebenfalls ein stark abnehmender Trend zu verzeichnen.

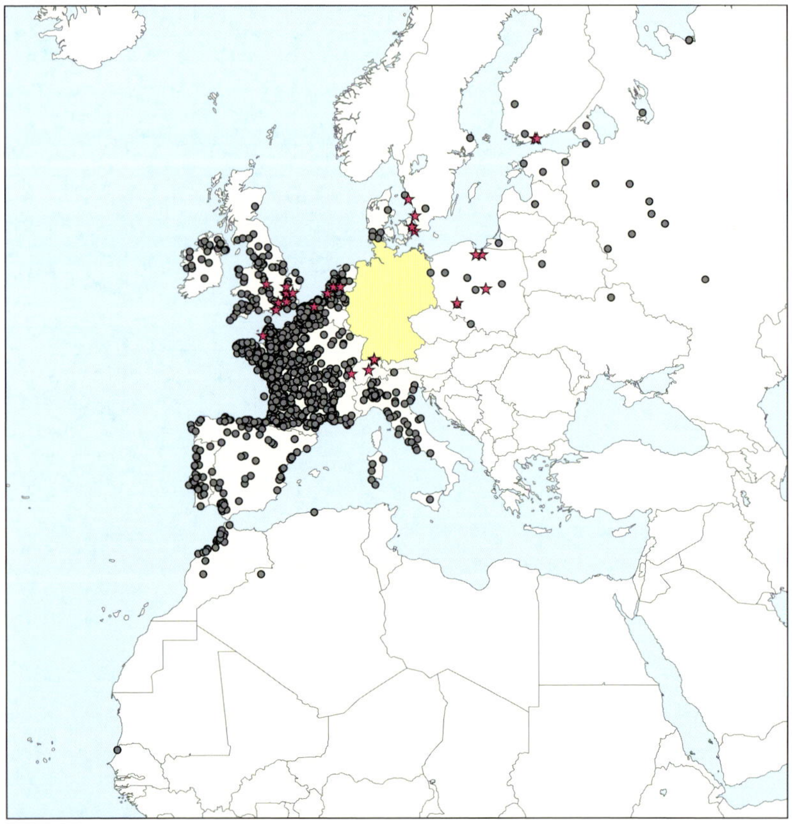

Abb. 1: Fundorte von in Deutschland beringten (1231 Funde) und ausländische Beringungsorte von in Deutschland gefundenen (36 Funde) Bekassinen. – *Foreign recovery sites of Common Snipes ringed in Germany (1231 recoveries) and foreign ringing sites of birds recovered in Germany (36 recoveries).*

Wanderungen: In Deutschland wurden in erster Linie Durchzügler beringt, so dass die Wiederfunde vor allem deren Wanderungen widerspiegeln. Obwohl die meisten Funde aus W-Europa stammen, erstreckt sich der Einzugsbereich vom Weißen Meer in N-Russland bis zum Senegal in W-Afrika (Abb. 1).

Viele direkte Wiederfunde vermitteln das Bild eines nach SW gerichteten Herbstzugs, bei dem Bekassinen vor allem Frankreich, aber auch die Iberische Halbinsel erreichen (Abb. 3). Ein kleinerer Teil der Vögel zieht im Herbst westwärts zu den Britischen Inseln, noch weniger sind es in Richtung S. Die nur acht Herbstzugfunde von deutschen Brutvögeln weisen in unterschiedliche Richtungen zwischen NW und S (Abb. 2). Mehrere indirekte Herbstzugfunde, aber nur sehr wenige im Ausland beringte Individuen, verdeutlichen, dass Deutschland nach der Brutzeit von E und NE angeflogen wird, überwiegend von Finnland und E-Europa aus (Abb. 3). Nachweise dafür, dass Brutvögel aus diesen Gebieten durch Deutschland ziehen, fehlen zwar bislang, doch ist dies im Hinblick auf viele über Deutschland hinweg führende Ringfundverbindungen zwischen Schweden bzw. Finnland und Frankreich sowie zwischen Russland und den Britischen Inseln sehr wahrscheinlich (Viksne & Mihelson 1985, Fransson et al. 2008, Saurola et al. 2013).

Funde in den Monaten Dezember bis Februar (n=570) der in Deutschland als Gastvögel oder nicht sichere Brutvögel beringten Bekassinen stammen zu 60 % aus Frankreich, was sicher auch auf den dort sehr hohen Jagddruck zurückzuführen ist. Größere Fundanteile gibt es im Winter auch auf den Britischen Inseln (19 %) und auf der Iberischen Halbinsel (13 %), während jeweils 3 % der Vögel aus NW-Afrika und Italien zurückgemeldet wurden. W-Afrika wird offenbar nur in kleinerer Zahl erreicht, einziger Hinweis darauf ist ein Fund von Anfang März im Senegal. Von deutschen Brutvögeln liegen nur zehn Wiederfunde vor, die vor allem in W-Frankreich und auf den Britischen Inseln sowie in NW-Marokko erfolgten (Abb. 4). Deutsche Bekassinen sind demnach als Kurzstreckenzieher einzuordnen.

Vom Frühjahrszug gibt es zu wenige Wiederfunde, um den Zug durch Deutschland darstellen zu können. Von den zumeist auf dem Herbstzug in Deutschland beringten Bekassinen stammt im März fast die Hälfte der Funde aus Frankreich, doch im Vergleich zum Herbst und Winter ist der Anteil an Funden aus Italien (26 %) viel höher. Dies könnte, ebenso wie die ähnliche Verteilung schwedischer Ringfunde (Fransson et al. 2008), ein Indiz für einen Schleifenzug entgegen dem Uhrzeigersinn einiger Bekassinen sein.

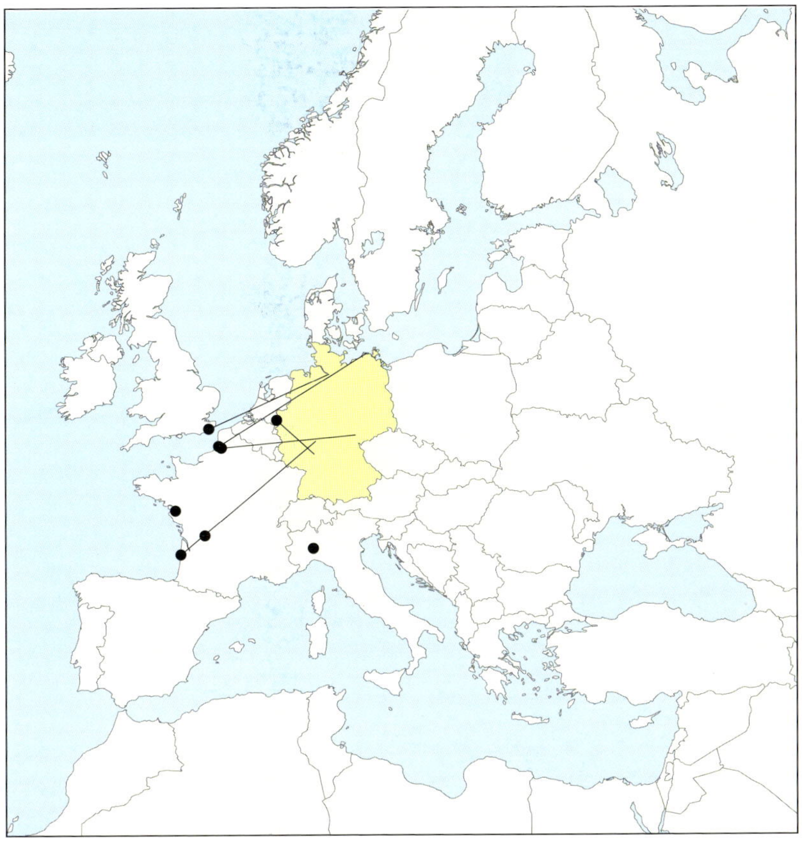

Abb. 2: Herbstzug (Juli – November) von in Deutschland zur Brutzeit anwesenden Bekassinen (8 Funde). – *Autumn migration (July – November) of Common Snipes present in Germany during the breeding season (8 recoveries).*

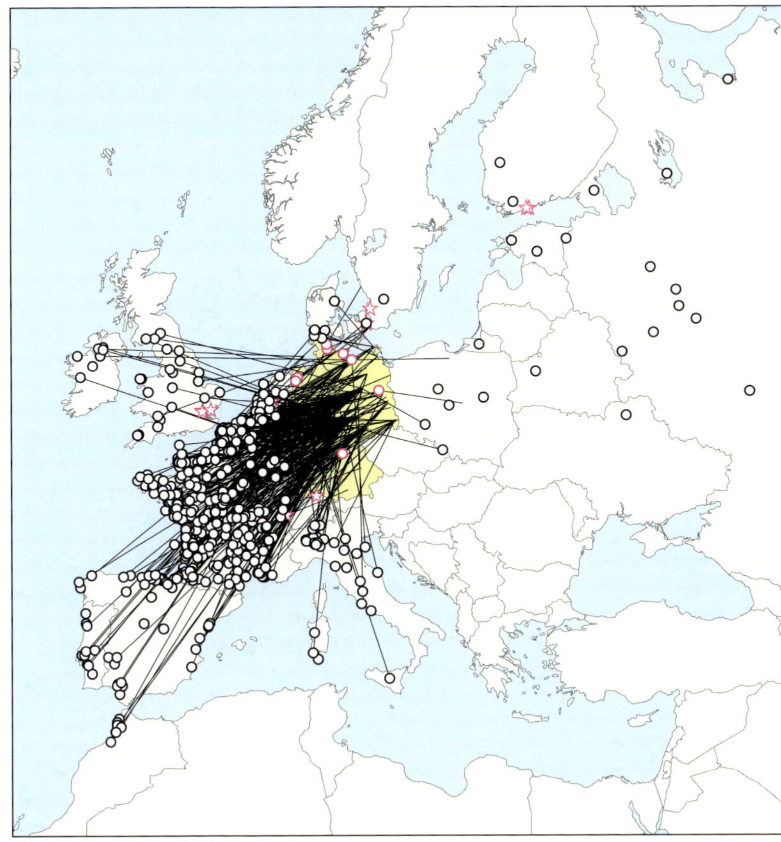

Abb. 3: Herbstzug (Juli – November) von in Deutschland von Juli bis November anwesenden Bekassinen (651 Funde). – *Autumn migration (July – November) of Common Snipes present in Germany from July to November (651 recoveries).*

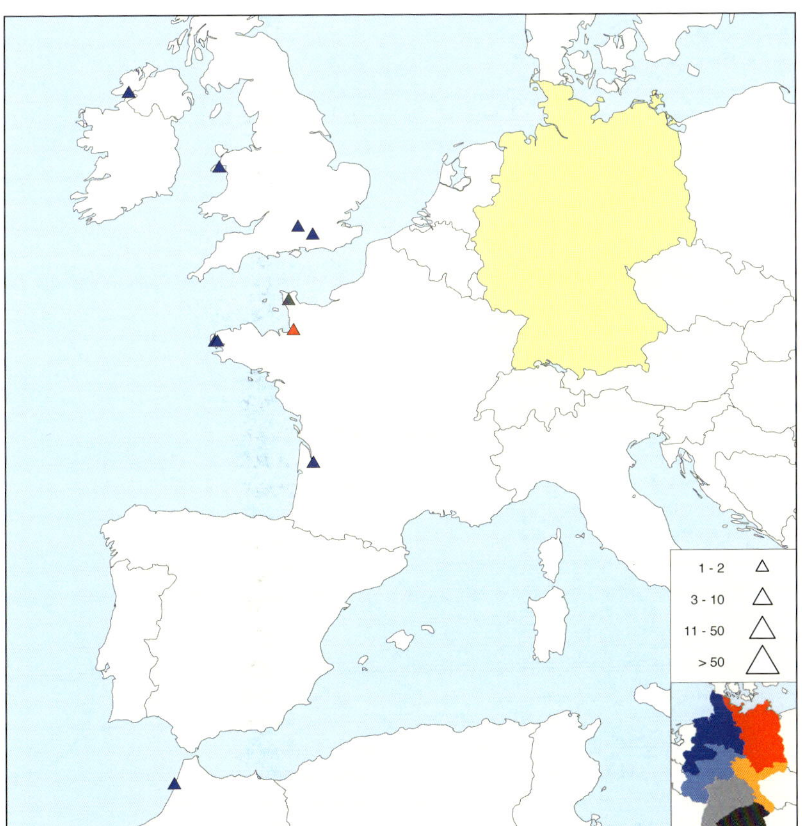

Abb. 4: Aufenthaltsorte im Winter (Dezember – Februar) von in Deutschland zur Brutzeit anwesenden Bekassinen (10 Funde). – *Presence in winter (December – February) of Common Snipes present in Germany during the breeding season (10 recoveries).*

Summary: *Common Snipes are breeding in wet grassland in all parts of Germany, but the population has declined considerably and is now down to some 5500 – 8500 bp. While most of the breeders leave Germany and many Common Snipes pass through during migration, some birds remain to overwinter. The great majority of recoveries derive from birds ringed as migrants, which in autumn mainly move to the SW (in some cases to W and S), mostly reaching France. In extreme one bird was reported from Senegal. Direct connections to Finland and recoveries in autumn in E Europe give hints about the origin of migrants visiting Germany, but so far there is no evidence for the most likely breeding areas, Fennoscandia and NW Russia. The few winter recoveries of German breeders come from W France and the British Isles, classifying them as short-distance migrants. Among Common Snipes marked mostly in autumn in Germany, a relatively high proportion of spring recoveries stems from Italy, suggesting that some birds might conduct an anti-clockwise loop migration.*

Odinshühnchen *Phalaropus lobatus*
Red-necked Phalarope

Odinshühnchen brüten in den Tundren Nordamerikas und Eurasiens. Außerhalb der Brutzeit leben sie pelagisch vor den Küsten Südamerikas, SW- und W-Afrikas, Arabiens und SE-Asiens. In Deutschland sind sie spärlich auftretende Durchzügler, vor allem im Mai und August/September. Der einzige deutsche Fernfund betrifft einen Anfang September in Sachsen gefangenen Jungvogel, der einige Wochen später im November 996 km entfernt in Apulien (Italien) erlegt wurde (Abb. 1). Dieser Fund führt vom Beringungsort nach S und weicht damit von der Zugrichtung in N-Europa beringter Odinshühnchen, die stets nach SE in Richtung des arabischen Winterquartiers flogen (Bakken et al. 2003, Fransson et al. 2008, Saurola et al. 2013), ab. Es ist weitgehend ungeklärt, aus welchen Brutgebieten deutsche und britische Durchzügler stammen bzw. in welche Winterquartiere sie ziehen (Wernham et al. 2002, Busche & Becker 2010). Erst kürzlich erbrachte ein mit Geolokationslogger ausgestatteter Vogel das überraschende Ergebnis eines Zuges von den Shetland-Inseln aus westwärts zum Seegebiet vor Labrador und weiter durch die Karibik bis ins pazifische Seegebiet vor Peru – einschließlich des Frühjahrszugs auf gleicher Route eine Reise von ca. 22.000 km (Smith et al. 2014).

Summary: *In Germany, the Red-necked Phalarope is a scarce migrant, touching mainly the coastal areas in May and August/September. The only ring recovery refers to a juvenile ringed in Saxony in September and shot later in the season in Italy. That bird had followed a course to the S, thus deviating from the pattern of NW European breeders, which exclusively were recovered to the SE, heading for the Arabian winter quarter. So far it remains unknown, where the German (and British) migrants breed and where they spend the winter.*

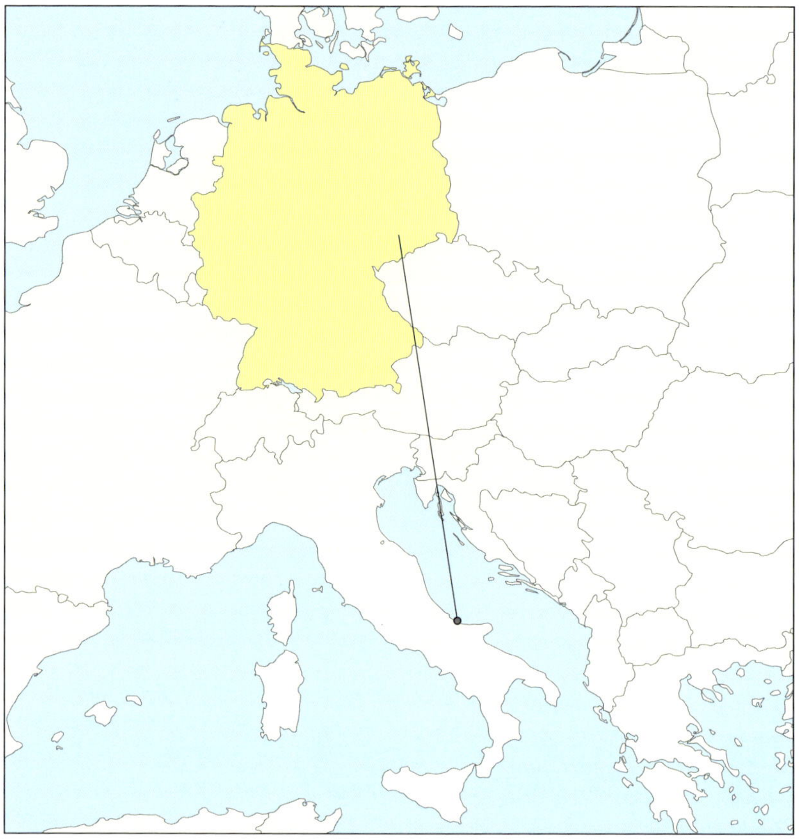

Abb. 1: Fund eines Odinshühnchens mit Bezug zu Deutschland. – *Recovery of a Red-necked Phalarope related to Germany.*

Flussuferläufer *Actitis hypoleucos*
Common Sandpiper

Beringungen nach 1945:	35.802
Funde > 10 km nach 1945:	322/312
Wiederfundquote (Fernfunde nach 1945):	0,9 %
Funde > 10 km seit 1901:	327/317
Funde fremder Beringungszentralen:	87/85
Höchstalter:	8 J, 3 M*
Weiteste Entfernung:	5303 km

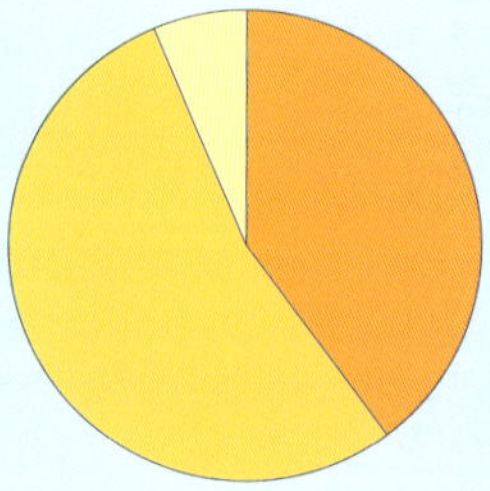

Verbreitung und Status: Als Brutvögel besiedeln Flussuferläufer fast ganz Europa und weite Teile Asiens bis zum Pazifik, fehlen aber in der sibirischen Tundra und in S-Asien. Das Überwinterungsgebiet erstreckt sich vom Mittelmeerraum ostwärts bis SE-Asien und Australien sowie südwärts bis Südafrika. In Deutschland brüten Flussuferläufer zwar grundsätzlich in allen Landesteilen, doch sind viele Vorkommen aufgrund der fehlenden Verfügbarkeit geeigneter Gewässerufer als Nisthabitat nur punktueller Natur. Der deutsche Brutbestand von derzeit 300 – 420 BP gilt als stabil. Sehr viel häufiger und weiter verbreitet ist die Art zu den Zugzeiten, hauptsächlich von Mitte April bis Ende Mai sowie von Anfang Juli bis Anfang Oktober. Vereinzelt gibt es Winterbeobachtungen.

Wanderungen: Die Deutschland betreffenden Ringfunde gehen fast ausschließlich auf Vögel zurück, die auf dem Zug beringt wurden. Auf dem Herbstzug wird Deutschland überwiegend mit Kurs SSW oder S von Fennoskandien her erreicht. Von Deutschland aus zeigen die Ringfunde anschließend in breiter Front nach SW führende Wanderungen an, bei denen die meisten Vögel zunächst nach Frankreich und Spanien, seltener nach Italien, gelangen (Abb. 2). Ob ein in Ghana gefundener Vogel tatsächlich nach SSW über die Sahara geflogen oder der W-afrikanischen Küste gefolgt ist, muss offen bleiben. Aus den Monaten Dezember bis Februar stammen einige Funde aus Frankreich, Spanien, Italien und Marokko, zudem wurde ein in Thüringen beringter Vogel im Januar im baden-württembergischen Rheintal tot gefunden. Die Funde aus dem W-afrikanischen Teil des Überwinterungsgebietes (Abb. 1) stammen mit Ausnahme eines Fundes in Mali (Dezember) und des o.g. Fundes in Ghana (September) aus der ersten Hälfte der Frühjahrszugzeit. Aus den Monaten März und April existieren aber nur wenige Funde aus dem Mittelmeerraum (darunter der einzige Wiederfund eines in

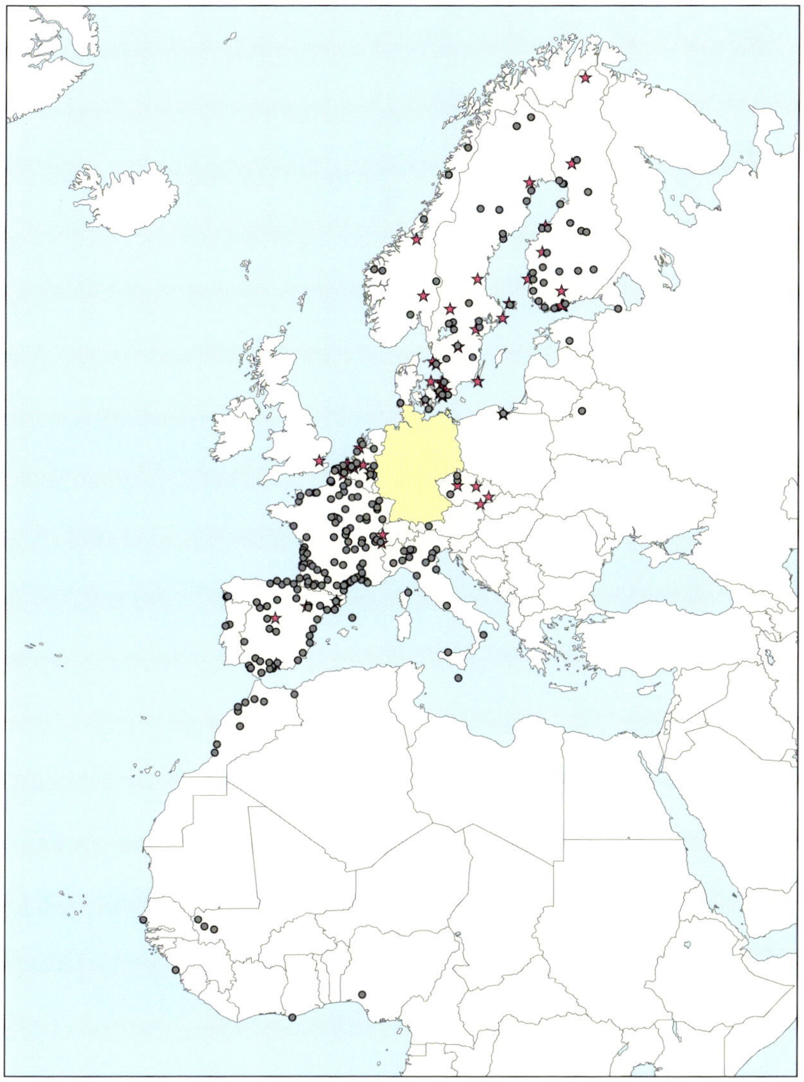

Abb. 1: Fundorte von in Deutschland beringten (275 Funde) und ausländische Beringungsorte von in Deutschland gefundenen (87 Funde) Flussuferläufern. – *Foreign recovery sites of Common Sandpipers ringed in Germany (275 recoveries) and foreign ringing sites of birds recovered in Germany (87 recoveries).*

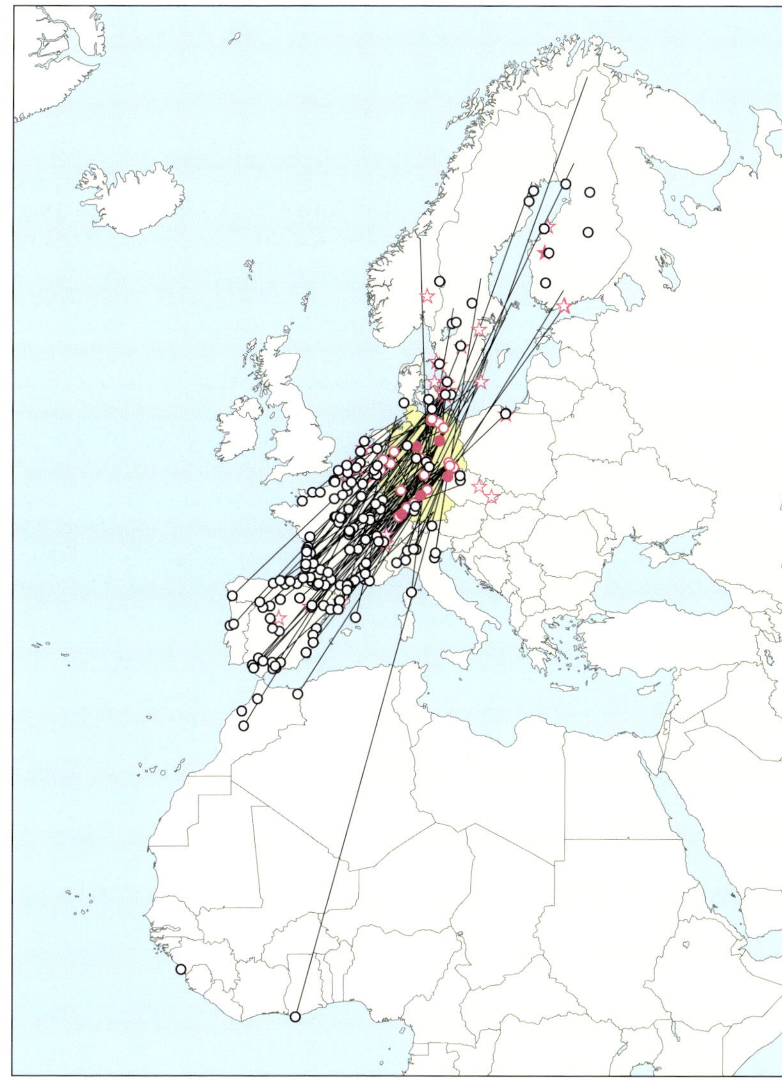

Abb. 2: Herbstzug (Juli – November) von in Deutschland von Juli bis November anwesenden Flussuferläufern (269 Funde). – *Autumn migration (July – November) of Common Sandpipers present in Germany from July to November (269 recoveries).*

Deutschland als Küken beringten Vogels in Italien), während das Bild im Mai sehr gemischt ist: Funde sowohl in Marokko, Spanien und S-Frankreich als auch in Schweden und Finnland weisen darauf hin, dass der Zug in Richtung der Brutgebiete recht schnell abläuft. Einige in Schweden und Finnland am Geburtsort markierte Vögel belegen, dass diese Region als Brutherkunft anzusehen ist. Hinweise auf weiter östlich gelegene Herkunftsgebiete fehlen. Passend dazu wurde festgestellt, dass bereits Flussuferläufer aus W-Russland zum Überwintern nach E- und S-Afrika ziehen (Viksne & Mihelson 1985).

Summary: *Common Sandpipers breed in most parts of Germany, but the population size is stable at only 300 – 420 bp. Most Common Sandpipers ringed in Germany were trapped as migrants. Their broad-front autumn migration is strictly to the SW towards France, Spain and Italy, with recoveries also in NW and W Africa. The few winter recoveries also come from the W Mediterranean and (including early spring) from W Africa. Information about spring migration is scarce, but there is evidence for a breeding origin in Sweden and Finland.*

Terekwasserläufer *Xenus cinereus*
Terek Sandpiper

Terekwasserläufer brüten in der Taiga von Finnland und NW-Russland bis E-Sibirien und überwintern entlang der Küsten vom Golf von Guinea über S- und E-Afrika, Arabien und SE-Asien bis Australien. Der Zug E-europäischer Brutvögel führt nach der Brutzeit südwärts, so dass Deutschland in der Regel nicht berührt wird. Daher ist die Art hier ein seltener Gast mit nur 103 Nachweisen bis 2012 (Deutsche Avifaunistische Kommission 2013), vor allem aus den Monaten Mai und Juli (Klafs & Stübs 1987, Radomski 2009). Drei Ringfunde belegen, dass Vögel aus dem westlichsten Teil des Brutareals in NW-Finnland in Deutschland auftreten (Abb. 1). Ein dort beringtes Küken wurde etwa fünf Wochen später im August in S-Rügen gefangen, ein auf dem Nest gefangener Altvogel aus dem selben Gebiet konnte dank seiner Farbringe acht Jahre später im Juli in Westerhever (Nordfriesland) identifiziert werden. Ein weiterer am Brutplatz gefangener und farbberingter Altvogel nistete auch im Folgejahr an derselben Stelle in Finnland, konnte dann auf dem Herbstzug zunächst in Schweden sowie Anfang Juli schließlich im Hauke-Haien-Koog (Nordfriesland) abgelesen werden (Deutsche Seltenheitenkommission 2009). Die Entfernungen zwischen Beringungs- und Fundorten betragen 1364 – 1526 km.

Summary: *As Terek Sandpipers breeding in Finland and NW Russia are passing by E of Germany during migration, the species is a very rare visitor with a total of 103 records up to 2012 (mainly in May and July). Three recoveries indicate that birds from the westernmost part of the breeding range (NW Finland) can touch Germany during migration: A bird ringed there as a chick was recaptured on the island of Rügen (in August), whereas two birds ringed as nesting adults were identified by colour-rings at the North Sea coast of Schleswig-Holstein (in July).*

Abb. 1: Funde von Terekwasserläufern mit Bezug zu Deutschland (3 Funde). – *Recoveries of Terek Sandpipers related to Germany (3 recoveries).*

Dunkler Wasserläufer *Tringa erythropus*
Spotted Redshank

Beringungen nach 1945:	1704
Funde > 10 km nach 1945:	68/65
Wiederfundquote (Fernfunde nach 1945):	3,8 %
Funde > 10 km seit 1901:	69/66
Funde fremder Beringungszentralen:	4/4
Höchstalter:	5 J, 7 M*
Weiteste Entfernung:	2721 km

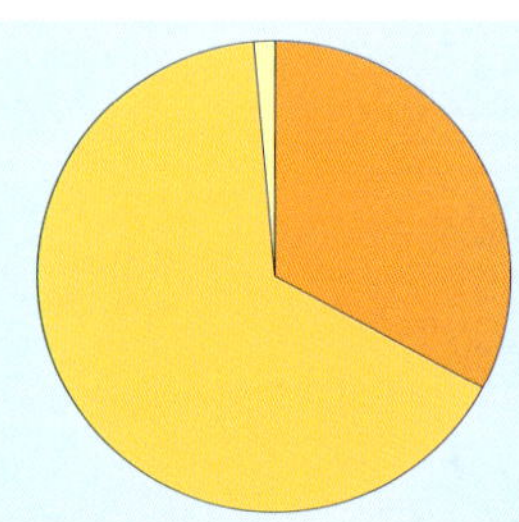

Verbreitung und Status: Dunkle Wasserläufer brüten in N-Skandinavien, Finnland, N-Russland und N-Sibirien ostwärts bis zur Beringstraße. Ihre Überwinterungsgebiete befinden sich vorwiegend in Küstenregionen und reichen von NW-Afrika und W-Europa über das Mittelmeer, SW-Asien und Indien bis SE-Asien, umfassen aber auch das afrikanische Binnenland zwischen Äquator und Sahara. In Deutschland rasten ins Brutgebiet ziehende Vögel im April und Mai, doch bereits Mitte Juni setzt der Herbstzug mit den sich meist nicht am Brutgeschäft beteiligenden Weibchen ein. Am stärksten ist der Durchzug von August bis Oktober, wenn auch die Jungvögel auftreten. Im Verlauf der letzten drei Jahrzehnte des 20. Jahrhunderts fand der Frühjahrszug im deutschen Binnenland zunehmend früher und der Wegzug immer später statt (Anthes 2004).

Wanderungen: Die meisten Ringfunde stammen vom Herbstzug, dabei wurde der überwiegende Teil in den Rieselfeldern Münster beringt. Von dort aus ziehen viele Vögel nach SW ab und erreichen die französische Atlantikküste, doch fliegen wenige Individuen auch nach W oder SSE (Abb. 2). Ringfundverbindungen anderer Beringungsorte in Deutschland zeigen ein ähnliches Bild, ebenso wie einige Vögel, die von Dänemark und S-Schweden aus nach N-Deutschland flogen. Dies passt gut in das Muster eines nach SW bis S gerichteten Breitfrontzuges über Mitteleuropa, das die Funde der in N-Europa beringten Dunklen Wasserläufer ergeben (Bønløkke et al. 2006, Fransson et al. 2008, Saurola et al. 2013). Aus den Wintermonaten (Dezember bis Februar) liegen von den in Deutschland markierten Vögeln nur acht Ringfunde vor (jeweils ein bis zwei in Frankreich, Ita-

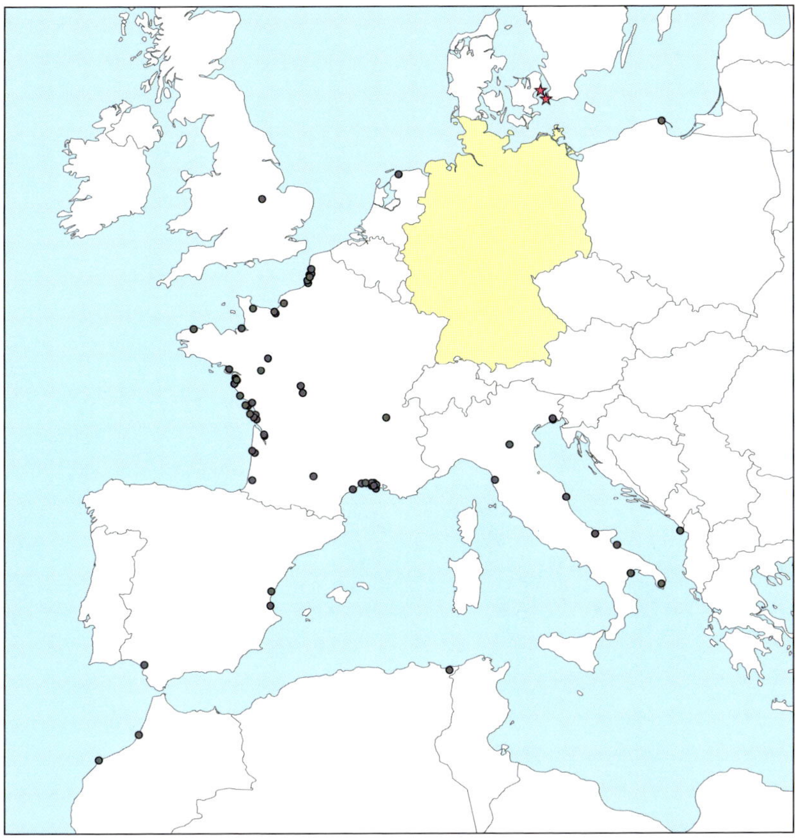

Abb. 1: Fundorte von in Deutschland beringten (66 Funde) und ausländische Beringungsorte von in Deutschland gefundenen (4 Funde) Dunklen Wasserläufern. – *Foreign recovery sites of Spotted Redshanks ringed in Germany (66 recoveries) and foreign ringing sites of birds recovered in Germany (4 recoveries).*

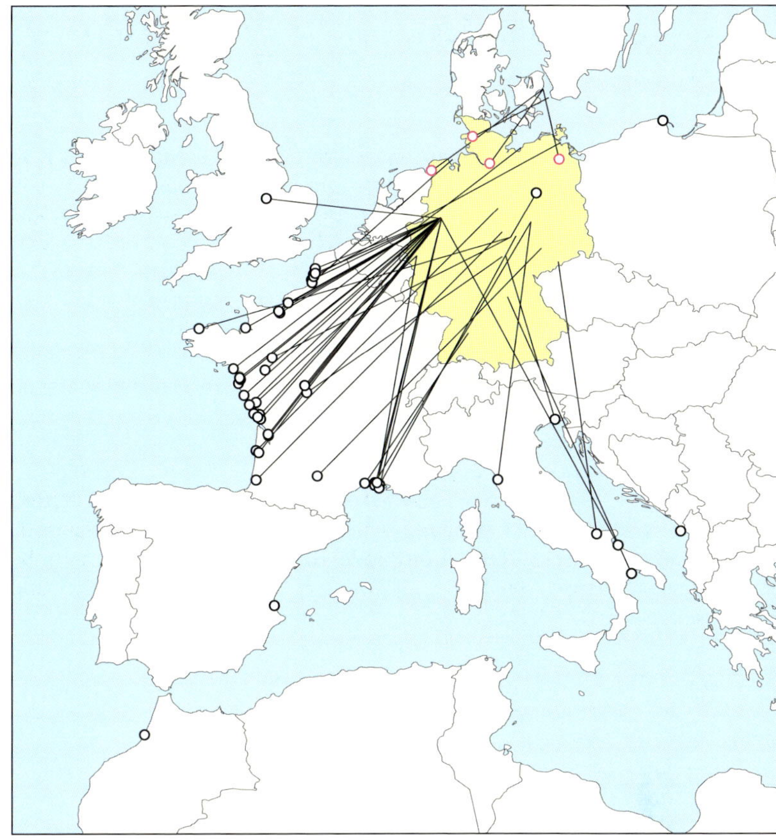

Abb. 2: Herbstzug (Juni – November) von in Deutschland von Juni bis November anwesenden Dunklen Wasserläufern (58 Funde). – *Autumn migration (June – November) of Spotted Redshanks present in Germany from June to November (58 recoveries).*

lien, Spanien, Algerien und Marokko). Auch in Schweden und Finnland beringte Dunkle Wasserläufer wurden im Winter überwiegend aus dem Mittelmeerraum zurück gemeldet, südlich der Sahara gibt es dagegen nur den Fund eines norwegischen Vogels in Mali (Bakken et al. 2003). Zum Verlauf des Frühjahrszugs geben die nur zwei Funde deutscher Ringvögel in Frankreich bzw. Italien wenig Aufschluss, aus dem Brutgebiet fehlen Wiederfunde sogar vollständig. Da keine Hinweise auf das Vorkommen sibirischer Vögel in W- und Mitteleuropa vorliegen, kann angenommen werden, dass in Deutschland hauptsächlich Brutvögel aus Fennoskandien und dem europäischen Teil N-Russlands auftreten (vgl. Delany et al. 2009).

Summary: *Spotted Redshanks stopover in Germany during both spring and autumn migration. While ring recoveries from spring migration are scarce and completely lacking from the breeding areas, the great majority of marked birds was reported from autumn migration. The main migratory direction in autumn is SW (leading to the French Atlantic coast), with some birds flying in other directions between W and SSE. The only eight winter recoveries stem from France, Italy, Spain, Algeria and Morocco. As there are no hints that Siberian birds occur in Europe, the breeding origin of Spotted Redshanks observed in Germany is most probably restricted to NW Europe.*

Rotschenkel *Tringa totanus*
Common Redshank

Beringungen nach 1945:	25.515
Funde > 10 km nach 1945:	580/563
Wiederfundquote (Fernfunde nach 1945):	2,2 %
Funde > 10 km seit 1901:	588/571
Funde fremder Beringungszentralen:	81/74
Höchstalter:	14 J, 3 M
Weiteste Entfernung:	5445 km

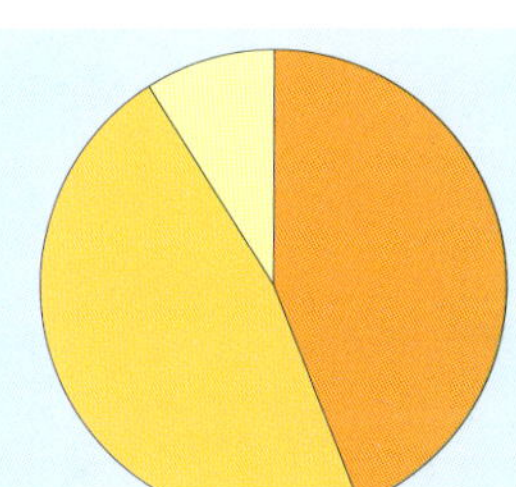

Verbreitung und Status: Das Brutareal des Rotschenkels umfasst die meisten Teile Europas (einschließlich Island) und setzt sich ostwärts über das zentrale Asien bis nach Ussurien und China fort. In Island, W-Europa und dem Mittelmeerraum kommt die Art ganzjährig vor, darüber hinaus werden zum Überwintern Küstengebiete Afrikas (größtenteils N des Äquators) und S-Asiens aufgesucht. In Deutschland brüten etwa 11.000 – 17.500 BP, die meisten davon im Wattenmeer, wo der Bestand stabil ist (Schleswig-Holstein) oder leicht abnimmt (Niedersachsen; Koffijberg et al. 2013). Auch an der Ostseeküste und im Binnenland nehmen Rotschenkel ab (Hötker et al. 2007) und sind aus etlichen Gebieten verschwunden. Küsten und binnenländische Feuchtgebiete dienen zusätzlich vielen Vögeln

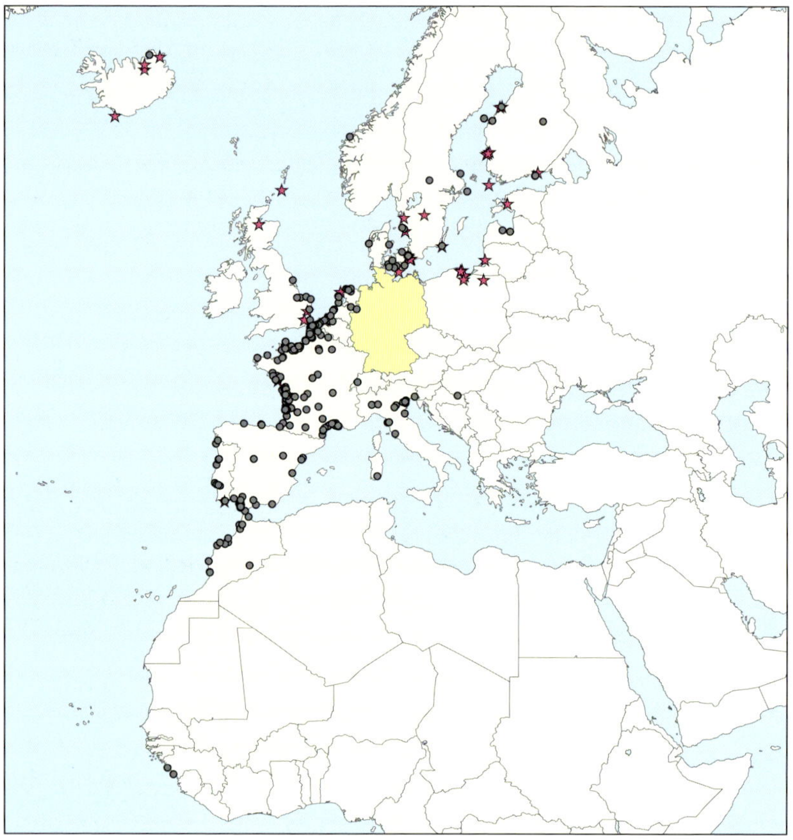

Abb. 1: Fundorte von in Deutschland beringten (510 Funde) und ausländische Beringungsorte von in Deutschland gefundenen (81 Funde) Rotschenkeln. – *Foreign recovery sites of Common Redshanks ringed in Germany (510 recoveries) and foreign ringing sites of birds recovered in Germany (81 recoveries).*

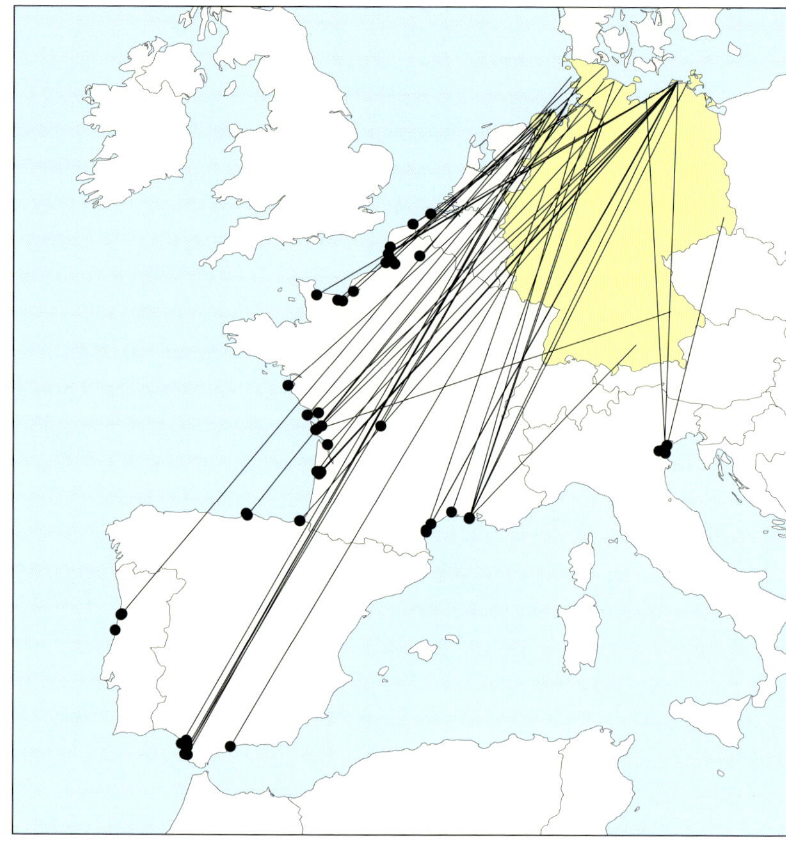

Abb. 2: Herbstzug (Juli – November) von in Deutschland zur Brutzeit anwesenden Rotschenkeln (56 Funde). – *Autumn migration (July – November) of Common Redshanks present in Germany during the breeding season (56 recoveries).*

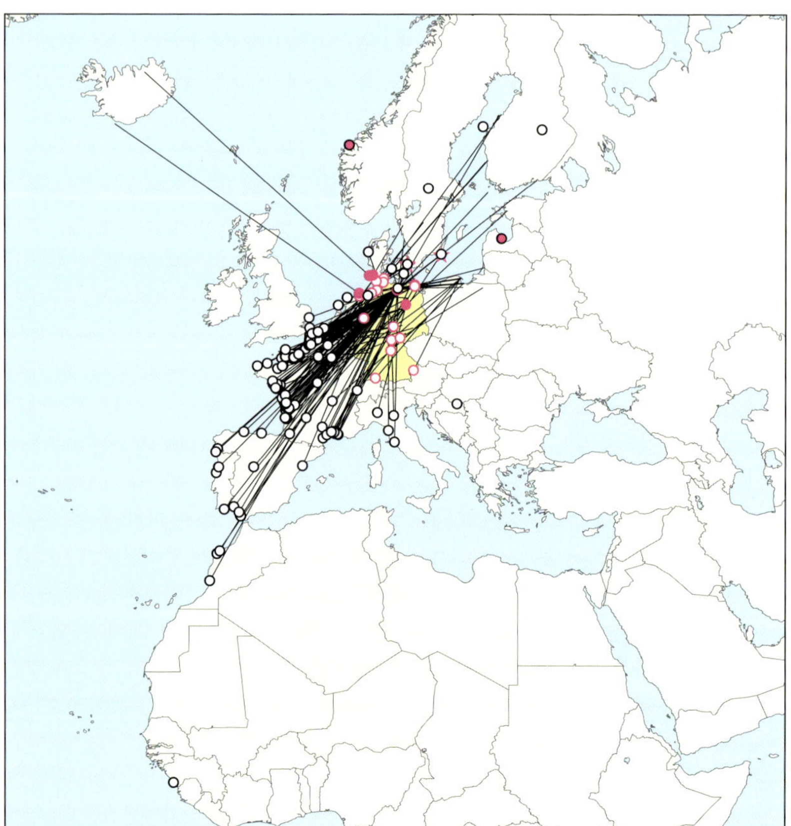

Abb. 3: Herbstzug (Juli – November) von in Deutschland von Juli bis November anwesenden Rotschenkeln (341 Funde). – *Autumn migration (July – November) of Common Redshanks present in Germany from July to November (341 recoveries).*

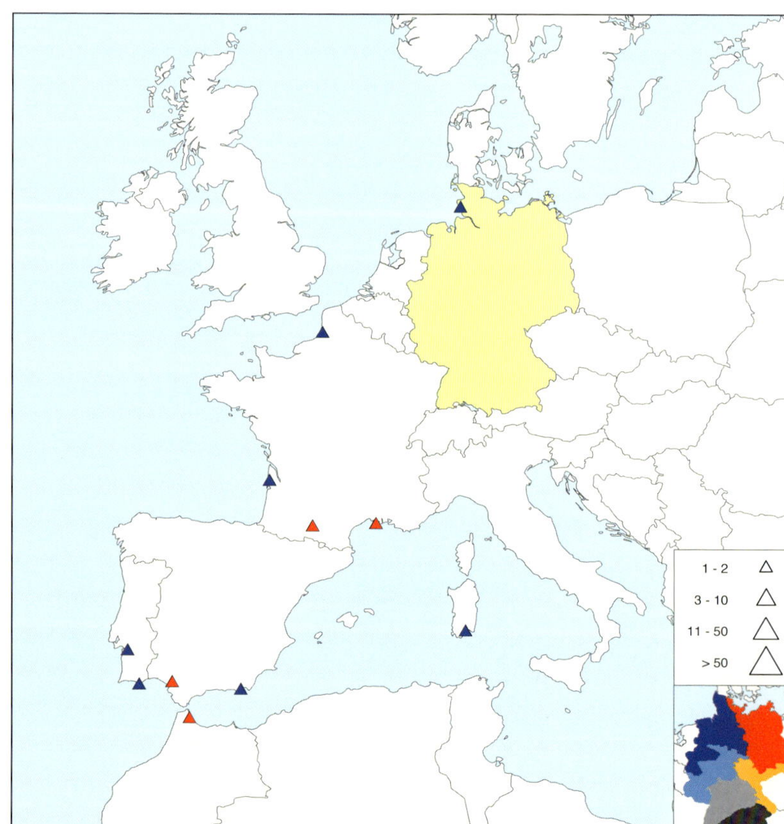

Abb. 4: Aufenthaltsorte im Winter (Dezember – Februar) von in Deutschland zur Brutzeit anwesenden Rotschenkeln (11 Funde). – *Presence in winter (December – February) of Common Redshanks present in Germany during the breeding season (11 recoveries).*

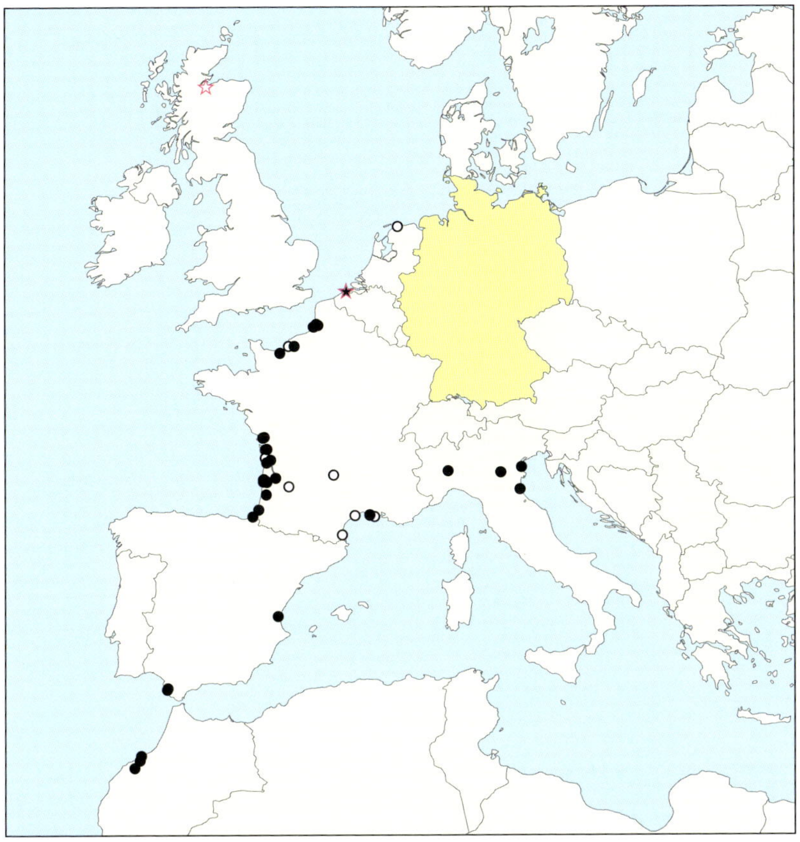

Abb. 5: Frühjahrszug (März – Mai) von in Deutschland zur Brutzeit (33 Funde) oder von März bis Mai anwesenden Rotschenkeln (17 Funde). – *Spring migration (March – May) of Common Redshanks present in Germany during the breeding season (33 recoveries) or from March to May (17 recoveries).*

aus anderen Brutgebieten als Rastgebiete, Küstengebiete außerdem als Winterquartier. Von besonderer Bedeutung ist das Wattenmeer, wo die Rastbestände langfristig abgenommen haben (Blew et al. 2013). Hauptzeiten des Durchzugs sind die Monate März bis Mai und Juli bis September.

Wanderungen: Auf dem Herbstzug ziehen deutsche Brutvögel überwiegend nach SW ab und gelangen dadurch nach W-Frankreich, Spanien und Portugal, nicht aber nach England. Während diese Vögel vermutlich entlang der Küsten wandern, gibt es andere, die den Kontinent überqueren und mit SSW- oder S-Kurs die französische Mittelmeerküste oder Italien erreichen (Abb. 2). Die Zugrichtung SW dominiert auch unter den als Gastvögel in Deutschland auftretenden Rotschenkeln, was sowohl den Einflug von Schweden und Finnland her betrifft als auch die Fortsetzung des Zugs nach SW-Europa und gelegentlich auch bis nach Marokko. Auch für die Durchzügler belegt ein kleinerer Teil der Ringfunde Wanderungen nach SSW und S ins Mittelmeer (Abb. 3). Zuwanderung nach Deutschland erfolgt aber auch von N her aus Norwegen (laut Bakken et al. 2003 etliche Funde im Wattenmeer) sowie aus NW: Zwei direkte Funde vom Herbstzug belegen, dass isländische Brutvögel der Unterart *T. t. robusta* ins Wattenmeer gelangen. Zwei in Norwegen beringte Jungvögel, die wenige Tage später an der deutschen Ostseeküste gefunden wurden, könnten dieser Unterart angehört haben, auch weisen langflügelige Fänglinge während des Herbstzugs auf die Beteiligung von *T. t. robusta* an den Rastbeständen hin (Heinicke & Köppen 2013).

Es ist darüber hinaus anzunehmen, dass die meisten Wintergäste im Wattenmeer (und in sehr kleiner Zahl an der Ostseeküste) zu *T. t. robusta* gehören (Nehls 1980, Smit & Wolff 1981), dafür gibt es ebenfalls zwei Ringfundbelege (in Island beringte Küken im Dezember bzw. Januar im Wattenmeer). Prinzipiell überwintert *T. t. robusta* weiter nördlich als Rotschenkel aus Fennoskandien (Zielgebiet vor allem W-Afrika bis Iberien, Bakken et al. 2003, Fransson et al. 2008, Saurola et al. 2013) und Mitteleuropa (SW-Europa und NW-Afrika, z.B. Bønløkke et al. 2006). So stammen die elf Wiederfunde deutscher Brutvögel aus den Monaten Dezember bis Februar aus N- und S-Frankreich, dem S der Iberischen Halbinsel, N-Marokko und Sardinien, ein Vogel verblieb aber auch im Winter im Wattenmeer (Abb. 4). Von Durchzüglern gibt es dagegen auch drei Funde in W-Afrika (Abb. 1) sowie ein nicht abgebildeter Fund vom Langenwerder nach Mauretanien (Brenning & Nehls 2013). Damit zeigt der Rotschenkel Anzeichen eines Übersprungzugs, auch wenn sich die Überwinterungsgebiete der verschiedenen Populationen überlappen (Delany et al. 2009).

Wiederfunde vom Frühjahrszug deuten trotz fehlender direkter Funde an, dass ein ähnlicher Weg wie im Herbst benutzt wird. Die Vögel wurden aus Frankreich zurückgemeldet, und da der Anteil von Funden in Italien nicht höher ist als beim Herbstzug, gibt es keine Anzeichen für einen Schleifenzug (Abb. 5).

Summary: *In Germany, Common Redshanks breed in coastal marshes as well as in inland wetlands. The total population is estimated at 11,000 – 17,500 bp, showing stable or slightly declining trends in the Wadden Sea and stronger decreases at the Baltic Sea and inland. In addition to these birds, many migrants from abroad are frequenting German wetlands, and ring recoveries show that they originate from Fennoscandia as well as from Iceland. While Icelandic birds are thought to represent the majority of wintering birds in the Wadden Sea (also confirmed by recoveries), most breeding birds from Germany and Fennoscandia continue their migration to the SW towards W France, Iberia and Morocco, while a minor part of the recoveries shows southward migration to Italy and S France. Three recoveries of German-ringed migrants in W Africa in concurrence with wintering concentrations of German breeders in SW Europe indicate leap-frog migration. Spring migration more or less mirrors the routes taken in autumn.*

Grünschenkel *Tringa nebularia*

Common Greenshank

Beringungen nach 1945:	3557
Funde > 10 km nach 1945:	74/73
Wiederfundquote (Fernfunde nach 1945):	2,1 %
Funde > 10 km seit 1901:	74/73
Funde fremder Beringungszentralen:	6/5
Höchstalter:	12 J, 1 M
Weiteste Entfernung:	5533 km

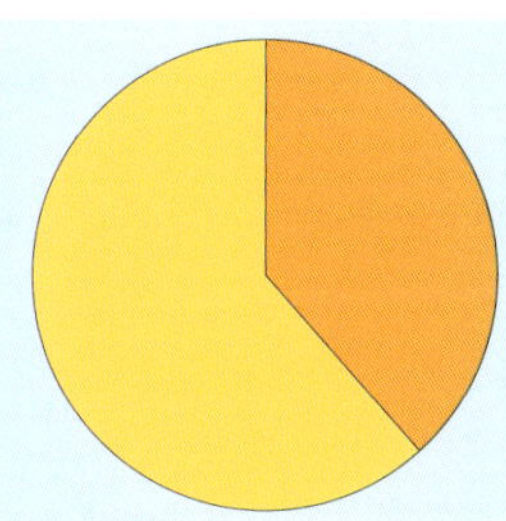

Verbreitung und Status: Grünschenkel brüten in der Taigazone von Skandinavien bis NE-Sibirien sowie in Schottland. Die Überwinterungsgebiete befinden sich an den Küsten W-Europas und des Mittelmeerraums, aber auch in fast ganz Afrika, S-Asien und Australien. In Deutschland kommt die Art auf dem Durchzug vor, im Frühjahr vor allem im April und Mai, auf dem Herbstzug von Ende Juni bis Oktober (mit Maximum im August). Das Rastvorkommen gilt als stabil, doch

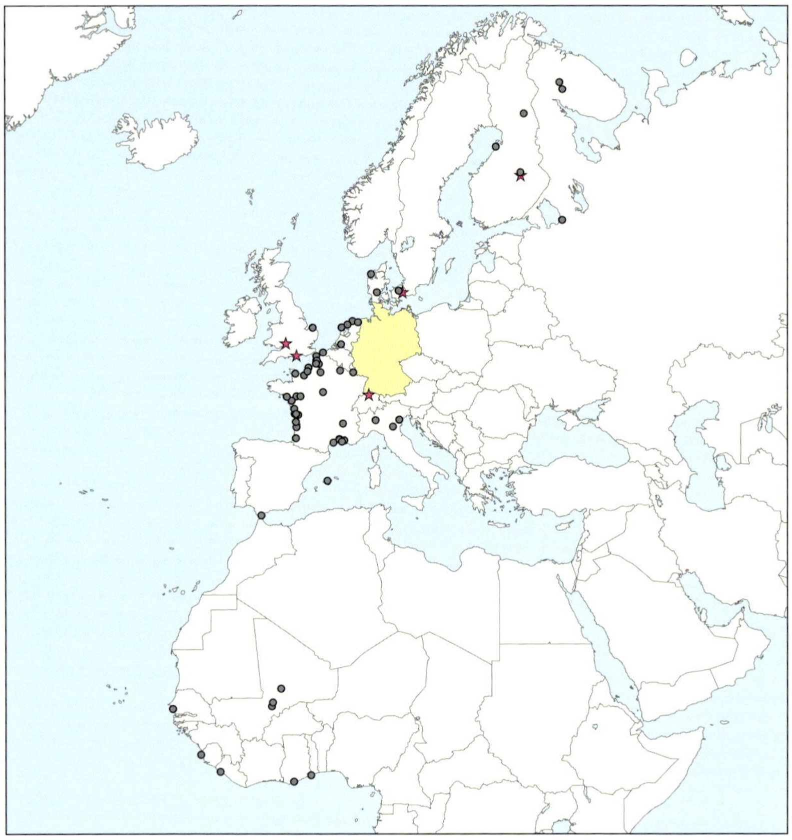

Abb. 1: Fundorte von in Deutschland beringten (68 Funde) und ausländische Beringungsorte von in Deutschland gefundenen (6 Funde) Grünschenkeln. – *Foreign recovery sites of Common Greenshanks ringed in Germany (68 recoveries) and foreign ringing sites of birds recovered in Germany (6 recoveries).*

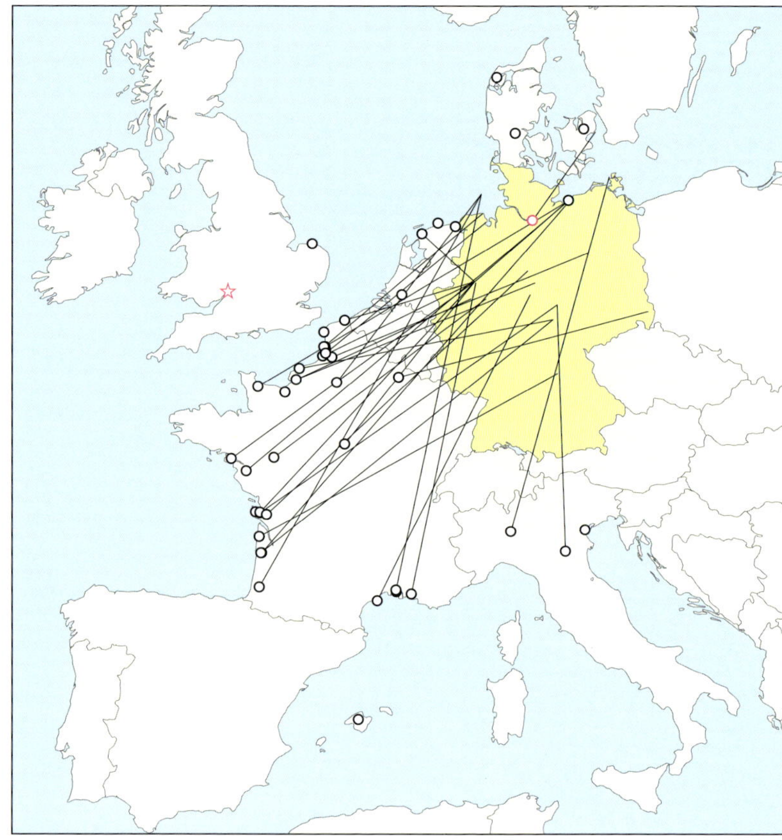

Abb. 2: Herbstzug (Juni – November) von in Deutschland von Juni bis November anwesenden Grünschenkeln (49 Funde). – *Autumn migration (June – November) of Common Greenshanks present in Germany from June to November (49 recoveries).*

haben sich die Zugzeiten im Verlauf der letzten drei Jahrzehnte des 20. Jahrhunderts nach vorn (Frühjahr) bzw. nach hinten (Herbst) verschoben (Anthes 2004).

Wanderungen: Während Grünschenkel, die im europäischen Teil Russlands und in W-Sibirien brüten, über E-Europa nach Arabien, E- und S-Afrika ziehen, wandern Vögel aus Fennoskandien in breiter Front über Mittel- und W-Europa, um vor allem im westlichen Mittelmeerraum und in W-Afrika zu überwintern (Fransson et al. 2008, Delany et al. 2009, Saurola et al. 2013). Die Wiederfunde der in Deutschland beringten Grünschenkel passen gut in dieses allgemeine Bild, denn die meisten Verbindungen zwischen Fang- und Fundort verlaufen auf dem Herbstzug parallel zueinander nach SW (Abb. 2). Deutlich seltener wird eine SSW-S-Richtung eingeschlagen, und aus S-Europa gibt es keinen Wiederfund östlich von Italien. Die Spur der meisten Herbstzügler endet bereits in Frankreich, denn aus dem Winter (Dezember bis Februar) gibt es nur fünf Rückmeldungen, davon vier aus W-Afrika und eine aus S-Spanien (Abb. 1). Auch alle drei Funde aus dem März erfolgten noch in W-Afrika, und vom Frühjahrszug südlich von Deutschland gibt es lediglich zwei April-Funde in Frankreich. Drei Funde in N-Russland und vier Verbindungen nach Finnland (Abb. 1) legen nahe, dass deutsche Zuggäste aus diesen Gebieten stammen. Darüber hinaus wurde ein in Norwegen beringter Grünschenkel im Mai in NW-Deutschland gefunden (Bakken et al. 2003).

Summary: *Greenshanks are reaching Germany during spring and autumn migration. Most ring recoveries are from the latter period, showing SW as the main migratory direction in autumn. Four out of five winter recoveries were reported from W Africa (as were all three birds reported from March), the remaining winter recovery stemmed from S Spain. Information about spring migration is scarce (two reports from France), but seven birds indicate Finland and NW Russia as the breeding grounds of migrants occurring in Germany.*

Waldwasserläufer *Tringa ochropus*
Green Sandpiper

Beringungen nach 1945:	3946
Funde > 10 km nach 1945:	48/43
Wiederfundquote (Fernfunde nach 1945):	1,1 %
Funde > 10 km seit 1901:	49/44
Funde fremder Beringungszentralen:	5/5
Höchstalter:	10 J, 11 M
Weiteste Entfernung:	4290 km

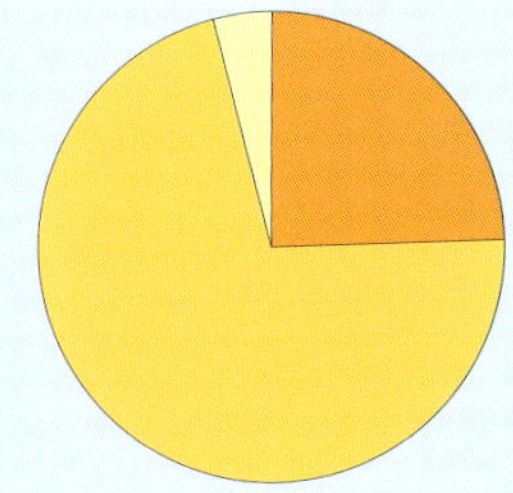

Verbreitung und Status: Das Brutareal des Waldwasserläufers erstreckt sich von Skandinavien, dem nördlichen Mitteleuropa und punktuellen Vorkommen in SE-Europa aus ostwärts bis zur asiatischen Pazifikküste, wobei in Sibirien in erster Linie die mittleren Breiten bewohnt werden. Die Art ist zwar Langstreckenzieher und überwintert vor allem in Afrika südlich der Sahara sowie in ganz S-Asien, doch verbleibt ein Teil der Individuen auch in Mittel- und W-Europa sowie im Mittelmeerraum. Die in Deutschland brütenden Waldwasserläufer siedeln am westlichen Rand des Brutareals. Das Vorkommen konzentriert sich auf den NE des Landes, reicht aber bis E-Niedersachsen und N-Bayern. Der Brutbestand umfasst 950 – 1200 BP und nimmt derzeit zu. Darüber hinaus kommen Waldwasserläufer in ganz Deutschland auch außerhalb der Brutzeit vor. Durchzügler treten im Frühjahr besonders von Ende März bis Anfang Mai auf, doch bereits Ende Mai beginnt der Herbstzug, dessen Maximum im August zu beobachten ist und der etwa Anfang Oktober endet. Anschließend harren etliche Waldwasserläufer den Winter hindurch aus, in Baden-Württemberg z.B. etwa 260 Vögel (Hölzinger & Boschert 2001).

Wanderungen: Von Deutschland aus weisen Ringfunde vom Herbstzug vorwiegend in Richtung SW nach Frankreich und Spanien, teilweise auch in Richtung S nach Italien und SE-Frankreich (Abb. 2). Dies entspricht dem allgemein für Waldwasserläufer festgestellten Breitfrontzug über Europa (Delany et al. 2009). Aus den Wintermonaten Dezember bis Februar gibt es nur sechs Funde (drei aus Frankreich, zwei aus Spanien, einen aus Italien; Funde in Deutschland nicht berücksichtigt). Lediglich eine Rückmeldung aus Mali im März von einem in den Rieselfeldern Münster beringten Vogel zeigt, dass in Deutschland rastende Durchzügler auch das W-afrikanische Überwinterungsgebiet erreichen (Abb. 1). Vergleichbare Ringfunde gibt es nur von je einem schwedischen Vogel in W- bzw. im zentralen Afrika (Fransson et al. 2008). Während vom Frühjahrszug keine verwertbaren Informationen vorliegen, geben drei Meldungen aus Finnland aus der ersten Mai-Dekade Hinweise darauf, aus welchem Bereich deutsche Durchzügler stammen könnten (Abb. 1). Der einzige konkrete Nachweis bezüglich der Brutherkunft betrifft einen nicht flügge in S-Schweden beringten Vogel, der im Mai des folgenden Jahres in Schleswig-Holstein tot gefunden wurde. Die Herkunft der deutschen Wintergäste ist ebenso wenig bekannt wie der Zug der deutschen Brutvögel.

Abb. 1: Fundorte von in Deutschland beringten (40 Funde) und ausländische Beringungsorte von in Deutschland gefundenen (5 Funde) Waldwasserläufern. – *Foreign recovery sites of Green Sandpipers ringed in Germany (40 recoveries) and foreign ringing sites of birds recovered in Germany (5 recoveries).*

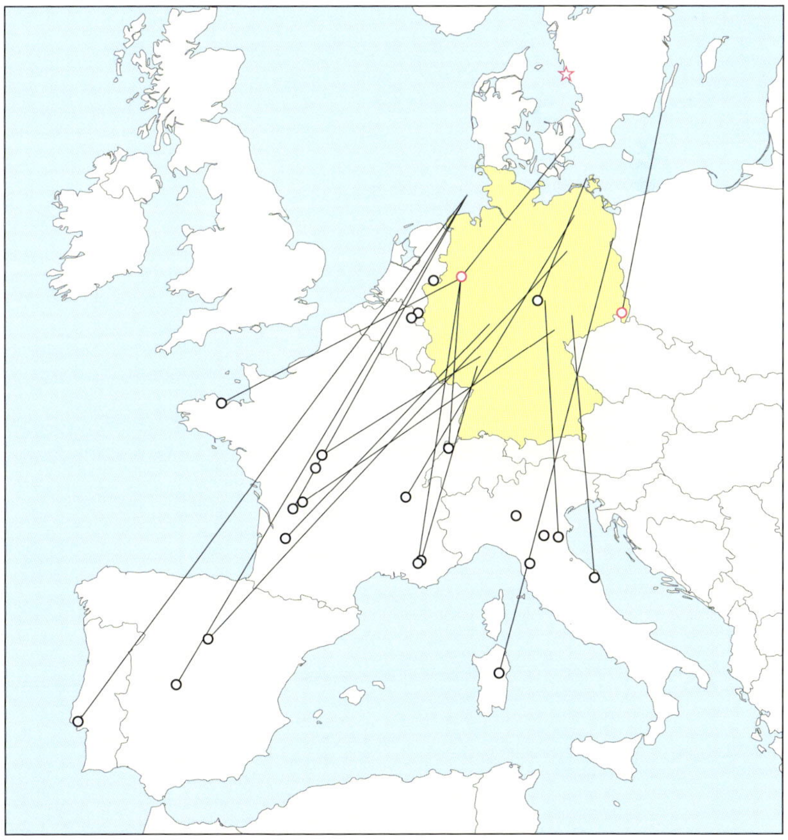

Abb. 2: Herbstzug (Juni – November) von in Deutschland von Juni bis November anwesenden Waldwasserläufern (26 Funde). – *Autumn migration (June – November) of Green Sandpipers present in Germany from June to November (26 recoveries).*

Summary: *The increasing breeding population of Green Sandpiper in Germany is concentrated mainly in the NE of the country and currently involves 950–1200 bp. The species is also a common migrant in spring and autumn, with some birds even staying in winter. Most ring recoveries from autumn migration point towards SW, but some birds are directed due south of the ringing sites reaching Italy. The only six winter recoveries are from France, Spain and Italy, while one bird found in Mali in March is the only evidence for German migrants reaching winter quarters in W Africa. Information from spring migration is negligible, but three recoveries in Finland indicate a probable breeding origin there. However, only one bird ringed as a chick (in S Sweden) was found in NW Germany during migration (in May).*

Bruchwasserläufer *Tringa glareola*

Wood Sandpiper

Beringungen nach 1945:	15.093
Funde > 10 km nach 1945:	185/183
Wiederfundquote (Fernfunde nach 1945):	1,2 %
Funde > 10 km seit 1901:	185/183
Funde fremder Beringungszentralen:	34/31
Höchstalter:	12 J, 4 M
Weiteste Entfernung:	6284 km

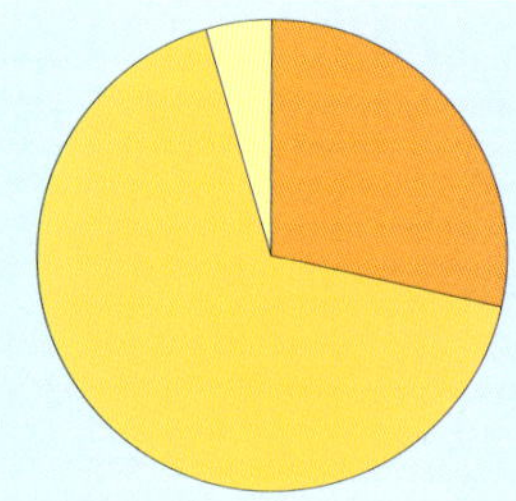

Verbreitung und Status: Von Schottland, N-Mitteleuropa und Skandinavien aus erstreckt sich das Brutareal des Bruchwasserläufers über ganz Sibirien bis nach Kamtschatka. Die Überwinterungsgebiete umfassen Afrika südlich der Sahara, S-Asien und Australien. Das einstige Brutvorkommen in der N-deutschen Tief-

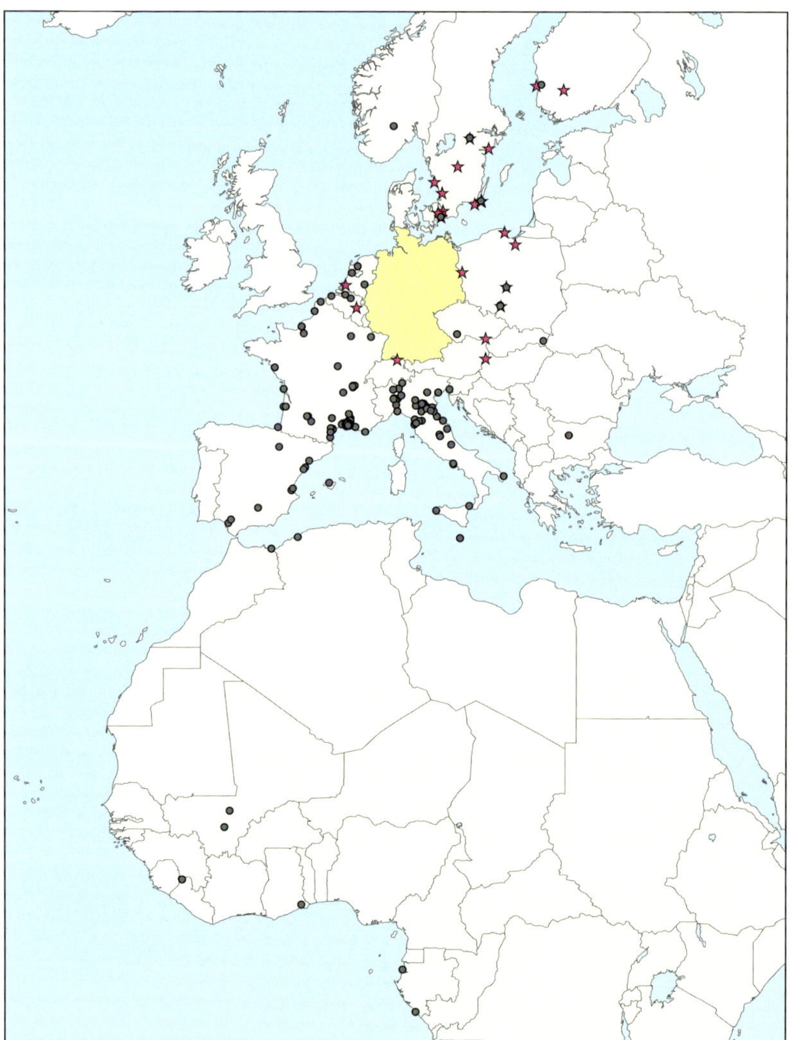

Abb. 1: Fundorte von in Deutschland beringten (167 Funde) und ausländische Beringungsorte von in Deutschland gefundenen (34 Funde) Bruchwasserläufern. – *Foreign recovery sites of Wood Sandpipers ringed in Germany (167 recoveries) and foreign ringing sites of birds recovered in Germany (34 recoveries).*

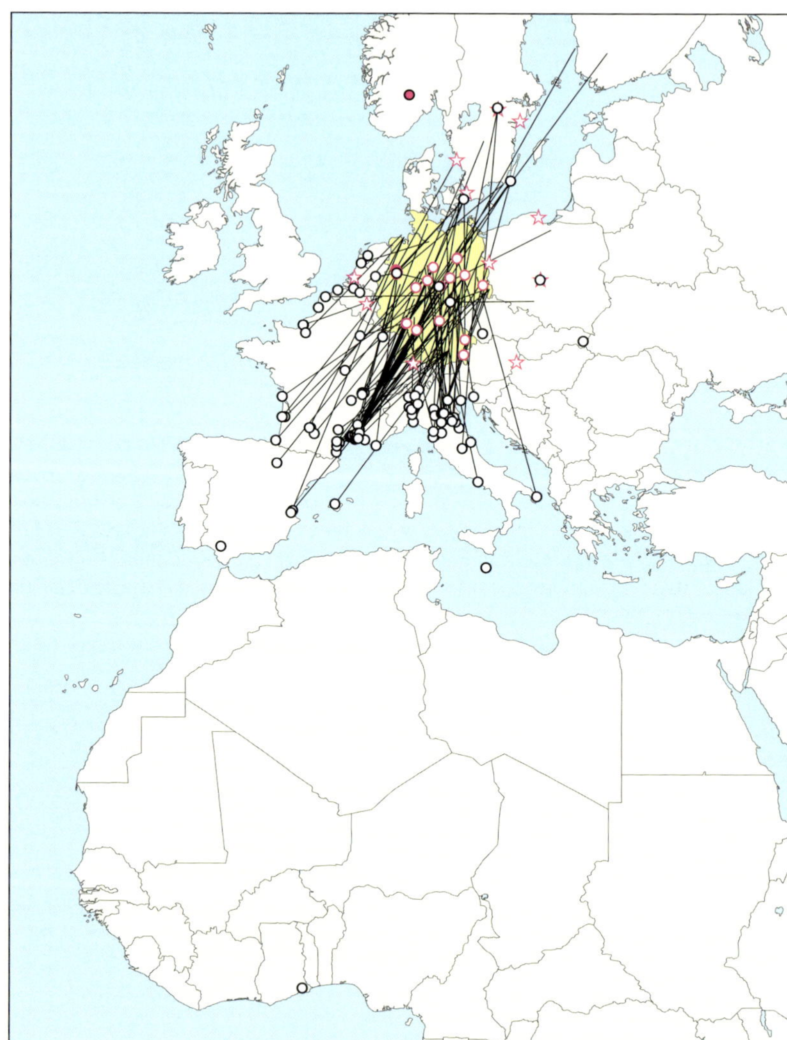

Abb. 2: Herbstzug (Juli–November) von in Deutschland von Juli bis November anwesenden Bruchwasserläufern (170 Funde). – *Autumn migration (July–November) of Wood Sandpipers present in Germany from July to November (170 recoveries).*

ebene ist komplett erloschen. In Flachwasserzonen von Feuchtgebieten ist die Art aber weiterhin ein häufiger Durchzugsgast in allen Teilen Deutschlands. Der Herbstzug findet von Juli bis September statt, der Frühjahrszug erfolgt Ende April und im Mai. Beide Zugperioden haben sich im Verlauf der letzten drei Jahrzehnte des 20. Jahrhunderts verschoben, der Frühjahrszug nach vorn und der Herbstzug nach hinten (Anthes 2004).

Wanderungen: Alle Wiederfunde in Deutschland beringter Bruchwasserläufer gehen auf während der Rast gefangene Vögel zurück, Informationen über das Zugverhalten der ehemaligen deutschen Brutvögel fehlen. Der Herbstzug N-europäischer Bruchwasserläufer erfolgt über Mitteleuropa hinweg, wobei viele direkte Ringfunde SW und S als dominierende Zugrichtungen ausweisen (Abb. 2). Nur wenige Vögel wandern nach W bzw. nach SSE. Relativ wenige Funde belegen Flüge von Norwegen, Schweden und Finnland aus nach Deutschland, allerdings zeigt nur ein Fund eines in den Rieselfeldern Münster beringten und in S-Norwegen als Brutvogel kontrollierten Individuums konkret die Brutherkunft an.
Im weiteren Verlauf des Herbstzugs wurden die meisten Wiederfunde aus W- und SW-Kontinentaleuropa gemeldet, während es zu den Britischen Inseln im Einklang mit den Beringungsergebnissen aus Fennoskandien (Bakken et al. 2003, Fransson et al. 2008, Saurola et al. 2013) keinen Bezug gibt. Im Gegensatz zu zahlreichen Herbstfunden in Frankreich und Italien gibt es aus dieser Jahreszeit keinen einzigen aus N-Afrika, was darauf hinweist, dass Mittelmeer und Sahara im Nonstop-Flug überquert werden (vgl. Delany et al. 2009). Sechs Ringfunde zwischen Mali und Gabun verdeutlichen, dass durch Deutschland ziehende Bruchwasserläufer südlich der Sahara in W-Afrika überwintern. Acht Funde aus dem W-Mittelmeerraum in den Monaten Dezember bis Februar, darunter je einer in Marokko und Algerien, deuten allerdings an, dass einige Vögel weiter nördlich den Winter verbringen. Zeitlich und räumlich aus dem Rahmen fällt ein im Januar in Bulgarien geschossenes Individuum (Abb. 1).
Vom Frühjahrszug (März bis Mai) gibt es nur zwölf Ringfunde, von denen sieben aus Italien stammen. Dies deutet einen gegenüber dem Herbstzug möglicherweise östlicher verlaufenden Frühjahrszug an, wie ihn auch Funde in Schweden beringter Vögel vermuten lassen (Fransson et al. 2008).

Summary: *Though the breeding population in N Germany is now extinct, Wood Sandpipers are still common migrants stopping over in wetlands all over the country. Ring recoveries show an autumn migration directed towards SW and S, with few connections from Fennoscandia to Germany, but many recoveries of birds ringed in Germany to continental W and SW Europe. The lack of recoveries in NW Africa suggests non-stop flights from S Europe to sub-Saharan Africa, where six recoveries locate the winter quarters between Mali and Gabon. However, there are also some recoveries in the winter months from the W Mediterranean. Information about spring migration is scant, but a high proportion of birds found in Italy suggest a more easterly route taken in spring as compared to autumn.*

Kampfläufer *Philomachus pugnax*
Ruff

Beringungen nach 1945:	11.842
Funde > 10 km nach 1945:	223/221
Wiederfundquote (Fernfunde nach 1945):	1,9 %
Funde > 10 km seit 1901:	224/222
Funde fremder Beringungszentralen:	177/112
Höchstalter:	18 J, 5 M
Weiteste Entfernung:	8131 km

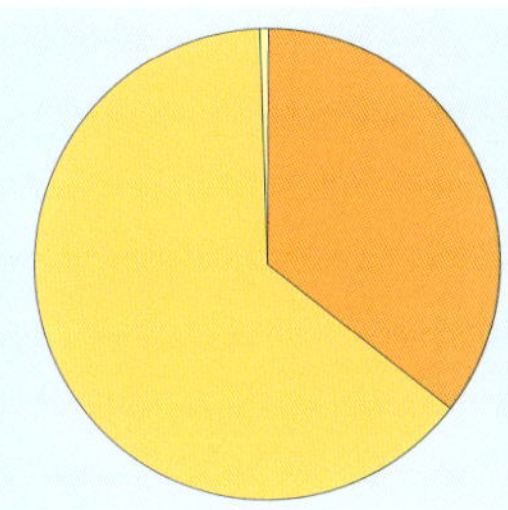

Verbreitung und Status: Das Brutareal des Kampfläufers umfasst weite Teile N-Eurasiens von Großbritannien über das nördliche Mitteleuropa und N-Europa durch ganz Sibirien bis zur Tschuktschen-Halbinsel. Die Überwinterungsgebiete erstrecken sich über ein großes Gebiet von W- und S- Europa über fast ganz Afrika (mit Ausnahme von Sahara und tropischem Regenwald) bis Indien. In Deutschland ist die einst als Brutvogel weit verbreitete Art nach dramatischem Bestandsrückgang im 20. Jahrhundert inzwischen fast ausgestorben. Der Brutbestand wird derzeit auf nur noch 19 – 26 BP geschätzt, Brutvorkommen gab es zuletzt nur noch in Schleswig-Holstein, Niedersachsen und Mecklenburg-Vorpommern. Der Durchzug von Brutvögeln anderer Länder findet im Frühjahr vor allem in den Monaten März bis Mai statt, bereits ab Mitte Juni treffen die sich nicht an der Brut beteiligten Männchen ein, gefolgt von Weibchen und ab August auch Jungvögel. Der Herbstzug ist im Oktober beendet. Die Bestände rastender Durchzügler haben in Deutschland stark abgenommen.

Wanderungen: Der Einzugsbereich, aus dem die in Deutschland auf dem Zug rastenden Kampfläufer stammen, ist sehr groß und reicht von E-Sibirien bis W-Afrika (Abb. 1). Am weitesten im E wurde ein in den Rieselfeldern Münster Ende Juli beringtes adultes Weibchen gefunden, 8131 km entfernt bei 150 °E in NE-Sibirien. Weitere Funde in Sibirien und Fennoskandien weisen darauf hin, dass weite Bereiche N-Eurasiens zum Brutgebiet der durch Deutschland ziehenden Kampfläufer gehören. Allerdings stellt ein nicht flügge in Finnland beringter Vogel, der in Mecklenburg-Vorpommern kontrolliert wurde, den einzigen Nachweis für eine solche Brutherkunft dar.
Einige direkte Wiederfunde zeigen, dass von Finnland aus nach SSW ziehende Vögel auf dem Herbstzug nach Deutschland gelangen (Abb. 2). Für alle ande-

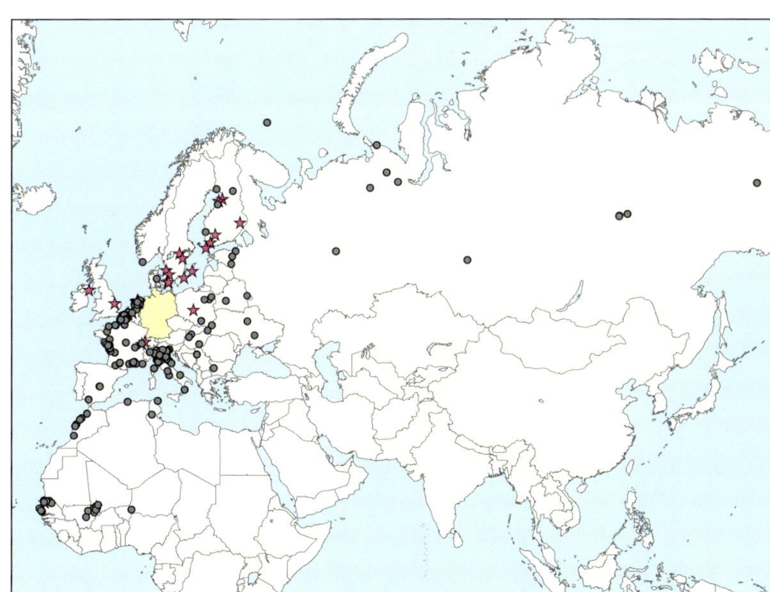

Abb. 1: Fundorte von in Deutschland beringten (214 Funde) und ausländische Beringungsorte von in Deutschland gefundenen (177 Funde) Kampfläufern. – *Foreign recovery sites of Ruff ringed in Germany (214 recoveries) and foreign ringing sites of birds recovered in Germany (177 recoveries).*

ren Herkunftsgebiete ist offen, wie die Routen durch W-Sibirien und E-Europa verlaufen. Von Deutschland aus ziehen Kampfläufer im Herbst sowohl nach SW (Frankreich) als auch nach S (Italien) weiter und erreichen schließlich NW- und W-Afrika. Wiederfunde deutscher Durchzügler im Januar und Februar stammen aus den Niederlanden (1), Belgien (1), Frankreich (16), Italien (4), Spanien (1), Tunesien (1), Marokko (1), Mauretanien (1), Senegal (5) und Mali (5). Neben einigen in Europa überwinternden Vögeln ist W-Afrika als wichtigstes Winterquartier für durch Mittel- und W-Europa ziehende Kampfläufer gut in den Winterfunden repräsentiert. Im Gegensatz dazu zieht ein Teil der sibirischen Brutvögel über SW-Asien nach Indien, zum Persischen Golf sowie E- und S-Afrika (Delany et al. 2009). Bisher gibt es keine Anzeichen dafür, dass Individuen zwischen diesen beiden Überwinterungsregionen wechseln, da Ringfunde europäischer Durchzügler in S-Afrika fehlen (ein von Heinicke & Köppen 2013 mitgeteilter Fund beruht auf einer Verwechslung). Zwei Vögel, die in Deutschland auf dem Herbstzug beringt und in einem späteren Jahr im August in der Ukraine gefunden wurden, lassen es allerdings möglich erscheinen, dass innerhalb von Europa jahrweise verschiedene Routen (in diesen Fällen vermutlich Zug über das Schwarze Meer) benutzt werden.

Deutlich ist dagegen, dass viele Kampfläufer im Frühjahr eine andere Route wählen als im Herbst. Einige Vögel, die auf dem Herbstzug in Deutschland beringt wurden, tauchten während des Frühjahrszugs in Italien und deutlich östlich von Deutschland auf (Abb. 4) – deutliche Anzeichen für einen Schleifenzug entgegen dem Uhrzeigersinn, auf den auch Beringungsergebnisse aus anderen Ländern Hinweise geben (z. B. Fransson et al. 2008, Spina & Volponi 2008a). Dennoch zieht ein Teil der Vögel zu beiden Zugperioden über Deutschland hinweg (Abb. 3). Ein direkter Wiederfund von Sachsen-Anhalt nach Sibirien über 6500 km in 32 Tagen zeigt, dass auch sehr weit aus dem E stammende Vögel im Frühjahr den Weg über Deutschland nehmen können. Jüngst wurde beim Kampfläufer allerdings auch eine individuelle Flexibilität bei der Wahl der Route auf dem Frühjahrszug festgestellt. Weil sich die Ernährungsbedingungen auf einer westlichen, u. a. über die Niederlande führende, Route verschlechtert hatten, wechselten innerhalb des ersten Jahrzehnts des 21. Jahrhunderts viele Vögel auf eine östlichere, u.a. über Weißrussland verlaufende Route (Verkuil et al. 2012). Beide Routen werden von den Frühjahrsfunden der auf dem Herbstzug in Deutschland beringten Kampfläufer nachgezeichnet (Abb. 4).

Über die Wanderungen des deutschen Brutbestandes ist relativ wenig bekannt, denn es liegen nur acht Ringfunde von in Deutschland nicht flügge beringten Kampfläufern vor. Im Januar wurde ein Vogel in Marokko erbeutet, was auf eine Überwinterung in NW-Afrika hinweist. Funde aus den Monaten Februar und März (dreimal in Frankreich, viermal in Italien) könnten schon den Frühjahrszug betreffen. Darüber hinaus wurden zwei zum Brutbestand der Ostseeinsel Kirr gehörende Altvögel als Durchzügler im Juli (Weibchen) und im März (Männchen) in N-Frankreich geschossen.

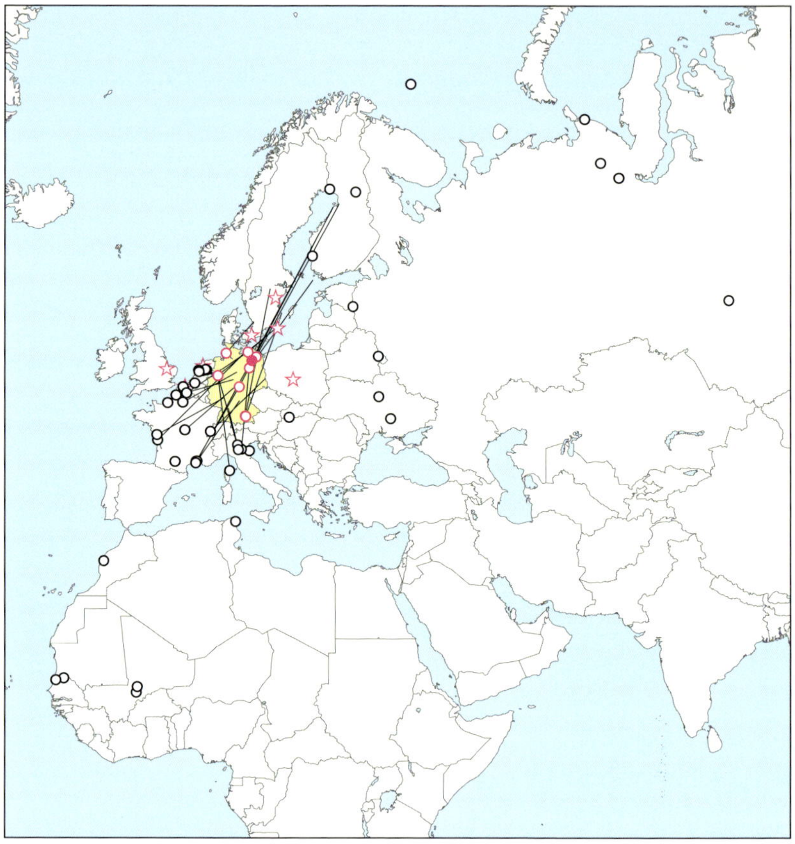

Abb. 2: Herbstzug (Juni – November) von in Deutschland von Juni bis November anwesenden Kampfläufern (63 Funde). – *Autumn migration (June – November) of Ruff present in Germany from June to November (63 recoveries).*

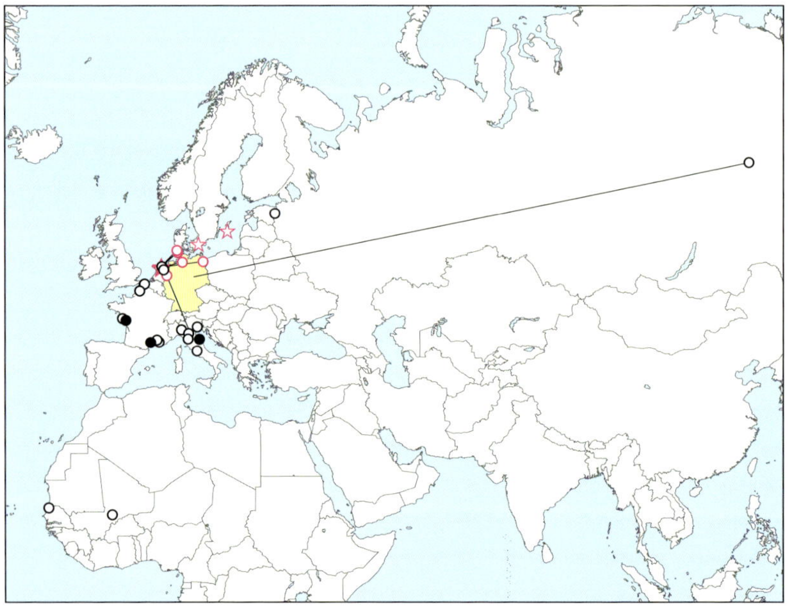

Abb. 3: Frühjahrszug (März – Mai) von in Deutschland zur Brutzeit (3 Funde) oder von März bis Mai anwesenden Kampfläufern (45 Funde). – *Spring migration (March – May) of Ruff present in Germany during the breeding season (3 recoveries) or from March to May (45 recoveries).*

Abb. 4: Frühjahrszug (März – Mai) von in Deutschland auf dem Herbstzug (Juni – Novemberi) anwesenden Kampfläufern (57 Funde). – *Spring migration (March – May) of Ruff present in Germany during autumn migration (June – November; 57 recoveries).*

***Summary:** The German breeding population of the formerly widely distributed Ruff is close to extinction, with currently only 19-26 bp remaining. The species is still a widespread autumn and spring migrant, but its numbers are strongly decreasing as well. Autumn migration is mainly directed to the SW, but southward flights are also evident from some recoveries. Winter quarters are situated in W Europe, the Mediterranean and W Africa. Though part of the birds ringed in Germany during autumn migration fly along the same route in spring, others appear to migrate further east than in autumn, i.e. show anti-clockwise loop migration. Many spring recoveries stem from Italy and E Europe, but some birds are found in Siberia as far east as 150 °E. Hardly anything is known about the migrations of the German breeding population. The recoveries fit the general migration pattern, as birds were reported from Morocco (in January), Italy and France (in July, February and March).*

Steinwälzer *Arenaria interpres*
Ruddy Turnstone

Beringungen nach 1945:	1931
Funde > 10 km nach 1945:	136/42
Wiederfundquote (Fernfunde nach 1945):	2,2 %
Funde > 10 km seit 1901:	140/46
Funde fremder Beringungszentralen:	54/29
Höchstalter:	12 J, 7 M
Weiteste Entfernung:	5911 km

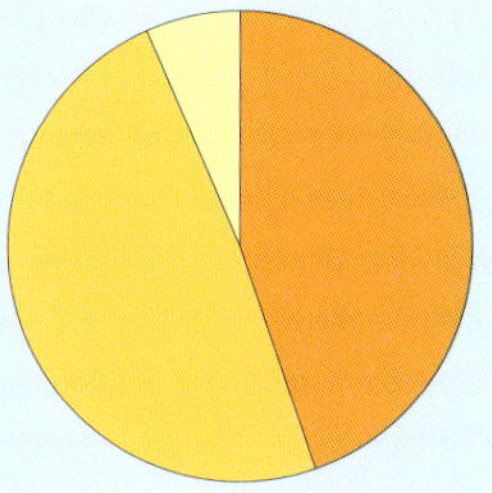

Verbreitung und Status: Von der nördlichen gemäßigten Zone an südwärts sind Steinwälzer nahezu weltweit an den Küsten auftretende Wintergäste. Ihre Brutgebiete befinden sich dagegen in der Arktis von Nordamerika und Eurasien. Am weitesten nach S reicht das Brutareal in Europa, wo sich die Art bis S-Skandinavien als Brutvogel findet. Während Brutvorkommen an der deutschen Ostseeküste seit über 100 Jahren erloschen sind, gibt es im schleswig-holsteinischen Wattenmeer einen Kleinstbestand von etwa 1–5 BP. Sehr viel häufiger sind Steinwälzer an deutschen Küsten als Durchzügler und Wintergäste, vor allem an Sandstränden und an steinernen Uferbefestigungen. Im Binnenland erscheint die Art dagegen nur spärlich. Die Hauptzugzeiten sind im Frühjahr von Ende April bis Anfang Juni und im Sommer von Mitte Juli bis Ende September.

Wanderungen: An den deutschen Küsten treffen während des Herbstzugs Steinwälzer aus unterschiedlichen Brutgebieten aufeinander: Von NW her erscheinen Brutvögel aus Grönland und NE-Kanada, die überwiegend an der europäischen Atlantikküste (inklusive Nordsee) überwintern und nur zu kleineren Teilen nach

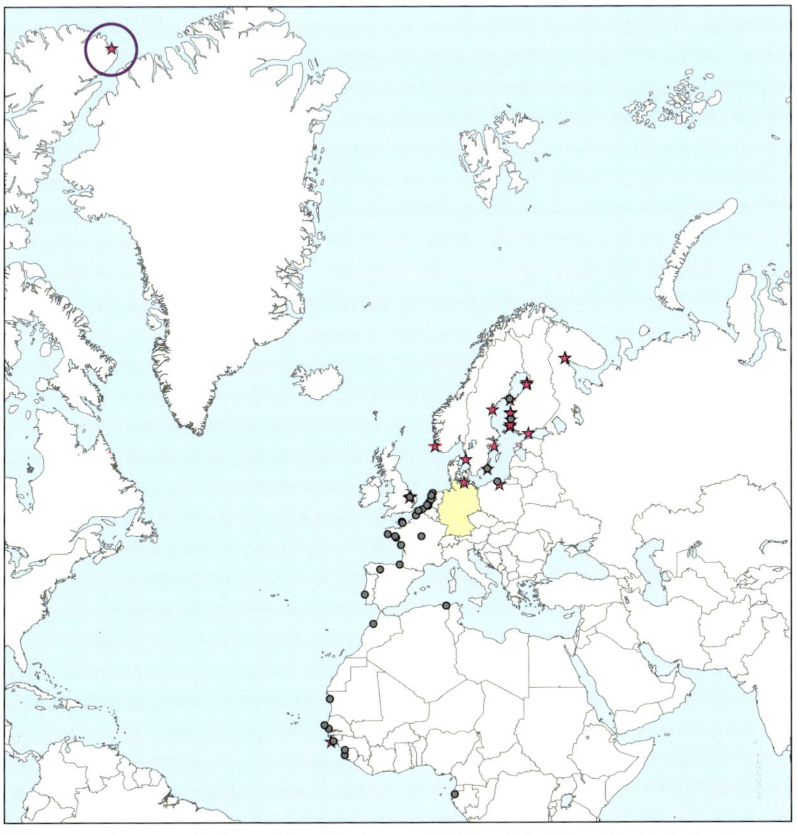

Abb. 1: Fundorte von in Deutschland beringten (132 Funde) und ausländische Beringungsorte von in Deutschland gefundenen (54 Funde) Steinwälzern. Das Symbol in der kanadischen Arktis steht für zwei Vögel. – *Foreign recovery sites of Ruddy Turnstones ringed in Germany (132 recoveries) and foreign ringing sites of birds recovered in Germany (54 recoveries). The symbol in Arctic Canada represents two individuals.*

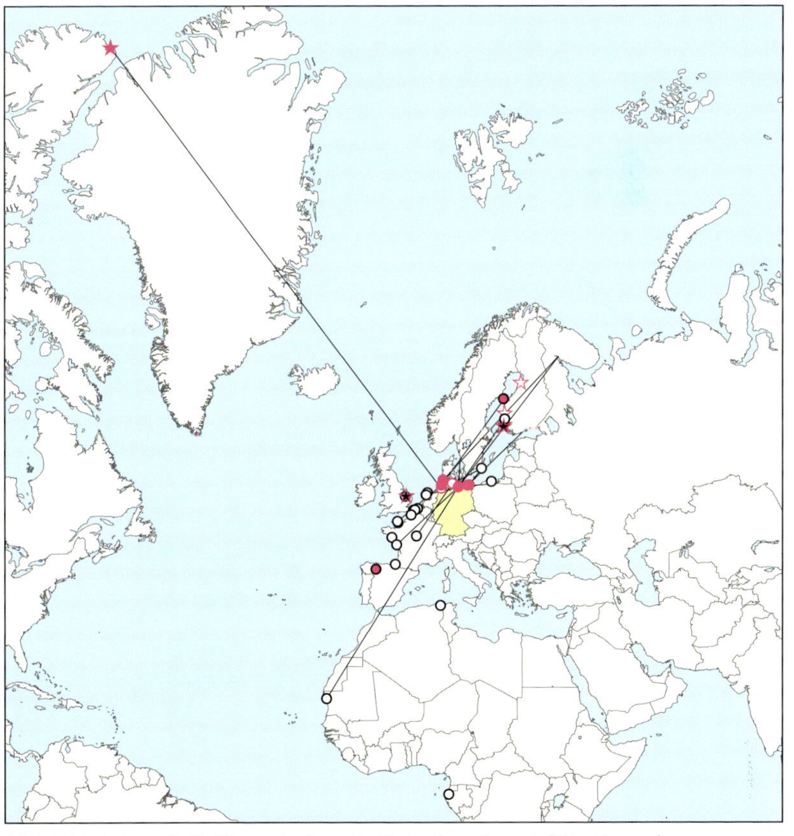

Abb. 2: Herbstzug (Juli – November) von in Deutschland von Juli bis November anwesenden Steinwälzern (99 Funde). – *Autumn migration (July – November) of Ruddy Turnstones present in Germany from July to November (99 recoveries).*

W-Afrika gelangen. Von NE her fliegen Steinwälzer aus N-Europa und NW-Russland ein, die größtenteils bis W-Afrika und teilweise wohl auch bis Südafrika weiterziehen (Delany et al. 2009).

Ringfunde machen deutlich, dass an den deutschen Küsten Vögel aus beiden Herkunftsgebieten vorkommen (Abb. 1). Ein brütender Altvogel und ein flügger Jungvogel, die in Alert (Ellesmere Island, NE-Kanada) mit Farbringen markiert worden waren, konnten jeweils in mehreren Wintern auf Wangerooge bzw. in Wilhelmshaven abgelesen werden. Auch Winterfunde von an der deutschen Ostseeküste beringten Herbstzüglern in den Niederlanden (6), Belgien (1) und N-Frankreich dürften aufgrund des nördlichen Winterquartiers zu den nearktischen Gästen gehören. Sie deuten aber darüber hinaus an, dass auch Vögel dieser Herkunft in der SW-Ostsee auftreten können. Demgegenüber belegen einige von N-Europa aus südwestwärts führende Ringfundverbindungen, darunter als Nestling beringte Vögel aus N-Norwegen (Bakken et al. 2003), Finnland (5) und N-Russland (2), dass auch paläarktische Brutvögel durch Deutschland ziehen (Abb. 2). Ferner stammen einige Funde aus W-Afrika zwischen Mauretanien und Gabun, einem paläarktischen Vögeln zugeschriebenem Winterquartier (Delany et al. 2009). Bisher ist nach Ringfunden nicht ersichtlich, wie weit das Brutgebiet der deutschen Durchzügler nach E reicht. Nach Delany et al. (2009) benutzen Vögel von der Kara-See an einen östlicheren, nach E- und S-Afrika führenden Zugweg.

Von Deutschland aus verläuft der Herbstzug wohl vorwiegend in Richtung SW, denn beringte Steinwälzer wurden auf dem Herbstzug häufig an den Küsten von den Niederlanden bis N-Spanien gefunden (Abb. 2). Eine Rückmeldung aus Algerien könnte als Hinweis auf Zug durch das mitteleuropäische Binnenland gewertet werden, den möglicherweise auch einige in Norwegen, Schweden und Finnland beringte Vögel zeigen (Bakken et al. 2003, Fransson et al. 2008, Saurola et al. 2013). Bereits im August kann W-Afrika erreicht werden. Neben den o.g. Winterfunden in W-Europa gibt es von in Deutschland beringten Steinwälzern je einen in Spanien und Portugal sowie zwei in W-Afrika. Die wenigen Funde aus den Monaten März bis Mai kommen aus den Niederlanden (2), Marokko (1) und W-Afrika (4), auch wurde ein Wintergast aus SE-England im April im Wattenmeer abgelesen. Aufschluss über auf dem Frühjahrszug benutzte Routen geben sie nicht. Auch zur Herkunft der deutschen Wintergäste gibt es nur wenige Informationen. Außer den bereits erwähnten Vögeln aus Kanada gibt es nur Funde je eines Durchzüglers aus S-Norwegen (dort rasten viele nearktische Steinwälzer) und Finnland (möglicherweise ein paläarktischer Vogel) im Winter im Wattenmeer.

Summary: *While Germany holds only c. 1–5 bp of Ruddy Turnstone in the Wadden Sea, the coastlines (and a few inland wetlands) are visited regularly by migrating birds. In addition, beaches and coastal piers hold a number of wintering birds. Ringed chicks and breeding birds from NE Canada (two winter guests in the Wadden Sea) as well as from Finland and NW Russia provide evidence that the Nearctic and W Palearctic breeding populations meet in the East Atlantic Flyway. After stopping over in Germany, autumn migration continues to the SW. Winter recoveries come from The Netherlands, Belgium and W France (probably Nearctic birds), from W Africa (probably Palearctic birds) and from Iberia (origin open). Spring recoveries are scarce and were reported from The Netherlands, Morocco and W Africa.*

Sumpfläufer *Limicola falcinellus*

Broad-billed Sandpiper

Die teilweise weit entfernt voneinander liegenden Brutgebiete des Sumpfläufers befinden sich in Fennoskandien sowie in N- und NE-Sibirien. Während sibirische Vögel an den Küsten S-Asiens bis Australiens überwintern, ziehen die europäischen Vögel zumeist nach SE, um Überwinterungsgebiete in W-Indien, am Persischen Golf, am Roten Meer und in E-Afrika zu erreichen. Ein sehr kleiner Teil der Population zieht südwärts nach Tunesien. Deutschland liegt am äußersten westlichen Rand des Durchzugsgebietes, so dass die Art, abgesehen vom Bereich der Elbmündung und der Ostseeküste Mecklenburg-Vorpommerns, nur selten zu beobachten ist (Dierschke 1997). Pro Jahr rasten vermutlich weniger als 200 Sumpfläufer in Deutschland, die meisten im Mai und von Juli bis September.

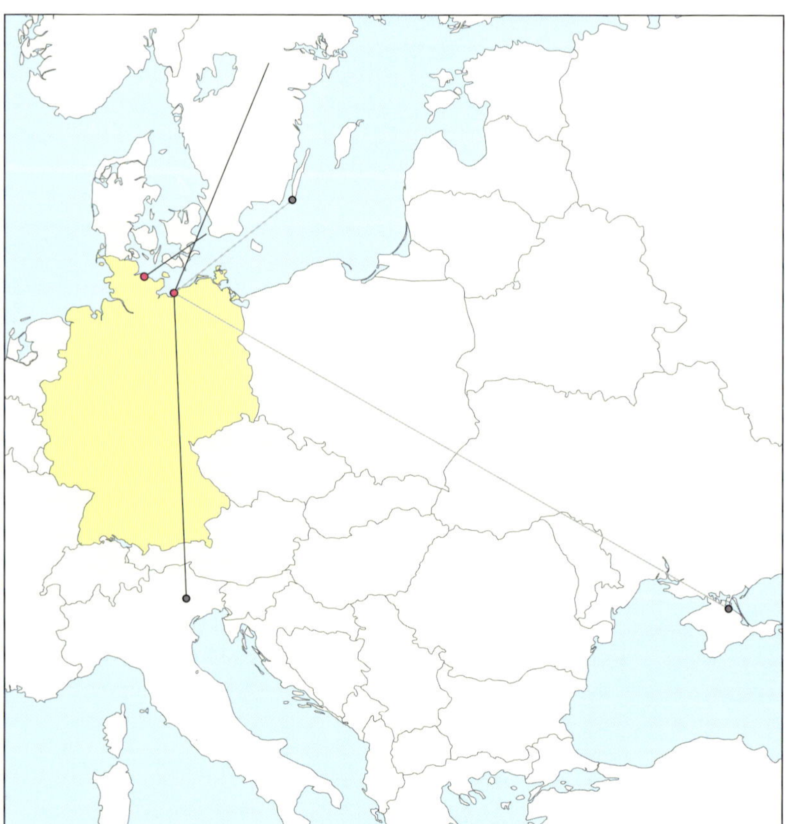

Abb. 1: Funde von Sumpfläufern mit Bezug zu Deutschland (5 Funde). – *Recoveries of Broad-billed Sandpipers related to Germany (5 recoveries).*

Alle fünf vorliegenden Ringfunde zeigen Verbindungen zur deutschen Ostseeküste (Abb. 1). Ein im August auf der Insel Langenwerder (Wismarbucht) beringter Jungvogel wurde etwa vier Wochen später in N-Italien erbeutet. Ein weiterer direkter Fund führt vom S-schwedischen Binnenland innerhalb von neun Tagen zum Langenwerder. Außerdem wurde ein Ende August bei Falsterbo beringter Vogel nach fünf Tagen am Bottsand bei Kiel kontrolliert. Zumindest die drei direkten Funde vom Herbstzug erfolgten in Richtung S bis SW. Sie lassen vermuten, dass die am Westrand des Durchzugsgebietes auftretenden Individuen zum kleinen tunesischen Winterbestand zu rechnen sind. Ein auf dem Langenwerder im September beringter Jungvogel wurde im Mai des folgenden Jahres auf Öland (SE-Schweden) kontrolliert, möglicherweise zog dieser Vogel auch im Frühjahr am Westrand seines Verbreitungsgebietes. Dass der Frühjahrszug auf ganz anderer Route erfolgen kann, belegt der Totfund eines auf dem Langenwerder markierten Altvogels vier Jahre später im Mai auf der Krim (Abb. 1), nahe dem wichtigsten Frühjahrs-Rastgebiet, dem Sivash (van der Winden et al. 1993).

Summary: *Germany is situated at the western edge of the range of migrating Broad-billed Sandpipers. The annual total is probably below 200 birds, but regular stopovers are observed in the mouth of River Elbe and at the Baltic Sea coast. Three ring recoveries indicate a migratory direction of S to SW in autumn and raise suspicion that birds passing Germany may belong to the small wintering stock in Tunisia. Two recoveries of birds ringed in Germany show the diversity of routes towards Fennoscandian breeding grounds in spring, either close to the route taken in autumn (retrap in SE Sweden in May) or via the Mediterranean flyway (recovery on Crimea at the Black Sea in May).*

Knutt *Calidris canutus*

Red Knot

Beringungen nach 1945:	13.422
Funde > 10 km nach 1945:	426/318
Wiederfundquote (Fernfunde nach 1945):	2,4 %
Funde > 10 km seit 1901:	427/319
Funde fremder Beringungszentralen:	633/540
Höchstalter:	16 J, 9 M*
Weiteste Entfernung:	9925 km

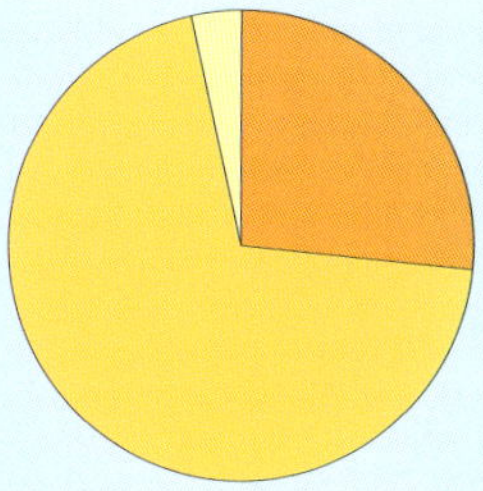

Verbreitung und Status: Der Knutt ist ein Langstreckenzieher, dessen Brutgebiete (hocharktische Tundra N-Sibiriens und N-Nordamerikas) und Winterquartiere (Küsten von S-Nordamerika, Südamerika, W-Europa, W- und S-Afrika, Australien) extrem weit voneinander entfernt sind. In Europa treten zwei Unterarten auf: *C. c. islandica* aus Grönland und NE-Kanada sowie *C. c. canutus* von der sibirischen Taimyr-Halbinsel. Beide Unterarten nutzen das Wattenmeer als Rast- und Mausergebiet. Im deutschen Teil des Wattenmeeres halten sich bis zu 500.000 Ind. auf (Prokosch 1988), doch nehmen die Rastbestände in Schleswig-Holstein seit 20 Jahren kontinuierlich ab (Blew et al. 2013). In kleinerer Zahl sind Knutts auch im Winter an den deutschen Küsten anzutreffen. Darüber hinaus erscheinen Knutts auf dem Zug (besonders April/Mai und Juli bis Oktober) an der deutschen Ostseeküste. Jungvögel ziehen ab August auch durch das Binnenland.

Wanderungen: Das weltumspannende Zugsystem des Knutts spiegelt sich in den Ringfundverbindungen von und nach Deutschland, die bis Grönland, N-Sibirien und Südafrika reichen, wider (Abb. 1 und 2). Funde in den Brutgebieten selbst, aber auch die Verteilung der Winterfunde (s.u.), zeigen deutlich, dass nearktische und paläarktische Brutvögel unter den Rastvögeln in Deutschland vertreten sind. Auf dem Herbstzug werden die deutschen Küsten von NW, NE und E her angeflogen (Abb. 3). Dabei gibt es zwei direkte Funde aus den Brutgebieten ins Wattenmeer (Altvogel aus E-Grönland) bzw. an die schleswig-holsteinische Ostseeküste (Jungvogel von der Taimyr-Halbinsel). Der weitere Zug führt entweder nach W zu den Britischen Inseln oder nach SW zur französischen W-Küste und zur Iberischen Halbinsel. Nur ausnahmsweise gelangen deutsche Ringvögel ans Mittelmeer, die beiden einzigen Funde sind indirekt und kommen aus Italien (Mai) und Kroatien (August). Einige Funde aus der Herbstzugzeit stammen schon aus W-Afrika.

Im Winter halten sich in Deutschland beringte Knutts sowohl in W- und S-Afrika als auch in W-Europa (Wattenmeer bis W-Frankreich, Britische Inseln) auf. Da die Überwinterungsgebiete von *C. c. canutus* (W- und S-Afrika) und *C. c. islandica* (W-Europa) deutlich voneinander getrennt sind (Piersma & Davidson 1992), zeigt die Winterverteilung der in Deutschland beringten Vögel, dass diese in Nord- und Ostsee zu beiden Unterarten gehören, also auch die Ostseeküste von größeren Mengen nearktischer Vögel erreicht wird (Abb. 4).

Im Frühjahr, wenn die Rast im Wattenmeer zur Anlage von Fettreserven für den Weiterzug eine große Bedeutung hat (Prokosch 1988), weisen direkte und indirekte Ringfunde fast ausschließlich in Richtung der nearktischen Brutgebiete (Abb. 5; auch N-Norwegen ist Rastgebiet vor dem Flug nach Grönland und Kanada, Davidson & Wilson 1992), obwohl biometrische Untersuchungen (Prokosch 1988) und beobachtete Abzugsrichtungen (Leyrer et al. 2009) gezeigt

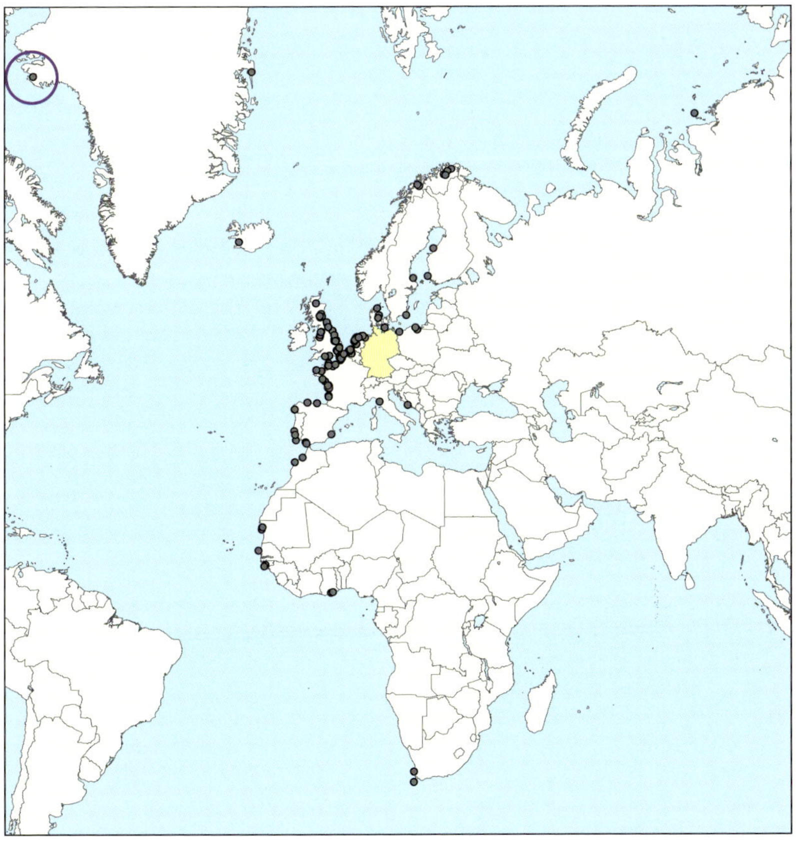

Abb. 1: Fundorte im Ausland von in Deutschland beringten Knutts (387 Funde). – *Foreign recovery sites of Red Knots ringed in Germany (387 recoveries).*

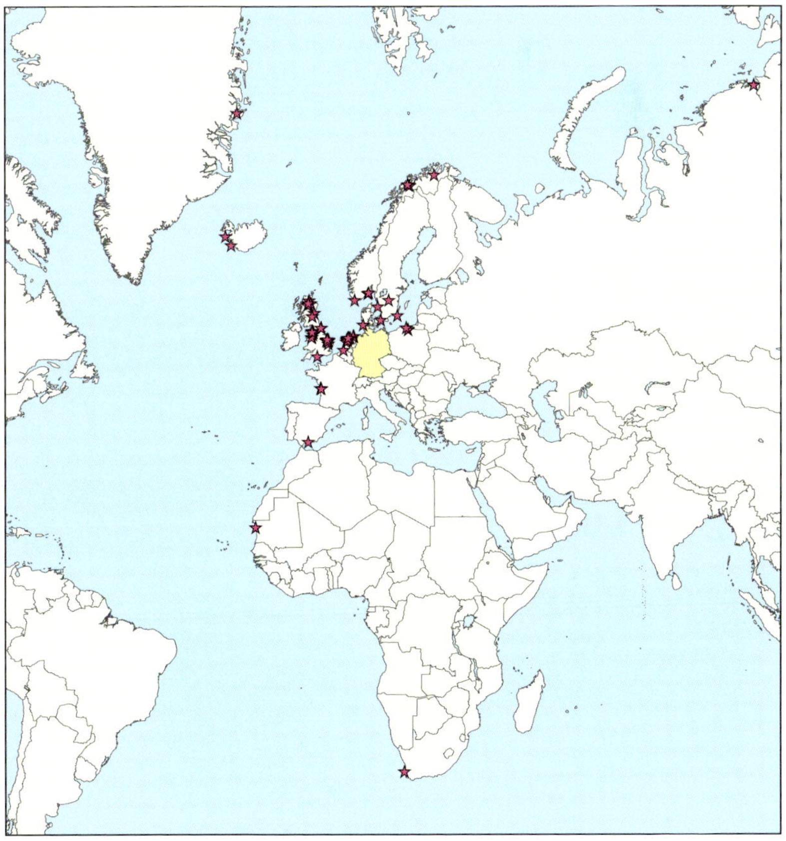

Abb. 2: Beringungsorte im Ausland von in Deutschland gefundenen Knutts (633 Funde). – *Foreign ringing sites of Red Knots recovered in Germany (633 recoveries).*

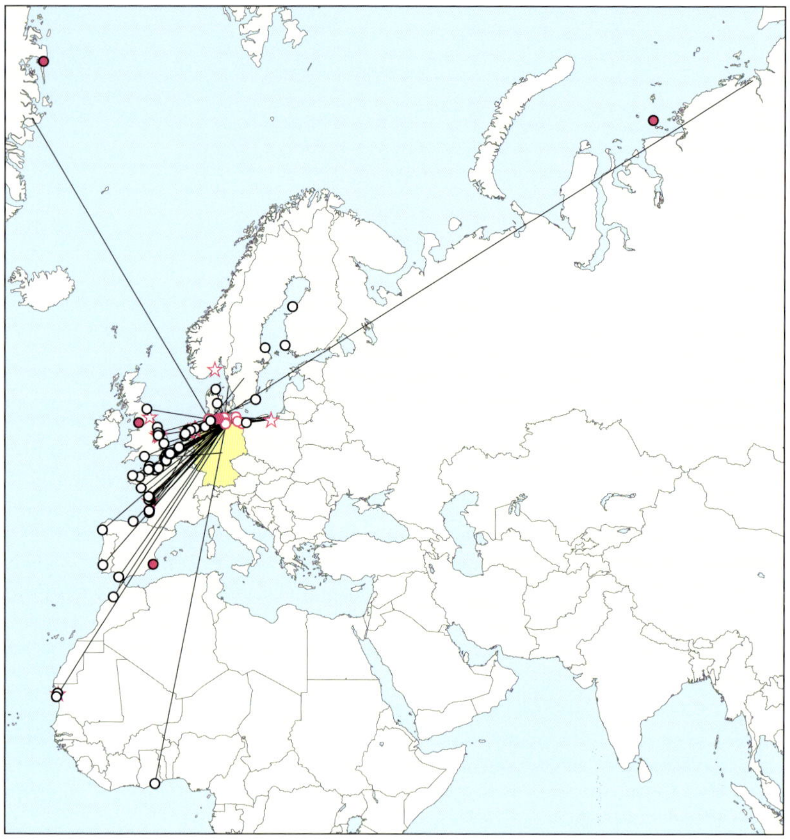

Abb. 3: Herbstzug (Juli – November) von in Deutschland von Juli bis November anwesenden Knutts (242 Funde). – *Autumn migration (July – November) of Red Knots present in Germany from July to November (242 recoveries).*

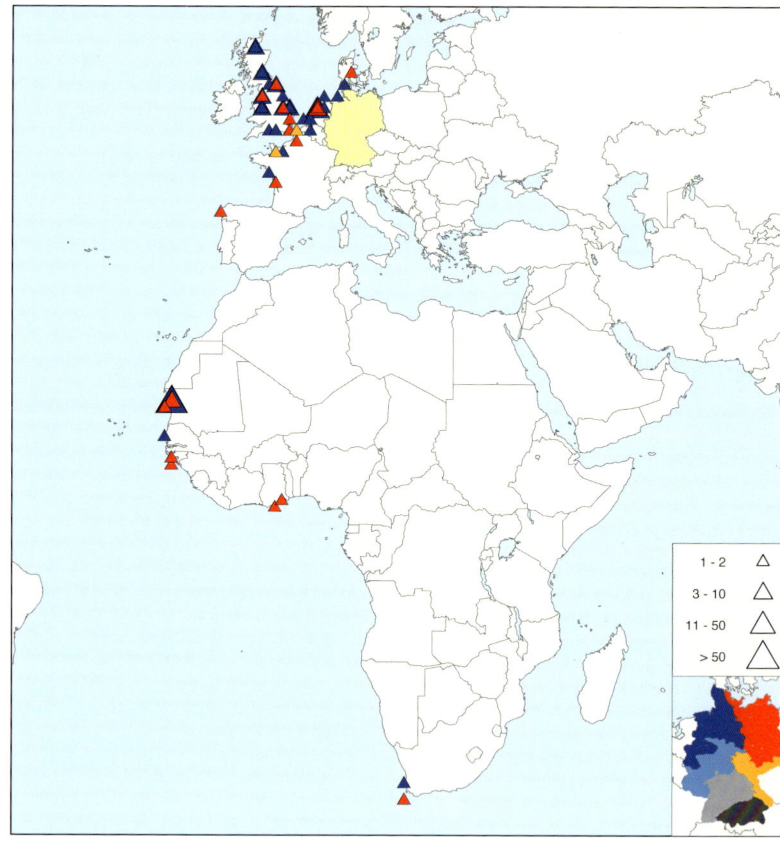

Abb.4: Aufenthaltsorte im Winter (Dezember – Februar) von in Deutschland zur Zugzeit (März – Mai, Juli – November) anwesenden Knutts (297 Funde). – *Presence in winter (December – February) of Red Knots present in Germany during the migration seasons (March – May, July – November; 297 recoveries).*

haben, dass das Wattenmeer ab Mitte Mai auch von den sibirischen Brutvögeln genutzt wird. Dies belegt zudem der Wiederfang eines auf der Taimyr-Halbinsel beringten Kükens im Frühjahr im Wattenmeer (in Abb. 5 nicht dargestellt, da Wiederfang am 6.6. und damit außerhalb des in der Karte behandelten Zeitraums), noch deutlicher aber die mehr als 90 in Mauretanien farbberingten Individuen, die zumeist Ende Mai und Anfang Juni im Wattenmeer abgelesen wurden (in Abb. 5 nicht abgebildet, weil nicht im Frühjahr beringt). Ebenfalls durch Farbberingung konnte gezeigt werden, dass viele in W-Afrika überwinternde Knutts vor dem Wattenmeer einen Rastaufenthalt in W-Frankreich einlegen. Dies geschieht offenbar nur dann, wenn starker Gegenwind einen Direktflug von W-Afrika ins Wattenmeer verhindert (Shamoun-Baranes et al. 2010)

Summary: *Though some juveniles migrate inland in autumn, the Red Knot is principally a coastal bird in Germany, with the Wadden Sea as an important staging area from March to May and from July to October. At both the North Sea and Baltic Sea, Knots from two subspecies are found, i.e. breeders from Greenland/ Canada (*C. c. islandica*) and from NW Siberia (*C. c. canutus*). This is shown by ring connections to breeding areas as well as by the distribution of winter recoveries in W and S Africa and in W Europe, respectively. Autumn migration towards these wintering areas is directed to the W and SW. In spring, Nearctic Knots staging in the Wadden Sea are connected to Iceland and NW Norway, the final staging sites before moving on to Greenland. Spring migration of Siberian breeders is depicted by more than 90 colour-ring readings in the Wadden Sea of birds marked in Mauretania; otherwise, Siberian birds are connected to W France, where they stopover when their long-distance flights are impaired by headwinds.*

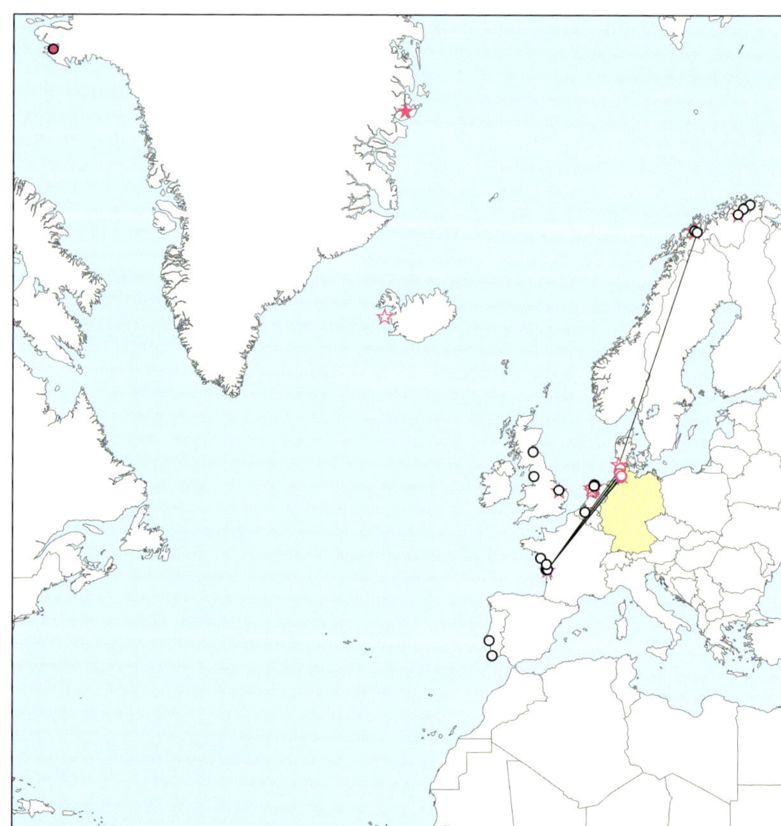

Abb. 5: Frühjahrszug (März – Mai) von in Deutschland von März bis Mai anwesenden Knutts (66 Funde). – *Spring migration (March – May) of Red Knots present in Germany from March to May (66 recoveries).*

Sanderling *Calidris alba*
Sanderling

Beringungen nach 1945:	1384
Funde > 10 km nach 1945:	59/40
Wiederfundquote (Fernfunde nach 1945):	2,9 %
Funde > 10 km seit 1901:	57/40
Funde fremder Beringungszentralen:	9/9
Höchstalter:	15 J*
Weiteste Entfernung:	8616 km

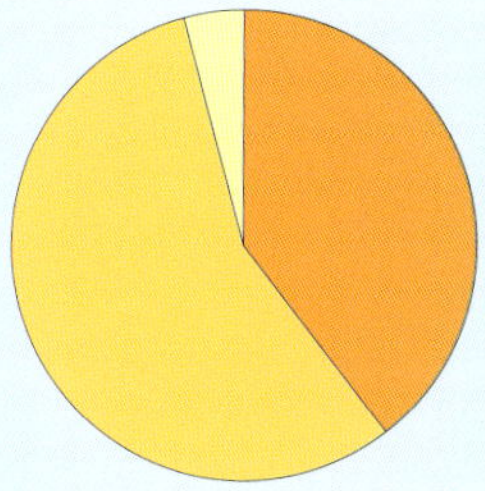

Verbreitung und Status: Sanderlinge sind hocharktische Brutvögel der Tundren Nordamerikas und N-Sibiriens. Außerhalb der Brutzeit bevölkern sie fast weltweit die Sandstrände, von den gemäßigten Zonen aller Kontinente südwärts bis Feuerland (Südamerika), Südafrika, Australien und Neuseeland. Bei ihren weltumspannenden Wanderungen erreichen Sanderlinge auch die deutschen Küsten, wo sie von Mitte Juli bis Oktober und von März bis Anfang Juni durchziehen, während das Vorkommen im deutschen Binnenland nur sehr gering ist. Das größte Rastvorkommen ist im Frühjahr mit maximal fast 30.000 Ind. im schleswig-holsteinischen Wattenmeer zu finden (Delany et al. 2009). Einige Vögel überwintern auch, vor allem auf den Außensänden und Sandstränden des Wattenmeeres (bis etwa 2400 Ind., Blew et al. 2005), in kleinerer Zahl auf Helgoland und an der Ostsee. Im deutschen Wattenmeer sind die Rastbestände stabil (Blew et al. 2013).

Abb. 1: Fundorte von in Deutschland beringten (57 Funde) und ausländische Beringungsorte von in Deutschland gefundenen (9 Funde) Sanderlingen. – *Foreign recovery sites of Sanderlings ringed in Germany (57 recoveries) and foreign ringing sites of birds recovered in Germany (9 recoveries).*

Wanderungen: Zur ostatlantischen Flywaypopulation gehören Sanderlinge, die in NE-Kanada, Grönland, auf Spitzbergen und auf der sibirischen Taimyr-Halbinsel brüten (Reneerkens et al. 2009). Über die Nordsee bzw. die Ostsee gelangen die Vögel auf dem Herbstzug zunächst an die europäische Westküste vom Wattenmeer bis Frankreich. Der größte Teil der Vögel zieht weiter nach W- und S-Afrika, um dort zu überwintern. Die meisten Wiederfunde von in Deutschland beringten Sanderlingen verdeutlichen diesen Zug entlang der Küste des E-Atlantiks (Abb. 1 und 2). Zwei Ablesungen farbberingter Individuen in Mauretanien (Dezember) und Namibia (Januar) zeigen, dass auch deutsche Rastvögel afrikanische Winterquartiere erreichen. Andere Funde von November bis Februar betreffen aber Vögel, die offenbar zwischen den Niederlanden und Portugal überwinterten. Vom Frühjahrszug existieren nur Wiederfunde in W- und S-Europa, die andeuten, dass auch im Frühjahr einige Sanderlinge durch das europäische Binnenland ziehen (Abb. 3).

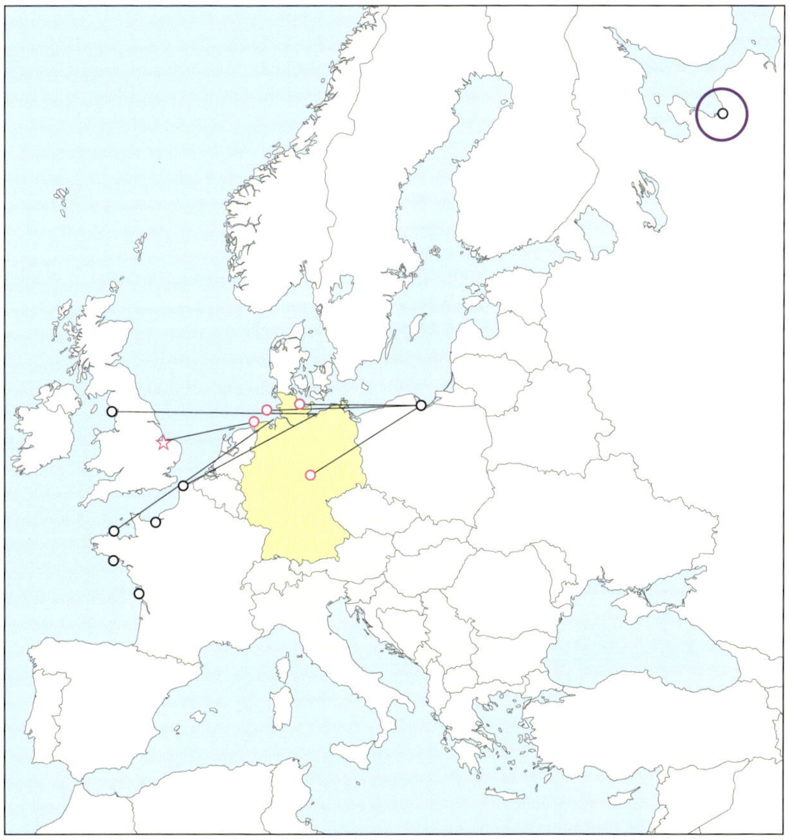

Abb. 2: Herbstzug (August – November) von in Deutschland von August bis November anwesenden Sanderlingen (13 Funde). – *Autumn migration (August – November) of Sanderlings present in Germany from August to November (13 recoveries).*

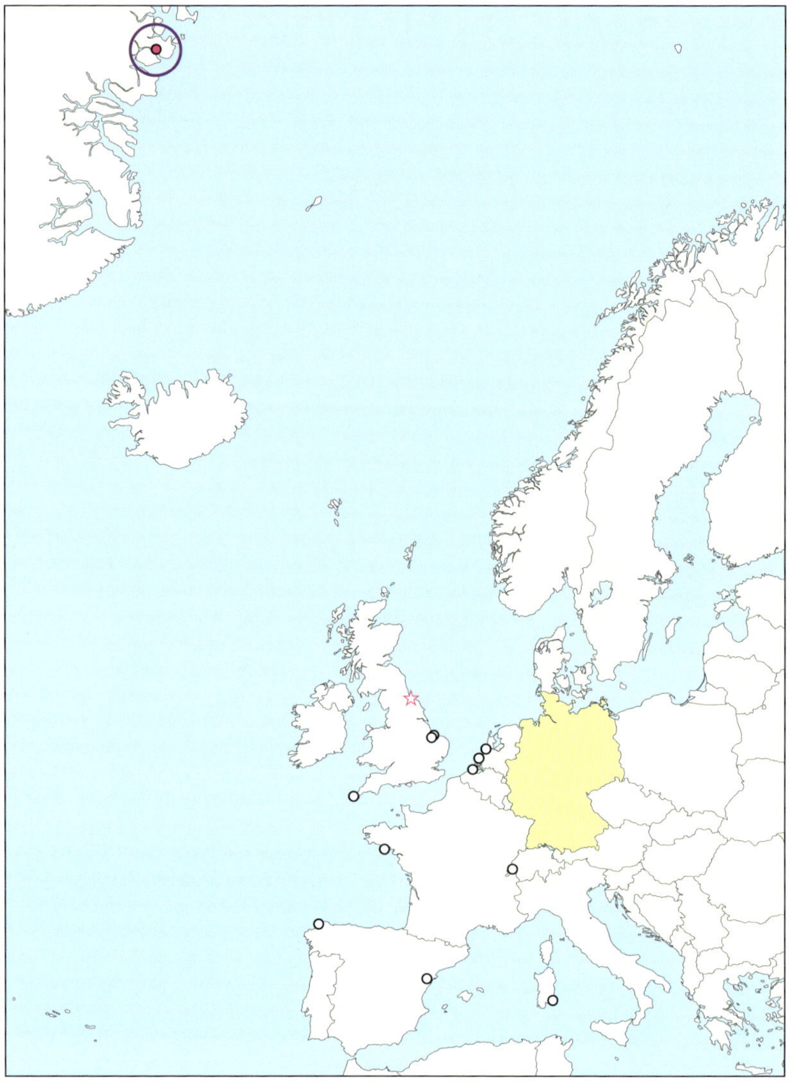

Abb. 3: Frühjahrszug (März – Juni) von in Deutschland von März bis Juni anwesenden Sanderlingen (15 Funde). – *Spring migration (March – June) of Sanderlings present in Germany from March to June (15 recoveries).*

Mit dem vorliegenden Ringfundmaterial ist nicht eindeutig zu klären, zu welchen Anteilen die in Deutschland rastenden Vögel aus nearktischen oder N-sibirischen Brutgebieten stammen. Umfangreiche Farbberingungsprojekte haben gezeigt, dass grönländische und vermutlich ebenso NE-kanadische Sanderlinge den ostatlantischen Flugweg benutzen (Reneerkens et al. 2009). Beobachtungen, dass Sanderlinge Ende Mai und Anfang Juni aus dem schleswig-holsteinischen Wattenmeer nach NW aufbrechen (Reneerkens et al. 2009), passen dazu ebenso wie eine Farbringablesung eines Anfang Juni im Wattenmeer markierten Vogels fünf Jahre später Ende Juli in NE-Grönland (Abb. 3). Von sibirischen Vögeln wird dagegen angenommen, dass sie größtenteils über W-Asien und E-Europa nach Afrika gelangen, wo sie sich im Winterquartier mit nearktischen Sanderlingen vermischen. Ein Teil der sibirischen Vögel erreicht aber wenigen Ringfunden zufolge auch W-Europa (Wernham et al. 2002, Reneerkens et al. 2009). Dazu passt der Fund eines auf dem Langenwerder (Mecklenburg-Vorpommern) beringten Vogels, der zwei Jahre später auf dem Herbstzug (Ende August) am Weißen Meer in N-Russland gefunden wurde (Abb. 2). Auch drei auf dem Herbstzug bei Danzig (N-Polen) beringte Jungvögel, die nach 1, 5 bzw. 21 Tagen westlich bzw. südwestlich davon in Deutschland wiedergefunden wurden, sprechen für eine Herkunft aus Sibirien. Es ist daher damit zu rechnen, dass Sanderlinge aus verschiedenen Brutgebieten in Deutschland vorkommen.

Summary: *Sanderlings are visiting German coastlines mainly during spring and autumn migration, but more than 2000 birds also spend the winter there. Most recoveries of ringed Sanderlings are from W and S Europe, in accordance with the known migration route to W and S Africa, from where one recovery each is available for birds ringed in Germany. One colour-ringed bird observed in NE Greenland as well as one recovery from NW Russia (along with three birds migrating from Poland to Germany) indicate that both Nearctic and Siberian breeding populations are involved in the Sanderling occurrences in Germany.*

Zwergstrandläufer *Calidris minuta*
Little Stint

Beringungen nach 1945:	6437
Funde > 10 km nach 1945:	82/55
Wiederfundquote (Fernfunde nach 1945):	0,9 %
Funde > 10 km seit 1901:	82/55
Funde fremder Beringungszentralen:	22/21
Höchstalter:	10 J, 4 M
Weiteste Entfernung:	3452 km

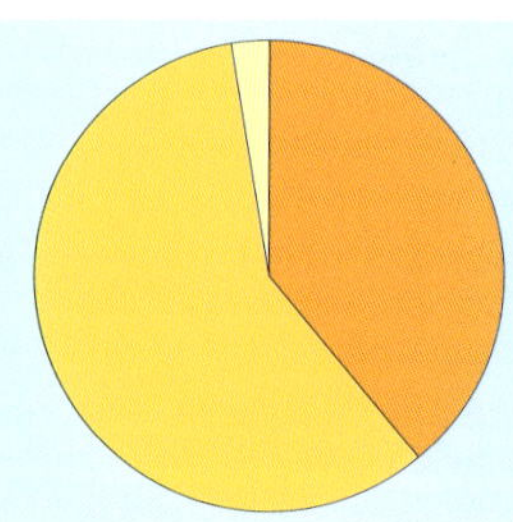

Verbreitung und Status: Das Brutgebiet des Zwergstrandläufers befindet sich in den Tundren N-Skandinaviens und N-Sibiriens. Die Überwinterungsgebiete liegen im Mittelmeerraum, in fast ganz Afrika (außer Sahara und Regenwald) sowie in SW- und S-Asien. Auf dem Zug in die Winterquartiere erscheinen in Deutschland zunächst Altvögel, die von Mitte Juli bis Ende August vor allem an den Küsten zu beobachten sind. Von Mitte August bis Oktober folgen die Jungvögel, die viel stärker auch das Binnenland aufsuchen. Dabei kommt es in einzelnen Jahren zu Einflügen, die vermutlich durch guten Bruterfolg und/oder einen bis Sibirien erweiterten Einzugsbereich verursacht werden (Heinicke & Köppen 2013). Das Rastvorkommen auf dem Frühjahrszug (vor allem im Mai) ist deutlich schwächer, weil zwar in breiter Front das europäische Binnenland überquert wird, dies aber insgesamt östlicher geschieht als im Herbst.

Wanderungen: Alle Deutschland betreffenden Wiederfunde des Zwergstrandläufers gehen auf Fänge während des Herbstzugs zurück. Viele direkte Verbindungen zeigen, dass die meisten Vögel Deutschland in Richtung SW überque-

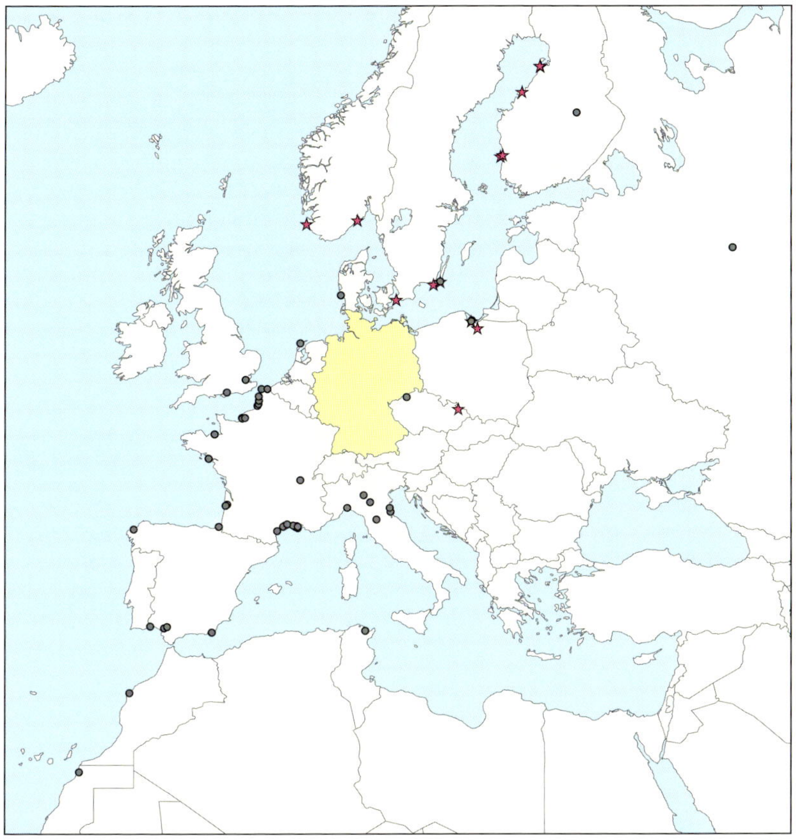

Abb. 1: Fundorte von in Deutschland beringten (53 Funde) und ausländische Beringungsorte von in Deutschland gefundenen (22 Funde) Zwergstrandläufern. – *Foreign recovery sites of Little Stints ringed in Germany (53 recoveries) and foreign ringing sites of birds recovered in Germany (22 recoveries).*

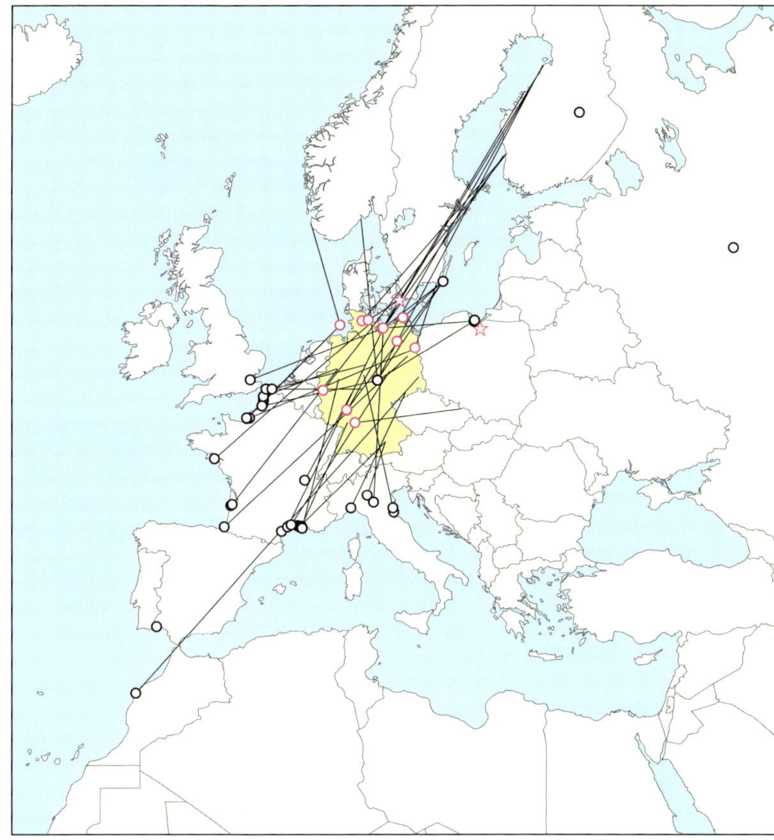

Abb. 2: Herbstzug (Juli – November) von in Deutschland von Juli bis November anwesenden Zwergstrandläufern (61 Funde). – *Autumn migration (July – November) of Little Stints present in Germany from July to November (61 recoveries).*

ren und dadurch an die Atlantikküste oder ins westliche Mittelmeer gelangen (Abb. 2). Ein Teil der Vögel folgt aber auch einer südlichen bzw. westlichen Richtung nach Italien bzw. zur Kanalküste. Vom Ende des Herbstzugs (November) und aus den Wintermonaten stammen die meisten Wiederfunde aus Frankreich (12) und Spanien (5), je ein Vogel wurde aus Großbritannien, Italien, Marokko und West-Sahara gemeldet. Auch in anderen europäischen Ländern beringte Zwergstrandläufer wurden im Winter vor allem im Mittelmeerraum gefunden, doch gibt es auch Funde aus W-Afrika zwischen Mauretanien und Guinea-Bissau sowie in Mali (Fransson et al. 2008, Spina & Volponi 2008a, Saurola et al. 2013). Die nur vier Rückmeldungen von in Deutschland beringten Zwergstrandläufern im Frühjahr (alle im Mai) stammen aus Tunesien, Italien, Tschechien und Dänemark und passen ebenso wie das Fehlen von Wiederfunden in W-Europa zum insgesamt östlicher verlaufenden Frühjahrszug.

Ringfundverbindungen zwischen Deutschland und den Brutgebieten gibt es nicht. Es wird vermutet, dass Vögel, die auf dem Zug Mittel- und W-Europa berühren, vorwiegend aus N-europäischen Brutgebieten stammen, während die in Sibirien brütenden Zwergstrandläufer über E-Europa und W-Asien bis in die S-Hälfte Afrikas ziehen (Delany et al. 2009). Ein auf dem Herbstzug im Rheinland beringter Vogel, der ein Jahr später Ende August nördlich von Moskau geschossen wurde (Abb. 1 und 2), lässt dagegen vermuten, dass auch sibirische Vögel durch Deutschland ziehen können.

Summary: *In Germany, Little Stints occur mainly during autumn migration, being much scarcer in spring. All recoveries refer to birds trapped during autumn migration, which follows a main direction to the SW (with some recoveries pointing towards the S and W). Most wintering birds were recovered in France and Spain, but one bird was found as far S as West Sahara. The only four recoveries from May fit the generally more eastern passage in spring. Whereas nearly all recoveries are in line with the migration scheme of NW European Little Stints, one bird shot N of Moscow in August suggests that also Siberian breeders occur in Germany.*

Temminckstrandläufer *Calidris temminckii*

Temminck's Stint

Beringungen nach 1945:	540
Funde > 10 km nach 1945:	10/8
Wiederfundquote (Fernfunde nach 1945):	1,5 %
Funde > 10 km seit 1901:	10/8
Funde fremder Beringungszentralen:	3/3
Höchstalter:	3 J, 2 M*
Weiteste Entfernung:	1704 km

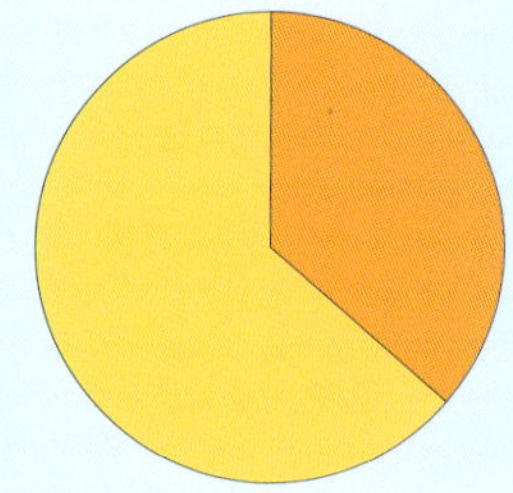

Verbreitung und Status: Das Brutgebiet des Temminckstrandläufers erstreckt sich über die Tundra und Strauchtundra von Fennoskandien bis NE-Sibirien. Zum Überwintern werden Küsten und Feuchtgebiete zwischen Sahara und Äquator in Afrika sowie vom östlichen Mittelmeerraum bis SE-Asien aufgesucht. Deutschland wird in kleiner Zahl von Durchzüglern berührt, im Herbst von Juli bis September und im Frühjahr von Ende April bis Ende Mai.

Wanderungen: Die wenigen vorliegenden Wiederfunde betreffen meist auf dem Herbstzug gefangene Vögel, die später aus Richtung S bis SSW zurückgemeldet wurden (Abb. 1). Eine ähnliche Zugrichtung suggerieren zwei in Deutschland beringte Vögel, die in späteren Herbstzugperioden in SE-Schweden von Beringern kontrolliert wurden. Ein auf dem Herbstzug in Ungarn markierter Vogel, der auf dem Frühjahrszug in Thüringen wiedergefangen wurde, weicht nicht zwangsläufig von der generellen Zugrichtung ab. Funde aus dem vermutlich südlich der Sahara gelegenen Winterquartier liegen nicht vor. Alle Funde passen gut in das Bild der Wiederfunde, das in Fennoskandien beheimatete Temminckstrandläufer mit Zugrichtungen zumeist um SSW zeigen. Schwedische und finnische Vögel fliegen mitunter auch nach SSE (Bakken et al. 2003, Fransson et al. 2008, Saurola et al. 2013). Nicht zuletzt angesichts der geringen Anzahlen von in Mittel- und W-Europa auftretenden Individuen muss es als unwahrscheinlich gelten, dass auch Temminckstrandläufer aus N- Russland in Deutschland erscheinen (Delany et al. 2009)

***Summary:** In Germany, Temminck's Stint is a scarce migrant in April/May and from July to September. The few ring recoveries available suggest migratory directions between SW and S in autumn, fitting the pattern of recoveries from Fennoscandian birds.*

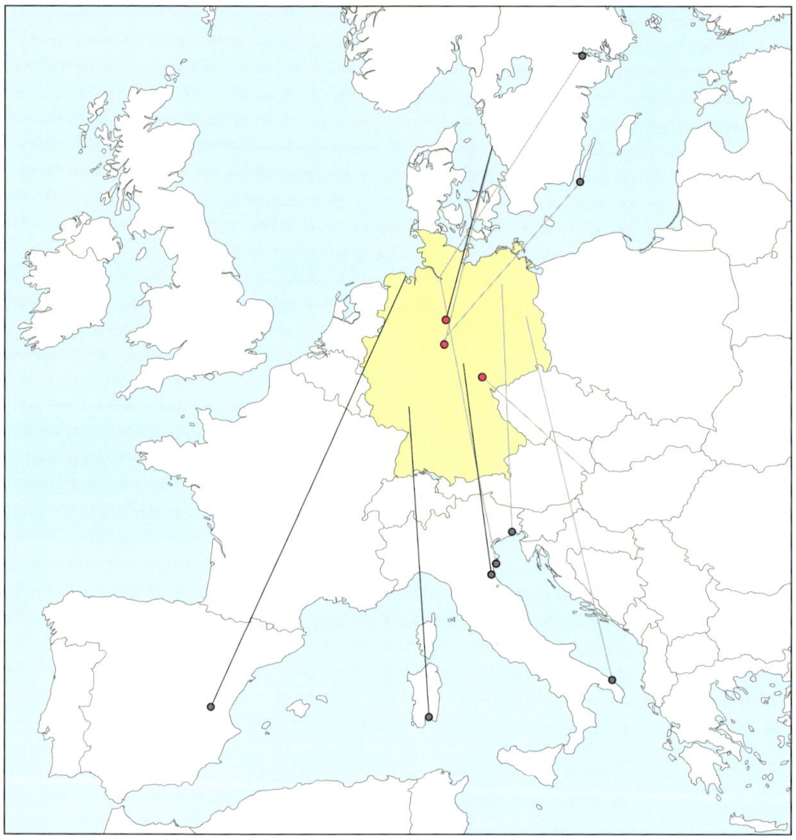

Abb. 1: Funde von Temminckstrandläufern mit Bezug zu Deutschland (11 Funde). – *Recoveries of Temminck's Stints related to Germany (11 recoveries).*

Sichelstrandläufer *Calidris ferruginea*

Curlew Sandpiper

Beringungen nach 1945:	4342
Funde > 10 km nach 1945:	63/52
Wiederfundquote (Fernfunde nach 1945):	1,2 %
Funde > 10 km seit 1901:	63/52
Funde fremder Beringungszentralen:	34/33
Höchstalter:	9 J, 11 M
Weiteste Entfernung:	5277 km

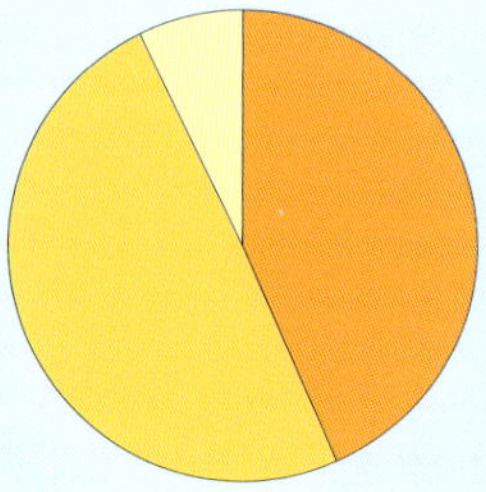

Verbreitung und Status: Sichelstrandläufer brüten ausschließlich in der Tundra N-Sibiriens und überwintern in W-, S- und E-Afrika, in S-Asien sowie in Australien. In Deutschland erscheinen Sichelstrandläufer vor allem auf dem Herbstzug. Die Altvögel sind von Mitte Juli bis September überwiegend an den Küsten zu

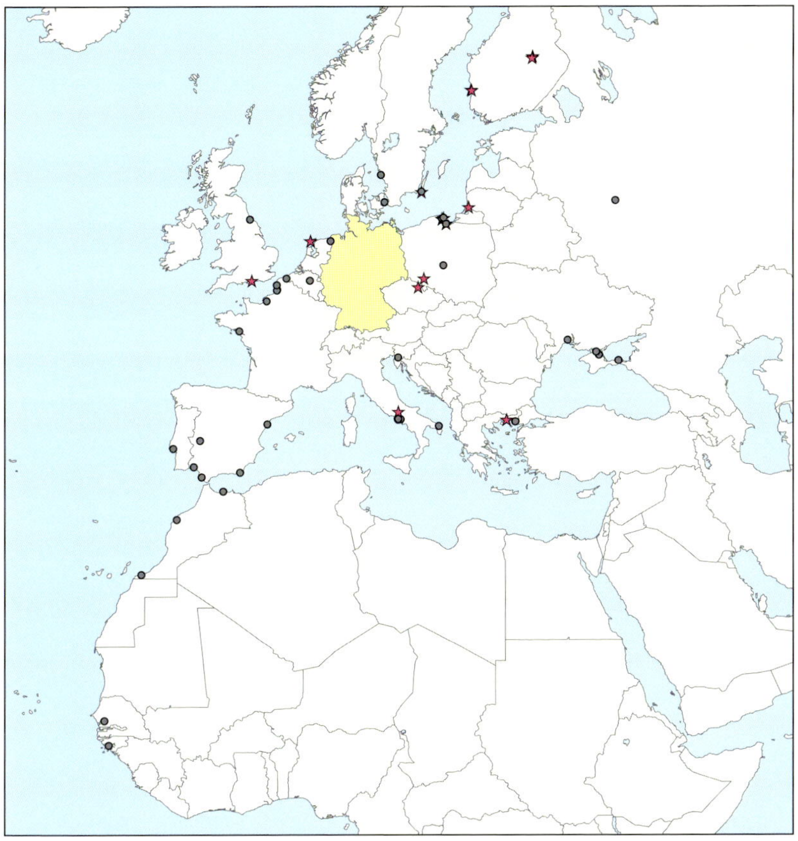

Abb. 1: Fundorte von in Deutschland beringten (50 Funde) und ausländische Beringungsorte von in Deutschland gefundenen (34 Funde) Sichelstrandläufern. – *Foreign recovery sites of Curlew Sandpipers ringed in Germany (50 recoveries) and foreign ringing sites of birds recovered in Germany (34 recoveries).*

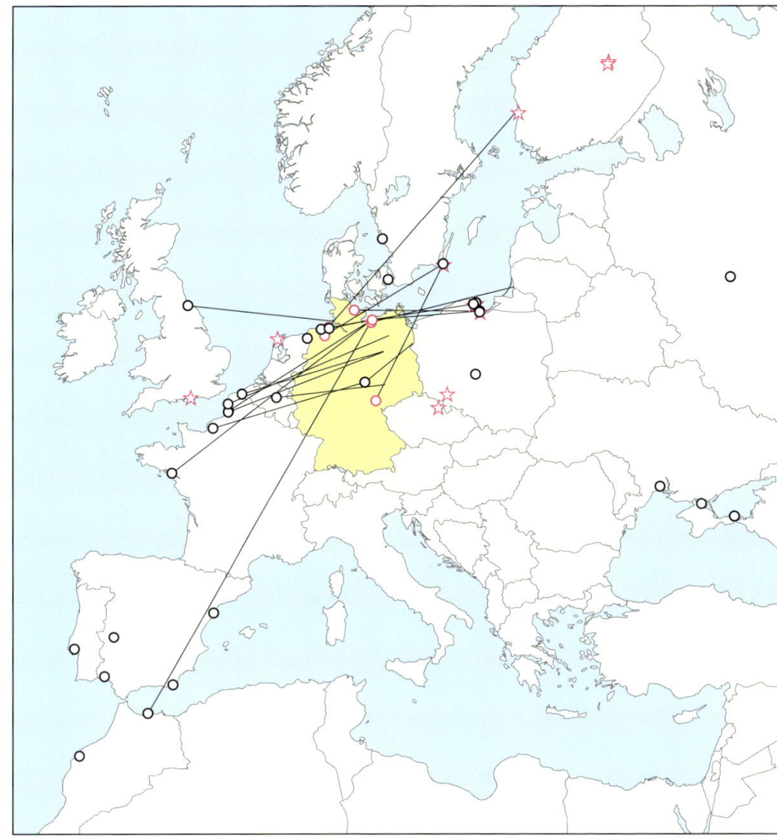

Abb. 2: Herbstzug (Juli – November) von in Deutschland von Juli bis November anwesenden Sichelstrandläufern (67 Funde). – *Autumn migration (July – November) of Curlew Sandpipers present in Germany from July to November (67 recoveries).*

sehen, wobei die meisten Individuen an der Elbmündung rasten und dort teilweise mausern. Jungvögel erscheinen von Mitte August bis Anfang Oktober und ziehen auch durch das Binnenland. Die Anzahl der Jungvögel schwankt von Jahr zu Jahr sehr stark und ist stark mit den Lemmingzyklen in Sibirien sowie den daraus resultierenden Prädationsverhältnissen bzw. dem Bruterfolg verknüpft (Dierschke 1994, Summers et al. 1998). Auf dem Frühjahrszug (April bis Mai) ist die Art nur in kleiner Zahl in Deutschland zu sehen.

Wanderungen: Ein 1990 oder 1991 auf der Taimyr-Halbinsel farbberingter Vogel, der im August 1992 im schleswig-holsteinischen Wattenmeer beobachtet wurde (Zeiske 1997, wegen der ungenauen Daten nicht abgebildet), stellt den einzigen Bezug zum sibirischen Brutgebiet dar. Dort fehlt eine klare Zugscheide, d.h. Vögel aus dem westlichen Teil des Brutgebiets (bis 140 °E) können entweder auf zwei verschiedenen Routen nach Afrika fliegen (über N-, Mittel- und W-Europa nach W-Afrika, die meisten aber über E-Europa nach W-Afrika bzw. nach E- und S-Afrika; genaue Abgrenzung dieser Routen unklar) oder nach S-Asien bzw. Australien ziehen (Delany et al. 2009). Auf der westlichsten Zugroute gelangen Sichelstrandläufer im Sommer und Herbst über den Ostseeraum nach Deutschland, von wo aus sie ihre Wanderung in Richtung SW fortsetzen und zunächst SW-Europa und NW-Afrika erreichen. Das Winterquartier in W-Afrika ist durch Ringfunde von Kiel nach Guinea-Bissau und von der Elbmündung zum Senegal (Abb. 1) sowie den Wiederfang eines in Mauretanien beringten Vogels auf dem Langenwerder (Brenning & Nehls 2013) belegt. Funde in Deutschland beringter Vögel zur Herbstzugzeit in einem späteren Jahr in Russland und der Ukraine (Abb. 2) zeigen, dass Individuen nicht in jedem Jahr dem gleichen Zugweg folgen müssen.

Mit Ausnahme je eines Vogels in SW-Marokko und S-Spanien stammen alle Wiederfunde während des Frühjahrszugs aus dem Bereich zwischen Italien und der Krim (Abb. 3). Auch wurden vier im Mai im Mittelmeerraum beringte Vögel (drei in Italien, einer in Griechenland) in späteren Jahren auf dem Herbstzug in Deutschland gefunden (Abb. 1). Dies passt gut zu dem bei dieser Art deutlich ausgeprägten Schleifenzug, bei dem die im Herbst über den Westteil Europas

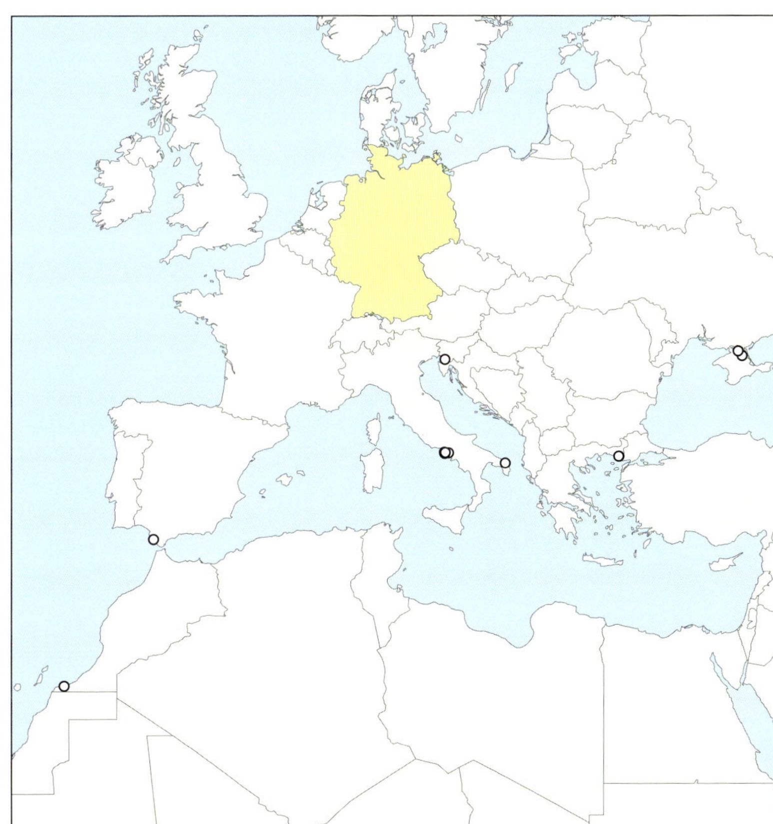

Abb. 3: Frühjahrszug (März – Mai) von in Deutschland auf dem Herbstzug (Juli – November) anwesenden Sichelstrandläufern (16 Funde). – *Spring migration (March – May) of Curlew Sandpipers present in Germany during autumn migration (July – November; 16 recoveries).*

gezogenen Vögel im Frühjahr einer deutlich weiter östlich gelegenen Route über das Mittelmeer und SE-Europa mit der Schwarzmeerküste als wichtigstem Rastgebiet folgen (Wilson et al. 1980, Nikolaus & Chernichko 1995).

Summary: *On their westernmost route through Europe during autumn migration, Curlew Sandpipers are reaching the German coastline and to a lesser extent (mainly juveniles) also the interior. Ring recoveries show the arrival along the Baltic and a continuation of migration towards the SW, with final destinations at W African winter quarters. The species is much scarcer in Germany during spring migration, which mainly takes places further east. Fitting to such a loop migration, spring recoveries stem mainly from the Mediterranean and the Black Sea. Connection to the Siberian breeding grounds is given only provided by one colour-marked bird from the Taymyr Peninsula observed at the Wadden Sea.*

Meerstrandläufer *Calidris maritima*
Purple Sandpiper

Beringungen nach 1945:	370
Funde > 10 km nach 1945:	12/4
Wiederfundquote (Fernfunde nach 1945):	1,1 %
Funde > 10 km seit 1901:	12/4
Funde fremder Beringungszentralen:	35/12
Höchstalter:	5 J, 9 M*
Weiteste Entfernung:	2745 km

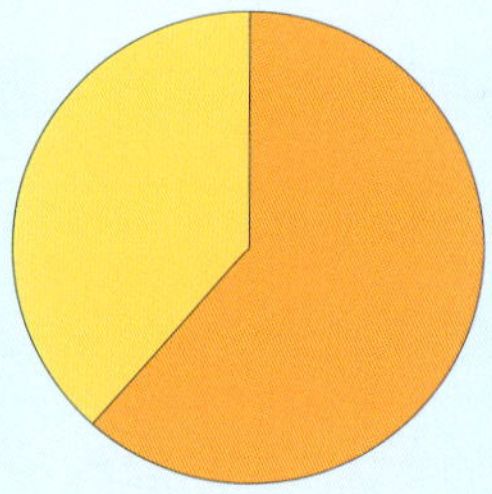

Verbreitung und Status: Meerstrandläufer sind hocharktische Brutvögel, die im Sommer von NE-Kanada über Grönland, Island und Spitzbergen bis zu den Neusibirischen Inseln leben. Am weitesten südwärts reicht das Brutgebiet in Skandinavien (S-Norwegen). Im Winterhalbjahr kommen Meerstrandläufer an Felsküsten am W- und E-Rand des Atlantiks vor, in Europa von Spanien bis N-Norwegen. In Deutschland überwintern nur wenige hundert Individuen, vor allem auf Helgoland und an steinernen Uferbefestigungen auf den Wattenmeerinseln. Deutlich unter 100 Individuen sind an der deutschen Ostseeküste zu finden. Der Winterbestand hat in den vergangenen 25 Jahren deutlich abgenommen, war aber bis Mitte des 20. Jahrhunderts noch deutlich niedriger als heute (Dierschke et al. 2011). Nach unauffälligem Durchzug im September treffen die meisten Wintergäste im Oktober und November ein und brechen im April und Mai in Richtung der Brutgebiete auf.

Wanderungen: In den Überwinterungsgebieten der südlichen Nordsee treffen Angehörige verschiedener Brutpopulationen zusammen. Dies ist durch zahlreiche Ringfunde, aber auch durch biometrische Untersuchungen belegt (Summers 1994). Auch die wenigen Deutschland betreffenden Ringfunde zeigen, dass die an der Nordseeküste durchziehenden oder überwinternden Vögel aus verschiedenen Brutgebieten stammen. Ein neues Farbberingungsprogramm auf Spitzbergen erwies sich als sehr effektiv, denn in den Jahren 2009–2012 konnten gleich sieben von dort stammende Vögel in Deutschland abgelesen werden (3 Ind. auf Helgoland, 2 Ind. auf Wangerooge, je 1 Ind. auf Norderney und Baltrum). Auch ein auf dem Frühjahrszug auf der Bäreninsel beringter Vogel, der nach Bakken et al. (2003) fünf Jahre später im April auf Norderney gefunden wurde, dürfte zum Brutbestand von Spitzbergen gehören. Die Anwesenheit sehr kurzschnäbliger Vögel auf Helgoland sowie die Ablesung eines dort im Winter farbberingten Individuums mit Küken auf der Varanger-Halbinsel belegen darüber hinaus die Herkunft aus Norwegen (Dierschke 1995). Ein weiterer Helgoländer Wintergast wurde im Mai auf den schottischen Orkney-Inseln kontrolliert, von wo aus die dort rastenden Meerstrandläufer nach NE-Kanada aufbrechen (Corse & Summers 1999). Schließlich offenbaren drei Ringfunde Kontakte zur schwedischen Insel Nidingen im Kattegat: Je ein dort beringter Vogel gelangte nach Oldeoog an der niedersächsischen Nordseeküste und an die Ostsee in der Nähe von Kiel; ein auf dem Langenwerder an der Ostseeküste Mecklenburg-Vorpommerns beringter Vogel wurde auf dem folgenden Frühjahrszug auf Nidingen kontrolliert. Auch für Nidingen ist das Auftreten von Meerstrandläufern aus Spitzbergen nachgewiesen, doch wird für die dort gefangenen Vögel mit sehr langen Schnäbeln vermutet, dass sie aus Sibirien stammen (Hake et al. 1997). Für in Deutschland vorkommende Meerstrandläufer sind somit zwei verschiedene Herkunftsgebiete nachgewiesen (Spitzbergen, N-Norwegen), je ein weiteres ist sehr wahrscheinlich (NE-Kanada) bzw. möglich (Sibirien).

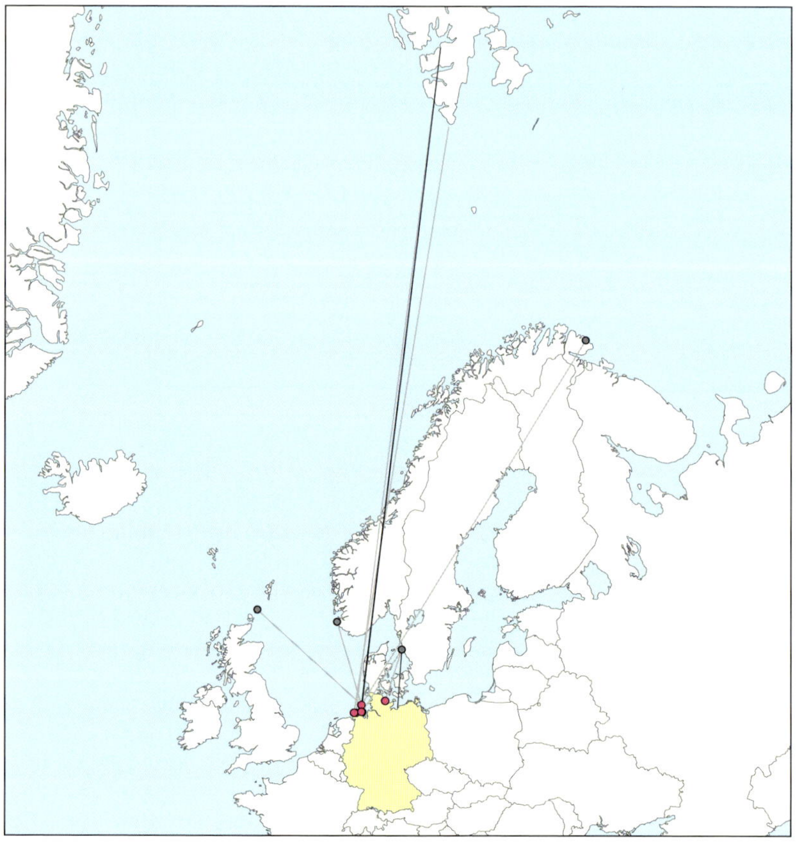

Abb. 1: Funde von Meerstrandläufern mit Bezug zu Deutschland (20 Funde). Von Spitzbergen aus gelangten nachweislich zwölf farbberingte Vögel nach Deutschland. – *Recoveries of Purple Sandpipers related to Germany (20 recoveries). No less than twelve colour-ringed birds from Svalbard were resighted in Germany.*

Summary: *Purple Sandpipers are scarce winter visitors at the German coastline, with only a few hundred birds mainly on the islands of the Wadden Sea and on Helgoland (and even fewer birds at the Baltic Sea). The small number of ring recoveries related to Germany provides some information on their breeding origin. A current project with leg flags on Svalbard resulted in the observation of seven birds at the German North Sea, and a colour-ringed bird from Helgoland was seen guarding chicks in N Norway. A bird from Helgoland retrapped on the Orkneys suggests a Canadian origin, and connections to the Swedish island Nidingen allow to speculate that Purple Sandpipers from Siberia may also occur in Germany.*

Alpenstrandläufer *Calidris alpina*
Dunlin

Beringungen nach 1945:	120.421
Funde > 10 km nach 1945:	1917/1822
Wiederfundquote (Fernfunde nach 1945):	1,5 %
Funde > 10 km seit 1901:	1918/1823
Funde fremder Beringungszentralen:	1251/1247
Höchstalter:	16 J, 2 M
Weiteste Entfernung:	4503 km

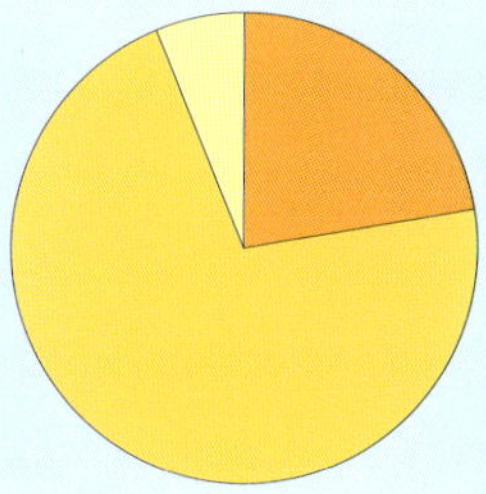

Verbreitung und Status: Alpenstrandläufer brüten in der Arktis Eurasiens und Nordamerikas, in Europa reicht das Vorkommen südwärts bis N-Deutschland. Als Winterquartiere dienen die Küsten Europas, Afrikas (nur nördlich des Äquators), E-Asiens und S-Nordamerikas. Nach dramatischer Abnahme umfasst der deutsche Brutbestand, der zur baltischen Population der Unterart *C. a. schinzii* gehört, heute nur noch etwa 8–14 BP und steht kurz vor dem Erlöschen. Demgegenüber ist die Art im Wattenmeer und an der deutschen Ostseeküste auf dem Zug die häufigste Watvogelart, wobei es sich größtenteils um Vögel der Nominatform handelt. Im deutschen Teil des Wattenmeeres zeigt der Bestand der Rastvögel einen abnehmenden Trend (Blew et al. 2013). An den deutschen Küsten sind Alpenstrandläufer ganzjährig präsent, wenigen Übersommerern folgen ab Juli Altvögel, die im Wattenmeer (seltener in Windwatten der Ostsee) mausern, und vor allem von August bis Oktober die Jungvögel. Letztere ziehen im Gegensatz zu Altvögeln in stärkerem Ausmaß auch durch das Binnenland. Je nach Wettersituation harren viele Alpenstrandläufer im Winter an den Küsten aus, bevor im März der bis Mai andauernde Frühjahrszug einsetzt.

Wanderungen: Fast alle Wiederfunde in Deutschland beringter Alpenstrandläufer gehen auf Individuen zurück, die als Gastvögel gefangen und markiert wurden. Die Wiederfunde erstrecken sich über ein sehr großes Gebiet, das von N-Sibirien bis W-Afrika und zum Persischen Golf reicht (Abb. 1). Auch die Herkunft der Vögel ist vielfältig. Während die herkömmliche Metallberingung von nicht

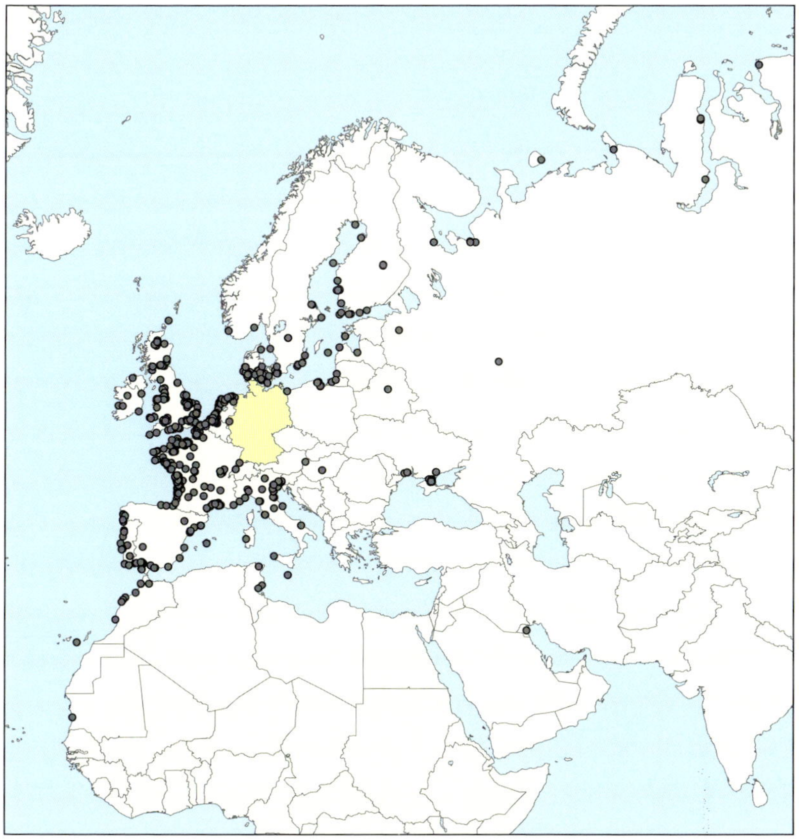

Abb. 1: Fundorte im Ausland von in Deutschland beringten Alpenstrandläufern (1647 Funde). – *Foreign recovery sites of Dunlins ringed in Germany (1647 recoveries).*

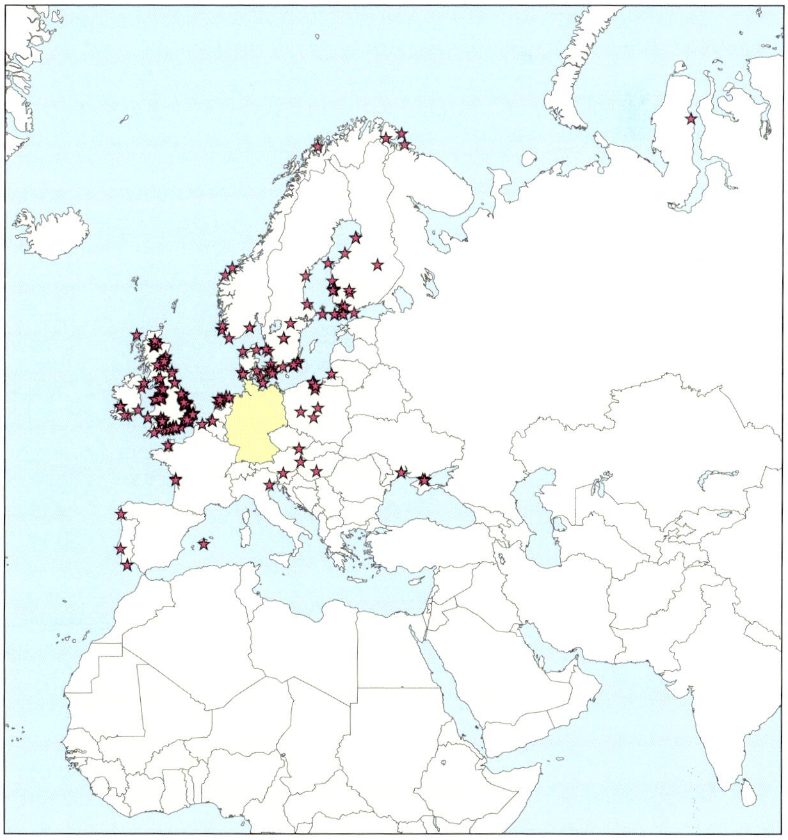

Abb. 2: Beringungsorte im Ausland von in Deutschland gefundenen Alpenstrandläufern (1251 Funde). – *Foreign ringing sites of Dunlins recovered in Germany (1251 recoveries).*

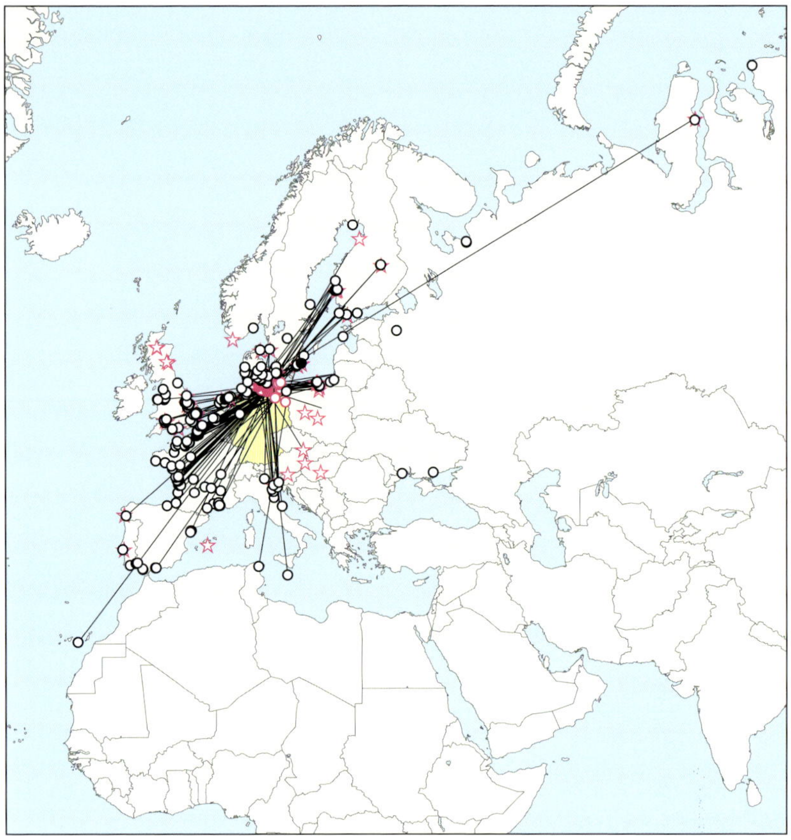

Abb. 3: Herbstzug (Juli – November) von an der deutschen Ostseeküste zur Brutzeit (1 Fund) oder von Juli bis November anwesenden Alpenstrandläufern (1069 Funde). – *Autumn migration (July – November) of Dunlins present at the German Baltic Sea coast during the breeding season (1 recovery) or from July to November (1069 recoveries).*

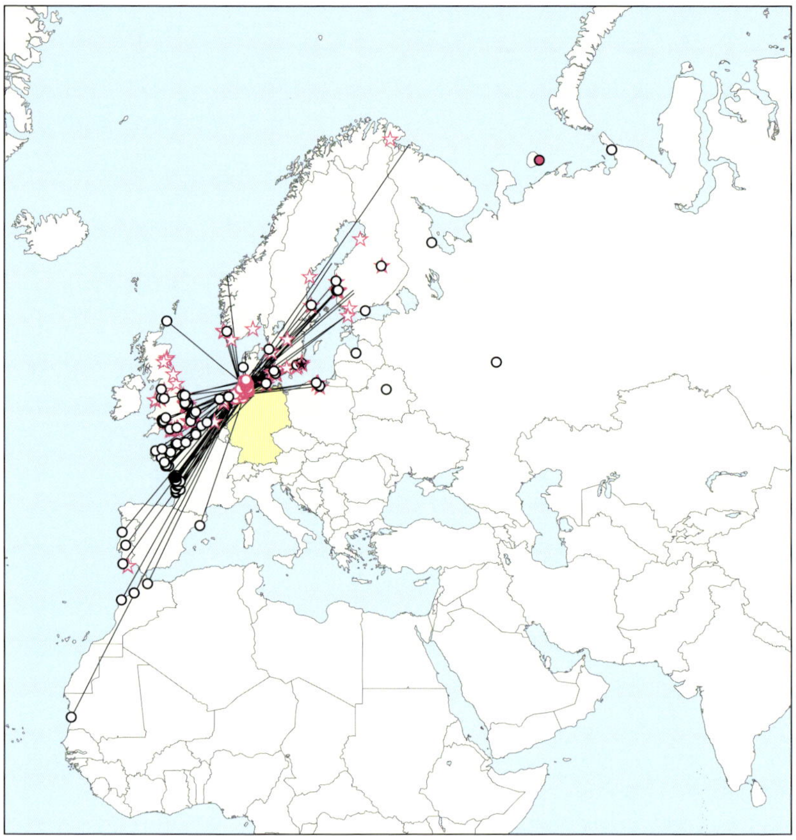

Abb. 4: Herbstzug (Juli – November) von an der deutschen Nordseeküste zur Brutzeit (1 Fund) oder von Juli bis November anwesenden Alpenstrandläufern (486 Funde). – *Autumn migration (July – November) of Dunlins present at the German North Sea coast during the breeding season (1 recoveries) or from July to November (486 recoveries).*

flüggen Jungvögeln nur vier Funde von der sibirischen Jamal-Halbinsel (2), aus SW-Finnland (1) und N-Polen (1) in Deutschland erbrachte, liegen aus dem deutschen Wattenmeer viele Ablesungen von Alpenstrandläufern vor, die in N-Norwegen (20 Ind.), auf der Insel Kolgujew (N-Russland, 2 Ind.), auf der Jamal-Halbinsel (8 Ind.), in Schweden (6 Ind.) und auf der vorpommerschen Insel Kirr (4 Ind.) als Altvogel oder Küken mit Farbringen markiert wurden (Rösner 1997). Außerdem wurde ein farbberingtes Küken aus Spitzbergen auf dem Langenwerder kontrolliert (Brenning & Nehls 2013). Deutsche Herbstzügler wurden zur Brutzeit fünfmal in N-Sibirien gefunden, davon zweimal auf der Taimyr-Halbinsel, wo die Unterart *C. a. centralis* brütet (Delany et al. 2009). Auch im Wattenmeer registrierte Mauserschemata legen es nahe, dass ein Teil der dort nach der Brutzeit verweilenden Vögel von der Taimyr-Halbinsel stammt (Rösner 1997).

Von den N-europäischen und N-sibirischen Brutgebieten aus fliegen Alpenstrandläufer auf drei Routen nach Deutschland ein: entlang der norwegischen Atlantikküste, entlang der nördlichen Ostsee und entlang der östlichen Ostsee (Leslie & Lessels 1978). Die beiden Wege über die Ostsee spiegeln sich in vielen Ringfunden aus der Herbstzugzeit wider (Abb. 3 – 5). Auch von Norwegen her gibt es viele Ringfunde zu den deutschen Küsten (Bakken et al. 2003, nicht abgebildet). Von der Ostsee her gelangen viele, vor allem junge Alpenstrandläufer, in das deutsche Binnenland. Von dort, aber auch von den Küsten aus, führt der weitere Herbstzug vorwiegend nach W und SW, so dass in erster Linie England und Frankreich, seltener auch die Iberische Halbinsel und NW-Afrika erreicht werden. Von der Ostsee und vom deutschen Binnenland aus fliegt ein Teil der Vögel südwärts nach Italien und Tunesien, während von der deutschen Nordsee aus nur ein Fund ins W-Mittelmeer führt. Zwei Funde am Schwarzen Meer zur Herbstzugzeit des Folgejahrs weisen darauf hin, dass Individuen den Zugweg wechseln können.

Keine deutlichen Unterschiede sind zwischen den Winterquartieren von Vögeln, die auf dem Herbstzug an der Nord- bzw. Ostsee beringt wurden, erkennbar (Abb. 6 und 7). Aus den Wintermonaten (Dezember bis Februar) wurden 76 % der deutschen Ringvögel aus Großbritannien und Frankreich zurückgemeldet, aus den Niederlanden und Belgien stammen 14 %, aus Iberien 6 %, aus Italien

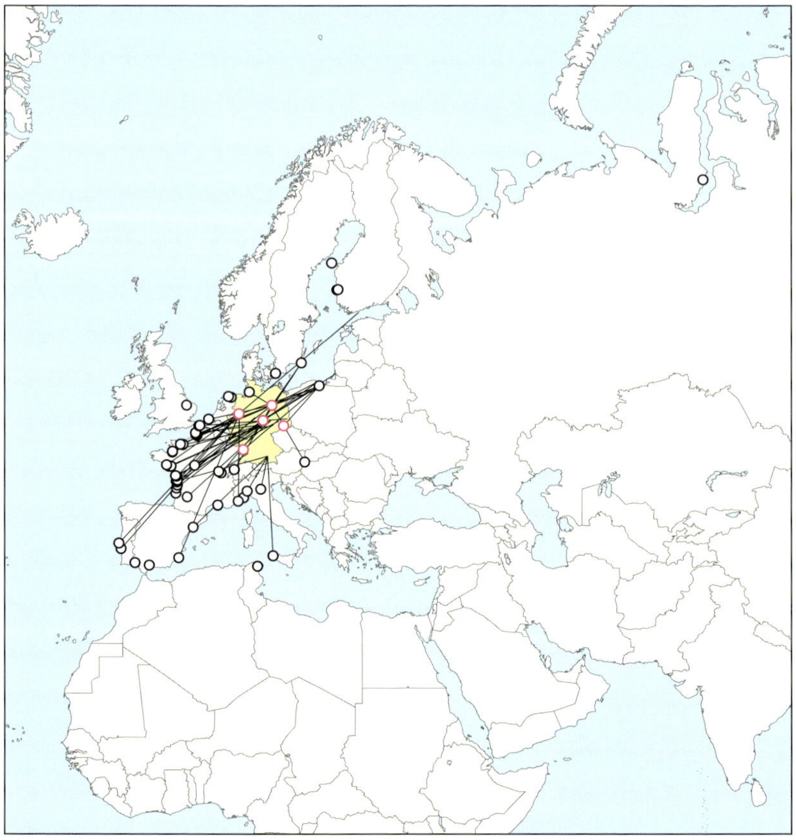

Abb. 5: Herbstzug (Juli – November) von im deutschen Binnenland von Juli bis November anwesenden Alpenstrandläufern (86 Funde). – *Autumn migration (July – November) of Dunlins present in interior Germany from July to November (86 recoveries).*

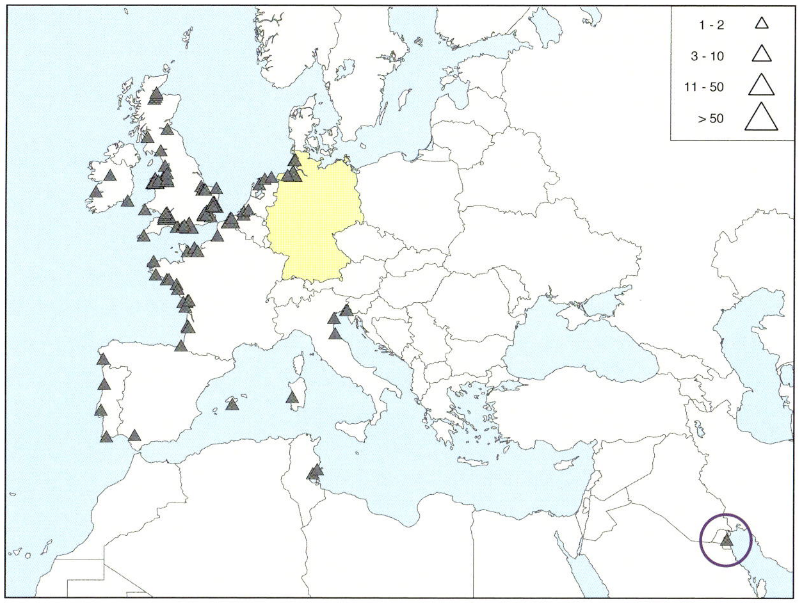

Abb. 6: Aufenthaltsorte im Winter (Dezember – Februar) von in Deutschland auf dem Herbstzug (Juli – November) an der deutschen Nordseeküste anwesenden Alpenstrandläufern (87 Funde). – *Presence in winter (December – February) of Dunlins present at the German North Sea coast during autumn migration (July – November, 87 recoveries).*

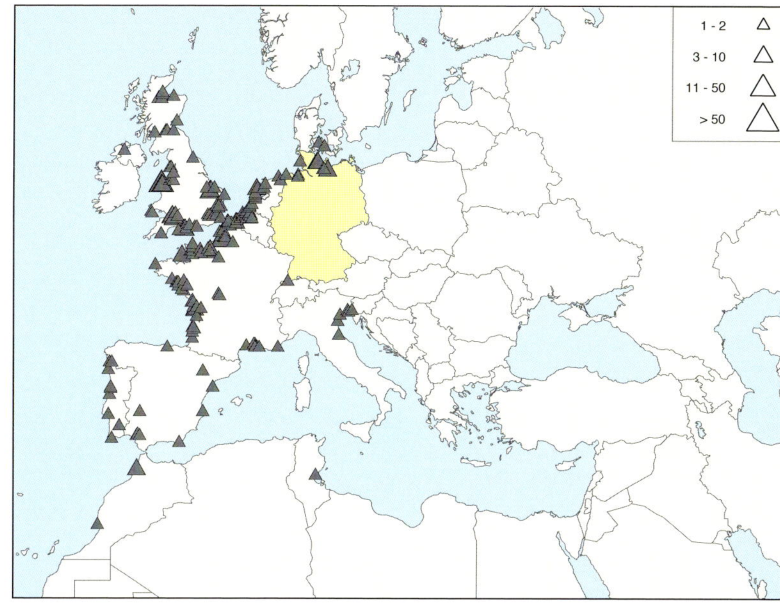

Abb. 7: Aufenthaltsorte im Winter (Dezember – Februar) von in Deutschland auf dem Herbstzug (Juli – November) an der deutschen Ostseeküste anwesenden Alpenstrandläufern (197 Funde). – *Presence in winter (December – February) of Dunlins present at the German Baltic Sea coast during autumn migration (July – November, 197 recoveries).*

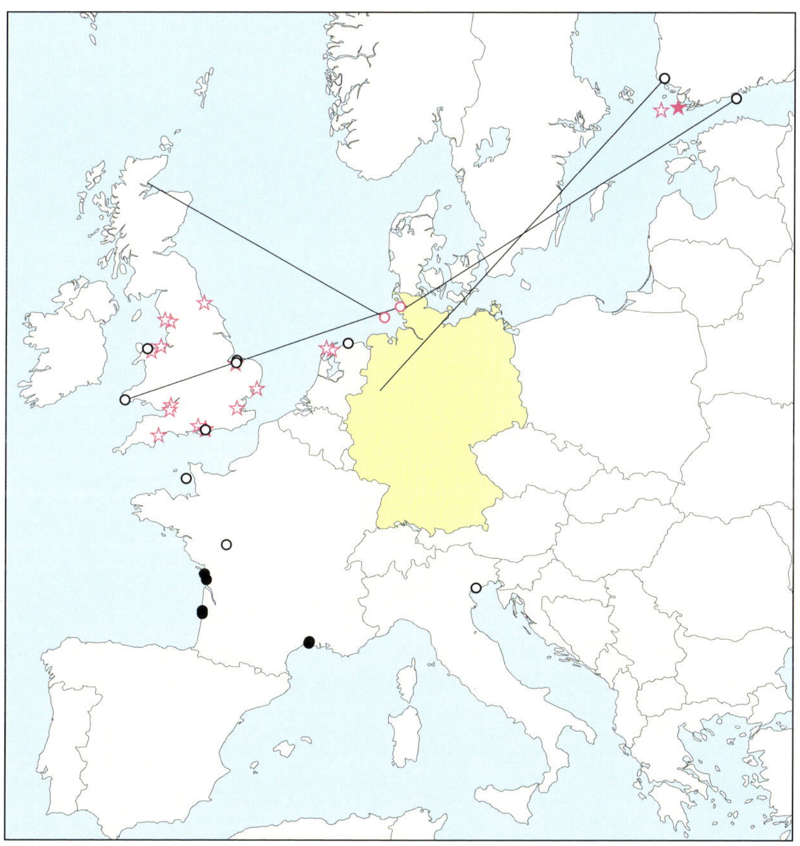

Abb. 8: Frühjahrszug (März – Mai) von in Deutschland zur Brutzeit (6 Funde) oder von März bis Mai anwesenden Alpenstrandläufern (39 Funde). – *Spring migration (March-May) of Dunlins present in Germany during the breeding season (6 recoveries) or from March to May (39 recoveries).*

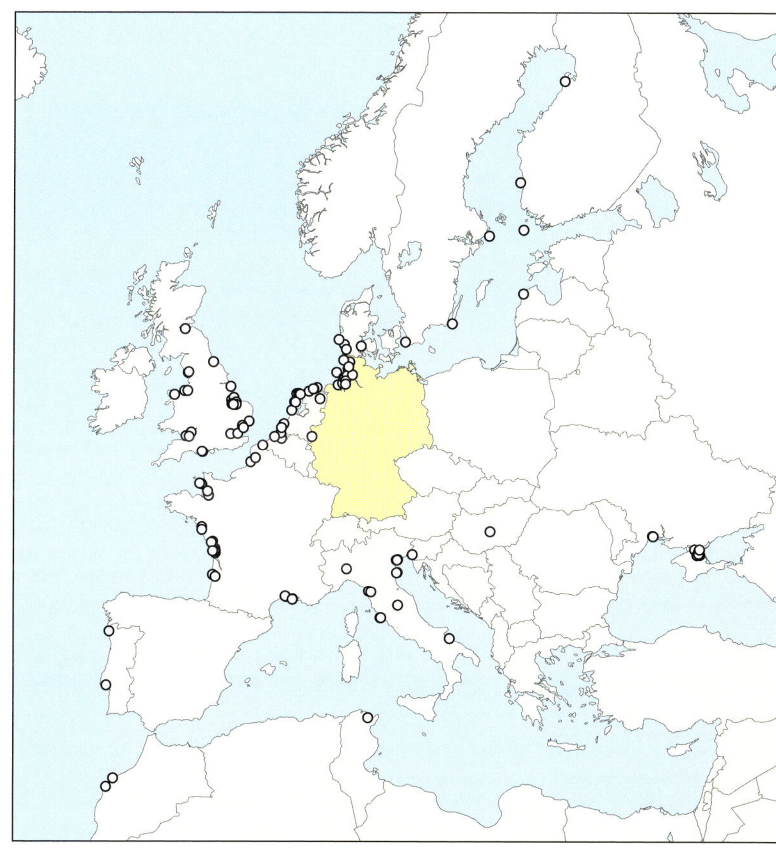

Abb. 9: Frühjahrszug (März – Mai) von in Deutschland auf dem Herbstzug (Juli – November) anwesenden Alpenstrandläufern (158 Funde). – *Spring migration (March-May) of Dunlins present in Germany during autumn migration (July-November; 158 recoveries).*

2 % und aus NW-Afrika 1 % der Winterfunde (ohne Berücksichtigung der Funde innerhalb von Deutschland). Diese Verteilung ist typisch für Alpenstrandläufer der Nominatform (Delany et al. 2009) und ist ein weiterer Hinweis darauf, dass die deutschen Durchzügler überwiegend aus N-Europa und NW-Sibirien kommen. Die baltische Population von *C. a. schinzii* hat ein ähnliches winterliches Verbreitungsmuster und ist in den o.g. Funden sicherlich ebenfalls vertreten. Auffällig ist dagegen, dass es nur einen Fund aus W-Afrika gibt (Ende September in Mauretanien), so dass davon auszugehen ist, dass die zumeist in W- und NW-Afrika überwinternden Brutvögel Grönlands (*C. a. arctica*) und Islands (eine andere Population von *C. a. schinzii*) höchstens mit kleinen Anteilen unter den deutschen Durchzüglern vertreten sind. Stark von allen anderen Winterfunden weicht ein Vogel ab, der im September als Altvogel im Wattenmeer beringt und im folgenden Dezember 4224 km SE in Kuwait gefangen wurde. Möglicherweise hat dieser Alpenstrandläufer im Wattenmeer gemausert und ist von dort zum

Überwintern an den Persischen Golf geflogen. Auch von S-Schweden aus wurde für einen kleinen Teil der beringten Altvögel ein Zug nach SE festgestellt, einen Ringfund eines in Schweden beringten Vogels gibt es in Bahrain (Fransson et al. 2008).

Die vergleichsweise wenigen Funde aus den Monaten März bis Mai in Deutschland zeigen für den Frühjahrszug eine Herkunft von W und SW her aus britischen und französischen Überwinterungsgebieten, aber auch einen Weiterflug nach NE (Abb. 8). Bei Betrachtung der Frühjahrsfunde von in Deutschland auf dem Herbstzug beringten Vögeln wird deutlich, dass mit 11 % ein größerer Anteil als im Herbst (1 %) und Winter (2 %) aus Italien stammt und es zudem einige Funde vom Schwarzen Meer gibt (Abb. 9). Dies ist ein deutlicher Hinweis darauf, dass einige Alpenstrandläufer im Frühjahr weiter östlich wandern als im Herbst, also einen Schleifenzug durchführen.

Informationen zum Zugverhalten der deutschen Brutvögel liegen nur spärlich vor. Wie bereits oben erwähnt, wurden Brutvögel von der Insel Kirr nach der Brutzeit im Wattenmeer festgestellt und scheinen dort aufgrund eines belegten sechswöchigen Aufenthalts das Großgefieder zu mausern (Rösner 1997). Ein Brutvogel von der Nordseeküste bei St. Peter-Ording befand sich dagegen Mitte Juli schon in W-Frankreich. Je einen Winterfund aus diesem Brutbestand gibt es aus W-Frankreich sowie von der französischen bzw. spanischen Mittelmeerküste. Auf dem Frühjahrszug wurden deutsche Brutvögel von der Nord- und Ostseeküste dreimal aus der Camargue (S-Frankreich) und zweimal aus W-Frankreich zurückgemeldet. Bei Stiefel & Scheufler (1989) ist außerdem ein Herbstzugfund von Schleswig-Holstein nach N-Italien verzeichnet. Die französische Atlantikküste und die Camargue sind in Winter und Frühjahr ganz allgemein die bevorzugten Aufenthaltsorte baltischer Alpenstrandläufer, einige Vögel erreichen jedoch auch Marokko (Jönsson 1986).

Summary: *The German breeding population of Dunlin is close to extinction (8 – 14 bp), but during migration the species is still the most abundant wader along the coastline, though currently also declining in the Wadden Sea. Ring recoveries presented here as well as published data from colour-ringing projects provide evidence for NW Siberia and Fennoscandia as the breeding origin of visitors to Germany. In contrast, only one recovery from W Africa indicates the occurrence of a small number of breeding birds from Iceland or Greenland. From the German coasts, Dunlins mainly proceed to W Europe with most winter recoveries reported from Britain and France. Much smaller proportions reach Iberia, the W Mediterranean and NW Africa. Autumn migrants at the Black Sea in subsequent years may indicate switches to the E Mediterranean Flyway, though a direct recovery from the Wadden Sea to Kuwait shows that migration to the SE is possible as well. In spring, considerably more birds were found in Italy, suggesting that part of the population conducts an anti-clockwise loop migration. Information about the movements of the German breeding population is scant, as only a handful of birds was recovered either in W or S France (and in one case in Spain).*

Schmarotzerraubmöwe *Stercorarius parasiticus*
Arctic Skua

Das Brutgebiet der Schmarotzerraubmöwe umfasst die gesamte Arktis in Eurasien und Nordamerika, es reicht in Europa südwärts bis Schottland und S-Schweden. Als Überwinterungsgebiete gelten die Meeresgebiete um Südamerika, das südliche Afrika, Australien und Neuseeland. In den deutschen Meeresgebieten tritt die Art als Durchzügler auf, in der Nordsee häufiger als in der Ostsee und auf dem Herbstzug (besonders August und September) zahlreicher als im Frühjahr (vor allem Mai). Die neun auf dem Herbstzug an deutschen Küsten tot oder geschwächt gefundenen Ringvögel stammen sowohl aus der Ostsee (zweimal nestjung beringt in Finnland) als auch aus der Nordsee (einmal als Brutvogel und fünfmal nestjung beringt auf den Shetland- und Orkney-Inseln) und von der Barentssee (einmal nestjung beringt an der Murmanküste, Abb. 1). Wiederfunde von zwei norwegischen Vögeln in den Niederlanden (Bakken et al. 2003) zeigen ebenfalls, dass Vögel von der Barentssee in der deutschen Nordsee vorkommen. Den Ringfunden aus den genannten Brutgebieten zufolge dürften diese Vögel bis W- und S-Afrika sowie bis E-Südamerika weiterziehen (Wernham et al. 2002, Bakken et al. 2003, Saurola et al. 2013).

Summary: *According to ring recoveries, Arctic Skuas from breeding populations in NW Russia, Finland, the Orkneys and the Shetlands are touching German marine areas during migration. Recoveries not directly related to Germany suggest that wintering areas in W and S Africa and E South America are reached.*

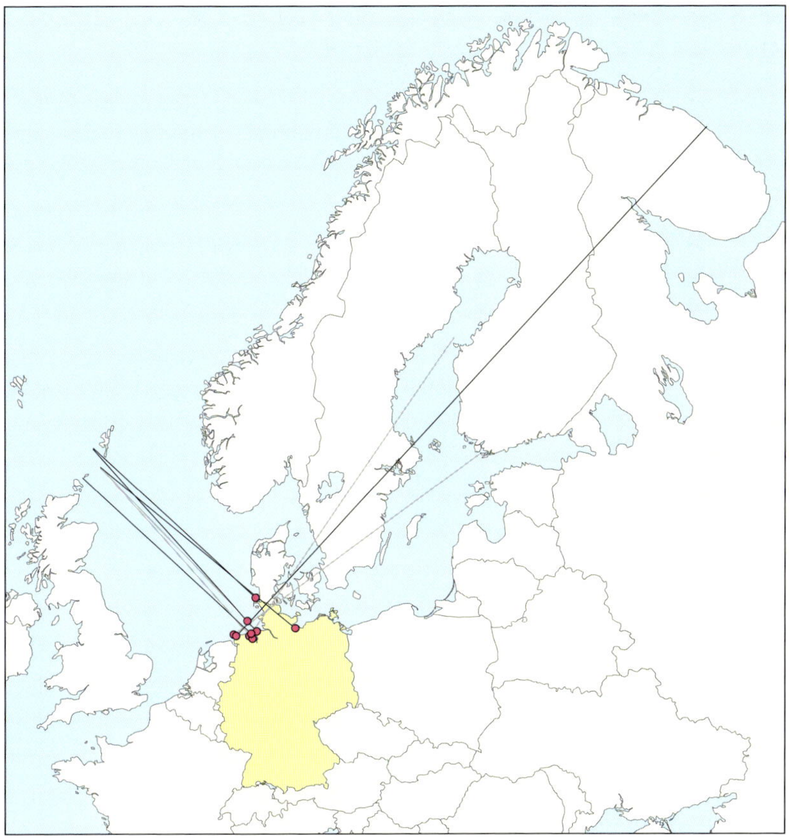

Abb. 1: Funde von Schmarotzerraubmöwen mit Bezug zu Deutschland (9 Funde). – *Recoveries of Arctic Skuas related to Germany (9 recoveries).*

Skua *Stercorarius skua*
Great Skua

Beringungen nach 1945:	24
Funde > 10 km nach 1945:	0/0
Wiederfundquote (Fernfunde nach 1945):	0,0 %
Funde > 10 km seit 1901:	0/0
Funde fremder Beringungszentralen:	120/120
Höchstalter:	-
Weiteste Entfernung:	2044 km

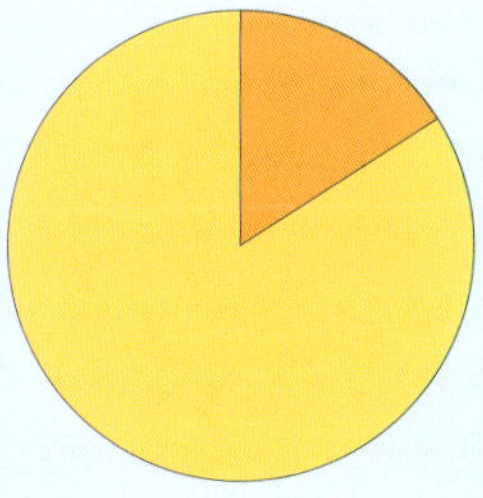

Verbreitung und Status: Die größte europäische Raubmöwenart brütet im N-Atlantik zwischen Island, Spitzbergen, NW-Russland (Kola-Halbinsel) und Schottland. Das Überwinterungsgebiet erstreckt sich über den gesamten N-Atlantik. Es reicht bis W-Afrika und N-Brasilien, weist aber Schwerpunkte von Irland und Biskaya bis W-Afrika sowie vor Neufundland auf (Malling Olsen & Larsson 1997, Furness et al. 2006, Magnusdottir et al. 2012). In der südlichen Nordsee ist die Skua abseits der Küsten die häufigste Raubmöwenart (Camphuysen 1999), bei Helgoland erscheint sie vor allem auf dem Herbstzug von Juli bis November, mit Maximum im September und Oktober. An der deutschen Nordseeküste sind Skuas regelmäßig in geringer Zahl zu sehen, viel seltener treten sie an der Ostseeküste und im deutschen Binnenland auf.

Wanderungen: Die zahlreichen Beringungen vor allem auf den Shetland-Inseln haben in Deutschland zu relativ vielen Wiederfunden geführt, die das durch Beobachtungen gewonnene Aufenthaltsmuster mit Konzentration an der Nordsee, aber nur wenigen Funden an der Ostsee und im Binnenland gut widerspiegeln (Abb. 1). Zudem stammen 78 % der Wiederfunde aus der zweiten Jahreshälfte, was die Skua für Deutschland analog zu Beobachtungsdaten als vorwiegend auf dem Herbstzug auftretende Art ausweist. Außer aus Schottland stammen in Deutschland gefundene Skuas auch aus Island, von den Färöer, aus S-Norwegen und von der russischen Murmanküste. Nach Ergebnissen von Studien mit Geolokatoren und Satellitensendern verteilen sich Vögel der einzelnen Brutgebiete jeweils auf verschiedene Überwinterungsgebiete. Schwerpunktmäßig überwintern zwar schottische Vögel zwischen Biskaya und W-Afrika, isländische Vögel vor Neufundland und Vögel von der Barentssee (Bäreninsel) vor Irland und vor Neufundland, doch können Individuen selbst innerhalb eines Winters zwischen diesen verschiedenen Überwinterungsgebieten wechseln (Furness et al. 2006, Magnusdottir et al. 2012).

Summary: *In Germany, Great Skuas visit mostly marine areas off the North Sea coast (mainly in September and October) and only rarely occur in the Baltic Sea and inland. This pattern is reflected by ring recoveries, most of which refer to birds marked in the Shetlands, with others coming from Iceland, Faroer, S Norway and N Russia.*

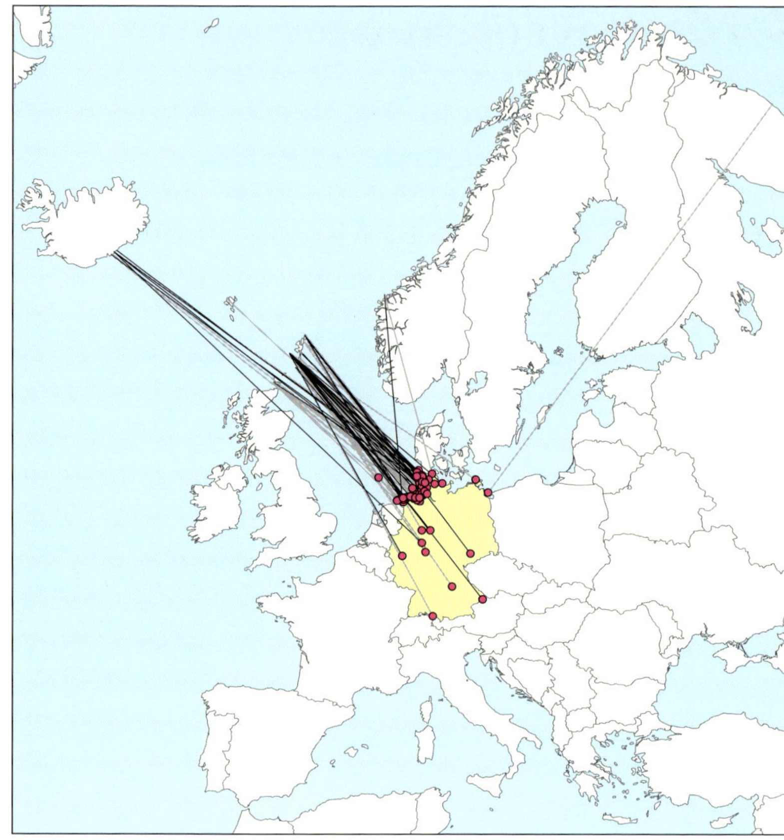

Abb. 1: Funde von Skuas mit Bezug zu Deutschland (120 Funde). – *Recoveries of Great Skuas related to Germany (120 recoveries).*

Papageitaucher *Fratercula arctica*

Atlantic Puffin

Der Papageitaucher brütet an felsigen Küsten des N-Atlantiks von Neufundland, NE-Kanada und Grönland bis Großbritannien, NW-Frankreich (Bretagne), Spitzbergen und NW-Sibirien (Novaja Semlja). Außerhalb der Brutzeit ist die Art weit in eisfreien Gewässern des N-Atlantiks verbreitet. Das einzige Brutvorkommen in Deutschland auf der Insel Helgoland ist in den 1830er Jahren erloschen (Dierschke et al. 2011). Seitdem gelten Papageitaucher als seltene Gäste mit wenigen Nachweisen pro Jahr in küstennahen Meeresgebieten, doch zeigten schiffsgestützte Transektzählungen, dass sich in küstenferneren Bereichen der Nordsee (AWZ) im Winter im Mittel etwa 80 und im März/April etwa 800 Individuen aufhalten (Garthe et al. 2007). Drei beringte Vögel, die im Winter tot in Spülsäumen an den Küsten von Niedersachsen und Schleswig-Holstein gefunden wurden, weisen Brutkolonien in NE-England (2 Ind., Farne Islands) und Norwegen (Runde) als Herkunftsgebiete in Deutschland erscheinender Papageitaucher aus (Abb. 1). Dies passt gut ins Bild weiterer Ringfunde, denn insbesondere Vögel aus NE-England und SE-Schottland scheinen in den südlichen Teil der Nordsee einzufliegen (mehrere Wiederfunde in Dänemark und den Niederlanden), während Vögel aus N-Schottland (inklusive Shetland- und Orkney-Inseln) bisher nicht dort auftauchten (Wernham et al. 2002, Bønløkke et al. 2006). Auch norwegische Papageitaucher wandern eher zur nördlichen Nordsee und sogar bis Grönland oder Kanada (Bakken et al. 2003), während es wie in Deutschland auch in Dänemark nur einen Wiederfund aus Norwegen gibt (Bønløkke et al. 2006).

Summary: *Since its disappearance as a breeding bird on Helgoland in the 1830s, the Atlantic Puffin is a rare visitor to coastal waters of the German North Sea, but occurring regularly far offshore in the German EEZ. Two birds ringed on the Farne Islands (NE England) and one marked as a chick on the island of Runde (Norway) were found dead at the German North Sea coastline. Thus, in line with ring recoveries in Denmark, it appears that Puffins from NE England may contribute to the stocks present in German waters, and a smaller fraction may have its origin in Norway.*

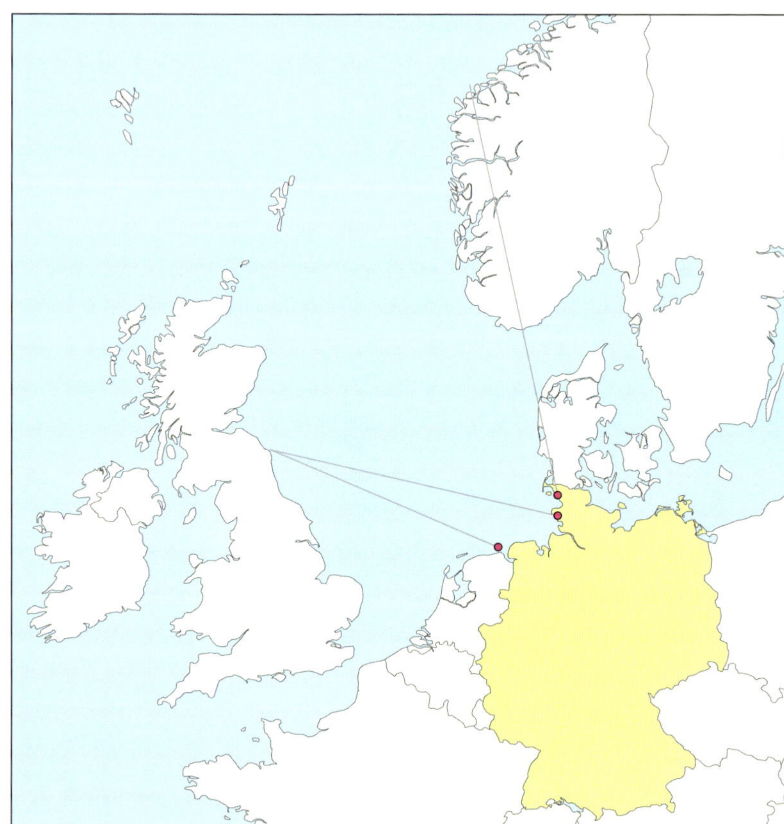

Abb. 1: Funde von Papageitauchern mit Bezug zu Deutschland (3 Funde). – *Recoveries of Atlantic Puffins related to Germany (3 recoveries).*

Tordalk *Alca torda*

Razorbill

Beringungen nach 1945:	28
Funde > 10 km nach 1945:	0/0
Wiederfundquote (Fernfunde nach 1945):	0,0 %
Funde > 10 km seit 1901:	0/0
Funde fremder Beringungszentralen:	86/85
Höchstalter:	-
Weiteste Entfernung:	2041 km

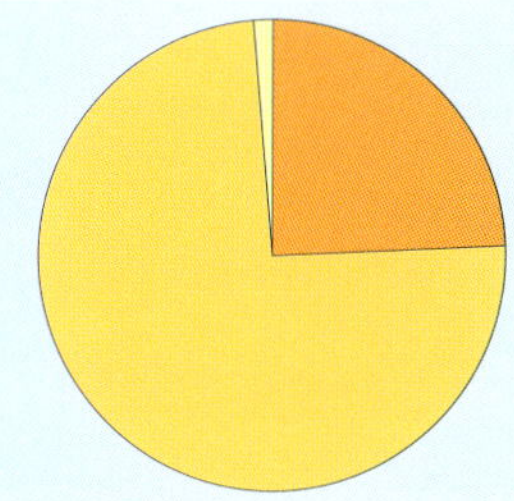

Verbreitung und Status: Tordalke brüten an felsigen Küsten entlang des N-Atlantiks von Grönland bis NE-USA sowie von Island, Jan Mayen, Bäreninsel und N-Skandinavien südwärts bis Großbritannien und NW-Frankreich, zudem an der fennoskandischen Ostseeküste südwärts bis Bornholm. In Deutschland ist die Insel Helgoland der einzige Brutplatz. Seit der Wiederansiedlung im Jahr 1975 nahm die Art dort stetig zu und erreichte im Jahr 2013 mit 57 BP ihren bisher größten Bestand (J. Dierschke et al. 2011, 2014). Im Winterhalbjahr sind Tordalken zwar nicht so häufig wie Trottellummen, bevölkern aber dennoch fast alle Bereiche der deutschen Nord- und Ostsee (mittlerer Winterbestand: 11.100 Ind.). In der Nordsee erfolgt deutliche Zuwanderung vor allem im Oktober, der Abzug findet unauffällig statt, vermutlich vor allem im Februar und März.

Wanderungen: Von den wenigen auf Helgoland als Küken beringten Tordalken liegt bislang kein Wiederfund vor, so dass deren außerbrutzeitliche Aufenthaltsorte nicht bekannt sind. Nach Deutschland kommen vor allem Brutvögel von den Britischen Inseln und aus dem Ostseeraum (Abb. 1). Die Herkunftsorte der Wintergäste ergeben eine deutliche, aber nicht vollständige Teilung zwischen Nord- und Ostsee. In der deutschen Nordsee überwintern wohl ganz überwiegend Vögel aus verschiedenen britischen Brutkolonien (auch aus W-Schottland und Wales, Abb. 1). Zu rechnen ist auch mit Tordalken aus Norwegen, doch angesichts nur sehr weniger Ringfunde gelangen diese offenbar nicht in großer Zahl in die südliche Nordsee (Bakken et al. 2003). Nur ein Fund eines bei Bornholm beringten Vogels deutet an, dass auch Tordalken aus der Ostsee in die deutsche Nordsee wandern können.

An der deutschen Ostseeküste wurden dagegen weitgehend Vögel gefunden, die aus Brutkolonien der Ostsee stammen (Abb. 1), was dem Gesamtbild aller Wiederfunde von Vögeln, die in Schweden und bei Bornholm beringt wurden, entspricht. Diese verteilen sich fast ausschließlich auf die Ostsee und wurden nur ausnahmsweise aus SE-England, den Niederlanden und W-Norwegen gemeldet (Bønløkke et al. 2006, Fransson et al. 2008). Körpermaßen zufolge gehörten allerdings einige der tot an der Küste von Mecklenburg-Vorpommern gefundenen Tordalken der von Großbritannien bis Island beheimateten Unterart *A. t. islandica* an (Lambert 1977). Tatsächlich wurden auch drei britische Tordalken an der deutschen Ostseeküste gefunden, ferner strandete ein in W-Norwegen beringter Tordalk in Vorpommern (Abb. 1). Noch ungewöhnlicher ist ein Fund auf Usedom, bei dem ein Jungvogel von der N-russischen Murmanküste vermutlich entlang der gesamten norwegischen Küste und durch das Kattegat in die Ostsee gelangt ist. Ähnlich weite Wanderungen sind von Tordalken aus NE-Norwegen (im Extrem bis NW-Frankreich) bekannt (Bakken et al. 2003).

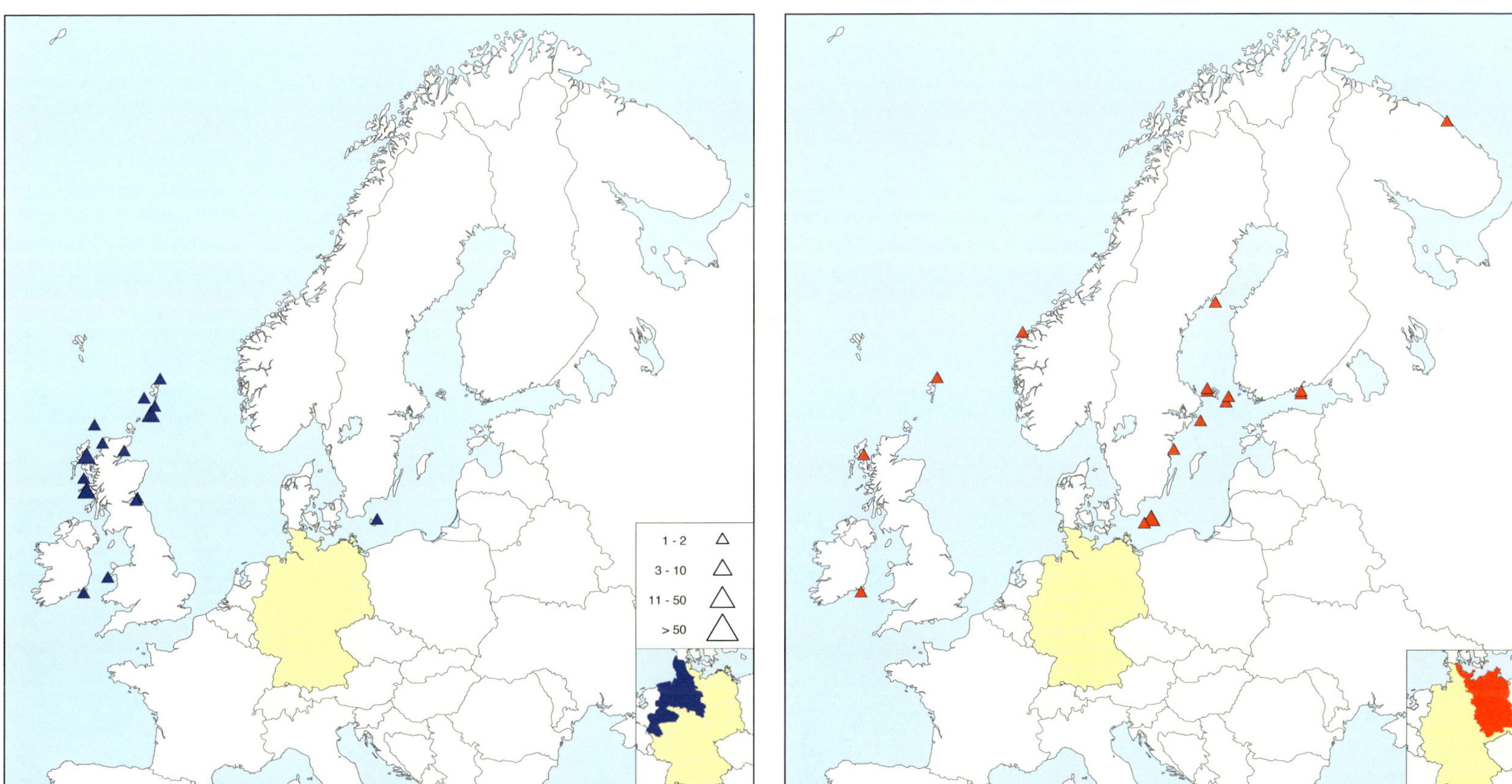

Abb. 1: Aufenthaltsorte zur Brutzeit von im Winterhalbjahr (Oktober-März) in Deutschland anwesenden Tordalken (57 Funde). – *Presence during the breeding season of Razorbills present in Germany in winter (October-March, 57 recoveries).*

Die große Mehrheit der Ringfunde stammt aus dem Winterhalbjahr (Oktober–März, Abb. 1). Aus dem Sommerhalbjahr liegen nur 13 Funde vor. Davon betreffen zehn in der Ostsee beringte Vögel, die an der Ostseeküste Mecklenburg-Vorpommerns gefunden wurden. Die anderen drei gehen auf britische Ringvögel zurück, die von der deutschen Nordseeküste gemeldet wurden, so dass die bereits im Winterhalbjahr ersichtliche räumliche Trennung auch im Sommerhalbjahr vorhanden ist.

Summary: *At the only German breeding site, the island of Helgoland, the Razorbill population continuously increased to a current maximum of 57 bp in 2013. While there is no recovery indicating the non-breeding distribution of the few German breeders, several recoveries reveal the origin of the c. 11,100 Razorbills which on average winter in German marine areas. The German sections of the North Sea and the Baltic Sea differ considerably with regard to the breeding origin of their wintering birds: birds wintering in the North Sea generally come from Britain and Ireland (with one connection to Bornholm in the Baltic), whereas the Razorbills found in the Baltic Sea originate primarily from Sweden, Finland and Bornholm. However, some recoveries of birds ringed in Britain and W Norway as well as measurements of some beached birds imply that small numbers of North Sea birds may move into the Baltic Sea as well. An extraordinary recovery connects the N Russian Murman coast with the German Baltic Sea coast.*

Trottellumme *Uria aalge*
Common Guillemot

Beringungen nach 1945:	7431
Funde > 10 km nach 1945:	465/456
Wiederfundquote (Fernfunde nach 1945):	6,1 %
Funde > 10 km seit 1901:	686/652
Funde fremder Beringungszentralen:	389/380
Höchstalter:	32 J, 1 M
Weiteste Entfernung:	3907 km

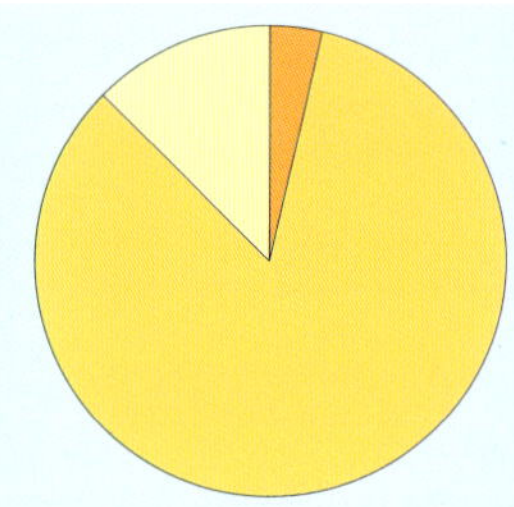

Verbreitung und Status: Als Brutvogel ist die Trottellumme beiderseits des N-Atlantiks und des N-Pazifiks zu finden, wobei zum Überwintern in erster Linie die jeweils angrenzenden Schelfmeere aufgesucht werden. Im NE-Atlantik umfasst die Brutverbreitung Felsküsten von Nowaja Semlja, Spitzbergen und Island südwärts bis Portugal und schließt auch die Ostsee mit ein. Einziger deutscher Brutplatz ist die Insel Helgoland, auf der die Art seit mindestens 200 Jahren durchgängig ansässig ist. Der Brutbestand schwankt dort um die 2500 BP und gilt derzeit als stabil. In weitaus größerer Zahl sind Trottellummen im Winterhalbjahr in den deutschen Meeresgebieten zu finden (33.000 Ind. in der Nordsee, 1500 Ind. in der Ostsee).

Wanderungen: Wiederfunde in Deutschland beringter Trottellummen gehen fast ausschließlich auf Vögel zurück, die als Küken beim Verlassen des Brutfelsens („Lummensprung") auf Helgoland gefangen und markiert worden sind. Danach reicht der Aufenthaltsbereich Helgoländer Trottellummen von Mittel-Norwegen und Schottland bis NW-Frankreich und in die westliche Ostsee (im Extrem bis SW-Frankreich bzw. Litauen, Abb. 1 und 2). Zu bedenken ist dabei, dass Trottellummen zumeist auf offener See leben, viele Funde aber durch am Strand angespülte Vögel zustande kommen. Diese mögen die tatsächlichen Zugwege und Aufenthaltsgebiete nur bedingt widerspiegeln (Lorentsen & May 2012). Zu beachten ist auch, dass fast alle weit von Helgoland entfernten Funde auf Vögel in den ersten beiden Lebensjahren zurückgehen, während von älteren Vögeln bekannt ist, dass sie sich den ganzen Winter in der Nähe von Helgoland, zumeist in weniger als 90 km Entfernung, aufhalten (Stechow 1938, Glutz von Blotzheim & Bauer 1982). So ist bei den Winterfunden von mindestens fünf Jahre alten Vögeln eine deutliche Konzentration in der Deutschen Bucht zu erkennen, von anderen Orten liegen dagegen nur noch vereinzelte Funde vor (Abb. 2).
Die vielen in der deutschen Nordsee überwinternden Trottellummen dürften größtenteils aus verschiedenen Brutkolonien in Schottland stammen (Abb. 3). Aus Norwegen gelangen nur wenige Vögel in die südliche Nordsee (ein Fund auf Helgoland; Bakken et al. 2003). Auch Ostseevögel erreichen nur vereinzelt die deutsche Nordsee, wo nur ein Vogel von Gotland (Abb. 3), aber trotz vieler Beringungen dort keiner von Bornholm (Bønløkke et al. 2006) gefunden werden konnte. Umgekehrt fliegen aber Nordseevögel in die deutsche Ostsee, nicht nur von Helgoland aus, sondern auch aus Schottland und von den Färöer (Abb. 3). Selbst eine Trottellumme mit norwegischem Ring wurde an der Ostsee gefunden, konnte wegen unvollständig übermittelter Ringnummer hier jedoch nicht berücksichtigt werden. Noch erstaunlicher ist die Wanderung eines Vogels von der N-russischen Murmanküste zur schleswig-holsteinischen Ostseeküste. Dennoch gehören die meisten sich in der deutschen Ostsee aufhaltenden Vögel zur Ostseepopulation (Abb. 3, Schmidt 1983). Wichtige Achsen, entlang derer die herbstliche Einwanderung von Trottellummen in die deutschen Meeresgebiete erfolgt, zeigt Abb. 4.

Summary: *The only German breeding colony of Common Guillemots on the island of Helgoland holds a stable population of c. 2500 bp. Birds ringed as chicks on Helgoland were found from C Norway south to SW France and from NW Scotland east to Lithuania. Recoveries at great distances from Helgoland are mostly restricted to the first two years of life, whereas older birds usually remain within 90 km around their breeding sites throughout the year. Besides, Common Guillemot is a winter visitor with an average total of 33,000 birds in the North Sea and 1,500 birds in the Baltic Sea. The German North Sea is mainly reached by birds from Scotland, while only few originate from Norway and the Baltic. The majority of individuals wintering in the German section of the Baltic Sea comes from relatively close-by colonies in Denmark and Sweden, but ringed birds from the North Sea (Scotland, Helgoland, Norway) and Barents Sea (N Russia) have been recorded as well.*

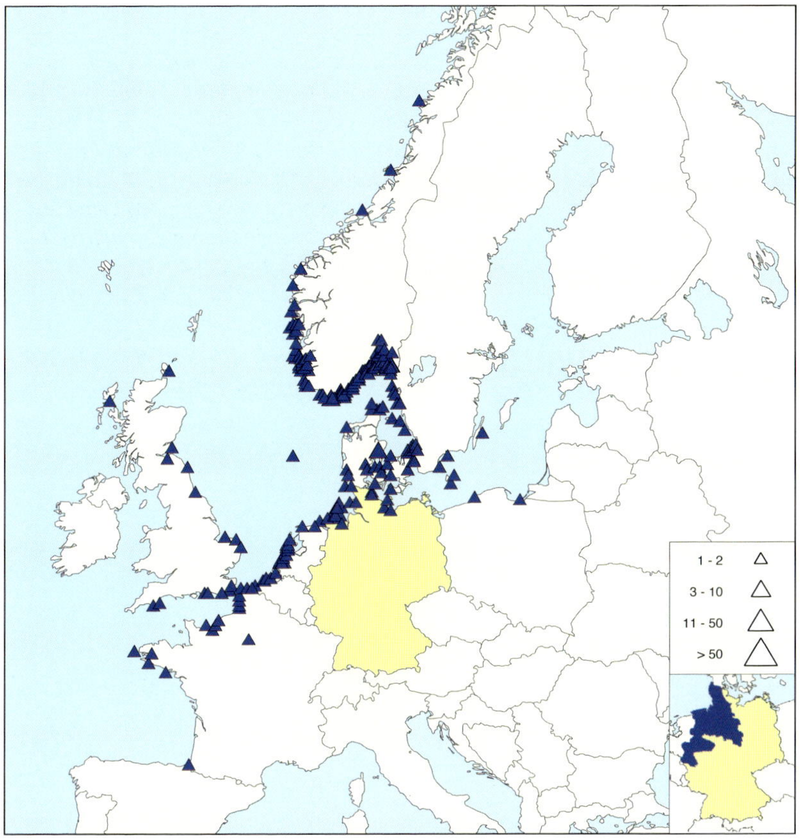

Abb. 1: Fundorte im Winterhalbjahr (Oktober – März) von in Deutschland nicht flügge beringten Trottellummen im 1. Winter (310 Funde). Alle Beringungen erfolgten auf Helgoland. – *Recovery sites in winter (October – March) of Common Guillemots ringed before fledging in Germany in their 1st winter (310 recoveries). All birds were ringed on Helgoland.*

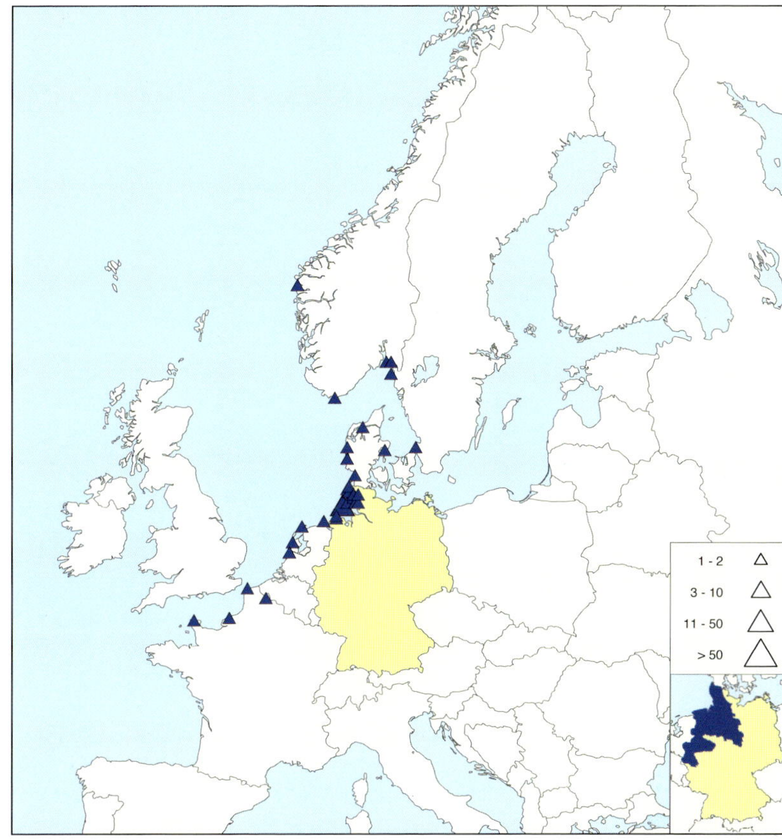

Abb. 2: Fundorte im Winterhalbjahr (Oktober – März) von in Deutschland nicht flügge beringten Trottellummen ab dem 5. Winter (59 Funde). Alle Beringungen erfolgten auf Helgoland. – *Recovery sites in winter (October – March) of Common Guillemots ringed before fledging in Germany in their 5th (59 recoveries). All birds were ringed on Helgoland.*

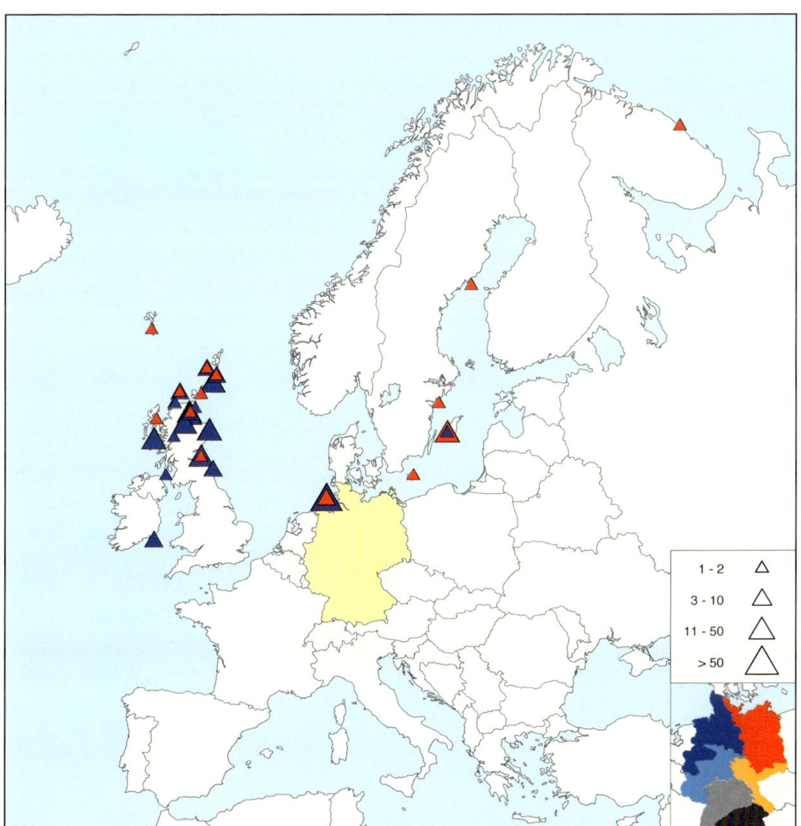

Abb. 3: Aufenthaltsorte zur Brutzeit von im Winterhalbjahr (October – March) in Deutschland anwesenden Trottellummen (325 Funde). – *Presence during the breeding season of Common Guillemots present in Germany in winter (October – March, 325 recoveries).*

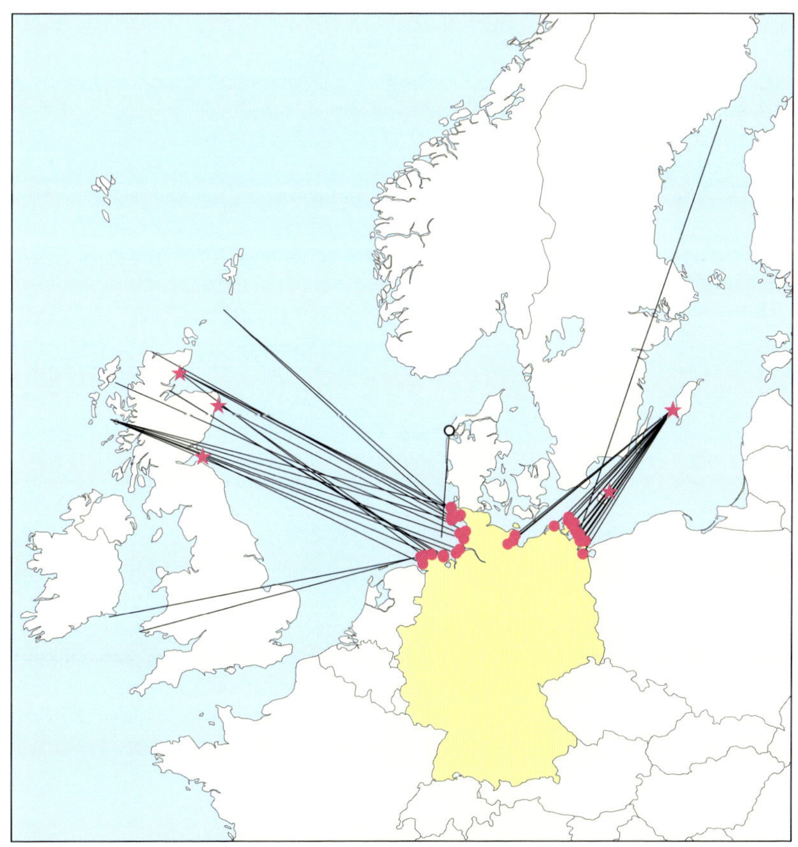

Abb. 4: Herbstzug (September-November) von in Deutschland von September bis November anwesenden Trottellummen (56 Funde). – *Autumn migration (September – November) of Common Guillemots present in Germany from September to November (56 recoveries).*

Gryllteiste *Cepphus grylle*

Black Guillemot

Beringungen nach 1945:	2
Funde > 10 km nach 1945:	0/0
Wiederfundquote (Fernfunde nach 1945):	0,0 %
Funde > 10 km seit 1901:	0/0
Funde fremder Beringungszentralen:	21/20
Höchstalter:	-
Weiteste Entfernung:	1174 km

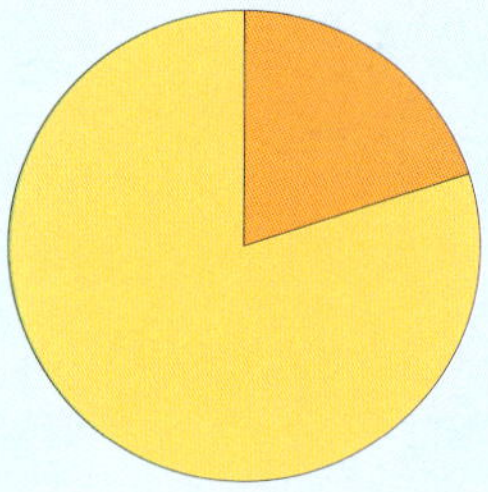

Verbreitung und Status: Die Brutverbreitung der Gryllteiste erstreckt sich entlang der arktischen Küsten Eurasiens und Nordamerikas und reicht in Europa südwärts bis Dänemark und Irland. Sie überwintert in Seegebieten im Bereich des Brutareals. In Deutschland ist sie nur Gastvogel mit etwa 700 Überwinterern in der Ostsee. Dort treten Gryllteisten vor allem von Anfang Oktober bis Anfang April auf. In der deutschen Nordsee ist die Art selten, nur um Helgoland halten sich regelmäßig (und oft ganzjährig) etwa 5 – 10 Individuen auf (Dierschke et al. 2011). Zu einem Brutversuch kam es in Deutschland erst einmal (1953 auf dem Langenwerder in der Wismarbucht, Thorbeck 1955).

Wanderungen: In Deutschland wurden zwar bislang nur zwei Gryllteisten beringt, doch geben einige Funde beringter Vögel Aufschluss über die Herkunft der Gastvögel. Die vor der Ostseeküste Schleswig-Holsteins und Mecklenburg-Vorpommerns außerhalb der Brutzeit anwesenden Gryllteisten stammen sowohl aus dem Ostseeraum (Ringfunde aus E-Schweden und Finnland) als auch vom südlichen Kattegat (Ringfunde aus E-Dänemark und W-Schweden; Abb. 1). Die Gebiete, in denen sich die zu zwei verschiedenen Unterarten gehörenden Vögel aufhalten, überlappen sich. Woher die bei Helgoland verweilenden Gryllteisten kommen ist unbekannt. Britische Gryllteisten wurden bisher nicht in anderen Teilen der Nordsee nachgewiesen (Wernham et al. 2002), doch wandern Kattegat-Vögel vereinzelt bis England, in die Niederlande und nach Frankreich (Bakken et al. 2003, Bønløkke et al. 2006, Fransson et al. 2008) und dürften daher auch die deutsche Nordsee berühren. Ein Beleg dafür ist ein Ringfund von W-Schweden zur Nordseeküste Schleswig-Holsteins (Abb. 1).

Summary: *In Germany, Black Guillemots are visitors only with c. 700 wintering birds in the Baltic Sea and 5-10 birds in the North Sea around Helgoland. At the German Baltic Sea coast, ringed birds were found to belong to the populations of the Baltic Sea (E Sweden, Finland) and the Kattegat (Denmark, W Sweden), with overlapping areas of recovery. Birds from Helgoland may belong to the Kattegat population, too, as those birds were sometimes found far from their breeding areas in the southern North Sea. One recovery from Kattegat to the North Sea coast of Schleswig-Holstein underlines this assumption.*

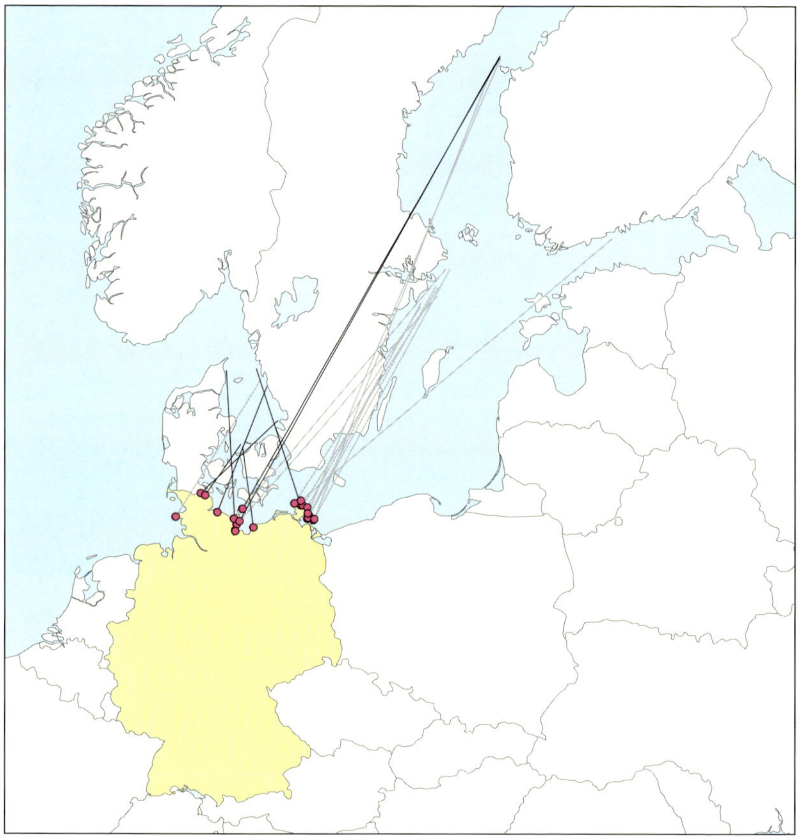

Abb. 1: Funde von Gryllteisten mit Bezug zu Deutschland (21 Funde). – *Recoveries of Black Guillemots related to Germany (21 recoveries).*

Dreizehenmöwe *Rissa tridactyla*
Black-legged Kittiwake

Beringungen nach 1945:	1028
Funde > 10 km nach 1945:	16/15
Wiederfundquote (Fernfunde nach 1945):	1,5 %
Funde > 10 km seit 1901:	16/15
Funde fremder Beringungszentralen:	101/99
Höchstalter:	17 J *
Weiteste Entfernung:	3548 km

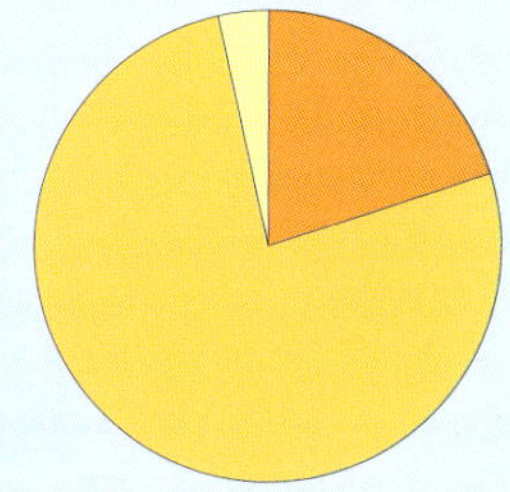

Verbreitung und Status: Dreizehenmöwen brüten zirkumpolar an felsigen Küsten, in Europa vor allem in Norwegen und auf den Britischen Inseln, südwärts bis Portugal. Außerhalb der Brutzeit pflegen sie eine pelagische Lebensweise und verteilen sich über N-Atlantik und N-Pazifik. Einziger deutscher Brutplatz ist die

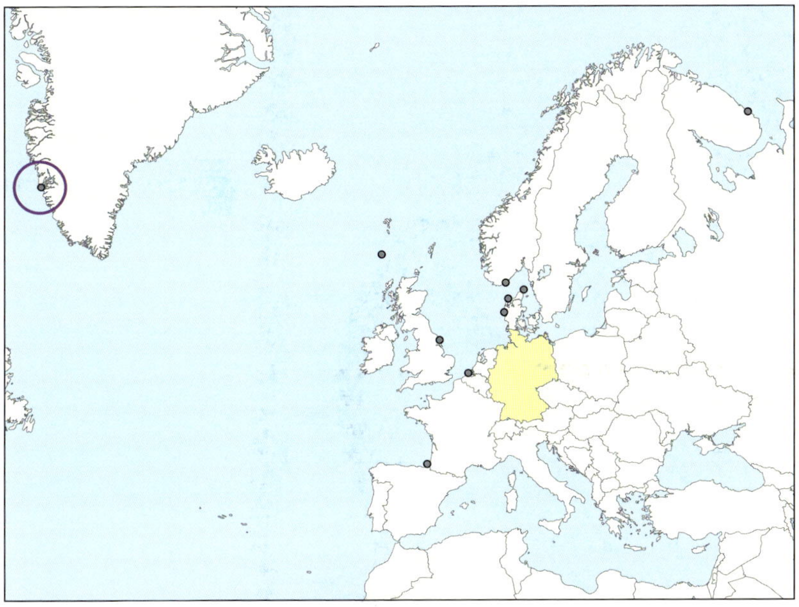

Abb. 1: Fundorte im Ausland von in Deutschland beringten Dreizehenmöwen (10 Funde). – *Foreign recovery sites of Black-legged Kittiwakes ringed in Germany (10 recoveries).*

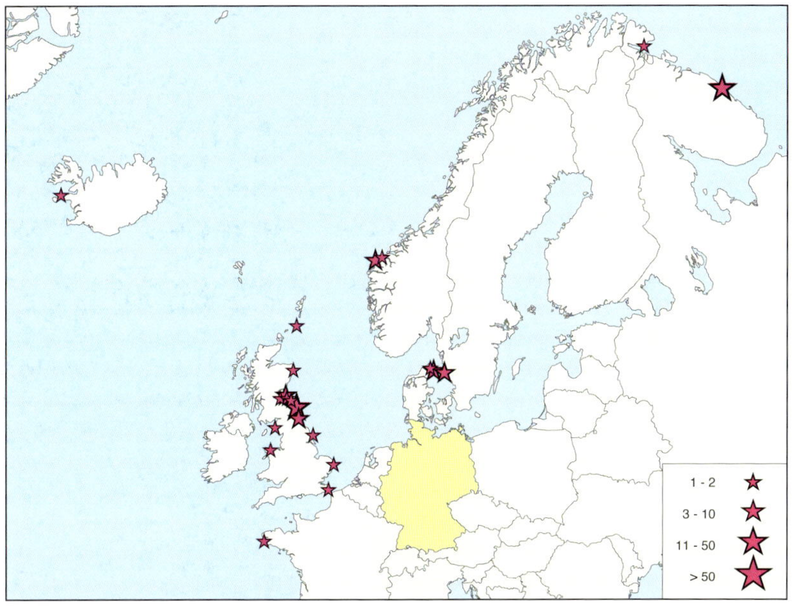

Abb. 2: Beringungsorte im Ausland von in Deutschland gefundenen Dreizehenmöwen (101 Funde). Alle Vögel wurden nestjung beringt. – *Foreign ringing sites of Black-legged Kittiwakes recovered in Germany (101 recoveries). All birds were ringed before fledging.*

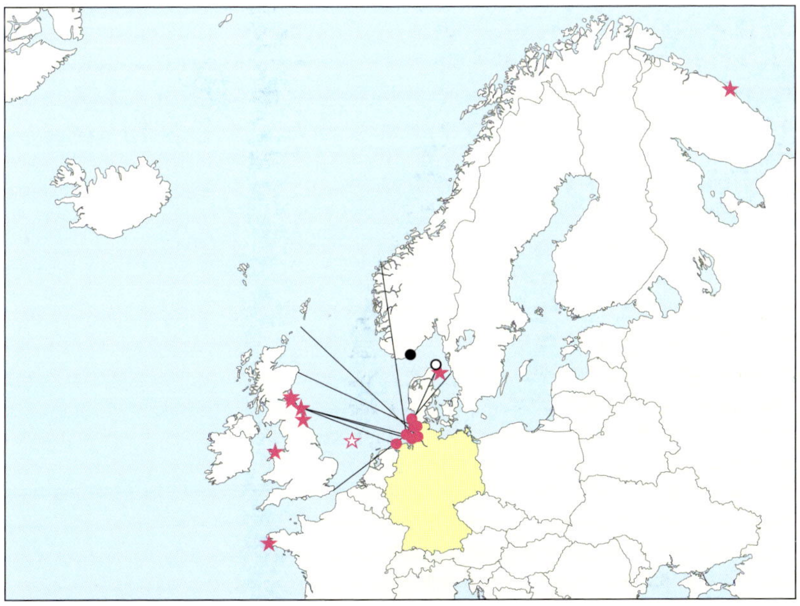

Abb. 3: Herbstzug (August – November) von in Deutschland zur Brutzeit (1 Fund) oder von August – November anwesenden Dreizehenmöwen (26 Funde). – *Autumn migration (August – November) of Black-legged Kittiwakes present in Germany during the breeding season (1 recovery) or from August to November (26 recoveries).*

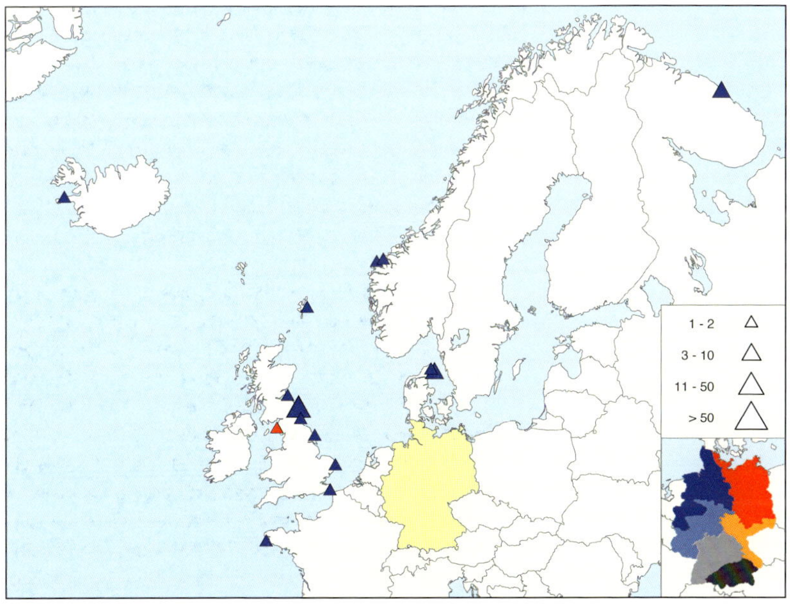

Abb. 4: Aufenthaltsorte zur Brutzeit von im Winter (Dezember – Februar) in Deutschland anwesenden Dreizehenmöwen (42 Funde). – *Presence during the breeding season of Black-legged Kittiwakes present in Germany in winter (December – February, 42 recoveries).*

Insel Helgoland, wo sich die Art nach ihrem Verschwinden um 1840 erst 1938 wieder ansiedelte und von etwa 1970 bis 2000 einen steilen Bestandsanstieg zeigte. Nach dem Maximum im Jahr 2001 (8600 BP) kam es zu einer deutlichen Abnahme bis unter 5000 BP im Jahr 2012 (Dierschke et al. 2011, 2013). Die Helgoländer Kolonie ist von März bis Anfang August bevölkert. Zu allen Jahreszeiten kommen Dreizehenmöwen im deutschen Sektor der Nordsee vor (Winterbestand: 14.000 Ind.), die deutsche Ostsee und das Binnenland erreichen sie dagegen nur unregelmäßig und in sehr kleiner Zahl.

Wanderungen: Wegen der schwer zugänglichen Brutkolonie sind auf Helgoland bisher nur recht wenige Dreizehenmöwen beringt worden, zudem ist die Fundwahrscheinlichkeit der meist auf dem Meer lebenden Vögel vergleichsweise gering. Weiterhin ist zu bedenken, dass an Stränden tot gefundene Vögel höchstens andeuten können, in welchen Meeresgebieten sich die Vögel tatsächlich aufgehalten haben. Die wenigen Wiederfunde machen dennoch deutlich, wie weiträumig auch die deutschen Brutvögel umherstreifen können. Meldungen stammen vor allem aus der Nordsee und dem Skagerrak, aber auch aus dem Seegebiet nördlich von Schottland und der Biskaya (Abb. 1). Besonders weit entfernt hatte sich ein zwei Jahre alter, nestjung auf Helgoland beringter Vogel, der im August 3548 km entfernt in SW-Grönland geschossen wurde. Inzwischen hat eine Studie mit Geolokatoren ergeben, dass Dreizehenmöwen aus allen Bereichen des atlantischen Brutgebietes (auch aus der Nordsee) – abweichend vom Bild, das die Wiederfunde vermitteln – überwiegend im W-Atlantik und vor allem in der Labradorsee überwintern (Frederiksen et al. 2011). Dies dürfte ebenfalls für die Brutvögel von Helgoland gelten, auch wenn britische und dänische Dreizehenmöwen zumindest teilweise in der Nordsee bleiben (Wernham et al. 2002, Bønløkke et al. 2006, Frederiksen et al. 2011) – was wiederum auch für Helgoländer Vögel zutrifft (Winterfunde N von Schottland, in den Niederlanden und in S-Norwegen, aber auch in N-Spanien; Abb. 1). Die starke Mischung von Dreizehenmöwen verschiedenster Herkunft in den Überwinterungsgebieten (Frederiksen et al. 2011) spiegelt sich in den per Ringfund in der deutschen Nordsee nachgewiesenen Herkunftsgebieten wider (Abb. 2). Schon bald nach der Brutzeit erscheinen Vögel aus Großbritannien, Frankreich, S-Skandinavien und sogar von der Kola-Halbinsel in der Deutschen Bucht (Abb. 3). Wiederfunde innerhalb desselben Jahres verdeutlichen dabei direkte Zuwanderung aus verschiedenen Richtungen. Auch die Wintergäste stammen aus den genannten Gebieten (und zusätzlich Island), besonders aber aus dem Nordseeraum selbst (Abb. 4). Hervorzuheben ist, dass allein 14 Vögel aus einer Kolonie bei Murmansk auf der Kola-Halbinsel an der deutschen Nordseeküste gefunden wurden. Dies passt zu einem hohen Anteil von Vögeln aus der Barentssee unter den Wintergästen in der Nordsee (Frederiksen et al. 2011). Auch ein im zweiten Kalenderjahr auf Helgoland beringter Vogel, der ein Jahr später zur Brutzeit bei Murmansk wiedergefangen werden konnte, dürfte zu dieser Kolonie gehört haben (Hüppop & Hüppop 2009).
Nur in wenigen Fällen wurden beringte Dreizehenmöwen abseits der Nordsee in Deutschland gefunden, sechsmal an der Ostseeküste und nur dreimal tief im Binnenland (Westfalen, Brandenburg, Sachsen). Alle diese Vögel stammten aus NE- und NW-England (in Abb. 4 z.T. von anderen Symbolen überlagert).

Summary: *The only German breeding colony of Black-legged Kittiwakes is found on Helgoland, where the population size has increased for decades to a maximum of 8600 bp in 2001, but has decreased thereafter. Whereas the species is scarce in the Baltic Sea, the German section of the North Sea hosts 14,000 winter visitors on average. Owing to little ringing activity and low chances of recovery, only a small number of Kittiwakes marked on Helgoland has been reported from abroad, mostly from the North Sea, but also from the Bay of Biscay, the Russian Kola Peninsula (probably referring to a first-summer visitor to Helgoland) and SW Greenland. The latter recovery implies movements towards the W Atlantic, which by the help of geolocators has been identified as the main wintering area of European Kittiwakes. The same study has found large proportions of both North Sea and Barents Sea breeders among wintering birds in the North Sea. Indeed, a number of British, Danish and Norwegian birds as well as birds from the Kola Peninsula have produced winter recoveries in the German North Sea (with additional birds from France and Iceland). Kittiwakes ringed in England were recovered six times at the German Baltic Sea coast and three times inland (Westfalen, Brandenburg, Saxony).*

Zwergmöwe *Hydrocoloeus minutus*
Little Gull

Verbreitung und Status: Die Zwergmöwe weist eine disjunkte Brutverbreitung auf, mit Vorkommen zwischen N-Mitteleuropa, NE- und E-Europa, in W- und Zentralsibirien sowie an den Großen Seen in Nordamerika. Die Art ist obligatorischer Zugvogel, wobei die Winterquartiere im NE-Atlantik (einschließlich Mittelmeer, Nord- und Ostsee), im Kaspischen Meer sowie vor den Küsten von E-China und E-Nordamerika liegen. Da sich Zwergmöwen außerhalb der Brutzeit bevorzugt auf dem offenen Meer aufhalten, ist über Wanderungen insbesondere im Winterhalbjahr wenig bekannt. In deutschen Meeresgebieten überwintern im Durchschnitt 1100 Ind. (Nordsee) bzw. 220 Ind. (Ostsee), doch sind Zwergmöwen während des Frühjahrszugs (vor allem im April und Mai) und auf dem Herbstzug (August bis November) deutlich häufiger. Dabei führt im Frühjahr ein relativ enger Zugkorridor über die Deutsche Bucht und die Ostholsteinische Seenplatte (Koop 1997, Schwemmer & Garthe 2006), während auf dem Herbstzug vor allem an der vorpommerschen Ostseeküste und entlang der Unterelbe viele Zwergmöwen zu sehen sind (Garthe 1996, Schirmeister 2002). Zu beiden Zugperioden erscheinen sie auch im Binnenland, besonders an größeren Stillgewässern und Flüssen. Nur ganz sporadisch schreiten einzelne Paare in Deutschland zur Brut, in den letzten Jahrzehnten nur in Mecklenburg-Vorpommern und Brandenburg.

Wanderungen: Die vorliegenden Ringfunde (Abb. 1) können nur einen kleinen Teil des Zuggeschehens beleuchten. In erster Linie zeigen sie, dass Zwergmöwen, die in S- und N-Schweden, Finnland und dem Baltikum erbrütet wurden, während der Zugzeiten an deutschen Küsten vorkommen können, denn alle Funde aus diesen Ländern gehen auf Kükenberingung zurück. Offen ist, ob noch aus weiter östlich gelegenen Brutgebieten Zuwanderung erfolgt. Der Weiterflug nach SW wird indirekt angedeutet durch einen im August in Belgien beringten Altvogel, der im darauf folgenden Mai an der niedersächsischen Küste gefunden wurde. Ungewöhnlich erscheint der einzige Wiederfund einer in Deutschland beringten Zwergmöwe, der einen Anfang August in Sachsen-Anhalt beringten Jungvogel betrifft, der vier Wochen später an der Küste des Kattegats in S-Schweden gefunden wurde. Dieser Fund zeigt, dass auch die durch das Binnenland ziehenden Zwergmöwen dem Meer zustreben, in diesem Fall direkt nach N. Ringfunde in Richtung möglicher Überwinterungsgebiete fehlen, doch ist mit weiträumiger Verteilung in Randgebieten des NE-Atlantik zu rechnen.

Summary: *Little Gull is only an occasional breeding bird in Germany, but is numerous during migration in April and May as well as from August to November – mainly in coastal areas, but also inland. On average, 1100 and 220 birds respectively are wintering in the German sections of North Sea and Baltic Sea. Ring recoveries of birds ringed as chicks and found during migration at the German coast show provenance from Sweden, Finland, Estonia and Latvia. A Belgian-ringed adult found in NW Niedersachsen suggests migration directed to the SW, whereas a juvenile ringed in inland Germany in August and reported after four weeks from the Kattegat indicates a seaward migration. Apart from these hints, most of the migration routes taken by Little Gulls remain unknown.*

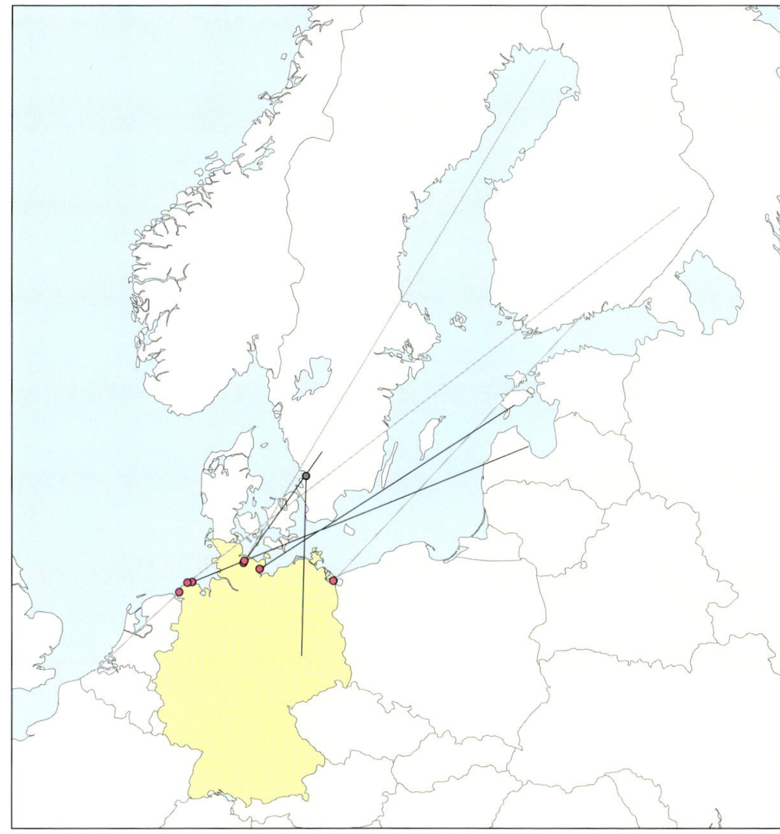

Abb. 1: Funde von Zwergmöwen mit Bezug zu Deutschland (8 Funde). – *Recoveries of Little Gulls related to Germany (8 recoveries).*

Lachmöwe *Larus ridibundus*
Black-headed Gull

Beringungen nach 1945:	169.985
Funde > 10 km nach 1945:	15.572/7893
Wiederfundquote (Fernfunde nach 1945):	4,6 %
Funde > 10 km seit 1901:	16.172/8480
Funde fremder Beringungszentralen:	19.460/11.477
Höchstalter:	30 J, 9 M
Weiteste Entfernung:	4675 km

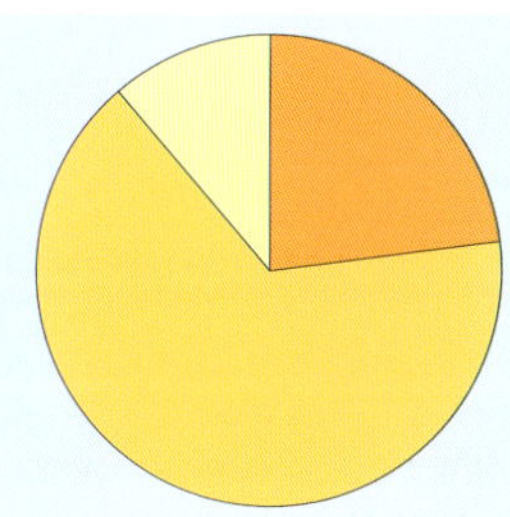

Verbreitung und Status: Lachmöwen brüten in fast ganz Europa, in der N-Hälfte Asiens (außer in der Arktis) und mit wenigen Paaren an der Atlantikküste von Kanada und den USA. Obwohl sie in Teilen Europas ganzjährig anzutreffen sind, handelt es sich um Zugvögel, deren Überwinterungsgebiete vor allem an den Küsten des NE-Atlantiks (südwärts bis W-Afrika und einschließlich des gesamten Mittelmeerraums) sowie am Indischen Ozean bzw. Pazifik von E-Afrika bis Japan liegen. Deutschland beherbergt einen derzeit stabilen Bestand von 105.000 – 150.000 BP. Der Verbreitungsschwerpunkt liegt zwar in N-Deutschland, doch gibt es stellenweise auch im S des Landes größere Brutkolonien. In den meisten Teilen Deutschlands sind Lachmöwen ganzjährig zu beobachten, doch sind die Rastbestände rückläufig. Der Frühjahrszug spielt sich in erster Linie im März und April ab. Der Herbstzug setzt direkt nach dem Flüggewerden der Jungvögel im Juli ein, ist von August bis Oktober am stärksten und endet im November.

Wanderungen: Lachmöwen, die sich zumindest zeitweise in Deutschland aufhalten, stammen den über 35.000 Wiederfunden zufolge aus dem Gebiet zwischen dem Weißen Meer, den Shetland-Inseln, dem Senegal und der Ukraine (Abb. 1 und 2).

Auf dem Herbstzug schlagen Angehörige des deutschen Brutbestandes unterschiedliche Richtungen zwischen NW und S ein. Je nach Herkunftsregion sind dabei unterschiedliche Schwerpunkte zu erkennen (Abb. 3). Vögel aus NW-Deutschland und von der Ostseeküste, aber auch diejenigen aus den östlichen Mittelgebirgen ziehen größtenteils nach W und SW. Sie erreichen dadurch vor allem den Bereich der südlichen Nordsee von Niedersachsen bis England, vielfach auch die französische Kanal- und Atlantikküste und in geringerem Umfang die Iberische Halbinsel. Zug nach S kommt fast gar nicht vor. Demgegenüber fächert sich der Herbstzug von Vögeln aus Sachsen und SW-Deutschland stärker auf und führt außer nach SW und W auch nach NW. Dadurch werden dieselben Gebiete wie bei den nördlicher in Deutschland brütenden Lachmöwen erreicht, denn per NW-Zug gelangen die Vögel in die Niederlande und nach England. Zusätzlich fliegt ein Teil dieser Bestände nach S und damit nach Italien. Auch bei Lachmöwen aus dem Alpenvorland variiert die Abzugrichtung stark, doch zieht nur ein relativ kleiner Teil nach NW. Dadurch gibt es nur wenige Wiederfunde aus den Niederlanden, und aus England fehlen sie ganz. Stattdessen wird in stärkerem Ausmaß als bei Vögeln aus anderen Regionen Deutschlands der westliche Mittelmeerraum inklusive Italien und Tunesien erreicht.

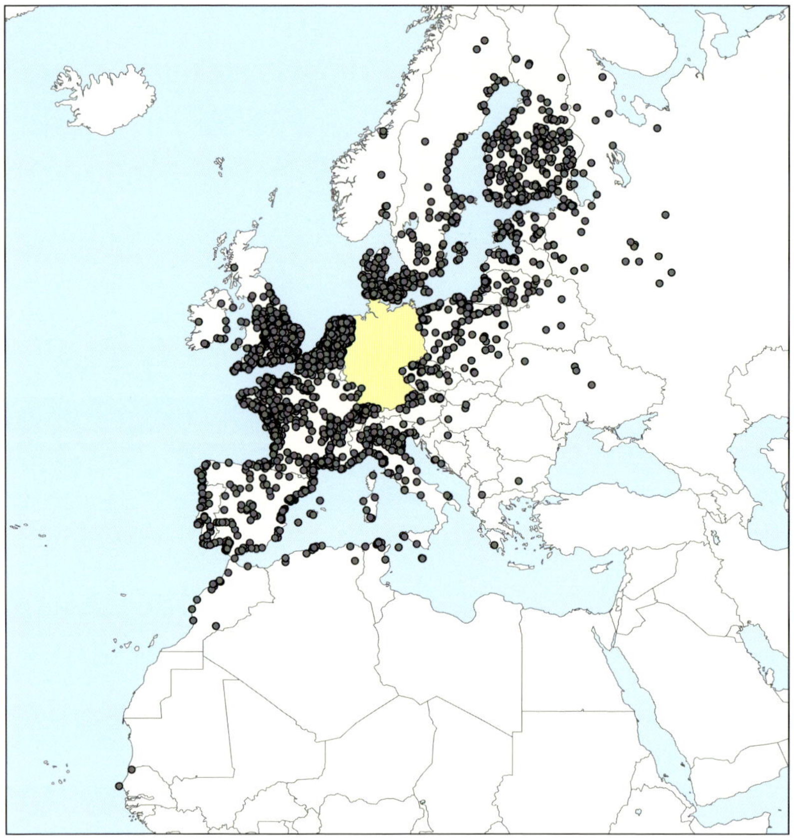

Abb. 1: Fundorte im Ausland von in Deutschland beringten Lachmöwen (9876 Funde). – *Foreign recovery sites of Black-headed Gulls ringed in Germany (9876 recoveries).*

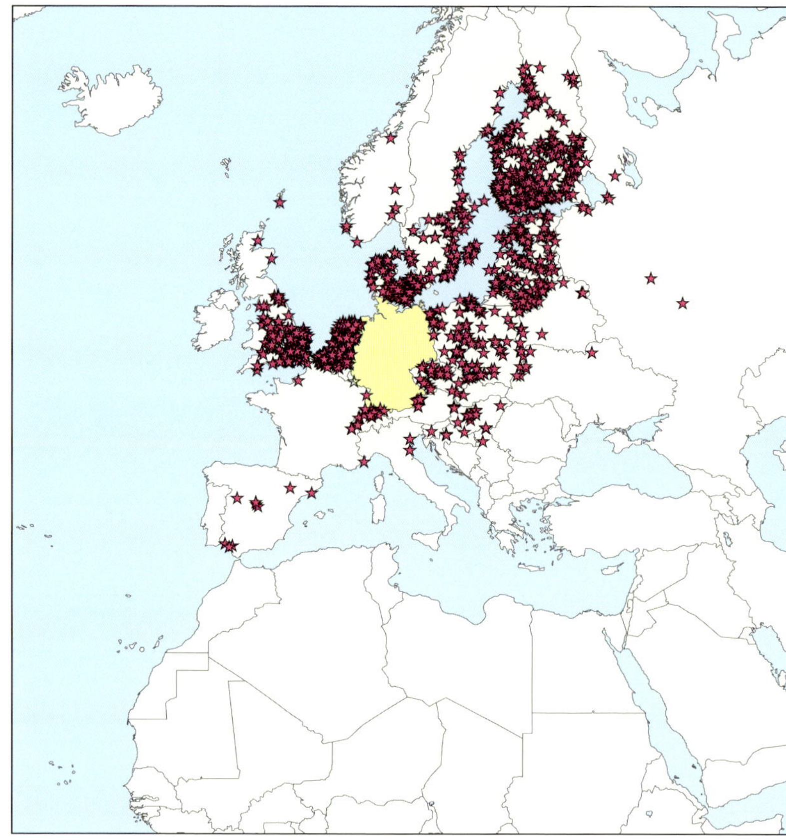

Abb. 2: Beringungsorte im Ausland von in Deutschland gefundenen Lachmöwen (19.460 Funde). – *Foreign ringing sites of Black-headed Gulls recovered in Germany (19,460 recoveries).*

Während des Herbstzugs erfolgt auch die Zuwanderung nach Deutschland aus verschiedenen Richtungen. Zwar kommt die große Masse der Durchzügler ganz offenbar von NE und ENE her aus Finnland, Dänemark und dem Baltikum, allerdings wurden gerade dort sehr viele Lachmöwen beringt. Zuwanderung findet auch aus Richtung E (aus Weißrussland, Polen und der W-Ukraine) und SE (Ungarn) statt. Funde aus Norwegen sind in Abb. 4 unterrepräsentiert, da die norwegischen Ringfunddaten (vgl. Bakken et al. 2003) für diesen Atlas nur teilweise zur Verfügung standen. Auffällig wenige Herbstzugfunde lassen sich nach Großbritannien zurückverfolgen, denn die dort brütenden Lachmöwen sind größtenteils Standvögel, und wenn sie wandern, fliegen sie vor allem nach S (Wernham et al. 2002). Da nur vergleichsweise wenige Lachmöwen auf dem Herbstzug in Deutschland beringt wurden, gibt es nur wenige direkte Wiederfunde, die den weiteren Verlauf des Herbstzugs der aus NE bis SE stammenden Vögel zeigen. Es deutet sich aber ein Weiterzug nach W bis SW an (Abb. 4), und zahlreiche Wiederfunde von Lachmöwen aus dem Ostseeraum in Großbritannien verdeutlichen, dass Deutschland tatsächlich von vielen Lachmöwen auf dem Zug überquert wird (Wernham et al. 2002).

Die Verteilung der Wiederfunde aus dem Winter ist ähnlich wie die auf dem Herbstzug. NW-deutsche Lachmöwen konzentrieren sich von den Niederlanden bis England, sind aber auch aus W-Frankreich und von der Iberischen Halbinsel sowie relativ selten aus dem W-Mittelmeer gemeldet worden (Abb. 5 und 6). Vögel aus dem NE-deutschen Tiefland sind insgesamt weiter verteilt, denn sie sind häufiger als die NW-deutschen Vögel auch in N-Deutschland, W-Frankreich und am Mittelmeer zu finden. Die in kleinerer Zahl vorliegenden Rückmeldungen von Vögeln aus den Mittelgebirgen geben ein ähnliches Bild ab, doch existieren nur wenige Funde aus England. Bei Lachmöwen aus dem Alpenvorland herrschen Abzugsrichtungen nach SW und S vor. Winterfunde stammen besonders aus dem W-Mittelmeer, während offenbar nur sehr wenige Individuen nördlich des Herkunftsgebietes überwintern. Insgesamt zeigt sich, dass Vögel aus südlicheren Herkunftsgebieten auch weiter im S den Winter verbringen. Zudem wird ein Unterschied zwischen den Altersklassen deutlich, denn Vögel in ihrem ersten Winter (Abb. 5) gelangen öfter in den S des Winterareals als Altvögel (Abb. 6). NW-Afrika wird sogar ganz überwiegend von Jungvögeln erreicht. Allerdings stammen die beiden einzigen Ringfunde aus dem Senegal von jeweils einem

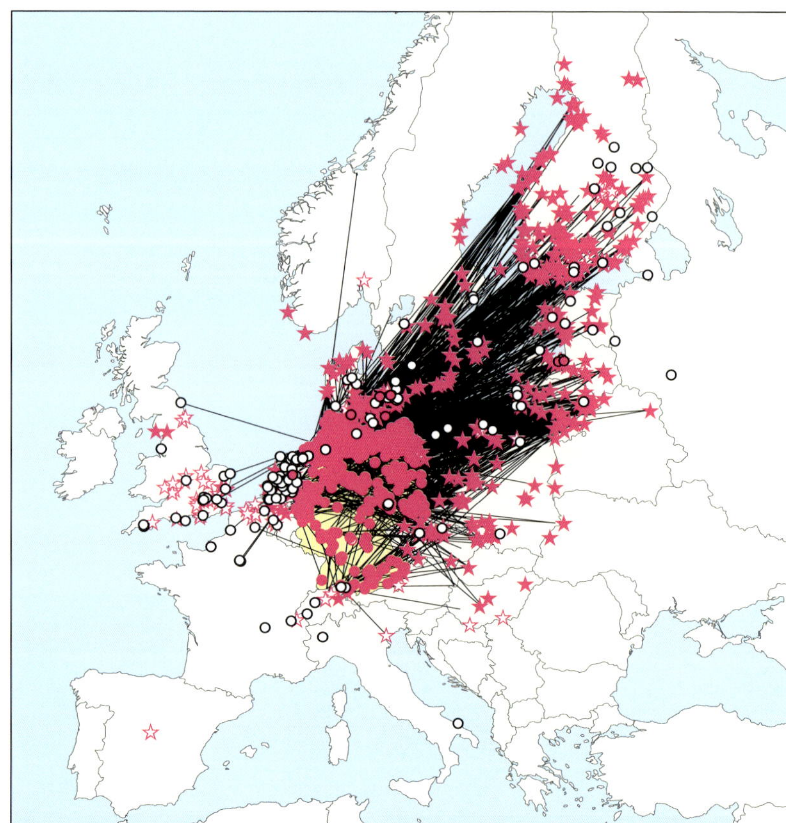

Abb. 4: Herbstzug (Juli – Oktober) von in Deutschland von Juli bis Oktober anwesenden Lachmöwen (5349 Funde). – *Autumn migration (September – November) of Black-headed Gulls present in Germany from July to October (5349 recoveries).*

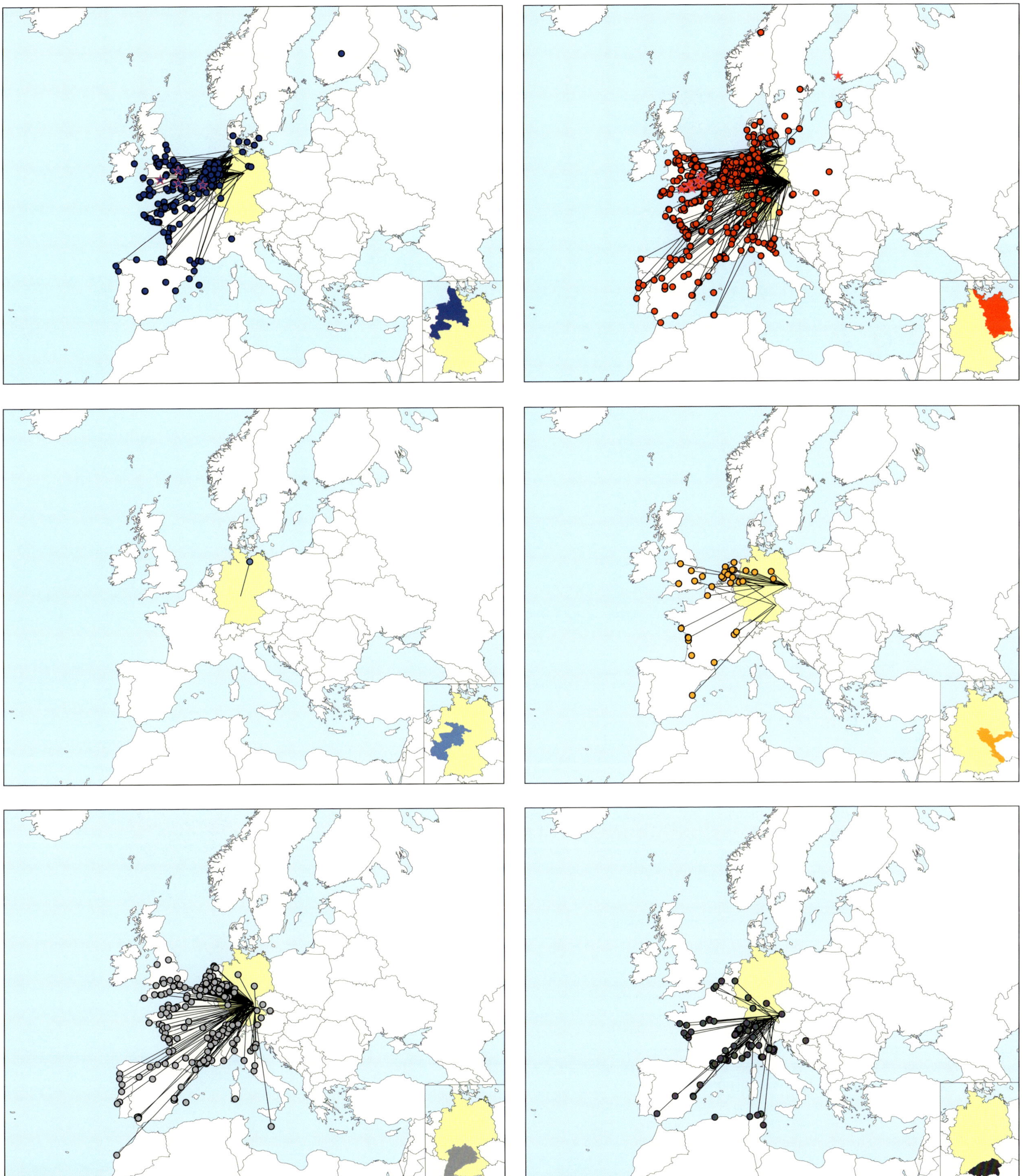

Abb. 3: Herbstzug (Juli – Oktober) von in Deutschland zur Brutzeit anwesenden Lachmöwen (1436 Funde). – *Autumn migration (July – October) of Black-headed Gulls present in Germany during the breeding season (1436 recoveries).*

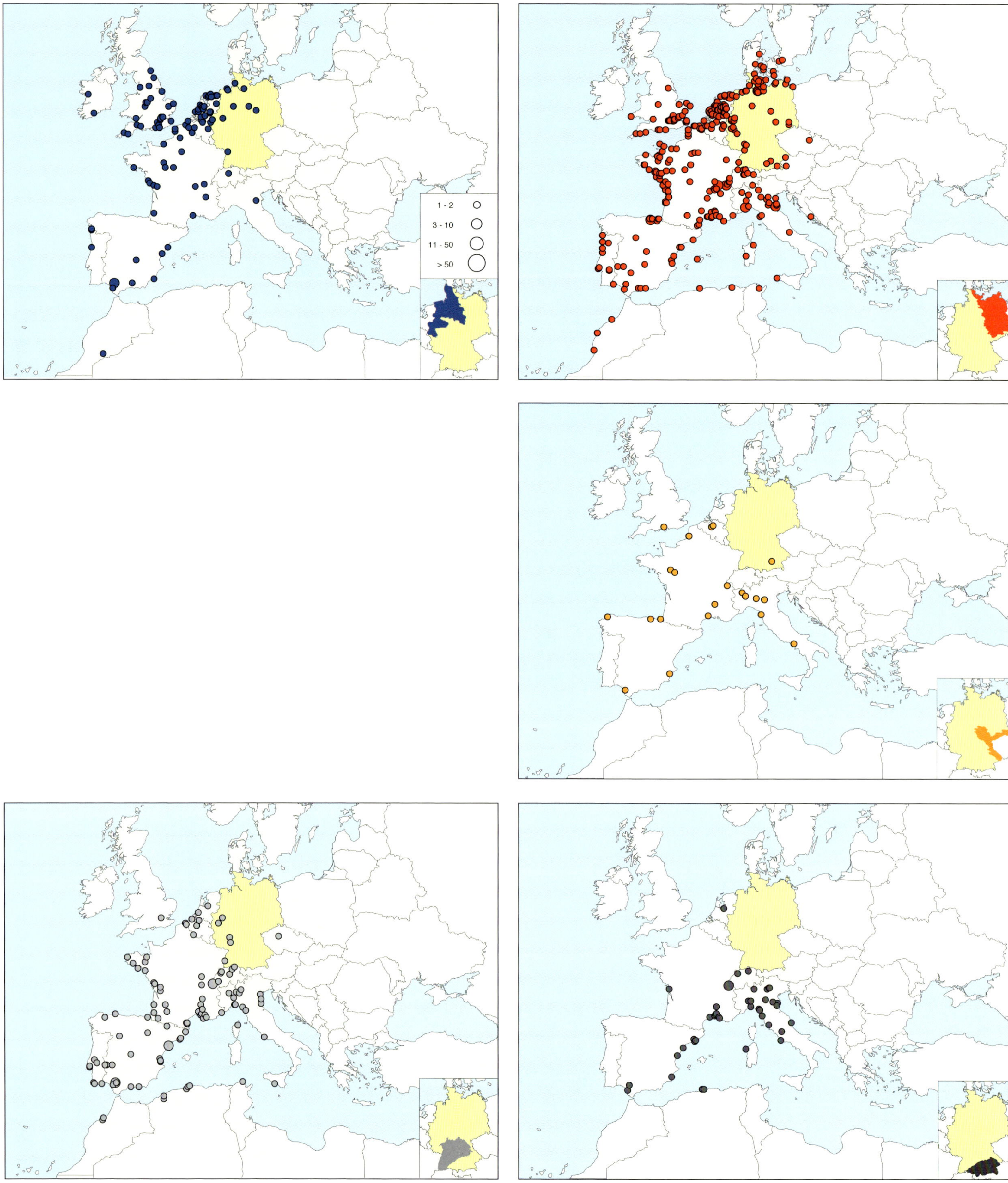

Abb. 5: Fundorte von in Deutschland nestjung beringten Lachmöwen im 1. Winter (November – Februar, 649 Funde). – *Recovery sites of Black-headed Gulls ringed before fledging in Germany and recorded in their 1st winter (November – February, 649 recoveries).*

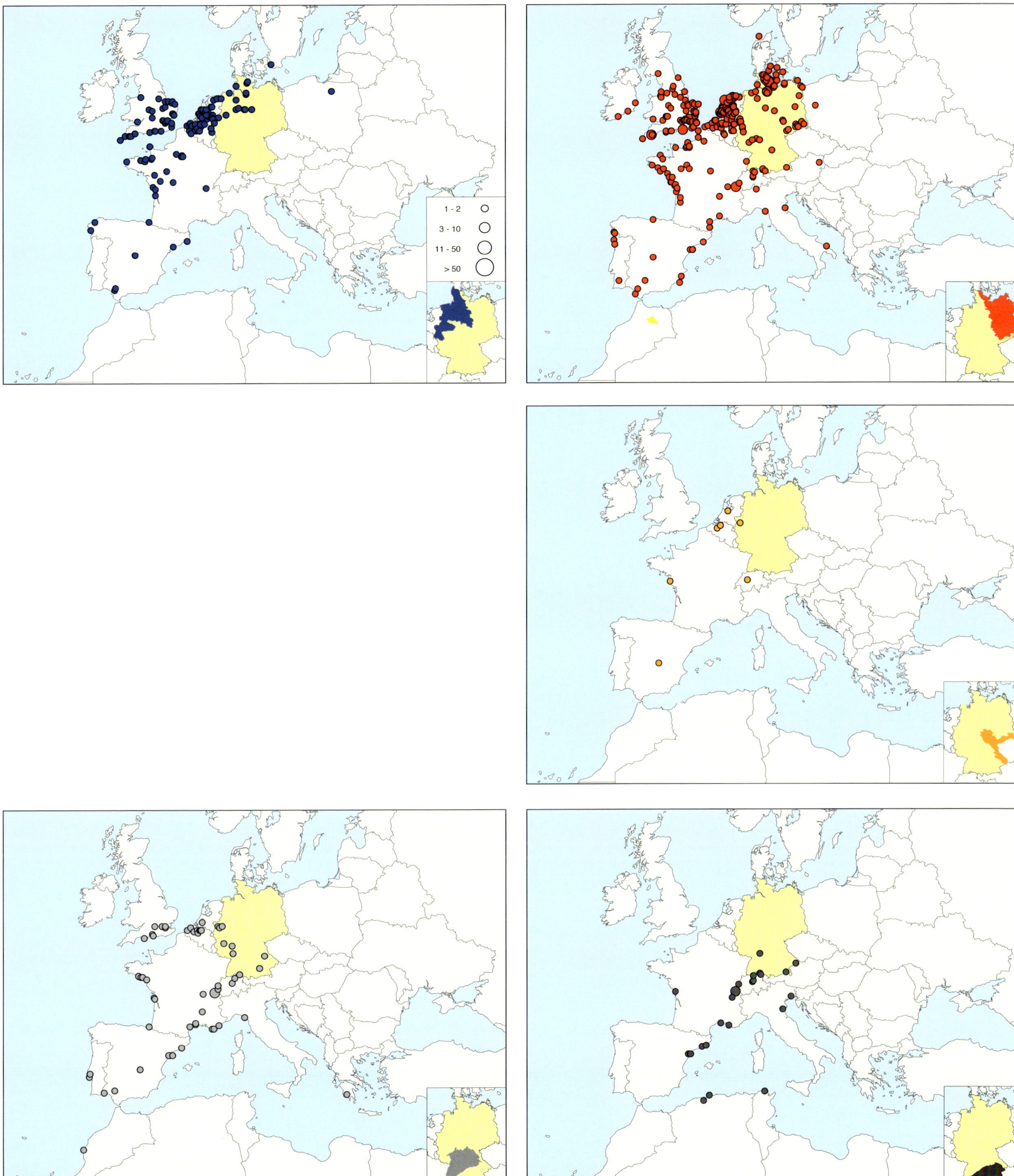

Abb. 6: Fundorte in Deutschland nestjung beringter Lachmöwen im mindestens 3. Winter (November – Februar, 572 Funde). – *Recovery sites of Black-headed Gulls ringed before fledging in Germany and recorded in at least the 3rd winter (November – February, 572 recoveries).*

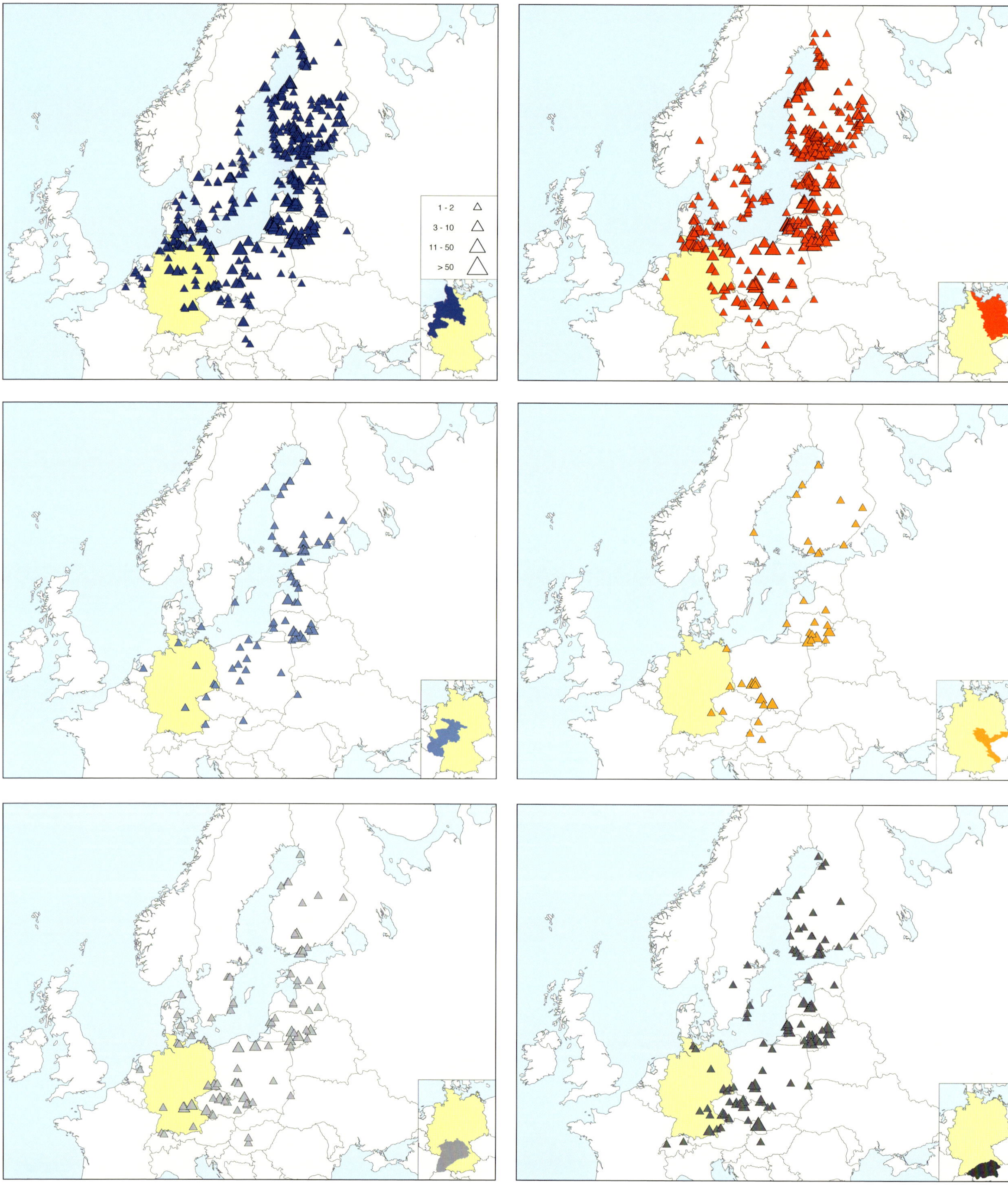

Abb. 7: Aufenthaltsorte zur Brutzeit von im Winter (November – Februar) in Deutschland anwesenden Lachmöwen (2964 Funde). – *Presence during the breeding season of Black-headed Gulls present in Germany in winter (November – February, 2964 recoveries).*

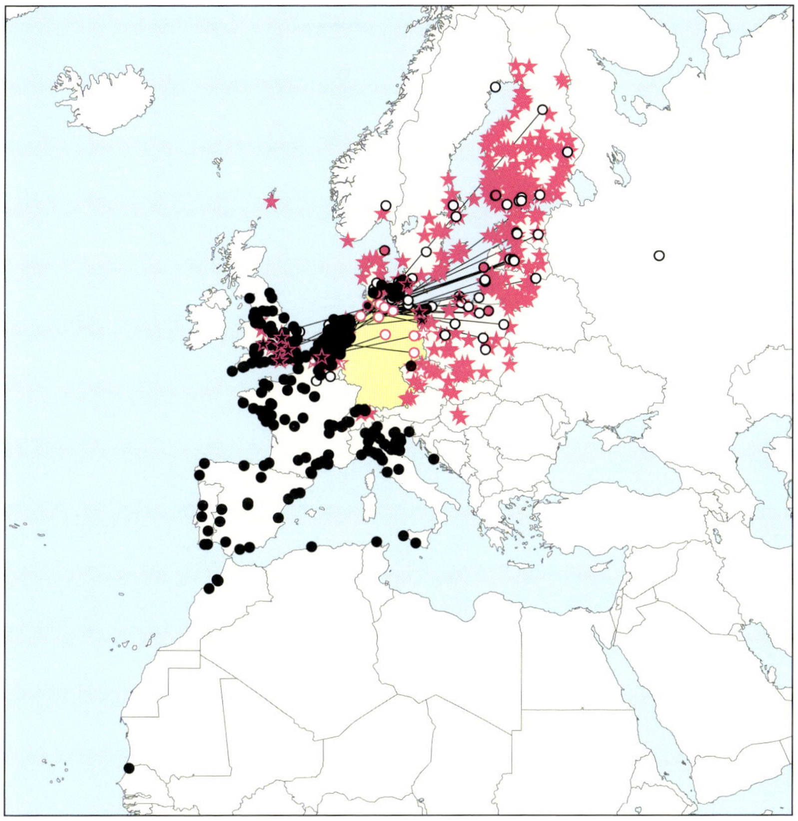

Abb. 8: Frühjahrszug (März – April) von in Deutschland zur Brutzeit (460 Funde) oder von März bis April anwesenden Lachmöwen (2262 Funde). – *Spring migration (March – April) of Black-headed Gulls present in Germany during the breeding season (460 recoveries) or from March to April (2262 recoveries).*

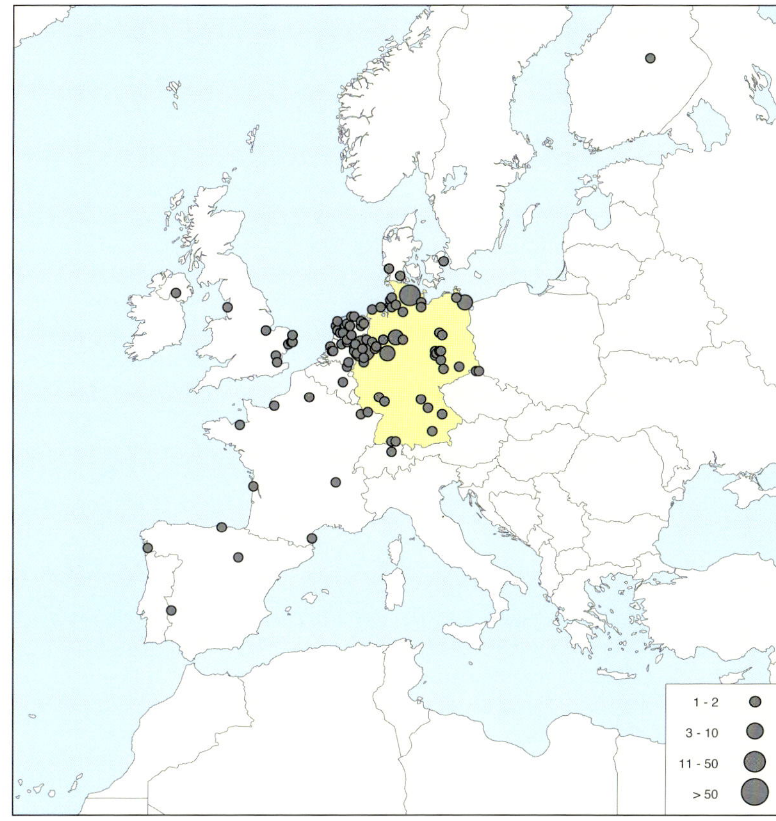

Abb. 9: Fundorte von in Deutschland nestjung beringten Lachmöwen im Sommer (Mai – Juni) des 2. Kalenderjahres (294 Funde). – *Recovery sites of Black-headed Gulls ringed before fledging in Germany and recorded in summer (May – June) of their 2nd calendar year (294 recoveries).*

Jungvogel (nestjung beringt auf Wangerooge, Wiederfund im März und daher nur in Abb. 8 für den Frühjahrszug verzeichnet) und einem Altvogel (beringt als flügger Jungvogel bei München, in Abb. 6 nicht verzeichnet, da nicht sicher dem dortigen Brutbestand zuzurechnen).

In den Wintermonaten halten sich in Deutschland viele Lachmöwen aus anderen Brutgebieten auf. Ringfunden zufolge kommen sie wie auf dem Herbstzug größtenteils aus Finnland und dem Baltikum, aber auch aus anderen Ländern nördlich und östlich von Deutschland (Abb. 7). Zwischen den Regionen gibt es auch hier Unterschiede. Im NW- und NE-deutschen Tiefland überwintern vor allem Vögel aus dem Ostseeraum und aus N-Deutschland selbst, besonders viele Vögel stammen aus Finnland. Weiter südlich in Deutschland ist das Zentrum der Herkunft eher in den baltischen Staaten zu erkennen, auch die Anteile polnischer und tschechischer Vögel sind dort größer. Regionale Unterschiede, wie sie auch bei den bevorzugten Herbstzugrichtungen und Winterquartieren bei Vögeln aus Dänemark, Schweden und Tschechien festgestellt wurden (Bønløkke et al. 2006, Fransson et al. 2008, Cepák et al. 2008), machen deutlich, dass das Zugsystem der Lachmöwe komplex ist und die Winterquartiere jeweils aus mehreren Richtungen angeflogen werden (s. auch Spina & Volponi 2008a für Italien). Im Einzelfall kann das gebietsspezifische Wanderverhalten von Flusssystemen oder dem Verlauf von Meeresküsten, denen Lachmöwen auf ihrem „geleiteten Breitfrontzug" folgen, bestimmt werden (Schüz 1971).

Auf der Karte vom Frühjahrszug (Abb. 8) ist zu erkennen, dass viele durch Deutschland ziehende Lachmöwen aus Gebieten östlich und nordöstlich des Landes stammen, entsprechende Zugrichtungen sind durch einige direkte Wiederfunde von im März und April beringten Vögeln erkennbar. Ein Fund in Russland deutet zusammen mit einigen in Abb. 1 und 2 verzeichneten Funden und Beringungen zur Brutzeit an, dass Vögel aus dem europäischen Teil Russlands am Zuggeschehen in Deutschland beteiligt sind. Im März und April halten sich Teile des deutschen Brutbestands noch im Winterareal auf, größtenteils in England, Belgien und den Niederlanden, aber auch in Italien. Dabei handelt es sich zum einen um Vögel auf dem Frühjahrszug, zum anderen aber um den Teil der Jungvögel, der nicht in ihre Herkunftsregionen zurückzieht. Funde zur Brutzeit (Mai/Juni) zeigen zwar, dass die südlichen Bereiche des Überwinterungsgebietes (Frankreich und der Mittelmeerraum) fast vollständig geräumt werden, doch halten sich besonders einjährige Lachmöwen aus N- und SW-Deutschland häufig in den Niederlanden auf (Abb. 9). Dennoch kehren auch viele Vögel schon in ihrem ersten Sommer in ihre Herkunftsregionen zurück, nicht zuletzt aus dem Alpenvorland stammende Vögel, die sich am Bodensee konzentrieren.

Summary: *Germany hosts a stable population of 105,000-150,000 bp of Black-headed Gulls, the majority in the N of the country, but with considerable numbers also breeding in the S. In addition, Germany is crossed by numerous Black-headed Gulls during both migration seasons and also serves as winter quarter. Autumnal departure directions vary between NW and S, with regional differences in the main directions taken. In general, German Black-headed Gulls mainly reach coastal areas from NW Germany to England, W France and Iberia, with relatively few birds wintering in the Mediterranean and at the Atlantic coast of NW African (as far south as Senegal). There is a tendency of first-winter birds to move further south than adults. In their first summer only part of the young birds return to their place of birth, while others remain further south (though mostly abandoning the southern parts of the wintering area). Visitors to Germany originate mainly from Finland, the Baltic States, Sweden and Denmark, thus migrating mainly in a SW direction. However, arrivals from E (mainly Poland and Czech Republic, but also Russia and Ukraine) and SE (Hungary) are also recorded by the help of ring recoveries.*

Aztekenmöwe *Larus atricilla*
Laughing Gull

Aztekenmöwen brüten in Amerika an den Küsten von Nova Scotia bzw. Kalifornien bis Venezuela. Sie überwintern vom Golf von Mexiko und Kalifornien südwärts bis N-Brasilien und S-Peru. In der W-Paläarktis wurde die Art deutlich über 100 Mal nachgewiesen, zumeist auf den Britischen Inseln und in Frankreich. Aus Deutschland liegen elf Nachweise vor (Deutsche Seltenheitenkommission 2010), einer davon betrifft einen Altvogel, der sich von April bis Juli 2001 in einer Lachmöwen-Kolonie im NSG Zwillbrocker Venn im W von Nordrhein-Westfalen aufhielt (Ottens 2004). Dieser Vogel konnte gefangen und farbberingt werden, und eine Reihe von Ablesungen offenbarte weiträumige Wanderungen in Europa (nach Ottens 2007 und Deutsche Seltenheitenkommission 2010, Abb. 1): In zwei Jahren (April bis Juni 2002, Juni/Juli 2005) kehrte er in dieselbe Kolonie zurück, ansonsten wurde er in NW-Niedersachsen (Juli 2005) in den Niederlanden (Oktober 2001, August/September 2007), in NW-Italien (Januar/Februar 2004, November 2004 bis Januar 2005), in der Schweiz (Oktober 2006) und in NE-Spanien (Januar bis März 2007, Winter 2007/08) beobachtet. Möglicherweise gehen auch Beobachtungen von Aztekenmöwen in Nordrhein-Westfalen, den Niederlanden und Spanien in den Jahren 1997 – 2000 auf diesen, damals noch unberingten Vogel zurück (Ottens 2007). Die vorliegenden Beobachtungen passen in ein Aufenthaltsmuster, bei dem die Aztekenmöwe Brut- und Nachbrutzeit in W-Deutschland und den Niederlanden verbrachte und an der Mittelmeerküste zwischen NW-Italien und NE-Spanien überwinterte, bei einem Herbstzugnachweis in der Schweiz.

***Summary:** An adult Laughing Gull was ringed in a breeding colony of Black-headed Gulls in W Nordrhein-Westfalen in 2001, to which it returned for the breeding seasons 2002 and 2005. Subsequently, this bird was observed in The Netherlands in the post-breeding seasons 2001 and 2007, in Switzerland during autumn migration 2006 and was found to winter in NW Italy (in 2003/04 and 2004/05) and NE Spain (in 2006/07 and 2007/08).*

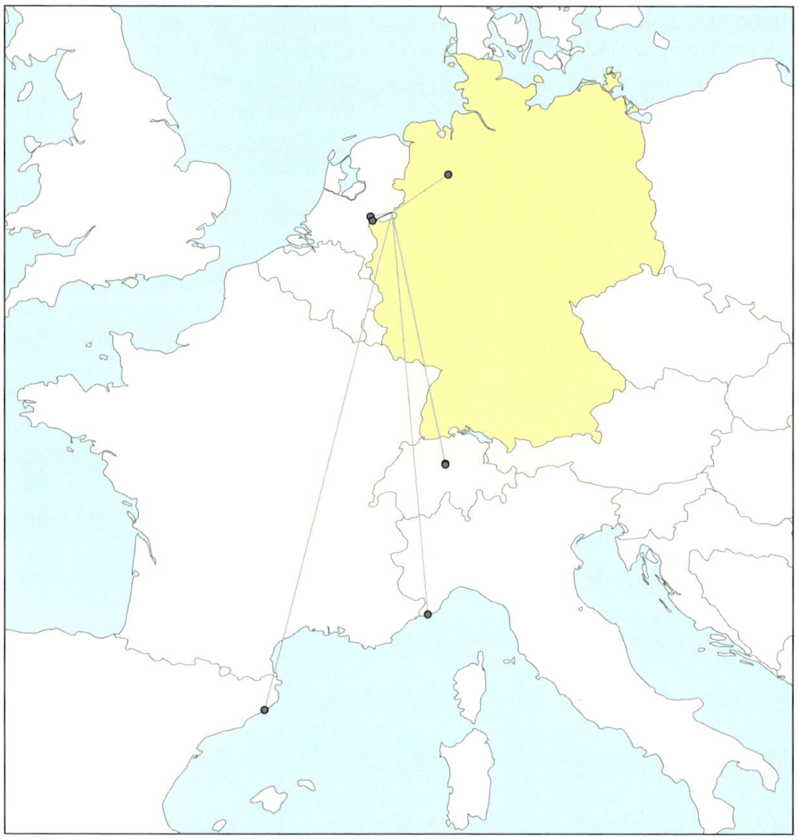

Abb. 1: Funde von Aztekenmöwen mit Bezug zu Deutschland. Alle 12 Funde gehen auf ein Individuum zurück. – *Recoveries of Laughing Gulls related to Germany (12 recoveries, all referring to the same individual).*

Schwarzkopfmöwe *Larus melanocephalus*
Mediterranean Gull

Beringungen nach 1945:	1684
Funde > 10 km nach 1945:	3850/475
Wiederfundquote (Fernfunde nach 1945):	28,2 %
Funde > 10 km seit 1901:	3850/475
Funde fremder Beringungszentralen:	198/93
Höchstalter:	13 J*
Weiteste Entfernung:	3019 km

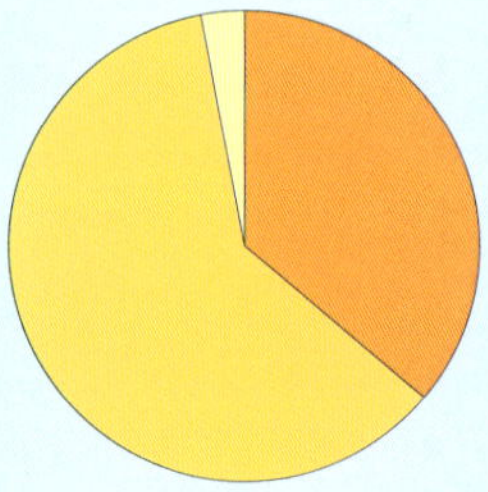

Verbreitung und Status: Das Brutgebiet der Schwarzkopfmöwe beschränkte sich ursprünglich weitgehend auf das Schwarze Meer, doch expandierte die Art in der zweiten Hälfte des 20. Jahrhunderts nach S-, Mittel- und W-Europa. Die meisten Brutgebiete werden bereits im Sommer verlassen, zum Überwintern werden der gesamte Mittelmeerraum sowie die Atlantikküste von den Britischen Inseln bis NW-Afrika aufgesucht. Der kleine, aber stark zunehmende deutsche Brutbestand umfasst 310 – 380 BP, die sich in Lach- oder Sturmmöwen-Kolonien niederlassen. Oft sind es aber nur Einzelpaare, und viele Vorkommen sind zudem unstet. Die mit Abstand größte Ansiedlung befand sich in den letzten Jahren mit bis zu 149 BP an der Unterelbe bei Stade (Ludwig et al. 2008). Die Brutplätze werden im April und Mai besetzt, der Abzug erfolgt spätestens mit dem Flüggewerden der Jungen im Juli. Der Durchzug von Schwarzkopfmöwen aus benachbarten Ländern ist unauffällig und dauert bis Oktober. Einzelne Vögel werden auch im Winter nachgewiesen.

Wanderungen: Der Jahreslebensraum von Schwarzkopfmöwen, die in Deutschland brüten oder zu Gast sind, erstreckt sich den Ringfunden zufolge größtenteils von Dänemark bis Spanien, schließt aber auch östlichere Gebiete von Polen bis Italien ein (Abb. 1). Im Extrem stammen wenige Wiederfunde aus Norwegen bzw. Marokko. Zwei der vier Verbindungen zum ursprünglichen Brutgebiet am Schwarzen Meer sind aus der Anfangsphase der Ausbreitung: Ein im Juli 1949 beringter Jungvogel wurde sechs Wochen später im August auf Rügen tot gefunden, ein am selben Ort an der ukrainischen Küste am 4.7.1954 beringter Jungvogel im Oktober 1955 in Hessen geschossen. Zudem wurden zwei in den

1970er Jahren am Schwarzen Meer bzw. in der S-russischen Region Stawropol beringte Jungvögel elf bzw. drei Jahre später in Sachsen bzw. an der mecklenburgischen Ostseeküste gefunden. Aus neuerer Zeit liegen dagegen keine Ringfunde mit Bezug zum Schwarzen Meer vor. Aufgrund einiger indirekter Funde deutscher Schwarzkopfmöwen in Italien, von wo aus es viele Ringfundbeziehungen sowohl zu den Überwinterungsgebieten im Atlantik als auch zu Brutgebieten am Schwarzen Meer gibt (Spina & Volponi 2008a), ist ein Kontakt zu den SE-europäischen Teilen der Population recht wahrscheinlich.

Durch die umfangreiche Farbberingung von nestjungen und adulten Schwarzkopfmöwen am Oberrhein und an der Unterelbe sind die jahreszeitlichen Aufenthaltsmuster recht gut bekannt. Aus der Zeit des Herbstzugs zeigen viele Wiederfunde eine zwischen NW und SW gerichtete Abwanderung (Abb. 2). Dadurch gelangen die Vögel zu den Britischen Inseln, in die Niederlande und nach Belgien, vor allem aber nach NW-Frankreich. Auch Zug nach N (Dänemark, Norwegen) oder E (Polen) kommt vor, gehört aber eher zu den Ausnahmen. Gleichzeitig, wenn auch durch vergleichsweise wenige Ringfunde belegt, zieht ein Teil der Vögel aus Ungarn und Tschechien in Richtung W bis NW nach bzw. durch Deutschland, und selbst einer der wenigen Funde von Schwarzmeervögeln in Deutschland belegt Herbstzug nach NW (Abb. 2). Bisher gibt es keinen Nachweis dafür, dass Schwarzkopfmöwen von Deutschland aus zum Mittelmeer ziehen, denn alle Ringfunde von dort stammen nicht aus derselben Zugperiode.

Das Überwinterungsgebiet reicht von England und Irland entlang der Atlantikküste bis S-Spanien, weiter östlich fehlen Winterfunde aus dem Mittelmeerraum vollständig (Abb. 3 und 4). Die meisten Vögel wurden im Winter in der Bretagne und der Normandie abgelesen. Zwischen den Herkunftsregionen in Deutschland bestehen offenbar keine Unterschiede, denn auch SW-deutsche Schwarzkopfmöwen wurden vor allem aus NW-Frankreich gemeldet. Leichte Unterschiede deuten sich dagegen bei den Altersklassen an, denn zumindest bei den NW-deutschen Altvögeln ist der Anteil der Funde auf der Iberischen Halbinsel und auf den Britischen Inseln höher als bei Vögeln in ihrem ersten Winter aus derselben Herkunftsregion (Abb. 3 und 4).

Zur Zeit des Frühjahrszugs (März/April) halten sich viele aus Deutschland stammende Schwarzkopfmöwen noch im Bereich des Überwinterungsgebiets auf. Besonders viele Funde stammen aber nun aus der SW-Nordsee (Abb. 5), wobei es sich teilweise um Besuche oder Ansiedlungen in den dortigen Brutkolonien handelt. Funde im Zentrum Frankreichs zeigen, dass einige Vögel durch das Binnenland ziehen. Zugleich sind im Frühjahr aus Ungarn, der Slowakei, Tschechien und Polen stammende Vögel auf dem Durchzug festgestellt worden. Die Frühjahrsfunde gehen z.T. auch auf Jungvögel zurück, die im ersten Lebensjahr noch nicht wieder ins Brutgebiet zurückkehren. So ist für die Monate Mai bis Juli zu erkennen, dass sich die meisten der etwa ein Jahr alten Vögel zur Brutzeit in W- und N-Frankreich sowie vereinzelt auch nördlich und südlich davon aufhalten (Abb. 6).

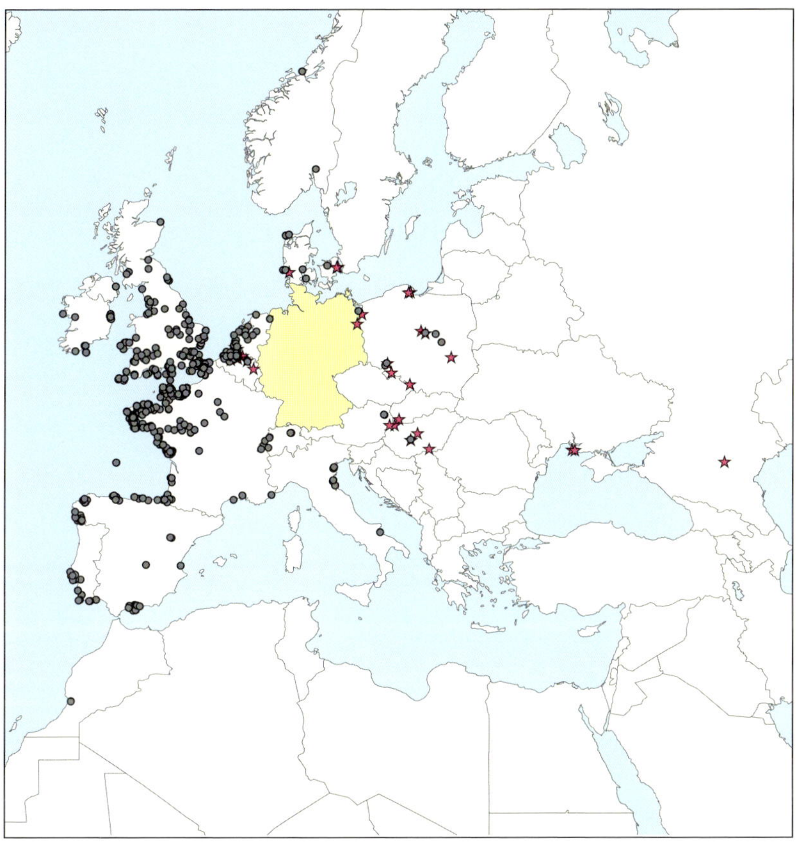

Abb. 1: Fundorte von in Deutschland beringten (3672 Funde) und ausländische Beringungsorte von in Deutschland gefundenen (198 Funde) Schwarzkopfmöwen. – *Foreign recovery sites of Mediterranean Gulls ringed in Germany (3672 recoveries) and foreign ringing sites of birds recovered in Germany (198 recoveries).*

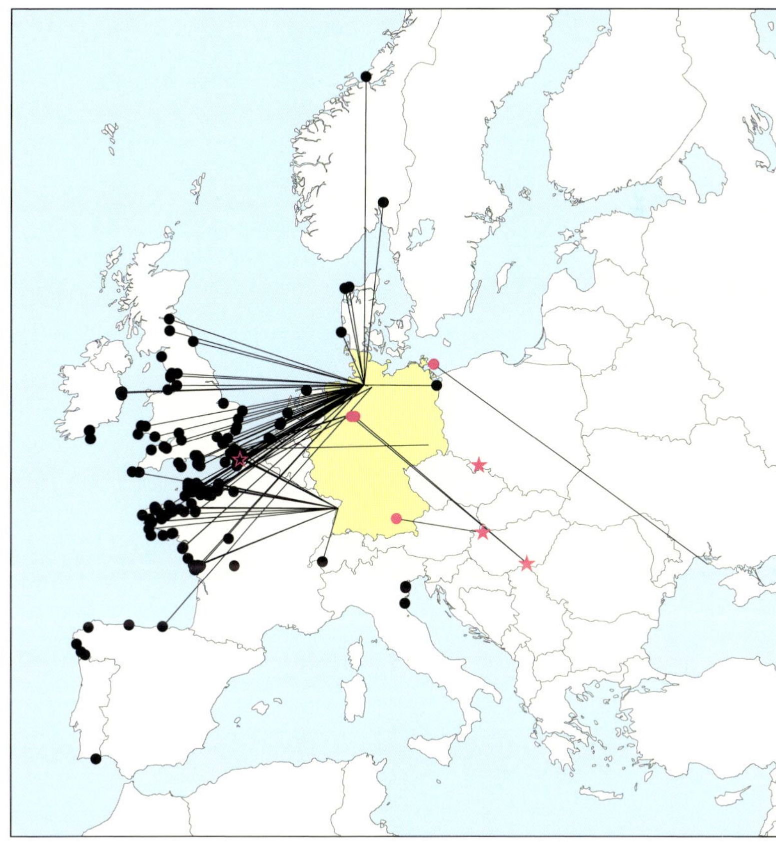

Abb. 2: Herbstzug (August – Oktober) von in Deutschland zur Brutzeit (1133 Funde) oder von August bis Oktober anwesenden Schwarzkopfmöwen (9 Funde). – *Autumn migration (August – October) of Mediterranean Gulls present in Germany during the breeding season (1133 recoveries) or from August to October (9 recoveries).*

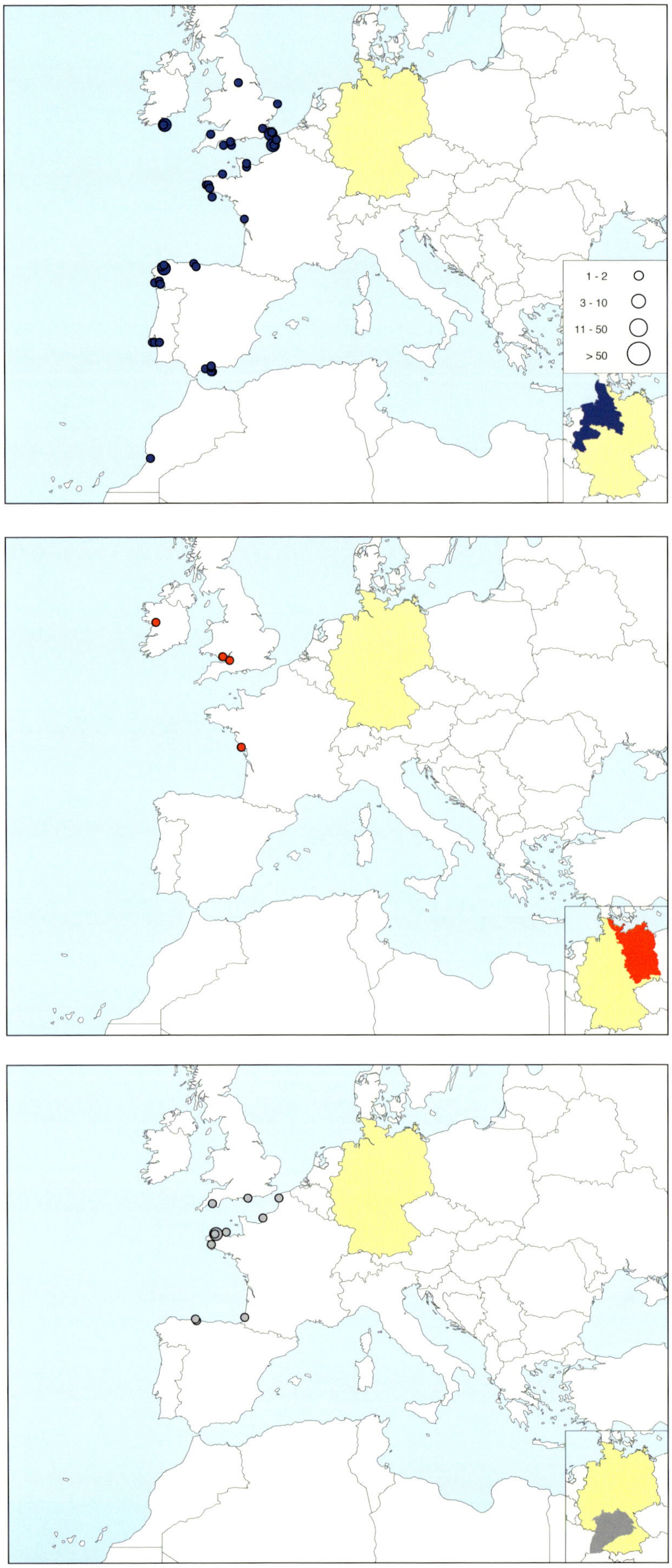

Abb. 3: Fundorte von in Deutschland nestjung beringten Schwarzkopfmöwen im 1. Winter (November – Februar, 78 Funde). – *Recovery sites of Mediterranean Gulls ringed before fledging in Germany and recorded in their 1st winter (November – February, 78 recoveries).*

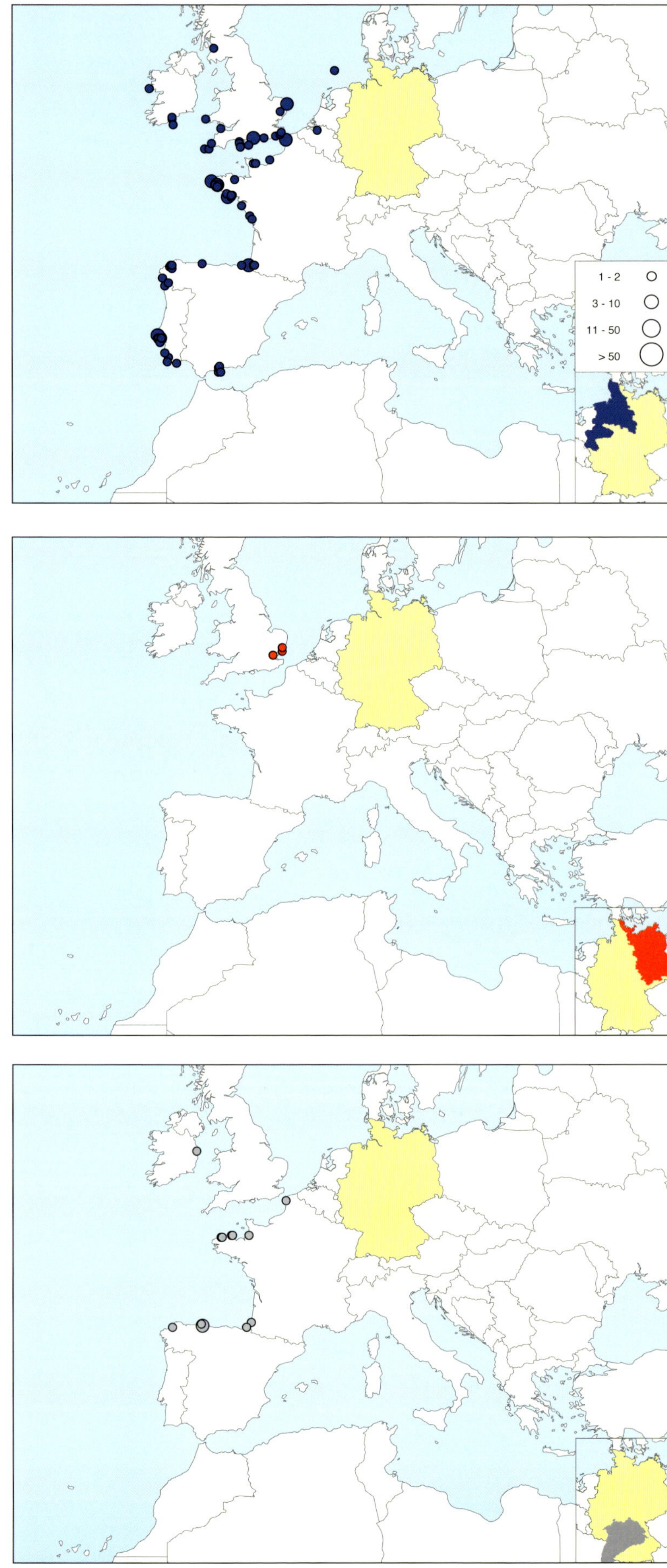

Abb. 4: Fundorte von in Deutschland nestjung beringten Schwarzkopfmöwen im mindestens 3. Winter (November – Februar, 123 Funde). – *Recovery sites of Mediterranean Gulls ringed before fledging in Germany and recorded in at least the 3rd winter (November – February, 123 recoveries).*

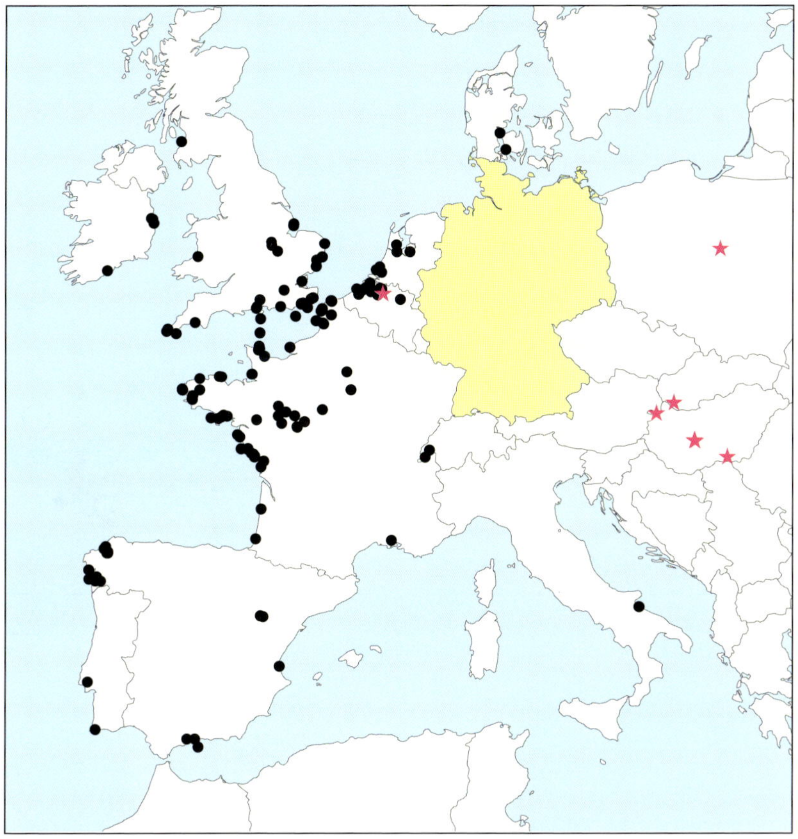

Abb. 5: Frühjahrszug (März – April) von in Deutschland zur Brutzeit (581 Funde) oder von März bis April anwesenden Schwarzkopfmöwen (15 Funde). – *Spring migration (March – April) of Mediterranean Gulls present in Germany during the breeding season (581 recoveries) or from March to April (15 recoveries).*

Summary: *After its immigration in the second half of the 20th century, Mediterranean Gull holds a still increasing population of 280 – 350 bp in Germany. In addition to a number of small, temporary settlings within breeding colonies of Black-headed and Common Gulls, a large colony of up to 149 bp is present at the lower River Elbe. Breeding colonies are occupied from April onwards and left by July, but migrants are present in Germany at least until October. Ring recoveries show main departure directions between NW and SW (with a few to the N), by which the birds reach wintering sites in coastal areas between Britain and S Spain (or even Morocco). There is no difference in wintering sites between birds from NW and SW Germany, but the proportion of recoveries in Britain and Iberia appears to be higher in adults compared to first-winter birds. Recoveries from March and April show general movements to more northern areas and migration through inland France, but also the presence in Germany of individuals originating from further E. First-summer gulls only partially return to the German colonies, whereas most remain in N and W France. Contacts to ancestor colonies at the Black Sea and further E could only be established by ring recoveries in earlier decades (four times between 1949 and 1984), but some indirect recoveries between Germany and Italy as well as many such incidents between Italy and Ukraine suggest that there is still some contact to the SE European part of the population.*

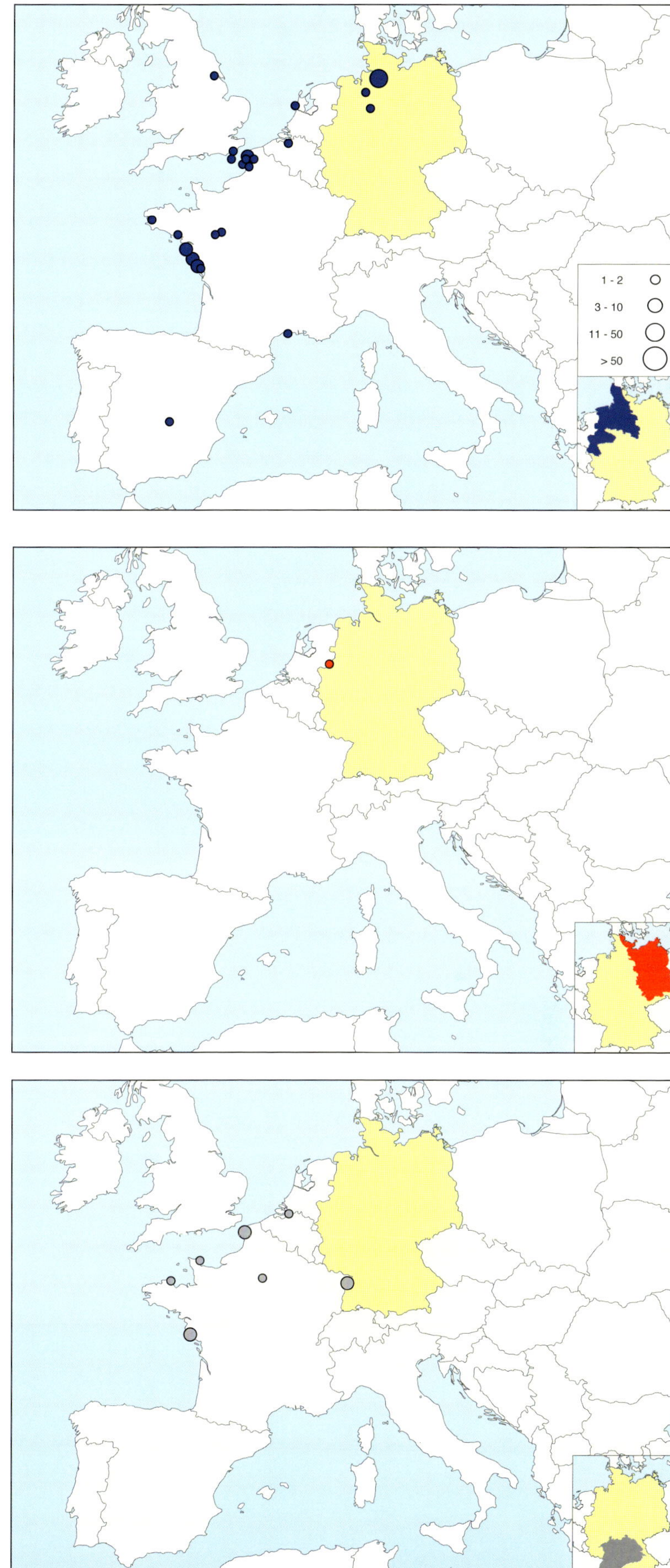

Abb. 6: Fundorte von in Deutschland nestjung beringten Schwarzkopfmöwen im Sommer (Mai – Juni) des 2. Kalenderjahres (79 Funde). – *Recovery sites of Mediterranean Gulls ringed before fledging in Germany and recorded in summer (May – June) of their 2nd calendar year (79 recoveries).*

Sturmmöwe *Larus canus*
Common Gull

Beringungen nach 1945:	66.679
Funde > 10 km nach 1945:	4156/2698
Wiederfundquote (Fernfunde nach 1945):	4,0 %
Funde > 10 km seit 1901:	4580/3119
Funde fremder Beringungszentralen:	2318/1808
Höchstalter:	27 J, 10 M
Weiteste Entfernung:	3114 km

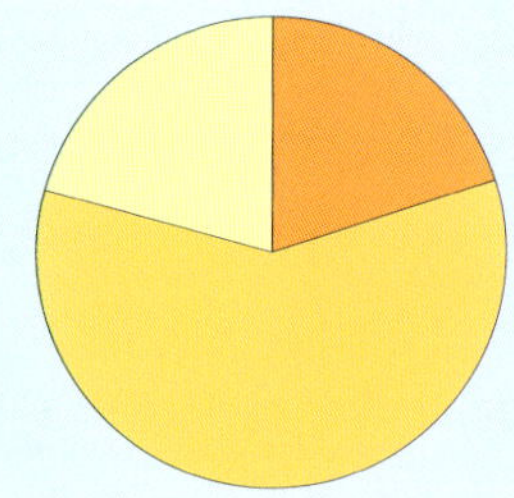

Verbreitung und Status: Die Sturmmöwe besiedelt weite Teile der Paläarktis, fehlt aber jeweils ganz im N und ganz im S. Nach der Brutzeit wird das Brutareal größtenteils geräumt, als Überwinterungsgebiete dienen Küstengebiete in W- und Mitteleuropa, vom Mittelmeer bis zum Persischen Golf sowie am W-Pazifik. In Deutschland brüten Sturmmöwen vor allem an den Küsten von Nord- und Ostsee sowie in deren Hinterland, stellenweise aber auch in der Nähe größerer Binnengewässer, vor allem im N. Der Bestand beläuft sich derzeit auf 22.000 – 24.000 BP und hat in den vergangenen 25 Jahren zugenommen. Zusätzlich zu den Brutvögeln werden wiederum vor allem die Küsten und das N-deutsche Tiefland von Durchzüglern und Wintergästen aufgesucht. Neben der Nominatform sind dann in kleiner Zahl auch Vögel der N-sibirischen Unterart *L. c. heinei* zugegen. Der Zug beginnt unmittelbar nach dem Ende der Brutzeit im Juli, hält den Herbst hindurch an und kann noch im Dezember im Rahmen von Winterfluchten sehr stark sein. Der Frühjahrszug findet vor allem im März und April statt.

Wanderungen: Das Aufenthaltsgebiet in Deutschland brütender, durchziehender oder überwinternder Sturmmöwen erstreckt sich über ein breites Band von Russland und Fennoskandien bis Irland und zur Iberischen Halbinsel (Abb. 1 und 2). Ein im Winter in Kiel beringter Vogel wurde vier Jahre später im Sommer sogar auf der sibirischen Insel Nowaja Semlja gefunden – weit nördlich des Brutgebiets. Funde südöstlich von Deutschland fehlen dagegen fast völlig. Bereits die Rückmeldung eines auf der Ostseeinsel Langenwerder beringten Kükens im folgenden März aus Italien stellt eine große Ausnahme dar.

Die Wanderungen der in Deutschland vorkommenden Sturmmöwen erfolgen fast ausschließlich in Richtung W bis SW. Vögel des Brutbestands ziehen nach der Brutzeit in diese Richtungen ab und erreichen bis Oktober vor allem den Küstenbereich der südlichen Nordsee, einige dringen auch bis N-Frankreich und W-England vor (Abb. 3). Mehrere Rückmeldungen belegen auch den Abzug eines kleinen Teils des Bestandes nach N, insbesondere bei Brut- und Jungvögeln von der deutschen Ostseeküste (Abb. 3). Gleichzeitig findet starker Zuzug aus dem Ostseeraum statt, besonders in SW-Richtung aus Dänemark, Schweden, Finnland und Estland (Abb. 4). Sturmmöwen, die aus dem polnischen Binnenland stammen, erreichen Deutschland von E her und sind im deutschen Binnenland anteilsmäßig stärker vertreten als Vögel von der Ostsee. Aus Norwegen gelangen dagegen nur wenige Sturmmöwen nach Deutschland (Abb. 4, s. auch Bakken et al. 2003).

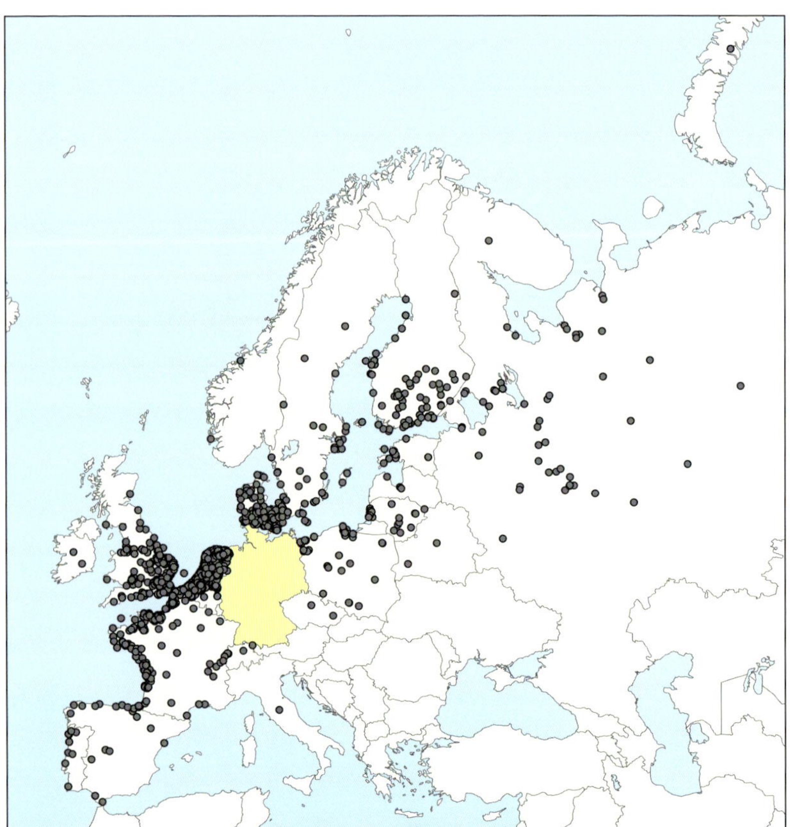

Abb. 1: Fundorte im Ausland von in Deutschland beringten Sturmmöwen (2553 Funde). – *Foreign recovery sites of Common Gulls ringed in Germany (2553 recoveries).*

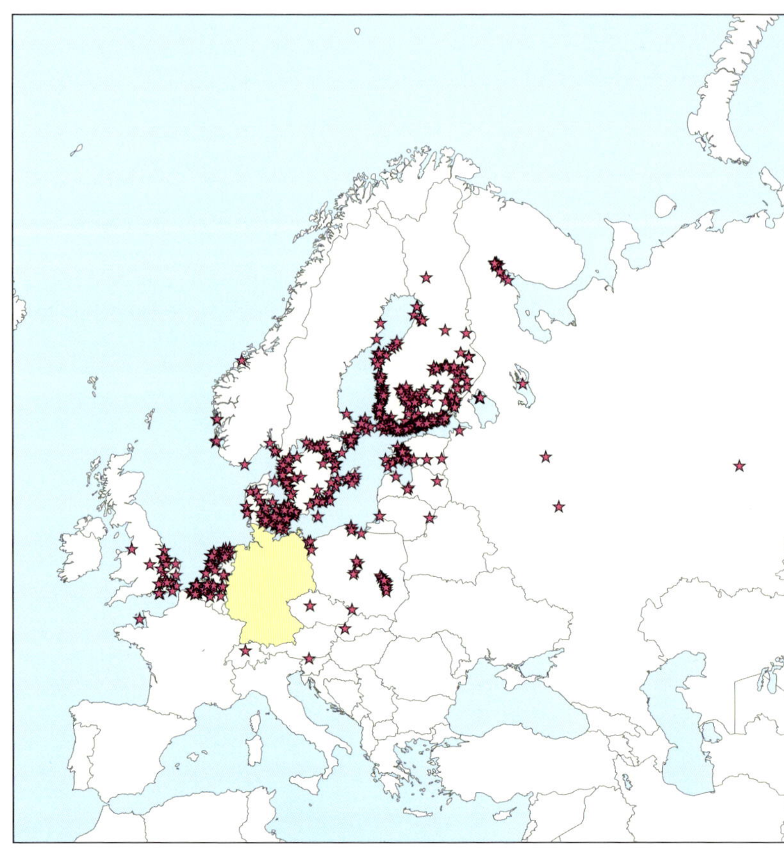

Abb. 2: Beringungsorte im Ausland von in Deutschland gefundenen Sturmmöwen (2318 Funde). – *Foreign ringing sites of Common Gulls recovered in Germany (2318 recoveries).*

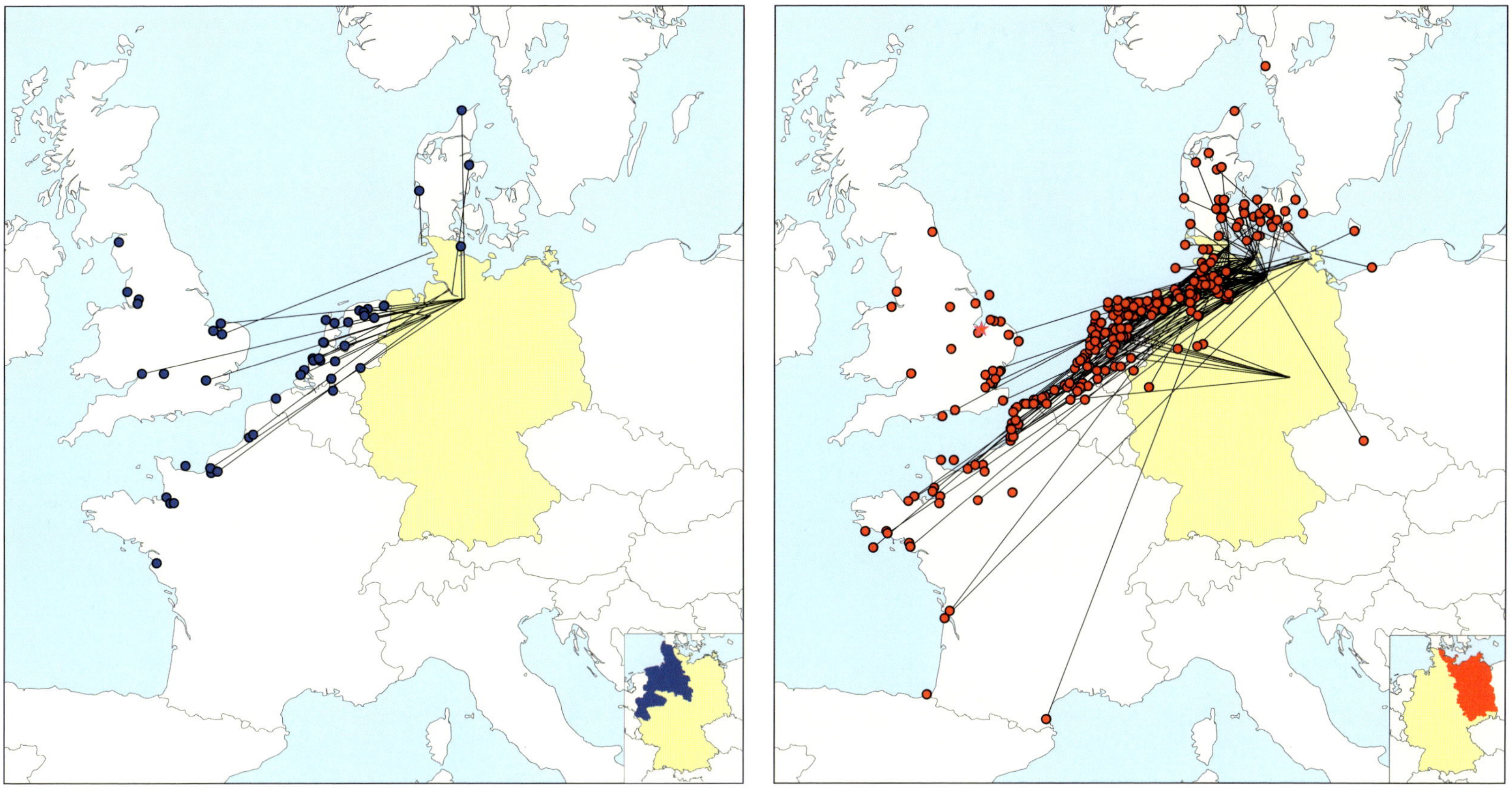

Abb. 3: Herbstzug (Juli – Oktober) von in Deutschland zur Brutzeit anwesenden Sturmmöwen (354 Funde). – *Autumn migration (July – October) of Common Gulls present in Germany during the breeding season (354 recoveries).*

Im Winter halten sich deutsche Sturmmöwen von Dänemark bis Portugal auf (Abb. 5 und 6). Die meisten Ringfunde stammen dabei von der Nordseeküste zwischen den Niederlanden und N-Frankreich, doch gibt es auch viele Meldungen von den Küsten Dänemarks, Deutschlands, Englands und W-Frankreichs. Nur kleine Anteile des Brutbestands überwintern den Beringungsergebnissen zufolge auf der Iberischen Halbinsel und im mitteleuropäischen Binnenland, das Mittelmeer wird offenbar nur ausnahmsweise aufgesucht (Abb. 5 und 6). Jungvögel im ersten Winter und Altvögel haben zwar eine prinzipiell ähnliche Winterverbreitung, doch ziehen Jungvögel in stärkerem Ausmaß nach Frankreich und zur Iberischen Halbinsel (Abb. 5), während Altvögel häufiger in SE-England überwintern (Abb. 6). Auch bei dänischen und schwedischen Sturmmöwen überwintern Jungvögel südlicher als Altvögel (Bønløkke et al. 2006, Fransson et al. 2008). Neben einem Teil der einheimischen Vögel sind im Winter auch zahlreiche Sturmmöwen aus anderen Brutgebieten in Deutschland zu finden, vor allem in den Küstenbereichen von Nord- und Ostsee (Abb. 7). Auch bei dieser Darstellung wird deutlich, dass starker Zuzug aus Fennoskandien erfolgt, nordwärts reicht der Einzugsbereich bis zum Weißen Meer. Nach E hin ist das Bild unvollständig, weil es in Russland kaum Nestlings- und Brutvogelberingung von Möwen gibt. Eine ganze Reihe von in Deutschland im Winter beringten Vögeln, die später im europäischen Teil Russlands und ostwärts bis zum Ural wiedergefunden wurden (Abb. 1), macht aber deutlich, dass auch von dort viele Wintergäste stammen. Die meisten dieser Funde sind aus dem Brutgebiet der Unterart *L. c. heinei*, was zusätzlich zu biometrischen Untersuchungen (Kuschert 1983) das Vorkommen dieser Form im Winter in Deutschland belegt. Von W her kommen dagegen keine Sturmmöwen zum Überwintern nach Deutschland.

Während des Frühjahrszugs (März/April) wurden viele Sturmmöwen aus dem deutschen Brutbestand noch aus dem Winterareal zurückgemeldet, aber stärker konzentriert aus dem Gebiet zwischen SE-England und den Niederlanden und damit relativ nah dem Brutgebiet (Abb. 8). Weitere Ringfunde zeigen, dass zur Zeit des Frühjahrszugs in Deutschland gefundene Vögel aus denselben Brutgebieten stammen wie die Wintergäste. Die Beteiligung russischer Brutvögel wird dabei nicht nur durch einige als Nestlinge beringte Vögel verdeutlicht, sondern

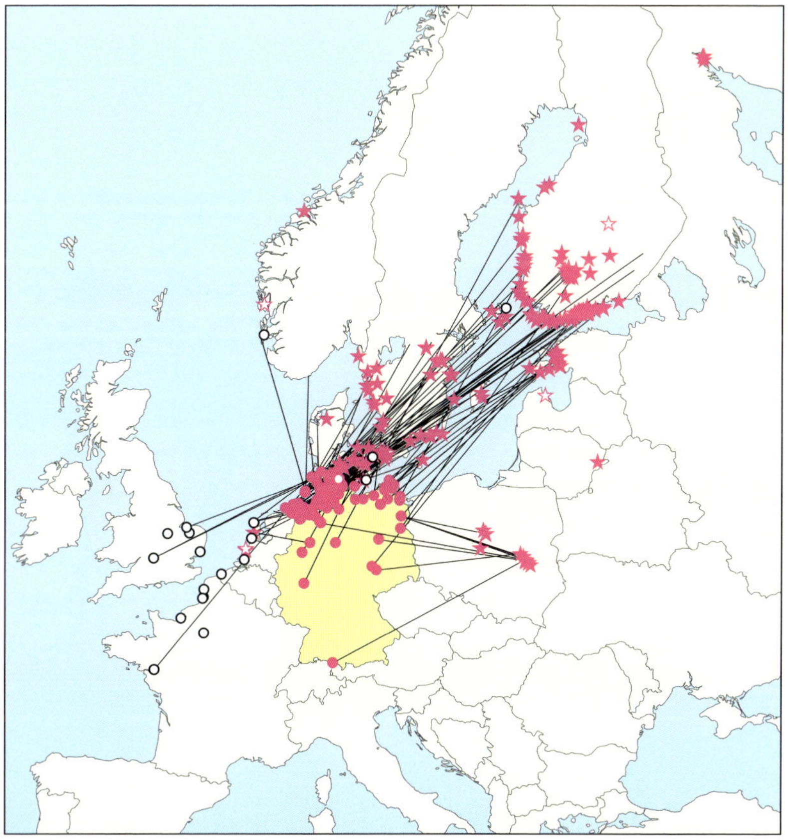

Abb. 4: Herbstzug (Juli – Oktober) von in Deutschland von Juli bis Oktober anwesenden Sturmmöwen (463 Funde). – *Autumn migration (July – October) of Common Gulls present in Germany from July to October (463 recoveries).*

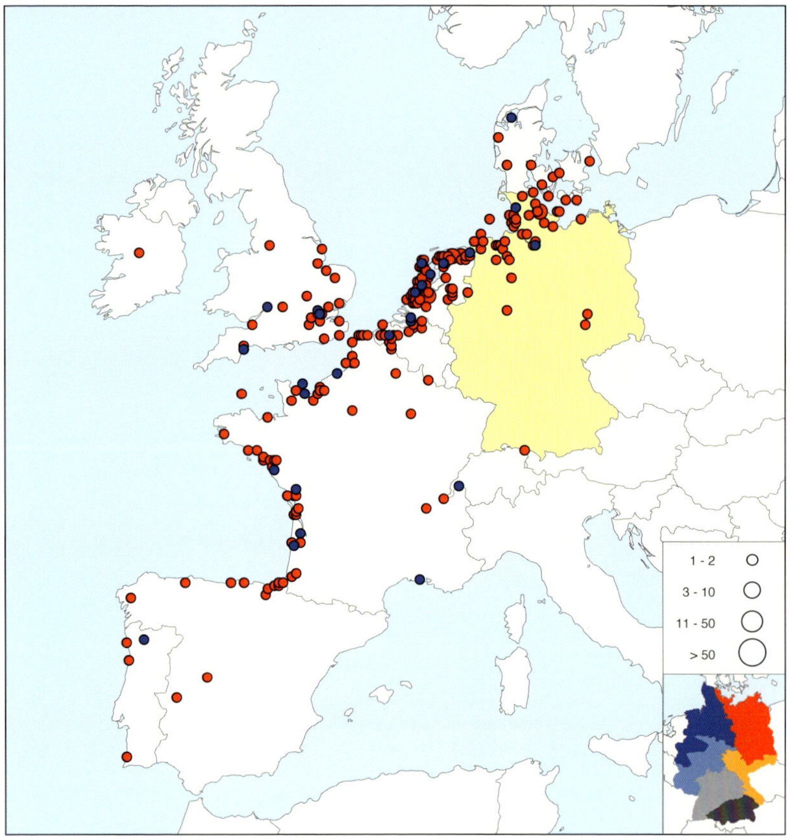

Abb. 5: Fundorte von in Deutschland nestjung beringten Sturmmöwen im 1. Winter (Dezember – Februar, 254 Funde). – *Recovery sites of Common Gulls ringed before fledging in Germany and recorded in their 1st winter (December – February, 254 recoveries).*

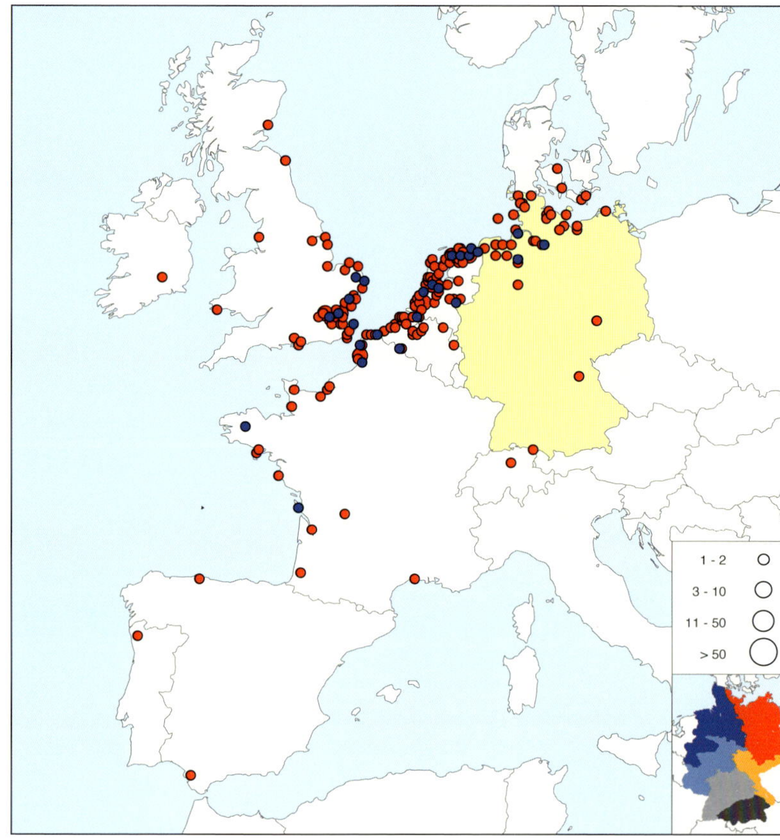

Abb. 6: Fundorte von in Deutschland nestjung beringten Sturmmöwen im mindestens 3. Winter (Dezember-Februar, 219 Funde). – *Recovery sites of Common Gulls ringed before fledging in Germany and recorded in at least the 3rd winter (December-February, 219 recoveries).*

ist auch durch einige direkte und indirekte Wiederfunde nach E bis ENE belegt. Im Sommer ihres zweiten Kalenderjahres bleiben die dann noch nicht brutreifen Jungvögel dem Brutgebiet weitgehend fern. Zwar wird der S-Teil des Winterareals fast vollständig geräumt, aber viele Funde belegen den Aufenthalt dieser Vögel in den Niederlanden und im deutschen Küstenbereich (Abb. 9). Dieses Zugverhalten ist offenbar bei Sturmmöwen von der Ostsee häufiger als bei solchen von der Nordsee, denn letztere wurden im Alter von etwa einem Jahr kaum außerhalb von Deutschland gefunden.

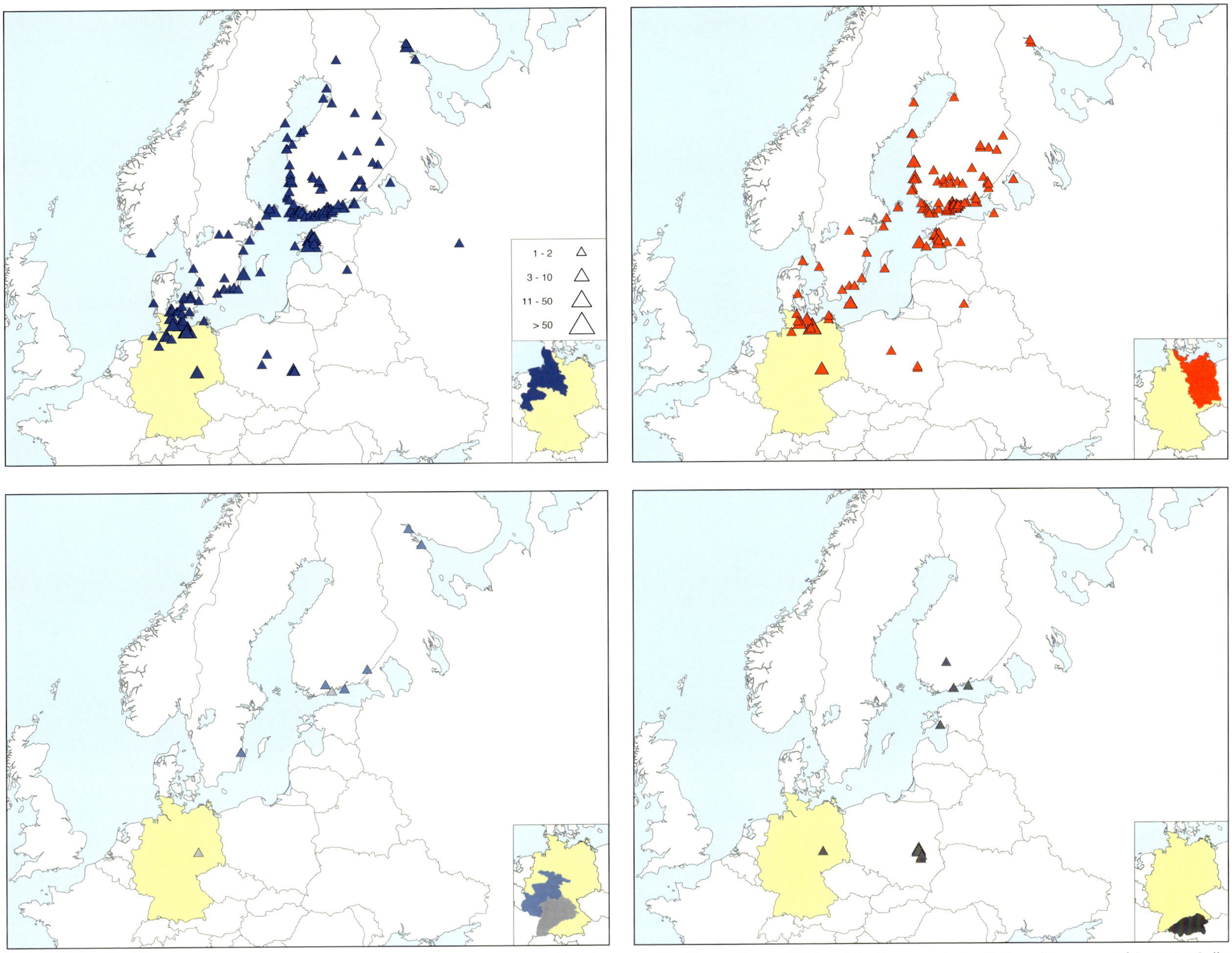

Abb. 7: Aufenthaltsorte zur Brutzeit von im Winter (Dezember – Februar) in Deutschland anwesenden Sturmmöwen (520 Funde). – *Presence during the breeding season of Common Gulls present in Germany in winter (December – February, 520 recoveries).*

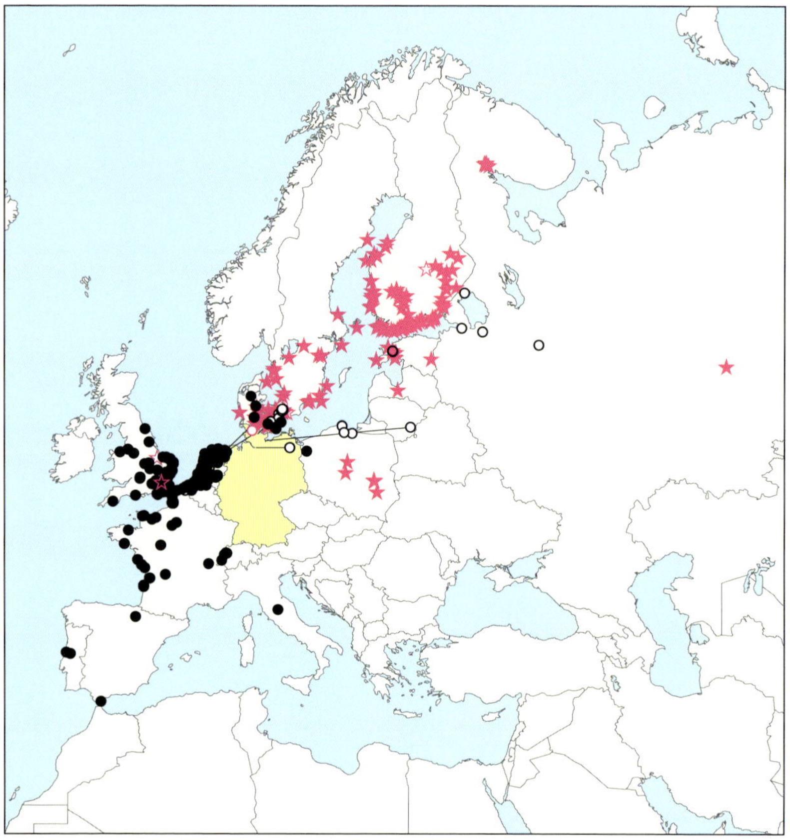

Abb. 8: Frühjahrszug (März – April) von in Deutschland zur Brutzeit (178 Funde) oder von März bis April anwesenden Sturmmöwen (296 Funde). – *Spring migration (March – April) of Common Gulls present in Germany during the breeding season (178 recoveries) or from March to April (296 recoveries).*

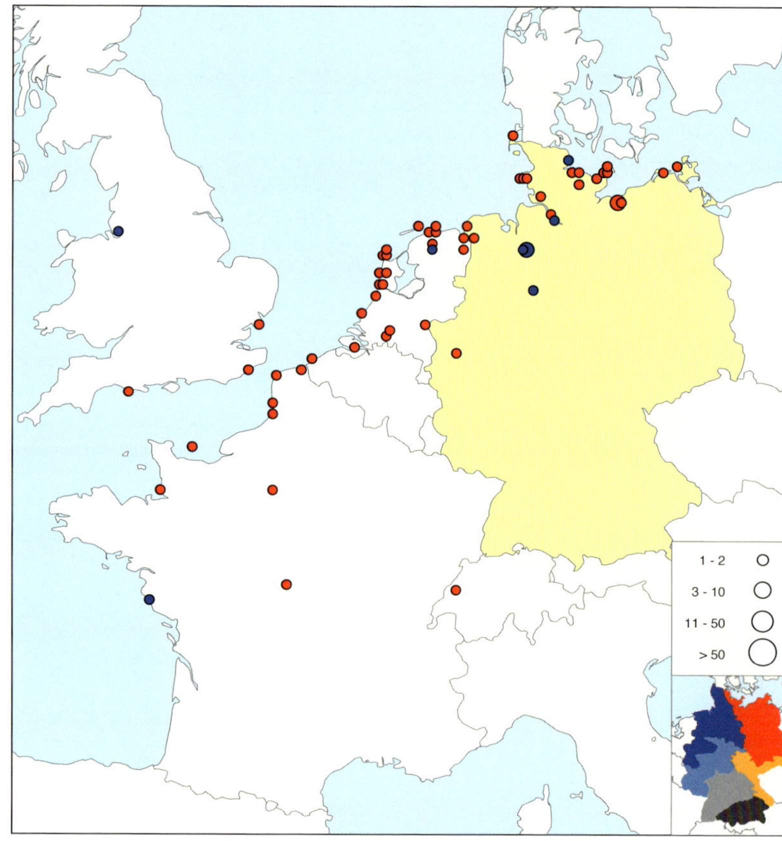

Abb. 9: Fundorte von in Deutschland nestjung beringten Sturmmöwen im Sommer (Mai – Juni) des 2. Kalenderjahres (77 Funde). – *Recovery sites of Common Gulls ringed before fledging in Germany and recorded in summer (May – June) of their 2nd calendar year (77 recoveries).*

Summary: *In total, 22,000 – 24,000 pairs of Common Gull are breeding in Germany. The majority of this increasing population is found along the coasts, but many breeding sites are in inland N Germany (and only very few in the S). Movements recorded by the help of ring recoveries show a general W-SW direction of autumn migration, bringing birds from Fennoscandia (up to the White Sea) and E Europe (as far E as the Ural Mountains) to Germany. Birds of the German population either depart in the same directions reaching wintering areas between The Netherlands, Britain and Iberia, or remain in N Germany. While adults are moving shorter distances and are more often found in SE England, first-winter birds are predominately recorded in France and more often than adults fly to Iberia. There are no movements towards S and SE (except for one recovery in Italy), and even the W Mediterranean is reached rarely. Spring migration appears to follow the same routes as in autumn. Most first-summer birds stay away from the German breeding sites and remain in the northern parts of their wintering areas.*

Mantelmöwe *Larus marinus*
Great Black-backed Gull

Beringungen nach 1945:	1139
Funde > 10 km nach 1945:	191/111
Wiederfundquote (Fernfunde nach 1945):	9,7 %
Funde > 10 km seit 1901:	194/114
Funde fremder Beringungszentralen:	812/516
Höchstalter:	21 J, 8 M*
Weiteste Entfernung:	2246 km

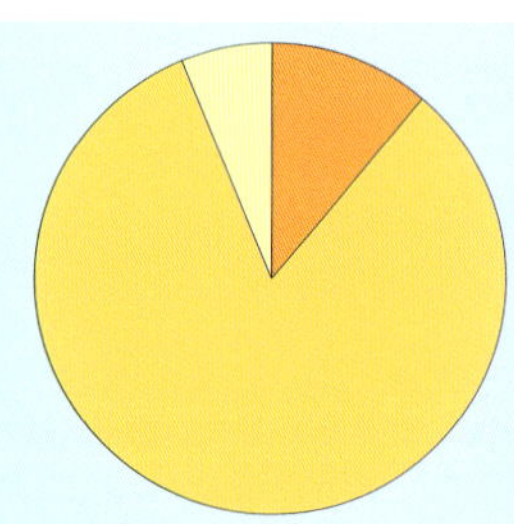

Verbreitung und Status: Mantelmöwen leben im N-Atlantik und brüten dort entlang der Küsten von N-Russland bis W-Frankreich, Island, S-Grönland, Spitzbergen sowie E-Nordamerika, neuerdings vereinzelt auch in NW-Afrika (Jönsson 2011). Nur aus den nördlichsten Brutgebieten ziehen sie nach der Brutzeit ganz ab. Das Überwinterungsgebiet reicht südwärts bis Portugal und in die Karibik. In Deutschland kommt die Mantelmöwe vor allem als Gastvogel vor, mit Durchzug besonders von August bis Oktober und im März sowie einem durchschnittlichen Winterbestand von 15.500 Ind. in der Nordsee und 7.000 Ind. in der Ostsee. Im deutschen Binnenland taucht die Art nur in kleiner Zahl auf. Nach vereinzelten Brutnachweisen ab den 1980er Jahren brüten Mantelmöwen inzwischen regelmäßig in Möwenkolonien an Nord- und Ostseeküste. Der Bestand hat eine Größe von 46 – 52 BP erreicht.

Wanderungen: Die Wiederfunde vieler vor allem auf Helgoland als Gastvögel beringter sowie in Brutgebieten markierter Individuen weisen ganz Fennoskandien (inklusive der russischen Murmanküste), Estland und Dänemark als Herkunftsgebiete der in Deutschland rastenden oder überwinternden Mantelmöwen aus (Abb. 1). Darüber hinaus wurden je einmal ein als Nestling beringter Vogel aus Schottland und den Niederlanden an der deutschen Nordseeküste gefunden. Die Zuwanderung im Spätsommer und Herbst erfolgt aber hauptsächlich über die Ostsee von NE und über die Nordsee von N her (Abb. 3). Wahrscheinlich den jeweiligen Beringungsaktivitäten entsprechend, kommen die meisten Ringvögel aus S-Finnland, S-Schweden und S-Norwegen – Gleiches gilt für die Brutherkunft der Wintergäste. Dabei treten in der deutschen Ostsee vor allem finnische und schwedische Vögel auf, in der Nordsee sind es größtenteils norwegische (Abb. 5). Von Deutschland aus ziehen die Mantelmöwen nur noch über kleinere Strecken weiter, denn die entsprechenden Wiederfunde stammen von der südlichen Nordsee und Kanalküste. Dies passt aber gut zu den winterlichen Wiederfunden norwegischer Ringvögel insgesamt, die außer in S-Norwegen und Dänemark in erster Linie zwischen Schleswig-Holstein, N-Frankreich und SE-England erfolgten (Bakken et al. 2003).

Die Wiederfunde der größtenteils erst seit 2000 in Deutschland beringten Nestlinge zeichnen das Bild eines recht kleinen Aufenthaltsgebietes, das von Dänemark bis N-Frankreich und NW-Polen reicht. Der Kurzstreckenzug der vor allem auf Amrum und Norderoog erbrüteten Vögel führt meistens nach SW, doch ist auch eine nordwärts gerichtete Wanderung belegt (Abb. 2). Winterfunde stammen aus den Niederlanden und N-Frankreich, aber auch aus Schleswig-Holstein (Abb 4), so dass es sich wie in Dänemark (Bønløkke et al. 2006) um Kurzstreckenzieher und Standvögel handelt. Gleiches gilt für an der deutschen Ostseeküste erbrütete Vögel, die sich fast ausschließlich in der südlichen Ostsee bewegen und nur vereinzelt in die Nordsee gelangen (Abb. 2 und 4).

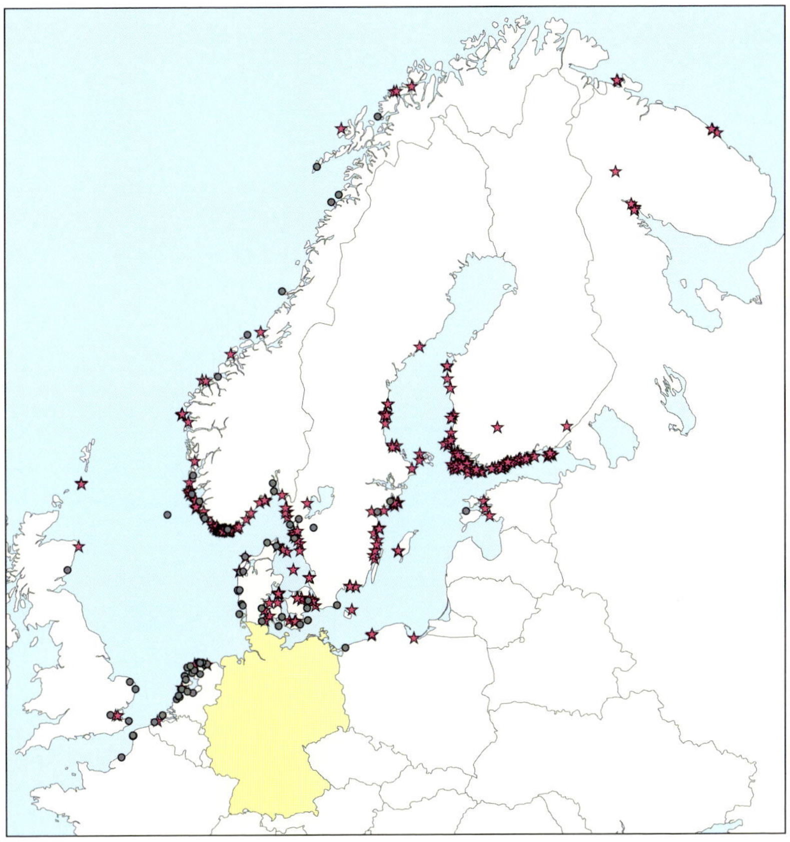

Abb. 1: Fundorte von in Deutschland beringten (116 Funde) und ausländische Beringungsorte von in Deutschland gefundenen (812 Funde) Mantelmöwen. – *Foreign recovery sites of Great Black-backed Gulls ringed in Germany (116 recoveries) and foreign ringing sites of birds recovered in Germany (812 recoveries).*

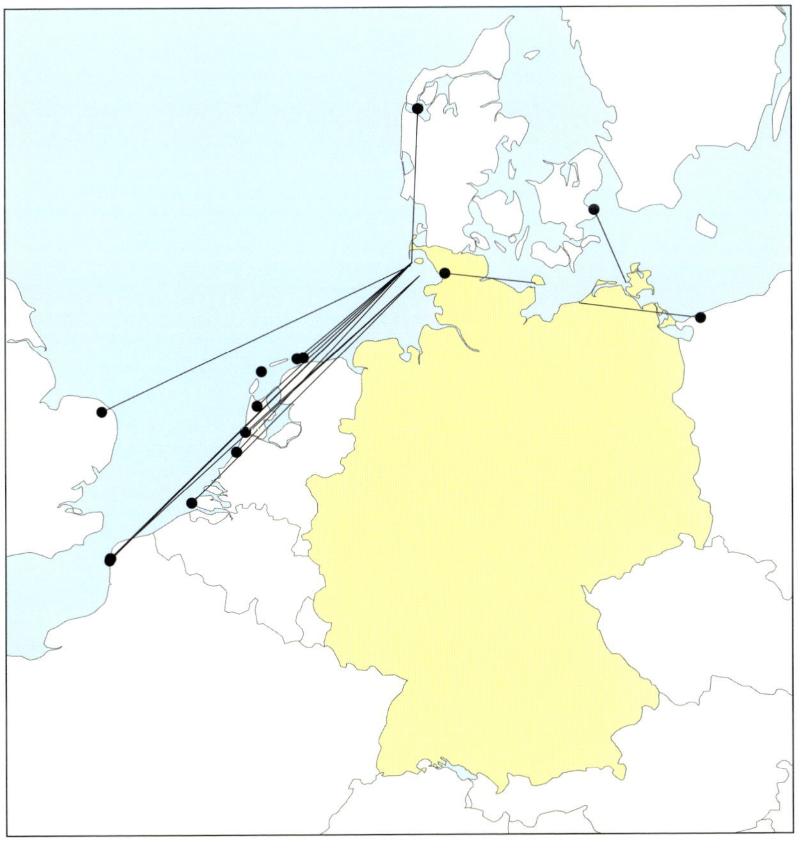

Abb. 2: Herbstzug (August – Oktober) von in Deutschland nestjung beringten Mantelmöwen (21 Funde). – *Autumn migration (August – October) of Great Black-backed Gulls ringed before fledging in Germany (21 recoveries).*

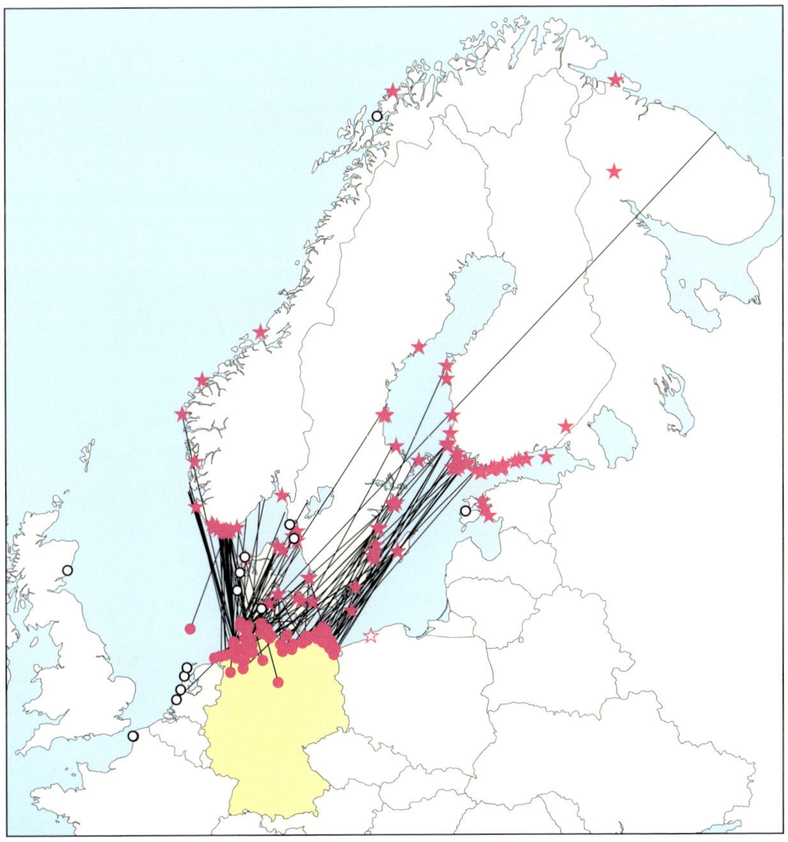

Abb. 3: Herbstzug (August – Oktober) von in Deutschland von August bis Oktober anwesenden Mantelmöwen (465 Funde). – *Autumn migration (August – October) of Great Black-backed Gulls present in Germany from August to October (465 recoveries).*

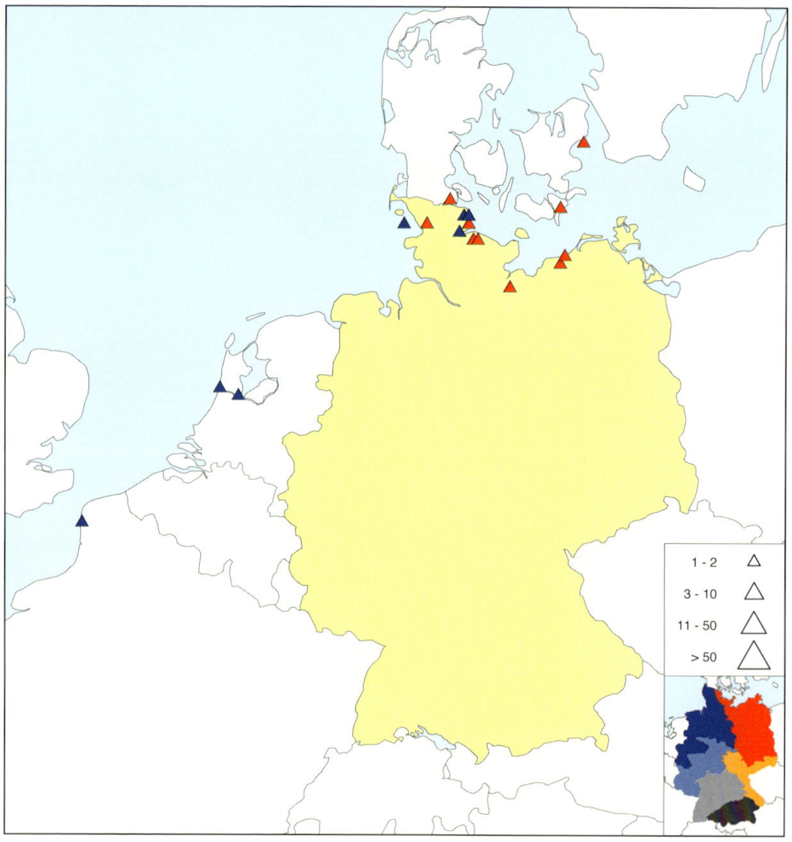

Abb. 4: Aufenthaltsorte im Winter (November – Februar) von in Deutschland nestjung beringten Mantelmöwen (23 Funde). – *Presence in winter (November – February) of Great Black-backed Gulls ringed before fledging in Germany (23 recoveries).*

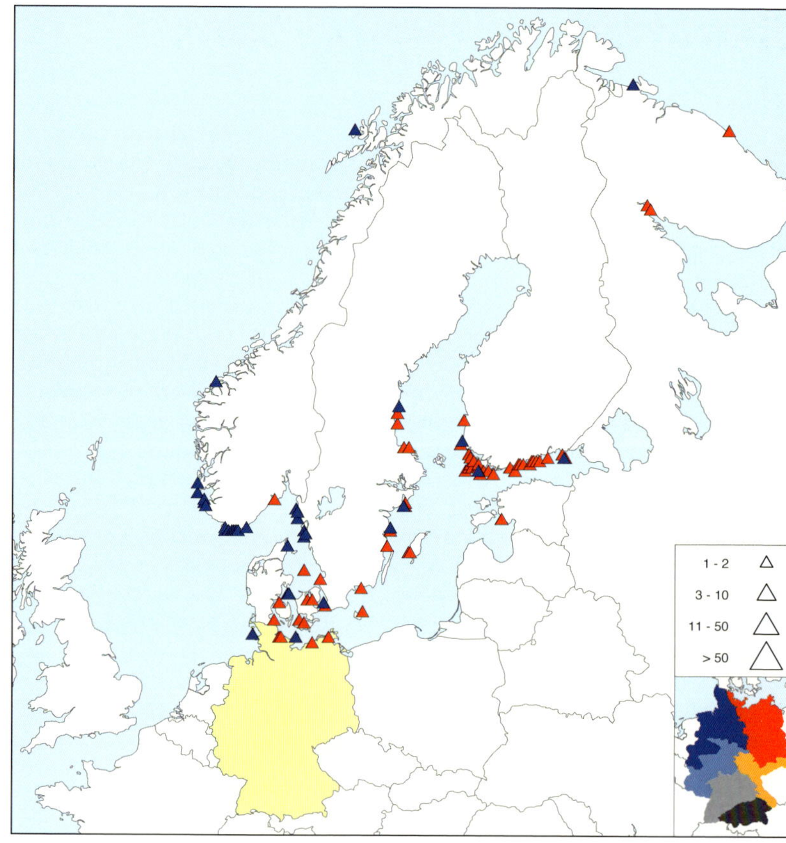

Abb. 5: Aufenthaltsorte zur Brutzeit von im Winter (November – Februar) in Deutschland anwesenden Mantelmöwen (170 Funde). – *Presence during the breeding season of Great Black-backed Gulls present in Germany in winter (November – February, 170 recoveries).*

Summary: *In Germany, Great Black-backed Gulls are predominately visitors during migration and in winter. They are mostly restricted to marine areas, where the winter population on average consists of 22,500 birds. Breeding has occurred from the 1980s onwards, with a recent estimated population size of 46 – 52 bp. Visitors originate from Fennoscandia and Estonia and approach Germany from the NE (Finnish and Swedish birds in the Baltic Sea) and N (Norwegian birds in the North Sea). These birds proceed to the SW and reach the S North Sea and the English Channel. Only a few chicks belonging to the German population have been ringed so far. Birds from the North Sea resemble those from Denmark by either staying at the North Sea coast or migrating a short distance to The Netherlands, England or N France. Birds hatched at the German Baltic Sea coast remained in the S Baltic and only sporadically reached the North Sea.*

Eismöwe *Larus hyperboreus*
Glaucous Gull

Eismöwen brüten in der Arktis Eurasiens und Nordamerikas. Zum Überwintern ziehen sie nur wenig nach S in die Küstengewässer der jeweiligen Kontinente. Deutschland liegt am S-Rand der europäischen Winterverbreitung, doch ist die Art – nach deutlich häufigerem Vorkommen in den 1970er und 1980er Jahren (Pfeifer 2003, Dierschke et al. 2011) – inzwischen selten mit meist weniger als zehn Nachweisen pro Jahr (z. B. Deutsche Avifaunistische Kommission 2013). Die meisten Feststellungen stammen von der Nordseeküste. Zwei Ringfunde geben Hinweise zur Herkunft, in beiden Fällen handelt es sich um nicht flügge auf der zu Norwegen gehörenden, auf halbem Weg zwischen Nordkap und Spitzbergen gelegenen Bäreninsel beringte Vögel (Abb. 1). Der eine wurde im Mai 1992 im Alter von weniger als einem Jahr bei St. Magarethen auf schleswig-holsteinischer Seite der Elbmündung krank aufgefunden, wahrscheinlich als Opfer einer Botulismus-Epidemie (Grimm 1992). Der andere konnte im Dezember 2012 auf der Nordseeinsel Föhr anhand von Farbringen identifiziert werden, nachdem er Ende Juni desselben Jahres auf der Bäreninsel markiert und bereits im Oktober in SW-Norwegen S von Ålesund abgelesen worden war (Deutsche Avifaunistische Kommission 2013). Weitere Funde auf der Bäreninsel beringter Eismöwen weisen vor allem nach SW bis W (Färöer, Island, Grönland) und verdeutlichen, dass die S-Nordsee ganz am Rand der Winterverbreitung liegt (Bakken et al. 2013). Ein Ringfund von Island nach Großbritannien (Wernham et al. 2002) lässt allerdings auch möglich erscheinen, dass von dort Eismöwen nach Deutschland gelangen.

Summary: *Glaucous Gull is a rare winter visitor to Germany, with most observations from the North Sea coast. There are two recoveries within their first year of life of birds ringed as chicks on Bear Island in the Barents Sea. One fell victim to botulism at the mouth of the River Elbe in May, the other was identified by colour-rings in December on the island of Föhr in the Wadden Sea.*

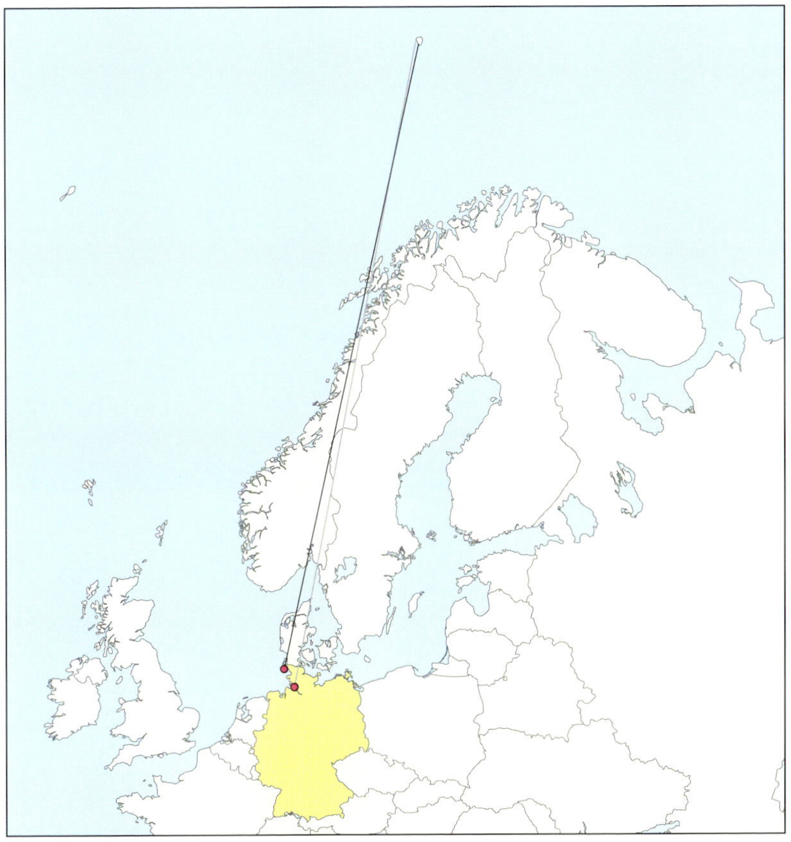

Abb. 1: Funde von Eismöwen mit Bezug zu Deutschland (2 Funde). – *Recoveries of Glaucous Gull related to Germany (2 recoveries).*

Silbermöwe *Larus argentatus*
Herring Gull

Beringungen nach 1945:	58.455
Funde > 10 km nach 1945:	37.808/9579
Wiederfundquote (Fernfunde nach 1945):	16,4 %
Funde > 10 km seit 1901:	37.950/9721
Funde fremder Beringungszentralen:	35.769/10.344
Höchstalter:	27 J, 9 M*
Weiteste Entfernung:	2445 km

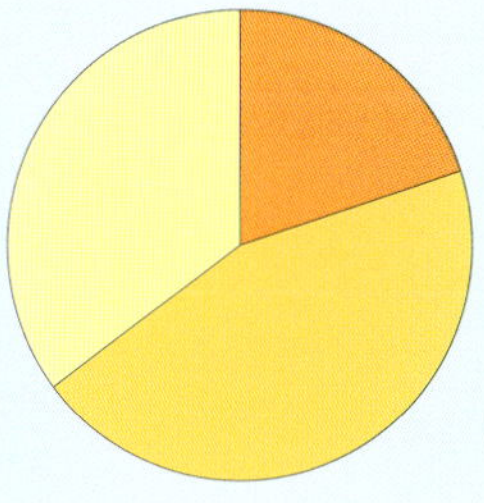

Verbreitung und Status: Nachdem verschiedene Großmöwentaxa inzwischen als eigenständige Arten und damit nicht mehr als Unterarten der Silbermöwen angesehen werden, beschränkt sich das Brutareal von *Larus argentatus* auf ein Gebiet, das von der Bretagne, den Britischen Inseln, Island, Spitzbergen und NW-Russland eingefasst wird und südlich bis einige hundert Kilometer in das mitteleuropäische Binnenland hinein reicht. Obwohl viele Silbermöwen ihr Brutgebiet zum Winter hin verlassen, finden Wanderungen fast ausschließlich innerhalb des Brutareals statt. Mit großen Anteilen sesshafter Vögel ist die Art als Teilzieher einzustufen. In Deutschland bevölkert die Silbermöwe die Küsten von Nord- und Ostsee, brütet stellenweise auch im Binnenland, dringt dabei aber nur selten über den N-Rand der Mittelgebirge hinaus vor. Der Brutbestand war zuletzt über 25 Jahre stabil und besteht derzeit aus 29.000 – 36.000 BP. Als Rastvögel kommen Silbermöwen an und auf Nord- und Ostsee, in kleinerer Zahl aber auch in der ganzen N-Hälfte Deutschlands vor. Gebietsweise sind dabei zwischen August und März unterschiedliche Zeitpunkte für Rastbestandsmaxima zu erkennen, die wenigsten Rastvögel sind generell von April bis Juli zu beobachten. Für den deutschen Winterbestand ist allgemein eine Abnahme festgestellt worden.

Wanderungen: Die vorliegenden Ringfunde, darunter sehr viele Ablesungen von farbberingten Vögeln, zeigen Kontakte zu nahezu dem gesamten von der Silbermöwe bewohnten Areal (Abb. 1 und 2). Lediglich zu Island besteht keine Verbindung, aber der Fund eines auf Helgoland im Oktober beringten Vogels bei 76 °N südlich von Spitzbergen macht ebenso wie Funde aus N-Norwegen und

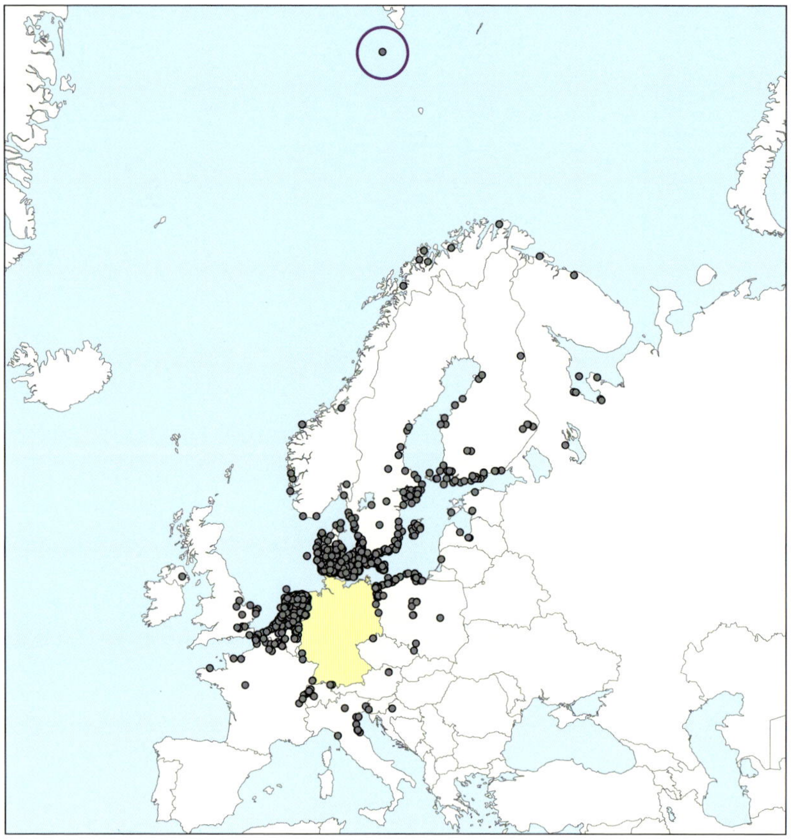

Abb. 1: Fundorte im Ausland von in Deutschland beringten Silbermöwen (4960 Funde). – *Foreign recovery sites of Herring Gulls ringed in Germany (4960 recoveries).*

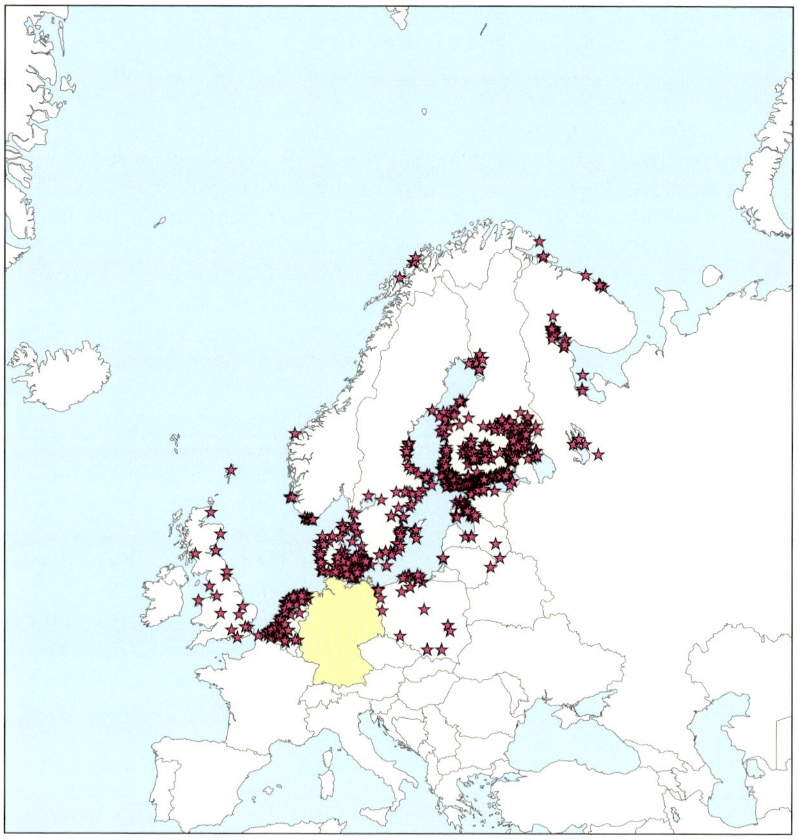

Abb. 2: Beringungsorte im Ausland von in Deutschland gefundenen Silbermöwen (35.769 Funde). – *Foreign ringing sites of Herring Gulls recovered in Germany (35,769 recoveries).*

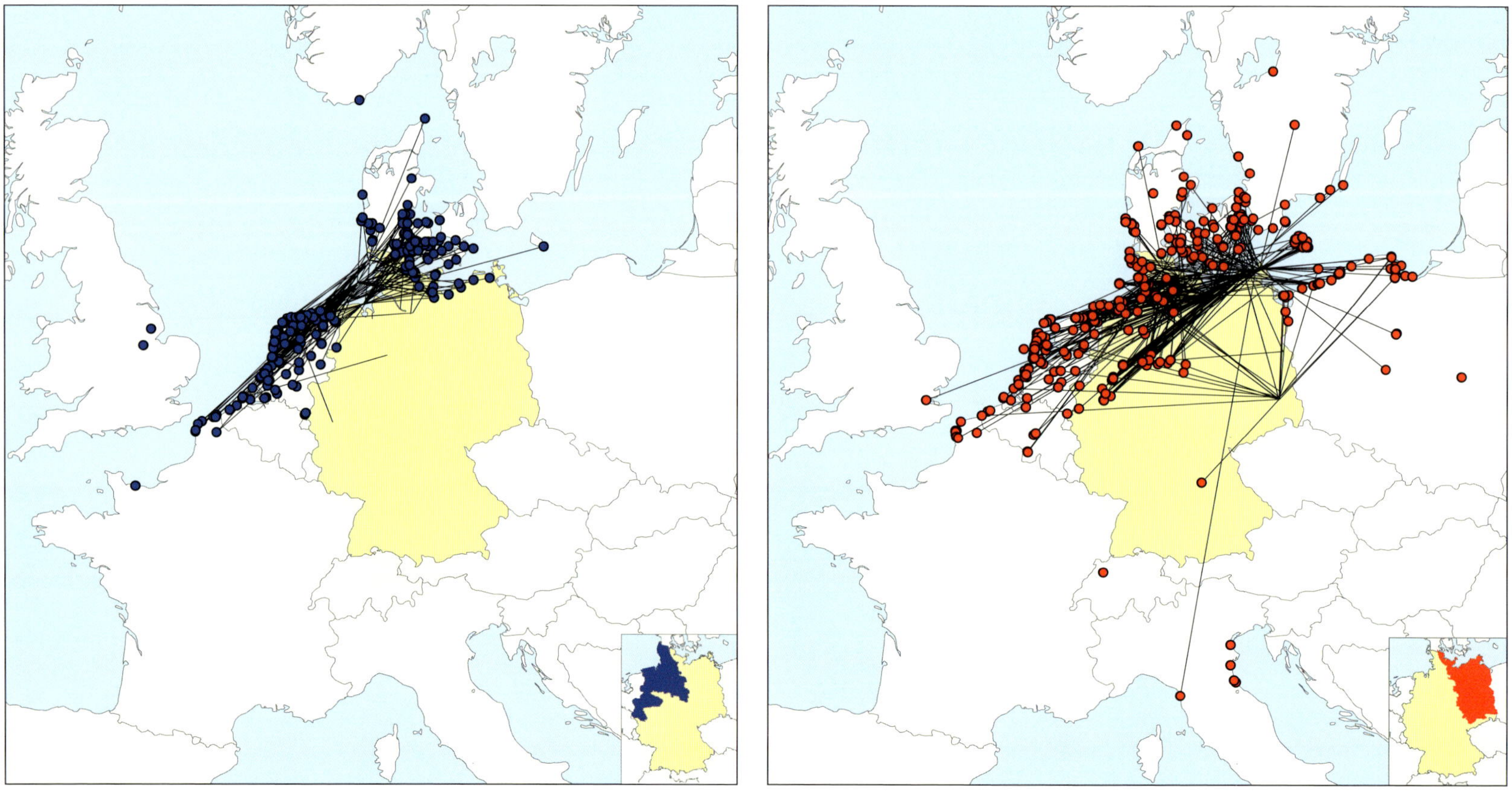

Abb. 3: Herbstzug (August-November) von in Deutschland zur Brutzeit anwesenden Silbermöwen (1734 Funde). Nicht dargestellt sind Wanderungen innerhalb eines Naturraums. – *Autumn migration (August-November) of Herring Gulls present in Germany during the breeding season (1734 recoveries). Movements within a region are not shown.*

von der Kola-Halbinsel deutlich, dass sehr weit im N beheimatete Silbermöwen Deutschland besuchen. Die große Masse der Wiederfunde deutscher Ringvögel bzw. der Beringungsorte in Deutschland gefundener Vögel konzentriert sich auf das Gebiet von N-Frankreich bis zum Weißen Meer, während nur relativ wenige Funde von und zu den Britischen Inseln vorliegen. So erreichen auf dem Herbstzug nur wenige Vögel des deutschen Brutbestandes England, während sehr viele an der deutschen Nord- und Ostsee beheimatete Silbermöwen in das Gebiet von den Niederlanden bis N-Frankreich, aber auch nach Dänemark fliegen (Abb. 3; Funde innerhalb eines Naturraumes sind hier nicht berücksichtigt). Vögel aus NE-Deutschland wurden verschiedentlich auch aus S-Schweden gemeldet. Vom NW- und NE-deutschen Binnenland aus streben Silbermöwen den Küstengebieten der südlichen Nord- und Ostsee zu.

Dass sehr viele deutsche Silbermöwen gar nicht ziehen, wird aus den Winterfunden ersichtlich, von denen sehr viele von den deutschen Küstenregionen selbst oder aus den unmittelbar benachbarten Gebieten Dänemarks und der Niederlande stammen (Abb. 5 und 6). Es zeigen sich dabei Unterschiede bezüglich der Herkunft der Vögel und zwischen den Altersklassen. NW-deutsche Vögel sind vor allem aus NW-Deutschland selbst sowie aus den Niederlanden und S-Dänemark gemeldet worden. Nach E dringen sie aber kaum über die Lübecker Bucht hinaus vor, und aus Schweden gibt es im Winter gar keine Meldungen. Viele Funde gibt es auch aus dem NW-deutschen Binnenland nördlich der Mittelgebirge. Vor allem Jungvögel wanderten dorthin und pendelten im Winter zwischen verschiedenen Mülldeponien hin und her (Dierschke 2006), bis diese 2005 geschlossen wurden. Altvögel entfernen sich dagegen noch weniger vom Brutgebiet, so dass sie bereits in Dänemark sowie von den S-Niederlanden bis N-Frankreich weniger anzutreffen sind als Jungvögel (Abb. 5 und 6). NE-deutsche Silbermöwen zeigen ein ähnliches Verteilungsmuster, das aber etwas nach E verschoben ist. So gibt es im Gegensatz zu den NW-deutschen Silbermöwen etliche Winterfunde in Schweden und Polen und an der gesamten deutschen Ostseeküste, dafür weniger von den Niederlanden bis N-Frankreich. Vollkommen abweichend ist dagegen, dass einige Vögel relativ weite Wanderungen unternehmen und dadurch in die Schweiz und an die Adriaküste gelangen (Abb. 3, 5 und 6). Bei den NE-deutschen Silbermöwen ist ebenfalls deutlich zu erkennen, dass Altvögel in den Randbereichen des Winterareals seltener auftreten als Jungvögel.

Altersunterschiede sind auch in der Verteilung nicht brutreifer Vögel während der Brutzeit ersichtlich. Bereits im Alter von etwa einem Jahr rücken junge Silbermöwen nah an ihre Herkunftsgebiete heran, Randbereiche des Winterareals werden fast vollständig verlassen (Abb. 8). Im Alter von zwei Jahren gibt es eine noch deutlichere Konzentration auf die Herkunftsregion (Abb. 9). In beiden Altersklassen ist dieses Phänomen bei NW-deutschen Vögeln stärker ausgeprägt als bei NE-deutschen, d. h. Vögel von der Ostsee streifen als Nichtbrüter weiträumiger umher. Das Näherrücken an den Geburtsort mit zunehmendem Alter im Sommer wie im Winter ist für den Nachwuchs einzelner Kolonien gut dokumentiert (Drost & Schilling 1940, Markones & Guse 2007).

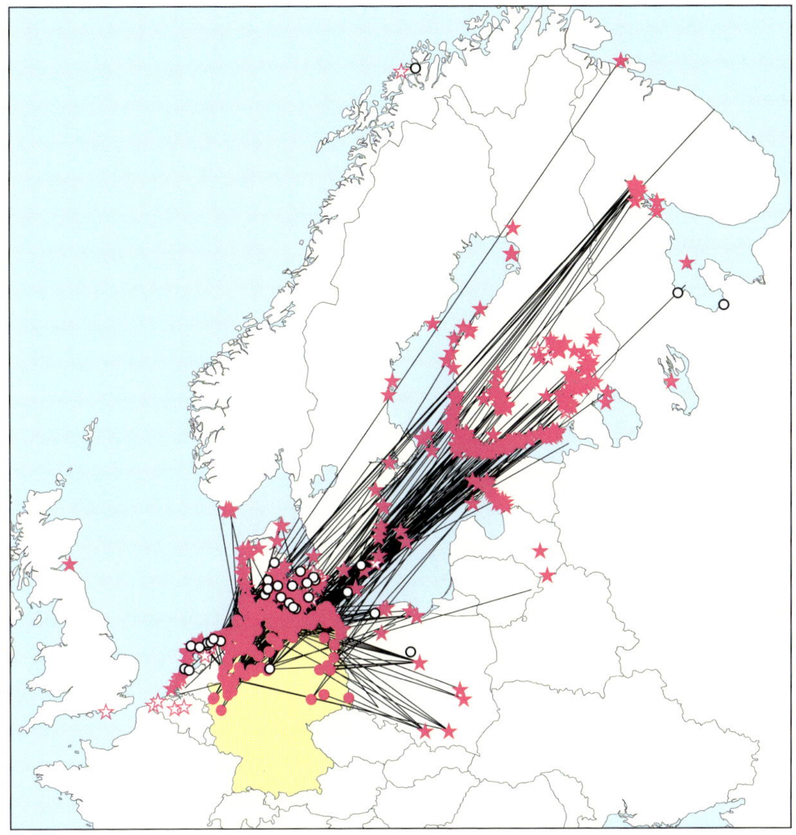

Abb. 4: Herbstzug (August – November) von in Deutschland von August bis November anwesenden Silbermöwen (6337 Funde). – *Autumn migration (August – November) of Herring Gulls present in Germany from August to November (6337 recoveries).*

Während des Herbstzugs wandern vor allem von NE her Silbermöwen nach N-Deutschland, erkennbar an zahlreichen Funden von in Dänemark, Schweden, Finnland, Estland und NW-Russland beringten Vögeln (Abb. 4). Auch aus Polen kommen Silbermöwen an die deutschen Küsten. Aus allen anderen Richtungen ist die Zuwanderung geringer (Niederlande, Norwegen) oder fehlt fast ganz (Großbritannien). Norwegische Silbermöwen stammen meist aus dem N des Landes, da südlicher angesiedelte Brutvögel zumeist Standvögel sind (Bakken et al. 2003). Niederländische Vögel zeigen räumlich eng begrenzte Bewegungen,

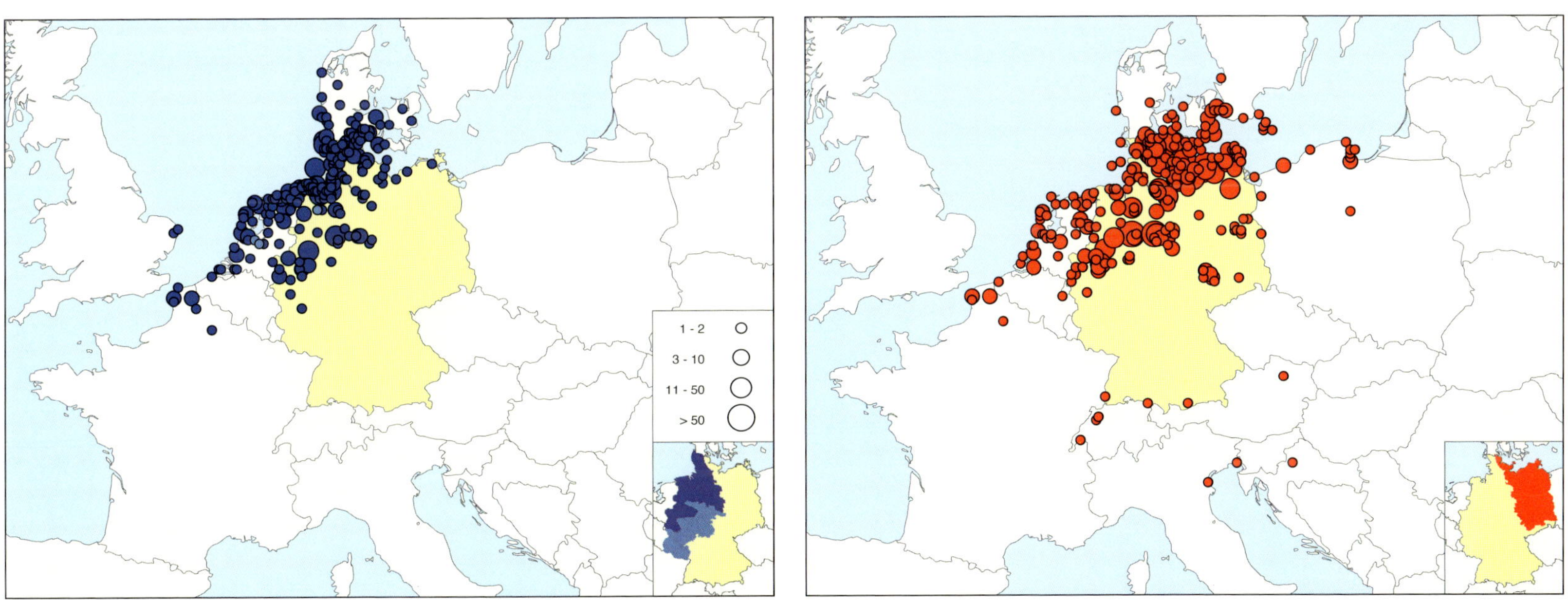

Abb. 5: Fundorte von in Deutschland nestjung beringten Silbermöwen im 1. Winter (Dezember – Februar, 2500 Funde). – *Recovery sites of Herring Gulls ringed before fledging in Germany and recorded in their 1st winter (December – February, 2500 recoveries).*

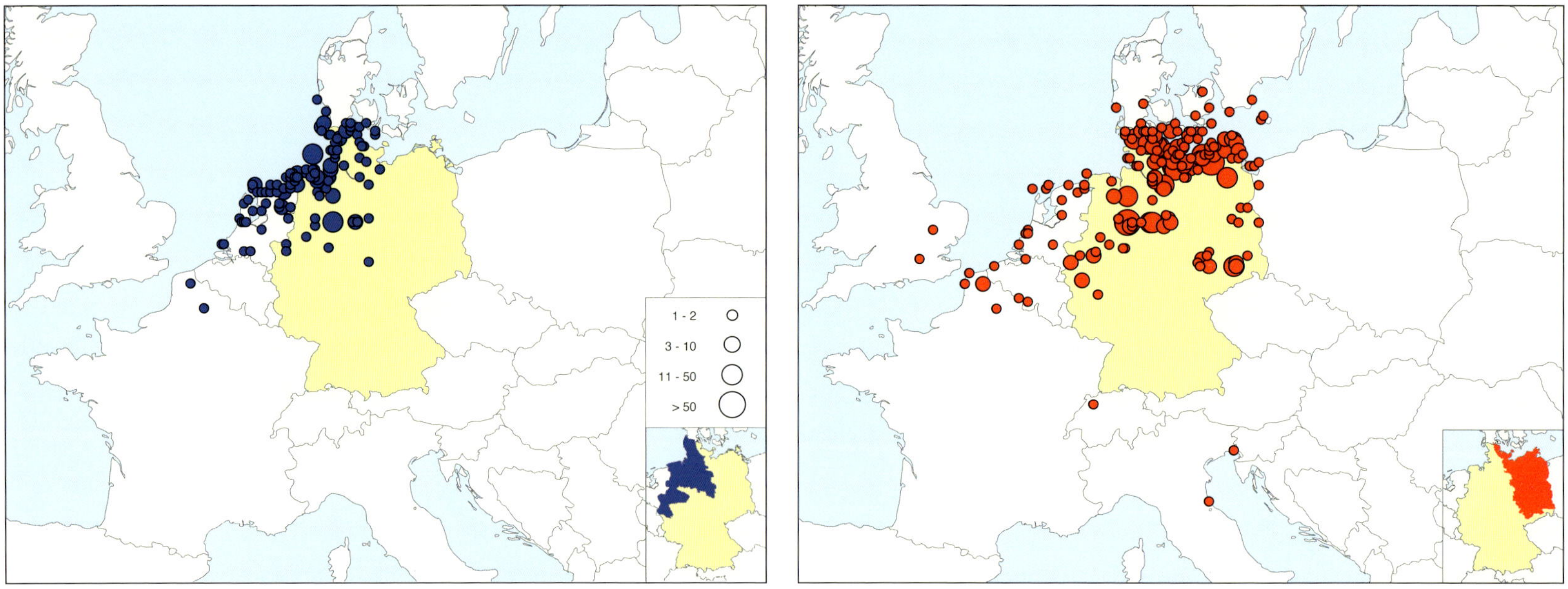

Abb. 6: Fundorte von in Deutschland nestjung beringten Silbermöwen im mindestens 3. Winter (Dezember – Februar, 1070 Funde). – *Recovery sites of Herring Gulls ringed before fledging in Germany and recorded in at least the 3rd winter (December – February, 1070 recoveries).*

die eher einer Zerstreuungswanderung als gerichtetem Zug entsprechen, und wurden vor allem im W-deutschen Binnenland abgelesen (Camphuysen et al. 2011). Die Britischen Inseln werden von den dort beheimateten Standvögeln kaum verlassen (Wernham et al. 2002), so dass Wanderungen nach Deutschland ohnehin nur in geringem Umfang zu erwarten sind. Neben vielen einheimischen Vögeln stammen diesen Verhältnissen entsprechend die meisten deutschen Wintergäste aus dem Ostseeraum (Abb. 7). Während Vögel vom Weißen Meer sowohl ins NE- als auch ins NW-deutsche Tiefland gelangen, wurden Silbermöwen von der Küste der Barentssee fast ausschließlich in NW-Deutschland gefunden. In den W-deutschen Mittelgebirgen überwinterten bis zur Schließung der Mülldeponien viele Brutvögel der deutschen Küsten, während die wenigen Wintergäste in SW-Deutschland und im Alpenvorland überwiegend in Finnland beringt worden waren.

Insgesamt zeigt sich, dass je nach Herkunft der Vögel innerhalb des relativ kleinen Verbreitungsgebiets der Silbermöwe Unterschiede im Zugverhalten bestehen. Dies ist nicht nur bei deutschen Brutvögeln von Nord- und Ostsee erkennbar, sondern auch bei Silbermöwen aus Skandinavien und den Niederlanden (Bakken et al. 2003, Fransson et al. 2008, Camphuysen et al. 2011). Gleichzeitig handelt es sich um ein flexibles Zugsystem, bei dem in kurzer Zeit auf Veränderungen in den Ernährungsbedingungen reagiert werden kann. So wurden ab 2005 nach der Schließung der offenen Mülldeponien, die zuvor wichtiger Winterlebensraum für Silbermöwen unterschiedlichster Herkunft waren (Thye 2006, Dierschke 2006), viel weniger Silbermöwen aus dem deutschen Binnenland gemeldet (Dierschke et al. 2011, s. auch Markones & Guse 2007). Aus der ersten Hälfte des 20. Jahrhunderts, als es noch keine Großdeponien gab, waren Binnenlandfunde von Silbermöwen sogar eine große Ausnahme und wurden vom Sturm landeinwärts verschlagenen Tieren zugerechnet (Drost & Schilling 1940). Für dänische Silbermöwen, deren jahreszeitliches Verteilungsmuster dem der NE-deutschen Vögel sehr ähnlich ist, wurde für den Zeitraum 1990 – 2002 eine südlichere Winterverbreitung festgestellt als in den Jahren davor. Als Grund wird ein Zug über etwas weitere Strecken mit Mülldeponien als Ziel vermutet (Bønløkke et al. 2006).

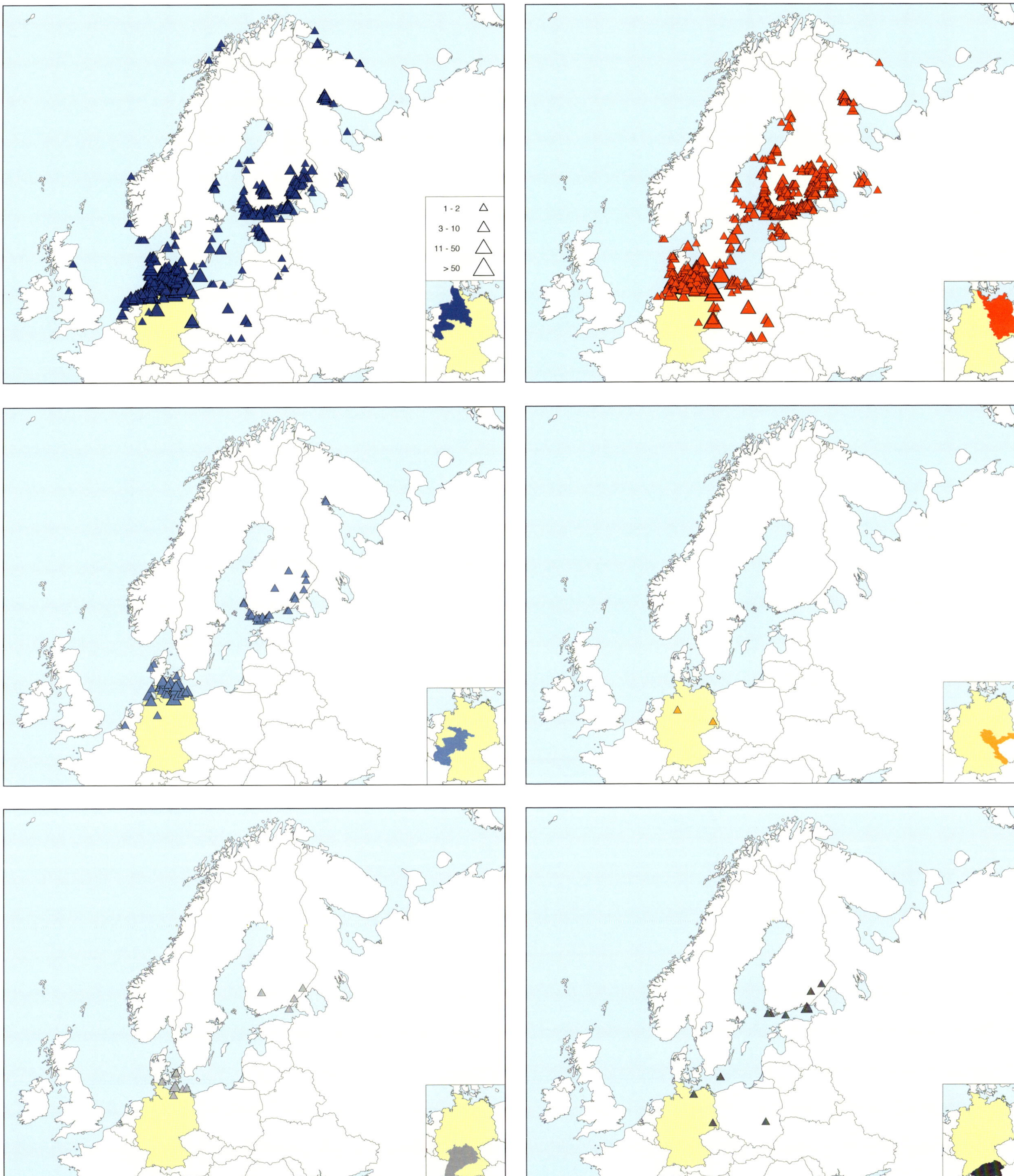

Abb. 7: Aufenthaltsorte zur Brutzeit von im Winter (Dezember – Februar) in Deutschland anwesenden Silbermöwen (12.447 Funde). – *Presence during the breeding season of Herring Gulls present in Germany in winter (December – February, 12,447 recoveries).*

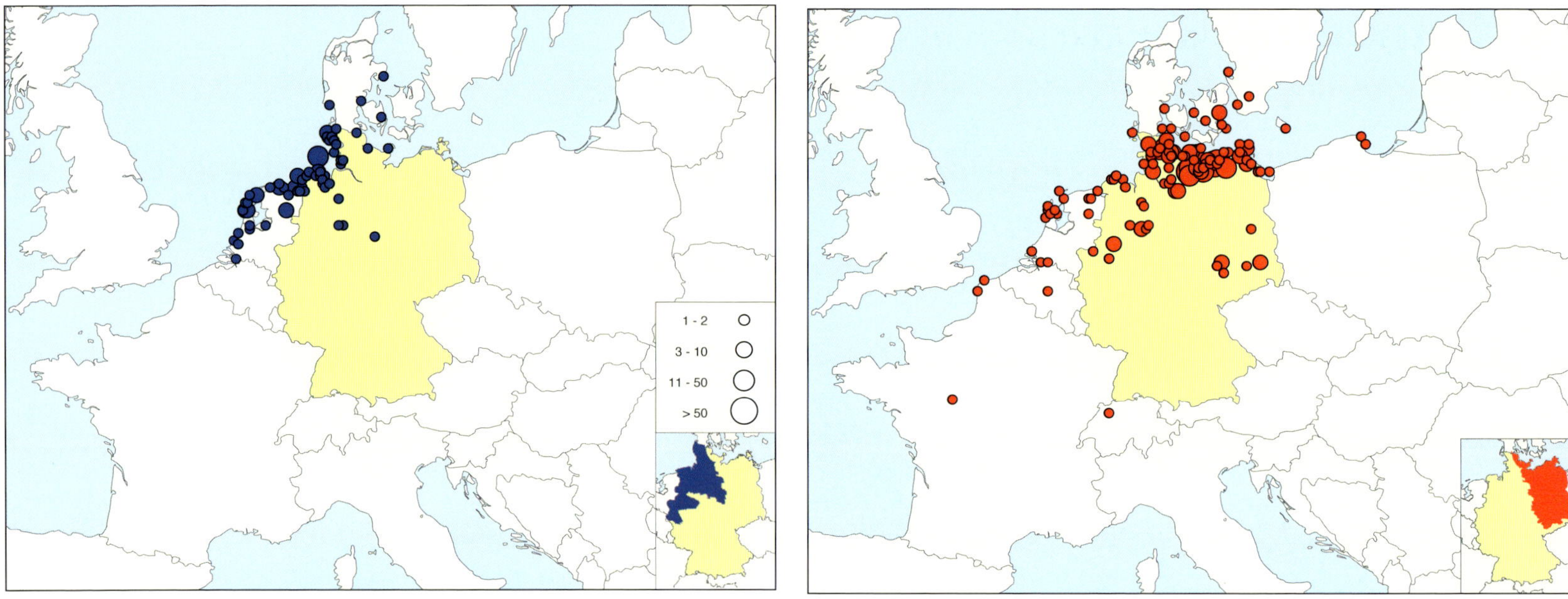

Abb. 8: Fundorte von in Deutschland nestjung beringten Silbermöwen im Sommer (Mai – Juli) des 2. Kalenderjahres (775 Funde). – *Recovery sites of Herring Gulls ringed before fledging in Germany and recorded in summer (May – July) of their 2nd calendar year (775 recoveries).*

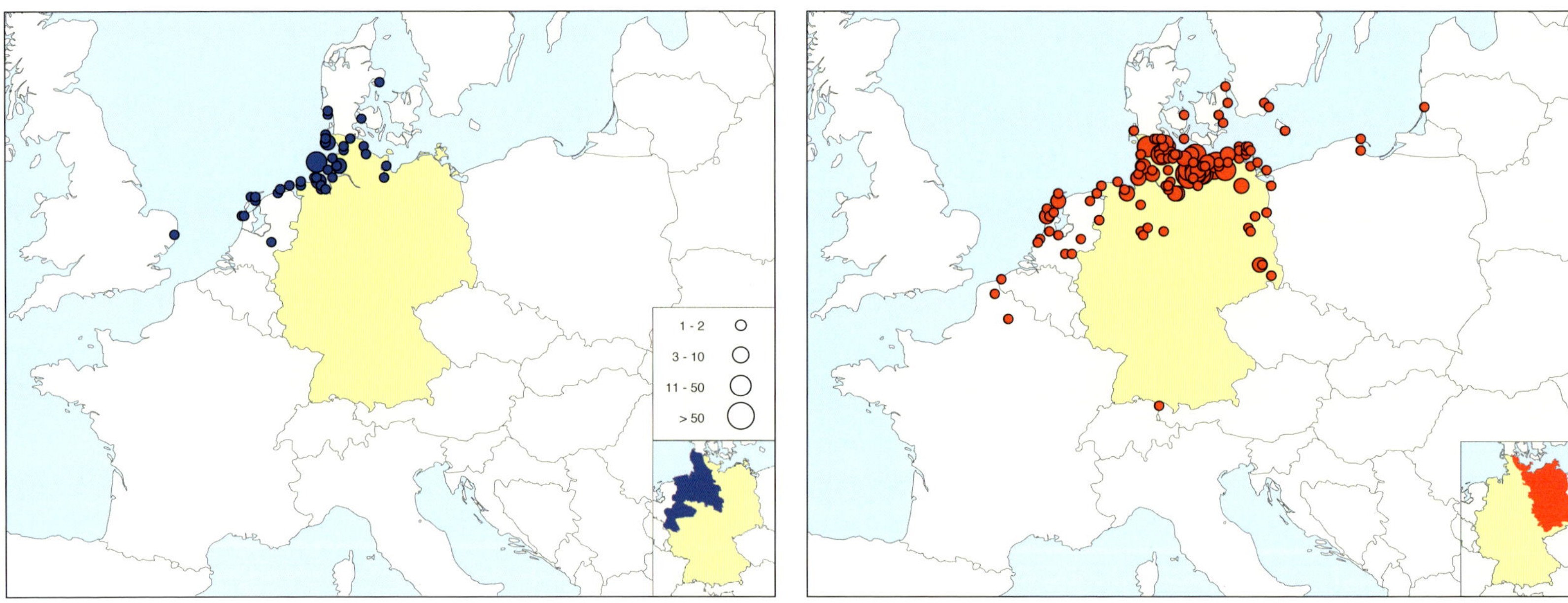

Abb. 9: Fundorte von in Deutschland nestjung beringten Silbermöwen im Sommer (Mai – Juli) des 3. Kalenderjahres (731 Funde). – *Recovery sites of Herring Gulls ringed before fledging in Germany and recorded in the summer (May – July) of their 3rd calendar year (731recoveries).*

Summary: *The Herring Gull population of Germany consists of 29,000 – 36,000 bp and has been stable during the past 25 years. The great majority is breeding along the coasts of North Sea and Baltic Sea, but there are also some inland sites in N Germany (and exceptionally in S Germany). The many wintering birds are mainly concentrated at the coasts, too, but at least before the closure of open landfill sites especially immature gulls were found to winter in inland lowlands. A large but unknown proportion of the German breeding population is non-migratory or disperses over short distances (including adjacent parts of Denmark and The Netherlands). Others migrate as far as N France. The spatial pattern of recoveries of birds originating from NE Germany is shifted slightly eastward as compared to birds from NW Germany. Furthermore, some individuals from NE Germany were shown to migrate as far as Switzerland and the Adriatic Sea. It is obvious for both the summer and winter distribution that younger birds move further away from the natal region than older birds. Non-migratory German birds are joined in winter by breeders from the whole Baltic, the White Sea and the Barents Sea. Owing to their less migratory character, Herring Gulls from W and S Norway, The Netherlands and the British Isles reach Germany to a much lesser extent. Thus, within the small distributional range of the species there are considerable differences in migratory behaviour.*

Mittelmeermöwe *Larus michahellis*

Yellow-legged Gull

Beringungen nach 1945:	750
Funde > 10 km nach 1945:	1370/210
Wiederfundquote (Fernfunde nach 1945):	28,0 %
Funde > 10 km seit 1901:	1370/210
Funde fremder Beringungszentralen:	382/160
Höchstalter:	10 J
Weiteste Entfernung:	1613 km

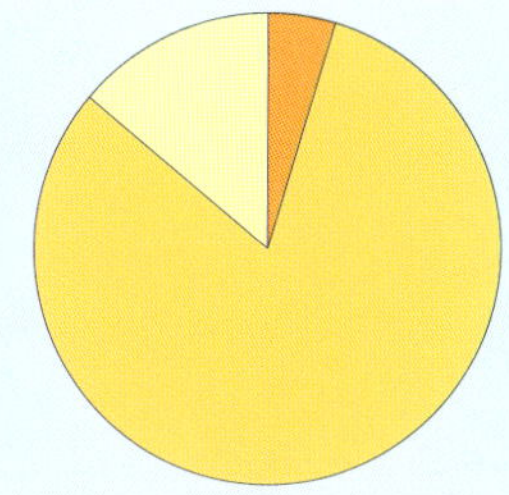

Verbreitung und Status: Die Mittelmeermöwe, die bis in die 1980er Jahre hinein noch als Unterart der Silbermöwe galt, brütet entlang der Küsten des Mittelmeers, aber auch am Südrand des Schwarzen Meeres, an der Atlantikküste von S-Spanien bis W-Frankreich sowie auf den Kanaren und Azoren. Darüber hinaus gibt es inzwischen weit reichende Vorstöße ins Innere des europäischen Kontinents mit Brutvorkommen u.a. in Frankreich, in der Schweiz und in Polen. In Deutschland hat sich die Art zunächst in S-Deutschland als Brutvogel angesiedelt (1977 in Baden-Württemberg, 1987 in Bayern), 1989 auch in Brandenburg (Boschert 2005). Bruten gelbfüßiger Großmöwen in Schleswig-Holstein ab Ende der 1970er Jahre wurden ebenfalls diesem Taxon zugerechnet (Berndt et al. 2002). Inzwischen sind Mittelmeermöwen in acht Bundesländern mit zusammen 170–230 BP zu finden, bei weiter ansteigendem Bestand. Seit mindestens den 1960er, verstärkt aber seit den späten 1970er Jahren trat die Art als Gastvogel in Deutschland auf, zunächst im S, später vermehrt auch im N. Dabei kommen die Vögel (und insbesondere Nichtbrüter) ganzjährig vor, am zahlreichsten sind sie unmittelbar nach der Brutzeit von Juli bis Oktober (Steiof 2006). Auch für den Winterbestand ist eine Zunahme zu verzeichnen.

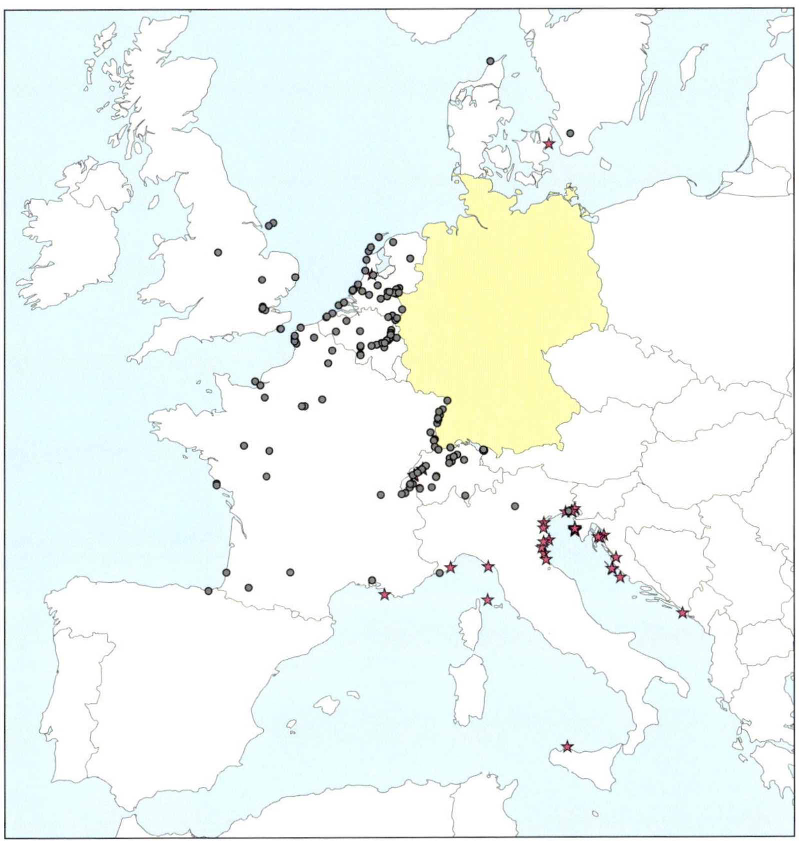

Abb. 1: Fundorte von in Deutschland beringten (478 Funde) und ausländische Beringungsorte von in Deutschland gefundenen (382 Funde) Mittelmeermöwen. – *Foreign recovery sites of Yellow-legged Gulls ringed in Germany (478 recoveries) and foreign ringing sites of birds recovered in Germany (382 recoveries).*

Wanderungen: Mit Ausnahme einiger ausgewachsener Vögel, die auf einer Mülldeponie in Nordrhein-Westfalen beringt wurden und neben Nahfunden in der näheren Umgebung auch Wiederfunde in Italien und S-Frankreich erbrachten, gehen nahezu alle Wiederfunde von in Deutschland beringten Mittelmeermöwen auf die Markierung von nicht flüggen Vögeln am Oberrhein und in Frankfurt/Main zurück. Nach der Brutzeit verteilen sich diese Vögel in fast alle Richtungen (Abb. 2). Die meisten Jungvögel erreichen aber das Gebiet zwischen den Niederlanden, N-Frankreich und Nordrhein-Westfalen, die weitesten Flüge führen nach S-Schweden, Mittel-England und N-Spanien. Im ersten Winter konzentrieren sich die Funde im Rhein-Main-Gebiet, im Rheinland und in Belgien, während nur vereinzelte Meldungen aus dem weiteren Umkreis bis N-Deutschland, England und dem Mittelmeer stammen (Abb. 4). Die Karte mit Winterfunden von Altvögeln (Abb. 5) bezieht sich ausschließlich auf Brutvögel vom Oberrhein, weil aus dem sehr jungen Möwenberingungsprojekt in Frankfurt/Main zum Zeitpunkt der Auswertung noch kein Ringvogel ein Alter von mehr als zwei Jahren erreicht hatte. Die Ringvögel vom Oberrhein hielten sich alle unweit ihres Brutgebiets am Oberrhein sowie in der Schweiz auf. Nach der Brutzeit wandern junge Mittelmeermöwen von der Mittelmeerküste zwischen S-Frankreich und Kroatien sowie aus der Schweiz zumeist nordwärts nach Deutschland und erreichen dabei vor allem die N-Hälfte des Landes (Abb. 3). Anzumerken ist, dass Vögel von der Adria vermutlich nicht die Alpen überqueren, wie es die Linien in Abb. 3 suggerieren, sondern wahrscheinlich über Polen und damit von SE her nach Deutschland einfliegen (Klein & Neubauer 2006). In Folge unterschiedlicher Wanderwege der Teilpopulationen weisen die Winterbestände der Mittelmeermöwe in verschiedenen Naturräumen Deutschlands voneinander abweichende Zusammensetzungen hinsichtlich der Herkunft der Vögel auf (Abb. 6). In W- und SW-deutschen Mittelgebirgen sowie im Alpenvorland sind ganz überwiegend Vögel des SW-deutschen Brutbestandes anzutreffen, ergänzt durch Vögel aus der Schweiz, aber offenbar nur vereinzelt durch Vögel aus dem Mittelmeerraum. Im NW- und NE-deutschen Tiefland treten zwar auch Vögel vom Oberrhein und aus der Schweiz auf, zugleich aber auch relativ viele vom Mittelmeer zugewanderte Individuen.

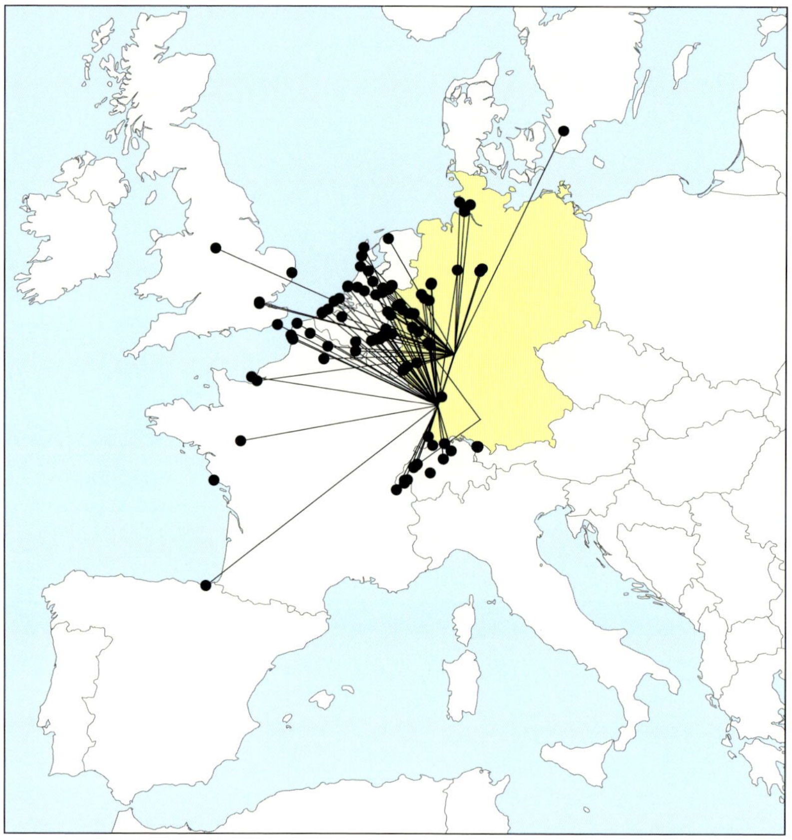

Abb. 2: Herbstzug (August – November) von in Deutschland nestjung beringten Mittelmeermöwen (299 Funde). – *Autumn migration (August – November) of Yellow-legged Gulls ringed before fledging in Germany (299 recoveries).*

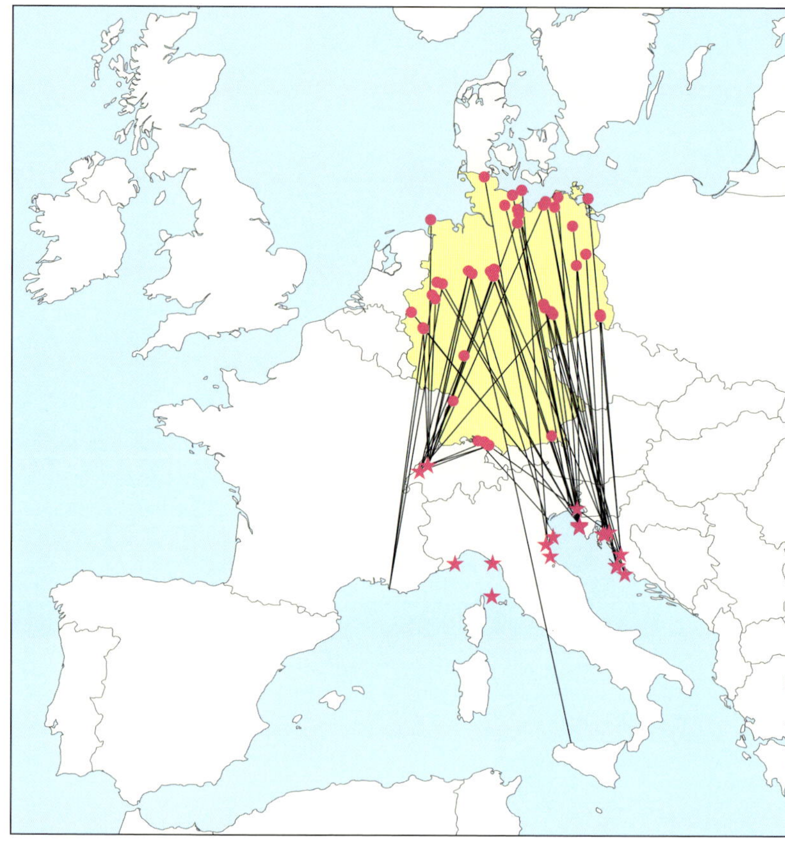

Abb. 3: Herbstzug (August – November) von in Deutschland von August bis November anwesenden Mittelmeermöwen (219 Funde). – *Autumn migration (August – November) of Yellow-legged Gulls present in Germany from August to November (219 recoveries).*

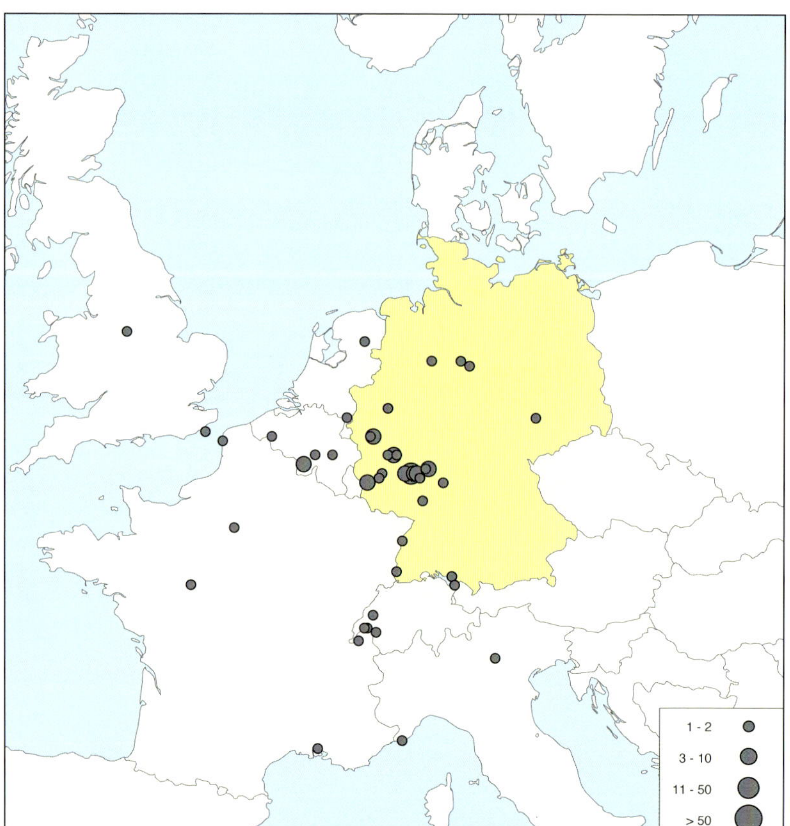

Abb. 4: Fundorte von in Deutschland nestjung beringten Mittelmeermöwen im 1. Winter (Dezember – Februar, 103 Funde). – *Recovery sites of Yellow-legged Gulls ringed before fledging in Germany and recorded in their 1st winter (December – February, 103 recoveries).*

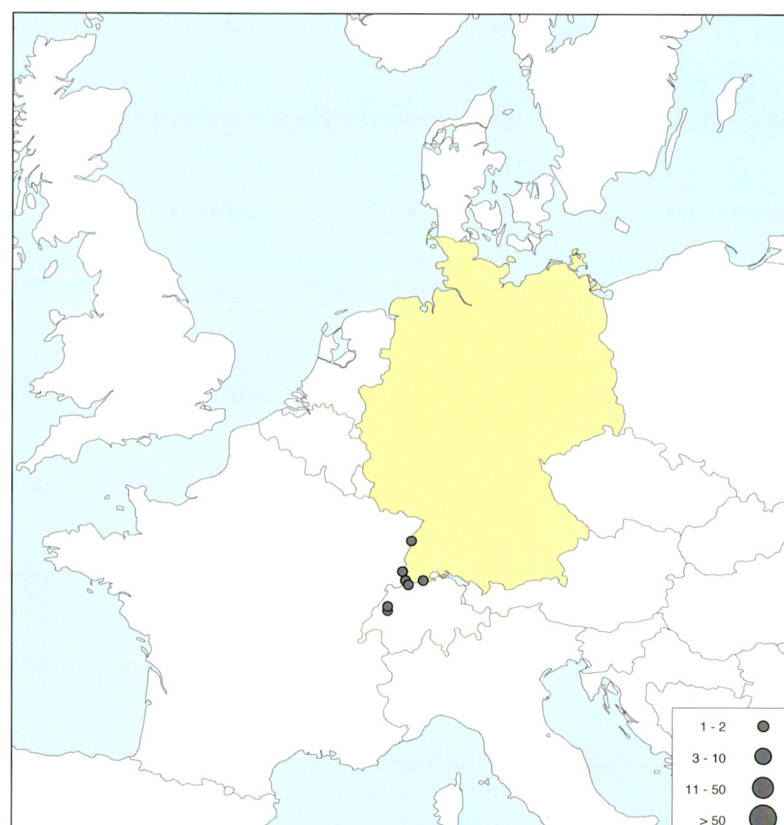

Abb. 5: Fundorte von in Deutschland nestjung beringten Mittelmeermöwen im mindestens 5. Winter (Dezember – Februar, 8 Funde). – *Recovery sites of Yellow-legged Gulls ringed before fledging in Germany and recorded in at least the 5th winter (December – February, 8 recoveries).*

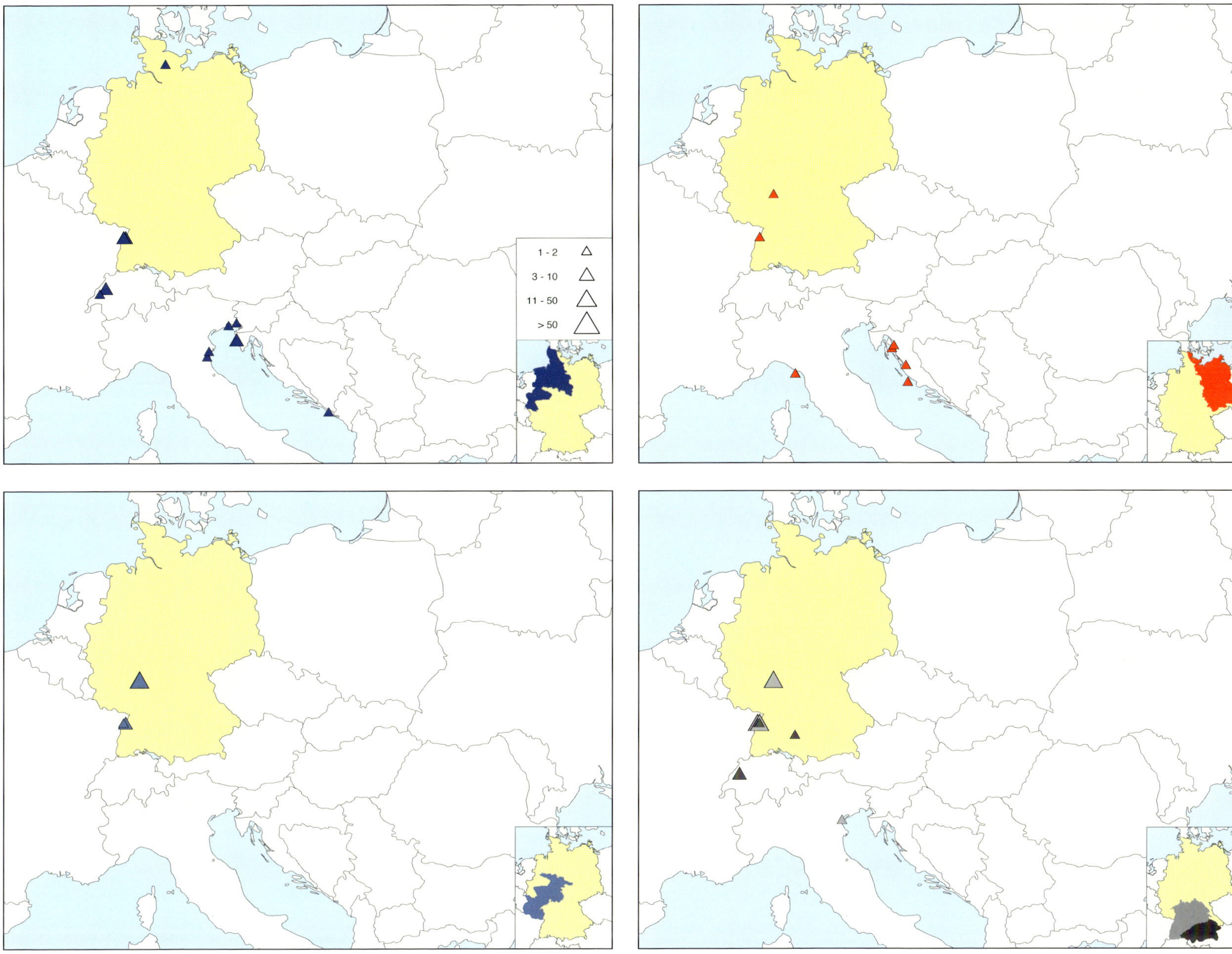

Abb. 6: Aufenthaltsorte zur Brutzeit von im Winter (Dezember – Februar) in Deutschland anwesenden Mittelmeermöwen (138 Funde). – *Presence during the breeding season of Yellow-legged Gulls present in Germany in winter (December – February, 138 recoveries).*

***Summary:** Yellow-legged Gull has been recorded in S Germany at least since the 1960s, but occurrences increased strikingly from the late 1970s onwards. Subsequently, it also started to turn up in N Germany. Breeding was noticed from 1977 onwards, and after spreading north- and eastwards the population size increased to 170 – 230 bp distributed over a total of eight federal states. Ringing so far has been mostly restricted to offspring raised at the Upper Rhine River and in Frankfurt/Main. After the breeding season, these birds disperse in various directions, in extreme cases reaching S Sweden, C England and N Spain. However, the core area for staging and wintering is concentrated in an area between N Germany, The Netherlands and N France. Preliminary data suggest that adults spend the winter much closer to the breeding sites. From July onwards, Yellow-legged Gulls fledged in C Mediterranean and Swiss colonies migrate to Germany, in general more to the northern than to the southern parts of the country. As a consequence, the composition of wintering stocks among regions of Germany varies with respect to the origin of the birds. Whereas wintering birds in S Germany either stem from regional colonies, from Switzerland or occasionally from the Mediterranean, much higher proportions of birds from the Adriatic Sea are found to winter in N Germany, where S German birds are present as well.*

Steppenmöwe *Larus cachinnans*
Caspian Gull

Beringungen nach 1945:	80
Funde > 10 km nach 1945:	382/42
Wiederfundquote (Fernfunde nach 1945):	52,5 %
Funde > 10 km seit 1901:	382/42
Funde fremder Beringungszentralen:	483/243
Höchstalter:	14 J, 2 M
Weiteste Entfernung:	2167 km

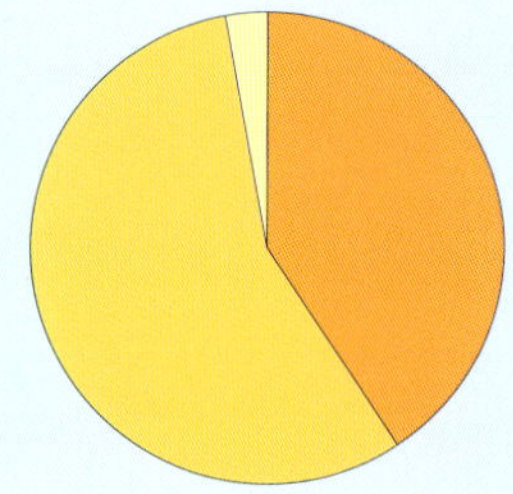

Verbreitung und Status: Ursprünglich reichte das Brutgebiet der Steppenmöwe von Kasachstan bis zum Schwarzen Meer, doch in den vergangenen zwei Jahrzehnten erfolgte eine Ausbreitung über die Osthälfte Europas bis Polen und E-Deutschland. Das Überwinterungsgebiet erstreckt sich von Indien und Arabien über die Osthälfte des Mittelmeers bis nach W-Europa. Im Zuge der Erweiterung des Brutareals (mit inzwischen 20–40 BP in wenigen Kolonien in Brandenburg,

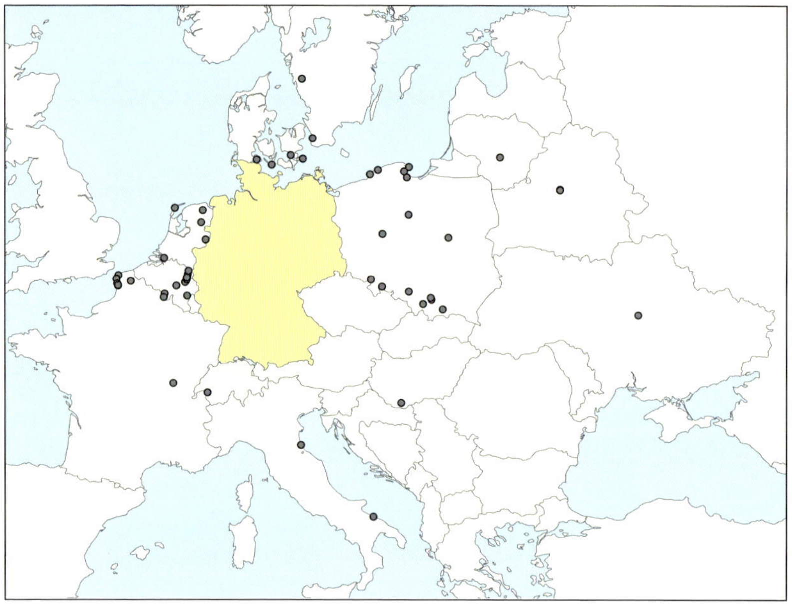

Abb. 1: Fundorte im Ausland von in Deutschland beringten Steppenmöwen (101 Funde). – *Foreign recovery sites of Caspian Gulls ringed in Germany (101 recoveries).*

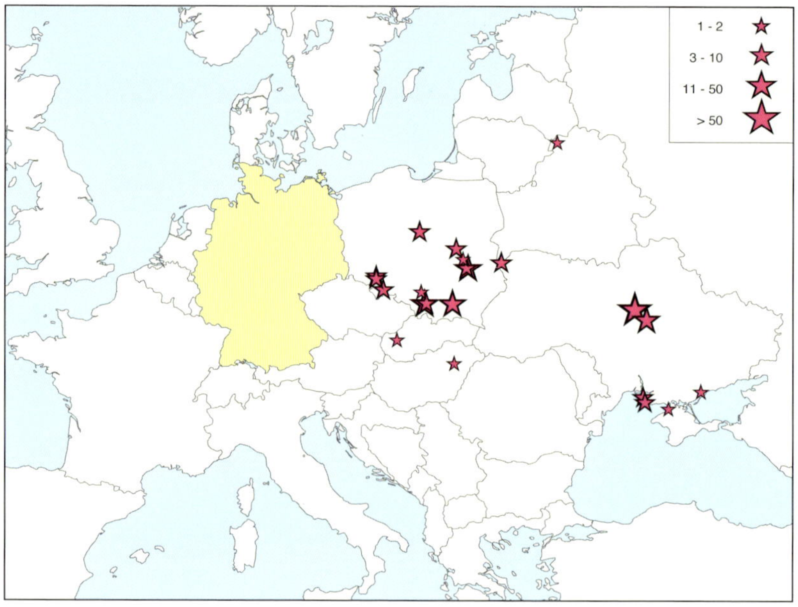

Abb. 2: Beringungsorte im Ausland von in Deutschland gefundenen Steppenmöwen (209 Funde). Alle Vögel wurden nestjung beringt. – *Foreign ringing sites of Caspian Gulls recovered in Germany (209 recoveries). All birds were ringed before fledging.*

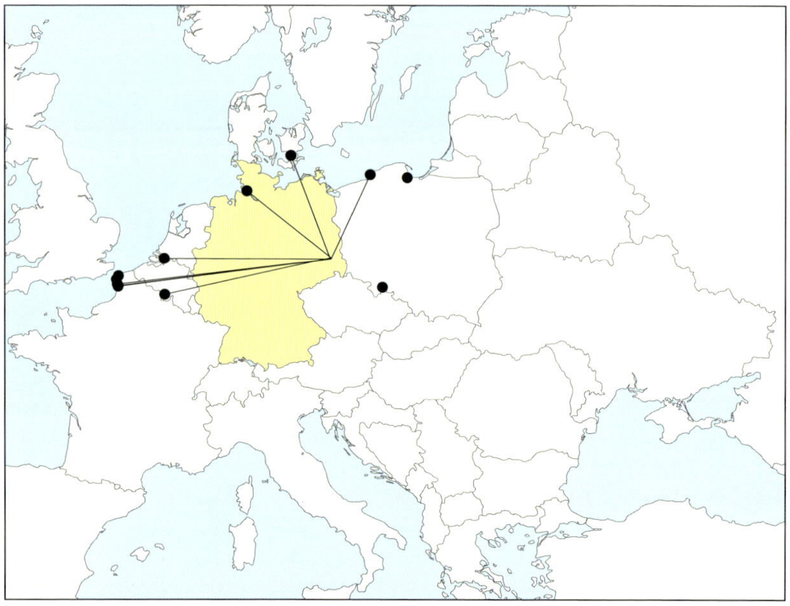

Abb. 3: Herbstzug (August – November) von in Deutschland nestjung beringten Steppenmöwen (14 Funde). – *Autumn migration (August – November) of Caspian Gulls ringed in Germany before fledging (14 recoveries).*

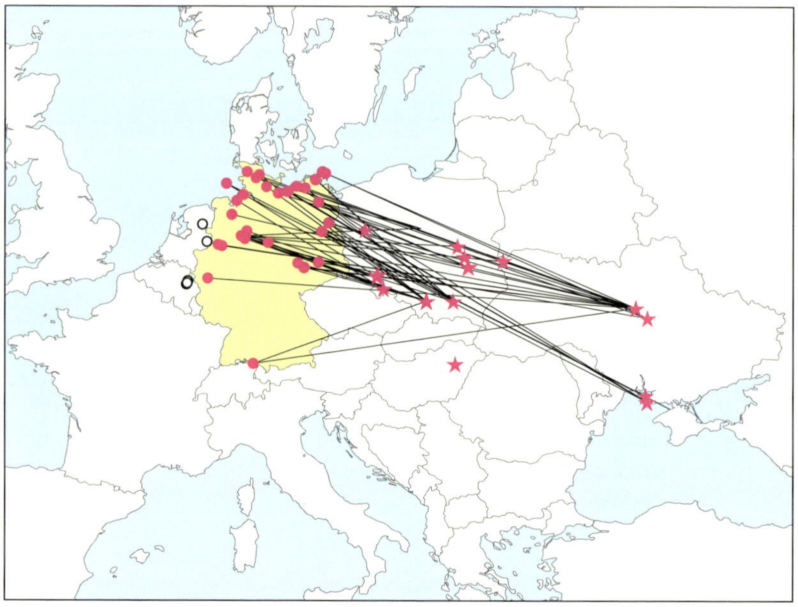

Abb. 4: Herbstzug (August – November) von in Deutschland von August bis November anwesenden Steppenmöwen (197 Funde). – *Autumn migration (August – November) of Caspian Gulls present in Germany from August to November (197 recoveries).*

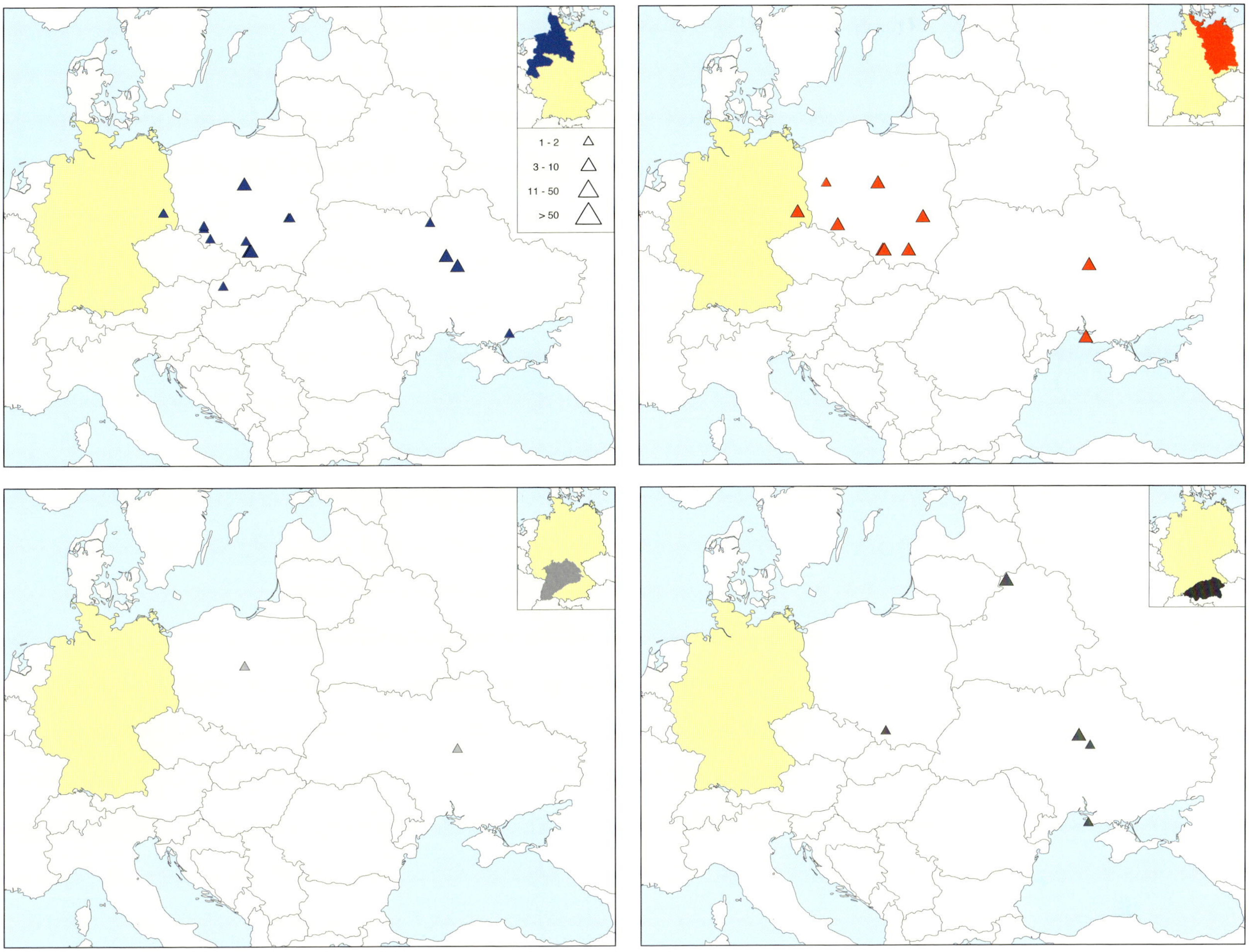

Abb. 5: Aufenthaltsorte zur Brutzeit von im Winter (Dezember – Februar) in Deutschland anwesenden Steppenmöwen (140 Funde). – *Presence during the breeding season of Caspian Gulls present in Germany in winter (December – February, 140 recoveries).*

Sachsen und Sachsen-Anhalt) gelangten in den letzten 20 Jahren immer mehr Steppenmöwen nach Deutschland, besonders in das NE-deutsche Tiefland mit z. B. bis zu 7000 Ind. an zwei Schlafgewässern bei Leipzig (Steiof 2006). Starke Zuwanderung erfolgt direkt nach der Brutzeit von Juli bis Oktober, von Februar bis April ziehen die meisten Steppenmöwen wieder ab. Noch nicht brutreife Vögel sind ganzjährig zu beobachten (Klein & Neubauer 2006, Steiof 2006).

Wanderungen: Fast alle Ringfunde der Steppenmöwe mit Bezug zu Deutschland gehen auf Ablesungen codierter Farbringe zurück. Sie zeigen, dass sich Deutschland in einem Zugsystem befindet, innerhalb dessen Steppenmöwen in E-W-Richtung über Mitteleuropa wandern. Die Herkunftsorte der meisten in Deutschland gefundenen Vögel sind im östlichen Mitteleuropa von Polen und der Slowakei ostwärts bis zur Ukraine und Weißrussland zu finden (Abb. 2). Beringungen in Deutschland ergaben, dass die Wanderungen westwärts bis zur französischen Kanalküste reichen, aber nur einzelne Vögel weiter im N (bis S-Schweden) oder im S (bis Italien) auftreten (Abb. 1).
Auf dem Herbstzug gelangen Steppenmöwen aus der Ukraine und Polen vor allem in die N-Hälfte Deutschlands (Abb. 4). Funde von Dezember bis Februar zeigen, dass viele Vögel aus diesen Ländern im NW- und NE-deutschen Tiefland überwintern (Abb. 5). Die Ringfunde täuschen etwas darüber hinweg, dass die Masse der Steppenmöwen direkt nördlich der Mittelgebirge auftritt, während die Küsten in viel geringerem Umfang erreicht werden. Es wird angenommen, dass die meisten Steppenmöwen vom Schwarzen Meer aus nördlich des Karpatenbogens nach Deutschland einfliegen, nicht aber der Donau als Leitlinie folgen (Klein & Neubauer 2006). Entsprechend gibt es weniger Ringfunde von Steppenmöwen in S-Deutschland (Abb. 4 und 5).
Die wenigen Wiederfunde vom Herbstzug, die auf in Deutschland (in der Lausitz) erbrütete Steppenmöwen zurückgehen, zeigen eine stärkere Streuung in Richtungen zwischen NNE und WSW, wobei die Vögel an die südliche Ostsee und bis zur französischen Kanalküste flogen (Abb. 3). Die beiden einzigen Winterfunde stammen dabei aus Niedersachsen. Sehr ungewöhnlich sind die Funde von nestjung als Steppenmöwe beringten Vögeln im April des folgenden Jahres in S-Italien sowie im Alter von zwei Jahren in S-Schweden (Abb. 1). Angesichts der in der Lausitz in gemischten Kolonien brütenden Großmöwen (Ryslavy et al. 2011) sind dabei aber Verwechslungen mit Mittelmeer- oder Silbermöwen oder Hybrideinflüsse nicht auszuschließen.
Einige Funde in Deutschland markierter Steppenmöwen gehen auf Fänge außerhalb der Brutzeit zurück. Viele dieser Vögel wurden später im Bereich der polnischen Brutkolonien abgelesen, einige Funde stammen aus Belgien und den Niederlanden. Ungewöhnliche Rückmeldungen kamen aus S-Schweden, wo ein in Westfalen im Dezember des 1. Kalenderjahres mit Flügelmarke gekennzeichneter Vogel nach neun Monaten auftauchte, und aus Mittel-Italien, wo ein

in Sachsen ebenfalls im November des 1. Kalenderjahres beringter Vogel nach wenigen Monaten im April abgelesen werden konnte (Abb. 1). Auch die beiden südwestlichsten Funde in der Schweiz und E-Frankreich gehen auf ein in Westfalen mit Flügelmarke gekennzeichnetes Individuum zurück.

Summary: *During the last 20 years, an increasing number of Caspian Gulls turned up in Germany after the breeding season and in winter, with up to 7000 birds at two night roosts in Saxony and in line with the colonization of E Germany by approximately 20–40 bp. Ring recoveries demonstrate movements from breeding colonies in Ukraine and Poland towards the northern half of Germany, where many of these birds spend the winter, whereas fewer of these birds are reaching S Germany. Caspian Gulls ringed as visitors produced recoveries in breeding colonies further E (mainly in Poland) as well as in the Low Countries, in Sweden, Italy and E France (the same bird also in Switzerland). Offspring from the E German breeding colonies was reported from various directions between NNE (Poland) and WSW (N France), and one bird was found in Italy.*

Heringsmöwe *Larus fuscus*
Lesser Black-backed Gull

Beringungen nach 1945:	5531
Funde > 10 km nach 1945:	5801/1129
Wiederfundquote (Fernfunde nach 1945):	20,4 %
Funde > 10 km seit 1901:	5801/1129
Funde fremder Beringungszentralen:	487/324
Höchstalter:	14 J
Weiteste Entfernung:	5064 km

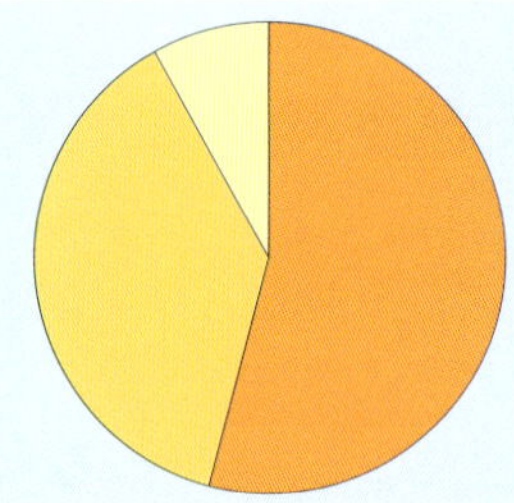

Verbreitung und Status: Heringsmöwen brüten vor allem entlang der Küsten W- bis N-Europas, stellenweise auch im Binnenland. Von den drei Unterarten sind *L. f. graellsii* (Island, Britische Inseln, Spanien bis S-Niederlande) und *L. f. intermedius* (W-Niederlande, Deutschland, S-Skandinavien) phänotypisch kaum zu unterscheiden, während sich *L. f. fuscus* (N-Skandinavien, Finnland) von den anderen Formen besser abgrenzen lässt. In Norwegen gibt es eine ausgedehnte Zone der Überlappung von *intermedius* und *fuscus* (Helberg et al. 2009). Das Winterareal erstreckt sich für die beiden westlichen Unterarten von Großbritannien bis W-Afrika, doch einige Vögel erreichen regelmäßig auch die nordamerikanische Atlantikküste. Die Nominatform überwintert dagegen überwiegend in E-Afrika.
Die deutsche Nordseeküste wurde erst ab Mitte des 20. Jahrhunderts von Heringsmöwen besiedelt. In den 1990er Jahren explodierte der Bestand und erreichte zu Beginn des 21. Jahrhunderts eine Größe von 34.000–44.000 BP. Inzwischen gibt es auch einige Brutpaare an der Ostseeküste sowie im Binnenland (südwärts bis Frankfurt/M.). Die Abwanderung aus den Brutgebieten erfolgt im Juli und August, ab November sind in Deutschland nur noch vereinzelt Heringsmöwen zu sehen. Ab Februar, vor allem aber im März und April kehren die Brutvögel aus dem Winterquartier zurück. Durchzügler und Übersommerer aus anderen Brutgebieten sind im genannten Zeitfenster ebenfalls an der Küste, aber auch im Binnenland präsent.

Wanderungen: Das Zugsystem der Heringsmöwe ist in erster Linie durch mehrere Farbberingungsprogramme anhand nestjung markierter und später entlang des Zugwegs abgelesener Vögel erschlossen worden. Die geographische Lage der Beringungs- bzw. Fundorte verdeutlicht, dass alle drei Unterarten in Deutschland auftreten. Die Unterart *graellsii* ist recht selten, wird aber durch 38 Funde in Großbritannien beringter Küken, zumeist im Binnenland NW-Deutschlands und seltener im schleswig-holsteinischen Wattenmeer, belegt. Außerdem hielt sich ein in Island als Nestling beringter Vogel in seinem zweiten Sommer (Juli/August 2000) bei Münster (Westfalen) auf. Etwas öfter tritt die Nominatform auf, die auf dem Zug von Finnland und Norwegen aus Deutschland berührt (vgl. Helberg et al. 2009). Am häufigsten wird sie entlang der deutschen Ostseeküste festgestellt, aber auch Trupps im SE und E Deutschlands dürften dieser Unterart zuzurechnen sein (Arbeitsgemeinschaft Berlin-Brandenburgischer Ornithologen 2001, Haass et al. 2009). Die meisten der in Abb. 1 und 2 dargestellten Funde gehen aber, wie zu erwarten, auf die in Deutschland brütende Unterart *intermedius* zurück. Zuwanderung nach Deutschland erfolgt zur Zeit des Herbstzugs von N und NE aus Fennoskandien (Abb. 4). Finnische Heringsmöwen treten dabei besonders in E-Deutschland auf, das damit offenbar gerade noch im Zugkorridor der in E-Afrika überwinternden Nominatform liegt. Der Zugweg eines in Finnland mit Satellitensender ausgestatteten Jungvogels weist darauf hin, dass nach anfänglichem SW-Kurs ein Zurückschwenken auf die eigentliche, nach S führende Route vorkommen kann (Pütz et al. 2007). Ausnahmsweise (in 13 Fällen) wurden finnische Heringsmöwen noch in den Wintermonaten in Deutschland gefunden.
Die in Deutschland beheimateten Heringsmöwen sind größtenteils Mittel- und Langstreckenzieher. Die meisten schlagen auf dem Herbstzug eine südwestliche Richtung ein und erreichen dabei zunächst die Niederlande, S-England und NW-Frankreich, bald aber auch die Iberische Halbinsel und NW-Afrika (Abb. 3). Die meisten Herbstfunde stammen von den Küsten Spaniens und Portugals, wobei nur ein kleiner Teil der Vögel von der Mittelmeerküste gemeldet wurde. Noch weiter östlich gibt es nur vereinzelte Funde in Algerien, Tunesien und Italien. Offenbar zieht nur ein kleiner Teil der N-deutschen Heringsmöwen südwärts über das Binnenland hinweg, doch konnte ein solcher Zugweg bei einem an der dänischen Ostseeküste besenderten Jungvogel, der schließlich Algerien erreichte, verfolgt werden (Pütz et al. 2007). Ein direkter Wiederfund einer in Frankfurt/M. beringten Heringsmöwe liegt aus Tunesien vor und belegt auch für die wenigen Vögel aus dem deutschen Binnenland einen Zug nach S.
Unterschiede zwischen den Zugwegen der Heringsmöwen aus verschiedenen Teilen Deutschlands zeigen aber vor allem die Wiederfunde im Winter (Abb. 5). Die vielen Brutvögel der Nordsee verteilen sich entlang der Nordsee- und Atlantikküste von den Niederlanden bis Mauretanien. Besonders viele Rückmeldungen kommen aus W-Frankreich, Zentral- und S-Spanien, wo auf Mülldeponien und in Fischereihäfen intensiv nach farbberingten Möwen Ausschau gehalten wird (Galván et al. 2003, García-Barcelona et al. 2010). In nennenswerter Zahl gibt es auch Ablesungen aus SE-England, Marokko und Westsahara, während – wie schon beim Herbstzug erkennbar (s. o.) – der Mittelmeerraum mit Ausnahme von Spanien keine Rolle als Überwinterungsgebiet spielt. Winterfunde aus Deutschland, wo die Art in der kalten Jahreszeit kaum anzutreffen ist, gehen vermutlich überwiegend auf geschwächte oder verletzte, lange ausharrende Vögel zurück. Die vergleichsweise wenigen Winterfunde von Heringsmöwen von der deutschen Ostseeküste und aus S-Deutschland finden sich entlang eines schmalen Bandes von Zentral-Frankreich über Zentral-Spanien nach W-Afrika, während Meldungen aus England sowie von der Atlantikküste Frankreichs, N-Spaniens

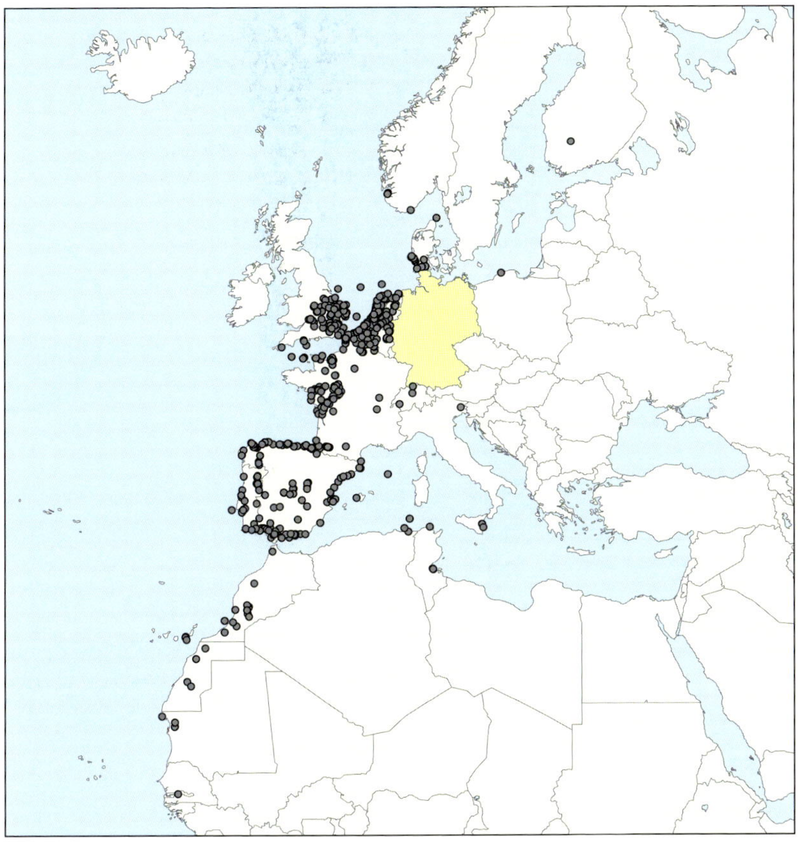

Abb. 1: Fundorte im Ausland von in Deutschland beringten Heringsmöwen (5261 Funde). *– Foreign recovery sites of Lesser Black-backed Gulls ringed in Germany (5261 recoveries).*

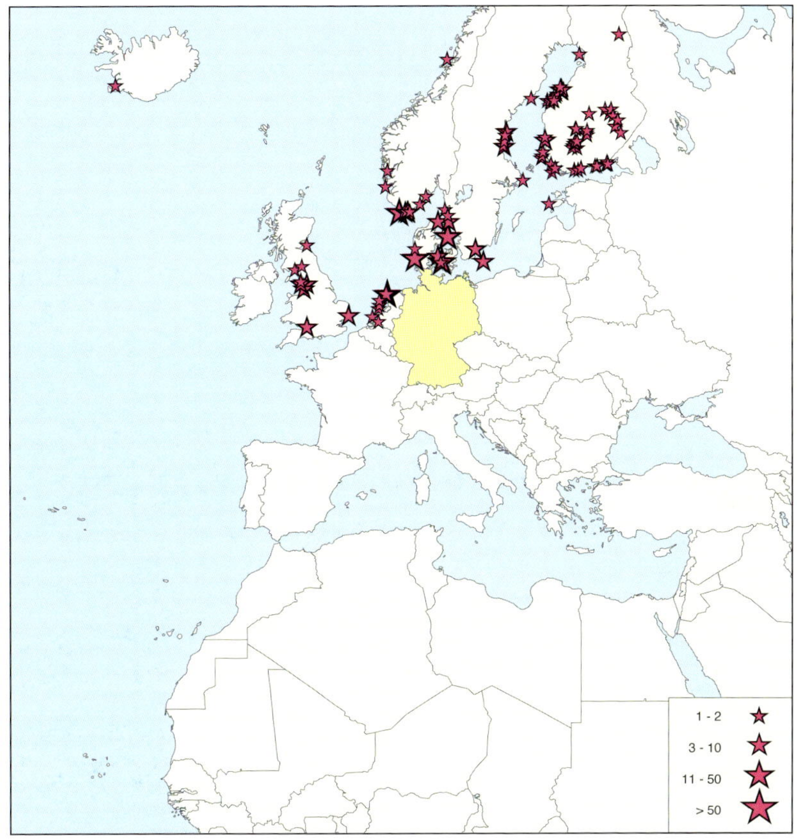

Abb. 2: Beringungsorte im Ausland von in Deutschland gefundenen Heringsmöwen (281 Funde). Alle Vögel wurden nestjung beringt. *– Foreign ringing sites of Lesser Black-backed Gulls recovered in Germany (281 recoveries). All birds were ringed before fledging.*

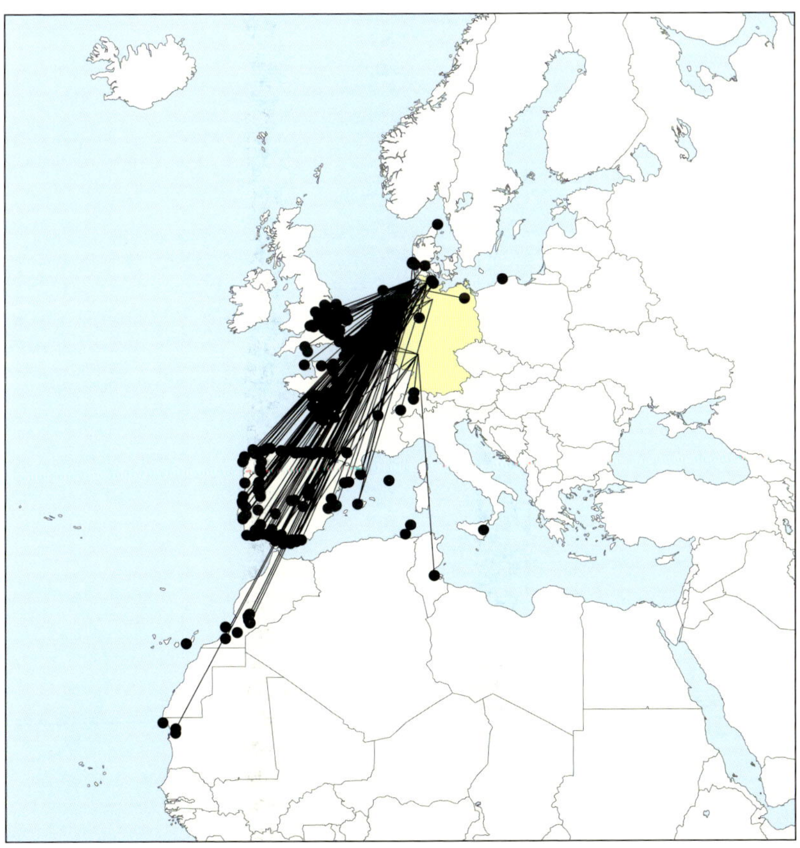

Abb. 3: Herbstzug (August – Oktober) von in Deutschland zur Brutzeit anwesenden Heringsmöwen (2344 Funde). *– Autumn migration (August – October) of Lesser Black-backed Gulls present in Germany during the breeding season (2344 recoveries).*

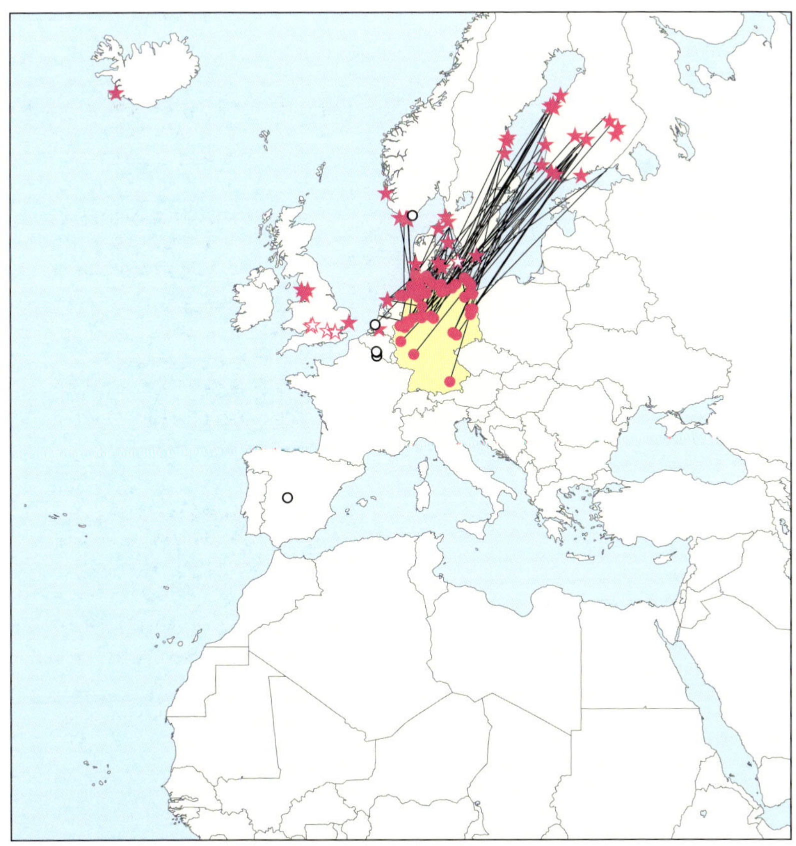

Abb. 4: Herbstzug (August – Oktober) von in Deutschland von August bis Oktober anwesenden Heringsmöwen (239 Funde). *– Autumn migration (August – October) of Lesser Black-backed Gulls present in Germany from August to October (239 recoveries).*

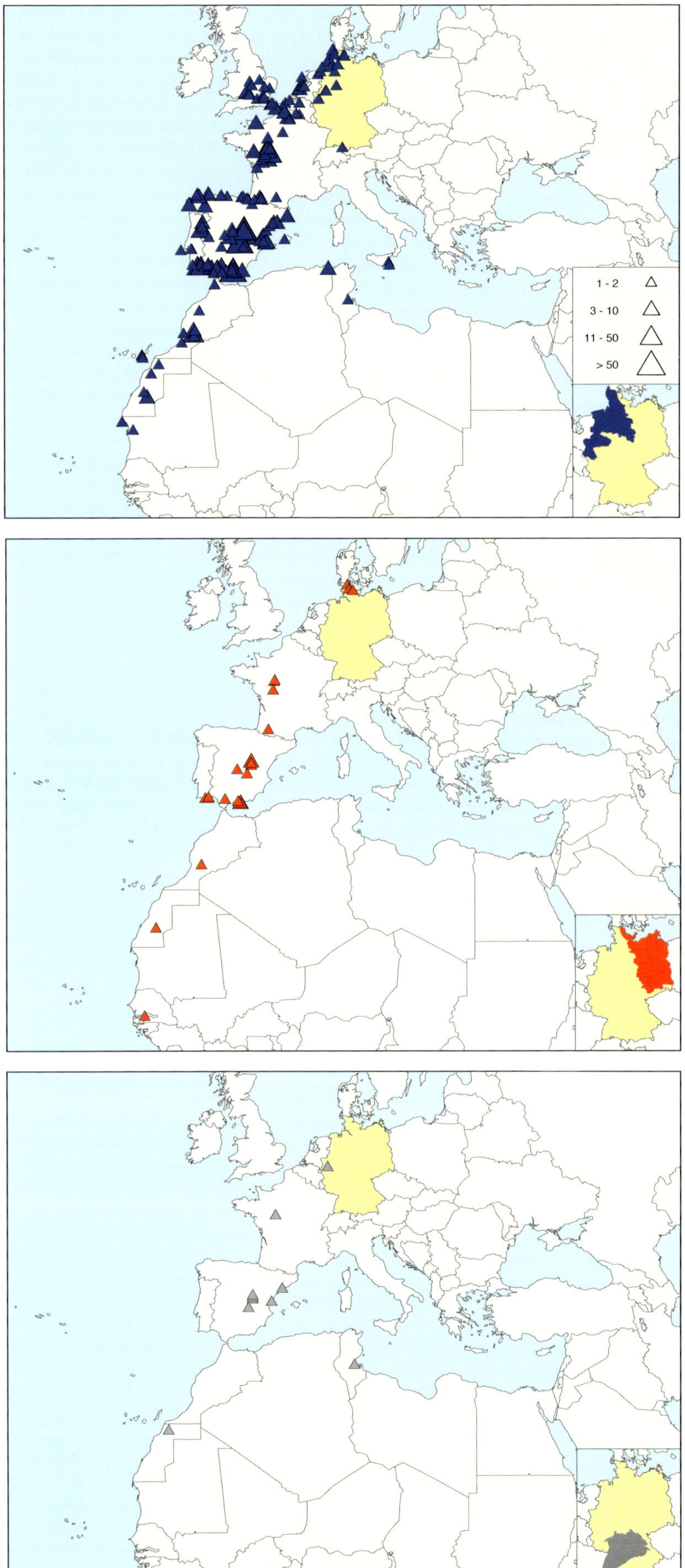

Abb. 5: Aufenthaltsorte im Winter (November – Februar) von in Deutschland zur Brutzeit anwesenden Heringsmöwen (883 Funde). – *Presence in winter (November – February) of Lesser Black-backed Gulls present in Germany during the breeding season (883 recoveries).*

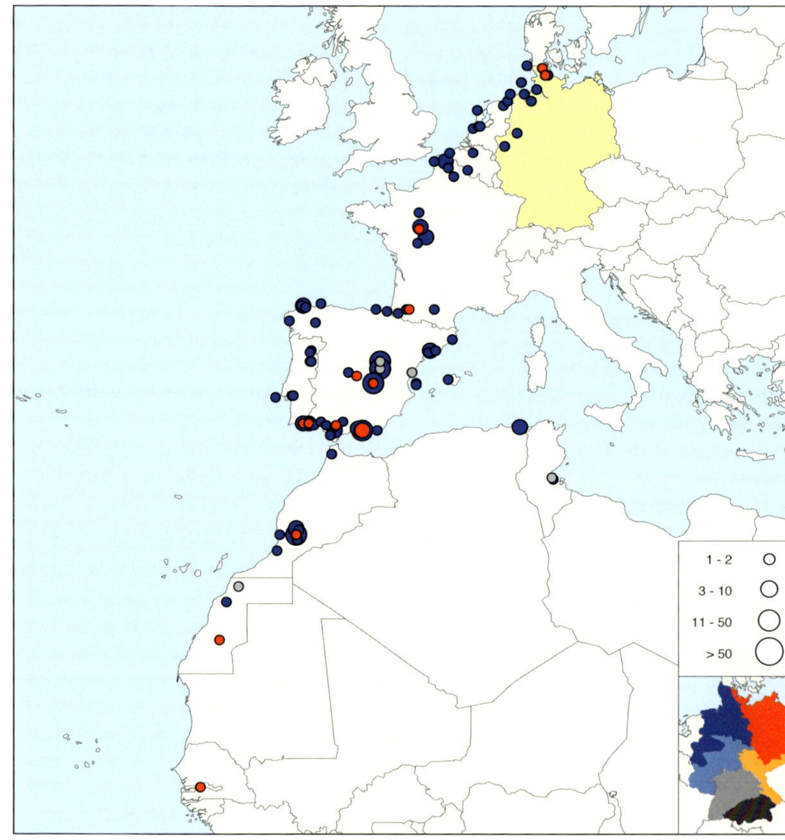

Abb. 6: Fundorte von in Deutschland nestjung beringten Heringsmöwen im 1. Winter (November – Februar, 260 Funde). – *Recovery sites of Lesser Black-backed Gulls ringed before fledging in Germany and recorded in their 1st winter (November – February, 260 recoveries).*

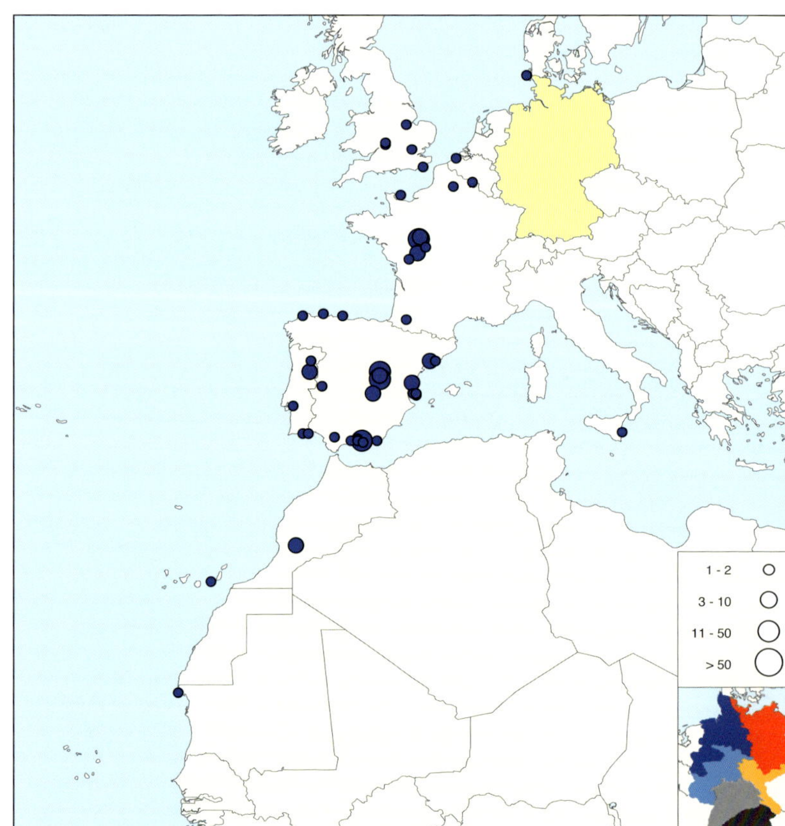

Abb. 7: Fundorte von in Deutschland nestjung beringten Heringsmöwen im mindestens 3. Winter (November – Februar, 165 Funde). – *Recovery sites of Lesser Black-backed Gulls ringed before fledging in Germany and recorded in at least the 3rd winter (November – February, 165 recoveries).*

und W-Portugals trotz dort hoher Fundwahrscheinlichkeit völlig fehlen (Abb. 5). Für Heringsmöwen, die entlang der Atlantikküste ziehen (Unterarten *graellsii* und *intermedius*), wurde festgestellt, dass Altvögel durchschnittlich weiter nördlich überwintern als immature Vögel (Marques & Jorge 2013). Die Verteilung der Winterfunde deutscher Ringvögel deutet dies ebenfalls an, denn gegenüber Jungvögeln im ersten Winter gibt es von Altvögeln weniger Funde in Afrika, dafür aber einige in England, wo Jungvögel im Winter fehlen (Abb. 6 und 7). Allerdings wurde eine ganze Reihe von Jungvögeln im Winter noch an der deutschen Nordseeküste, in den Niederlanden und in N-Frankreich gefunden. Möglicherweise waren dies geschwächte Vögel (s. o.), die zu einem regulären Zug nicht mehr in der Lage waren. So handelt es sich bei fünf von neun Meldungen von Helgoländer Jungvögeln mit Farbringen, die im Dezember und Januar zwischen N-Frankreich und N-Deutschland gemeldet wurden, um Totfunde – eine ungewöhnlich hohe Quote, denn insgesamt handelt es sich bei den hier dargestellten Funden in Deutschland beringter Heringsmöwen zu 99,4 % um Ringablesungen!

Im März und April wurden in Deutschland Brutvögel aus England, Dänemark, Norwegen, Schweden und Finnland festgestellt, die somit auch auf dem Frühjahrszug Deutschland berühren (Abb. 8). Deutsche Brutvögel befinden sich in diesen Monaten in ähnlichen Gebieten wie im Herbst und Winter, scheinen also auf gleichem Weg in die Brutgebiete zurückzukehren. Ein großer Teil der Frühjahrsfunde geht aber auf Jungvögel zurück, die südlich des Brutgebietes übersommern. Mit zunehmendem Alter rücken die in der Regel mit vier Jahren brutreifen Heringsmöwen dem Brutgebiet näher. Während im Alter von etwa einem Jahr noch viele Funde aus Spanien und Portugal, aber relativ wenige aus den deutschen Brutgebieten vorliegen (Abb. 9), sind es im Alter von zwei Jahren nur noch wenige auf der Iberischen Halbinsel, dafür aber deutlich mehr auf Helgoland und Amrum, den beiden wichtigsten Beringungsorten in Deutschland (Abb. 10).

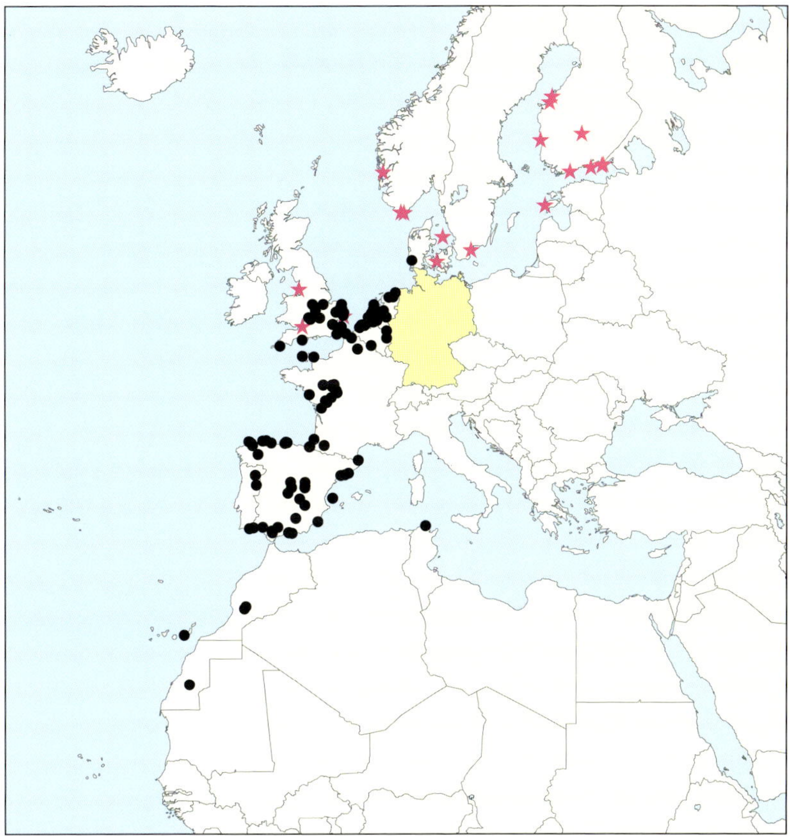

Abb. 8: Frühjahrszug (März – April) von in Deutschland zur Brutzeit (648 Funde) oder von März bis April anwesenden Heringsmöwen (26 Funde). – *Spring migration (March – April) of Lesser Black-backed Gulls present in Germany during the breeding season (648 recoveries) or from March to April (26 recoveries).*

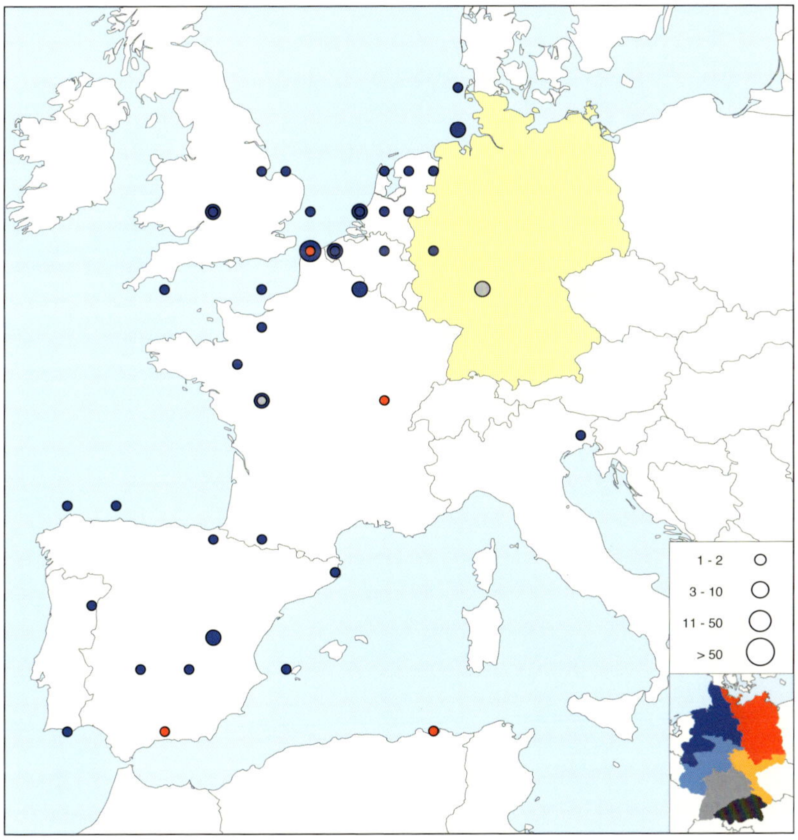

Abb. 9: Fundorte von in Deutschland nestjung beringten Heringsmöwen im Sommer (Mai – Juli) des 2. Kalenderjahres (142 Funde).– *Recovery sites of Lesser Black-backed Gulls ringed before fledging in Germany and recorded in the summer (May – July) of their 2nd calendar year (142 recoveries).*

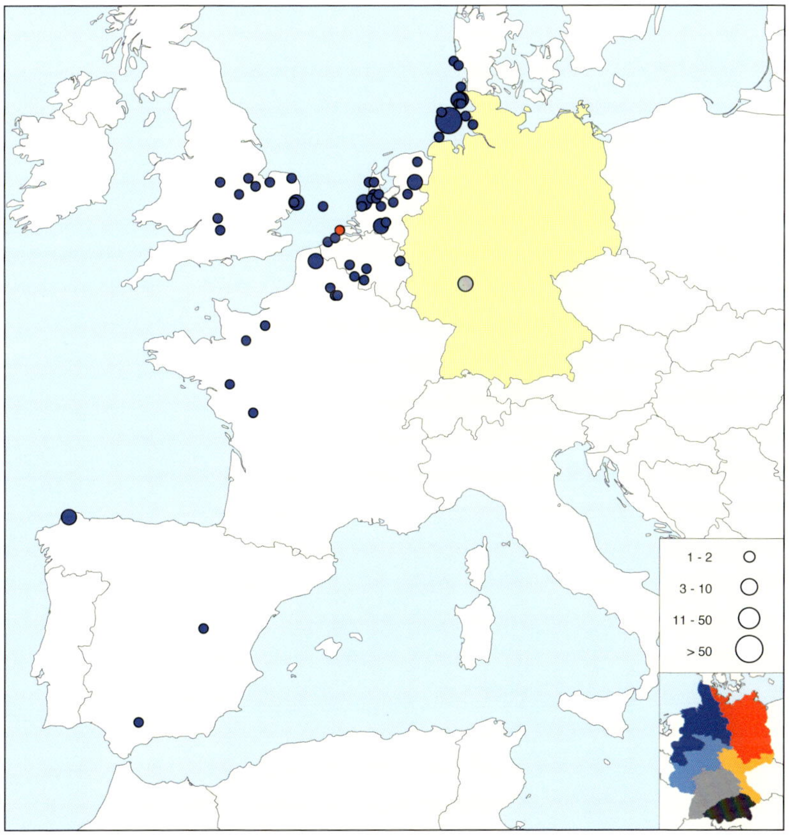

Abb. 10: Fundorte von in Deutschland nestjung beringten Heringsmöwen im Sommer (Mai – Juli) des 3. Kalenderjahres (174 Funde). – *Recovery sites of Lesser Black-backed Gulls ringed before fledging in Germany and recorded in the summer (May – July) of their 3rd calendar year (174 recoveries).*

Summary: *Lesser Black-backed Gull has colonized the German North Sea coast from the mid-20th century onwards. After breeding pair numbers were exploding in the 1990s, the population now consists of 34,000–44,000 bp, all of the subspecies* L. f. intermedius. *More recently, a small number of breeders has established itself at the German Baltic Sea coast and a few inland sites (as e.g. Frankfurt/Main). German breeders mostly migrate over medium and long distances. In autumn they depart towards SW and reach the Atlantic coast of S England, N and W France as well as Iberia, NW and W Africa. Wintering birds are also found in C and E Spain, but only scarcely further E in the Mediterranean, because S-directed migration seems to occur much less often. The few birds from E and S Germany appear to keep away from the Atlantic coast of Europe, but also reach NW and W Africa. There is a tendency of adult birds wintering further N than juveniles (less adults in NW Africa, more adults in Britain), but the picture is obscured by late migrating, weak or even moribund juveniles at the S North Sea. Spring migration apparently follows the same routes as in autumn. Immature birds remain S of the breeding area in their first years of life, but compared to the first summer (many birds in Iberia) are lingering more to the N in the second summer. During autumn and spring migration, Germany is visited by breeders from Denmark and Fennoscandia. Recoveries give evidence that a small number of* L. f. fuscus *from Finland and Norway is involved, mainly reaching E Germany. The W European subspecies* L. f. graellsii *is a scarce visitor as well. There are 38 German records of chicks ringed in Britain (and one from Iceland), most of them in inland W Germany.*

Zwergseeschwalbe *Sternula albifrons*

Little Tern

Beringungen nach 1945:	14.671
Funde > 10 km nach 1945:	728/518
Wiederfundquote (Fernfunde nach 1945):	3,5 %
Funde > 10 km seit 1901:	741/531
Funde fremder Beringungszentralen:	67/54
Höchstalter:	24 J
Weiteste Entfernung:	5273 km

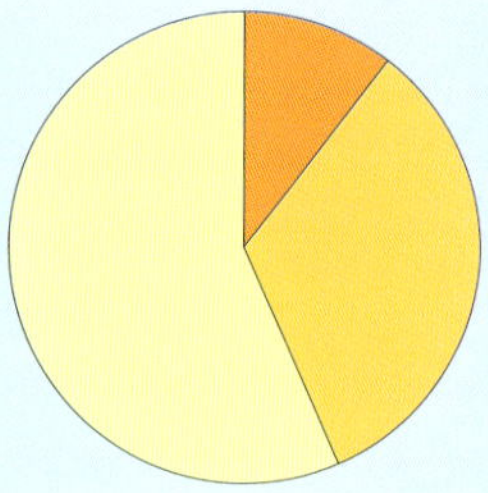

Verbreitung und Status: Brutvorkommen der Zwergseeschwalbe sind von W-Europa und dem Mittelmeerraum ostwärts bis W-Sibirien, stellenweise in Zentral- und E-Afrika sowie von S-Asien bis Australien zu finden. In der Paläarktis sind alle Zwergseeschwalben Zugvögel, die an den Küsten Afrikas, S-Asiens und Australiens überwintern. In Deutschland brütet die Art fast ausschließlich auf Inseln entlang der Küsten von Nord- und Ostsee. Der Brutbestand umfasst nach lang anhaltendem Rückgang nur noch 600–650 BP, kann aber derzeit dank umfangreicher Schutzbemühungen als stabil angesehen werden. Im Frühjahr erreichen die meisten Vögel Ende April das Brutgebiet, Abzug und Durchzug finden vor allem von Ende Juli bis Mitte August statt.

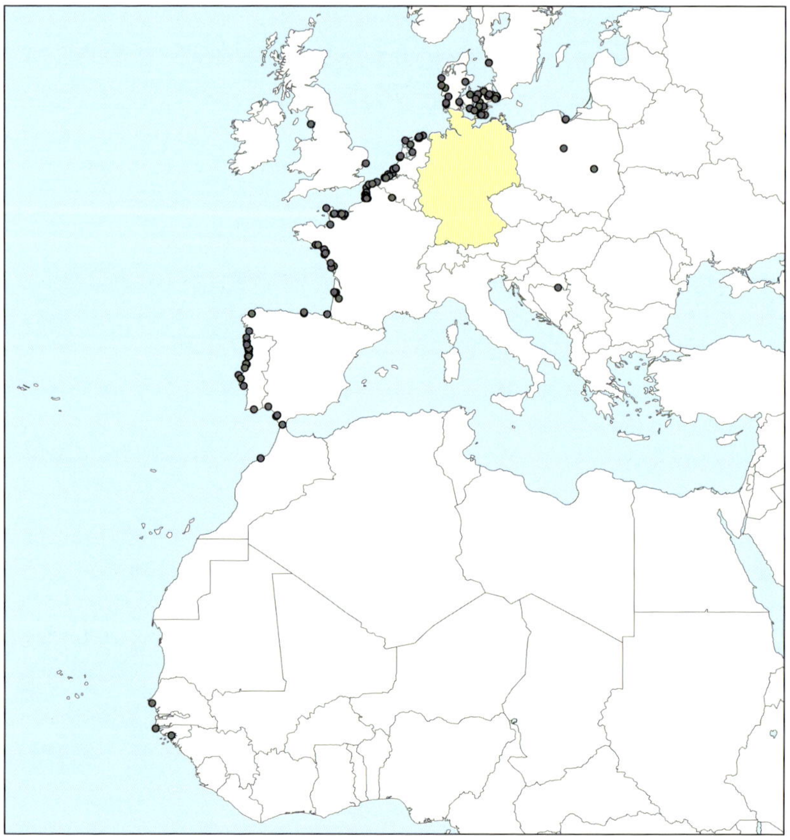

Abb. 1: Fundorte im Ausland von in Deutschland beringten Zwergseeschwalben (183 Funde). – *Foreign recovery sites of Little Terns ringed in Germany (183 recoveries).*

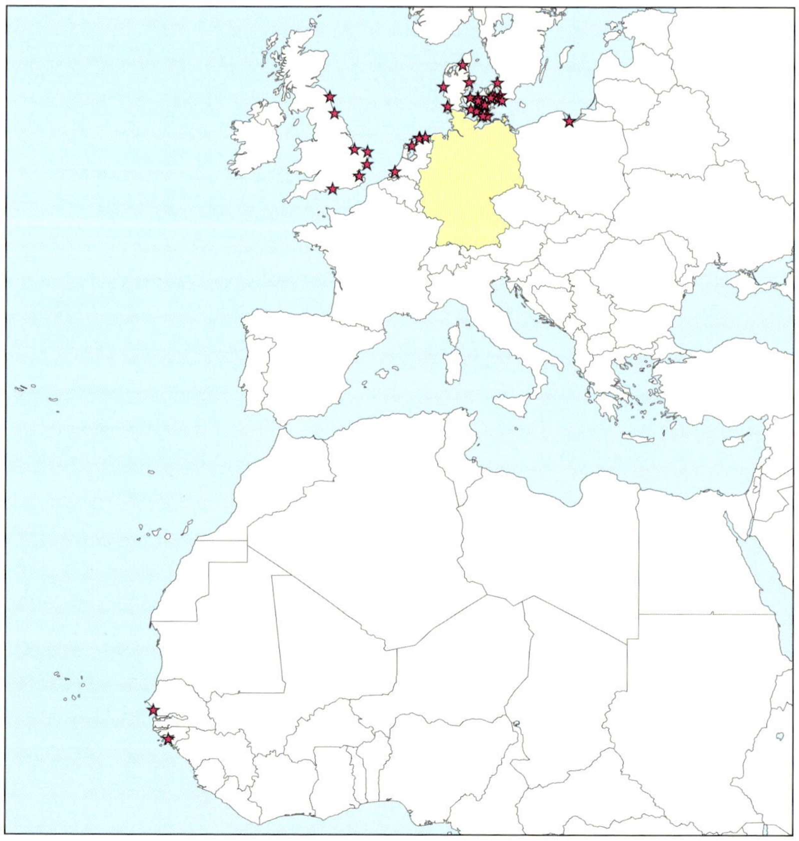

Abb. 2: Beringungsorte im Ausland von in Deutschland gefundenen Zwergseeschwalben (67 Funde). – *Foreign ringing sites of Little Terns recovered in Germany (67 recoveries).*

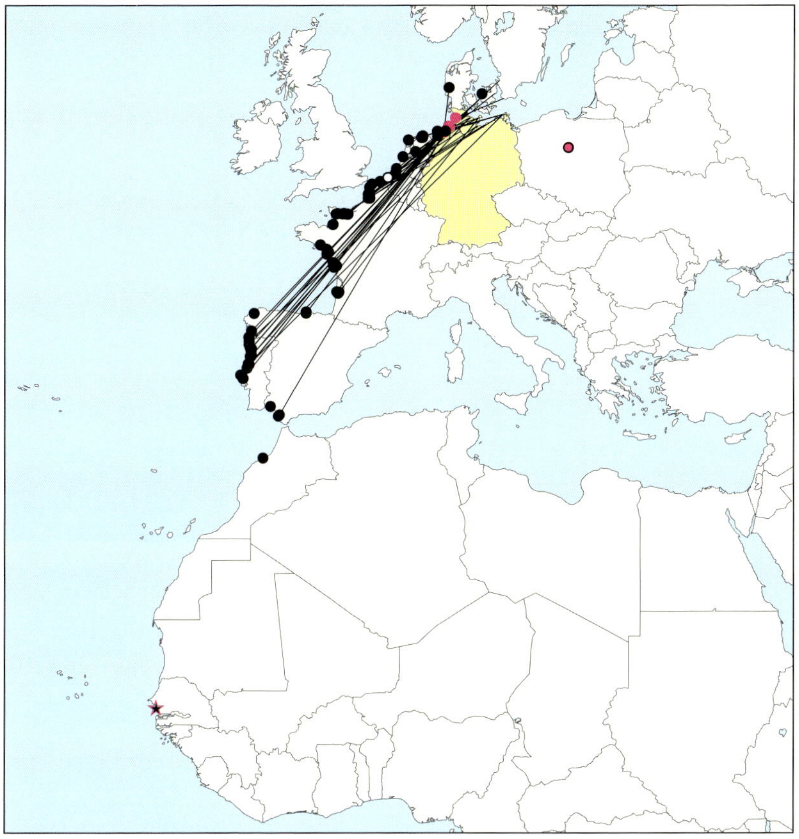

Abb. 3: Herbstzug (August – November) von in Deutschland zur Brutzeit (95 Funde) oder von August bis November anwesenden Zwergseeschwalben (6 Funde). Der im Senegal beringte Vogel wurde an zwei Stellen auf Fehmarn als Brutvogel kontrolliert. – *Autumn migration (August – November) of Little Terns present in Germany during the breeding season (95 recoveries) or from August to November (6 recoveries). The bird ringed in Senegal was controlled as a breeding bird in two different colonies on the island of Fehmarn.*

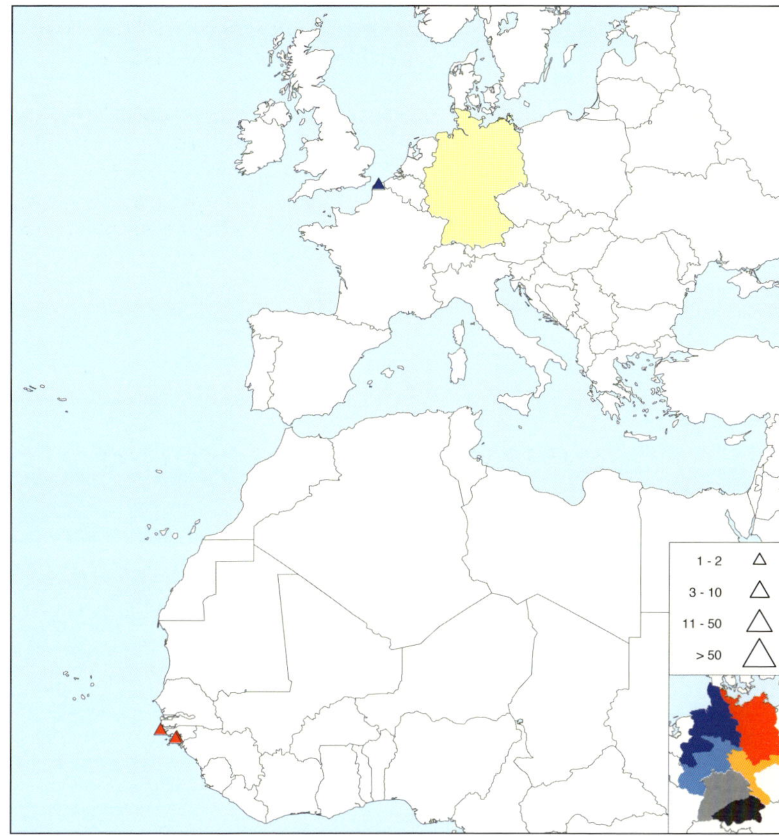

Abb. 4: Aufenthaltsorte im Winter (Dezember – Februar) von in Deutschland zur Brutzeit anwesenden Zwergseeschwalben (4 Funde). Zwei Aufenthaltsorte befinden sich dicht beieinander in Guinea-Bissau. – *Presence in winter (December – February) of Little Terns present in Germany during the breeding season (4 recoveries). Two recoveries refer to adjacent localities in Guinea-Bissau.*

Wanderungen: Obwohl einige deutsche Zwergseeschwalben nach der Brutzeit nach Dänemark wanderten (Abb. 3), geht ein Großteil der Wiederfunde in der südlichen Ostsee (Abb. 1 und 2) auf Umsiedlungen von Brutvögeln bzw. Emigration von Jungvögeln zurück – ein bei Zwergseeschwalben sehr häufiges Phänomen, mit starkem, hier nicht dargestelltem Austausch von Individuen auch zwischen den Kolonien an der deutschen Ostseeküste (Schmidt 1981, Brenning & Nehls 2013). Vier in England beringte Jungvögel, die in späteren Jahren als Brutvogel an der niedersächsischen Nordseeküste kontrolliert wurden (Abb. 3), belegen derartige Kontakte im Nordseeraum. Vier in England als Küken beringte Vögel brüteten später sogar an der deutschen Ostseeküste, während zwei Jungvögel vom Langenwerder, die später in NW-Dänemark zur Brut schritten (Brenning & Nehls 2013) und etliche entsprechende Funde zwischen deutscher Nord- und Ostseeküste (Zang et al. 1991) ebenfalls auf Verbindungen zwischen diesen Meeren hinweisen. Ein niedersächsischer Jungvogel, der später an der Weichsel in Polen brütete (Zang et al. 1991), deutet darüber hinaus den Kontakt zum in Deutschland erloschenen, aber weiter östlich noch vorhandenen Brutvorkommen im mitteleuropäischen Binnenland an.

Der Herbstzug erfolgt den vielen Wiederfunden zufolge von den Niederlanden bis Portugal wohl fast ausschließlich entlang der europäischen Festlandküste, während Funde von den Britischen Inseln fehlen (Abb. 3). Ein Wiederfund eines in Italien beringten Vogels zur Brutzeit in Nordfriesland (Spina & Volponi 2008a) sowie ein in Bosnien-Herzegowina erlegter niedersächsischer Ringvogel (Abb. 1) weisen auf Zug durch das Binnenland hin, doch wenige solcher Funde aus anderen Anrainern von Nord- und Ostsee (Fransson et al 2008, Spina & Volponi 2008a) sowie alljährlich nur wenige Beobachtungen z. B. in S-Deutschland (Hölzinger & Boschert 2001, Honold & Krätzel 2014) zeigen, dass dies nur einen kleinen Teil des deutschen Brutbestandes betreffen kann. Die Ringfunde belegen nur wenige Beziehungen zum Winterquartier in W-Afrika (Abb. 1 – 4): In Deutschland beringte Vögel wurden in Guinea-Bissau (Januar) und im Senegal (Januar, März) gefunden, ein im Februar in Guniea-Bissau beringter Vogel brütete später bei Kiel und gleich zweimal (an verschiedenen Orten auf Fehmarn) konnte ein im November im Senegal beringtes Individuum auf dem Nest kontrolliert werden. Auch britische Zwergseeschwalben wurden im Winter in W-Afrika gefunden (Wernham et al. 2002), je ein schwedischer und italienischer Vogel gelangten bis Ghana (Fransson et al. 2008, Spina & Volponi 2008a). Aus dem räumlich-zeitlichen Muster fällt eine von der Hallig Norderoog stammende Zwergseeschwalbe heraus, die am 23.2.1913 in ihrem ersten Winter in N-Frankreich geschossen wurde. Dieser Vogel hat entweder ungewöhnlich weit nördlich überwintert oder befand sich schon sehr zeitig auf dem Frühjahrszug.

Summary: *Little Terns are scarce breeders in Germany with a current population size of 600 – 650 bp. Bird ringing has established many switches between various breeding colonies, both within and between the Baltic and North Sea, but also including the inland population in eastern C Europe. Though a few birds are migrating across the continent, the great majority of Little Terns follows the coast as indicated by numerous ring recoveries from The Netherlands to Portugal. In contrast, only a handful of recoveries are available from the W African wintering area. An unusual recovery refers to a first-winter bird shot in France in late February.*

Lachseeschwalbe *Gelochelidon nilotica*

Gull-billed Tern

Beringungen nach 1945:	517
Funde > 10 km nach 1945:	51/22
Wiederfundquote (Fernfunde nach 1945):	4,3 %
Funde > 10 km seit 1901:	51/22
Funde fremder Beringungszentralen:	5/4
Höchstalter:	6 J, 1 M
Weiteste Entfernung:	1765 km

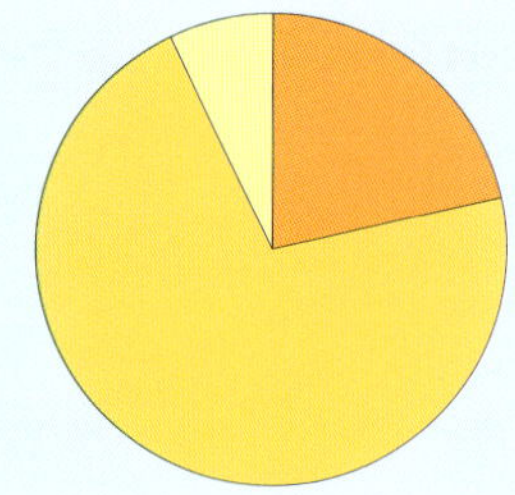

Verbreitung und Status: Lachseeschwalben sind als Kosmopoliten lückenhaft von S-Europa und N-Afrika ostwärts bis E-China, aber auch in SW-Asien, Australien sowie von den USA bis Argentinien verbreitet. Zum Überwintern werden Küstengebiete und Binnengewässer vom Mittelmeer bis W- und E-Afrika, in S-Asien und Australien sowie von Mexiko und Florida bis Argentinien aufgesucht. In Deutschland und Dänemark existiert eine Reliktpopulation, die sich noch um 1940 aus ca. 500 BP zusammensetzte, heute aber bei leicht abnehmendem Trend nur noch aus etwa 40 BP besteht. Seit den 1970er Jahren befinden sich die Brutplätze dieser Population fast nur noch im Bereich der Elbmündung, derzeit zumeist in einer Kolonie auf schleswig-holsteinischer Seite des Stroms (Conradt & Ebels 2014, Koop & Berndt 2014). Die Ankunft im Brutgebiet erfolgt im April/Mai, der Abzug findet im Juli/August statt. Aus dem deutschen Binnenland ist die Art seit Anfang der 1930er Jahre als Brutvogel verschwunden.

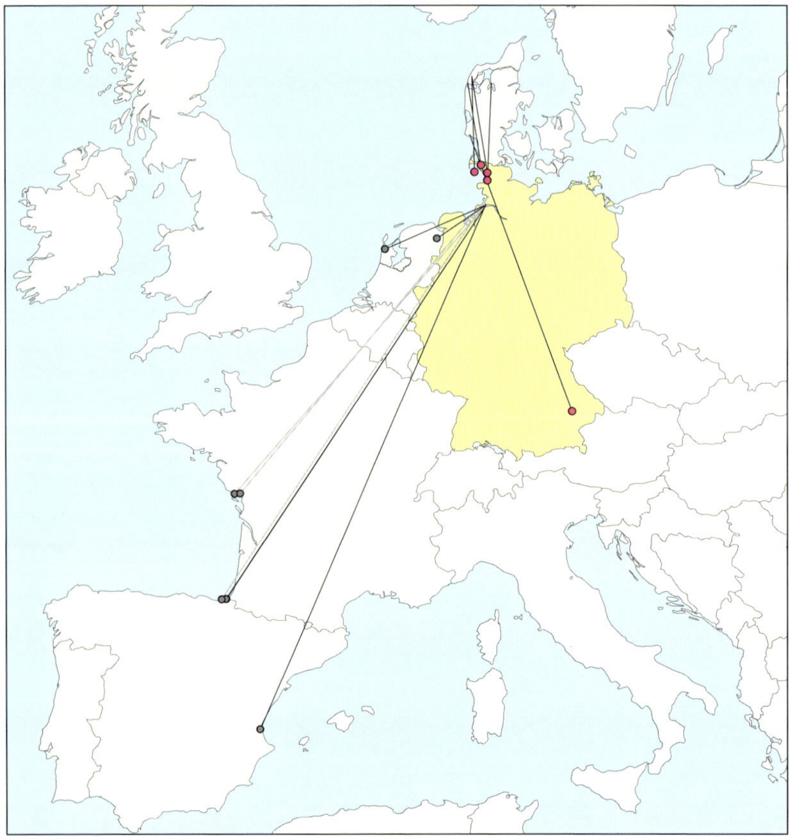

Abb. 1: Funde von Lachseeschwalben mit Bezug zu Deutschland (55 Funde). – *Recoveries of Gull-billed Terns related to Germany (55 recoveries).*

Wanderungen: Vier direkte Wiederfunde von nestjung beringten Vögeln aus den Jahren 1918 – 1949 zeigen, dass die damals noch in Dänemark brütenden Lachseeschwalben auf dem Herbstzug zwischen Ende Juli und Mitte August zumindest zeitweise das schleswig-holsteinische Wattenmeer aufsuchten (Abb. 1). Ein weiterer dänischer Jungvogel wurde Ende September 1933 in Bayern geschossen und belegt Zug durch das mitteleuropäische Binnenland. Auch alle anderen hier behandelten Funde gehen auf nestjung beringte Vögel zurück, von denen zwei aus dem Dithmarscher Speicherkoog (1980) und 19 aus dem Neufelder Koog (2007 und 2012) stammen. Letztgenannte Individuen wurden mit Farbringen markiert und erbrachten zahlreiche Ablesungen. Auf diese Weise konnte gezeigt werden, dass sich etwa 45 % der deutschen Population ab Ende Juli und bis Anfang September (im Extrem 6.10.) bis zu 45 Tage lang in zwei Rastgebieten in den Niederlanden (bei Den Helder in Noord-Holland und bei Groningen in Friesland) aufhalten (Conradt & Ebels 2014). Die in Abb. 1 gezeigten Verbindungen zu den beiden Rastgebieten betreffen 13 (Noord-Holland) bzw. 3 Ind. (Friesland). Eine Lachseeschwalbe wurde neun Tage nach einer Beobachtung in Noord-Holland in N-Spanien abgelesen, nahe dem Fundort eines etwa 20 Jahre zuvor im Dithmarscher Speicherkoog beringten Vogels. Die einzige weitere Rückmeldung vom Herbstzug kommt von der spanischen Mittelmeerküste, so dass sich der Zugweg nicht genauer skizzieren lässt. Wiederfunde aus dem Winter fehlen, doch ist aufgrund von zwei älteren Funden des ehemaligen dänischen Brutbestandes in Mauretanien und Senegal anzunehmen, dass auch die deutschen Lachseeschwalben in W-Afrika überwintern. Die beiden einzigen Ringfunde vom Frühjahrszug stammen aus W-Frankreich, wo ein 2012 farbmarkierter Jungvogel Mitte April 2013 abgelesen und ein Vogel aus dem Dithmarscher Speicherkoog im Alter von fast 13 Jahren im Mai tot gefunden wurde. Die alten dänischen Ringfunde zeigen im Frühjahr eine Häufung in Italien, so dass der Frühjahrszug damals vermutlich teilweise durch das Binnenland führte (Bønløkke et al. 2006). Angesichts sehr weniger Beobachtungen im deutschen Binnenland (z. B. Honold & Krätzel 2014) ist nicht damit zu rechnen, dass dies heute im Frühjahr wie im Herbst noch in größerem Umfang der Fall ist.

Summary: *After breeding of Gull-billed Terns in S Germany ceased in the early 1930s, a relict population confined to N Germany and Denmark has since been the only breeding occurrence in the northern half of Europe. The remaining population continually decreased, and recently some 40 bp are found nearly exclusively at the mouth of River Elbe. Colour-ringing of chicks and subsequent resightings have shown that nearly half of the population spends the post-breeding weeks at two sites in The Netherlands, but only two recoveries in Spain later in the autumn give hints about the subsequent migration route. Winter recoveries are missing, but two old Danish recoveries suggest that W Africa forms the main wintering area. The only two recoveries from spring migration are reported from W France. Nowadays, the species is very rare in interior Germany, and it therefore appears doubtful that substantial migration still takes place there as suggested by historic recoveries of Danish birds in Italy and Bavaria.*

Raubseeschwalbe *Hydroprogne caspia*

Caspian Tern

Beringungen nach 1945:	11
Funde > 10 km nach 1945:	2/2
Wiederfundquote (Fernfunde nach 1945):	18,2 %
Funde > 10 km seit 1901:	2/2
Funde fremder Beringungszentralen:	29/28
Höchstalter:	21 J
Weiteste Entfernung:	2173 km

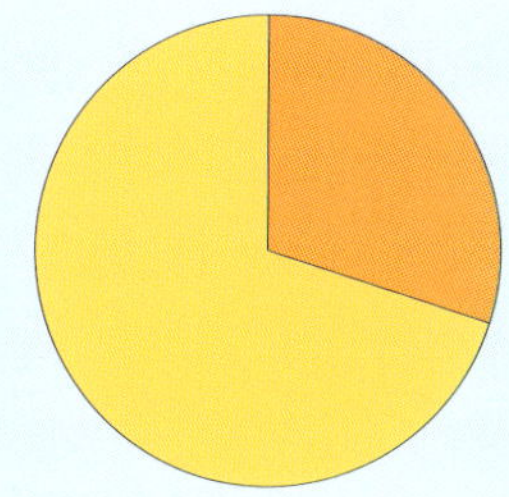

Verbreitung und Status: Raubseeschwalben weisen ein sehr lückenhaftes Verbreitungsgebiet auf, das jedoch außer Südamerika und den polaren Gebieten nahezu alle Bereiche der Erde einschließt. In Europa brütet die Art regelmäßig nur an der Ostseeküste von Schweden, Finnland und Estland sowie vom Schwarzen Meer ostwärts. Die Winterquartiere der westpaläarktischen Vögel liegen am Mittelmeer, in W- und Zentral-Afrika sowie im Nahen Osten. In Deutschland sind Raubseeschwalben als Brutvogel nahezu verschwunden, unregelmäßig nisten 1 – 2 Paare an der Ostsee bei Rügen. Als Durchzügler sind Angehörige der nur 1500 – 1770 BP umfassenden Ostseepopulation von Ende März bis in den Mai hinein sowie von Ende Juni bis Anfang Oktober in Deutschland zu beobachten.

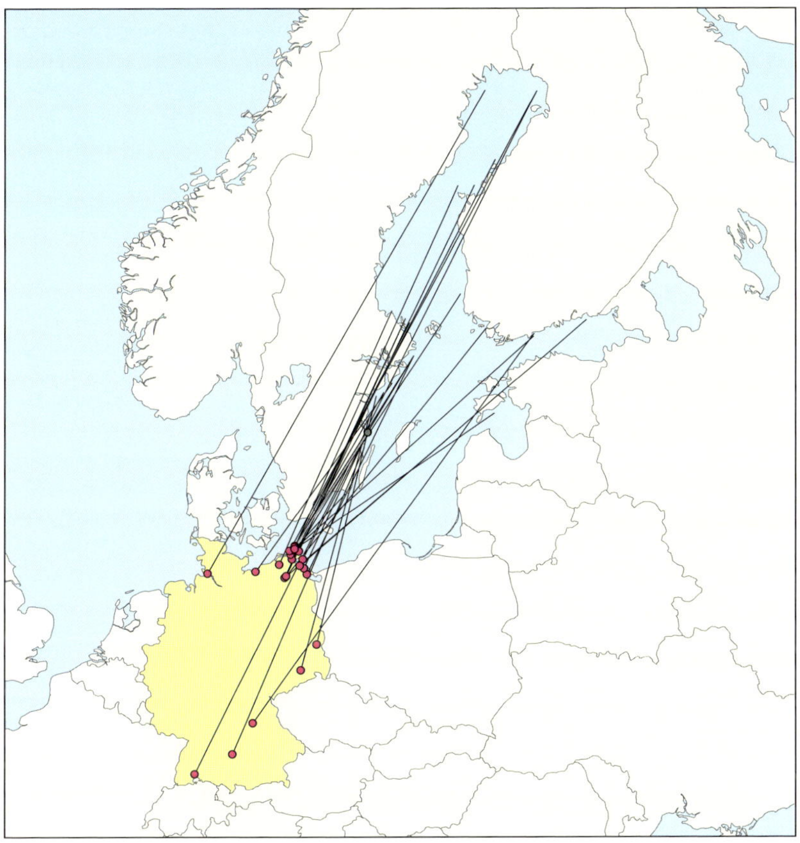

Abb. 1: Funde von Raubseeschwalben mit Bezug zu Deutschland (31 Funde). – *Recoveries of Caspian Terns related to Germany (31 recoveries).*

Wanderungen: Zahlreiche Ringfunde zeigen, dass viele schwedische sowie einige finnische und estnische Brutvögel in Deutschland auf dem Zug auftreten (Abb. 1). Die Konzentration der Funde an der vorpommerschen Ostseeküste entspricht dem dort massiven Rastvorkommen insbesondere direkt nach der Brutzeit, wenn Altvögel noch ihre bereits flüggen, zusammen mit ihnen gewanderten Jungvögel versorgen (Dierschke & Helbig 2008). E-Deutschland befindet sich am Westrand des Zugkorridors, auf dem die fennoskandischen Vögel in Richtung SSW bis SSE vor allem über den Ostteil Mitteleuropas, Italien und den Balkan sowie über die Osthälfte des Mittelmeers nach Afrika gelangen. Die meisten Winterfunde schwedischer Ringvögel stammen aus W-Afrika, insbesondere vom Flusslauf des Niger in Mali, aber auch aus westafrikanischen Küstenbereichen, dem gesamten Mittelmeerraum und Zentralafrika (im Extrem aus dem Süden der DR Kongo, Fransson et al. 2008).

Die einzige deutsche Raubseeschwalbe, die Wiederfunde erbrachte, war ein 1963 auf der Insel Heuwiese bei Rügen nicht flügge beringter Vogel, dessen Ring 1979 und 1984 in SE-Schweden abgelesen wurde.

Summary: *In Germany, Caspian Tern has nearly become extinct as a breeding species (0 – 2 bp), whereas migrants still occur regularly, mainly from July to October, with strong concentrations in the northeasternmost part of the country. A number of ring recoveries show that those birds belong to the small Baltic population, with many connections to Sweden and a few others to Finland and Estonia. The eastern part of Germany forms the western edge of the migration corridor, which leads towards SSW to SSE from the Baltic breeding area to of winter quarters in the Mediterranean, C and W Africa (according to Swedish ringing results). A bird ringed before fledging near the island of Rügen was observed 16 and 21 years later in SE Sweden.*

Trauerseeschwalbe *Chlidonias niger*
Black Tern

Beringungen nach 1945:	3866
Funde > 10 km nach 1945:	15/14
Wiederfundquote (Fernfunde nach 1945):	0,4 %
Funde > 10 km seit 1901:	16/15
Funde fremder Beringungszentralen:	5/4
Höchstalter:	12 J, 11 M
Weiteste Entfernung:	5280 km

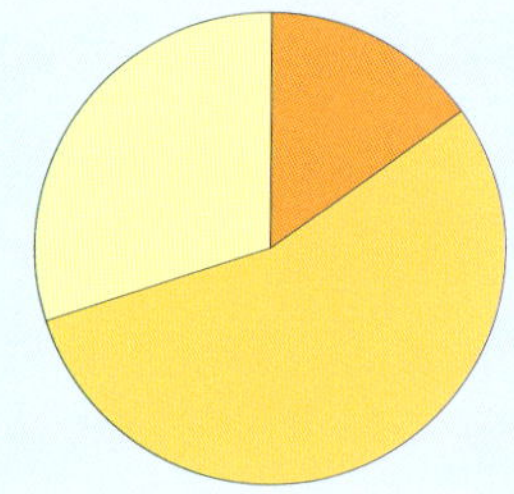

Verbreitung und Status: Das Brutareal der Trauerseeschwalbe erstreckt sich lückenhaft über den größten Teil von Europa (fehlend in N-Fennoskandien, Großbritannien und Island) und über das zentrale Nordamerika. Amerikanische Brutvögel überwintern an den Küsten von Mittelamerika und vom nördlichen Südamerika. Eurasische Vögel sind im Winter vor allem in den Küstenregionen von W- bis S-Afrika zu finden, teilweise auch in NE-Afrika. Nach vorangegangener starker Abnahme hält sich in Deutschland ein Brutbestand von 900 – 1100 BP, der vor allem in Brandenburg, Mecklenburg-Vorpommern und Schleswig-Holstein beheimatet ist, ansonsten aber nur vereinzelte lokale Vorkommen umfasst. Als Durchzügler treten Trauerseeschwalben in Deutschland im Frühjahr (besonders Ende April bis Mitte Mai) und Sommer (besonders Ende Juli bis Mitte September) auf.

Abb. 1: Funde von Trauerseeschwalben mit Bezug zu Deutschland (14 Funde). – *Recoveries of Black Terns related to Germany (14 recoveries).*

Wanderungen: Die wenigen deutschen Ringfunde passen sich in das aus weiteren Ringfunden sowie Beobachtungen erlangte Bild eines Schleifenzugs ein (vgl. Glutz von Blotzheim & Bauer 1982, Wernham et al. 2002). Nach der Brutzeit fliegen Trauerseeschwalben aus den mittel- und osteuropäischen (und möglicherweise sogar W-sibirischen) Brutgebieten zunächst nach W zu einem Mausergebiet im niederländischen Ijesselmeer (für Deutschland belegt durch einen direkten und vier indirekte Ringfunde, Abb. 1), doch wandert ein Teil der Vögel offenbar auch über das westliche Mittelmeer Richtung Afrika. Der Fund eines deutschen Ringvogels in Italien im August stammt aus den 1930er Jahren, also vor der Eindeichung des IJsselmeeres. Die meisten Trauerseeschwalben dürften aber entlang der Nordsee- und Atlantikküste in das Überwinterungsgebiet, das sich an den Küsten W- bis S-Afrikas sowie der vorgelagerten Meeresgebiete erstreckt, gelangen. Ein Vogel vom Dümmer (Niedersachsen) wurde dazu passend in Ghana gefunden. Der Frühjahrszug führt dagegen über die westafrikanische Sahara und das Mittelmeer zurück in die Brutgebiete, repräsentiert durch einen indirekten Fund in Italien.

Summary: *Following a strong decrease, the Black Tern population in Germany consists of 900 – 1100 bp, concentrated in the N and NE of the country. The few ring recoveries related to Germany fit a pattern of loop migration described earlier. Autumn migration leads to the moulting area in the Dutch Ijesselmeer and then probably follows the European coastline to the SW, but part of the birds appear to cross the W Mediterranean towards African winter quarters (from which there is only one recovery in Ghana). In spring, the few recoveries suggest migration across the Mediterranean.*

Brandseeschwalbe *Sterna sandvicensis*

Sandwich Tern

Beringungen nach 1945:	64.755
Funde > 10 km nach 1945:	1628/1490
Wiederfundquote (Fernfunde nach 1945):	2,3 %
Funde > 10 km seit 1901:	1707/1569
Funde fremder Beringungszentralen:	602/517
Höchstalter:	24 J
Weiteste Entfernung:	9967 km

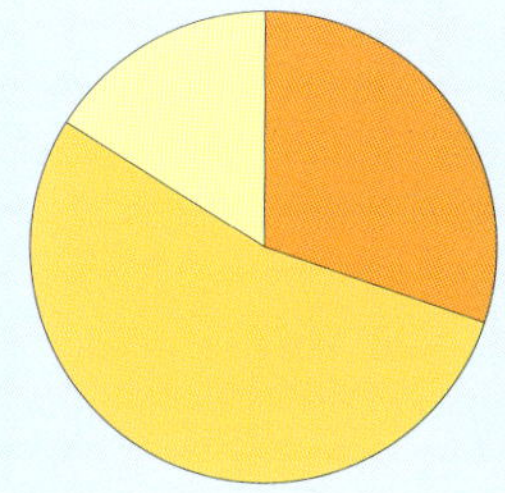

Verbreitung und Status: Das lückenhafte Brutareal der Brandseeschwalbe reicht an den Küsten Europas von Estland und Schottland bis SW-Frankreich und umfasst weitere Brutplätze am Nordrand des Mittelmeeres, im Schwarzen Meer und im Kaspischen Meer. Zudem gibt es Brutvorkommen entlang der amerikanischen Atlantikküste von den USA bis Argentinien. Zum Überwintern werden Küstengewässer von der Karibik bis Peru und Argentinien, am Mittelmeer, an der afrikanischen Atlantikküste sowie in SW- und S-Asien aufgesucht. In Deutschland brütet ein stabiler Bestand von 3700–5500 BP in wenigen Kolonien auf Inseln vor der Nord- und Ostseeküste. Das Vorkommen reicht von Mitte März bis Mitte Oktober, wobei Durchzug vor allem im April und im August stattfindet. Im deutschen Binnenland treten Brandseeschwalben nur in sehr geringer Zahl auf.

Wanderungen: Das Aufenthaltsgebiet deutscher Brandseeschwalben reicht von der südlichen Nord- und Ostsee entlang der europäischen und afrikanischen Atlantikküste bis an die Küste des Indischen Ozeans in Südafrika (Abb. 1). Deutsche Küstengebiete werden aber auch von Brandseeschwalben aufgesucht, die in anderen Anrainerstaaten der Südteile von Nord- und Ostsee beheimatet sind (Abb. 2). Eine Vielzahl der Funde von und zu den Nachbarländern geht dabei auf Umsiedlungen von Brut- und Jungvögeln zurück, die z. B. im Fall der Insel Langenwerder (NW-Mecklenburg-Vorpommern) von W-England bis Estland und bei der Hallig Norderoog im Wattenmeer von Irland bis Polen reichen (Brenning & Nehls 2013, Knief & Haupt 2013). Der Fang eines 1976 in der Ukraine beringten Jungvogels zehn Jahre später auf der Heuwiese bei Rügen

Abb. 1: Fundorte im Ausland von in Deutschland beringten Brandseeschwalben (1194 Funde). – *Foreign recovery sites of Sandwich Terns ringed in Germany (1194 recoveries).*

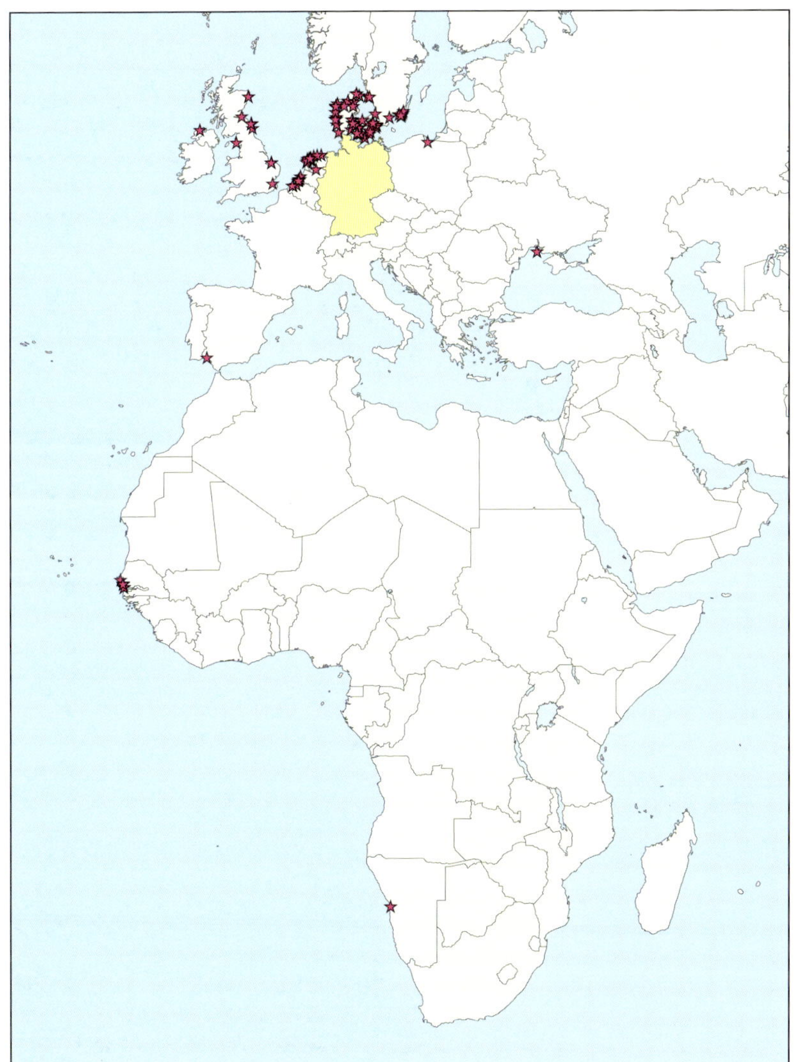

Abb. 2: Beringungsorte im Ausland von in Deutschland gefundenen Brandseeschwalben (602 Funde). – *Foreign ringing sites of Sandwich Terns recovered in Germany (602 recoveries).*

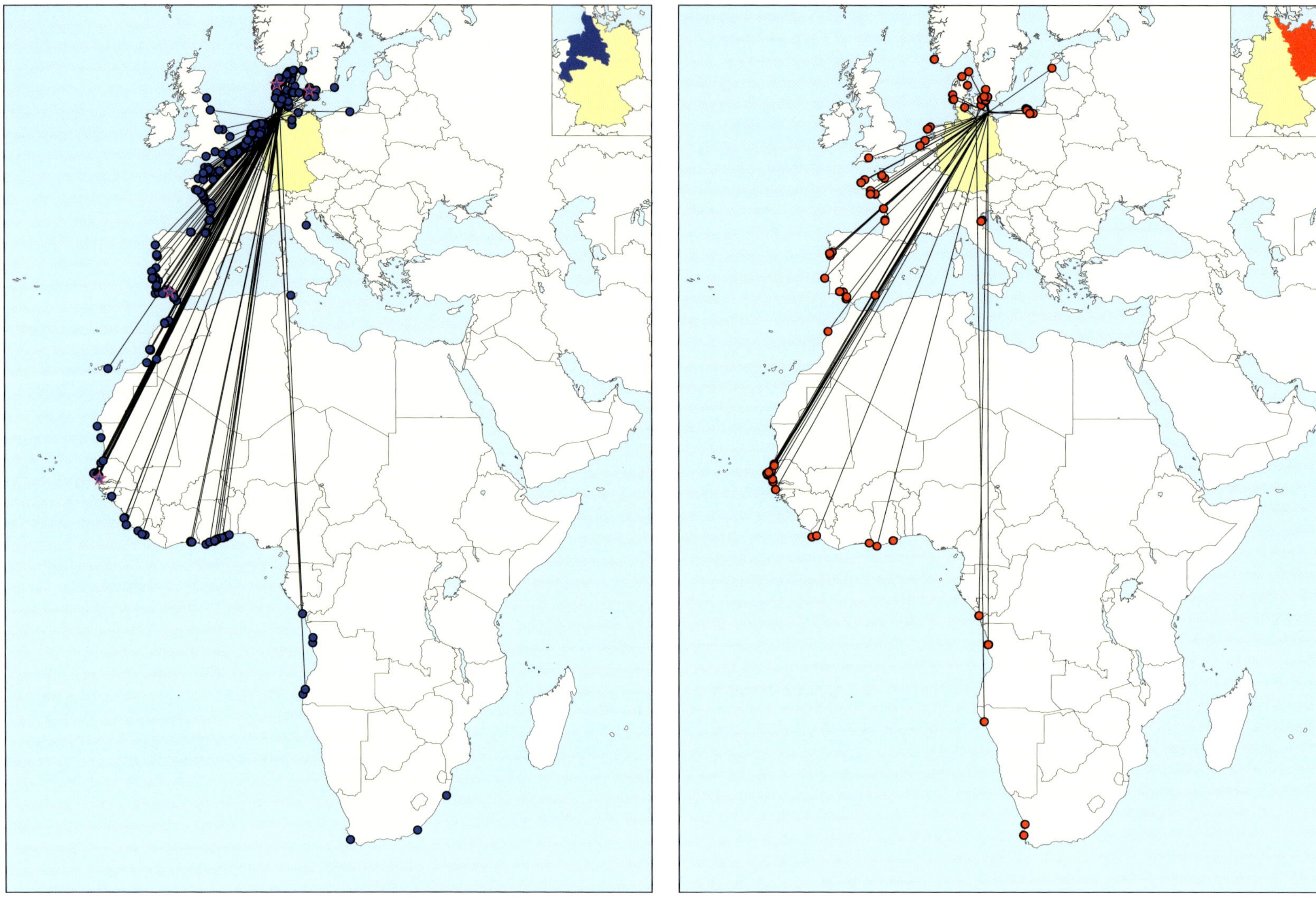

Abb. 3: Herbstzug (August – November) von in Deutschland zur Brutzeit anwesenden Brandseeschwalben (578 Funde). – *Autumn migration (August – November) of Sandwich Terns present in Germany during the breeding season (578 recoveries).*

verdeutlicht, dass auch mit der Schwarzmeerpopulation Individuenaustausch stattfindet.

Die nachbrutzeitlichen Zugrouten und Winterquartiere unterscheiden sich kaum zwischen an der deutschen Ostsee und Nordsee beringten Vögeln. Zur Herbstzugzeit (August bis November) stammen viele Funde aus den europäischen Küstengewässern zwischen Dänemark und Portugal/S-Spanien, einige aus dem Südteil der Ostsee, aber einige auch schon aus den afrikanischen Winterquartieren (Abb. 3). Nur wenige Meldungen beringter Vögel aus E-Spanien, Italien und Tunesien zeigen, dass ein kleiner Teil der Brandseeschwalben ins Mittelmeer gelangen kann. Unklar ist, ob diese Vögel über das mitteleuropäische Binnenland ziehen oder von W her das Mittelmeer erreichen. In den Wintermonaten wurden die meisten Vögel zwischen Mauretanien und Südafrika gefunden (Abb. 4), wobei die Häufungen vor dem Senegal und Ghana vermutlich auf den dort gezielt ausgeübten Seeschwalbenfang zurückgehen dürfte (vgl. Mead 1978). Allerdings wurden im Senegal auch Brandseeschwalben von Vogelberingern gefangen, 13 dieser zwischen November und April markierten Vögel konnten später in der Brutkolonie auf der Hallig Norderoog abgelesen werden. Nur ein sehr kleiner Teil der deutschen Brandseeschwalben bleibt an europäischen Küsten zurück.

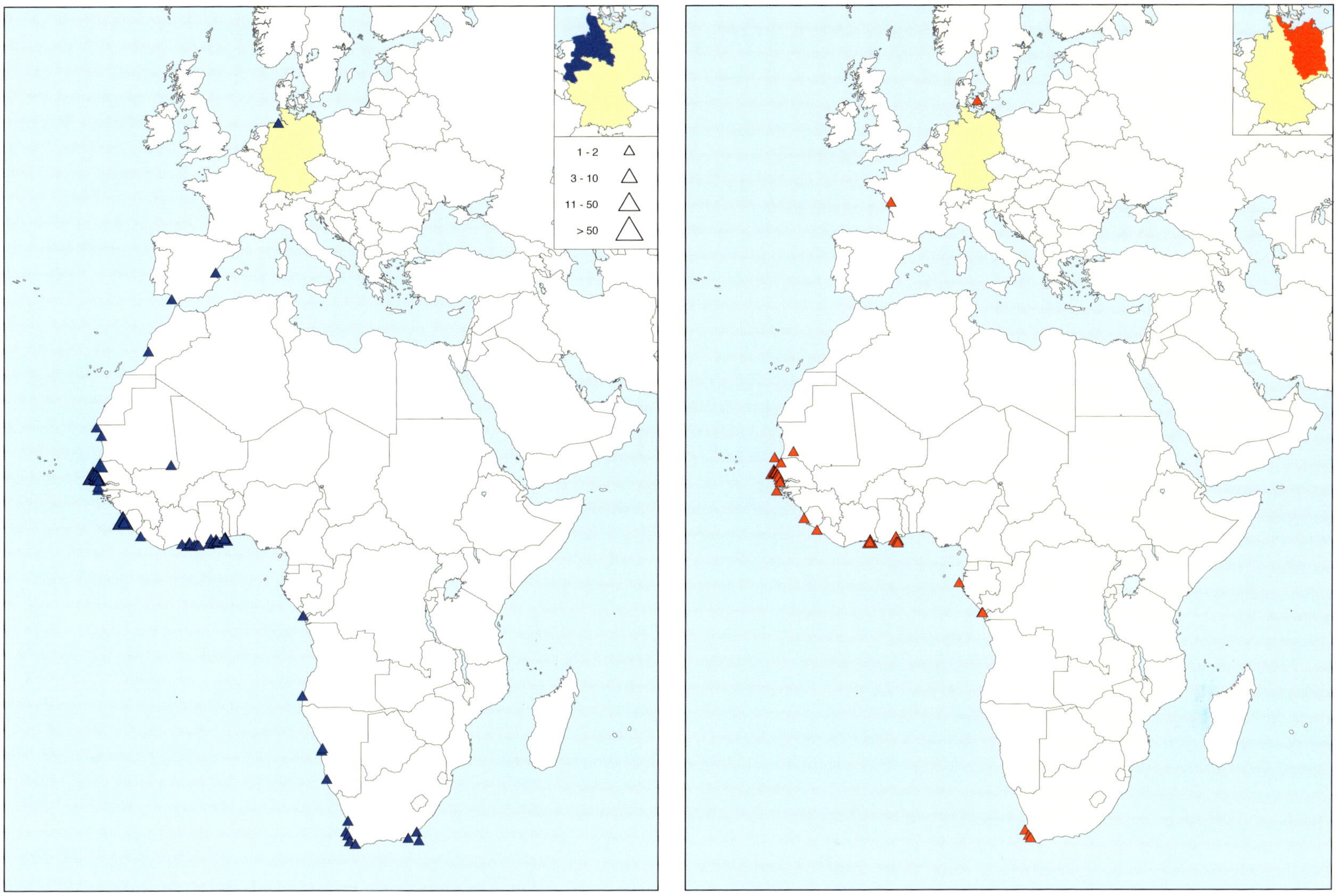

Abb. 4: Aufenthaltsorte im Winter (Dezember – Februar) von in Deutschland zur Brutzeit anwesenden Brandseeschwalben (187 Funde). – *Presence in winter (December – February) of Sandwich Terns present in Germany during the breeding season (187 recoveries).*

Summary: *Ring recoveries prove an extensive exchange of individuals from the stable German population (currently at 3700 – 5500 bp) with colonies located between W England and Estonia (and in one case even at the Black Sea). Owing to many exchanges between North and Baltic Sea, birds ringed in these two German coastal areas do not differ regarding their migration routes and wintering areas. Most birds migrate along the coastlines of North Sea and Atlantic down to W and S Africa, whereas only a small proportion reaches the Mediterranean (recoveries in E Spain, Italy and Tunisia), perhaps by crossing the continent. A small number of birds may winter at European coasts.*

Rosenseeschwalbe *Sterna dougallii*
Roseate Tern

Rosenseeschwalben brüten punktuell von E-Nordamerika bis NE-Südamerika, von E- bis S-Afrika sowie in SE-Asien und Australien. In Europa nistet die Art vor allem auf den Azoren, aber auch auf den Britischen Inseln und in der Bretagne. Zum Überwintern werden tropische Meere aufgesucht, britische Ringvögel wurden vor allem aus dem südlichen W-Afrika gemeldet (Wernham et al. 2002). In Deutschland hat die Rosenseeschwalbe möglicherweise im 19. und frühen 20. Jahrhundert vereinzelt gebrütet, seitdem ist sie sehr seltener Gast mit etwa 1 – 2 Nachweisen pro Jahrzehnt (Ludwig & Stöber 2001). Trotz ihrer Seltenheit liegen zwei Deutschland betreffende Ringfunde der Rosenseeschwalbe vor (Abb. 1). Ein im Juli 1952 in SE-Schottland beringter Jungvogel wurde am 2.7.1954 auf der Insel Norderney tot gefunden. Ein adultes Weibchen, das im Juni 2000 zusammen mit einer männlichen Flussseeschwalbe einen Brutversuch auf der Minsener Oog im Nationalpark „Niedersächsisches Wattenmeer" unternahm, war im Juli 1996 als Küken in E-Irland beringt worden (Ludwig & Stöber 2001).

Summary: *Despite its very rare occurrence, Roseate Terns produced two ring recoveries in the German part of the Wadden Sea. A bird ringed as chick in SE Scotland was found dead on the island of Norderney two years later, and a bird marked before fledging in E Ireland attempted to breed with a male Common Tern on the island of Minsener Oog four years later.*

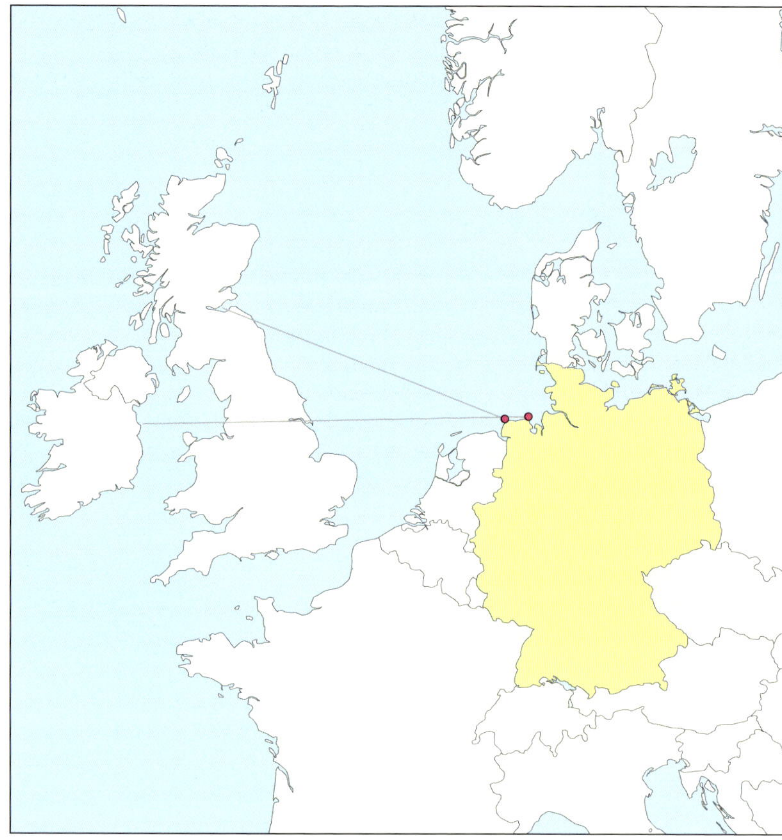

Abb. 1: Funde von Rosenseeschwalben mit Bezug zu Deutschland (2 Funde). – *Recoveries of Roseate Terns related to Germany (2 recoveries).*

Flussseeschwalbe *Sterna hirundo*
Common Tern

Beringungen nach 1945:	139.868
Funde > 10 km nach 1945:	1979/1650
Wiederfundquote (Fernfunde nach 1945):	1,2 %
Funde > 10 km seit 1901:	2062/1733
Funde fremder Beringungszentralen:	204/167
Höchstalter:	27 J
Weiteste Entfernung:	11.128 km

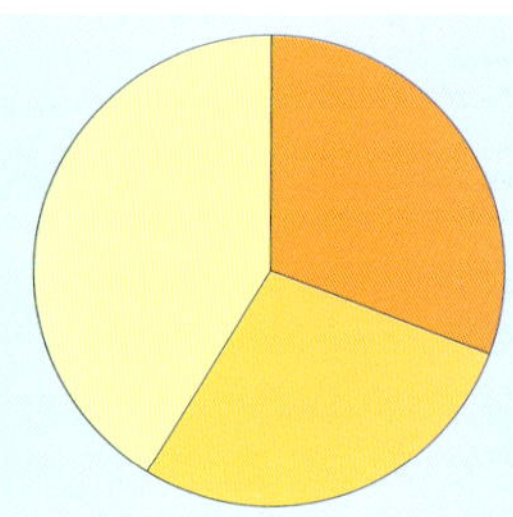

Verbreitung und Status: Das Brutareal umfasst große Teile Eurasiens, wo Brutvorkommen vor allem in arktischen und tropischen Regionen fehlen, sowie das mittlere Nordamerika. Im Gegensatz zur Brutverbreitung beschränken sich die Winterquartiere auf die Küstenmeere rund um Afrika, S-Asien, Australien und Südamerika. In Deutschland besiedeln Flussseeschwalben sowohl das Binnenland (heute fast nur noch den NE und S des Landes) als auch die Küsten von Nord- und Ostsee. Der nach starker Abnahme inzwischen stabile Brutbestand beläuft sich derzeit auf 9000 – 10.500 BP. In Deutschland sind Flussseeschwalben von Ende März bis Ende Oktober zu beobachten, Kernzeiten des Durchzuges sind Ende April bis Mitte Mai und Anfang August bis Mitte September.

Wanderungen: Nach Ringfunden reicht der Einzugsbereich von in Deutschland auftretenden Flussseeschwalben von Finnland und NW-Russland bis Südafrika, besonders viele Funde gibt es aber im Umfeld der deutschen Küsten (Abb. 1 und 2). Diese sind teilweise auf Umsiedlungen, d. h. den Wechsel von Individuen zwischen verschiedenen Brutkolonien zurückzuführen. Allerdings besteht in dieser Hinsicht offenbar wenig Austausch zwischen Kolonien der südöstlichen Nordsee und der südwestlichen Ostsee (Neubauer 1986). Weitere Funde in Nachbarländern sind auf einen nachbrutzeitlichen Zwischenzug zurückzuführen, auf dem Vögel z. B. von der deutschen Nordseeküste in fast alle Richtungen fliegen: ins norddeutsche Binnenland, in die westliche Ostsee und sogar ins polnische Binnenland, aber auch in westliche Richtungen nach Großbritannien (Abb. 3, Neubauer 1982, Zang et al. 1991).
Während des Herbstzuges werden die deutschen Küsten auch von Flussseeschwalben aus der zentralen Ostsee (S-Finnland, Schweden) erreicht, eine große Ausnahme stellt die Kontrolle eines fünf Jahre zuvor am Schwarzen Meer nest-

jung beringten Vogels in der Uckermark im September dar (Abb. 4). Die meisten dieser Vögel sowie der norddeutschen Brut- und Jungvögel setzen ihren Zug entlang der SW-europäischen und afrikanischen Atlantikküste fort (Abb. 3 und 4, s. auch Fransson et al, 2008). Möglicherweise entfernen sich dabei einige Vögel weiter von der afrikanischen Westküste als es die dort dicht gestreuten Fundorte vermuten lassen, denn ein bereits zerfallender Kadaver eines Brutvogels von Fehmarn wurde in S-Brasilien gefunden (Abb. 1, Behmann 1997).

Die schließlich aufgesuchten Winterquartiere unterscheiden sich zwischen Brutvögeln der deutschen Ostsee und der deutschen Nordsee. Fast alle Winterfunde der Nordseevögel stammen aus W-Afrika zwischen dem Senegal und SW-Nigeria (Abb. 5), insgesamt erreichten nur je zwei Ringvögel Angola, Namibia und Südafrika (alle im ersten Lebensjahr, ein Fund im Herbst, zwei im Winter, drei im Frühjahr). Überwandert werden sie von Vögeln der deutschen Ostsee und des NE-deutschen Binnenlandes, die größtenteils weiter südlich gefunden wurden, zumeist von Gabun bis Südafrika, während Winterfunde in W-Afrika vergleichsweise selten sind (Abb. 5). Somit ähneln deutsche Nordseevögel in ihrer Winterverbreitung denjenigen aus Norwegen, Großbritannien und den Niederlanden (überwiegend W-Afrika), während deutsche Ostseevögel so weit ziehen wie Flussseeschwalben aus Schweden und Finnland (meist bis ins südliche Afrika; vgl. Glutz von Blotzheim & Bauer 1982, Wernham et al. 2002, Bakken et al. 2003, Fransson et al. 2008). Einige sicher oder vermutlich fennoskandische Vögel ziehen besonders weit und erreichen Australien (Wernham et al. 2002, Fransson et al. 2008).

Flussseeschwalben aus dem süddeutschen Binnenland wurden ebenso wie diejenigen aus der Schweiz (Maumary et al. 2007) bisher nur in westafrikanischen Winterquartieren gefunden (Abb. 5), ähneln in dieser Hinsicht also Nordseevögeln. Zu beachten ist, dass Häufungen von Funden vor den Küsten des Senegal und Ghanas dadurch hervorgerufen werden, dass dort gezielt Flussseeschwalben zu Nahrungszwecken oder um Ringe als Trophäen zu erbeuten, gefangen werden (z B. Mead 1978, Wendeln & Becker 1999).

Wenige Indizien sprechen dafür, dass ein kleiner Teil der in Deutschland brütenden oder durchziehenden Flussseeschwalben über das Binnenland fliegend das Mittelmeer erreicht, um von dort entweder zum Atlantik vorzustoßen oder aber – wie osteuropäische Vögel (Wernham et al. 2002) – entlang der ostafrikanischen Küste zu ziehen. Von den hier dargestellten Funden betrifft dies nur den Fund eines estnischen Brutvogels auf dem Herbstzug in Bayern (Abb. 4), doch weisen wenige Ringfunde von in Finnland, Tschechien, der Slowakei und Österreich beringten Vögeln auf solche Routen hin (Neubauer 1982, Glutz von Blotzheim & Bauer 1982, Cepák et al. 2008).

Der Frühjahrszug, hier repräsentiert durch Funde im März (Abb. 6), folgt offenbar der afrikanischen Atlantikküste. Auf eine Überquerung des deutschen Binnenlandes weist nur ein Fund von Bayern nach Belgien hin. Da die Mehrzahl der Flussseeschwalben im Alter von zwei Jahren erstmals zur Heimatkolonie zurückkehrt und dann noch nicht brütet (z. B. Dittmann & Becker 2003), bleiben viele Jungvögel in ihrem ersten Sommer im Bereich ihrer afrikanischen Winterquartiere, wobei erneut die räumliche Trennung zwischen NW- und NE-deutschen Vögeln deutlich wird (Abb. 7). Ein kleiner Teil der Jungvögel wandert aber dennoch einjährig bis in die Brutgebiete zurück (nur zwei von 1818 Jungvögeln kehrten 1994 – 2013 im Alter von einem Jahr zum Banter See, Wilhelmshaven, zurück; P. H. Becker pers. Mitt.).

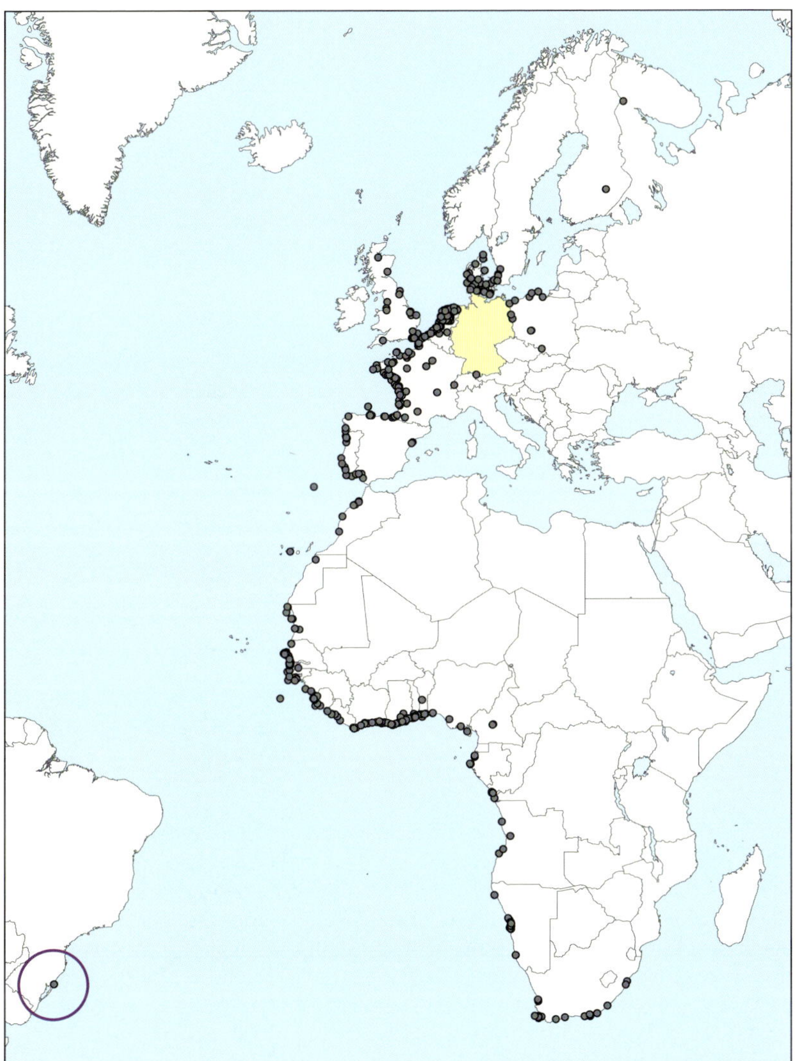

Abb. 1: Fundorte im Ausland von in Deutschland beringten Flussseeschwalben (991 Funde). – *Foreign recovery sites of Common Terns ringed in Germany (991 recoveries).*

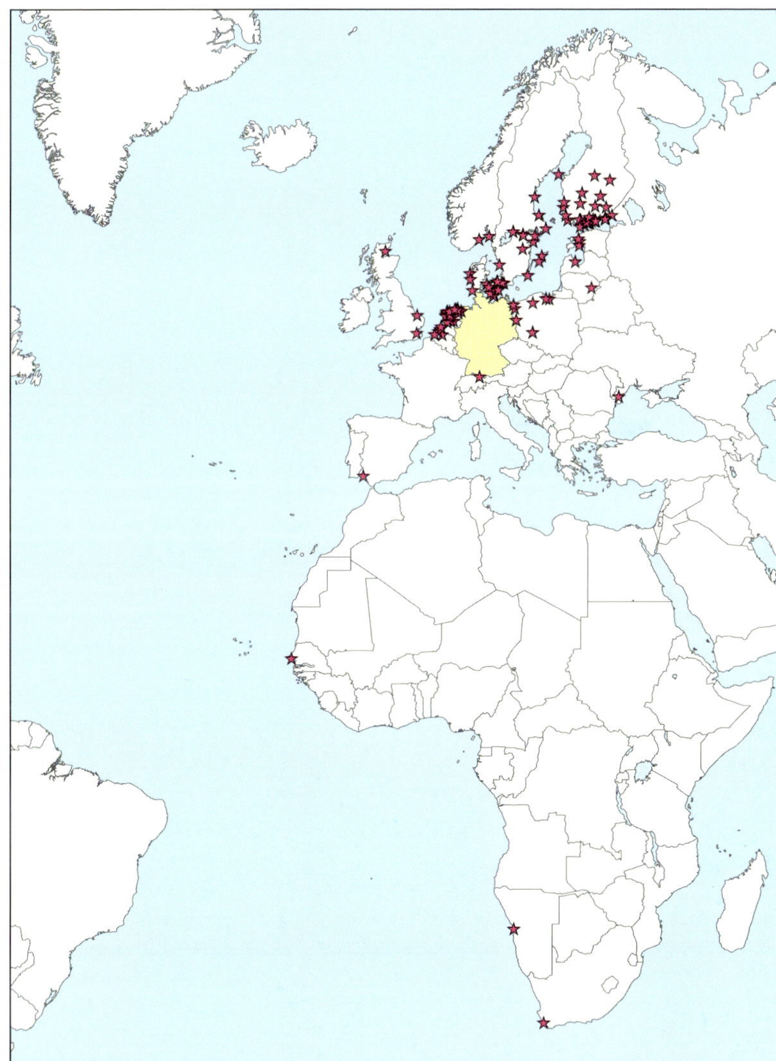

Abb. 2: Beringungsorte im Ausland von in Deutschland gefundenen Flussseeschwalben (204 Funde). – *Foreign ringing sites of Common Terns recovered in Germany (204 recoveries).*

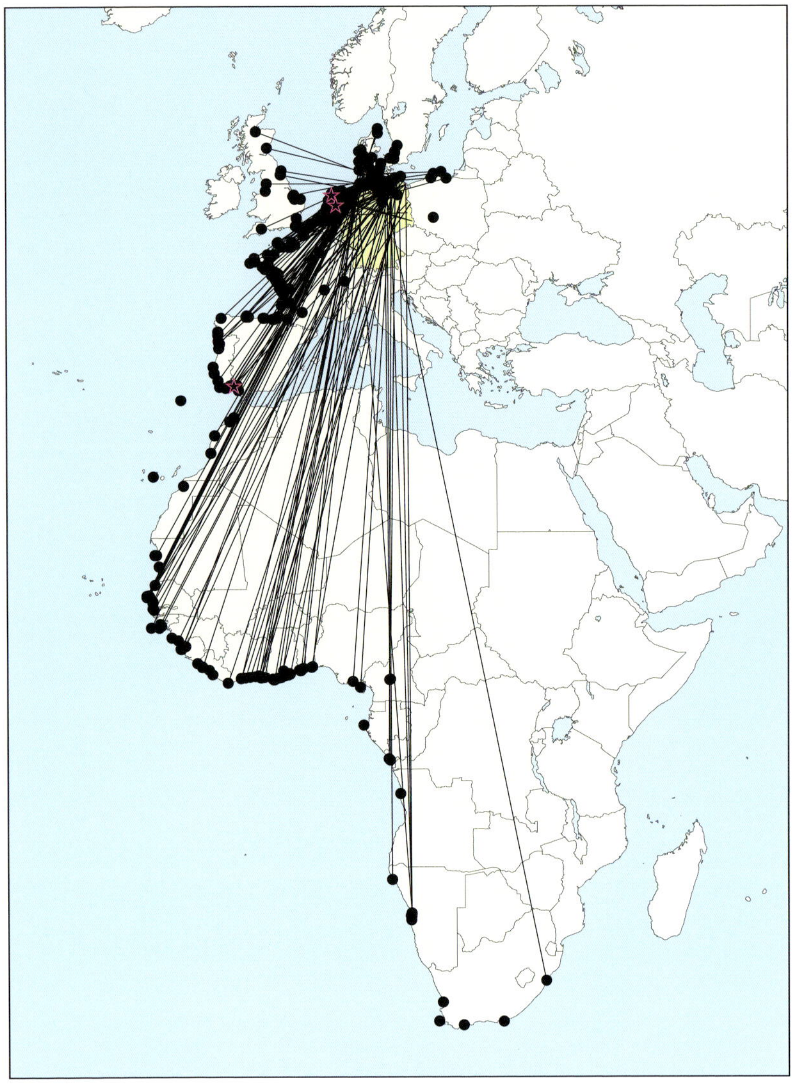

Abb. 3: Herbstzug (August – November) von in Deutschland zur Brutzeit anwesenden Flussseeschwalben (550 Funde). – *Autumn migration (August – November) of Common Terns present in Germany during the breeding season (550 recoveries).*

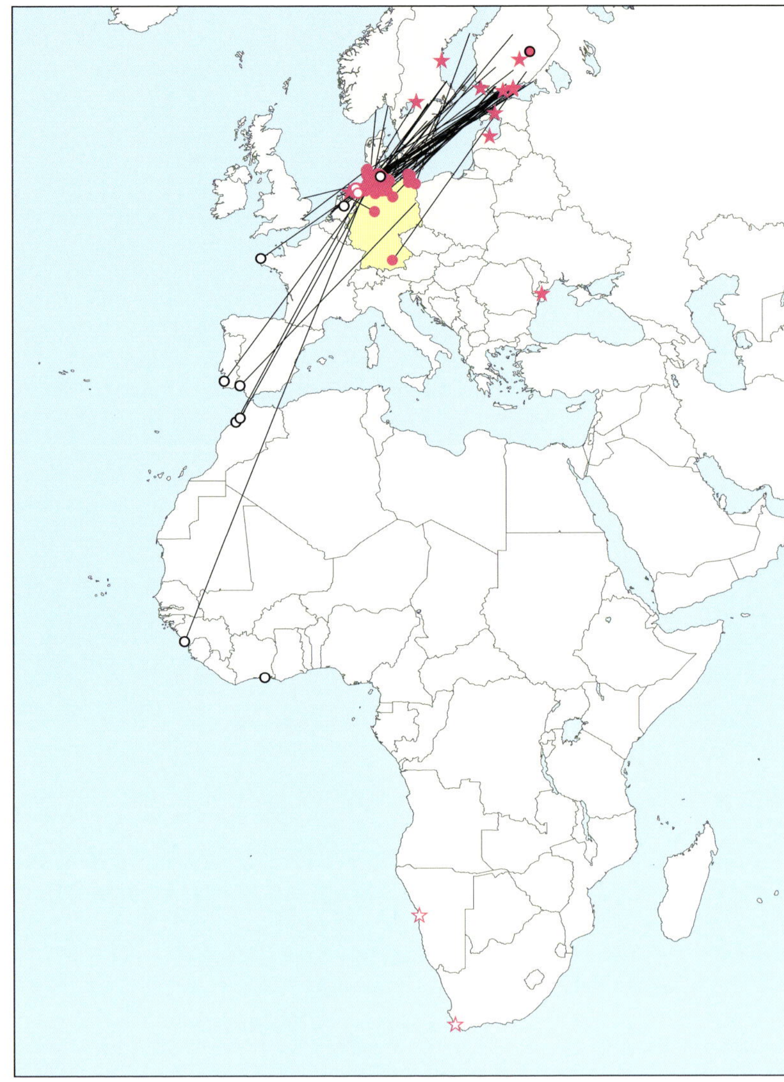

Abb. 4: Herbstzug (August – November) von in Deutschland von August bis November anwesenden Flussseeschwalben (90 Funde). – *Autumn migration (August – November) of Common Terns present in Germany from August to November (90 recoveries).*

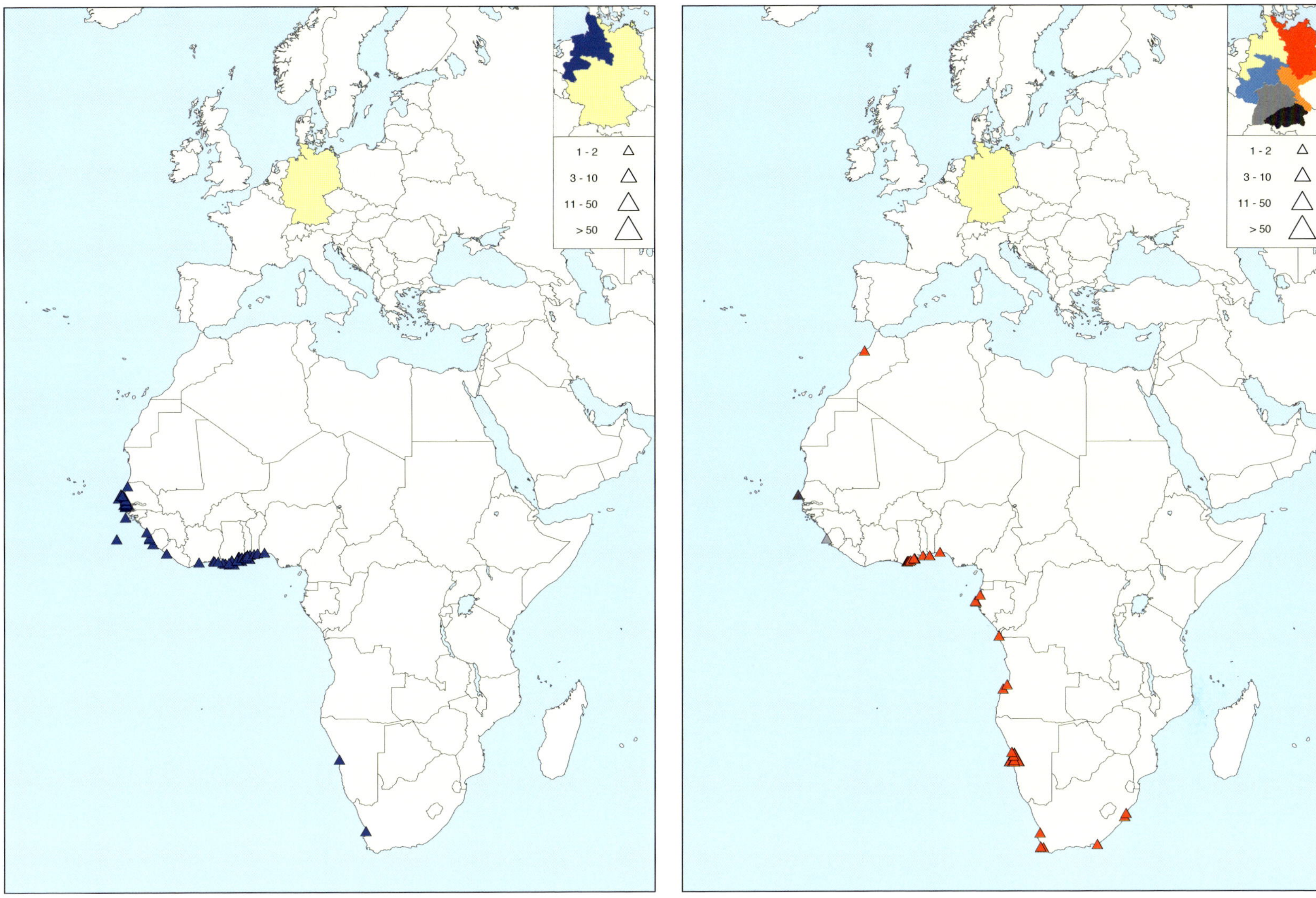

Abb. 5: Aufenthaltsorte im Winter (Dezember – Februar) von in Deutschland zur Brutzeit anwesenden Flussseeschwalben (128 Funde). – *Presence in winter (December – February) of Common Terns present in Germany during the breeding season (128 recoveries).*

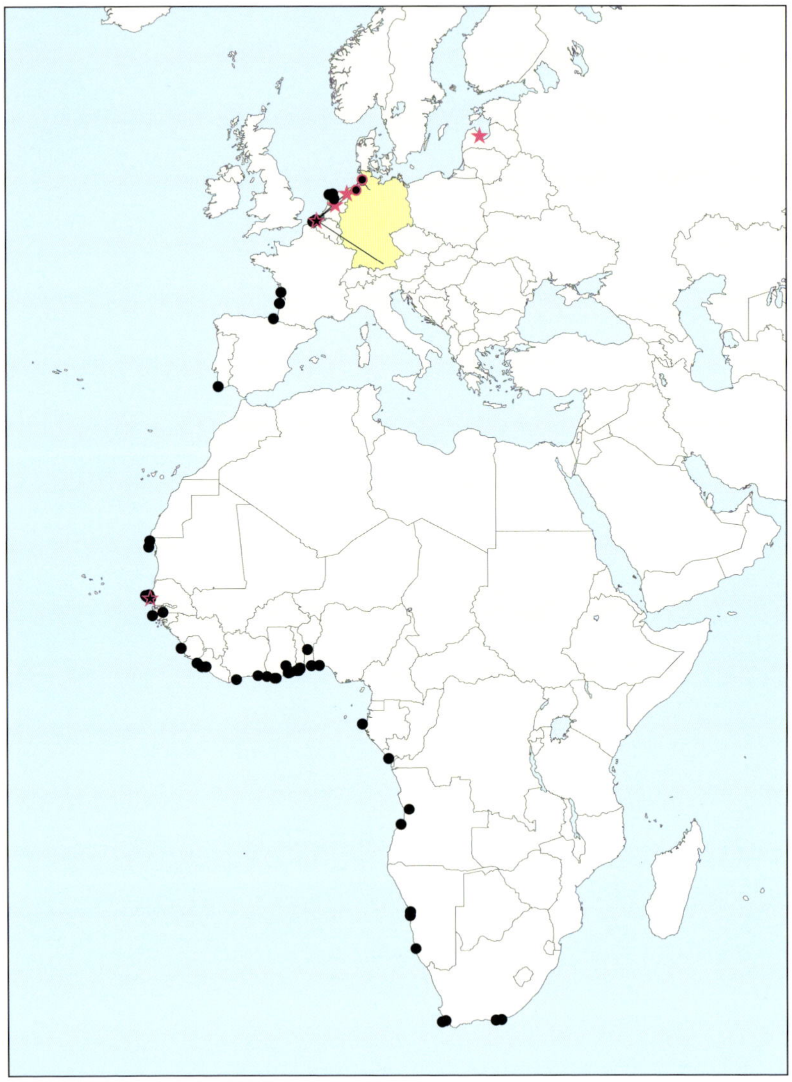

Abb. 6: Frühjahrszug (März) von in Deutschland zur Brutzeit (122 Funde) oder im März anwesenden Flussseeschwalben (9 Funde). – *Spring migration (March) of Common Terns present in Germany during the breeding season (122 recoveries) or in March (9 recoveries).*

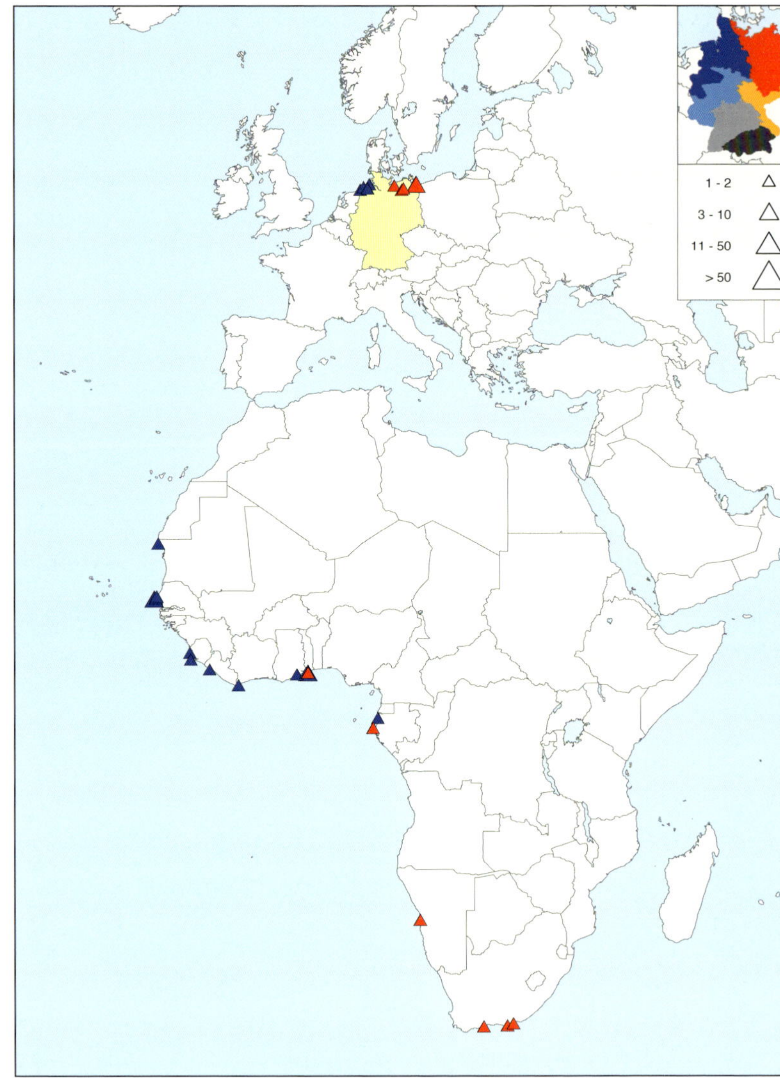

Abb. 7: Fundorte von in Deutschland nestjung beringten Flussseeschwalben im Sommer (Juni – Juli) des 2. Kalenderjahres (38 Funde). – *Recovery sites of Common Terns ringed before fledging in Germany and recorded in the summer (June – July) of their 2nd calendar year (38 recoveries).*

***Summary:** Following a strong decline, the German breeding population of Common Tern is now stable and consists of 9000 – 10,500 bp. Common Terns also occur as migrants, which according to ring recoveries mainly originate from the central Baltic (S Finland, Sweden), but occasionally also from the Black Sea. The accumulation of recoveries of German-ringed Common Terns in adjacent countries is partly due to the exchange of individuals between colonies and to post-breeding dispersal. Autumn migration generally follows the coastlines of SW Europe and W Africa, but an exceptional recovery stems from S Brazil. Winter quarters differ between birds from the German North Sea and S Germany (mainly W Africa between Senegal and Nigeria) and those from the Baltic Sea and inland lakes of NE Germany (mainly southern parts of Africa from Gabon to South Africa). This separation also holds for first-year birds spending the summer in Africa. There is little evidence of migration to the Mediterranean (one connection from Estonia to Bavaria during autumn migration), and despite some hints from adjacent countries no recovery indicates migration to E Africa.*

Küstenseeschwalbe *Sterna paradisaea*
Arctic Tern

Beringungen nach 1945:	27.699
Funde > 10 km nach 1945:	732/540
Wiederfundquote (Fernfunde nach 1945):	1,9 %
Funde > 10 km seit 1901:	740/547
Funde fremder Beringungszentralen:	135/90
Höchstalter:	30 J, 2 M
Weiteste Entfernung:	10.003 km

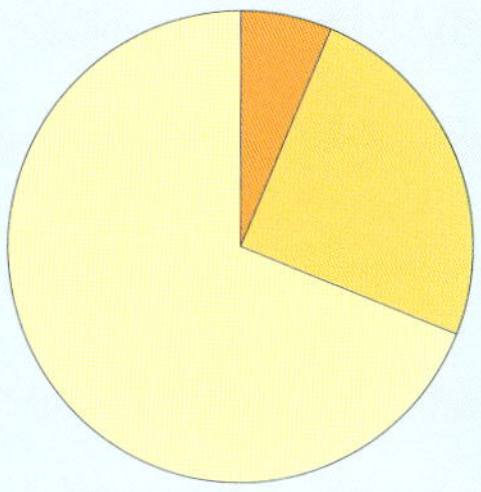

Verbreitung und Status: Die Brutgebiete der Küstenseeschwalbe befinden sich in der Arktis Eurasiens und Nordamerikas, reichen aber an einigen Küsten bis in die gemäßigte Zone hinein. Außerhalb der Brutzeit zeigt die Art eine ausgeprägte pelagische Lebensweise, wobei die Meeresgebiete rund um die Antarktis als Überwinterungsgebiete ausgemacht wurden. Die Küstenseeschwalbe gilt damit als die Vogelart mit der längsten Zugstrecke. In Deutschland erreicht die Art ihre südliche Verbreitungsgrenze und brütet mit einem abnehmenden Bestand von 4000–4900 BP in wenigen Kolonien an der Nord- und Ostseeküste. Als Durchzügler sind Küstenseeschwalben in der zweiten Aprilhälfte und im Mai sowie von Mitte Juli bis Mitte Oktober (vor allem aber im August) zu beobachten, erscheinen dabei aber weniger zahlreich als die sehr ähnlichen Flussseeschwalben. Das deutsche Binnenland wird auf dem Zug zwar regelmäßig, allerdings in sehr kleiner Zahl überquert, im Frühjahr häufiger als im Herbst (Honold & Krätzel 2014).

Wanderungen: Viele Wiederfunde in Deutschland beringter Küstenseeschwalben belegen die weiten Wanderungen dieser Art. Funde in den Nachbarländern, vor allem in Dänemark und den Niederlanden (Abb. 1), gehen aber zum Teil auf dortige Brutansiedlungen in Deutschland erbrüteter Jungvögel zurück, ebenso wie es von dort Zuwanderung in deutsche Brutkolonien gibt (Brenning & Nehls

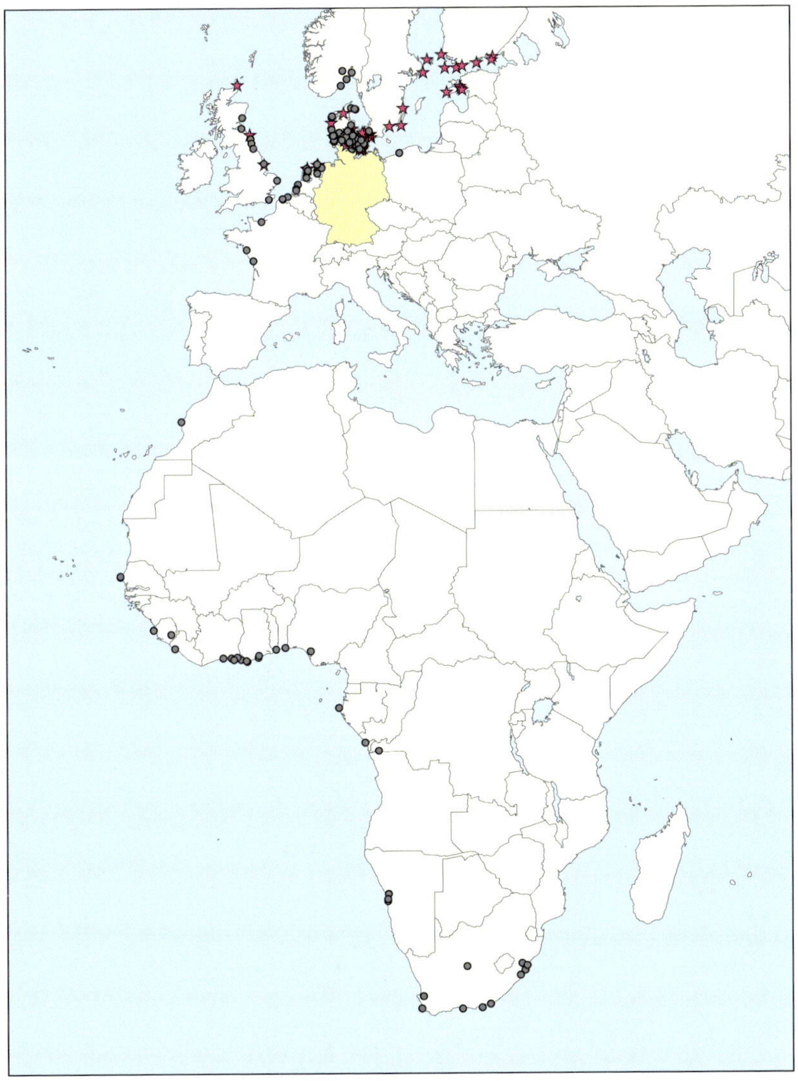

Abb. 1: Fundorte von in Deutschland beringten (138 Funde) und ausländische Beringungsorte von in Deutschland gefundenen (135 Funde) Küstenseeschwalben. – *Foreign recovery sites of Arctic Terns ringed in Germany (138 recoveries) and foreign ringing sites of birds recovered in Germany (135 recoveries).*

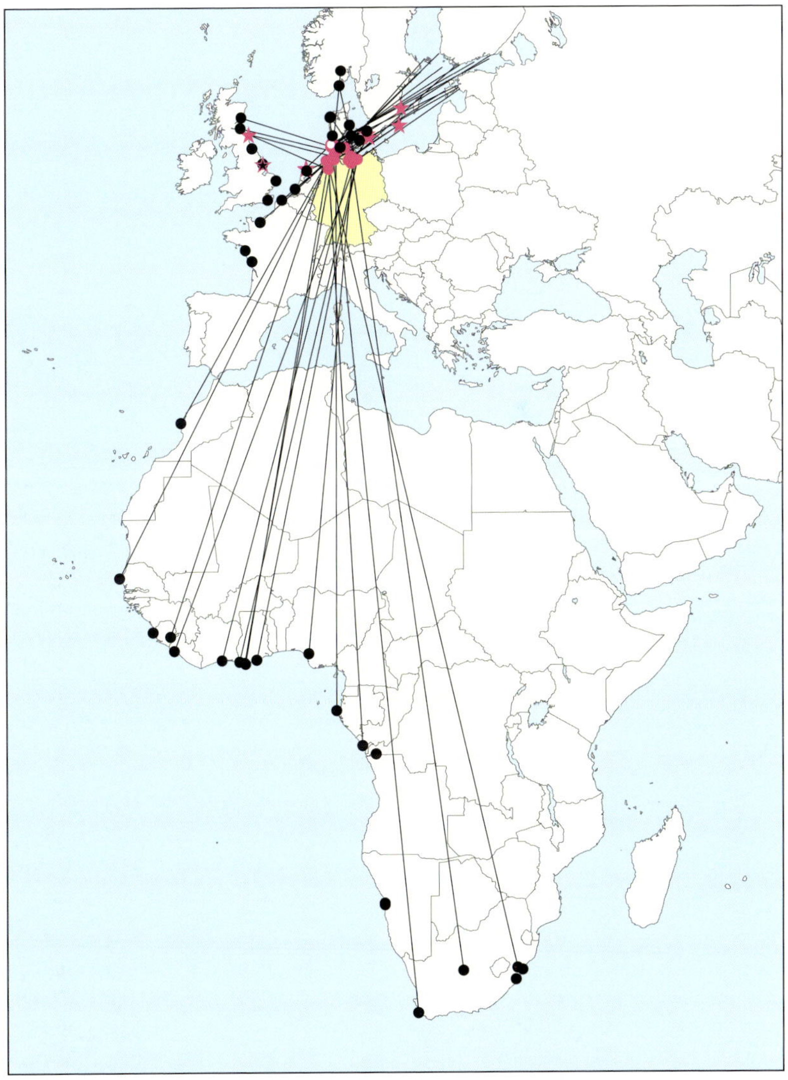

Abb. 2: Herbstzug (August–November) von in Deutschland zur Brutzeit (46 Funde) oder von August bis November anwesenden Küstenseeschwalben (29 Funde). – *Autumn migration (August–November) of Arctic Terns present in Germany during the breeding season (46 recoveries) or from August to November (29 recoveries).*

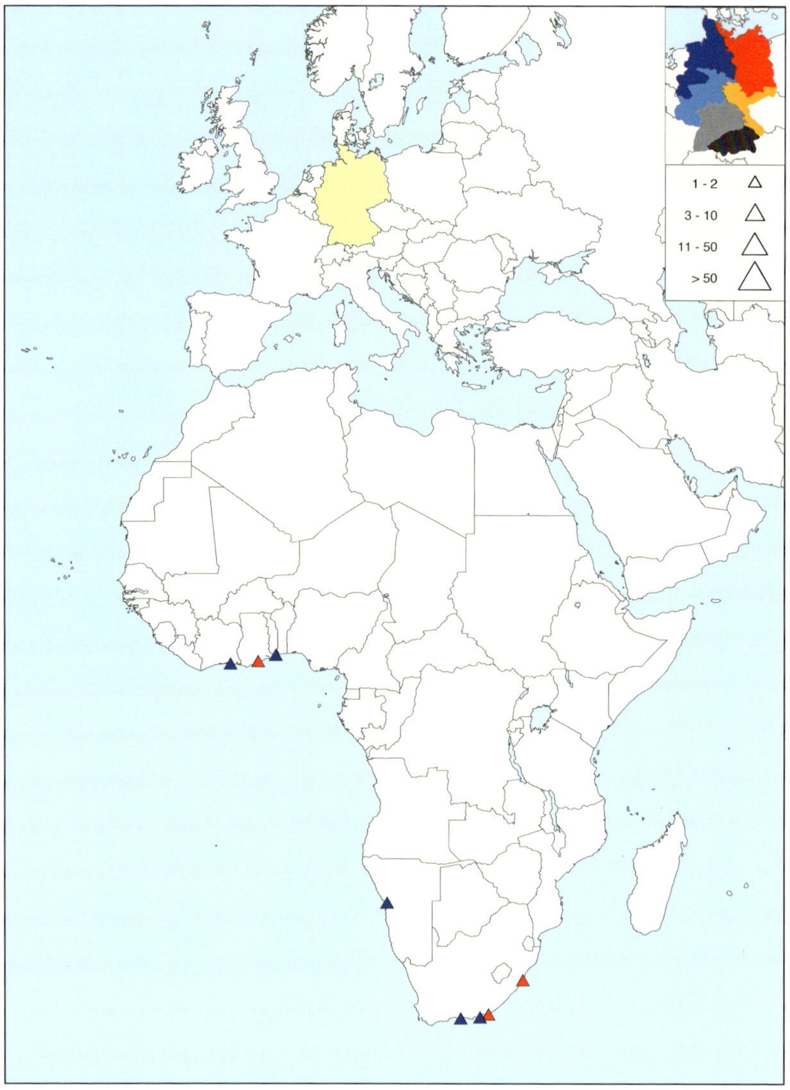

Abb. 3: Aufenthaltsorte im Winter (Dezember – Februar) von in Deutschland zur Brutzeit anwesenden Küstenseeschwalben (8 Funde). – *Presence in winter (December – February) of Arctic Terns present in Germany during the breeding season (8 recoveries).*

2013). Viele Funde in Dänemark kommen aber auch dadurch zustande, dass ein Teil der an der deutschen Ostseeküste beringten Vögel zunächst in nördliche Richtungen abwandert und die Cimbrische Halbinsel umfliegt anstatt sie zu überqueren (Hauff 1985). Funde schwedischer und finnischer Ringvögel zeigen, dass in diesen Ländern brütende Küstenseeschwalben Deutschland auf dem Zug berühren, doch ist während des Herbstzuges im Bereich der deutschen Nordsee auch mit britischen Vögeln zu rechnen (Abb. 1 und 2). Vögel des deutschen Brutbestandes ziehen zunächst nach SW und W ab. Insbesondere Zug nach W passt zu jüngsten Befunden an mit Geolokatoren ausgestatteten niederländischen Brutvögeln, denen zufolge Küstenseeschwalben von Europa aus westwärts zu einem Rastgebiet mitten auf dem N-Atlantik ziehen und von dort dann – weiterhin auf offener See – parallel zur afrikanischen W-Küste südwärts (Fijn et al. 2013). Dies erklärt das Fehlen von Ringfunden in SW-Europa, während küstennah wandernde oder angespülte Vögel von W-bis S-Afrika für Wiederfunde sorgten (Abb. 2).
Aus den Wintermonaten Dezember bis Februar liegen sowohl aus dem südlichen W-Afrika (möglicherweise noch späte Durchzügler) als auch aus Namibia und Südafrika Rückmeldungen vor (Abb. 3). Dass sich die Wanderungen europäischer Küstenseeschwalben von Südafrika aus noch ostwärts bis Australien und Neuseeland fortsetzen und dass schließlich die Antarktis erreicht wird, deuten nicht nur Ringfunde von in Schweden, Dänemark und Großbritannien beringten Vögeln an (Wernham et al. 2002, Bønløkke et al. 2006, Fransson et al. 2008), sondern ließ sich auch eindrucksvoll an den o. g. niederländischen Brutvögeln verfolgen, die innerhalb eines Jahres Zugstrecken von bis zu ca. 90.000 km zurücklegten (Fijn et al. 2013).

Summary: *In Germany, the declining breeding stock of 4000 – 4900 bp is concentrated in a few colonies along the North and Baltic Sea coast. Ring recoveries show the exchange of individuals with colonies in Denmark and The Netherlands as well as some northward post-breeding movements and the onset of autumn migration to SW and W. Migration to the W fits results of the tracking of Dutch breeders by geolocators, which flew to a staging area in the N Atlantic before moving southward in parallel to the African coast. This explains the lack of recoveries in SW Europe, whereas those from W to S Africa refer to those Arctic Terns migrating close to the coast or washed ashore. Winter recoveries stem from both southern W Africa and Namibia/South Africa. However, so far there are no recoveries from Australia or Antarctica, areas probably reached by C European Arctic Terns according to the geolocator studies in The Netherlands.*

Hohltaube *Columba oenas*
Stock Dove

Beringungen nach 1945:	26.721
Funde > 10 km nach 1945:	888/885
Wiederfundquote (Fernfunde nach 1945):	3,3 %
Funde > 10 km seit 1901:	932/929
Funde fremder Beringungszentralen:	17/17
Höchstalter:	10 J, 3 M
Weiteste Entfernung:	2109 km

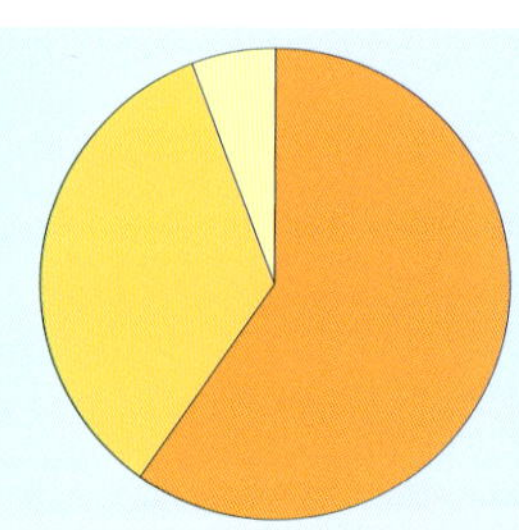

Verbreitung und Status: Die Hohltaube brütet in weiten Teilen Europas sowie in W-Asien und NW-Afrika. Während Vögel aus W-Europa und dem Mittelmeerraum ganz oder teilweise Standvögel sind, überwintern Hohltauben aus N-, E- und Mitteleuropa größtenteils im S des Kontinents. In Deutschland hat die Hohltaube von 1990 – 2009 zugenommen und brütet mit 49.000 – 82.000 BP in allen Landesteilen. Der Durchzug N-europäischer Vögel findet im Frühjahr von Mitte Februar bis Anfang Mai (vor allem von Mitte März bis Anfang April) und im Herbst von September bis Mitte November (mit Schwerpunkt im Oktober) statt.

Wanderungen: Hohltauben, die in Deutschland brüten oder als Durchzügler auftreten, zeigen deutlich entlang einer NE-SW-Achse ausgerichtete Wanderungen (Abb. 1). Völlig aus diesem Rahmen fällt ein im Juli 1984 auf der Schwäbischen Alb beringter Jungvogel, der im Januar 1985 im europäischen Teil der Türkei erlegt wurde (Lang & Schlenker 1986, Abb. 1 und 3). Ein Zug von Hohltauben nach SE-Europa ist weder aus Skandinavien noch aus E-Mitteleuropa bekannt (Bakken et al. 2006, Bønløkke et al. 2006, Fransson et al. 2008, Spina & Volponi 2008a), allerdings weisen zwei schweizerische Ringfunde in Richtung S bis SE nach Italien (Maumary et al. 2007, Spina & Volponi 2008a). Dagegen gibt es keinen Hinweis darauf, dass von Deutschland aus die Alpen überquert werden. Stattdessen weisen nahezu alle Funde vom Herbstzug nach SW (Abb. 2). Dadurch erreichen die meisten Vögel SW-Frankreich, wo sehr hoher Jagddruck auf Tauben für eine hohe Wiederfundwahrscheinlichkeit sorgt (Fransson et al. 2008). Ein Teil der Vögel überquert die Pyrenäen und gelangt nach Spanien und Portugal. Die herbstliche Zugrichtung streut stärker als bei der Ringeltaube nach W, so dass auch Funde aus N-Frankreich vorliegen. Zwei Vögel wurden sogar aus S-England zurückgemeldet. Die wenigen Funde, die nicht deutschen Brutvögeln zuzuordnen sind, passen gut in das Bild des nach SW führenden Herbstzugs (Abb. 3).

Entsprechend des weitgehend parallel verlaufenden Herbstzugs unterscheiden sich die Überwinterungsgebiete von Hohltauben aus den verschiedenen Naturräumen Deutschlands (Abb. 4). Während sich in SW-Frankreich im Winter Vögel aus allen Teilen Deutschlands aufhalten, sind in den Beneluxländern nur Individuen aus dem benachbarten NW-deutschen Tiefland anzutreffen. Spanien wird dagegen offenbar fast nur von Hohltauben aus den verschiedenen Mittelgebirgsregionen erreicht, weniger aber von Vögeln aus dem NW- und NE-deutschen Tiefland (siehe aber einige Fund von dort zur Iberischen Halbinsel während des Herbstzugs, Abb. 2). Bei Hohltauben, die in Deutschland im Winter gefunden wurden, handelt es sich zumeist um Vögel, die aus NW-Deutschland stammten und diesen klimatisch milden Bereich nicht verlassen hatten, ebenso wie ein von den Niederlanden zugewanderter Vogel. Nahe der Herkunftsregion überwinterte auch ein Vogel aus den östlichen Mittelgebirgen. Der einzige aus größerer Entfernung zugewanderte Wintergast kam aus S-Finnland und wurde im westfälischen Münsterland gefunden (Abb. 5).

Einige Funde aus dem März zeigen, dass zur Zeit des Frühjahrszugs noch einige aus Deutschland stammende Hohltauben in SW-Frankreich weilen und dass fennoskandische Vögel auch im Frühjahr durch Deutschland ziehen (Abb. 6).

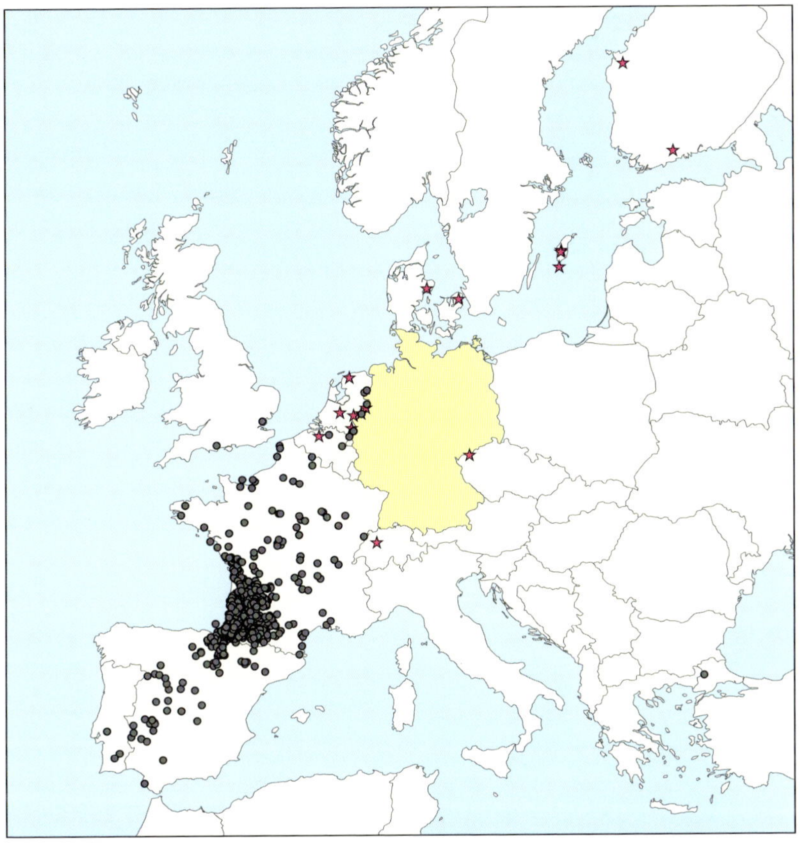

Abb. 1: Fundorte von in Deutschland beringten (875 Funde) und ausländische Beringungsorte von in Deutschland gefundenen (17 Funde) Hohltauben. – *Foreign recovery sites of Stock Doves ringed in Germany (875 recoveries) and foreign ringing sites of birds recovered in Germany (17 recoveries).*

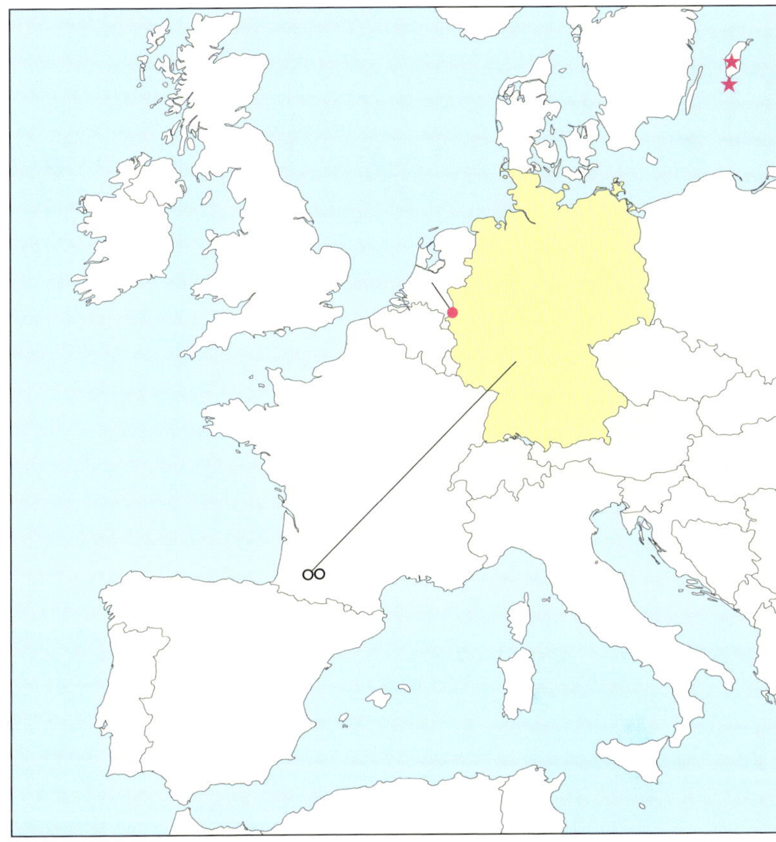

Abb. 3: Herbstzug (September – November) von in Deutschland von September bis November anwesenden Hohltauben (6 Funde). – *Autumn migration (September – November) of Stock Doves present in Germany from September to November (6 recoveries).*

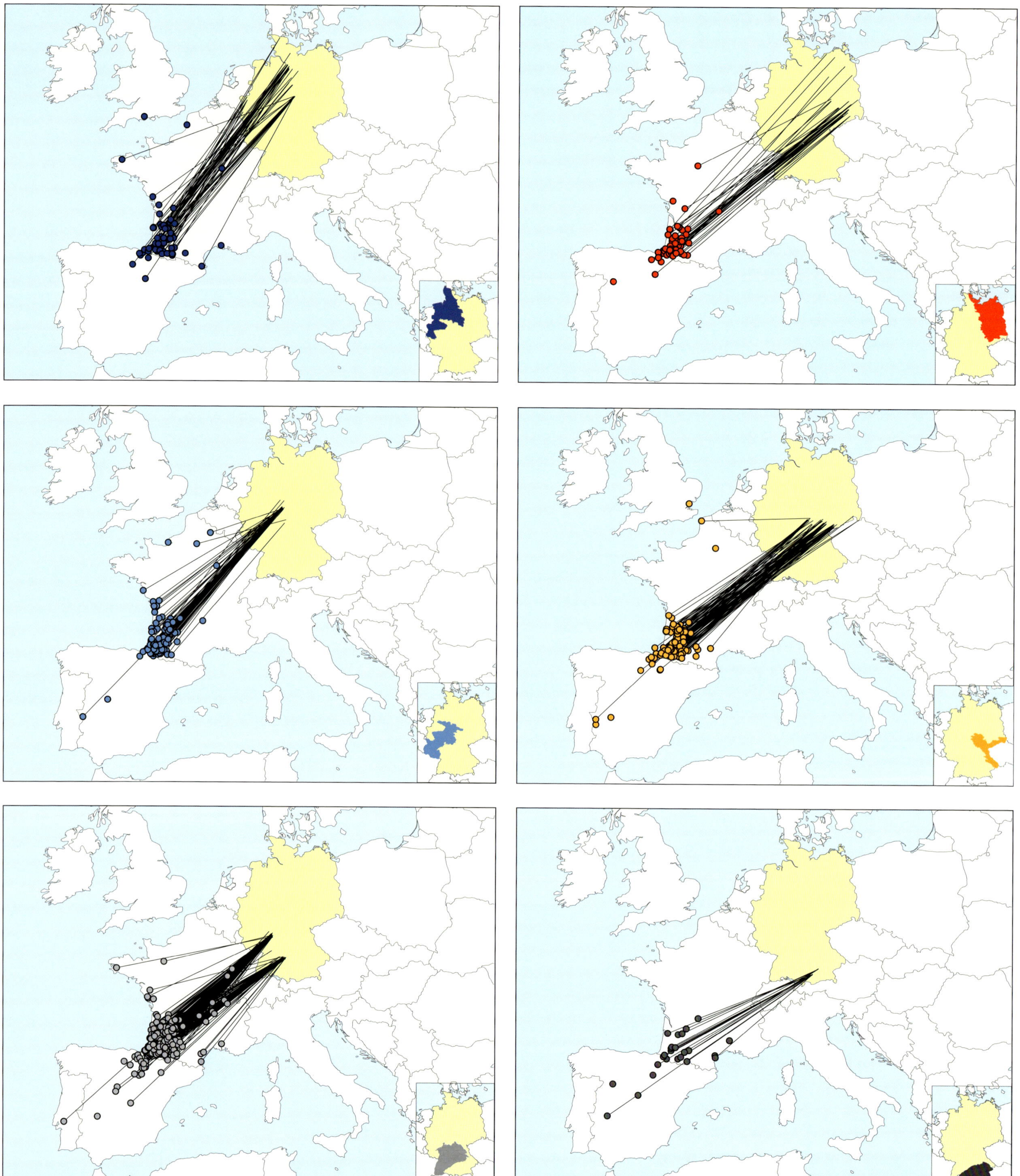

Abb. 2: Herbstzug (September – November) von in Deutschland zur Brutzeit anwesenden Hohltauben (704 Funde). – *Autumn migration (September – November) of Stock Doves present in Germany during the breeding season (704 recoveries).*

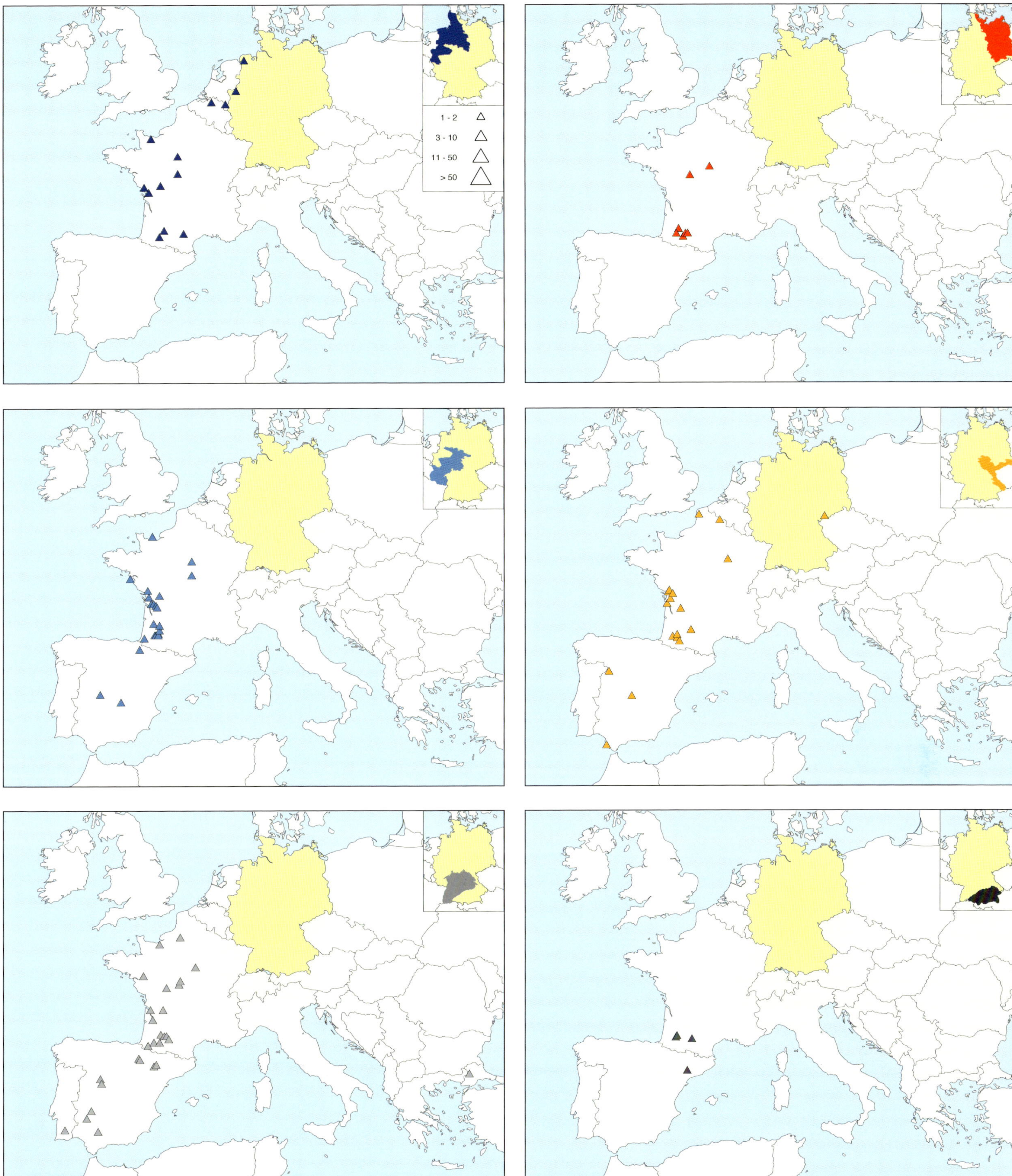

Abb. 4: Aufenthaltsorte im Winter (Dezember – Februar) von in Deutschland zur Brutzeit anwesenden Hohltauben (93 Funde). – *Presence in winter (December – February) of Stock Doves present in Germany during the breeding season (93 recoveries).*

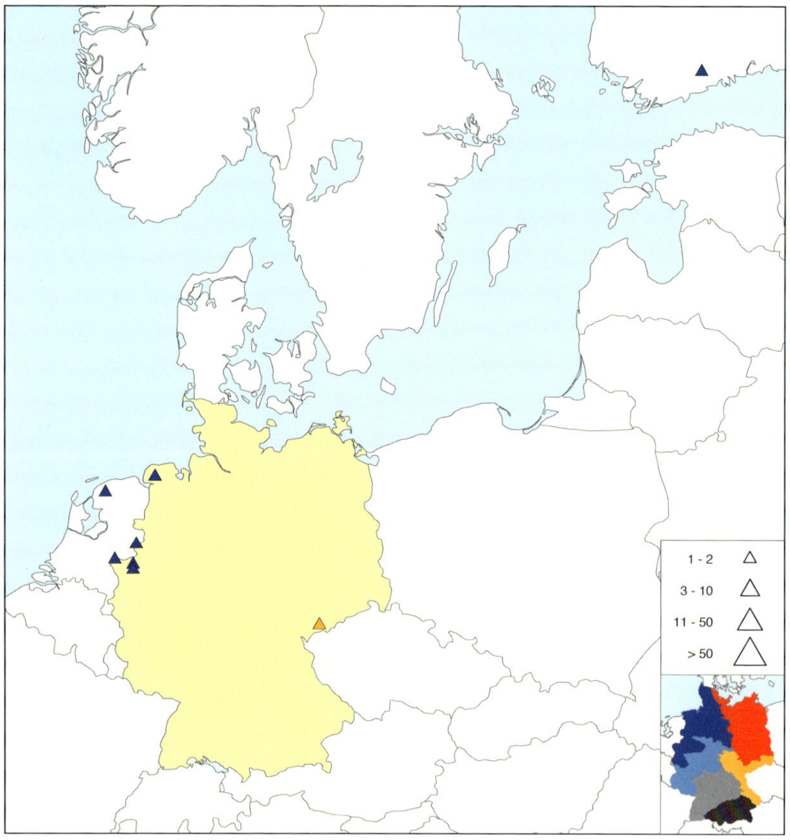

Abb. 5: Aufenthaltsorte zur Brutzeit von im Winter (Dezember – Februar) in Deutschland anwesenden Hohltauben (8 Funde). – *Presence during the breeding season of Stock Doves present in Germany in winter (December – February, 8 recoveries).*

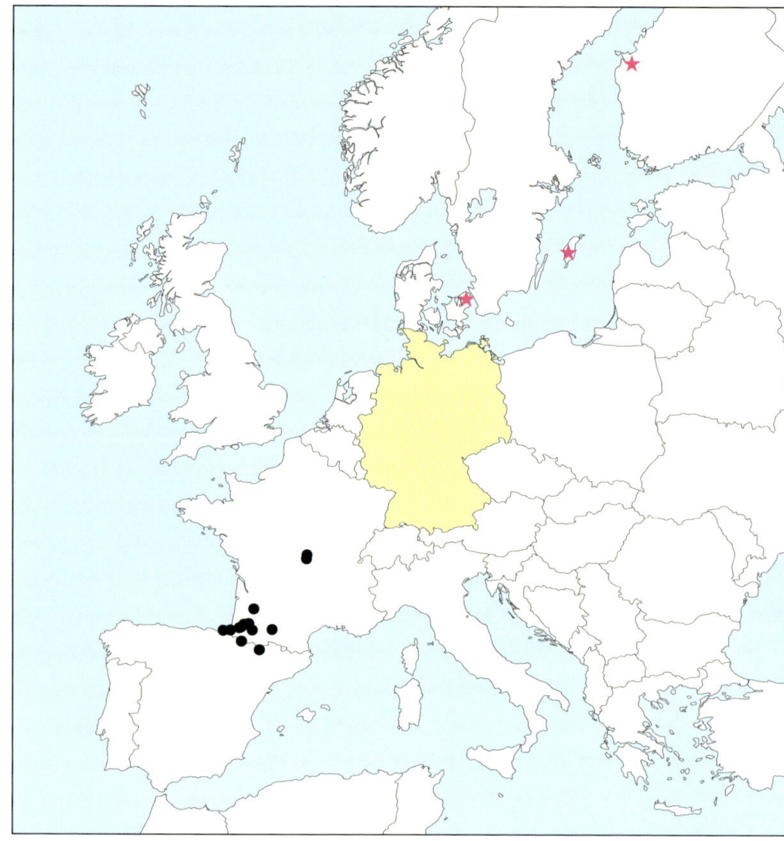

Abb. 6: Frühjahrszug (März) von in Deutschland zur Brutzeit (14 Funde) oder im März anwesenden Hohltauben (3 Funde). – *Spring migration (March) of Stock Doves present in Germany during the breeding season (14 recoveries) or in March (3 recoveries).*

Summary: *Stock Dove breeds in all parts of Germany, where the population is currently estimated at 49,000 – 82,000 bp. Autumn migration is mostly directed to the SW and, owing to a very high hunting pressure, the majority of recoveries comes from SW France. Some birds migrate to the W, leading to a more pronounced occurrence in N France than in Woodpigeon. Winter distribution differs between the regions of origin, though birds from all parts of Germany were found in SW France. On the other hand only birds from NW Germany were reported to winter in the Low Countries, whereas Spain and Portugal were reached only by birds originating from C and S Germany. An exceptional record refers to a nestling ringed in SW Germany and shot in the subsequent winter in the European part of Turkey. Only few recoveries indicate migration of Fennoscandian Stock Doves through Germany in autumn and spring. One bird from S Finland was found in W Germany in winter.*

Ringeltaube *Columba palumbus*

Common Woodpigeon

Beringungen nach 1945:	10.443
Funde > 10 km nach 1945:	380/373
Wiederfundquote (Fernfunde nach 1945):	3,6 %
Funde > 10 km seit 1901:	418/410
Funde fremder Beringungszentralen:	69/68
Höchstalter:	14 J, 11 M
Weiteste Entfernung:	2218 km

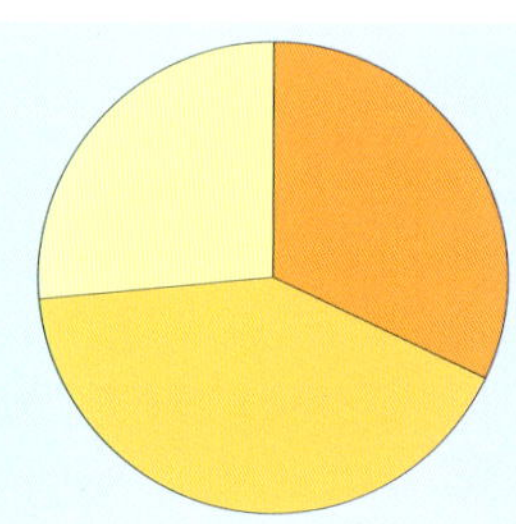

Verbreitung und Status: Die Ringeltaube brütet in fast ganz Europa, in NW-Afrika und auf den Azoren, im E erstreckt sich das Areal bis W-Sibirien und Nepal. Als Überwinterungsgebiete sind W- und S-Europa, NW-Afrika, N-Indien und Pakistan bekannt. In Deutschland ist die Art als Brutvogel vom unmittelbaren Küstenbereich bis in die montane Stufe der Alpen lückenlos verbreitet. Mit einem stabilen Bestand von 2.600.000 – 3.100.000 BP ist sie die häufigste Nicht-Singvogelart im Land. Zusätzlich erscheinen in Deutschland N-europäische Brutvögel als Durchzügler und Wintergäste. Stärkster Durchzug ist von März bis Mitte April sowie von Ende September bis Anfang November zu beobachten.

Wanderungen: Das Gebiet, in dem sich in Deutschland brütende oder durchziehende Ringeltauben zumindest zeitweise aufhalten, reicht von Finnland und S-Skandinavien bis zur Iberischen Halbinsel (Abb. 1). Nur wenige Ringfunde auf den Britischen Inseln liegen nicht auf dieser NE/NNE-SW/SSW-Achse, die bei Betrachtung der direkten Wiederfunde in der Herbstzugzeit besonders deutlich in Erscheinung tritt (Abb. 2). Der Zug spielt sich offenbar in einem relativ schmalen, bis S-Spanien und Portugal reichenden Korridor ab, wobei die meisten Funde aus SW-Frankreich stammen, während NW- und SE-Frankreich nicht berührt werden (Abb. 1 und 2). Die Häufung der Funde in SW-Frankreich hängt

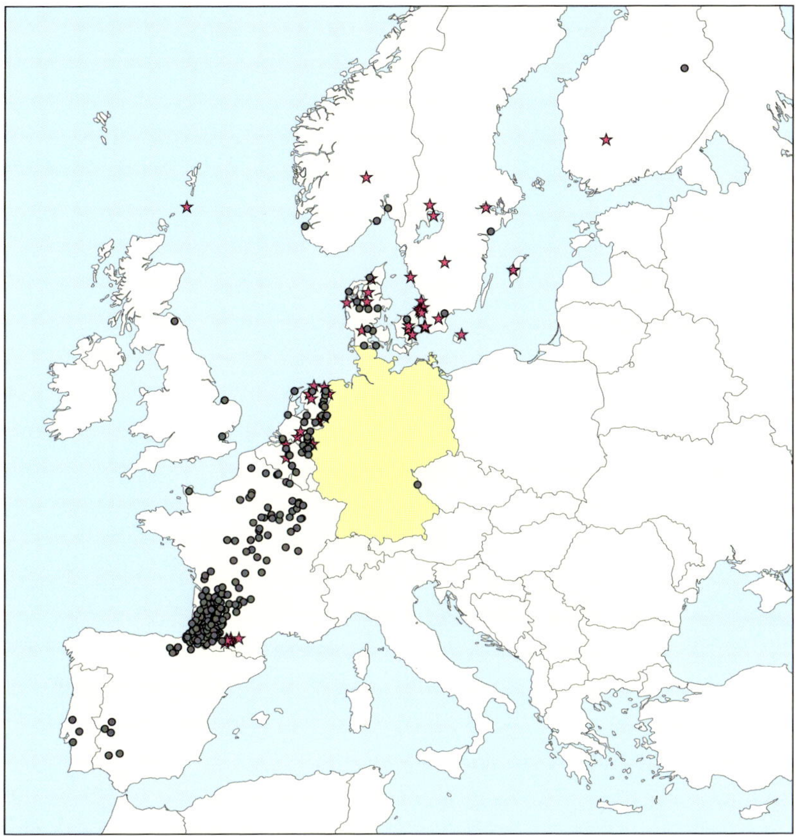

Abb. 1: Fundorte von in Deutschland beringten (263 Funde) und ausländische Beringungsorte von in Deutschland gefundenen (69 Funde) Ringeltauben. – *Foreign recovery sites of Common Woodpigeons ringed in Germany (263 recoveries) and foreign ringing sites of birds recovered in Germany (69 recoveries).*

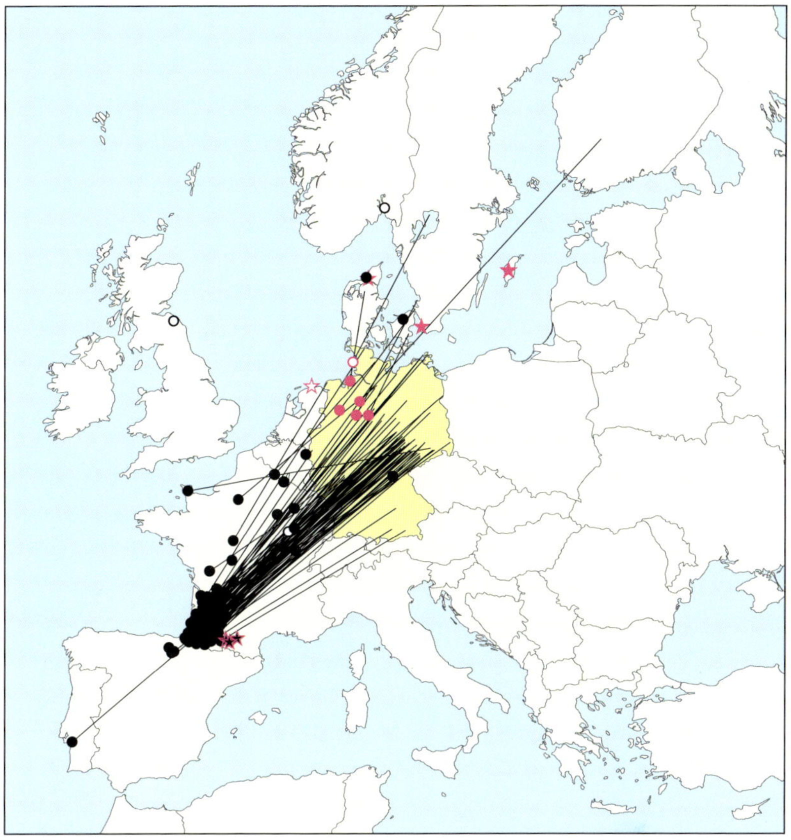

Abb. 2: Herbstzug (September – November) von in Deutschland zur Brutzeit (134 Funde) oder von September bis November anwesenden Ringeltauben (25 Funde). – *Autumn migration (September – November) of Common Woodpigeons present in Germany during the breeding season (134 recoveries) or from September to November (25 recoveries).*

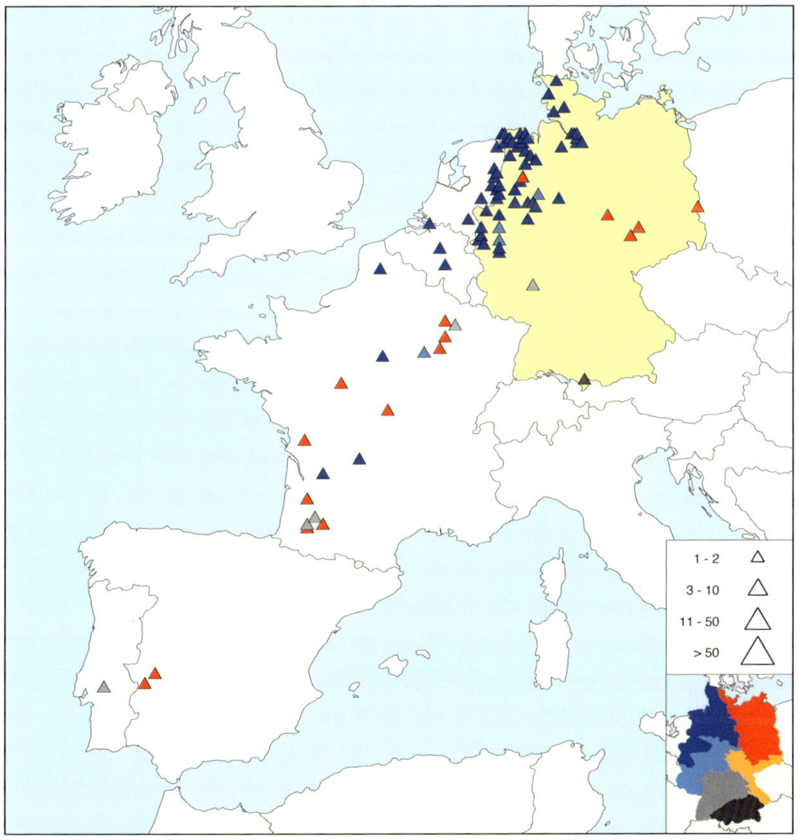

Abb. 3: Aufenthaltsorte im Winter (Dezember – Januar) von in Deutschland zur Brutzeit anwesenden Ringeltauben (95 Funde). – *Presence in winter (December – January) of Common Woodpigeons present in Germany during the breeding season (95 recoveries).*

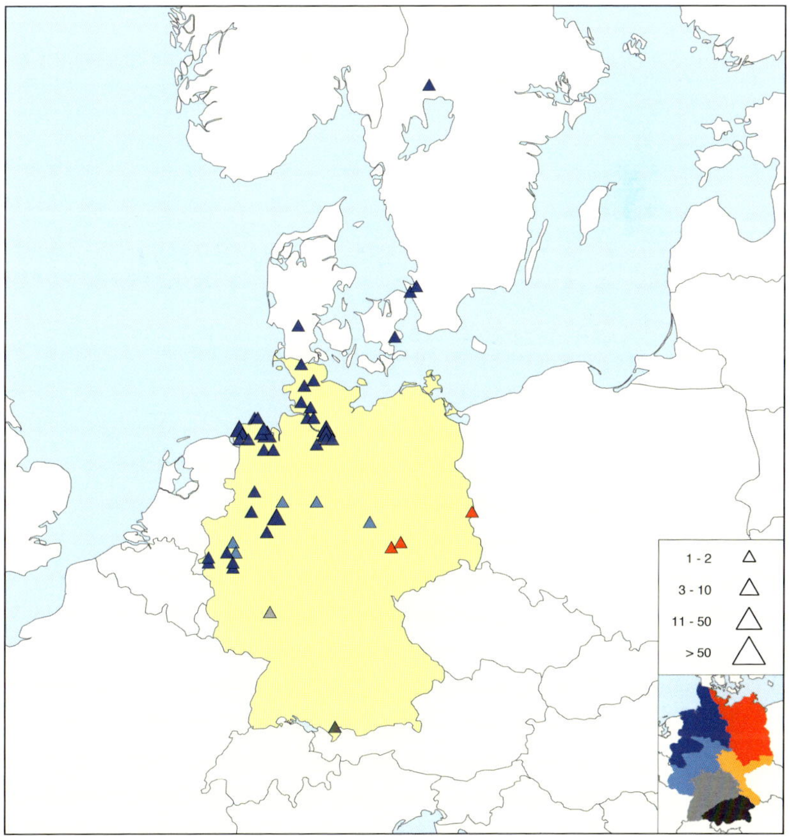

Abb. 4: Aufenthaltsorte zur Brutzeit von im Winter (Dezember – Januar) in Deutschland anwesenden Ringeltauben (69 Funde). – *Presence during the breeding season of Common Woodpigeons present in Germany in winter (December – January, 69 recoveries).*

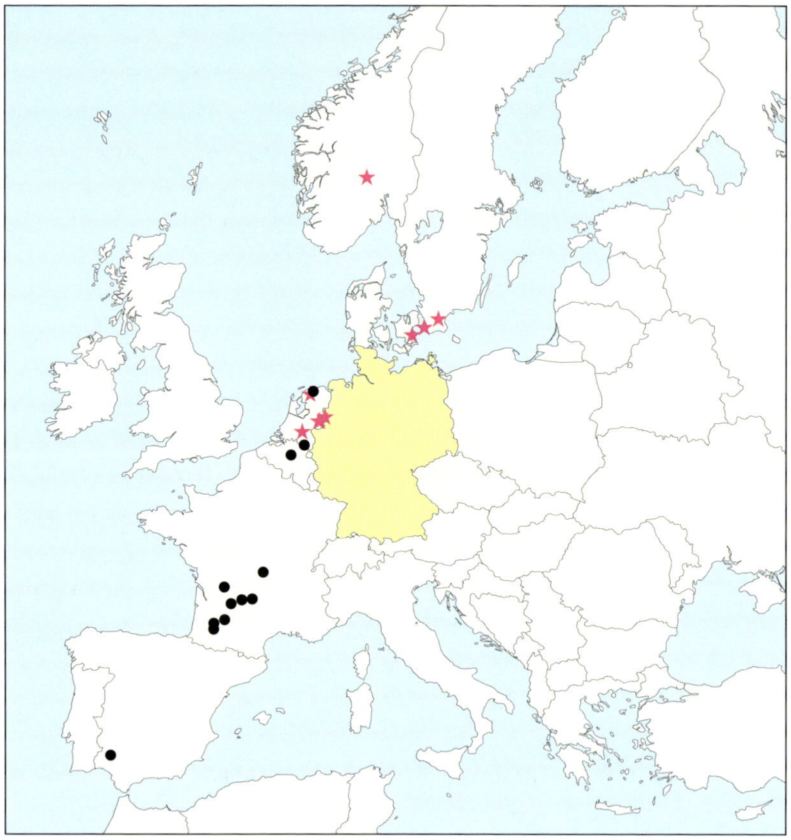

Abb. 5: Frühjahrszug (März) von in Deutschland zur Brutzeit (12 Funde) oder im März anwesenden Ringeltauben (9 Funde). – *Spring migration (March) of Common Woodpigeons present in Germany during the breeding season (12 recoveries) or in March (9 recoveries).*

sicherlich auch mit der dort sehr starken Bejagung von Ringeltauben zusammen (vgl. Fransson et al. 2008).

Während auf dem Herbstzug fast alle Verbindungen zwischen Beringungs- und Fundort auffallend parallel nach SW verlaufen (Abb. 2), schlagen anscheinend nur wenige Vögel eine andere Richtung ein: Einige Herbstfunde dänischer und niederländischer Vögel in Deutschland belegen südliche Zugrichtungen (Abb. 2), Zug nach W kommt offenbar selten vor (ein Vogel aus Sachsen in die Normandie). Es gibt keine Hinweise auf eine Überquerung der Alpen. Vögel aus E-Mitteleuropa gelangen zwar ebenso mit SW-Kurs nach Italien, umfliegen das Gebirge aber im E (Spina & Volponi 2008a). Dass auch größere Meeresgebiete gelegentlich überflogen werden, zeigen die wenigen Funde zwischen Deutschland und den Britischen Inseln. Alle drei Wiederfunde in England betreffen auf Helgoland beringte Vögel, mindestens einer davon gehörte zum sonst kaum wandernden britischen Brutbestand (Glutz von Blotzheim & Bauer 1980, Wernham et al. 2002). Schwer einzuordnen ist ein Vogel, der am 13.7.1963 auf Fair Isle (Shetland-Inseln) beringt und am 12.5.1964 auf Sylt gefunden wurde, denn beide Daten liegen außerhalb der Zugzeit.

Nicht alle deutschen Brutvögel brechen im Herbst in Richtung SW-Europa auf, denn ein Teil der Vögel bleibt auch von November bis Februar im Bereich des Brutgebiets (Abb. 3). Insbesondere NW-deutsche Brutvögel überwintern in ihrer klimatisch relativ milden Heimatregion, während NE-deutsche Ringeltauben eher Zug- als Standvögel sind (Abb. 3 und 4). Auch unter den ziehenden Vögeln zeigen die Ringfunde Unterschiede zwischen den Naturräumen. Während Ringeltauben aus dem NW-deutschen Tiefland und den W-deutschen Mittelgebirgen offenbar nur bis SW-Frankreich wandern, wurden Vögel aus dem NE-deutschen Tiefland auch im SW der Iberischen Halbinsel gefunden (Abb. 3 und weitere Funde dort im Februar). Zusätzlich zu den lokalen Standvögeln sind Ringeltauben aus anderen Ländern am Wintervorkommen in Deutschland beteiligt, bisher nachweislich aus Schweden und Dänemark (Abb. 4).

Ringfunde aus dem März deuten an, dass Ringeltauben auf dem Frühjahrszug auf gleichem Weg wie im Herbst Frankreich durchqueren (Abb. 5). Einige aus Skandinavien stammende Vögel wurden im März in Deutschland gefunden und belegen damit den Durchzug auch im Frühjahr.

Summary: *Common Woodpigeon is the most abundant breeding non-passerine bird species in Germany. Overall, the population is stable and estimated at 2,600,000 – 3,100,000 bp. Ring recoveries highlight a relatively narrow migration corridor along a NE/NNE-SW/SSW-axis, from which there are very few deviations. Crossings of the North Sea (to and from Britain) are rare, and flights across the Alps are not documented. Germany is touched by Fennoscandian birds during migration, and some of them spend the winter there. Part of the German breeders are residents (most pronounced in NW Germany), but many migrate towards SW France (and birds from NE Germany also to Spain and Portugal).*

Türkentaube *Streptopelia decaocto*

Eurasian Collared-dove

Beringungen nach 1945:	20.466
Funde > 10 km nach 1945:	144/141
Wiederfundquote (Fernfunde nach 1945):	0,7 %
Funde > 10 km seit 1901:	144/141
Funde fremder Beringungszentralen:	42/42
Höchstalter:	12 J
Weiteste Entfernung:	1937 km

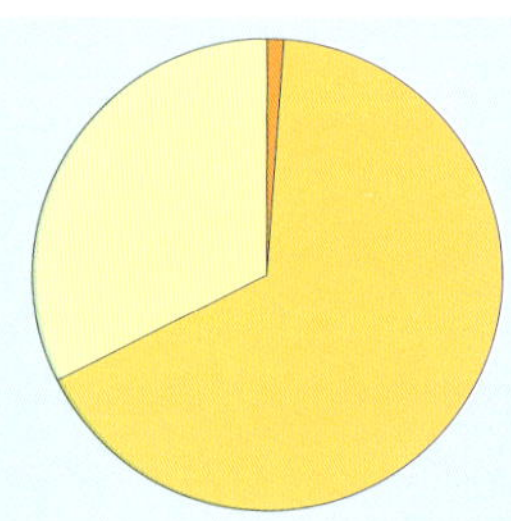

Verbreitung und Status: Türkentauben leben in fast ganz Europa sowie in S- und E-Asien. Von SE her ist die Art seit Ende der 1940er Jahre nach Deutschland eingewandert und hat die meisten Städte und Dörfer in allen Teilen des Landes besiedelt. Nach starker Zunahme im Verlauf der Einwanderung befindet sich der deutsche Brutbestand von derzeit 110.000 – 205.000 BP inzwischen in starker Abnahme. Obwohl Türkentauben in der Regel Standvögel sind, kommt es vor allem unter Jungvögeln zu Dismigrationsbewegungen, die zu allen Jahreszeiten stattfinden können. Auf Helgoland wurden wandernde Türkentauben vor allem im Mai/Juni beobachtet, auch in anderen Bereichen N- und W-Europas sind Wanderungen besonders im späten Frühjahr festgestellt worden.

Wanderungen: Obwohl die Ringfunde mit Bezug zu Deutschland im Extrem bis NW-Russland, SW-Frankreich und N-Italien reichen, stammen die meisten Rückmeldungen aus der unmittelbaren Nachbarschaft des Landes (Abb. 1). Winterfunde von Türkentauben, die dem deutschen Brutbestand zuzurechnen sind, weisen die Art als Standvogel aus, denn die meisten von November bis Februar zurückgemeldeten Ringvögel befanden sich in der Region, in der sie zuvor markiert wurden (Abb. 2). Möglicherweise beziehen sich alle Fernfunde von Türkentauben auf Dismigration, auch wenn beim Fund eines im Winter in Rheinland-Pfalz beringten Vogels zur Brutzeit in E-England echter Pendelzug nicht ausgeschlossen werden kann.

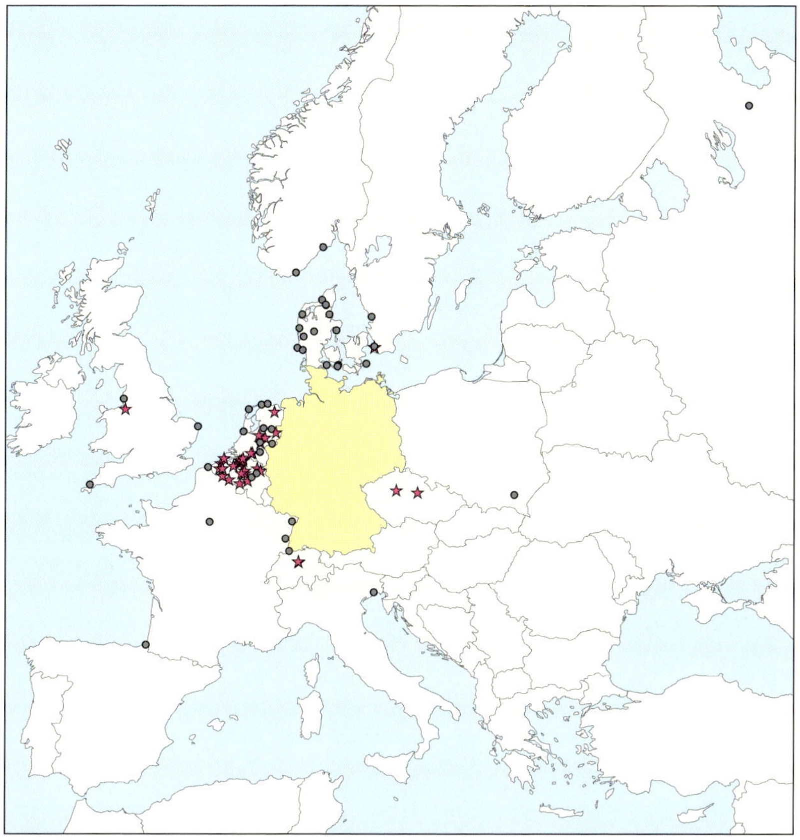

Abb. 1: Fundorte von in Deutschland beringten (44 Funde) und ausländische Beringungsorte von in Deutschland gefundenen (42 Funde) Türkentauben. – *Foreign recovery sites of Eurasian Collared-doves ringed in Germany (44 recoveries) and foreign ringing sites of birds recovered in Germany (42 recoveries).*

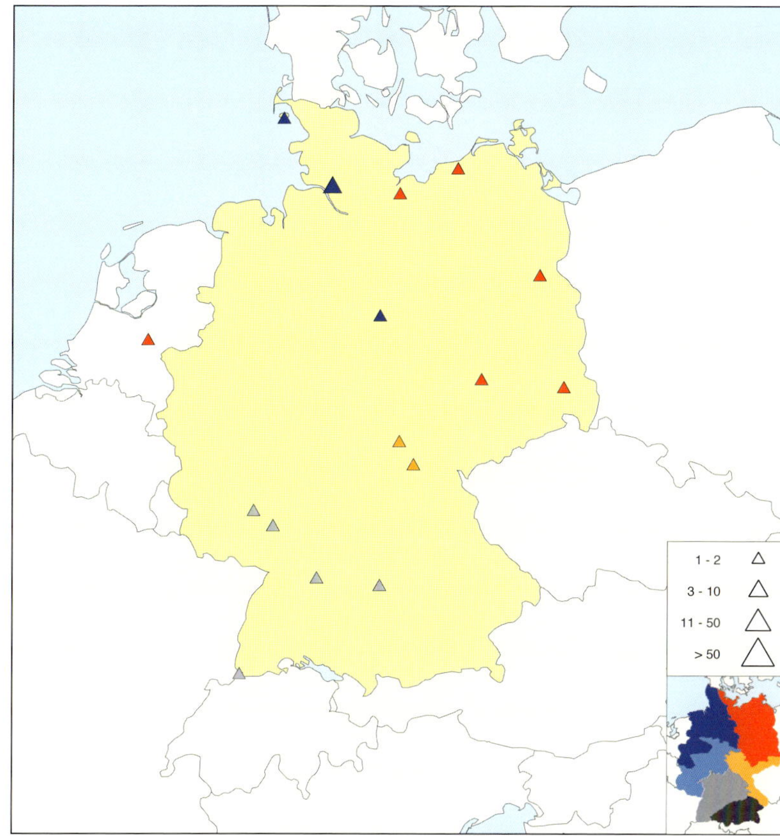

Abb. 2: Aufenthaltsorte im Winter (Dezember – Februar) von in Deutschland zur Brutzeit anwesenden Türkentauben (18 Funde). – *Presence in winter (December – February) of Eurasian Collared-doves present in Germany during the breeding season (18 recoveries).*

Die meisten Ringfunde, die Wanderungen von mehr als 100 km zeigen, stammen aus den 1960er und 1970er Jahren, also aus der Zeit starker Expansion. Sie führten häufig nach W und NW (Abb. 3), was im Einklang mit der Ausbreitungsrichtung innerhalb von Europa steht (Kasparek 1996). Nachgewiesen sind aber auch Wanderungen in andere Richtungen, z. T. über sehr große Distanzen (Abb. 3). Mehrere Türkentauben aus Belgien und den Niederlanden flogen nach NE, ebenso wie ein am 19.5.1973 auf Helgoland beringter und am 20.9. desselben Jahres 1937 km entfernt in N-Russland kontrollierter Vogel. Weit nach SW wanderte dagegen eine Türkentaube von N-Bayern (11.9.1990) nach SW-Frankreich (geschossen 1193 km entfernt am 15.10.1990). Ferner gibt es Funde nach N (S-Norwegen), E (SE-Polen), S (N-Italien) und W (England). Ähnlich weite Wanderungen sind auch in anderen Teilen Europas nur vereinzelt beobachtet worden, z. B. von Dänemark aus nach NW-Frankreich und in die Ukraine (Bønløkke et al. 2006) oder von S-Schweden nach N-Norwegen (Fransson et al. 2008). In der Regel erfolgt die Dismigration aber über deutlich kürzere Distanzen (<20 km; Wernham et al. 2002, Bønløkke et al. 2006).

Summary: *Eurasian Collared-dove is a widespred breeder all over Germany, but the population of 110,000 – 205,000 bp currently is in strong decline. Ring recoveries during winter indicate that the species is largely sedentary. Movements are probably mostly reflecting the dispersion of juveniles. Some are directed to the W and NW, coinciding with the direction of expansion shown by the species during the 20th century. However, birds were recovered in nearly all directions, including long-distance movements to N Russia, SE Poland, N Italy, England and S Norway.*

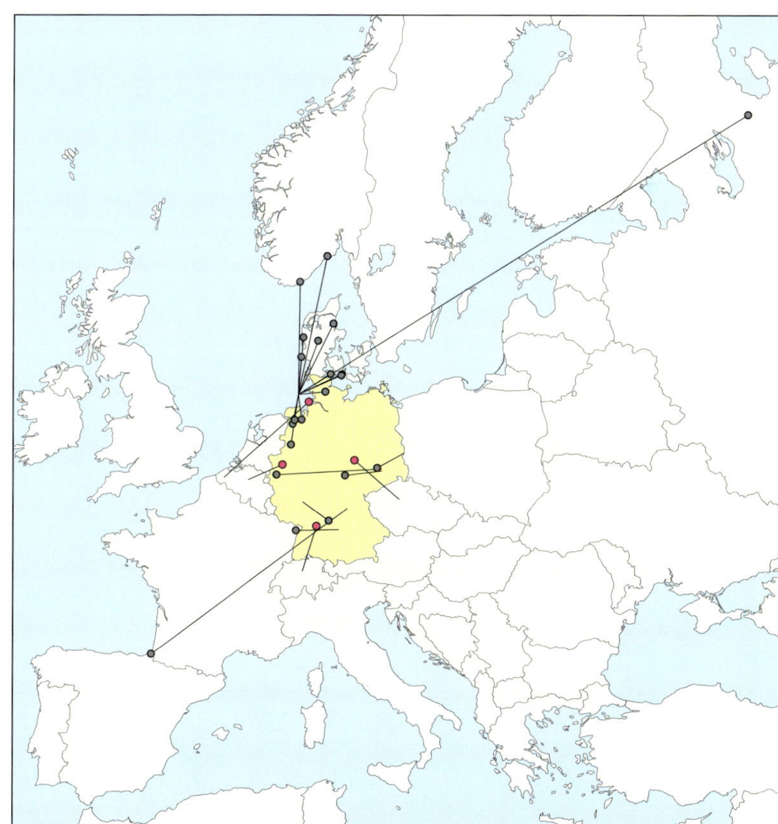

Abb. 3: Funde innerhalb von sechs Monaten (> 100 km) von Türkentauben mit Bezug zu Deutschland (25 Funde). – *Recoveries within six months (of > 100 km) of Eurasian Collared-doves related to Germany (25 recoveries).*

Turteltaube *Streptopelia turtur*

European Turtle-dove

Beringungen nach 1945:	2279
Funde > 10 km nach 1945:	46/46
Wiederfundquote (Fernfunde nach 1945):	2,0 %
Funde > 10 km seit 1901:	48/48
Funde fremder Beringungszentralen:	1/1
Höchstalter:	12 J, 4 M
Weiteste Entfernung:	2650 km

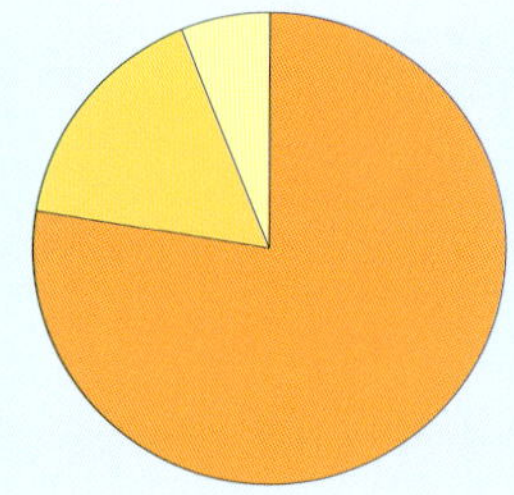

Verbreitung und Status: Turteltauben brüten in fast ganz Europa, W-Asien und N-Afrika. Das Winterquartier dieser Langstreckenzieher befindet sich im Savannengürtel von W-Afrika bis Äthiopien. In Deutschland sind Gehölze, Waldränder, Parks und ähnliche Lebensräume in fast allen Landesteilen besiedelt, doch befindet sich der Bestand von 25.000 – 45.000 BP in starker Abnahme. Der Frühjahrszug findet vor allem von Ende April bis Mitte Juni statt, der Herbstzug größtenteils von Ende Juli bis Ende August.

Wanderungen: Fernfunde von in der W-Hälfte Deutschlands beringten Turteltauben stammen vor allem aus Frankreich, Spanien und Portugal, weisen also in Richtung SW (Abb. 1). Dieses Muster findet seine Bestätigung bei der alleinigen Betrachtung der Funde innerhalb einer Herbstzugperiode, in der fast alle Vögel nach SW flogen (Abb. 2). Auch britische Turteltauben gelangen überwiegend über die Iberische Halbinsel nach NW-Afrika (Marokko) und von dort in die südlich der Sahara gelegenen Winterquartiere (Wernham et al. 2002), aus denen von deutschen Ringvögeln kein Fund vorliegt.
Von Turteltauben aus E-Mitteleuropa und Skandinavien ist dagegen bekannt, dass sie in südliche bis südöstliche Richtung abziehen und Afrika über Italien und SE-Europa erreichen (Wernham et al. 2002, Fransson et al. 2008, Spina & Volponi 2008a, Quillfeldt et al. 2014). Die wenigen zu E-deutschen Vögeln vorliegenden Ringfunde, zweimal im April auf Malta (Abb. 1) und je einmal in Italien und Griechenland (zusätzlich von Glutz von Blotzheim & Bauer 1980 genannte Funde), lassen eine Zugscheide möglich erscheinen. Allerdings wurden auch Turteltauben aus dem W Deutschlands in Italien gefunden. Schwer einzuordnen ist ein im Mai in E-England beringter Altvogel, der im August desselben Jahres in W-Niedersachsen tot gefunden wurde (Abb. 1). Möglicherweise hat es sich um einen auf dem Frühjahrszug zunächst über sein Ziel hinaus geflogenes Individuum gehandelt.
Aus dem Frühjahr existieren nur wenige Ringfunde aus Spanien und Frankreich, die ebenso wie die oben erwähnten Funde auf Malta keine Rückschlüsse auf Unterschiede der Zugrouten von Herbst- und Frühjahrszug erlauben.

Summary: *European Turtle-dove is a widespread, but strongly declining breeding bird in Germany (25,000 – 45,000 bp). In autumn, birds from W Germany mainly follow a route to the SW, reaching Spain and Morocco. There is weak evidence for a migratory divide in Germany, as birds from E Germany were only reported from Italy, Malta and Greece. Recoveries from sub-Saharan wintering areas are lacking, and only few birds were recovered during spring migration (mainly in Spain and France, but twice on Malta).*

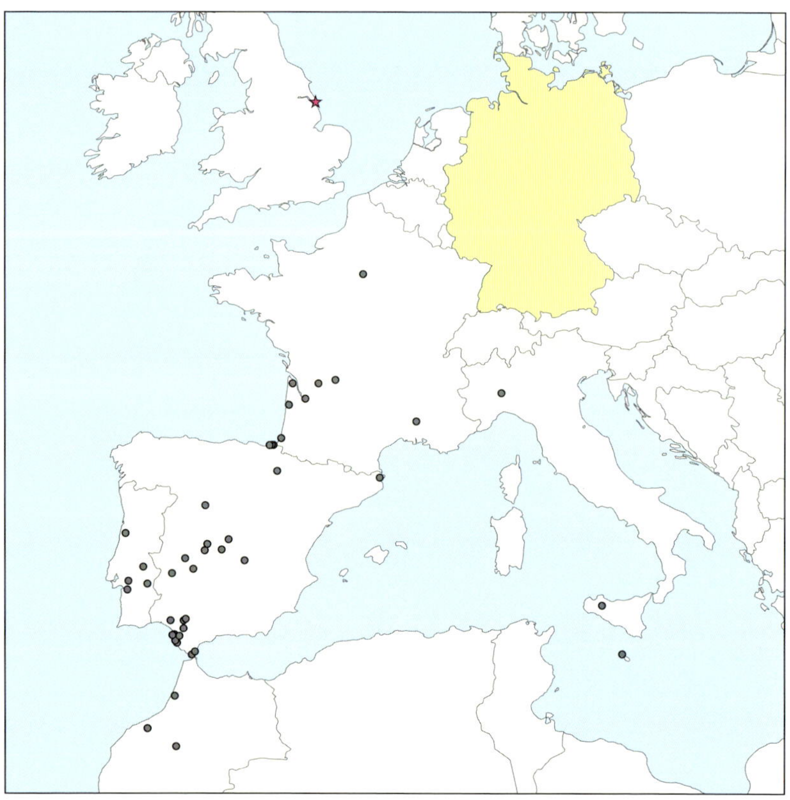

Abb. 1: Fundorte von in Deutschland beringten (45 Funde) und ausländische Beringungsorte von in Deutschland gefundenen (1 Fund) Turteltauben. – *Foreign recovery sites of European Turtle-doves ringed in Germany (45 recoveries) and foreign ringing sites of birds recovered in Germany (1 recovery).*

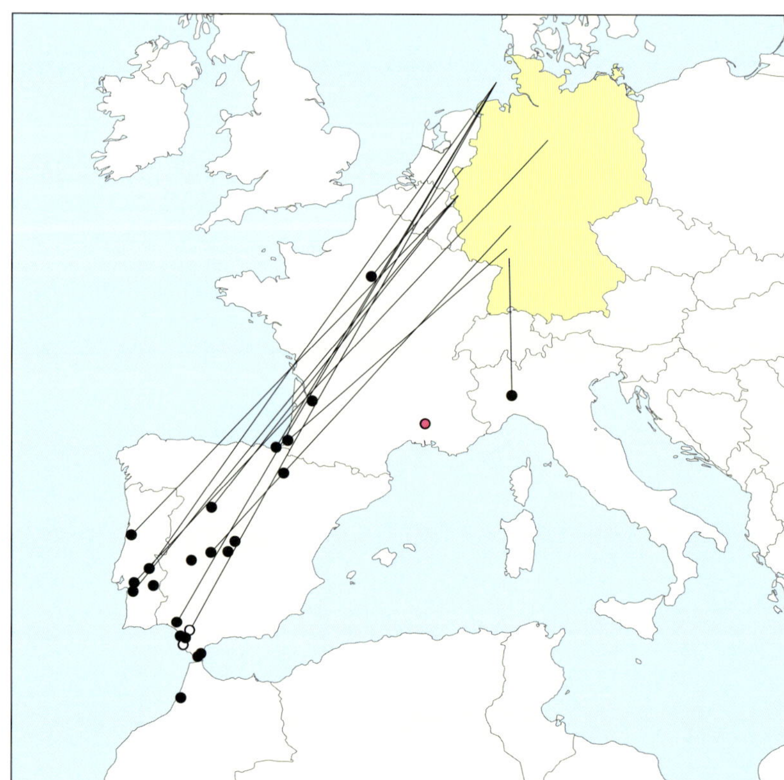

Abb. 2: Herbstzug (September – November) von in Deutschland zur Brutzeit (22 Funde) oder von September bis November anwesenden Turteltauben (4 Funde). – *Autumn migration (September – November) of European Turtle-doves present in Germany during the breeding season (22 recoveries) or from September to November (4 recoveries).*

Kuckuck *Cuculus canorus*
Common Cuckoo

Beringungen nach 1945:	5019
Funde > 10 km nach 1945:	44/42
Wiederfundquote (Fernfunde nach 1945):	0,8 %
Funde > 10 km seit 1901:	57/55
Funde fremder Beringungszentralen:	12/12
Höchstalter:	6 J
Weiteste Entfernung:	2100 km

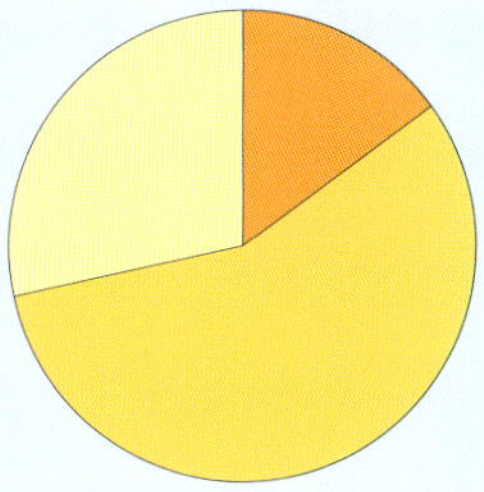

Verbreitung und Status: Abgesehen von einigen Gebieten in der Arktis und in Wüsten besiedelt der Kuckuck fast die gesamte Paläarktis. Zum Überwintern werden Indien, SE-Asien und südlich des Äquators gelegene Bereiche Afrikas aufgesucht. In Deutschland ist die Art von der Küste bis zur montanen Stufe der Alpen nahezu flächendeckend verbreitet, der Bestand von 42.000–69.000 Brutrevieren gilt als fluktuierend, ohne dass in den vergangenen 20 Jahren ein Trend zu erkennen war. Die deutschen Brutvögel erreichen das Brutgebiet im April und Mai, die Abwanderung erfolgt von Juli bis September. Mit Durchzug von weiter nördlich oder westlich brütenden Kuckucken ist im Frühjahr in N-Deutschland bis Mitte Juni zu rechnen, der Herbstzug dauert besonders in S-Deutschland bis Oktober an.

Wanderungen: Die meisten Fernfunde deutscher Kuckucke kommen aus Italien, während nur wenige Vögel südwestlich oder südöstlich von Deutschland gefunden wurden (Abb. 1). Demzufolge erfolgt der Zug vor allem nach S, was auch einige direkte Wiederfunde (Abb. 2) belegen. Bestätigt wurde dieser erste Zugabschnitt durch mit Satellitensendern ausgerüstete Kuckucke aus Bayern, die das Mittelmeer und die Sahara zumeist von Italien, teilweise auch von Griechenland aus überquerten und dann über Nigeria, Tschad bzw. Sudan in das zwischen Kamerun und N-Angola gelegene Winterquartier im tropischen Afrika gelangten (Herzog 2014) – Ringfunde deutscher Kuckucke aus dem Winterquartier liegen bisher nicht vor.

Auf dem Herbstzug kommen Kuckucke von NW und W her (vor allem aus Großbritannien) nach Deutschland. Dies deuten einige Ringfunde an (Abb. 2) und konnte mit Hilfe der Satellitentelemetrie britischer Kuckucke gezeigt werden. Jene Vögel schwenkten in Deutschland auf eine südwärts gerichtete Zugrichtung um und zogen schließlich auf ähnlichen Wegen wie die deutschen Vögel in dasselbe Überwinterungsgebiet. Aufgrund eines im Uhrzeigersinn erfolgenden Schleifenzugs berührten die britischen Kuckucke Deutschland auf dem Frühjahrszug nicht (www.bto.org, 3.2.2014). Im Gegensatz dazu erreichten telemetrierte Brutvögel aus E-Dänemark und S-Schweden das tropische Afrika über eine östlichere, über SE-Europa verlaufende Route, führten ebenfalls einen Schleifenzug im Uhrzeigersinn durch und streiften Deutschland daher eher auf dem Frühjahrszug (Willemoes et al. 2014). Zwar deuten nur zwei Ringfunde aus Norwegen bzw. Dänemark den Durchzug skandinavischer Kuckucke an, doch legen die meist nach SSE weisenden bzw. nach Italien reichenden Funde aus Norwegen, Schweden und Dänemark nahe, dass von dort stammende Vögel Deutschland überqueren (Bakken et al. 2006, Bønløkke et al. 2006, Fransson et al. 2008, Spina & Volponi 2008a). Aus der Zeit des Frühjahrszugs existieren lediglich zwei Ringfunde in Malta (beringt als Durchzügler im Herbst auf Helgoland) und

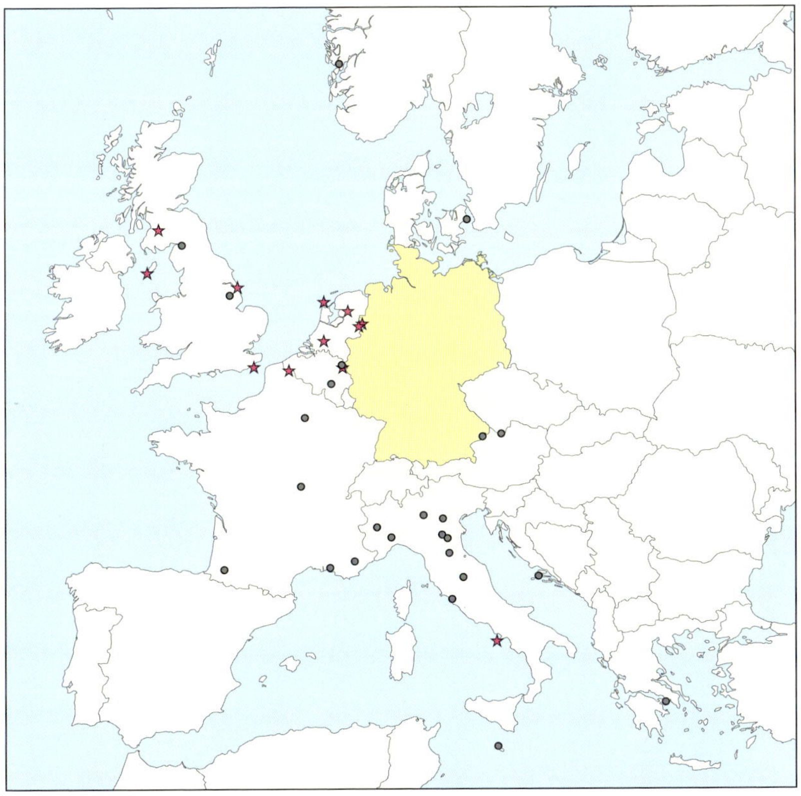

Abb. 1: Fundorte von in Deutschland beringten (26 Funde) und ausländische Beringungsorte von in Deutschland gefundenen (12 Funde) Kuckucken. – *Foreign recovery sites of Common Cuckoos ringed in Germany (26 recoveries) and foreign ringing sites of birds recovered in Germany (12 recoveries).*

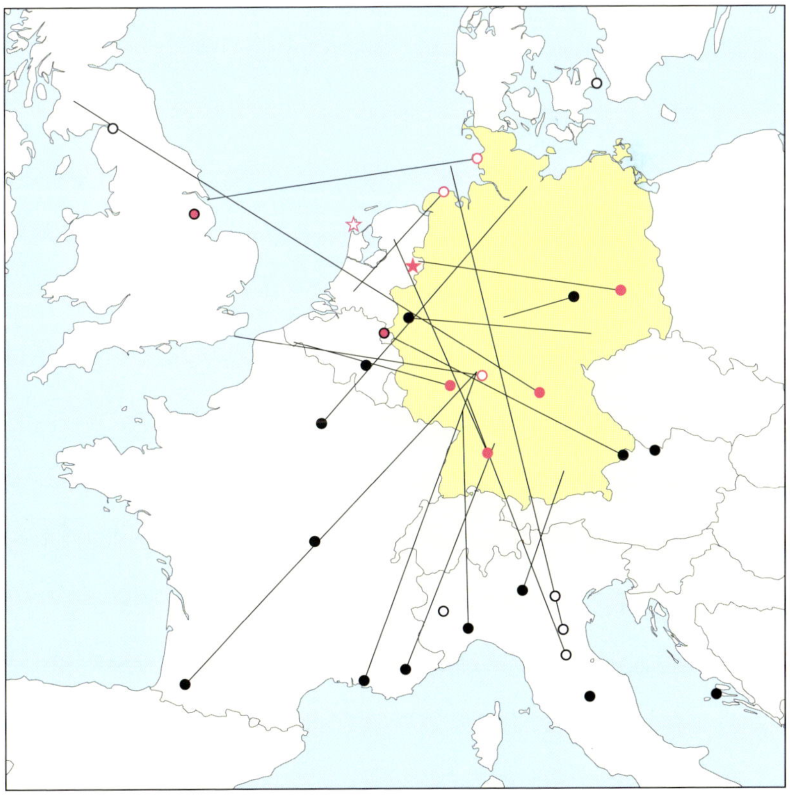

Abb. 2: Herbstzug (August–November) von in Deutschland zur Brutzeit (14 Funde) oder von August bis November anwesenden Kuckucken (10 Funde). – *Autumn migration (August–November) of Common Cuckoos present in Germany during the breeding season (14 recoveries) or from August to November (10 recoveries).*

in Italien (beringt als Nestling in Sachsen-Anhalt). Erneut sorgte die Satellitentelemetrie für Aufklärung: Die oben erwähnten bayerischen Vögel führten einen Schleifenzug im Uhrzeigersinn durch und flogen über Ghana/Elfenbeinküste, Algerien und Italien ins Brutgebiet zurück (Herzog 2014).

Summary: *A stable, but fluctuating breeding population (42,000–69,000 territories) of Common Cuckoo is distributed all over Germany. Ring recoveries of German birds are mainly found along a N-S axis, with most birds reported from Italy. There are no recoveries linking Germany with sub-Saharan winter quarters, but birds followed by satellite telemetry moved from Bavaria via Nigeria, Chad or Sudan to tropical Africa between Cameroon and N Angola. In addition there are connections to the W and NW, indicating that some British Cuckoos migrate via Germany. Satellite telemetry showed a switch of the migratory direction to S in Germany. Owing to a clockwise loop migration, these birds are not recorded in Germany in spring, whereas S Scandinavian Cuckoos, having reached tropical Africa on a more easterly route, are more likely to pass through Germany during spring migration. Similarly, the loop migration shown by tracked Bavarian birds brought them back to the breeding area on a route west of the one taken in autumn, i.e. across Ghana or Ivory Coast and Algeria.*

Schleiereule *Tyto alba*
Common Barn-owl

Beringungen nach 1945:	184.603
Funde > 10 km nach 1945:	13.139/12.137
Wiederfundquote (Fernfunde nach 1945):	6,6 %
Funde > 10 km seit 1901:	13.317/12.293
Funde fremder Beringungszentralen:	990/939
Höchstalter:	27 J, 3 M
Weiteste Entfernung:	2316 km

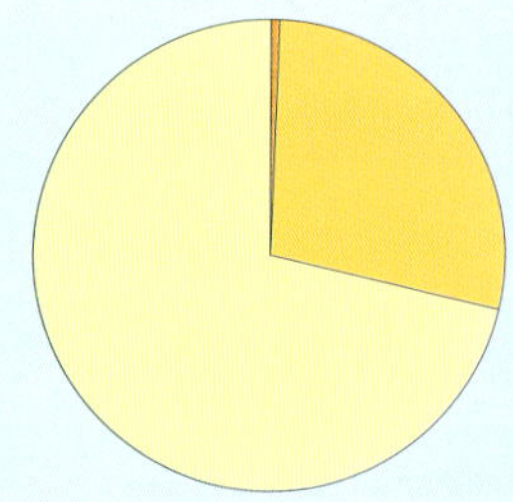

Verbreitung und Status: Die Schleiereule brütet in fast ganz Europa und fehlt nur in Fennoskandien. Außer der Sahara besiedelt sie auch fast ganz Afrika, S-Asien und Australien. Das Vorkommen vom mittleren Nordamerika bis Feuerland wird heute meist einer eigenen Art (Amerikaschleiereule *T. furcata*, z. B. König et al. 2008) zugeordnet. In Deutschland kommen Schleiereulen landesweit in Ortschaften vor. Der Brutbestand von etwa 16.500–29.000 BP ist aufgrund hoher Mortalität in kalten Wintern und hoher Reproduktionsrate unter günstigen Ernährungsbedingungen sehr starken Schwankungen unterworfen, zeigt aber in den letzten 25 Jahren eine Zunahme. Schleiereulen sind sesshafte Vögel, denn Wanderungen beschränken sich in der Regel auf die Dismigration von Jungvögeln im Herbst. Bei hoher Individuendichte gepaart mit schlechtem Nahrungsangebot kann auch ein Teil der Altvögel abwandern.

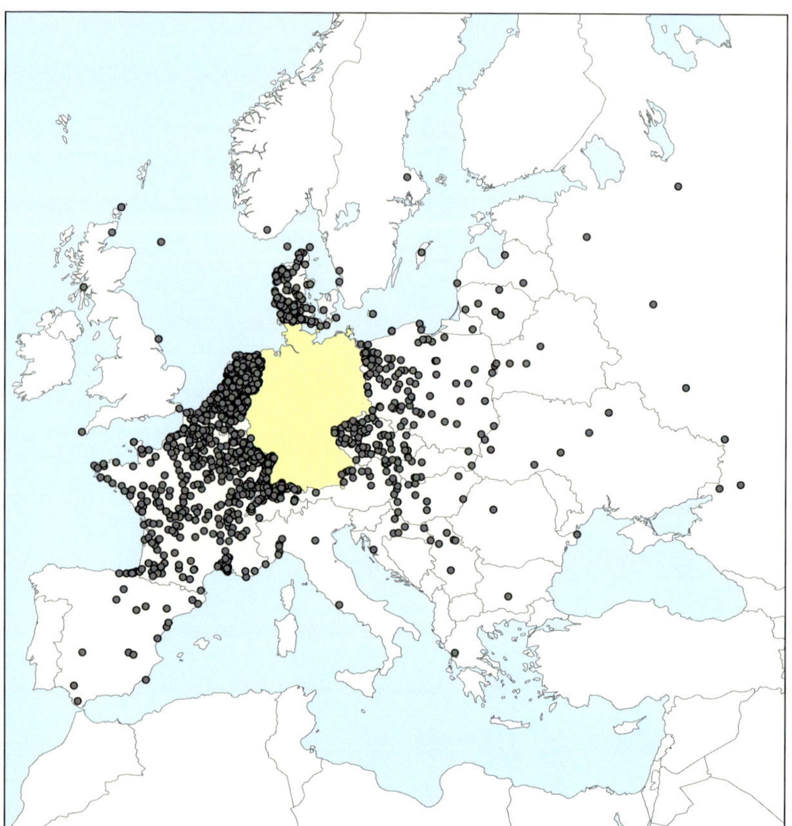

Abb. 1: Fundorte im Ausland von in Deutschland beringten Schleiereulen (1528 Funde). – *Foreign recovery sites of Common Barn-owls ringed in Germany (1528 recoveries).*

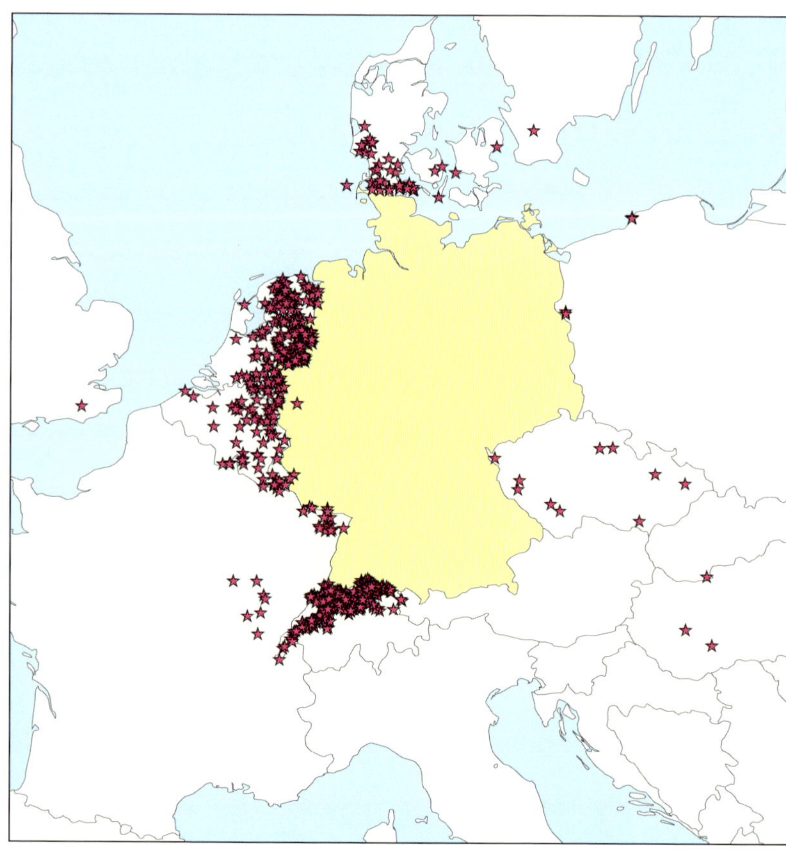

Abb. 2: Beringungsorte im Ausland von in Deutschland gefundenen Schleiereulen (990 Funde). – *Foreign ringing sites of Common Barn-owls recovered in Germany (990 recoveries).*

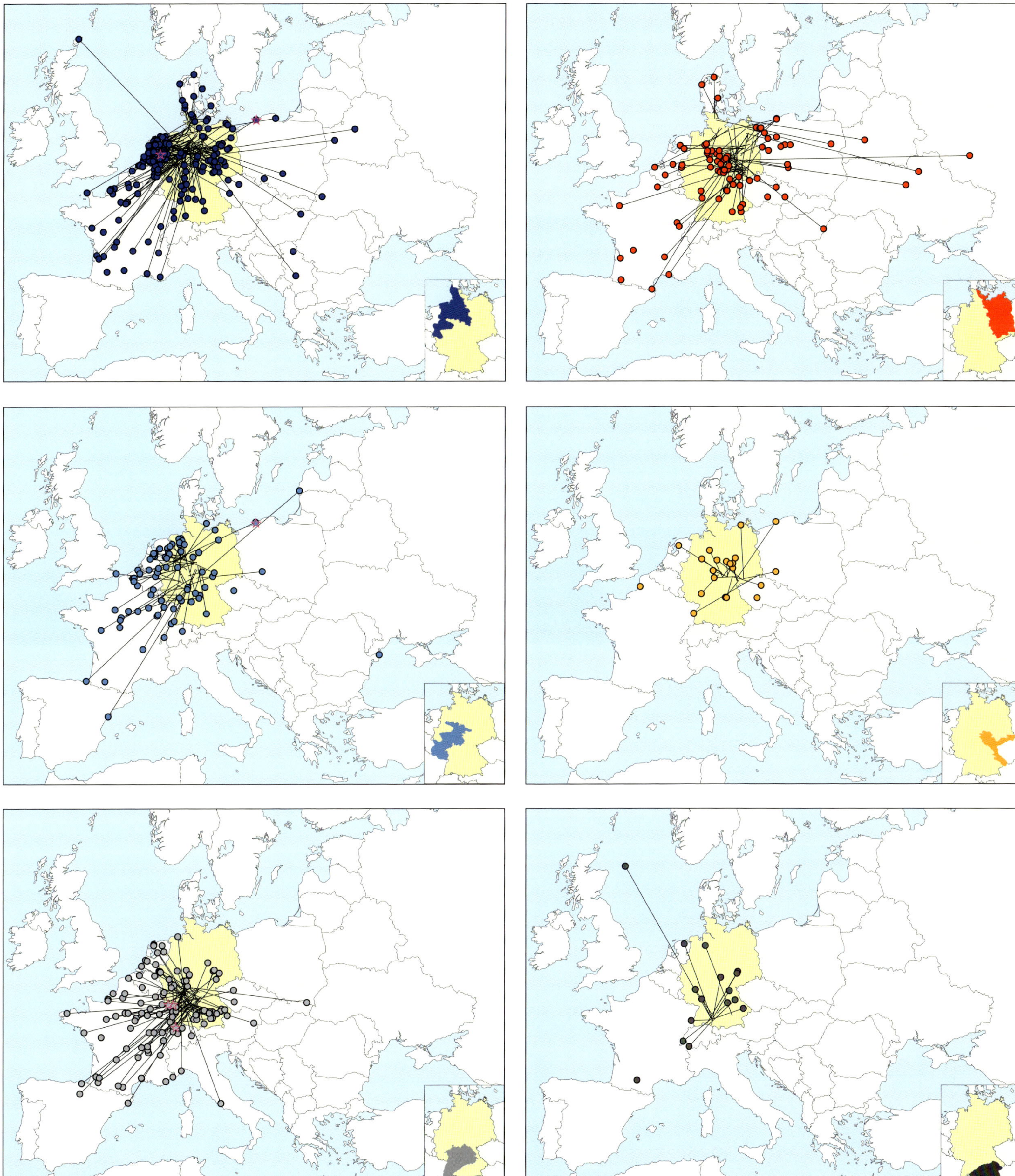

Abb. 3: Zerstreuungswanderung (Oktober – Januar) von in Deutschland zur Brutzeit anwesenden Schleiereulen (532 Funde). – *Autumn migration (October – January) of Common Barn-owls present in Germany during the breeding season (532 recoveries).*

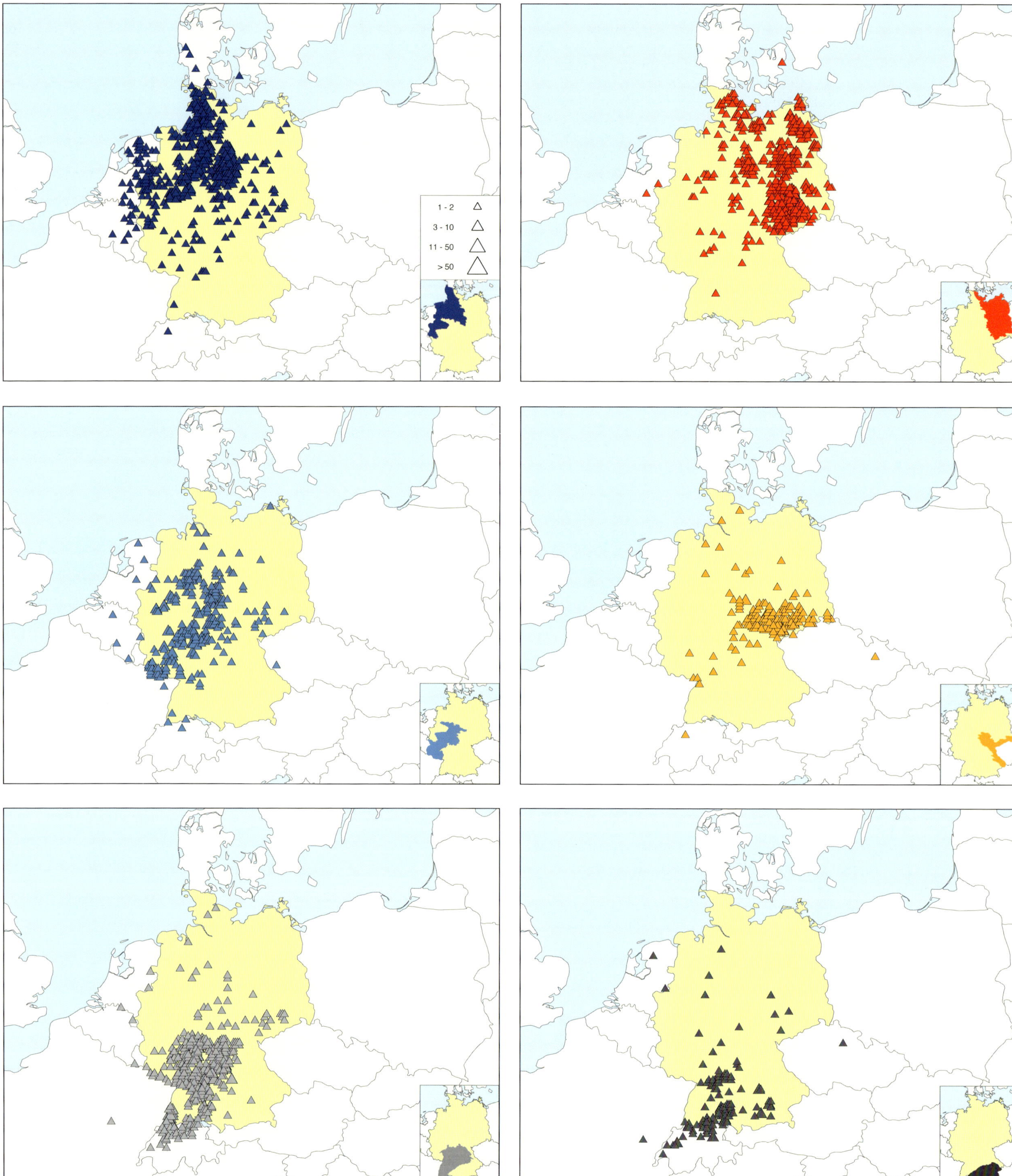

Abb. 4: Aufenthaltsorte zur Brutzeit von im Winter (Dezember – Januar) in Deutschland anwesenden Schleiereulen (4400 Funde). – *Presence during the breeding season of Common Barn-owls present in Germany in winter (December – January, 4400 recoveries).*

Wanderungen: Über Ringfunde stehen deutsche Schleiereulen mit den meisten Teilen Europas in Verbindung (Abb. 1 und 2), wobei die Wanderungen größtenteils auf Jungvögel in ihren ersten Lebensmonaten zurückgehen. Dabei entfernen sich junge Schleiereulen im ersten Monat nach dem Ausfliegen meist noch nicht weiter als 10 km von ihrem Geburtsort, doch befinden sich bereits im zweiten Monat fast drei Viertel aller Jungvögel in größerer Entfernung, teilweise bereits in Distanzen von über 50 km. In den folgenden vier Monaten gelangt ein immer größerer Teil der Vögel in Entfernungen von über 100 km (Bairlein 1985). Entsprechend den Schlupfterminen (bei Erstbruten vor allem Mitte April bis Anfang Juni, Hölzinger & Mahler 2001) findet die Dispersion vor allem von September bis Januar statt. Dabei fliegen die Vögel zwar in alle Richtungen, besonders viele Ringfunde gibt es aber nach SW (Abb. 3). Allerdings zeigen die Schleiereulen aus verschiedenen naturräumlichen Regionen kleinere Unterschiede in den Abzugsrichtungen. So scheinen Vögel aus dem NE-deutschen Tiefland zu einem größeren Anteil nach E zu gelangen als diejenigen aus dem NW-deutschen Tiefland, und Vögel aus den westlichen Mittelgebirgen fliegen häufiger nach N (Abb. 3). Allerdings gibt es selbst innerhalb von solchen Regionen Unterschiede in der Wanderungstendenz, die möglicherweise durch örtliche Bedingungen (Nahrungsangebot, Klima) verursacht werden (Bairlein 1985). Anders als bei den meisten anderen Eulenarten kann sich die Dismigration über große Distanzen erstrecken, denn über die Hälfte aller in mehr als 10 km Entfernung gefundenen Ringvögel wanderte mehr als 100 km weit, etwa ein Sechstel sogar mehr als 1000 km. Die größte Strecke legte ein im mittleren Niedersachsen beringter Nestling zurück, der im folgenden Winter 2316 km ESE in S-Russland tot aufgefunden wurde. Als anderes Extrem ist ein Nestling aus Rheinland-Pfalz zu erwähnen, der 1833 km nach SW bis zur S-Spitze Spaniens flog. An verschiedenen Stellen kommt die Dispersion aber bereits deutlich eher aufgrund von ökologischen Barrieren zum Stillstand: Deutlich zu erkennen ist, dass nur sehr wenige Schleiereulen die Nordsee (nach Großbritannien), Ostsee (nach Schweden und E-Dänemark), die Alpen (nach Italien) oder die Pyrenäen (nach Spanien) überqueren (Abb. 3).

Die Verbreitung deutscher Schleiereulen im Winter ist dem Bild der Zerstreuung der Jungvögel sehr ähnlich, außer dass die große Mehrheit der Altvögel im Brutgebiet verweilt. Die Karten, die für die einzelnen naturräumlichen Regionen die Herkunft der dort im Winter gefundenen Vögel zeigen, deuten an, dass es bei deutschen Schleiereulen zwar eine starke Emigration im Herbst gibt (s. o., Abb. 3), dass aber nur wenige Überwinterer aus fernen Gebieten nach Deutschland kommen: Die Masse der Wintervögel stammt aus derselben Region, nur ein kleinerer Teil ist jeweils aus benachbarten Gebieten zugewandert (Abb. 4).

Summary: *Common Barn-owl is distributed all over Germany, showing a widely fluctuating, but in recent years increasing population of 16,500 – 29,000 bp. Movements recorded through ringing main refer to dispersal of juveniles, which is most pronounced from September to January. Recoveries point in all directions, with slight differences between birds from various German regions. Barn-owls can fly as far as S Russia (2316 km) and S Spain (1833 km), but movements are generally ceasing when the birds are confronted with ecological barriers such as oceans (North Sea, Baltic Sea) or mountain ranges (Alps, Pyrenees). Whereas this kind of emigration is well recorded, there appears to be much less immigration, as the birds found in winter usually originated from the same region or areas close by.*

Raufußkauz *Aegolius funereus*

Boreal Owl

Beringungen nach 1945:	29.276
Funde > 10 km nach 1945:	452/359
Wiederfundquote (Fernfunde nach 1945):	1,2 %
Funde > 10 km seit 1901:	452/359
Funde fremder Beringungszentralen:	16/14
Höchstalter:	12 J
Weiteste Entfernung:	782 km

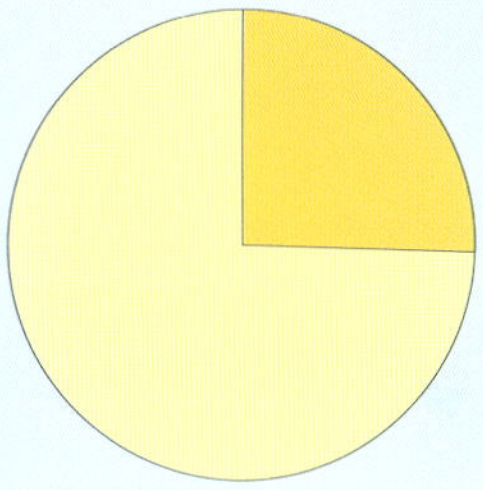

Verbreitung und Status: Das Brutareal des Raufußkauzes umfasst die boreale Nadelwaldzone von Nordamerika und Eurasien, in Europa werden aber auch Gebirge und Mittelgebirge besiedelt. In Deutschland beschränkt sich das Vorkommen weitgehend auf solche höheren Lagen, doch lebt die Art auch im N-deutschen Tiefland (vor allem Lüneburger Heide). Der Bestand umfasst 3400 – 6000 BP und ist in Zunahme begriffen. In Mitteleuropa ist der Raufußkauz Standvogel oder Teilzieher, Wanderungen sind vor allem im Rahmen der Dismigration von Jungvögeln bekannt. Die stärker ausgeprägten Wanderungen skandinavischer Vögel erstrecken sich kaum bis Deutschland.

Wanderungen: Die große Mehrheit der Deutschland betreffenden überregionalen Ringfunde geht auf Umsiedlungen von Brutvögeln bzw. auf Ansiedlungen von Jungvögeln abseits des Geburtsortes zurück, wobei die Entfernung bis zu 782 km betragen kann. Die in Abb. 1 dargestellten Funde verdeutlichen, dass verschiedene Brutgebiete stark miteinander vernetzt sind. Dies schließt auch solche im benachbarten Ausland (Belgien, Schweiz, Tschechien) ein. Alle 22 Funde in über 100 km Entfernung vom Beringungsort von Vögeln, die als Altvögel markiert worden sind, gehen auf Weibchen zurück, die demzufolge eine viel höhere Tendenz zu Wanderungen zeigen als Männchen. Gelegentlich führen Wanderungen in Gebiete, die deutlich außerhalb des Brutgebietes liegen (N-Niederlande, N-Frankreich, Insel Fehmarn in Schleswig-Holstein).

Die nomadischen Wanderungen skandinavischer Raufußkäuze (Glutz von Blotzheim & Bauer 1980) strahlen nur in geringem Ausmaß bis nach N-Deutschland aus. So gibt es nicht nur insgesamt recht wenige Feldbeobachtungen der Art

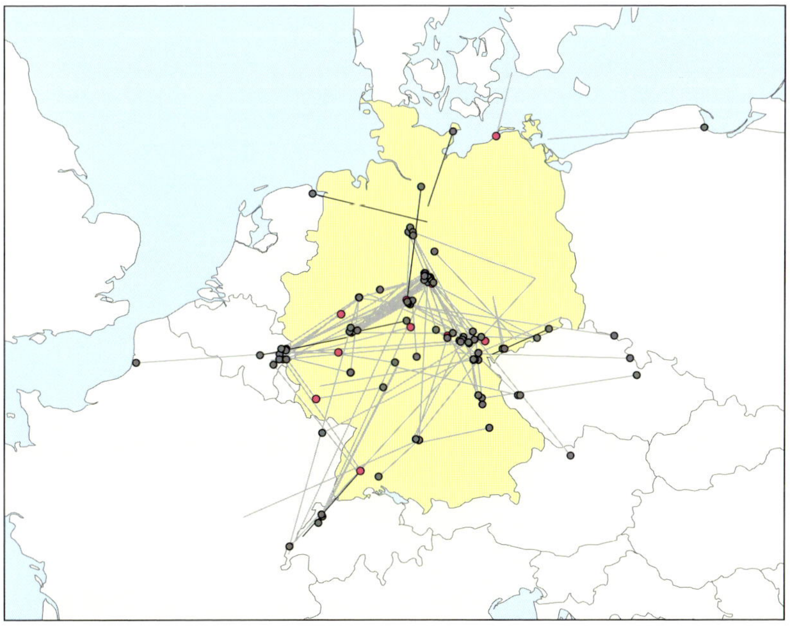

Abb. 1: Funde (> 100 km) von Raufußkäuzen mit Bezug zu Deutschland (111 Funde). – *Recoveries (of > 100 km) of Boreal Owls related to Germany (111 recoveries).*

abseits von Brutplätzen (Klafs & Stübs 1987, Dierschke et al. 2011), sondern auch nur zwei Ringfunde, die als Indiz für solche Wanderungen gelten können. Ein am 18.10.1967 im S-schwedischen Falsterbo beringter Durchzügler wurde am 26.3.1968 and der Ostseeküste Mecklenburg-Vorpommerns tot gefunden. Darüber hinaus wurde ein am 26.10.1999 auf der Greifswalder Oie (Mecklenburg-Vorpommern) beringter Jungvogel am 31.3.2000 an der polnischen Ostseeküste tot gefunden. In beiden Fällen könnten sich die Vögel auf der Rückwanderung nach N bzw. E befunden haben, nachdem sie im Herbst nach N-Deutschland gelangt waren.

Summary: *Germany holds an increasing population of 3400–6000 bp of Boreal Owl, which breeds in various mountaineous regions of Germany as well as in lowland forests of the N. Most ring recoveries point towards an interchange between breeding sites in adults (with recoveries of over 100 km only in females) and a marked dismigration of juveniles – both within Germany and to and from adjacents countries (mainly Belgium, Switzerland, Czech Republic). Few birds were found outside their breeding range, e.g. in The Netherlands, N France and at the German Baltic Sea coast. The scarce occurrence of Scandinavian (nomadic) migrants is reflected by two coastal recoveries indicating spring return migration to the N and E, respectively.*

Steinkauz *Athene noctua*

Little Owl

Beringungen nach 1945:	114.938
Funde > 10 km nach 1945:	2115/1428
Wiederfundquote (Fernfunde nach 1945):	1,2 %
Funde > 10 km seit 1901:	2141/1454
Funde fremder Beringungszentralen:	6/6
Höchstalter:	15 J, 5 M
Weiteste Entfernung:	758 km

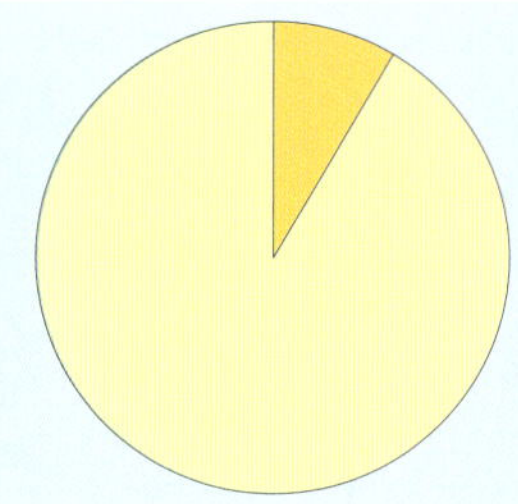

Verbreitung und Status: Der Steinkauz lebt von NW-Afrika, S- und W-Europa ostwärts bis E-Asien bzw. bis E-Afrika, fehlt aber in N-Europa. In Deutschland ist die Art sehr lückenhaft verbreitet, größere Vorkommen sind in Nordrhein-Westfalen, im Rhein-Main-Gebiet und am Oberrhein zu finden. Obwohl der Steinkauz aus einigen früheren Brutgebieten verschwunden ist, gilt der deutsche Bestand von 8000–9500 BP als stabil. Steinkäuze sind ausgeprägte Standvögel, Wanderungen beschränken sich weitgehend auf die herbstliche Dismigration von Jungvögeln.

Wanderungen: Die herbstlichen Zerstreuungswanderungen von Jungvögeln erstrecken sich nur selten über größere Strecken. So entfernten sich von den über 2000 Vögeln mit Wiederfunden nur 3 % mehr als 100 km vom Beringungsort. Dennoch zeigen gerade diese Funde, dass die verschiedenen deutschen Brutgebiete untereinander in Verbindung stehen (Abb. 1). Ebenso gibt es mit den benachbarten Ländern in fast alle Richtungen einen Austausch von Individuen. Am weitesten flogen Jungvögel aus Rheinland-Pfalz (758 km nach S-Frankreich) und Baden-Württemberg (606 km nach W-Polen).
Kurios und in der Auswertung nicht berücksichtigt ist der Fund eines aus Hessen stammenden Steinkauzes in SW-Finnland zwei Monate nach seiner Beringung als Nestling: Der bereits länger tote Vogel befand sich in einem Eisenbahnwaggon, der mit einer Fähre aus Deutschland weit über die Verbreitungsgrenze der Art hinaus gelangte.

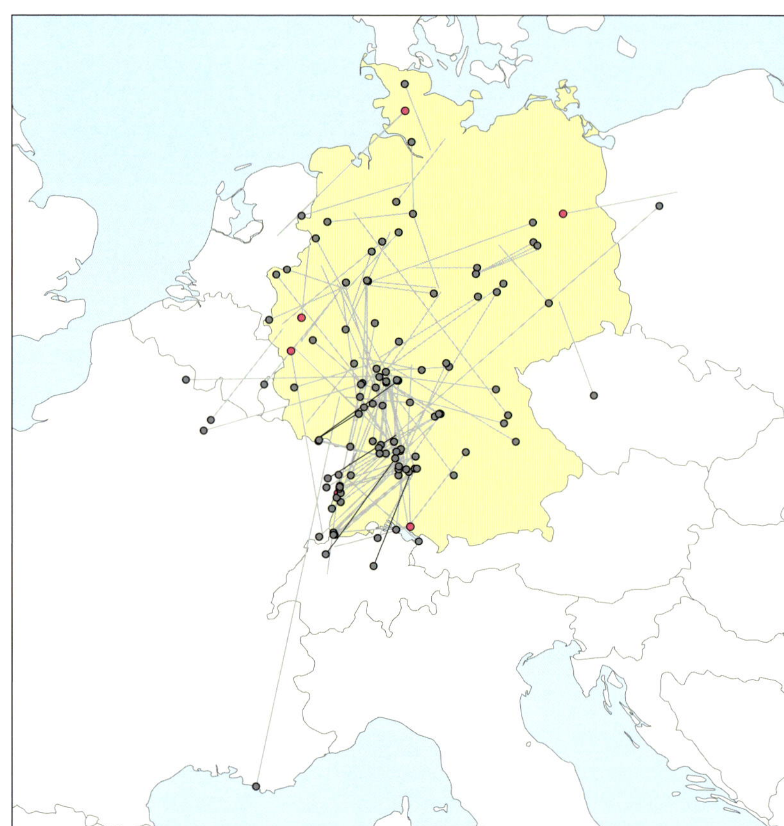

Abb. 1: Funde (> 100 km) von Steinkäuzen mit Bezug zu Deutschland (138 Funde). – *Recoveries (of > 100 km) of Little Owls related to Germany (138 recoveries).*

Summary: *Little Owl is patchily distributed in Germany. Despite its disappearance from a number of regions that were occupied during earlier decades, the population of 8000–9500 bp pairs is regarded to be stable. The species shows high site fidelity, with movements more or less restricted to the dispersal of juveniles. Only 3% of the recoveries cover distances of more than 100 km, but those birds demonstrate the existance of an exchange between adjacent regions (and countries). The maximum distance flown was recorded at 758 km (to S France), whereas a Little Owl reported dead from Finland was evidently transported by train and ferry.*

Sperlingskauz *Glaucidium passerinum*

Eurasian Pygmy-owl

Beringungen nach 1945:	3126
Funde > 10 km nach 1945:	71/50
Wiederfundquote (Fernfunde nach 1945):	1,6 %
Funde > 10 km seit 1901:	71/50
Funde fremder Beringungszentralen:	0/0
Höchstalter:	7 J
Weiteste Entfernung:	104 km

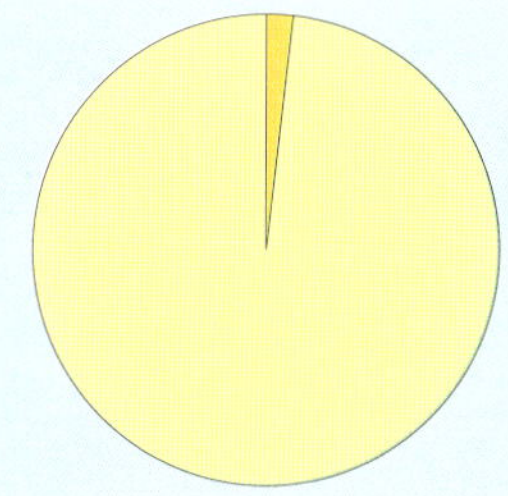

Verbreitung und Status: Das Verbreitungsgebiet des Sperlingskauzes umfasst den borealen Nadelwaldgürtel von Skandinavien bis E-Sibirien sowie die Alpen und Mittelgebirge in Mitteleuropa. In Deutschland sind gebietsweise auch Nadelwälder im Tiefland besiedelt. Der in den letzten Jahrzehnten zunehmende Brutbestand umfasst 3200–5500 BP. Die Art ist Standvogel, Wanderungen beschränken sich auf die Dismigration der Jungvögel.

Wanderungen: Junge Sperlingskäuze siedeln sich im Mittel 17 km (Weibchen) bzw. 12 km (Männchen) entfernt vom Geburtsort an (Wiesner 1992). Deutlich weiter fliegen sehr wenige Vögel, denn nur fünf beringte Individuen wurden in Distanzen von über 50 km wiedergefunden. In vier Fällen handelt es sich um Jungvögel, die in späteren Jahren zur Brutzeit an ihrem Brutplatz gefangen wurden. Nur der weiteste Fund (104 km vom Thüringer Wald ins Fichtelgebirge) betrifft einen Wiederfang im Oktober des Geburtsjahres und fällt damit wohl noch in den Zeitraum der Jungvogel-Dismigration.
Evasionen skandinavischer Sperlingskäuze erreichen nur selten das Südufer der Ostsee (Glutz von Blotzheim & Bauer 1980). Nicht nur fehlende Ringfunde weisen auf die Seltenheit skandinavischer Vögel in N-Deutschland hin, sondern auch eine sehr geringe Zahl von Nachweisen in Mecklenburg-Vorpommern (Klafs & Stübs 1987) und in Niedersachsen vor der Etablierung der dortigen Brutvorkommen in den 1990er Jahren (Zang 2002).

Summary: *In Germany, an increasing breeding population of 3200–5500 bp of Eurasian Pygmy-owl inhabits coniferous forests in the Alps as well as some lower mountains and lowland areas in the N. Adults show a high breeeding-site tenacity and even juvenile dispersal usually covers less than 20 km. Only five birds were found more than 50 km away from their natal area, with a maximum distance recorded of 104 km. Evasions of Scandinavian Pygmy-owls usually cease at the Baltic Sea coast, and ring recoveries connecting N Europe and Germany are lacking.*

Abb. 1: Funde (> 50 km) von Sperlingskäuzen mit Bezug zu Deutschland (6 Funde). Ein Vogel ist zweimal enthalten, weil er sich über 50 km vom Geburtsort entfernt ein zweites Mal umsiedelte. – *Recoveries (of > 50 km) of Eurasian Pygmy-owls related to Germany (6 recoveries). One bird is considered twice, because it changed the site a second time.*

Waldohreule *Asio otus*
Long-eared Owl

Beringungen nach 1945:	19.480
Funde > 10 km nach 1945:	564/547
Wiederfundquote (Fernfunde nach 1945):	2,8 %
Funde > 10 km seit 1901:	623/605
Funde fremder Beringungszentralen:	230/225
Höchstalter:	12 J, 7 M
Weiteste Entfernung:	3040 km

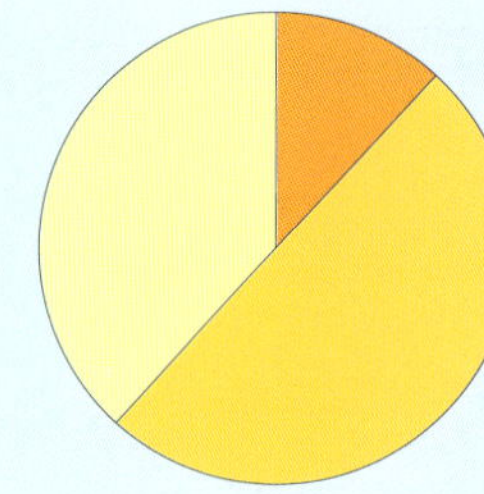

Verbreitung und Status: Die Waldohreule brütet in der Südhälfte Nordamerikas sowie in weiten Teilen Eurasiens mit Ausnahme von Tundra, Wüsten und tropischen Gebieten. Deutschland ist flächendeckend besiedelt, der als stabil geltende Brutbestand beläuft sich auf 26.000 – 43.000 BP. Vor allem in den nörd-

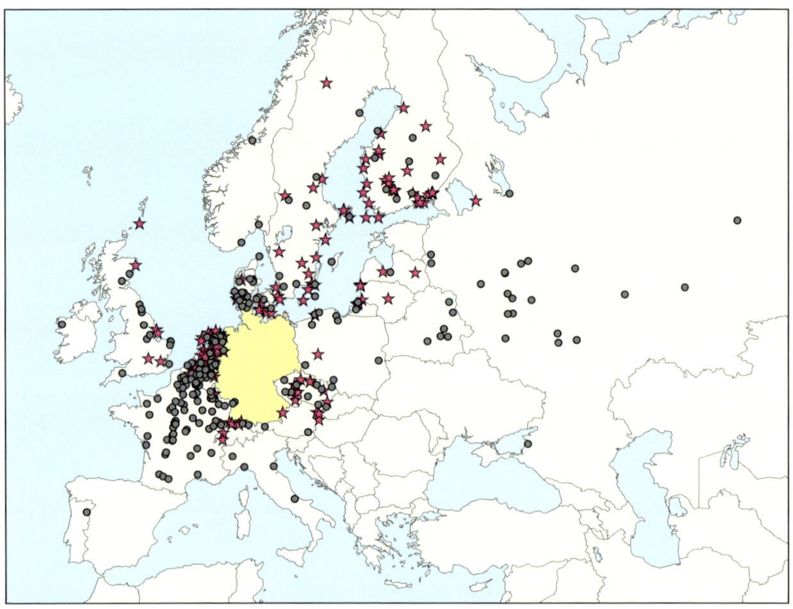

Abb. 1: Fundorte von in Deutschland beringten (217 Funde) und ausländische Beringungsorte von in Deutschland gefundenen (230 Funde) Waldohreulen. – *Foreign recovery sites of Long-eared Owls ringed in Germany (217 recoveries) and foreign ringing sites of birds recovered in Germany (230 recoveries).*

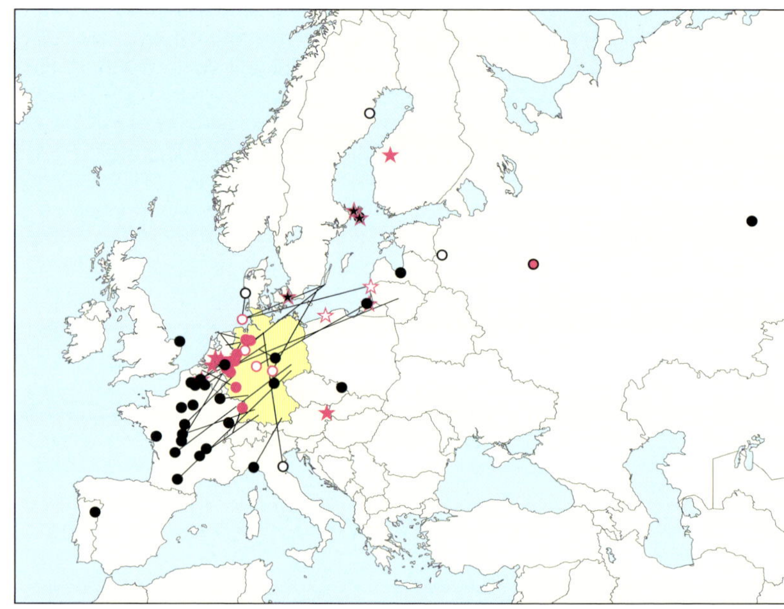

Abb. 2: Herbstzug (September – November) von in Deutschland zur Brutzeit (34 Funde) oder von September bis November anwesenden Waldohreulen (43 Funde). – *Autumn migration (September – November) of Long-eared Owls present in Germany during the breeding season (34 recoveries) or from September to November (43 recoveries).*

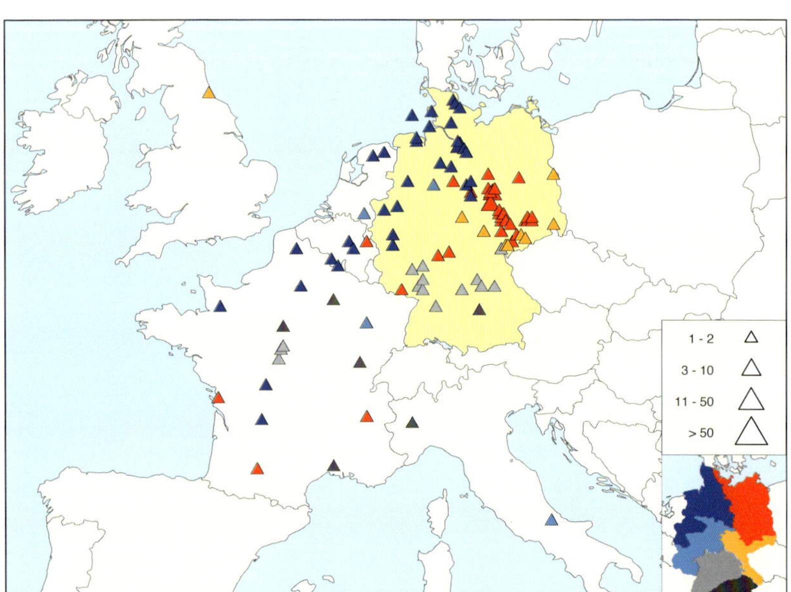

Abb. 3: Aufenthaltsorte im Winter (Dezember – Januar) von in Deutschland zur Brutzeit anwesenden Waldohreulen (113 Funde). – *Presence in winter (December – January) of Long-eared Owls present in Germany during the breeding season (113 recoveries).*

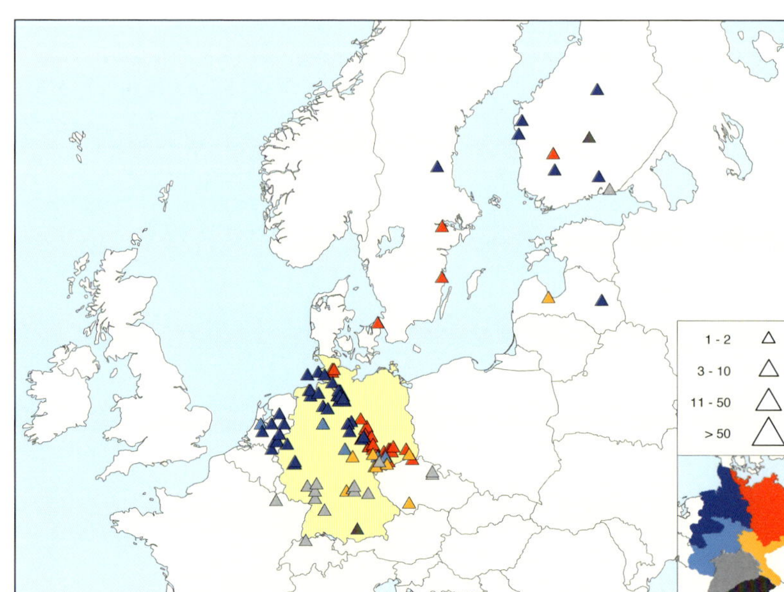

Abb. 4: Aufenthaltsorte zur Brutzeit von im Winter (Dezember – Januar) in Deutschland anwesenden Waldohreulen (114 Funde). – *Presence during the breeding season of Long-eared Owls present in Germany in winter (December – January, 114 recoveries).*

lichsten Teilen des Verbreitungsgebietes ist die Art Zugvogel, doch reichen die Überwinterungsgebiete nur in Asien und Nordamerika südwärts über das Brutareal hinaus. In Mitteleuropa zieht nur ein Teil der Altvögel, aber ein Großteil der Jungvögel aus dem Brutgebiet ab. Das Ausmaß dieser Wanderungen ist jedoch mit dem Angebot an Kleinsäugern korreliert. Der Herbstzug findet vor allem im Oktober und November, der Frühjahrszug besonders von Mitte März bis Anfang Mai statt.

Wanderungen: Den vielen Ringfunden zufolge läuft in Deutschland der Zug von Vögeln aus dem südlichen Skandinavien und Finnland sowie aus den mittleren Breiten des europäischen Russlands zusammen, so dass im Herbst nach SW und W wandernde Waldohreulen auftreten (Abb. 1). Bei Betrachtung nur der auf dem Wegzug wiedergefundenen Vögel bestätigt sich dies, zugleich wird deutlich, dass nur wenige Vögel von Deutschland aus nach S ziehen (Abb. 2). Wiederfunde von in Schweden beringten Waldohreulen zeigen dasselbe Bild, denn von dort fliegen fast alle Vögel nach SW und nur wenige in andere Richtungen (Fransson et al. 2008). Passend dazu stammen viele Ringfunde in Tschechien und der Slowakei beringter Vögel aus Russland, aber nur zwei aus Finnland (Cepák et al. 2008). Der geringen Anzahl von Funden in Italien zufolge überqueren offenbar nur wenige Waldohreulen die Alpen (s. auch Spina & Volponi 2008a), auch jenseits der Pyrenäen fehlen Funde fast völlig (Abb. 1). Meeresgebiete scheinen demgegenüber keine Barriere darzustellen, wie zahlreiche Ringfundbeziehungen über Nord- und Ostsee (Abb. 1 und 2) und auch einige über das Mittelmeer hinweg (Maumary et al. 2007, Spina & Volponi 2008a) sowie von Schottland und Schweden aus nach Island (Wernham et al. 2002, Fransson et al. 2008) zeigen.
Auch deutsche Brutvögel sind als Teilzieher am Zuggeschehen beteiligt. Zwar wird deutlich, dass sehr viele in Deutschland heimische Waldohreulen nah an ihrem Brutgebiet überwintern, ein Teil der Vögel verbringt die Wintermonate aber in Frankreich, zieht also ebenfalls nach SW ab (Abb. 3). Wiederum sind es nur wenige Individuen, die andere Richtungen einschlagen. Auch die Karte mit den Herkunftsgebieten deutscher Wintervögel belegt Überwinterungen nahe dem Brutgebiet. Zugleich halten sich im Dezember und Januar Waldohreulen aus Schweden, Finnland und dem Baltikum in Deutschland auf (Abb. 4). Es gibt dagegen bisher keinen Hinweis dazu, ob die aus Russland von E her einfliegenden Eulen in Deutschland überwintern oder nach W-Europa weiterziehen. Sechs Funde von Vögeln, die auf dem Herbstzug oder im Winter in Deutschland beringt, in einem späteren Winter jedoch in Russland gefunden wurden, zeigen, dass manche Individuen jahrweise ganz unterschiedliche Überwinterungsgebiete aufsuchen können.
Schwer vom beschriebenen Zug zu trennen sind herbstliche Wanderungen im Rahmen der Dismigration von Jungvögeln, die beträchtliche Entfernungen umfassen können (Maumary et al. 2007). Eine Ansiedlung fern des Herkunftsortes betrifft wahrscheinlich auch die weiteste Fundentfernung eines deutschen Nestlings, der in Brandenburg beringt und im Oktober des folgenden Jahres 3040 km weiter östlich im Ural geschossen wurde. Weitere Fälle von großräumiger Umsiedlung dürften Funde als Nestling in Deutschland beringter Vögel in Russland und Finnland zur Zeit des Frühjahrszuges betreffen (Abb. 5). Wegen der frühen Brutzeit der Art ist auch für Frühjahrsfunde in den Nachbarländern Deutschlands anzunehmen, dass sie auf dort angesiedelte Vögel zurückgehen. Darüber hinaus geben etliche Funde vom Frühjahrszug zusätzliche Belege für eine Herkunft deutscher Gastvögel aus Schweden und Finnland.

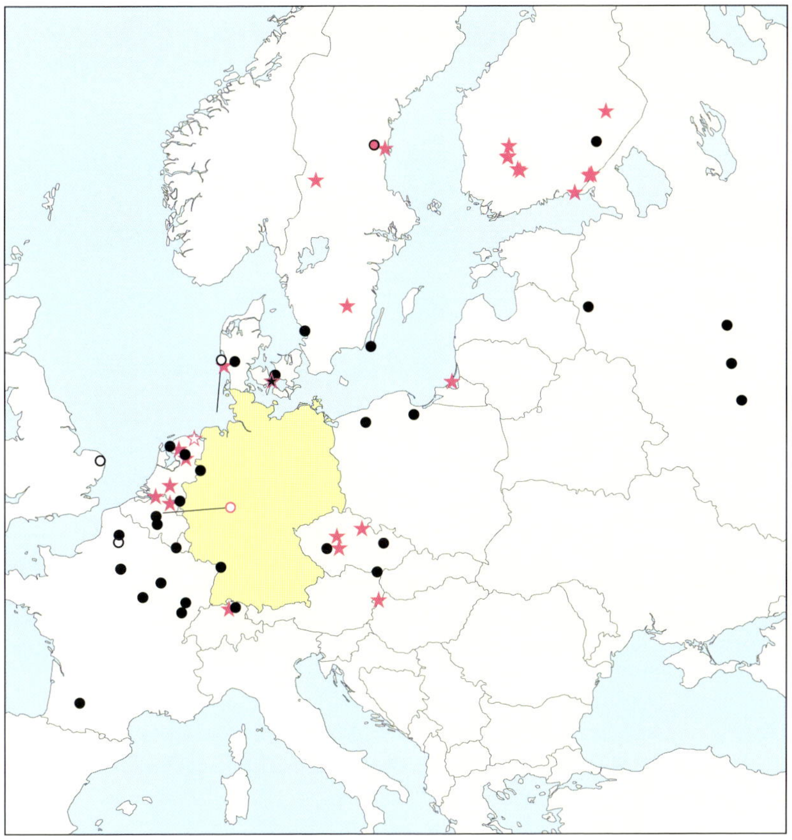

Abb. 5: Frühjahrszug (März – April) von in Deutschland zur Brutzeit (30 Funde) oder von März bis April anwesenden Waldohreulen (34 Funde). – *Spring migration (March – April) of Long-eared Owls present in Germany during the breeding season (30 recoveries) or from March to April (34 recoveries).*

***Summary:** A stable population of some 26,000 – 43,000 bp of Long-eared Owl is distributed all over Germany. As partial migrants, many birds are wintering close to their breeding (and birth) sites, but some (mostly first-year) birds migrate to the SW and spend the winter in France. At the same time, breeders from Sweden, Finland and the Baltic are present in Germany. A map covering all available ring recoveries shows that the routes of birds migrating SW from Fennoscandia and W from European Russia are converging in Germany. So far it is unknown, whether Russian birds also winter in Germany or only pass through. Movements during juvenile dispersal are difficult to separate from true migration, but the most distant recovery of a Long-eared Owl ringed in Germany referring to a nestling shot 3040 km further east in the Ural Mountains in October of the subsequent year, may be the result of dispersal. Birds ringed as nestlings in Germany and recovered during spring migration in Russia and Finland as well as in countries adjacent to Germany probably also result from dispersal.*

Sumpfohreule *Asio flammeus*
Short-eared Owl

Beringungen nach 1945:	1444
Funde > 10 km nach 1945:	50/49
Wiederfundquote (Fernfunde nach 1945):	3,4 %
Funde > 10 km seit 1901:	52/51
Funde fremder Beringungszentralen:	23/22
Höchstalter:	10 J, 4 M
Weiteste Entfernung:	3486 km

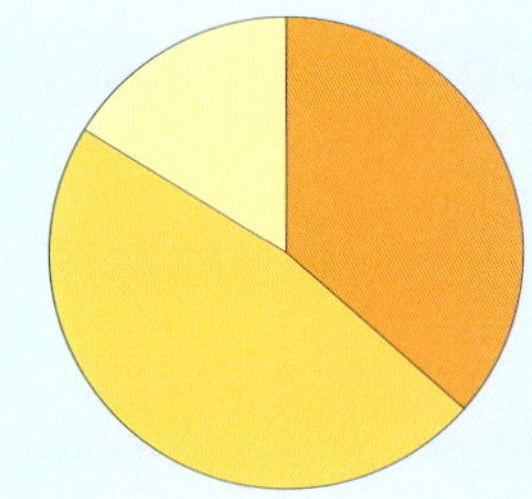

Verbreitung und Status: Das Brutareal der Sumpfohreule umfasst nahezu die gesamte Paläarktis und reicht in Amerika von Alaska bis Patagonien. Für Deutschland ist ein sehr lückenhaftes Brutvorkommen in Niederungen (vor allem im NW-deutschen Tiefland) zu verzeichnen. Deutliche jährliche Bestandsschwankungen in Abhängigkeit von Kleinsäugerpopulationen wurden in den letzten drei Jahrzehnten von einer starken Abnahme des Brutbestands auf nur noch 50 – 180 BP überlagert. Der größte deutsche Brutbestand auf den Ostfriesischen Inseln ist allerdings stabil und nur geringen Schwankungen unterworfen (Dierschke 2008).

Auch das Zugverhalten der Sumpfohreule wird sehr stark vom Nahrungsangebot beeinflusst, so dass die Art eine niedrige Ortstreue im Hinblick auf Brut- und Überwinterungsgebiete und stattdessen eher nomadisches Verhalten zeigt. Dadurch gelangen jahrweise sehr unterschiedliche Anzahlen durchziehender und überwinternder Vögel nach Deutschland. Die Überwinterungsgebiete reichen bis ins tropische Afrika, Indien und SE-Asien, so dass die Art als Langstreckenzieher anzusehen ist. In Deutschland erstreckt sich der Herbstzug von September bis November (mit Schwerpunkt im Oktober), der Frühjahrszug dauert von Ende Februar bis Anfang Juni und gipfelt im April.

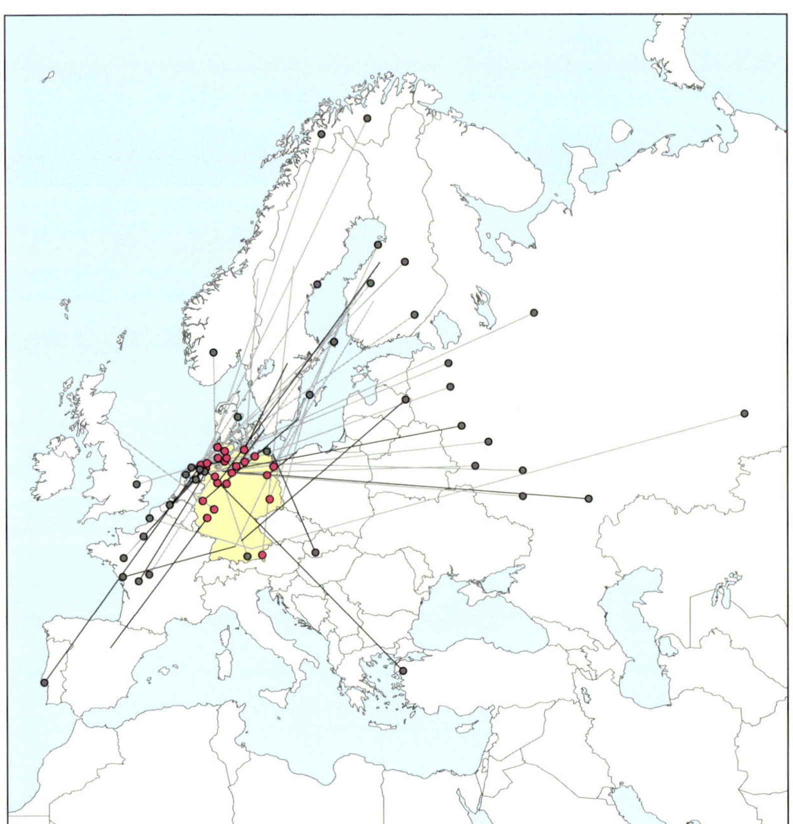

Abb. 1: Funde von Sumpfohreulen mit Bezug zu Deutschland (63 Funde). – *Recoveries of Short-eared Owls related to Germany (63 recoveries).*

Wanderungen: Die nomadische Lebensweise der Sumpfohreule erschwert die Interpretation der Ringfunde, die zudem von Deutschland aus in alle Richtungen weisen (Abb. 1). Einige Wiederfunde von nestjung beringten Vögeln in der nachfolgenden Herbstzug- bzw. Winterperiode zeigen, dass Jungvögel zunächst kürzere Flüge (z. B. von Deutschland in die Niederlande und umgekehrt) unternehmen. Bereits im August gelangte aber ein deutscher Jungvogel nach W-Russland, und im September erreichte ein schwedischer Jungvogel Deutschland (Abb. 1). Im ersten Winter wurden deutsche Jungvögel einmal in den Niederlanden, dreimal in Frankreich und einmal in der Türkei gefunden. Weitere direkte Verbindungen von Fänglingen innerhalb derselben Zugperiode sowie einige Funde mit größerem zeitlichen Abstand belegen einen vor allem über die Nordhälfte Deutschlands führenden Zug von Fennoskandien nach Frankreich und zur Iberischen Halbinsel (s. auch Bakken et al. 2006, Bønløkke et al. 2006, Fransson et al. 2008). Andererseits zeigt eine ganze Reihe von Funden in Russland, dass Beziehungen zu dortigen Brut- und Überwinterungsgebieten bestehen. Vögel, die als direkte Funde aus der Türkei (s. o.) und der Slowakei gemeldet wurden, weisen zudem auf eine südöstliche Komponente im Zugsystem deutscher Sumpfohreulen hin (s. auch Spina & Volponi 2008a). Wie komplex deren Zugverhalten ist, zeigen zwei in Bayern beringte Nestgeschwister, von denen eines im Herbst des folgenden Jahres in N-Frankreich, das andere aber fast zur gleichen Zeit in W-Sibirien gefunden wurde.

Summary: *Short-eared Owl is breeding in Germany in fluctuating, but strongly declining numbers (currently down to 50 – 180 bp). In addition to migratory breeding birds, the species is also recorded during migration and in winter. Though the picture produced by ringing recoveries is a bit obscure due to the nomadic life of the species and recoveries from nearly all directions, there is a clear NE-SW migration route connecting Fennoscandian (and German) breeders with winter quarters in SW Europe. On the other hand, a number of recoveries of German nestlings in Russia in the subsequent autumn and winter indicate a strong connection to E Europe and W Siberia. Furthermore, two birds were found SE of Germany in Slovakia and Turkey. Interestingly, two siblings hatched in Bavaria were recovered almost simultaneously in N France and W Siberia, respectively, in the autumn of the following year.*

Uhu *Bubo bubo*
Eurasian Eagle-owl

Beringungen nach 1945:	15.889
Funde > 10 km nach 1945:	578/534
Wiederfundquote (Fernfunde nach 1945):	3,4 %
Funde > 10 km seit 1901:	579/535
Funde fremder Beringungszentralen:	17/14
Höchstalter:	21 J, 3 M
Weiteste Entfernung:	341 km

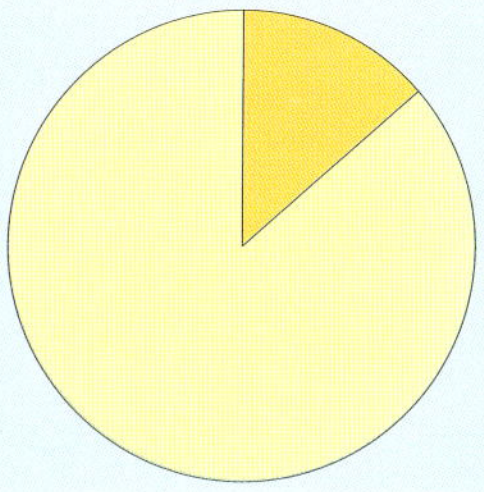

Verbreitung und Status: Abgesehen vom äußersten Norden und Süden Asiens ist der Uhu über ganz Eurasien verbreitet. In Europa fehlt er nur in N-Skandinavien und auf den Britischen Inseln. In Deutschland war der Uhu noch in den 1970er Jahren vom Aussterben bedroht, doch haben artspezifische Schutzmaßnahmen (einschließlich von Zucht- und Auswilderungsprojekten) zu einer deutlichen Zunahme und zu einer Ausbreitung in fast alle Landesteile geführt, so dass größere Verbreitungslücken nur noch in Teilen des N-deutschen Tieflandes zu finden sind. Schleswig-Holstein gehört allerdings wie der gesamte Mittelgebirgsraum zu den Verbreitungsschwerpunkten der insgesamt etwa 2100–2500 BP. Uhus sind Standvögel mit Jungvogel-Dismigration im Herbst und Frühwinter als einziger Form von Wanderungen.

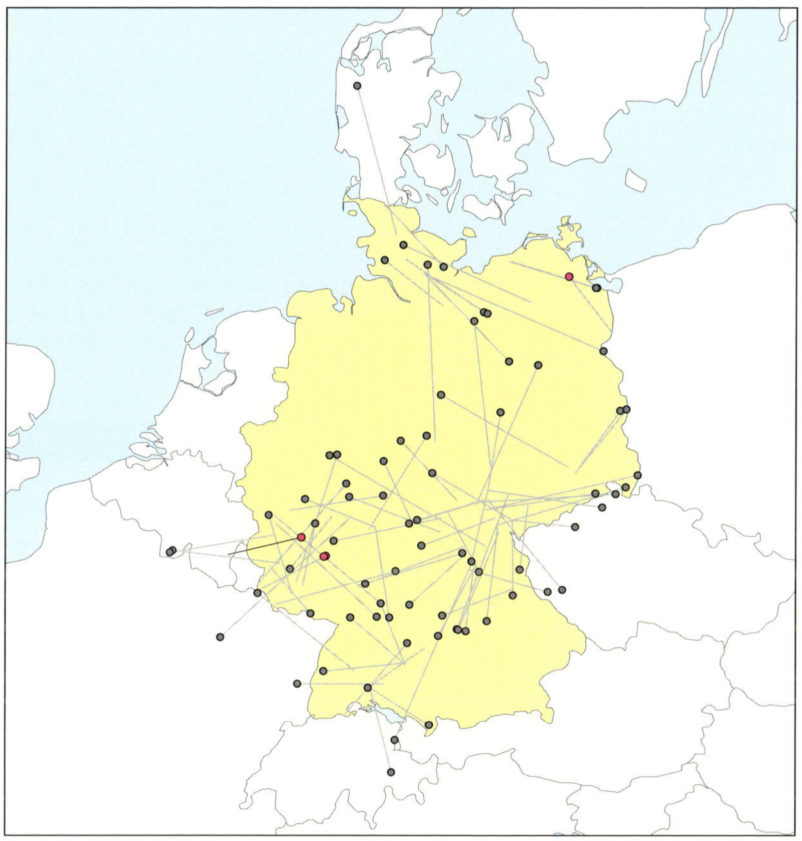

Abb. 1: Funde (> 100 km) von Uhus mit Bezug zu Deutschland (80 Funde). – *Recoveries (of > 100 km) of Eurasian Eagle-owls related to Germany (80 recoveries).*

Wanderungen: Insgesamt liegen 76 Ringfunde vor, bei denen sich in Deutschland beringte Uhus mehr als 100 km vom Beringungsort entfernt haben. Fast alle dieser Vögel wurden nestjung beringt, so dass die in Abb. 1 dargestellten Funde angesichts der hohen Ortstreue von Altvögeln die Maximaldistanzen im Rahmen der Dismigration von Jungvögeln repräsentieren. Deutlich zu erkennen ist, dass die Verteilungsbewegungen der Jungvögel in alle Richtungen erfolgen, so dass Kontakte zwischen verschiedenen Verbreitungszentren in Deutschland und mit dem benachbarten Ausland bestehen. Bestätigt werden die aus Ringfunden gewonnenen Erkenntnisse durch satellitentelemetrische Untersuchungen in den Schweizer Alpen, bei denen sich Jungvögel um durchschnittlich 102 km (maximal 230 km) vom Geburtsort entfernten, später aber wieder näher an diesen heranrückten (Aebischer et al. 2010).

Neben dem in Abb. 1 gezeigten Fund von Schleswig-Holstein nach N-Dänemark (Entfernung 221 km) gibt es noch mehrere andere Ringfunde in gleicher Richtung, die belegen, dass die Wiederansiedlung des Uhus als Brutvogel in Dänemark aus dem prosperierenden Bestand des nördlichsten deutschen Bundeslandes hervor ging. Ein Teil des Nachwuchses der ersten dänischen Brutpaare wurde wiederum in Schleswig-Holstein gefunden (Bønløkke et al. 2006). Die bisher weiteste Distanz eines deutschen Uhus betrifft einen in Oberfranken (Bayern) beringten Jungvogel, der nach fast drei Jahren 317 km weiter südlich in den Liechtensteiner Alpen tot gefunden wurde.

***Summary:** Nearly extinct in the 1970s, the German population of Eurasian Eagle-owl recovered due to protection and release projects and recently reached a population of 2100–2500 bp. Due to this increase, it has now spread over most parts of the country, with ring recoveries revealing the recolonisation of Denmark in this process. Owing to the pronounced year-round site fidelity of adults and to a juvenile dispersal over usually only short distances, the large number of ringed birds produced only 76 recoveries exceeding 100 km. The respective movements are non-directional and connect various parts of the breeding range within Germany and with adjacent countries. The most distant recovery of 317 km refers to a nestling ringed in N Bavaria and found in the Alps of Liechtenstein.*

Waldkauz *Strix aluco*

Tawny Owl

Beringungen nach 1945:	32.466
Funde > 10 km nach 1945:	448/397
Wiederfundquote (Fernfunde nach 1945):	1,2 %
Funde > 10 km seit 1901:	473/416
Funde fremder Beringungszentralen:	63/63
Höchstalter:	18 J, 8 M
Weiteste Entfernung:	446 km

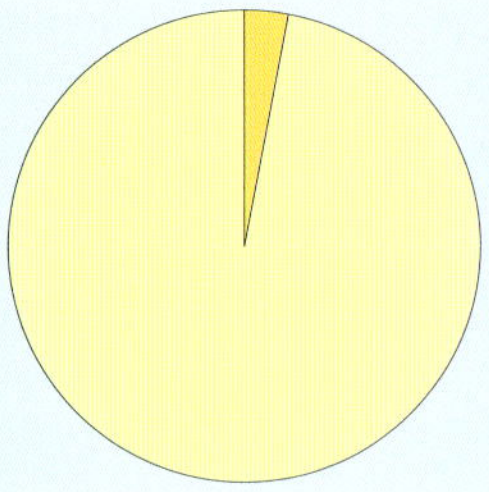

Verbreitung und Status: Mit Ausnahme von Island, Irland und N-Skandinavien brüten Waldkäuze in ganz Europa sowie ostwärts bis W-Sibirien und NW-Indien. Deutschland ist flächendeckend besiedelt und beherbergt einen leicht abnehmenden Bestand von 43.000 – 75.000 BP. Die häufigste Eulenart des Landes ist ausgeprägter Standvogel, saisonale Wanderungen fehlen.

Wanderungen: Während Altvögel eine sehr hohe Brutortstreue zeigen und ihr einmal besetztes Revier in der Regel nicht mehr verlassen, wandern die selbstständig gewordenen Jungvögel ab dem Spätsommer in alle Himmelsrichtungen ab und sind von Oktober bis Dezember am weitesten vom Geburtsort entfernt. Die Brutansiedlung erfolgt in E-Deutschland zu 69 % in weniger als 10 km Distanz zum Geburtsort (Pörner 1985). Auch Ringfunde aus verschiedenen europäischen Ländern zeigen, dass sich die große Mehrheit innerhalb von 10 – 20 km um das Elternrevier ansiedelt (Wernham et al. 2002, Maumary et al. 2007, Cepák et al. 2008, Fransson et al. 2008). Die nur 24 Wiederfunde in Deutschland beringter oder gefundener Waldkäuze in mehr als 50 km Entfernung vom Beringungsort (Abb. 1) machen aber deutlich, dass in geringem Umfang auch größere Distanzen zurückgelegt werden können (maximal 326 km von Belgien zur Nordseeinsel Borkum, Wiederfund fünf Jahre nach der Beringung). Bei solchen Wanderungen können sogar Gebirge überquert werden, wie es der Fund eines in Bayern beringten Vogels in N-Italien vermuten lässt.

Summary: *Tawny Owl is the most common owl species in Germany, breeding all over the country with a stable population of 43,000 – 45,000 bp. Owing to the very high breeding site tenacity of adults and the tendency of juveniles to settle close to their parents, there are only 24 recoveries over more than 50 km. However, those movements (including a maximum distance of 326 km from Belgium to the Wadden Sea island Borkum) indicate that dispersal takes a small fraction of Tawny Owls far beyond their natal regions.*

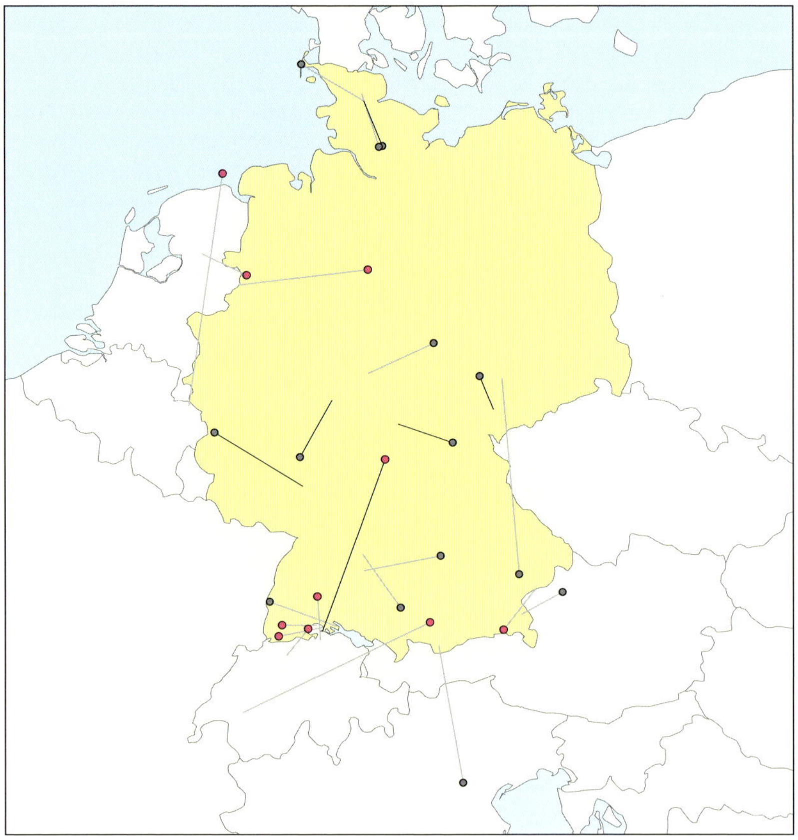

Abb. 1: Funde (> 50 km) von Waldkäuzen mit Bezug zu Deutschland (24 Funde). – *Recoveries (of > 50 km) of Tawny Owls related to Germany (24 recoveries).*

Ziegenmelker *Caprimulgus europaeus*

European Nightjar

Beringungen nach 1945:	794
Funde > 10 km nach 1945:	18/15
Wiederfundquote (Fernfunde nach 1945):	1,9 %
Funde > 10 km seit 1901:	20/17
Funde fremder Beringungszentralen:	1/1
Höchstalter:	6 J
Weiteste Entfernung:	277 km

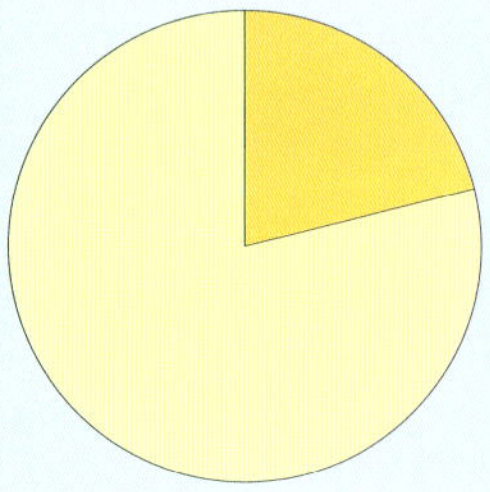

Verbreitung und Status: Als Brutvogel besiedelt der Ziegenmelker fast ganz Europa, NW-Afrika und die W-Hälfte Asiens. Die Winterquartiere befinden sich südlich der Sahara in W-, E- und S-Afrika. Deutschland beherbergt einen als stabil eingeschätzten Bestand von etwa 6500 – 8500 BP, doch gibt es innerhalb des Landes Verbreitungslücken. Ab April, besonders aber im Mai, kehren Ziegenmelker ins Brutgebiet zurück, der Abzug findet vor allem von Ende August bis Ende

September statt. Wegen der heimlichen nächtlichen Lebensweise ist über das Vorkommen von Durchzüglern aus N- oder E-Europa nur wenig bekannt.

Wanderungen: Die wenigen Ringfunde des Ziegenmelkers bringen nur wenige Erkenntnisse über das kaum bekannte Zugsystem der Art. Ein am 4.9.1998 auf der Greifswalder Oie (Mecklenburg-Vorpommern) beringter und am 27.5.2004 auf der winzigen SE-schwedischen Insel Utklippan kontrollierter Vogel deutet auf den Durchzug skandinavischer Ziegenmelker in NE-Deutschland hin. Ein im Juni 1961 beringter Nestling aus den S-Niederlanden wurde am 14.8. desselben Jahres 103 km östlich im Sauerland (Nordrhein-Westfalen) tot gefunden (Abb. 1). Dies deutet eine zunächst nach E gerichtete Initiierung des Herbstzugs an, wie sie auch bei einem in S-England mit einem Geolokationslogger ausgestatteten Vogel gemessen wurde (Cresswell & Edwards 2013). Da dieser Vogel einen Schleifenzug im Uhrzeigersinn zeigte, d. h. sein Winterquartier in der DR Kongo auf einem östlicheren Weg erreichte als ihn der Frühjahrszug zurück nach England führte, sind Funde von im Herbst beringten Vögeln im Frühjahr hinsichtlich der Zugroute vorsichtig zu interpretieren. Dies betrifft sowohl den o. g. Ringfund nach Schweden als auch einen von Spina & Volponi (2008a) publizierten Fund von N-Italien (Beringung am 6.9.1996) nach Bayern (Fund am 30.5.1999). Auch der vierte vorliegende Fund, bei dem ein im Juni 1969 in Rheinland-Pfalz beringter Nestling im Mai des folgenden Jahres nur 70 km entfernt in Frankreich im Straßenverkehr ums Leben kam, ist daher wenig aussagekräftig. Wie drei der vier Funde mit Deutschland-Bezug weisen allerdings auch Ringfunde von Dänemark und Schweden aus recht deutlich südliche Richtungen auf (Bønløkke et al. 2006, Fransson et al. 2008).

Summary: *European Nightjar is a breeding species in Germany with about 6500–8500 bp, occurring in most areas with suitable habitat. A ring recovery links the island Greifswalder Oie (Baltic Sea) to S Sweden and hints to the passage of Scandinavian birds through Germany. A bird ringed as a chick in The Netherlands was found in W Germany in August, indicating initial autumn migration to the E as also shown by an English bird tracked by a geolocator. Two more indirect recoveries give little evidence about migration routes taken.*

Abb. 1: Funde von Ziegenmelkern mit Bezug zu Deutschland (3 Funde). Ein zusätzlicher Fund von N-Italien nach Bayern wurde von Spina & Volponi (2008a) publiziert. – *Recoveries of European Nightjars related to Germany (3 recoveries). An additional recovery from N Italy to Bavaria was published by Spina and Volponi (2008a).*

Alpensegler *Apus melba*

Alpine Swift

Beringungen nach 1945:	677
Funde > 10 km nach 1945:	16/6
Wiederfundquote (Fernfunde nach 1945):	0,9 %
Funde > 10 km seit 1901:	16/6
Funde fremder Beringungszentralen:	26/19
Höchstalter:	9 J, 2 M
Weiteste Entfernung:	282 km

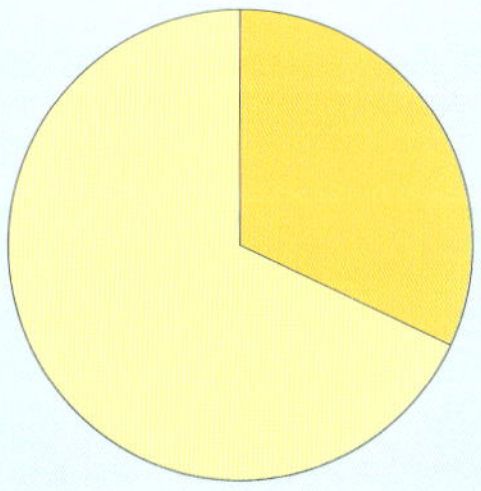

Verbreitung und Status: Der weit verbreitete Alpensegler brütet in Gebirgen und Städten S-Europas und SW-Asiens und zieht zum Überwintern ins zentrale Afrika. Als Jahresvogel kommt die Art auch von Indien und Arabien bis Südafrika vor. Von der Schweiz aus haben sich Alpensegler in den 1950er Jahren in Freiburg im Breisgau angesiedelt. Einhergehend mit starker Zunahme ab den 1970er Jahren auf inzwischen über 280 BP sind nun weitere Orte in S-Baden-Württemberg und SE-Bayern besiedelt, doch in nördlich des Brutgebietes gelegenen Teilen Deutschlands erscheinen Alpensegler nur sehr selten. Die Ankunft im Brutgebiet erfolgt im März und April, der Abzug findet überwiegend im August und September statt.

Wanderungen: Fast alle Ringfunde beziehen sich auf den Individuenaustausch zwischen sieben Brutkolonien in der Schweiz und den deutschen Brutplätzen in Freiburg und Waldshut-Tiengen (Abb. 1), d. h. Jungvögel aus der Schweiz haben sich in Deutschland angesiedelt und umgekehrt. Zusätzliche Funde im deutschen Alpenvorland deuten weiteres Ausbreitungspotenzial an. Zwei Funde von Jungvögeln im August in Mittel-Bayern betreffen vermutlich nachbrutzeitliche Dispersionsbewegungen. Hinweise auf Zugwege und Überwinterungsgebiete geben deutsche Ringvögel nicht, doch ist davon auszugehen, dass die Wanderungen denen schweizerischer Vögel sehr ähnlich sind. Funde in der Schweiz beringter Alpensegler zeigen einen Herbstzug vor allem entlang der französisch-spanischen Mittelmeerküste nach Marokko und schließlich W-Afrika (Maumary et al. 2007). Drei Vögel, die in der Schweiz mit Geolokatoren ausgestattet wurden, überwinterten im südlichen W-Afrika. Der in dieser Untersuchung aufgezeichnete Frühjahrszug führte entweder über Marokko und Spanien oder über Algerien und S-Frankreich zurück in die Schweiz (Liechti et al. 2013). Einen Frühjahrszug über Algerien deuten auch die Ringfunde schweizerischer Vögel an (Maumary et al. 2007).

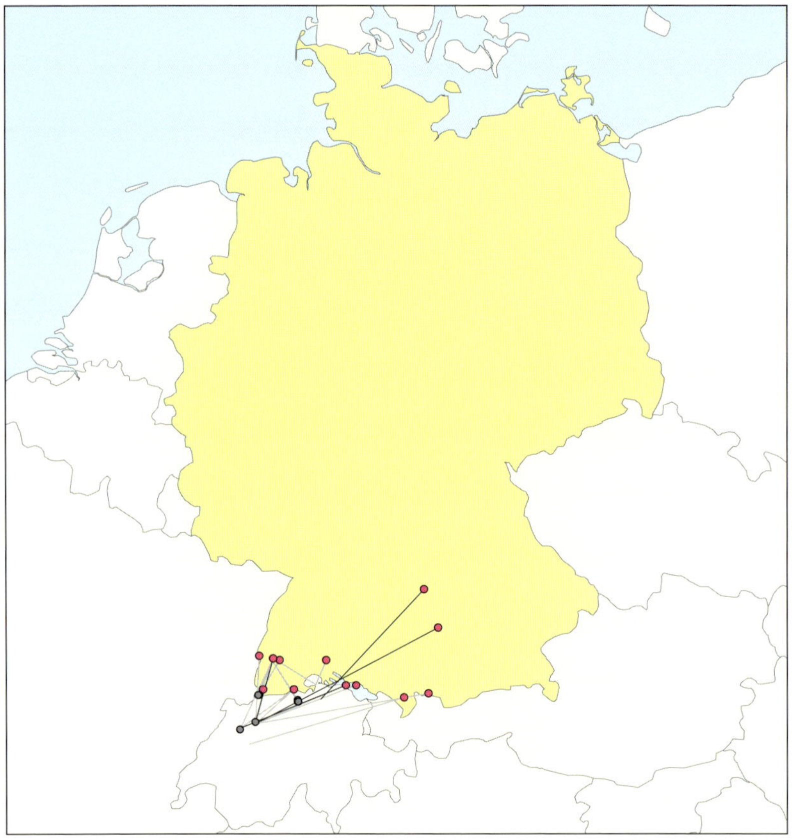

Abb. 1: Funde von Alpenseglern mit Bezug zu Deutschland (26 Funde). – *Recoveries of Alpine Swifts related to Germany (26 recoveries).*

***Summary:** Originating from Switzerland, Alpine Swifts have colonized several towns in southernmost Germany since the 1950s, with a breeding population of currently over 280 pairs. The great majority of ring recoveries refers to settlement of German offspring in Swiss colonies and vice versa. Two juveniles from Switzerland found north of the breeding range in Bavaria may represent post-breeding dispersal. Recoveries during migration and winter are completely lacking, but presumably German Alpine Swifts behave like Swiss birds and migrate to W Africa.*

Mauersegler *Apus apus*
Common Swift

Beringungen nach 1945:	83.143
Funde > 10 km nach 1945:	392/362
Wiederfundquote (Fernfunde nach 1945):	0,4 %
Funde > 10 km seit 1901:	407/377
Funde fremder Beringungszentralen:	32/27
Höchstalter:	15 J*
Weiteste Entfernung:	6400 km

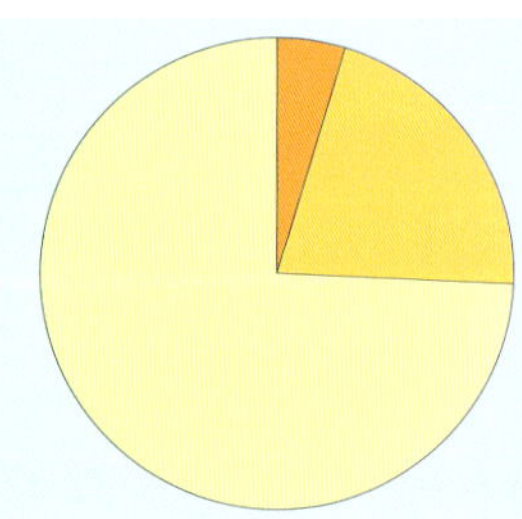

Verbreitung und Status: Der Mauersegler ist Brutvogel von N-Afrika über fast ganz Europa inklusive der Britischen Inseln bis nach N-China. Mauersegler sind Langstreckenzieher und überwintern in Äquatorial- und S-Afrika, einige auch auf der Arabischen Halbinsel und in N-Indien. In Deutschland ist der Mauersegler mit 215.000–395.000 BP häufiger Brutvogel, seit 1990 haben die Bestände moderat abgenommen. Der Herbstzug beginnt Ende Juli und wird bereits im August weitgehend abgeschlossen. Einzelvögel können noch im Oktober beobachtet werden. Die Ankunft an den Brutplätzen erfolgt in der Regel Ende April/Anfang Mai. Seit ca. 1970 haben sich die Erstbeobachtungen von Mauerseglern in SW-Deutschland um etwa zehn Tage, und in Sachsen seit 1967 um etwa 14 Tage verfrüht (Peintinger & Schuster 2005, Heine 2009, Ernst 2013). Der Herbstzugsmedian hat sich in SW-Deutschland zwischen 1970 und 1997 um etwa acht bis neun Tage verspätet (Gatter 2000). Gerichtete Wanderungen einer größeren Anzahl von Mauerseglern während der Brutzeit stellen vermutlich Wetterfluchten dar.

Wanderungen: Mauersegler werden in der Regel als Nestlinge beringt, und deshalb sind Nachweise von in Deutschland beringten Vögeln hauptsächlich südlich des Landes zu erwarten. Im Einklang damit fanden sich die meisten einheimischen Ringvögel neben der Schweiz und Österreich in S-Frankreich, Spanien und N-Afrika (Abb. 1). In Deutschland treten Ringfunden zufolge Durchzügler aus den Niederlanden und S-Schweden auf. Je einmal wurde auch ein in Tschechien und in Großbritannien beringter Mauersegler gefunden.

Der Herbstzug findet nach SW oder SE statt, was darauf hinweist, dass selbst der extrem an eine fliegende Lebensweise angepasste Mauersegler die Überquerung der Alpen oder des Mittelmeeres meidet. Es ist daher anzunehmen, dass der afrikanische Kontinent entweder über die Iberische Halbinsel oder über Italien angesteuert wird. Beide Varianten finden Unterstützung durch Ringfunde schwedischer Brutvögel (Fransson et al. 2008) und wurden schließlich mit Hilfe einer Untersuchung mit Geolokatoren belegt (Åkesson et al. 2012). Die Ringfunde deutscher Mauersegler lassen allerdings keine Zugscheide in Deutschland erkennen (Abb. 2), was sich mit den Befunden in Tschechien deckt (Cepák et al. 2008).

Ein direkter Herbstfund erfolgte in der Zentralafrikanischen Republik (Abb. 2). Fünf weitere Wiederfunde zwischen September und März aus der Zentralafrikanischen Republik und der DR Kongo weisen auf Äquatorialafrika als Überwin-

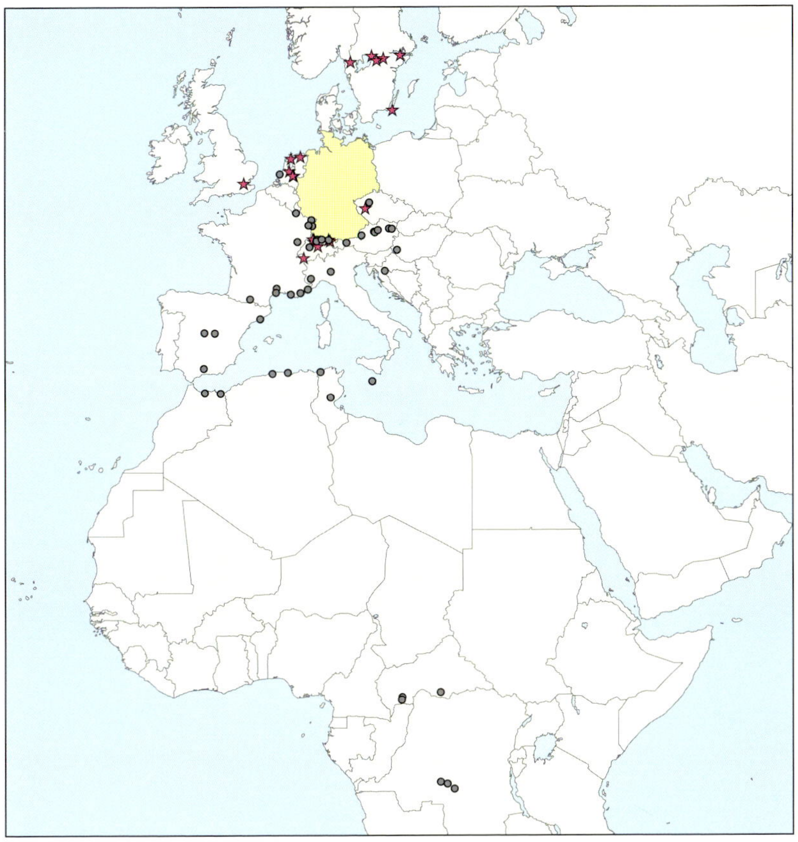

Abb. 1: Fundorte von in Deutschland beringten (47 Funde) und ausländische Beringungsorte von in Deutschland gefundenen (32 Funde) Mauerseglern. – *Foreign recovery sites of Common Swifts ringed in Germany (47 recoveries) and foreign ringing sites of birds recovered in Germany (32 recoveries).*

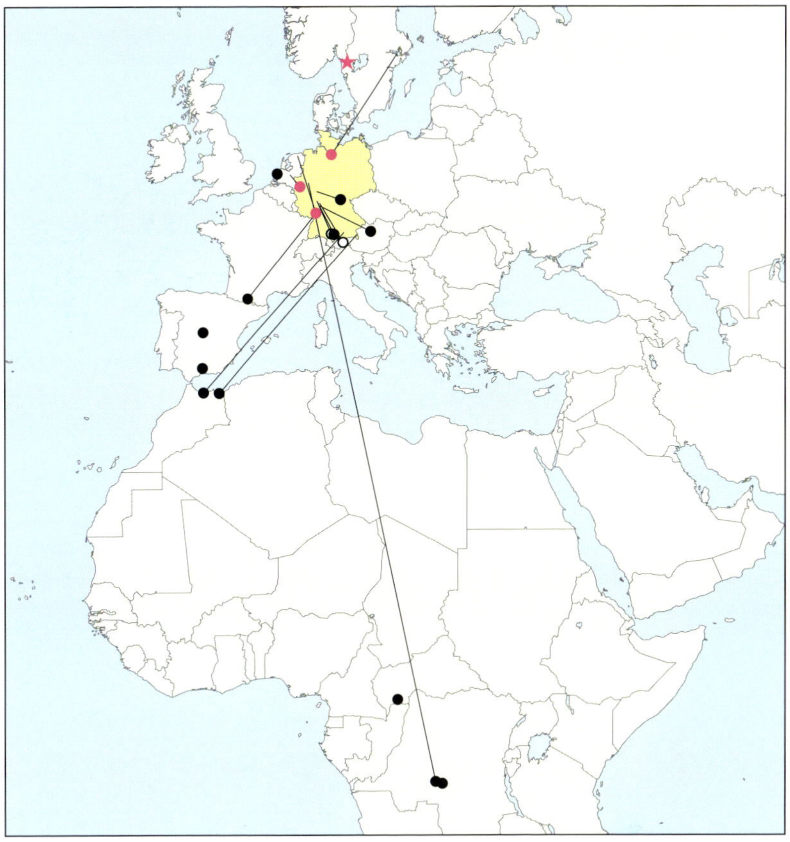

Abb. 2: Herbstzug (August – November) von in Deutschland zur Brutzeit (12 Funde) oder von August bis November anwesenden Mauerseglern (7 Funde). – *Autumn migration (August – November) of Common Swifts present in Germany during the breeding season (12 recoveries) or from August to November (7 recoveries).*

terungsgebiet von in Deutschland brütenden Mauerseglern hin (Abb. 1). Dies steht im Einklang mit der schwedischen Geolokatorstudie, bei der alle Vögel im Kongobecken überwinterten und dieses Gebiet über W-Afrika erreicht wurde (Åkesson et al. 2012).

Zum Frühjahrszug liegen keine Ringfunde mit Bezug zu Deutschland vor. Funde von in der Schweiz brütenden Mauerseglern deuten auf einen Schleifenzug hin, bei dem die Vögel im Herbst nach SW ziehen, im Frühjahr aber weiter östlich verlaufende Routen benutzen (Maumary et al. 2007). Die sechs schwedischen Vögel verhielten sich unterschiedlich, denn während zwei Vögel einen solchen Schleifenzug zeigten, folgten die anderen während beider Zugperioden sehr ähnlichen Routen, so dass sich kein generelles Muster ableiten lässt.

Summary: *Common Swift is a common and widespread breeding visitor to Germany with a population of some 215,000 – 395,000 bp which has shown moderate declines since the 1990s. The main migration periods are April/Mai and July/August. Ring recoveries of Common Swifts breeding in Germany show SE- and SW-directed migrations without a clear migratory divide. The few recoveries indicate that their wintering areas are situated in equatorial Africa.*

Blauracke *Coracias garrulus*
European Roller

Blauracken sind im Mittelmeerraum und E-Europa brütende trans-Saharazieher. Nach über 100-jährigem Bestandsrückgang ist die Art seit Beginn der 1990er Jahre in Deutschland ausgestorben, auch in anderen Teilen Europas hat es große Arealverluste gegeben. Beide Deutschland betreffenden Ringfunde stammen aus der Zeit des ehemaligen Brutvorkommens. Ein 1931 in W-Polen beringter Nestling wurde über neun Jahre später im September 1940 in der Nähe von Frankfurt/Oder (Brandenburg), d. h. 130 km westsüdwestlich des Beringungsortes, tot gefunden und lässt sich hinsichtlich Zugverhalten oder Dispersion nicht genauer interpretieren. Ein im Juli 1965 in Sachsen beringter Nestling fiel zwei Jahre später im September einem Jäger auf der 1799 km entfernten griechischen Insel Paros zum Opfer und lässt einen nach SE gerichteten Zug für die Vögel des ehemaligen Brutbestands vermuten (Abb. 1).

Summary: *Several decades before the extinction of the German breeding population in the early 1990s, a European Roller ringed as a nestling in W Poland in 1931 was found dead nine years later in E Brandenburg (130 km WSW). A nestling from Saxony ringed in 1965 showed SE-directed migration, when it was shot in Greece in September two years later (recovery distance of 1799 km).*

Abb. 1: Funde von Blauracken mit Bezug zu Deutschland (2 Funde). – *Recoveries of European Rollers related to Germany (2 recoveries).*

Eisvogel *Alcedo atthis*
Common Kingfisher

Beringungen nach 1945:	50.138
Funde > 10 km nach 1945:	1057/892
Wiederfundquote (Fernfunde nach 1945):	1,8 %
Funde > 10 km seit 1901:	1057/892
Funde fremder Beringungszentralen:	74/72
Höchstalter:	11 J, 9 M
Weiteste Entfernung:	1977 km

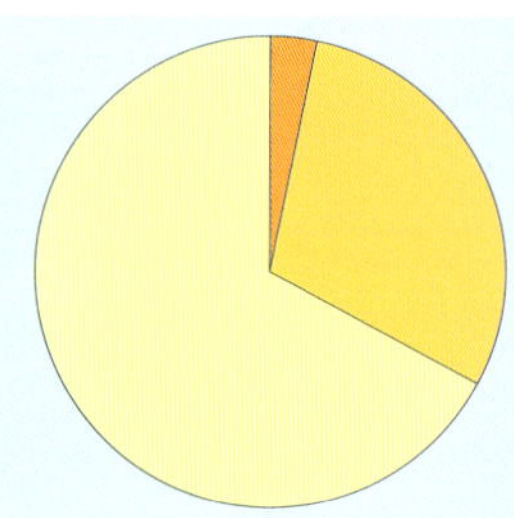

Verbreitung und Status: Der Eisvogel brütet in fast ganz Europa und fehlt dort nur im größten Teil Skandinaviens. Darüber hinaus kommt die Art in Asien von Sibirien südwärts bis nach Indonesien und zu den Salomonen vor. Die europäischen Eisvögel sind in Gebieten mit regelmäßiger Vereisung der Gewässer Zugvögel, mitunter nur Teilzieher und im S und W des Kontinents vielfach Standvögel. In Deutschland ist der Eisvogel in allen Landesteilen Brutvogel mit einem stabilen Bestand von 9000 – 14.500 BP, doch gibt es größere Verbreitungslücken vor allem im Bereich der Mittelgebirge. Das Zuggeschehen ist unauffällig und findet im Frühjahr vor allem im März statt. Nach der Brutzeit geht eine starke Dispersion im Juli unmittelbar in den Herbstzug (besonders von August bis Oktober) über.

Wanderungen: Während sich Altvögel in der Regel ganzjährig im engeren Bereich ihres Brutgebietes aufhalten, verlassen Jungvögel dieses bereits im Alter von wenigen Tagen. So können letztere bereits im Juli das Mittelmeer erreichen: Ein Anfang Juli in Hamburg beringter Jungvogel wurde bereits 22 Tage später von einem Beringer auf Malta kontrolliert. Aber auch einige Altvögel (meist Weibchen) ziehen nach der Brutzeit ab (Glutz von Blotzheim & Bauer 1980, Köppen & Helbig 1996).
Die Wiederfunde von Ringvögeln aus dem deutschen Brutbestand im Winter verdeutlichen allerdings, dass nur ein kleiner Teil der in Deutschland heimischen Eisvögel zu Fernwanderungen neigt. Denn die meisten Vögel wurden aus derselben naturräumlichen Region, in der sie beringt worden waren, zurückgemeldet

(Abb. 4). Während Eisvögel aus dem NW-deutschen Tiefland und den W-deutschen Mittelgebirgen zumeist kürzere Distanzen zurücklegen (westwärts in die Beneluxstaaten und nach England oder südwestwärts nach N-Frankreich) und von Vögeln aus der S-Hälfte Deutschlands nur sehr wenige weite Wanderungen bekannt geworden sind, entfernen sich Vögel aus dem NE-deutschen Tiefland weiter vom Brutgebiet, fliegen nach SW bis S bis in den Mittelmeerraum und überqueren offenbar sogar die Alpen (Abb. 2 bis 4). Diese regionalen Unterschiede passen sich gut in das allgemeine Bild der Wanderungen europäischer Eisvögel ein, denn von N nach S und von E nach W nimmt die Neigung, überhaupt zu ziehen, ab (Glutz von Blotzheim & Bauer 1980). So sind größere Teile der schwedischen, tschechischen und slowakischen Individuen Zugvögel (Fransson et al. 2008, Cepák et al. 2008), während in der Schweiz und insbesondere in Großbritannien nur wenige Vögel Fernwanderungen unternehmen (Wernham et al. 2002, Maumary et al. 2007). Insgesamt verläuft der Herbstzug in Europa größtenteils entlang einer NE-SW-Achse, doch werden auch südliche und, besonders bei NW-deutschen Vögeln, westliche Richtungen eingeschlagen (Fransson et al. 2008, Spina & Volponi 2008a, Abb. 2).

Im Verlauf des Herbstzugs gelangt auch ein Teil des kleinen schwedischen Brutbestands nach Deutschland. Zwar erwecken die in Abb. 3 gezeigten Funde den Eindruck, dass allenfalls N-Deutschland erreicht wird, doch haben Ringvögel auch Flüge schwedischer Eisvögel in die Schweiz und nach W-Frankreich belegt (Maumary et al. 2007, Fransson et al. 2008). Ungewöhnlich ist allerdings, dass ein im September in Nordrhein-Westfalen beringtes adultes Weibchen im April des folgenden Jahres nördlich des Brutareals in Finnland tot gefunden wurde (Abb. 1). Dieser Fund verdeutlicht zugleich den großen Einzugsbereich von in Deutschland lebenden Eisvögeln, der im S den gesamten westlichen Mittelmeerraum (einschließlich NW-Afrika) umfasst, im E aber offenbar nur bis Polen reicht (Abb. 1).

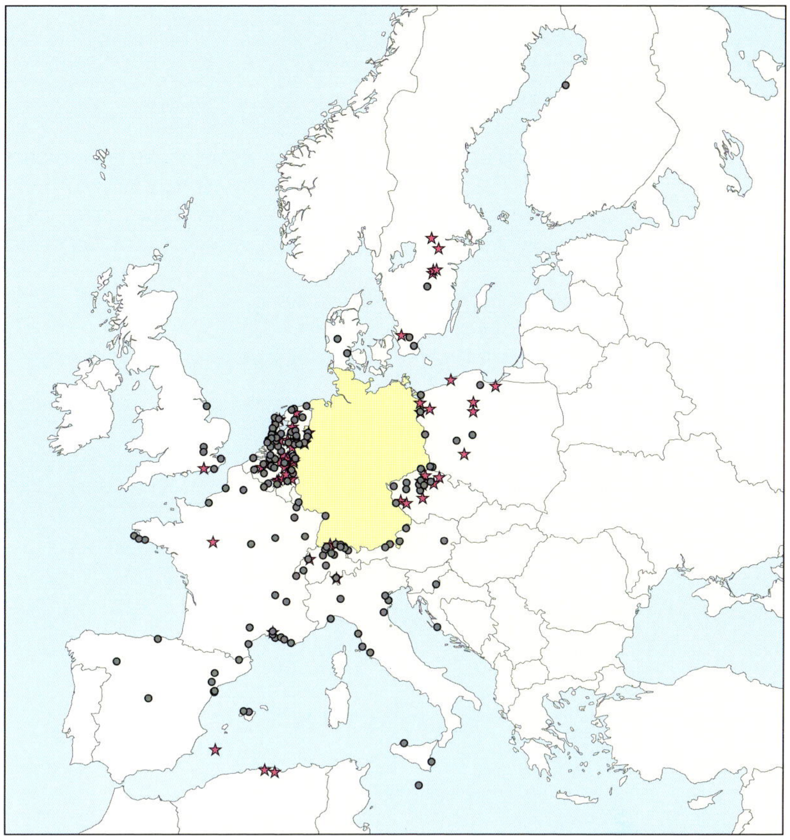

Abb. 1: Fundorte von in Deutschland beringten (174 Funde) und ausländische Beringungsorte von in Deutschland gefundenen (74 Funde) Eisvögeln. – *Foreign recovery sites of Common Kingfishers ringed in Germany (174 recoveries) and foreign ringing sites of birds recovered in Germany (74 recoveries).*

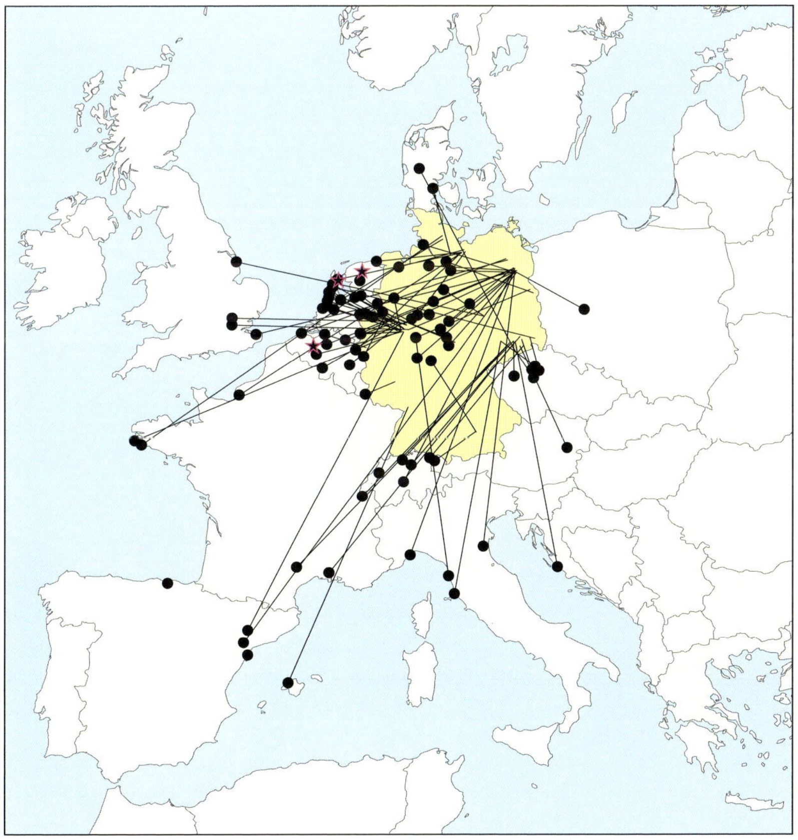

Abb. 2: Herbstzug (Juli – November) von in Deutschland zur Brutzeit anwesenden Eisvögeln (91 Funde). – *Autumn migration (July – November) of Common Kingfishers present in Germany during the breeding season (91 recoveries).*

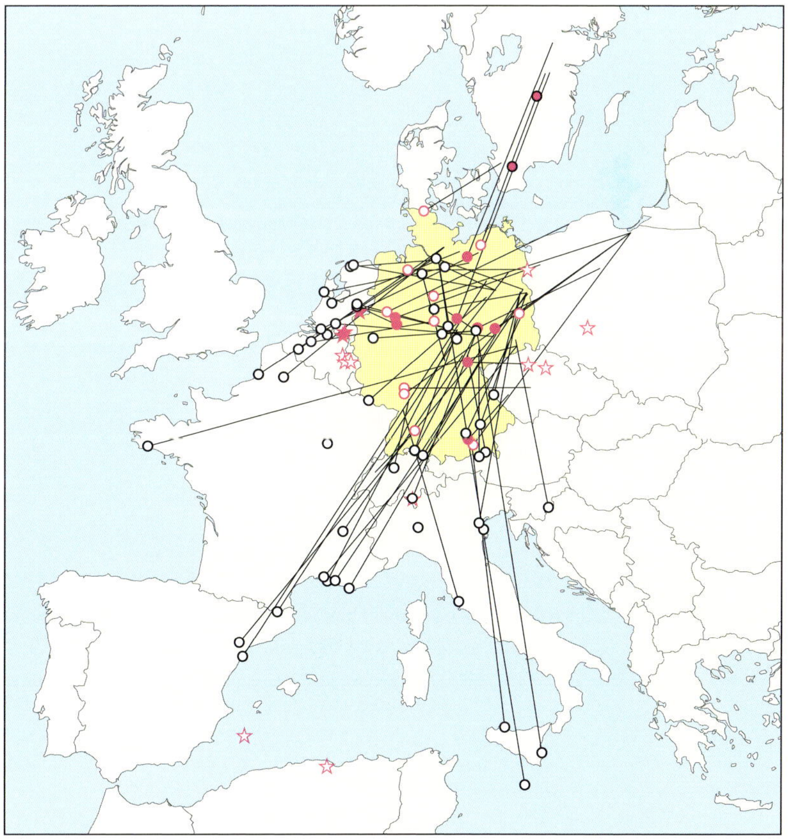

Abb. 3: Herbstzug (Juli – November) von in Deutschland von Juli bis November anwesenden Eisvögeln (91 Funde). – *Autumn migration (July – November) of Common Kingfishers present in Germany from July to November (91 recoveries).*

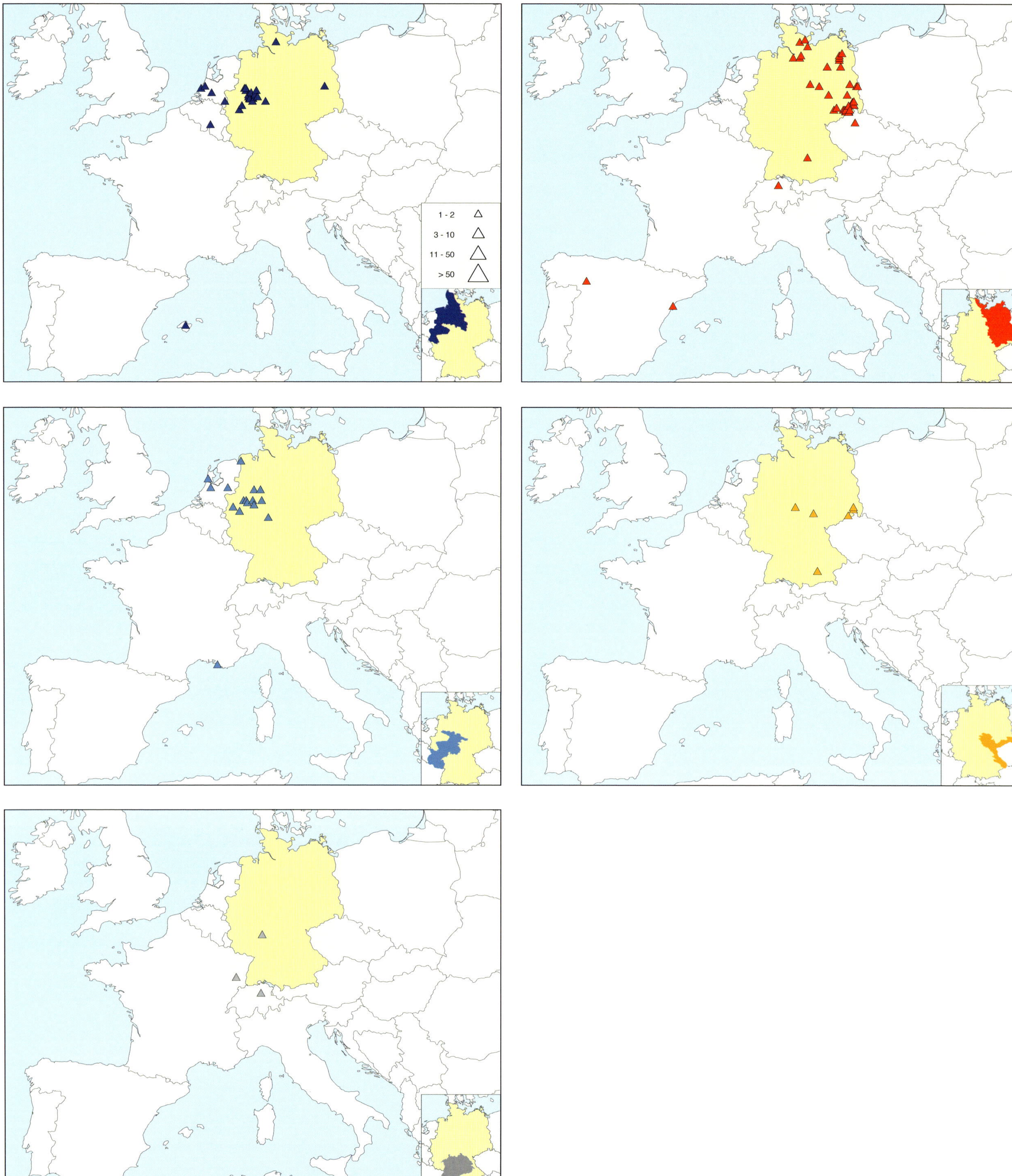

Abb. 4: Aufenthaltsorte im Winter (Dezember – Februar) von in Deutschland zur Brutzeit anwesenden Eisvögeln (93 Funde). – *Presence in winter (December – February) of Common Kingfishers present in Germany during the breeding season (93 recoveries).*

***Summary:** Common Kingfisher is breeding in all parts of Germany with a stable population of 9000–14,500 bp. As partial migrants, the majority of birds appears to be resident or to travel over short distances only (mainly to W Europe). However, some Kingfishers, mostly from NE Germany, fly longer routes, some of them reaching the W Mediterranean in the process. Birds from S Germany usually migrate only short distances. The differences between German regions fit the general pattern of Kingfisher migration in Europe, with decreasing tendency to migrate from N to S and from E to W. In winter, German residents are supplemented by Scandinavian birds.*

Bienenfresser *Merops apiaster*

European Bee-eater

Beringungen nach 1945:	5606
Funde > 10 km nach 1945:	48/35
Wiederfundquote (Fernfunde nach 1945):	0,6 %
Funde > 10 km seit 1901:	48/35
Funde fremder Beringungszentralen:	4/4
Höchstalter:	6 J, 11 M
Weiteste Entfernung:	1624 km

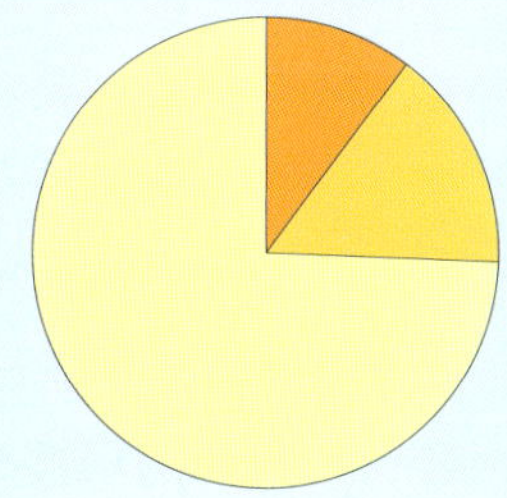

Verbreitung und Status: Mit Ausnahme eines Vorkommens in Südafrika erstreckt sich das Brutareal von NW-Afrika und der Iberischen Halbinsel über S-Europa und Vorderasien ostwärts bis NW-China. Winterquartiere liegen in Afrika, sowohl im Westen des Kontinents als auch südlich des Äquators. Nachdem es in Deutschland immer wieder einzelne Bruten oder kleinere Vorkommen gegeben hatte, etablierten sich Bienenfresser ab 1990 im Kaiserstuhl und in Sachsen-Anhalt als Brutvögel. Im Zuge einer starken Zunahme auf 750–800 BP wurden einige weitere Landesteile besiedelt, in vielen Bereichen Deutschlands ist die Art aber weiterhin seltener Gast. Der Frühjahrszug findet überwiegend von Anfang Mai bis Mitte Juni statt, der Herbstzug vor allem von Ende Juli bis Mitte Oktober.

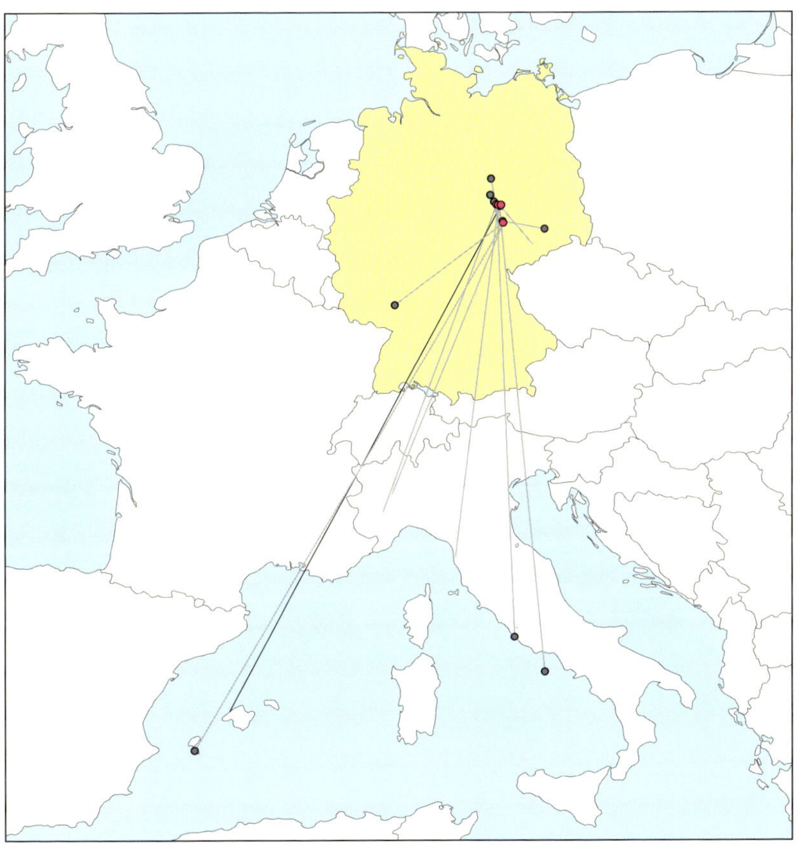

Abb. 1: Funde von Bienenfressern mit Bezug zu Deutschland (15 Funde). – *Recoveries of European Bee-eaters related to Germany (15 recoveries).*

Wanderungen: Alle Deutschland betreffenden Fernfunde des Bienenfressers stehen mit dem Brutbestand Sachsens-Anhalts in Verbindung (Abb. 1). Zwei Nachweise solcher Vögel auf dem Heimzug auf den Balearen weisen ebenso wie drei mittels Geolokatoren verfolgte Zugabläufe darauf hin, dass die deutschen Bienenfresser zu den Westziehern gehören und in W-Afrika überwintern, wobei sich aber einer der Geolokator-Vögel in der Republik Kongo und N-Angola aufhielt (Arbeiter et al. 2012). Schon ein wenig östlicher in Tschechien beheimatete Bienenfresser folgen dagegen einer östlichen Zugroute nach Afrika (Cepák et al. 2008). Fünf Verbindungen zu italienischen Fund- bzw. Beringungsorten belegen eine Ansiedlung dort erbrüteter Vögel in Sachsen-Anhalt und möglicherweise Zug durch Italien, das seinerseits durch einen Ringfund mit Tunesien in Verbindung steht (Spina & Volponi 2008a). Diese Verbindungen zeigen zum einen, dass die Besiedlung Deutschlands zumindest teilweise von Italien aus erfolgt ist, und sind zum anderen ein weiteres Indiz für die Zugehörigkeit zu den Westziehern, die allerdings in nicht bekanntem Ausmaß über Spanien den afrikanischen Kontinent erreichen. Neben zahlreichen Ortswechseln zwischen Kolonien mit weniger als 100 km Abstand (Todte et al. 1999, Bastian et al. 2011, Peters & Trapp 2012) zeigt ein Fund auch einen Kontakt zwischen Brutplätzen in Sachsen-Anhalt und Rheinland-Pfalz.

***Summary:** European Bee-eater has colonized Germany during the late 20th century, and the population currently comprises up to 750–800 bp. Ring recoveries linking German breeding sites with Spain and Italy (including settlement of an Italian-bred bird in Sachsen-Anhalt), together with geolocation tracks of three other individuals, assign the German Bee-eaters to the western flyway bound for W Africa.*

Wiedehopf *Upupa epops*
Hoopoe

Beringungen nach 1945:	11.039
Funde > 10 km nach 1945:	116/88
Wiederfundquote (Fernfunde nach 1945):	0,8 %
Funde > 10 km seit 1901:	119/91
Funde fremder Beringungszentralen:	1/1
Höchstalter:	4 J, 4 M
Weiteste Entfernung:	2736 km

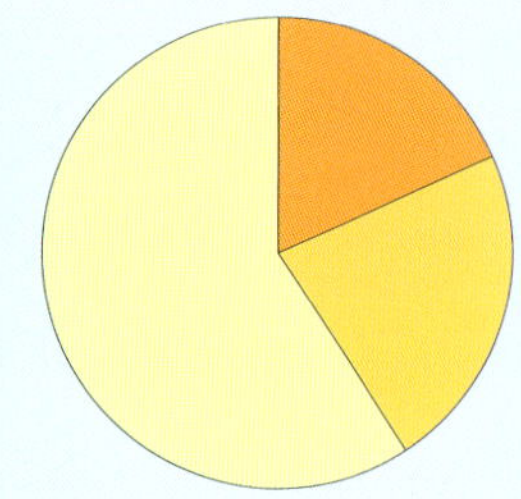

Verbreitung und Status: Der Wiedehopf brütet von SW-Europa und NW-Afrika ostwärts bis E-Asien, fehlt aber in Großbritannien und Fennoskandien sowie in der N-Hälfte Asiens. Bis auf einige Bereiche am Mittelmeer und S-Asien mit ganzjährigem Vorkommen ist die Art Zugvogel. Darüber hinaus ist die Art auch südlich der Sahara in Afrika Jahresvogel. In Deutschland ist das Brutgebiet lückenhaft und beschränkt sich weitgehend auf warme, niederschlagsarme Gebiete im E und S des Landes. Der deutsche Brutbestand liegt bei 650–800 BP und befindet sich in Zunahme. Abseits der Brutgebiete erscheinen Wiedehopfe dagegen recht selten. Hauptzugmonate sind im Frühjahr April und Mai, der Herbstzug findet vor allem im August und September statt.

Wanderungen: Bei den in Deutschland beringten und später wiedergefundenen Wiedehopfen handelt es sich größtenteils um Brutvögel oder Nestjunge. Ihre Funde zeigen eine starke Streuung zwischen den Richtungen SW (Frankreich, Marokko), S (Italien) und SE (Balkan, Ägypten) (Abb. 1). Wie die direkten Wiederfunde vom Herbstzug aus Deutschland (Abb. 2) und weiteren mitteleuropäischen Ländern (Drost & Schüz 1937, Reichlin et al. 2009) zeigen, tendieren weiter westlich brütende Vögel zu einem Abzug über Frankreich nach SW, weiter östlich brütende dagegen zu einem Abzug über Italien oder den Balkan nach SSE bis SE. Eine für den Bereich 10–12° östlicher Länge postulierte Zugscheide (Reichlin et al. 2009) ist zumindest sehr unscharf, da es bezüglich der Abzugrichtung etliche Ausnahmen gibt, z. B. von Nordrhein-Westfalen nach Serbien (Abb. 2) und von W-Polen nach N-Frankreich (Drost & Schüz 1937). In der Schweiz mit Geolokatoren ausgestattete Wiedehopfe zogen nach SW, S oder SE ab (Bächler et al. 2010).
Da Wiederfunde aus den Monaten November bis März gänzlich fehlen, ist über das Winterquartier deutscher Wiedehopfe nichts bekannt. Die nach SW oder S abziehenden schweizerischen Vögel mit Geolokatoren überwinterten im Inneren W-Afrikas, das Überwinterungsgebiet der SE-Zieher ist noch unbekannt (Bächler et al. 2010). Funde vom Frühjahrszug sind selten und liegen auch nur von der SW-Route vor (u. a. je einmal in Marokko und S-Frankreich). Hinweise auf einen Schleifenzug, wie er bei Wiedehopfen mit Geolokatoren aus der Schweiz beobachtet wurde (Frühjahrszug etwas östlicher als Herbstzug, Bächler et al. 2010), geben die Ringfunde nicht.
Eine Besonderheit stellt ein als flügger Jungvogel in Sachsen-Anhalt beringter Wiedehopf dar, der im April des folgenden Jahres 220 km südwestlich von Irland im N-Atlantik auf einem Fischereischiff gefangen wurde (Hirschfeld & Seilkopf 1964, Abb. 1). Möglicherweise ist der Vogel im Rahmen einer Zugprolongation und unterstützt von ablandigen Winden dorthin gelangt.

Summary: *With about 650–800 bp Hoopoe is patchily distributed over Germany, mainly occurring in warm and dry regions in the S and the E of the country. While the exact locations of winter quarters are still unknown, the direction of autumn migration varies from SW to SE, with a weak indication of a migratory divide across Germany. Most of the few recoveries from spring migration refer to the SW route, with one bird found far offshore SW of Ireland in the N Atlantic.*

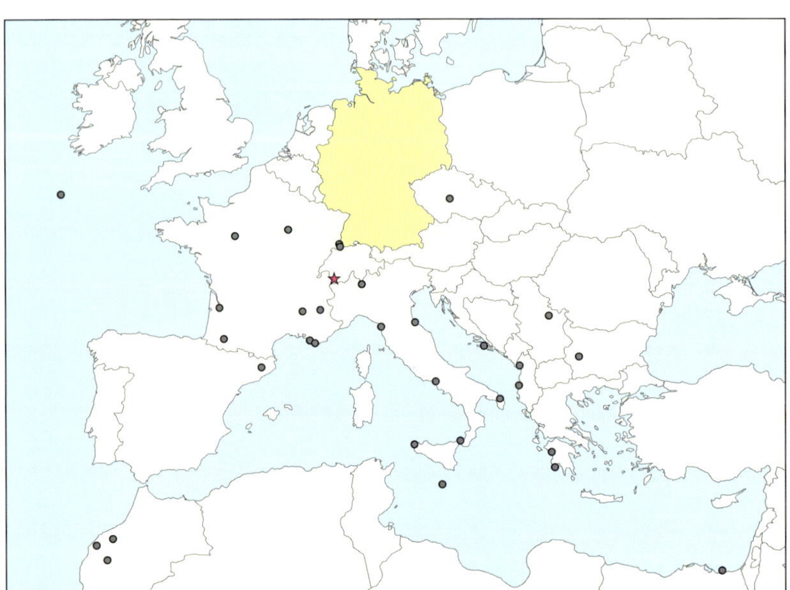

Abb. 1: Fundorte von in Deutschland beringten (33 Funde) und ausländische Beringungsorte von in Deutschland gefundenen (1 Fund) Wiedehopfen. – *Foreign recovery sites of Hoopoes ringed in Germany (33 recoveries) and foreign ringing sites of birds recovered in Germany (1 recovery).*

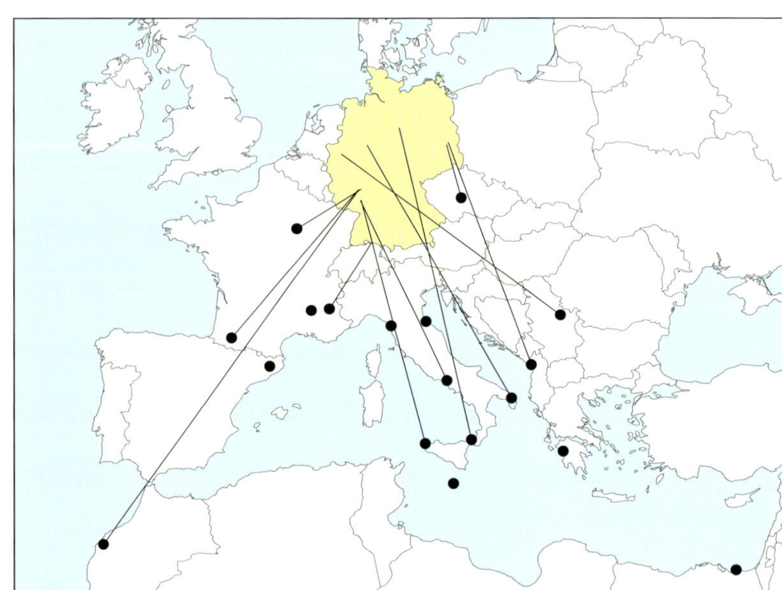

Abb. 2: Herbstzug (September–November) von in Deutschland zur Brutzeit anwesenden Wiedehopfen (19 Funde). – *Autumn migration (September–November) of Hoopoes present in Germany during the breeding season (19 recoveries).*

Wendehals *Jynx torquilla*
Eurasian Wryneck

Beringungen nach 1945:	44.821
Funde > 10 km nach 1945:	74/70
Wiederfundquote (Fernfunde nach 1945):	0,2 %
Funde > 10 km seit 1901:	92/88
Funde fremder Beringungszentralen:	20/20
Höchstalter:	9 J*
Weiteste Entfernung:	2109 km

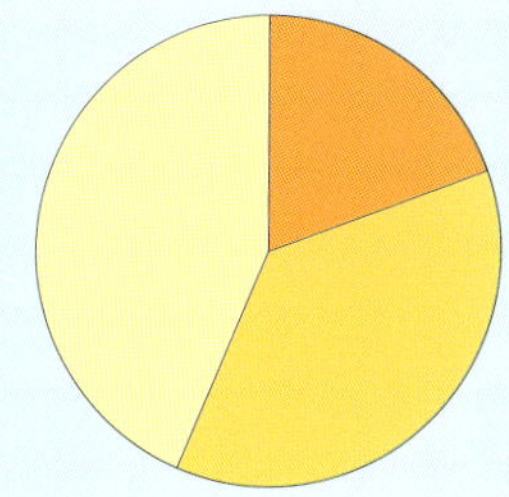

Verbreitung und Status: Das Brutareal des Wendehalses umfasst den größten Teil Europas und erstreckt sich über Sibirien ostwärts bis Japan. Die Winterquartiere befinden sich im Mittelmeerraum, in Afrika zwischen Sahara und Äquator sowie von Indien bis SE-Asien. In Deutschland bewohnt die Art offene Baumbestände wie Feldgehölze, Streuobstwiesen und Parks, doch gab es in den letzten 25 Jahren eine starke Abnahme des Brutbestands auf derzeit 8500–15.500 BP. Fehlte der Wendehals schon zuvor im atlantisch geprägten NW Deutschlands, so ist er in den letzten vier Jahrzenten aus vielen Teilen des Landes verschwunden. Der Durchzug findet vor allem von Mitte April bis Mitte Mai und von Mitte August bis Anfang Oktober statt.

Wanderungen: Die vorliegenden Ringfunde mit Bezug zu Deutschland (Abb. 1) veranschaulichen einen überwiegend entlang einer NE-SW-Achse ausgerichteten Zug. So ziehen im Herbst zum deutschen Brutbestand zu rechnende Wendehälse zumeist nach SW, dabei stammen die meisten Ringfunde aus Frankreich (Abb. 2). Nur vereinzelt weisen Ringfunde auf Zug nach S (Italien) bzw. W (Niederlande) hin. Wie in Europa insgesamt (Reichlin et al. 2009) gibt es keine Anhaltspunkte für eine Zugscheide. In Deutschland auf dem Zug rastende Vögel schlagen im Herbst ebenfalls eine südwestliche Richtung ein, was drei direkte Funde von Finnland und Schweden nach Deutschland sowie ein auf Helgoland beringter, zwölf Tage später in Frankreich verunglückter Vogel verdeutlichen. Bakken et al. (2006) zeigen allerdings auch drei Funde, bei denen Wendehälse von S-Norwegen aus in Richtung SSW bis SSE nach Deutschland gelangten.
Kein deutscher Ringvogel wurde aus den Wintermonaten zurückgemeldet, und ebenso wie bei allen anderen europäischen Beringungszentralen liegt kein Fund aus dem Winterquartier in der Sahelzone vor (vgl. Reichlin et al. 2009). Mit Geolokatoren ausgestattete Wendehälse aus Mitteleuropa überwinterten auf der Iberischen Halbinsel und in NW-Afrika, so dass – auch aufgrund morphologischer Unterschiede – inzwischen davon ausgegangen wird, dass nur fennoskandische Vögel bis in die Sahelzone ziehen (van Wijk et al. 2013).
Die wenigen Funde aus den Monaten März und April legen nahe, dass auf dem Frühjahrszug dieselben Routen benutzt werden wie im Herbst; vier der fünf Funde von Vögeln aus dem deutschen Brutbestand erfolgten SW von Deutschland in Frankreich und Belgien. Ein Wendehals, der nestjung in Sachsen beringt und im folgenden April in Tschechien gefunden wurde, könnte zu der Fraktion der nach S ziehenden Vögel gehören. Ebenfalls noch auf dem Frühjahrs-

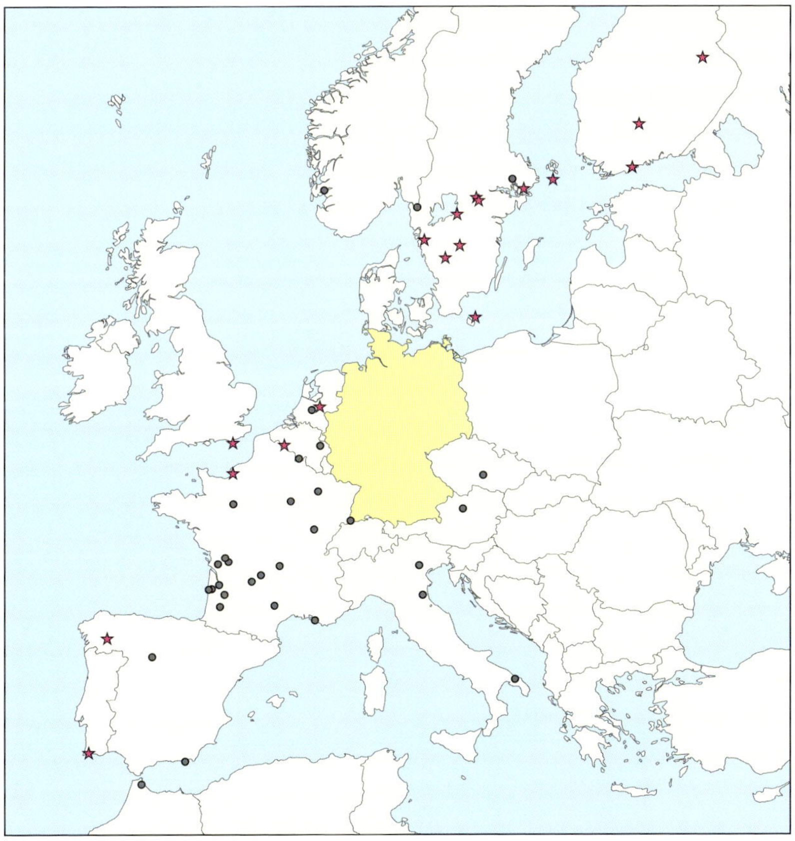

Abb. 1: Fundorte von in Deutschland beringten (32 Funde) und ausländische Beringungsorte von in Deutschland gefundenen (20 Funde) Wendehälsen. – *Foreign recovery sites of Eurasian Wrynecks ringed in Germany (32 recoveries) and foreign ringing sites of birds recovered in Germany (22 recoveries).*

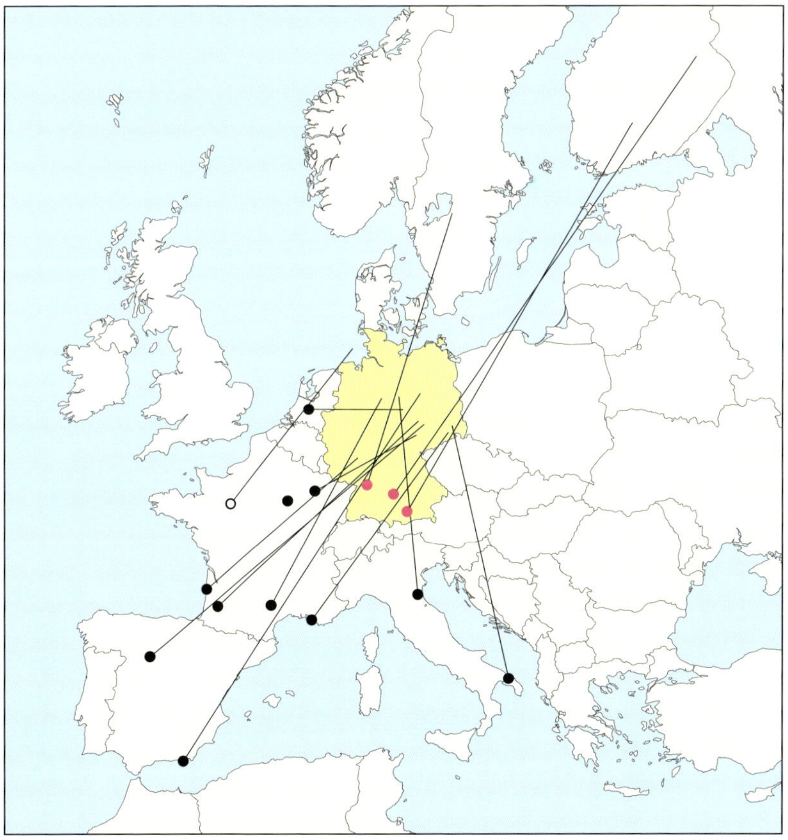

Abb. 2: Herbstzug (September–November) von in Deutschland zur Brutzeit (11 Funde) oder von September bis November anwesenden Wendehälse (4 Funde). – *Autumn migration (September–November) of Eurasian Wrynecks present in Germany during the breeding season (11 recoveries) or from September to November (4 recoveries).*

zug dürfte sich ein in Hessen beringter Jungvogel befunden haben, der im Mai des folgenden Jahres in Marokko erjagt wurde. Der Durchzug skandinavischer Brutvögel im Frühjahr ist lediglich durch den Fund eines aus S-Schweden stammenden Vogels in Lübeck belegt.

Summary: *The formerly widespread Eurasian Wrynack has lost part of its range in Germany during the past four decades, with the population size now down to 8500 – 15,500 bp. Ring recoveries give evidence for migration along a NE-SW axis, with Fennoscandian birds passing through in autumn and spring, and German breeders heading mainly towards France and Spain. Much fewer birds were reported from the S (Italy) or the W (The Netherlands) in autumn. While there have been no recoveries yet from the winter months or from Sahelian Africa, recent results from a geolocator study suggest that C European Wrynecks winter on the Iberian Peninsula and in NW Africa. The few reoveries from spring migration suggest that the same routes are used as in autumn..*

Grauspecht *Picus canus*
Grey-faced Woodpecker

Der Grauspecht ist von W-Frankreich und Norwegen über Mittel- und E-Europa, entlang des Taigagürtels bis SE-Sibirien und schließlich in SE-Asien verbreitet. In Deutschland lebt die Art von den Mittelgebirgen aus südwärts, ist aber in starkem Rückgang begriffen und hat derzeit einen Brutbestand von 10.500 – 15.500 BP. Der Grauspecht gilt in seinem gesamten Areal als ausgesprochener Standvogel. Demzufolge gibt es auch in Deutschland nur sehr wenige Ringfunde deutlich abseits des Markierungsortes: Nur dreimal wurden zurückgelegte Entfernungen von mehr als 10 km nachgewiesen (32, 41 und 53 km, Abb. 1).

Summary: *Grey-faced Woodpecker is a widespread, but uncommon breeding bird with a strongly declining population currently comprising 10,500 – 15,500 bp. As elsewhere in its range, German birds are strictly non-migratory, and therefore there are only three ringing recoveries at distances exceeding 10 km (namely 32, 41, 53 km).*

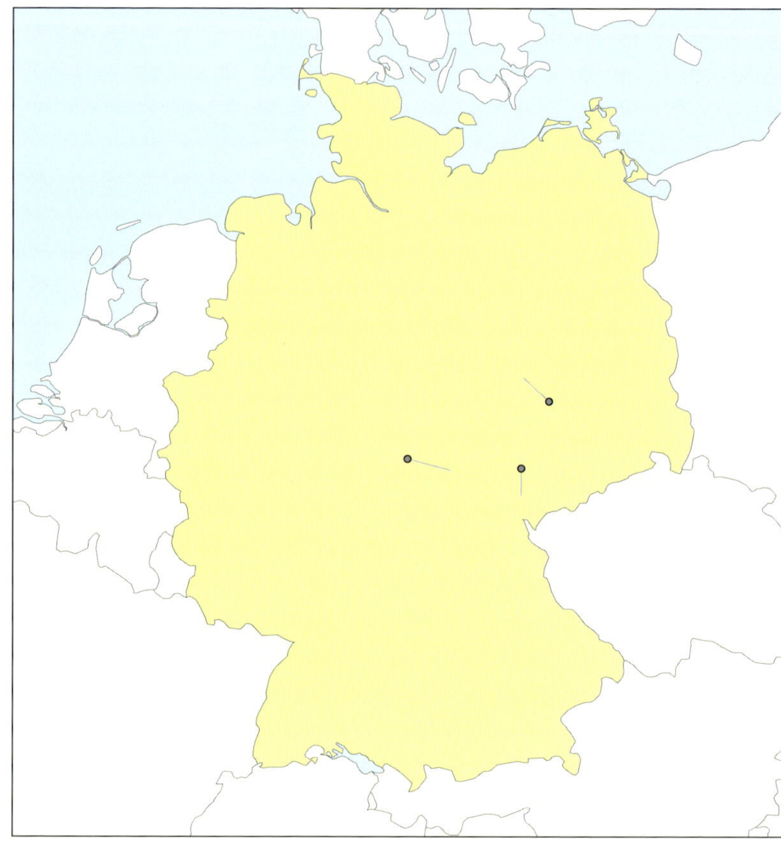

Abb. 1: Funde (> 10 km) von Grauspechten mit Bezug zu Deutschland (3 Funde). – *Recoveries (of > 10 km) of Grey-faced Woodpeckers related to Germany (3 recoveries).*

Grünspecht *Picus viridis*
Green Woodpecker

Beringungen nach 1945:	2709
Funde > 10 km nach 1945:	21/21
Wiederfundquote (Fernfunde nach 1945):	0,8 %
Funde > 10 km seit 1901:	27/27
Funde fremder Beringungszentralen:	0/0
Höchstalter:	5 J
Weiteste Entfernung:	172 km

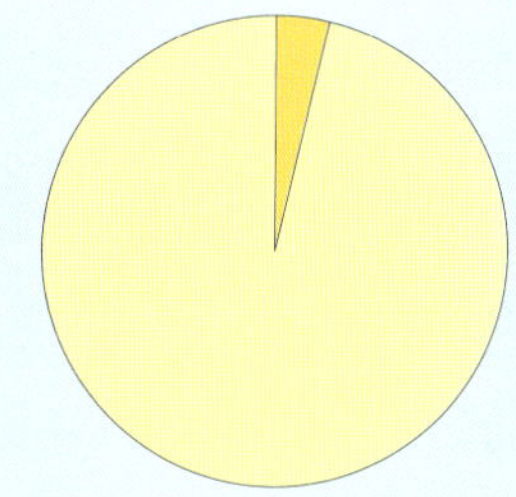

Der Grünspecht bewohnt fast ganz Europa und fehlt nur in Island, Irland, N-Skandinavien und Finnland. Deutschland ist nahezu flächendeckend besiedelt, der nach derzeitiger Einschätzung zunehmende Brutbestand beträgt 42.000–76.000 BP. Die Art gehört zu den ausgeprägten Standvögeln, bereits Wanderungen von mehr als 10 km sind selten. Die entsprechenden Ringfunde zeigen ungerichtete Ortswechsel, die größtenteils auf Dispersionsbewegungen zurückzuführen sein dürften (Abb. 1). Nur zehn Ringvögel legten Entfernungen von mehr als 30 km zurück. Die mit Abstand weiteste Distanz betrifft ein bei Frankfurt/Main beringtes Männchen, das zwei Jahre später 172 km östlich in N-Bayern als Brutvogel kontrolliert wurde.

Summary: *Green Woodpecker, with an increasing population of 42,000–76,000 bp distributed all over Germany, is strongly resident. The few ring recoveries represent mainly undirected dispersal movements, and no more than ten birds were found at distances of over 30 km from the ringing site.*

Abb. 1: Funde (> 10 km) von Grünspechten mit Bezug zu Deutschland (27 Funde). – *Recoveries (of > 10 km) of Green Woodpeckers related to Germany (27 recoveries).*

Schwarzspecht *Dryocopus martius*
Black Woodpecker

Beringungen nach 1945:	9659
Funde > 10 km nach 1945:	624/100
Wiederfundquote (Fernfunde nach 1945):	1,0 %
Funde > 10 km seit 1901:	630/106
Funde fremder Beringungszentralen:	126/13
Höchstalter:	14 J
Weiteste Entfernung:	1084 km

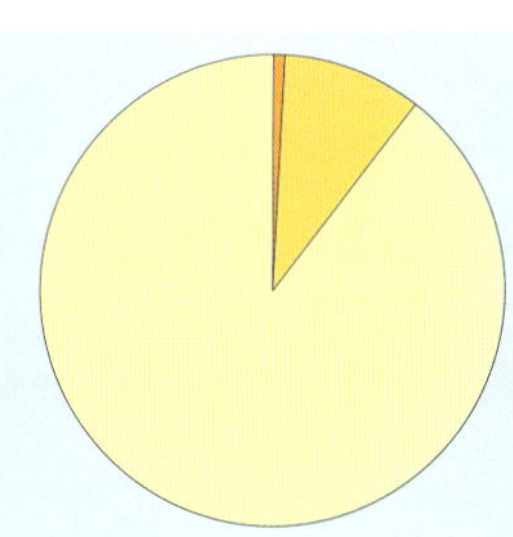

Das Verbreitungsgebiet des Schwarzspechts reicht von Spanien, Frankreich und Skandinavien ostwärts bis Japan und Kamtschatka, doch fehlt die Art in Europa auf den Britischen Inseln und im Mittelmeerraum. In Deutschland sind nahezu alle bewaldeten Gebiete besiedelt, der Bestand umfasst 31.000–49.000 BP und nimmt zu. Wie Grau- und Grünspecht ist der Schwarzspecht ein ausgesprochener Standvogel, doch gibt es eine Tendenz zu etwas weiteren Wanderungen als

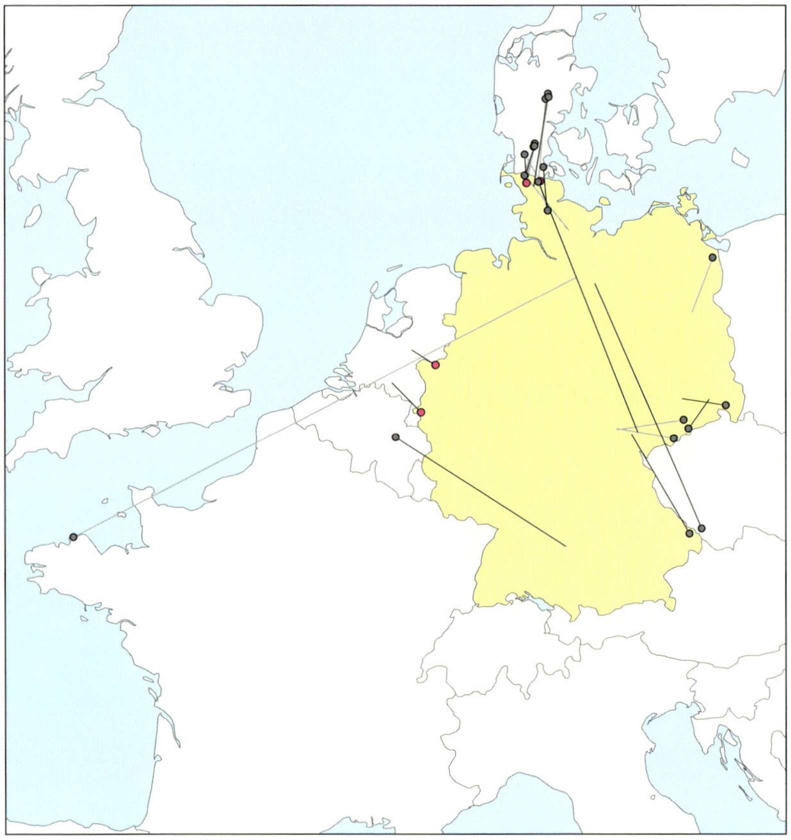

Abb. 1: Funde (> 50 km) von Schwarzspechten mit Bezug zu Deutschland (29 Funde). – *Recoveries (of > 50 km) of Black Woodpeckers related to Germany (29 recoveries).*

bei den vorgenannten Arten (29 Ringfunde in mindestens 50 km Entfernung). Die meisten in Abb. 1 gezeigten Funde dürften ungerichtete Zerstreuungswanderungen betreffen. In N-Schleswig-Holstein schließt dies auch die Besiedlung Jütlands (Dänemark) und damit eine Arealerweiterung nach N ein (vgl. Bønløkke et al. 2006). In Anbetracht der geringen Wanderneigung sind einige durch Ringvögel belegte Distanzen spektakulär, insbesondere von NE-Niedersachsen zum Böhmerwald (508 km) und in die Bretagne (1084 km), aber auch von SE-Thüringen bis fast zur dänischen Grenze (492 km) und von N-Württemberg nach Belgien (399 km).

Summary: *An increasing population of 31,000 – 49,000 bp of Black Woodpecker is distributed all over Germany. In general, these birds are residents, but 29 ring recoveries indicate some dispersal over distances exceeding 50 km, including a northward range expansion to Jutland (Denmark). Exceptionally, one bird was found in W France, 1,084 km SW of the ringing site in N Germany.*

Buntspecht *Dendrocopos major*

Great Spotted Woodpecker

Beringungen nach 1945:	34.512
Funde > 10 km nach 1945:	139/119
Wiederfundquote (Fernfunde nach 1945):	0,3 %
Funde > 10 km seit 1901:	147/127
Funde fremder Beringungszentralen:	11/11
Höchstalter:	11 J, 9 M
Weiteste Entfernung:	1532 km

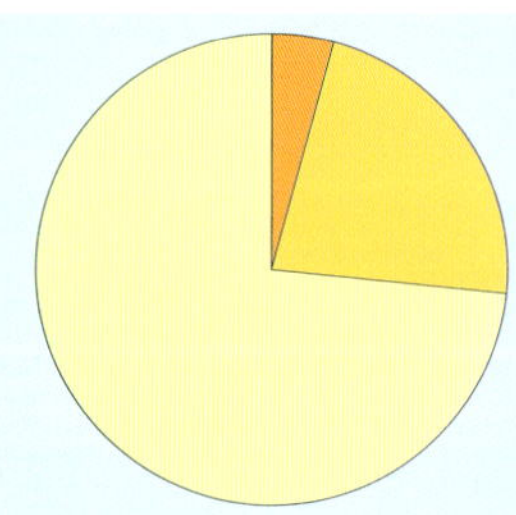

Verbreitung und Status: Der Buntspecht brütet in fast ganz Europa und fehlt nur in Island, Irland und N-Skandinavien. Über die bewaldeten Bereiche Sibiriens setzt sich das Vorkommen ostwärts bis zum Pazifik fort und reicht dort bis SE-China. Im gesamten Verbreitungsgebiet ist die Art Standvogel, doch führen nördliche Populationen in einzelnen Jahren bei Nahrungsmangel invasionsartige Wanderungen durch. In Deutschland ist die Brutverbreitung nahezu flächendeckend, Lücken gibt es oberhalb der Baumgrenze in den Alpen und in den Marschen der Nordseeküste. Der Brutbestand (Unterart *D. m. pinetorum*) beläuft sich auf 680.000 – 900.000 BP und nimmt leicht zu. Einflüge N-europäischer Vögel (Unterart *D. m. major*) können von Juli bis November stattfinden, machen sich aber im September und Oktober am stärksten bemerkbar.

Wanderungen: Fernfunde in Deutschland beringter Buntspechte reichen im S und W nicht weit über die Landesgrenzen hinaus, im Extrem bis N-Italien bzw. Belgien (Abb. 1). Weitere Distanzen wurden nach N und E zurückgelegt, denn einige Funde reichen bis Mittel-Schweden, S-Finnland und W-Russland. Damit ist – ebenso wie mit Funden in Schweden und auf den Åland-Inseln beringter Vögel in Deutschland – das Mindest-Einzugsgebiet der in manchen Jahren festgestellten Invasionen von *D. m. major* umrissen. Mit Ausnahme eines in S-Schweden als Nestling beringten Vogels stammen diese Funde aber von in Fennoskandien beringten Durchzüglern, so dass Invasionsvögel aus noch größerer Entfernung stammen könnten. Drei von vier direkten Wiederfunden solcher Invasionsvögel weisen wie die meisten vergleichbaren Fälle (Fransson et al. 2008, Spina & Volponi 2008a) eine Zugrichtung nach SW auf. In einem Fall ist ein südwärts gerichteter Zug von Schweden nach Rügen belegt (Abb. 2). Die in Deutschland beringten Invasionsvögel wurden 1 – 6 Jahre später in Fennoskandien und Russland wiedergefunden (davon einer als Brutvogel in S-Finnland) und zeigen, dass zumindest ein Teil wieder in die Herkunftsgebiete zurück zieht, auch wenn dazu sowohl direkte Funde vom Frühjahrszug als auch Beobachtungen von Zuggipfeln an günstigen Beobachtungspunkten fehlen. Beide Funde in Russland stammen aus dem jeweils folgenden Winter und verdeutlichen, dass sich auch einzelne Individuen Jahr für Jahr unterschiedlich verhalten können. Zutreffen könnte dies auch für einen im Februar in Niedersachsen beringten Altvogel, der im Oktober desselben Jahres in Italien geschossen wurde.
Deutsche Brutvögel sind grundsätzlich Standvögel. Dies machen die Winterfunde deutlich, die nur ausnahmsweise außerhalb der Herkunftsregion erfolg-

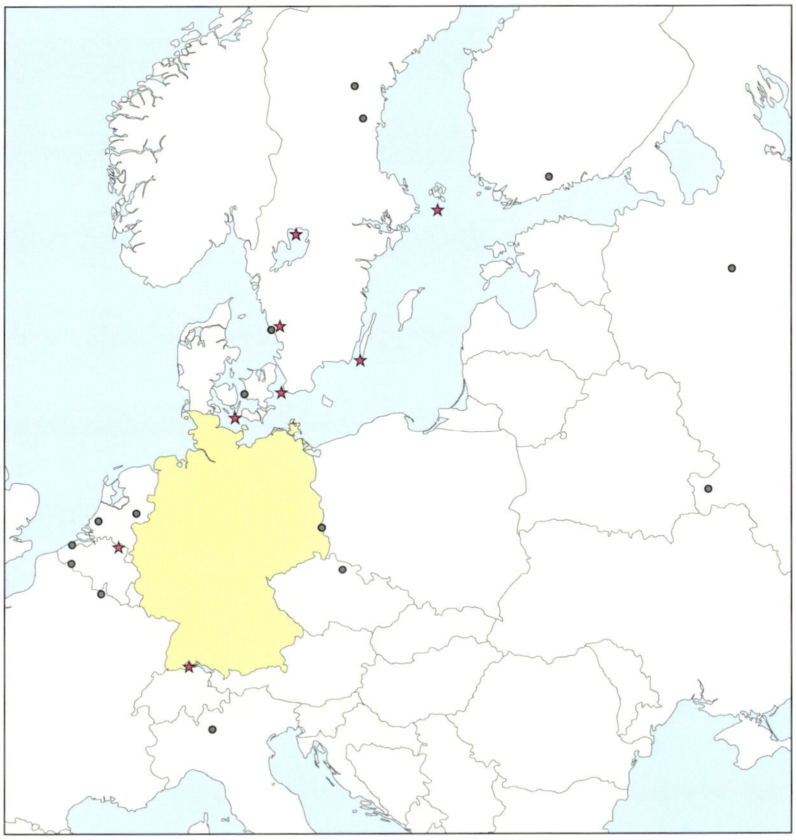

Abb. 1: Fundorte von in Deutschland beringten (15 Funde) und ausländische Beringungsorte von in Deutschland gefundenen (11 Funde) Buntspechten. – *Foreign recovery sites of Great Spotted Woodpeckers ringed in Germany (15 recoveries) and foreign ringing sites of birds recovered in Germany (11 recoveries).*

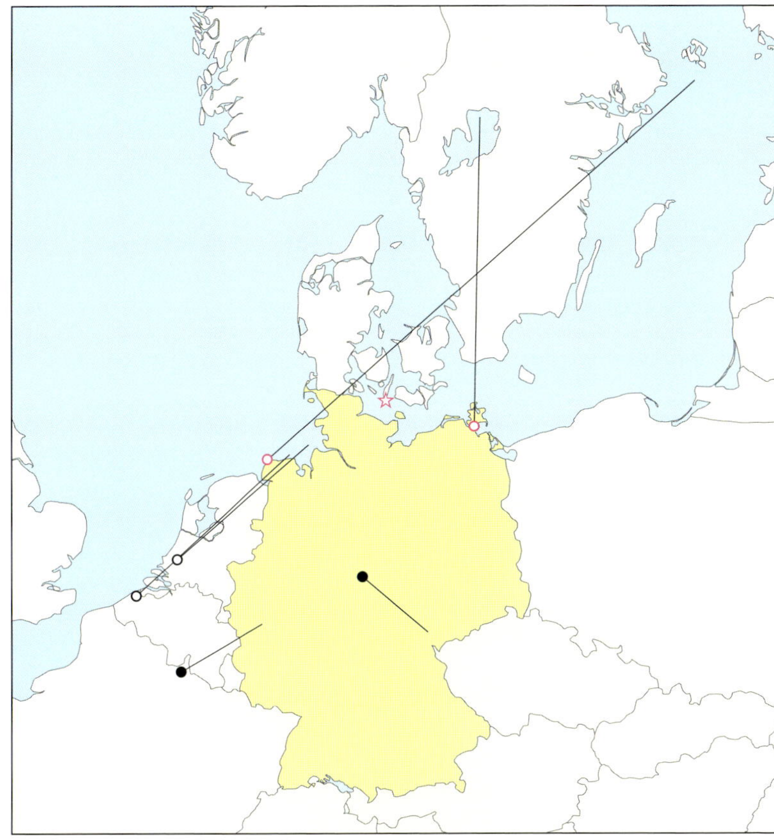

Abb. 2: Herbstzug (September – November) von in Deutschland zur Brutzeit (2 Funde) oder von September bis November anwesenden Buntspechten (5 Funde). – *Autumn migration (September – November) of Great Spotted Woodpeckers present in Germany during the breeding season (2 recoveries) or from September to November (5 recoveries).*

ten (Abb. 3). Die Dispersion von Jungvögeln erfolgt offenbar über geringe Distanzen, denn nur fünf nestjung beringte Buntspechte wurden aus mehr als 100 km Entfernung zurückgemeldet. Mit 223 km führte die weiteste Wanderung vom Rheinland nach N-Frankreich.

Summary: *Great Spotted Woodpecker breeds all over Germany, and its population of 680,000 – 900,000 bp is slightly increasing. German breeders (of subspecies* D. m. pinetorum*) are largely sedentary and rarely disperse over more than 100 km (with a maximum of 223 km in one case). On the other hand, N European subspecies* D. m. major *reaches Germany in some years during evasive movements between July and November (mainly September/October). Ring recoveries show a minimum catchment area of invasion birds comprising C Sweden, S Finland and W Russia; but as most of these recoveries to and from Germany refer to birds ringed during migration rather than to marked nestlings, the distances covered may be even larger. As in other parts of Europe, invasion birds were flying in SW direction in three out of four cases, with one recorded bird moving due S. Two birds ringed during invasions in Germany were found in Russia the next winter. Together with a bird ringed in N Germany in winter and shot in Italy the subsequent October these cases may indicate that individuals behave differently between years.*

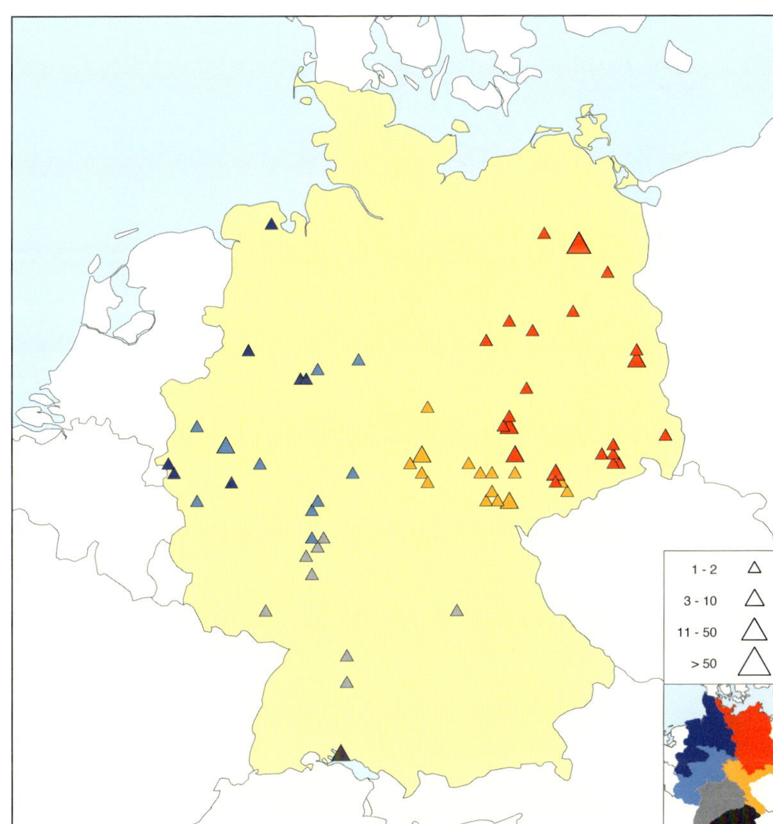

Abb. 3: Aufenthaltsorte im Winter (Dezember – Februar) von in Deutschland zur Brutzeit anwesenden Buntspechten (121 Funde). – *Presence in winter (December – February) of Great Spotted Woodpeckers present in Germany during the breeding season (121 recoveries).*

Mittelspecht *Dendrocopos medius*

Middle Spotted Woodpecker

Das relativ kleine Brutareal des Mittelspechts umfasst neben Mitteleuropa auch Frankreich, N-Spanien, E- und SE-Europa sowie Teile der Türkei, des Kaukasus und des Iran. Die 27.000 – 48.000 BP des zunehmenden deutschen Brutbestandes verteilen sich zwar auf alle Bundesländer, doch fehlt die Art regional fast völlig (vor allem im SE und NW). Mittelspechte sind ausgeprägte Standvögel, und angesichts von nur sechs Ringfunden mit Distanzen von über 10 km zwischen Beringungs- und Fundort, scheint auch die Dispersion sehr kleinräumig zu verlaufen. Maximal wurden 54 km innerhalb von N-Baden zurückgelegt (Abb. 1).

Summary: *Middle Spotted Woodpeckers are residents in most parts of Germany, with distributional gaps mainly in the SE and NW of the country. The population consists of 27,000 – 48,000 bp and is currently increasing. Ring recoveries exceeding 10 km are rare, with the maximum distance recorded at 54 km.*

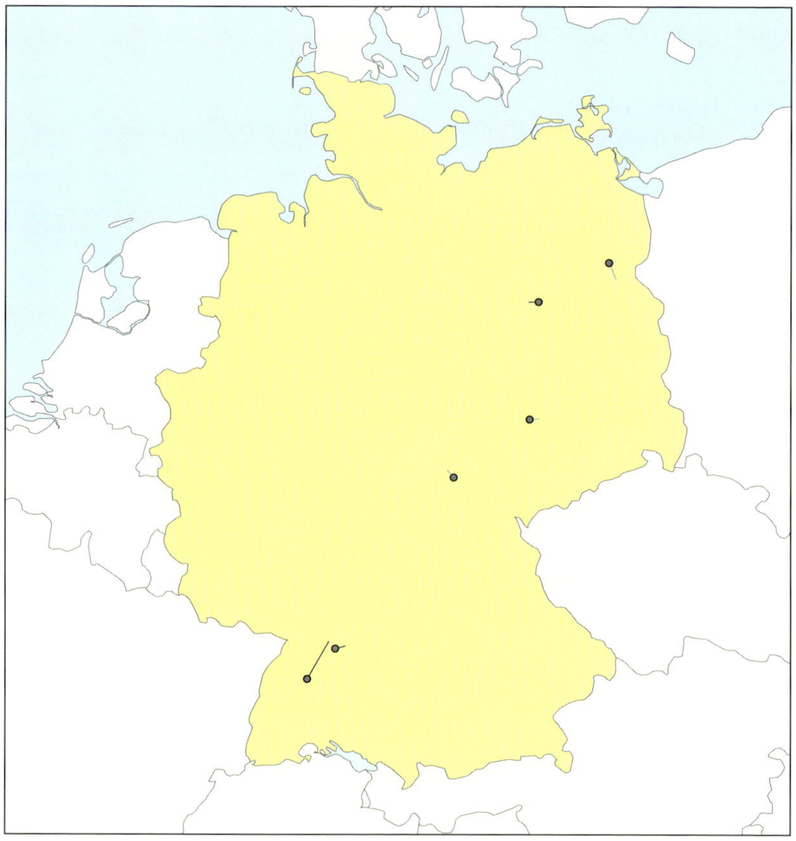

Abb. 1: Funde (> 10 km) von Mittelspechten mit Bezug zu Deutschland (6 Funde). – *Recoveries (of > 10 km) of Middle Spotted Woodpeckers related to Germany (6 recoveries).*

Kleinspecht *Dryobates minor*

Lesser Spotted Woodpecker

Kleinspechte brüten in fast ganz Europa (außer Island) sowie nach Osten anschließend in der borealen Waldzone Asiens bis Kamtschatka. In Deutschland brüten etwa 25.000 – 41.000 BP, der als stabil geltende Bestand verteilt sich über alle Landesteile (mit geringerer Siedlungsdichte in S-Deutschland). Im Gegensatz zur in Skandinavien beheimateten Nominatform, die als Teilzieher eingestuft wird und bei gelegentlichen Irruptionen südlich des Brutgebietes und damit auch in Deutschland auftritt, sind die deutschen Kleinspechte (Unterart *D. m. hortorum*) ausgeprägte Standvögel. Entsprechend gibt es gerade einmal sieben Ringfunde, bei denen die Vögel mehr als 10 km zurückgelegt haben. Am weitesten entfernte sich ein im Münsterland (Nordrhein-Westfalen) markierter Jungvogel vom Beringungsort, der fast vier Jahre später 134 km weiter nördlich in W-Niedersachsen tot aufgefunden wurde (Abb. 1).

Summary: *Lesser Spotted Woodpecker is distributed all over the country with a population of some 25,000 – 41,000 bp. In contrast to the partial migrants of Scandinavia, German birds are strictly sedentary. There are only seven ring recoveries covering more than 10 km, and the maximum distance recorded was 134 km.*

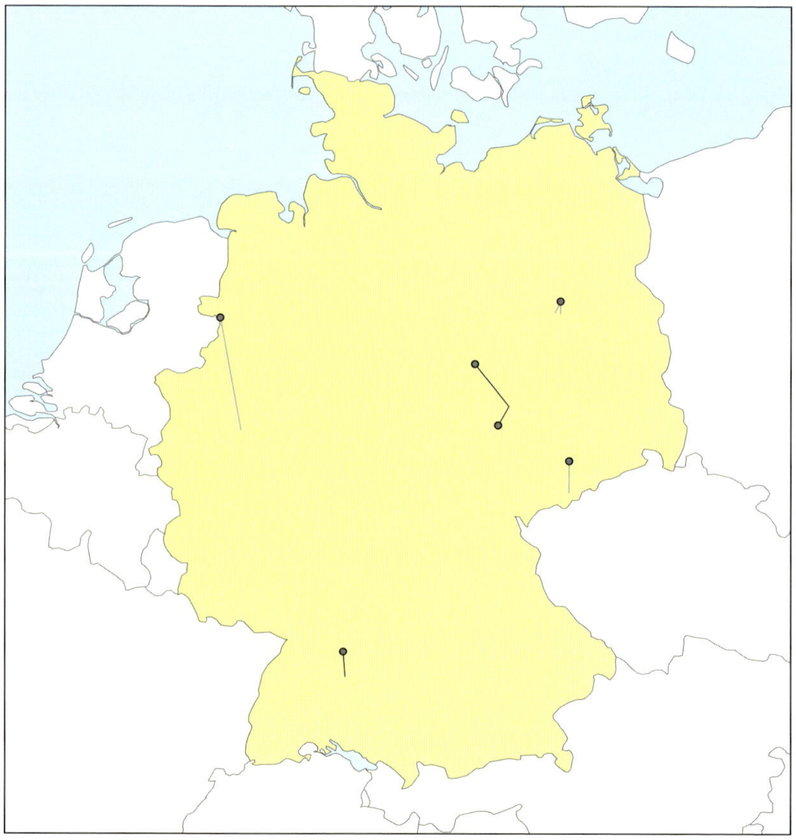

Abb. 1: Funde (> 10 km) von Kleinspechten mit Bezug zu Deutschland (7 Funde). – *Recoveries (of > 10 km) of Lesser Spotted Woodpeckers related to Germany (7 recoveries).*

Pirol *Oriolus oriolus*
Eurasian Golden Oriole

Beringungen nach 1945:	4663
Funde > 10 km nach 1945:	28/27
Wiederfundquote (Fernfunde nach 1945):	0,6 %
Funde > 10 km seit 1901:	33/32
Funde fremder Beringungszentralen:	3/3
Höchstalter:	6 J*
Weiteste Entfernung:	6159 km

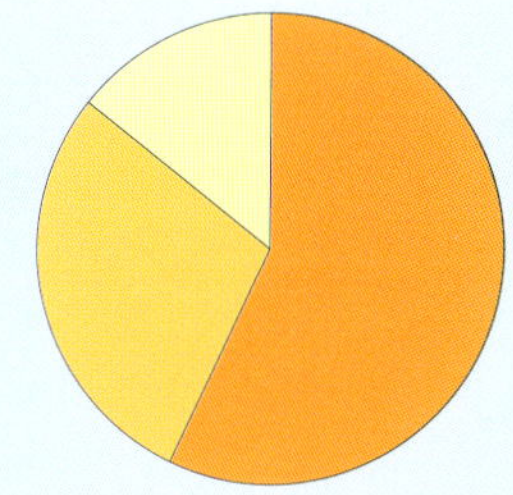

Verbreitung und Status: Das Brutgebiet des Pirols erstreckt sich von NW-Afrika über Europa und Kleinasien bis nach Indien und in die Mongolei. In Europa zählen nur der äußerste NE, weite Teile Fennoskandiens und die Britischen Inseln, mit Ausnahme eines isolierten Vorkommens in E-England, nicht zu seinem Brutareal. Europäische Pirole sind trans-Saharazieher, die im zentralen, östlichen und südlichen Afrika überwintern.
In Deutschland besiedelt der Pirol mäßig häufig nicht zu dichte, feuchte Laubgehölze. Der im vergangenen Jahrhundert deutliche Rückgänge zu verzeichnende Bestand zeigt seit etwa der Jahrtausendwende wieder einen leicht zunehmenden Trend und beläuft sich derzeit auf 31.000 – 56.000 BP. Nach der Brutzeit verlassen die ersten Pirole bereits Ende Juli ihre Reviere. Der Hauptzug findet im August statt und klingt im September aus. Der Wiedereinzug in die Brutgebiete, bei dem die Männchen den Weibchen vorangehen, vollzieht sich vornehmlich im Mai und ist Anfang Juni abgeschlossen, im N etwas später.

Abb. 1: Funde von Pirolen mit Bezug zu Deutschland (33 Funde). – *Recoveries of Eurasian Golden Orioles related to Germany (33 recoveries).*

Wanderungen: Nördlich von Deutschland brüten Pirole nur in geringer Zahl und daher dürften die meisten hier auftretenden Vögel dem einheimischen Brutbestand angehören. Die Mehrzahl der in Deutschland beringten Pirole zieht im Herbst nach S bis SE ab. Sie erreichen so, wie Mittel- und E-europäische Pirole im Allgemeinen (Zink 1975), das östliche N-Afrika (Libyen, Ägypten) über Italien und die Balkanhalbinsel (Abb. 1). Von diesem generellen Schema gibt es nur wenige Ausnahmen. Ein im Juni in Rheinland-Pfalz beringter Nestling fiel etwa zwei Monate später annähernd 1700 km weiter östlich in der Ukraine einem Jäger zum Opfer. Bemerkenswert ist auch ein weiterer E-Fund eines am 1.9.1960 auf der bretonischen Insel Ouessant (Frankreich) beringten Fänglings 17 Tage später auf Helgoland. Dieser Fund bestätigt, dass von Frankreich aus einige Pirole zunächst nach E ziehen (Zink 1975, Spina & Volponi 2008b). Sie müssten dann später eine Richtungsänderung (Zugknick) vollziehen, um E-Afrika zu erreichen (Zink 1975). Eine weitere Meldung aus dem Herbst betrifft einen im September 1960 in Hessen beringten Fängling, der im Oktober des Folgejahres in SW-Frankreich frisch tot aufgefunden wurde. Er weicht damit deutlich von der Mehrzahl der Vögel ab, die in der gleichen Region beringt wurden (Abb. 1). Möglicherweise zog der Vogel über W-Afrika ins Wintergebiet. Es wird allerdings angenommen, dass Pirole, die auf dem Durchzug regelmäßig z. B. in Mauretanien beobachtet werden (Isenmann et al. 2010), im Wesentlichen SW-europäischen und NW-afrikanischen Ursprungs sind (Zink 1975). Ringfunde, die die Herkunft durch W-Afrika ziehender Pirole belegen, fehlen jedoch bisher ebenso, wie gesicherte Winternachweise von dort (Baumann 1999).
Aus dem für europäische Pirole bekannten Überwinterungsgebiet im zentralen und im südlichen Afrika stammt ein Fund: Ein im Juni bei Frankfurt/Main (Hessen) beringter adulter Vogel wurde fast zwei Jahre später im März in der DR Kongo gefunden. Aufgrund des Fundmonats könnte sich der Vogel bereits auf dem Frühjahrszug befunden haben (Dowsett et al. 1988). Mit über 6100 km ist es gleichzeitig der am weitesten entfernte Fund eines deutschen Pirols. Noch weiter südlich, in Malawi, hielt sich im März ein als Nestling beringter tschechischer Vogel auf (Cepák et al. 2008). Mitteleuropäische Pirole könnten demnach bis ins südliche Afrika ziehen. Neben diesem Fund gibt es nur noch zwei indirekte Nachweise aus Malta und Frankreich, die den Frühjahrszug betreffen. Obwohl die Zahl der Frühjahrsfunde für eine generelle Aussage nicht ausreicht, passen sie gut in das Bild des von Zink (1975) diskutierten Schleifenzugs, mit einer westlicheren Route im Frühjahr als im Herbst (siehe auch Cepák et al. 2008).

Summary: *In Germany, Eurasian Golden Oriole is found mainly in open forests. It is a common breeding bird with a population of 31,000–56,000 bp which is slightly increasing in recent years. Autumn migration is most pronounced in August, while most breeding territories are occupied in May. In autumn, German-ringed Eurasian Golden Orioles migrate S to SE to reach the E of N-Africa via Italy and the Balkan Peninsula. Remarkable outliers are migrations from Germany to the Ukraine and from Brittany (France) to Helgoland. A bird recovered in March in the DR Congo could already have been on spring migration. Two additional recoveries on Malta and in France in spring corroborate loop migration with a more westerly route compared to autumn migration.*

Rotkopfwürger *Lanius senator*
Woodchat Shrike

Beringungen nach 1945:	3567
Funde > 10 km nach 1945:	17/17
Wiederfundquote (Fernfunde nach 1945):	0,5 %
Funde > 10 km seit 1901:	24/24
Funde fremder Beringungszentralen:	0/0
Höchstalter:	5 J, 10 M
Weiteste Entfernung:	4216 km

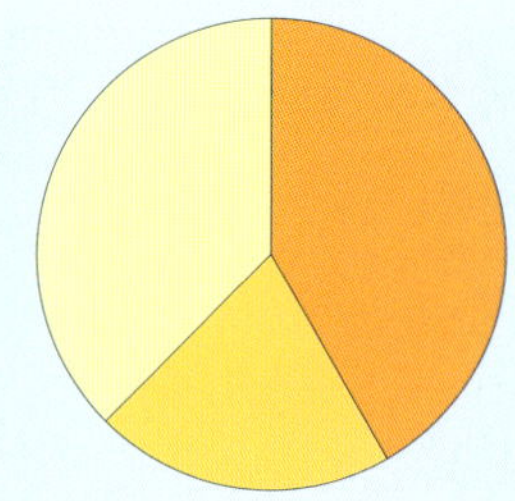

Verbreitung und Status: Der Rotkopfwürger ist ein mit drei Unterarten in der Westpaläarktis endemischer Brutvogel. Das geschlossene mediterrane Verbreitungsgebiet erstreckt sich von NW-Afrika und fast der gesamten Iberischen Halbinsel über Italien und Griechenland bis in die Levante. Weiter im E kommt er bis an die Küsten des Kaspischen Meers und des Persischen Golfs im Iran vor. In Mitteleuropa gab es noch im letzten Jahrhundert mehrere isolierte Vorkommen bis in die Niederlande, Polen und die Slowakei, die aber inzwischen zum größten Teil nicht mehr existieren. Rotkopfwürger ziehen zum Überwintern in die Savannengürtel südlich der Sahara.

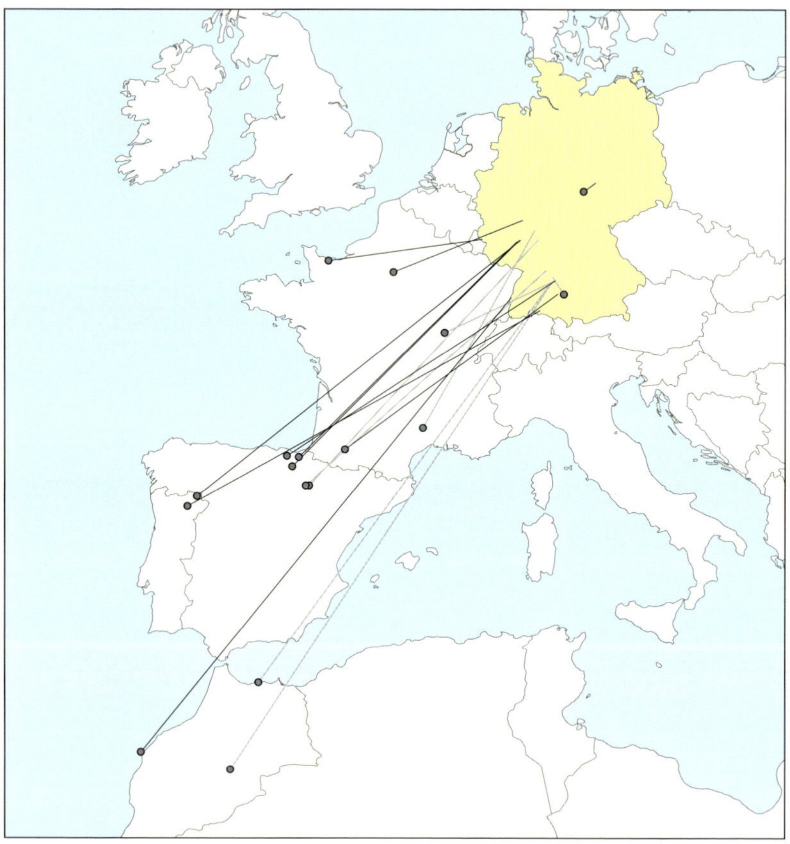

Abb. 1: Funde von Rotkopfwürgern mit Bezug zu Deutschland (17 Funde). – *Recoveries of Woodchat Shrikes related to Germany (17 recoveries).*

In Deutschland sind die Vorkommen des einst in verschiedenen Landesteilen brütenden Rotkopfwürgers bis auf kleinste Restvorkommen von insgesamt 1–4 BP in Baden-Württemberg, Rheinland-Pfalz und dem Saarland erloschen. Ansonsten ist die Art nur noch ein alljährlicher Gastvogel mit wenigen Individuen. In Deutschland brütende Rotkopfwürger verließen in der Mehrzahl zwischen August und Anfang September ihre Reviere, der Wiedereinzug im Frühjahr erfolgte verstärkt ab Mitte April und war in der Regel Ende Mai abgeschlossen.

Wanderungen: Alle Funde von Rotkopfwürgern stammen vom ehemaligen deutschen Brutbestand und in der großen Mehrheit von nestjung beringten Vögeln. Sie belegen eine SW-Wanderung in die mutmaßlichen W-afrikanischen Winterquartiere (Zink 1975) über Frankreich und die Iberische Halbinsel (Abb. 1).. Die beiden spätesten Herbstzugfunde (Oktober, November) stammen aus Portugal. Die am weitesten im SW gelegenen Nachweise ergaben sich in Marokko, wobei einer dem Herbstzug (August) zuzuordnen ist und zwei weitere in das Frühjahr (April, Mai) fallen. Unter letzteren befand sich auch der fast zwei Jahre zuvor im Juni 1980 nestjung in Baden-Württemberg markierte Vogel, der den vorerst letzten Fund erbrachte. In den Winterquartieren konnten deutsche Rotkopfwürger nicht nachgewiesen werden, im Gegensatz zu einem in Nigeria beringten Vogel in Italien (Spina & Volponi 2008b). Zink (1975) diskutiert einen möglichen Schleifenzug mit einer östlicheren Route im Frühjahr, doch reichen die Funde für eine solche Einschätzung nicht aus. Zusätzlich fehlen Nachweise aus Italien, wo Rotkopfwürger im Frühjahr von N-Afrika kommend verstärkt einziehen (Spina & Volponi 2008b). Zu Herkunft und Verbleib der seltenen Durchzügler gibt es keine Hinweise.

Summary: *Woodchat Shrike was a locally common breeding species in Germany, but after a massive population decline during the last century only 1–4 bp remain. All recoveries are derived from birds of the German breeding population, most of which were ringed as nestlings. The recoveries indicate migration towards the SW in autumn, with birds reaching Africa via Spain and Morocco. There are no records from the sub-Saharan winter quarters and the few spring recoveries give no hint to the postulated loop migration with a more easterly route taken during this season.*

Schwarzstirnwürger *Lanius minor*
Lesser Grey Shrike

Das Hauptverbreitungsgebiet des Schwarzstirnwürgers erstreckt sich von E- und SE-Europa über die Türkei und den Kaukasus bis zum Altai in Zentralasien. Das geschlossene Brutareal hat in N-Italien seine westlichsten Ausläufer. Kleine isolierte Vorkommen, die starke Bestandsrückgänge aufweisen, finden sich in NE-Spanien und in S-Frankreich. Weitere ehemalige Brutvorkommen z. B. in Belgien (bis 1930), Luxemburg (bis 1993), in der Schweiz (bis 1972) sowie in Deutschland sind während des letzten Jahrhunderts erloschen. Dementsprechend wurden die drei einheimischen Vögel, die Fernfunde ergaben (Abb. 1), bereits in den 1950er Jahren in SW-Deutschland beringt, wo die Art 1987 in Baden-Württemberg zum letzten Mal brütete. Heute ist der Schwarzstirnwürger in Deutschland sehr seltener Gast mit nur wenigen Nachweisen pro Jahr. Selbst die westlichsten Populationen des trans-Saharaziehers wandern ausschließlich über das östliche Mittelmeergebiet, um in einem relativ kleinen Areal im südlichen Afrika zu überwintern (Herremans 1998). In Übereinstimmung damit weisen die Funde deutscher Ringvögel, von denen zwei nestjung markiert wurden, nach N-Italien und Griechenland (Abb. 1). Zwei direkte Herbstzugfunde im August und September (Italien, Griechenland) stehen dabei einem indirekten Fund (Italien) aus dem der Beringung folgenden Frühjahr (März) gegenüber. Aus dem afrikanischen Überwinterungsgebiet liegen keine Ringfunde vor. Ein in der Slowakei farbberingter Vogel wurde dagegen im Frühjahr in Äthiopien beobachtet (Cepák et al. 2008). Der Schleifenzug der Art, bei dem der Frühjahrszug in Afrika und im Mittelmeergebiet weiter östlich stattfindet als der Zug im Herbst (Zink 1975, Pearson & Lack 1992), wird durch die wenigen Ringfunde nicht deutlich.

Abb. 1: Funde von Schwarzstirnwürgern mit Bezug zu Deutschland (3 Funde). – *Recoveries of Lesser Grey Shrikes related to Germany (3 recoveries).*

Summary: *Lesser Grey Shrike is extinct as breeding bird in Germany after the last pair was recorded in 1987 in SW Germany. Today, the species is a very rare visitor. The only three long-distance recoveries of German-ringed birds also stem from the SW, with two direct autumn recoveries obtained from Italy and from Greece, respectively. The only spring recovery came from Italy. The few available data reflect the known migration routes of the species from W and C Europe towards southern Africa via the E Mediterranean.*

Neuntöter *Lanius collurio*
Red-backed Shrike

Beringungen nach 1945:	123.541
Funde > 10 km nach 1945:	167/158
Wiederfundquote (Fernfunde nach 1945):	0,1 %
Funde > 10 km seit 1901:	213/204
Funde fremder Beringungszentralen:	9/9
Höchstalter:	8 J
Weiteste Entfernung:	8578 km

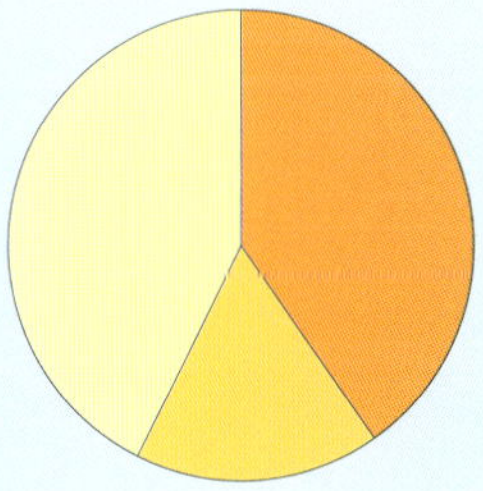

Verbreitung und Status: Das Brutareal des westpaläarktisch verbreiteten Neuntöters umfasst den größten Teil Europas von N-Portugal bis an den Ural, in Asien setzt sich das Vorkommen bis nach W-Sibirien fort. Neben weiten Teilen der Iberischen Halbinsel sind auch N- und NE-Europa nicht besiedelt, auf den Britischen Inseln brütet die einst verbreitete Art nicht mehr alljährlich. Der Neuntöter ist ein trans-Saharazieher, bei dem selbst Individuen der westlichsten Populationen (NW-Spanien) im östlichen und südlichen Afrika überwintern.
In Deutschland ist der Neuntöter mit 91.000 – 160.000 BP als häufiger Brutvogel in offenen und halboffenen Landschaften mit einem ausreichenden Bestand an Büschen landesweit und bis auf über 1000 m Höhe in den Alpen verbreitet. Der in den letzten Jahrzehnten des vergangenen Jahrhunderts deutlich zurückgegangene Bestand hatte sich zwischenzeitlich etwas erholt, nimmt aber seit den späten 1990er Jahren wieder leicht ab. Der Herbstzug fällt zumeist in den Zeitraum zwischen Anfang August und Ende September, in geringem Maße auch noch in den frühen Oktober. Im Frühjahr erfolgen der Durchzug und der Wiedereinzug in die Brutgebiete im April und Mai, im N findet Durchzug noch bis in den Juni statt. Im sächsischen Vogtland hat sich die Erstankunft im Frühjahr zwischen 1967 und 2001 um etwa elf Tage verfrüht (Ernst 2013).

Wanderungen: Fund- oder Beringungsorte von Neuntötern, die in Deutschland brüten oder es auf dem Zug berühren, erstrecken sich über mehr als 80 Breitengrade vom südlichen Skandinavien über Italien und das östliche Mittelmeer-

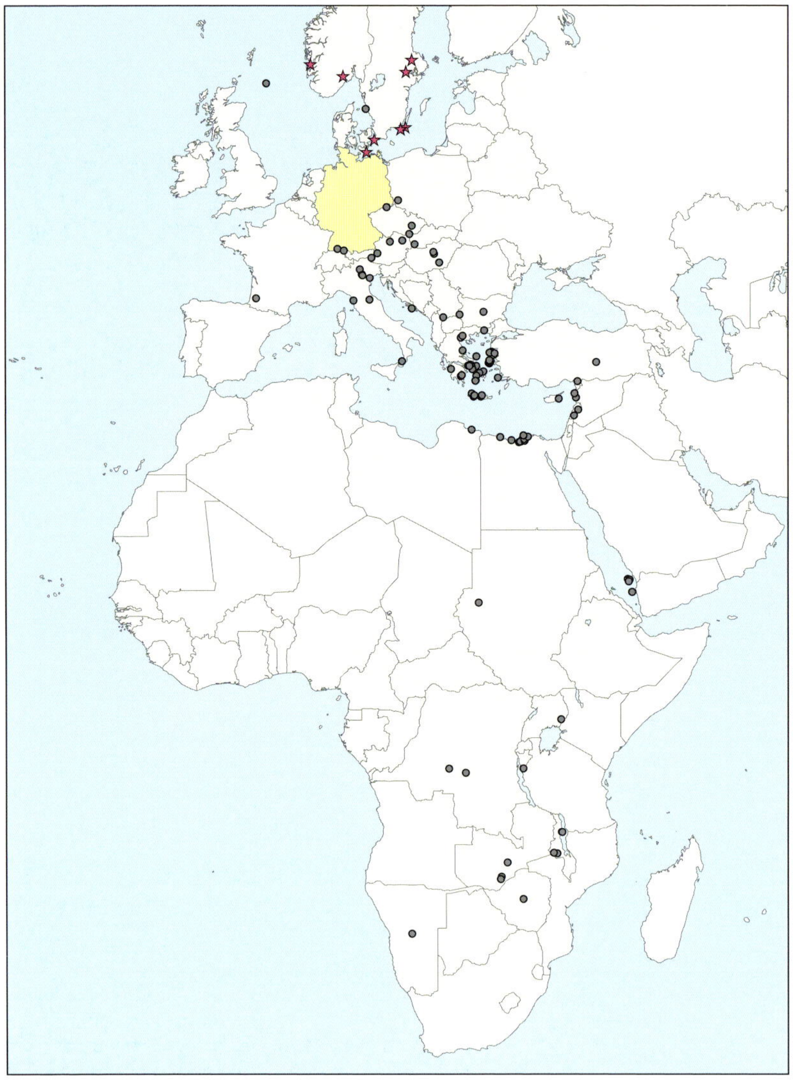

Abb. 1: Fundorte von in Deutschland beringten (109 Funde) und ausländische Beringungsorte von in Deutschland gefundenen (9 Funde) Neuntötern. – *Foreign recovery sites of Red-backed Shrikes ringed in Germany (109 recoveries) and foreign ringing sites of birds recovered in Germany (9 ecoveries).*

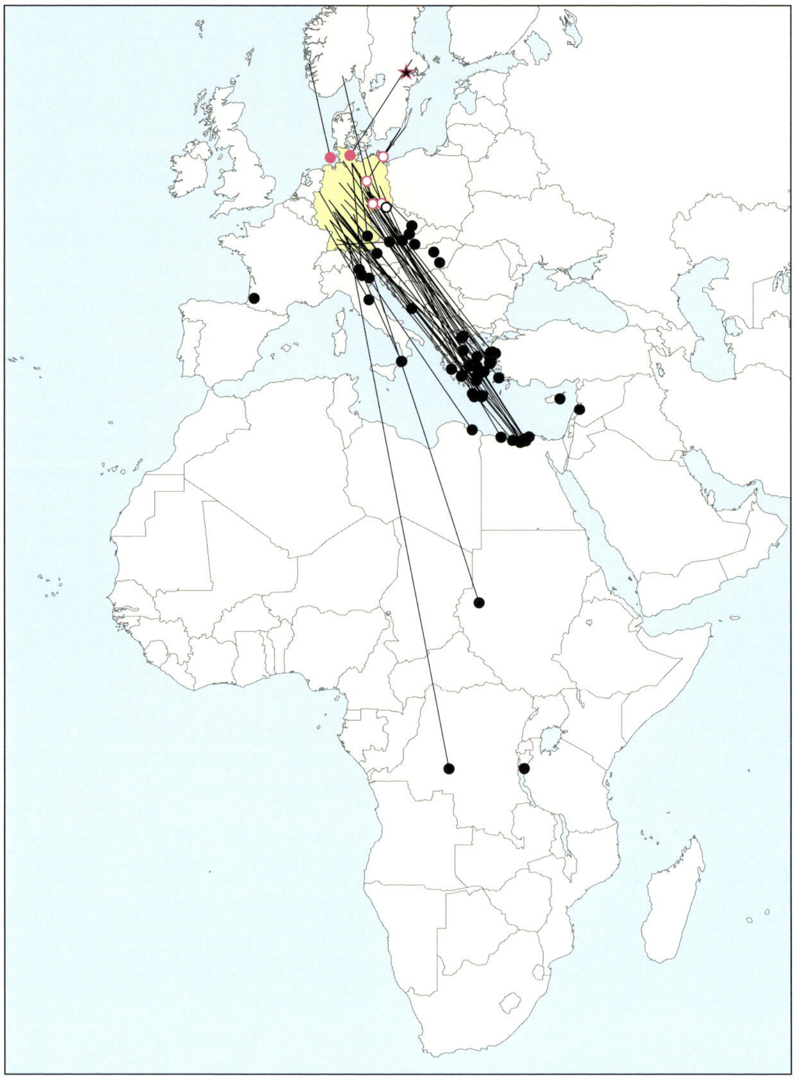

Abb. 2: Herbstzug (August – November) von in Deutschland zur Brutzeit (66 Funde) oder von August bis November anwesenden Neuntötern (14 Funde). – *Autumn migration (August – November) of Red-backed Shrikes present in Germany during the breeding season (66 recoveries) or from August to November (14 recoveries).*

gebiet bis ins südliche Afrika (Abb. 1). Von kaum einem anderen trans-Sahara-zieher unter den Singvögeln liegt so umfangreiches Ringfundmaterial aus dem gesamten Jahreslebensraum vor. Während Funde von Vögeln, die mit Ringen fremder Beringungszentralen markiert wurden, ausschließlich aus dem südlichen Skandinavien stammen, konzentrieren sich solche von in Deutschland beringten Neuntötern jagdbedingt in der Ägäis, der Levante und an der ägyptischen Mittelmeerküste. Sie spiegeln damit den Zug einheimischer Brutvögel wider, die im Herbst nach SE abziehen, um wie alle europäischen Populationen über das östliche Mittelmeergebiet N-Afrika zu erreichen (Zink 1975). Aus dem Rahmen fällt der indirekte Fund eines Neuntöters, der als frisch tot im November aus SW-Frankreich gemeldet wurde (Abb. 2). Noch weiter im SW und außerhalb des Brutareals der Art, in S-Portugal, wurde ein dänischer Ringvogel gefunden (Bønløkke et al. 2006), was belegt, dass Neuntöter in seltenen Fällen nach SW ziehen und auch nach W-Afrika gelangen können (Fry et al. 2000). Zusätzlich zum einheimischen Brutbestand ziehen im Herbst skandinavische Neuntöter durch Deutschland. W-norwegische Vögel führen dabei zunächst Wanderungen Richtung SSE durch, während einige von Schweden kommend nach SW ziehend Deutschland erreichen. In Mitteleuropa muss dann allerdings eine Richtungsänderung („Zugknick") erfolgen, da auch viele schwedische ebenso wie manche finnische Neuntöter über Italien ins zentrale Afrika ziehen (Fransson & Hall-Karlsson 2008, Spina & Volponi 2008b).

Einige deutsche Brutvögel halten sich bereits im Oktober und November im zentralen Afrika (Sudan, DR Kongo, Tansania) auf (Abb. 2). Damit könnten z. T. schon die Winterreviere erreicht sein (Abb. 3), in denen Neuntöter mehrere Monate territorial sind und die in verschiedenen Wintern in Folge aufgesucht werden (Becker 1978). Der größte Teil überwintert jedoch weiter südlich (Fry et al. 2000), wie es für deutsche Brutvögel aus Sambia belegt ist (Abb. 3). Noch weiter zogen zwei Vögel, die in Zimbabwe und Namibia gefunden wurden (Abb. 1), deren Beringung im August und September aber keine eindeutige Zuordnung zum deutschen Brutbestand zulässt. Aus dem Rahmen fällt die Wintermeldung eines Neuntöters aus dem NW-deutschen Tiefland im Kosovo (Abb. 3). Ihr sollte aber nicht zu viel Bedeutung zugemessen werden, da der Todeszeitpunkt des erjagten Vogels nicht bekannt ist. Allerdings ist die erfolgreiche Überwinterung eines Neuntöters unbekannter Herkunft in Baden-Württemberg belegt (Bauer et al. 1995).

Funde, die bereits dem Frühjahrszug zuzuordnen sein könnten, stammen aus dem östlichen Afrika (Sambia, Malawi, Tansania, Uganda), aber auch von der Küste des Roten Meeres, der levantinischen Mittelmeerküste sowie aus N-Italien (Abb. 4). Bei den Frühjahrsfunden auf der Arabischen Halbinsel handelt es sich um die östlichsten Funde deutscher Neuntöter. Sie deuten damit den Schleifenzug der Art an, bei dem der Frühjahrszug durch Afrika weiter östlich erfolgt als der Herbstzug. Durch Beobachtungen und Ringfunde bereits bekannt (Zink 1975, Pearson & Lack 1992) konnte eine aktuelle Studie mit Hilfe von Geolokatoren diesen Schleifenzug auch für einzelne Vögel belegen (Tøttrup et al. 2012). Bei einem Fund in die „falsche Richtung" (Abb. 4) handelt es sich um einen Vogel, der im Mai beringt und einen Monat später über 300 km SE wieder gefunden wurde. Möglicherweise handelte es sich dabei um einen Vogel, der nach einer sehr früh gescheiterten Brut bereits sein Territorium verlassen hatte oder um

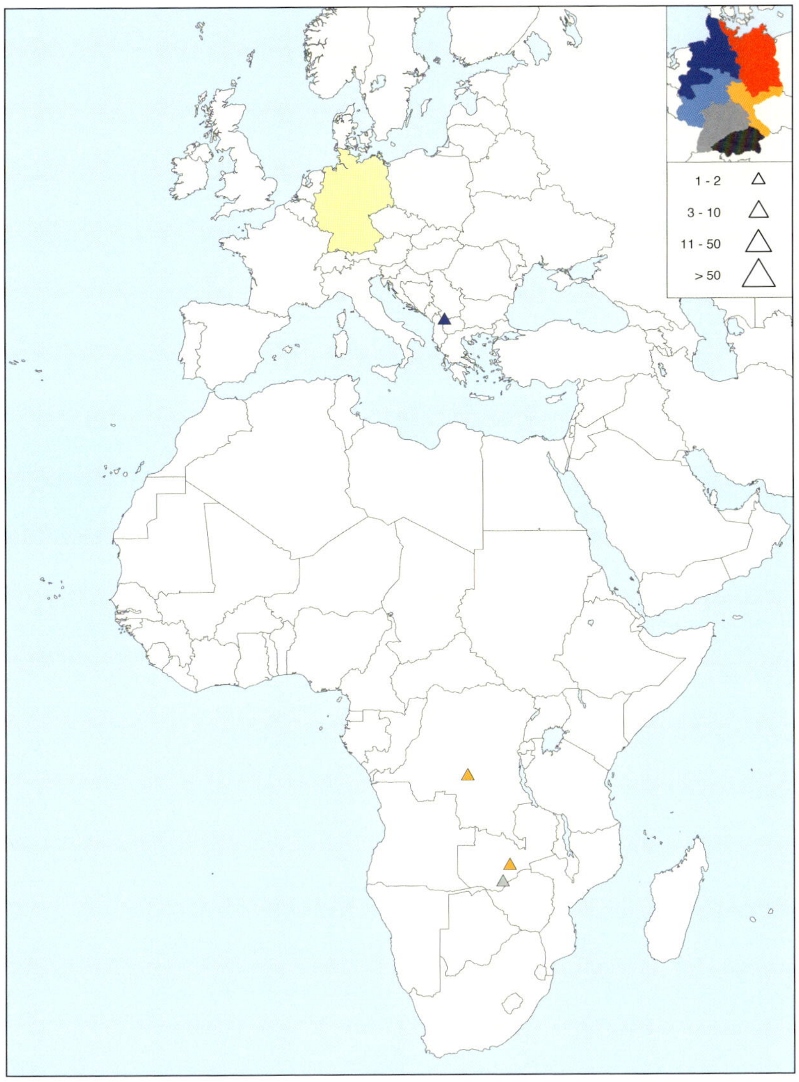

Abb. 3: Aufenthaltsorte im Winter (Dezember – Februar) von in Deutschland zur Brutzeit anwesenden Neuntötern (4 Funde). – *Presence in winter (December – February) of Red-backed Shrikes present in Germany during the breeding season (4 recoveries).*

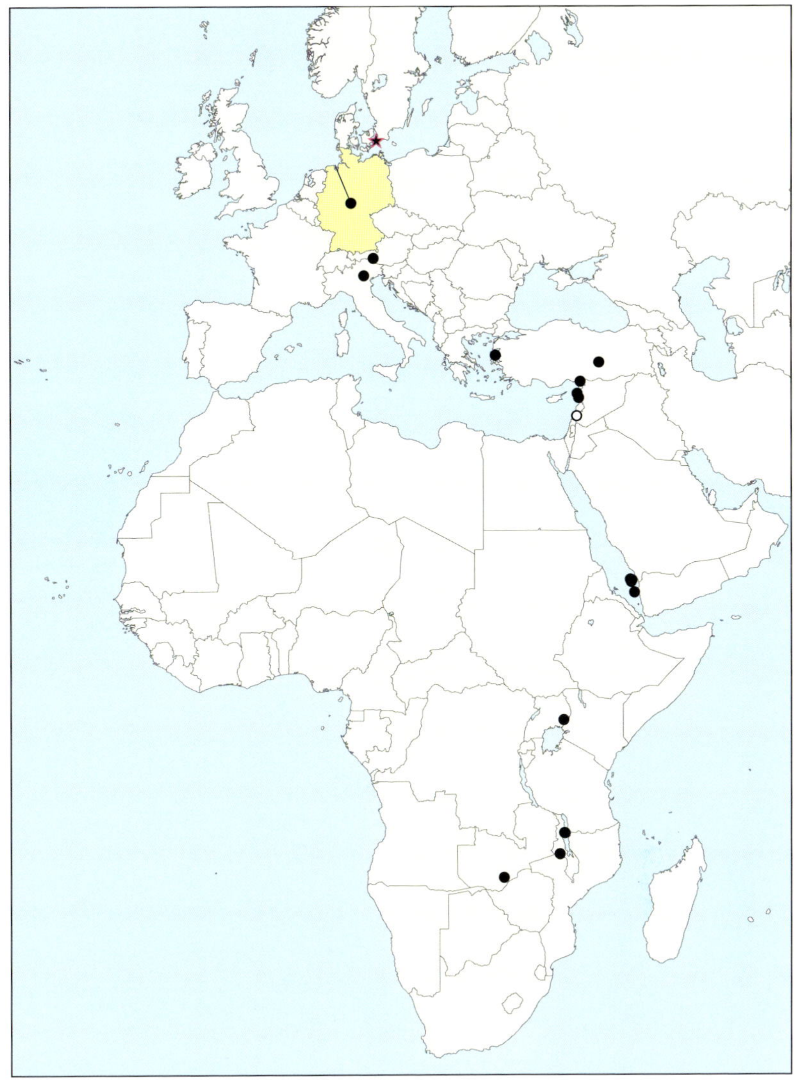

Abb. 4: Frühjahrszug (März – April) von in Deutschland zur Brutzeit (19 Funde) oder von März bis April anwesenden Neuntötern (1 Fund). – *Spring migration (March – April) of Red-backed Shrikes present in Germany during the breeding season (19 recoveries) or from March to April (1 recovery).*

Kompensation für eine Zugprolongation. Ein Hinausschießen über das eigentliche Zielgebiet ist auch für einen Anfang Juni auf Helgoland beringten Vogel wahrscheinlich, der nur 20 Stunden später in der Nordsee östlich der Orkney Inseln gefunden wurde (Abb. 1, Dierschke et al. 2011).

Summary: *The trans-Saharan migrant Red-backed Shrike is a common breeding bird in open habitats in Germany. The current population stands at 91,000 – 160,000 bp, but is slightly decreasing in recent years. The main autumn migration period lasts from August to September. Passage migration and arrival on the breeding sites in spring mainly takes place from April to May, and until June in the N. In autumn, recoveries of German-ringed Red-backed Shrikes corroborate the general migratory direction of the species towards SE to reach Africa via the E Mediterranean. An exception is an indirect record of a bird from SW France in November. The origin of passage migrants in Germany is Scandinavia, from where birds are directed to the SW (from Sweden) or SSE (from W Norway). These birds have to perform a directional change in C Europe ("Zugknick") to be able to continue their specific migration routes. Birds present in Germany during the breeding season may be recovered in sub-Saharan Africa as early as October or November, as data from the DR Congo and Tanzania show. But most Red-backed Shrikes winter further S and, accordingly, records from the winter months (December–February) stem from Zambia and, of two birds ringed in autumn, from Namibia and Zimbabwe, respectively. Records in spring are in line with other studies indicating a loop migration with a more easterly spring migration compared to the routes taken in autumn.*

Raubwürger *Lanius excubitor*
Great Grey Shrike

Beringungen nach 1945:	7240
Funde > 10 km nach 1945:	45/45
Wiederfundquote (Fernfunde nach 1945):	0,6 %
Funde > 10 km seit 1901:	61/60
Funde fremder Beringungszentralen:	13/13
Höchstalter:	8 J, 5 M
Weiteste Entfernung:	1808 km

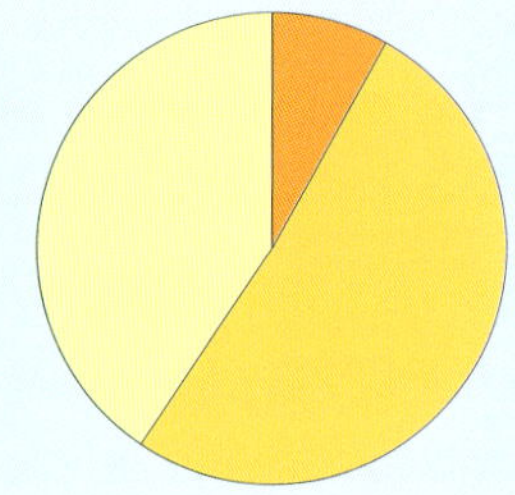

Verbreitung und Status: Der Raubwürger weist mit verschiedenen Unterarten eine annähernd holarktische Verbreitung auf. In Europa ist er lückig von der W-Küste Frankreichs über Mitteleuropa und bis an den Ural verbreitet, im N kommt er über den Polarkreis hinaus vor. Auf den Britischen Inseln, im südlichen Mittel- und in SE-Europa ist er nur Wintergast und auf der Iberischen Halbinsel und in S-Frankreich wird er durch den sehr ähnlichen Mittelmeer-Raubwürger *L. meridionalis* ersetzt. Im N werden die Brutgebiete im Winter nahezu vollständig geräumt, wobei gelegentlich Vögel bis an den Polarkreis ausharren. Weiter südlich sind Raubwürger Teilzieher. Die Überwinterungsgebiete wandernder Individuen liegen in Mittel- und W-Europa und schließen die Britischen Inseln sowie, in seltenen Fällen, die Färöer mit ein.

In Deutschland ist der Raubwürger seltener Brutvogel und mit 2100–3200 BP lückig in halboffenen Landschaften mit Schwerpunkt in den nordöstlichen Landesteilen verbreitet. Die über einen langen Zeitraum abnehmenden Bestände weisen seit wenigen Jahren wieder einen positiven Trend auf. Im Herbst erfolgt der Zuzug von Vögeln aus dem N des Verbreitungsgebietes, die Zahl der Wintergäste nimmt jedoch ab. Einheimische Raubwürger sind Standvögel oder Teilzieher. Die Brutterritorien werden von ziehenden Vögeln zwischen Anfang Juli und Mitte August verlassen, der Durch- und Zuzug nordischer Wintergäste erfolgt im Wesentlichen zwischen September und Anfang November. Während des Winters kann es bei ungünstigen Wetterlagen zu Ausweichbewegungen über kürzere Strecken und zu Vertikalwanderungen von Standvögeln kommen. Der Frühjahrszug setzt ab Februar ein und wird im April abgeschlossen.

Wanderungen: Fernfunde von Raubwürgern mit Bezug zu Deutschland streuen von S-Finnland und Mittelschweden bis nach N-Italien und S-Frankreich (Abb. 1) und spiegeln damit den Zug N- und mitteleuropäischer Vögel nach SW wider (Zink 1975, Fransson & Hall-Karlsson 2008). Dementsprechend erreichen fennoskandische Brutvögel Deutschland auf dem Herbstzug von NE her (Abb. 2). Der östlichste Beringungsort eines in Deutschland gefundenen Raubwürgers liegt dabei in S-Finnland. Weiter östlich sowie im Baltikum vorkommende Raubwürger ziehen nach SSW bis SSE und berühren Deutschland daher nicht (Zink 1975). Dies gilt bereits für Raubwürger aus der ehemaligen Tschechoslowakei, die offenbar nicht in Deutschland auftreten. Ringfunde weisen den E Österreichs, Ungarn und Slowenien als Überwinterungsgebiete dieser Vögel aus (Cepák et al. 2008). Die Zuzügler nach Deutschland setzen ihre Wanderungen ebenso wie ziehende

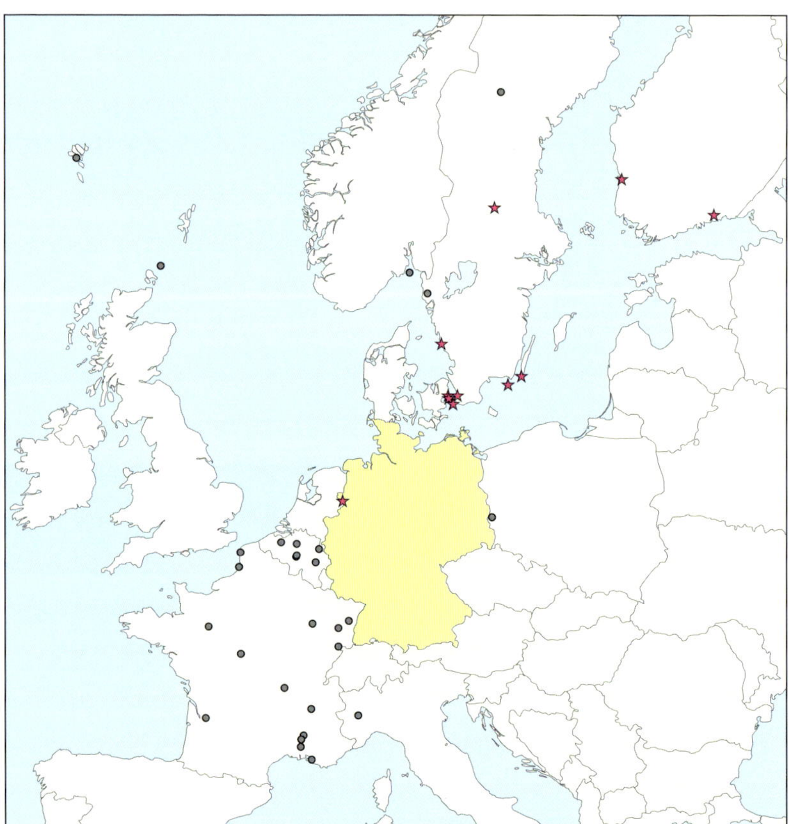

Abb. 1: Fundorte von in Deutschland beringten (28 Funde) und ausländische Beringungsorte von in Deutschland gefundenen (13 Funde) Raubwürgern. – *Foreign recovery sites of Great Grey Shrikes ringed in Germany (28 recoveries) and foreign ringing sites of birds recovered in Germany (13 recoveries).*

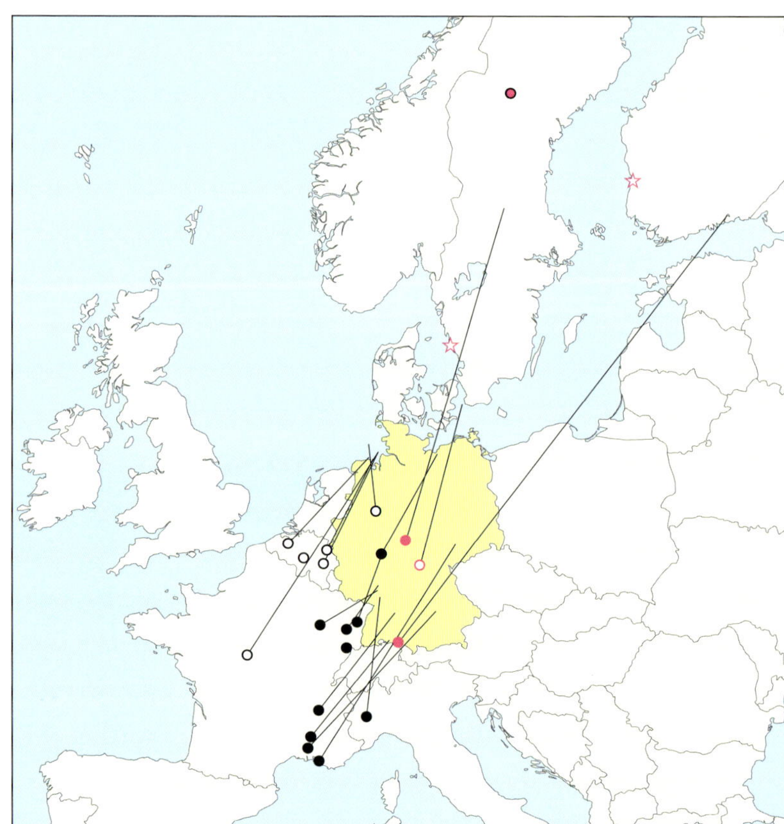

Abb. 2: Herbstzug (September–November) von in Deutschland zur Brutzeit (10 Funde) oder von September bis November anwesenden Raubwürgern (12 Funde). – *Autumn migration (September–November) of Great Grey Shrikes present in Germany during the breeding season (10 recoveries) or from September to November (12 recoveries).*

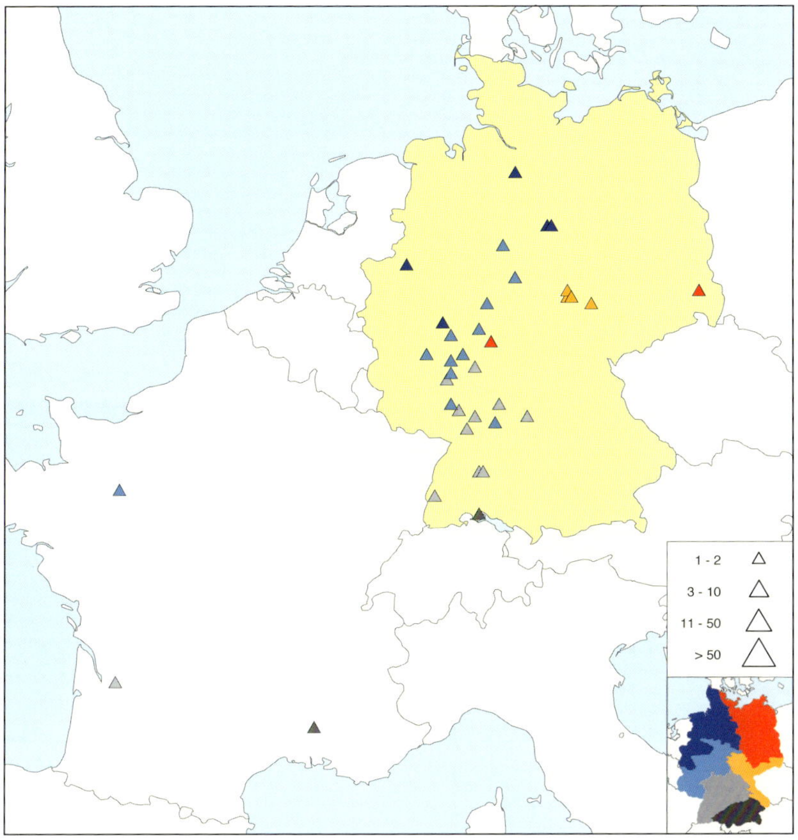

Abb. 3: Aufenthaltsorte im Winter (Dezember – Februar) von in Deutschland zur Brutzeit anwesenden Raubwürgern (42 Funde). – *Presence in winter (December – February) of Great Grey Shrikes present in Germany during the breeding season (42 recoveries).*

einheimische Raubwürger konstant nach SW fort. Aus S-Deutschland gelangen sie dabei nach E-Frankreich, wohin auch nestjung in der Schweiz beringte Vögel des dort ausgestorbenen Bestands zogen (Maumary et al. 2007). Abweichend zog ein Ind. nach S und erreichte N-Italien (Abb. 2). Aus dem N Deutschlands ergaben nur zur Zugzeit beringte Raubwürger Fernfunde. Durch die vorherrschende Zugrichtung konzentrieren sie sich in Belgien, in einem Fall gelangte ein Vogel nach Zentral-Frankreich (Abb. 2).

Einheimische Raubwürger überwintern zu einem großen Teil in der Nähe ihrer Brutgebiete (Abb. 3). Einige Vögel legen aber auch innerhalb Deutschlands Strecken von bis zu 320 km zurück. Bei Letzterem handelte es sich um einen im Juni in Brandenburg beringten Raubwürger, der sich eineinhalb Jahre später im Dezember in Hessen aufhielt. Lediglich drei Funde belegen Überwinterungen im Ausland (Abb. 3). Ihre Zahl ist zu gering, um eine getrennte Überwinterung in Abhängigkeit der naturräumlichen Herkunft zu belegen. Entsprechend der Wegzugrichtung im Herbst fanden sich aber je ein Vogel aus den SW-deutschen Mittelgebirgen und dem Alpenvorland im südlichen Frankreich, ein weiterer aus den W-deutschen Mittelgebirgen überwinterte dagegen in NW-Frankreich.
Winterfunde von eindeutig einem ausländischen Brutbestand zuzuordnenden Raubwürgern liegen nicht vor. Es ist jedoch davon auszugehen, dass zwei in Schweden im Oktober beringte Vögel, die sich zwei und drei Monate später in Deutschland aufhielten, auch zum skandinavischen Brutbestand gehörten. Das gleiche gilt wahrscheinlich für einen im April in Schweden beringten Vogel, der sich im folgenden Winter in Deutschland befand.
Zum Frühjahrszug lassen sich anhand der spärlichen Nachweise kaum Aussagen machen. Allerdings können zwei außergewöhnliche Funde im März und im Mai von den Orkney Inseln (Schottland) und von den Färöer (Abb. 1) dieser Jahreszeit zugeordnet werden. Beide Vögel hatten ihre Ringe eineinhalb Jahre vorher im Oktober auf den Nordseeinseln Trischen und Wangerooge erhalten. Skandinavische Raubwürger überwintern z. T. auf den Britischen Inseln. Dies belegen Verbindungen nach Norwegen (Bakken et al. 2006) und nach Dänemark, wo Raubwürger nicht brüten, aber fennoskandische Vögel als Durchzügler auftreten (Bønløkke et al. 2006). Möglicherweise haben sich die beiden Vögel von den Orkney Inseln und den Färöer auf dem Weg von ihrem Winteraufenthalt in die skandinavischen Brutgebiete befunden und dabei eine nördlichere Route gewählt als auf dem Herbstzug.

Summary: *Great Grey Shrike is a rare breeding bird, passage migrant and winter visitor to Germany. Its population has been declining for a long time, but the trend has been reversed in recent years, and currently consists of 2100 – 3200 bp. German breeding birds are partial migrants. Migrating individuals leave the breeding grounds between early June and mid-August and passage migration lasts from September to early November. Spring migration commences in February and ceases in April. On autumn migration, Fennoscandian birds reach Germany from the NW and continue to fly SW, as do birds of the German breeding population. A considerable number of German Great Grey Shrikes winters close to the breeding areas, but some also migrate to France. The sparse records related to spring migration include two recoveries of autumn-ringed birds on the Orkneys and the Faroe Islands in March and in May, respectively.*

Alpendohle *Pyrrhocorax graculus*
Yellow-billed Chough

Die Alpendohle ist S-paläarktisch verbreitet und besiedelt inselartig die alpinen Stufen der Hochgebirge vom Hohen Atlas und den Pyrenäen bis zum Himalaya. In Europa finden sich die nördlichsten Vorkommen in den Alpen, wo sich der langfristig stabile deutsche Brutbestand auf 550–1000 BP beläuft. Alpendohlen ziehen nicht, unternehmen aber, vor allem im Winter, tägliche Vertikalwanderungen von ihren Schlafplätzen zu den tiefer gelegenen Nahrungsgebieten. Jungvögel können weitere Zerstreuungswanderungen durchführen (Büchel 1994). Auf eine solche ist wahrscheinlich der einzige Fernfund mit Bezug zu Deutschland zurückzuführen. Der betreffende Vogel wurde am 25. Dezember 1943 im schweizerischen Kanton Davos beringt und hielt sich über vier Jahre später, am 18. Februar 1948, 92 km NNE in den bayerischen Alpen auf (Abb. 1). Drei weitere schweizerische Ringvögel legten noch weitere Entfernungen bis zu 165 km zurück (Maumary et al. 2007).

Summary: *Yellow-billed Chough breeds in the German Alps with a stable population of 550–1000 bp. The species is resident, but may perform daily altitudinal movements between high-altitude night roosts and feeding areas, especially in winter. Young birds can disperse over larger distances, as shown by the only recovery related to Germany. A first year bird ringed in Switzerland was observed 92 km to the NNE in the German Alps about four years later.*

Abb. 1: Fund einer Alpendohle mit Bezug zu Deutschland. – *Recovery of a Yellow-billed Cough related to Germany.*

Elster *Pica pica*
Common Magpie

Beringungen nach 1945:	7313
Funde > 10 km nach 1945:	49/42
Wiederfundquote (Fernfunde nach 1945):	0,6 %
Funde > 10 km seit 1901:	76/69
Funde fremder Beringungszentralen:	3/3
Höchstalter:	12 J*
Weiteste Entfernung:	2211 km

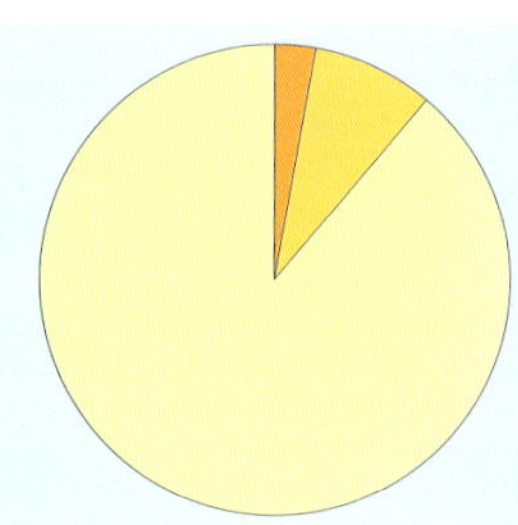

Verbreitung und Status: Die Elster ist von NW-Afrika über ganz Europa mit Ausnahme Islands und durch Asien bis nach Japan und Sachalin (Russland) verbreitet. Sie führt keine ausgesprochenen Wanderungen durch, und weitere Ortswechsel sind in der Regel auf Zerstreuungswanderungen zurückzuführen (Zink 1981, Maumary et al. 2007, Cepák et al. 2008). In den Alpen werden höher gelegene Gebiete bei extremen Wetterlagen geräumt, allerdings finden auch Vertikalwanderungen im Winter in höhere Lagen statt (Maumary et al. 2007). In Fennoskandien sind in einigen Fällen Bewegungen von über 100 km und bis zu 450 km belegt. Weiterhin gibt es Hinweise, dass einige Elstern von Norwegen und Schweden aus nach Dänemark gelangen (Bønløkke et al. 2006). In Mitteleuropa gehören solche Fernfunde zu den großen Ausnahmen (Zink 1981, Glutz v. Blotzheim & Bauer 1993).

In Deutschland ist die Elster mit einem fluktuierenden Bestand von 370.000–550.000 BP häufiger Brutvogel in einem breiten Spektrum an Habitaten von lichten Wäldern und halboffenen Gebüschlandschaften bis in die Innenstädte hinein. Es sind vier Fälle belegt, in denen Elstern zwischen 103 km und 311 km in verschiedenen Richtungen vom Beringungsort entfernt wieder gefunden wurden (Abb. 1). Bei Letzterem lagen allerdings fast zehn Jahre zwischen Beringung und Fund. Auch in zwei weiteren Fällen vergingen mehrere Jahre von der Markierung bis zum erneuten Nachweis. Eine Elster legte allerdings innerhalb von 32 Tagen nach der Beringung 148 km zurück. Vollkommen aus dem Rahmen fallen zwei weitere Funde, die von Deutschland etwa 1200 km und etwa 2200 km nach SW-Frankreich und nach S-Spanien weisen. Beide Funde stammen von jeweils einem im Sommer 1934 bzw. 1935 beringten Nestling, die einmal ein halbes Jahr später im Dezember (Frankreich) und einmal im Herbst des folgenden Jahres (Spanien) gefunden wurden. Zink (1981) erwähnt diese Funde nicht. Eine eingehende Prüfung der Daten ergab keine Hinweise auf mögliche Fehler, weswegen die Funde hier dargestellt werden.

Summary: *Common Magpie is widespread and common in Germany with a population of some 370,000 – 550,000 bp. It is a resident species, and the four exceptional movements of 103 km to 311 km, respectively, refer to dispersal. There are two additional extraordinary records of birds ringed as nestlings in 1934 and 1935 and recovered at distances of 1200 km and 2200 km in France and Spain, respectively. These are difficult to interpret, but there is no apparent mistake in the data.*

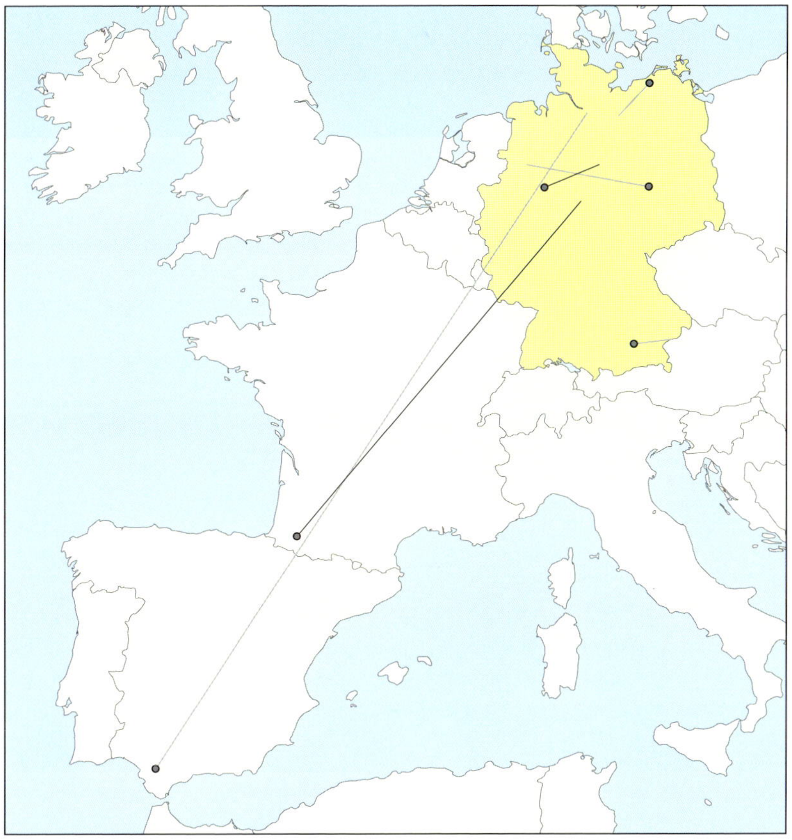

Abb. 1: Funde (> 100 km) von Elstern mit Bezug zu Deutschland (6 Funde). – *Recoveries (of > 100 km) of Common Magpies related to Germany (6 recoveries).*

Eichelhäher *Garrulus glandarius*
Eurasian Jay

Beringungen nach 1945:	21.401
Funde > 10 km nach 1945:	302/285
Wiederfundquote (Fernfunde nach 1945):	1,3 %
Funde > 10 km seit 1901:	318/301
Funde fremder Beringungszentralen:	217/176
Höchstalter:	13 J, 11 M*
Weiteste Entfernung:	3249 km

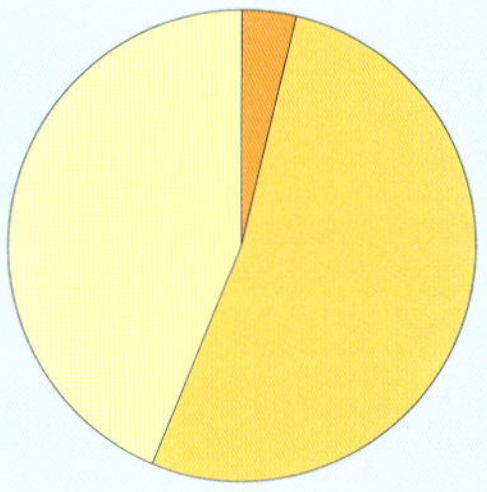

Verbreitung und Status: Der Eichelhäher ist mit einer Reihe von Unterarten über weite Teile der Paläarktis von NW-Afrika bis nach Japan verbreitet. In Europa sind nur Island, weite Teile Schottlands sowie der äußerste N Fennoskandiens und Russlands nicht besiedelt. In N- und E-Europa ist die Art Teilzieher, deren Wanderungen evasionsartigen Charakter annehmen können, in Mittel-, W- und S-Europa ist sie Standvogel.

In Deutschland ist der Eichelhäher mit einem langfristig stabilen Bestand von 495.000 – 670.000 BP ein häufiger und landesweit verbreiteter Brutvogel in Wäldern und offeneren Habitaten, wenn diese zumindest einige Baumgruppen aufweisen. Zu den einheimischen Vögeln gesellen sich vor allem in Invasionsjahren Eichelhäher aus nördlichen und östlichen Populationen. Einflüge fallen im Herbst in den September und Oktober, während der Rückzug im April und Mai stattfindet und im N bis in den Juni zu beobachten ist (Gatter 1974a, Heine et al. 1999, Dierschke et al. 2011). Auf Hiddensee wurde gelegentlich massiver Zug nach N im September und Oktober beobachtet, was Dierschke & Helbig (2008) mit der möglichen Leitlinienwirkung der Inseltopographie in Zusammenhang bringen.

Wanderungen: Mitteleuropäische Eichelhäher zeigen wenig Neigung zum Zug. Dies belegt die große Mehrheit (94 %) der Wiederfunde von einheimischen Vögeln, die aus einer Distanz von weniger als 100 km vom Beringungsort stammt. Die größte Distanz legte ein in Brandenburg nestjung beringter Vogel zurück, der sechs Monate später 654 km entfernt in Frankreich geschossen wurde. E-europäische Eichelhäher ziehen dagegen in großer Zahl nach Mitteleuropa, vor allem in Invasionsjahren. In Deutschland wird dabei schon weitgehend die westliche Grenze der Wanderungen erreicht. Dies lässt sich daraus schließen, dass Verbindungen nach W nur bis Belgien und in den E Frankreichs reichen, während dies im E bei einer Reihe von Ringfunden bis weit nach Russland und bis nach 55 °E der Fall ist (Abb. 1).

Der Zug E-europäischer Eichelhäher nach Mitteleuropa wird eindrucksvoll durch die Herbstfunde von an wenigen Stellen an der russischen und polnischen Ostseeküste beringten Vögeln belegt (Abb. 2). Eine nähere Betrachtung ihrer zeitlichen Verteilung zeigt, dass sie nicht den regulären Zug des Eichelhähers darstellen, sondern auf wenige außergewöhnliche Invasionsjahre zurückzuführen sind. Von in Rybachy (Russland) beringten Eichelhähern erbrachten 45 zwischen

1961 und 1999 Wiederfunde in Deutschland. Mehr als die Hälfte davon stammt allerdings von in nur zwei Jahren gekennzeichneten Vögeln (1961: 13, 1965: 12). Noch deutlicher fällt eine Analyse der Funde polnischer Ringvögel aus: von 55 zwischen 1936 und 1985 beringten Vögeln, die Funde ergaben, stammen 41 aus dem Jahr 1965, davon 39 alleine von im Oktober beringten Vögeln. Die Funde streuen vor allem zwischen N- und SE-Deutschland, der Einflug von 1965 erreichte aber auch den Bodensee (Heine et al. 1999). Dies ist jedoch nicht durch Ringfunde belegt, die in SW-Deutschland völlig fehlen. Hier scheint die Invasion auch ausgelaufen zu sein. Maumary et al. (2007) führen das Jahr 1965 nur unter den Jahren mit mäßigem und schwachem Herbstzug in der Schweiz auf, Gatter (1974a) erwähnt es bei einer Aufzählung von Invasionsjahren am Randecker Maar (Baden-Württemberg) nicht. Nach Zink (1981) berühren die Invasionen aus dem russischen Raum generell das südliche Mitteleuropa kaum. Im N Deutschlands zeigen Ringfunde, dass die Invasion von 1965 bis an die W-Grenze (Abb. 2) und darüber hinaus (Payevsky 1973) reichte. Folgerichtig erwähnen auch Dierschke et al. (2011) 1965 unter den Jahren mit auffälligen Vorkommen auf Helgoland. Da die betreffenden Vögel bereits zur Zeit des Herbstzugs beringt wurden, muss ihre Herkunft offen bleiben. Einen Hinweis darauf könnten aber drei im Herbst 1961 und im Winter 1965/66 in Deutschland beringte Eichelhäher liefern, die später bis zu über 3000 km weiter östlich in Russland wiedergefunden wurden (Abb. 1). Allerdings stammen die meisten der Funde in W-Russland aus den Herbst- und Wintermonaten, was die eindeutige Zuordnung zu einem Brutgebiet nicht zulässt. Aus NW-Russland und dem Baltikum weist eine Reihe von Funden nach Rybachy (Payevsky 1973), was ebenfalls die Brutheimat der in Deutschland auftretenden Invasionsvögel andeutet.
Die Invasion von 1977 war vor allem in S-Deutschland auffällig. Von 25 Ringvögeln, die später Wiederfunde mit Bezug zu Deutschland ergaben, wurden nur zwei in Rybachy (Russland) und einer in Polen beringt. Wesentlich mehr Funde ergaben in der Schweiz, den Niederlanden und in Belgien beringte Vögel, z. T. aber erst mehrere Jahre nach der Invasion. Einige innerdeutsche Funde mit einer maximalen Entfernung von 370 km liegen ebenfalls vor. Dies spricht dafür, dass Invasionen im südlichen Mitteleuropa kleinräumiger ablaufen als solche, die sich aus E-Europa nach W erstrecken (Zink 1981).

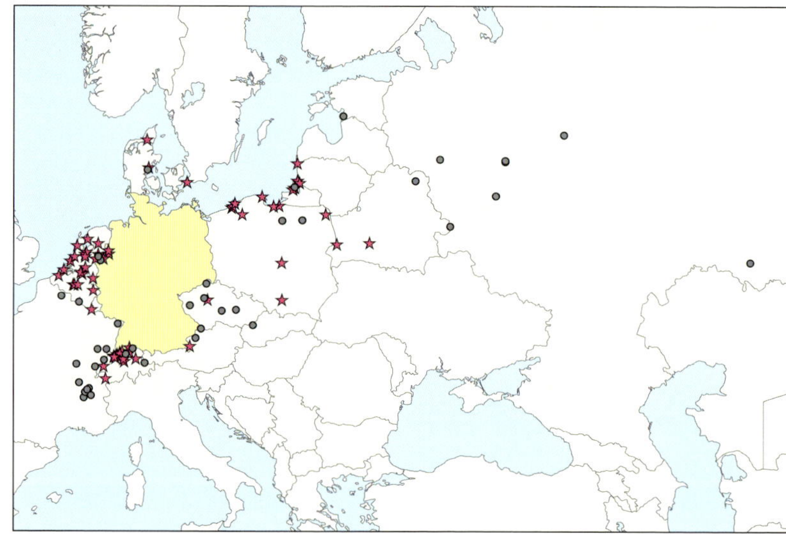

Abb. 1: Fundorte von in Deutschland beringten (41 Funde) und ausländische Beringungsorte von in Deutschland gefundenen (217 Funde) Eichelhähern. – *Foreign recovery sites of Eurasian Jays ringed in Germany (41 recoveries) and foreign ringing sites of birds recovered in Germany (217 recoveries).*

Auffällig ist das fast völlige Fehlen von Verbindungen nach Fennoskandien. Lediglich ein an der SW-Spitze Schwedens beringter Vogel gelangte ebenso wie zwei in Dänemark gekennzeichnete Eichelhäher nach Deutschland, von wo aus wiederum ein Ringvogel nach Dänemark flog (Abb. 1). Ob dies mit der von Zink (1981) erwähnten Scheu des Eichelhähers, über die offene See zu fliegen, zusammenhängt, muss offen bleiben. Generell liegen aber von norwegischen und schwedischen Eichelhähern nur wenige Auslandsfunde vor (Bakken et al. 2006, Fransson & Hall-Karlsson 2008) und selbst Dänemark wird nur in Einzelfällen erreicht (Bønløkke et al. 2006).

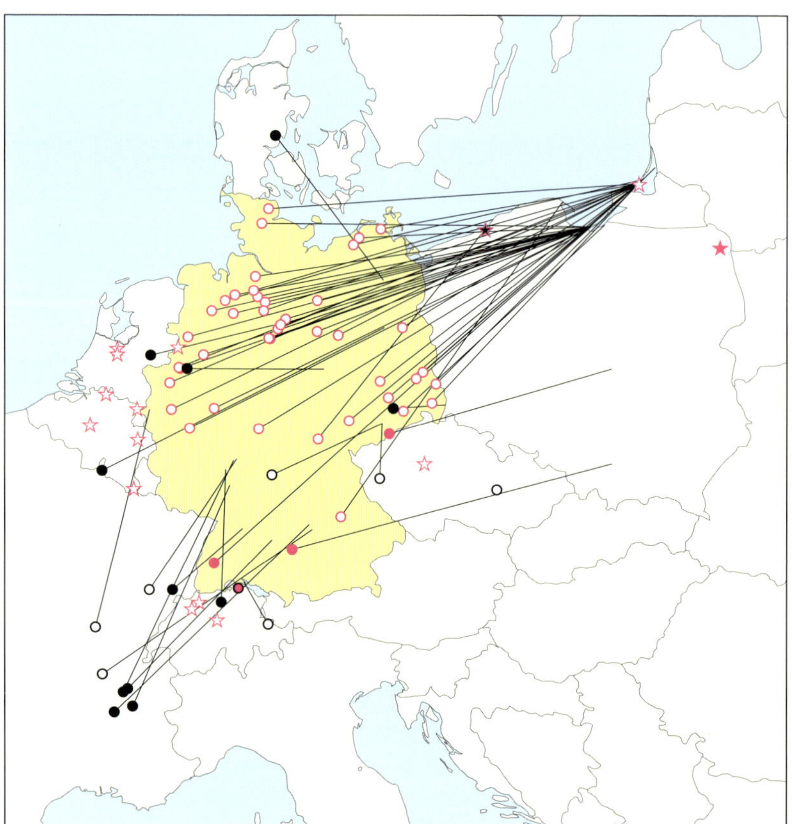

Abb. 2: Herbstzug (September – November) von in Deutschland zur Brutzeit (15 Funde) oder von September bis November anwesenden Eichelhähern (89 Funde). – *Autumn migration (September – November) of Eurasian Jays present in Germany during the breeding season (15 recoveries) or from September to November (89 recoveries).*

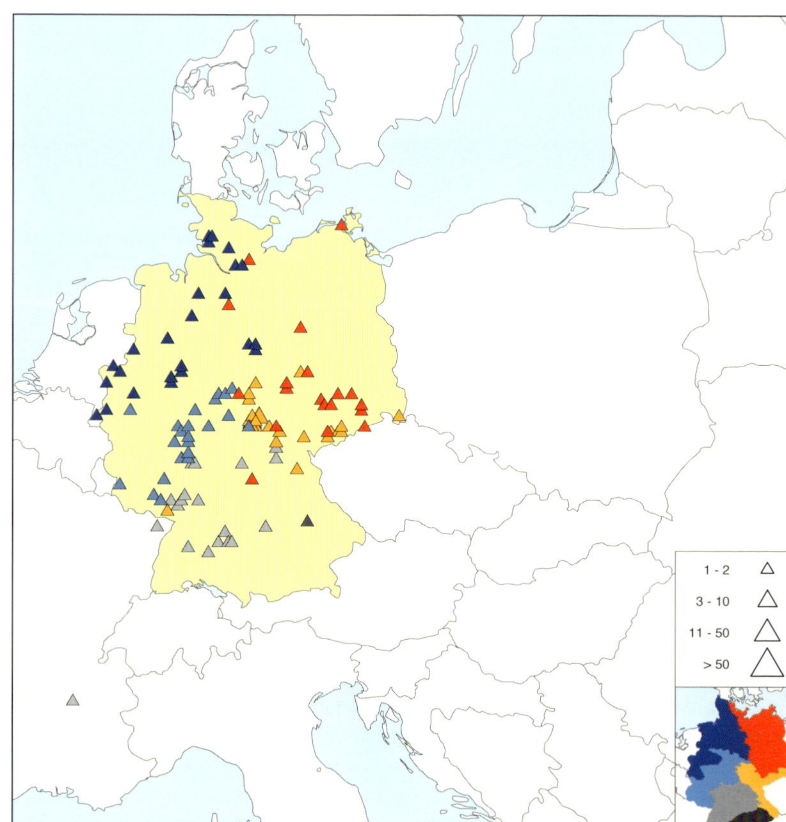

Abb. 3: Aufenthaltsorte im Winter (Dezember – Februar) von in Deutschland zur Brutzeit anwesenden Eichelhähern (128 Funde). – *Presence in winter (December – February) of Eurasian Jays present in Germany during the breeding season (128 recoveries).*

Eichelhäher, die in Deutschland zur Brutzeit beringt wurden und Fernfunde erbrachten, zogen von SW-Deutschland bevorzugt nach SE-Frankreich und in einem Fall nach S in die Schweiz. Ringvögel aus den nördlichen Landesteilen schlugen dagegen auch Richtungen nach W und in einem Fall nach NW nach Dänemark ein (Abb. 2). Sie bilden jedoch Ausnahmen, da die meisten einheimischen Brutvögel ganzjährig in der Nähe ihrer Brutgebiete verbleiben (Abb. 3). Die Überwinterung eines Eichelhähers aus den SW-deutschen Mittelgebirgen ist für SE-Frankreich nachgewiesen (Abb. 3). Spina & Volponi (2008b) erwähnen zusätzlich einen im Juli in Bayern beringten Fängling, der sich im darauffolgenden Dezember in Italien aufhielt. Überwinterungen in Deutschland sind je einmal für einen dänischen, einen polnischen und einen weißrussischen Brutvogel belegt. Das Überwintern eines großen Teils der an Invasionen teilnehmenden Eichelhäher mit unbekannter Brutherkunft zeigen viele Funde von in Russland und Polen beringten Vögeln in den Wintern 1961/62 und 1965/66.
Wenige Funde belegen ungerichteten Frühjahrszug über maximal 172 km innerhalb Deutschlands. Direkte Funde, die den Rückzug E-europäischer Invasionsvögel in die Brutgebiete belegen, fehlen. Lediglich ein weißrussischer Eichelhäher hielt sich im März in Deutschland auf. Nach Beobachtungen wandert ein großer Teil der Invasionsvögel wieder zurück in die ursprünglichen Brutgebiete (Zink 1981), was sich aus den Ringfunden aber nicht direkt ableiten lässt.

Summary: *Eurasian Jay is widespread in Germany and has a stable population of 495,000–670,000 bp. Migrants of E European origin can occur in relatively high numbers during invasion years. Of the 45 recoveries of Russian-ringed birds between 1961 and 1999, more than half were ringed within two years only (1961: 13, 1965: 12); and of 55 recoveries of Polish birds between 1936 and 1986, 41 alone were ringed in 1965. The invasion from E Europe in 1965 hardly touched SW Germany, but reached areas beyond the western border in the N. Later recoveries in W Russia of German-ringed jays may give a hint to the origin of birds taking part in invasions. The invasion in 1977 took place in S Germany on a much smaller scale and recoveries connect Germany with The Netherlands, Belgium and Switzerland. German breeding birds are mostly residents, but migrating individuals move as far as SE France and N Italy. There are also winter records of Danish, Polish and Byelorussian bird in Germany.*

Tannenhäher *Nucifraga caryocatactes*
Spottet Nutcracker

Beringungen nach 1945:	1107
Funde > 10 km nach 1945:	21/21
Wiederfundquote (Fernfunde nach 1945):	1,9 %
Funde > 10 km seit 1901:	21/21
Funde fremder Beringungszentralen:	4/4
Höchstalter:	6 J, 7 M
Weiteste Entfernung:	3212 km

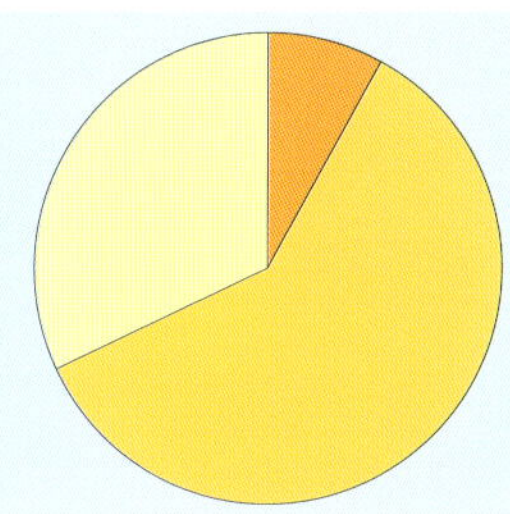

Verbreitung und Status: Das geschlossene Verbreitungsgebiet des Tannenhähers umfasst die boreale Zone der Paläarktis von S-Fennoskandien ostwärts bis nach Sachalin und Japan. Verbreitungsinseln finden sich in Mittel- und SE-Europa sowie in Zentral- und E-Asien. Europäische Tannenhäher gehören der Nominatform an und sind weitgehend Standvögel, in N-Europa sind Evasionen belegt. Die Regionen östlich des Urals werden von der Unterart *N. c. macrorhynchos* besiedelt, die unregelmäßig offensichtlich durch Nahrungsmangel ausgelöste Evasionen bis nach Mittel- und W-Europa durchführt.
In Deutschland ist der Tannenhäher mit 4600–8000 BP ein seltener Brutvogel der nadelholzreichen höheren Lagen der Mittelgebirge und der Alpen. Seit etwa der Jahrtausendwende verzeichnen die bis dahin stabilen Bestände moderate Abnahmen. Einheimische Tannenhäher zeigen kaum Zugneigung. Wanderungen in geringem Ausmaß, bei denen nicht immer zwischen Zerstreuungswanderungen, Nahrungsflügen in tiefere Lagen oder Schneefluchten unterschieden werden kann, sind vor allem von September bis November zu beobachten, aber kaum im Frühjahr. Invasionen von *N. c. macrorhynchos* erfolgen in der Regel im September und Oktober, so dass die große Invasion von 1968, die N-Deutschland bereits im August erreichte, eine Ausnahme darstellte (Piechocki 1971, Zink 1981).

Wanderungen: Die Beringung von Tannenhähern ergab insgesamt 20 Fernfunde mit Bezug zu Deutschland (Abb. 1), bei denen aber nur in zwei Fällen die Unterart angegeben wurde. Fünfzehn dieser Vögel wurden allein im Herbst (August–Oktober) 1968 markiert, einer davon in N-Polen, die restlichen in N-Deutschland. In diesem Jahr fand eine außergewöhnlich starke Invasion sibirischer Tannenhäher (*N. c. macrorhynchos*) nach Mittel- und W-Europa statt (Piechocki 1971, Zink 1981), worauf die relativ vielen Beringungen zurückzuführen sind, obwohl in einem Fall *N. c. caryocatactes* als Unterart vermerkt wurde. Direkte Wiederfunde nach jeweils wenigen Wochen zeigen, dass die Invasion entlang der südlichen Ostseeküste nach W bis SW durch N-Deutschland in die Niederlande sowie nach Belgien und Frankreich erfolgte. Das südliche Mitteleuropa scheint diese Invasion ebenfalls erreicht zu haben, da in diesem Jahr auch am Randecker Maar (Baden-Württemberg) verstärkt Tannenhäher beobachtet wurden (Gatter 1969). Ringfunde bestätigen dies nicht, allerdings belegen solche von in Belgien markierten Vögeln den Weiterzug bis in die Bretagne (Frankreich), und nach Beobachtungen wurde auch die französische Atlantikküste erreicht (Zink 1981). Auf dem schweizerischen Col de Bretolet ließ sich in diesem Jahr nur ein Tannenhäher fangen, es wurde jedoch auch ein Vertreter

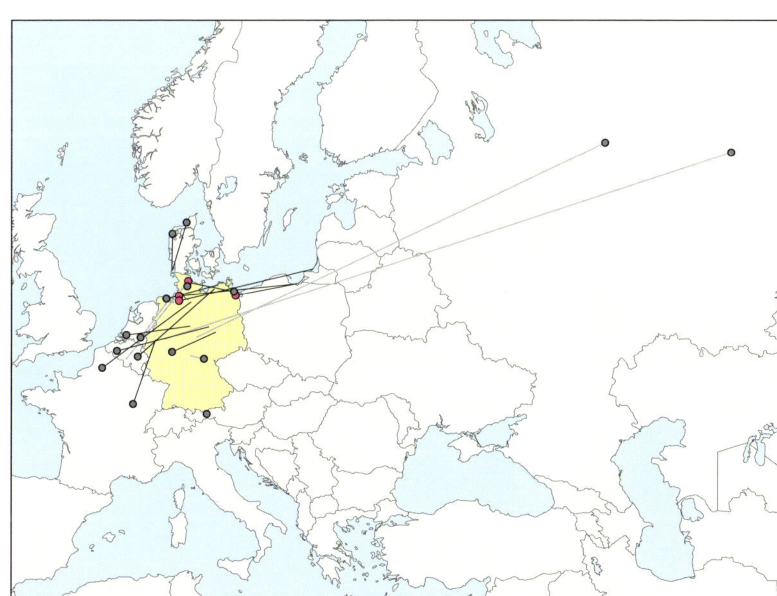

Abb. 1: Funde von Tannenhähern mit Bezug zu Deutschland (20 Funde). – *Recoveries of Spotted Nutcrackers related to Germany (20 recoveries).*

der sibirischen Unterart in der Schweiz beringt, der anschließend nach SW ins französische Rhônetal zog (Zink 1981, Mattes & Jenni 1984). In das Bild der nach W gerichteten Invasionen passen zwei weitere 1971 auf der Kurischen Nehrung (Russland) und 1977 in Polen beringte Vögel, die nach jeweils vier Wochen Wiederfunde in N-Deutschland ergaben (Abb. 1). Bemerkenswert ist die Wanderung von zwei 1968 auf Sylt beringten Tannenhähern in fünf bzw. neun Wochen nach N-Dänemark. Ein ähnlicher Zug nach N sowie nach E wurde in diesem Jahr auch in Fennoskandien und in Estland registriert (Zink 1981). Zwei indirekte Funde von an der Invasion 1968 teilnehmenden Vögeln, einer erst zwölf Jahre nach der Beringung, gelangen 2412 km und 3212 km weiter östlich in Russland. Da beide Funde aus dem September stammen, müssen sie nicht auf das Brutgebiet der in Deutschland beringten Vögel hinweisen, sie könnten aber einen Rückzug (Pendelzug) zumindest einiger der Invasionsvögel andeuten. Schwedische und tschechische Ringvögel wurden zudem auch östlich des Urals und damit im Brutareal von *N. c. macrorhynchos* gefunden (Cepák et al. 2008, Fransson & Hall-Karlsson 2008), was der Ansicht des „Totwanderns" im Rahmen der Invasionen (Zink 1981) widerspricht. Allerdings verbleiben auch einige Vögel im folgenden Sommer im Invasionsgebiet, um dort zu brüten (Zink 1981).
Beobachtungen ziehender Vögel in geringer und jährlich fluktuierender Zahl, z. B. auf dem schweizerischen Col de Bretolet oder dem Randecker Maar (Baden-Württemberg) deuten an, dass auch mitteleuropäische Tannenhäher (*N. c. caryocatactes*) gelegentlich Wanderungen in begrenztem Maß durchführen (Mattes & Jenni 1984, Heine et al. 1999, Gatter 2000). Zur Kenntnis der Wanderungen des deutschen Brutbestands steuerte die Beringung aber kaum Informationen bei. Lediglich ein im Oktober in der hessischen Rhön beringter Tannenhäher (*N. c. caryocatactes*) unbekannten Alters wurde fast sieben Jahre später zur Brutzeit im Juli 87 km ESE aus S-Thüringen gemeldet. Allerdings erfolgte keine Angabe, wie lange er beim Fund schon tot war. Ein bei Garmisch-Partenkirchen (Bayern) im August beringter Tannenhäher lieferte den einzigen Wiederfund eines Alpenvogels: Fast genau zwei Jahre nach der Markierung fiel er in 35 km Entfernung in Österreich einem Jäger zum Opfer. Wanderungen über kürzere Strecken wurden bei einigen schweizerischen Brutvögeln gefunden (Mattes & Jenni 1984). In den meisten Fällen dürfte es sich dabei aber um Zerstreuungswanderungen oder Wetterfluchten gehandelt haben, während sich der größte Teil der Vögel ganzjährig in der Nähe der Brutgebiete aufhält und diese nur bei Nahrungsmangel (Arvennüsse) verlässt (Mattes & Jenni 1984).

Summary: *In Germany, Spotted Nutcracker (*N. c. caryocatactes*) is a rare breeding bird at higher altitudes with tree cover in mountainous areas. The population has been stable for many decades, but shows moderate declines since the late 1990s. Currently it consists of 4600–8000 bp. Fifteen of the 20 recoveries related to Germany are from birds ringed in the autumn of 1968 during an extraordinary invasion of the Siberian subspecies (*N. c. macrorhynchos*). They show that the invasion reached N Germany from the Baltic and continued to The Netherlands, Belgium and France. Two birds ringed during the invasion in N Germany and recovered up to twelve years later at distances of 2412 km and 3212 km E from the ringing site, respectively, indicate return movements to the original breeding areas. There is hardly any information about migrations of German breeding birds with the exception of two birds that moved 35 km and 87 km, respectively.*

Dohle *Coloeus monedula*
Eurasian Jackdaw

Beringungen nach 1945:	67.508
Funde > 10 km nach 1945:	890/597
Wiederfundquote (Fernfunde nach 1945):	0,9 %
Funde > 10 km seit 1901:	901/608
Funde fremder Beringungszentralen:	58/56
Höchstalter:	23 J, 9 M*
Weiteste Entfernung:	2862 km

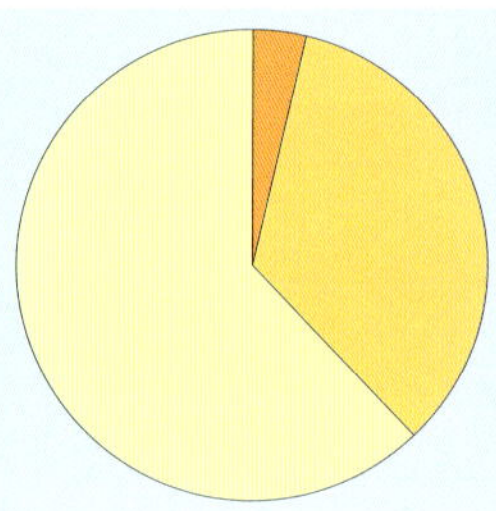

Verbreitung und Status: Das Brutareal der Dohle erstreckt sich von NW-Afrika und den Britischen Inseln bis zum Jenissej und dem Altai in Zentralasien. Abgesehen von ungünstigen Habitaten (z. B. ausgedehnte Nadelwälder) fehlt sie in Europa nur in den Hochgebirgen, nördlich des Polarkreises und auf Island. Die Dohle ist Standvogel oder Teilzieher mit einem nach N und E zunehmenden Anteil die Brutgebiete verlassender Vögel. Der N Europas wird im Herbst weitgehend geräumt, die Überwinterungsgebiete finden sich weiter südlich im Brutareal der Art.
Die Dohle ist ein mit 80.000–135.000 BP häufiger und weit verbreiteter Brutvogel in Deutschland, der meist in Gebäuden, Felswänden, aber auch in alten Buchenbeständen brütet. Die vormals langfristig stabilen Bestandszahlen nehmen seit dem Ende der 1990er Jahre stark ab. Adulte einheimische Dohlen (*C. m. spermologus*) verbleiben in der Regel ganzjährig in der Nähe der Brutreviere, bei ziehenden Individuen handelt es sich meist um Jungvögel. Fennoskandische und E-europäische Dohlen der Unterarten *C. m. monedula* und in geringerem Ausmaß auch *C. m. soemmerringii* sind regelmäßige Durchzügler und Wintergäste. Ziehende Dohlen sind vor allem im Oktober und November sowie weniger stark ausgeprägt von Februar bis April zu beobachten.

Wanderungen: Ringfunde von Dohlen mit Bezug zu Deutschland streuen von S-Fennoskandien bis S-Frankreich (Abb. 1, 2) und spiegeln damit den Zug N-, E- und mitteleuropäischer Dohlen nach SW wider. Verbindungen nach SE- und S-Europa fehlen, da zum einen die dortigen Populationen nicht ziehen und zum anderen z. B. Italien nicht auf den üblichen Zugwegen nördlicherer Vorkommen liegt (Spina & Volponi 2008b). Bei in Deutschland zur Brutzeit beringten Dohlen, die auf dem Herbstzug direkte Wiederfunde ergaben, handelt es sich ausschließlich um in den südlichen Landesteilen nestjung markierte Vögel. Sie ziehen mit großer Konstanz nach SW und gelangen nach Frankreich (Abb. 2). Eine Ausnahme bilden zwei Dohlen, die als vorjährige Vögel am gleichen Tag im Juni auf Helgoland beringt wurden und anschließend nach Dänemark flogen. Dort wurden sie nach etwas mehr als drei Monaten, ebenfalls zusammen, am gleichen Ort geschossen. Da Dohlen auf Helgoland erst einmal und nicht in dem betreffenden Jahr gebrütet haben (Dierschke et al. 2011), hat es sich bei der Beringung bereits um umherziehende oder auf Helgoland übersommernde Vögel gehandelt, die möglicherweise skandinavischen Ursprungs waren. Indirekte Funde einheimischer Dohlen auf dem Herbstzug fehlen, da ältere Vögel kaum noch Zugneigung zeigen (Schmidt 2012). Im Herbst wird Deutschland weiterhin von fennoskandischen und NE-europäischen Brutvögeln der Nominatform erreicht (Abb. 2).
Der weitaus größte Teil der Winterfunde deutscher Brutvögel stammt aus der Nähe der Brutgebiete (Abb. 3, 4). Ziehende Dohlen überwintern vor allem in Frankreich, einige aber auch in den Niederlanden, Belgien, der Schweiz und in Österreich. Dabei deutet sich eine Trennung nach der naturräumlichen Herkunft an, bei der Zieher aus den südlichen Landesteilen auch weiter südlicher überwintern als Dohlen aus N-Deutschland. Dementsprechend wurden schweizerische und tschechische Dohlen nur in der S-Hälfte Frankreichs gefunden (Maumary et al. 2007, Cepák et al. 2008), während sich Nachweise dänischer Ringvögel in den Niederlanden, Belgien und in England konzentrieren (Bønløkke et al. 2006). Bei

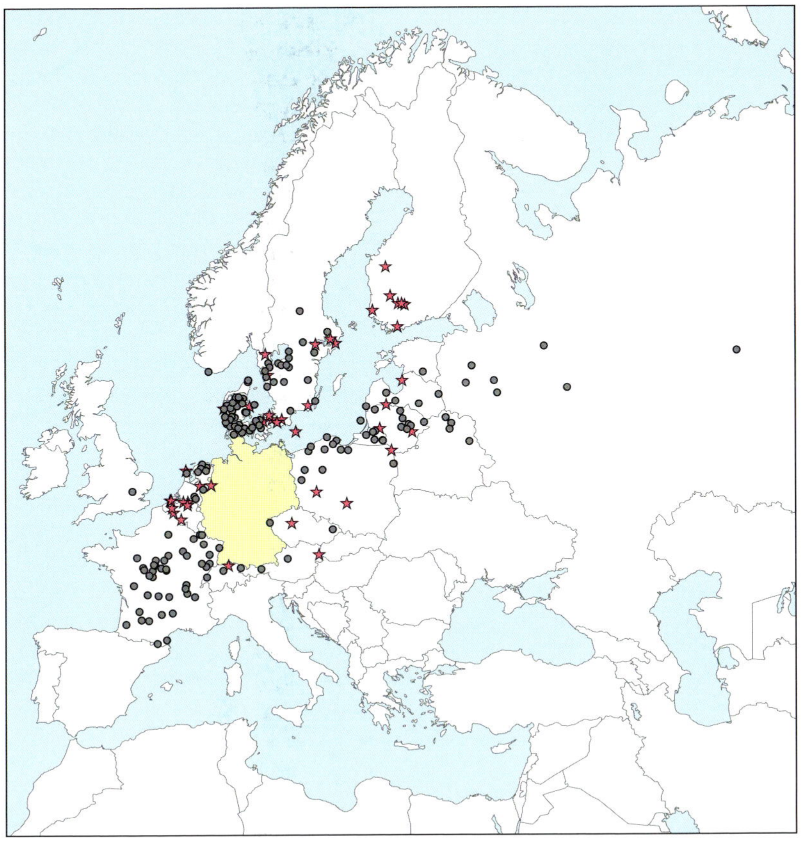

Abb. 1: Fundorte von in Deutschland beringten (165 Funde) und ausländische Beringungsorte von in Deutschland gefundenen (58 Funde) Dohlen. – *Foreign recovery sites of Eurasian Jackdaws ringed in Germany (165 recoveries) and foreign ringing sites of birds recovered in Germany (58 recoveries).*

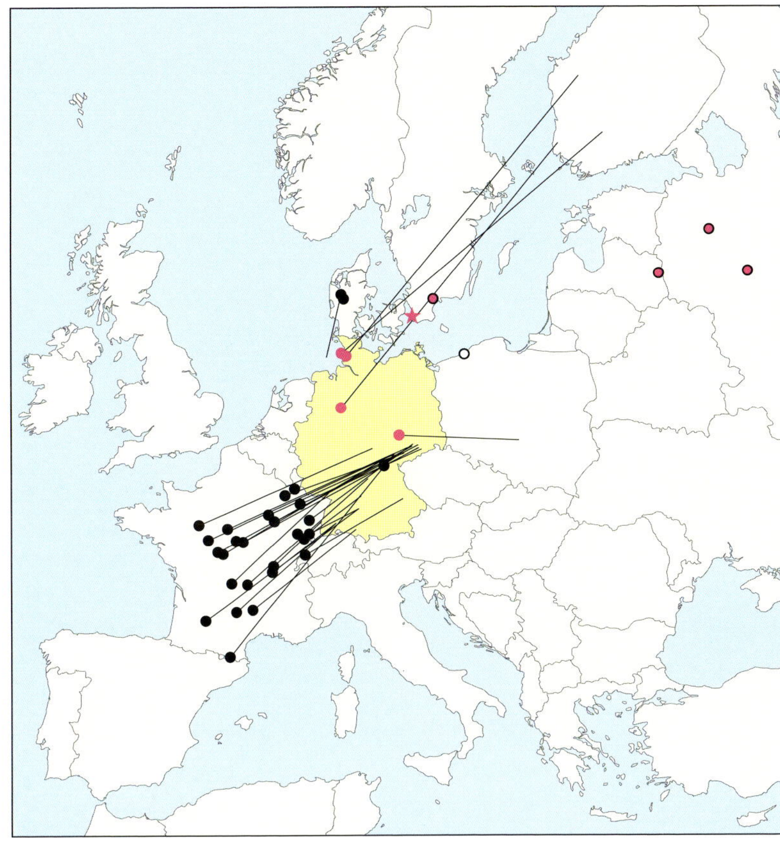

Abb. 2: Herbstzug (September – November) von in Deutschland zur Brutzeit (29 Funde) oder von September bis November anwesenden Dohlen (10 Funde). – *Autumn migration (September – November) of Eurasian Jackdaws present in Germany during the breeding season (29 recoveries) or from September to November (10 recoveries).*

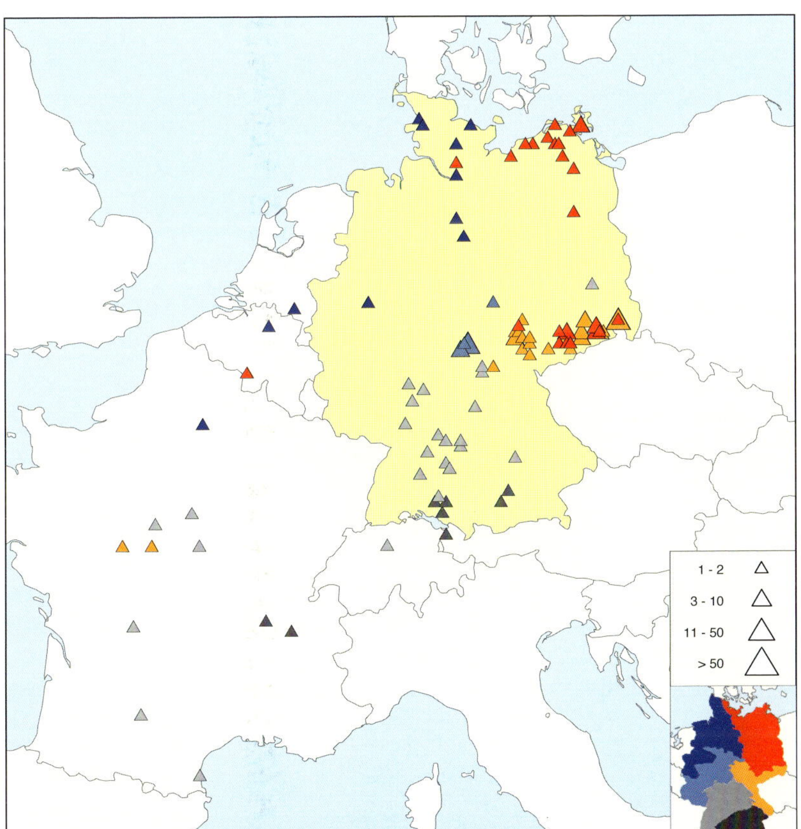

Abb. 3: Aufenthaltsorte im Winter (Dezember – Februar) von in Deutschland zur Brutzeit anwesenden Dohlen (159 Funde). – *Presence in winter (December – February) of Eurasian Jackdaws present in Germany during the breeding season (159 recoveries).*

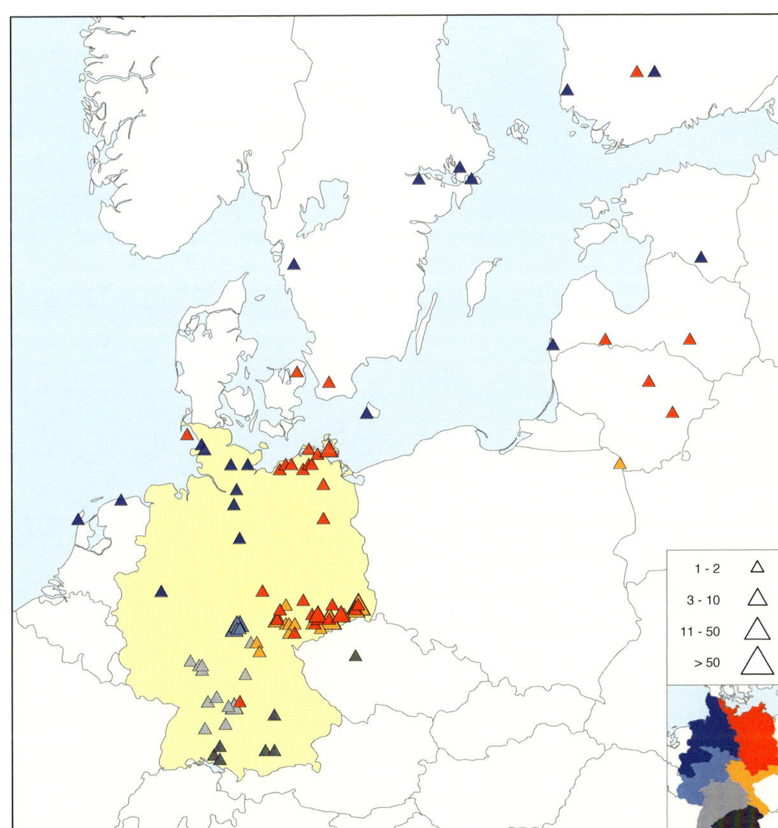

Abb. 4: Aufenthaltsorte zur Brutzeit von im Winter (Dezember – Februar) in Deutschland anwesenden Dohlen (163 Funde). – *Presence during the breeding season of Eurasian Jackdaws present in Germany in winter (December – February, 163 recoveries).*

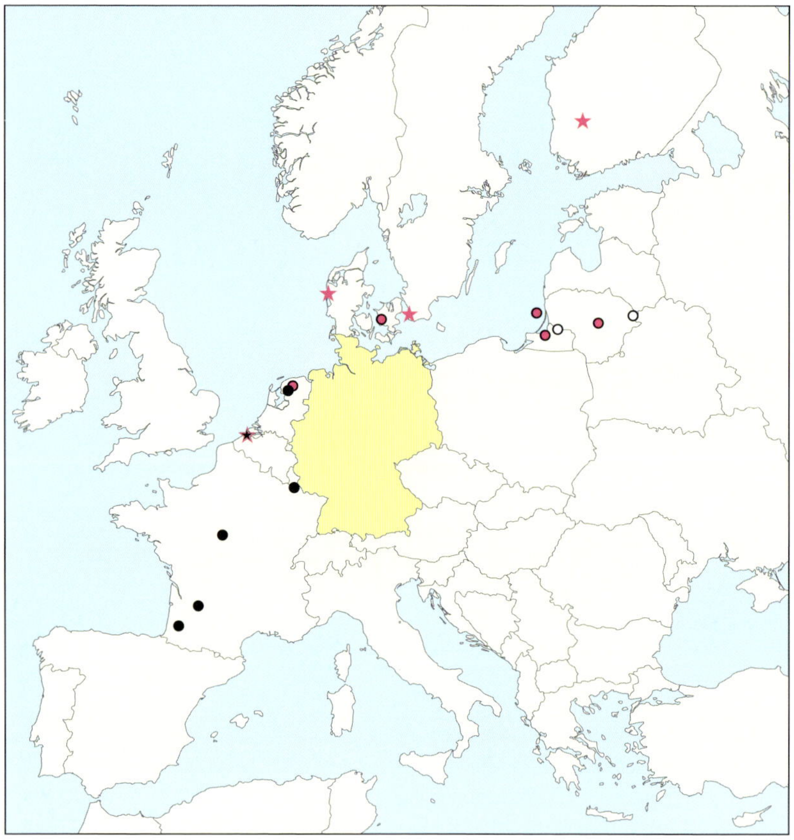

Abb. 5: Frühjahrszug (März) von in Deutschland zur Brutzeit (6 Funde) oder im März anwesenden Dohlen (10 Funde). – *Spring migration (March) of Eurasian Jackdaws present in Germany during the breeding season (6 recoveries) or in March (10 recoveries).*

mindestens 13 der 16 Nachweise deutscher Brutvögel im Ausland handelte es sich um Dohlen im ersten Winter, deren Wegzug aus den Brutgebieten auch eine Farbringstudie belegt (Schmidt 2012). Wintergäste, die aus Finnland, Schweden und dem Baltikum stammen, konnten in größerer Zahl nur in den nördlichen Landesteilen nachgewiesen werden. Lediglich ein tschechischer Brutvogel überwinterte auch im Alpenvorland (Abb. 4). Dass weiter im E gelegene Regionen zum Einzugsgebiet in Deutschland auftretender Dohlen zählen, zeigen Funde in NW-Russland bis nach annähernd 60 °E (Abb. 1). Es handelt sich dabei meist um Vögel, die im Winter in Deutschland beringt und einige Jahre später ebenfalls meist im Winter in Russland erjagt wurden. Die Brutheimat dieser Vögel ist daher unklar, sie zeigen aber, dass Vertreter der Nominatform in verschiedenen Jahren in weit voneinander entfernt liegenden Regionen überwintern können. Einige der betreffenden Vögel wurden in Deutschland in ihrem ersten Winter beringt, was darauf hinweisen könnte, dass auch bei E-europäischen Dohlen vor allem erstjährige ziehen.

Funde im Frühjahr bestätigen den Einzug aus SW sowie den Durchzug fennoskandischer und baltischer Brutvögel (Abb. 5). Eine im Mai auf Helgoland beringte Dohle hielt sich fast zwei Jahre später im April in England auf (Abb. 1), Beringungs- und Funddatum lassen aber keine Zuordnung zu einem Brutbestand zu. Möglicherweise weist dieser Vogel auf den Zug skandinavischer Dohlen über N-Deutschland auf die Britischen Inseln hin (Wernham et al. 2002, Bakken et al. 2006, Fransson & Hall-Karlsson 2008). Bei der hohen Konzentration von Wiederfunden in Dänemark (Abb. 1) handelt es sich ebenfalls zum größten Teil um im Frühjahr und fast ausschließlich auf Helgoland beringte Vögel, die später zu den Zugzeiten, aber kaum zur Brutzeit, in Dänemark nachgewiesen wurden. Da die Funde meist von geschossenen Vögeln stammen, könnten die Jagdzeiten das Bild verfälschen. Auch aus geografischen Gründen liegt es nahe, dass die relativ wenigen wandernden dänischen Brutvögel (Bønløkke et al. 2006) durch Deutschland ziehen, obwohl dies aus den Analysen zum Herbst- und Frühjahrszug (Abb. 2, 5) nicht eindeutig hervorgeht.

Summary: *Eurasian Jackdaw of the subspecies* C. m. spermologus *is still a common breeding bird in Germany with 80,000 – 135,000 bp, although numbers have been declining since the late 1990s. Adult German breeding birds are residents, whereas a high proportion of first-year birds migrate to the SW in autumn to spend the winter in France. Fennoscandian and NE European Eurasian Jackdaws of the nominate subspecies, and to a lesser extent of* C. m. soemmerringii, *are regular passage migrants and winter visitors especially in N Germany. The few recoveries during spring migration show that it is a reversal of the autumn migration.*

Saatkrähe *Corvus frugilegus*
Rook

Beringungen nach 1945:	87.679
Funde > 10 km nach 1945:	2788/2590
Wiederfundquote (Fernfunde nach 1945):	3,0 %
Funde > 10 km seit 1901:	2831/2632
Funde fremder Beringungszentralen:	170/164
Höchstalter:	19 J, 9 M*
Weiteste Entfernung:	3188 km

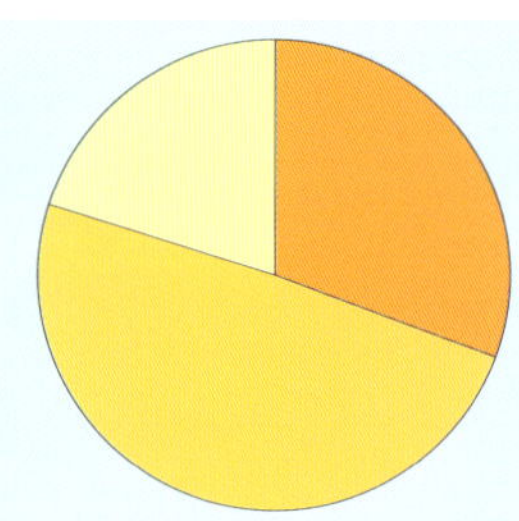

Verbreitung und Status: Das Brutareal der Saatkrähe erstreckt sich von den Britischen Inseln und der W-europäischen Atlantikküste bis zum Gelben Meer in SE-China, bei großen Verbreitungslücken in Zentralasien. Bis auf wenige isolierte Vorkommen in Spanien und Griechenland sowie in Fennoskandien sind S-und N-Europa nicht besiedelt. Saatkrähen sind je nach Herkunft Standvögel (W-Europa) oder Teilzieher mit einem nach E zunehmenden Anteil an Zugvögeln. N- und NE-Europa werden im Winter weitgehend geräumt, die Überwinterungsgebiete finden sich in W-und Mitteleuropa und im Mittelmeergebiet z. T. südlich der Brutverbreitung.

In Deutschland ist die Saatkrähe mit 80.000 – 89.000 BP häufiger Brutvogel, dessen Kolonien sich meist in Baumgruppen von Innenstädten und Parks befinden. Der bereits lange Zeit als stabil geltende Brutbestand verzeichnet seit Ende der 1990er Jahre starke Zunahmen. Einheimische Saatkrähen sind Teilzieher, ferner dient Deutschland als Durchzugs- und Überwinterungsgebiet einer von Jahr zu Jahr stark schwankenden Zahl E-europäischer Vögel. Die Winterbestände haben aber längerfristig in einigen Landesteilen stark abgenommen (Vökler 2007), was eher auf ein geändertes Zugverhalten mit zunehmender Tendenz zu Überwinterungen in E- und NE-Europa zurückzuführen ist als auf einen Rückgang der Bestände in den Ursprungsgebieten (Bauer et al. 2005). Der Herbstzug beginnt Anfang Oktober und gipfelt zur Monatswende Oktober/November. Wetterfluchten von in Deutschland oder weiter im E ausharrenden Saatkrähen können während des ganzen Winters beobachtet werden. Der im Februar einsetzende Frühjahrszug wird in S-Deutschland Ende März abgeschlossen, in N-Deutschland etwas später.

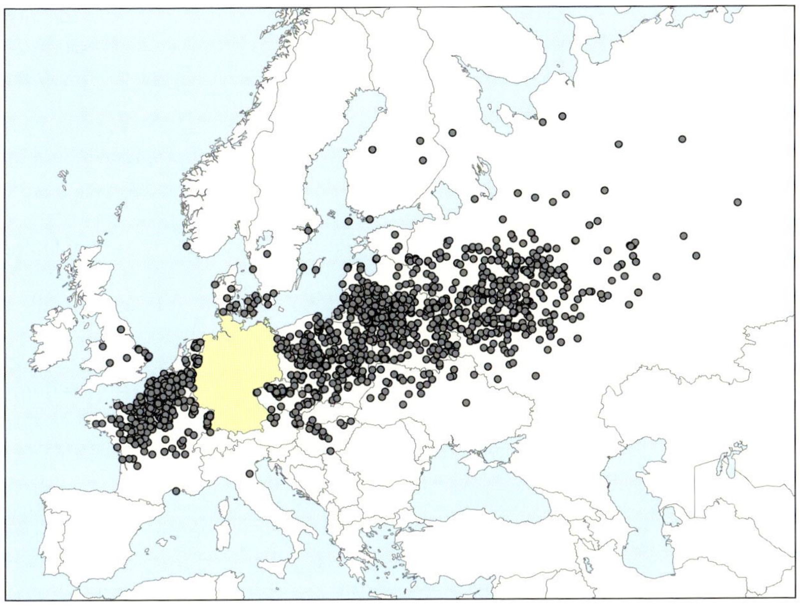

Abb. 1: Fundorte im Ausland von in Deutschland beringten Saatkrähen (1619 Funde). – *Foreign recovery sites of Rooks ringed in Germany (1619 recoveries).*

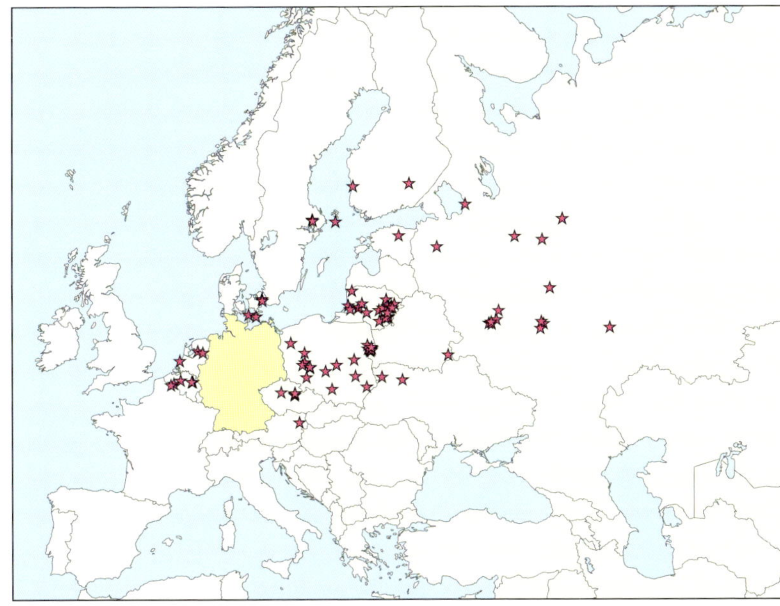

Abb. 2: Beringungsorte im Ausland von in Deutschland gefundenen Saatkrähen (170 Funde). – *Foreign ringing sites of Rooks recovered in Germany (170 recoveries).*

Wanderungen: Ringfunde von Saatkrähen mit Bezug zu Deutschland finden sich von W-Frankreich und den Britischen Inseln bis an den Ural (Abb. 1, 2) und bilden damit die E-W-Achse ab, auf der E- und mitteleuropäische Saatkrähen ziehen. In dieses Zugsystem sind auch die deutschen Brutvögel eingebunden, die auf dem Herbstzug konstant nach W wandern und dabei hauptsächlich nach W-Frankreich gelangen (Abb. 3). Hier liegen auch die Überwinterungsgebiete ziehender Vögel, wobei jedoch die Mehrheit der Winterfunde einheimischer Saatkrähen aus der Nähe der Brutkolonien stammt (Abb. 4). Die Verbindungen zu den Britischen Inseln (Abb. 1) sind bis auf zwei Ausnahmen (1981, 1996) auf Funde aus den Jahren vor 1943 zurückzuführen, was sich mit den Beobachtungen deckt, wonach dort die Einflüge vom kontinentalen Europa in den letzten Jahrzehnten zurückgegangen sind (Wernham et al. 2002).

Die Mehrzahl der Durchzügler und der Wintergäste stammt aus E-Europa (Abb. 3, 5). Wie die einheimischen Saatkrähen wandern sie auf konstant parallelen Zugrouten nach WSW bis W (Abb. 3, siehe auch Unger & Bauer 2001). Daher gibt es auch nur jeweils einen Nachweis eines deutschen Ringvogels in S-Frankreich und in N-Italien (Abb. 1). Saatkrähen E-europäischer Herkunft überwintern in großer Zahl in den N-deutschen Tiefebenen, aber seltener in den südlicheren Landesteilen (Abb. 5). Die Meidung des Alpenvorlandes dürfte dabei eher der Bevorzugung großflächig offener Landschaftsstrukturen im Tiefland geschuldet sein als der Lage von Zugrouten. Wahrscheinlich auf Winterfluchten sind Wanderungen innerhalb Deutschlands von bis zu 350 km innerhalb eines Winters zurückzuführen. Ein im Januar in Worms (Rheinland-Pfalz) beringter Vogel zog allerdings in sechs Wochen 716 km NE nach Polen. Der östlichste Fund eines deutschen Ringvogels liegt mit 60,4 °E an den E-Hängen des Urals im russischen Oblast Swerdlowsk. Hinweise, dass auch sibirische Saatkrähen Deutschland erreichen, fehlen, ein solcher liegt aber aus der Slowakei vor, wo eine nestjung bei Novosibirsk (Russland) beringte Saatkrähe gefunden wurde (Cepák et al. 2008). In der Regel ziehen W-sibirische Vögel nach Vorder- und Mittelasien (Glutz v. Blotzheim & Bauer 1993).

Bei Saatkrähen sind sowohl Winterortstreue (Tetzlaff 2010) als auch großräumige Wechsel der Winterquartiere nachgewiesen. Bei Wiederfängen am gleichen Ort in verschiedenen Wintern können lokale Vögel nicht ausgeschlossen werden, da auch die Kolonietreue bei Standvögeln sehr hoch ist (Bauer et al.

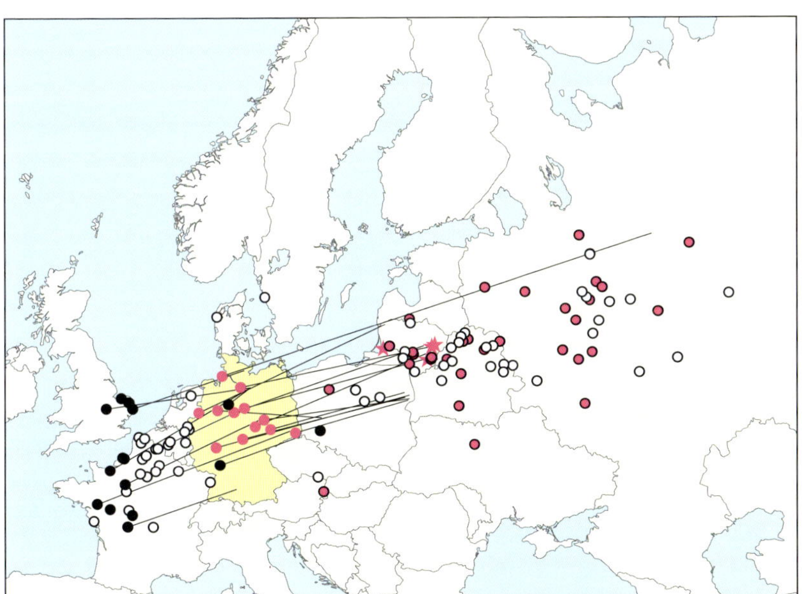

Abb. 3: Herbstzug (September – November) von in Deutschland zur Brutzeit (14 Funde) oder von September bis November anwesenden Saatkrähen (109 Funde). – *Autumn migration (September – November) of Rooks present in Germany during the breeding season (14 recoveries) or from September to November (109 recoveries).*

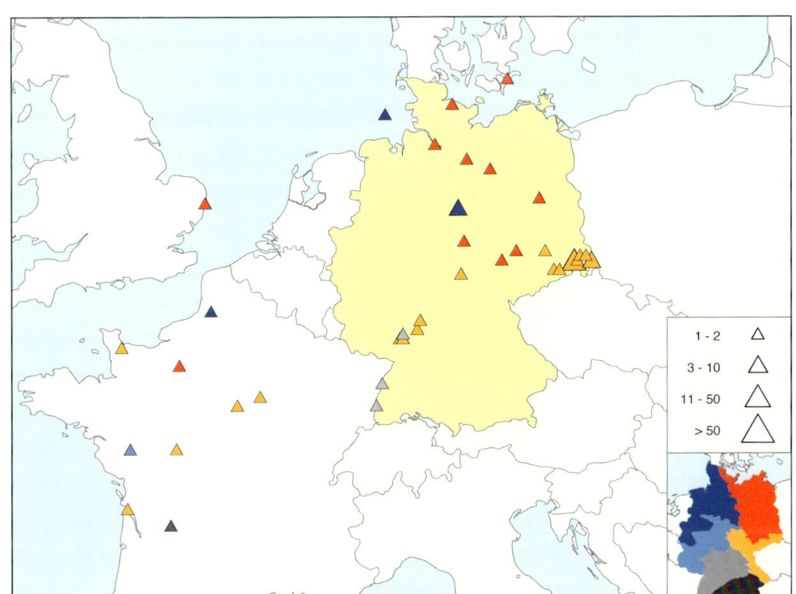

Abb. 4: Aufenthaltsorte im Winter (Dezember – Februar) von in Deutschland zur Brutzeit anwesenden Saatkrähen (60 Funde). – *Presence in winter (December – February) of Rooks present in Germany during the breeding season (60 recoveries).*

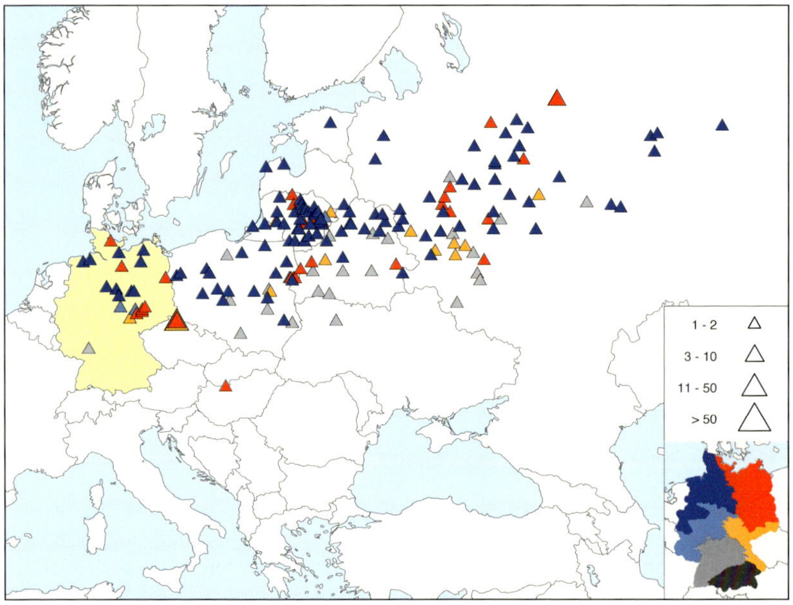

Abb. 5: Aufenthaltsorte zur Brutzeit von im Winter (Dezember – Februar) in Deutschland anwesenden Saatkrähen (218 Funde). – *Presence during the breeding season of Rooks present in Germany in winter (December – February, 218 recoveries).*

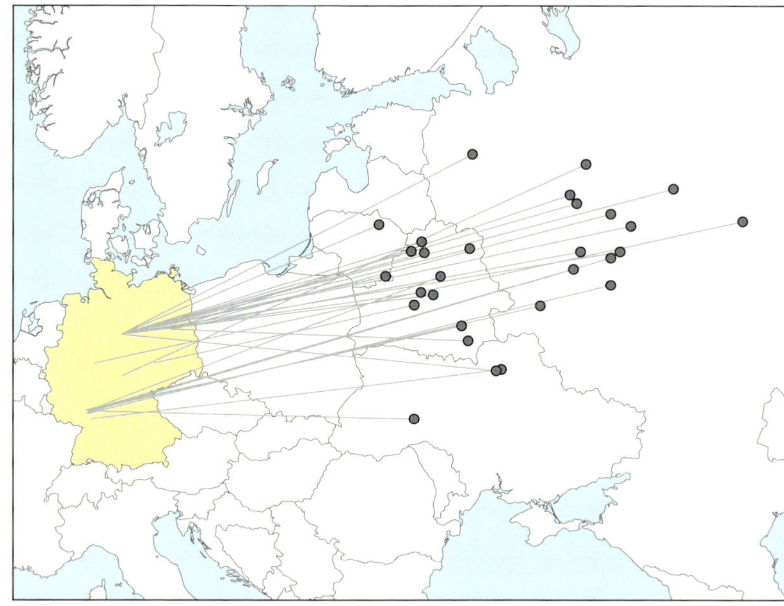

Abb. 6: Winterfunde (Dezember – Februar) von Saatkrähen in > 1000 km Entfernung in verschiedenen Wintern (29 Funde). – *Winter recoveries (December – February) of > 1000 km of Rooks between different winters (29 recoveries).*

2005). In Deutschland im Winter beringte Saatkrähen wurden aber auch in den Folgewintern bis annähernd 2500 km weiter östlich in Russland, Weißrussland oder Litauen nachgewiesen (Abb. 6). Bis über 900 km liegen zwischen Winterquartieren in Deutschland und solchen, die in späteren Jahren in Frankreich aufgesucht wurden (siehe auch Tetzlaff 2010). Sie zeigen, dass Saatkrähen ihre Zugstrecken wahrscheinlich an vorherrschende Witterungs- und Nahrungsbedingungen anpassen, womit sich die jährlich stark schwankenden Zahlen von in Deutschland auftretenden Wintergästen erklären lassen.

Funde von in Deutschland zur Zeit des Frühjahrszugs beringten Saatkrähen weisen erneut auf E-Mittel- und E-Europa als die Brutgebiete nach und durch Deutschland ziehender Saatkrähen hin (Abb. 7). Dabei werden, ähnlich wie auf dem Herbstzug, sehr konstant die Zugrichtungen eingehalten, jetzt nach NE bis NNE. Der Frühjahrszug einheimischer Saatkrähen wird nur durch wenige Funde beschrieben, von denen drei den erwarteten Zug aus W (Britische Inseln, Frankreich) belegen. Aus dem Rahmen fällt der Nachweis einer im Mai 1933 in Mecklenburg-Vorpommern nestjung beringten Saatkrähe, die fast drei Jahre später im März in W-Norwegen abseits bekannter Brutgebiete geschossen wurde.

Summary: *Rook is still a common breeding bird in Germany, although numbers are strongly decreasing since the late 1990s; the current population is estimated at 80,000 – 89,000 bp. An additional decline of the number of passage migrants and winter visitors is probably the result of a higher proportion of Rooks staying further E in Europe in winter, rather than by a reduced number of breeding birds in the areas of origin. German breeding birds are partial migrants. Autumn migration peaks in October and November, spring migration lasts from February to May. Germany is centered in the E-W migration system of E and C European Rooks. Autumn migration of both German birds as well as of passage migrants and winter visitors from E Europe is directed to the W and WSW. The winter quarters of migrating German Rooks lie mainly in France, but a high number also stays in the vicinity of the breeding areas. Additionally, especially N Germany hosts a high number of winter visitors from E Europe as far as E of the Ural. Spring migration is a reversal of autumn migration with constant movements to the E and NNE.*

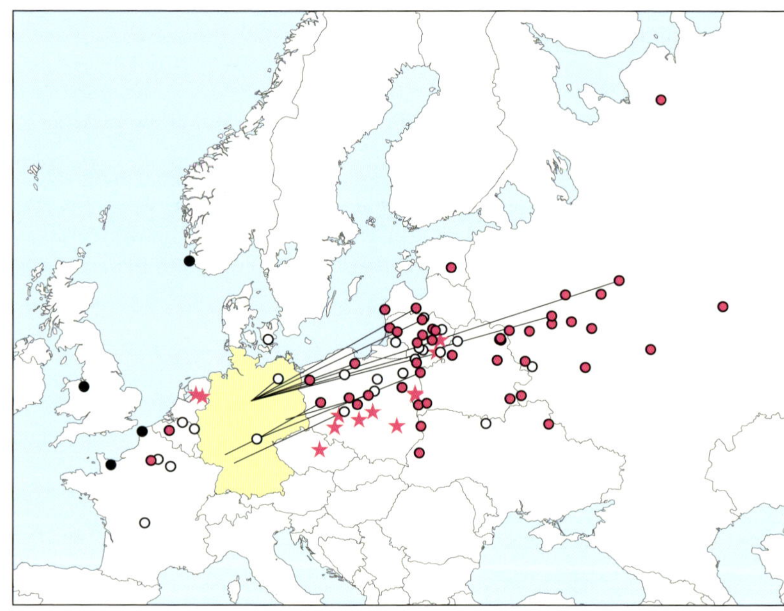

Abb. 7: Frühjahrszug (März) von in Deutschland zur Brutzeit (4 Funde) oder im März anwesenden Saatkrähen (86 Funde). – *Spring migration (March) of Rooks present in Germany during the breeding season (4 recoveries) or in March (86 recoveries).*

Rabenkrähe *Corvus corone*
Carrion Crow

Beringungen nach 1945:	7652
Funde > 10 km nach 1945:	142/133
Wiederfundquote (Fernfunde nach 1945):	1,7 %
Funde > 10 km seit 1901:	166/156
Funde fremder Beringungszentralen:	9/8
Höchstalter:	14 J
Weiteste Entfernung:	666 km

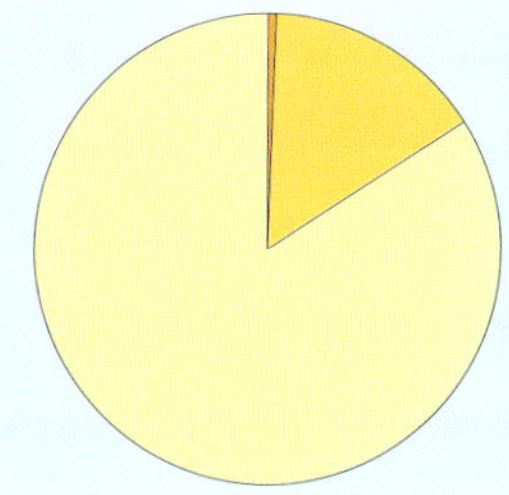

Verbreitung und Status: Das Vorkommen der Rabenkrähe ist in der W-Paläarktis auf SW-, W- und Mitteleuropa beschränkt, wo sie nur in Teilen S-Spaniens, in Irland und im N Schottlands fehlt. Der S-Rand des Alpenbogens ist in Europa auch die S-Grenze der Brutverbreitung, die E-Grenze wird von einer Linie gebildet, die in etwa vom E Schleswig-Holsteins über den Mittellauf der Elbe bis zum österreichischen Waldviertel verläuft. An den N-, E- und S-Grenzen der Verbreitung befinden sich relativ schmale, in ihrer Breite von etwa 30-150 km stabile, Hybridisierungszonen mit der Nebelkrähe *C. cornix*, mit der die Rabenkrähe eine Superspezies bildet. Die Lage der Hybridisierungszone, in der aber Verpaarungen mit der jeweils eigenen Art bevorzugt werden (Randler 2007), scheint sich in den letzten Jahrzehnten in einigen Bereichen nach N (Schottland, Dänemark) und E (Österreich) zu verschieben. Östlich und nördlich der Hybridisierungszone ersetzt die Nebelkrähe die Rabenkrähe in N-, E-Europa und in W-Sibirien. Vom N-Iran und dem Jenissej in Zentralsibirien ostwärts bis nach Japan und an die Beringsee findet sich allerdings die Rabenkrähe wieder.

In Deutschland ist die Rabenkrähe in den westlichen Landesteilen ein häufiger Brutvogel mit einem langfristig leicht zunehmenden Bestand von derzeit 580.000 – 790.000 BP. Sie ist wie im größten Teil ihres europäischen Verbreitungsgebiets Standvogel, in N-Deutschland auch Teilzieher. Hier treten wandernde Vögel vor allem im Oktober sowie von März bis Mai auf, wobei der Anteil der das Brutgebiet räumenden Vögel abnimmt. Nichtbrüter können in Trupps von mehreren 100 Ind. umherstreifen und sich an geeigneten Nahrungsplätzen, früher z. B. Mülldeponien (Fischer & Martens 2000), konzentrieren. Eine große Zahl lokaler Wiederfunde belegt jedoch die über den gesamten Jahresverlauf hohe Geburts- und Brutortsbindung; Zerstreuungswanderungen über 100 km sind selten.

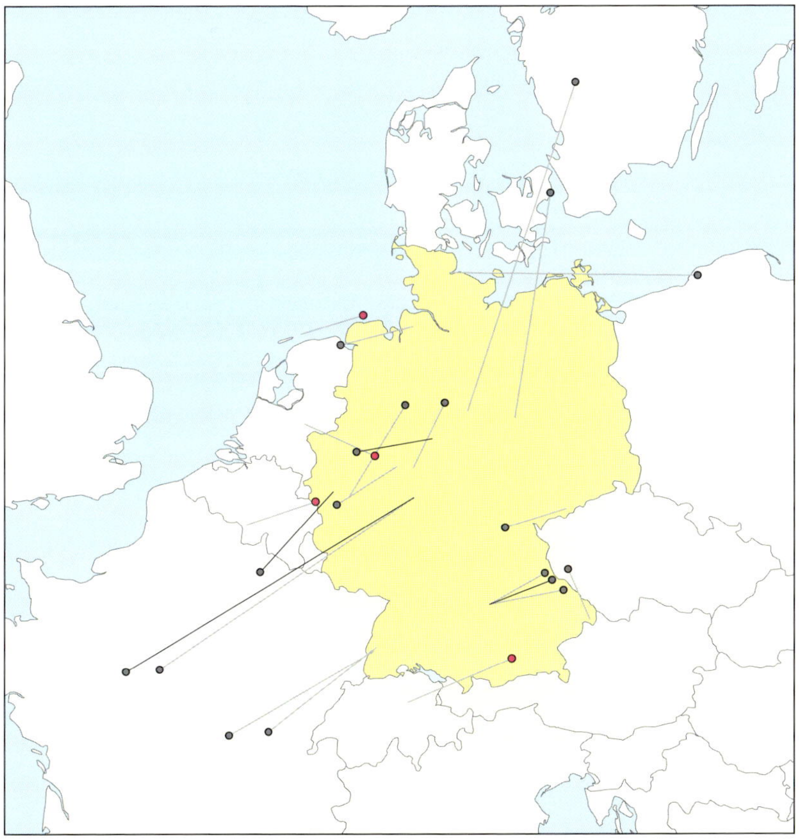

Abb 1: Funde (> 100 km) von Rabenkrähen mit Bezug zu Deutschland (22 Funde). – *Recoveries (of > 100 km) of Carrion Crows related to Germany (22 recoveries).*

Wanderungen: Die Mehrheit der Funde von in Deutschland beringten Rabenkrähen > 100 km vom Beringungsort stammt von nestjung markierten Vögeln und streut in alle Richtungen (Abb. 1). In einigen Fällen lassen die Fundumstände auf Wanderungen schließen, die Pendelzug entsprechen könnten. So stammen alle fünf Nachweise aus Frankreich von nestjung markierten Vögeln, die in maximal 666 km Entfernung SW vom Beringungsort in den Monaten Oktober bis Februar gefunden wurden, wie es auch bei regulärem Zug zu erwarten gewesen wäre (Abb. 1). Bis auf eine Ausnahme wurden diese Vögel allerdings auch alle geschossen und somit könnte es an den Jagdzeiten liegen, dass deutsche Ringvögel in Frankreich nur in den Herbst- und Wintermonaten nachgewiesen wurden. Wanderungen von bis zu annähernd 230 km aus den Niederlanden, Belgien und der Schweiz in östliche Richtungen nach Deutschland können nicht als Rückkehr in ein Brutgebiet und damit als Zug interpretiert werden. Es handelt sich ebenfalls oft um nestjung beringte Vögel oder um Funde mehrere Jahre nach der Markierung. Somit ist anzunehmen, dass diese Nachweise eher Zerstreuungswanderungen betreffen. In Mittelfranken (Bayern) beringte Rabenkrähen wurden dagegen alle östlich des Beringungsorts gefunden, in einigen Fällen allerdings auch erst nach mehreren Jahren. Ferner gibt es aus den nördlichen Landesteilen aus der Hybridisierungszone mit der Nebelkrähe oder aus deren Nähe je eine Verbindung von als Nestling oder im ersten Lebensjahr beringten Rabenkrähen nach Dänemark (nach > 14 Jahren, 403 km NNE), Schweden (nach etwa 1 Jahr, 602 km NE) und Polen (nach > 6 Jahren, 434 km E), die weit in das Verbreitungsgebiet der Nebelkrähe hinein reichen. Die Meldungen der Vögel erfolgten im September, Mai und März außerhalb der Brutzeit. Daher muss es offenbleiben, ob es sich um umherstreifende Vögel oder um Fernansiedlungen gehandelt hat. Letztere können gelegentlich auch tief im Brutgebiet der Nebelkrähe erfolgen (Glutz v. Blotzheim & Bauer 1993). Die weiteste Umsiedlung, die durch einen der seltenen Brutzeitfunde (Juni, Juli) belegt ist, betrifft einen im Winter des ersten Lebensjahres in Mittelfranken (Bayern) markierten Vogel, der sich etwa eineinhalb Jahre später im Juni im Bayerischen Wald aufhielt.

Summary: *Carrion Crow is a widespread breeding bird in the western parts of Germany where the population of currently 580,000 – 790,000 bp has been slightly increasing in recent years. A large number of more or less local recoveries reveal the pronounced natal and nest-site fidelity. Only N Germany hosts a population of partial migrants with a decreasing proportion of migrating birds. Long-distance recoveries, e. g. up to 666 km to the SW in France, are most likely the results of dispersal movements. Three recoveries in Denmark, Sweden and Poland deep in the range of Hooded Crow may be caused by roaming birds or may represent some of the few dispersal movements of Carrion Crow into the breeding areas of Hooded Crow.*

Nebelkrähe *Corvus cornix*

Hooded Crow

Beringungen nach 1945:	2109
Funde > 10 km nach 1945:	62/62
Wiederfundquote (Fernfunde nach 1945):	2,9 %
Funde > 10 km seit 1901:	84/84
Funde fremder Beringungszentralen:	53/52
Höchstalter:	12 J, 8 M*
Weiteste Entfernung:	2734 km

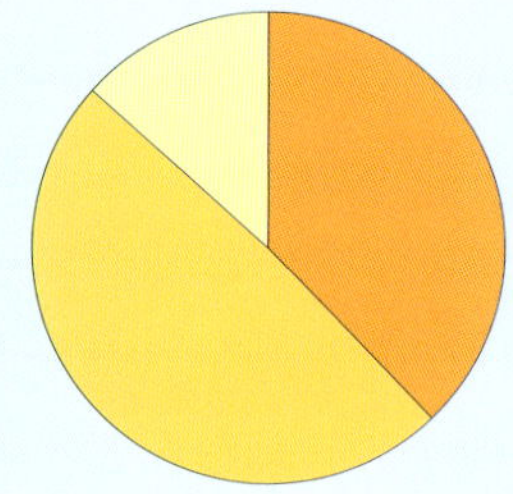

Verbreitung und Status: Die Nebelkrähe ist Brutvogel von Italien, E-Mitteleuropa und Skandinavien ostwärts über die Türkei bis in den N-Iran und durch ganz E-Europa bis etwa an den Jenissej in Zentralsibirien. Ferner kommt sie in Irland und in Schottland vor. Mit der Rabenkrähe, mit der sie eine Superspezies bildet, hybridisiert sie in den Kontaktzonen in N- und Mitteleuropa (siehe unter Rabenkrähe). Die Nebelkrähe ist je nach Herkunft Standvogel, Teilzieher oder Zugvogel.

In Deutschland ist der als stabil geltende Bestand von 48.000–67.000 BP der Nebelkrähe auf die östlichen Landesteile beschränkt. Einheimische Brutvögel sind weitgehend standorttreu, im Winter kommt es aber zu verstärktem Zuzug N- und NE-europäischer Brutvögel. Die Zahl der Gäste hat jedoch in den letzten Jahrzehnten deutlich abgenommen, was eher auf ein verändertes Zugverhalten wie Zunahmen der Nichtzieher oder die Verkürzung der Zugwege nordischer Nebelkrähen schließen lässt als auf eine Abnahme der Brutbestände in den Herkunftsgebieten (z. B. Busche 2000). Zug von Nebelkrähen ist in N-Deutschland im Herbst vor allem im Oktober zu beobachten und im Frühjahr von Mitte März bis in den Mai. In S-Deutschland, welches außerhalb der Brutverbreitung der Art liegt, tritt die Art nur als spärlicher Überwinterer auf, z. B. am Bodensee (Heine et al. 1999).

Wanderungen: Die geringe Zugneigung einheimischer Nebelkrähen wird dadurch belegt, dass kein in Deutschland beringter Nestling oder Brutvogel einen Wiederfund > 100 km vom Markierungsort erbrachte (siehe auch Siefke 1994). Die Nebelkrähen NE-Europas räumen dagegen in nicht unerheblicher Zahl im Winter ihre Brutgebiete, wobei sich aber der Anteil der Zugvögel in den letzten Jahrzehnten deutlich verringert hat (Bakken et al. 2006). Dies äußert sich auch in den Ringfunden, denn nach 1980 liegen nur noch vier Funde in N- bzw. E-Europa beringter Vögel vor. Wandernde Nebelkrähen schlugen vornehmlich Richtungen nach SW ein (Bakken et al. 2006, Fransson & Hall-Karlsson 2008), und somit verbanden Ringfunde Deutschland fast ausschließlich mit Fennoskandien und dem Baltikum (Abb. 1, 2). Der mit Abstand weiteste Fund stammt von einem in seinem ersten Winter im Februar in Berlin beringten Vogel, der bereits acht Monate später über 2700 km entfernt in NW-Russland geschossen wurde. Ringfunde, die den Zug von E-Europa nach W belegen, gibt es in Deutschland nicht (Abb. 1). Nebelkrähen, die in den unmittelbar östlich angrenzenden Ländern brüten, ziehen nicht (Cepák et al. 2008) oder wandern nach SE-Europa (Glutz v. Blotzheim & Bauer 1993).

Die nur wenigen Funde westlich von Deutschland zeigen, dass zuziehende Nebelkrähen meist auch hier überwintern, obwohl es Belege für Wanderungen

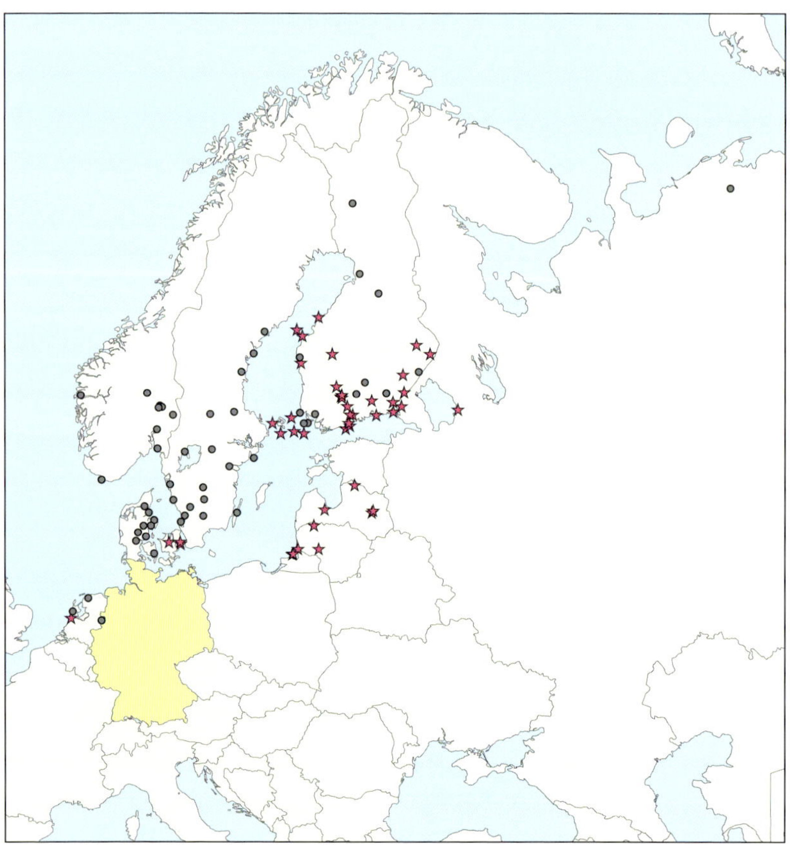

Abb. 1: Fundorte von in Deutschland beringten (54 Funde) und ausländische Beringungsorte von in Deutschland gefundenen (53 Funde) Nebelkrähen. – *Foreign recovery sites of Hooded Crows ringed in Germany (54 recoveries) and foreign ringing sites of birds recovered in Germany (53 recoveries).*

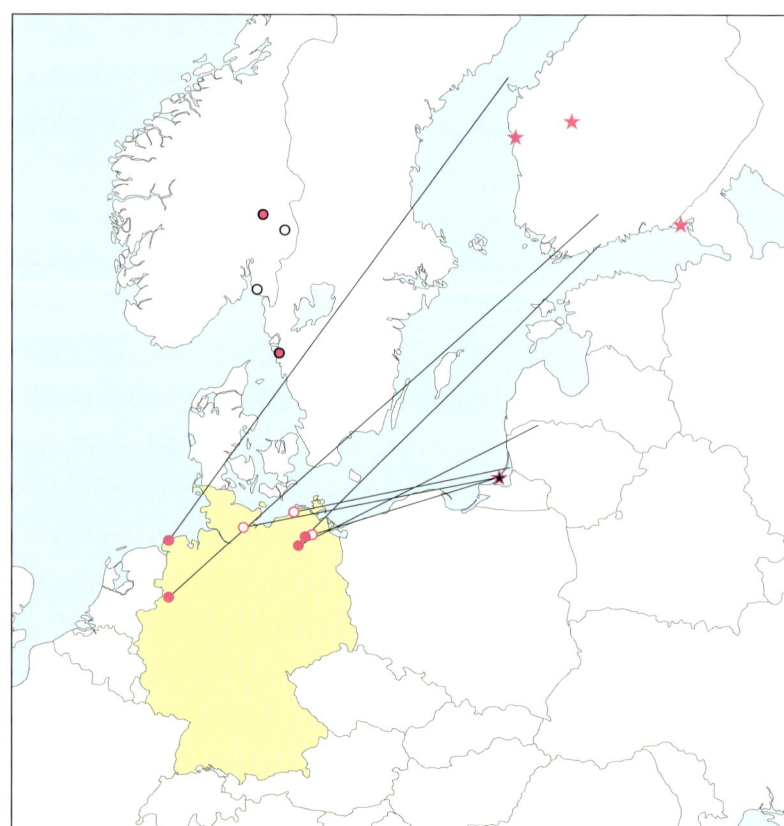

Abb. 2: Herbstzug (September – November) von in Deutschland zur Brutzeit (1 Fund) oder von September bis November anwesenden Nebelkrähen (15 Funde). – *Autumn migration (September – November) of Hooded Crows present in Germany during the breeding season (1 recovery) or from September to November (15 recoveries).*

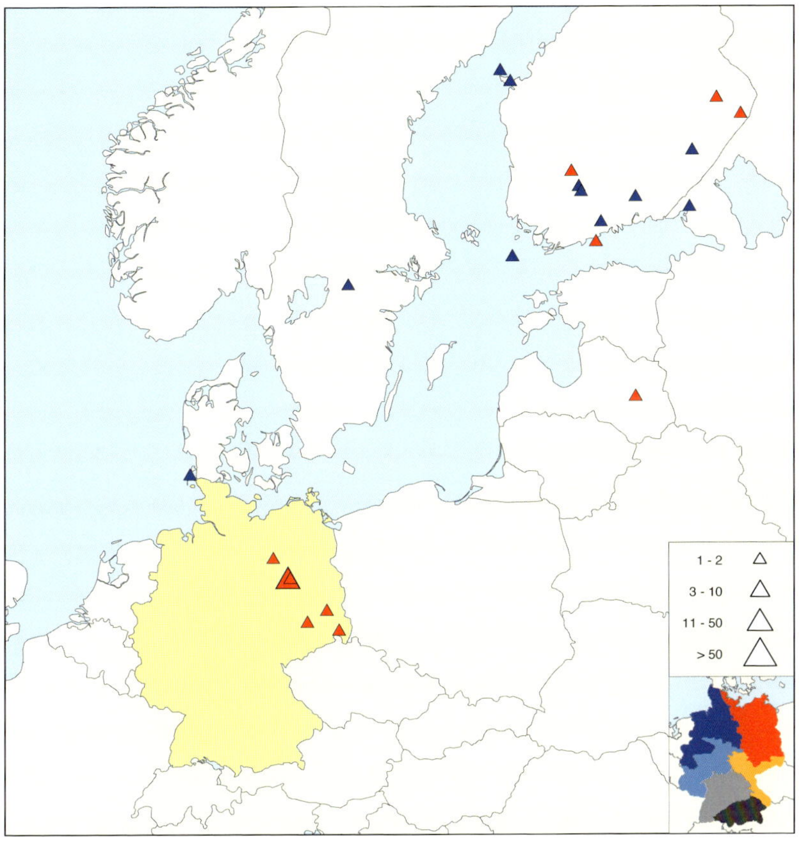

Abb. 3: Aufenthaltsorte zur Brutzeit von im Winter (Dezember – Februar) in Deutschland anwesenden Nebelkrähen (41 Funde). – *Presence during the breeding season of Hooded Crows present in Germany in winter (December – February, 41 recoveries).*

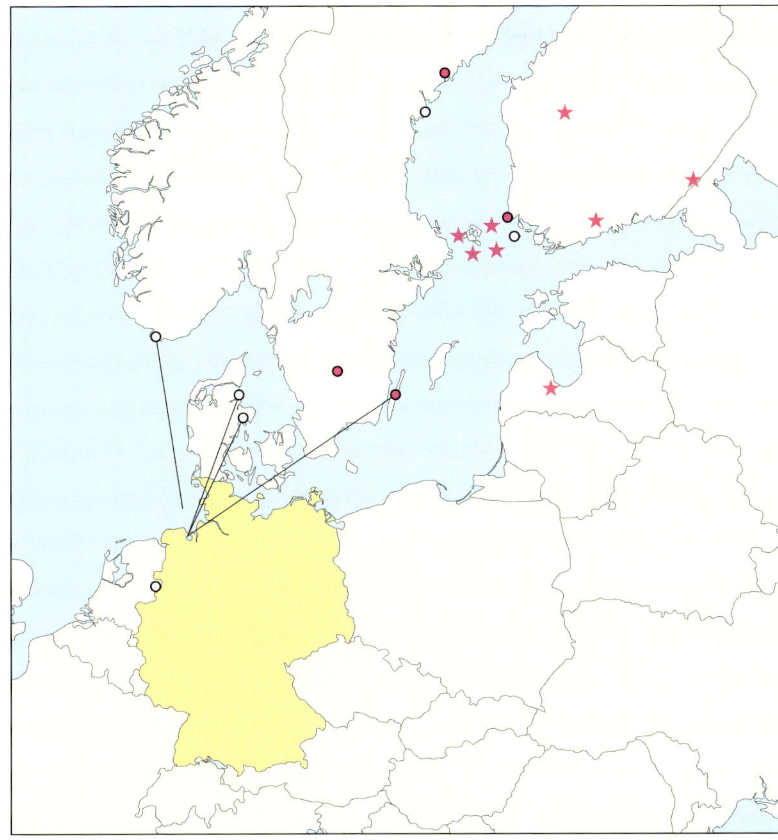

Abb. 4: Frühjahrszug (März – April) von in Deutschland von März bis April anwesenden Nebelkrähen (19 Funde). – *Spring migration (March – April) of Hooded Crows present in Germany from March to April (19 recoveries).*

skandinavischer Ringvögel in die Niederlande, nach Belgien und Frankreich gibt (Bakken et al. 2006, Bønløkke et al. 2006, Fransson & Hall-Karlsson 2008). Einheimische Nebelkrähen streifen dagegen im Herbst nicht weit umher und harren selbst im Winter in der Nähe der Brutgebiete aus (Abb. 3). Bei einem Vogel, der im Oktober 1926 auf der Kurischen Nehrung (Russland) beringt und zwei Jahre später im Juni in Hamburg, schon im Verbreitungsgebiet der Rabenkrähe, geschossen wurde (Abb. 2), könnte es sich um einen Fernumsiedler oder um einen auf dem Zug verspäteten Vogel gehandelt haben.
Finnische Brutvögel, die in der Mehrheit als Nestlinge beringt wurden, hielten sich in größerer Zahl zwischen Dezember und Februar in der N-deutschen Tiefebene auf (Abb. 3). Weitere Funde von zu den Zugzeiten in Schweden und Norwegen beringten Vögeln lassen auf Überwinterungen von dort heimischen Vögeln in Deutschland schließen (Abb. 2), und auch einige als „Aaskrähen" bezeichnete, in Schweden beringte Krähen (nicht abgebildet) fallen hierunter. Für die Flexibilität bei der Wahl der Überwinterungsgebiete spricht ein Vogel, der im Dezember bei Wilhelmshaven beringt und über zwei Jahre später 825 km entfernt in Norwegen einem Jäger zum Opfer fiel. Im Frühjahr ziehen einige Nebelkrähen von NW-Deutschland in nördliche Richtungen nach Dänemark und Norwegen, während indirekte Funde im östlichen Fennoskandien das Bild vom Zug der dortigen Brutvögel abrunden (Abb. 4).

Summary: *In Germany, Hooded Crows breed exclusively in the eastern parts of the country, with a population of some 48,000 – 67,000 bp. These birds are resident with no recoveries > 100 km from the ringing site, but a number of more or less local winter records. During the winter months, the N German lowlands are visited by Hooded Crows from Fennoscandia and the Baltic that migrate SW in autumn, but not from birds of E European origin. There are also almost no recoveries W of Germany showing that visitors do not continue their migrations in large numbers. Finnish breeding birds, mostly ringed as nestlings, spend the winter months in N Germany, and birds ringed during migration in Sweden and Norway indicate that breeding birds from there do also winter in Germany. Spring migration is the reversal of autumn migration.*

Kolkrabe *Corvus corax*
Common Raven

Beringungen nach 1945:	16.502
Funde > 10 km nach 1945:	3775/432
Wiederfundquote (Fernfunde nach 1945):	2,6 %
Funde > 10 km seit 1901:	3781/438
Funde fremder Beringungszentralen:	127/52
Höchstalter:	13 J, 6 M
Weiteste Entfernung:	703 km

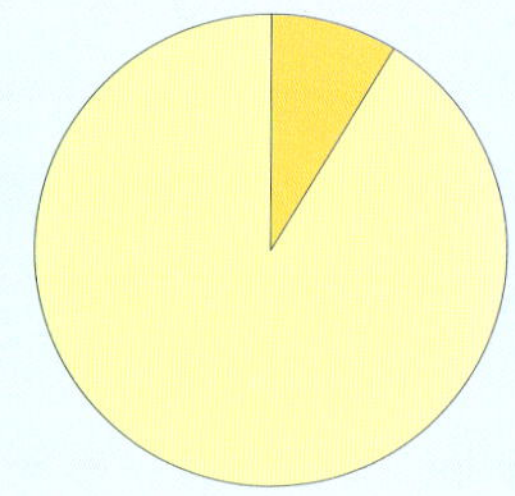

Als ausgesprochener Habitatgeneralist besiedelt der Kolkrabe mit verschiedenen Unterarten weite Bereiche der nördlichen Hemisphäre von der eurasischen und amerikanischen Arktis bis an den N-Rand der Sahara, den S-Rand des Himalayas sowie bis zur mittelamerikanischen Regenwaldregion. In Deutschland ist er mit 15.500 – 22.000 BP ein mäßig häufiger Brutvogel, dessen Bestände in den letzten Jahrzehnten nach der Einstellung der direkten Verfolgung verbunden mit Arealausweitungen zunehmen.

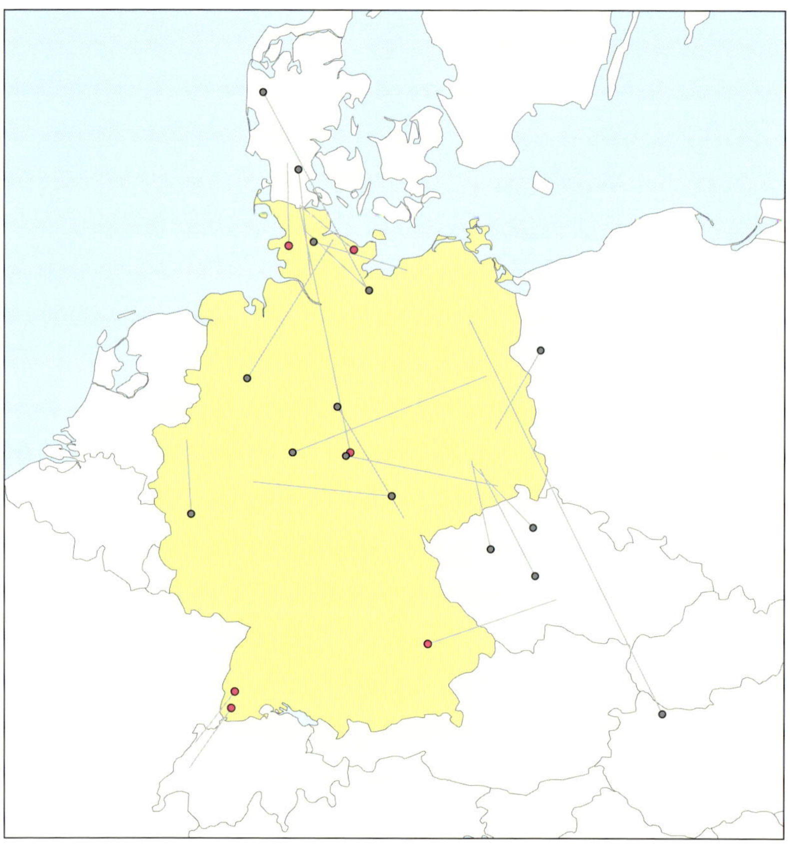

Abb. 1: Funde (> 100 km) von Kolkraben mit Bezug zu Deutschland (21 Funde). – *Recoveries (of > 100 km) of Common Ravens related to Germany (21 recoveries).*

In seinem gesamten Verbreitungsgebiet gilt der Kolkrabe als Standvogel, der selbst im N meist ganzjährig in seinem Brutgebiet verbleibt. Nicht territoriale Jungvögel können sich zu größeren Trupps zusammenschließen und umherstreifen. Zerstreuungswanderungen > 100 km sind in Europa selten, kommen im N aber etwas häufiger vor. In Fennoskandien könnte es sich bei Wanderungen über 100 – 200 km nach SW oder SE z. T. auch um echten Zug handeln (Zink 1981).

Bei Wanderungen über 100 km vom Beringungsort von in Deutschland markierten oder nach Deutschland fliegenden Kolkraben (Abb. 1) kann wahrscheinlich von Dismigration und nicht von Zug ausgegangen werden. Funde einheimischer Vögel streuen in alle Richtungen und in Dänemark, in der Schweiz und in Tschechien beringte Kolkraben erreichen gelegentlich Deutschland. Die maximal zurückgelegten Distanzen sind dabei 703 km von Mecklenburg-Vorpommern nach NE-Ungarn, oder – mit 300-400 km deutlich kürzer – zwischen Dänemark und Thüringen, zwischen Mecklenburg-Vorpommern und Dänemark oder innerhalb Deutschlands zwischen Berlin und Nordrhein-Westfalen. Weitere ähnliche Beispiele von in Deutschland beringten Vögeln erwähnen Glutz v. Blotzheim & Bauer (1993). Die meisten der Kolkraben, die Wiederfunde ergaben, wurden nestjung beringt und zwischen 256 Tagen und über sechs Jahren nach der Markierung in nahezu allen Monaten gefunden. Nestjung im April 1954 in S-Dänemark und im April 1991 in Sachsen beringte Kolkraben, die über sechs Jahre später zur Brutzeit in Thüringen, 379 km SSE, bzw. in Tschechien, 193 km SSE, vom Beringungsort gefunden wurden, entsprechen wahrscheinlich Umsiedlungen über diese Distanzen. Adulte Kolkraben wurden in Deutschland kaum beringt und maximal 33 km vom Beringungsort wieder gefunden. Wegen der geringen Zahl der Funde adult beringter Vögel sowie dem oft mehrere Jahre langen Zeitraum bis zum Fund nestjung beringter Kolkraben, sind Aussagen zu altersbedingten Unterschieden im Wanderverhalten von Vögeln, die Strecken von mehr als 100 km zurücklegen, nicht möglich. Zwei in der Schweiz adult beringte Kolkraben legten aber auch noch über 80 km bis zum späteren Fundort zurück (Maumary et al. 2007).

***Summary:** Common Raven has been increasing in Germany in recent decades and the breeding population currently consists of 15,500 – 22,000 bp. The species is considered to be resident over its entire range and ring recoveries related to Germany most probably indicate dispersal rather than migration. The maximum distance between ringing and recovery, mostly of nestlings, was 703 km from N Germany to Hungary. Further movements of up to almost 400 km do not show a directional preference and recoveries are from almost all months of the year. As only few adult Common Ravens were ringed, and as often a long period elapsed until birds ringed as nestlings were recovered, it is impossible to identify any age-related movement patterns of birds moving > 100 km.*

Beutelmeise *Remiz pendulinus*
Eurasian Penduline-tit

Beringungen nach 1945:	34.266
Funde > 10 km nach 1945:	1313/1187
Wiederfundquote (Fernfunde nach 1945):	3,5 %
Funde > 10 km seit 1901:	1313/1187
Funde fremder Beringungszentralen:	433/396
Höchstalter:	6 J
Weiteste Entfernung:	2255 km

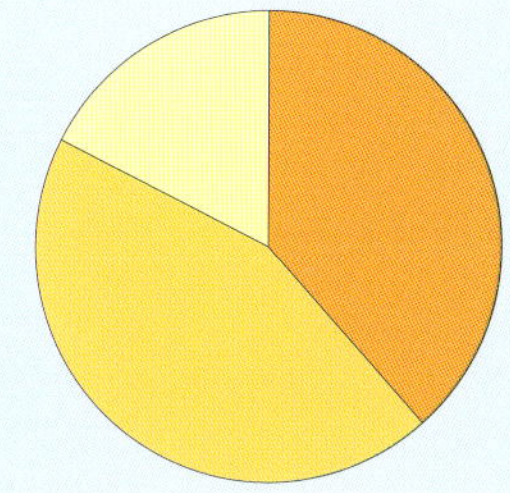

Verbreitung und Status: Die in Eurasien vom Atlantik bis China vorkommende Beutelmeise erreichte ihre westlichste Verbreitungsgrenze bis etwa 1930 in E-Mitteleuropa, um danach in mehreren Ausbreitungswellen nach W-Europa vorzudringen. Das gegenwärtige europäische Brutgebiet, in dem die Beutelmeise mit lückiger Verbreitung zu finden ist, umfasst Teile der Iberischen Halbinsel, W-Frankreichs, Italiens sowie der Balkanhalbinsel und erstreckt sich geschlossen von Mitteleuropa bis zum Ural. Nicht besiedelt sind die Britischen Inseln sowie weite Teile Fennoskandiens und NE-Europas. N- und mitteleuropäische Populationen räumen ihre Brutgebiete annähernd vollständig, um den Winter im Verbreitungsgebiet der Art in SW- und S-Europa zu verbringen. Gelegentlich kann der Zug der Beutelmeise evasionsartig ausfallen. S-europäische Populationen ziehen nicht.

In Deutschland kommt die Beutelmeise als seltener Brutvogel in Gewässernähe, etwa in Bruchwäldern und Verlandungszonen, mit 3200 – 5500 BP vor; der Schwerpunkt der Verbreitung liegt in den nordöstlichen Landesteilen. Der langfristig zunehmende Trend zeigt seit etwa der Jahrtausendwende wieder eine gegenläufige Tendenz. Der Herbstzug der Beutelmeise erreicht seinen Höhepunkt zwischen Ende September und Mitte Oktober. Einzelne Beobachtungen von vermutlich überwinternden Individuen stammen z. B. vom Bodensee und vom Federsee (Baden-Württemberg). Die ersten Beutelmeisen treffen bereits Mitte März wieder in ihren Brutgebieten ein. Am stärksten ausgeprägt ist der Frühjahrszug jedoch in der ersten Aprilhälfte, um bis Mitte Mai weitgehend abgeschlossen zu sein.

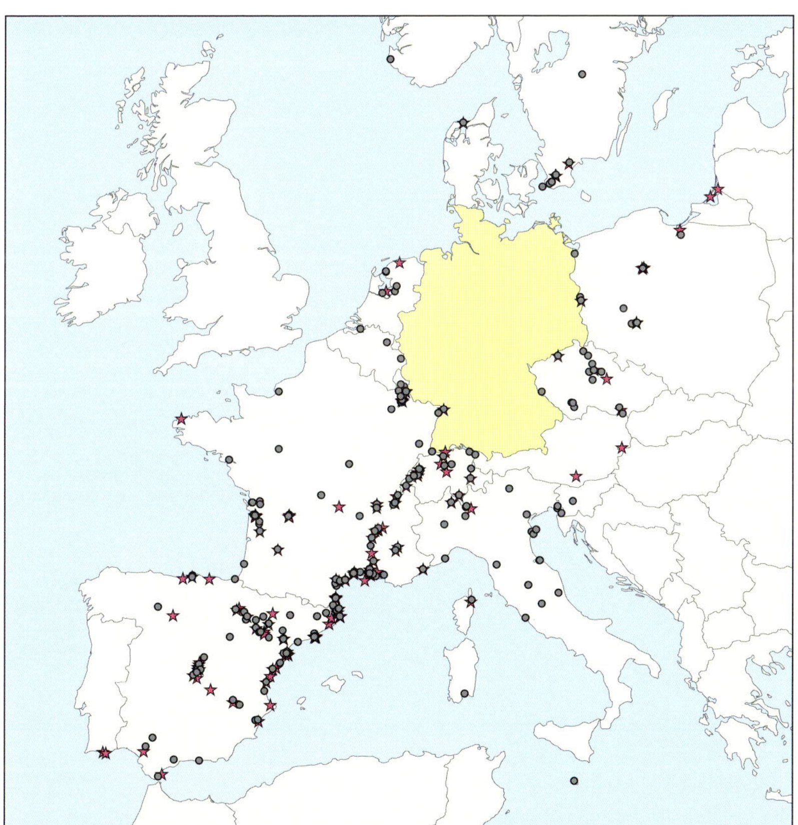

Abb. 1: Fundorte von in Deutschland beringten (691 Funde) und ausländische Beringungsorte von in Deutschland gefundenen (433 Funde) Beutelmeisen. – *Foreign recovery sites of Eurasian Penduline-tits ringed in Germany (691 recoveries) and foreign ringing sites of birds recovered in Germany (433 recoveries).*

Wanderungen: Die Beutelmeisen Mittel- und N-Europas wandern in der Regel in südwestliche Richtungen (Zink 1981). Daher umfasst der Jahreslebensraum einheimischer sowie durchziehender Vögel vor allem Regionen in W-Europa und Italien (Abb. 1). Aus dem Bereich des relativ kleinen Brutbestands Fennoskandiens, von wo aus ein Teil der Vögel nach E zieht (Fransson & Hall Karlsson 2008), gibt es nur wenige Funde. Mit Ausnahme von NW-Polen und Tschechien gibt es auch kaum Verbindungen zu den Vorkommen in E-Mitteleuropa und E-Europa. Da die dortigen Vögel ebenfalls hauptsächlich nach SW und S fliegen (Zink 1981, Flade et al. 1986), berühren sie Deutschland auf ihren Wanderungen nicht, ziehen aber in großer Zahl z. B. nach Italien (Spina & Volponi 2008b).

Durch die vorherrschende Zugrichtung gelangen einheimische Beutelmeisen, ebenso wie zur Zugzeit markierte Vögel, im Herbst vor allem nach S-Frankreich, den NE der Iberischen Halbinsel und in Einzelfällen bis nach S-Portugal (Abb. 2, 3). Einige Vögel ziehen auch direkt nach W in die Niederlande. Da es keine Verbindungen zu den Britischen Inseln gibt, wo die Art zur Zeit des Herbstzugs selten auftritt, ziehen diese Vögel wahrscheinlich anschließend der französischen Küstenlinie folgend weiter. Einige in Deutschland brütende Beutelmeisen, und vor allem solche aus den östlichen Landesteilen, schlagen aber auch süd- bis südöstliche Richtungen ein und erreichen Tschechien, Slowenien und Italien (Abb. 2). Diese Richtung fehlt bei den zur Zeit des Herbstzugs beringten Vögeln weitgehend (Abb. 3). Sie erreichen Deutschland von Litauen, Polen und S-Schweden her und weisen im Vergleich zu den einheimischen Beutelmeisen einen konstanteren Zug nach SW auf (Abb. 3).

Eine auffällige Konzentration von Ringfunden liegt aus dem Tal der Rhone (SE-Frankreich) vor (Abb. 1 – 5). Demnach ziehen viele Beutelmeisen von Deutschland aus durch die Burgundische Pforte an die französische Mittelmeerküste, um dort zu überwintern oder z. T. nach Spanien weiter zu fliegen. Dies betrifft Brutvögel aus allen deutschen Landesteilen (Abb. 4, 5), die Zugwege schweizerischer Ringvögel verlaufen ähnlich (Maumary et al. 2007). Wichtige Überwinterungsgebiete deutscher Brutvögel finden sich ferner in der Gironde-Mündung in W-Frankreich (Abb. 4, 5). Eine Trennung der Aufenthaltsorte nach naturräumlicher Herkunft deutet sich an. Funde in S-Spanien stammen fast ausschließlich von Vögeln aus den SW-deutschen Mittelgebirgen. Weiter östlich, in Italien, finden sich dagegen nur Beutelmeisen, die auch in Deutschland in den östlichen Landesteilen brüten. Vier deutsche Brutvögel hielten sich im Januar an der Südspitze Spaniens auf. Dafür, dass deutsche Ringvögel auch die Meerenge nach Afrika überqueren, wo die Beutelmeise nur als seltener Gast auftritt (Fry et al. 2000), gibt es allerdings keine Belege. Dass der Grund dafür nicht in der Scheu, größere Meeresgebiete zu überqueren, gesucht werden kann, zeigen von Deutschland aus nach S-ziehende Beutelmeisen, die sich im Winter neben Italien auch auf Malta und Sardinien aufhalten (Abb. 4). Ein Winterfund liegt aus Deutschland selbst vor und steht stellvertretend für einzelne Versuche, auch in der kalten Jahreszeit in Mitteleuropa auszuharren (Zink 1981, Heine et al. 1999).

Im Frühjahr werden die Brutgebiete wieder aus SW erreicht (Abb. 6). Auffällig ist dabei, stärker als im Herbst, der Einzug durch den äußersten SW Deutschlands. Für eine abschließende Diskussion eines Schleifenzugs reichen die Daten

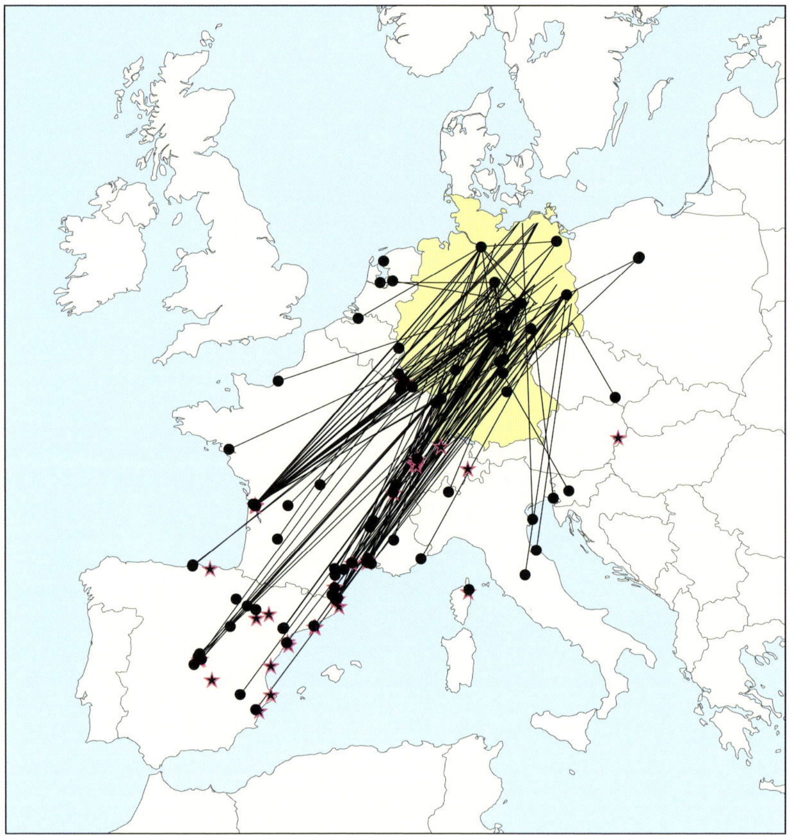

Abb 2: Herbstzug (September – November) von in Deutschland zur Brutzeit anwesenden Beutelmeisen (266 Funde). – *Autumn migration (September – November) of Eurasian Penduline-tits present in Germany during the breeding season (266 recoveries).*

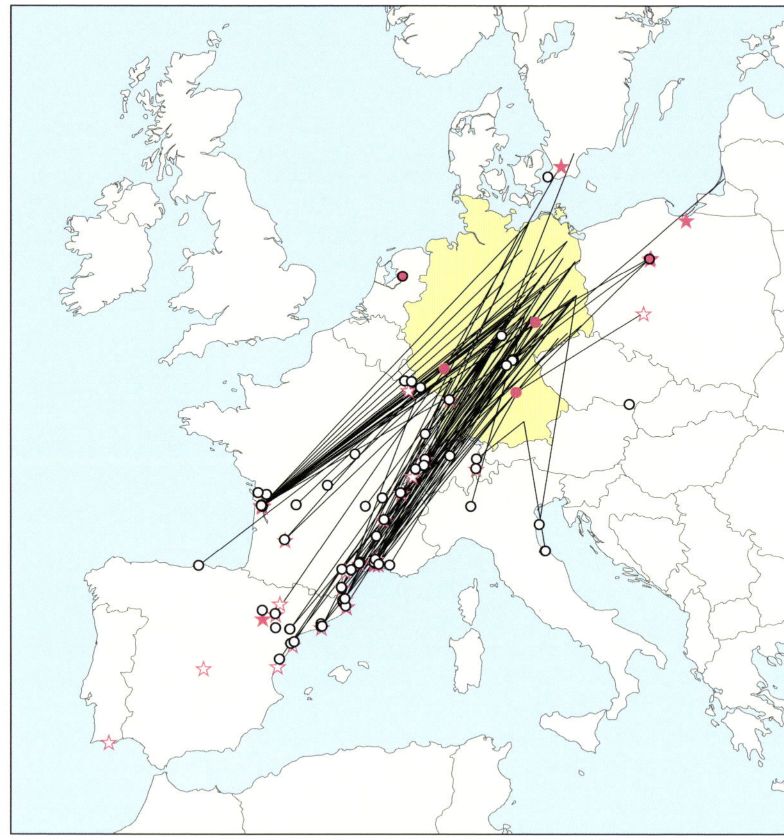

Abb. 3: Herbstzug (September – November) von in Deutschland von September bis November anwesenden Beutelmeisen (229 Funde). – *Autumn migration (September – November) of Eurasian Penduline-tits present in Germany from September to November (229 recoveries).*

jedoch nicht aus. Geburts- und Brutortstreue scheinen bei Beutelmeisen nicht stark ausgeprägt zu sein. Eine Reihe von nestjung beringten Vögeln wurde in der ersten Brutsaison mehr als 100 km und bis zu 338 km vom eigenen Schlupfort nachgewiesen, und auch bei älteren Vögeln liegen Beispiele für mögliche Fernumsiedlungen von bis zu 242 km vor. Entsprechende Umsiedlungen sind auch von tschechischen und schwedischen Brutvögeln belegt (Cepák et al. 2008, Fransson & Hall-Karlsson 2008). Weiterhin beschreiben Franz et al. (1987) zwei Bruten eines Weibchens in der gleichen Saison in mehr als 200 km Entfernung voneinander. Diese Funde deuten das hohe Potential der Beutelmeise an, neue Lebensräume zu besiedeln und sich unter günstigen Umständen schnell auszubreiten (Flade et al. 1986).

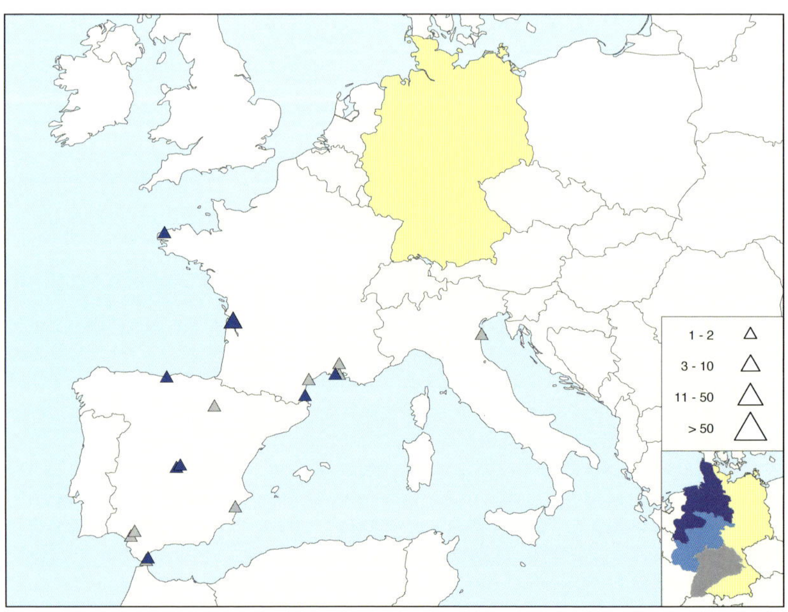

Abb. 4: Aufenthaltsorte im Winter (Dezember – Februar) von in Deutschland zur Brutzeit in den westlichen Landesteilen anwesenden Beutelmeisen (24 Funde). – *Presence in winter (December – February) of Eurasian Penduline-tits present in the western parts of Germany during the breeding season (24 recoveries).*

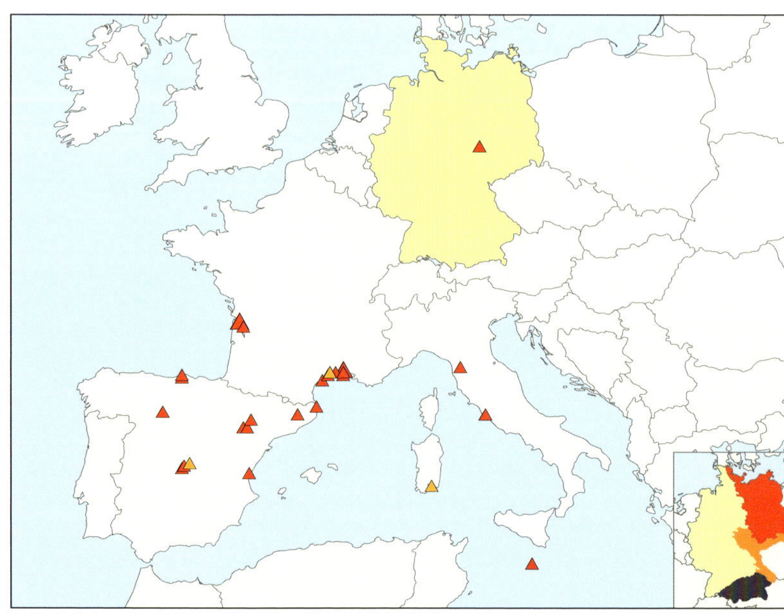

Abb. 5: Aufenthaltsorte im Winter (Dezember – Februar) von in Deutschland zur Brutzeit in den östlichen Landesteilen anwesenden Beutelmeisen (35 Funde). – *Presence in winter (December – February) of Eurasian Penduline-tits present in the eastern parts of Germany during the breeding season (35 recoveries).*

Summary: *Eurasian Penduline-tit is a rare breeding bird in Germany mainly in the NE of the country. The current population comprises 3200–5500 bp, but after a strong increase in the second half of the last century it has been in decline again since about the late 1990s. Most German birds are migratory with autumn migration culminating from late September to mid-October and spring migration from April to mid-May. The prevailing direction of German breeding birds in autumn is SW, with some birds moving due W or S. With the exception of N Poland and the Czech Republic, migrants from more eastern populations hardly reach Germany. On autumn migration, recoveries are concentrated in the Rhône valley from where the birds reach wintering sites at the French Mediterranean coast. Other important winter areas of German birds lie at the Gironde estuary (W France) and in Spain. Few birds spend the winter in Italy. In spring, many birds pass through Germany from the SW. The species shows a high potential to occupy new areas, as indicated by several recoveries of more than 200 km and up to 338 km between and even within breeding seasons.*

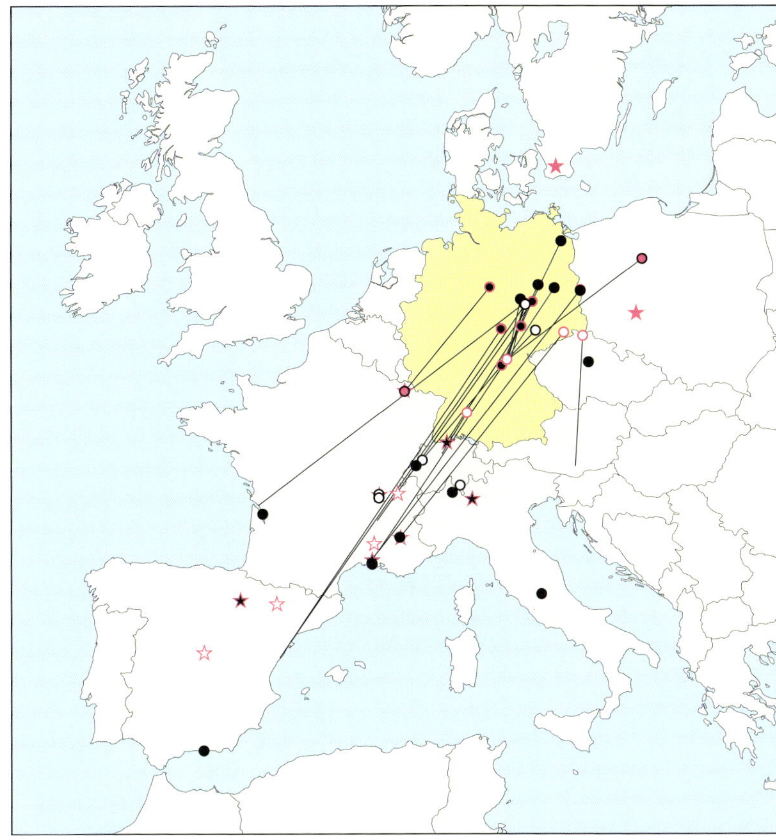

Abb. 6: Frühjahrszug (März – April) von in Deutschland zur Brutzeit (30 Funde) oder von März bis April anwesenden Beutelmeisen (27 Funde). – *Spring migration (March – April) of Eurasian Penduline-tits present in Germany during the breeding season (30 recoveries) or from March to April (27 recoveries).*

Blaumeise *Parus caeruleus*
Common Blue Tit

Beringungen nach 1945:	994.689
Funde > 10 km nach 1945:	1058/1017
Wiederfundquote (Fernfunde nach 1945):	0,1 %
Funde > 10 km seit 1901:	1204/1158
Funde fremder Beringungszentralen:	333/328
Höchstalter:	10 J, 4 M
Weiteste Entfernung:	2230 km

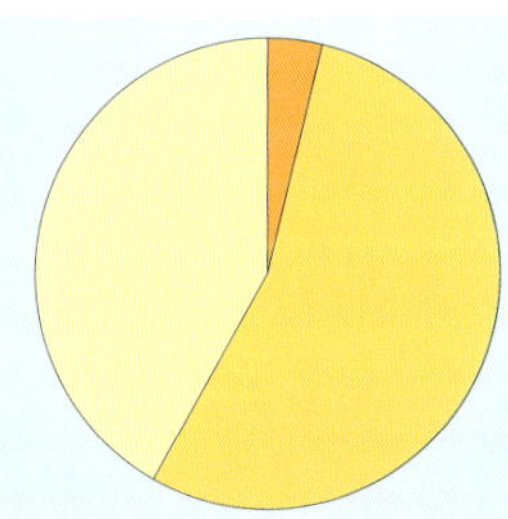

Verbreitung und Status: Der größte Teil des Verbreitungsgebietes der verschiedenen Unterarten der Blaumeise liegt in Europa und erstreckt sich von der Atlantikküste bis zum Ural mit der nördlichen Mittelmeerküste als Südgrenze. Lediglich Island und Bereiche nördlich von etwa 60–64 °N sind nicht dauerhaft besiedelt, Einzelbruten finden aber auch bis an den Polarkreis statt. Weiterhin kommt die Blaumeise in Kleinasien und von hier nach E über den Kaukasus bis in den Iran vor. In weiten Teilen des Verbreitungsgebietes ist die Blaumeise Standvogel oder Teilzieher, regelmäßiger Zug von Jungvögeln wird aber auch in Mitteleuropa angenommen. Darüber hinaus führen Vögel aus N- und NE-Europa gelegentlich Evasionen in das Brutareal südlicher Vorkommen durch, Überwinterungen finden aber im gesamten Verbreitungsgebiet der Art statt.

In Deutschland ist die Blaumeise ein sehr häufiger, landesweit von der Küste bis auf über 1000 m in den Alpen vorkommender Brutvogel in einer Vielzahl von Habitaten, die zumindest einen geringen Laubholzanteil aufweisen. Der Bestand von 2.850.000–4.250.000 BP gilt als stabil. Im Herbst sind ziehende Vögel vor allem von Mitte September bis Ende Oktober zu beobachten, während dies im Frühjahr von März bis Ende April der Fall ist. Der Median des sichtbaren Blaumeisenzugs hat sich in SW-Deutschland zwischen 1970 und 1997 im Herbst um etwa zwei Wochen nach hinten verschoben (Gatter 2000).

Wanderungen: N- und mitteleuropäische ziehende Blaumeisen wandern in südwestliche Richtungen (Glutz v. Blotzheim & Bauer 1993, Nilsson et al. 2008). Daher verbinden Ringfunde Deutschland vor allem mit den Niederlanden, Belgien, der Schweiz und S-Frankreich sowie, weniger ausgeprägt, mit Fennoskandien und NE-Europa (Abb. 1, 2). Einheimische Blaumeisen schlagen im Herbst in Abhängigkeit von ihrer Herkunft unterschiedliche Zugrichtungen ein (Abb. 3). Vögel aus den nördlichen Landesteilen gelangen W bis SW und zum Teil auch NW ziehend in die Benelux-Staaten und nach N-Frankreich, der Ärmelkanal wird nur ausnahmsweise überflogen. Blaumeisen aus den südlichen Teilen Deutschlands wandern zum größten Teil SSW bis S nach S-Frankreich sowie nach N-Italien. Von zur Zeit des Herbstzugs beringten Blaumeisen gibt es diese Funde nach S kaum (Abb. 4). Zwei in S-Deutschland im September und Oktober beringte

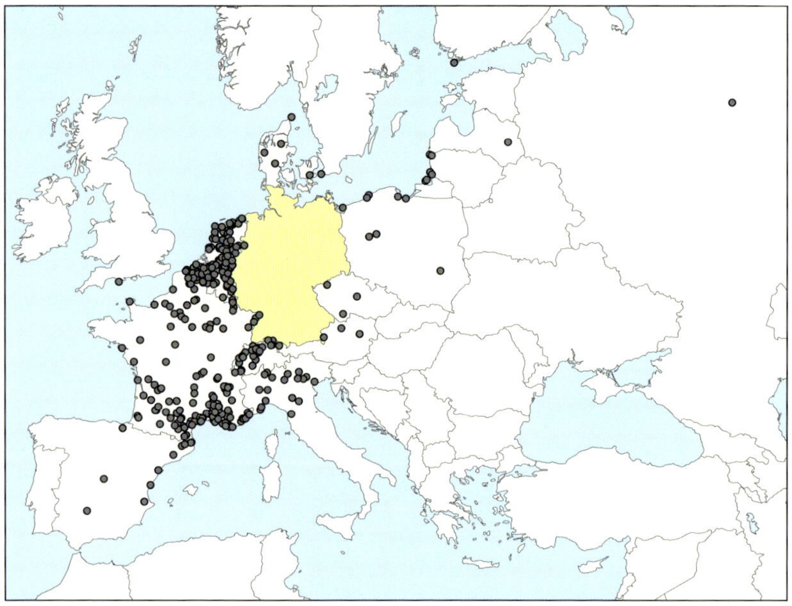

Abb. 1: Fundorte im Ausland von in Deutschland beringten Blaumeisen (407 Funde). – *Foreign recovery sites of Common Blue Tits ringed in Germany (407 recoveries).*

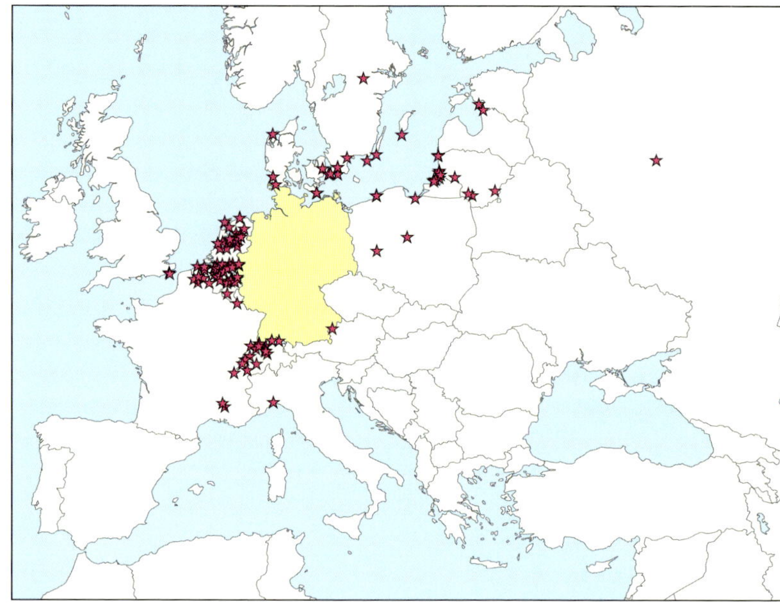

Abb. 2: Beringungsorte im Ausland von in Deutschland gefundenen Blaumeisen (333 Funde). – *Foreign ringing sites of Common Blue Tits recovered in Germany (333 recoveries).*

Meisen, die bereits nach 19 bzw. 21 Tagen in N-Italien waren, lassen auf eine Überquerung der Alpen schließen. Auch vom schweizerischen Alpenpass Col de Bretolet zogen viele Ringvögel nach SE-Frankreich und N-Italien (Maumary et al. 2007). Der weitaus größte Teil der Nachweise von Durch- und Zuzüglern im Herbst stammt von auf oder in der Nähe der Kurischen Nehrung (Russland, Litauen) beringten Vögeln (Abb. 4). Hierbei werden aber Invasionsjahre, wie sie z. B. von Bauer et al. (2005) und Dierschke et al. (2011) aufgelistet werden, an der Zahl der Wiederfunde kaum deutlich. Lediglich die Jahre 1994 und 2007 mit elf bzw. neun von insgesamt 86 Ringvögeln, die Wiederfunde in Deutschland ergaben, treten hervor. Allerdings lassen auch die Beringungszahlen in Rybachy (Russland) zwar jährliche Schwankungen, aber keine ausgeprägten Invasionen erkennen (Bolshakov et al. 2001). In Schweden in diesen Jahren beringte Blaumeisen ergaben ebenfalls keine auffällig gehäuften Wiederfunde in Deutschland, wie auch allgemein die überraschend geringe Zahl der Funde fennoskandischer Ringvögel auffällt. Alleine im S-schwedischen Falsterbo können in einem Invasionsjahr mehrere 10.000 wandernde Blaumeisen registriert werden (Glutz v. Blotzheim & Bauer 1993), und auf der dortigen Beringungsstation werden dann bis zu 7000 Blaumeisen beringt (Karlsson 1993), die allerdings kaum Funde in Deutschland ergeben. Möglicherweise laufen die aus Fennoskandien kommenden Invasionen bereits in Dänemark aus, wo sich schwedische Ringfunde

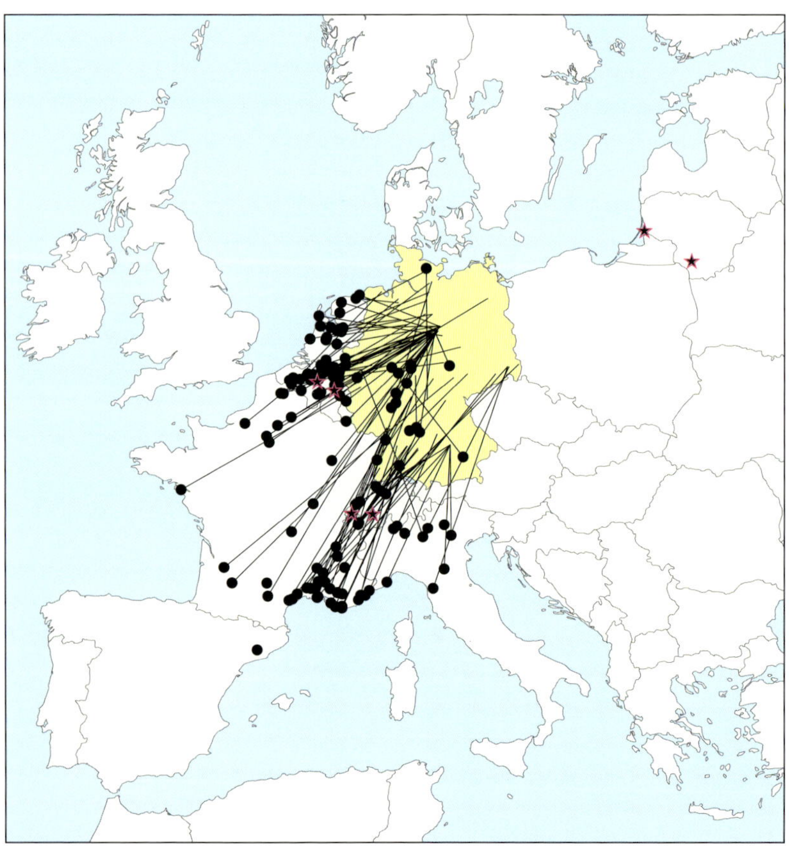

Abb. 3: Herbstzug (September – November) von in Deutschland zur Brutzeit anwesenden Blaumeisen (137 Funde). – *Autumn migration (September – November) of Common Blue Tits present in Germany during the breeding season (137 recoveries).*

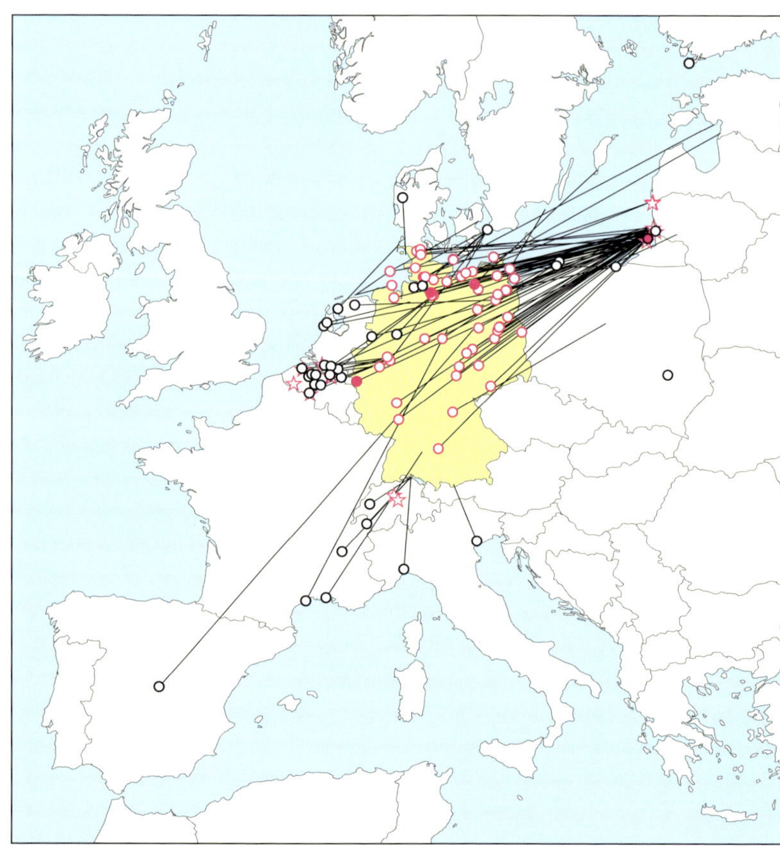

Abb. 4: Herbstzug (September – November) von in Deutschland von September bis November anwesenden Blaumeisen (148 Funde). – *Autumn migration (September – November) of Common Blue Tits present in Germany from September to November (148 recoveries).*

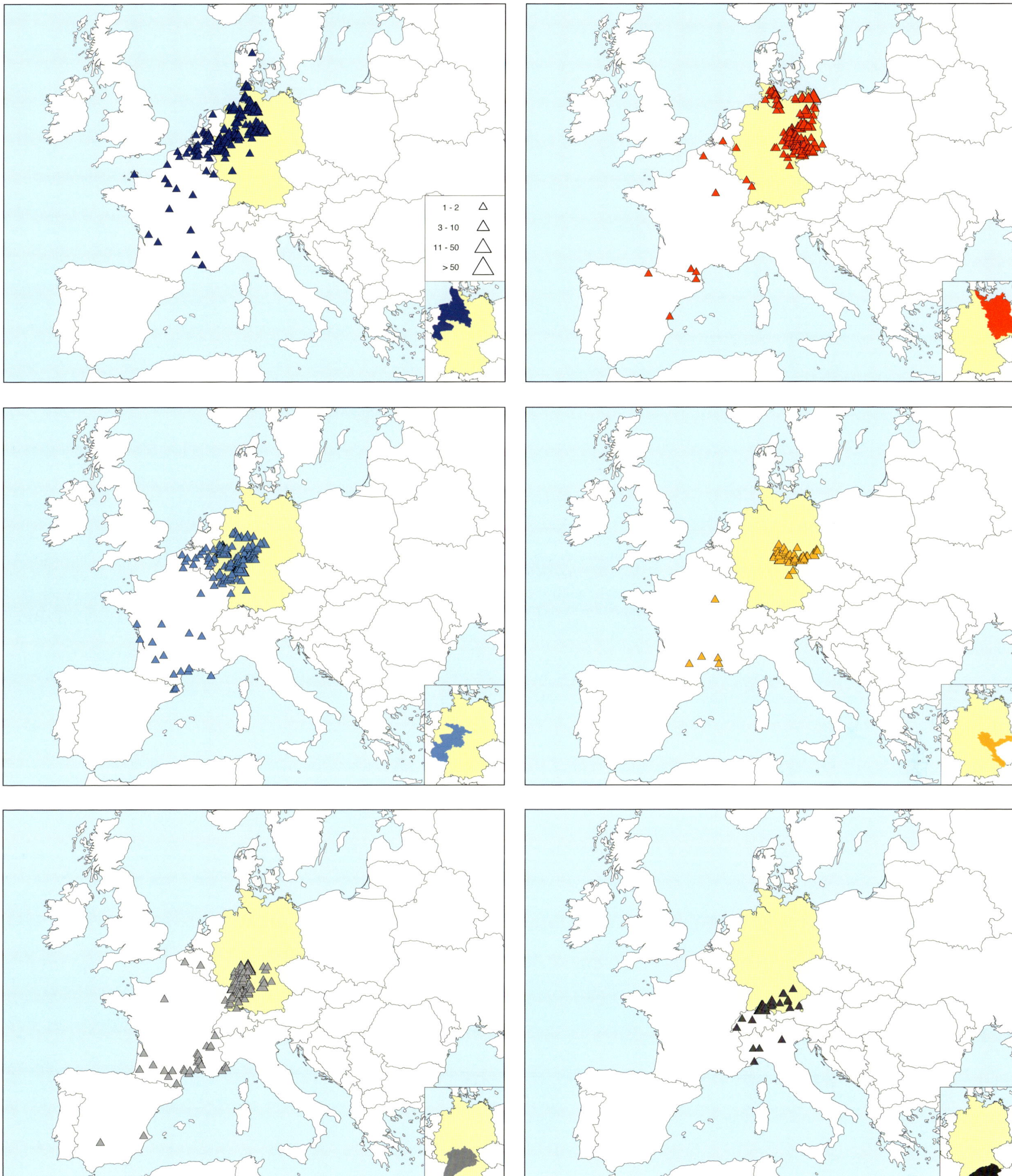

Abb. 5: Aufenthaltsorte im Winter (Dezember – Februar) von in Deutschland zur Brutzeit anwesenden Blaumeisen (1452 Funde). – *Presence in winter (December – February) of Common Blue Tits present in Germany during the breeding season (1452 recoveries).*

vor allem im E des Landes stark konzentrieren (Bønløkke et al. 2006, Fransson & Hall-Karlsson 2008). In Übereinstimmung damit gibt es auch eine Reihe von Verbindungen von S-Norwegen nach Dänemark (Bønløkke et al. 2006), jedoch keine nach Deutschland (Abb. 1, 2). Da aber auf Helgoland die jährlichen Fangzahlen mit denen von Falsterbo korrelieren (Hüppop & Bairlein 2008), ist anzunehmen, dass sich fennoskandische Invasionen zum Teil auch nach N-Deutschland fortsetzen.

Die geringe Zugneigung einheimischer Blaumeisen wird durch die hohe Zahl der Winterfunde in der Nähe der Brutreviere deutlich (Abb. 5). Bei der Lage der Überwinterungsgebiete ziehender Vögel zeigen sich Unterschiede nach der naturräumlichen Herkunft, aber auch eine breitere Streuung als anhand der Herbstzugsrichtungen zu erwarten wären. So finden sich einzelne überwinternde Blaumeisen aus dem NW-deutschen Tiefland auch in S-Frankreich. Es überwiegen dort aber Vögel aus den südlicheren Landesteilen, vor allem solche aus den SW-deutschen und den E-deutschen Mittelgebirgen. Bei Überwinterern in der Schweiz und in N-Italien handelt es sich nach den Ringfunden ausschließlich um Blaumeisen aus dem Alpenvorland (Abb. 5). Überwinterungen von einem fremden Brutbestand sicher zuzuordnenden Vögeln wurden in Deutschland bisher nicht nachgewiesen. Die Vielzahl von Winterfunden von auf dem Herbstzug im Baltikum und in Schweden beringten Vögeln belegt jedoch erneut die N- und NE-europäische Herkunft der Wintergäste. Wiederfunde in verschiedenen Wintern an etwa 300 km bis 650 km auseinanderliegenden Orten deuten die Flexibilität im Zugverhalten an. Den Rekord hält dabei eine im Februar in Niedersachsen beringte Blaumeise, die fast auf den Tag genau im folgenden Jahr aus dem russischen Oblast Kostroma, 2223 km NE, gemeldet wurde (Abb. 1).

Die Funde zum Frühjahrszug runden das Bild ab. Sie zeigen den Einzug einheimischer Vögel in die Brutgebiete aus SW und den Weiterzug der Gastvögel nach NE (Abb. 6). Drei Funde liegen aber auch aus Österreich vor und weisen darauf hin, dass der Einzug auch aus SE erfolgen kann. Umsiedlungen sind dabei aber nicht auszuschließen, da es sich um indirekte Funde handelt. Die drei einzigen Verbindungen zu den Britischen Inseln sind ebenfalls dem Frühjahrszug zuzurechnen. Zwei im Dezember und März in SE-England beringte Vögel (Abb. 2) hielten sich im kommenden Frühjahr (April, Mai) in Deutschland auf, ohne dass Aussagen zum Status als Durchzügler oder Brutvögel gemacht werden können. Eine im Juni in Rheinland-Pfalz als diesjährig beringte Blaumeise wurde dagegen im folgenden April im Portland Bird Observatory (S-England, Abb. 1) wieder gefangen. Dass diese Funde nicht immer Zugrouten in die Brutgebiete anzeigen müssen, deuten einige in Deutschland nestjung beringte Blaumeisen an, die zu einer späteren Brutzeit (Juni, Juli) mehrere hundert Kilometer vom Beringungsort entfernt angetroffen wurden. Einer dieser Vögel wurde etwa drei Jahre nach der Beringung als Nestling 1259 km entfernt im Juli in Frankreich erjagt. Diese Funde decken sich mit den Ergebnissen einer schwedischen Ringfundanalyse, wonach einige ziehende Blaumeisen nicht zum Ausgangspunkt zurückkehren, sondern näher an den Überwinterungsgebieten brüten (Nilsson et al. 2008). Bespiele dafür könnten auch zwei in Litauen zur Zeit des Herbstzugs beringte Vögel sein, die sich später zur Brutzeit in Deutschland aufhielten (Abb. 3).

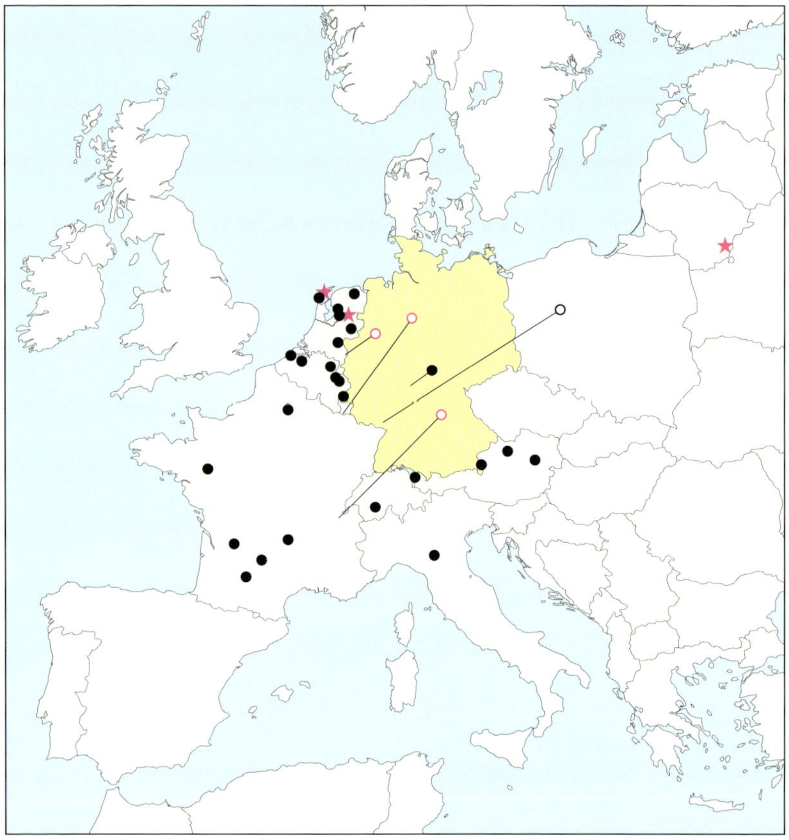

Abb. 6: Frühjahrszug (März) von in Deutschland zur Brutzeit (19 Funde) oder im März anwesenden Blaumeisen (7 Funde). – *Spring migration (March) of Common Blue Tits present in Germany during the breeding season (19 recoveries) or in March (7 recoveries).*

Summary: *Common Blue Tit is a common and widespread breeding bird in Germany with a stable population of some 2,850,000 – 4,250,000 bp. It is a partial migrant, but most breeding birds are sedentary. Migrating individuals show directional preferences on autumn migration depending on origin. Birds from the northern parts of Germany move towards the W and SW to reach The Netherlands, Belgium and N France, whereas birds from the southern parts of the country reach SE France and N Italy by migrating towards the SSW and S. Most recoveries of passage migrants stem from birds ringed on the Courish Spit (Russia, Lithuania), but there is a surprisingly low number of recoveries of birds of Fennoscandian origin, although migrants from there presumably reach N Germany, as catching totals from Falsterbo (Sweden) and from Helgoland (N Germany) are correlated. The great majority of winter records of Common Blue Tits stems from the vicinity of the breeding areas. Migratory individuals, however, mostly spend the winter in France, while S German birds may also be found in Switzerland and N Italy. In spring, the birds reach their breeding grounds from the SW, but young birds may settle several hundred km away from their natal areas.*

Kohlmeise *Parus major*

Great Tit

Beringungen nach 1945:	1.561.349
Funde > 10 km nach 1945:	1801/1660
Wiederfundquote (Fernfunde nach 1945):	0,1 %
Funde > 10 km seit 1901:	1876/1735
Funde fremder Beringungszentralen:	666/642
Höchstalter:	9 J
Weiteste Entfernung:	3292 km

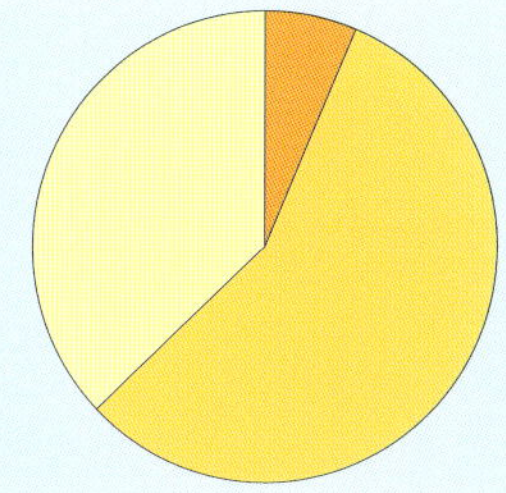

Verbreitung und Status: In der W-Paläarktis umfasst das Verbreitungsareal der Kohlmeise mit Ausnahme Islands ganz Europa und schließt auch NW-Afrika mit ein. In Asien kommt sie von der Türkei und der Levante bis in den Iran sowie vom Ural bis nach SE-Russland vor. In ihrem europäischen Verbreitungsgebiet zieht ein großer Teil der Kohlmeisen nicht. Vor allem in N- und E-Europa kann es jedoch gelegentlich zu evasionsartig ausfallenden Wanderungen eines Teils des Bestandes, meist der Jungvögel, kommen.

In Deutschland ist die Kohlmeise mit einem stabilen Bestand von 5.200.000 – 6.450.000 BP einer der häufigsten Brutvögel und landesweit in einer Vielzahl von Lebensräumen verbreitet, sofern auch nur kleine Baumbestände vorhanden sind. Ziehende Kohlmeisen treten im Herbst von September bis November auf, mit den höchsten Zahlen im Oktober. Das Ende des Herbstzugs und der Beginn des Wiedereinzugs sind schwer von ungerichtet lokal umherstreifenden Trupps zu unterscheiden, im Frühjahr werden Wanderungen jedoch von Februar bis April deutlich.

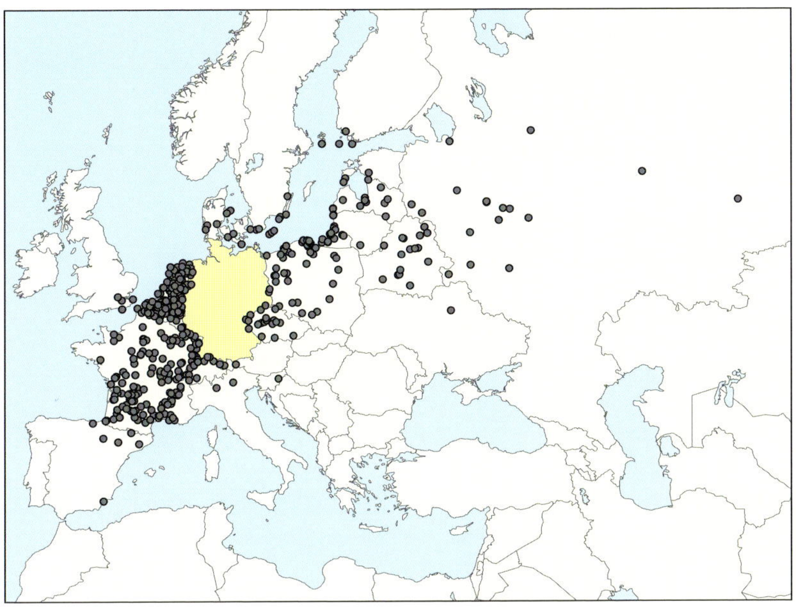

Abb. 1: Fundorte im Ausland von in Deutschland beringten Kohlmeisen (586 Funde). – *Foreign recovery sites of Great Tits ringed in Germany (586 recoveries).*

Wanderungen: Ringfunde von Kohlmeisen mit Bezug zu Deutschland umfassen das ganze W- und mitteleuropäischen Verbreitungsgebiet der Art und weisen in Extremen bis nach SE-Spanien und bis nach 60,58 °E ins russische Jekaterinburg am E-Rand des Urals. Verbindungen auf die Britischen Inseln, nach N- sowie nach SE-Europa sind jedoch selten (Abb. 1, 2). Bei ziehenden einheimischen Brutvögeln herrschen im Herbst Richtungen nach W bis SW vor. N-deutsche Kohlmeisen gelangen dadurch in großer Zahl in die Niederlande und nach Belgien, in Einzelfällen auch auf die Britischen Inseln (Abb. 3). Funde von Brutvögeln aus den anderen Landesteilen belegen vor allem den Zug nach S- und SW-Frankreich, und einige Kohlmeisen des Alpenvorlands wandern auch über das Gebirge nach Italien. Auffällig und schwer einzuordnen sind die relativ vielen Funde von in Deutschland zur Brutzeit beringten Kohlmeisen zur Zeit des Herbstzugs in Fennoskandien, dem Baltikum und in Russland (Abb. 3). Hierbei handelt es sich ausnahmslos um Funde in späteren Jahren, so dass sie nicht als Belege für einen direkten Zug deutscher Brutvögel nach E bzw. NE gesehen werden können. Da

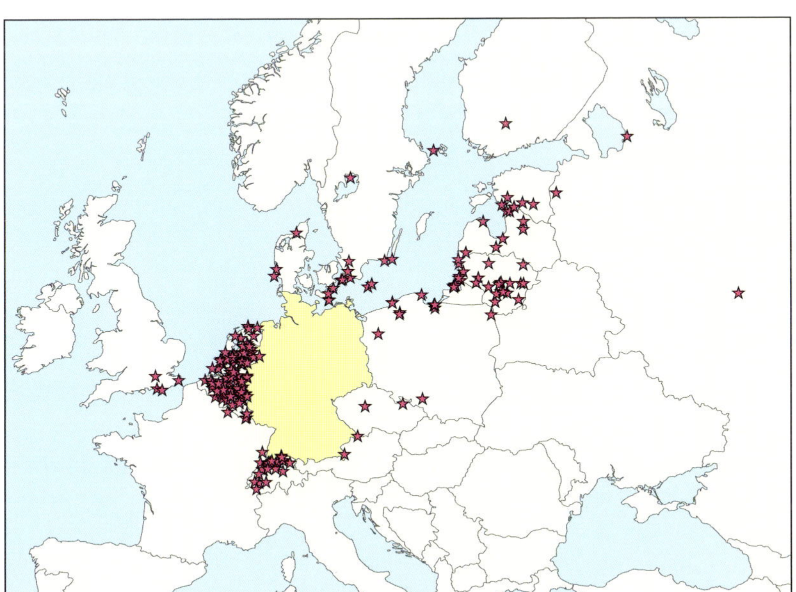

Abb. 2: Beringungsorte im Ausland von in Deutschland gefundenen Kohlmeisen (666 Funde). – *Foreign ringing sites of Great Tits recovered in Germany (666 recoveries).*

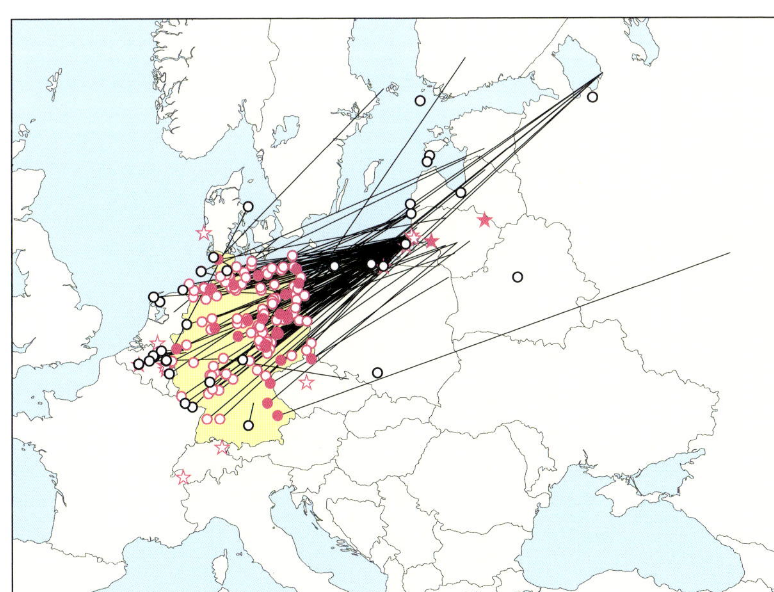

Abb. 4: Herbstzug (September – November) von in Deutschland von September bis November anwesenden Kohlmeisen (249 Funde). – *Autumn migration (September – November) of Great Tits present in Germany from September to November (249 recoveries).*

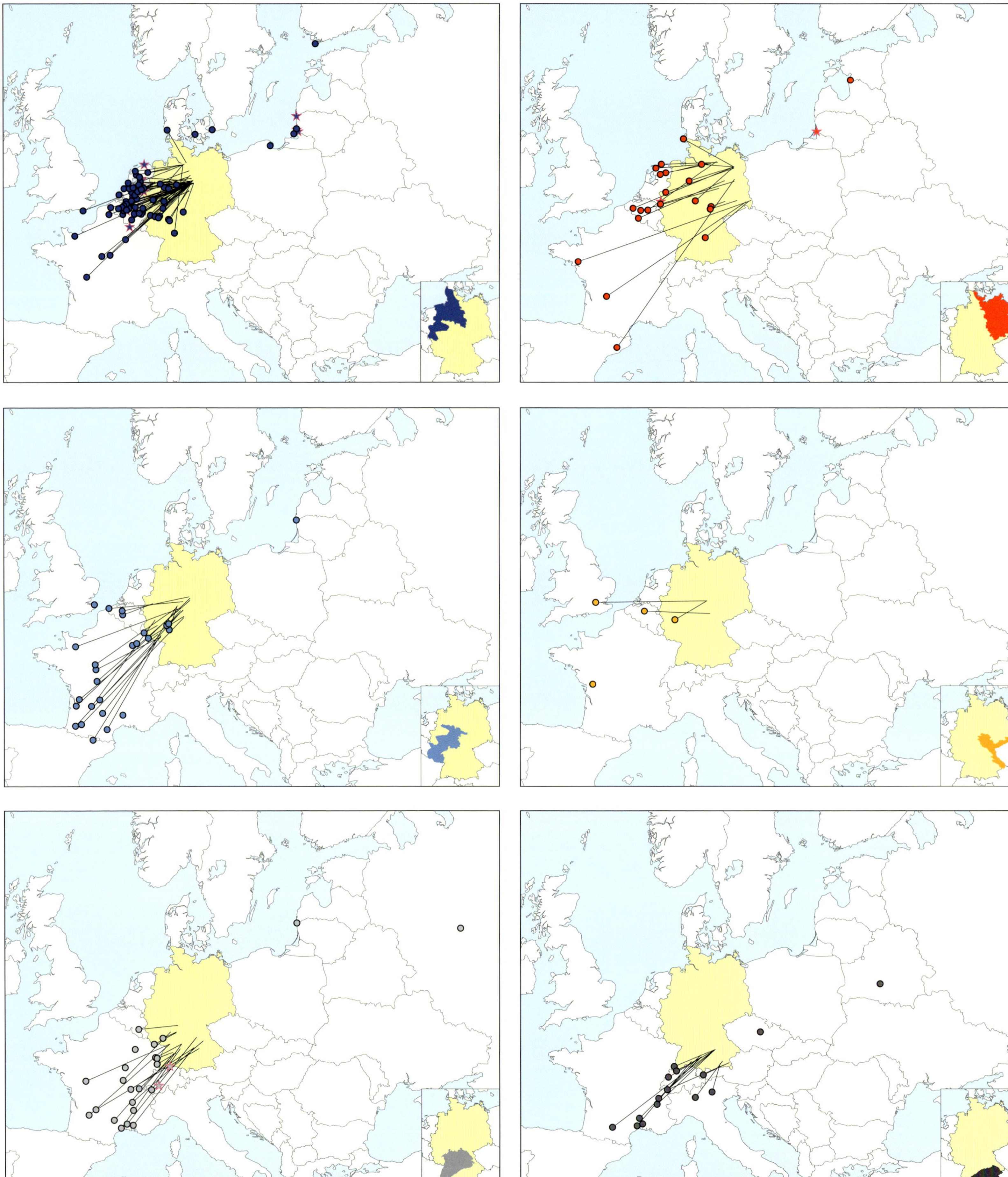

Abb. 3: Herbstzug (September – November) von in Deutschland zur Brutzeit anwesenden Kohlmeisen (184 Funde). – *Autumn migration (September – November) of Great Tits present in Germany during the breeding season (184 recoveries).*

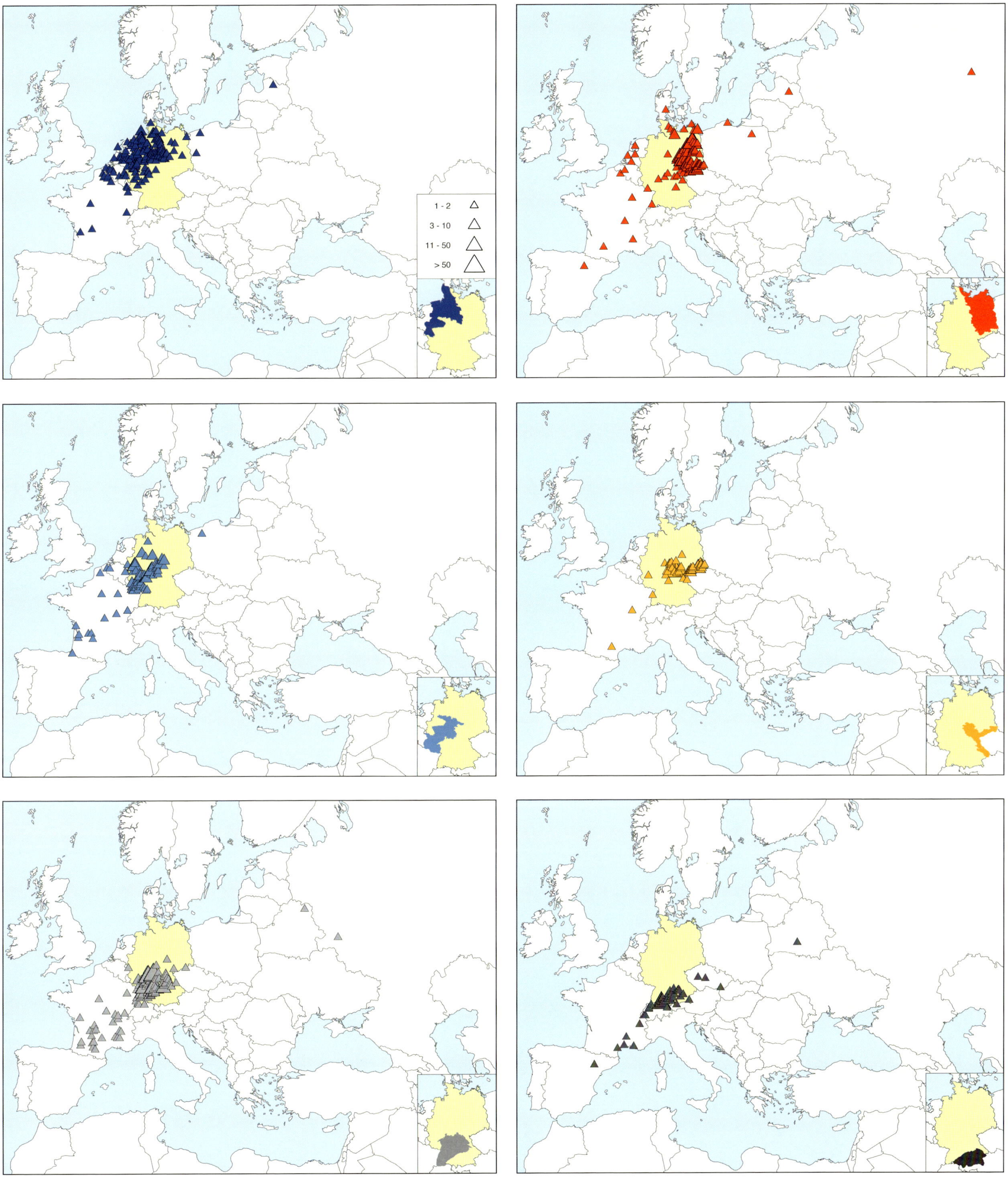

Abb. 5: Aufenthaltsorte im Winter (Dezember – Februar) von in Deutschland zur Brutzeit anwesenden Kohlmeisen (2559 Funde). – *Presence in winter (December – February) of Great Tits present in Germany during the breeding season (2559 recoveries).*

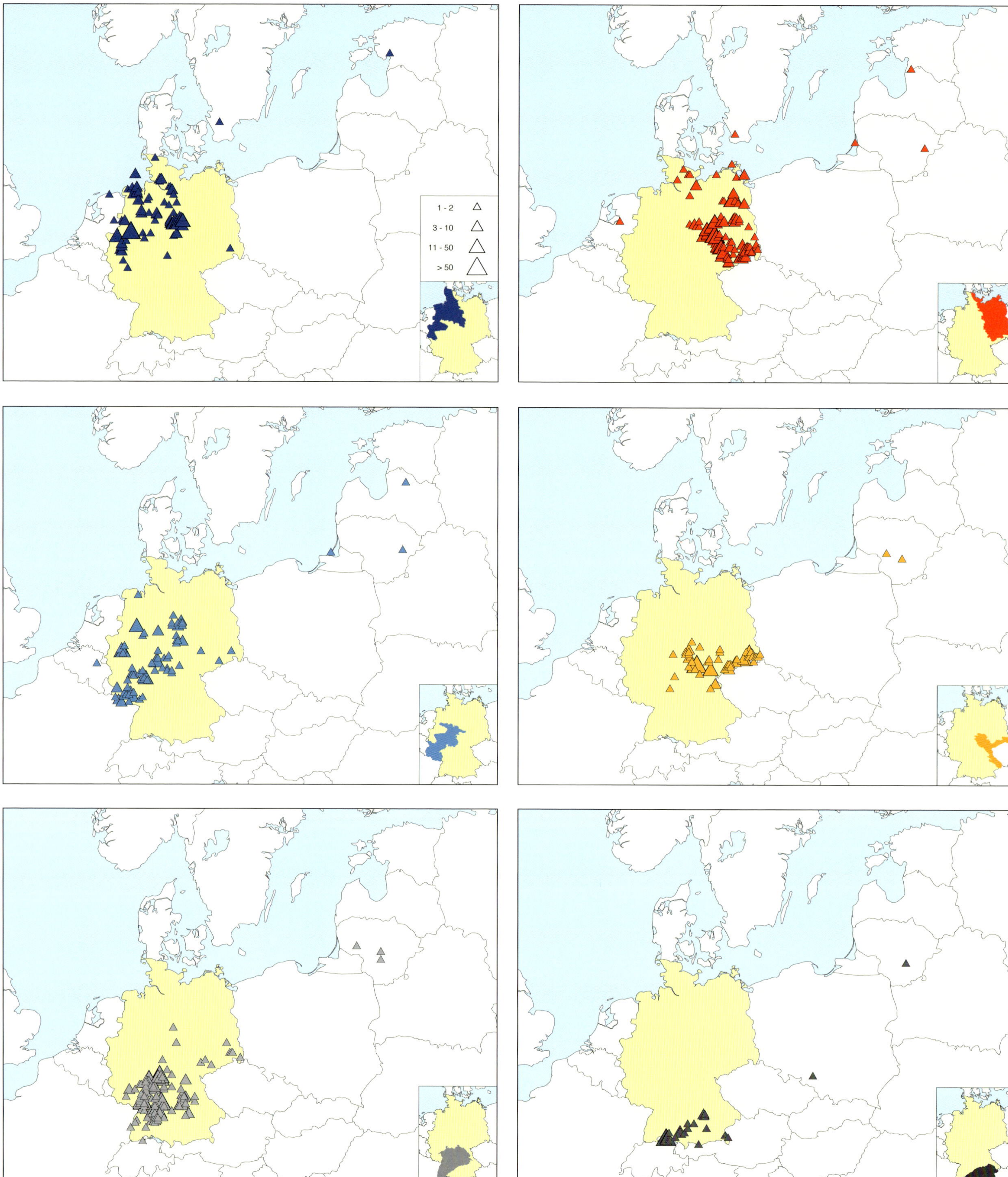

Abb. 6: Aufenthaltsorte zur Brutzeit von im Winter (Dezember – Februar) in Deutschland anwesenden Kohlmeisen (3084 Funde). – *Presence during the breeding season of Great Tits present in Germany in winter (December – February, 3084 recoveries).*

die entsprechenden Vögel fast ausnahmslos als Nestlinge beringt wurden, könnten es Fernansiedlungen über Distanzen von in einigen Fällen über 1000 km und maximal bis 2067 km sein. Im Gegensatz dazu wurden einige auf dem Herbstzug im Baltikum markierte Vögel zu einer späteren Brutzeit in Deutschland nachgewiesen (Abb. 3). Mit höherer Wahrscheinlichkeit um Fernansiedlungen hat es sich in neun Fällen gehandelt, bei denen sich nestjung beringte Meisen zu einer späteren Brutzeit über 100 km vom Markierungsort aufhielten, bei einer Maximaldistanz von 380 km. Von adulten Vögeln sind solche Umsiedlungen nach den hier angewandten Kriterien nicht belegt. Bei einer zeitlich weiteren Auslegung der Brutzeit erwähnen Winkel & Frantzen (1989) die Umsiedlung einer adulten Kohlmeise über 278 km.

Die überwältigende Mehrheit der herbstlichen Durchzügler erreicht Deutschland aus dem Baltikum einschließlich der russischen Region Kaliningrad (Abb. 4). Jahre mit auffällig vielen Funden von dort, die Invasionen anzeigen könnten, gibt es nicht. Eine Reihe Funde von am Ladogasee (Russland) beringten Vögeln zeigt an, dass das Einzugsgebiet von im Herbst nach Deutschland einwandernden Kohlmeisen ganz NE-Europa umfasst. In Anbetracht der dabei zurückgelegten Entfernungen ist, wie bei der Blaumeise, das nahezu völlige Fehlen von Nachweisen fennoskandischer Ringvögel erstaunlich. Ziehende Kohlmeisen werden auf der S-schwedischen Beringungsstation Falsterbo zahlreich beringt und finden sich anschließend gehäuft auf den E-dänischen Inseln Fünen und Seeland (Bønløkke et al. 2006). Die Ostsee scheint dann aber eine kaum zu überquerende Barriere zum dänischen und deutschen Festland zu bilden (Abb. 4).

In Deutschland brütende Kohlmeisen sind in der Regel Standvögel mit hoher Geburts- und Brutortstreue (Winkel & Frantzen 1989), die zum größten Teil auch im Winter nur lokale Funde ergeben (Abb. 5). Die wenigen ziehenden Vögel aus allen Regionen Deutschlands überwintern mehrheitlich in Frankreich. Auffällig ist wiederum eine Reihe von Winterfunden deutscher nestjung beringter Kohlmeisen in E-Mitteleuropa und E-Europa, z. T. nach mehreren Jahren, bei denen es sich auch um Fernumsiedlungen handeln könnte. Die Distanzen, die ziehende Meisen zurücklegen, scheinen sich allerdings im vergangenen Jahrhundert verringert zu haben. Lagen die Winterfunde über 10 km vom Beringungsort von vor 1970 beringten Meisen noch zu 44% über 500 km entfernt, war dies bei nach 1970 beringten Ziehern nur bei 19% der Fall. Im Gegensatz zu den hohen Zahlen von E-europäischen Kohlmeisen, die auf dem Herbstzug Deutschland erreichen, fällt die Zahl der Nachweise von Wintergästen, die einem Brutbestand zuzuordnen sind, aus dieser Region niedrig aus. Dies liegt daran, dass die betreffenden Ringvögel auch im Baltikum schon Durchzügler sind (Abb. 4) und aus Brutgebieten weiter im E mit mutmaßlich geringerer Beringeraktivität stammen. Funde einzelner Kohlmeisen in bis zu annähernd 2000 km entfernten Orten in verschiedenen Wintern belegen die individuelle Flexibilität im Zugverhalten. Die Funde vom Frühjahrzug fügen sich nahtlos in das Bild ein, mit dem Einzug deutscher Brutvögel vornehmlich aus Frankreich und der des Durchzugs von Brutvögeln aus dem Baltikum (Abb. 7).

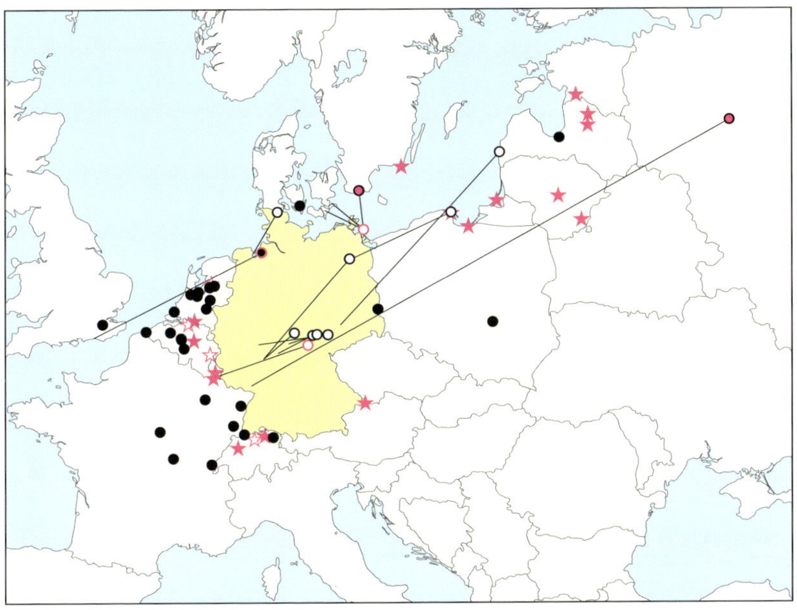

Abb. 7: Frühjahrszug (März) von in Deutschland zur Brutzeit (28 Funde) oder im März anwesenden Kohlmeisen (37 Funde). – *Spring migration (March) of Great Tits present in Germany during the breeding season (28 recoveries) or in March (37 recoveries).*

Summary: *Great Tit is one of the most common and widespread breeding birds in Germany with a stable population of 5,200,000–6,450,000 bp. Most individuals are sedentary with a high year-round fidelity to their natal and breeding areas. Migrating birds move towards the W and SW in autumn to reach winter quarters in France, while some birds from S Germany cross the Alps and migrate towards Italy. There is a surprising number of Great Tits ringed as nestlings in Germany which were recovered E during the time of autumn migration, with distances as far as 2067 km. These movements are difficult to interpret, but may represent long-distance dispersal. Migrants reaching Germany in autumn were mainly ringed in the Baltic with a distinct lack of birds from Fennoscandia. There are, however, hardly any winter records that could be assigned to a foreign breeding population with certainty, because most birds ringed in the Baltic were already caught as migrants there. Individual changes of winter quarters of up to almost 2000 km are also recorded.*

Haubenmeise *Parus cristatus*

European Crested Tit

Beringungen nach 1945:	31.951
Funde > 10 km nach 1945:	72/48
Wiederfundquote (Fernfunde nach 1945):	0,2 %
Funde > 10 km seit 1901:	72/48
Funde fremder Beringungszentralen:	0/0
Höchstalter:	9 J, 4 M
Weiteste Entfernung:	115 km

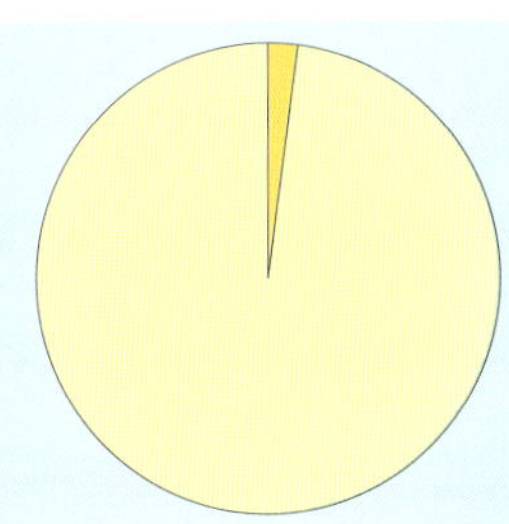

Als Brutvogel borealer und gemäßigter Nadelwälder kommt die Haubenmeise von SW- und Mitteleuropa bis zum Polarkreis in Fennoskandien und bis an den Ural im E vor. Im S reicht das Verbreitungsgebiet bis zum Karpatenbogen und nach Griechenland, ein isoliertes Vorkommen findet sich in Schottland. In ihrem gesamten Verbreitungsgebiet ist die Haubenmeise Standvogel, aus dem Baltikum liegen aber Hinweise auf gelegentliche evasionsartige Wanderungen vor (Zink 1981).

In Deutschland liegt der Verbreitungsschwerpunkt des fluktuierenden, aber langfristig abnehmenden Bestands von gegenwärtig 350.000–560.000 BP der an Koniferen gebundenen Haubenmeise in den Mittelgebirgsregionen und in den Alpen. Die weitaus meisten Ringfunde sind lokaler Natur und Auslandsfunde fehlen völlig. Bei zwei Wiederfunden innerhalb Deutschlands in 79 und 115 km vom Beringungsort (Abb. 1) handelt es sich wahrscheinlich um für die

Art ungewöhnlich weite juvenile Zerstreuungswanderungen. Die beiden Vögel wurden als Nestlinge im Mai beringt und beide im Juni des folgenden Jahres durch einen Beringer kontrolliert bzw. als Totfund zurückgemeldet. Beide Fälle gehören zu den weitesten zurückgelegten Entfernungen, die für Haubenmeisen belegt sind. In Frankreich kommt ein weiterer Fund auf 70 km (Zink 1981), während der Rekord von einer schwedischen Haubenmeise gehalten wird, die innerhalb des Landes 314 km zurücklegte (Fransson & Hall-Karlsson 2008).

Summary: *The 350,000 – 560,000 bp of European Crested Tit in Germany occur mainly in the central and southern lower mountain ranges and in the Alps due to their strong preference for coniferous trees. European Crested Tits are mainly resident. The two most prominent movements of 79 and 115 km, both within the country, were related to juvenile dispersal, as the respective birds were both ringed as nestlings in May and controlled or recovered one year later in June.*

Abb. 1:Funde (> 50 km) von Haubenmeisen mit Bezug zu Deutschland (2 Funde). – *Recoveries (of > 50 km) of European Crested Tits related to Germany (2 recoveries).*

Tannenmeise *Parus ater*
Coal Tit

Beringungen nach 1945:	319.973
Funde > 10 km nach 1945:	653/524
Wiederfundquote (Fernfunde nach 1945):	0,2 %
Funde > 10 km seit 1901:	656/527
Funde fremder Beringungszentralen:	119/117
Höchstalter:	8 J, 6 M
Weiteste Entfernung:	2644 km

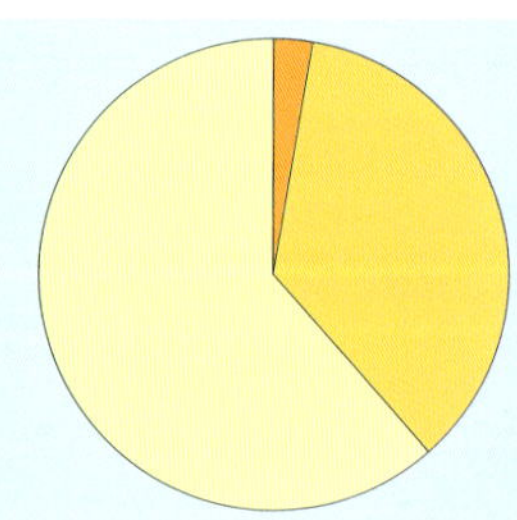

Verbreitung und Status: Das Brutgebiet der Tannenmeise erstreckt sich von NW-Afrika über weite Teile Europas in einem relativ schmalen Band durch Sibirien bis nach Kamtschatka und Japan. In Afrika und S-Europa sind nur die höheren Lagen besiedelt, in den nördlichen Teilen Fennoskandiens und auf Island kommt sie nicht vor. Isolierte Verbreitungszentren finden sich im Kaukasus, in Zentral- und in SE-Asien. In weiten Teilen des Verbreitungsgebiets und bis über den Polarkreis hinaus ist die Tannenmeise Standvogel, die aber gelegentlich vertikale und evasionsartige Wanderungen durchführt, an denen vor allem Jungvögel teilnehmen.
Die Tannenmeise besiedelt ältere Wälder mit einem hohen Anteil an Nadelbäumen und weist in Deutschland (*P. a. ater*) einen fluktuierenden Bestand von 1.250.000 – 1.800.000 BP auf. Wanderungen finden bei der weitgehend sesshaften Art kaum statt. Im Zuge von Invasionen sind gerichtet ziehende Vögel vor allem im September und Oktober zu beobachten, der wenig ausgeprägte Frühjahrszug macht sich vor allem im April bemerkbar.

Wanderungen: Ringfunde von in Deutschland brütenden oder auf dem Zug rastenden Tannenmeisen verteilen sich auf der von NE nach SW ausgerichteten Achse, auf der wandernde mittel- und N-europäische Vögel ziehen (Abb. 1, Zink 1981). Verbindungen zu den Britischen Inseln, in das Verbreitungsgebiet der Unterart *P. a. britannicus*, sind selten. Deutsche Brutvögel, die im Herbst nach W bis SW ziehen, erreichen vor allem die Niederlande, Belgien, Frankreich und in wenigen Fällen auch Spanien (Abb. 2). Einige im SW beheimatete Vögel wandern SE über die Alpen nach N-Italien ebenso wie Tannenmeisen aus Bayern, die direkt nach S ziehen. Bei den Wanderungen einheimischer Tannenmeisen handelt es sich aber größtenteils um dispergierende Jungvögel (Winkel & Winkel 1988). In zwei Fällen wurden nestjung markierte Tannenmeisen in einer späteren Brutsaison 77 km und 97 km entfernt vom Beringungsort wieder gefunden. Von adulten einheimischen Vögeln sind Umsiedlungen über Strecken > 10 km nicht bekannt.
Im Herbst nach Deutschland ziehende Tannenmeisen kommen in der großen Mehrheit aus dem Baltikum, wo sie ebenfalls nur als Durchzügler aus weiter im E gelegenen Brutgebieten gefangen werden (Abb. 3). Wie bei anderen Meisen auch (siehe Blau- und Kohlmeise) fehlen aber Verbindungen nach Skandinavien nahezu vollständig, obwohl auch in Falsterbo (S-Schweden) in einigen Jahren „Massenzug" beobachtet wird (Zink 1981). Von den insgesamt 23 zwi-

schen 1956 und 2008 im Baltikum auf dem Herbstzug beringten Tannenmeisen, die anschließend Wiederfunde in Deutschland ergaben, wurden alleine neun im Herbst 1974 in Litauen markiert, aber erstaunlicherweise keine im benachbarten Rybachy (Russland). In diesem Jahr fand eine starke Invasion statt (Zink 1981), die sowohl auf Helgoland (Dierschke et al. 2011) als auch am Randecker Maar (Baden-Württemberg, Gatter 2000) zu deutlich erhöhten Durchzugszahlen im Vergleich zu Normaljahren führte. Andere Jahre heben sich allerdings nicht hervor, auch nicht solche, die z. B. von Heine et al. (1999), Gatter (2000) oder Dierschke et al. (2011) als weitere Invasionsjahre gelistet werden. Eine Reihe von Funden von Ringvögeln aus dem Baltikum zeigt, dass entlang der südlichen Ostseeküste ziehende Tannenmeisen auch den Winter in Deutschland verbringen können. Für Vögel, die einem fremden Brutbestand zuzuordnen sind, ist dies nicht belegt. Eine Ausnahme bildet eine im Mai nestjung beringte belgische Tannenmeise, die im folgenden Februar 42 km nordöstlich in Deutschland durch einen Beringer kontrolliert wurde. Wahrscheinlich war dies jedoch eher die Folge einer Zerstreuungswanderung.

Einheimische Tannenmeisen verbringen auch die Wintermonate zum weitaus größten Teil in oder in der Nähe ihrer Brutgebiete (Abb. 4). Die im Ausland überwinternden Vögel zogen mit je einem Nachweis in die Schweiz, auf die Britischen Inseln oder nach Spanien. Etwas mehr Funde stammen aus Frankreich, Belgien und den Niederlanden. Bemerkenswert ist der Aufenthalt einer im Mai des Invasionsjahres 1974 bei Helmstedt als Nestling beringten Tannenmeise (Niedersachsen) im Dezember desselben Jahres in Marokko (Abb. 4, Berndt & Jürgens 1977). Eine Aussage zur Trennung der Überwinterungsgebiete nach naturräumlicher Herkunft lassen die wenigen Funde nicht zu. Auffällig ist aber, dass Italien, wohin wenige S-deutsche Tannenmeisen ziehen, ohne dass Funde aus den Wintermonaten vorliegen, auch das Ziel einiger schweizerischer Vögel ist (Maumary et al. 2007). Dies deutet an, dass wandernde Tannenmeisen aus S-Mitteleuropa eher südliche Richtungen einschlagen als weiter nördlich brütende. Da es in Italien auch viele Funde aus SE-Frankreich gibt (Spina & Volponi 2008b), werden die Alpen möglicherweise westwärts umflogen (siehe auch Zink 1981). Entsprechend der Lage der Überwinterungsgebiete stammen die wenigen Funde zum Frühjahrszug vor allem aus Frankreich und den Niederlanden (Abb. 5). Im Baltikum können nach Invasionswintern nach E gerichtete Wande-

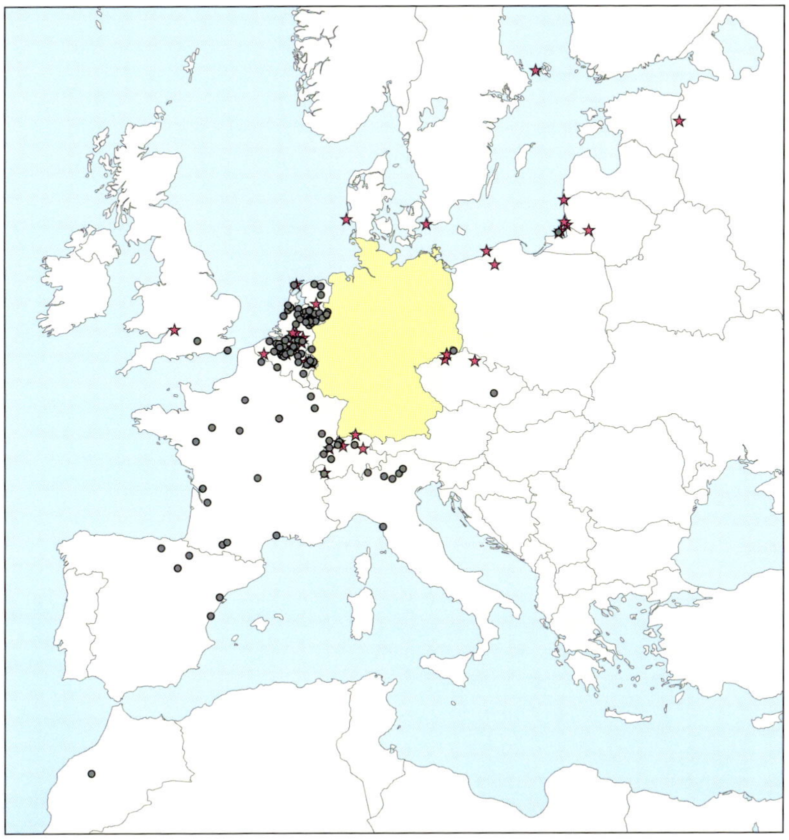

Abb. 1: Fundorte von in Deutschland beringten (116 Funde) und ausländische Beringungsorte von in Deutschland gefundenen (119 Funde) Tannenmeisen. – *Foreign recovery sites of Coal Tits ringed in Germany (116 recoveries) and foreign ringing sites of birds recovered in Germany (119 recoveries).*

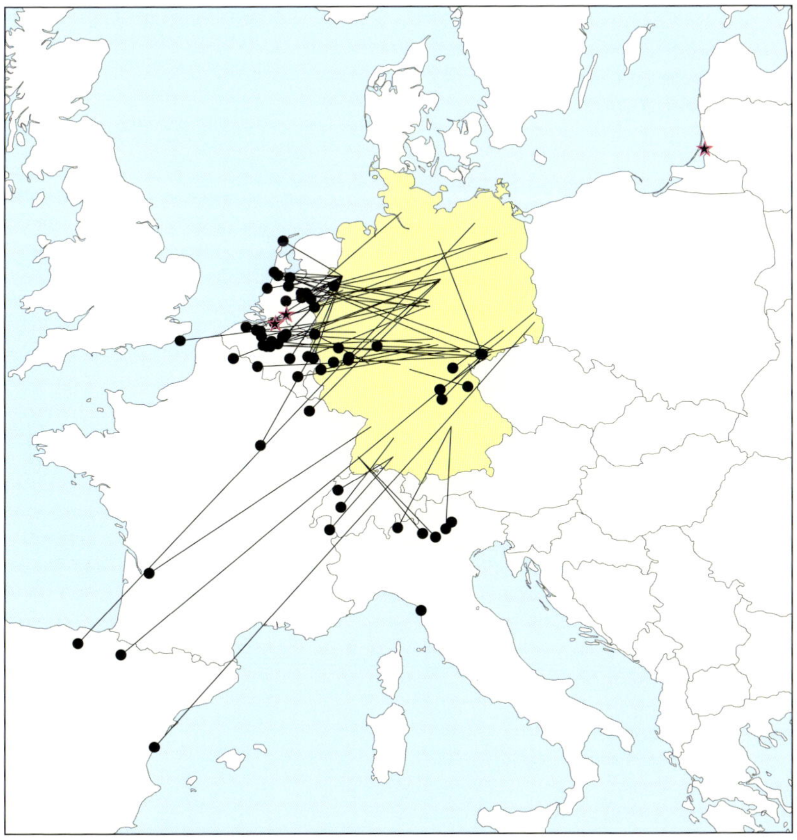

Abb. 2: Herbstzug (September – November) von in Deutschland zur Brutzeit anwesenden Tannenmeisen (73 Funde). – *Autumn migration (September – November) of Coal Tits present in Germany during the breeding season (73 recoveries).*

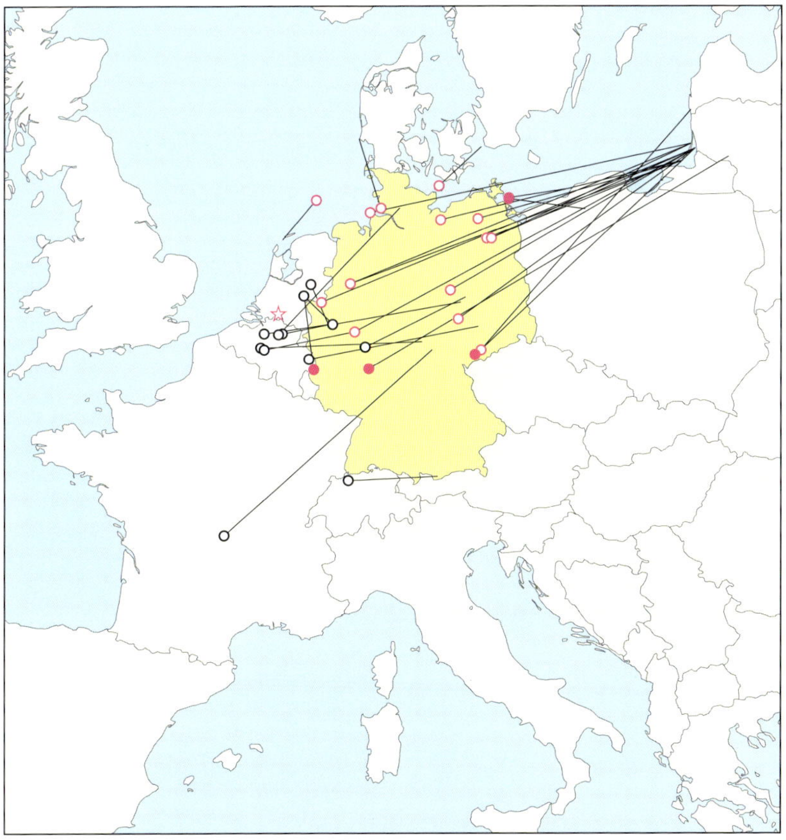

Abb. 3: Herbstzug (September – November) von in Deutschland von September bis November anwesenden Tannenmeisen (38 Funde). – *Autumn migration (September – November) of Coal Tits present in Germany from September to November (38 recoveries).*

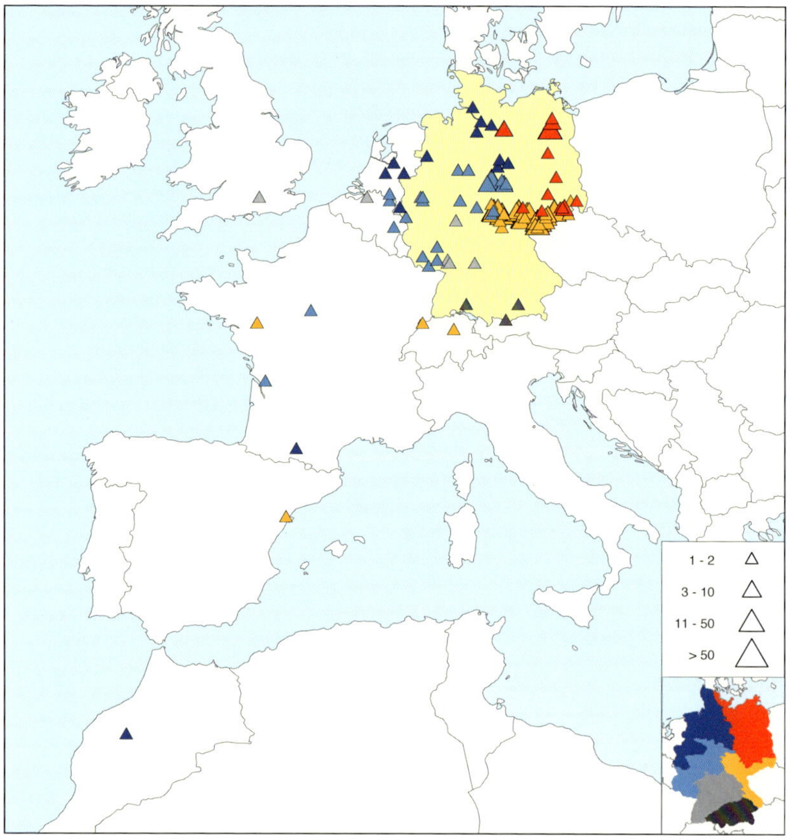

Abb. 4: Aufenthaltsorte im Winter (Dezember – Februar) von in Deutschland zur Brutzeit anwesenden Tannenmeisen (389 Funde). – *Presence in winter (December – February) of Coal Tits present in Germany during the breeding season (389 recoveries).*

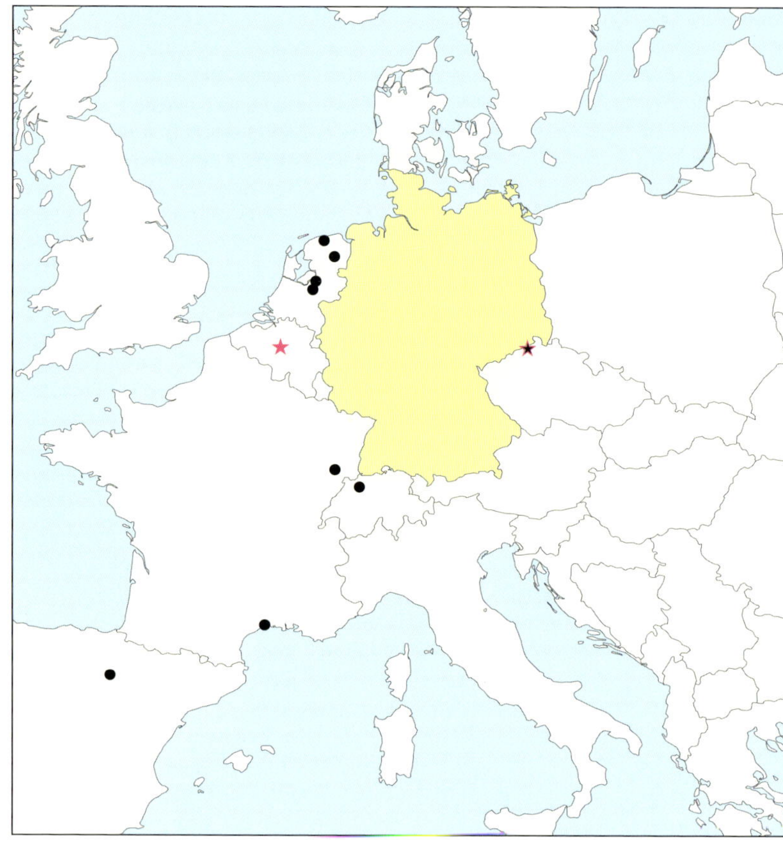

Abb. 5: Frühjahrszug (März) von in Deutschland zur Brutzeit (9 Funde) oder im März anwesenden Tannenmeisen (1 Fund). – *Spring migration (March) of Coal Tits present in Germany during the breeding season (9 recoveries) or in March (1 recovery).*

rungen in beachtlichem Ausmaß beobachtet werden (Zink 1981, siehe Gatter [1977] für SW-Deutschland). Ringfunde, die zeigen, inwieweit in Deutschland überwinternde oder durchziehende Tannenmeisen östlicher Herkunft daran beteiligt sind, existieren nicht.

Summary: *Coal Tit breeds all over Germany, with the population size fluctuating between 1,250,000 – 1,800,000 bp. The species is mostly resident and movements > 10 km largely referring to juvenile dispersal. The few migrating individuals move towards the W and SW in autumn, but birds from S Germany can also be directed towards the S to reach N Italy. Few records are also from Switzerland, the British Isles, Spain and some more from France, Belgium and The Netherlands. Most autumn visitors arrive from the Baltic, where they are already passage migrants of more easterly origin. Some of these birds stay in Germany during the winter. The great majority of German Coal Tits spend the winter in the vicinity of their breeding areas. Remarkable is a Coal Tit ringed in Germany as a nestling in May and recovered the following December in Morocco. Spring migrants arrive Germany from the SW, but there are no recoveries indicating spring migration towards the breeding grounds further E.*

Sumpfmeise *Parus palustris*
Marsh Tit

Beringungen nach 1945:	80.804
Funde > 10 km nach 1945:	175/110
Wiederfundquote (Fernfunde nach 1945):	0,1 %
Funde > 10 km seit 1901:	179/114
Funde fremder Beringungszentralen:	0/0
Höchstalter:	11 J
Weiteste Entfernung:	208 km

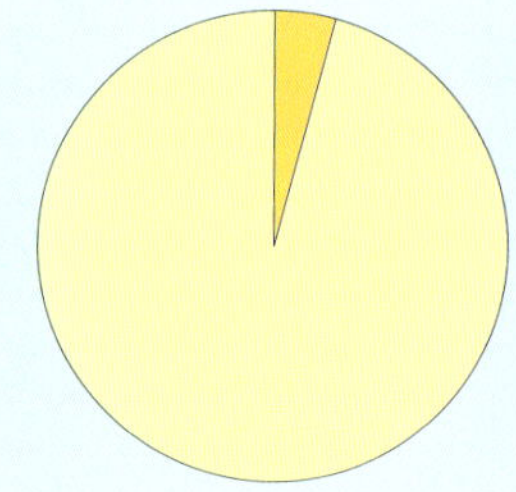

Das Vorkommen der Sumpfmeise ist in der W-Paläarktis auf Europa und den N der Türkei beschränkt. Nicht besiedelt sind NE-Europa, der N Fennoskandiens und der Britischen Inseln sowie weite Teile der Iberischen Halbinsel. Nach einer großen Verbreitungslücke schließt sich ein weiteres Verbreitungsgebiet in E-Asien an. Der einheimische Bestand von 405.000 – 530.000 BP der häufig in Mischwäldern und Baumbeständen aller Art brütenden Sumpfmeise unterliegt längerfristigen Fluktuationen, verzeichnet aber seit etwa der Jahrtausendwende leichte Zunahmen. Die Sumpfmeise ist ein ausgesprochener Standvogel, der nur ausnahmsweise Zerstreuungswanderungen oder Winterfluchten von über 100 km unternimmt, die aber möglicherweise in E-Europa häufiger vorkommen. Eine in Tschechien im Dezember beringte Sumpfmeise wurde im folgenden März 499 km entfernt in der Ukraine gefunden (Cepák et al. 2008). Hinweise auf Vertikalwanderung aus höheren Lagen im Winter liegen ebenfalls vor.

Die Beringung von Sumpfmeisen in Deutschland ergab sieben Funde > 50 km innerhalb des Landes (Abb. 1). Keiner der Funde ist ein direkter und bei keinem der betreffenden Vögel ist das Alter bei der Beringung bekannt, was eine Interpretation erschwert. Bei einem Vogel, der im Juli im südwestlichen Niedersachsen beringt wurde und der fast genau zwei Jahre später 155 km NE durch einen Beringer kontrolliert wurde, handelte es sich wahrscheinlich um eine Fernumsiedlung. Ähnlich könnte der Fall bei einem in Sachsen-Anhalt im Dezember beringten Vogel liegen, der etwa zwei Jahre später 208 km NNE in Mecklenburg-Vorpommern im Januar und am selben Ort noch einmal über vier Jahre nach der Beringung im Februar kontrolliert wurde. Bei der nicht zum Zug neigenden Art kann in diesem Fall Ortstreue eines nördlich des Brutgebiets überwinternden Vogels ausgeschlossen werden. Ein weiterer Fund über eine Strecke von annähernd 200 km betrifft ebenfalls einen im Dezember beringten Vogel, der genau ein Jahr später nordwestlich des Beringungsorts wieder gefangen wurde. Auffällig ist, dass sich nur ein Vogel in südliche Richtung vom Beringungsort wegbewegt hat, wie es bei regulärem Zug zu erwarten wäre.

Summary: *The German population of Marsh Tit has been increasing in recent years and currently comprises about 405,000 – 530,000 bp. The species is strictly resident and there are only seven more distant recoveries > 50 km of German-ringed birds, the maximum being 208 km. All records are from within the country and almost certainly represent dispersal movements.*

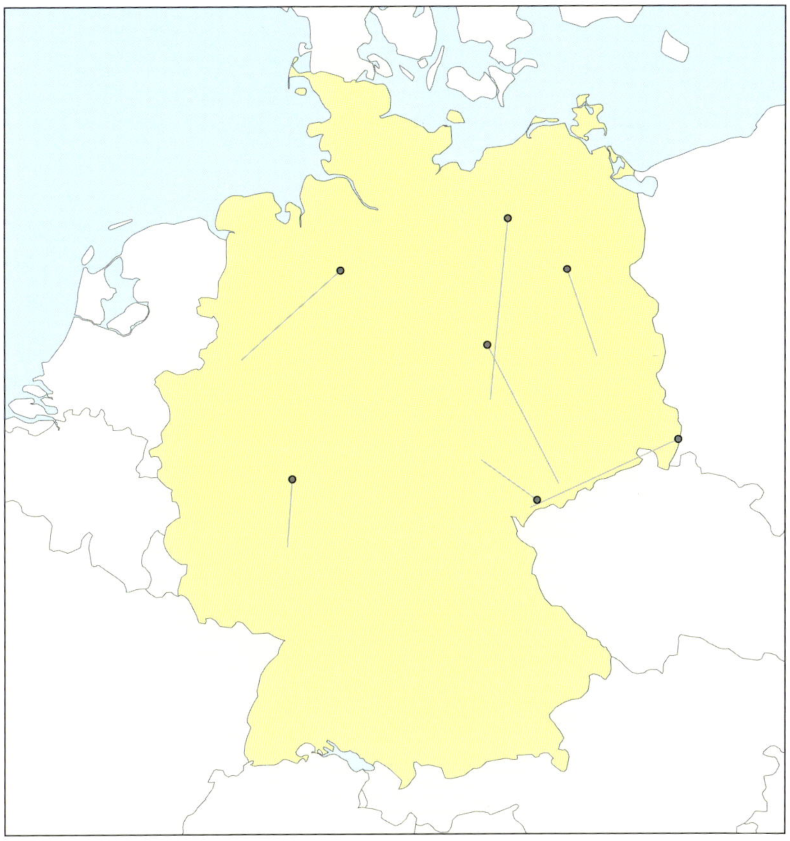

Abb. 1: Funde (> 50 km) von Sumpfmeisen mit Bezug zu Deutschland (7 Funde). – *Recoveries (of > 50 km) of Marsh Tits related to Germany (7 recoveries).*

Weidenmeise *Parus montanus*
Willow Tit

Beringungen nach 1945:	42.262
Funde > 10 km nach 1945:	128/83
Wiederfundquote (Fernfunde nach 1945):	0,2 %
Funde > 10 km seit 1901:	128/83
Funde fremder Beringungszentralen:	2/2
Höchstalter:	8 J, 3 M
Weiteste Entfernung:	199 km

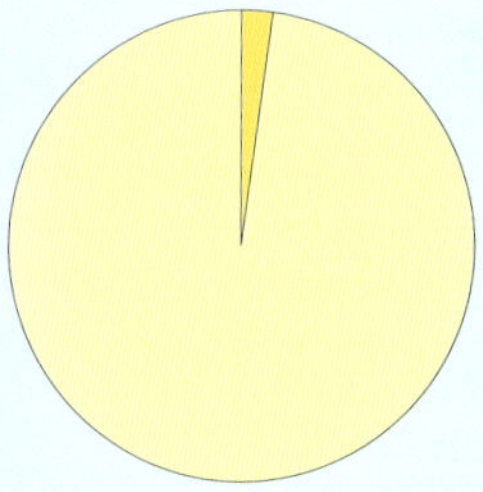

Die Weidenmeise ist ein mit mehreren Unterarten transpaläarktisch verbreiteter Brutvogel der gemäßigten und borealen Zonen. In Europa findet sich die W-Grenze des Verbreitungsgebiets in W-Frankreich und England, die S-Grenze wird durch die Alpen und die Karpaten gebildet. Isolierte Vorkommen finden sich in den höheren Lagen der Abruzzen (Italien) und in Griechenland. In Mitteleuropa ist die Weidenmeise vorwiegend Jahresvogel, und selbst Zerstreuungswanderungen finden kaum über mehr als 20 km statt. N- und E-europäische Vögel führen gelegentlich evasionsartige Wanderungen durch (Zink 1981).

In Deutschland ist die Weidenmeise mit 76.000 – 140.000 BP ein weit verbreiteter Brutvogel vor allem feuchter, lichter Wälder, der aber seit einigen Jahrzehnten leicht abnehmende Bestandszahlen aufweist. *P. m. montanus* kommt in den Alpen vor, während der Rest des Landes von *P. m. salicarius* und der äußerste W von *P. m. rhenanus* besiedelt sind. Nachweise, dass auch ziehende *P. m. borealis* aus N-Europa Deutschland erreichen, fehlen bisher. Einheimische Weidenmeisen ziehen nicht und daher liegen auch kaum Fernfunde vor (Abb. 1). Bei einem dieser Funde handelte es sich um einen Vogel, der zwischen August und dem folgenden März 63 km innerhalb Bayerns zurücklegte. Ein weiterer Vogel des NE-deutschen Tieflands wurde fast zwei Jahre nach der Beringung im Juli 135 km weiter im E angetroffen. Bei beiden Vögeln war das Alter bei der Markierung nicht bekannt. Eine Anfang September in Polen ohne Angabe der Unterart beringte Weidenmeise, hielt sich drei Wochen später fast 200 km südwestlich am Galenbecker See (Mecklenburg-Vorpommern) auf. Möglicherweise handelte es sich bei diesem Vogel um ein ziehendes Exemplar aus N-Europa, wo z. B. bei schwedischen Weidenmeisen Wanderungen von über 500 km bekannt wurden (Fransson & Hall-Karlsson 2008). Ein zusätzlicher Fund eines belgischen Ringvogels 195 km nordwestlich in Westfalen (Zink 1981) wird von Glutz v. Blotzheim & Bauer (1993) angezweifelt.

Summary: *Willow Tit is widespread in Germany with a population of some 76,000 – 140,000 bp, which has been in decline during the last decades. It is a resident bird hardly yielding any distant recoveries related to Germany, except e. g. a Polish-ringed bird which moved some 200 km SW to NE Germany within three weeks in September.*

Abb. 1: Funde (> 50 km) von Weidenmeisen mit Bezug zu Deutschland (3 Funde). – *Recoveries (of > 50 km) of Willow Tits related to Germany (3 recoveries).*

Haubenlerche *Galerida cristata*

Crested Lark

Die Haubenlerche ist vom Mittelmeerraum und den Savannen unmittelbar südlich der Sahara bis nach Korea verbreitet. Mit Ausnahme Großbritanniens und dem hohen N kommt sie, mit großen Verbreitungslücken, in fast ganz Europa vor. Europäische Populationen der Haubenlerche führen in der Regel keine ausgeprägten Wanderungen durch. Ihr Erscheinen außerhalb der Brutgebiete im Sommer, z.B. auf Helgoland (Dierschke et al. 2011), ist wahrscheinlich auf Dismigration nach der Fortpflanzungsperiode zurückzuführen. Dies könnte auch die Angabe von Abs (1963) erklären, wonach etwa die Hälfte der einjährigen Vögel zu wandern scheint. Kältefluchten kommen in Mitteleuropa vor. In Deutschland sind die Bestände der ehemals auf trockenen Standorten weit verbreiteten Haubenlerche im 20. Jh. vielfach zusammengebrochen und in einigen Landesteilen erloschen. Aktuell liegt die Zahl der BP bei 3700 – 6000, mit weiterhin stark abnehmendem Trend.

Haubenlerchen halten sich ganzjährig in der Nähe der Brutgebiete auf, wie insgesamt 192 Ortsfunde von in Deutschland beringten Vögeln belegen. Dagegen liegen nur fünf Funde > 10 km vom Beringungsort vor, die weiteste Distanz beträgt 38 km (Abb. 1). Zusätzlich erwähnt Peitzmeier (1979) ein 1971 in Minden (Nordrhein-Westfalen) nestjung beringtes Exemplar, welches im folgenden Oktober in Belgien gefangen wurde. Der Fund einer bei Köln beringten Haubenlerche in Portugal (Tait 1960) gilt nach Zink (1975) als nicht genügend gesichert. Fünf Wiederfunde in den Wintermonaten stammen ausschließlich aus der Nähe der Brutgebiete (Abb. 2). Dieses Ergebnis deckt sich mit den Befunden aus Dänemark und Tschechien, bei insgesamt relativ wenigen Beringungen (Bønløkke et al. 2006, Cepák et al. 2008). Bei dem von Zink (1975) erwähnten Wiederfund einer schwedischen Haubenlerche in Frankreich handelt es sich wahrscheinlich um eine Feldlerche (Fransson & Hall-Karlsson 2008). Anerkannt ist dagegen der Fund eines nestjung beringten schwedischen Vogels nach über drei Jahren in Belgien (Fransson & Hall-Karlsson 2008), was neben einer Fernansiedlung auch den Zug nach SW von zumindest eines Teils der ehemaligen nördlichen Populationen andeuten könnte.

Abb. 1: Funde (> 10 km) von Haubenlerchen mit Bezug zu Deutschland (5 Funde). – *Recoveries (of > 10 km) of Crested Larks related to Germany (5 recoveries).*

Summary: *The current population of Crested Lark in Germany comprises 3700 – 6000 bp, but shows a strongly decreasing trend. Crested Larks are resident throughout the year. There are only five recoveries at distances > 10 km from the ringing sites, with 38 km being the maximum. Five recoveries in winter were also obtained from the vicinity of the respective breeding areas.*

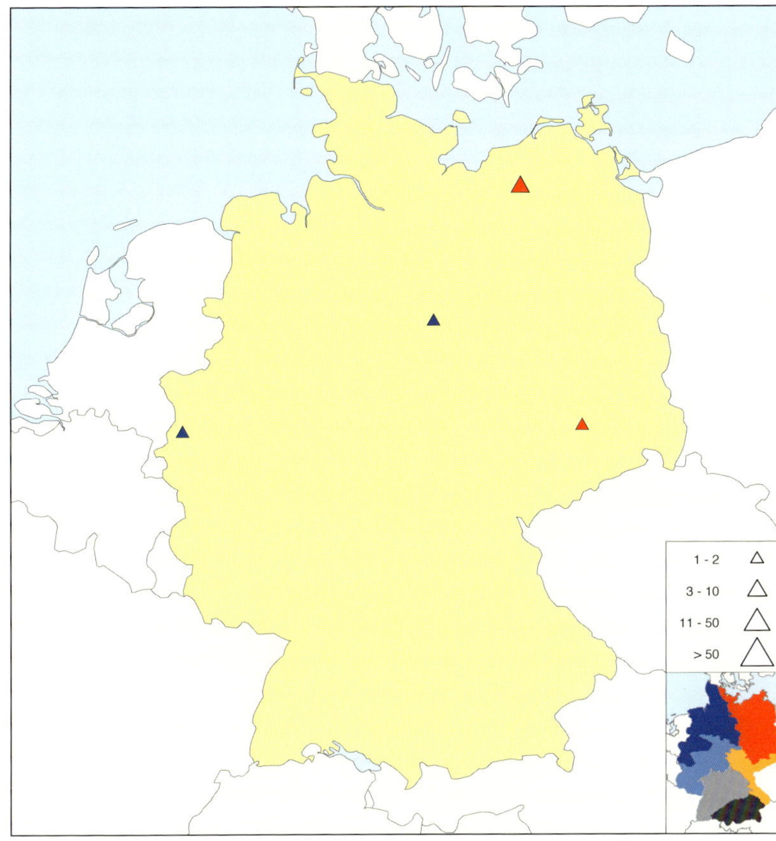

Abb. 2: Aufenthaltsorte im Winter (Dezember – Februar) von in Deutschland zur Brutzeit anwesenden Haubenlerchen (10 Funde). – *Presence in winter (December – February) of Crested Larks present in Germany during the breeding season (10 recoveries).*

Heidelerche *Lullula arborea*

Woodlark

Beringungen nach 1945:	3522
Funde > 10 km nach 1945:	12/12
Wiederfundquote (Fernfunde nach 1945):	0,3 %
Funde > 10 km seit 1901:	15/15
Funde fremder Beringungszentralen:	1/1
Höchstalter:	3 J, 1 M*
Weiteste Entfernung:	1313 km

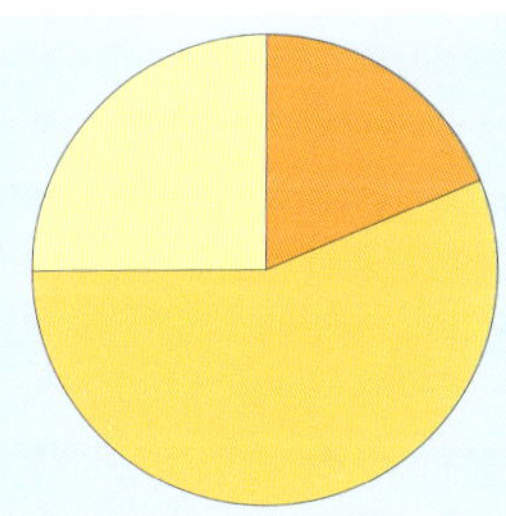

Die Heidelerche hat ihren Verbreitungsschwerpunkt in Europa, wobei Großbritannien, Fennoskandien und Russland im N nicht besiedelt sind. Brutvogel ist sie weiterhin in NW-Afrika, der Levante und von der Türkei nach E bis Turkmenistan. Im N des Verbreitungsgebietes sind Heidelerchen Zugvögel, die vorwiegend in W-Europa und im Mittelmeergebiet überwintern, in Einzelfällen auch in N-Europa. Mitteleuropäische Heidelerchen sind Teilzieher, im S und W des Verbreitungsgebietes ziehen sie nicht.

In Deutschland ist die Heidelerche von den Küstenregionen bis in die subalpine Stufe in halboffenen Landschaften lückig verbreitet. Mit 32.000 – 55.000 BP gehört sie zu den mäßig häufigen Brutvögeln, die Bestände haben in den letzten Jahren jedoch zugenommen. In Deutschland brütende Heidelerchen sind überwiegend Kurzstreckenzieher. Der Herbstzug findet vor allem von Ende September bis November statt, der Frühjahrszug von Ende Februar bis Mitte April. Zumindest in SW-Deutschland können Heidelerchen ausnahmsweise auch überwintern.

Die wenigen Fernfunde beringter Heidelerchen belegen den Zug nach SW-Frankreich (Abb. 1). Die dortige Konzentration der Funde, inklusive eines in Deutschland nestjung beringten Ind. im Februar, deutet die Lage des Überwinterungsgebietes an, könnte aber auch auf die starke Jagd in diesem Gebiet zurückzuführen sein. Es liegen keine Hinweise darauf vor, dass in Deutschland brütende Heidelerchen in Spanien oder NW-Afrika überwintern. Einen entsprechenden Fund gibt es jedoch von einem in Tschechien zur Brutzeit beringten Vogel (Cepák et al. 2008). Eine auf dem Herbstzug bei Kassel (Hessen) beringte Heidelerche wurde fast zwei Jahre später in NW-Polen gefunden. Ringfunde schwedischer Heidelerchen in Belgien machen den Zug fennoskandischer Brutvögel über N-Deutschland wahrscheinlich (Fransson & Hall-Karlsson 2008). Zur Herkunft von in Deutschland überwinternden Vögeln gibt es aber keine Hinweise.

Summary: *Woodlark is a widespread, but uncommon breeding bird in Germany with a population of 32,000–55,000 bp showing an increasing trend in recent years. Woodlarks are short-distance migrants, and a few birds are recorded to overwinter in Germany. Autumn migration occurs from September to November and spring migration mainly in March and April. The few more distant recoveries indicate migration to the SW with most records from SW France. Concentrations of recoveries suggest SW France to be part of the winter quarters, but this result may be biased due to the high hunting pressure in this region.*

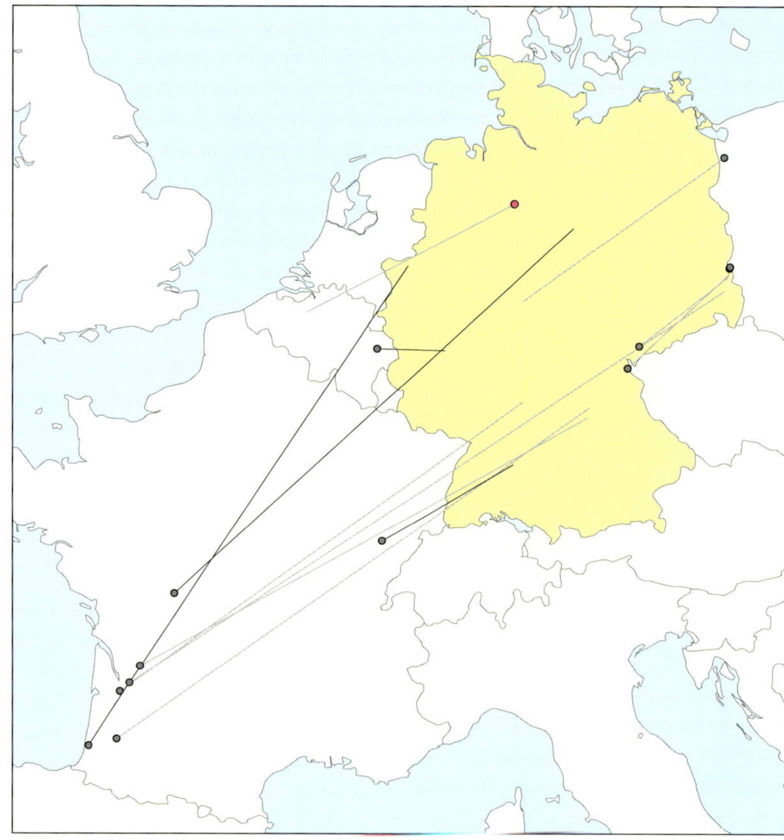

Abb. 1: Funde von Heidelerchen mit Bezug zu Deutschland (14 Funde). – *Recoveries of Woodlarks related to Germany (14 recoveries).*

Feldlerche *Alauda arvensis*
Eurasian Skylark

Beringungen nach 1945:	37.057
Funde > 10 km nach 1945:	83/82
Wiederfundquote (Fernfunde nach 1945):	0,2 %
Funde > 10 km seit 1901:	99/98
Funde fremder Beringungszentralen:	30/30
Höchstalter:	8 J, 6 M
Weiteste Entfernung:	2212 km

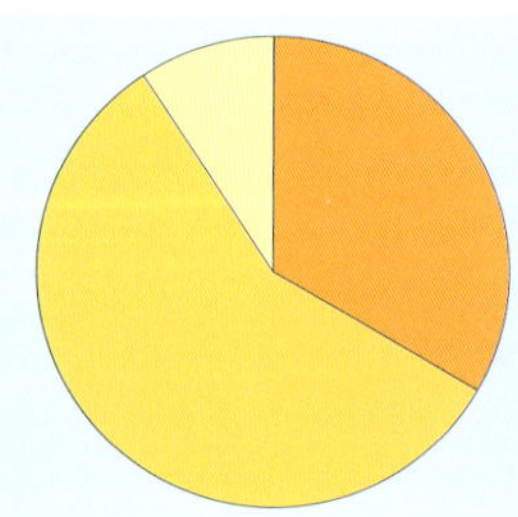

Verbreitung und Status: Die Feldlerche ist in der gesamten Paläarktis von N-Afrika und W-Europa bis nach Japan und bis fast 70 °N beheimatet. In Europa ist sie mit Ausnahme von Populationen im S und auf den Britischen Inseln hauptsächlich Zugvogel. Die Überwinterungsgebiete überschneiden sich mit dem Brutareal der Art und liegen in den weitgehend schneefreien Bereichen S- und W-Europas sowie in N-Afrika. Östliche Populationen überwintern im Nahen Osten und S-Asien.

In Deutschland ist die Feldlerche ein weit verbreiteter Brutvogel offener Habitate von den küstennahen Salzwiesen bis zu alpinen Lebensräumen > 2000 m. Der Bestand beträgt, bei stark abnehmendem Trend, aktuell 1.300.000–2.000.000 BP. Zu den Brutvögeln gesellen sich im Herbst Durchzügler und, vor allem im W, Wintergäste hinzu, die sehr wahrscheinlich N- und E-europäischen Ursprungs sind. Der Herbstzug der Feldlerchen ist im August und September nur schwach ausgeprägt und erreicht erst im Oktober seinen Höhepunkt. Im November ist er im Wesentlichen abgeschlossen. Die ersten Feldlerchen erscheinen bereits im Februar wieder in ihren Brutgebieten. Der Frühjahrszug findet aber erst ab dem Ende dieses Monats verstärkt statt. Er gipfelt im März und klingt bis Ende April ab. Wetterfluchten können während des ganzen Winters beobachtet werden. In SW-Deutschland hat sich der Herbstzugsmedian zwischen 1970 und 1997 um etwa sechs Tage verfrüht (Gatter 2000).

Wanderungen: Funde von in Deutschland beringten Feldlerchen liegen vor allem aus W-Europa, aber auch aus Dänemark, Spanien und Italien vor. Funde fremder Beringungszentralen in Deutschland stammen aus den Beneluxstaaten und Frankreich (Abb. 1). Der Herbstzug findet fast ausschließlich nach SW statt (Abb. 2), wobei Weibchen eher durchziehen als Männchen (Zink 1975). Die Konzentration von Funden deutscher Feldlerchen in SW-Frankreich entspricht dem bekannten Bild auch anderer Beringungszentralen (Bønløkke et al. 2006, Cepák et al. 2008, Fransson & Hall-Karlsson 2008) und ist auf direkte Verfolgung zurückzuführen (Spaepen 1995). Schweizerische Ringvögel wurden allerdings gehäuft in SE-Frankreich nachgewiesen (Maumary et al. 2007). Ein Wiederfund zur Herbstzugzeit in N-Italien (Abb. 2) sowie eine Reihe von Funden von in Belgien, Schweden und Finnland beringten Feldlerchen in Italien (Fransson & Hall-Karlsson 2008, Spina & Volponi 2008b) deuten darauf hin, dass Feldlerchen auch

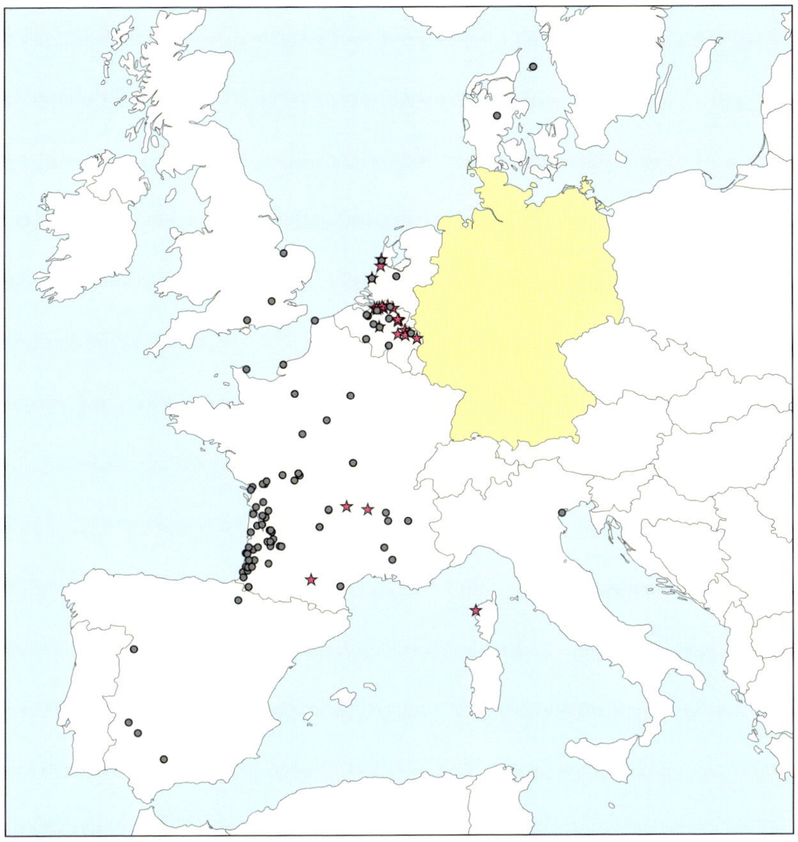

Abb. 1: Fundorte von in Deutschland beringten (86 Funde) und ausländische Beringungsorte von in Deutschland gefundenen (30 Funde) Feldlerchen. – *Foreign recovery sites of Eurasian Skylarks ringed in Germany (86 recoveries) and foreign ringing sites of birds recovered in Germany (30 recoveries).*

von Deutschland aus nach S ziehen, solche Vögel aber unter den Wiederfunden unterrepräsentiert sind.

Die Überwinterungsgebiete in Deutschland brütender Feldlerchen erstrecken sich von S-England über Frankreich bis nach S-Spanien. Vereinzelt überwintern Brutvögel auch lokal, wie z.B. auf der Nordseeinsel Mellum (Abb. 3, Zink 1975). Eine Bevorzugung bestimmter Überwinterungsgebiete nach der naturräumlichen Herkunft lassen die wenigen Winterfunde nicht erkennen. Es liegen keine Funde vor, die Wintervorkommen in Deutschland von Brutvögeln aus den Bereichen anderer Beringungszentralen belegen. Bei den Überwinterern unbekannter Herkunft handelte es sich, zumindest bis in die 1970er Jahre, zum größten Teil um Männchen (Niethammer 1970, Vauk 1972).

Vom Frühjahrszug liegen nur wenige Wiederfunde vor. Es handelt sich dabei meist um auf dem Herbstzug in Belgien beringte Vögel, die im März oder April durch Deutschland zogen.

Summary: *Skylark is a widespread breeding species in Germany with a strongly decreasing population of currently 1,300,000 – 2,000,000 bp. Migration is mainly observed from September to November and from February to April. Most German Skylarks are migrants, although some birds stay near the breeding sites in winter. Recoveries of Skylarks ringed in Germany during the breeding season indicate westerly and southwesterly migratory directions in autumn. The main wintering areas of migrants are situated in W Europe including S England.*

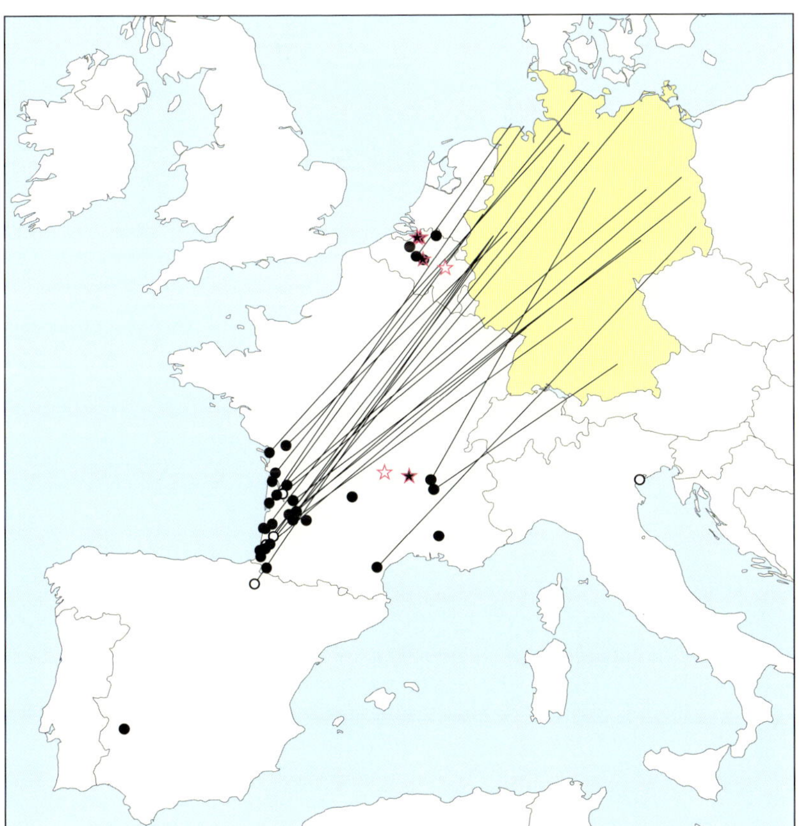

Abb. 2: Herbstzug (September – November) von in Deutschland zur Brutzeit (34 Funde) oder von September bis November anwesenden Feldlerchen (9 Funde). – *Autumn migration (September – November) of Eurasian Skylarks present in Germany during the breeding season (34 recoveries) or from September to November (9 recoveries).*

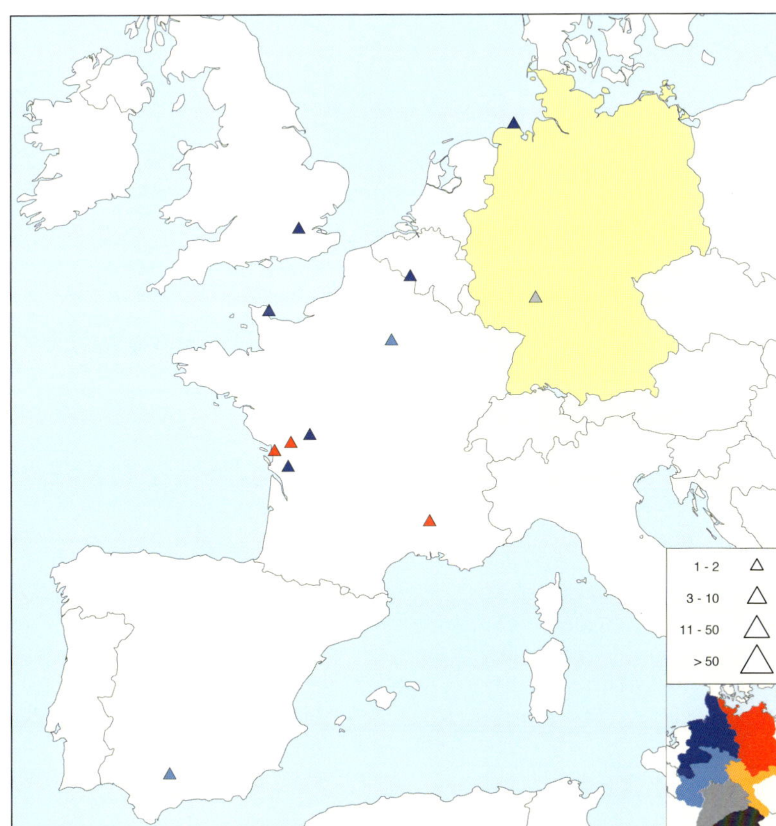

Abb. 3: Aufenthaltsorte im Winter (Dezember – Januar) von in Deutschland zur Brutzeit anwesenden Feldlerchen (12 Funde). – *Presence in winter (December – January) of Eurasian Skylarks present in Germany during the breeding season (12 recoveries).*

Ohrenlerche *Eremophila alpestris*
Horned Lark

Die Ohrenlerche brütet von Skandinavien über Russland bis in das arktische Nordamerika. Südlich dieses Areals gibt es Brutpopulationen verschiedener Unterarten vor allem in Nordamerika und Asien, in der W-Paläarktis auch im Atlas-Gebirge (Marokko), auf dem Balkan und im Nahen Osten. Im Winter ist sie in Europa vor allem an der Nordseeküste sowie im Steppengürtel E-Europas anzutreffen.

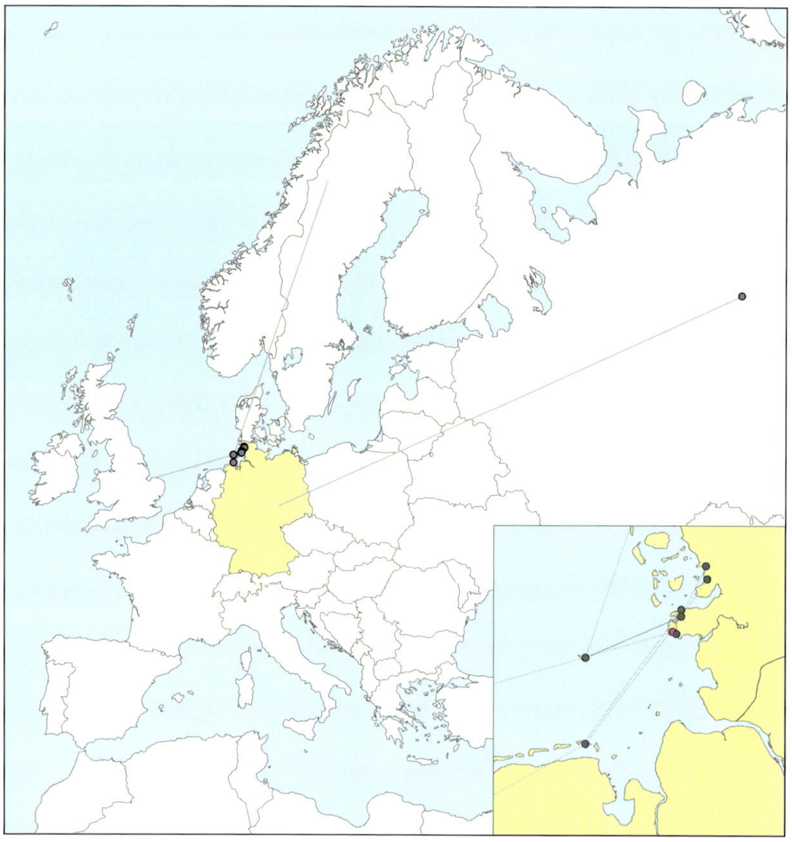

Abb. 1: Funde von Ohrenlerchen mit Bezug zu Deutschland (10 Funde; Detailkarte: Deutsche Bucht) . – *Recoveries of Horned Larks related to Germany (10 recoveries; insert map: German Bight).*

In Deutschland ist die Ohrenlerche Durchzügler und Wintergast von Ende September bis Mitte Mai. Mit einem Bestand von 4000 – 5500 Ind. hat das deutsche Wattenmeer eine herausragende Bedeutung als Überwinterungsgebiet der skandinavischen Population (Dierschke 2001). Neuerdings ist jedoch eine starke Abnahme (> 20 %) zu verzeichnen (Hüppop et al. 2013). Die Ostseeküste und das deutsche Binnenland beherbergen vergleichsweise wenige Ohrenlerchen, doch können insbesondere in Schneewintern Vögel aus östlichen Überwinterungsgebieten weiter nach W vordringen (Dierschke 2001).

Die im Wattenmeer überwinternden Ohrenlerchen werden der skandinavischen Brutpopulation zugerechnet (Dierschke 2001). Belegt ist dieses jedoch nur durch zwei Ablesungen eines schwedischen Brutvogels im Frühjahr und Herbst 1998 auf Helgoland (Dierschke 1999). In Richtung SW zogen aber auch weitere schwedische Brutvögel (Svensson 1997, Fransson & Karlsson 2008). Obwohl die Überwinterer des Wattenmeeres grundsätzlich ortstreu sind (Dierschke 2002), wurden mehrere Ortswechsel zwischen den verschiedenen Rastgebieten im deutschen Wattenmeer und nach Helgoland sowie ein Wechsel des Überwinterungsgebietes von Großbritannien nach Schleswig-Holstein festgestellt. Die Überwinterer in E-Europa stammen wahrscheinlich aus Brutgebieten im N Russlands. Insbesondere in schneereichen Wintern weichen sie weiter nach W aus und erreichen dann auch das NE- und NW-deutsche Tiefland (Dierschke 2001). Diese Vermutung wird unterstützt durch den Fund einer im Januar 1964 bei Halle beringten und im Mai des Folgejahres in der Republik Komi (N-Russland) gefundenen Ohrenlerche.

Summary: *Horned Lark is an annual migrant and wintering bird in Germany, mainly confined to the Wadden See coast. The number of wintering birds in the NW is estimated at 4000 – 5500 birds, but also subject to strong declines in recent years. The presumable origin of these birds is Scandinavia, supported by two recoveries of a Swedish breeding bird on Helgoland. Site fidelity is generally pronounced in the Wadden Sea, but some recoveries also connect different coastal sites. In addition, a change of wintering area was recorded from Britain to Schleswig-Holstein. A Horned Lark ringed in E Germany and recovered in N Russia indicates a more eastern (Russian) origin of birds wintering in eastern C Europe.*

Uferschwalbe *Riparia riparia*
Collared Sand Martin

Beringungen nach 1945:	249.024
Funde > 10 km nach 1945:	1385/1262
Wiederfundquote (Fernfunde nach 1945):	0,5 %
Funde > 10 km seit 1901:	1389/1266
Funde fremder Beringungszentralen:	246/228
Höchstalter:	6 J, 2 M
Weiteste Entfernung:	4561 km

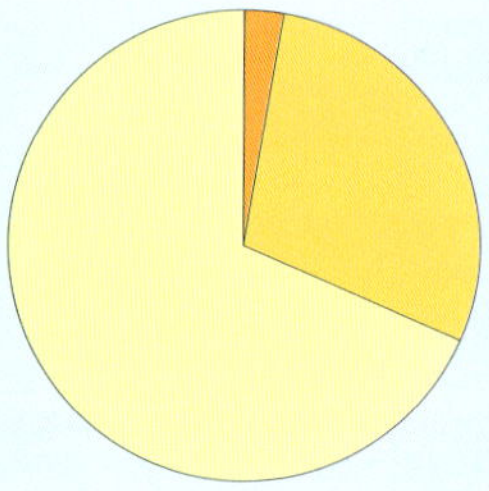

Verbreitung und Status: Die Uferschwalbe weist eine annähernd holarktische Verbreitung auf. Nicht besiedelt sind lediglich Bereiche nördlich von etwa 70 °N in Amerika und Asien sowie Island und Grönland. In N-Afrika brütet sie rezent nur im unteren Niltal. W-paläarktische Uferschwalben überwintern als trans-Sahara-zieher im tropischen Afrika von der Sahelzone bis zur Kapprovinz in Südafrika, wobei Regenwaldgebiete und Wüsten gemieden werden.

Die Zahl der BP der in Deutschland weit verbreiteten und häufigen Uferschwalbe beträgt aktuell 105.000 – 165.000. Der über die letzten Jahrzehnte stabile Bestand verzeichnet seit etwa der Jahrtausendwende einen moderat abnehmenden Trend. Der Herbstzug kann nach erfolgloser Brut bereits im Juni beginnen, erfolgt aber in der Regel von Mitte Juli bis Mitte Oktober mit dem Höhepunkt gegen Mitte September; sporadisch können einzelne Vögel noch im November beobachtet werden (Heine et al. 1999). Im Frühjahr erscheinen erste Uferschwalben im März, der Hauptzug findet von der Mitte dieses Monats bis Ende April statt, im N etwas später. Ab Ende Mai klingt auch dort der Zug schnell ab.

Wanderungen: Das Einzugsgebiet von Ringfunden mit Bezug zu Deutschland umfasst ein Gebiet, dass von N-Norwegen bis nach W-Afrika reicht. Konzentrationen finden sich in Belgien, den Niederlanden sowie in der Schweiz (Abb. 1, 2). Im Gegensatz zur Mehlschwalbe sind letztere aber nicht auf die „Schwalbenkatastrophe" von 1974 zurückzuführen; nur zwei von insgesamt 55 Funden stammen aus dem betreffenden Herbst. Nach NE-Europa gibt es kaum Verbindungen mit Ausnahme eines in Lettland beringten Vogels (Abb. 2).

Wie bei anderen Schwalben streuen die Wiederfunde von in Deutschland brütenden, wie auch von in Deutschland zur Zugzeit beringten Uferschwalben, SW bis SSE (Abb. 3). Einheimische Uferschwalben erreichen dabei Afrika über die Iberische Halbinsel, über Italien oder über das westliche Mittelmeer. Zu letzterem liegen Belege für ein „Inselspringen" in Form mehrerer Nachweise von der S-Spitze Sardiniens vor. Obwohl einige Funde nach Ungarn und Kroatien weisen, gibt es keine Belege dafür, dass deutsche Uferschwalben auch auf der E-Route ziehen, wie es für E-europäische Vögel durch Ringfunde in Israel belegt ist (Shirihai 1996).

Dreimal wurde eine in Deutschland beringte Uferschwalbe in den Wintermonaten gefunden. Die Meldung eines frisch toten Vogels im Dezember aus Frankreich ist vermutlich auf ein Ind. zurückzuführen, welches physisch nicht in der Lage zum für die Art üblichen Zug war. Zwei weitere Uferschwalben hielten sich im Dezember und Januar in Nigeria und in Senegal auf (Abb. 1). Zwei am selben Ort in Senegal an zwei aufeinander folgenden Tagen im Februar beringte Vögel wurden im folgenden Juli am gleichen Tag bei Ingelheim (Rheinland-Pfalz) kontrolliert (Abb. 2). Damit bestätigen die Ringfunde das Überwintern der Uferschwalben W- und Mitteleuropas in der Sahelzone Afrikas (Keith et al. 1992). Die breite Streuung zwischen Senegal und Nigeria lässt allerdings keine Schlüsse auf ein nach naturräumlicher Herkunft getrenntes Überwinterungsgebiet deutscher Uferschwalben zu, wie dies Ringfunde für schwedische Vögel vermuten lassen (Fransson & Hall-Karlsson 2008). Ebenfalls aus W-Afrika, aus Mali, stammt der Nachweis eines deutschen Brutvogels im April, der sich zu diesem Zeitpunkt schon auf dem Frühjahrszug befunden haben dürfte (Abb. 4). Zusätzlich erwähnen Glutz v. Blotzheim & Bauer (1985) zwei im Frühjahr in Mali beringte Vögel, die sich zur Brutzeit in Nordrhein-Westfalen aufhielten. Weitere Frühjahrsfunde zeigen, dass die Brutgebiete aus S bis SW erreicht werden. Hinweise auf einen Schleifenzug ergeben sich daher nicht, im Gegensatz zu den Befunden anderer Beringungszentralen. Danach würden W-europäische und schweizerische Populationen im Frühjahr östlicher ziehen als im Herbst (Glutz v. Blotzheim & Bauer 1985, Wernham et al. 2002, Maumary et al. 2007). Allerdings scheinen im Frühjahr die Zugrichtungen nach Ergebnissen anderer Beringungszentralen auch weiter zu streuen als im Herbst (z. B. Wernham et al. 2002, Fransson & Hall-Karlsson 2008, Spina & Volponi 2008b).

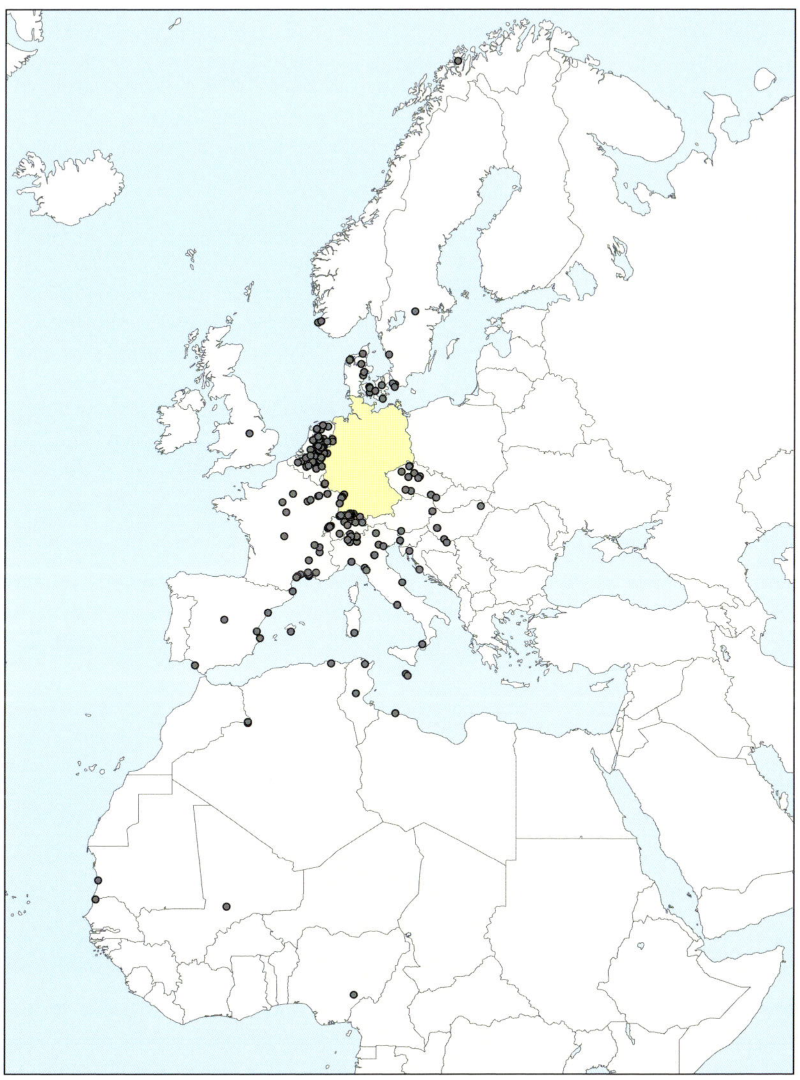

Abb. 1: Fundorte im Ausland von in Deutschland beringten Uferschwalben (353 Funde). – *Foreign recovery sites of Collared Sand Martins ringed in Germany (353 recoveries).*

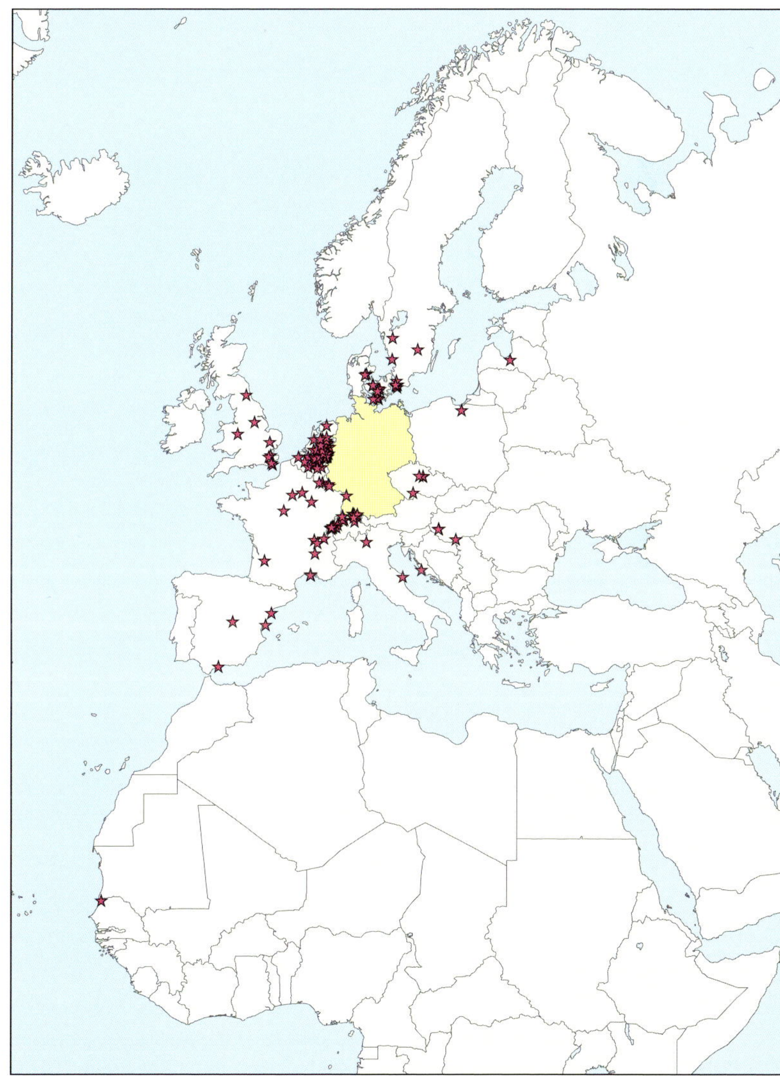

Abb. 2: Beringungsorte im Ausland von in Deutschland gefundenen Uferschwalben (246 Funde). – *Foreign ringing sites of Collared Sand Martins recovered in Germany (246 recoveries).*

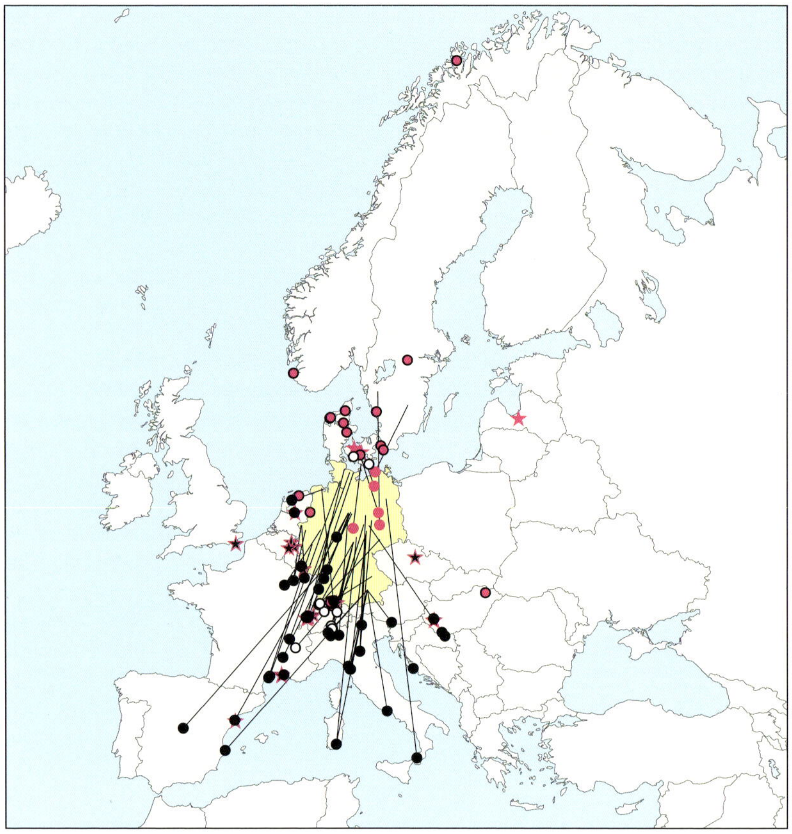

Abb. 3: Herbstzug (September – November) von in Deutschland zur Brutzeit (83 Funde) oder von September bis November anwesenden Uferschwalben (47 Funde). – *Autumn migration (September – November) of Collared Sand Martins present in Germany during the breeding season (83 recoveries) or from September to November (47 recoveries).*

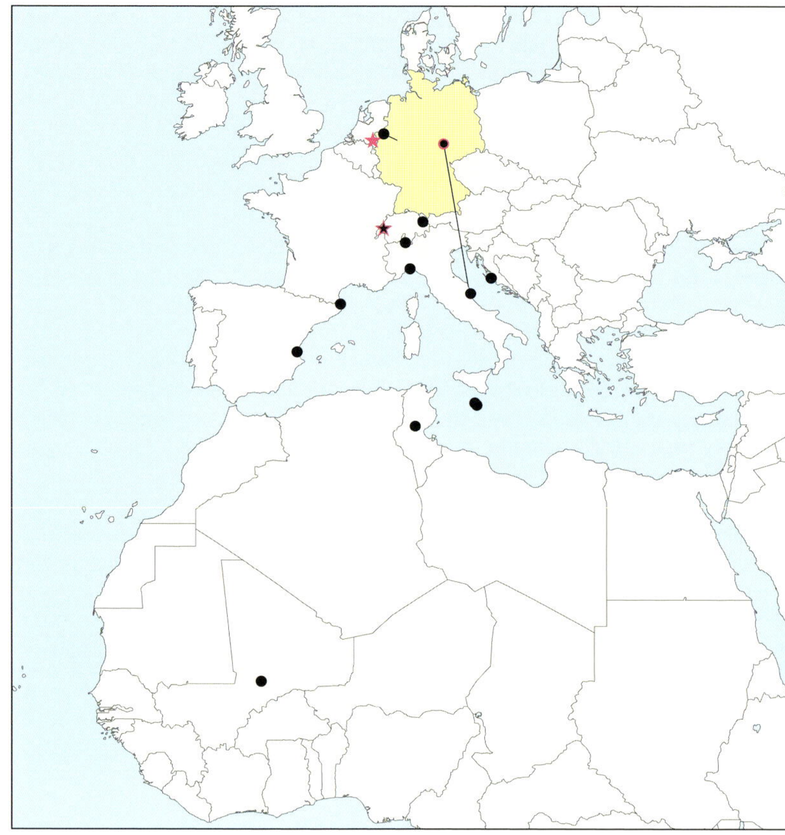

Abb. 4: Frühjahrszug (März – April) von in Deutschland zur Brutzeit (14 Funde) oder von März bis April anwesenden Uferschwalben (2 Funde). – *Spring migration (March – April) of Collared Sand Martins present in Germany during the breeding season (14 recoveries) or from March to April (2 recoveries).*

Summary: *Collared Sand Martin is with 105,000 – 165,000 bp widespread across Germany. The population was considered stable over many decades, but shows a moderately declining trend in recent years. Autumn migration of this trans-Saharan migrant mainly lasts from late July to early October and spring migration from mid-March to May. In autumn the mean direction of both, birds ringed during the breeding season and during migration, varies around S. Records during autumn migration, during the winter months and in spring confirm that the winter quarters of German Sand Martins lie in the Sahel zone of W Africa. In spring, birds seem to follow the same routes back to their breeding areas without hints for a loop migration.*

Rauchschwalbe *Hirundo rustica*
Barn Swallow

Beringungen nach 1945:	764.756
Funde > 10 km nach 1945:	1523/1480
Wiederfundquote (Fernfunde nach 1945):	0,2 %
Funde > 10 km seit 1901:	1654/1610
Funde fremder Beringungszentralen:	322/303
Höchstalter:	11 J
Weiteste Entfernung:	9276 km

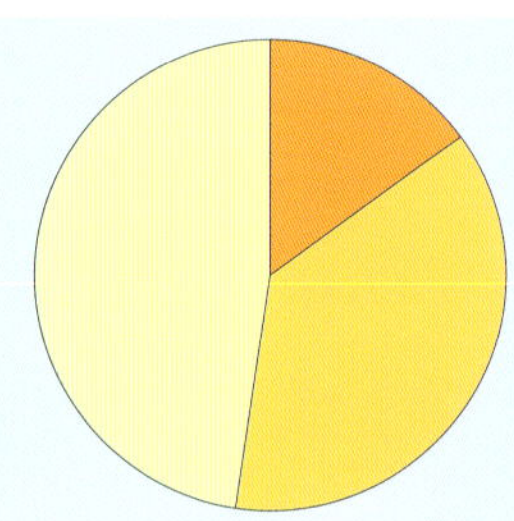

Verbreitung und Status: Die Rauchschwalbe weist mit mehreren Unterarten eine holarktische Verbreitung auf und kommt bis über den Polarkreis hinaus vor; neuerdings haben sich auch Brutvorkommen in S-Amerika etabliert. Zumindest die Brutvögel der nördlichen Hemisphäre sind in der Regel Langstreckenzieher, die in den tropischen Regionen Amerikas, Afrikas und Asiens überwintern. In geringer Zahl verbleiben Rauchschwalben im Winter auch im Mittelmeergebiet, in Ausnahmefällen auch erfolgreich in Mitteleuropa (Schweiz).
In Deutschland ist die Rauchschwalbe mit 455.000 – 870.000 BP ein vor allem in ländlichen Gebieten weit verbreiteter, häufiger Brutvogel, dessen Bestände in den letzten Jahrzehnten aber kontinuierlich abnehmen. Bereits ab Ende Juli beginnen Rauchschwalben ihre Brutgebiete zu verlassen. Der Hauptdurchzug findet jedoch von Mitte September bis Anfang Oktober statt, mit regelmäßigen Beobachtungen bis in den November. Vor allem in milden Wintern kommt es zu Nachweisen in Deutschland, ohne dass Belege für erfolgreiche Überwinterungen vorliegen. Schon ab März sind die ersten Rauchschwalben wieder zu beobachten, der Haupteinzug in die Brutgebiete erfolgt ab April und wird im Mai abgeschlossen. In S-Deutschland hat sich der Herbstzugsmedian zwischen 1970 und 1997 um etwa sechs Tage verfrüht (Gatter 2000). Im sächsischen Vogt-

land erfolgt die Erstbeobachtung im Frühjahr heute um fast zwölf Tage früher als in den späten 1960er Jahren (Ernst 2013). Ähnliche Beobachtungen aus dem S Deutschlands bestätigen den Trend zu einer früheren Ankunft (Peintinger & Schuster 2005).

Wanderungen: Ringfunde von Rauchschwalben mit Bezug zu Deutschland streuen über annähernd 97 Breitengrade von Norwegen bis ins südliche Afrika (Abb. 1, 2). Die entsprechenden Fund- bzw. Beringungsorte von sich in Deutschland aufhaltenden Rauchschwalben stammen mit einer Ausnahme aus Europa und N-Afrika westlich von etwa 22 °E und aus dem tropischen Afrika westlich von etwa 31,5 °E. Die Konzentration der Funde in SW-Deutschland, in der Schweiz und in SE-Frankreich ist nicht wie bei der Mehlschwalbe ausschließlich auf die „Schwalbenkatastrophe" 1974 (siehe Mehlschwalbe) zurückzuführen. So stammen von den 101 Wiederfunden deutscher Ringvögel in der Schweiz nur 27 aus dem betreffenden Herbst. Besonders hervorzuheben ist ein Fund, der belegt, dass Rauchschwalben gelegentlich aus weit im E liegenden Brutgebieten nach Mitteleuropa ziehen können: Ein im Mai in Turkmenistan beringter Vogel wurde sieben Jahre später ebenfalls im Mai in Bayern durch einen Beringer kontrolliert (Abb. 2). Einen ähnlichen Fund ergab die Beringung einer Rauchschwalbe im September in der Schweiz. Sie wurde im folgenden Juni am Kaspischen Meer in Russland wieder gefunden (Maumary et al. 2007). Noch weiter nach E weist eine in Usbekistan beringte Schwalbe, die bis nach Italien flog (Spina & Volponi 2008b).
Einheimische Rauchschwalben ziehen im Herbst nach SW bis SE (Abb. 3). Afrika wird von der Mehrheit der Vögel über die Iberische Halbinsel oder Italien erreicht. Die Alpen werden dabei ebenso überquert wie die breitesten Bereiche des Mittelmeers, wie Funde auf den Balearen und an der algerischen Küste nahelegen (Abb. 3). Trotz einiger anfänglich nach SE ziehender Rauchschwalben liegen keine Funde südöstlich von Ungarn und Kroatien vor. Daher ist anzunehmen, dass diese Vögel schon in SE-Mitteleuropa ihre Richtung ändern, um über Italien nach Afrika zu ziehen. Belege, dass Rauchschwalben von Deutschland aus über das östliche Mittelmeergebiet ziehen, liegen nicht vor. Nach Ringfunden aus Tschechien und der Slowakei befindet sich eine nicht stark ausgeprägte Zugscheide, die SW- von SE-Ziehern trennt, bei etwa 16,3 °E (Cepák et al. 2008) und damit östlich von Deutschland.
Im Herbst belegen Ringfunde den Durchzug S-skandinavischer Rauchschwalben nach S bis SW (Abb. 4). Das Fehlen der anfänglich nach SE ausgerichteten Komponente bei diesen Vögeln spiegelt die Hauptzugrichtung N-europäischer Rauchschwalben nach S bis SSW wider (Bakken et al. 2006, Bønløkke et al. 2006, Fransson & Hall-Karlsson 2008). Bemerkenswert ist der Fund eines Mitte August in Thüringen beringten Nestlings, der zwei Monate später in Norwegen am Polarkreis gefunden wurde und der damit den nördlichsten Nachweis einer in Deutschland beringten Rauschwalbe darstellt (Abb. 1, 3).
Zur Zeit des Herbstzugs gelangen in Deutschland brütende Rauchschwalben sowie Durchzügler bereits ins zentrale Afrika (Abb. 3, 4). Auffällig ist, dass die entsprechenden Funde fast ausschließlich direkt südlich von Deutschland liegen und eine viel geringere W-E-Streuung zeigen als die anfänglichen Abzugsrichtungen in Europa. Wahrscheinlich fliegen über die Iberische Halbinsel und Italien nach Afrika ziehende Schwalben zügig über die Sahara, um in ihre tropischen Überwinterungsgebiete zu gelangen. Weiter im W wandernde Vögel könnten dabei mehr oder weniger dem Küstenverlauf folgen (Glutz v. Blotzheim & Bauer 1985) und anschließend durch einen Richtungswechsel (Zugknick)

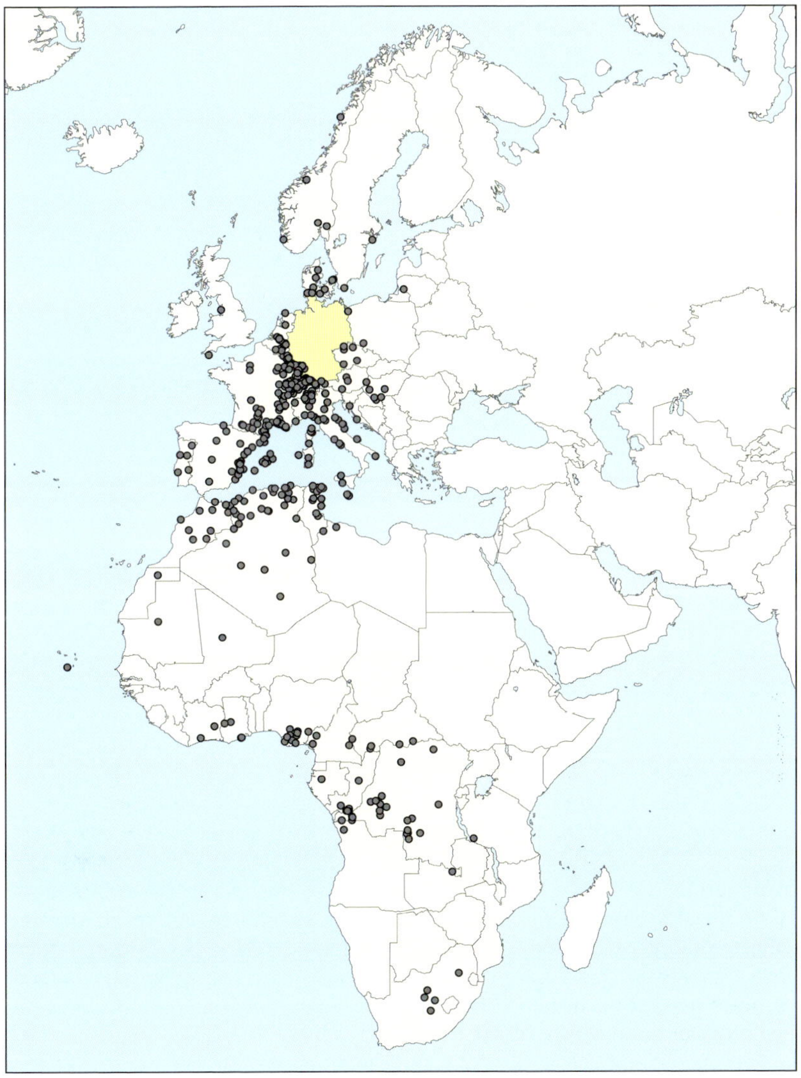

Abb. 1: Fundorte im Ausland von in Deutschland beringten Rauchschwalben (635 Funde). – *Foreign recovery sites of Barn Swallows ringed in Germany (635 recoveries).*

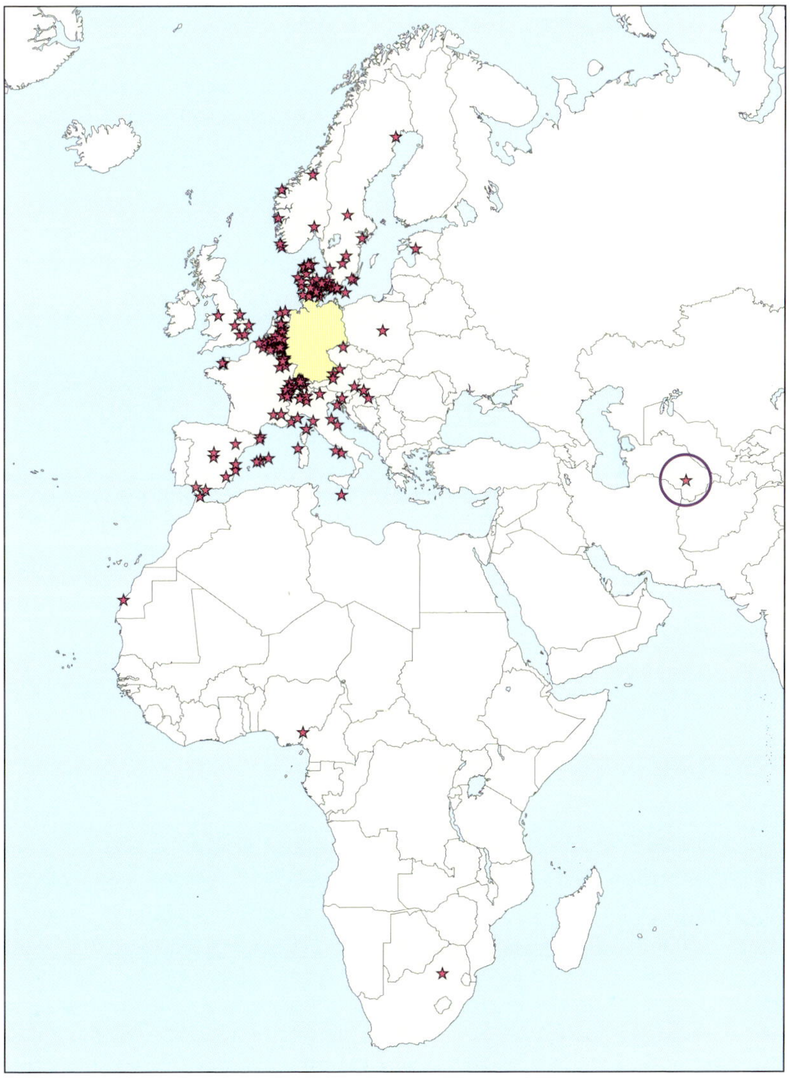

Abb. 2: Beringungsorte im Ausland von in Deutschland gefundenen Rauchschwalben (322 Funde). – *Foreign ringing sites of Barn Swallows recovered in Germany (322 recoveries).*

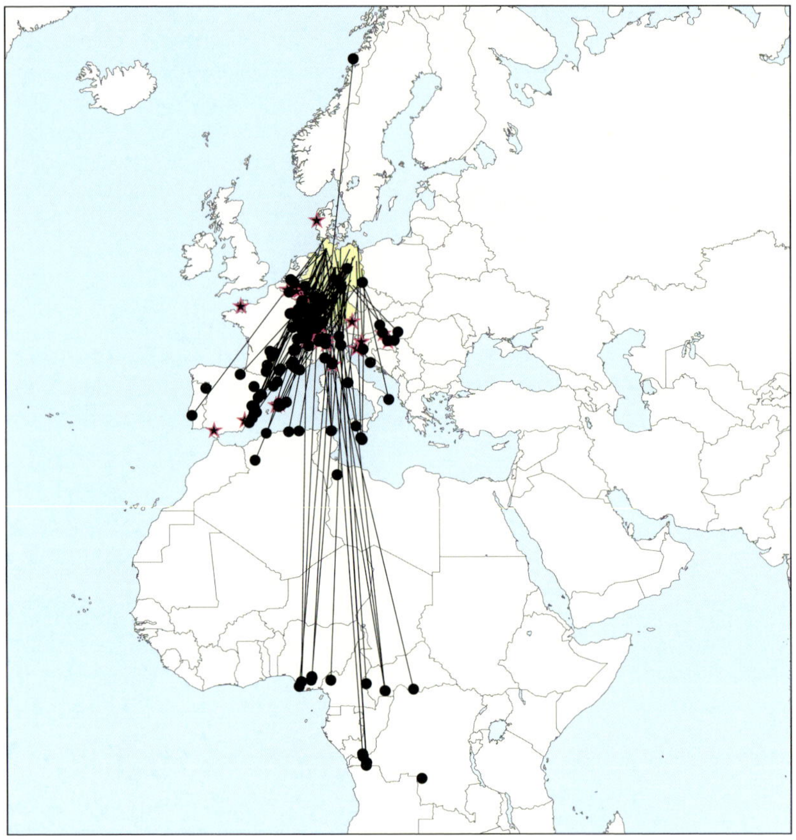

Abb. 3: Herbstzug (September–November) von in Deutschland zur Brutzeit anwesenden Rauchschwalben (233 Funde). – *Autumn migration (September–November) of Barn Swallows present in Germany during the breeding season (233 recoveries).*

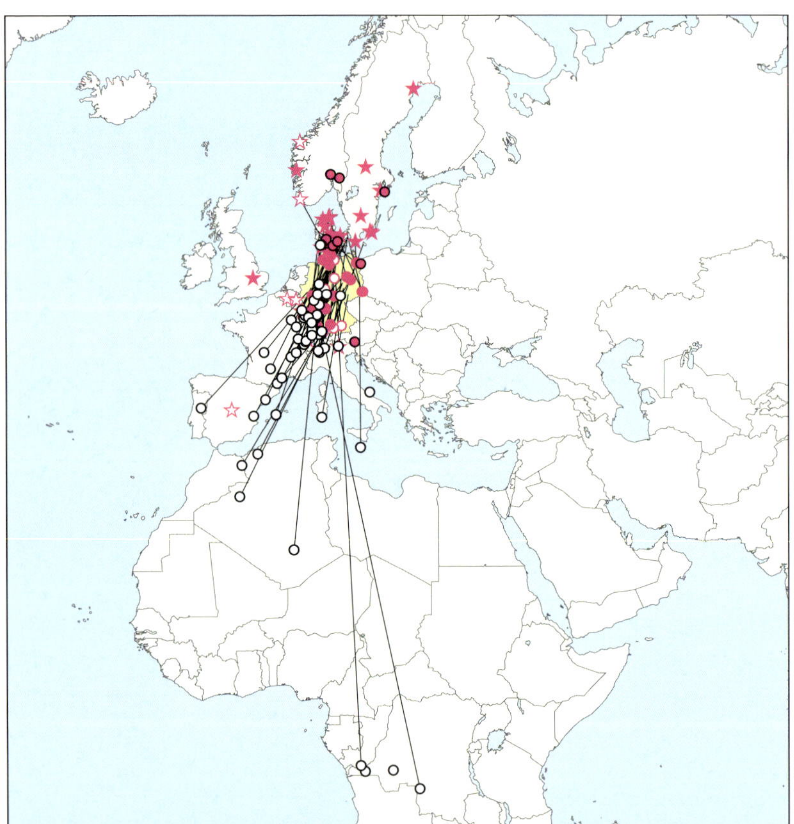

Abb. 4: Herbstzug (September–November) von in Deutschland von September bis November anwesenden Rauchschwalben (161 Funde). – *Autumn migration (September–November) of Barn Swallows present in Germany from September to November (161 recoveries).*

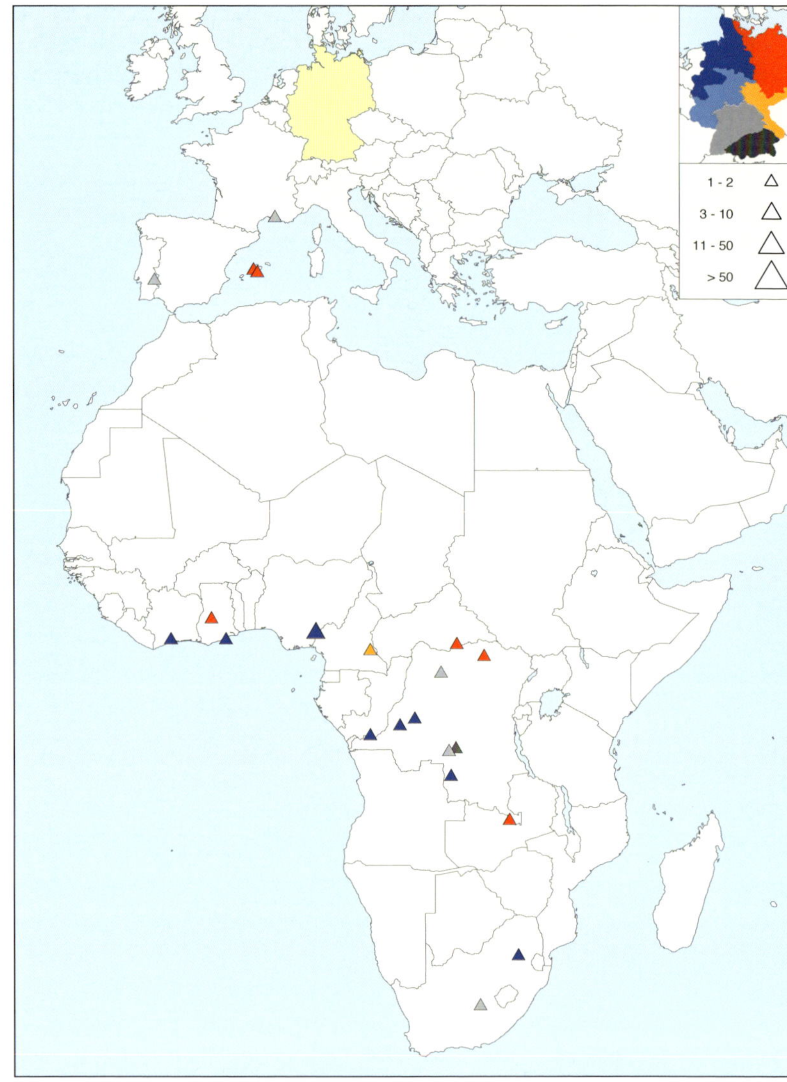

Abb. 5: Aufenthaltsorte im Winter (Dezember–Februar) von in Deutschland zur Brutzeit anwesenden Rauchschwalben (24 Funde). – *Presence in winter (December–February) of Barn Swallows present in Germany during the breeding season (24 recoveries).*

nach E ziehend ins zentrale Afrika gelangen. Eine relativ hohe Zahl von Funden belegt, dass die Region des äquatorialen Regenwalds zu den Hauptüberwinterungsgebieten deutscher Rauchschwalben zählt; die südlichsten Winteraufenthalte liegen jedoch in Südafrika (Abb. 1, 5). Möglicherweise sind Südafrikafunde aber unterrepräsentiert. In der EURING-Datenbank gibt es nur Informationen zu einem Wiederfund einer im südlichen Afrika beringten Rauchschwalbe in Deutschland (Abb. 2), während Oatley (2000) 21 solcher Funde angibt. Allerdings überwinterten auch mit Geolokatoren ausgerüstete schweizerische und italienische Rauchschwalben zum größten Teil in der Region nördlich des äquatorialen Regenwaldes und nur wenige zogen weiter ins südliche Afrika (Liechti et al. im Druck). Für einige Vögel scheint der Zug bereits in den W-afrikanischen Savannen beendet zu sein, da Januarfunde aus der Elfenbeinküste (1) und Ghana (2) vorliegen. Insgesamt sieben Funde, fünf davon aus den Wintermonaten (Dezember – Februar), stammen vom bekannten Schlafplatz Ebbaken-Boje in SE-Nigeria (Abb. 5). Dort werden Rauchschwalben zu Nahrungszwecken in großer Zahl gefangen (Loske 1996) und auch die hier beschriebenen Ringfunde stammen zumeist von Vögeln, die der Jagd zum Opfer fielen. Hinsichtlich der naturräumlichen Herkunft scheint es keine Unterschiede in der Lage der Winterquartiere zu geben (Abb. 5). Funde in S-Frankreich, den Balearen und in Portugal (Abb. 5) repräsentieren die wenigen Vögel, die regelmäßig im Winter im Mittelmeergebiet beobachtet werden.

Zur Zeit des Frühjahrszugs scheinen sich die Funde mehr in den zentralen Bereichen des Mittelmeergebiets zu konzentrieren (Abb. 6). Funde auf der Iberischen Halbinsel sind im Vergleich zur Zeit des Herbstzugs selten. Dies legt nahe, dass die Brutgebiete mehr aus südlichen Richtungen erreicht werden als der Herbstzug erfolgt (Glutz v. Blotzheim & Bauer 1985). Hinweise zu diesem Schleifenzug ergeben auch Ringfundanalysen anderer Beringungszentralen (Maumary et al. 2007, Cepák et al. 2008).

Summary: *Barn Swallow is widespread in Germany with a population of 455,000–870,000 bp, but numbers show a strongly decreasing trend during the last decades. Autumn migration may already start in July, but peaks between mid-September and early October. Spring migration is most pronounced in April and May. Migration directions of Barn Swallows ringed in Germany during the breeding season scatter between SW and SE in autumn, whereas flights towards the SE are lacking in birds marked on migration. The main wintering areas of German Barn Swallows are situated in C Africa, but some also reach South Africa. A relatively high number of recoveries derive from the roost in Ebbaken-Boje, SE Nigeria, where swallows are hunted for food. Recoveries during spring migration show that Barn Swallows perform a loop migration taking a more easterly route in spring.*

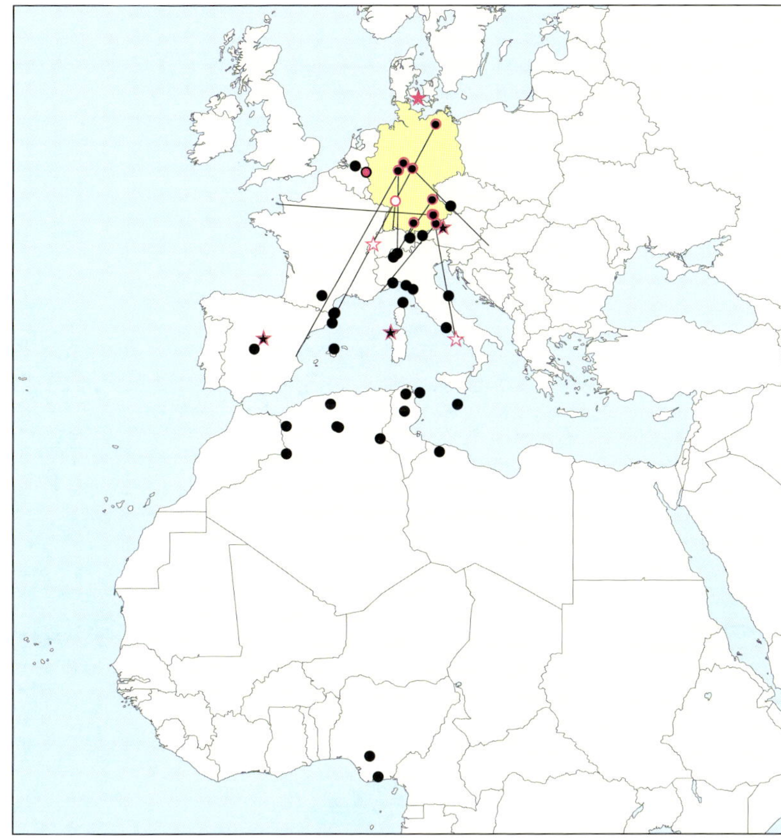

Abb. 6: Frühjahrszug (März–April) von in Deutschland zur Brutzeit (44 Funde) oder von März bis April anwesenden Rauchschwalben (5 Funde). – *Spring migration (March–April) of Barn Swallows present in Germany during the breeding season (44 recoveries) or from March to April (5 recoveries).*

Mehlschwalbe *Delichon urbicum*

Northern House Martin

Beringungen nach 1945:	246.806
Funde > 10 km nach 1945:	415/334
Wiederfundquote (Fernfunde nach 1945):	0,1 %
Funde > 10 km seit 1901:	442/360
Funde fremder Beringungszentralen:	6/6
Höchstalter:	6 J, 11 M
Weiteste Entfernung:	7899 km

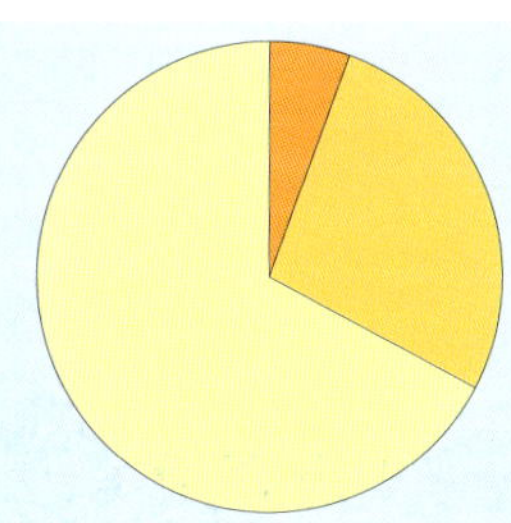

Verbreitung und Status: Die Mehlschwalbe ist als Brutvogel zwischen NW-Afrika und E-Asien und bis über den Polarkreis hinaus verbreitet. Vereinzelt wurden Bruten auch in Namibia und Südafrika nachgewiesen. Mehlschwalben sind trans-Saharazieher, europäische Populationen überwintern im tropischen Afrika und in geringer, aber zunehmender Zahl im Mittelmeerraum.
In Deutschland verzeichnet der Bestand der weit verbreiteten Mehlschwalbe moderate Abnahmen während der letzten Jahrzehnte und weist aktuell 480.000–900.000 BP auf. Zerstreuungswanderungen von Jungvögeln gehen im August in den eigentlichen Herbstzug über, der bis zur Monatswende September/Oktober im Wesentlichen abgeschlossen ist. Beobachtungen von Nachzüglern im November sind selten. Im Frühjahr können die ersten Mehlschwalben im S ausnahmsweise bereits im Februar beobachtet werden. Regelmäßiger Zug setzt aber erst im März ein, um von April bis Mitte Mai, im N etwas später, zu kulminieren. Im sächsischen Vogtland und in S-Deutschland hat sich die Erstankunft der Mehlschwalben seit Ende der 1960er Jahre signifikant um bis zu 26 Tagen verfrüht (Peintinger & Schuster 2005, Ernst 2013). Bei der Phänologie des Herbstzugs ist es, zumindest in S-Deutschland, zu keinen gravierenden Verschiebungen gekommen (Gatter 2000).

Wanderungen: Ringfunde von Mehlschwalben mit Bezug zu Deutschland streuen zwischen SW- und SE-Europa und liegen vor allem aus südlichen Regionen vor (Abb. 1). Auffällig ist das fast völlige Fehlen von Verbindungen nach Fennoskandien. Dies könnte daran liegen, dass z. B. schwedische Mehlschwalben bevorzugt direkt nach S ziehen (Fransson & Hall-Karlsson 2008) und daher Deutschland nur von den am westlichsten brütenden Vögeln erreicht werden kann.
Die Zugrichtungen von in Deutschland brütenden Mehlschwalben streuen im Herbst zwischen SW und, mit geringerer Ausprägung, nach SE (Abb. 2). Die meisten Brutvögel scheinen aber ebenso wie zur Zugzeit beringte Vögel (Abb. 3) hauptsächlich nach SSW zu ziehen und die Alpen westlich zu umfliegen. Dabei ist aber die Rolle der letzten großen „Schwalbenkatastrophe" im Herbst 1974 zu beachten, bei der eine siebenwöchige ungewöhnliche Kälte- und Regenperiode Schwalben am Nordrand der Alpen den Weiterzug unmöglich machte, worauf

Abb. 1: Fundorte von in Deutschland beringten (91 Funde) und ausländische Beringungsorte von in Deutschland gefundenen (6 Funde) Mehlschwalben. – *Foreign recovery sites of Northern House Martins ringed in Germany (91 recoveries) and foreign ringing sites of birds recovered in Germany (6 recoveries).*

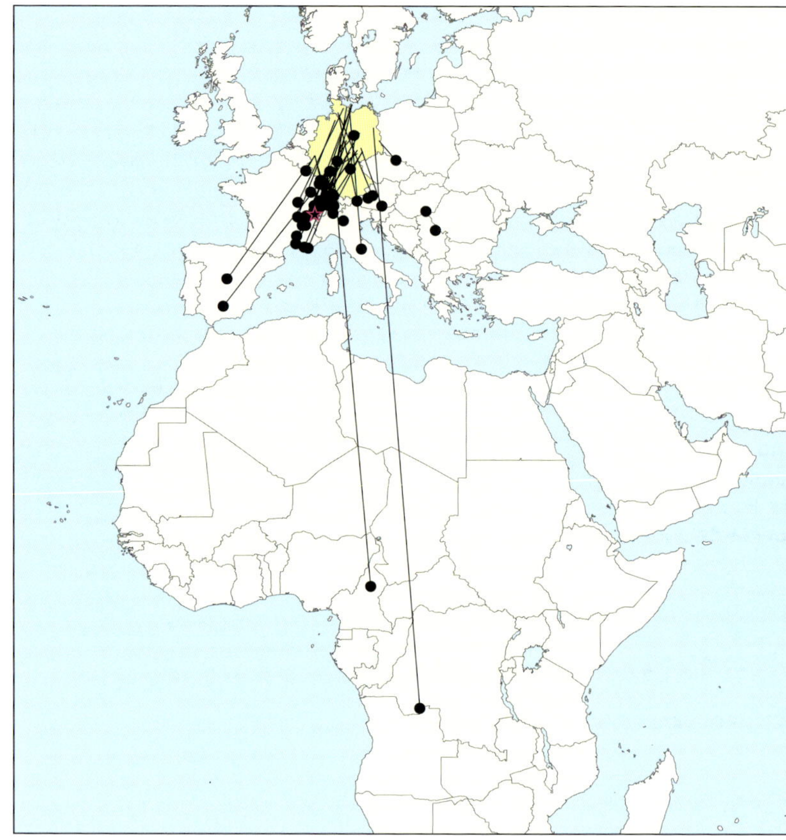

Abb. 2: Herbstzug (September – November) von in Deutschland zur Brutzeit anwesenden Mehlschwalben (59 Funde). – *Autumn migration (September – November) of Northern House Martins present in Germany during the breeding season (59 recoveries).*

es zu einem Massensterben kam (Maumary et al. 2007). Insgesamt 28 (76 %) der 37 Wiederfunde aus der Schweiz und immerhin noch neun (50 %) der insgesamt 18 Funde aus Frankreich stammen aus der betreffenden Zugperiode. Das weitgehende Fehlen von Funden in NW-Italien bei einer gleichzeitigen Konzentration von Funden in der Schweiz und SE-Frankreich (Abb. 2) deutet daher nicht unbedingt an, dass eine direkte Überquerung der Alpen von den meisten Vögeln vermieden wird. Dieser Kontrast ist vielmehr auf ein singuläres Wetterereignis zurückzuführen. Das weitgehende Fehlen von Funden auf der Iberischen Halbinsel (Abb. 1, zusätzlich zeigt Zink [1975] einen direkten Septemberfund eines an der Elbe beringten Vogels in Portugal) legt nahe, dass das Mittelmeer direkt in seiner vollen Breite überflogen wird. Allerdings gibt es keine Herbstfunde aus N-Afrika oder den Inseln im Mittelmeer, die diese These untermauern könnten. Ein Teil der einheimischen Mehlschwalben schlägt eine alternative Route ein, bei der die Alpen südöstlich umflogen werden, wobei es aber keine ausgesprochene Zugscheide innerhalb Deutschlands zu geben scheint (Abb. 2, Zink 1975). Zur Frage, ob SE-Zieher, wie sie in Österreich, Ungarn und Serbien wiedergefunden wurden, über die Balkanhalbinsel ins östliche N-Afrika und weiter nach E-Afrika wandern, liegen ebenfalls keine Ringfunde vor (Abb. 2). Für schwedische Mehlschwalben ist dies jedoch belegt (Fransson & Hall-Karlsson 2008), bei den Durchzüglern finden sich aber keine Hinweise auf einen Zug nach SE (Abb. 3).

Zur Zeit des Herbstzugs gelangten zwei zur Brutzeit in Deutschland beringte Mehlschwalben bereits nach Kamerun sowie in die DR Kongo (Abb. 2). Zwei Winterfunde von Brutvögeln aus dem NW-deutschen Tiefland stammen aus der DR Kongo und aus Sambia (Abb. 1). Weitere Afrikafunde aus Kamerun (1, März) und aus Sambia (1, unsicheres Funddatum) runden das Bild ab und decken sich mit den Befunden anderer Beringungszentralen und generellen Beobachtungen zum Überwinterungsgebiet von Mehlschwalben (Zink 1975, Keith et al. 1992). Aus dem Rahmen fällt die Meldung des Fangs einer beringten Mehlschwalbe in Frankreich im Dezember. Dieser könnte einen der Vögel repräsentieren, die in den Wintermonaten gelegentlich in Mitteleuropa beobachtet werden (Glutz v. Blotzheim & Bauer 1985), deren Überlebenschancen aber wahrscheinlich gering sind.

Zum Frühjahrszug lassen lediglich vier Wiederfunde deutscher Brutvögel keine abschließenden Schlüsse zu. Zwei Funde in Algerien und Tunesien deuten

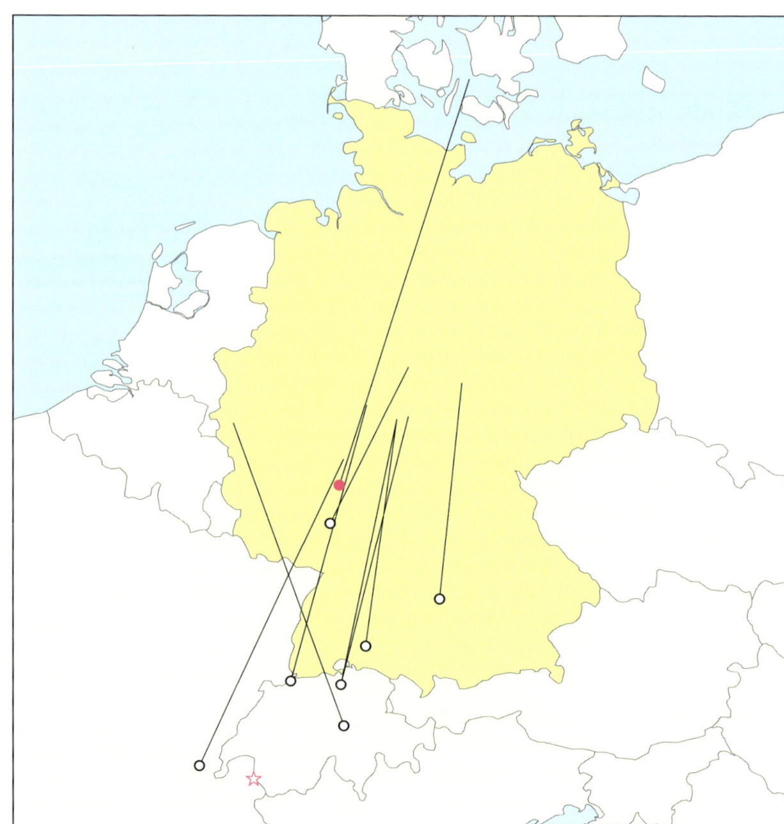

Abb. 3: Herbstzug (September – November) von in Deutschland von September bis November anwesenden Mehlschwalben (12 Funde). – *Autumn migration (September – November) of Northern House Martins present in Germany from September to November (12 recoveries).*

jedoch den direkten Zug über das Mittelmeer an, in Übereinstimmung mit den aus den Herbstzugfunden vermuteten Befunden. Dies wird durch weitere Funde aus N-Afrika, im April und Mai gestützt (Abb. 1), die aber von Ringvögeln stammen, die nicht sicher dem deutschen Brutbestand zuzuordnen sind. Bemerkenswert ist die Diskrepanz der Fundzahlen in N-Afrika zwischen dem Herbst- und dem Frühjahrszug, auf die schon Zink (1975) hinwies. Möglicherweise fliegen Mehlschwalben im Herbst nach der Überquerung des Mittelmeers gleich weiter über die Sahara, was durch die Akkumulation von Fettreserven in S-Europa (Spina & Volponi 2008b) ermöglicht werden könnte. Im Gegensatz dazu könnten sie im Frühjahr nach der Überquerung der Wüste erst einige Zeit am Südrand des Mittelmeers verweilen. Ein Hinweis darauf ist auch die erhöhte Auffälligkeit des Frühjahrszugs in Malta, Gibraltar und Marokko im Vergleich zum Herbstzug (Sultana & Gauci 1982, Finlayson 1992, Thévenot et al. 2003). Ein später Durchzügler war wahrscheinlich eine Mehlschwalbe, die als adulter Vogel Ende Mai in Deutschland beringt wurde und die sich vier Jahre später im Juni in NW-Russland aufhielt. Ähnlich aus dem Rahmen fällt der Fund eines in Tschechien im Juni beringten Vogels drei Wochen später bei Moskau (Russland, Cepák et al. 2008). Die Funde deuten an, dass auch einige weiter im E brütende Mehlschwalben über Mitteleuropa ziehen könnten.

Summary: *Northern House Martin is a widespread breeding bird in Germany with a population of 480,000 – 900,000 bp, but numbers have been moderately decreasing in recent decades. Main autumn migration takes place between August and October and spring migration peaks between March and late May. In autumn, German breeding birds migrate towards SW to SE, while there is no evidence of SE-directed birds ringed during migration. Concentrations of recoveries stem from Switzerland and SE France, but this is mostly due to the many recoveries obtained during the "swallow disaster" in the autumn of 1974. The scarcity of recoveries on the Iberian Peninsula suggests that the Mediterranean Sea is crossed directly. Records in the Central African Republic, Cameroon, DR Congo and Zambia are in concordance with the general knowledge of the wintering areas of European Northern House Martins. Records during spring migration indicate again that the Mediterranean Sea is crossed at its widest parts, and two recoveries in Algeria and Tunisia suggest that birds on spring migration rest in N Africa for a while before crossing the sea.*

Bartmeise *Panurus biarmicus*

Bearded Parrotbill

Beringungen nach 1945:	55.331
Funde > 10 km nach 1945:	1257/823
Wiederfundquote (Fernfunde nach 1945):	1,5 %
Funde > 10 km seit 1901:	1257/823
Funde fremder Beringungszentralen:	41/38
Höchstalter:	9 J, 3 M
Weiteste Entfernung:	855 km

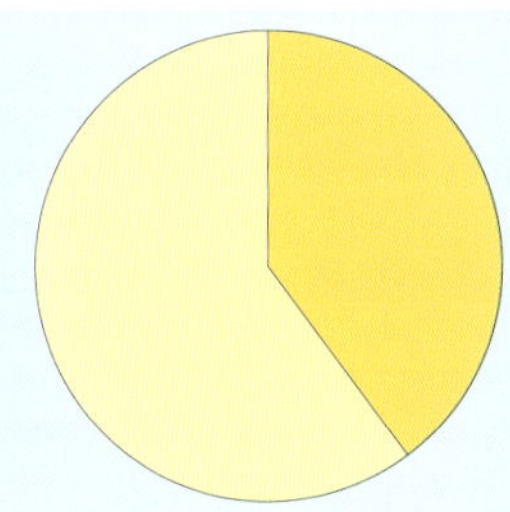

Verbreitung und Status: Die Bartmeise ist lückig von Spanien, W-Frankreich und den Britischen Inseln bis nach NE-China verbreitet. In Europa finden sich die nördlichsten Vorkommen in S-Fennoskandien, der NE ist nicht besiedelt. Die Bartmeise ist Jahresvogel oder Teilzieher, sie kann aber auch dichte- und wetterabhängig evasionsartige und richtungsunabhängige Wanderungen durchführen.

In Deutschland weist das Vorkommen der große, zusammenhängende Altschilfbestände bewohnenden Bartmeise eine sehr ungleichmäßige Verteilung auf. Annähernd die Hälfte des langfristig Zunahmen verzeichnenden Bestands von 3400 – 6500 BP konzentriert sich in Mecklenburg-Vorpommern, während die Art in den mittleren und südlichen Teilen Deutschlands nur punktuell vorkommt. Einheimische Bartmeisen gehören zur Nominatform und sind Teilzieher mit einem hohen Anteil an Überwinterern, während ziehende Vögel meist nur relativ kurze Strecken zurücklegen (Dürr et al. 1999). Die Wanderungen der Bartmeise sind sehr unauffällig. Direkte Beobachtungen ziehender Trupps, Zugunruhe anzeigende Höhenflüge und das Auftreten in Gebieten, in denen sie nicht brüten, deuten jedoch darauf hin, dass Zug im Herbst hauptsächlich im Oktober/November und im Frühjahr hauptsächlich im März/April stattfindet.

Wanderungen: Wanderungen der Bartmeise sind aufgrund ihrer Neigung zu Evasionen und zur schnellen Besiedlung neu entstandener Habitate schwer zu interpretieren. Eigentlicher Zug, der durch die Rückkehr in das Brutgebiet definiert wird, ist nur selten von Fernansiedlungen zu trennen. Winterbeobachtungen gehen oft den Neuansiedlungen voraus, z. B. am Bodensee in den frühen 1970er Jahren (Blum & v. Wicht 1972, Heine et al. 1999), und Ringfunde belegen das Verbleiben am Winteraufenthaltsort. Somit handelt es sich bei Wanderungen oft um Dismigration und nicht um Zug. Die Rückkehr vom Überwinterungs- zum Brutgebiet ist aber ebenfalls nachgewiesen (Zink 1981, Dürr et al. 1999). Fernfunde von in Deutschland beringten Vögeln in Skandinavien, Polen, Tschechien und Kroatien sowie Verbindungen zu den Britischen Inseln belegen ausgedehnte Wanderungen einiger Bartmeisen (Abb. 1).

Aus dem Herbst liegen Fernfunde von in Deutschland zur Brutzeit beringten Bartmeisen aus SW bis SE vor, wie sie bei regulärem Zug zu erwarten wären. Direkte Funde belegen dabei Wanderungen von über 600 km aus den östlichen Landesteilen bis nach SW-Deutschland, nach Tschechien und nach Luxemburg (Abb. 1). Ausnahmen sind Wanderungen nach NW in die Region des Ijesselmeers (Niederlande). Von diesem Gebiet ausgehend gibt es auch eine Reihe von Verbindungen durch im Herbst beringte Vögel, die hauptsächlich nach NW-Deutschland aber auch bis Bayern weisen (Abb. 2). Am Ijesselmeer haben sich Bartmeisen nach der Schaffung neuer Habitate durch Eindeichungen seit Mitte der 1960er bis in die frühen 1970er Jahre stark vermehrt (Zink 1981). Die Annahme, dass es dadurch zu Neuansiedlungen in benachbarten Ländern kam, wird durch diese Funde in weiten Teilen Deutschlands gestützt. (Abb. 2). Darauf weist auch ein Vogel hin, der als diesjährig im Juli 1974 beringt wurde und sich fast genau ein Jahr später etwa 430 km östlich in Deutschland aufhielt. Ein weiterer niederländischer Brutvogel fand sich zur Zeit des Herbstzugs in Deutschland. Allerdings gibt es auch Funde deutscher Brutvögel, die zum Ijesselmeer hin führen, die belegen, dass sich Verbindungen zum Ijesselmeer nicht nur durch Dismigration von dem dortigen Verbreitungszentrum ausgehend erklären lassen. Allerdings fanden zwei Umsiedlungen nestjung beringter Vögel zwischen zwei Brutsaisons von Deutschland in die Niederlande in neuerer Zeit statt: Eine über 571 km von 2007 auf 2008 und eine weitere über 491 km von 2008 auf 2009. Ähnliche Funde in beide Richtungen verbinden E-Deutschland mit Polen (Umsiedlungen nestjung beringter Vögel über 171 km und 198 km) sowie mit Tschechien (Abb. 2). Ein indirekter Fund eines zur Brutzeit in Mecklenburg-Vorpommern beringten Vogels zur Zeit des Herbstzugs in Mittelschweden könnte eine Fernumsiedlung nach N andeuten, wie es auch für einige dänische Ringvögel angenommen wird (Bønløkke et al. 2006).

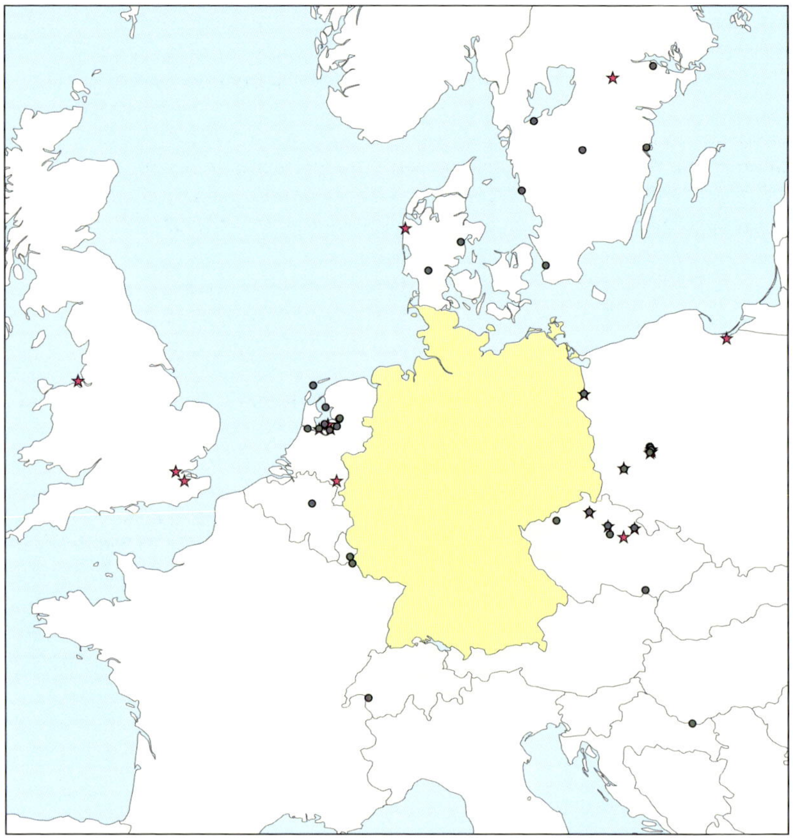

Abb. 1: Fundorte von in Deutschland beringten (70 Funde) und ausländische Beringungsorte von in Deutschland gefundenen (41 Funde) Bartmeisen. – *Recovery sites of Bearded Parrotbills ringed in Germany (70 recoveries) and foreign ringing sites of birds recovered in Germany (41 recoveries).*

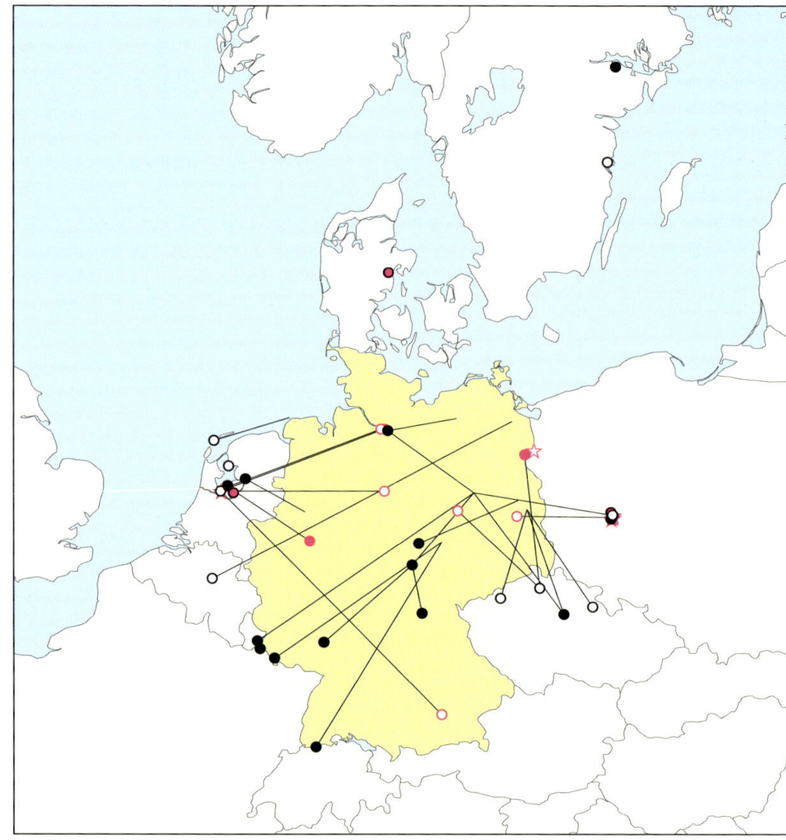

Abb. 2: Herbstzug (September – November) von in Deutschland zur Brutzeit (31 Funde) oder von September bis November anwesenden Bartmeisen (33 Funde). – *Autumn migration (September – November) of Bearded Parrotbills present in Germany during the breeding season (31 recoveries) or from September to November (33 recoveries).*

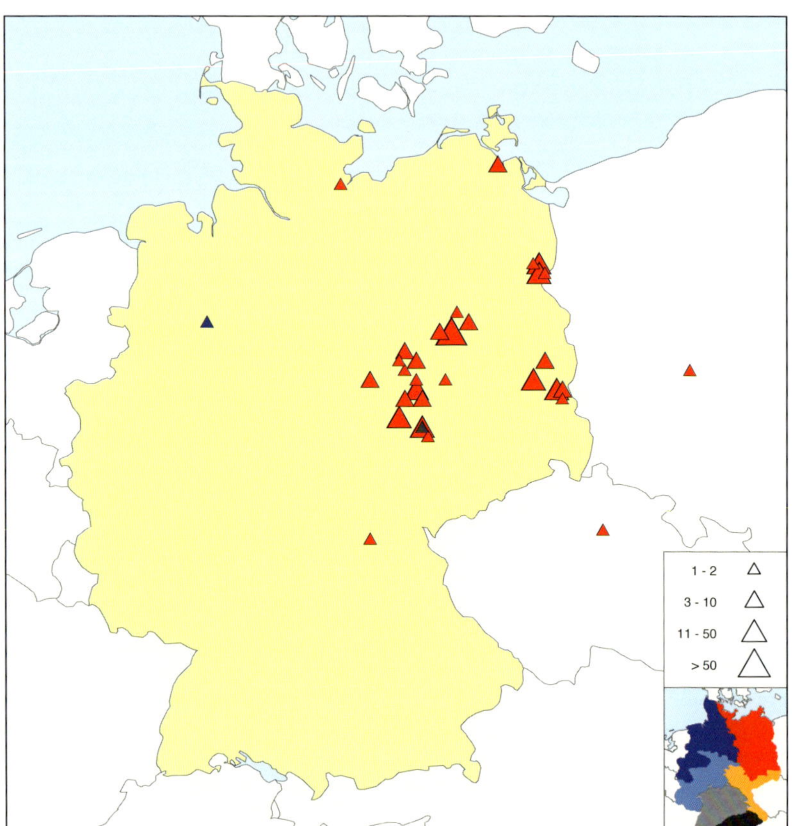

Abb. 3: Aufenthaltsorte im Winter (Dezember – Februar) von in Deutschland zur Brutzeit anwesenden Bartmeisen (273 Funde). – *Presence in winter (December – February) of Bearded Parrotbills present in Germany during the breeding season (273 recoveries).*

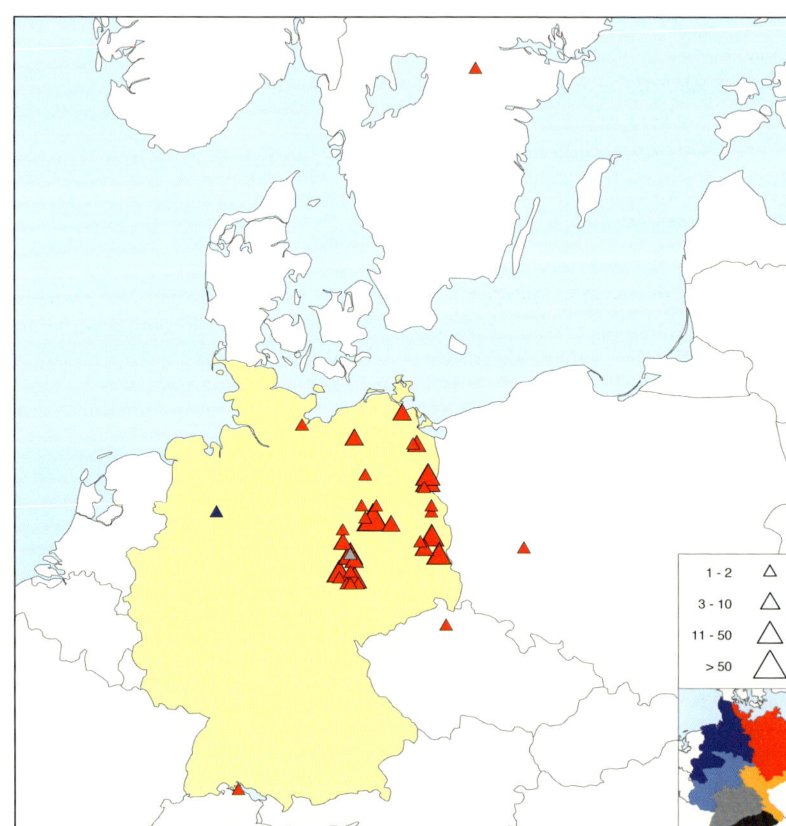

Abb. 4: Aufenthaltsorte zur Brutzeit von im Winter (Dezember – Februar) in Deutschland anwesenden Bartmeisen (278 Funde). – *Presence during the breeding season of Bearded Parrotbills present in Germany in winter (December – February, 278 recoveries).*

Im Winter halten sich die meisten Bartmeisen in der Nähe ihrer Brutgebiete auf (Abb. 3). Es sind aber auch Wanderungen von Mecklenburg-Vorpommern und Brandenburg in die Teichgebiete zwischen Magdeburg (Sachsen-Anhalt) und Leipzig (Sachsen) belegt (Dürr et al. 1999). Bei Funden von nestjung bzw. diesjährig während der Brutzeit beringten Vögeln, die sich im Winter in größerer Entfernung vom Ursprungsort in Polen und Tschechien aufhielten (Abb. 3), kann es sich auch um Umsiedlungen gehandelt haben (Zink 1981). Ähnliches gilt für einen Vogel, der am Bodensee als diesjähriger Vogel zur Brutzeit beringt und über drei Jahre später im Winter in Sachsen-Anhalt durch einen Beringer kontrolliert wurde, sowie für einen Vogel aus Sachsen-Anhalt, der sich im Winter nach der Beringung zur Brutzeit annähernd 200 km weiter SSW in Oberfranken aufhielt (Abb. 3, 4). Dass bei den Auslandsfunden ebenfalls kaum von einem artspezifisch gerichteten Zug gesprochen werden kann, deuten Funde in umgekehrter Richtung an, die Winteraufenthalte schwedischer, polnischer und tschechischer Brutvögel in Deutschland belegen (Abb. 4). Konzentrationen von Bartmeisen am Bodensee, mit Bestandsmaxima im Oktober und November, weisen auf die Bedeutung der Region als Überwinterungsgebiet hin (Heine et al. 1999). Ringfunde, die die Herkunft der Überwinterer belegen, fehlen jedoch. Eine im Oktober in Rheinland-Pfalz beringte und über vier Jahre später im Februar in Kroatien kontrollierte Bartmeise (Abb. 1) stellt mit 855 km den weitesten Fund eines deutschen Ringvogels dar. Er verbindet gleichzeitig Deutschland mit dem Verbreitungsgebiet der Unterart *P. b. russicus* in SE-Europa.
Informationen zu Wanderungen im Frühjahr und damit zur potenziellen Rückkehr in die Brutgebiete liegen nur wenige vor. Eine in Tschechien im März beringte Bartmeise hielt sich zur Brutzeit in Deutschland auf und eine ebenfalls im März in S-Niedersachsen beringte wurde im folgenden Juni in Dänemark gefunden. Aus dem Rahmen fallen zwei im November bzw. Januar auf den Britischen Inseln beringte Vögel, die zur Zeit des Frühjahrszugs in Deutschland gefunden wurden (Abb. 1). Zusammen mit dem Winterfund einer im Oktober bei Liverpool beringten Bartmeise im Januar in der Nähe des Dümmers (Niedersachsen) stellen sie einige der wenigen, schwer einzuordnenden Funde britischer Ringvögel im kontinentalen Europa dar. Funde von in Deutschland beringten Bartmeisen auf den Britischen Inseln gibt es keine, wogegen die Wanderung eines schweizerischen Ringvogels nach Großbritannien belegt ist (Maumary et al. 2007).

Summary: *Bearded Parrotbill has a scattered distribution in Germany and about 50% of the 3400 to 6500 bp are concentrated in Mecklenburg-Vorpommern in the NE of the country. Bearded Parrotbills are mainly sedentary, but some birds perform long-distance movements that can have evasive character. In autumn, some German breeding birds may move more than 600 km in SW to SE directions. Exceptional movements are directed towards the NW to the region of the Dutch Ijesselmeer, from where there are also connections towards German sites as far away as Bavaria. The movements from this area indicate dispersal rather than regular migration. In winter, most German birds are found close to their breeding sites, with few birds being recorded in Poland or the Czech Republic. In turn, birds ringed during the breeding season in Sweden, Poland and the Czech Republic were recovered in Germany during winter. There are hardly any records from spring indicating return movements towards former breeding areas, but two birds ringed in the UK in November and January were recovered in Germany during spring. These records represent some of the few connections from the British Isles to continental Europe.*

Schwanzmeise *Aegithalos caudatus*

Long-tailed Tit

Beringungen nach 1945:	52.398
Funde > 10 km nach 1945:	117/91
Wiederfundquote (Fernfunde nach 1945):	0,2 %
Funde > 10 km seit 1901:	118/92
Funde fremder Beringungszentralen:	14/13
Höchstalter:	8 J, 6 M
Weiteste Entfernung:	596 km

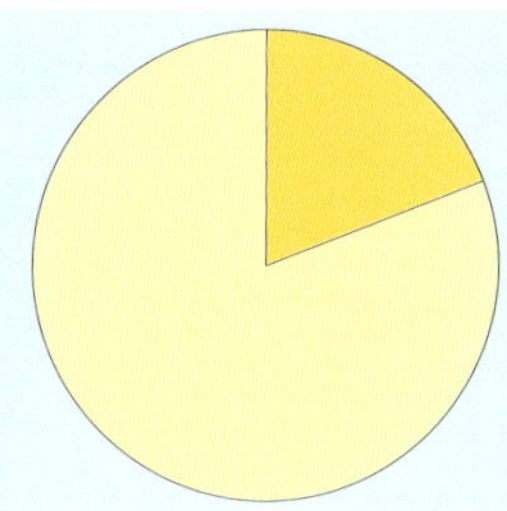

Verbreitung und Status: Das Verbreitungsgebiet der verschiedenen Unterarten der Schwanzmeise erstreckt sich von der Iberischen Halbinsel über die gesamte Paläarktis bis nach Japan und bis etwa 60 °N. Mit Ausnahme Islands, den nördlichsten Regionen Skandinaviens und Russlands sowie einigen Mittelmeerinseln (Balearen, Sardinien, Kreta, Zypern) ist Europa nahezu flächendeckend bis an die Baumgrenze in den Hochgebirgen besiedelt. Schwanzmeisen in Mittel-, W- und S-Europa sind Standvögel; N- und E-europäische Populationen sind Teilzieher, die Wanderungen in jährlich stark schwankendem Ausmaß durchführen und die gelegentlich evasionsartigen Charakter annehmen können.
In Deutschland ist die Schwanzmeise mit einem fluktuierenden Bestand von 92.000 – 170.000 BP ein häufiger Brutvogel in lichten Wäldern, kleineren Gehölzen und Parks. Die einheimischen Standvögel gehören der Unterart *A. c. europaeus* an, die meist eine dunkle Kopfzeichnung aufweist. Im Winter kann es zu invasionsartigen Einflügen von weißköpfigen Schwanzmeisen der Unterart *A. c. caudatus* aus N- und E-Europa kommen. Auf diese Ereignisse sind wahrscheinlich in einigen Jahren gehäufte Beobachtungen von ziehenden Schwanzmeisentrupps zurückzuführen. In N-Deutschland ist Zug vor allem im Oktober und November sowie zwischen Ende Februar und April zu beobachten. Da einige *A. c. europaeus* jedoch auch weitgehend weiße Köpfe haben, ist eine genaue Bestimmung der Unterarten im Feld nicht einfach. Dies wiederum erschwert eine Unterscheidung zwischen lokalen Bewegungen, Dismigration und Zug.

Wanderungen: Mit Ausnahme von vier in Schweden und vier auf dem Zug in N-Deutschland markierten Schwanzmeisen (*A. c. caudatus*) fehlen bei Vögeln, die Ringfunde mit Bezug zu Deutschland erbrachten, Angaben zur Unterart. Auf diese kann deshalb in manchen Fällen lediglich aus den Fundumständen geschlossen werden. Die nur schwach ausgeprägte Zugneigung einheimischer Schwanzmeisen (*A. c. europaeus*) spiegelt sich in der geringen Zahl von Nachweisen deutscher Ringvögel im Ausland wider (Abb. 1). Bei den beiden betreffenden Funden handelt es sich um jeweils im Februar in Deutschland beringte Vögel mit unbekanntem taxonomischen Status, die im folgenden November in Tschechien und im folgenden Februar in den Niederlanden gefunden wurden. Umgekehrt liegen auch zwei Funde von in den Niederlanden im Oktober beringten Fänglingen in der nächsten Brutzeit in Deutschland vor (Abb. 2), einer dieser Vögel wurde dabei mit einem Brutfleck gefangen. Diese Wanderungen sind schwer einzuordnen und es muss offen bleiben, ob es sich um ziehende oder dismigrierende Vögel gehandelt hat. Da sich der Vogel mit dem Brutfleck auch noch im folgenden Oktober am Standort aufhielt, ist von einer Umsiedlung weg vom Beringungsort auszugehen. Letzteres trifft wahrscheinlich auch auf eine im Mai in Sachsen-Anhalt nestjung beringte Schwanzmeise zu (*A. c. europaeus*), die bis zum darauffolgenden November eine Strecke von 120 km nach Thüringen zurückgelegt hatte (Abb. 2). Aus weiter im E gelegenen Gebieten liegen keine Funde von in Deutschland beringten Vögeln vor, obwohl *A. c. europaeus* zuzu-

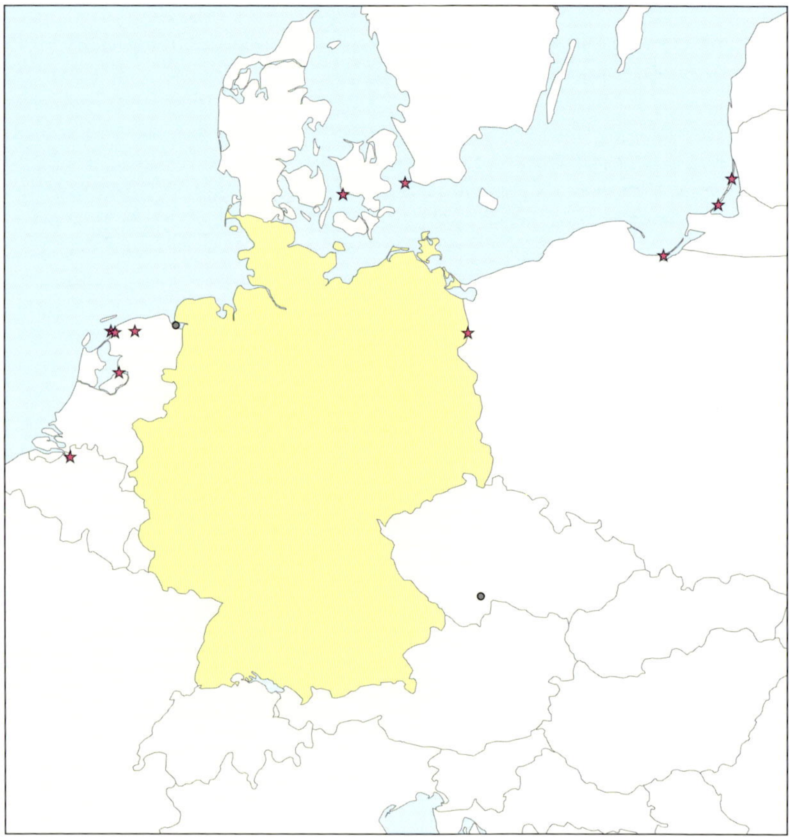

Abb. 1: Fundorte von in Deutschland beringten (2 Funde) und ausländische Beringungsorte von in Deutschland gefundenen (14 Funde) Schwanzmeisen. – *Foreign recovery sites of Long-tailed Tits ringed in Germany (2 recoveries) and foreign ringing sites of birds recovered in Germany (14 recoveries).*

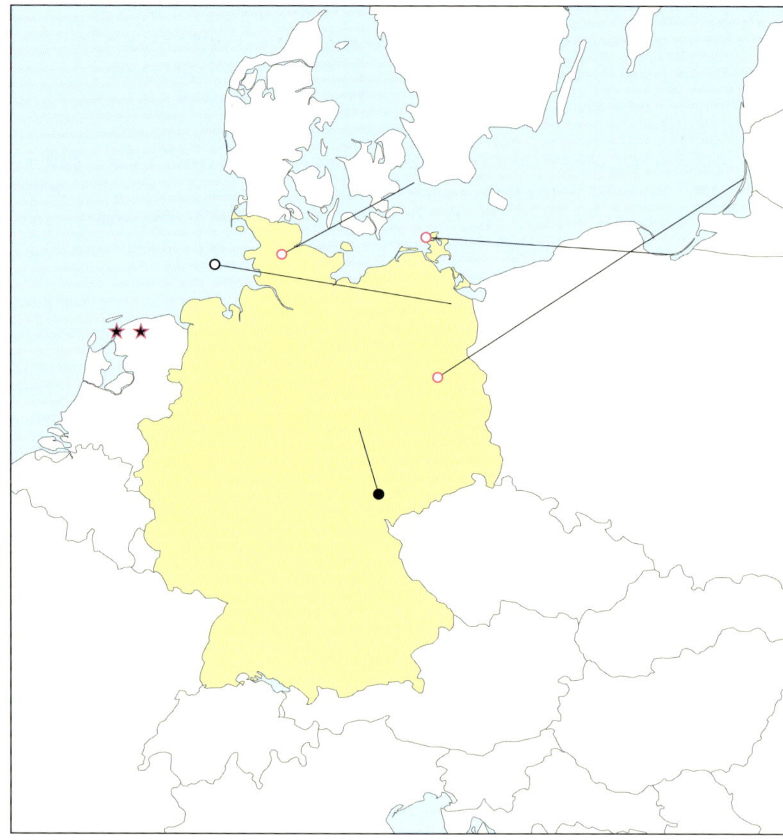

Abb. 2: Herbstzug (September – November) von in Deutschland zur Brutzeit (3 Funde) oder von September bis November anwesenden Schwanzmeisen (9 Funde). Die Verbindungen von S-Schweden nach Schleswig-Holstein und von Mecklenburg-Vorpommern nach Helgoland betreffen zwei bzw. vier jeweils gleichzeitig gefangene und kontrollierte Individuen. – *Autumn migration (September – November) of Long-tailed Tits present in Germany during the breeding season (3 recoveries) or from September to November (9 recoveries). The connections from S Sweden to Schleswig-Holstein and from Mecklenburg-Vorpommern to Helgoland refer to two and four individuals, respectively, which were ringed and controlled together.*

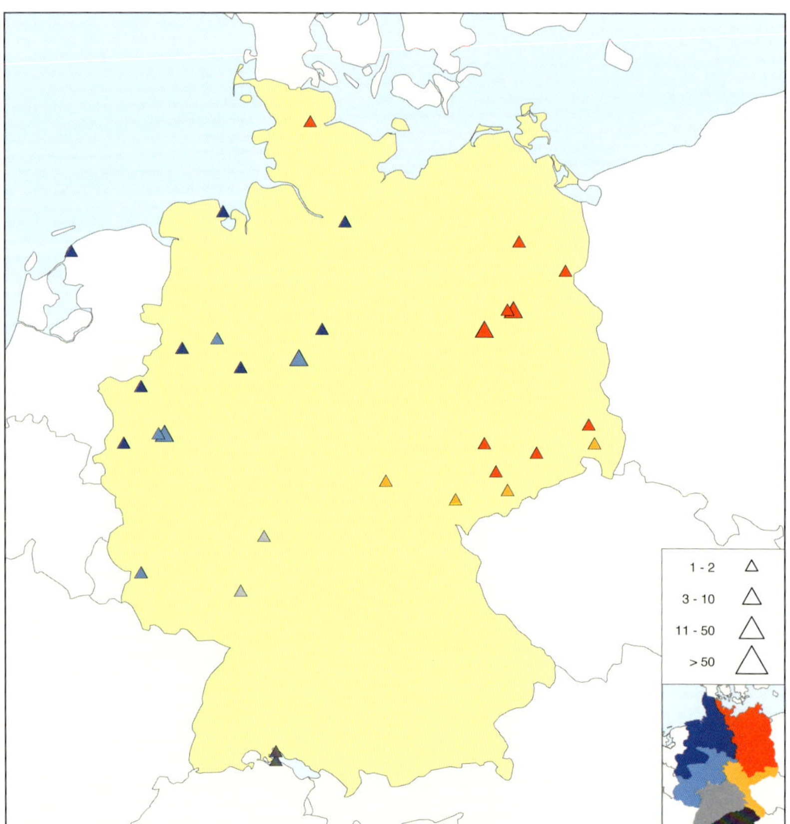

Abb. 3: Aufenthaltsorte im Winter (Dezember – Februar) von in Deutschland zur Brutzeit anwesenden Schwanzmeisen (49 Funde). – *Presence in winter (December – February) of Long-tailed Tits present in Germany during the breeding season (49 recoveries).*

ordnende Schwanzmeisen außerhalb der Brutzeit regelmäßig bis weit nach Polen hinein nachgewiesen werden (Glutz v. Blotzheim & Bauer 1993).

NE-europäische Schwanzmeisen (*A. c. caudatus)* ziehen möglicherweise regelmäßig entlang der Ostsee nach W. Entsprechend wurden auf der Kurischen Nehrung (Russland, Litauen) sowie in Polen, Schweden und Dänemark im Herbst beringte Schwanzmeisen in N-Deutschland wieder gefunden (Abb. 1, 2). Dass dabei einzelne Schwärme weitere Strecken gemeinsam zurücklegen, belegen zwei Beispiele: Vier Schwanzmeisen (*A. c. caudatus*), die im Oktober des Invasionsjahrs 1992 am Galenbecker See beringt wurden, konnten zehn Tage später gemeinsam auf Helgoland kontrolliert werden; und zwei gemeinsam in Falsterbo (Schweden) im Oktober 2010 beringte Schwanzmeisen (*A. c. caudatus*) wurden 13 Tage später bei Rendsburg (Schleswig-Holstein) zusammen wieder gefangen (Abb. 2, weitere Bsp. bei Zink 1981). Aus dem S Deutschlands fehlen ebenso wie aus der Schweiz (Maumary et al. 2007) Ringfunde, die den Einflug von Schwanzmeisen aus NE-Europa belegen.

Einheimische Schwanzmeisen überwintern mit überwältigender Mehrheit in der Nähe der Brutgebiete (Abb. 3). Lediglich ein im Winter in den Niederlanden ohne Angabe der Unterart beringter Vogel hielt sich in der anschließenden Brutzeit 168 km weiter im E in Deutschland auf. Überwinterungen fremder Brutvögel konnten anhand von Ringfunden in Deutschland nicht nachgewiesen werden. Die regelmäßigen Winterbeobachtungen weißköpfiger Schwanzmeisen in S-Deutschland, ihr höherer Anteil im Winter verglichen mit dem Vorkommen weißköpfiger Individuen im Sommer (Zink 1981) und ihr Erscheinen in Invasionsjahren (Hölzinger 1997, Gatter 2000, Langenberg 2012) legen jedoch nahe, dass auch Deutschland zum Überwinterungsgebiet N- und E-europäischer Schwanzmeisen gehört. Über die Herkunft der Invasionsvögel kann nur spekuliert werden. Glutz v. Blotzheim & Bauer (1993) erwähnen in diesem Zusammenhang N-Russland und möglicherweise auch Sibirien. Darauf könnte eine

Schwanzmeise hinweisen, die im November auf der Kurischen Nehrung (Russland) beringt wurde und die sich bereits 25 Tage später in 808 km Entfernung in Tschechien befand (Cepák et al 2008) sowie der Nachweis einer Wanderung von Finnland nach Italien (Spina & Volponi 2008b). Selbst nach Invasionswintern ist der Rückzug im Frühjahr nur schwach ausgeprägt (Zink 1981). Es kann jedoch in der folgenden Fortpflanzungsperiode zu einem Anstieg der Brutpaarzahlen in den Zielgebieten kommen (Glutz v. Blotzheim & Bauer 1993).

Summary: *With a fluctuating population of currently 92,000 – 170,000 bp, Long-tailed Tit (*A. c. europaeus*) is a widespread and mainly resident breeding bird in Germany. The number of local birds may be augmented by invasions of NE-European* A. c. caudatus. *Migration in N Germany mainly occurs in October and November as well as from February to April. The few foreign recoveries of German-ringed birds as well as some recoveries of Dutch-ringed birds in Germany during the breeding season are difficult to interpret as both, migration and dispersal, are possible explanations. The great majority of German Long-tailed Tits spends the winter close to the breeding grounds. One bird ringed in The Netherlands in winter was, however, recovered in Germany during the next breeding season. Long-tailed tits ringed in the Baltic and recovered in N Germany are likely to represent migrating* A. c. caudatus. *Recoveries confirming such migrations to S Germany are lacking. Therefore, the origin of Long-tailed tits of the subspecies* A. c. caudatus *observed in S Germany in winter remains unknown.*

Seidensänger *Cettia cetti*
Cetti's Warbler

Der Seidensänger weist in der W-Paläarktis im Wesentlichen eine circummediterrane Verbreitung auf. Ebenfalls besiedelt sind Teile W-Europas und Regionen zwischen der Türkei und Zentralasien. Seidensänger sind in ihren europäischen Brutgebieten weitgehend Jahresvögel, asiatische Populationen ziehen in den Mittleren Osten und nach Indien.
In Deutschland erscheint der Seidensänger nur sehr selten. Gelegentlich wurden singende Männchen festgestellt, zwei Bruten eines Paares fanden 1975 bei Hildesheim (Niedersachsen) statt (Becker 1975). Der einzige Ringfund stammt aus Nordrhein-Westfalen: Ein Vogel, der im April 1975 bei Mönchengladbach beringt wurde, fand sich fast genau ein Jahr später in Belgien. Möglicherweise gehörte er zu der sich in den 1970er Jahren dort etablierten Population.

Summary: *Cetti's Warbler is very rarely recorded in Germany, and breeding has been confirmed only once. The only ring recovery is from a bird ringed in North Rhine-Westphalia in April and recovered in Belgium about a year later.*

Abb. 1: Fund eines Seidensängers mit Bezug zu Deutschland. – *Recovery of a Cetti's Warbler related to Germany.*

Waldlaubsänger *Phylloscopus sibilatrix*
Wood Warbler

Beringungen nach 1945:	52.784
Funde > 10 km nach 1945:	79/75
Wiederfundquote (Fernfunde nach 1945):	0,1 %
Funde > 10 km seit 1901:	81/77
Funde fremder Beringungszentralen:	0/0
Höchstalter:	6 J
Weiteste Entfernung:	4592 km

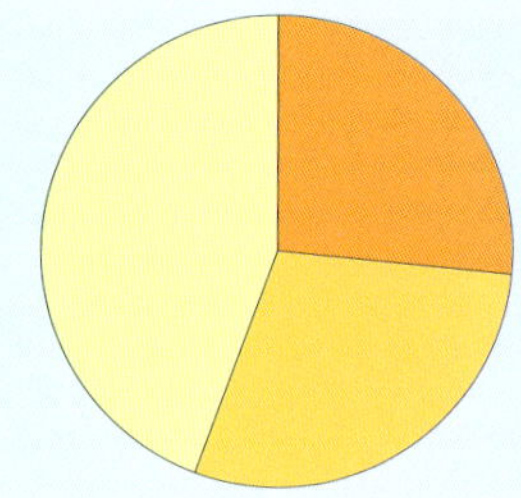

Verbreitung und Status: Das Brutgebiet des Waldlaubsängers ist im Wesentlichen auf Europa beschränkt, mit Ausläufern bis SW-Sibirien. Aufgrund der Bindung an Laubwälder wird der S und N Europas nur lückig besiedelt, in Fennoskandien ist der Waldlaubsänger aber in Ausbreitung begriffen. Als trans-Saharazieher überwintert er in W- und Zentralafrika. Er zählt dabei zu den wenigen paläarktischen Arten, die auch im äquatorialen Regenwald zu finden sind. Einzelne Winternachweise liegen aus Italien vor (Spina & Volponi 2008b).
In Deutschland besiedelt der Waldlaubsänger mit 115.000–215.000 BP nicht zu dichte Laub- und Mischwälder. Der bei den meisten trans-Saharaziehern zu beobachtende Rückgang der Bestände fällt beim Waldlaubsänger besonders drastisch aus, scheint sich aber seit etwa der Jahrtausendwende abzuschwächen. Ab Mitte Juli beginnen die ersten Waldlaubsänger, ihre Brutgebiete zu verlassen, wobei der Höhepunkt des Zugs bereits auf die Monatswende Juli/August fällt. Vereinzelte Durchzügler können bis in den Oktober hinein beobachtet werden. Ab Ende April werden die Brutgebiete wieder besetzt, im N erfolgt der Durchzug, wie auch im Herbst, etwas später als im S. Im sächsischen Vogtland hat sich die Erstankunft des Waldlaubsängers zwischen 1967 und 2011 um ca. zwölf Tage verfrüht (Ernst 2013).

Wanderungen: Die Beringung von Waldlaubsängern ergab im Vergleich zu Fitis und Zilpzalp nur wenige Fernfunde, die zudem größtenteils südlich der Brutgebiete erfolgten (Abb. 1). Funde von Vögeln mit Ringen fremder Beringungszentralen fehlen völlig. Nachweise skandinavischer Vögel in N-Italien (Fransson & Hall-Karlsson 2008) deuten jedoch an, dass diese Deutschland überqueren. N- und mitteleuropäische Waldlaubsänger ziehen hauptsächlich nach S ab (Zink 1973), um, wie auch ein Teil der britischen und baltischen Brutvögel (Payevsky 1973, Wernham et al. 2002, Spina & Volponi 2008b), über Italien nach Afrika zu gelangen. In Italien konzentrieren sich auch die Funde von in Deutschland beringten Waldlaubsängern, bei nur wenigen Nachweisen im westlichen Mittelmeergebiet (Abb. 1). Direkte Funde zeigen, dass die meisten einheimischen Vögel auf dem Herbstzug zunächst nach SSE ziehen und das Mittelmeer in seinem zentralen Bereich überqueren (Abb. 2). Die Ausnahme bildete lediglich ein Vogel, der in den S der Iberischen Halbinsel gelangte. Ein Fund in Algerien könnte ebenfalls auf einen Zug nach SW hinweisen.
Aus den Wintermonaten liegen keine Nachweise deutscher Brutvögel vor, wie auch sonst Funde dieser Art im tropischen Afrika selten sind. Beispiele sind Aufenthalte von französischen und schwedischen Ringvögeln in Kamerun (Dows-

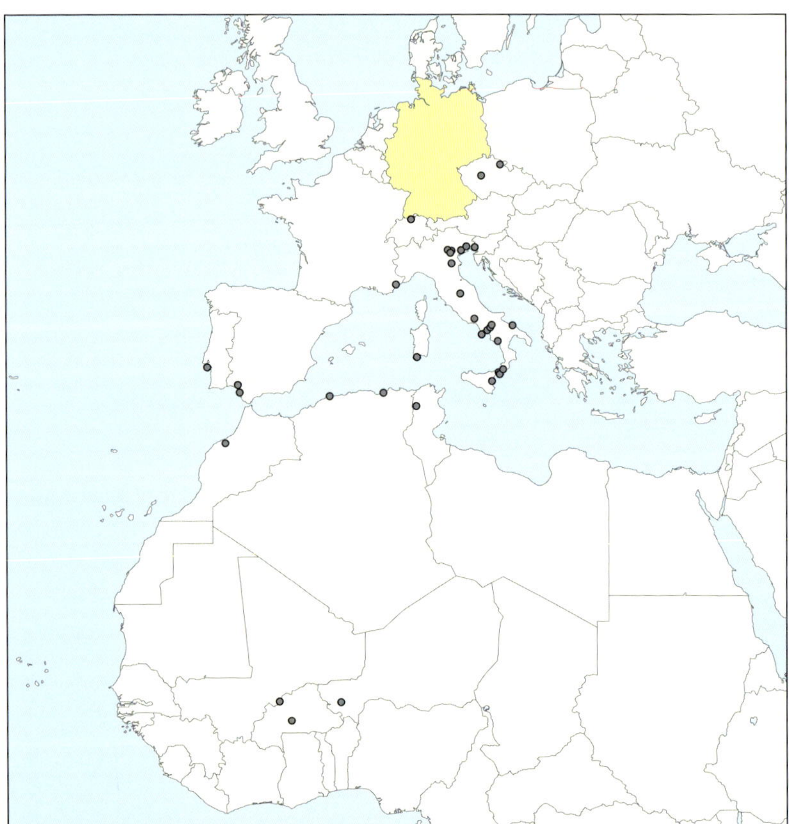

Abb. 1: Fundorte im Ausland von in Deutschland beringten Waldlaubsängern (34 Funde). – *Foreign recovery sites of Wood Warblers ringed in Germany (34 recoveries).*

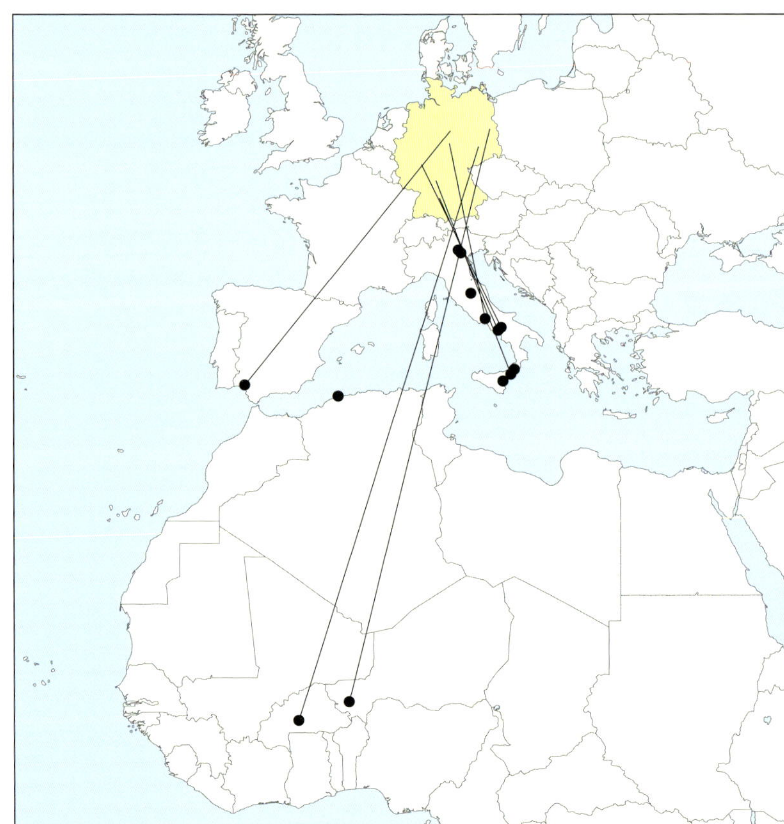

Abb. 2: Herbstzug (September–November) von in Deutschland zur Brutzeit anwesenden Waldlaubsängern (13 Funde). – *Autumn migration (September–November) of Wood Warblers present in Germany during the breeding season (13 recoveries).*

ett et al. 1988, Fransson & Hall-Karlsson 2008). Je ein in Dänemark und Tschechien beringter Vogel befand sich im Herbst bzw. im Frühjahr im Tschad und in Niger (Bønløkke et al. 2006, Cepák et al. 2008). Herbst- und Frühjahrszugfunde deutscher Brutvögel liegen aus Niger (September) und zweimal aus Burkina Faso (September, April) vor. Sie deuten auf das tropische W-Afrika als Überwinterungsgebiet hin und runden die Informationen zum Durchzug durch Burkina Faso von September bis November und im April sowie zum kürzlich in Ghana entdeckten Wintervorkommen der Art ab (J. Mallord, RSPB, pers. Mitt.).
Zumindest ein großer Teil der Waldlaubsänger scheint im Frühjahr auf derselben Route, die schon im Herbst eingeschlagen wurde, in die deutschen Brutgebiete zurückzuziehen (Abb. 3). Einige nehmen jedoch auch den Weg über Marokko und die Iberische Halbinsel. Dies entspricht im Wesentlichen auch dem Bild, das sich aus einem Vergleich von Fangzahlen im zentralen und im westlichen Mittelmeergebiet ergibt (Pilastro et al. 1998). Die wenigen Funde lassen jedoch keine abschließende Wertung über das Vorhandensein eines potenziellen Schleifenzugs (Zink 1973) zu.

Summary: *Wood Warbler is found in forest habitats all over Germany with 115,000–215,000 bp. It is a trans-Saharan migrant wintering in tropical Africa. The breeding areas are left from mid-July onwards and are occupied again in late April. Recoveries of German birds are concentrated in Italy and direct recoveries during autumn migration indicate that the Mediterranean is crossed in its central areas. Only few recoveries are from the SW (Iberian Peninsula, Morocco). Spring migration seems to follow the same route with no indication of a loop migration. There are no recoveries during winter, but recoveries in Niger and in Burkina Faso during autumn and spring migration point to tropical W Africa as putative winter quarters.*

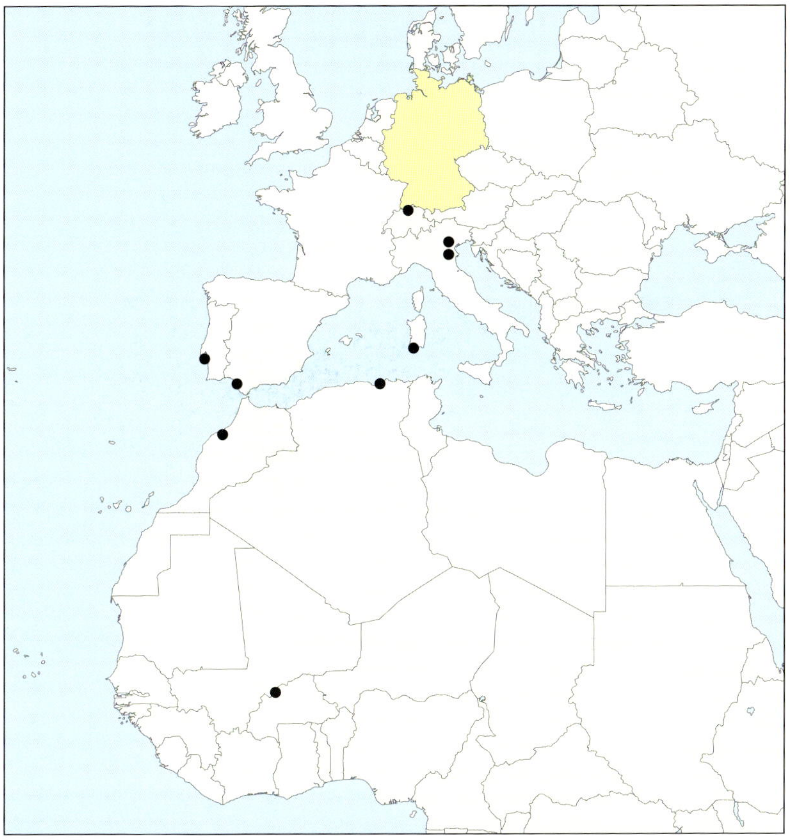

Abb. 3: Frühjahrszug (März–April) von in Deutschland zur Brutzeit anwesenden Waldlaubsängern (9 Funde). – *Spring migration (March–April) of Wood Warblers present in Germany during the breeding season (9 recoveries).*

Berglaubsänger *Phylloscopus bonelli*

Western Bonelli's Warbler

Der Berglaubsänger hat ein relativ kleines Verbreitungsgebiet, das sich auf NW-Afrika und SW-Europa mit der Iberischen Halbinsel und Italien, dem Alpenraum sowie weite Teile Frankreichs beschränkt. Den Populationen SE-Europas wird heute als Balkanlaubsänger *Phylloscopus orientalis* ein eigener Artstatus eingeräumt (Helbig et al. 1995).
In Deutschland ist der Berglaubsänger auf den äußersten S beschränkt, wo er bevorzugt trockene Wälder an felsigen Hängen, aber auch Moore besiedelt. Der längerfristig stabile Bestand von 1200–2300 BP verzeichnet lokal starke Abnahmen (Heine et al. 1999). Der Herbstzug findet hauptsächlich im August statt, der Wiedereinzug in die Brutgebiete im April.
Berglaubsänger ziehen über das westliche Mittelmeergebiet nach Afrika, wo sie in der Sahelzone von Senegal und Mauretanien bis N-Nigeria überwintern (Pilastro et al. 1998). Es liegen nur wenige Fernfunde vor, darunter keiner aus dem Überwinterungsgebiet (Zink 1973). In Deutschland beringte Berglaubsänger ergaben einen Fernfund: Ein im August bei Garmisch-Partenkirchen (Bayern) beringter Vogel wurde zwei Wochen später fast 400 km SW in den französischen Alpen kontrolliert (Abb. 1).

Summary: *Western Bonelli's Warbler is restricted to the SW Palearctic. In Germany the regionally declining population consists of 1200–2300 bp. It is a trans-Saharan migrant that winters in the Sahel zone from Senegal and Mauritania to Nigeria. There are hardly any recoveries of ringed birds. One Bonelli's Warbler ringed in August in the extreme S of Germany was controlled two weeks later about 400 km SW in the French Alps.*

Abb. 1: Fund eines Berglaubsängers mit Bezug zu Deutschland. – *Recovery of a Western Bonelli's Warbler related to Germany.*

Fitis *Phylloscopus trochilus*
Willow Warbler

Beringungen nach 1945:	310.304
Funde > 10 km nach 1945:	315/301
Wiederfundquote (Fernfunde nach 1945):	0,1 %
Funde > 10 km seit 1901:	328/314
Funde fremder Beringungszentralen:	170/168
Höchstalter:	13 J, 8 M
Weiteste Entfernung:	8176 km

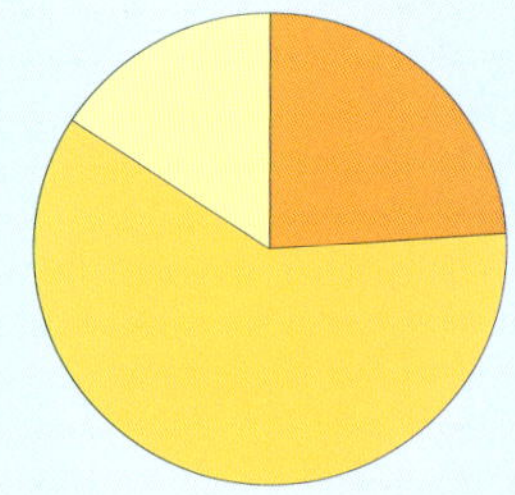

Verbreitung und Status: Das Brutgebiet des Fitis erstreckt sich von W-Europa bis nach NE-Sibirien. In S-Europa ist er nur Durchzügler mit Ausnahme eines isolierten Vorkommens in N-Spanien. In Europa kommen zwei Unterarten vor, die sich allerdings nur klinal unterscheiden. In W- und Mitteleuropa findet sich die Nominatform, während sich von N-Europa bis W-Sibirien *P. t. acredula* anschließt. Fitisse sind trans-Saharazieher, die im gesamten tropischen Afrika überwintern, mit Ausnahme der Wüsten im SW des Kontinents. Er ist damit der am weitesten verbreitete und vielleicht auch der häufigste paläarktische Singvogel, der in Afrika zu finden ist. Vereinzelte Winternachweise liegen aus dem Mittelmeerraum vor (Spina & Volponi 2008b).

In Deutschland besiedelt der Fitis Waldränder, lockere Baumbestände und Gebüsche in allen Landesteilen. Sein Bestand beläuft sich auf 900.000–1.400.000 BP und hat, wie bei den meisten trans-Saharaziehern, in den letzten Jahrzehnten abgenommen. Der Herbstzug des Fitis ist im August sowie im September am stärksten ausgeprägt und im Oktober im Wesentlichen abgeschlossen. Im Frühjahr erreichen die ersten Fitisse bereits in den letzten Märztagen S-Deutschland, der Haupteinzug findet aber im April statt, im N treffen sie etwas später ein. Die Zugphänologie des Fitis hat sich seit den späten 1960er Jahren mit einer deutlich früheren Ankunft in den Brutgebieten und früherem Durchzug im Frühjahr auffällig verändert (Peintinger & Schuster 2005, Ernst 2013, Hüppop & Hüppop 2011). Weiterhin hat sich am Bodensee der Durchzugsmedian im Herbst, ähnlich wie der Herbstzug in der Schweiz (Jenni & Kéry 2003), zwischen 1972 und 2007 um knapp zehn Tage verspätet (Daten Vogelwarte Radolfzell). Auf Helgoland kam es dagegen zu keinen zeitlichen Verschiebungen des Herbstzugsmittelwerts (Hüppop & Hüppop 2011).

Wanderungen: Durch Skandinavien verläuft eine Zugscheide bei etwa 62 °N, die die Zugwege von *P. t. trochilus* und *P. t. acredula* trennt (Chamberlain et al. 2000, Fransson & Hall-Karlsson 2008). Beide vermischen sich in einer Kontaktzone zwischen 61 °N und 63 °N, von der aus beide Zugrichtungen möglich sind (Zink 1973, Chamberlain et al. 2000). Während *P. t. trochilus* als SW-Zieher in W-Afrika überwintert, erreicht *P. t. acredula* Zentral- und E-Afrika über den östlichen Mittelmeerraum (Hedenström & Pettersson 1987, Dowsett et al. 1988). Neben der Nominatform zieht auch *P. t. acredula* regelmäßig, aber in geringen Zahlen durch Mitteleuropa (für die Schweiz: Maumary et al. 2007). Finnische Fitisse wandern z. B. vereinzelt nach SW und gelangen, wie auch Fitisse aus Russland, nach Portugal oder Italien (Zink 1973, Spina & Volponi 2008b). Da sich beide Unterarten nicht immer eindeutig trennen lassen, wird im Folgenden nicht zwischen ihnen unterschieden. Entsprechend der Lage der Zugscheide in N-Europa wurden in Deutschland beringte Fitisse vor allem in S-Skandinavien sowie in W-Eu-

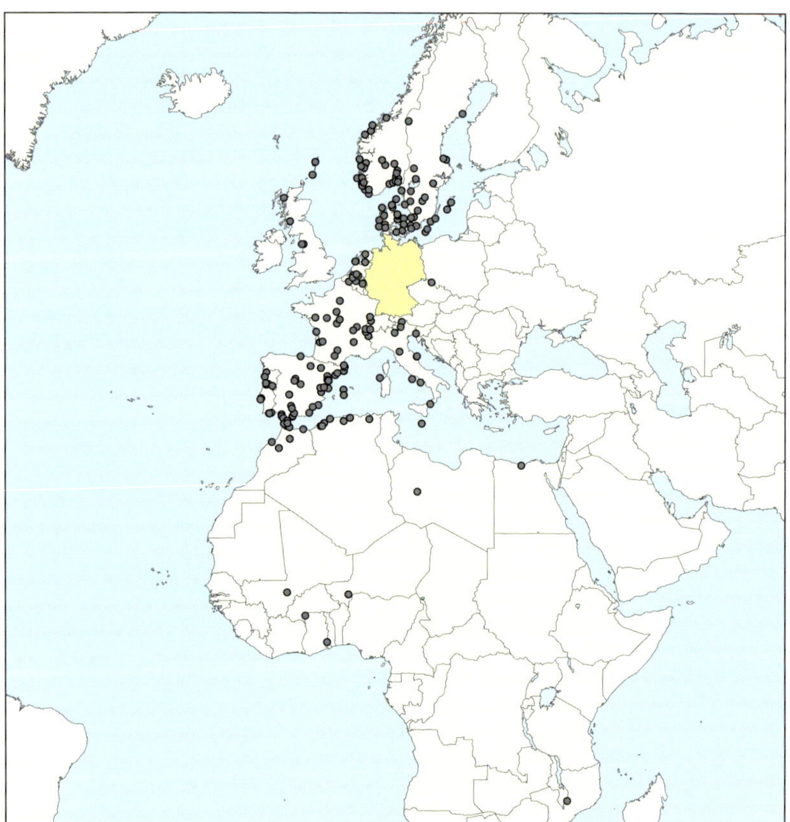

Abb. 1: Fundorte im Ausland von in Deutschland beringten Fitissen (227 Funde). – *Foreign recovery sites of Willow Warblers ringed in Germany (227 recoveries).*

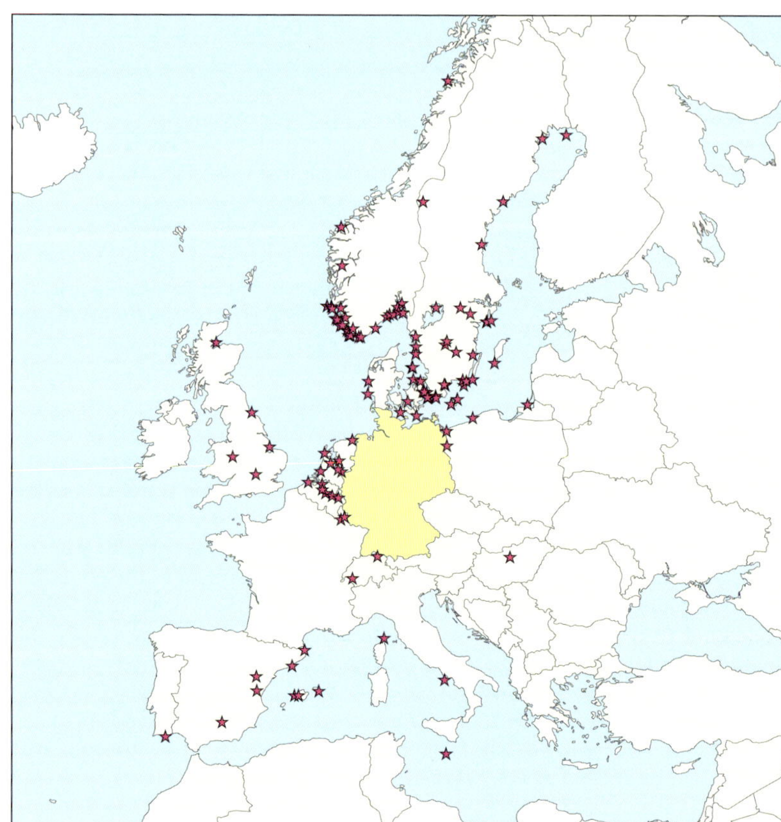

Abb. 2: Beringungsorte im Ausland von in Deutschland gefundenen Fitissen (170 Funde). – *Foreign ringing sites of Willow Warblers recovered in Germany (170 recoveries).*

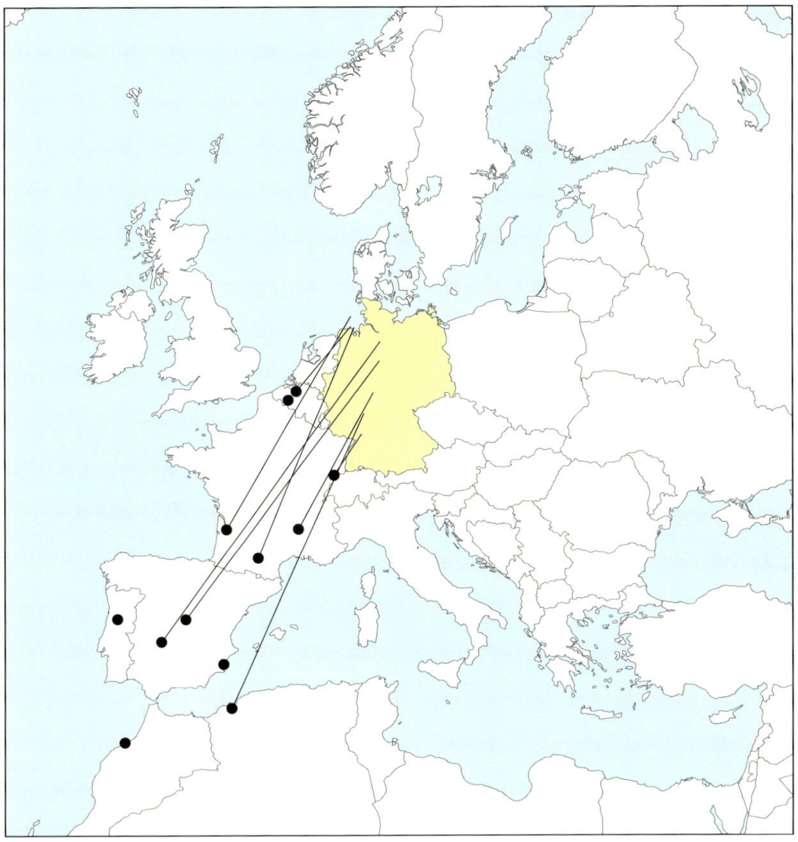

Abb. 3: Herbstzug (September – November) von in Deutschland zur Brutzeit anwesenden Fitissen (12 Funde). – *Autumn migration (September – November) of Willow Warblers present in Germany during the breeding season (12 recoveries).*

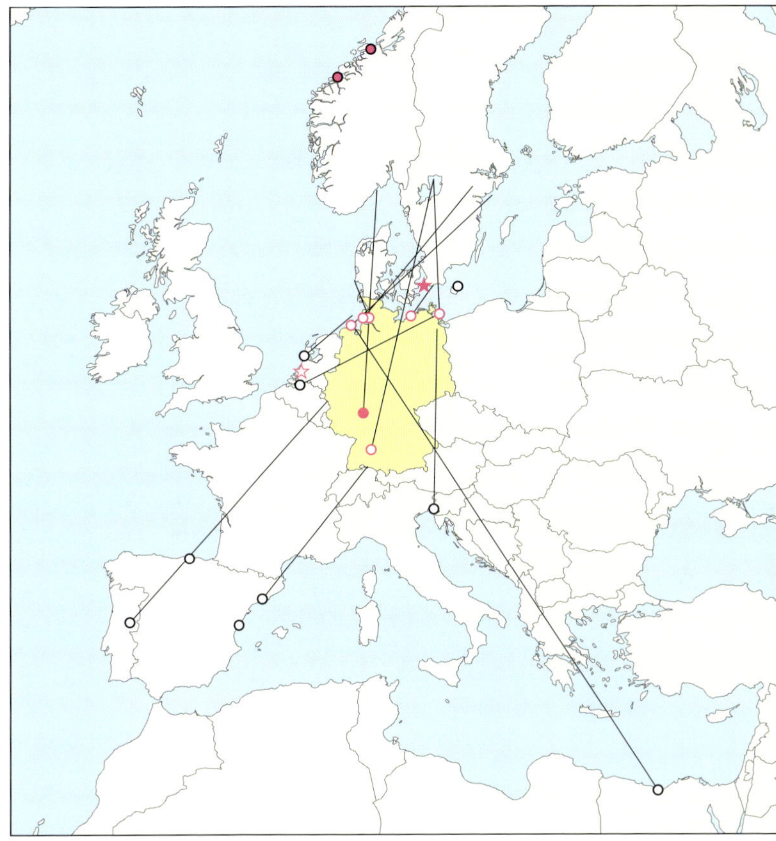

Abb. 4: Herbstzug (September – November) von in Deutschland von September bis November anwesenden Fitissen (20 Funde). – *Autumn migration (September – November) of Willow Warblers present in Germany from September to November (20 recoveries).*

ropa und NW-Afrika gefunden (Abb. 1). Funde im N der Britischen Inseln und in Italien deuten Abweichungen von der Hauptzugrichtung nach SW an. Die Herkunft von Fitissen, die mit fremden Ringen in Deutschland gefunden wurden, entsprechen dem Bild: sie wurden vor allem in S-Skandinavien und Belgien markiert (Abb. 2). Funde in Ägypten und im S Afrikas sind nicht mit diesem SW-Zug mitteleuropäischer und S-skandinavischer Fitisse in Einklang zu bringen (Zink 1973, Hedenström & Pettersson 1987, Dowsett et al. 1988). Allerdings liegen auch Funde von in N-Norwegen und N-Schweden beringten Ind. aus der Region der SW-Zieher vor.

Einheimische Fitisse ziehen im Herbst ausnahmslos nach SSW bis SW ab. Sie gelangen dabei über Frankreich und die Iberische Halbinsel nach NW-Afrika (Abb. 3), von wo aus sie die Sahara überqueren, um in ihre mutmaßlichen Überwinterungsgebiete in den Savannenzonen W-Afrikas zu gelangen. Einige auf dem Zug beringte Vögel schlagen die gleiche Richtung ein wie einheimische Fitisse (Abb. 4). Die Herkunft der Durchzügler ist S-Skandinavien, doch im Gegensatz zu den deutschen Brutvögeln ziehen Fitisse aus W-Norwegen und S-Schweden, wie auch Herbstfänglinge in Großbritannien (Zink 1973), meist direkt nach S. Dies erklärt möglicherweise den direkten Wiederfund eines im September in NE-Deutschland beringten Vogels nach sechs Tagen in N-Italien (Abb. 4), wo auch eine Reihe von in Norwegen und Schweden beringten Fitissen gefunden wurde (Spina & Volponi 2008b). Dies deutet an, dass zumindest ein Teil der Vögel W-Skandinaviens eine mehr nach S ausgerichtete Zugroute einschlägt als ihre Artgenossen in Mitteleuropa, um über Italien nach N-Afrika zu gelangen. Interessant ist dabei wiederum, dass es im zentralen Afrika, dem hauptsächlichen Überwinterungsgebiet von *P. t. acredula*, einige Wiederfunde von in Italien beringten Vögeln gibt, aber nicht in W-Afrika, dem hauptsächlichen Überwinterungsgebiet von *P. t. trochilus* (Spina & Volponi 2008b). Möglicherweise handelt es sich dabei um skandinavische Vögel, die direkt nach S ziehen und diese Richtung bis in die afrikanischen Winterquartiere beibehalten.

Dass auch östlich der Zugscheide in N-Europa beringte Fitisse nach SW ziehen können, zeigen die Funde von zwei Vögeln, die beide in N-Schweden im August beringt (Abb. 2) und wenige Wochen später in Deutschland gefunden wurden. Die auf den ersten Blick „falsche" Zugrichtung schlug ein Fitis ein, der im August

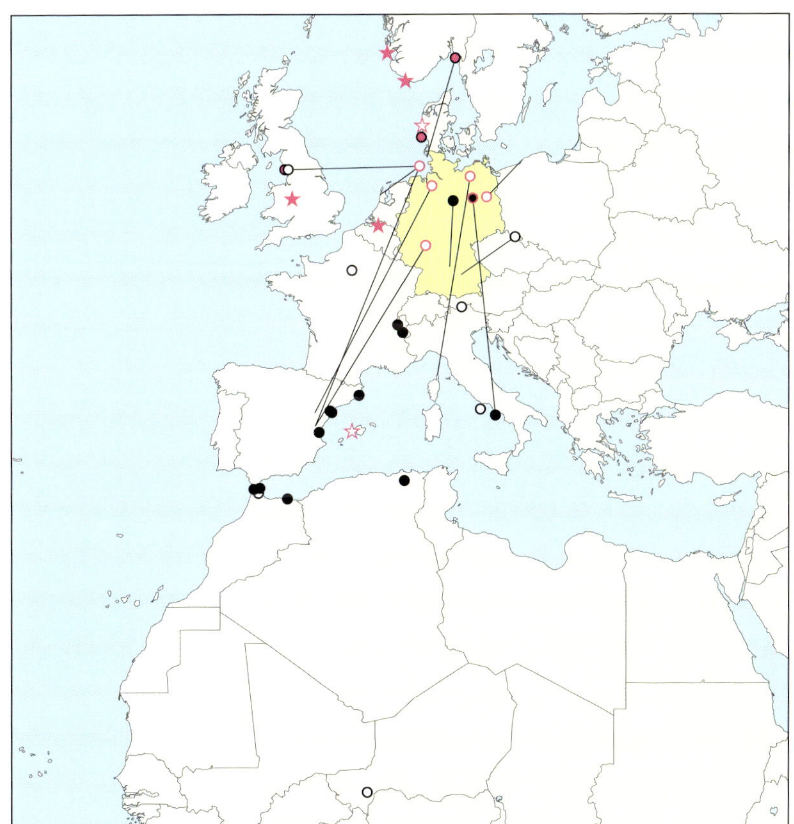

Abb. 5: Frühjahrszug (März – April) von in Deutschland zur Brutzeit (16 Funde) oder von März bis April anwesenden Fitissen (25 Funde). – *Spring migration (March – April) of Willow Warblers present in Germany during the breeding season (16 recoveries) or from March to April (25 recoveries).*

in Ungarn beringt wurde (Abb. 2) und der sich Mitte Oktober im Alpenvorland aufhielt. Es könnte sich dabei um einen W-Zieher gehandelt haben, der nördlich der Alpen auf dem Weg nach Frankreich war. Vollkommen aus dem Rahmen fällt ein Vogel, der im September auf der Nordseeinsel Minsener Oog (Niedersachsen) beringt und etwa fünf Wochen später in über 3000 km SE in Ägypten gefunden wurde (Abb. 4). Da er sich schon bei der Beringung auf dem Zug befand, ist die ursprüngliche Herkunft des Vogels unbekannt. Allerdings gibt es auch von dänischen und schweizerischen Ringvögeln Funde in der Ägäis und in Ägypten (Bønløkke et al. 2006, Maumary et al. 2007). Sie zeigen, dass die erwähnte Zugscheide keine klar definierte Linie ist, die die Zugrichtungen ausnahmslos trennt. Aus den afrikanischen Überwinterungsgebieten liegen keine Wiederfunde von Vögeln des deutschen Brutbestands vor. Bei Wiederfunden in Mali (1), Niger (1) und Ghana (2) (Abb. 1) handelt es sich ausnahmslos um Vögel, die im August beringt und im März bzw. April in Afrika gefunden wurden. Die betreffenden Vögel könnten sich damit im Herbst wie im Frühjahr bereits auf dem Zug befunden haben. Bei einem Fund in Malawi im Dezember (Abb. 1) handelt es sich um einen Vogel, der über ein Jahr zuvor Anfang August als diesjähriger Vogel beringt wurde. Er zeigt, dass durch Deutschland ziehende Fitisse auch ins südliche Afrika gelangen können. Winterfunde (Dezember – Februar) von in Deutschland zu den Zugzeiten beringten Fitissen liegen auch aus dem Mittelmeerraum (Algerien, Libyen, Spanien, Italien, Frankreich) vor. Einige dieser Vögel waren beim Fund frischtot oder wurden lebend gefangen und könnten auf ein Ausharren nördlich der Sahara hinweisen. Möglicherweise waren diese Vögel aber auch konstitutionell nicht in der Lage, den Zug fortzusetzen. Winterfunde von Fitissen aus Großbritannien, Dänemark, W-Norwegen und S-Schweden im tropischen W-Afrika zwischen Senegal und Nigeria (Dowsett et al. 1988, Wernham et al. 2002, Bakken et al. 2006, Bønløkke et al. 2006, Fransson & Hall-Karlsson 2008) legen nahe, dass hier auch die Überwinterungsgebiete deutscher Brutvögel liegen. Der Frühjahrszug einheimischer Fitisse zeigt, bei geringer Datenlage, eine stärkere S-Komponente als der Herbstzug (Abb. 5). Dies deutet auf einen Schleifenzug hin, bei dem der Frühjahrszug weiter östlich verläuft als der Herbstzug (Zink 1973). Ein weiterer Hinweis auf einen möglichen Schleifenzug sind Nachweise von in Deutschland beringten Vögeln in Italien (Abb. 1), bei denen die Frühjahrsfunde stark überwiegen. Es liegt allerdings nur ein direkter Fund eines in Italien beringten Vogels zur Brutzeit in Deutschland vor (Abb. 5). Der Durchzug norwegischer Brutvögel im Frühjahr entspricht ebenfalls diesem Schema; überraschend sind allerdings Funde britischer Fitisse während des Frühjahrszuges in Deutschland. Von der Schweiz aus zogen einige Fitisse ebenfalls im Frühjahr direkt nach Großbritannien (Maumary et al. 2007). Da Winternachweise britischer Vögel nur aus den W-afrikanischen Überwinterungsgebieten vorliegen, handelte es sich hier wahrscheinlich ebenfalls um Heimkehrer, die weiter östlich zogen als auf dem Herbstzug.

Summary: *Willow Warbler breeds all across Germany and is with 900,000 – 1,400,000 bp still widespread, despite a negative population trend. It is a trans-Saharan migrant and main migration occurs in August/September and again in April. Recoveries of Willow Warblers ringed in Germany scatter between N Norway and NW Africa with few additional records in tropical W Africa, and some remarkable recoveries from Egypt and Malawi. Willow Warblers ringed in Germany during the breeding season are exclusively recovered to the SSW and SW in autumn. However, some birds ringed during migration may also move towards the S and probably reach Africa via Italy. A Willow Warbler ringed in NW Germany in autumn was recovered in Egypt five weeks later, representing a small fraction of birds migrating SE over Germany. There are no recoveries of German breeding birds from the African winter quarters. Recoveries of German Willow Warblers during spring migration suggest a more easterly route compared to autumn.*

Zilzalp *Phylloscopus collybita*
Common Chiffchaff

Beringungen nach 1945:	420.923
Funde > 10 km nach 1945:	719/691
Wiederfundquote (Fernfunde nach 1945):	0,2 %
Funde > 10 km seit 1901:	722/694
Funde fremder Beringungszentralen:	158/146
Höchstalter:	6 J, 8 M
Weiteste Entfernung:	3266 km

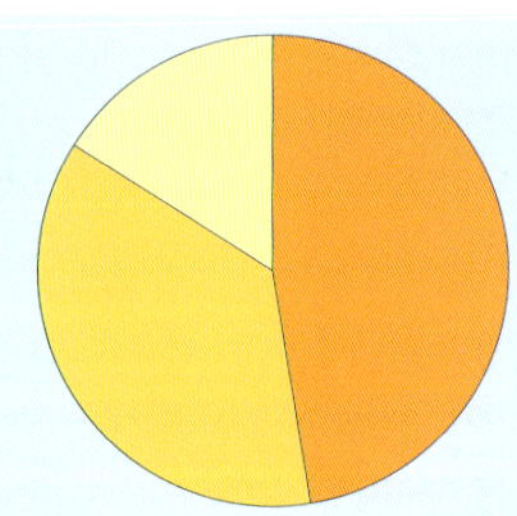

Verbreitung und Status: Das Brutgebiet des Zilpzalps erstreckt sich von W-Europa bis nach E-Sibirien. Die Nominatform ist auf W-, SE- und Mitteleuropa mit Italien beschränkt, wogegen *P. c. abietinus* in N- und E-Europa vorkommt. Zilpzalpe sind Zugvögel, die in nicht unerheblicher Zahl bereits in W-Europa überwintern. Der Großteil der europäischen Vögel zieht jedoch ins Mittelmeergebiet, den Nahen Osten und in die Savannen unmittelbar südlich der Sahara.

In Deutschland ist die Nominatform des Zilpzalps landesweit von der Küste bis auf annähernd 2000 m in den Alpen verbreitet, sofern nur wenige Büsche oder Bäume vorhanden sind. Mit 2.600.000 – 3.550.000 BP ist der Zilpzalp einer der häufigsten Brutvögel des Landes, obwohl die Bestände langfristig im Rückgang begriffen sind. Zu den einheimischen Vögeln gesellen sich zur Zugzeit fennoskandische und NE-europäische Durchzügler der Unterart *P. c. abietinus*. Sie werden hier nicht getrennt besprochen, da bei der Beringung kaum zwischen den beiden Subspezies unterschieden wird. Zilpzalpe verlassen ihre Brutgebiete ab August, wobei der Herbstzug seinen Höhepunkt um die Monatswende September/Oktober erreicht. Ab Ende Februar erscheinen im S die ersten Männchen bereits wieder in den Brutgebieten. Der Haupteinzug erfolgt Ende März, in N-Deutschland ist Zug noch bis in den Mai zu beobachten. Überwinterungsversuche sind aus allen Teilen Deutschlands bekannt und verlaufen z. T. erfolgreich. Auf Helgoland hat sich zwischen 1960 und 2008 der Mittelwert des Herbstzugs um zehn Tage verspätet und der des Frühjahrszug um sechs Tage verfrüht (Hüppop & Hüppop 2011). Zu Letzterem liegen ähnliche Beobachtungen aus S-Deutschland und Sachsen vor (Peintinger & Schuster 2005, Ernst 2013). In SW-Deutschland wurde zusätzlich ein zunehmend früherer Herbstzug registriert (Gatter 2000).

Wanderungen: Der Zilpzalp gehört mit über 400.000 Fänglingen seit 1945 zu den häufig in Deutschland beringten Arten. Dementsprechend ist auch die Zahl der Wiederfunde relativ hoch. Sie konzentrieren sich auffällig an den Küsten des westlichen Mittelmeerraumes, eine größere Anzahl liegt auch aus Skandinavien, den Benelux-Staaten, der Schweiz und Tschechien vor (Abb. 1). Einzelfunde weisen nach Großbritannien. Bemerkenswert sind Funde aus SE-Europa und der Levante. Diese E-Komponente fehlt bei Herkunftsorten von Zilpzalpen, die in Deutschland mit Ringen fremder Beringungszentralen gefunden wurden (Abb. 2). Diese reihen sich im Wesentlichen auf einer von NE nach SW reichenden Achse auf, die von Skandinavien bis Marokko reicht.

Zilpzalpe aus W- und Mitteleuropa ziehen nach SW, während Populationen östlich von etwa 13 °E vornehmlich nach SE ziehen (Zink 1973). Im Baltikum beringte Zilpzalpe gelangten aber auch nach Italien und auf die Britischen Inseln (Payevsky 1973, Wernham et al. 2002, Spina & Volponi 2008b). Die Lage einer Zugscheide in Mitteleuropa wird aus der Betrachtung der Herbstzugfunde von in Deutschland zur Brutzeit beringten Vögeln deutlich: Drei Funde in Tschechien, Slowenien und Bulgarien stammen ausschließlich aus E-Deutschland, während Funde in W- und

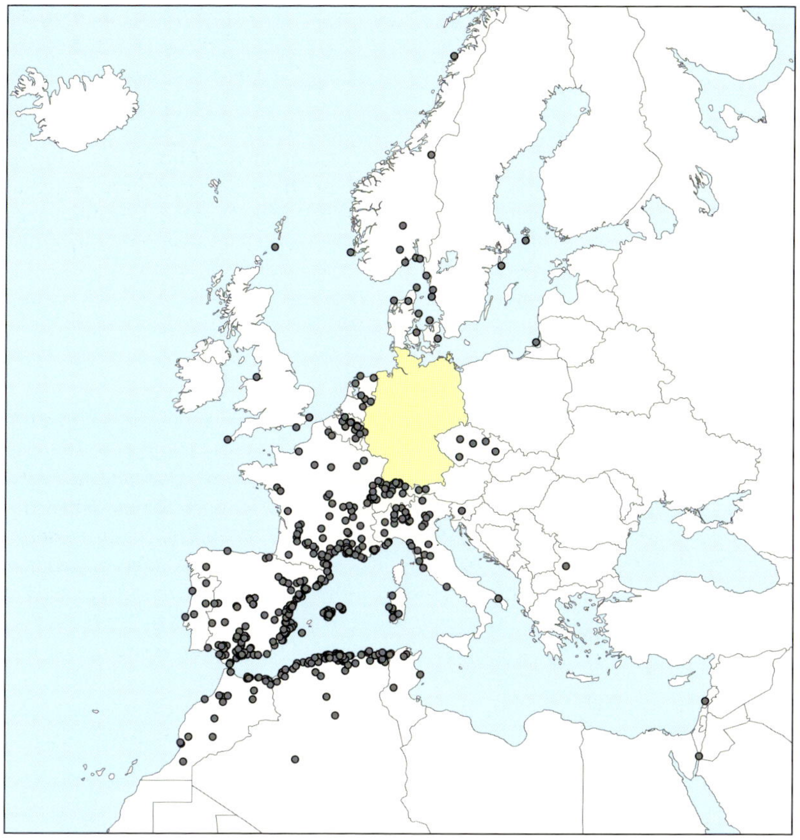

Abb. 1: Fundorte im Ausland von in Deutschland beringten Zilpzalpen (562 Funde). – *Foreign recovery sites of Common Chiffchaffs ringed in Germany (562 recoveries).*

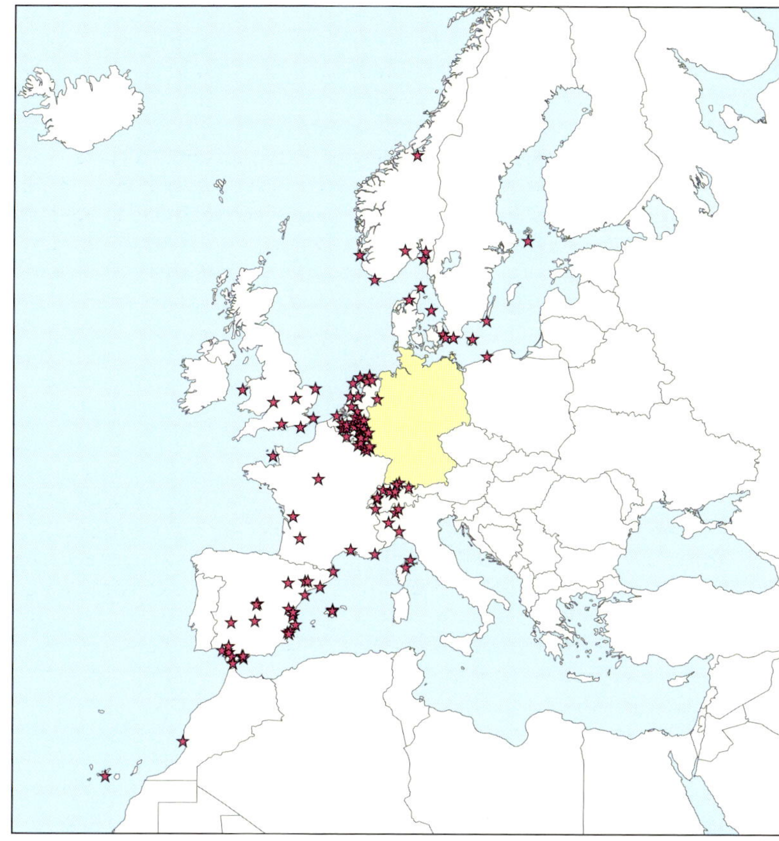

Abb. 2: Beringungsorte im Ausland von in Deutschland gefundenen Zilpzalpen (158 Funde). – *Foreign ringing sites of Common Chiffchaffs recovered in Germany (158 recoveries).*

S-Deutschland beringter Zilpzalpe zwischen SSW und SW streuen (Abb. 3). Solche aus dem äußersten SW Deutschlands scheinen dabei, ebenso wie schweizerische Zilpzalpe (Maumary et al. 2007), verstärkt nach SSW zu ziehen und gelangen so nach Algerien (Abb. 3, 4). Auffällig ist das fast völlige Fehlen von Funden aus dem NW Frankreichs und dem W der Iberischen Halbinsel (Abb. 3, 4). Wenige Funde belegen den Durchzug skandinavischer Brutvögel.

Winterfunde von zur Brutzeit beringten Vögeln streuen hauptsächlich um das westliche Mittelmeergebiet mit Schwerpunkt im E und S der Iberischen Halbinsel (Abb. 5). Zilpzalpe, die in Deutschland brüten, scheinen ebenso wie Brutvögel aus Tschechien (Cepák et al. 2008) hauptsächlich nördlich der Sahara zu verbleiben. Jeweils ein Zilpzalp aus N-Deutschland überwinterte in NW-Frankreich und in England. Ein Winterfund liegt aus Deutschland selbst, aus der Nähe des Beringungsorts, vor. Eine Trennung der Überwinterungsgebiete nach der naturräumlichen Herkunft ist kaum zu erkennen. Zilpzalpe des Alpenvorlandes scheinen jedoch weiter im E zu überwintern als ihre Artgenossen aus dem N Deutschlands, zudem wurden nur S-deutsche Ringvögel aus N-Afrika gemeldet. Am weitesten nach S gelangte ein Vogel, der im zentralen Marokko gefunden wurde. Zilpzalpe, die sich zur Zeit des Frühjahrszugs in algerischen Oasen aufhielten (Abb. 1), deuten Überwinterungen südlich der Sahara an. Da die Beringung dieser Vögel zur Zeit des Herbstzugs erfolgte, kann jedoch nicht mit Sicherheit von der Zugehörigkeit zum deutschen Brutbestand ausgegangen werden. Aus den Überwinterungsgebieten südlich der Sahara fehlen Funde deutscher Ringvögel. Dort überwintert ein nicht unerheblicher Teil der britischen sowie ein Teil der norwegischen Zilpzalpe (Wernham et al. 2002, Bakken et al. 2006).

Zwei im Januar in Deutschland beringte Zilpzalpe erbrachten Wiederfunde in einer späteren Zugsaison. Einer dieser Vögel wurde nach über einem Jahr im Februar aus Spanien gemeldet, was räumlich deutlich getrennte Aufenthaltsgebiete in verschiedenen Wintern belegt. Das Gleiche gilt für einen Vogel, der im Oktober in Spanien beringt und fünf Jahre später im Dezember in Deutschland frischtot gefunden wurde. Der zweite im Januar beringte Vogel wurde fast zwei Jahre später im Oktober in Norwegen kontrolliert. Er weist darauf hin, dass es sich bei den in Deutschland überwinternden Zilpzalpen nicht um lokale Vögel handeln muss. Das gleiche könnte für den Februarfund in Deutschland eines im August in Schweden beringten Vogels gelten. Bei Letzterem kann aber nicht ausgeschlossen werden, dass er sich schon sehr zeitig auf dem Frühjahrszug befand.

Im Frühjahr erfolgt der Einzug in die Brutgebiete nach direkten Ringfunden vorwiegend aus SW (Abb. 6). Somit liegen keine Hinweise auf einen Schleifenzug vor. Drei direkte Funde von im Mai (2) und Juni (1) auf den Britischen Inseln beringten Vögeln ein bis drei Wochen später in Deutschland sind aber wahrscheinlich ebenfalls noch dem Frühjahrszug zuzurechnen. Einzelfunde deuten darauf hin, dass entsprechend der Herbstzugrichtung nach SE auch der Einzug in die Brutgebiete aus dieser Richtung erfolgen kann. Dafür spricht ein Brutvogel aus der Nähe von Brodowin (Brandenburg), der zur Zeit des Frühjahrszugs in Tschechien kontrolliert wurde. Ein ebenfalls zur Brutzeit im äußersten E Deutschlands beringter Zilpzalp wurde im folgenden März sogar im Libanon gefunden (Abb. 6). Schwer zu erklären ist der Fund eines Zilpzalps, der im Juli in Deutschland beringt und zwei Jahre später im April in Rybachy (Russland) kontrolliert wurde. Neben einer möglichen Fernumsiedlung ist es wahrscheinlicher, dass der Vogel im Jahr der Beringung sein Brutgebiet sehr früh verlassen hatte. Bemerkenswert ist weiterhin ein direkter Fund von Helgoland nach Fair Isle (Schottland). Da auf Fair Isle keine Zilpzalpe brüten (Dymond 1991), muss der Vogel auf dem Weg in sein britisches oder skandinavisches Brutgebiet deutlich über das eigentliche Ziel hinausgeschossen (Zugprolongation) bzw. von der üblichen Route abgekommen sein.

Summary: *Common Chiffchaff is a common breeder all over Germany with a population of 2,600,000–3,550,000 bp. More than 400,000 ringed birds since 1945 produced a relatively high number of recoveries, mainly stemming from the SW and concentrated around the W Mediterranean. On autumn migration most German Chiffchaffs migrate towards the SW. Exceptions are birds from E Germany that were recovered in the Czech Republic, Slovenia and Bulgaria during autumn migration or in Lebanon in spring, indicating the existence of a migratory divide in Germany. Winter recoveries are almost exclusively from the W Mediterranean implying that German birds may entirely winter N of the Sahara. Birds ringed in the alpine foothills seem to winter further E than those ringed in the N of Germany, and only birds from S Germany were reported from N Africa. Birds ringed in January in Germany and recovered in Spain in later years are indicative for individually changing wintering sites. As suggested by the main autumn migration route, birds in spring mainly move towards Germany from the SW.*

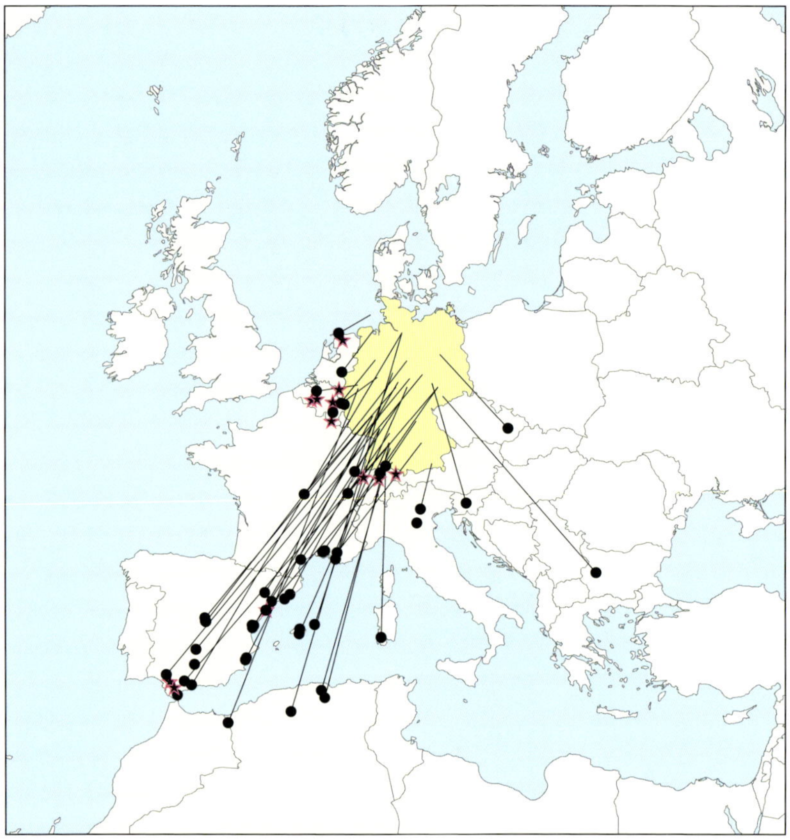

Abb. 3: Herbstzug (September – November) von in Deutschland zur Brutzeit anwesenden Zilpzalpen (65 Funde). – *Autumn migration (September – November) of Common Chiffchaffs present in Germany during the breeding season (65 recoveries).*

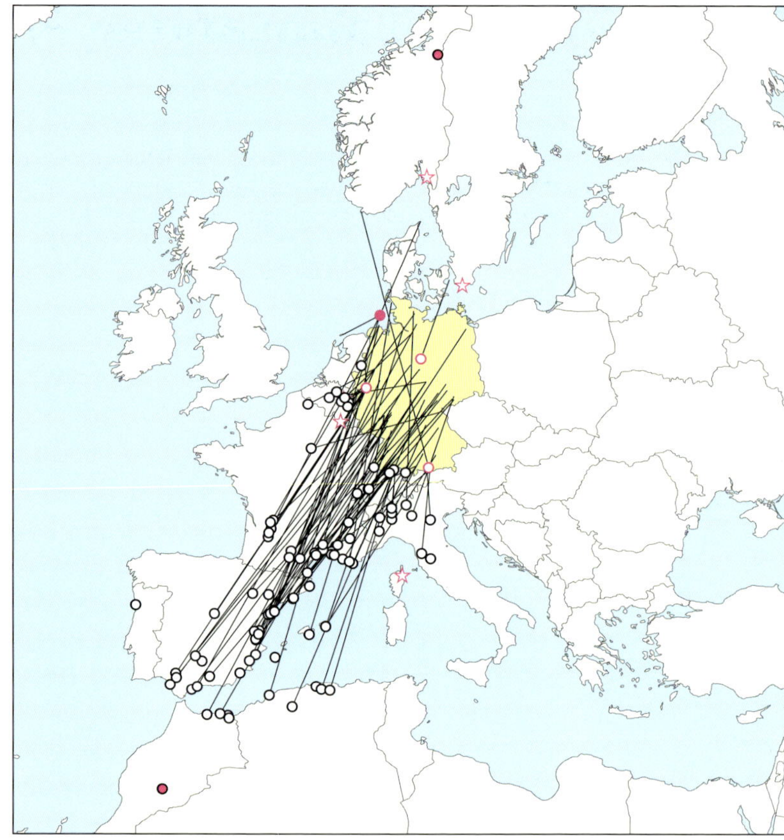

Abb. 4: Herbstzug (September – November) von in Deutschland von September bis November anwesenden Zilpzalpen (109 Funde). – *Autumn migration (September – November) of Common Chiffchaffs present in Germany from September to November (109 recoveries).*

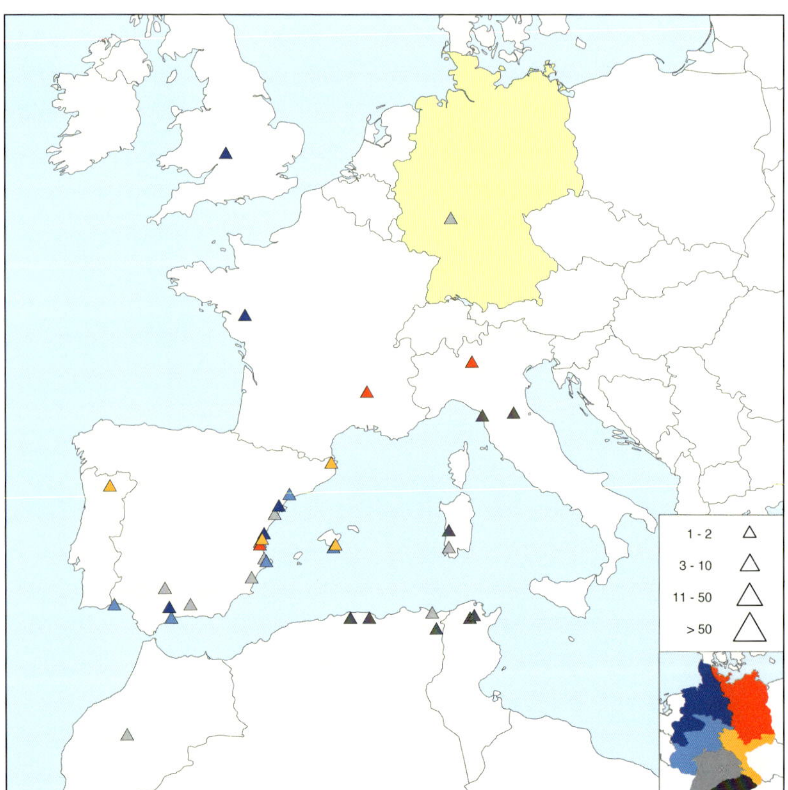

Abb 5: Aufenthaltsorte im Winter (Dezember – Februar) von in Deutschland zur Brutzeit anwesenden Zilpzalpen (35 Funde). – *Presence in winter (December – February) of Common Chiffchaffs present in Germany during the breeding season (35 recoveries).*

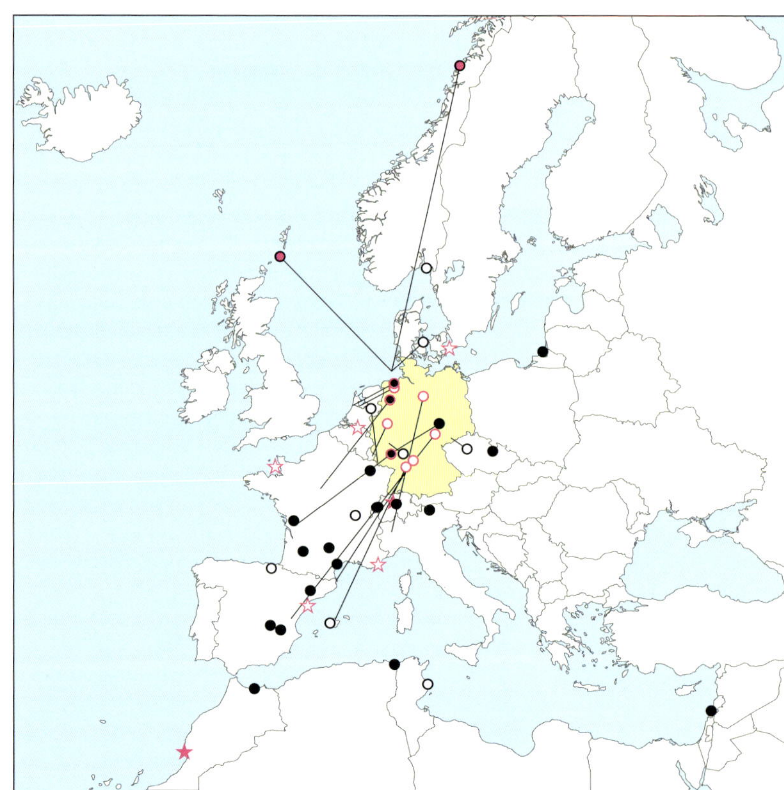

Abb. 6: Frühjahrszug (März – April) von in Deutschland zur Brutzeit (23 Funde) oder von März bis April anwesenden Zilpzalpen (28 Funde). – *Spring migration (March – April) of Common Chiffchaffs present in Germany during the breeding season (23 recoveries) or from March to April (28 recoveries).*

Goldhähnchen-Laubsänger *Phylloscopus proregulus*
Pallas's Leaf-warbler

Das Brutgebiet des Goldhähnchen-Laubsängers umfasst den Taigagürtel von W-Sibirien bis an die Pazifikküste, die Überwinterungsgebiete liegen vor allem in S-China. In Mitteleuropa erscheinen alljährlich einige Vögel. In Deutschland gelangen von 1976 bis 2012 insgesamt 207 Nachweise (Deutsche Avifaunistische Kommission 2013), zumeist im Oktober und November. Das Gros der deutschen Nachweise stammt von Helgoland (Portofée & Dierschke 1999). Der einzige Vogel, der einen Wiederfund ergab, wurde am 23.10.2012 auf der Hallig Oland beringt und ging nur vier Tage später 509 km SW Beringern in Belgien ins Netz.

Summary: *Pallas's Leaf Warbler is an annual, rare migrant in Germany, with a total of some 207 records, mostly in autumn. A bird ringed on 23rd October 2012 was retrapped in Belgium four days later.*

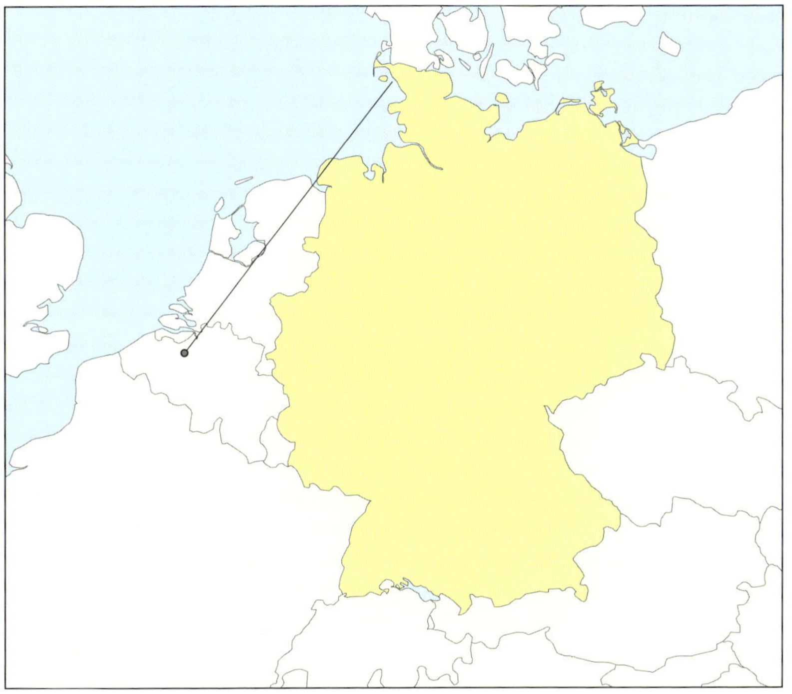

Abb. 1: Fund eines Goldhähnchen-Laubsängers mit Bezug zu Deutschland. – *Recovery of a Pallas's Leaf-warbler related to Germany.*

Gelbbrauen-Laubsänger *Phylloscopus inornatus*
Yellow-browed Warbler

Gelbbrauen-Laubsänger brüten in der Taiga vom N-Ural bis E-Sibirien und überwintern in SE-Asien. Alljährlich und in zunehmender Zahl gelangen sie nach Europa vor allem von Ende September bis Ende Oktober, im Frühjahr werden sie allerdings nur selten gesehen. In Deutschland werden Gelbbrauen-Laubsänger vor allem an der Nordseeküste festgestellt (Krüger & Dierschke 2004). Ein auf Helgoland am 6.10.2013 beringter Vogel wurde 3289 km SW am 10.1.2014 auf der Kanareninsel Lanzarote fotografiert. Dies passt zu den wenigen direkten Ringfunden innerhalb Europas von Norwegen nach Fair Isle (Schottland) bzw. von Dorset (England) nach Guernsey (Kanalinseln), die ebenfalls nach SW bzw. S flogen (Bakken et al. 2006, Wernham et al. 2002). Auch anhand von Orientierungsexperimenten ermittelte Abzugsrichtungen auf der dänischen Insel Christiansø bei Bornholm bzw. auf den Färöer zeigten nach SW bis NW bzw. NW (Thorup 1998, Thorup et al. 2012).

Summary: *Yellow-browed Warbler is an annual, but scarce migrant occurring mainly along the German North Sea coast. A bird ringed on Helgoland in October 2013 was photographed 3289 km SW on Lanzarote in January 2014*

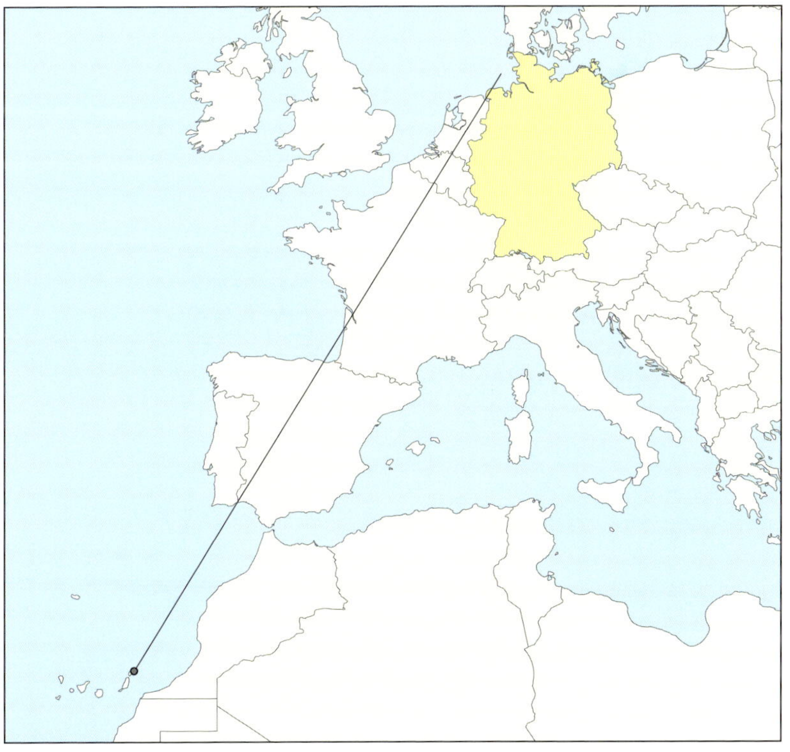

Abb. 1: Fund eines Gelbbrauen-Laubsängers mit Bezug zu Deutschland. – *Recovery of a Yellow-browed Warbler related to Germany.*

Feldschwirl *Locustella naevia*

Western Grasshopper Warbler

Beringungen nach 1945:	18.715
Funde > 10 km nach 1945:	19/19
Wiederfundquote (Fernfunde nach 1945):	0,1 %
Funde > 10 km seit 1901:	19/19
Funde fremder Beringungszentralen:	3/3
Höchstalter:	4 J, 10 M
Weiteste Entfernung:	4933 km

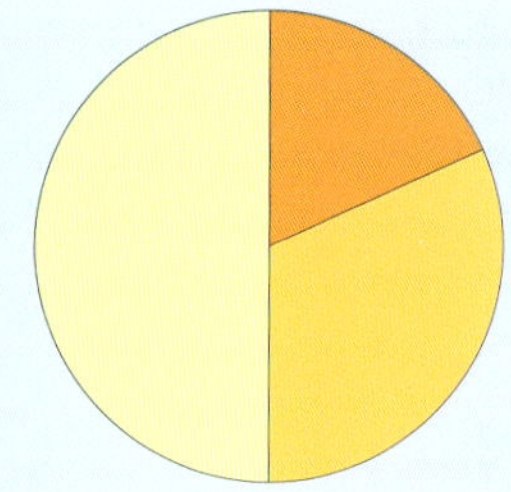

Verbreitung und Status: Das Brutgebiet des Feldschwirls erstreckt sich von N-Spanien und Irland bis zum Jenissej und dem Altai in Asien. In Europa sind der N und der S nicht besiedelt. Als trans-Saharazieher überwintern Vögel aus dem W des Verbreitungsgebietes hauptsächlich im tropischen W-Afrika, vereinzelt aber auch in Marokko. In Deutschland ist der Feldschwirl mit 36.000 – 63.000 BP mäßig häufig in offenen Landschaften von der Küste bis zum Alpenvorland lückig verbreitet. Der Bestand zeigt in den letzten Jahrzehnten einen moderat abnehmenden Trend. Der Herbstzug beginnt bereits im Juli und hält bis in den Oktober an. Der Wiedereinzug in die Brutgebiete findet vor allem um die Monatswende April/Mai statt.

Die Beringung von Feldschwirlen ergab nur wenige Wiederfunde. Sie zeigen mit Nachweisen in Belgien, Spanien und Marokko, dass der Herbstzug nach W bis SW erfolgt (Abb. 1). Ein im Januar in Gambia beringter Feldschwirl hielt sich im Juni in Ostfriesland auf und ist der einzige Hinweis auf das Überwinterungsgebiet deutscher Brutvögel. Im benachbarten Senegal gibt es dazu Nachweise von britischen und schwedischen Vögeln (Wernham et al. 2002, Fransson & Hall-Karlsson 2008). Ein im Mai an der niedersächsischen Küste beringter Feldschwirl wurde zwei Monate später in Dänemark gefunden und belegt den Zug skandinavischer Vögel durch Deutschland.

Summary: *Grasshopper Warbler is a widespread breeding species in Germany with a population of 36,000 – 63,000 bp. Ringing produced only a few recoveries which indicate autumn migration towards W to SW. A bird ringed in Gambia in January was recovered in Germany in June.*

Abb. 1: Funde von Feldschwirlen mit Bezug zu Deutschland (16 Funde). – *Recoveries of Western Grasshopper Warblers related to Germany (16 recoveries).*

Rohrschwirl *Locustella luscinioides*

Savi's Warbler

Beringungen nach 1945:	12.320
Funde > 10 km nach 1945:	42/36
Wiederfundquote (Fernfunde nach 1945):	0,3 %
Funde > 10 km seit 1901:	42/36
Funde fremder Beringungszentralen:	6/6
Höchstalter:	8 J, 5 M
Weiteste Entfernung:	2044 km

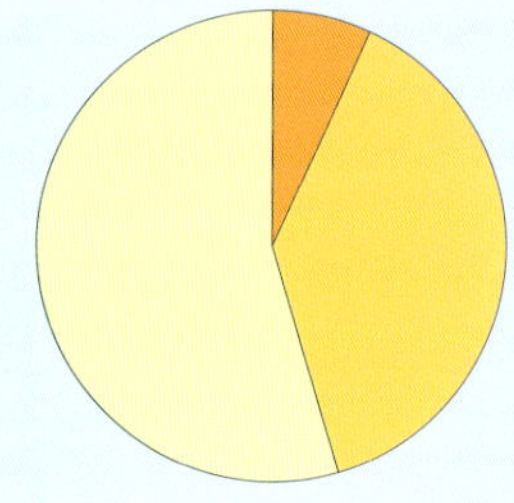

Der Rohrschwirl weist ein sehr lückiges Verbreitungsgebiet auf, das sich von NW-Afrika und W-Europa bis in die Mongolei erstreckt. Er ist in seinem gesamten Verbreitungsgebiet Langstreckenzieher, der hauptsächlich südlich der Sahara überwintert, in Einzelfällen aber auch in N-Afrika. In Deutschland liegt der Verbreitungsschwerpunkt des stabilen Bestandes von 5500 – 9500 BP im E des Landes. Der Herbstzug macht sich vor allem von Mitte August bis Mitte September bemerkbar, die Ankunft im Frühjahr findet von April bis Mai statt. Die wenigen Wiederfunde in Deutschland beringter Rohrschwirle ergeben ein indifferentes Bild (Abb. 1). Die meisten Funde stammen von in E-Deutschland beringten Vögeln. Sie deuten den Zug nach S bis SSE an. Ein Fund in Griechenland lässt die Überquerung des Mittelmeeres im Bereich der Ägäis vermuten. Ein Fund in Polen stammt aus dem Jahr nach der Beringung und ist daher eher ein Hinweis für eine Umsiedlung oder eine in verschiedenen Jahren unterschiedliche Zugroute als ein Beleg für einen Zug nach E. Bemerkenswert ist, dass Vögel aus dem äußersten N Deutschlands fast ausnahmslos nach SW ziehen und hier auch ein in Spanien beringter Vogel kontrolliert wurde. Damit deutet sich die Lage einer Zugscheide an, über die bereits Zink (1973) aufgrund einer wesentlich geringeren Datenlage spekuliert hatte. Allerdings zog ein Rohrschwirl auch von Belgien nach SE und hielt sich etwa zwei Wochen nach der Beringung am Bodensee auf. Der einzige Afrikafund wurde während des Herbstzugs (September) aus Algerien gemeldet. Zur Lage der Überwinterungsgebiete liegen keine Informationen vor.

Summary: *Savi's Warbler has a small but stable population in Germany with 5500 to 9500 bp. There are only few recoveries mainly from individuals ringed in E Germany, from where the birds migrate towards S and SSE. On the other hand, birds ringed in N Germany were almost exclusively found in SW directions; in addition, a bird ringed in Spain and controlled in N Germany showed migration along the same axis. This indicates the existence of a migratory divide in Germany.*

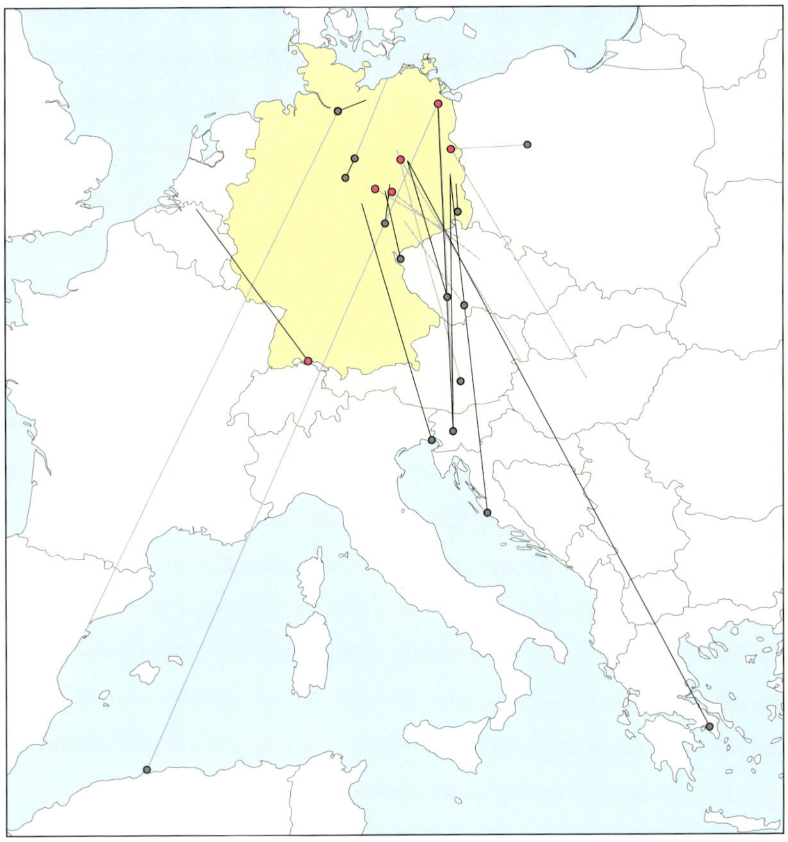

Abb. 1: Funde von Rohrschwirlen mit Bezug zu Deutschland (25 Funde). – *Recoveries of Savi's Warblers related to Germany (25 recoveries).*

Schilfrohrsänger *Acrocephalus schoenobaenus*

Sedge Warbler

Beringungen nach 1945:	61.104
Funde > 10 km nach 1945:	106/101
Wiederfundquote (Fernfunde nach 1945):	0,2 %
Funde > 10 km seit 1901:	108/103
Funde fremder Beringungszentralen:	102/101
Höchstalter:	7 J, 2 M
Weiteste Entfernung:	4147 km

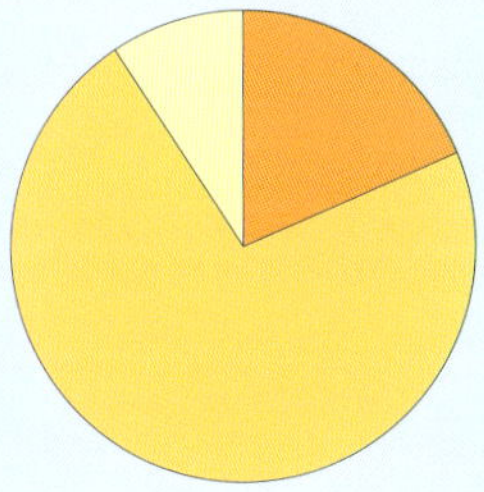

Verbreitung und Status: Das geschlossene Brutgebiet des Schilfrohrsängers erstreckt sich von W- und N-Europa bis etwa zum Jenissej und dem Altai in Zentralasien. Isolierte Vorkommen finden sich in SE-Europa und in der Türkei. Im gesamten Verbreitungsgebiet ist der Schilfrohrsänger ein trans-Saharazieher, der im tropischen Afrika mit Ausnahme des SW überwintert, vereinzelt vielleicht auch in NE-Afrika und Israel sowie neuerdings in Marokko (Rguibi-Idrissi et al. 2006).

In Deutschland ist der mäßig häufige Schilfrohrsänger landesweit, aber lückig mit 17.000 – 27.000 BP verbreitet. Ende der 1960er Jahre sind die Bestände im gesamten W-europäischen Brutgebiet als Folge der Dürre in der Sahelzone stark eingebrochen. Sie erholten sich auch nach Perioden mit günstigeren Überwinterungsbedingungen nicht wieder in vollem Maße (Peach et al. 1991, Foppen et al. 1999), sind aber in Deutschland weiterhin im Anstieg begriffen. Der Herbstzug beginnt bereits im Juli und gipfelt zwischen August und Mitte September. Der Frühjahrszug ist zwischen Mitte April und Anfang Mai am stärksten ausgeprägt, zieht sich aber bis in den Juni hinein. Auf Helgoland hat sich der Herbstzug zwischen 1960 und 2008 um etwa sieben Tage verfrüht (Hüppop & Hüppop 2011).

Wanderungen: Deutschland nimmt eine zentrale Rolle auf der N-S-Achse ein, auf der N- und mitteleuropäische Schilfrohrsänger nach Afrika ziehen. Funde in Deutschland beringter sowie Beringungsorte in Deutschland gefundener Schilfrohrsänger streuen relativ wenig nach E und W und weisen demnach hauptsächlich nach N bis NE (Fennoskandien, Baltikum) und S bis SE (Tschechien, Ungarn, Slowenien, Italien). Einzelne Ringvögel belegen Verbindungen nach W- und SW-Europa, wie auch ein schwedischer Ringvogel, der direkt nach S-Spanien zog (Zink 1973).

Im Herbst ziehen in Deutschland brütende Schilfrohrsänger (Abb. 3) und solche, die während der Zugzeit beringt wurden (Abb. 4), hauptsächlich nach S ab. Die am weitesten reichenden Funde stammen aus dem Gebiet der N-Adria sowie aus N-Algerien. Sie belegen, dass das Mittelmeer von einem Großteil der in Deutschland auftretenden Schilfrohrsänger in seinem zentralen Bereich überquert wird (Abb. 3, 4). Italien scheint dabei auf dem Weg nach Afrika das Hauptdurchzugsgebiet N- und mitteleuropäischer Brutvögel zu sein (Spina & Volponi 2008b). Dass dies nicht ausschließlich der Fall ist, zeigen Funde von einheimischen Vögeln wie auch der eines zur Zeit des Herbstzugs beringten Individuums im W (Belgien) und SW (SW-Frankreich) Europas.

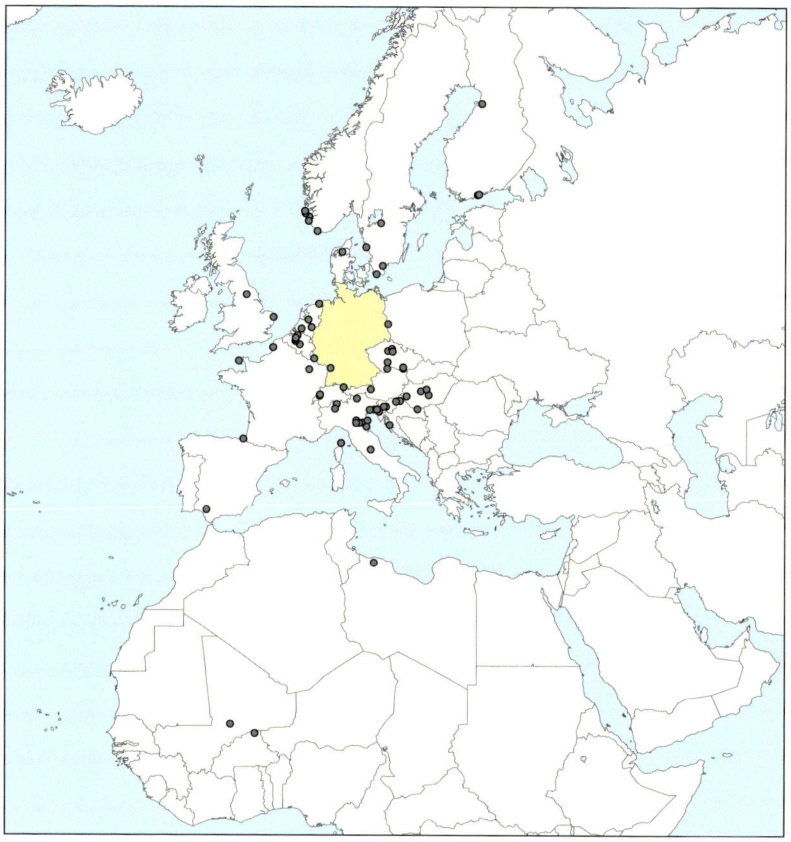

Abb. 1: Fundorte im Ausland von in Deutschland beringten Schilfrohrsängern (86 Funde). – *Foreign recovery sites of Sedge Warblers ringed in Germany (86 recoveries).*

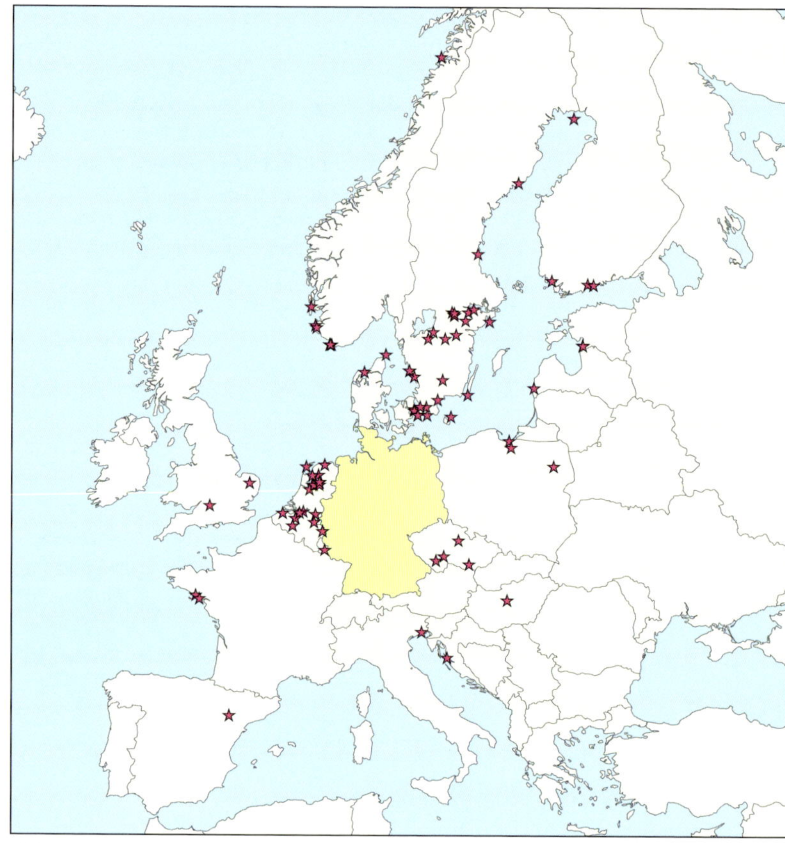

Abb. 2: Beringungsorte im Ausland von in Deutschland gefundenen Schilfrohrsängern (102 Funde). – *Foreign ringing sites of Sedge Warblers recovered in Germany (102 recoveries).*

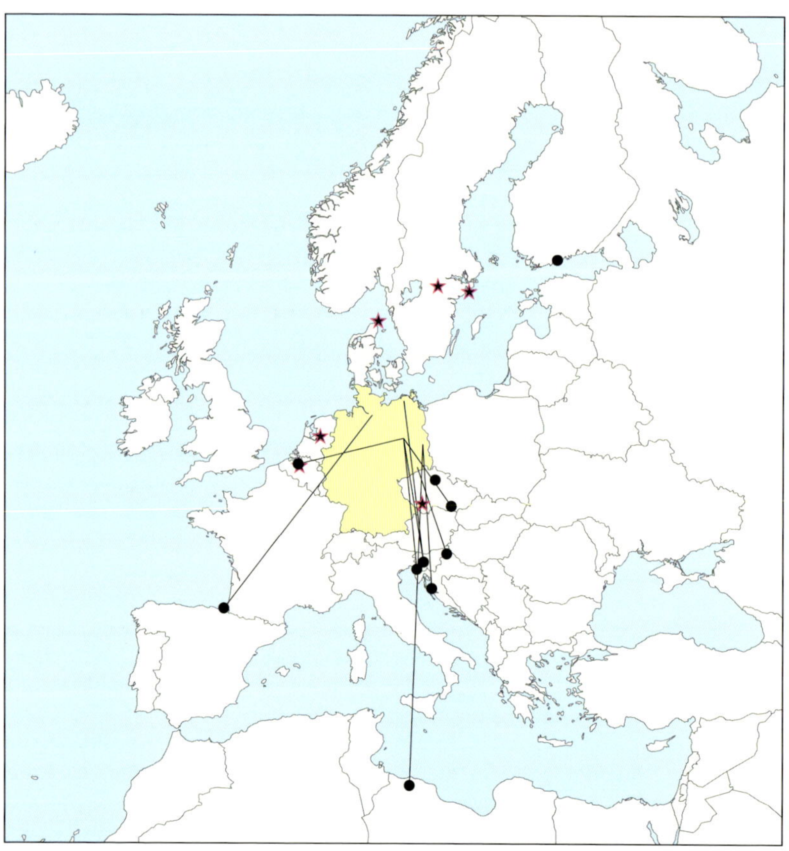

Abb. 3: Herbstzug (August – November) von in Deutschland zur Brutzeit anwesenden Schilfrohrsängern (18 Funde). – *Autumn migration (August – November) of Sedge Warblers present in Germany during the breeding season (18 recoveries).*

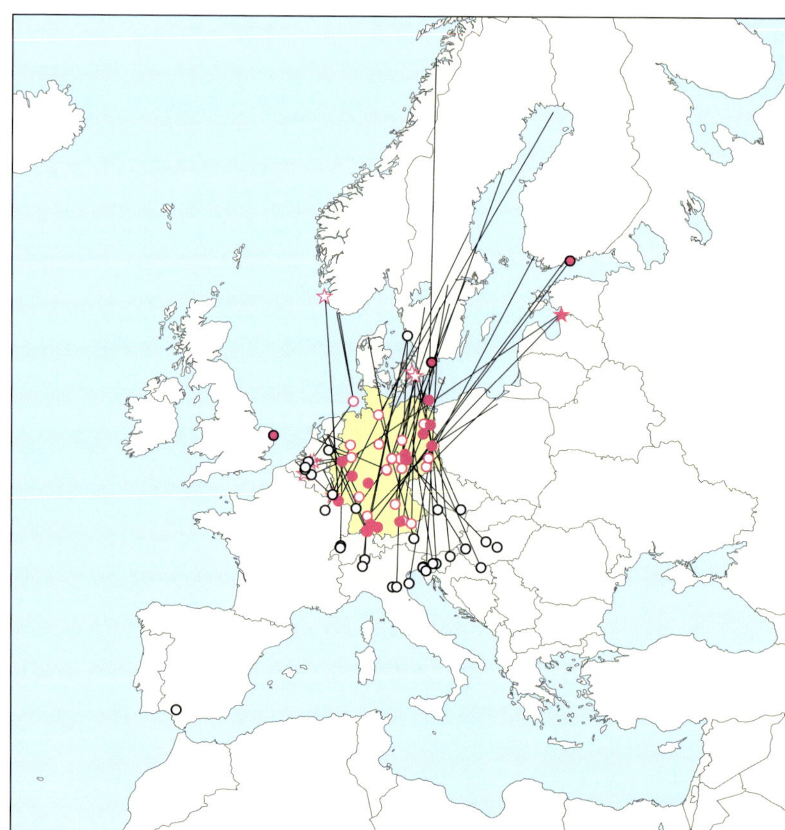

Abb. 4: Herbstzug (August – November) von in Deutschland von August bis November anwesenden Schilfrohrsängern (103 Funde). – *Autumn migration (August – November) of Sedge Warblers present in Germany from September to November (103 recoveries).*

Durchzügler im Herbst erreichen Deutschland aus Fennoskandien und dem Baltikum (Abb. 4). Einige von ihnen stammen auch aus Belgien und England. Unter Umständen wandert ein Teil der Durchzügler nach SE ins östliche Mittelmeergebiet, wie direkte Herbstzugfunde in Ungarn andeuten (Abb. 4). Diese Route wurde auch von einigen in Rybachy (Russland) und Tschechien beringten Schilfrohrsängern gewählt (Zink 1973, Cepák et al. 2008). Bei den Vögeln, die zur Zugzeit in Dänemark (1) und Schweden (2) beringt und in einer späteren Brutzeit in Deutschland gefunden wurden (Abb. 3), handelte es sich wahrscheinlich nicht um Fernumsiedler. Es sind eher Vögel, die sich auf ihrem Zug in die Brutgebiete verspäteten oder die in den Jahren des Fundes ihre Brutgebiete früh verlassen hatten (Fransson & Hall-Karlsson 2008).

Aus den Winterquartieren liegen keine Nachweise deutscher Brutvögel vor. Zwei im September beringte Schilfrohrsänger, und damit wahrscheinlich schon Durchzügler, wurden jedoch im folgenden März aus Mali gemeldet bzw. im folgenden Februar in Burkina Faso wieder gefangen (Abb. 1). Funde in Großbritannien, Frankreich, den Niederlanden und in Schweden beringter Schilfrohrsänger in W-Afrika von Senegal und Mali bis Ghana lassen vermuten, dass sich hier auch die Überwinterungsgebiete von in Deutschland brütenden Schilfrohrsängern befinden (Dowsett et al. 1988, Wernham et al. 2000, Fransson & Hall-Karlsson 2008).

Informationen zum Frühjahrszug sind spärlich. Von acht Aprilfunden stammen sechs aus Italien. Sie zeigen, dass die Brutgebiete auf derselben Route erreicht werden, die auch schon auf dem Herbstzug eingeschlagen wurde. Hinweise auf einen Schleifenzug ergeben sich daher nicht (Zink 1973).

Summary: *Sedge Warbler is widespread in Germany, but with a patchy distribution. Numbers are increasing and currently stand at 17,000 – 27,000 bp. Autumn migration of the long-distance migrant peaks in August and September, and the return to the breeding areas takes place mainly in late April and early May. Sedge Warblers breeding in Germany as well as migrants from further N move mainly towards the S in autumn to reach Africa via Italy. A few individuals were found to migrate towards the SW and to the SE, respectively, implying that several migration routes may overlap in Germany. There are no recoveries of Sedge Warblers breeding in Germany from the sub-Saharan winter quarters. There are hardly any recoveries from spring migration. Six out of eight April recoveries are from Italy, indicating identical routes in spring and autumn.*

Sumpfrohrsänger *Acrocephalus palustris*

Marsh Warbler

Beringungen nach 1945:	180.709
Funde > 10 km nach 1945:	201/173
Wiederfundquote (Fernfunde nach 1945):	0,1 %
Funde > 10 km seit 1901:	202/174
Funde fremder Beringungszentralen:	42/41
Höchstalter:	10 J, 10 M
Weiteste Entfernung:	6833 km

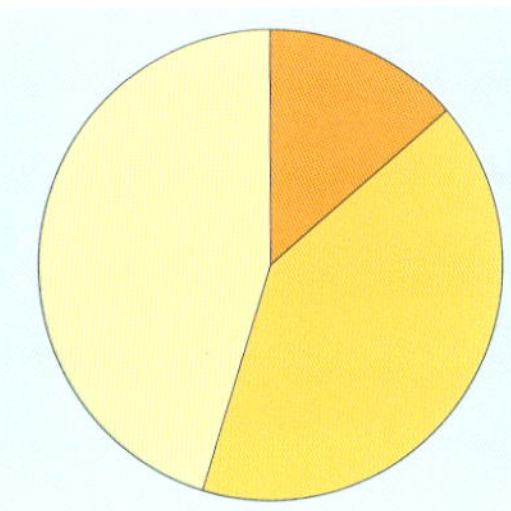

Verbreitung und Status: Das Brutgebiet des Sumpfrohrsängers erstreckt sich von W-Europa bis nach Kasachstan und N-Iran, wobei weite Teile von S-, W- und N-Europa nicht besiedelt sind. Die Überwinterungsgebiete des trans-Sahara-ziehers werden wahrscheinlich nur über den östlichen Mittelmeerraum erreicht und liegen in E- und SE-Afrika. Einzelnachweise in W-Afrika sind wegen der leichten Verwechslung mit dem Teichrohrsänger umstritten.

In Deutschland ist der Sumpfrohrsänger ein weit verbreiteter und häufiger Brutvogel in Hochstaudenfluren, dessen Bestände seit etwa der Jahrtausendwende eine moderate Abnahme zeigen. Aktuell beträgt die Zahl der BP 370.000 – 540.000. Sumpfrohrsänger verlassen bereits ab Mitte Juli ihre Brutgebiete, wobei die Männchen vor den Weibchen abziehen. Der Herbstzug hält bis in den September hinein an, Einzelnachweise liegen noch aus dem Oktober vor. Der Frühjahrzug verläuft in einem engen zeitlichen Rahmen und ist Ende Mai/Anfang Juni am stärksten ausgeprägt. In Sachsen hat sich die Erstankunft im Frühjahr zwischen 1967 und 2011 um etwa elf Tage verfrüht (Ernst 2013).

Wanderungen: Fernfunde in Deutschland beringter bzw. Beringungsorte in Deutschland gefundener Sumpfrohrsänger streuen von Belgien, S-Skandinavien und nach Bakken et al. (2006) auch von Norwegen bis in die Levante, Ägypten und Kenia (Abb. 1, 2). Kritisch sind Nachweise in SW-Frankreich, Spanien und Marokko zu sehen (Abb. 1, Zink 1973). Bei zwei Fällen in Frankreich und drei Fällen in Spanien handelte es sich aber um Vögel, die bei der Beringung und beim Fund bzw. Wiederfang als Sumpfrohrsänger bestimmt wurden. Nicht berücksichtigt wird hier der von Payevsky (1973) dargestellte und von Zink (1973) beschriebene Fund eines Vogels, der in Rybachy (Russland) im Juni als Teichrohrsänger beringt, bei seinem Wiederfang im darauf folgenden Mai im W Deutschlands aber als Sumpfrohrsänger bestimmt wurde. Ebenfalls nicht abgebildet sind zwei Vögel, die in Deutschland als Sumpfrohrsänger beringt und in Senegal und Mauretanien als Teichrohrsänger kontrolliert wurden. Weitere Beispiele finden sich bei Zink (1973). Es liegen zwar einzelne Berichte über Beobachtungen von Sumpfrohrsängern aus W-Afrika vor (z. B. Gore 1981, Rodwell et al. 1996), sie sind jedoch meist unzureichend dokumentiert.

In Deutschland einheimische sowie zur Zugzeit beringte Sumpfrohrsänger wandern im Herbst vorwiegend nach SE ab, um, wie ihre Artgenossen aus anderen Regionen, über den östlichen Mittelmeerraum nach Afrika zu gelangen (Abb. 3, 4, Zink 1973, Dowsett-Lemaire & Dowsett 1987). Drei einheimische Vögel wurden dabei im November in Ngulia (Kenia) nachgewiesen, nach Nikolaus (1987) gibt es zusätzlich einen Septemberfund im Sudan. Einige Sumpfrohrsänger scheinen auch nach SW zu ziehen, was nicht immer durch Verwechslungen mit dem Teichrohrsänger erklärt werden kann (siehe oben). Die Herkunft von Durchzüglern zeigen Funde aus dem SE Englands, aus den Niederlanden und aus Belgien an, die den Erwartungen eines Zugs nach SE entsprechen. Allerdings wurden zur Zugzeit in Deutschland beringte Sumpfrohrsänger in einer späteren Brutsaison auch in Polen gefunden (Abb. 4). Diese Vögel müssen entweder im Herbst zumindest zeitweise in westliche Richtungen gezogen sein oder sich bei der Beringung auf einer Zerstreuungswanderung befunden haben.

In den Wintermonaten wurden deutsche Brutvögel auf Zypern (1 Ind., Januar) und in Kenia (2 Ind., Dezember) kontrolliert. Bei der Kontrolle auf Zypern könnte es sich um den seltenen Fall einer Überwinterung im Mittelmeergebiet gehandelt haben. Bei Vögeln, die in Ngulia, Kenia, gefangen wurden, handelt es sich allerdings nicht um Überwinterer. Sumpfrohrsänger verweilen nach dem Überqueren des Mittelmeers und der östlichen Sahara zunächst bis zu vier Monate nördlich des Äquators, wahrscheinlich in SW-Äthiopien und SE-Sudan. Ab Mitte November bis Mitte Dezember ziehen sie ins südliche Afrika weiter (Dowsett-Lemaire & Dowsett 1987) und werden dabei nachts auf der 920 m hoch gelegenen Fangstation in Ngulia (Kenia) gefangen (Pearson & Backhurst 1976). Das Aufenthaltsgebiet nach diesem Mittwinterzug liegt in SE-Afrika (Urban et al. 1997), was für deutsche Brutvögel noch nicht durch Ringfunde belegt werden konnte.

Abb. 1: Fundorte im Ausland von in Deutschland beringten Sumpfrohrsängern (59 Funde). ?: Art beim Fund nicht bestimmt. – *Foreign recovery sites of Marsh Warblers ringed in Germany (59 recoveries). ?: species not identified at recovery.*

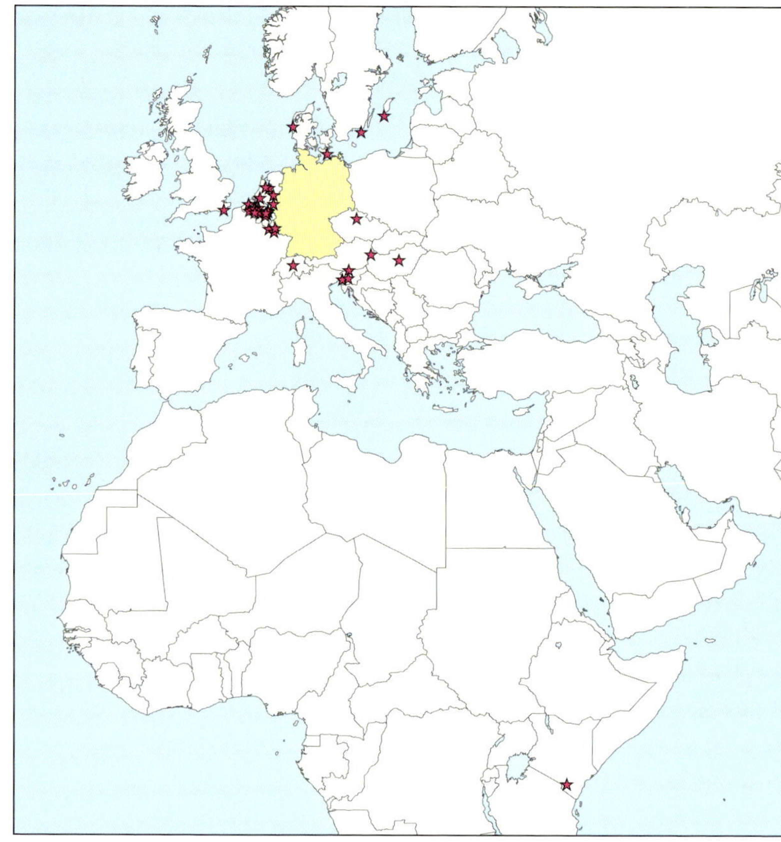

Abb. 2: Beringungsorte im Ausland von in Deutschland gefundenen Sumpfrohrsängern (42 Funde). – *Foreign ringing sites of Marsh Warblers recovered in Germany (42 recoveries).*

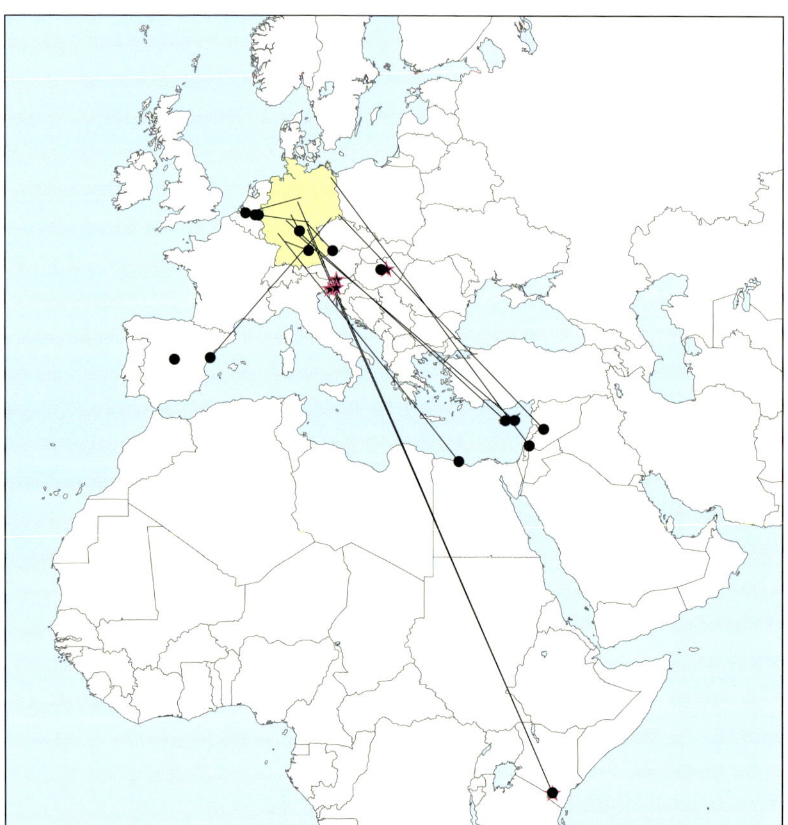

Abb. 3: Herbstzug (August – November) von in Deutschland zur Brutzeit anwesenden Sumpfrohrsängern (23 Funde). – *Autumn migration (August – November) of Marsh Warblers present in Germany during the breeding season (23 recoveries).*

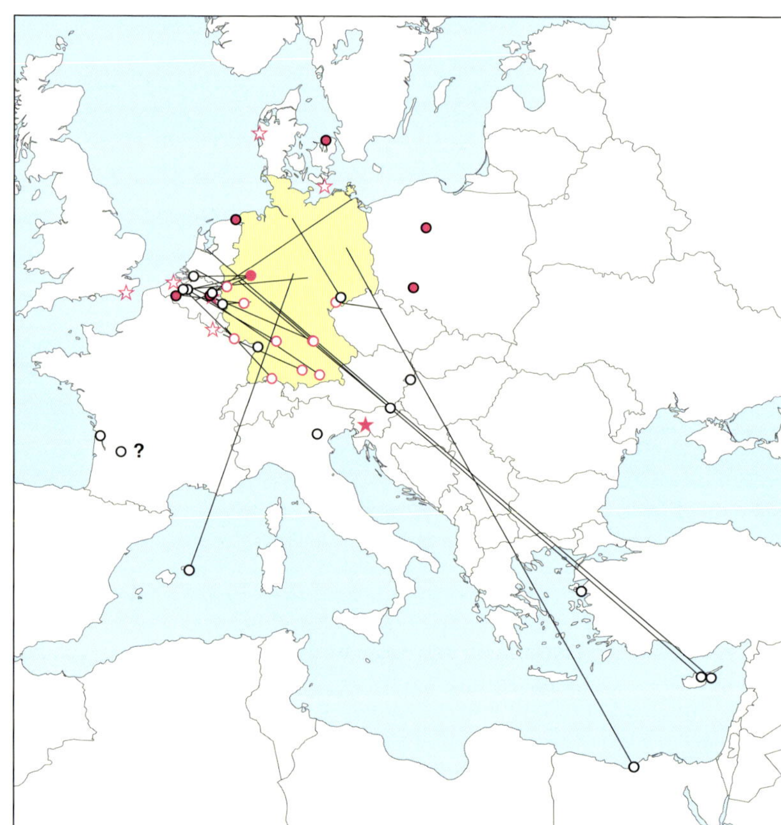

Abb. 4: Herbstzug (August – November) von in Deutschland von August bis November anwesenden Sumpfrohrsängern (43 Funde). ?: Art beim Fund nicht bestimmt. – *Autumn migration (August – November) of Marsh Warblers present in Germany from August to November (43 recoveries). ?: species not identified at recovery.*

Vom Frühjahrszug liegen nur wenige Wiederfunde vor (Abb. 5). In Deutschland brütende Sumpfrohrsänger wurden einmal in Tschechien und einmal in Österreich beringt, während Vögel aus Belgien, den Niederlanden und Schweden durch Deutschland zogen. Zwei zur Zeit des Frühjahrszugs in Schweden beringte Sumpfrohrsänger wurden direkt bzw. im Folgejahr zur Brutzeit in Deutschland gefunden (Abb. 5). Wahrscheinlich sind die Brutzeitfunde in einer unerwarteten Richtung Beispiele für einen frühen Herbstzug aus dem eigentlichen Brutgebiet. Dies könnte auch für einen im Juli in Slowenien beringten Vogel zutreffen, der ein Jahr später im August in Deutschland kontrolliert wurde (Abb. 4).

Summary: *The German population of the trans-Saharan migrant Marsh Warbler has been moderately declining in the last two decades and currently consists of 370,000–540,000 bp. Marsh Warblers leave their breeding sites in Germany from mid-July onwards, and return from May to early June. In general, C European birds migrate to the SE in autumn and therefore recovery or control sites connect Germany with Belgium, S Scandinavia and south C Europe to the E Mediterranean and to Kenya. Recoveries in SW France, Spain and Morocco have to be treated with caution because of possible confusion with the very similar Reed-warbler, although a few Marsh Warblers may actually migrate towards the SW. Recoveries related to spring migration show that birds breeding in Germany reach the country from the SE and that birds breeding in Belgium, The Netherlands and S Scandinavia pass through Germany. There are no recoveries from the African winter quarters of Marsh Warblers breeding in Germany. Birds captured in Ngulia, Kenya, were apparently on their mid-winter migration from stopover areas N of the equator to their final winter quarters in the S.*

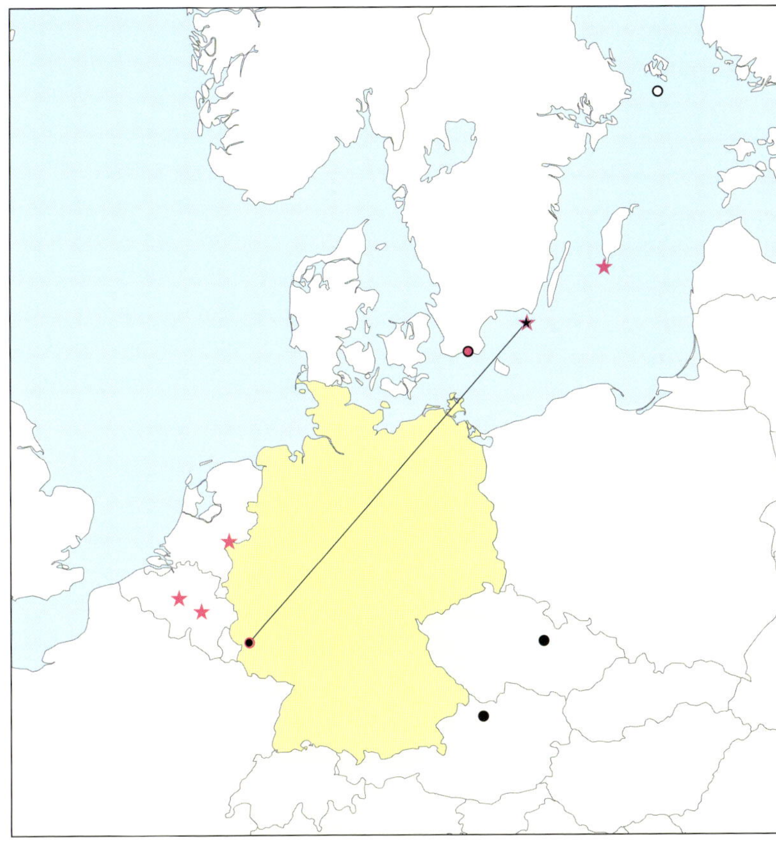

Abb. 5: Frühjahrszug (März–Mai) von in Deutschland zur Brutzeit (4 Funde) oder von März bis Mai anwesenden Sumpfrohrsängern (6 Funde). – *Spring migration (March–May) of Marsh Warblers present in Germany during the breeding season (4 recoveries) or from March to May (6 recoveries).*

Teichrohrsänger *Acrocephalus scirpaceus*

Eurasian Reed-warbler

Beringungen nach 1945:	620.083
Funde > 10 km nach 1945:	2418/2139
Wiederfundquote (Fernfunde nach 1945):	0,3 %
Funde > 10 km seit 1901:	2419/2140
Funde fremder Beringungszentralen:	655/584
Höchstalter:	11 J*
Weiteste Entfernung:	7858 km

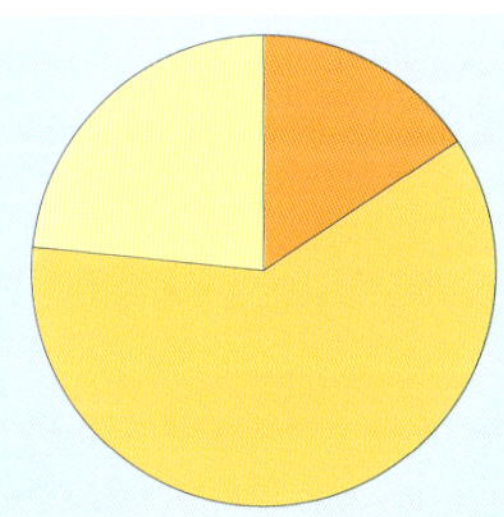

Verbreitung und Status: Das Brutgebiet der Nominatform des Teichrohrsängers beschränkt sich auf Europa, wobei der N nicht besiedelt ist und im S größere Verbreitungslücken bestehen. Unter Umständen brütet die Art auch in N-Afrika und wahrscheinlich in der W-Türkei (Kirwan et al. 2008, Hering et al. 2009). Weitere Unterarten finden sich in Vorder- und Zentralasien. Als trans-Saharazieher überwintert die Nominatform in der Regel im tropischen Afrika. Überwinterungen nördlich der Sahara kommen sporadisch vor, entsprechende Beobachtungen könnten aber zumindest zum Teil auf nicht ziehende „Zimtrohrsänger" *A. s. baeticatus* auf der Iberischen Halbinsel zurückzuführen sein, die dort erst kürzlich molekularbiologisch nachgewiesen wurden (Winkler et al. 2013).

Der Teichrohrsänger ist in Deutschland ein häufiger und weit verbreiteter Brutvogel, der auch in kleineren dichten Röhrichtbeständen vorkommt. Der fluktuierende, aber langfristig einen abnehmenden Trend zeigende Bestand umfasst gegenwärtig 110.000–180.000 BP. Der Herbstzug des Teichrohrsängers beginnt Ende Juli und dauert bis in den Oktober an, die Hauptdurchzugsmonate sind August und September. Der Frühjahrszug setzt im April ein, wobei die Hauptankunfts- bzw. Durchzugszeit auf die erste Maihälfte fällt (in N-Deutschland etwas später). Zwischen 1960 und 2008 hat sich der Herbstzugsmittelwert auf Helgoland nicht verändert, während sich der des Frühjahrszugs um etwa sieben Tage verfrüht hat (Hüppop & Hüppop 2011). Ähnliche Trends wurden auch bei den Erstankünften in S-Deutschland gefunden (Peintinger & Schuster 2005).

Wanderungen: Durch das europäische Verbreitungsgebiet des Teichrohrsängers verläuft eine Zugscheide, die SW- und SE-Zieher trennt, deren Lage jedoch nicht genau bekannt ist. W-, N-, NE- und mitteleuropäische Teichrohrsänger ziehen nach SW (Zink 1973, Procházka et al. 2008). Wiederfunde tschechischer Brutvögel liegen allerdings in nicht unerheblicher Zahl auch aus Belgien vor (Cepák et al. 2008). Einige schweizerische Vögel ziehen nach S über Italien (Maumary et al. 2007), während auf der Halbinsel Mettnau am Bodensee beringte Teichrohrsänger ausschließlich im SW wieder gefunden wurden (Kaiser & Schlenker 1997). Am Neusiedlersee heimische Teichrohrsänger ziehen dagegen nach SE, um die Überwinterungsgebiete über das östliche Mittelmeergebiet

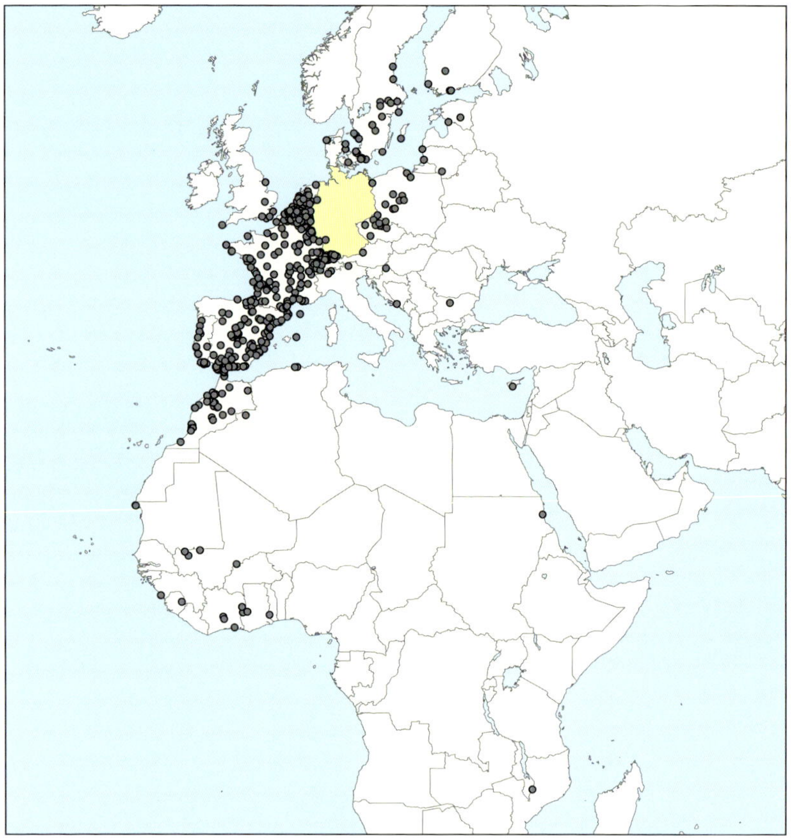

Abb. 1: Fundorte im Ausland von in Deutschland beringten Teichrohrsängern (1505 Funde). – *Foreign recovery sites of Eurasian Reed-warblers ringed in Germany (1505 recoveries).*

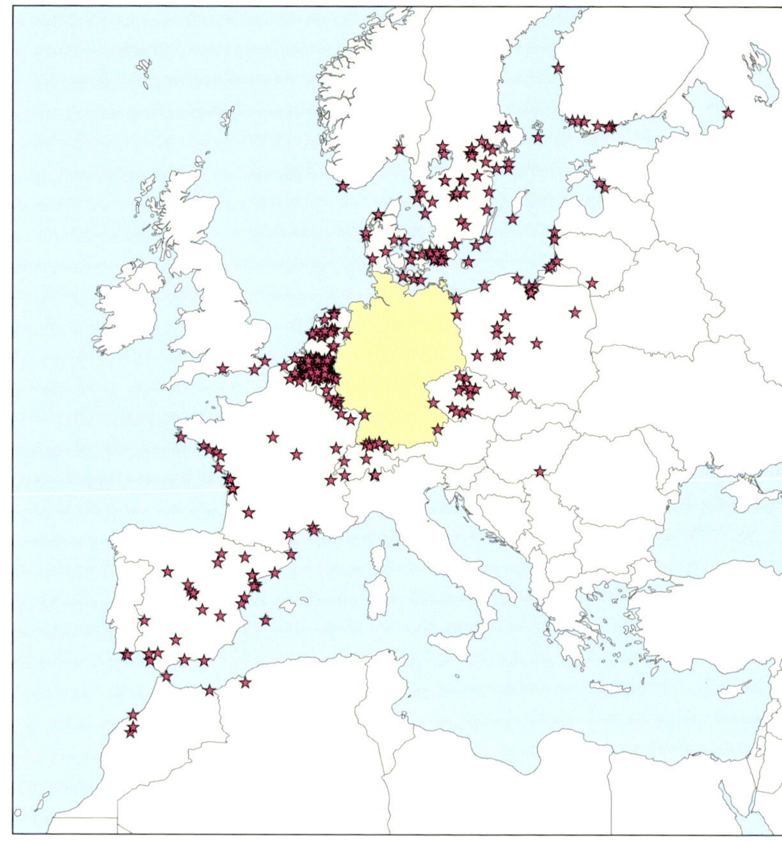

Abb. 2: Beringungsorte im Ausland von in Deutschland gefundenen Teichrohrsängern (655 Funde). – *Foreign ringing sites of Eurasian Reed-warblers recovered in Germany (655 recoveries).*

und das Niltal zu erreichen (Zink 1973, Schlenker 1988). Teichrohrsänger aus der Slowakei und Italien wurden sowohl im SW als auch im SE der Beringungsorte gefunden, was auf die Lage der Zugscheide in dieser Region hinweist (Cepák et al. 2008, Procházka et al. 2008, Spina & Volponi 2008b).

Da sich Deutschland westlich der Zugscheide befindet, liegen Wiederfunde von hier beringten Teichrohrsängern ebenso wie die Beringungsorte von in Deutschland gefundenen Vögeln auf einer von S-Fennoskandien bis NW-Afrika ausgerichteten Achse (Abb. 1, 2). Wenige Funde in SE-Europa deuten eine in Einzelfällen abweichende Zugroute an (Abb. 1), sie könnten aber auch auf Verwechslungen mit dem Sumpfrohrsänger zurückzuführen sein (siehe unten). Auf dem Herbstzug zieht somit der weitaus größte Teil der einheimischen Teichrohrsänger, ebenso wie Durchzügler aus Fennoskandien und NE-Europa, über Frankreich und die Iberische Halbinsel nach N-Afrika (Abb. 3, 4). In W-Norwegen beringte Vögel erreichen Deutschland, indem sie direkt nach S ziehen, und manche Vögel schlagen westliche Richtungen ein, wodurch sie zunächst nach Großbritannien gelangen (Abb. 4). Einige Teichrohrsänger aus dem NW- und NE-deutschen Tiefland erreichen bis November Guinea und Togo in W-Afrika (Abb. 3). Auf Grund der vorherrschenden Zugrichtung gelangen auf dem Herbstzug befindliche Teichrohrsänger aus N-Deutschland eher in die Beneluxstaaten und N-Frankreich als solche aus S-Deutschland, die hauptsächlich über S-Frankreich ziehen. Auf der Iberischen Halbinsel laufen die Zugwege dann zusammen (Abb. 3). Vögel, die über den äußersten NW Frankreichs ziehen, erreichen N-Spanien möglicherweise durch einen Flug über die Biskaya (Zink 1973). Alternativ wäre ein „Zugknick" denkbar, nach dem sie anschließend entlang der französischen W-Küste nach S wandern.

Einige Funde entsprechen nicht dem generellen Schema. Dies betrifft direkte Wiederfunde nach SE z. B. auf Zypern und im Sudan. (Abb. 3). Da die betreffenden Vögel in Regionen beringt wurden, die weit von den in der Regel nach SE ziehenden Populationen entfernt sind (Zink 1973, Procházka et al. 2008), wurde die Möglichkeit einer Verwechslung mit dem sehr ähnlichen Sumpfrohrsänger in Erwägung gezogen (Zink 1973). Aus diesem Grund erkannten Dowsett-Lemaire & Dowsett (1987) den Januarfund eines E-deutschen Ringvogels in Malawi (Abb. 1) nicht an. Einige Teichrohrsänger wurden zur Zugzeit in Fennoskandien beringt und zu einer späteren Brutzeit in Deutschland gefunden (Abb. 3). Beim Fund hat es sich eher um Nachzügler auf dem Frühjahrszug oder um früh ihre Brutgebiete verlassende Vögel gehandelt als um Fernumsiedler.

Die Hauptüberwinterungsgebiete SW-ziehender Teichrohrsänger liegen im tropischen W-Afrika (Dowsett-Lemaire & Dowsett 1987). Von deutschen Brutvögeln liegt aus den Wintermonaten Dezember bis Februar allerdings nur ein Wiederfund aus Ghana vor. Dort dürfte der betreffende Vogel Artgenossen aus Schweden, Großbritannien oder Tschechien angetroffen haben (Cepák et al. 2008, Wernham et al. 2002, Fransson & Hall-Karlsson 2008). Ein Wiederfund im Januar in Sierra Leone stammt von einem Teichrohrsänger, bei dem es sich bei der Beringung im August schon um einen Durchzügler gehandelt haben könnte. Aus W-Afrika (Mali, Guinea, Elfenbeinküste, Togo) stammen weitere Funde, die aber entweder dem Herbst- oder Frühjahrszug zuzurechnen sind oder bei denen es sich nicht sicher um einheimische Brutvögel handelt (Abb. 1, 3, 5). Winterfunde in Marokko, Algerien und Spanien könnten andeuten, dass einzelne Überwinterungsversuche im Mittelmeergebiet stattfinden, zumal auch ein schwedischer Vogel im Januar aus Spanien gemeldet wurde (Fransson & Hall-Karlsson 2008). Bei im Dezember und Januar in Frankreich und Deutschland gefundenen Teichrohrsängern (4) handelt es sich ausnahmslos um schon längere Zeit tote Vögel.

Die Funde auf dem Frühjahrszug (Abb. 5) weisen darauf hin, dass auf der Wanderung in die Brutgebiete die gleiche Route genutzt wird wie auf dem Herbstzug. Hinweise auf einen Schleifenzug liegen nicht vor (siehe auch Zink 1973), im Gegensatz zu den Befunden aus Italien (Spina & Volponi 2008b). Ein ungarischer Teichrohrsänger, der auf dem Frühjahrszug in N-Bayern kontrolliert wurde, war möglicherweise dabei, die Alpen weiträumig nördlich zu umfliegen, um in sein Brutgebiet zu gelangen.

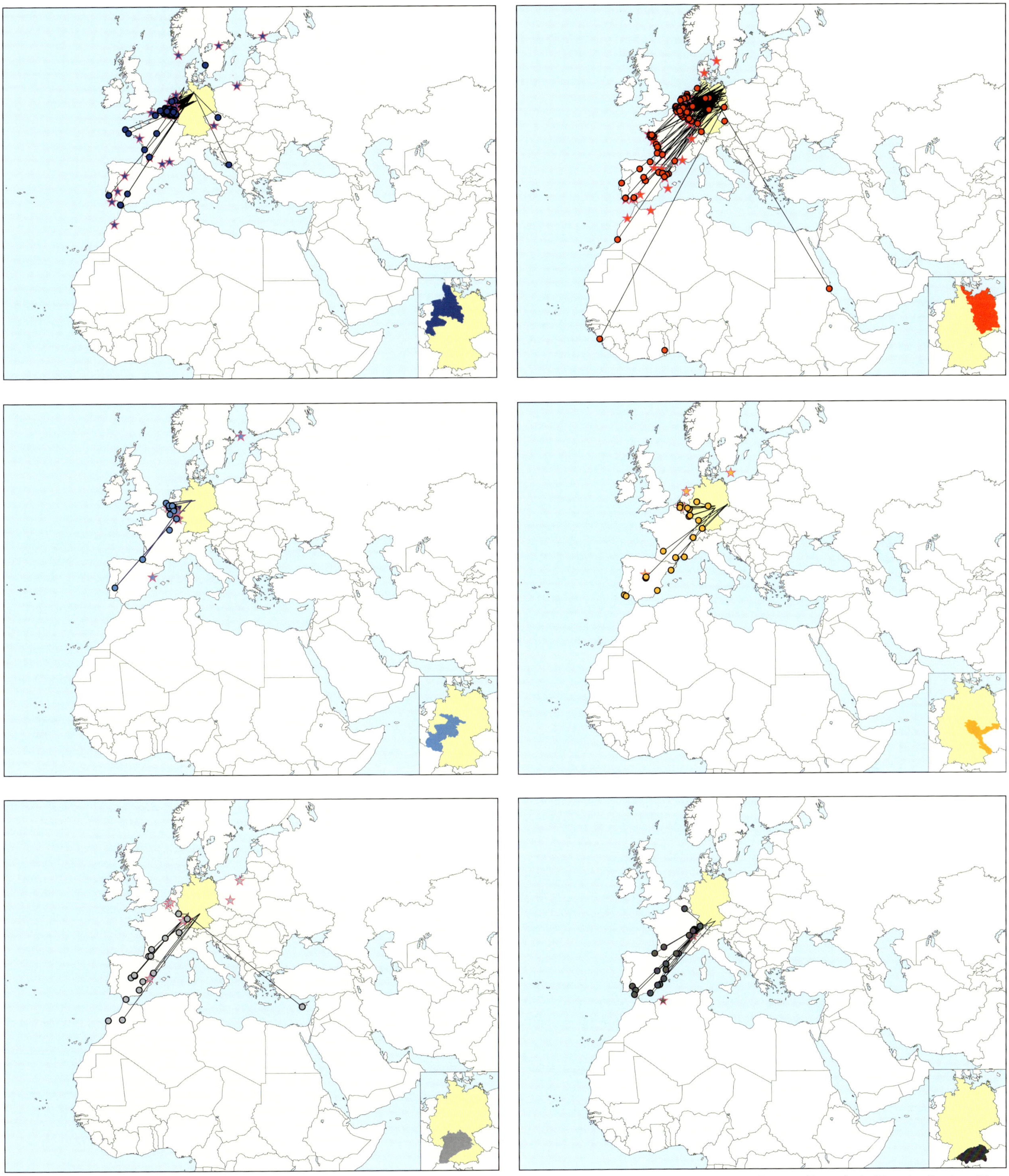

Abb. 3: Herbstzug (August – November) von in Deutschland zur Brutzeit anwesenden Teichrohrsängern (640 Funde). – *Autumn migration (August – November) of Eurasian Reed-warblers present in Germany during the breeding season (640 recoveries).*

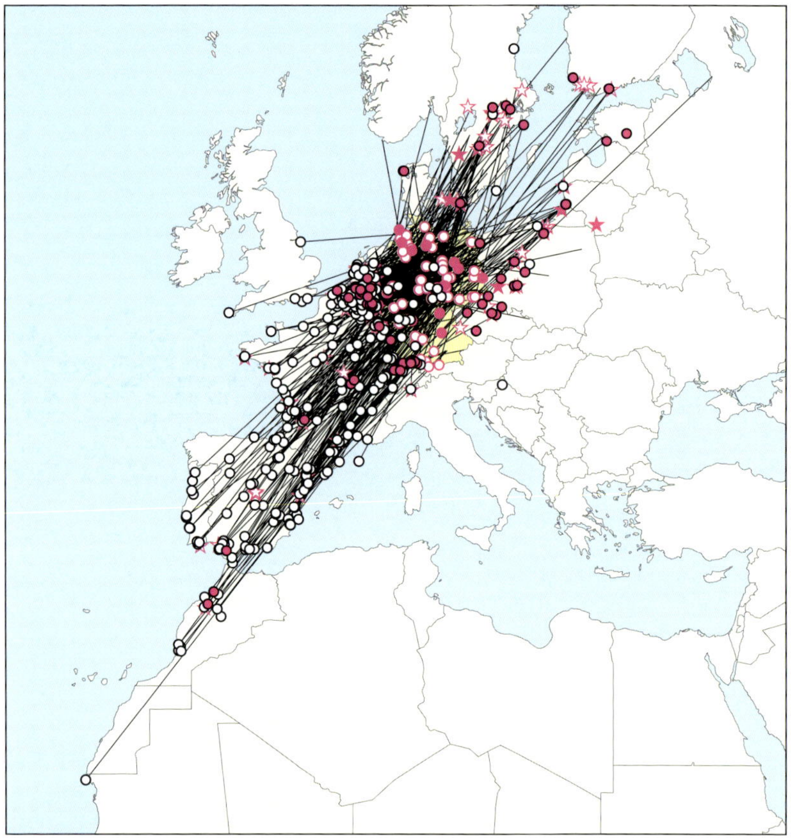

Abb. 4: Herbstzug (August – November) von in Deutschland von August bis November anwesenden Teichrohrsängern (1158 Funde). – *Autumn migration (August – November) of Eurasian Reed-warblers present in Germany from August to November (1158 recoveries).*

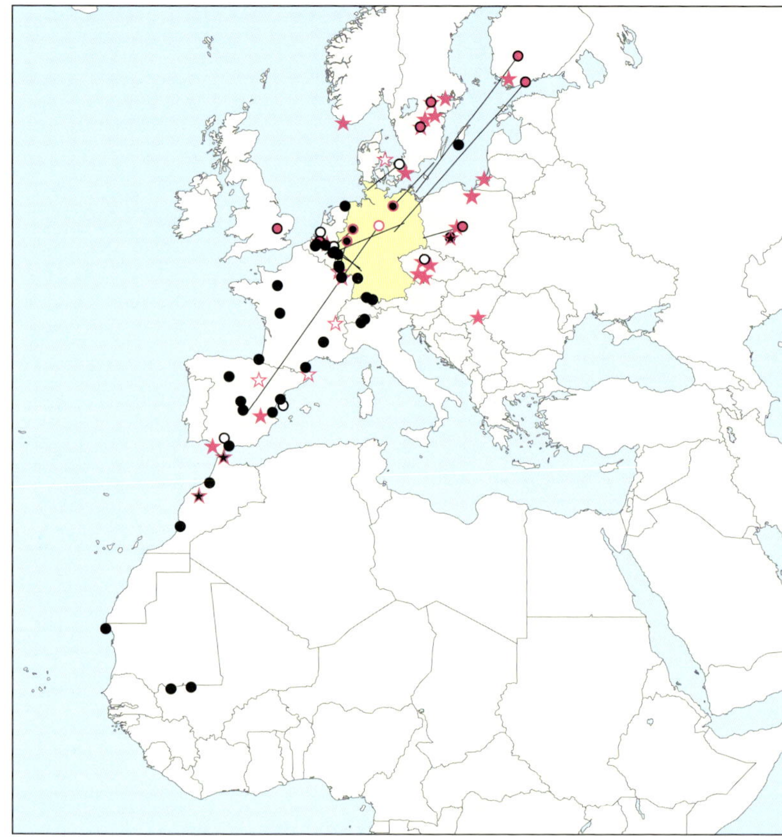

Abb. 5: Frühjahrszug (März – Mai) von in Deutschland zur Brutzeit (42 Funde) oder von März bis Mai anwesenden Teichrohrsängern (51 Funde). – *Spring migration (March – May) of Eurasian Reed-warblers present in Germany during the breeding season (42 recoveries) or from March to May (51 recoveries).*

Summary: *The stable population of Reed-warbler in Germany consists of 110,000 – 180,000 bp. Main migration is in August/September and in May. On autumn migration, German breeders as well as migrants from N and NE Europe migrate towards the SW to reach NW Africa via France and Spain. There are exceptional records of migration towards the SE with recoveries on Cyprus, the Sudan and even Malawi, but these could be due to confusion with the very similar Marsh Warbler. There is only one recovery of a German breeder from sub-Saharan winter quarters, namely from Ghana. Further recoveries during the autumn and spring migration periods stem from Mali, Guinea, Ivory Coast and Togo, indicating the range of winter quarters of German Reed-warblers. Winter recoveries from NW Africa and Spain seem to indicate rare wintering events, but a recovery in January in Malawi is probably due to the confusion with Marsh Warbler. Spring migrants seem to follow the same route as in autumn, providing no hints for loop migration which is suggested by ringing data from Italy.*

Drosselrohrsänger *Acrocephalus arundinaceus*
Great Reed-warbler

Beringungen nach 1945:	36.313
Funde > 10 km nach 1945:	270/254
Wiederfundquote (Fernfunde nach 1945):	0,7 %
Funde > 10 km seit 1901:	270/254
Funde fremder Beringungszentralen:	27/25
Höchstalter:	9 J, 11 M
Weiteste Entfernung:	5153 km

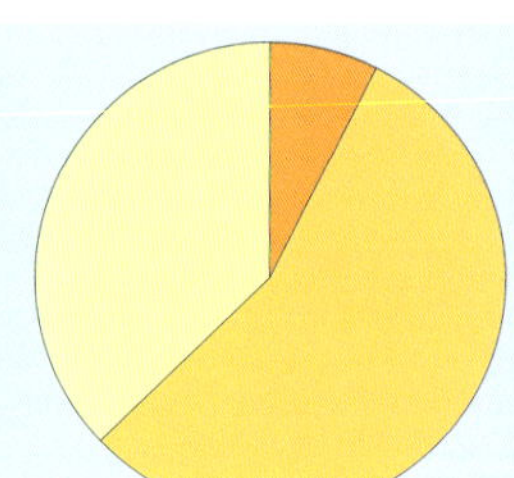

Verbreitung und Status: Der Nominatform des Drosselrohrsängers ist lückig von NW-Afrika bis W-China verbreitet, wobei in Europa die Britischen Inseln, der größte Teil Fennoskandiens und der N Russlands nicht besiedelt sind. Drosselrohrsänger sind trans-Saharazieher, die die kalte Jahreszeit im tropischen Afrika verbringen, einige überwintern auch in Spanien.
In Deutschland gehört der Drosselrohrsänger, der in lockeren, älteren Röhrichten mit 11.000 – 17.500 BP vorkommt, zu den mäßig häufigen Brutvogelarten. Nach teilweise dramatischen Einbrüchen ab den 1960er Jahren haben die Bestände in den letzten drei Jahrzehnten wieder zugenommen. Der Herbstzug konzentriert sich hauptsächlich auf den August mit Nachzüglern bis in den Oktober, die Ankunft in den Brutgebieten findet vor allem im Mai statt.

Wanderungen: Europäische Drosselrohrsänger ziehen hauptsächlich nach SSW bis SSE ab (Zink 1973). Im Gegensatz zu anderen Rohrsängern liegen deswegen

Funde von in Deutschland beringten Vögeln vor allem aus Italien und um die Adria vor (Abb. 1). Dies entspricht auch den Befunden in Tschechien beringter (Cepák et al. 2008) oder in Italien gefundener (Spina & Volponi 2008b) Vögel. Schwedische Drosselrohrsänger, die mit Geolokatoren ausgestattet wurden, zogen ebenfalls meist zwischen Italien und Griechenland nach Afrika (Lembke et al. 2013).

Im Herbst ziehen die meisten in Deutschland brütenden Drosselrohrsänger und vor allem solche aus dem E Deutschlands direkt nach S ab. Viele Funde in Italien, Slowenien und Kroatien (Abb. 2) sowie an der S-Spitze Sardiniens (Abb. 3) deuten die Überquerung des Mittelmeers in seinen zentralen Bereichen an. Ein im September in Libyen kontrollierter Drosselrohrsänger könnte aber auch über Griechenland gezogen und damit einer Route gefolgt sein, die auch schwedische Vögel einschlugen (Lemke et al. 2013). Drei Drosselrohrsänger aus N-Deutschland wanderten jedoch zuerst direkt nach W und gelangten nach Belgien (2) und W-Deutschland (1). Bemerkenswert sind die Funde von Brutvögeln aus dem fränkischen Weihergebiet, deren Herbstzugrichtung zwischen SW und SE streut. Interessant wäre in diesem Zusammenhang zu wissen, ob Vögel aus dem gleichen Brutgebiet entsprechend ihrer Herbstzugrichtung auch so weit entfernt voneinander überwintern wie in W- oder E-Afrika. Bei Funden von zur Zeit des Herbstzugs beringter Drosselrohrsänger fehlt die westliche Komponente, abgesehen von je einem nicht direkten Fund in S-Frankreich und E-Spanien (Abb. 3). Drei Ringfunde belegen den Zug nach S von S-schwedischen Brutvögeln im August und September durch Deutschland. Bei zwei Vögeln, die jeweils im August in Deutschland beringt und fast ein bzw. zwei Jahre später im Juli in der Slowakei und in NE-Italien kontrolliert wurden, ist es fraglich, ob sie am Wiederfangort gebrütet haben. Das gleiche gilt für zwei im Mai in Deutschland beringte Drosselrohrsänger, die im folgenden Juli in Kroatien kontrolliert wurden (Abb. 3). Es ist wahrscheinlicher, dass diese Vögel früh ihr ursprüngliches Brutgebiet verlassen hatten und sich damit bereits auf dem Herbstzug befanden.

Winterfunde (Dezember – Februar) in Deutschland brütender Drosselrohrsänger gibt es nur wenige. Zwei davon stammen mit Ghana und Mali aus den W-afrikanischen Überwinterungsgebieten (Abb. 1). Ein weiterer Drosselrohrsänger wurde im Januar in Nigeria gefunden. Da die Beringung in Brandenburg im September

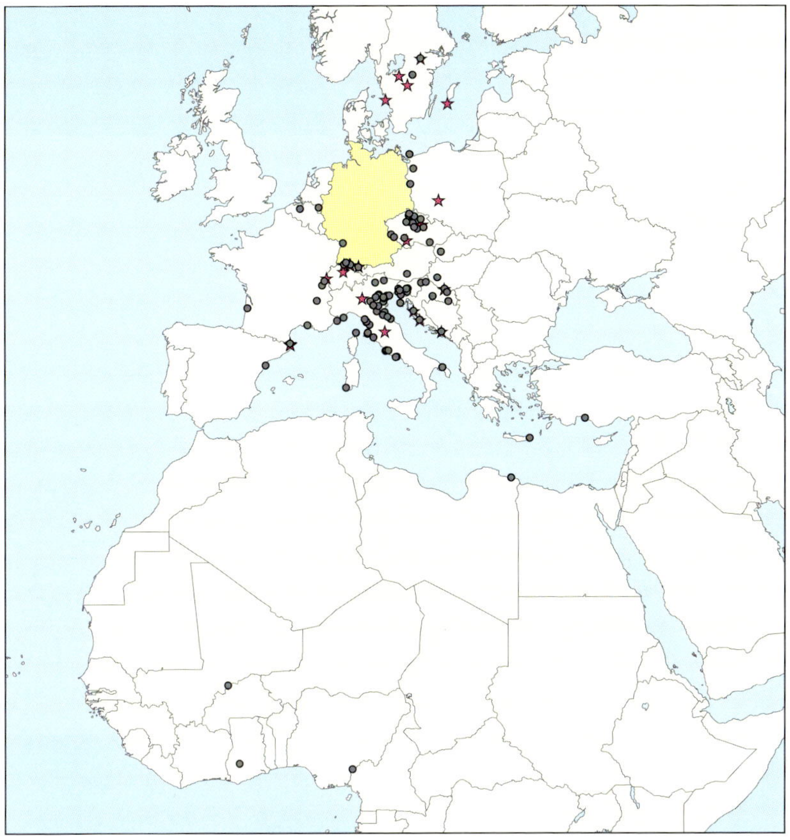

Abb. 1: Fundorte von in Deutschland beringten (133 Funde) und ausländische Beringungsorte von in Deutschland gefundenen (27 Funde) Drosselrohrsängern. – *Foreign recovery sites of Great Reed-warblers ringed in Germany (133 recoveries) and foreign ringing sites of birds recovered in Germany (27 recoveries).*

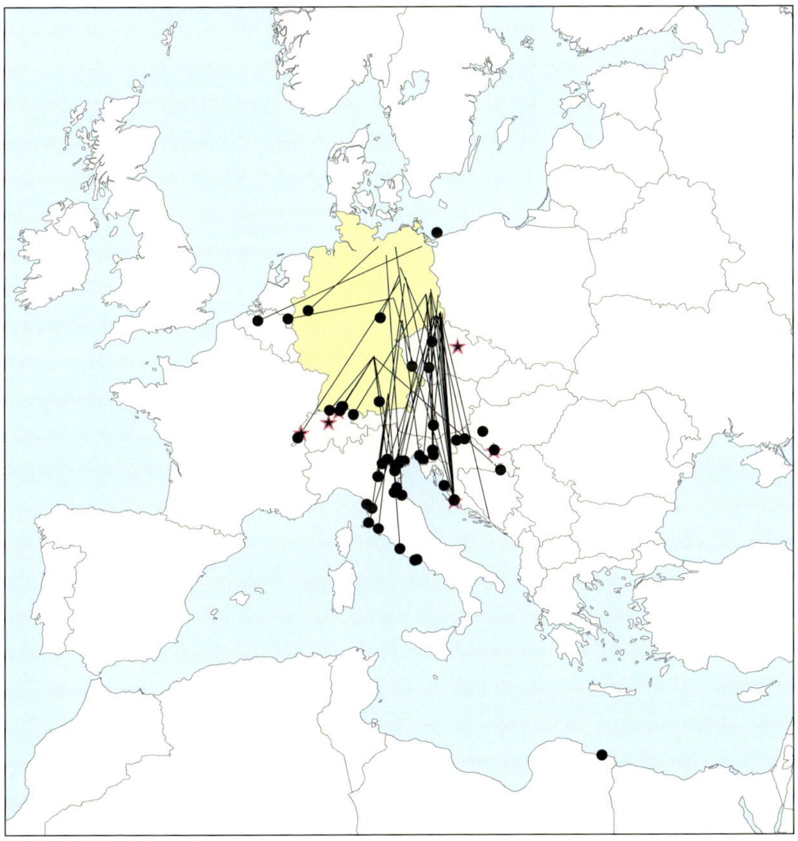

Abb. 2: Herbstzug (August – November) von in Deutschland zur Brutzeit anwesenden Drosselrohrsängern (77 Funde). – *Autumn migration (August – November) of Great Reed-warblers present in Germany during the breeding season (77 recoveries).*

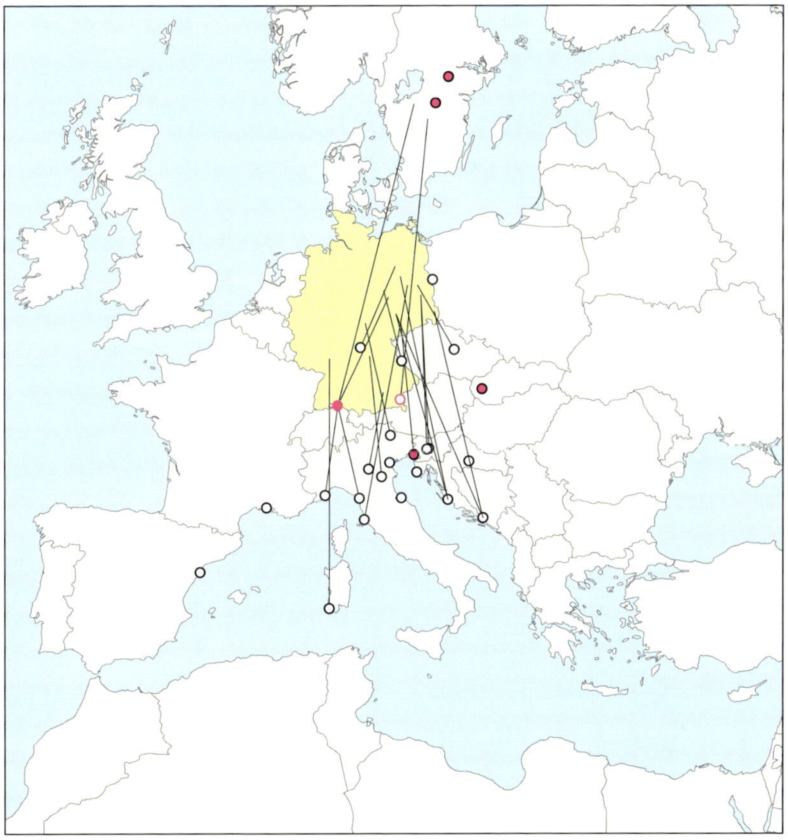

Abb. 3: Herbstzug (August – November) von in Deutschland von August bis November anwesenden Drosselrohrsängern (30 Funde). – *Autumn migration (August – November) of Great Reed-warblers present in Germany from August to November (30 recoveries).*

erfolgte, kann er nicht eindeutig dem einheimischen Brutbestand zugerechnet werden. Winterfunde von Drosselrohrsängern, die in verschiedenen N- und mitteleuropäischen Ländern beringt wurden, liegen ebenfalls ausschließlich aus W-Afrika vor (z. B. Dowsett et al. 1988, Cepák et al. 2008, Fransson & Hall-Karlsson 2008, Spina & Volponi 2008b) und auch am Neusiedlersee beringte und in Afrika gefundene Drosselrohrsänger scheinen nur nach SSW gezogen zu sein (Schlenker 1986). Dies ist bemerkenswert im Hinblick darauf, dass einige in Deutschland beringte Vögel auch im östlichen Mittelmeergebiet wieder gefunden wurden (siehe auch Cepák et al. 2008), was den Zug nach E-Afrika nahelegen könnte. Allerdings müssen über Griechenland ziehende Drosselrohrsänger nicht unbedingt in E-Afrika überwintern. Die schwedischen Geolokatorvögel, die diese Route wählten, überwinterten anschließend ebenfalls in W- und Zentralafrika. (Lemke et al. 2013). Ein aus Italien als im Februar erjagt gemeldeter Vogel ist schwer einzuordnen.

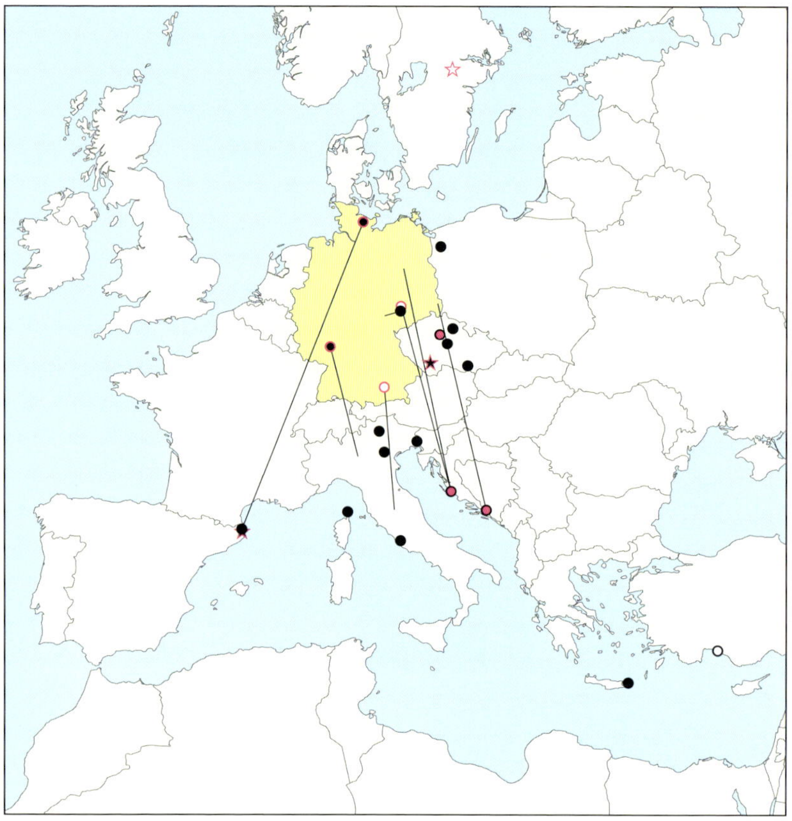

Abb 4: Frühjahrszug (März – Mai) von in Deutschland zur Brutzeit (16 Funde) oder von März bis Mai anwesenden Drosselrohrsängern (8 Funde). – *Spring migration (March – May) of Great Reed-warblers present in Germany during the breeding season (16 recoveries) or from March to May (8 recoveries).*

Funde deutscher Brutvögel während des Frühjahrszugs lassen vermuten, dass zumindest in Europa die gleichen Routen wie im Herbst eingeschlagen werden. Direkte Funde betreffen Vögel, die von NE-Spanien nach N-Deutschland und von N-Italien nach W-Deutschland zogen. Hinweise auf einen Schleifenzug ergeben sich aus den Ringfunden nicht (Abb. 3, siehe auch Zink 1973). Einige der mit Geolokatoren ausgerüsteten schwedischen Vögel zogen im Frühjahr allerdings weiter westlich als im Herbst (Lembke et al. 2013). Die beiden Nachweise deutscher Ringvögel zur Zeit des Frühjahrszugs (April) aus der Türkei und Griechenland (Abb. 4) zeigen, dass auch weiter im E gelegene Routen gewählt werden können, als sie die schwedischen Vögel einschlugen.

***Summary:** After dramatic declines since the 1960s the German population of Great Reed-warbler is now increasing again and currently comprises 11,000 – 17,500 bp. European birds are trans-Saharan migrants to tropical Africa migrating predominantly towards SSW to SSE; therefore, most autumn recoveries of German breeders are from Italy and from around the Adriatic Sea, which implies they cross the Mediterranean at its central parts. Remarkably, birds from the same breeding sites scatter in their initial direction between SW and SE suggesting different wintering destinations. Winter recoveries stem from Ghana, Mali and Nigeria in W Africa, the latter of a bird ringed as a migrant in Germany. Spring migration seems to follow the same route as in autumn, at least in Europe, with no hints for loop migration.*

Gelbspötter *Hippolais icterina*

Icterine Warbler

Beringungen nach 1945:	43.166
Funde > 10 km nach 1945:	72/70
Wiederfundquote (Fernfunde nach 1945):	0,2 %
Funde > 10 km seit 1901:	79/77
Funde fremder Beringungszentralen:	8/8
Höchstalter:	7 J, 1 M
Weiteste Entfernung:	1880 km

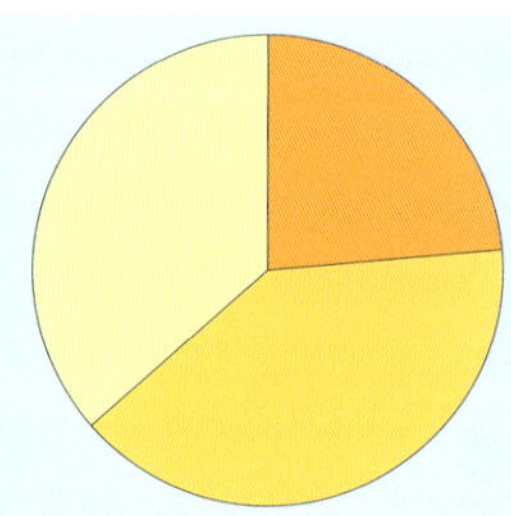

Verbreitung und Status: Das Brutgebiet des Gelbspötters erstreckt sich von Frankreich bis zum Altai im E. In Europa sind der SW, die Britischen Inseln und der NE nicht besiedelt, in S-Europa finden sich isolierte Vorkommen von S-Frankreich bis Bulgarien. Die Überwinterungsgebiete des trans-Saharaziehers liegen hauptsächlich in den Savannen E- und S-Afrikas, in geringer Zahl auch in W-Afrika und im Niltal.

In Deutschland ist der Gelbspötter von den Nordseeinseln bis an den Alpenrand in lockeren mehrschichtigen Baumbeständen und offenen Wäldern zu finden. Größere geschlossene, monotone Waldungen und Lagen über 500 m sind kaum besiedelt. Der vormals stabile Bestand zeigt seit etwa der Jahrtausendwende einen stark abnehmenden Trend und beläuft sich derzeit auf 120.000 – 180.000 BP. Der Herbstzug ist im August am stärksten ausgeprägt und klingt bis Mitte September ab. Im Frühjahr findet der Einzug in die Brutgebiete vor allem in der ersten Maihälfte statt und ist bis zum Ende dieses Monats weitgehend abgeschlossen, im N etwas später. Zwischen 1960 und 2008 hat sich der Mittelwert des Frühjahrszugs auf Helgoland um etwa fünf Tage (Hüppop & Hüppop 2011) und die Erstankunft in Sachsen zwischen 1967 und 2011 um etwa drei Tage (Ernst 2013) verfrüht.

Wanderungen: Direkte und indirekte Herbstzugfunde in Deutschland beringter Gelbspötter weisen nach SSE bis S und konzentrieren sich in Italien (Abb. 1). Dies entspricht dem generellen Bild, wonach die meisten N- und mitteleuropäischen Gelbspötter, inklusive solcher aus S-Finnland, über die Alpen und das zentrale Mittelmeergebiet nach Afrika gelangen (Zink 1973, Spina & Volponi 2008b). Funde auf Helgoland beringter Gelbspötter in N-Italien deuten an, dass N-europäische Vögel Deutschland auf dem Zug nach S überqueren. Nur wenige direkte Funde weisen nach SW, z. B. von Helgoland nach Ameland (Niederlande), oder von Gera (Thüringen) nach S-Frankreich (Abb. 1).

In Afrika wurden deutsche Ringvögel bisher nicht nachgewiesen, im Gegensatz zu solchen aus Belgien (Ghana), Dänemark (Angola), Schweden (Namibia) oder Finnland (DR Kongo) (Glutz v. Blotzheim & Bauer 1991, Bønløkke et al. 2006, Fransson & Hall-Karlsson 2008). Vom Frühjahrszug liegen nur sehr wenige Funde vor. Je ein Gelbspötter, der in Kroatien, in Italien und auf den Balearen beringt wurde, hielt sich in einem späteren Jahr zur Zeit des Frühjahrszugs bzw. zur Brutzeit in Deutschland auf. Im Allgemeinen verläuft jedoch auch der Frühjahrszug der Gelbspötter durch das zentrale Mittelmeergebiet (Pilastro et al. 1998). Hinweise auf einen Schleifenzug (Glutz v. Blotzheim & Bauer 1991) ergeben die relativ wenigen Ringfunde nicht. Von N-Deutschland aus weisen direkte und indirekte Funde nach Dänemark und W-Norwegen (Abb. 1).

Summary: *In Germany, Icterine Warbler breeds in open woodlands below 500 m altitude. The formerly stable population comprises 120,000–180,000 bp after recent declines. It is a trans-Saharan migrant that winters mainly in the savannahs of eastern and southern Africa. Most Icterine Warblers breeding in C and N Europe migrate via the C Mediterranean towards Africa and therefore recoveries of birds ringed in Germany are in general found in the S, especially in Italy. Few exceptions show movements towards the SW. There are no recoveries from the winter quarters and only few from spring migration which is a reversal of the route taken in autumn.*

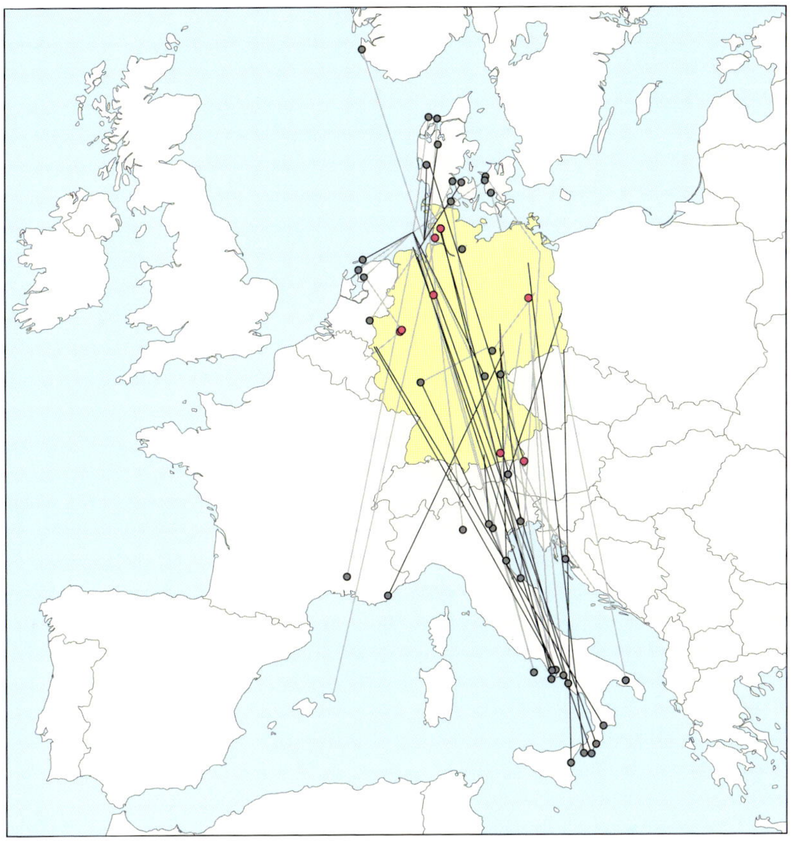

Abb. 1: Funde von Gelbspöttern mit Bezug zu Deutschland (52 Funde). – *Recoveries of Icterine Warblers related to Germany (52 recoveries).*

Mönchsgrasmücke *Sylvia atricapilla*
Blackcap

Beringungen nach 1945:	521.463
Funde > 10 km nach 1945:	1541/1513
Wiederfundquote (Fernfunde nach 1945):	0,3 %
Funde > 10 km seit 1901:	1561/1533
Funde fremder Beringungszentralen:	441/427
Höchstalter:	12 J*
Weiteste Entfernung:	4870 km

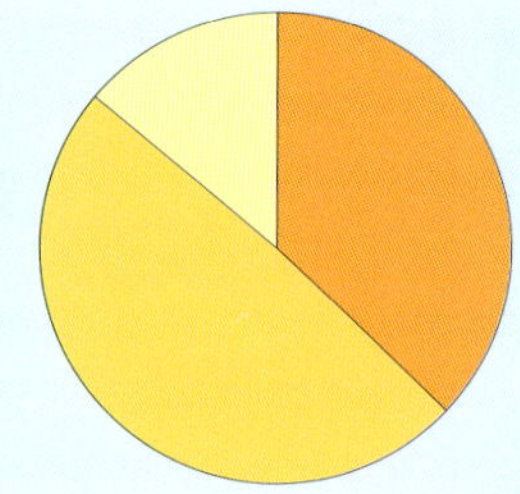

Verbreitung und Status: Das Verbreitungsgebiet der Mönchsgrasmücke umfasst im W die Azoren, Madeira, die Kapverdischen und die Kanarischen Inseln. Es erstreckt sich von hier über NW-Afrika und Europa, mit Ausnahme des hohen N, bis über den Ob hinaus in den E. Die verschiedenen Populationen zeigen das gesamte Spektrum möglichen Zugverhaltens, von Sesshaftigkeit auf den atlantischen Inseln, Teilzug in S-Europa, Kurz- und Mittelstreckenzug in W- und Mitteleuropa bis zu ausgeprägtem trans-Saharazug in N- und E-Europa. Überwinterungsversuche finden vereinzelt bereits in Skandinavien statt, ansonsten streuen die Ziele ziehender Mönchsgrasmücken über ein weites Gebiet zwischen den Britischen Inseln, W-Europa und den gesamten Mittelmeerraum. Im tropischen Afrika halten sich Langstreckenzieher vor allem im W des Kontinents auf, aber auch im Niltal, in Äthiopien und in E-Afrika. Der S Afrikas wird nur ausnahmsweise erreicht.

In Deutschland nehmen die Bestände der Mönchsgrasmücke in den letzten Jahrzehnten zu und belaufen sich derzeit auf 3.300.000 – 4.350.000 BP. Die landesweit ein breites Habitatspektrum vom Tiefland bis auf etwa 1600 m Höhe besiedelnde Art räumt die Brutgebiete in der kalten Jahreszeit weitgehend. Einzelne Überwinterungsversuche kommen jedoch vor und scheinen zuzunehmen. Der Herbstzug beginnt bereits im August, findet aber vor allem im September statt und klingt gegen Ende Oktober und im frühen November ab. Im S können die ersten Mönchsgrasmücken bereits im frühen März eintreffen, regelmäßiger Durchzug und die Besetzung der Brutreviere beginnen aber erst gegen Ende des Monats. Mit dem Ende des Aprils ist auch der Wiedereinzug bzw. der Durchzug abgeschlossen, im N etwas später. In vielen Teilen Deutschlands erscheinen die ersten Mönchsgrasmücken um bis zu ca. 30 Tage früher in den Brutgebieten als noch vor wenigen Jahrzehnten (Peintinger & Schuster 2005, Hüppop & Hüppop 2011, Ernst 2013). Beim Herbstzug ergaben sich auf Helgoland (Hüppop & Hüppop 2011) und am Bodensee (Daten Vogelwarte Radolfzell) keine Veränderungen. Geringe Verfrühungen in S-Deutschland fand Gatter (2000), während in Thüringen die Zahl der Oktobernachweise deutlich zugenommen hat (Rost 2008).

Wanderungen: Durch Deutschland verläuft eine Zugscheide, die bei etwa 12 °E Zieher in westliche und in östliche Richtungen trennt. Ausnahmen von diesem Schema kommen jedoch vor (Zink 1973). Daher streuen Wiederfunde in Deutschland beringter Mönchsgrasmücken im S zwischen W-Europa und dem gesamten Mittelmeerraum bis in die Levante (Abb. 1). Die Beringung in Deutschland ergab zudem viele Wiederfunde in den Beneluxstaaten, auf den Britischen Inseln und in Fennoskandien. In denselben Regionen wurden auch die Mönchsgrasmücken beringt, die sich später in Deutschland aufhielten (Abb. 2). Auffällig

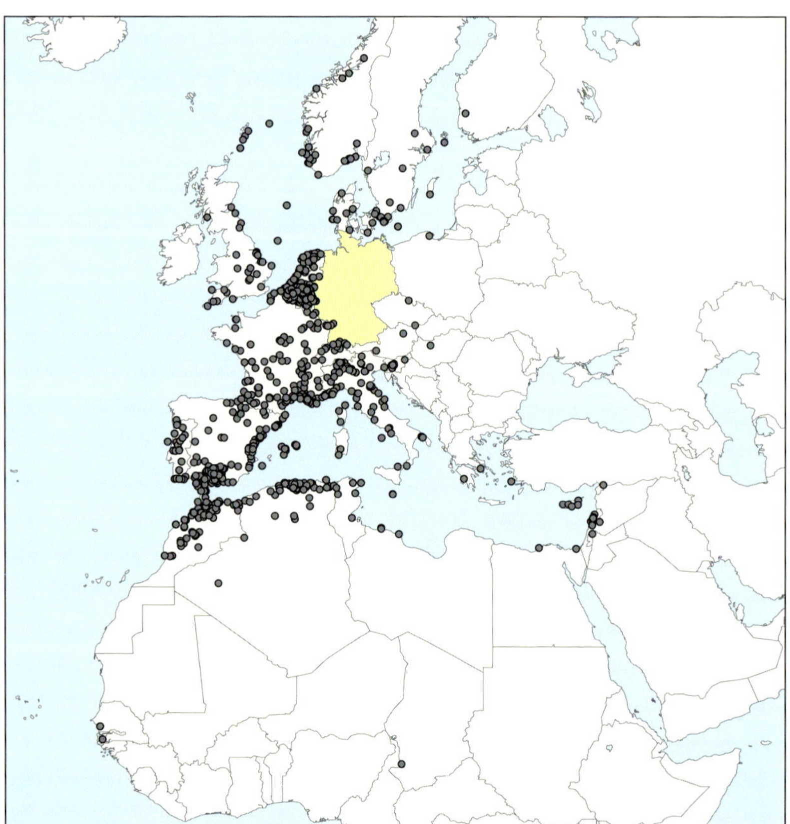

Abb. 1: Fundorte im Ausland von in Deutschland beringten Mönchsgrasmücken (1227 Funde). – *Foreign recovery sites of Blackcaps ringed in Germany (1227 recoveries).*

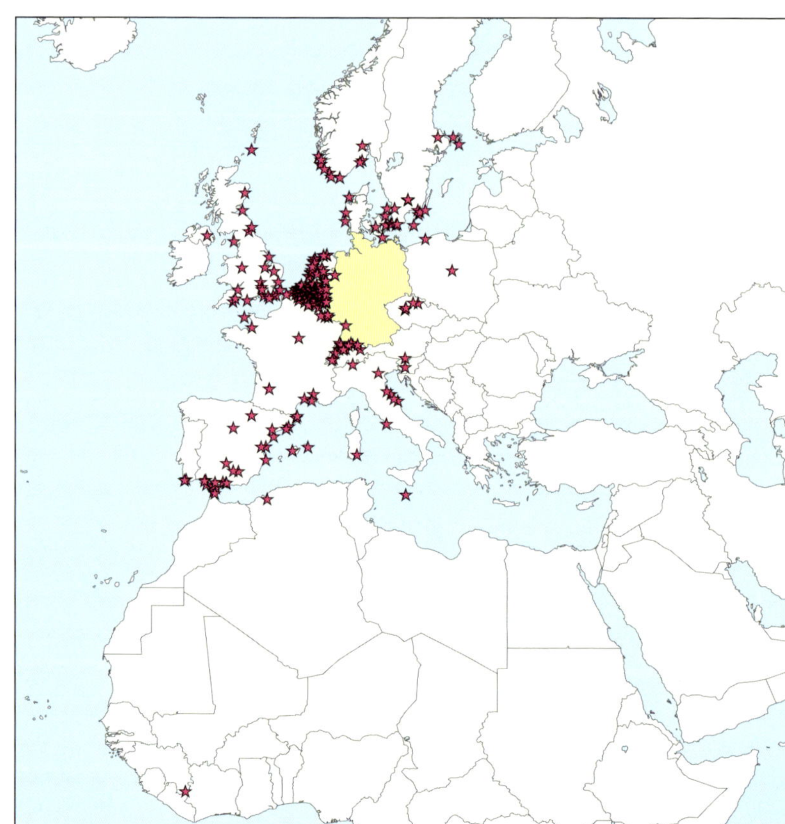

Abb. 2: Beringungsorte im Ausland von in Deutschland gefundenen Mönchsgrasmücken (442 Funde). – *Foreign ringing sites of Blackcaps recovered in Germany (442 recoveries).*

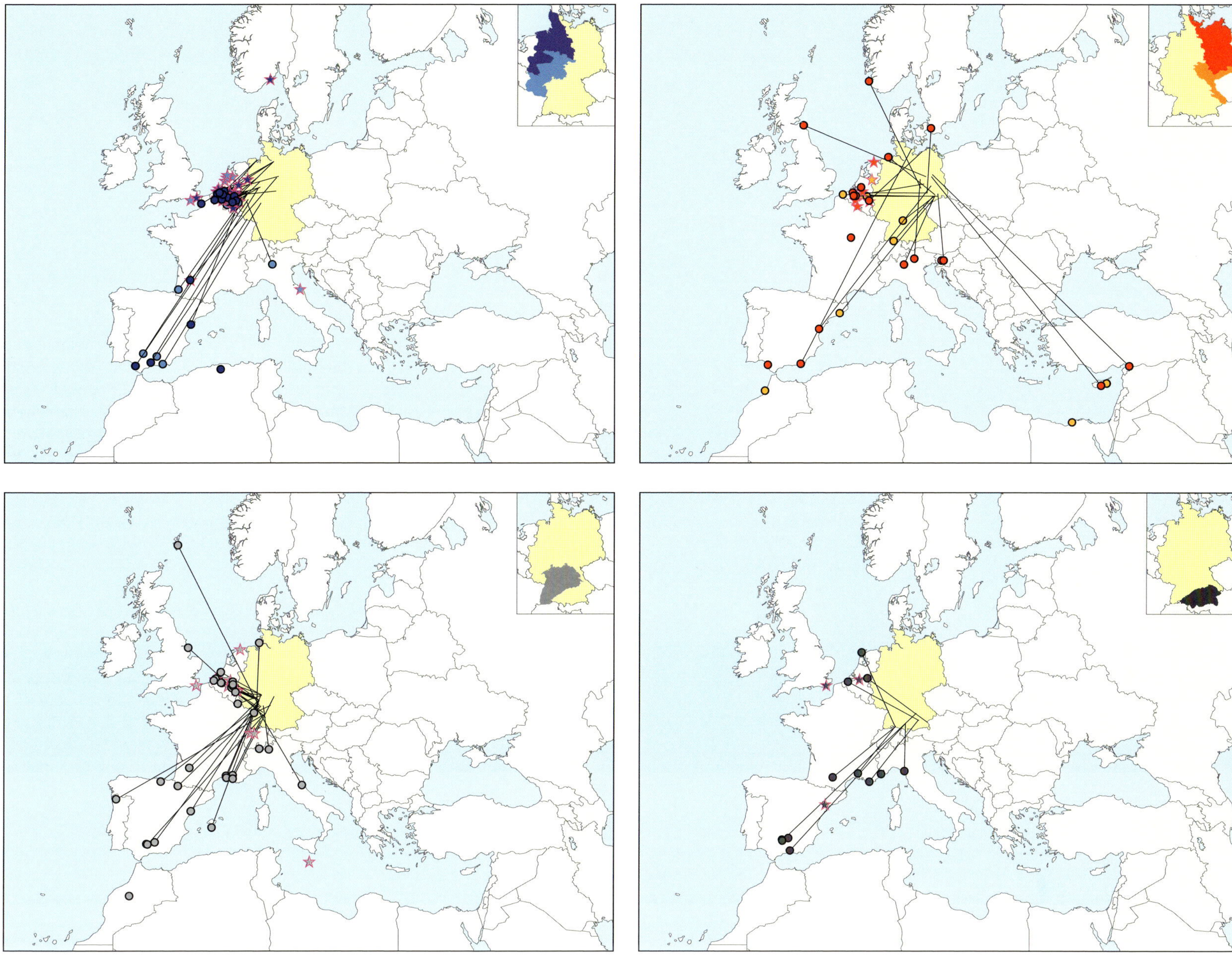

Abb. 3: Herbstzug (September – November) von in Deutschland zur Brutzeit anwesenden Mönchsgrasmücken (185 Funde). – *Autumn migration (September – November) of Blackcaps present in Germany during the breeding season (185 recoveries).*

ist das Fehlen von Verbindungen nach E-Europa, von wo aus Mönchsgrasmücken hauptsächlich nach SE ziehen (Zink 1973, Payevsky 1973) und deshalb Mitteleuropa nicht berühren.

Wiederfunde in Deutschland brütender Mönchsgrasmücken auf dem Herbstzug spiegeln die Komplexität der Wanderungen wider und enthüllen einige überraschende Aspekte. Zum einen ist der Zug einiger Brutvögel (Abb. 3), aber verstärkt der Durchzügler (Abb. 4), nach N bemerkenswert. Ähnliche Funde liegen z. B. auch von schwedischen Vögeln vor, obwohl auch von hier die Masse der Mönchsgrasmücken nach SSW bis SE abzieht (Fransson & Hall-Karlsson 2008). Funde einiger britischer Vögel und solcher aus dem Baltikum weisen im Herbst ebenfalls nach Skandinavien (Fransson & Stolt 1993). Fransson & Stolt (1993) zeigten, dass diese herbstlichen Wanderungen nach N über eine Entfernung von bis zu 2000 km erfolgen können und ein reguläres, wahrscheinlich schon seit langer Zeit auftretendes Phänomen sind, das vor allem diesjährige Vögel betrifft (siehe auch Rost 2009). Zur Erklärung des unerwarteten Ergebnisses diskutieren die Autoren die Möglichkeit, dass ein 180°-„Irrtum" in der Zugrichtung auf N-S-Verwechslung, unter Umständen wegen des Ablaufs des Frühjahrszugprogrammes im Herbst, zurückzuführen sein könnte. Rost (2009) geht allerdings, im ausdrücklichen Gegensatz zu Fransson & Stolt (1993), von einer nachbrutzeitlichen Dispersion von Jungvögeln aus, die dann in einigen Fällen aber besonders extrem ausfallen würde. Kopiec & Ozarowska (2012) erwähnen die zusätzliche Möglichkeit, dass mitteleuropäische Mönchsgrasmücken nach N über Norwegen ziehend auf die Britischen Inseln gelangen könnten.

Auf dem Herbstzug zeigen einheimische Mönchsgrasmücken ein nach naturräumlicher Herkunft unterschiedliches Zugverhalten. Brutvögel aus NW-Deutschland ziehen bis auf wenige Ausnahmen nach SW ab, wie zahlreiche Funde vor allem in Belgien und S-Spanien belegen (Abb. 3). SW-deutsche und E-deutsche Mönchsgrasmücken folgen dieser Route nur zum Teil. Brutvögel aus den südlichen und östlichen Landesteilen ziehen auch nach NW bis W mit Fundkonzentrationen in Belgien und mit Nachweisen auf den Britischen Inseln. Bei den Durchzüglern tritt der Zug nach NW auf die Britischen Inseln noch deutlicher hervor, wobei Funde in Schottland und der nördlichen Nordsee auffallen (Abb. 4). Der Zug nach NW eines Teils S-mitteleuropäischer Mönchsgrasmücken ist ein relativ junges Phänomen, auf das zuerst Schlenker (1981) aufmerksam machte und das auch durch die Zunahme der Winterbeobachtungen auf den Britischen Inseln während der letzten Jahrzehnte belegt zu sein scheint (Wernham et al. 2002, siehe auch Berthold 1995, Maumary et al. 2007). Inwieweit die seit einigen Jahrzehnten verstärkt nach W ziehenden Mönchsgrasmücken aus dem E Deutschlands (Rost 2009) daran beteiligt sind, lässt sich anhand der Ringfunde nicht ermitteln. Allerdings überwintern auch norwegische Mönchsgrasmücken z. T. in Großbritannien (Bakken et al. 2006).

Eine weitere Zugroute führt deutsche Brutvögel direkt nach S nach Italien und

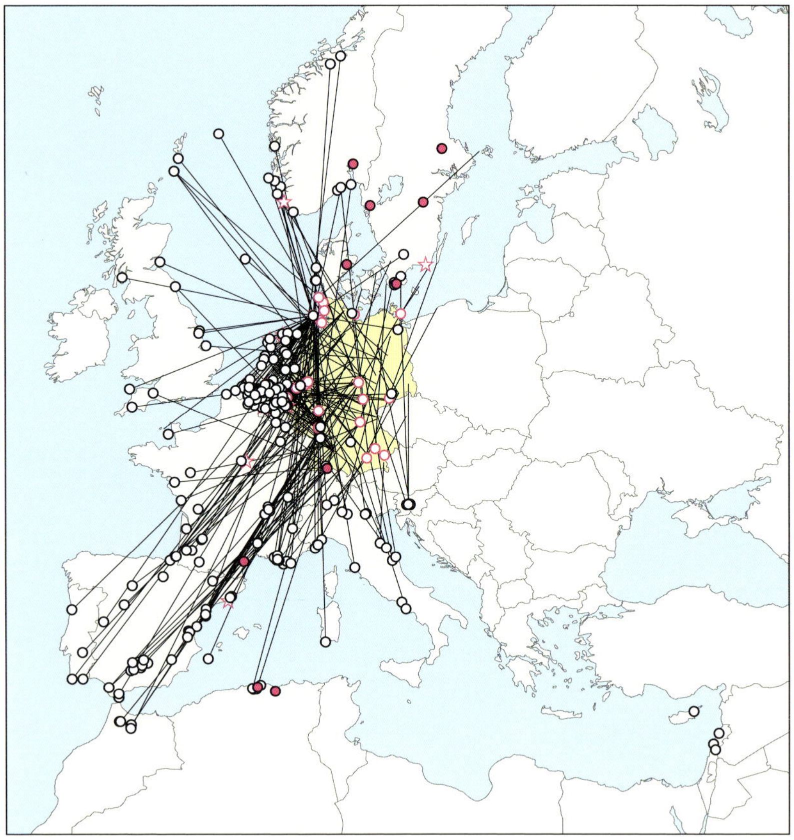

Abb. 4: Herbstzug (September – November) von in Deutschland von September bis November anwesenden Mönchsgrasmücken (351 Funde). – *Autumn migration (September – November) of Blackcaps present in Germany from September to November (351 recoveries).*

Afrika, wie dies auch für einen Teil der tschechischen Mönchsgrasmücken zutrifft (Cepák et al. 2008). Die relativ hohe Zahl von Funden im S zur Zugzeit beringter Mönchsgrasmücken ist wahrscheinlich auf skandinavische Durchzügler zurückzuführen, die im Herbst zu einem großen Teil in diese Richtung ziehen (Fransson & Hall-Karlsson 2008). Den Herbstzug skandinavischer Mönchsgrasmücken durch Deutschland belegen spätere Brutzeitfunde in Schweden und Norwegen, während es sich bei im Juni und Juli aus Algerien und S-Frankreich gemeldeten Vögeln wahrscheinlich um verspäteten Frühjahrszug gehandelt hat (Abb. 4). Funde von einheimischen Brutvögeln wie von Durchzüglern auf den Balearen, Sardinien und auf Malta (Abb. 3, 4) sowie in Algerien zeigen, dass S-Zieher auch längere Strecken über das offene Meer zurücklegen.

Zug nach SE kommt nach den Ringfunden fast nur bei E-deutschen Mönchsgrasmücken vor, was der Angabe zur Lage der Zugscheide von Zink (1973) entspricht. Ausnahmen stellen jedoch wenige britische Vögel dar, die in der Levante gefunden wurden (Wernham et al. 2002). Dass durch Deutschland ziehende Mönchsgrasmücken die Route ins östliche Mittelmeergebiet nehmen, ist ebenfalls durch Ringfunde auf Zypern und im Libanon belegt (Abb. 4). Nach Rost (2009) verliert der Zug nach SE in E-Deutschland in den letzten Jahrzehnten an Bedeutung. Dies stellt einen weiteren bisher kaum diskutierten Aspekt bei den mutmaßlich durch den Klimawandel bedingten Veränderungen des Zugverhaltens von Mönchsgrasmücken dar. Von insgesamt 22 Funden aus dem östlichen Mittelmeergebiet (Abb. 1) stammen nur sechs aus der Zeit nach 1980, was Rosts (2009) Angaben stützt.

Durch Ringfunde belegte Überwinterungsgebiete in Deutschland heimischer Mönchsgrasmücken liegen zum größten Teil in Spanien, Marokko und Algerien (Abb. 5). Wenige Funde belegen Überwinterungen in weiter nördlich gelegenen Regionen. Vögel aus dem NE-deutschen Tiefland hielten sich im Winter auch in N-Italien oder einmal auch in der Nähe des Brutgebiets auf. Vögel, die im östlichen Mittelmeergebiet überwintern, stammen aus dem NE-deutschen Tiefland und den E-deutschen Mittelgebirgen. Lediglich ein Fund in Senegal belegt den trans-Saharazug einer zur Brutzeit im W Deutschlands beringten Mönchsgrasmücke (Abb. 5). Ein im Mai im Tschad gefundenes Ind. (Abb. 1) wurde im vorangegangenen September auf der Elbinsel Pagensand (Schleswig-Holstein) beringt und könnte somit bereits ein Durchzügler gewesen sein, wie auch ein im März in Liberia markierter Ringvogel, der im August des gleichen Jahres in Stuttgart ums Leben kam. Zu welchem Anteil die in Deutschland brütenden Mönchsgrasmücken trans-Saharazieher sind, wie ein Teil der Vögel Großbritanniens, Schwedens oder Belgiens (Dowsett et al. 1988, Wernham et al. 2002, Fransson & Hall-Karlsson 2008), können die Ringfunde nicht zeigen.

Erwähnenswert ist das fast völlige Fehlen von Winterfunden deutscher Brutvögel auf den Britischen Inseln trotz starkem Zug nach NW von S-deutschen Mönchsgrasmücken, der sie in einigen Fällen auch bis über den Ärmelkanal führt. Die beiden Ausnahmen sind je ein aus dem NE-deutschen Tiefland nach W und ein aus den SW-deutschen Mittelgebirgen nach NW gezogener Vogel, die im Winter in S-England angetroffen wurden (Abb. 5). Dies widerspricht Studien, die anhand stabiler Isotope in Krallen vom Überwintern eines größeren Anteils von in SW-Deutschland brütenden Mönchsgrasmücken auf den Britischen Inseln ausgehen (Bearhop et al. 2005, Rolshausen et al. 2010). Rost (2009) diskutiert in diesem Zusammenhang die Möglichkeit, dass W-Zieher aus E-Deutschland nur bis zur Kanalküste gelangen (siehe auch Abb. 3), um dann entlang der französischen Küste in das Mittelmeergebiet zu wandern. Dies würde bedeuten, dass die von Helbig et al. (1994) experimentell ermittelten 7 – 11 % NW-Zieher nicht einen gleichen Anteil Überwinterer auf den Britischen Inseln bedeuten. Es liegen jedoch nach 1977 sieben Winterfunde von den Britischen Inseln von auf dem Herbstzug in Deutschland beringten Mönchsgrasmücken vor, die die neue Route zumindest für die Durchzügler belegen.

Während der Wintermonate (Dezember – Februar) wurden elf beringte Mönchsgrasmücken in Deutschland gefunden. Bei sechs dieser Vögel ist jedoch der Todeszeitpunkt ungewiss. Mit einer Ausnahme (siehe oben) handelte es sich bei keinem der als frischtot gemeldeten oder durch einen Beringer kontrollierten Vögel um einen lokalen Brutvogel, sondern um zur Zeit des Herbstzugs unmittelbar vor dem Fundwinter oder im selben Winter beringte Individuen. Die Beringungsorte von vier Vögeln in Spanien, Großbritannien, Belgien und Deutschland spiegeln erneut die Komplexität der Wanderungen der Mönchsgrasmücke wider, mit zum Teil deutlich entgegen der erwarteten Richtung stattfindenden Bewegungen.

Im Frühjahr ziehen die meisten Mönchsgrasmücken von SW in ihre Brutgebiete in Deutschland ein, einige auch von S und SE (Abb. 6), was den Hauptzugrichtungen im Herbst entspricht. Hinweise auf einen Schleifenzug ergeben sich nicht, nach einer detaillierteren Analyse wird dies aber für E-deutsche Vögel vermutet (Rost 2009). Je ein nicht direkter Fund einer in N-England und einer in Dänemark beringten Mönchsgrasmücke zu einer späteren Brutzeit in Deutschland entsprechen dem Zug im Herbst nach N und NW.

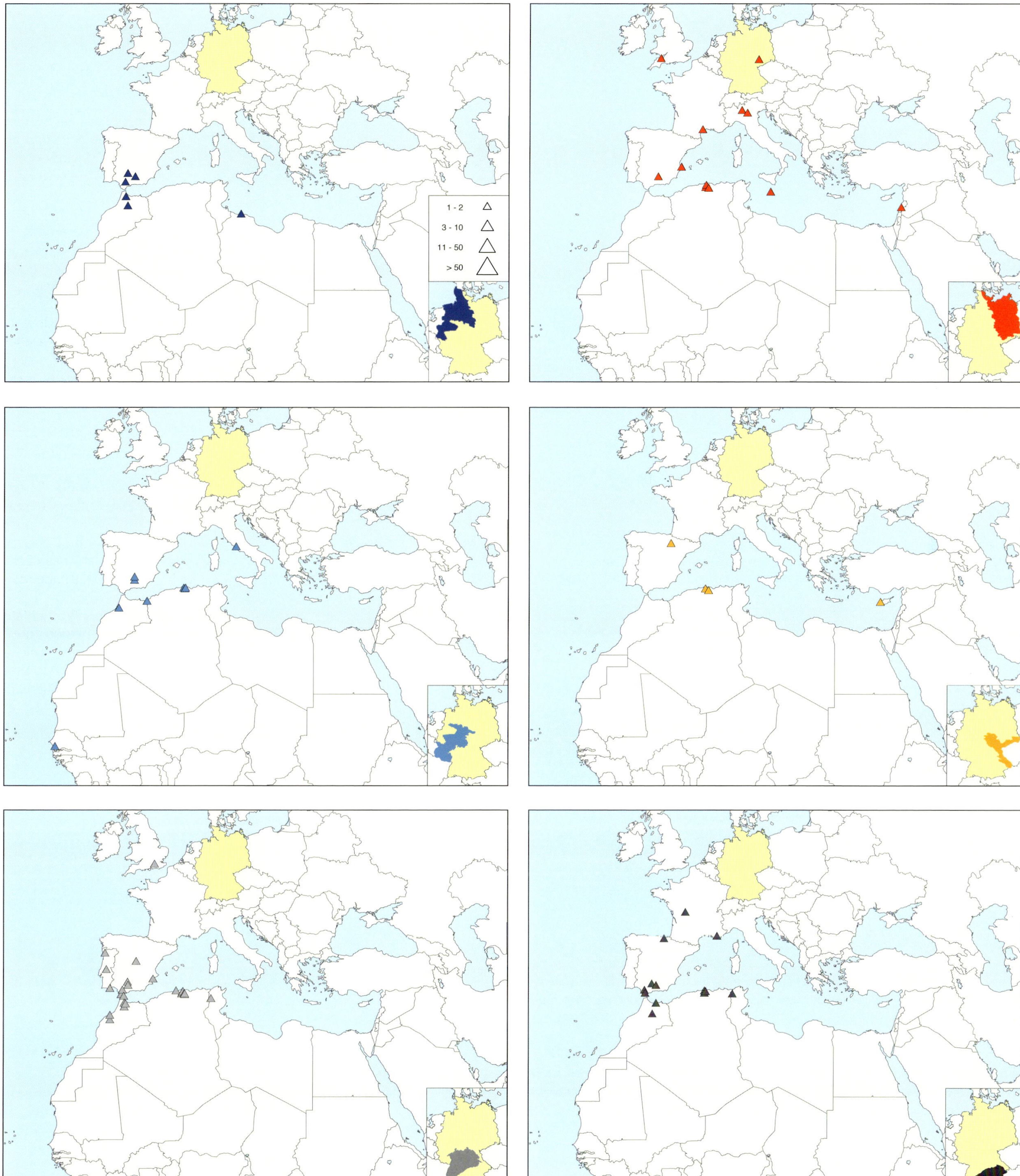

Abb. 5: Aufenthaltsorte im Winter (Dezember – Februar) von in Deutschland zur Brutzeit anwesenden Mönchsgrasmücken (76 Funde). – *Presence in winter (December – February) of Blackcaps present in Germany during the breeding season (76 recoveries).*

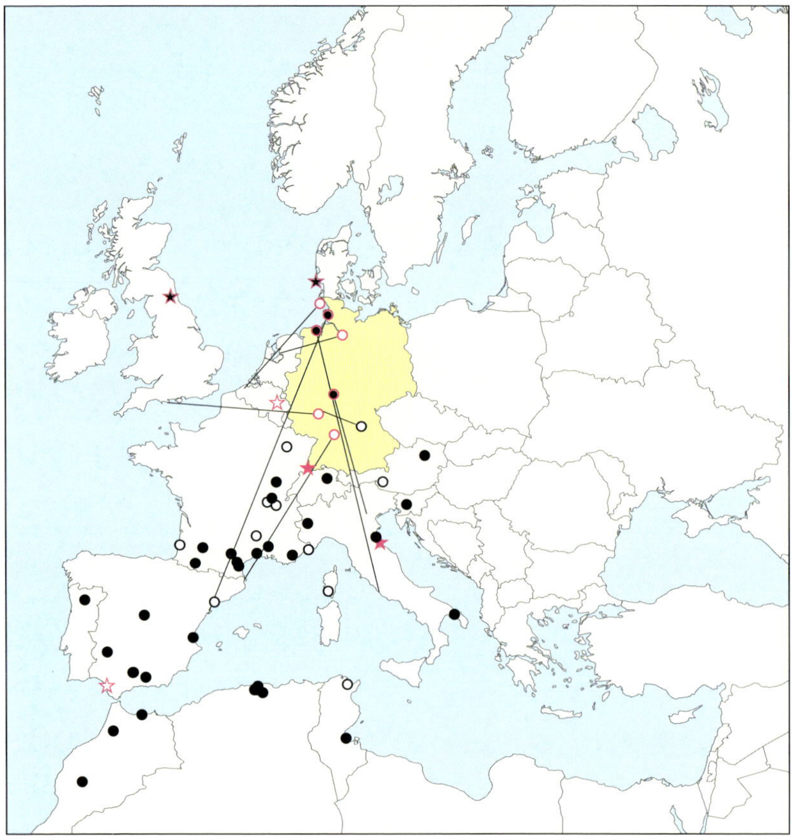

Abb. 6: Frühjahrszug (März – April) von in Deutschland zur Brutzeit (40 Funde) oder von März bis April anwesenden Mönchsgrasmücken (21 Funde). – *Spring migration (March – April) of Blackcaps present in Germany during the breeding season (40 recoveries) or from March to April (21 recoveries).*

***Summary:** Blackcap is widespread in Germany and the population of currently 3,300,000 – 4,350,000 bp shows an increasing trend. The great majority of German birds are migratory and recoveries over greater distances are spread over a wide area encompassing Fennoscandia, W and C Europe and the Mediterranean. Some recoveries were obtained from the E Mediterranean but none from E Europe. Autumn migration of German breeders is conducted in various directions whereby movements towards the N could refer to long-distance juvenile dispersal. Birds from NW Germany predominantly migrate SW, whereas only a fraction of birds from S and NE Germany follow this direction rather flying due S. Additionally, some birds from NE Germany are found to migrate to the SE with recoveries in the E Mediterranean. The recently evolved migration routes to the NW (S German birds) and W (E German birds) to Irish and British winter quarters have not been recorded in birds from NW Germany. Winter recoveries of German Blackcaps are mainly from the W Mediterranean. Some birds may winter further N, e. g. in N Italy, Belgium or S England. The recovery of a German Blackcap in Senegal provides evidence of trans-Saharan migration, too. Spring migration towards Germany is mainly from the SW without any distinct hints for loop migration.*

Gartengrasmücke *Sylvia borin*

Garden Warbler

Beringungen nach 1945:	269.448
Funde > 10 km nach 1945:	440/416
Wiederfundquote (Fernfunde nach 1945):	0,2 %
Funde > 10 km seit 1901:	449/425
Funde fremder Beringungszentralen:	134/130
Höchstalter:	13 J, 4 M*
Weiteste Entfernung:	6736 km

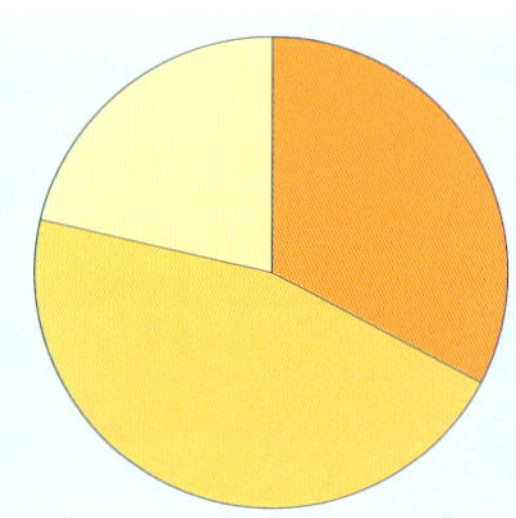

Verbreitung und Status: Die Brutzeitverbreitung der Gartengrasmücke ist auf die W-Paläarktis beschränkt. Besiedelt ist fast ganz Europa mit Ausnahme des äußersten S und des NE. Weiterhin kommt sie im N der Türkei und südlich des Kaukasus vor. Im E erreicht sie den Jenissej. Aus dem gesamten Verbreitungsgebiet ziehen Gartengrasmücken nach der Brutzeit in Winterquartiere im tropischen Afrika von den Feuchtsavannen im N bis in den S des Kontinents.

In Deutschland besiedelt die Gartengrasmücke mit 930.000 – 1.350.000 BP vor allem gebüschreiche Habitate und Randstrukturen der Wälder von der Küste bis auf etwa 1500 m im Gebirge. Im Gegensatz zu anderen trans-Saharaziehern waren die Bestände in den letzten Jahrzehnten stabil, zeigen aber seit etwa der Jahrtausendwende deutliche Abnahmen. Erster Durchzug nach der Brutzeit deutet sich bereits im Juli an, die Hauptzugzeit fällt jedoch in die zweite August- und die erste Septemberhälfte, wobei die Altvögel vor den diesjährigen Vögeln ziehen. Der Einzug in die Brutgebiete und der Durchzug nordischer Populationen im Frühjahr finden vor allem von Mitte April bis Mai statt. In verschiedenen Teilen Deutschlands haben sich Erstankunft und Frühjahrszug in den letzten Jahrzehnten deutlich verfrüht (Peintinger & Schuster 2005, Hüppop & Hüppop 2011, Ernst 2013). Auch der Herbstzug findet, zumindest auf Helgoland, etwa fünf Tage früher statt als noch um 1960 (Hüppop & Hüppop 2011).

Wanderungen: Ringfunde von Gartengrasmücken mit Bezug zu Deutschland verteilen sich im Wesentlichen entlang einer von NE nach SW ausgerichteten Achse, welche von Zentralfennoskandien über Mitteleuropa nach NW-Afrika reicht (Abb. 1, 2). Sie spiegeln damit den in der Regel in südwestliche Richtungen führenden Herbstzug N- und mitteleuropäischer Populationen wider (Zink 1973). Entsprechend stammen auch die meisten Wiederfunde während des Herbstzugs von in Deutschland zur Brutzeit beringten Gartengrasmücken aus S-Frankreich und von der Iberischen Halbinsel (Abb. 3). Die Häufung der Funde in Portugal zeigt, dass ein „Zugknick", der die Vögel danach in südliche Richtungen nach Afrika führt, erst im äußersten W erfolgen kann. Bei einem von Zink (1973) abgebildeten Fund auf Zypern handelte es sich um eine Mönchsgrasmücke. Aufgrund der Möglichkeit einer Verwechslung mit dieser Art oder mit der

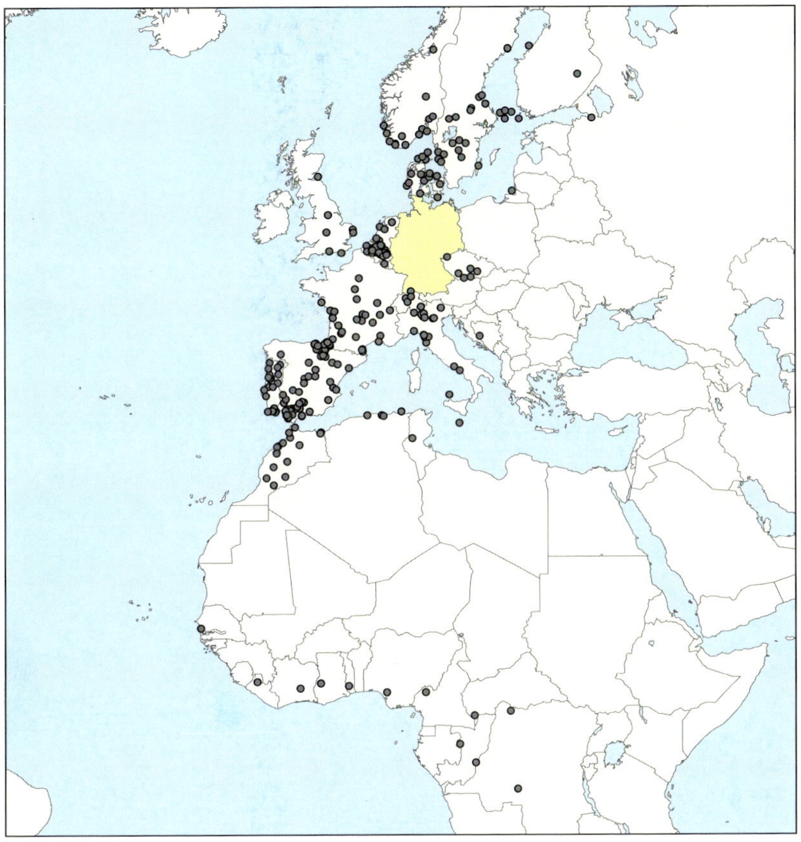

Abb. 1: Fundorte im Ausland von in Deutschland beringten Gartengrasmücken (290 Funde). – *Foreign recovery sites of Garden Warblers ringed in Germany (290 recoveries).*

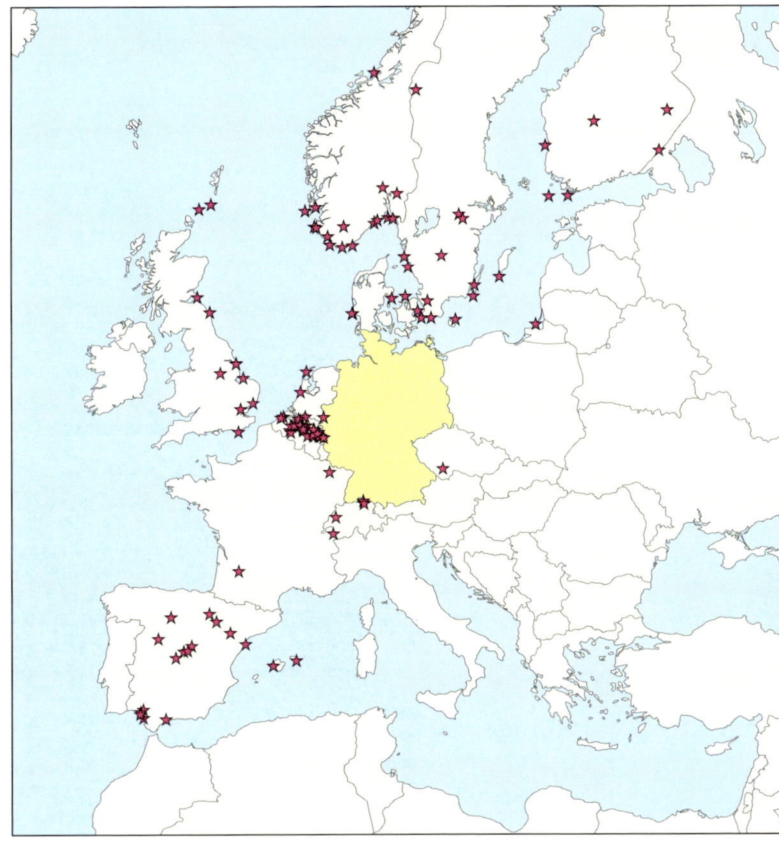

Abb. 2: Beringungsorte im Ausland von in Deutschland gefundenen Gartengrasmücken (134 Funde). – *Foreign ringing sites of Garden Warblers recovered in Germany (134 recoveries).*

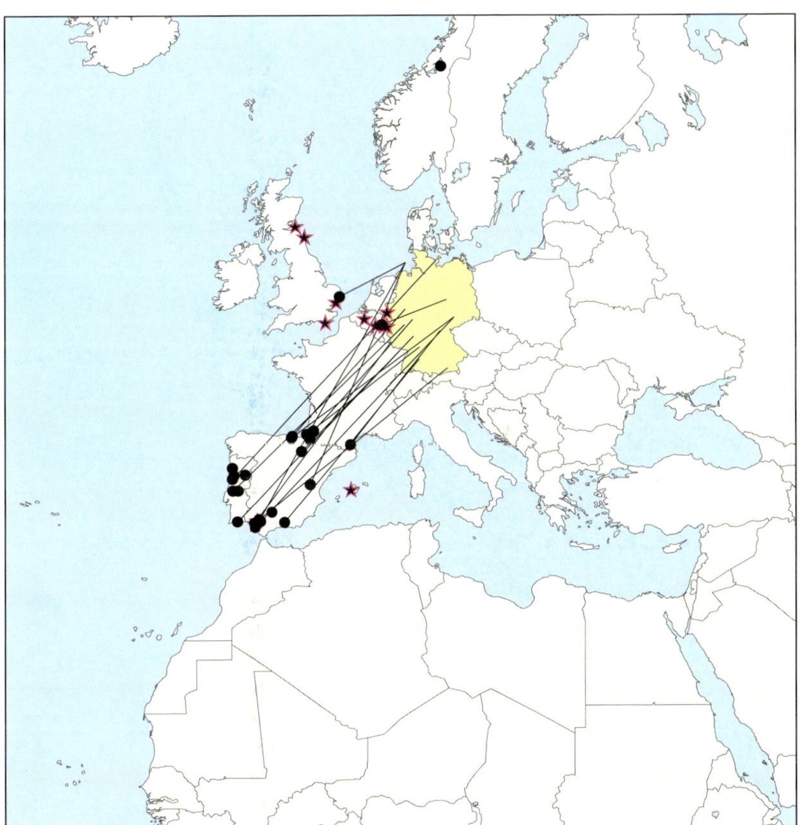

Abb. 3: Herbstzug (September–November) von in Deutschland zur Brutzeit anwesenden Gartengrasmücken (37 Funde). – *Autumn migration (September–November) of Garden Warblers present in Germany during the breeding season (37 recoveries).*

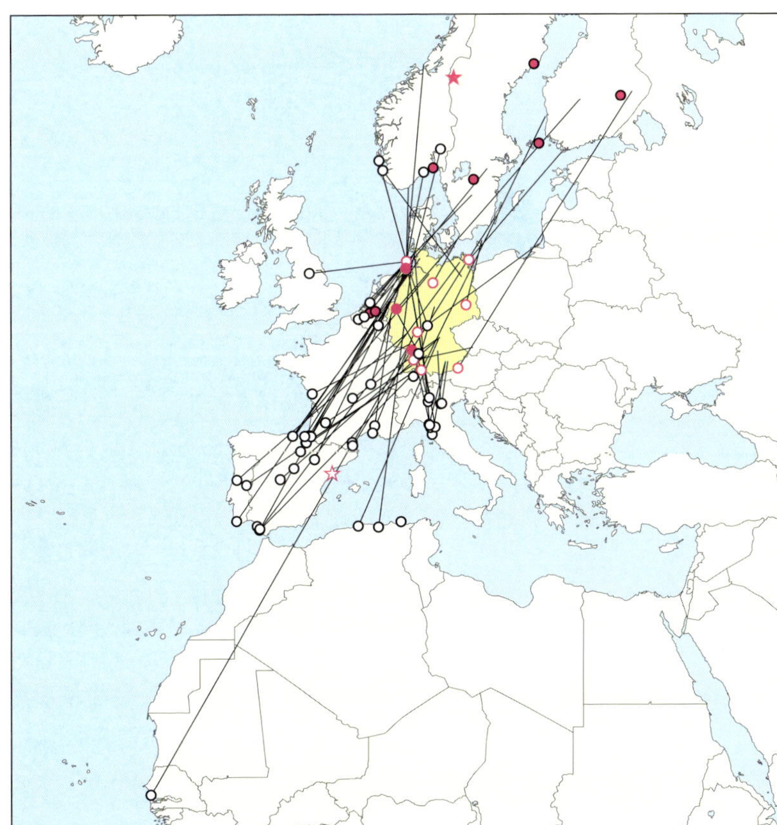

Abb. 4: Herbstzug (September–November) von in Deutschland von September bis November anwesenden Gartengrasmücken (79 Funde). – *Autumn migration (September–November) of Garden Warblers present in Germany from September to November (79 recoveries).*

Sperbergrasmücke äußert Zink (1973) Vorbehalte in Bezug auf weitere Funde N- und mitteleuropäischer Ringvögel im östlichen Mittelmeerraum. Fransson & Hall-Karlsson (2008) akzeptieren jedoch den Fund einer schwedischen Gartengrasmücke in Griechenland. Aus dem Rahmen fällt ein Vogel unbekannten Alters, der sich nach der Beringung im Juni in Deutschland im September in Norwegen aufhielt. Ähnliche Verbindungen gibt es auch in den N der Britischen Inseln (Abb. 3), wobei die betreffenden zwei Vögel im September beringt wurden. Im Gegensatz zur Mönchsgrasmücke ergeben sich aber aus den wenigen Funden in die „falsche" Herbstzugrichtung (Schlenker 1990) keine Hinweise auf eine neu etablierte Zugroute. Es handelt sich wahrscheinlich um Fälle besonders ausgeprägter Dismigration nach der Brutzeit, nach der die Vögel immer noch die übliche Zugrichtung eingeschlagen haben könnten.

Gartengrasmücken, die zur Zugzeit in Deutschland beringt oder gefunden wurden, belegen die Herkunft von Durchzüglern aus Fennoskandien (Abb. 4), von wo aus sie ebenfalls hauptsächlich nach SW bis S ziehen (Bakken et al. 2006, Fransson & Hall-Karlsson 2008). Die Richtungen der Durchzügler streuen weiter als die der Brutvögel. Auffällig ist eine zusätzliche S-Komponente und direkte Funde in N-Italien deuten an, dass auch die Alpen überquert werden. Ein interessanter Aspekt ist hierbei, dass Jenni & Jenni-Eiermann (1987) aufgrund von Untersuchungen von Flügellängen an durch die Schweiz ziehenden Gartengrasmücken ebenfalls zu dem Schluss kamen, dass nördliche Populationen die Alpen eher überfliegen als südlichere. Weitere Funde in Algerien deuten an, dass das Mittelmeer in seinem zentralen Bereich überquert wird. Ein mutmaßlicher Durchzügler, der Anfang September in Rheinland-Pfalz beringt wurde, war etwa sieben Wochen später im Senegal (Abb. 4).

Aus den eigentlichen Überwinterungsgebieten in der Afrotropis liegen nur drei Winterfunde deutscher Brutvögel vor (Abb. 5). Ihre Lage in Liberia, Nigeria und der Zentralafrikanischen Republik sowie eine Reihe weiterer Winterfunde von Herbst-Durchzüglern zwischen dem Senegal und der DR Kongo (Abb. 1) bestätigen, dass W- und N-europäische Gartengrasmücken im westlichen und zentralen Teil Afrikas überwintern (Dowsett et al. 1988). Im Gegensatz dazu wird bei den im E und S Afrikas überwinternden Vögeln von Angehörigen weiter östlicheren Populationen, u.a. der östlichen Unterart *S. b. woodwardi*, ausgegangen (Klein et al. 1973, Zink 1973). Überraschend ist die Meldung einer frischtot gefundenen Gartengrasmücke im Februar in Algerien (Abb. 5), da es aus dem westlichen Mittelmeergebiet nur wenige Winternachweise gibt (Thévenot et al. 2003, Isenmann et al. 2005). Dezember- und Januarnachweise nördlich von 10 °N liegen aus Oasen in der Sahara oder südlich der Wüste nur sehr spärlich vor (z. B. Isenmann et al. 2010). Allerdings wurden zwei im Herbst und ein im Frühjahr zur Zugzeit beringter Vogel in den Wintermonaten aus Spanien gemeldet, zwei davon als frischtot. Zwei dänische Ringvögel wurden ebenfalls im Januar in Spanien und auf Bornholm (Dänemark) wieder gefunden (Bønløkke et al. 2006). Es muss offen bleiben, ob es sich bei den seltenen Winterfunden nördlich der Sahara um Überwinterungsversuche handelt oder ob die betreffenden Vögel physisch nicht in der Lage zum Weiterzug waren.

Die wenigen Wiederfunde deutscher Brutvögel auf dem Frühjahrszug deuten entsprechend der auf dem Herbstzug eingeschlagenen Richtung den Wiedereinzug aus SW an (Abb. 6). Aufgrund der Ergebnisse eines Netzes von Fangstationen im Mittelmeergebiet liegen aber Hinweise vor, dass Gartengrasmücken im Frühjahr die Sahara und das Mittelmeer in einer breiten Front überqueren (Grattarola et al. 1999). Deshalb ist davon auszugehen, dass Deutschland von Brutvögeln wie von Durchzüglern auch von S erreicht wird.

***Summary**: Garden Warbler is a common breeder across the country with a population of 930,000 – 1,350,000 bp, but numbers have been decreasing in recent years. As in N and C European populations in general, German breeders move in SW directions in autumn with concentrations of recoveries in S France and on the Iberian Peninsula. Birds ringed on autumn migration show an additional southern component with recoveries in N Italy implying the crossing of the Alps. Three recoveries of birds ringed in Germany during the breeding season are from the well-known winter quarters of the species in tropical W and C Africa, but there is also one winter record from Algeria. Few recoveries on spring migration indicate movements towards Germany from the SW.*

Sperbergrasmücke *Sylvia nisoria*
Barred Warbler

Beringungen nach 1945:	6151
Funde > 10 km nach 1945:	13/12
Wiederfundquote (Fernfunde nach 1945):	0,2 %
Funde > 10 km seit 1901:	13/12
Funde fremder Beringungszentralen:	0/0
Höchstalter:	5 J, 1 M
Weiteste Entfernung:	3000 km

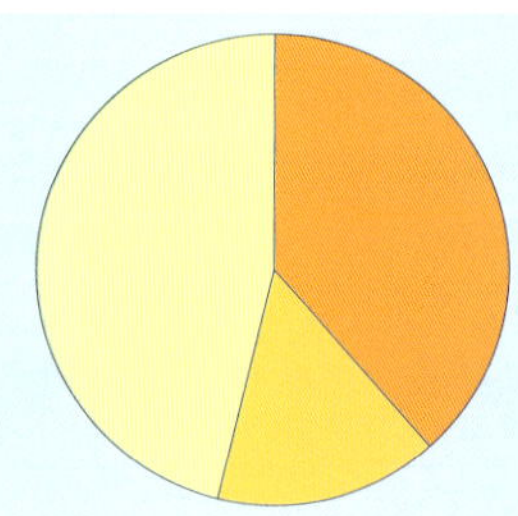

Verbreitung und Status: Die Sperbergrasmücke erreicht in Deutschland den W-Rand ihres Brutgebiets, das sich von hier bis in die W-Mongolei erstreckt. Alle Populationen ziehen in ein relativ kleines Überwinterungsgebiet in E-Afrika. In Deutschland ist die Sperbergrasmücke selten und der Verbreitungsschwerpunkt der 6000 – 10.500 BP liegt in Gebüschen und lichten Wäldern im NE des Landes. Die Bestände weisen langfristig einen abnehmenden Trend auf. Ab August werden die Brutgebiete geräumt, der Wiedereinzug im Frühjahr erfolgt in der zweiten Maihälfte.

Wanderungen: Europäische Sperbergrasmücken ziehen über das östliche Mittelmeergebiet nach Afrika. Von hier, ausschließlich aus Syrien, stammen auch vier der sechs Herbstfunde in Deutschland beringter Vögel (Abb. 1). Von diesen wurden zwei Individuen im Juli beringt und waren somit wahrscheinlich lokale Brutvögel. Dies trifft aber sicher nicht auf zwei im August auf der Nordseeinsel Mellum beringte Vögel zu. Vollkommen aus dem Rahmen fällt eine im August auf der Greifswalder Oie (Mecklenburg-Vorpommern) beringte diesjährige Sperbergrasmücke, die nach zwölf Tagen etwa 720 km NW in S-Norwegen wieder kontrolliert wurde. Wahrscheinlich hat es sich hierbei um einen besonders eindrucksvollen Fall von vorzugzeitlicher Dismigration oder um Zugumkehr gehandelt. Zur gleichen Jahreszeit werden auch deutlich westlich des Brutgebiets, z. B. auf Helgoland, relativ viele junge Sperbergrasmücken beobachtet (Dierschke et al. 2011). Aus dem Winterquartier liegen keine Nachweise vor. Der einzige Frühjahrsfund mit Bezug zu Deutschland geht auf eine Ende Mai auf der Greifswalder Oie beringte Sperbergrasmücke zurück, die ein Jahr später an der polnischen Ostseeküste kontrolliert wurde. Wahrscheinlich hatte sie sich dabei noch auf dem Frühjahrszug befunden.

Summary: *Barred Warbler reaches the western fringe of its range in E and N Germany where the current population size stands at 6000 – 10,500 bp, with a decreasing trend. All populations of Barred Warblers migrate to a relatively small area in E Africa. European populations reach the winter quarters via the E Mediterranean. Accordingly, the few recoveries of birds ringed in Germany stem from Croatia and Syria. One notable exception is a first-year bird that moved some 700 km NW from NE Germany to S Norway in August.*

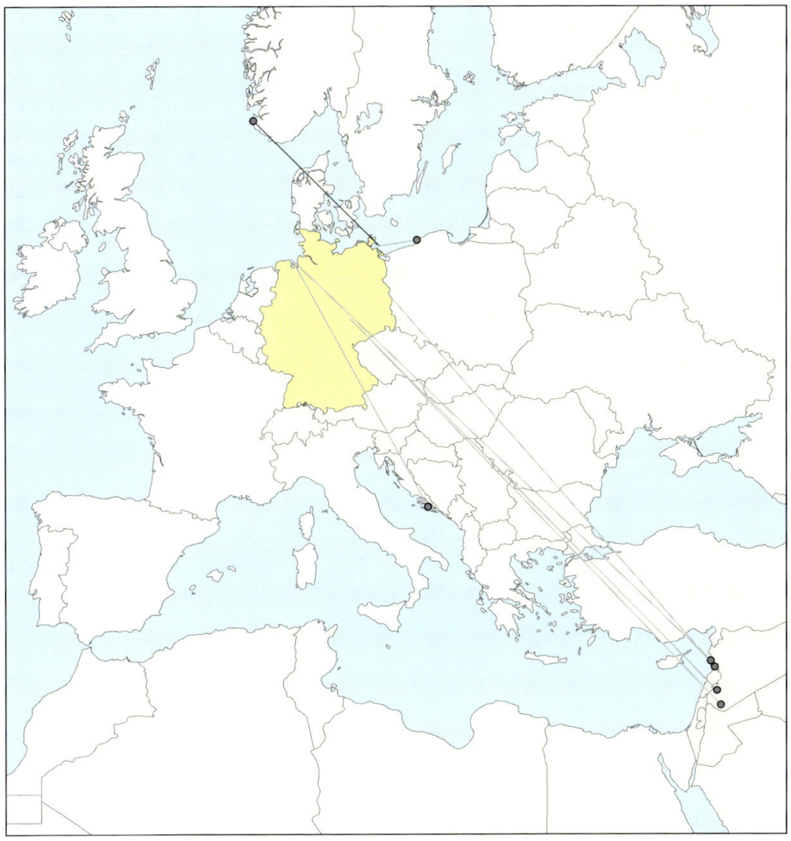

Abb. 1: Funde von Sperbergrasmücken mit Bezug zu Deutschland (7 Funde). – *Recoveries of Barred Warblers related to Germany (7 recoveries).*

Klappergrasmücke *Sylvia curruca*

Lesser Whitethroat

Beringungen nach 1945:	88.814
Funde > 10 km nach 1945:	163/156
Wiederfundquote (Fernfunde nach 1945):	0,2 %
Funde > 10 km seit 1901:	169/162
Funde fremder Beringungszentralen:	33/33
Höchstalter:	6 J, 2 M
Weiteste Entfernung:	3190 km

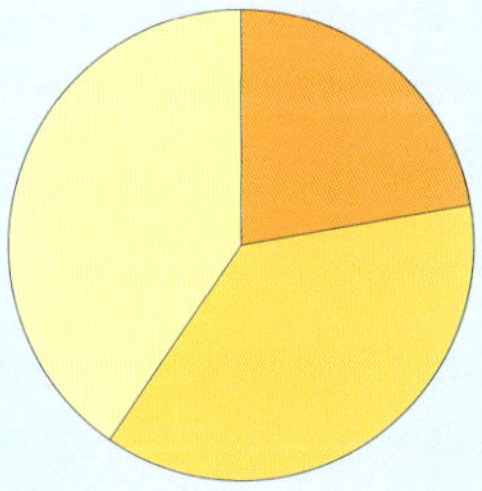

Verbreitung und Status: Das Brutgebiet der Klappergrasmücke erstreckt sich von Frankreich und Großbritannien bis zur Lena und nach China im E. Europäische Populationen ziehen nach SE und die Hauptüberwinterungsgebiete liegen in NE-Afrika. Einige Vögel gelangen auch in das Binnendelta des Niger in Mali und in den Senegal.

In Deutschland umfasst der in den letzten Jahren zunehmende Bestand der Klappergrasmücke 200.000 – 330.000 BP. Der Herbstzug findet im Wesentlichen von Mitte August bis Mitte September statt und endet im Oktober. Der Einzug in die Brutgebiete macht sich ab Mitte April verstärkt bemerkbar und klingt, wie der Durchzug, in der zweiten Maihälfte aus. Auf Helgoland hat sich der Mittelwert des Frühjahrszugs zwischen 1960 und 2008 um 15 Tage und in Sachsen die Erstankunft in einem ähnlichen Zeitrahmen um fast neun Tage verfrüht (Hüppop & Hüppop 2011, Ernst 2013).

Wanderungen: In Übereinstimmung mit der bekannten Hauptzugrichtung streuen die Ringfunde mit Bezug zu Deutschland zwischen den Britischen Inseln und S-Schweden bis in das östliche Mittelmeergebiet (Abb. 1). Direkte Herbstzugfunde deutscher Brutvögel in der Türkei, Jordanien und in Ägypten (Abb. 2) entsprechen diesem Schema (Zink 1973). Eine Reihe weiterer Nachweise aus der Zeit des Herbstzugs aus Italien und Österreich, aber auch von der ägyptischen Mittelmeerküste (Abb. 1), stammen von Vögeln, die in Deutschland im August beringt wurden. Eine Zuordnung als Brutvögel oder Durchzügler ist daher nicht möglich. Zwei Funde belegen den Durchzug britischer Vögel, welche ebenfalls ausschließlich nach SE wandern (Wernham et al. 2002). Im afrikanischen Überwinterungsgebiet konnte noch kein deutscher Ringvogel nachgewiesen werden. Bei einer als „frischtot" im Januar aus der Türkei gemeldeten Klappergrasmücke handelte es sich möglicherweise um eines der vereinzelt im Nahen Osten

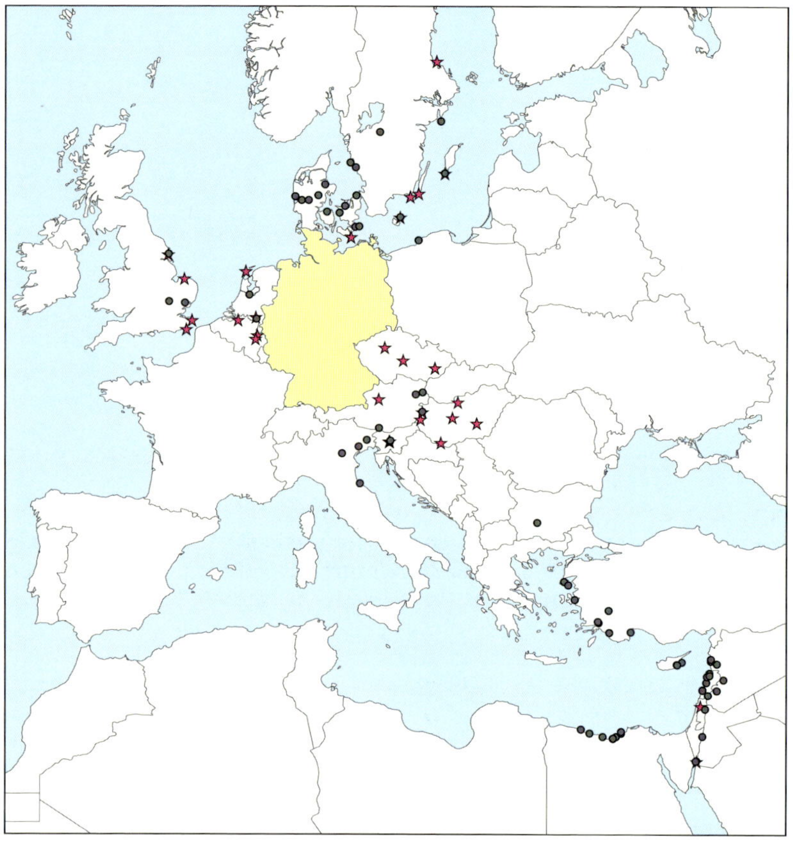

Abb. 1: Fundorte von in Deutschland beringten (75 Funde) und ausländische Beringungsorte von in Deutschland gefundenen (33 Funde) Klappergrasmücken. – *Foreign recovery sites of Lesser Whitethroats ringed in Germany (75 recoveries) and foreign ringing sites of birds recovered in Germany (33 recoveries).*

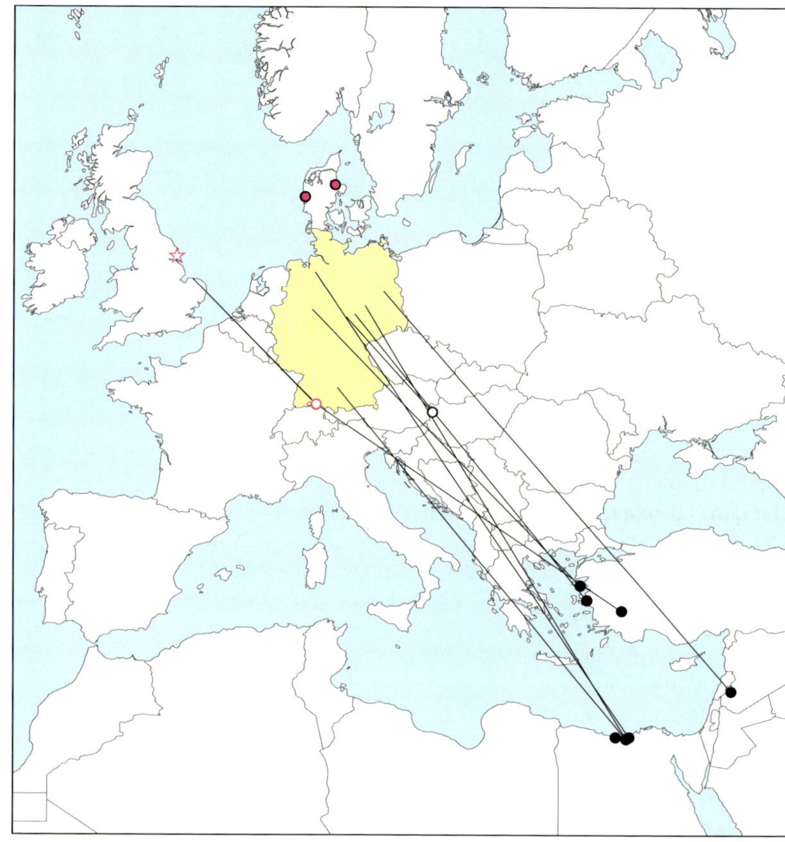

Abb. 2: Herbstzug (September – November) von in Deutschland zur Brutzeit (8 Funde) oder von September bis November anwesenden Klappergrasmücken (6 Funde). – *Autumn migration (September – November) of Lesser Whitethroats present in Germany during the breeding season (8 recoveries) or from September to November (6 recoveries).*

überwinternden Individuen. Zwei Ende Februar in Israel kontrollierte Vögel könnten sich dagegen bereits auf dem Zug in ihre Brutgebiete befunden haben. Funde zum Frühjahrszug konzentrieren sich in den Monaten März und April auffällig im Libanon (Abb. 3) und gehen ausschließlich auf direkte Verfolgung zurück. In Ungarn und Österreich auf dem Frühjahrszug beringte Klappergrasmücken (Abb. 1, 3) hielten sich zu einer späteren Zug- oder Brutzeit in Deutschland auf und belegen den Ein- oder Durchzug aus SE. Verbindungen, die nach Skandinavien weisen (Abb. 3), deuten einen Zugknick über Mitteleuropa an, durch den aus SE kommende Vögel ihre Richtung nach N ändern. Dies würde auch die nicht unerhebliche Zahl der Funde in Deutschland beringter Klappergrasmücken in Dänemark und W-Schweden erklären (Abb. 1), obwohl dort beringte Vögel über den Nahen Osten in ihre Winterquartiere ziehen (Bønløkke et al. 2006, Fransson & Hall-Karlsson 2008). Für einen Zugknick spricht auch der Fund eines norwegischen Vogels in der Schweiz, der im Herbst über 1300 km direkt nach S gezogen war (Maumary et al. 2007) sowie Funde dänischer Ringvögel in Schweden und Finnland. Hinweise auf einen Schleifenzug, wie von Zink (1973) für britische Vögel vermutet, ergeben die spärlichen Frühjahrsfunde nicht (siehe auch Wernham et al. 2002).

Summary: *Lesser Whitethroat has a population of 200,000 – 330,000 bp in Germany which is currently increasing. Autumn migration is observed mainly from mid-August to mid-September, spring migration from mid-April to late May. Recoveries of birds are either pointing towards SE or N and are concentrated in S Scandinavia, SE Central Europe and the E Mediterranean. German breeders as well as birds ringed during migration were recovered in Turkey, Jordan and Egypt in autumn. Birds passing through Germany in autumn were ringed in the UK and in Scandinavia. There are no records from the African winter quarters, but one bird was reported from Turkey in January. Recoveries with respect to spring migration are concentrated in Lebanon due to the substantial hunting activities there. Links from Germany to Scandinavia seem to indicate a change in migratory direction ("Zugknick") in C Europe as Lesser Whitethroats from Scandinavia also migrate to Africa via the E Mediterranean.*

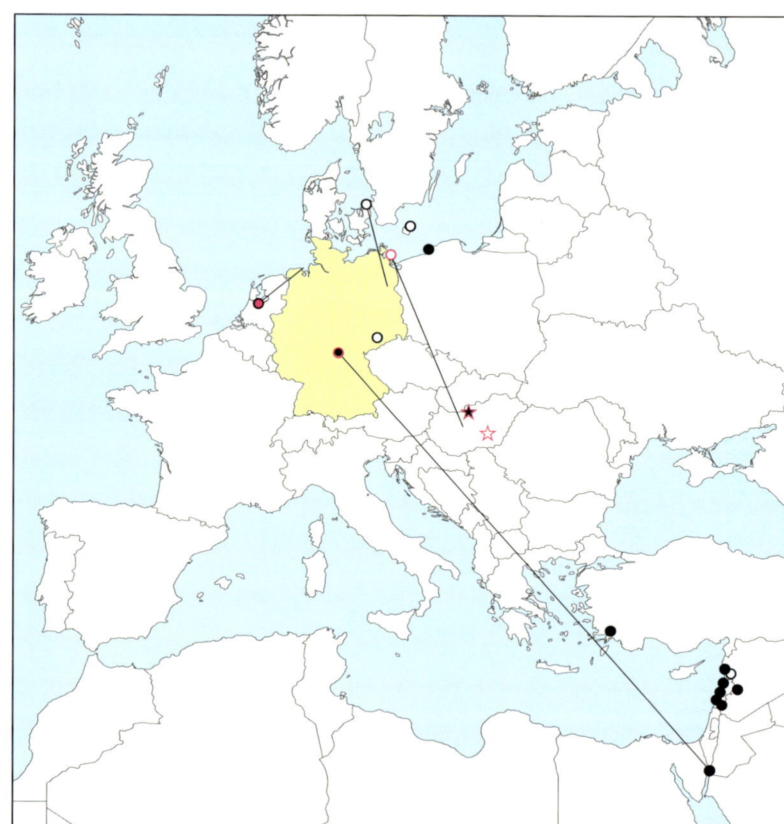

Abb. 3: Frühjahrszug (März – April) von in Deutschland zur Brutzeit (11 Funde) oder von März bis April anwesenden Klappergrasmücken (8 Funde). – *Spring migration (March – April) of Lesser Whitethroats present in Germany during the breeding season (11 recoveries) or from March to April (8 recoveries).*

Dorngrasmücke *Sylvia communis*
Common Whitethroat

Beringungen nach 1945:	129.549
Funde > 10 km nach 1945:	194/186
Wiederfundquote (Fernfunde nach 1945):	0,1 %
Funde > 10 km seit 1901:	208/200
Funde fremder Beringungszentralen:	31/30
Höchstalter:	6 J, 3 M*
Weiteste Entfernung:	5109 km

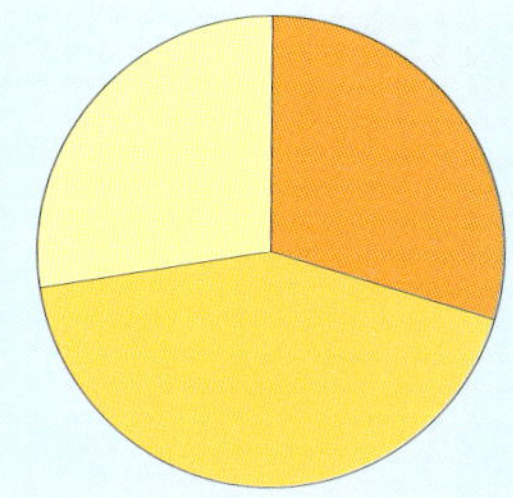

Verbreitung und Status: Die Dorngrasmücke besiedelt offene bis halboffene Habitate und Sukzessionsflächen mit eingestreuten Gebüschen von NW-Afrika über ganz Europa mit Ausnahme weiter Teile Fennoskandiens und des NE. Im E setzt sich die Verbreitung über die Türkei und über den Ural bis zum Baikalsee in Sibirien fort. Die Schwerpunkte der Winterverbreitung des trans-Saharaziehers liegen in der Sahelzone W-Afrikas, in E-Afrika und südwärts bis nach Namibia und Transvaal; einige Vögel östlicher Populationen verbringen den Winter auf der arabischen Halbinsel. Überwinterungsversuche im westlichen Mittelmeergebiet sind Ausnahmen.
Wie im gesamten W- und zentraleuropäischen Verbreitungsgebiet westlich von etwa 15 °E, hatte auch der deutsche Bestand der Dorngrasmücke Ende der 1960er Jahre dramatische Einbrüche zu verzeichnen (Berthold 1974). Mit kurzfristigen Fluktuationen ist aber der Trend zumindest seit etwa 1990 wieder leicht ansteigend und die Zahl der BP beträgt derzeit 500.000 – 790.000. Im Herbst findet der Hauptab- und Durchzug der Dorngrasmücke von Mitte August bis Mitte September statt. Einzelne Vögel können noch bis Oktober beobachtet werden. Der regelmäßige Wiedereinzug im Frühjahr, wobei die Männchen vor den Weibchen ankommen, hat seinen Höhepunkt um die Monatswende April/Mai und ist Ende Mai abgeschlossen, im N etwas später. Die Erstankunft der Dorngrasmücke hat sich im sächsischen Vogtland zwischen 1967 und 2011 um etwa 13 Tage verfrüht (Ernst 2013). Eine Verfrühung des Durchzugsmittelwerts um elf Tage wurde zwischen 1960 und 2008 auf Helgoland festgestellt, während sich im gleichen Zeitraum keine Unterschiede bei der Herbstzugsphänologie ergaben (Hüppop & Hüppop 2011).

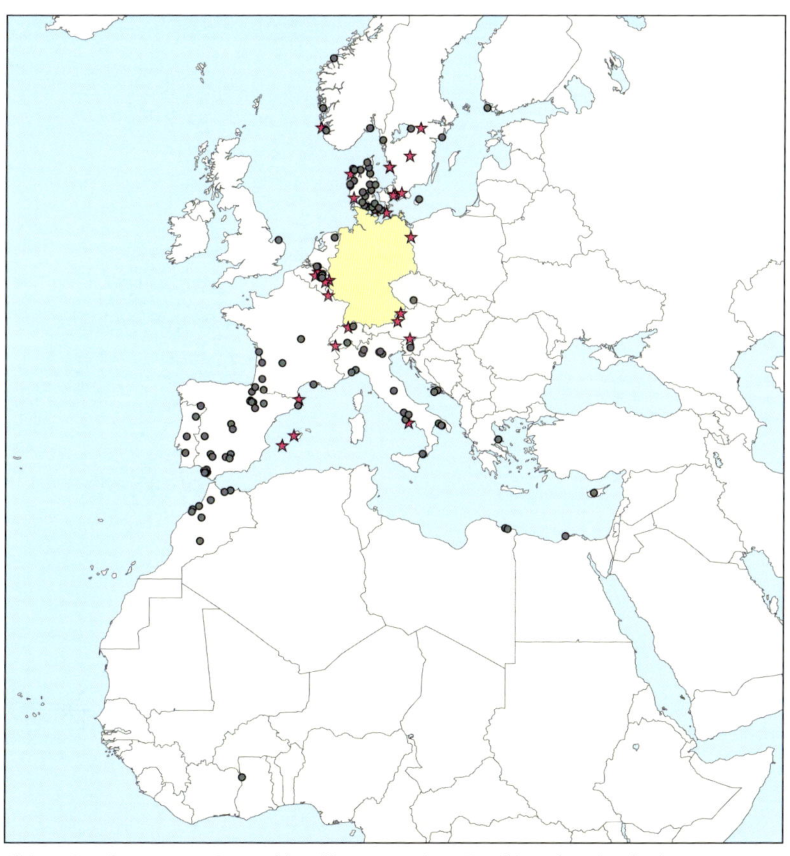

Abb. 1: Fundorte von in Deutschland beringten (119 Funde) und ausländische Beringungsorte von in Deutschland gefundenen (31 Funde) Dorngrasmücken. – *Foreign recovery sites of Common Whitethroats ringed in Germany (119 recoveries) and foreign ringing sites of birds recovered in Germany (31 recoveries).*

Wanderungen: Das Einzugsgebiet durch Deutschland wandernder Dorngrasmücken ist Fennoskandien (Abb. 1, 2). Durch Mitteleuropa zieht sich eine schwach ausgeprägte Zugscheide bei etwa 10 °E. Westlich davon ziehen die meisten Dorngrasmücken nach WSW bis SSW ab, östlich davon zwischen SW und SSE (Zink 1973). Daher streuen südliche Funde in Deutschland beringter Dorngrasmücken von SW-Europa und NW-Afrika bis in den E des Mittelmeergebiets (Abb. 1). Bei aus der Zeit des Herbstzugs stammenden Ringfunden tritt diese Zugscheide klar hervor (Abb. 2, 3). Brutvögel wie Durchzügler, die in den westlichen Landesteilen beringt wurden, ziehen fast ausschließlich nach SW bis SSW. Sie erreichen so die Iberische Halbinsel und Marokko, einige SSW-Zieher gelangen auch nach N-Italien. Dorngrasmücken aus den östlichen Landesteilen ziehen dagegen, von wenigen Ausnahmen abgesehen, nach SSE (Abb. 2, 3). Wiederfunde in S-Italien, Kroatien, Libyen und Ägypten deuten dabei eine Überquerung des Mittelmeers von Italien oder Griechenland aus an. Generell scheint die Zugscheide bei den Durchzüglern (Abb. 3) aber weniger deutlich ausgeprägt zu sein, als bei zur Brutzeit beringten Dorngrasmücken (Abb. 2). Eine Verbindung von Westfalen nach Zypern (Abb. 1) wird von Zink (1973) als mögliche Verwechslung mit der Klappergrasmücke bei der Beringung als Nestling angezweifelt. Allerdings gibt es z. B. auch in Italien Funde SSE ziehender niederländischer und belgischer Vögel. Zusätzlich erwähnen Spina & Volponi (2008b) eine in Nordfriesland beringte Dorngrasmücke, die nach Italien zog.
Aus den Überwinterungsgebieten in der Afrotropis liegt nur ein Wiederfund eines deutschen Ringvogels vor. Eine am 4. Juni 1941 auf Helgoland beringte Dorngrasmücke fiel im darauf folgenden Februar in Ghana einem Jäger zum Opfer. Da Dorngrasmücken in diesem Jahr nicht auf Helgoland gebrütet haben und dort noch im Juni regelmäßig durchziehen (Dierschke et al. 2011), hat es sich bei dem betreffenden Vogel nicht um einen Brutvogel gehandelt. Die Lokalität in W-Afrika entspricht den Kenntnissen vom Überwinterungsgebiet W-europäischer Populationen, wie es auch anhand von Befunden anderer Beringungszentralen umrissen werden kann (Dowsett et al. 1988, Wernham et al. 2002, Bønløkke et al. 2006). SE-Zieher überwintern sehr wahrscheinlich im nördlichen Zentral- und in NE-Afrika (Urban et al. 1997), was aber durch deutsche Ringvögel bisher nicht belegt ist. Lediglich eine schwedische Dorngrasmücke wurde im Tschad und eine finnische im Sudan gefunden (Zink 1973, Fransson & Hall-Karlsson 2008).
Im Frühjahr erfolgt der Einzug in die Brutgebiete von SW und S (Abb. 4). Einen in Brandenburg nestjung beringten Vogel erwähnt Zink (1973) als Durchzügler im April aus Ägypten. Ein Direktfund in eine zunächst überraschend erscheinende Richtung, von Wangerooge nach England, ist wahrscheinlich auf den Schleifenzug britischer Dorngrasmücken zurückzuführen, die im Frühjahr weiter östlich ziehen als im Herbst (Wernham et al. 2002). Dieser Schleifenzug könnte auch erklären, warum Dorngrasmücken auf Helgoland im Frühjahr viel häufiger als im Herbst auftreten (Zink 1973, Dierschke et al. 2011).

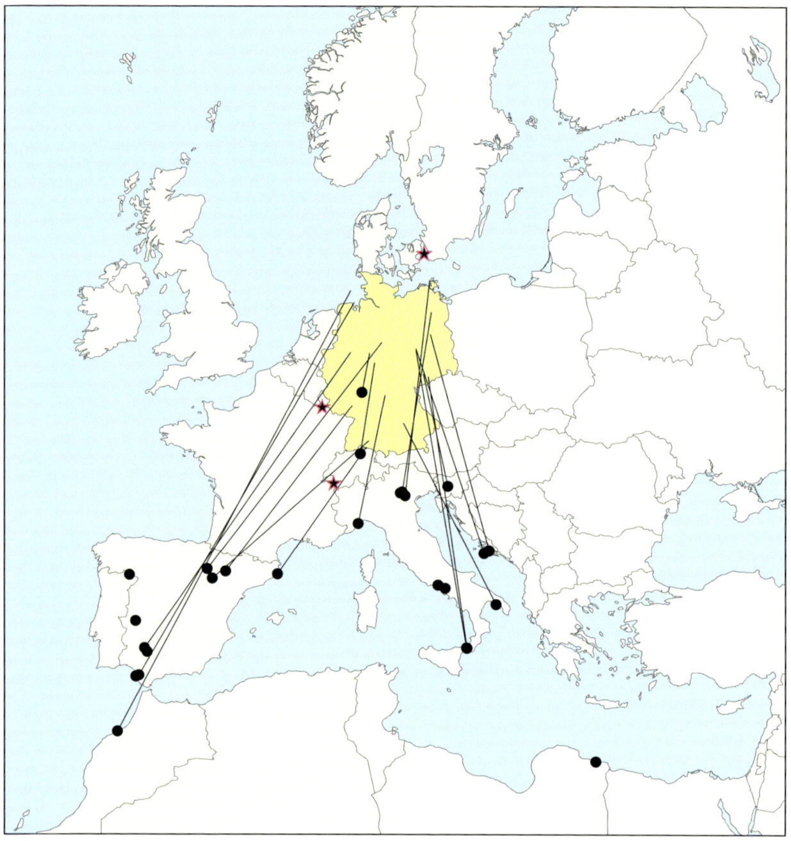

Abb. 2: Herbstzug (August – November) von in Deutschland zur Brutzeit anwesenden Dorngrasmücken (29 Funde). – *Autumn migration (August – November) of Common Whitethroats present in Germany during the breeding season (29 recoveries).*

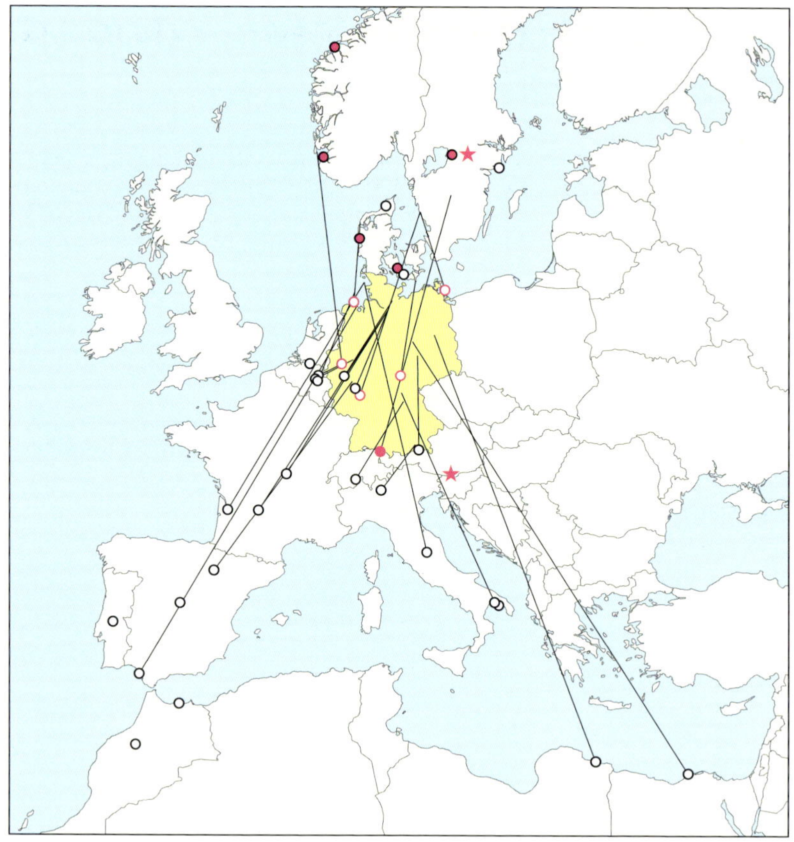

Abb. 3: Herbstzug (August – November) von in Deutschland von August bis November anwesenden Dorngrasmücken (39 Funde). – *Autumn migration (August – November) of Common Whitethroats present in Germany from August to November (39 recoveries).*

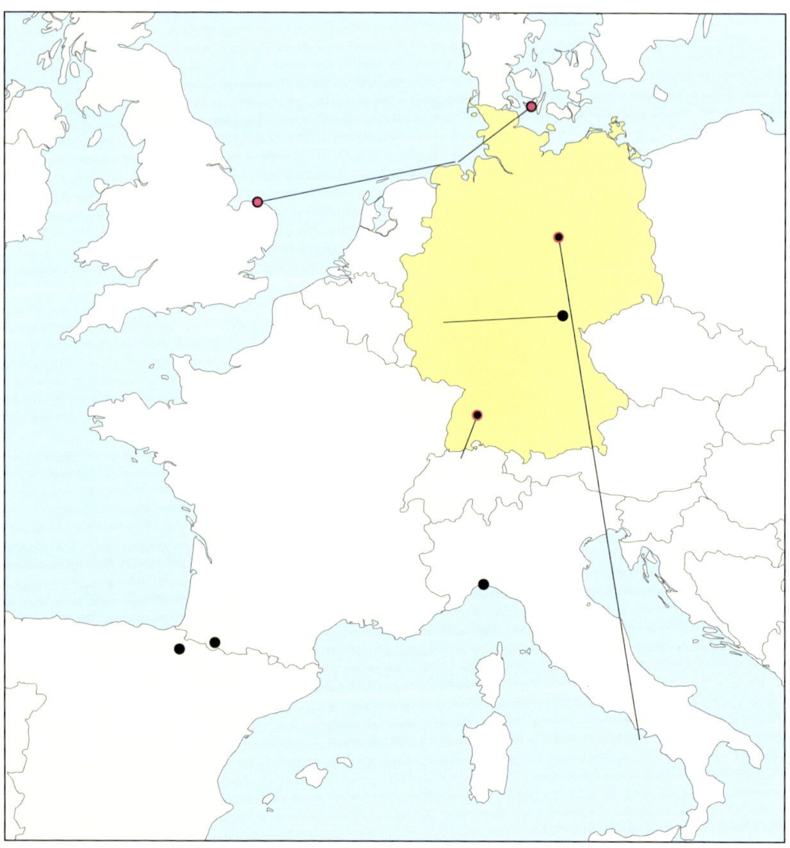

Abb. 4: Frühjahrszug (März – April) von in Deutschland zur Brutzeit (7 Funde) oder von März bis April anwesenden Dorngrasmücken (2 Funde). – *Spring migration (March – April) of Common Whitethroats present in Germany during the breeding season (7 recoveries) or from March to April (2 recoveries).*

Summary: *The well-known population crash of Common Whitethroats in the late 1960s also affected German populations dramatically. Since about 1990 numbers keep increasing slightly, with short-term fluctuations, and currently comprise 500,000 – 790,000 bp. The main migration periods are from mid-August to mid-September and from April to May. There is a migratory divide in Germany at about 10 °E. Common Whitethroats ringed in Germany W of this divide, as well as birds on passage, migrate mostly towards the SW or SSW reaching Africa via the Iberian Peninsula and Morocco, some also via Italy. Birds ringed E of the divide migrate mostly towards SSE and are recovered between Italy and Egypt. There is only one recovery from the winter quarters of a Common Whitethroat ringed in Germany: a bird ringed on Helgoland, probably on migration, was later bagged in Ghana. Few records indicate spring migration towards Germany from SW and S.*

Weißbart-Grasmücke *Sylvia cantillans*
Subalpine Warbler

Die Weißbart-Grasmücke ist ein mit mehreren Unterarten im Mittelmeergebiet vorkommender endemischer Brutvogel, der am S-Rand der Sahara überwintert. Beobachtungen, auch zur Brutzeit, nehmen auf den Britischen Inseln und in Mitteleuropa zu und könnten auf die beginnende postulierte Ausbreitung nach N hinweisen (Huntley et al. 2007). In Deutschland ist die Weißbart-Grasmücke ein seltener Durchzügler, der aber auf Helgoland nahezu alljährlich auftritt (Dierschke et al. 2011). Von hier stammt der einzige Ringfund: ein im Mai 1983 kontrolliertes Weibchen war neun Tage zuvor in den Niederlanden beringt worden (Abb. 1). Zur Unterart des Vogels liegen keine Angaben vor.

Summary: *Subalpine Warbler is a rare visitor to Germany. The only recovery refers to a female ringed in Mai 1983 in The Netherlands and controlled nine days later on Helgoland.*

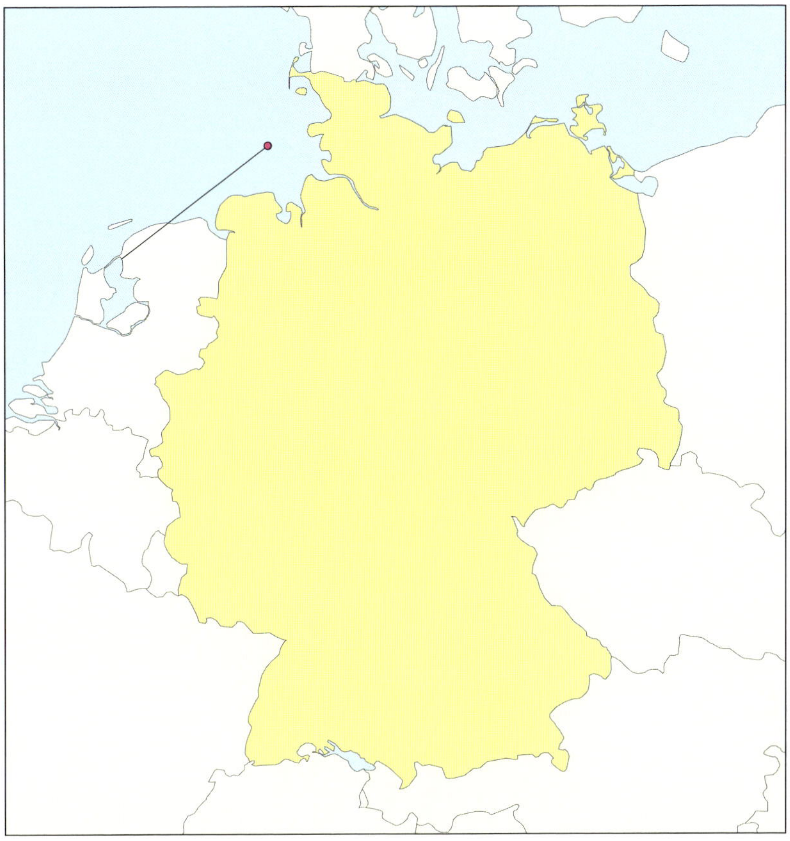

Abb. 1: Fund einer Weißbart-Grasmücke mit Bezug zu Deutschland. – *Recovery of a Subalpine Warbler related to Germany.*

Wintergoldhähnchen *Regulus regulus*
Goldcrest

Beringungen nach 1945:	209.457
Funde > 10 km nach 1945:	141/137
Wiederfundquote (Fernfunde nach 1945):	0,1 %
Funde > 10 km seit 1901:	141/137
Funde fremder Beringungszentralen:	242/240
Höchstalter:	6 J, 1 M
Weiteste Entfernung:	2196 km

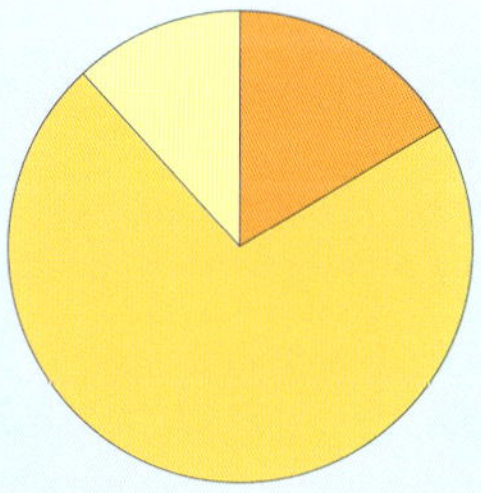

Verbreitung und Status: Als Brutvogel paläarktischer Nadelwälder kommt das Wintergoldhähnchen mit verschiedenen Unterarten von den Azoren bis nach N-Japan vor, mit einer Verbreitungslücke in E-Sibirien. In Europa findet es sich in Fennoskandien bis etwa 70 °N; im S beschränken sich isolierte Vorkommen meist auf die höheren Lagen der Gebirge. Die Winterquartiere des je nach Wetterverhältnissen und Nahrungsgrundlage opportunistischen Teilziehers liegen weitgehend im Verbreitungsgebiet der Art, und lediglich die Brutgebiete im äußersten N werden vollständig geräumt. Seltene Nachweise in N-Afrika zeigen die S-Grenze der Winterverbreitung an.

In Deutschland ist das Wintergoldhähnchen in allen Landesteilen weit verbreitet, sofern zumindest kleinere Gruppen von Nadelbäumen, bevorzugt Fichten, vorhanden sind. Der Bestand von 1.100.000 – 1.650.000 BP zeigt in den letzten Jahrzehnten einen abnehmenden Trend, der sich seit etwa der Jahrtausendwende noch beschleunigt hat. Das Intensitätsmaximum des Zuges ist im Herbst von September bis November zu beobachten, danach ist sein Ende schwer von Überwinterungen und Wetterfluchten abzugrenzen. Der Frühjahrszug findet unauffällig im März und April statt, wobei die Männchen den Weibchen vorangehen.

Wanderungen: Wintergoldhähnchen werden hauptsächlich zur Zugzeit beringt. Dies hat zur Folge, dass kein einziger Fernfund eines Brutvogels mit Bezug zu Deutschland vorliegt. Die zahlreichen Ringfunde aus einem Einzugsgebiet, das vom Ladogasee über das mittlere Fennoskandien und den Britischen Inseln bis nach Spanien und NW-Afrika reicht (Abb. 1), können daher nur Aufschlüsse über die Wanderungen von Durchzüglern geben. Im Herbst ziehen Wintergoldhähnchen von Fennoskandien und dem Baltikum her in großer Zahl nach Deutsch-

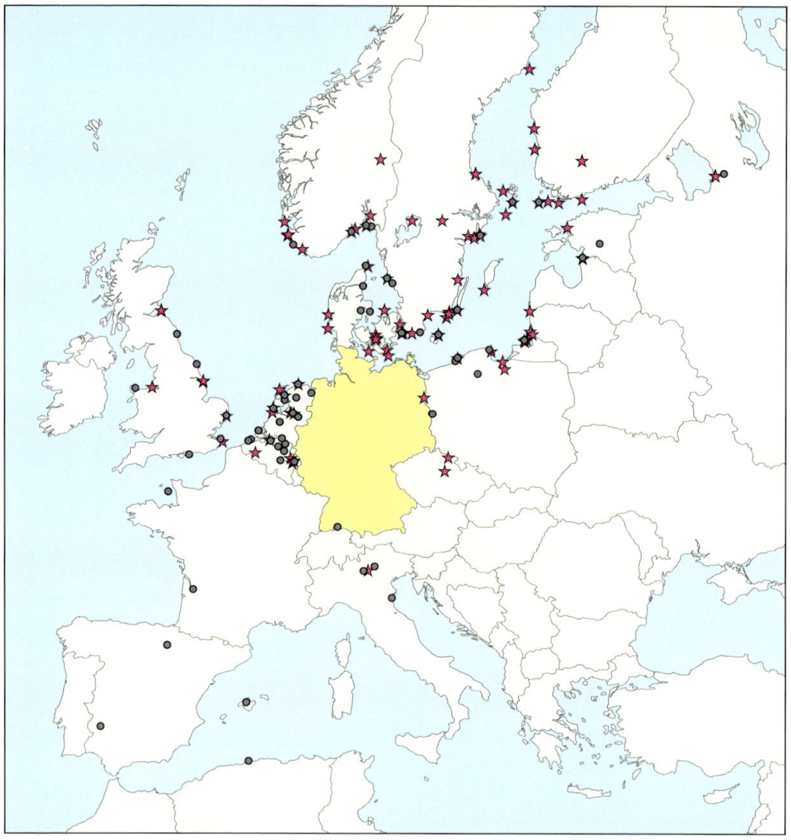

Abb. 1: Fundorte von in Deutschland beringten (86 Funde) und ausländische Beringungsorte von in Deutschland gefundenen (242 Funde) Wintergoldhähnchen. – *Foreign recovery sites of Goldcrests ringed in Germany (86 recoveries) and foreign ringing sites of birds recovered in Germany (242 recoveries).*

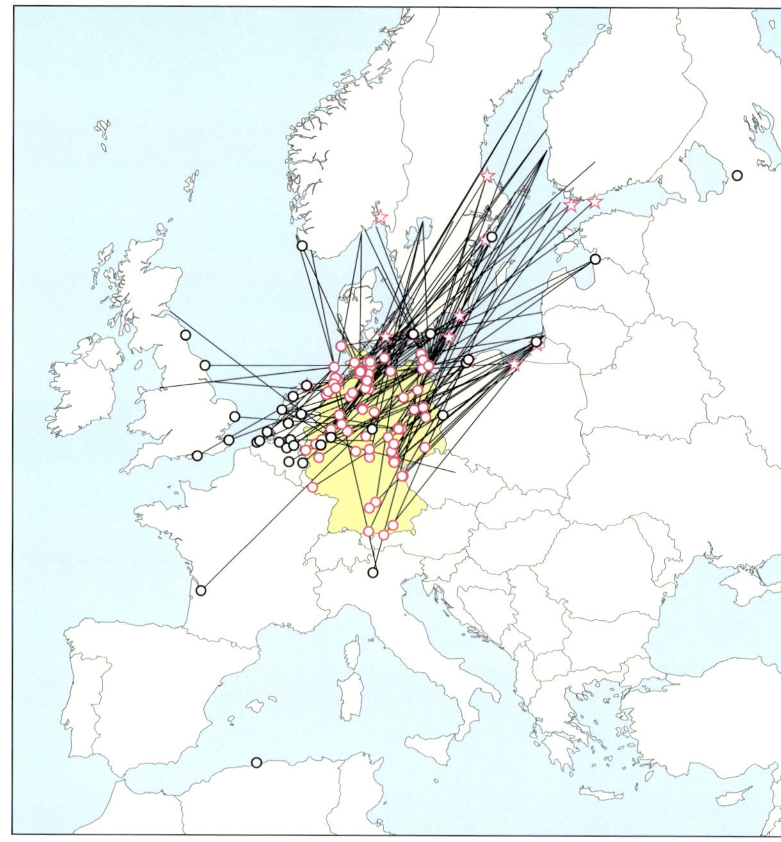

Abb. 2: Herbstzug (September – November) von in Deutschland von September bis November anwesenden Wintergoldhähnchen (197 Funde). – *Autumn migration (September – November) of Goldcrests present in Germany from September to November (197 recoveries).*

land (Abb. 2). Zumindest bei ersteren ist anzunehmen, dass dort auch ihre Brutheimat liegt. Zusätzlich erwähnen Cepák et al. (2008) zwei Vögel des tschechischen Brutbestands, die sich im September und Oktober in Brandenburg und auf der Greifswalder Oie (Mecklenburg-Vorpommern) aufhielten. Bei einem Teil der Zuwanderer handelt es sich um spätere Wintergäste, wie Funde zwischen Dezember und Februar von in N- und NE-Europa zur Zeit des Herbstzugs beringten Individuen belegen. Viele sind aber auch nur Durchzügler, die sich später in den Niederlanden und in Belgien aufhalten (Abb. 2). Ein Vogel wurde südlich des Beringungsorts in N-Italien wieder gefunden und dürfte daher die Alpen überquert haben (siehe auch Maumary et al. 2007). Das gleiche trifft auf ein Wintergoldhähnchen zu, welches in die Gegenrichtung zog: In N-Italien im Oktober beringt, fiel es einen Monat später bei Jever (Niedersachsen) einer Katze zum Opfer, nachdem es über 850 km nach N gezogen war. Ähnliche Funde weisen von Lettland und Polen nach Schweden (Zink 1973) und belegen den Zug nach N im Herbst. Die Überquerung des Mittelmeers wird durch je einen Fund auf den Balearen sowie in Algerien belegt (Abb. 1, 2). Letzterer ist der südlichste Nachweis eines in Deutschland beringten Wintergoldhähnchens. Daneben macht er die Flexibilität der Art im Zugverhalten deutlich, da der betreffende Vogel fast auf den Tag genau ein Jahr nach der Beringung zur Zeit des Herbstzugs in Deutschland aus N-Afrika frisch tot gemeldet wurde.

Interessant ist der Austausch zwischen den Britischen Inseln und Deutschland während des Herbstzugs, der in beide Richtungen verläuft. Da keiner der Funde von einem Vogel stammt, der zur Brutzeit beringt wurde, bleibt die ursprüngliche Herkunft der betreffenden Wintergoldhähnchen unbekannt. Ein durch Deutschland ziehender Vogel hielt sich auch noch im Januar in Großbritannien auf, aber es ergaben sich bisher keine Hinweise, dass Zuzügler von den Britischen Inseln auch in Deutschland überwintern. Nur wenige Ringfunde stammen aus der Zeit des Frühjahrszugs. Sie bestätigen die Wanderung in Richtung E und NE und liegen vor allem entlang der südlichen Ostseeküste (Abb. 3).

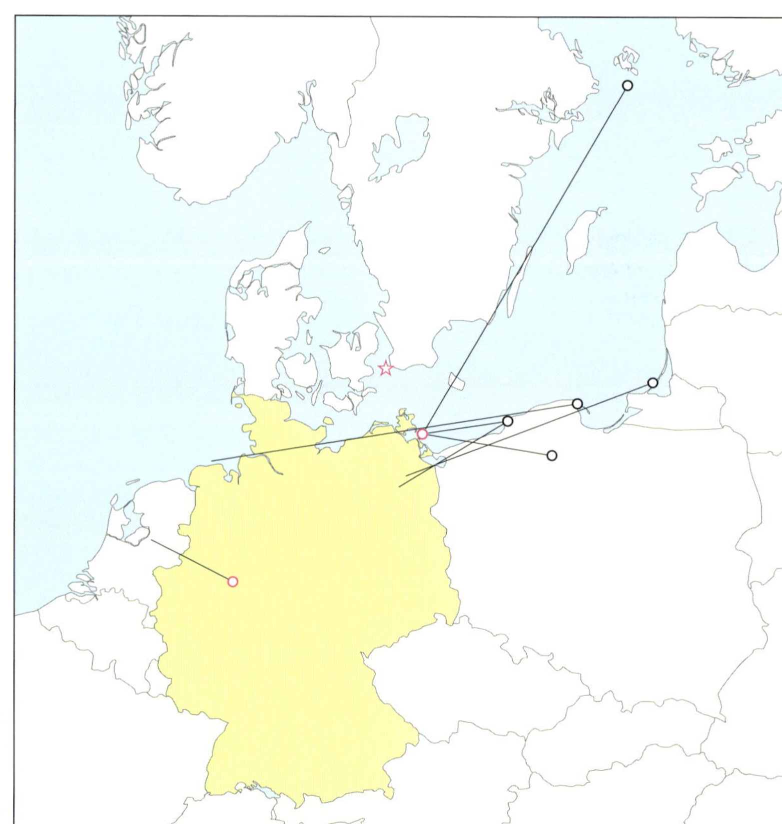

Abb. 3: Frühjahrszug (März – April) von in Deutschland von März bis April anwesenden Wintergoldhähnchen (9 Funde). – *Spring migration (March – April) of Goldcrests present in Germany from March – April (9 recoveries).*

Summary: *Goldcrest is a widespread breeding bird in Germany in areas where at least small groups of conifers are found; its declining population currently stands at 1,100,000 – 1,650,000 bp, but have entered a stronger decrease over the last two decades. During autumn Goldcrests arrive in Germany from Fennoscandia and the Baltic region. Some of these birds stay throughout the winter as shown by recoveries of individuals ringed in N and NE Europe during autumn migration. Others continue towards Belgium, The Netherlands, and further S as far as Algeria in one case. The Alps and the Mediterranean Sea are crossed in direct flight S as shown by birds recovered in N Italy and on the Balearic Islands. One bird ringed in Italy moved towards N Germany. There is also a two-way exchange with the British Isles in autumn. One individual ringed on migration in Germany stayed in Britain in winter. Recoveries during spring migration indicate movements from Germany towards the E along the southern coast of the Baltic Sea.*

Sommergoldhähnchen *Regulus ignicapilla*

Common Firecrest

Beringungen nach 1945:	16.958
Funde > 10 km nach 1945:	7/7
Wiederfundquote (Fernfunde nach 1945):	0,0 %
Funde > 10 km seit 1901:	7/7
Funde fremder Beringungszentralen:	4/4
Höchstalter:	3 J, 2 M
Weiteste Entfernung:	1282 km

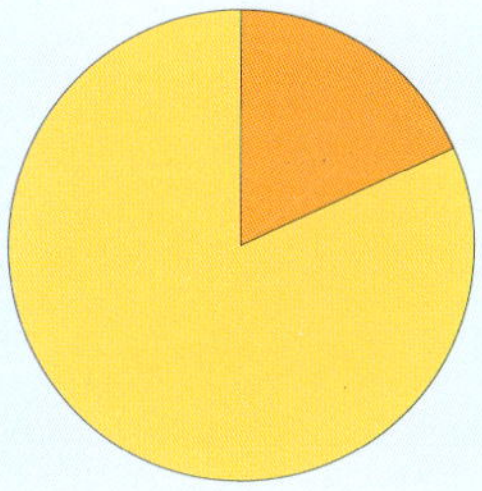

Verbreitung und Status: Das Vorkommen des Sommergoldhähnchens ist auf die W-Paläarktis beschränkt, wobei das geschlossene Verbreitungsgebiet weite Teile S-, W- und Mitteleuropas umfasst und im E bis in die Karpaten und ins südliche Baltikum reicht. Isolierte Vorkommen finden sich in NW-Afrika, auf der Krim, im Kaukasus und in der Türkei. Dem auf Madeira vorkommenden *R. madeirensis* wird heute ein eigener Artstatus zuerkannt (Päckert et al. 2003). Als Kurzstreckenzieher verbringen die meisten Sommergoldhähnchen die kalte Jahreszeit im westlichen Mittelmeergebiet, in neuerer Zeit nehmen aber Überwinterungen auf den Britischen Inseln und in Mitteleuropa zu (Balmer et al. 2013, Wink et al. 2005).

In Deutschland brütet das Sommergoldhähnchen in Wäldern und Parks, sofern dort auch nur einzelne Koniferen stehen. Die nördlichen Landesteile sind weniger dicht besiedelt als die südlicheren Mittelgebirgsregionen. In den bayerischen Alpen kommt es bis auf etwa 1500 m vor. Der längerfristig fluktuierende Bestand zeigt seit etwa der Jahrtausendwende einen moderat abnehmenden Trend und beläuft sich derzeit auf 1.250.000 – 1.850.000 BP. Schon der Name deutet an, dass die Art in Deutschland in der Regel ein Sommervogel ist. Überwinterungsversuche sind selten, aber regelmäßig zu beobachten. Der Herbstzug ist um die Monatswende September/Oktober am stärksten ausgeprägt und im Frühjahr findet der Hauptein- und Durchzug im März und April statt. In Sachsen hat sich dabei die Erstankunft zwischen 1967 und 2011 um etwa 13 Tage verfrüht (Ernst 2013).

Wanderungen: Im Gegensatz zum Wintergoldhähnchen liegen vom Sommergoldhähnchen nur wenige Fernfunde mit Bezug zu Deutschland vor (Abb. 1). Keiner der Funde stammt von Beringungen zur Brutzeit. Eine Reihe von zur Zeit des Herbstzugs zwischen September und November beringten Vögeln ergab direkte Nachweise in den Niederlanden (3), in S-England (1) und an der bretonischen Atlantikküste (1; Abb. 1). Bei letzterem handelt es sich um den einzigen Beleg über den Winteraufenthalt eines in Deutschland beringten Sommergoldhähnchens. Die Funde ergänzen damit das Bild vom Zug ins westliche Europa, wie es auch Verbindungen von Tschechien in die Schweiz oder von England nach Spanien zeigen (Zink 1973, Wernham et al. 2002, Maumary et al. 2007). Ob durch Deutschland ziehende Sommergoldhähnchen mit unbekannter Brutheimat auch nach SW-Europa oder gar nach Marokko gelangen, wie ein belgischer Ringvogel (Zink 1973), muss dabei offen bleiben. Der Aufenthalt eines Ende Juli in Baden-Württemberg beringten Vogels im folgenden April in SE-Frankreich (Abb. 1) macht zumindest das Überwintern in S-Europa wahrscheinlich. Zusätzlich erwähnen Spina & Volponi (2008a) ein im Oktober in Italien beringtes Sommergoldhähnchen, welches bis zum kommenden April nach S-Deutschland gelangt war. Möglicherweise erfolgt der Zug von Mitteleuropa auch nach S und dann entlang der nördlichen Mittelmeerküste zur Iberischen Halbinsel. Einen Fund in SE-Frankreich ergab ein schweizerischer Ringvogel (Maumary et al. 2007), und an der französischen Mittelmeerküste ist der Zug nach W belegt (Zink 1973). Bei anderen indirekten Zugzeitverbindungen nach Belgien, Frankreich und auf die Kanalinseln ist nicht klar, ob diese einen Hinweis auf die allgemeine Zugroute oder auf zwischen den Jahren wechselnde Winterquartiere geben. So hielt sich ein im Oktober in Belgien beringtes Sommergoldhähnchen im November des Folgejahres etwa 370 km NW in Deutschland auf. Fast die doppelte Distanz liegt zwischen dem Beringungsort eines Vogels im Oktober in

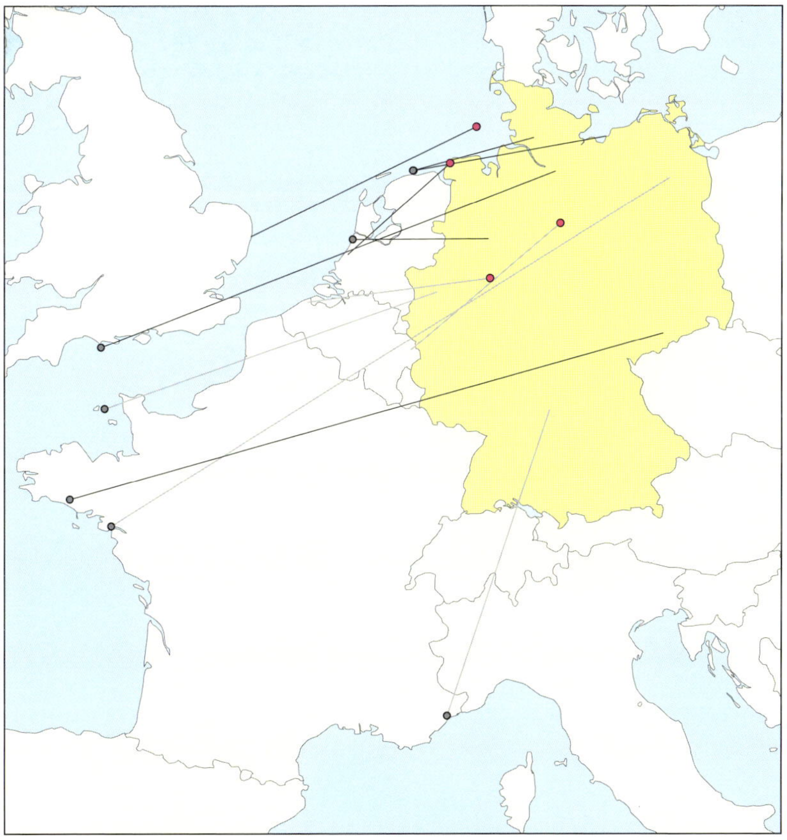

Abb. 1: Funde von Sommergoldhähnchen mit Bezug zu Deutschland (12 Funde). – *Recoveries of Common Firecrests related to Germany (12 recoveries).*

den Niederlanden und seinem Fundort zwei Jahre später im gleichen Monat in Tschechien (Cepák et al. 2008).
Die durch die Beringung gewonnenen Informationen zum Frühjahrszug sind spärlich. Ein im Januar in den Niederlanden beringter Vogel war wenige Wochen später in NW-Deutschland. Interessant ist die Kontrolle eines im März in England beringten Vogels etwa zwei Wochen später auf Helgoland, der, wie der oben erwähnte Herbstfund, auf Verbindungen zu den Britischen Inseln hinweist und andeutet, dass die dort zunehmenden Überwinterungen auch auf den Zuzug aus östlicheren Brutgebieten zurückzuführen sein könnten.

Summary: *Common Firecrest is widely distributed in Germany, but more abundant throughout the southern low mountain ranges than in the N. The population of currently 1,250,000 – 1,850,000bp shows a moderate decline during the last decade. The great majority of Common Firecrests leave Germany in winter, with the main migration periods from September to October and March to April. None of the few recoveries of Common Firecrests related to Germany is from a bird ringed during the breeding season. Direct movements to The Netherlands, the UK and to Brittany are recorded for migrants ringed in Germany in autumn and corroborate migration to W Europe. Indirect recoveries in Belgium, the Channel Islands and SE France may either indicate migration routes or individual changes of wintering sites or migration schedules. There are only two direct recoveries during spring migration which connect both The Netherlands and England with Germany.*

Seidenschwanz *Bombycilla garrulus*
Bohemian Waxwing

Beringungen nach 1945:	5170
Funde > 10 km nach 1945:	122/119
Wiederfundquote (Fernfunde nach 1945):	2,3 %
Funde > 10 km seit 1901:	126/123
Funde fremder Beringungszentralen:	37/37
Höchstalter:	4 J, 8 M*
Weiteste Entfernung:	2971 km

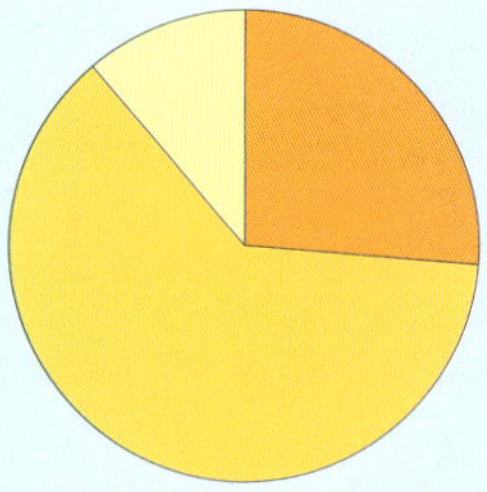

Verbreitung und Status: Der Seidenschwanz ist annähernd circumpolar in der nordischen Taigazone verbreitet; lediglich in NE-Nordamerika kommt er nicht vor. In Europa brütet er nördlich von etwa 62 °N, in W-Sibirien auch südlich bis 54 °N. Der Seidenschwanz ist ein Teilzieher, wobei die Intensität des Zugs hauptsächlich mit der Verfügbarkeit von Beeren der Eberesche zusammenhängt. Bei einer ausreichenden Nahrungsgrundlage verlässt nur ein kleiner Teil der Population die Brutgebiete und erreicht in Mitteleuropa N-Deutschland. Bei winterlicher Nahrungsknappheit kommt es dagegen zu spektakulären Evasionen, deren Ausläufer das Mittelmeergebiet erreichen können und die bereits im Mittelalter ein gewisses Maß an Aufmerksamkeit erregten. Besonders starke Evasionen erreichten Mitteleuropa in den Wintern 1965/66, 1988/89 und 2005/06 (Volet & Posse 2005). In Deutschland ist der Seidenschwanz Durchzügler und Wintergast, der in der Regel ab November zu beobachten ist und der bei Maximalzahlen im Januar und Februar bis in den April, seltener bis Mai, auftritt. Die Phänologie zwischen verschiedenen Evasionsjahren schwankt jedoch stark (Hustings et al. 1998).

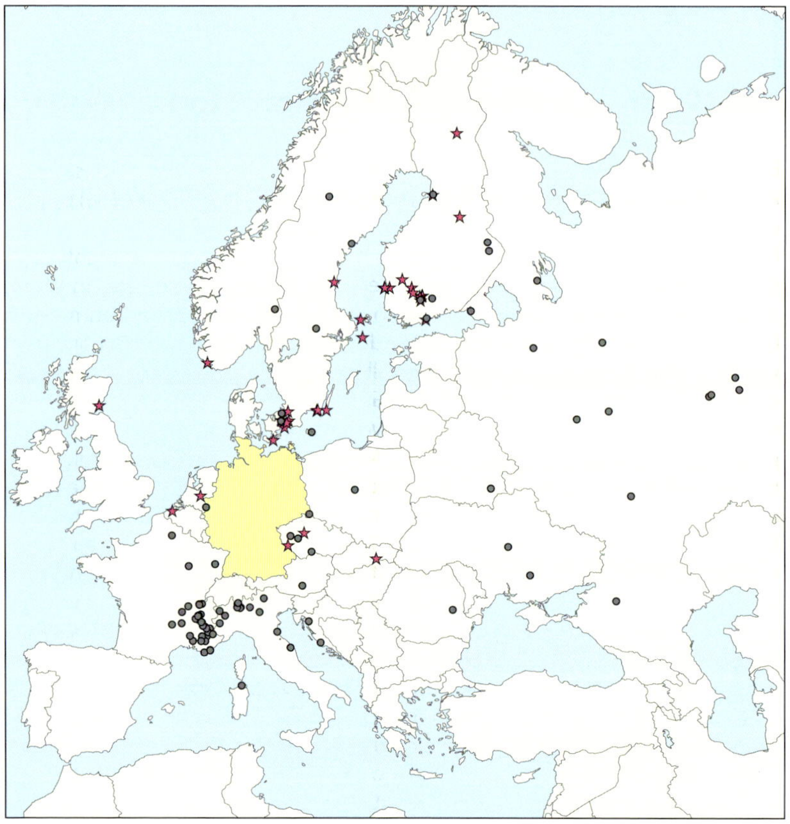

Abb. 1: Fundorte von in Deutschland beringten (92 Funde) und ausländische Beringungsorte von in Deutschland gefundenen (37 Funde) Seidenschwänzen. – *Foreign recovery sites of Bohemian Waxwings ringed in Germany (92 recoveries) and foreign ringing sites of birds recovered in Germany (37 recoveries).*

Wanderungen: Deutschland ist Durchzugs- und Überwinterungsgebiet für Seidenschwänze aus N- und NE-Europa. Ringfunde belegen dabei Verbindungen zu den Brutgebieten in NW-Russland und N-Fennoskandien ebenso wie nach W-Russland und nach SE-Europa (Abb. 1). Konzentrationen von Funden in Deutschland beringter Seidenschwänze treten in SE-Frankreich und N-Italien auf, der südlichste Nachweis stammt von Sardinien. Der Invasionswinter 1965/66 ergab alleine 57 der insgesamt 102 Fernfunde in Deutschland beringter Seidenschwänze, denen nur einer aus dem Invasionswinter 2005/06 entgegensteht.
Die Brutheimat der in Deutschland auftretenden Seidenschwänze lässt sich durch die Beringung nicht exakt lokalisieren. Bei keinem der Fremdfunde handelt es sich um einen zur Brutzeit markierten Vogel, und es liegen nur zwei Wiederfunde aus den Monaten Juni und Juli von in Deutschland beringten Seidenschwänzen vor. Bei einem sich in den Niederlanden aufhaltenden Vogel handelt es sich dabei mit Sicherheit um einen Nachzügler. Ein im Dezember 1965 beringtes Ind., das im folgenden Juli in der russischen Provinz Udmurtien bei 57,13 °N gefunden wurde, könnte sich dort im Brutgebiet befunden haben (Glutz v. Blotzheim & Bauer 1985). Es ist aber unbekannt, wie lange beide Vögel bei der Meldung schon tot waren. Die relativ vielen Verbindungen nach Fennoskandien sowie der Fund eines in N-Finnland beringten Nestlings in Tschechien (Cepák et al. 2008) lassen zusätzlich darauf schließen, dass viele in Deutschland auftretende Seidenschwänze aus NE-Europa und aus W-Sibirien stammen. Für letzteres spricht auch die hohe Zahl der in Invasionsjahren auftretenden Vögel, die nicht alleine durch Wanderungen des relativ kleinen fennoskandischen Brutbestands erklärt werden kann (Glutz v. Blotzheim & Bauer 1985).

Zwei im Oktober in S-Finnland beringte Seidenschwänze hielten sich zwei bzw. vier Wochen später in Deutschland auf, ansonsten gibt es keine weiteren direkten Herbstzugsfunde. Nachweise in Fennoskandien südlich der Brutgebiete im Herbst bzw. Winter beringter Vögel, die oft zur selben Winterperiode in Deutschland gefunden wurden, deuten aber den Einzug fennoskandischer Brutvögel nach Mitteleuropa an (Abb. 1). Hierunter fällt auch ein Seidenschwanz, der im November in Schottland beringt wurde und sich im folgenden Februar in Deutschland aufhielt. Dass solche Wanderungen auch noch mitten im Winter stattfinden können, zeigte ein Vogel, der im Januar in einer Woche von Mittelschweden ins über 900 km entfernte Neubrandenburg (Mecklenburg-Vorpommern) geflogen war.
Seidenschwänze, die im Winter nicht in Deutschland bleiben, wandern nach SSE bis SSW und gelangen, z. T. die Alpen überquerend, nach Kroatien, N-Italien und SE-Frankreich (Abb. 1). Dies war z. B. während der Invasion 1965/66 der Fall (Zink 1969). Der weitaus größte Teil der dortigen Funde ist auf die Meldung von Jagdopfern zurückzuführen. Zink (1969) diskutiert daher die Möglichkeit eines durch Jagd verfälschten Bildes. Allerdings bestand auch in SW-Frankreich ein hoher Jagddruck auf durchziehende Singvögel, wie die Ringfunde von Piepern, Lerchen und Drosseln belegen und die Invasion 1965/66 erreichte auch die W-Pyrenäen (Zink 1969).
Weitere Funde zeigen die große individuelle, wahrscheinlich durch das vorhandene Nahrungsangebot bedingte, Variabilität in der Zugrichtung von Seidenschwänzen: Bei fast allen deutschen Ringvögeln, die in Fennoskandien, Russland und der Ukraine meist südlich der Brutgebiete wieder gefunden wurden, erfolgte die Beringung in einer vorangegangenen Zugperiode. Lediglich ein Vogel, der sich im März in Sachsen aufhielt und im folgenden Mai in der NW-russischen Provinz Nowgorod gefunden wurde, war wahrscheinlich auf dem Weg in sein NE-europäisches Brutgebiet.

Summary: *Bohemian Waxwing breeds in the Taiga belt of Eurasia and in some parts of N America. In Germany it is a winter visitor and passage migrant with impressive invasions in some years. Most, i.e. 57 out of a total of 102, long-distance recoveries of birds ringed in Germany relate to the invasion winter of 1965/66. The exact breeding localities of birds reaching Germany are unknown because no recovery is related to the breeding season, with the possible exception of a bird ringed in December and recovered in the Russian province of Udmurtia in July at 57.13 °N. However, recoveries of birds in and from Fennoscandia and NE Europe suggest this to be the origin of at least part of the birds reaching Germany. Birds migrating through Germany move in directions from SSE to SSW reaching Croatia, N Italy and SE France. However, as the great majority of these birds fell victim to hunting activities, this result may be biased. Further recoveries show the pronounced inter-annual flexibility in individual migratory directions, as the majority of birds ringed in Germany were recovered in later migration periods S of the breeding range in Fennoscandia, Russia and the Ukraine.*

Kleiber *Sitta europaea*
Eurasian Nuthatch

Beringungen nach 1945:	213.535
Funde > 10 km nach 1945:	383/324
Wiederfundquote (Fernfunde nach 1945):	0,2 %
Funde > 10 km seit 1901:	390/331
Funde fremder Beringungszentralen:	1/1
Höchstalter:	8 J, 4 M
Weiteste Entfernung:	834 km

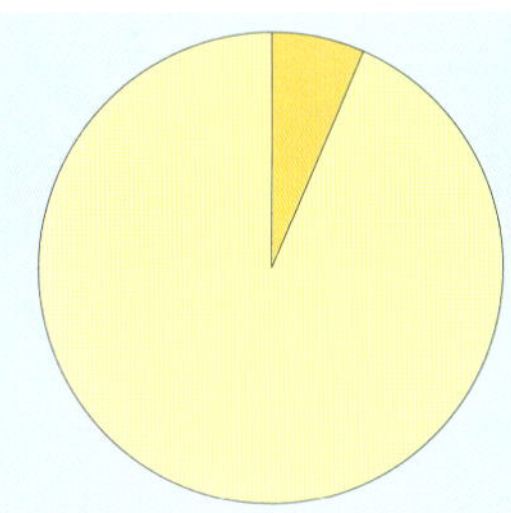

Verbreitung und Status: Das Brutgebiet des Kleibers umfasst annähernd ganz Europa. Nicht besiedelt sind lediglich Teile der Iberischen Halbinsel sowie der N der Britischen Inseln, Fennoskandiens und Russlands. Ferner kommt die Art in Marokko, der Türkei, im Kaukasus und in Asien bis an den Pazifik sowie in Japan vor. Kleiber sind vorwiegend Standvögel, die aber auch weitere Zerstreuungs- und evasionsartige Wanderungen durchführen, an denen nach Berndt & Dancker (1960) ausnahmslos Jungvögel beteiligt sind.
In Deutschland ist der Kleiber mit der Unterart *S. e. caesia* häufig und landesweit in Mischwäldern, Gehölzen und Parks vom Tiefland bis auf 1700 m in den bayerischen Alpen verbreitet. Der langfristig fluktuierende Bestand verzeichnet seit etwa der Jahrtausendwende Zunahmen und beläuft sich derzeit auf 930.000 – 1.550.000 BP. Nicht alljährliche Hinweise auf Wanderungen mit Invasionscharakter konzentrieren sich vor allem von August bis Oktober sowie im März und April, z. B. entlang des Bodenseeufers und am Randecker Maar in Baden-Württemberg (Gatter 1974b, Heine et al. 1999). Die N-europäische Nominatform *S. e. europaea* tritt in Deutschland nur ausnahmsweise auf und die zu besonders ausgeprägten bis nach NE-Europa reichenden Evasionen neigende sibirische Unterart *S. e. asiatica* wurde erst einmal nachgewiesen (Deutsche Seltenheitskommission 2006).

Wanderungen: Kleiber gelten als ausgeprägte Standvögel (Zink 1981) und dementsprechend ergaben sich nur relativ wenige Funde > 10 km vom Beringungsort, gemessen an der Gesamtzahl aller Beringungen. Dies entspricht auch generell den Befunden anderer mitteleuropäischer Beringungszentralen (Maumary et al. 2007, Cepák et al. 2008). Kleiber, die in den Invasionsjahren 1971 und 1972 (Gatter 1974b) oder in den von Maumary et al. (2007) gelisteten Jahren mit verstärktem Kleiberzug am Col de Bretolet (Schweiz) beringt wurden, ergaben keine erhöhten Fundzahlen. Allerdings stammen acht der insgesamt 48 Fernfunde von Vögeln, die im Evasionsjahr 1957 (Berndt & Dancker 1960) beringt wurden.
Funde in Deutschland beringter Kleiber streuen in verschiedene Richtungen (Abb. 1). Direkte Funde über 50 km vom Beringungsort stammen dabei in 14 von 16 Fällen von nestjung beringten Vögeln. Auffällig ist, dass sie in den meisten Fällen nach N bis NW weisen, obwohl bei diesen Wanderungen von Dismigration von Jungvögeln ausgegangen werden sollte, die in der Regel ungerichtet ist. Sie entsprechen damit auch nicht dem von Gatter (1974b) während der Invasionen von 1971 und 1972 beobachteten Zug vornehmlich nach SSW bis W. Werden jedoch auch die indirekten Funde berücksichtigt, zeigt sich, dass Dismigration in alle Richtungen streuen kann. Dass es dabei zu An- bzw. Umsiedlungen über relativ weite Entfernungen kommen kann, zeigen zwei im Mai beringte Nestlinge, die sich ein Jahr später im gleichen Monat 257 km und 134 km vom Beringungsort aufhielten. Noch weiter entfernte sich ein Vogel unbestimmten Alters, der im Juli beringt und im Juni des nächsten Jahres 413 km vom Beringungsort entfernt in ein Gebäude flog. Weiterhin spricht für die These, dass es sich bei diesen Bewegungen um Zerstreuungswanderungen handelt, dass sich unter den insgesamt 48 Funden nur ein Vogel befand, der mit Sicherheit erst im Jahr nach dem Schlupf beringt wurde, während dies bei 39 der betreffenden Vögel als Nestling der Fall war (siehe auch Cepák et al. 2008).
Bemerkenswert sind drei direkte Funde, die nach SSE bis SW weisen. Es handelt sich dabei um zwei im Juni und August beringte Fänglinge, die sich wenige Monate später in Italien aufhielten und um einen im Mai beringten Nestling, der im folgenden Oktober auf dem Alpenpass Col de Bretolet (Schweiz) wieder gefangen wurde. Die Distanzen vom Beringungsort dieser Funde betrugen 610, 834 bzw. 318 km und gehen über das sonstige Maß der bei der einheimischen

Unterart vorkommenden Zerstreuungswanderungen hinaus. Von anderen Beringungszentralen werden Maximalentfernungen von 307 km (von Tschechien nach Deutschland, Cepák et al 2008) und 445 km (Schweiz, Maumary et al. 2007) angegeben. Allerdings ist fraglich, ob es sich hierbei auch um Pendelzug mit einer Rückkehr zum Ausgangsort gehandelt hat. Zink (1981) hält dies generell beim Kleiber für unwahrscheinlich, da sich in Jahren nach Evasionen die Bestände auf einem Minimum befinden (siehe auch Gatter 1974b).

Summary: *The subspecies* S. e. caesia *of European Nuthatch is a widespread breeder in Germany; its population is currently estimated at 930,000 – 1,550,000 bp and increasing. European Nuthatch is considered to be sedentary in Germany, although invasion-like movements may occur. Direct recoveries are mainly directed towards the W and NW, but when all recoveries are considered, they indicate undirected dispersal movements, sometimes over considerable distances. Remarkably, there are three recoveries due S, in Switzerland (1) and Italy (2), at distances of 318 km, 610 km and 834 km from the ringing site, respectively. It is, however, unlikely that these recoveries represent regular migrations with return movements to the areas of origin.*

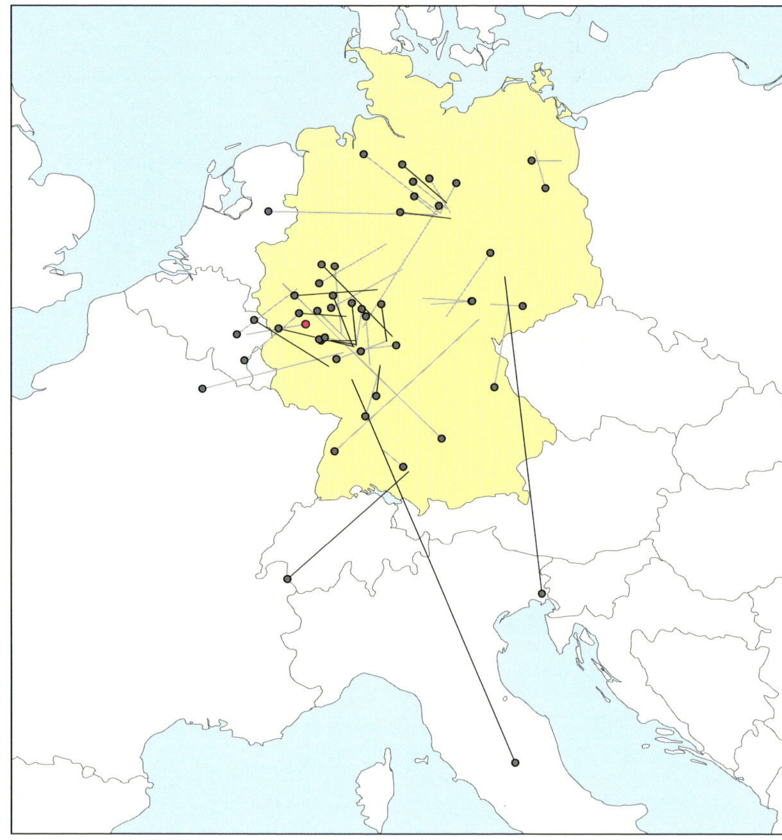

Abb. 1: Funde (> 50 km) von Kleibern mit Bezug zu Deutschland (48 Funde). – *Recoveries (of > 50 km) of Eurasian Nuthatches related to Germany (48 recoveries).*

Waldbaumläufer *Certhia familiaris*

Eurasian Treecreeper

Beringungen nach 1945:	27.158
Funde > 10 km nach 1945:	42/34
Wiederfundquote (Fernfunde nach 1945):	0,1 %
Funde > 10 km seit 1901:	42/34
Funde fremder Beringungszentralen:	0/0
Höchstalter:	6 J, 3 M
Weiteste Entfernung:	143 km

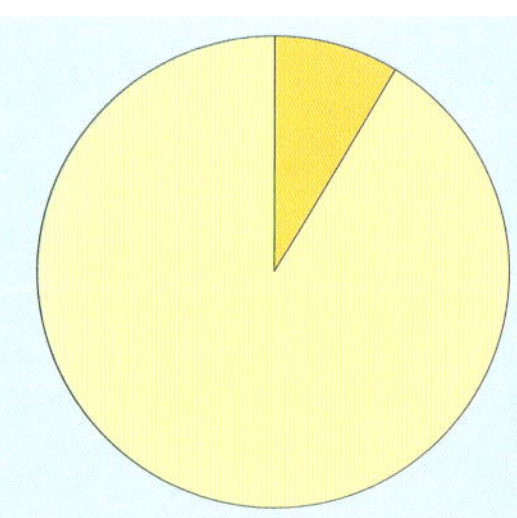

Das geschlossene Verbreitungsgebiet des Waldbaumläufers erstreckt sich von den Britischen Inseln und dem westlichen Mitteleuropa bis an das Ochotskische Meer und nach Japan. In Europa kommt er bis über den Polarkreis hinaus vor. Isolierte Vorkommen finden sich in W- und S-Europa in den Pyrenäen, auf Korsika und den Apenninen ebenso wie im N der Türkei, auf der Krim und im Kaukasus.

In Deutschland besiedelt der Waldbaumläufer mit der Unterart *C. f. macrodactyla* als häufiger Brutvogel landesweit geschlossene Waldungen mit einem langfristig stabilen Bestand von 270.000 – 460.000 BP. Er gilt als Standvogel, aber aufgrund von beobachteten gerichteten Flügen vor allem im September und Oktober vermutet Hölzinger (1997), dass ein kleiner Teil der Population regelmäßig Wanderungen durchführt. Für das Bodenseegebiet erwähnen Heine et al. (1999) jedoch ausdrücklich, dass keine Hinweise über Zugbewegungen vorliegen.

Die N- und E-europäische Nominatform gilt als Teilzieher, die auch evasionsartige Wanderungen bis nach Mittel- und S-Europa unternehmen kann, was durch einen norwegischen Ringvogel in Belgien belegt ist (Bakken et al. 2006). Zwei Nachweise polnischer Waldbaumläufer auf den Balearen und in S-Italien werden von Zink (1981) als „ganz ungewöhnlich" hervorgehoben, was Zweifel des Autors an ihrer Richtigkeit suggeriert. In Übereinstimmung damit wird der Italienfund nicht im italienischen Beringungsatlas erwähnt (Spina & Volponi 2008b). Zumindest in N-Deutschland kommt die Nominatform jedoch im Herbst und Winter regelmäßig vor (Dierschke & Helbig 2008, Dierschke et al. 2011), während sie den S Deutschlands in Invasionsjahren erreicht (z. B. Gatter 2000). Eine dieser Invasionen fand 1973 statt (Zink 1981). Ein Vogel, der im September dieses Jahres auf Rügen beringt wurde und sich im folgenden März 143 km weiter südlich befand (Abb. 1), gehörte möglicherweise der Nominatform an. Das gleiche könnte für einen von Zink (1981) erwähnten Fund zutreffen: Ein bei Köslin (Polen) im Oktober beringter Vogel wurde im folgenden März bei Osnabrück wiedergefunden. Zur mitteleuropäischen Unterart *C. f. macrodactyla* gehörte mit Sicherheit ein im Mai nestjung beringter Vogel, der neun Monate später 68 km WNW vom Beringungsort kontrolliert wurde (Abb. 1). Diese Wanderung ist jedoch als Jugendstreuung zu werten. Zwei weitere Funde sind schwer zu interpretieren. Wie in den anderen Fällen wurde die Unterart nicht angegeben und die Beringung erfolgte im Oktober bzw. im Dezember. Beide Vögel wurden nach 20 Tagen in 122 km NE bzw. nach annähernd zwei Jahren in 141 km SSW vom Beringungsort entfernt wieder gefangen. Es muss offen bleiben, ob es sich hierbei um Umsiedlungen oder Pendelzug von *C. f. macrodactyla* oder um ziehende Vertreter der Nominatform gehandelt hat.

Summary: *Eurasian Treecreeper of the subspecies* C. f. macrodactyla *is a widespread breeding bird in Germany and has a stable population of 270,000–460,000 bp. Besides these birds, the nominate subspecies of N and E Europe is a regular winter visitor to the N and S in invasion years. One bird ringed on Rügen in October and controlled 143 km S the following March may have been a visitor of the nominate race. On the other hand, the movement of a Eurasian Treecreeper ringed as a nestling and recorded 68 km WNW should probably be considered as juvenile dispersal. Movements of two additional birds, recovered at distances of 122 km and 141 km, are difficult to interpret.*

Abb. 1: Abb. 1: Funde (> 50 km) von Waldbaumläufern mit Bezug zu Deutschland (4 Funde). – *Recoveries (of > 50 km) of Eurasian Treecreepers related to Germany (4 recoveries).*

Gartenbaumläufer *Certhia brachydactyla*

Short-toed Treecreeper

Beringungen nach 1945:	29.697
Funde > 10 km nach 1945:	47/35
Wiederfundquote (Fernfunde nach 1945):	0,1 %
Funde > 10 km seit 1901:	49/37
Funde fremder Beringungszentralen:	1/1
Höchstalter:	5 J, 11 M
Weiteste Entfernung:	157 km

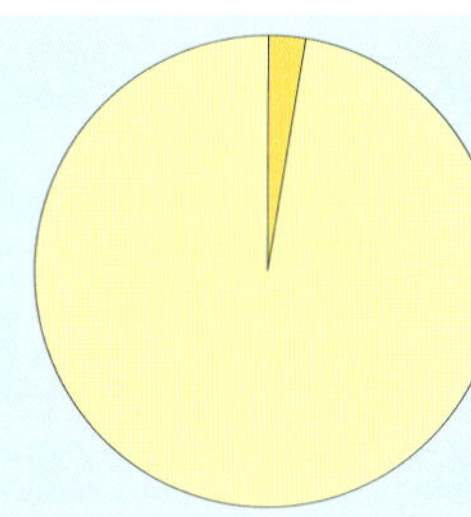

Das Verbreitungsgebiet des Gartenbaumläufers ist im Wesentlichen auf Europa beschränkt, wobei die Britischen Inseln, Skandinavien mit Ausnahme des südlichen Dänemarks und E-Europa nicht besiedelt sind. Weiterhin gibt es Vorkommen in NW-Afrika, der Türkei und isoliert im Kaukasus. In Deutschland ist er häufiger Brutvogel mit einem stabilen Bestand von 400.000–550.000 BP, der landesweit in offenen Waldungen, Gehölzen und Parks zu finden ist, in Lagen über 1000 m aber fehlt (Rödl et al. 2012).

Der Gartenbaumläufer gilt als ausgesprochener Standvogel, von dem kaum Fernfunde vorliegen (Zink 1981). Bauer & Kaiser (1991) gehen allerdings anhand von Fangzahlen von der Halbinsel Mettnau bei Radolfzell am Bodensee (Baden-Württemberg) davon aus, dass er ein Teilzieher ist, was Beobachtungen ziehender sowie saisonal auftretender Vögel zu bestätigen scheinen (Randler 1997, Gatter 2000, Maumary et al. 2007, Dierschke & Helbig 2008). Ringfunde können dies jedoch nicht belegen. Bei dem einzigen Fremdfund handelt es sich um einen in Tschechien beringten diesjährigen Vogel, der nach der Markierung im Juni in 20 km Entfernung vom Beringungsort im folgenden Oktober in Deutschland gefunden wurde. Zwei indirekte innerdeutsche Funde weisen nach WSW bzw. nach NE (Abb. 1). Bei einem dieser Fälle handelt es sich um einen im Mai nestjung beringten Vogel, der im folgenden Januar 157 km entfernt vom Beringungsort gefunden wurde. Ein weiterer Gartenbaumläufer legte von September bis zum folgenden April mindestens 77 km zurück. Noch weiter wanderte nur ein dänischer Gartenbaumläufer, der bereits nach 22 Tagen 237 km entfernt auf der schwedischen Beringungsstation Falsterbo wieder gefangen wurde (Bønløkke et al. 2007).

Summary: *Short-toed Treecreeper has a stable population of 400,000–550,000 bp in Germany. It is considered to be resident, but some individuals may also migrate. There is a foreign recovery over 20 km from the Czech Republic to Germany and two recoveries within Germany over 77 km and 157 km, respectively.*

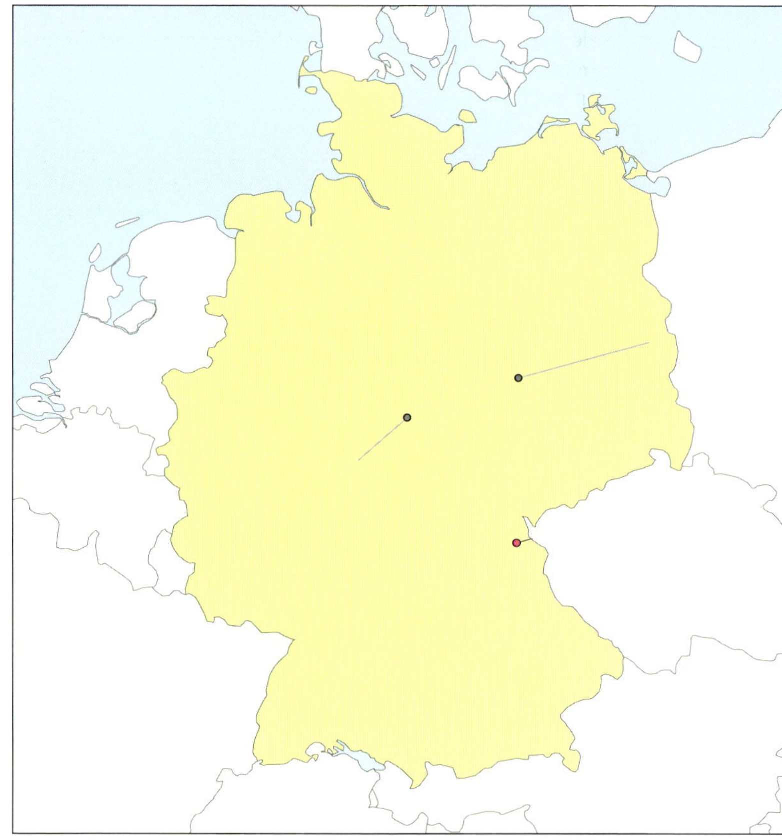

Abb. 1: Funde (> 50 km) von Gartenbaumläufern mit Bezug zu Deutschland (3 Funde). – *Recoveries (of > 50 km) of Short-toed Treecreepers related to Germany (3 recoveries).*

Zaunkönig *Troglodytes troglodytes*
Northern Wren

Beringungen nach 1945:	114.036
Funde > 10 km nach 1945:	128/126
Wiederfundquote (Fernfunde nach 1945):	0,1 %
Funde > 10 km seit 1901:	139/137
Funde fremder Beringungszentralen:	59/58
Höchstalter:	5 J, 1 M
Weiteste Entfernung:	1417 km

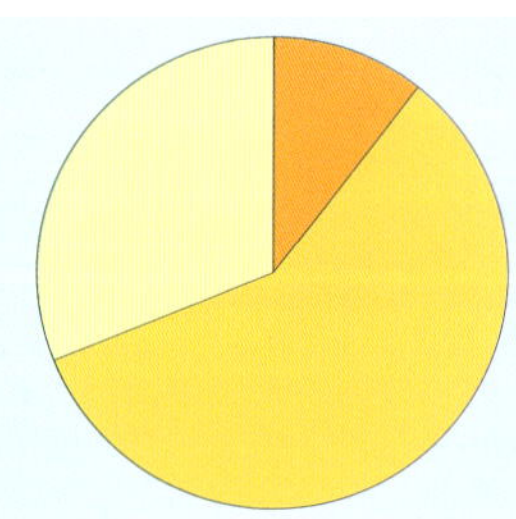

Verbreitung und Status: Der im E bis nach Japan und Sachalin mit mehreren Unterarten verbreitete Zaunkönig kommt als Brutvogel in ganz Europa vor, mit Ausnahme des hohen N. Ferner brütet er in angrenzenden Gebieten in N-Afrika, der Levante und in der Türkei. Der nordamerikanische „Winter Wren" *T. hiemalis* wurde früher als conspezifisch mit dem Zaunkönig betrachtet, genießt heute aber einen eigenen Artstatus (Chesser et al. 2010). Der Zaunkönig ist ein Teilzieher der nur im N und in höheren Lagen seine Brutgebiete weitgehend räumt. Ziehende Individuen überwintern innerhalb des Verbreitungsgebietes der Art bereits von S-Norwegen und Mittelschweden bis in den Mittelmeerraum.

In Deutschland ist der Zaunkönig ein landesweit vom Tiefland bis über die Baumgrenze verbreiteter, sehr häufiger Brutvogel vorwiegend gebüschreicher, nicht zu trockener Habitate. Der Bestand von derzeit 2.600.000–3.100.000 BP zeigt in den letzten Jahrzehnten einen leicht zunehmenden Trend, unterliegt aber auch starken Schwankungen, die meist mit Einbrüchen in strengen Wintern einhergehen. Zaunkönige sind in Deutschland, zumindest in den tieferen Lagen, ganzjährig zu beobachten, wobei sich zu den im Winter ausharrenden Vögeln Durch- und Zuzügler aus nördlicheren Populationen gesellen. Im Herbst fällt der Hauptzug in den Oktober und November, der sehr unauffällige Frühjahrszug findet vor allem im März/April statt. In N-Deutschland hat sich zwischen 1960 und 2008 der Durchzugsmittelwert im Frühjahr um acht Tage verfrüht. Im gleichen Zeitraum hat sich der Herbstzug nur unwesentlich verspätet (Hüppop & Hüppop 2011), in S-Deutschland zwischen 1970 und 1997 sogar leicht verfrüht (Gatter 2000).

Wanderungen: Fernfunde in Deutschland beringter Zaunkönige finden sich vor allem in W-Europa mit den südlichsten Nachweisen in S-Frankreich und N-Italien. Im Gegensatz dazu stammen in Deutschland mit Ringen fremder Beringungszentralen gefundene Zaunkönige vor allem aus Fennoskandien mit der nördlichsten Herkunft aus Finnland (Abb. 1). Deutsche Brutvögel, die nicht ganzjährig in der Nähe der Brutgebiete verbleiben, ziehen im Herbst meist nach SW ab (Abb. 2). Abweichend davon flog ein im Juni in Sachsen beringter Nestling direkt nach W und gelangte so nach Cornwall (England), während sich ein im Juli im Taunus (Hessen) beringter Vogel im folgenden Oktober NW in den Niederlanden aufhielt (Abb. 2). Funde zur Zeit des Herbstzugs belegen weiterhin den Durchzug skandinavischer Vögel durch Deutschland (Abb. 3). Die Herbstzugrichtung der Durchzügler entspricht dabei im Wesentlichen derjenigen der zur Brutzeit beringten Vögel. Allerdings kommt bei einigen aus Dänemark und Schweden stammenden Zaunkönigen auch ein nach S ausgerichteter Zug vor (Abb. 3). Bemerkenswert ist die herbstliche Wanderung eines Zaunkönigs über 142 km über die Alpen nach N: Im September in N-Italien beringt, verunglückte er im folgenden Februar in Oberbayern an einer Glasscheibe.

Die meisten Winterfunde von deutschen Zaunkönigen stammen aus der Nähe ihrer Brutgebiete (Abb. 4). Ein Vogel aus den SW-deutschen Mittelgebirgen überwinterte aber auch nördlich dieser Region, wobei der Zug innerhalb Deutschlands wahrscheinlich in eine klimatisch günstigere Region erfolgte. Ähnliches könnte auf einen Vogel aus dem NE-deutschen Tiefland zutreffen, der sich im Winter im W des Landes aufhielt (Abb. 4). Ausgeprägte Wetterfluchten kommen bei der Art nicht vor (Glutz v. Blotzheim & Bauer 1985). Überwinterungen deutscher Zaunkönige wurden aber auch in Frankreich (5) und in den Niederlanden (1) nachgewiesen, wo sie auf Artgenossen aus Skandinavien getroffen sein könnten (Bønløkke et al. 2006, Fransson & Hall-Karlsson 2008). Allerdings gibt es keine Hinweise darauf, dass Zaunkönige von Deutschland aus N-Afrika erreichen, wie dies für einen in Tschechien beringten Vogel nachgewiesen ist (Cepák et al. 2008). Bei den außerhalb Deutschlands überwinternden Vögeln handelt es sich ausschließlich um solche aus der nördlichen Hälfte des Landes (Abb. 4). Die Überwinterung fremder Brutvögel in Deutschland konnte durch Ringfunde bisher nicht belegt werden. Es liegen jedoch zehn Winterfunde von Vögeln vor, die zur Zeit des Herbstzugs in Skandinavien und Polen beringt wurden (Abb. 1). Dies legt nahe, dass Brutvögel aus N- und NE-Europa ebenso in Deutschland überwintern wie einheimische Zaunkönige.

Die wenigen Funde aus der Zeit des Frühjahrszugs belegen ebenfalls den Durchzug skandinavischer Brutvögel. Darunter dürfte auch der östlichste Ringfund mit Bezug zu Deutschland fallen: ein im September in Finnland beringter Vogel zog im folgenden April über Helgoland (Abb. 1). Zwei deutsche Brutvögel hielten sich zur Zeit des Frühjahrszugs in Frankreich auf.

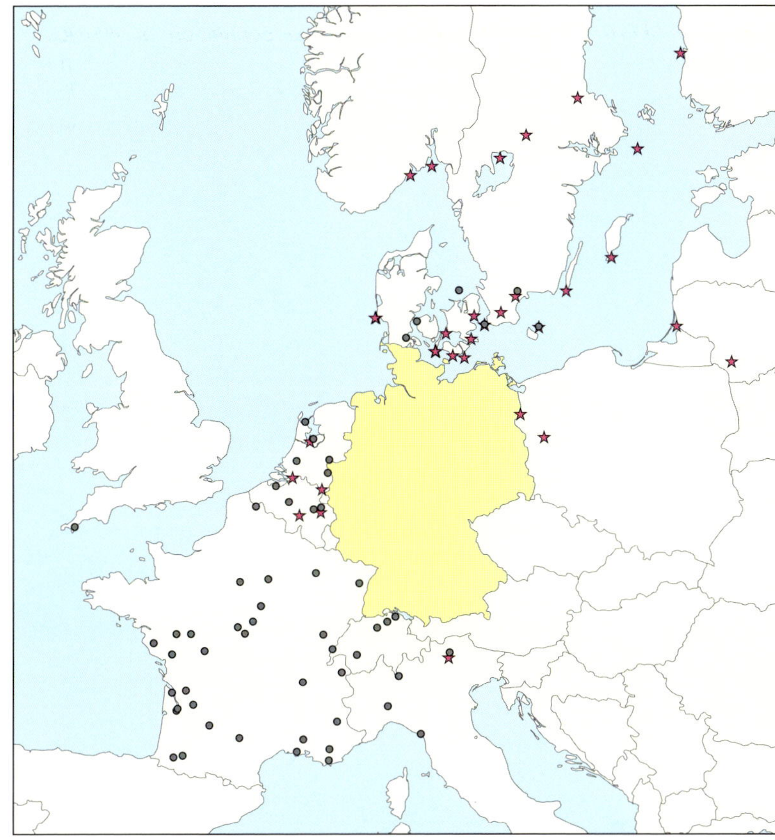

Abb. 1: Fundorte von in Deutschland beringten (58 Funde) und ausländische Beringungsorte von in Deutschland gefundenen (59 Funde) Zaunkönigen. – *Foreign recovery sites of Northern Wrens ringed in Germany (58 recoveries) and foreign ringing sites of birds recovered in Germany (59 recoveries).*

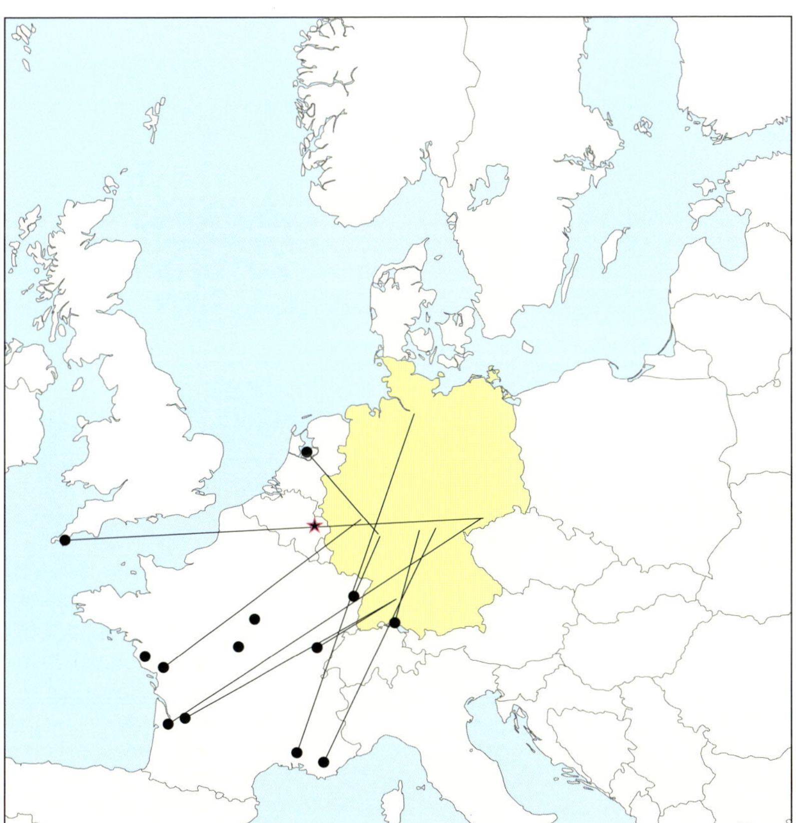

Abb. 2: Herbstzug (September – November) von in Deutschland zur Brutzeit anwesenden Zaunkönigen (14 Funde). – *Autumn migration (September – November) of Northern Wrens present in Germany during the breeding season (14 recoveries).*

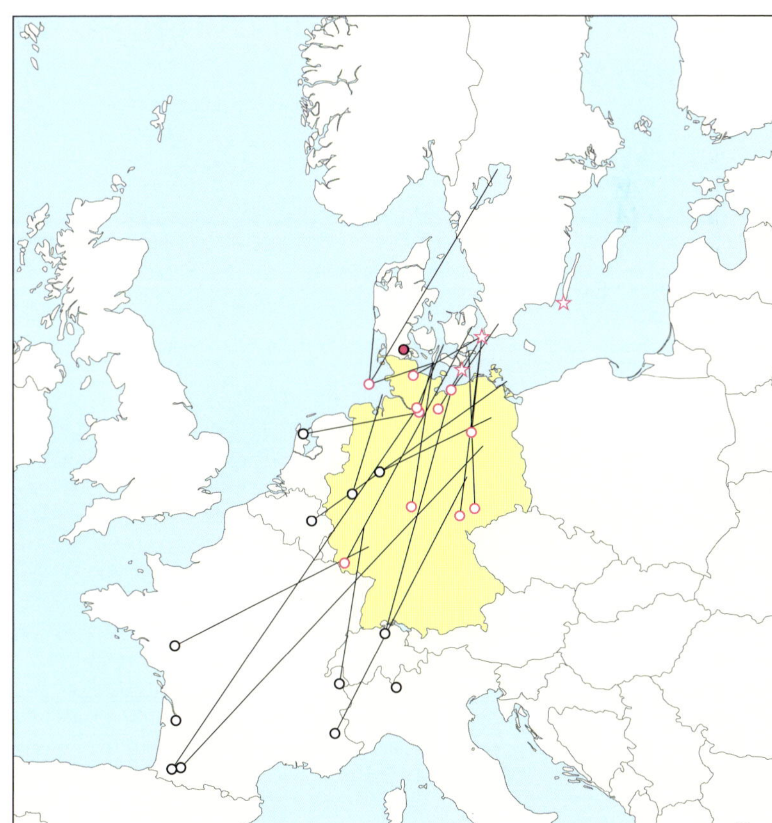

Abb. 3: Herbstzug (September – November) von in Deutschland von September bis November anwesenden Zaunkönigen (34 Funde). – *Autumn migration (September – November) of Northern Wrens present in Germany from September to November (34 recoveries).*

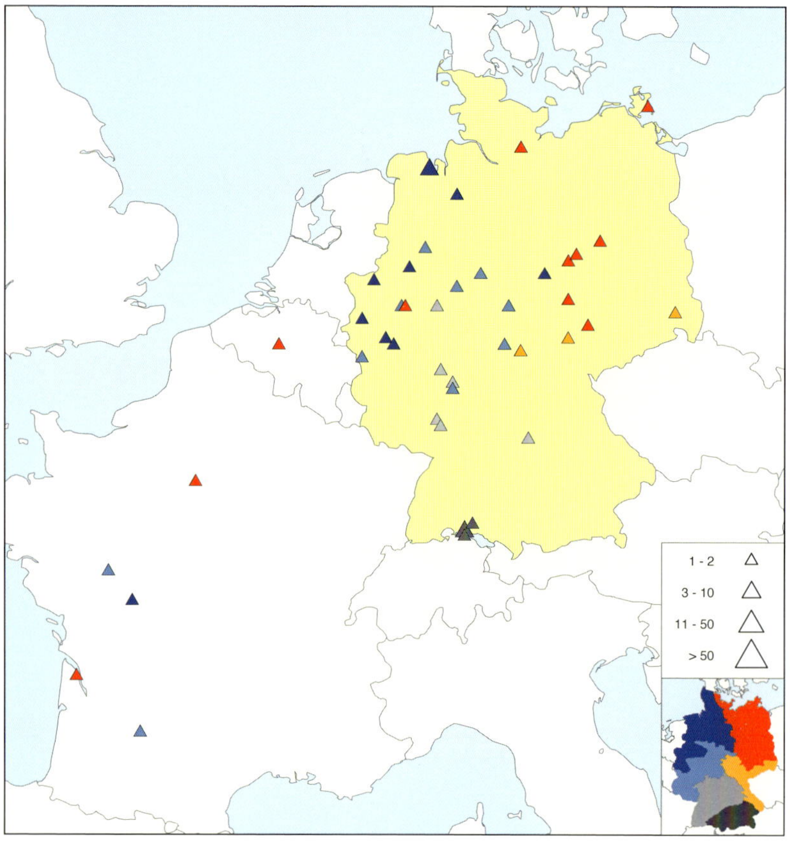

Abb. 4: Aufenthaltsorte im Winter (Dezember – Februar) von in Deutschland zur Brutzeit anwesenden Zaunkönigen (56 Funde). – *Presence in winter (December – February) of Northern Wrens present in Germany during the breeding season (56 recoveries).*

***Summary:** Northern Wren is a very common and widespread breeding bird in Germany, showing a slightly increasing population trend during the last decades at some 2,600,00 – 3,100,000 bp. Northern Wrens are partial migrants and migration is most obvious in October and November and again in March and April. Northern Wrens leaving Germany in autumn generally migrate to the SW, with the southernmost records in France. Exceptional movements are to the W and NW. Passage migrants basically head for the same direction, but some are also directed to the S. According to ring recoveries most German Wrens spend the winter in the vicinity of the breeding areas, although some may move to moderately distant winter quarters within Germany. Additionally, there are some winter records from France (5) and The Netherlands (1). All birds recovered during the winter months in Germany and ringed during the breeding season derived from Germany. However, ten German winter records of birds ringed in Scandinavia and Poland during autumn migration indicate that some Northern Wrens from N and NE Europe also spend the winter months in Germany. The few records on spring migration again confirm the passage of birds from northern populations.*

Star *Sturnus vulgaris*
Common Starling

Beringungen nach 1945:	221.524
Funde > 10 km nach 1945:	1865/1859
Wiederfundquote (Fernfunde nach 1945):	0,8 %
Funde > 10 km seit 1901:	2090/2083
Funde fremder Beringungszentralen:	3257/3222
Höchstalter:	17 J, 4 M*
Weiteste Entfernung:	2917 km

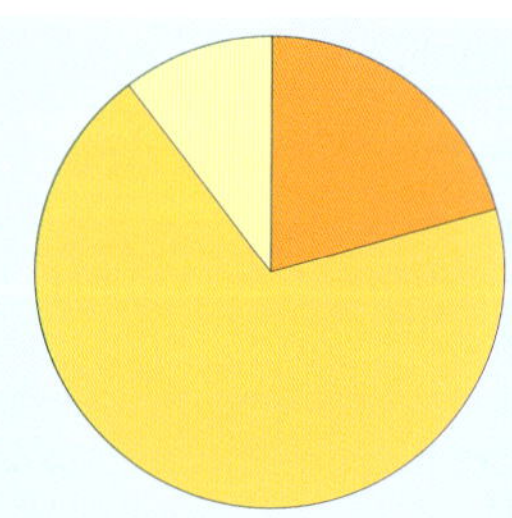

Verbreitung und Status: Das Brutgebiet des Stars umfasst fast ganz Europa inklusive Islands. Lediglich in weiten Teilen Griechenlands und Italiens sowie auf der Iberischen Halbinsel kommt er nur als Gastvogel vor. Weiterhin erstreckt sich sein Verbreitungsgebiet im E bis ins mittlere Sibirien und nach NW-Indien. In Nordamerika, Südafrika, Australien und Neuseeland wurde der Star eingebürgert. In Europa räumt er im Winter die nördlichen Brutgebiete weitgehend, weiter im S ist er Teilzieher oder Standvogel. Das Wintervorkommen umfasst fast das ganze Verbreitungsgebiet, erstreckt sich aber auch bis S-Europa und N-Afrika. Östlichere Populationen überwintern vom Nahen Osten bis Indien und China.

In Deutschland ist der Star trotz langfristig abnehmender Bestandszahlen mit 2.950.000 – 4.050.000 BP einer der häufigsten Brutvögel, der mit Ausnahme dichter Wälder in einer Vielzahl von Habitaten landesweit und bis in die Großstädte hinein verbreitet ist. Eine Besonderheit des Stars ist der Zwischenzug vor allem nördlicher Populationen. An ihm beteiligen sich insbesondere Jungvögel und er muss nicht in die Richtung der Winterquartiere führen. Der Zwischenzug ist vor allem von Mitte Juni bis Juli zu beobachten und endet mit dem Einsetzen der beim Star schon im ersten Jahr stattfindenden Vollmauser. Der eigentliche Herbstzug beginnt im August, erreicht seine höchste Intensität im Oktober und ist Mitte November weitgehend abgeschlossen. Wetterfluchten ausharrender Vögel können während des gesamten Winters beobachtet werden. Der Frühjahrszug, der oft nicht eindeutig von den Bewegungen überwinternder Vögel zu trennen ist, setzt verstärkt ab Mitte Februar ein und hält bis Mitte April an. In SW-Deutschland hat sich der Median des Durchzugs im Herbst zwischen 1970 und 1997 um fast sechs Tage verspätet (Gatter 2000). Überraschend ist allerdings das Ergebnis einer Ringfundanalyse, wonach sich die Wiederfunde ziehender Stare zwischen 1925 und 2001 weiter vom Beringungsort entfernt haben (Fiedler et al. 2004), was schwedischen Befunden widerspricht (Fransson & Hall-Karlsson 2008, siehe auch Fliege 1984).

Wanderungen: Die zahlreichen Ringfunde mit Bezug zu Deutschland umfassen fast den gesamten europäischen und NW-afrikanischen Jahreslebensraum des Stars (Abb. 1, 2). Auffällig ist dabei die deutliche Diskrepanz zwischen der großen Zahl von Funden deutscher Ringvögel in Frankreich, auf der Iberischen Halbinsel und in Italien im Gegensatz zum fast völligen Fehlen von Funden dort beringter Vögel in Deutschland. Im Vergleich dazu sind die Verhältnisse in Bezug auf die Britischen Inseln, den Benelux-Staaten und N-Europa ausgeglichener.

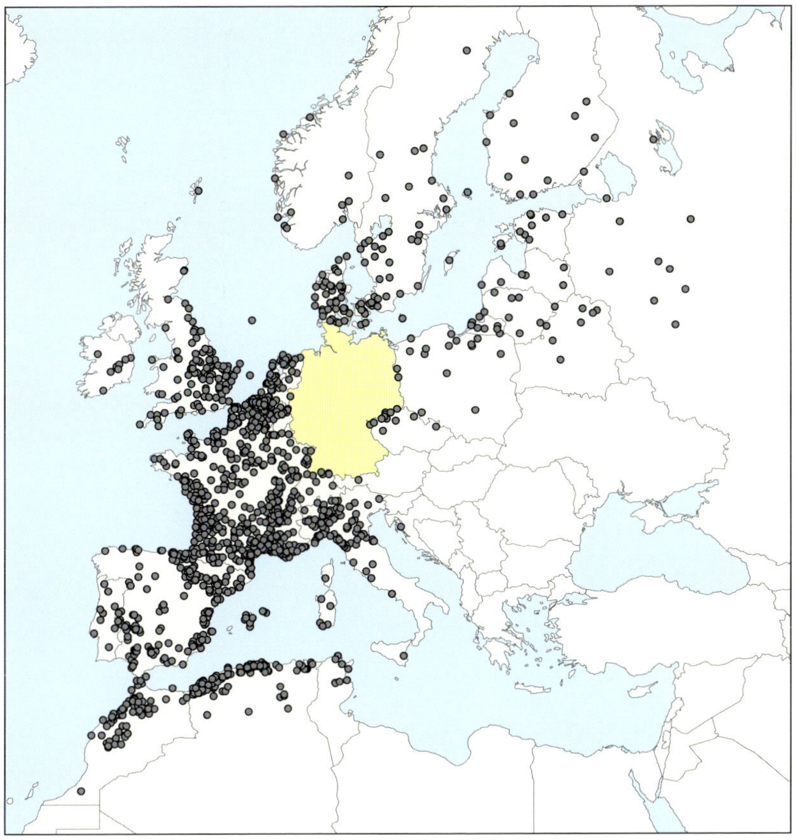

Abb. 1: Fundorte im Ausland von in Deutschland beringten Staren (2007 Funde). – *Foreign recovery sites of Common Starlings ringed in Germany (2007 recoveries).*

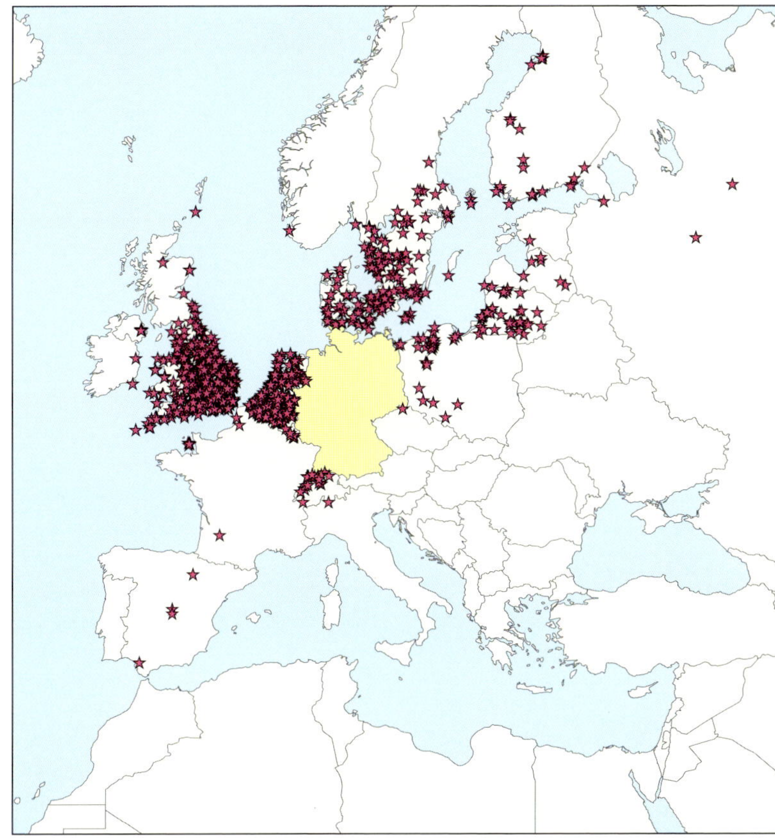

Abb. 2: Beringungsorte im Ausland von in Deutschland gefundenen Staren (3257 Funde). – *Foreign ringing sites of Common Starlings recovered in Germany (3257 recoveries).*

Dies spiegelt deutlich die unterschiedlichen Aktivitäten von Beringern in den verschiedenen Ländern wider. Allerdings sind die meisten Funde aus S-Europa, Frankreich und Belgien auf die Jagd zurückzuführen, aber auch die Nachweise auf den Britischen Inseln gehen zu einem großen Teil (22 %, alle vor 1982) auf geschossene Vögel zurück. Auffällig ist weiterhin das Fehlen von Verbindungen nach SE-Europa (Abb. 1, 2). Dies liegt daran, dass deutsche Brutvögel, wie auch N- und NE-europäische Stare (Abb. 3 – 5, Payevsky 1973, Bakken et al. 2006, Fransson & Hall-Karlsson 2008), im Herbst hauptsächlich in westliche bis südwestliche Richtungen ziehen. SE-europäische Vögel, die die gleichen Richtungen einschlagen, gelangen entsprechend in nicht geringer Zahl nach Italien (Spina & Volponi 2008b). Von den Britischen Inseln weisen allerdings auch Ringfunde nach Griechenland, in die Türkei und zum Kaspischen Meer (Wernham et al. 2002).

Der Zwischenzug kann anhand von Ringfunden gut belegt werden (Abb. 3). In Dänemark, Schweden, Polen und dem Baltikum heimische Stare ziehen direkt nach dem Ausfliegen bzw. nach der Brut nach SSW bis W. Sie gelangen dabei bereits im Juni und Juli nach N-Deutschland. Hier konzentrieren sich die Wiederfunde auffällig im N Mecklenburg-Vorpommerns und in Schleswig-Holstein (Abb. 3). Die aus N-Europa und dem Ostseeraum in Deutschland eintreffenden Stare verhalten sich somit ähnlich wie Stare aus denselben Regionen auf dem eigentlichen Herbstzug (September-November, Abb. 5). Vier von sechs Vögeln aus S-Deutschland wanderten auf dem Zwischenzug, auf dem sie bis zu 425 km vom Beringungsort entfernt wieder gefunden wurden, in nördliche Richtungen. Möglicherweise waren sie ebenfalls auf dem Weg in die Küstenregion, die wie die Oberrheinische Tiefebene auch als Ziel des Zwischenzugs eines Teils der schweizerischen Stare angegeben wird (Maumary et al. 2007).

Stare, die in Skandinavien brüten, erreichen im Herbst nach SW ziehend Deutschland ebenso wie nach W ziehende Vögel aus dem Baltikum und aus NW-Russland (Abb. 5). Eindeutig einer Brutpopulation zuzuordnende Vögel erscheinen dabei fast ausnahmslos in N-Deutschland, von wo aus der Weiterzug in die Benelux-Staaten, nach N-Frankreich und auf die Britischen Inseln erfolgt. Dort überwintert ein großer Teil der norwegischen und schwedischen sowie auf der Kurischen Nehrung beringten Stare (Payevsky et al. 1973, Bakken et al. 2006, Fransson & Hall-Karlsson 2008). In neuerer Zeit geht eine Reihe von Nachweisen

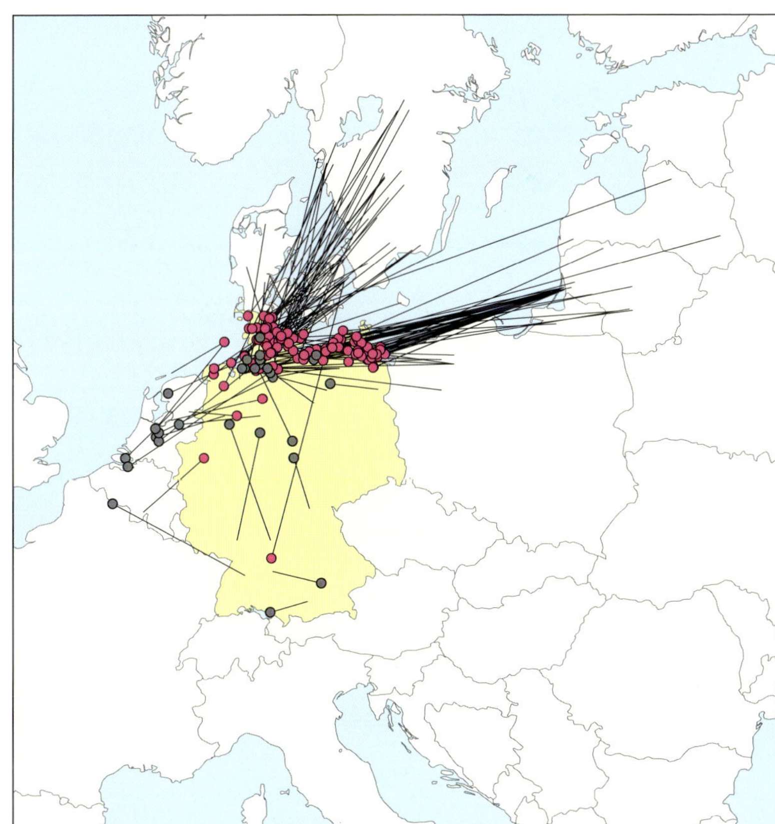

Abb. 3: Zwischenzug (Juni – Juli) von in Deutschland zur Brutzeit (31 Funde) oder von Juni bis Juli anwesenden Staren (129 Funde). – *Summer migration (June – July) of Common Starlings present in Germany during the breeding season (31 recoveries) or from June to July (129 recoveries).*

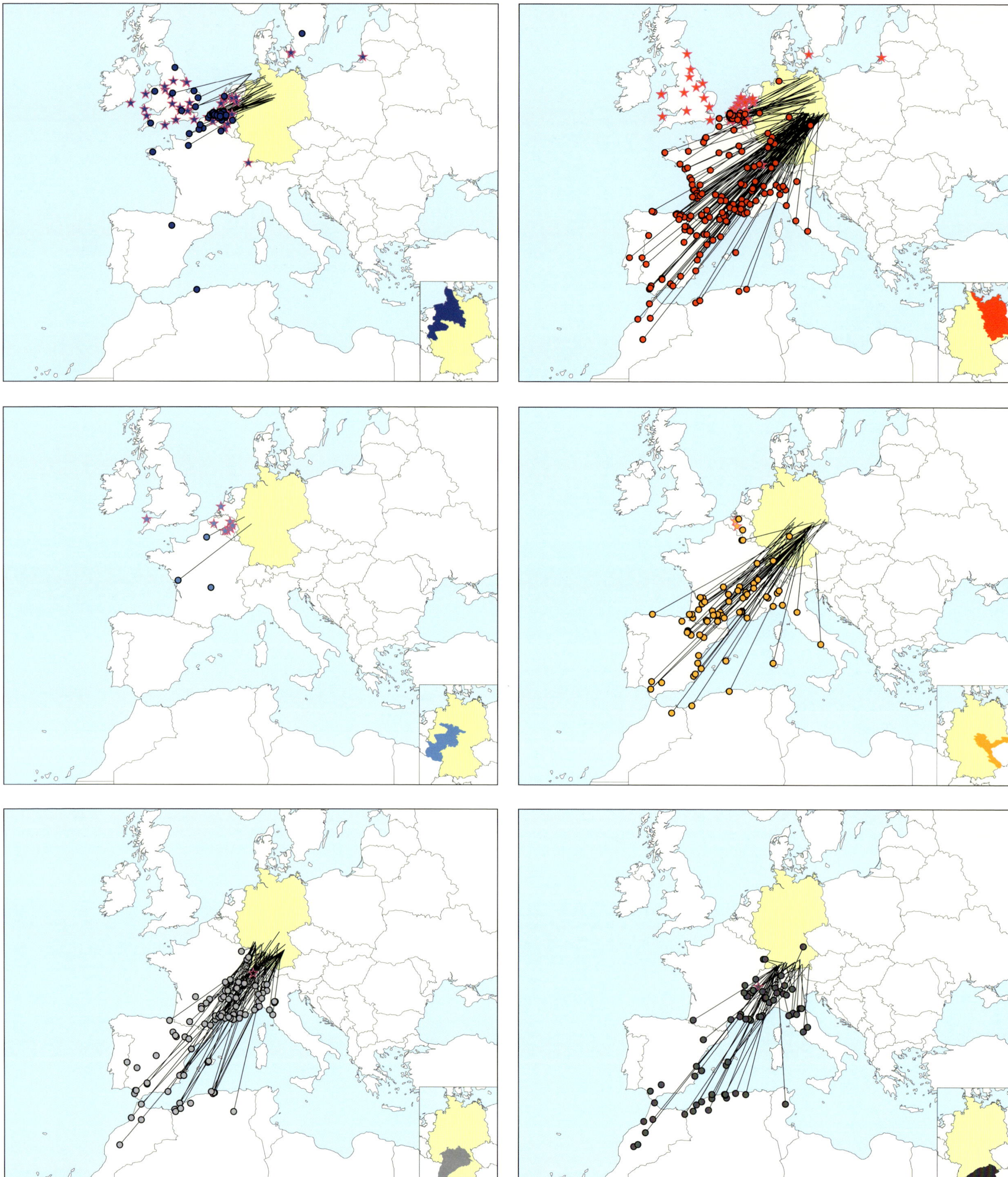

Abb. 4: Herbstzug (September – November) von in Deutschland zur Brutzeit anwesenden Staren (783 Funde). – *Autumn migration (September – November) of Common Starlings present in Germany during the breeding season (783 recoveries).*

aus den Überwinterungsgebieten auf Kontrollen durch Beringer zurück, und die relativ vielen Funde in Rybachy (Russland) beringter Stare in N-Deutschland (von Fliege [1984] nicht berücksichtigt) weisen nur eine geringe latitudinale Streuung auf (Abb. 3, 4). Damit wäre der Eindruck des konstant nach W ausgerichteten Zugs durch das nördliche Mitteleuropa nicht nur auf die starke Verfolgung in Belgien zurückzuführen (Fliege 1984). Die Funde bilden vielmehr das wirkliche Zuggeschehen ab, wie es z. B. durch die Leitlinienwirkung der Küste bedingt wird. Winterfunde von Brutvögeln aus der Region des Urals auf den Britischen Inseln (Wernham et al. 2002) deuten an, dass das Einzugsgebiet im Herbst durch Deutschland ziehender Stare weiter nach E reicht als es die Ringfunde (Abb. 5) anzeigen. Stare unbekannter Brutherkunft, die sich zur Zeit des Herbstzugs in der südlichen Hälfte Deutschlands aufhalten, ziehen vorwiegend nach WSW bis SSW. Damit entsprechen die Herbstzugrichtungen der Durchzügler denen der Brutvögel, die ebenfalls in Abhängigkeit von der naturräumlichen Herkunft streuen (Abb. 4).

Durch Mitteleuropa verläuft eine Zugscheide bei etwa 52 °N (Schüz & Weigold 1931, Fliege 1984). Die Abzugsrichtungen der im NW-deutschen und den nördlichen Teilen des NE-deutschen Tieflands heimischen Stare weisen dementsprechend eine deutliche Komponente nach W auf. Vögel aus südlicheren Landesteilen ziehen dagegen vornehmlich in südwestliche Richtungen, wobei auch ein nicht unerheblicher Teil der Stare aus den SW-deutschen Mittelgebirgen und dem Alpenvorland direkt über die Alpen nach S fliegt (Abb. 4). Im Gegensatz zum Zwischenzug (Abb. 3) ist auf dem Herbstzug keine direkte Wanderung von S-Deutschland in Richtung der Nordseeküste belegt (Abb. 4), was den unterschiedlichen Charakter dieser zu verschiedenen Zeiten durchgeführten Wanderungen deutlich macht.

Entsprechend den unterschiedlichen Herbstzugrichtungen zeigen ziehende einheimische Stare auch eine Trennung der Überwinterungsgebiete nach ihrer naturräumlichen Herkunft (Abb. 6). Der Hauptteil der Brutvögel aus dem NW-deutschen Tiefland überwintert an der deutschen Nordseeküste, in den Niederlanden, Belgien und auf den Britischen Inseln bis an die W-Küste Irlands. Da nur Dezember- und Januarfunde berücksichtigt wurden und die bis 1972 legale Jagdzeit in Belgien zwischen 1. Oktober bis 15. November ausgeübt wurde (Fliege 1984), können auch hier die grundsätzlichen Befunde nicht allein durch die Jagd in diesem Land stark verfälscht sein (Fliege 1984). Die größte Streuung der Überwinterungsgebiete ziehender Stare weisen Vögel auf, die aus dem NE-deutschen Tiefland stammen und von denen sich große Teile zu beiden Seiten der Zugscheide finden. Ziehende Stare aus dieser Region sind im Dezember und Januar in einem Gebiet zu finden, das neben dem S der Britischen Inseln ganz W- und SW-Europa sowie NW-Afrika mit einschließt. Stare aus S-Deutschland überqueren dagegen den Ärmelkanal nicht. Sie überwintern hauptsächlich in S- und W-Frankreich, auf der Iberischen Halbinsel und in den Maghreb-Staaten. Letztere sind vor allem das Ziel eines großen Teils der Vögel aus dem Alpenvorland. Diese sind, im Gegensatz zu den Staren aus den nördlicheren Landesteilen, in Frankreich fast nur an der Mittelmeerküste zu finden, dafür aber auch in N-Italien. Ähnlich verteilen sich die Funde schweizerischer Ringvögel (Maumary et al. 2007).

Winterfunde in Deutschland zeigen, dass ein Teil der einheimischen Stare in der Nähe der Brutgebiete verbleibt (Abb. 6, 7). Dies ist vor allem in den mittleren Landesteilen der Fall, nicht aber im Alpenvorland. Im N konzentrieren sich die relativ wenigen Überwinterungsnachweise an der Küste und in den Niederungen im W. Den Befunden vom Herbstzug entsprechend verbringen vor allem im N Deutschlands viele Stare aus N- und NE-Europa die kalte Jahreszeit, jedoch kaum in den südlicheren Landesteilen (Abb. 7).

Im Frühjahr scheint der Zug auf denselben Routen zu verlaufen wie im Herbst, ohne Hinweise auf einen Schleifenzug. Direkte Funde einheimischer Stare stammen allerdings fast nur von den Britischen Inseln, Belgien und den Niederlanden (Abb. 8). Viele indirekte Funde belegen wiederum die Rückkehr in die Brutgebiete aus NW-Afrika, SW-Europa und N-Italien. Nicht ins Bild passt ein Vogel, der im Frühjahr von Litauen nach NE-Deutschland zog (Abb. 8), während eine Reihe von Funden den Zug skandinavischer und NE-europäischer Stare in die entgegengesetzte Richtung durch Deutschland belegt (Abb. 9).

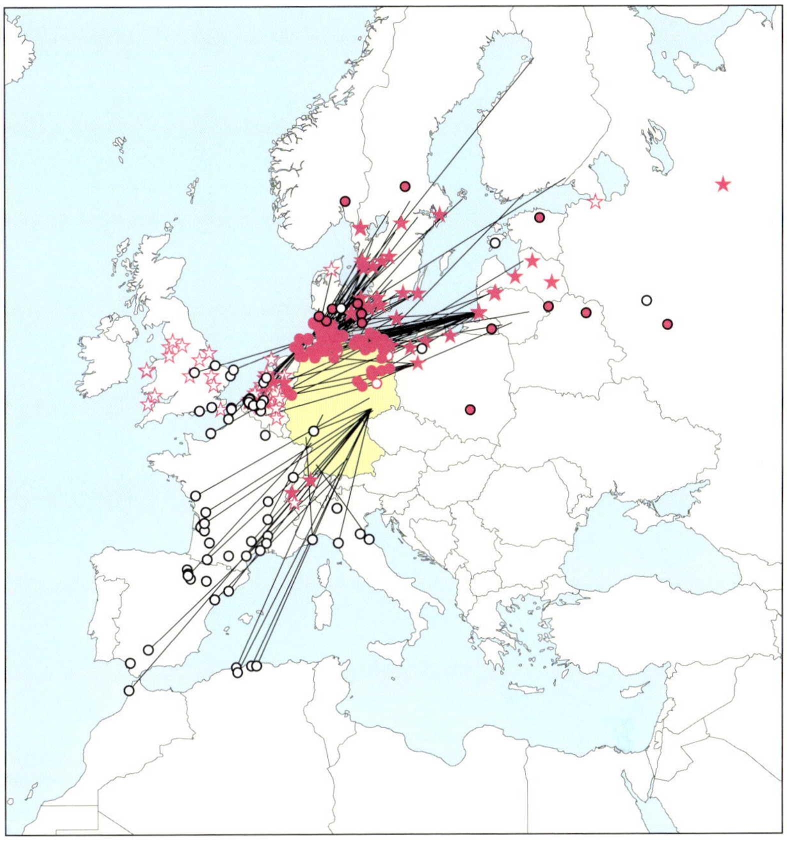

Abb. 5: Herbstzug (September – November) von in Deutschland von September bis November anwesenden Staren (372 Funde). – *Autumn migration (September – November) of Common Starlings present in Germany from September to November (372 recoveries).*

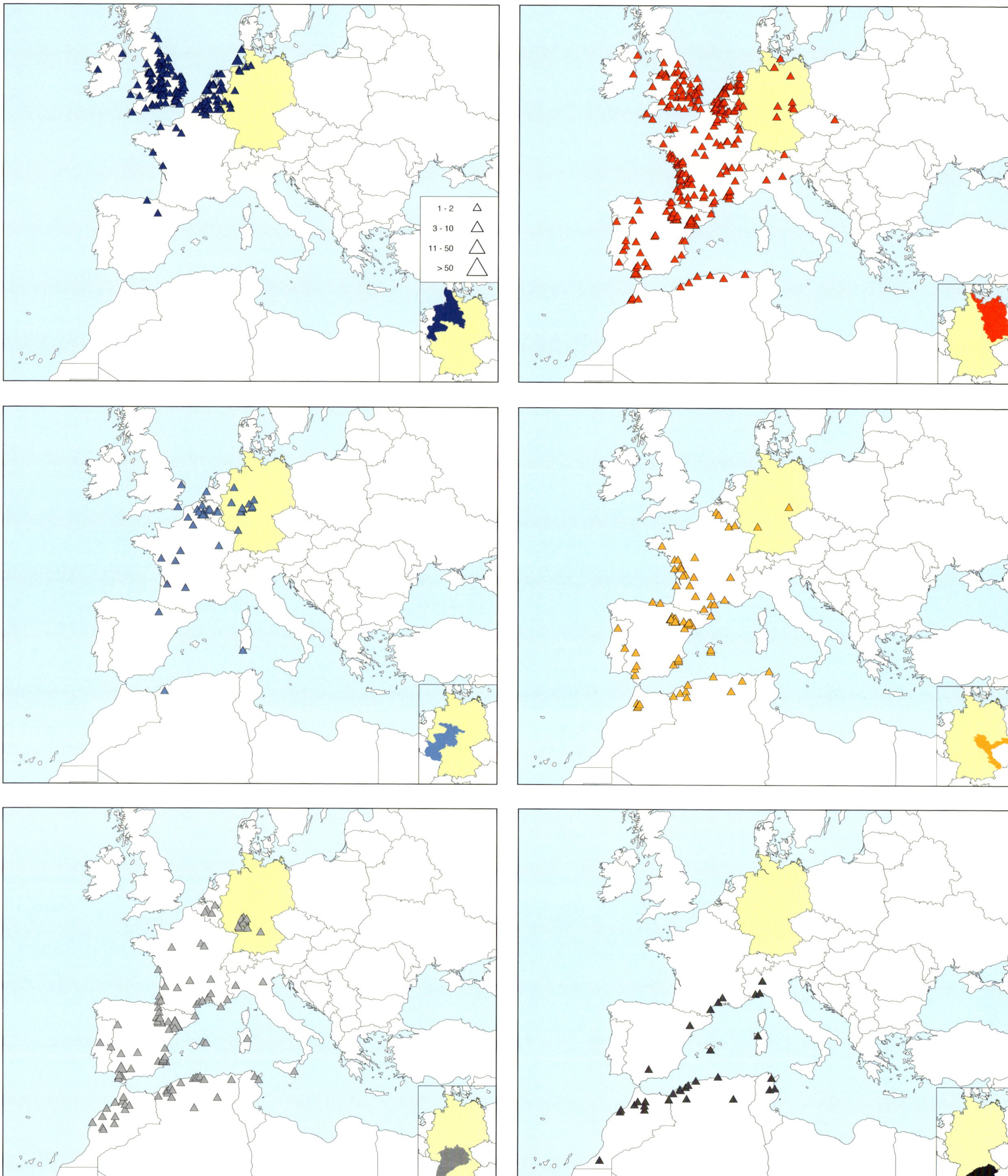

Abb. 6: Aufenthaltsorte im Winter (Dezember – Januar) von in Deutschland zur Brutzeit anwesenden Staren (722 Funde). – *Presence in winter (December – January) of Common Starlings present in Germany during the breeding season (722 recoveries).*

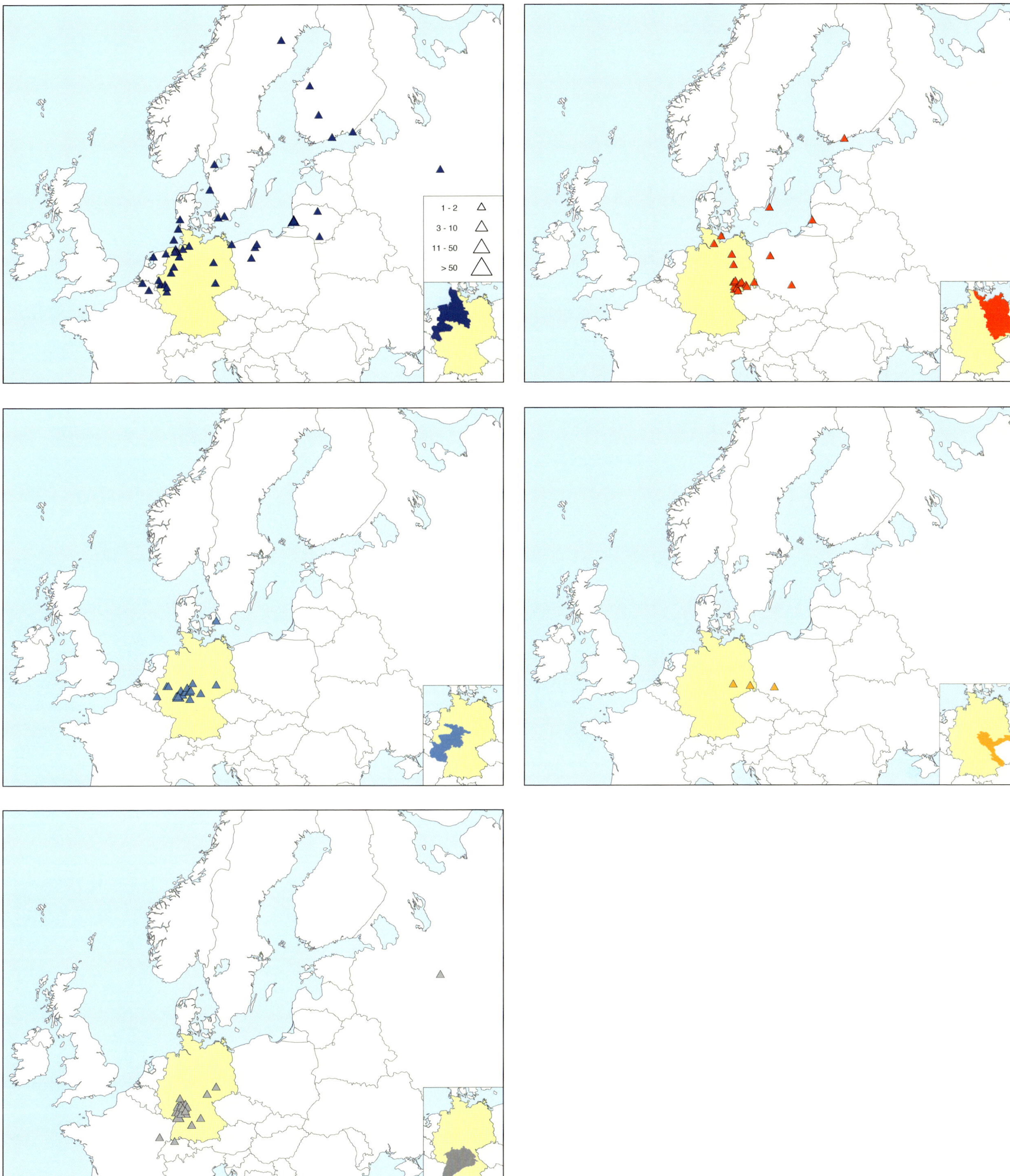

Abb. 7: Aufenthaltsorte zur Brutzeit von im Winter (Dezember – Januar) in Deutschland anwesenden Staren (138 Funde). – *Presence during the breeding season of Common Starlings present in Germany in winter (December – January, 138 recoveries).*

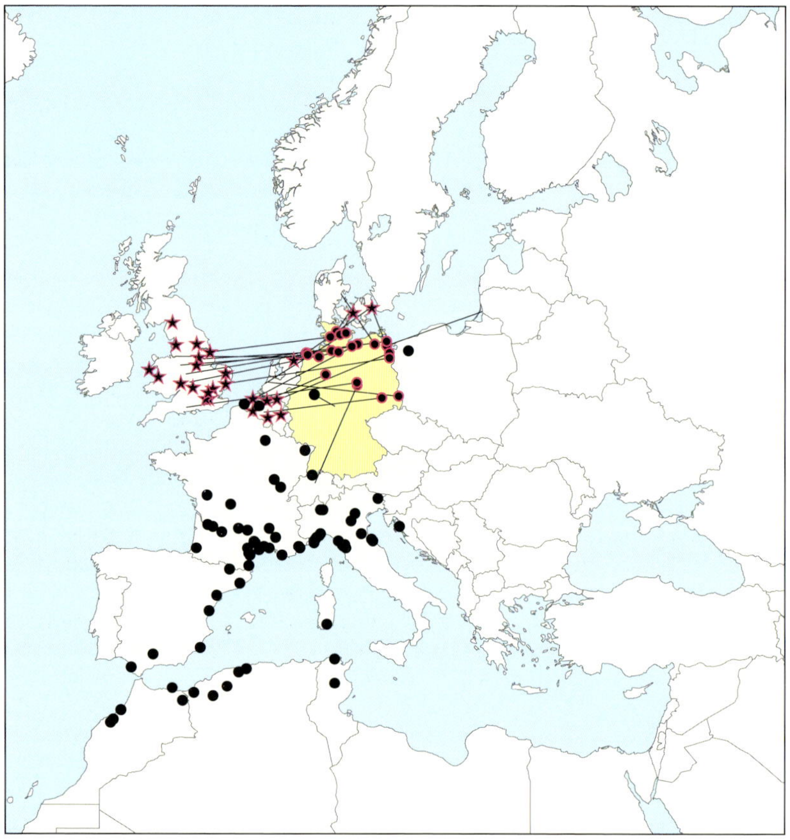

Abb. 8: Frühjahrszug (März) von in Deutschland zur Brutzeit anwesenden Staren (123 Funde). – *Spring migration (March) of Common Starlings present in Germany during the breeding season (123 recoveries).*

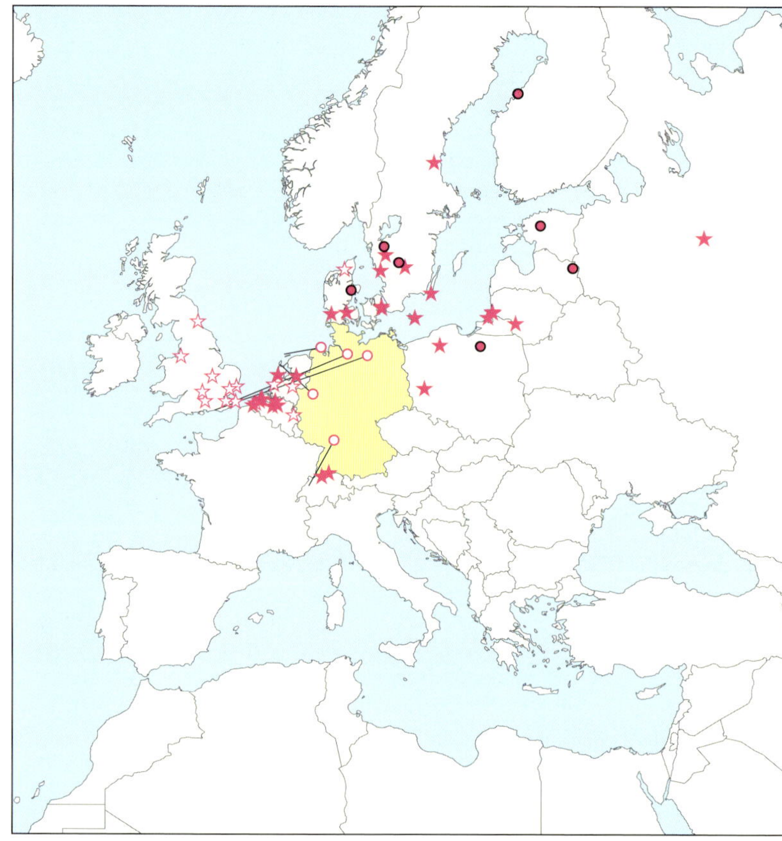

Abb. 9: Frühjahrszug (März) von in Deutschland im März anwesenden Staren (65 Funde). – *Spring migration (March) of Common Starlings present in Germany in March (65 recoveries).*

Summary: *Although Common Starling is declining in Germany, it is still one of the most common breeding birds with a population of some 2,950,000–4,050,000 bp. Common Starlings perform a distinct summer migration in June and July which is not necessarily directed towards the final winter quarters. Regular autumn migration starts in August and peaks in October. The exact onset of spring migration is difficult to separate from movements of wintering birds, but migration becomes obvious from mid-February onwards lasting until April. Summer migration brings relatively high numbers of N- and NE-European Starlings to N Germany. Birds from these regions continue to migrate to the SW in autumn and many reaching their main winter quarters on the British Isles. There are only few records of S German birds in summer migration, the majority of which are directed towards the N, in contrast to regular autumn migration. From September to November, there is a migratory divide at about 52° N, with birds N of the divide migrating in westerly directions and those S of the divide mostly to the SW and S. Accordingly, the winter quarters of German migrants are separated, with birds from the N reaching The Netherlands, Belgium and the British Isles, and birds of more southern origin wintering in SW France, on the Iberian Peninsula and in NW Africa. During the winter months the relatively high proportion of Common Starling wintering within the country is augmented by birds from Fennoscandia, the Baltic and NW Russia. The majority of foreign birds are recorded from N Germany. Recoveries on spring migration indicate that the same routes are followed as in autumn with no hints for a loop migration.*

Wasseramsel *Cinclus cinclus*

White-throated Dipper

Beringungen nach 1945:	68.678
Funde > 10 km nach 1945:	1166/724
Wiederfundquote (Fernfunde nach 1945):	1,1 %
Funde > 10 km seit 1901:	1177/735
Funde fremder Beringungszentralen:	43/39
Höchstalter:	9 J, 2 M
Weiteste Entfernung:	882 km

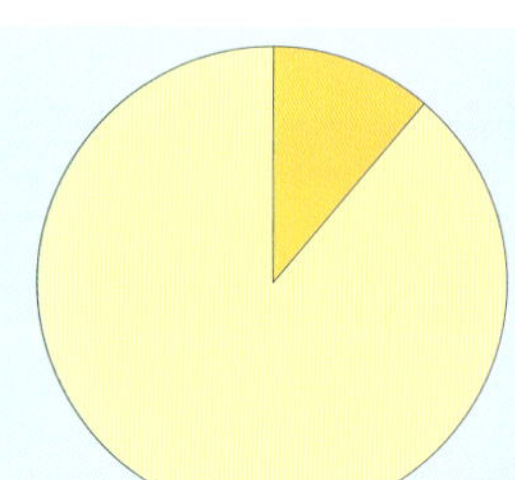

Verbreitung und Status: Die Wasseramsel ist lückig von NW-Afrika bis Zentralasien und NW-China verbreitet. Im kontinentalen Europa kommen zwei Formen vor: *C. c. cinclus*, mit schwarzbraunem Bauchgefieder, findet sich auf der Iberischen Halbinsel, in NW-Frankreich und von Fennoskandien bis W-Sibirien; *C. c. aquaticus*, mit rotbraunem Bauchgefieder, in Italien, Mittel- und SE-Europa. Beide Formen können fließend ineinander übergehen und ihr Status als Unterarten wurde aufgrund genetischer Untersuchungen in Frage gestellt (Lauga et al. 2005). Mitteleuropäische Wasseramseln (*C. c. aquaticus*) sind Jahresvögel, in har-

ten Wintern kann sie starker Frost aber zu Kältefluchten und Vertikalwanderungen zu eisfreien Gewässerabschnitten zwingen. Populationen im N (*C. c. cinclus*) sind Teilzieher, bei denen die Weibchen eine stärkere Neigung zum Zug zeigen als die Männchen.
In Deutschland ist die Wasseramsel mit 10.500 – 19.000 BP vor allem in den Mittelgebirgen entlang von klaren, schnell strömenden Fließgewässern verbreitet. Der in den letzten Jahrzehnten stabile Bestand scheint seit der Jahrtausendwende Zunahmen zu verzeichnen. Ab Oktober treten Zuzügler aus nördlicheren Populationen (*C. c. cinclus*) in N-Deutschland auf.

Wanderungen: Einheimische Wasseramseln halten sich in der Regel ganzjährig und oft über die gesamte Lebensspanne in bzw. in der Nähe ihres Brutreviers auf. Dies spiegelt sich darin wider, dass etwa 70 % aller Wiederfunde in Deutschland zur Brutzeit (Mai – Juli) beringter Wasseramseln aus einer Distanz von weniger als 10 km zum Beringungsort stammen und die meisten Fernfunde in das Verbreitungsgebiet von *C. c. cinclus* weisen (Abb. 1). Die durchschnittliche Ansiedlungsentfernung zum elterlichen Revier ist bei Jungvögeln in der Regel ebenfalls gering (Hegelbach 1995, Cepák et al. 2008). Gelegentlich kann es aber zu Zerstreuungswanderungen über größere Strecken kommen. Ein im Juni beringter Nestling hielt sich zwölf Tage später bereits 76 km entfernt vom Brutort auf. Weitere Dispersionsdistanzen von Nestlingen, die in späteren Jahren zur Brutzeit wieder gefunden wurden, betrugen dreimal über 70 km, einmal über 60 km und zweimal über 50 km. Einen extremen Fall stellt die Umsiedlung einer schweizerischen Wasseramsel (*C. c. aquaticus*) um über 1000 km nach Polen dar, wo sie mit einem dortigen Vogel (*C. c. cinclus*) brütete (Hegelbach & Koch 1994). Allerdings kommen solche Mischpaare dort öfters vor (Sikora & Neubauer 2008). Aus Schweden sind ebenfalls Dispersionsdistanzen von über 700 km während einer Brutsaison und zwischen verschiedenen Jahren bekannt (Fransson & Hall-Karlsson 2008). Da in Deutschland brütende Wasseramseln nicht ziehen, ist auch der Fund einer im Mai in Sachsen beringten Wasseramsel im Oktober 150 km NE im gleichen Bundesland (Abb. 2) nicht als Herbstzug, sondern als Dismigration zu werten.
Erwartungsgemäß stammen die meisten Winterfunde von in Deutschland brütenden Wasseramseln aus der unmittelbaren Umgebung der Brut- bzw. der elterlichen Reviere (Abb. 3). Einige Vögel wurden im Winter aber auch in größerer Entfernung von ihrem Beringungsort festgestellt. Beispiele sind Distanzen von 95 km von den E-deutschen Mittelgebirgen nach Tschechien und von 87 km von den W-deutschen zu den E-deutschen Mittelgebirgen. Den Rekord hält eine im Mai in E-Brandenburg beringte Wasseramsel, die sich im folgenden Dezember 282 km westlich in SE-Niedersachsen aufhielt. Die betreffenden Ind. wurden aber als Nestlinge oder diesjährige Vögel beringt, und die Entfernungen liegen in dem Bereich, der auch den nachgewiesenen Dispersionsdistanzen der Art entspricht. Es ist daher wahrscheinlicher, dass es sich hierbei um Fernumsiedlungen handelt, als um Zug mit der Rückkehr zum Ausgangspunkt. Bei einigen direkten Funden, die relativ kurze Wanderungen innerhalb Deutschlands über nie mehr als 40 km im Frühjahr belegen (Abb. 5), handelt es sich möglicherweise um die Rückkehr in die Brutreviere nach winterlichen Kältefluchten.
Im Herbst erfolgt Zuzug skandinavischer Wasseramseln nach N-Deutschland, was direkte Funde von W-norwegischen Vögeln belegen (Abb. 2). Die dortigen Populationen sind Teilzieher, bei denen wandernde Individuen die Brutgebiete Richtung S bis SE verlassen (Zink 1981, Bakken et al. 2008). Aufschlussreich ist ein Vergleich der Beringungs- und Funddaten der Verbindungen zwischen Deutschland und Norwegen sowie Deutschland und S-Schweden (Abb. 1), wo Wasseramseln bereits Jahresvögel sind (Fransson & Hall-Karlsson 2008). Bei den deutsch-norwegischen Verbindungen handelt es sich fast ausschließlich um solche, bei denen der Nachweis in Norwegen (Beringung meist als Nestling bzw. Fund) im Frühjahr oder zur Brutzeit (April – Juni) erfolgte, der Nachweis in Deutschland dagegen im Herbst oder Winter (November – Februar). Bei Verbindungen zwischen Deutschland und Schweden oder Dänemark erfolgten die Nachweise am Beringungs- und am Fundort immer zur Nichtbrutzeit (Oktober – April) und meist in den Wintermonaten. Dies legt nahe, dass es sich bei den in Deutschland überwinternden Wasseramseln der Form *C. c. cinclus* in der Mehrheit um W-norwegische Vögel handelt, die über Schweden und Dänemark nach S ziehen. Sie erreichen nach den Ringfunden nur N-Deutschland, aus den südlichen Landesteilen fehlen entsprechende Nachweise (Abb. 4). N-norwegische und – schwedische Vögel gelangen nach S und SE ziehend in das Baltikum und streifen Deutschland nicht (Zink 1981, Bakken et al. 2006, Fransson & Hall-Karls-

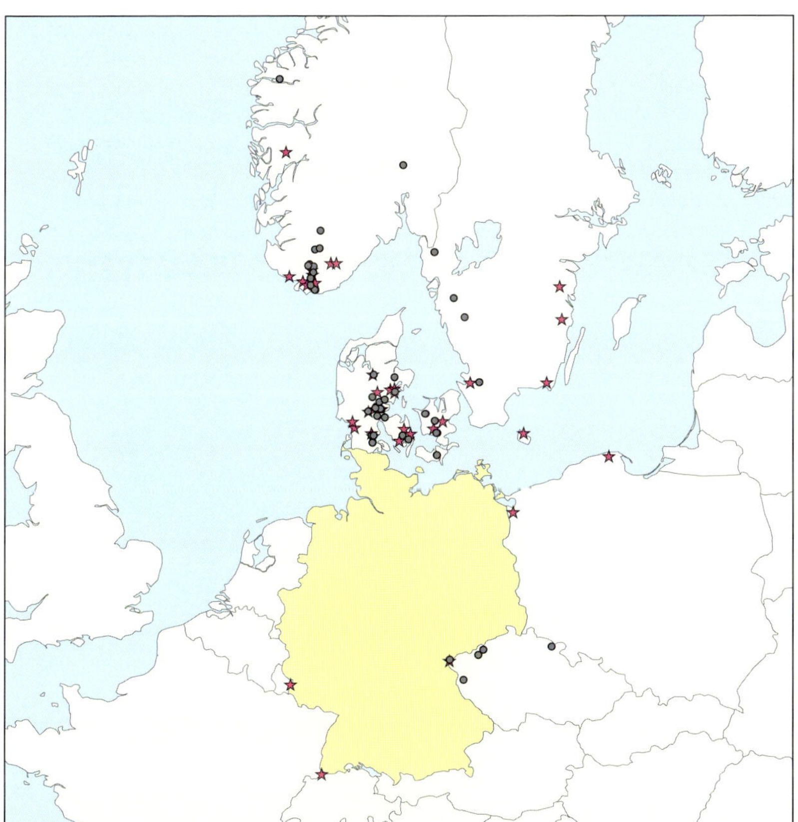

Abb. 1: Fundorte von in Deutschland beringten (55 Funde) und ausländische Beringungsorte von in Deutschland gefundenen (43 Funde) Wasseramseln. – *Foreign recovery sites of White-throated Dippers ringed in Germany (55 recoveries) and foreign ringing sites of birds recovered in Germany (43 recoveries).*

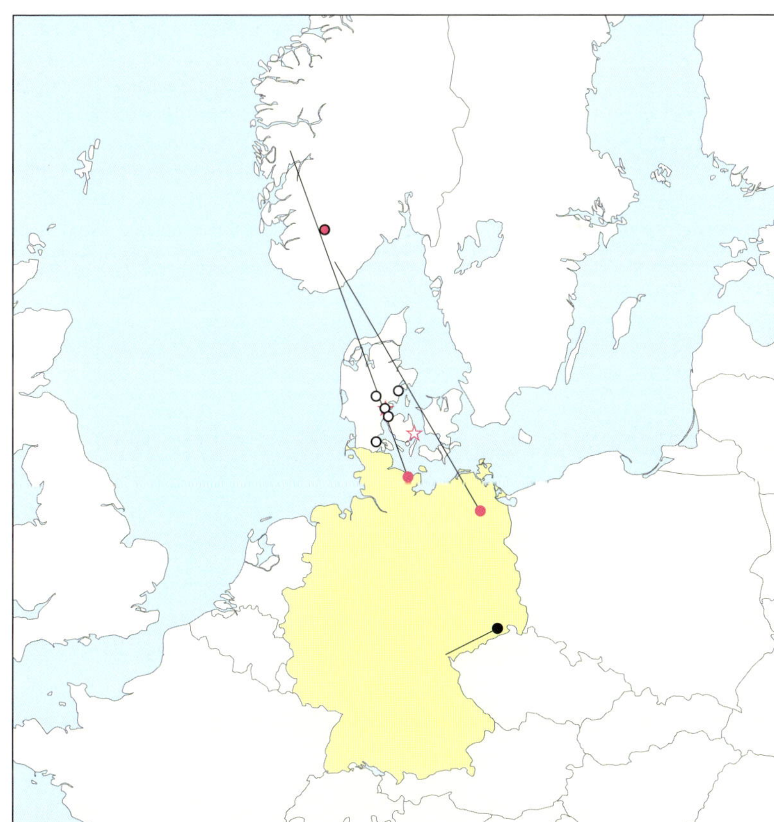

Abb. 2: Herbstzug (September – November) von in Deutschland zur Brutzeit (1 Fund) oder von September bis November anwesenden Wasseramseln (10 Funde). – *Autumn migration (September – November) of White-throated Dippers present in Germany during the breeding season (1 recovery) or from September to November (10 recoveries).*

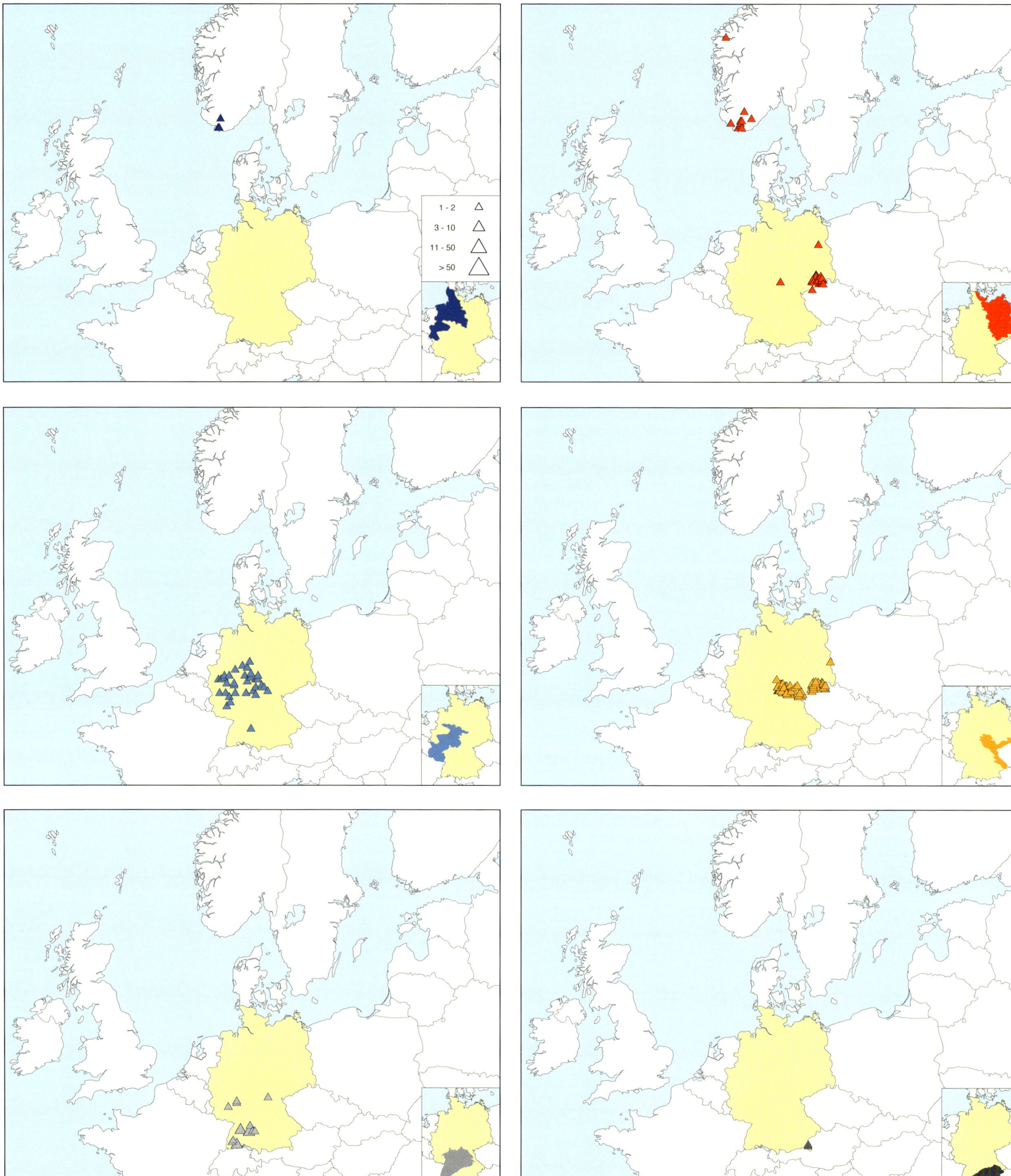

Abb. 3: Aufenthaltsorte zur Brutzeit von im Winter (Dezember – Februar) in Deutschland anwesenden Wasseramseln (324 Funde). – *Presence during the breeding season of White-throated Dippers present in Germany in winter (December – February, 324 recoveries).*

son 2008). Es muss dabei offen bleiben, ob dieser Zug für einen Teil der Population obligat ist. Ein Vogel, der im Dezember in Deutschland beringt wurde und sich etwas über ein Jahr später im Januar in Norwegen aufhielt, lässt dies fraglich erscheinen.

***Summary:** White-throated Dipper has a stable breeding population of 10,500 – 19,000 bp distributed along fast-flowing streams in Germany. The great majority of German birds (*C. c. aquaticus*) stay year-round in the vicinity of the breeding territories, although weather-escape movements to ice-free areas may occur in harsh winters and dispersal of young birds can occur over relatively large distances. Therefore, most recoveries of Dippers ringed during the breeding season are made rather locally with the exception of nestlings recorded up to almost 300 km from the ringing sites. In autumn, White-throated Dippers from W Norway (*C. c. cinclus*) migrate via Denmark and possibly Sweden towards Germany to spend the winter in the N of the country.*

Misteldrossel *Turdus viscivorus*
Mistle Thrush

Beringungen nach 1945:	6973
Funde > 10 km nach 1945:	99/97
Wiederfundquote (Fernfunde nach 1945):	1,4 %
Funde > 10 km seit 1901:	112/110
Funde fremder Beringungszentralen:	12/12
Höchstalter:	6 J, 10 M
Weiteste Entfernung:	1786 km

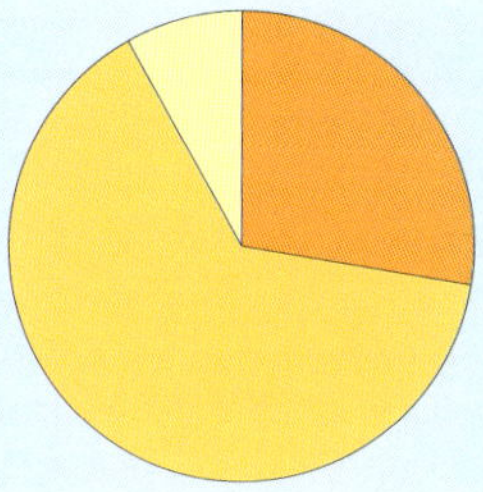

Verbreitung und Status: Die Misteldrossel brütet im Maghreb, in fast ganz Europa und im E bis Zentralsibirien und an den Hindukusch. Sie ist Teilzieher, wobei der Anteil der im Brutgebiet verbleibenden Ind. von N nach S zunimmt. N- und NE-Europa werden im Winter weitgehend geräumt, Überwinterungen finden aber auch schon in Norwegen und Schweden bis ca. 60 °N statt.

Die Misteldrossel ist in Deutschland ein weit verbreiteter häufiger Brutvogel in Altholzbeständen, in manchen Regionen auch in Siedlungen, von der Küste bis auf etwa 1800 m Höhe in den Alpen. Der Bestand der Misteldrossel zeigt seit der Mitte der 1980er Jahre einen leicht abnehmenden Trend und beträgt aktuell 135.000 – 265.000 BP. Der Herbstzug setzt ab Mitte September ein, erreicht sein Maximum im Oktober und klingt von November an langsam ab. Wegen auffälliger, während des gesamten Winters möglicher Wetterfluchten lassen sich das Ende des Herbstzuges und der Beginn des Frühjahrszuges zeitlich schwer abgrenzen. In S-Deutschland setzt bereits im Januar der Frühjahrszug wieder

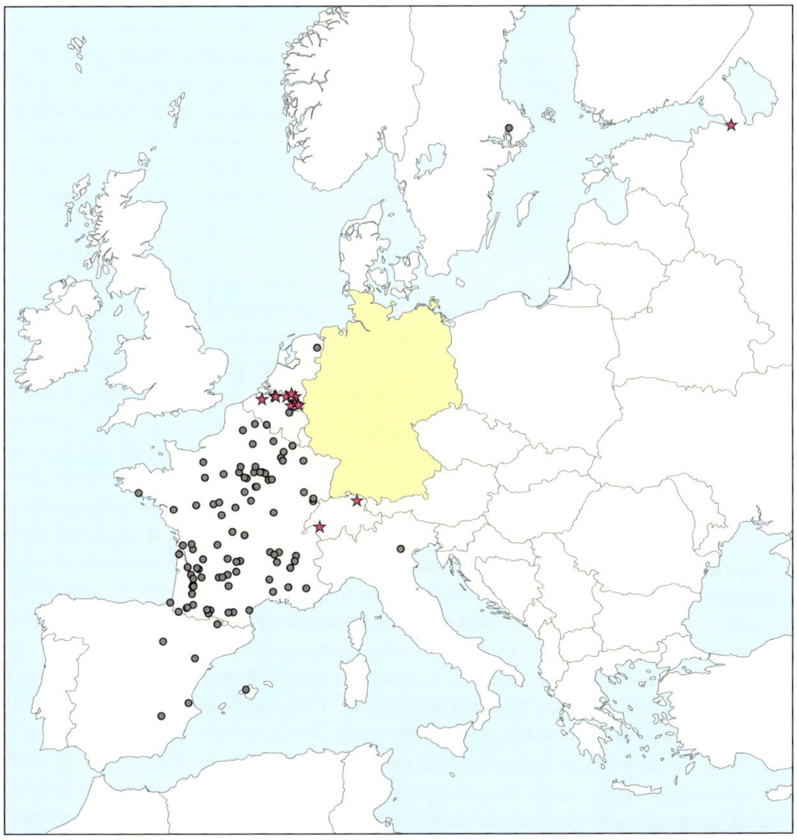

Abb. 1: Fundorte von in Deutschland beringten (100 Funde) und ausländische Beringungsorte von in Deutschland gefundenen (12 Funde) Misteldrosseln. – *Foreign recovery sites of Mistle Thrushes ringed in Germany (100 recoveries) and foreign ringing sites of birds recovered in Germany (12 recoveries).*

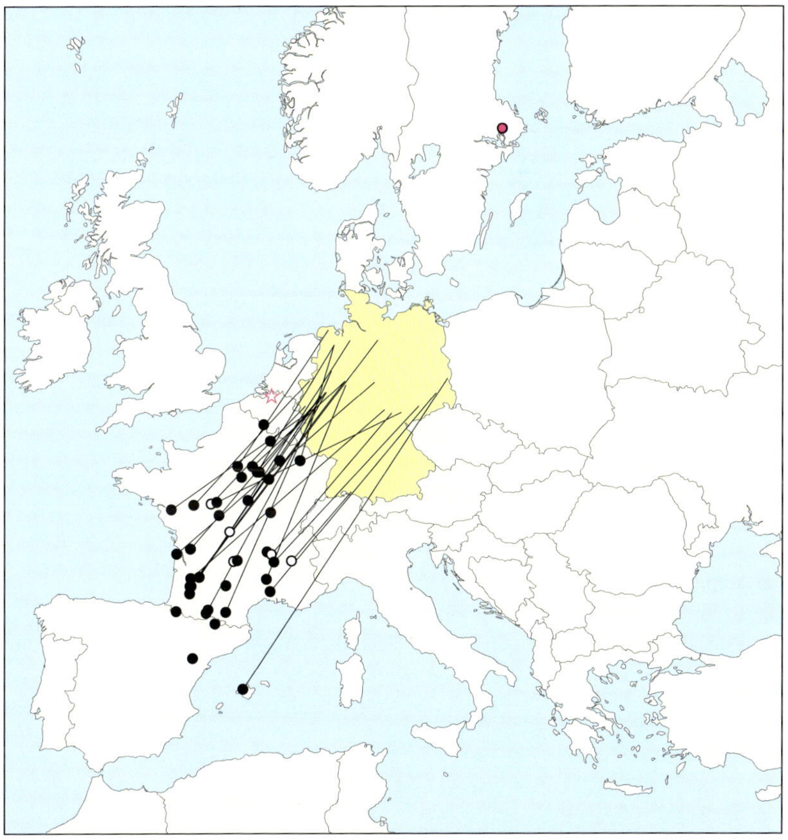

Abb. 2: Herbstzug (September – November) von in Deutschland zur Brutzeit (37 Funde) oder von September bis November anwesenden Misteldrosseln (7 Funde). – *Autumn migration (September – November) of Mistle Thrushes present in Germany during the breeding season (37 recoveries) or from September to November (7 recoveries).*

ein. Er erreicht im März sein Maximum, um im April auszulaufen. In N-Deutschland kann Zug bis in den Juni hinein beobachtet werden. In Mecklenburg-Vorpommern hat sich die Erstbeobachtung im Frühjahr zwischen 1963 und 2006 um durchschnittlich 19 Tage verfrüht (Schmidt & Hüppop 2007). Die Tendenz, in Deutschland zu überwintern, hat in den letzten Jahrzehnten ebenfalls zugenommen.

Wanderungen: Misteldrosseln ziehen fast ausschließlich nach SW (Abb. 1, 2). Allerdings liegt ein Fund einer schwedischen Misteldrossel aus Georgien vor, der eine mögliche SE-Zugroute andeutet (Fransson & Hall-Karlsson 2008). Die mit Abstand meisten Wiederfunde in Deutschland beringter Misteldrosseln stammen aus Frankreich, einige auch aus Spanien, Belgien und Italien. In Deutschland wurden in den Niederlanden, Belgien und der Schweiz beringte Vögel gefunden (Abb. 1). Der Aufenthalt eines deutschen Ringvogels auf den Balearen zeigt, dass auch größere Strecken über das Meer zurückgelegt werden können. Erstaunlich ist das fast völlige Fehlen von Ringfunden aus Fennoskandien und NE-Europa, obwohl Brutvögel aus diesen Regionen sehr wahrscheinlich über Deutschland ziehen, wie die Auswertungen von Ringfunden anderer Beringungszentralen ergeben haben (Bønløkke et al. 2006, Fransson & Hall-Karlsson 2008, Spina & Volponi 2008b).
Funde deutscher Brutvögel im Dezember und Januar zeigen, dass das Hauptüberwinterungsgebiet in Frankreich liegt. Weitere Winternachweise stammen aus Belgien (2), Spanien (1) sowie einmal aus Deutschland selbst (Abb. 3). Die wenigen Ringfunde von S-deutschen Brutvögeln deuten an, dass diese in Frankreich südöstlicher überwintern als solche aus dem NW-deutschen Tiefland und den W-deutschen Mittelgebirgen. Die wenigen Frühjahrsfunde bestätigen den Zug aus SW nach Deutschland.

Summary: *Mistle Thrush is a common breeding bird over most of Germany with a population of 135,000–265,000 bp. Breeding birds from N and NE Europe most likely migrate through Germany, although there are no ring recoveries. Mistle Thrushes ringed in Germany were mostly recovered in France pointing to SW as the main migratory direction. The wintering areas of Mistle Thrushes differ, with those of N German origin lying further to the NW in France than those of S German origin.*

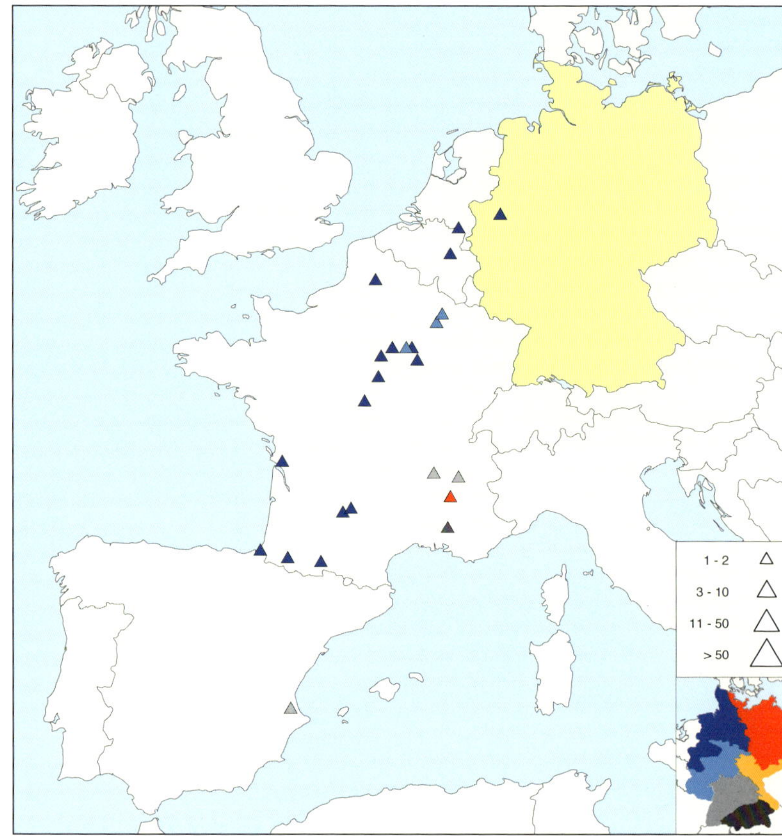

Abb. 3: Aufenthaltsorte im Winter (Dezember–Februar) von in Deutschland zur Brutzeit anwesenden Misteldrosseln (25 Funde). – *Presence in winter (December–February) of Mistle Thrushes present in Germany during the breeding season (25 recoveries).*

Ringdrossel *Turdus torquatus*
Ring Ouzel

Beringungen nach 1945:	4851
Funde > 10 km nach 1945:	79/79
Wiederfundquote (Fernfunde nach 1945):	1,6 %
Funde > 10 km seit 1901:	111/111
Funde fremder Beringungszentralen:	5/5
Höchstalter:	8 J, 3 M
Weiteste Entfernung:	2841 km

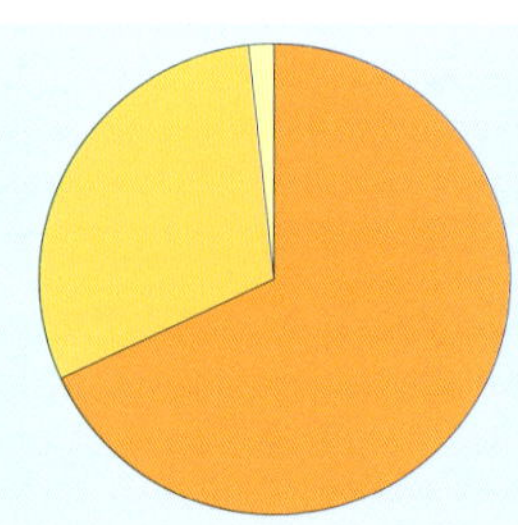

Verbreitung und Status: Die Ringdrossel ist Brutvogel von SW-, W- und N-Europa bis Vorderasien. In S- und Mitteleuropa findet sich die Unterart *T. t. alpestris* in Mittel- und Hochgebirgen von der montanen Stufe bis in die subalpinen Regionen. Die Nominatform *T. t. torquatus* brütet auf den Britischen Inseln und in Fennoskandien. Die Ringdrosseln beider Unterarten sind Zugvögel. Die Hauptüberwinterungsgebiete finden sich in SE-Spanien und der Atlasregion in NW-Afrika, sie erstrecken sich aber auch von SW-Europa bis in den S-Iran (*T. t. torquatus*). Sporadische Winterbeobachtungen liegen aus Mitteleuropa vor.
In Deutschland kommt *T. t. alpestris* als seltener Brutvogel in den höheren Lagen der Mittelgebirge (Unterart im Harz unklar, Hellmann 2012) und in den Alpen vor. Der langfristig stabile Brutbestand beläuft sich auf 2600–5000 BP. Einheimische Ringdrosseln verlassen verstärkt ab September ihre Brutgebiete, die ab Ende März wieder besetzt werden. Die Nominatform ist im Herbst regelmäßiger Durchzügler vor allem von Ende September bis Mitte Oktober. Der Frühjahrszug findet von Ende März bis in den Juni hinein statt, mit einem Gipfel zwischen Mitte April und Anfang Mai. Zwischen 1960 und 2008 hat sich der Herbstzug auf Helgoland um sieben Tage verspätet, während sich der Frühjahrszug um vier Tage vorverlagert hat (Hüppop & Hüppop 2011). In S-Deutschland fällt die Verspätung des Herbstzuges ähnlich deutlich aus (Gatter 2000).

Wanderungen: Die Beringung einheimischer Ringdrosseln (*T. t. alpestris*) erbrachte bisher keine Ergebnisse, die Aussagen zum Wanderverhalten zulassen. Fernfunde liegen ausschließlich von in N-Deutschland beringten Vögeln vor und betreffen somit die Nominatform auf dem Zug. Die Funde weisen hautsächlich nach S-Frankreich, E-Spanien und NW-Afrika, aber auch nach Dänemark und W-Norwe-

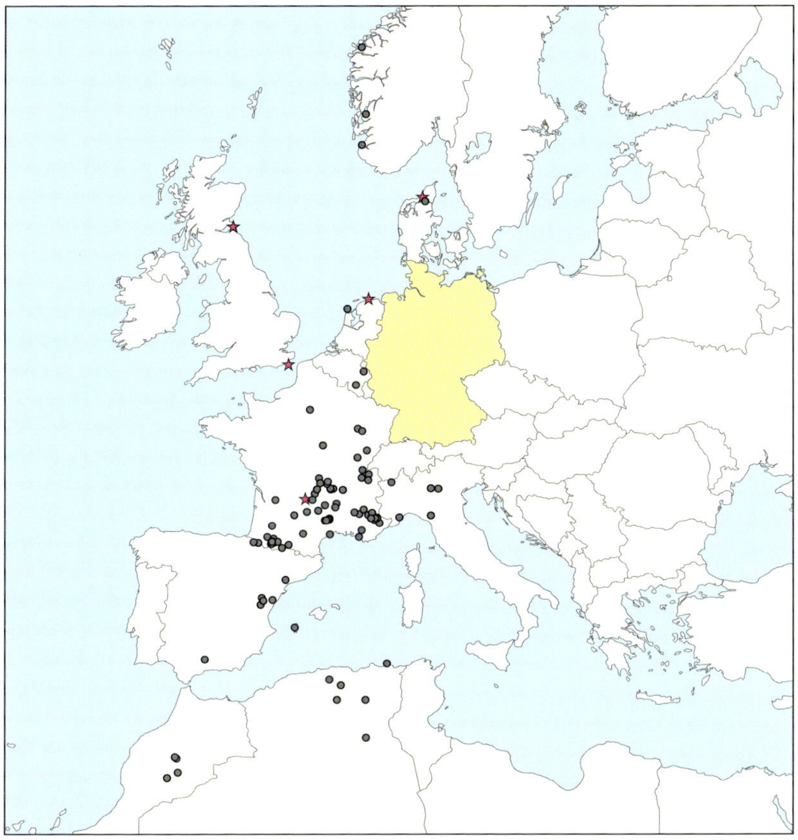

Abb. 1: Fundorte von in Deutschland beringten (105 Funde) und ausländische Beringungsorte von in Deutschland gefundenen (5 Funde) Ringdrosseln. – *Foreign recovery sites of Ring Ouzels ringed in Germany (105 recoveries) and foreign ringing sites of birds recovered in Germany (5 recoveries).*

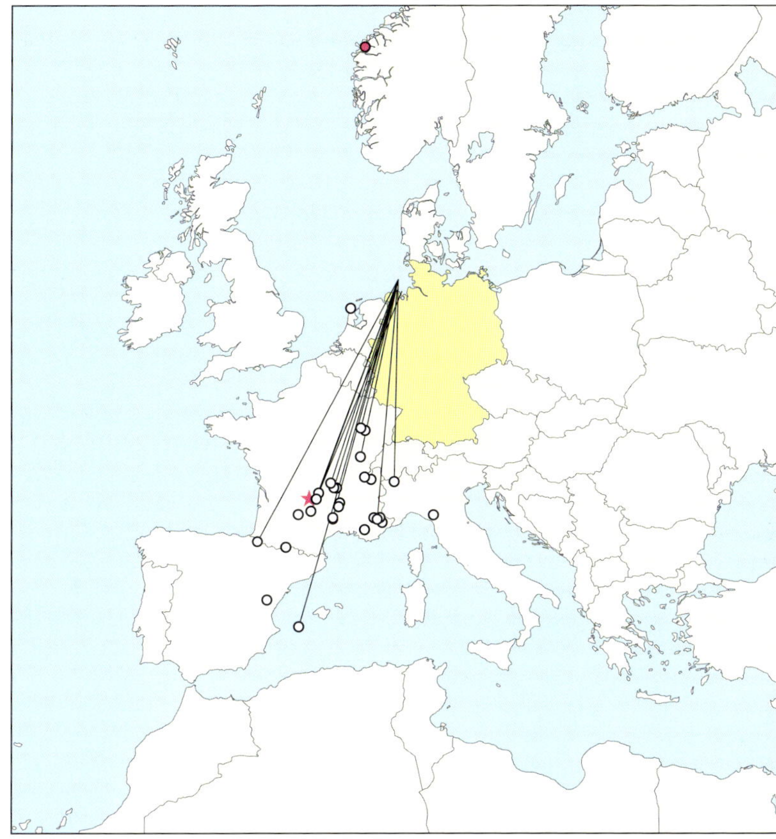

Abb. 2: Herbstzug (September – November) von in Deutschland von September bis November anwesenden Ringdrosseln (31 Funde). – *Autumn migration (September – November) of Ring Ouzels present in Germany from September to November (31 recoveries).*

gen (Abb. 1). Funde fremder Beringungszentralen in Deutschland stammen aus Großbritannien (2), Frankreich (1), den Niederlanden (1) und Dänemark (1).
Bei geringer Streuung der Zugrichtung liegen Herbstfunde in Deutschland beringter Ringdrosseln von N-Italien bis Spanien vor, mit einem Schwerpunkt in S-Frankreich (Abb. 2). Ein auf dem Zug in Deutschland beringter Vogel befand sich zur Brutzeit in W-Norwegen. Im Winter halten sich durch Deutschland ziehende Ringdrosseln in Frankreich und auf der Iberischen Halbinsel, aber auch in Marokko und in Algerien auf (Abb. 1). Das gelegentliche Ausharren in den Brutgebieten belegt eine im Januar in W-Norwegen kontrollierte Drossel, die zwei Jahre zuvor als diesjähriger Vogel noch über Helgoland gezogen war. Die Funde bilden damit gut den Zug fennoskandischer Brutvögel nach S bis W ab (Bakken et al. 2006, Bønløkke et al. 2006, Fransson & Hall-Karlsson 2008), die, z. T. auch über Großbritannien, nach SW-Europa und NW-Afrika ziehen (Zink 1981, Wernham et al. 2002) oder nach N-Italien gelangen (Bakken et al. 2006).
Funde in Deutschland beringter Ringdrosseln während des Frühjahrszugs stammen hauptsächlich aus Frankreich, aber auch aus Algerien, Marokko und Spanien (Abb. 1, 3). Nicht in dieses Bild passt der Wiederfund eines in SE-Schottland im Mai beringten vorjährigen Vogels, der ca. zwei Wochen später bei Wilhelmshaven gefunden wurde. Bei einer Drossel, die im Mai auf Helgoland beringt und drei Jahre später im Juni in S-Frankreich wieder gefunden wurde (Abb. 3), ist nicht bekannt, wie lange der Vogel beim Fund schon tot war. Hinweise auf den früher diskutierten Schleifenzug (Zink 1981, Busche 1993) können anhand der geringen Datenmenge nicht bestätigt werden (siehe auch Dierschke et al. 2011).

Summary: *Germany holds a stable population of Ring Ouzels (*T. t. alpestris*) of 2600 – 5000 bp. The Fennscandian subspecies (*T. t. torquatus*) is a regular passage migrant. Autumn migration occurs from September to October. Spring migration commences in late March and lasts until June (*T. t. alpestris, T. t. torquatus*). Birds yielding long-distance recoveries were exclusively ringed in N Germany thus belonging to the nominate subspecies. The main migratory direction is SSW as indicated by recoveries from N Italy to NW Africa, with a concentration in S France. There are no hints for different migration routes in autumn and spring.*

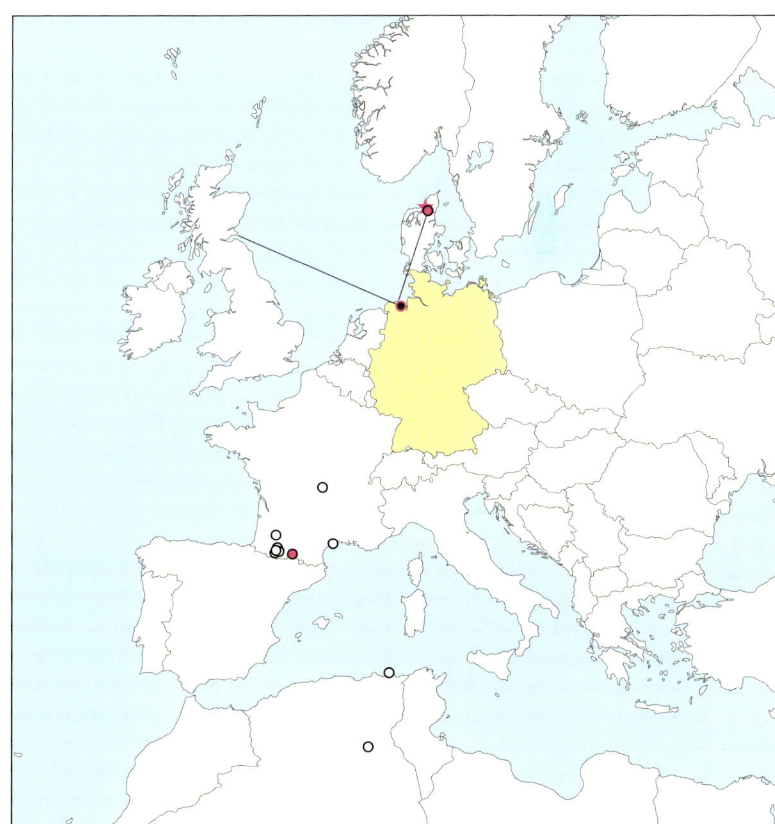

Abb. 3: Frühjahrszug (März – Mai) von in Deutschland zur Brutzeit (1 Fund) oder von März bis Mai anwesenden Ringdrosseln (16 Funde). – *Spring migration (March – May) of Ring Ouzels present in Germany during the breeding season (1 recovery) or from March to May (16 recoveries).*

Amsel *Turdus merula*
Common Blackbird

Beringungen nach 1945:	297.461
Funde > 10 km nach 1945:	2362/2323
Wiederfundquote (Fernfunde nach 1945):	0,8 %
Funde > 10 km seit 1901:	2772/2730
Funde fremder Beringungszentralen:	1263/1197
Höchstalter:	21 J, 9 M
Weiteste Entfernung:	2123 km

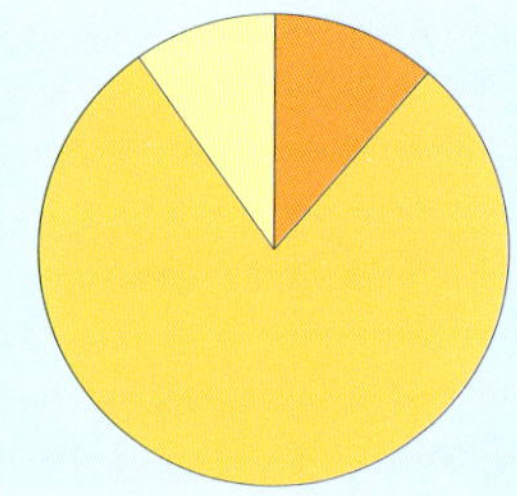

Verbreitung und Status: Die Amsel besiedelt ganz Europa mit Ausnahme des hohen N. Weiterhin ist sie Brutvogel in NW-Afrika, der Levante und in Vorderasien. Mit großen Verbreitungslücken schließen sich im E Vorkommen in Zentral- und SE-Asien an. Die Amsel weist je nach Herkunft das komplette mögliche Spektrum an Zugverhalten auf. Im S und W des europäischen Verbreitungsgebietes ist sie vorwiegend Standvogel, sonst Teilzieher mit nach N und E zunehmendem Anteil von Ziehern, wobei aber auch im N des Verbreitungsgebietes einige Vögel ganzjährig ausharren. Selbst regionale Generalisierungen sind allerdings durch Faktoren wie Alters- und Geschlechtsunterschiede im Wanderverhalten, der unterschiedlichen Zugneigung von „Wald-" und „Stadtamseln", Abwanderungen von Wäldern in Siedlungen, Vertikalwanderungen und Winterfluchten kaum möglich. Hinzu kommt eine durch den Klimawandel ausgelöste Dynamik, die eine Abnahme des Anteils ziehender Vögel bzw. eine Verkürzung der Zugwege erwarten lässt und wie es z. B. für die Amseln auf den Britischen Inseln sowie in den Niederlanden und Deutschland diskutiert wurde (Main 2000, Fiedler et al. 2004, van Vliet et al. 2009).

In Deutschland ist die Amsel landesweit in einer Vielzahl von Habitaten verbreitet und mit einem stabilen Bestand von 7.350.000 – 8.900.000 BP neben dem Buchfink der häufigste Brutvogel. Wandernde Amseln sind im Herbst verstärkt ab der zweiten Septemberhälfte zu beobachten, wobei im Durchschnitt die Weibchen den Männchen und die Jungvögel den Altvögeln vorangehen. Im Oktober erreicht der Zug seinen Höhepunkt, im November wird er im Wesentlichen abgeschlossen, im Anschluss kann es noch zu Winterfluchten kommen. Nicht im Brutgebiet verbleibende Amseln, darunter zuerst die Männchen, kehren ab Mitte Februar wieder zurück. Der Hauptein- und Durchzug findet jedoch im März und April statt. Auf Helgoland hat sich der Frühjahrszug zwischen 1960 und 2008 im Mittel um etwa elf Tage verfrüht (Hüppop & Hüppop 2011). Im gleichen Zeitraum kam es, wie auch in SW-Deutschland zwischen 1970 und 1997 (Gatter 2000), zu keinen signifikanten Veränderungen in der Herbstzugphänologie.

Wanderungen: Obwohl ein mehr oder weniger hoher Anteil der Amseln in weiten Teilen des Verbreitungsgebiets als resident gilt, streuen Ringfunde mit Bezug zu Deutschland zwischen den Färöer und N-Finnland bis an die N-afrikanische Küste sowie von W-Irland und Portugal bis in das Baltikum und Griechenland (Abb. 1, 2). Einheimische Amseln, die im Herbst ihre Brutgebiete verlassen, ziehen vornehmlich nach W- und SW-Europa, was generell den Hauptzugrichtungen N- und mitteleuropäischer Vögel entspricht (Bakken et al. 2006, Maumary et al. 2007, Fransson & Hall-Karlsson 2008, Cepák et al. 2008). Vögel aus dem NW schlagen dabei vornehmlich westliche Richtungen ein und erreichen in großer Zahl die Britischen Inseln. Dies zeigen die vielen dort im Herbst beringten Amseln, die sich zu einer späteren Brutzeit in NW-Deutschland aufhielten (Abb. 3). In E- und S-Deutschland brütende Amseln gelangen nach SW fliegend mehrheitlich nach S-Frankreich, einige ziehen auch weiter bis nach S-Spanien. Dass Hindernisse wie das Mittelmeer und die Alpen überwunden werden, zeigen Funde auf den Balearen, in Algerien und in N-Italien (Abb. 3). Auffällig ist, dass in Deutschland beringte SW-Zieher in großer Zahl aus Frankreich wieder gemeldet wurden, während sich die Nachweise der herbstlichen Wanderung auf die Britischen Inseln bis auf zwei Ausnahmen nur durch Wiederfunde dort markierter Vögel ergeben. Hier kontrastieren die Aktivitäten französischer Jäger stark mit denen von britischen Beringern. Dies erklärt allerdings nicht, warum letztere nicht mehr in Deutschland beringte Brutvögel kontrollieren, obwohl es offensichtlich einen starken Zug von britischen Ringvögeln in die deutschen Brutgebiete gibt.

Durchzügler zeigen im Herbst ein ähnliches Zugverhalten wie deutsche Brutvögel. Ihre Herkunft ist Fennoskandien von W-Norwegen bis S-Finnland, aber auch das Baltikum. Von dort ziehen sie über N-Deutschland in ihre Hauptüberwinterungsgebiete auf den Britischen Inseln (Abb. 4, Bakken et al. 2006, Fransson & Hall-Karlsson 2008). Es gibt keine Verbindungen von Deutschland nach E- und SE-Europa mit der möglichen Ausnahme eines aus SE-Polen kommenden Vogels, der dort bereits zur Zugzeit beringt wurde. E- und SE-europäische Vögel, die nach SW ziehen, berühren Deutschland nicht. Sie gelangen aber z. B. aus der Slowakei, Ungarn und Kroatien, aber auch aus der Ukraine, nach Italien (Spina & Volponi 2008b). Im Gegensatz zu den in Deutschland brütenden Amseln gibt es jedoch eine Reihe von direkten Funden von Durchzüglern auf den Britischen Inseln, die zu einem großen Teil auf Beringungen auf Helgoland zurückzuführen sind. Bemerkenswert ist weiterhin der direkte Zug von sieben dort beringten Amseln nach W-Norwegen sowie Funde auf den Shetland Inseln, Fair Isle und in N-Schottland. Sie deuten herbstliche Wanderungen aus der Region der Deutschen Bucht nach N an, die sich in anderen Landesteilen nicht bemerkbar machen.

Amseln zeigen ein geschlechts- und altersabhängiges Zugverhalten. Demnach ziehen vor allem erstjährige und weibliche Amseln (Schwabl 1983). Eine kürzlich in S-Deutschland durchgeführte Studie, bei der Amseln mit Telemetriesendern und Geolokatoren ausgestattet wurden, konnte den Geschlechts-, nicht aber den Altersunterschied in der Zugneigung bestätigen (Fudickar et al. 2013). Winterfunde von einheimischen Amseln zeigen, bei Nichtberücksichtigung des Alters, ebenfalls deutliche Unterschiede im Wanderverhalten nach naturräumlicher Herkunft und Geschlecht (Abb. 5, 6). Erwartungsgemäß stammt der größte Teil der Winterfunde aus der Nähe der Brutgebiete (Abb. 6, 7). Generell überwiegen bei den Winterfunden im Ausland die Weibchen (Abb. 5, 6). Dass sie häufiger ihre Brutgebiete verlassen, erhält eine indirekte Bestätigung dadurch, dass sie auch unter den britischen Wintergästen überwiegen (Wernham et al. 2002) und dass sich die Aufenthaltsgebiete in Dänemark beringter Amselweibchen weiter im S befinden als die der Männchen (Bønløkke et al. 2006). Ziehende Amseln aus N-Deutschland überwintern entsprechend der Zugrichtung im Herbst vor allem auf den Britischen Inseln. Von Vögeln aus dem NE-deutschen Tiefland liegt dabei ein wesentlich geringerer Anteil an Funden aus dem Ausland vor als bei Vögeln aus dem NW-deutschen Tiefland. Auffällig ist auch, dass es sich bei den nicht auf den Britischen Inseln überwinternden, sondern bis nach S-Frankreich und N-Spanien ziehenden Vögeln ausnahmslos um Weibchen handelt. Sie ziehen damit nicht nur häufiger als Männchen, sondern könnten im Durchschnitt auch andere Überwinterungsgebiete aufsuchen. Weiterhin überwiegen bei den Herbstfänglingen auf Helgoland die Weibchen (Hüppop & Hüppop 2004), was darauf schließen lässt, dass bei den in den skandinavischen Brutgebieten überwinternden Vögeln (Bakken et al. 2006, Fransson & Hall-Karlsson 2008) ebenfalls die Männchen überwiegen. Ziehende Amseln aus den W-deutschen Mittelgebirgen überwintern zu einem etwa gleichen Anteil in Frankreich und auf den Britischen Inseln, wobei letztere von Vögeln aus den südlicheren Landesteilen kaum noch erreicht werden. Deren Winterquartiere liegen, wie auch die von schweizerischen Vögeln (Maumary et al. 2007), in S-Frankreich und Spanien, z. T. auch in der Schweiz. Da nicht wenige deutsche Brutvögel auf dem Herbstzug nach N-Italien gelangen (Abb. 3), ist auch dort mit überwinternden deutschen Amseln zu rechnen. Im Gegensatz zu schweizerischen Brutvögeln (Maumary et al. 2007) ist dies aber durch Ringfunde nicht belegt.

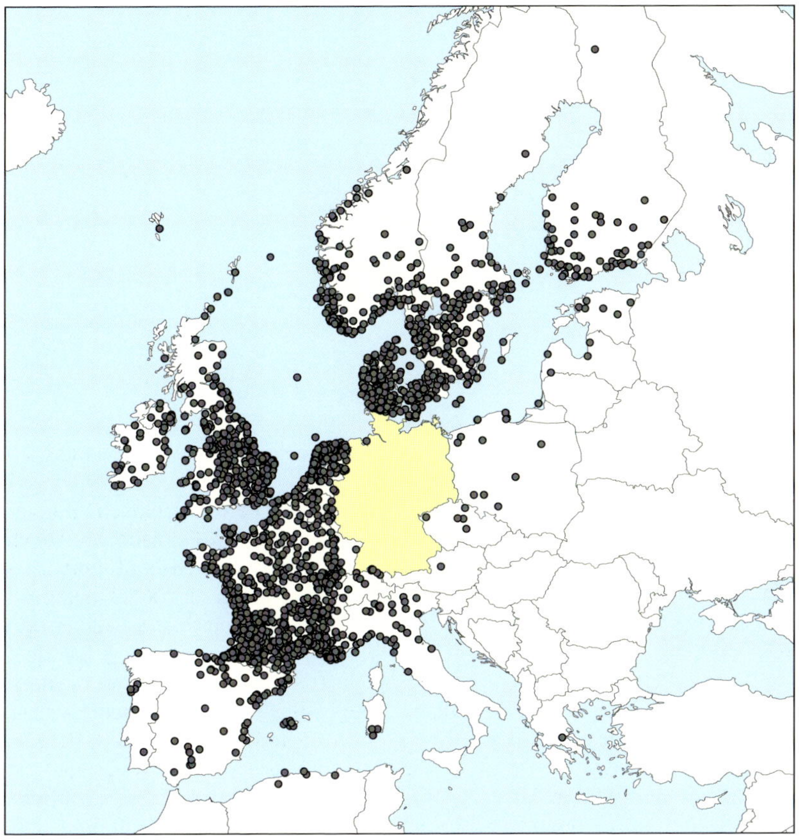

Abb. 1: Fundorte im Ausland von in Deutschland beringten Amseln (2246 Funde). – *Foreign recovery sites of Common Blackbirds ringed in Germany (2246 recoveries).*

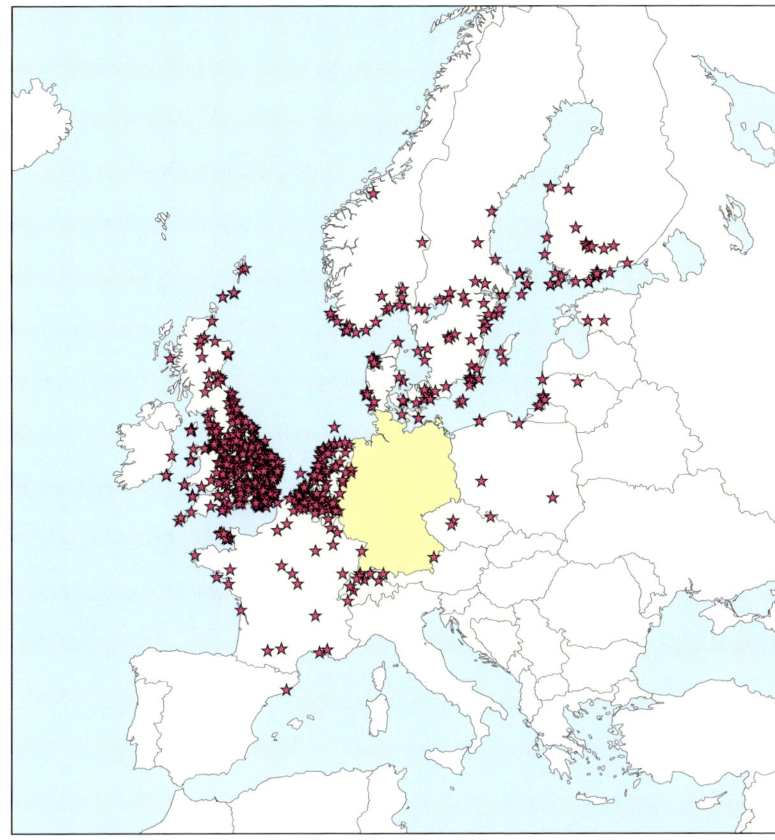

Abb. 2: Beringungsorte im Ausland von in Deutschland gefundenen Amseln (1263 Funde). – *Foreign ringing sites of Common Blackbirds recovered in Germany (1263 recoveries).*

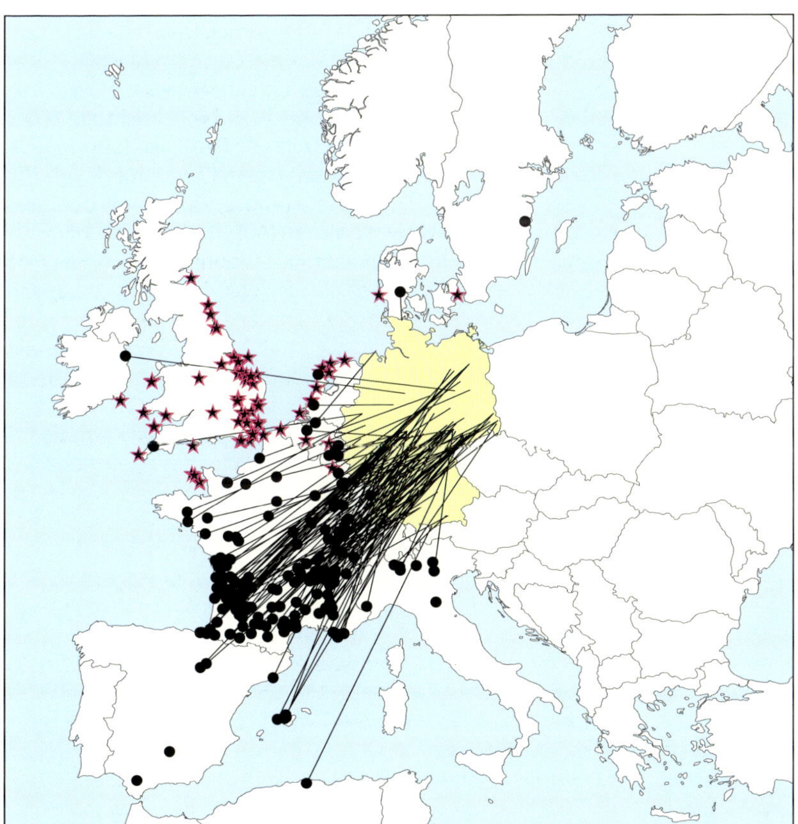

Abb. 3: Herbstzug (September – November) von in Deutschland zur Brutzeit anwesenden Amseln (275 Funde). – *Autumn migration (September – November) of Common Blackbirds present in Germany during the breeding season (275 recoveries).*

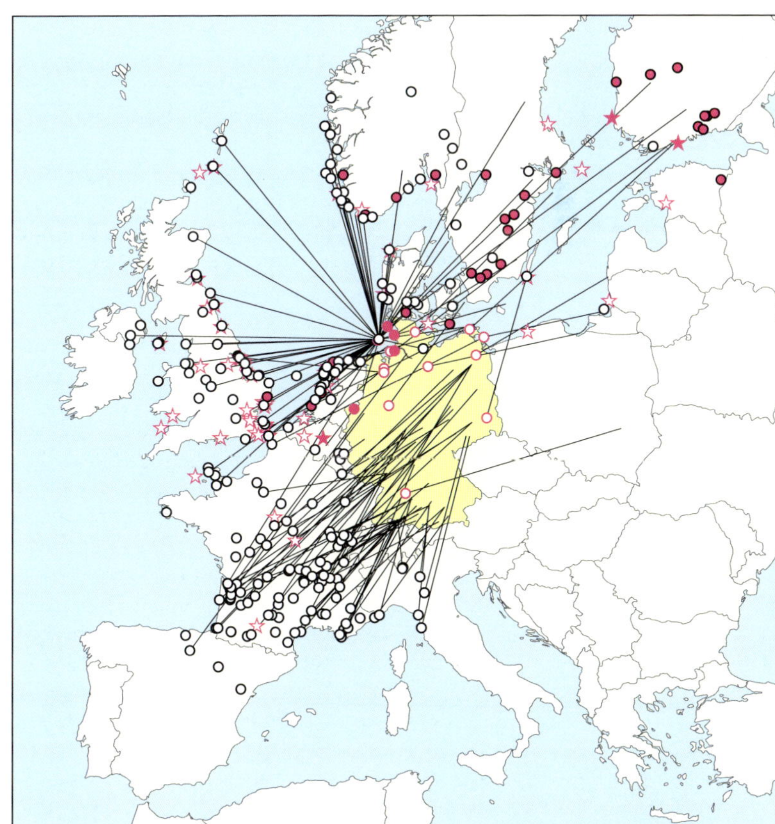

Abb. 4: Herbstzug (September – November) von in Deutschland von September bis November anwesenden Amseln (387 Funde). – *Autumn migration (September – November) of Common Blackbirds present in Germany from September to November (387 recoveries).*

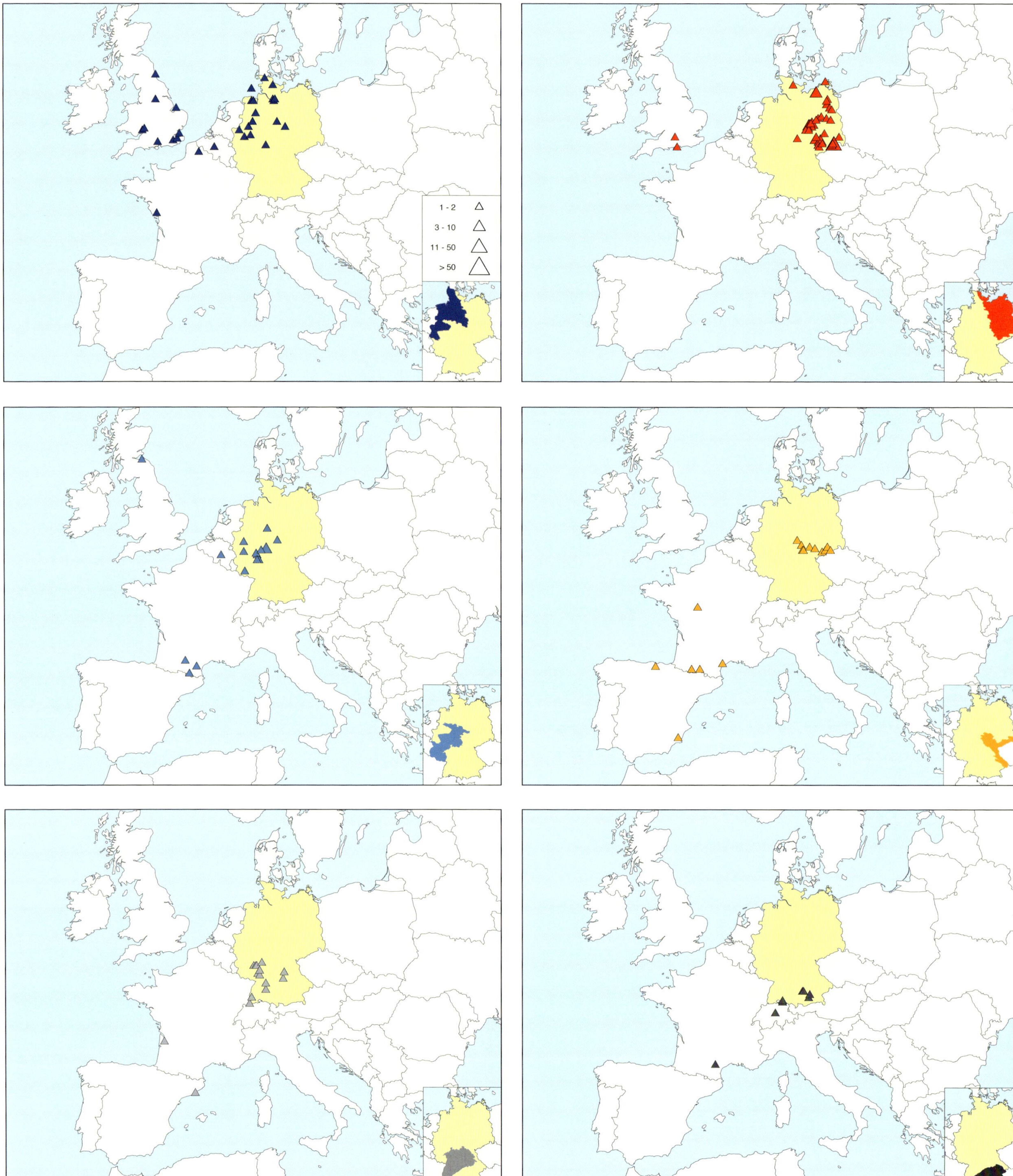

Abb. 5: Aufenthaltsorte im Winter (Dezember – Februar) von in Deutschland zur Brutzeit anwesenden männlichen Amseln (172 Funde). – *Presence in winter (December – February) of male Common Blackbirds present in Germany during the breeding season (172 recoveries).*

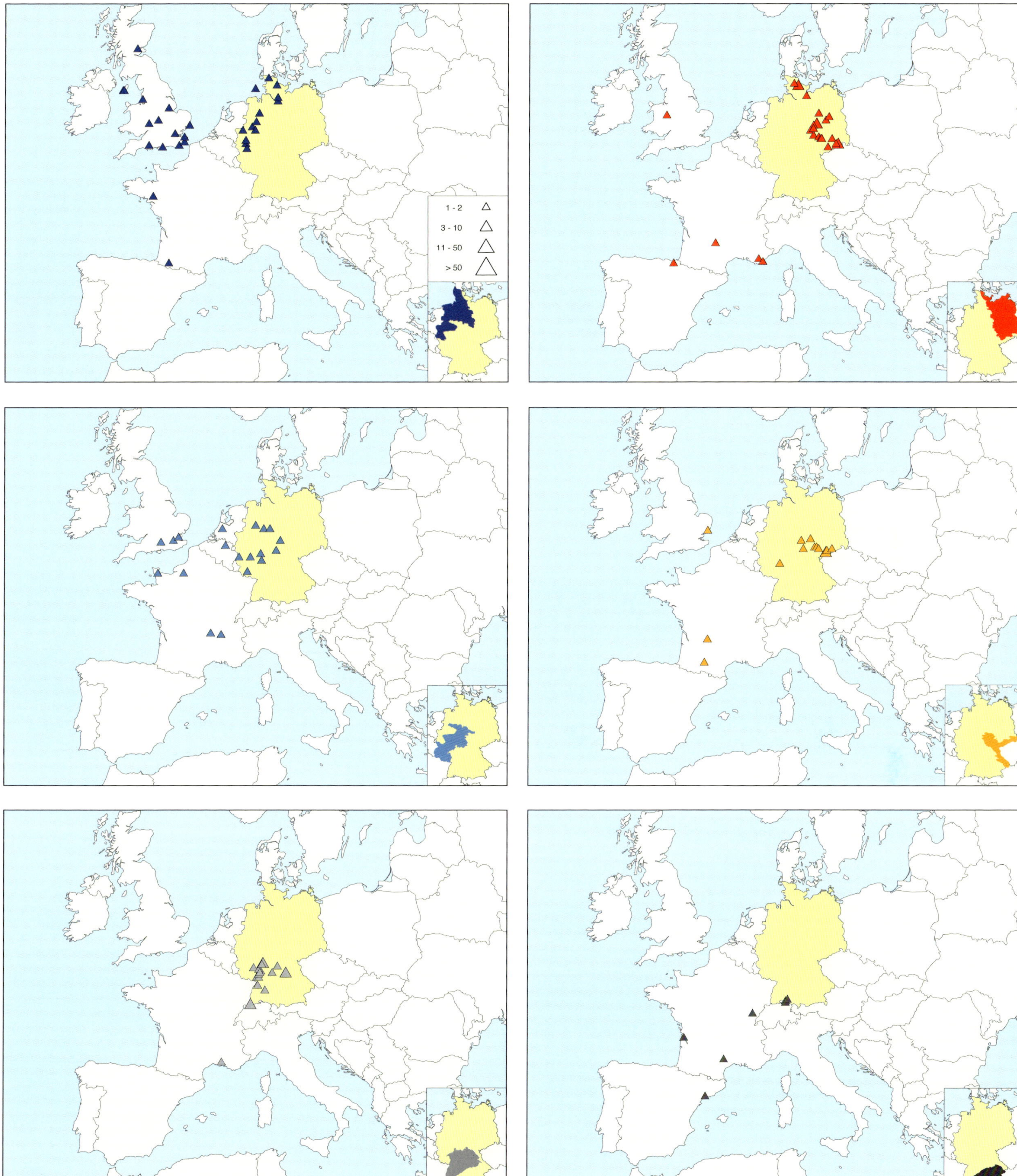

Abb. 6: Aufenthaltsorte im Winter (Dezember – Februar) von in Deutschland zur Brutzeit anwesenden weiblichen Amseln (142 Funde). – *Presence in winter (December – February) of female Common Blackbirds present in Germany during the breeding season (142 recoveries).*

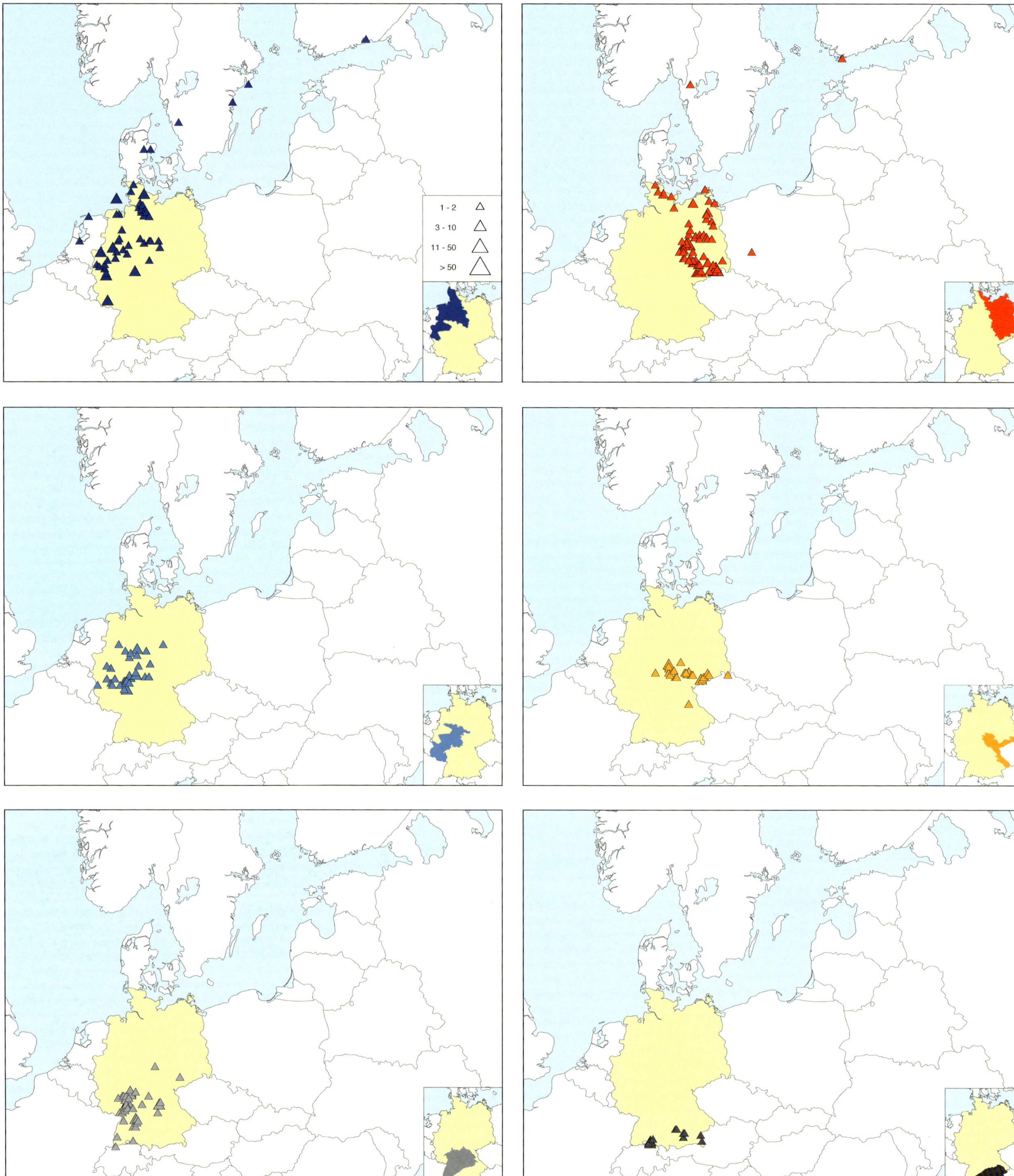

Abb. 7: Aufenthaltsorte zur Brutzeit von im Winter (Dezember – Februar) in Deutschland anwesenden Amseln (427 Funde). – *Presence during the breeding season of Common Blackbirds present in Germany in winter (December – February, 427 recoveries).*

Einige Amseln ziehen von Deutschland aus nach N-Afrika. Für einheimische Amseln belegt dies ein in Offenbach am Main beringter Nestling unbekannten Geschlechts, der sich einige Jahre nach der Beringung im Januar in N-Algerien aufhielt. Hier fanden sich auch vier Vögel wieder, deren Beringung zur Zugzeit keine eindeutige Zuordnung zum deutschen Brutbestand zulässt (Abb. 1).

Deutschland ist nicht nur Durchzugs-, sondern auch Überwinterungsgebiet fennoskandischer Amseln (Abb. 7, Bakken et al. 2006, Fransson & Hall-Karlsson 2008). Dies trifft jedoch nur auf die nördlichen Landesteile und vor allem auf das NW-deutsche Tiefland zu. Hier finden sich auch Belege für Überwinterungen von niederländischen und eines polnischen Brutvogels. In S-Deutschland wurde das Überwintern N-europäischer Brutvögel bisher nicht nachgewiesen. Die Flexibilität bei der Wahl der Überwinterungsgebiete verdeutlichen mehrere Amseln, die im Winter oder zu den Zugzeiten in Deutschland beringt und die sich in einem späteren Winter in Fennoskandien aufhielten. Bei in Norwegen überwinternden Amseln handelte es sich dabei zum allergrößten Teil um in Deutschland als diesjährige beringte Vögel. Sie stützen damit die Annahme, dass unter den Jungvögeln ein größerer Anteil zieht als von den Altvögeln. Bei den in Schweden und Finnland in einem Winter nach der Beringung in Deutschland gefundenen Vögeln war das Verhältnis jedoch nicht so deutlich.

Innerhalb eines Winters können Amseln größere Entfernungen zurücklegen, was die Plastizität des Zugs der Art belegt (Abb. 8). So treten auf Helgoland größere Mengen an Durchzüglern in den Wintermonaten vor allem nach Kälte- und Schneeeinbrüchen auf (Dierschke et al. 2011). Dass es sich dabei vornehmlich um adulte Männchen handelt, zeigt erneut, dass es vor allem diese sind, die im Winter in den Brutgebieten ausharren und diese nur bei plötzlich auftretenden ungünstigen Bedingungen verlassen. Wetterfluchten sind jedoch nicht immer von spätem Herbstzug bzw. früher Rückkehr in die Brutgebiete zu trennen. Auffällig sind Beispiele aus N-Deutschland, wobei eine im Januar auf Helgoland beringte Amsel, die etwa fünf Wochen später auf den Färöer gefunden wurde, einen extremen Fall darstellt (Abb. 8). In entgegengesetzte Richtung zogen zwei Vögel von den Shetland Inseln und von Fair Isle nach N-Deutschland. Bei drei Vögeln, die ebenfalls auf Helgoland beringt wurden und anschließend auf die

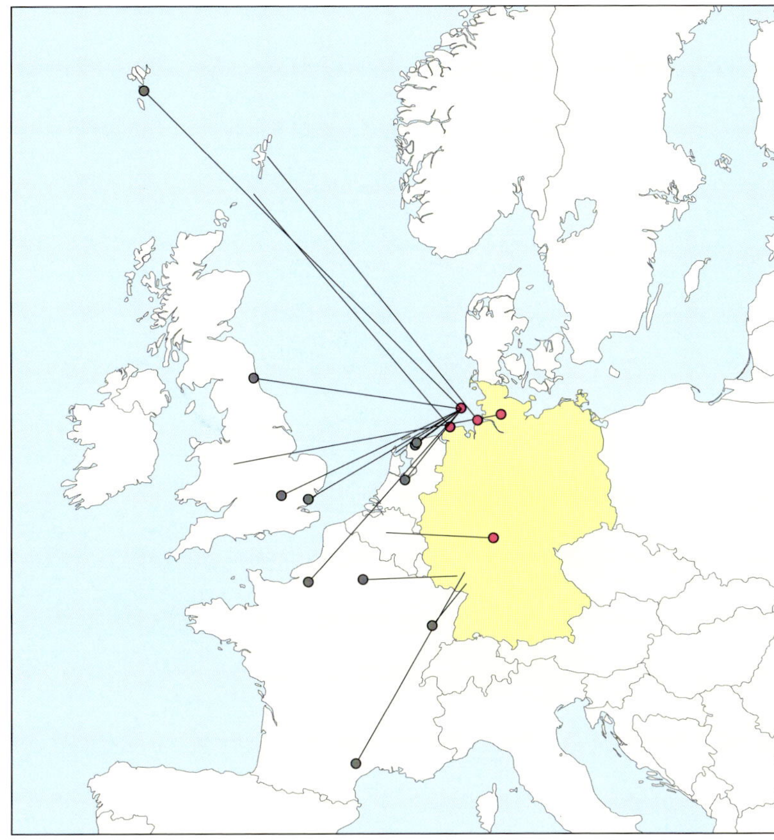

Abb. 8: Ortswechsel > 100 km von Amseln innerhalb desselben Winters (Dezember – Februar, 16 Funde). – *Movements of > 100 km of Common Blackbirds within the same winter (December – February, 16 recoveries).*

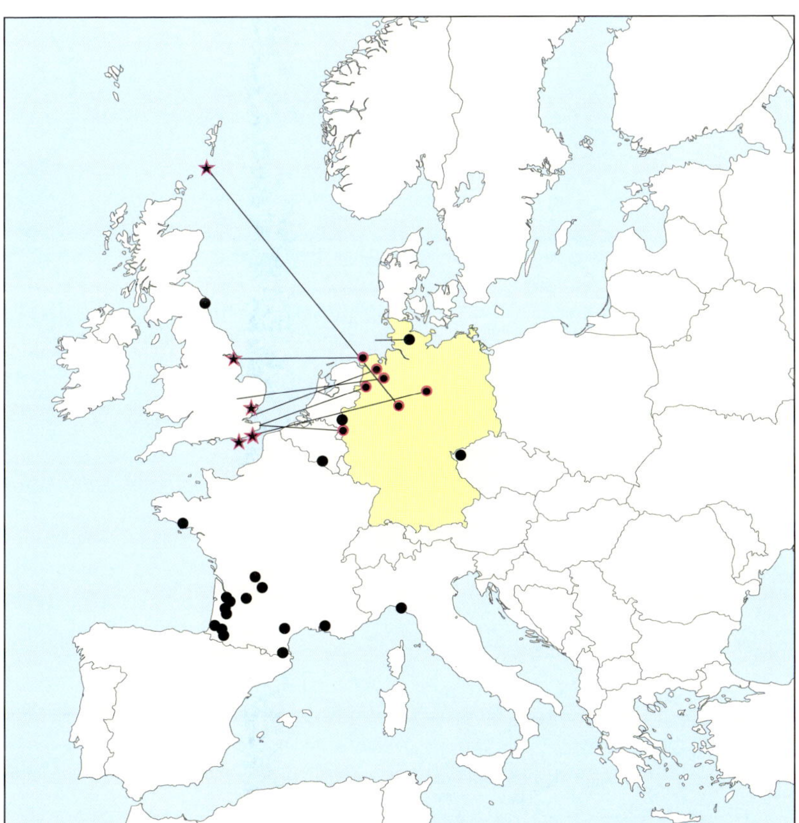

Abb. 9: Frühjahrszug (März) von in Deutschland zur Brutzeit anwesenden Amseln (34 Funde). – *Spring migration (March) of Common Blackbirds present in Germany during the breeding season (34 recoveries).*

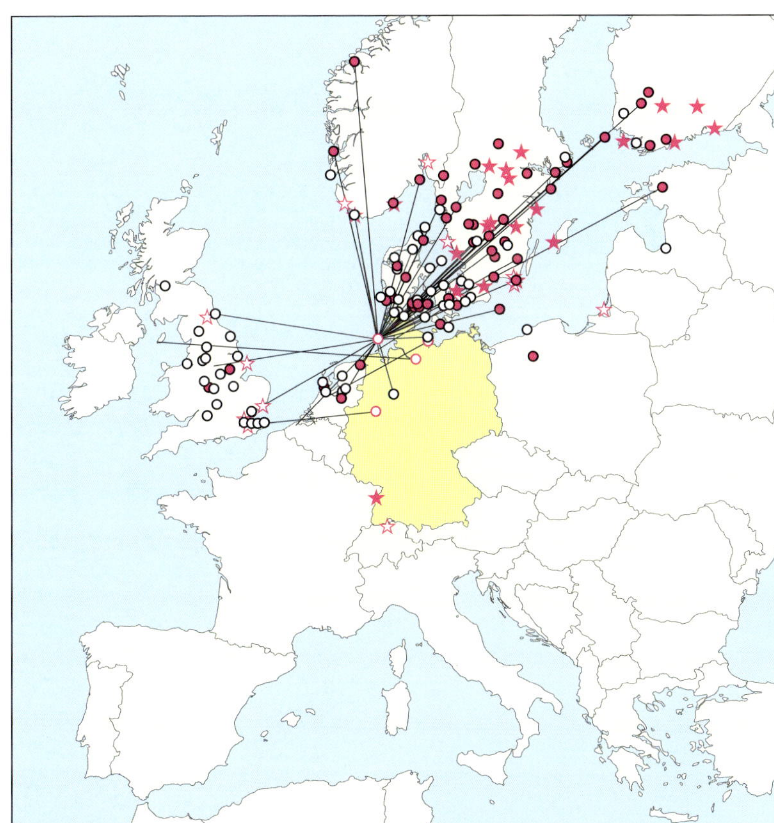

Abb. 10: Frühjahrszug (März) von in Deutschland im März anwesenden Amseln (168 Funde). – *Spring migration (March) of Common Blackbirds present in Germany in March (168 recoveries).*

Britischen Inseln wanderten, könnte es sich um verspätete Herbstzieher gehandelt haben, es liegt aber auch ein Fund in die entgegengesetzte Richtung vor. Aus S-Deutschland gibt es nur wenige Belege von Winterwanderungen. Sie weisen bis zu 723 km SW nach Frankreich und könnten auf Wetterfluchten zurückzuführen sein. Ein Vogel zog auch von den Niederlanden ca. 240 km E nach Deutschland.
Auf dem Frühjahrszug gelangen ziehende Amseln auf den gleichen Routen, denen im Herbst gefolgt wurde, zurück in ihre Brutgebiete (Abb. 9, 10). Amseln aus S-Deutschland wurden zur Zeit des Frühjahrszugs vor allem in SW-Frankreich nachgewiesen, während N-deutsche Brutvögel von ihren Überwinterungsgebieten auf den Britischen Inseln, einschließlich Fair Isle, direkt zurück zogen (Abb. 9). Entsprechend den Befunden im Herbst ist N-Deutschland Durchzugsgebiet von auf den Britischen Inseln und in N-Mitteleuropa überwinternden fennoskandischen Amseln (Abb. 10). Erwähnenswert ist ein kaum einzuordnender Fund im März in Griechenland (Abb. 1). Der betreffende Vogel wurde drei Jahre zuvor während des Frühjahrszugs im April auf Helgoland beringt und stellt damit den einzigen Fund eines deutschen Ringvogels in SE-Europa dar. Einen ähnlichen Fund ergab nur ein britischer Ringvogel in Albanien (Wernham et al. 2002).

Summary: *Common Blackbird is widespread in Germany and the stable population consists of 7,350,000 – 8,900,000 bp. Autumn migration lasts from mid-September to November, spring migration from mid-February to late April. Although a substantial proportion of Common Blackbirds is resident, ring recoveries connect Germany with an area from the Faeroes and N-Finland to the Algerian Sahara and from W Ireland to Greece. Common Blackbirds from N Germany migrate to westerly directions in autumn and are ringed in large numbers on the British Isles. Remarkable are several direct recoveries from Helgoland in W Norway, the Shetlands and on Fair Isle. In contrast, birds from E and S Germany mainly migrate to SW and are recovered mainly in S France and the winter quarters of breeding are separated accordingly. One record confirms wintering of German breeding birds in N Africa, other records in Algeria stem from individuals ringed in Germany during migration. Common Blackbirds from Fennoscandia and the Baltic pass N Germany on their way to the winter quarters on the British Isles and in N France. A few stay during the winter, but there are no records from S Germany, neither from migration nor in winter. Female Common Blackbirds are more often found abroad during winter compared to males and there are also indications that they winter further S compared to migrating males. Some Common Blackbirds show considerable movements within one winter, but weather escape movements are difficult to separate from late autumn and early spring migrations. Spring migration is a reversal of autumn migration.*

Wacholderdrossel *Turdus pilaris*
Fieldfare

Beringungen nach 1945:	68.551
Funde > 10 km nach 1945:	594/588
Wiederfundquote (Fernfunde nach 1945):	0,9 %
Funde > 10 km seit 1901:	622/615
Funde fremder Beringungszentralen:	118/116
Höchstalter:	6 J, 8 M
Weiteste Entfernung:	5019 km

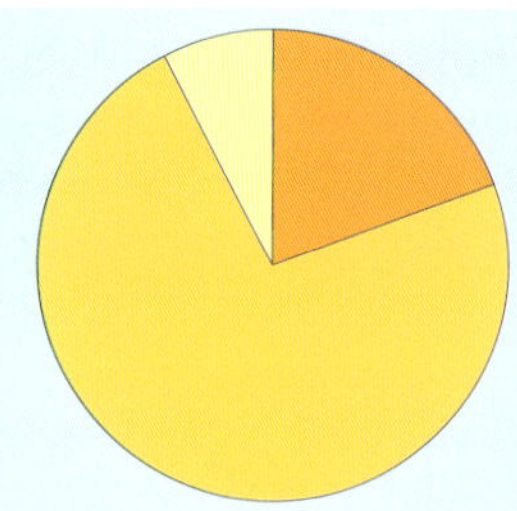

Verbreitung und Status: Das Brutareal der Wacholderdrossel erstreckt sich gegenwärtig von Island über N-, NE- und Mitteleuropa mit N-Italien bis etwa zum Amur (E-Sibirien). Neuere Brutnachweise erfolgten in Griechenland. Ursprünglich war die Wacholderdrossel Brutvogel der sibirischen Taiga, spätestens mit Beginn des 19. Jh. setzte jedoch eine Arealausweitung nach W ein, die mit zeitlich fluktuierenden Ausbreitungswellen immer noch anhält. N-Europa wird im Winter von den meisten Wacholderdrosseln geräumt, in Mitteleuropa ist die Art Teilzieher. Umfang und Ausprägung des Zugs sind stark von der Witterung sowie dem Nahrungsangebot abhängig, und in Zeiten von Arealausweitungen können Wanderungen dismigrierender Vögel Zug vortäuschen. Die Überwinterungsgebiete erstrecken sich von Island und Norwegen bis S-Europa mit Schwerpunkt im Mittelmeerraum. N-Afrika wird in größeren Zahlen nur in Eruptionsjahren erreicht.
In Deutschland ist die Wacholderdrossel mit Ausnahme des N häufiger Brutvogel in halboffenen Habitaten mit Gehölzen und an Waldrändern bis auf etwa 1600 m Höhe in den Alpen. Der Bestand beläuft sich derzeit auf 125.000 – 250.000 BP bei langfristig moderat abnehmendem Trend. Regelmäßige Zugbewegungen von Wacholderdrosseln sind im Herbst ab Mitte September zu beobachten, während der Hauptzug auf die zweite Oktoberhälfte und den frühen November fällt. Die Weibchen ziehen dabei früher als die Männchen. Wacholderdrosseln können aber auch während des gesamten Winters in Deutschland beobachtet werden; während Schneefluchten (Heine et al. 1999) oder im Zusammenhang mit einem günstigen Nahrungsangebot (Beeren, Dierschke & Helbig 2008) auch in Trupps von mehreren Tausend Individuen. Der Beginn des eigentlichen Frühjahrszugs ist schwer von den Bewegungen dieser Winterschwärme zu unterscheiden, gerichteter Zug setzt im S aber etwa ab Ende Februar ein. Der Einzug in die Brutgebiete und der Durchzug nordischer Populationen erreichen anschließend im März und im April ihren Höhepunkt.

Wanderungen: Ringfunde von Wacholderdrosseln mit Bezug zu Deutschland liegen jagdbedingt sehr konzentriert aus W-Europa und N-Italien vor. Einige Funde stammen aus dem Mittelmeergebiet. Das Einzugsgebiet in Deutschland gefundener Wacholderdrosseln reicht bis nach N-Norwegen und bis über 87 °E in die russische Kemerowo-Region (Abb. 1, 2).
Die Herbstzugrichtungen in Deutschland brütender Wacholderdrosseln streuen zwischen W und SSE (Abb. 3). Vögel aus der gleichen Region können dabei sehr unterschiedliche Richtungen einschlagen, die das ganze mögliche Spektrum umfassen. Aus dem Rahmen fällt der Fund je einer sich zur Brutzeit (Mai, Juni) in Deutschland aufhaltenden Wacholderdrossel zur Zeit des Herbstzugs in Estland und Finnland. Hierbei handelt es sich entweder um Fernumsiedlungen oder um nordische Brutvögel, die im Frühjahr sehr spät durch Deutschland gezogen sind. Von beiden Vögeln liegen aber keine Informationen vor, wie lange sie beim Fund schon tot waren. Damit kann zumindest der in Deutschland im Juni gefundene und zuvor zur Zeit des Herbstzugs in Finnland beringte Vogel auch schon deutlich vor der Brutzeit gestorben sein. Nach wenigen direkten Ringfunden ist das Einzugsgebiet im Herbst zu- oder durchziehender Wacholderdrosseln vor allem Fennoskandien (Abb. 4). Von dort einwandernde Drosseln schlagen anschließend, sofern sie weiter ziehen, die gleichen Richtungen ein, wie in Deutschland zur Brutzeit beringte Vögel. Indirekte Funde von deutschen Ringvögeln zur Brut- oder Herbstzugzeit belegen allerdings auch den Durch- bzw. Zuzug von Wacholderdrosseln aus dem westlichen Russland und aus Regionen östlich des Urals (Abb. 1).
Winterfunde von deutschen Brutvögeln zeigen zum einen, dass einige Ind. in der Nähe der Brutgebiete verbleiben, was auch Beobachtungen an einer farbberingten Population belegten (Lübcke 1975). Darüber hinaus überwintern Wacholderdrosseln in größerer Entfernung von den Brutgebieten aber auch

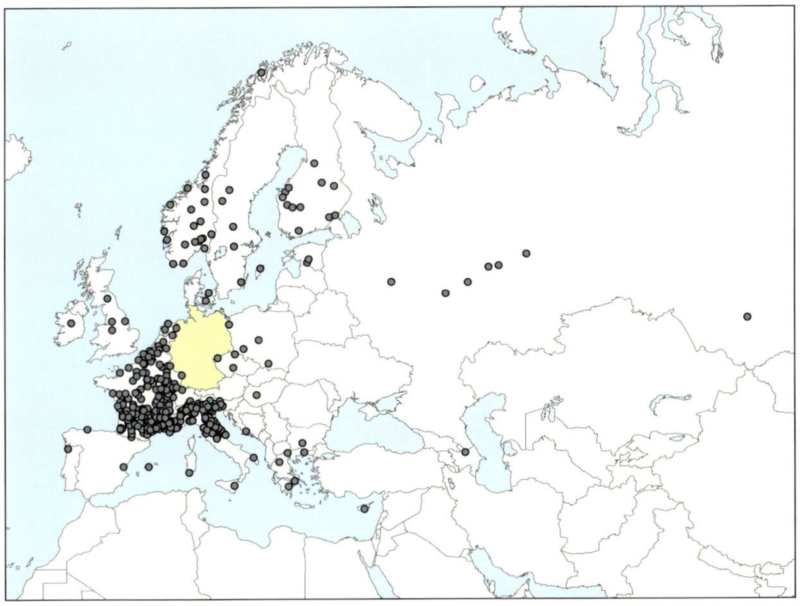

Abb. 1: Fundorte im Ausland von in Deutschland beringten Wacholderdrosseln (542 Funde). – *Foreign recovery sites of Fieldfares ringed in Germany (542 recoveries).*

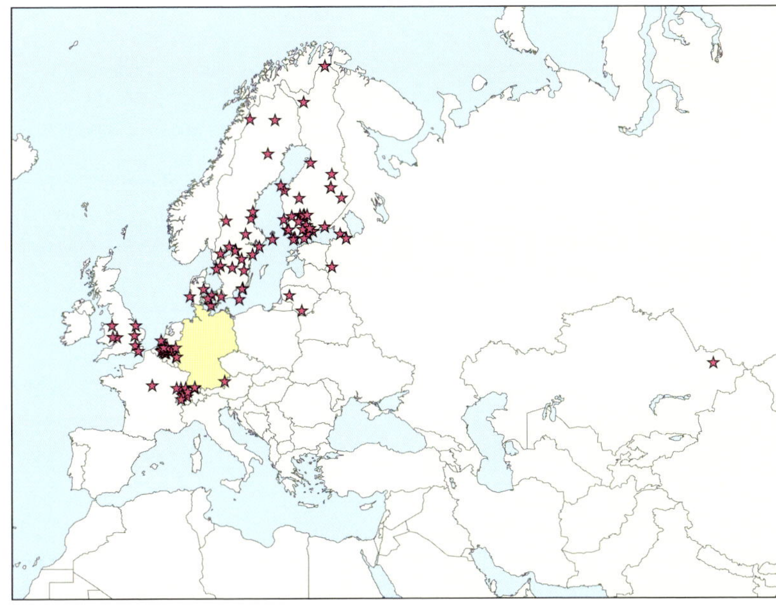

Abb. 2: Beringungsorte im Ausland von in Deutschland gefundenen Wacholderdrosseln (118 Funde). – *Foreign ringing sites of Fieldfares recovered in Germany (118 recoveries).*

innerhalb Deutschlands und können dabei nördlich des Brutplatzes angetroffen werden, wie es auch ein Fund in Dänemark zeigt (Abb. 5). Die am weitesten entfernten Überwinterungsnachweise stammen aus Portugal, Spanien und S-Italien. Die große Mehrzahl der Winterfunde liegt aber aus SE-Frankreich und N-Italien vor, wobei es keine Trennung nach der Herkunft in Deutschland zu geben scheint. Die reine Quantität der Funde ist auf aktive Verfolgung der für die Jagd sehr attraktiven Art zurückzuführen (97,5 % aller Fremdfunde in Italien stammen von gejagten Vögeln, Spina & Volponi 2008b). Die auffällige Massierung an der französischen Mittelmeerküste steht jedoch im Gegensatz zu den Fundkonzentrationen anderer stark bejagter Arten, wie etwa der Feldlerche, die sich mehr in SW-Frankreich finden. Die in Abb. 5 dargestellten Funde umreißen daher das Überwinterungsgebiet einer Vielzahl von in Deutschland brütenden Wacholderdrosseln wahrscheinlich sehr genau. Auffällig sind auch Winterfunde in S-Polen, Ungarn und Kroatien, die erneut den Zug nach SE belegen. Eine in Bayern nestjung beringte Wacholderdrossel wurde im Winter aus Griechenland gemeldet, allerdings mit einer großen Unsicherheit in Bezug auf den Fundmonat. Dieser Nachweis belegt jedoch, dass einige einheimische Wacholderdrosseln in das östliche Mittelmeergebiet wandern, wie es auch für tschechische und schwedische (ein Fund in Aserbeidschan) Brutvögel belegt ist (Cepák et al. 2008, Fransson & Hall-Karlsson 2008). Möglicherweise sind wegen einer geringeren Meldewahr-

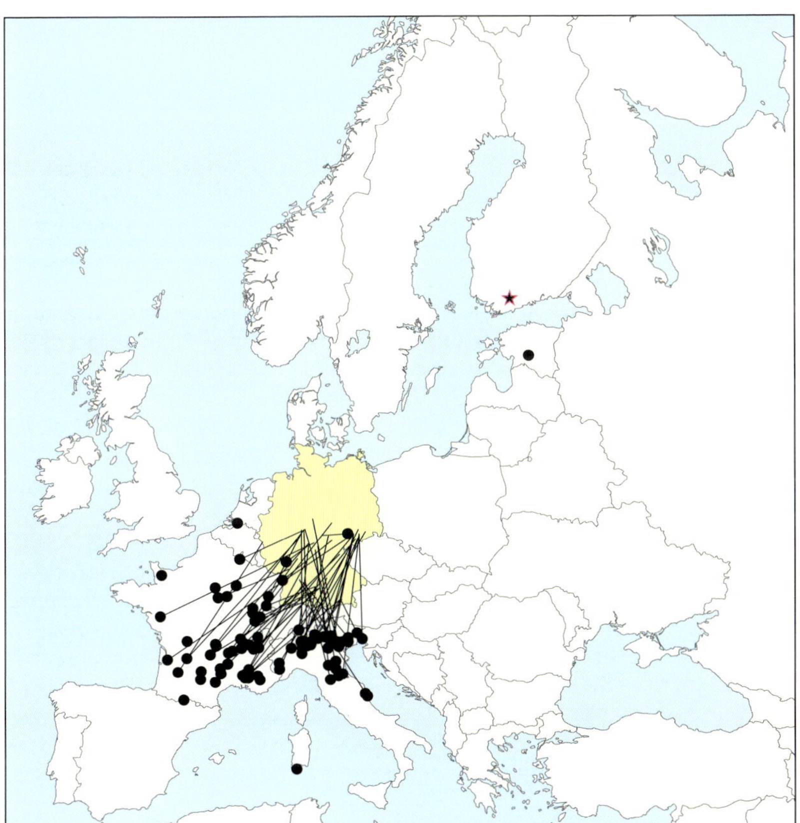

Abb. 3: Herbstzug (September – November) von in Deutschland zur Brutzeit anwesenden Wacholderdrosseln (94 Funde). – *Autumn migration (September – November) of Fieldfares present in Germany during the breeding season (94 recoveries).*

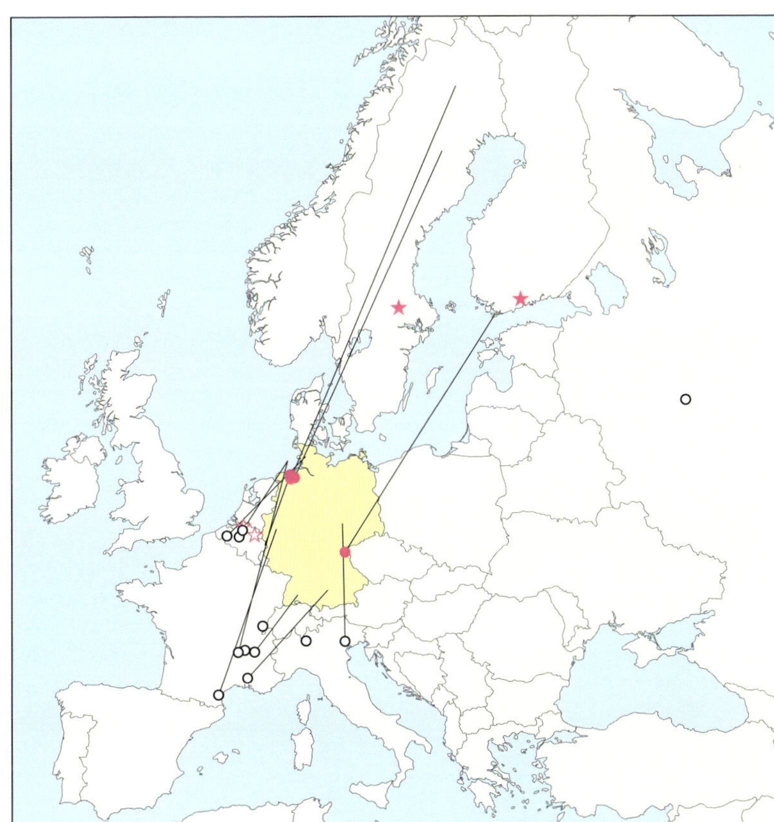

Abb. 4: Herbstzug (September – November) von in Deutschland von September bis November anwesenden Wacholderdrosseln (21 Funde). – *Autumn migration (September – November) of Fieldfares present in Germany from September to November (21 recoveries).*

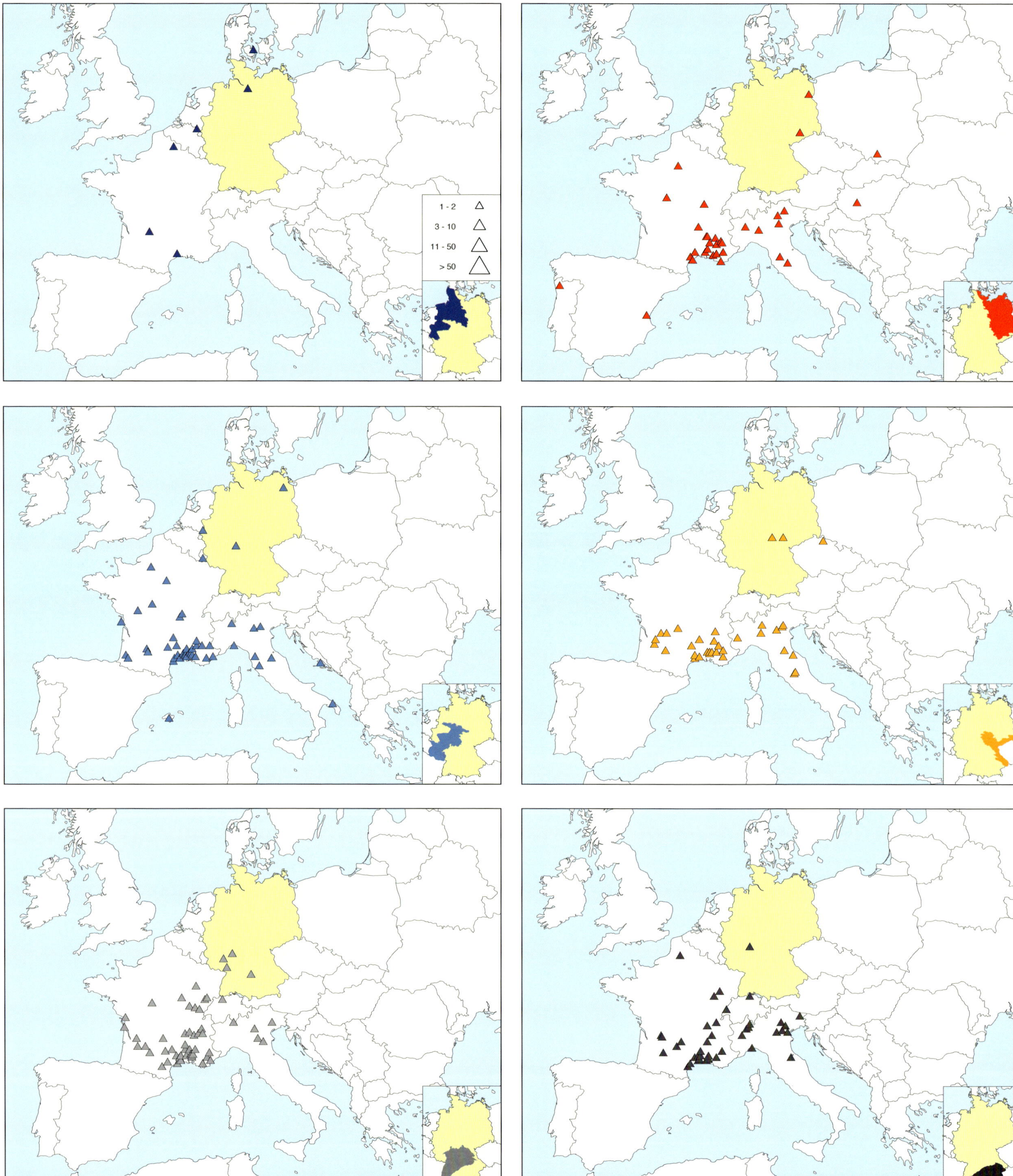

Abb. 5: Aufenthaltsorte im Winter (Dezember – Februar) von in Deutschland zur Brutzeit anwesenden Wacholderdrosseln (218 Funde). – *Presence in winter (December – February) of Fieldfares present in Germany during the breeding season (218 recoveries).*

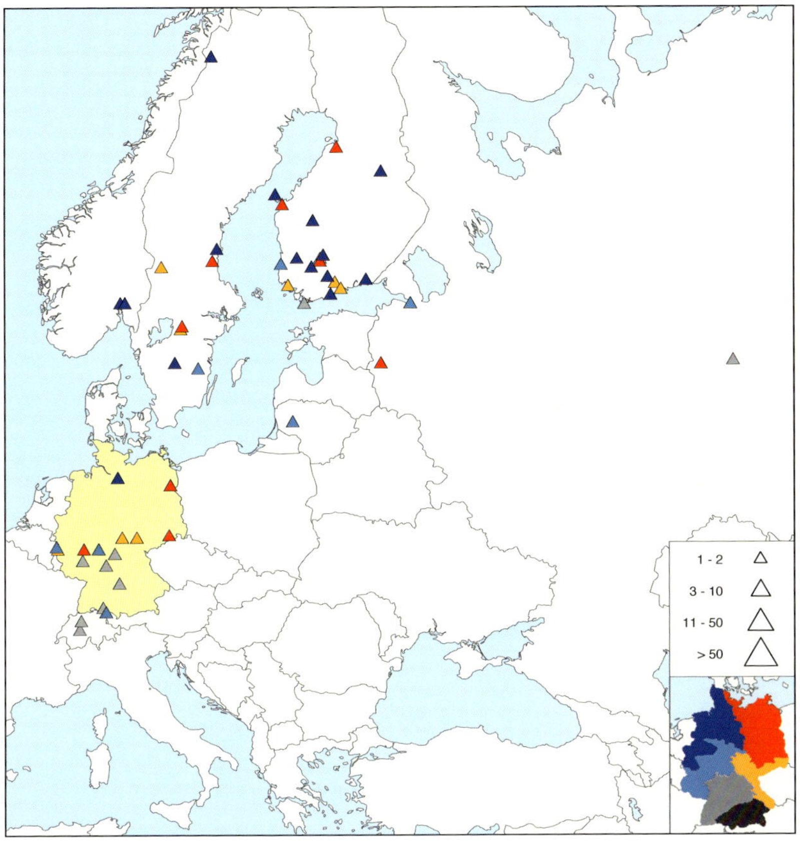

Abb. 6: Aufenthaltsorte zur Brutzeit von im Winter (Dezember – Februar) in Deutschland anwesenden Wacholderdrosseln (54 Funde). – *Presence during the breeding season of Fieldfares present in Germany in winter (December – February, 54 recoveries).*

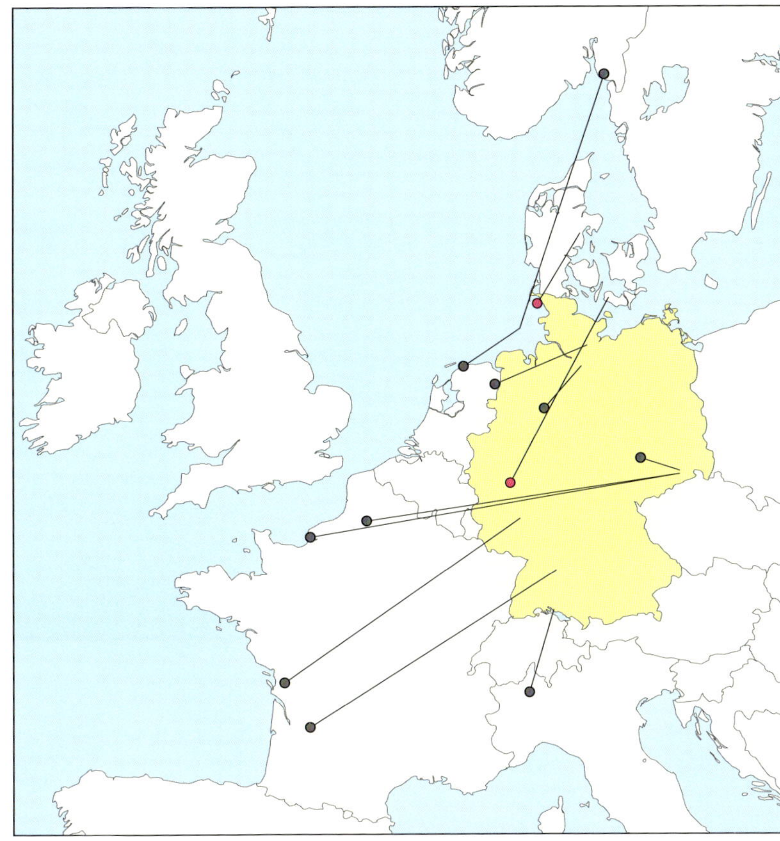

Abb. 7: Ortswechsel > 100 km von Wacholderdrosseln innerhalb desselben Winters (Dezember – Februar, 12 Funde). – *Movements of > 100 km of Fieldfares within the same winter (December – February, 12 recoveries).*

Abb. 8: Winterfunde (Dezember – Februar) von Wacholderdrosseln in > 1000 km Entfernung in verschiedenen Wintern (10 Funde). – *Winter recoveries (December – February) of > 1000 km of Fieldfares between different winters (10 recoveries).*

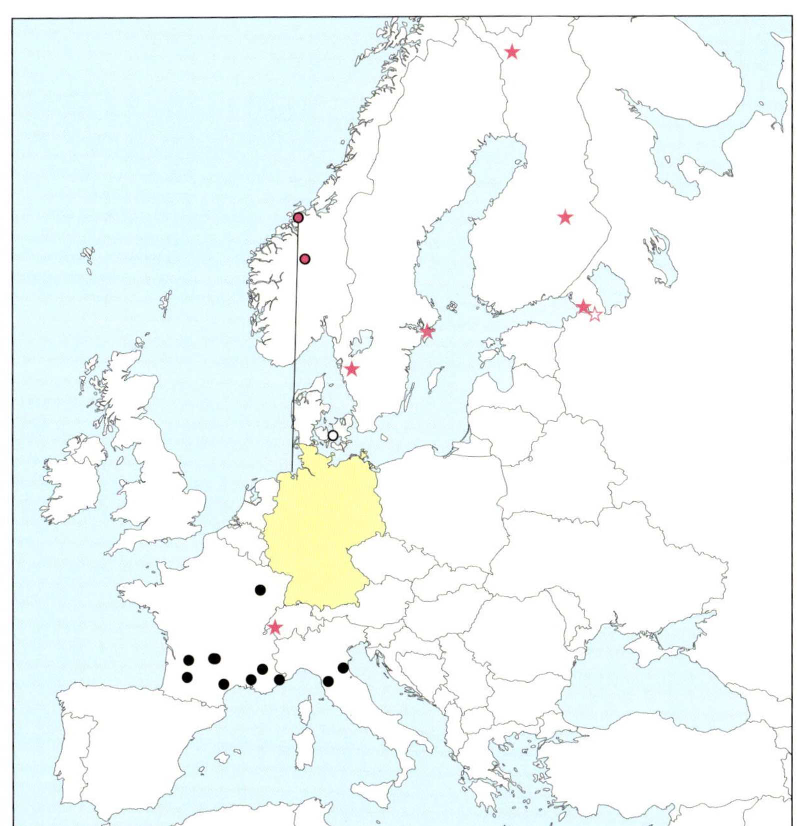

Abb. 9: Frühjahrszug (März – April) von in Deutschland zur Brutzeit (12 Funde) oder von März bis April anwesenden Wacholderdrosseln (11 Funde). – *Spring migration (March – April) of Fieldfares present in Germany during the breeding season (12 recoveries) or from March to April (11 recoveries).*

scheinlichkeit in E- und SE-Europa Funde, die einen Zug nach SE belegen unterrepräsentiert. Ein Winterfund auf den Balearen (Abb. 5) sowie ein Fund zur Zeit des Herbstzugs auf Sardinien (Abb. 3) zeigen, dass Wacholderdrosseln größere Strecken über das offene Meer fliegen können. Dass in Deutschland beringte Vögel dabei auch N-Afrika erreichen, wie einige in Italien gekennzeichnete Drosseln (Spina & Volponi 2008b), ist aber nicht belegt.
Zu den lokalen Überwinterern gesellen sich vor allem in den nördlichen Landesteilen Vögel aus Fennoskandien (Abb. 6). In S-Deutschland scheinen dagegen kaum N-europäische Wacholderdrosseln zu überwintern. Hier liegen aber Winterfunde in der Zentralschweiz zur Brutzeit beringter Vögel vor. Es ist anzunehmen, dass es sich dabei um Vertikalwanderer von höher gelegenen Regionen ins klimatisch begünstigte SW-Deutschland handelt. Dass Vertreter aus weit im E gelegenen Populationen in Deutschland überwintern, belegt der Februarfund einer Drossel, deren Kennzeichnung, bei unbekanntem Brutstatus, in einem vorangegangenen Mai in E-Kasachstan erfolgt war (Abb. 2).
Ringfunde sind auch im Winter nur Momentaufnahmen, die nicht unbedingt einen Aufenthaltsraum über einen längeren Zeitraum andeuten. Dies wird bei Wacholderdrosseln deutlich, die, wahrscheinlich sehr plastisch auf Umweltbedingungen reagierend, ihren Winteraufenthalt ändern. Die Betrachtung der Vögel, die in einem Winter beringt und im selben Winter in einer Distanz von > 100 km wieder gefunden wurden, zeigt, dass wahrscheinlich auf Wetterflucht zurückzuführende Wanderungen nach W und SW erfolgen, die in Richtung und Entfernung dem regulären Herbstzug entsprechen (Abb. 7, siehe auch Cepák et al. 2008). Eine Drossel, die im Dezember auf Helgoland beringt wurde und bis Anfang Februar nach Norwegen gelangte, könnte sich auch schon sehr zeitig auf dem Frühjahrszug befunden haben. Im Gegensatz zu Wetterfluchten innerhalb eines Winters streuen Nachweise von Drosseln, die in verschiedenen Wintern mindestens 1000 km auseinander liegen, in verschiedene Richtungen (Abb. 8). Besonders auffällig sind dabei Winterquartierwechsel zwischen Deutschland und der Balkanhalbinsel, Zypern und dem Kaukasus. Zu letzterem liegt ein ähnlicher Fund eines in der Schweiz beringten Vogels vor (Maumary et al. 2007). Somit können individuell genutzte Überwinterungsgebiete in verschiedenen Jahren bis über 3000 km auseinander liegen. Die Brutheimat der betreffenden Vögel ist unbekannt, doch sprechen für die These der östlichen Herkunft (Glutz v. Blotzheim & Bauer 1988) W-E-Wechsel der Überwinterungsgebiete, z. B. zwischen Großbritannien und Deutschland (Abb. 8), die sich damit auf der üblichen Zugroute verschieben würden.
Ringfunde von Wacholderdrosseln auf dem Frühjahrszug (Abb. 9) zeigen, dass entsprechend der Lage der Hauptüberwinterungsgebiete Deutschland von seinen Brutvögeln aus SW bis S erreicht wird. Ziele von Durchzüglern sind Brutgebiete in W-Norwegen, S-Schweden und das östliche Baltikum mit S-Finnland.

Summary: *Fieldfare is a common and widespread breeding bird in Germany with a population of 125,000–250,000 bp in moderate decline over the last decades. It is a partial migrant, with autumn migration mainly in October and early November, and spring migration in March and April. Fieldfares can also be observed in Germany during the winter, sometimes in flocks of several thousand individuals. Late weather-escape movements are sometimes difficult to separate from the start of spring migration. Ring recoveries connect Germany with an area ranging from N Fennoscandia over Ireland to Portugal in the W and over Cyprus and the Caucasus to the Russian Kemerowo region E of 87 °E. During autumn migration, German Fieldfares move in directions from W to SSE and birds originating from the same area may migrate in different directions. Birds from Fennoscandia on passage through Germany move towards the SW and S. Recoveries confirm weather-escape movements to the W and SW in mid-winter, and individual winter quarters can be > 3000 km apart in differing years. Indirect recoveries also prove migration to the eastern Mediterranean.*

Singdrossel *Turdus philomelos*
Song Thrush

Beringungen nach 1945:	222.353
Funde > 10 km nach 1945:	2401/2380
Wiederfundquote (Fernfunde nach 1945):	1,1 %
Funde > 10 km seit 1901:	2789/2767
Funde fremder Beringungszentralen:	172/166
Höchstalter:	18 J, 2 M
Weiteste Entfernung:	7541 km

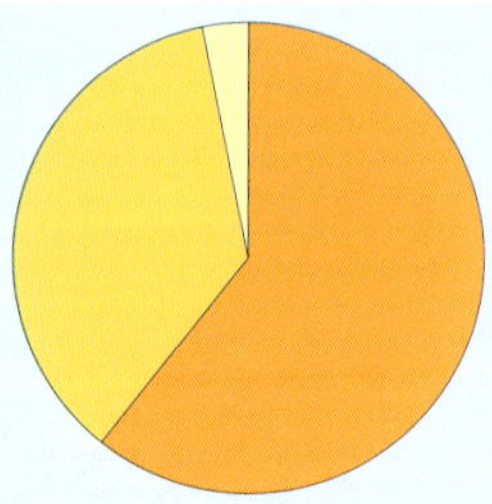

Verbreitung und Status: Das Brutgebiet der Singdrossel umfasst die gemäßigten und borealen Zonen bis etwa 70 °N zwischen W-Europa, inklusive der Britischen Inseln und dem Baikalsee. In S-Europa werden nur die höheren Lagen besiedelt. Isolierte Vorkommen finden sich im N der Türkei, im Kaukasus und im N-Iran. Populationen im N räumen ihre Brutgebiete im Winter nahezu vollständig, im W und SW ihres Verbreitungsgebietes ist die Singdrossel Teilzieher. Die Überwinterungsgebiete liegen in W-Europa, im gesamten Mittelmeergebiet und für östliche Populationen in SW-Asien. Die Sahara wird nur in Ausnahmefällen überquert.
In Deutschland ist die Nominatform der Singdrossel als häufiger weit verbreiteter Brutvogel mit einem stabilen Bestand von 1.400.000 – 1.750.000 BP in allen Wäldern und Gehölzen bis auf über 1500 m Höhe in den Alpen zu finden. Inwieweit das Verbreitungsgebiet der hauptsächlich auf den Britischen Inseln, in N-Frankreich, Belgien und in den S-Niederlanden vorkommenden Unterart *T. p. clarkei* nach NW-Deutschland hineinreicht, ist unklar (Milwright 2006, Schmied & Stiels 2012). Die meisten Singdrosseln verlassen im Winter ihre Brutgebiete. Der im August beginnende Herbstzug erreicht seinen Höhepunkt von Ende September bis Mitte Oktober und klingt im November ab. Die ersten Brutreviere werden bereits Ende Februar wieder besetzt, der Haupteinzug bzw. der Durchzug nordischer Populationen findet jedoch in S-Deutschland im März statt, in N-Deutschland im April. Überwinterungen bzw. Überwinterungsversuche sind in allen Landesteilen zu beobachten und nehmen zu. Im sächsischen Vogtland hat sich die Erstankunft der Singdrossel zwischen 1967 und 2011 um ca. elf Tage (Ernst 2013) und auf Helgoland der Durchzugsmittelwert im Frühjahr zwischen 1960 und 2008 um neun Tage verfrüht (Hüppop & Hüppop et al. 2011).

Wanderungen: Der Jahreslebensraum in Deutschland brütender oder durchziehender Singdrosseln erstreckt sich von Fennoskandien und NE-Europa bis nach NW-Afrika und in Einzelfällen bis ins östliche Mittelmeergebiet (Abb. 1, 2). Konzentrationen von Ringfunden finden sich vor allem in Belgien, SW-Frankreich und dem SW der Iberischen Halbinsel, was zum größten Teil auf die direkte Verfolgung der für die Singvogeljagd attraktiven Art zurückzuführen ist (Payevsky & Vysotsky 2003, Spina & Volponi 2008b, Dierschke et al. 2011).
Europäische Singdrosseln ziehen nach der Brutzeit nach SW (Milwright 2006). Dementsprechend wandern einheimische Brutvögel im Herbst vor allem nach S-Frankreich und die Iberische Halbinsel (Abb. 3). Direkte Funde in N-Italien sowie auf Korsika, Sardinien und den Balearen zeigen, dass auch die Überquerung der Alpen und größerer Meeresgebiete nicht gescheut wird. Einige Singdrosseln erreichen auf dem Herbstzug NW-Afrika, was Funde in Marokko und Algerien belegen.

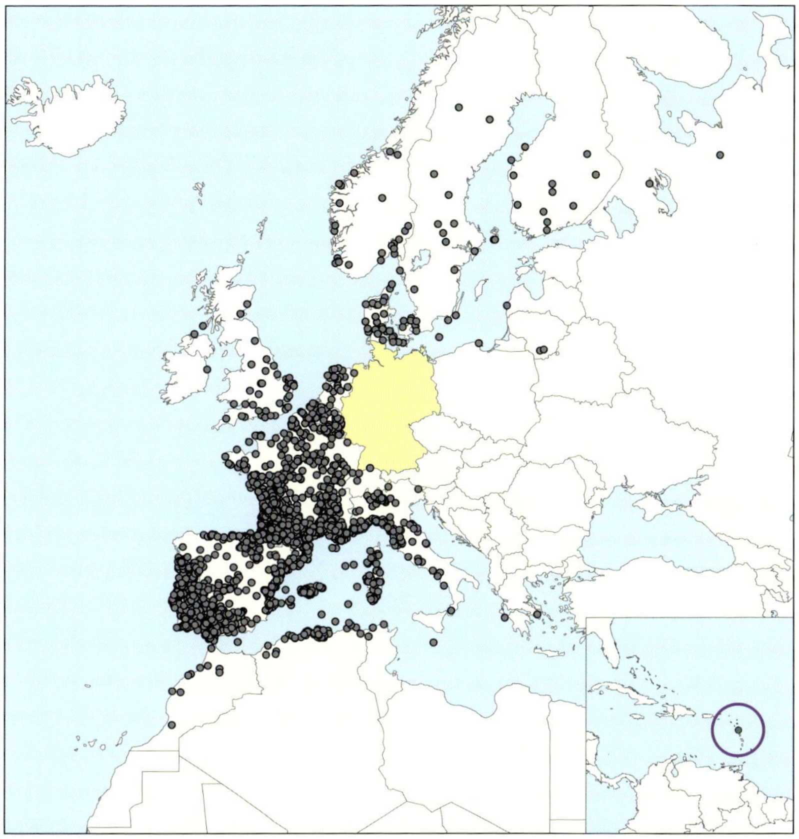

Abb. 1: Fundorte im Ausland von in Deutschland beringten Singdrosseln (2660 Funde; Detailkarte: Karibik). – *Foreign recovery sites of Song Thrushes ringed in Germany (2660 recoveries; insert map: Caribbean).*

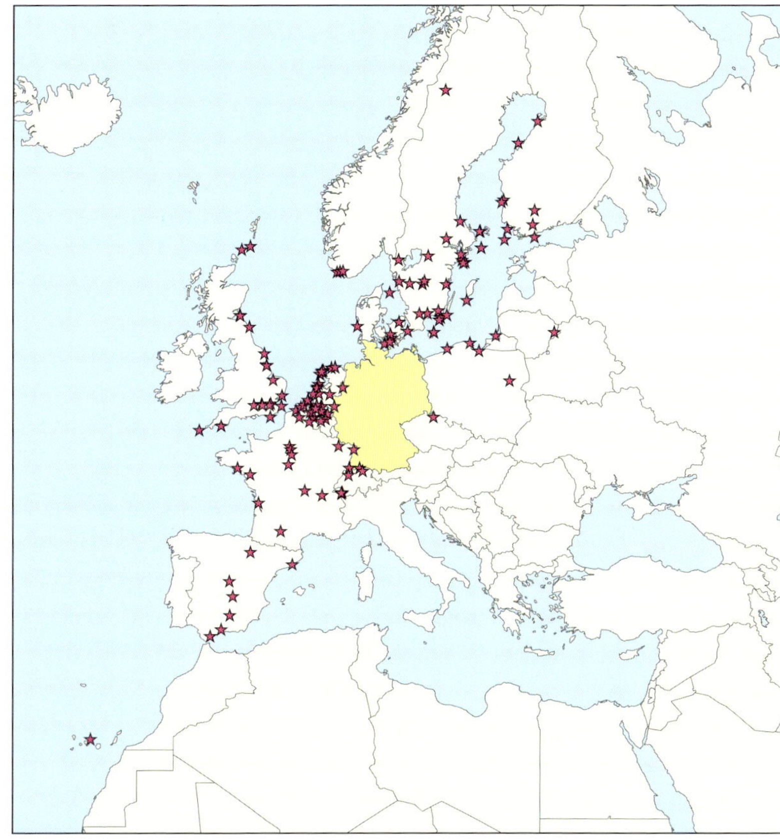

Abb. 2: Beringungsorte im Ausland von in Deutschland gefundenen Singdrosseln (172 Funde). – *Foreign ringing sites of Song Thrushes recovered in Germany (172 recoveries).*

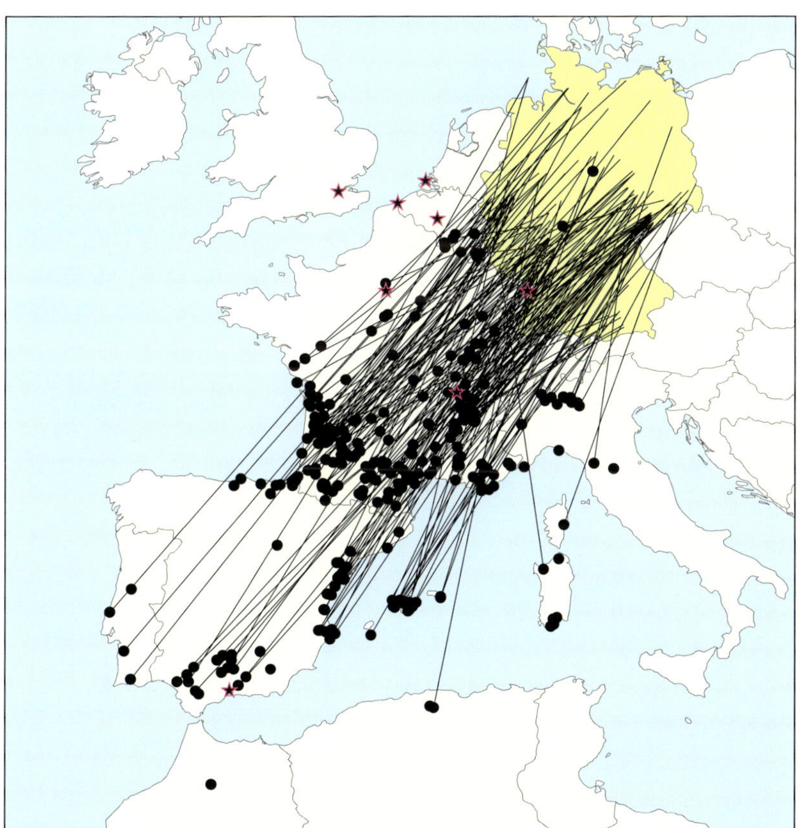

Abb. 3: Herbstzug (September – November) von in Deutschland zur Brutzeit anwesenden Singdrosseln (298 Funde). – *Autumn migration (September – November) of Song Thrushes present in Germany during the breeding season (298 recoveries).*

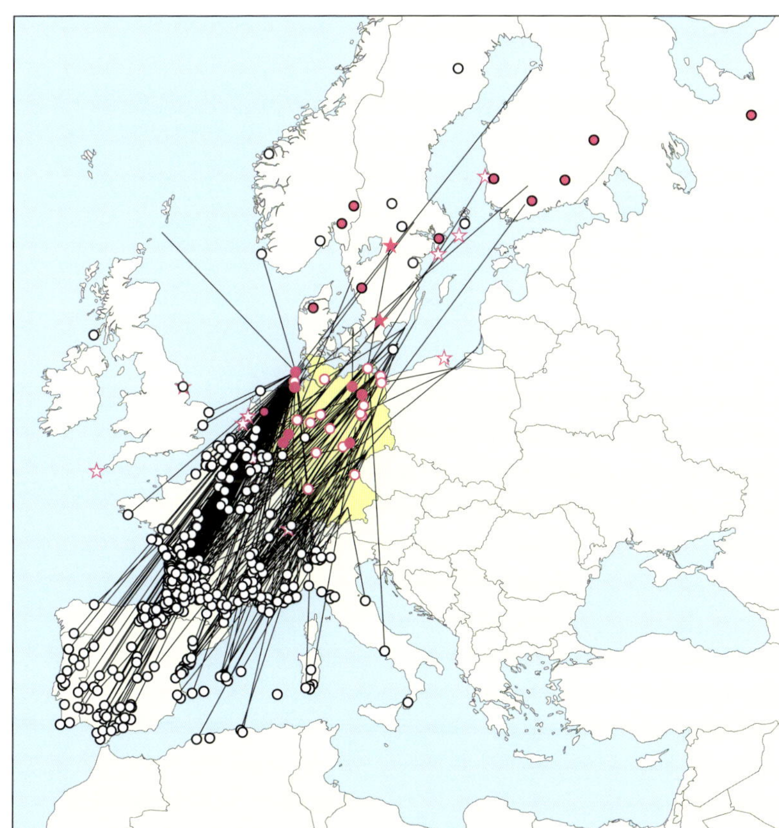

Abb. 4: Herbstzug (September – November) von in Deutschland von September bis November anwesenden Singdrosseln (553 Funde). – *Autumn migration (September – November) of Song Thrushes present in Germany from September to November (553 recoveries).*

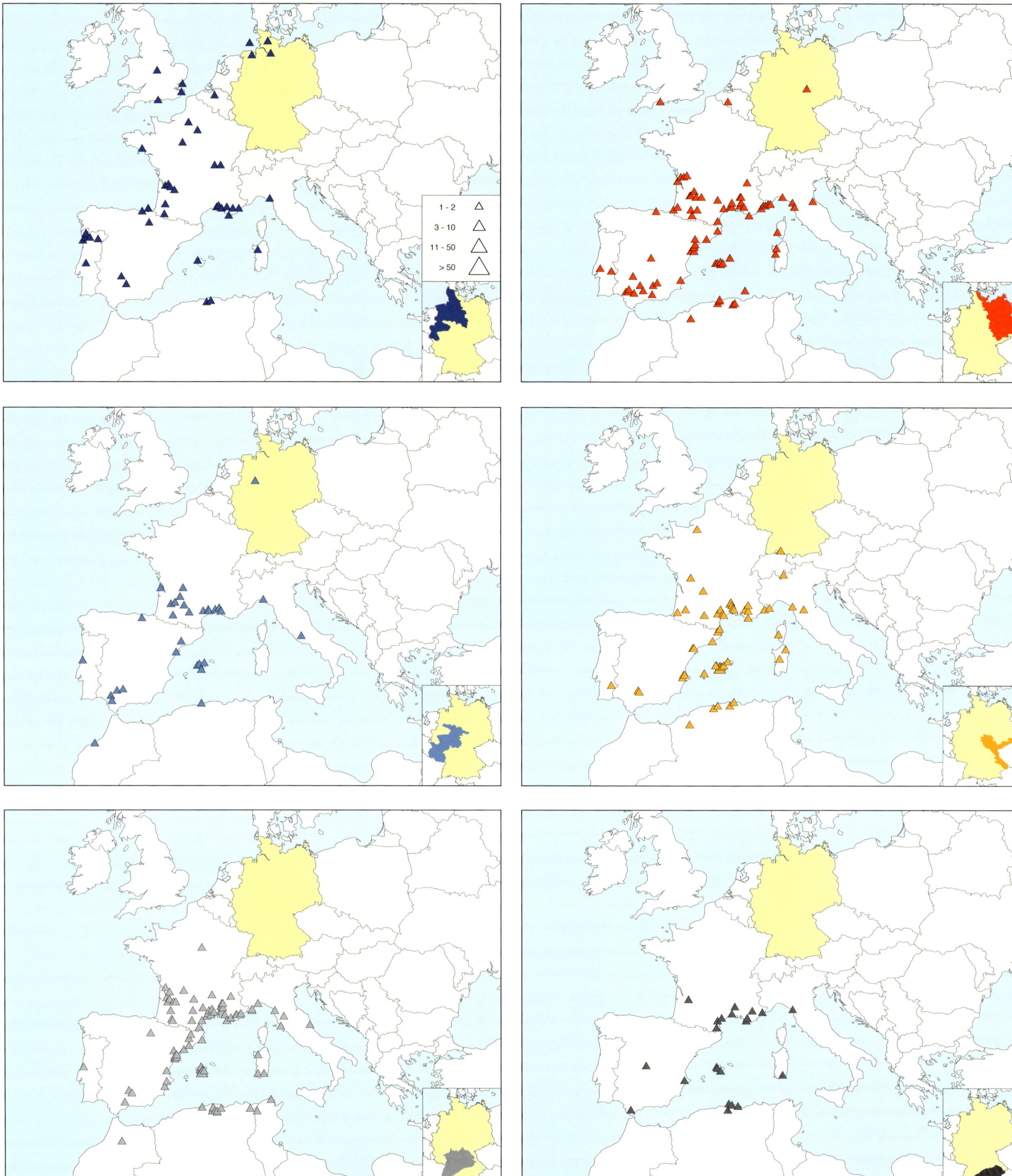

Abb. 5: Aufenthaltsorte im Winter (Dezember – Februar) von in Deutschland zur Brutzeit anwesenden Singdrosseln (324 Funde). – *Presence in winter (December – February) of Song Thrushes present in Germany during the breeding season (324 recoveries).*

Der Einzugsbereich der im Herbst durch Deutschland ziehenden Singdrosseln ist das südliche Fennoskandien (Abb. 4), von wo aus die meisten Brutvögel ebenfalls in Überwinterungsgebiete in SW-Europa und N-Afrika ziehen (Bakken et al. 2006, Fransson & Hall-Karlsson 2008). Die Zugwege verlaufen dabei, wie auch die der deutschen Brutvögel, erstaunlich parallel. Weniger deutlich ist das Baltikum und NE-Europa als Herkunft von Durchzüglern durch Ringfunde belegt (Abb. 4). Da Singdrosseln aus den entsprechenden Regionen ebenfalls im westlichen Mittelmeergebiet überwintern (Payevsky 1973, Sinelschikova et al. 2007), ist aber auch bei diesen Vögeln der Zug über Deutschland wahrscheinlich. Entgegen der üblichen Zugrichtung zog eine Singdrossel im Oktober in vier Tagen von Fair Isle (Schottland) SE nach Helgoland. Einen ungewöhnlichen Zugweg schlug auch eine im Oktober in Mecklenburg-Vorpommern beringte Drossel ein, die sich später zu einem unsicheren Fundzeitpunkt in Griechenland aufhielt (Abb. 1). Deutlich aus dem Rahmen fällt zudem der Fund eines im Oktober in Hamburg beringten Vogels, der fast zwei Jahre später an den Strand der Kleine Antillen-Insel Guadeloupe gespült wurde (Abb. 1).

Die Winterfunde in Deutschland brütender Singdrosseln zeigen die für einen Teilzieher typische Verteilung. Neben Belegen, die auf ein vereinzeltes Ausharren in den Brutgebieten hinweisen, liegen die Hauptüberwinterungsgebiete in S-Frankreich, der Iberischen Halbinsel und NW-Afrika, z. T. auch in der Schweiz und in Italien (Abb. 5). Eine Trennung der Überwinterungsgebiete nach der Herkunft aus verschiedenen Naturräumen ist kaum zu erkennen. Lediglich die wenigen Funde, die eine Überwinterung deutscher Singdrosseln in Großbritannien und N-Frankreich belegen, stammen fast ausschließlich von N-deutschen Vögeln. Nach Milwright (2006) nimmt der Anteil ziehender Ind. in den Niederlanden und in NW-Deutschland seit den 1990er Jahren ab, nicht aber in anderen Regionen. Als Grund für diese Entwicklung spekuliert der Autor über das Vordringen der weniger zum Zug neigenden *T. p. clarkei* in diese Region (Milwright 2006). Die wenigen Winterfunde aus NW-Deutschland können diese These so wenig belegen wie die Angabe, dass es sich bei den Überwinterern hauptsächlich um adulte Vögel handelt (Milwright 2006). Sie steht aber scheinbar im Widerspruch zur signifikanten Zunahme der Wiederfunddistanzen deutscher Singdrosseln zwischen 1924 und 2000, was allerdings methodisch bedingt sein könnte (mögliche Änderung der Wiederfundwahrscheinlichkeiten z. B. wegen Änderung des Jagddrucks in Belgien und N-Frankreich, Fiedler et al. 2004). Hinweise auf einen Übersprungzug (Glutz v. Blotzheim & Bauer 1988) ergeben zumindest die Winterfunde deutscher Brutvögel nicht. Bemerkenswert ist ein Vogel, der im Februar auf Teneriffa beringt und in der folgenden Brutzeit aus NW-Deutschland gemeldet wurde (Abb. 1), allerdings ohne genaue Angabe des Funddatums.

Zur Herkunft von Überwinterern in Deutschland liegen nur spärliche Nachweise vor. Es handelt sich dabei in sieben von zehn Fällen um einheimische Brutvögel, die in der Nähe der Beringungsorte wieder gefunden wurden, die aber meist beim Fund schon länger tot waren. Der Winteraufenthalt in Dänemark und in Schweden brütender Singdrosseln in Deutschland ist ebenfalls durch Ringfunde belegt. Der Brutzeitfund eines im Winter auf Helgoland beringten Vogels in Großbritannien belegt das Auftreten von *T. p. clarkei* im Winter in NW-Deutschland.

Die Rückkehr einheimischer Singdrosseln in die Brutgebiete erfolgt im Frühjahr von SW her (Abb. 6). Hinweise auf einen Schleifenzug ergeben sich aus den Ringfunden nicht. Ein solcher wurde aber von Andreotti et al. (1999) für in Italien beringte Singdrosseln angenommen, ebenso in kleinerem Maßstab von Milwright (2006) für niederländische und NW-deutsche Vögel. In N-Deutschland während der Zugzeit beringte Singdrosseln wandern in verschiedene Richtungen weiter und gelangen ostwärts ins Baltikum, direkt nach N ziehend nach W-Norwegen oder nach NW bis W in Brutgebiete auf den Britischen Inseln, was

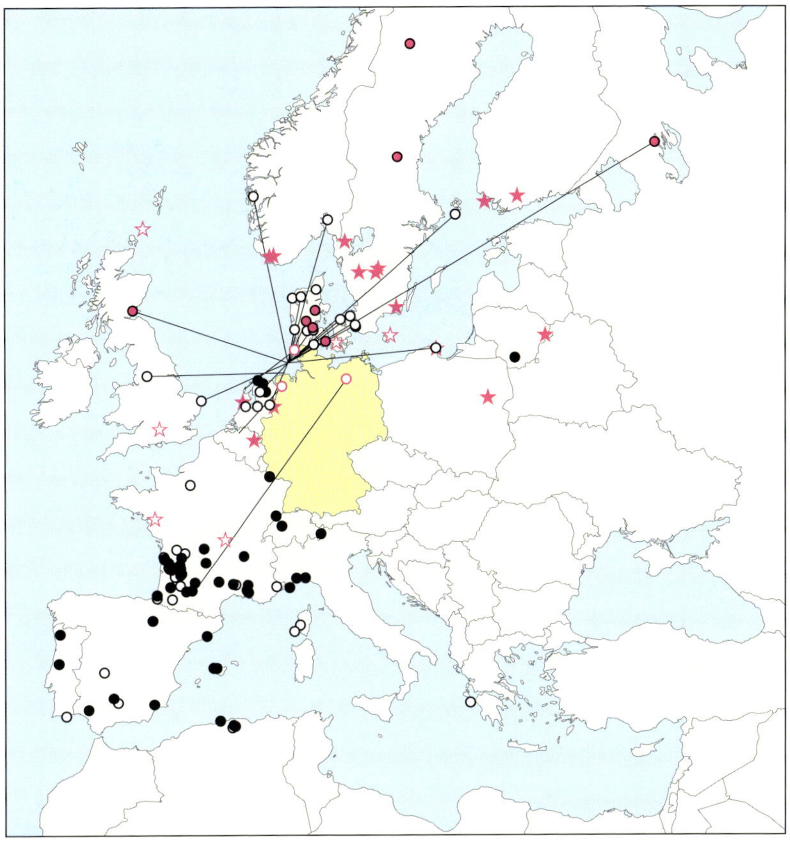

Abb. 6: Frühjahrszug (März – April) von in Deutschland zur Brutzeit (46 Funde) oder von März bis April anwesenden Singdrosseln (78 Funde). – *Spring migration (March – April) of Song Thrushes present in Germany during the breeding season (46 recoveries) or from March to April (78 recoveries).*

wiederum den Durchzug von *T. p. clarkei* belegt. Auf individuell unterschiedliche Zugwege und Überwinterungsgebiete weist eine Drossel hin, die im April auf Helgoland beringt wurde und die sich zwei Jahre später im selben Monat in Griechenland befand (Abb. 1). Ein ähnlicher Fund liegt auch von einer in Belgien beringten Singdrossel vor und ist nach Glutz v. Blotzheim & Bauer (1988) ein Hinweis darauf, dass das Einzugsgebiet von in Mitteleuropa auftretenden Singdrosseln bis nach W-Sibirien reicht.

Summary: *Song Thrush is a common breeding bird throughout Germany with a stable population of 1,400,000 – 1,750,000 bp. Most German breeders are migratory, leaving the breeding areas in autumn towards the W and SW with some reaching NW Africa. Few individuals may stay close to the breeding areas. Song Thrushes passing through Germany originate from Fennoscandia and NE Europe and also move mainly to the SW. Exceptionally, a bird ringed in Germany during autumn migration was recovered in Greece in the following June. There is no clear separation of winter quarters according to origin in Germany, but birds recovered in UK and N France almost exclusively originated from N Germany. One bird ringed in Sweden as a nestling was recovered in Germany in winter. In spring, Song Thrushes reach their breeding areas from the SW without any hint for loop migration.*

Rotdrossel *Turdus iliacus*

Redwing

Beringungen nach 1945:	52.462
Funde > 10 km nach 1945:	502/497
Wiederfundquote (Fernfunde nach 1945):	0,9 %
Funde > 10 km seit 1901:	552/547
Funde fremder Beringungszentralen:	61/61
Höchstalter:	13 J, 5 M
Weiteste Entfernung:	3186 km

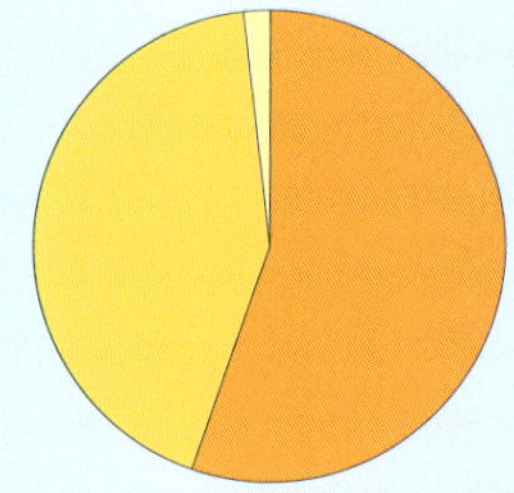

Verbreitung und Status: Rotdrosseln brüten hauptsächlich in den borealen Zonen zwischen Island und E-Sibirien. Die meisten Populationen ziehen und überwintern von NW-Afrika und W-Europa bis nach Turkmenien im E, einige Rotdrosseln an den Küsten N-Europas harren ganzjährig in ihren Brutgebieten aus. In Deutschland sind Rotdrosseln der Nominatform häufige Durchzügler, und die auf Island und den Färöer brütende Unterart *T. i. coburni* tritt im Herbst regelmäßig in geringen Zahlen auf Helgoland auf (Dierschke et al. 2010). Der Herbstzug beginnt Mitte September und erreicht sein Maximum von Oktober bis Anfang November. Überwinterer können aber auch in Mitteleuropa regelmäßig beobachtet werden. Der Frühjahrszug setzt ab Anfang März ein und erreicht zwischen Ende März und Mitte April sein Maximum. Einzelne Nachzügler ziehen auch noch später durch, von in Fennoskandien gelegentlich beobachteten Massenrückzügen bei ungünstigem Wetter in den Brutgebieten (Eriksson 1970) scheint Deutschland aber nicht betroffen zu werden. Sporadisch kommen Brutzeitbeobachtungen und Bruten in Deutschland vor. Auf Helgoland hat sich der Frühjahrszug zwischen 1960 und 2008 um zehn Tage verfrüht (Hüppop & Hüppop 2011).

Wanderungen: Die große Mehrzahl der Ringfunde von Rotdrosseln mit Bezug zu Deutschland stammt aus W- und S-Europa sowie aus Fennoskandien und spiegelt damit die Hauptzugrichtung NE-europäischer Brutvögel wider (Abb. 1, Zink 1981, Milwright 2002, Bakken et al. 2006, Fransson & Hall-Karlsson 2008). Im Herbst ziehen vor allem Brutvögel aus Fennoskandien auf ihrem Weg nach SW-Europa durch Deutschland (Abb. 2). Direkte Funde in Italien belegen auch den Zug eines Teils der Rotdrosseln nach S. Auf Helgoland beringte Rotdrosseln wurden in der gleichen Herbstzugperiode auf den Britischen Inseln gefunden. Ein Fall von Zugumkehr ist belegt: Eine im Oktober auf Helgoland beringte Rotdrossel hielt sich vier Wochen später 230 km NE in Dänemark auf. Eine Ausnahme vom generellen Schema stellt der Fund einer im Oktober auf Fair Isle beringten diesjährigen Rotdrossel dar, die nach SE zog und zwölf Tage später bei Neustrelitz (Mecklenburg-Vorpommern) wieder gefangen wurde. Es gibt jedoch auch eine Reihe von Belegen für den Zug nach SE über Mitteleuropa: In Großbritannien beringte Rotdrosseln zogen direkt nach Italien und Griechenland (Wernham et al. 2002, Spina & Volponi 2008) und ein schweizerischer Ringvogel ergab einen direkten Wiederfund im Libanon (Maumary et al. 2007). Inwieweit es sich bei den SE-Ziehern um *T. i. coburni* handelt ist unklar. Funde isländischer Brutvögel östlich von W-Europa liegen aber nicht vor (Milwright 2002).
In Deutschland beringte Rotdrosseln wurden während des Frühjahrszugs auf der Iberischen Halbinsel, in S-Frankreich und in Italien gefunden (Abb. 3). Dies zeigt,

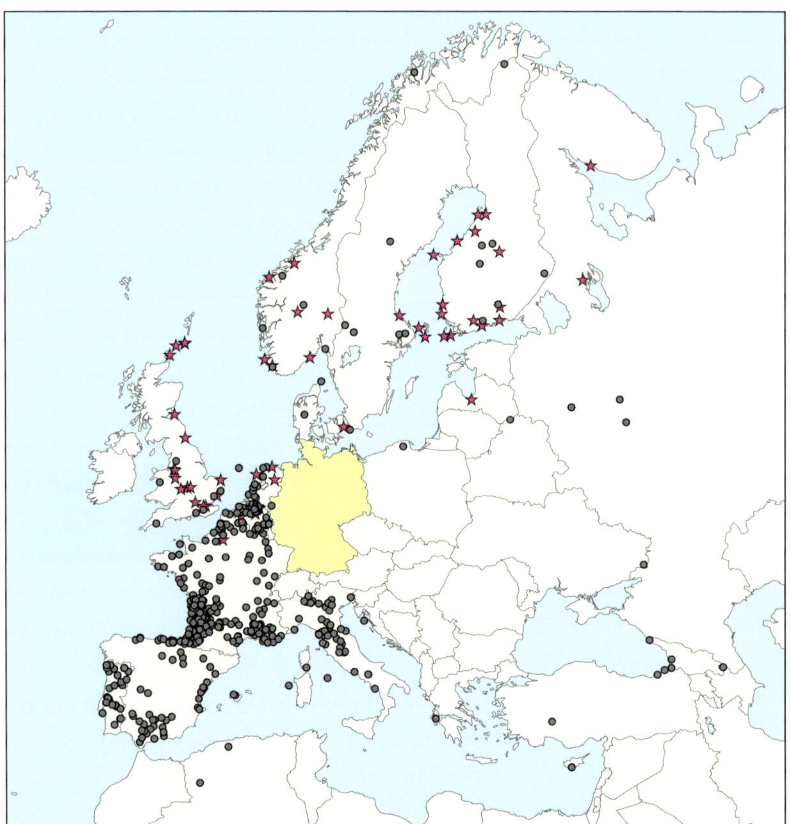

Abb. 1: Fundorte von in Deutschland beringten (529 Funde) und ausländische Beringungsorte von in Deutschland gefundenen (61 Funde) Rotdrosseln. – *Foreign recovery sites of Redwings ringed in Germany (529 recoveries) and foreign ringing sites of birds recovered in Germany (61 recoveries).*

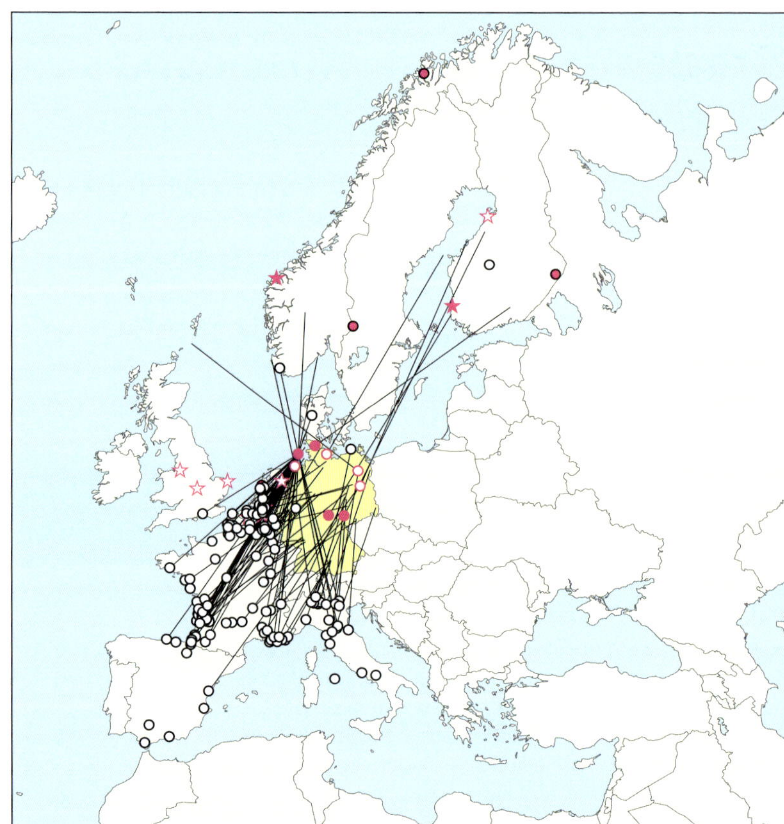

Abb. 2: Herbstzug (September – November) von in Deutschland von September bis November anwesenden Rotdrosseln (181 Funde). – *Autumn migration (September – November) of Redwings present in Germany from September to November (181 recoveries).*

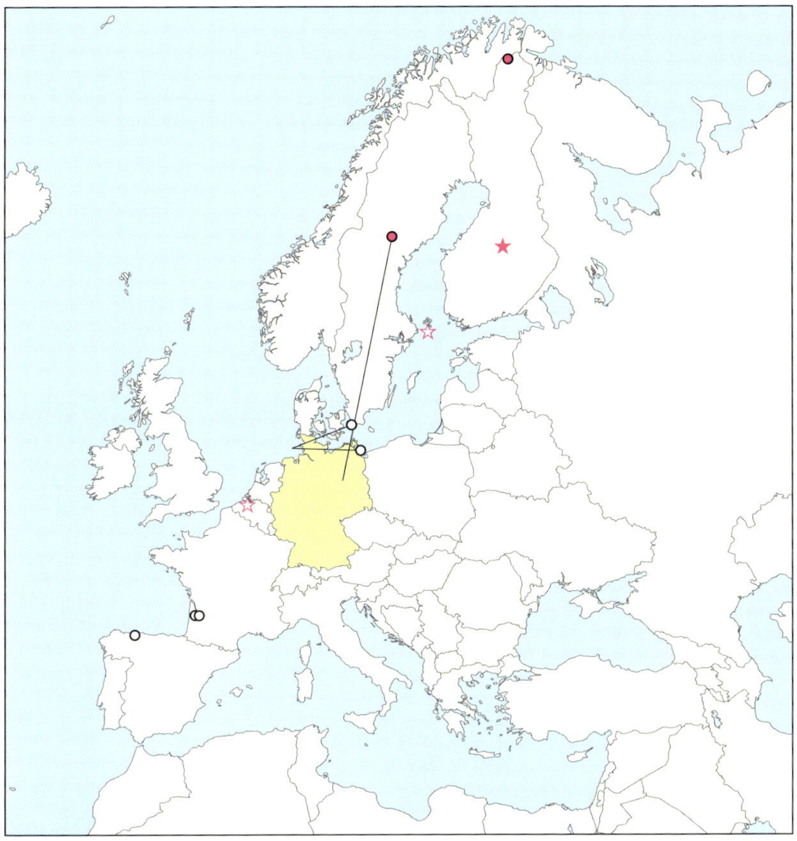

Abb. 3: Frühjahrszug (März – April) von in Deutschland von März bis April anwesenden Rotdrosseln (10 Funde). – *Spring migration (March – April) of Redwings present in Germany from March to April (10 recoveries).*

dass Mitteleuropa von SW und S überflogen wird. Direkte Funde in Großbritannien beringter Rotdrosseln belegen aber auch Zug nach E über Deutschland in weiter im E oder NE gelegene Brutgebiete. Im Gegensatz zum Herbstzug liegen keine Funde aus SE vor, von wo aus Rotdrosseln wahrscheinlich direkt nach N in ihre Brutgebiete ziehen. Funde in Deutschland beringter Rotdrosseln in einem späteren Winter in Griechenland, auf Zypern, in der Türkei und dem Kaukasus (Abb. 1), die auch von nestjung beringten norwegischen und schwedischen Rotdrosseln angeflogen werden (Bakken et al. 2006, Fransson & Hall-Karlsson 2008), belegen die potentiell große geografische Streuung individueller Überwinterungsgebiete in verschiedenen Jahren (Zink 1981). Ein weiteres Beispiel dafür ist eine im Januar bei Hamburg beringte Drossel, die sich fast genau ein Jahr später in Algerien aufhielt (Abb. 1). Ähnliche Nachweise ergab die Beringung von Rotdrosseln in Großbritannien (Wernham et al. 2002), obwohl Milwright (2003) generell von einer hohen Winterortstreue zwischen verschiedenen Jahren ausgeht.

Summary: *Redwings are common winter visitors and passage migrants to Germany. Birds from NE European breeding grounds mostly pass through Germany in SW directions, but the directional scatter varies from W (UK) to S (Italy). British-ringed Redwings recovered in Germany and German-ringed birds recovered in the E Mediterranean and Caucasus regions mostly indicate individually changing migration routes between winters. However, one bird ringed on Fair Isle and recovered during the same autumn migration period in N Germany, as well as direct recoveries of British-ringed birds in Italy and of a Swiss-ringed bird in Lebanon, all imply that some Redwings may indeed follow migration routes to the SE.*

Grauschnäpper *Muscicapa striata*
Spotted Flycatcher

Beringungen nach 1945:	65.886
Funde > 10 km nach 1945:	105/103
Wiederfundquote (Fernfunde nach 1945):	0,2 %
Funde > 10 km seit 1901:	125/123
Funde fremder Beringungszentralen:	16/16
Höchstalter:	7 J, 10 M
Weiteste Entfernung:	6350 km

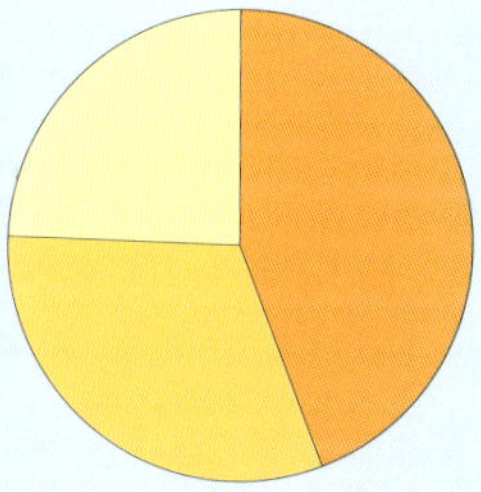

Verbreitung und Status: Das Brutgebiet des Grauschnäppers erstreckt sich von NW-Afrika über ganz Europa, Kleinasien, den Mittleren Osten bis in Gebiete östlich des Baikalsees. Die südlichste Brut wurde in einer Oase in der Sahara festgestellt (Moali & Isenmann 2000). Alle Populationen sind trans-Saharazieher, die im tropischen Afrika überwintern. Sporadische Winternachweise stammen aus N-Afrika.
In Deutschland ist der Grauschnäpper mit gegenwärtig 185.000 – 270.000 BP ein häufiger Brutvogel, der in Habitaten mit zumindest kleinen Baumgruppen und bis auf über 1.500 m in den Alpen zu finden ist. Wie die meisten Langstreckenzieher zeigt er in den letzten Jahrzehnten einen kontinuierlich abnehmenden Bestandstrend. Die ersten Grauschnäpper verlassen ihre Brutgebiete bereits im Juli. Nach seinem Höhepunkt im August und der ersten Septemberhälfte dauert der Zug noch bis Ende Oktober an. Die Wiederbesetzung der Brutgebiete erfolgt vor allem im Mai, in N-Deutschland ist Zug bis in den Juni hinein zu beobachten. Die Ankunft bzw. der Durchzug im Frühjahr haben sich nach mehreren Studien in den letzten Jahrzehnten deutlich verfrüht (Peintinger & Schuster 2005, Hüppop & Hüppop 2011, Ernst 2013).

Wanderungen: Das Einzugsgebiet durch Deutschland ziehender Grauschnäpper umfasst NE-Europa, Fennoskandien und die Britischen Inseln. Im S streuen Funde in Deutschland beringter Vögel von SW-Europa bis nach Zypern (Abb. 1). Nach Zink (1975) zeichnet sich beim Grauschnäpper eine Zugscheide in Mitteleuropa bei etwa 12 °E ab, die jedoch die Zugwege nicht komplett trennt. So ziehen z. B. auch einige Grauschnäpper von der Kurischen Nehrung nach SW (Payevsky 1973). Westlich der Zugscheide erfolgt der Zug in der Regel über Frankreich und Spanien nach Afrika, östlich davon verlaufen die Zugwege nach SSW bis SSE. Im Einklang damit wurden die meisten in Deutschland zur Brutzeit beringten Grauschnäpper in SW-Frankreich, auf der Iberischen Halbinsel und in Marokko gefunden, solche aus dem E Deutschlands jedoch in N-Italien (Abb. 2). Auffällig ist die Häufung der Nachweise in Portugal, wo sich auch die Funde anderer Beringungszentralen konzentrieren (Zink 1975, Wernham et al. 2002, Maumary et al. 2007). Dies könnte dafür sprechen, dass die Biskaya von SW-Ziehern zumindest aus Großbritannien und N-Deutschland z. T. direkt überflogen wird. Danach müsste allerdings ein Zugknick erfolgen, um Marokko zu erreichen (Abb. 1, Zink 1975). Eine Ausnahme stellt ein in N-Hessen beringter Nestling dar, der auf seiner

Abb. 1: Fundorte von in Deutschland beringten (83 Funde) und ausländische Beringungsorte von in Deutschland gefundenen (16 Funde) Grauschnäppern. – *Foreign recovery sites of Spotted Flycatchers ringed in Germany (83 recoveries) and foreign ringing sites of birds recovered in Germany (16 recoveries).*

Abb. 2: Herbstzug (September – November) von in Deutschland zur Brutzeit (26 Funde) oder von September bis November anwesenden Grauschnäppern (8 Funde). – *Autumn migration (September – November) of Spotted Flycatchers present in Germany during the breeding season (26 recoveries) or from September to November (8 recoveries).*

ersten Wanderung direkt nach SE-Irland gelangte (Abb. 2). Ein auf dem Herbstzug in Großbritannien beringter Vogel, der in einem späteren Jahr zur Brutzeit in Deutschland gefunden wurde, ist ein weiterer Hinweis darauf, dass einige deutsche Grauschnäpper im Herbst nach W über die Britischen Inseln ziehen.

Im Gegensatz zu den einheimischen Brutvögeln fehlen von den Durchzüglern Nachweise im W, bei einer geringen Zahl von Wiederfunden SSE und SE in Italien und auf Zypern (Abb. 2). Eine Reihe von Ringfunden belegt Verbindung zwischen Deutschland und Fennoskandien (Abb. 1). Die dortigen Brutvögel ziehen ebenfalls hauptsächlich nach S und SE mit nur spärlichen Funden in W-Europa (Zink 1975, Bakken et al. 2006, Fransson & Hall-Karlsson 2008). Dies weist darauf hin, dass es sich bei den nach S und SE ziehenden Durchzüglern um fennoskandische Vögel handelt. Da auch tschechische Grauschnäpper bereits weitgehend direkt nach S ziehen (Cepák et al. 2008), erklärt dies das Fehlen von Ringfunden in bzw. aus E-Europa (Abb. 1).

Im September und Oktober halten sich einige in Deutschland brütende Grauschnäpper bereits im tropischen Afrika auf (Nigeria, Gabun, Abb. 2). Drei weitere Funde von Vögeln, die teilweise zur Brutzeit in Deutschland beringt und dann aus der Republik Kongo (2, November, Mai) und der DR Kongo (April) zurückgemeldet wurden (Abb. 1), müssen nicht unbedingt das Überwinterungsgebiet einheimischer Brutvögel umreißen, da Grauschnäpper auf ihrem Weg nach S langsam und kontinuierlich der Intertropischen Konvergenz zu folgen scheinen (Dowsett et al. 1988). Die Konzentration von Funden auch anderer Beringungszentralen im Kongobecken (Zink 1975, Dowsett et al. 1988) ist zum größten Teil auf Funde während der Zugzeiten zurückzuführen (Dowsett et al. 1988). Auf die Lage der Aufenthaltsgebiete in den Wintermonaten (Dezember – Januar) können Ringfunde deutscher Grauschnäpper keine Hinweise geben. Solche liegen aber von Vögeln aus Großbritannien, Schweden und Finnland aus Südafrika vor (Dowsett et al. 1988, Wernham et al. 2002, Fransson & Hall-Karlsson 2008), wo Grauschnäpper von etwa Oktober bis März feste Reviere besetzen (Urban et al. 1997).

Nur relativ wenige Grauschnäpper überwintern im tropischen W-Afrika (Urban et al. 1997). Ob ein im Juli als diesjährig beringter Vogel, der im Mai in Togo gefunden wurde (Abb. 1), dazu gehörte oder sich schon auf dem Frühjahrszug befand, muss offen bleiben. Zum Frühjahrszug gibt es keine direkten Funde. Zwei Aprilfunde von zur Brutzeit (Juni, Juli) in Deutschland beringten Vögeln stammen aus späteren Jahren aus Italien. Bei sieben von zwölf Maifunden hielten sich die entsprechenden Vögel bereits in Deutschland auf, zweimal auch in Dänemark und ein Vogel auf den Orkney Inseln. Drei Vögel, die im Mai und Juni auf Helgoland beringt und die sich in späteren Jahren zwischen Mai und Juli auf den Britischen Inseln aufhielten, könnten darauf hinweisen, dass dortige Brutvögel im Frühjahr z. T. über Mitteleuropa ziehen. Da britische wie deutsche Grauschnäpper im Herbst über SW-Europa nach Afrika wandern, könnte sich aus den wenigen Frühjahrsfunden ein Hinweis auf einen Schleifenzug ergeben, bei dem der Frühjahrszug östlicher erfolgt als der Herbstzug (siehe auch Zink 1975).

Summary: *Spotted Flycatcher is with 185,000 – 270,000 bp widespread across all of Germany, but shows a decreasing population trend. Spotted Flycatchers migrating through Germany originate from NE Europe, Fennoscandia and the British Isles, whereas recoveries to the S of Germany are spread between SW Europe and Cyprus. There is a migratory divide at about 12 °E in C Europe which does not completely separate populations by migratory direction. However, most birds W of the divide migrate to Africa via the Iberian Peninsula, whereas migration routes E of the divide are due S or SE. In line with this pattern, birds ringed in Germany during the breeding season are exclusively recovered SW on autumn migration with a distinct concentration in Portugal. In contrast, birds ringed during migration, presumably originating from Fennoscandia, are later found towards the S in Italy or as far SE as Cyprus. Recoveries from sub-Saharan Africa (Nigeria, Gabon, DR Congo) from September to November and from April and May do not necessarily indicate the final winter quarters, since recoveries during the winter months (December – February) from other ringing schemes were obtained from southern Africa. The few recoveries of birds on spring migration hint to a possible loop migration with a more easterly route in spring compared to autumn.*

Trauerschnäpper *Ficedula hypoleuca*
European Pied Flycatcher

Beringungen nach 1945:	872.169
Funde > 10 km nach 1945:	1755/1692
Wiederfundquote (Fernfunde nach 1945):	0,2 %
Funde > 10 km seit 1901:	1840/1774
Funde fremder Beringungszentralen:	152/146
Höchstalter:	13 J, 9 M
Weiteste Entfernung:	4962 km

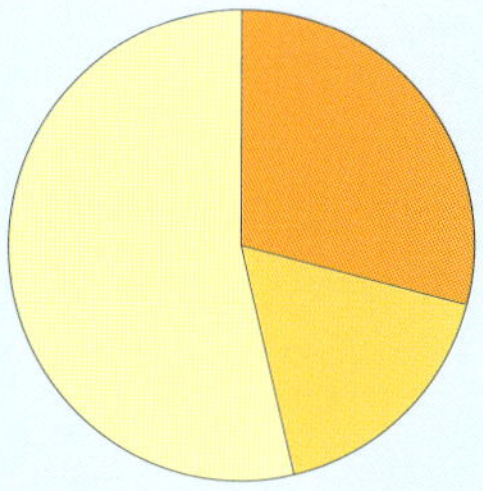

Verbreitung und Status: Der Trauerschnäpper brütet mit drei Unterarten von der Iberischen Halbinsel über Großbritannien, Mittel- und N-Europa bis an den Jenissej in W-Sibirien. Dem in NW-Afrika brütenden Atlasschnäpper *F. speculigera* wurde inzwischen ein eigener Artstatus zuerkannt (Sætre et al. 2001). Trauerschnäpper überwintern im tropischen W-Afrika, wobei selbst die Populationen aus dem äußersten E des Brutgebiets über Mitteleuropa und die Iberische Halbinsel ziehen (Chernetsov et al. 2008).

In Deutschland ist der Trauerschnäpper ein landesweit verbreiteter und mäßig häufiger Brutvogel lichter Wälder, Parks und Streuobstwiesen von den Tieflagen bis auf etwa 1500 m in den Alpen. Der in den letzten Jahrzehnten leichte Abnahmen verzeichnende Bestand beläuft sich derzeit auf 70.000–135.000 BP. Der Herbstzug setzt langsam ab Mitte Juli ein und hält nach seinem Höhepunkt um die Monatswende August/September bis in den Oktober hinein an. Im Frühjahr fallen die Wiederbesetzung der Brutreviere und der Durchzug vor allem in die Monate April und Mai. Zwischen 1967 und 2001 verfrühte sich die Erstankunft in Sachsen um etwa acht Tage (Ernst 2013) und zwischen 1960 und 2008 der Frühjahrszug auf Helgoland im Mittel um elf Tage (Hüppop & Hüppop 2011).

Wanderungen: Funde in Deutschland beringter Trauerschnäpper liegen zum einen aus fast allen Teilen Fennoskandiens vor, zum anderen streuen sie zwischen dem E der Britischen Inseln, W-Europa, N-Afrika und Griechenland (Abb. 1). In Deutschland gefundene Trauerschnäpper wurden vor allem in Fennoskandien und im Baltikum beringt (Abb. 2). Die Funde spiegeln die zentrale Rolle Deutschlands als Durchzugsgebiet der Art wider, da die meisten Trauerschnäpper im Herbst nach W bis WSW über Mittel- und W-Europa nach Afrika ziehen (Zink 1985). Dies trifft auch auf einheimische Brutvögel zu, die auf dem Herbstzug vor allem direkt nach SW-Frankreich, auf die Iberische Halbinsel und nach Marokko gelangen. Erstaunlich sind dabei die parallelen Zugwege und die geringe Streuung der Wiederfunde von in der gleichen Region beringten Vögeln (Abb. 3).

Das Einzugsgebiet im Herbst durch Deutschland ziehender Trauerschnäpper ist vornehmlich Fennoskandien und das Baltikum (Abb. 4). Ringfunde von Populationen weiter im E fehlen völlig. Chernetsov et al. (2008) konnten experimentell nachweisen, dass auch Trauerschnäpper aus dem äußersten E des Verbreitungsgebietes über Mitteleuropa ziehen. Darüber hinaus liegen aus Tschechien, der

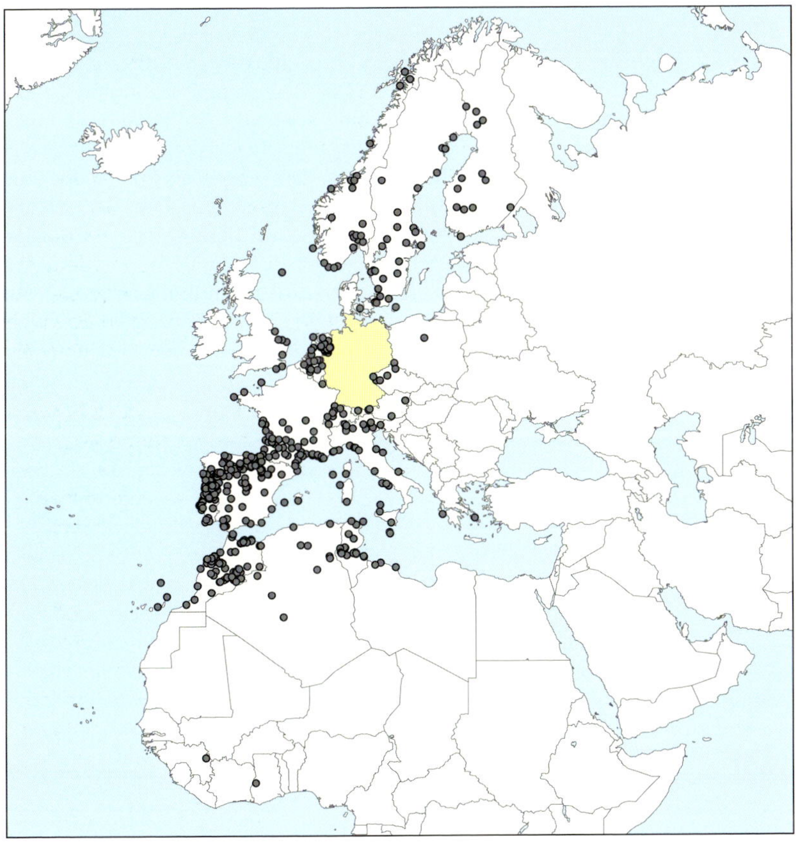

Abb. 1: Fundorte im Ausland von in Deutschland beringten Trauerschnäppern (656 Funde). – *Foreign recovery sites of European Pied Flycatchers ringed in Germany (656 recoveries).*

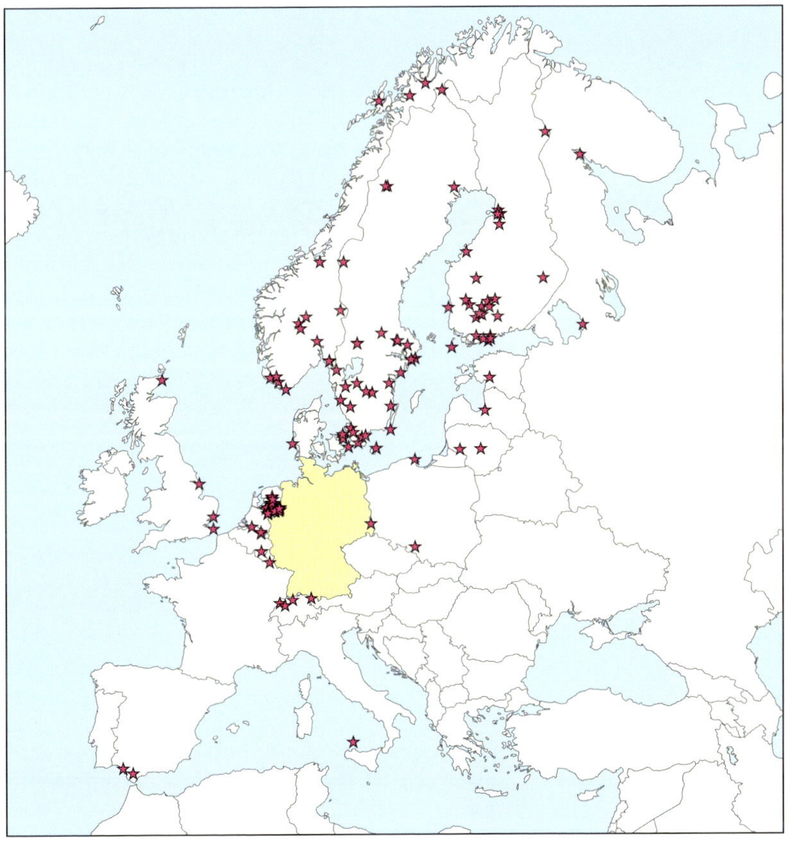

Abb. 2: Beringungsorte im Ausland von in Deutschland gefundenen Trauerschnäppern (152 Funde). – *Foreign ringing sites of European Pied Flycatchers recovered in Germany (152 recoveries).*

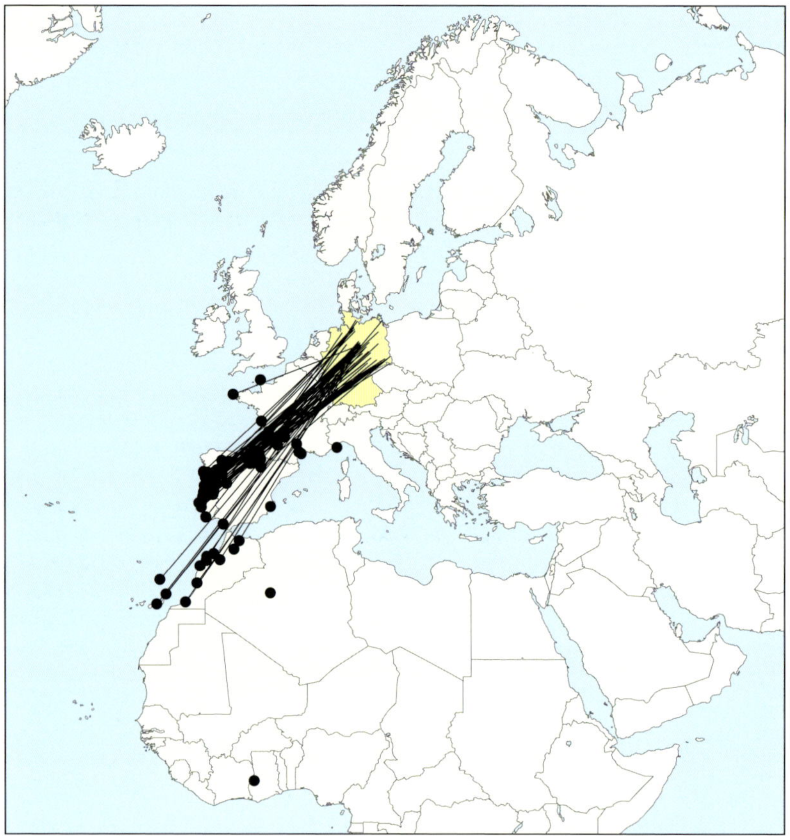

Abb. 3: Herbstzug (September – November) von in Deutschland zur Brutzeit anwesenden Trauerschnäppern (125 Funde). – *Autumn migration (September – November) of European Pied Flycatchers present in Germany during the breeding season (125 recoveries).*

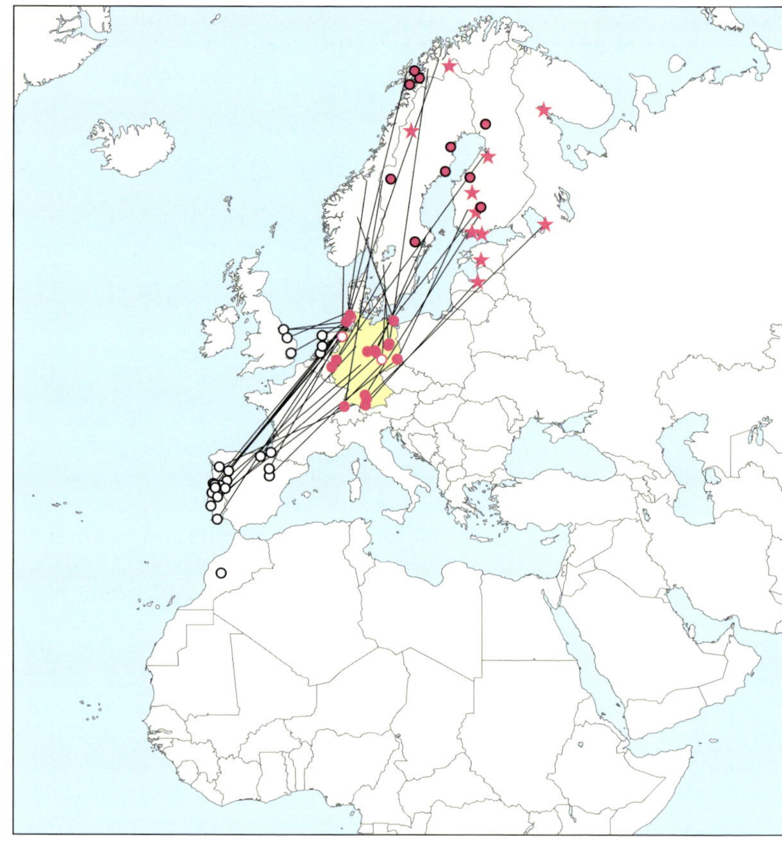

Abb. 4: Herbstzug (September – November) von in Deutschland von September bis November anwesenden Trauerschnäppern (66 Funde). – *Autumn migration (September – November) of European Pied Flycatchers present in Germany from September to November (66 recoveries).*

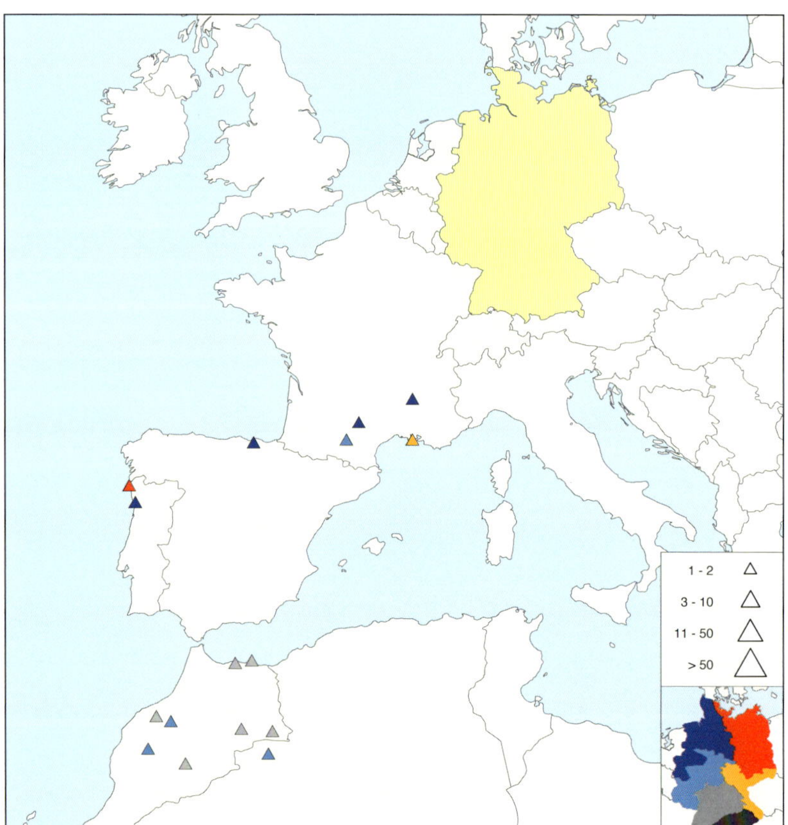

Abb. 5: Aufenthaltsorte im Winter (Dezember – Februar) von in Deutschland zur Brutzeit anwesenden Trauerschnäppern (17 Funde). – *Presence in winter (December – February) of European Pied Flycatchers present in Germany during the breeding season (17 recoveries).*

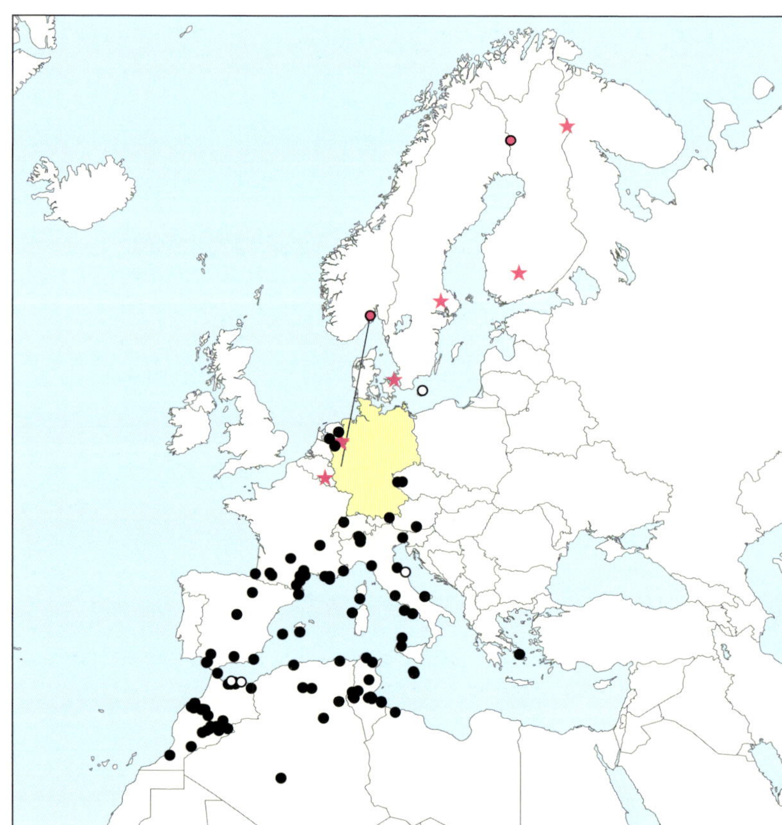

Abb. 6: Frühjahrszug (März – April) von in Deutschland zur Brutzeit (125 Funde) oder von März bis April anwesenden Trauerschnäppern (13 Funde). – *Spring migration (March – April) of European Pied Flycatchers present in Germany during the breeding season (125 recoveries) or from March to April (13 recoveries).*

Schweiz und aus Italien Ringfunde aus der Ukraine und aus Russland vor, unter anderem aus der Nähe von Tomsk östlich des Urals (Cepák et al. 2008, Maumary et al. 2007, Spina & Volponi 2008b). Daher ist das Fehlen von Ringfunden aus östlichen Populationen in Deutschland wahrscheinlich einer geringeren Beringungsaktivität geschuldet oder einer Zugroute, die östliche Vögel im S der Alpen nach W-Europa führt. Für letzteres sprechen die relativ vielen Funde russischer Vögel in N-Italien (Spina & Volponi 2008b).
Wie in Deutschland brütende Trauerschnäpper wandern auch die Durchzügler nach SW ab (Abb. 4). Einige gelangen dabei W-ziehend nach Großbritannien. Auffällig ist, wie beim Grauschnäpper, die erhebliche Konzentration von Herbstfunden in Portugal (siehe auch Bønløkke et al. 2006). Zusammen mit der nicht unerheblichen Anzahl von Funden in den küstennahen Bereichen Marokkos und auf den Kanarischen Inseln zeigt dies, dass die Sahara auf dem Herbstzug nicht auf breiter Front überquert, sondern küstennah im W umflogen wird (Winkel & Frantzen 1991, Thévenot et al. 2003). Systematische Herbstzugbeobachtungen an der Küste und in küstenfernen Oasen in Mauretanien belegen dies für weiter südlich gelegene Regionen, aus denen es keine Ringfunde mit Bezug zu Deutschland mehr gibt (Roth 2004).
Aus den W-afrikanischen Überwinterungsgebieten liegen von deutschen Brutvögeln nur zwei Funde aus Ghana (September) und Guinea (März) vor (Abb. 1, 3). Beide Vögel könnten sich noch auf dem Herbst- bzw. schon auf dem Frühjahrszug befunden haben, doch liegen die Funde im bekannten Überwinterungsgebiet der Art und im Bereich der insgesamt wenigen Winterfunde (Dezember, Januar) anderer Beringungszentralen (Zink 1985, Dowsett et al. 1988, Dowsett 2010). Erstaunlich ist die Zahl der Winterfunde in S-Frankreich, auf der Iberischen Halbinsel und in NW-Afrika (Abb. 5). Dies widerspricht jedoch den seltenen Winterbeobachtungen von Trauerschnäppern im betreffenden Gebiet (z. B. Thévenot et al. 2003). Zink (1985) fasst die bis dahin geführte Diskussion um das Problem zusammen und erwähnt die hohe Zahl an Beringungen, bewusste oder unbewusste Falschmeldungen sowie physisches Unvermögen zum Weiterzug als mögliche Erklärungen des Phänomens; weiterhin wären auch unterschiedliche Meldewahrscheinlichkeiten zu berücksichtigen. Obwohl es vereinzelte Winterbeobachtungen von Trauerschnäppern im N der Sahara gibt (Thévenot et al. 2003), ist somit nicht davon auszugehen, dass sie hier in größerer Zahl überwintern. Allerdings nehmen Rguibi Idrissi et al. (2007) an, dass dies für eine kleine Zahl im küstennahen Marokko der Fall ist.
Die Funde während des Frühjahrszugs belegen eindrucksvoll den Schleifenzug in Deutschland brütender Trauerschnäpper (Winkel & Frantzen 1991), wie er auch für die Brutvögel anderer Länder beschrieben (Wernham et al. 2002, Maumary et al. 2007, Bakken et al. 2008) und der von allen europäischen Singvogelarten der am stärksten ausgeprägte ist (Zink 1985). Im Gegensatz zum Herbstzug (Abb. 3) liegen aus dem W der Iberischen Halbinsel im Frühjahr keine Funde vor, dagegen eine ganze Reihe aus Algerien, Tunesien, SE-Frankreich, Italien und in einem Fall sogar aus Griechenland (Abb. 5). Dies zeigt, dass im Gegensatz zum Herbstzug der Einzug in die mitteleuropäischen Brutgebiete auf breiter Front von S über die Sahara und das Mittelmeer erfolgt. Relativ wenige Funde belegen den Frühjahrszug fennoskandischer Brutvögel durch Deutschland (Abb. 6).

***Summary:** European Pied Flycatcher is a common breeding bird in Germany with a population of 70,000 – 135,000 bp that shows moderate declines in the last decades. Autumn migration peaks in August and September, while spring migration is concentrated in April and May. During autumn migration, German breeding birds and passage migrants from Fennoscandia and the Baltic region migrate SW with a distinct concentration of recoveries in Portugal. This and the restriction of autumn recoveries to W Morocco and the Canary Islands indicate that the Sahara is circumvented at its western fringe. There are only two German recoveries from sub-Saharan W Africa, one from Guinea (March) and one from Ghana (September). European Pied Flycatcher performs a loop migration with a more easterly route in spring compared to autumn. Recoveries of German breeding birds on spring migration are known from Algeria, Tunisia, SE France and Italy.*

Halsbandschnäpper *Ficedula albicollis*
Collared Flycatcher

Beringungen nach 1945:	29.319
Funde > 10 km nach 1945:	66/55
Wiederfundquote (Fernfunde nach 1945):	0,2 %
Funde > 10 km seit 1901:	66/55
Funde fremder Beringungszentralen:	0/0
Höchstalter:	6 J
Weiteste Entfernung:	1635 km

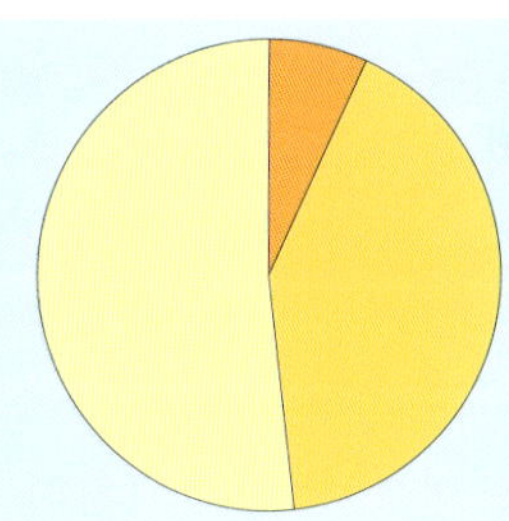

Der Halsbandschnäpper ist in der W-Paläarktis endemisch; sein geschlossenes Brutgebiet erstreckt sich von Mittel- und SE-Europa bis etwa zur Wolga. Isolierte Vorkommen finden sich auf den schwedischen Inseln Gotland und Öland, in E-Frankreich, SW-Deutschland, in der Schweiz und in Italien. Der Halsbandschnäpper ist ein trans-Saharazieher, dessen Überwinterungsgebiete nicht in vollem Umfang bekannt sind, die aber das südliche Zentralafrika mit einschließen (Dowsett 2010). In Deutschland brütet er mit einem langfristig stabilen Bestand von 3000 – 6000 BP fast ausschließlich in Bayern und Baden-Württemberg. Die Hauptzugzeiten sind der Juli sowie der April und Mai.
Mitteleuropäische Halsbandschnäpper ziehen im Wesentlichen in südliche Richtungen über Italien, um das Mittelmeer und die Sahara in ihren zentralen Bereichen zu überqueren (Zink 1975, Spina & Volponi 2008b). Entsprechend stammen alleine 24 der 28 Fernfunde von deutschen Halsbandschnäppern, die fast ausschließlich in Baden-Württemberg beringt wurden, aus Italien (Abb. 1). Bis auf einen handelt es sich dabei um Funde im Herbst. Je ein Aprilfund aus Tunesien, Malta, Italien und der Schweiz lassen darauf schließen, dass der Einzug im Frühjahr auf derselben Route erfolgt wie der Herbstzug. Die Seltenheit der Frühjahrsfunde in Italien im Vergleich zum Herbst wird von Spina & Volponi (2008b) auf die früheren, jahreszeitlich unterschiedlichen Jagdaktivitäten zurückgeführt. Auf eine Zugprolongation ist wahrscheinlich ein Aprilfund in Sachsen, fast 500 km NE des Beringungsortes, zurückzuführen (Abb. 1). Aus dem Überwinterungsgebiet fehlen Ringfunde ebenso wie Funde fremder Beringungszentralen in Deutschland. Das Auftreten schwedischer Ringvögel in Dänemark (Bønløkke et al. 2006) lässt jedoch vermuten, dass vereinzelt durch N-Deutschland ziehende Halsbandschnäpper (Klafs & Stübs 1987, Radomski 2009) zur relativ kleinen schwedischen Brutpopulation gehören.

Summary: *In Germany, the breeding distribution of Collared Flycatcher is restricted to the S of the country which hosts a stable population of 3000–6000 bp. Collared Flycatchers ringed in Germany migrate S to SSE in autumn with the great majority of recoveries in Italy. There are no recoveries from the winter quarters, but few records from April indicate that in spring the same migration routes are taken as in autumn.*

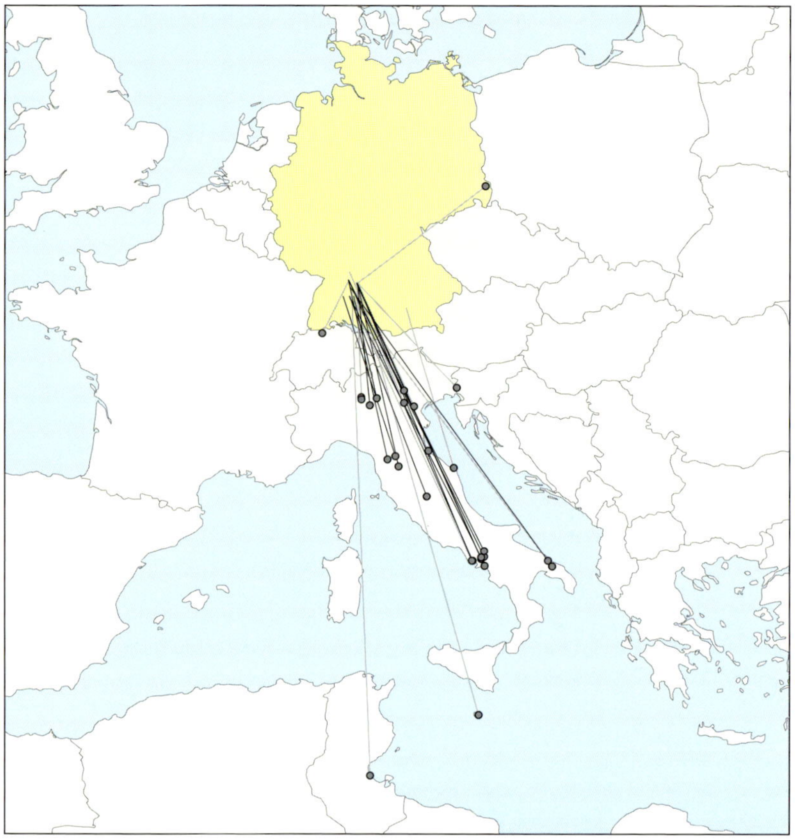

Abb. 1: Funde von Halsbandschnäppern mit Bezug zu Deutschland (29 Funde). – *Recoveries of Collared Flycatchers related to Germany (29 recoveries).*

Braunkehlchen *Saxicola rubetra*
Whinchat

Beringungen nach 1945:	55.257
Funde > 10 km nach 1945:	93/86
Wiederfundquote (Fernfunde nach 1945):	0,2 %
Funde > 10 km seit 1901:	102/95
Funde fremder Beringungszentralen:	8/8
Höchstalter:	7 J
Weiteste Entfernung:	2883 km

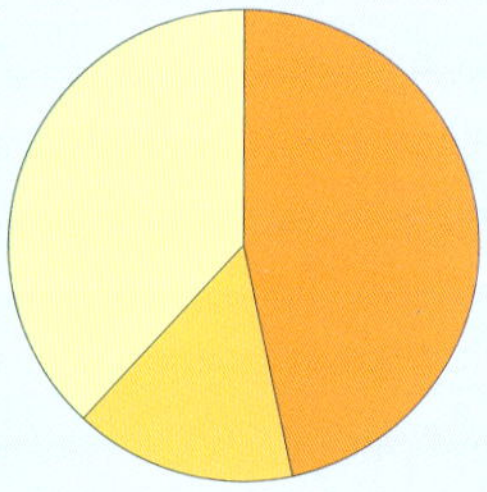

Verbreitung und Status: Das Brutgebiet des Braunkehlchens umfasst den größten Teil Europas, schließt den Kaukasus und den NE der Türkei mit ein und erstreckt sich bis nach Zentralasien. In weiten Teilen S-Europas kommt es nur als Durchzügler vor, isolierte Brutvorkommen finden sich jedoch in höheren Lagen in Italien. Als trans-Saharazieher überwintert das Braunkehlchen in den Savannen des nördlichen und östlichen tropischen Afrikas, vereinzelt gibt es auch Winternachweise in N-Afrika und in W-Europa.

In Deutschland besiedelt das Braunkehlchen mit 29.000–52.000 BP landesweit aber lückig offene Landschaften, wie z. B. extensiv bewirtschaftetes Weideland oder Moore, bis auf über 1000 m in den Alpen. Die Bestände zeigen in den letzten Jahrzehnten moderat rückläufige Trends. Der Herbstzug des Braunkehlchens setzt bereits Ende Juli ein, verstärkt sich deutlich im August und gipfelt Anfang September. Bis Anfang Oktober ist der Zug weitgehend abgeschlossen, doch können auch im November noch Einzelvögel beobachtet werden. Der Frühjahrszug macht sich ab Anfang April verstärkt bemerkbar und ist Ende April und Anfang Mai am stärksten ausgeprägt. Im sächsischen Vogtland hat sich die Erstankunft im Frühjahr zwischen 1967 und 2011 um etwa 18 Tage verfrüht (Ernst 2013) und auf Helgoland hat sich der Herbstzugs zwischen 1960 und 2008 im Mittel um annähernd zehn Tage verspätet (Hüppop & Hüppop 2011).

Wanderungen: Nachweise in Deutschland beringter Braunkehlchen finden sich in einem Bereich, der sich vom mittleren Fennoskandien nach SW bis nach Marokko erstreckt (Abb. 1). Funde fremder Beringungszentralen spielen kaum eine Rolle, allerdings fanden sich vier in Finnland beringte Vögel in Deutschland. Funde norwegischer und schwedischer Vögel in Dänemark (Bønløkke et al. 2006) deuten an, dass auch von dort Braunkehlchen durch Deutschland ziehen. Durchzügler gelangen auf dem Herbstzug, ebenso wie zur Brutzeit in Deutschland beringte Braunkehlchen, hauptsächlich nach SW ziehend in das westliche Mittelmeergebiet, von wo aus die afrikanischen Winterquartiere erreicht werden (Abb. 2, Zink 1973). Auffällig ist das Fehlen von Herbstfunden in Italien, was zeigt, dass der Zug direkt nach S keine Rolle spielt. Abweichend vom generellen Schema fand sich ein an der Müritz (Mecklenburg-Vorpommern) nestjung beringter Vogel im Oktober im NW in Dänemark (Abb. 2).

Aus den afrikanischen Überwinterungsgebieten gibt es keine Nachweise in Deutschland beringter Braunkehlchen. Eine Verbindung zwischen Nigeria und

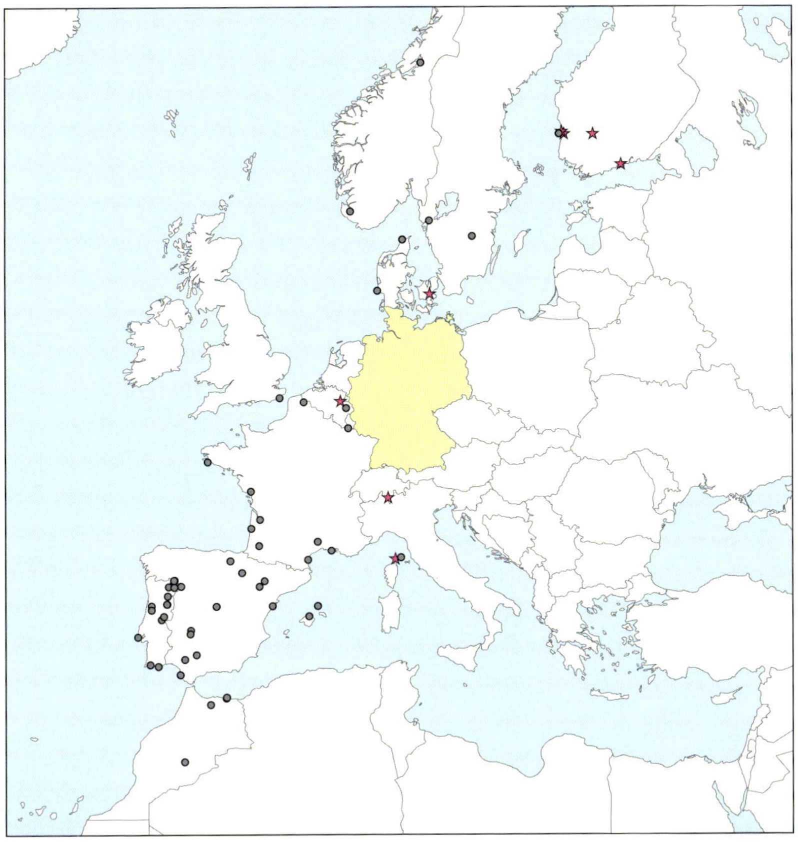

Abb. 1: Fundorte von in Deutschland beringten (55 Funde) und ausländische Beringungsorte von in Deutschland gefundenen (8 Funde) Braunkehlchen. – *Foreign recovery sites of Whinchats ringed in Germany (55 recoveries) and foreign ringing sites of birds recovered in Germany (8 recoveries).*

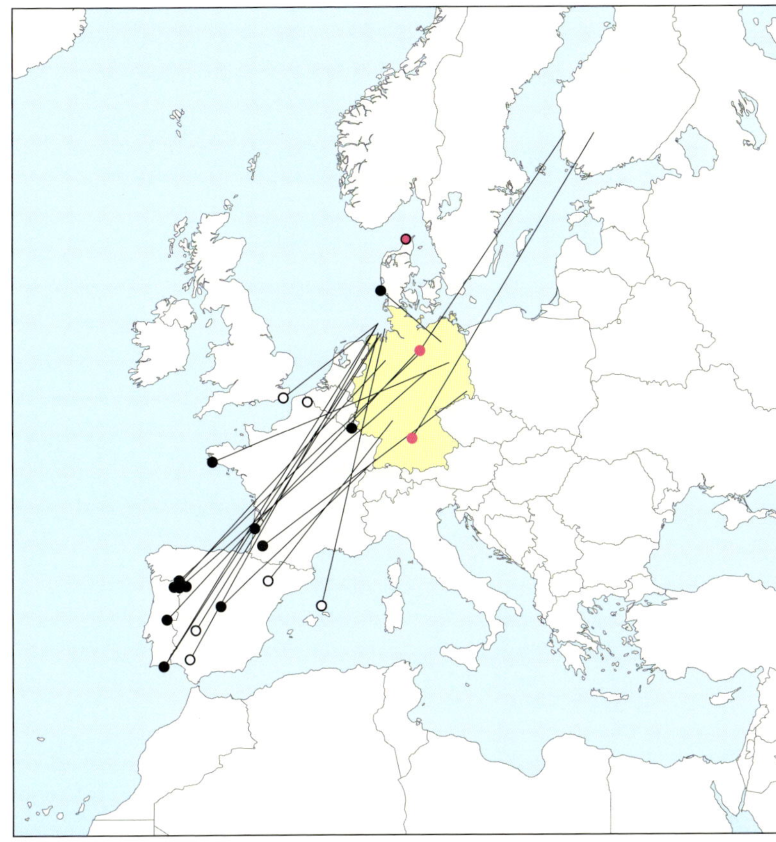

Abb. 2: Herbstzug (September – November) von in Deutschland zur Brutzeit (14 Funde) oder von September bis November anwesenden Braunkehlchen (10 Funde). – *Autumn migration (September – November) of Whinchats present in Germany during the breeding season (14 recoveries) or from September to November (10 recoveries).*

Polen (Zink 1973) sowie Funde von finnischen Braunkehlchen in der Elfenbeinküste und Ghana (Dowsett et al. 1988) lassen auch die Winterquartiere deutscher Braunkehlchen im Savannengürtel W-Afrikas vermuten. Der Einzug in die Brutgebiete erfolgt im Frühjahr aus SW (Abb. 3). Die wenigen Funde lassen keine Wertung über jahreszeitlich unterschiedliche Zugrouten zu. Die von italienischen Ringvögeln gewonnenen Befunde legen jedoch einen Schleifenzug nahe, der die Vögel mehr zentral über das Mittelmeer in ihre Brutgebiete führt, anstatt wie im Herbst über die Iberische Halbinsel (Spina & Volponi 2008b, siehe auch Zink 1973). Als Hinweis, dass dies auch für deutsche Brutvögel zutrifft, kann der von Spina & Volponi (2008b) dargestellte Brutzeitfund eines Braunkehlchens in NE-Deutschland gesehen werden, welches zwei Monate zuvor auf dem Frühjahrszug in Italien beringt wurde. Allerdings hielten sich auch drei deutsche Brutvögel im Frühjahr in Marokko und weitere in Spanien und Frankreich auf (Abb. 3), was einen generellen Zug über Italien widerlegt.

***Summary:** Whinchat is patchily distributed across Germany and shows a decreasing population trend during the last decades, currently comprising 29,000 – 52,000 bp. It is a trans-Saharan migrant with autumn migration starting slowly in July, culminating in September, and terminating in late October. Spring migration lasts from early April to June with a peak in late April and early May. On autumn migration, birds reaching Germany from Fennoscandia as well as local breeders migrate towards the SW. Africa is reached via the Iberian Peninsula and the most south-westerly records of German-ringed Whinchats derive from Morocco. There are no records of German Whinchats from the winter quarters, while in spring they arrive at their breeding areas from the SW. The few recoveries do not suggest a loop migration as suggested by results of e.g. the Italian ringing centre.*

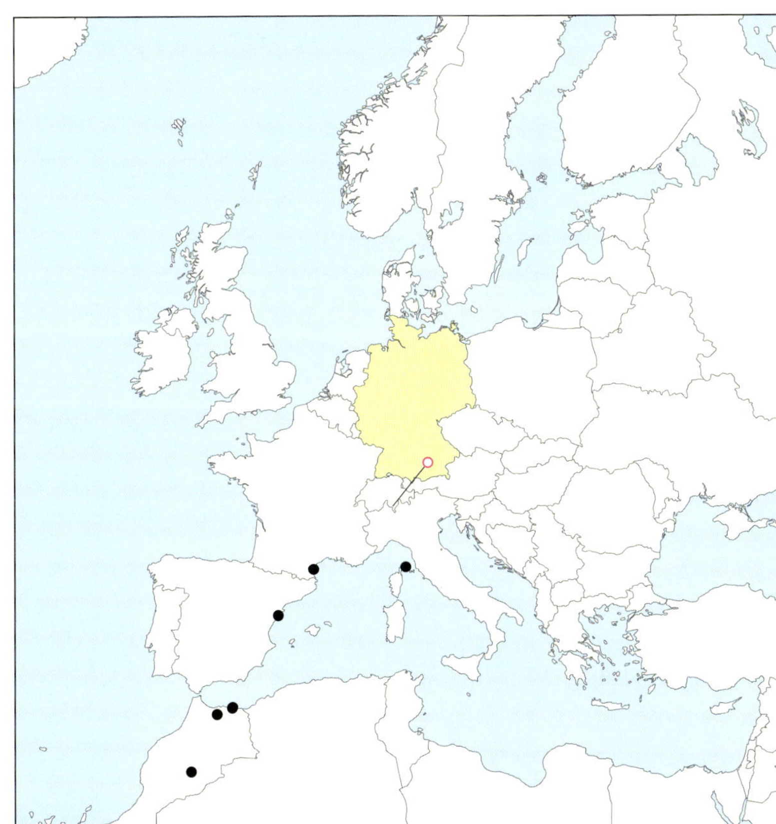

Abb. 3: Frühjahrszug (März – April) von in Deutschland zur Brutzeit (7 Funde) oder von März bis April anwesenden Braunkehlchen (1 Fund). – *Spring migration (March – April) of Whinchats present in Germany during the breeding season (7 recoveries) or from March to April (1 recovery).*

Schwarzkehlchen *Saxicola rubicola*
Common Stonechat

Beringungen nach 1945:	40.128
Funde > 10 km nach 1945:	124/111
Wiederfundquote (Fernfunde nach 1945):	0,3 %
Funde > 10 km seit 1901:	125/112
Funde fremder Beringungszentralen:	1/1
Höchstalter:	5 J, 9 M
Weiteste Entfernung:	2356 km

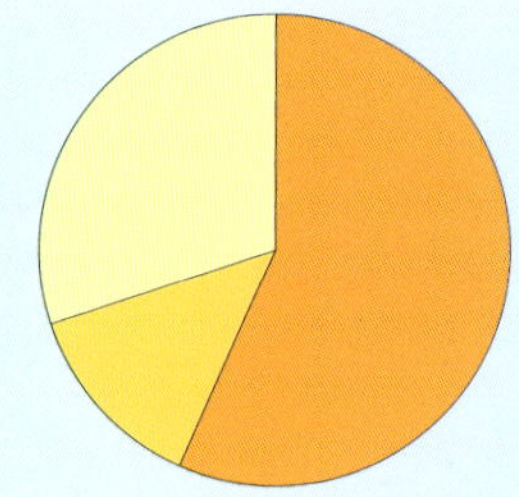

Verbreitung und Status: Das Schwarzkehlchen kommt in Eurasien und in Afrika mit einer Reihe taxonomischer Gruppen vor, die meist als Unterarten angesehen werden, denen z. T. aber auch ein eigener Artstatus zuerkannt wird (Wink et al. 2002). In Europa ist *S. r. rubicola* lückig aber weit verbreitet, wobei der N und weite Teile E-Europas nicht besiedelt sind; zusätzlich brütet die Unterart in NW-Afrika und in Vorderasien. Auf den Britischen Inseln und in der Bretagne kommt die Unterart *S. r. hibernans* vor. Schwarzkehlchen sind Teilzieher, wobei der Anteil ganzjährig ausharrender Vögel nach S und W hin zunimmt.

In Deutschland sind die Bestände des in offenen, trockenen Habitaten und in den Randlagen von Mooren mäßig häufig brütenden Schwarzkehlchens vor allem seit etwa der Jahrtausendwende stark im Zunehmen begriffen. Die Zahl der BP liegt gegenwärtig bei 12.000 – 21.000. Zugaktivitäten sind im Herbst zunehmend ab Mitte August zu beobachten und gipfeln von Mitte September bis Ende Oktober, um bis November weitgehend abzuklingen. Vereinzelt kommt es zu erfolgreichen Überwinterungen. Der Frühjahrszug und die Wiederbesetzung der Brutreviere beginnen bereits im Februar, erreichen ihren Höhepunkt Ende März und sind im Mai abgeschlossen.

Wanderungen: Da nördlich und nordöstlich von Deutschland kaum Schwarzkehlchen brüten, liegen Funde in Deutschland beringter Vögel fast ausschließlich aus W- und SW-Europa vor. Funde fremder Beringungszentralen gibt es nur wenige und keine weisen in das Brutgebiet von *S. t. hibernans* (Abb. 1). Der weitaus größte Teil der in Deutschland brütenden Schwarzkehlchen zieht im Herbst nach SW ab, um über die Iberische Halbinsel nach NW-Afrika zu gelangen. Einige scheinen auch eine mehr nach S ausgerichtete Route zu wählen, um über das Mittelmeer zu ziehen (Abb. 2). Die ersten Schwarzkehlchen erreichen bereits im September N-Afrika, wo für die meisten einheimischen Vögel die Winterquartiere in Marokko und in Algerien liegen (Abb. 2, 3).Einige beenden den Zug auch in S-Frankreich oder in Spanien, und Überwinterungen auf den Balearen zeigen, dass auch größere Strecken über das Meer gezogen werden können. Eine Trennung der Überwinterungsgebiete nach der naturräumlichen Herkunft in Deutschland ist nicht zu erkennen. Allerdings ergaben gezielte Beringungsprogramme (z. B. Todte 2010) mit einer Ausnahme noch keine Winterfunde in E-Deutschland brütender Schwarzkehlchen (Abb. 3).

Überwinterungsversuche, die zum Teil erfolgreich verlaufen, kommen in verschiedenen Regionen in Deutschland vor (z. B. Heine et al. 1999, Dierschke et al.

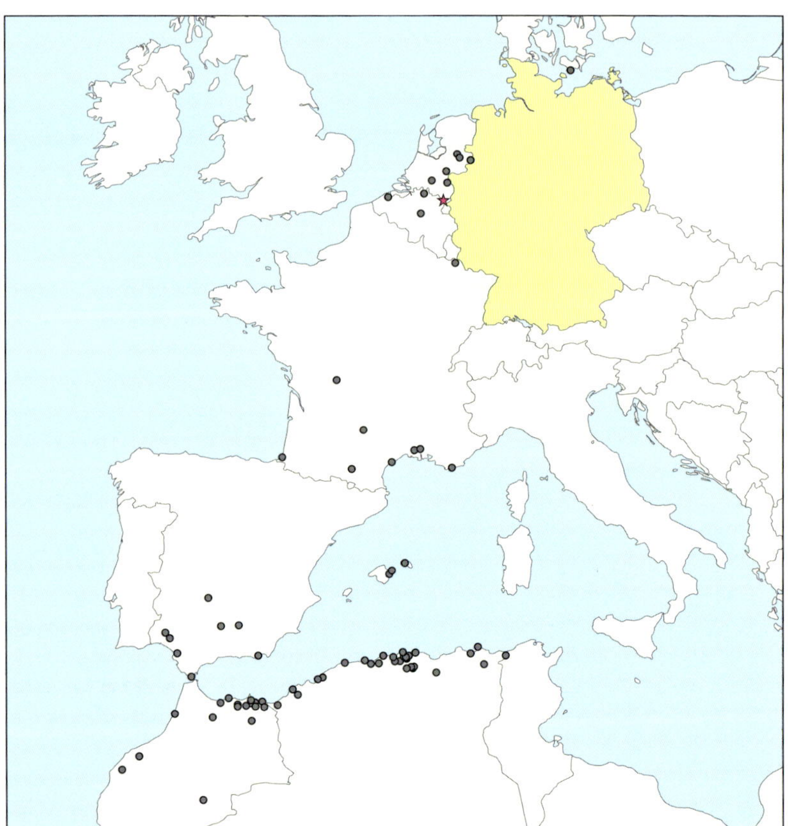

Abb. 1: Fundorte von in Deutschland beringten (85 Funde) und ausländische Beringungsorte von in Deutschland gefundenen (1 Fund) Schwarzkehlchen. – *Foreign recovery sites of Common Stonechats ringed in Germany (85 recoveries) and foreign ringing sites of birds recovered in Germany (1 recovery).*

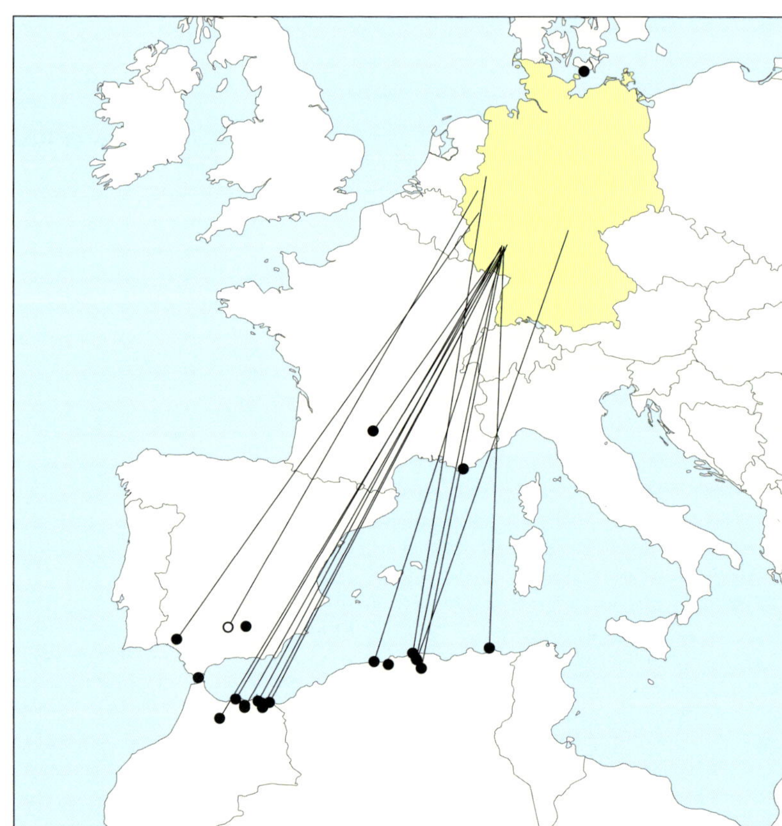

Abb 2: Herbstzug (September – November) von in Deutschland zur Brutzeit (21 Funde) oder von September bis November anwesenden Schwarzkehlchen (2 Funde). – *Autumn migration (September – November) of Common Stonechats present in Germany during the breeding season (21 recoveries) or from September to November (2 recoveries).*

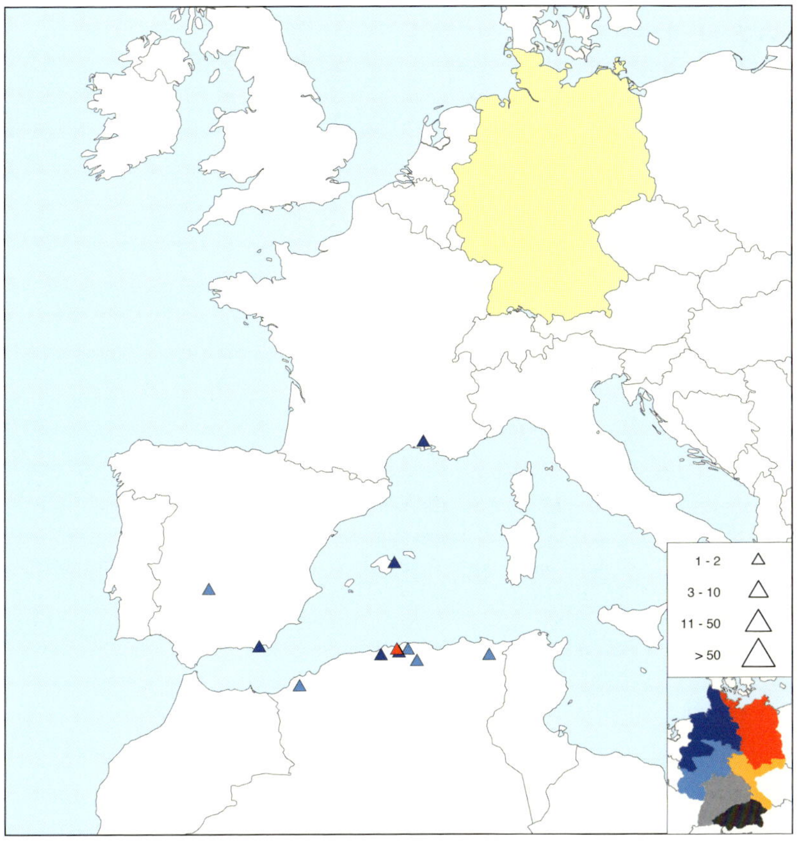

Abb. 3: Aufenthaltsorte im Winter (Dezember – Februar) von in Deutschland zur Brutzeit anwesenden Schwarzkehlchen (28 Funde). – *Presence in winter (December – February) of Common Stonechats present in Germany during the breeding season (28 recoveries).*

2011). In einer farbberingten Population konnte gezeigt werden, dass Winternachweise seit kurz nach der Jahrtausendwende stark zugenommen haben, und dass es sich dabei, ähnlich wie in den Niederlanden (Dhont 1983), zum Teil um lokale Brutvögel handelt (Flinks 2012). Diese Entwicklung steht im Gegensatz zu einer vor wenigen Jahren durchgeführten Ringfundanalyse. Diese zeigte, dass in Deutschland brütende Schwarzkehlchen ausschließlich Zugvögel sind, die ihren Zugweg in den letzten Jahren verlängert haben (Helm et al. 2006).
Zur Zeit des Frühjahrszugs konzentrieren sich die Nachweise von beringten Schwarzkehlchen in den Niederlanden. Dies könnte auf einen Einzug in die Brutgebiete aus mehr westlichen Richtungen als im Herbst hinweisen. Die Zahl der Funde (7) ist allerdings für eine abschließende Aussage zu gering. Ein im März in W-Deutschland als vorjährig beringter Vogel hielt sich zwei Monate später zur Brutzeit knapp 60 km weiter westlich in den Niederlanden auf. Dies könnte zum einen darauf hinweisen, dass im betreffenden Gebiet in Deutschland vereinzelt überwinternde Schwarzkehlchen auch aus der benachbarten niederländischen Population stammen, wofür es allerdings noch keine Belege gibt. Andererseits könnte es sich um eine Umsiedlung eines Jungvogels vor der ersten Brutsaison gehandelt haben. Dafür spricht auch, dass sich in W-Deutschland mit Farbringen markierte Nestlinge später in den Niederlanden angesiedelt haben (H. Flinks, pers. Mitt.). In E-Deutschland sind durch die Beringung Fernumsiedlungen von Nestlingen von bis zu 360 km belegt (Todte 2010).

Summary: *The German population of Common Stonechat, which currently comprises 12,000 – 21,000 bp, has increased over the last two decades. Most German breeders are migratory. Autumn migration is most pronounced from late August to late October and peaks between mid-September and mid-October. Spring migration lasts from late February to May. Recoveries of German-ringed birds almost exclusively stem from the W of the country, from where the birds move towards the SW in autumn. Some of these birds may reach NW Africa already in September. While most birds spend the winter in Algeria and Morocco, some may stay in Spain or S France. Within the last two decades numbers of Common Stonechats wintering in Germany are increasing and a colour-ring project in the W of the country has shown that local breeders are at least partially involved. During spring migration most recoveries are from The Netherlands, but the number is too low for final conclusions about possibly deviant routes taken in spring.*

Rotkehlchen *Erithacus rubecula*

European Robin

Beringungen nach 1945:	575.294
Funde > 10 km nach 1945:	1724/1691
Wiederfundquote (Fernfunde nach 1945):	0,3 %
Funde > 10 km seit 1901:	1835/1802
Funde fremder Beringungszentralen:	811/763
Höchstalter:	17 J, 1 M
Weiteste Entfernung:	3006 km

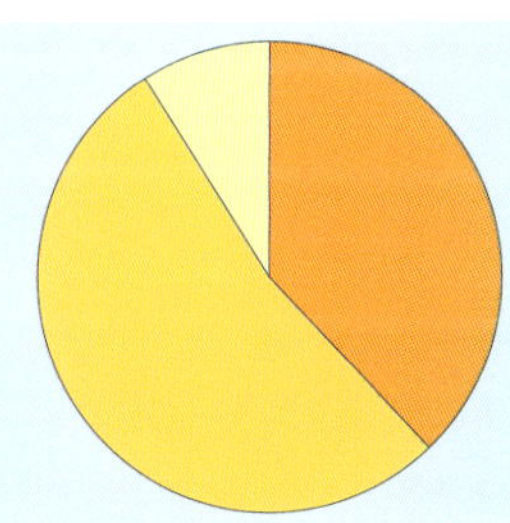

Verbreitung und Status: Das Rotkehlchen weist eine W-paläarktische Verbreitung auf und brütet auf Inselgruppen im E-Atlantik (Azoren, Kanaren), in NW-Afrika und in ganz Europa bis über den Polarkreis hinaus. Im E zieht sich die Grenze der Brutvorkommen von der Türkei über den Kaukasus und den N-Iran nach W-Sibirien bis etwa 85 °E an den Ob. Rotkehlchen in W- und S-Europa sind Standvögel. Im restlichen Verbreitungsgebiet ist die Art Teilzieher mit nach N und E zunehmendem Anteil wandernder Ind. Die Überwinterungsgebiete ziehender Rotkehlchen liegen in Mittel-, W- sowie in S-Europa und in N-Afrika auch südlich des Brutareals. Untersuchungen unter Anwendung molekularbiologischer Methoden legen nahe, dass Weibchen weiter in den S ziehen als Männchen (Catry et al. 2004).
In Deutschland ist das Rotkehlchen mit 3.200.000 – 4.100.000 BP ein häufiger Brutvogel in lichten Wäldern und Gebüschen von den Küsten bis an die Baumgrenze in den Alpen. In den letzten Jahrzehnten ist allerdings eine leichte Bestandsabnahme zu verzeichnen. Die zum größten Teil ziehenden einheimischen Rotkehlchen werden im Winter durch N- und E-europäische Vögel ersetzt. Im Herbst setzt stärkerer Zug ab Ende August ein, wobei Jungvögel den Altvögeln voran gehen. Der Hauptweg-, Durch- und Zuzug findet jedoch in der zweiten September- und der ersten Oktoberhälfte statt und ist bis Mitte November abgeschlossen. Der Wiedereinzug in die Brutgebiete setzt ab Mitte Februar ein und hält bis Ende April an, im N auch bis in den Mai. In SW-Deutschland hat sich der Herbstzugs zwischen 1970 und 1997 um über sechs Tage (Gatter 2000) und auf Helgoland der Frühjahrszug zwischen 1960 und 2008 um sieben Tage verfrüht (Hüppop & Hüppop 2011).

Wanderungen: Deutschland nimmt eine zentrale Lage im Zugsystem NE-europäischer Rotkehlchen ein. Da die Art außerdem häufig beringt wird, ergaben sich relativ viele Funde, deren Einzugsgebiet mit Bezug zu Deutschland zwischen

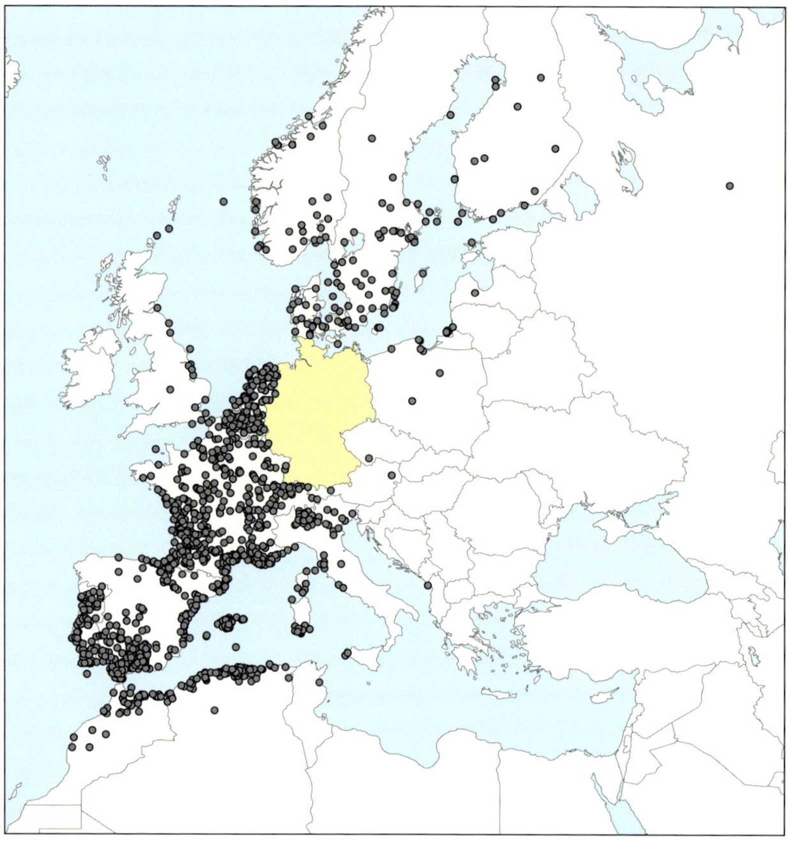

Abb. 1: Fundorte im Ausland von in Deutschland beringten Rotkehlchen (1450 Funde). – *Foreign recovery sites of European Robins ringed in Germany (1450 recoveries).*

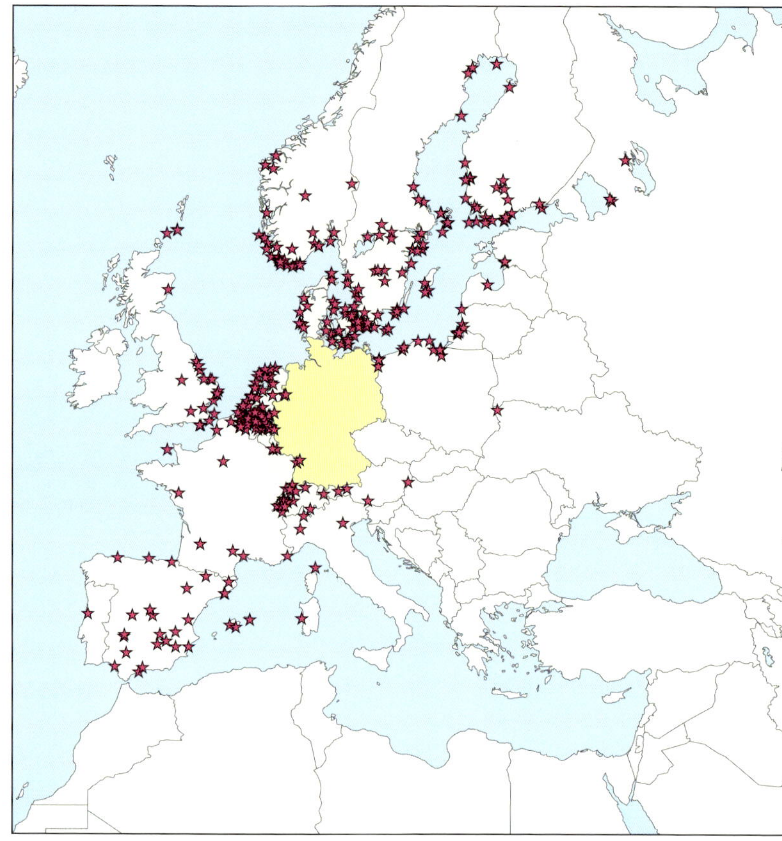

Abb. 2: Beringungsorte im Ausland von in Deutschland gefundenen Rotkehlchen (811 Funde). – *Foreign ringing sites of European Robins recovered in Germany (811 recoveries).*

Abb. 3: Herbstzug (September – November) von in Deutschland zur Brutzeit anwesenden Rotkehlchen (67 Funde). – *Autumn migration (September – November) of European Robins present in Germany during the breeding season (67 recoveries).*

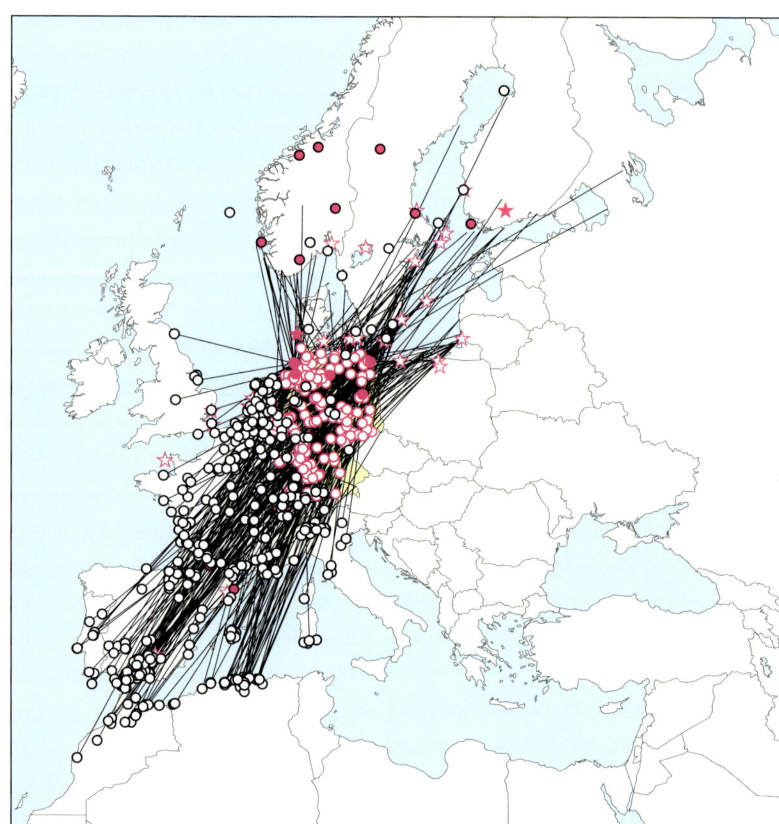

Abb. 4: Herbstzug (September – November) von in Deutschland von September bis November anwesenden Rotkehlchen (649 Funde). – *Autumn migration (September – November) of European Robins present in Germany from September to November (649 recoveries).*

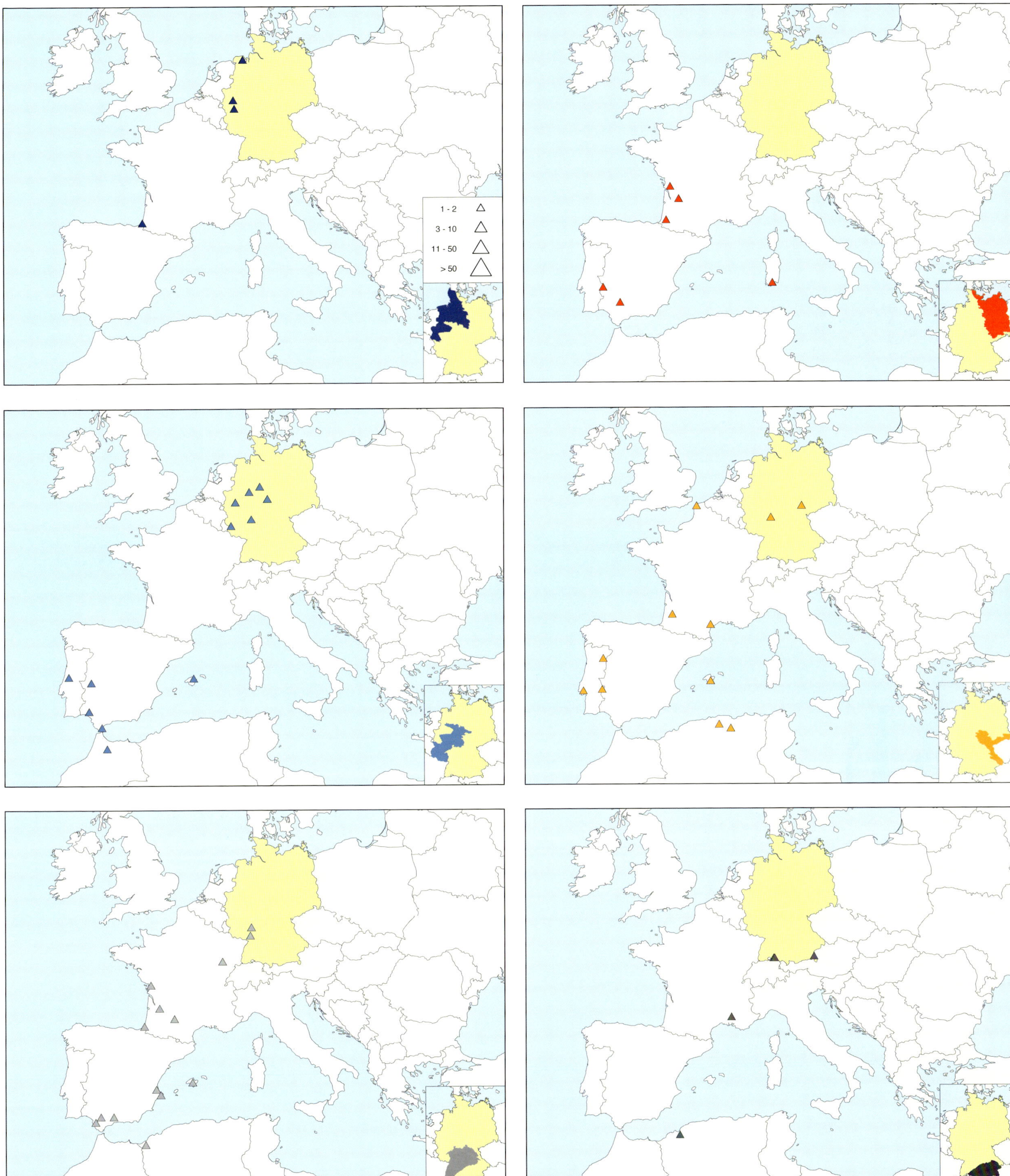

Abb. 5: Aufenthaltsorte im Winter (Dezember – Februar) von in Deutschland zur Brutzeit anwesenden Rotkehlchen (54 Funde). – *Presence in winter (December – February) of European Robins present in Germany during the breeding season (54 recoveries).*

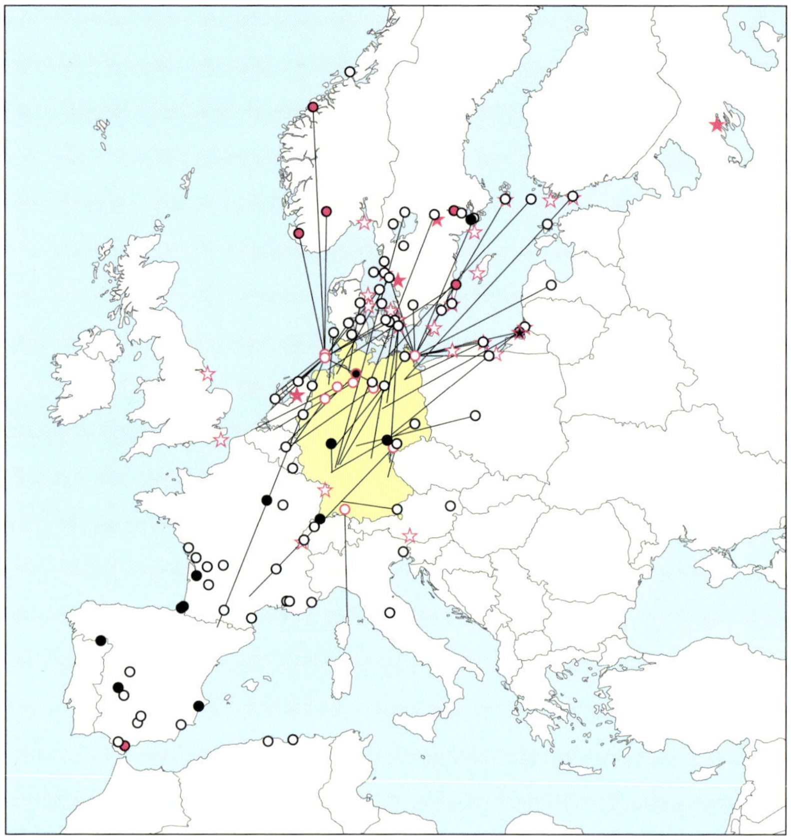

Abb. 6: Frühjahrszug (März – April) von in Deutschland zur Brutzeit (14 Funde) oder von März bis April anwesenden Rotkehlchen (142 Funde). – *Spring migration (March – April) of European Robins present in Germany during the breeding season (14 recoveries) or from March to April (142 recoveries).*

dem mittleren Fennoskandien und NW-Afrika streut (Abb. 1, 2). Auf dem Herbstzug herrschen bei N- und mitteleuropäischen Rotkehlchen südwestliche Richtungen vor (Abb. 3, 4). Alle deutschen Landesteile sind dabei Durchzugsgebiet von Brutvögeln aus Fennoskandien und dem Baltikum (Abb. 4). W-norwegische Vögel ziehend direkt nach S über die Nordsee, während solche aus S-Finnland und dem Baltikum Deutschland durch den Zug nach WSW erreichen. Die am weitesten aus dem E stammenden Zuzügler kommen aus den Regionen des Ladoga- und des Onegasees in NW-Russland. Weiter aus dem E stammt nur noch ein Nachweis eines im März in Deutschland beringten Vogels, der sich über zwei Jahre später im Oktober in der NW-russischen Region Archangelsk aufhielt (Abb. 1). Der Herbstzug E-europäischer Rotkehlchen nach Deutschland ist durch Ringfunde nicht belegt. Einzelne N-europäische und slowakische Ringvögel gelangten jedoch nach Griechenland, Zypern und in die Türkei (Payevsky 1973, Bønløkke et al. 2006, Bakken et al. 2006, Fransson & Hall-Karlsson 2008, Cepák et al. 2008). Dies entspricht der Annahme, dass Vögel aus N- und NE-Mitteleuropa z. T. ins östliche Mittelmeergebiet ziehen (Högstedt & Persson 1971, Busse et al. 2001, Remisiewicz 2002). Einige SE-europäische Vögel fliegen aber auch nach SW und erreichen Italien (Spina & Volponi 2008b).

Entsprechend der vorherrschenden Zugrichtung gelangen einheimische Rotkehlchen wie auch die Durchzügler im Herbst vor allem nach Frankreich und auf die Iberische Halbinsel (Abb. 3, 4), wo die Hauptüberwinterungsgebiete N- und mitteleuropäischer Rotkehlchen liegen (Bakken et al. 2006, Maumary et al. 2007, Fransson & Hall-Karlsson 2008). Vor allem Durchzügler suchen auch die Britischen Inseln auf und einige Vögel ziehen nach N-Italien und Sardinien, während das südliche Italien von deutschen Ringvögeln nicht berührt wird. Eine nicht unerhebliche Zahl einheimischer wie durchziehender Rotkehlchen erreicht die Küstenregionen NW-Afrikas, wo die Dichte überwinternder Rotkehlchen bis zu 250 Ind./km^2 betragen kann (Keith et al. 1992). Zwei in N-Polen und NW-Norwegen zur Zeit des Herbstzugs markierte Vögel wurden in einem späteren Juli aus Deutschland gemeldet (Abb. 3). Da aber keine Angaben gemacht wurden, wie lange die Vögel bei der Meldung schon tot waren, muss eine Interpretation der ungewöhnlichen Funde unterbleiben.

Einheimische Rotkehlchen überwintern zum Teil in der Nähe ihrer Brutgebiete. Dies ist vor allem bei Vögeln aus den nordwestlichen Landesteilen der Fall (Abb. 5). Bei Winterfunden von Brutvögeln aus E- und S-Deutschland überwiegen Nachweise aus Frankreich, von der Iberischen Halbinsel sowie aus Marokko und Algerien deutlich. Die Zahl der nach N-Afrika ziehenden Vögel könnte durch unterschiedliche Meldewahrscheinlichkeiten unterschätzt werden. Nach einer Analyse von Ringfunden mit Modellen, die eine unterschiedliche Fundwahrscheinlichkeit berücksichtigen, schätzten Korner-Nievergelt et al. (2014), dass 31 % der mitteleuropäischen Rotkehlchen nach N-Afrika ziehen. Eine Bevorzugung bestimmter Überwinterungsgebiete nach der naturräumlichen Herkunft scheint es nicht zu geben. In Deutschland selbst ist nur einmal der Winteraufenthalt eines norwegischen Brutvogels nachgewiesen. Allerdings wird die hohe Zahl von in Deutschland überwinternden N- und NE-europäischen Rotkehlchen durch 87 Winterfunde von dort auf dem Zug beringten Vögeln belegt. Im Frühjahr ziehen Rotkehlchen vornehmlich aus SW wieder zurück in ihre Brutgebiete nach Deutschland und NE-Europa (Abb. 6). Da die Funde aus den gleichen Regionen stammen wie auf dem Herbstzug, ergeben sich keine Hinweise auf einen Schleifenzug.

Summary: *European Robin is a common and widespread breeding species in Germany, with numbers in moderate decline in recent decades; the population currently comprises 3,200,000 – 4,100,000 bp. Most German breeders are migratory, with autumn migration lasting from late August to mid-November, culminating in late September and early October. Spring migration is from mid-February to late April. European Robins from Fennoscandia and the Baltic reach Germany on autumn migration with the easternmost birds coming from the region of the Russian Lakes Ladoga and Onega and from the province Archangelsk. In accordance with German breeders they migrate mainly to wintering grounds in France, Spain and NW Africa with a few individuals passing through the British Isles and N Italy. A few German birds stay in the vicinity of the breeding areas throughout the winter, especially in the NW of the country. However, the high number of recoveries of birds ringed in N and NE Europe during migration gives evidence of the main origin of the large numbers of European Robins found in Germany in winter.*

Sprosser *Luscinia luscinia*
Thrush Nightingale

Beringungen nach 1945:	5299
Funde > 10 km nach 1945:	36/32
Wiederfundquote (Fernfunde nach 1945):	0,6 %
Funde > 10 km seit 1901:	36/32
Funde fremder Beringungszentralen:	0/0
Höchstalter:	9 J*
Weiteste Entfernung:	1014 km

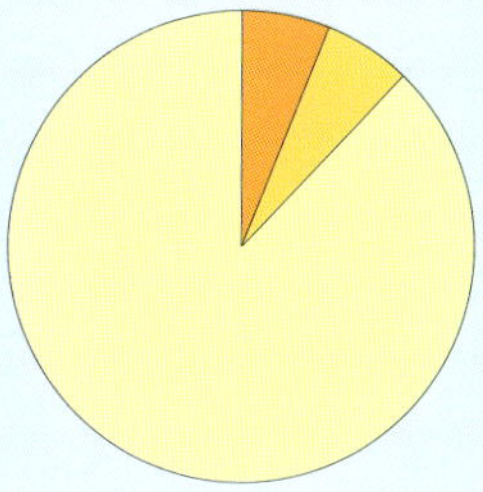

Das Brutgebiet des Sprossers erstreckt sich von Mittel- und NE-Europa bis nach Zentralsibirien. Als trans-Saharazieher überwintern Sprosser aus dem gesamten Verbreitungsgebiet im tropischen E- und SE-Afrika, was durch Funde dänischer z. T. nestjung markierter Ringvögel belegt ist (Bønløkke et al. 2006). Europäische Populationen ziehen dabei über das östliche Mittelmeergebiet. In Deutschland ist der Sprosser mit 9000 – 14.000 BP auf den N und NE beschränkt, wo er mit der Nachtigall sympatrisch vorkommt und gelegentlich auch mit dieser hybridisiert (Becker 2007). Der in den letzten Jahrzehnten zunehmende Bestand zeigt seit etwa der Jahrtausendwende wieder einen rückläufigen Trend. Der Herbstzug erfolgt im August und September, die Wiederbesetzung der Brutreviere im Mai. Es liegen nur drei Fernfunde in Deutschland beringter Sprosser vor (Abb. 1). Ein Mitte August beringter Vogel wurde im selben Monat nach nicht ganz zwei Wochen in N-Italien durch einen Beringer kontrolliert und zwei in Deutschland im Mai beringte Vögel hielten sich in späteren Jahren im gleichen Monat und im Juni in Ungarn und in Schweden auf. Die Funde liegen auf der nach S bis SSE ausgerichteten Achse, auf der mittel- und N-europäische Sprosser nach Afrika ziehen (Zink 1973). Dies wurde durch eine Studie unter Anwendung von Geolokatoren bestätigt (Stach et al. 2013). Zurückhaltend ist ein zusätzlicher Oktoberfund eines im Mai bei Plön (Schleswig-Holstein) beringten Sprossers in Spanien zu interpretieren, wo er als Nachtigall bestimmt wurde. Weitere Nachweise der Art aus Spanien fehlen bisher (R. Gutierrez, pers. Mitt.).

Summary: *In Germany, breeding Thrush Nightingales are with 9000 – 14,000 bp confined to the N and NE of the country. Ringing produced only three long-distance recoveries. On autumn migration, one bird reached N Italy less than two weeks after it was ringed in August, and two individuals ringed in May where found in Hungary and S Sweden a few years later in May and June, respectively.*

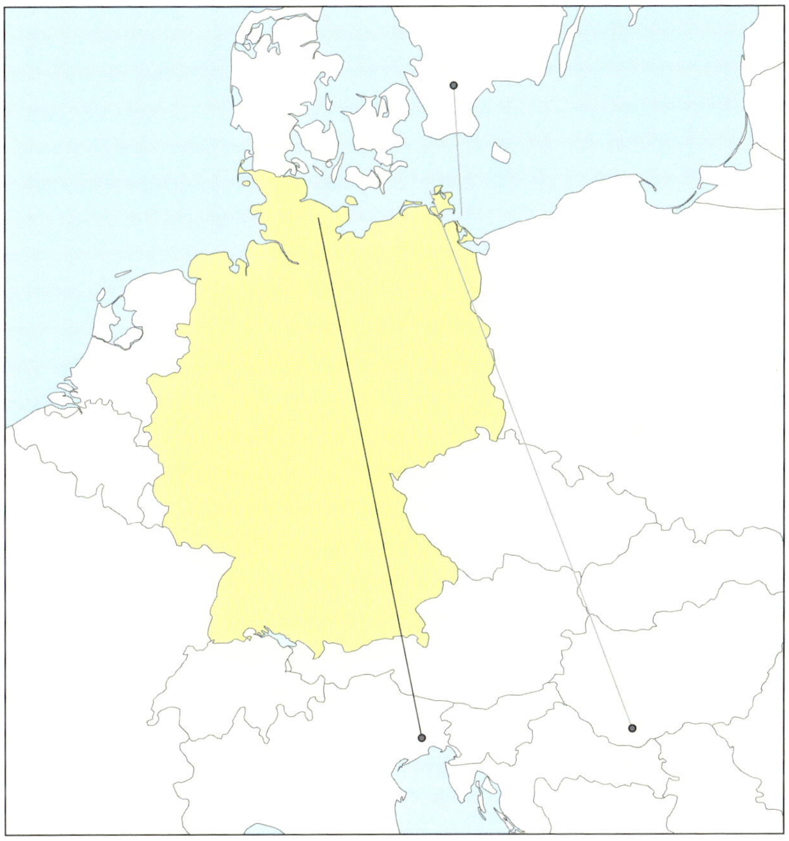

Abb. 1: Funde von Sprossern mit Bezug zu Deutschland (3 Funde). – *Recoveries of Thrush Nightingales related to Germany (3 recoveries).*

Nachtigall *Luscinia megarhynchos*
Common Nightingale

Beringungen nach 1945:	47.937
Funde > 10 km nach 1945:	190/157
Wiederfundquote (Fernfunde nach 1945):	0,3 %
Funde > 10 km seit 1901:	205/172
Funde fremder Beringungszentralen:	14/13
Höchstalter:	9 J*
Weiteste Entfernung:	3184 km

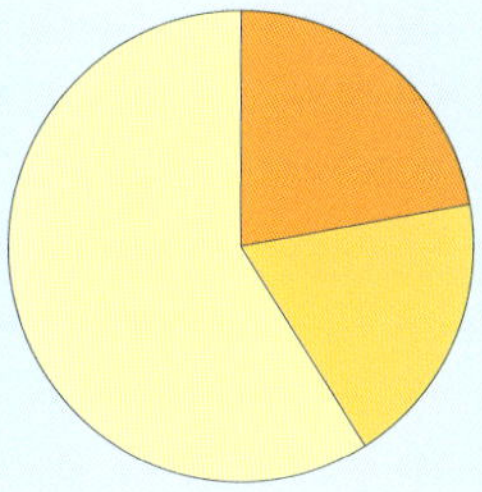

Verbreitung und Status: Die Nachtigall brütet vom Maghreb und W-Europa über Mittel- und SE-Europa, Vorderasien und den Kaukasus bis in die W-Mongolei. In N- und E-Europa fehlt sie und wird z. T. durch den nahe verwandten Sprosser ersetzt. Als trans-Saharazieher überwintern Nachtigallen aus dem gesamten Verbreitungsgebiet zumeist nördlich des Äquators in den afrikanischen Feuchtsavannen.

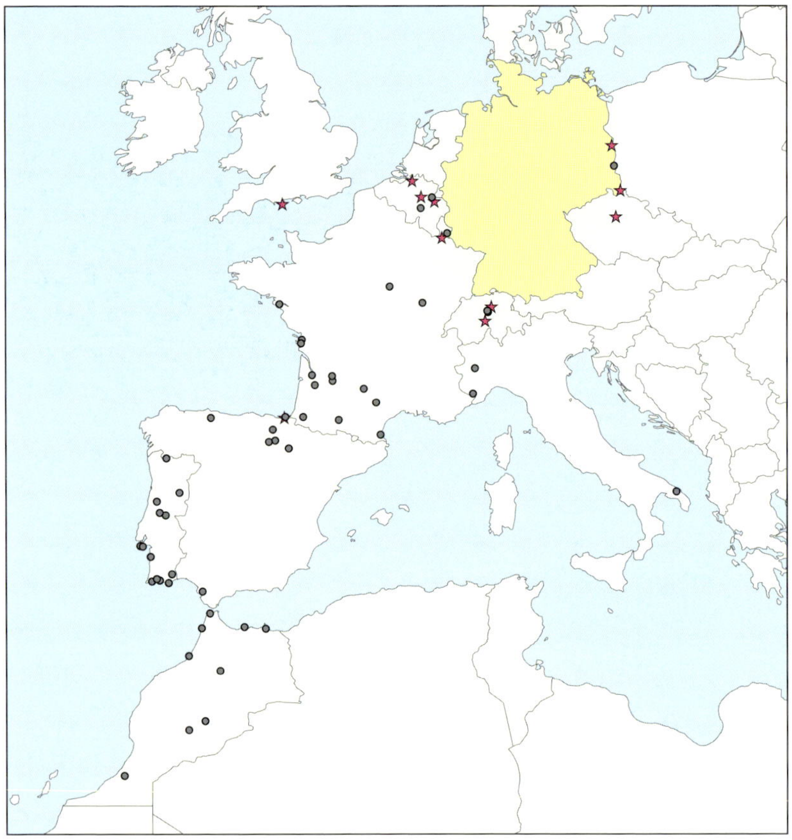

Abb. 1: Fundorte von in Deutschland beringten (56 Funde) und ausländische Beringungsorte von in Deutschland gefundenen (14 Funde) Nachtigallen. – *Foreign recovery sites of Common Nightingales ringed in Germany (56 recoveries) and foreign ringing sites of birds recovered in Germany (14 recoveries).*

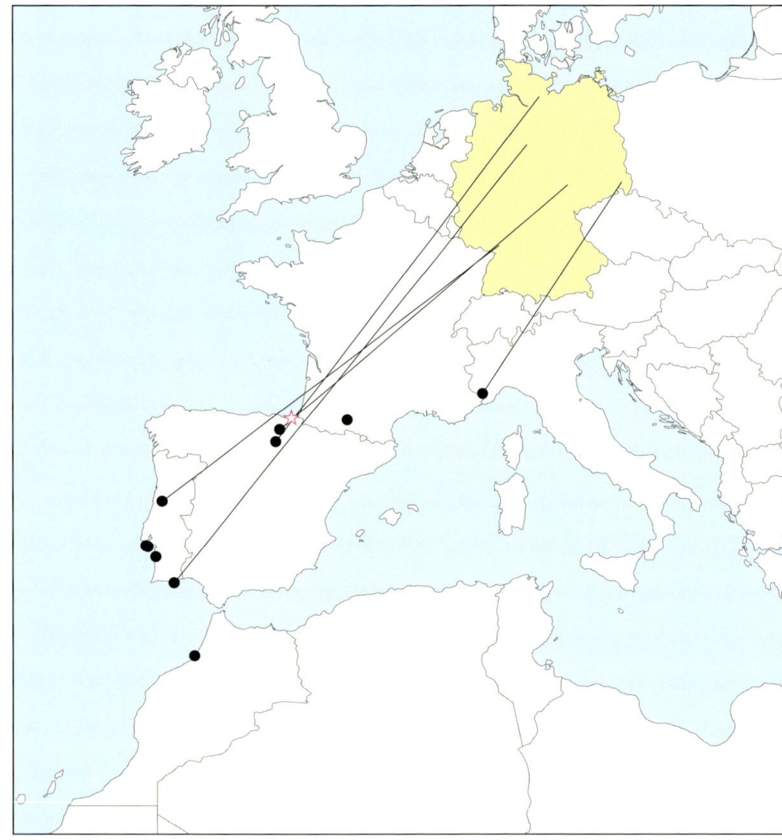

Abb. 2: Herbstzug (September – November) von in Deutschland zur Brutzeit (10 Funde) oder von September bis November anwesenden Nachtigallen (1 Fund). – *Autumn migration (September – November) of Common Nightingales present in Germany during the breeding season (10 recoveries) or from September to November (1 recovery).*

Die in dichten, gebüschreichen Habitaten vorkommende Nachtigall ist in Deutschland mäßig häufig mit einem stabilen Bestand von 70.000 – 130.000 BP weit verbreitet. Im Herbst verlassen die meisten Nachtigallen ab August ihre Brutgebiete, wobei der Zug abgeschwächt bis in den September andauern kann. Im Frühjahr beginnt der Einzug ab Mitte April und ist im S in der zweiten Maihälfte beendet, im N etwas später.

Wanderungen: Da nördlich von Deutschland nur wenige Nachtigallen brüten und östlichere Populationen Deutschland kaum streifen, liegen Fernfunde hier beringter Nachtigallen vor allem aus SW bis S vor (Abb. 1). Zur Brutzeit beringte Vögel ziehen im Herbst nach SW und erreichen Afrika über die Iberische Halbinsel und Marokko (Abb. 2). Auffällig ist die Konzentration von Funden in Portugal im Gegensatz zu ihrem Fehlen in weiten Teilen Spaniens (Abb. 1), was einen Zugknick im äußersten SW-Europa zumindest für einen Teil der Vögel andeutet. Abweichend vom üblichen Schema zog eine im Mai in Thüringen beringte Nachtigall nach SSE und gelangte dabei im folgenden September nach Apulien (Italien, Abb. 1). Der südlichste Nachweis einer in Deutschland beringten Nachtigall auf dem Herbstzug stammt aus Marokko.

Aus den afrikanischen Winterquartieren gibt es keine Nachweise von in Deutschland beringten Nachtigallen. In Italien zur Brutzeit und während des Herbstzugs beringte Vögel wurden im Winter in der Elfenbeinküste und in Ghana gefunden (Spina & Volponi 2008b). Eine aktuelle Studie unter Anwendung von Geolokatoren konnte zeigen, dass sowohl Nachtigallen aus E-Frankreich als auch aus N-Italien im tropischen W-Afrika überwintern (Hahn et al. 2013). Es ist daher anzunehmen, dass auch Nachtigallen, die in Deutschland brüten, in diese Region ziehen. Im Widerspruch dazu wurde eine im April in Halle/Saale beringte Nachtigall zwei Jahre später im Januar aus Portugal lebend gemeldet. Überwinterungen von Nachtigallen nördlich der Sahara sind aber selten (z. B. Spina & Volponi 2008b) und somit kann diesen Funden nicht viel Bedeutung im Hinblick auf die Frage nach den Überwinterungsgebieten einheimischer Brutvögel zugemessen werden.

Die spärlichen Funde zur Zeit des Frühjahrszugs liegen aus den selben Regionen vor, die auch schon auf der herbstlichen Wanderung berührt wurden. Die Analyse der Zugwege von in Italien beringten Nachtigallen lassen einen Schleifenzug zumindest für einen Teil der europäischen Vögel vermuten, bei dem der Frühjahrszug weiter im E verläuft als der Herbstzug (Spina & Volponi 2008b, siehe auch Zink 1973). Die drei Italienfunde von deutschen Ringvögeln stammen allerdings ebenso aus der Zeit des Herbstzugs wie die aus der Schweiz (Abb. 1) und geben damit keine Hinweise auf einen Schleifenzug.

Summary: *Common Nightingale is widely distributed in Germany in densely vegetated habitats. The stable population consists of 70,000 – 130,000 bp. Birds leave their German breeding areas mostly in August and return in April and May. Individuals ringed during the breeding season migrate towards the SW in autumn with a distinct concentration of recoveries in Portugal suggesting a directional change ("Zugknick") in this area. An exceptional recovery comes from a bird ringed in Thuringia in May and recovered SSE in Apulia, Italy, in September. The southernmost recoveries are from Morocco, as there are no winter records from sub-Saharan Africa so far. The few spring records do not allow any final conclusions about a possible loop migration.*

Blaukehlchen *Luscinia svecica*
Bluethroat

Beringungen nach 1945:	14.867
Funde > 10 km nach 1945:	103/81
Wiederfundquote (Fernfunde nach 1945):	0,5 %
Funde > 10 km seit 1901:	108/86
Funde fremder Beringungszentralen:	48/39
Höchstalter:	8 J
Weiteste Entfernung:	4835 km

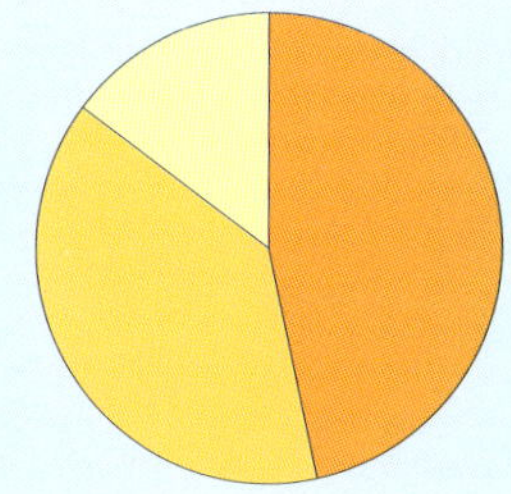

Verbreitung und Status: Das Blaukehlchen kommt mit mehreren Unterarten als Brutvogel in der gesamten Paläarktis und in NW-Alaska vor. In Europa ist es lückig verbreitet mit den südlichsten isolierten Vorkommen in Spanien und dem Kaukasus. Europäische Populationen ziehen zum Überwintern in den Mittelmeerraum, in die Trockensavannen südlich der Sahara oder nach Asien.

In Deutschland ist das Weißsternige Blaukehlchen *L. s. cyanecula* als Brutvogel feuchter Habitate vor allem in Verlandungszonen und Sukzessionsflächen lückig verbreitet und an einigen Standorten häufig. Der langfristig zunehmende Bestand beläuft sich derzeit auf 8500 – 15.000 BP. Regelmäßiger Herbstzug ist ab Anfang August zu beobachten und gipfelt zur Monatswende August/September; Nachzügler können bis in den November auftreten. Der Wiedereinzug im Frühjahr setzt ab März ein, erreicht seinen Höhepunkt im April und ist im Mai abgeschlossen. Das in Fennoskandien, NE-Europa und mit kleinen isolierten Vorkommen in den Karpaten, der Tatra, dem Riesengebirge sowie den schweizerischen und österreichischen Alpen brütende Rotsternige Blaukehlchen *L. s. svecica* ist ein regelmäßiger, aber seltener Durchzügler. Der Herbstzug verläuft bei ihm etwas früher (August und September) und der Frühjahrszug später (April und Mai bzw. Juni im N) als beim Weißsternigen Blaukehlchen. Auf Helgoland ist die Zahl der Durchzügler seit vielen Jahren stark rückläufig, was im Widerspruch zur Bestandsentwicklung in Fennoskandien steht und daher vermutlich auf ein verändertes Zugverhalten zurückzuführen ist (Dierschke 2005).

Wanderungen: Bei den beiden Unterarten *L. s. cyanecula* und *L. s. svecica* lassen sich nur die Männchen im Brutkleid sicher voneinander unterscheiden. Daher erfolgte bei den meisten Blaukehlchen, die Wiederfunde mit Bezug zu Deutschland ergaben (Abb. 1), keine Angabe der Unterart. Allerdings ziehen die Rotsternigen Blaukehlchen Fennoskandiens eher nach SE und ESE, während Weißsternige Blaukehlchen in der Regel nach SW bis WSW ziehen. Rotsternige Blaukehlchen treten daher seltener in Deutschland auf. Bei zwei Vögeln, die sich zur Zeit des Frühjahrszugs in Deutschland und im August jeweils in Schweden und in Norwegen aufhielten (Abb. 1), handelte es sich allerdings mit Sicherheit um die rotsternige Unterart.

Bei den zur Brutzeit in Deutschland beringten Blaukehlchen dürfte es sich ausnahmslos um die weißsternige Unterart handeln. Im Herbst erfolgt ihr Zug, wie generell für die Unterart üblich (Zink 1973), nach SW mit Nachweisen in Frankreich und in Spanien (Abb. 2). Bei den wenigen Funden von auf dem Herbstzug

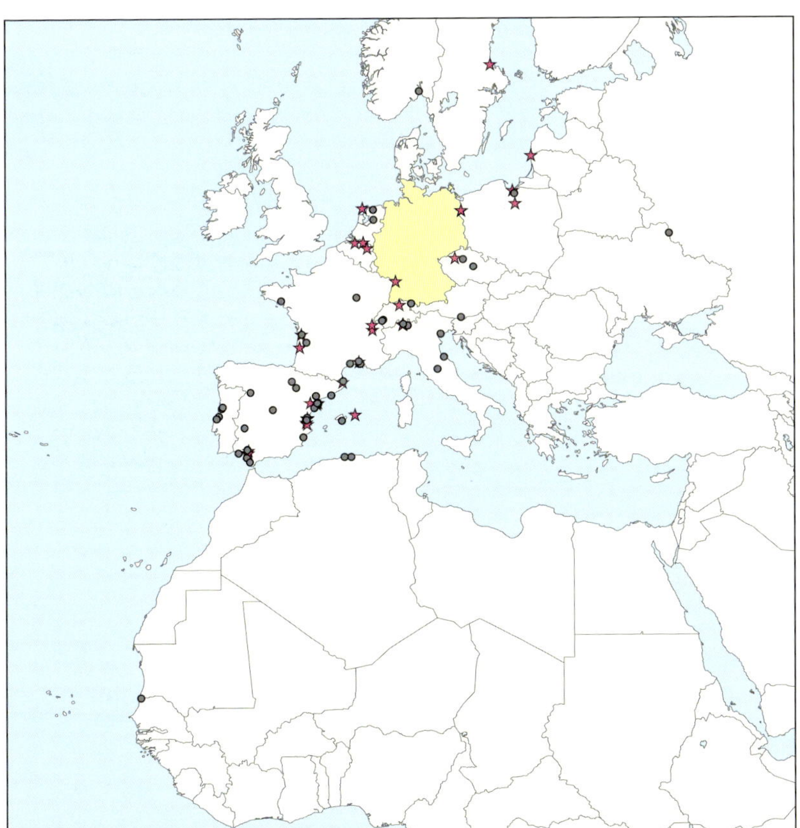

Abb. 1: Fundorte von in Deutschland beringten (68 Funde) und ausländische Beringungsorte von in Deutschland gefundenen (48 Funde) Blaukehlchen. – *Foreign recovery sites of Bluethroats ringed in Germany (68 recoveries) and foreign ringing sites of birds recovered in Germany (48 recoveries).*

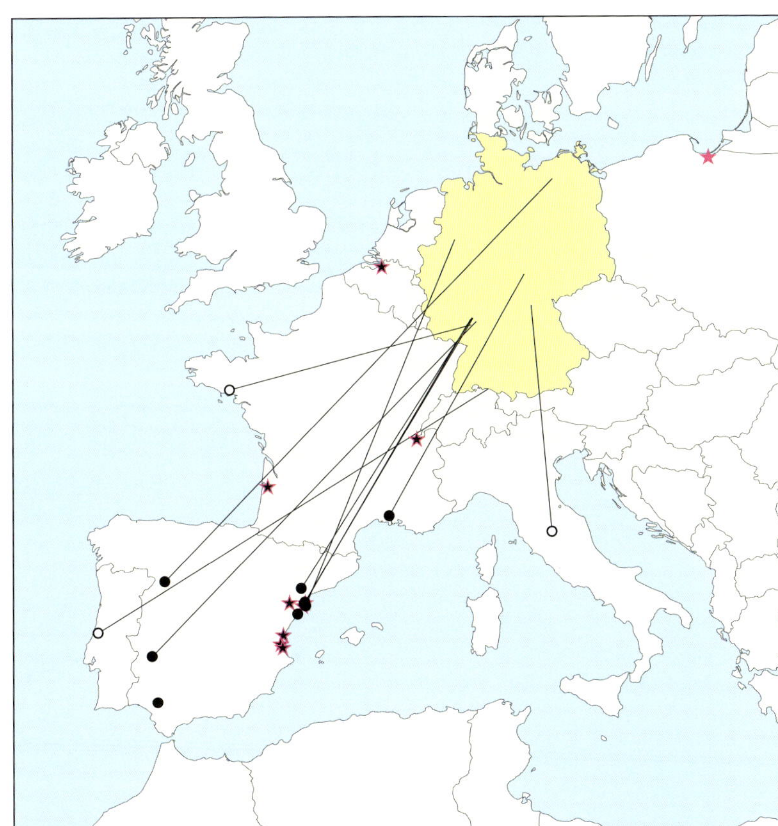

Abb. 2: Herbstzug (September – November) von in Deutschland zur Brutzeit (20 Funde) oder von September bis November anwesenden Blaukehlchen (6 Funde). – *Autumn migration (September – November) of Bluethroats present in Germany during the breeding season (20 recoveries) or from September to November (6 recoveries).*

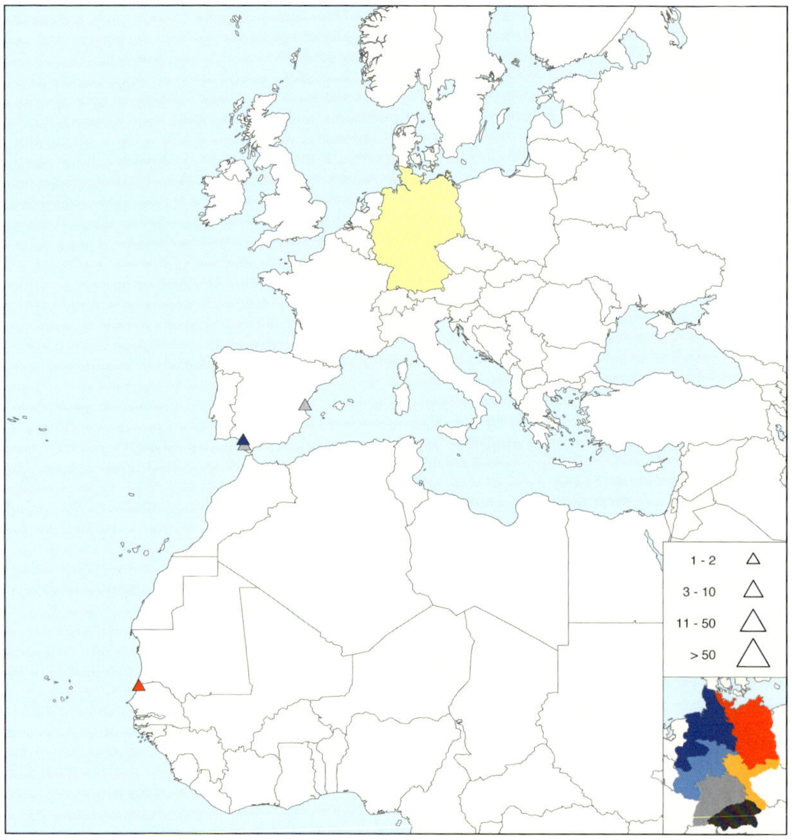

Abb. 3: Aufenthaltsorte im Winter (Dezember – Februar) von in Deutschland zur Brutzeit anwesenden Blaukehlchen (4 Funde). – *Presence in winter (December – February) of Bluethroats present in Germany during the breeding season (4 recoveries).*

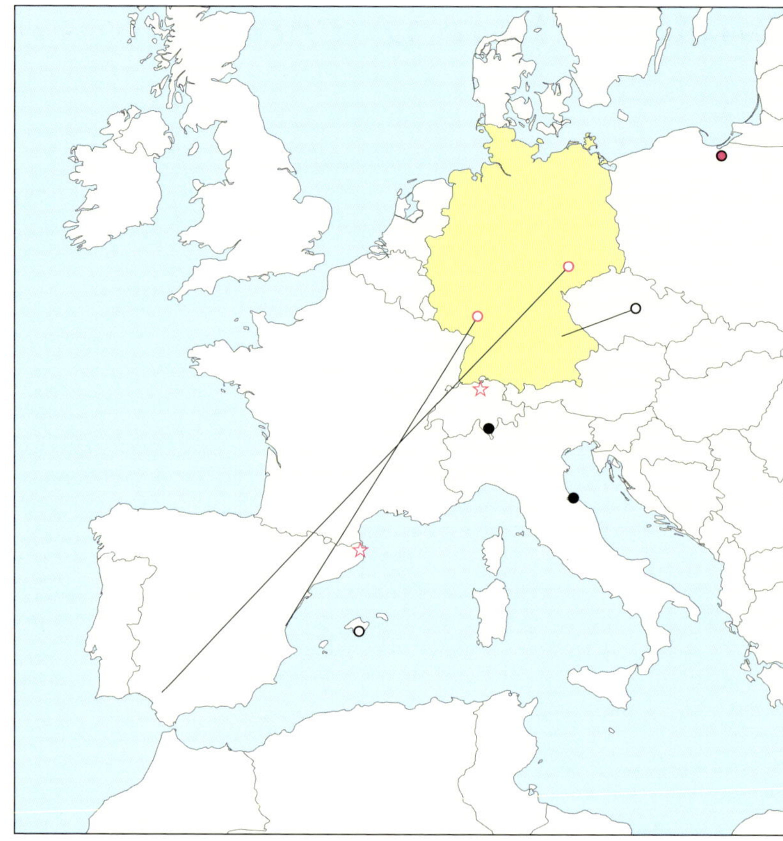

Abb. 4: Frühjahrszug (März – April) von in Deutschland zur Brutzeit (2 Funde) oder von März bis April anwesenden Blaukehlchen (8 Funde). – *Spring migration (March – April) of Bluethroats present in Germany during the breeding season (2 recoveries) or from March to April (8 recoveries).*

beringten Vögeln ohne Angabe der Unterart kommt auch Zug nach W und nach S mit je einem Fund in der Bretagne und in Mittelitalien vor (Abb. 2).

Die Beringung deutscher Brutvögel ergab vier Wiederfunde aus den Monaten Dezember bis Februar (Abb. 3). Dabei überwinterten ein Vogel aus dem NW-deutschen Tiefland sowie zwei aus den SW-deutschen Mittelgebirgen in Spanien, während ein Blaukehlchen aus dem NE-deutschen Tiefland über die Sahara in den Senegal zog. Im Gegensatz zu anderen Arten (z. B. Gartenrotschwanz), bei denen Winterfunde in Europa keine Schlüsse auf das Überwinterungsgebiet zulassen, kommen beim Weißsternigen Blaukehlchen Überwinterungen regelmäßig nördlich und südlich der Sahara vor, wobei letztere aber zu überwiegen scheinen (Zink 1973). Damit würde auch das Überwiegen der Winterfunde in Spanien auf eine höhere Fund- und Meldewahrscheinlichkeit zurückzuführen sein. Allerdings gehen Cepák et al. (2008) aufgrund von Ringfunden davon aus, dass tschechische Brutvögel im Mittelmeergebiet überwintern. Eine Verlagerung der Überwinterungsgebiete aufgrund des Klimawandels ist nicht auszuschließen. Zwei Winterfunde in Algerien (Abb. 1) stammen von Vögeln, die nicht sicher zum deutschen Brutbestand gehören, da sie im April bzw. im August ohne Angabe der Unterart beringt wurden.

Auf dem Frühjahrszug wurden zwei deutsche Brutvögel in Italien und der Schweiz gefunden, was bei geringer Datenlage darauf hindeuten könnte, dass der Einzug in die Brutgebiete weiter östlich erfolgt als der Herbstzug (Abb. 4). Davon gehen auch Arizaga & Tamayo (2013) nach der Analyse der in der EURING Datenbank vorhandenen Funde aus. Durchzügler in unbekannte Brutgebiete erreichen im Gegensatz dazu Deutschland aus SW und ziehen nach NE weiter, bei allerdings ebenfalls sehr spärlicher Datenlage. Der Aufenthalt eines in Deutschland beringten Vogels auf den Balearen zeigt, dass auch größere Strecken über das Meer gezogen werden können. Bemerkenswert ist ein Fund eines im März auf dem Frühjahrszug in Hessen beringten Vogels, der im August des gleichen Jahres in der E-Ukraine gefunden wurde (Abb. 1). Ähnliche Funde weisen auch von Norwegen nach E, was Bønløkke et al. (2006) als Hinweis für den Zug dieser Vögel in die asiatischen Winterquartiere der rotsternigen Unterart in Pakistan und Indien interpretierte. Von schwedischen Vögeln (*L. s. svecica*) gibt es dazu Nachweise in Kirgisistan und Pakistan (Fransson & Hall-Karlsson 2008) und von Finnland einen Fund in Turkmenistan (Zink 1973).

Summary: *The population of 8500 – 15,000 bp of the Bluethroat (*L. s. cyanecula*) shows an increasing trend in Germany during recent decades. The subspecies* L. s. svecica *is a regular but rare visitor on migration. Autumn migration mainly takes place in August and September, and spring migration between March and May. Subspecies identification was mostly not given when Bluethroats were ringed, but those ringed during the breeding season, and thus referring to* L. s. cyanecula, *migrate towards the SW in autumn. Amongst the few recoveries of birds ringed during autumn migration there are also individuals moving towards the W and S, respectively. Winter records from Bluethroats breeding in Germany were obtained from Spain (3) and Senegal (1). Two birds recovered in Algeria do not necessarily belong to the German breeding population according to the months of ringing. Two spring recoveries of German breeding birds are from Switzerland and from Italy, respectively, i.e. further E than any recovery during autumn migration. A remarkable record stems from a bird ringed in Germany in March, presumably on spring migration, and recovered in the Ukraine the following August.*

Hausrotschwanz *Phoenicurus ochruros*
Black Redstart

Beringungen nach 1945:	200.244
Funde > 10 km nach 1945:	708/693
Wiederfundquote (Fernfunde nach 1945):	0,3 %
Funde > 10 km seit 1901:	853/837
Funde fremder Beringungszentralen:	37/37
Höchstalter:	8 J
Weiteste Entfernung:	4355 km

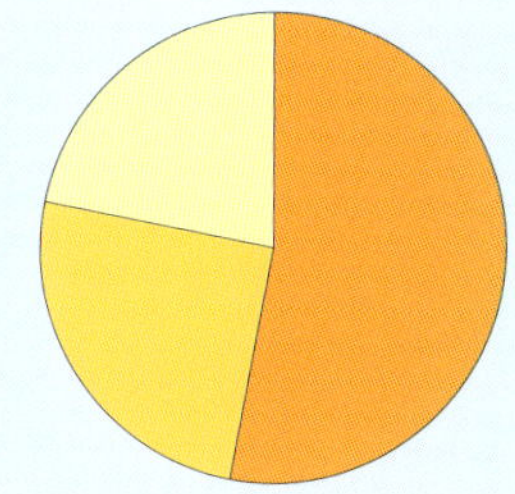

Verbreitung und Status: Das Verbreitungsgebiet der *gibraltariensis*-Gruppe des Hausrotschwanzes (Männchen mit grauem Bauch) ist, neben Vorkommen in NW-Afrika und der Türkei, im Wesentlichen auf Europa beschränkt. Nicht besiedelt sind Island, die größten Teile der Britischen Inseln und Fennoskandiens sowie der NE. Verschiedene Unterarten der *ochruros*-Gruppe (Männchen mit rotbraunem Bauch) finden sich von der E-Türkei bis nach Zentralasien. In N-, E- und Mitteleuropa ist der Hausrotschwanz Zugvogel, der im Verbreitungsgebiet der Art in S-Europa und darüber hinaus in N-Afrika überwintert sowie in geringer Zahl auch entlang der W-afrikanischen Atlantikküste bis in die Sahelzone südlich der Sahara (Isenmann et al. 2010).

In Deutschland ist der Hausrotschwanz ein in allen Landesteilen häufiger Brutvogel an Gebäuden aller Art und in natürlichen Felshabitaten. Die Bestände sind in den letzten Jahrzehnten im Abnehmen begriffen und belaufen sich zurzeit auf 800.000 – 1.100.000 BP. Der Herbstzug beginnt Mitte September und erreicht im Oktober und November seinen Höhepunkt. Nachzügler können später angetroffen werden, sie sind jedoch genauso wenig von einzelnen Überwinterungsversuchen zu unterscheiden wie frühe Erstbeobachtungen im Februar. Die Mehrzahl der Vögel findet sich im März wieder an den Brutplätzen ein. Mitte April, im N etwas später, sind der Einzug in die Brutgebiete sowie der Durchzug weitgehend abgeschlossen. In Sachsen hat sich die durchschnittliche Erstankunft zwischen 1967 und 2011 um annähernd zwei Wochen verfrüht, und aus S-Deutschland liegen ähnliche Beobachtungen vor (Peintinger & Schuster 2005, Ernst 2013). Weiterhin gibt es Hinweise darauf, dass sich zwischen 1960 und 1990 die durchschnittliche Zugstrecke verkürzt hat, bei zunehmender Zahl der nahe am Brutplatz überwinternden Vögel (Fiedler et al. 2004).

Wanderungen: Die Fundorte in Deutschland beringter Hausrotschwänze streuen über fast das gesamte Verbreitungsgebiet der Unterarten der *gibraltariensis*-Gruppe zwischen Dänemark, den Britischen Inseln, dem westlichen Mittelmeerraum und der Türkei (Abb. 1). Lediglich nach E-Europa gibt es keine Verbindung. Ein im September in Thüringen als diesjährig mit unbekanntem Geschlecht beringter Vogel wurde etwa sechs Jahre später in Mauretanien gefunden (Abb. 1). Nachweise von Hausrotschwänzen mit Ringen fremder Beringungszentralen liegen nur relativ wenige in Deutschland vor.

Im Herbst ziehen die meisten in Deutschland brütenden Hausrotschwänze, ebenso wie zur Zugzeit beringte Vögel, in südwestliche Richtungen ab (Abb. 2, 3).

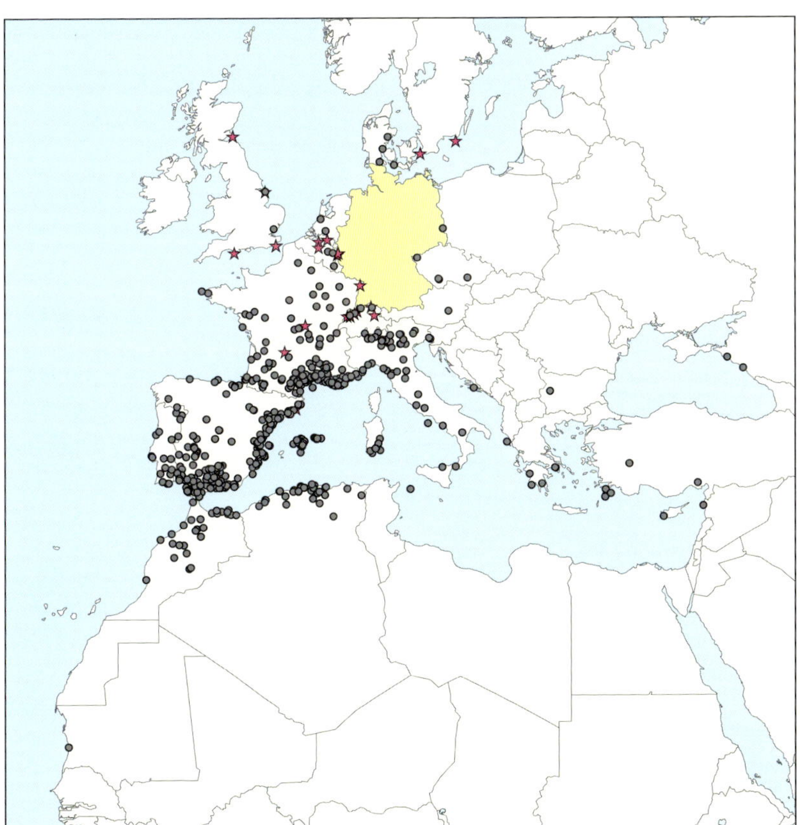

Abb. 1: Fundorte von in Deutschland beringten (635 Funde) und ausländische Beringungsorte von in Deutschland gefundenen (37 Funde) Hausrotschwänzen. – *Foreign recovery sites of Black Redstarts ringed in Germany (635 recoveries) and foreign ringing sites of birds recovered in Germany (37 recoveries).*

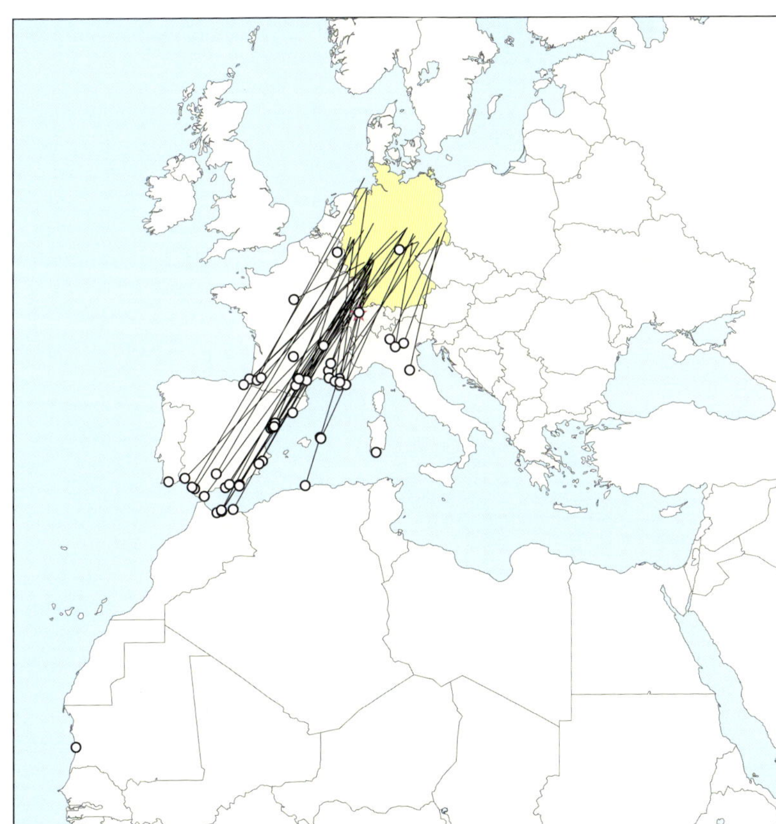

Abb. 3: Herbstzug (September – November) von in Deutschland von September bis November anwesenden Hausrotschwänzen (57 Funde). – *Autumn migration (September – November) of Black Redstarts present in Germany from September to November (57 recoveries).*

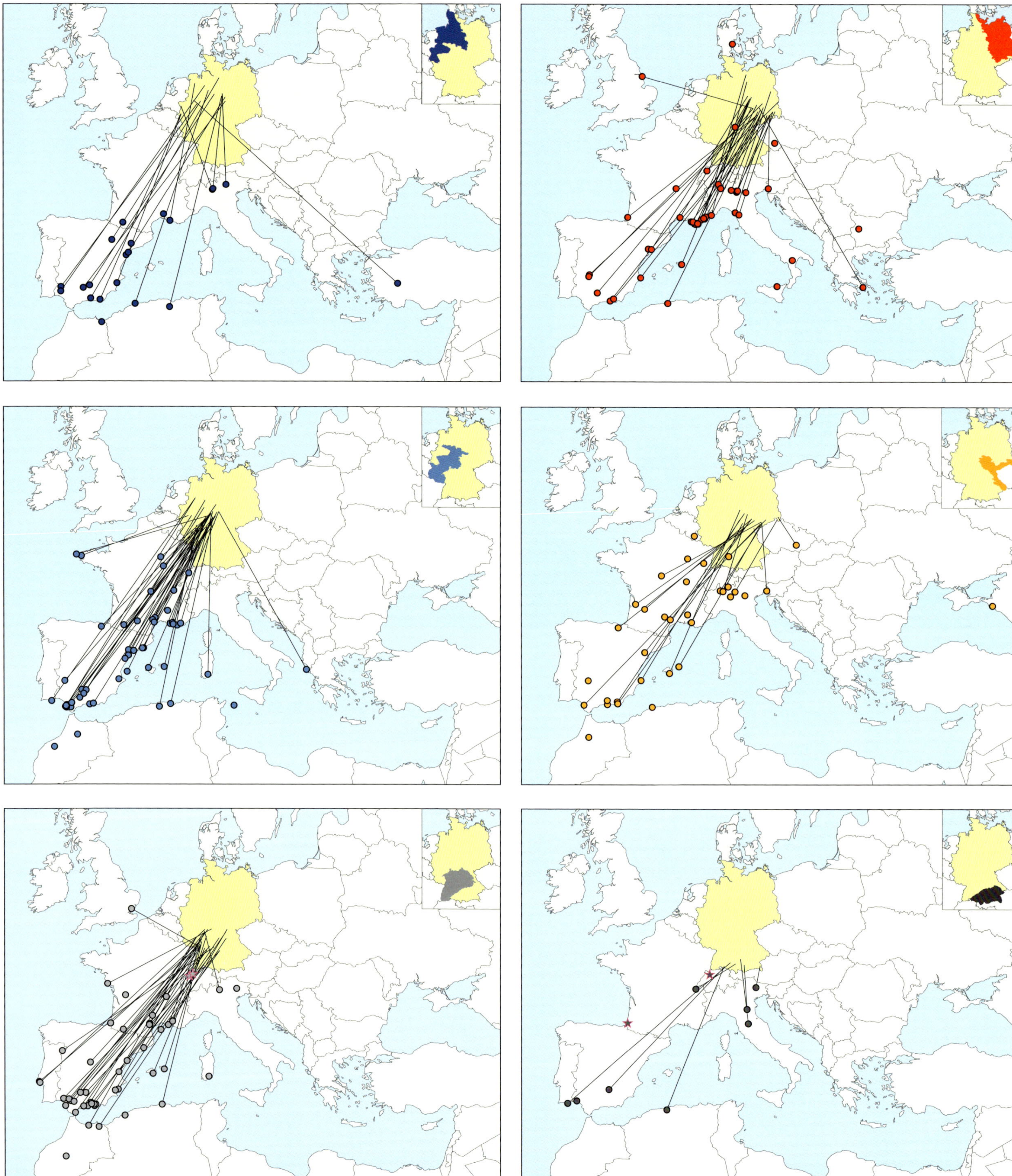

Abb. 2: Herbstzug (September – November) von in Deutschland zur Brutzeit anwesenden Hausrotschwänzen (211 Funde). – *Autumn migration (September – November) of Black Redstarts present in Germany during the breeding season (211 recoveries).*

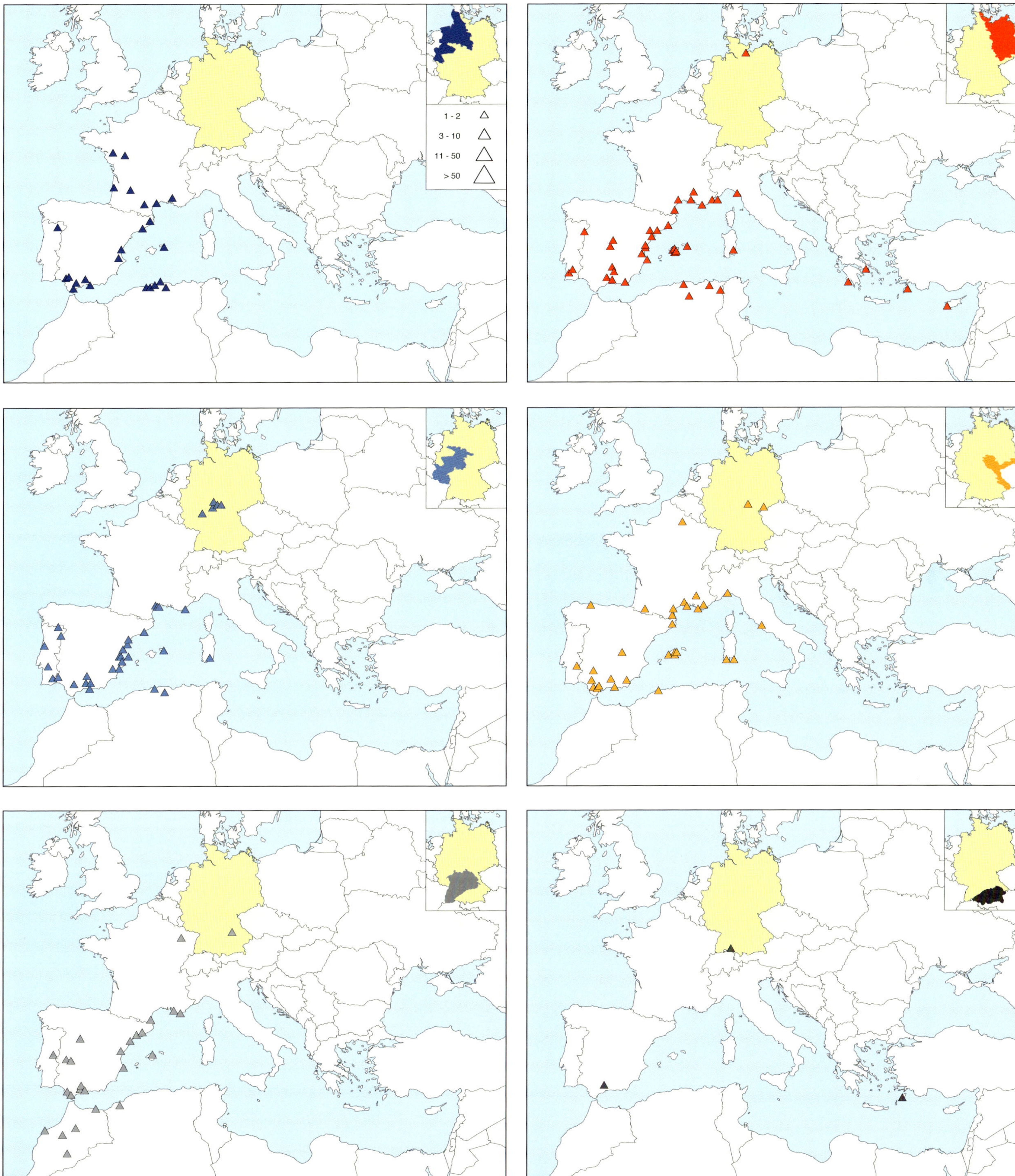

Abb. 4: Aufenthaltsorte im Winter (Dezember – Februar) von in Deutschland zur Brutzeit anwesenden Hausrotschwänzen (163 Funde). – *Presence in winter (December – February) of Black Redstarts present in Germany during the breeding season (163 recoveries).*

Die meisten erreichen SE-Frankreich und den E der Iberischen Halbinsel, einige auch NW-Afrika. Es scheint dabei keine Unterschiede in der Herbstzugrichtung gemäß der naturräumlichen Herkunft der Vögel zu geben (Abb. 2). Auffällig ist, dass nur ein relativ kleiner Teil der Vögel in den NW Frankreichs, Spaniens oder nach Portugal gelangt.
Von der hauptsächlich vorherrschenden Zugrichtung gibt es zahlreiche Abweichungen. Gelegentlich tritt Zug nach NW auf, wie die Nachweise deutscher Hausrotschwänze in England belegen (Abb. 2). Nach S zieht eine Reihe von Vögeln, die so nach Italien gelangen. Direkte Funde zeigen, dass die Alpen überquert werden und auch das Mittelmeer stellt kein unüberwindbares Hindernis dar, worauf etliche Belege auf Sardinien und den Balearen hinweisen. Schließlich schlagen einige Vögel auch den Weg nach SE ein. Sie gelangen so auf dem Herbstzug etwa nach Tschechien, Griechenland, Bulgarien sowie in die Türkei (Abb. 2) und nach Zink (1981) auch einmal von N-Hessen nach Ägypten. Die weitesten in diese Richtung ziehenden Vögel gelangten so an die E-Küste des Schwarzen Meeres (Abb. 1), wo zwei im Juni und August in Deutschland beringte Hausrotschwänze im November und Oktober gefangen bzw. erjagt wurden. Interessant dabei ist, dass es auch den Zug in die entgegengesetzte Richtung zu geben scheint, wie der Winterfund eines als Nestling am Kaspischen Meer beringten Vogels (dann zur *ochruros*-Gruppe gehörend) in Italien zeigt (Spina & Volponi 2008b). Bei den Durchzüglern (Abb. 3) wurden Wanderungen nach SE nicht nachgewiesen, was darauf zurückzuführen sein dürfte, dass nach SE ziehende Vögel aus N Europa Deutschland nicht streifen. Das Vorhandensein einer Zugscheide lässt sich aus den Ringfunden nicht ableiten, nach Cepák et al. (2008) unterscheiden sich aber Vögel, die in Tschechien und der Slowakei W und E von 16 °E beringt wurden, signifikant in der Zugrichtung. Nach Zink (1981) nehmen E-Zieher bereits östlich von 13 °E deutlich zu.
Die Hauptüberwinterungsgebiete einheimischer Hausrotschwänze liegen in W-Europa und dem westlichen Mittelmeergebiet. Das östliche Mittelmeergebiet wird nur von einem kleinen Teil der Vögel aufgesucht (Abb. 4). Die wenigen Überwinterungsnachweise aus NW-Frankreich stammen alle von Hausrotschwänzen aus dem NW-deutschen Tiefland, von denen es auch eine Konzentration von Funden im Zentralbereich der algerischen Küste gibt. Hier finden sich auch, tendenziell aber eher weiter im E, Nachweise von Vögeln aus dem NE-deutschen Tiefland, von wo auch fast ausschließlich die Winterfunde aus dem östlichen Mittelmeerraum stammen. Hausrotschwänze aus den SW-deutschen Mittelgebirgen wurden mehrfach im Winter in Marokko nachgewiesen, aber nie solche aus anderen Regionen, während auffällig viele Winterfunde im äußersten W der Iberischen Halbinsel von Vögeln aus den W-deutschen Mittelgebirgen stammen. Winterfunde in Deutschland selbst sind meist mehr oder weniger lokaler Natur (Abb. 4), wobei auch hier die relativ hohe Zahl von Überwinterern in den W-deutschen Mittelgebirgen auffällt.
Die meisten Frühjahrsnachweise deuten an, dass der Zug aus den gleichen Richtungen erfolgt, in die der Zug im Herbst stattfand: Funde, die den Einzug aus SW belegen, überwiegen deutlich gegenüber solchen aus S und SE (Abb. 5). Unter letztere fällt auch ein im Juni in Deutschland beringter Vogel, der im Mai des folgenden Jahres aus Syrien gemeldet wurde (Abb. 1). Bemerkenswert ist jedoch, dass einige in Deutschland brütende Hausrotschwänze über die Britischen Inseln aus W und in einem Falle sogar aus Schottland aus NW in ihre Brutgebiete einziehen. Diese Vögel haben entweder einen „Umweg" nach N auf dem Frühjahrszug einzuschlagen, oder sie stellen einen Teil des kleinen Winterbestands auf den Britischen Inseln dar (Brown & Grice 2005), wie es auch Maumary et al. (2007) bei einem ähnlichen Fund eines schweizerischen Vogels in Erwägung ziehen.

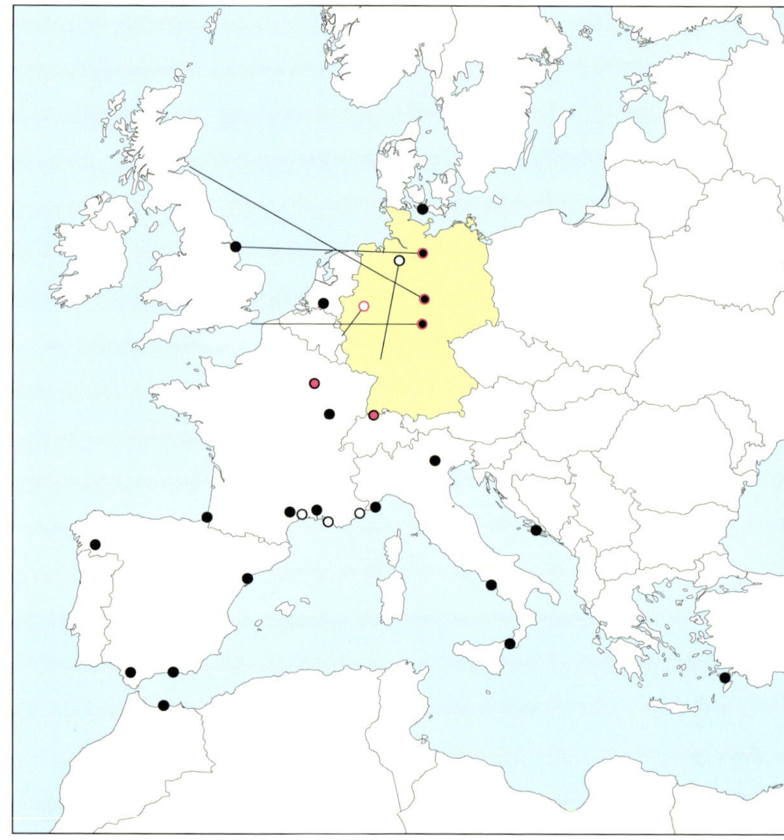

Abb. 5: Frühjahrszug (März – April) von in Deutschland zur Brutzeit (21 Funde) oder von März bis April anwesenden Hausrotschwänzen (7 Funde). – *Spring migration (March – April) of Black Redstarts present in Germany during the breeding season (21 recoveries) or from March to April (7 recoveries).*

Summary: *Black Redstart is a common and widespread breeding bird in Germany with a population of 800,000 – 1,100,000 bp, although showing slight decreases in recent decades. Most German birds are short-distance migrants, with the peak of autumn migration in October and November and a return to the breeding areas of most birds in March. Ring recoveries of German Black Redstarts are spread over a wide area covering almost the entire range of the* gibraltariensis *subspecies group with the exception of E Europe. In autumn, most German breeders as well as passage migrants move towards the SW and reach France, Spain and NW Africa, but there are notable exceptions to this general picture. There are also birds that migrate to the NW and reach the British Isles, that migrate S via Italy and that reach the E Mediterranean on a SE route. Two birds ringed in Germany, one in the breeding season, even reached the E shore of the Black Sea. In line with the recoveries during autumn migration most Black Redstarts breeding in Germany spend the winter months in W Europe and at the W Mediterranean, a few also at the E Mediterranean. Besides these migrating birds a certain proportion tries, sometimes successful, to spend the winter near the breeding grounds. Analogous to autumn migration most records during spring migration are from the SW, with a few also from the S and SE. Some records indicate that birds can also migrate via the British Isles towards their breeding sites in Germany.*

Gartenrotschwanz *Phoenicurus phoenicurus*
Common Redstart

Beringungen nach 1945:	267.281
Funde > 10 km nach 1945:	710/707
Wiederfundquote (Fernfunde nach 1945):	0,3 %
Funde > 10 km seit 1901:	811/807
Funde fremder Beringungszentralen:	104/103
Höchstalter:	9 J, 3 M
Weiteste Entfernung:	5079 km

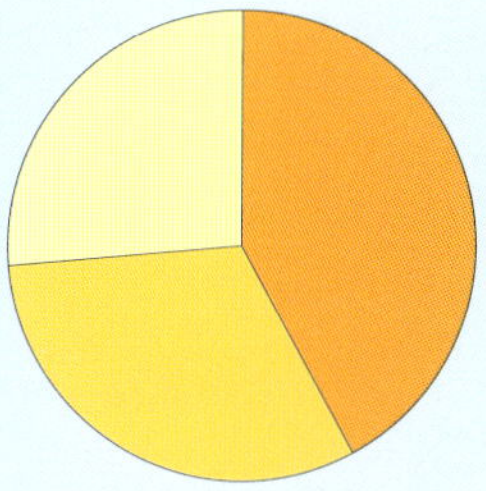

Verbreitung und Status: Das geschlossene Brutareal der Nominatform des Gartenrotschwanzes erstreckt sich von Europa mit Ausnahme Islands, Irlands und des äußersten S bis zum Baikalsee in Sibirien. Isolierte Verbreitungsinseln finden sich in höheren Lagen in NW-Afrika. Der Gartenrotschwanz ist ein trans-Saharazieher, der im Savannengürtel W- und Zentralafrikas überwintert.
In Deutschland kommt der Gartenrotschwanz landesweit mäßig häufig in halboffenen Landschaften wie Streuobstwiesen, Gärten und Waldrändern mit 67.000 – 115.000 BP vor. Die ab den 1950er Jahren rückläufigen und in den späten 1960er Jahren aufgrund der Trockenheit in den Überwinterungsgebieten stark eingebrochenen Bestände verzeichneten, im Gegensatz zu vielen anderen trans-Saharaziehern, in den letzten Jahrzehnten wieder einen zunehmenden Trend. Seit Ende der 1990er Jahre sind die Brutpaarzahlen allerdings wieder leicht rückläufig. Der Herbstzug des Gartenrotschwanzes setzt ab Ende Juli ein, gipfelt im September und ist nach einer deutlichen Abnahme im Oktober im November abgeschlossen. Der Haupteinzug in die Brutgebiete, bei der die Männchen den Weibchen vorangehen, fällt in den April und Mai; der Durchzug hält im N noch bis Anfang Juni an. Auf Helgoland hat sich der Durchzug im Frühjahr zwischen 1960 und 2008 im Mittel um neun Tage verfrüht, während es im gleichen Zeitraum zu keinen signifikanten Änderungen in der Herbstzugphänologie kam (Hüppop & Hüppop 2011). In Sachsen verfrühte sich die Erstankunft im Frühjahr zwischen 1967 und 2011 sogar um etwa 12 Tage (Ernst 2013). Die in Vorderasien vorkommende Unterart *P. p. samamisicus* wurde in Deutschland bisher nur zweimal nachgewiesen (Dierschke et al. 2011) und spielt daher bei der weiteren Betrachtung keine Rolle.

Wanderungen: Da der Gartenrotschwanz ein in Europa weit verbreiteter und relativ häufig beringter Langstreckenzieher ist, spiegelt sich dies auch in dem großen Einzugsgebiet von relativ vielen Ringfunden mit Bezug zu Deutschland wider. Dies umfasst ganz N-, W-, und Mitteleuropa sowie NW-Afrika und, mit wenigen Funden, auch SE-Europa (Abb. 1, 2). Die Mehrzahl der in Deutschland brütenden Gartenrotschwänze fliegt im Herbst nach SW ab (Abb. 3). Sie erreichen dabei über Frankreich und die Iberische Halbinsel ziehend Marokko, von wo aus die Sahara überquert wird. Unterschiede in der Zugrichtung nach der naturräumlichen Herkunft in Deutschland scheint es dabei nicht zu geben. Dies entspricht im Wesentlichen auch der Herbstzugrichtung von Durchzüglern, die vor allem von Fennoskandien und dem Baltikum her im Herbst durch Deutschland ziehen (Abb. 4). Vollkommen aus dem Rahmen fällt ein in der russischen Region Krasnojarsk im September beringter Vogel, der zwei Monate

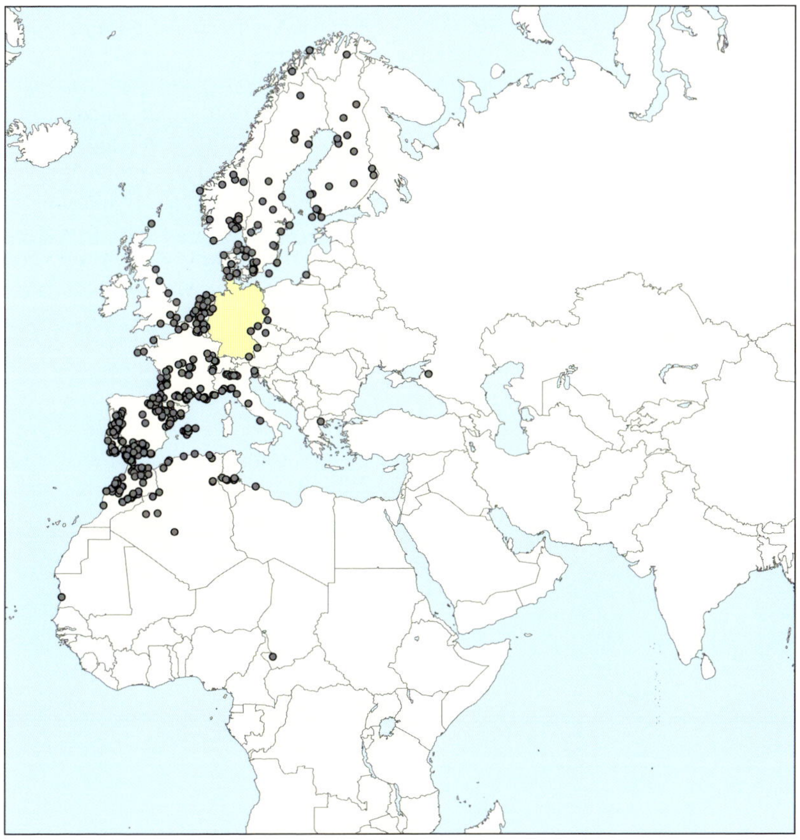

Abb. 1: Fundorte im Ausland von in Deutschland beringten Gartenrotschwänzen (504 Funde). – *Foreign recovery sites of Common Redstarts ringed in Germany (504 recoveries).*

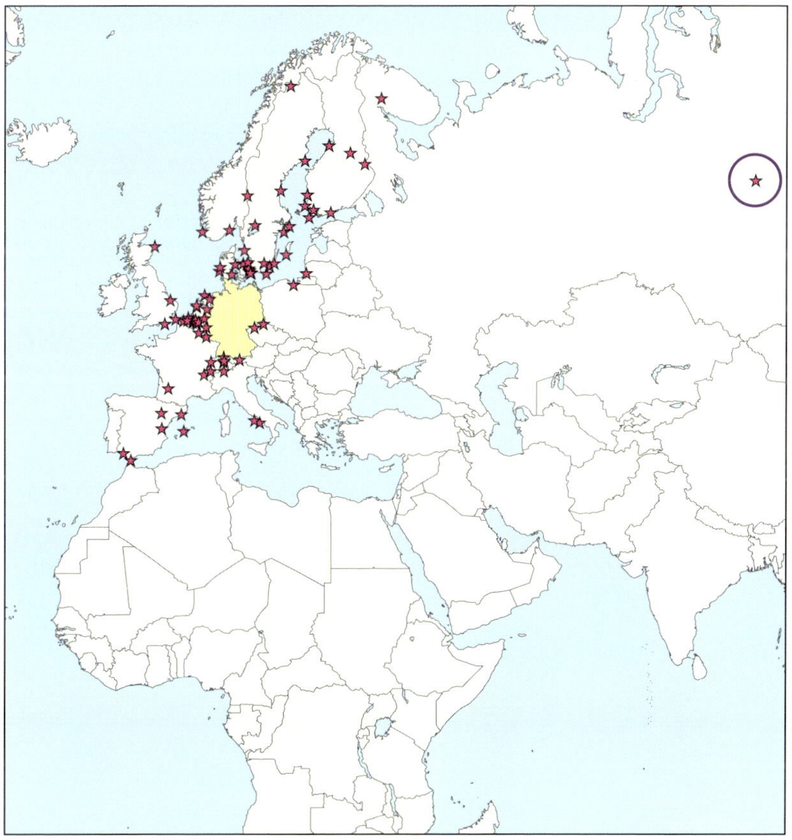

Abb. 2: Beringungsorte im Ausland von in Deutschland gefundenen Gartenrotschwänzen (104 Funde). – *Foreign ringing sites of Common Redstarts recovered in Germany (104 recoveries).*

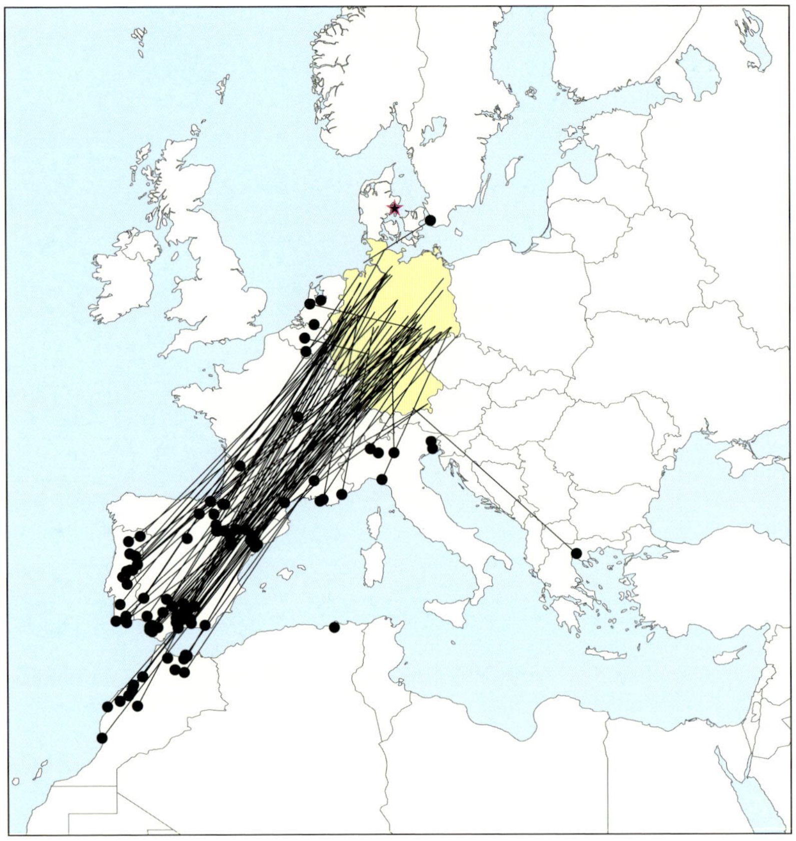

Abb. 3: Herbstzug (September – November) von in Deutschland zur Brutzeit anwesenden Gartenrotschwänzen (115 Funde). – *Autumn migration (September – November) of Common Redstarts present in Germany during the breeding season (115 recoveries).*

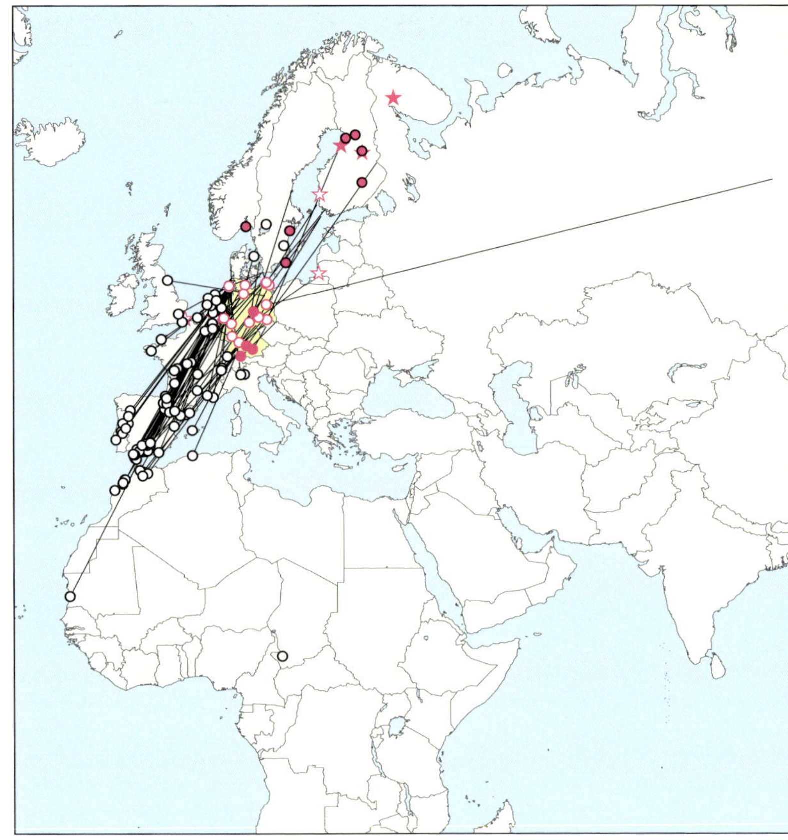

Abb 4: Herbstzug (September – November) von in Deutschland von September bis November anwesenden Gartenrotschwänzen (129 Funde). – *Autumn migration (September – November) of Common Redstarts present in Germany from September to November (129 recoveries).*

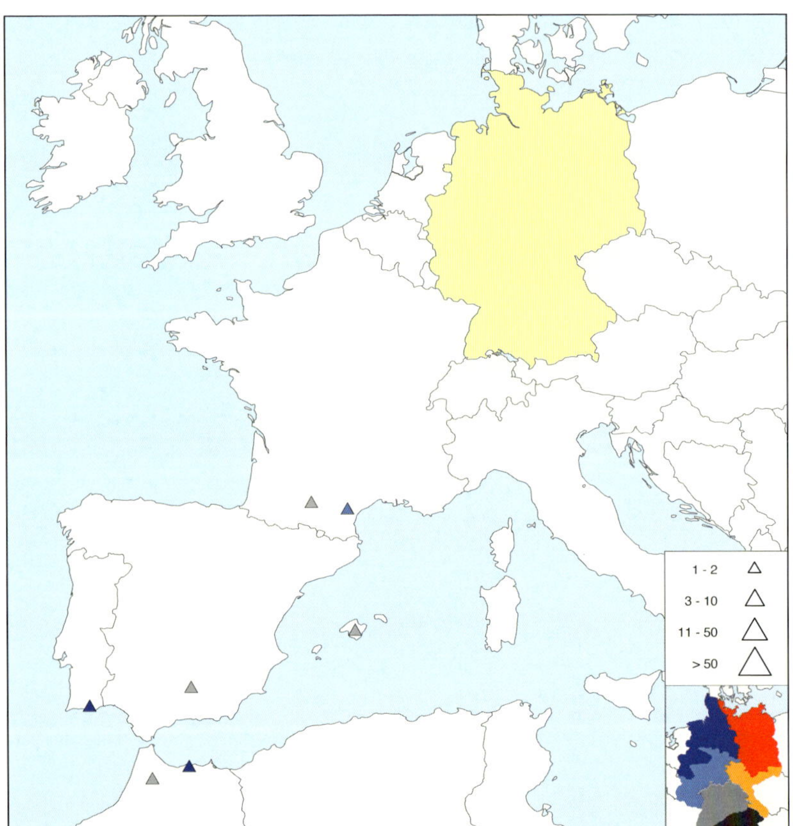

Abb. 5: Aufenthaltsorte im Winter (Dezember – Februar) von in Deutschland zur Brutzeit anwesenden Gartenrotschwänzen (7 Funde). – *Presence in winter (December – February) of Common Redstarts present in Germany during the breeding season (7 recoveries).*

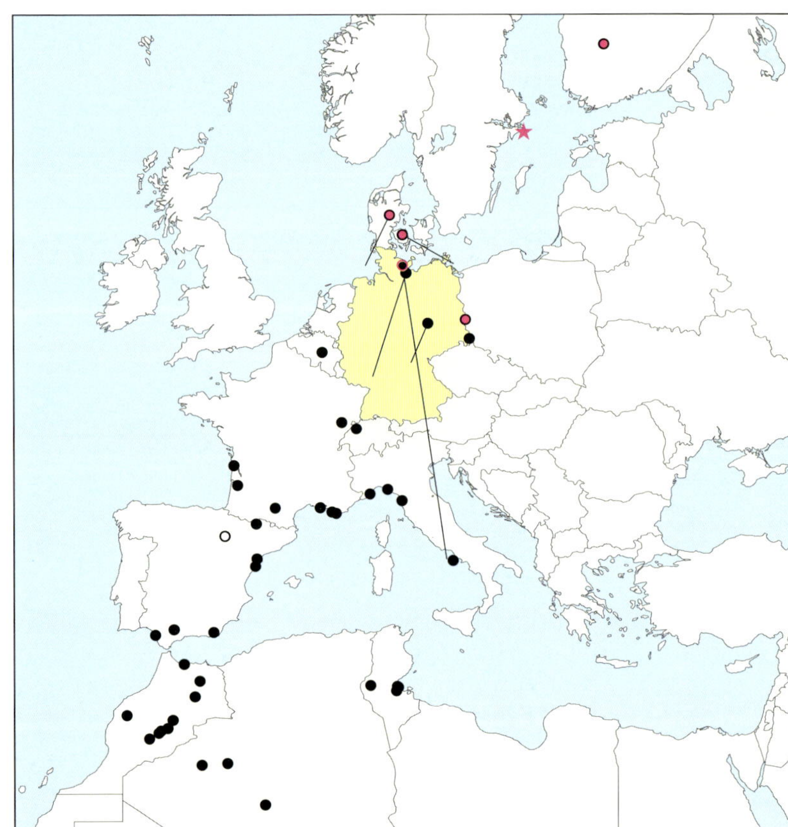

Abb. 6: Frühjahrszug (März – April) von in Deutschland zur Brutzeit (43 Funde) oder von März bis April anwesenden Gartenrotschwänzen (6 Funde). – *Spring migration (March – April) of Common Redstarts present in Germany during the breeding season (43 recoveries) or from March to April (6 recoveries).*

später über 4600 km westlich vom Beringungsort im Berliner Zoo gefunden wurde.
Neben dem Zug nach SW schlagen einige deutsche Brutvögel (Abb. 3), wie auch wenige Durchzügler (Abb. 4), den direkteren Weg nach S ein, wie Wiederfunde in Italien zeigen. Dies deutet sowohl auf eine Überquerung der Alpen als auch des Mittelmeers hin, wofür der Herbstfund eines Vogels aus den SW-deutschen Mittelgebirgen in NE-Algerien spricht (Abb. 3). Eine Ausnahme stellt der Zug aus dem bayerischen Alpenvorland nach Griechenland dar. Noch weiter in den E gelangte ein Gartenrotschwanz, der im Juni, ebenfalls in Oberbayern, beringt wurde und der sich im darauf folgenden Mai in der russischen Provinz Krasnodar östlich des Schwarzen Meeres befand (Abb. 1). Zink (1981) erwähnt ähnliche Funde, z. B. von Sachsen nach Albanien sowie von Österreich nach Griechenland, und zieht zumindest bei einigen Fällen eine Verwechslung mit dem Hausrotschwanz in Erwägung. Weitere Vögel weichen vom generellen Schema ab, indem sie nach NW ziehen und so in die Niederlande, nach Belgien oder auf die Britischen Inseln gelangen (Abb. 3, 4). Wahrscheinlich zeigt dies aber nur eine anfänglich abweichende Herbstzugrichtung, die später durch eine stärkere Ausrichtung des Zuges nach S kompensiert wird. Scheinbar in die „falsche" Richtung nach NE zog ein Anfang Juni auf Scharhörn beringter Gartenrotschwanz, der im September gegen eine Fensterscheibe in Malmö (Schweden) flog (Abb. 3). Bei der Beringung wird es sich sicher um einen auf dem Frühjahrszug verspäteten schwedischen Durchzügler gehandelt haben, als dass dies ein Nachweis von Herbstzug nach NE ist.
In den Wintermonaten (Dezember – Februar) wurden einheimische Gartenrotschwänze aus Frankreich (2, einmal frisch tot), Spanien (2, einmal frisch tot, einmal gefangen), Portugal (1, gefangen) und aus Marokko (2, gefangen) gemeldet (Abb. 5). Der Fund eines im September auf der Hallig Oland beringten Durchzüglers im November im Tschad ist der einzige Nachweis eines in Deutschland beringten Gartenrotschwanzes südlich der Sahara. Er wurde damit in der Region gefunden, wo sich die Winterquartiere befinden, wie die Modellierung der Verbreitung anhand von 1420 Winterbeobachtungen in Afrika ergab (Walther et al. 2008). Bei vielen der Winterfunde in Europa und N-Afrika handelt es sich um frisch tot gefundene oder gefangene Vögel und auch für einen kleinen Teil der britischen, norwegischen und schwedischen Gartenrotschwänze wird die Überwinterung nördlich der Sahara vermutet (Wernham et al. 2002, Bønløkke et al. 2006, Fransson & Hall-Karlsson 2008). Da dies jedoch selten der Fall ist (z. B. Spina & Volponi 2008b, Thévenot et al. 2003), spiegeln die Ringfunde nicht die wirklichen Verhältnisse wider und das Überwiegen der Nachweise nördlich der Sahara ist einer höheren Meldewahrscheinlichkeit in den betreffenden Ländern geschuldet. Der größte Teil der in Deutschland brütenden Gartenrotschwänze überwintert mit Sicherheit im tropischen Afrika, wie auch alle sieben dänischen Vögel, von denen jeweils eine gesamte Zugperiode von mitgeführten Geolokatoren aufgezeichnet wurde (Kristensen et al. 2013). Es soll dabei auch nicht unerwähnt bleiben, dass bereits Zink (1981) die Diskrepanz zwischen der Menge der Winterfunde in NW-Afrika und SW-Europa und dem Fehlen von Winternachweisen in der faunistischen Literatur hervorhebt. Er diskutiert in diesem Zusammenhang erneut die mögliche Verwechslung mit dem Hausrotschwanz, wodurch sich das Phänomen aber nicht ausschließlich erklären lässt.
Im Frühjahr zieht der größte Teil der Gartenrotschwänze aus SW wieder in die Brutgebiete ein. Allerdings deutet ein Teil der Funde in Tunesien und Italien einen im Vergleich zum Herbstzug höheren Anteil direkt über das zentrale Mittelmeergebiet ziehender Vögel an. Zumindest ein Teil der in Deutschland brütenden Gartenrotschwänze scheint somit einen Schleifenzug durchzuführen, bei dem der Frühjahrszug östlich von den im Herbst gewählten Routen verläuft, wie dies auch für britische und schwedische Gartenrotschwänze vermutet wird (Wernham et al. 2002, Fransson & Hall-Karlsson 2008) und wie es sich aus Ringfunden mit Bezug zu Italien ergibt (Spina & Volponi 2008b, siehe auch Zink 1981, Kristensen et al. 2013).

Summary: *Common Redstart is a widespread breeding bird in Germany. Following a strong decline during the second half of the 20th century, an increasing population trend has been observed in recent decades, but declines have been observed again since the late 1990s; the population currently stands at 67,000 – 115,000 bp. Autumn migration lasts from July to October with a peak in September, and spring migration is most pronounced in April and lasts until early June in the N. Most Common Redstarts breeding in Germany, as well as the passage migrants, move towards the SW in autumn and reach Morocco via France and the Iberian Peninsula. A small proportion takes a more southerly route and reaches N Africa via Italy. A few records also hint to migration towards the SE, although confusion with Black Redstart cannot be completely ruled out. Winter records of German breeding birds were obtained from NW Africa and SW Europe. They do, however, not represent the general wintering areas of the species which are situated in the savannah belt of W and C Africa. In spring, the breeding areas are reached from the SW and S with indications of a loop migration with on average more easterly routes compared to autumn migration.*

Steinschmätzer *Oenanthe oenanthe*

Northern Wheatear

Beringungen nach 1945:	47.487
Funde > 10 km nach 1945:	71/68
Wiederfundquote (Fernfunde nach 1945):	0,1 %
Funde > 10 km seit 1901:	87/84
Funde fremder Beringungszentralen:	7/7
Höchstalter:	4 J, 11 M
Weiteste Entfernung:	2748 km

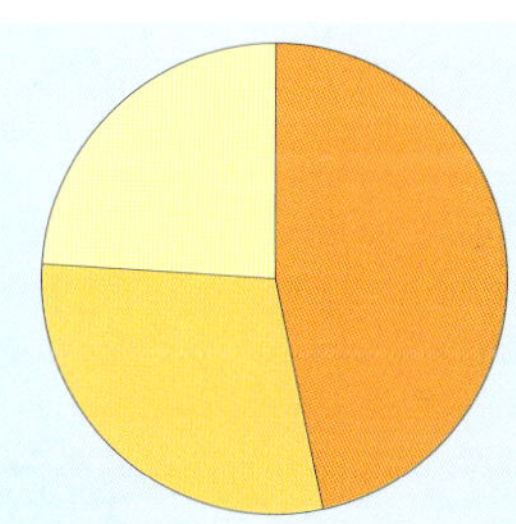

Verbreitung und Status: Das Brutgebiet des Steinschmätzers umfasst die gesamte Paläarktis nördlich von etwa 35 °N sowie Teile von NE- und NW-Nordamerika. Europa ist von Steinschmätzern der Unterart *O. o. oenanthe* mit Ausnahme des äußersten SW lückig besiedelt. Die in NE-Nordamerika, in Grönland und Island brütende Unterart *O. o. leucorhoa* tritt zusätzlich an den Küsten W- und N-Europas als regelmäßiger Durchzügler auf. Alle Populationen des Steinschmätzers ziehen zum Überwintern ins tropische Afrika. Steinschmätzer aus Alaska, die nach E-Afrika wandern, sind die Singvögel mit dem längsten bekannten Zugweg überhaupt (Bairlein et al. 2012).
In Deutschland gehört der unter Steinen, in Felsspalten oder in Mauernischen in offenen Habitaten von der Küste bis auf die höchsten Gipfel der Alpen brütende Steinschmätzer mit 4200 – 6500 BP zu den seltenen Brutvögeln. Die Bestände weisen seit einigen Jahrzehnten zudem kontinuierlich Abnahmen auf. Erste Zugbewegungen können bereits im Juli festgestellt werden. Verstärkter Herbstzug findet aber erst ab Mitte August statt und gipfelt im September, um bis in den Oktober anzuhalten. Regelmäßiger Frühjahrszug wird ab Ende März durch die Männchen eröffnet. Der Zug ist um die Monatswende April/Mai am stärksten ausgeprägt und im Juni abgeschlossen. An der Küste ziehen dabei Steinschmät-

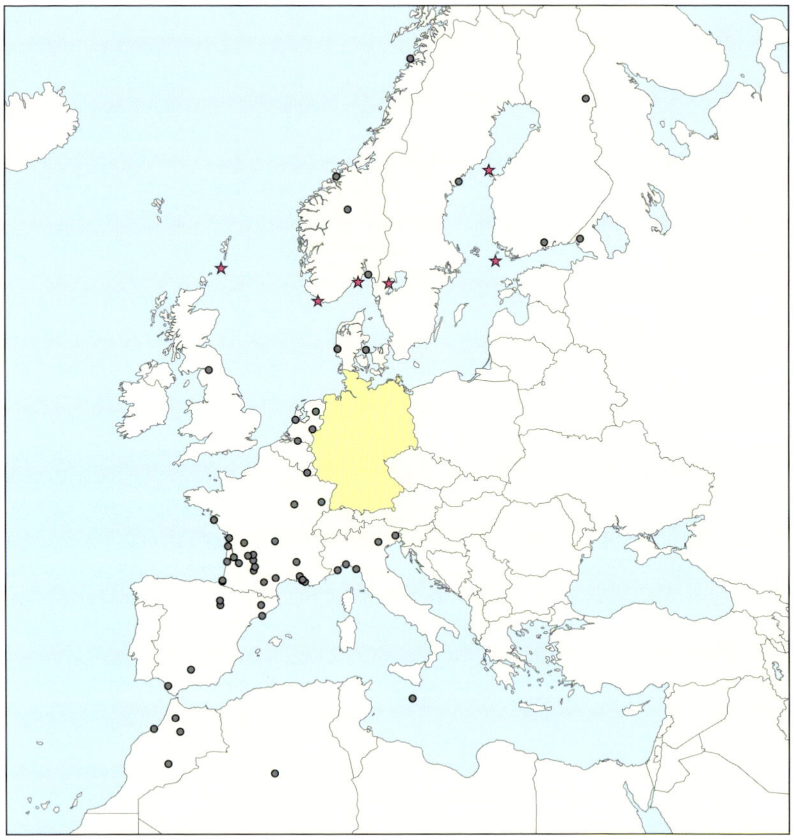

Abb. 1: Fundorte von in Deutschland beringten (61 Funde) und ausländische Beringungsorte von in Deutschland gefundenen (7 Funde) Steinschmätzern. – *Foreign recovery sites of Northern Wheatears ringed in Germany (61 recoveries) and foreign ringing sites of birds recovered in Germany (7 recoveries).*

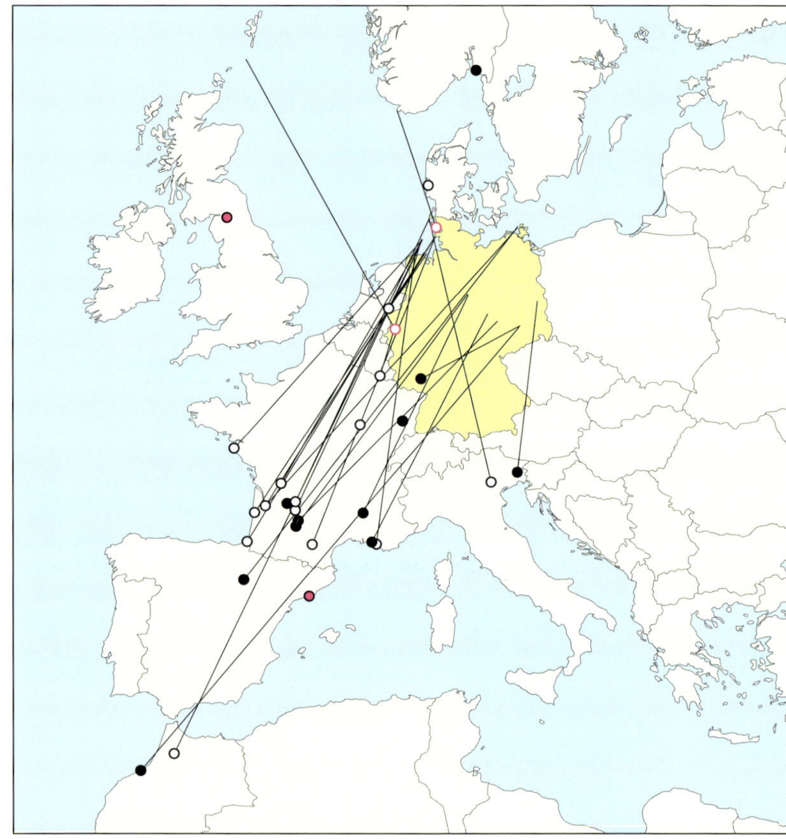

Abb. 2: Herbstzug (September – November) von in Deutschland zur Brutzeit (12 Funde) oder von September bis November anwesenden Steinschmätzern (20 Funde). – *Autumn migration (September – November) of Northern Wheatears present in Germany during the breeding season (12 recoveries) or from September to November (20 recoveries).*

zer der Unterart *O. o. leucorhoa* im Mittel früher als die Nominatform, während die Verhältnisse im Herbst umgekehrt sind (Dierschke & Delingat 2003).

Wanderungen: Nach den Ringfunden umfasst das Einzugsgebiet durch Deutschland ziehender Steinschmätzer Fennoskandien und Großbritannien (Abb. 1). Da aber auch die Unterart *O. o. leucorhoa* regelmäßig an der Küste anzutreffen ist, muss davon ausgegangen werden, dass auch Brutvögel Islands, Grönlands und unter Umständen E-Kanadas durch Deutschland ziehen (Dierschke & Delingat 2003). Entsprechende Belege durch Funde auf Grönland und Island beringter Vögel gelangen bisher jedoch nur in W-Europa (Zink 1973, Wernham et al. 2002). Bei der Beringung von Steinschmätzern, die Wiederfunde ergaben, wurde in den weitaus meisten Fällen keine Angabe zur Unterart gemacht. Daher kann es sich bei Funden von Durchzüglern entweder um die Nominatform oder um *O. o. leucorhoa* handeln, während Beringungen zur Brutzeit nur die Nominatform betreffen.

Wiederfunde in Deutschland beringter Steinschmätzer streuen weit über W- und SW-Europa mit den südlichsten Belegen aus Marokko und Algerien. Konzentrationen finden sich jagdbedingt in SW-Frankreich (Abb. 1). Dieses Gebiet wird von Vögeln, die in Deutschland zur Brut- wie zur Zugzeit beringt wurden, im Herbst durch einen mehrheitlich nach SW bis SSW ausgerichteten Zug erreicht. Dies entspricht auch der Hauptzugrichtung fennoskandischer und NE-europäischer Steinschmätzer (Zink 1973, Bakken et al. 2006, Fransson & Hall-Karlsson 2008). Einige britische Vögel ziehen dagegen anfänglich nach S bis SE (Wernham et al. 2002) und erreichen so auf dem Herbstzug gelegentlich auch Deutschland, z. B. von Fair Isle (Abb. 2).

Zur Lage der Überwinterungsgebiete südlich der Sahara konnte die Beringung bisher keine Informationen liefern. In Rheinland-Pfalz brütende Steinschmätzer wurden allerdings mit Geolokatoren versehen und zogen damit in die W-afrikanische Sahelzone in Mauretanien und Mali (Schmaljohann et al. 2012). Bemerkenswert ist auch der Fund eines zur Zeit des Herbstzugs auf Helgoland beringten Steinschmätzers, der im Januar in Frankreich dem Straßenverkehr zum Opfer fiel. Bei weiteren Meldungen, zumeist von Jagdopfern, während des Winters aus Frankreich (3) und Spanien (1) kann der Todeszeitpunkt der betreffenden Vögel nicht mehr nachvollzogen werden. Zum Frühjahrszug gibt es nur wenige Funde, die keine allgemeine Aussage zu den gewählten Zugrouten zulassen. Vier von fünf mit Geolokatoren ausgerüstete Steinschmätzer in der oben erwähnten Studie führten jedoch einen Schleifenzug durch. Dabei wählten je zwei Individuen im Frühjahr eine östlichere bzw. eine westlichere Route als im Herbst (Schmaljohann et al. 2012). In N-Deutschland trennen sich die Wege der unterschiedlichen Populationen, denn Vögel der Nominatform wandern nach N bis NE und Vögel der Unterart *O. o. leucorhoa* nach NW weiter (Dierschke & Delingat 2003, Schmaljohann & Naef-Daenzer 2011).

Summary: *Northern Wheatear is a rare breeding bird in Germany and at 4200 – 6500 bp has shown a declining population trend during the last decades. Autumn migration is concentrated between August and October with a peak in September. Spring migration starts in March, peaks in April/May and is finished in June. For the great majority of birds producing recoveries no information about the sub-species was given. Therefore, birds ringed on migration could either be the nominate subspecies or* O. o. leucorhoa *breeding on Iceland, Greenland and NE Canada. On the other hand, birds ringed during the breeding season belong to the nominate subspecies. During autumn migration, birds ringed during the breeding season as well as those ringed on migration mainly migrate towards SW to SSW, with the southernmost records in Morocco and Algeria. There is no information about the location of the sub-Saharan winter quarters, but a geolocator study showed that Northern Wheatears breeding in Germany migrate to the W African Sahel zone. Recoveries on spring migration are too scarce for final conclusions.*

Heckenbraunelle *Prunella modularis*
Dunnock

Beringungen nach 1945:	327.640
Funde > 10 km nach 1945:	1045/1015
Wiederfundquote (Fernfunde nach 1945):	0,3 %
Funde > 10 km seit 1901:	1071/1041
Funde fremder Beringungszentralen:	374/356
Höchstalter:	10 J
Weiteste Entfernung:	2342 km

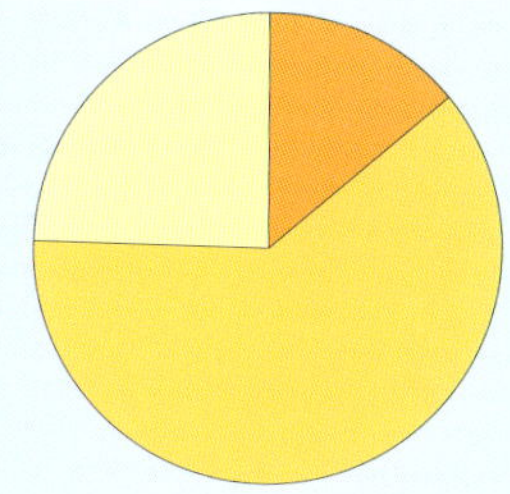

Verbreitung und Status: Die Verbreitung der Heckenbraunelle ist auf die W-Paläarktis beschränkt. Sie kommt als Brutvogel in ganz Europa vor, im S besiedelt sie allerdings nur die Hochlagen. Weitere isolierte Bestände finden sich in der N-Türkei, auf der Krim und im Kaukasus, die östliche Verbreitungsgrenze bildet der Ural. Im W und S ihres Verbreitungsgebietes ist die Heckenbraunelle Standvogel, der gegebenenfalls Vertikalwanderungen durchführt. In Mittel- sowie weiten Teilen N- und E-Europas ist die Art Teilzieher. Der hohe N wird weitgehend geräumt, einzelne Individuen harren aber auch schon am Polarkreis ganzjährig aus. Das Hauptüberwinterungsgebiet wandernder Vögel deckt sich zum großen Teil mit dem Brutareal der Art in Mittel- und W-Europa, erstreckt sich aber auch südlich davon bis ans Mittelmeer. N-Afrika wird allerdings nur von wenigen Individuen erreicht und lediglich in Tunesien ist die Heckenbraunelle ein regelmäßig anzutreffender Wintergast (Isenmann & Moali 2000, Thévenot et al. 2003, Isenmann et al. 2005).
In Deutschland ist die Heckenbraunelle mit 1.350.000 – 1.800.000 BP häufiger Brutvogel in allen Landesteilen, deren Bestand in den letzten Jahren leichte Abnahmen zu verzeichnen hat. Der Herbstzug setzt Ende August ein und gipfelt um die Monatswende September/Oktober. Danach treten Nachzügler noch bis in den November auf. Überwinternde Ind. sind in allen Landesteilen in kleiner Zahl zu beobachten. Die ersten Brutreviere werden ab Anfang März wieder besetzt. Seine größte Intensität erreicht der Ein- und Durchzug aber gegen Ende des Monats sowie im April und setzt sich danach noch bis Anfang Mai fort. In Sachsen hat sich die Erstankunft zwischen 1967 und 2011 um annähernd neun Tage verfrüht (Ernst 2013), während dies beim Durchzugsmittelwert auf Helgoland zwischen 1960 und 2008 um etwa sieben Tage der Fall war (Hüppop & Hüppop 2011). Ebenfalls nach vorne verschoben hat sich der Median des Herbstzuges zwischen 1970 und 1997 in SW-Deutschland nach Beobachtung des sichtbaren Vogelzuges (Gatter 2000), während sich auf Helgoland (Hüppop & Hüppop 2011) ebenso wie auf der Beringungsstation Mettnau (Bodensee, Daten Vogelwarte Radolfzell) keine signifikanten Veränderungen ergaben.

Wanderungen: Der Jahreslebensraum von einheimischen oder Deutschland auf dem Zug berührenden Heckenbraunellen umfasst einen relativ schmalen Korridor von N-Norwegen bis NW-Afrika und spiegelt damit den eng nach SW bis WSW ausgerichteten Zug N- und mitteleuropäischer Vögel wider (Zink 1975, Abb. 1, 2). Dies wird auch an den Funden im Herbst deutlich. Sowohl einheimische Heckenbraunellen als auch Durchzügler ziehen erstaunlich parallel nach SW (Abb. 3, 4). Ausnahmen stellen lediglich einige in S-Deutschland markierte Vögel dar, die direkt nach S über die Alpen nach N-Italien zogen sowie ein Vogel, der von Helgoland direkt nach England flog. Die Herkunft der Durchzügler ist Fennoskandien, von wo aus Heckenbraunellen nach S (W-Norwegen) oder SW

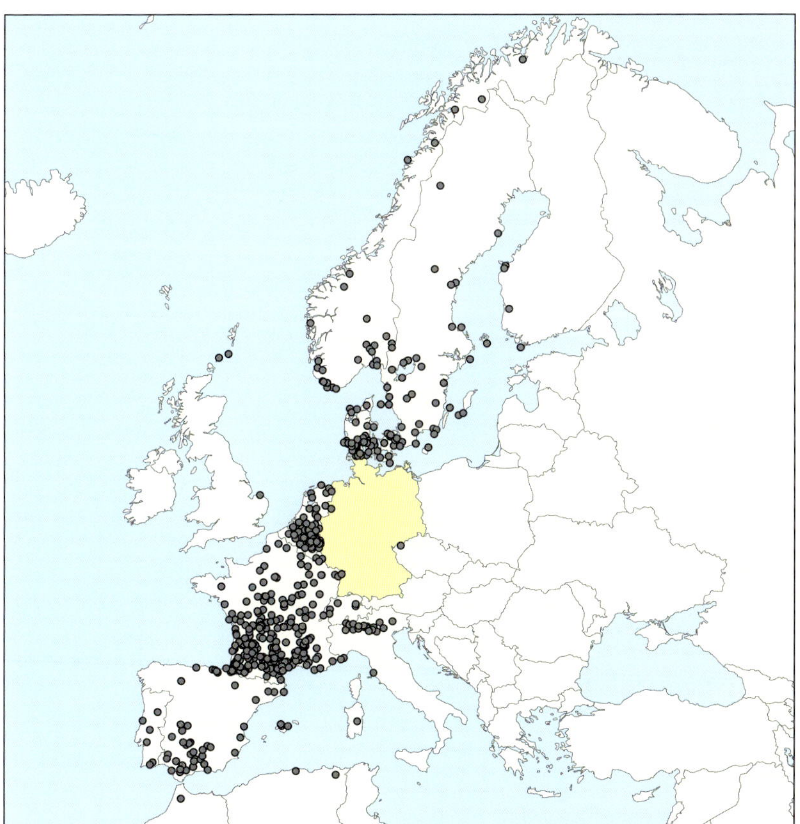

Abb. 1: Fundorte im Ausland von in Deutschland beringten Heckenbraunellen (615 Funde). – *Foreign recovery sites of Dunnocks ringed in Germany (615 recoveries).*

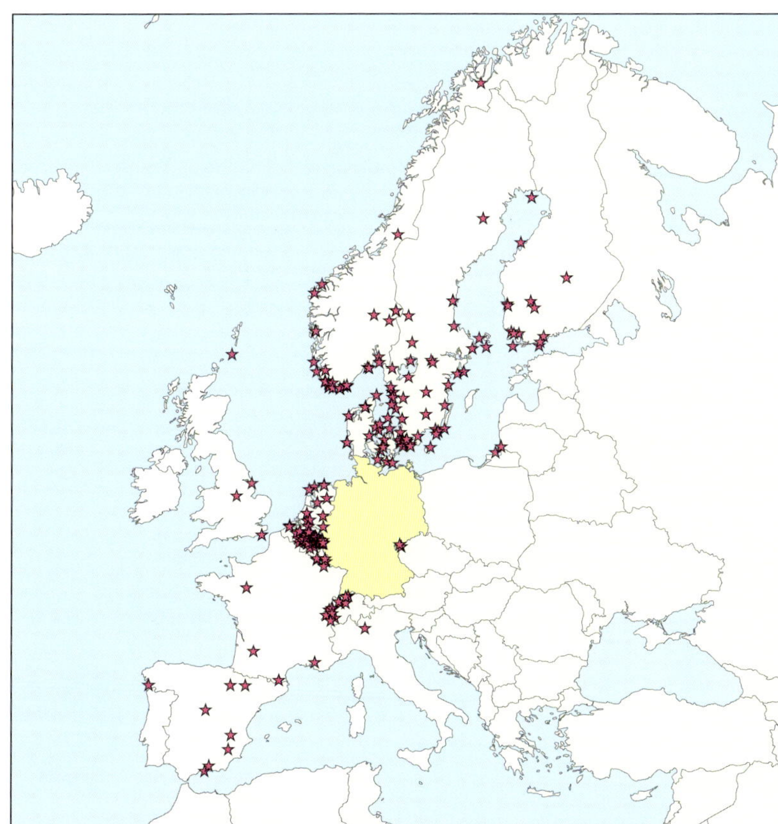

Abb. 2: Beringungsorte im Ausland von in Deutschland gefundenen Heckenbraunellen (374 Funde). – *Foreign ringing sites of Dunnocks recovered in Germany (374 recoveries).*

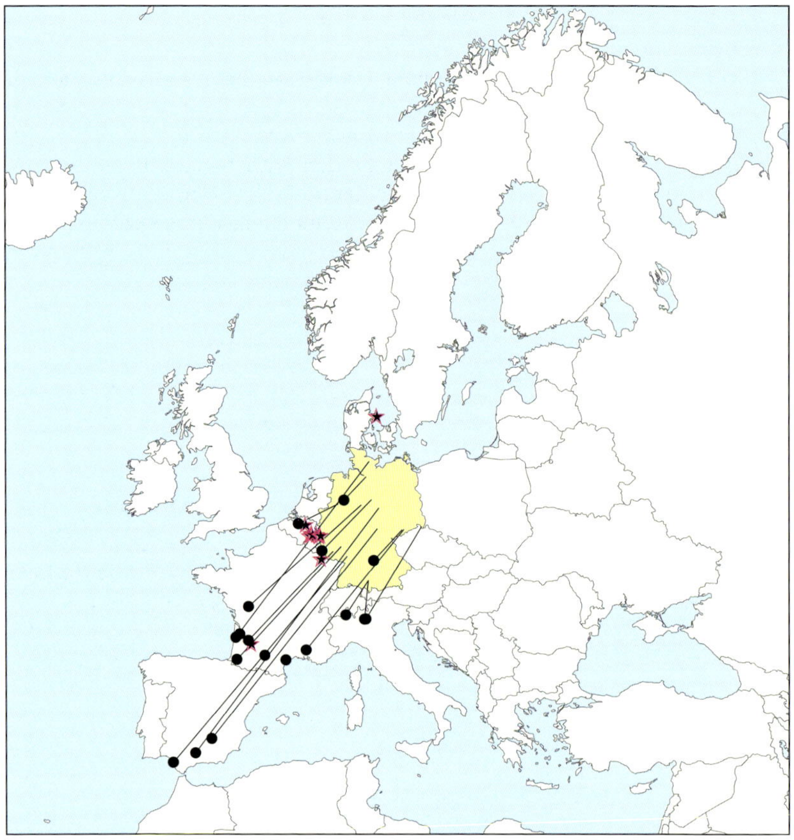

Abb. 3: Herbstzug (September – November) von in Deutschland zur Brutzeit anwesenden Heckenbraunellen (30 Funde). – *Autumn migration (September – November) of Dunnocks present in Germany during the breeding season (30 recoveries).*

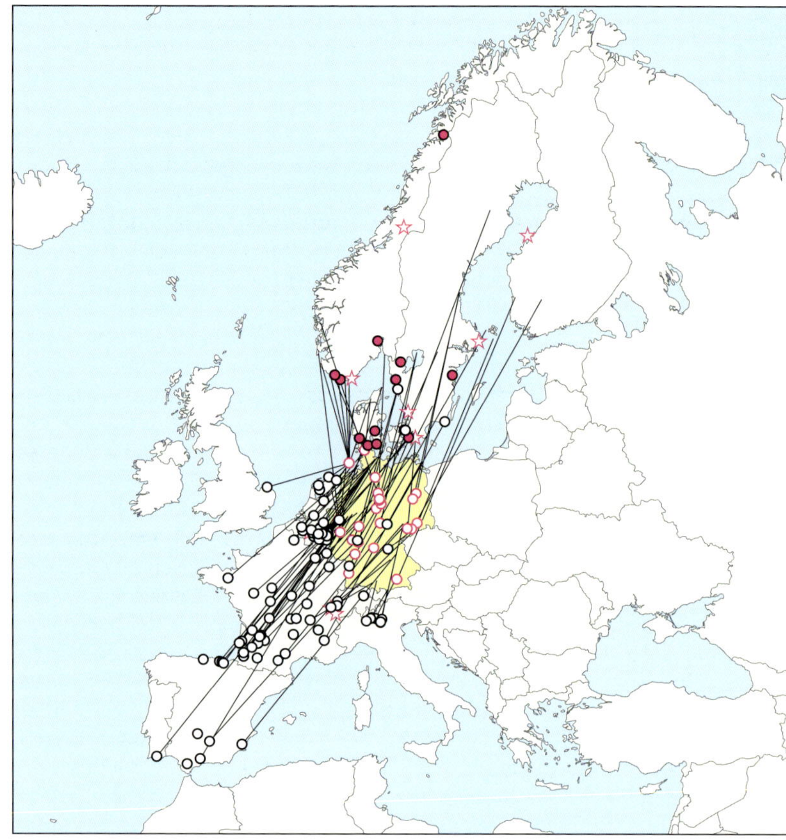

Abb. 4: Herbstzug (September – November) von in Deutschland von September bis November anwesenden Heckenbraunellen (194 Funde). – *Autumn migration (September – November) of Dunnocks present in Germany from September to November (194 recoveries).*

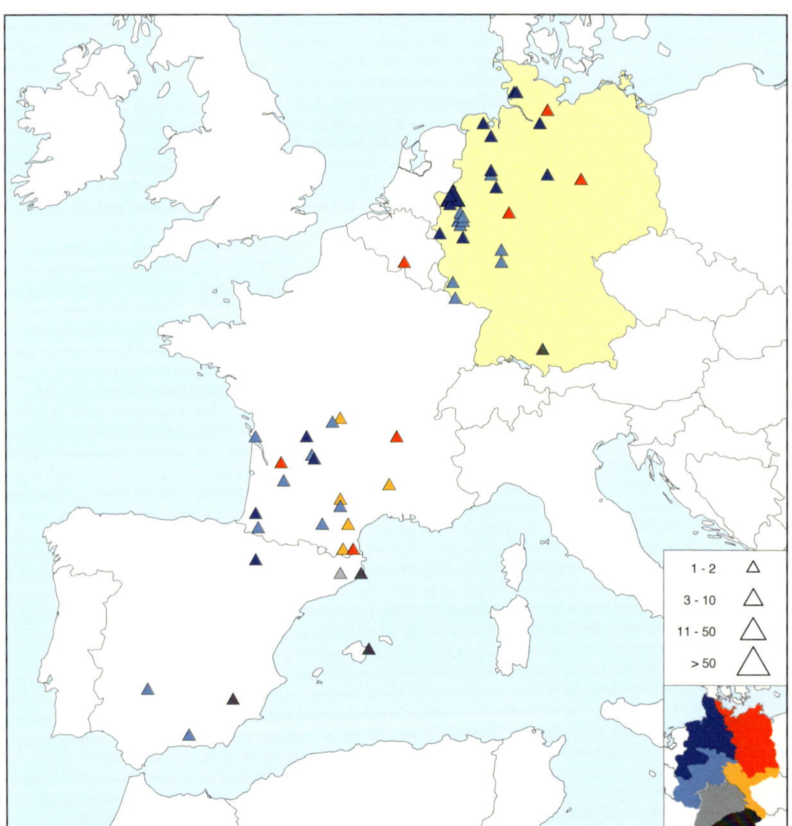

Abb. 5: Aufenthaltsorte im Winter (Dezember – Februar) von in Deutschland zur Brutzeit anwesenden Heckenbraunellen (67 Funde). – *Presence in winter (December – February) of Dunnocks present in Germany during the breeding season (67 recoveries).*

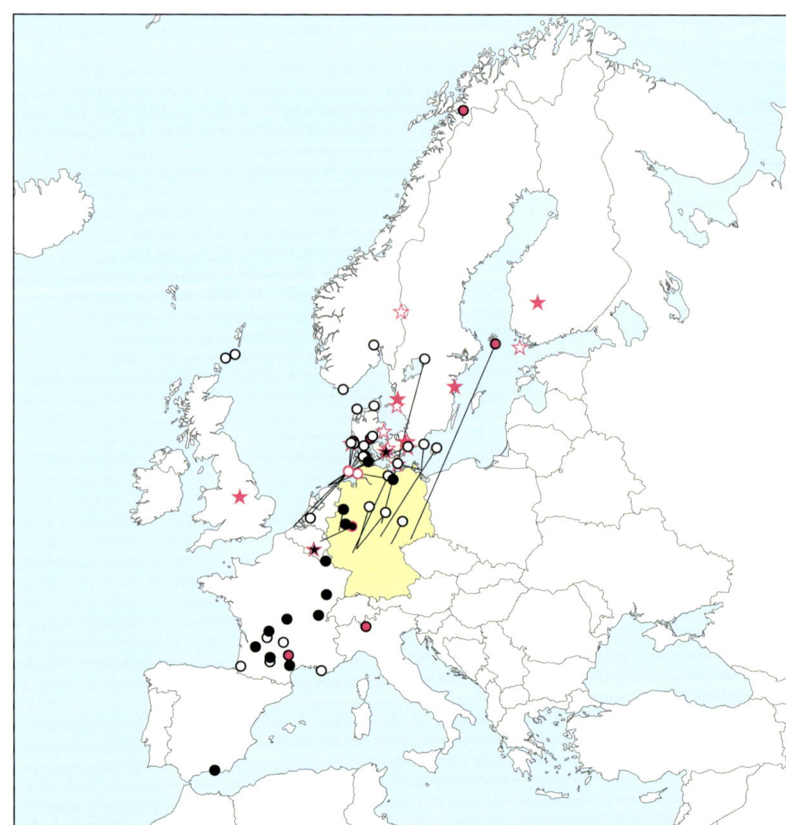

Abb. 6: Frühjahrszug (März – April) von in Deutschland zur Brutzeit (19 Funde) oder von März bis April anwesenden Heckenbraunellen (59 Funde). – *Spring migration (March – April) of Dunnocks present in Germany during the breeding season (19 recoveries) or from March to April (59 recoveries).*

(Schweden, S-Finnland) ziehend Deutschland erreichen. Auffällig ist das völlige Fehlen von Verbindungen nach E und NE-Europa sowie, mit wenigen Ausnahmen, in das Baltikum.
Einheimische Heckenbraunellen sind Teilzieher. Dies wird dadurch belegt, dass etwa die Hälfte aller Winterfunde aus der Nähe der Brutgebiete stammt. Nach einer auffälligen Lücke in N- und W-Frankreich konzentrieren sich die Nachweise anschließend im südwestlichen Frankreich und in Spanien (Abb. 5). Eine Trennung der Überwinterungsgebiete nach der naturräumlichen Herkunft ist dabei nicht zu erkennen. Bei schwedischen Brutvögeln überwintern jedoch im E des Landes beringte Vögel weiter östlich als solche, die in den anderen Landesteilen beringt wurden (Fransson & Hall-Karlsson 2008). Im Gegensatz zu vielen anderen Vogelarten ist bei der Mehrheit der Funde in Frankreich Jagd nicht als Todesursache angegeben. Da dies auch für schwedische Ringvögel zutrifft (Fransson & Hall-Karlsson 2008), ist davon auszugehen, dass das Bild nicht durch direkte Verfolgung verfälscht und S-Frankreich das Hauptüberwinterungsgebiet ziehender Heckenbraunellen aus N- und Mitteleuropa ist. Einen Winterquartierwechsel belegt ein Vogel, der im Februar in der N-spanischen Provinz Huesca beringt und im folgenden Januar in Siegen (Nordrhein-Westfalen) gefunden wurde. In Deutschland konnte nur zweimal die Überwinterung eines schwedischen und einmal die eines finnischen Brutvogels nachgewiesen werden. Eine Reihe weiterer Winterfunde in Fennoskandien zur Zugzeit markierter Ringvögel zeigt jedoch, dass Deutschland zum Überwinterungsgebiet N-europäischer Heckenbraunellen zählt. Dies schließt auch zwei im Oktober auf der Kurischen Nehrung (Russland) beringte Vögel mit ein, die die seltenen Verbindungen ins Baltikum repräsentieren (Abb. 2). Einige Vögel erreichen von Deutschland aus N-Afrika (Abb. 1). Die Nachweise in Marokko (1) und Algerien (2) sind deswegen hervorzuheben, weil in beiden Ländern die Heckenbraunelle nur als seltener Gast gilt (Isenmann & Moali 2000, Thévenot et al. 2003). Ein in Algerien im März gefundener Vogel ist durch die Beringung im Mai dem deutschen Brutbestand zuzuordnen, bei den andern beiden Vögeln kann dies durch die Beringung im März und im August nicht als gesichert gelten.
Der Frühjahrszug erfolgt aus denselben Richtungen, in die auch der Herbstzug stattfindet (Abb. 6). Hinweise auf einen Schleifenzug, wie von Fransson & Hall-Karlsson für schwedische Heckenbraunellen vermutet (2008), ergeben sich daraus nicht (siehe auch Zink 1975). Ein auf den Britischen Inseln zur Brutzeit beringter Vogel hielt sich einige Jahre später im Frühjahr in Deutschland auf. Da britische Heckenbraunellen kaum in das kontinentale Europa ziehen (Wernham et al. 2002), ist der Fund schwer zu interpretieren. Möglicherweise hatte sich der Vogel im Jahr der Beringung auf dem Frühjahrszug über die Britischen Inseln verspätet. Direkt von Fair Isle (N-Schottland) zog ein im April beringter Vogel (Abb. 1) in 19 Tagen nach Helgoland, wo er im Mai kontrolliert wurde. Drei weitere Heckenbraunellen, die im Frühjahr in Deutschland beringt und in einem späteren Frühjahr auf den Orkney-Inseln (2) oder auf Fair Isle (1, N-Schottland) durch Beringer kontrolliert wurden, sind wahrscheinlich in verschiedenen Jahren auf unterschiedlichen Routen gezogen.

Summary: *Dunnock is widespread and abundant in Germany, but the population of 1,350,000 – 1,800,000 bp shows a slightly decreasing trend in recent decades. N and C European Dunnocks migrate with great constancy to the SW in autumn. Therefore, birds reaching Germany in autumn are of Scandinavian origin, whereas recoveries from E European or even S Baltic birds are almost completely lacking. Many autumn migrants as well as German breeding birds migrate mainly to winter quarters in SW France, but also to Spain, and a few winter records stem from Morocco (1) and Algeria (2). There is ample evidence that German Dunnocks are partial migrants, as about half of the winter records were obtained from near the breeding sites. Spring migration is a reversal of autumn movements with no indication for loop migration.*

Haussperling *Passer domesticus*
House Sparrow

Beringungen nach 1945:	61.477
Funde > 10 km nach 1945:	70/69
Wiederfundquote (Fernfunde nach 1945):	0,1 %
Funde > 10 km seit 1901:	76/75
Funde fremder Beringungszentralen:	1/1
Höchstalter:	7 J, 7 M
Weiteste Entfernung:	548 km

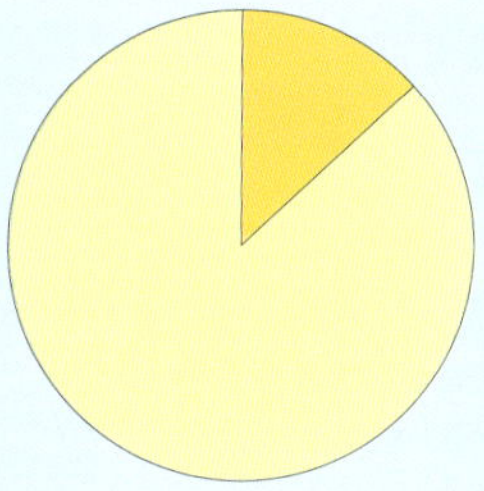

Das ursprüngliche Verbreitungsgebiet der verschiedenen Unterarten des Haussperlings umfasst weite Teile N-Afrikas und Eurasiens von W-Europa bis an den Pazifik, einschließlich S-Asiens von der Türkei und der Arabischen Halbinsel bis E-Indien. Als Brutvogel fehlt er in den nördlichen Tundren, in China und in SE-Asien. In Amerika, dem S Afrikas und in Australien wurde die Art eingebürgert und ist dort ebenfalls weit verbreitet. In der gesamten W-Paläarktis ist der Haussperling ausgesprochen standorttreu und neigt noch weniger zu Ortswechseln als der Feldsperling, asiatische Unterarten ziehen teilweise.
Der stark an menschliche Siedlungen gebundene Haussperling gehört trotz starker Abnahmen in den letzten Jahrzehnten mit 3.500.000 – 5.100.000 BP zu den häufigsten einheimischen Brutvögeln. Beobachtungen ziehender Individuen sind sehr spärlich und konzentrieren sich auf die Monate September und Oktober sowie Februar und März. Bis zum Ende der 1970er Jahre traten größere ziehende Jungvogelschwärme am Randecker Maar (Baden-Württemberg) auf, wobei sich aus fluktuierenden Zahlen zwischen verschiedenen Jahren Hinweise auf evasionsartige Bewegungen ergaben (Gatter 2000). Auf Helgoland gibt es im Gegensatz zum 19. und frühen 20. Jahrhundert keine Hinweise auf Durchzügler mehr (Dierschke et al. 2011). Hiddensee scheint im Winter jedoch von einem Teil des Brutbestands verlassen zu werden (Dierschke & Helbig 2008) und Brutvögel der höheren Lagen führen Vertikalwanderungen durch.
Die Beringung einheimischer Haussperlinge ergab nur wenige Wiederfunde > 100 km vom Beringungsort (Abb. 1). Die Aufenthalte von zwei im Juni und Juli in Ostfriesland beringten Jungvögeln drei bzw. sieben Monate später 119 km und 257 km südlich könnten auf Zerstreuungswanderungen zurückzuführen sein. Zwei weitere in SW-Deutschland am selben Ort im Juni markierte diesjährige Haussperlinge hielten sich im folgenden März bzw. Januar 463 km und 548 km entfernt in SE-Frankreich auf. Möglicherweise sind sie dorthin über die SW-Schweiz geflogen, wo auf dem Alpenpass Col de Bretolet im Herbst regelmäßig gerichtete Wanderungen mit einer klaren jahreszeitlichen Periodik festgestellt werden, an denen sich vor allem Jungvögel beteiligen (Jenni & Schaffner 1984). Obwohl es sich dabei ebenfalls um Dismigration über für die Art besonders weite Entfernung handeln kann, ziehen Jenni & Schaffner (1984) die Möglichkeit echten Zugs in Betracht. Hinweise auf einen Rückzug in die ursprünglichen Brutgebiete ergeben sich aber aus den Ringfunden nicht. Lediglich ein im Oktober auf Helgoland beringter Vogel fand sich nördlich des Beringungsorts wieder. Der Fund in Dänemark über sechs Jahre nach der Markierung kann aber nicht als Zug nach N gewertet werden. Weitere Funde von ausschließlich im Herbst (2, Oktober) oder in den Wintermonaten (4, Dezember-Februar) beringten Vögeln stammen aus einem späteren Herbst (September, Oktober), Winter (Dezember) oder Frühjahr (März). Sie weisen mit Strecken von 108 – 476 km in verschiedene Richtungen,

z. B. in die Niederlande und nach Polen und lassen kein Muster erkennen. In Übereinstimmung mit den Befunden anderer N- und mitteleuropäischer Beringungszentralen (Bønløkke et al. 2006, Maumary et al. 2007, Fransson & Hall-Karlsson 2008, Cepák et al. 2008) ist davon auszugehen, dass die in geringem Ausmaß nachgewiesenen Fernwanderungen im Wesentlichen Dismigrationen darstellen und keinen Pendelzug (siehe auch Summers-Smith 1988).

Summary: *Although numbers are steadily declining in recent decades, House Sparrow, with a breeding population of 3.500.000 – 5.100.000 bp, is still one of the most common bird species in Germany. The great majority of German birds are sedentary with most recoveries from the vicinity of the ringing sites. Few long-distance recoveries over up to 548 km include two birds recovered in SE France. They most likely indicate unusual dispersal movements rather than migration with a subsequent return.*

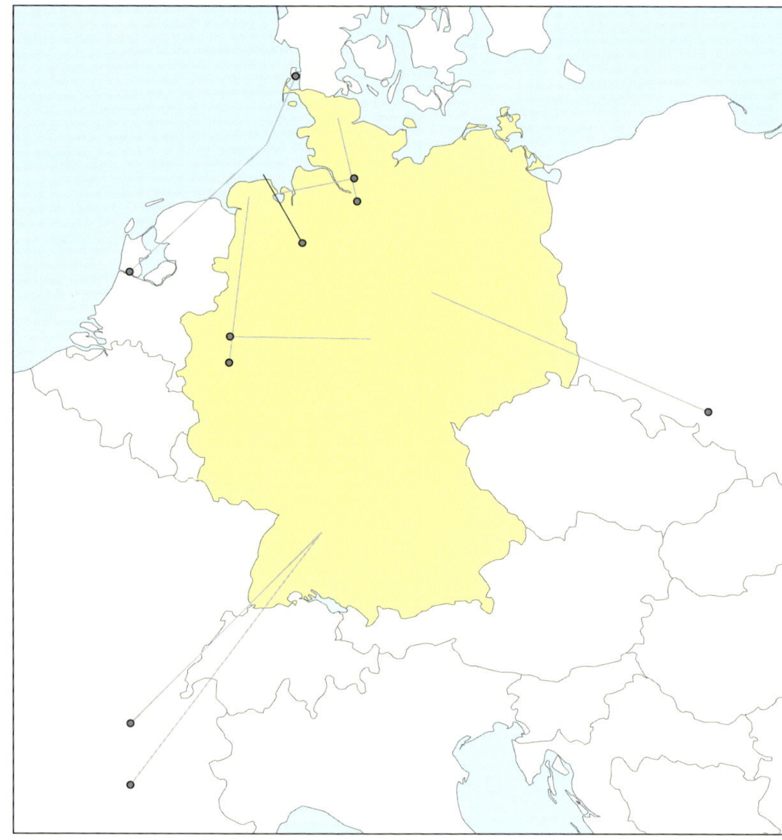

Abb. 1: Funde (> 100 km) von Haussperlingen mit Bezug zu Deutschland (10 Funde). – *Recoveries (> 100 km) of House Sparrows related to Germany (10 recoveries).*

Feldsperling *Passer montanus*

Eurasian Tree Sparrow

Beringungen nach 1945:	169.944
Funde > 10 km nach 1945:	160/155
Wiederfundquote (Fernfunde nach 1945):	0,1 %
Funde > 10 km seit 1901:	203/198
Funde fremder Beringungszentralen:	62/62
Höchstalter:	6 J, 10 M
Weiteste Entfernung:	730 km

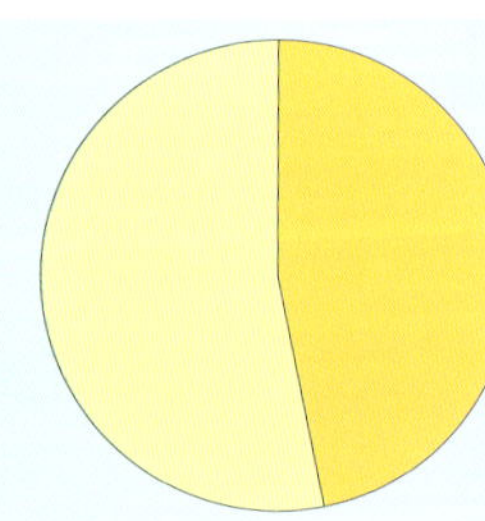

Verbreitung und Status: Der Feldsperling kommt im größten Teil Eurasiens vom Atlantik bis nach Japan sowie zerstreut auf den indonesischen Inseln vor. Lediglich in den nordischen Tundren, in Indien, einem großen Bereich in Zentralasien sowie in den Wüstenregionen SW-Asiens brütet er nicht. Europa ist flächendeckend besiedelt, mit Ausnahme Islands, weiter Teile Irlands, Fennoskandiens und alpiner Regionen. Die Feldsperlinge W- und Mitteleuropas sind weitgehend Standvögel, obwohl Zug von geringer Intensität beobachtet werden kann. Im N gibt es Hinweise darauf, dass die Art dort Teilzieher ist. In den Wintermonaten treten Feldsperlinge regelmäßig südlich des Brutareals auf und erreichen in geringer Zahl N-Afrika, wo in Marokko und Tunesien einige Paare auch zur Brut schreiten.

Der Feldsperling ist in Deutschland mit 800.000 – 1.200.000 BP häufiger Brutvogel in allen Landesteilen, dessen Bestände in den letzten Jahrzehnten jedoch kontinuierlich Rückgänge zu verzeichnen haben. In sehr begrenztem Ausmaß kommt bei einheimischen Feldsperlingen Kurzstreckenzug vor. Diese Wanderungen machen sich im Herbst vor allem von Mitte September bis Ende Oktober sowie im Frühjahr im März und April bemerkbar, im N auch bis in den Mai.

Wanderungen: Die große Standorttreue einheimischer Feldsperlinge wird dadurch belegt, dass der Großteil der Wiederfunde zu allen Jahreszeiten in weniger als 10 km vom Beringungsort erfolgte. Dem stehen jedoch auch Fernfunde gegenüber, bei denen deutsche Ringvögel bis über 700 km z. B. nach Frankreich und N-Italien gelangten (Abb. 1). In der gleichen Größenordnung liegen die Distanzen, die im Ausland beringte Vögel bis zu ihren Fundorten in Deutschland zurücklegten (Abb. 1). Möglicherweise ist auch ein von St. Petersburg (Russland) ins etwa 3400 km entfernte NE-Portugal geflogener Feldsperling (Payevsky 1973, Zink & Bairlein 1995) über Deutschland gezogen. Hinweise auf Zuzügler aus E und N-Europa ergab die Beringung aber bisher nicht, da selbst fennoskandische Feldsperlinge wenig zum Zug neigen. Dort gibt es zwar Hinweise auf Wanderungen anhand von Feldbeobachtungen (Edelstam 1972, Bakken et al. 2006), aber selbst schwedische Ringvögel wurden nur zweimal im Ausland (Dänemark) gefunden (Fransson & Hall-Karlsson 2008).

Im Herbst sind in Deutschland an Stationen, an denen systematische Aufzeichnungen auftretender Vögel oder Zugplanbeobachtungen durchgeführt werden, regelmäßig ziehende Feldsperlinge in geringer Zahl zu beobachten (z. B. Heine

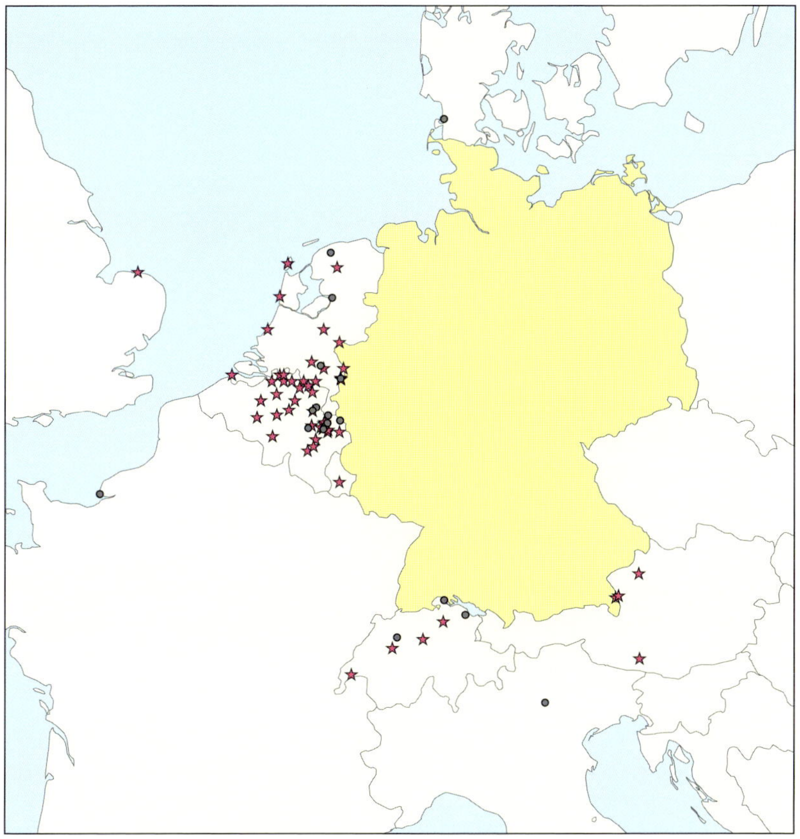

Abb. 1: Fundorte von in Deutschland beringten (19 Funde) und ausländische Beringungsorte von in Deutschland gefundenen (62 Funde) Feldsperlingen. – *Foreign recovery sites of Eurasian Tree Sparrows ringed in Germany (19 recoveries) and foreign ringing sites of birds recovered in Germany (62 recoveries).*

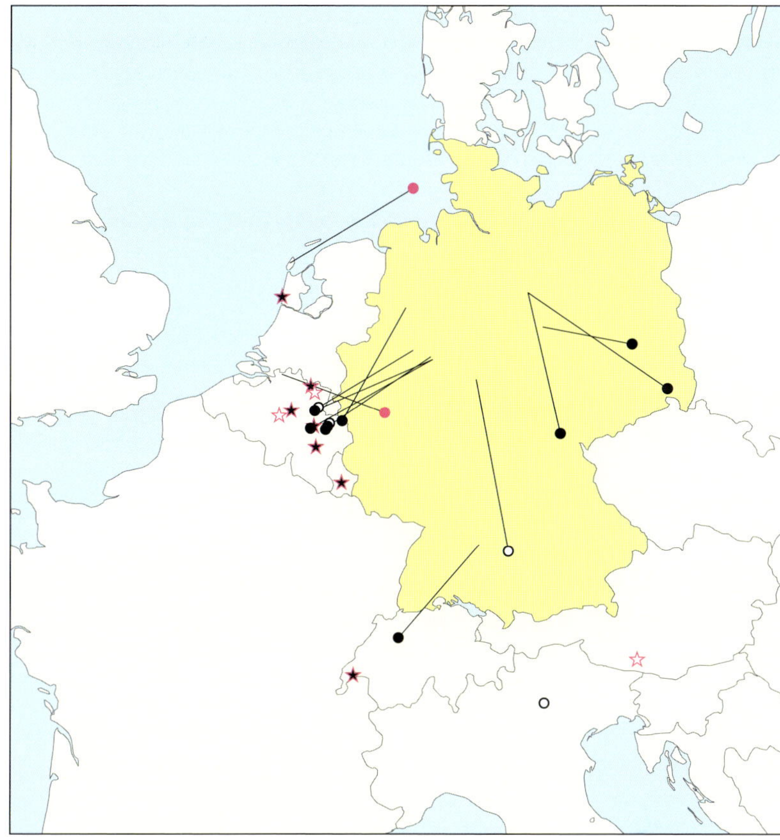

Abb. 2: Herbstzug (September – November) von in Deutschland zur Brutzeit (17 Funde) oder von September bis November anwesenden Feldsperlingen (9 Funde). – *Autumn migration (September – November) of Eurasian Tree Sparrows present in Germany during the breeding season (17 recoveries) or from September to November (9 recoveries).*

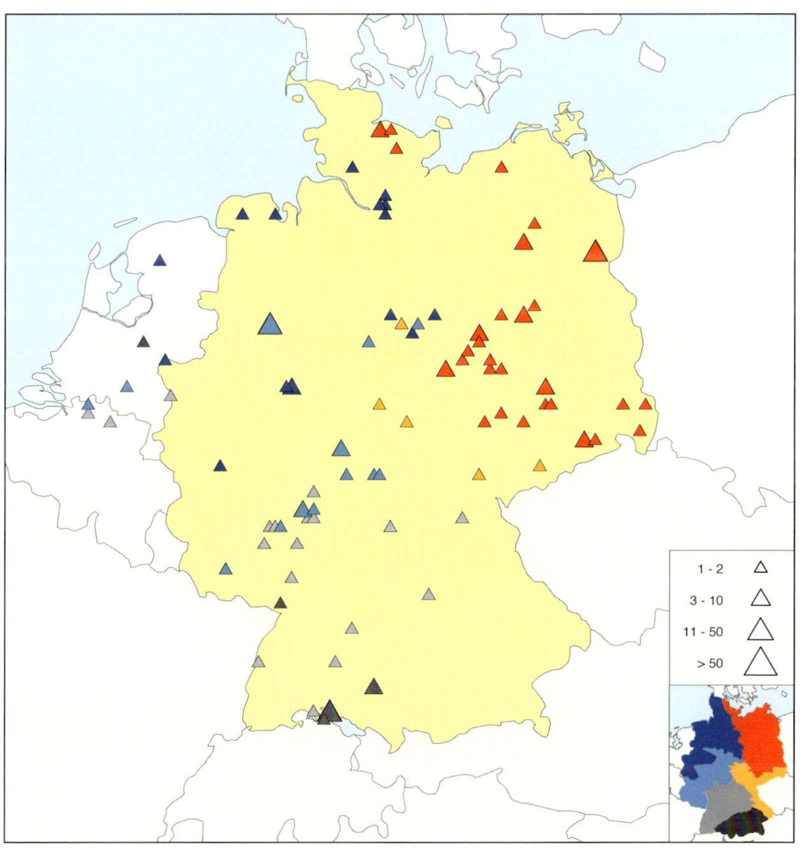

Abb. 3: Aufenthaltsorte zur Brutzeit von im Winter (Dezember – Februar) in Deutschland anwesenden Feldsperlingen (190 Funde). – *Presence during the breeding season of Eurasian Tree Sparrows present in Germany in winter (December – February, 190 recoveries).*

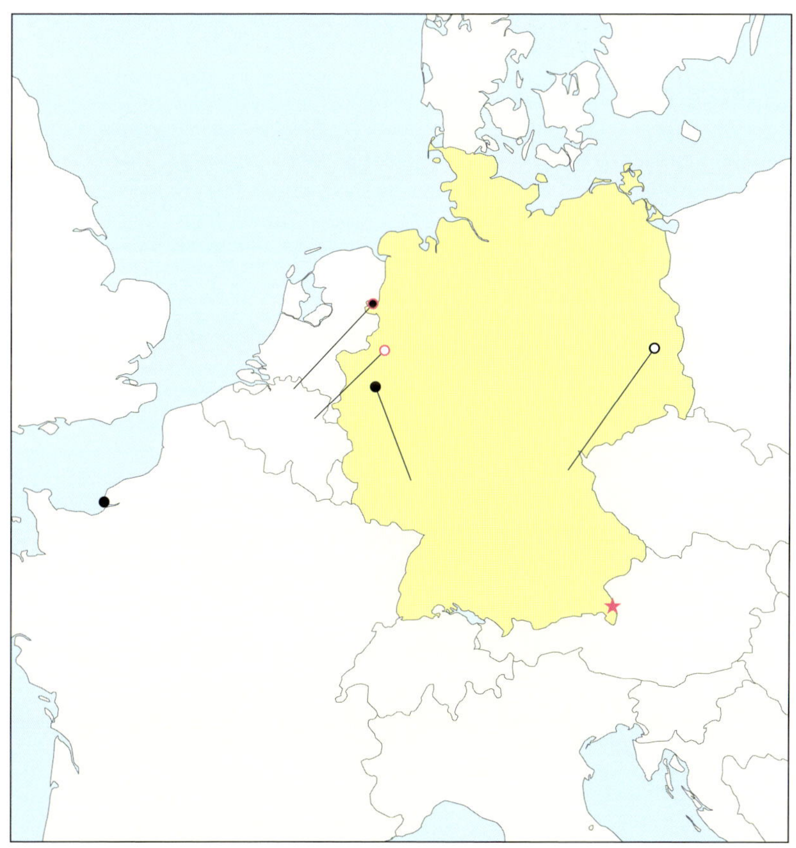

Abb. 4: Frühjahrszug (März – April) von in Deutschland zur Brutzeit (3 Funde) oder von März bis April anwesenden Feldsperlingen (3 Funde). – *Spring migration (March – April) of Eurasian Tree Sparrows present in Germany during the breeding season (3 recoveries) or from March to April (3 recoveries).*

et al. 1999, Gatter 2000, Dierschke & Helbig 2008, Dierschke et al. 2011). In den in verschiedenen Jahren stark schwankenden Durchzugszahlen in SW-Deutschland sieht Gatter (2000) Hinweise auf Evasionen, ähnlich wie sie auch in Skandinavien (Edelstam 1972, Bakken et al. 2006) oder in der Schweiz (Jenni & Schaffner 1984) festgestellt wurden. Bei vielen der zur Zeit des Herbstzugs über 10 km vom Beringungsort direkt gefundenen einheimischen Feldsperlingen handelt es sich um nestjung beringte Vögel. Diese neigen im ersten Lebensjahr besonders zur Dismigration, machen aber auch den überwiegenden Anteil der wandernden Individuen aus, z. B. auf dem schweizerischen Col de Bretolet (Jenni & Schaffner 1984). Es kann daher im Einzelfall nicht mit Sicherheit eine Fernansiedlung (siehe Zink & Bairlein 1995 für Beispiele) von Zug unterschieden werden. Wie bei einem regulären Zug zu erwarten wäre, flogen jedoch wandernde Vögel ausnahmslos in südliche Richtungen (Abb. 2). Ringvögel aus dem W Deutschlands zogen dabei nach SW, in den östlicheren Landesteilen markierte Vögel nach SE. Eine Reihe von zur Zeit des Herbstzugs in den Benelux-Staaten beringten Feldsperlingen fand sich ebenfalls zur Brutzeit ausschließlich in NW-Deutschland wieder. Der weiteste im S liegende Nachweis stammt von einem Vogel, der im September beringt und erstaunliche neun Jahre später aus N-Italien gemeldet wurde, allerdings mit unsicherem Todeszeitpunkt. Der Fund ist der einzige Hinweis für eine Alpenüberquerung eines deutschen Ringvogels, wie sie für schweizerische Feldsperlinge belegt ist (Maumary et al. 2007). Ein im Oktober in der Nähe des Genfer Sees (Schweiz) beringter Feldsperling (Abb. 2) wurde im darauf folgenden Juli etwa 580 km weiter nördlich aus Nordrhein-Westfalen gemeldet. Da Wanderungen deutscher Ringvögel im Herbst nach S belegt sind, könnte dieser Vogel als Hinweis gewertet werden, dass Feldsperlinge auch wieder in den N zurückkehren, es sich also um einen Pendelzug im eigentlichen Sinne handelt.

Die meisten einheimischen Feldsperlinge verbringen die Wintermonate (Dezember, Januar) in der Nähe ihrer Brutgebiete (Abb. 3). Nur zwei in Deutschland zur Brutzeit beringte Feldsperlinge wurden bisher im Winter im Ausland nachgewiesen: je einmal in den Niederlanden und in der Schweiz. Umgekehrt hielten sich aber eine Reihe niederländischer und belgischer Brutvögel im Winter in Deutschland auf (Abb. 3). Einige Funde deuten den Wechsel des Winteraufenthaltes zwischen verschiedenen Jahren an. So wurden ein im Dezember in SE-England beringter Vogel (Abb. 1) elf Monate später im November in Nordrhein-Westfalen und ein im November in der Schweiz beringter Vogel im Januar der nächsten Zugsaison in Sachsen wieder gefunden. Nachweise zur Zeit des Frühjahrszugs sind spärlich. Da die direkten Funde aber in entgegengesetzte Richtungen zu den Herbstzugrichtungen zeigen, sprechen auch sie für einen Pendelzug eines kleinen Teils des deutschen Brutbestands (Abb. 4).

Summary: *With 800,000 – 1,200,000 bp Eurasian Tree Sparrows are widespread in Germany despite a decreasing population trend during the last decades. The great majority of Tree Sparrows are site-faithful throughout the year, but there are also observations of migrating individuals especially from mid-September to late October and from March to May. Ring recoveries of German birds verify rare movements of over 700 km, and in autumn all long-distance recoveries are directed southwards as expected for regular migration. There are two recoveries from abroad (The Netherlands, Switzerland), but a number of Dutch and Belgian Tree Sparrows were recorded in Germany during the winter months. An individual ringed in Switzerland in autumn and recovered in Germany during the breeding season some 580 km to the N could indicate return migration, which is confirmed by a few direct recoveries in spring exclusively pointing northwards.*

Schneesperling *Montifringilla nivalis*

White-winged Snowfinch

Schneesperlinge finden sich in isolierten Vorkommen in den alpinen und subalpinen Zonen der Hochgebirge zwischen W-Europa und Zentralasien. In Europa brüten sie in den Pyrenäen, den Alpen, auf Korsika, in den Apenninen, auf der Balkanhalbinsel und im Kaukasus. In Deutschland ist der Schneesperling ein extrem seltener Brutvogel und auf Lagen über 1900 m in den Bayerischen Alpen beschränkt (Bezzel et al. 2005). Der dortige Bestand von 140 – 270 BP wird als stabil angesehen. Mit Ausnahme von Vertikalwanderungen gelten Schneesperlinge als vorwiegend standorttreu und selbst bei extremen Wetterbedingungen im Winter werden sie in Deutschland kaum unterhalb der Baumgrenze angetroffen (Bezzel et al. 2005). Einen solchen Fall stellt allerdings der einzige Fernfund mit Bezug zu Deutschland dar. Der betreffende Vogel wurde am 21. Dezember 1968 in Österreich beringt und bereits am 11. Januar 1969 in der Nähe des Ammersees durch einen Beringer kontrolliert. Er hatte somit in drei Wochen eine Distanz von 72 km nach NNW zurückgelegt (Abb. 1). Da er im Hochwinter die Alpen verlassen hatte, könnte seine Wanderung auf eine Wetterflucht zurückzuführen sein. Gelegentlich werden Schneesperlinge auf Gipfeln angetroffen, auf denen sie nicht brüten (Bezzel et al. 2005), und Zink & Bairlein (1995) erörtern die Möglichkeit von regelmäßigem Zug in gewissem Umfang z. B. in die Cevennen und in die Camargue (Frankreich). Aus der Schweiz ergaben sich dazu Nachweise von Wanderungen über 437 km nach SE-Frankreich und von drei gemeinsam ziehenden Männchen über 275 km nach Österreich (Maumary et al. 2007). Zudem belegen zwei Ringfunde Wanderungen zwischen den Alpen und den Pyrenäen (Fiedler et al. 2006, Dierschke et al. 2006).

Summary: *The stable population of 140 – 270 bp of White-winged Snowfinch in Germany is restricted to the Bavarian Alps. Though a few movements over several hundred kilometers were reported from other Alpine countries, the only recovery related to Germany stems from a bird ringed in Austria and controlled in Bavaria three weeks later at a distance of 72 km to the NNW.*

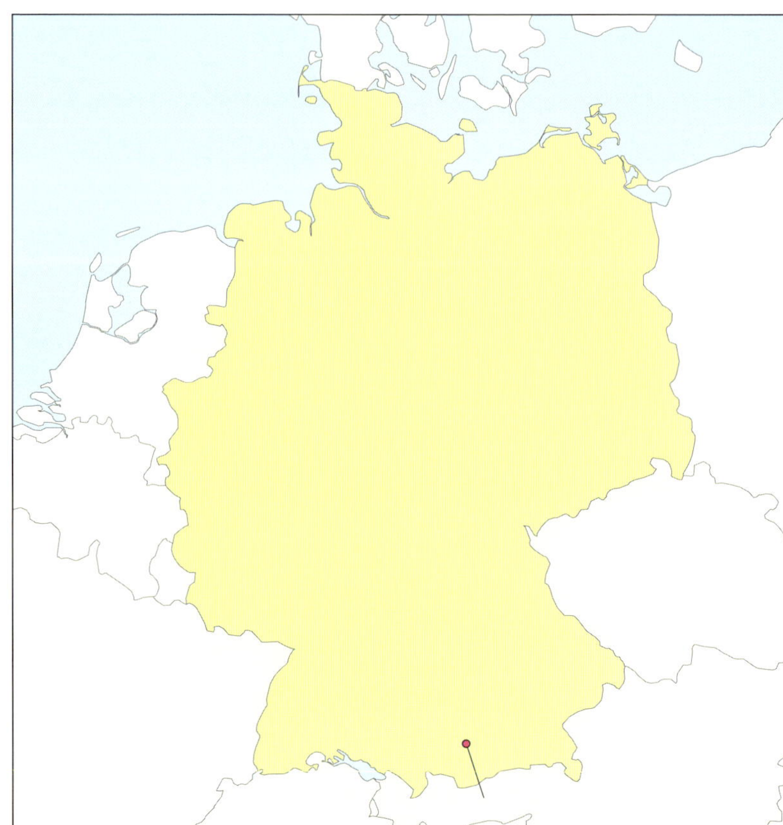

Abb. 1: Fund eines Schneesperlings mit Bezug zu Deutschland. – *Recovery of a White-winged Snowfinch related to Germany.*

Brachpieper *Anthus campestris*
Tawny Pipit

Verbreitung und Status: Der Brachpieper kommt in Steppen und Halbwüsten von NW-Afrika und der Iberischen Halbinsel über S- und E-Europa sowie Vorderasien bis nach Mittelsibirien und in die Mongolei vor. In Europa finden sich die nördlichsten Vorkommen im Baltikum sowie kleine isolierte Bestände z. B. in Frankreich und den Niederlanden. Brachpieper sind trans-Saharazieher, die in der afrikanischen Sahelzone, aber auch von Arabien bis Afghanistan überwintern. Beobachtungen zum Ausharren im Mittelmeerraum sind selten und liegen z. B. aus Marokko und Portugal vor (Zink 1975, Moore & Elias 1997).
In Deutschland ist der Brachpieper als seltener Brutvogel in offenen Landschaften mit einem hohen Anteil vegetationsfreier Flächen vor allem in den östlichen Landesteilen zu finden. Verbunden mit Arealverlusten sind die Bestände seit einigen Jahrzehnten stark in Abnahme begriffen und belaufen sich derzeit auf 1000 – 1600 BP. Der Herbstzug findet hauptsächlich von Mitte August bis Ende September statt, der Wiedereinzug in die Brutgebiete von Mitte April bis Ende Mai.

Wanderungen: Die Hauptabzugsrichtung mitteleuropäischer Brachpieper weist nach SW (Zink 1975). Eines der wenigen Beispiele dafür ist der Fund eines schweizerischen Vogels in S-Spanien (Maumary et al. 2007). Diese Richtung schlug auch der – trotz über 1700 Beringungen – einzige deutsche Brachpieper ein, der einen Fernfund erbrachte. Als Nestling im Juni in Hessen beringt wurde der Vogel über ein Jahr später auf dem Herbstzug im September in 2472 km Entfernung in Marokko wiedergefunden (Abb. 1). Er weist darauf hin, dass deutsche Brutvögel über SW-Europa in die afrikanischen Überwinterungsgebiete gelangen. Aus diesen selbst liegen keine Ringfunde vor.

Summary: *In Germany, Tawny Pipit is a rare breeding bird. The population has been in strong decline for several decades and currently consists of 1000 – 1600 bp. The only long-distance recovery is from a bird ringed as a nestling and recovered more than a year later during autumn migration in Morocco.*

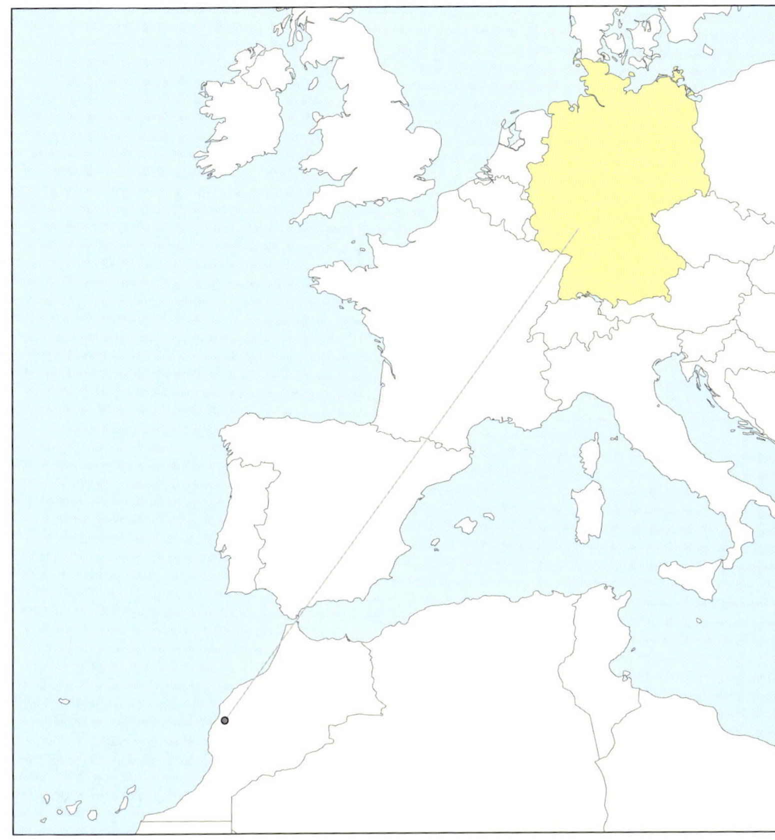

Abb. 1: Fund eines Brachpiepers mit Bezug zu Deutschland. – Recovery of a Tawny Pipit related to Germany

Baumpieper *Anthus trivialis*
Tree Pipit

Beringungen nach 1945:	48.612
Funde > 10 km nach 1945:	57/57
Wiederfundquote (Fernfunde nach 1945):	0,1 %
Funde > 10 km seit 1901:	58/58
Funde fremder Beringungszentralen:	6/6
Höchstalter:	7 J, 8 M
Weiteste Entfernung:	2479 km

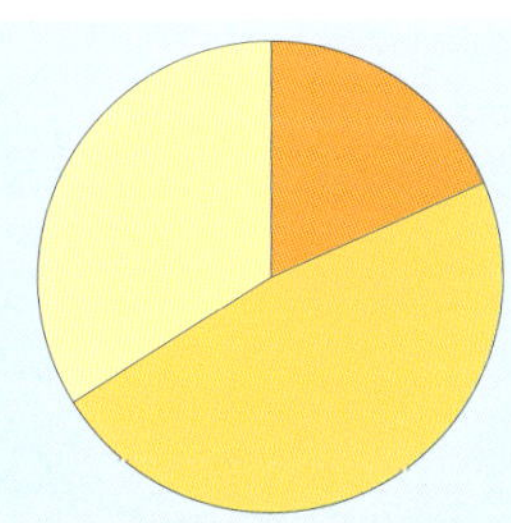

Verbreitung und Status: Der Baumpieper kommt als Brutvogel in fast ganz Europa vor, mit Ausnahme eines großen Teils der Iberischen Halbinsel und Irlands. Im E erreicht er Zentralsibirien und den Himalaya. Baumpieper sind Langstreckenzieher, die im afrikanischen Savannengürtel südlich der Sahara und in E-Afrika überwintern, S-Afrika wird nur ausnahmsweise erreicht. Vereinzelte Winternachweise liegen auch aus dem Mittelmeergebiet vor. Baumpieper, die in E-Arabien und auf dem indischen Subkontinent überwintern, stammen wahrscheinlich von östlichen Populationen.
Der Baumpieper kommt landesweit von der Küste bis in die Hochlagen der Alpen häufig in allen offenen bis halboffenen Habitaten mit Bäumen oder Gebüschen vor. In den letzten Jahrzehnten hat der Bestand stark abgenommen und beträgt aktuell 250.000 – 355.000 BP. Der Herbstzug findet von August bis Mitte Oktober statt, mit Höhepunkt im September. Der Frühjahrszug setzt im S im März ein, gipfelt im April und Mai und ist Anfang Juni beendet. Im sächsischen Vogtland hat sich die Erstankunft zwischen 1967 und 2011 um über acht Tage verfrüht (Ernst 2013), während sich der Durchzugsmedian im Herbst in SW-Deutschland seit 1970 um ca. fünf Tage verspätet hat (Gatter 2000).

Wanderungen: Mittel- und N-europäische Baumpieper ziehen über das westliche Mittelmeergebiet nach Afrika (Zink 1975). Im Einklang damit wurden in Deutschland beringte Baumpieper vor allem in S- und W-Europa nachgewiesen mit Schwerpunkten in N-Italien, Frankreich und auf der Iberischen Halbinsel (Abb. 1). Die südlichsten Funde stammen aus Marokko (1) und Algerien (1). Entsprechend der Zugrichtung schwedischer und norwegischer Baumpieper (Bakken et al. 2006, Fransson & Hall-Karlsson 2008) liegen auch Funde von dort beringten Vögeln in Deutschland vor.

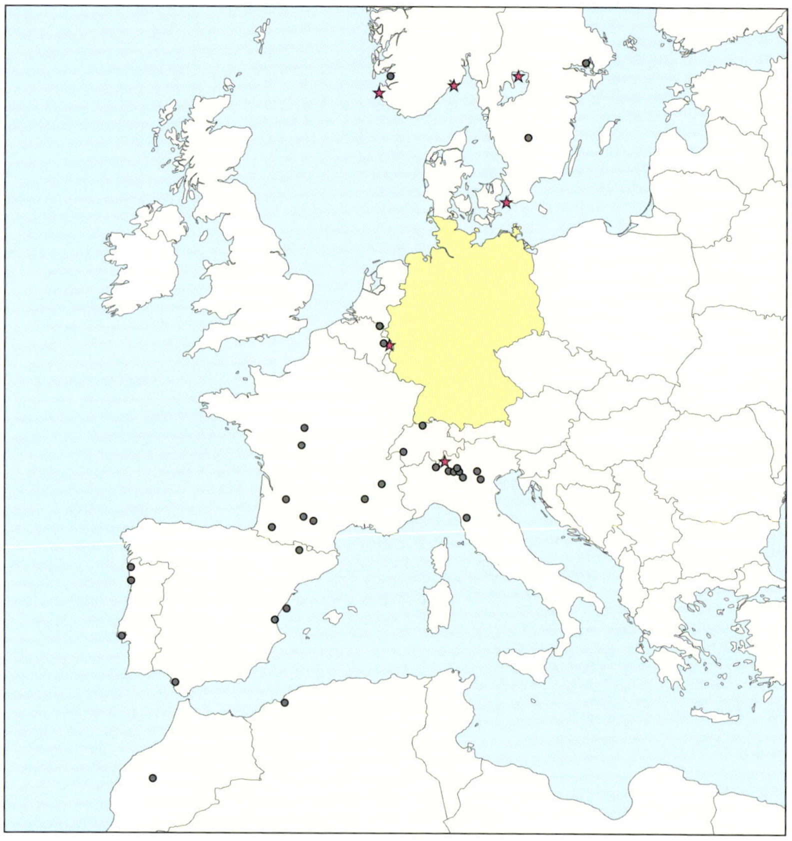

Abb. 1: Fundorte von in Deutschland beringten (33 Funde) und ausländische Beringungsorte von in Deutschland gefundenen (6 Funde) Baumpiepern. – *Foreign recovery sites of Tree Pipits ringed in Germany (33 recoveries) and foreign ringing sites of birds recovered in Germany (6 recoveries).*

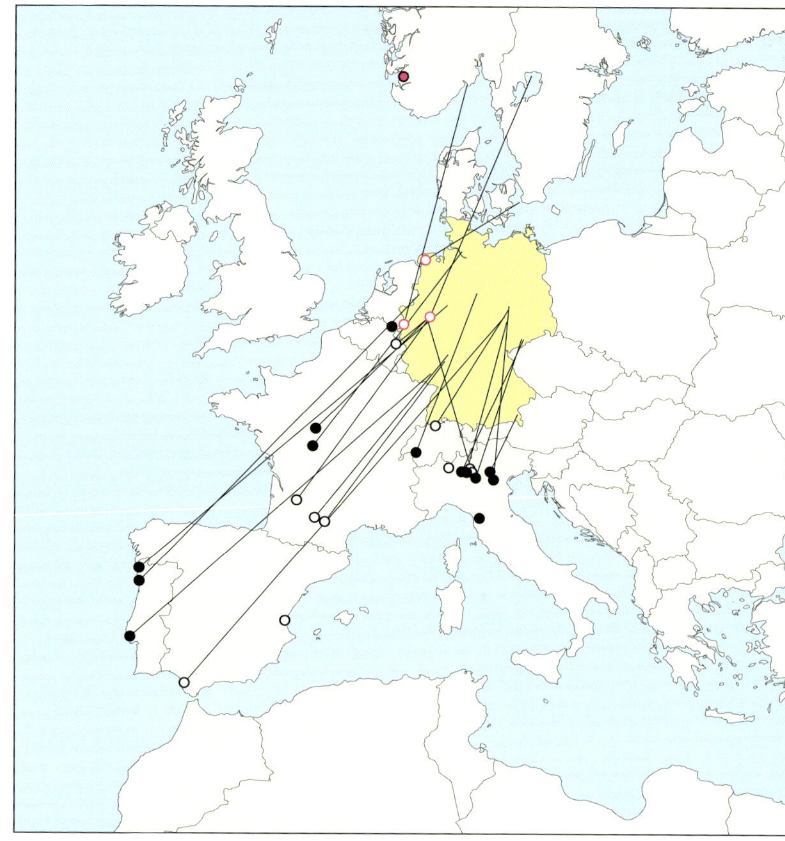

Abb. 2: Herbstzug (August – November) von in Deutschland zur Brutzeit (13 Funde) oder von August bis November anwesenden Baumpiepern (14 Funde). – *Autumn migration (August – November) of Tree Pipits present in Germany during the breeding season (13 recoveries) or from August to November (14 recoveries).*

Die Wegzugrichtung im Herbst von in Deutschland zur Brutzeit anwesenden Baumpiepern unterscheidet sich in Abhängigkeit von ihrer naturräumlichen Herkunft. Vögel aus dem E Deutschlands zeigen eher eine Anfangsrichtung nach S bis SSW, wie direkte Funde in N-Italien belegen. Im Gegensatz dazu schlagen in W-Deutschland beringte Baumpieper den Zug zunächst nach SW ein, mit Funden in W-Frankreich und dem SW der Iberischen Halbinsel (Abb. 2). Ein Vogel gelangte jedoch auch von W-Deutschland in Richtung SE nach N-Italien. Viele Baumpieper aus Fennoskandien folgen anfänglich ebenfalls Zugrichtungen nach S, um zunächst N-Italien zu erreichen (Fransson & Hall-Karlsson 2008,Spina & Volponi 2008b). Es ist allerdings unklar, ob sie anschließend einen Richtungswechsel vornehmen, um über Frankreich und Spanien nach Afrika zu ziehen, oder ob sie von Italien aus das Mittelmeer überqueren.

Funde von einheimischen Baumpiepern aus den Überwinterungsgebieten südlich der Sahara liegen nicht vor, im Gegensatz zu Wiederfunden von z. B. in Belgien, Tschechien und Italien beringten Baumpiepern aus der Elfenbeinküste, Ghana und dem Tschad (Glutz v. Blotzheim & Bauer 1985, Cepák et al. 2008, Spina & Volponi 2008b). Ein im Oktober 1956 auf Hiddensee beringter Baumpieper wurde im Januar 1961 aus Algerien gemeldet (Abb. 1) ohne Information, wie lange der Vogel beim Fund schon tot war. Winterbeobachtungen in NW-Afrika werden allerdings auch von Keith et al. (1992) erwähnt. Nachweise zum Frühjahrszug liegen kaum vor. Nach Zink (1975) deuten einige Ringfunde auf einen Schleifenzug hin, wobei der Frühjahrszug östlich des Herbstzuges erfolgt. Ein Lebendfund (zur Käfighaltung gefangen) im April in Marokko scheint dem zu widersprechen, reicht jedoch für eine abschließende Beurteilung nicht aus.

Summary: *Tree Pipit is a widespread breeding migrant in Germany in open and semi-open habitats with scattered trees and shrubs. Its breeding population is estimated at 250,000 – 355,000 bp, but with a strongly declining trend. Autumn migration peaks from August to mid-October, and spring migration from April to mid-May. Recoveries of Tree Pipits ringed in Germany were mostly from France, Spain and N-Italy, with the southernmost records from Morocco (1) and Algeria (1). Tree Pipits ringed in W Germany preferably migrate to the SW, whereas those ringed in the eastern parts of the country tend to migrate towards the SSW and S, yielding several recoveries in northern Italy and thus matching the situation of Tree Pipits of Scandinavian origin. Whether these birds subsequently change their migratory direction or whether they migrate via Italy and the Mediterranean Sea towards Africa is not clear. So far, there have not been any recoveries of German-ringed Tree Pipits from the sub-Saharan winter quarters.*

Wiesenpieper *Anthus pratensis*

Meadow Pipit

Beringungen nach 1945:	42.325
Funde > 10 km nach 1945:	146/145
Wiederfundquote (Fernfunde nach 1945):	0,3 %
Funde > 10 km seit 1901:	147/146
Funde fremder Beringungszentralen:	39/39
Höchstalter:	6 J, 2 M
Weiteste Entfernung:	2668 km

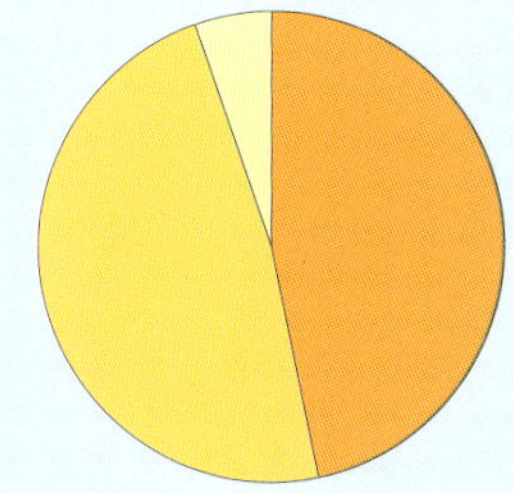

Verbreitung und Status: Der Wiesenpieper brütet von E-Grönland über ganz W-, N- und Mitteleuropa bis nach W-Sibirien, mit isolierten Vorkommen in Italien und im Kaukasus. Mit Ausnahme der residenten Populationen in W-Europa ist er Teilzieher. Die Überwinterungsgebiete liegen hauptsächlich in W-Europa sowie im Mittelmeergebiet, wobei vereinzelt auch Mauretanien und Oasen in der Sahara erreicht werden. Überwinterungen in Mittel- und dem südlichen N-Europa kommen vor, östliche Populationen ziehen nach SW-Asien.

In Deutschland, wo Wiesenpieper offene gehölzarme Landschaften von der Küste bis auf über 1000 m in den Alpen mäßig häufig besiedeln, beträgt der Brutbestand 40.000 – 64.000 BP, bei stark abnehmendem Trend während der letzten Jahre. Die meisten einheimischen Wiesenpieper verlassen ihre Brutgebiete zum Winter. Mit Ausnahme einzelner früh ziehender Individuen findet der Herbstzug ab Mitte September und vor allem im Oktober statt, um im November abzuklingen. Jungvögel scheinen vor den Altvögeln zu ziehen. Der vereinzelt bereits ab Februar einsetzende Frühjahrszug ist von Ende März bis in die erste Maihälfte am stärksten ausgeprägt. Wiesenpieper überwintern mit zunehmender Tendenz in geringer Zahl in Deutschland.

Wanderungen: Funde von in Deutschland beringten und die Herkunft von in Deutschland gefundenen Wiesenpiepern mit Ringen fremder Beringungszentralen streuen von N-Norwegen bis nach NW-Marokko (Abb. 1, 2). Während in Deutschland beringte Wiesenpieper hauptsächlich in SW-Europa gefunden wurden, stammen die Wiederfunde fremder Beringungszentralen aus N-Europa, Belgien, den Niederlanden und je einmal aus S-England und Spanien.

In Deutschland zur Brutzeit beringte Wiesenpieper ziehen nach SW (Abb. 2; siehe auch Helbig et al. 1987). Eine Ausnahme stellt lediglich ein Vogel dar, der aus dem äußersten W Deutschlands SSE ziehend nach N-Italien gelangte. Das generelle Bild entspricht dem der Befunde anderer Beringungszentralen in N- und Mitteleuropa (Payevsky 1973, Bønløkke et al. 2006, Bakken et al. 2006. Cepák et al. 2008, Fransson & Hall-Karlsson 2008). Entsprechend ziehen auch die meisten zur Zeit des Herbstzugs beringten Vögel nach Belgien, Frankreich und Spanien (Abb. 3). Wenige Ringfunde weisen dabei Fennoskandien als ihre Herkunft aus. Funde von in Großbritannien, Belgien und Fennoskandien beringten Ind. in N-Italien (Wernham et al. 2002, Bakken et al. 2006, Fransson & Hall-Karlsson 2008, Spina & Volponi 2008b) belegen jedoch auch, dass der Zug von Wiesenpiepern über Mitteleuropa nach SE und S keine Ausnahmeerscheinung ist.

Zu den Überwinterungsgebieten einheimischer Vögel liegt eine Reihe von Belegen vor. Ein im NW-deutschen Tiefland beringter Wiesenpieper wurde im Winter in W-Frankreich gefunden. Alle weiteren Nachweise von Vögeln des Brutbestands des NW- und NE-deutschen Tieflands sowie den W-deutschen Mit-

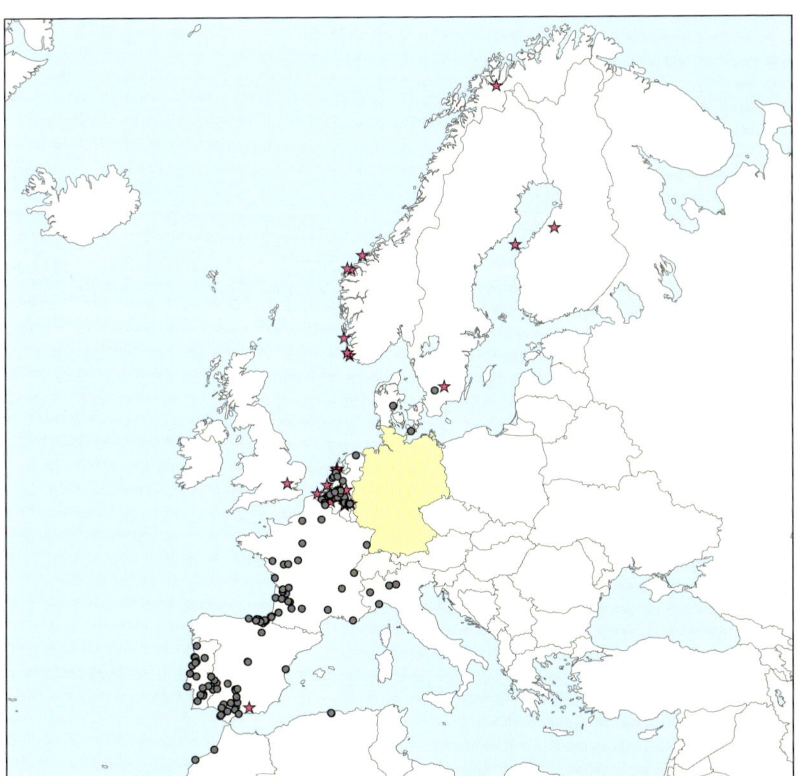

Abb. 1: Fundorte von in Deutschland beringten (136 Funde) und ausländische Beringungsorte von in Deutschland gefundenen (39 Funde) Wiesenpiepern. – *Foreign recovery sites of Meadow Pipits ringed in Germany (136 recoveries) and foreign ringing sites of birds recovered in Germany (39 recoveries).*

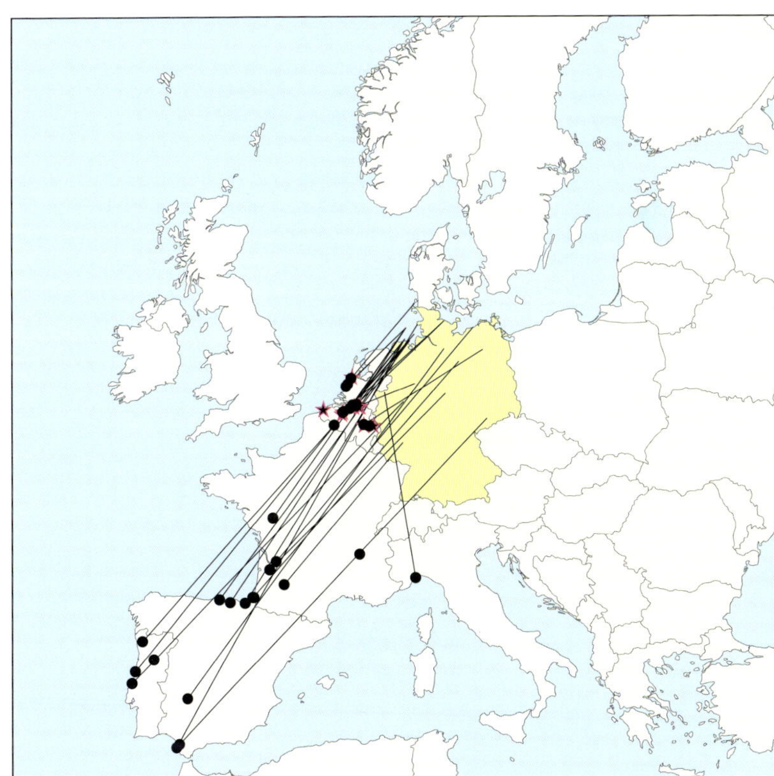

Abb. 2: Herbstzug (August – November) von in Deutschland zur Brutzeit anwesenden Wiesenpiepern (41 Funde). – *Autumn migration (August – November) Meadow Pipits present in Germany during the breeding season (41 recoveries).*

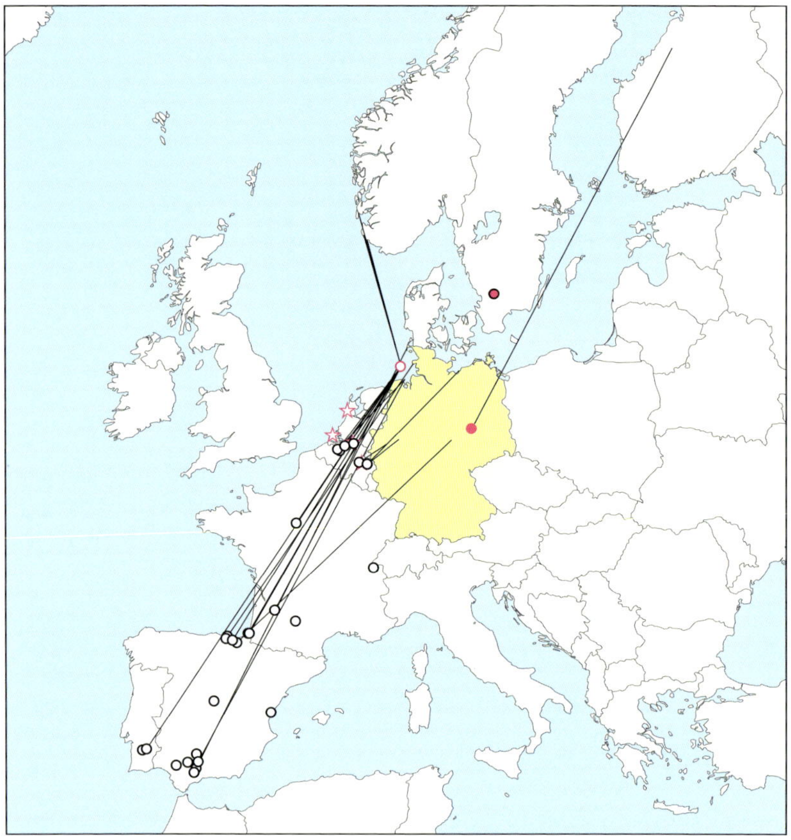

Abb 3: Herbstzug (August – November) von in Deutschland von August bis November anwesenden Wiesenpiepern (40 Funde). – *Autumn migration (August – November) of Meadow Pipits present in Germany from August to November (40 recoveries).*

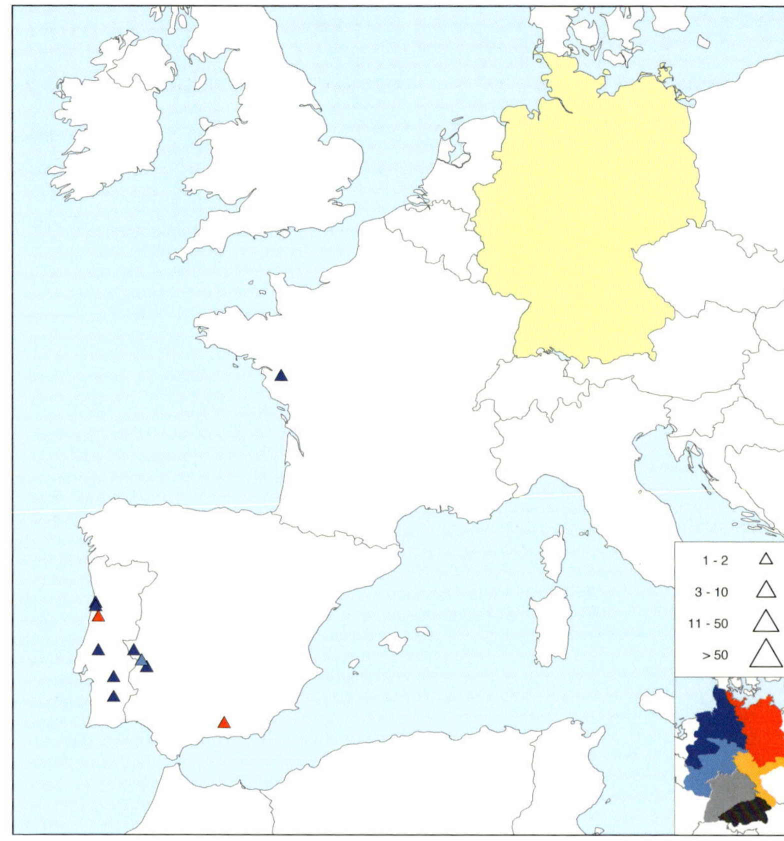

Abb. 4: Aufenthaltsorte im Winter (Dezember – Februar) von in Deutschland zur Brutzeit anwesenden Wiesenpiepern (12 Funde). – *Presence in winter (December – February) of Meadow Pipits present in Germany during the breeding season (12 recoveries).*

telgebirgen belegen den SW der Iberischen Halbinsel als Überwinterunsgebiet (Abb. 4). Bei den zwischen August und April beringten Wiesenpiepern, die sich im Winter in Marokko und Algerien (Abb. 1) aufhielten, könnte es sich auch um N-europäische Durchzügler gehandelt haben. Diese, wie auch britische Vögel, überwintern nachweislich in N-Afrika (Wernham et al. 2002, Bakken et al. 2006, Fransson & Hall 2008). Die Frage der Herkunft der wenigen in Deutschland überwinternden Wiesenpieper kann anhand von Ringfunden nicht geklärt werden.
Zum Frühjahrszug liegen nur spärliche Informationen vor. So hielten sich z. B. sechs in Belgien auf dem Herbstzug beringte Wiesenpieper im April in Deutschland auf, während zwischen Juni und September in Deutschland beringte Wiesenpieper im März noch in Spanien und Frankreich waren, in einem Fall allerdings auch schon in Polen. Aus dem Rahmen fällt der von Zink (1975) beschriebene Fund eines nestjung in Schleswig-Holstein beringten Wiesenpiepers zwei Jahre später im Juli in Schottland, bei dem es sich um Zugprolongation und/oder eine Fernumsiedlung gehandelt haben könnte.

Summary: *Meadow Pipit is widespread in Germany with a population of 40,000 – 64,000 bp, but populations have declined strongly in recent years. In general, Meadow Pipits breeding in Germany are migratory, but a few birds of unknown origin are found throughout the winter. Recoveries of Meadow Pipits ringed in Germany or of foreign-ringed birds obtained in Germany were captured from N Norway to NW Morocco. Individuals recovered during autumn migration indicate a predominantly SW migration route, but one bird found in Italy indicates that migration to the S can occur as well. The latter direction may be underrepresented in our data as indicated by many recoveries in N Italy of Meadow Pipits ringed in W and N Europe. The main wintering areas of German breeding birds are in the SW of the Iberian Peninsula, but there is also one winter recovery from W France.*

Bergpieper *Anthus spinoletta*
Water Pipit

Der Bergpieper kommt als Brutvogel alpiner Regionen oberhalb der Baumgrenze zerstreut in Gebirgen von der Iberischen Halbinsel über S- und Mitteleuropa sowie dem Kaukasus bis etwa zum Baikalsee im E vor. Europäische Bergpieper räumen im Winter ihre Brutgebiete, um die kalte Jahreszeit im Mittelmeerraum sowie in den tieferen Lagen W- und Mitteleuropas zu verbringen. Bei den Wintergästen an der Nordseeküste und auf den Britischen Inseln handelt es sich wahrscheinlich zu einem großen Teil um Brutvögel der Alpen. Dies ist durch die Funde eines schweizerischen nestjung beringten Vogels im Januar und eines österreichischen Ringvogels, der als diesjähriges Ind. im August beringt wurde, im Oktober jeweils in Belgien belegt (Glutz v. Blotzheim & Bauer 1985, Maumary et al. 2007).

In Deutschland ist der Bergpieper mit einem langfristig stabilen Bestand von 900 – 1800 BP ein seltener Brutvogel und im Wesentlichen in den bayerischen Alpen heimisch; ein kleineres Vorkommen findet sich außerdem in den Hochlagen des Schwarzwalds, im Bayerischen Wald konnte er kürzlich nicht mehr bestätigt werden (Rödl et al. 2012). Im Winter ist er weit verbreitet und bis an die Küsten von Nord- und Ostsee anzutreffen. Der Herbstzug setzt im September ein und dauert bis in den November an, der Frühjahrszug findet im März und April statt. Über die Zugwege des einheimischen Brutbestands ist wenig bekannt. Ein als Nestling im Juli beringter Vogel des kleinen Vorkommens am Feldberg (Baden-Württemberg) wurde im folgenden Januar 634 km W vom Beringungsort in W-Frankreich tot gefunden (Abb. 1). Dies entspricht der Wegzugsrichtung vieler Brutvögel aus der benachbarten Schweiz, von denen allerdings auch ein Teil in N-Italien überwintert (Maumary et al. 2008). Tschechische Ringvögel mit unbekanntem Brutstatus wurden dagegen im Winter hauptsächlich in Italien und Griechenland gefunden (Cepák et al. 2008). Zwei weitere Vögel, bei denen die Markierung zur Zeit des Frühjahrszugs (März, April) weit im N der Brutgebiete erfolgte, lassen sich keinem Brutbestand zuordnen. Sie wurden beide auf dem Herbstzug im November desselben Jahres 186 km SW in Belgien bzw. 138 km N in Brandenburg wieder gefunden.

Summary: *In Germany, the stable population of 900–1800 bp of Water Pipit is largely restricted to the Bavarian Alps, with small numbers also occurring in the Black Forest. In winter it is widespread throughout the country including coastal areas. Autumn migration lasts from September to November, spring migration occurs in March and April. There are only three long-distance recoveries of Water Pipits ringed in Germany. A bird ringed as a nestling was found dead in January more than 600 km to the W in France. Two additional birds of unknown origin ringed in March and April respectively were both recovered in November of the ringing year at 186 km SW in Belgium and at 138 km N within the country.*

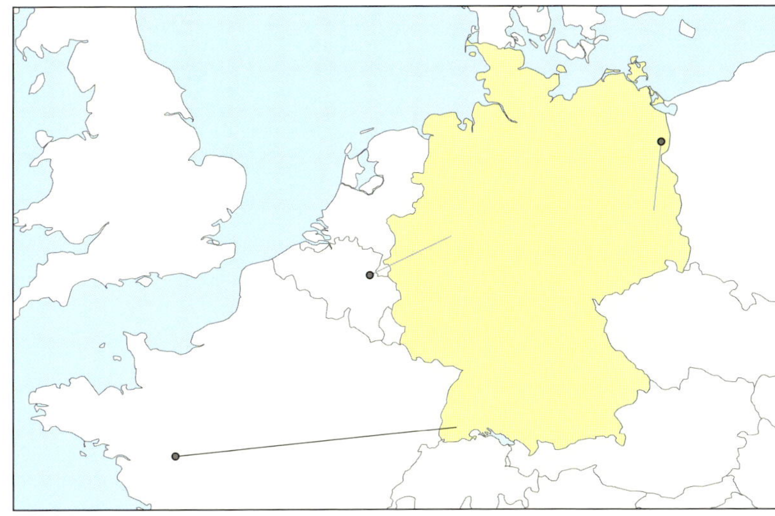

Abb. 1: Funde von Bergpiepern mit Bezug zu Deutschland (3 Funde). – *Recoveries of Water Pipits related to Germany (3 recoveries).*

Strandpieper *Anthus petrosus*

Rock Pipit

Beringungen nach 1945:	319
Funde > 10 km nach 1945:	5/5
Wiederfundquote (Fernfunde nach 1945):	1,6 %
Funde > 10 km seit 1901:	5/5
Funde fremder Beringungszentralen:	13/13
Höchstalter:	-
Weiteste Entfernung:	1901 km

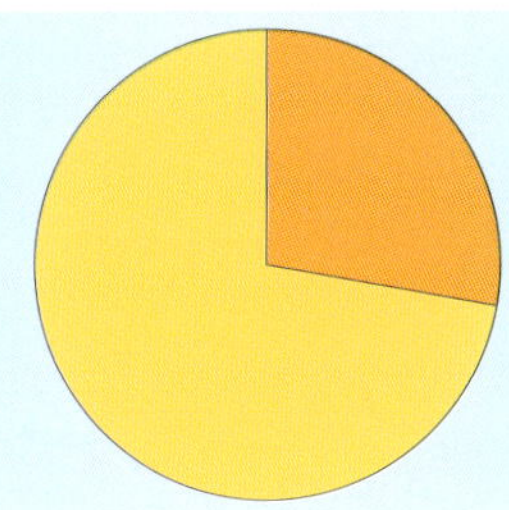

Strandpieper brüten in zwei deutlich getrennten Arealen ausschließlich in Europa. Zum einen sind dies die Küsten Frankreichs, Großbritanniens und Irlands sowie die Färöer (Unterart *A. p. petrosus*), zum anderen die Nord- und Ostseeküsten Fennoskandiens und NW-Russlands (*A. p. littoralis*). In Deutschland gibt es nur zwei Brutnachweise von Helgoland und Rügen (Dierschke & Dierschke 2000, Dittberner 2001). Außerhalb der Brutzeit sind Strandpieper von September bis April an den Küsten von Nord- und Ostsee als Durchzügler und Wintergast anzutreffen, im Binnenland sind sie dagegen eine Ausnahmeerscheinung. Am häufigsten ist die Art in den Salzwiesen des Wattenmeeres, wo der Winterbestand deutlich zugenommen hat und auf 3300–4100 Ind. geschätzt wird (Dierschke 2002, Hüppop et al. 2013).
Es gibt bisher keinen Beleg, dass die Nominatform in Deutschland erscheint, doch zeigt ein Ringfund von Schottland in die Niederlande (Wernham et al. 2002), dass mit einem Vorkommen zu rechnen ist. Alle Deutschland betreffenden Ringfunde stammen aus den Brutgebieten der Unterart *A. p. littoralis* oder zeigen den Weiterzug vermutlich dieser Unterart an die Küsten W-Europas. Auch Funde anderer in Skandinavien beringter Vögel veranschaulichen einen Zug von dort nach SW (Bakken et al. 2006, Fransson & Hall-Karlsson 2008). Ein Fund stammt dabei aus einem der nordöstlichsten Brutgebiete in NW-Russland und wurde in 1901 km Entfernung bei Lübeck von einem Beringer kontrolliert. Ungewöhnlich ist ein am 31. August 1964 in Schweden beringter Strandpieper, der 33 Tage später weit im Binnenland in Nordrhein-Westfalen gefunden wurde.

Summary: *While only two breeding records of Rock Pipit are documented for Germany, the species is a regular passage migrant and winter visitor along the German coasts, being rarely found further inland. Ring recoveries of the subspecies* A. p. littoralis *point to origins in Fennoscandia and Russia. A Rock Pipit ringed in Sweden was recovered in North Rhine-Westphalia, a rare far inland record.*

Abb. 1: Funde von Strandpiepern mit Bezug zu Deutschland (18 Funde). – *Recoveries of Rock Pipits related to Germany (18 recoveries).*

Gebirgsstelze *Motacilla cinerea*
Grey Wagtail

Beringungen nach 1945:	64.804
Funde > 10 km nach 1945:	258/242
Wiederfundquote (Fernfunde nach 1945):	0,4 %
Funde > 10 km seit 1901:	271/255
Funde fremder Beringungszentralen:	11/11
Höchstalter:	7 J, 11 M
Weiteste Entfernung:	1973 km

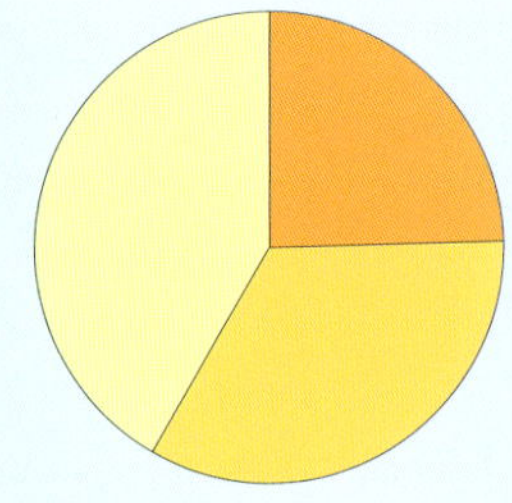

Verbreitung und Status: Das Verbreitungsgebiet der Nominatform der Gebirgsstelze reicht von NW-Afrika und W-Europa über Kleinasien, Zentralasien und Sibirien bis an das Ochotskische Meer. In N-Europa finden sich isolierte Populationen und Brutnachweise bis über den Polarkreis hinaus; hier ist die Art weiterhin in Ausbreitung begriffen. Aus Finnland und E-Europa liegen zwar einzelne Brutnachweise vor, doch besteht eine große Verbreitungslücke von E-Polen bis an den Ural. In S- und W-Europa ist die Gebirgsstelze Jahresvogel, doch gibt es Vertikalwanderungen von in höheren Lagen brütenden Vögeln. In Mitteleuropa ist sie weitgehend Teilzieher und Populationen im N und E räumen ihre Brutgebiete mehr oder weniger vollständig. Die Überwinterungsgebiete finden sich in Mittel, W- und S-Europa sowie in N-Afrika. Einige Vögel erreichen in W-Afrika die Sahelzone. Gebirgsstelzen, die nach E-Afrika und zur Arabischen Halbinsel ziehen, sind wahrscheinlich ebenso asiatischen Ursprungs wie Überwinterer in Indien und SE-Asien. Selbst in nördlichen Populationen harren einige Vögel ganzjährig aus.

Die stark an schnell fließende Gewässer gebundene Gebirgsstelze ist in Deutschland mäßig häufig und bis in etwa 2000 m Höhe in den Alpen weit verbreitet. Der sich auf 33.000 – 59.000 BP belaufende Bestand gilt als stabil. Der Herbstzug findet im Wesentlichen von September bis Anfang November statt, der Frühjahrszug hauptsächlich im März und April, mit einigen Nachzüglern im N im Mai und Juni. Ein Teil der einheimischen Gebirgsstelzen überwintert in der Nähe der Brutreviere (Kaiser 1990).

Wanderungen: Die in Europa hauptsächlich nach SW ziehende Gebirgsstelze (Zink 1975) kommt in N- und E-Europa nur in relativ geringen Beständen vor. Daher stammen Ringfunde mit Bezug zu Deutschland vor allem aus dem SW (Abb. 1). Dies ist auch die Richtung, die sowohl in Deutschland zur Brut- als auch zur Zugzeit beringte Gebirgsstelzen im Herbst einschlagen (Abb. 2). Bei relativ geringer Streuung zwischen WSW und SSW deuten sie, wie bei der Bachstelze, einen Breitfrontzug über Mitteleuropa an.

Aus den einheimischen Brutgebieten wegziehende Gebirgsstelzen überwintern z. T. bereits in den Niederlanden sowie in Belgien und ein Fund belegt, dass Überwinterungen auf den Britischen Inseln vorkommen (Abb. 3). Die Mehrheit der ziehenden Vögel verbringt die kalte Jahreszeit aber an der W-Küste Frankreichs und auf der Iberischen Halbinsel. Der Zug deutscher Brutvögel nach Afrika ist nicht belegt. Dass Gebirgsstelzen aber in der Lage sind größere Meeresge-

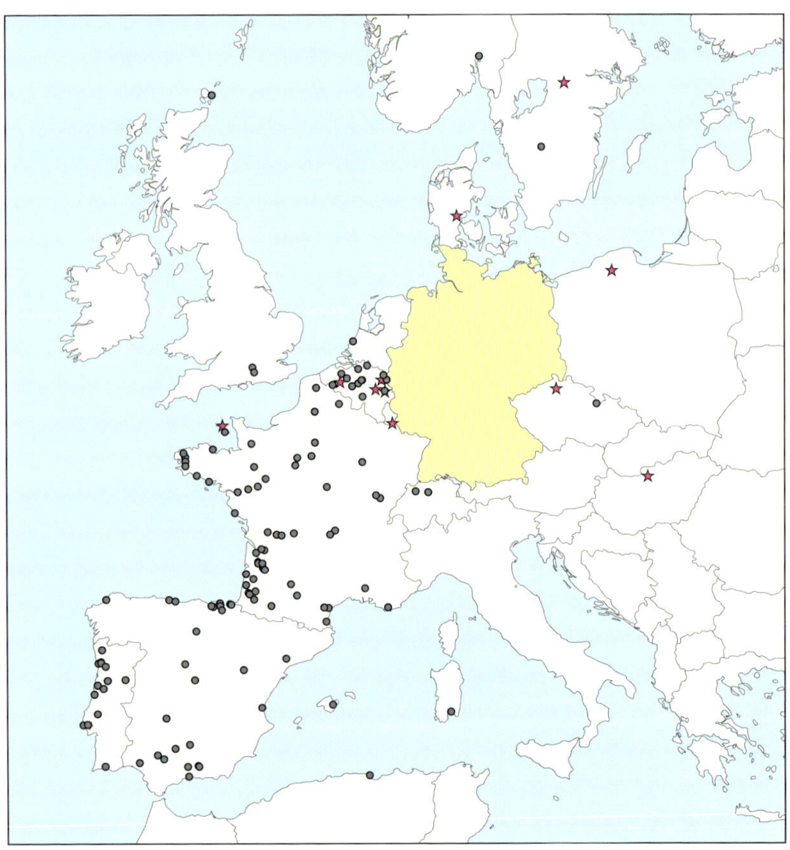

Abb. 1: Fundorte von in Deutschland beringten (131 Funde) und ausländische Beringungsorte von in Deutschland gefundenen (11 Funde) Gebirgsstelzen. – *Foreign recovery sites of Grey Wagtails ringed in Germany (131 recoveries) and foreign ringing sites of birds recovered in Germany (11 recoveries).*

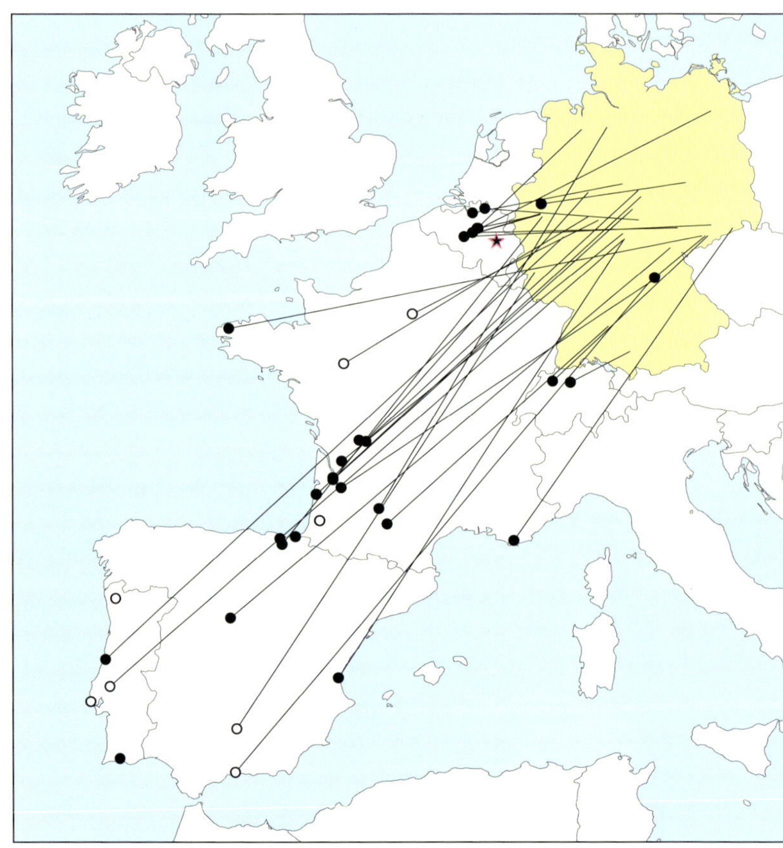

Abb. 2: Herbstzug (September – November) von in Deutschland zur Brutzeit (34 Funde) oder von September bis November anwesenden Gebirgsstelzen (9 Funde). – *Autumn migration (September – November) of Grey Wagtails present in Germany during the breeding season (34 recoveries) or from September to November (9 recoveries).*

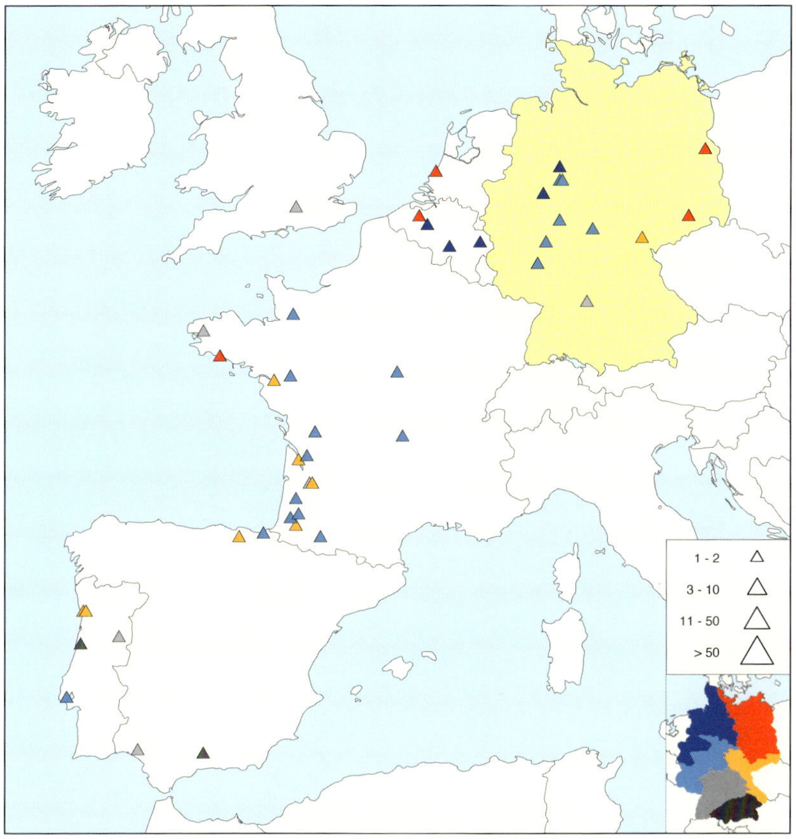

Abb. 3: Aufenthaltsorte im Winter (Dezember – Februar) von in Deutschland zur Brutzeit anwesenden Gebirgsstelzen (45 Funde). – *Presence in winter (December – February) of Grey Wagtails present in Germany during the breeding season (45 recoveries).*

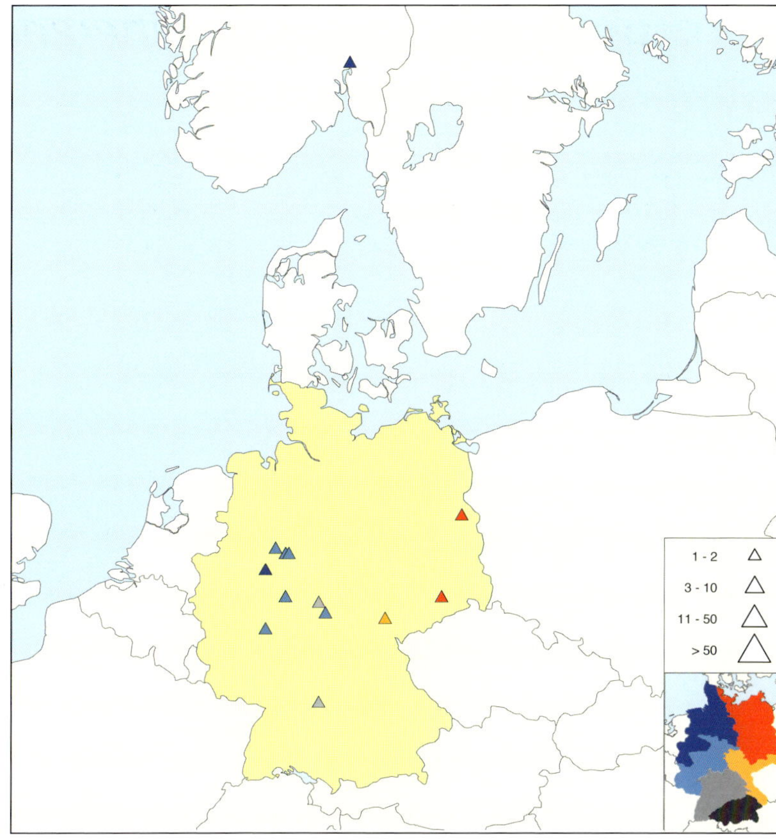

Abb. 4: Aufenthaltsorte zur Brutzeit von im Winter (Dezember – Februar) in Deutschland anwesenden Gebirgsstelzen (14 Funde). – *Presence during the breeding season of Grey Wagtails present in Germany in winter (December – February, 14 recoveries).*

biete zu überqueren zeigen Funde auf den Balearen und auf Sardinien (Abb. 1). Es handelt sich dabei um Winterfunde von in Deutschland im Oktober beringten Vögeln. Funde tschechischer Gebirgsstelzen in Algerien (Cepák et al. 2008) legen nahe, dass Afrika auch von Deutschland aus erreicht wird. Die Meldung eines im Mai in Deutschland beringten Vogels im folgenden Oktober aus Algerien (Abb. 1) kann jedoch nicht als Beleg dafür angesehen werden: der entsprechende Fund erfolgte auf einem Schiff.

Ein nicht unerheblicher Teil der in Deutschland brütenden Gebirgsstelzen überwintert mehr oder weniger lokal (Abb. 3, 4). Dabei handelt es sich aber nicht hauptsächlich um Männchen (Kaiser 1990), wie gelegentlich in der Literatur angegeben (Bauer et al. 2005). Von elf Winterfunden (Dezember – Januar) in Deutschland, bei denen bei der Beringung das Geschlecht angegeben wurde, handelte es sich um sechs Männchen und um fünf Weibchen. Ein norwegischer Ringfund belegt weiterhin, dass auch Vögel der relativ kleinen skandinavischen Population in Deutschland überwintern (Abb. 4).

Von der Zeit des Frühjahrszugs sind wenige Funde in Frankreich, auf den Kanalinseln und in Tschechien kaum aussagekräftig. Hervorzuheben ist der Fund eines in Mecklenburg-Vorpommern beringten Nestlings, der sich im folgenden März auf den Orkney Inseln befand (Abb. 1). Aus dem Rahmen fällt auch eine nach SE weisende Verbindung: Eine in Ungarn im Dezember beringte Gebirgsstelze wurde im folgenden März in Brandenburg durch einen Beringer kontrolliert (Abb. 1).

Summary: *Grey Wagtail is a partial migrant in Germany showing a stable population of 33,000 – 59,000 bp. Autumn migration peaks from September to early November and spring migration in March and April. Migrating individuals leave the breeding areas in autumn on a broad front towards the SW to reach their main winter quarters in W France and on the Iberian Peninsula. Wintering is also recorded in The Netherlands, Belgium, and once in England. There is no evidence of German Grey Wagtails reaching N Africa and the only recovery from Algeria was made on a ship. However, recoveries on the Balearic Islands and on Sardinia indicate, that N Africa may also be reached. A good number of Grey Wagtails of both sexes also stays close to the German breeding grounds during winter and there is one record of a Norwegian bird wintering in Germany. Only few recoveries exist from birds on spring migration. Remarkable is a record of a bird ringed as a nestling in NE Germany and recovered on the Orkney Islands in March.*

Zitronenstelze *Motacilla citreola*

Citrine Wagtail

Die Zitronenstelze ist in der Paläarktis lückig von E-Mitteleuropa über Zentralasien bis nach E-Sibirien verbreitet. Die westlichsten regelmäßigen Brutvorkommen finden sich in Polen. Als Langstreckenzieher überwintert die Art in S-Asien zwischen der Arabischen Halbinsel und Indochina. In Deutschland ist die Zitronenstelze seit den 1980er Jahren alljährlicher seltener Gast und seit 1996 sporadischer, nicht-alljährlicher Brutvogel (Hampe et al. 1996, Haupt et al. 2001). Aus NE-Deutschland stammt der einzige Ringfund mit Bezug zu Deutschland: Ein Männchen, das als Nestling in Polen mit einem Farbring-Gruppencode beringt wurde, hielt sich zwei Jahre später im Juli in 337 km Entfernung bei Greifswald auf (Abb. 1; vgl. Hampe et al. 1996). Der Nachweis passt in das Bild der sich in Europa nach N und W ausbreitenden Art.

Summary: *Citrine Wagtail breeding areas stretch from E Central Europe and SE Europe to E Siberia. In Germany it is a rare migrant with sporadic breeding recorded since 1996. The only German ring recovery comes from a male bird that was colour-ringed as a nestling in Poland and observed two years later in July near Greifswald, NE Germany.*

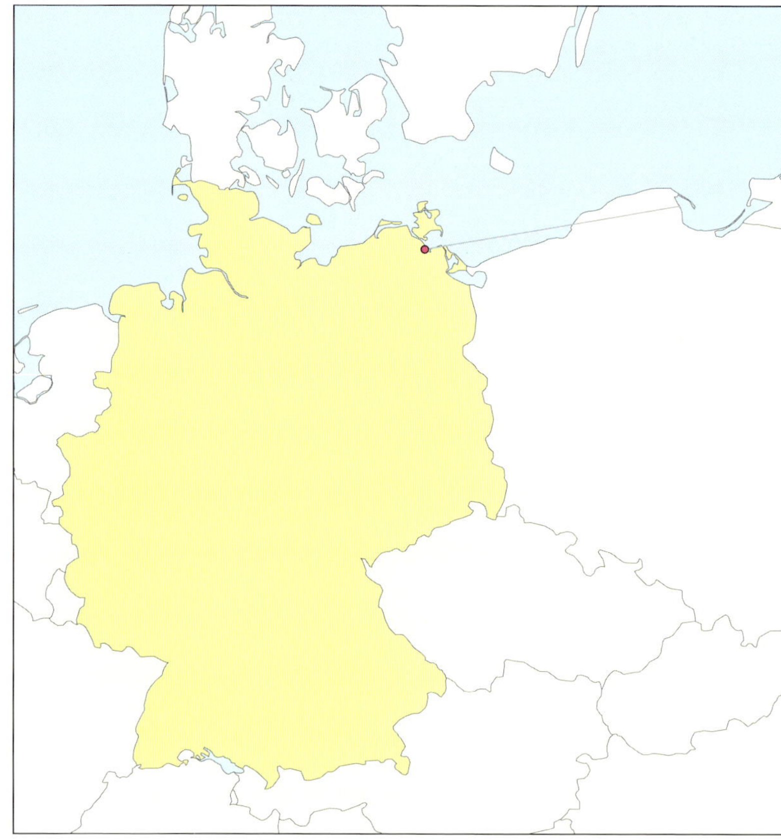

Abb. 1: Fund einer Zitronenstelze mit Bezug zu Deutschland. – *Recovery of a Citrine Wagtail related to Germany.*

Superspezies „Schafstelze" *Motacilla [flava]*

Superspecies „Yellow Wagtail"

Beringungen nach 1945:	167.869
Funde > 10 km nach 1945:	333/324
Wiederfundquote (Fernfunde nach 1945):	0,2 %
Funde > 10 km seit 1901:	338/329
Funde fremder Beringungszentralen:	46/46
Höchstalter:	7 J, 8 M
Weiteste Entfernung:	5195 km

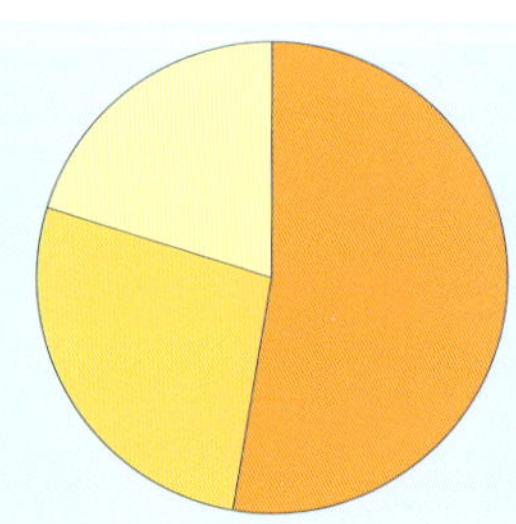

Verbreitung und Status: Die Superspezies „Schafstelze" ist transpaläarktisch von NW-Afrika bis nach Sachalin im E und in Teilen Alaskas verbreitet. Die meisten Populationen sind Langstreckenzieher. Europäische „Schafstelzen" überwintern in den tropischen Regionen Afrikas, in geringer Zahl und seit Mitte der 1990er Jahre zunehmend auch im Mittelmeergebiet.

Nach der Liste der Vogelarten Deutschlands gelten die verschiedenen taxonomischen Einheiten der „Schafstelze" als „gute" Arten (Barthel & Helbig 2005). Weit verbreiteter, häufiger Brutvogel ist die Wiesenschafstelze *M. flava*, die mit 98.000 – 185.000 BP landesweit in offenen Habitaten vorkommt, vor allem auf landwirtschaftlich genutztem Grünland und Äckern. Der langfristig zu beobachtende ansteigende Bestandstrend hat sich seit etwa der Jahrtausendwende umgekehrt. Die Gelbkopf-Schafstelze *M. flavissima*, die ihren Verbreitungsschwerpunkt auf den Britischen Inseln hat, ist ein seltener, aber regelmäßiger Durchzügler vor allem an der Nordseeküste. In N-Deutschland brütet sie nicht alljährlich mit maximal fünf BP. Zu den einheimischen Brutvögeln gesellen sich zur Zugzeit Thunbergschafstelzen *M. thunbergi* aus N und E-Europa. Weitere „Schafstelzen"-Taxa, wie die Maskenschafstelze *M. feldegg* oder die Aschkopf-Schafstelze *M. cinereocapilla*, werden in Deutschland nur als seltene Gäste beobachtet. Der Herbstzug der „Schafstelze" (Wiesenschafstelze und Thunbergschafstelze) setzt in Deutschland bereits Mitte Juli ein, erreicht seinen Höhepunkt von Ende August bis Mitte September und schwächt sich bis Mitte Oktober deutlich ab. Die ersten „Schafstelzen" sind im Frühjahr ab Anfang März zu beobachten, der Haupteinzug in die Brutgebiete und der Durchzug finden aber erst ab April statt und sind im Juni beendet. Zumindest durch N-Deutschland ziehen dabei Wiesenschafstelzen eher als Thunbergschafstelzen und die Männchen eher als die Weibchen (Dierschke et al. 2011). Vereinzelt werden „Schafstelzen" in Deutschland auch in den Wintermonaten beobachtet (Heine et al. 1999). In S-Deutschland hat sich der Median des Herbstzugs zwischen 1970 und 1997 um fast drei Tage verfrüht (Gatter 2000).

Wanderungen: In den allermeisten Fällen wurde bei der Beringung nicht zwischen den verschiedenen Taxa unterschieden, die Interpretation der Ringfunde von „Schafstelzen" wird dadurch erschwert. Bei zur Brutzeit beringten Vögeln dürfte es sich aber mit überwältigender Mehrheit um Wiesenschafstelzen gehandelt haben. Die Beringung von Gelbkopf-Schafstelzen in NW-Deutschland ergab nur zahlreiche lokale Wiederfunde von Brutvögeln auf Scharhörn und Helgoland in den 1930er und 1940er Jahren, die für die ehemalige Brutpopulation Helgolands eine hohe Geburtsortstreue belegten (Drost 1948). Bei zur Zugzeit auftretenden Vögeln kann es sich sowohl um Wiesenschafstelzen als auch um Thunbergschafstelzen handeln. Letzteren sind mit hoher Wahrscheinlichkeit die Wiederfunde von in Deutschland beringten „Schafstelzen" in N-Fennoskandien zuzuordnen (Abb. 1). Bei in S-Schweden noch im Verbreitungsgebiet der Wiesenschafstelze fast ausschließlich nach der Brutzeit beringten „Schafstelzen" (Abb. 1) kann es sich schon, wie auch in allen anderen Fällen, die nicht explizit Brutvögel betreffen, um beide Taxa gehandelt haben.
Die meisten Funde von in Deutschland beringten Schafstelzen liegen aus südwestlichen Richtungen vor und konzentrieren sich in SW-Europa und in NW-Afrika (Abb. 1). Dorthin gelangen Vögel auf dem Herbstzug, die in Deutschland zur Brut- als auch solche, die zur Zugzeit beringt wurden (Abb. 2, 3). Dies legt nahe, dass sowohl in Deutschland brütende Wiesenschafstelzen als auch durchziehende Thunbergschafstelzen im Wesentlichen die gleichen Richtungen einschlagen und Afrika über Frankreich und die Iberische Halbinsel erreichen. Dass auch S-skandinavische Wiesenschafstelzen durch Deutschland ziehen, belegen zwei im Mai und im August als solche in Schweden beringte Vögel, die sich im folgenden Herbst in Deutschland aufhielten. Unterschiede der beiden Taxa beim Herbstzug könnten sich durch eine deutlichere S-Komponente eines Teils der Herbstzügler andeuten (Abb. 3). Während nur zwei indirekte Funde deutscher Brutvögel aus N-Italien stammen (Abb. 2), sind es bei den zur Zugzeit beringten eine ganze Reihe direkter Funde, vor allem von Schafstelzen, die in SE-Deutsch-

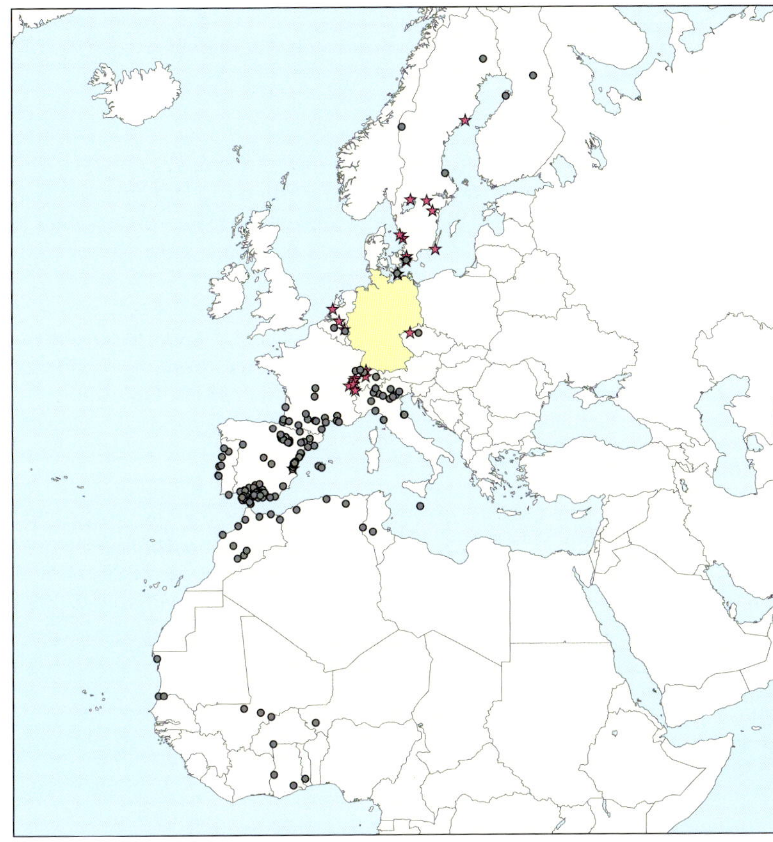

Abb. 1: Fundorte von in Deutschland beringten (240 Funde) und ausländische Beringungsorte von in Deutschland gefundenen (46 Funde) „Schafstelzen". – *Foreign recovery sites of „Yellow Wagtails" ringed in Germany (240 recoveries) and foreign ringing sites of birds recovered in Germany (46 recoveries).*

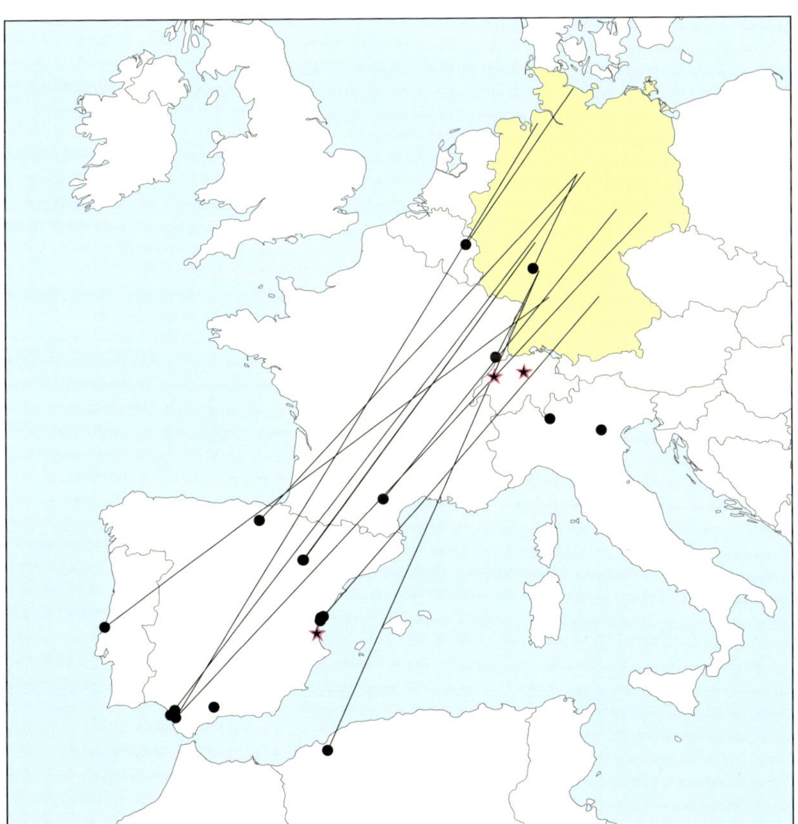

Abb. 2: Herbstzug (September – November) von in Deutschland zur Brutzeit anwesenden „Schafstelzen" (23 Funde). – *Autumn migration (September – November) „Yellow Wagtails" present in Germany during the breeding season (23 recoveries).*

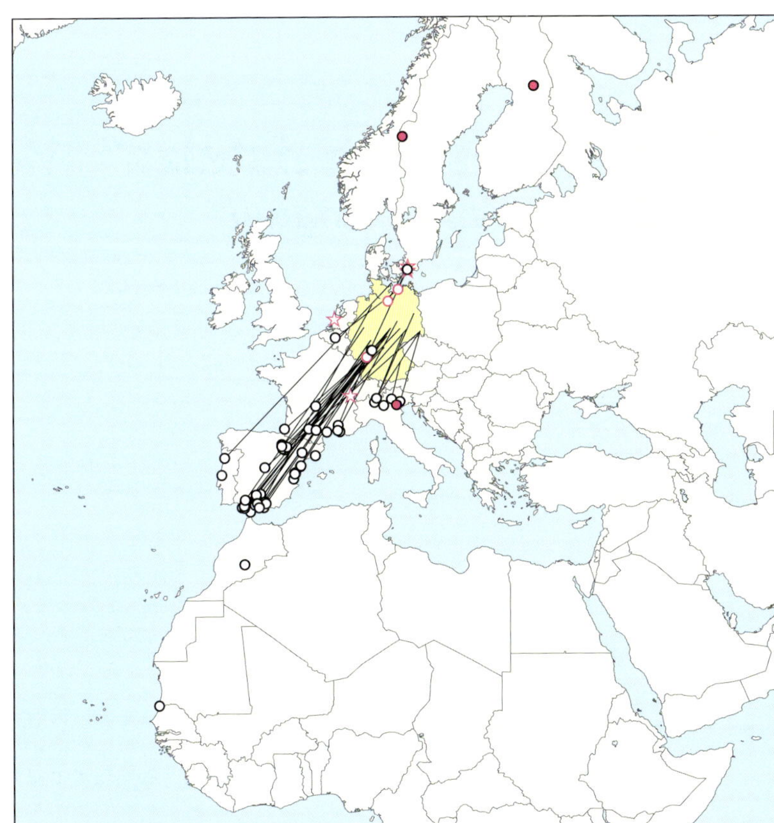

Abb. 3: Herbstzug (September – November) von in Deutschland von September bis November anwesenden „Schafstelzen" (73 Funde). – *Autumn migration (September – November) of „Yellow Wagtails" present in Germany from September to November (73 recoveries).*

land beringt wurden (Abb. 3). Allerdings liegen von den Durchzüglern auch wesentlich mehr Funde vor und die taxonomische Zugehörigkeit der meisten dieser Vögel ist unklar. Erstaunlich ist die Flugleistung einer im September östlich von Berlin beringten Wiesenschafstelze: Bereits zwei Tage später hielt sie sich 774 km weiter SSW am Comer See (N-Italien) auf und muss dabei auch die Alpen überquert haben (Abb. 3).

In den W-afrikanischen Überwinterungsgebieten wurde bisher keine zur Brutzeit in Deutschland beringte Schafstelze nachgewiesen. Eine nicht geringe Zahl von nachbrutzeitlich (August, September) beringten „Schafstelzen", mit unbekanntem taxonomischem Status, fand sich jedoch südlich der Sahara von Senegal bis Ghana und Niger (Abb. 1). Sie liegen damit in der Region, welche durch Funde von Ringen fremder Beringungszentralen und der Beobachtung der auftretenden Taxa als Überwinterungsgebiet W-, N- und mitteleuropäischer „Schafstelzen" umrissen werden kann (Zink 1975, Keith et al. 1992, Bakken et al. 2006, Fransson & Hall-Karlsson 2008). Die meisten Winterfunde (15, Dezember – Februar) von in Deutschland zum größten Teil nachbrutzeitlich (August, September) beringten Schafstelzen liegen allerdings aus Spanien und Frankreich vor. Die meisten dieser Vögel wurden zum Funddatum als frisch tot gemeldet und viele wurden erjagt. Dass sich ein bedeutendes Überwinterungsgebiet von in Deutschland beringten „Schafstelzen" auf der Iberischen Halbinsel befindet, kann daraus allerdings nicht abgeleitet werden. Der gezielten Verfolgung sowie einer höheren Fund- und Meldewahrscheinlichkeit im Vergleich zu den afrikanischen Hauptüberwinterungsgebieten ist es geschuldet, dass sich Winternachweise in SW-Europa häufen. Winterbeobachtungen von „Schafstelzen" sind aber auch in Spanien relativ selten (Tellería et al. 1999), während in geeigneten Habitaten südlich der Sahara die „Schafstelze" sehr häufig in W-Afrika auftritt, mit an einigen Schlafplätzen jeweils mehreren zehntausend Vögeln (Keith et al. 1992).

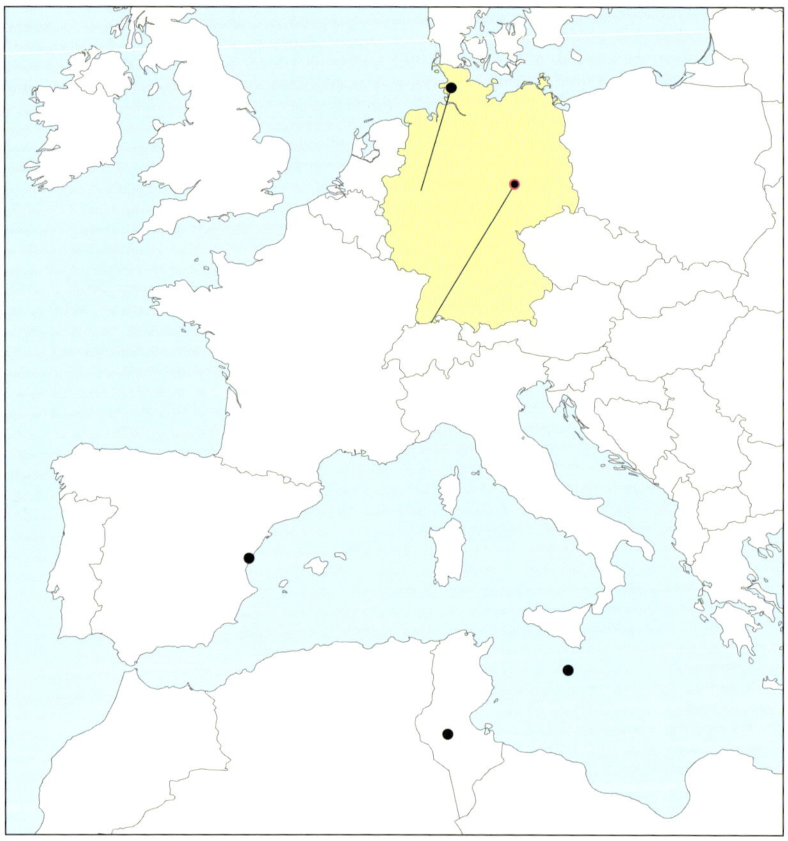

Abb. 4: Frühjahrszug (März – April) von in Deutschland zur Brutzeit anwesenden „Schafstelzen" (5 Funde). – *Spring migration (March – April) of „Yellow Wagtails" present in Germany during the breeding season (5 recoveries).*

Die spärlichen Funde von in Deutschland zur Brutzeit beringten „Schafstelzen" (Wiesenschafstelzen) auf dem Frühjahrszug lassen keine abschließende Wertung zu. Auffällig ist jedoch, dass mit Tunesien und auf Malta zwei Funde weiter östlich vorliegen als jeder Fund im Mittelmeerraum während des Herbstzugs (Abb. 4). Sie weisen damit auf den für „Schafstelzen" postulierten Schleifenzug hin, bei dem die Brutgebiete von wenigstens einem Teil der Vögel auf einer weiter östlichen Route erreicht werden als der Herbstzug erfolgte (Zink 1975, Spina & Volponi 2008b).

Summary: *In the German checklist of birds, the different taxa of the superspecies "Yellow Wagtail" are considered species, and treated separately. Blue-headed Wagtail* M. flava *is a breeding summer visitor and occurs throughout the country with a population of 98,000 to 185,000 bp. Positive long-term population trends are regionally offset by slight decreases since about the early 2000s. Yellow Wagtail* M. flavissima *is breeding in very low numbers in NW Germany with a maximum of five bp/year. The N and E European Grey-headed Wagtail* M. thunbergi *is a common passage migrant. The discussion of taxon-specific movements is impossible as the great majority of birds were not identified to taxon level when ringed.*

The main autumn migration of "Yellow Wagtails" in Germany starts in late August and lasts throughout September. Spring migration is mainly in April and May. Only very few individuals are observed during the winter months. Birds ringed during the breeding season, presumably almost exclusively Blue-headed Wagtails, as well as those ringed on migration, Blue-headed and Grey-headed Wagtails, mainly migrate towards the SW in autumn to reach their African winter quarters via France and the Iberian Peninsula. "Yellow Wagtails" ringed during migration seem to include a higher proportion of birds migrating towards southerly directions as indicated by more direct recoveries in N Italy. There are no winter records in sub-Saharan Africa of "Yellow Wagtails" ringed in Germany during the breeding season (Blue-headed Wagtails), but a number of unspecified birds ringed after the breeding season were from a range of sites between Senegal and Niger, the known wintering grounds of the different Yellow Wagtail taxa of W, N and C Europe. The relatively high number of winter recoveries in SW Europe is presumably biased by hunting activities, and a higher reporting rate, as compared to the African winter quarters. The number of records on spring migration is too low for a conclusive discussion, but two records in Tunisia and on Malta where located further E than any record in the Mediterranean during autumn migration indicating an anti-clockwise loop migration.

Bachstelze *Motacilla alba*
White Wagtail

Beringungen nach 1945:	146.171
Funde > 10 km nach 1945:	472/469
Wiederfundquote (Fernfunde nach 1945):	0,3 %
Funde > 10 km seit 1901:	474/471
Funde fremder Beringungszentralen:	65/63
Höchstalter:	9 J, 4 M
Weiteste Entfernung:	3146 km

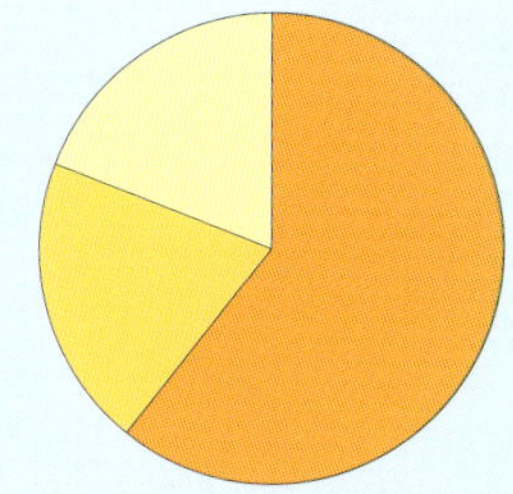

Verbreitung und Status: Das Verbreitungsgebiet der Bachstelze erstreckt sich von E-Grönland über die gesamte Paläarktis bis nach W-Alaska. Die meisten Bachstelzen räumen ihre Brutgebiete nach der Fortpflanzungsperiode, im S ist sie jedoch weitgehend Jahresvogel. Die Überwinterungsgebiete ziehender Vögel liegen in SW-Europa, im Mittelmeergebiet sowie in Vorderasien, auf der Arabischen Halbinsel und in S-Asien. Nicht wenige Bachstelzen überwintern an der NW-afrikanischen Küste sowie in den Savannen unmittelbar südlich der Sahara; in E-Afrika überqueren sie um wenige Breitengrade den Äquator. Die Zahl der bereits in Mitteleuropa überwinternden Bachstelzen scheint zuzunehmen.

In Deutschland ist die Bachstelze in allen offenen und halboffenen Habitaten, besonders in Gewässernähe, mit etwa 500.000 – 720.000 BP weit verbreitet. Der Bestand zeigt jedoch in den letzten Jahrzehnten einen moderat abnehmenden Trend. Die meisten deutschen Bachstelzen verlassen ihre Brutgebiete ab August, wobei Jungvögel zuerst ziehen. Im September und Oktober erreicht der Herbstzug seinen Höhepunkt und ist im S bis in den November zu beobachten. Bereits Ende Februar treffen einzelne Bachstelzen wieder in ihren Brutgebieten ein. Der Frühjahrszug, bei dem die Männchen den Weibchen vorangehen, findet jedoch hauptsächlich im März und April statt, um im Mai abzuklingen. Regelmäßig überwintern Bachstelzen auch schon in Deutschland (z. B. Heine et al. 1999). In Sachsen hat sich die Erstankunft der Bachstelze zwischen 1967 und 2011 um etwa elf Tage verfrüht (Ernst 2013). Im scheinbaren Widerspruch dazu scheinen sich die Überwinterungsgebiete in Deutschland brütender Bachstelzen zumindest zwischen 1950 und 1992 leicht nach S verschoben zu haben (Fiedler et al. 2004), im Gegensatz zur britischen Trauerbachstelze, die inzwischen näher an ihren Brutgebieten überwintert (Bauer et al. 2005).

Wanderungen: Nördlich von Dänemark und in etwa im Weichselgebiet verläuft eine Zugscheide (Zink 1985). Bachstelzen aus Fennoskandien, mit Ausnahme S-Schwedens und W-Norwegens, sowie aus E-Europa ziehen in der Regel nach S bis SSE. Deswegen liegen aus diesen Regionen keine Wiederfunde von Bachstelzen mit Bezug zu Deutschland vor (Abb. 1), mit Ausnahme von drei an der schwedischen W-Küste gekennzeichneten Vögel (Abb. 2). Von Dänemark aus gibt es zusätzlich noch einige Verbindungen nach W-Norwegen (Bønløkke et al. 2006), so dass auch von dort Bachstelzen in Deutschland zu erwarten sind. Mitteleuropäische Bachstelzen ziehen im Herbst in einem Breitfrontzug hauptsächlich nach SW, wie Fernfunde von in Deutschland beringten Individuen belegen (Abb. 1). Die Zugrouten von zur Brut- und zur Zugzeit beringten Bachstelzen (Abb. 3, 4) verlaufen dabei erstaunlich konstant und parallel. Die Herbstfunde konzentrieren sich in SW-Frankreich und im S der Iberischen Halbinsel (Abb. 3, 4).

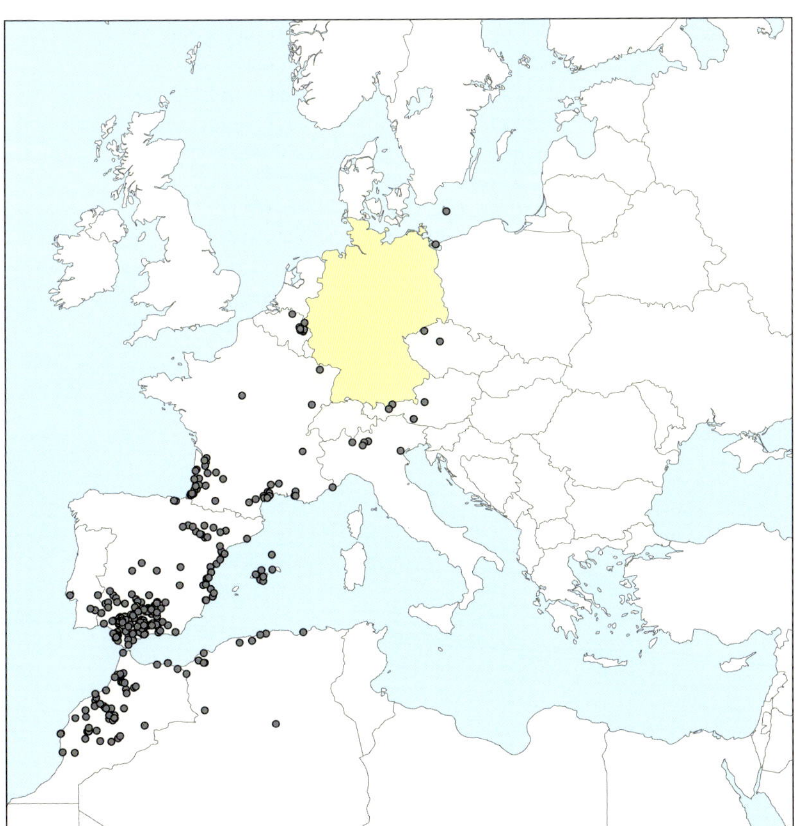

Abb. 1: Fundorte im Ausland von in Deutschland beringten Bachstelzen (356 Funde). – *Foreign recovery sites of White Wagtails ringed in Germany (356 recoveries).*

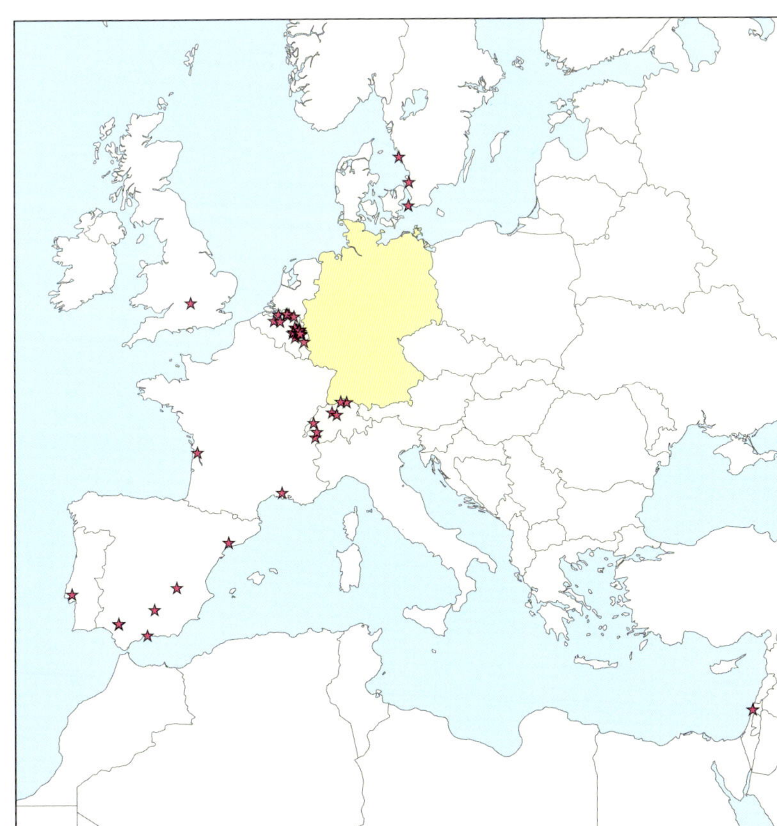

Abb. 2: Beringungsorte im Ausland von in Deutschland gefundenen Bachstelzen (65 Funde). – *Foreign ringing sites of White Wagtails recovered in Germany (65 recoveries).*

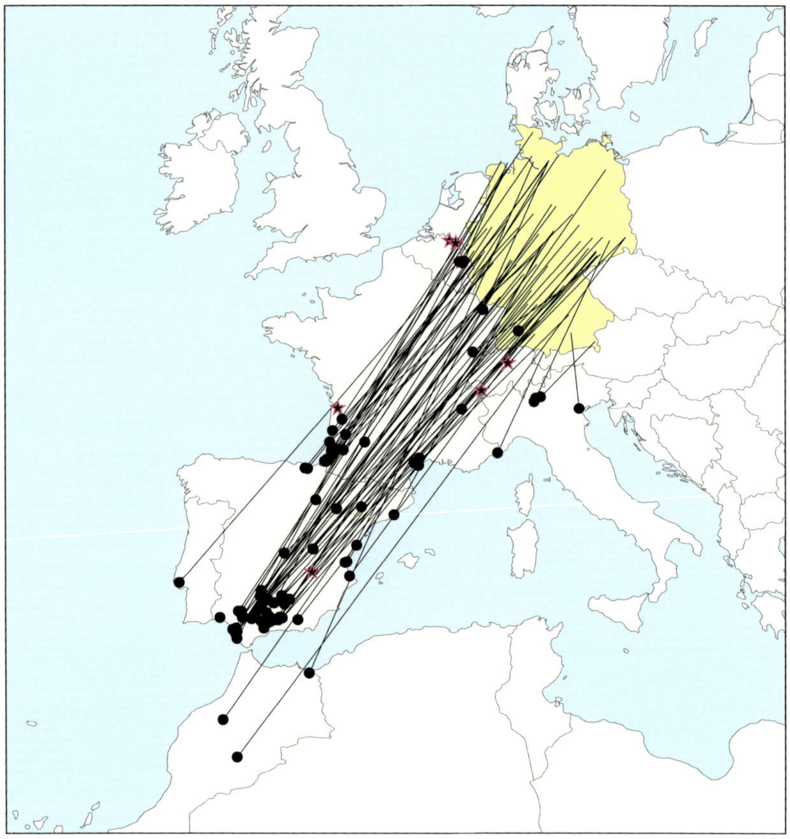

Abb. 3: Herbstzug (September – November) von in Deutschland zur Brutzeit anwesenden Bachstelzen (96 Funde). – *Autumn migration (September – November) of White Wagtails present in Germany during the breeding season (96 recoveries).*

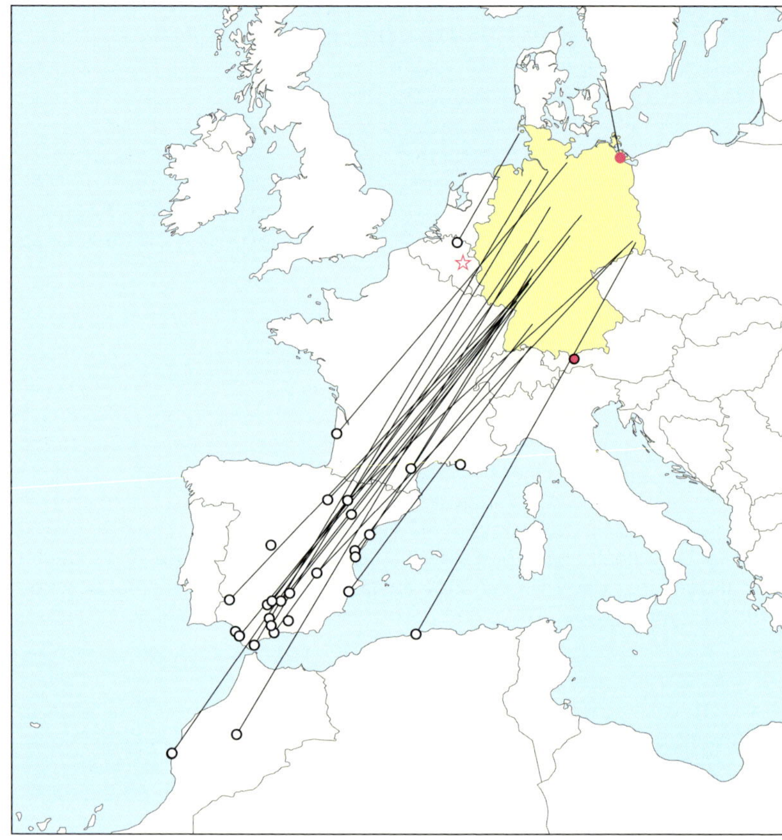

Abb. 4: Herbstzug (September – November) von in Deutschland von September bis November anwesenden Bachstelzen (33 Funde). – *Autumn migration (September – November) of White Wagtails present in Germany from September to November (33 recoveries).*

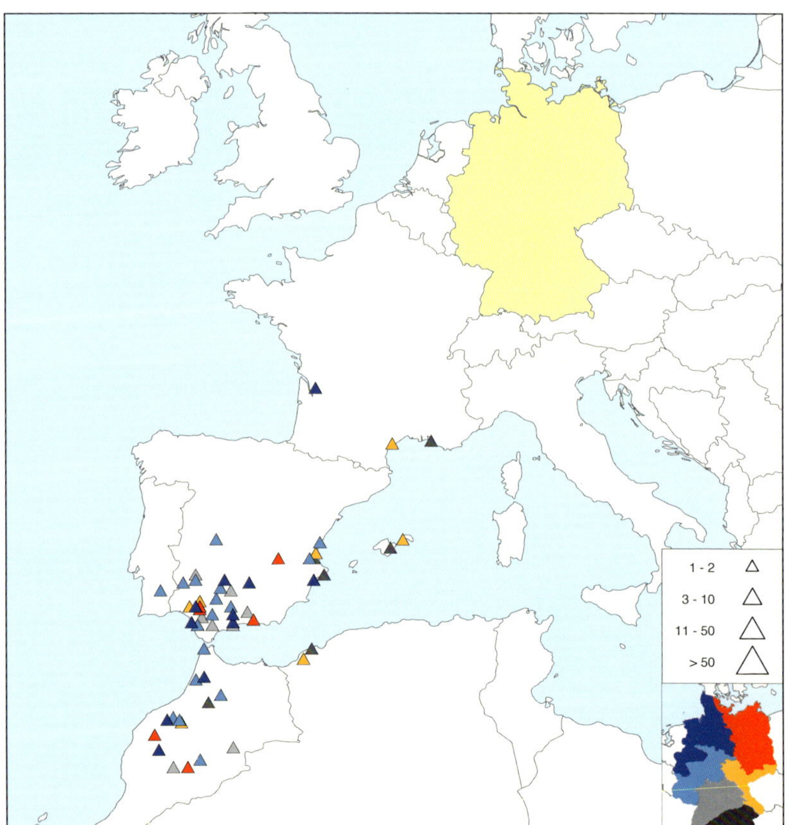

Abb. 5: Aufenthaltsorte im Winter (Dezember – Februar) von in Deutschland zur Brutzeit anwesenden Bachstelzen (68 Funde). – *Presence in winter (December – February) of White Wagtails present in Germany during the breeding season (68 recoveries).*

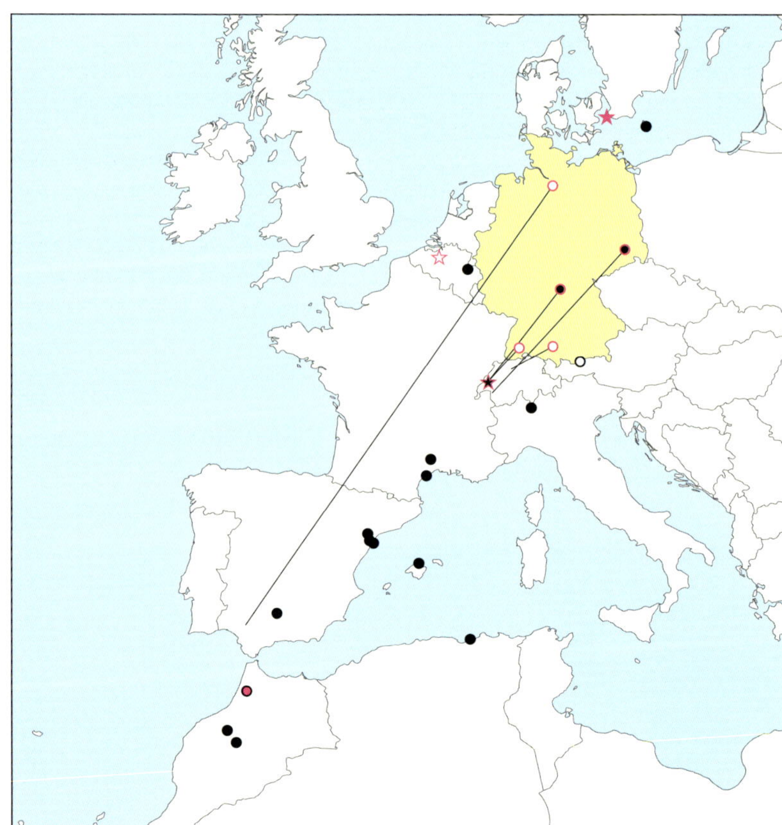

Abb. 6: Frühjahrszug (März – April) von in Deutschland zur Brutzeit (16 Funde) oder von März bis April (8 Funde) anwesenden Bachstelzen. – *Spring migration (March – April) of White Wagtails present in Germany during the breeding season (16 recoveries) or from March to April (8 recoveries).*

Nach N-Italien gelangen einige zur Brutzeit beringte Vögel (Abb. 3), nicht aber im Herbst durchziehende Bachstelzen (Abb. 4). Abweichend von der generellen Zugrichtung schlug ein S-deutscher Ringvogel, wie auch zwei schweizerische Vögel (Maumary et al. 2007), den Weg nach S ein und gelangte an die Adria (Abb. 3). Dies entspricht der Hauptzugsrichtung N-europäischer Bachstelzen (Zink 1985), was eine Reihe von Funden, W-norwegischer, S-schwedischer und dänischer Ringvögel in N-Italien belegt (Spina & Volponi 2008b). Dazu passt der Fund eines schwedischen Brutvogels südlich des Beringungsortes in N-Deutschland (Abb. 4). Für einen ausgeprägten Zug nach S über Deutschland kann die Beringung jedoch keine Hinweise liefern, obwohl dieser nach den Befunden in Italien zu erwarten ist.
Im Winter halten sich in Deutschland zur Brutzeit beringte Bachstelzen in der Mehrzahl im S der Iberischen Halbinsel oder in NW-Afrika auf (Abb. 5). Hinweise, dass sie auch die Sahara überqueren gibt es nicht. Allerdings wurde eine im Dezember in Israel beringte Bachstelze nach über drei Jahren im Mai in Deutschland gefunden (Abb. 2). Möglicherweise handelt es sich hierbei um Zugprolongation eines Vogels aus einer östlicheren Population. Ebenfalls keine Hinweise finden sich auf nach naturräumlicher Herkunft getrennte Überwinterungsgebiete. Lediglich Bachstelzen aus dem Alpenvorland scheinen sich im Winter weiter im E aufzuhalten als Vögel aus anderen Landesteilen (Abb. 5). Sie deuten damit unter Umständen die von Zink (1985) und Cepák et al. (2008) beschriebene W-E-Trennung der Überwinterungsgebiete entsprechend der Lage der Brutgebiete an. Hinweise auf einen Übersprungzug (Jukema & Rijpma 1993) ergeben sich aus den Funden nicht. Überwinterungen fremder Bachstelzen in Deutschland konnten durch die Beringung nicht belegt werden.
Im Frühjahr zeigen die Ringfunde, dass die Brutgebiete aus denselben Richtungen wieder erreicht werden, in die der Herbstzug stattfand (Abb. 6). Hinweise auf einen Schleifenzug, wie es Fransson & Hall-Karlsson (2008) für schwedische Bachstelzen andeuten, ergeben sich nicht. Eine im Oktober auf den Britischen Inseln beringte Bachstelze (Abb. 2) wurde im folgenden März in Deutschland gefunden, die Möglichkeit einer Zerstreuungswanderung einer Trauerbachstelze kann hier jedoch nicht ausgeschlossen werden.

Summary: *White Wagtail shows a migratory divide approximately north of Denmark and east of the Vistula River. Therefore, there are hardly any ring recoveries related to Germany from Fennoscandia, and none from E Europe. In autumn, White Wagtails breeding in Germany (500,000 – 720,000 bp, moderately declining), and those on passage, move towards SW on a broad front with great constancy. The winter quarters of German White Wagtails are mainly on the Iberian Peninsula and in NW Africa. In spring, White Wagtails reach their German breeding areas, or migrate through Germany, on the same routes already taken in autumn.*

Trauerbachstelze *Motacilla yarrellii*

Pied Wagtail

Das Brutgebiet der Trauerbachstelze beschränkt sich weitgehend auf die Britischen Inseln, wo sie die Bachstelze ersetzt. Vereinzelt brütet sie auch im Bereich der kontinentalen Nordseeküste von Frankreich bis Norwegen. In Deutschland ist sie nicht alljährlicher Brutvogel mit bis zu fünf BP, die sporadisch an der Nordseeküste nisten, teilweise in Mischpaaren mit Bachstelzen.
Britische Trauerbachstelzen sind Teilzieher, die entweder lokal überwintern, Vertikalwanderungen durchführen oder nach Frankreich und zur Iberischen Halbinsel ziehen (Wernham et al. 2002). In Deutschland ist sie an der Nordsee alljährlicher Durchzügler in kleiner Zahl, und von hier stammen auch drei Ringfunde (Abb. 1). Eine im Mai auf Helgoland beringte Trauerbachstelze hielt sich etwa sieben Wochen später in N Dänemark auf. Dierschke et al. (2011) gehen hier von einem Fall von Zugprolongation aus. Ein weiterer Frühjahrsfund stammt von einem im März in den Niederlanden beringten Vogel, der bereits zwei Wochen später 370 km östlich in Schleswig-Holstein tot gefunden wurde. Schließlich war ein im Oktober in Belgien beringter Vogel eineinhalb Jahre später im April auf Helgoland.

Summary: *With about five breeding pairs, Pied Wagtail is a very rare breeding bird in Germany. The three recoveries connect Helgoland with Belgium and Denmark, respectively, and the Netherlands with Schleswig-Holstein (N Germany).*

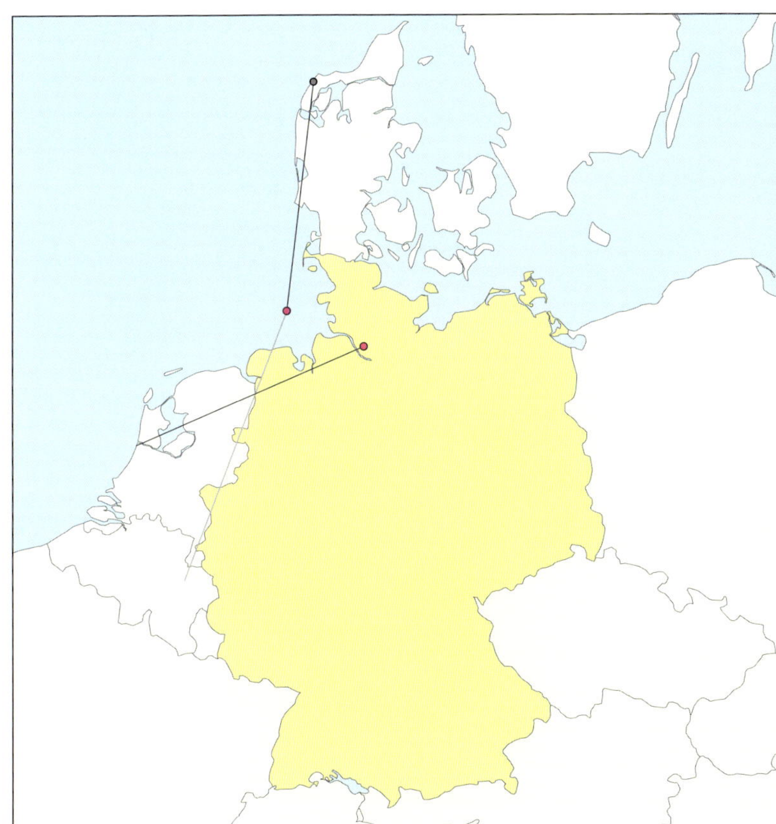

Abb. 1: Funde von Trauerbachstelzen mit Bezug zu Deutschland (3 Funde). – *Recoveries of Pied Wagtails related to Germany (3 recoveries).*

Buchfink *Fringilla coelebs*
Common Chaffinch

Beringungen nach 1945:	332.669
Funde > 10 km nach 1945:	1079/1047
Wiederfundquote (Fernfunde nach 1945):	0,3 %
Funde > 10 km seit 1901:	1212/1179
Funde fremder Beringungszentralen:	470/462
Höchstalter:	20 J
Weiteste Entfernung:	2546 km

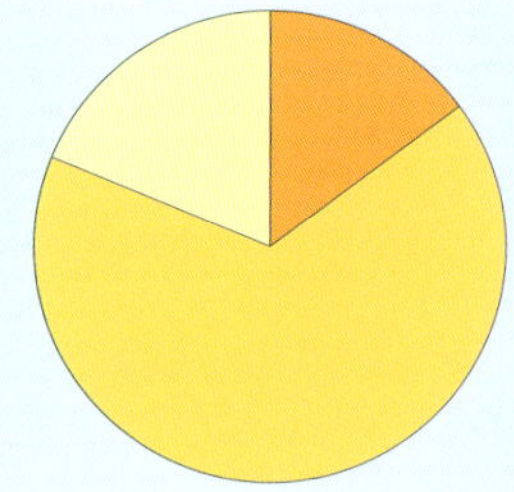

Verbreitung und Status: Die Nominatform des Buchfinks brütet in ganz Europa mit Ausnahme des hohen N. Auf den Britischen Inseln wird sie durch *F. c. gengleri* ersetzt. Eine Reihe weiterer Unterarten kommt in NW-Afrika, auf verschiedenen Inselgruppen im Atlantik und im E bis nach Zentralsibirien vor. Das Zugverhalten des Buchfinks ist sehr variabel. Die Brutgebiete im N werden in der Regel geräumt, wobei die Hauptüberwinterungsgebiete in W-, SW-, und S-Europa liegen. Weibchen ziehen in der Regel weiter als Männchen und vor allem letztere überwintern in geringer Zahl schon in Norwegen und Mittelschweden. In Mitteleuropa ist der Buchfink Teilzieher mit einem hohen Anteil lokaler Überwinterer, deren Anzahl aber auch wetterabhängig ist. In den Alpen kommen Vertikalwanderungen vor. Britische Populationen und solche in S-Europa unternehmen in der Regel keine weiten Wanderungen.

In Deutschland ist der Buchfink in allen Landesteilen zu finden, sofern diese Wälder oder zumindest kleinere Baumgruppen aufweisen. Mit 7.400.000–8.900.000 BP ist der Buchfink der häufigste einheimische Brutvogel, jedoch weisen die Bestände in den letzten Jahren einen leicht abnehmenden Trend auf. Der Herbstzug des Buchfinken ist ab Anfang September zu beobachten und vom Ende dieses Monats bis Mitte Oktober am stärksten ausgeprägt. Gerichteter Frühjahrszug setzt bereits im Februar ein, um nach seinem Maximum im März dann im April auszuklingen. Buchfinken, vor allem Männchen, überwintern aber auch in großer Zahl in Deutschland. Der Herbstzug hat sich in den letzten Jahrzehnten um etwa drei bis sieben Tage verspätet, während sich der Frühjahrszugs auf Helgoland im Mittel um zehn Tage verfrüht hat (Gatter 2000, Hüppop & Hüppop 2011).

Wanderungen: Deutschland ist in das nach SW bis WNW gerichtete Zugsystem zentral- und NE-europäischer Buchfinken eingebunden (Zink & Bairlein 1995). Fundorte von in Deutschland beringten Vögeln streuen zwischen N-Fennoskandien und NW-Afrika, Einzelfunde liegen aus NW-Russland und der Ukraine vor (Abb. 1). Eine Reihe von Funden im N der Britischen Inseln weist auch auf Wanderungen von Deutschland nach NW hin. Mit Ringen fremder Beringungszentralen markierte Buchfinken, die in Deutschland gefunden wurden, stammen vor allem aus Fennoskandien, Großbritannien, den Benelux-Staaten und der Schweiz (Abb. 2).

Nach direkten Ringfunden vor allem in Belgien, Frankreich und Spanien erfolgt der Herbstzug von zum deutschen Brutbestand zu zählenden Buchfinken nach SW (Abb. 3). Ein zur Zeit des Herbstzugs südlich von Liverpool (Großbritannien) beringtes Individuum (Abb. 3) wurde später zur Brutzeit auf Sylt gefunden. Dies zeigt, dass Wanderungen einheimischer Brutvögel zusätzlich nach W erfolgen und dass sich zur hohen Zahl in Großbritannien überwinternden fennoskandischen Buchfinken auch solche aus Deutschland gesellen (Wernham et al. 2002,

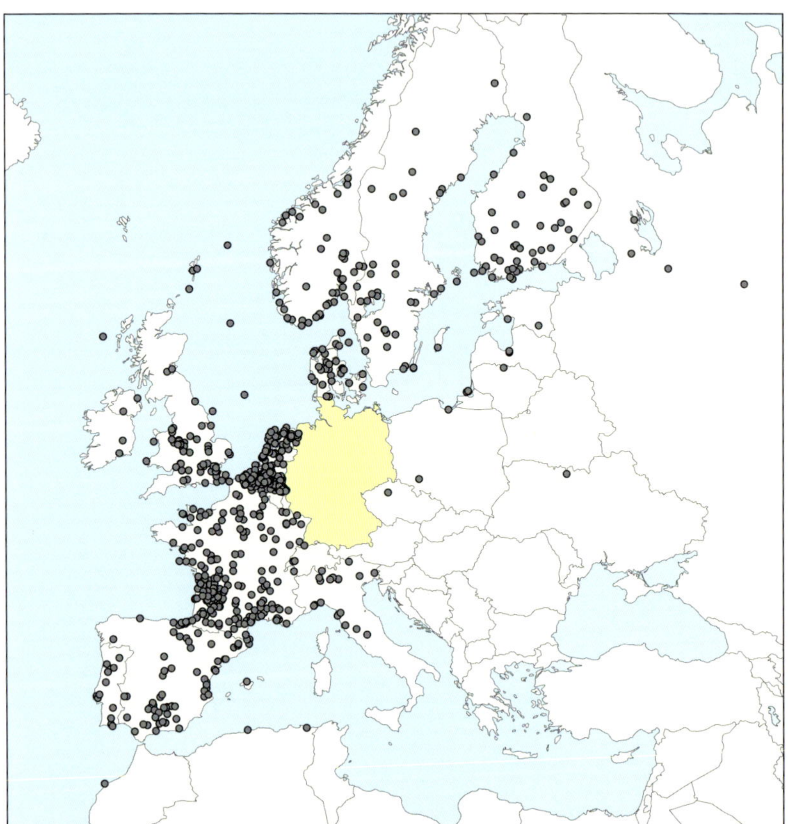

Abb. 1: Fundorte im Ausland von in Deutschland beringten Buchfinken (815 Funde). – *Foreign recovery sites of Chaffinches ringed in Germany (815 recoveries).*

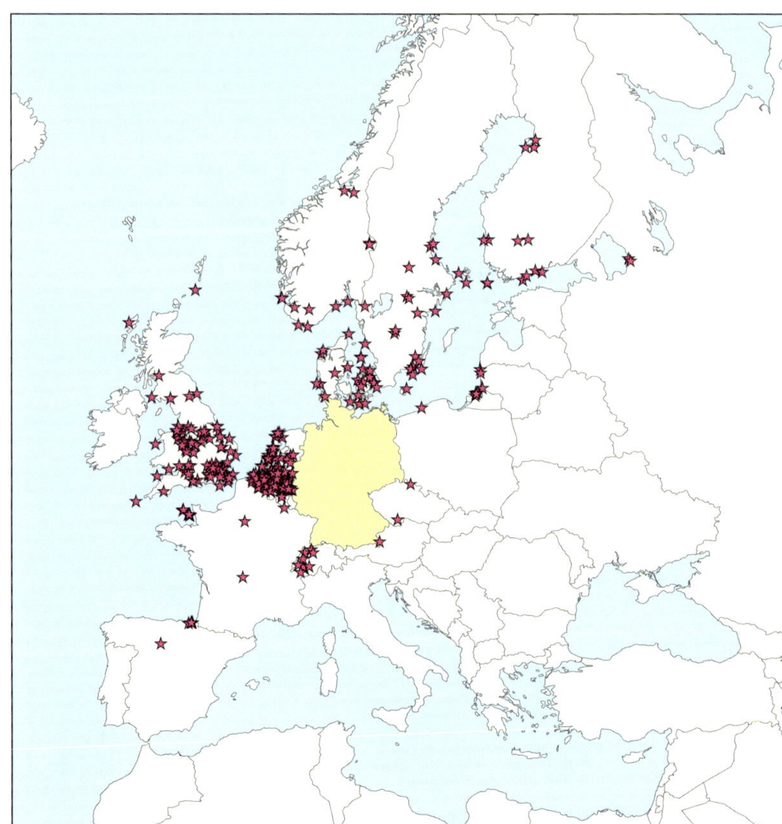

Abb. 2: Beringungsorte im Ausland von in Deutschland gefundenen Buchfinken (470 Funde). – *Foreign ringing sites of Chaffinches recovered in Germany (470 recoveries).*

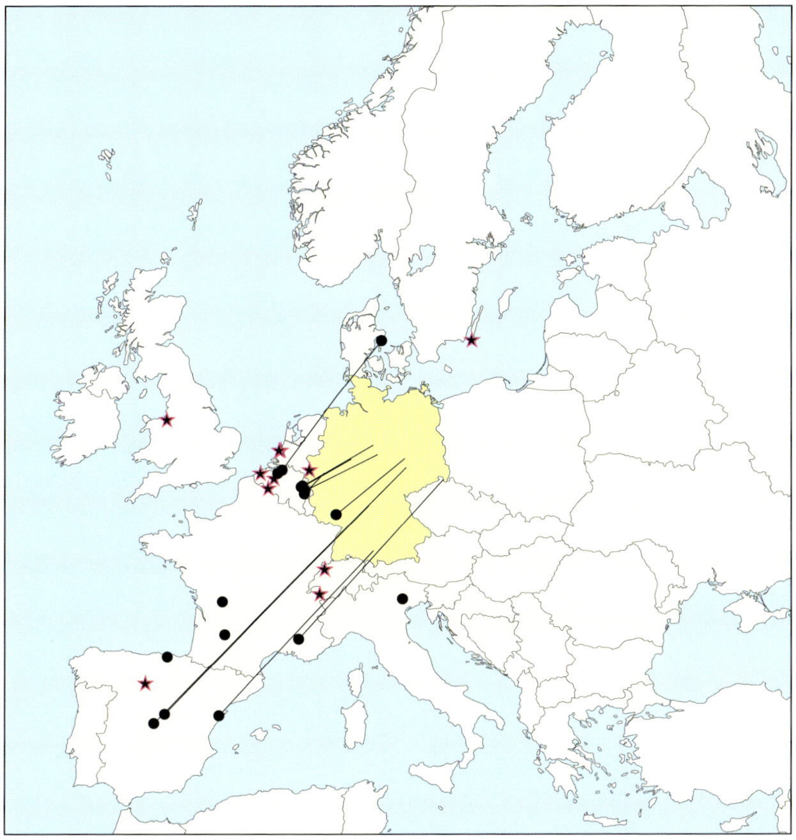

Abb. 3: Herbstzug (September – November) von in Deutschland zur Brutzeit anwesenden Buchfinken (37 Funde). – *Autumn migration (September – November) of Chaffinches present in Germany during the breeding season (37 recoveries).*

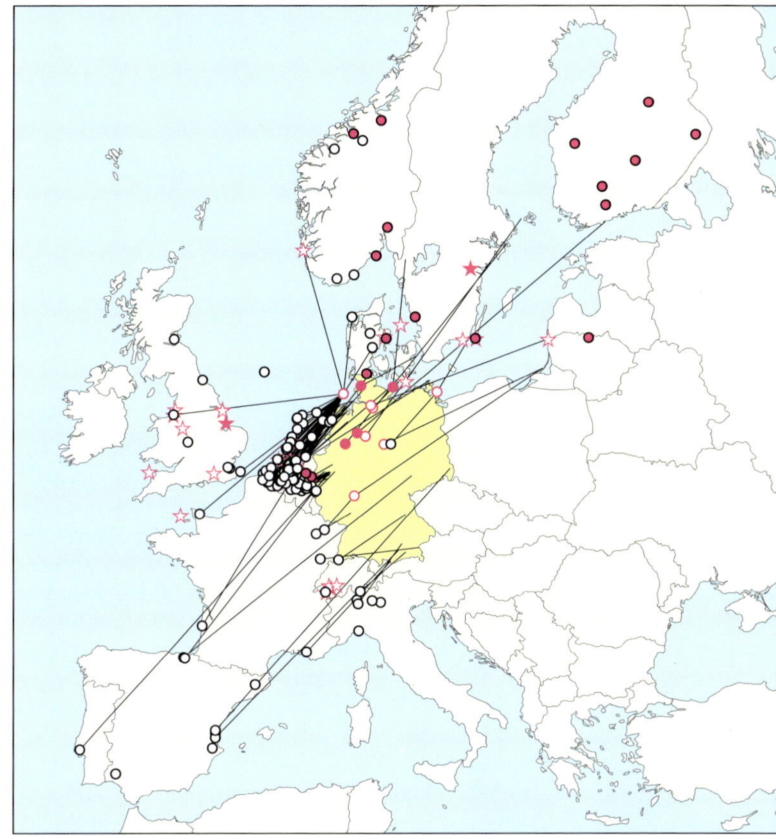

Abb. 4: Herbstzug (September – November) von in Deutschland von September bis November anwesenden Buchfinken (251 Funde). – *Autumn migration (September – November) of Chaffinches present in Germany from September to November (251 recoveries).*

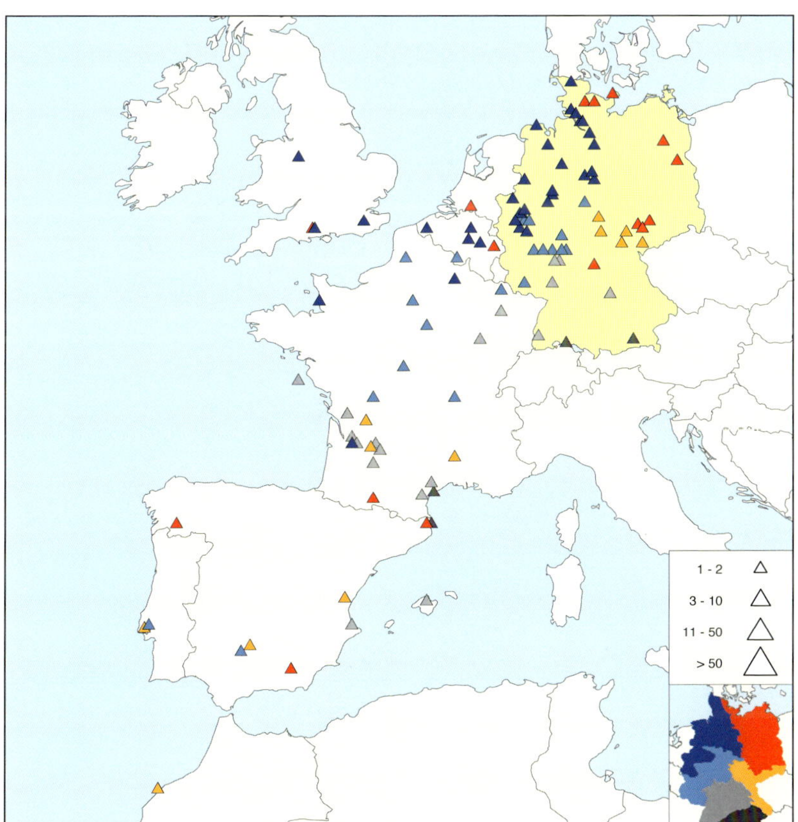

Abb. 5: Aufenthaltsorte im Winter (Dezember – Februar) von in Deutschland zur Brutzeit anwesenden Buchfinken (115 Funde). – *Presence in winter (December – February) of Chaffinches present in Germany during the breeding season (115 recoveries).*

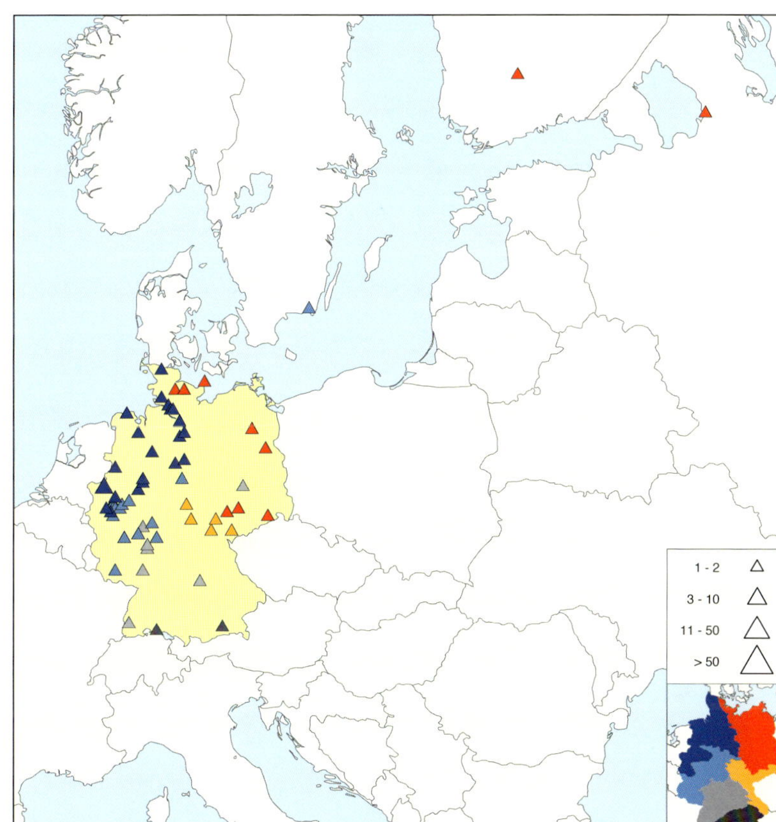

Abb. 6: Aufenthaltsorte zur Brutzeit von im Winter (Dezember – Februar) in Deutschland anwesenden Buchfinken (70 Funde). – *Presence during the breeding season of Chaffinches present in Germany in winter (December – February, 70 recoveries).*

siehe auch Abb. 5). Hervorzuheben ist der Fund eines im August im Harz beringten Buchfinken, der zwei Jahre später im November in der Ukraine gefunden wurde (Abb. 1). Zink & Bairlein (1995) vermuten, dass dieser Vogel in einem Jahr sehr früh nach Mitteleuropa gezogen ist, während er in einem anderen am Brutplatz verblieben sein könnte. Möglicherweise hatte er jedoch auch in verschiedenen Jahren unterschiedliche Überwinterungsgebiete aufgesucht (siehe auch Wernham et al. 2002).

Das Einzugsgebiet von im Herbst durch Deutschland ziehenden Buchfinken umfasst Fennoskandien und das Baltikum (Abb. 4). Die Funde von zur Zugzeit beringten Vögeln weisen mit häufigeren Nachweisen in Großbritannien und N-Italien eine stärkere Streuung auf als solche, die zur Brutzeit in Deutschland beringt wurden (Abb. 4). Dies ist zum einen darauf zurückzuführen, dass viele fennoskandische Buchfinken über N-Deutschland, Belgien und die Niederlande in Überwinterungsgebiete auf den Britischen Inseln gelangen (Zink & Bairlein 1995, Wernham et al. 2002, Bakken et al. 2006). Weiterhin kann es sich bei den nach W weisenden Funden um NE-europäische Vögel handeln, die bereits an der polnischen Ostseeküste, zumindest zur fortgeschrittenen Zugzeit, nach W ziehen (Kania 1981). Da es sich bei den Funden auf den Britischen Inseln und in N-Italien aber kaum um direkte Funde handelt, spiegelt der Befund möglicherweise auch individuell zwischen den Jahren wechselnde Zugrouten wider (siehe auch Zink & Bairlein 1995). Bei einem im Juli zur Brutzeit in E-England beringten Vogel, der im November des folgenden Jahres bei Duisburg gefunden wurde, könnte es sich um einen der wenigen Vögel gehandelt haben, die die Britischen Inseln während des Winters verlassen (Wernham et al. 2002), sein Brutstatus war zur Zeit der Beringung jedoch unklar.

Die große Flexibilität des Zugverhaltens zeigt sich an der Verteilung der Funde einheimischer Buchfinken in den Monaten Dezember bis Februar. Überwinterungen deutscher Brutvögel finden mit fast der Hälfte aller Winterfunde unter 10 km Entfernung vom Beringungsort in großer Zahl mehr oder weniger lokal statt (Abb. 5, 6). Andere wiederum verbringen die kalte Jahreszeit in einem weiten Gebiet zwischen England und Marokko. Das Hauptüberwinterungsgebiet der Zieher ist jedoch Frankreich (Abb. 5). Bei einem großen Überschneidungsbereich scheinen dabei N-deutsche Brutvögel weiter im N zu überwintern als ihre Artgenossen aus südlicheren Landesteilen. So stammen die Winternachweise in England, Belgien und N-Frankreich fast ausschließlich von Brutvögeln des NW- und NE-deutschen Tieflands, während in S-Frankreich, auf der Iberischen Halbinsel und in Marokko (1) hauptsächlich Brutvögel aus südlicheren Regionen überwintern (Abb. 5). Zu den einheimischen Buchfinken, die lokal überwintern, gesellen sich Brutvögel aus Fennoskandien und Russland (Abb. 6). Im Vergleich zu den Winterfunden deutscher Brutvögel und den Funden von Ringvögeln fremder Beringungszentralen zur Zugzeit ist die Zahl der Fremdfunde im Winter gering. Dies deutet darauf hin, dass die Mehrzahl der Brutvögel NE-Europas weiter im W und SW überwintert als deutsche Brutvögel (Fransson & Hall-Karlsson 2008, „Übersprungzug"). Kania (1981) geht allerdings davon aus, dass Brutvögel des Baltikums weiter ziehen als nördlichere Populationen.

Funde während des Frühjahrszugs passen in das Schema: Die meist indirekten Funde deutscher Brutvögel liegen vorwiegend aus SW vor, bei je einem Fund in N-Italien und, unerwartet, in N-Dänemark (Abb. 7). Im Frühjahr durch Deutschland ziehende Buchfinken halten sich zur Brutzeit in Fennoskandien, aber auch in Tschechien, Estland und am Ladogasee (Russland) auf (Abb. 7). Auf dem Frühjahrszug in England, N-Frankreich und Belgien beringte Buchfinken wurden ausschließlich während des Zugs, aber nicht zur Brutzeit, in Deutschland festgestellt, was wieder auf die große Zahl fennoskandischer Überwinterer auf den Britischen Inseln (Wernham et al. 2002) zurückzuführen sein könnte. Auffällig sind zwei direkte Funde von Fair Isle und Lewis (beide Schottland) nach Helgoland. Allerdings wurden auch zweimal Buchfinken, die jeweils im Oktober auf

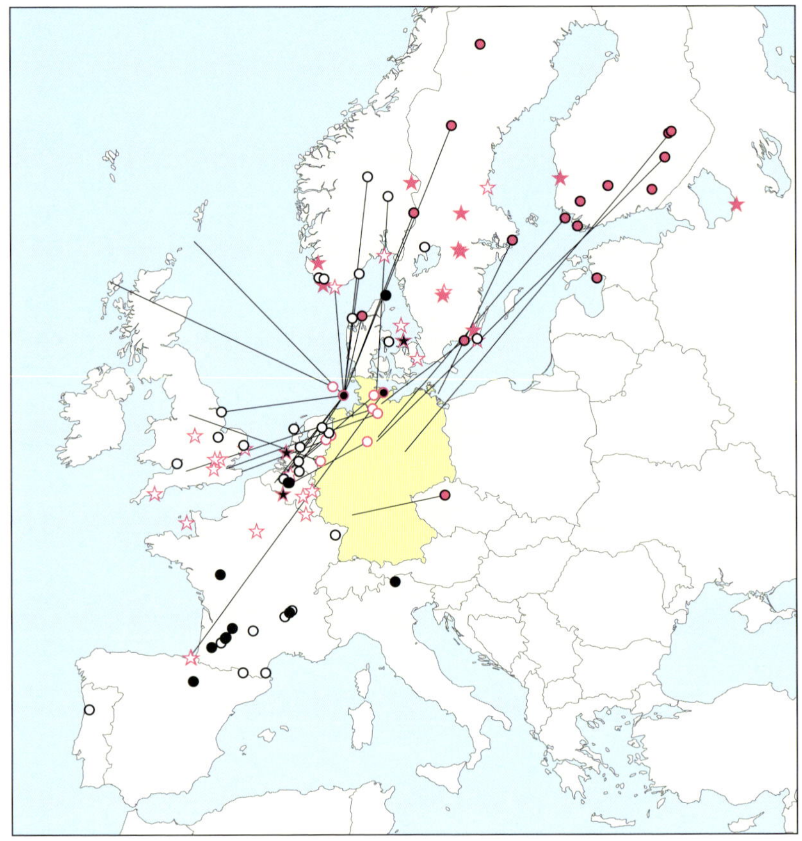

Abb. 7: Frühjahrszug (März – April) von in Deutschland zur Brutzeit (15 Funde) oder von März bis April (97 Funde) anwesenden Buchfinken. – *Spring migration (March – April) of Chaffinches present in Germany during the breeding season (15 recoveries) or from March to April (97 recoveries).*

Helgoland beringt wurden, im folgenden März auf den Shetland Inseln gefunden. Dies spricht für einen, zumindest begrenzten Austausch von Buchfinken unbekannter Brutherkunft zwischen N-Deutschland und dem N der Britischen Inseln. Möglicherweise handelt es sich bei den direkten Frühjahrsfunden aus N-Schottland um skandinavische Vögel auf ihrem regulären Zug in die Brutgebiete und nicht um die von Zink & Bairlein (1995) für den Ringvogel von Fair Isle diskutierte Winterflucht.

Summary: *In Germany, Chaffinch is the most common breeding bird with an estimated population of 7,400,000 – 8,900,000 bp. Autumn migration through Germany peaks from early September to mid-October and spring migration from early March to early April. Chaffinches ringed during the breeding season migrate to the SW in autumn, whereas those ringed during autumn migration show a greater directional scatter from W to S. This is probably due to birds from NE Europe migrating to wintering areas on the British Isles. A high proportion of German Chaffinches winters close to the breeding sites, but others migrate to wintering grounds ranging from England to NE Morocco. In contrast to the period of autumn migration there are only few recoveries of Chaffinches from NE Europe in Germany during the winter months. Recoveries during spring migration are consistent with this general scheme and originate mainly from the SW.*

Bergfink *Fringilla montifringilla*
Brambling

Beringungen nach 1945:	266.232
Funde > 10 km nach 1945:	1037/1027
Wiederfundquote (Fernfunde nach 1945):	0,4 %
Funde > 10 km seit 1901:	1075/1065
Funde fremder Beringungszentralen:	337/331
Höchstalter:	8 J, 8 M*
Weiteste Entfernung:	3793 km

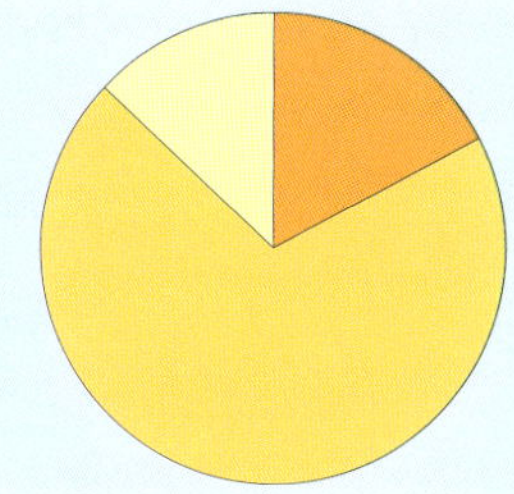

Verbreitung und Status: Bergfinken brüten in den borealen Wäldern der Paläarktis von Norwegen bis an den Pazifik. Die Brutgebiete werden in der Regel im Winter komplett geräumt. Die Intensität des Zuges, die Lage der Überwinterungsgebiete sowie die regionalen Winterbestände sind jedoch stark von Wetterlage und Nahrungsverfügbarkeit abhängig. In Europa reicht das Überwinterungsgebiet von S-Fennoskandien bis an das Mittelmeer und gelegentlich wird N-Afrika erreicht. Die Männchen tendieren dazu, weiter im N zu verbleiben als die Weibchen. Unregelmäßig kommt es zu spektakulären, durch Nahrungsmangel in weiter im N gelegenen Überwinterungsgebieten ausgelösten Masseneinflügen und zu Konzentrationen von mehreren Millionen Ind. in Gebieten mit ausgeprägter Buchenmast. Diese Einflüge sind vom jährlich zu beobachtenden regulären Zuggeschehen zu unterscheiden (Jenni 1982).

In Deutschland ist die Art sehr häufiger Durchzügler und Wintergast. In N-Deutschland sind im Herbst die ersten Bergfinken ab Mitte September zu beobachten. Hier kulminiert der Zug von Ende September bis Mitte Oktober, während S-Deutschland meist erst um die Monatswende September/Oktober erreicht wird. Wetterfluchten können während des ganzen Winters stattfinden. Der Frühjahrszug macht sich ab Mitte Februar bemerkbar und ist von April bis Anfang Mai am stärksten ausgeprägt. Seit 1960 hat sich der Herbstzug auf Helgoland um 18 Tage verfrüht (Hüppop & Hüppop 2011), während der Durchzugsmedian in S-Deutschland in einem ähnlichen Zeitraum weitgehend unverändert blieb (Gatter 2000). Sporadische Übersommerungen, Ansiedlungsversuche und Bruten sind in Deutschland nachgewiesen und nehmen mutmaßlich zu (Bauer & Berthold 1996).

Wanderungen: Durch seine zentrale Lage in Mitteleuropa dient Deutschland den Bergfinken Fennoskandiens und NE-Europas sowohl als Überwinterungs- als auch als Durchzugsgebiet nach W-, SW- und S-Europa (Bakken et al. 2006, Fransson & Hall-Karlsson 2008). Funde von in Deutschland beringten Bergfinken konzentrieren sich daher stark in S-Fennoskandien, fangbedingt in den Benelux-Staaten sowie jagdbedingt in SW-Frankreich und N-Italien. Funde liegen weiterhin aus den N-fennoskandischen Brutgebieten, NE-Europa und aus Russland bis 66 °E vor (Abb. 1). Dass es so gut wie keine Funde von russischen (Ausnahme Rybachy) oder SE-europäischen Ringvögeln in Deutschland gibt (Abb. 2), liegt wahrscheinlich an der geringen Beringungsaktivität in den entsprechenden Regionen.

Direkte Funde während des Herbstzuges bestätigen, dass Deutschland von Vögeln aus N- und NE-Europa erreicht wird und der Weiterzug nach SW erfolgt (Abb. 3). Die Ausnahme bilden Vögel aus dem äußersten W Norwegens, die direkt nach S ziehen. Es bleibt allerdings unklar, ob Deutschland auch in südliche

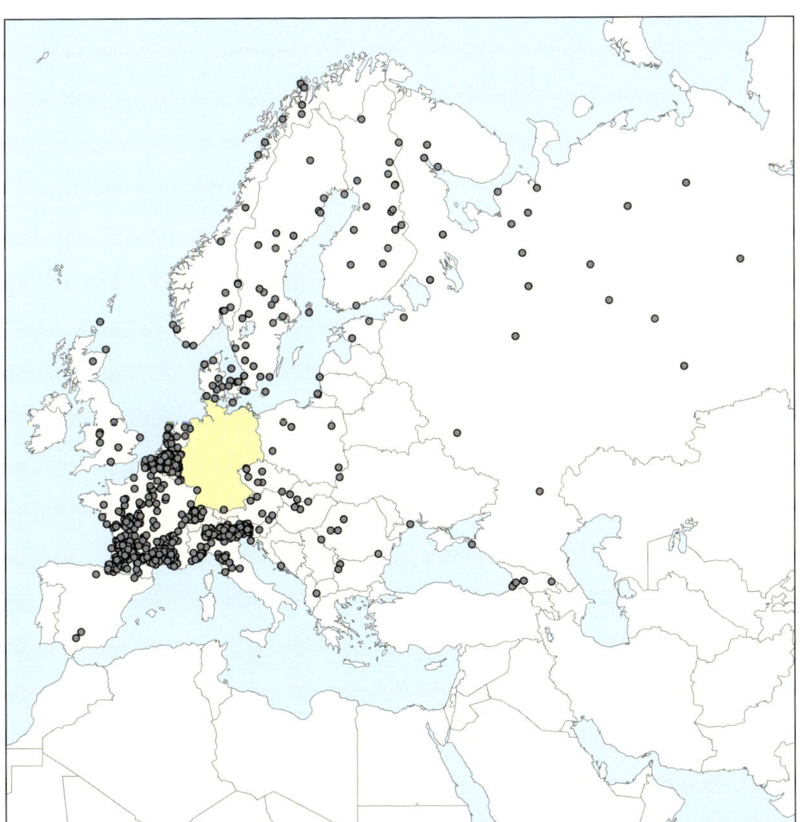

Abb. 1: Fundorte im Ausland von in Deutschland beringten Bergfinken (813 Funde). – *Foreign recovery sites of Bramblings ringed in Germany (813 recoveries).*

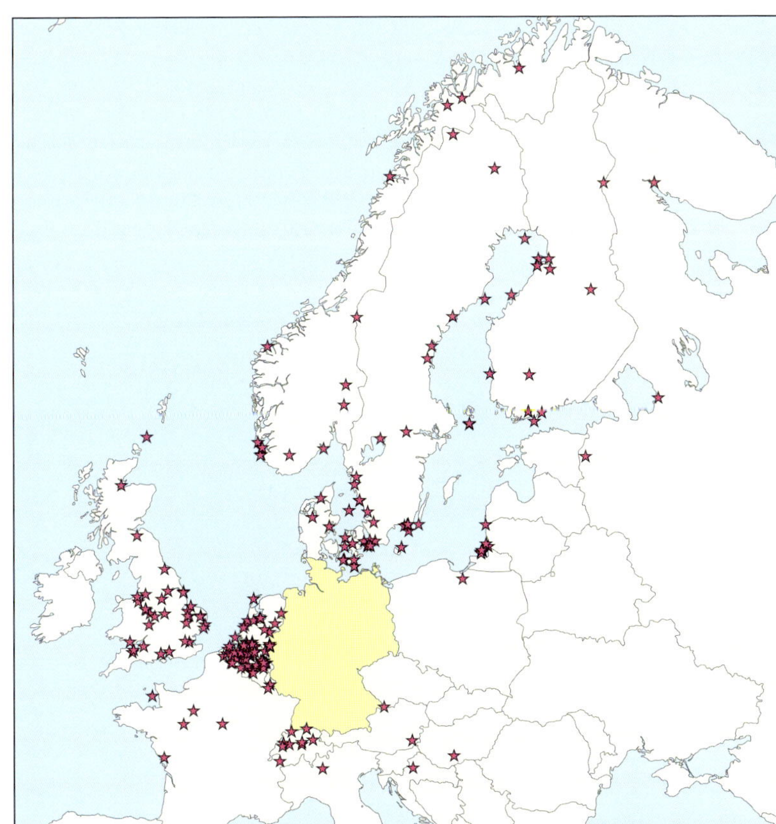

Abb 2: Beringungsorte im Ausland von in Deutschland gefundenen Bergfinken (337 Funde). – *Foreign ringing sites of Bramblings recovered in Germany (337 recoveries).*

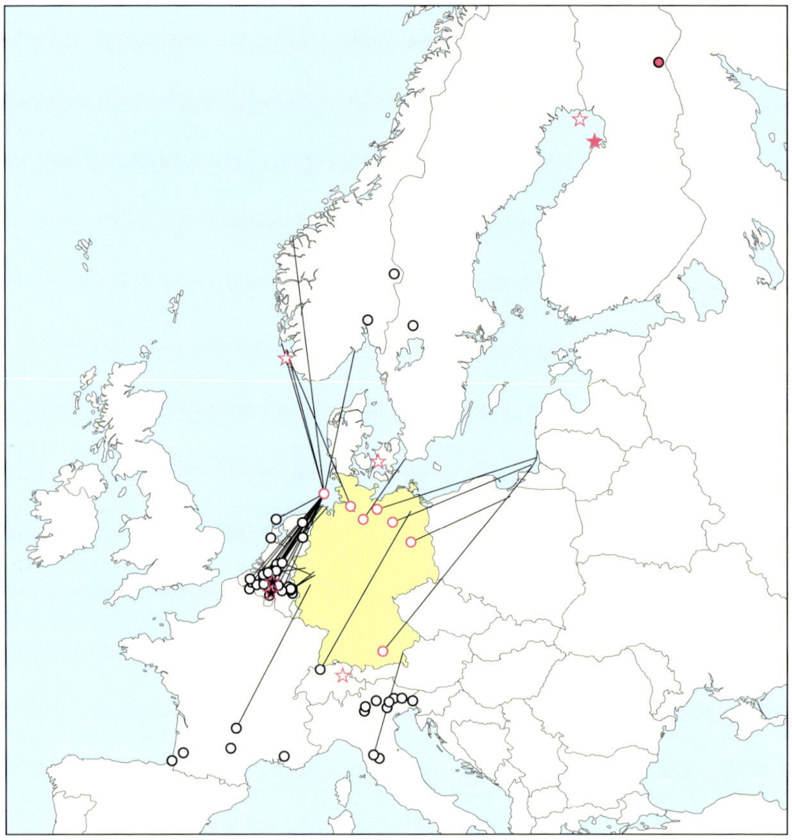

Abb 3: Herbstzug (September – November) von in Deutschland zur Brutzeit (2 Funde) oder von September bis November anwesenden Bergfinken (74 Funde). – *Autumn migration (September – November) of Bramblings present in Germany during the breeding season (2 recoveries) or from September to November (74 recoveries).*

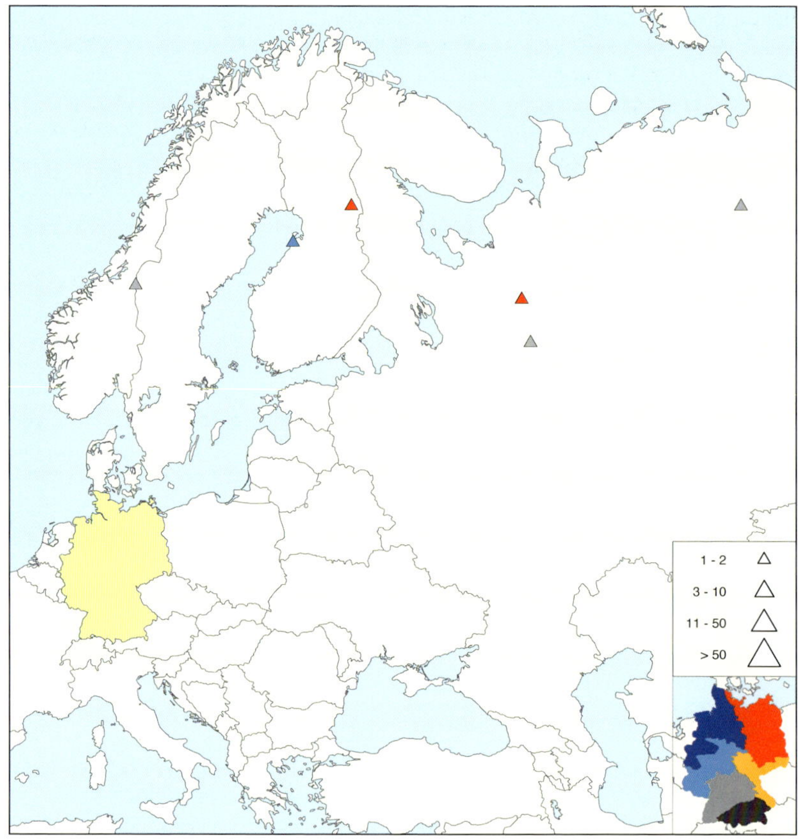

Abb 4: Aufenthaltsorte zur Brutzeit von im Winter (Dezember – Februar) in Deutschland anwesenden Bergfinken (6 Funde). – *Presence during the breeding season of Bramblings present in Germany in winter (December – February, 6 recoveries).*

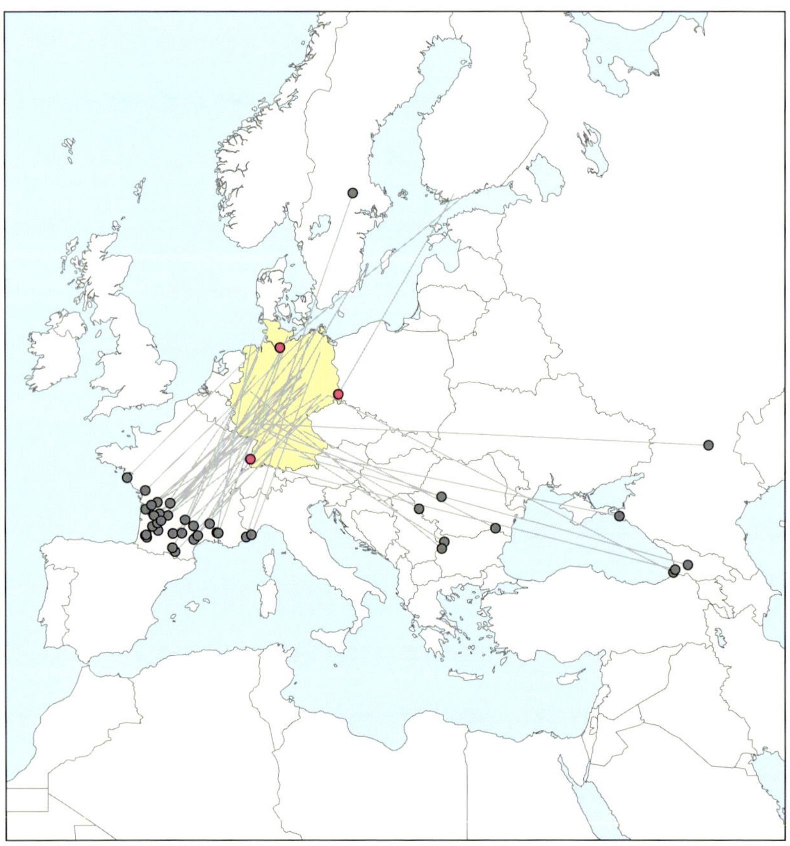

Abb 5: Winterfunde (Dezember – Februar) des Bergfinken in >1000 km Entfernung in verschiedenen Wintern (44 Funde). – *Winter recoveries (December – February) of >1000 km of Bramblings between different winters (44 recoveries).*

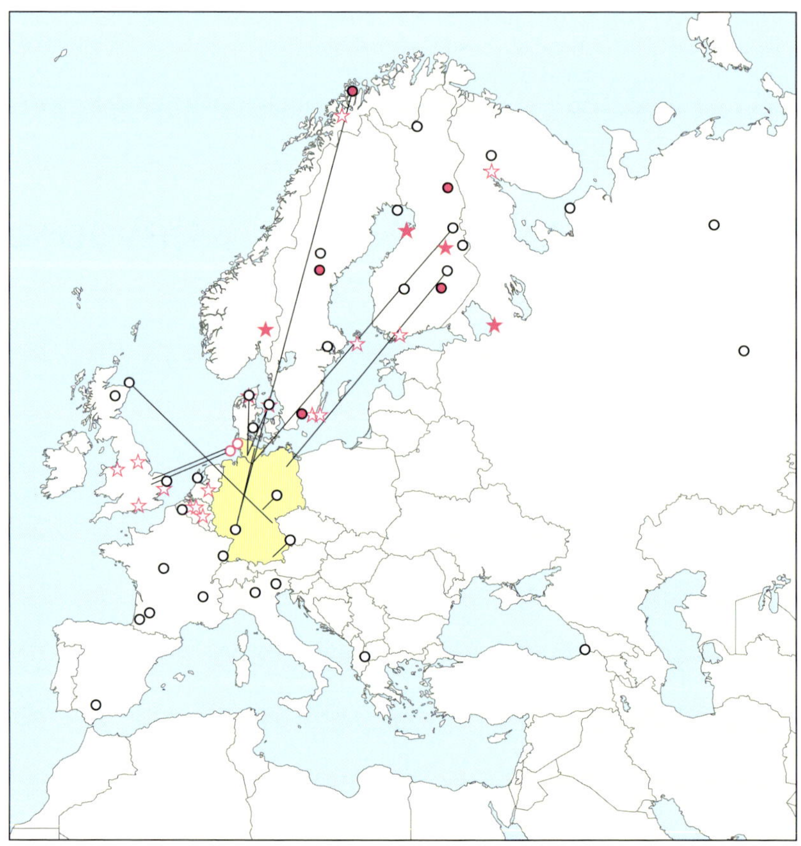

Abb 6: Frühjahrszug (März – April) von in Deutschland zwischen März und April (64 Funde) anwesenden Bergfinken. – *Spring migration (March-April) of Bramblings present in Germany from March to April (64 recoveries).*

Richtungen überflogen wird; direkte Herbstzugfunde von in Norwegen und in den Niederlanden beringten Vögeln in N-Italien (Spina & Volponi 2008b) legen dies nahe. Indirekte Funde sind aufgrund der großen Flexibilität des Zugverhaltens schwer zu interpretieren, weisen jedoch ebenfalls auf Fennoskandien als Brutgebiet durch Deutschland ziehender Vögel hin. Die relativ vielen indirekten Nachweise von auf dem Herbstzug in Deutschland beringten Vögeln in N-Italien (Abb. 3) könnten auch durch unterschiedliche Zugrouten von weiter im E oder NE beheimateten Populationen zustande gekommen sein. Dafür spricht, dass skandinavische Brutvögel N-Italien relativ selten erreichen, im Gegensatz zu finnischen und russischen Brutvögeln sowie Durchzüglern von der Kurischen Nehrung (Payevsky 1973, Zink & Bairlein 1995, Spina & Volponi 2008b). Zwei in Belgien auf dem Herbstzug beringte Bergfinken wurden später zur potenziellen Brutzeit auf Helgoland wieder gefangen (Abb. 2). Es handelte sich dabei aber um Nachzügler, die nicht vor Ort zur Brut geschritten sind. Das Phänomen des längeren Verbleibs im Winterquartier und eines verlangsamten Rückzugs ist vor allem nach Masseneinflügen zu beobachten (Zink & Bairlein 1995).

Insgesamt geben nur sechs Funde Hinweise auf die Brutgebiete von in Deutschland überwinternden Bergfinken. Sie bestätigen mit Schweden (1), Finnland (2) und NW-Russland (3) die aus den Zugzeiten gewonnenen Erkenntnisse (Abb. 4). Drei der Vögel, die sich zur Brutzeit zwischen 12,1 °E in Schweden und 60,2 °E in Russland aufhielten, wurden in den SW-deutschen Mittelgebirgen beringt. Sie zeigen damit die große Streuung der Herkunftsgebiete von in Deutschland in einem begrenzten Raum überwinternden Bergfinken auf. Eine Reihe weiterer Winterfunde ergab die Beringung auf der Kurischen Nehrung (Rybachy, Russland). Der größte Teil dieser Vögel wurde im Oktober markiert (41 von 47 Fänglingen), die Funde aus der gleichen Zugsaison erfolgten in der Mehrheit aber erst von Januar bis März, was für ein relativ langsames Wandern östlicher Vögel durch Mitteleuropa spricht.

Bei den Nachweisen in SE-Europa und im Kaukasus handelt es sich meist um im Winter in Deutschland beringte Vögel, die in einem späteren Winter in einer Distanz von bis zu 2710 km (S-Baden nach Georgien) vom Beringungsort wieder gefunden wurden (Abb. 5). Wie auch die vielen Funde in einem späteren Winter in SW-Frankreich spiegeln sie damit die große individuelle Flexibilität bei der Wahl von Zugrouten und Überwinterungsgebieten bei Bergfinken wider (Jenni & Neuschulz 1985, Zink & Bairlein 1995). Extreme Winterquartierwechsel werden wahrscheinlich nur von Vögeln aus Masseneinflügen durchgeführt (Jenni 1982). Da von fennoskandischen Brutvögeln kaum Ringfunde nach SE-Europa bis an das Schwarze Meer und in den Kaukasus weisen (Bakken et al. 2006, Fransson & Hall-Karlsson 2008), handelt es sich hierbei wahrscheinlich um Vertreter weiter im E gelegener Populationen (Jenni & Neuschulz 1985, Zink & Bairlein 1995). Bei den Vögeln, die sich entlang der regulären Zugachse skandinavischer Bergfinken in unterschiedlichen Wintern in Deutschland und in SW-Frankreich aufhielten (Abb. 5), handelt es sich dagegen wahrscheinlich um solche, die die Zugstrecke an die jeweiligen Wetter- und Nahrungsverhältnisse angepasst haben. Im Gegensatz zu den extremen Ortswechseln von an Masseneinflügen teilnehmenden Vögeln ist aber auch Winterortstreue bei regulärem Zug über mehrere Jahre hinweg in Deutschland und in der Schweiz nachgewiesen (Schlenker 1976, Jenni 1982). Der Fund eines im Januar auf Helgoland beringten Vogels nach zehn Tagen 272 km SW in den Niederlanden ist wahrscheinlich auf Wetterflucht zurückzuführen (Zink & Bairlein 1995).

Entsprechend den Befunden während des Herbstzugs weisen die meisten direkten Funde auf dem Frühjahrszug nach NE (Pendelzug, Zink & Bairlein 1995). Ein im März in Hessen beringter Bergfink wurde im darauf folgenden Juni im N-norwegischen Brutgebiet von einer Katze erbeutet (Abb. 6). Eine Reihe indirekter Funde weist ebenfalls darauf hin, dass Bergfinken im Frühjahr Deutschland auf dem Zug von den SW-europäischen Winterquartieren in die fennoskandischen und NW-russischen Brutgebiete überqueren. Eine Ausnahme bildete ein April-Fängling aus Bayreuth, der wenige Wochen später im Mai auf einer Ölplattform vor Schottland gefunden wurde.

Summary: *Brambling is a common migrant and winter resident in Germany. Autumn passage and arrival peaks from the end of September to mid-October and most birds leave Germany from mid-March to early May. Weather-escape movements can occur throughout the entire winter. Recoveries of Bramblings ringed in Germany, and of foreign-ringed birds found in Germany, show that mostly Fennoscandian birds pass through Germany in autumn to reach their SW European winter quarters. The few recoveries of winter visitors on their subsequent breeding grounds show that they may also include birds from Sweden to W Siberia. Bramblings show great individual flexibility in the choice of winter quarters as shown by birds ringed in one winter in Germany and recovered in SW France, SE Europe, and as far as the Caucasus, in a later winter; on the other hand, winter-site fidelity has also been recorded. The few recoveries during spring migration confirm the passage of Fennoscandian and NE European birds through Germany.*

Kernbeißer *Coccothraustes coccothraustes*

Hawfinch

Beringungen nach 1945:	86.502
Funde > 10 km nach 1945:	1184/1151
Wiederfundquote (Fernfunde nach 1945):	1,3 %
Funde > 10 km seit 1901:	1211/1178
Funde fremder Beringungszentralen:	66/64
Höchstalter:	12 J, 7 M*
Weiteste Entfernung:	2083 km

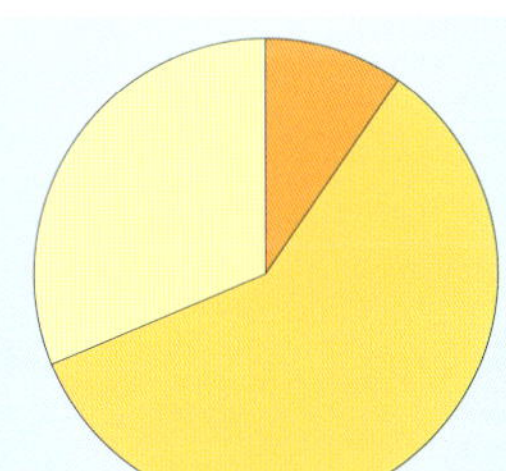

Verbreitung und Status: Das geschlossene Verbreitungsgebiet des Kernbeißers erstreckt sich von Frankreich über Mitteleuropa mit S-Fennoskandien und SE-Europa in einem relativ schmalen Band bis nach N-Japan und Sachalin. An seinen Arealrändern in der W-Paläarktis finden sich weitere zerstreute Vorkommen in NW-Afrika, auf der Iberischen Halbinsel und auf den Britischen Inseln. In Europa ist der Kernbeißer weitgehend Standvogel (W-, S-Europa) oder Teilzieher (N-, E-, Mitteleuropa), der innerhalb des Verbreitungsgebietes der Art überwintert. Das Ausharren während der kalten Jahreszeit ist bis über 60 °N nachgewiesen, in manchen Jahren kann es aber auch zu invasionsartigen Wanderungen kommen. Weibchen scheinen dazu zu tendieren, weiter im S zu überwintern als Männchen.

Als häufiger Brutvogel lichter Laubwälder und Parks ist der Kernbeißer in Deutschland vom Tiefland bis auf über 1000 m in den Alpen weit verbreitet. Der Bestand von gegenwärtig 210.000 – 370.000 BP zeigt aber während der letzten Jahrzehnte einen moderat abnehmenden Trend. Einheimische Kernbeißer sind Teilzieher; Winterbeobachtungen sind nicht selten, doch kann es auch zu weiteren Wanderungen kommen. Gerichteter Herbstzug von Kernbeißern kann von Ende September bis Mitte November, bei einem Maximum im Oktober beobachtet werden. Der Frühjahrszug lässt sich schwer von Bewegungen im Winter unterscheiden, dürfte aber ab Februar einsetzen und seinen Höhepunkt im März erreichen. Er ist spätestens im Juni abgeschlossen, wenn N- und NE-europäische Durchzügler auch N-Deutschland verlassen haben.

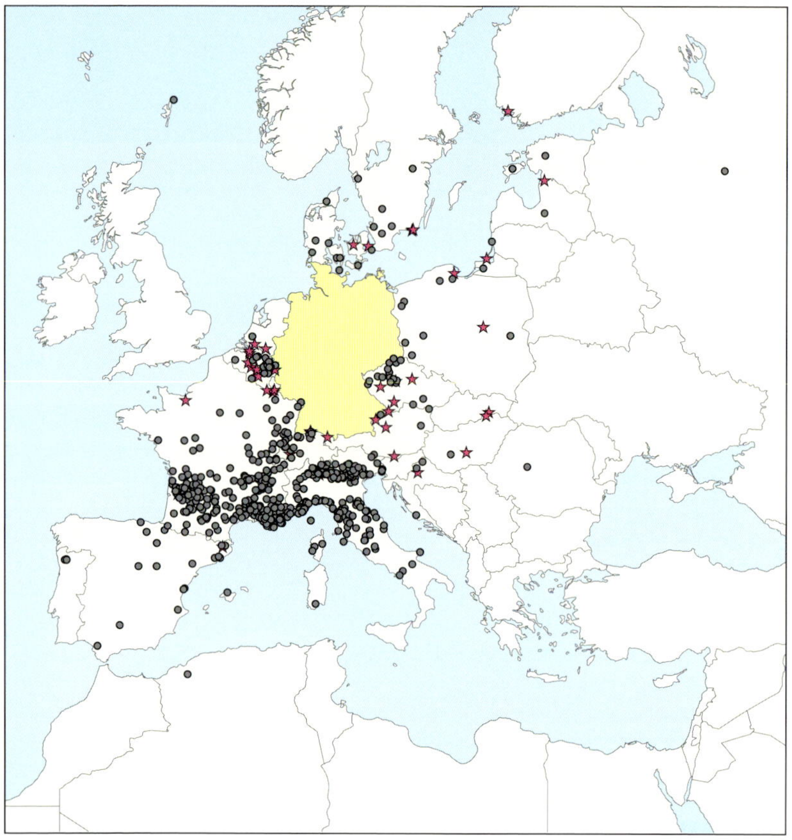

Abb. 1: Fundorte von in Deutschland beringten (595 Funde) und ausländische Beringungsorte von in Deutschland gefundenen (66 Funde) Kernbeißern. – *Foreign recovery sites of Hawfinches ringed in Germany (595 recoveries) and foreign ringing sites of birds recovered in Germany (66 recoveries).*

Wanderungen: Fernfunde von in Deutschland beringten Kernbeißern konzentrieren sich, zum größten Teil jagdbedingt, in Frankreich sowie in Italien (Abb. 1). In NE-Europa weisen sie nach S-Fennoskandien und ins Baltikum. Der am weitesten im E liegende Fund liegt bei 37 °E in NE-Russland, der westlichste Fund bei 8°W in Portugal. Nach SE-ziehende Kernbeißer gelangen bis Kroatien, Ungarn und Rumänien. Funde auf den Balearen, Korsika, Sardinien sowie auf den Shetland-Inseln zeigen, dass Kernbeißer auch die Überquerung größerer Meeresgebiete nicht scheuen. Kernbeißer, die mit Ringen fremder Zentralen in Deutschland gefunden wurden, ergänzen das Bild und belegen vor allem Verbindungen nach Belgien und ins südöstliche Mitteleuropa (Abb. 1).

Funde von in Deutschland zur Brut- wie zur Zugzeit beringten Kernbeißern streuen im Herbst von SW bis SSE und zeigen damit eine stärkere S und E Komponente als andere Finkenarten (Abb. 2, 3). Ähnliche Richtungspräferenzen zeigen schwedische Brutvögel (Fransson & Hall-Karlsson 2008). Dass Durchzügler jedoch weiter entfernte Überwinterungsgebiete zum Ziel haben als Brutvögel (Cepák et al. 2008), lässt sich anhand der Ringfunde mit Bezug zu Deutschland nicht bestätigen (Abb. 2, 3). Eine Reihe direkter Funde unmittelbar südlich des Alpenbogens lassen ein regelmäßiges Überqueren des Gebirges vermuten. Ferner belegen zwei Brutzeitwiederfunde den Zug dänischer und estnischer Vögel durch Deutschland (Abb. 3).

Ein nicht unerheblicher Teil einheimischer Kernbeißer überwintert mehr oder weniger lokal. Ziehende Individuen haben aber auch Portugal, N-Spanien, S-Frankreich, die Schweiz und Italien zum Ziel (Abb. 4). Unter Umständen wird das Bild durch die Begrenzung der Jagdsaison in N-Italien und S-Frankreich verfälscht, worauf die Diskrepanz zwischen der relativ hohen Zahl der Funde während des Herbstzugs gegenüber den spärlichen Funden im Winter z.B. in N-Italien und S-Frankreich schließen lässt. Zusätzlich ergab nach Zink & Bairlein (1995) die Beringung eines diesjährigen Vogels bei Halle einen Dezemberfund in Polen. Auffällig sind die relativ vielen Kernbeißer aus dem NE-deutschen Tiefland, die ihre Brutgebiete verlassen, um im milderen Klima W-Deutschlands und Frankreichs zu überwintern. Ebenfalls aus dem NE-deutschen Tiefland stammt ein Vogel, der sich im Winter in S-Italien befand. Generell wird aber keine Bevorzugung bestimmter Überwinterungsgebiete nach der regionalen Herkunft

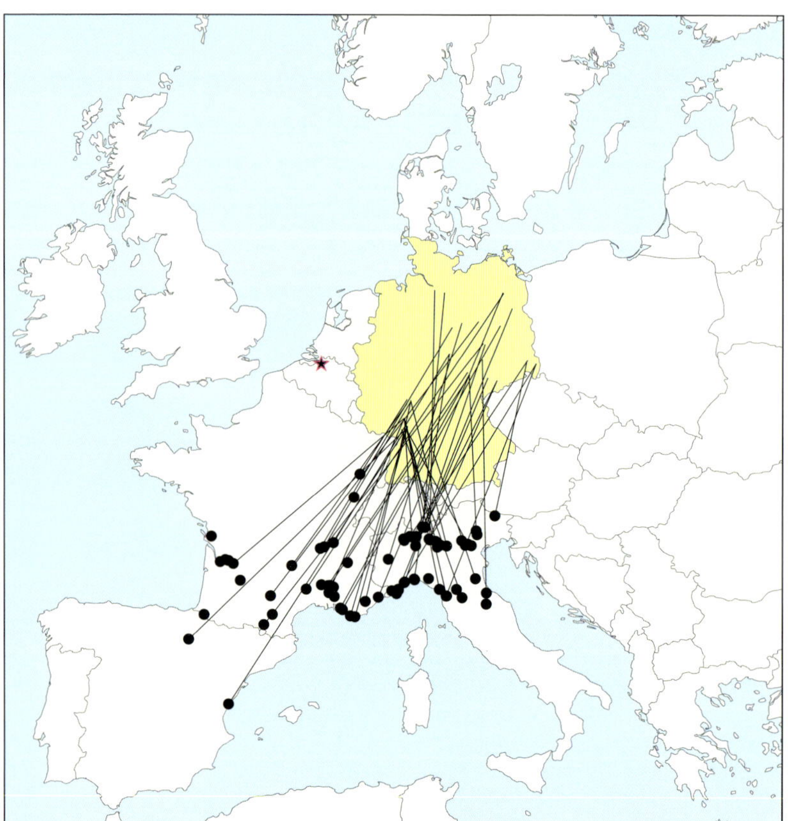

Abb. 2: Herbstzug (September – November) von in Deutschland zur Brutzeit anwesenden Kernbeißern (75 Funde). – *Autumn migration (September – November) Hawfinches present in Germany during the breeding season (75 recoveries).*

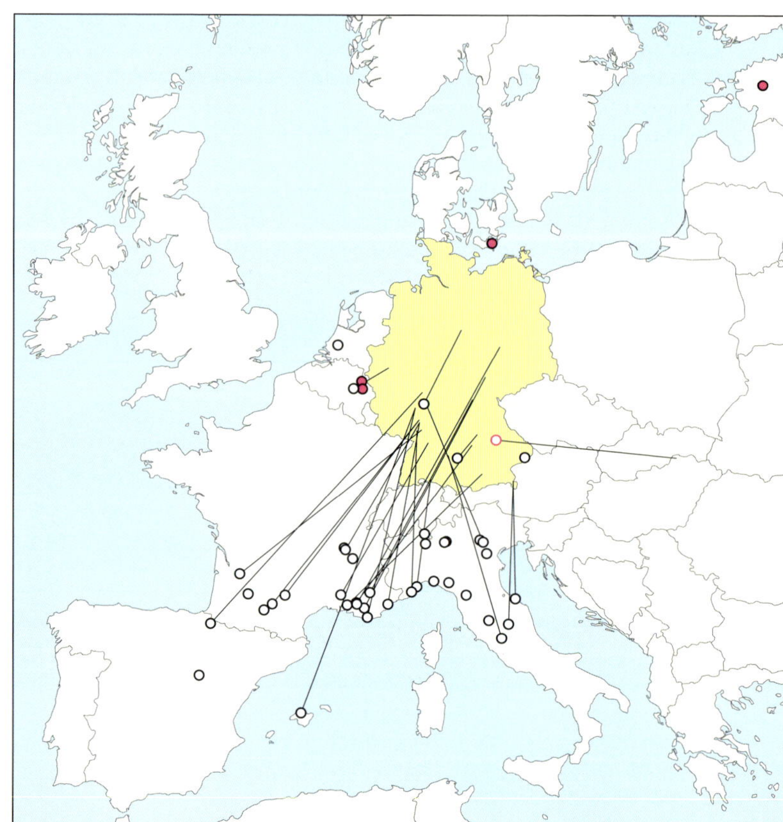

Abb. 3: Herbstzug (September – November) von in Deutschland von September bis November anwesenden Kernbeißern (45 Funde). – *Autumn migration (September – November) of Hawfinches present in Germany from September to November (45 recoveries).*

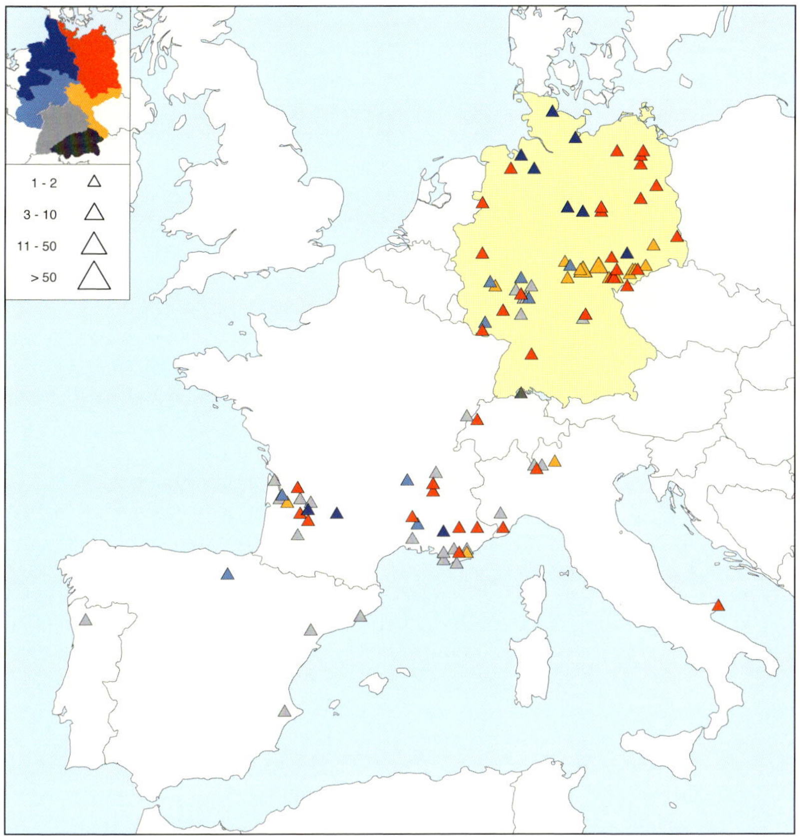

Abb. 4: Aufenthaltsorte im Winter (Dezember – Februar) von in Deutschland zur Brutzeit anwesenden Kernbeißern (121 Funde). – *Presence in winter (December – February) of Hawfinches present in Germany during the breeding season (121 recoveries).*

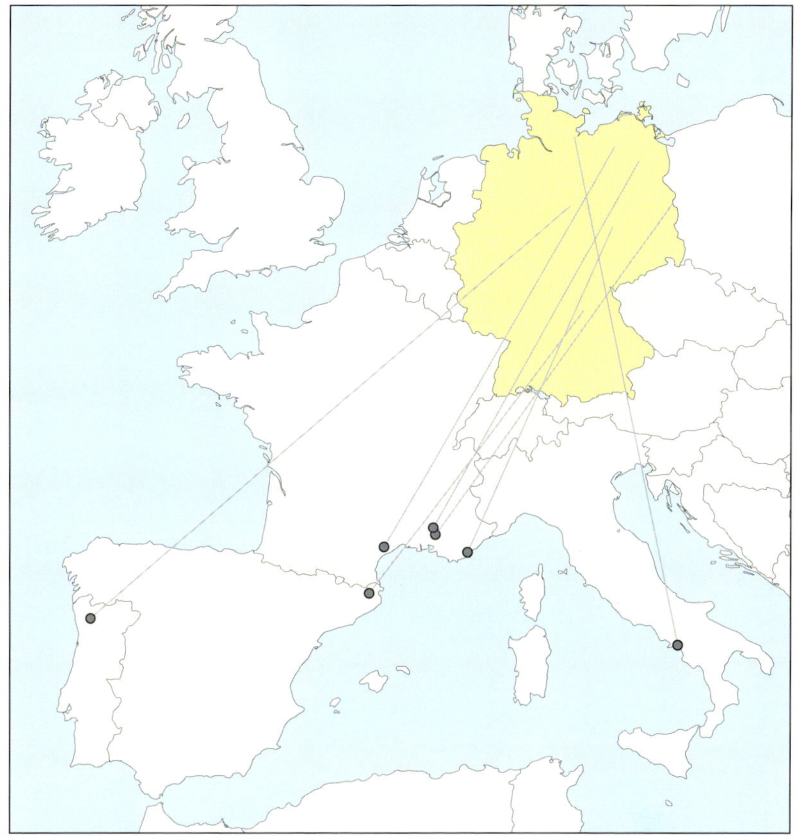

Abb. 5: Winterfunde (Dezember – Februar) von Kernbeißern in >1000 km Entfernung in verschiedenen Wintern (7 Funde). – *Winter recoveries (December – February) of >1000 km of Hawfinches between different winters (7 recoveries).*

deutlich, wie es z. B. für tschechische Vögel der Fall ist, die weiter westlich überwintern als slowakische. In Übereinstimmung mit der dabei von Cepák et al. (2008) diskutierten Zugscheide bei etwa 16,3 °E stammen keine Winterfunde deutscher Brutvögel aus SE-Mittel- oder SE-Europa. Bei den Verbindungen nach Ungarn, Kroatien und Rumänien (Abb. 1) handelt es sich ausnahmslos um Vögel, die zu den Zugzeiten oder im Winter beringt und gefunden wurden und deren Brutheimat somit unbekannt ist.

Wie bei einigen anderen Finkenarten auch scheint Deutschland für N- und NE-europäische Brutvögel vor allem Durchzugsgebiet zu sein, da Winternachweise nur für je einen belgischen und einen dänischen Brutvogel vorliegen. Weitere im März und Mai in Schweden anwesende Vögel hielten sich in den Wintermonaten in Deutschland auf. Obwohl sie nicht eindeutig einem Brutbestand zuzuordnen sind, deuten sie auf die fennoskandische Herkunft zumindest eines Teils der Überwinterer hin. Ähnliche Verbindungen gibt es nach Polen und ins Baltikum (Abb. 1).

Kernbeißer können sich in verschiedenen Wintern in weit voneinander entfernten Gebieten aufhalten. Beispiele dafür sind sieben in Deutschland im Winter markierte Vögel, die sich in einem späteren Winter über 1000 km entfernt vom Beringungsort in S-Europa aufhielten (Abb. 5). Hinzu kommen Wechsel der Winteraufenthaltsorte von unter 1000 km zwischen Deutschland und Kroatien (2: 630 km, 755 km) bzw. Ungarn (1: 723 km). Ähnliche Fälle ergaben sich aus den Ringfundauswertungen anderer Beringungszentralen (Zink & Bairlein 1995, Cepák et al. 2008, Fransson & Hall-Karlsson 2008). Ein Kernbeißer, der im Februar bei Worms beringt wurde und der sich im März des folgenden Jahres in Algerien aufhielt (Abb. 1), fällt ebenfalls in diese Kategorie von Funden, die eine hohe individuelle Flexibilität bei der Wahl der Winterquartiere belegen. Auf Wetterflucht ist wahrscheinlich die Wanderung eines Vogels zurückzuführen, der im Dezember in Thüringen beringt wurde und der sich 21 Tage später 267 km SW in Rheinland-Pfalz aufhielt.

Einheimische Kernbeißer erreichen im Frühjahr ihre Brutgebiete aus SW (Abb. 6). Nicht einzuordnen ist ein Vogel, der auf dem Frühjahrszug in Polen beringt wurde und sich später zur Brutzeit in Deutschland aufhielt. Auffällig ist das Fehlen von Funden, die den Einzug von S her belegen. Dies spricht gegen Befunde aus

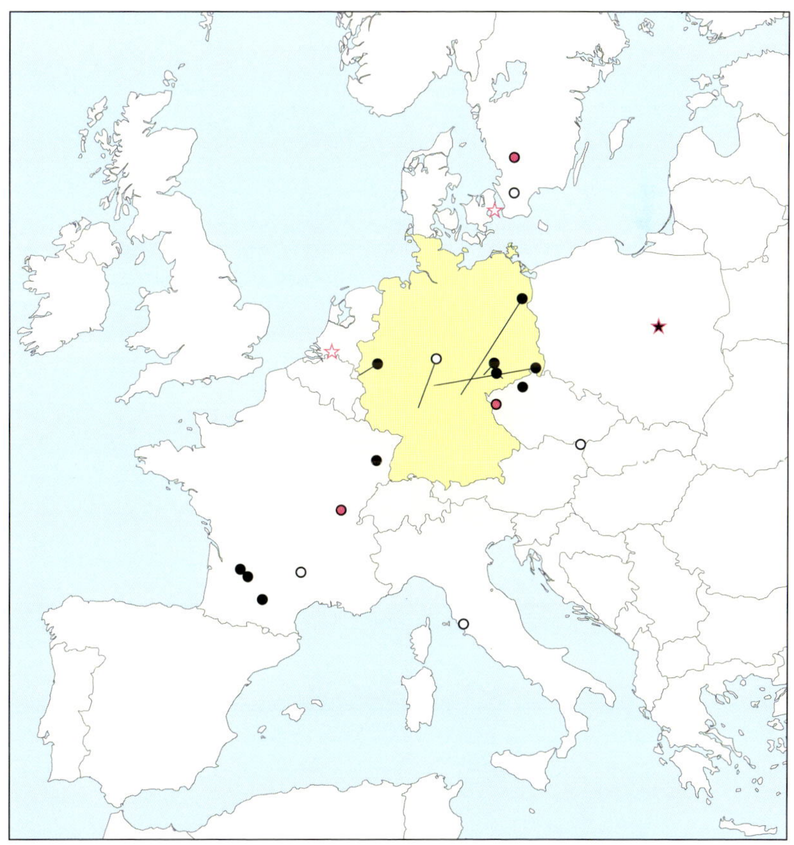

Abb. 6: Frühjahrszug (März – April) von in Deutschland zur Brutzeit (13 Funde) oder von März bis April (11 Funde) anwesenden Kernbeißern. – *Spring migration (March – April) of Hawfinches present in Germany during the breeding season (13 recoveries) or from March to April (11 recoveries).*

Italien, wo Spina & Volponi (2008b) einen Schleifenzug diskutieren, bei dem zumindest einige Vögel von N-Afrika kommend im Frühjahr durch Italien nach N ziehen, während im Herbst Zug nach W vorherrscht. Für eine abschließende Wertung reicht die Zahl der Ringfunde mit Bezug zu Deutschland jedoch nicht aus. Auf den Durchzug von weiter im E brütenden Populationen weisen in Deutschland auf dem Frühjahrzug beringte Vögel hin, die im Herbst in Lettland und NW-Russland gefunden wurden sowie ein im August in Finnland beringter Vogel, der im folgenden März durch Deutschland zog (Abb. 1).

Summary: *Hawfinch is a widespread breeding bird in Germany with a decreasing population of 210,000–370,000 bp. It is a partial migrant, autumn migration lasts from late September to mid-November and spring migration from February to as late as June. Recoveries of Hawfinches ringed in Germany are concentrated in Belgium, France and Italy, with lower numbers in Fennoscandia and the Baltic as well as in Croatia, Hungary and Romania. The southernmost record was obtained from Algeria and recoveries on the Balearic Islands, Sardinia, Corsica and the Shetlands show that Hawfinches are able to cross larger stretches of open sea. On autumn migration, Hawfinches ringed during the breeding season and those ringed during migration leave Germany in various directions between SW and SSE. During spring migration, however, arrivals from the SW are clearly prevailing. A substantial proportion of German Hawfinches is wintering relatively close to the breeding sites, while birds from the NE German lowlands were also found to winter in W Germany and some birds from various parts of the country in the SW; others again may migrate to sites in Spain, France and Italy. According to ring recoveries, Hawfinches wintering in Germany are mainly of German origin, except for two birds originating from Belgium and Denmark, and indications of winter visitors from the Fennoscandian and Baltic breeding population. There are records pointing to substantial individual changes of staging sites between different winters.*

Gimpel *Pyrrhula pyrrhula*
Eurasian Bullfinch

Beringungen nach 1945:	169.743
Funde > 10 km nach 1945:	1358/1281
Wiederfundquote (Fernfunde nach 1945):	0,8 %
Funde > 10 km seit 1901:	1379/1301
Funde fremder Beringungszentralen:	88/88
Höchstalter:	17 J, 8 M*
Weiteste Entfernung:	3343 km

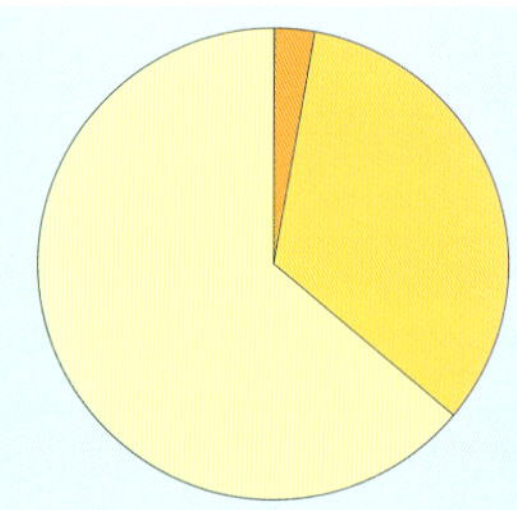

Verbreitung und Status: Der paläarktisch verbreitete Gimpel brütet mit mehreren Unterarten vom N der Iberischen Halbinsel bis Japan und Sachalin im E. In S- und SE-Europa, in der Türkei und dem Kaukasus ist er auf höhere Lagen beschränkt. Geschlechtsspezifische Unterschiede im Wanderverhalten, wie sie sich bei einigen Vertretern der Finkenfamilie finden, scheinen beim Gimpel besonders ausgeprägt zu sein. Männchen sind in Europa vorwiegend Jahresvögel, die allerdings ausgedehnte Wetterfluchten durchführen können. Vor allem diesjährige Weibchen gelten als Kurz- und Mittelstreckenzieher, die im Brutgebiet der Art oder etwas südlich davon überwintern (siehe aber unten). Von N-Afrika liegen nur Nachweise einiger Irrgäste vor. Gelegentlich kann es zu Invasionen kommen, die im Zusammenhang mit der Verfügbarkeit von Beeren der Eberesche stehen (Dierschke et al. 2010).

In Deutschland brüten Gimpel häufig in Wäldern, Feldgehölzen und Parks von den Niederungen bis zur Baumgrenze mit einem fluktuierenden Bestand von 105.000–205.000 BP. Sie sind vorwiegend Jahresvögel, zu denen sich auf dem Zug und im Winter Vertreter N- und NE-europäischer Vorkommen gesellen. Der Herbstzug setzt verstärkt ab Mitte Oktober ein und erreicht seinen Höhepunkt im November, der Frühjahrszug findet vom Februar bis in den Mai statt. In einigen Jahren kommt es zu Invasionen, von denen die der „Trompetergimpel" 2004 besonders eindrücklich war. Dabei handelte es sich wahrscheinlich um Brutvögel aus NE-Europa (Pennington & Meek 2006). Zwischen 1970 und 1997 hat sich der Median des Herbstzuges in SW-Deutschland um über zwei Tage pro Dekade verfrüht (Gatter 2000).

Wanderungen: In Mitteleuropa brütende Gimpel sind Teilzieher mit einem überwiegenden Anteil mehr oder weniger lokal überwinternder Ind. (Bønløkke et al. 2006, Maumary et al. 2007, Cepák et al. 2008; siehe aber Bairlein 1979). Der Einzugsbereich von durch Deutschland ziehenden Gimpeln umfasst im NE Fennoskandien, das Baltikum und den NW Russlands (Abb. 1), was auch der Hauptzugsrichtung in Dänemark, Schweden und auf der Kurischen Nehrung beringter Vögel entspricht (Payevsky 1973, Bønløkke et al. 2006, Fransson & Hall-Karlsson 2008). In Tschechien wurde ebenfalls eine Reihe von in Deutschland beringten Gimpeln gefunden. Die vielen Funde in Österreich, Italien, der Schweiz, Frankreich und den Benelux-Staaten deuten Wanderungen nach S bis W an.

Die wenigen direkten Fernfunde zur Zeit des Herbstzugs von Gimpeln, die in Deutschland zur Brutzeit beringt wurden, weisen zum größten Teil nach W bis SW (Abb. 2). Ausnahme ist ein sächsischer Vogel, der auf seinem Zug nach SSE nach Österreich gelangte. Wesentlich mehr Fernfunde ergaben zur Zugzeit in Deutschland beringte Gimpel (Abb. 3). Sie belegen, dass Vögel schwedischer und finnischer Herkunft, oft über Dänemark kommend (Bønløkke et al. 2006), Deutschland auf dem Weg in die SW-europäischen Winterquartiere überqueren. Eine Reihe in S-Deutschland auf dem Zug beringter Gimpel wurde während derselben Zugsaison in N-Italien erjagt. Sie scheinen demnach die Überquerung der Alpen nicht zu scheuen.

Winterfunde (Dezember–Februar) von in Deutschland zur Brutzeit (Juni–Juli) gekennzeichneten Gimpeln stammen größtenteils aus der Nähe der Beringungsorte (Abb. 4). Die meisten einheimischen Gimpel harren demnach im Winter in der Nähe ihrer Brutgebiete aus. Bairlein (1979) kommt dagegen anhand von Beringungsdaten aus S-Deutschland zu dem Schluss, dass ein nicht unerheblicher Teil der dortigen Gimpel Kurz- bis Mittelstreckenzieher sind, allerdings bei einer weiteren Definition von Brutzeit (Mai–Juli) und Winter (Oktober–März). Aus dem Rahmen fällt ein Vogel, der nach Portugal zog. Näher an den Brutgebieten überwintern Gimpel, die – wie auch ziehende Ind. aus der Schweiz (Maumary et al. 2007) – in S-Frankreich gefunden wurden. Auch hier wäre die Anzahl der Winterfunde bei einer weiteren Definition von Brutzeit und Winter höher (Bairlein 1979). Im Gegensatz zu einigen Literaturangaben (Bauer et al. 2005) handelt es sich nach den wenigen Ringfunden bei den wegziehenden Vögeln nicht in der Mehrheit um Weibchen: Bei zehn Gimpeln mit bekanntem Geschlecht, die in Deutschland zwischen Mai und Juli beringt und zwischen November und Februar in Frankreich bzw. Portugal gefunden wurden, handelte es sich um sechs Männchen und vier Weibchen. Winterortstreue eines deutschen Brutvogels wurde in Frankreich nachgewiesen (Sunkel 1971). Von Gimpeln aus dem NE-deutschen Tiefland und den E-deutschen Mittelgebirgen gibt es keine Winterwiederfunde aus dem Ausland, jedoch aus weiter westlich gelegenen klimabegünstigten Regionen in Deutschland. Generell lässt aber die geringe Zahl an

Winterfunden keine Rückschlüsse auf nach naturräumlicher Herkunft getrennte Überwinterungsgebiete von Ziehern zu.
Die überwältigende Mehrheit der Winterfunde in Deutschland stammt von mehr oder weniger lokalen Brutvögeln (Abb. 5). Zu den einheimischen Gimpeln gesellen sich aber auch solche aus NE-Europa, wie es z.B. der im Vergleich zur Brutzeit erhöhte Winterbestand in Baden-Württemberg andeutet (Bauer et al. 1995). Allerdings ist nur je einmal die Überwinterung eines schwedischen und eines polnischen Brutvogels in Deutschland nachgewiesen (Abb. 5). Eine Reihe weiterer Winterfunde in Deutschland stammt von fennoskandischen Vögeln, die dort zur Zeit des Herbst- oder Frühjahrszugs beringt wurden (Abb. 1). Sie sind damit zwar keiner Brutpopulation eindeutig zuzuordnen, von einer Herkunft aus N- und NE-Europa ist aber auszugehen. Das Überwintern einzelner Vögel in verschiedenen Regionen belegen je ein norwegischer und ein schwedischer Ringvogel, die im Dezember und Januar beringt wurden und die sich in einem späteren Winter in Deutschland aufhielten. Einen extremen Fall stellt ein Gimpel dar, der im November in SE-Brandenburg gekennzeichnet und der fast eineinhalb Jahre später über 3300 km weiter östlich im April in Tjumen (Russland) gefunden wurde. Ein ähnlicher Fund liegt von einem in der Schweiz beringten Gimpel vor (Maumary et al. 2007). Vier im Winter beringte Gimpel legten innerhalb desselben Winters Strecken von über 100 km zwischen dem Ausgangspunkt und dem Fundort zurück. Diese in verschiedene Richtungen durchgeführten Wanderungen sind wahrscheinlich auf Wetterfluchten zurückzuführen.
Seit der Invasion der „Trompetergimpel" 2004 sind diese mit einer gewissen Stetigkeit jährlich zu beobachten (Meffert 2008). Anhand von Ringfunden konnte die Frage nach ihrer Herkunft bisher nicht geklärt werden. Winterortstreue wurde allerdings nachgewiesen: Ein in Sachsen im Januar 2005 beringtes Männchen, bei dem es sich nachweislich um einen „Trompetergimpel" handelte, wurde ein Jahr später am Beringungsort wieder gefangen (Fiedler et al. 2006).
Zum Frühjahrszug liegen hauptsächlich Funde über relativ kurze Strecken innerhalb Deutschlands vor. Sie könnten Kompensation von Wetterfluchten oder Vertikalwanderungen in höher gelegene Brutgebiete darstellen. Bei den Auslandsfunden handelt es sich neben dem erwarteten Zug nach NE bis S-Finnland und nach NW-Russland im Frühjahr auch um Nachweise auf direkt nach N ausgerichtete Wanderungen in S-norwegische Brutgebiete (Abb. 6).

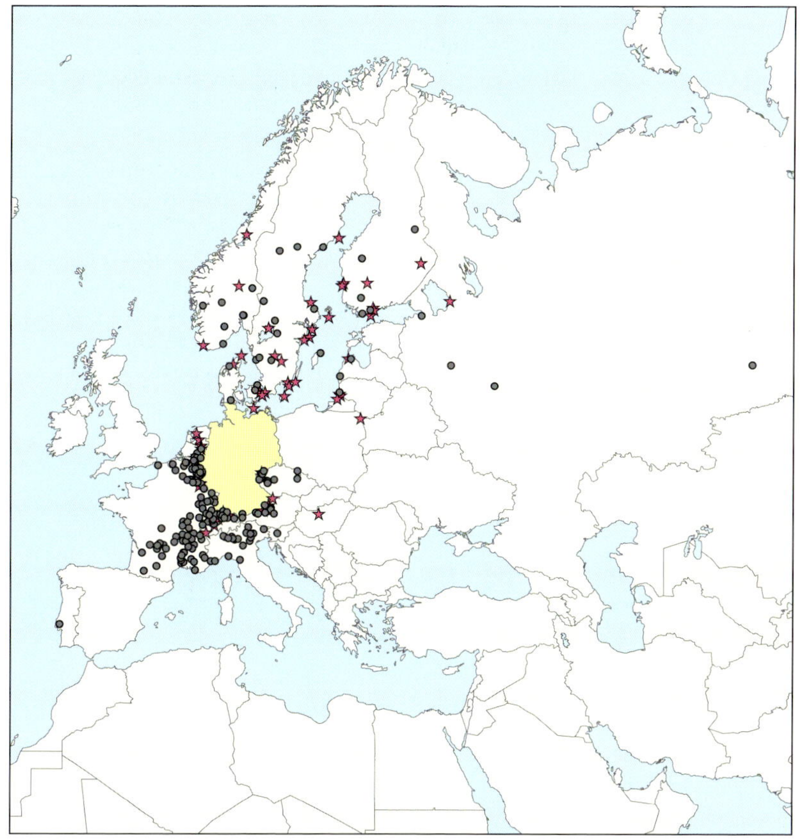

Abb. 1: Fundorte von in Deutschland beringten (204 Funde) und ausländische Beringungsorte von in Deutschland gefundenen (88 Funde) Gimpeln. – *Foreign recovery sites of Eurasian Bullfinches ringed in Germany (204 recoveries) and foreign ringing sites of birds recovered in Germany (88 recoveries).*

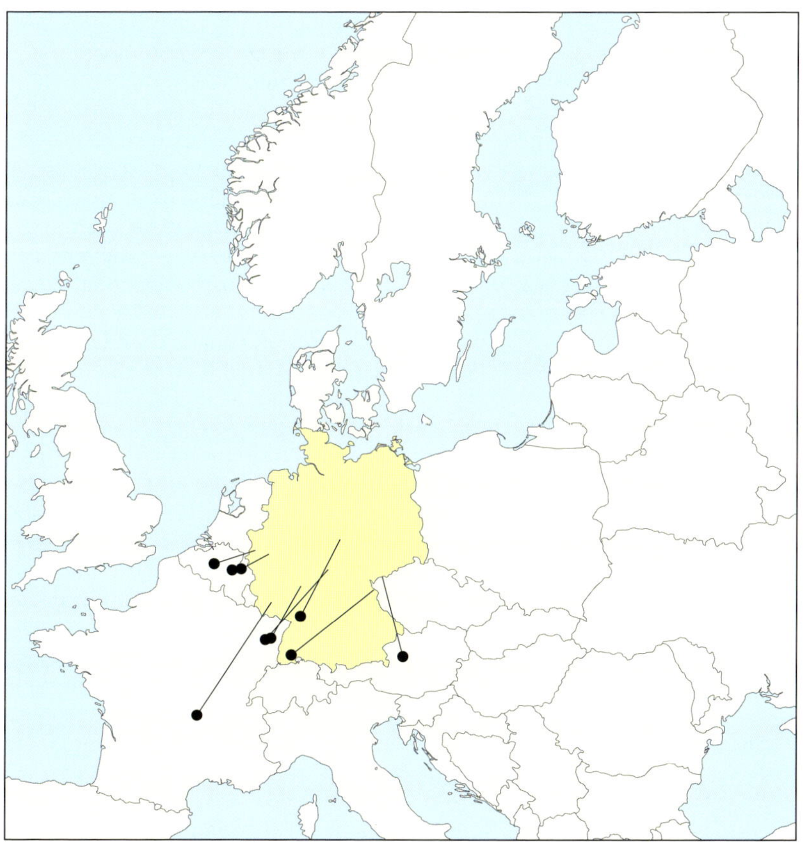

Abb. 2: Herbstzug (September – November) von in Deutschland zur Brutzeit anwesenden Gimpeln (9 Funde). – *Autumn migration (September – November) of Eurasian Bullfinches present in Germany during the breeding season (9 recoveries).*

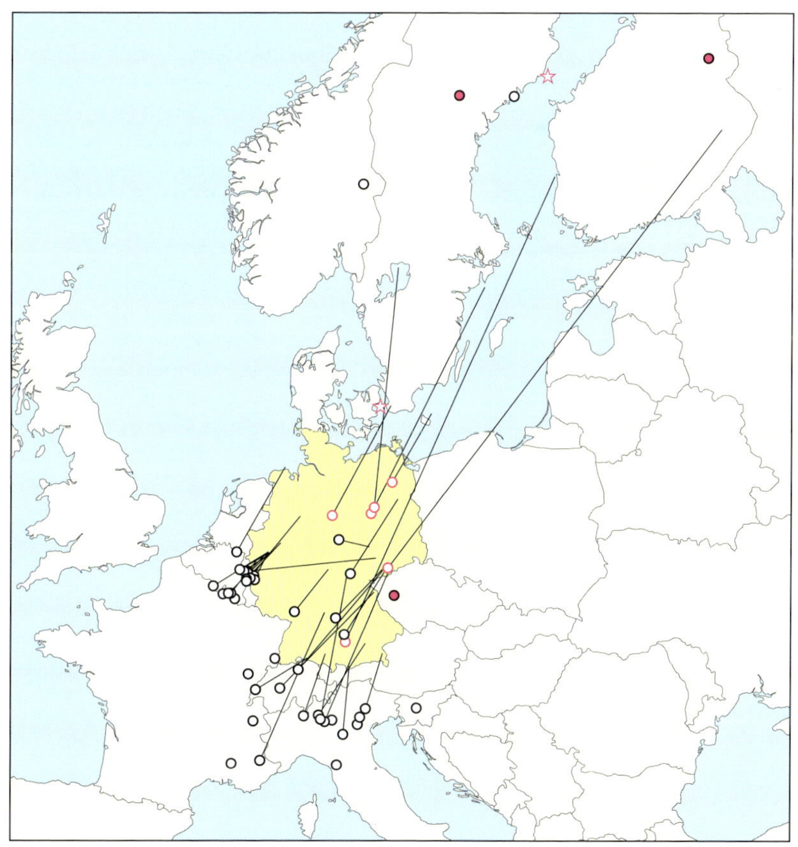

Abb. 3: Herbstzug (September – November) von in Deutschland von September bis November anwesenden Gimpeln (53 Funde). – *Autumn migration (September – November) of Eurasian Bullfinches present in Germany from September to November (53 recoveries).*

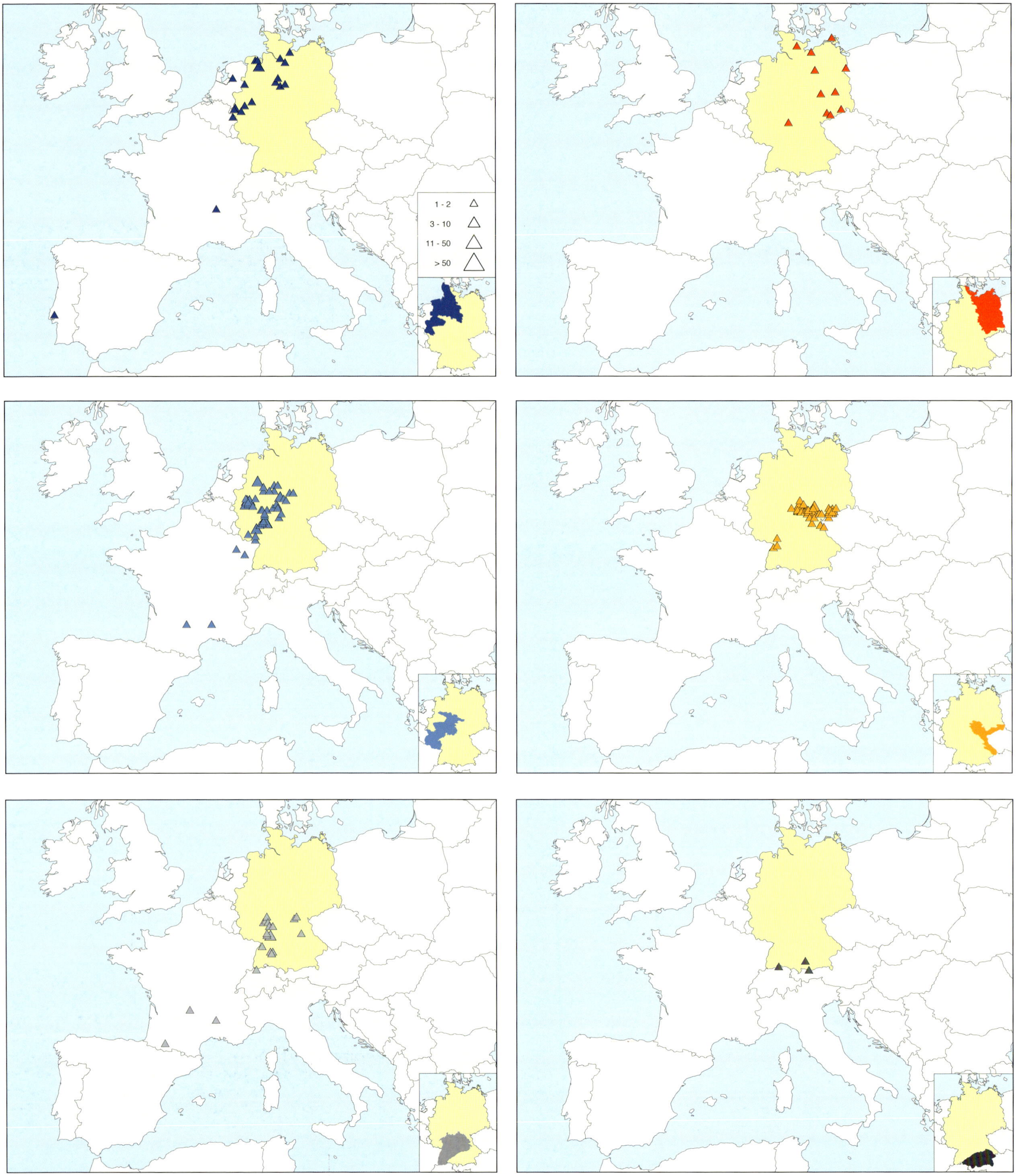

Abb. 4: Aufenthaltsorte im Winter (Dezember – Februar) von in Deutschland zur Brutzeit anwesenden Gimpeln (256 Funde). – *Presence in winter (December – February) of Eurasian Bullfinches present in Germany during the breeding season (256 recoveries).*

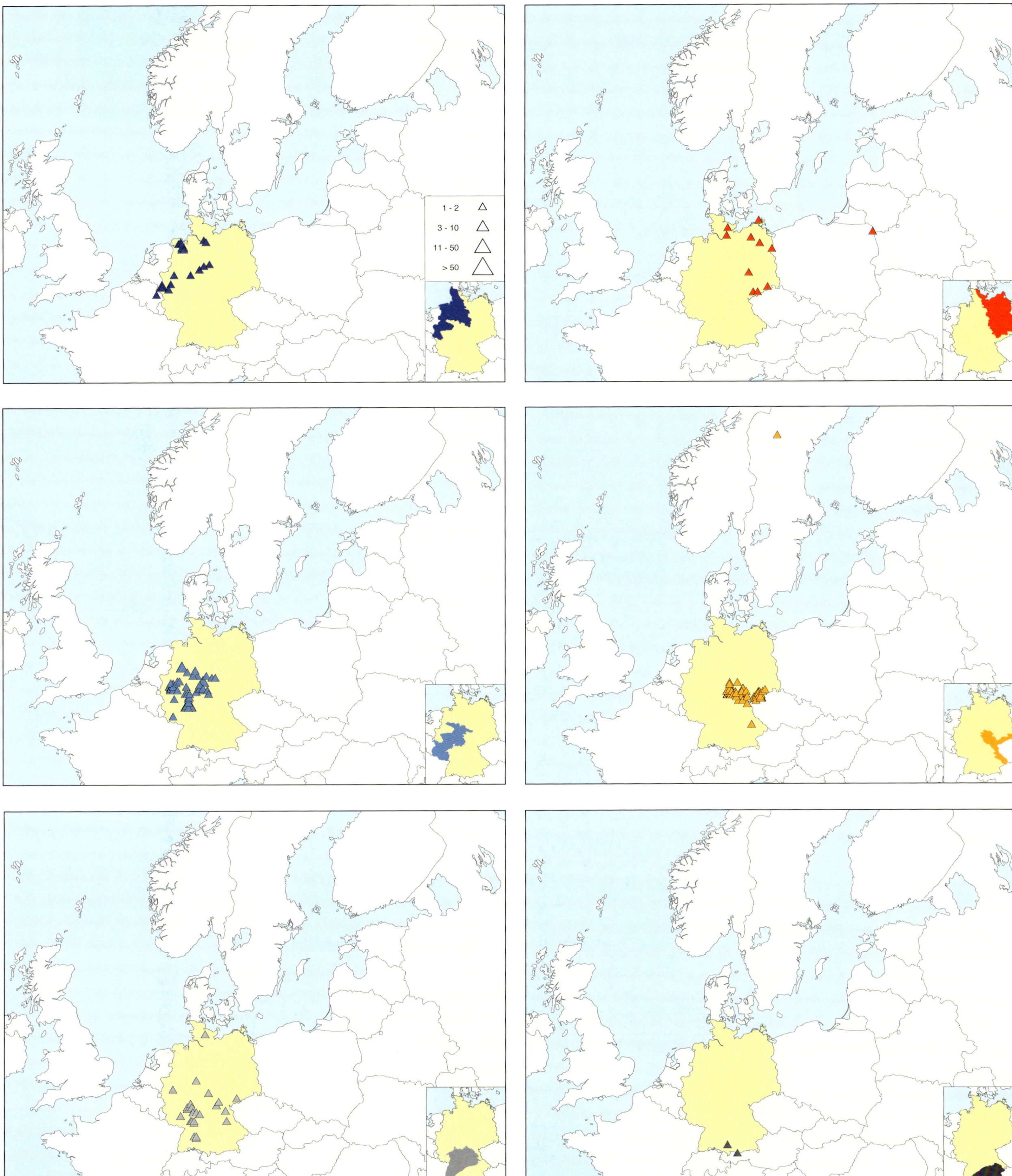

Abb. 5: Aufenthaltsorte zur Brutzeit von im Winter (Dezember – Februar) in Deutschland anwesenden Gimpeln (245 Funde). – *Presence during the breeding season of Eurasian Bullfinches present in Germany in winter (December – February, 245 recoveries).*

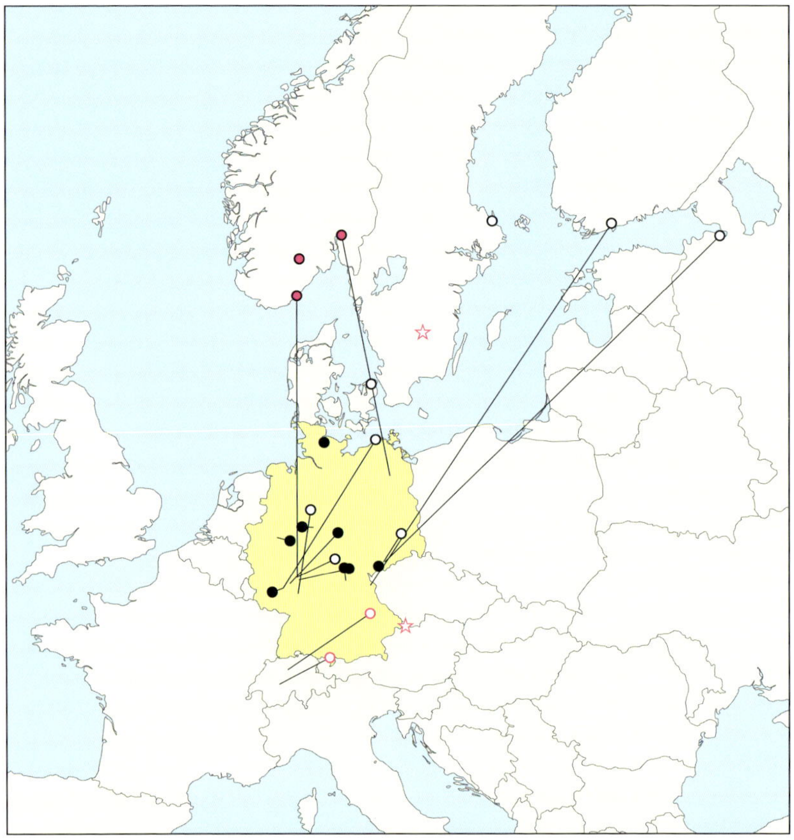

Abb. 6: Frühjahrszug (März – April) von in Deutschland zur Brutzeit (8 Funde) oder von März bis April (15 Funde) anwesenden Gimpeln. – *Spring migration (March – April) of Eurasian Bullfinches present in Germany during the breeding season (8 recoveries) or from March to April (15 recoveries).*

***Summary:** Eurasian Bullfinch is a widespread breeder across Germany with 105,000 – 205,000 bp. Most birds are sedentary, but a small proportion migrates to wintering sites in SW Europe. Recoveries of Eurasian Bullfinches ringed in Germany and of foreign-ringed birds recovered here, range from central Fennoscandia over NW Russia, Hungary, and N Italy to SW Europe. Eurasian Bullfinches breeding in Germany and passage migrants from N and NE Europe are aimed towards the SW and S in autumn to reach France and N Italy. The great majority of German breeding birds stays more or less close to the breeding sites, but a few migrate to France and exceptionally as far as Portugal. Those that stay are supplemented by Eurasian Bullfinches from N and NE Europe. Spring migration is directed from the SW to the NE to Finland and NW Russia or N to W Norway.*

Karmingimpel *Carpodacus erythrinus*
Common Rosefinch

Beringungen nach 1945:	2080
Funde > 10 km nach 1945:	111/29
Wiederfundquote (Fernfunde nach 1945):	1,4 %
Funde > 10 km seit 1901:	111/29
Funde fremder Beringungszentralen:	3/3
Höchstalter:	7 J*
Weiteste Entfernung:	853 km

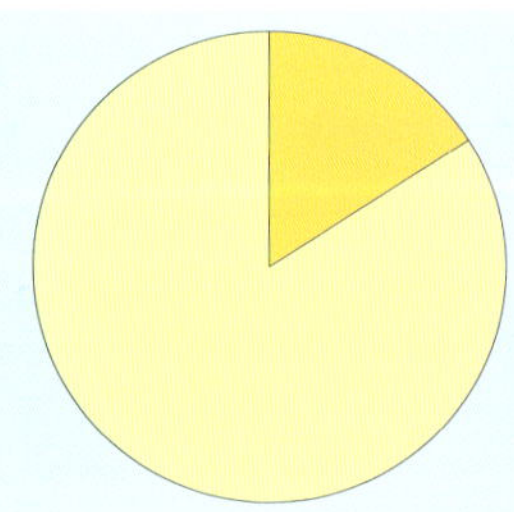

Der Verbreitungsschwerpunkt des Karmingimpels liegt in den paläarktisch-borealen und gemäßigten Zonen sowie in Gebirgsregionen in Asien. Im W endet das geschlossene Siedlungsgebiet in N-Mitteleuropa und Fennoskandien, mit inselartigen Vorkommen in Deutschland, Frankreich und der Alpenregion. An der W-Grenze seines Areals ist der Karmingimpel in einer Ausbreitung begriffen, die durch Bestandsschwankungen und temporäre Neuansiedlungen gekennzeichnet ist. Der nach den ersten rezenten Bruten in Deutschland ab den 1980er Jahren zunehmende Bestand ist seit etwa der Jahrtausendwende wieder stark im Rückgang begriffen und umfasst zurzeit 600 – 950 BP. Ziehende Karmingimpel treten in kleinerer Zahl im September und Anfang Oktober, häufiger aber von Mitte Mai bis Anfang Juni auf.

Zumindest die nördlichen Populationen des Karmingimpels sind Langstreckenzieher, die hauptsächlich zwischen Indien und S-China überwintern. Die gelegentlich geäußerte Vermutung eines sich im Mittelmeergebiet etablierenden Überwinterungsgebietes (Jung 1983) beruht auf Einzelnachweisen und ist bisher rein spekulativ. Über die Zugwege mitteleuropäischer Brutvögel ist wenig bekannt. Ein direkter Fund eines in Finnland beringten Karmingimpels liegt aus W-Kasachstan vor (Zink & Bairlein 1995), wohin auch der Fund eines in Rybachy beringten Vogels hinweist (Payevsky 1973). Nachweise von in Norwegen, Schweden und Dänemark beringten Vögeln belegen ebenfalls den Zug nach SE (Armenien, Iran, Usbekistan; Bakken et al. 2006, Bønløkke et al. 2006, Fransson & Hall-Karlsson 2008). Ein im März in N-Indien beringtes Ind. wurde im darauf folgenden Juni in W-Russland gefunden (Zink & Bairlein 1995).

Entsprechend der wenigen Beringungen von Karmingimpeln in Deutschland liegen auch nur drei indirekte Fernfunde von auf Helgoland beringten Vögeln vor (Abb. 1). Sie weisen jedoch nicht nach SE, sondern in nördliche Richtungen. Alle drei Vögel wurden im Mai (2) bzw. Juni (1) beringt und ein bis drei Jahre später im Mai (S-Schweden) und Juni (Orkney Inseln) durch einen Beringer kontrolliert oder im August (S-Norwegen) als nicht frischtot gefunden gemeldet. Bei diesen Funden handelt es sich wahrscheinlich um Fernumsiedlungen, die den Expansionsdrang der Art widerspiegeln (Dierschke et al. 2011). Dies könnte auch auf Vögel zutreffen, die zwischen Juni und August in Norwegen (1) und

Dänemark (2) beringt wurden und nach ein bis zwei Jahren im Mai (2) und Juni (1) in Deutschland durch Beringer kontrolliert (2) bzw. frischtot gefunden wurden (1). Zusätzlich erbrachte der Sommer 2014 zwei ähnliche Funde: Je ein im Juli 2011 an der schwedischen Westküste und ein im Juni 2013 auf den Orkney Inseln beringter adulter Vogel wurden bei Rostock (Mecklenburg-Vorpommern) als wahrscheinliche Brutvögel nachgewiesen (R. Neumann, pers. Mitt.).
Vom eigentlichen Zug in die asiatischen Winterquartiere liegen keine Ringfunde vor. Ein mit einem Geolokator ausgerüsteter Brutvogel zog jedoch aus der Nähe von Rostock, wie erwartet, nach SE ab. Er legte in etwa einer Woche ca. 1800 km zurück und gelangte in die E-Ukraine. Dort hörte der Geolokator auf, Daten zu speichern (R. Neumann & S. Lisovski, pers. Mitt.).

Summary: *Common Rosefinch has a palearctic-boreal and temperate distribution with its western range limit in C Europe. Isolated breeding populations are found in Germany, France, and in the Alps. The species was undergoing a westward expansion until recently. Germany currently hosts 600–950 bp with a strongly decreasing trend in recent years. Common Rosefinches are long-distance migrants which spend the non-breeding season between India and S China. Few recoveries of birds ringed in other European countries are from Armenia, Iran, Uzbekistan and Kazakhstan. On the other hand, three individuals ringed in Germany were recovered on the Orkneys, in S Norway and in S Sweden. Together with birds ringed in Norway, Sweden and Denmark and recovered in Germany they indicate the potential of long-distance dispersal rather than migration. In contrast, a bird equipped with a geolocator near Rostock migrated SE to E Ukraine where the geolocator ceased to collect data.*

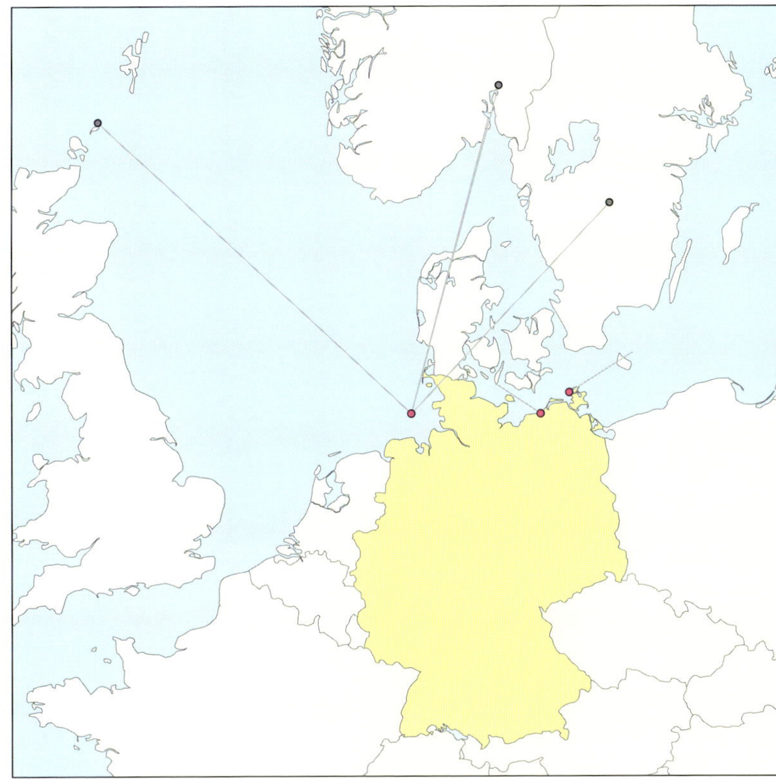

Abb. 1: Funde von Karmingimpeln mit Bezug zu Deutschland (6 Funde). – *Recoveries of Common Rosefinches related to Germany (6 recoveries).*

Gebirgsgimpel *Carpodacus rubicilloides*

Streaked Rosefinch

Der Gebirgsgimpel lebt ganzjährig von E-Afghanistan bis in die W-Mongolei und nach W-China. Vom 13.-25.3.1995 hielt sich ein Männchen in S-Norwegen auf, das am 18.3. beringt werden konnte und bereits am 29.3.1995 in Ostfriesland frischt tot aufgefunden wurde. Der Vogel ist sicherlich ein Gefangenschaftsflüchtling und wurde auch von der norwegischen Seltenheitenkommission als solcher eingestuft (Hoyland et al. 2000).

Summary: *A Streaked Rosefinch ringed in S Norway in March 1995 and found dead 11 days later in NW Germany most likely concerned an escaped cagebird.*

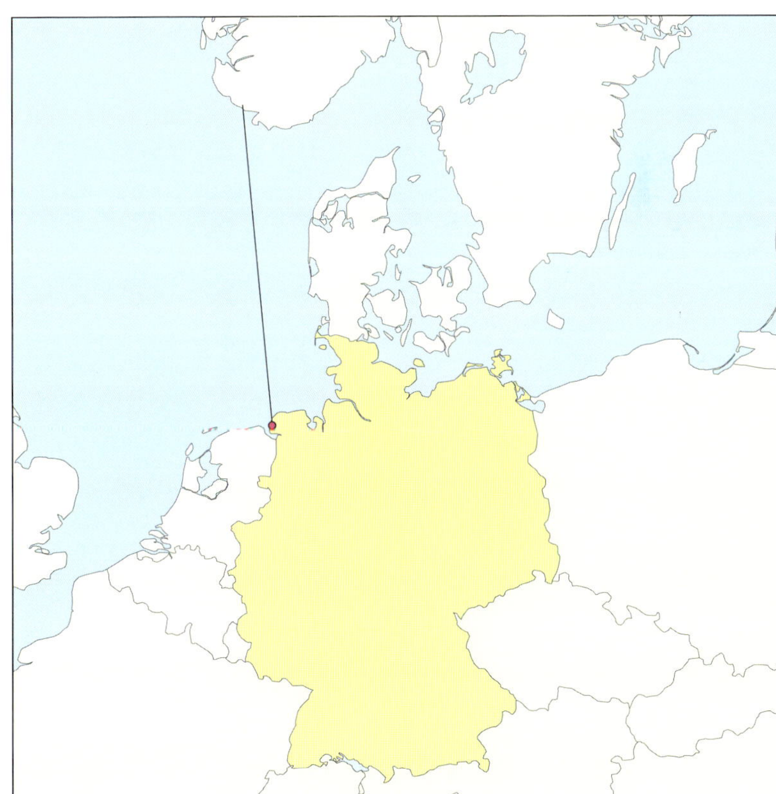

Abb. 1: Fund eines Gebirgsgimpels mit Bezug zu Deutschland. – *Recovery of Streaked Rosefinch related to Germany.*

Girlitz *Serinus serinus*

European Serin

Beringungen nach 1945:	75.347
Funde > 10 km nach 1945:	504/498
Wiederfundquote (Fernfunde nach 1945):	0,7 %
Funde > 10 km seit 1901:	559/553
Funde fremder Beringungszentralen:	28/28
Höchstalter:	8 J, 8 M
Weiteste Entfernung:	2004 km

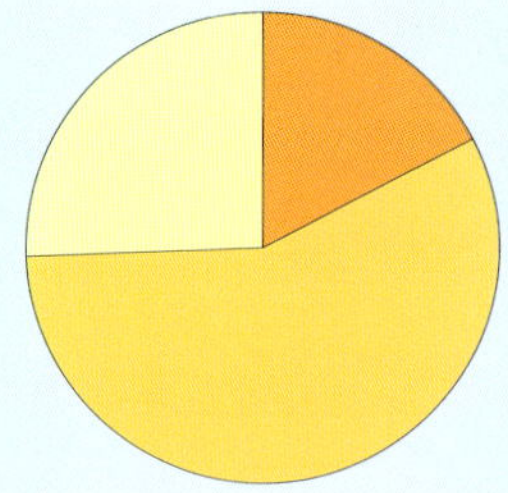

Verbreitung und Status: Der in der W-Paläarktis endemische Girlitz brütet in N-Afrika, dem Nahen Osten, Kleinasien und in Europa, mit Ausnahme des hohen N, bis etwa 30 °E. Im S seines Verbreitungsgebietes ist der Girlitz Standvogel oder unternimmt Vertikalwanderungen. Die meisten Vögel NE- und Mitteleuropas ziehen im Winter nach W-Europa und in das Mittelmeergebiet.

Seit seiner starken Ausbreitung im 19. und frühen 20. Jahrhundert besiedelt der Girlitz halboffene Landschaften in ganz Deutschland von den Niederungen bis auf etwa 1100 m in den Alpen. Der in den letzten Jahrzehnten stark abnehmende Bestand beläuft sich landesweit auf 110.000 – 220.000 BP. Regelmäßiger Herbstzug setzt Anfang September ein. Nach seinem Höhepunkt im Oktober klingt er schnell ab, dauert aber noch bis zur Monatswende November/Dezember an. Vereinzelt erscheinen Girlitze bereits Ende Februar in den Brutgebieten in S-Deutschland. Die Zugintensität nimmt ab Mitte März zu, um im April am stärksten ausgeprägt zu sein. Im S endet der Zug Anfang Mai, im N klingt er erst im Juni ab. Zumindest in SW-Deutschland überwintert die Art in nicht unerheblicher Zahl, wobei am Bodensee der Winterbestand zuzunehmen scheint (Heine et al. 1999).

Wanderungen: Fernfunde von in Deutschland beringten Girlitzen streuen vor allem zwischen SW (Benelux-Staaten, Frankreich, Spanien) und S (Italien). Wenige Funde weisen nach E (Abb. 1). Demgegenüber ist die Zahl der in Deutschland gefundenen Girlitze mit Ringen fremder Beringungszentralen relativ niedrig. Sie stammen mit wenigen Ausnahmen aus der Schweiz und Belgien (Abb. 1).

Girlitze, die zum deutschen Brutbestand zu rechnen sind, ziehen im Herbst nach SW bis S ab, was eine Reihe direkter Funde von SW-Frankreich bis N-Italien belegt (Abb. 2). Dies entspricht dem Bild anderer Beringungszentralen (Payevsky 1973, Maumary et al. 2007). Girlitze in N- und NW-Deutschland ziehen dabei nach SW. Solche aus E- und SE-Deutschland scheinen dagegen, wie die Brutvögel Tschechiens (Cepák et al. 2008), häufiger den direkten Weg nach S zu wählen (Abb. 2). In Fennoskandien brüten Girlitze nur mit wenigen BP. Daher muss es sich bei den relativ vielen zur Zugzeit in Deutschland beringten Vögeln hauptsächlich um innerdeutsche bzw. polnische Durchzügler handeln. Ein im Herbst beringter Vogel stammt wahrscheinlich aus dem kleinen dänischen Brutbestand, was der Fund im Juli auf der Insel Fünen nahelegt.

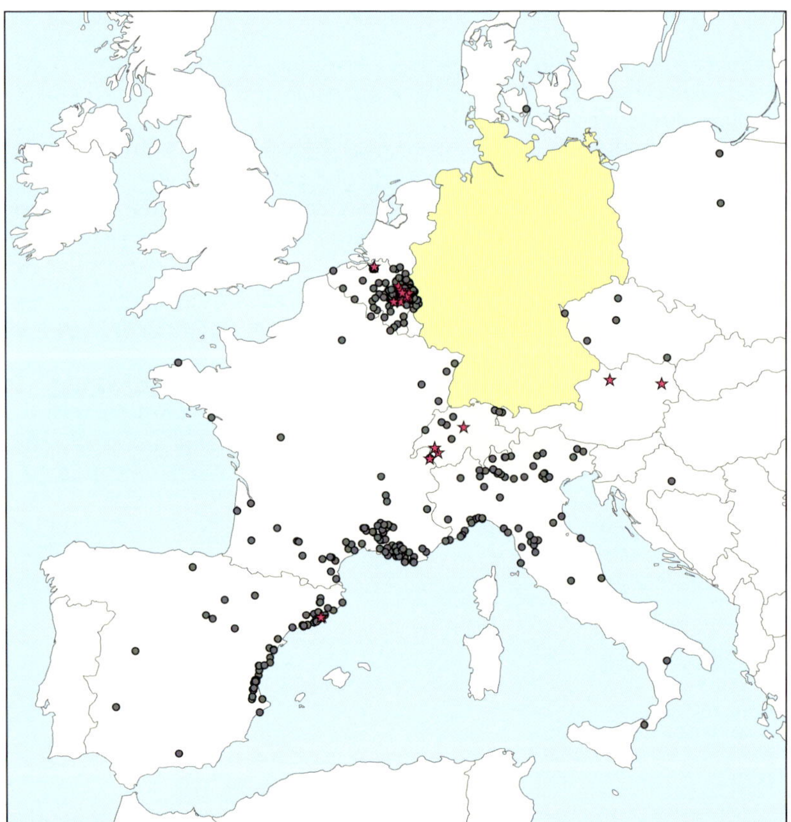

Abb. 1: Fundorte von in Deutschland beringten (400 Funde) und ausländische Beringungsorte von in Deutschland gefundenen (28 Funde) Girlitzen. – *Foreign recovery sites of European Serins ringed in Germany (400 recoveries) and foreign ringing sites of birds recovered in Germany (28 recoveries).*

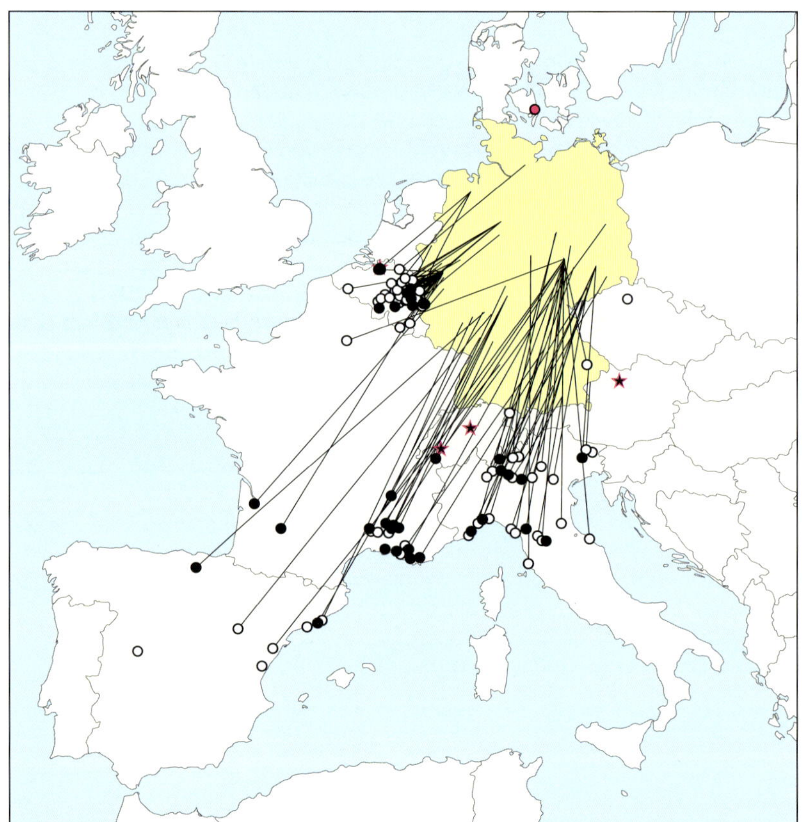

Abb. 2: Herbstzug (September – November) von in Deutschland zur Brutzeit (38 Funde) oder von September bis November anwesenden Girlitzen (99 Funde). – *Autumn migration (September – November) of European Serins present in Germany during the breeding season (38 recoveries) or from September to November (99 recoveries).*

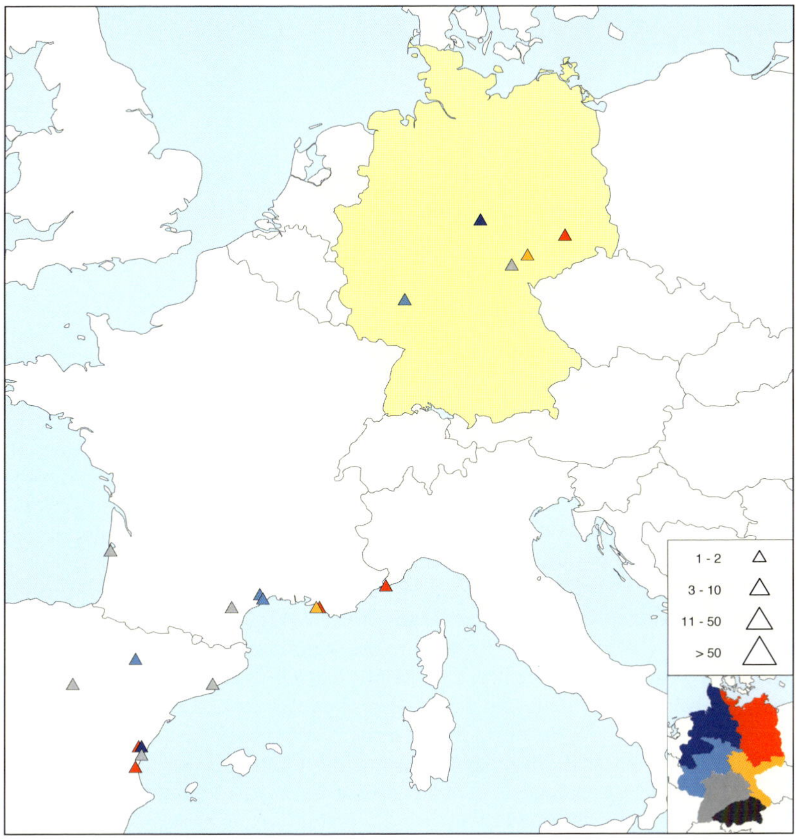

Abb. 3: Aufenthaltsorte im Winter (Dezember – Februar) von in Deutschland zur Brutzeit anwesenden Girlitzen (21 Funde). – *Presence in winter (December – February) of European Serins present in Germany during the breeding season (21 recoveries).*

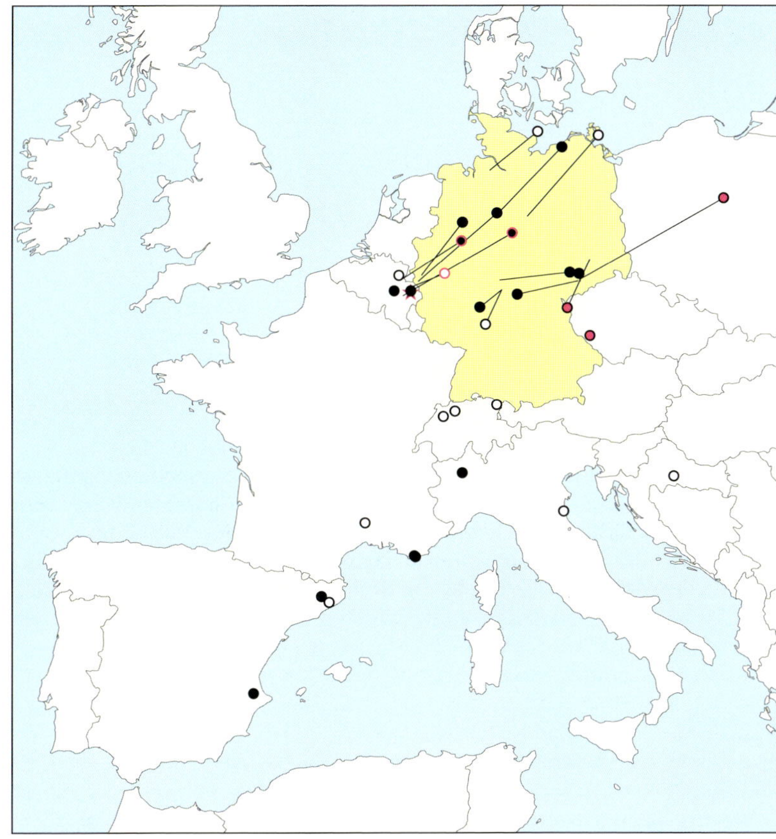

Abb. 4: Frühjahrszug (März – April) von in Deutschland zur Brutzeit (21 Funde) oder von März bis April (16 Funde) anwesenden Girlitzen. – *Spring migration (March – April) of European Serins present in Germany during the breeding season (21 recoveries) or from March to April (16 recoveries).*

Dass Girlitze Teilzieher sind, belegen Winterfunde von in Deutschland zur Brutzeit beringten Vögeln (Abb. 3). Überwinterungen finden demnach in der Nähe der Brutgebiete sowie in S-Frankreich und NE-Spanien statt, nach Maumary et al. (2007) auch in der Schweiz. Überwinterungen von im Ausland brütenden Girlitzen in Deutschland sind nicht belegt. Die wenigen Winterfunde lassen nicht darauf schließen, dass sich Vögel nach naturräumlicher Herkunft in ihrem Zugverhalten unterscheiden. Dies widerspricht den unterschiedlichen Abzugsrichtungen im Herbst (Abb. 2), da fast keine Winterfunde von in Deutschland zur Brutzeit beringten Girlitzen aus Italien vorliegen. Zink & Bairlein (1995) vermuten, dass Girlitze aus dem E Deutschlands zuerst nach N-Italien und von dort aus in die französischen und spanischen Überwinterungsgebiete gelangen. Allerdings wurde eine Reihe deutscher Ringvögel im Winter in Italien gefunden, sie hatten ihre Kennzeichnungen aber zu den Zugzeiten erhalten. Innerdeutsche Wiederfunde zeigen, dass zwischen Brut- und Überwinterungsgebiet mehrere hundert Kilometer liegen können. Ein Beispiel dafür ist ein Vogel, der im Dezember im äußersten SE Niedersachsens beringt und im folgenden Juni in Hamburg gefunden wurde. Mitteleuropäische Girlitze können auch im Winter noch größere Entfernungen zurücklegen, z. B. von Tschechien nach Italien (Spina & Volponi 2008b), oder in verschiedenen Wintern weit auseinander liegende Überwinterungsgebiete nutzen (Zink & Bairlein 1995). Ein Beispiel dafür ist ein im Dezember in Chemnitz beringter Vogel, der sich im Februar des folgenden Winters in annähernd 1200 km Entfernung im SW Frankreichs aufhielt.

Entsprechend der Herbstzugsrichtung weisen die meisten direkten Frühjahrsfunde nach NE (Abb. 4). Ein Fund belegt dabei den Zug polnischer Brutvögel durch Deutschland. Bemerkenswert sind einzelne direkte Funde, die innerhalb Deutschlands einen nach SW gerichteten Frühjahrszugug belegen (Abb. 4). Sie lassen Überwinterungen in klimatisch begünstigteren Gebieten unabhängig von der geographischen Richtung vermuten. Bei zwei Vögeln, die im April im äußersten N und NE Deutschlands, nach der Beringung weiter südlich, wieder gefunden wurden (Abb. 4), könnte es sich um Durchzügler auf dem Weg in die polnischen Brutgebiete oder um Vertreter der wenigen S-schwedischen Brutvögel gehandelt haben.

Summary: *European Serin is widespread in Germany with a decreasing population of 110,000 – 220,000 bp. Autumn migration lasts from mid-September to late November and spring migration from mid-April to late June. Recoveries from European Serins ringed in Germany range mainly from W to S. European Serins breeding in N and NW Germany migrate to the SW in autumn, whereas those from E and SE Germany tend to move directly to the S. European Serins breeding in Germany are partial migrants as shown by winter recoveries either in France or Spain or within Germany, where data imply that areas with favourable climatic conditions are chosen irrespective of migratory directions. In accordance with the direction of autumn migration, birds arrive in Germany mostly from the SW in spring.*

Fichtenkreuzschnabel *Loxia curvirostra*
Red Crossbill

Beringungen nach 1945:	65.013
Funde > 10 km nach 1945:	286/284
Wiederfundquote (Fernfunde nach 1945):	0,4 %
Funde > 10 km seit 1901:	324/322
Funde fremder Beringungszentralen:	18/18
Höchstalter:	16 J, 5 M
Weiteste Entfernung:	4281 km

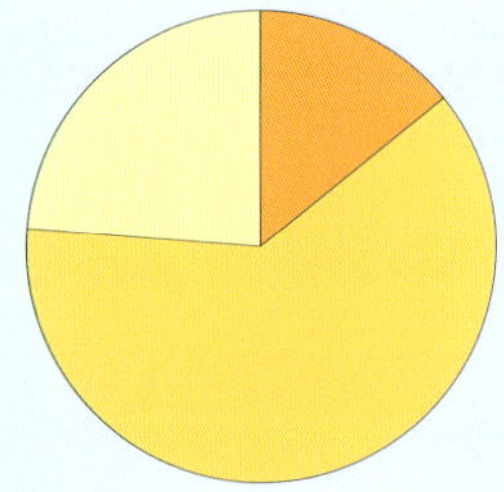

Verbreitung und Status: Die Nominatform des holarktisch verbreiteten Fichtenkreuzschnabels brütet in den Nadelwäldern weiter Teile N-, W- und Mitteleuropas und bis zum Amur im E. Weitere Unterarten finden sich in der W-Paläarktis in Spanien, auf Korsika, in SE-Europa sowie in NW-Afrika. Die Wanderungen der Art lassen sich nicht in die gängigen Zugschemata einordnen, sind schwer zu deuten und durch einen von der Nahrungsverfügbarkeit, vor allem von Fichtensamen, abhängigen, regionalen Wechsel der Brutgebiete sowie gelegentlichen Invasionen geprägt.
In Deutschland brütet der mäßig häufige Fichtenkreuzschnabel potenziell überall da, wo zumindest größere Gruppen an Nadelbäumen vorhanden sind. Die Bestände sind mit 32.000–85.000 BP langfristig stabil, unterliegen jedoch im Zusammenhang mit dem aktuellen Nahrungsangebot starken lokalen Schwankungen. In N-Deutschland treten Fichtenkreuzschnäbel vor allem in den Monaten Mai bis Oktober verstärkt in Erscheinung. In den Mittelgebirgen sind Fichtenkreuzschnäbel ganzjährig zu beobachten bei einem Anstieg der Bestände im August und September und hohen Zahlen von Oktober bis Mitte Januar.

Wanderungen: Bei der Beurteilung der Wanderungen von Fichtenkreuzschnäbeln ist zu berücksichtigen, dass sie, im Gegensatz zu allen anderen in Mitteleuropa vorkommenden Singvogelarten, keine zeitlich fixierte Brutzeit haben. Fichtenkreuzschnäbel tendieren dazu, dann und dort zu brüten, wo jeweils das beste Nahrungsangebot vorhanden ist (z.B. Bezzel 1972). Bruten können während des ganzen Jahres festgestellt werden, finden aber vor allem – wie auch die Jahresperiodik der Gonadenfunktion zeigt (Berthold & Gwinner 1978) – im Winter und zeitigen Frühjahr statt, wenn die Verfügbarkeit von Fichtensamen am höchsten ist.
Nach Gatter (1993) sind in SW-Deutschland drei Hauptzugzeiten und –richtungen zu beobachten: ein Explorationszug von Juni/Juli bis Oktober nach SW, der dazu dient, um günstige Brutgebiete in Regionen mit hohem Fichtenanteil zu erkunden; ein Fortpflanzungszug nach NE im Herbst und Winter, bei dem günstige Brutgebiete erreicht werden; und ein Vorsommerzug im Mai/Juni nach N, bei dem nach dem Ende der Verfügbarkeit von Fichtensamen Regionen mit hohem Anteil an Kiefern aufgesucht werden, deren Samen vor allem von Mai bis Juli zur Verfügung stehen. Großräumig geht Newton (2006) davon aus, dass Invasionen in Jahren mit mangelnder Verfügbarkeit von Fichtensamen ausgelöst werden. Newton (2006) sieht seine Ergebnisse im Widerspruch zu Gatters (1993) Hypothese, allerdings bezieht dieser sich nicht ausdrücklich auf Invasionsjahre, die sich, wie beim Bergfink (Jenni 1982), von regulären jährlichen Wanderungen unterscheiden. Untersuchungen von Berthold (1977) lieferten Hinweise darauf, das letztere auch beim Fichtenkreuzschnabel endogen gesteuert werden.
Funde in Deutschland beringter Fichtenkreuzschnäbel verteilen sich auf zwei geographische Schwerpunkte. Diese liegen zum einen in Mitteleuropa, wo Ringvögel, wie viele Finkenvögel aufgrund von Fang und Jagd, vor allem in Belgien und N-Italien gefunden wurden (Abb. 1). Die wenigen in Deutschland mit fremden Ringen gefundenen Vögel wurden im nahen Ausland gekennzeichnet. Zusätzlich besteht eine auffällige Verbindung nach NW-Russland, wobei es sich aber nur um in Deutschland beringte Vögel handelt (Abb. 1).
In Deutschland beringte Fichtenkreuzschnäbel erbrachten innerhalb von vier Monaten Funde über 100 km vom Beringungsort, die von SE bis WSW streuen. Zwei Funde stammen dabei von je einem im Januar und im April beringten Vogel, die restlichen 93 (Abb. 2) von Vögeln, die in den Monaten Mai bis Oktober, und damit außerhalb der Hauptbrutzeit, gekennzeichnet wurden. Das Vorherrschen von südlichen Richtungen entspricht Gatters (1993) Beobachtungen vom Randecker Maar (Baden-Württemberg) zwischen Juni und Oktober. Die Beringungsperiode entspricht auch genau dem Zeitfenster, in dem ziehende Fichtenkreuzschnäbel auf Helgoland beobachtet werden, wo sie nicht brüten (Dierschke et al. 2011). Darüber hinaus konzentriert sich über die Hälfte der Beringungen, die Fernfunde erbrachten, zwischen 1927 und 2001 auf nur vier Jahre (1930 und 1962 je 13, 1963 17, 1983 7). Diese Zahlen machen deutlich, dass die Funde nicht Wanderungen einheimischer Brutvögel widerspiegeln. Vielmehr beziehen sie sich auf Invasionen, die in den vier erwähnten Jahren in Mitteleuropa besonders ausgeprägt waren (Glutz v. Blotzheim 1997, Dierschke et al. 2011). Von Deutschland aus setzen sich diese Wanderungen nach S über die Alpen und in den Mittelmeerraum fort (Abb. 2). So gelangte je ein im Invasionsjahr 1930 beringter Vogel bis nach SW-Portugal und nach Griechenland und 35 der 76 Italienfunde stammen aus den vier oben erwähnten Jahren mit ausgeprägten Einflügen.
Nur wenige direkte Funde weisen in nördliche Richtungen, was von Zink & Bairlein (1995) als Hinweis auf einen echten Pendelzug bei Fichtenkreuzschnäbeln interpretiert wurde. Ein in der SW-Schweiz beringter Vogel zog in 38 Tagen nach Brandenburg. Gleich drei österreichische Ringvögel, zwei davon im Juli des Inva-

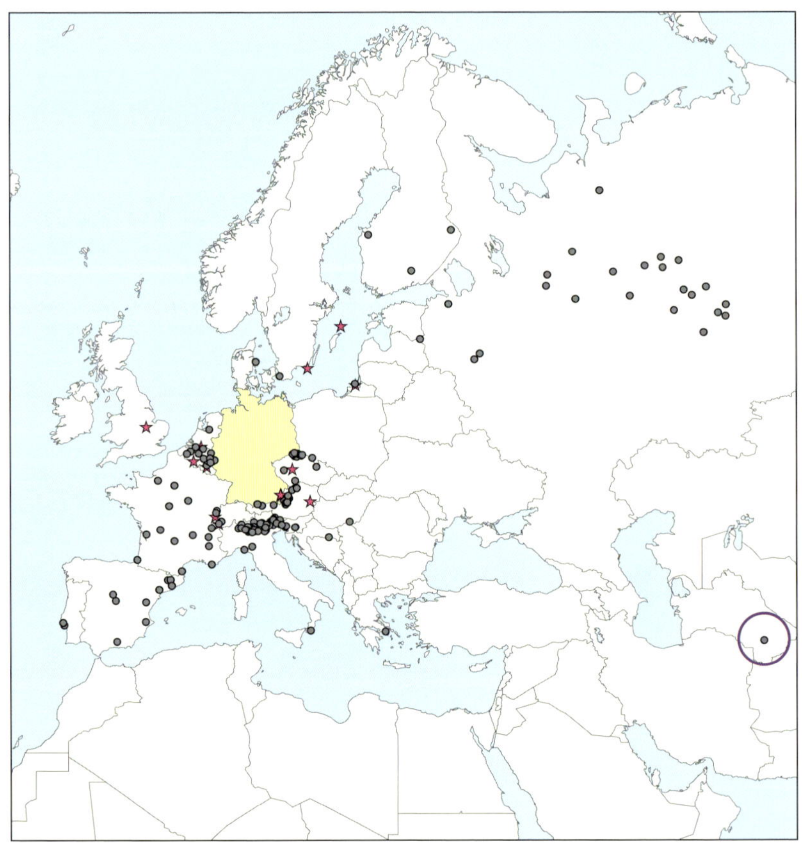

Abb. 1: Fundorte von in Deutschland beringten (209 Funde) und ausländische Beringungsorte von in Deutschland gefundenen (18 Funde) Fichtenkreuzschnäbeln. – *Foreign recovery sites of Red Crossbills ringed in Germany (209 recoveries) and foreign ringing sites of birds recovered in Germany (18 recoveries).*

sionsjahres 1983 beringt, hielten sich wenige Wochen später bis zu annähernd 300 km NW in Deutschland auf (Abb. 2). Aus dem Rahmen fallen zwei Vögel, die sich ebenfalls nur wenige Wochen nach der Beringung in Deutschland in NW-Russland und in Finnland aufhielten (Abb. 2). Auffällig ist, dass diese, wie auch der schweizerische Ringvogel, im Mai und nicht in einem der erwähnten Invasionsjahre beringt wurden und somit im Sommer bedeutende Strecken nach NE zogen, wiederum in Übereinstimmung mit Gatters (1993) Beobachtungen. In scheinbarem Widerspruch zu Gatters (1993) Hypothese eines Zugs nach NE im Herbst und Winter steht, dass auch alle im Oktober beringten Vögel, die Funde nach weniger als zwei Monaten ergaben, sich südlich des Beringungsorts aufhielten. Allerdings handelte es sich auch hier wieder in der Mehrheit der Fälle um in den Jahren 1962 und 1963 gekennzeichnete Vögel, die an der südwärts gerichteten Invasion teilnahmen.
Zur Herkunft der Invasionsvögel gibt es keine eindeutigen Belege. Der Zug von

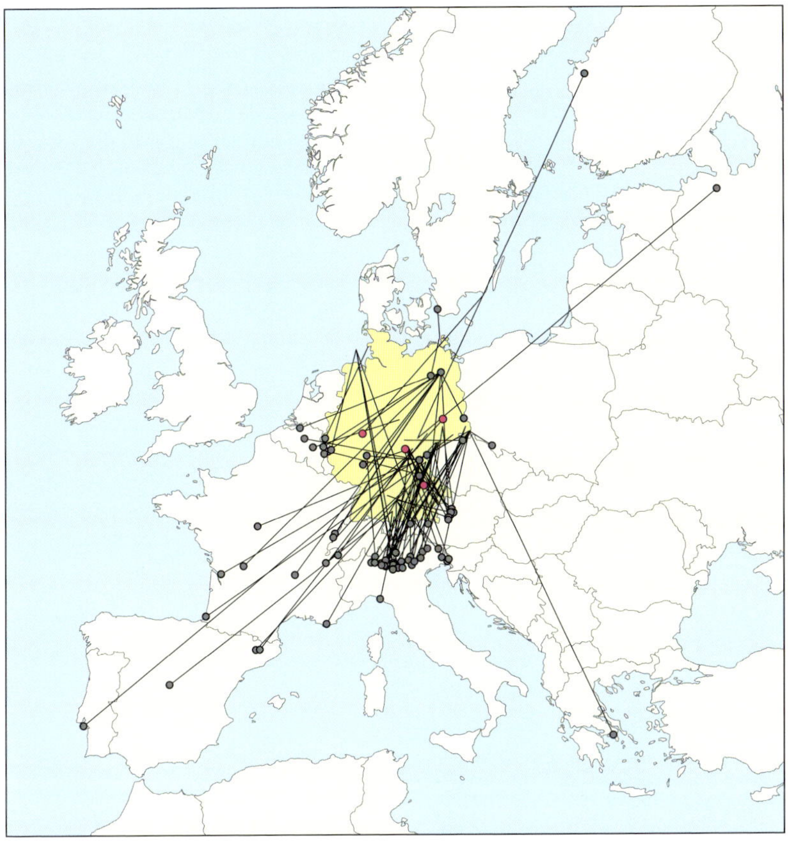

Abb. 2: Fundorte von in Deutschland von Mai bis Oktober beringten und innerhalb von vier Monaten gefundenen (88 Funde) und ausländische Beringungsorte von von Mai bis Oktober beringten und innerhalb von vier Monaten in Deutschland gefundenen (5 Funde) Fichtenkreuzschnäbeln. – *Foreign recovery sites of Red Crossbills ringed in Germany from May – October and recovered within four months (88 recoveries) and foreign ringing sites of birds ringed from May – October and recovered within four months in Germany (5 recoveries).*

N-Deutschland nach S (Abb. 2) legt jedoch nahe, dass sie aus N-Europa stammen. Durchzügler von der Kurischen Nehrung (Russland) fanden sich hauptsächlich im SW in Österreich und N-Italien wieder (Payevsky 1973), was auf eine NE-europäische Herkunft von Vögeln hinweisen könnte, die Deutschland nur am Rande streifen. Dementsprechend erschienen auch in Norwegen in Invasionsjahren beringte Fichtenkreuzschnäbel in Mitteleuropa (Bakken et al. 2006). Relativ häufig gelangten in Deutschland beringte Fichtenkreuzschnäbel aber auch nach NW-Russland (Abb. 1). Zwölf dieser 24 Vögel wurden in den Invasionsjahren 1962 und 1963 gekennzeichnet, und aus der Schweiz liegen ähnliche Ergebnisse vor (Maumary et al. 2007). Im Gegensatz zu den Funden von in diesen Jahren beringten Vögeln, die nach S weisen, stammen die Wiederfunde im NE nicht aus einem Zeitraum, der nur wenige Monate nach der Beringung umfasst, sondern ausschließlich erst aus dem zweiten Jahr nach der Beringung oder später. Das Gleiche gilt für den am weitesten vom deutschen Beringungsort entfernten Fund: Im Juli 1965 in Bayern beringt wurde dieser Vogel im Januar 1969 fast 4300 km weiter östlich in Turkmenistan gefunden (Abb. 1). Newton (2006) schließt daraus, mit explizitem Bezug auf deutsche Beringungsdaten, dass Invasionsvögel in späteren Jahren wieder in ihre Ursprungsgebiete zurückkehren (Pendelzug). Es kann jedoch auch nicht ausgeschlossen werden, dass, ähnlich wie beim Birkenzeisig (Bairlein 2001), Vögel eines bestimmten Brutgebiets in verschiedenen Jahren in unterschiedliche Gebiete wandern.

Summary: *The German population of Red Crossbill consisting of 32,000 – 85,000 bp is regarded as stable overall with strong local fluctuations related to food availability and occasional invasions. In N Germany the largest numbers of this species can be observed between May and October. In contrast, Crossbills are present year round in the southern parts of the country with a peak in numbers in autumn and winter. Reproduction is linked to food availability (spruce seeds) and can occur year round under favourable conditions, although there is a peak in winter and early spring. Due to its tendency for nomadism and invasions connected to regionally fluctuating food sources, movements are difficult to interpret as they are unlike the seasonal migrations of other species. Recoveries of Red Crossbills ringed in Germany are centred in two geographically separated areas: C and S Europe with concentrations in Belgium and N Italy and in NW Russia. Sixty-four birds yielding recoveries less than 4 months after ringing were marked between May and October and thus not in the main breeding period of the species. More than half of these birds have been ringed in only four years indicating that they do not represent birds breeding in Germany, but were rather part of invasions which reached the Mediterranean, with recoveries as far as Portugal and Greece. There are only few direct recoveries indicating reverse migration including the recovery of a Swiss-ringed bird in E Germany and one record each in Finland and NW Russia of birds ringed in May and recovered a few weeks after ringing. Half of the birds recovered in NW Russia were ringed in Germany in the invasion years 1962 and 1963. In contrast to recoveries directed to the S and SW a few weeks after ringing, birds in NE Europe were not recorded before the second year after ringing. It cannot, however, be concluded with certainty whether these results indicate reverse migrations of birds taking part in evasions or whether individual birds move to different regions in subsequent years.*

Grünfink *Carduelis chloris*
European Greenfinch

Beringungen nach 1945:	221.293
Funde > 10 km nach 1945:	1055/1007
Wiederfundquote (Fernfunde nach 1945):	0,5 %
Funde > 10 km seit 1901:	1245/1195
Funde fremder Beringungszentralen:	835/793
Höchstalter:	14 J, 11 M*
Weiteste Entfernung:	2956 km

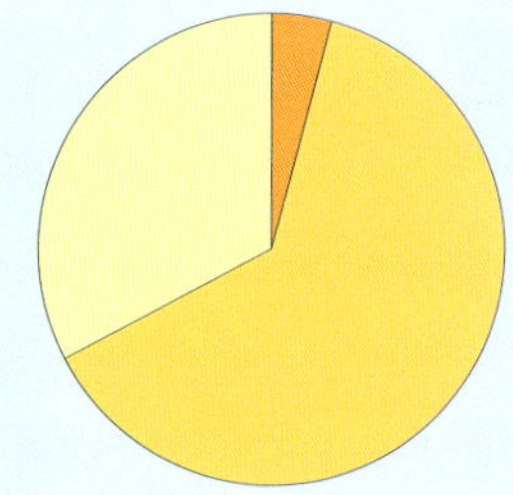

Verbreitung und Status: Der Grünfink hat seinen Verbreitungsschwerpunkt in Europa, das er bis auf den äußersten N flächendeckend besiedelt. Neben der Nominatform in N-, E- und Mitteleuropa finden sich weitere Unterarten in S-Europa, NW-Afrika und von Kleinasien bis nach Turkestan. Abhängig von ihrer Herkunft sind Grünfinken Zugvögel, Teilzieher oder verbleiben ganzjährig im Brutgebiet. Überwinterungen einzelner Vögel kommen bis an den Polarkreis vor. Die Überwinterungsgebiete ziehender Grünfinken erstrecken sich innerhalb des Verbreitungsgebietes der Art von Mitteleuropa bis N-Afrika.

In Deutschland ist der Grünfink, trotz abnehmender Bestände, mit 1.650.000 – 2.350.000 BP einer der häufigsten Brutvögel. Er ist flächendeckend in einer Vielzahl von Habitaten zu finden, sofern wenigstens einige Einzelbäume oder -büsche vorhanden sind. Die meisten einheimischen Grünfinken sind Standvögel, zu denen sich während der kalten Jahreszeit Durchzügler und Überwinterer aus N-Europa gesellen. Sie erreichen Deutschland ab Mitte September, wenn auch die einheimischen Zieher beginnen, ihre Brutgebiete zu verlassen. Der Rückzug ist schwer von Bewegungen der Überwinterer und von Wetterfluchten zu unterscheiden. Er macht sich ab März bemerkbar und dürfte im Mai abgeschlossen sein. In S-Deutschland hat sich der Median des Herbstzugs zwischen 1970 und 1997 um etwa drei Tage verfrüht (Gatter 2000); eine Verspätung des Herbstzuges auf Helgoland zwischen 1960 und 2008 um fünf Tage war jedoch nicht signifikant (Hüppop & Hüppop 2011).

Wanderungen: Der Grünfink zählt zu den häufiger beringten Arten und deswegen liegt auch eine Vielzahl von Funden mit Bezug zu Deutschland vor. Sie verteilen sich auf einer Achse zwischen N-Fennoskandien / S-Finnland und der Iberischen Halbinsel / Marokko mit Konzentrationen in Dänemark, Belgien und S-Frankreich. Eine relativ hohe Zahl an Funden in Deutschland lieferten zudem in der Schweiz beringte Grünfinken (Abb. 1, 2).

Einheimische Brutvögel, die nicht vor Ort verbleiben, ziehen im Herbst nach SW bis SSW. Sie gelangen dabei nach N-Italien, S-Frankreich und bis in den S der Iberischen Halbinsel (Abb. 3). Viele Ringfunde fennoskandischen Ursprungs weisen auf die Herkunft von Vögeln hin, die im Herbst Deutschland auf dem Weg nach SW-Europa überqueren (Abb. 4). Grünfinken aus W-Norwegen schlagen dabei zunächst den direkten Weg nach S ein, vollführen dann aber wahrscheinlich einen Richtungswechsel in Deutschland, um in die Winterquartiere in SW-Europa zu gelangen. Dabei handelt es sich allerdings um eine Minderheit unter den fennoskandischen Brutvögeln, die größtenteils den Winter in der Nähe der Brutgebiete verbringen (Bakken et al. 2006, Fransson & Hall Karlsson 2008). Überraschend ist

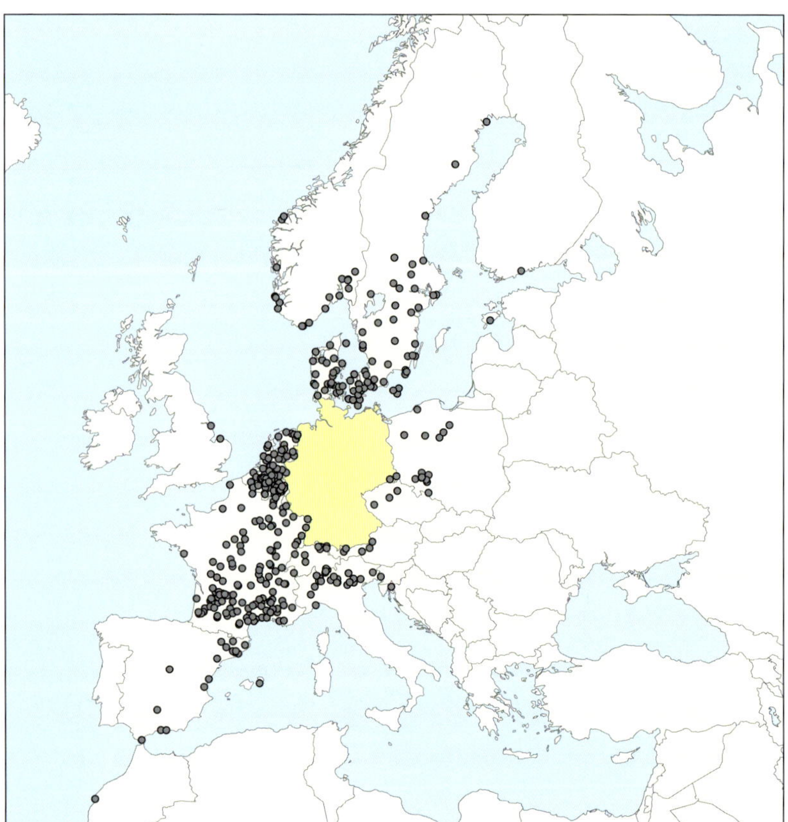

Abb. 1: Fundorte im Ausland von in Deutschland beringten Grünfinken (441 Funde). – *Foreign recovery sites of European Greenfinches ringed in Germany (441 recoveries).*

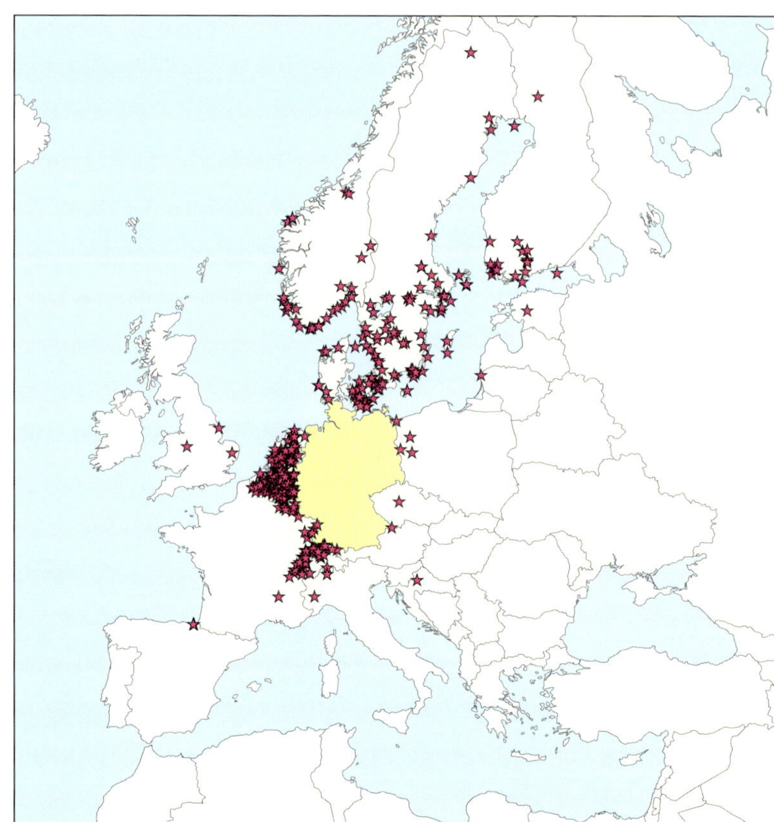

Abb. 2: Beringungsorte im Ausland von in Deutschland gefundenen Grünfinken (835 Funde). – *Foreign ringing sites of European Greenfinches recovered in Germany (835 recoveries).*

das völlige Fehlen von Ringfunden aus dem Baltikum und NE-Europa. Funde von auf der Kurischen Nehrung beringten Grünfinken in N-Italien und Belgien deuten jedoch darauf hin, dass auch Vögel aus dieser Region durch Deutschland ziehen (Payevsky 1973), bei einem Zug nach SW aber eher nach Italien gelangen (Spina & Volponi 2008b). Weiterhin besteht die Möglichkeit einer Zugscheide in E-Mitteleuropa: Während Grünfinken aus Tschechien hauptsächlich nach SW abziehen, liegen die Überwinterungsgebiete slowakischer Vögel zwischen S-Italien und der Ägäis (Cepák et al. 2008). Dass allerdings auch mitteleuropäische Grünfinken nach SE ziehen können, zeigen Funde belgischer Vögel in der Schweiz und N-Italien (Maumary et al. 2007, Spina & Volponi 2008b).

Die weitaus meisten Winterfunde von in Deutschland zur Brutzeit anwesenden Vögeln liegen aus oder nahe der Herkunftsregion vor (Abb. 5). Sie deuten damit an, dass ein Großteil der einheimischen Grünfinken Standvögel sind. Allerdings belegen Ringfunde auch Überwinterungen etwa in Frankreich, Spanien, N-Italien und Kroatien. Es kann aber nicht ausgeschlossen werden, dass die im Vergleich zum Herbstzug relativ wenigen Winterwiederfunde außerhalb Deutschlands eher auf frühere Jagdgewohnheiten zurückzuführen sind als auf eine geringe Zugneigung einheimischer Vögel. Eine nicht unerhebliche Zahl von Grünfinken aus dem NW- und NE-deutschen Tiefland verbringt den Winter in den Niederlanden und in Belgien, während solche aus S-Deutschland eher nach N-Italien und S-Frankreich ziehen. Bemerkenswert sind einzelne Überwinterungen nördlich des Brutgebietes. So überwinterten zwei Brutvögel aus dem Alpenvorland in der Nähe von Hamburg bzw. in Brandenburg (Abb. 6). Grünfinken können somit auch aus den höher gelegenen Regionen S-Deutschlands mehrere hundert Kilometer nach N ziehen, wenn sie dadurch in klimatisch günstigere Gebiete in den Niederungen oder an der Küste gelangen. Zu den in der Nähe der Brutgebiete überwinternden Grünfinken gesellen sich Brutvögel aus S-Fennoskandien (Abb. 6). Diese treten vor allem im NE-deutschen Tiefland gehäuft auf, während aus dem südlicheren Deutschland nur Einzelfunde vorliegen. Der Fund eines Vogels im Mai in Marokko (Abb. 1) belegt, dass in Deutschland auftretende Grünfinken bis nach N-Afrika gelangen können. Allerdings ist unklar, ob es sich bei diesem im April beringten Ind. um einen Brutvogel oder einen Durchzügler handelte.

Während der Wintermonate (Dezember – Februar) kann es zu ausgeprägten Wanderungen über mehrere hundert Kilometer kommen (Abb. 7). Diese sind aber nicht immer eindeutig zu interpretieren. Bei Vögeln, die von S-Skandinavien nach N-Deutschland oder von dort nach S ziehen, handelt es sich sicher um Wetterflüchter. Bei Wanderungen nach N kann neben Wetterfluchten in niedrigere Lagen auch früher Zug in die Brutgebiete nicht ausgeschlossen werden. Dieser Interpretation folgen auch Maumary et al. (2007) für einen im Januar in der Schweiz beringten Grünfinken, der sich sieben Wochen später in Thüringen aufhielt. Während verschiedener Winter können sich Grünfinken an weit von einander entfernten Orten aufhalten (Main 2000, Cepák et al. 2008). Auf unterschiedliche Überwinterungsbedingungen sind wahrscheinlich Funde entlang der üblichen Zugachse in über 1000 km Distanz in verschiedenen Wintern zurückzuführen. In drei Fällen wurden Winterfänglinge in S-Finnland (2) und Mittelschweden (1) in einem späteren Winter in Deutschland gefunden, während sich zwei in N-Deutschland im Winter beringte Vögel in späteren Jahren zur gleichen Jahreszeit in W-Frankreich bzw. in Italien aufhielten.

Funde deutscher Brutvögel während des Frühjahrszugs liegen erwartungsgemäß hauptsächlich aus SW bis W vor, vor allem aus Frankreich und Belgien (Abb. 8). Drei direkte Funde innerhalb Deutschlands belegen jedoch auch Wanderungen nach W bis SW. Dieser Befund deckt sich mit den Winterfunden nördlich der Brutgebiete und zeigt, dass ähnlich wie beim Girlitz der Zug innerhalb Deutschlands von der generellen Hauptrichtung abweichen kann. Möglicherweise überwinterten die betreffenden Vögel in tieferen Lagen und befanden sich beim Fund auf dem Zug in höher gelegene Brutgebiete, wie z. B. dem Schwarzwald (Abb. 8). Nicht einzuordnen in das generelle Schema sind Funde deutscher Brutvögel während des Frühjahrszugs in Schweden (2) und Dänemark (1). Bei diesen Vögeln könnte es sich um verspätete Heimzügler oder um Fernumsiedlungen gehandelt haben, da es unwahrscheinlich erscheint, dass deutsche Brutvögel nach N ziehen, um in Fennoskandien zu überwintern. Dass Deutschland im Frühjahr allerdings von den dortigen Brutvögeln von SW nach NE überquert wird, zeigt die große Zahl an Zug- und Brutzeitfunden von hier zur betreffenden Zeit beringten Grünfinken in S-Fennoskandien (Abb. 9).

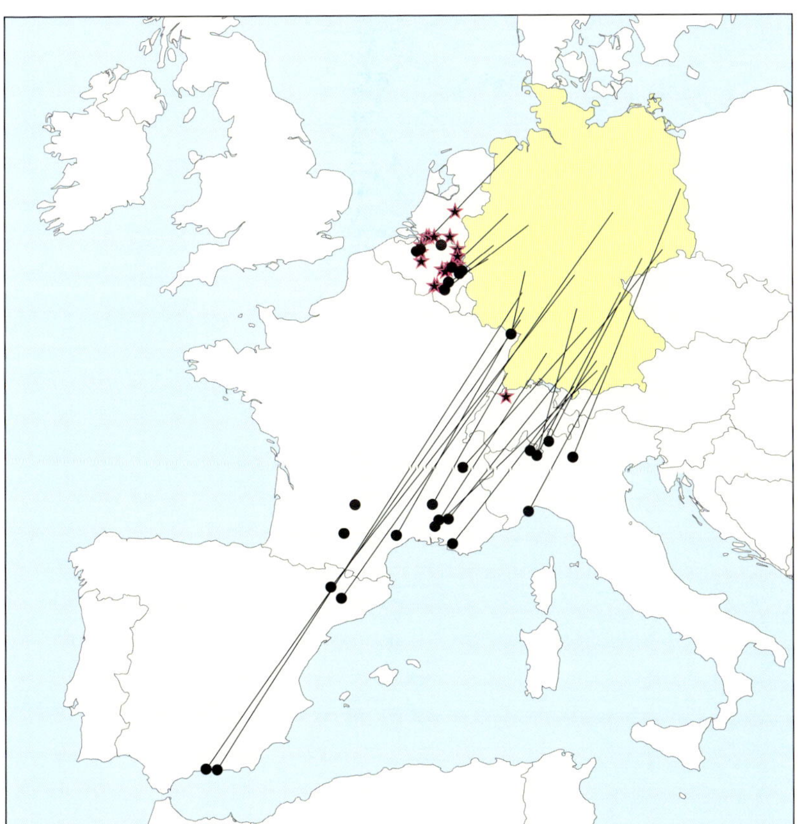

Abb. 3: Herbstzug (September – November) von in Deutschland zur Brutzeit anwesenden Grünfinken (51 Funde). – *Autumn migration (September – November) of European Greenfinches present in Germany during the breeding season (51 recoveries).*

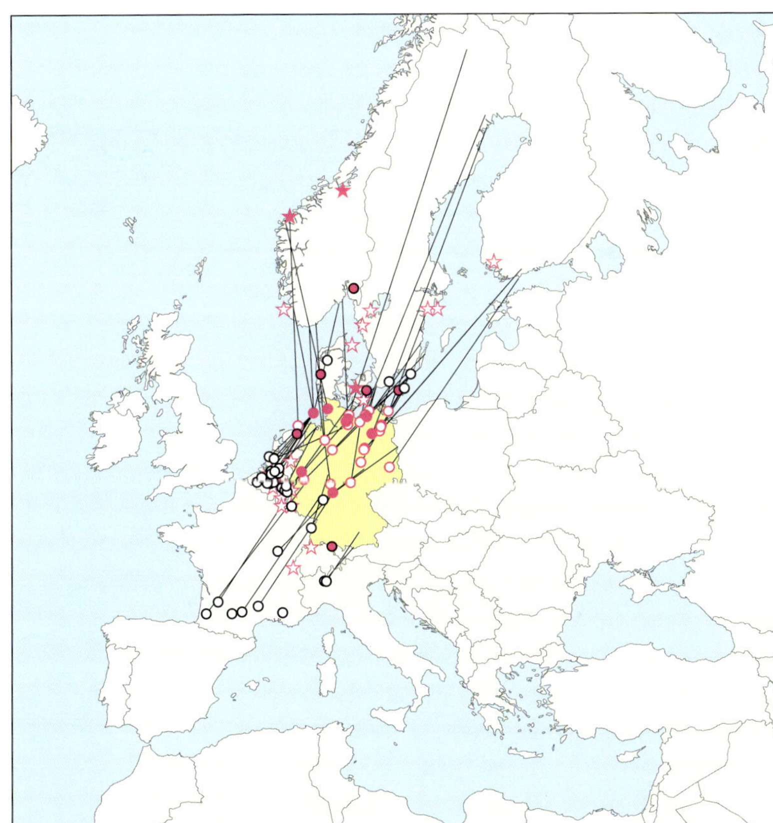

Abb. 4: Herbstzug (September – November) von in Deutschland von September bis November anwesenden Grünfinken (107 Funde). – *Autumn migration (September – November) of European Greenfinches present in Germany from September to November (107 recoveries).*

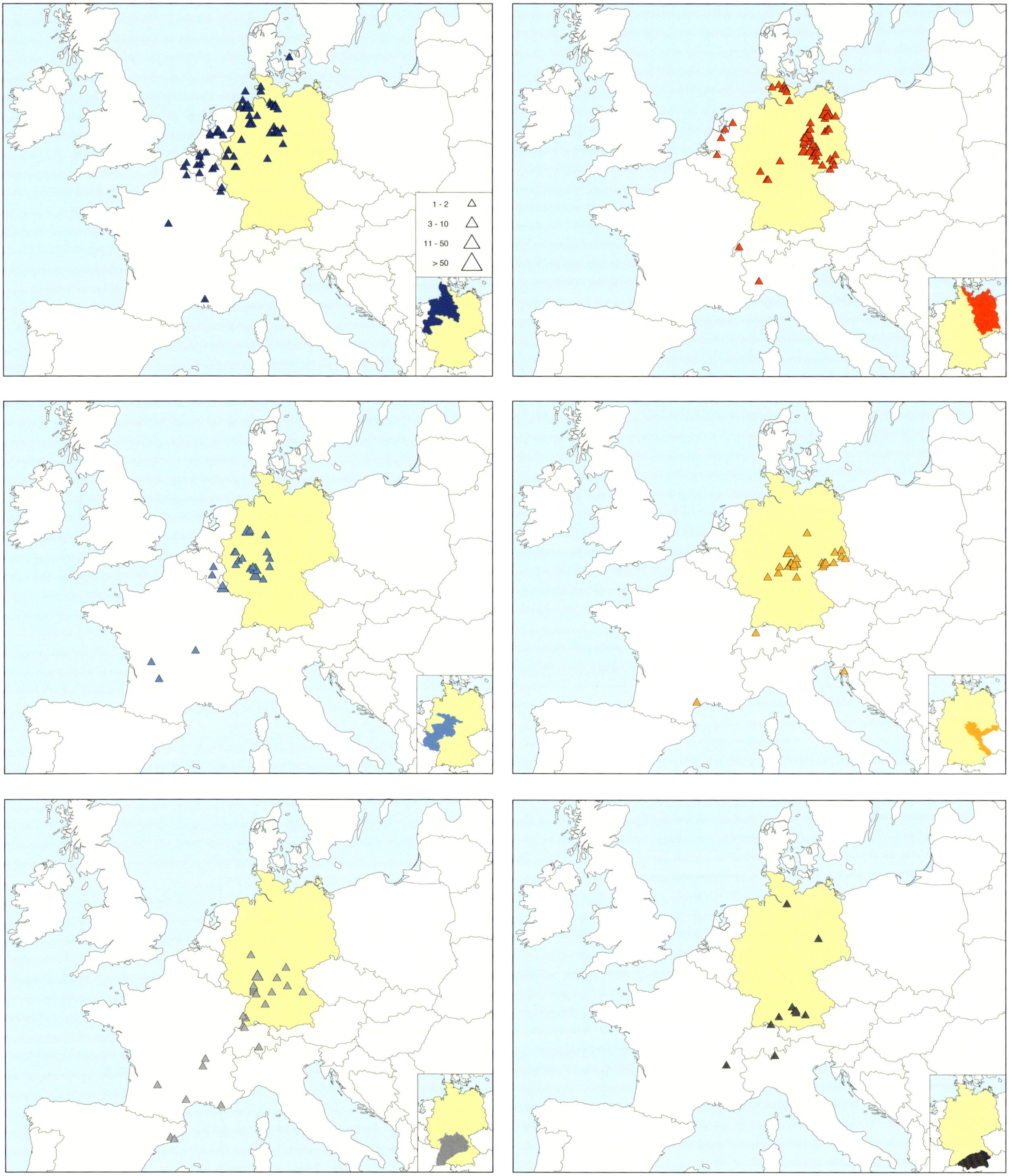

Abb. 5: Aufenthaltsorte im Winter (Dezember – Februar) von in Deutschland zur Brutzeit anwesenden Grünfinken (300 Funde). – *Presence in winter (December – February) of European Greenfinches present in Germany during the breeding season (300 recoveries).*

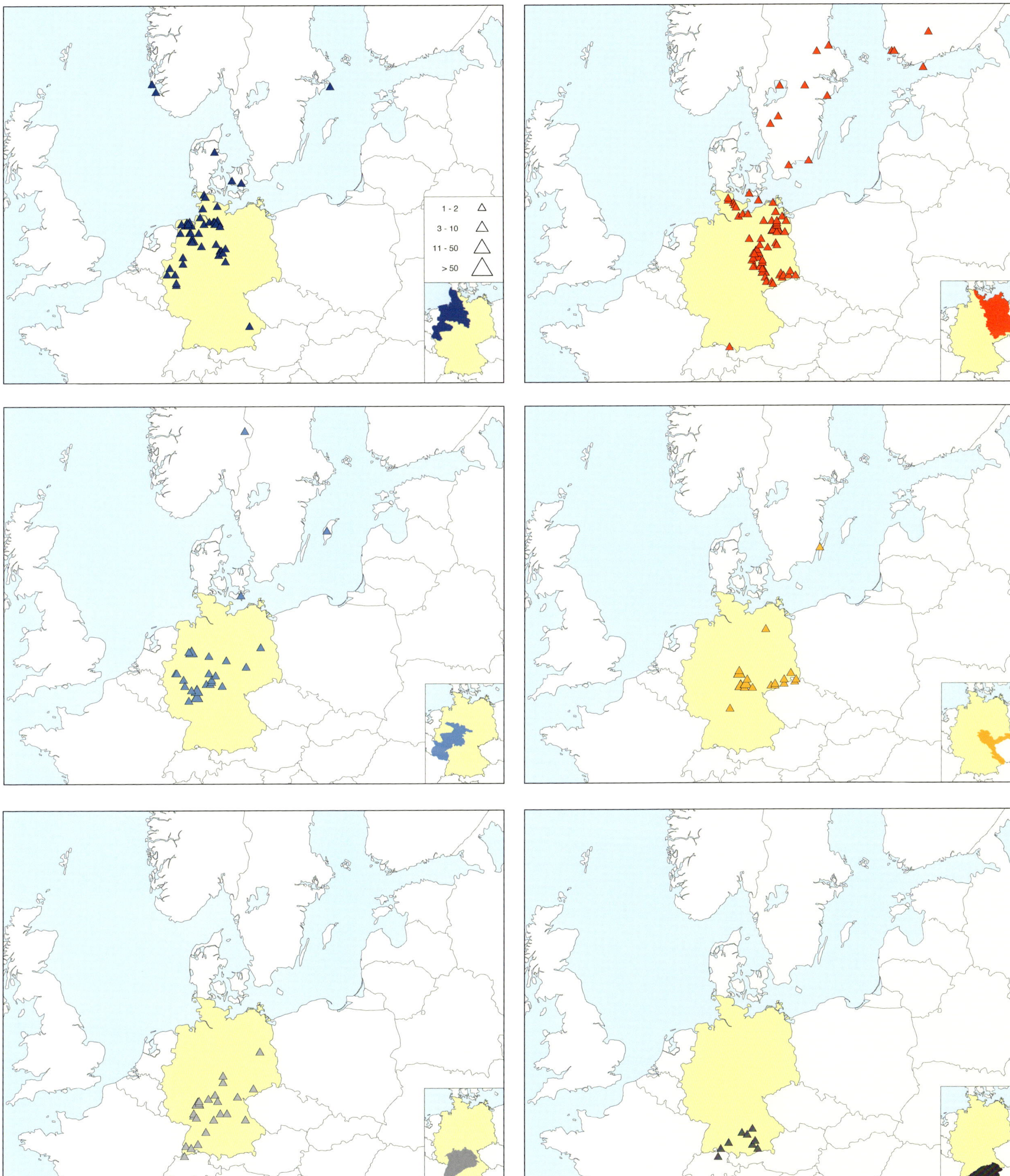

Abb. 6: Aufenthaltsorte zur Brutzeit von im Winter (Dezember – Februar) in Deutschland anwesenden Grünfinken (273 Funde). – *Presence during the breeding season of European Greenfinches present in Germany in winter (December – February, 273 recoveries).*

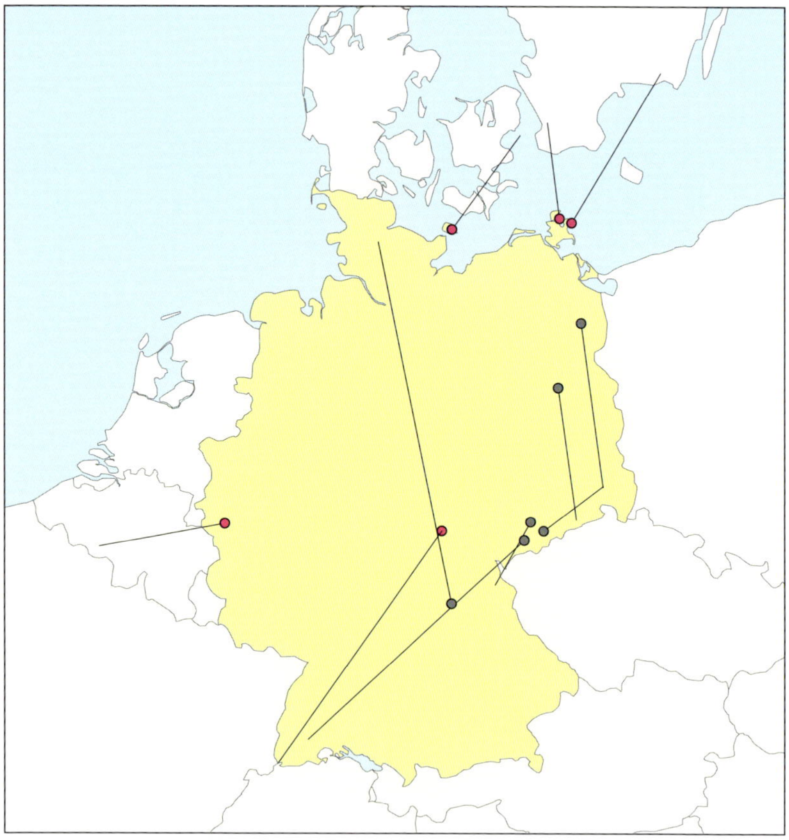

Abb. 7: Ortswechsel > 100 km des Grünfinken innerhalb desselben Winters (Dezember – Februar, 11 Funde). – *Movements of > 100 km of European Greenfinches within the same winter (December – February, 11 recoveries).*

Summary: *European Greenfinch is widespread and with a population of 1,650,000 – 2,350,000 bp one of the most common breeding birds in Germany, despite recent declines. Populations in Germany consist mainly of residents which, from September onwards, are augmented by birds from northern populations on migration and for wintering. Spring migration peaks in April and May. There are large numbers of ring recoveries connected to Germany, aligned on a NE to SW axis between N Fennoscandia and the Iberian Peninsula and Morocco. In Germany, non-resident breeding Greenfinches migrate to the SW to S to winter quarters in S France and on the Iberian Peninsula, in accordance with Fennoscandian birds crossing Germany. But most winter recoveries of German breeding birds stem from the vicinity of the breeding areas. A relatively high number of birds from the N German lowlands spend the winter in The Netherlands and Belgium, whereas Greenfinches from farther S tend to migrate to France and Spain. Greenfinches from S Fennoscandia winter in good numbers in the NE of Germany, whereas such winter records are scarce farther south. Long-distance movements within winters occur regularly, probably representing weather-escape movements; between years, individuals may choose winter quarters as much as 1000 km apart. During spring, migration direction is an exact reversal of autumn migration. Remarkable are three records of Greenfinches moving to the SW within Germany in spring. Together with winter records of breeding birds from S Germany in the N of the country these findings indicate short-distance migrations to climatically favourable areas within the country irrespective of the main migration directions.*

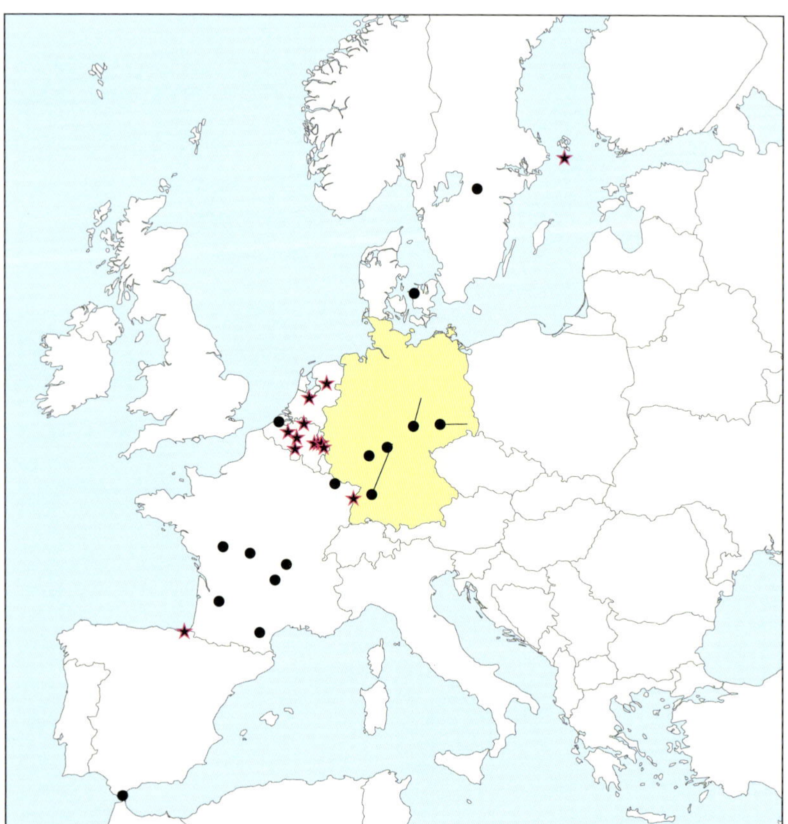

Abb. 8: Frühjahrszug (März – April) von in Deutschland zur Brutzeit anwesenden Grünfinken (30 Funde). – *Spring migration (March – April) of European Greenfinches present in Germany during the breeding season (30 recoveries).*

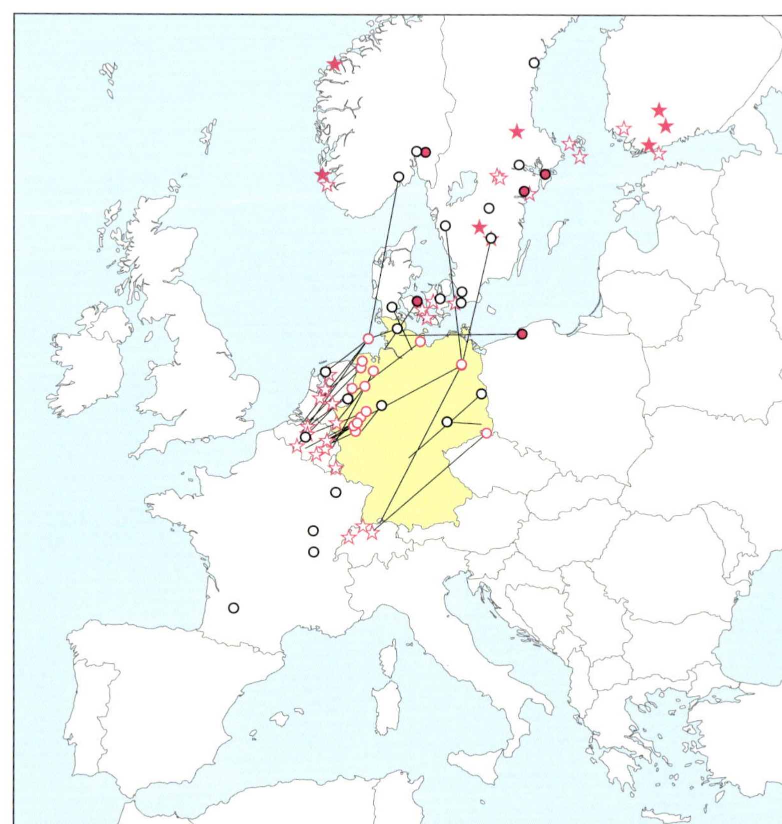

Abb. 9: Frühjahrszug (März – April) von in Deutschland von März bis April anwesenden Grünfinken (85 Funde). – *Spring migration of European Greenfinches present in Germany from March to April (85 recoveries).*

Stieglitz *Carduelis carduelis*
European Goldfinch

Beringungen nach 1945:	162.703
Funde > 10 km nach 1945:	1043/1023
Wiederfundquote (Fernfunde nach 1945):	0,6 %
Funde > 10 km seit 1901:	1109/1088
Funde fremder Beringungszentralen:	74/70
Höchstalter:	12 J, 2 M
Weiteste Entfernung:	2261 km

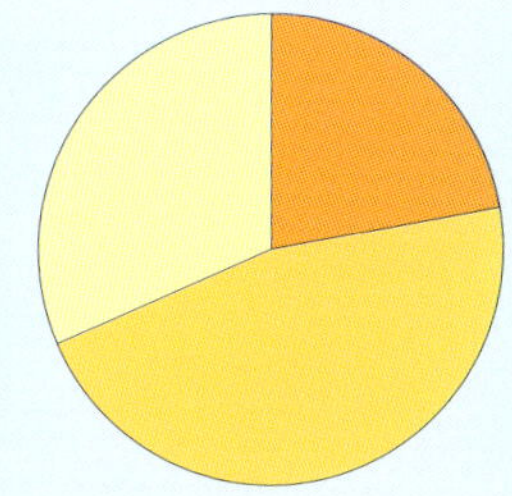

Verbreitung und Status: Der Stieglitz brütet von NW-Afrika über Europa bis in die Mongolei und W-China. Im N reicht sein Verbreitungsgebiet bis etwa 60-65 N. Stieglitze sind je nach geographischer Herkunft Standvögel oder Teilzieher. Sie überwintern im Verbreitungsgebiet der Art in W-Europa und im Mittelmeergebiet, vereinzelt aber auch schon in S-Fennoskandien und dem Baltikum.
In Deutschland ist der Stieglitz mit 275.000 – 410.000 BP ein in allen Landesteilen flächendeckend verbreiteter, häufiger Brutvogel, dessen Bestände in den letzten Jahrzehnten jedoch abgenommen haben. Der Herbstzug der Stieglitze setzt verstärkt ab September ein und hält bis Ende Oktober an. Wetterfluchten von in Deutschland überwinternden Ind. sind jedoch während des ganzen Winters zu beobachten. Die Ankunft in den Brutgebieten bzw. der Durchzug findet von März bis Ende Mai statt und ist in der zweiten Aprilhälfte besonders stark ausgeprägt. In SW-Deutschland hat sich der Herbstzugsmedian zwischen 1970 und 1997 um über zwei Wochen verspätet (Gatter 2000).

Wanderungen: In Deutschland brütende Stieglitze sind Teilzieher, wobei die meisten Vögel ihre Brutgebiete verlassen. Allerdings hat sich die durchschnittliche Zugdistanz nach Fiedler et al. (2004) zwischen 1928 und 1998 signifikant verkürzt. Fernfunde von in Deutschland beringten Stieglitzen liegen hauptsächlich aus W- und SW-Europa, aber auch aus N-Italien vor (Abb. 1), woher auch die meisten Vögel stammen, die mit Ringen fremder Zentralen in Deutschland gefunden wurden (Abb. 2). Die Massierung in Belgien ist zum einen auf die dortige starke Aktivität der Beringer, aber auch auf den bis 1972 legalen Fang zur Käfighaltung zurückzuführen. Relativ wenige Verbindungen weisen nach N- und NE-Europa, bemerkenswert sind jedoch drei Funde in Kroatien sowie einer in Griechenland.
Die meisten zur Brutzeit beringten Stieglitze ziehen im Herbst nach SW und gelangen so zum Teil bis Gibraltar (Abb. 3, siehe auch Glück 1982). Da der Stieglitz dort ein häufiger Durchzügler ist (GONHS 2010), ist es wahrscheinlich, dass einige einheimische Stieglitze N-Afrika erreichen. Vögel aus dem Alpenvorland schlagen jedoch auch den direkten Weg nach S ein und gelangen so nach N-Italien. Unklar bleibt, ob Vögel, die von Deutschland nach S ziehen, in Italien überwintern oder nach N-Afrika bzw. zur Iberischen Halbinsel weiterziehen. Funde in Italien beringter Stieglitze lassen alle drei Szenarien möglich erscheinen (Spina & Volponi 2008b). Aus dem Rahmen fällt ein Vogel, der im Juni in Stade beringt wurde und der sich im folgenden Oktober ca. 500 km SE in N-Tschechien befand. Dass einige Stieglitze auch nach SE über Mitteleuropa ziehen, zeigen wenige Wiederfunde von in Deutschland zur Zugzeit beringten Vögeln (Abb. 4). Darunter könnte auch ein Stieglitz fallen, der sich im Januar in Griechenland befand (Abb. 1) und der etwa eineinhalb Jahre zuvor im August in Sachsen sei-

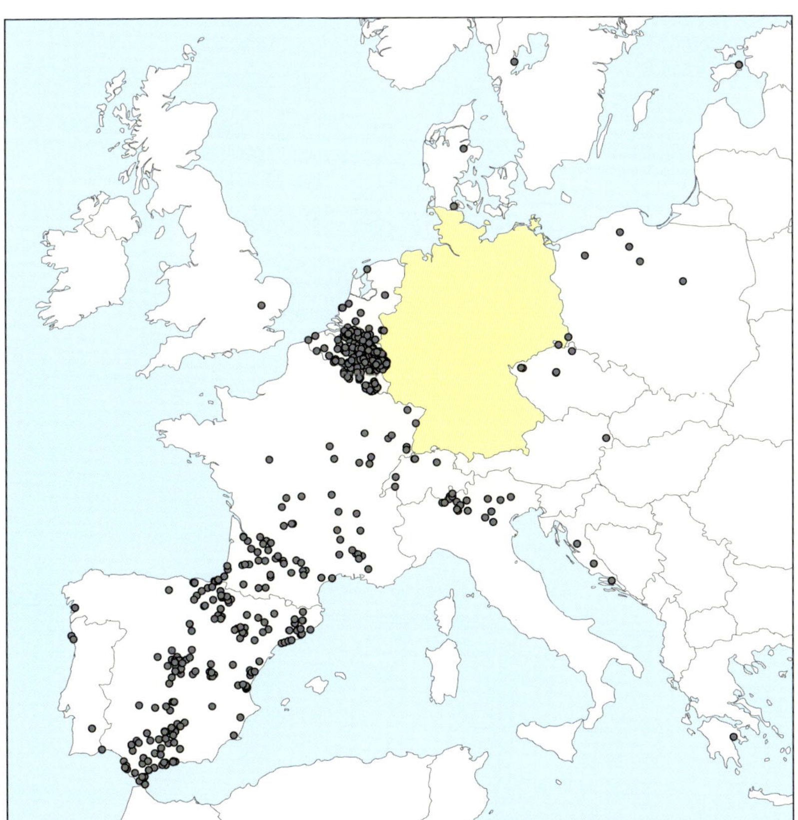

Abb. 1: Fundorte im Ausland von in Deutschland beringten Stieglitzen (805 Funde). – *Foreign recovery sites of European Goldfinches ringed in Germany (805 recoveries).*

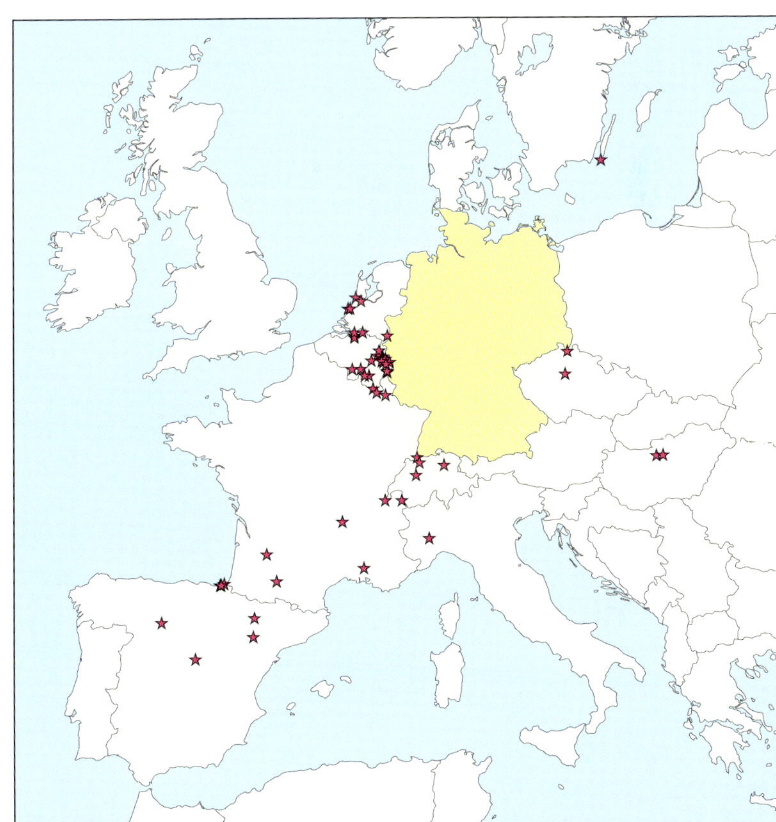

Abb. 2: Beringungsorte im Ausland von in Deutschland gefundenen Stieglitzen (74 Funde). – *Foreign ringing sites of European Goldfinches recovered in Germany (74 recoveries).*

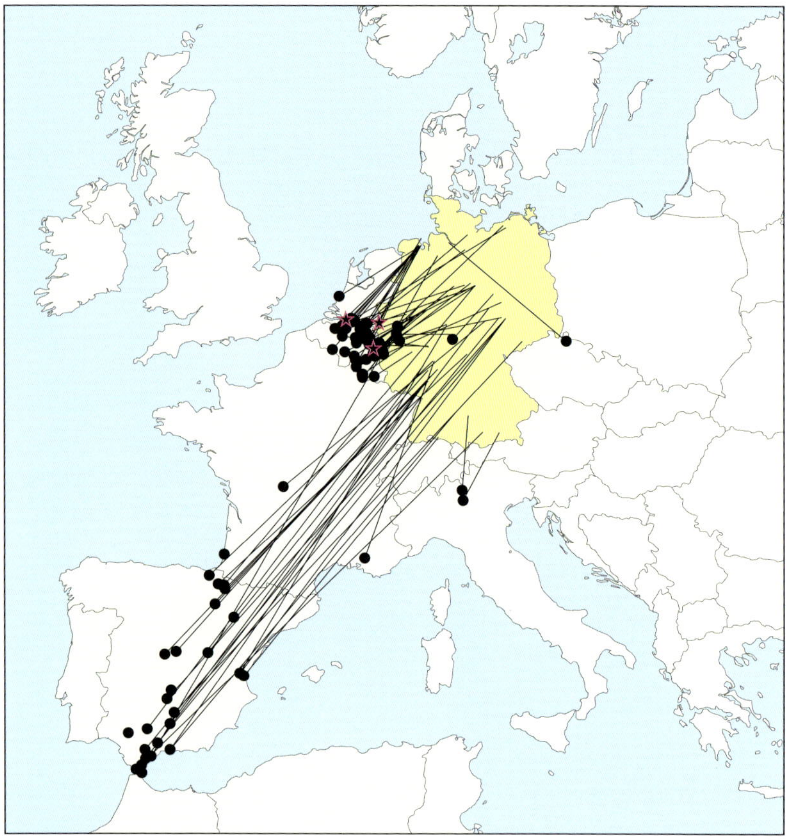

Abb. 3: Herbstzug (September – November) von in Deutschland zur Brutzeit anwesenden Stieglitzen (89 Funde). – *Autumn migration (September – November) of European Goldfinches present in Germany during the breeding season (89 recoveries).*

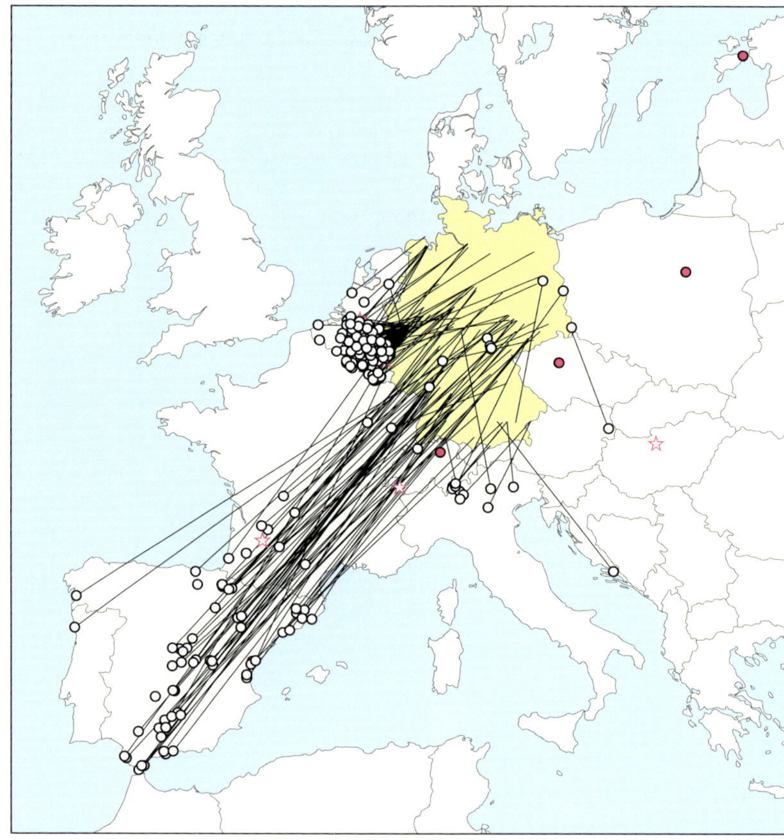

Abb. 4: Herbstzug (September – November) von in Deutschland von September bis November anwesenden Stieglitzen (305 Funde). – *Autumn migration (September – November) of European Goldfinches present in Germany from September to November (305 recoveries).*

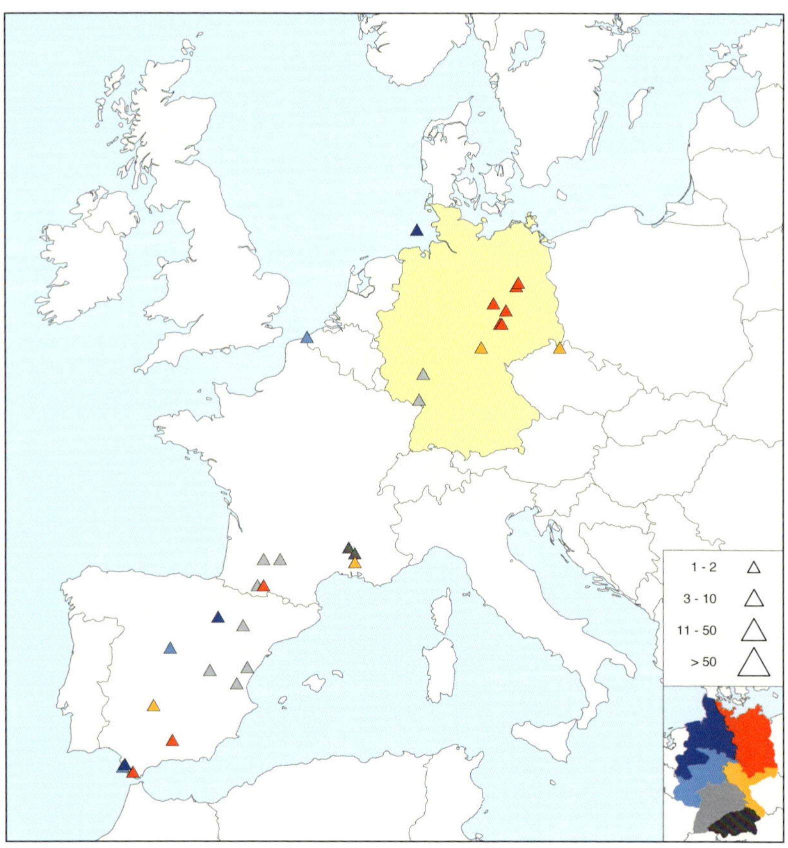

Abb. 5: Aufenthaltsorte im Winter (Dezember – Februar) von in Deutschland zur Brutzeit anwesenden Stieglitzen (30 Funde). – *Presence in winter (December – February) of European Goldfinches present in Germany during the breeding season (30 recoveries).*

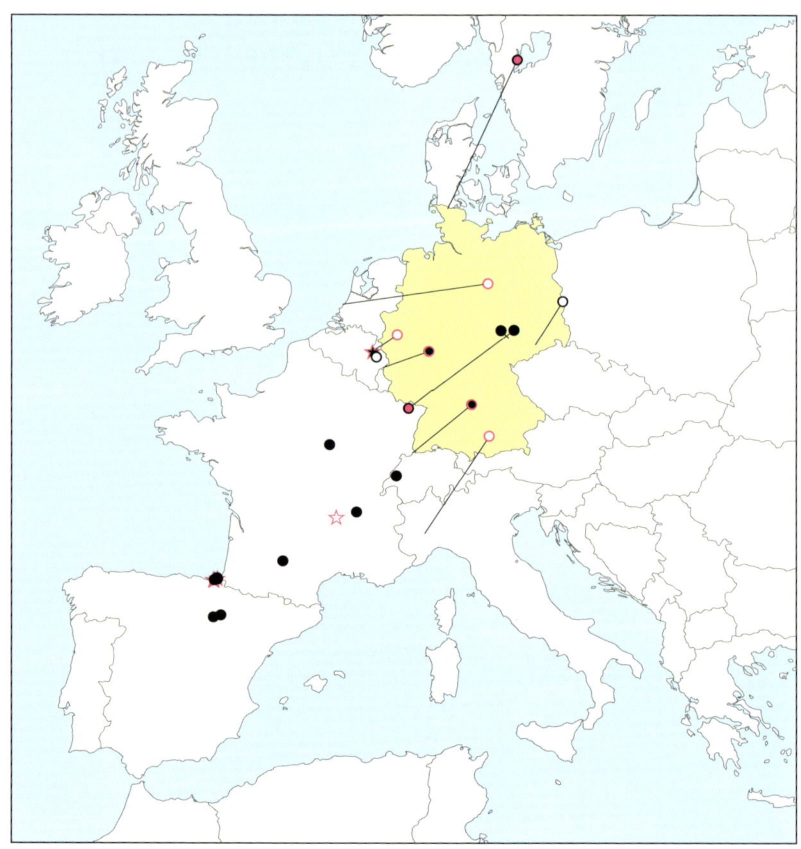

Abb. 6: Frühjahrszug (März – April) von in Deutschland zur Brutzeit (17 Funde) oder von März bis April (11 Funde) anwesenden Stieglitzen. – *Spring migration (March – April) of European Goldfinches present in Germany during the breeding season (17 recoveries) or from March to April (11 recoveries).*

nen Ring erhalten hatte. Der Verlauf einer möglichen Zugscheide zwischen SW- und S/SE-Ziehern bleibt jedoch offen. Sie könnte nach Zink & Bairlein (1995) auf einer Linie von NE-Bayern nach E bis S-Polen liegen, einzelne Stieglitze ziehen jedoch auch von nördlich dieser Linie nach SE. Interessant ist in diesem Zusammenhang der hohe Anteil nach S ziehender Stieglitze aus Tschechien und der Slowakei, wobei zumindest tschechische Vögel aber auch bis Gibraltar gelangen (Cepák et al. 2008). Wiederfunde von in Großbritannien beringten Stieglitzen in Belgien und den Niederlanden (Wernham et al. 2002) weisen darauf hin, dass möglicherweise auch einige britische Vögel nach SE ziehen und Deutschland erreichen, bevor sie ihre Zugrichtung nach SSW ändern (Zink & Bairlein 1995). Generell zeigt aber die große Masse der zur Zugzeit beringten Stieglitze ebenfalls nach SW gerichteten Zug, mit einem kleinen Anteil direkt nach S fliegender Vögel. Wenige einzelne Brutzeitfunde zeigen, dass Stieglitze aus dem Baltikum, Polen und Tschechien, aber auch aus Ungarn, durch Deutschland ziehen, wie es auch für die Schweiz belegt ist (Maumary et al. 2007). Erstaunlich ist das völlige Fehlen fennoskandischer Funde, obwohl zumindest schwedische Brutvögel auf ihrem nach SW gerichteten Zug Deutschland überqueren müssen (Fransson & Hall-Karlsson 2008).

Das breite Spektrum des Zugverhaltens in Deutschland brütender Stieglitze spiegelt sich in der Lage der Überwinterungsgebiete wider. Diese können in der Nähe des Brutplatzes, aber auch in Belgien, S-Frankreich oder Spanien liegen (Abb. 5). Nachweise von Überwinterungen in N-Afrika, wie von britischen Brutvögeln oder eines zur Zugzeit in der Schweiz beringten Stieglitzes (Wernham et al. 2002, Maumary et al. 2007), fehlen. Es scheint keine Bevorzugung einer bestimmten Überwinterungsregion bzw. einer Zugstrategie nach der naturräumlichen Herkunft zu geben. Relativ viele Winterfunde lieferte die Beringung von Vögeln aus dem NE-deutschen Tiefland und den SW-deutschen Mittelgebirgen. In beiden Regionen gibt es regionale Überwinter und Individuen, die bis Spanien ziehen (Abb. 4). Es liegen keine Winterfunde von Vögeln vor, die einem fremden Brutbestand zuzurechnen sind. Dies könnte ein Hinweis darauf sein, dass Stieglitze aus dem N im Durchschnitt weiter südlich überwintern als solche, die in Deutschland brüten (Übersprungzug). Einige in Belgien und den Niederlanden zur Zeit des Herbstzugs beringte Vögel fanden sich im Winter in Deutschland wieder, was auf Wetterflucht oder zwischen den Jahren unterschiedliches Zugverhalten zurückgeführt werden kann. Ein Beispiel für ersteres ist wahrscheinlich ein Vogel, der im Oktober auf Öland beringt und im folgenden Februar in Brandenburg gefunden wurde.

Entsprechend der vorherrschenden Zugrichtung im Herbst gelangen Stieglitze auf dem Frühjahrszug aus W bis SW nach Deutschland und erreichen ihre Brutgebiete aus Spanien und Frankreich kommend (Abb. 6). Den umgekehrten Weg schlug ein Vogel ein, der im April in Mannheim beringt wurde und der sich zur Brutzeit im Juli ca. 100 km SW im Elsass (Frankreich) befand. Möglicherweise hatte dieser Vogel den Winter im klimatisch günstigeren Rheintal verbracht. Im Gegensatz zum Herbstzug gibt es einen Wiederfund mit direktem Bezug nach Fennoskandien: Ein in Schleswig-Holstein beringter Vogel hielt sich in der anschließenden Brutzeit in S-Schweden auf.

Summary: *European Goldfinch is breeding all across Germany, with a population of 275,000–410,000 bp, although numbers have declined in recent decades. The species is a partial migrant in Germany. Autumn migration peaks from September to late October, but adverse-weather movements can be observed during the entire winter. German breeding birds as well as those ringed during autumn migration mostly move towards the SW as far as Gibraltar, but there are no German recoveries from N Africa. Some birds from S Germany migrate due S and reach N Italy. Few recoveries show that breeding birds from the Baltic, Poland, the Czech Republic and Hungary cross Germany during autumn migration. German Goldfinches show a broad spectrum of migration strategies and winter from close to the breeding sites to as far south as S Spain. All individuals recovered in Germany during winter were more or less local birds with no records of foreign-ringed birds implying that northern populations may largely winter further south than German ones (leap-frog migration). As expected from the autumn migration pattern most Goldfinches recovered during spring migration reach Germany from the SW.*

Zitronenzeisig *Carduelis citrinella*
Citril Finch

Beringungen nach 1945:	2865
Funde > 10 km nach 1945:	16/15
Wiederfundquote (Fernfunde nach 1945):	0,5 %
Funde > 10 km seit 1901:	16/15
Funde fremder Beringungszentralen:	0/0
Höchstalter:	5 J, 1 M*
Weiteste Entfernung:	593 km

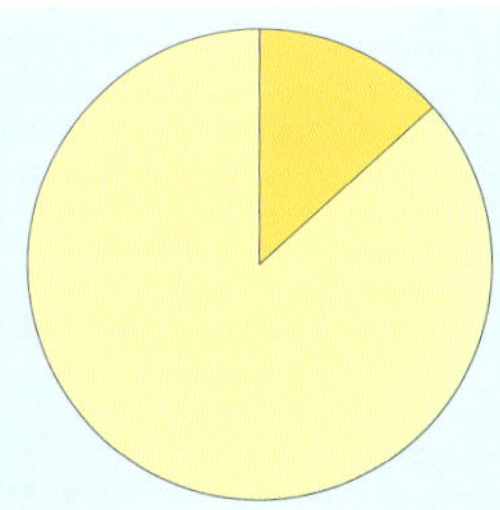

Der Zitronenzeisig ist endemisch in der SW-Paläarktis, wo er disjunkt vorwiegend die Montan- und Subalpinstufe oberhalb von etwa 1000 m bis zur Baumgrenze besiedelt. Die Brutvögel S-Europas sind Standvögel. Mitteleuropäische Populationen sind Kurzstreckenzieher, die in S-Frankreich und u. U. auch im N der Iberischen Halbinsel überwintern; einzelnes Verbleiben im Brutgebiet kommt vor. In Deutschland brüten Zitronenzeisige mit 490–850 BP in den Hochlagen der Alpen und des Schwarzwaldes. Der vormals stabile Bestand hat seit dem Ende der 1990er Jahre abgenommen. Die Brutgebiete werden ab Mitte September bis Ende Oktober verlassen, die Rückkehr erfolgt ab Anfang Februar, wobei die Hauptankunft von März bis Mitte April stattfindet. Ein kleiner Teil der baden-württembergischen Brutvögel harrt im Winter in den Tallagen des Schwarzwaldes aus, für einen Teil der bayerischen Vögel wurde von Wüst (1986) ein Überwintern nördlich der Alpen angenommen.

Aufgrund des kleinen Verbreitungsgebietes gehören Zitronenzeisige zu den selten in Deutschland beringten Arten. Alle fünf deutschen Fernfunde stammen von Vögeln, die zwischen 1967 und 1991 bei Garmisch-Partenkirchen beringt wurden. Sie weisen erwartungsgemäß nach W bis SW, mit dem weitesten Fund (593 km) in S-Frankreich. Dies entspricht dem Befund von in der Schweiz beringten Vögeln, die bis nach NE-Spanien ziehen (Maumary et al. 2007). Die Frage, ob deutsche Brutvögel auch in Italien überwintern und damit nach S ziehen, wofür es Belege von schweizerischen und französischen Vögeln gibt (Spina & Volponi 2008b), muss vorerst unbeantwortet bleiben. Ein Vogel, der im März beringt und eine Woche später 92 km SW im österreichischen Vorarlberg wieder gefangen wurde, war wahrscheinlich auf dem Weg aus dem Überwinterungsgebiet in den Tieflagen in ein höher gelegenes Brutgebiet.

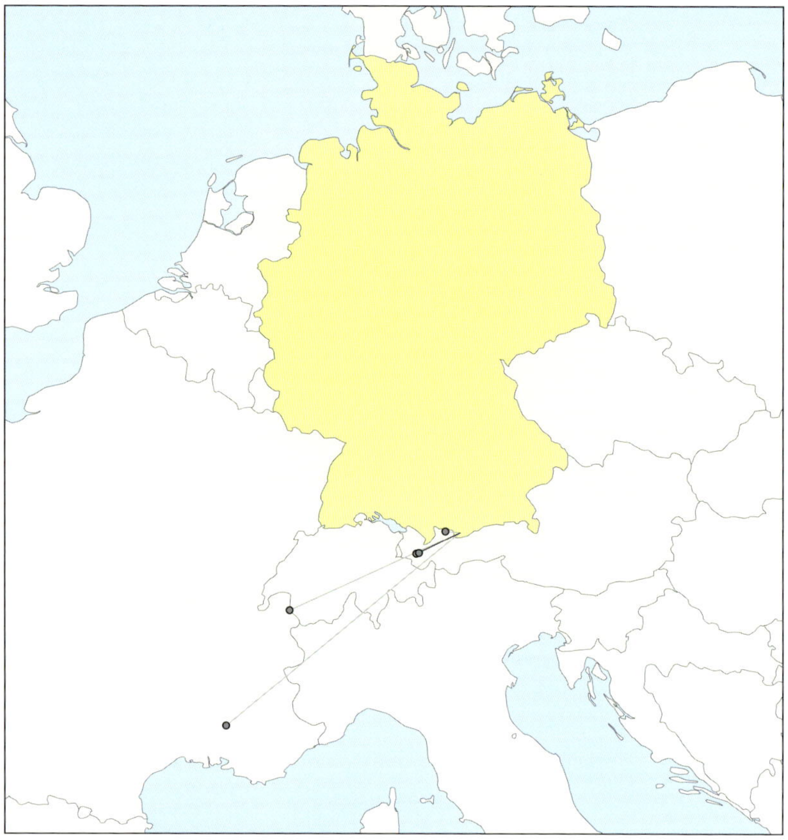

Abb. 1: Funde von Zitronenzeisigen mit Bezug zu Deutschland (5 Funde). – *Recoveries of Citril Finches related to Germany (5 recoveries).*

Summary: *Citril Finch is endemic to the SW Palearctic with a patchy breeding distribution in mountain regions. Southern populations are resident whereas birds from C Europe are migrants directed mainly to SW France and possibly N Spain. The German population has decreased in recent years and consists of 490–850 bp. The five recoveries/controls of Citril Finches ringed in Germany indicate migration to the SW, as expected, which corresponds well with the great majority of Swiss recoveries. Whether German birds also migrate southwards to Italy, as indicated by a few recoveries of Swiss and French birds, is not known.*

Erlenzeisig *Carduelis spinus*

Eurasian Siskin

Beringungen nach 1945:	389.164
Funde > 10 km nach 1945:	2845/2675
Wiederfundquote (Fernfunde nach 1945):	0,7 %
Funde > 10 km seit 1901:	2874/2703
Funde fremder Beringungszentralen:	706/678
Höchstalter:	19 J, 4 M*
Weiteste Entfernung:	3532 km

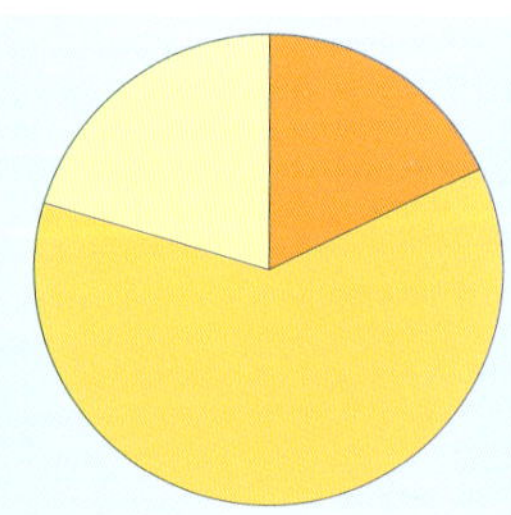

Verbreitung und Status: Das geschlossene Siedlungsgebiet des Erlenzeisigs erstreckt sich von den Britischen Inseln und Fennoskandien über NE-Europa bis etwa an den Jenissej in Zentralsibirien. Weiterhin kommt er zwischen dem Baikalsee und dem Ochotskischen Meer sowie in N-Japan vor. Verbreitungsinseln finden sich, bevorzugt in höheren Lagen, in weiten Teilen W-, S- und Mitteleuropas sowie in Vorderasien. In N- und NE-Europa werden die Brutgebiete im Winter weitgehend geräumt, in Mitteleuropa ist der Erlenzeisig Teilzieher, mit Tendenz zum Nomadisieren in Abhängigkeit vom Nahrungsangebot. In W- und S-Europa ist er Standvogel. Das Hauptüberwinterungsgebiet erstreckt sich von Mitteleuropa bis in die mediterrane Region einschließlich NW-Afrikas und des Nahen Ostens. Gelegentlich kommen evasionsartige Wanderungen vor.

In Deutschland konzentriert sich das Vorkommen des langfristig zunehmenden Bestands von 21.000–51.000 BP auf die Nadelwälder der Mittelgebirge und der Alpen. In geeigneten Habitaten können einzelne Paare aber auch in Tieflagen bis zur Küste hin brüten. Außerhalb der Brutzeit ist der Erlenzeisig, oft in individuenreichen Schwärmen, in allen Landesteilen zu beobachten. Die in Deutschland heimischen Vögel verlassen zu einem großen Teil ihre Brutgebiete, sie werden aber im Winter durch N- und NE-europäische Zuzügler ersetzt. Der Hang zum Nomadisieren, Wetterfluchten, Überwinterungen einheimischer Vögel und gelegentliche Invasionen machen es dabei schwierig, das Zuggeschehen zu interpretieren. Auf Helgoland, wo Erlenzeisige nicht brüten, findet der Herbstzug ab Mitte August und hauptsächlich im September und Oktober statt; der Frühjahrszug macht sich ab Ende März bemerkbar und ist im Mai weitgehend abgeschlossen. In S-Deutschland fällt starker Durch- und Einzug überwinternder Erlenzeisige in die Monate Oktober und November. Im Frühjahr ist die Ankunft einheimischer Vögel kaum vom Auftreten von Überwinterern zu trennen. Die Brutgebiete werden ausnahmsweise schon im Februar, meist aber im März und April besetzt, zu einer Zeit, in der auch starker Durchzug zu beobachten ist. Es gibt Hinweise darauf, dass sich der durchschnittliche Zugweg zwischen 1959 und 1984 verkürzt hat (Fiedler et al. 2004).

Wanderungen: Die Beringung von Erlenzeisigen in Deutschland ergab eine hohe Zahl von Fernfunden aus dem gesamten europäischen Verbreitungsgebiet sowie aus NW-Afrika und dem Nahen Osten (Abb. 1). Der nördlichste Fund stammt dabei aus N-Norwegen, der östlichste liegt bei etwa 60 °E in Jekaterinburg (Russland). Deutliche Konzentrationen ergeben sich fang- und jagdbedingt

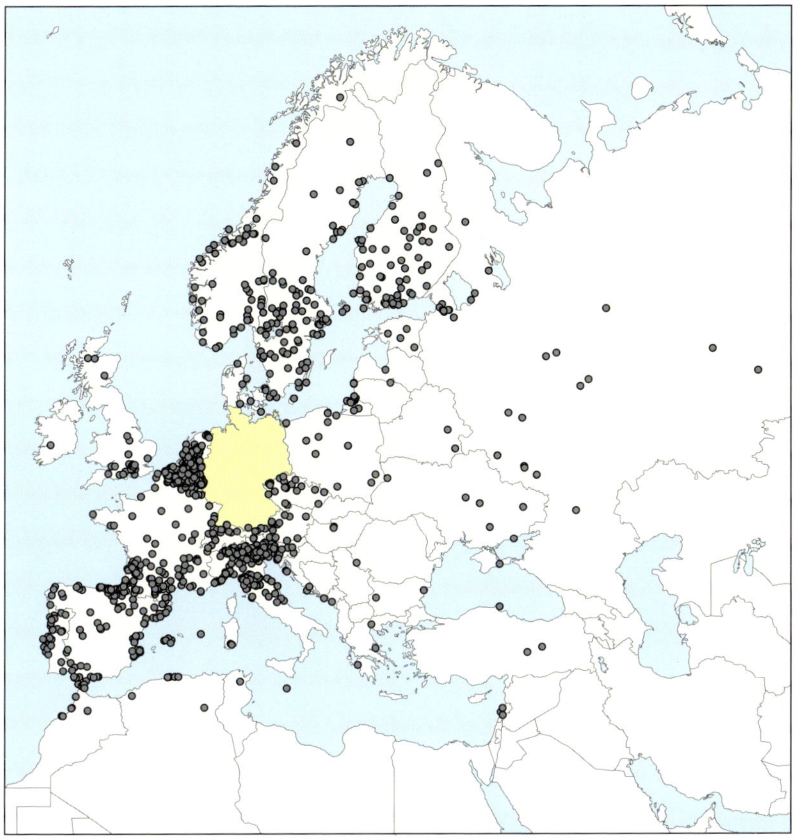

Abb. 1: Fundorte im Ausland von in Deutschland beringten Erlenzeisigen (1726 Funde). – *Foreign recovery sites of Eurasian Siskins ringed in Germany (1726 recoveries).*

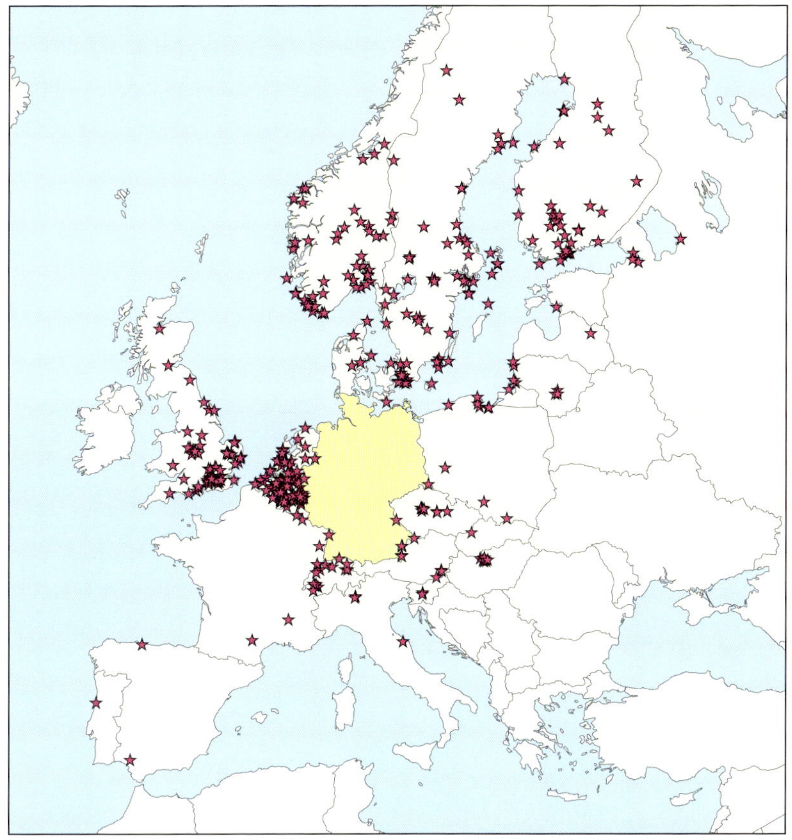

Abb. 2: Beringungsorte im Ausland von in Deutschland gefundenen Erlenzeisigen (706 Funde). – *Foreign ringing sites of Eurasian Siskins recovered in Germany (706 recoveries).*

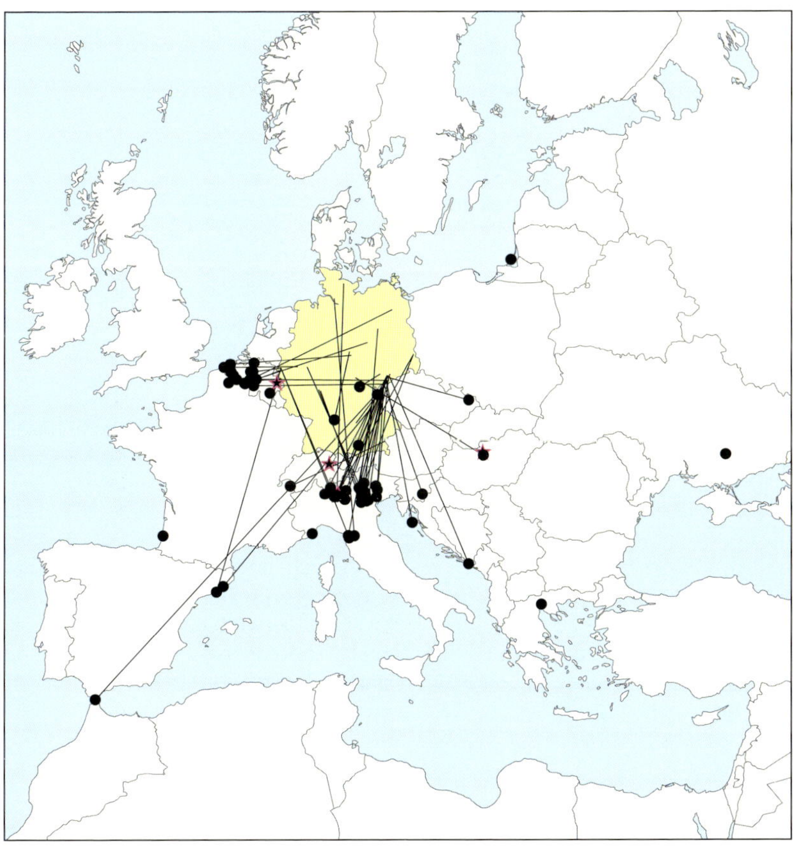

Abb. 3: Herbstzug (September – November) von in Deutschland zur Brutzeit anwesenden Erlenzeisigen (68 Funde). – *Autumn migration (September – November) of Eurasian Siskins present in Germany during the breeding season (68 recoveries).*

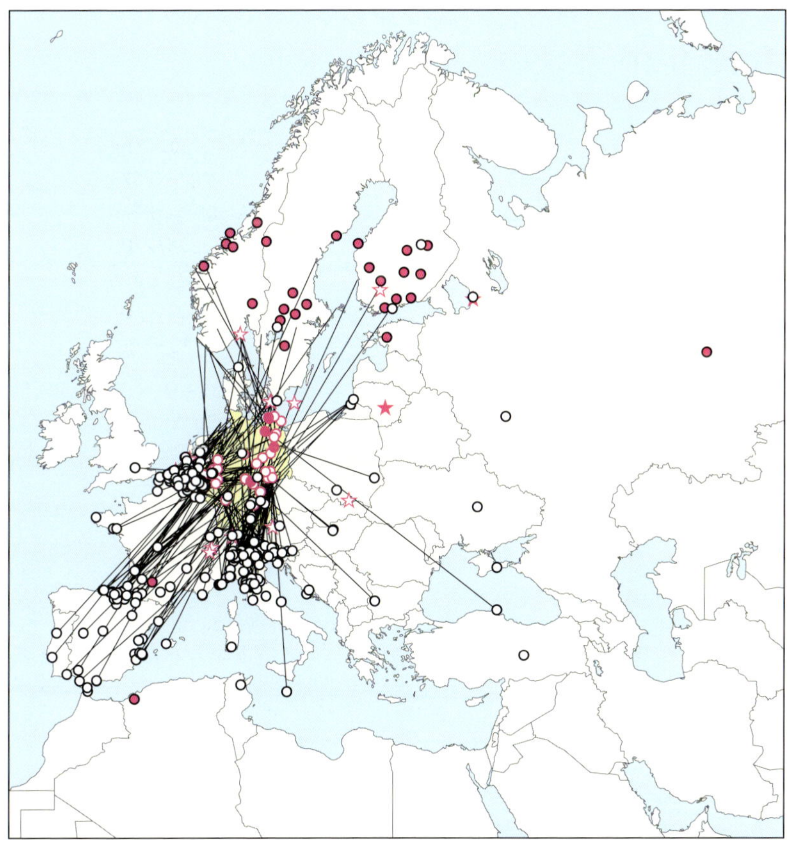

Abb. 4: Herbstzug (September – November) von in Deutschland von September bis November anwesenden Erlenzeisigen (548 Funde). – *Autumn migration (September – November) of Eurasian Siskins present in Germany from September to November (548 recoveries).*

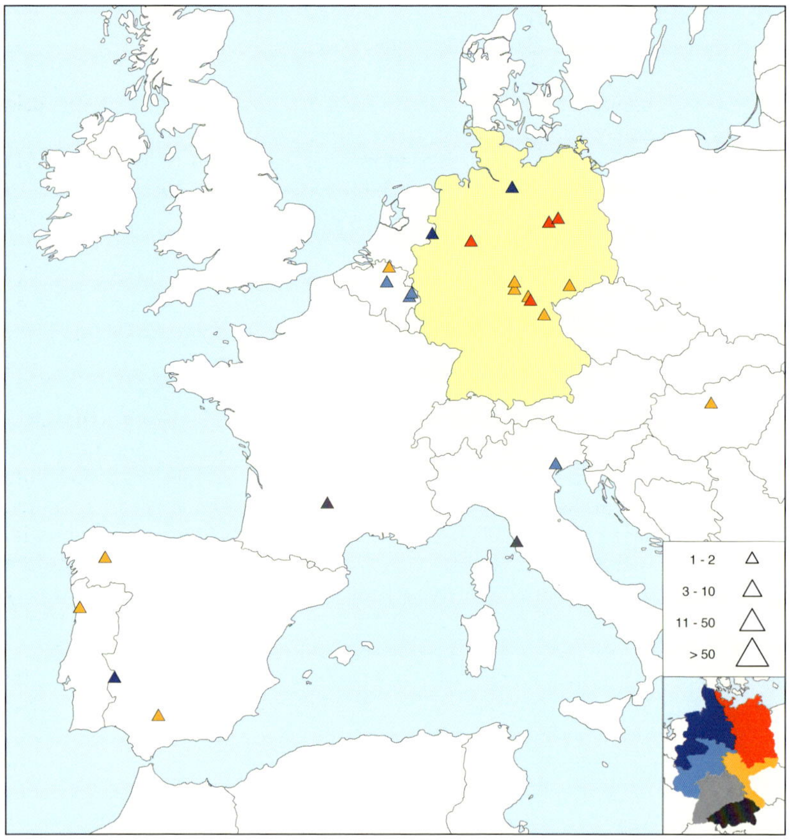

Abb. 5: Aufenthaltsorte im Winter (Dezember – Februar) von in Deutschland zur Brutzeit anwesenden Erlenzeisigen (24 Funde). – *Presence in winter (December – February) of Eurasian Siskins present in Germany during the breeding season (24 recoveries).*

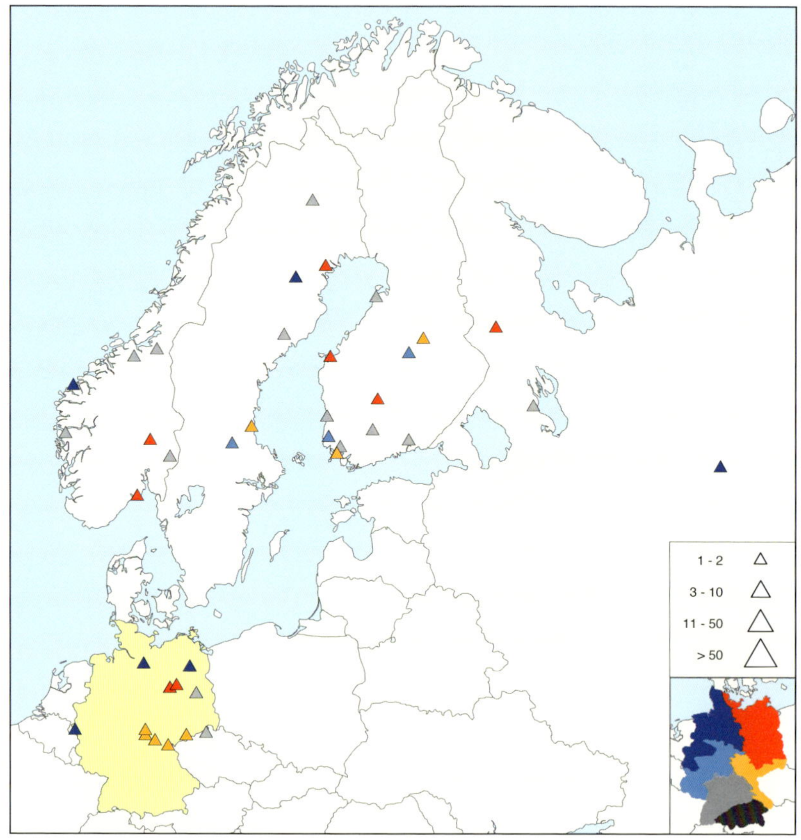

Abb. 6: Aufenthaltsorte zur Brutzeit von im Winter (Dezember – Februar) in Deutschland anwesenden Erlenzeisigen (39 Funde). – *Presence during the breeding season of Eurasian Siskins present in Germany in winter (December – February, 39 recoveries).*

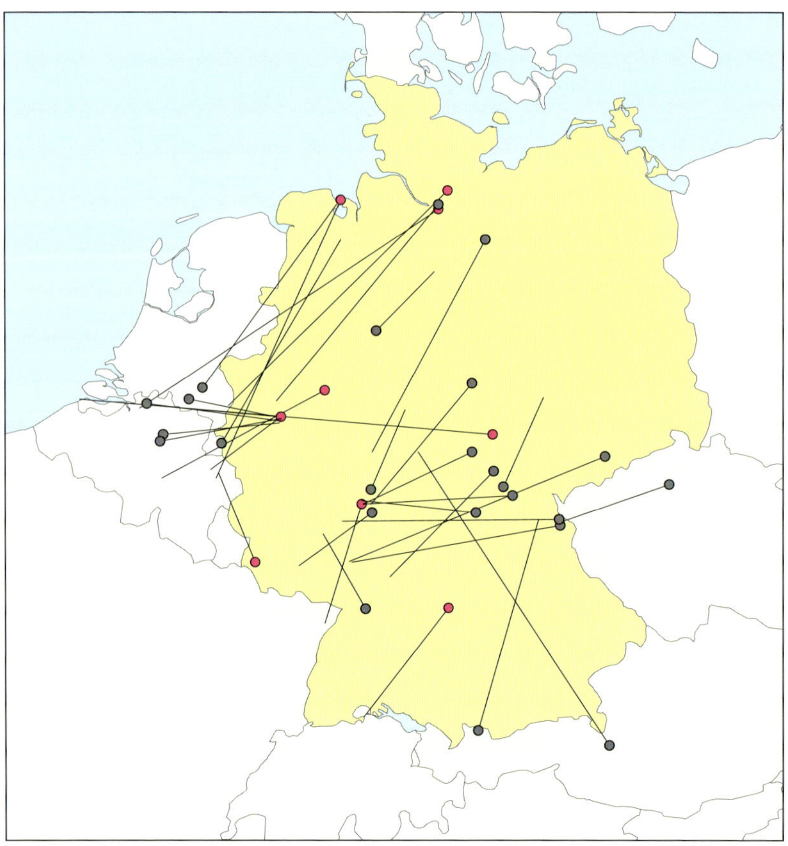

Abb. 7: Ortswechsel > 100 km von Erlenzeisigen innerhalb desselben Winters (Dezember – Februar, 34 Funde). – *Movements of > 100 km of Eurasian Siskins within the same winter (December – February, 34 recoveries).*

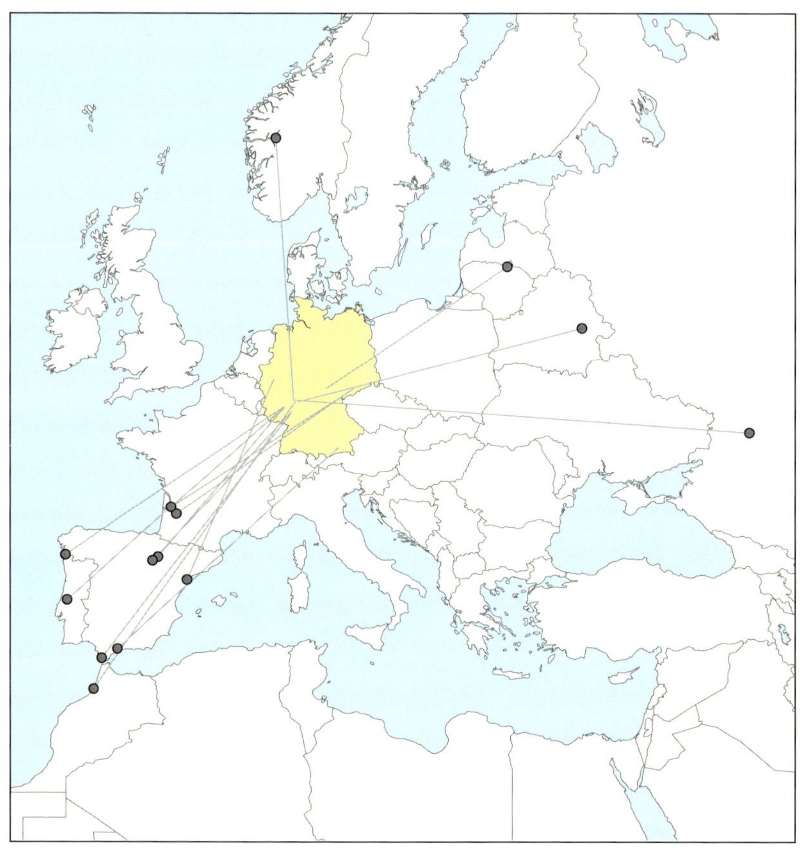

Abb. 8: Winterfunde (Dezember – Februar) des Erlenzeisigs in >1000 km Entfernung in verschiedenen Wintern (14 Funde). – *Winter recoveries (December – February) of >1000 km of Eurasian Siskins between different winters (14 recoveries).*

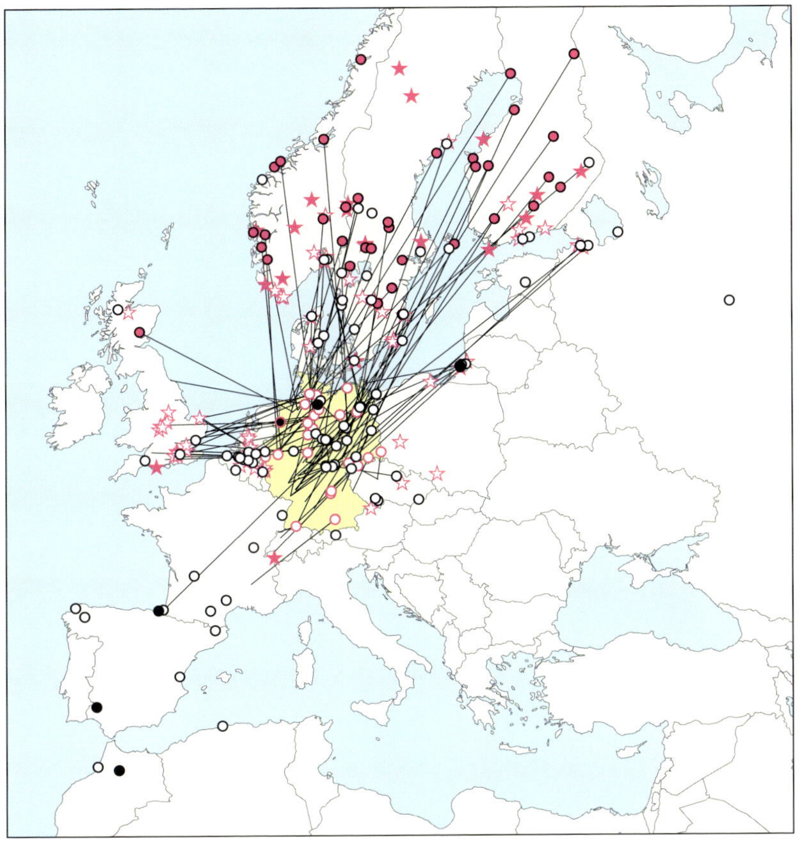

Abb. 9: Frühjahrszug (März – April) von in Deutschland zur Brutzeit (6 Funde) oder von März bis April (265 Funde) anwesenden Erlenzeisigen. – *Spring migration (March – April) of Eurasian Siskins present in Germany during the breeding season (6 recoveries) or from March to April (265 recoveries).*

in Belgien, N-Italien und S-Frankreich. In Deutschland wurden viele in Fennoskandien und dem Baltikum, sowie in England und Belgien beringte Vögel gefunden. Auffällig sind dabei die geringen Zahlen von in Spanien, Frankreich und Italien beringten Individuen.

Funde von zur Brutzeit in Deutschland beringten Erlenzeisigen zeigen, dass im Herbst die Zugrichtungen zwischen WSW und ESE streuen, mit den weitesten direkten Funden in S-Spanien und in Kroatien (Abb. 3). Nach E und SE weisen weiterhin indirekte Nachweise in der Ukraine und in Griechenland. Unter den Funden im Herbst überwiegen aber die zur Zugzeit beringten Vögel bei weitem. Sie belegen die fennoskandische Brutheimat vieler Gastvögel, die durch Deutschland in ihre Winterquartiere in W- und S-Europa ziehen und dabei in ein Gebiet von den Britischen Inseln und Portugal bis in die Türkei gelangen (Abb. 4; Bønløkke et al. 2006, Fransson & Hall-Karlsson 2008). Indirekte Verbindungen nach E-Europa und in die Türkei könnten auch auf in verschiedenen Jahren unterschiedliche Zugrouten hinweisen (siehe unten), aber auch E-europäische Erlenzeisige repräsentieren, die westwärts bis auf die Britischen Inseln wandern (Wernham et al. 2002).

Nachweise von zum deutschen Brutbestand zu rechnenden Erlenzeisigen in den Wintermonaten deuten zum einen das Ausharren einiger Vögel in der Nähe der Brutgebiete an, belegen aber auch Aufenthalte auf der Iberischen Halbinsel sowie in S-Frankreich, Italien und Ungarn (Abb. 5). Weiterhin lässt sich durch Ringfunde nachweisen, dass sich zu den einheimischen Überwinterern eine große Zahl von Brutvögeln aus N- und NE-Europa gesellt (Abb. 6). Sich zur Zugzeit in Deutschland aufhaltende Erlenzeisige wurden in späteren Wintern z. B. in Schweden, Russland, der Ukraine und Griechenland nachgewiesen.

Erlenzeisige sind auch im Winter sehr mobil und verbleiben oft nicht stationär an einem Ort. Dies zeigt die relativ hohe Zahl von Ringfunden, die Wanderungen über 100 km innerhalb eines Winters belegen (Abb. 7). Da dabei Richtungen nach NE und E überwiegen, kann es sich in einigen Fällen aber auch schon um frühen Zug in Richtung der Brutgebiete handeln. Noch stärker auf die große individuelle Variation des Zugverhaltens weist der Wechsel der Winteraufenthaltsräume einzelner Vögel hin. Vierzehn Erlenzeisige, die in einem Winter in Deutschland beringt wurden, hielten sich in einem späteren Winter über 1000 km entfernt unter anderem in Marokko, Portugal, Norwegen oder Russland auf (Abb. 8). Zwei in Schleswig-Holstein und in Thüringen im April und im Mai gekennzeichnete Vögel fanden sich fast genau zwei Jahre später jeweils in Schottland und in N-Norwegen wieder. Drei im Januar und Februar in Deutschland beringte Vögel, die später im September, November und Februar im Libanon gefangen bzw. erlegt wurden (Abb. 1), zeigen ebenfalls den Aufenthalt in weit auseinander liegenden Gebieten zur Nichtbrutzeit an. Daneben kann aber auch das gleiche Überwinterungsgebiet in verschiedenen Jahren aufgesucht werden (Maumary et al. 2007, Cepák et al. 2008) , und es kann zu Umsiedlungen über mehrere hundert Kilometer zwischen zwei Brutsaisons kommen (Cepák et al. 2008).

Im Frühjahr weisen nur wenige direkte Funde auf die Herkunft der Zuzügler hin. Ein solcher belegt dabei den Einzug von England aus (Abb. 9), von wo es keine Belege von zum deutschen Brutbestand gehörenden Erlenzeisigen aus dem Winter gibt (Abb. 5). Indirekte Funde deuten ausschließlich auf den Durchzug aus W und SW hin, bei einem weitgehenden Fehlen von Nachweisen aus SE (Abb. 9). Weiterhin hielten sich relativ viele im Frühjahr gekennzeichnete britische Ringvögel in einem späteren Frühjahr in Deutschland gefunden. Dieser Befund könnte ebenfalls auf individuell unterschiedliche Zugrouten in verschiedenen Jahren zurückzuführen sein. Die meisten Funde weisen, wie auch im Herbst, fennoskandische Brutvögel als Durchzügler aus.

Summary: *The stable population of the 21,000 – 51,000 bp of Eurasian Siskin in Germany is mainly found in conifer forests of low mountain ranges and the Alps. Presumably, most German birds leave the breeding areas in winter and are substituted by conspecifics from the N. Migration is most pronounced in September and October as well as in March and April. Recoveries during autumn migration of birds ringed in Germany during the breeding season scatter between WSW and ESE with the furthest direct recoveries from S Spain and Croatia, respectively. Some indirect recoveries were obtained from the SE, e.g. from the Ukraine and Greece. Eurasian Siskins ringed during autumn migration indicate a Fennoscandian origin of passage migrants directed to winter quarters in S Europe. Winter records of German breeders stem from as far away as the Iberian Peninsula, Italy or Hungary, but also from close to the breeding areas, augmented by visitors from N and NE Europe. The great plasticity of migration patterns of Eurasian Siskin is demonstrated by the many birds that move over greater distances within one winter or to very different wintering areas between winters. Recoveries of birds ringed during spring migration are indicating the heavy passage of Fennoscandian birds through Germany during this season as well.*

Bluthänfling *Carduelis cannabina*
Common Linnet

Beringungen nach 1945:	110.649
Funde > 10 km nach 1945:	560/554
Wiederfundquote (Fernfunde nach 1945):	0,5 %
Funde > 10 km seit 1901:	669/663
Funde fremder Beringungszentralen:	126/123
Höchstalter:	5 J, 6 M*
Weiteste Entfernung:	2294 km

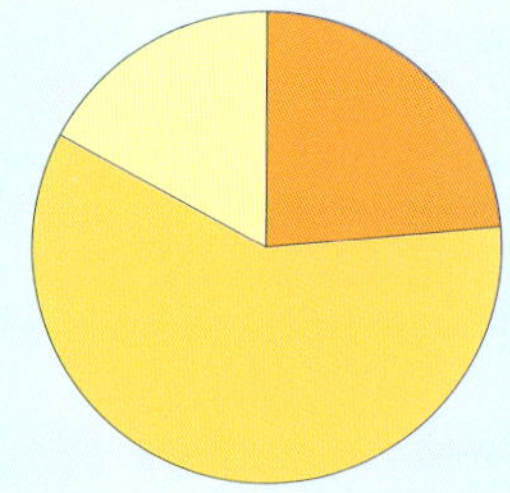

Verbreitung und Status: Mit Ausnahme des größten Teils Fennoskandiens brüten Bluthänflinge in ganz Europa, in N-Afrika, Kleinasien und im E bis etwa 90 °E und bis 65 °N in W-Sibirien. Bluthänflinge räumen im Winter die N- und NE-europäischen Brutgebiete in der Regel komplett, in W-, S- und Mitteleuropa sind sie Teilzieher. Die Überwinterungsgebiete europäischer Populationen liegen innerhalb des Verbreitungsgebietes der Art in Mittel-, W- und S-Europa sowie in N-Afrika, wo ausnahmsweise Mauretanien, Senegal und der Sudan erreicht werden.

In Deutschland ist der Bluthänfling landesweit mit 125.000 – 235.000 BP verbreitet, die Bestände haben jedoch in den letzten Jahrzehnten stark abgenommen. Die meisten einheimischen Bluthänflinge sind Teilzieher bei einem geringen Anteil lokaler Überwinterer. Der Herbstzug beginnt Ende August und erreicht seinen Höhepunkt im Oktober, ehe er im November rasch abklingt. Wetterfluchten können jedoch während des gesamten Winters auftreten und lassen sich oft schwer vom regulären Zug unterscheiden. Regelmäßiger Frühjahrszug setzt ab Anfang März ein, ist zur Monatswende März/April am stärksten ausgeprägt und endet Anfang Mai. In SW-Deutschland hat sich der Median des Herbstzuges zwischen 1970 und 1997 um ca. sechs Tage verspätet (Gatter 2000).

Wanderungen: Wiederfunde von in Deutschland beringten Bluthänflingen liegen in großer Zahl aus Belgien vor (Abb. 1). Dies ist auf die starke Verfolgung der Art zurückzuführen, die bis 1972 legal gejagt und zur Käfighaltung gefangen werden durfte. Dementsprechend stammen nur fünf der insgesamt 222 Rückmeldungen deutscher Ringvögel aus Belgien aus dem Zeitraum nach 1972. Bei den Meldungen belgischer Ringvögel in Deutschland sind es dagegen 46 von 97 (Abb. 2). Weitere Konzentrationen von Funden finden sich in N-Italien, S-Frankreich und im E der Iberischen Halbinsel. Nachweise auf den Balearen und Sardinien zeigen, dass auch die Überquerung größerer Meeresstrecken nicht gescheut wird.

Einheimische Bluthänflinge ziehen im Herbst in einem Breitfrontzug mit großer Konstanz nach SW ab. Dadurch handelt es sich bei den in Belgien gefundenen Vögeln ausschließlich um solche aus NW-Deutschland (Abb. 3). Ein ähnliches Muster zeigen die Wiederfunde von in Dänemark beringten Bluthänflingen, die ebenfalls in einem relativ schmalen, nach SW gerichteten Korridor vorliegen (Bønløkke et al. 2006). Im Gegensatz dazu ziehen Bluthänflinge aus dem S Deutschlands im Herbst über N-Italien, S-Frankreich und E-Spanien inklusive der Balearen in die Winterquartiere (Abb. 3). Die Betrachtung der Wiederfunde

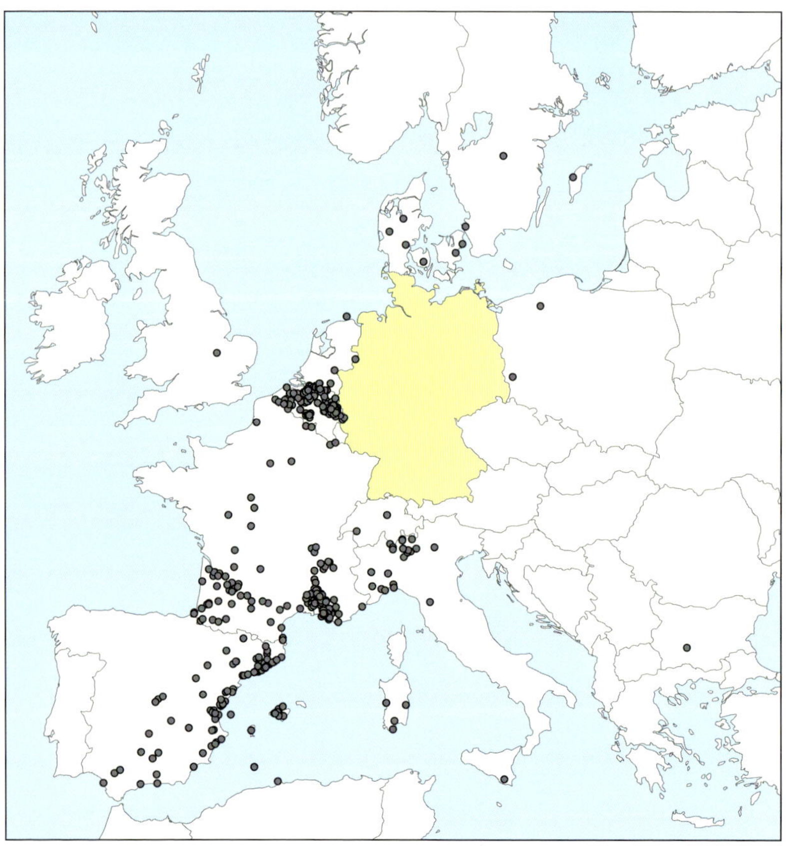

Abb. 1: Fundorte im Ausland von in Deutschland beringten Bluthänflingen (564 Funde). – *Foreign recovery sites of Common Linnets ringed in Germany (564 recoveries).*

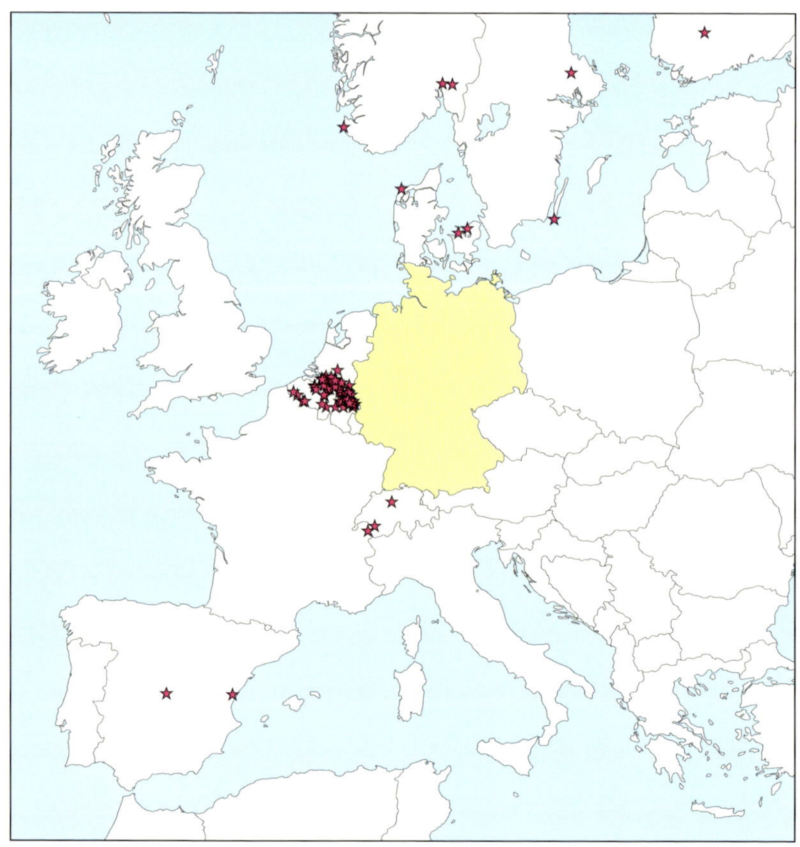

Abb. 2: Beringungsorte im Ausland von in Deutschland gefundenen Bluthänflingen (126 Funde). – *Foreign ringing sites of Common Linnets recovered in Germany (126 recoveries).*

von in Deutschland auf dem Herbstzug beringten Vögeln ergibt im Wesentlichen dasselbe Bild, wobei auch Zuzug aus Skandinavien erfolgt (Abb. 4).

Der Großteil der Winterfunde von deutschen Brutvögeln stammt aus S-Frankreich und von der Iberischen Halbinsel (Abb. 5). Vögel, die im NW- und NE-deutschen Tiefland brüten, scheinen dabei weiter westlich zu überwintern als ihre Artgenossen aus den anderen Landesteilen. Bei in S-Frankreich gefundenen Vögeln handelt es sich zum größten Teil um solche aus dem NW-deutschen Tiefland. Im Gegensatz dazu stammen die Funde aus dem SE Frankreichs von Bluthänflingen aus den östlichen Landesteilen. Ein nestjung in Sachsen beringter Vogel fand sich im Winter in Bulgarien wieder. Es ist aber unwahrscheinlich, dass er das Vorhandensein einer Zugscheide in Mitteleuropa andeutet, da auch in Tschechien und der Slowakei beringte Bluthänflinge nicht weiter östlich als bis nach Kroatien gelangten (Cepák et al. 2008) und Wiederfunde von in Rybachy (Russland) beringten Vögeln ausschließlich aus SW vorliegen (Payevsky 1973, N. Chernetsov, pers. Mitt.). Zu lokalen Überwinterern gesellen sich in N-Deutschland Brutvögel aus Fennoskandien und Polen (Abb. 6). Eine Wanderung innerhalb Deutschlands ist durch den Winteraufenthalt in den SW-deutschen Mittelgebirgen eines zur Brutzeit im äußersten SE des NE-deutschen Tieflands anwesenden Vogels belegt.

Der Großteil der Funde während des Frühjahrszuges bestätigt, dass zu dieser Zeit dieselben Routen wie auf dem Herbstzug zurückgeflogen werden (Abb. 7; siehe auch Bønløkke et al. 2006). Schwer einzuordnen sind zwei zur Brutzeit in Belgien beringte Vögel, die später zur Zugzeit in Deutschland gefunden wurden. Es könnte sich dabei um umherstreifende Vögel gehandelt haben oder um solche, die die Brutgebiete wechselten. Letzteres ist von vier britischen Brutvögeln belegt, die sich in einer späteren Brutsaison in den Niederlanden befanden (Wernham et al. 2002). Ein im Oktober in Baden-Württemberg beringter Vogel wurde im März in Algerien gefunden. Er zeigt, dass der Jahreslebensraum Deutschland berührender Bluthänflinge N-Afrika mit einschließen kann, wie dies auch für britische, schweizerische und tschechische Vögel nachgewiesen ist (Wernham et al. 2002, Maumary et al. 2007, Cepák et al. 2008).

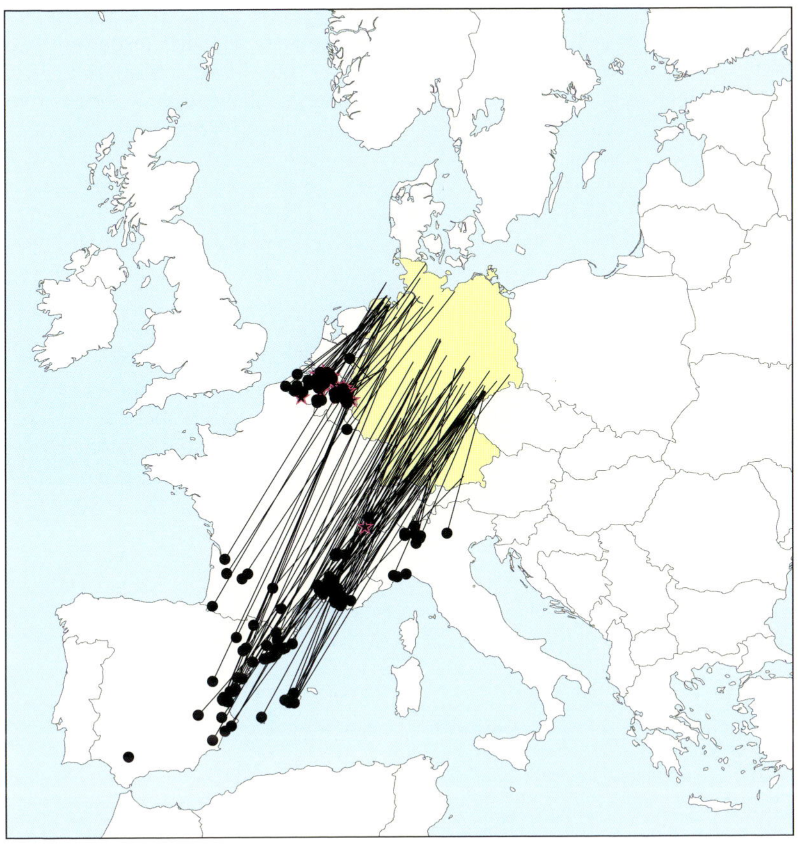

Abb. 3: Herbstzug (September – November) von in Deutschland zur Brutzeit anwesenden Bluthänflingen (198 Funde). – *Autumn migration (September – November) of Common Linnets present in Germany during the breeding season (198 recoveries).*

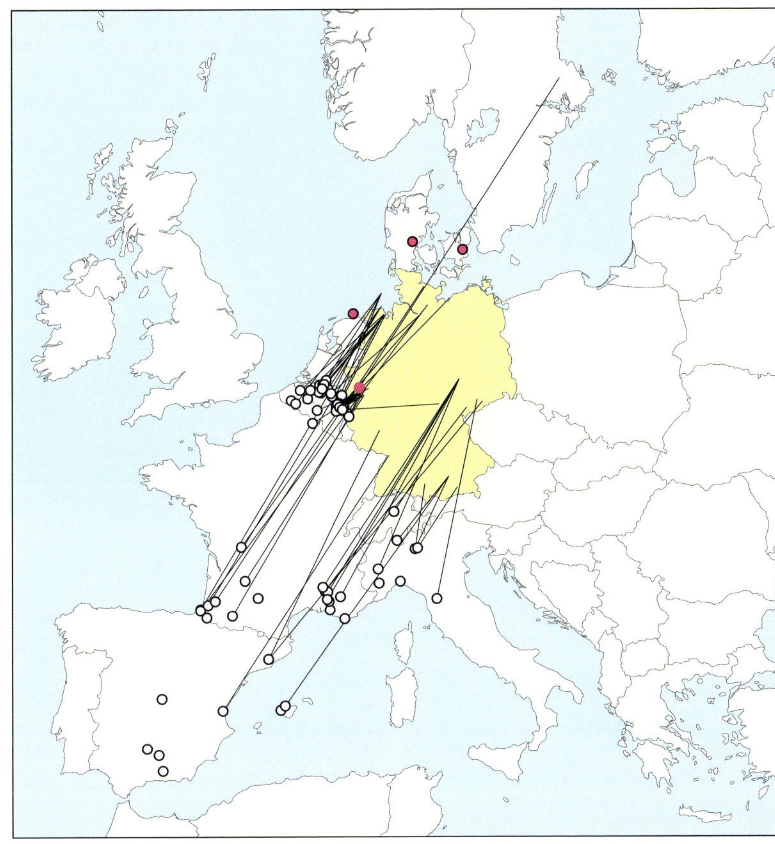

Abb. 4: Herbstzug (September – November) von in Deutschland von September bis November anwesenden Bluthänflingen (97 Funde). – *Autumn migration (September – November) of Common Linnets present in Germany from September to November (97 recoveries).*

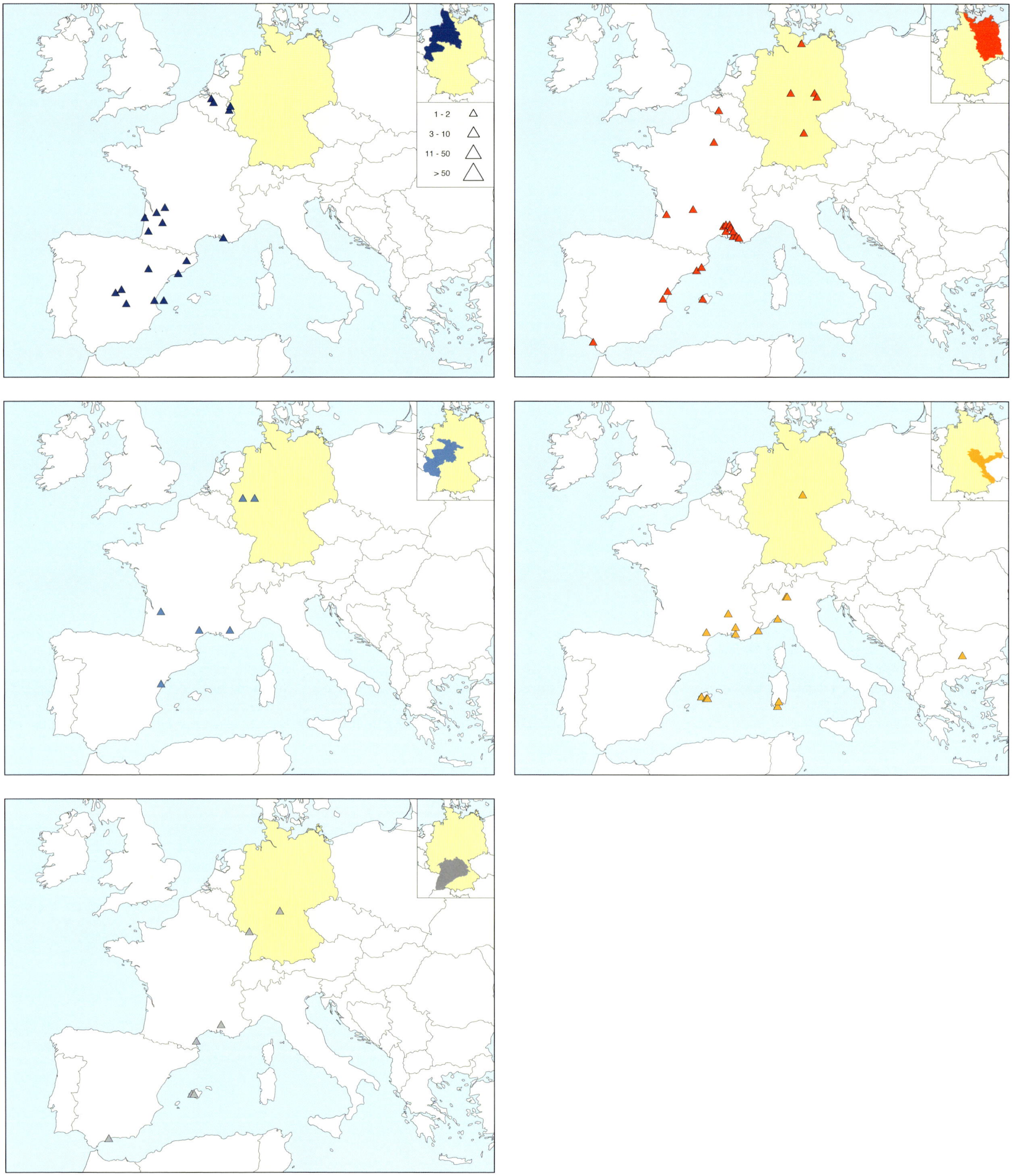

Abb. 5: Aufenthaltsorte im Winter (Dezember – Februar) von in Deutschland zur Brutzeit anwesenden Bluthänflingen (72 Funde). – *Presence in winter (December – February) of Common Linnets present in Germany during the breeding season (72 recoveries).*

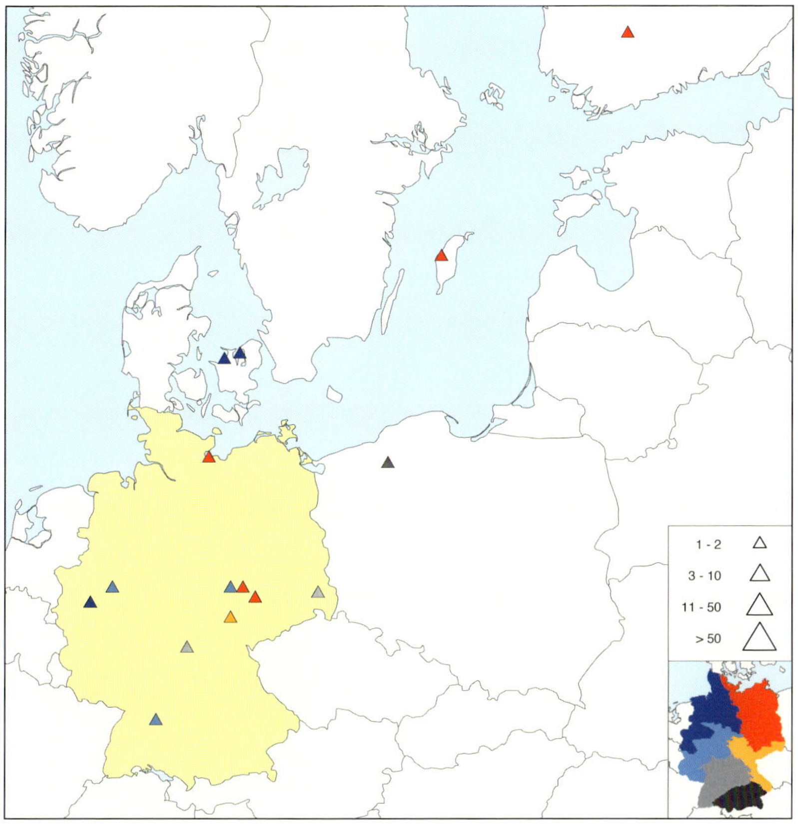

Abb. 6: Aufenthaltsorte zur Brutzeit von im Winter (Dezember – Februar) in Deutschland anwesenden Bluthänflingen (15 Funde). – *Presence during the breeding season of Common Linnets present in Germany in winter (December – February, 15 recoveries).*

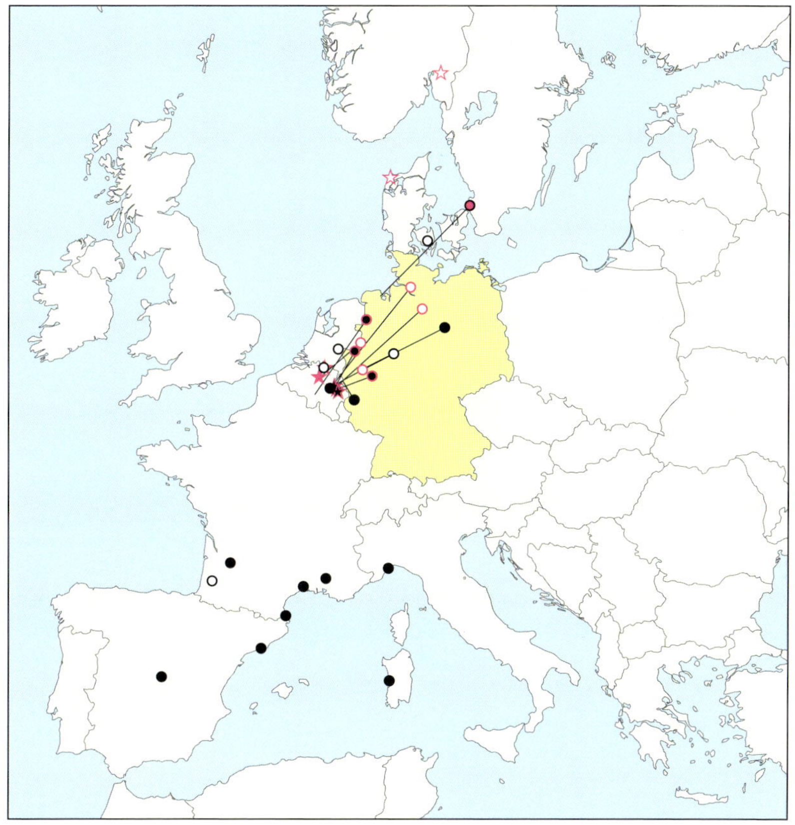

Abb. 7: Frühjahrszug (März – April) von in Deutschland zur Brutzeit (16 Funde) oder von März bis April (16 Funde) anwesenden Bluthänflingen. – *Spring migration (March – April) of Common Linnets present in Germany during the breeding season (16 recoveries) or from March to April (16 recoveries).*

***Summary:** The Common Linnet breeding population with its 125,000 – 235,000 bp is distributed all over Germany, but showing a very strong decline during the last decades. Most Common Linnets in Germany are short-distance migrants with a small proportion of birds wintering locally. Autumn migration takes place mainly from August to November, spring migration from early March to early May. Mid-winter movements do occur. Common Linnets ringed in Germany and recovered abroad were mainly found in Belgium, France, Spain and N Italy. Foreign recoveries in Germany are from Fennoscandia, Belgium, The Netherlands and Switzerland. On autumn migration, Common Linnets ringed the breeding season or on migration move to the SW with great constancy, while some birds from S Germany also migrate S to N Italy. German breeding birds winter either locally or as far south as S France and Spain, with an exceptional bird migrating to Bulgaria. Common Linnets found in Germany during winter are either local breeders or originating from Fennoscandia or Poland. Spring migration follows exactly the reverse direction of autumn migration.*

Berghänfling *Carduelis flavirostris*

Twite

Beringungen nach 1945:	106.053
Funde > 10 km nach 1945:	2589/2215
Wiederfundquote (Fernfunde nach 1945):	2,1 %
Funde > 10 km seit 1901:	2589/2215
Funde fremder Beringungszentralen:	416/398
Höchstalter:	8 J, 8 M*
Weiteste Entfernung:	1921 km

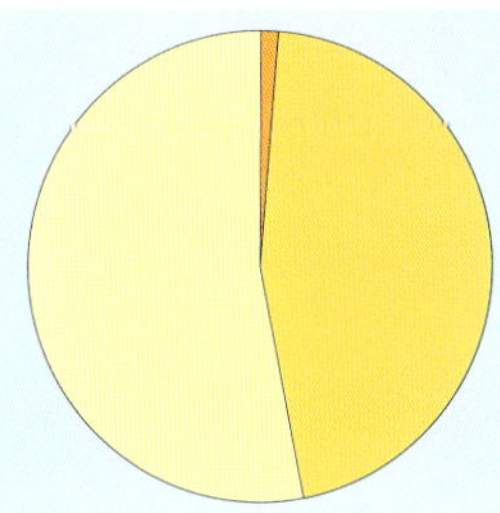

Verbreitung und Status: Berghänflinge brüten in den Gebirgen Zentral- und W-Asiens sowie in Europa in Großbritannien, Irland (Unterart *C. f. pipilans*) und in den Tundren Fennoskandiens und NW-Russlands (Nominatform).
In Deutschland ist der Berghänfling von Oktober bis März ein Durchzügler und Wintergast. Das Gros der Berghänflinge wird dabei sowohl auf dem Zug als auch im Winter in den Salzwiesen des Wattenmeeres festgestellt. Deutlich seltener ist der Berghänfling bereits an der deutschen Ostseeküste. Im Binnenland kommt er regelmäßig im NW- und NE-deutschen Tiefland vor, südlich davon nur ausnahmsweise. Die Bestände haben seit den 1970er Jahren deutlich abgenommen, für Ende der 1990er Jahre wurde der deutsche Winterbestand mit 21.950 – 45.575 Ind. veranschlagt (Dierschke 2001). Seitdem sind die Bestände weiterhin deutlich rückläufig (Dierschke 2009, Hüppop et al. 2013).

Wanderungen: Durch die hohe Beringungsaktivität in einem gesonderten Programm mit fast über den gesamten Zugweg verteilten Berghänfling-Fangstationen (Bub & de Vries 1973) sind die Zugwege dieser Art sehr gut bekannt. Die in

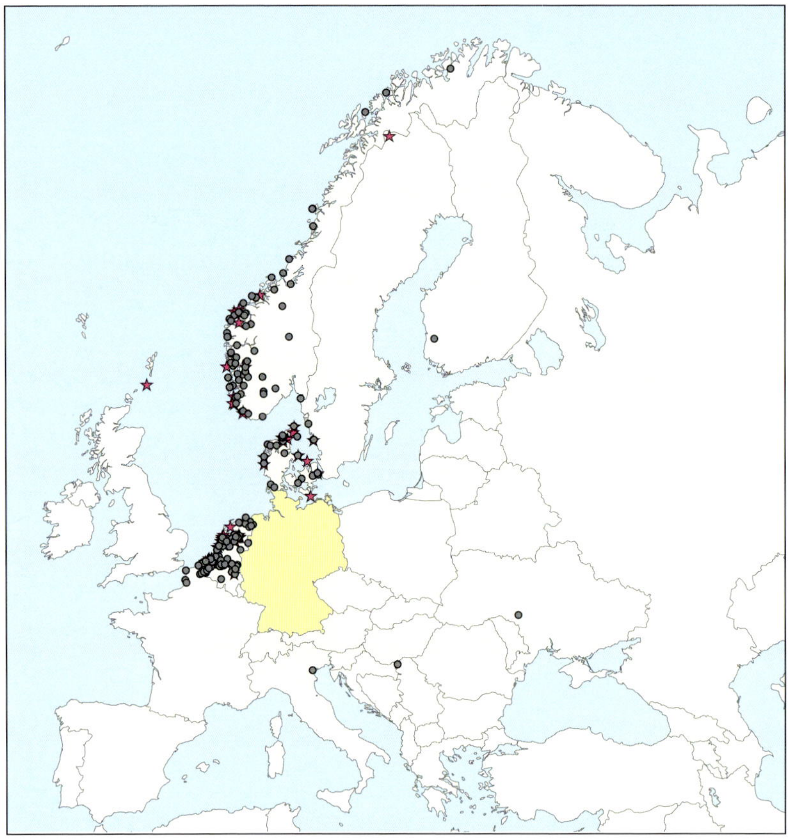

Abb. 1: Fundorte von in Deutschland beringten (434 Funde) und ausländische Beringungsorte von in Deutschland gefundenen (416 Funde) Berghänflingen. – *Foreign recovery sites of Twites ringed in Germany (434 recoveries) and foreign ringing sites of birds recovered in Germany (416 recoveries).*

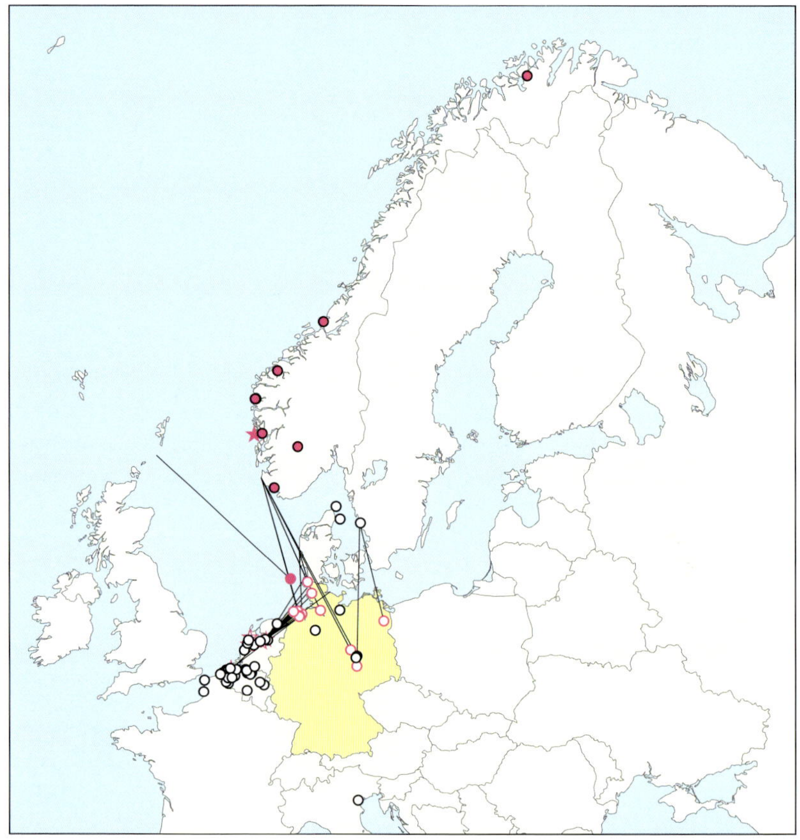

Abb. 2: Herbstzug (September – November) von in Deutschland von September bis November anwesenden Berghänflingen (101 Funde). – *Autumn migration (September – November) of Twites present in Germany from September to November (101 recoveries).*

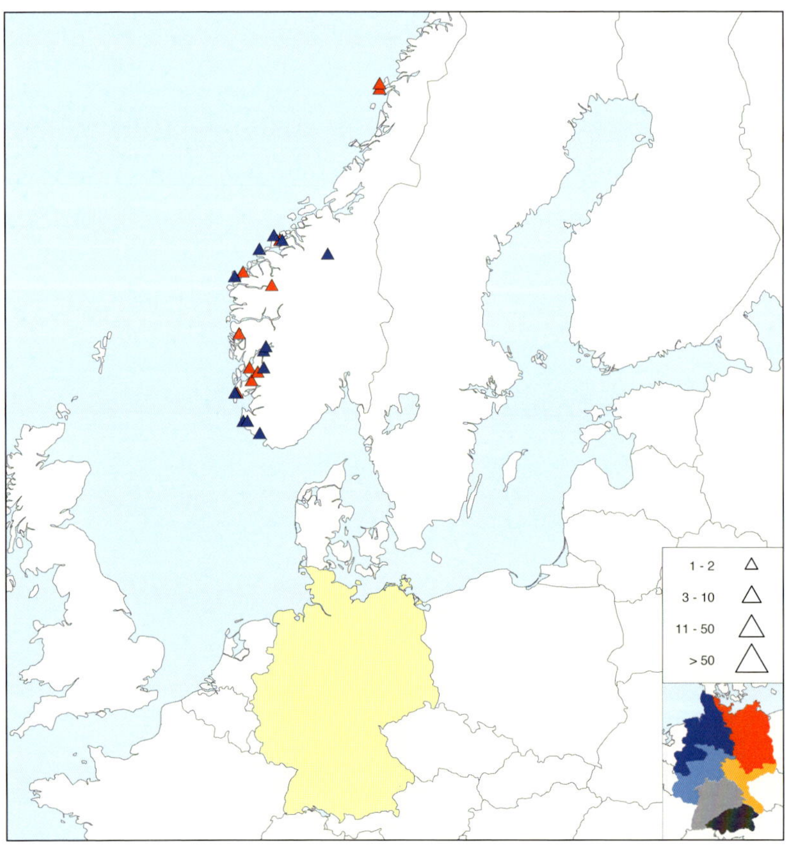

Abb. 3: Aufenthaltsorte zur Brutzeit von im Winter (Dezember – Februar) in Deutschland anwesenden Berghänflingen (23 Funde). – *Presence during the breeding season of Twites present in Germany in winter (December – February, 23 recoveries).*

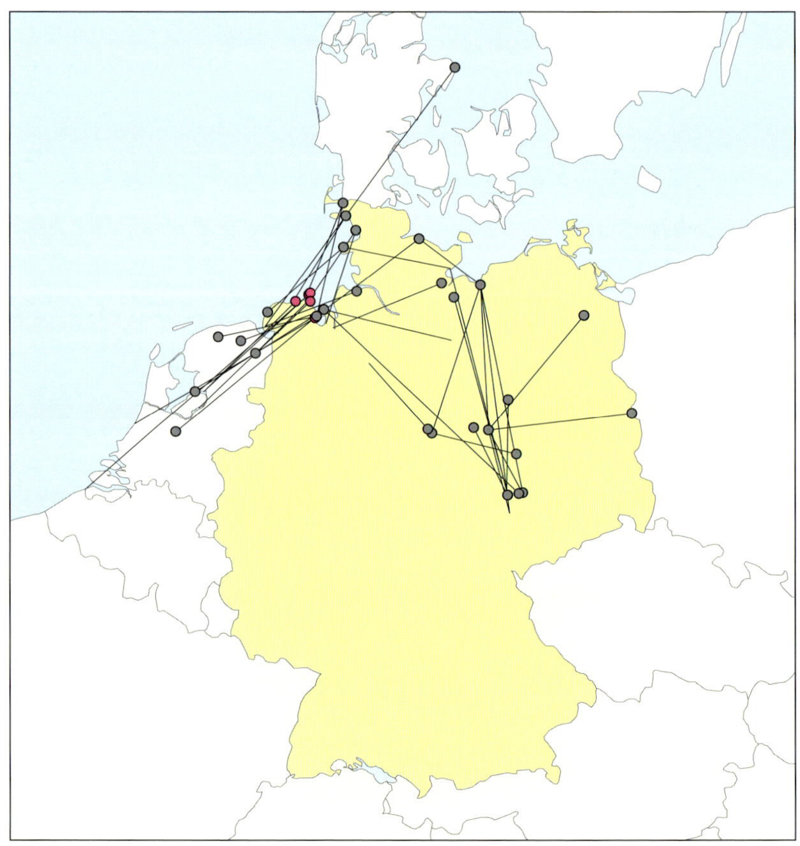

Abb. 4: Ortswechsel > 100 km von Berghänflingen innerhalb desselben Winters (Dezember – Februar, 40 Funde). – *Movements of > 100 km of Twites within the same winter (December – February, 40 recoveries).*

Dies spricht für die These, dass Grauammern umso mehr dazu tendieren, in den Brutgebieten ganzjährig auszuharren, je weiter im N sie brüten (Tischler 1918, Zink 1985). Beim einzigen Fund auf dem Frühjahrszug handelt es sich um einen Vogel, der im März 1932 in der N-Schweiz beringt und ca. vier Wochen später in Baden-Württemberg gefunden wurde.

Summary: *Corn Bunting is patchily distributed across Germany and the majority of the 25,000–44,000 bp is found in the NE. The species is a partial migrant, with non-resident birds leaving the breeding grounds from September to November. Spring migration lasts from February to early May. Long-distance recoveries are scattered around the SW stemming mainly from S France. On autumn migration, Corn Buntings generally seem to migrate to the SW, and birds found at the N Italian coast may have moved to France first before migrating due E. There is only one recovery during spring migration of a bird ringed in Switzerland. The fact that winter recoveries are mainly from local birds in NE Germany, whereas birds from SW Germany migrate to France and Spain, supports the hypothesis that the proportion of migrants is lower in the breeding populations further N.*

Goldammer *Emberiza citrinella*
Yellowhammer

Beringungen nach 1945:	174.861
Funde > 10 km nach 1945:	243/237
Wiederfundquote (Fernfunde nach 1945):	0,1 %
Funde > 10 km seit 1901:	268/262
Funde fremder Beringungszentralen:	31/31
Höchstalter:	16 J, 10 M
Weiteste Entfernung:	2018 km

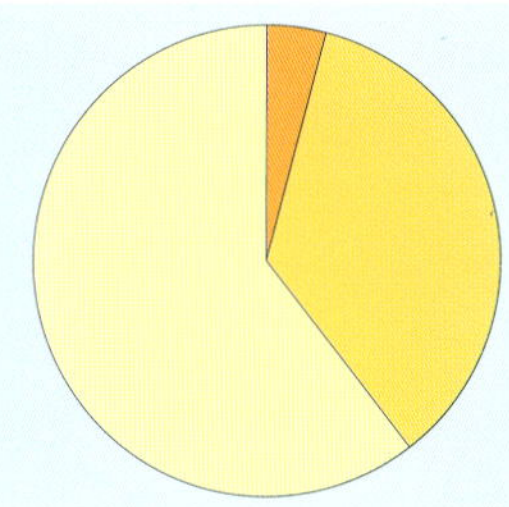

Verbreitung und Status: Die Goldammer brütet in fast ganz Europa, lediglich der äußerste S und N werden nicht besiedelt. Im E kommt sie bis nach Zentralsibirien vor. Je nach Herkunft sind Goldammern Standvögel oder Teilzieher, die im Verbreitungsgebiet der Art sowie im Mittelmeerraum und im Nahen Osten überwintern. N-Afrika wird nur ausnahmsweise erreicht. Einzelne Individuen harren im N bis zum Polarkreis ganzjährig aus.
Die Goldammer ist in Deutschland häufig in offenen Landschaften von den Niederungen bis auf über 1100 m in den Alpen zu finden. Wie bei vielen Arten der

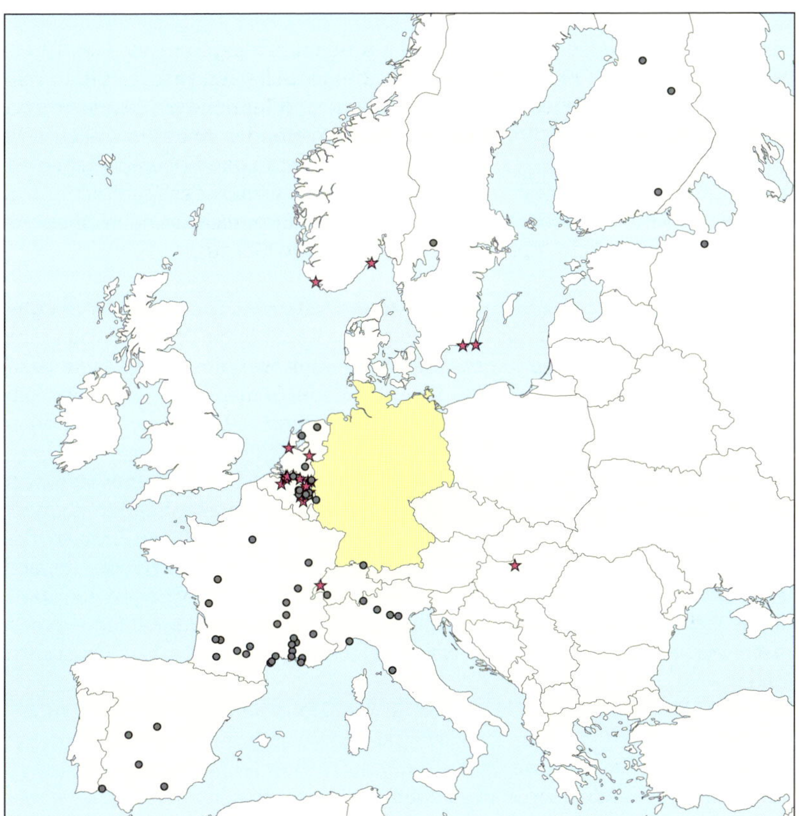

Abb. 1: Fundorte von in Deutschland beringten (57 Funde) und ausländische Beringungsorte von in Deutschland gefundenen (31 Funde) Goldammern. – *Foreign recovery sites of Yellowhammers ringed in Germany (57 recoveries) and foreign ringing sites of birds recovered in Germany (31 recoveries).*

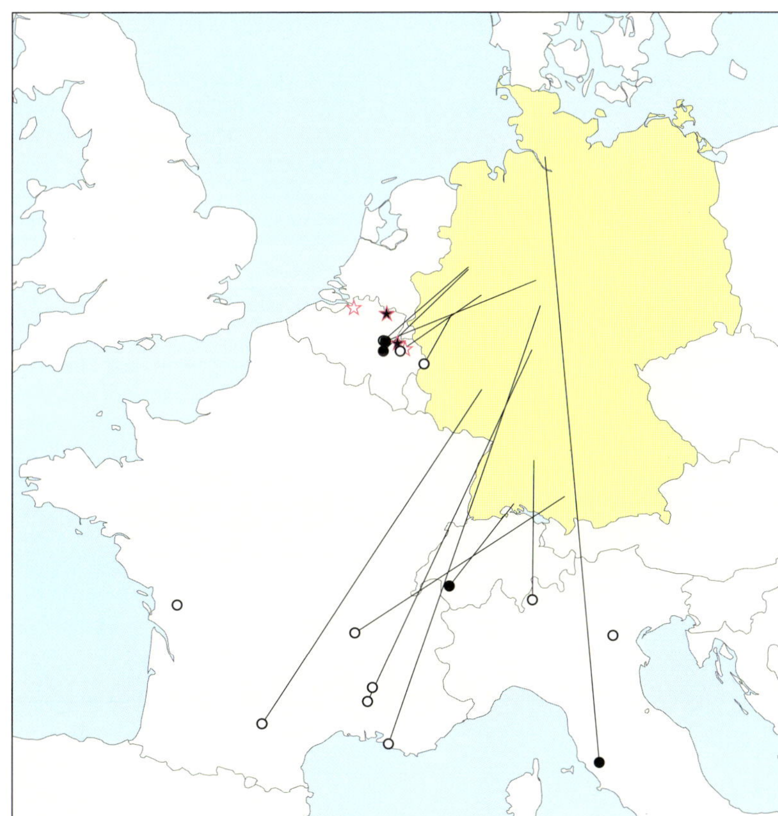

Abb. 2: Herbstzug (September – November) von in Deutschland zur Brutzeit (6 Funde) oder von September bis November anwesenden Goldammern (13 Funde). – *Autumn migration (September – November) of Yellowhammers present in Germany during the breeding season (6 recoveries) or from September to November (13 recoveries).*

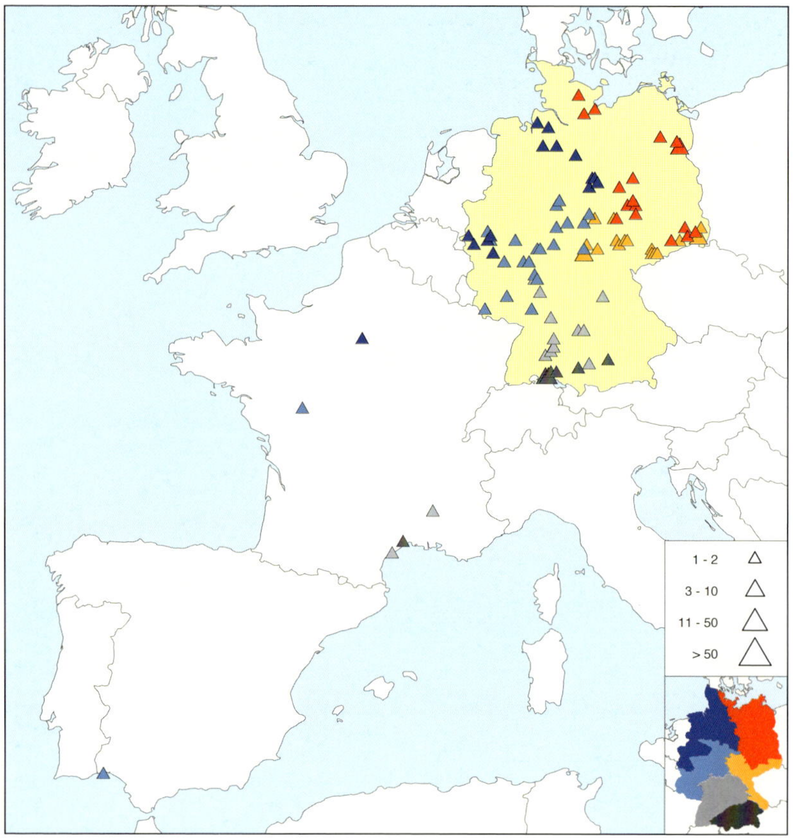

Abb. 3: Aufenthaltsorte im Winter (Dezember – Februar) von in Deutschland zur Brutzeit anwesenden Goldammern (112 Funde). – *Presence in winter (December – February) of Yellowhammers present in Germany during the breeding season (112 recoveries).*

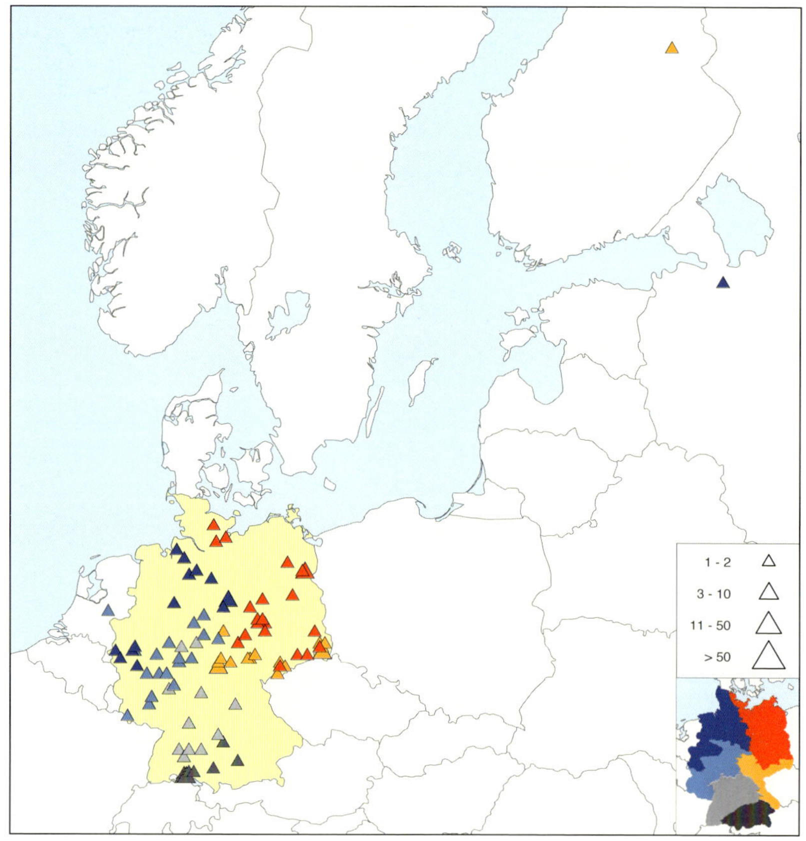

Abb. 4: Aufenthaltsorte zur Brutzeit von im Winter (Dezember – Februar) in Deutschland anwesenden Goldammern (111 Funde). – *Presence during the breeding season of Yellowhammers present in Germany in winter (December – February, 111 recoveries).*

Agrarlandschaft ist auch ihr Bestand in den letzten Jahren zurückgegangen und liegt gegenwärtig bei 1.250.000 – 1.850.000 BP. Einheimische Goldammern sind Teilzieher mit einem hohen Anteil an Jahresvögeln. Der Herbstzug setzt im September ein, erreicht seinen Höhepunkt im Oktober und klingt Ende November langsam aus. Gelegentlich invasionsartig in Erscheinung tretende Wetterfluchten kommen bei Kälteeinbrüchen vor. Deutlicher Frühjahrszug ist in S-Deutschland bereits ab Ende Januar zu beobachten und hält bis in den April hinein an. Zwischen 1975 und 1997 hat sich der Median des Herbstzugs in SW-Deutschland etwa vier Tage verspätet (Gatter 2000).

Wanderungen: Die meisten Wiederfunde von in Deutschland beringten Goldammern liegen aus Belgien und Frankreich vor, einige auch aus Spanien und N-Italien (Abb. 1). Die am weitesten entfernten Funde stammen aus Finnland und NW-Russland, obwohl sonst nur wenige Funde nach Fennoskandien weisen. Dies ist vermutlich darauf zurückzuführen, dass selbst skandinavische Goldammern keine ausgeprägte Zugneigung zeigen (Bakken et al. 2006, Fransson & Hall-Karlsson 2008).

Generell wandern die meisten ziehenden Goldammern aus Mittel- und N-Europa nach SW (Zink 1985). Dementsprechend weisen die relativ wenigen direkten Funde von einheimischen Vögeln sowie von solchen, die zur Zugzeit beringt wurden, auf dem Herbstzug nach WSW bis SW (Abb. 2). Einen Vogel führte der direkte Zug nach S von Hamburg nach Mittelitalien (Abb. 2). Ob er dabei die Alpen überquert oder umflogen hat, muss offen bleiben. Bei einem Vogel, der im September in S-Deutschland beringt und fünf Wochen später in N-Italien gefunden wurde, ist die Überquerung des Gebirges wahrscheinlich. Goldammern, die im Herbst durch Deutschland ziehen, scheinen nicht weiter als bis S-Frankreich zu gelangen. Zur Herkunft der Durchzügler gibt es keine Belege (Abb. 2). Eine im Oktober in S-Schweden beringte Goldammer befand sich jedoch im folgenden Februar in Brandenburg und ähnliche Funde liegen von in S-Norwegen beringten Vögeln vor. Nachweise S-fennoskandischer und estnischer Goldammern in Dänemark (Bønløkke et al. 2006) sowie einer in der Schweiz beringten Goldammer im Baltikum (Maumary et al. 2007) deuten auch für Deutschland den fennoskandischen und NE-europäischen Ursprung der Durchzügler an (Abb. 1).

Der weitaus größte Teil der Winterfunde einheimischer Brutvögel stammt aus der Nähe der Brutgebiete, was die geringe Zugneigung der Goldammer belegt. Es liegen allerdings auch Nachweise von Überwinterungen in Frankreich und einmal, 1934, in S-Spanien vor (Abb. 3). Drei Vögel aus dem N Deutschlands hielten sich im Ausland im Winter weiter im NW auf als drei Vögel aus den südlichen Landesteilen. Für eine abschließende Aussage zur Lage der Überwinterungsgebiete ziehender Vögel in Abhängigkeit von der naturräumlichen Herkunft reicht die Zahl der Funde aber nicht aus.

In Deutschland selbst wurde nur dreimal die Überwinterung fremder Brutvögel nachgewiesen. Sie stammen je einmal aus den Niederlanden, Finnland und NE-Russland (Abb. 4). Nach Fransson & Hall-Karlsson (2008) halten sich auch schwedische Goldammern im Winter in Deutschland auf. Bei einem Vogel, der im Dezember in Schweden beringt und etwas mehr als vier Jahre später im Februar in Sachsen tot aufgefunden wurde, liegt möglicherweise ein Winterquartierwechsel vor (siehe auch Zink 1985). Ähnliche Hinweise ergeben sich durch den Fund einer im Februar in Hamburg beringten und mehr als vier Jahre später im September in der S-spanischen Provinz Granada gefundenen Goldammer (Glutz v. Blotzheim & Bauer 1997) sowie eines im September in Ungarn beringten Vogels im Februar in S-Deutschland (Abb. 1). Der Fund des ungarischen Ringvogels könnte allerdings auch andeuten, dass einige Goldammern von Mitteleuropa nach SE ziehen, wie es für fennoskandische Vögel belegt ist (Zink 1985; Bakken et al. 2006, Fransson & Hall-Karlsson 2008).

Den teilweise ungerichteten Zug der Goldammer belegen zwei direkte innerdeutsche Funde zur Zeit des Frühjahrszuges, bei denen die betreffenden Vögel je einmal SE und einmal SW des Beringungsortes gefunden wurden. Ein belgischer Brutvogel befand sich während des Frühjahrszuges in Deutschland, wobei es sich aber nicht um eine direkte Verbindung handelte. Weitere Funde bestätigen die Ankunft von Brutvögeln wie Durchzüglern aus SW.

Summary: *Yellowhammer is a common and widespread breeding bird in Germany, but like many species of agricultural landscapes its population has massively declined in recent years and consists of 1,250,000 – 1,850,000 bp. Yellowhammer is a partial migrant with a high proportion of residents in Germany. Autumn migration lasts from September to November, spring migration from January to April. Yellowhammers ringed in Germany are mainly recovered in Belgium and France, but also in Spain, Italy, Finland, Russia and Hungary. Few direct recoveries indicate that migrants move towards WSW to S in autumn and return from the same directions. Most winter recoveries were made close to the breeding grounds, but some German birds spend the winter months in France and Spain. Those that stay near the breeding grounds may be joined by birds from The Netherlands, Finland and Russia.*

Zippammer *Emberiza cia*
Rock Bunting

Die Zippammer brütet in NW-Afrika, S-Europa und Kleinasien sowie in Gebirgsregionen in SW- und Zentralasien. In Deutschland erreicht die Zippammer die Nordgrenze ihres Verbreitungsgebietes. Sie kommt in felsigen, offenen Habitaten im Schwarzwald bis über 1000 m Höhe, sowie in den klimatisch begünstigten Regionen unter anderem an Mosel, Nahe, Rhein und Main (Schuphan 2011) zerstreut mit 320 – 550 BP vor. Die über viele Jahrzehnte abnehmenden Bestände verzeichnen seit etwa der Jahrtausendwende wieder Zunahmen. Zippammern sind Jahresvögel und Teilzieher, die im Verbreitungsgebiet der Art überwintern, zum Teil auch in Mitteleuropa und in der Nähe der Brutreviere (Schuphan 1972, Groh 1988). Einheimische Zieher verlassen die Brutgebiete im September und Oktober, um sie zwischen März und April erneut zu besetzen. Für die Schweiz gehen Maumary et al. (2007) davon aus, dass die meisten Zippammern Stand- oder „Strichvögel" sind, die vor allem höher gelegene Brutgebiete nach Schneefällen räumen. Auf diese Vertikalwanderungen könnten gelegentliche Winterbeobachtungen am Bodensee (Heine et al. 1999) zurückzuführen sein.

Zippammern gehören in Deutschland zu den selten beringten Arten. Daher liegen auch nur sechs Fernfunde vor, die ausnahmslos auf ein Beringungsprogramm bei Rüdesheim (Hessen) zurückgehen (Schuphan 1972). Sie zeigen, dass Zippammern dieser Population nach W bis SW ziehen und zumindest einige in Frankreich überwintern, wie dortige Funde im Dezember, Januar und Februar in bis zu 1023 km Entfernung zeigen (Abb. 1). Sie scheinen sich dabei etwas weiter im NW aufzuhalten als Zippammern aus der Schweiz, die zum Teil nach SE-Frankreich und N-Italien ziehen (Maumary et al. 2007, Spina & Volponi 2008b). Beobachtungen an farbberingten Vögeln zeigten jedoch auch, dass im Untersuchungsgebiet bei Rüdesheim einige lokale Vögel während des ganzen Winters ausharrten (Schuphan 1972).

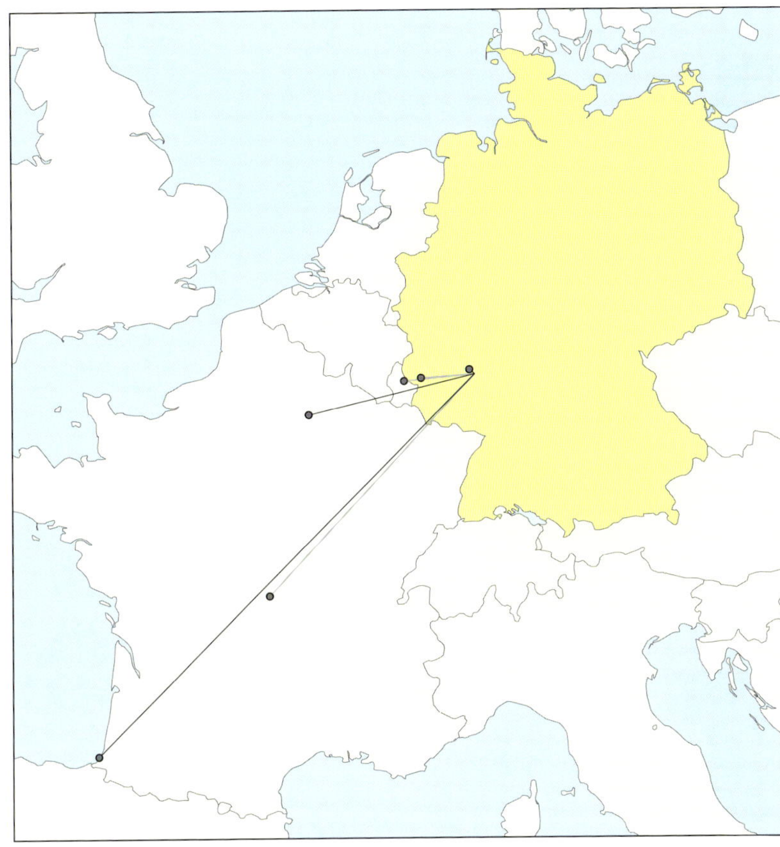

Abb. 1: Funde von Zippammmern mit Bezug zu Deutschland (6 Funde). – *Recoveries of Rock Buntings related to Germany (6 recoveries).*

Summary: *Rock Bunting reaches the northern limit of its breeding range in Germany, showing a recently increasing breeding population of 320 – 550 bp. There are only six long-distance recoveries of Rock Buntings ringed in Germany, all of them ringed near Rüdesheim (Hessen). The recoveries indicate that Rock Buntings from the Rhine valley either migrate towards the SW to spend the winter in France or stay relatively close to the breeding sites.*

Ortolan *Emberiza hortulana*
Ortolan Bunting

Der Ortolan brütet von der Iberischen Halbinsel bis zum Altai im E und bis etwa 66 °N in Fennoskandien, weist aber große Verbreitungslücken in Mitteleuropa auf. Als trans-Saharazieher überwintert der Ortolan größtenteils in Afrika zwischen etwa 7 °N und 21 °N, bevorzugt in Höhen zwischen 1000 m und 3000 m. Vereinzelt finden Überwinterungen auch im Mittelmeergebiet statt (Bairlein et al. 2009). In Deutschland ist der Ortolan vor allem im E verbreitet. In weiten Teilen Europas sind die Bestände in den letzten Jahrzehnten stark im Rückgang begriffen. In Deutschland haben sie allerdings in den letzten Jahren wieder zugenommen bei gegenwärtig 10.500 – 16.000 BP. Der Herbstzug macht sich vor allem von Mitte August bis Ende September, der Frühjahrszug von Ende April bis Anfang Juni bemerkbar. In SW-Deutschland hat sich der Herbstzugsmedian zwischen 1970 und 1997 um vier bis fünf Tage verspätet (Gatter 2000).

Der in der Regel nach SW gerichtete Zug N-, E- und mitteleuropäischer Populationen (Zink 1985, Bairlein et al. 2009) endet für viele Ortolane aufgrund des dortigen Jagddrucks bereits in SW-Frankreich (Tucker & Heath 1994, Bakken et al. 2006). Diesem fiel auch einer der drei in Deutschland beringten Ortolane, von denen Fernfunde vorliegen, zum Opfer (Abb. 1). Die andern beiden Vögel wurden ebenfalls in SW-Frankreich gefangen. Sie deuten, wie die Funde anderer Beringungszentralen, darauf hin, dass mitteleuropäische Ortolane ebenso wie solche aus N- und NE-Europa die Sahara an ihrem Westrand umfliegen (Zink 1985, Bairlein et al. 2009). Aus dem Überwinterungsgebiet liegen weder deutsche noch Ringfunde anderer Beringungszentralen vor (Bairlein et al. 2009). Ein auf dem Herbstzug 2005 in Belgien beringter Ortolan machte im darauffolgenden Mai auf dem Weg in sein mutmaßliches fennoskandisches Brutgebiet auf Helgoland Rast (Abb. 1).

Summary: *Ortolan Bunting breeds from the Iberian Peninsula to the Altai in the E, but after severe decreases is now patchily distributed over C Europe. It is a long-distance migrant spending the non-breeding season in sub-Saharan Africa. In Germany, Ortolan Bunting population consists of 10,500 – 16,000 bp, now mainly found in the E of the country where the population has been increasing in recent years. Three long-distance recoveries are available from birds ringed in Germany, all of them obtained from SW France. One bird ringed in Belgium was observed on Helgoland during the following spring migration. These observations are in line with the general SW migration of Ortolan Buntings as revealed by foreign-ringed birds.*

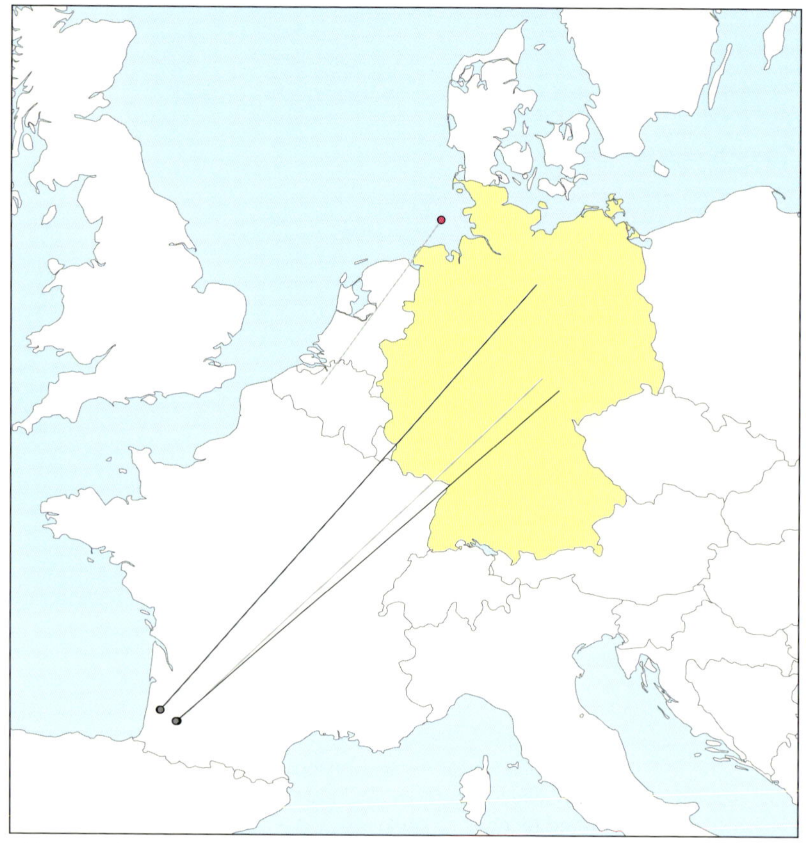

Abb. 1: Funde von Ortolanen mit Bezug zu Deutschland (5 Funde). – *Recoveries of Ortolan Buntings related to Germany (5 recoveries).*

Rohrammer *Emberiza schoeniclus*
Reed Bunting

Beringungen nach 1945:	501.263
Funde > 10 km nach 1945:	2753/2507
Wiederfundquote (Fernfunde nach 1945):	0,5 %
Funde > 10 km seit 1901:	2758/2516
Funde fremder Beringungszentralen:	748/685
Höchstalter:	8 J
Weiteste Entfernung:	2361 km

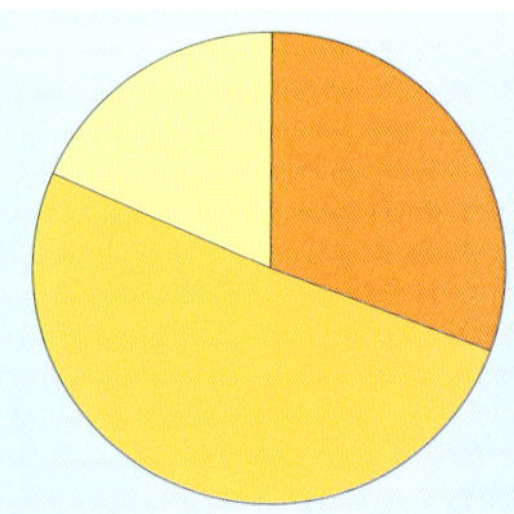

Verbreitung und Status: Das geschlossene Brutgebiet der mit verschiedenen Unterarten paläarktisch verbreiteten Rohrammer erstreckt sich von W-, Mittel- und N-Europa bis zum Jenissej im E und diskontinuierlich weiter bis Kamtschatka. In SE-Europa, Marokko und in Kleinasien kommt die Rohrammer lückig in geeigneten Habitaten vor. Hier ist sie weitgehend Jahresvogel, während Populationen im N überwiegend in Gebiete mit einer durchschnittlichen Januartemperatur von über 0 °C ziehen (Prŷs-Jones 1984). Die Überwinterungsgebiete liegen bereits in S-Fennoskandien, in Mittel- und W-Europa sowie im gesamten Mittelmeerraum einschließlich N-Afrikas. In Deutschland ist die Rohrammer in allen Landesteilen in verlandenden Röhrichten und feuchten Standorten mit krautiger Vegetation häufiger Brutvogel, zu denen sich zur Zugzeit und im Winter Artgenossen aus N- und NE-Europa gesellen. Die Bestände weisen seit etwa der Jahrtausendwende einen moderat abnehmenden Trend auf und belaufen sich derzeit auf 140.000 – 245.000 BP. Einheimische Rohrammern sind Teilzieher, wobei die Mehrzahl die Brutgebiete räumt. Der Anteil der Überwinterer, hauptsächlich Männchen, scheint zuzunehmen, schwankt aber in S-Deutschland witterungsbedingt stark (Heine et al. 1999). Der Herbstzug setzt ab September ein, gipfelt im Oktober und klingt im November ab. Im Frühjahr sind ziehende Rohr-

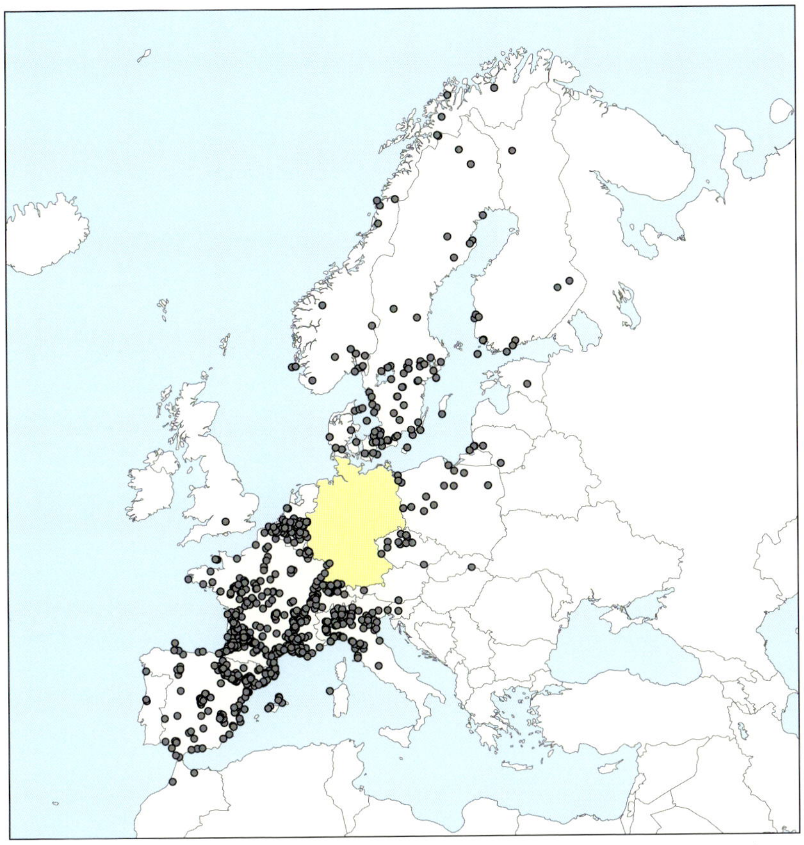

Abb. 1: Fundorte im Ausland von in Deutschland beringten Rohrammern (1820 Funde). – *Foreign recovery sites of Reed Buntings ringed in Germany (1820 recoveries).*

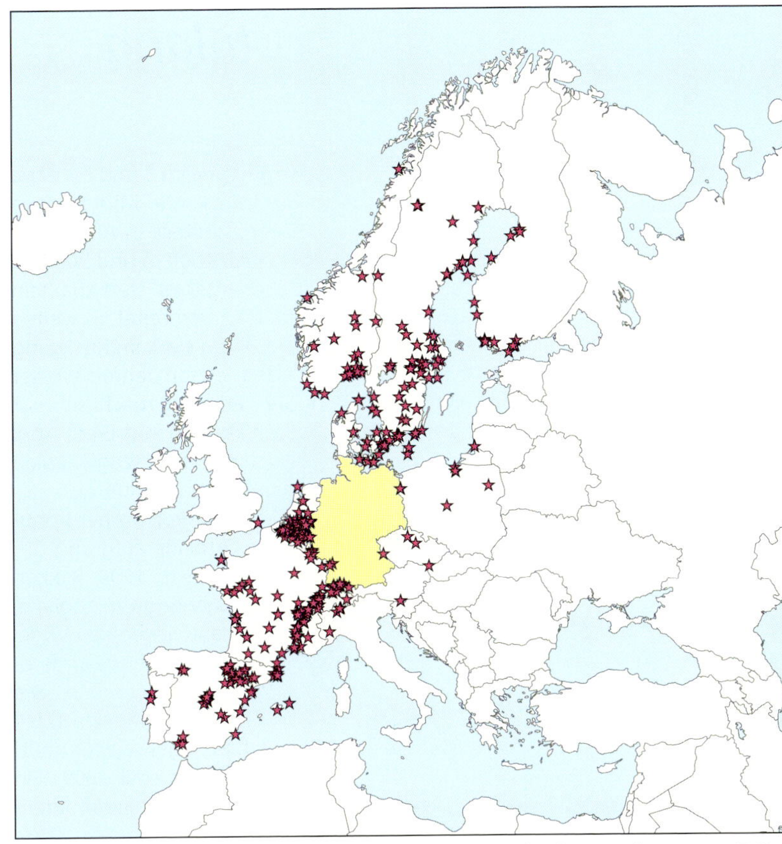

Abb. 2: Beringungsorte im Ausland von in Deutschland gefundenen Rohrammern (748 Funde). – *Foreign ringing sites of Reed Buntings recovered in Germany (748 recoveries).*

ammern ab Ende Februar und bis zur Monatswende April/Mai zu beobachten, in N-Deutschland etwas länger. In Sachsen hat sich die Erstankunft im Frühjahr zwischen 1967 und 2011 um 14 Tage verfrüht (Ernst 2013). Eine deutliche Verfrühung des Herbstzugs, wie in der Schweiz (Maumary et al. 2007), konnte allerdings in SW-Deutschland nicht festgestellt werden (Gatter 2000).

Wanderungen: Fundorte von in Deutschland beringten Rohrammern sowie Beringungsorte im Ausland von Rohrammern, die in Deutschland gefunden wurden, liegen auf einem von NE nach SW ausgerichteten Korridor, der sich vom N Fennoskandiens bis nach N-Marokko erstreckt (Abb. 1, 2). Deutschland nimmt damit eine zentrale Stellung im nach SW gerichteten Zugsystem N- und mitteleuropäischer Rohrammern ein (Zink 1985). Die weitesten Funde im E liegen etwa auf einer Linie, die die Slowakei mit SE-Finnland verbindet.
Im Herbst ziehen einheimische Rohrammern parallel nach SW und überschneiden sich zunächst in ihren Zugwegen kaum (Abb. 3). Rohrammern aus dem NW-deutschen Tiefland gelangen dadurch nach Belgien und nach NW-Frankreich. Einige Rohrammern aus dem NE-deutschen Tiefland, vor allem solche aus dem S dieser Region, ziehen zusätzlich nach SE-Frankreich und N-Italien. Diese Ziele überwiegen bei Rohrammern aus den südlichen Landesteilen (Abb. 4). Eine große Zahl während des Herbstzugs beringter Rohrammern belegt, dass Brutvögel aus Fennoskandien, dem Baltikum und Polen Deutschland auf ihrem Weg in die SW- und S-europäischen Überwinterungsgebiete durchqueren und dabei bis S-Spanien gelangen (Abb. 4).
Wie schon die Herbstzugsfunde andeuten unterscheiden sich auch die Überwinterungsgebiete einheimischer Rohrammern nach ihrer naturräumlichen Herkunft (Abb. 5). So stammen die relativ vielen Winterfunde im äußersten SW Frankreichs fast ausschließlich von Rohrammern, die im NW-deutschen Tiefland beringt wurden. In SE-Frankreich und in N-Italien finden sich dagegen Brutvögel aus den östlichen und südlichen Landesteilen. Eine ähnliche parallele Verschiebung der Überwinterungsgebiete zeigt der Vergleich zwischen W- und E-fennoskandischen (Zink 1985) sowie zwischen tschechischen und slowakischen Rohrammern (Cepák et al. 2008). In Spanien scheinen sich die Überwinterer allerdings gleichmäßig zu verteilen. Funde in Marokko, wobei es sich allerdings nicht sicher um einheimische Brutvögel handelt, zeigen, dass Rohrammern von Mitteleuropa aus N-Afrika erreichen (Abb. 1, siehe auch Zink 1985, Maumary et

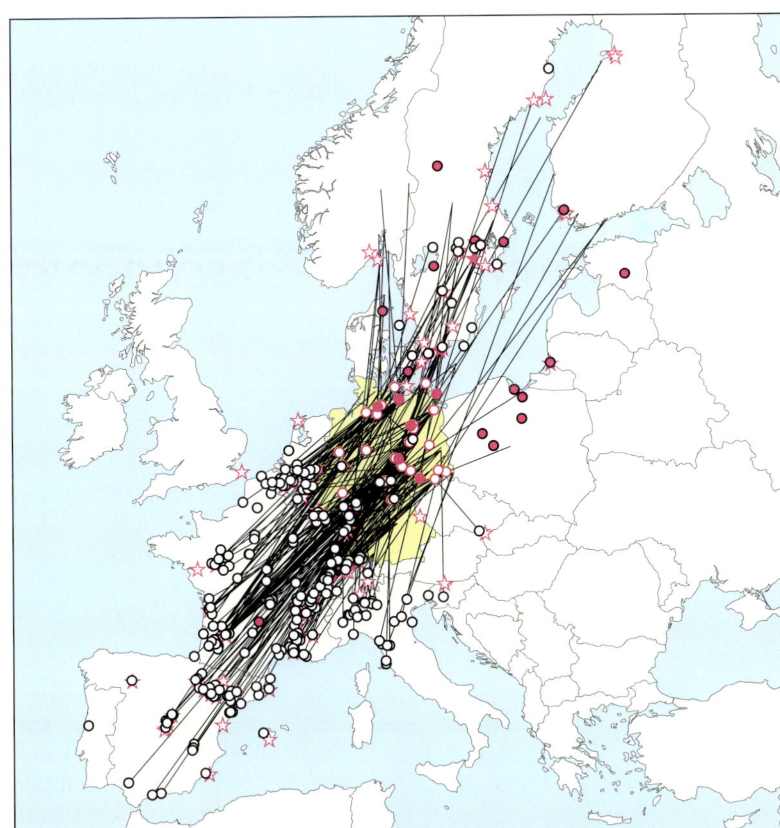

Abb. 4: Herbstzug (September – November) von in Deutschland von September bis November anwesenden Rohrammern (804 Funde). – *Autumn migration (September – November) of Reed Buntings present in Germany from September to November (804 recoveries).*

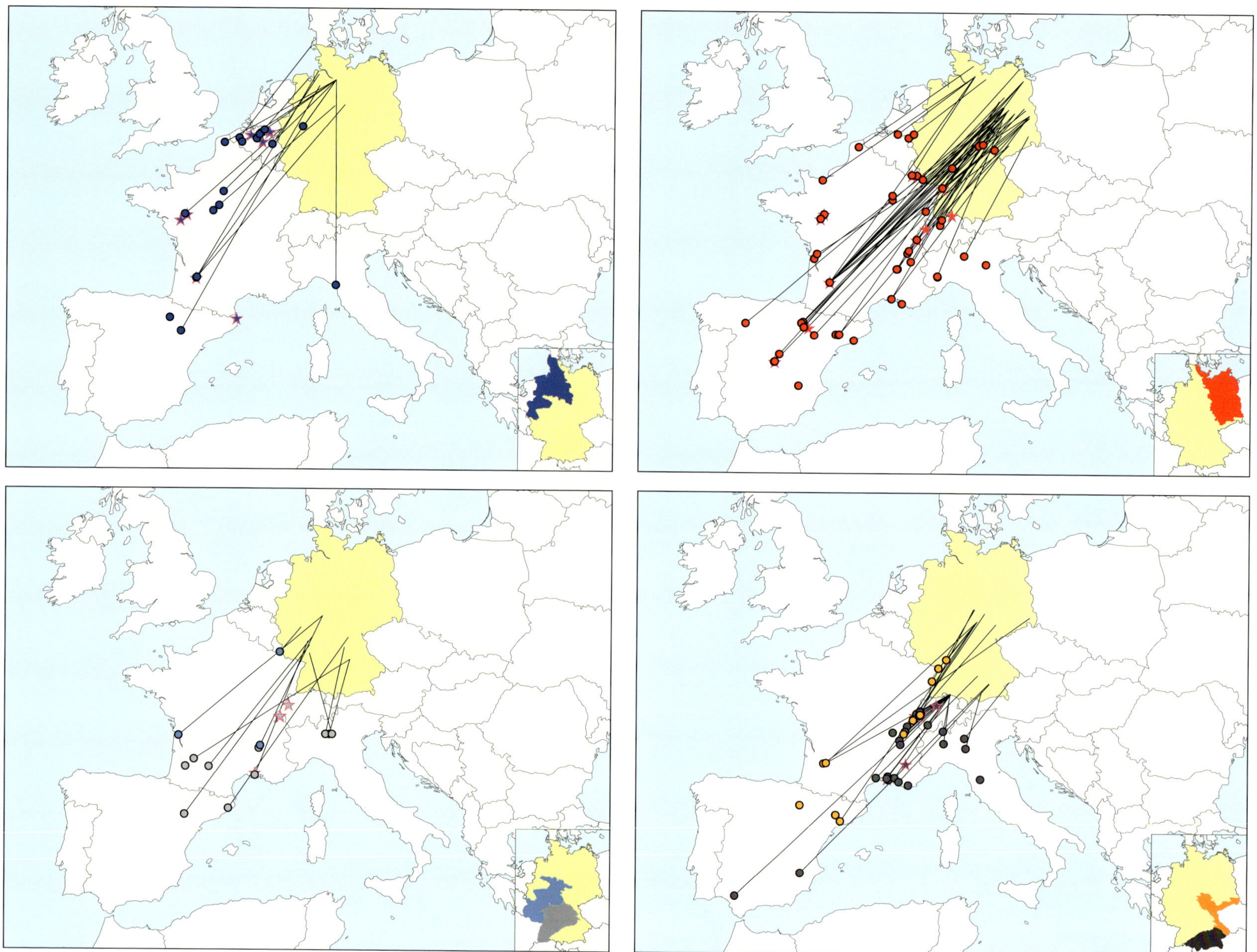

Abb. 3: Herbstzug (September – November) von in Deutschland zur Brutzeit anwesenden Rohrammern (215 Funde). – *Autumn migration (September – November) of Reed Buntings present in Germany during the breeding season (215 recoveries).*

al. 2007). Aus Deutschland selbst liegen nur wenige Winterfunde vor (Abb. 6). Sie stammen zum einen von Vögeln, die mehr oder weniger lokal ausharren, belegen aber auch Aufenthalte dänischer, schwedischer und finnischer Brutvögel in den nördlichen Landesteilen.

Im Frühjahr erreichen einheimische Vögel ihre Brutreviere von S-Frankreich und Italien her (Abb. 7). Dass der Zug der Rohrammern aber auch komplexer verlaufen kann zeigt ein Vogel, der nestjung in Sachsen-Anhalt beringt wurde und der im April des nächsten Jahres ca. 780 km weiter östlich von einem Beringer in der Slowakei kontrolliert wurde. Ob es sich hierbei um einen SE-Zieher oder um eine Fernansiedlung handelte, muss offen bleiben. Das Gleiche gilt für einen im April auf Öland beringten Vogel, der im Juni des darauffolgenden Jahres in Brandenburg gefunden wurde. Direkte Funde von in Deutschland zur Zugzeit beringten Rohrammern belegen wiederum, dass fennoskandische und baltische Brutvögel in großer Zahl durch Deutschland ziehen (Abb. 8).

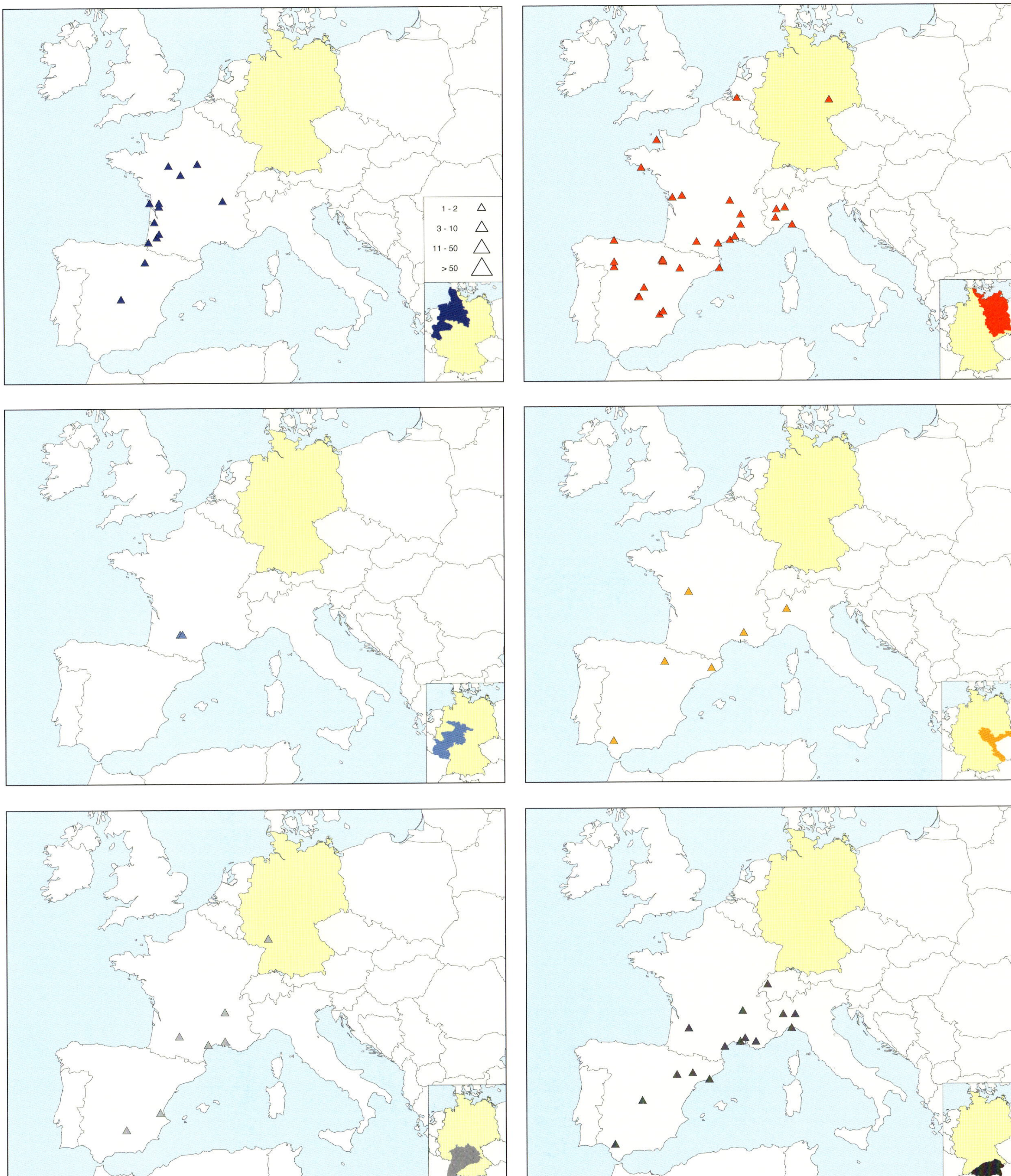

Abb. 5: Aufenthaltsorte im Winter (Dezember – Februar) von in Deutschland zur Brutzeit anwesenden Rohrammern (78 Funde). – *Presence in winter (December – February) of Reed Buntings present in Germany during the breeding season (78 recoveries).*

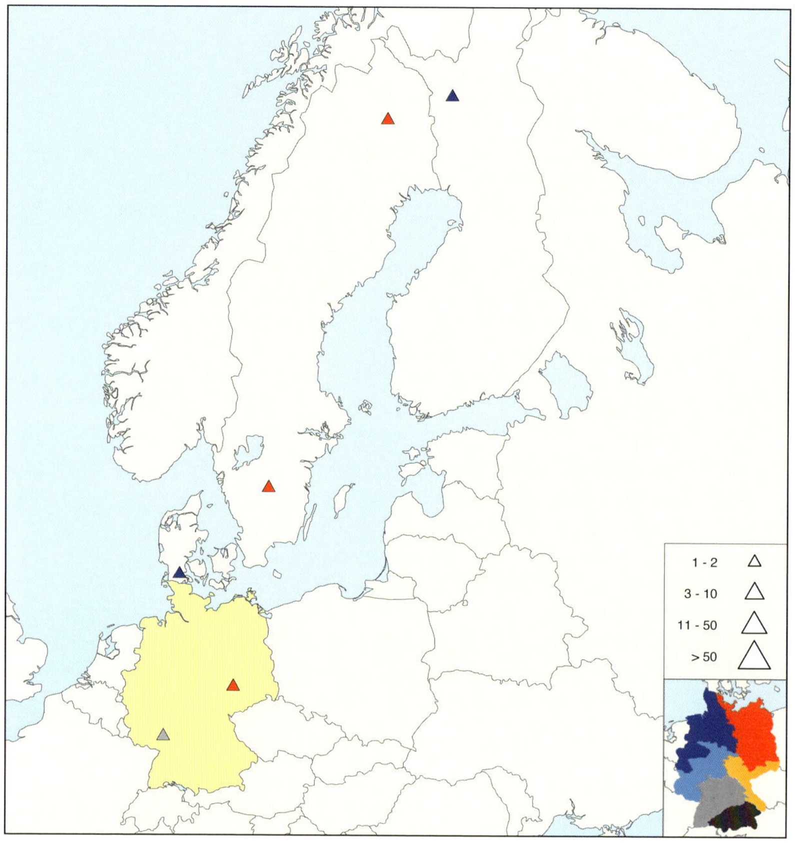

Abb. 6: Aufenthaltsorte zur Brutzeit von im Winter (Dezember – Februar) in Deutschland anwesenden Rohrammern (6 Funde). – *Presence during the breeding season of Reed Buntings present in Germany in winter (December – February, 6 recoveries).*

***Summary:** Reed Bunting is a common and widespread breeding species in Germany with an estimated population of 140,000 – 245,000 bp. It is a partial migrant with a high proportion of birds leaving the breeding areas. Autumn migration starts in September, peaks in October and ceases in November. Spring migration lasts from late February to May. Ring recoveries related to Germany are found in a relatively narrow NE – SW corridor from N Fennoscandia to Morocco. On autumn migration, German breeding birds head SW in more or less parallel migration corridors. The relatively high number of recoveries of birds ringed during autumn migration indicates that Reed Buntings from Fennoscandia and the Baltic cross Germany on the way to their SW European winter quarters. Spring migration is basically a reversal of autumn migration. Winter quarters of German Reed Buntings tend to be segregated by origin and are found in N Italy, France and Spain. Some of them also winter in Germany where they are accompanied by a few birds from countries such as Denmark, Sweden and Finland.*

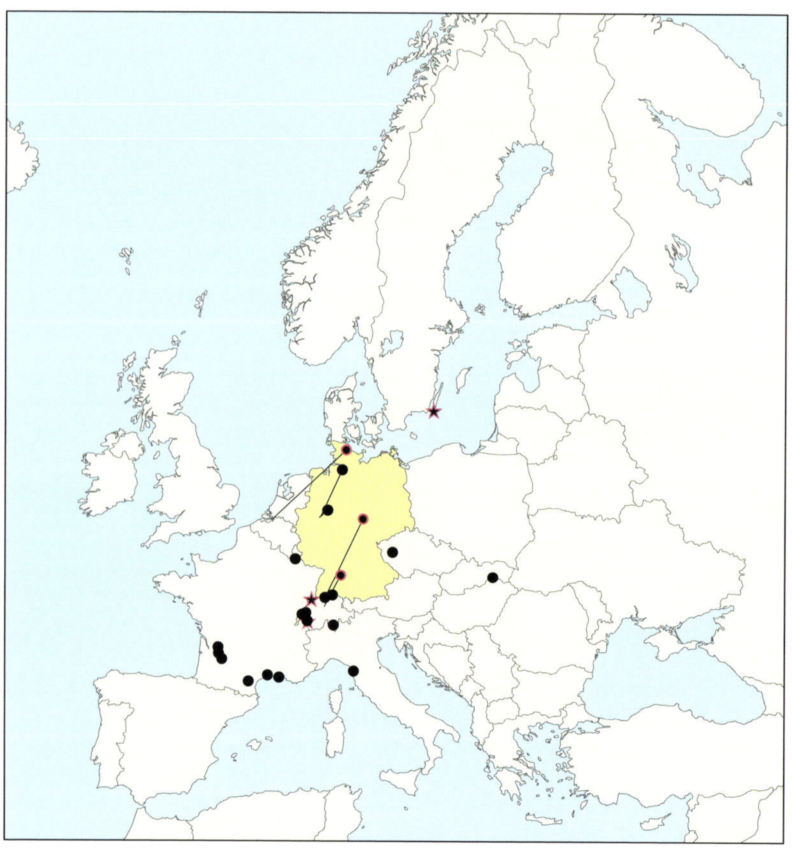

Abb. 7: Frühjahrszug (März – April) von in Deutschland zur Brutzeit anwesenden Rohrammern (27 Funde). – *Spring migration (March – April) of Reed Buntings present in Germany during the breeding season (27 recoveries).*

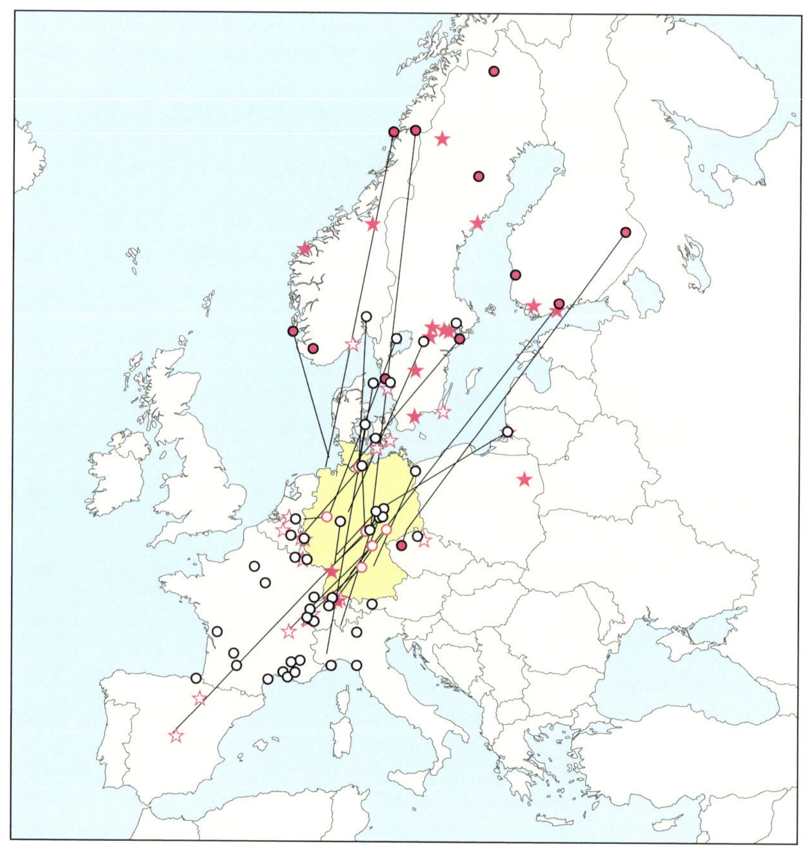

Abb. 8: Frühjahrszug (März – April) von in Deutschland von März bis April anwesenden Rohrammern (111 Funde). – *Spring migration of Reed Buntings present in Germany from March to April (111 recoveries).*

Literatur

Aarvak T, Øien IJ 2003: Moult and autumn migration of non-breeding Fennoscandian Lesser White-fronted Geese *Anser erythropus* mapped by satellite telemetry. Bird Conserv. Intern. 13: 213-226.

Abs M 1963: Vergleichende Untersuchungen an Haubenlerche (*Galerida cristata* (L.) und Theklalerche (*Galerida theklae* A.E. Brehm). Bonn. Zool. Beitr. 14: 1 – 128.

Adriaensen F, Verwimp N, Dhondt AA 1997: Are Belgian Kestrels *Falco tinnunculus* migratory: An analysis of ringing recoveries. Ringing & Migration 18: 91-101.

Aebischer A, Nyffeler P, Arlettaz R 2010: Wide-range dispersal in juvenile Eagle Owls (*Bubo bubo*) across the European Alps calls for transnational conservation programmes. J. Ornithol. 151: 1 – 9.

Agostini N, Lucia G, Mellone U, Panuccio M, Von Hardenberg J, Evangelidis A, Kominos T 2012: Loop migration of adult European Honey Buzzards (*Pernis apivorus* Linnaeus, 1758) through the Central-Eastern Mediterranean. Italian J. Zool. 79: 280 – 286.

Agostini N, Panuccio M 2010: Western Marsh Harrier (*Circus aeruginosus*) migration through the Mediterranean Sea: a review. J. Raptor Res. 44: 136 – 142.

Åkesson S, Klaassen R, Holmgren J, Fox JW, Hedenström A 2012: Migration routes and strategies in a highly aerial migrant, the Common Swift *Apus apus*, revealed by light-level geolocators. PLoS ONE 7: e41195.

Albrecht J, Rauch M, Hinke E, Fanke J, Schreiber H, Goersz A 2010: Rhin-Havelluch – Herbstrast der Kraniche *Grus grus* vor den Toren Berlins. Vogelwelt 131: 135 – 139.

Alerstam T, Hake M, Kjellén N 2006: Temporal and spatial patterns of repeated migratory journeys by ospreys. Anim. Behav. 71: 555 – 556.

Ambrosini R, Borgoni R, Rubolini D, Sicurella B, Fiedler W, Bairlein F, Baillie S, Robinson RA, Clark J, Spina F, Saino N 2014: Modelling the progression of bird migration with conditional autoregression models applied to ringing data. PLoS ONE 9(7): e102440.

Ambrosini R, Møller AP, Saino N 2009: A quantitative measure of migratory connectivity. J. theor. Biol. 257: 203 – 211.

Andreotti A, Bendini L, Piacentini D, Spina F 1999: The role of Italy within the Song Thrush (*Turdus philomelos*) migratory system analysed on the basis of ringing-recovery data. Vogelwarte 40: 28 – 51.

Anonymus 1956: Anordnung über die wissenschaftliche Vogelberingung. Falke 3: 105 – 106.

Anthes N 2004: Long-distance migration timing of *Tringa* sandpipers adjusted to recent climate change. Bird Study 51: 203 – 211.

Arbeiter S, Schulze M, Todte I, Hahn S 2012: Das Zugverhalten und die Ausbreitung von in Sachsen-Anhalt brütenden Bienenfressern (*Merops apiaster*). Ber. Vogelwarte Hiddensee 21: 33 – 40.

Arbeitsgemeinschaft Berlin-Brandenburgischer Ornithologen 2001: Die Vogelwelt von Brandenburg und Berlin. Natur und Text, Rangsdorf.

Archaux F, Balança G, Henry P-Y, Zapata G 2004: Wintering of White Storks in Mediterranean France. Waterbirds 27: 441 – 445.

Arizaga J, Tamayo I 2013: Connectivity patterns and key non-breeding areas of white-throated bluethroat (*Luscinia svecica*) European populations. Anim. Biodiv. Conserv. 36: 69-78.

Augst U 2001: Die ersten erfolgreichen Bruten des Würgfalken *Falco cherrug* in Deutschland. Limicola 15: 137 – 146.

Bächler E, Hahn S, Schaub M, Arlettaz R, Jenni L, Fox JW, Afanasyev V, Liechti F 2010: Year-round tracking of small trans-Saharan migrants using light-level geolocators. PloS ONE 5: e9566.

Bai M-L, Schmidt D 2012: Differential migration by age and sex in central European Ospreys *Pandion haliaetus*. J. Ornithol. 153: 75 – 84.

Baillie SR, Green RE, Boddy M, Buckland ST 1986: An evaluation of the Constant Effort Sites Scheme. BTO Research Report 21, BTO, Thetford.

Bairlein F 1979: Analyse der Ortsbewegungen in Süddeutschland beringter Gimpel *Pyrrhula pyrrhula*. Vogelwarte 30: 1 – 6.

Bairlein F 1985: Dismigration und Sterblichkeit in Süddeutschland beringter Schleiereulen *Tyto alba*. Vogelwarte 33: 81 – 108.

Bairlein F 1994: Manual of Field Methods. European-African Songbird Migration Network. Wilhelmshaven.

Bairlein F 1999: Hundert Jahre wissenschaftliche Vogelberingung: Rückblick - Einblick – Ausblick. Falke 46: 260 – 268.

Bairlein F 2001: Results of bird ringing in the study of migration routes. Ardea 89 (special issue): 7 – 19.

Bairlein F 2002: Perspektiven der wissenschaftlichen Vogelberingung. Mitt. Ver. Sächs. Ornithol. 9: 47 – 53.

Bairlein F 2003: The study of bird migrations – some future perspectives. Bird Study 50: 243 – 253.

Bairlein F, Fiedler W, Köppen U 2005: Integriertes Monitoring von Singvogelpopulationen (IMS). In: Südbeck P, Andretzke H, Fischer S, Gedeon K, Schikore T, Schröder K, Sudfeldt Ch (Hrsg.): Methodenstandards zur Erfassung der Brutvögel Deutschlands: 94 – 96. Radolfzell.

Bairlein F, Bauer H-G, Dorsch H 2000: Integriertes Monitoring von Singvogelpopulationen. Vogelwelt 121: 217 – 220.

Bairlein F, Becker PH 2010: 100 Jahre Institut für Vogelforschung „Vogelwarte Helgoland“ Aula-Verlag, Wiebelsheim.

Bairlein F, Fiedler W, Köppen U, Dorsch H 2007: Integriertes Monitoring von Singvogelpopulationen (IMS). Grundsätze und erste Ergebnisse. In: Gedeon K, Mitschke A, Sudfeldt C (Hrsg.): Brutvögel in Deutschland. 2. Bericht: 32 – 33

Bairlein F, Fiedler W, Salewski V, Walther BA 2009: Migration and non-breeding distribution of European Ortolan Buntings *Emberiza hortulana* – an overview. Natursch. Landschaftspfl. Niedersachsen 45: 88 – 97.

Bairlein F, Norris DR, Nagel R, Bulte M, Voigt CC, Fox JW, Hussell DJT, Schmaljohann H 2012: Cross-hemisphere migration of a 25-gram songbird. Biol. Lett. 8: 505 – 507.

Bakken V, Runde O, Tjørve E 2003: Norsk Ringmerkingsatlas. Vol. 1. Stavanger Museum, Stavanger.

Bakken V, Runde O, Tjørve E 2006: Norsk Ringmerkingsatlas. Vol. 2. Stavanger Museum, Stavanger.

Balmer D, Gillings S, Caffrey B, Swann B, Downie I, Fuller R 2013: Bird atlas 2007 – 11. The breeding and wintering birds of Britain and Ireland. BTO, Thetford.

Banks KW, Clark H, Mackay IRK, Sellers RM 1989: Biometrics and premigratory fattening in the Snow Bunting *Plectrophenax nivalis*. Ringing & Migration 10: 141 – 157.

Barlow EJ, Daunt F, Wanless S, Àlvarez D, Reid JM, Cavers S 2011: Weak large-scale population genetic structure in a philopatric seabird, the European Shag *Phalacrocorax aristotelis*. Ibis 153: 768 – 778.

Barlow EJ, Daunt F, Wanless S, Reid JM 2013: Estimating dispersal distributions at multiple scales: within-colony and among-colony dispersal rates, distances and directions in European Shags *Phalacrocorax aristotelis*. Ibis 155: 762 – 778.

Barthel P, Helbig AJ 2005: Artenliste der Vögel Deutschlands. Limicola 19: 89 – 111.

Barthel PH 2011: Zwischen Freiland und Gesetz – der Würgfalke *Falco cherrug* als heimische Vogelart. Limicola 25: 284 – 316.

Bastian A, Bastian H-V, Weiß J 2011: Etablierung des Bienenfressers *Merops apiaster* als Brutvogel in Rheinland-Pfalz. Vogelwelt 132: 113 – 124.

Bauer H-G, Berthold P 1996: Die Brutvögel Mitteleuropas: Bestand und Gefährdung. AULA-Verlag, Wiesbaden.

Bauer H-G, Bezzel E, Fiedler W 2005: Das Kompendium der Vögel Mitteleuropas. 2. Aufl. Aula Verlag, Wiebelsheim.

Bauer H-G, Boschert M, Hölzinger J 1995: Die Vögel Baden-Württembergs. Band 5: Atlas der Winterverbreitung. Eugen Ulmer GmbH & Co, Stuttgart.

Bauer H-G, Kaiser A 1991: Herbstfangdaten, Verweildauer, Mauser und Biometrie teilziehender Gartenbaumläufer (*Certhia brachydactyla*) in einem südwestdeutschen Rastgebiet. Vogelwarte 36: 85 – 98.

Bauer H-G, Woog F 2008: Nichtheimische Vogelarten (Neozoen) in Deutschland, Teil I: Auftreten, Bestände und Status. Vogelwarte 46: 157 – 194.

Bauer KM, Glutz von Blotzheim UN 1966: Handbuch der Vögel Mitteleuropas. Bd. 1. Akademische Verlagsgesellschaft, Frankfurt am Main.

Bauer KM, Glutz von Blotzheim UN 1968: Handbuch der Vögel Mitteleuropas. Bd. 2. Akademische Verlagsgesellschaft, Frankfurt am Main.

Bauer KM, Glutz von Blotzheim UN 1969: Handbuch der Vögel Mitteleuropas. Bd. 3. Akademische Verlagsgesellschaft, Frankfurt am Main.

Baumann S 1999: Zur Zugphänologie und zum Überwinterungsgebiet des Europäischen Pirols (*Oriolus o. oriolus*) in Afrika. Vogelwarte 40: 63 – 79.

Bearhop S, Fiedler W, Furness RW, Votier SC, Waldron S, Newton J, Bowen GJ, Berthold P, Farnsworth K 2005: Assortative mating as a mechanism for rapid evolution of a migratory divide. Science 310: 502-504.

Becker J 2007: Nachtigallen *Luscinia megarhynchos*, Sprosser *L. luscinia* und ihre Hybriden im Raum Frankfurt (Oder) – weitere Ergebnisse einer langjährigen Beringungsstudie. Vogelwarte 45: 15 – 26.

Becker P 1975: Erster Brutnachweis des Seidensängers, *Cettia cetti* (Temm.), für Deutschland. Vogelkdl. Ber. Niedersachsen 7: 73 – 76.

Becker P 1978: Winterortstreue beim Neuntöter (*Lanius collurio*). Mitt. Ornithol. Vereins Hildesheim 2: 81 – 82.

Becker PH 1998: Die Vogelmarkierung mit Transpondern eröffnet neue Einblicke in das Vogelleben. Ornithologen-Kalender 1998: 167 – 175. Aula Verlag, Wiesbaden.

Becker PH, Wendeln H 1997: A new application for transponders in population ecology of the Common Tern. Condor 99: 534 – 538.

Beekman JH, Nolet BA, Klaassen M 2002: Skipping swans: fuelling rates and wind conditions determine differential use of migratory stopover sites of Bewick's Swans *Cygnus bewickii*. Ardea 90: 437 – 460.

Behmann H 1997: Flußseeschwalbe (*Sterna hirundo*) von der Ostsee nach Südamerika. Vogelwarte 39: 165 – 166.

Behrens JA 1968: Beringter Rötelfalke tot gefunden. Falke 15: 391.

Berndt R, Dancker P 1960: Der Kleiber *Sitta europaea* als Invasionsvogel. Vogelwarte 20: 193 – 198.

Berndt R, Jürgens R 1977: Niedersächsische Tannenmeise (*Parus ater*) als Wintergast in Nordafrika. Vogelwarte 29: 65.

Berndt R, Sternberg H 1969: Alters- und Geschlechtsunterschiede in der Dispersion des Trauerschnäppers. J. Ornithol. 110: 22 – 26.

Berndt R, Winkel W 1979: Verfrachtungs-Experimente zur Frage der Geburtsortsprägung beim Trauerschnäpper (*Ficedula hypoleuca*). J. Ornithol. 120: 41 – 53.

Berndt RK, Busche G 1991: Vogelwelt Schleswig-Holsteins. Bd. 3: Entenvögel I. Karl Wachholtz Verlag, Neumünster.

Berndt RK, Hein K, Koop B, Lunk S 2005: Die Vögel der Insel Fehmarn. Husum Druck- und Verlagsgesellschaft, Husum.

Berndt RK, Koop B, Struwe-Juhl B 2002: Vogelwelt Schleswig-Holsteins. Bd. 5. Brutvogelatlas. Wachholtz Verlag, Neumünster.

Berthold P 1974: Die gegenwärtige Bestandsentwicklung der Dorngrasmücke (*Sylvia communis*) und anderer Singvogelarten im westlichen Europa bis 1973. Vogelwelt 95: 170 – 183.

Berthold P 1977: Über eine mögliche endogene Steuerung der Zugdisposition beim Fichtenkreuzschnabel *Loxia curvirostra*. J. Ornithol. 118: 203 – 204.

Berthold P 1995: Microevolution of migratory behaviour illustrated by the blackcap *Sylvia atricapilla*: 1993 Witherby Lecture. Bird Study 42: 89 – 100.

Berthold P 2001: Vogelwarte Radolfzell/Rossitten: l00-jähriges Jubiläum. J. Ornithol. 142, 492 – 493.

Berthold P 2012: Vogelzug. Eine aktuelle Gesamtübersicht. Primus Verlag, Darmstadt.

Berthold P, Fiedler W 2005: 32-jährige Untersuchung der Bestandsentwicklung mitteleuropäischer Kleinvögel mit Hilfe von Fangzahlen: überwiegend Bestandsabnahmen. Vogelwarte 43: 97 – 102.

Berthold P, Gwinner E 1978: Jahresperiodik der Gonadengröße beim Fichtenkreuzschnabel (*Loxia curvirostra*). J. Ornithol. 119: 338 – 339.

Berthold P, Kaatz M, Querner U 2004: Long-term satellite tracking of white stork (*Ciconia ciconia*) migration: constancy versus variability. J. Ornithol. 145: 356 – 359.

Berthold P, Querner U, Schlenker R 1990: Die Mönchsgrasmücke. Neue Brehm-Bücherei Nr. 603. A. Ziemsen Verlag, Wittenberg.

Berthold P, Schlenker R 1975: Das „Mettnau-Reit-Illmitz-Programm" - ein langfristiges Vogelfangprogramm der Vogelwarte Radolfzell mit vielfältiger Fragestellung. Vogelwarte 28: 97 – 123.

Berthold P, van den Bossche W, Jakubiec Z, Kaatz C, Kaatz M, Querner U 2002: Long-term satellite tracking sheds light upon variable migration strategies of White Storks (*Ciconia ciconia*). J. Ornithol. 143: 489 – 495.

Berthold P, van den Bossche W, Leshem Y, Kaatz C, Kaatz M, Nowak E, Querner U 1997a: Satelliten-Telemetrie beim Weißstorch *Ciconia ciconia*: Wanderung eines Ost-Storchs westlich bis Nigeria. J. Ornithol. 138: 331 – 334.

Berthold P, van den Bossche W, Leshem Y, Kaatz C, Kaatz M, Nowak E, Querner U 1997b: Satelliten-Telemetrie beim Weißstorch *Ciconia ciconia*: Wanderung eines Ost-Storchs in den Süd-Jemen. J. Ornithol. 138: 546 – 549.

Berthold P, van den Bossche, Fiedler W, Kaatz C, Kaatz M, Leshem Y, Nowak E, Querner U 2001: Detection of a new important staging and wintering area of the white stork *Ciconia ciconia* by satellite tracking. Ibis 143: 450 – 455.

Beser HJ 1972: Beitrag zur Mauser und zum „Mauserzug" des Kiebitzes. Charadrius 8: 45-56.

Bezzel E 1972: Zur Jahresperiodik und Bestandsfluktuationen alpiner Fichtenkreuzschnäbel (*Loxia curvirostra*). Vogelwarte 26: 346-352.

Bezzel E, Geiersberger I, Lossow, Gv, Pfeifer R 2005: Brutvögel in Bayern. Verbreitung 1996 bis 1999. Verlag Eugen Ulmer, Stuttgart.

Bianki VV, Dobrynina IN 1997: Migration of Birds of Eastern Europe and Northern Asia. Anseriformes. Nauka, Moskau.

Biebach H 1983: Genetic determination of partial migration in the European robin (*Erithacus rubecula*). Auk 100: 601-606.

BirdLife International 2004: Birds in Europe. Population estimates, trends and conservation status. BirdLife International, Cambridge.

Blew J, Günther K, Hälterlein B, Kleefstra R, Laursen K, Scheiffarth G 2013: Trends of migratory and wintering waterbirds in the Wadden Sea 1987/88-2010/11. Wadden Sea Ecosyst. 31: 3-54.

Blew J, Günther K, Laursen K, van Roomen M, Südbeck P, Eskildsen K, Potel P, Rösner HU 2005: Overview of numbers and trends of migratory waterbirds in the Wadden Sea 1980-2000. Wadden Sea Ecosyst. 20: 7-148.

Blomert A-M, Engelmoer M, Ntiamoa-Baidu Y 1990: The Banc d'Arguin, Mauritania, as a meeting point for Avocets during spring migration. Ardea 78: 185-192.

Blum V, Wicht von U 1972: Zum Auftreten der Bartmeise im Winter 1971/72 am Bodensee. Ornithol. Beob. 69: 303-304.

Blüml V, Degen A 2009: Höckerschwäne (*Cygnus olor*) am Mauserplatz Alfsee (Niedersachsen): Herkunft, Zusammensetzung und Bruten. Osnabrücker Naturwiss. Mitt. 35: 65-76.

Bobek M, Hampl R, Peške L, Pojer F, Šimek J, Bureš S 2008: African Odyssey project – satellite tracking of black storks *Ciconia nigra* breeding at a migratory divide. J. Avian Biol. 39: 500-506.

Boertmann D, Mosbech A 2011: The western Greenland Sea, a strategic environmental impact assessment of hydrocarbon activities. Scientific Report from DCE - Danish Centre for Environment and Energy Nr. 22, Aarhus.

Boiko D, Kampe-Persson H 2008: Winter distribution of Whooper Swans *Cygnus cygnus* cygnets bred in Latvia, 2004-2008. Wildfowl 61: 74-89.

Boldt A 2014: Aktuelle Entwicklungen beim Kranichbrutbestand in Deutschland. In: Nowald G, Kettner A, Daebeler J (Hrsg.): Journal der Arbeitsgemeinschaft Kranichschutz Deutschland - Das Kranichjahr 2013/14: 10-11. AG Kranichschutz Deutschland, Kranich-Informationszentrum, Groß Mohrdorf.

Bolshakov CV, Shapoval AP, Zelenova NP 2001: Results of bird ringing by the Biological Station "Rybachy" on the Courish Spit: long-distance recoveries of birds ringed in 1956-1997. Part 2. Paridae, Certhiidae, Remizidae, Oriolidae, Laniidae, Sturnidae. Avian Ecol. Behav. Suppl. 2: 1-150.

Bønløkke J, Madsen JJ, Thorup K, Pedersen KT, Bjerrum M, Rahbek C 2006: Dansk Trækfugleatlas. Rhodos, Humlebæk.

Bosch J, Meyburg B-U 2012: The Lesser Spotted Eagle *Aquila pomarina* in Catalonia (Spain) – Breeding attempt and migration. Vogelwelt 133: 89-97.

Boschert M 2005: Vorkommen und Bestandsentwicklung seltener Brutvogelarten in Deutschland 1997 bis 2003. Vogelwelt 126: 1-51.

BOU 2001: British Ornithologists' Union record Committee: 27th report (October 2000). Ibis 143: 171-175.

Bourrioux JL 2002: Experiences with a program of wing-tagging adult Montagu's Harriers. Ornithol. Anz. 41: 212-213.

Bouten W, Baaij EW, Shamoun-Baranes J, Camphuysen KCJ 2013: A flexible GPS tracking system for studying bird behavior at multiple scales. J. Ornithol. 154: 571–580.

Brenning U, Nehls HW 2013: Vogelinsel Langenwerder – 100 Jahre Naturschutz –. Ornithol. Rundbr. Meckl.-Vorpomm. 47, Sonderheft 2: 1-295.

Bridge ES, Thorup K, Bowlin MS, Chilson PB, Diehl RH, Fléron RW, Hartl P, Kays R, Kelly JF, Robinson WD, Wikelski M 2011: Technology on the move: Recent and forthcoming innovations for tracking migratory birds. BioScience 61: 689-698.

Brown A, Grice P 2005: Birds in England. T & AD Poyser, London.

Brown LH, Urban EK, Newman K 1982: The Birds of Africa. Vol. 1. Academic Press, San Diego.

Bub H 1965: Zur Berghänfling-Forschung in Mitteleuropa: Erste Ringfunde auch in Bayern. Anz. Ornithol. Ges. Bayern 7: 489-491.

Bub H 1966-1969: Vogelfang und Vogelberingung. Teil I-IV. Neue Brehm-Bücherei Nr. 359. A. Ziemsen-Verlag, Wittenberg-Lutherstadt.

Bub H 1974: Vogelfang und Vogelberingung zur Brutzeit. Neue Brehm-Bücherei Nr. 470. A. Ziemsen-Verlag, Wittenberg-Lutherstadt.
Bub H 1988: Ergänzungen und Berichtigungen zu G. Vauk (1972): Die Vögel Helgolands. Parey-Verlag, Hamburg und Berlin. Beitr. Naturkd. Niedersachs. 41: 129–155.
Bub H 1990: Eine Geschichte der Beringungslisten. Wilhelmshaven.
Bub H 1995: Allgemeine Vogel- und Planberingung: Die Vogelwarte Helgoland – Notsituation nach dem 2. Weltkrieg. Beitr. Naturk. Niedersachsen, Sonderheft 48: 1–51.
Bub H, de Vries R 1973: Das Planberingungsprogramm am Berghänfling 1952-1970: Teil 1 u. 2 ; Durchführung und Ringfunde. Abh. Vogelfang Vogelberingung 2: 1–651.
Bub H, Hauff P 1993: Größere Ortswechsel oder Zugbewegungen beringter Berghänflinge innerhalb des Beringungs-Winterhalbjahres in Mitteleuropa. Beitr. Vogelk. 39: 1–11.
Bub H, Oelke H 1981: Zur Geschichte der Vogelmarkierungen bis zu den Anfängen der wissenschaftlichen Vogelberingung. J. Ornithol. 122: 341–357.
Büchel HP 1994: Wander- und Sozialverhalten der Alpendohle *Pyrrhocorax graculus*. Ornithol. Beob. 91: 125–131.
Bundesamt für Naturschutz 2008: Daten zur Natur 2008. Landwirtschaftsverlag, Münster.
Busche G 1993: Zur Zugphänologie der Ringdrossel (*Turdus t. torquatus*) in Schleswig-Holstein - ein Beitrag zur Schleifenzug-Theorie. Vogelwarte 37: 12–18.
Busche G 2000: Starke Abnahme überwinternder Nebelkrähen (*Corvus corone cornix*) im Westen Schleswig-Holsteins. Vogelwarte 41: 18-30.
Busche G, Becker P 2010: Das Vorkommen des Odinshühnchens *Phalaropus lobatus* in Deutschland und an der afrikanischen Atlantikküste. Vogelwelt 131: 185–194.
Busche G, Kaatz H-G 2002: Sehr weite Fremdansiedlung eines jungen Turmfalken *Falco tinnunculus*. Vogelwarte 41: 282–283.
Busse P 2000: Bird Station Manual. SE European Bird Migration Network, Gdansk.
Busse P, Gavrilov VM, Ivliev V, Nowakowski JK 2001: Differentiation of directional preferences of some nocturnal migrants on autumn migration across the central and eastern Europe. Ring 23: 119–130.
Busse P, Kania W 1970: Operation Baltic 1961–1967. Working methods. Acta Ornithol. 7: 229–267.
Byrkjedal I, Thompson DBA 1998: Tundra Plovers: The Eurasian, Pacific and American Golden Plovers and Grey Plover. T & AD Poyser, London.
Camphuysen CJ 1999: Jagers in de Nederlandse kustwateren. Graspieper 19: 53–65.
Camphuysen CJ, Vercruijsse HJP, Spaans AL 2011: Colony- and age-specific seasonal dispersal of Herring Gulls *Larus argentatus* breeding in The Netherlands. J. Ornithol. 152: 849–868.
Cano LS, Pacheco C, Refoyo P, Tellería JL 2014: Geographical and environmental factors affecting the distribution of wintering black storks *Ciconia nigra* in the Iberian Peninsula. J. Avian Biol. 45: 514–521.
Cano LS, Tellería JL 2013: Migration and winter distribution of Iberian and central European black storks *Ciconia nigra* moving to Africa across the Strait of Gibraltar: a comparative study. J. Avian Biol. 44: 189–197.
Castelijns H, Castelijns W 2008: Het overwinteren van de Bruine Kiekendief *Circus aeruginosus* in Zeeland. Limosa 81: 41–49.
Catry P, Campos A, Almada V, Cresswell W 2004: Winter segregation of migrant European robins *Erithacus rubecula* in relation to sex, age and size. J. Avian Biol. 35: 204--.
Cepák J, Klvaňa P, Škopek J, Schröpfer L, Jelínek M, Hořák D, Formánek J, Zárybnický J 2008: Atlas migrace ptáků České a Slovenské Republiky. Aventinum, Praha.
Chamberlain CP, Bensch S, Feng X, Åkesson S, Andersson T 2000: Stable isotopes examined across a migratory divide in Scandinavian willow warblers (*Phylloscopus trochilus trochilus* and *Phylloscopus trochilus acredula*) reflect their African winter quarters. Proc. R. Soc. London B 267: 43–48.
Chernetsov N, Kishkinev D, Gashkov S, Kosarev V, Bolshakov CV 2008: Migratory programme of juvenile pied flycatchers, *Ficedula hypoleuca*, from Siberia implies a detour around Central Asia. Anim. Behav. 75: 539–545.
Chesser RT, Banks RC, Barker FK, Cicero C, Dunn JL, Kratt AW, Lovette IJ, Rasmussen PC, Remsen JV, Rising JD, Stotz DF, Winker K 2010: Fifty-First Supplement to the American Ornithologists' Union Check-List of North American Birds. Auk 127: 726–744.
Chevallier D, Le Maho Y, Brossault P, Baillon F, Massemin S 2011: The use of stopover sites by Black Storks (*Ciconia nigra*) migrating between West Europe and West Africa as revealed by satellite telemetry. J. Ornithol. 152: 1–13.
Conradt S, Ebels EB 2014: Gull-billed Terns in north-western Europe: breeding results, conservation and post-breeding movements. Dutch Birding 36: 147–158.
Coppack T, Tindemans I, Czisch M, Linden A van der, Berthold P, Pulido F 2008: Can long-distance migratory birds adjust to the advancement of spring by shortening migration distance? The response of the pied flycatcher to latitudinal photoperiodic variation. Global Change Biol. 14: 2516–2522.
Corse CJ, Summers RW 1999: The seasonal pattern of numbers, population structure and migration of Purple Sandpipers *Calidris maritima* in Orkney. Ringing & Migration 19: 275–282.
Cresswell B, Edwards D 2013: Geolocators reveal wintering areas of European Nightjar (*Caprimulgus europaeus*). Bird Study 60: 77–86.
Davidson NC, Evans PR 1982: Mortality of Redshanks and Oystercatchers from starvation during severe weather. Bird Study 29: 183–188.
Davidson NC, Wilson JR 1992: The migration system of European-wintering Knots *Calidris canutus islandica*. Wader Study Group Bull. 64, Suppl.: 39–51.
de Boer P, Dijksen L, Klaassen O 2011: Blauwe Kiekendieven op de Waddeneilanden in 2010. SOVON-onderzoeksrapport 2010/15. Nijmegen.
Degen A 2008: Untersuchungen und Maßnahmen zum Schutz des Goldregenpfeifers *Pluvialis apricaria* im EU-Vogelschutzgebiet "Esterweger Dose" in den Jahren 2004 bis 2007 als Teilaspekt des niedersächsischen Goldregenpfeifer-Schutzprogramms. Vogelkdl. Ber. Niedersachs. 40: 293–304.
del Hoyo J, Elliott A, Christie D 2003–2011: Handbook of the Birds of the World. Vol. 8–16. Lynx Edicions, Barcelona.
del Hoyo J, Elliott A, Sargatal J 1992–2002: Handbook of the Birds of the World. Vol. 1–7. Lynx Edicions, Barcelona.
Delany S, Scott D, Dodman T, Stroud D 2009: An Atlas of Wader Populations in Africa and Western Eurasia. Wetlands International, Wageningen.
Deutsche Avifaunistische Kommission 2012: Seltene Vogelarten in Deutschland 2010. Seltene Vögel in Deutschland 2010: 10–49.
Deutsche Avifaunistische Kommission 2013: Seltene Vogelarten in Deutschland 2011 und 2012. Seltene Vogelarten in Deutschland 2011/12: 2–47.
Deutsche Seltenheitenkommission 2006: Seltene Vogelarten in Deutschland 2000. Limicola 20: 281–353.
Deutsche Seltenheitenkommission 2009: Seltene Vogelarten in Deutschland von 2006 bis 2008. Limicola 23: 257–334.
Deutsche Seltenheitenkommission 2010: Seltene Vogelarten in Deutschland von 2009 (mit Nachträgen 2001–2008). Limicola 24: 233–286.
de Vries R 1967: FORTRAN-Programm zum Berechnen von Entfernung und Kurswinkel für Nah- und Fernfunde beringter Vögel. Vogelwarte 24: 110–115.
Dhont AA 1983: Variations in the number of overwintering stonechats possibly caused by natural selection. Ringing & Migration 4: 155–158.
Dierschke J 2001: Herkunft, Zugwege und Populationsgröße in Europa überwinternder Ohrenlerchen (*Eremophila alpestris*), Schneeammern (*Plectrophenax nivalis*) und Berghänflinge (*Carduelis flavirostris*). Vogelwarte 41: 31–43.
Dierschke J 2002: Überwinternde Singvögel in den Salzwiesen des Wattenmeeres. Oldenburger Jahrbuch 102: 315–341.
Dierschke J 2008: Bestandsentwicklung von Kornweihe *Circus cyaneus* und Sumpfohreule *Asio flammeus* auf den Ostfriesischen Inseln. Vogelkdl. Ber. Niedersachs. 40: 459–465.
Dierschke J 2009: Berghänfling – *Carduelis flavirostris*. In: Zang H, Heckenroth H, Südbeck P (Hrsg.): Die Vögel Niedersachsens, Rabenvögel bis Ammern. Naturschutz Landschaftspfl. Niedersachs. B, H. 2.11: 311–315.
Dierschke J 2010: Seltene Gänse auf Kälteflucht. Falke 57: 122–123.
Dierschke J, Bairlein F 2002: Why did granivorous passerines wintering in wadden sea salt marshes decline? Ardea 90: 471–477.
Dierschke J, Dierschke V, Hüppop K, Hüppop O, Jachmann KF 2011: Die Vogelwelt der Insel Helgoland. OAG Helgoland, Helgoland.
Dierschke J, Dierschke V, Jachmann F, Stühmer F 2006: Ornithologischer Jahresbericht 2005 für Helgoland. Ornithol. Jber. Helgoland 16: 1–60.
Dierschke J, Dierschke V, Moritz D, Nettelmann U, Stühmer F 1994: Ornithologischer Jahresbericht 1993 für Helgoland. Ornithol. Jber. Helgoland 4: 1–62.
Dierschke J, Dierschke V, Schmaljohann H 2010: Wie häufig sind Isländische Rotdrosseln *Turdus iliacus coburni* auf Helgoland? Ornithol. Jber. Helgoland 20: 101–109.

Dierschke J, Dierschke V, Schmaljohann H, Stühmer F 2013: Ornithologischer Jahresbericht 2012 für Helgoland. Ornithol. Jber. Helgoland 23: 3 – 92.
Dierschke J, Dierschke V, Stühmer F 2014: Ornithologischer Jahresbericht 2013 für Helgoland. Ornithol. Jber. Helgoland 24: 1 – 89.
Dierschke V 1994: Phänologie und Fluktuation des Rastvorkommens der Strandläufer *Calidris*-Arten auf Helgoland. Vogelwelt 115: 59 – 68.
Dierschke V 1995: Die Brutheimat der auf Helgoland überwinternden Meerstrandläufer (*Calidris maritima*). Vogelwarte 38: 46 – 51.
Dierschke V 1997: Das Vorkommen des Sumpfläufers *Limicola falcinellus* in Deutschland. Limicola 11: 217 – 230.
Dierschke V 1999: Die Vogelberingung auf Helgoland im Jahr 1998. Ornithol. Jber. Helgoland 9: 78 – 82.
Dierschke V 2003: Quantitative Erfassung des Vogelzugs während der Hellphase bei Helgoland. Corax 19, Sonderheft 2: 27 – 34.
Dierschke V 2005: Starker Rückgang des Blaukehlchens *Luscinia svecica svecica* als Durchzügler auf Helgoland. Vogelwarte 43: 103 – 109.
Dierschke V 2006: Mülldeponien als winterlicher Lebensraum für Silbermöwen *Larus argentatus* aus der südöstlichen Nordsee. Vogelwelt 127: 119 – 123.
Dierschke V, Delingat J 2003: Stopover of Northern Wheatears *Oenanthe oenanthe* at Helgoland: where do the migratory routes of Scandinavian and Nearctic birds join and split? Ornis Svecica 13: 53 – 61.
Dierschke V, Dierschke J 2000: Der Strandpieper *Anthus petrosus* als neuer deutscher Brutvogel auf Helgoland. Ornithol. Jber. Helgoland 10: 87 – 90.
Dierschke V, Helbig AJ 2008: Avifauna von Hiddensee. Meer Mus. 21: 67 – 202.
Dierschke V, Kobro S, Dierschke J, Hüppop O 2010: Das Vorkommen des Gimpels *Pyrrhula pyrrhula* auf Helgoland in Abhängigkeit vom Beerenangebot der Eberesche *Sorbus aucuparia* in Skandinavien. Vogelwelt 131: 59 – 64.
Dietrich S, Hötker H 1991: Wo mausern nordfriesische Säbelschnäbler? Vogelwelt 112: 140 – 147.
Dittberner H 2001: Der Felsenpieper *Anthus petrosus littoralis* - Brutvogel an der südlichen Ostseeküste auf der Insel Rügen. Ornithol. Mitt. 53: 404 – 409.
Dittmann T, Becker PH 2003: Sex, age, experience and condition as factors of arrival date in prospecting common terns. Anim. Behav. 65: 981 – 986
Dorka V 1966: Das jahres- und tageszeitliche Zugmuster von Kurz- und Langstreckenziehern nach Beobachtungen auf den Alpenpässen Cou/Bretolet (Wallis). Ornithol. Beob. 63: 165 – 223.
Dowsett RJ 2010: The separate African winter quarters of Pied Flycatcher *Ficedula hypoleuca* and Collared Flycatcher *F. albicollis*. Bull. African Bird Club 2010: 79 – 81.
Dowsett RJ, Backhurst GC, Oatley TB 1988: Afrotropical ringing recoveries of Palaearctic migrants. 1. Passerines (Turdidae to Oriolidae). Tauraco 1: 29 – 63.
Dowsett-Lemaire F, Dowsett RJ 1987: European Reed and Marsh Warblers in Africa: migration patterns, moult and habitat. Ostrich 58: 65 – 85.
Drost R 1926: Das Beringungsexperiment und die Vogelwarte Helgoland. Ber. Ver. schlesischer Ornithol. 12: 105 – 111.
Drost R 1930: Kennzeichen für Geschlecht und Alter bei Zugvögeln. I. Vogelzug 1: 174 – 177.
Drost R 1931: Deutscher Weißstorch (*Ciconia c. ciconia* (L.)) in Vorderindien gefunden. Vogelzug 2: 135 – 136.
Drost R 1934: Mittlerer Säger (*Mergus serrator*) von Föhr nach Italien. Vogelzug 5: 149.
Drost R 1948: Die Vogelwarte Helgoland. Vogelwarte 15: 2 – 5.
Drost R 1948: Populationsstudien an der Englischen Schafstelze *Motacilla flava flavissima* Blyth, auf Helgoland. Vogelwarte 15: 18 – 28
Drost R, Schilling L 1940: Über den Lebensraum deutscher Silbermöwen, *Larus a. argentatus* Pontopp., auf Grund von Beringungsergebnissen. Vogelzug 11: 1 – 22.
Drost R, Schüz E 1937: Beiträge zum Zug des Wiedehopfes, *Upupa e. epops* L. Vogelzug 8: 21 – 23.
Dürr T, Sohns G, Wawrzyniak H 1999: Ringfundauswertung in Ostdeutschland beringter bzw. kontrollierter Bartmeisen (*Panurus biarmicus*). Vogelwarte 40: 117 – 129.
Dymond JN 1991: The Birds of Fair Isle. Ritchie, Edinburgh.
Ebbinge B 2014: De rotgans. Atlas Contact, Amsterdam.
Ebels EB, van Aken A, Buckx H, van Deursen C 2011: Throat pattern of Common Quails trapped in the Netherlands and alleged influence of hybridization with Japanese Quail. Dutch Birding 33: 103 – 116.
Eck S, Fiebig J, Fiedler W, Heynen I, Nicolai B, Töpfer T, Elzen R van den, Winkler R, Woog F 2011: Vögel Vermessen – Measuring Birds. Deutsche Ornithologen-Gesellschaft.
Edelstam C 1972: The visible migration of birds at Ottenby, Sweden. Vår Fågelvärld Suppl 7.
Edwards EDJ, Quinn LR, Wakefield ED, Miller PI, Thompson PM 2013: Tracking a northern fulmar from a Scottish nesting site to the Charlie-Gibbs Fracture Zone: Evidence of linkage between coastal breeding seabirds and Mid-Atlantic Ridge feeding sites. Deep Sea Res. Part II: Topical Studies in Oceanogr. 98, Part B: 438 – 444.
Eichhorn G, Afanasyev V, Drent RH, van der Jeugd HP 2006: Spring stopover routines in Russian Barnacle Geese *Branta leucopsis* tracked by resightings and geolocation. Ardea 94: 667 – 678.
Eichhorn G, Drent RH, Stahl J, Leito A, Alerstam T 2009: Skipping the Baltic: the emergence of a dichotomy of alternative spring migration strategies in Russian barnacle geese. J. Anim. Ecol. 78: 63 – 72.
Eriksson K 1970: Massenrückzug der Rotdrosseln (*Turdus iliacus*) im April 1959 an der finnischen Südküste in Beziehung zur Wetterlage. Vogelwarte 25: 193 – 203.
Erni B, Liechti F, Bruderer B 2002: Stopover strategies in passerine bird migration: A simulation study. J. theor. Biol. 219: 479 – 493.
Ernst S 2013: Veränderungen der Ankunftszeiten von 25 häufigen Zugvogelarten im sächsischen Vogtland in den Jahren 1967 bis 2011. Mitt. Ver. Sächs. Ornithol. 11: 1 – 14.
Exo K-M 2005: Die Brutpopulation des Goldregenpfeifers *Pluvialis apricaria* im westlichen Kontinetaleuropa: zum Aussterben verurteilt? Vogelwelt 126: 161 – 172.
Exo K-M, Fiedler W, Wikelski M 2013: Auf dem Weg zu neuen Methoden: Rund-um-die-Uhr-Beobachtung ein Leben lang. Falke 60, Sonderheft: 20 – 25.
Exo K-M, Hillig F, Nikolaus G, Bairlein F 2014: Zugstrategien im niedersächsischen Wattenmeer rastender Kiebitzregenpfeifer. Jber. Inst. Vogelforsch. 11: 5.
Feige K-D, Müller M 2012: Erster Brutnachweis des Silberreihers *Casmerodius albus* in Deutschland. Ornithol. Rundbr. Meckl.-Vorpomm. 47: 258 – 264.
Fiedler W, Bairlein F, Köppen U 2004: Using large-scale data from ringed birds for the investigation of effects of climate change on migrating birds: pitfalls and prospects. In: Møller AP, Fiedler W, Berthold P (Hrsg.): Adv. Ecol. Res., 35: Birds and Climate Change: 49 – 67. London.
Fiedler W, Köppen U, Geiter O 2006: Meldungen aus den Beringungszentralen. Vogelwarte 44: 199 – 202.
Fiedler W, Köppen U, Geiter O 2008: Meldungen aus den Beringungszentralen. Vogelwarte 46: 59 – 60.
Fijn RC, Hiemstra D, Phillips RA, van der Winden J 2013: Arctic Terns *Sterna paradisaea* from the Netherlands migrate record distances across three oceans to Wilkes Land, East Antarctica. Ardea 101: 3 – 12.
Finlayson C 1992: Birds of the Strait of Gibraltar. T & AD Poyser, London.
Fischer K, Martens J 2000: Bestand und Bestandsentwicklung von Elster (*Pica pica*) und Rabenkrähe (*Corvus c. corone*) in Rheinland-Pfalz (Südwestdeutschland). Vogelwarte 40: 212 – 223.
Fischer S 2007: Die wissenschaftliche Vogelberingung im Land Sachsen-Anhalt. Natursch. Land Sachsen-Anhalt 44, Sonderheft: 49 – 64.
Fischer S, Watzke H 1997: Wie groß sind die Entfernungen zwischen Winterschlafplätzen und Brutplätzen bei der Grauammer (*Emberiza calandra*)? J. Ornithol. 138: 378.
Fiuczynski KD, Hallau A, Hastädt V, Herold S, Kehl G, Lohmann G, Meyburg B-U, Meyburg C, Sömmer P 2010. Der Baumfalke in der modernen Kulturlandschaft. Greifvögel und Falknerei 2009/2010: 230 – 244.
Flade M, Franz D, Helbig A 1986: Die Ausbreitung der Beutelmeise (*Remiz pendulinus*) an ihrer nordwestlichen Verbreitungsgrenze bis 1985. J. Ornithol. 127: 261 – 287.
Fliege G 1984: Das Zugverhalten des Stars (*Sturnus vulgaris*) in Europa: Eine Analyse der Ringfunde. J. Ornithol. 125: 393 – 446.
Flinks H 2012: Zunehmende Überwinterungen von Schwarzkehlchen *Saxicola torquata* im nordwestlichen Nordrhein-Westfalen. Vogelwarte 50: 280 – 281.
Foken W 1994: Beringungsübersicht des Instituts für Vogelforschung „Vogelwarte Helgoland" (1909-1992). Vogelwarte 37: 247 – 252.
Foppen R, Ter Braak CJF, Verboom J, Reijnen R 1999: Dutch Sedge Warbler *Acrocephalus schoenobaenus* and West-African rainfall: empirical data and simulation modeling show low population resilience in fragmented marshlands. Ardea 87: 113 – 127.

Förschler MI, Bairlein F 2011: Morphological Shifts of the External Flight Apparatus across the Range of a Passerine (Northern Wheatear) with Diverging Migratory Behaviour. PloS ONE 6(4): e18732.
Fox AD, Christensen TK, Bearhop S, Newton J 2007: Using stable isotope analysis of multiple feather tracts to identify moulting provenance of vagrant birds: a case study of Baikal Teal *Anas formosa* in Denmark. Ibis 149: 622–625.
Fox AD, Ebbinge BS, Mitchell C, Heinicke T, Aarvak T, Colhoun K, Clausen P, Dereliev S, Faragó S, Koffijberg K, Kruckenberg H, Loonen MJJE, Madsen J, Mooij J, Musil P, Nilsson L, Pihl S, van der Jeugd H 2010: Current estimates of goose population sizes in western Europe, a gap analysis and an assessment of trends. Ornis Svecica 20: 115–127.
Fox JW 2010: Geolocator Manual. Version 8. British Antarctic Survey, Cambridge.
Fransson T, Hall-Karlsson S 2008: Svensk ringmärkningsatlas. Vol. 3. Naturhistoriska Riksmuseet & Sveriges Ornitologiska Förening, Stockholm.
Fransson T, Österblom H, Hall-Karlsson S 2008: Svensk ringmärkningsatlas. Vol. 2. Naturhistoriska Riksmuseet & Sveriges Ornitologiska Förening, Stockholm.
Fransson T, Pettersson J 2001: Svensk ringmärkningsatlas. Vol. 1. Naturhistoriska Riksmuseet & Sveriges Ornitologiska Förening, Stockholm.
Fransson T, Stolt B-O 1993: Is there an autumn migration of continental Blackcaps (*Sylvia atricapilla*) into northern Europe? Vogelwarte 37: 89–95.
Franz D, Theiß N, Graff H 1987: Weibchen der Beutelmeise *Remiz pendulinus* brütet in einer Saison zweimal erfolgreich an zwei mehr als 200 km voneinander entfernten Brutplätzen. J. Ornithol. 128: 241–242.
Frederiksen M, Moe B, Daunt F, Phillips RA, Barrett RT, Bogdanova MI, Boulinier T, Chardine JW, Chastel O, Chivers LS, Christensen-Dalsgaard S, Clément-Chastel C, Colhoun K, Freeman R, Gaston AJ, González-Solís J, Goutte A, Grémillet D, Guilford T, Jensen GH, Krasnov Y, Lorentsen S-H, Mallory ML, Newell M, Olsen B, Shaw D, Stehen H, Strøm H, Systad GH, Thórarinsson TL, Anker-Nilssen T 2011: Multicolony tracking reveals the winter distribution of a pelagic seabird on an ocean basin scale. Diversity Distributions 18: 530–542.
Fry CH, Keith S, Urban EK 2000: The Birds of Africa. Vol. VI. Academic Press, London.
Fudickar AM, Schmidt A, Hau M, Quetting M, Partecke J 2013: Female-biased obligate strategies in a partially migratory population. J. Anim. Ecol. 82: 863–871.
Furness RW, Crane JE, Bearhop S, Garthe S, Käkelä A, Käkelä R, Kelly A, Kubetzki U, Votier SC, Waldron S 2006: Techniques to link individual migration patterns of seabirds with diet specialization, condition and breeding performance. Ardea 94: 631–638.
Galván I, Marchamalo J, Bakken V, Traverso JM 2003: The origin of Lesser Black-backed Gulls *Larus fuscus* wintering in central Iberia. Ringing & Migration 21: 209–214.
Gamauf A, Friedl C 2011: Zug- und Überwinterungsstrategien junger Wespenbussarde *Pernis apivorus*. Vogelwarte 49: 290–291.
Ganusevich SA, Maechtle TL, Seegar WS, Yates MA, McGrady MJ, Fuller M, Schueck L, Dayton J, Henny CJ 2004: Autumn migration and wintering areas of Peregrine Falcons *Falco peregrinus* nesting on the Kola Peninsula, northern Russia. Ibis 146: 291–297.
García-Barcelona S, Báez JC, Márquez AL, Estrada A, Real R, Macías D 2010: Differential age-related phenology in Lesser Black-backed Gull *Larus fuscus* wintering in the Malaga area. Ardeola 57 (Especial): 127–132.
Garthe S 1996: Die Vogelwelt von Hamburg und Umgebung. Bd. 3. Kark Wachholtz Verlag, Neumünster.
Garthe S 2010: Ein Hochseevogel mit spezieller Tauchtechnik: Der Basstölpel. Falke 57: 396–401.
Garthe S, Sonntag N, Schwemmer P, Dierschke V 2007: Estimation of seabird numbers in the German North Sea throughout the annual cycle and their biogeographic importance. Vogelwelt 128: 163–178.
Gatter W 1969: Der Verlauf der Tannenhäher-Invasion 1968 in Baden-Württemberg. Jh. Ges. Naturkde. Württ. 124: 276–278.
Gatter W 1974a: Analyse einer Invasion des Eichelhähers (*Garrulus glandarius*) 1972/73 am Randecker Maar (Schwäbische Alb). Vogelwarte 27: 278–289.
Gatter W 1974b: Beobachtungen an Invasionsvögeln des Kleibers (*Sitta europaea caesia*) am Randecker Maar, Schwäbische Alb. Vogelwarte 27:203–209.
Gatter W 1977: Verspäteter Heimzug als Regulationsmechanismus bei Invasionsvögeln. Verh. Ornithol. Ges. Bayern 23: 61–69.
Gatter W 1993: Explorationsverhalten, Zug und Migrationsevolution beim Fichtenkreuzschnabel *Loxia curvirostra*. Vogelwelt 114: 38–55.
Gatter W 2000: Vogelzug und Vogelbestände in Mitteleuropa. AULA-Verlag, Wiebelsheim.
Gedeon K, Grüneberg C, Mitschke A, Sudfeldt C, Eikhorst W, Fischer S, Flade M, Frick S, Geiersberger I, Koop B, Kramer M, Krüger T, Roth N, Ryslavy T, Schlotmann F, Stübing S, Sudmann SR, Steffens R, Vökler F, Witt K 2014: Atlas Deutscher Brutvogelarten. Stiftung Vogelmonitoring Deutschland, Hohenstein-Enstthal und Dachverband Deutscher Avifaunisten, Münster.
Gehrold A, Bauer H-G, Fiedler W, Wikelski M 2014: Great flexibility in autumn movement patterns of European gadwalls *Anas strepera*. J. Avian Biol. 45: 131–139.
Geiter O, Homma S 2006: Das Wanderverhalten der Graugans *Anser anser*. Altmühlseebericht 12: 98–106.
Geiter O, Homma S, Kinzelbach R 2002: Bestandsaufnahme und Bewertung von Neozoen in Deutschland. Forschungsbericht 296 89 901/01, UBA-FB 000215. Berlin.
Glück E 1982: Jahresperiodik und Zug südwestdeutscher Stieglitze (*Carduelis carduelis*) – Freilandbeobachtungen, Ringfundauswertungen und Zugaktivitätsuntersuchungen. Vogelwarte 31: 395–422.
Glutz von Blotzheim UN, Bauer KM 1980: Handbuch der Vögel Mitteleuropas. Bd. 9. Akademische Verlagsgesellschaft, Wiesbaden.
Glutz von Blotzheim UN, Bauer KM 1982: Handbuch der Vögel Mitteleuropas. Bd. 8. Akademische Verlagsgesellschaft, Wiesbaden.
Glutz von Blotzheim UN, Bauer KM 1985: Handbuch der Vögel Mitteleuropas, 10/1. AULA-Verlag, Wiebelsheim.
Glutz von Blotzheim UN, Bauer KM 1988: Handbuch der Vögel Mitteleuropas. Bd. 11. AULA-Verlag, Wiesbaden.
Glutz von Blotzheim UN, Bauer KM 1991 Handbuch der Vögel Mitteleuropas. Bd. 12. AULA-Verlag, Wiesbaden.
Glutz von Blotzheim UN, Bauer KM 1993 Handbuch der Vögel Mitteleuropas. Bd. 13. AULA-Verlag, Wiesbaden.
Glutz von Blotzheim UN, Bauer KM 1997: Handbuch der Vögel Mitteleuropas. Bd. 14. AULA-Verlag, Wiesbaden.
Glutz von Blotzheim UN, Bauer KM, Bezzel E 1971: Handbuch der Vögel Mitteleuropas. Bd. 4. Akademische Verlagsgesellschaft, Frankfurt am Main.
Glutz von Blotzheim UN, Bauer KM, Bezzel E 1973: Handbuch der Vögel Mitteleuropas. Bd. 5. Akademische Verlagsgesellschaft, Frankfurt am Main.
Glutz von Blotzheim UN, Bauer KM, Bezzel E 1975: Handbuch der Vögel Mitteleuropas. Bd. 6. Akademische Verlagsgesellschaft, Wiesbaden.
Glutz von Blotzheim UN, Bauer KM, Bezzel E 1977: Handbuch der Vögel Mitteleuropas. Bd. 7. Akademische Verlagsgesellschaft, Wiesbaden.
Goethe F, Kuhk R 1953: Über den Mitarbeiterstab der Vogelwarten: Wer sind unsere Beringungsmitarbeiter. Vogelwarte 16: 138–143
GONHS, Gibraltar Ornithological & Natural History Society 2010: Gibraltar Bird Report 10. GONHS, Gibraltar.
Goodman RE, Lebuhn G, Seavy NE, Gardali T, Bluso-Demers JD 2012: Avian body size changes and climate change: warming or increasing variability? Global Change Biol. 18: 63–73.
Goostrey A, Carss DN, Noble LR, Piertney SB 1998: Population introgression and differentiation in the Great Cormorant *Phalacrocorax carbo* in Europe. Mol. Ecol. 7: 329–338.
Gore MEJ 1981: Birds of The Gambia. British Ornithologists' Union, London.
Grattarola A, Spina F, Pilastro A 1999: Spring migration of the Garden Warbler (*Sylvia borin*) across the Mediterranean Sea. J. Ornithol. 140: 419–430.
Grimm P 1992: Erster gesicherter Nachweis einer Eismöwe (*Larus hyperboreus*) von der Bäreninsel (Bjørnøja) für Deutschland. Seevögel 13: 70–71.
Groh G 1988: Zur Biologie der Zippammer (*Emberiza c. cia*) im Pfälzerwald. Mitt. Pollichia 75: 261–287.
Grüneberg C, Sudmann SR, Weiss J, Jöbges M, König H, Laske V, Schmitz M, Skibbe A 2013: Die Brutvögel Nordrhein-Westfalens. Beitr. Avifauna Nordrhein-Westfalens 39. LWL-Museum für Naturkunde, Münster.
Guillemain M, Van Wilgenburg SL, Legagneux P, Hobson KA 2014: Assessing geographic origins of Teal (*Anas crecca*) through stable-hydrogen (δ^2H) isotope analyses of feathers and ring-recoveries. J. Ornithol. 155: 165–172.
Haass C, Guggemoos T, Weiß I 2009: Massiver Zugstau am Kochelsee im September 2008. Otus 1: 30–34.
Hagemeijer WJM, Blair MJ 1997: The EBCC Atlas of European breeding birds. T & AD Poyser, London.

Hahn S, Amrhein V, Zehtindjiev P, Liechti F 2013: Strong migratory connectivity and seasonally shifting isotopic niches in geographically separated populations of a long-distance migrating songbird. Oecologia 173: 1217 – 1225.

Hake M, Blomqvist D, Pierce EP, Järås T, Johansson OC 1997: Population size, migration routes and breeding origin of Purple Sandpipers *Calidris maritima* wintering in Sweden. Ornis Svecica 7: 121 – 132.

Hake M, Kjellén N, Alerstam T 2001: Satellite tracking of Swedish Ospreys *Pandion haliaetus*: autumn migration routes and orientation. J. Avian Biol. 32: 47 – 56.

Hake M, Kjellén N, Alerstam T 2003: Age-dependent migration strategy in honey buzzards *Pernis apivorus* tracked by satellite. Oikos 103: 385 – 396.

Hampe A, Heinicke T, Helbig AJ 1996: Erste Brut der Zitronenstelze *Motacilla citreola* in Deutschland. Limicola 10: 311 – 316.

Harengerd M, Prünte W, Speckmann M 1973: Zugphänologie und Status der Limikolen in den Rieselfeldern der Stadt Münster. Vogelwelt 94: 81-118, 121 – 146.

Hauff P 1985: Zum Zug in der DDR beheimateter Küstenseeschwalben (*Sterna paradisaea*) nach Beringungs- und Wiederfundergebnissen. Ber. Vogelwarte Hiddensee 6: 27 – 33.

Haupt H, Mädlow W, Tammler U 2001: Avifaunistischer Jahresbericht für Brandenburg und Berlin 1999. Otis 9: 1 – 66.

Hauska G, Krätzel K, Schlemmer R, Tautz S 2014: Nachtreiher bei Regensburg. Falke 61: 33 – 35.

Hedenström A, Klaassen RHG, Åkesson S 2013: Migration of the Little Ringed Plover *Charadrius dubius* breeding in South Sweden tracked by geolocators. Bird Study 60: 466 – 474.

Hedenström A, Pettersson J 1987: Migrating routes and wintering areas of Willow Warblers *Phylloscopus trochilus* (L.) ringed in Fennoscandia. Ornis Fennica 64: 137 – 143.

Hegelbach J, Koch B 1994: In der Schweiz als Nestling beringte Wasseramsel *Cinclus cinclus aquaticus* zieht 1055 km weit und brütet in Polen mit *C. c. cinclus*. Ornithol. Beob. 91: 295 – 298.

Hegelbach J: 1995: Ansiedlungs- und Wanderdistanzen in einem Bestand der mitteleuropäischen Wasseramsel (*Cinclus c. aquaticus*). Acta ornithoecol. 3: 116 – 124.

Hegemann A, Knüwer H 2005: Illegale Greifvogelverfolgung – Ausmaße und Gegenmaßnahmen. Ber. Vogelschutz 42: 87 – 93.

Heine G 2009: Die frühe Ankunft der Mauersegler. Vogelkundl. Rundbr. Oberschwaben Nr. 370: 11 – 13.

Heine G, Jacoby H, Leuzinger H, Stark H 1999: Die Vögel des Bodenseegebietes. Ornithol. Jh. Bad.-Württ. 14/15: 1 – 847.

Heinicke T, Köppen U 2007: Vogelzug in Ostdeutschland. I. Wasservögel. Teil 1. Ber. Vogelwarte Hiddensee 18, Sonderheft: 1 – 406.

Heinicke T, Köppen U 2013: Vogelzug in Ostdeutschland. I. Wasservögel. Teil 2. Ber. Vogelwarte Hiddensee 22, Sonderheft: 1 – 562.

Helberg M, Systad GH, Birkeland I, Lorentzen NH, Bustnes JO 2009: Migration patterns of adult and juvenile Lesser Black-backed Gulls *Larus fuscus* from northern Norway. Ardea 97: 281 – 286.

Helbig AJ, Berthold P, Mohr G, Querner U 1994: Inheritance of a novel migratory direction in central European blackcaps. Naturwissenschaften 81: 184 – 186.

Helbig AJ, Orth G, Laske V, Wiltschko W 1987: Migratory orientation and activity of the Meadow Pipit (*Anthus pratensis*): a comparative observational and experimental field study. Behaviour 103: 276-292.

Helbig AJ, Seibold I, Martens J, Wink M 1995: Genetic differentiation and phylogenetic relationships of Bonelli's Warbler *Phylloscopus bonelli* and Green Warbler *P. nitidus*. J. Avian Biol. 26: 139 – 153.

Hellmann M 2012: Bestandsentwicklung der Ringdrossel *Turdus torquatus* auf dem Brocken im Harz (Sachsen-Anhalt) von 1993 bis 2012. Ornithol. Jber. Mus. Heineanum 30: 91 – 105.

Helm B, Fiedler W, Callion J 2006: Movements of European Stonechats *Saxcicola torquata* according to ringing recoveries. Ardea 94: 33 – 44.

Hering J, Brehme S, Fuchs E, Winkler H 2009: Zimtrohrsänger *Acrocephalus baeticatus* und „Mangroverohrsänger" *A. scirpaceus avicenniae* erstmals in der Paläarktis – Irritierendes aus den Schilfröhrichten Nordafrikas. Limicola 23: 202 – 232.

Herremans M 1998: Monitoring the world population of the Lesser Grey Shrike (*Lanius minor*) on the non-breeding grounds in southern Africa. J. Ornithol. 139: 485 – 493.

Herrmann C, Junge M 2013: Die Brutbestände der Küstenvögel in den Schutzgebieten Mecklenburg-Vorpommerns 2001-2012. Seevögel 34: 86 – 148.

Herzog F 2014: Zweiter Jahreszyklus gestartet: Kuckucke mit Satellitensendern. Falke 61: 23 – 24.

Hirschfeld A 2011: Verbreitung und mögliche Auswirkungen illegaler Verfolgungsaktionen auf den Bestand des Rotmilans (*Milvus milvus*) in Deutschland. Ber. Vogelschutz 47/48: 183 – 191.

Hirschfeld K, Seilkopf H 1964: Beringter Wiedehopf (*Upupa epops*) auf dem Nordatlantik. Vogelwarte 22: 178 – 180.

Hobson KA, Van Wilgenburg SL, Ferrand Y, Gossmann F, Bastat C 2013: A stable isotope (δ 2H) approach to deriving origins of harvested woodcock (*Scolopax rusticola*) taken in France. Eur. J. Wildl. Res. 59: 881 – 892.

Hofer J, Korner-Nievergelt P, Korner-Nievergelt F 2010: Auftreten und Herkunft der Wasservögel am Sempachersee: Überblick über fast 70.000 Beringungen am Sempachersee und 6000 Rückmeldungen aus Eurasien und Afrika. Ornithol. Beob., Beiheft 11: 1 – 187.

Hofmann L, Oswald BR 2010: Gutachten zum Vergleich Erdkabel – Freileitung im 110-kV-Hochspannungsbereich. Leibniz Universität, Hannover.

Högstedt G, Persson C 1971: Phänologie und Überwinterung der über Falsterbo ziehenden Rotkehlchen (*Erithacus rubecula*). Vogelwarte 26: 86 – 98.

Hölzinger J 1997: Die Vögel Baden-Württembergs. Band 3.2. Verlag Eugen Ulmer, Stuttgart.

Hölzinger J 1999: Die Vögel Baden-Württembergs. Band 3.1. Verlag Eugen Ulmer, Stuttgart.

Hölzinger J, Bauer H-G 2011: Die Vögel Baden-Württembergs. Bd. 2.0: Nicht-Singvögel 1.1. Verlag Eugen Ulmer, Stuttgart.

Hölzinger J, Boschert M 2001: Die Vögel Baden-Württembergs. Bd. 2.2: Nicht-Singvögel 2. Verlag Eugen Ulmer, Stuttgart.

Hölzinger J, Mahler U 2001: Die Vögel Baden-Württembergs. Bd. 2.3: Nicht-Singvögel 3. Verlag Eugen Ulmer, Stuttgart.

Honold D, Krätzel K 2014: Seltene Seeschwalben in Bayern. Otus 5: 38 – 53.

Hooijmeijer JCEW, Senner NR, Tibbitts TL, Gill Jr RL, Douglas DC, Bruinzeel LW, Wymenga E, Piersma T 2013: Post-breeding migration of Dutch-breeding Black-tailed Godwits: timing, routes, use of stopovers, and nonbreeding destinations. Ardea 101: 141 – 152.

Hötker H 2004: Goldregenpfeifer *Pluvialis apricaria* in Deutschland im Oktober 2003. Vogelwelt 125: 83 – 87.

Hötker H, Jeromin H, Melter J 2007: Entwicklung der Brutbestände der Wiesen-Limikolen in Deutschland – Ergebnisse eines neuen Ansatzes im Monitoring mittelhäufiger Brutvogelarten. Vogelwelt 128: 49 – 65.

Hummel D, Berndt R 1971: Der Einflug der Großtrappe (*Otis tarda* L.) nach West-Europa im Winter 1969/70. J. Ornithol. 112: 138 – 157.

Huntley B, Green RE, Collingham YC, Willis SG 2007: A climatic atlas of European breeding birds. RSPB and Lynx Edicions, Barcelona.

Hüppop K 2011: Die Vogelberingung auf Helgoland im Jahr 2010. Ornithol. Jber. Helgoland 21: 85 – 95.

Hüppop K, Dierschke J, Dierschke V, Hill R, Jachmann KF, Hüppop O 2010: Phänologie des „sichtbaren" Vogelzugs über der Deutschen Bucht. Vogelwarte 48: 181 – 267.

Hüppop K, Hüppop O 2004: Atlas der Vogelberingung auf Helgoland Teil 2: Phänologie im Fanggarten von 1961 bis 2000. Vogelwarte 42: 285 – 343.

Hüppop K, Hüppop O 2007: Atlas zur Vogelberingung auf Helgoland Teil 4: Fangzahlen im Fanggarten von 1960 bis 2004. Vogelwarte 45: 145 – 207.

Hüppop K, Hüppop O 2009: Atlas zur Vogelberingung auf Helgoland. Teil 5: Ringfunde von 1909 bis 2008. Vogelwarte 47: 189 – 249.

Hüppop O 2001: 100 Jahre Vogelberingung im Dienste von Forschung und Vogelschutz. Gefiederte Welt 125: 277 – 279.

Hüppop O, Bairlein F 2008: Buchenmast, Wintertemperaturen und das Ausmaß der Invasionen von Blaumeisen *Parus caeruleus* und Kohlmeisen *P. major* auf Helgoland. Vogelkdl. Ber. Niedersachs. 40: 99 – 105.

Hüppop O, Bauer H-G, Haupt H, Ryslavy T, Südbeck P, Wahl J 2013: Rote Liste wandernder Vogelarten Deutschlands. 1. Fassung, 31. Dezember 2012. Ber. Vogelschutz 49/50: 23 – 83.

Hüppop O, Hüppop K 2011: Bird migration on Helgoland: the yield from 100 years of research. J. Ornithol. 152, Suppl 1: 25 – 40.

Hustings F, Knolle P, de Knijf P, van Winden E 1998: Invasie van Pestvogels in Nederland in 1995/96 in (inter)nationaal perspectief. Dutch Birding 20: 206 – 216.

Hutchinson CD 1989: Birds in Ireland. T & AD Poyser, Calton.

Iljinsky IV, Fetisov SA, Ptschelinzev VG, Verevkin MV, Golovan VI, Chistyakov DV, Gossmann F 2000: First results of Woodcock (*Scolopax rusticola*) ringing in the north-west regions of Russia. Intern. Wader Stud. 11: 15 – 18.

Imboden C 1974: Zug, Fremdansiedlung und Brutperiode des Kiebitz *Vanellus vanellus* in Europa. Ornithol. Beob. 71: 5 – 134.

Isenmann P, Benmergui M, Browne P, Ba AD, Diagana CH, Diawara Y, Ould Sidaty ZEA 2010: Oiseaux de Mauritanie – Birds of Mauritania. Société d'Études Ornithologiques de France, Paris.

Isenmann P, Gaultier T, El Hili A, Azafzaf H, Dlensi H, Smart M 2005: Oiseaux de Tunisie - Birds of Tunisia. Quetzal Communications, Clichy.

Isenmann P, Moali A 2000: Oiseaux d'Algérie – Birds of Algeria. Quetzal Communications, Clichy.

Janssen G, Hormann M, Rohde C 2004: Der Schwarzstorch. Verlags KG Wolf, Hohenwarsleben.

Jenni L 1982: Schweizerische Ringfunde von Bergfinken *Fringilla montifringilla*: Ein Beitrag zum Problem der Masseneinflüge. Ornithol. Beob. 79: 265 – 272.

Jenni L, Jenni-Eiermann S 1987: Der Herbstzug der Gartengrasmücke *Sylvia borin* in der Schweiz. Ornithol Beob. 84: 173 – 206.

Jenni L, Kéry M 2003. Timing of autumn bird migration under climate change: advances in long-distance migrants, delays in short-distance migrants. Proc. R. Soc. London B 270: 1467 – 1471.

Jenni L, Neuschulz F 1985: Die Masseneinflüge von Bergfinken *Fringilla montifringilla* 1977/78 und 1982/83 in der Schweiz: Abhängigkeit von der Schneedecke und vom Nahrungsangebot. Ornithol. Beob. 82: 85 – 106.

Jenni L, Schaffner U 1984: Herbstbewegungen von Haus- und Feldsperling *Passer domesticus* und *P. montanus* in der Schweiz. Ornithol. Beob. 81: 61 – 67.

Jespersen P, Tåning Å 1950: Studies in bird migration being the collected papers of H. Chr. C. Mortensen. Munksgaard, Copenhagen.

Jonker RM, Eichhorn G, van Langevelde F, Bauer S 2010: Predation danger can explain changes in timing of migration: the case of the Barnacle Goose. PLoS ONE 5(6): e11369.

Jönsson O 2011: Great Black-backed Gulls breeding at Khniffis Lagoon, Morocco and the status of Cape Gull in the Western Palearctic. Birding World 24: 68 – 76.

Jönsson PE 1986: The migration and wintering of Baltic Dunlins *Calidris alpina schinzii*. Vår Fågelvärld Suppl. 11: 71 – 78.

Jourdain E, Gauthier-Clerc M, Kayser Y, Ladaye M, Sabatier P 2008: Satellite-tracking migrating juvenile Purple Herons *Ardea purpurea* from the Camargue Area, France. Ardea 96: 121 – 124.

Jukema J, Fokkema J 1992: Herkomst van in Nederland overwinterende Sneeuwgorzen *Plectrophenax nivalis*. Limosa 65: 67 – 62.

Jukema J, Piersma T, Hulscher JB, Bunskoeke EJ, Koolhaas A, Veenstra A 2001: Goudplevieren en Wilsterflappers: Eeuwenoude fascinatie voor trekvogels. Fryske Akademy, Ljouwert.

Jukema J, Rijpma U 1993: Oversprongtrek bij Nederlandse Witte Kwikstaarten *Motacilla alba*. Limosa 66: 125 – 126.

Jung N 1983: Struktur und Faktoren der Expansion des Karmingimpels, *Carpodacus erythrinus*, in Europa und Kleinasien. Beitr. Vogelkd. 29: 249 – 273.

Kabouche B, Dhermain F 2002: Migration et hivernage du balbzard pêcheur *Pandion haliaetus* en Provence. Alauda 70: 341 – 344.

Kaiser A 1990: Brutverbreitung, Dichte, Bruterfolg und Überwinterung der Gebirgsstelzen (*Motacilla cinerea*) in Hunsrück, Rheingau und Rheinhessen. Fauna Flora Rheinland-Pfalz 6: 201 – 226.

Kaiser A, Schlenker R 1997: Auswirkung des frühen Kälteeinbruchs im Jahr 1974 auf das Rastverhalten wegziehender Teichrohrsänger *Acrocephalus scirpaceus* am Bodensee – eine retrospektive Analyse der Fangdaten. Vogelwarte 39: 149 – 163.

Kalchreuter H 1974: Über den Zug der Waldschnepfe (*Scolopax rusticola*) nach europäischen Ringfunden. Vogelwarte 27: 153 – 166.

Kania W 1981: The autumn migration of the chaffinch *Fringilla coelebs* over the Baltic coast in Poland. Acta Ornithol. 18: 375 – 418.

Karlsson L 1993: Birds at Falsterbo. Anser Suppl. 33.

Karlsson L 2004: Wings over Falsterbo. Anser Suppl. 50.

Kasparek M 1996: Dismigration und Brutarealexpansion der Türkentaube *Streptopelia decaocto*. J. Ornithol. 137: 1 – 33.

Kayser Y, Blanchon T, Gauthier-Clerc M, Petit J 2009: L'Ibis falcinelle Plegadis falcinellus nicheur régulier en Camargue. Ornithos 16: 404 – 406.

Keith S, Urban EK, Fry CH 1992: The Birds of Africa. Vol. IV. Academic Press, London.

Keller V 2000a: Winter distribution and population change of Red-crested Pochard *Netta rufina* in southwest and central Europe. Bird Study 47: 176 – 185.

Keller V 2000b: Winterbestand und Verbreitung der Kolbenente *Netta rufina* in der Schweiz und im angrenzenden Ausland. Ornithol. Beob. 97: 175 – 190.

Kestenholz M, Baillie S, Bairlein F, Clark J, du Feu C, Fiedler W, Fransson T, Hegelbach J, Juillard R, Karcza Z, Keller LF, Schaub M, Spina F 2011: Vogelberingung für Wissenschaft und Naturschutz. The European Union for Bird Ringing.

Kieckbusch J 2014: Status of the breeding population of Great Cormorants in Germany in 2012. In: Bregnballe T, Lynch J, Parz-Gollner R, Marion L, Volponi S, Paquet J-Y, Carss DN, van Eerden MR (Hrsg.): Breeding numbers of Great Cormorants *Phalacrocorax carbo* in the Western Palearctic, 2012-2013. IUCN-Wetlands International Cormorant Research Group Report. Scientific report from DCE – Danish Centre for Environment and Energy, Aarhus University. No. 99: 113 – 116.

Kinzelbach, R. 2005: Der Pfeilstorch. Basilisken Presse, Marburg.

Kirwan G, Boyla K, Castell P, Demirci B, Özen M, Welch H, Marlow T 2008: The Birds of Turkey. Christopher Helm, London.

Kistchinski AA 1978: Migrations of Birds of Eastern Europe and Northern Asia. Gaviiformes – Ciconiiformes. Nauka, Moskau.

Kjellén N, Roos G 2000: Population trends in Swedish raptors demonstrated by migration counts at Falsterbo, Sweden 1942-97. Bird Study 47: 195 – 211.

Klaassen RHG, Strandberg R, Hake M, Olofsson P, Tøttrup AP, Alerstam T 2010: Loop migration in adult marsh harriers *Circus aeruginosus*, as revealed by satellite telemetry. J. Avian Biol. 41: 200 – 207.

Klafs G, Stübs J 1987: Die Vogelwelt Mecklenburgs. Gustav Fischer Verlag, Jena.

Klein H, Berthold P, Gwinner E 1973: Der Zug europäischer Garten- und Mönchsgrasmücken (*Sylvia borin* und *S. atricapilla*). Vogelwarte 27: 73 – 134.

Klein R, Neubauer G 2006: Einflüge von Steppenmöwen *Larus cachinnans* und Mittelmeermöwen *L. michahellis* ins nördliche Mitteleuropa – Herkunft, Ursachen, Verlauf und Trend. Vogelwelt 127: 91 – 97.

Knief U, Haupt M 2013: Brandseeschwalben auf Norderoog. Falke 60: 333 – 335.

Koffijberg K, Laursen K, Hälterlein B, Reichert G, Frikke J 2013: Trends of breeding birds in the Wadden Sea 1991 – 2009. Common Wadden Sea Secretariat, Wilhelmshaven.

Köhler P 1991: Mauserzug, Schwingenmauser, Paarbildung und Wegzug der Schnatterente *Anas strepera* im Ismaninger Teichgebiet. Ornithol. Anz. 30: 115 – 149.

Köhler P 1991: Mauserzug, Schwingenmauser, Paarbildung und Wegzug der Schnatterente *Anas strepera* im Ismaninger Teichgebiet. Ornithol. Anz. 30: 115 – 149.

Köhler P 1994: Wanderungen mitteleuropäischer Schnatterenten (*Anas strepera*). Eine Auswertung von Ringfunddaten. Vogelwarte 37: 253 – 269.

Köhler P, Köhler U 1996: Eine Auswertung von Ringfunden der Tafelente (*Aythia ferina*) angesichts der zusammenbrechenden Mausertradition im Ismaninger Teichgebiet. Vogelwarte 38: 225 – 234.

Köhler P, Köhler U, von Krosigk E, Hense B 2009: Mauserbestände von Kolbenenten *Netta rufina* aus Zentral- und Südwesteuropa am Ismaninger Speichersee: Entwicklung bis 2008 und saisonale Dynamik. Vogelwarte 47: 77 – 88.

Köhler P, Köhler U, von Krosigk E, Hense B 2009: Mauserbestände von Kolbenenten *Netta rufina* aus Zentral- und Südwesteuropa am Ismaninger Speichersee: Entwicklung bis 2008 und saisonale Dynamik. Vogelwarte 47: 77 – 88.

König C, Hansbauer M, Stübing S, Wahl J 2014: Vögel in Deutschland aktuell: Herbst 2013: Singende Rotkehlchen, Rotfußfalken und Kraniche auf neuen Wegen. Falke 61: 30 – 35.

König C, Weick F, Becking JH 2008: Owls of the World. 2. Aufl. Christopher Helm, London.

Konter A, Konter M 2006: Migration patterns and site fidelity of European grebes Podicipedidae. Regulus Wiss. Ber. 21: 1 – 17.

Kooiker G 1993: Phänologie und Brutbiologie des Kiebitzes (*Vanellus vanellus*): 17jährige Beobachtungen in Nordwestdeutschland. J. Ornithol. 134: 43 – 58.

Koop B 1997: Bemerkenswerter Heimzug der Zwergmöwe (*Larus minutus*) im östlichen Schleswig-Holstein 1996. Seevögel 18: 123 – 125.

Koop B, Berndt RK 2014: Vogelwelt Schleswig-Holsteins. Bd. 7. Zweiter Brutvogelatlas. Wachholtz Verlag, Neumünster.

Kopiec K, Ozarowska A 2012: The origin of blackcaps *Sylvia atricapilla* wintering on the British Isles. Ornis Fennica 89: 254 – 263.

Köppen U 1997: Drei Jahrzehnte Beringungszentrale Hiddensee (1964 – 1994) – ein Rückblick. Vogelwarte 39: 34 – 47.

Köppen U 2006: 70 Jahre Vogelwarte Hiddensee – eine kommentierte Zeittafel. Ber. Vogelwarte Hiddensee 17: 119 – 127.
Köppen U 2007: Saisonale Wanderungen und Ansiedlungsmuster des Kormorans *Phalacrocorax carbo sinensis* – eine Ringfundanalyse aus ostdeutscher Sicht. In: Bundesamt für Naturschutz (Hrsg.): Fachtagung Kormorane 2006. Tagungsband der Fachtagung 26. – 27. September 2006 in Stralsund. Bonn-Bad Godesberg.
Köppen U 2008: Sieben Jahrzehnte Vogelwarte Hiddensee – Ein Rückblick. In: Benke H (Hrsg.): Die Vogelwelt der Insel Hiddensee. Meer Mus. 21: 9 – 24.
Köppen U, Helbig AJ 1994: Hiddensee-Ringvögel auf einen Blick: Der Kormoran *Phalacrocorax carbo*. Ber. Vogelw. Hiddensee 11: 93 – 99.
Köppen U, Helbig AJ 1996: Hiddensee-Ringvögel auf einen Blick: Der Eisvogel *Alcedo atthis*. Ber. Vogelwarte Hiddensee 13: 41 – 49.
Korner-Nievergelt F, Liechti F, Thorup K 2014. A bird distribution model for ring recovery data: where do the European robins go? Ecol. Evol. 4: 720 – 731.
Korner-Nievergelt F, Sauter A, Atkinson PW, Guélat J, Kania W, Kéry M, Köppen U, Robinson RA, Schaub M, Thorup K, van der Jeugd H, van Noordwijk AJ 2010: Improving the analysis of movement data from marked individuals through explicit estimation of observer heterogeneity. J. Avian Biol. 41: 8 – 17.
Kowallik C, Kruckenberg H, Koffijberg K, Kölzsch, Borbach-Jaene J 2010: Zeitliches und räumliches Auftreten rastender Goldregenpfeifer *Pluvialis apricaria* im Ems-Dollart-Raum (Landkreis Leer, westliches Niedersachsen). Vogelwelt 131: 195 – 206.
Kraus RHS, van Hooft P, Megens H-J, Tsvey A, Fokin SY, Ydenberg RC, Prins HHT 2013: Global lack of flyway structure in a cosmopolitan bird revealed by a genome wide survey of single nucleotide polymorphisms. Mol. Ecol. 22: 41 – 55.
Kristensen MW, Tøttrup AP, Thorup K 2013: Migration of the Common Redstart (*Phoenicurus phoenicurus*): a Eurasian songbird wintering in highly seasonal conditions in the West African Sahel. Auk 130: 258 – 264.
Kruckenberg H, Bellebaum J, Larsson K, Kube J 2012: Starker Rückgang auf hoher See: Meeresenten in der Klemme. Falke 59: 412 – 418.
Kruckenberg H, Ebbinge BS, Müskens G 2008: Die Reise der Blässgänse – Ergebnisse der Satellitentelemetrie. Vogelwarte 46: 294 – 295.
Kruckenberg H, Mooij JH, Südbeck P, Heinicke T 2011a: Die Internationale Verantwortung Deutschlands für den Schutz arktischer und nordischer Wildgänse. Teil I: Verbreitung der Arten in Deutschland. Natursch. Landschaftspl. 43: 334 – 342.
Kruckenberg H, Mooij JH, Südbeck P, Heinicke T 2011b: Die Internationale Verantwortung Deutschlands für den Schutz arktischer und nordischer Wildgänse. Teil II: Bewertung, Gefährdung und Schutzmaßnahmen. Natursch. Landschaftspl. 43: 371 – 378
Kruckenberg H, Müskens G, Ebbinge BS 2007: Satellitentelemetrie von Blässgänsen *Anser albifrons albifrons* auf dem Frühjahrszug 2006 und 2007. Vogelwarte 45: 330 – 331.
Krüger T 2010: Das Vorkommen der „Isländischen Uferschnepfe“ *Limosa limosa islandica* in Deutschland. Limicola 24: 89 – 116.
Krüger T, Dierschke J 2004: Das Vorkommen des Gelbbrauen-Laubsängers *Phylloscopus inornatus* in Deutschland. Vogelwelt 125: 41 – 52.
Krüger T, Krüger JA 2007: Einflug von Gänsegeiern *Gyps fulvus* in Deutschland 2006: Vorkommen, mögliche Ursachen und naturschutzfachliche Konsequenzen. Limicola 21: 185 – 217.
Krüger T, Ludwig J, Pfützke S, Zang H 2014: Atlas der Brutvögel in Niedersachsen und Bremen 2005-2008. Natursch. Landschaftspfl. Niedersachs. 48: 1 – 552.
Krüger T, Südbeck P, Günther K 2010: Rastbestand und Verbreitung des Löfflers *Platalea leucorodia* im deutschen Wattenmeer im August 2009. Vogelwelt 131: 31 – 43.
Kube J, Graumann G 1994: Der Mauserzug des Säbelschnäblers (*Recurvirostra avosetta*) im Ostseeraum. Corax 15, Sonderheft 2: 93 – 101.
Kubetzki U, Garthe S, Fifield D, Mendel B, Furness RW 2009: Individual migratory schedules and wintering areas of northern gannets. Mar. Ecol. Prog. Ser. 391: 257 – 265.
Kuschert H 1983: Östliche Formen der Sturmmöwe (*Larus canus* ssp.) als Wintergäste in Norddeutschland. Vogelwarte 32: 1 – 6.
Lambert K 1977: Die Rassenzugehörigkeit mecklenburgischer Alkenvögel. Falke 24: 11 – 15.
Lang E, Schlenker R 1986: Ein ungewöhnlicher Hohltauben (*Columba oenas*)-Ringfund. Vogelwarte 33: 249.
Langenberg J 2012: Weißköpfige Schwanzmeisen *Aegithalos caudatus* in Bayern – Einflug im Herbst und Winter 2010/2011. Otus 4: 12 – 21.
Lauga B, Cagnon C, D'Amico F, Karama S, Mouchès C 2005: Phylogeography of the white-throated dipper *Cinclus cinclus* in Europe. J. Ornithol. 146: 257 – 262.
Ławicki Ł 2014: The Great White Egret in Europe: population increase and range expansion since 1980. British Birds 107: 8 – 25.
Lehikoinen E, Sparks TH 2010: Changes in migration. In: Møller AP, Fiedler W, Berthold P (Eds.): Effects of Climate Change on Birds: 89-112. Oxford University Press, Oxford.
Lemke HW, Tarka M, Klaassen RHG, Åkesson M, Bensch S, Hasselquist D, Hansson B 2013: Annual cycle and migration strategies of a trans-Saharan migratory songbird: A geolocator study in the Great Reed Warbler. PLoS ONE 8: e79209.
Leslie R, Lessells CM 1978: The migration of Dunlin *Calidris alpina* through northern Scandinavia. Ornis Scand. 9: 84 – 86.
Leyrer J, Pruiksma S, Piersma T 2009: On 4 June 2008 Siberian Red Knots at Elbe Mouth kissed the canonical evening migration departure rule goodbye. Ardea 97: 71 – 79.
Liechti F, Scandolara C, Rubolini D, Ambrosini R, Korner-Nievergelt F, Hahn S, Lardelli R, Romano M, Caprioli M, Romano A, Sicurella B, Saino N 2014. Timing of migration and residence areas during the non-breeding period of barn swallows *Hirundo rustica* in relation to sex and population. J. Avian Biol., DOI 10.1111/jav.00485.
Liechti F, Witvliet W, Weber R, Bächler E 2013: First evidence of a 200-day non-stop flight in a bird. Nature Communications 4: 2554 (doi: 10.1038/ncomms3554).
Lok T, Overdijk O, Tinbergen JM, Piersma T 2011: The paradox of spoonbill migration: most birds travel to where survival rates are lowest. Anim. Behav. 82: 837 – 844.
Lorentsen S-H, May R 2012: Inter-breeding movements of common guillemots (*Uria aalge*) suggest the Barents Sea is an important autumn staging and wintering area. Polar Biol. 35: 1713 – 1719.
Lorentsen S-H, Øien IJ, Aarvak T 1998: Migration of Fennoscandian lesser white-fronted geese *Anser erythropus* mapped by satellite telemetry. Biol. Conserv. 84: 47 – 52.
Loske K-H 1996: Ein wichtiger Schlafplatz europäischer Rauchschwalben *Hirundo rustica* in Nigeria und seine Bedrohung. Limicola 10: 42 – 48.
Lübcke W 1975. Zur Ökologie und Brutbiologie der Wacholderdrossel (*Turdus pilaris*). J. Ornithol. 116: 281 – 296.
Lucanus F von 1919: Zug und Wanderung der Vögel Europas nach den Ergebnissen des Ringversuchs. J. Ornithol. 67: 1 – 78.
Lucanus F von 1929: Die Rätsel des Vogelzuges. H. Beyer & Söhne, Langensalza.
Ludwig J, Andreas U, Hawmann R 2008: Die Schwarzkopfmöwe *Larus melanocephalus* als Brutvogel auf der Pionierinsel in der Unterelbe – 40 Jahre auf dem Weg zur größten deutschen Brutkolonie. Vogelkdl. Ber. Niedersachs. 40: 409 – 415.
Ludwig J-D, Stöber N 2001: Eine Mischbrut zwischen Rosen- *Sterna dougallii* und Flussseeschwalbe *S. hirundo* in Deutschland. Limicola 15: 249 – 258.
Mädlow W 2006: Über das Vorkommen und das Raum-Zeit-Verhalten von Mandarinenten in Potsdam. Vogelwarte 44: 43.
Madsen J, Cracknell G, Fox T 1999: Goose Populations of the Western Palearctic. Wetlands International, Wageningen.
Magnusdottir E, Leat EHK, Bourgeon S, Strøm H, Petersen Æ, Phillips RA, Hanssen SA, Bustnes JO, Hersteinsson P, Furness RW 2012: Wintering areas of Great Skuas *Stercorarius skua* breeding in Scotland, Iceland and Norway. Bird Study 59: 1 – 9.
Main IG 2000: Obligate and facultative partial migration in the Blackbird (*Turdus merula*) and the Greenfinch (*Carduelis chloris*): uses and limitations of ringing data. Vogelwarte 40: 286 – 291.
Malling Olsen K, Larsson H 1997: Skuas and Jaegers. Pica Press, Sussex.
Malling Olsen K, Larsson H 2003: Gulls of Europe, Asia and North America. Christopher Helm, London.
Markones N, Guse N 2007: Räumlich-zeitliche Verteilung und Nahrungserwerbsstrategien von Silbermöwen *Larus argentatus* der westlichen Ostsee: Erkenntnisse einer Ringfundanalyse. Vogelwarte 45: 1 – 13.
Marques PAM, Jorge PE 2013: Winter latitudinal population age-structure of a migratory seagull (*Larus fuscus*) differs between its two major migratory flyways. Int. J. Ecol. 2013: http://dx.doi.org/10.1155/2013/737616.

Marthinsen G, Wennerberg L, Lifjeld JT 2008: Low support for separate species within the redpoll complex (*Carduelis flammea-hornemanni-cabaret*) from analyses of mtDNA and microsatellite markers. Mol. Phylogen. Evol. 47: 1005 – 1017.

Mattes H, Jenni L 1984: Ortstreue und Zugbewegungen des Tannenhähers *Nucifraga caryocatactes* im Alpenraum und am Randecker Maar/Schwäbische Alb. Ornithol. Beob. 81: 303 – 315.

Maumary L, Vallotton L, Knaus P 2007: Die Vögel der Schweiz. Schweizereische Vogelwarte, Sempach.

Mead CJ 1978: Tern mortality in West Africa as shown by British and Dutch ringing results. Ibis 120: 110.

Meffert P 2008: Gimpel-Invasion 2004: Unterschiede zwischen „Trötergimpeln" und „normalen" Rufern in Biometrie und Phänologie auf der Greifswalder Oie. Ber. Vogelwarte Hiddensee 18: 29 – 34.

Mendel B, Sonntag N, Wahl J, Schwemmer P, Dries H, Guse N, Müller S, Garthe S 2008: Artensteckbriefe von See- und Wasservögeln der deutschen Nord- und Ostsee. Bundesamt für Naturschutz, Bonn-Bad Godesberg.

Mewes W 2010: Die Bestandsentwicklung, Verbreitung und Siedlungsdichte des Kranichs *Grus grus* in Deutschland und seinen Bundesländern. Vogelwelt 131: 75 – 92.

Meyburg B-U, Howey PW, Meyburg C, Fiuczynski KD 2011a: Two complete migration cycles of an adult Hobby tracked by satellite. Brit. Birds 104: 2 – 15.

Meyburg BU, Meyburg C 2009a: Satelliten-Telemetrie beim Schreiadler (*Aquila pomarina*). Labus 13: 16 – 44.

Meyburg B-U, Meyburg C 2009b: GPS-Satelliten-Telemetrie bei einem adulten Schwarzmilan (*Milvus migrans*): Aufenthaltsraum während der Brutzeit, Zug und Überwinterung. Populationsökol. Greifvogel- Eulenarten 6: 243 – 284.

Meyburg BU, Meyburg C, Bělka T, Šreibr O, Vrana J 2004: Migration, wintering and breeding of a lesser spotted eagle (*Aquila pomarina*) from Slovakia tracked by satellite. J. Ornithol. 145: 1 – 7.

Meyburg BU, Meyburg C, Kinser A 2012: Telemetrie-Ergebnisse zu Jungvogelmanagement, Zug und Überwinterungsökologie. In: Kinser A, Münchhausen H Frh von (Hrsg.): Der Schreiadler im Sturzflug - Erkenntnisse und Handlungsansätze im Schreiadlerschutz. Hamburg.

Meyburg B-U, Roepke D, Meyburg C, Baß A 2011b: Satellitentelemetrische Untersuchungen an adulten deutschen Fischadlern *Pandion haliaetus*. Vogelwarte 49: 281.

Meyburg B-U, Scheller W, Meyburg C 1995: Migration and wintering of the Lesser Spotted Eagle (*Aquila pomarina*): a study by means of satellite telemetry. J. Ornithol. 136: 401 – 422.

Meyburg BU, Ziesemer F, Meyburg C, Martens HD 2011c: Satellitentelemetrische Untersuchungen an adulten deutschen Wespenbussarden. Vogelwarte 49: 280 – 281.

Milwright RDP 2002: Redwing *Turdus iliacus* migration and wintering areas as shown by recoveries of birds ringed in the breeding season in Fennoscandia, Poland, the Baltic Republics, Russia, Siberia and Iceland. Ringing & Migration 21: 5 – 15.

Milwright RDP 2003: Migration routes, breeding areas and between winter recurrence of nominate Redwings *Turdus iliacus iliacus* revealed by recoveries of winter ringed birds. Ringing & Migration 21: 183 – 192.

Milwright RDP 2006: Post-breeding dispersal, breeding site fidelity and migration/wintering areas of migratory populations of Song Thrush *Turdus philomelos* in the Western Palearctic. Ringing & Migration 23: 21 – 32.

Moali A, Isenmann P 2000: Le gobemouche gris *Muscicapa striata* niche dans une oasis en plein Sahara. Alauda 68: 154 – 155.

Mohr R 1967: Zum Vorkommen von *Acanthis flammea cabaret* im Rhein-Main-Nahe-Gebiet. J. Ornithol. 108: 484 – 490.

Møller AP, Fiedler W, Berthold P 2010: Effects of Climate Change on Birds. Oxford University Press, Oxford.

Mooij JH, Heinicke T 2008: Status, distribution and numbers of the Lesser White-fronted Goose *Anser erythropus* in Germany. Vogelwelt 129:281 – 292.

Mooij JH, Paulsch A, Scholze W 2008: Re-introduction of Lesser White-fronted Goose *Anser erythropus* in Fennoscandia with the help of microlight aircraft. Vogelwelt 129: 301 – 303.

Moore CC, Elias GL 1997: Sobre a ocorrência invernal de Petonha-dos compos *Anthus campestris* e de Petinha de Richard *Anthus novaeseelandiae* em Portugal. Airo 8: 44 – 47.

Mortensen HC 1912: Fra Fuglemaerkestationen i Viborg. Dansk Ornitol. Foren. Tidskr. 6: 98 – 127.

Naumann JA 1803: Naturgeschichte der Land- und Wasservögel. Bd. IV, Heft 3: 212.

Nehls HW 1969: Atlantik-Überquerung eines Eissturmvogels (*Fulmarus glacialis*) von Kap Chidley, Labrador, nach Wangerooge, Niedersachsen. Vogelwelt 25: 67.

Nehls HW 1980: Isländische Rotschenkel (*Tringa totanus robusta*) als Durchzügler in der Wismar-Bucht? Beitr. Vogelkd. 26: 234 – 236.

Nehls HW, Zöllick H 1990: The moult migration of the Common Scoter (*Melanitta nigra*) off the coast of the GDR. In: Viksne J, Vilks I (Hrsg.): Baltic Birds 5, Vol. 2: 36 – 46. Zinatne Publishers, Riga.

Neubauer W 1982: Der Zug mitteleuropäischer Flußseeschwalben (*Sterna hirundo*) nach Ringfunden. Ber. Vogelwarte Hiddensee 2: 59 – 82.

Neubauer W 1986: An- und Umsiedlung mitteleuropäischer Flußseeschwalben (*Sterna hirundo*). Ber. Vogelwarte Hiddensee 7: 42 – 46.

Newell M, Lilipaly S 2013: First nesting attempt by Shags in the Netherlands disrupted by Isle of May pioneer. Brit. Birds 106: 690 – 692.

Newton I 2001: Causes and consequences of breeding dispersal in the Sparrowhawk *Accipiter nisus*. Ardea 89 (special issue): 143 – 154.

Newton I 2006: Movement pattern of Common Crossbills *Loxia curvirostra* in Europe. Ibis 148: 782 – 788.

Niethammer G 1970: Überwintern nur männliche Feldlerchen in Westdeutschland? Vogelwarte 25: 356 – 357.

Nikolaus G 1987: Distribution atlas of Sudan's birds with notes on habitat and status. Bonner Zool. Monograph. 25: 1 – 322.

Nikolaus G, Chernichko I 1995: The loop migration of Curlew Sandpiper with special reference to the Sivash, Black Sea. Wader Study Group Bull. 76: 16.

Nilsson AL, Alerstam T, Nilsson Å 2008: Diffuse, short and slow migration among Blue Tits. J. Ornithol. 149: 365 – 373.

Nowak E, Berthold P 1987: Die Satelliten-Telemetrie in der Erforschung von Tierwanderungen: eine Übersicht. J. Ornithol. 128: 405 – 422.

Nowald G 2014: Rückblick auf das Kranichjahr 2013. In: Nowald G, Kettner A, Daebeler J (Hrsg.): Journal der Arbeitsgemeinschaft Kranichschutz Deutschland - Das Kranichjahr 2013/14: 6 – 7. Groß Mohrdorf.

Nowald G, Donner N, Modrow M 2010: Die Entwicklung der Rast von Kranichen *Grus grus* und der Einfluss der Landwirtschaft in der Rügen-Bock-Region im Nordosten Deutschlands. Vogelwelt 131: 123 – 127.

Nowald G, Modrow M, Boldt A 2014a: Die Herkunft der auf dem Frühjahrs- und Herbstzug in Mecklenburg-Vorpommern rastenden ausländischen Kraniche. Ornithol. Rundbr. Meckl.-Vorpomm. 48, Sonderheft 1: 215 – 219.

Nowald G, Modrow M, Donner N 2014b: Einblicke in ein Farbmarkierungsprojekt: Wahl der Überwinterungsgebiete mecklenburg-vorpommerscher Kraniche. Ornithol. Rundbr. Meckl.-Vorpomm. 48, Sonderheft 1: 225 – 230.

OAG Münster 1989: Beobachtungen zur Heimzugstrategie des Kampfläufers *Philomachus pugnax*. J. Ornithol. 130: 175 – 182.

Oatley TB 2000: Migrant European Swallows *Hirundo rustica* in southern Africa: a southern perspective. Ostrich 71: 205 – 209.

Oelke H 1969: Die Brandgans (*Tadorna tadorna*) im Mausergebiet Großer Knechtsand. J. Ornithol. 110: 170 – 175.

Oliver P 2005: Roosting behavior and wintering of Eurasian Marsh Harriers *Circus aeruginosus* in south-east England. Ardea 93: 137 – 140.

Onrubia A, Muñoz A-R, Arroyo GM, Ramírez J, de la Cruz A, Barrios L, Meyburg B-U, Meyburg C, Langgemach T 2011: Autumn migration of Lesser Spotted Eagle *Aquila pomarina* in the strait of Gibraltar: accidental or regular? Ardea 99: 113 – 116.

Ottens G 2004: Lachmeeuw in Nederland en Duitsland in 2000-02. Dutch Birding 26: 297 – 301.

Ottens G 2007: Lost and found: Laughing Gull 'Atze' in Europe. Durch Birding 29: 288 – 291.

Ottvall R, Bensch S, Walinder G, Lifjeld JT 2002: No evidence of genetic differentiation between lesser redpolls *Carduelis flammea cabaret* and common redpolls *Carduelis f. flammea*. Avian Sci. 2: 237 – 244.

Päckert M, Martens J, Kosuch J, Nazarenko AA, Veith M 2003: Phylogenetic signal in the song of crests and kinglets (Aves: *Regulus*). Evolution 57: 616 – 629.

Payevsky VA 1971: Atlas of bird migrations according to ringing data at the Kurische Nehrung. Trud. Zool. Inst. AN SSSR Nauka, Leningr. otdel. 50: 3 – 110.

Payevsky VA 1973: Atlas of bird migration according to banding data at the Courland Spit. In: Bykhovsky BE (Hrsg.): Bird migration – ecological and physiological factors: 1 – 124. Halstead Press, John Wiley and Sons, New York.

Payevsky VA, Vysotsky VG 2003: Migratory song thrushes *Turdus philomelos* hunted in Europe: survival rates and other demographic parameters. Avian Sci. 3: 13 – 20.

Peach WJ, Baillie SR, Underhill L 1991: Survival of British Sedge Warblers *Acrocephalus schoenobaenus* in relation to west African rainfall. Ibis 133: 300 – 305.

Pearce-Higgins, Green 2014: Birds and climate change. Impacts and conservation responses. Cambrigde University Press, Cambridge.

Pearson DJ, Backhurst GC 1976: The southward migration of Palaearctic birds over Ngulia, Kenya. Ibis 118: 78 – 105.

Pearson DJ, Lack P 1992: Migration patterns and habitat use by passerine and near-passerine migrant birds in eastern Africa. Ibis 134 (Suppl 1): 89 – 98.

Peintinger M, Schuster S 2005: Veränderungen der Erstankünfte bei häufigen Zugvogelarten in Südwestdeutschland. Vogelwarte 43: 161 – 169.

Peitzmeier W 1979: Avifauna von Westfalen. Abh Landesmuseum Naturkde Münster Westfalen 41: 477 – 576.

Pennington MG, Meek ER 2006: The ‚Northern Bullfinch' invasion of autumn 2004. Brit. Birds 99: 2 – 24.

Peters T, Trapp H 2012: Alterstruktur und Ansiedlungsverhalten des Bienenfressers (*Merops apiaster*) in Mittelsachsen. Ber. Vogelwarte Hiddensee 21: 41 – 51.

Petersen IK, Petersen Æ, Okill D, Williams J, Mosbech A, Fox J 2013: Winter distribution of East-atlantic Red-throated Divers. http://www.birdlife.fi/suojelu/lajit/gavia/pdf/Petersen-I-logger.pdf (14.2.2014).

Pfeifer G 2003: Die Vögel der Insel Sylt. Husum Druck- und Verlagsgesellschaft, Husum.

Pfeiffer T, Meyburg B-U 2009: Satellitentelemetrische Untersuchungen zum Zug- und Überwinterungsverhalten thüringischer Rotmilane *Milvus milvus*. Vogelwarte 47: 171 – 187.

Piechocki R 1971: Die Invasion Sibirischer Tannenhäher 1968/69 in der DDR. Falke 18: 4-26, 40 – 57.

Piersma T, Davidson NC 1992: The migrations and annual cycles of five subspecies of Knots in perspective. Wader Study Group Bull. 64, Suppl.: 187 – 197.

Pilastro A, Macchio S, Massi A, Montemaggiori A, Spina F 1998: Spring migratory routes of eight trans-Saharan passerines through the central and western Mediterranean; results from a network of insular and coastal ringing sites. Ibis 140: 591 – 598.

Platteeuw M, van der Ham NF, den Ouden JE 1994: Zeetrektellingen in Nederland in de jaren tachtig. Sula 8: 1 – 203.

Pörner H 1985: Wanderungen und Mortalität der DDR-Population des Waldkauzes (*Strix aluco*) nach Beringungsergebnissen. Ber. Vogelwarte Hiddensee 6: 34 – 49.

Portofée C, Dierschke J 1999: Das Auftreten des Goldhähnchen-Laubsängers *Phylloscopus proregulus* auf Helgoland und im übrigen Deutschland. Ornithol. Jber. Helgoland 9: 91 – 95.

Prange H 1989: Der Graue Kranich. Neue Brehm Bücherei. A. Ziemsen Verlag, Wittenberg Lutherstadt.

Prange H 2010: Zug und Rast des Kranichs *Grus grus* und die Veränderungen in vier Jahrzehnten. Vogelwelt 131: 155 – 167.

Procházka P, Hobson KA, Karcza Z, Kralj, J 2008: Birds of a feather winter together: migratory connectivity in the Reed Warbler *Acrocephalus scirpaceus*. J. Ornithol. 149: 141 – 150.

Prokosch P 1984: Population, Jahresrhythmus und traditionelle Nahrungsplatzbindungen der Dunkelbäuchigen Ringelgans (*Branta b. bernicla*, L. 1758) im Nordfriesischen Wattenmeer. Ökol. Vögel 6: 1 – 99.

Prokosch P 1988: Das schleswig-holsteinische Wattenmeer als Frühjahrs-Aufenthaltsgebiet arktischer Watvogel-Populationen am Beispiel von Kiebitzregenpfeifer (*Pluvialis squatarola*, L. 1758), Knutt (*Calidris canutus*, L. 1758) und Pfuhlschnepfe (*Limosa lapponica*, L. 1758). Corax 12: 273 – 442.

Prŷs-Jones RP 1984: Migration patterns of the Reed Bunting, *Emberiza schoeniclus schoeniclus*, and the dependence of wintering distribution on environmental conditions. Gerfaut 74: 15 – 37.

Pütz K, Rahbek C, Saurola P, Pedersen KT, Juvaste R, Helbig AJ 2007: Satellite tracking of the migratory pathways of first-year Lesser Black-backed Gulls *Larus fuscus* departing from the breeding grounds of different subspecies. Vogelwelt 128: 141 – 148.

Quillfeldt P, Kleemann L, Marx M 2014: Turteltauben im Fokus. Falke 61: 32 – 33.

Radomski U 2009: Seltene Vogelarten in Schleswig-Holstein und Hamburg. Vogelwelt Schleswig-Holstein, Band 6. Wachholtz Verlag, Neumünster.

Randler C 1997: Nachweis eines heimziehenden Gartenbaumläufers (*Certhia brachydactyla*). Vogelwarte 39: 96 – 97.

Randler C 2007: Assortative mating of Carrion *Corvus corone* and Hooded Crows *C. cornix* in the hybrid zone in eastern Germany. Ardea 95: 143 – 149.

Reichlin TS, Schaub M, Menz MHM, Mermod M, Portner P, Arlettaz R, Jenni L 2009: Migration patterns of Hoopoe *Upupa epops* and Wryneck *Jynx torquilla*: an analysis of European ring recoveries. J. Ornithol. 150: 393 – 400.

Reihmanis J 2005: Main migratory direction of Marsh Harrier *Circus aeruginosus*: an analysis of recovery data of specimens ringed in Latvia from 1925 to 2004. Acta Univ. Latviensis 691: 51 – 57.

Remisiewicz M 2002. The temporal pattern to Robin *Erithacus rubecula* migration: evidence from ringing recoveries. Ardea 90 (special issue): 489 – 502.

Reneerkens J, Benhoussa A, Boland H, Collier M, Grond K, Günther K, Hallgrimsson GT, Hansen J, Meissner W, de Meulenaer B, Ntiamoa-Baidu Y, Piersma T, Poot M, van Roomen M, Summers RW, Tomkovich PS, Underhill LG 2009: Sanderlings using African-Eurasian flyways: a review of current knowledge. Wader Study Group Bull. 116: 2 – 20.

Rguibi Idrissi H, Benhoussa A, Qninba A 2006: Premier cas d'hivernage du Phragmite des Joncs *Acrocephalus schoenobaenus* à Wad Ez-Zahhar (région de Khnifiss, sud-ouest du Maroc). Alauda 74: 365 – 367.

Rguibi Idrissi H, Dakki M, Bairlein F 2007: Migration et hivernage de quelques passeraux au Maroc: Mise au point à partir des données de baguage-reprise. Ostrich 78: 343 – 347.

Ringleben H 1991: Daten zum Mauserzug und zu Mauserstationen des Höckerschwans *Cygnus olor* in Niedersachsen. Vogelkdl. Ber. Niedersachs. 23: 66 – 69.

Robinson WD, Bowlin MS, Bisson I, Shamoun-Baranes J, Thorup K, Diehl RH, Kunz TH, Mabey S, Winkler DW 2010: Integrating concepts and technologies to advance the study of bird migration. Front. Ecol. Environ. 8: 354 – 361.

Rödl T, Rudolph BU, Geiersberger I, Weixler K, Görgen A 2012: Atlas der Brutvögel in Bayern. Verbreitung 2005-2009. Verlag Eugen Ulmer, Stuttgart.

Rodwell SP, Sauvage A, Rumsey SJR, Bräunlich A 1996: An annotated check-list of birds occurring at the Parc National des Oiseaux du Djoudj in Senegal, 1984 – 1994. Malimbus 18: 74 – 111.

Rolshausen G, Hobson KA, Schaefer HM 2010: Spring arrival along a migratory divide of sympatric blackcaps (*Sylvia atricapilla*). Oecologia 162: 175 – 183.

Rösner H-U 1997: Strategien von Zug und Rast des Alpenstrandläufers (*Calidris alpina*) im Wattenmeer und auf dem Ostatlantischen Zugweg. Shaker Verlag, Aachen.

Rost F 2008: Phänologie und Zugverhalten von in Thüringen vorkommenden Mönchs- und Gartengrasmücken *Sylvia atricapilla* und *S. borin* anhand von Beringungsergebnissen. Ber. Vogelwarte Hiddensee 18: 7 – 20.

Rost F 2009: Das Zugverhalten europäischer Mönchsgrasmücken *Sylvia atricapilla* im Wandel – Daten aus Ostdeutschland 1964 – 2007. Ber. Vogelwarte Hiddensee 19: 21 – 35.

Rost R 1993: Vogelwarte Rossitten/Radolfzell (1903 – 1945/47 – 1991), annähernd 90 Jahre Vogelberingung – eine Übersicht. Vogelwarte 37: 81 – 88.

Roth T 2004: Phenology and west-east distribution of migrating birds in Mauritania, western Africa. Diplomarbeit Univ. Basel.

Ryslavy T, Haupt H, Beschow R 2011: Die Brutvögel in Brandenburg und Berlin – Ergebnisse der ADEBAR-Kartierung 2005-2009. Otis 19, Sonderheft: 1 – 448.

Sætre G-P, Borge T, Moum T 2001: A new bird species? The taxonomic status of 'the Atlas Flycatcher' assessed form DNA sequence analysis. Ibis 143: 494 – 497.

Salewski V, Hochachka WM, Fiedler F 2010: Global warming and Bergmann's rule: do central European passerines adjust their body size to rising temperatures? Oecologia 162: 247 – 260.

Salomonsen F 1959: Ottende foreløbige liste over gefundne grønlandske ringfugle. Dansk Ornitol. Foren. Tidsskr. 53: 31 – 39.

Santoro S, Máñez M, Green A, Figuerola J 2010: Formation and growth of a heronry in a managed wetland in Doñana, southwest Spain. Bird Study 57: 515 – 524.

Saurola P, Valkama J, Velmala W 2013: Suomen Rengastusatlas I. Finnish Museum of Natural History & Ministry of Environment, Helsinki.

Scheiffarth G 2001: Bar-tailed Godwits (*Limosa lapponica*) in the Sylt-Rømø Wadden Sea: which birds, when, from where, and where to? Vogelwarte 41: 53 – 69.

Schekkerman H 1989: Herfsttrek en biometrie van de IJsgors *Calcarius lapponicus* te Castricum. Limosa 62: 29 – 34.
Schifferli A 1960: Ringfundmeldungen lassen Schleifenzug bei der mitteleuropäischen Wachtel, *Coturnix coturnix*, vermuten. Proc. XII Intern. Ornithol. Congr. Helsinki 1958: 651 – 656.
Schirmeister B 2002: Durchzug und Rast der Zwergmöwe *Larus minutus* in der Pommerschen Bucht vor Usedom in den Jahren 2001 und 2002. Ornithol. Rundbr. Meckl.-Vorpomm. 44: 34 – 46.
Schlenker R 1976. Winterplatztreue beim Bergfinken. Vogelwarte 28: 313 – 314.
Schlenker R 1981: Verlagerung der Zugwege von Teilen der südwestdeutschen und österreichischen Mönchsgrasmücken (*Sylvia atricapilla*)-Population. Ökol. Vögel 3: 314 – 318.
Schlenker R 1982: Vom Zug süd- und nordwestdeutscher Brachvögel (*Numenius arquata*) nach Ringfunden. Beih. Veröff. Natursch. Landschaftspfl. Bad.-Württ. 25: 109 – 112.
Schlenker R 1986: Neue Drosselrohrsänger *Acrocephalus arundinaceus* – Ringfunde aus Afrika. Anz. Ornithol. Ges. Bayern 25: 217 – 219.
Schlenker R 1988: Zum Zug der Neusiedlersee (Österreich)-Population des Teichrohrsängers (*Acrocephalus scirpaceus*) nach Ringfunden. Vogelwarte 34: 337 – 343.
Schlenker R 1990: Gartengrasmücken (*Sylvia borin*)-Ringfunde in „falsche" Herbstzugrichtung. Vogelwarte 35: 244.
Schlenker R 1995: Änderungen von Wiederfundquoten beringter Vögel im Arbeitsbereich der Vogelwarte Radolfzell. Vogelwarte 38: 108 – 109.
Schmaljohann H, Buchmann M, Fox JW, Bairlein F 2012: Tracking migration routes and the annual cycle of a trans-Sahara songbird migrant. Behav. Ecol. Sociobiol. 66: 915 – 922.
Schmaljohann H, Naef-Daenzer B 2011: Body condition and wind support initiate the shift of migratory direction and timing of nocturnal departure in a songbird. J. Anim. Ecol. 80: 1115 – 1122.
Schmid H 2000: Getrennte Wege: Der Herbstzug von juvenilen und adulten Wespenbussarden *Pernis apivorus* – eine Synthese. Ornithol. Beob. 97: 191 – 222.
Schmidt D 2009: 15 Jahre Farbberingung von Fischadlern *Pandion haliaetus* in Deutschland. Ber. Vogelwarte Hiddensee 19: 47 – 52.
Schmidt D, Meyburg B-U 1998: Forschung an Fischadlern (*Pandion haliaetus*) im Strelitzer Land. Labus 8: 22 – 27.
Schmidt E, Hüppop K 2007: Erstbeobachtung und Sangesbeginn von 97 Vogelarten in den Jahren 1963 bis 2006 in einer Gemeinde im Landkreis Parchim (Mecklenburg-Vorpommern). Vogelwarte 45: 27 – 58.
Schmidt K 2012: Langzeitstudie zur Altersstruktur einer Population der Dohle *Coloeus monedula* in Südwest-Thüringen mit Hilfe der Farbberingung. Vogelwarte 50: 169 – 176.
Schmidt R 1981: An- und Umsiedlung bei Hiddenseer Zwergseeschwalben (*Sterna albifrons*). Ber. Vogelwarte Hiddensee 1: 60 – 79.
Schmidt R 1983: Wiederfunde beringter Trottellummen (*Uria aalge*) an der Ostseeküste der DDR. Ber. Vogelwarte Hiddensee 4: 87 – 96.
Schmied H, Stiels D 2012: Singdrosseln *Turdus philomelos* in Mitteleuropa – verläuft die Unterartgrenze durch das Rheinland? Charadrius 48: 34 – 35.
Schmolz M, Lachenmaier K 2013: Nachtreiher in Stuttgart. Falke 60: 448 – 451.
Schmutz JK, Fyfe RW, Banasch U, Armbruster H 1991: Routes and timing of falcons banded in Canada. Wilson Bull. 103: 44 – 58.
Schuphan I 1972: Zur Biologie und Populationsdynamik der Zippammer (*Emberiza c. cia*). Diplomarbeit Naturwissenschaftliche Fakultät der Johannes Gutenberg - Universität Mainz. URL: http://www.hgon.de/nc/service/downloads/?cid=601&did=428&sechash=1b1b3ff0.
Schuphan I 2011: Die Zippammer (*Emberiza cia*) – eine Vogelart, die große Klimaunterschiede ertragen kann. Vogelwarte 49: 129 – 136.
Schuster S 2008: Die Flügelmauser bei Wasservögeln am Bodensee: Konsequenzen für den Naturschutz. Ornithol. Anz. 47: 3 – 22.
Schüz E 1934: XXVII. Bericht der Vogelwarte Rossitten der Kaiser Wilhelm-Gesellschaft zur Förderung der Wissenschaften (April 1932 bis Dezember 1933). Vogelzug 5: 74 – 86.
Schüz E 1935a: XXVIII. Bericht (1934) der Vogelwarte Rossitten der Kaiser Wilhelm-Gesellschaft zur Förderung der Wissenschaften. Vogelzug 6: 53 – 66.
Schüz E 1935b: Woher kommen die winterlichen Eisenten (*Clangula hyemalis*) der Ostsee? Vogelzug 6: 133 – 134.
Schüz E 1938: XXX. Bericht der Vogelwarte Rossitten der Kaiser Wilhelm-Gesellschaft zur Förderung der Wissenschaften (Januar 1936 bis März 1938). Vogelzug 9: 70 – 90.
Schüz E 1953: Die Zugscheide des Weißen Storchs nach Beringungsergebnissen. Bonner Zool. Beitr. 4: 31 – 72.
Schüz E 1962: Über die nordwestliche Zugscheide des Weißen Storchs. Vogelwarte 21: 269 – 290.
Schüz E 1971: Grundriß der Vogelzugskunde. 2. Aufl. Verlag Paul Parey, Berlin.
Schüz E 1974: Über den Zug von *Gavia arctica* in der Paläarktis. Ornis Fennica 51: 183 – 194.
Schüz E, Kuhk R 1948: Vogelwarte Radolfzell (vormals Rossitten). Vogelwarte 15: 5 – 8.
Schüz E, Weigold H 1931: Atlas des Vogelzuges. R. Friedländer & Sohn, Berlin.
Schwabl H 1983: Ausprägung und Bedeutung des Teilzugverhaltens einer südwestdeutschen Population der Amsel *Turdus merula*. J. Ornithol. 124: 101 – 116.
Schwemmer P, Garthe S 2006: Spatial patterns in at-sea behaviour during spring migration by little gulls (*Larus minutus*) in the southeastern North Sea. J. Ornithol. 147: 354 – 366.
Scott DA, Rose PM 1996: Atlas of Anatidae populations in Africa and western Eurasia. Wetlands International, Wageningen.
Shamoun-Baranes J, Bouten W, Camphuysen JC, Baaij E 2011: Riding the tide: intriguing observations of gulls resting at sea during breeding. Ibis 153: 411 – 415.
Shamoun-Baranes J, Leyrer J, van Loon E, Bocher P, Robin F, Meunier F, Piersma T 2010: Stochastic atmospheric assistance and the use of emergency staging sites by migrants. Proc. R. Soc. London B 277: 1505 – 1511.
Shirihai H 1996: The Birds of Israel. Academic Press, San Diego.
Siefke A 1994: Wanderungen ostdeutscher Raben- und Nebelkrähen *Corvus corone* nach Beringungsergebnissen. Vogelwelt 115: 83 – 89.
Siefke A, Berger W 1979: Zug und Winterquartier der Rügen-Strelasund-Population des Kormorans, *Phalacrocorax carbo sinensis*. Beitr. Vogelkd. 25: 65 – 74.
Sikora A, Neubauer G 2008: Scandinavian and central European subspecies of White-throated Dipper *Cinclus cinclus* interbreed in an isolated population in northern Poland. Ornis Fennica 85: 73 – 81.
Sinelschikova A, Kosarev V, Panov I, Baushev AN 2007: The influence of wind conditions in Europe on the advance in timing of the spring migration of the song thrush (*Turdus philomelos*) in the south-east Baltic region. Int. J. Biometeorol. 51: 431 – 440.
Smit CJ, Wolff WJ 1981: Birds of the Wadden Sea. A.A. Balkema, Rotterdam.
Smith M, Bolton M, Okill DJ, Summers RW, Ellis P, Liechti F, Wilson JD 2014: Geolocator tagging reveals Pacific migration of Red-necked Phalarope *Phalaropus lobatus* breeding in Scotland. Ibis 156: 870 – 873.
Sonntag N, Mendel B, Garthe S 2006: Die Verbreitung von See- und Wasservögeln in der deutschen Ostsee im Jahresverlauf. Vogelwarte 44: 81 – 112.
Spaepen JF 1995: A study of migration of the Skylark, *Alauda arvensis*, based on European ringing data. Gerfaut 85: 63 – 89.
Spina F 1998: The EURING swallow project: a large-scale approach to the study and conservation of a long-distance migrant. In: Leshem J., E. Lachman, P. Berthold (Hrsg.): Migrating birds know no boundaries. Torgos 28: 151 – 162.
Spina F 1998: The EURING swallow project: results from the first pilot year. EURING Newsletter 2: 22 – 27.
Spina F 2011: Hundreds of ringers and one million of Swallows: large-scale joint efforts to unravel the journeys of a symbol of migration. BOU Proceedings – The Ecology & Conservation of Migratory Birds. http://www.bou.org.uk/bouproc-net/migratory-birds/spina.pdf.
Spina F, Massi A, Montemaggiori A, Baccetti N 1993: Spring migration across central Mediterranean: general results from the 'Progetto Piccole Isole'. Vogelwarte 37, Sonderheft: 1 – 94.
Spina F, Volponi S 2008a: Atlante della Migrazione degli Uccelli in Italia. Bd. 1. Non-Passeriformi. Tipografia, Roma.
Spina F, Volponi S 2008b: Atlante della Migrazione degli Uccelli in Italia. Bd. 2. Passeriformi. Tipografia, Roma.
Ssymank A 1994: Neue Anforderungen im europäischen Naturschutz. Das Schutzgebietssystem Natura 2000 und die „FFH-Richtlinie der EU". Natur Landschaft 69: 395 – 406.
Stach R, Jakobsson S, Kullberg C, Fransson T 2013: Geolocators reveal three consecutive wintering areas in the thrush nightingale. Anim. Migration 1: 1 – 7.

Stechow J 1938: Ueber die jahreszeitliche Verteilung der europäischen Lummen (*Uria aalge* (Pont.)). Vogelzug 9: 125 – 138.

Steiof K 2006: Zur Phänologie von Silber-, Mittelmeer- und Steppenmöwe *Larus argentatus, L. michahellis, L. cachinnans* in Berlin in den Jahren 2000-2004. Vogelwelt 127: 99 – 117.

Stiefel A, Scheufler H 1989: Der Alpenstrandläufer. A. Ziemsen Verlag, Wittenberg Lutherstadt.

Strandberg R, Alerstam T, Hake M, Kjellén N 2009a: Short-distance migration of the Common Buzzard *Buteo buteo* recorded by satellite tracking. Ibis 151: 200 – 206

Strandberg R, Klaassen RHG, Hake M, Olofsson P, Alerstam T 2009b: Converging migration routes of Eurasian hobbies *Falco subbuteo* crossing the African equatorial rain forest. Proc. R. Soc. London B 276: 727 – 733.

Strandberg R, Klaassen RHG, Hake M, Olofsson P, Thorup K, Alerstam T 2008: Complex timing of Marsh Harrier *Circus aeruginosus* migration due to pre- and post-migratory movements. Ardea 96: 159 – 171.

Strandberg R, Klaassen RHG, Thorup K 2009c: Spatio-temporal distribution of migrating raptors: a comparison of ringing and satellite tracking. J. Avian Biol. 40: 500 – 510.

Stresemann E 1951: Die Entwicklung der Ornithologie von Aristoteles bis zur Gegenwart. F. W. Peters, Berlin.

Stübing S, Sacher T, Valdemarin JP, Mayer B 2011: Farbmarkierung bringt außergewöhnliche Ergebnisse: Sichler aus Spanien auf Europatour. Falke 58: 384-385.

Stübing S, Wahl J, Sacher T 2013: Erfolgreiche Suche im Herbst 2013: Rastende Mornellregenpfeifer. Falke 60: 498 – 499.

Sudfeldt C, Bairlein F, Dröschmeister R, König C, Langgemach T, Wahl J 2012: Vögel in Deutschland 2012. DDA, BfN, LAG VSW, Münster.

Sudfeldt C, Dröschmeister R, Gerlach B, Grüneberg C, Karthäuser J, Langgemach T, Schuster B, Trautmann S, Wahl J 2014: Vögel in Deutschland 2013. DDA, BfN, LAG VSW, Münster.

Sultana J, Gauci C 1982: A new guide to the birds of Malta. The Ornithological Society, Valetta.

Summers RW 1994: The migration patterns of the Purple Sandpiper *Calidris maritima*. Ostrich 65: 167 – 173.

Summers RW, Underhill LG, Syroechkovski Jr. EE 1998: The breeding productivity of dark-bellied brent geese and curlew sandpipers in relation to changes in the numbers of arctic foxes and lemmings on the Taimyr Peninsula, Siberia. Ecography 21: 573 – 580.

Summers-Smith JD 1988: The Sparrows. T & AD Poyser, Calton.

Sunkel W 1971: Weiterbeobachtung und Kontrollfänge der Ringvögel steigern die Ergebnisse der Beringung. Luscinia 41: 164 – 168.

Svensson S 1997: The wintering area of Shorelarks *Eremophila alpestris* breeding in Swedish Lapland. Ornis Svecica 7: 169v173.

Tait GM 1960: Aves anilladas recuperadas en Portugal (abril 1957-diciembre 1958). Ardeola 6: 259 – 278.

Tautz S, Krätzel K 2014: Der Löffler *Platalea leucorodia* in Bayern. Otus 5: 16 – 25.

Tellería JL, Asensio B, Díaz M 1999: Aves Ibéricas. JM Reyero, Madrid.

Terrasse M 2006: Évolution des déplacements du Vautour fauve *Gyps fulvus* en France et en Europe. Ornithos 13: 273 – 299.

Tetzlaff F 2010: Zehn Jahre Beringung von Saatkrähen *Corvus frugilegus* im Tierpark Greifswald – eine kurze Bilanz. Ber Vogelwarte Hiddensee 20: 27 – 33.

Thévenot M, Vernon R, Bergier P 2003: The birds of Morocco. BOU Checklist Series 20. British Ornithologists' Union, Tring.

Thienemann J 1906: V. Jahresbericht (1905) der Vogelwarte Rossitten der Deutschen Ornithologischen Gesellschaft. J. Ornithol. 54: 429 – 476.

Thienemann J 1910: IX. Jahresbericht (1909) der Vogelwarte Rossitten der Deutschen Ornithologischen Gesellschaft. J. Ornithol. 58: 531 – 676.

Thienemann J 1928: Rossitten. Neumann-Neudamm, Melsungen.

Thorbeck H 1955: Ein Brutversuch der Gryll-Lumme (*Cepphus grylle*) auf dem Langenwerder bei Poel. J. Ornithol. 96: 119 – 120.

Thorup K 1998: Vagrancy of Yellow-browed Warbler *Phylloscopus inornatus* and Pallas's Warbler *Ph. proregulus* in north-west Europe: Misorientation on great circles? Ringing & Migration 19: 7 – 12.

Thorup K, Ortvad TE, Holland R, Rabøl J, Kristensen M, Wikelski M 2012: Orientation of vagrant birds on the Faroe Islands in the Atlantic Ocean. J. Ornithol. 153: 1261 – 1265.

Thye K 2006: Zehn Jahre Farbringablesungen an Großmöwen in Hannover. Vogelwelt 127: 1 – 9.

Tischler F 1918: Inwieweit hat der Grauammer (*Emberiza calandra*) als Zugvogel zu gelten? J. Ornithol. 66: 425 – 436.

Todte I 2010: Beringungsarbeit an Blaukehlchen *Luscinia svecica cyanecula* und Schwarzkehlchen *Saxicola rubicola* in Ostdeutschland – aktuelle Zahlen und Ergebnisse. Ber. Vogelwarte Hiddensee 20: 35 – 54.

Todte I, Kaatz M, Fiedler W 2010: Woher stammen in Deutschland auftretende Silberreiher *Casmerodius albus*? Erste Hinweise aus der Satellitentelemetrie eines Vogels und aus neuen Ringfunden. Vogelwarte 48: 269 – 273.

Todte I, Luge J, Harz M 1999: Bestandsentwicklung, Brutbiologie und Ortstreue des Bienenfressers *Merops apiaster* in Sachsen-Anhalt. Vogelwelt 120: 221 – 229.

Tortosa FS, Mánez M, Barcell M 1995: Wintering White Storks (*Ciconia ciconia*) in South West Spain in the years 1991 and 1992. Vogelwarte 38: 41 – 45.

Tøttrup AP, Klaassen RHG, Strandberg R, Thorup K, Willemoes Kristensen M, Søgaard Jørgensen P, Fox J, Afanasyev V, Rahbek C, Alerstam T 2012: The annual cycle of a trans-equatorial Eurasian-African passerine migrant: different spatio-temporal strategies for autumn and spring migration. Proc. R. Soc. London B 279: 1008 – 1016.

Treep J, Ikemeyer D 2006: Flamingos im Zwillbrocker Venn. Entstehung und Etablierung einer deutsch-niederländischen Population. LÖBF-Mitt. 3/06: 12 – 16.

Trierweiler C 2010: Travels to feed and food to breed. The annual cycle of a migratory raptor, Montagu's Harrier, in a modern world. Dissertation Rijksuniversiteit Groningen.

Trierweiler C, Klaassen RHG, Drent RH, Exo K-M, Komdeur J, Bairlein F, Koks BJ 2014: Migratory connectivity and population-specific migration routes in a long-distance migratory bird. Proc. R. Soc. London B 281: doi: 10.1098/rspb.2013.2897.

Trierweiler C, Koks BJ, Drent RH, Exo K-M, Komdeur J, Dijkstra C, Bairlein F 2007: Satellite tracking of two Montagu's Harriers (*Circus pygargus*): dual pathways during autumn migration. J. Ornithol. 148: 513 – 516.

Tucker GM, Heath MF 1994: Birds in Europe: their conservation status. BirdLife International, Cambridge.

Unger C, Bauer F 2001: Beringungsergebnisse von bei Eisfeld in Südthüringen zwischen 1978 und 1991 durchziehenden und überwinternden Saatkrähen *Corvus frugilegus*. Anz. Ver. Thüringer Ornithol. 4: 149 – 160.

Urban E, Hilary Fry C, Keith S 1997: The Birds of Africa. Vol. V. Academic Press, San Diego.

Van Buskirk J, Mulvihill RS, Leberman RC 2010: Declining body sizes in North American birds associated with climate change. Oikos 119: 1047 – 1055.

van der Winden J, Chernichko II, van der Have TM, Siokhin VD, Verkuil Y 1993: The migration of the Broad-billed Sandpiper *Limicola falcinellus* during May 1992 in the Sivash, Ukraine. Wader Study Group Bull. 71: 41 – 43.

van der Winden J, Poot MJM, van Horssen PW 2010: Large birds can migrate fast: the post-breeding flight of the Purple Heron *Ardea purpurea* to the Sahel. Ardea 98: 395 – 402.

van Dijk AJ, van Dijk K, Dijksen LJ, van Spanje TM, Wymenga E 1986: Wintering waders and waterfow in the Gulf of Gabès, Tunisia, January – March 1984. WIWO Report no. 11, Zeist.

van Vliet J, Musters CJM, Ter Keurs WJ 2009: Changes in migration behaviour of Blackbirds *Turdus merula* from The Netherlands. Bird Study 56: 276 – 281.

van Wijk RE, Schaub M, Tolkmitt D, Becker D, Hahn S 2013: Short-distance migration of Wrynecks *Jynx torquilla* from Central European populations. Ibis 155: 886 – 890.

Vauk G 1972: Welches Geschlecht haben in W-Deutschland überwinternde Feldlerchen (*Alauda arvensis*)? J. Ornithol. 113: 105 – 106.

Veen J, Yurlov AK, Delany SN, Mihantiev AI, Selivanova MA, Boere GC 2005: An atlas of movements of Southwest Siberian waterbirds. Wetlands International, Wageningen.

Verkuil YI, Karlionova N, Rakhimberdiev EN, Jukema J, Wijmenga JJ, Hooijmeijer JCEW, Pinchuk P, Wymenga E, Baker AJ, Piersma T 2012: Losing a staging area: Eastward redistribution of Afro-Eurasian ruffs is associated with deteriorating fuelling conditions along the western flyway. Biol. Conserv. 149: 51 – 59.

Viksne JA 1989: Migrations of Birds of Eastern Europe and Northern Asia. Anseriformes. Nauka, Moskau.

Viksne JA, Mihelson HA 1985: Migrations of birds of Eastern Europe and Northern Asia. Gruiformes, Charadriiformes. Nauka, Moskau.

Visser ME, Perdeck AC, Balen JH van, Booth C 2009: Climate change leads to decreasing bird migration distances. Global Change Biol. 15: 1859 – 1865.

Vlček J, Schmidberger M 2014: Satellitentelemetrie von Wachtelkönigen. Falke 61: 16 – 17.

Vökler F 2007: Zum Wintervorkommen von Krähenvogelarten in Mecklenburg-Vorpommern - Ergebnisse einer landesweiten Schlafplatzerfassung im Winter 2004/05. Vogelwelt 128: 131 – 140.

Volet B, Posse B 2005: Massiver Einflug von Seidenschwänzen *Bombycilla garrulus* im Winter 2004/05. Schweizerische Vogelwarte, Sempach.

Voslamber B, van der Jeugd H, Koffijberg K 2007: Aantallen, trends en verspreiding van overzommernde ganzen in Nederland. Limosa 80: 1 – 17.

Votier SC, Bowen GJ, Newton J 2009: Stable-hydrogen isotope analyses suggest natural vagrancy of Baikal Teal to Britain. Brit. Birds 102: 697 – 699.

Wahl J, Degen A 2009: Rastbestand und Verbreitung von Singschwan *Cygnus cygnus* und Zwergschwan *C. bewickii* im Winter 2004/05 in Deutschland. Vogelwelt 130: 1 – 24.

Wahl J, Dröschmeister R, Langgemach T, Sudfeldt C 2011: Vögel in Deutschland 2011. Dachverband Deutscher Avifaunisten, Münster.

Wallin K, Wallin M, Levin M, Järås T, Strandvik P 1987: Leap-frog migration in the Swedish Kestrel *Falco tinnunculus* population. Acta Reg. Soc. Sci. Litt. Gothoburgensis 14: 213 – 222.

Walmsley JG 1981: Farbberingte Brandgänse (*Tadorna tadorna*) der Camargue-Population (Südfrankreich) mausern auf dem Gr. Knechtsand (Niedersachsen). Beitr. Naturkd. Niedersachs. 34: 173 – 174.

Walmsley JG 1987: La Tadorne de Belon (*Tadorna tadorna*) en Méditerranée occidentale. L'Oiseaux R.F.O. 57: 102 – 112.

Walther BA 2008: Ringing recoveries of the Corncrake *Crex crex* in Africa and Sinai. Vogelwelt 129: 103 – 108.

Walther BA, Taylor PB, Schäffer N, Robinson S, Jiguet F 2013: The African wintering distribution and ecology of the Corncrake *Crex crex*. Bird Conserv. Int. 23: 309 – 322.

Walther BA, van Niekerk A, Thuiller W, Baumann S, Dean WRJ, de Bruijn B, Gutteridge K, Jones PJ, Nikolaus G, Pearson DJ, Robinson SP, Salewski V, Schäffer N, Taylor PB, Tushabe H, Williams PH, Rahbek C 2010: A database of Western Palearctic birds migrating within Africa to guide conservation decisions. In: Harebottle DM, Craig AJFK, Anderson MD, Rakotomanana H, Muchai M (Hrsg.): Proceedings of the 12th Pan-African Ornithological Congress, 2008: 50 – 104. Cape Town.

Walther G-R, Post E, Convey A, Menzel A, Parmesan C, Beebee TJC, Fromentin J-M, Hoegh-Guldberg O, Bairlein F 2002: Ecological responses to recent climate change. Nature 416: 389 – 395.

Weigold H 1910: I. Jahresbericht über den Vogelzug auf Helgoland 1909. J. Ornithol. 58: 1 – 158.

Weigold H 1924: Was kann der Vogelkenner und Vogelfreund tun, um der Wissenschaft zu helfen? J. Ornithol. 72: 184 – 191.

Wendeln H, Becker PH 1999: Significance of ring removal in Africa for a Common Tern *Sterna hirundo* colony. Ringing & Migration 19: 210 – 212.

Wernham CV, Toms MP, Marchant JH, Clark JA, Siriwardena GM, Baillie SR 2002: The migration atlas: movements of the birds of Britain and Ireland. T & AD Poyser, London.

Wetlands International 2006: Waterbird population estimates - fourth edition. Wetlands International, Wageningen.

Wiesner J 1992: Dismigration und Verbreitung des Sperlingskauzes (*Glaucidium passerinum* L.) in Thüringen. Naturschutzrep. 4: 62 – 66.

Willemoes M, Strandberg R, Klaassen RHG, Tøttrup AP, Vardanis Y, Howey PW, Thorup K, Wikelski M, Alerstam T 2014: Narrow-Front loop migration in a population of the Common Cuckoo *Cuculus canorus*, as revealed by satellite telemetry. PLoS ONE 9: e83515.

Wilson JR, Czajkowski MA, Pienkowski MW 1980: The migration through Europe and wintering in West Africa of Curlew Sandpipers. Wildfowl 31: 107 – 122.

Wink M, Dietzen C, Gießing B 2005: Die Vögel des Rheinlandes. Atlas zur Brut- und Wintervogelverbreitung 1990-2000. Beitr. Avifauna Nordrhein-Westfalen 36.

Wink M, Sauer-Gürth H, Gwinner E 2002. Evolutionary relationships of stonechats and related species inferred from mitochondrial-DNA sequences and genomic fingerprinting. Brit. Birds 95: 349 – 355.

Winkel W 2001: Wissenschaftliche Vogelberingung – auch nach 100 Jahren noch immer eine unverzichtbare Methode der Vogelforschung. Naturschutz Nachrichten 20 (1)/21 (1)/22 (2), Salzgitter: 6 – 11.

Winkel W, Frantzen M 1989: Ortstreue, Emigration und Lebensalter von Kohlmeisen (*Parus major*) im Braunschweiger Raum. Vogelwarte 35: 64 – 79.

Winkel W, Frantzen M 1991: Ringfund-Analyse zum Zug einer niedersächsischen Population des Trauerschnäppers *Ficedula hypoleuca*. Vogelk. Ber. Nieders. 23: 90 – 98.

Winkel W, Winkel D 1988: Zur Abwanderung von Kohl- und Tannenmeisen (*Parus major, P. ater*) eines Lärchen-Versuchsgebietes. Vogelwarte 24: 225 – 232.

Winkler H, van Dongen W, Hering J 2013: Der enigmatische Teichrohrsänger-Komplex *Acrocephalus* [*scirpaceus*]: Zimtrohrsänger *A. baeticatus* auf der Iberischen Halbinsel? Limicola 26: 310 – 321.

Witherby HF 1913: A swallow ringed in Staffordshire and recovered in Natal. Brit. Birds 6: 277 – 278.

Witt K 2003: Mandarinente *Aix galericulata*, ein etabliertes Neozoon in Deutschland. Vogelwelt 124: 17 – 24.

Wormworth, J, Sekercioglu CH 2011: Winged Sentinels: Birds and Climate Change. Cambridge University Press, Cambridge.

Wüst W 1986: Avifauna Bavariae. Band II. Ornithologische Gesellschaft in Bayern, München.

Zang H 2002: Verbreitung und Bestand des Sperlingskauzes *Glaucidium passerinum* in Niedersachens. Vogelkdl. Ber. Niedersachs. 34: 173 – 192.

Zang H, Großkopf G, Heckenroth H 1991: Die Vögel Niedersachsens und des Landes Bremen – Raubmöwen bis Alken –. Natursch. Landschaftspfl. Niedersachs. Sonderr. B 2.6: 1 – 227.

Zang H, Großkopf G, Heckenroth H 1995: Die Vögel Niedersachsens und des Landes Bremen – Austernfischer bis Schnepfen –. Natursch. Landschaftspfl. Niedersachs. Sonderr. B 2.5: 1 – 339.

Zeiske O 1997: Zugstrategien und Verteilungsmuster der Sichelstrandläufer im Schleswig-Holsteinischen Wattenmeer auf ihrem Zug in die afrikanischen Überwinterungsräume. In: Rösner H-U (Hrsg.): Rastvögel im Wattenmeer: Bestand, Verteilung, Raumnutzung: 335–366. UBA Texte 75/97, Berlin

Zink G 1958: Vom Zug der Großen Rohrdommel (*Botaurus stellaris*) nach den Ringfunden. Vogelwarte 19: 243 – 247.

Zink G 1961: Ringfundergebnisse bei der Zwergdommel (*Ixobrychus minutus*). Vogelwarte 21: 113 – 118.

Zink G 1969: Die Wiederfunde in Deutschland beringter Seidenschwänze (*Bombycilla garrulus*) der Invasion 1965/66. Bonn. Zool. Beitr. 20: 191 – 199.

Zink G 1969: The migrations of European Swallows *Hirundo rustica* to Africa from data obtained through ringing in Europe. Ostrich 40, Suppl. 1: 211 – 222.

Zink G 1973-1985: Der Zug europäischer Singvögel. Ein Atlas der Wiederfunde beringter Vögel. Lieferung I – IV. Vogelwarte Radolfzell und Vogelzug Verlag, Radolfzell.

Zink G, Bairlein F 1995: Der Zug europäischer Singvögel. Ein Atlas der Wiederfunde beringter Vögel. Lieferung V. Aula Verlag, Wiesbaden.

Zinko S 2013: Monatszusammenfassungen 2011: August. Elanus 6: 64 – 69.

Zwarts L, Bijlsma RG, van der Kamp J, Wymenga E 2009: Living on the edge: Wetlands and birds in a changing Sahel. KNNV Publishing, Zeist.

Zwarts L, Piersma T 1990: How important is the Banc d'Arguin, Mauritania, as a temporary staging area for waders in spring? Ardea 78: 113 – 121.

Index der deutschen Artnamen

Die fett markierten Seitenzahlen verweisen auf die Artbeschreibung.

Index der wissenschaftlichen Artnamen

Kartenbeispiele / *examplary maps*

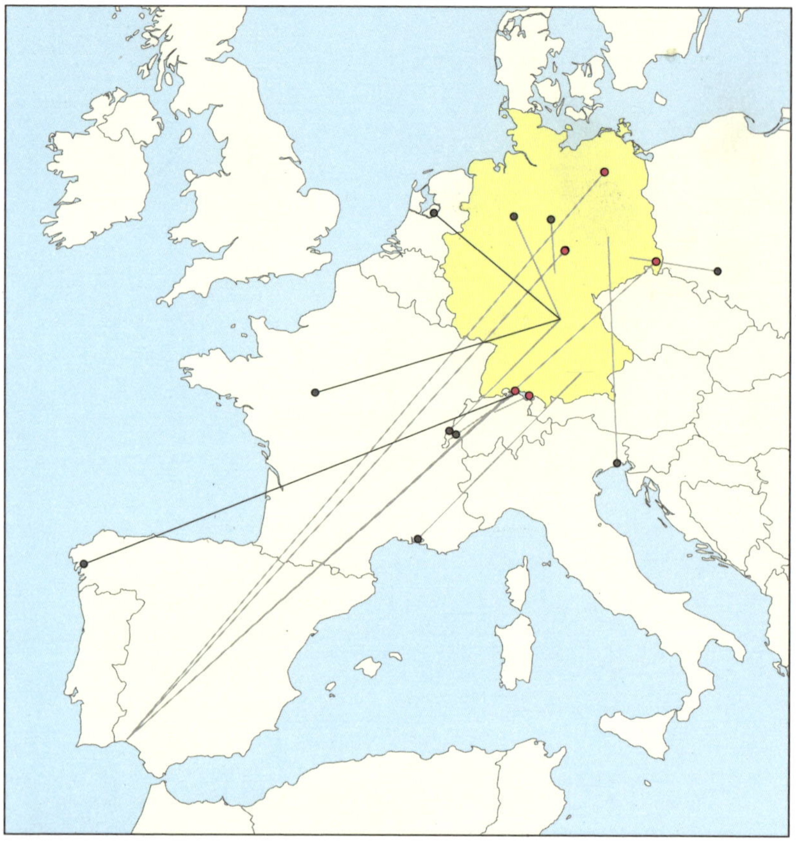

„Seltenheitenkarte“ mit allen Funden >100 km. Beginn der Linien = Beringungsort, Symbol = Fundort. – ***„Rarity map“*** *with all recoveries >100 km. Start of line = the ringing site, symbol = recovery site.*

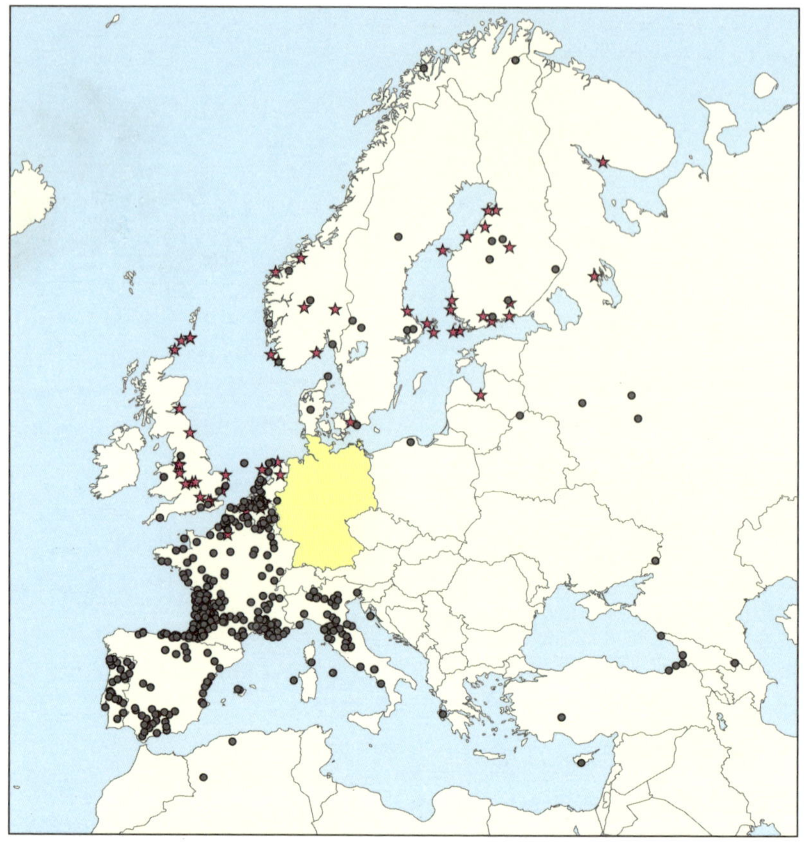

Übersichtskarte aller Fundorte deutscher Beringungen außerhalb Deutschlands (Punkte) und aller ausländischen Beringungsorte von Funden in Deutschland (Sterne). – ***Overview map*** *of all recovery sites outside Germany of birds ringed in Germany (dots) and of all foreign ringing sites of birds recovered in Germany (stars).*

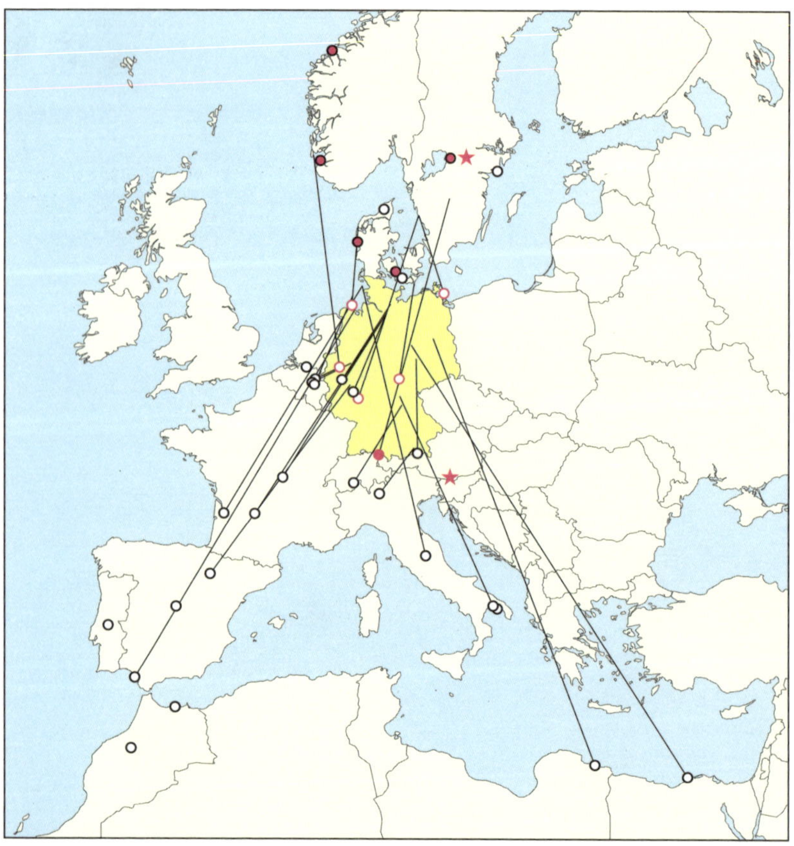

Zugkarte mit Punkten für Fundorte und Sternen für Beringungsorte. Die Symbolfarben und Linien charakterisieren die Art des Fundes (siehe rechte Seite). – ***Migration map*** *with circles indicating recovery sites and stars indicating ringing sites. Symbol colours and lines characterize the kind of recovery (see right page).*

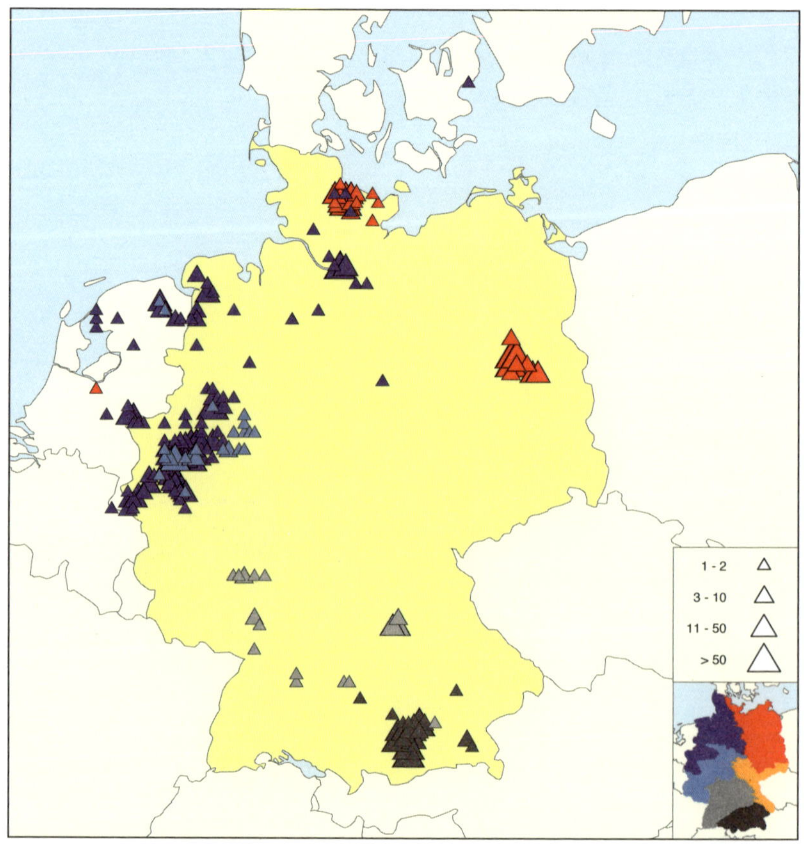

Winterkarte mit Winterverbreitung deutscher Brutvögel bzw. Brutherkunft in Deutschland überwinternder Vögel (Symbole siehe rechte Seite). – ***Winter map*** *with winter distribution of birds breeding (or born) in Germany or breeding origin of birds wintering in Germany respectively (symbols see right page).*